工程建设标准规范分类汇编

地基与基础规范

（修订版）

中国建筑工业出版社　编

中国建筑工业出版社
中国计划出版社

图书在版编目（CIP）数据

地基与基础规范/中国建筑工业出版社编．修订版．
—北京：中国建筑工业出版社，中国计划出版社，2003
（工程建设标准规范分类汇编）
ISBN 7-112-06010-9

Ⅰ．地… Ⅱ．中… Ⅲ．①地基-建筑规范-汇编-中国
②基础工程-建筑规范-汇编-中国 Ⅳ．TU47-65

中国版本图书馆 CIP 数据核字（2003）第 080350 号

工程建设标准规范分类汇编
地基与基础规范
（修订版）
中国建筑工业出版社 编

*

中国建筑工业出版社
中国计划出版社 出版
新 华 书 店 经 销
有色曙光印刷厂印刷

*

开本：787×1092 毫米 1/16 印张：82¾ 插页：4 字数：2060 千字
2003 年 11 月第二版 2003 年 11 月第五次印刷
印数：10,001—13,500 册 定价：**168.00** 元

ISBN 7-112-06010-9
TU·5283（12023）

本社网址：http：//www.china-abp.com.cn
网上书店：http：//www.china-building.com.cn

修　订　说　明

“工程建设标准规范汇编”共35分册，自1996年出版（2000年对其中15分册进行了第一次修订）以来，方便了广大工程建设专业读者的使用，并以其“分类科学，内容全面、准确”的特点受到了社会的好评。这些标准是广大工程建设者必须遵循的准则和规定，对提高工程建设科学管理水平，保证工程质量和工程安全，降低工程造价，缩短工期，节约建筑材料和能源，促进技术进步等方面起到了显著的作用。随着我国基本建设的发展和工程技术的不断进步，国务院有关部委组织全国各方面的专家陆续制订、修订并颁发了一批新标准，其中部分标准、规范、规程对行业影响较大。为了及时反映近几年国家新制定标准、修订标准和标准局部修订情况，我们组织力量对工程建设标准规范分类汇编中内容变动较大者再一次进行了修行。本次修订14册，分别为：

《混凝土结构规范》

《建筑结构抗震规范》

《建筑工程施工及验收规范》

《建筑工程质量标准》

《建筑施工安全技术规范》

《室外给水工程规范》

《室外排水工程规范》

《地基与基础规范》

《建筑防水工程技术规范》

《建筑材料应用技术规范》

《城镇燃气热力工程规范》

《城镇规划与园林绿化规范》

《城市道路与桥梁设计规范》

《城市道路与桥梁施工验收规范》

本次修订的原则及方法如下：

(1) 该分册内容变动较大者；

(2) 该分册中主要标准、规范内容有变动者；

(3) "▲" 代表新修订的规范；

(4) "●" 代表新增加的规范；

(5) 如无局部修订版，则将"局部修订条文"附在该规范后，不改动原规范相应条文。

修订的2003年版汇编本分别将相近专业内容的标准汇编于一册，便于对照查阅；各册收编的均为现行标准，大部分为近几年出版实施的，有很强的实用性；为了使读者更深刻地理解、掌握标准的内容，该类汇编还收入了有关条文说明；该类汇编单本定价，方便各专业读者购买。

该类汇编是广大工程设计、施工、科研、管理等有关人员必备的工具书。

关于工程建设标准规范的出版、发行，我们诚恳地希望广大读者提出宝贵意见，便于今后不断改进标准规范的出版工作。

中国建筑工业出版社

2003年8月

目　录

“▲”代表新修订的规范；“●”代表新增加的规范。

附录F 中国季节性冻土标准冻深线图

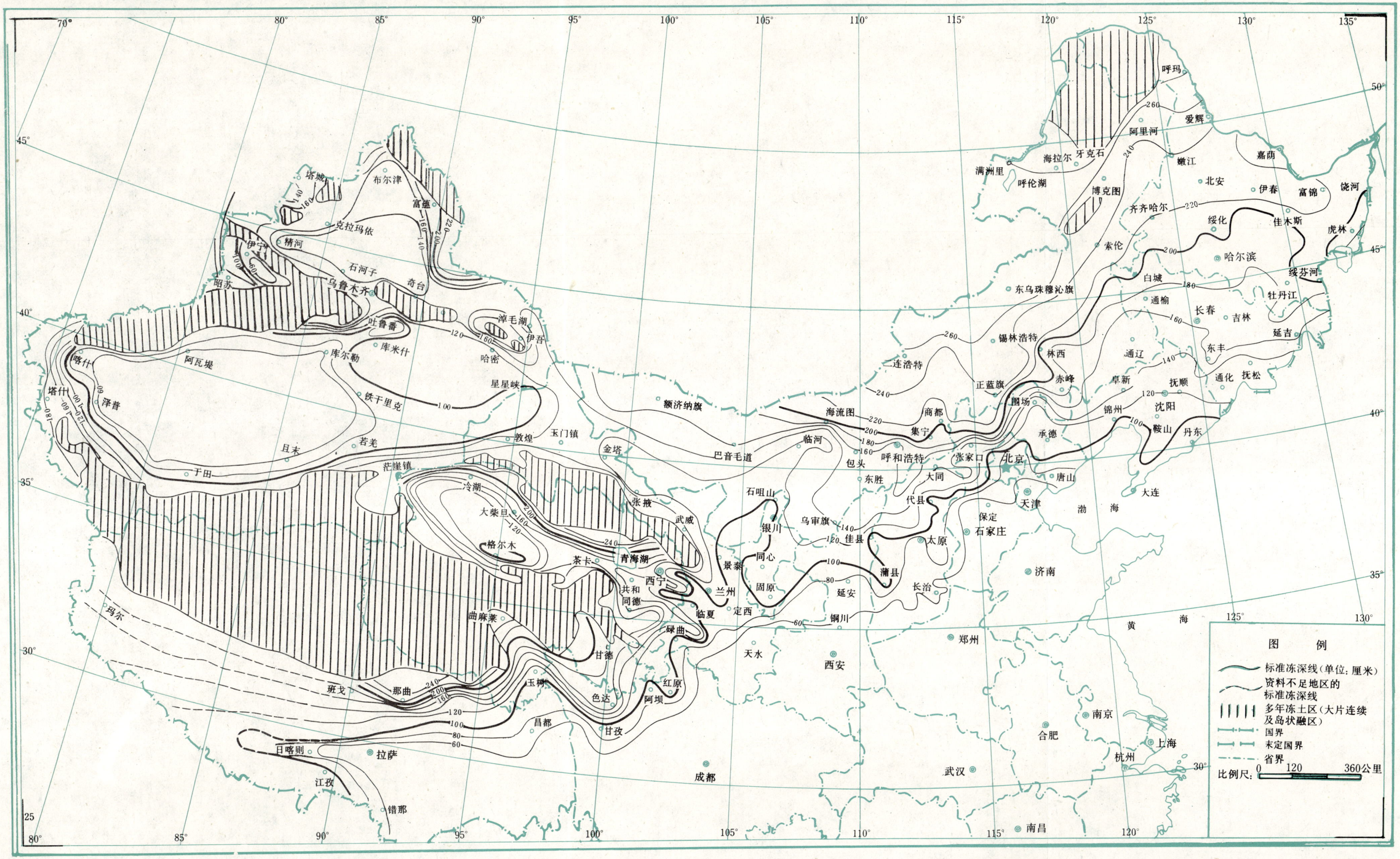

附录 G　地基土的冻胀性分类及建筑基底允许残留冻土层最大厚度

G.0.1　地基土的冻胀性分类，可按表 G.0.1 分为不冻胀、弱冻胀、冻胀、强冻胀和特强冻胀。

G.0.2　基础底面下允许残留冻土层厚度 h_{max}（m），可按表 G.0.2 查取。

表 G.0.1　地基土的冻胀性分类

土的名称	冻前天然含水量 w（%）	冻结期间地下水位距冻结面的最小距离 h_w（m）	平均冻胀率 η（%）	冻胀等级	冻胀类别
碎（卵）石，砾、粗、中砂（粒径小于 0.075mm 颗粒含量大于 15%），细砂（粒径小于 0.075mm 颗粒含量大于 10%）	$w \leqslant 12$	>1.0	$\eta \leqslant 1$	Ⅰ	不冻胀
		$\leqslant 1.0$	$1 < \eta \leqslant 3.5$	Ⅱ	弱冻胀
	$12 < w \leqslant 18$	>1.0			
		$\leqslant 1.0$	$3.5 < \eta \leqslant 6$	Ⅲ	冻　胀
	$w > 18$	>0.5			
		$\leqslant 0.5$	$6 < \eta \leqslant 12$	Ⅳ	强冻胀
粉　砂	$w \leqslant 14$	>1.0	$\eta \leqslant 1$	Ⅰ	不冻胀
		$\leqslant 1.0$	$1 < \eta \leqslant 3.5$	Ⅱ	弱冻胀
	$14 < w \leqslant 19$	>1.0			
		$\leqslant 1.0$	$3.5 < \eta \leqslant 6$	Ⅲ	冻　胀
	$19 < w \leqslant 23$	>1.0			
		$\leqslant 1.0$	$6 < \eta \leqslant 12$	Ⅳ	强冻胀
	$w > 23$	不考虑	$\eta > 12$	Ⅴ	特强冻胀
粉　土	$w \leqslant 19$	>1.5	$\eta \leqslant 1$	Ⅰ	不冻胀
		$\leqslant 1.5$	$1 < \eta \leqslant 3.5$	Ⅱ	弱冻胀
	$19 < w \leqslant 22$	>1.5			
		$\leqslant 1.5$	$3.5 < \eta \leqslant 6$	Ⅲ	冻　胀
	$22 < w \leqslant 26$	>1.5			
		$\leqslant 1.5$	$6 < \eta \leqslant 12$	Ⅳ	强冻胀
	$26 < w \leqslant 30$	>1.5			
		$\leqslant 1.5$	$\eta \leqslant 12$	Ⅴ	特强冻胀
	$w > 30$	不考虑			
粘性土	$w \leqslant w_p + 2$	>2.0	$\eta \leqslant 1$	Ⅰ	不冻胀
		$\leqslant 2.0$	$1 < \eta \leqslant 3.5$	Ⅱ	弱冻胀
	$w_p + 2 < w \leqslant w_p + 5$	>2.0			
		$\leqslant 2.0$	$3.5 < \eta \leqslant 6$	Ⅲ	冻　胀
	$w_p + 5 < w \leqslant w_p + 9$	>2.0			
		$\leqslant 2.0$	$6 < \eta \leqslant 12$	Ⅳ	强冻胀
	$w_p + 9 < w \leqslant w_p + 15$	>2.0			
		$\leqslant 2.0$	$\eta > 12$	Ⅴ	特强冻胀
	$w > w_p + 15$	不考虑			

注：1　w_p——塑限含水量（%）；
　　w——在冻土层内冻前天然含水量的平均值；
2　盐渍化冻土不在表列；
3　塑性指数大于 22 时，冻胀性降低一级；
4　粒径小于 0.005mm 的颗粒含量大于 60% 时，为不冻胀土；
5　碎石类土当充填物大于全部质量的 40% 时，其冻胀性按充填物土的类别判断；
6　碎石土、砾砂、粗砂、中砂（粒径小于 0.075mm 颗粒含量不大于 15%）、细砂（粒径小于 0.075mm 颗粒含量不大于 10%）均按不冻胀考虑。

表 G.0.2　建筑基底下允许残留冻土层厚度 h_{max}（m）

冻胀性	基础形式	采暖情况 \ 基底平均压力（kPa）	90	110	130	150	170	190	210
弱冻胀土	方形基础	采暖	—	0.94	0.99	1.04	1.11	1.15	1.20
		不采暖	—	0.78	0.84	0.91	0.97	1.04	1.10
	条形基础	采暖	—	>2.50	>2.50	>2.50	>2.50	>2.50	>2.50
		不采暖	—	2.20	2.50	>2.50	>2.50	>2.50	>2.50
冻胀土	方形基础	采暖	—	0.64	0.70	0.75	0.81	0.86	—
		不采暖	—	0.55	0.60	0.65	0.69	0.74	—
	条形基础	采暖	—	1.55	1.79	2.03	2.26	2.50	—
		不采暖	—	1.15	1.35	1.55	1.75	1.95	—
强冻胀土	方形基础	采暖	—	0.42	0.47	0.51	0.56	—	—
		不采暖	—	0.36	0.40	0.43	0.47	—	—
	条形基础	采暖	—	0.74	0.88	1.00	1.13	—	—
		不采暖	—	0.56	0.66	0.75	0.84	—	—
特强冻胀土	方形基础	采暖	0.30	0.34	0.38	0.41	—	—	—
		不采暖	0.24	0.27	0.31	0.34	—	—	—
	条形基础	采暖	0.43	0.52	0.61	0.70	—	—	—
		不采暖	0.33	0.40	0.47	0.53	—	—	—

注：1　本表只计算法向冻胀力，如果基侧存在切向冻胀力，应采取防切向力措施。
2　本表不适用于宽度小于 0.6m 的基础，矩形基础可取短边尺寸按方形基础计算。
3　表中数据不适用于淤泥、淤泥质土和欠固结土。
4　表中基底平均压力数值为永久荷载标准值乘以 0.9，可以内插。

附录 H　岩基载荷试验要点

H.0.1　本附录适用于确定完整、较完整、较破碎岩基作为天然地基或桩基础持力层时的承载力。

H.0.2　采用圆形刚性承压板，直径为 300mm。当岩石埋藏深度较大时，可采用钢筋混凝土桩，但桩周需采取措施以消除桩身与土之间的摩擦力。

H.0.3　测量系统的初始稳定读数观测：加压前，每隔 10min 读数一次，连续三次读数不变可开始试验。

H.0.4　加载方式：单循环加载，荷载逐级递增直到破坏，然后分级卸载。

H.0.5　荷载分级：第一级加载值为预估设计荷载的 1/5，以后每级为 1/10。

H.0.6　沉降量测读：加载后立即读数，以后每 10min 读数一次。

H.0.7　稳定标准：连续三次读数之差均不大于 0.01mm。

H.0.8　终止加载条件：当出现下述现象之一时，即可终止加载：

1　沉降量读数不断变化，在 24 小时内，沉降速率有增大的趋势；

2　压力加不上或勉强加上而不能保持稳定。

注：若限于加载能力，荷载也应增加到不少于设计要求的两倍。

H.0.9　卸载观测：每级卸载为加载时的两倍，如为奇数，第一级可为三倍。每级卸载后，隔 10min 测读一次，测读三

中华人民共和国国家标准

建筑地基基础设计规范

Code for design of building foundation

GB 50007—2002

主编部门：中华人民共和国建设部
批准部门：中华人民共和国建设部
施行日期：2002年4月1日

关于发布国家标准《建筑地基基础设计规范》的通知

建标［2002］46号

根据我部《关于印发〈一九九七年工程建设标准制订、修订计划〉的通知》（建标［1997］108号）的要求，由建设部会同有关部门共同修订的《建筑地基基础设计规范》，经有关部门会审，批准为国家标准，编号为GB50007—2002，自2002年4月1日起施行。其中，3.0.2、3.0.4、5.1.3、5.3.1、5.3.4、5.3.10、6.1.1、6.3.1、6.4.1、7.2.7、7.2.8、8.2.7、8.4.5、8.4.7、8.4.9、8.4.13、8.5.9、8.5.10、8.5.18、8.5.19、9.1.3、9.1.6、9.2.8、10.1.1、10.1.6、10.1.8、10.2.9为强制性条文，必须严格执行。原《建筑地基基础设计规范》GBJ7—89于2002年12月31日废止。

本规范由建设部负责管理和对强制性条文的解释，中国建筑科学研究院负责具体技术内容的解释，建设部标准定额研究所组织中国建筑工业出版社出版发行。

中华人民共和国建设部

2002年2月20日

前　言

本规范是根据建设部建标［1997］108号文的要求，由中国建筑科学研究院会同有关的设计、勘察、施工、研究和教学单位对《建筑地基基础设计规范》GBJ 7—89进行修订而成。

修订过程中，开展了专题研究，调查总结了近年来国内地基基础工程的工程实践经验，采纳了该领域新的科研成果，并以各种方式在全国范围内广泛征求了有关设计、勘察、施工、科研、教学单位的意见，经反复讨论、修改和试设计，最后经审查定稿。

本次修订后共有10章22个附录。主要修订内容是：明确了地基基础设计中承载力极限状态和正常使用极限状态的使用范围和计算方法；强调按变形控制设计的原则，满足建筑物使用功能的要求；细化岩石分类和地基土的冻胀分类；增加有限压缩层地基变形和回弹变形计算方法；增加岩石边坡支护设计方法；增加复合地基设计方法；增加高层建筑筏形基础设计方法；增加桩基础沉降计算方法；增加基坑工程设计方法；增加地基基础检测与监测内容。取消了壳体基础设计的规定。

本规范将来可能需要进行局部修订，有关局部修订的信息和条文内容将刊登在《工程建设标准化》杂志上。

本规范以黑体字标志的条文为强制性条文，必须严格执行。

本规范的具体解释由中国建筑科学研究院地基基础研究所负责。在执行过程中，请各单位结合工程实践，认真总结经验，并将意见和建议寄交北京市北三环东路30号中国建筑科学研究院国家标准《建筑地基基础设计规范》管理组（邮编：100013，E-mail：tyjcabr@sina.com.cn）。

本规范的主编单位：中国建筑科学研究院

参编单位：北京市勘察设计研究院，建设部综合勘察设计研究院，北京市建筑设计研究院，建设部建筑设计院，上海建筑设计研究院，广西建筑综合设计研究院，云南省设计院，辽宁省建筑设计研究院，中南建筑设计院，湖北省建筑科学研究院，福建省建筑科学研究院，陕西省建筑科学研究院，甘肃省建筑科学研究院，广州市建筑科学研究院，四川省建筑科学研究院，黑龙江省寒地建研院，天津大学，同济大学，浙江大学，重庆建筑大学，太原理工大学，广东省基础工程公司。

主要起草人：黄熙龄　滕延京　王铁宏（以下按姓氏笔画排列）

王公山　王惠昌　白晓红　汪国烈　吴学敏　杨　敏
周光孔　周经文　林立岩　罗宇生　陈如桂　钟　亮
顾晓鲁　顾宝和　侯光瑜　袁炳麟　袁内镇　唐杰康
黄求顺　龚一鸣　裴　捷　潘凯云　潘秋元

目　次

1　总　　则

1.0.1　为了在地基基础设计中贯彻执行国家的技术经济政策，做到安全适用、技术先进、经济合理、确保质量、保护环境，制定本规范。

1.0.2　地基基础设计，必须坚持因地制宜、就地取材、保护环境和节约资源的原则；根据岩土工程勘察资料，综合考虑结构类型、材料情况与施工条件等因素，精心设计。

1.0.3　本规范适用于工业与民用建筑（包括构筑物）的地基基础设计。对于湿陷性黄土、多年冻土、膨胀土以及在地震和机械振动荷载作用下的地基基础设计，尚应符合现行有关标准、规范的规定。

1.0.4　采用本规范设计时，荷载取值应符合现行国家标准《建筑结构荷载规范》GB 50009 的规定；基础的计算尚应符合现行国家标准《混凝土结构设计规范》GB 50010 和《砌体结构设计规范》GB 50003 的规定。当基础处于侵蚀性环境或受温度影响时，尚应符合国家现行的有关强制性规范的规定，采取相应的防护措施。

2 术语和符号

2.1 术　　语

2.1.1 地基 subgrade，foundation soils

为支承基础的土体或岩体。

2.1.2 基础 foundation

将结构所承受的各种作用传递到地基上的结构组成部分。

2.1.3 地基承载力特征值 characteristic value of subgrade bearing capacity

指由载荷试验测定的地基土压力变形曲线线性变形段内规定的变形所对应的压力值，其最大值为比例界限值。

2.1.4 重力密度（重度）gravity density，unit weight

单位体积岩土所承受的重力，为岩土的密度与重力加速度的乘积。

2.1.5 岩体结构面 rock discontinuity structural plane

岩体内开裂的和易开裂的面。如层面、节理、断层、片理等。又称不连续构造面。

2.1.6 标准冻深 standard frost penetration

在地面平坦、裸露、城市之外的空旷场地中不少于 10 年的实测最大冻深的平均值。

2.1.7 地基变形允许值 allowable subsoil deformation

为保证建筑物正常使用而确定的变形控制值。

2.1.8 土岩组合地基 soil-rock composite subgrade

在建筑地基（或被沉降缝分隔区段的建筑地基）的主要受力层范围内，有下卧基岩表面坡度较大的地基；或石芽密布并有出露的地基；或大块孤石或个别石芽出露的地基。

2.1.9 地基处理 ground treatment

指为提高地基土的承载力，改善其变形性质或渗透性质而采取的人工方法。

2.1.10 复合地基 composite subgrade，composite foundation

部分土体被增强或被置换，而形成的由地基土和增强体共同承担荷载的人工地基。

2.1.11 扩展基础 spread foundation

将上部结构传来的荷载，通过向侧边扩展成一定底面积，使作用在基底的压应力等于或小于地基土的允许承载力，而基础内部的应力应同时满足材料本身的强度要求，这种起到压力扩散作用的基础称为扩展基础。

2.1.12 无筋扩展基础 non-reinforced spread foundation

由砖、毛石、混凝土或毛石混凝土、灰土和三合土等材料组成的，且不需配置钢筋的墙下条形基础或柱下独立基础。

2.1.13 桩基础 pile foundation

由设置于岩土中的桩和联接于桩顶端的承台组成的基础。

2.1.14 支挡结构 retaining structure

使岩土边坡保持稳定、控制位移而建造的结构物。

2.2 主 要 符 号

A——基础底面面积；

a——压缩系数；

b——基础底面宽度（最小边长）；或力矩作用方向的基础底面边长；
c——粘聚力；
d——基础埋置深度，桩身直径；
E_a——主动土压力；
E_s——土的压缩模量；
e——孔隙比；
F——基础顶面竖向力；
f_a——修正后的地基承载力特征值；
f_{ak}——地基承载力特征值；
f_{rk}——岩石饱和单轴抗压强度标准值；
G——恒载；
H_0——基础高度；
H_f——自基础底面算起的建筑物高度；
H_g——自室外地面算起的建筑物高度；
L——房屋长度或沉降缝分隔的单元长度；
l——基础底面长度；
M——作用于基础底面的力矩或截面的弯矩；
p——基础底面处平均压力；
p_0——基础底面处平均附加压力；
Q_k——相应于荷载效应标准组合时，桩基中单桩所受竖向力；
q_{pa}——桩端土的承载力特征值；
q_{sa}——桩周土的摩擦力特征值；
R_a——单桩竖向承载力特征值；
s——沉降量；
u——周边长度；
w——土的含水量；
w_L——液限；
w_p——塑限；
z_0——标准冻深；
z_n——地基沉降计算深度；
$\overline{\alpha}$——平均附加应力系数；
β——边坡对水平面的坡角；
γ——土的重力密度，简称土的重度；
δ——填土与挡土墙墙背的摩擦角；
δ_r——填土与稳定岩石坡面间的摩擦角；
θ——地基的压力扩散角；
μ——土与挡土墙基底间的摩擦系数；
ν——泊松比；
φ——内摩擦角；
η_b——基础宽度的承载力修正系数；
η_d——基础埋深的承载力修正系数；
ψ_s——沉降计算经验系数。

3 基 本 规 定

3.0.1 根据地基复杂程度、建筑物规模和功能特征以及由于地基问题可能造成建筑物破坏或影响正常使用的程度，将地基基础设计分为三个设计等级，设计时应根据具体情况，按表 3.0.1 选用。

表 3.0.1　　地基基础设计等级

设计等级	建筑和地基类型
甲　级	重要的工业与民用建筑物 30 层以上的高层建筑 体型复杂，层数相差超过 10 层的高低层连成一体建筑物 大面积的多层地下建筑物（如地下车库、商场、运动场等） 对地基变形有特殊要求的建筑物 复杂地质条件下的坡上建筑物（包括高边坡） 对原有工程影响较大的新建建筑物 场地和地基条件复杂的一般建筑物 位于复杂地质条件及软土地区的二层及二层以上地下室的基坑工程
乙　级	除甲级、丙级以外的工业与民用建筑物
丙　级	场地和地基条件简单、荷载分布均匀的七层及七层以下民用建筑及一般工业建筑物；次要的轻型建筑物

3.0.2　根据建筑物地基基础设计等级及长期荷载作用下地基变形对上部结构的影响程度，地基基础设计应符合下列规定：

1　所有建筑物的地基计算均应满足承载力计算的有关规定；

2　设计等级为甲级、乙级的建筑物，均应按地基变形设计；

3　表 3.0.2 所列范围内设计等级为丙级的建筑物可不作变形验算，如有下列情况之一时，仍应作变形验算：

表 3.0.2　　可不作地基变形计算设计等级为丙级的建筑物范围

地基主要受力层情况	地基承载力特征值 f_{ak}（kPa）			$60 \leqslant f_{ak} < 80$	$80 \leqslant f_{ak} < 100$	$100 \leqslant f_{ak} < 130$	$130 \leqslant f_{ak} < 160$	$160 \leqslant f_{ak} < 200$	$200 \leqslant f_{ak} < 300$
地基主要受力层情况	各土层坡度（%）			≤5	≤5	≤10	≤10	≤10	≤10
建筑类型	砌体承重结构、框架结构（层数）			≤5	≤5	≤5	≤6	≤6	≤7
建筑类型	单层排架结构（6m 柱距）	单跨	吊车额定起重量(t)	5～10	10～15	15～20	20～30	30～50	50～100
建筑类型	单层排架结构（6m 柱距）	单跨	厂房跨度(m)	≤12	≤18	≤24	≤30	≤30	≤30
建筑类型	单层排架结构（6m 柱距）	多跨	吊车额定起重量(t)	3～5	5～10	10～15	15～20	20～30	30～75
建筑类型	单层排架结构（6m 柱距）	多跨	厂房跨度(m)	≤12	≤18	≤24	≤30	≤30	≤30
建筑类型	烟囱		高度(m)	≤30	≤40	≤50	≤75		≤100
建筑类型	水塔		高度(m)	≤15	≤20	≤30	≤30		≤30
建筑类型	水塔		容积(m^3)	≤50	50～100	100～200	200～300	300～500	500～1000

注：1　地基主要受力层系指条形基础底面下深度为 $3b$（b 为基础底面宽度），独立基础下为 $1.5b$，且厚度均不小于 5m 的范围（二层以下一般的民用建筑除外）；

2　地基主要受力层中如有承载力特征值小于 130kPa 的土层时，表中砌体承重结构的设计，应符合本规范第七章的有关要求；

3　表中砌体承重结构和框架结构均指民用建筑，对于工业建筑可按厂房高度、荷载情况折合成与其相当的民用建筑层数；

4　表中吊车额定起重量、烟囱高度和水塔容积的数值系指最大值。

1）地基承载力特征值小于 130kPa，且体型复杂的建筑；

2）在基础上及其附近有地面堆载或相邻基础荷载差异较大，可能引起地基产生过大的不均匀沉降时；
3）软弱地基上的建筑物存在偏心荷载时；
4）相邻建筑距离过近，可能发生倾斜时；
5）地基内有厚度较大或厚薄不均的填土，其自重固结未完成时。

4　对经常受水平荷载作用的高层建筑、高耸结构和挡土墙等，以及建造在斜坡上或边坡附近的建筑物和构筑物，尚应验算其稳定性；

5　基坑工程应进行稳定性验算；

6　当地下水埋藏较浅，建筑地下室或地下构筑物存在上浮问题时，尚应进行抗浮验算。

3.0.3　地基基础设计前应进行岩土工程勘察，并应符合下列规定：

1　岩土工程勘察报告应提供下列资料：
1）有无影响建筑场地稳定性的不良地质条件及其危害程度；
2）建筑物范围内的地层结构及其均匀性，以及各岩土层的物理力学性质；
3）地下水埋藏情况、类型和水位变化幅度及规律，以及对建筑材料的腐蚀性；
4）在抗震设防区应划分场地土类型和场地类别，并对饱和砂土及粉土进行液化判别；
5）对可供采用的地基基础设计方案进行论证分析，提出经济合理的设计方案建议；提供与设计要求相对应的地基承载力及变形计算参数，并对设计与施工应注意的问题提出建议；
6）当工程需要时，尚应提供：
(1) 深基坑开挖的边坡稳定计算和支护设计所需的岩土技术参数，论证其对周围已有建筑物和地下设施的影响；
(2) 基坑施工降水的有关技术参数及施工降水方法的建议；
(3) 提供用于计算地下水浮力的设计水位。

2　地基评价宜采用钻探取样、室内土工试验、触探、并结合其它原位测试方法进行。设计等级为甲级的建筑物应提供载荷试验指标、抗剪强度指标、变形参数指标和触探资料；设计等级为乙级的建筑物应提供抗剪强度指标、变形参数指标和触探资料；设计等级为丙级的建筑物应提供触探及必要的钻探和土工试验资料。

3　建筑物地基均应进行施工验槽。如地基条件与原勘察报告不符时，应进行施工勘察。

3.0.4　地基基础设计时，所采用的荷载效应最不利组合与相应的抗力限值应按下列规定：

1　按地基承载力确定基础底面积及埋深或按单桩承载力确定桩数时，传至基础或承台底面上的荷载效应应按正常使用极限状态下荷载效应的标准组合。相应的抗力应采用地基承载力特征值或单桩承载力特征值。

2　计算地基变形时，传至基础底面上的荷载效应应按正常使用极限状态下荷载效应的准永久组合，不应计入风荷载和地震作用。相应的限值应为地基变形允许值。

3 计算挡土墙土压力、地基或斜坡稳定及滑坡推力时，荷载效应应按承载能力极限状态下荷载效应的基本组合，但其分项系数均为1.0。

4 在确定基础或桩台高度、支挡结构截面、计算基础或支挡结构内力、确定配筋和验算材料强度时，上部结构传来的荷载效应组合和相应的基底反力，应按承载能力极限状态下荷载效应的基本组合，采用相应的分项系数。

当需要验算基础裂缝宽度时，应按正常使用极限状态荷载效应标准组合。

5 基础设计安全等级、结构设计使用年限、结构重要性系数应按有关规范的规定采用，但结构重要性系数 γ_0 不应小于1.0。

3.0.5 正常使用极限状态下，荷载效应的标准组合值 S_k 应用下式表示：

$$S_k = S_{Gk} + S_{Q1k} + \psi_{c2} S_{Q2k} + \cdots\cdots + \psi_{cn} S_{Qnk} \quad (3.0.5\text{-}1)$$

式中 S_{Gk}——按永久荷载标准值 G_k 计算的荷载效应值；

S_{Qik}——按可变荷载标准值 Q_{ik} 计算的荷载效应值；

ψ_{ci}——可变荷载 Q_i 的组合值系数，按现行《建筑结构荷载规范》GB 50009 的规定取值。

荷载效应的准永久组合值 S_k 应用下式表示：

$$S_k = S_{Gk} + \psi_{q1} S_{Q1k} + \psi_{q2} S_{Q2k} + \cdots\cdots + \psi_{qn} S_{Qnk} \quad (3.0.5\text{-}2)$$

式中 ψ_{qi}——准永久值系数，按现行《建筑结构荷载规范》GB 50009 的规定取值。

承载能力极限状态下，由可变荷载效应控制的基本组合设计值 S，应用下式表达：

$$S = \gamma_G S_{Gk} + \gamma_{Q1} S_{Q1k} + \gamma_{Q2} \psi_{c2} S_{Q2k} + \cdots\cdots + \gamma_{Qn} \psi_{cn} S_{Qnk} \quad (3.0.5\text{-}3)$$

式中 γ_G——永久荷载的分项系数，按现行《建筑结构荷载规范》GB 50009 的规定取值；

γ_{Qi}——第 i 个可变荷载的分项系数，按现行《建筑结构荷载规范》GB 50009 的规定取值。

对由永久荷载效应控制的基本组合，也可采用简化规则，荷载效应基本组合的设计值 S 按下式确定：

$$S = 1.35 S_k \leqslant R \quad (3.0.5\text{-}4)$$

式中 R——结构构件抗力的设计值，按有关建筑结构设计规范的规定确定；

S_k——荷载效应的标准组合值。

4 地基岩土的分类及工程特性指标

4.1 岩土的分类

4.1.1 作为建筑地基的岩土，可分为岩石、碎石土、砂土、粉土、粘性土和人工填土。

4.1.2 岩石应为颗粒间牢固联结，呈整体或具有节理裂隙的岩体。作为建筑物地基，除应确定岩石的地质名称外，尚应按4.1.3~4.1.4条划分其坚硬程度和完整程度。

4.1.3 岩石的坚硬程度应根据岩块的饱和单轴抗压强度 f_{rk} 按表4.1.3分为坚硬岩、较硬岩、较软岩、软岩和极软岩。当缺乏饱和单轴抗压强度资料或不能进行该项试验时，可在现场通过观察定性划分，划分标准可按本规范附录A.0.1执行。岩石的风化程度可分为未风化、微风化、中风化、强风化和全风化。

表4.1.3　岩石坚硬程度的划分

坚硬程度类别	坚硬岩	较硬岩	较软岩	软岩	极软岩
饱和单轴抗压强度标准值 f_{rk}（MPa）	$f_{rk}>60$	$60\geqslant f_{rk}>30$	$30\geqslant f_{rk}>15$	$15\geqslant f_{rk}>5$	$f_{rk}\leqslant 5$

4.1.4 岩体完整程度应按表4.1.4划分为完整、较完整、较破碎、破碎和极破碎。当缺乏试验数据时可按本规范附录A.0.2执行。

表4.1.4　岩体完整程度划分

完整程度等级	完整	较完整	较破碎	破碎	极破碎
完整性指数	>0.75	0.75~0.55	0.55~0.35	0.35~0.15	<0.15

注：完整性指数为岩体纵波波速与岩块纵波波速之比的平方。选定岩体、岩块测定波速时应有代表性。

4.1.5 碎石土为粒径大于2mm的颗粒含量超过全重50%的土。碎石土可按表4.1.5分为漂石、块石、卵石、碎石、圆砾和角砾。

表4.1.5　碎石土的分类

土的名称	颗粒形状	粒组含量
漂石	圆形及亚圆形为主	粒径大于200mm的颗粒含量超过全重50%
块石	棱角形为主	
卵石	圆形及亚圆形为主	粒径大于20mm的颗粒含量超过全重50%
碎石	棱角形为主	
圆砾	圆形及亚圆形为主	粒径大于2mm的颗粒含量超过全重50%
角砾	棱角形为主	

注：分类时应根据粒组含量栏从上到下以最先符合者确定。

4.1.6 碎石土的密实度，可按表4.1.6分为松散、稍密、中密、密实。

表4.1.6　碎石土的密实度

重型圆锥动力触探锤击数 $N_{63.5}$	密　实　度	重型圆锥动力触探锤击数 $N_{63.5}$	密　实　度
$N_{63.5}\leqslant 5$	松　散	$10<N_{63.5}\leqslant 20$	中　密
$5<N_{63.5}\leqslant 10$	稍　密	$N_{63.5}>20$	密　实

注：1. 本表适用于平均粒径小于等于50mm且最大粒径不超过100mm的卵石、碎石、圆砾、角砾。对于平均粒径大于50mm或最大粒径大于100mm的碎石土，可按本规范附录B鉴别其密实度；

2. 表内 $N_{63.5}$ 为经综合修正后的平均值。

4.1.7 砂土为粒径大于 2mm 的颗粒含量不超过全重 50%、粒径大于 0.075mm 的颗粒超过全重 50% 的土。砂土可按表 4.1.7 分为砾砂、粗砂、中砂、细砂和粉砂。

表 4.1.7　砂土的分类

土的名称	粒组含量
砾砂	粒径大于 2mm 的颗粒含量占全重 25%～50%
粗砂	粒径大于 0.5mm 的颗粒含量超过全重 50%
中砂	粒径大于 0.25mm 的颗粒含量超过全重 50%
细砂	粒径大于 0.075mm 的颗粒含量超过全重 85%
粉砂	粒径大于 0.075mm 的颗粒含量超过全重 50%

注：分类时应根据粒组含量栏从上到下以最先符合者确定。

4.1.8 砂土的密实度，可按表 4.1.8 分为松散、稍密、中密、密实。

表 4.1.8　砂土的密实度

标准贯入试验锤击数 N	密实度
$N \leqslant 10$	松散
$10 < N \leqslant 15$	稍密
$15 < N \leqslant 30$	中密
$N > 30$	密实

注：当用静力触探探头阻力判定砂土的密实度时，可根据当地经验确定。

4.1.9 粘性土为塑性指数 I_p 大于 10 的土，可按表 4.1.9 分为粘土、粉质粘土。

表 4.1.9　粘性土的分类

塑性指数 I_p	土的名称
$I_p > 17$	粘土
$10 < I_p \leqslant 17$	粉质粘土

注：塑性指数由相应于 76g 圆锥体沉入土样中深度为 10mm 时测定的液限计算而得。

4.1.10 粘性土的状态，可按表 4.1.10 分为坚硬、硬塑、可塑、软塑、流塑。

表 4.1.10　粘性土的状态

液性指数 I_L	状态	液性指数 I_L	状态
$I_L \leqslant 0$	坚硬	$0.75 < I_L \leqslant 1$	软塑
$0 < I_L \leqslant 0.25$	硬塑	$I_L > 1$	流塑
$0.25 < I_L \leqslant 0.75$	可塑		

注：当用静力触探探头阻力或标准贯入试验锤击数判定粘性土的状态时，可根据当地经验确定。

4.1.11 粉土为介于砂土与粘性土之间，塑性指数 $I_p \leqslant 10$ 且粒径大于 0.075mm 的颗粒含量不超过全重 50% 的土。

4.1.12 淤泥为在静水或缓慢的流水环境中沉积，并经生物化学作用形成，其天然含水量大于液限、天然孔隙比大于或等于 1.5 的粘性土。当天然含水量大于液限而天然孔隙比小于 1.5 但大于或等于 1.0 的粘性土或粉土为淤泥质土。

4.1.13 红粘土为碳酸盐岩系的岩石经红土化作用形成的高塑性粘土。其液限一般大于 50。红粘土经再搬运后仍保留其基本特征，其液限大于 45 的土为次生红粘土。

4.1.14 人工填土根据其组成和成因，可分为素填土、压实填土、杂填土、冲填土。

素填土为由碎石土、砂土、粉土、粘性土等组成的填土。经过压实或夯实的素填土为压实填土。杂填土为含有建筑垃圾、工业废料、生活垃圾等杂物的填土。冲填土为由水力冲填泥砂形成的填土。

4.1.15 膨胀土为土中粘粒成分主要由亲水性矿物组成，同时具有显著的吸水膨胀和失水收缩特性，其自由膨胀率大于或等于40%的粘性土。

4.1.16 湿陷性土为浸水后产生附加沉降，其湿陷系数大于或等于0.015的土。

4.2 工程特性指标

4.2.1 土的工程特性指标应包括强度指标、压缩性指标以及静力触探探头阻力，标准贯入试验锤击数、载荷试验承载力等其他特性指标。

4.2.2 地基土工程特性指标的代表值应分别为标准值、平均值及特征值。抗剪强度指标应取标准值，压缩性指标应取平均值，载荷试验承载力应取特征值。

4.2.3 载荷试验包括浅层平板载荷试验和深层平板载荷试验。浅层平板载荷试验适用于浅层地基，深层平板载荷试验适用于深层地基。两种载荷试验的试验要求应分别符合本规范附录C、D的规定。

4.2.4 土的抗剪强度指标，可采用原状土室内剪切试验、无侧限抗压强度试验、现场剪切试验、十字板剪切试验等方法测定。当采用室内剪切试验确定时，应选择三轴压缩试验中的不固结不排水试验。经过预压固结的地基可采用固结不排水试验。每层土的试验数量不得少于六组。室内试验抗剪强度指标 c_k、φ_k，可按本规范附录E确定。

在验算坡体的稳定性时，对于已有剪切破裂面或其它软弱结构面的抗剪强度，应进行野外大型剪切试验。

4.2.5 土的压缩性指标可采用原状土室内压缩试验、原位浅层或深层平板载荷试验、旁压试验确定。

当采用室内压缩试验确定压缩模量时，试验所施加的最大压力应超过土自重压力与预计的附加压力之和，试验成果用 $e \sim p$ 曲线表示。当考虑土的应力历史进行沉降计算时，应进行高压固结试验，确定先期固结压力、压缩指数，试验成果用 $e \sim \lg p$ 曲线表示。为确定回弹指数，应在估计的先期固结压力之后进行一次卸荷，再继续加荷至预定的最后一级压力。

地基土的压缩性可按 p_1 为100kPa，p_2 为200kPa时相对应的压缩系数值 a_{1-2} 划分为低、中、高压缩性，并应按以下规定进行评价：

1 当 $a_{1-2} < 0.1\text{MPa}^{-1}$ 时，为低压缩性土；

2 当 $0.1\ \text{MPa}^{-1} \leqslant a_{1-2} < 0.5\text{MPa}^{-1}$ 时，为中压缩性土；

3 当 $a_{1-2} \geqslant 0.5\text{MPa}^{-1}$ 时，为高压缩性土。

当考虑深基坑开挖卸荷和再加荷时，应进行回弹再压缩试验，其压力的施加应与实际的加卸荷状况一致。

5 地 基 计 算

5.1 基础埋置深度

5.1.1 基础的埋置深度，应按下列条件确定：

1 建筑物的用途，有无地下室、设备基础和地下设施，基础的型式和构造；

2 作用在地基上的荷载大小和性质；

3 工程地质和水文地质条件；

4 相邻建筑物的基础埋深；

5 地基土冻胀和融陷的影响。

5.1.2 在满足地基稳定和变形要求的前提下，基础宜浅埋，当上层地基的承载力大于下层土时，宜利用上层土作持力层。除岩石地基外，基础埋深不宜小于0.5m。

5.1.3 高层建筑筏形和箱形基础的埋置深度应满足地基承载力、变形和稳定性要求。在抗震设防区，除岩石地基外，天然地基上的箱形和筏形基础其埋置深度不宜小于建筑物高度的1/15；桩箱或桩筏基础的埋置深度（不计桩长）不宜小于建筑物高度的1/18～1/20。**位于岩石地基上的高层建筑，其基础埋深应满足抗滑要求。**

5.1.4 基础宜埋置在地下水位以上，当必须埋在地下水位以下时，应采取地基土在施工时不受扰动的措施。

当基础埋置在易风化的岩层上，施工时应在基坑开挖后立即铺筑垫层。

5.1.5 当存在相邻建筑物时，新建建筑物的基础埋深不宜大于原有建筑基础。当埋深大于原有建筑基础时，两基础间应保持一定净距，其数值应根据原有建筑荷载大小、基础形式和土质情况确定。当上述要求不能满足时，应采取分段施工，设临时加固支撑，打板桩，地下连续墙等施工措施，或加固原有建筑物地基。

5.1.6 确定基础埋深应考虑地基的冻胀性。地基的冻胀性类别应根据冻土层的平均冻胀率 η 的大小，按本规范附录G.0.1查取。

5.1.7 季节性冻土地基的设计冻深 z_d 应按下式计算：

$$z_d = z_0 \cdot \psi_{zs} \cdot \psi_{zw} \cdot \psi_{ze} \tag{5.1.7}$$

式中 z_d——设计冻深。若当地有多年实测资料时，也可：$z_d = h' - \Delta z$，h' 和 Δz 分别为实测冻土层厚度和地表冻胀量；

z_0——标准冻深。系采用在地表平坦、裸露、城市之外的空旷场地中不少于10年实测最大冻深的平均值。当无实测资料时，按本规范附录F采用；

ψ_{zs}——土的类别对冻深的影响系数，按表5.1.7-1；

ψ_{zw}——土的冻胀性对冻深的影响系数，按表5.1.7-2；

ψ_{ze}——环境对冻深的影响系数，按表5.1.7-3。

表5.1.7-1 土的类别对冻深的影响系数

土的类别	影响系数 ψ_{zs}	土的类别	影响系数 ψ_{zs}
粘性土	1.00	中、粗、砾砂	1.30
细砂、粉砂、粉土	1.20	碎石土	1.40

表 5.1.7-2　土的冻胀性对冻深的影响系数

冻胀性	影响系数 ψ_{zw}	冻胀性	影响系数 ψ_{zw}
不冻胀	1.00	强冻胀	0.85
弱冻胀	0.95	特强冻胀	0.80
冻胀	0.90		

表 5.1.7-3　环境对冻深的影响系数

周围环境	影响系数 ψ_{ze}	周围环境	影响系数 ψ_{ze}
村、镇、旷野	1.00	城市市区	0.90
城市近郊	0.95		

注：环境影响系数一项，当城市市区人口为 20～50 万时，按城市近郊取值；当城市市区人口大于 50 万小于或等于 100 万时，按城市市区取值；当城市市区人口超过 100 万时，按城市市区取值，5km 以内的郊区应按城市近郊取值。

5.1.8 当建筑基础底面之下允许有一定厚度的冻土层，可用下式计算基础的最小埋深：

$$d_{min} = z_d - h_{max} \tag{5.1.8}$$

式中 h_{max}——基础底面下允许残留冻土层的最大厚度，按本规范附录 G.0.2 查取。

当有充分依据时，基底下允许残留冻土层厚度也可根据当地经验确定。

5.1.9 在冻胀、强冻胀、特强冻胀地基上，应采用下列防冻害措施：

1 对在地下水位以上的基础，基础侧面应回填非冻胀性的中砂或粗砂，其厚度不应小于 10cm。对在地下水位以下的基础，可采用桩基础、自锚式基础（冻土层下有扩大板或扩底短桩）或采取其他有效措施。

2 宜选择地势高、地下水位低、地表排水良好的建筑场地。对低洼场地，宜在建筑四周向外一倍冻深距离范围内，使室外地坪至少高出自然地面 300～500mm。

3 防止雨水、地表水、生产废水、生活污水浸入建筑地基，应设置排水设施。在山区应设截水沟或在建筑物下设置暗沟，以排走地表水和潜水流。

4 在强冻胀性和特强冻胀性地基上，其基础结构应设置钢筋混凝土圈梁和基础梁，并控制上部建筑的长高比，增强房屋的整体刚度。

5 当独立基础联系梁下或桩基础承台下有冻土时，应在梁或承台下留有相当于该土层冻胀量的空隙，以防止因土的冻胀将梁或承台拱裂。

6 外门斗、室外台阶和散水坡等部位宜与主体结构断开，散水坡分段不宜超过 1.5m，坡度不宜小于 3%，其下宜填入非冻胀性材料。

7 对跨年度施工的建筑，入冬前应对地基采取相应的防护措施；按采暖设计的建筑物，当冬季不能正常采暖，也应对地基采取保温措施。

5.2 承载力计算

5.2.1 基础底面的压力，应符合下式要求：

当轴心荷载作用时

$$p_k \leqslant f_a \tag{5.2.1-1}$$

式中 p_k——相应于荷载效应标准组合时，基础底面处的平均压力值；

f_a——修正后的地基承载力特征值。

当偏心荷载作用时，除符合式（5.2.1-1）要求外，尚应符合下式要求：

$$p_{kmax} \leqslant 1.2 f_a \qquad (5.2.1\text{-}2)$$

式中 p_{kmax}——相应于荷载效应标准组合时，基础底面边缘的最大压力值。

5.2.2 基础底面的压力，可按下列公式确定：

1 当轴心荷载作用时

$$p_k = \frac{F_k + G_k}{A} \qquad (5.2.2\text{-}1)$$

式中 F_k——相应于荷载效应标准组合时，上部结构传至基础顶面的竖向力值；

G_k——基础自重和基础上的土重；

A——基础底面面积。

2 当偏心荷载作用时

$$p_{kmax} = \frac{F_k + G_k}{A} + \frac{M_k}{W} \qquad (5.2.2\text{-}2)$$

$$p_{kmin} = \frac{F_k + G_k}{A} - \frac{M_k}{W} \qquad (5.2.2\text{-}3)$$

式中 M_k——相应于荷载效应标准组合时，作用于基础底面的力矩值；

W——基础底面的抵抗矩；

p_{kmin}——相应于荷载效应标准组合时，基础底面边缘的最小压力值。

当偏心距 $e > b/6$ 时（图 5.2.2），p_{kmax}应按下式计算：

$$p_{kmax} = \frac{2(F_k + G_k)}{3la} \qquad (5.2.2\text{-}4)$$

式中 l——垂直于力矩作用方向的基础底面边长；

a——合力作用点至基础底面最大压力边缘的距离。

5.2.3 地基承载力特征值可由载荷试验或其它原位测试、公式计算、并结合工程实践经验等方法综合确定。

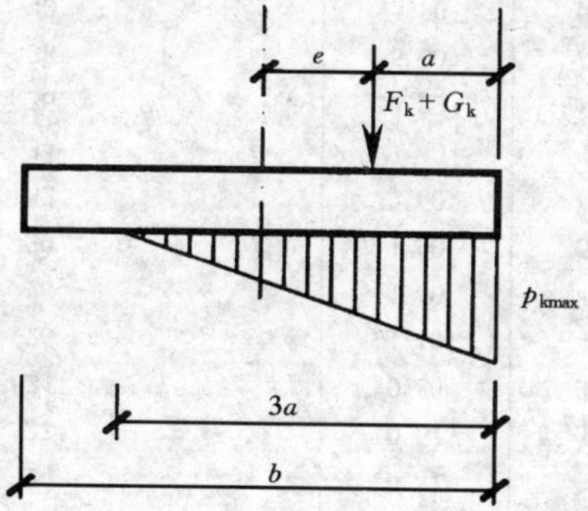

图 5.2.2 偏心荷载（$e > b/6$）下基底压力计算示意

b—力矩作用方向基础底面边长

5.2.4 当基础宽度大于 3m 或埋置深度大于 0.5m 时，从载荷试验或其它原位测试、经验值等方法确定的地基承载力特征值，尚应按下式修正：

$$f_a = f_{ak} + \eta_b \gamma (b - 3) + \eta_d \gamma_m (d - 0.5) \qquad (5.2.4)$$

式中 f_a——修正后的地基承载力特征值；

f_{ak}——地基承载力特征值，按本规范第 5.2.3 条的原则确定；

η_b、η_d——基础宽度和埋深的地基承载力修正系数，按基底下土的类别查表 5.2.4 取值；

γ——基础底面以下土的重度，地下水位以下取浮重度；

b——基础底面宽度（m），当基宽小于 3m 按 3m 取值，大于 6m 按 6m 取值；

γ_m——基础底面以上土的加权平均重度，地下水位以下取浮重度；

d——基础埋置深度（m），一般自室外地面标高算起。在填方整平地区，可自填土地面标高算起，但填土在上部结构施工后完成时，应从天然地面标高算起。对于地下室，如采用箱形基础或筏基时，基础埋置深度自室外地面标高算起；当采用独立基础或条形基础时，应从室内地面标高算起。

表 5.2.4　承载力修正系数

土的类别		η_b	η_d
淤泥和淤泥质土		0	1.0
人工填土 e 或 I_L 大于等于 0.85 的粘性土		0	1.0
红粘土	含水比 $\alpha_w > 0.8$	0	1.2
	含水比 $\alpha_w \leqslant 0.8$	0.15	1.4
大面积压实填土	压实系数大于 0.95、粘粒含量 $\rho_c \geqslant 10\%$ 的粉土	0	1.5
	最大干密度大于 $2.1t/m^3$ 的级配砂石	0	2.0
粉　土	粘粒含量 $\rho_c \geqslant 10\%$ 的粉土	0.3	1.5
	粘粒含量 $\rho_c < 10\%$ 的粉土	0.5	2.0
e 及 I_L 均小于 0.85 的粘性土		0.3	1.6
粉砂、细砂（不包括很湿与饱和时的稍密状态）		2.0	3.0
中砂、粗砂、砾砂和碎石土		3.0	4.4

注：1　强风化和全风化的岩石，可参照所风化成的相应土类取值，其他状态下的岩石不修正；

2　地基承载力特征值按本规范附录 D 深层平板载荷试验确定时 η_d 取 0。

5.2.5　当偏心距 e 小于或等于 0.033 倍基础底面宽度时，根据土的抗剪强度指标确定地基承载力特征值可按下式计算，并应满足变形要求：

$$f_a = M_b \gamma b + M_d \gamma_m d + M_c c_k \tag{5.2.5}$$

式中　f_a——由土的抗剪强度指标确定的地基承载力特征值；

M_b、M_d、M_c——承载力系数，按表 5.2.5 确定；

b——基础底面宽度，大于 6m 时按 6m 取值，对于砂土小于 3m 时按 3m 取值；

c_k——基底下一倍短边宽深度内土的粘聚力标准值。

表 5.2.5　承载力系数 M_b、M_d、M_c

土的内摩擦角标准值 φ_k（°）	M_b	M_d	M_c
0	0	1.00	3.14
2	0.03	1.12	3.32
4	0.06	1.25	3.51
6	0.10	1.39	3.71
8	0.14	1.55	3.93
10	0.18	1.73	4.17
12	0.23	1.94	4.42
14	0.29	2.17	4.69
16	0.36	2.43	5.00
18	0.43	2.72	5.31
20	0.51	3.06	5.66
22	0.61	3.44	6.04
24	0.80	3.87	6.45
26	1.10	4.37	6.90
28	1.40	4.93	7.40
30	1.90	5.59	7.95
32	2.60	6.35	8.55
34	3.40	7.21	9.22
36	4.20	8.25	9.97
38	5.00	9.44	10.80
40	5.80	10.84	11.73

注：φ_k—基底下一倍短边宽深度内土的内摩擦角标准值。

5.2.6 岩石地基承载力特征值，可按本规范附录H岩基载荷试验方法确定。对完整、较完整和较破碎的岩石地基承载力特征值，可根据室内饱和单轴抗压强度按下式计算：

$$f_a = \psi_r \cdot f_{rk} \tag{5.2.6}$$

式中 f_a——岩石地基承载力特征值（kPa）；

f_{rk}——岩石饱和单轴抗压强度标准值（kPa），可按本规范附录J确定；

ψ_r——折减系数。根据岩体完整程度以及结构面的间距、宽度、产状和组合，由地区经验确定。无经验时，对完整岩体可取0.5；对较完整岩体可取0.2~0.5；对较破碎岩体可取0.1~0.2。

注：1 上述折减系数值未考虑施工因素及建筑物使用后风化作用的继续；

2 对于粘土质岩，在确保施工期及使用期不致遭水浸泡时，也可采用天然湿度的试样，不进行饱和处理。

对破碎、极破碎的岩石地基承载力特征值，可根据地区经验取值，无地区经验时，可根据平板载荷试验确定。

5.2.7 当地基受力层范围内有软弱下卧层时，应按下式验算：

$$p_z + p_{cz} \leqslant f_{az} \tag{5.2.7-1}$$

式中 p_z——相应于荷载效应标准组合时，软弱下卧层顶面处的附加压力值；

p_{cz}——软弱下卧层顶面处土的自重压力值；

f_{az}——软弱下卧层顶面处经深度修正后地基承载力特征值。

对条形基础和矩形基础，式（5.2.7-1）中的 p_z 值可按下列公式简化计算：

条形基础

$$p_z = \frac{b\ (p_k - p_c)}{b + 2z\tan\theta} \tag{5.2.7-2}$$

矩形基础

$$p_z = \frac{lb\ (p_k - p_c)}{(b + 2z\tan\theta)\ (l + 2z\tan\theta)} \tag{5.2.7-3}$$

式中 b——矩形基础或条形基础底边的宽度；

l——矩形基础底边的长度；

p_c——基础底面处土的自重压力值；

z——基础底面至软弱下卧层顶面的距离。

θ——地基压力扩散线与垂直线的夹角，可按表5.2.7采用。

表5.2.7　地基压力扩散角 θ

E_{s1}/E_{s2}	z/b	
	0.25	0.50
3	6°	23°
5	10°	25°
10	20°	30°

注：1 E_{s1}为上层土压缩模量；E_{s2}为下层土压缩模量；

2 $z/b<0.25$ 时取 $\theta=0°$，必要时，宜由试验确定；$z/b>0.50$ 时 θ 值不变。

5.2.8 对于沉降已经稳定的建筑或经过预压的地基，可适当提高地基承载力。

5.3 变形计算

5.3.1 建筑物的地基变形计算值，不应大于地基变形允许值。

5.3.2 地基变形特征可分为沉降量、沉降差、倾斜、局部倾斜。

5.3.3 在计算地基变形时，应符合下列规定：

1 由于建筑地基不均匀、荷载差异很大、体型复杂等因素引起的地基变形，对于砌体承重结构应由局部倾斜值控制；对于框架结构和单层排架结构应由相邻柱基的沉降差控制；对于多层或高层建筑和高耸结构应由倾斜值控制；必要时尚应控制平均沉降量。

2 在必要情况下，需要分别预估建筑物在施工期间和使用期间的地基变形值，以便预留建筑物有关部分之间的净空，选择连接方法和施工顺序。一般多层建筑物在施工期间完成的沉降量，对于砂土可认为其最终沉降量已完成80%以上，对于其它低压缩性土可认为已完成最终沉降量的50%～80%，对于中压缩性土可认为已完成20%～50%，对于高压缩性土可认为已完成5%～20%。

5.3.4 建筑物的地基变形允许值，按表5.3.4规定采用。对表中未包括的建筑物，其地基变形允许值应根据上部结构对地基变形的适应能力和使用上的要求确定。

表5.3.4 建筑物的地基变形允许值

<table>
<tr><th rowspan="2" colspan="2">变形特征</th><th colspan="2">地基土类别</th></tr>
<tr><th>中、低压缩性土</th><th>高压缩性土</th></tr>
<tr><td colspan="2">砌体承重结构基础的局部倾斜</td><td>0.002</td><td>0.003</td></tr>
<tr><td colspan="2">工业与民用建筑相邻柱基的沉降差
(1) 框架结构
(2) 砌体墙填充的边排柱
(3) 当基础不均匀沉降时不产生附加应力的结构</td><td>
0.002l
0.0007l
0.005l</td><td>
0.003l
0.001l
0.005l</td></tr>
<tr><td colspan="2">单层排架结构（柱距为6m）柱基的沉降量（mm）</td><td>(120)</td><td>200</td></tr>
<tr><td colspan="2">桥式吊车轨面的倾斜（按不调整轨道考虑）
纵向
横向</td><td colspan="2">
0.004
0.003</td></tr>
<tr><td>多层和高层建筑的整体倾斜</td><td>$H_g \leq 24$
$24 < H_g \leq 60$
$60 < H_g \leq 100$
$H_g > 100$</td><td colspan="2">0.004
0.003
0.0025
0.002</td></tr>
<tr><td colspan="2">体型简单的高层建筑基础的平均沉降量（mm）</td><td colspan="2">200</td></tr>
<tr><td>高耸结构基础的倾斜</td><td>$H_g \leq 20$
$20 < H_g \leq 50$
$50 < H_g \leq 100$
$100 < H_g \leq 150$
$150 < H_g \leq 200$
$200 < H_g \leq 250$</td><td colspan="2">0.008
0.006
0.005
0.004
0.003
0.002</td></tr>
<tr><td>高耸结构基础的沉降量（mm）</td><td>$H_g \leq 100$
$100 < H_g \leq 200$
$200 < H_g \leq 250$</td><td colspan="2">400
300
200</td></tr>
</table>

注：1 本表数值为建筑物地基实际最终变形允许值；

2 有括号者仅适用于中压缩性土；

3 l为相邻柱基的中心距离（mm）；H_g为自室外地面起算的建筑物高度（m）；

4 倾斜指基础倾斜方向两端点的沉降差与其距离的比值；

5 局部倾斜指砌体承重结构沿纵向6～10m内基础两点的沉降差与其距离的比值。

5.3.5 计算地基变形时，地基内的应力分布，可采用各向同性均质线性变形体理论。其最终变形量可按下式计算：

$$s = \psi_s s' = \psi_s \sum_{i=1}^{n} \frac{p_0}{E_{si}} (z_i \overline{\alpha}_i - z_{i-1} \overline{\alpha}_{i-1}) \qquad (5.3.5)$$

式中 s——地基最终变形量（mm）；

s'——按分层总和法计算出的地基变形量；

ψ_s——沉降计算经验系数，根据地区沉降观测资料及经验确定，无地区经验时可采用表 5.3.5 的数值。

n——地基变形计算深度范围内所划分的土层数（图 5.3.5）；

p_0——对应于荷载效应准永久组合时的基础底面处的附加压力（kPa）；

E_{si}——基础底面下第 i 层土的压缩模量（MPa），应取土的自重压力至土的自重压力与附加压力之和的压力段计算；

z_i、z_{i-1}——基础底面至第 i 层土、第 $i-1$ 层土底面的距离(m)；

$\overline{\alpha}_i$、$\overline{\alpha}_{i-1}$——基础底面计算点至第 i 层土、第 $i-1$ 层土底面范围内平均附加应力系数，可按本规范附录 K 采用。

表 5.3.5　沉降计算经验系数 ψ_s

$\overline{E}_s$（MPa） / 基底附加压力	2.5	4.0	7.0	15.0	20.0
$P_0 \geq f_{ak}$	1.4	1.3	1.0	0.4	0.2
$p_0 \leq 0.75 f_{ak}$	1.1	1.0	0.7	0.4	0.2

注：$\overline{E}_s$ 为变形计算深度范围内压缩模量的当量值，应按下式计算：

$$\overline{E}_s = \frac{\Sigma A_i}{\Sigma \frac{A_i}{E_{si}}}$$

式中 A_i——第 i 层土附加应力系数沿土层厚度的积分值。

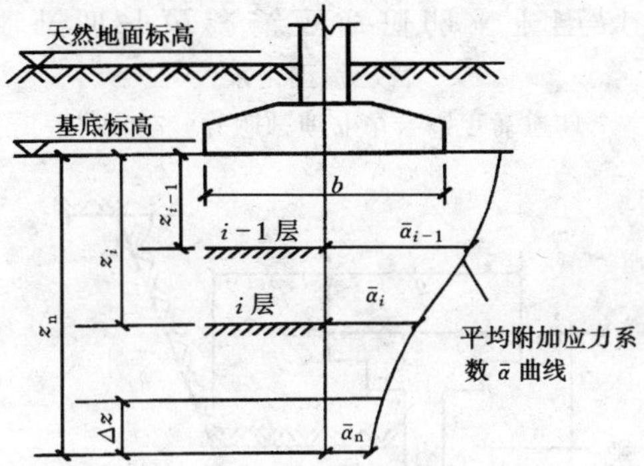

图 5.3.5　基础沉降计算的分层示意

5.3.6　地基变形计算深度 z_n（图 5.3.5），应符合下式要求：

$$\Delta s'_n \leq 0.025 \sum_{i=1}^{n} \Delta s'_i \qquad (5.3.6)$$

式中 $\Delta s'_i$——在计算深度范围内，第 i 层土的计算变形值；

$\Delta s'_n$——在由计算深度向上取厚度为 Δz 的土层计算变形值，Δz 见图 5.3.5 并按表 5.3.6 确定。

如确定的计算深度下部仍有较软土层时，应继续计算。

表 5.3.6　Δz

b（m）	$b \leq 2$	$2 < b \leq 4$	$4 < b \leq 8$	$8 < b$
Δz（m）	0.3	0.6	0.8	1.0

5.3.7　当无相邻荷载影响，基础宽度在 1～30m 范围内时，基础中点的地基变形计算深度也可按下列简化公式计算：

$$z_n = b\,(2.5 - 0.4 \ln b) \qquad (5.3.7)$$

式中 b——基础宽度（m）。

在计算深度范围内存在基岩时，z_n 可取至基岩表面；当存在较厚的坚硬粘性土层，其孔隙比小于 0.5、压缩模量大于 50MPa，或存在较厚的密实砂卵石层，其压缩模量大于 80MPa 时，z_n 可取至该层土表面。

5.3.8 计算地基变形时，应考虑相邻荷载的影响，其值可按应力叠加原理，采用角点法计算。

5.3.9 当建筑物地下室基础埋置较深时，需要考虑开挖基坑地基土的回弹，该部分回弹变形量可按下式计算：

$$s_c = \psi_c \sum_{i=1}^{n} \frac{p_c}{E_{ci}} (z_i \overline{\alpha}_i - z_{i-1} \overline{\alpha}_{i-1}) \tag{5.3.9}$$

式中 s_c——地基的回弹变形量；

ψ_c——考虑回弹影响的沉降计算经验系数，ψ_c 取 1.0；

p_c——基坑底面以上土的自重压力（kPa），地下水位以下应扣除浮力；

E_{ci}——土的回弹模量，按《土工试验方法标准》GB/T50123—1999 确定。

5.3.10 在同一整体大面积基础上建有多栋高层和低层建筑，应该按照上部结构、基础与地基的共同作用进行变形计算。

5.4 稳定性计算

5.4.1 地基稳定性可采用圆弧滑动面法进行验算。最危险的滑动面上诸力对滑动中心所产生的抗滑力矩与滑动力矩应符合下式要求：

$$M_R / M_S \geqslant 1.2 \tag{5.4.1}$$

式中 M_S——滑动力矩；

M_R——抗滑力矩。

5.4.2 位于稳定土坡坡顶上的建筑，当垂直于坡顶边缘线的基础底面边长小于或等于 3m 时，其基础底面外边缘线至坡顶的水平距离（图 5.4.2）应符合下式要求，但不得小于 2.5m：

条形基础

$$a \geqslant 3.5b - \frac{d}{\tan\beta} \tag{5.4.2-1}$$

矩形基础

$$a \geqslant 2.5b - \frac{d}{\tan\beta} \tag{5.4.2-2}$$

式中 a——基础底面外边缘线至坡顶的水平距离；

b——垂直于坡顶边缘线的基础底面边长；

d——基础埋置深度；

β——边坡坡角。

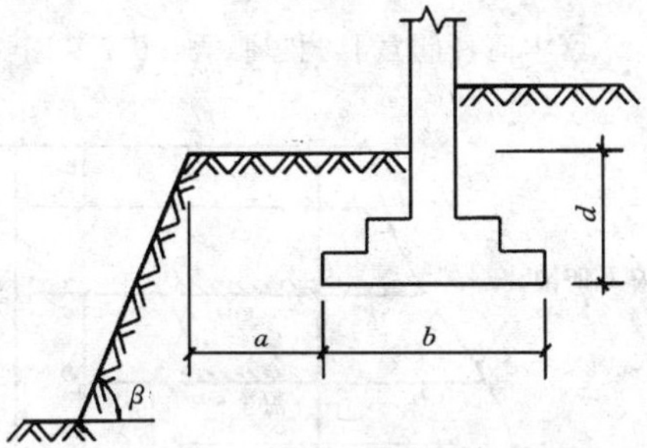

图 5.4.2 基础底面外边缘线至坡顶的水平距离示意

当基础底面外边缘线至坡顶的水平距离不满足式

(5.4.2-1)、(5.4.2-2) 的要求时，可根据基底平均压力按公式 (5.4.1) 确定基础距坡顶边缘的距离和基础埋深。

当边坡坡角大于 45°、坡高大于 8m 时，尚应按式 (5.4.1) 验算坡体稳定性。

6 山区地基

6.1 一般规定

6.1.1 山区（包括丘陵地带）地基的设计，应考虑下列因素：

1 建设场区内，在自然条件下，有无滑坡现象，有无断层破碎带；

2 施工过程中，因挖方、填方、堆载和卸载等对山坡稳定性的影响；

3 建筑地基的不均匀性；

4 岩溶、土洞的发育程度；

5 出现崩塌、泥石流等不良地质现象的可能性；

6 地面水、地下水对建筑地基和建设场区的影响。

6.1.2 在山区建设时应对场区作出必要的工程地质和水文地质评价。对建筑物有潜在威胁或直接危害的大滑坡、泥石流、崩塌以及岩溶、土洞强烈发育地段，不宜选作建设场地。当因特殊需要必须使用这类场地时，应采取可靠的整治措施。

6.1.3 山区建设工程的总体规划，应根据使用要求、地形地质条件合理布置。主体建筑宜设置在较好的地基上，使地基条件与上部结构的要求相适应。

6.1.4 山区建设中，应充分利用和保护天然排水系统和山地植被。当必须改变排水系统时，应在易于导流或拦截的部位将水引出场外。在受山洪影响的地段，应采取相应的排洪措施。

6.2 土岩组合地基

6.2.1 建筑地基（或被沉降缝分隔区段的建筑地基）的主要受力层范围内，如遇下列情况之一者，属于土岩组合地基：

1 下卧基岩表面坡度较大的地基；

2 石芽密布并有出露的地基；

3 大块孤石或个别石芽出露的地基。

6.2.2 对于石芽密布并有出露的地基，当石芽间距小于2m，其间为硬塑或坚硬状态的红粘土时，对于房屋为六层和六层以下的砌体承重结构、三层和三层以下的框架结构或具有15t和15t以下吊车的单层排架结构，其基底压力小于200kPa，可不作地基处理。

如不能满足上述要求时，可利用经检验稳定性可靠的石芽作支墩式基础，也可在石芽出露部位作褥垫。当石芽间有较厚的软弱土层时，可用碎石、土夹石等进行置换。

6.2.3 对于大块孤石或个别石芽出露的地基，当土层的承载力特征值大于150kPa、房屋为单层排架结构或一、二层砌体承重结构时，宜在基础与岩石接触的部位采用褥垫进行处理。对于多层砌体承重结构，应根据土质情况，结合本规范第6.2.5条、第6.2.6条的规定综合处理。

6.2.4 褥垫可采用炉渣、中砂、粗砂、土夹石等材料，其厚度宜取300～500mm，夯填度应根据试验确定。当无资料时，可参照下列数值进行设计：

中砂、粗砂 0.87±0.05；

土夹石（其中碎石含量为20%～30%）0.70±0.05。

注：夯填度为褥垫夯实后的厚度与虚铺厚度的比值。

6.2.5 当建筑物对地基变形要求较高或地质条件比较复杂不宜按本规范第6.2.2条、第6.2.3条有关规定进行地基处理时，可适当调整建筑平面位置，也可采用桩基或梁、拱跨越等处理措施。

6.2.6 在地基压缩性相差较大的部位，宜结合建筑平面形状、荷载条件设置沉降缝。沉降缝宽度宜取30～50mm，在特殊情况下可适当加宽。

6.3 压实填土地基

6.3.1 压实填土包括分层压实和分层夯实的填土。当利用压实填土作为建筑工程的地基持力层时，在平整场地前，应根据结构类型、填料性能和现场条件等，对拟压实的填土提出质量要求。未经检验查明以及不符合质量要求的压实填土，均不得作为建筑工程的地基持力层。

6.3.2 压实填土的填料，应符合下列规定：

1 级配良好的砂土或碎石土；

2 性能稳定的工业废料；

3 以砾石、卵石或块石作填料时，分层夯实时其最大粒径不宜大于400mm；分层压实时其最大粒径不宜大于200mm；

4 以粉质粘土、粉土作填料时，其含水量宜为最优含水量，可采用击实试验确定；

5 挖高填低或开山填沟的土料和石料，应符合设计要求；

6 不得使用淤泥、耕土、冻土、膨胀性土以及有机质含量大于5%的土。

6.3.3 压实填土的施工，应符合下列规定：

1 铺填料前，应清除或处理场地内填土层底面以下的耕土和软弱土层；

2 分层填料的厚度、分层压实的遍数，应根据所选用的压实设备，并通过试验确定。

3 在雨季、冬季进行压实填土施工时，应采取防雨、防冻措施，防止填料（粉质粘土、粉土）受雨水淋湿或冻结，并应采取措施防止出现"橡皮"土；

4 压实填土的施工缝各层应错开搭接，在施工缝的搭接处，应适当增加压实遍数；

5 压实填土施工结束后，宜及时进行基础施工。

6.3.4 压实填土的质量以压实系数 λ_c 控制，并应根据结构类型和压实填土所在部位按表 6.3.4 的数值确定。

表 6.3.4 压实填土的质量控制

结构类型	填土部位	压实系数 λ_c	控制含水量（%）
砌体承重结构和框架结构	在地基主要受力层范围内	≥0.97	$w_{op}\pm2$
	在地基主要受力层范围以下	≥0.95	
排架结构	在地基主要受力层范围内	≥0.96	
	在地基主要受力层范围以下	≥0.94	

注：1 压实系数 λ_c 为压实填土的控制干密度 ρ_d 与最大干密度 ρ_{dmax} 的比值，w_{op} 为最优含水量；

2 地坪垫层以下及基础底面标高以上的压实填土，压实系数不应小于 0.94。

6.3.5 压实填土的最大干密度和最优含水量，宜采用击实试验确定，当无试验资料时，最大干密度可按下式计算：

$$\rho_{dmax}=\eta\frac{\rho_w d_s}{1+0.01w_{op}d_s} \tag{6.3.5}$$

式中 ρ_{dmax}——分层压实填土的最大干密度；

η——经验系数，粉质粘土取 0.96，粉土取 0.97；

ρ_w——水的密度；

d_s——土粒相对密度（比重）；

w_{op}——填料的最优含水量。

当填料为碎石或卵石时，其最大干密度可取 2.0～2.2t/m^3。

6.3.6 压实填土的边坡允许值，应根据其厚度、填料性质等因素，按表 6.3.6 的数值确定。

表 6.3.6 压实填土的边坡允许值

填料类别	压实系数 λ_c	边坡允许值（高宽比）			
		填土厚度 H（m）			
		$H\leqslant5$	$5<H\leqslant10$	$10<H\leqslant15$	$15<H\leqslant20$
碎石、卵石	0.94～0.97	1:1.25	1:1.50	1:1.75	1:2.00
砂夹石（其中碎石、卵石占全重30%～50%）		1:1.25	1:1.50	1:1.75	1:2.00
土夹石（其中碎石、卵石占全重30%～50%）		1:1.25	1:1.50	1:1.75	1:2.00
粉质粘土、粘粒含量 $\rho_c\geqslant10\%$ 的粉土		1:1.50	1:1.75	1:2.00	1:2.25

注：当压实填土厚度大于 20m 时，可设计成台阶进行压实填土的施工。

6.3.7 设置在斜坡上的压实填土，应验算其稳定性。当天然地面坡度大于 0.20 时，应采取防止压实填土可能沿坡面滑动的措施，并应避免雨水沿斜坡排泄。

6.3.8 当压实填土阻碍原地表水畅通排泄时，应根据地形修筑雨水截水沟，或设置其它排水设施。设置在压实填土区的上、下水管道，应采取防渗、防漏措施。

6.3.9 压实填土地基承载力特征值，应根据现场原位测试（静载荷试验、静力触探等）结果确定。其下卧层顶面的承载力特征值应满足本规范5.2.7条的要求。

6.4 滑 坡 防 治

6.4.1 在建设场区内，由于施工或其他因素的影响有可能形成滑坡的地段，必须采取可靠的预防措施，防止产生滑坡。对具有发展趋势并威胁建筑物安全使用的滑坡，应及早整治，防止滑坡继续发展。

6.4.2 必须根据工程地质、水文地质条件以及施工影响等因素，认真分析滑坡可能发生或发展的主要原因，可采取下列防治滑坡的处理措施：

1 排水：应设置排水沟以防止地面水浸入滑坡地段，必要时尚应采取防渗措施。在地下水影响较大的情况下，应根据地质条件，设置地下排水工程；

2 支挡：根据滑坡推力的大小、方向及作用点，可选用重力式抗滑挡墙、阻滑桩及其他抗滑结构。抗滑挡墙的基底及阻滑桩的桩端应埋置于滑动面以下的稳定土（岩）层中。必要时，应验算墙顶以上的土（岩）体从墙顶滑出的可能性；

3 卸载：在保证卸载区上方及两侧岩土稳定的情况下，可在滑体主动区卸载，但不得在滑体被动区卸载；

4 反压：在滑体的阻滑区段增加竖向荷载以提高滑体的阻滑安全系数。

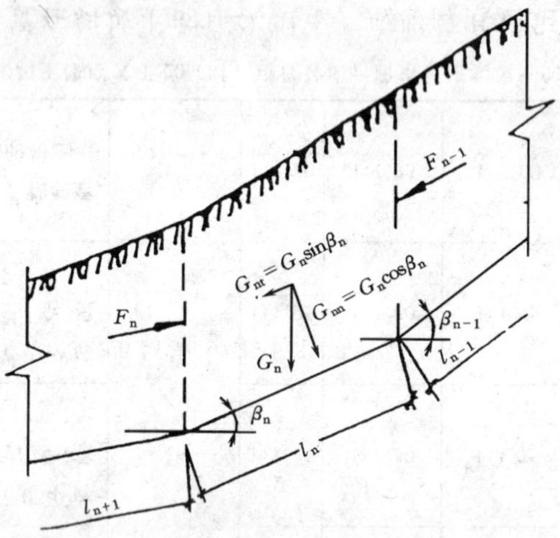

图6.4.3 滑坡推力计算示意

6.4.3 滑坡推力应按下列规定进行计算：

1 当滑体有多层滑动面（带）时，应取推力最大的滑动面（带）确定滑坡推力；

2 选择平行于滑动方向的几个具有代表性的断面进行计算。计算断面一般不得少于2个，其中应有一个是滑动主轴断面。根据不同断面的推力设计相应的抗滑结构；

3 当滑动面为折线形时，滑坡推力可按下式计算（图6.4.3）：

$$F_n = F_{n-1}\psi + \gamma_t G_{nt} - G_{nn}\tan\varphi_n - c_n l_n \quad (6.4.3\text{-}1)$$

$$\psi = \cos(\beta_{n-1}-\beta_n) - \sin(\beta_{n-1}-\beta_n)\tan\varphi_n \quad (6.4.3\text{-}2)$$

式中 F_n、F_{n-1}——第 n 块、第 $n-1$ 块滑体的剩余下滑力；

ψ——传递系数；

γ_t——滑坡推力安全系数；

G_{nt}、G_{nn}——第 n 块滑体自重沿滑动面、垂直滑动面的分力；

φ_n——第 n 块滑体沿滑动面土的内摩擦角标准值；

c_n——第 n 块滑体沿滑动面土的粘聚力标准值；

l_n——第 n 块滑体沿滑动面的长度；

4 滑坡推力作用点，可取在滑体厚度的二分之一处；

5 滑坡推力安全系数，应根据滑坡现状及其对工程的影响等因素确定，对地基基础设计等级为甲级的建筑物宜取 1.25，设计等级为乙级的建筑物宜取 1.15，设计等级为丙级的建筑物宜取 1.05；

6 根据土（岩）的性质和当地经验，可采用试验和滑坡反算相结合的方法，合理地确定滑动面上的抗剪强度。

6.5 岩溶与土洞

6.5.1 在碳酸盐类岩石地区，当有溶洞、溶蚀裂隙、土洞等现象存在时，应考虑其对地基稳定性的影响。

6.5.2 在岩溶地区，当基础底面以下的土层厚度大于三倍独立基础底宽，或大于六倍条形基础底宽，且在使用期间不具备形成土洞的条件时，可不考虑岩溶对地基稳定性的影响，并可按本规范第五章有关规定进行地基计算。

6.5.3 基础位于微风化硬质岩石表面时，对于宽度小于 1m 的竖向溶蚀裂隙和落水洞近旁地段，可不考虑其对地基稳定性的影响。当在岩体中存在倾斜软弱结构面时，应按本规范公式（5.4.1）进行地基稳定性验算。

6.5.4 当溶洞顶板与基础底面之间的土层厚度小于本规范第 6.5.2 条规定的要求时，应根据洞体大小、顶板形状、岩体结构及强度、洞内充填情况以及岩溶水活动等因素进行洞体稳定性分析。当地质条件符合下列情况之一时，可不考虑溶洞对地基稳定性的影响，但必须按本章第二节设计。

1 溶洞被密实的沉积物填满，其承载力超过 150kPa，且无被水冲蚀的可能性；

2 洞体较小，基础尺寸大于洞的平面尺寸，并有足够的支承长度；

3 微风化的硬质岩石中，洞体顶板厚度接近或大于洞跨。

6.5.5 对岩溶水通道堵塞或涌水，有可能造成场地暂时性淹没的地段，或经工程地质评价属于不稳定的岩溶地基，未经处理不宜作建筑地基。

6.5.6 对地基稳定性有影响的岩溶洞隙，应根据其位置、大小、埋深、围岩稳定性和水文地质条件综合分析，因地制宜采取下列处理措施：

1 对洞口较小的洞隙，宜采用镶补、嵌塞与跨盖等方法处理；

2 对洞口较大的洞隙，宜采用梁、板和拱等结构跨越。跨越结构应有可靠的支承面。梁式结构在岩石上的支承长度应大于梁高 1.5 倍，也可采用浆砌块石等堵塞措施；

3 对于围岩不稳定、风化裂隙破碎的岩体，可采用灌浆加固和清爆填塞等措施；

4 对规模较大的洞隙，可采用洞底支撑或调整柱距等方法处理。

6.5.7 有地下水强烈地活动于岩土交界面的岩溶地区,应考虑由地下水作用所形成的土洞对建筑地基的影响,预估地下水位在使用期间变化的可能性。总图布置前,勘察单位应提出场地土洞发育程度的分区资料。施工时,应沿基槽认真查明基础下土洞的分布位置。

6.5.8 在地下水位高于基岩表面的岩溶地区，应考虑由人工降低地下水引起土洞或地表塌陷的可能性。塌陷区的范围及方向可根据水文地质条件和抽水试验的观测结果综合分析确定。在塌陷范围内不允许采用天然地基。在已有建筑物附近抽水时，应考虑降水的影响。

6.5.9 由地表水形成的土洞或塌陷地段，应采取地表截流、防渗或堵漏等措施。应根据土洞埋深，分别选用挖填、灌砂等方法进行处理。

由地下水形成的塌陷及浅埋土洞，应清除软土，抛填块石作反滤层，面层用粘土夯填；深埋土洞宜用砂、砾石或细石混凝土灌填。在上述处理的同时，尚应采用梁、板或拱跨越。对重要的建筑物，可采用桩基处理。

6.6 土质边坡与重力式挡墙

6.6.1 边坡设计应符合下列原则：

1 边坡设计应保护和整治边坡环境，边坡水系应因势利导，设置排水设施。对于稳定的边坡，应采取保护及营造植被的防护措施。

2 建筑物的布局应依山就势，防止大挖大填。场地平整时，应采取确保周边建筑物安全的施工顺序和工作方法。由于平整场地而出现的新边坡，应及时进行支挡或构造防护。

3 边坡工程的设计前，应进行详细的工程地质勘察，并应对边坡的稳定性作出准确的评价；对周围环境的危害性作出预测；对岩石边坡的结构面调查清楚，指出主要结构面的所在位置；提供边坡设计所需要的各项参数。

4 边坡的支挡结构应进行排水设计。对于可以向坡外排水的支挡结构，应在支挡结构上设置排水孔。排水孔应沿着横竖两个方向设置，其间距宜取 2～3m，排水孔外斜坡度宜为 5%，孔眼尺寸不宜小于 100mm。支挡结构后面应做好滤水层，必要时应作排水暗沟。支挡结构后面有山坡时，应在坡脚处设置截水沟。对于不能向坡外排水的边坡，应在支挡结构后面设置排水暗沟。

5 支挡结构后面的填土，应选择透水性强的填料。当采用粘性土作填料时，宜掺入适量的碎石。在季节性冻土地区，应选择炉渣、碎石、粗砂等非冻胀性填料。

6.6.2 在山坡整体稳定的条件下，土质边坡的开挖应符合下列规定：

1 边坡的坡度允许值，应根据当地经验，参照同类土层的稳定坡度确定。当土质良好且均匀、无不良地质现象、地下水不丰富时，可按表 6.6.2 确定。

表 6.6.2　　土质边坡坡度允许值

土的类别	密实度或状态	坡度允许值（高宽比）	
		坡高在 5m 以内	坡高为 5～10m
碎石土	密实	1:0.35～1:0.50	1:0.50～1:0.75
	中密	1:0.50～1:0.75	1:0.75～1:1.00
	稍密	1:0.75～1:1.00	1:1.00～1:1.25
粘性土	坚硬	1:0.75～1:1.00	1:1.00～1：1.25
	硬塑	1:1.00～1:1.25	1:1.25～1：1.50

注：1　表中碎石土的充填物为坚硬或硬塑状态的粘性土；

2　对于砂土或充填物为砂土的碎石土，其边坡坡度允许值均按自然休止角确定。

2　土质边坡开挖时，应采取排水措施，边坡的顶部应设置截水沟。在任何情况下不允许在坡脚及坡面上积水。

3　边坡开挖时，应由上往下开挖，依次进行。弃土应分散处理，不得将弃土堆置在坡顶及坡面上。当必须在坡顶或坡面上设置弃土转运站时，应进行坡体稳定性验算，严格控制堆栈的土方量。

4　边坡开挖后，应立即对边坡进行防护处理。

6.6.3　边坡支挡结构土压力计算应符合下列规定：

1　计算支挡结构的土压力时，可按主动土压力计算；

2　边坡工程主动土压力应按下式进行计算：

$$E_a = \psi_c \frac{1}{2} \gamma h^2 k_a \tag{6.6.3-1}$$

式中　E_a——主动土压力；

ψ_c——主动土压力增大系数，土坡高度小于 5m 时宜取 1.0；高度为 5～8m 时宜取 1.1；高度大于 8m 时宜取 1.2；

γ——填土的重度；

h——挡土结构的高度；

k_a——主动土压力系数，按本规范附录 L 确定。

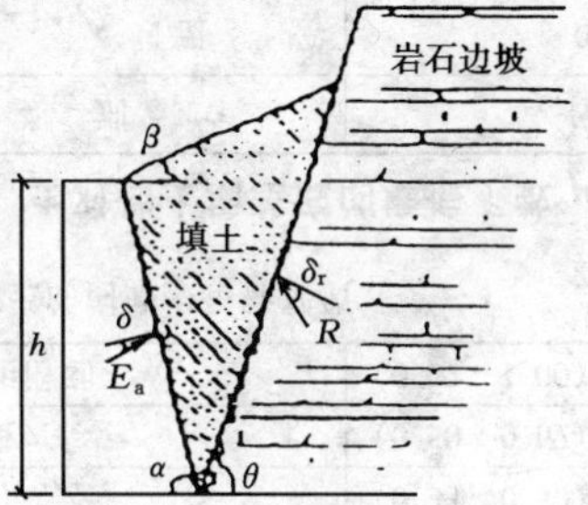

图 6.6.3　有限填土土压力计算示意

当填土为无粘性土时，主动土压力系数可按库伦土压力理论确定。当支挡结构满足朗肯条件时，主动土压力系数可按朗肯土压力理论确定。粘性土或粉土的主动土压力也可采用楔体试算法图解求得。

3　当支挡结构后缘有较陡峻的稳定岩石坡面，岩坡的坡角 $\theta >$（$45° + \varphi/2$）时（图 6.6.3），应按有限范围填土计算土压力，取岩石坡面为破裂面。根据稳定岩石坡面与填土间的摩擦角按下式计算主动土压力系数：

$$k_a = \frac{\sin(\alpha+\theta)\sin(\alpha+\beta)\sin(\theta-\delta_r)}{\sin^2\alpha\sin(\theta-\beta)\sin(\alpha-\delta+\theta-\delta_r)} \tag{6.6.3-2}$$

式中　θ——稳定岩石坡面的倾角；

δ_r——稳定岩石坡面与填土间的摩擦角，根据试验确定。当无试验资料时，可取 $\delta_r = 0.33\varphi_k$，φ_k 为填土的内摩擦角标准值。

6.6.4 重力式挡土墙构造应符合下列要求：

1 重力式挡土墙适用于高度小于6m、地层稳定、开挖土石方时不会危及相邻建筑物安全的地段。

2 重力式挡土墙可在基底设置逆坡。对于土质地基，基底逆坡坡度不宜大于1:10；对于岩质地基，基底逆坡坡度不宜大于1:5。

3 块石挡土墙的墙顶宽度不宜小于400mm；混凝土挡土墙的墙顶宽度不宜小于200mm。

4 重力式挡墙的基础埋置深度，应根据地基承载力、水流冲刷、岩石裂隙发育及风化程度等因素进行确定。在特强冻胀、强冻胀地区应考虑冻胀的影响。在土质地基中，基础埋置深度不宜小于0.5m；在软质岩地基中，基础埋置深度不宜小于0.3m。

5 重力式挡土墙应每间隔10～20m设置一道伸缩缝。当地基有变化时宜加设沉降缝。在挡土结构的拐角处，应采取加强的构造措施。

6.6.5 挡土墙的稳定性验算应符合下列要求（图6.6.5-1）：

1 抗滑移稳定性应按下式验算：

$$\frac{(G_n+E_{an})\mu}{E_{at}-G_t}\geqslant 1.3 \qquad (6.6.5\text{-}1)$$

$$G_n = G\cos\alpha_0$$

$$G_t = G\sin\alpha_0$$

$$E_{at} = E_a\sin(\alpha-\alpha_0-\delta)$$

$$E_{an} = E_a\cos(\alpha-\alpha_0-\delta)$$

式中 G——挡土墙每延米自重；

α_0——挡土墙基底的倾角；

α——挡土墙墙背的倾角；

δ——土对挡土墙墙背的摩擦角，可按表6.6.5-1选用；

μ——土对挡土墙基底的摩擦系数，由试验确定，也可按表6.6.5-2选用。

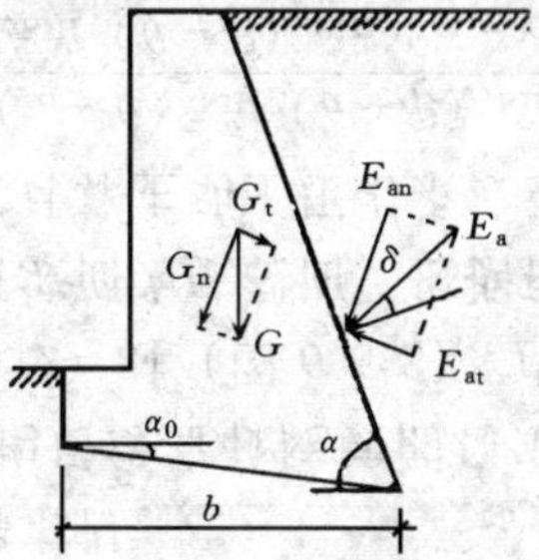

图6.6.5-1 挡土墙抗滑稳定验算示意

表6.6.5-1 土对挡土墙墙背的摩擦角 δ

挡土墙情况	摩擦角 δ
墙背平滑，排水不良	$(0\sim0.33)\ \varphi_k$
墙背粗糙，排水良好	$(0.33\sim0.50)\ \varphi_k$
墙背很粗糙，排水良好	$(0.50\sim0.67)\ \varphi_k$
墙背与填土间不可能滑动	$(0.67\sim1.00)\ \varphi_k$

注：φ_k 为墙背填土的内摩擦角标准值。

表6.6.5-2 土对挡土墙基底的摩擦系数 μ

土的类别		摩擦系数 μ
粘性土	可塑	0.25～0.30
	硬塑	0.30～0.35
	坚硬	0.35～0.45
粉土		0.30～0.40

续表

土的类别	摩擦系数 μ
中砂、粗砂、砾砂	0.40～0.50
碎石土	0.40～0.60
软质岩	0.40～0.60
表面粗糙的硬质岩	0.65～0.75

注：1 对易风化的软质岩和塑性指数 I_p 大于 22 的粘性土，基底摩擦系数应通过试验确定。

2 对碎石土，可根据其密实程度、填充物状况、风化程度等确定。

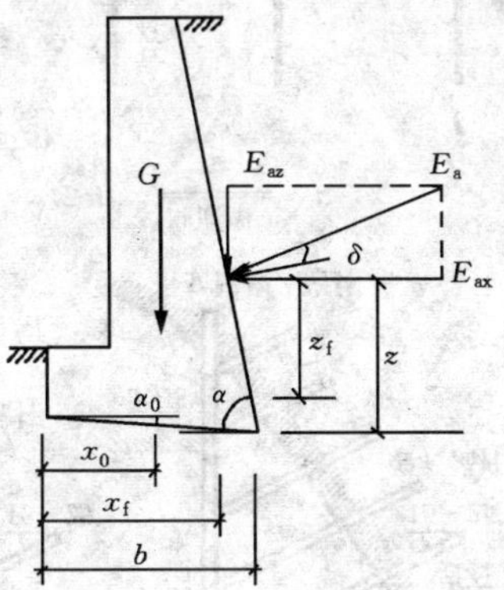

图 6.6.5-2 挡土墙抗倾覆稳定验算示意

2 抗倾覆稳定性应按下式验算（图 6.6.5-2）：

$$\frac{Gx_0 + E_{az}x_f}{E_{ax}z_f} \geqslant 1.6 \qquad (6.6.5\text{-}2)$$

$$E_{ax} = E_a \sin(\alpha - \delta)$$

$$E_{az} = E_a \cos(\alpha - \delta)$$

$$x_f = b - z\cot\alpha$$

$$z_f = z - b\tan\alpha_0$$

式中 z——土压力作用点离墙踵的高度；

x_0——挡土墙重心离墙趾的水平距离；

b——基底的水平投影宽度。

3 整体滑动稳定性验算：可采用圆弧滑动面法。

4 地基承载力验算，除应符合本规范第 5.2 节的规定外，基底合力的偏心距不应大于 0.25 倍基础的宽度。

6.7 岩石边坡与岩石锚杆挡墙

6.7.1 在岩石边坡整体稳定的条件下，岩石边坡的开挖坡度允许值，应根据当地经验按工程类比的原则，参照本地区已有稳定边坡的坡度值加以确定。

6.7.2 当整体稳定的软质岩边坡高度小于 12m，硬质岩边坡高度小于 15m 时，边坡开挖时可进行构造处理（图 6.7.2-1，图 6.7.2-2）。

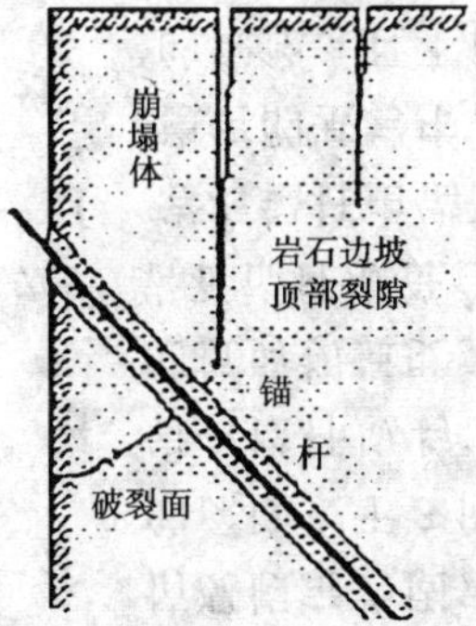

图 6.7.2-1 边坡顶部支护

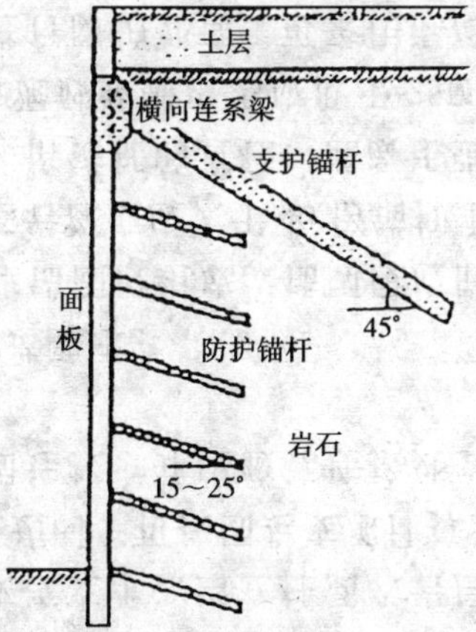

图 6.7.2-2 整体稳定边坡支护

6.7.3 对单结构面外倾边坡作用在支挡结构上的横推力，可根据楔体平衡法进行计算，并应考虑结构面填充物的性质及其浸水后的变化。具有两组或多组结构面的交线倾向于临空面的边坡，可采用棱形体分割法计算棱体的下滑力。

6.7.4 岩石锚杆挡土结构设计，应符合下列规定：（图6.7.4）

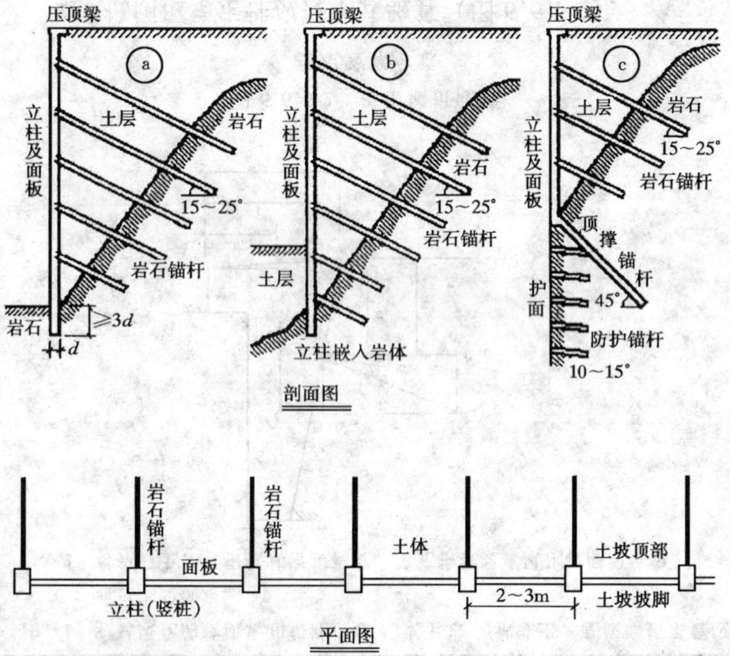

图 6.7.4 锚杆体系支挡结构

1 岩石锚杆挡土结构的荷载，宜采用主动土压力乘以1.1～1.2的增大系数。

2 挡板计算时，其荷载的取值可考虑支承挡板的两立柱间土体的卸荷拱作用。

3 立柱端部应嵌入稳定岩层内，并应根据端部的实际情况假定为固定支承或铰支承，当立柱插入岩层中的深度大于3倍立柱长边时，可按固定支承计算。

4 岩石锚杆应与立柱牢固连接，并应验算连接处立柱的抗剪切强度。

6.7.5 岩石锚杆应符合下列构造要求：

1 岩石锚杆由锚固段和非锚固段组成。锚固段应嵌入稳定的基岩中，嵌入基岩深度应大于40倍锚杆主筋的直径，且不得小于3倍锚杆的直径，混凝土强度等级不应低于C25、水泥砂浆强度不应低于25MPa。非锚固段的主筋必须进行防护处理，可采用混凝土或水泥砂浆包裹。

2 作支护用的岩石锚杆，锚杆直径不宜小于100mm；作防护用的锚杆，其直径可小于100mm，但不应小于50mm。

3 岩石锚杆的间距，不应小于锚杆直径的6倍。

4 岩石锚杆与水平面的夹角宜为15°～25°。

6.7.6 岩石锚杆锚固段的抗拔承载力，应按照本规范附录M的试验方法经现场原位试验确定。对于永久性锚杆的初步设计或对于临时性锚杆的施工阶段设计，可按下式计算：

$$R_t = \xi f u_r h_r \quad (6.7.6)$$

式中 R_t——锚杆抗拔承载力特征值；

u_r——锚杆的周长；

h_r——锚杆锚固段嵌入岩层中的有效锚固长度，按地区经验确定；

f——水泥砂浆和混凝土与岩石间的粘结强度特征值，由试验确定，当缺乏试验资料时，可按表 6.7.6 取用；

ξ——经验系数，对于永久性锚杆取 0.8，对于临时性锚杆取 1.0。

表 6.7.6　砂浆与岩石间的粘结强度特征值（MPa）

岩石坚硬程度	软　岩	较软岩	硬质岩
粘结强度	<0.2	0.2~0.4	0.4~0.6

注：水泥砂浆强度为 30MPa，混凝土强度等级 C30。

7　软弱地基

7.1　一般规定

7.1.1　软弱地基系指主要由淤泥、淤泥质土、冲填土、杂填土或其他高压缩性土层构成的地基。在建筑地基的局部范围内有高压缩性土层时，应按局部软弱土层考虑。

7.1.2　勘察时，应查明软弱土层的均匀性、组成、分布范围和土质情况。冲填土尚应了解排水固结条件。杂填土应查明堆积历史，明确自重下稳定性、湿陷性等基本因素。

7.1.3　设计时，应考虑上部结构和地基的共同作用。对建筑体型、荷载情况、结构类型和地质条件进行综合分析，确定合理的建筑措施、结构措施和地基处理方法。

7.1.4　施工时，应注意对淤泥和淤泥质土基槽底面的保护，减少扰动。荷载差异较大的建筑物，宜先建重、高部分，后建轻、低部分。

7.1.5　活荷载较大的构筑物或构筑物群（如料仓、油罐等），使用初期应根据沉降情况控制加载速率，掌握加载间隔时间，或调整活荷载分布，避免过大倾斜。

7.2　利用与处理

7.2.1　利用软弱土层作为持力层时，可按下列规定：

1　淤泥和淤泥质土，宜利用其上覆较好土层作为持力层，当上覆土层较薄，应采取避免施工时对淤泥和淤泥质土扰动的措施；

2 冲填土、建筑垃圾和性能稳定的工业废料，当均匀性和密实度较好时，均可利用作为持力层；

3 对于有机质含量较多的生活垃圾和对基础有侵蚀性的工业废料等杂填土，未经处理不宜作为持力层。

7.2.2 局部软弱土层以及暗塘、暗沟等，可采用基础梁、换土、桩基或其他方法处理。

7.2.3 当地基承载力或变形不能满足设计要求时，地基处理可选用机械压（夯）实、堆载预压、塑料排水带或砂井真空预压、换填垫层或复合地基等方法。处理后的地基承载力应通过试验确定。

7.2.4 机械压实包括重锤夯实、强夯、振动压实等方法，可用于处理由建筑垃圾或工业废料组成的杂填土地基，处理有效深度应通过试验确定。

7.2.5 堆载预压可用于处理较厚淤泥和淤泥质土地基。预压荷载宜大于设计荷载，预压时间应根据建筑物的要求以及地基固结情况决定，并应考虑堆载大小和速率对堆载效果和周围建筑物的影响。

采用塑料排水带或砂井进行堆载预压和真空预压时，应在塑料排水带或砂井顶部作排水砂垫层。

7.2.6 换填垫层可用于软弱地基的浅层处理。垫层材料可采用中砂、粗砂、砾砂，角（圆）砾、碎（卵）石、矿渣、灰土、粘性土以及其它性能稳定、无侵蚀性的材料。

7.2.7 复合地基设计应满足建筑物承载力和变形要求。对于地基土为欠固结土、膨胀土、湿陷性黄土、可液化土等特殊土时，设计时要综合考虑土体的特殊性质，选用适当的增强体和施工工艺。

7.2.8 复合地基承载力特征值应通过现场复合地基载荷试验确定，或采用增强体的载荷试验结果和其周边土的承载力特征值结合经验确定。

7.2.9 增强体顶部应设褥垫层。褥垫层可采用中砂、粗砂、砾砂、碎石、卵石等散体材料。碎石、卵石宜掺入20%～30%的砂。

7.3 建筑措施

7.3.1 在满足使用和其他要求的前提下，建筑体型应力求简单。当建筑体型比较复杂时，宜根据其平面形状和高度差异情况，在适当部位用沉降缝将其划分成若干个刚度较好的单元；当高度差异或荷载差异较大时，可将两者隔开一定距离，当拉开距离后的两单元必须连接时，应采用能自由沉降的连接构造。

7.3.2 建筑物的下列部位，宜设置沉降缝：

1 建筑平面的转折部位；

2 高度差异或荷载差异处；

3 长高比过大的砌体承重结构或钢筋混凝土框架结构的适当部位；

4 地基土的压缩性有显著差异处；

5 建筑结构或基础类型不同处；

6 分期建造房屋的交界处。

沉降缝应有足够的宽度，缝宽可按表7.3.2选用。

表7.3.2 房屋沉降缝的宽度

房屋层数	沉降缝宽度（mm）
二～三	50～80
四～五	80～120
五层以上	不小于120

7.3.3 相邻建筑物基础间的净距，可按表7.3.3选用。

表7.3.3 相邻建筑物基础间的净距（m）

影响建筑的预估平均沉降量 s（mm） \ 被影响建筑的长高比	$2.0 \leq \frac{L}{H_f} < 3.0$	$3.0 \leq \frac{L}{H_f} < 5.0$
70～150	2～3	3～6
160～250	3～6	6～9
260～400	6～9	9～12
>400	9～12	≥12

注：1 表中 L 为建筑物长度或沉降缝分隔的单元长度（m）；H_f 为自基础底面标高算起的建筑物高度（m）；

2 当被影响建筑的长高比为 $1.5 < L/H_f < 2.0$ 时，其间净距可适当缩小。

7.3.4 相邻高耸结构或对倾斜要求严格的构筑物的外墙间隔距离，应根据倾斜允许值计算确定。

7.3.5 建筑物各组成部分的标高，应根据可能产生的不均匀沉降采取下列相应措施：

1 室内地坪和地下设施的标高，应根据预估沉降量予以提高。建筑物各部分（或设备之间）有联系时，可将沉降较大者标高提高；

2 建筑物与设备之间，应留有净空。当建筑物有管道穿过时，应预留孔洞，或采用柔性的管道接头等。

7.4 结构措施

7.4.1 为减少建筑物沉降和不均匀沉降，可采用下列措施：

1 选用轻型结构，减轻墙体自重，采用架空地板代替室内填土；

2 设置地下室或半地下室，采用覆土少、自重轻的基础型式；

3 调整各部分的荷载分布、基础宽度或埋置深度；

4 对不均匀沉降要求严格的建筑物，可选用较小的基底压力。

7.4.2 对于建筑体型复杂、荷载差异较大的框架结构，可采用箱基、桩基、筏基等加强基础整体刚度，减少不均匀沉降。

7.4.3 对于砌体承重结构的房屋，宜采用下列措施增强整体刚度和强度：

1 对于三层和三层以上的房屋，其长高比 L/H_f 宜小于或等于2.5；当房屋的长高比为 $2.5 < L/H_f \leq 3.0$ 时，宜做到纵墙不转折或少转折，并应控制其内横墙间距或增强基础刚度和强度。当房屋的预估最大沉降量小于或等于120mm时，其长高比可不受限制；

2 墙体内宜设置钢筋混凝土圈梁或钢筋砖圈梁；

3 在墙体上开洞时，宜在开洞部位配筋或采用构造柱及圈梁加强。

7.4.4 圈梁应按下列要求设置：

1 在多层房屋的基础和顶层处宜各设置一道，其他各层可隔层设置，必要时也可层层设置。单层工业厂房、仓库，可结合基础梁、连系梁、过梁等酌情设置。

2 圈梁应设置在外墙、内纵墙和主要内横墙上，并宜在平面内连成封闭系统。

7.5 大面积地面荷载

7.5.1 在建筑范围内具有地面荷载的单层工业厂房、露天车间和单层仓库的设计，应考虑由于地面荷载所产生的地基不均匀变形及其对上部结构的不利影响。当有条件时，宜利用堆载预压过的建筑场地。

注：地面荷载系指生产堆料、工业设备等地面堆载和天然地面上的大面积填土荷载。

7.5.2 地面堆载应均衡，并应根据使用要求、堆载特点、结构类型和地质条件确定允许堆载量和范围，堆载量不应超过地基承载力特征值。

堆载不宜压在基础上。大面积的填土，宜在基础施工前三个月完成。

7.5.3 厂房和仓库的结构设计,可适当提高柱、墙的抗弯能力,增强房屋的刚度。对于中、小型仓库,宜采用静定结构。

7.5.4 对于在使用过程中允许调整吊车轨道的单层钢筋混凝土工业厂房和露天车间的天然地基设计，除应遵守本规范第五章有关规定外，尚应符合下式要求：

$$s'_g \leqslant [s'_g] \tag{7.5.4}$$

式中 s'_g——由地面荷载引起柱基内侧边缘中点的地基附加沉降量计算值，可按本规范附录 N 计算；

$[s'_g]$——由地面荷载引起柱基内侧边缘中点的地基附加沉降允许值，可按表 7.5.4 采用。

表 7.5.4 地基附加沉降量允许值 $[s'_g]$ (mm)

b \ a	6	10	20	30	40	50	60	70
1	40	45	50	55	55			
2	45	50	55	60	60			
3	50	55	60	65	70	75		
4	55	60	65	70	75	80	85	90
5	65	70	75	80	85	90	95	100

注：表中 a 为地面荷载的纵向长度(m)；b 为车间跨度方向基础底面边长(m)。

7.5.5 按本规范第 7.5.4 条设计时，应考虑在使用过程中垫高或移动吊车轨道和吊车梁的可能性。应增大吊车顶面与屋架下弦间的净空和吊车边缘与上柱边缘间的净距，当地基土平均压缩模量 E_s 为 3MPa 左右，地面平均荷载大于 25kPa 时，净空宜大于 300mm，净距宜大于 200mm。并应按吊车轨道可能移动的幅度，加宽钢筋混凝土吊车梁腹部及配置抗扭钢筋。

7.5.6 具有地面荷载的建筑地基遇到下列情况之一时，宜采用桩基：

1 不符合本规范第 7.5.4 条要求；

2 车间内设有起重量 30t 以上、工作级别大于 A5 的吊车；

3 基底下软弱土层较薄，采用桩基较经济者。

8 基 础

8.1 无筋扩展基础

8.1.1 无筋扩展基础系指由砖、毛石、混凝土或毛石混凝土、灰土和三合土等材料组成的墙下条形基础或柱下独立基础。无筋扩展基础适用于多层民用建筑和轻型厂房。

8.1.2 基础高度，应符合下式要求（图 8.1.2）

$$H_0 \geqslant \frac{b - b_0}{2\tan\alpha} \tag{8.1.2}$$

式中 b——基础底面宽度；

b_0——基础顶面的墙体宽度或柱脚宽度；

H_0——基础高度；

b_2——基础台阶宽度；

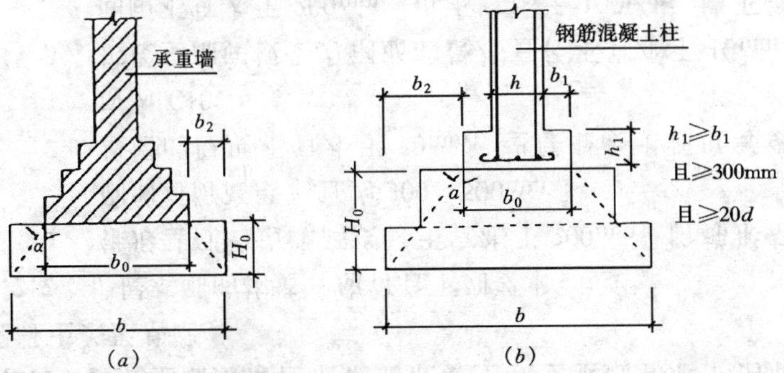

图 8.1.2 无筋扩展基础构造示意

d——柱中纵向钢筋直径

$\tan\alpha$——基础台阶宽高比 $b_2 : H_0$，其允许值可按表 8.1.2 选用。

表 8.1.2 无筋扩展基础台阶宽高比的允许值

基础材料	质量要求	台阶宽高比的允许值		
		$p_k \leqslant 100$	$100 < p_k \leqslant 200$	$200 < p_k \leqslant 300$
混凝土基础	C15 混凝土	1:1.00	1:1.00	1:1.25
毛石混凝土基础	C15 混凝土	1:1.00	1:1.25	1:1.50
砖基础	砖不低于 MU10、砂浆不低于 M5	1:1.50	1:1.50	1:1.50
毛石基础	砂浆不低于 M5	1:1.25	1:1.50	—
灰土基础	体积比为 3:7 或 2:8 的灰土，其最小干密度：粉土 $1.55t/m^3$ 粉质粘土 $1.50t/m^3$ 粘土 $1.45t/m^3$	1:1.25	1:1.50	—
三合土基础	体积比 1:2:4～1:3:6（石灰:砂:骨料），每层约虚铺 220mm，夯至 150mm	1:1.50	1:2.00	—

注：1 p_k 为荷载效应标准组合时基础底面处的平均压力值（kPa）；

2 阶梯形毛石基础的每阶伸出宽度，不宜大于 200mm；

3 当基础由不同材料叠合组成时，应对接触部分作抗压验算；

4 基础底面处的平均压力值超过 300kPa 的混凝土基础，尚应进行抗剪验算。

8.1.3 采用无筋扩展基础的钢筋混凝土柱，其柱脚高度 h_1 不得小于 b_1（图 8.1.2），并不应小于 300mm 且不小于 $20d$（d 为柱中的纵向受力钢筋的最大直径）。当柱纵向钢筋在柱脚内的竖向锚固长度不满足锚固要求时，可沿水平方向弯折，弯折后的水平锚固长度不应小于 $10d$ 也不应大于 $20d$。

8.2 扩 展 基 础

8.2.1 扩展基础系指柱下钢筋混凝土独立基础和墙下钢筋混凝土条形基础。

8.2.2 扩展基础的构造，应符合下列要求：

1 锥形基础的边缘高度，不宜小于 200mm；阶梯形基础的每阶高度，宜为 300～500mm；

2 垫层的厚度不宜小于 70mm；垫层混凝土强度等级应为 C10；

3 扩展基础底板受力钢筋的最小直径不宜小于 10mm；间距不宜大于 200mm，也不宜小于 100mm。墙下钢筋混凝土条形基础纵向分布钢筋的直径不小于 8mm；间距不大于 300mm；每延米分布钢筋的面积应不小于受力钢筋面积的 1/10。当有垫层时钢筋保护层的厚度不小于 40mm；无垫层时不小于 70mm；

4 混凝土强度等级不应低于 C20；

5 当柱下钢筋混凝土独立基础的边长和墙下钢筋混凝土条形基础的宽度大于或等于 2.5m 时，底板受力钢筋的长度可取边长或宽度的 0.9 倍，并宜交错布置（图 8.2.2*a*）；

6 钢筋混凝土条形基础底板在 T 形及十字形交接处，底板横向受力钢筋仅沿一个主要受力方向通长布置，另一方向的横向受力钢筋可布置到主要受力方向底板宽度 1/4 处（图 8.2.2*b*）。在拐角处底板横向受力钢筋应沿两个方向布置（图 8.2.2*c*）。

8.2.3 钢筋混凝土柱和剪力墙纵向受力钢筋在基础内的锚固长度 l_a 应根据钢筋在基础内的最小保护层厚度按现行《混凝土结构设计规范》有关规定确定：

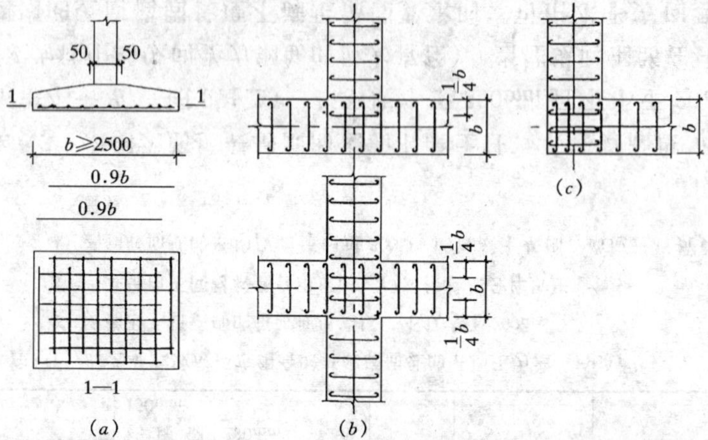

图 8.2.2 扩展基础底板受力钢筋布置示意

有抗震设防要求时，纵向受力钢筋的最小锚固长度 l_{aE} 应按下式计算：

一、二级抗震等级

$$l_{aE} = 1.15 l_a \tag{8.2.3-1}$$

三级抗震等级

$$l_{aE} = 1.05 l_a \tag{8.2.3-2}$$

四级抗震等级

$$l_{aE} = l_a \tag{8.2.3-3}$$

式中 l_a——纵向受拉钢筋的锚固长度。

8.2.4 现浇柱的基础，其插筋的数量、直径以及钢筋种类应与柱内纵向受力钢筋相同。插筋的锚固长度应满足第 8.2.3 条的要求，插筋与柱的纵向受力钢筋的连接方法，应符合现行《混凝土结构设计规范》的规定。插筋的下端宜作成直钩放在基础底板钢筋网上。当符合下列条件之一时，可仅将四角的插筋伸至底板钢筋网上，其余插筋锚固在基础顶面下 l_a 或 l_{aE}（有抗震设防要求时）处（图 8.2.4）。

1 柱为轴心受压或小偏心受压，基础高度大于等于 1200mm；

2 柱为大偏心受压，基础高度大于等于 1400mm。

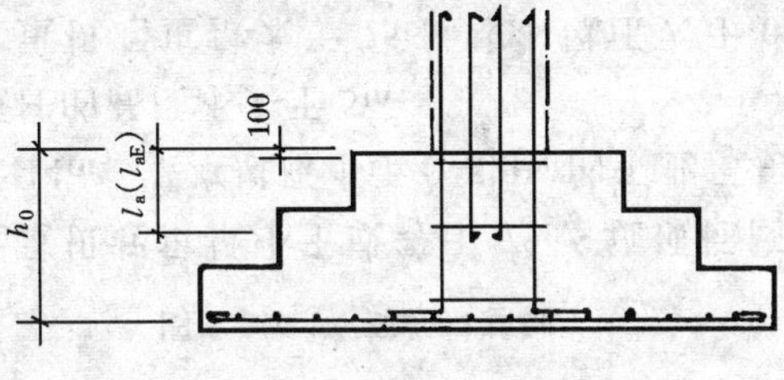

图 8.2.4 现浇柱的基础中插筋构造示意

8.2.5 预制钢筋混凝土柱与杯口基础的连接，应符合下列要求（图 8.2.5）：

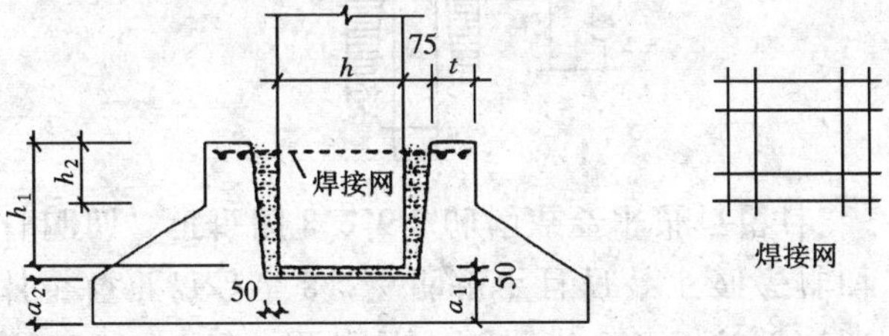

图 8.2.5 预制钢筋混凝土柱独立基础示意

注：$a_2 \geqslant a_1$

1 柱的插入深度，可按表 8.2.5-1 选用，并应满足第 8.2.3 条钢筋锚固长度的要求及吊装时柱的稳定性。

表 8.2.5-1 柱的插入深度 h_1（mm）

矩形或工字形柱				双肢柱
$h < 500$	$500 \leqslant h < 800$	$800 \leqslant h \leqslant 1000$	$h > 1000$	
$h \sim 1.2h$	h	$0.9h$ 且 ≥800	$0.8h$ 且 ≥1000	$(1/3 \sim 2/3)\ h_a$ $(1.5 \sim 1.8)\ h_b$

注：1 h 为柱截面长边尺寸；h_a 为双肢柱全截面长边尺寸；h_b 为双肢柱全截面短边尺寸；
2 柱轴心受压或小偏心受压时，h_1 可适当减小，偏心距大于 $2h$ 时，h_1 应适当加大。

2 基础的杯底厚度和杯壁厚度，可按表 8.2.5-2 选用。

表 8.2.5-2 基础的杯底厚度和杯壁厚度

柱截面长边尺寸 h（mm）	杯底厚度 a_1（mm）	杯壁厚度 t（mm）
$h < 500$	≥150	150～200
$500 \leqslant h < 800$	≥200	≥200
$800 \leqslant h < 1000$	≥200	≥300
$1000 \leqslant h < 1500$	≥250	≥350
$1500 \leqslant h < 2000$	≥300	≥400

注：1 双肢柱的杯底厚度值，可适当加大；
2 当有基础梁时，基础梁下的杯壁厚度，应满足其支承宽度的要求；
3 柱子插入杯口部分的表面应凿毛，柱子与杯口之间的空隙，应用比基础混凝土强度等级高一级的细石混凝土充填密实，当达到材料设计强度的 70% 以上时，方能进行上部吊装。

3 当柱为轴心受压或小偏心受压且 $t/h_2 \geqslant 0.65$ 时，或大偏心受压且 $t/h_2 \geqslant 0.75$ 时，杯壁可不配筋；当柱为轴心受压或小偏心受压且 $0.5 \leqslant t/h_2 < 0.65$ 时，杯壁可按表 8.2.5-3 构造配筋；其他情况下，应按计算配筋。

表 8.2.5-3　　杯壁构造配筋

柱截面长边尺寸（mm）	$h<1000$	$1000\leqslant h<1500$	$1500\leqslant h\leqslant 2000$
钢筋直径（mm）	8～10	10～12	12～16

注：表中钢筋置于杯口顶部，每边两根（图 8.2.5）。

8.2.6 预制钢筋混凝土柱（包括双肢柱）与高杯口基础的连接（图 8.2.6-1），应符合本规范第 8.2.5 条插入深度的规定。杯壁厚度符合表 8.2.6 的规定且符合下列条件时，杯壁和短柱配筋，可按图 8.2.6-2 的构造要求进行设计。

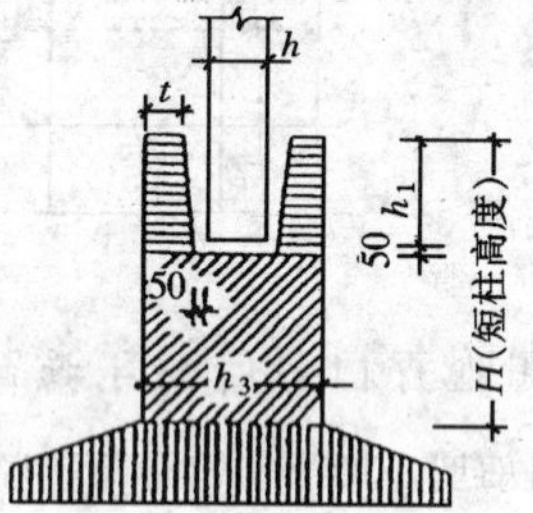

图 8.2.6-1　高杯口基础

1　起重机起重量小于或等于 75t，轨顶标高小于或等于 14m，基本风压小于 0.5kPa 的工业厂房，且基础短柱的高度不大于 5m；

2　起重机起重量大于 75t，基本风压大于 0.5kPa，且符合下列表达式：

$$E_2I_2/E_1I_1\geqslant 10 \qquad (8.2.6\text{-}1)$$

式中　E_1——预制钢筋混凝土柱的弹性模量；

I_1——预制钢筋混凝土柱对其截面短轴的惯性矩；

E_2——短柱的钢筋混凝土弹性模量；

I_2——短柱对其截面短轴的惯性矩。

3　当基础短柱的高度大于 5m，并符合下列表达式：

$$\Delta_2/\Delta_1\leqslant 1.1 \qquad (8.2.6\text{-}2)$$

式中　Δ_1——单位水平力作用在以高杯口基础顶面为固定端的柱顶时，柱顶的水平位移；

Δ_2——单位水平力作用在以短柱底面为固定端的柱顶时，柱顶的水平位移。

4　高杯口基础短柱的纵向钢筋，除满足计算要求外，在非地震区及抗震设防烈度低于 9 度地区，且满足本条之 1、2、3 款的要求时，短柱四角纵向钢筋的直径不宜小于 20mm，并延伸至基础底板的钢筋网上。短柱长边的纵向钢筋，当长边尺寸小于或等于 1000mm 时，其钢筋直径不应小于 12mm，间距不应大于 300mm；当长边尺寸大于 1000mm 时，其钢筋直径不应小于 16mm，间距不应大于 300mm，且每隔一米左右伸下一根并作 150mm 的直钩支承在基础底部的钢筋网上，其余钢筋锚固至基础底板顶面下 l_a 处（图 8.2.6-2）。短柱短边每隔 300mm 应配置直径不小于 12mm 的纵向钢筋，且每边的配筋率不少于 0.05% 短柱的截面面积。短柱中的箍筋直径不应小于 8mm，间距不应大于 300mm；当抗震设防烈度为 8 度和 9 度时，箍筋直径不应小于 8mm，间距不应大于 150mm。

表 8.2.6　　高杯口基础的杯壁厚度 t

h（mm）	t（mm）	h（mm）	t（mm）
$600<h\leqslant 800$	$\geqslant 250$	$1000<h\leqslant 1400$	$\geqslant 350$
$800<h\leqslant 1000$	$\geqslant 300$	$1400<h\leqslant 1600$	$\geqslant 400$

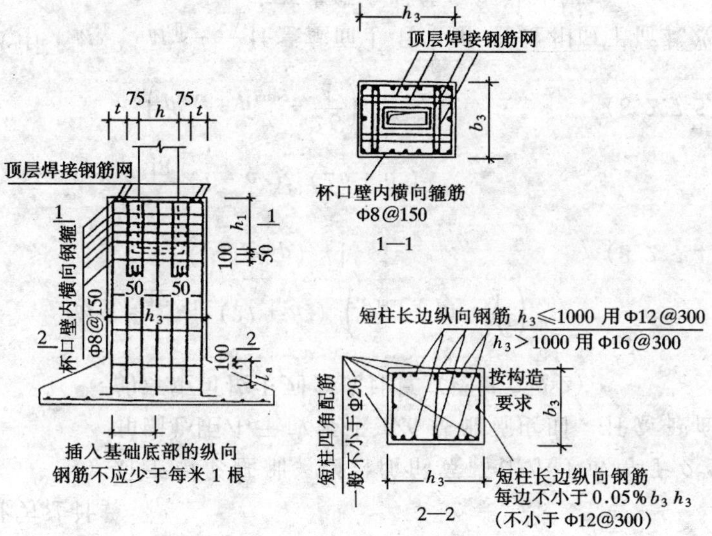

图 8.2.6-2　高杯口基础构造
配筋示意

8.2.7　扩展基础的计算，应符合下列要求：

1　基础底面积，应按本规范第五章有关规定确定。在墙下条形基础相交处，不应重复计入基础面积；

2　对矩形截面柱的矩形基础，应验算柱与基础交接处以及基础变阶处的受冲切承载力；

受冲切承载力应按下列公式验算：

$$F_l \leqslant 0.7\beta_{hp} f_t a_m h_0 \quad (8.2.7\text{-}1)$$

$$a_m = (a_t + a_b)/2 \quad (8.2.7\text{-}2)$$

$$F_l = p_j A_l \quad (8.2.7\text{-}3)$$

式中　β_{hp}——受冲切承载力截面高度影响系数，当 h 不大于 800mm 时，β_{hp} 取 1.0；当 h 大于等于 2000mm 时，β_{hp} 取 0.9，其间按线性内插法取用；

f_t——混凝土轴心抗拉强度设计值；

h_0——基础冲切破坏锥体的有效高度；

a_m——冲切破坏锥体最不利一侧计算长度；

a_t——冲切破坏锥体最不利一侧斜截面的上边长，当计算柱与基础交接处的受冲切承载力时，取柱宽；当计算基础变阶处的受冲切承载力时，取上阶宽；

a_b——冲切破坏锥体最不利一侧斜截面在基础底面积范围内的下边长，当冲切破坏锥体的底面落在基础底面以内（图 8.2.7-1a、b），计算柱与基础交接处的受冲切承载力时，取柱宽加两倍基础有效高度；当计算基础变阶处的受冲切承载力时，取上阶宽加两倍该处的基础有效高度。当冲切破坏锥体的底面在 l 方向落在基础底面以外，即 $a + 2h_0 \geqslant l$ 时(图 8.2.7-1c)，$a_b = l$；

p_j——扣除基础自重及其上土重后相应于荷载效应基本组合时的地基土单位面积净反力，对偏心受压基础可取基础边缘处最大地基土单位面积净反力；

A_l——冲切验算时取用的部分基底面积（图 8.2.7-1a、b 中的阴影面积 ABCDEF，或图 8.2.7-1c 中的阴影面积 ABCD）；

F_l——相应于荷载效应基本组合时作用在 A_l 上的地基土净反力设计值。

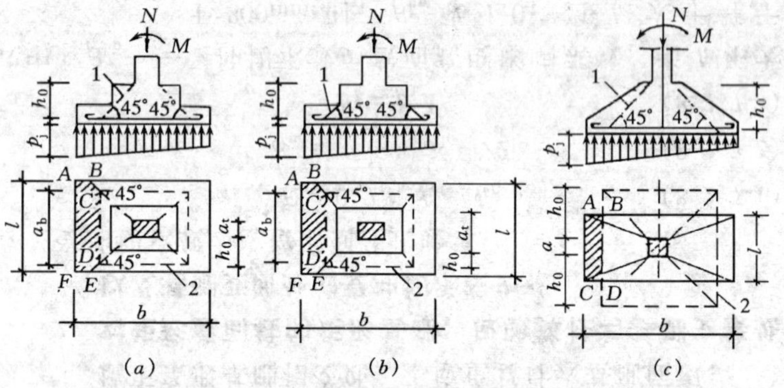

图 8.2.7-1　计算阶形基础的受冲切承载力截面位置

（a）柱与基础交接处；（b）基础变阶处

1—冲切破坏锥体最不利一侧的斜截面；2—冲切破坏锥体的底面线

3　基础底板的配筋，应按抗弯计算确定；

在轴心荷载或单向偏心荷载作用下底板受弯可按下列简化方法计算：

1）对于矩形基础，当台阶的宽高比小于或等于 2.5 和偏心距小于或等于 1/6 基础宽度时，任意截面的弯矩可按下列公式计算（图 8.2.7-2）：

$$M_{\mathrm{I}}=\frac{1}{12}a_1^2\left[(2l+a')\left(p_{\max}+p-\frac{2G}{A}\right)+(p_{\max}-p)\,l\right] \tag{8.2.7-4}$$

$$M_{\mathrm{II}}=\frac{1}{48}(l-a')^2(2b+b')\left(p_{\max}+p_{\min}-\frac{2G}{A}\right) \tag{8.2.7-5}$$

式中　M_{I}、M_{II}——任意截面Ⅰ-Ⅰ、Ⅱ-Ⅱ处相应于荷载效应基本组合时的弯矩设计值；

a_1——任意截面Ⅰ-Ⅰ至基底边缘最大反力处的距离；

l、b——基础底面的边长；

$p_{\max}$、$p_{\min}$——相应于荷载效应基本组合时的基础底面边缘最大和最小地基反力设计值；

p——相应于荷载效应基本组合时在任意截面Ⅰ-Ⅰ处基础底面地基反力设计值；

G——考虑荷载分项系数的基础自重及其上的土自重；当组合值由永久荷载控制时，$G=1.35G_{\mathrm{k}}$，G_{k} 为基础及其上土的标准自重。

2）对于墙下条形基础任意截面的弯矩（图 8.2.7-3），可取 $l=a'=1\mathrm{m}$ 按式（8.2.7-4）进行计算，其最大弯矩截面的位置，应符合下列规定：

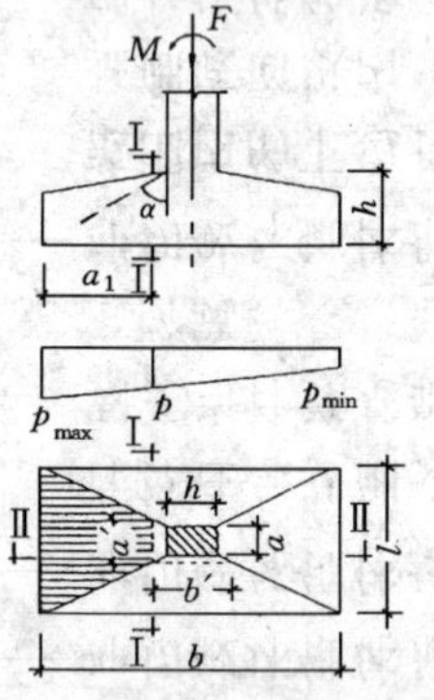

图 8.2.7-2　矩形基础底板的计算示意

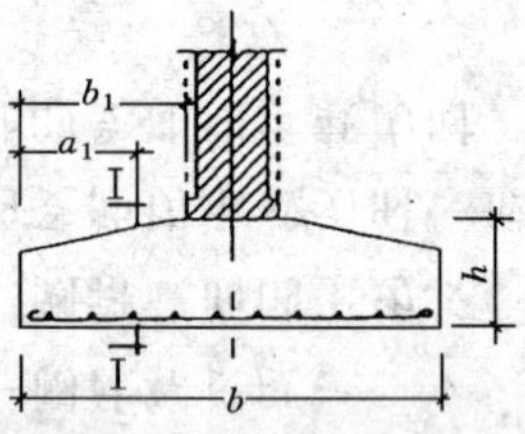

图 8.2.7-3　墙下条形基础的计算示意

当墙体材料为混凝土时，取 $a_1=b_1$；

如为砖墙且放脚不大于 1/4 砖长时，取 $a_1=b_1+1/4$ 砖长；

4 当扩展基础的混凝土强度等级小于柱的混凝土强度等级时，尚应验算柱下扩展基础顶面的局部受压承载力。

8.3 柱下条形基础

8.3.1 柱下条形基础的构造，除满足本规范第8.2.2条要求外，尚应符合下列规定：

1 柱下条形基础梁的高度宜为柱距的1/4～1/8。翼板厚度不应小于200mm。当翼板厚度大于250mm时，宜采用变厚度翼板，其坡度宜小于或等于1:3；

2 条形基础的端部宜向外伸出，其长度宜为第一跨距的0.25倍；

3 现浇柱与条形基础梁的交接处，其平面尺寸不应小于图8.3.1的规定；

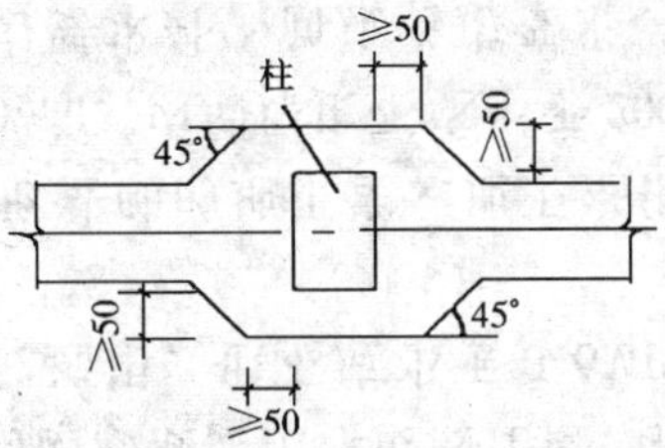

图8.3.1 现浇柱与条形基础梁交接处平面尺寸

4 条形基础梁顶部和底部的纵向受力钢筋除满足计算要求外，顶部钢筋按计算配筋全部贯通，底部通长钢筋不应少于底部受力钢筋截面总面积的1/3；

5 柱下条形基础的混凝土强度等级，不应低于C20。

8.3.2 柱下条形基础的计算，除应符合本规范8.2.7条第一款的要求外，尚应符合下列规定：

1 在比较均匀的地基上，上部结构刚度较好，荷载分布较均匀，且条形基础梁的高度不小于1/6柱距时，地基反力可按直线分布，条形基础梁的内力可按连续梁计算，此时边跨跨中弯矩及第一内支座的弯矩值宜乘以1.2的系数；

2 当不满足本条第一款的要求时，宜按弹性地基梁计算；

3 对交叉条形基础，交点上的柱荷载，可按交叉梁的刚度或变形协调的要求，进行分配。其内力可按本条上述规定，分别进行计算；

4 验算柱边缘处基础梁的受剪承载力；

5 当存在扭矩时，尚应作抗扭计算；

6 当条形基础的混凝土强度等级小于柱的混凝土强度等级时，尚应验算柱下条形基础梁顶面的局部受压承载力。

8.4 高层建筑筏形基础

8.4.1 筏形基础分为梁板式和平板式两种类型，其选型应根据工程地质、上部结构体系、柱距、荷载大小以及施工条件等因素确定。

8.4.2 筏形基础的平面尺寸，应根据地基土的承载力、上部结构的布置及荷载分布等因素按本规范第五章有关规定确定。对单幢建筑物，在地基土比较均匀的条件下，基底平面形心宜与结构竖向永久荷载重心重合。当不能重合时，在荷载效应准永久组合下，偏心距 e 宜符合下式要求：

$$e \leqslant 0.1W/A \tag{8.4.2}$$

式中 W——与偏心距方向一致的基础底面边缘抵抗矩；

A——基础底面积。

8.4.3 筏形基础的混凝土强度等级不应低于 C30。当有地下室时应采用防水混凝土，防水混凝土的抗渗等级应根据地下水的最大水头与防渗混凝土厚度的比值，按现行《地下工程防水技术规范》选用，但不应小于 0.6MPa。必要时宜设架空排水层。

8.4.4 采用筏形基础的地下室，地下室钢筋混凝土外墙厚度不应小于 250mm，内墙厚度不应小于 200mm。墙的截面设计除满足承载力要求外，尚应考虑变形、抗裂及防渗等要求。墙体内应设置双面钢筋，竖向和水平钢筋的直径不应小于 12mm，间距不应大于 300mm。

8.4.5 梁板式筏基底板除计算正截面受弯承载力外，其厚度尚应满足受冲切承载力、受剪切承载力的要求。对 12 层以上建筑的梁板式筏基，其底板厚度与最大双向板格的短边净跨之比不应小于 1/14，且板厚不应小于 400mm。

底板受冲切承载力按下式计算：

$$F_l \leqslant 0.7\beta_{hp} f_t u_m h_0 \tag{8.4.5-1}$$

式中 F_l——作用在图 8.4.5-1 中阴影部分面积上的地基土平均净反力设计值；

u_m——距基础梁边 $h_0/2$ 处冲切临界截面的周长（图 8.4.5-1）。

当底板区格为矩形双向板时，底板受冲切所需的厚度 h_0 按下式计算：

$$h_0 = \frac{(l_{n1} + l_{n2}) - \sqrt{(l_{n1} + l_{n2})^2 - \dfrac{4pl_{n1}l_{n2}}{p + 0.7\beta_{hp}f_t}}}{4} \tag{8.4.5-2}$$

式中 l_{n1}、l_{n2}——计算板格的短边和长边的净长度；

p——相应于荷载效应基本组合的地基土平均净反力设计值。

底板斜截面受剪承载力应符合下式要求：

$$V_s \leqslant 0.7\beta_{hs} f_t (l_{n2} - 2h_0) h_0 \tag{8.4.5-3}$$

$$\beta_{hs} = (800/h_0)^{1/4} \tag{8.4.5-4}$$

式中 V_s——距梁边缘 h_0 处，作用在图 8.4.5-2 中阴影部分面积上的地基土平均净反力设计值；

β_{hs}——受剪切承载力截面高度影响系数，当按公式（8.4.5-4）计算时，板的有效高度 h_0 小于 800mm 时，h_0 取 800mm；h_0 大于 2000mm 时，h_0 取 2000mm。

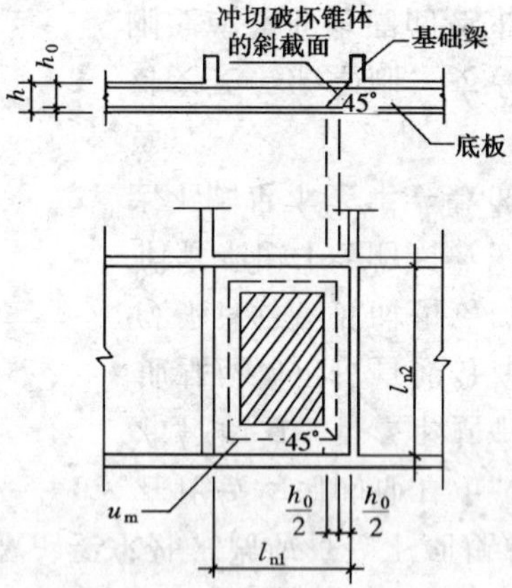

图 8.4.5-1 底板冲切计算示意

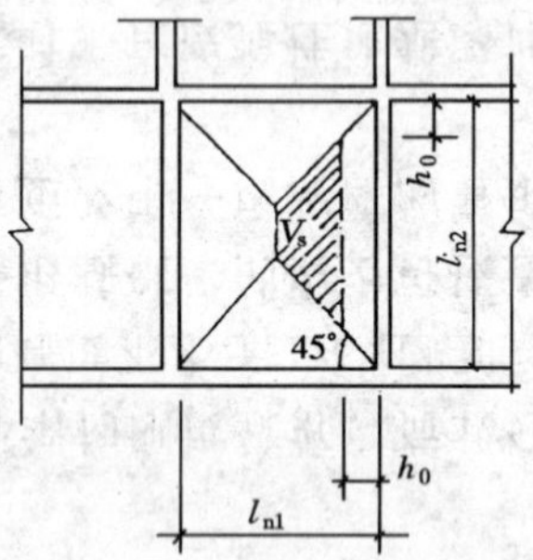

8.4.5-2 底板剪切计算示意

8.4.6 地下室底层柱、剪力墙与梁板式筏基的基础梁连接的构造应符合下列要求：

1 柱、墙的边缘至基础梁边缘的距离不应小于50mm（图8.4.6）；

2 当交叉基础梁的宽度小于柱截面的边长时，交叉基础梁连接处应设置八字角，柱角与八字角之间的净距不宜小于50mm（图8.4.6*a*）；

3 单向基础梁与柱的连接，可按图8.4.6*b*，*c* 采用；

4 基础梁与剪力墙的连接，可按图8.4.6*d* 采用。

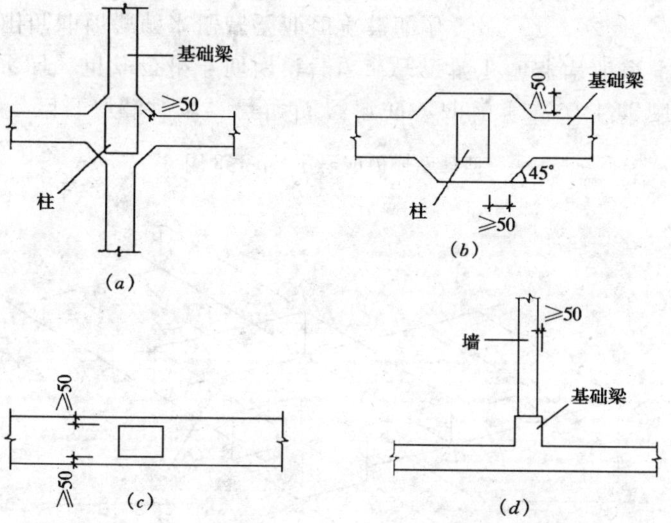

图8.4.6 地下室底层柱或剪力墙与基础梁连接的构造要求

8.4.7 平板式筏基的板厚应满足受冲切承载力的要求。计算时应考虑作用在冲切临界面重心上的不平衡弯矩产生的附加剪力。距柱边 $h_0/2$ 处冲切临界截面的最大剪应力 τ_{max} 应按公式（8.4.7-1）、（8.4.7-2）、（8.4.7-3）计算（图8.4.7）。板的最小厚度不应小于400mm。

$$\tau_{max}=F_l/u_m h_0+\alpha_s M_{unb} c_{AB}/I_s \quad (8.4.7\text{-}1)$$

$$\tau_{max}\leqslant 0.7\ (0.4+1.2/\beta_s)\ \beta_{hp} f_t \quad (8.4.7\text{-}2)$$

$$\alpha_s=1-\frac{1}{1+\frac{2}{3}\sqrt{(c_1/c_2)}} \quad (8.4.7\text{-}3)$$

式中 F_l——相应于荷载效应基本组合时的集中力设计值，对内柱取轴力设计值减去筏板冲切破坏锥体内的地基反力设计值；对边柱和角柱，取轴力设计值减去筏板冲切临界截面范围内的地基反力设计值；地基反力值应扣除底板自重；

u_m——距柱边 $h_0/2$ 处冲切临界截面的周长，按本规范附录P计算；

h_0——筏板的有效高度；

M_{unb}——作用在冲切临界截面重心上的不平衡弯矩设计值；

c_{AB}——沿弯矩作用方向，冲切临界截面重心至冲切临界截面最大剪应力点的距离，按附录P计算；

I_s——冲切临界截面对其重心的极惯性矩，按本规范附录P计算；

β_s——柱截面长边与短边的比值，当 $\beta_s<2$ 时，β_s 取2，当 $\beta_s>4$ 时，β_s 取4；

c_1——与弯矩作用方向一致的冲切临界截面的边长，按本规范附录P计算；

c_2——垂直于 c_1 的冲切临界截面的边长，按本规范附录 P 计算；

α_s——不平衡弯矩通过冲切临界截面上的偏心剪力来传递的分配系数。

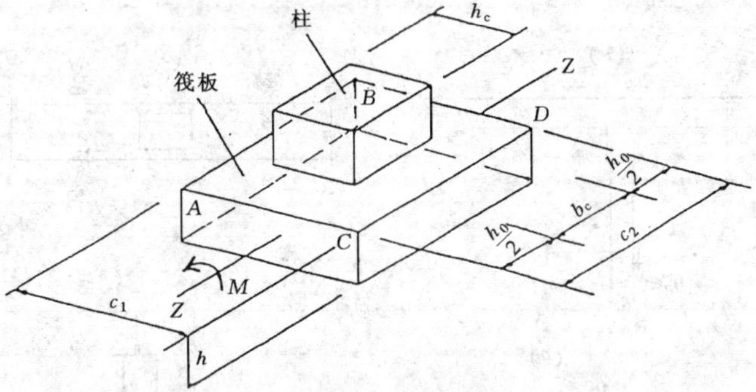

图 8.4.7　内柱冲切临界截面

当柱荷载较大，等厚度筏板的受冲切承载力不能满足要求时，可在筏板上面增设柱墩或在筏板下局部增加板厚或采用抗冲切箍筋来提高受冲切承载能力。

8.4.8　平板式筏基内筒下的板厚应满足受冲切承载力的要求，其受冲切承载力按下式计算：

$$F_l/u_m h_0 \leqslant 0.7\beta_{hp}f_t/\eta \qquad (8.4.8)$$

式中　F_l——相应于荷载效应基本组合时的内筒所承受的轴力设计值减去筏板冲切破坏锥体内的地基反力设计值。地基反力值应扣除板的自重；

u_m——距内筒外表面 $h_0/2$ 处冲切临界截面的周长(图 8.4.8)；

h_0——距内筒外表面 $h_0/2$ 处筏板的截面有效高度；

η——内筒冲切临界截面周长影响系数，取 1.25。

当需要考虑内筒根部弯矩的影响时，距内筒外表面 $h_0/2$ 处冲切临界截面的最大剪应力可按公式（8.4.7-1）计算，此时 $\tau_{max} \leqslant 0.7\beta_{hp}f_t/\eta$。

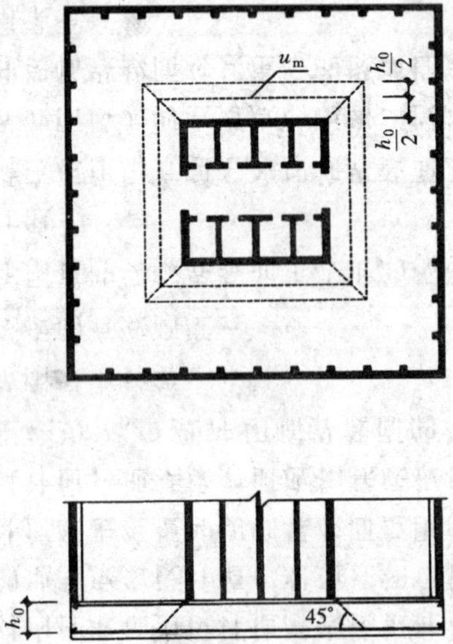

图 8.4.8　筏板受内筒冲切的临界截面位置

8.4.9　平板式筏板除满足受冲切承载力外，尚应验算距内筒边缘或柱边缘 h_0 处筏板的受剪承载力。

受剪承载力应按下式验算：

$$V_s \leqslant 0.7\beta_{hs}f_t b_w h_0 \qquad (8.4.9)$$

式中　V_s——荷载效应基本组合下，地基土净反力平均值产生的距内筒或柱边缘 h_0 处筏板单位宽度的剪力设计值；

b_w——筏板计算截面单位宽度；

h_0——距内筒或柱边缘 h_0 处筏板的截面有效高度。

当筏板变厚度时，尚应验算变厚度处筏板的受剪承载力。

当筏板的厚度大于 2000mm 时，宜在板厚中间部位设置直径不小于 12mm、间距不大于 300mm 的双向钢筋网。

8.4.10 当地基土比较均匀、上部结构刚度较好、梁板式筏基梁的高跨比或平板式筏基板的厚跨比不小于 1/6，且相邻柱荷载及柱间距的变化不超过 20% 时，筏形基础可仅考虑局部弯曲作用。筏形基础的内力，可按基底反力直线分布进行计算，计算时基底反力应扣除底板自重及其上填土的自重。当不满足上述要求时，筏基内力应按弹性地基梁板方法进行分析计算。

有抗震设防要求时，对无地下室且抗震等级为一、二级的框架结构，基础梁除满足抗震构造要求外，计算时尚应将柱根组合的弯矩设计值分别乘以 1.5 和 1.25 的增大系数。

8.4.11 按基底反力直线分布计算的梁板式筏基，其基础梁的内力可按连续梁分析，边跨跨中弯矩以及第一内支座的弯矩值宜乘以 1.2 的系数。梁板式筏基的底板和基础梁的配筋除满足计算要求外，纵横方向的底部钢筋尚应有 1/2～1/3 贯通全跨，且其配筋率不应小于 0.15%，顶部钢筋按计算配筋全部连通。

8.4.12 按基底反力直线分布计算的平板式筏基，可按柱下板带和跨中板带分别进行内力分析。柱下板带中，柱宽及其两侧各 0.5 倍板厚且不大于 1/4 板跨的有效宽度范围内，其钢筋配置量不应小于柱下板带钢筋数量的一半，且应能承受部分不平衡弯矩 $\alpha_m M_{unb}$。M_{unb} 为作用在冲切临界截面重心上的不平衡弯矩，α_m 按下式计算：

$$\alpha_m = 1 - \alpha_s \tag{8.4.12}$$

式中 α_m——不平衡弯矩通过弯曲来传递的分配系数；

α_s——按公式（8.4.7-3）计算。

平板式筏基柱下板带和跨中板带的底部钢筋应有 1/2～1/3 贯通全跨，且配筋率不应小于 0.15%；顶部钢筋应按计算配筋全部连通。

对有抗震设防要求的无地下室或单层地下室平板式筏基，计算柱下板带截面受弯承载力时，柱内力应按地震作用不利组合计算。

8.4.13 梁板式筏基的基础梁除满足正截面受弯及斜截面受剪承载力外，尚应按现行《混凝土结构设计规范》GB 50010 有关规定验算底层柱下基础梁顶面的局部受压承载力。

8.4.14 筏板与地下室外墙的接缝、地下室外墙沿高度处的水平接缝应严格按施工缝要求施工，必要时可设通长止水带。

8.4.15 高层建筑筏形基础与裙房基础之间的构造应符合下列要求：

1 当高层建筑与相连的裙房之间设置沉降缝时，高层建筑的基础埋深应大于裙房基础的埋深至少 2m。当不满足要求时必须采取有效措施。沉降缝地面以下处应用粗砂填实（图 8.4.15）；

2 当高层建筑与相连的裙房之间不设置沉降缝时，宜在裙房一侧设置后浇带，后浇带的位置宜设在距主楼边柱的第二跨内。后浇带混凝土宜根据实测沉降值并计算后期沉降差能满足设计要求后方可进行浇注；

3 当高层建筑与相连的裙房之间不允许设置沉降缝和

后浇带时，应进行地基变形验算，验算时需考虑地基与结构变形的相互影响并采取相应的有效措施。

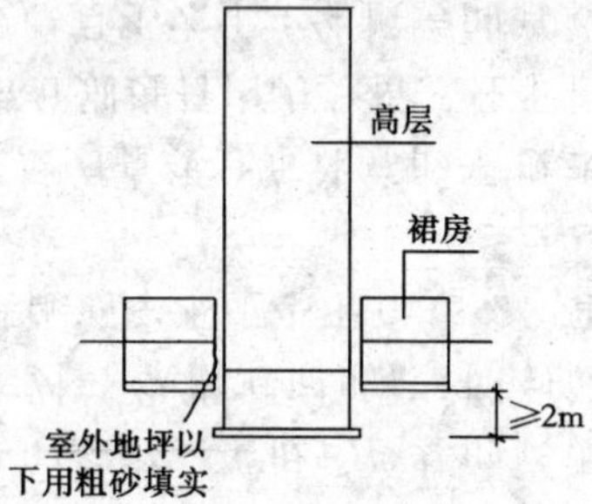

图 8.4.15 高层建筑与裙房间的沉降缝处理

8.4.16 筏形基础地下室施工完毕后，应及时进行基坑回填工作。回填基坑时，应先清除基坑中的杂物，并应在相对的两侧或四周同时回填并分层夯实。

8.5 桩 基 础

8.5.1 本节包括混凝土预制桩和混凝土灌注桩低桩承台基础。

按桩的性状和竖向受力情况可分为摩擦型桩和端承型桩。摩擦型桩的桩顶竖向荷载主要由桩侧阻力承受；端承型桩的桩顶竖向荷载主要由桩端阻力承受。

8.5.2 桩和桩基的构造，应符合下列要求：

1 摩擦型桩的中心距不宜小于桩身直径的 3 倍；扩底灌注桩的中心距不宜小于扩底直径的 1.5 倍，当扩底直径大于 2m 时，桩端净距不宜小于 1m。在确定桩距时尚应考虑施工工艺中挤土等效应对邻近桩的影响。

2 扩底灌注桩的扩底直径，不应大于桩身直径的 3 倍。

3 桩底进入持力层的深度，根据地质条件、荷载及施工工艺确定，宜为桩身直径的 1～3 倍。在确定桩底进入持力层深度时，尚应考虑特殊土、岩溶以及震陷液化等影响。嵌岩灌注桩周边嵌入完整和较完整的未风化、微风化、中风化硬质岩体的最小深度，不宜小于 0.5m。

4 布置桩位时宜使桩基承载力合力点与竖向永久荷载合力作用点重合。

5 预制桩的混凝土强度等级不应低于 C30；灌注桩不应低于 C20；预应力桩不应低于 C40。

6 桩的主筋应经计算确定。打入式预制桩的最小配筋率不宜小于 0.8%；静压预制桩的最小配筋率不宜小于 0.6%；灌注桩最小配筋率不宜小于 0.2%～0.65%（小直径桩取大值）。

7 配筋长度：

1）受水平荷载和弯矩较大的桩，配筋长度应通过计算确定。

2）桩基承台下存在淤泥、淤泥质土或液化土层时，配筋长度应穿过淤泥、淤泥质土层或液化土层。

3）坡地岸边的桩、8 度及 8 度以上地震区的桩、抗拔桩、嵌岩端承桩应通长配筋。

4）桩径大于 600mm 的钻孔灌注桩，构造钢筋的长度不宜小于桩长的 2/3。

8 桩顶嵌入承台内的长度不宜小于50mm。主筋伸入承台内的锚固长度不宜小于钢筋直径（Ⅰ级钢）的30倍和钢筋直径（Ⅱ级钢和Ⅲ级钢）的35倍。对于大直径灌注桩，当采用一柱一桩时，可设置承台或将桩和柱直接连接。桩和柱的连接可按本规范第8.2.6条高杯口基础的要求选择截面尺寸和配筋，柱纵筋插入桩身的长度应满足锚固长度的要求。

9 在承台及地下室周围的回填中，应满足填土密实性的要求。

8.5.3 群桩中单桩桩顶竖向力应按下列公式计算：

1 轴心竖向力作用下

$$Q_k = \frac{F_k + G_k}{n} \tag{8.5.3-1}$$

偏心竖向力作用下

$$Q_{ik} = \frac{F_k + G_k}{n} \pm \frac{M_{xk} y_i}{\Sigma y_i^2} \pm \frac{M_{yk} x_i}{\Sigma x_i^2} \tag{8.5.3-2}$$

2 水平力作用下

$$H_{ik} = \frac{H_k}{n} \tag{8.5.3-3}$$

式中 F_k——相应于荷载效应标准组合时，作用于桩基承台顶面的竖向力；

G_k——桩基承台自重及承台上土自重标准值；

Q_k——相应于荷载效应标准组合轴心竖向力作用下任一单桩的竖向力；

n——桩基中的桩数；

Q_{ik}——相应于荷载效应标准组合偏心竖向力作用下第 i 根桩的竖向力；

M_{xk}、M_{yk}——相应于荷载效应标准组合作用于承台底面通过桩群形心的 x、y 轴的力矩；

x_i、y_i——桩 i 至桩群形心的 y、x 轴线的距离；

H_k——相应于荷载效应标准组合时，作用于承台底面的水平力；

H_{ik}——相应于荷载效应标准组合时，作用于任一单桩的水平力。

8.5.4 单桩承载力计算应符合下列表达式：

1 轴心竖向力作用下

$$Q_k \leqslant R_a \tag{8.5.4-1}$$

偏心竖向力作用下，除满足公式（8.5.4-1）外，尚应满足下列要求：

$$Q_{ik\,max} \leqslant 1.2 R_a \tag{8.5.4-2}$$

式中 R_a——单桩竖向承载力特征值。

2 水平荷载作用下

$$H_{ik} \leqslant R_{Ha} \tag{8.5.4-3}$$

式中 R_{Ha}——单桩水平承载力特征值。

8.5.5 单桩竖向承载力特征值的确定应符合下列规定：

1 单桩竖向承载力特征值应通过单桩竖向静载荷试验确定。在同一条件下的试桩数量，不宜少于总桩数的1%，且不应少于3根。单桩的静载荷试验，应按本规范附录Q进行。

当桩端持力层为密实砂卵石或其他承载力类似的土层时，对单桩承载力很高的大直径端承型桩，可采用深层平板载荷试验确定桩端土的承载力特征值，试验方法应按本规范附录D。

2　地基基础设计等级为丙级的建筑物，可采用静力触探及标贯试验参数确定 R_a 值。

3　初步设计时单桩竖向承载力特征值可按下式估算：

$$R_a = q_{pa}A_p + u_p\sum q_{sia}l_i \qquad (8.5.5\text{-}1)$$

式中　R_a——单桩竖向承载力特征值；

q_{pa}，q_{sia}——桩端端阻力、桩侧阻力特征值，由当地静载荷试验结果统计分析算得；

A_p——桩底端横截面面积；

u_p——桩身周边长度；

l_i——第 i 层岩土的厚度。

当桩端嵌入完整及较完整的硬质岩中时，可按下式估算单桩竖向承载力特征值：

$$R_a = q_{pa}A_p \qquad (8.5.5\text{-}2)$$

式中　q_{pa}——桩端岩石承载力特征值。

4　嵌岩灌注桩桩端以下三倍桩径范围内应无软弱夹层、断裂破碎带和洞穴分布；并应在桩底应力扩散范围内无岩体临空面。桩端岩石承载力特征值，当桩端无沉渣时，应根据岩石饱和单轴抗压强度标准值按本规范5.2.6条确定，或按本规范附录H用岩基载荷试验确定。

8.5.6　单桩水平承载力特征值取决于桩的材料强度、截面刚度、入土深度、土质条件、桩顶水平位移允许值和桩顶嵌固情况等因素，应通过现场水平载荷试验确定。必要时可进行带承台桩的载荷试验，试验宜采用慢速维持荷载法。

8.5.7　当作用于桩基上的外力主要为水平力时，应根据使用要求对桩顶变位的限制，对桩基的水平承载力进行验算。当外力作用面的桩距较大时，桩基的水平承载力可视为各单桩的水平承载力的总和。当承台侧面的土未经扰动或回填密实时，应计算土抗力的作用。当水平推力较大时，宜设置斜桩。

8.5.8　当桩基承受拔力时，应对桩基进行抗拔验算及桩身抗裂验算。

8.5.9　桩身混凝土强度应满足桩的承载力设计要求。计算中应按桩的类型和成桩工艺的不同将混凝土的轴心抗压强度设计值乘以工作条件系数 ψ_c，桩身强度应符合下式要求：

桩轴心受压时　$Q \leqslant A_p f_c \psi_c$　(8.5.9)

式中　f_c——混凝土轴心抗压强度设计值；按现行《混凝土结构设计规范》取值；

Q——相应于荷载效应基本组合时的单桩竖向力设计值；

A_P——桩身横截面积；

ψ_c——工作条件系数，预制桩取0.75，灌注桩取0.6～0.7（水下灌注桩或长桩时用低值）。

8.5.10　对以下建筑物的桩基应进行沉降验算：

1　地基基础设计等级为甲级的建筑物桩基；

2　体型复杂、荷载不均匀或桩端以下存在软弱土层的设计等级为乙级的建筑物桩基；

3　摩擦型桩基。

嵌岩桩、设计等级为丙级的建筑物桩基、对沉降无特殊要求的条形基础下不超过两排桩的桩基、吊车工作级别A5及A5以下的单层工业厂房桩基（桩端下为密实土层），可不进行沉降验算。

当有可靠地区经验时，对地质条件不复杂、荷载均匀、对沉降无特殊要求的端承型桩基也可不进行沉降验算。

桩基础的沉降不得超过建筑物的沉降允许值，并应符合本规范表5.3.4的规定。

8.5.11 计算桩基础沉降时，最终沉降量宜按单向压缩分层总和法计算。地基内的应力分布宜采用各向同性均质线性变形体理论，按下列方法计算：

1 实体深基础（桩距不大于 $6d$）；

2 其他方法，包括明德林应力公式方法。

计算应按本规范附录R进行。

8.5.12 应按有关规范的规定考虑特殊土对桩基的影响。应考虑岩溶等场地的特殊性，并在桩基设计中采取有效措施。抗震设防区的桩基按现行《建筑抗震设计规范》GB 50011有关规定执行。

软土地区的桩基应考虑桩周土自重固结、蠕变、大面积堆载及施工中挤土对桩基的影响；在深厚软土中不宜采用大片密集有挤土效应的桩基。

位于坡地岸边的桩基应进行桩基稳定性验算。

对于预制桩，尚应进行运输、吊装和锤击等过程中的强度和抗裂验算。

8.5.13 以控制沉降为目的的设置桩基时，应结合地区经验，并满足下列要求：

1 桩身强度应按桩顶荷载设计值验算；

2 桩、土荷载分配应按上部结构与地基共同作用分析确定；

3 桩端进入较好的土层，桩端平面处土层应满足下卧层承载力设计要求；

4 桩距可采用 $4d \sim 6d$（d 为桩身直径）。

8.5.14 桩基设计时，应结合地区经验考虑桩、土、承台的共同工作。

8.5.15 桩基承台的构造，除满足抗冲切、抗剪切、抗弯承载力和上部结构的要求外，尚应符合下列要求：

1 承台的宽度不应小于500mm。边桩中心至承台边缘的距离不宜小于桩的直径或边长，且桩的外边缘至承台边缘的距离不小于150mm。对于条形承台梁，桩的外边缘至承台梁边缘的距离不小于75mm；

2 承台的最小厚度不应小于300mm；

3 承台的配筋，对于矩形承台其钢筋应按双向均匀通长布置（图8.5.15a），钢筋直径不宜小于10mm，间距不宜大于200mm；对于三桩承台，钢筋应按三向板带均匀布置，且最里面的三根钢筋围成的三角形应在柱截面范围内（图8.5.15b）。承台梁的主筋除满足计算要求外，尚应符合现行《混凝土结构设计规范》GB 50010关于最小配筋率的规定，主筋直径不宜小于12mm，架立筋不宜小于10mm，箍筋直径不宜小于6mm（图8.5.15c）；

4 承台混凝土强度等级不应低于C20，纵向钢筋的混凝土保护层厚度不应小于70mm，当有混凝土垫层时，不应小于40mm。

8.5.16 柱下桩基承台的弯矩可按以下简化计算方法确定：

1 多桩矩形承台计算截面取在柱边和承台高度变化处（杯口外侧或台阶边缘，图8.5.16a）：

$$M_x = \sum N_i y_i \qquad (8.5.16\text{-}1)$$

$$M_y = \sum N_i x_i \qquad (8.5.16\text{-}2)$$

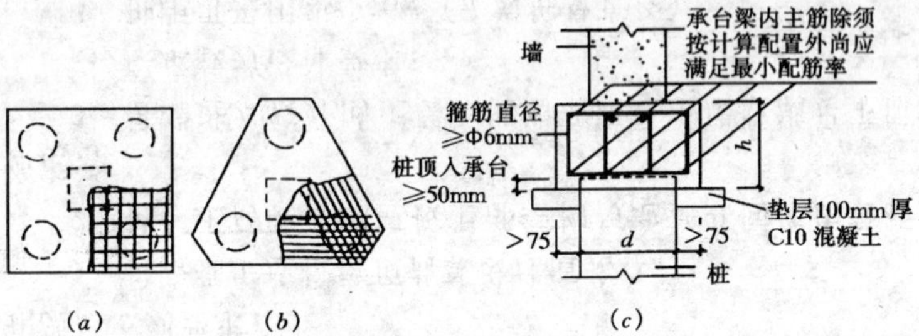

图 8.5.15 承台配筋示意

（a）矩形承台配筋；（b）三桩承台配筋

式中 M_x、M_y——分别为垂直 y 轴和 x 轴方向计算截面处的弯矩设计值；

x_i、y_i——垂直 y 轴和 x 轴方向自桩轴线到相应计算截面的距离；

N_i——扣除承台和其上填土自重后相应于荷载效应基本组合时的第 i 桩竖向力设计值。

2 三桩承台

1）等边三桩承台（图 8.5.16*b*）：

$$M=\frac{N_{max}}{3}\left(s-\frac{\sqrt{3}}{4}c\right) \tag{8.5.16-3}$$

式中 M——由承台形心至承台边缘距离范围内板带的弯矩设计值；

N_{max}——扣除承台和其上填土自重后的三桩中相应于荷载效应基本组合时的最大单桩竖向力设计值；

s——桩距；

c——方柱边长，圆柱时 $c=0.866d$（d 为圆柱直径）。

2）等腰三桩承台（图 8.5.16*c*）：

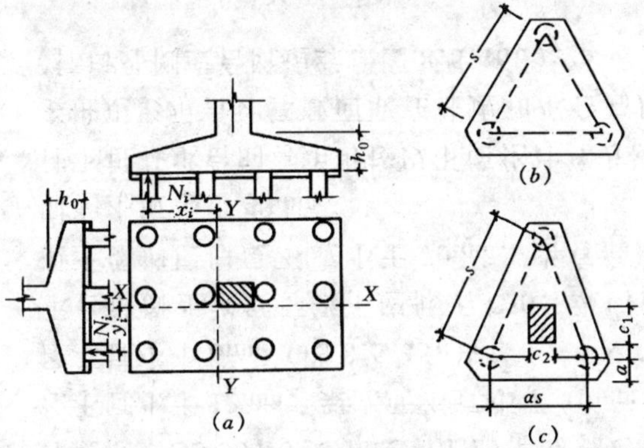

图 8.5.16 承台弯矩计算示意

$$M_1=\frac{N_{max}}{3}\left(s-\frac{0.75}{\sqrt{4-\alpha^2}}c_1\right) \tag{8.5.16-4}$$

$$M_2=\frac{N_{max}}{3}\left(\alpha s-\frac{0.75}{\sqrt{4-\alpha^2}}c_2\right) \tag{8.5.16-5}$$

式中 M_1、M_2——分别为由承台形心到承台两腰和底边的距离范围内板带的弯矩设计值；

s——长向桩距；

α——短向桩距与长向桩距之比，当 α 小于 0.5 时，应按变截面的二桩承台设计；

c_1、c_2——分别为垂直于、平行于承台底边的柱截面边长。

8.5.17 柱下桩基础独立承台受冲切承载力的计算，应符合下列规定：

1　柱对承台的冲切，可按下列公式计算（图 8.5.17-1）：

$$F_l \leqslant 2\left[\beta_{ox}\left(b_c+a_{oy}\right)+\beta_{oy}\left(h_c+a_{ox}\right)\right]\beta_{hp} f_t h_0 \tag{8.5.17-1}$$

$$F_l = F - \sum N_i \tag{8.5.17-2}$$

$$\beta_{ox} = 0.84/\left(\lambda_{ox}+0.2\right) \tag{8.5.17-3}$$

$$\beta_{oy} = 0.84/\left(\lambda_{oy}+0.2\right) \tag{8.5.17-4}$$

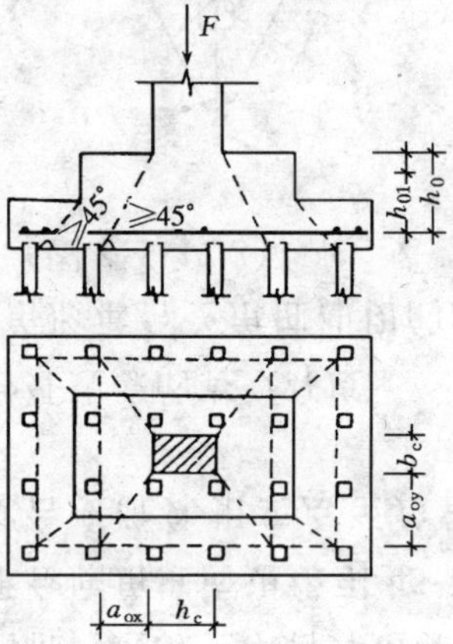

图 8.5.17-1　柱对承台冲切计算示意

式中　F_l——扣除承台及其上填土自重，作用在冲切破坏锥体上相应于荷载效应基本组合的冲切力设计值，冲切破坏锥体应采用自柱边或承台变阶处至相应桩顶边缘连线构成的锥体，锥体与承台底面的夹角不小于 45°（图 8.5.17-1）；

h_0——冲切破坏锥体的有效高度；

β_{hp}——受冲切承载力截面高度影响系数，其值按本规范第 8.2.7 条的规定取用。

β_{ox}、β_{oy}——冲切系数；

λ_{ox}、λ_{oy}——冲跨比，$\lambda_{ox}=a_{ox}/h_0$、$\lambda_{oy}=a_{oy}/h_0$，a_{ox}、a_{oy}为柱边或变阶处至桩边的水平距离；当 $a_{ox}(a_{oy})<0.2h_0$ 时，$a_{ox}(a_{oy})=0.2h_0$；当 $a_{ox}(a_{oy})>h_0$ 时，$a_{ox}(a_{oy})=h_0$；

F——柱根部轴力设计值；

ΣN_i——冲切破坏锥体范围内各桩的净反力设计值之和。

对中低压缩性土上的承台，当承台与地基土之间没有脱空现象时，可根据地区经验适当减小柱下桩基础独立承台受冲切计算的承台厚度。

2　角桩对承台的冲切，可按下列公式计算：

1）多桩矩形承台受角桩冲切的承载力应按下式计算（图 8.5.17-2）：

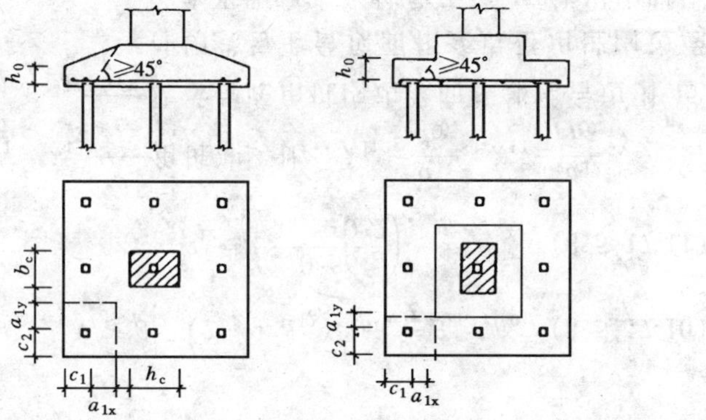

图 8.5.17-2　矩形承台角桩冲切计算示意

$$N_l \leqslant \left[\beta_{1x}\left(c_2+\frac{a_{1y}}{2}\right)+\beta_{1y}\left(c_1+\frac{a_{1x}}{2}\right)\right]\beta_{hp} f_t h_0 \tag{8.5.17-5}$$

$$\beta_{1x}=\left(\frac{0.56}{\lambda_{1x}+0.2}\right) \qquad (8.5.17\text{-}6)$$

$$\beta_{1y}=\left(\frac{0.56}{\lambda_{1y}+0.2}\right) \qquad (8.5.17\text{-}7)$$

式中 N_l——扣除承台和其上填土自重后的角桩桩顶相应于荷载效应基本组合时的竖向力设计值；

β_{1x}、β_{1y}——角桩冲切系数；

λ_{1x}、λ_{1y}——角桩冲跨比，其值满足 0.2～1.0，$\lambda_{1x}=a_{1x}/h_0$，$\lambda_{1y}=a_{1y}/h_0$；

c_1、c_2——从角桩内边缘至承台外边缘的距离；

a_{1x}、a_{1y}——从承台底角桩内边缘引 45°冲切线与承台顶面或承台变阶处相交点至角桩内边缘的水平距离；

h_0——承台外边缘的有效高度。

2）三桩三角形承台受角桩冲切的承载力可按下列公式计算（图 8.5.17-3）：

底部角桩

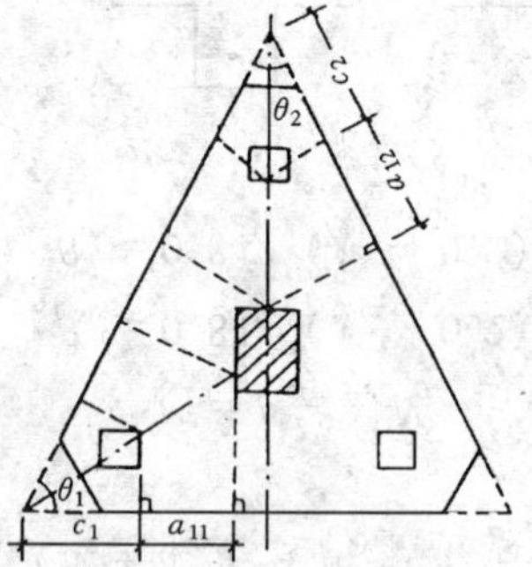

图 8.5.17-3 三角形承台角桩冲切计算示意

$$N_l\leqslant\beta_{11}(2c_1+a_{11})\tan\frac{\theta_1}{2}\beta_{hp}f_t h_0 \qquad (8.5.17\text{-}8)$$

$$\beta_{11}=\left(\frac{0.56}{\lambda_{11}+0.2}\right) \qquad (8.5.17\text{-}9)$$

顶部角桩

$$N_l\leqslant\beta_{12}(2c_2+a_{12})\tan\frac{\theta_2}{2}\beta_{hp}f_t h_0 \qquad (8.5.17\text{-}10)$$

$$\beta_{12}=\left(\frac{0.56}{\lambda_{12}+0.2}\right) \qquad (8.5.17\text{-}11)$$

式中 λ_{11}、λ_{12}——角桩冲跨比，$\lambda_{11}=\frac{a_{11}}{h_0}$，$\lambda_{12}=\frac{a_{12}}{h_0}$；

a_{11}、a_{12}——从承台底角桩内边缘向相邻承台边引 45°冲切线与承台顶面相交点至角桩内边缘的水平距离；当柱位于该 45°线以内时则取柱边与桩内边缘连线为冲切锥体的锥线。

对圆柱及圆桩，计算时可将圆形截面换算成正方形截面。

8.5.18 柱下桩基独立承台应分别对柱边和桩边、变阶处和桩边联线形成的斜截面进行受剪计算（图 8.5.18）。当柱边外有多排桩形成多个剪切斜截面时，尚应对每个斜截面进行验算。斜截面受剪承载力可按下列公式计算：

$$V\leqslant\beta_{hs}\beta f_t b_0 h_0 \qquad (8.5.18\text{-}1)$$

$$\beta=\frac{1.75}{\lambda+1.0} \qquad (8.5.18\text{-}2)$$

式中 V——扣除承台及其上填土自重后相应于荷载效应基本组合时斜截面的最大剪力设计值；

b_0——承台计算截面处的计算宽度。阶梯形承台变阶处的计算宽度、锥形承台的计算宽度应按本规范附录S确定；

h_0——计算宽度处的承台有效高度；

β——剪切系数；

β_{hs}——受剪切承载力截面高度影响系数，按公式（8.4.5-4）计算；

λ——计算截面的剪跨比，$\lambda_x=\frac{a_x}{h_0}$，$\lambda_y=\frac{a_y}{h_0}$。$a_x$、$a_y$ 为柱边或承台变阶处至 x、y 方向计算一排桩的桩边的水平距离，当 $\lambda<0.3$ 时，取 $\lambda=0.3$；当 $\lambda>3$ 时，取 $\lambda=3$。

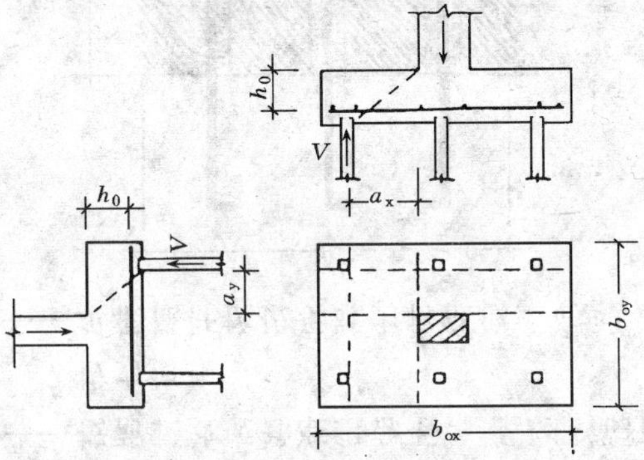

图 8.5.18 承台斜截面受剪计算示意

8.5.19 当承台的混凝土强度等级低于柱或桩的混凝土强度等级时，尚应验算柱下或桩上承台的局部受压承载力。

8.5.20 承台之间的连接应符合下列要求：

1 单桩承台，宜在两个互相垂直的方向上设置联系梁；

2 两桩承台，宜在其短向设置联系梁；

3 有抗震要求的柱下独立承台，宜在两个主轴方向设置联系梁；

4 联系梁顶面宜与承台位于同一标高。联系梁的宽度不应小于250mm，梁的高度可取承台中心距的1/10～1/15；

5 联系梁的主筋应按计算要求确定。联系梁内上下纵向钢筋直径不应小于12mm且不应少于2根，并应按受拉要求锚入承台。

8.6 岩石锚杆基础

8.6.1 岩石锚杆基础适用于直接建在基岩上的柱基，以及承受拉力或水平力较大的建筑物基础。锚杆基础应与基岩连成整体，并应符合下列要求：

1 锚杆孔直径，宜取锚杆直径的3倍，但不应小于一倍锚杆直径加50mm。锚杆基础的构造要求，可按图8.6.1采用；

2 锚杆插入上部结构的长度，应符合钢筋的锚固长度要求；

3 锚杆宜采用热轧带肋钢筋，水泥砂浆强度不宜低于30MPa，细石混凝土强度不宜低于C30。灌浆前，应将锚杆孔清理干净。

8.6.2 锚杆基础中单根锚杆所承受的拔力，应按下列公式验算：

$$N_{ti}=\frac{F_k+G_k}{n}-\frac{M_{xk}y_i}{\sum y_i^2}-\frac{M_{yk}x_i}{\sum x_i^2} \quad (8.6.2\text{-}1)$$

$$N_{tmax}\leqslant R_t \quad (8.6.2\text{-}2)$$

式中 F_k——相应于荷载效应标准组合作用在基础顶面上的竖向力；

G_k——基础自重及其上的土自重；

M_{xk}、M_{yk}——按荷载效应标准组合计算作用在基础底面形心的力矩值；

x_i、y_i——第 i 根锚桩至基础底面形心的 y、x 轴线的距离；

N_{ti}——按荷载效应标准组合下，第 i 根锚杆所承受的拔力值；

R_t——单根锚杆抗拔承载力特征值。

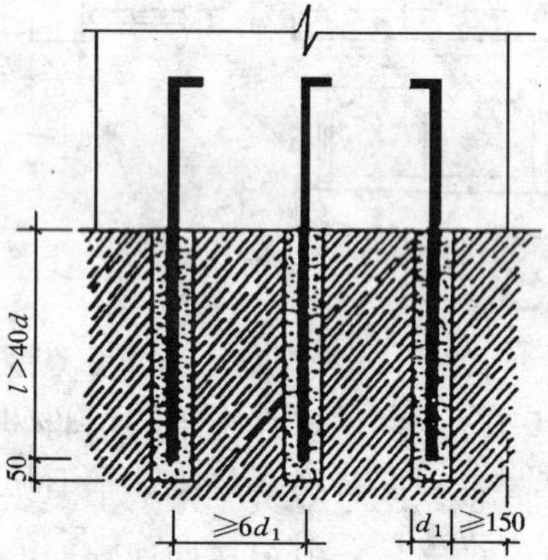

图 8.6.1 锚杆基础
d_1——锚杆孔直径；l——锚杆的有效锚固长度；d——锚杆直径

8.6.3 对设计等级为甲级的建筑物，单根锚杆抗拔承载力特征值 R_t 应通过现场试验确定；对于其他建筑物可按下式计算：

$$R_t \leqslant 0.8\pi d_1 lf \tag{8.6.3}$$

式中 f——砂浆与岩石间的粘结强度特征值（MPa），可按表 6.7.6 选用。

9 基坑工程

9.1 一般规定

9.1.1 本章适用于各类岩、土质场地建（构）筑物有地下室或地下结构的基坑开挖与支护。包括：桩式、墙式支护结构、岩或土锚杆结构及采用逆作法施工的基坑支护。

9.1.2 基坑支护应保证岩土开挖、地下结构施工的安全，并使周围环境不受损害。

9.1.3 基坑开挖与支护设计应包括下列内容：

1 支护体系的方案技术经济比较和选型；

2 支护结构的强度、稳定和变形计算；

3 基坑内外土体的稳定性验算；

4 基坑降水或止水帷幕设计以及围护墙的抗渗设计；

5 基坑开挖与地下水变化引起的基坑内外土体的变形及其对基础桩、邻近建筑物和周边环境的影响；

6 基坑开挖施工方法的可行性及基坑施工过程中的监测要求。

9.1.4 基坑开挖与支护设计应具备下列资料：

1 岩土工程勘察报告；

2 建筑总平面图、地下管线图、地下结构的平面图和剖面图；

3 邻近建筑物和地下设施的类型、分布情况和结构质量的检测评价。

9.1.5 支护结构的荷载效应应包括下列各项：

1 土压力；

2 静水压力、渗流压力、承压水压力；

3 基坑开挖影响范围以内建（构）筑物荷载、地面超载、施工荷载及邻近场地施工的作用影响；

4 温度变化（包括冻胀）对支护结构产生的影响；

5 临水支护结构尚应考虑波浪作用和水流退落时的渗透力；

6 作为永久结构使用时尚应按有关规范考虑相关荷载作用。

9.1.6 土方开挖完成后应立即对基坑进行封闭，防止水浸和暴露，并应及时进行地下结构施工。基坑土方开挖应严格按设计要求进行，不得超挖。基坑周边超载，不得超过设计荷载限制条件。

9.1.7 基坑工程的勘察范围在基坑水平方向应达到基坑开挖深度的 1～2 倍。当开挖边界点外无法布置勘察点时，应通过调查取得相关资料。勘察深度应按基坑的复杂程度及工程地质、水文地质条件确定，宜为基坑深度的 2～3 倍。当在此深度内遇到厚层坚硬粘性土、碎石土及岩层时，可根据岩土类别及支护要求适当减少勘察深度。

9.1.8 饱和粘性土应采用在土的有效自重压力下预固结的不固结不排水三轴试验确定抗剪强度指标，并宜采用薄壁取土器取样。

9.1.9 勘察时应查明各含水层的类型、埋藏条件、补给条件及水力联系，且给出各含水层的渗透系数、水位变化，并对流砂、流土、管涌等现象可能产生的影响进行评价。

9.1.10 作用于支护结构的土压力和水压力，对砂性土宜按水土分算的原则计算；对粘性土宜按水土合算的原则计算；也可按地区经验确定。

9.1.11 主动土压力、被动土压力可采用库仑或朗肯土压力理论计算。当对支护结构水平位移有严格限制时，应采用静止土压力计算。

9.1.12 当按变形控制原则设计支护结构时，作用在支护结构的计算土压力可按支护结构与土体的相互作用原理确定，也可按地区经验确定。

9.1.13 当地下水有渗流作用时，地下水的作用应通过渗流计算确定。

9.2 设 计 计 算

9.2.1 基坑开挖与支护计算时，应根据场地的实际土层分布、地下水条件、环境控制条件，按基坑开挖施工过程的实际工况设计。

支护结构构件截面设计时，荷载效应组合的设计值应按本规范公式（3.0.5-4）的原则确定。

9.2.2 基坑开挖与支护应进行稳定性验算。基坑稳定安全系数取值，当有地区工程经验时应以地区经验为准。各项稳定验算要求如下：

桩式、墙式支护结构的抗倾覆稳定和抗水平推移稳定，可按本规范附录 T 和附录 U 验算；整体抗滑稳定可按本规范第 5.4.1 条验算；坑底抗隆起稳定可按本规范附录 V 验算；坑底抗渗稳定可按本规范附录 W 验算。

9.2.3 桩式、墙式支护结构可根据静力平衡条件初步选定墙体的入土深度，在进行整体稳定性和墙体变形验算后综合确定墙体的入土深度。当坑底为饱和土时，应进行坑底抗隆起验算，有渗流时尚应进行抗渗流稳定的验算。

9.2.4 悬臂支护结构，宜按静力平衡法进行计算分析并应符合本规范附录 T 的规定；带支撑或锚杆支护结构，宜按侧向弹性地基反力法进行计算分析并应符合本规范附录 U 的规定，同时应考虑支撑或锚定点的位移、支撑刚度及施工工况等的影响。

9.2.5 因支护结构变形、岩土开挖及地下水条件引起的基坑内外土体变形应按以下条件控制：

1 不得影响地下结构尺寸、形状和正常施工；

2 不得影响既有桩基的正常使用；

3 对周边已有建（构）筑物引起的沉降不得超过本规范有关章节规定的要求；

4 不得影响周边管线的正常使用。

9.2.6 基坑开挖与支护应根据工程需要、周边环境及水文地质条件，可采用降低地下水位、隔离地下水、坑内明排或组合方法等对地下水进行控制，设计时尚应考虑由于降水、排水引起的地层变形的影响，当采用明排水时应作反滤层。停止降水时应采取保证结构物不上浮的措施。

9.2.7 预应力土层锚杆的设计应符合下列规定：

1 土层锚杆锚固段不宜设置在未经处理的软弱土层、不稳定土层和不良地质地段。

2 锚杆锚固体上排和下排间距不宜小于 2.5m；水平方向间距不宜小于 1.5m。锚杆锚固段上覆土层厚度不宜小于 4.0m；锚杆的倾角宜为 15°~35°。

3 锚杆杆体材料宜选用钢绞线或热轧带肋钢筋，当锚杆抗拔极限承载力小于 500kN 时，可采用Ⅱ级或Ⅲ级钢筋。

4 锚杆预应力筋的截面面积按下式确定：

$$A \geqslant 1.35\ \frac{N_t}{\gamma_P \cdot f_{Pt}} \qquad (9.2.7)$$

式中 N_t——荷载效应标准组合下，单根锚杆所承受的拉力值；

γ_P——张拉应力控制系数，对热处理钢筋宜取 0.65，对钢绞线宜取 0.75；

f_{Pt}——钢筋、钢绞线强度设计值。

5 锚杆锚固段在最危险滑动面以外的有效计算长度应满足稳定计算要求，且自由段长度不得少于 5m。

6 锚杆轴向拉力特征值应按本规范附录 X 土层锚杆试验确定。

7 锚杆应在锚固体和外锚头强度达到 15.0MPa 以上后逐根进行张拉锁定，张拉荷载宜为设计轴向拉力的 1.05~1.1 倍，并应在稳定 5~10min 后，退至锁定荷载锁定。锚杆锁定拉力可取锚杆最大轴向拉力值的 0.7~0.85 倍。

9.2.8 支护结构的内支撑必须采用稳定的结构体系和连接构造，其刚度应满足变形计算要求。对排桩式支护结构应设置帽梁和腰梁。

9.2.9 支护结构的内支撑系统，根据其布置形式，可视作平面杆件，按与支护桩、墙节点处的变形协调条件，计算其内力与变形。

9.2.10 支护结构的构造应符合下列要求：

1 现浇钢筋混凝土支护结构的混凝土强度等级不得低于 C20。

2 桩、墙式支护结构的顶部应设置圈梁，其宽度应大于桩、墙的厚度。桩、墙顶嵌入圈梁的深度不宜小于50mm；桩、墙内竖向钢筋锚入圈梁内的长度宜按受拉锚固要求确定。

3 支撑和腰梁的纵向钢筋直径不宜小于16mm；箍筋直径不应小于8 mm。

9.3 地下连续墙与逆作法

9.3.1 地下连续墙作为基坑支护结构适用于各种复杂施工环境和多种地质条件。

9.3.2 地下连续墙的墙厚应根据计算、并结合成槽机械的规格确定，但不宜小于600mm。地下连续墙单元墙段（槽段）的长度、形状，应根据整体平面布置、受力特性、槽壁稳定性、环境条件和施工要求等因素综合确定。当地下水位变动频繁或槽壁孔可能发生坍塌时，应进行成槽试验及槽壁的稳定性验算。

9.3.3 地下连续墙的构造应符合以下要求：

1 墙体混凝土的强度等级不应低于C20。

2 受力钢筋应采用Ⅱ级钢筋，直径不宜小于20mm。构造钢筋可采用Ⅰ级或Ⅱ级钢筋，直径不宜小于14mm。竖向钢筋的净距不宜小于75mm。构造钢筋的间距不应大于300mm。单元槽段的钢筋笼宜装配成一个整体；必须分段时，宜采用焊接或机械连接，应在结构内力较小处布置接头位置，接头应相互错开。

3 钢筋的保护层厚度，对临时性支护结构不宜小于50mm，对永久性支护结构不宜小于70 mm。

4 竖向受力钢筋应有一半以上通长配置。

5 当地下连续墙与主体结构连接时，预埋在墙内的受力钢筋、连接螺栓或连接钢板，均应满足受力计算要求。锚固长度满足现行《混凝土结构设计规范》GB 50010要求。预埋钢筋应采用Ⅰ级钢筋，直径不宜大于20mm。

6 地下连续墙顶部应设置钢筋混凝土圈梁，梁宽不宜小于墙厚尺寸；梁高不宜小于500mm；总配筋率不应小于0.4%。墙的竖向主筋应锚入梁内。

7 地下连续墙墙体混凝土的抗渗等级不得小于0.6MPa。二层以上地下室不宜小于0.8MPa。当墙段之间的接缝不设止水带时，应选用锁口圆弧型、槽型或V型等可靠的防渗止水接头，接头面应严格清刷，不得存有夹泥或沉渣。

9.3.4 地下室逆作法施工时结构设计应符合下列规定：

1 逆作法施工时，基坑支护结构宜采用地下连续墙。此支护结构可作为地下主体结构的一部分。

2 当楼盖、梁和板整体浇筑作为水平支撑体系时，应符合承载力、刚度及抗裂要求。在出土口处先施工板下梁系形成水平支撑体时，应按平面框架方法计算内力和变形，其肋梁应按偏心受压杆件验算构件的承载力和稳定性。

肋梁应留出插筋以与混凝土墙体的竖筋连接。当采用梁、板分次浇筑施工时，肋梁上应留出箍筋以便与后浇的混凝土楼板结合形成整体。

3 竖向支撑宜采用钢结构构件（型钢、钢管柱或格构柱）。梁柱节点的设计应满足梁板钢筋及后浇混凝土的施工要求。

4 地下连续墙与地下结构梁、板的连接，应通过墙体的预埋构件满足主体结构的受力要求；与底板应采用整体连接；接头钢筋应采用焊接或机械连接。宜在墙内侧设置钢筋混凝土内衬墙，满足地下室使用要求。

5 地下主体结构的梁、板当施工期间有超载时（如走车、堆土等），应考虑其影响。在兼作施工平台和栈桥时，其构件的强度和刚度应按正常使用和施工两种工况分别进行验算。立柱和立柱桩的荷载应包括施工平台或栈桥所受的施工荷载。

6 竖向立柱的沉降，应满足主体结构的受力和变形要求。

10 检验与监测

10.1 检　　验

10.1.1 基槽（坑）开挖后，应进行基槽检验。基槽检验可用触探或其他方法，当发现与勘察报告和设计文件不一致、或遇到异常情况时，应结合地质条件提出处理意见。

10.1.2 在压实填土的过程中，应分层取样检验土的干密度和含水量。每 50~100m^2 面积内应有一个检验点，根据检验结果求得的压实系数，不得低于表 6.3.4 的规定，对碎石土干密度不得低于 2.0t/m^3。

10.1.3 复合地基除应进行静载荷试验外，尚应进行竖向增强体及周边土的质量检验。

10.1.4 对预制打入桩、静力压桩，应提供经确认的施工过程有关参数。施工完成后尚应进行桩顶标高、桩位偏差等检验。

10.1.5 对混凝土灌注桩，应提供经确认的施工过程有关参数，包括原材料的力学性能检验报告、试件留置数量及制作养护方法、混凝土抗压强度试验报告、钢筋笼制作质量检查报告。施工完成后尚应进行桩顶标高、桩位偏差等检验。

10.1.6 人工挖孔桩终孔时，应进行桩端持力层检验。单柱单桩的大直径嵌岩桩，应视岩性检验桩底下 3*d* 或 5m 深度范围内有无空洞、破碎带、软弱夹层等不良地质条件。

10.1.7 施工完成后的工程桩应进行桩身质量检验。直径大于 800mm 的混凝土嵌岩桩应采用钻孔抽芯法或声波透射法检测，检测桩数不得少于总桩数的 10%，且每根柱下承台的抽检桩数不得少于 1 根。直径小于和等于 800mm 的桩及直径大于 800mm 的非嵌岩桩，可根据桩径和桩长的大小，结合桩的类型和实际需要采用钻孔抽芯法或声波透射法或可靠的动测法进行检测，检测桩数不得少于总桩数的 10%。

10.1.8 施工完成后的工程桩应进行竖向承载力检验。竖向承载力检验的方法和数量可根据地基基础设计等级和现场条件，结合当地可靠的经验和技术确定。复杂地质条件下的工程桩竖向承载力的检验宜采用静载荷试验，检验桩数不得少于同条件下总桩数的 1%，且不得少于 3 根。大直径嵌岩桩的承载力可根据终孔时桩端持力层岩性报告结合桩身质量检验报告核验。

10.1.9 对地下连续墙，应提交经确认的有关成墙记录和报告。地下连续墙完成后尚应进行质量检验，检验方法可采用钻孔抽芯或声波透射法，检验槽段数不得小于同条件下总槽段数 20%。

10.1.10 抗浮锚杆完成后应进行抗拔力检验，检验数量不得少于锚杆总数的 3%，且不得少于 6 根。

10.2 监　　测

10.2.1 大面积填方、填海等地基处理工程，应对地面沉降进行长期监测，施工过程中还应对土体变形、孔隙水压力等进行监测。

10.2.2 施工过程中需要降水而周边环境要求监控时，应对地下水位变化和降水对周边环境的影响进行监测。

10.2.3 预应力锚杆施工完成后应对锁定的预应力进行监测，监测锚杆数量不得少于总数的 10%，且不得少于 6 根。

10.2.4 基坑开挖应根据设计要求进行监测，实施动态设计和信息化施工。

10.2.5 基坑开挖监测内容包括支护结构的内力和变形，地下水位变化及周边建（构）筑物、地下管线等市政设施的沉降和位移等。监测内容可按照表 10.2.5 选择。

10.2.6 基坑开挖对邻近建（构）筑物的变形监控应考虑基坑开挖造成的附加沉降与原有沉降的叠加。

10.2.7 边坡工程施工过程中，应严格记录气象条件、挖方、填方、堆载等情况。爆破开挖时，应监控爆破对周边环境的影响。

表 10.2.5　　基坑监测项目选择表

监测项目 / 地基基础设计等级	支护结构水平位移	监控范围内建（构）筑物沉降与地下管线变形	土方分层开挖标高	地下水位	锚杆拉力	支撑轴力或变形	立柱变形	桩墙内力	基坑底隆起	土体侧向变形	孔隙水压力	土压力
甲　级	√	√	√	√	√	√	√	√	√	√	△	△
乙　级	√	√	√	√	√	△	△	△	△	△	△	△

注：1　地基基础设计等级根据表 3.0.1 确定。
　　2　√为必测项目，△为宜测项目。

土石方工程完成后，尚应对边坡的水平位移和竖向位移进行监测，直到变形稳定为止，且不得少于三年。

10.2.8 对挤土桩，当周边环境保护要求严格，布桩较密时，应对打桩过程中造成的土体隆起和位移，邻桩桩顶标高及桩位、孔隙水压力等进行监测。

10.2.9 下列建筑物应在施工期间及使用期间进行变形观测：

1　地基基础设计等级为甲级的建筑物；

2 复合地基或软弱地基上的设计等级为乙级的建筑物；

3 加层、扩建建筑物；

4 受邻近深基坑开挖施工影响或受场地地下水等环境因素变化影响的建筑物；

5 需要积累建筑经验或进行设计反分析的工程。

附录 A 岩石坚硬程度及岩体完整程度的划分

A.0.1 岩石坚硬程度根据现场观察进行定性划分应符合表 A.0.1 的规定。

表 A.0.1 岩石坚硬程度的定性划分

名称		定性鉴定	代表性岩石
硬质岩	坚硬岩	锤击声清脆，有回弹，震手，难击碎； 基本无吸水反应	未风化～微风化的花岗岩、闪长岩、辉绿岩、玄武岩、安山岩、片麻岩、石英岩、硅质砾岩、石英砂岩、硅质石灰岩等
	较硬岩	锤击声较清脆，有轻微回弹，稍震手，较难击碎； 有轻微吸水反应	1. 微风化的坚硬岩； 2. 未风化～微风化的大理岩、板岩、石灰岩、钙质砂岩等
软质岩	较软岩	锤击声不清脆，无回弹，较易击碎； 指甲可刻出印痕	1. 中风化的坚硬岩和较硬岩； 2. 未风化～微风化的凝灰岩、千枚岩、砂质泥岩、泥灰岩等
	软岩	锤击声哑，无回弹，有凹痕，易击碎； 浸水后，可捏成团	1. 强风化的坚硬岩和较硬岩； 2. 中风化的较软岩； 3. 未风化～微风化的泥质砂岩、泥岩等
极软岩		锤击声哑，无回弹，有较深凹痕，手可捏碎； 浸水后，可捏成团	1. 风化的软岩 2. 全风化的各种岩石 3. 各种半成岩

A.0.2 岩体的完整程度的划分宜按表 A.0.2 的规定。

表 A.0.2　　　　岩体完整程度的划分

名　称	结构面组数	控制性结构面平均间距（m）	代表性结构类型
完整	1～2	>1.0	整状结构
较完整	2～3	0.4～1.0	块状结构
较破碎	>3	0.2～0.4	镶嵌状结构
破碎	>3	<0.2	碎裂状结构
极破碎	无序	—	散体状结构

附录 B　碎石土野外鉴别

表 B.0.1　　　　碎石土密实度野外鉴别方法

密实度	骨架颗粒含量和排列	可挖性	可钻性
密　实	骨架颗粒含量大于总重的 70%，呈交错排列，连续接触	锹镐挖掘困难，用撬棍方能松动，井壁一般较稳定	钻进极困难，冲击钻探时，钻杆、吊锤跳动剧烈，孔壁较稳定
中　密	骨架颗粒含量等于总重的 60%～70%，呈交错排列，大部分接触	锹镐可挖掘，井壁有掉块现象，从井壁取出大颗粒处，能保持颗粒凹面形状	钻进较困难，冲击钻探时，钻杆、吊锤跳动不剧烈，孔壁有坍塌现象
稍　密	骨架颗粒含量等于总重的 55%～60%，排列混乱，大部分不接触	锹可以挖掘，井壁易坍塌，从井壁取出大颗粒后，砂土立即坍落	钻进较容易，冲击钻探时，钻杆稍有跳动，孔壁易坍塌
松　散	骨架颗粒含量小于总重的 55%，排列十分混乱，绝大部分不接触	锹易挖掘，井壁极易坍塌	钻进很容易，冲击钻探时，钻杆无跳动，孔壁极易坍塌

注：1　骨架颗粒系指与本规范表 4.1.5 相对应粒径的颗粒；
　　2　碎石土的密实度应按表列各项要求综合确定。

附录C 浅层平板载荷试验要点

C.0.1 地基土浅层平板载荷试验可适用于确定浅部地基土层的承压板下应力主要影响范围内的承载力。承压板面积不应小于 $0.25m^2$，对于软土不应小于 $0.5m^2$。

C.0.2 试验基坑宽度不应小于承压板宽度或直径的三倍。应保持试验土层的原状结构和天然湿度。宜在拟试压表面用粗砂或中砂层找平，其厚度不超过20mm。

C.0.3 加荷分级不应少于8级。最大加载量不应小于设计要求的两倍。

C.0.4 每级加载后，按间隔10、10、10、15、15min，以后为每隔半小时测读一次沉降量，当在连续两小时内，每小时的沉降量小于0.1mm时，则认为已趋稳定，可加下一级荷载。

C.0.5 当出现下列情况之一时，即可终止加载：

1 承压板周围的土明显地侧向挤出；

2 沉降 s 急骤增大，荷载～沉降（$p \sim s$）曲线出现陡降段；

3 在某一级荷载下，24小时内沉降速率不能达到稳定；

4 沉降量与承压板宽度或直径之比大于或等于0.06。

当满足前三种情况之一时，其对应的前一级荷载定为极限荷载。

C.0.6 承载力特征值的确定应符合下列规定：

1 当 $p \sim s$ 曲线上有比例界限时，取该比例界限所对应的荷载值；

2 当极限荷载小于对应比例界限的荷载值的2倍时，取极限荷载值的一半；

3 当不能按上述二款要求确定时，当压板面积为 $0.25 \sim 0.50m^2$，可取 $s/b = 0.01 \sim 0.015$ 所对应的荷载，但其值不应大于最大加载量的一半。

C.0.7 同一土层参加统计的试验点不应少于三点，当试验实测值的极差不超过其平均值的30%时，取此平均值作为该土层的地基承载力特征值 f_{ak}。

附录D　深层平板载荷试验要点

D.0.1 深层平板载荷试验可适用于确定深部地基土层及大直径桩桩端土层在承压板下应力主要影响范围内的承载力。

D.0.2 深层平板载荷试验的承压板采用直径为0.8m的刚性板，紧靠承压板周围外侧的土层高度应不少于80cm。

D.0.3 加荷等级可按预估极限承载力的1/10～1/15分级施加。

D.0.4 每级加荷后，第一个小时内按间隔10、10、10、15、15min，以后为每隔半小时测读一次沉降。当在连续两小时内，每小时的沉降量小于0.1mm时，则认为已趋稳定，可加下一级荷载。

D.0.5 当出现下列情况之一时，可终止加载：

1 沉降s急骤增大，荷载～沉降（$p\sim s$）曲线上有可判定极限承载力的陡降段，且沉降量超过$0.04d$（d为承压板直径）；

2 在某级荷载下，24小时内沉降速率不能达到稳定；

3 本级沉降量大于前一级沉降量的5倍；

4 当持力层土层坚硬，沉降量很小时，最大加载量不小于设计要求的2倍。

D.0.6 承载力特征值的确定应符合下列规定：

1 当$p\sim s$曲线上有比例界限时，取该比例界限所对应的荷载值；

2 满足前三条终止加载条件之一时，其对应的前一级荷载定为极限荷载，当该值小于对应比例界限的荷载值的2倍时，取极限荷载值的一半；

3 不能按上述二款要求确定时，可取$s/d=0.01\sim0.015$所对应的荷载值，但其值不应大于最大加载量的一半。

D.0.7 同一土层参加统计的试验点不应少于三点，当试验实测值的极差不超过平均值的30%时，取此平均值作为该土层的地基承载力特征值f_{ak}。

附录E 抗剪强度指标 c、φ 标准值

E.0.1 内摩擦角标准值 φ_k、粘聚力标准值 c_k，可按下列规定计算：

1 根据室内 n 组三轴压缩试验的结果，按下列公式计算某一土性指标的变异系数、试验平均值和标准差：

$$\delta = \sigma / \mu \tag{E.0.1-1}$$

$$\mu = \frac{\sum_{i=1}^{n} \mu_i}{n} \tag{E.0.1-2}$$

$$\sigma = \sqrt{\frac{\sum_{i=1}^{n} \mu_i^2 - n\mu^2}{n-1}} \tag{E.0.1-3}$$

式中 δ——变异系数；

μ——试验平均值；

σ——标准差。

2 按下列公式计算内摩擦角和粘聚力的统计修正系数 ψ_φ、ψ_c：

$$\psi_\varphi = 1 - \left(\frac{1.704}{\sqrt{n}} + \frac{4.678}{n^2}\right)\delta_\varphi \tag{E.0.1-4}$$

$$\psi_c = 1 - \left(\frac{1.704}{\sqrt{n}} + \frac{4.678}{n^2}\right)\delta_c \tag{E.0.1-5}$$

式中 ψ_φ——内摩擦角的统计修正系数；

ψ_c——粘聚力的统计修正系数；

δ_φ——内摩擦角的变异系数；

δ_c——粘聚力的变异系数。

3

$$\varphi_k = \psi_\varphi \varphi_m \tag{E.0.1-6}$$

$$c_k = \psi_c c_m \tag{E.0.1-7}$$

式中 φ_m——内摩擦角的试验平均值；

c_m——粘聚力的试验平均值。

次后可卸下一级荷载。全部卸载后，当测读到半小时回弹量小于0.01mm时，即认为稳定。

H.0.10 岩石地基承载力的确定

1 对应于 $p \sim s$ 曲线上起始直线段的终点为比例界限。符合终止加载条件的前一级荷载为极限荷载。将极限荷载除以3的安全系数，所得值与对应于比例界限的荷载相比较，取小值；

2 每个场地载荷试验的数量不应少于3个，取最小值作为岩石地基承载力特征值。

3 岩石地基承载力不进行深宽修正。

附录J 岩石单轴抗压强度试验要点

J.0.1 试料可用钻孔的岩心或坑、槽探中采取的岩块。

J.0.2 岩样尺寸一般为 ϕ50mm×100mm，数量不应少于六个，进行饱和处理。

J.0.3 在压力机上以每秒500~800kPa的加载速度加载，直到试样破坏为止，记下最大加载，做好试验前后的试样描述。

J.0.4 根据参加统计的一组试样的试验值计算其平均值、标准差、变异系数，取岩石饱和单轴抗压强度的标准值为：

$$f_{rk} = \psi \cdot f_{rm} \qquad (J.0.4\text{-}1)$$

$$\psi = 1 - \left(\frac{1.704}{\sqrt{n}} + \frac{4.678}{n^2}\right)\delta \qquad (J.0.4\text{-}2)$$

式中 f_{rm}——岩石饱和单轴抗压强度平均值；

f_{rk}——岩石饱和单轴抗压强度标准值；

ψ——统计修正系数；

n——试样个数；

δ——变异系数。

附录K　附加应力系数α、平均附加应力系数$\overline{\alpha}$

K.0.1　矩形面积上均布荷载作用下角点的附加应力系数α、平均附加应力系数$\overline{\alpha}$（表K.0.1）。

表 K.0.1-1　矩形面积上均布荷载作用下角点附加应力系数 α

z/b	l/b											
	1.0	1.2	1.4	1.6	1.8	2.0	3.0	4.0	5.0	6.0	10.0	条形
0.0	0.250	0.250	0.250	0.250	0.250	0.250	0.250	0.250	0.250	0.250	0.250	0.250
0.2	0.249	0.249	0.249	0.249	0.249	0.249	0.249	0.249	0.249	0.249	0.249	0.249
0.4	0.240	0.242	0.243	0.243	0.244	0.244	0.244	0.244	0.244	0.244	0.244	0.244
0.6	0.223	0.228	0.230	0.232	0.232	0.233	0.234	0.234	0.234	0.234	0.234	0.234
0.8	0.200	0.207	0.212	0.215	0.216	0.218	0.220	0.220	0.220	0.220	0.220	0.220
1.0	0.175	0.185	0.191	0.195	0.198	0.200	0.203	0.204	0.204	0.204	0.205	0.205
1.2	0.152	0.163	0.171	0.176	0.179	0.182	0.187	0.188	0.189	0.189	0.189	0.189
1.4	0.131	0.142	0.151	0.157	0.161	0.164	0.171	0.173	0.174	0.174	0.174	0.174
1.6	0.112	0.124	0.133	0.140	0.145	0.148	0.157	0.159	0.160	0.160	0.160	0.160
1.8	0.097	0.108	0.117	0.124	0.129	0.133	0.143	0.146	0.147	0.148	0.148	0.148
2.0	0.084	0.095	0.103	0.110	0.116	0.120	0.131	0.135	0.136	0.137	0.137	0.137
2.2	0.073	0.083	0.092	0.098	0.104	0.108	0.121	0.125	0.126	0.127	0.128	0.128
2.4	0.064	0.073	0.081	0.088	0.093	0.098	0.111	0.116	0.118	0.118	0.119	0.119
2.6	0.057	0.065	0.072	0.079	0.084	0.089	0.102	0.107	0.110	0.111	0.112	0.112
2.8	0.050	0.058	0.065	0.071	0.076	0.080	0.094	0.100	0.102	0.104	0.105	0.105
3.0	0.045	0.052	0.058	0.064	0.069	0.073	0.087	0.093	0.096	0.097	0.099	0.099
3.2	0.040	0.047	0.053	0.058	0.063	0.067	0.081	0.087	0.090	0.092	0.093	0.094
3.4	0.036	0.042	0.048	0.053	0.057	0.061	0.075	0.081	0.085	0.086	0.088	0.089
3.6	0.033	0.038	0.043	0.048	0.052	0.056	0.069	0.076	0.080	0.082	0.084	0.084
3.8	0.030	0.035	0.040	0.044	0.048	0.052	0.005	0.072	0.075	0.077	0.080	0.080

续表

z/b	l/b											
	1.0	1.2	1.4	1.6	1.8	2.0	3.0	4.0	5.0	6.0	10.0	条形
4.0	0.027	0.032	0.036	0.040	0.044	0.048	0.060	0.067	0.071	0.073	0.076	0.076
4.2	0.025	0.029	0.033	0.037	0.041	0.044	0.056	0.063	0.067	0.070	0.072	0.073
4.4	0.023	0.027	0.031	0.034	0.038	0.041	0.053	0.060	0.064	0.066	0.069	0.070
4.6	0.021	0.025	0.028	0.032	0.035	0.038	0.049	0.056	0.061	0.063	0.066	0.067
4.8	0.019	0.023	0.026	0.029	0.032	0.035	0.046	0.053	0.058	0.060	0.064	0.064
5.0	0.018	0.021	0.024	0.027	0.030	0.033	0.043	0.050	0.055	0.057	0.061	0.062
6.0	0.013	0.015	0.017	0.020	0.022	0.024	0.033	0.039	0.043	0.046	0.051	0.052
7.0	0.009	0.011	0.013	0.015	0.016	0.018	0.025	0.031	0.035	0.038	0.043	0.045
8.0	0.007	0.009	0.010	0.011	0.013	0.014	0.020	0.025	0.028	0.031	0.037	0.039
9.0	0.006	0.007	0.008	0.009	0.010	0.011	0.016	0.020	0.024	0.026	0.032	0.035
10.0	0.005	0.006	0.007	0.007	0.008	0.009	0.013	0.017	0.020	0.022	0.028	0.032
12.0	0.003	0.004	0.005	0.005	0.006	0.006	0.009	0.012	0.014	0.017	0.022	0.026
14.0	0.002	0.003	0.003	0.004	0.004	0.005	0.007	0.009	0.011	0.013	0.018	0.023
16.0	0.002	0.002	0.003	0.003	0.003	0.004	0.005	0.007	0.009	0.010	0.014	0.020
18.0	0.001	0.002	0.002	0.002	0.003	0.003	0.004	0.006	0.007	0.008	0.012	0.018
20.0	0.001	0.001	0.002	0.002	0.002	0.002	0.004	0.005	0.006	0.007	0.010	0.016
25.0	0.001	0.001	0.001	0.001	0.001	0.002	0.002	0.003	0.004	0.004	0.007	0.013
30.0	0.001	0.001	0.001	0.001	0.001	0.001	0.002	0.002	0.003	0.003	0.005	0.011
35.0	0.000	0.000	0.001	0.001	0.001	0.001	0.001	0.002	0.002	0.002	0.004	0.009
40.0	0.000	0.000	0.000	0.000	0.001	0.001	0.001	0.001	0.001	0.002	0.003	0.008

注：l—基础长度（m）；b—基础宽度（m）；z—计算点离基础底面垂直距离（m）。

K.0.2　矩形面积上三角形分布荷载作用下的附加应力系数α、平均附加应力系数$\overline{\alpha}$（表K.0.2）。

K.0.3　圆形面积上均布荷载作用下中点的附加应力系数α、平均附加应力系数$\overline{\alpha}$（表K.0.3）。

K.0.4　圆形面积上三角形分布荷载作用下边点的附加应力系数α、平均附加应力系数$\overline{\alpha}$（表K.0.4）。

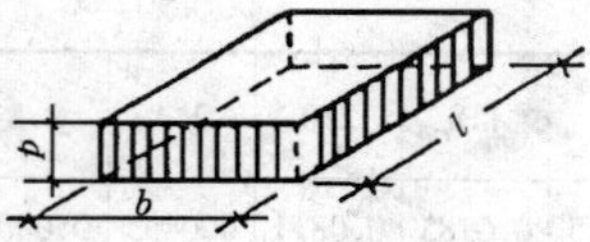

表 K.0.1-2　　矩形面积上均布荷载作用下角点的平均附加应力系数 $\overline{\alpha}$

z/b \ l/b	1.0	1.2	1.4	1.6	1.8	2.0	2.4	2.8	3.2	3.6	4.0	5.0	10.0
0.0	0.2500	0.2500	0.2500	0.2500	0.2500	0.2500	0.2500	0.2500	0.2500	0.2500	0.2500	0.2500	0.2500
0.2	0.2496	0.2497	0.2497	0.2498	0.2498	0.2498	0.2498	0.2498	0.2498	0.2498	0.2498	0.2498	0.2498
0.4	0.2474	0.2479	0.2481	0.2483	0.2483	0.2484	0.2485	0.2485	0.2485	0.2485	0.2485	0.2485	0.2485
0.6	0.2423	0.2437	0.2444	0.2448	0.2451	0.2452	0.2454	0.2455	0.2455	0.2455	0.2455	0.2455	0.2456
0.8	0.2346	0.2372	0.2387	0.2395	0.2400	0.2403	0.2407	0.2408	0.2409	0.2409	0.2410	0.2410	0.2410
1.0	0.2252	0.2291	0.2313	0.2326	0.2335	0.2340	0.2346	0.2349	0.2351	0.2352	0.2352	0.2353	0.2353
1.2	0.2149	0.2199	0.2229	0.2248	0.2260	0.2268	0.2278	0.2282	0.2285	0.2286	0.2287	0.2288	0.2289
1.4	0.2043	0.2102	0.2140	0.2164	0.2180	0.2191	0.2204	0.2211	0.2215	0.2217	0.2218	0.2220	0.2221
1.6	0.1939	0.2006	0.2049	0.2079	0.2099	0.2113	0.2130	0.2138	0.2143	0.2146	0.2148	0.2150	0.2152
1.8	0.1840	0.1912	0.1960	0.1994	0.2018	0.2034	0.2055	0.2066	0.2073	0.2077	0.2079	0.2082	0.2084
2.0	0.1746	0.1822	0.1875	0.1912	0.1938	0.1958	0.1982	0.1996	0.2004	0.2009	0.2012	0.2015	0.2018
2.2	0.1659	0.1737	0.1793	0.1833	0.1862	0.1883	0.1911	0.1927	0.1937	0.1943	0.1947	0.1952	0.1955
2.4	0.1578	0.1657	0.1715	0.1757	0.1789	0.1812	0.1843	0.1862	0.1873	0.1880	0.1885	0.1890	0.1895
2.6	0.1503	0.1583	0.1642	0.1686	0.1719	0.1745	0.1779	0.1799	0.1812	0.1820	0.1825	0.1832	0.1838
2.8	0.1433	0.1514	0.1574	0.1619	0.1654	0.1680	0.1717	0.1739	0.1753	0.1763	0.1769	0.1777	0.1784
3.0	0.1369	0.1449	0.1510	0.1556	0.1592	0.1619	0.1658	0.1682	0.1698	0.1708	0.1715	0.1725	0.1733
3.2	0.1310	0.1390	0.1450	0.1497	0.1533	0.1562	0.1602	0.1628	0.1645	0.1657	0.1664	0.1675	0.1685
3.4	0.1256	0.1334	0.1394	0.1441	0.1478	0.1508	0.1550	0.1577	0.1595	0.1607	0.1616	0.1628	0.1639
3.6	0.1205	0.1282	0.1342	0.1389	0.1427	0.1456	0.1500	0.1528	0.1548	0.1561	0.1570	0.1583	0.1595
3.8	0.1158	0.1234	0.1293	0.1340	0.1378	0.1408	0.1452	0.1482	0.1502	0.1516	0.1526	0.1541	0.1554

续表

z/b \ l/b	1.0	1.2	1.4	1.6	1.8	2.0	2.4	2.8	3.2	3.6	4.0	5.0	10.0
4.0	0.1114	0.1189	0.1248	0.1294	0.1332	0.1362	0.1408	0.1438	0.1459	0.1474	0.1485	0.1500	0.1516
4.2	0.1073	0.1147	0.1205	0.1251	0.1289	0.1319	0.1365	0.1396	0.1418	0.1434	0.1445	0.1462	0.1479
4.4	0.1035	0.1107	0.1164	0.1210	0.1248	0.1279	0.1325	0.1357	0.1379	0.1396	0.1407	0.1425	0.1444
4.6	0.1000	0.1070	0.1127	0.1172	0.1209	0.1240	0.1287	0.1319	0.1342	0.1359	0.1371	0.1390	0.1410
4.8	0.0967	0.1036	0.1091	0.1136	0.1173	0.1204	0.1250	0.1283	0.1307	0.1324	0.1337	0.1357	0.1379
5.0	0.0935	0.1003	0.1057	0.1102	0.1139	0.1169	0.1216	0.1249	0.1273	0.1291	0.1304	0.1325	0.1348
5.2	0.0906	0.0972	0.1026	0.1070	0.1106	0.1136	0.1183	0.1217	0.1241	0.1259	0.1273	0.1295	0.1320
5.4	0.0878	0.0943	0.0996	0.1039	0.1075	0.1105	0.1152	0.1186	0.1211	0.1229	0.1243	0.1265	0.1292
5.6	0.0852	0.0916	0.0968	0.1010	0.1046	0.1076	0.1122	0.1156	0.1181	0.1200	0.1215	0.1238	0.1266
5.8	0.0828	0.0890	0.0941	0.0983	0.1018	0.1047	0.1094	0.1128	0.1153	0.1172	0.1187	0.1211	0.1240
6.0	0.0805	0.0866	0.0916	0.0957	0.0991	0.1021	0.1067	0.1101	0.1126	0.1146	0.1161	0.1185	0.1216
6.2	0.0783	0.0842	0.0891	0.0932	0.0966	0.0995	0.1041	0.1075	0.1101	0.1120	0.1136	0.1161	0.1193
6.4	0.0762	0.0820	0.0869	0.0909	0.0942	0.0971	0.1016	0.1050	0.1076	0.1096	0.1111	0.1137	0.1171
6.6	0.0742	0.0799	0.0847	0.0886	0.0919	0.0948	0.0993	0.1027	0.1053	0.1073	0.1088	0.1114	0.1149
6.8	0.0723	0.0779	0.0826	0.0865	0.0898	0.0926	0.0970	0.1004	0.1030	0.1050	0.1066	0.1092	0.1129
7.0	0.0705	0.0761	0.0806	0.0844	0.0877	0.0904	0.0949	0.0982	0.1008	0.1028	0.1044	0.1071	0.1109
7.2	0.0688	0.0742	0.0787	0.0825	0.0857	0.0884	0.0928	0.0962	0.0987	0.1008	0.1023	0.1051	0.1090
7.4	0.0672	0.0725	0.0769	0.0806	0.0838	0.0865	0.0908	0.0942	0.0967	0.0988	0.1004	0.1031	0.1071
7.6	0.0656	0.0709	0.0752	0.0789	0.0820	0.0846	0.0889	0.0922	0.0948	0.0968	0.0984	0.1012	0.1054
7.8	0.0642	0.0693	0.0736	0.0771	0.0802	0.0828	0.0871	0.0904	0.0929	0.0950	0.0966	0.0994	0.1036

续表

l/b z/b	1.0	1.2	1.4	1.6	1.8	2.0	2.4	2.8	3.2	3.6	4.0	5.0	10.0
8.0	0.0627	0.0678	0.0720	0.0755	0.0785	0.0811	0.0853	0.0886	0.0912	0.0932	0.0948	0.0976	0.1020
8.2	0.0614	0.0663	0.0705	0.0739	0.0769	0.0795	0.0837	0.0869	0.0894	0.0914	0.0931	0.0959	0.1004
8.4	0.0601	0.0649	0.0690	0.0724	0.0754	0.0779	0.0820	0.0852	0.0878	0.0893	0.0914	0.0943	0.0938
8.6	0.0588	0.0636	0.0676	0.0710	0.0739	0.0764	0.0805	0.0836	0.0862	0.0882	0.0898	0.0927	0.0973
8.8	0.0576	0.0623	0.0663	0.0696	0.0724	0.0749	0.0790	0.0821	0.0846	0.0866	0.0882	0.0912	0.0959
9.2	0.0554	0.0599	0.0637	0.0670	0.0697	0.0721	0.0761	0.0792	0.0817	0.0837	0.0853	0.0882	0.0931
9.6	0.0533	0.0577	0.0614	0.0645	0.0672	0.0696	0.0734	0.0765	0.0789	0.0809	0.0825	0.0855	0.0905
10.0	0.0514	0.0556	0.0592	0.0622	0.0649	0.0672	0.0710	0.0739	0.0763	0.0783	0.0799	0.0829	0.0880
10.4	0.0496	0.0537	0.0572	0.0601	0.0627	0.0649	0.0686	0.0716	0.0739	0.0759	0.0775	0.0804	0.0857
10.8	0.0479	0.0519	0.0553	0.0581	0.0606	0.0628	0.0664	0.0693	0.0717	0.0736	0.0751	0.0781	0.0834
11.2	0.0463	0.0502	0.0535	0.0563	0.0587	0.0609	0.0644	0.0672	0.0695	0.0714	0.0730	0.0759	0.0813
11.6	0.0448	0.0486	0.0518	0.0545	0.0569	0.0590	0.0625	0.0652	0.0675	0.0694	0.0709	0.0738	0.0793
12.0	0.0435	0.0471	0.0502	0.0529	0.0552	0.0573	0.0606	0.0634	0.0656	0.0674	0.0690	0.0719	0.0774
12.8	0.0409	0.0444	0.0474	0.0499	0.0521	0.0541	0.0573	0.0599	0.0621	0.0639	0.0654	0.0682	0.0739
13.6	0.0387	0.0420	0.0448	0.0472	0.0493	0.0512	0.0543	0.0568	0.0589	0.0607	0.0621	0.0649	0.0707
14.4	0.0367	0.0398	0.0425	0.0448	0.0468	0.0486	0.0516	0.0540	0.0561	0.0577	0.0592	0.0619	0.0677
15.2	0.0349	0.0379	0.0404	0.0426	0.0446	0.0463	0.0492	0.0515	0.0535	0.0551	0.0565	0.0592	0.0650
16.0	0.0332	0.0361	0.0385	0.0407	0.0425	0.0442	0.0469	0.0492	0.0511	0.0527	0.0540	0.0567	0.0625
18.0	0.0297	0.0323	0.0345	0.0364	0.0381	0.0396	0.0422	0.0442	0.0460	0.0475	0.0487	0.0512	0.0570
20.0	0.0269	0.0292	0.0312	0.0330	0.0345	0.0359	0.0383	0.0402	0.0418	0.0432	0.0444	0.0468	0.0524

矩形面积上三角形分布荷载作用下的附加应力系数 α 与平均附加应力系数 $\overline{\alpha}$

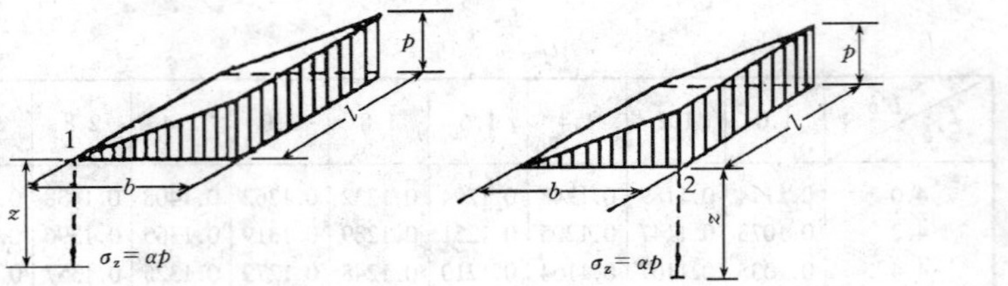

表 K.0.2

l/b	0.2				0.4				0.6				l/b	
点	1		2		1		2		1		2		点	
z/b　系数	α	$\overline{\alpha}$	α	$\overline{\alpha}$	α	$\overline{\alpha}$	α	$\overline{\alpha}$	α	$\overline{\alpha}$	α	$\overline{\alpha}$	系数	z/b
0.0	0.0000	0.0000	0.2500	0.2500	0.0000	0.0000	0.2500	0.2500	0.0000	0.0000	0.2500	0.2500		0.0
0.2	0.0223	0.0112	0.1821	0.2161	0.0280	0.0140	0.2115	0.2308	0.0296	0.0148	0.2165	0.2333		0.2
0.4	0.0269	0.0179	0.1094	0.1810	0.0420	0.0245	0.1604	0.2084	0.0487	0.0270	0.1781	0.2153		0.4
0.6	0.0259	0.0207	0.0700	0.1505	0.0448	0.0308	0.1165	0.1851	0.0560	0.0355	0.1405	0.1966		0.6
0.8	0.0232	0.0217	0.0480	0.1277	0.0421	0.0340	0.0853	0.1640	0.0553	0.0405	0.1093	0.1787		0.8
1.0	0.0201	0.0217	0.0346	0.1104	0.0375	0.0351	0.0638	0.1461	0.0508	0.0430	0.0852	0.1624		1.0
1.2	0.0171	0.0212	0.0260	0.0970	0.0324	0.0351	0.0491	0.1312	0.0450	0.0439	0.0673	0.1480		1.2
1.4	0.0145	0.0204	0.0202	0.0865	0.0278	0.0344	0.0386	0.1187	0.0392	0.0436	0.0540	0.1356		1.4
1.6	0.0123	0.0195	0.0160	0.0779	0.0238	0.0333	0.0310	0.1082	0.0339	0.0427	0.0440	0.1247		1.6
1.8	0.0105	0.0186	0.0130	0.0709	0.0204	0.0321	0.0254	0.0993	0.0294	0.0415	0.0363	0.1153		1.8
2.0	0.0090	0.0178	0.0108	0.0650	0.0176	0.0308	0.0211	0.0917	0.0255	0.0401	0.0304	0.1071		2.0
2.5	0.0063	0.0157	0.0072	0.0538	0.0125	0.0276	0.0140	0.0769	0.0183	0.0365	0.0205	0.0908		2.5
3.0	0.0046	0.0140	0.0051	0.0458	0.0092	0.0248	0.0100	0.0661	0.0135	0.0330	0.0148	0.0786		3.0
5.0	0.0018	0.0097	0.0019	0.0289	0.0036	0.0175	0.0038	0.0424	0.0054	0.0236	0.0056	0.0476		5.0
7.0	0.0009	0.0073	0.0010	0.0211	0.0019	0.0133	0.0019	0.0311	0.0028	0.0180	0.0029	0.0352		7.0
10.0	0.0005	0.0053	0.0004	0.0150	0.0009	0.0097	0.0010	0.0222	0.0014	0.0133	0.0014	0.0253		10.0

续表

l/b	0.8				1.0				1.2				l/b
点	1		2		1		2		1		2		点
z/b 系数	α	$\bar{\alpha}$	α	$\bar{\alpha}$	α	$\bar{\alpha}$	α	$\bar{\alpha}$	α	$\bar{\alpha}$	α	$\bar{\alpha}$	系数 z/b
0.0	0.0000	0.0000	0.2500	0.2500	0.0000	0.0000	0.2500	0.2500	0.0000	0.0000	0.2500	0.2500	0.0
0.2	0.0301	0.0151	0.2178	0.2339	0.0304	0.0152	0.2182	0.2341	0.0305	0.0153	0.2184	0.2342	0.2
0.4	0.0517	0.0280	0.1844	0.2175	0.0531	0.0285	0.1870	0.2184	0.0539	0.0288	0.1881	0.2187	0.4
0.6	0.0621	0.0376	0.1520	0.2011	0.0654	0.0388	0.1575	0.2030	0.0673	0.0394	0.1602	0.2039	0.6
0.8	0.0637	0.0440	0.1232	0.1852	0.0688	0.0459	0.1311	0.1883	0.0720	0.0470	0.1355	0.1899	0.8
1.0	0.0602	0.0476	0.0996	0.1704	0.0666	0.0502	0.1086	0.1746	0.0708	0.0518	0.1143	0.1769	1.0
1.2	0.0546	0.0492	0.0807	0.1571	0.0615	0.0525	0.0901	0.1621	0.0664	0.0546	0.0962	0.1649	1.2
1.4	0.0483	0.0495	0.0661	0.1451	0.0554	0.0534	0.0751	0.1507	0.0606	0.0559	0.0817	0.1541	1.4
1.6	0.0424	0.0490	0.0547	0.1345	0.0492	0.0533	0.0628	0.1405	0.0545	0.0561	0.0696	0.1443	1.6
1.8	0.0371	0.0480	0.0457	0.1252	0.0435	0.0525	0.0534	0.1313	0.0487	0.0556	0.0596	0.1354	1.8
2.0	0.0324	0.0467	0.0387	0.1169	0.0384	0.0513	0.0456	0.1232	0.0434	0.0547	0.0513	0.1274	2.0
2.5	0.0236	0.0429	0.0265	0.1000	0.0284	0.0478	0.0318	0.1063	0.0326	0.0513	0.0365	0.1107	2.5
3.0	0.0176	0.0392	0.0192	0.0871	0.0214	0.0439	0.0233	0.0931	0.0249	0.0476	0.0270	0.0976	3.0
5.0	0.0071	0.0285	0.0074	0.0576	0.0088	0.0324	0.0091	0.0624	0.0104	0.0356	0.0108	0.0661	5.0
7.0	0.0038	0.0219	0.0038	0.0427	0.0047	0.0251	0.0047	0.0465	0.0056	0.0277	0.0056	0.0496	7.0
10.0	0.0019	0.0162	0.0019	0.0308	0.0023	0.0186	0.0024	0.0336	0.0028	0.0207	0.0028	0.0359	10.0

续表

l/b	1.4				1.6				1.8				l/b
点	1		2		1		2		1		2		点
z/b 系数	α	$\bar{\alpha}$	α	$\bar{\alpha}$	α	$\bar{\alpha}$	α	$\bar{\alpha}$	α	$\bar{\alpha}$	α	$\bar{\alpha}$	系数 z/b
0.0	0.0000	0.0000	0.2500	0.2500	0.0000	0.0000	0.2500	0.2500	0.0000	0.0000	0.2500	0.2500	0.0
0.2	0.0305	0.0153	0.2185	0.2343	0.0306	0.0153	0.2185	0.2343	0.0306	0.0153	0.2185	0.2343	0.2
0.4	0.0543	0.0289	0.1886	0.2189	0.0545	0.0290	0.1889	0.2190	0.0546	0.0290	0.1891	0.2190	0.4
0.6	0.0684	0.0397	0.1616	0.2043	0.0690	0.0399	0.1625	0.2046	0.0694	0.0400	0.1630	0.2047	0.6
0.8	0.0739	0.0476	0.1381	0.1907	0.0751	0.0480	0.1396	0.1912	0.0759	0.0482	0.1405	0.1915	0.8
1.0	0.0735	0.0528	0.1176	0.1781	0.0753	0.0534	0.1202	0.1789	0.0766	0.0538	0.1215	0.1794	1.0
1.2	0.0698	0.0560	0.1007	0.1666	0.0721	0.0568	0.1037	0.1678	0.0738	0.0574	0.1055	0.1684	1.2
1.4	0.0644	0.0575	0.0864	0.1562	0.0672	0.0586	0.0897	0.1576	0.0692	0.0594	0.0921	0.1585	1.4
1.6	0.0586	0.0580	0.0743	0.1467	0.0616	0.0594	0.0780	0.1484	0.0639	0.0603	0.0806	0.1494	1.6
1.8	0.0528	0.0578	0.0644	0.1381	0.0560	0.0593	0.0681	0.1400	0.0585	0.0604	0.0709	0.1413	1.8
2.0	0.0474	0.0570	0.0560	0.1303	0.0507	0.0587	0.0596	0.1324	0.0533	0.0599	0.0625	0.1338	2.0
2.5	0.0362	0.0540	0.0405	0.1139	0.0393	0.0560	0.0440	0.1163	0.0419	0.0575	0.0469	0.1180	2.5
3.0	0.0280	0.0503	0.0303	0.1008	0.0307	0.0525	0.0333	0.1033	0.0331	0.0541	0.0359	0.1052	3.0
5.0	0.0120	0.0382	0.0123	0.0690	0.0135	0.0403	0.0139	0.0714	0.0148	0.0421	0.0154	0.0734	5.0
7.0	0.0064	0.0299	0.0066	0.0520	0.0073	0.0318	0.0074	0.0541	0.0081	0.0333	0.0083	0.0558	7.0
10.0	0.0033	0.0224	0.0032	0.0379	0.0037	0.0239	0.0037	0.0395	0.0041	0.0252	0.0042	0.0409	10.0

续表

l/b 点 系数 z/b	2.0				3.0				4.0				l/b 点 系数 z/b
	1		2		1		2		1		2		
	α	$\bar{\alpha}$	α	$\bar{\alpha}$	α	$\bar{\alpha}$	α	$\bar{\alpha}$	α	$\bar{\alpha}$	α	$\bar{\alpha}$	
0.0	0.0000	0.0000	0.2500	0.2500	0.0000	0.0000	0.2500	0.2500	0.0000	0.0000	0.2500	0.2500	0.0
0.2	0.0306	0.0153	0.2185	0.2343	0.0306	0.0153	0.2186	0.2343	0.0306	0.0153	0.2186	0.2343	0.2
0.4	0.0547	0.0290	0.1892	0.2191	0.0548	0.0290	0.1894	0.2192	0.0549	0.0291	0.1894	0.2192	0.4
0.6	0.0696	0.0401	0.1633	0.2048	0.0701	0.0402	0.1638	0.2050	0.0702	0.0402	0.1639	0.2050	0.6
0.8	0.0764	0.0483	0.1412	0.1917	0.0773	0.0486	0.1423	0.1920	0.0776	0.0487	0.1424	0.1920	0.8
1.0	0.0774	0.0540	0.1225	0.1797	0.0790	0.0545	0.1244	0.1803	0.0794	0.0546	0.1248	0.1803	1.0
1.2	0.0749	0.0577	0.1069	0.1689	0.0774	0.0584	0.1096	0.1697	0.0779	0.0586	0.1103	0.1699	1.2
1.4	0.0707	0.0599	0.0937	0.1591	0.0739	0.0609	0.0973	0.1603	0.0748	0.0612	0.0982	0.1605	1.4
1.6	0.0656	0.0609	0.0826	0.1502	0.0697	0.0623	0.0870	0.1517	0.0708	0.0626	0.0882	0.1521	1.6
1.8	0.0604	0.0611	0.0730	0.1422	0.0652	0.0628	0.0782	0.1441	0.0666	0.0633	0.0797	0.1445	1.8
2.0	0.0553	0.0608	0.0649	0.1348	0.0607	0.0629	0.0707	0.1371	0.0624	0.0634	0.0726	0.1377	2.0
2.5	0.0440	0.0586	0.0491	0.1193	0.0504	0.0614	0.0559	0.1223	0.0529	0.0623	0.0585	0.1233	2.5
3.0	0.0352	0.0554	0.0380	0.1067	0.0419	0.0589	0.0451	0.1104	0.0449	0.0600	0.0482	0.1116	3.0
5.0	0.0161	0.0435	0.0167	0.0749	0.0214	0.0480	0.0221	0.0797	0.0248	0.0500	0.0256	0.0817	5.0
7.0	0.0089	0.0347	0.0091	0.0572	0.0124	0.0391	0.0126	0.0619	0.0152	0.0414	0.0154	0.0642	7.0
10.0	0.0046	0.0263	0.0046	0.0403	0.0066	0.0302	0.0066	0.0462	0.0084	0.0325	0.0083	0.0485	10.0

续表

l/b 点 系数 z/b	6.0				8.0				10.0				l/b 点 系数 z/b
	1		2		1		2		1		2		
	α	$\bar{\alpha}$	α	$\bar{\alpha}$	α	$\bar{\alpha}$	α	$\bar{\alpha}$	α	$\bar{\alpha}$	α	$\bar{\alpha}$	
0.0	0.0000	0.0000	0.2500	0.2500	0.0000	0.0000	0.2500	0.2500	0.0000	0.0000	0.2500	0.2500	0.0
0.2	0.0306	0.0153	0.2186	0.2343	0.0306	0.0153	0.2186	0.2343	0.0306	0.0153	0.2186	0.2343	0.2
0.4	0.0549	0.0291	0.1894	0.2192	0.0549	0.0291	0.1894	0.2192	0.0549	0.0291	0.1894	0.2192	0.4
0.6	0.0702	0.0402	0.1640	0.2050	0.0702	0.0402	0.1640	0.2050	0.0702	0.0402	0.1640	0.2050	0.6
0.8	0.0776	0.0487	0.1426	0.1921	0.0776	0.0487	0.1426	0.1921	0.0776	0.0487	0.1426	0.1921	0.8
1.0	0.0795	0.0546	0.1250	0.1804	0.0796	0.0546	0.1250	0.1804	0.0796	0.0546	0.1250	0.1804	1.0
1.2	0.0782	0.0587	0.1105	0.1700	0.0783	0.0587	0.1105	0.1700	0.0783	0.0587	0.1105	0.1700	1.2
1.4	0.0752	0.0613	0.0986	0.1606	0.0752	0.0613	0.0987	0.1606	0.0753	0.0613	0.0987	0.1606	1.4
1.6	0.0714	0.0628	0.0887	0.1523	0.0715	0.0628	0.0888	0.1523	0.0715	0.0628	0.0889	0.1523	1.6
1.8	0.0673	0.0635	0.0805	0.1447	0.0675	0.0635	0.0806	0.1448	0.0675	0.0635	0.0808	0.1448	1.8
2.0	0.0634	0.0637	0.0734	0.1380	0.0636	0.0638	0.0736	0.1380	0.0636	0.0638	0.0738	0.1380	2.0
2.5	0.0543	0.0627	0.0601	0.1237	0.0547	0.0628	0.0604	0.1238	0.0548	0.0628	0.0605	0.1239	2.5
3.0	0.0469	0.0607	0.0504	0.1123	0.0474	0.0609	0.0509	0.1124	0.0476	0.0609	0.0511	0.1125	3.0
5.0	0.0283	0.0515	0.0290	0.0833	0.0296	0.0519	0.0303	0.0837	0.0301	0.0521	0.0309	0.0839	5.0
7.0	0.0186	0.0435	0.0190	0.0663	0.0204	0.0442	0.0207	0.0671	0.0212	0.0445	0.0216	0.0674	7.0
10.0	0.0111	0.0349	0.0111	0.0509	0.0128	0.0359	0.0130	0.0520	0.0139	0.0364	0.0141	0.0526	10.0

表 K.0.3　圆形面积上均布荷载作用下中点的附加应力系数 α 与平均附加应力系数 $\overline{\alpha}$

z/r	圆形 α	圆形 $\overline{\alpha}$	z/r	圆形 α	圆形 $\overline{\alpha}$
0.0	1.000	1.000	2.6	0.187	0.560
0.1	0.999	1.000	2.7	0.175	0.546
0.2	0.992	0.998	2.8	0.165	0.532
0.3	0.976	0.993	2.9	0.155	0.519
0.4	0.949	0.986	3.0	0.146	0.507
0.5	0.911	0.974	3.1	0.138	0.495
0.6	0.864	0.960	3.2	0.130	0.484
0.7	0.811	0.942	3.3	0.124	0.473
0.8	0.756	0.923	3.4	0.117	0.463
0.9	0.701	0.901	3.5	0.111	0.453
1.0	0.647	0.878	3.6	0.106	0.443
1.1	0.595	0.855	3.7	0.101	0.434
1.2	0.547	0.831	3.8	0.096	0.425
1.3	0.502	0.808	3.9	0.091	0.417
1.4	0.461	0.784	4.0	0.087	0.409
1.5	0.424	0.762	4.1	0.083	0.401
1.6	0.390	0.739	4.2	0.079	0.393
1.7	0.360	0.718	4.3	0.076	0.386
1.8	0.332	0.697	4.4	0.073	0.379
1.9	0.307	0.677	4.5	0.070	0.372
2.0	0.285	0.658	4.6	0.067	0.365
2.1	0.264	0.640	4.7	0.064	0.359
2.2	0.245	0.623	4.8	0.062	0.353
2.3	0.229	0.606	4.9	0.059	0.347
2.4	0.210	0.590	5.0	0.057	0.341
2.5	0.200	0.574			

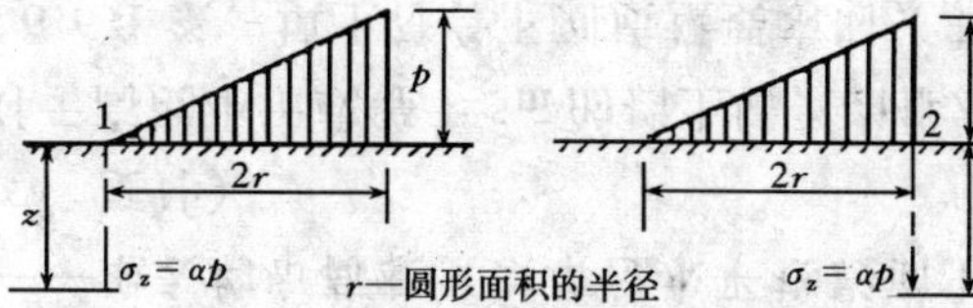

表 K.0.4　圆形面积上三角形分布荷载作用下边点的附加应力系数 α 与平均附加应力系数 $\overline{\alpha}$

z/r \ 点 / 系数	1 α	1 $\overline{\alpha}$	2 α	2 $\overline{\alpha}$
0.0	0.000	0.000	0.500	0.500
0.1	0.016	0.008	0.465	0.483
0.2	0.031	0.016	0.433	0.466
0.3	0.044	0.023	0.403	0.450
0.4	0.054	0.030	0.376	0.435
0.5	0.063	0.035	0.349	0.420
0.6	0.071	0.041	0.324	0.406
0.7	0.078	0.045	0.300	0.393
0.8	0.083	0.050	0.279	0.380
0.9	0.088	0.054	0.258	0.368
1.0	0.091	0.057	0.238	0.356
1.1	0.092	0.061	0.221	0.344
1.2	0.093	0.063	0.205	0.333
1.3	0.092	0.065	0.190	0.323
1.4	0.091	0.067	0.177	0.313
1.5	0.089	0.069	0.165	0.303
1.6	0.087	0.070	0.154	0.294
1.7	0.085	0.071	0.144	0.286
1.8	0.083	0.072	0.134	0.278
1.9	0.080	0.072	0.126	0.270
2.0	0.078	0.073	0.117	0.263
2.1	0.075	0.073	0.110	0.255
2.2	0.072	0.073	0.104	0.249
2.3	0.070	0.073	0.097	0.242
2.4	0.067	0.073	0.091	0.236
2.5	0.064	0.072	0.086	0.230
2.6	0.062	0.072	0.081	0.225

续表

z/r \ 系数 \ 点	1		2	
	α	$\bar{\alpha}$	α	$\bar{\alpha}$
2.7	0.059	0.071	0.078	0.219
2.8	0.057	0.071	0.074	0.214
2.9	0.055	0.070	0.070	0.209
3.0	0.052	0.070	0.067	0.204
3.1	0.050	0.069	0.064	0.200
3.2	0.048	0.069	0.061	0.196
3.3	0.046	0.068	0.059	0.192
3.4	0.045	0.067	0.055	0.188
3.5	0.043	0.067	0.053	0.184
3.6	0.041	0.066	0.051	0.180
3.7	0.040	0.065	0.048	0.177
3.8	0.038	0.065	0.046	0.173
3.9	0.037	0.064	0.043	0.170
4.0	0.036	0.063	0.041	0.167
4.2	0.033	0.062	0.038	0.161
4.4	0.031	0.061	0.034	0.155
4.6	0.029	0.059	0.031	0.150
4.8	0.027	0.058	0.029	0.145
5.0	0.025	0.057	0.027	0.140

附录 L　挡土墙主动土压力系数 k_a

L.0.1　挡土墙在土压力作用下，其主动压力系数应按下列公式计算：

$$k_a = \frac{\sin(\alpha+\beta)}{\sin^2\alpha\sin^2(\alpha+\beta-\varphi-\delta)}\{k_q[\sin(\alpha+\beta)\sin(\alpha-\delta) + \sin(\varphi+\delta)\sin(\varphi-\beta)] + 2\eta\sin\alpha\cos\varphi\cos(\alpha+\beta-\varphi-\delta) - 2[(k_q\sin(\alpha+\beta)\sin(\varphi-\beta) + \eta\sin\alpha\cos\varphi)(k_q\sin(\alpha-\delta)\sin(\varphi+\delta) + \eta\sin\alpha\cos\varphi)]^{1/2}\} \quad (L.0.1\text{-}1)$$

$$k_q = 1 + \frac{2q}{\gamma h}\frac{\sin\alpha\cos\beta}{\sin(\alpha+\beta)} \quad (L.0.1\text{-}2)$$

$$\eta = \frac{2c}{\gamma h} \quad (L.0.1\text{-}3)$$

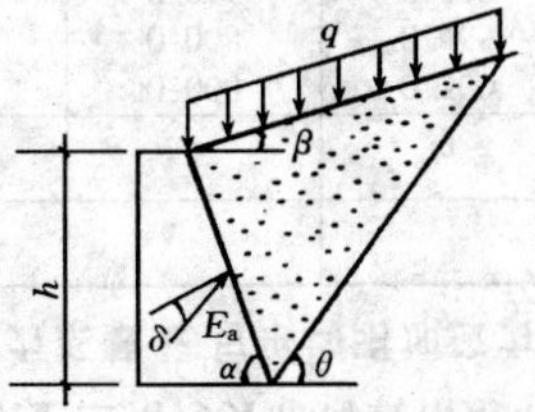

图 L.0.1　计算简图

式中　q——地表均布荷载（以单位水平投影面上的荷载强度计）。

L.0.2　对于高度小于或等于 5m 的挡土墙，当排水条件符合本规范第 6.6.1 条，填土符合下列质量要求时，其主动土压力系数可按附图 L.0.2 查得。当地下水丰富时，应考虑水压力的作用。

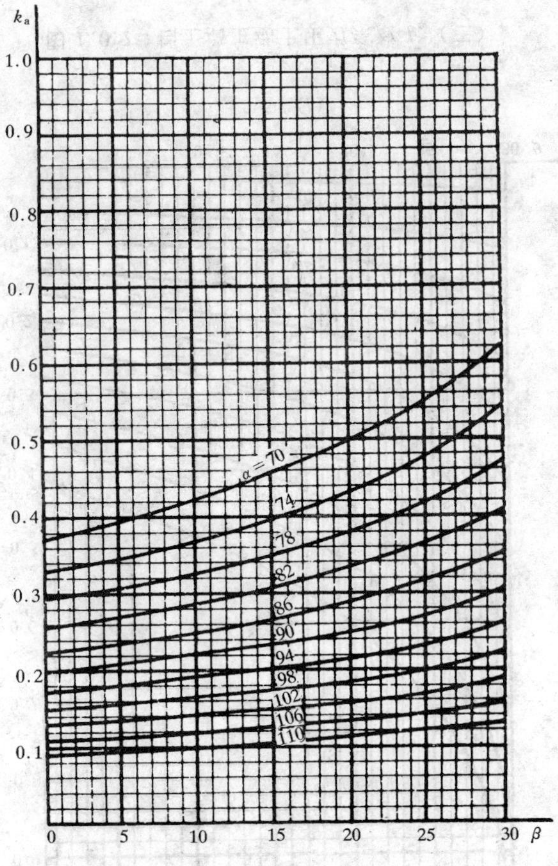

(a)

图 L.0.2　挡土墙主动土压力系数 k_a（一）

（a）Ⅰ类土土压力系数$\left(\delta=\frac{1}{2}\varphi,\ q=0\right)$

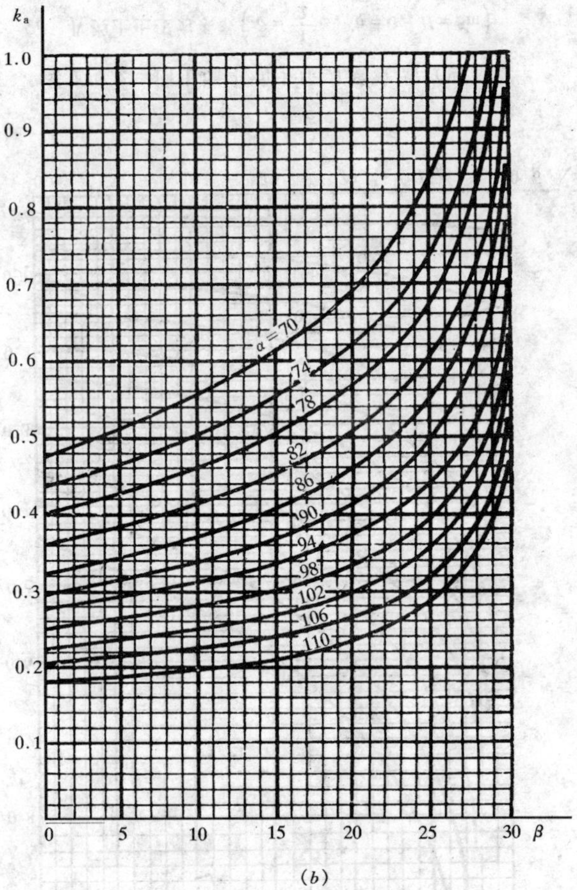

(b)

图 L.0.2　挡土墙主动土压力系数 k_a（二）

（b）Ⅱ类土土压力系数$\left(\delta=\frac{1}{2}\varphi,\ q=0\right)$

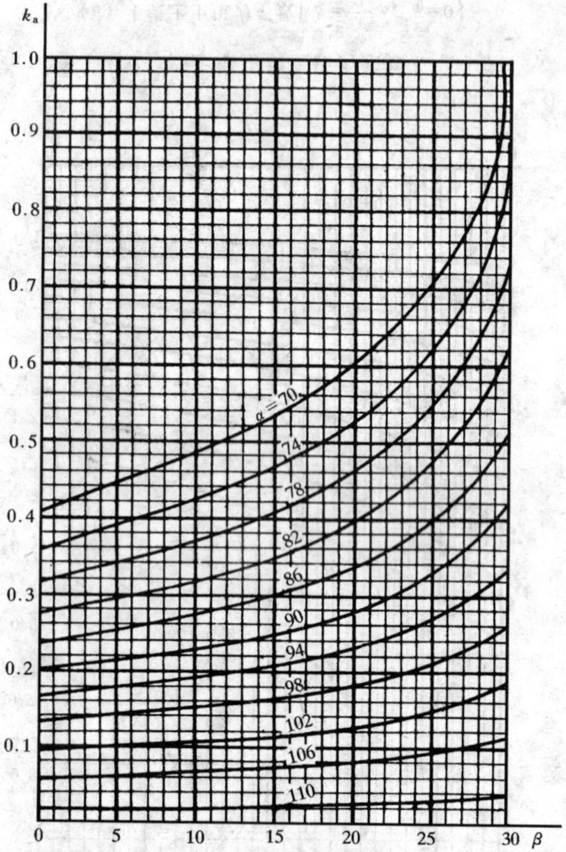

(c)

图 L.0.2 挡土墙主动土压力系数 k_a（三）

(c) Ⅲ类土土压力系数$\left(\delta=\frac{1}{2}\varphi,\ q=0,\ H=5m\right)$

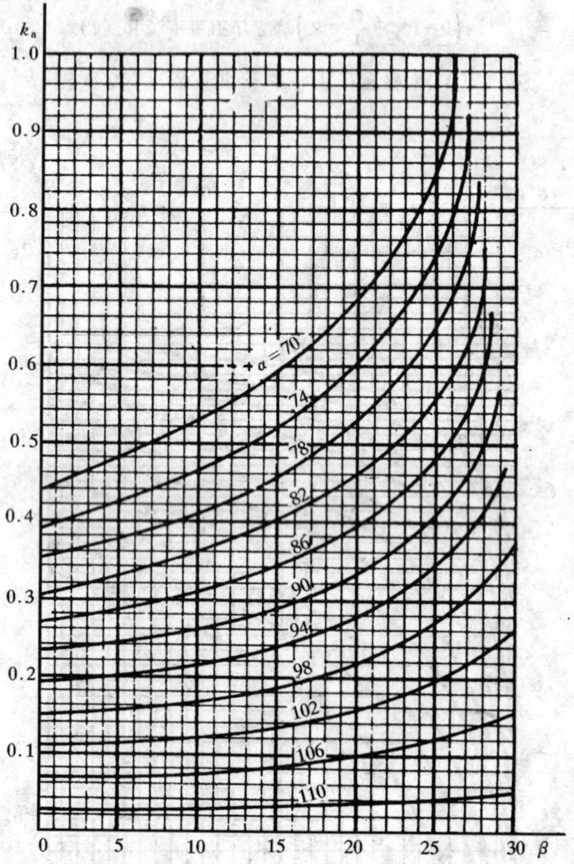

(d)

图 L.0.2 挡土墙主动土压力系数 k_a（四）

(d) Ⅳ类土土压力系数$\left(\delta=\frac{1}{2}\varphi,\ q=0,\ H=5m\right)$

图中土类填土质量应满足下列要求：

1 Ⅰ类 碎石土，密实度应为中密，干密度应大于或等于 $2.0t/m^3$；

2 Ⅱ类 砂土，包括砾砂、粗砂、中砂，其密实度应为中密，干密度应大于或等于 $1.65t/m^3$；

3 Ⅲ类 粘土夹块石，干密度应大于或等于 $1.90t/m^3$；

4 Ⅳ类 粉质粘土，干密度应大于或等于 $1.65t/m^3$；

附录 M 岩石锚杆抗拔试验要点

M.0.1 在同一场地同一岩层中的锚杆，试验数不得少于总锚杆的5%，且不应少于6根。

M.0.2 试验采用分级加载，荷载分级不得少于8级。试验的最大加载量不应少于锚杆设计荷载的2倍。

M.0.3 每级荷载施加完毕后，应立即测读位移量。以后每间隔5min测读一次。连续4次测读出的锚杆拔升值均小于0.01mm时，认为在该级荷载下的位移已达到稳定状态，可继续施加下一级上拔荷载。

M.0.4 当出现下列情况之一时，即可终止锚杆的上拔试验：

1 锚杆拔升量持续增长，且在1小时时间范围内未出现稳定的迹象；

2 新增加的上拔力无法施加，或者施加后无法使上拔力保持稳定；

3 锚杆的钢筋已被拔断，或者锚杆锚筋被拔出。

M.0.5 符合上述终止条件的前一级拔升荷载，即为该锚杆的极限抗拔力。

M.0.6 参加统计的试验锚杆，当满足其极差不超过平均值的30%时，可取其平均值为锚杆极限承载力。极差超过平均值的30%时，宜增加试验量并分析离差过大的原因，结合工程情况确定极限承载力。

将锚杆极限承载力除以安全系数2为锚杆抗拔承载力特

征值 R_t。

M.0.7 锚杆钻孔时，应利用钻孔取出的岩芯加工成标准试件，在天然湿度条件下进行岩石单轴抗压试验，每根试验锚杆的试样数，不得少于3个。

M.0.8 试验结束后，必须对锚杆试验现场的破坏情况进行详尽的描述和拍摄照片。

附录N 大面积地面荷载作用下地基附加沉降量计算

N.0.1 由地面荷载引起柱基内侧边缘中点的地基附加沉降计算值可按分层总和法计算，其计算深度按本规范公式(5.3.6)确定。

N.0.2 参与计算的地面荷载包括地面堆载和基础完工后的新填土，地面荷载应按均布荷载考虑，其计算范围：横向取5倍基础宽度，纵向为实际堆载长度。其作用面在基底平面处。

N.0.3 当荷载范围横向宽度超过5倍基础宽度时，按5倍基础宽度计算。小于5倍基础宽度或荷载不均匀时，应换算成宽度为5倍基础宽度的等效均布地面荷载计算。

N.0.4 换算时，将柱基两侧地面荷载按每段为0.5倍基础宽度分成10个区段（图N.0.4），然后按下式计算等效均布地面荷载：

$$q_{eq} = 0.8\left[\sum_{i=0}^{10}\beta_i q_i - \sum_{i=0}^{10}\beta_i p_i\right] \quad (N.0.4)$$

式中 q_{eq}——等效均布地面荷载；

β_i——第 i 区段的地面荷载换算系数，按表N.0.4查取；

q_i——柱内侧第 i 区段内的平均地面荷载；

p_i——柱外侧第 i 区段内的平均地面荷载。

当等效均布地面荷载为正值时，说明柱基将发生内倾；为负值时，将发生外倾。

表 N.0.4　　地面荷载换算系数 β_i

区　段	0	1	2	3	4	5	6	7	8	9	10
$\frac{a}{5b}\geqslant 1$	0.30	0.29	0.22	0.15	0.10	0.08	0.06	0.04	0.03	0.02	0.01
$\frac{a}{5b}<1$	0.52	0.40	0.30	0.13	0.08	0.05	0.02	0.01	0.01	—	—

注：a、b 见本规范表 7.5.4。

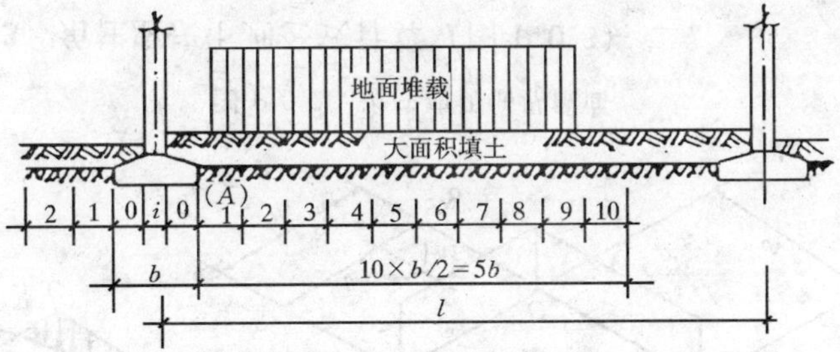

图 N.0.4　地面荷载区段划分

附录 P　冲切临界截面周长及极惯性矩计算公式

P.0.1　冲切临界截面的周长 u_m 以及冲切临界截面对其重心的极惯性矩 I_s，应根据柱所处的位置分别进行计算。内柱应按下列公式计算（图 P.0.1）：

$$u_m = 2c_1 + 2c_2 \qquad (P.0.1\text{-}1)$$

$$I_s = c_1h_0^3/6 + c_1^3h_0/6 + c_2h_0c_1^2/2 \qquad (P.0.1\text{-}2)$$

$$c_1 = h_c + h_0 \qquad (P.0.1\text{-}3)$$

$$c_2 = b_c + h_0 \qquad (P.0.1\text{-}4)$$

$$c_{AB} = c_1/2 \qquad (P.0.1\text{-}5)$$

式中　h_c——与弯矩作用方向一致的柱截面的边长；

　　　b_c——垂直于 h_c 的柱截面边长。

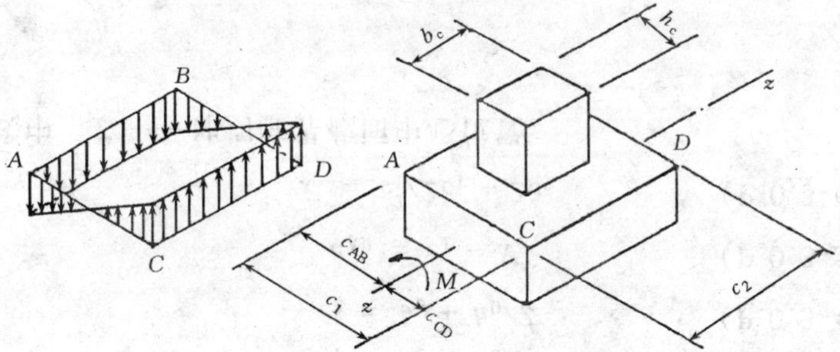

图 P.0.1　内柱冲切临界截面

P.0.2　边柱应按下列公式计算（图 P.0.2）：

$$u_m = 2c_1 + c_2 \qquad (P.0.2\text{-}1)$$

$$I_s = c_1 h_0^3/6 + c_1^3 h_0/6 + 2h_0 c_1 (c_1/2 - \bar{x})^2 + c_2 h_0 \bar{x}^2 \tag{P.0.2-2}$$

$$c_1 = h_c + h_0/2 \tag{P.0.2-3}$$

$$c_2 = b_c + h_0 \tag{P.0.2-4}$$

$$c_{AB} = c_1 - \bar{x} \tag{P.0.2-5}$$

$$\bar{x} = c_1{}^2/2c_1 + c_2 \tag{P.0.2-6}$$

式中　$\bar{x}$——冲切临界截面中心位置。

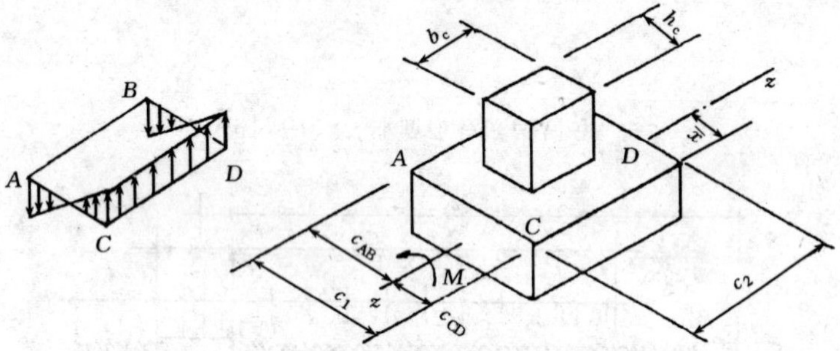

图 P.0.2　边柱冲切临界截面

P.0.3　角柱应按下列公式计算（图 P.0.3）：

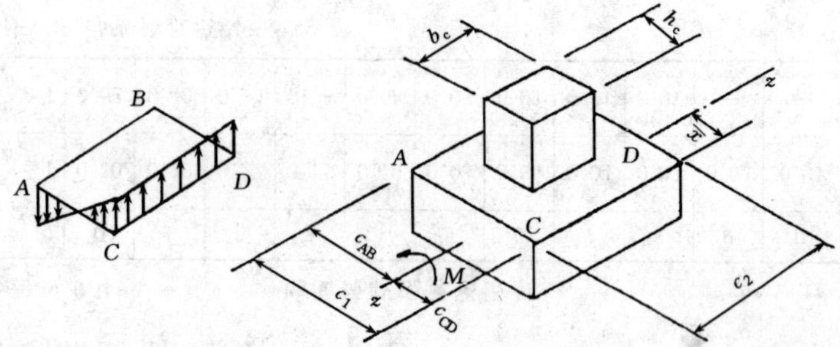

图 P.0.3　角柱冲切临界截面

$$u_m = c_1 + c_2 \tag{P.0.3-1}$$

$$I_s = c_1 h_0^3/12 + c_1^3 h_0/12 + h_0 c_1 (c_1/2 - \bar{x})^2 + c_2 h_0 \bar{x}^2 \tag{P.0.3-2}$$

$$c_1 = h_c + h_0/2 \tag{P.0.3-3}$$

$$c_2 = b_c + h_0/2 \tag{P.0.3-4}$$

$$c_{AB} = c_1 - \bar{x} \tag{P.0.3-5}$$

$$\bar{x} = c_1^2/2c_1 + 2c_2 \tag{P.0.3-6}$$

式中　$\bar{x}$——冲切临界截面中心位置。

附录Q　单桩竖向静载荷试验要点

Q.0.1　单桩竖向静载荷试验的加载方式，应按慢速维持荷载法。

Q.0.2　加载反力装置宜采用锚桩，当采用堆载时应遵守以下规定。

1　堆载加于地基的压应力不宜超过地基承载力特征值。

2　堆载的限值可根据其对试桩和对基准桩的影响确定。

3　堆载量大时，宜利用桩（可利用工程桩）作为堆载的支点。

4　试验反力装置的最大抗拔或承重能力应满足试验加载的要求。

Q.0.3　试桩、锚桩（压重平台支座）和基准桩之间的中心距离应符合表Q.0.3的规定。

表Q.0.3　试桩、锚桩和基准桩之间的中心距离

反力系统	试桩与锚桩（或压重平台支座墩边）	试桩与基准桩	基准桩与锚桩（或压重平台支座墩边）
锚桩横梁反力装置 压重平台反力装置	≥4d且 >2.0m	≥4d且 >2.0m	≥4d且 >2.0m

注：d——试桩或锚桩的设计直径，取其较大者（如试桩或锚桩为扩底桩时，试桩与锚桩的中心距尚不应小于2倍扩大端直径）。

Q.0.4　开始试验的时间：预制桩在砂土中入土7天后；粘性土不得少于15天；对于饱和软粘土不得少于25天。灌注桩应在桩身混凝土达到设计强度后，才能进行。

Q.0.5　加荷分级不应小于8级，每级加载量宜为预估极限荷载的1/8～1/10。

Q.0.6　测读桩沉降量的间隔时间：每级加载后，每第5、10、15min时各测读一次，以后每隔15min读一次，累计一小时后每隔半小时读一次。

Q.0.7　在每级荷载作用下，桩的沉降量连续两次在每小时内小于0.1mm时可视为稳定。

Q.0.8　符合下列条件之一时可终止加载：

1　当荷载～沉降（$Q\sim s$）曲线上有可判定极限承载力的陡降段，且桩顶总沉降量超过40mm；

2　$\frac{\Delta s_{n+1}}{\Delta s_n}\geqslant 2$，且经24小时尚未达到稳定；

3　25m以上的非嵌岩桩，$Q\sim s$曲线呈缓变型时，桩顶总沉降量大于60～80mm；

4　在特殊条件下，可根据具体要求加载至桩顶总沉降量大于100mm。

注：1　Δs_n——第n级荷载的沉降增量；Δs_{n+1}——第$n+1$级荷载的沉降增量；

2　桩底支承在坚硬岩（土）层上，桩的沉降量很小时，最大加载量不应小于设计荷载的两倍。

Q.0.9　卸载观测：每级卸载值为加载值的两倍。卸载后隔15min测读一次，读两次后，隔半小时再读一次，即可卸下一级荷载。全部卸载后，隔3～4小时再测读一次。

Q.0.10　单桩竖向极限承载力应按下列方法确定：

1　作荷载～沉降（$Q\sim s$）曲线和其他辅助分析所需的曲线。

2 当陡降段明显时，取相应于陡降段起点的荷载值。

3 当出现本附录 Q.0.8 第二款的情况，取前一级荷载值。

4 $Q \sim s$ 曲线呈缓变型时，取桩顶总沉降量 $s = 40\text{mm}$ 所对应的荷载值，当桩长大于 40m 时，宜考虑桩身的弹性压缩。

5 按上述方法判断有困难时，可结合其他辅助分析方法综合判定。对桩基沉降有特殊要求者，应根据具体情况选取。

6 参加统计的试桩，当满足其极差不超过平均值的 30%时，可取其平均值为单桩竖向极限承载力。极差超过平均值的 30%时，宜增加试桩数量并分析离差过大的原因，结合工程具体情况确定极限承载力。

注：对桩数为 3 根及 3 根以下的柱下桩台，取最小值。

7 将单桩竖向极限承载力除以安全系数 2，为单桩竖向承载力特征值 R_a。

附录 R 桩基础最终沉降量计算

R.0.1 桩基础最终沉降量的计算采用单向压缩分层总和法：

$$s = \psi_{P}\sum_{j=1}^{m}\sum_{i=1}^{n_j}\frac{\sigma_{j,i}\Delta h_{j,i}}{E_{sj,i}} \tag{R.0.1}$$

式中 s——桩基最终计算沉降量（mm）；

m——桩端平面以下压缩层范围内土层总数；

$E_{sj,i}$——桩端平面下第 j 层土第 i 个分层在自重应力至自重应力加附加应力作用段的压缩模量（MPa）；

n_j——桩端平面下第 j 层土的计算分层数；

$\Delta h_{j,i}$——桩端平面下第 j 层土的第 i 个分层厚度（m）；

$\sigma_{j,i}$——桩端平面下第 j 层土第 i 个分层的竖向附加应力(kPa)可分别按本附录 R.0.2 或 R.0.4 的规定计算。

ψ_p——桩基沉降计算经验系数，各地区应根据当地的工程实测资料统计对比确定。

R.0.2 采用实体深基础计算桩基础最终沉降量时，采用单向压缩分层总和法按本规范第 5.3.5 条至第 5.3.8 条有关的公式计算。

R.0.3 本规范（5.3.5）公式中附加压力计算，应为桩底平面处的附加压力。实体基础的支承面积可按图 R.0.3 采用。

实体深基础桩基沉降计算经验系数 ψ_p 应根据地区桩基础沉降观测资料及经验统计确定。在不具备条件时，ψ_p 值可按表 R.0.3 选用。

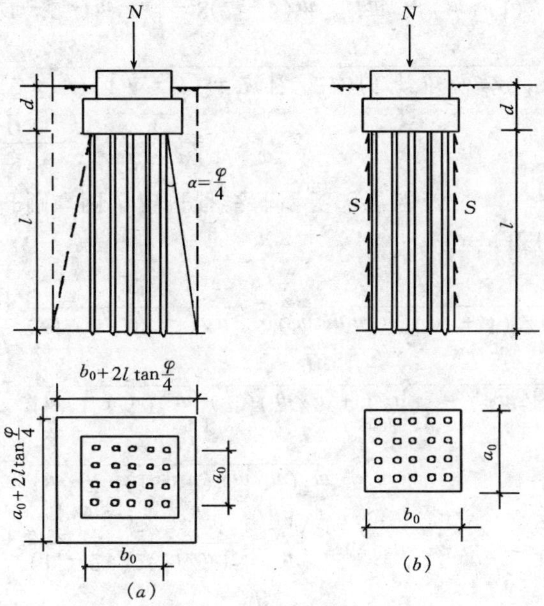

图 R.0.3　实体深基础的底面积

表 R.0.3　　实体深基础计算桩基沉降经验系数 ψ_p

$\overline{E}_s$ (MPa)	$\overline{E}_s < 15$	$15 \leqslant \overline{E}_s < 30$	$30 \leqslant \overline{E}_s < 40$
ψ_p	0.5	0.4	0.3

R.0.4　采用明德林应力公式计算地基中的某点的竖向附加应力值时，可将各根桩在该点所产生的附加应力，逐根叠加按下式计算。

$$\sigma_{j,i} = \sum_{k=1}^{n}(\sigma_{zp,k} + \sigma_{zs,k}) \tag{R.0.4-1}$$

Q 为单桩在竖向荷载的准永久组合作用下的附加荷载，由桩端阻力 Q_p 和桩侧摩阻力 Q_s 共同承担，且：$Q_p = \alpha Q$，α 是桩端阻力比。桩的端阻力假定为集中力，桩侧摩阻力可假定为沿桩身均匀分布和沿桩身线性增长分布两种形式组成，其值分别为 βQ 和 $(1-\alpha-\beta)Q$，如图 R.0.4 所示。

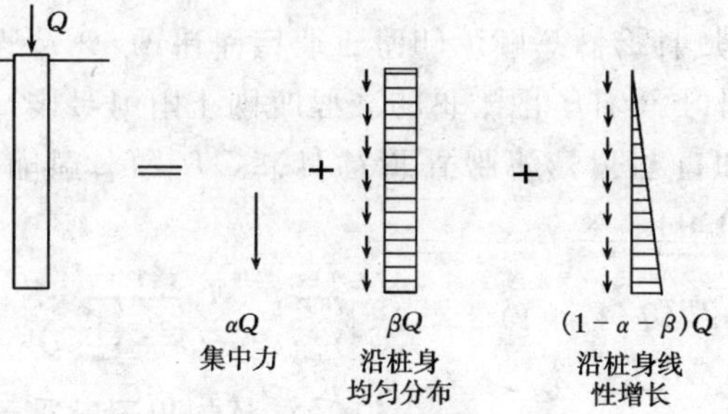

图 R.0.4　单桩荷载分担

第 k 根桩的端阻力在深度 z 处产生的应力：

$$\sigma_{zp,k} = \frac{\alpha Q}{l^2} I_{p,k} \tag{R.0.4-2}$$

第 k 根桩的侧摩阻力在深度 z 处产生的应力：

$$\sigma_{zs,k} = \frac{Q}{l^2}[\beta I_{s1,k} + (1-\alpha-\beta) I_{s2,k}] \tag{R.0.4-3}$$

对于一般摩擦型桩可假定桩侧摩阻力全部是沿桩身线性增长的（即 $\beta = 0$），则（R.0.4－3）式可简化为：

$$\sigma_{zs,k} = \frac{Q}{l^2}(1-\alpha) I_{s2,k} \tag{R.0.4-4}$$

式中　　l——为桩长（m）；

I_p, I_{s1}, I_{s2}——应力影响系数，可用对明德林应力公式进行积分的方式推导得出。

对于桩顶的集中力：

$$I_p = \frac{1}{8\pi(1-\nu)}\left\{\frac{(1-2\nu)(m-1)}{A^3} - \frac{(1-2\nu)(m-1)}{B^3} + \frac{3(m-1)^3}{A^5} + \frac{3(3-4\nu)m(m+1)^2 - 3(m+1)(5m-1)}{B^5} + \frac{30m(m+1)^3}{B^7}\right\} \quad (R.0.4\text{-}5)$$

对于桩侧摩阻力沿桩身均匀分布的情况：

$$I_{s1} = \frac{1}{8\pi(1-\nu)}\left\{\frac{2(2-\nu)}{A} - \frac{2(2-\nu)+2(1-2\nu)(m^2/n^2+m/n^2)}{B} + \frac{(1-2\nu)2(m/n)^2}{F} - \frac{n^2}{A^3} - \frac{4m^2-4(1+\nu)(m/n)^2m^2}{F^3} - \frac{4m(1+\nu)(m+1)(m/n+1/n)^2-(4m^2+n^2)}{B^3} + \frac{6m^2(m^4-n^4)/n^2}{F^5} - \frac{6m[mn^2-(m+1)^5/n^2]}{B^5}\right\} \quad (R.0.4\text{-}6)$$

对于桩侧摩阻力沿桩身线性增长的情况：

$$I_{s2} = \frac{1}{4\pi(1-\nu)}\left\{\frac{2(2-\nu)}{A} - \frac{2(2-\nu)(4m+1)-2(1-2\nu)(1+m)m^2/n^2}{B} - \frac{2(1-2\nu)m^3/n^2-8(2-\nu)m}{F} - \frac{mn^2+(m-1)^3}{A^3} - \frac{4\nu n^2m+4m^3-15n^2m-2(5+2\nu)(m/n)^2(m+1)^3+(m+1)^3}{B^3} - \frac{2(7-2\nu)mn^2-6m^3+2(5+2\nu)(m/n)^2m^3}{F^3} - \frac{6mn^2(n^2-m^2)+12(m/n)^2(m+1)^5}{B^5} + \frac{12(m/n)^2m^5+6mn^2(n^2-m^2)}{F^5} + 2(2-\nu)\ln\left(\frac{A+m-1}{F+m}\times\frac{B+m+1}{F+m}\right)\right\} \quad (R.0.4\text{-}7)$$

式中 $A^2 = n^2+(m-1)^2$；$B^2 = n^2+(m+1)^2$；

$F^2 = n^2+m^2$；$n = r/l$；$m = z/l$

ν——地基土的泊松比；

r——计算点离桩身轴线的水平距离；

z——计算应力点离承台底面的竖向距离。

将公式（R.0.4-1）～（R.0.4-4）代入公式（R.0.1），得到单向压缩分层总和法沉降计算公式：

$$s = \psi_p \frac{Q}{l^2}\sum_{j=1}^{m}\sum_{i=1}^{n_j}\frac{\Delta h_{j,i}}{E_{sj,i}}\sum_{k=1}^{n}[\alpha I_{p,k} + (1-\alpha)I_{s2,k}] \quad (R.0.4\text{-}8)$$

R.0.5 采用明德林应力公式计算桩基础最终沉降量时，竖向荷载准永久组合作用下附加荷载的桩端阻力比 α 和桩基沉降计算经验系数 ψ_p 应根据当地工程的实测资料统计确定。

附录S 阶梯形承台及锥形承台斜截面受剪的截面宽度

S.0.1 对于阶梯形承台应分别在变阶处（A_1-A_1，B_1-B_1）及柱边处（A_2-A_2，B_2-B_2）进行斜截面受剪计算（图S.0.1）。

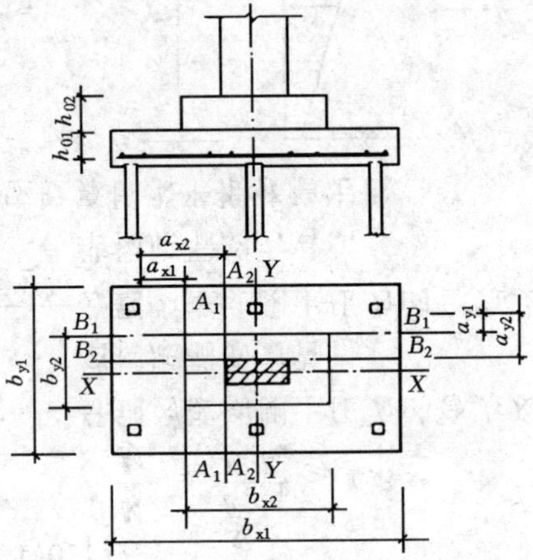

图 S.0.1 阶梯形承台斜截面受剪计算示意

计算变阶处截面 A_1-A_1、B_1-B_1 的斜截面受剪承载力时，其截面有效高度均为 h_{01}，截面计算宽度分别为 b_{y1} 和 b_{x1}。

计算柱边截面 A_2-A_2 和 B_2-B_2 处的斜截面受剪承载力时，其截面有效高度均为 $h_{01}+h_{02}$，截面计算宽度按下式计算：

对 A_2-A_2
$$b_{y0}=\frac{b_{y1}\cdot h_{01}+b_{y2}\cdot h_{02}}{h_{01}+h_{02}} \tag{S.0.1-1}$$

对 B_2-B_2
$$b_{x0}=\frac{b_{x1}\cdot h_{01}+b_{x2}\cdot h_{02}}{h_{01}+h_{02}} \tag{S.0.1-2}$$

S.0.2 对于锥形承台应对 $A-A$ 及 $B-B$ 两个截面进行受剪承载力计算（图S.0.2），截面有效高度均为 h_0，截面的计算宽度按下式计算：

对 $A-A$
$$b_{y0}=\left[1-0.5\frac{h_1}{h_0}\left(1-\frac{b_{y2}}{b_{y1}}\right)\right]b_{y1} \tag{S.0.2-1}$$

对 $B-B$
$$b_{x0}=\left[1-0.5\frac{h_1}{h_0}\left(1-\frac{b_{x2}}{b_{x1}}\right)\right]b_{x1} \tag{S.0.2-2}$$

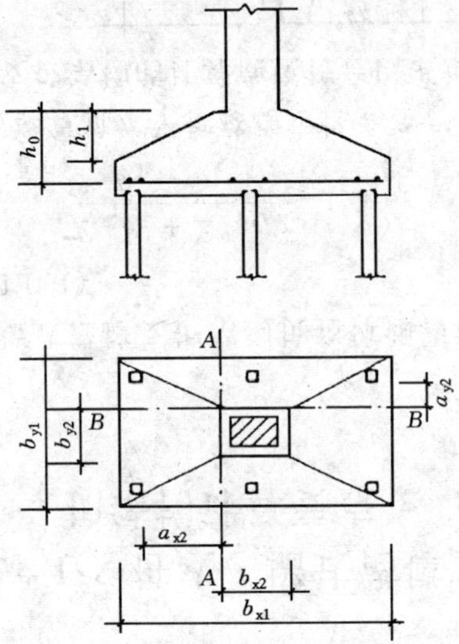

图 S.0.2 锥形承台受剪计算示意

附录T 桩式、墙式悬臂支护结构计算要点

T.0.1 桩式、墙式悬臂支护结构抗整体倾覆稳定性应满足以下条件（图T.0.1）：

$$\frac{M_p}{M_a}=\frac{E_p b_p}{E_a b_a}\geqslant 1.3 \qquad (T.0.1)$$

式中 E_p、b_p——分别为被动侧土压力的合力及合力对支护结构底端的力臂；

E_a、b_a——分别为主动侧土压力的合力及合力对支护结构底端的力臂。

此外，尚应验算抗水平推移稳定性。

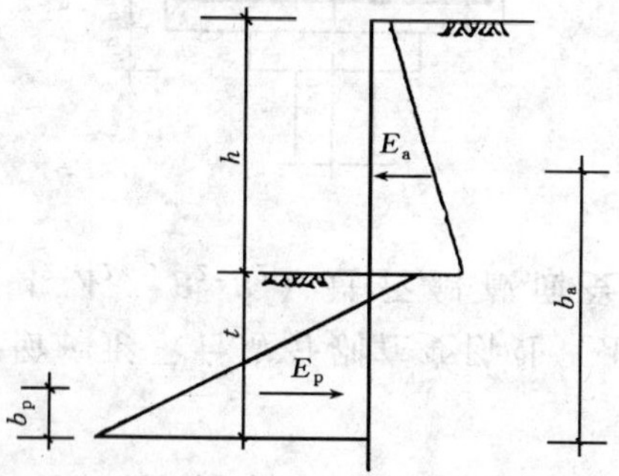

图T.0.1 悬臂式结构计算简图

T.0.2 桩式、墙式悬臂支护结构的最大弯矩位置在基坑面以下，可根据剪力为零的条件确定。

T.0.3 本附录方法不适用于当支护桩(墙)下端为淤泥土的情况。

附录U 桩式、墙式锚撑支护结构计算要点

U.0.1 桩式、墙式锚撑支护结构抗整体倾覆稳定性应满足以下条件（图U.0.1）：

$$\frac{E_{pk}b_k+\Sigma T_i a_i}{E_{ak}\cdot a_k}\geqslant 1.3 \qquad (U.0.1)$$

此外，尚应验算抗水平推移稳定性。

U.0.2 锚撑式支护结构的计算尚应符合以下规定：

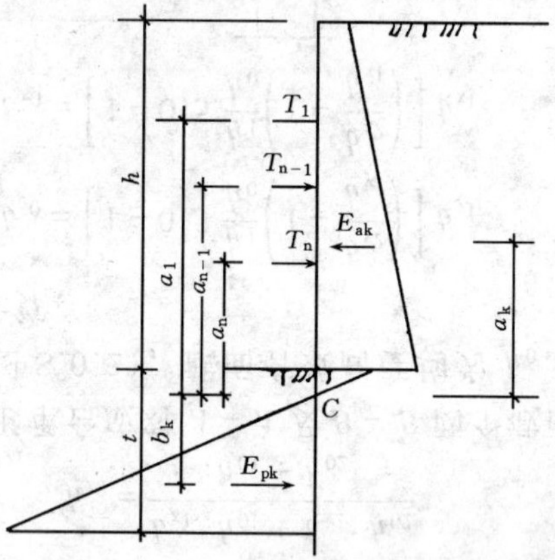

图U.0.1 桩式、墙式锚撑支护结构计算

1 应逐层计算基坑开挖过程中每层支撑设置前支护结

构的内力，达到最终挖土深度后，应验算支护结构抗倾覆的稳定性；当基坑回填过程需要拆除或替换支撑时，尚应计算相应状态下支护结构的稳定性及内力。

2 应根据支护结构嵌固段端点的支承条件合理选定计算方法，可按等值梁法、静力平衡法或弹性抗力法计算内力。

3 假定支撑为不动支点，且下层支撑设置后，上层支撑的支撑力保持不变。

附录 V　基坑底抗隆起稳定性验算

V.0.1　当基坑底为软土时，应验算坑底土抗隆起稳定性。支护桩、墙端以下土体向上涌起，可按下式验算（图 V.0.1）：

$$\frac{N_c \cdot \tau_o + \gamma \cdot t}{\gamma(h+t)+q} \geqslant 1.6 \qquad (V.0.1)$$

式中　N_c——承载力系数，条形基础时取 $N_c = 5.14$；

τ_o——抗剪强度，由十字板试验或三轴不固结不排水试验确定（kPa）；

γ——土的重度（kN/m^3）；

t——支护结构入土深度（m）；

h——基坑开挖深度（m）；

q——地面荷载（kPa）。

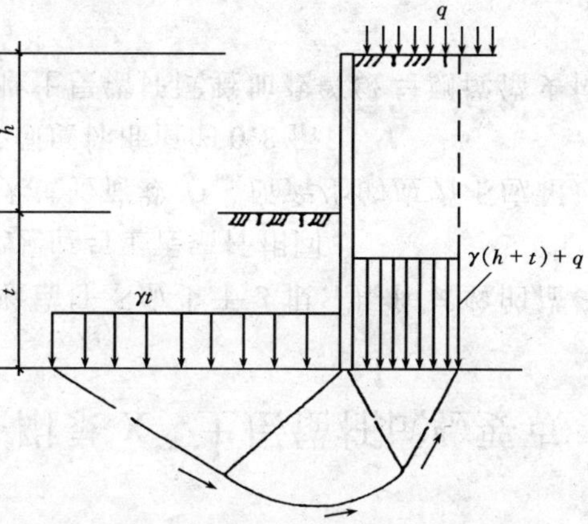

图 V.0.1　基坑底抗隆起稳定性验算示意

附录 W　基坑底抗渗流稳定性验算

W.0.1　当上部为不透水层，坑底下某深度处有承压水层时，基坑底抗渗流稳定性可按下式验算（图 W.0.1）。

$$\frac{\gamma_{m}(t+\Delta t)}{P_{w}} \geqslant 1.1 \qquad (W.0.1)$$

式中　γ_{m}——透水层以上土的饱和重度（kN/m^3）；

$t+\Delta t$——透水层顶面距基坑底面的深度（m）；

P_{w}——含水层水压力（kPa）。

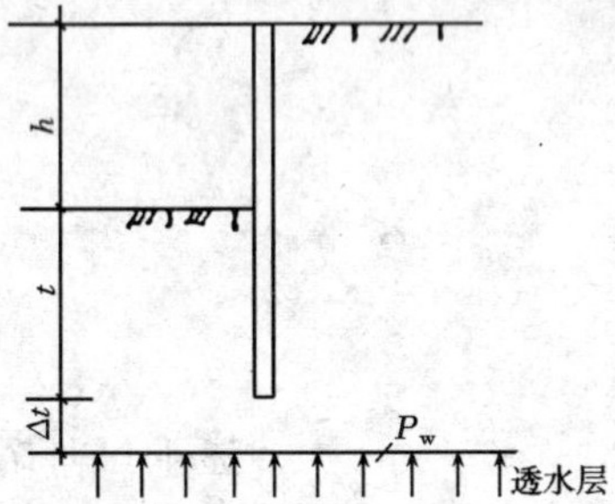

图 W.0.1　基坑底抗渗流稳定验算示意

W.0.2　当基坑内外存在水头差时，粉土和砂土应进行抗渗稳定性验算，渗透的水力梯度不应超过临界水力梯度。

附录 X　土层锚杆试验要点

X.0.1　试验锚杆不应少于 3 根，用作试验的锚杆参数、材料及施工工艺应与工程锚杆相同；

X.0.2　最大试验荷载 Q_{max}所产生的应力不应超过钢丝、钢绞线、钢筋强度标准值的 0.8 倍；

X.0.3　粘性土层锚杆试验加载等级与测读锚头位移应遵守下列规定：

1　采用循环加载，初始荷载宜取 $A \cdot f_{ptk}$的 0.1 倍，每级加载增量宜取 $A \cdot f_{ptk}$的 1/10～1/15；

2　砂土、粘性土层锚杆加载等级与观测时间应符合表 X.0.3 的规定；

表 X.0.3　砂土、粘性土层锚杆试验加载等级与锚头位移测读时间

每次循环累计加载量（$A \cdot f_{ptk}$%）／测读时间间隔（min）／循环加载次数	加载段				卸载段		
	5	5	5	10	5	5	5
初始荷载	—	—	—	10	—	—	—
第一循环	10	—	—	30	—	—	10
第二循环	10	20	30	40	30	20	10
第三循环	10	30	40	50	40	30	10
第四循环	10	30	50	60	50	30	10
第五循环	10	30	50	70	50	30	10
第六循环	10	30	60	80	60	30	10

3 在每级加载观测时间内，测读锚头位移不应少于3次；

4 在每级加载观测时间内，当锚头位移增量不大于0.1mm时，可施加下一级荷载；不满足时应在锚头位移增量2小时以内小于2mm时，再施加下一级荷载。

X.0.4 锚杆试验所得的总弹性位移应超过自由段长度理论弹性伸长量的80%，且应小于自由段长度与1/2锚固段长度之和的理论弹性伸长量。

X.0.5 锚杆试验终止条件应符合下列规定：

1 后一级荷载产生的锚头位移增量达到或超过前一级荷载产生位移增量的2倍；

2 某级荷载下锚头总位移不收敛；

3 锚头总位移超过设计允许位移值。

X.0.6 试验报告应绘制锚杆荷载——位移（Q-s）曲线；锚杆荷载——弹性位移（Q-s_e）曲线；锚杆荷载——塑性位移（Q-s_p）曲线。

X.0.7 锚杆的极限承载力应取终止试验荷载的前一级荷载的95%。

参加统计的试验锚杆，当满足其极差不超过平均值的30%时，可取其平均值为锚杆极限承载力。极差超过平均值的30%时，宜增加试验量并分析离差过大的原因，结合工程具体情况确定极限承载力。

X.0.8 将锚杆极限承载力除以安全系数2，即为锚杆抗拔承载力特征值 R_t。

用词和用语说明

1 为便于在执行本规范条文时区别对待，对要求严格程度不同的用词，说明如下：

(1) 表示很严格，非这样做不可的用词：

正面词采用“必须”；反面词采用“严禁”。

(2) 表示严格，在正常情况下均应这样做的用词：

正面词采用“应”；反面词采用“不应”或“不得”。

(3) 表示允许稍有选择，在条件许可时首先应这样做的用词：

正面词采用“宜”或“可”；反面词采用“不宜”。

2 条文中指定应按其他有关标准、规范执行时，写法为“应符合……的规定”。非必须按所指定的标准、规范或其他规定执行时，写法为“可参照……”。

中华人民共和国国家标准

建筑地基基础设计规范

GB 50007—2002

条 文 说 明

目　次

1 总 则

1.0.1 《建筑结构设计统一标准》对结构设计应满足的功能要求作了如下规定：一、能承受在正常施工和正常使用时可能出现的各种作用；二、在正常使用时具有良好的工作性能；三、在正常维护下具有足够的耐久性能；四、在偶然事件发生时及发生后，仍能保持必需的整体稳定。按此规定根据地基工作状态地基设计时应当考虑：

1 在长期荷载作用下，地基变形不致造成承重结构的损坏；

2 在最不利荷载作用下，地基不出现失稳现象。

因此，地基基础设计应注意区分上述两种功能要求。在满足第一功能要求时，地基承载力的选取以不使地基中出现长期塑性变形为原则，同时还要考虑在此条件下各类建筑可能出现的变形特征及变形量。由于地基土的变形具有长期的时间效应，与钢、混凝土、砖石等材料相比，它属于大变形材料。从已有的大量地基事故分析，绝大多数事故皆由地基变形过大且不均匀所造成。故在规范中明确规定了按变形设计的原则、方法；对于一部分地基基础设计等级为丙级的建筑物当按地基承载力设计基础面积及埋深后，其变形亦同时可满足要求时才不进行变形计算。

1.0.2 由于地基土的性质复杂。在同一地基内土的力学指标离散性一般较大，加上暗塘、古河道、山前洪积、溶岩等许多不良地质条件，必需强调因地制宜原则。本规范对总的设计原则、计算均作出了通用规定，也给出了许多参数。各地区可根据土的特性、地质情况作具体补充。此外，设计人员必须根据具体工程的地质条件，采用优化设计方法，以提高设计质量。

1.0.4 地基基础设计中，作用在基础上的各类荷载及其组合方法按现行《建筑结构荷载规范》执行。在地下水位以下时应扣去水的浮力。否则，将使计算结果偏差很大而造成重大失误。在计算土压力、滑坡推力、稳定性时尤应注意。

本规范只给出各类基础基底反力、力矩、挡墙所受的土压力等。至于基础断面大小及配筋量尚应满足抗弯、冲切、剪切、抗压等要求，设计时应根据所选基础材料按照有关规范规定执行。

2 术语和符号

2.1.3 由于土为大变形材料，当荷载增加时，随着地基变形的相应增长，地基承载力也在逐渐加大，很难界定出一个真正的“极限值”；另一方面，建筑物的使用有一个功能要求，常常是地基承载力还有潜力可挖，而变形已达到或超过按正常使用的限值。因之，地基设计是采用正常使用极限状态这一原则，所选定的地基承载力是在地基土的压力变形曲线线性变形段内相应于不超过比例界限点的地基压力值，即允许承载力。

根据国外有关文献，相应于我国规范中“标准值”的含义可以有特征值、公称值、名义值、标定值四种，在国际标准《结构可靠性总原则》ISO2394 中相应的术语直译为“特征值”（characteristic value），该值的确定可以是统计得出，也可以是传统经验值或某一物理量限定的值。

本次修订采用“特征值”一词，用以表示正常使用极限状态计算时采用的地基承载力和单桩承载力的值，其涵义即为在发挥正常使用功能时所允许采用的抗力设计值，以避免过去一律提“标准值”时所带来的混淆。

3 基本规定

3.0.1 建筑地基基础设计等级是按照地基基础设计的复杂性和技术难度确定的，划分时考虑了建筑物的性质、规模、高度和体型；对地基变形的要求；场地和地基条件的复杂程度；以及由于地基问题对建筑物的安全和正常使用可能造成影响的严重程度等因素。

地基基础设计等级采用三级划分，如表3.0.1。现对该表作如下重点说明：

在地基基础设计等级为甲级的建筑物中，30层以上的高层建筑，不论其体型复杂与否均列入甲级，这是考虑到其高度和重量对地基承载力和变形均有较高要求，采用天然地基往往不能满足设计需要，而须考虑桩基或进行地基处理；体型复杂、层数相差超过10层的高低层连成一体的建筑物是指在平面上和立面上高度变化较大、体型变化复杂，且建于同一整体基础上的高层宾馆、办公楼、商业建筑等建筑物。由于上部荷载大小相差悬殊、结构刚度和构造变化复杂，很易出现地基不均匀变形，为使地基变形不超过建筑物的允许值，地基基础设计的复杂程度和技术难度均较大，有时需要采用多种地基和基础类型或考虑采用地基与基础和上部结构共同作用的变形分析计算来解决不均匀沉降对基础和上部结构的影响问题；大面积的多层地下建筑物存在深基坑开挖的降水、支护和对邻近建筑物可能造成严重不良影响等问题，增加了地基基础设计的复杂性，有些地面以上没有荷载或荷载很小的大面积多层地下建筑物，如地下车库、商场、运动场等还存在抗地下水浮力设计等问题；复杂地质条件下的坡上建筑物是指坡体岩土的种类、性质、产状和地下水条件变化复杂等对坡体稳定性不利的情况，此时应作坡体稳定性分析，必要时应采取整治措施；对原有工程有较大影响的新建建筑物是指在原有建筑物旁和在地铁、地下隧道、重要地下管道上或旁边新建的建筑物，当新建建筑物对原有工程影响较大时，为保证原有工程的安全和正常使用，增加了地基基础设计的复杂性和难度；场地和地基条件复杂的建筑物是指不良地质现象强烈发育的场地，如泥石流、崩塌、滑坡、岩溶土洞塌陷等，或地质环境恶劣的场地，如地下采空区、地面沉降区、地裂缝地区等，复杂地基是指地基岩土种类和性质变化很大、有古河道或暗浜分布、地基为特殊性岩土，如膨胀土、湿陷性土等、以及地下水对工程影响很大需特殊处理等情况，上述情况均增加了地基基础设计的复杂程度和技术难度。对在复杂地质条件和软土地区开挖较深的基坑工程，由于基坑支护、开挖和地下水控制等技术复杂、难度较大，也列入甲级。

表3.0.1所列的设计等级为丙级的建筑物是指建筑场地稳定，地基岩土均匀良好、荷载分布均匀的七层及七层以下的民用建筑和一般工业建筑物以及次要的轻型建筑物。

由于情况复杂，设计时应根据建筑物和地基的具体情况参照上述说明确定地基基础的设计等级。

3.0.2 本条规定了地基设计的原则

1 各类建筑物的地基计算均应满足承载力计算的要求。

2 设计等级为甲、乙级的建筑物均应按地基变形设计，这是由于因地基变形造成上部结构的破坏和裂缝的事例很多，因此控制地基变形成为地基设计的主要原则，在满足承载力计算的前提下，应按控制地基变形的正常使用极限状态设计。

3 本次修订增加了对地下水埋藏较浅，而地下室或地下构筑物存在上浮问题时，应进行抗浮验算的规定。

3.0.3 本条规定了对地基勘察的要求

1 在地基基础设计前必须进行岩土工程勘察。

2 对岩土工程勘察报告的内容作出规定。

3 对不同地基基础设计等级建筑物的地基勘察方法，测试内容提出了不同要求。

4 强调应进行施工验槽，如发现问题应进行补充勘察，以保证工程质量。

3.0.4 地基基础设计时，所采用的荷载效应最不利组合和相应的抗力限值应按下列规定：

当按地基承载力计算和地基变形计算以确定基础底面积和埋深时应采用正常使用极限状态，相应的荷载效应组合为标准组合和准永久组合。

在计算挡土墙土压力、地基和斜坡的稳定及滑坡推力时，采用承载能力极限状态荷载效应基本组合，荷载效应组合设计值 S 中荷载分项系数均为1.0。

在根据材料性质确定基础或桩台的高度、支挡结构截面，计算基础或支挡结构内力、确定配筋和验算材料强度时，应按承载能力极限状态考虑，采用荷载效应基本组合。此时，S 中包含相应的荷载分项系数。

3.0.5 荷载效应组合的设计值应按现行《建筑结构荷载规范》GB 50009 的规定执行。规范编制组对基础构件设计的分项系数进行了大量试算工作，对高层建筑筏板基础 5 人次 8 项工程、高耸构筑物 1 人次 2 项工程、烟囱 2 人次 8 项工程，支挡结构 5 人次 20 项工程的试算结果统计，对由永久荷载控制的荷载效应基本组合确定设计值时，综合荷载分项系数应取 1.35。

4 地基岩土的分类及工程特性指标

4.1 岩土的分类

4.1.2～4.1.4 岩石的工程性质极为多样，差别很大，进行工程分类十分必要。89 规范首先进行坚固性分类，再进行风化分类。按坚固性分为“硬质岩”和“软质岩”，列举了代表性岩石名称，以新鲜岩块的饱和单轴抗压强度 30MPa 为分界标准。问题在于，新鲜的未风化的岩块在现场很难取得，难以执行。另外，只分“硬质”和“软质”，也显得粗了些，而对工程最重要的是软岩和极软岩。

岩石的分类可以分为地质分类和工程分类。地质分类主要根据其地质成因，矿物成份、结构构造和风化程度，可以用地质名称加风化程度表达，如强风化花岗岩、微风化砂岩等。这对于工程的勘察设计确是十分必要的。工程分类主要根据岩体的工程性状，使工程师建立起明确的工程特性概念。地质分类是一种基本分类，工程分类应在地质分类的基础上进行，目的是为了较好地概括其工程性质，便于进行工程评价。

为此，本次修订除了规定应确定地质名称和风化程度外，增加了“岩块的坚硬程度”和“岩体的完整程度”的划分，并分别提出了定性和定量的划分标准和方法，对于可以取样试验的岩石，应尽量采用定量的方法，对于难以取样的破碎和极破碎岩石，可用附录 A 的定性方法，可操作性较强。岩石的坚硬程度直接和地基的强度和变形性质有关，其重要性是无疑的。岩体的完整程度反映了它的裂隙性，而裂隙性是岩体十分重要的特性，破碎岩石的强度和稳定性较完整岩石大大削弱，尤其对边坡和基坑工程更为突出。

本次修订将岩石的坚硬程度和岩体的完整程度各分五级。划分出极软岩十分重要，因为这类岩石常有特殊的工程性质，例如某些泥岩具有很高的膨胀性；泥质砂岩、全风化花岗岩等有很强的软化性（饱和单轴抗压强度可等于零）；有的第三纪砂岩遇水崩解，有流砂性质。划分出极破碎岩体也很重要，有时开挖时很硬，暴露后逐渐崩解。片岩各向异性特别显著，作为边坡极易失稳。

破碎岩石测岩块的纵波波速有时会有困难，不易准确测定，此时，岩块的纵波波速可用现场测定岩性相同但岩体完整的纵波波速代替。

4.1.6 碎石土难以取样试验，89 规范用野外鉴别方法划分密实度。本次修订以重型动力触探锤击数 $N_{63.5}$ 为主划分其密实度，更为客观和可靠，同时保留野外鉴别法，列入附录 B。

重型圆锥动力触探在我国已有近五十年的应用经验，各地积累了大量资料。铁道部第二勘测设计院通过筛选，采用了 59 组对比数据，包括卵石、碎石、圆砾、角砾，分布在四川、广西、辽宁、甘肃等地，数据经修正（表 4.1.6-1），统计分析了 $N_{63.5}$ 与地基承载力关系（表 4.1.6-2）。

表 4.1.6-1　修正系数

$N_{63.5}$ / l（m）	5	10	15	20	25	30	35	40	≥50
≤2	1.0	1.0	1.0	1.0	1.0	1.0	1.0	1.0	
4	0.96	0.95	0.93	0.92	0.90	0.98	0.87	0.86	0.84
6	0.93	0.90	0.88	0.85	0.83	0.81	0.79	0.78	0.75

续表

$N_{63.5}$ \ l（m）	5	10	15	20	25	30	35	40	≥50
8	0.90	0.86	0.83	0.80	0.77	0.75	0.73	0.71	0.67
10	0.88	0.83	0.79	0.75	0.72	0.69	0.67	0.64	0.61
12	0.85	0.79	0.75	0.70	0.67	0.64	0.61	0.59	0.55
14	0.82	0.76	0.71	0.66	0.62	0.58	0.56	0.53	0.50
16	0.79	0.73	0.67	0.62	0.57	0.54	0.51	0.48	0.45
18	0.77	0.70	0.63	0.57	0.53	0.49	0.46	0.43	0.40
20	0.75	0.67	0.59	0.53	0.48	0.44	0.41	0.39	0.36

注：l 为杆长。

表 4.1.6-2　　$N_{63.5}$与承载力的关系

$N_{63.5}$	3	4	5	6	8	10	12	14	16
σ_0（kPa）	140	170	200	240	320	400	480	540	600
$N_{63.5}$	18	20	22	24	26	28	30	35	40
σ_0（kPa）	660	720	780	830	870	900	930	970	1000

注：1. 适用的深度范围为 1～20m；
2. 表内的 $N_{63.5}$为经修正后的平均击数。

表 4.1.6-1 的修正，实际上是对杆长、上覆土自重压力、侧摩阻力的综合修正。

过去积累的资料基本上是 $N_{63.5}$与地基承载力的关系，极少与密实度有关系。考虑到碎石土的承载力主要与密实度有关，故本次修订利用了表 4.1.6-2 的数据，参考其他资料，制定了本条按 $N_{63.5}$划分碎石土密实度的标准。

4.1.8　关于标准贯入试验锤击数 N 值的修正问题，虽然国内外已有不少研究成果，但意见很不一致。在我国，一直用经过修正后的 N 值确定地基承载力，用不修正的 N 值判别液化。国外和我国某些地方规范，则采用有效上覆自重压力修正。因此，勘察报告首先提供未经修正的实测值，这是基本数据。然后，在应用时根据当地积累资料统计分析时的具体情况，确定是否修正和如何修正。用 N 值确定砂土密实度，确定这个标准时并未经过修正，故表 4.1.8 中的 N 值为未经过修正的数值。

4.1.11　粉土的性质介于砂土和粘性土之间。砂粒含量较多的粉土，地震时可能产生液化，类似于砂土的性质。粘粒含量较多（>10%）的粉土不会液化，性质近似于粘性土。而西北一带的黄土，颗粒成分以粉粒为主，砂粒和粘粒含量都很低。因此，将粉土细分为亚类，是符合工程需要的。但目前，由于经验积累的不同和认识上的差别，尚难确定一个能被普遍接受的划分亚类标准，故本条未作划分亚类的明确规定。

4.1.13　红粘土是红土的一个亚类。红土化作用是在炎热湿润气候条件下的一种特定的化学风化成土作用。它较为确切地反映了红粘土形成的历程与环境背景。

区域地质资料表明：碳酸盐类岩石与非碳酸盐类岩石常呈互层产出，即使在碳酸盐类岩石成片分布的地区，也常见非碳酸盐类岩石夹杂其中。故将成土母岩扩大到“碳酸盐岩系出露区的岩石”。

在岩溶洼地、谷地、准平原及丘陵斜坡地带，当受片状及间歇性水流冲蚀，红粘土的土粒被带到低洼处堆积成新的土层，其颜色较未搬运者为浅，常含粗颗粒，但总体上仍保持红粘土的基本特征，而明显有别于一般的粘性土。这类土在鄂西、湘西、广西、粤北等山地丘陵区分布，还远较红粘土广泛。为了利于对这类土的认识和研究，将它划定为次生红粘土。

4.1.15～4.1.16 本次修订增加了膨胀土和湿陷性土的定义。

4.2 工程特性指标

4.2.1 静力触探、动力触探、标准贯入试验等原位测试，用于确定地基承载力，在我国已有丰富经验，可以应用，故列入本条，并强调了必须有地区经验，即当地的对比资料。同时还应注意，当地基基础设计等级为甲级和乙级时，应结合室内试验成果综合分析，不宜单独应用。

74规范建立了土的物理力学性指标与地基承载力关系，89规范仍保留了地基承载力表，列入附录，并在使用上加以适当限制。承载力表使用方便是其主要优点，但也存在一些问题。承载力表是用大量的试验数据，通过统计分析得到的。我国幅员广大，土质条件各异，用几张表格很难概括全国的规律。用查表法确定承载力，在大多数地区可能基本适合或偏保守，但也不排除个别地区可能不安全。此外，随着设计水平的提高和对工程质量要求的趋于严格，变形控制已是地基设计的重要原则，本规范作为国标，如仍沿用承载力表，显然已不适应当前的要求，故本次修订决定取消有关承载力表的条文和附录，勘察单位应根据试验和地区经验确定地基承载力等设计参数。

4.2.2 工程特性指标的代表值，对于地基计算至关重要。本条明确规定了代表值的选取原则。标准值取其概率分布的0.05分位数；地基承载力特征值是指由载荷试验地基土压力变形关系线性变形段内不超过比例界限点的地基压力值，实际即为地基承载力的允许值。

4.2.3 载荷试验是确定岩土承载力的主要方法，89规范列入了浅层平板载荷试验。考虑到浅层平板载荷试验不能解决深层土的问题，故本次修订增加了深层载荷试验的规定。这种方法已积累了一定经验，为了统一操作，将其试验要点列入了本规范的附录D。

4.2.4 采用三轴剪切试验测定土的抗剪强度，是国际上常规的方法。优点是受力条件明确，可以控制排水条件，既可用于总应力法，也可用于有效应力法；缺点是对取样和试验操作要求较高，土质不均时试验成果不理想。相比之下，直剪试验虽然简便，但受力条件复杂，无法控制排水，故本次修订推荐三轴试验。鉴于多数工程施工速度快，较接近于不固结不排水剪条件，故本规范推荐*UU*试验。而且，用*UU*试验成果计算，一般比较安全。但预压固结的地基，应采用固结不排水剪。进行*UU*试验时，宜在土的有效自重压力下预固结，更符合实际。

室内试验确定土的抗剪强度指标影响因素很多，包括土的分层合理性、土样均匀性、操作水平等，某些情况下使试验结果的变异系数较大，这时应分析原因，增加试验组数，合理取值。

4.2.5 土的压缩性指标是建筑物沉降计算的依据。为了与沉降计算的受力条件一致，本次修订时强调了施加的最大压力应超过土的有效自重压力与预计的附加压力之和，并取与实际工程相同的压力段计算变形参数。

考虑土的应力历史进行沉降计算的方法，注意了欠压密土在土的自重压力下的继续压密和超压密土的卸载回弹再压缩，比较符合实际情况，是国际上常用的方法。本次修订时增加了通过高压固结试验测定有关参数的规定。

5 地 基 计 算

5.1 基础埋置深度

5.1.3 除岩石地基外，位于天然土质地基上的高层建筑筏形或箱形基础应有适当的埋置深度，以保证筏形和箱形基础的抗倾覆和抗滑移稳定性。

本条给出的抗震设防区内的高层建筑筏形和箱形基础埋深不宜小于建筑物高度的1/15，是基于工程实践和科研成果。北京市勘察设计研究院张在明等在分析北京八度抗震设防区内高层建筑地基整体稳定性与基础埋深的关系时，以二幢分别为15层和25层的建筑，考虑了地震作用和地基的种种不利因素，用圆弧滑动面法进行分析，其结论是：从地基稳定的角度考虑，当25层建筑物的基础埋深为1.8m时，其稳定安全系数为1.44，如埋深为3.8m（1/17.8）时，则安全系数达到1.64。对位于岩石地基上的高层建筑筏形和箱形基础，其埋置深度应根据抗滑移的要求来确定。

5.1.6 地基土的冻胀性分类

土的冻胀性分类基本上与GBJ7—89中的一致，仅对下列几个内容进行了修改。

1 增加了特强冻胀土一档。因原分类表中当冻胀率 η 大于6%时为强冻胀，在实际的冻胀性地基土中 η 不小于20%的并不少见，由不冻胀到强冻胀划分的很密，而强冻胀之后再不细分，显得太粗，有些在冻胀的过程中出现的力学指标如土的冻胀应力，切向冻胀力等，变化范围太大。因此，本规范作相应改动，增加了 η 大于12%特强冻胀土一档。

2 在粗颗粒土中的细粒土含量（填充土），超过某一定的数值时如40%，其冻胀性可按所填充之物的冻胀性考虑。

当高塑性粘土如塑性指数 I_p 不小于22时，土的渗透性下降，影响其冻胀性的大小，所以考虑冻胀性下降一级。当土层中的粘粒（粒径小于0.005mm）含量大于60%，可看成为不透水的土，此时的地基土为不冻胀土。

3 近十几年内国内某些单位对季节冻土层地下水补给高度的研究做了很多工作，见表5.1-1、表5.1-2、表5.1-3、表5.1-4。

表 5.1-1 土壤毛管水上升高度与冻深、冻胀的比较*

项目 / 土壤类别	毛管水上升高度（mm）	冻深速率变化点距地下水位的高度（mm）	明显冻胀层距地下水位的高度（mm）
重壤土	1500～2000	1300	1200
轻壤土	1000～1500	1000	1000
细 砂	<500	—	400

* 王希尧 不同地下水埋深和不同土壤条件下冻结和冻胀试验研究《冰川冻土》1980.3。

表 5.1-2 无冻胀层距离潜水位的高度*

土壤类别	重壤	轻壤	细砂	粗砂
无冻胀层距离潜水位的高度（mm）	1600	1200	600	400

* 王希尧 浅潜水对冻胀及其层次分布的影响《冰川冻土》1982.2。

表 5.1-3　　　　　地下水位对冻胀影响程度*

土　类	地下水距冻结线的距离 z（m）				
亚粘土	$z>2.5$	$2.0<z<2.5$	$1.5<z<2.0$	$1.2<z<1.5$	$z<1.2$
亚砂土	$z>2.0$	$1.5<z<2.0$	$1.0<z<1.5$	$0.5<z<1.0$	$z<0.5$
砂性土	$z>1.0$	$0.7<z<1.0$	$0.5<z<0.7$	$z<0.5$	—
粗　砂	$z>1.0$	$0.5<z<1.0$	$z<0.5$	—	—
冻胀类别	不冻胀	弱冻胀	冻胀	强冻胀	特强冻胀

*　童长江等　切向冻胀力的设计值　科学院冰川所　大庆油田设计院 1986.7

表 5.1-4　　　　　冻胀分类地下水界线值*

土层名 \ 地下水位(m) \ 冻胀分类		不冻胀	弱冻胀	冻胀	强冻胀	特强冻胀
粘性土	计算值	1.87	1.21	0.93	0.45	<0.45
	推荐值	>2.00	>1.5	>1.0	>0.5	<0.5
细　砂	计算值	0.87	0.54	0.33	0.06	<0.06
	推荐值	>1.0	>0.6	>0.4	>0.1	<0.1

*　戴惠民　王兴隆　季冻区公路桥涵地基土冻胀与基础埋深的研究 黑龙江省交通科学研究所 1989.5

根据上述研究成果，以及专题研究“粘性土地基冻胀性判别的可靠性”，将季节冻土的冻胀性分类表中冻结期间地下水位距冻结面的最小距离 h_0 作了部分调整，其中粉砂列由 1.5m 改为 1.0m；粉土列由 2.0m 改为 1.5m；粘性土列中当 w 大于 w_p+9 后，改成大于 w_p+15 为特强冻胀土。

4　冻结深度与冻层厚度两个概念容易混淆，对不冻胀土二者相同，但对冻胀土，尤其强冻胀以上的土，二者相差颇大。计算冻层厚度时，自然地面是随冻胀量的加大而逐渐上抬的，设计基础埋深时所需的冻深值是自冻前原自然地面算起的，它等于冻层厚度减去冻胀量，特此强调引起注意。

5.1.7　冻深影响系数中的 ψ_{zs}、ψ_{zw}及 ψ_{ze}

影响冻深的因素很多，最主要的是气温，除此之外尚有季节冻结层附近的地质（岩性）条件，水分状况以及环境特征等等。在上述诸因素中，除山区外，只有气温属地理性指标，其他一些因素，在平面分布上都是彼此独立的，带有随机性，各自的变化无规律，有些地方的变化还是相当大的，它们属局部性指标，局部性指标用小比例尺的全国分布图来表示，不合适。例如哈尔滨郊区有一个高陡坡，水平距离不过十余米，坡上土的含水量小，地下水位低，冻深约 1.9m，而坡下地下水位高，土的含水量大，属特强冻胀土，历年冻深不超过 1.5m。这种情况在冻深图中是无法表示清楚的，也不可能表示清楚。

附录 G《中国季节性冻土标准冻深线图》应该理解为在标准条件下取得的，该标准条件即为标准冻深的定义：地下水位与冻结锋面之间的距离大于 2m，非冻胀粘性土，地表平坦、裸露，城市之外的空旷场地中，多年实测（不少于十年）最大冻深的平均值。冻深的影响系数有土质系数，湿度系数，环境系数和地形系数等。

土质对冻深的影响是众所周知的，因岩性不同其热物理参数也不同，粗颗粒土的导热系数比细颗粒土的大。因此，当其他条件一致时，粗颗粒土比细颗粒土的冻深大，砂类土的冻深比粘性土的大。我国对这方面问题的实测数据不多、不系统，苏联 74 年和 83 年设计规范《房屋及建筑物地基》中有明确规定，本规范采纳了他们的数据。

土的含水量和地下水位对冻深也有明显的影响，我国东北地区做了不少工作，这里将土中水分与地下水位都用土的冻胀性表示（见本规范附录G中土的冻胀性分类表），水分（湿度）对冻深的影响系数见表5.1-5。因土中水在相变时要放出大量的潜热，所以含水量越多，地下水位越高（冻结时向上迁移），参与相交的水量就越多，放出的潜热也就越多，由于冻胀土冻结的过程也是放热的过程，放热在某种程度上减缓了冻深的发展速度，因此冻深相对变浅。

表 5.1-5　　水分对冻深的影响系数（含水量、地下水位）

资料出处	不冻胀	弱冻胀	冻　胀	强冻胀	特强冻胀
黑龙江低温所（闫家岗站）	1.00	1.00	0.90	0.85	0.80
黑龙江低温所（龙凤站）	1.00	0.90	0.80	0.80	0.77
大庆油田设计院（让胡路站）	1.00	0.95	0.90	0.85	0.75
黑龙江交通所（庆安站）	1.00	0.95	0.90	0.85	0.75
推　荐　值	1.00	0.95	0.90	0.85	0.80

注：土的含水量与地下水位深度都含在土的冻胀性中，参见土的冻胀性分类表。

坡度和坡向对冻深也有一定的影响，因坡向不同，接收日照的时间有长有短，得到的辐射热有多有少，向阳坡的冻深最小，背阴坡的冻深最大。坡度的大小也有很大关系，同是向阳坡，坡度大者阳光光线的入射角相对较小，单位面积上的光照强度变大，接受的辐射热量就多，前苏联《普通冻土学》中给出了坡向对融化深度的影响系数。但是有关这方面的定量实测资料很少，坡度界限不好确定，因此本规范暂不考虑。

城市的气温高于郊外，这种现象在气象学中称为城市的“热岛效应”。城市里的辐射受热状况改变了（深色的沥青屋顶及路面吸收大量阳光），高耸的建筑物吸收更多的阳光，各种建筑材料的热容量和传热量大于松土。据计算，城市接受的太阳辐射量比郊外高出10%～30%，城市建筑物和路面传送热量的速度比郊外湿润的砂质土快3倍，工业设施排烟、放气、交通车辆排放尾气，人为活动等都放出很多热量，加之建筑群集中，风小对流差等，使周围气温升高。

目前无论国际还是国内对城市气候的研究越来越重视，该项研究已列入国家基金资助课题，对北京、上海、沈阳等十个城市进行了重点研究，已取得一批阶段成果。根据国家气象局气象科学研究院气候所和中国科学院、国家计委北京地理研究所气候室的专家提供的数据，经过整理列于表5.1-6中。“热岛效应”是一个比较复杂的问题，和城市人口数量，人口密度，年平均气温、风速、阴雨天气等诸多因素有关。根据观测资料与专家意见，作如下规定：20～50万人口的城市（市区），只按近郊考虑0.95的影响系数，50～100万人口的城市，只按市区考虑0.90的系数，大于100万的，除考虑市区外，还可扩大考虑5km范围内的近郊区。此处所说的城市（市区）是指市民居住集中的市区，不包括郊区和市属县、镇。

表 5.1-6　　“热岛效应”对冻深的影响

城　市	北　京	兰　州	沈　阳	乌鲁木齐
市区冻深 / 远郊冻深	52%	80%	85%	93%
规范推荐值	市区 0.90	近郊 0.95	村镇 1.00	

关于冻深的取值，尽量应用当地的实测资料，要注意个别年份挖探一个、两个数据不能算实测数据，多年实测资料（不少于十年）的平均值才为实测数据（个体不能代表均值）。

5.1.8 按双层地基计算模型对基底下允许冻土层最大厚度 h_{max} 的计算：

残留冻土层的确定只是根据自然场地的冻胀变形规律，没有考虑基础荷重的作用与土中应力对冻胀的影响，或者说地基土的冻胀变形与其上有无建筑物无关，与其上的荷载大小无关。例如，单层的平房与十几层高的住宅楼在按残留冻土层进行基础埋深的设计时，将得出相同的残留冻土层厚度，具有同一埋深，这显然是不够合理的。

本规范所采用的方法是以弹性层状空间半无限体力学的理论为基础的，在一般情况下（非冻结季节）地基土是单层的均质介质，而在季节冻土冻结期间则变成了含有冻土和未冻土两层的非均质介质，即双层地基，在融化过程中又变成了融土—冻土—未冻土的三层地基。

地基土在冻结之前由附加荷载引起的附加应力的分布是属于均质（单层）的，当冻深发展到浅基础底面以下，由于已冻土的力学特征参数与未冻土的差别较大而变成了两层。如果地基土是非冻胀性的，虽然地基已变成两层，但地基中原有的附加应力分布则仍保持着固有的单层的形式，若地基属于冻胀性土时，随着冻胀力的产生和不断增大，地基中的附加应力则进行着一系列变化，即重分配，冻胀力发展增大的过程，也是附加应力重分配的过程。

凡是基础埋置在冻深范围之内的建（构）筑物，其荷载都是较小的（因如果荷载较大，埋深浅了则不能满足变形和稳定的要求），一般都应用均质直线变形体的弹性理论计算土中应力，土冻结之后的力学指标大大提高了，可以用双层空间半无限直线变形体理论来分析地基中的应力。

季节冻结层在冬季，土的负温度沿深度的分布，当冻层厚度不超过最大冻深的3/4时，即负气温在翌年入春回升之前可看成直线关系。根据黑龙江省寒地建筑科学研究院在哈尔滨和大庆两地冻土站（冻深在两米左右地区）实测的竖向平均温度梯度，可近似地用0.1℃/cm表示，地下各点负温度的绝对值可用下式计算：

$$T = 0.1(h - z) \quad (℃) \qquad (5.1\text{-}1)$$

式中 h——自基础底面算起至冻结界面的冻层厚度（cm）；

z——自基础底面算起冻土层中某点的竖向坐标（cm）。

冻土的变形模量（或近似称弹性模量）与土的种类、含水程度、荷载大小、加载速率以及土的负温度等都有密切关系，其变形模量与土温的关系委托中国科学院兰州冰川冻土研究所做的试验，经过整理简化后其结果为：

$$E = E_o + KT^a = [10 + 44T^{0.733}] \times 10^3 (\text{kPa}) \qquad (5.1\text{-}2)$$

将（5.1-1）式代入，得

$$E = [10 + 238(h - z)^{0.733}] \times 10^3 \quad (\text{kPa}) \qquad (5.1\text{-}3)$$

式中 E_o——冻土在0℃时的变形模量（kPa）。

双层地基的计算简图如图5.1-1所示，编制有限元的计算程序，用数值计算来近似解出双层地基交接面（冻结界面）上基础中心轴下垂直应力系数。根据湖南省计算技术研究所、中国科学院哈尔滨工程力学研究所的双层地基的解析计算结果，根据实际地基两层的刚度比、基础面积、形状、土层高度等参数求出了条形、方形和圆形图表的结果。

根据一定的基础形式（条形、圆形或矩形），一定的基础尺寸（基础宽度、直径或边长的数值）和一定的基底之下的冻层厚度，即可查出冻结界面上基础中心点下的应力系数值。

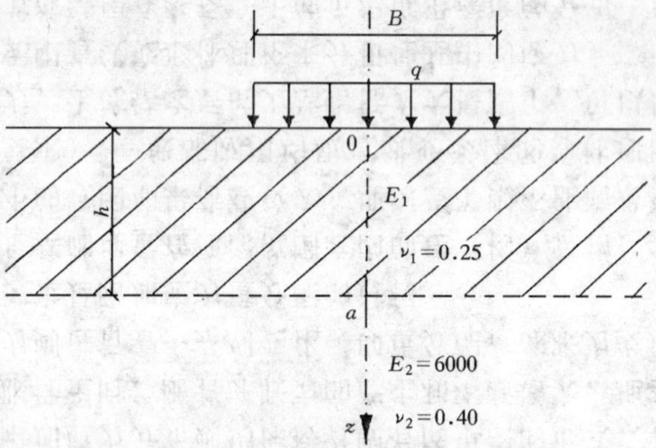

图 5.1-1 双层地基计算简图

$$E_1=[10+238(h-z)^{0.733}]\times 10^3$$

土的冻胀应力是这样得到的，如图 5.1-2 所示，图 5.1-2a为一基础放置在冻土层内，设计冻深为 H，基础埋深为 h，冻土层的变形模量、泊松比为 E_1、ν_1，下卧不冻土层的为 E_2、ν_2 均为已知，图 5.1-2b 所示的地基与基础，其所有情况与图 5.1-2a 完全相同，二者所不同之处在于图 5.1-2a 为作用力 P 施加在基础上，地基内 a 点产生应力 p_a，图 5.1-2b为基础固定不动，由于冻土层膨胀对基础产生一力 P'，引起地基内 a 点的应力为 p'_a，在界面上的冻胀应力按约束程度的不同有一定的分布规律。如果 $P'=P$ 时，则 $p'_a=p_a$，由于地基基础所组成的受力系统与大小完全相同，则地基和基础的应力状态也完全一致。换句话说，由 P 引起的在冻结界面上附加应力的大小和分布完全相同于产生冻胀力 P'（$=P$）时在冻结界面上冻胀应力的分布和大小，所以求冻胀应力的过程与求附加应力的过程是相同的。也可将附加应力看成冻胀应力的反作用力。

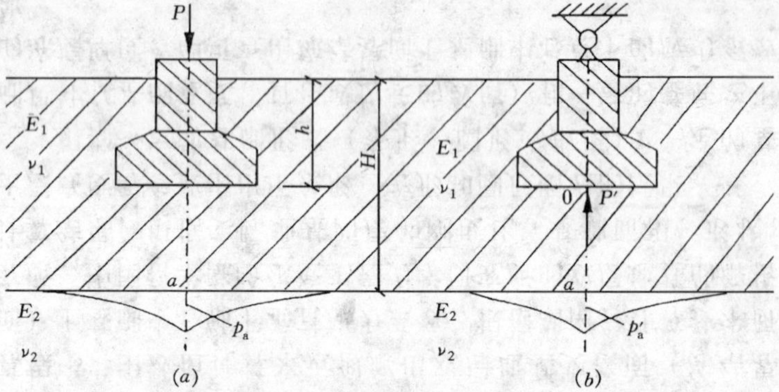

图 5.1-2 地基土的冻胀应力示意

a）由附加荷载作用在冻土地基上；b）由冻胀应力作用在基础上

黑龙江省寒地建筑科学研究院于哈尔滨市郊的闫家岗冻土站中，在四个不同冻胀性的场地上进行了法向冻胀力的观测，正方形基础尺寸 $A=0.5\mathrm{m}^2$，冻层厚度为 1.5~1.8m，基础埋深为零，四个场地的冻胀率 η 分别为 $\eta_1=23.5\%$，$\eta_2=16.4\%$，$\eta_3=8.3\%$，$\eta_4=2.5\%$。

由于在试验冻胀力的过程中基础有 20~30mm 的上抬量，法向冻胀力有一定的松弛，因此，在测得力值的基础上再增加 50%。形成“土的冻胀应力曲线”素材的情况是，冻胀率 $\eta=20\%$，最大冻深 $H=1.5\mathrm{m}$，基础面积 $A=0.5\mathrm{m}^2$，则冻胀力达到 1000kN，相当 2000kPa，这样大的冻胀力用在工程上有一定的可靠性。

根据基础底面之下的冻层厚度 h 与基础尺寸，查双层地基的应力系数图表，就可容易地求出在该时刻冻胀应力 σ_{fh}的大小。将不同冻胀率条件下和不同深度处得出的冻胀应力画在一张图上便获得土的冻胀应力曲线。在求基础埋深的过程中，传到基础上的荷载只计算上部结构的自重，临时性的活荷载不能计入，如剧院、电影院的观众厅，在有演出节目时座无虚席，但散场以后空无一人，当夜间基土冻胀时活荷载根本就不存在。另如学校的教室，在严冬放寒假，正值冻胀严重的时令，学生却都回家去，也是空的了，等等。因此，在计算平衡冻胀力的附加荷载时，只计算实际存在的(墙体扣除门窗洞）结构自重，尚应乘以一个小于1的荷载系数（如0.9)，考虑偶然最不利的情况。

基础底面处的接触附加压力可以算出，冻层厚度发展到任一深度处的应力系数可以查到，基底附加压力乘以应力系数即为该截面上的附加应力。然后寻求小于或等于附加应力的冻胀应力，这种截面所在的深度减去应力系数所对应的冻层厚度即为所求的基础的最小埋深，在这一深度上由于向下的附加应力已经把向上的冻胀应力给平衡了，即压住了，肯定不会出现冻胀变形，所以是安全的。

5.1.9 防切向冻胀力的措施

降低或消除切向冻胀力的措施很多，诸如：基侧保温法、基侧换土法、改良水土条件法、人工盐渍化法、使土颗粒聚集或分散法、憎水处理法以及基础锚固法等等。这些方法中有的不太经济，有的不能耐久，有的施工不便，还有的会遗留副作用。寻求效果显著、施工简便、造价低廉的防切向冻胀力的措施仍是必要的。本文提出了大家早已知晓，并经过试验确认有效的两个切向冻胀力的防治措施。

1 基侧填砂

用基侧填砂来减小或消除切向冻胀力，许多文献都有简单提及，但是填砂的适用范围、填砂的最小厚度等都没详述，也未曾见有关直接论述的研究报导。对此，我们进行了专题研究。

众所周知,无粘性粗颗粒土(砂类土)的抗剪强度 τ_f 为

$$\tau_f = \sigma \tan\varphi \qquad (5.1\text{-}4)$$

式中 τ_f——砂类土的抗剪强度（kPa)；

σ——作用于剪切面上的法向压力（kPa)；

φ——土的内摩擦角（°)。

砂土的抗剪强度数值与剪切面上的法向压力呈线性关系，当土的内摩擦角一定时，法向压力越大抗剪强度越高，法向压力越小，抗剪强度越低，当法向压力为零时，其抗剪强度接近于零。地基土在冻结膨胀时所产生的冻胀力通过土与基础冻结在一起的剪切面传递切向冻胀力,砂类土的持水能力很小,当砂土处在地下水位之上时,不但为非饱和土而且含水量很小,其力学性能接近于非冻结的干砂,称松散冻土,所以砂土与土和砂土与基础侧表面冻结在一起的冻结强度就是砂类土的抗剪强度。剪切面上的抗剪强度越高,可传递较大的切向冻胀力,抗剪强度较小时只能产生有限的力值,当抗剪强度为零时,则切向冻胀力也就不存在了。

基础施工完成后回填基坑时在基侧外表(采暖建筑)或两侧(非采暖建筑)填入厚度不小于10cm的中、粗砂,在这种情况下砂土所受到的压力为静止土压力,p_0 为作用在基侧填砂表面下任意深度 z 处的静止土压力强度,按下式计算：

$$p_0 = k_0 \gamma z \qquad (5.1\text{-}5)$$

式中 k_0——侧压力系数；

γ——砂土的重力密度（kN/m^3)；

z——自地表算起破土的深度（m)。

由公式可见，静止土压力强度沿深度呈三角形分布，上部（因此处的冻胀量最大），由于侧压力不大其抗剪强度低而很小，在下部土的冻胀量较小，因其侧压力偏大抗剪强度

反而较高。

冻胀性地基土在开始冻结时就产生冻胀，冻胀的结果不单向上膨胀，沿水平方向照样也膨胀，膨胀的结果产生水平冻胀力，反应在基侧回填砂层上为正压力，使其抗剪强度具有某一较高的数值，当气温下降到一定程度，如－5℃之后，冻胀性较强的粉质粘土已越过剧烈相变区，土中的未冻水含量已很少，随着时间的推移，土温的继续下降，原先已经冻胀了的地基土开始收缩，收缩的结果减少了水平冻胀压力数值，气温再度降低，地温也相应下降，地基土继续冷缩，这样随着冬季的降温连续过程，地基土收缩的演变是由压力减小到零，再由零发展到拉力，当拉应力超过抗拉强度极限时便出现裂缝。基侧填砂层的抗剪强度由大变小，由小到零，地基土的水平压力为零时，其抗剪强度就不存在了。后来发展到开裂，切向冻胀力就更不能产生了。

在冬季细心观察，很容易发现大地的寒冻裂缝及在基础外侧墙边有裂缝存在，一般都较深和较宽，尤其采暖房屋的条形基础外侧更明显。

在闫家岗冻土站进行了毛石条形基础基侧填砂的试验观测，场地的地下水位距冻结线1～2m，毛石条形基础的埋深为1.5m，当地最大冻深为1.35m，地基土冻胀率为15%左右的特强冻胀土，基础宽50cm，其长为1.5m（见图5.1-3），基础四周回填了中、粗砂，其中一个基础砂层的厚度为20cm，另一个砂层的厚度为10cm，基础上部用红砖干砌1.4m高，代替少许的结构自重。本试验连续观测了三年，1994—1995年度的试验结果见图5.1-4、图5.1-5，由此可见，尽管基侧回填砂层仅有10cm，毛石基础表面还很粗糙，又处在特强冻胀土中，就这样仍没有冻胀量出现。

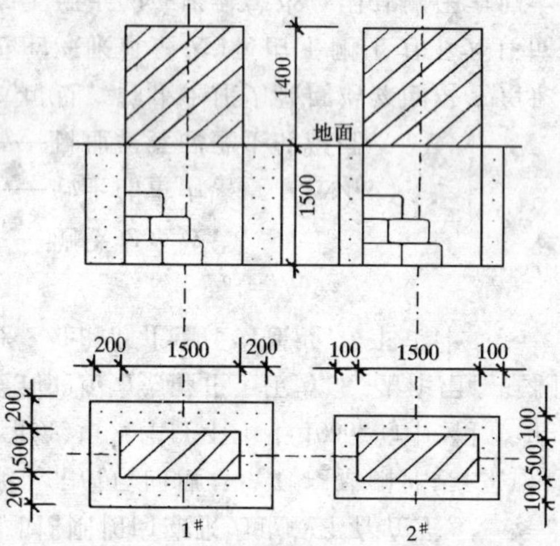

图 5.1-3　毛石条形基础试验简图

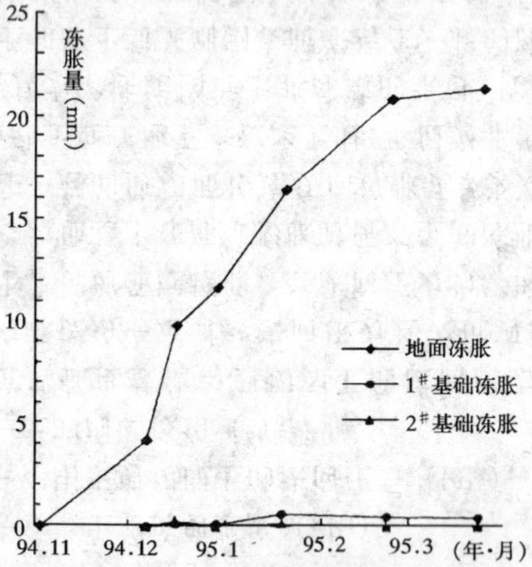

图 5.1-4　冻胀量观测曲线

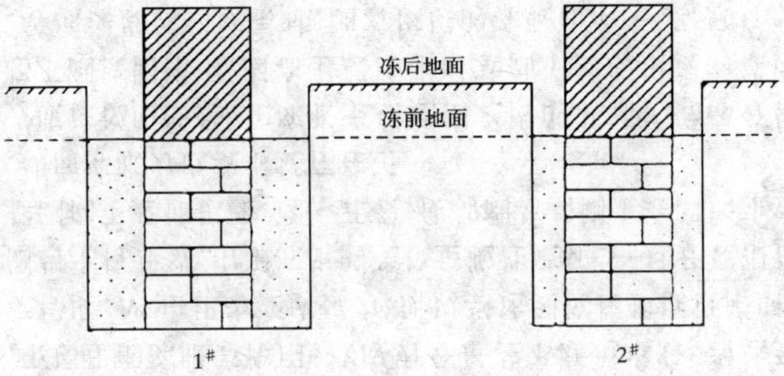

图 5.1-5　地基土冻胀后的情况

用基侧填砂来防止切向冻胀力是一个既简便又经济的好办法,但它仅适用于地下水位之上,如果所填之砂达到饱和或含泥量过多,在冻结时与土与基础坚固地冻结在一起有较高的冻结强度就会失效。施工时必须保证不小于 10cm 的厚度,才安全可靠。

2　斜面基础

关于其截面为上小下大斜面基础防切向冻胀力的问题早有简单地报导,但都认为它是锚固基础的一种,即用下部基础断面中的扩大部分来阻止切向冻胀力将基础抬起,类似于带扩大板的自锚式基础。国际冻土力学著名学者俄罗斯的 B·O·奥尔洛夫教授等人认为基础斜边的倾角 β 仅有 2～3°即可解决问题。这种作用对将基础埋设在冻层之内的浅基础毫无意义,因它没有伸入冻层之下起锚固作用的部分。再者,没有配置受拉钢筋的一般基础,也无法承受由切向冻胀力作用所产生的上拔力。

我们在各种不同冻胀率、包括 15%左右的特强冻胀土的场地上进行了多种倾斜角多年度的观测试验。从试验结果上看土与基础作用的相互关系中,所表现出的并不像上述提及"对切向冻胀力起阻止的自锚作用"。现分析斜面的受力情况。取一单位长度截面为正梯形的钢筋混凝土条形基础埋置在冻胀性土的地基中,斜面基础的底角为 α,将冻层内的地基土分成 n 层,每层的高度为 Δh,并认为冻胀只在温度为零度的冻结界面一次完成,当温度继续降低不再膨胀反而出现冷缩。

在冬初当第一层土冻结时,土产生冻胀,并同时出现两个方向膨胀:沿水平方向膨胀基础受一水平作用力 H_1;垂直向上膨胀基础受一作用力 V_1。V_1 可分解成两个分力,即沿基础斜边的 τ_{12} 和沿基础斜边法线方向的 N_{12},τ_{12} 即是由于土有向上膨胀趋势对基础施加的切向冻胀力,N_{12} 是由于土有向上膨胀的趋势对基础斜边法线方向作用的拉应力。水平冻胀力 H_1 也可分解成两个分力,其一是 τ_{11},其二是 N_{11},τ_{11} 是由于水平冻胀力的作用施加在基础斜边上的切向冻胀力,N_{11} 则是由于水平冻胀力作用施加在基础斜边上的正压力(见图 5.1-6 受力分布图)。此时,第一层土作用于基侧的切向冻胀力为 $\tau_1 = \tau_{11} + \tau_{12}$。正压力 $N_1 = N_{11} - N_{12}$。由于 N_{12} 为正拉力,它的存在将降低基侧受到的正压力数值。当冻结界面发展到第二层土时,除第一层的原受力不变之外又叠加了第二层土冻胀时对第一层的作用,由于第二层土冻胀时受到第一层的约束,使第一层土对基侧的切向冻胀力增加至 $\tau_1 = \tau_{11} + \tau_{12} + \tau_{22}$,而且当冻结第二层土时第一层土所处位置的土温又有所降低,土在产生水平冻胀后出现冷缩,令冻土层的冷缩拉力为 N_c,此时正压力为 $N_1 = N_{11} - N_{12} - N_c$。当冻层发展到第三层土时,第一、二层重又出现一次上述现象。

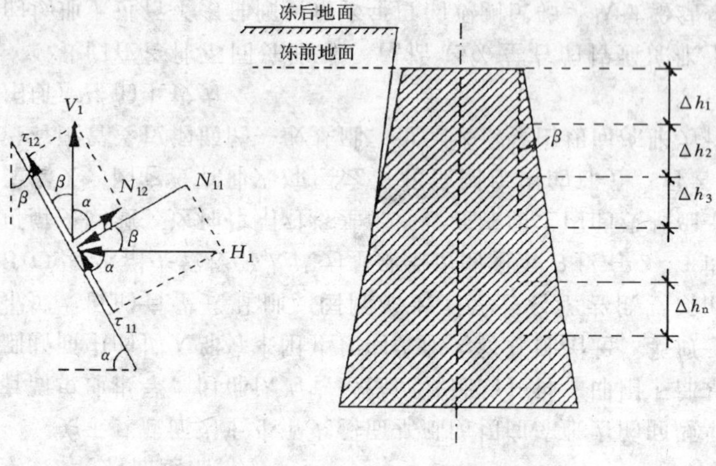

图 5.1-6 斜面基础基侧受力分布图

由以上分析可以看出，某层的切向冻胀力随冻深的发展而逐步增加，而该层位置基础斜面上受到的冻胀压应力随冻深的发展数值逐渐变小，当冻深发展到第 n 层，第一层的切向冻胀力超过基侧与土的冻结强度时，基础便与冻土产生相对位移，切向冻胀力不再增加而下滑，出现卸载现象。N_1 由一开始冻结产生较大的压应力，随着冻深向下发展、土温的降低、下层土的冻胀等作用，拉应力分量在不断地增长，当达到一定程度，N_1 由压力变成拉力，所以当达到抗拉强度极限时，基侧与土将开裂，由于冻土的受拉呈脆性破坏，一旦开裂很快沿基侧向下延伸扩展，这一开裂，使基础与基侧土之间产生空隙，切向冻胀力也就不复存在了。

应该说明的是，在冻胀土层范围之内的基础扩大部分根本起不到锚固作用，因在上层冻胀时基础下部所出现的锚固力，等冻深发展到该层时，随着该层的冻胀而消失了，只有处在下部未冻土中基础的扩大部分才起锚固作用，但我们所说的浅埋基础根本不存在这一伸入未冻土层中的部分。

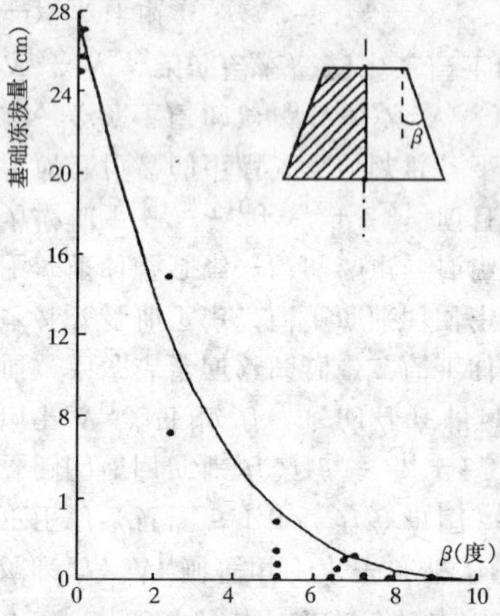

图 5.1-7 斜面基础的抗冻拔试验

在闫家岗冻土站不同冻胀性土的场地上进行了多组方锥形（截头锥）桩基础的多年观测，观测结果表明，当 β 角大于等于 9°时，基础即是稳定的，见图 5.1-7。基础稳定的原因不是由于切向冻胀力被下部扩大部分给锚住，而是由于在倾斜表面上出现拉力分量与冷缩分量叠加之后的开裂，切向冻胀力退出工作所造成的，见图 5.1-8 的试验结果。

用斜面基础防切向冻胀力具有如下特点：

1 在冻胀作用下基础受力明确，技术可靠。当其倾斜角 β 大于等于 9°时，将不会出现因切向冻胀力作用而导致的冻害事故发生；

2 不但可以在地下水位之上，也可在地下水位之下应用；

3 耐久性好，在反复冻融作用下防冻胀效果不变；

4 不用任何防冻胀材料就可解决切向冻胀问题。

该种基础施工时较常规基础相比稍有麻烦，当基础侧面较粗糙时，可用水泥砂浆将基础侧面抹平。

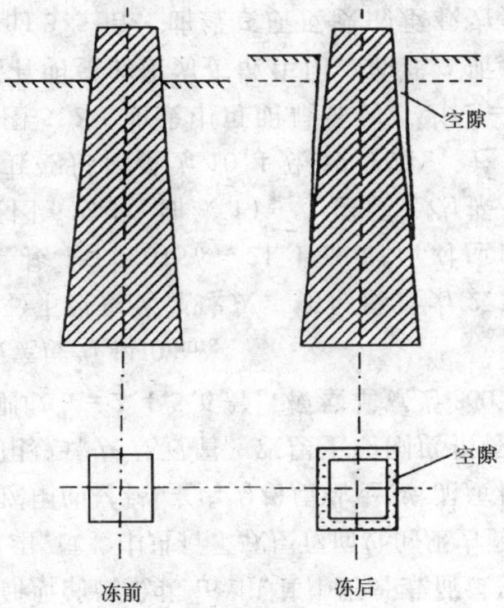

图 5.1-8 斜面基础的防冻胀试验

5.2 承载力计算

5.2.4 本次修订在表 5.2.4 中，增加了质量控制严格的大面积压实填土地基，采用深度修正后的地基承载力特征值设计时，对于压实系数大于 0.95、粘粒含量 $\rho_c \geqslant 10\%$ 的粉土 η_d 取 1.5；对于最大干密度大于 2.1t/m^3 的级配砂石 η_d 取 2.0；其他人工填土地基 η_d 取 1.0。

目前建筑工程大量存在着主裙楼一体的结构，对于主体结构地基承载力的深度修正，宜将基础底面以上范围内的荷载，按基础两侧的超载考虑，当超载宽度大于基础宽度两倍时，可将超载折算成土层厚度作为基础埋深，基础两侧超载不等时，取小值。

5.2.5 根据土的抗剪强度指标确定地基承载力的计算公式，条件原为均布压力。当受到较大的水平荷载而使合力的偏心距过大时，地基反力分布将很不均匀，根据规范要求 $p_{kmax} \leqslant 1.2f_a$ 的条件，将计算公式增加一个限制条件为：当偏心距 $e \leqslant 0.033b$ 时，可用该式计算。相应式中的抗剪强度指标 c、φ，要求采用附录 E 求出的标准值。

5.2.6 岩石地基的承载力一般较土高得多。本条规定："用岩基载荷试验方法确定"。但对完整、较完整和较破碎的岩体可以取样试验时，可以根据饱和单轴抗压强度标准值，乘以折减系数确定地基承载力特征值。

关键问题是如何确定折减系数。岩石饱和单轴抗压强度与地基承载力之间的不同在于：第一，抗压强度试验时，岩石试件处于无侧限的单轴受力状态；而地基承载力则处于有围压的三轴应力状态。如果地基是完整的，则后者远远高于前者。第二，岩块强度与岩体强度是不同的，原因在于岩体中存在或多或少，或宽或窄，或显或隐的裂隙，这些裂隙不同程度地降低了地基的承载力。显然，越完整，折减越少；越破碎，折减越多。由于情况复杂，折减系数的取值原则上由地区经验确定，无经验时，按岩体的完整程度，给出了一个范围值。经试算和与已有的经验对比，条文给出的折减系数是安全的。

至于"破碎"和"极破碎"的岩石地基，因无法取样试验，故不能用该法确定地基承载力特征值。

岩样试验中，尺寸效应是一个不可忽视的因素。本规范规定试件尺寸为 $\phi 50 \times 100$mm。

5.2.7 74 版规范中规定了矩形基础和条形基础下的地基压力扩散角（压力扩散线与垂直线的夹角），一般取 22°，当土层为密实的碎石土，密实的砾砂、粗砂、中砂以及老粘土时，取30°。当基础底面至软弱下卧层顶面以上的土层厚度小于或等于1/4基础宽度时，可按0°计算。

双层土的压力扩散作用有理论解，但缺乏试验证明，在1972年开始编制地基规范时主要根据理论解及仅有的一个由四川省科研所提供的现场载荷试验。为慎重起见，提出了上述的应用条件。在修订规范89版时，由天津市建研所进行了大批室内模型试验及三组野外试验，得到一批数据。由于试验局限在基宽与硬层厚度相同的条件，对于大家希望解决的较薄硬土层的扩散作用只有借诸理论公式探求其合理应用范围了。以下就修改补充部分中两方面进行说明。

（一）硬层土厚度 z 等于基宽 b 时，硬层的压力扩散角试验。

天津建研所的试验共16组，其中野外载荷试验两组，室内模型试验14组，试验中进行了软层顶面处的压力测量。

试验所选用的材料，室内为粉质粘土、淤泥质粘土，用人工制备。野外用煤球灰及石屑。双层土的刚度指标用 $\alpha=E_{s1}/E_{s2}$ 控制，分别取 $\alpha=2$、4、5、6等。模型基宽为360及200mm两种，现场压板宽度为1410mm。

现场试验下卧层为煤球灰，变形模量为2.2MPa，极限荷载60kPa，按 $s=0.015b\approx21.1$mm 时所对应的压力仅仅为40kPa。（图5.2-1，曲线1）。上层硬土为振密煤球灰及振密石屑，其变形模量为10.4及12.7MPa，这两组试验 $\alpha=5$、6，从图5.2-1曲线中可明显看到：当 $z=b$ 时，$\alpha=5$、6的硬层有明显的压力扩散作用，曲线2所反映的承载力为曲线1的3.5倍，曲线3所反映的承载力为曲线1的4.25倍。

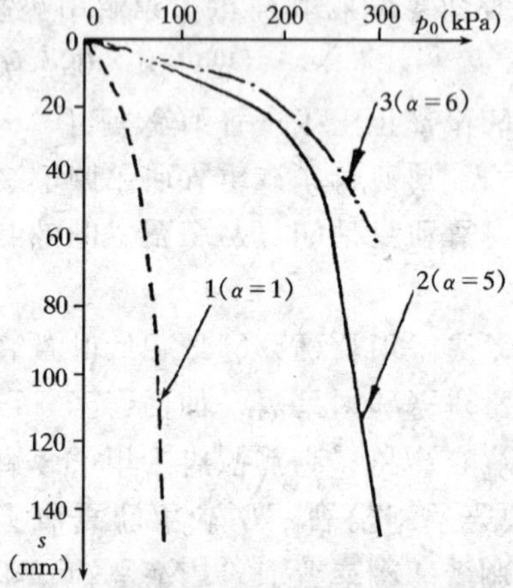

图5.2-1　现场载荷试验 p-s 曲线

1—原有煤球灰地基；2—振密煤球灰地基；
3—振密土石屑地基

室内模型试验：硬层为标准砂，$e=0.66$，$E_s=11.6\sim14.8$MPa；下卧软层分别选用流塑状粉质粘土，变形模量在4MPa左右；淤泥质土、变形模量为2.5MPa左右。从载荷试验曲线上很难找到这两类土的比例界线值，如图5.2-2，曲线1流塑状粉质粘土 $s=50$mm 时的强度仅20kPa。作为双层地基，当 $\alpha=2$，$s=50$mm 时的强度为56kPa（曲线2），$\alpha=4$ 时为70kPa（曲线3），$\alpha=6$ 时为96kPa（曲线4）。虽然按同一下沉量来确定强度是欠妥的，但可反映垫层的扩散作用，说明 θ 值愈大，压力扩散的效果愈显著。

关于硬层压力扩散角的确定一般有两种方法，一种是取承载力比值倒算 θ 角，另一种是采用实测压力比值，天津建研所采用后一种方法，取软层顶三个压力实测平均值作为扩散到软层上的压力值，然后按扩散角公式求 θ 值。

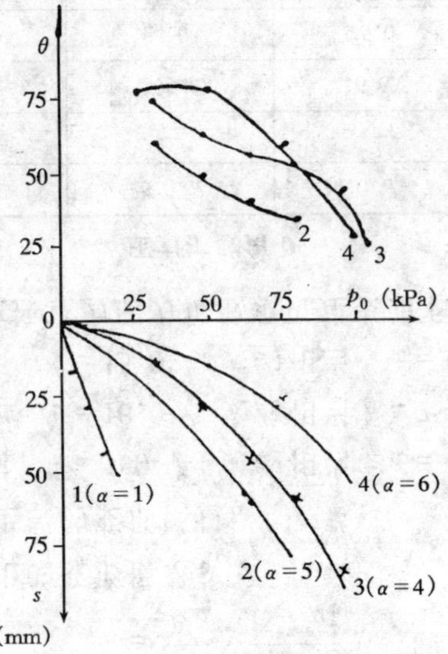

图 5.2-2 室内模型试验 p-s 曲线 p-θ 曲线

注：$\alpha=2.4$ 时，下层土模量为 4.0MPa
$\alpha=6$ 时，下层土模量为 2.9MPa

从图 5.2-2 中 θ-p_0 曲线上按实测压力求出的 θ 角随荷载增加迅速降低，到硬土层出现开裂后降到最低值。(图 5.2-2)。

根据平面模型实测压力计算的 θ 值分别为：$\alpha=4$ 时，$\theta=24.67°$；$\alpha=5$ 时，$\theta=26.98°$；$\alpha=6$ 时，$\theta=27.31°$均小于 30°。而直观的破裂角却为 30°（图 5.2-3）。

现场载荷试验实测压力值见表 5.2-1。

表 5.2-1　现场实测压力

载荷板下压力 p_0（kPa）		60	80	100	140	160	180	220	240	260	300
软弱下卧层面上平均压力 p_z（kPa）	2（$\alpha=5$）	27.3		31.2			33.2	50.5		87.9	130.3
	3（$\alpha=6$）		24			26.7			33.5		704

按表 5.2-1 实测压力作图 5.2-4，可以看出，当荷载增加到 a 点后，传到软土顶界面上的压力急骤增加，即压力扩散角迅速降低，到 b 点时，$\alpha=5$ 时为 28.6°，$\alpha=6$ 时为 28°，如果按 a 点所对应的压力分别为 180kPa、240kPa，其对应的扩散角为 30.34° 及 36.85°，换言之，在 p-s 曲线中比例界限范围内的 θ 角比破坏时略高。

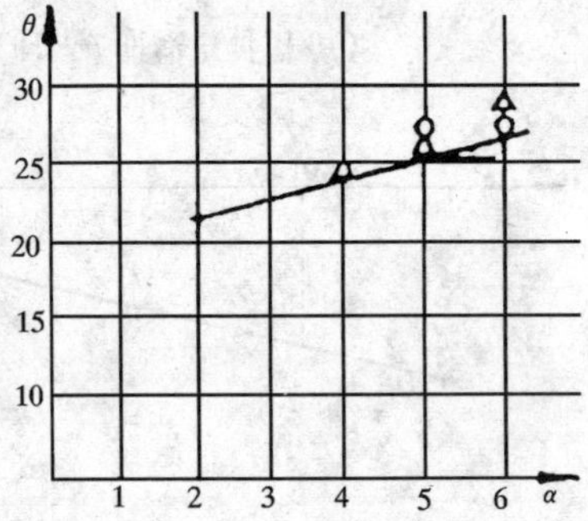

图 5.2-3 双层地基试验 α-θ 曲线

Δ—室内试验；○—现场试验

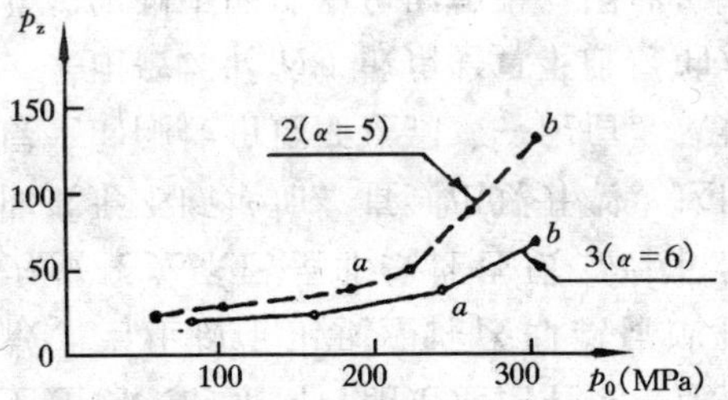

图 5.2-4 载荷板压力 p_0 与界面压力 p_z 关系

为讨论这个问题，在缺乏试验论证的条件下，只能借助已有理论解进行分析。

根据叶戈罗夫的平面问题解答条形均布荷载下双层地基中点应力 p_z 的应力系数 k_z 如表 5.2-2。

表 5.2-2　　条形基础中点地基应力系数

z/b	$\nu=1.0$	$\nu=5.0$	$\nu=10.0$	$\nu=15.0$
0.0	1.00	1.00	1.00	1.00
0.25	1.02	0.95	0.87	0.82
0.50	0.90	0.69	0.58	0.52
1.00	0.60	0.41	0.33	0.29

表中
$$\nu=\frac{E_{s1}}{E_{s2}}\cdot\frac{1-\mu_2^2}{1-\mu_1^2}$$

E_{s1}——硬土层土的变形模量；

E_{s2}——下卧软土层的变形模量。

换算为 α 时，$\nu=5.0$　大约相当 $\alpha=4$

$\nu=10.0$　大约相当 $\alpha=7-8$

$\nu=15.0$　大约相当 $\alpha=12$

将应力系数换算为压力扩散角可建表如下：

表 5.2-3　　压力扩散角 θ

z/b	$\nu=1.0,\alpha=1$	$\nu=5.0,\alpha\approx4$	$\nu=10.0,\alpha\approx7-8$	$\nu=15.0,\alpha\approx12$
0.00	—	—	—	—
0.25	0	5.94°	16.63°	23.7°
0.50	3.18°	24.0°	35.0°	42.0°
1.00	18.43°	35.73°	45.43°	50.75°

从计算结果分析；该值与图 5.2-2 所示试验值不同，当压力小时，试验值大于理论值，随着压力增加，试验值逐渐减小。到接近破坏时，试验值趋近于 25°，比理论值小 50% 左右，出现上述现象的原因可能是理论值只考虑土直线变形段的应力扩散，当压板下出现塑性区即载荷试验出现拐点后，土的应力应变关系已呈非线性性质，当下卧层土较差时，硬层挠曲变形不断增加，直到出现开裂。这时压力扩散角取决于上层土的刚性角逐渐达到某一定值。从地基承载力的角度出发，采用破坏时的扩散角验算下卧层的承载力比较安全可靠，并与实测土的破裂角度相当。因此，在采用理论值计算时，θ 大于 30°的均以 30°为限，θ 小于 30°的则以理论计算值为基础；求出 $z=0.25b$ 时的扩散角，如图 5.2-5。

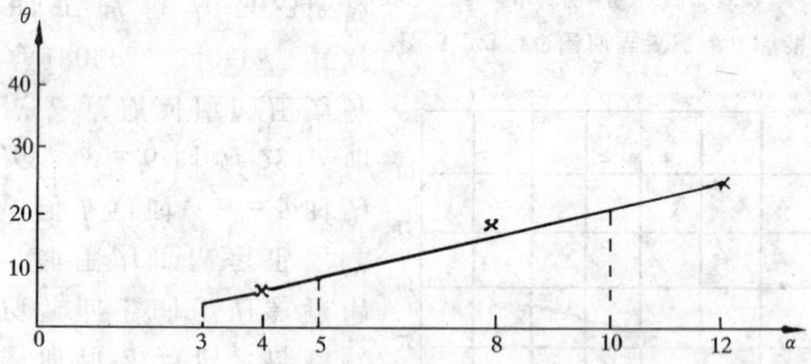

图 5.2-5　$z=0.25b$ 时 α-θ 曲线（计算值）

从表 5.2-3 可以看到 $z=0.5b$ 时，扩散角计算值均大于 $z=b$ 时图 5.2-3 所给出的试验值。同时，$z=0.5b$ 时的扩散角不宜大于 $z=b$ 时所得试验值。故 $z=0.5b$ 时的扩散角仍按 $z=b$ 时考虑，而大于 $0.5b$ 时扩散角亦不再增加。从试验所示的破裂面的出现以及任一材料都有一个强度限值考虑，将扩散角限制在一定范围内还是合理的。总上所述，建议条形基础下硬土层地基的扩散角如表5.2-4。

表 5.2-4　　条形基础压力扩散角

E_{s1}/E_{s2}	$z=0.25b$	$z=0.5b$
3	6°	23°
5	10°	25°
10	20°	30°

关于方形基础的扩散角与条形基础扩散角，可按均质土中的压力扩散系数换算如下表。

表 5.2-5　　扩 散 角 对 照

z/b	压力扩散系数		压力扩散角	
	方 形	条 形	方 形	条 形
0.2	0.960	0.977	2.95°	3.36°
0.4	0.800	0.881	8.39°	9.58°
0.6	0.606	0.755	13.33°	15.13°
1.0	0.334	0.550	20.00°	22.24°

从上表可以看出，在相等的均布压力作用下，压力扩散系数差别很大，但在 z/b 在1.0以内时，方形基础与条形基础的扩散角相差不到2°，该值与建表误差相比已无实际意义。故建议采用相同值。

5.3 变 形 计 算

5.3.4 对表5.3.4中高度在100m以上高耸结构物（主要为高烟囱）基础的倾斜允许值和高层建筑物基础倾斜允许值，分别说明如下：

A. 高耸构筑物部份：（增加 $H>100$m 时的允许变形值）

1 国内外规范、文献中烟囱高度 $H>100$m 时的允许变形值的有关规定：

1）我国烟囱设计规范（1982年）见表5.3-1。

表 5.3-1　　基础允许倾斜值

烟囱高度 H（m）	基础允许倾斜值
$100<H\leqslant150$	$\leqslant0.004$
$150<H\leqslant200$	$\leqslant0.003$
$200<H$	$\leqslant0.002$

上述规定的基础允许倾斜值，主要为根据烟囱筒身的附加弯矩不致过大。

2）前苏联地基规范 СНиП2.02.01-83（1985年）见表5.3-2。

表 5.3-2　　地基允许倾斜值和沉降值

烟囱高度 H（m）	地基允许倾斜值	地基平均沉降量（mm）
$100<H<200$	$1/2H$	300
$200<H<300$	$1/2H$	200
$300<H$	$1/2H$	100

3）基础分析与设计［美］J.E.BOWLES（1977年）

烟囱、水塔的圆环基础的允许倾斜值为0.004

4）结构的允许沉降［美］M.I.ESRIG（1973年）

高大的刚性建筑物明显可见的倾斜为0.004

2 确定高烟囱基础允许倾斜值的依据：

1）影响高烟囱基础倾斜的因素

1.风力

2.日照

3. 地基土不均匀及相邻建筑物的影响

4. 由施工误差造成的烟囱筒身基础的偏心

上述诸因素中风、日照的最大值仅为短时间作用，而地基不均匀与施工误差的偏心则为长期作用，相对地讲后者更为重要。根据1977年电力系统高烟囱设计问题讨论会议纪要，从已建成的高烟囱看，烟囱筒身中心垂直偏差，当采用激光对中找直后，顶端施工偏差值均小于 $H/1000$，说明施工偏差是很小的。因此，地基土不均匀及相邻建筑物的影响是高烟囱基础产生不均匀沉降（即倾斜）的重要因素。

确定高烟囱基础的允许倾斜值，必须考虑基础倾斜对烟囱筒身强度和地基土附加压力的影响。

2）基础倾斜产生的筒身二阶弯矩在烟囱筒身总附加弯矩中的比率

我国烟囱设计规范中的烟囱筒身由风荷载、基础倾斜和日照所产生的自重附加弯矩公式为：

$$M_f = \frac{Gh}{2}\left[\left(H - \frac{2}{3}h\right)\left(\frac{1}{\rho_w} + \frac{\alpha_{hz}\Delta_t}{2\gamma_0}\right) + m_\theta\right] \qquad (5.3.4\text{-}1)$$

式中 G——由筒身顶部算起 $h/3$ 处的烟囱每米高的折算自重；

h——计算截面至筒顶高度；

H——筒身总高度；

$\frac{1}{\rho_w}$——筒身代表截面处由风荷载及附加弯矩产生的曲率；

α_{hz}——混凝土总变形系数；

Δ_t——筒身日照温差，可按20℃采用；

m_θ——基础倾斜值；

γ_0——由筒身顶部算起 $0.6H$ 处的筒壁平均半径。

从上式可看出：当筒身曲率 $\frac{1}{\rho_w}$ 较小时附加弯矩中基础倾斜部分才起较大作用，为了研究基础倾斜在筒身附加弯矩中的比率，有必要分析风、日照、地基倾斜对上式的影响。在 m_θ 为定值时，由基础倾斜引起的附加弯矩与总附加弯矩的比值为

$$m_\theta/\left[\left(H - \frac{2}{3}h\right)\left(\frac{1}{\rho_w} + \frac{\alpha_{hz}\Delta_t}{2\gamma_0}\right) + m_\theta\right] \qquad (5.3.4\text{-}2)$$

很显然，基倾附加弯矩所占比率在强度阶段与使用阶段是不同的，后者较前者大些。

现以高度为180m、顶部内径为6m、风荷载为 $50kgf/m^2$ 的烟囱为例：

在标高25m处求得的各项弯矩值为

总风弯矩　　$M_w = 13908.5t-m$

总附加弯矩　　$M_f = 4394.3t-m$

其中　风荷附加　　$M_{fw} = 3180.4$

日照附加　　$M_r = 395.5$

地倾附加　　$M_{fj} = 818.4$（$m_\theta = 0.003$）

可见当基础倾斜0.003时，由基础倾斜引起的附加弯矩仅占总弯矩（$M_w + M_f$）值的4.6%，同样当基础倾斜0.006时，为10%，综上所述可以认为在一般情况下，筒身达到明显可见的倾斜（0.004）时，地基倾斜在高烟囱附加弯矩计算中是次要的。

但高烟囱在风、地震、温度、烟气侵蚀等诸多因素作用下工作，筒身又为环形薄壁截面，有关刚度、应力计算的因素复杂、并考虑到对邻接部分免受损害，参考了国内外规

范、文献后认为，随着烟囱高度的增加，适当地递减烟囱基础允许倾斜值是合适的，因此，在修订 TJ7-74 地基基础设计规范表 21 时，对高度 $h>100$m 高耸构筑物基础的允许倾斜值可采用我国烟囱设计规范的有关数据。

B. 高层建筑部分

这部分主要参考我国高层建筑箱基设计规程 JGI6 有关规定及编制说明中有关资料定出允许变形值。

1 我国箱基规定横向整体倾斜的计算值 α，在非地震区宜符合 $\alpha \leqslant \frac{b}{100H}$，式中，$b$ 为箱形基础宽度（m）；H 为建筑物高度。在箱基编制说明中提到在地震区 α 值宜用 $\frac{b}{150H} \sim \frac{b}{200H}$。

2 对刚性的高层房屋的允许倾斜值主要取决于人类感觉的敏感程度，倾斜值达到明显可见的程度大致为 1/250，结构损坏则大致在倾斜值达到 1/150 时开始。

5.3.5

1 压缩模量的取值，在考虑到地基变形的非线性性质，一律采用固定压力段下的 E_s 值必然会引起沉降计算的误差，因此采用实际压力下的 E_s 值，即

$$E_s = \frac{1+e_0}{a}$$

式中 e_0——土自重压力下的孔隙比；

a——从土自重压力至土的自重压力与附加压力之和压力段的压缩系数。

2 地基压缩层范围内压缩模量 E_s 的加权平均值

提出按分层变形进行 E_s 的加权平均方法

设：$$\frac{\Sigma A_i}{\overline{E}_s} = \frac{A_1}{E_{s1}} + \frac{A_2}{E_{s2}} + \frac{A_3}{E_{s3}} + \cdots\cdots = \Sigma \frac{A_i}{E_{si}}$$

则：$$\overline{E}_s = \frac{\Sigma A_i}{\Sigma \frac{A_i}{E_{si}}}$$

式中 $\overline{E}_s$——压缩层内加权平均的 E_s 值；

E_{si}——压缩层内某一层土的 E_s 值；

A_i——压缩层内某一层土的附加应力面积。

显然，应用上式进行计算能够充分体现各分层土的 E_s 值在整个沉降计算中的作用，使在沉降计算中 E_s 完全等效于分层的 E_s。

3 根据 132 栋建筑物的资料进行沉降计算并与资料值进行对比得出沉降计算经验系数 ψ_s 与平均 E_s 之间的关系，在编制规范表 5.3.5 时，考虑了在实际工作中有时设计压力小于地基承载力的情况，将基底压力小于 $0.75f_{ak}$ 时另列一栏，在表 5.3.5 的数值方面采用了一个平均压缩模量值可对应给出一个 ψ_s 值，并允许采用内插方法，避免了采用压缩模量区间取一个 ψ_s 值，在区间分界处因 ψ_s 取值不同而引起的误差。

5.3.6 对于存在相邻影响情况下的地基变形计算深度，这次修订时仍以相对变形作为控制标准（以下简称为变形比法）。

在 TJ7-74 规范之前，我国一直沿用前苏联 НИТУ127-55 规范，以地基附加应力对自重应力之比为 0.2 或 0.1 作为控制计算深度的标准（以下简称应力比法），该法沿用成习，并有相当经验。但它没有考虑到土层的构造与性质，过于强调荷载对压缩层深度的影响而对基础大小这一更为重要的因

素重视不足。自 TJ7-74 规范试行以来，变形比法的规定，纠正了上述的毛病，取得了不少经验，但也存在一些问题。有的文献指出，变形比法规定向上取计算层厚为 1m 的计算变形值，对于不同的基础宽度，其计算精度不等。从与实测资料的对比分析中，可以看出，用变形比法计算独立基础、条形基础时，其值偏大。但对于 $b=10\sim50$m的大基础，其值却与实测值相近。为使变形比法在计算小基础时，其计算 z_n 值也不至过于偏大，经过多次统计，反复试算，提出采用 $0.3(1+\ln b)$ m 代替向上取计算层厚为 1m 的规定，取得较为满意的结果（以下简称为修正变形比法）。表 5.3.6 就是根据 $0.3(1+\ln b)$ m 的关系。以更粗的分格给出的向上计算层厚 Δz 值。

5.3.7 本条列入了当无相邻荷载影响时确定基础中点的变形计算深度简化公式（5.3.7），该公式系根据具有分层深标的 19 个载荷试验（面积 $0.5\sim13.5\text{m}^2$）和 31 个工程实测资料统计分析而得。分析结果表明。对于一定的基础宽度，地基压缩层的深度不一定随着荷载 p 的增加而增加。对于基础形状（如矩形基础、圆形基础）与地基土类别（如软土、非软土）对压缩层深度的影响亦无显著的规律，而基础大小和压缩层深度之间却有明显的有规律性的关系。

图 5.3.7 为以实测压缩层深度 z_s 与基础宽度 b 之比为纵坐标，而以 b 为横坐标的实测点与回归线图。实线方程 $z_s/b=2.0-0.4\ln b$ 为根据实测点求得的结果。为使曲线具有更高的保证率，方程式右边引入随机项 $t_a\phi_0 S$，取置信度 $1-\alpha=95\%$时，该随机项偏于安全地取 0.5，故公式变为：

$$z_s = b(2.5 - 0.4\ln b)$$

图 5.3.7的实线之上有两条虚线。上层虚线为 $\alpha=0.05$，具有置信度为 95% 的方程，即式（5.3.7）。下层虚线为 $\alpha=0.2$，具有置信度为 80% 的方程。为安全起见只推荐前者。

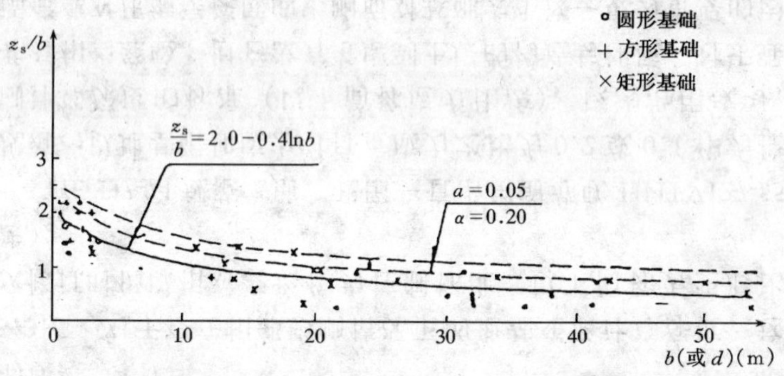

图 5.3.7 $z_s/b\sim b$ 实测点和回归线

此外，从图 5.3.7 中可以看到绝大多数实测点分布在 $z_s/b=2$ 的线以下。即使最高的个别点，也只位于 $z_s/b=2.2$ 之处。国内外一些资料亦认为压缩层深度以取 2 倍 b 或稍高一点为宜。

在计算深度范围内存在基岩或存在相对硬层时，按第 5.3.5 条的原则计算地基变形时，由于下卧硬层存在，地基应力分布明显不同于 Boussinesq 应力分布。为了减少计算工作量，此次条文修订增加对于计算深度范围内存在基岩和相对硬层时的简化计算原则。

在计算深度范围内存在基岩或存在相对硬层时，地基土层中最大压应力的分布可采用 K.E. 叶戈罗夫带式基础下的结果（表 5.3-4）。对于矩形基础，长短边边长之比大于等于 2 时，可参考该结果。

表 5.3-4　　带式基础下非压缩性地基上面土层中的最大压应力系数

z/h	非压缩性土层的埋深		
	h = b	h = 2b	h = 5b
1.0	1.000	1.00	1.00
0.8	1.009	0.99	0.82
0.6	1.020	0.92	0.57
0.4	1.024	0.84	0.44
0.2	1.023	0.78	0.37
0	1.022	0.76	0.36

注：表中 h 为非压缩性地基上面土层的厚度，b 为带式荷载的半宽，z 为纵坐标。

5.3.9 应该指出高层建筑由于基础埋置较深，地基回弹再压缩变形往往在总沉降中占重要地位，甚至某些高层建筑设置 3~4 层（甚至更多层）地下室时，总荷载有可能等于或小于该深度土的自重压力，这时高层建筑地基沉降变形将由地基回弹变形决定。公式（5.3.9）中，E_{ci}应按《土工试验方法标准》GB/T 50123—1999 进行试验确定，计算时应按回弹曲线上相应的压力段计算。沉降计算经验系数 ψ_c 应按地区经验采用，根据工程实测资料统计 ψ_c 小于或接近 1.0。

地基回弹变形计算算例：

某工程采用箱形基础，基础平面尺寸 $64.8\times12.8m^2$，基础埋深 5.7m，基础底面以下各土层分别在自重压力下作回弹试验，测得回弹模量如表 5.3-5。

基底附加应力 $108kN/m^2$，计算基础中点最大回弹量。

回弹计算结果见表 5.3-6。

表 5.3-5　　土的回弹模量

土　层	层　厚 (m)	回弹模量（MPa）			
		$E_{0-0.25}$	$E_{0.25-0.5}$	$E_{0.5-1.0}$	$E_{1.0-2.0}$
③粉土	1.8	28.7	30.2	49.1	570
④粉质粘土	5.1	12.8	14.1	22.3	280
⑤卵石	6.7	100（无试验资料，估算值）			

表 5.3-6　　回弹量计算表

z_i	$\overline{\alpha}_i$	$z_i\overline{\alpha}_i - z_{i-1}\overline{\alpha}_{i-1}$	$p_z + p_{cz}$(kPa)	E_{ci}(MPa)	$p_c\ (z_i\overline{\alpha}_i - z_{i-1}\overline{\alpha}_{i-1})\ /E_{ci}$
0	1.000	0	0	—	—
1.8	0.996	1.7928	41	28.7	6.75mm
4.9	0.964	2.9308	115	22.3	14.17mm
5.9	0.950	0.8814	139	280	0.34mm
6.9	0.925	0.7775	161	280	0.3mm
			合计：		21.56mm

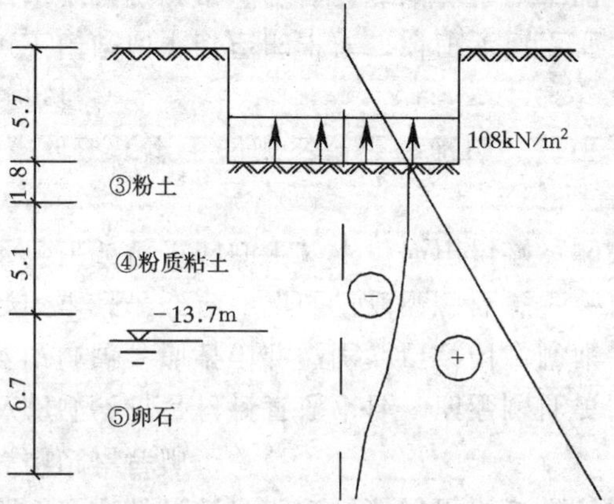

从计算过程及土的回弹试验曲线特征可知，地基土回弹的初期，回弹量较小，回弹模量很大，所以地基土的回弹变形土层计算深度是有限的。

6 山 区 地 基

6.3 压实填土地基

6.3.1 本节将分层压实和分层夯实的填土，统称为压实填土。压实填土地基包括压实填土及其下部天然土层两部分，压实填土地基的变形也包括压实填土及其下部天然土层的变形。

压实填土自身的变形与其厚度、干密度等因素有关。在干密度相同的情况下，压实填土厚度小的，其变形也小；反之，其变形则大。而下部天然土层的变形，则与其土的性质有关。

为节约用地，少占或不占良田，在平原、山区和丘陵地带的建设中，广泛利用压实填土作为建筑或其它工程的地基持力层。

压实填土需通过设计，按设计意图进行分层压实，对其填料性质和施工质量有严格控制，填土的厚度及力学性质较均匀，其承载力和变形需满足地基设计要求。不允许对未经检验查明的以及不符合要求的压实填土作为建筑工程的地基持力层。

6.3.2 利用当地的土、石或性能稳定的工业废料作为压实填土的填料，既经济，又省工、省时，符合因地制宜、就地取材和多快好省的建设原则。

采用粘性土和粘粒含量 $\rho_c \geqslant 10\%$ 的粉土作填料时，填料的含水量至关重要。在一定的压实功下，填料在最优含水量时，干密度可达最大值，压实效果最好。填料的含水量太大，容易压成“橡皮土”，应将其适当晾干后再分层夯实；填料的含水量太小，土颗粒之间的阻力大，则不易压实。当填料含水量小于12%时，应将其适当增湿。压实填土施工前，应在现场选取有代表性的填料进行击实试验，测定其最优含水量，用以指导施工。

粗颗粒的砂、石等材料具透水性，而湿陷性黄土和膨胀性土遇水反应敏感，前者引起湿陷，后者引起膨胀，二者对建筑物都会产生有害变形。为此，在湿陷性黄土场地和膨胀性土场地进行压实填土的施工，不得使用粗颗粒的透水性材料作填料。

6.3.3 本条对压实填土的施工规定较明确，在压实填土施工中应认真执行。

压实填土层底面下卧层的土质，对压实填土地基的变形有直接影响，为消除隐患，铺填料前，首先应查明并清除场地内填土层底面以下的耕土和软弱土层。压实设备选定后，应在现场通过试验确定分层填料的虚铺厚度和分层压实的遍数，取得必要的施工参数后，再进行压实填土的施工，以确保压实填土的施工质量。

压实填土的施工缝各层应错开搭接，不宜在相同部位留施工缝。在施工缝处应适当增加压实遍数。此外，还应避免在工程的主要部位或主要承重部位留施工缝。

压实填土施工结束后，当不能及时施工基础和主体工程时，可采取必要的保护措施，防止压实填土表层直接日晒或受雨水泡软。

6.3.4 本条将基础底面以上和基础底面以下的压实填土及其施工顺序统一进行规定，设计、施工将有章可循，并有利于保证压实填土的施工质量，以往对基础底面以上的压实填土质量控制不严，监测不力，存在隐患较多，如地坪大量下沉和开裂，设备及设备基础严重倾斜，影响正常使用，这种状况显然不能再继续下去。基础底面标高以上的压实填土直接位于散水和室内地坪的垫层以下，且是各种地沟、管沟或设备基础的地基持力层，除对其承载力和变形有一定要求外，并要使上部压实填土渗透性小，水稳性好，具弱透水性或不透水性，以减小或防止压实填土的渗漏。在表 6.3.4 中增加说明，地坪垫层以下及基础底面标高以上的压实填土，压实系数不应小于 0.94。

压实填土的施工，在有条件的场地或工程，应首先考虑采用一次施工，即将基础底面以下和以上的压实填土一次施工完毕后，再开挖基坑及基槽。对无条件一次施工的场地或工程，当基础超出 ± 0.00 标高后，也宜将基础底面以上的压实填土施工完毕，并应按本条规定控制其施工质量，力求避免在主体工程完工后，再施工基础底面以上的压实填土。

以细颗粒粘性土作填料的压实填土，一般采用环刀取样检验其质量，而以粗颗粒砂石作填料的压实填土，不能按照检验细颗粒土的方法采用环刀取样，而应按现行《土工试验方法标准》GB/T50123—1999 的有关规定，在现场采用灌水法或灌砂法测定其密度。

土的最大干密度试验有室内试验和现场试验两种，室内试验应严格按照现行《土工试验方法标准》GB/T50123—1999 的有关规定，轻型和重型击实设备应严格限定其使用范围。当室内试验结果不能正确评价现场土料的最大干密度时，应在现场对土料作不同击实功下的压实试验（根据土料性质取不同含水量），采用灌水法和灌砂法测定其密度，并按其最大干密度作为控制最大干密度。

6.3.5 有些中小型工程或偏远地区，由于缺乏击实试验设备，或由于工期及其他原因，确无条件进行击实试验，在这种情况下，允许按本条 6.3.5 公式计算压实填土的最大干密度，计算结果与击实试验数值不一定完全一致，但可与当地经验作比较。

6.3.6 边坡设计应控制坡高和坡比，而边坡的坡比与其高度密切相关，如土性指标相同，边坡愈高，坡比愈小，坡体的滑动势就愈大。为了提高其稳定性，通常将坡比放缓，但坡比太缓，压实的土方量则大，不一定经济合理。因此，坡比不宜太缓，也不宜太陡，坡比和坡高应有一合适的关系。

本条表 6.3.6 的规定吸收了铁路、公路等部门的有关（包括边坡开挖）资料和经验，是比较成熟的。

压实填土由于填料性质及其厚度不同，它们的边坡允许值亦有所不同。以碎石等为填料的压实填土，在抗剪强度和变形方面要好于以粘性土为填料的压实填土，前者，颗粒表面粗糙，阻力较大，变形稳定快，且不易产生滑移，边坡允许值相对较小；后者，阻力较小，变形稳定慢，边坡允许值相对较大。

6.3.7 在斜坡上进行压实填土，应考虑压实填土沿斜坡滑动的可能，并应根据天然地面的实际坡度验算其稳定性。当天然地面坡度大于 0.20 时，填料前，宜将斜坡的坡面挖成高、低不平或挖成若干台阶，使压实填土与斜坡坡面紧密接触，形成整体，防止压实填土向下滑动。此外，还应将斜坡顶面以上的雨水有组织地引向远处，防止雨水流向压实的填土内。

6.3.8 在建设期间，压实填土场地阻碍原地表水的畅通排泄往往很难避免，但遇到此种情况时，应根据当地地形及时修筑雨水截水沟，疏通排水系统，使雨水顺利排走。

设置在压实填土场地的上、下水管道，由于材料及施工等原因，管道渗漏的可能性很大，为了防止影响邻近建筑或其他工程，设计、施工应采取必要的防渗漏措施。

6.3.9 压实填土的承载力是设计的重要参数，也是检验压实填土质量的主要指标之一。在现场采用静载荷试验或其他原位测试，其结果较准确，可信度高。

当采用载荷试验检验压实填土的承载力时，应考虑压板尺寸与压实填土厚度的关系。压实填土厚度大，压板尺寸也要相应增大，或采取分层检验。否则，检测结果只能反映上层或某一深度范围内压实填土的承载力。

6.6 土质边坡与重力式挡墙

6.6.1 边坡设计的一般原则

1 边坡工程与环境之间有着密切的关系，边坡处理不当，将破坏环境，毁坏生态平衡，治理边坡必须强调环境保护。

2 在山区进行建设，切忌大挖大填，某些建设项目，不顾环境因素，大搞人造平原，最后出现大规模滑坡，大量投资毁于一旦，还酿成生态环境的破坏。应提倡依山就势。

3 工程地质勘察工作，是不可缺少的基本建设程序。边坡工程的影响面较广，处理不当就可酿成地质灾害，工程地质勘察尤为重要。勘察工作不能局限于红线范围，必须扩大勘察面，一般在坡顶的勘察范围，应达到坡高的1~2倍，才能获取较完整的地质资料。对于高大边坡，应进行专题研究，提出可行性方案经论证后方可实施。

4 边坡支挡结构的排水设计，是支挡结构设计很重要的一环，许多支挡结构的失效，都与排水不善有关。根据重庆市的统计，倒塌的支挡结构，由于排水不善造成的事故占80%以上。

6.6.3 边坡支挡结构上的土压力计算

1 土压力的计算，目前国际上仍采用楔体试算法。根据大量的试算与实际观测结果的对比，对于高大挡土结构来说，采用古典土压力理论计算的结果偏小，土压力的分布也有较大的偏差。对于高大挡土墙，通常也不允许出现达到极限状态时的位移值，因此在土压力计算式中计入增大系数。

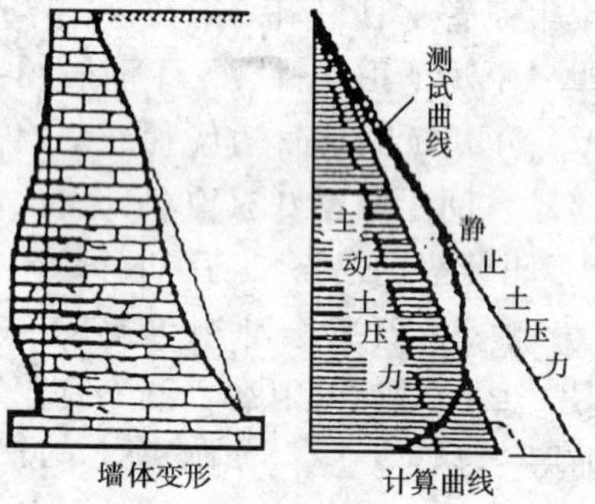

图 6.6.3 墙体变形与土压力

2 土压力计算公式是在土体达到极限平衡状态的条件下推导出来的，当边坡支挡结构不能达到极限状态时，土压力设计值应取主动土压力与静止土压力的某一中间值。

3 在山区建设中，经常遇到60~80°陡峻的岩石自然边坡，其倾角远陡于库仑破坏面的倾角，这时如果仍然采用古典土压力理论计算土压力，将会出现较大的偏差。当岩石自然边坡的倾角大于 $45° + \varphi/2$ 时，应按楔体试算法计算土压力值。

6.6.4～6.6.5 重力式挡土结构，是过去用得较多的一种挡土结构型式。在山区地盘比较狭窄，重力式挡土结构的基础宽度较大，影响土地的开发利用，对于高大挡土墙，往往也是不经济的。石料是主要的地方材料，经多个工程测算，对于高度6m以上的挡土墙，采用桩锚体系挡土结构，其造价、稳定性、安全性、土地利用率等等方面，都较重力式挡土结构为好。所以规范规定“重力式挡土墙宜用于高度小于6m、地层稳定、开挖土石方时不会危及相邻建筑物安全的地段”。

对于重力式挡土墙的稳定性验算，许多设计者反映，重力式挡土墙的稳定性验算，主要由抗滑稳定性控制，而现实工程中倾覆稳定破坏的可能性又大于滑动破坏。说明过去抗倾覆稳定性安全系数偏低，这次稍有调整，由原来的1.5调整成1.6。

6.7 岩石边坡与岩石锚杆挡墙

6.7.2 整体稳定边坡，原始地应力释放后回弹较快，在现场很难测量到横向推力。但在高切削的岩石边坡上，很容易发现边坡顶部的拉伸裂隙，其深度约为边坡高度的0.2～0.3倍，离开边坡顶部边缘一定距离后便很快消失，说明边坡顶部确实有拉应力存在。这一点从二维光弹试验中也得到了证明。从光弹试验中也证明了边坡的坡脚，存在着压应力与剪切应力，对岩石边坡来说，岩石本身具有较高的抗压与抗剪切强度，所以岩石边坡的破坏，都是从顶部垮塌开始的。因此对于整体结构边坡的支护，应注意加强顶部的支护结构。

边坡的顶部裂隙比较发育，必须采用强有力的锚杆进行

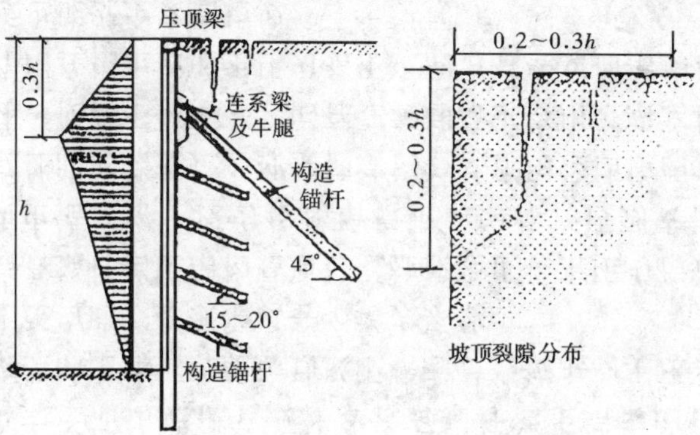

图 6.7.2 整体稳定边坡顶部裂隙

支护，在顶部(0.2～0.3)h高度处，至少布置一排结构锚杆，锚杆的横向间距不应大于3m，长度不应小于6m。结构锚杆直径不宜小于130mm，钢筋不宜小于3ϕ22。其余部分为防止风化剥落，可采用锚杆进行构造防护。防护锚杆的孔径宜采用50～100mm，锚杆长度宜采用2～4m，锚杆的间距宜采用1.5～2.0m。

6.7.3 单结构面外倾边坡的横推力较大，主要原因是结构面的抗剪强度一般较低。在工程实践中，单结构面外倾边坡的横推力，通常采用楔形体平面课题进行计算。

对于具有两组或多组结构面形成的下滑棱柱体，其下滑力通常采用棱形体分割法进行计算。现举例如下：

1 已知：新开挖的岩石边坡的坡角为80°。边坡上存在着两组结构面（如图所示）：结构面1走向AC，与边坡顶部边缘线CD的夹角为75°，其倾角$\beta_1=70°$；其结构面2走向AD，与边坡顶部边缘线DC的夹角为40°，其倾角$\beta_2=43°$。即两结构面走向线的夹角α为65°。AE点的距离为

3m。经试验两个结构面上的内摩擦角均为 $\varphi=15.6°$，其粘聚力近于 0。岩石的重度为 $24kN/m^3$。

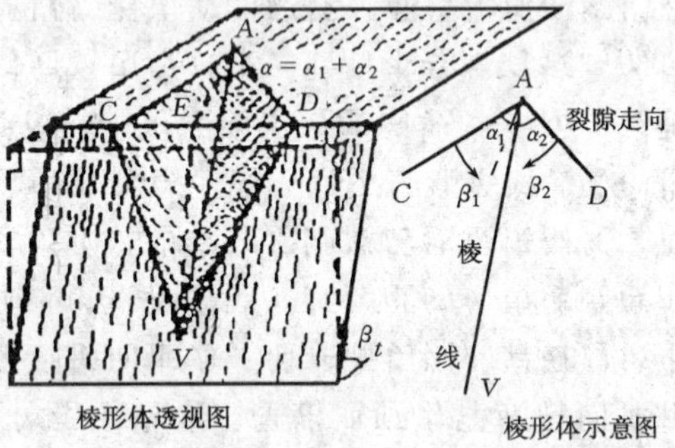

图 6.7.3 具有两组结构面的下滑棱柱体示意

2 棱线 AV 与两结构面走向线间的平面夹角 α_1 及 α_2。可采用下列计算式进行计算：

$$\cot\alpha_1=\frac{\tan\beta_1}{\sin\alpha\tan\beta_2}+\cot\alpha$$

$$\cot\alpha_2=\frac{\tan\beta_2}{\sin\alpha\tan\beta_1}+\cot\alpha$$

从而通过计算得出 $\alpha_1=15°$；$\alpha_2=50°$。

3 进而计算出棱线 AV 的倾角，即沿着棱线方向上结构面的视倾角 β'。

$\tan\beta'=\tan\beta_1\sin\alpha_1$

计算得：$\beta'=35.5°$

4 用 AVE 平面将下滑棱柱体分割成两个块体。计算获得两个滑块的重力为：

$$W_1=31kN;\ W_2=139kN$$

棱柱体总重为 $W=W_1+W_2=170kN$。

5 对两个块体的重力分解成垂直与平行于结构面的分力：

$N_1=W_1\cos\beta_1=10.6kN$

$T_1=W_1\sin\beta_1=29.1kN$

$N_2=W_2\cos\beta_2=101.7kN$

$T_2=W_2\sin\beta_2=94.8kN$

6 再将平行于结构面的下滑力分解成垂直与平行于棱线的分力：

$\tan\theta_1=\tan(90-\alpha_1)\cos\beta_1=1.28\quad \theta_1=52°$

$\tan\theta_2=\tan(90-\alpha_2)\cos\beta_2=0.61\quad \theta_2=32°$

$T_{s1}=T_1\cos\theta_1=18kN$

$T_{s2}=T_2\cos\theta_2=80kN$

7 棱柱体总的下滑力：$T_s=T_{s1}+T_{s2}=98kN$

两结构面上的摩阻力：

$F_t=(N_1+N_2)\tan\varphi=(10.6+101.7)\tan15.6°=31kN$

作用在支挡结构上推力：$T=T_s-F_t=67kN$

6.7.4 岩石锚杆挡土结构，是一种新型挡土结构体系，对支挡高大土质边坡很有成效。岩石锚杆挡土结构的位移很小，支挡的土体不可能达到极限状态，当按主动土压力理论计算土压力时，必须乘以一个增大系数。

岩石锚杆挡土结构是通过立柱或竖桩将土压力传递给锚杆，再由锚杆将土压力传递给稳定的岩体，达到支挡的目的。立柱间的挡板是一种维护结构，其作用是挡住两立柱间的土体，使其不掉下来。因存在着卸荷拱作用，两立柱间的土体作用在挡土板的土压力是不大的，有些支挡结构没有设置挡板也能安全支挡边坡。

岩石锚杆挡土结构的立柱必须嵌入稳定的岩体中，一般的嵌入深度为立柱断面尺寸的3倍。当所支挡的主体位于高度较大的陡崖边坡的顶部时，可有两种处理办法：

1 将立柱延伸到坡脚，为了增强立柱的稳定性，可在陡崖的适当部位增设一定数量的锚杆。

2 将立柱在具有一定承载能力的陡崖顶部截断，在立柱底部增设锚杆，以承受立柱底部的横推力及部分竖向力。

6.7.5 本条为锚杆的构造要求，现说明如下：

1 锚杆宜优先采用表面轧有肋纹的钢筋作主筋，是因为在建筑工程中所用的锚杆大多不使用机械锚头，在很多情况下主筋也不允许设置弯钩，为增加主筋与混凝土的握裹力作出的规定。

2 通过大量的试验研究表明，岩石锚杆在15~20倍锚杆直径以深的地带已没有锚固力分布，只有锚杆顶部周围的岩体出现破坏后，锚固力才会向深部延伸。当岩石锚杆的嵌岩深度小于3倍锚杆直径时，其抗拔力较低，不能采用本规范式（6.7.6）进行抗拔承载力计算。

3 锚杆的施工质量对锚杆抗拔力的影响很大，在施工中必须将钻孔清洗干净，孔壁不允许有泥膜存在。锚杆的施工还应满足有关施工验收规范的规定。

7 软 弱 地 基

7.2 利 用 与 处 理

7.2.7~7.2.9 近年来，采用复合地基处理技术加固地基技术日益成熟，各地区取得了许多成功的经验，为国家节省了大量资金，本次规范修订增加了复合地基的设计原则，并规定建筑地基中采用复合地基技术，目前仅指由地基土和竖向增强体组成，共同承担荷载的人工地基。复合地基设计的基本原则：

1 复合地基设计应满足建筑物承载力和变形要求；

2 复合地基承载力特征值应通过现场复合地基载荷试验确定，有经验时可采用竖向增强体和其周边土的载荷试验确定；

必须指出，由于复合地基竖向增强体种类多，复合地基设计承载力表达式不能完全统一，必须按地区经验由现场试验结果确定；

3 复合地基变形量不得超过本规范表5.3.4规定的建筑物地基变形允许值；

4 增强体顶部应设褥垫层，以使增强体与地基土共同发挥承载作用。

7.5 大面积地面荷载

7.5.4 在计算依据（基础由于地面荷载引起的倾斜值≤0.008）和计算方法与原规范相同的基础上，做了复算见表7.5.4-1。

表 7.5.4-1　均布荷载允许值 $[q_{eq}]$ 地基沉降允许值 $[s'_g]$ 和系数 β 的计算总表

l (m)	d (m)	b (m)	a (m)	z_n	$\overline{\alpha}_{Az}$	$\overline{\alpha}_{Bz}$	$\overline{\alpha}_{Ad}$	$\overline{\alpha}_{Bd}$	$[q_{eq}]$ (kPa)	$[s'_g]$ (m)	β_0	β_0 1	2	3	4	5	6	7	8	9	10	β'_0
12	2	1	6	13.0	0.282	0.163	0.488	0.088	$0.0107\overline{E}_s$	0.0393	0.44											
			11	16.5	0.324	0.216	0.485	0.082	$0.0082\overline{E}_s$	0.0438	0.34											
			22	21.0	0.358	0.264	0.498	0.095	$0.0068\overline{E}_s$	0.0513	0.28											
			33	23.0	0.366	0.276	0.499	0.096	$0.0063\overline{E}_s$	0.0528	0.26											
			44	24.0	0.378	0.284	0.499	0.096	$0.0055\overline{E}_s$	0.0476	0.23											
12	2	2	6	13.0	0.279	0.108	0.488	0.024	$0.0123\overline{E}_s$	0.0448	0.51	0.27	0.24	0.17	0.10	0.08	0.05	0.03	0.03	0.030	0.01	
			10	15.0	0.324	0.150	0.499	0.031	$0.0096\overline{E}_s$	0.0446	0.39											
			20	20.0	0.349	0.198	0.499	0.029	$0.0077\overline{E}_s$	0.0540	0.32	0.21	0.20	0.15	0.12	0.09	0.07	0.06	0.04	0.03	0.03	
			30	22.0	0.363	0.222	0.49	0.029	$0.0074\overline{E}_s$	0.0590	0.31			0.31	0.31		0.18	0.11		0.09		
			40	22.5	0.373	0.231	0.499	0.029	$0.0071\overline{E}_s$	0.0596	0.29											
18	2	3	6	13.5	0.282	0.082	0.488	0.010	$0.0138\overline{E}_s$	0.0526	0.57			0.64	0.24		0.08	0.04		—		
			12	18.0	0.333	0.134	0.498	0.010	$0.0092\overline{E}_s$	0.0551	0.38	0.38	0.23	0.15	0.10	0.06	0.05	0.03	0.02	0.02	0.01	
			15	19.5	0.349	0.153	0.498	0.011	$0.0084\overline{E}_s$	0.0574	0.35	0.31	0.22	0.15	0.10	0.08	0.05	0.03	0.03	0.02	0.01	0.06
			30	24.0	0.388	0.205	0.499	0.012	$0.0071\overline{E}_s$	0.0659	0.29	0.27	0.21	0.14	0.11	0.08	0.06	0.05	0.03	0.03	0.02	
			45	27.0	0.396	0.228	0.499	0.011	$0.0067\overline{E}_s$	0.0723	0.28			0.42	0.28		0.15	0.08		0.07		
			60	28.5	0.399	0.237	0.499	0.012	$0.0066\overline{E}_s$	0.0737	0.27											

续表

l (m)	d (m)	b (m)	a (m)	z_n	$\overline{\alpha}_{Az}$	$\overline{\alpha}_{Bz}$	$\overline{\alpha}_{Ad}$	$\overline{\alpha}_{Bd}$	$[q_{eq}]$ (kPa)	$[s'_q]$ (m)	β_0	β_0 1	2	3	4	5	6	7	8	9	10	β'_0
24	2	4	6	14.0	0.277	0.059	0.488	0.002	$0.0154\overline{E}_s$	0.0596	0.63	0.40	0.34	0.12	0.06	0.04	0.02	0.01	0.01		—	
			12	19.0	0.332	0.110	0.497	0.005	$0.0099\overline{E}_s$	0.0625	0.41	0.40	0.25	0.13	0.08	0.06	0.03	0.02	0.01	0.01	0.01	
			20	23.0	0.370	0.154	0.499	0.006	$0.0080\overline{E}_s$	0.0683	0.33	0.35	0.23	0.14	0.09	0.07	0.04	0.03	0.02	0.02	0.01	
			40	28.0	0.408	0.206	0.499	0.006	$0.0068\overline{E}_s$	0.0780	0.28											
			60	32.0	0.413	0.229	0.499	0.006	$0.0066\overline{E}_s$	0.0866	0.27	0.27	0.21	0.15	0.10	0.08	0.06	0.03	0.50	0.08	0.02	
			80	34.0	0.415	0.236	0.499	0.006	$0.0063\overline{E}_s$	0.0884	0.26											
30	2	5	6	14.0	0.279	0.046	0.488	0.002	$0.0175\overline{E}_s$	0.0681	0.72	0.57	0.24	0.10	0.05	0.03	0.01	—	—	—	—	
			12	20.0	0.327	0.091	0.498	0.001	$0.0107\overline{E}_s$	0.0702	0.44	0.47	0.24	0.12	0.07	0.04	0.02	0.02	0.02	0.01	—	0.10
			25	26.0	0.384	0.151	0.499	0.003	$0.0079\overline{E}_s$	0.0785	0.32			0.61	0.23	0.29		0.05	0.01			
			50	32.5	0.419	0.204	0.499	0.003	$0.0067\overline{E}_s$	0.0910	0.28											
			75	35.0	0.430	0.226	0.499	0.003	$0.0065\overline{E}_s$	0.0978	0.27	0.60	0.21	0.15	0.09	0.08	0.05	0.04	0.03	0.03	0.02	
			100	37.5	0.430	0.234	0.499	0.003	$0.0063\overline{E}_s$	0.1012	0.26	0.31	0.21	0.13	0.10	0.07	0.06	0.04	0.03	0.02	0.03	

表中：$[q_{eq}]$ ——地面的均布荷载允许值；

$[s'_q]$ ——中间柱基内侧边缘中点的地基附加沉降允许值；

β_0——压在基础上的地面堆载(不考虑基础外的地面堆载影响)对基础内倾值的影响系数；

β'_0——和压在基础上的地面堆载纵向方向一致的压在地基上的地面堆载对基础内倾值的影响系数；

l——车间跨度；

b——车间跨度方向基础底面边长；

d——基础埋深；

a——地面堆载的纵向长度；

z_n——从室内地坪面起算的地基变形计算深度；

$\overline{E}_s$——地基变形计算深度内按应力面积法求得土的平均压缩模量；

$\overline{\alpha}_{Az}$、$\overline{\alpha}_{Bz}$——柱基内、外侧边缘中点自室内地坪面起算至 z_n 处的平均附加应力系数；

$\overline{\alpha}_{Ad}$、$\overline{\alpha}_{Bd}$——柱基内、外侧边缘中点自室内地坪面起算至基底处的平均附加应力系数；

$\tan\theta^0$——纵向方向和压在基础上的地面堆载一致的压在地基上的地面堆载引起基础的内倾值；

$\tan\theta$——地面堆载范围与基础内侧边缘线重合时，均布地面堆载引起的基础内倾值。

β_1，……β_{10}——分别表示地面堆载离柱基内侧边缘的不同位置和堆载的纵向长度对基础内倾值的影响系数。

表 7.5.4-1 中：

$$[q_{eq}] = \frac{0.008b\overline{E}_s}{z_n(\overline{\alpha}_{Az}-\overline{\alpha}_{Bz})-d(\overline{\alpha}_{Ad}-\overline{\alpha}_{Bd})}$$

$$[s'_s] = \frac{0.008bz_n\overline{\alpha}_{Az}}{z_n(\overline{\alpha}_{Az}-\overline{\alpha}_{Bz})-d(\overline{\alpha}_{Ad}-\overline{\alpha}_{Bd})}$$

$$\beta_0 = \frac{0.33b}{z_n(\overline{\alpha}_{Az}-\overline{\alpha}_{Bz})-d(\overline{\alpha}_{Ad}-\overline{\alpha}_{Bd})}$$

$$\beta'_0 = \frac{\tan\theta^0}{\tan\theta}$$

大面积地面荷载作用下地基附加沉降的计算举例

单层工业厂房，跨度 $l=24$m，柱基底面边长 $b=3.5$m，基础埋深 1.7m，地基土的压缩模量 $E_s=4$MPa，堆载纵向长度 $a=60$m，厂房填土在基础完工后填筑，地面荷载大小和范围如图 7.5.4 所示，求由于地面荷载作用下柱基内侧边缘中点(A)的地基附加沉降值，并验算是否满足天然地基设计要求。

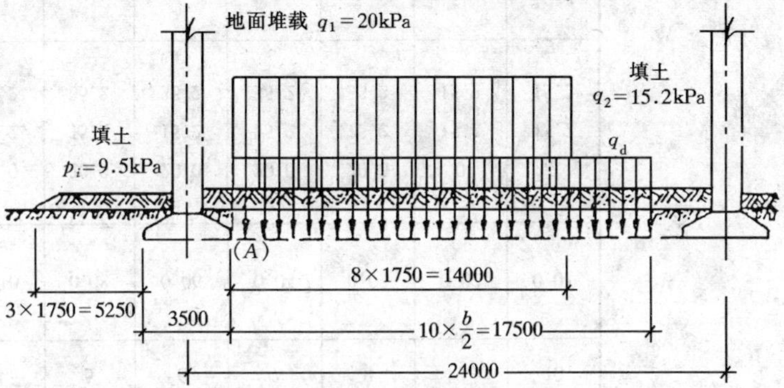

图 7.5.4 地面荷载计算示意

一、等效均布地面荷载 q_{eq}

计算步骤如表 7.5.4-2 所示。

二、柱基内侧边缘中点（A）的地基附加沉降值 s'_g

计算时取 $a'=30$m，$b'=17.5$m。计算步骤如表 7.5.4-3 所示。

表 7.5.4-2

区段		0	1	2	3	4	5	6	7	8	9	10
$\beta_i\left(\frac{a}{5b}=\frac{6000}{1750}>1\right)$		0.30	0.29	0.22	0.15	0.10	0.08	0.06	0.04	0.03	0.02	0.01
q_i（kPa）	堆载	0	20.0	20.0	20.0	20.0	20.0	20.0	20.0	20.0	0	0
	填土	15.2	15.2	15.2	15.2	15.2	15.2	15.2	15.2	15.2	15.2	15.2
	合计	15.2	35.2	35.2	35.2	35.2	35.2	35.2	35.2	35.2	15.2	15.2
p_i（kPa）填土		9.5	9.5	9.5	4.8							
$\beta_i q_i-\beta_i p_i$（kPa）		1.7	7.5	5.7	4.6	3.5	2.8	2.1	1.4	1.1	0.3	0.2

$$q_{eq}=0.8\sum_{i=0}^{10}(\beta_i q_i-\beta_i p_i)=0.8\times30.9=24.7\text{kPa}$$

表 7.5.4-3

z_i (m)	$\frac{a'}{b'}$	$\frac{z_i}{b'}$	$\bar{\alpha}_i$	$z_i\bar{\alpha}_i$ (m)	$z_i\bar{\alpha}_i - z_{i-1}\bar{\alpha}_{i-1}$	E_{si} (MPa)	$\Delta s'_{gi} = \frac{q_{lg}}{E_{si}} \times (z_i\bar{\alpha}_i - z_{i-1}\bar{\alpha}_{i-1})$ (mm)	$s'_g = \sum_{i=1}^{n} \Delta s'_{gi}$ (mm)	$\frac{\Delta s'_{gi}}{\sum_{i=1}^{n} \Delta s'_{gi}}$
0	$\frac{30.00}{17.50}=1.71$	0							
28.80		$\frac{28.80}{17.50}=1.65$	$2\times0.2069=0.4138$	11.92		4.0	73.6	73.6	
30.00		$\frac{30.00}{17.50}=1.71$	$2\times0.2044=0.4088$	12.26	0.34	4.0	2.1	75.7	$0.028>0.025$
29.80		$\frac{29.80}{17.50}=1.70$	$2\times0.2049=0.4098$	12.21		4.0	75.4		
31.00		$\frac{31.00}{17.50}=1.77$	$2\times0.2020=0.4040$	12.52	0.34	4.0	1.9	77.3	$0.0246<0.025$

注：根据地面荷载宽度 $b'=17.5m$，查表 5.2.6，由地基变形计算深度 z 处向上取计算层厚度为 $1.2m$。
从上表中得知地基变形计算深度 z_n 为 $31m$，所以由地面荷载引起柱基内侧边缘中点（A）的地基附加沉降值 $s'_g=77.3mm$。
按 $a=60m$，$b=3.5m$。查表 7.5.4 得地基附加沉降允许值 $[s'_g]=80mm$，故满足天然地基设计的要求。

8 基　　础

8.1 无筋扩展基础

8.1.2 表 8.1.2 中提供的无筋扩展混凝土基础台阶宽高比的允许值，是根据材料力学、现行混凝土结构设计规范确定的。当基础底面的平均压力值超过 300kPa 时，按下式验算墙（柱）边缘或变阶处的受剪承载力：

$$V_s \leqslant 0.366 f_t A$$

式中　V_s——相应于荷载效应基本组合时的地基土平均净反力产生的沿墙（柱）边缘或变阶处单位长度的剪力设计值；

A——沿墙（柱）边缘或变阶处混凝土基础单位长度面积。

8.2 扩 展 基 础

8.2.6 自《建筑地基基础设计规范》GBJ 7—89 颁布后，国内高杯口基础杯壁厚度以及杯壁和短柱部分的配筋要求基本上照此执行，情况良好。本次修编时除保留原有的要求外，增加了抗震设防烈度为 8°和 9°时，对短柱部分的横向箍筋的要求其配置量不宜小于 ϕ8@150。

制定高杯口基础的构造依据是：

1　杯壁厚度 t

多数设计在计算有短柱基础的厂房排架时，一般都不考虑短柱的影响，将排架柱视作固定在基础杯口顶面的二阶柱（图 8.2.6-1b）。这种简化计算所得的弯矩 m 较考虑有短柱存在按三阶柱（图 8.2.6-1c）计算所得的弯矩小。

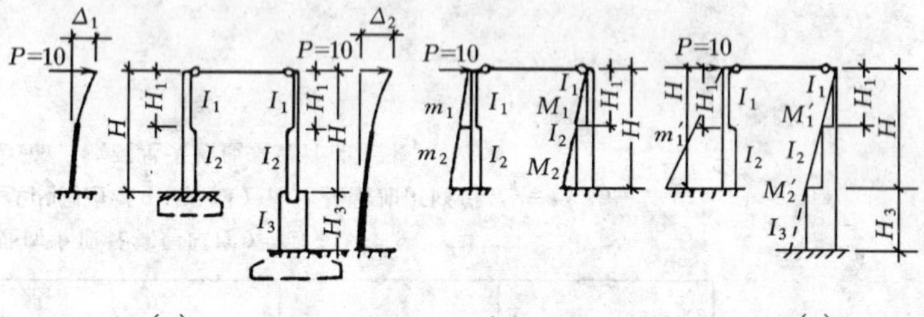

图 8.2.6-1　带短柱基础厂房的计算示意

（a）厂房图形；（b）简化计算；（c）精确计算

原机械工业部设计院对起重机起重量小于或等于 75t，轨顶标高在 14m 以下的一般工业厂房作了大量分析工作，分析结果表明：短柱刚度愈小即 $\frac{\Delta_2}{\Delta_1}$ 的比值愈大（图 8.2.6-1a），则弯矩误差 $\frac{\Delta m}{m}$%，即 $\frac{m'-m}{m}$% 愈大。图 8.2.6-2 为二阶柱和三阶柱的弯矩误差关系，从图中可以看到，当 $\frac{\Delta_2}{\Delta_1}=1.11$ 时，$\frac{\Delta m}{m}=8\%$，构件尚属安全使用范围之内。在相同的短柱高度和相同的柱截面条件下，短柱的刚度与杯壁的厚度 t 有关，GBJ7—89 规范就是据此规定杯壁的厚度。通过十多年实践，按构造配筋的限制条件可适当放宽，本规范参照《机械工厂结构设计规范》GBJ 8—97 增加了 8.2.6 之 2、3 限制条件。

对符合本规范条文要求，且满足表 8.2.6 杯壁厚度最小要求的设计，可不考虑高杯口基础短柱部分对排架的影响，否则应按三阶柱进行分析。

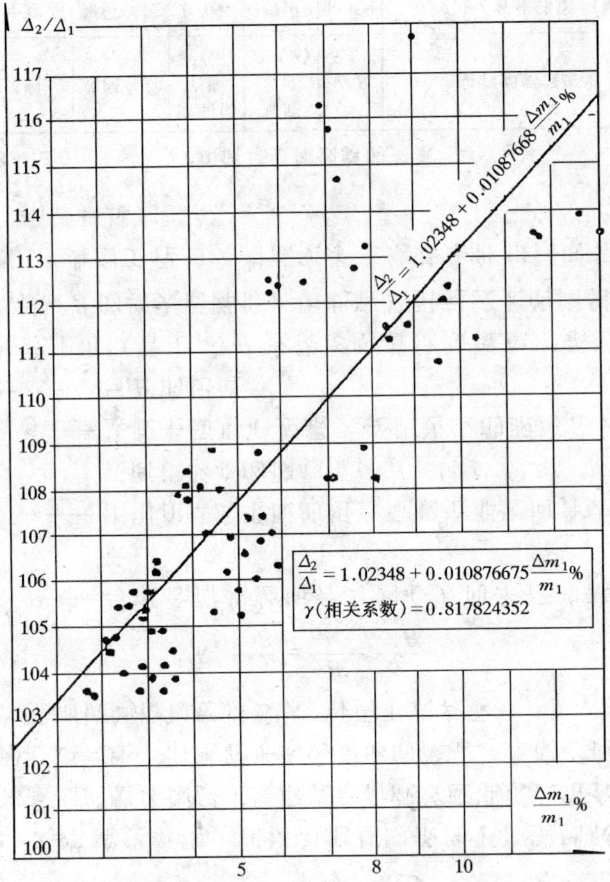

图 8.2.6-2　一般工业厂房$\frac{\Delta_2}{\Delta_1}$与$\frac{\Delta m}{m}\%$（上柱）关系

2　杯壁配筋

杯壁配筋的构造要求是基于横向（顶层钢筋网和横向箍筋）和纵向钢筋共同工作的计算方法，并通过试验验证。大量试算工作表明，除较小柱截面的杯口外，均能保证必需的安全度。顶层钢筋网由于抗弯力臂大，设计时应充分利用其抗弯承载力以减少杯壁其他的钢筋用量。横向箍筋 $\phi 8@150$ 的抗弯承载力随柱的插入杯口深度 h_1 而异，但当柱截面高度 h 大于 1000mm，$h_1=0.8h$ 时，抗弯能力有限，因此设计时横向箍筋不宜大于 $\phi 8@150$。纵向钢筋构造要求为 $\phi 12$ ~ $\phi 16$，且其设置量又与 h 成正比，h 愈大则其抗弯承载力愈大，当 $h \geqslant 1000$mm 时，其抗弯承载力已达到甚至超过顶层钢筋网的抗弯承载力。

8.2.7　阶梯形独立柱基及锥形独立柱基其斜截面受剪的折算宽度，可按照本规范附录 S 确定。

8.3　柱下条形基础

8.3.1、**8.3.2**　基础梁的截面高度应根据地基反力、柱荷载的大小等因素确定。大量工程实践表明，柱下条形基础梁的截面高度一般为柱距的 1/4 ~ 1/8。原上海工业建筑设计院对五十项工程的统计，条形基础梁的高跨比在 1/4 ~ 1/6 之间的占工程数的 88%。在选择基础梁截面时，距柱边缘处基础梁的受剪截面和斜截面受剪承载力尚应满足现行《混凝土结构设计规范》的要求。

对柱下条形基础梁的内力计算方法，本规范划分了按连续梁计算内力的适用条件。在比较均匀的地基上，上部结构刚度较好，荷载分布较均匀，且条形基础梁的截面高度大于或等于 1/6 柱距时，地基反力可按直线分布考虑。其中规定基础梁高度大于或等于 1/6 的柱距的条件是根据柱距 l 与文克勒地基模型中的弹性特征系数 λ 的乘积 $\lambda l \leqslant 1.75$ 作了分析，当高跨比大于或等于 1/6 时，对一般柱距及中等压缩性的地基都可考虑地基反力为直线分布。当不满足上述条件时，宜按弹性地基梁法计算内力，分析时采用的地基模型应结合地区经验进行选择。

8.4 高层建筑筏形基础

8.4.2 对单幢建筑物，在均匀地基的条件下，基础底面的压力和基础的整体倾斜主要取决于荷载效应准永久组合下产生的偏心距大小。对基底平面为矩形的筏基，在偏心荷载作用下，基础抗倾覆稳定系数 K_F 可用下式表示：

$$K_F=\frac{\gamma}{e}=\frac{\gamma B}{e}=\frac{\gamma}{e/B}$$

式中 B——与组合荷载竖向合力偏心方向平行的基础边长；

e——作用在基底平面的组合荷载全部竖向合力对基底面积形心的偏心距；

γ——基底平面形心至最大受压边缘的距离，γ 为 γ 与 B 的比值。

从式中可以看出 e/B 直接影响着抗倾覆稳定系数 K_F，K_F 随着 e/B 的增大而降低，因此容易引起较大的倾斜。表 8.4.2 三个典型工程的实测证实了在地基条件相同时，e/B 越大，则倾斜越大。

表 8.4.2 e/B 值与整体倾斜的关系

地基条件	工程名称	横向偏心距 e（m）	基底宽度 B（m）	e/B	实测倾斜（‰）
上海软土地基	胸科医院	0.164	17.9	1/109	2.1（有相邻影响）
上海软土地基	某研究所	0.154	14.8	1/96	2.7
北京硬土地基	中医医院	0.297	12.6	1/42	1.716（唐山地震北京烈度为 6 度，未发现明显变化）

高层建筑由于楼身质心高，荷载重，当筏形基础开始产生倾斜后，建筑物总重对基础底面形心将产生新的倾覆力矩增量，而倾覆力矩的增量又产生新的倾斜增量，倾斜可能随时间而增长，直至地基变形稳定为止。因此，为避免基础产生倾斜，应尽量使结构竖向荷载合力作用点与基础平面形心重合，当偏心难以避免时，则应规定竖向合力偏心距的限值。本规范根据实测资料并参考交通部《公路桥涵设计规范》对桥墩合力偏心距的限制，规定了在荷载效应准永久组合时，$e\leqslant 0.1W/A$。从实测结果来看，这个限制对硬土地区稍严格，当有可靠依据时可适当放松。

8.4.5 通过对已建工程的分析，并鉴于梁板式筏基基础梁下实测土反力存在的集中效应、底板与地基土之间的摩擦力作用以及实际工程中底板的跨厚比一般都在 14～6 之间变动等有利因素，本规范明确了取距梁边缘 h_0 作为验算底板受剪的部位。

8.4.7 N.W.Hanson 和 J.M.Hanson 在他们的“混凝土板柱之间剪力和弯矩的传递”试验报告中指出：板与柱之间的不平衡弯矩传递，一部分不平衡弯矩是通过临界截面周边的弯曲应力 T 和 C 来传递，而一部分不平衡弯矩则通过临界截面上的偏心剪力对临界截面重心产生的弯矩来传递的，如图 8.4.7-1 所示。因此，在验算距柱边 $h_0/2$ 处的冲切临界截面剪应力时，除需考虑竖向荷载产生的剪应力外，尚应考虑作用在冲切临界截面重心上的不平衡弯矩所产生的附加剪应力。本规范公式（8.4.7-1）右侧第一项是根据现行《混凝土结构设计规范》GB 50010 在集中力作用下的冲切承载力计算公式换算而得，右侧第二项是引自美国 ACI 318 规范中有关的计算规定。

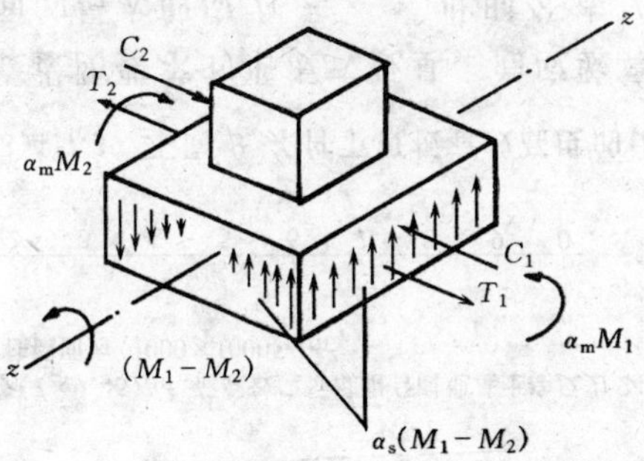

图 8.4.7-1　板与柱不平衡弯矩传递示意

关于公式（8.4.7-1）中集中力取值的问题，国内外大量试验结果表明，内柱的冲切破坏呈完整的锥体状，我国工程实践中一直沿用柱所承受的轴向力设计值减去冲切破坏锥体范围内相应的地基反力作为集中力；对边柱和角柱，由于我国在这方面试验积累的成果不多，本规范参考了国外经验，取柱轴力设计值减去冲切临界截面范围内相应的地基反力作为集中力设计值。

公式（8.4.7-1）中的 M_{unb} 是指作用在柱边 $h_0/2$ 处冲切临界截面重心上的弯矩，对边柱它包括由柱根处轴力设计值 N 和该处筏板冲切临界截面范围内相应的地基反力 P 对临界截面重心产生的弯矩。由于本条款中筏板和上部结构是分别计算的，因此计算 M 值时尚应包括柱子根部的弯矩 M_c，如图 8.4.7-2 所示，M 的表达式为：

$$M_{unb}=Ne_N-Pe_p\pm M_c$$

对于内柱，由于对称关系，柱截面形心与冲切临界截面重心重合，$e_N=e_p=0$，因此冲切临界截面重心上的弯矩，取柱根弯矩。

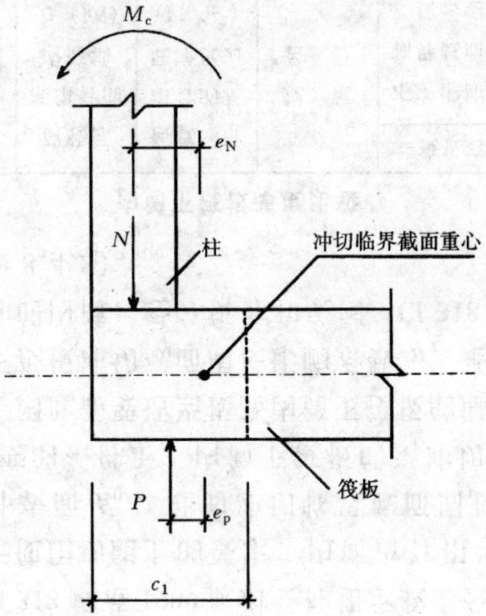

图 8.4.7-2　边柱 M_{unb} 计算示意

我国钢筋混凝土受冲切承载力公式具有计算简单的优点，但存在考虑因素不全面的问题。国外试验表明，当柱截面的长边与短边的比值 β_s 大于 2 时，沿冲切临界截面的长边的受剪承载力约为柱短边受剪承载力的一半或更低。本规范的公式(8.4.7-2)是在我国现行混凝土结构设计规范受冲切承载力公式的基础上，参考了美国 ACI 318 规范中受冲切承载力公式中有关规定，引进了柱截面长、短边比值的影响，适用于包括扁柱和单片剪力墙在内的平板式筏基。图8.4.7-3给出了以 ACI 318 计算结果为参照物的在不同 β_s 条件下筏板有效高度比较表。当 $\beta_s \leqslant 2$ 时，由于我国受冲切承载力取值偏低，按本规范算得的筏板有效高度略大于美国 ACI 318 规范相关公式的结果；当 $2 < \beta_s \leqslant 4$ 时，基本上保持在现行《混凝土结构设计规范》可靠指标基础上，成比例与 ACI 318 规范计算结果同步；$\beta_s > 4$ 时则略大于美国 ACI 318 规范的计算结果。

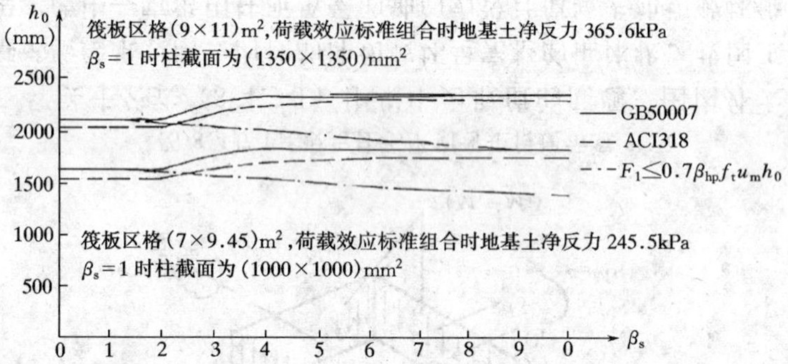

图 8.4.7-3　不同 β_s 条件下筏板有效高度的比较

对有抗震设防要求的平板式筏基，尚应验算地震作用组合的临界截面的最大剪应力 $\tau_{E,max}$，此时公式（8.4.7-1）和（8.4.7-2）应改写为：

$$\tau_{E,max} = \frac{V_{sE}}{A_s} + \alpha_s \frac{M_E}{I_s} c_{AB}$$

$$\tau_{E,max} \leqslant \frac{0.7}{\gamma_{RE}} \left(0.4 + \frac{1.2}{\beta_s} \right) \beta_{hp} f_t$$

式中　V_{sE}——考虑地震作用组合后的集中反力设计值；

M_E——考虑地震作用组合后的冲切临界截面重心上的弯矩；

A_s——距柱边 $h_0/2$ 处的冲切临界截面的筏板有效面积；

γ_{RE}——抗震调整系数，取 0.85。

8.4.8　Venderbilt 在他的“连续板的抗剪强度”试验报告中指出：混凝土抗冲切承载力随比值 u_m/h_0 的增加而降低。为此，美国 ACI 318 规范 1989 版对受冲切承载力公式增加了新的条款。由于使用功能上的要求，内筒占有相当大的面积，因而距内筒外表面 $h_0/2$ 处的冲切临界截面周长是很大的，在 h_0 保持不变的条件下，内筒下筏板的受冲切承载力实际上是降低了，因此需要适当提高内筒下筏板的厚度。本规范给出的内筒下筏板冲切截面周长影响系数 η，是通过实际工程中不同尺寸的内筒，经分析并和美国 ACI 318 规范对比后确定的（详表 8.4.8）。

表 8.4.8　　内筒下筏板厚度比较

筒尺寸 (m×m)	筏板混凝土强度等级	荷载标准组合的内筒轴力 (kN)	荷载标准组合的基底净反力 (kN/m²)	规范名称	筏板有效高度（m）	
					不考虑冲切临界截面周长影响	考虑冲切临界截面周长影响
11.3×13.0	C30	128051	383.4	GB50007	1.22	1.39*
				ACI 318	1.18	1.44
12.6×27.2	C40	424565	453.1	GB50007	2.41	2.72*
				ACI 318	2.36	2.71

续表

筒尺寸（m×m）	筏板混凝土强度等级	荷载标准组合的内筒轴力（kN）	荷载标准组合的基底净反力（kN/m²）	规范名称	筏板有效高度（m）	
					不考虑冲切临界截面周长影响	考虑冲切临界截面周长影响
24×24	C40	718848	480	GB50007	3.2	3.58*
				ACI 318	3.07	3.55
24×24	C40	442980	300	GB50007	2.39	2.57*
				ACI 318	2.12	2.67
24×24	C40	336960	225	GB50007	1.95	2.28*
				ACI 318	1.67	2.21

注：1. 荷载分项系数平均值：GB50007 取 1.35，ACI 318 取 1.45；

2. *：考虑冲切临界截面周长影响系数 1.25。

8.4.9 本规范明确了取距内柱和内筒边缘 h_0 处作为验算筏板受剪的部位，如图 8.4.9-1 所示；角柱下验算筏板受剪的部位取距柱角 h_0 处，如图 8.4.9-2 所示。公式(8.4.9) 中的 V_s 即作用在图 8.4.9-1 或图 8.4.9-2 中阴影面积上的地基净反力平均设计值除以验算截面处板格中至中的长度（内柱）、或距角柱角点 h_0 处 45°斜线的长度(角柱)。国内筏板试验报告表明：筏板的裂缝首先出现在板的角部，设计中当采用简化计算方法时，需适当考虑角点附近土反力的集中效应。图8.4.9-3给出了筏板模型试验中裂缝发展的过程。设计中当角柱下筏板受剪承载力不满足规范要求时，也可采用适当加大底层角柱横截面或局部增加筏板角隅板厚等有效措施，以期降低受剪截面处的剪力。

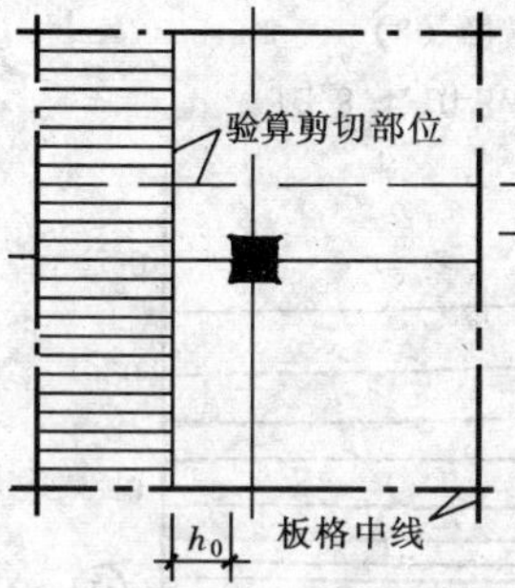

图 8.4.9-1 内柱（筒）下筏板验算剪切部位示意

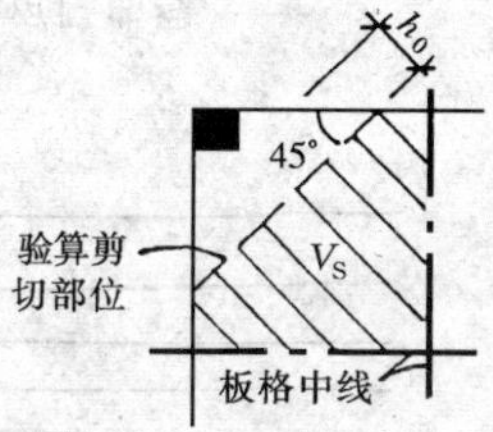

图 8.4.9-2 角柱（筒）下筏板验算剪切部位示意

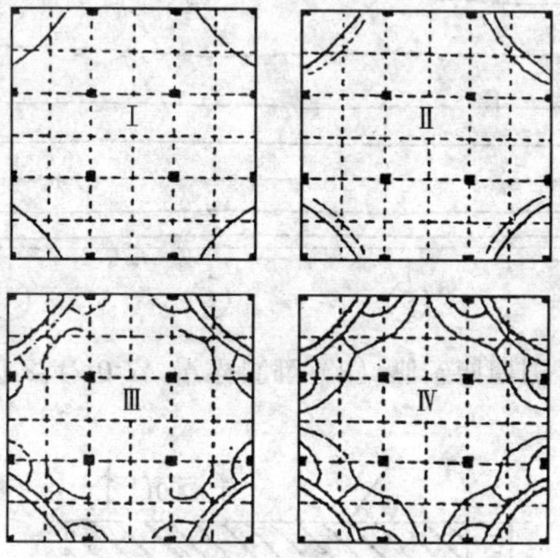

图 8.4.9-3 筏板模型试验裂缝发展过程

8.4.10 我国高层建筑箱形基础的工程实测资料表明，由于上部结构参与工作，箱形基础的纵向相对挠曲值都很小，第四纪土地区一般都小于万分之一，软土地区一般都小于万分之三。因此，一般情况下计算时不考虑整体弯曲的作用，整体弯曲的影响通过构造措施予以保证。对于高层建筑筏形基础，黄熙龄和郭天强在他们的框架柱——筏基础模型试验报告中指出，在均匀地基上，上部结构刚度较好，荷载分布较均匀，筏板厚度满足冲切承载力要求，且筏板的厚跨比不小于 1/6 时，可不考虑筏板的整体弯曲，只按局部弯曲计算，地基反力可按直线分布。试验是在粉质粘土和碎石土两种不同类型的土层上进行的，筏基平面尺寸为 3220mm × 2220mm，厚度为 150mm（图 8.4.10-1），其上为三榀单层框架（图 8.4.10-2）。试验结果表明，土质无论是粉质粘土还是碎石土，沉降都相当均匀（图 8.4.10-3），筏板的整体挠曲约为万分之三，整体挠曲相似于箱型基础。基础内力的分布规律，按整体分析法（考虑上部结构作用）与倒梁法是一致的，且倒梁板法计算出来的弯矩值还略大于整体分析法。

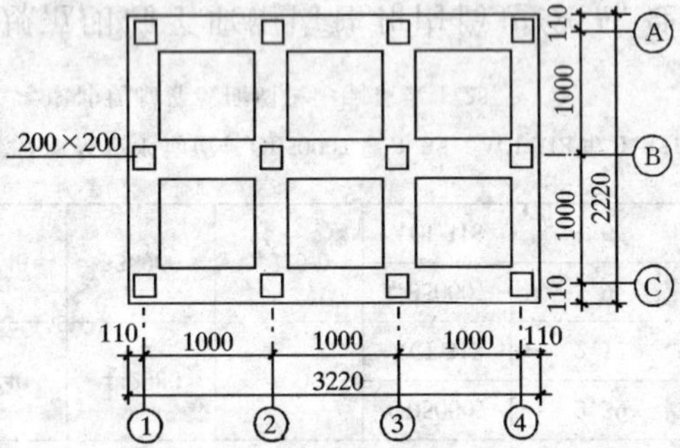

图 8.4.10-1　模型试验加载梁平面图

8.4.12　工程实践表明，在柱宽及其两侧一定范围的有效宽度内，其钢筋配置量不应小于柱下板带配筋量的一半，且应能承受板与柱之间一部分不平衡弯矩 $\alpha_m M_{unb}$，以保证板柱之间的弯矩传递，并使筏板在地震作用过程中处于弹性状态，保证柱根处能实现预期的塑性铰。条款中有效宽度的范围，是根据筏板较厚的特点，以小于 1/4 板跨为原则而提出来的。有效宽度范围如图 8.4.12 所示。

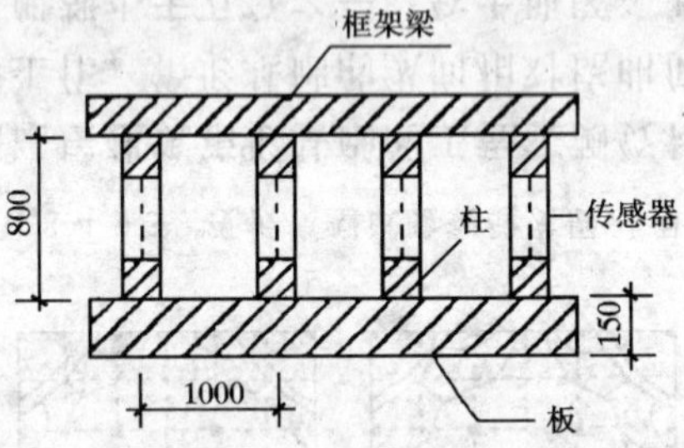

图 8.4.10-2　模型试验（B）轴线剖面图

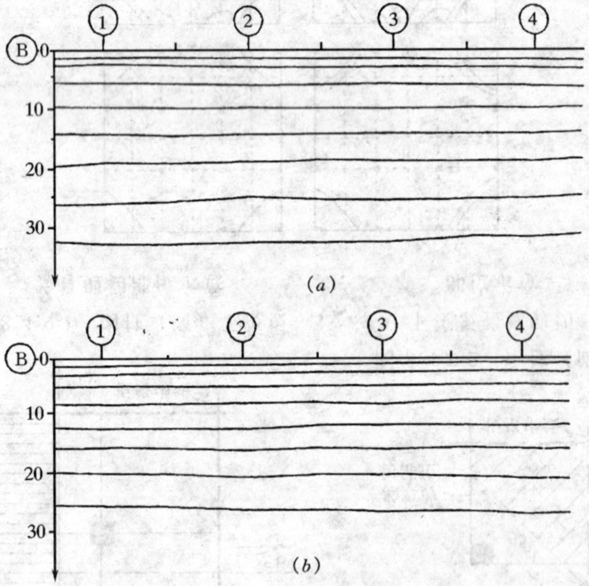

图 8.4.10-3*a*　（B）轴线沉降曲线

（*a*）粉质粘土；（*b*）碎石土

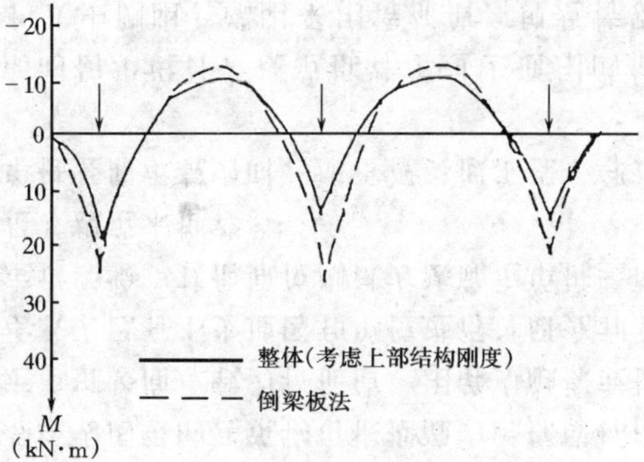

图 8.4.10-3*b*　整体分析法与倒梁板法弯矩计算结果比较

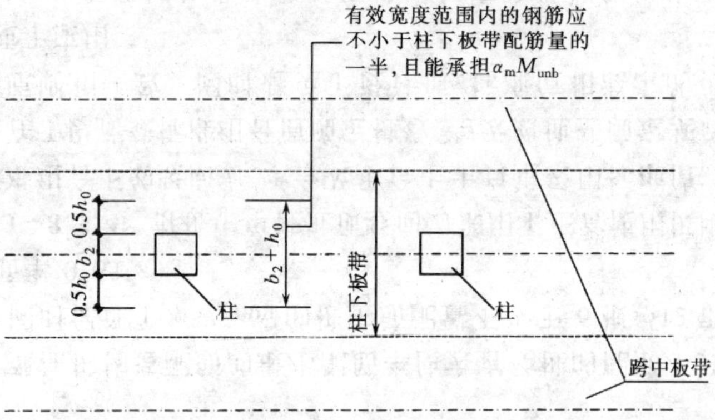

图 8.4.12　两侧有效宽度范围的示意

对筏板的整体弯曲影响，本条款通过构造措施予以保证，要求柱下板带和跨中板带的底部钢筋应有1/2～1/3贯通全跨，顶部钢筋按实际配筋全部连通，配筋率不应小于0.15%。

8.5　桩　基　础

8.5.1　按竖向荷载下单桩的受力性状，将桩分为摩擦型和端承型两大类。

摩擦型桩可分为摩擦桩和端承摩擦桩，桩端阻力很小时，称为摩擦桩。同理，端承型桩也可分为端承桩和摩擦端承桩，桩侧阻力很小时，称为端承桩。

8.5.2　本条所规定的桩和桩基的构造，考虑到各种不同的情况综合制定，补充并完善了89规范的内容。

1　为减少摩擦型桩侧阻的叠加效应，仍规定取最小桩距为$3d$；扩底灌注桩包括夯扩桩、机械和人工扩底灌注桩等，为保证其侧阻的发挥也作了相应的规定。

施工工艺对桩距的要求十分重要，由于成桩中的挤土效应以及拔管（钻）时带动桩周土，往往造成邻近桩的断裂或缩颈，在饱和软土和结构性强的土中尤为突出，因此，在决定桩距时，对挤土桩应特别重视。

2　扩底灌注桩扩底直径不宜大于三倍桩身直径，系考虑到扩底施工的难易和安全，同时需要保持桩间土的稳定，有利于桩基受力。

3　桩端进入持力层的最小深度，主要是考虑了在各类持力层中成桩的可能性和难易程度，并尽量提高桩端阻力。

桩端进入破碎岩石或软质岩的桩，按一般桩来计算桩端进入持力层的深度。桩端进入完整和较完整的未风化、微风化、中风化硬质岩石时，入岩施工困难，同时硬质岩已提供足够的端阻力。规范条文中，提出桩周边嵌岩最小深度为0.5m，以确保桩端与岩体面接触。

4　桩端位于倾斜地层的桩基，受到滑移土体的水平力作用，为此桩应采用通长配筋，并应通过计算确定配筋量。

承台下存在淤泥、淤泥质土或液化土层时，为提高桩基稳定性，同时考虑到施工中避免挤土等影响而产生断桩，配筋长度应穿过上述土层。

大直径桩往往桩长很大，特别是钻孔桩，下部成孔质量有时出现问题，设置部分通长钢筋，可以验证下部孔径及孔深。

灌注桩构造配筋的最小配筋率使大直径桩的配筋不致过多，同时保证了 ϕ377mm 的桩主筋配置不少于 6 根 ϕ12 钢筋（配筋率 0.65%）。

8.5.3~8.5.4 群桩中单桩桩顶竖向力采用了正常使用极限状态标准组合下的竖向力，承台及承台上土自重采用标准值。其意义在于以荷载标准组合值确定桩数，与天然地基确定基础尺寸的原则相一致。同时避免了设计值、标准值相混淆的可能性，便于应用。

8.5.5 为保证桩基设计的可靠性，规定除设计等级为丙级的建筑物外，单桩竖向承载力特征值应采用竖向静载荷试验确定。

设计等级为丙级的建筑物可根据静力触探或标准贯入试验方法确定单桩竖向承载力特征值。用静力触探或标贯方法确定单桩承载力已有不少地区和单位进行过研究和总结，取得了许多宝贵经验。其他原位测试方法确定单桩竖向承载力的经验不足，规范未推荐。

确定单桩竖向承载力时，应重视类似工程、邻近工程的经验。

试桩前的初步设计，规范推荐了过去通用的估算公式(8.5.5-1)，式中侧阻、端阻采用特征值，规范特别注明侧阻、端阻特征值应由当地静载荷试验结果统计分析求得，减少全国采用同一表格所带来的误差。

嵌入完整和较完整的未风化、微风化、中风化硬质岩石的嵌岩桩，规范给出了单桩竖向承载力特征值的估算式(8.5.5-2)，只计端阻。简化计算的意义在于硬质岩强度超过桩身混凝土强度，设计以桩身强度控制，不必要再计入侧阻、嵌岩阻力等不定因素。当然，嵌岩桩并不是不存在侧阻和嵌岩阻力，有时侧阻和嵌岩阻力占有很大的比例。对于嵌入破碎岩和软质岩石中的桩，单桩承载力特征值则按8.5.5-1式进行估算。

为确保大直径嵌岩桩的设计可靠性，必须确定桩底一定深度内岩体性状。此外，在桩底应力扩散范围内可能埋藏有相对软弱的夹层，甚至存在洞隙，应引起足够注意。岩层表面往往起伏不平，有隐伏沟槽存在，特别在碳酸盐类岩石地区，岩面石芽、溶槽密布，此时桩端可能落于岩面隆起或斜面处，有导致滑移的可能，因此，规范规定在桩底端应力扩散范围内应无岩体临空面存在，并确保基底岩体的稳定性。实践证明，作为基础施工图设计依据的详细勘察阶段的工作精度，满足不了这类桩设计施工的要求，因此，当基础方案选定之后，还应根据桩位及要求进行专门性的桩基勘察，以便针对各个桩的持力层选择入岩深度、确定承载力，并为施工处理等提供可靠依据。

8.5.6 单桩水平承载力与诸多因素相关，单桩水平承载力特征值应由单桩水平载荷试验确定。

规范特别写入了带承台桩的水平载荷试验。桩基抵抗水平力很大程度上依赖于承台底阻力和承台侧面抗力，带承台桩基的水平载荷试验能反映桩基在水平力作用下的实际工作状况。

带承台桩基水平载荷试验采用慢速维持荷载法，用以确定长期荷载下的桩基水平承载力和地基土水平反力系数。加载分级及每级荷载稳定标准可按单桩竖向静载荷试验的办法。当加载至桩身破坏或位移超过 30～40mm（软土取大值）时停止加载。卸载按 2 倍加载等级逐级卸载，每 30min 卸一级载，并于每次卸载前测读位移。

根据试验数据绘制荷载位移 H_0-X_0 曲线及荷载位移梯度 $H_0-(\Delta X_0/\Delta H_0)$ 曲线，取 $H_0-(\Delta X_0/\Delta H_0)$ 曲线的第一拐点为临界荷载，取第二拐点或 H_0-X_0 曲线的陡降起点为极限荷载。若桩身设有应力测读装置，还可根据最大弯矩点变化特征综合判定临界荷载和极限荷载。

对于重要工程，可模拟承台顶竖向荷载的实际状况进行试验。

水平荷载作用下桩基内各单桩的抗力分配与桩数、桩距、桩身刚度、土质性状、承台形式等诸多因素有关。

水平力作用下的群桩效应的研究工作不深入，条文规定了水平力作用面的桩距较大时，桩基的水平承载力可视为各单桩水平承载力的总和，实际上在低桩承台的前提下应注重采取措施充分发挥承台底面及侧面土的抗力作用，加强承台间的连系等等。当承台周围填土质量有保证时，应考虑土的抗力作用按弹性抗力法进行计算。

用斜桩来抵抗水平力是一项有效的措施，在桥梁桩基中采用较多。但在一般工业与民用建筑中则很少采用，究其原因是依靠承台埋深大多可以解决水平力的问题。

8.5.9 近年来随着高层建筑的发展，对桩承载力的要求很高，各种超长桩应用较多，为保证建筑物安全，确保桩身混凝土强度至关重要。

上海市地基基础设计规范中对桩身混凝土强度折减作了如下规定：

1 灌注桩 $\psi=0.60$，施工质量有充分把握时也不得超过 0.68。

2 预制桩 $\psi=0.60\sim0.75$。

3 预应力桩 $Q\leqslant(0.60\sim0.75)f_cA_p-0.34A_p\sigma_{Pc}$

σ_{Pc}——为桩身截面混凝土有效预加应力。

以上规定中均未考虑结构重要性系数。

考虑到全国的状况，本次修订增加了桩的承载力尚应满足桩身混凝土强度的要求。

8.5.10 为了贯彻以变形控制设计的原则，规范条文规定了需要进行沉降验算的建筑物桩基，补充了 89 规范中的空缺。对于地基基础设计等级为丙级的建筑物、群桩效应不明显的建筑物桩基，可根据单桩静载荷试验的变形及当地工程经验估算建筑物的沉降量。

8.5.11 软土中摩擦桩的桩基础沉降计算是一个非常复杂的问题。纵观许多描述桩基实际沉降和沉降发展过程的文献可以知道，土体中桩基沉降实质是由桩身压缩、桩端刺入变形和桩端平面以下土层受群桩荷载共同作用产生的整体压缩变形等多个主要分量组成，并且是需要经历数年、甚至更长时间才能完成的过程。即使忽略土中桩身弹性压缩量，由于桩端刺入变形与桩土体之间相互作用、土体组成的多相性质、土骨架的非线性应力应变性质和蠕变性质有关，在目前认识水平条件下，土中摩擦桩桩基沉降不是简单的弹性理论所能描述的问题，这说明为什么完全依据理论的各种桩基沉降计算方法，在实际工程的应用中往往都与实测结果存在较大的出入，即使经过修正，两者也只能在某一特定范围内比较接近。正因为如此，本规范推荐的桩基最终沉降量的计算方法，并不是一种纯理论的方法，其实质是一种经验拟合的方法。根据 Geddes 按弹性理论中 Mindlin 应力公式积分后得出的单桩荷载在半无限体中产生的应力解出发，用简单叠加法原则求得群桩荷载在地基中产生的应力，然后再按分层总和法原理计算沉降，并乘以经验系数，从而使计算结果更接近于工程实际，与实体基础的方法相比，该法能方便地考虑桩基中桩数、桩间距、不规则布桩及不同桩长等因素对沉降计算的影响。

从经验拟合这一观点出发，本次规范在这一条款中的修订工作主要是收集大量实际工程资料进行统计分析。修订组共收集了上海地区 93 幢建筑的完整实测资料和工程计算资料，在随后的资料复查整理中，因各种原因共放弃了其中 24 幢建筑物的资料，实际用于分析的建筑物共 69 幢。在统计分析的过程中逐步确定了各项计算规定，最后确定了桩基最终沉降量计算的经验修正系数 ψ_p。为了得到确定的统计结果，作了一系列经验性的规定。

1 统计分析中的计算规定及说明：

1）统计时是将各幢建筑物中心点计算沉降值或最大计算沉降值与实测各点的平均沉降值进行比较。计算得到的最大沉降值，不是代表建筑物在某处实际发生的最大沉降值，而是估算的建筑物最终平均沉降值。从这一规定可知，不提倡用这一方法计算建筑物的不均匀沉降。因为缺少实测倾斜值与计算值的对比统计资料，也因为这种算法不考虑上部结构的刚度，可能严重歪曲了实际的不均匀沉降。若计算点任意选取，可能得到互相矛盾的结果。

2）公式中所用的压缩模量 E_s 为计算深度处土在自重应力至自重应力加附加应力作用下的压缩模量。一般采用勘察报告中提供的由室内土工压缩试验得到的数值。压缩模量的取值对于沉降计算有很大的影响，但由于目前对于原位试验本身及其试验结果与室内试验得出的 E_s 之间的规律尚未有较明确的统一认识，本次修编时仍采用室内压缩试验得出的压缩模量。待今后进一步积累经验，再行修订。

3）在采用分层总和法计算沉降时，考虑到桩端处的应力集中，土体的计算分层厚度在桩端以下一定范围内应适当加密。实际工程计算时，一般区域计算层厚度取 1m，加密区域计算层厚度取 0.1m，已能保证足够的精度。

8.5.13 八十年代上海市开始采用为控制沉降而设置桩基的方法，取得显著的社会经济效益。目前天津、湖北、福建等省市也相继应用了上述方法。开发这种方法是考虑桩、土、承台共同工作时，基础的承载力可以满足要求，而下卧层变形过大，此时采用摩擦型桩旨在减少沉降，以满足建筑物的使用要求。以控制沉降为目的设置桩基是指直接用沉降量指标来确定用桩的数量。能否实行这种设计方法，必须要有当地的经验，特别是符合当地工程实践的桩基沉降计算方法。直接用沉降量确定用桩数量后，还必须满足本条所规定的使用条件和构造措施。上述方法的基本原则有三点：

一、设计用桩数量可以根据沉降控制条件，即允许沉降量计算确定；

二、基础总安全度不能降低，应按桩、土和承台共同作用的实际状态来验算。桩土共同工作是一个复杂的过程，随着沉降的发展，桩、土的荷载分担不断变化，作为一种最不利状态的控制，桩顶荷载可能接近或等于单桩极限承载力。为了保证桩基的安全度，规定按承载力特征值计算的桩群承载力与土承载力之和应大于等于荷载效应标准组合作用于桩基承台顶面的竖向力与承台及其上土自重之和；

三、为保证桩、土和承台共同工作，应采用摩擦型桩，使桩基产生可以容许的沉降，承台底不致脱空，在桩基沉降过程中充分发挥桩端持力层的抗力。同时桩端还要置于相对较好的土层中，防止沉降过大，达不到预期控制沉降的目的。为保证承台底不脱空，当承台底土为欠固结土或承载力利用价值不大的软土时，尚应对其进行处理。

8.5.16 桩基承台的弯矩计算

1 承台试件破坏过程的描述

中国石化总公司洛阳设计院和郑州工学院曾就桩台受弯问题进行专题研究。试验中发现，凡属抗弯破坏的试件均呈梁式破坏的特点。四桩承台试件采用均布方式配筋，试验时初始裂缝首先在承台两个对应边的一边或两边中部或中部附近产生，之后在两个方向交替发展，并逐渐演变成各种复杂的裂缝而向承台中部合拢，最后形成各种不同的破坏模式。三桩承台试件是采用梁式配筋，承台中部因无配筋而抗裂性能较差，初始裂缝多由承台中部开始向外发展，最后形成各种不同的破坏模式。可以得出，不论是三桩试件还是四桩试件，它们在开裂破坏的过程中，总是在两个方向上互相交替承担上部主要荷载，而不是平均承担，也即是交替起着梁的作用。

2 推荐的抗弯计算公式

通过对众多破坏模式的理论分析，选取图 8.5.16 所示的四种典型模式作为公式推导的依据。

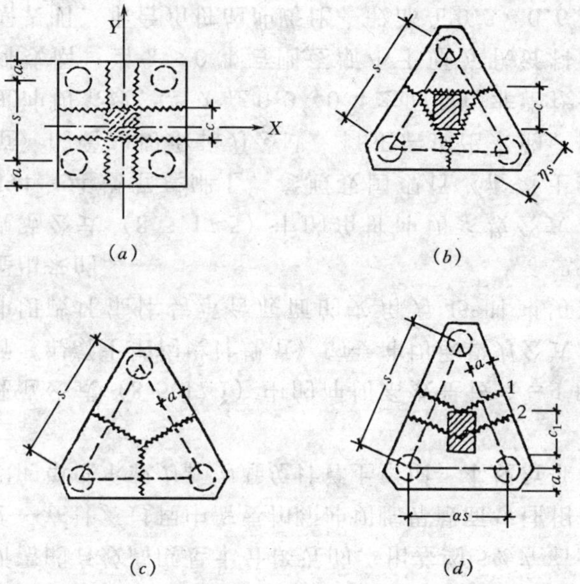

图 8.5.16 承台破坏模式

(*a*) 四桩承台；(*b*) 等边三桩承台（一）

(*c*) 等边三桩承台（二）；(*d*) 等腰三桩承台

(1) 图 8.5.16（*a*）四桩承台破坏模式系屈服线将承台分成很规则的若干块几何块体。设块体为刚性的，变形略去不计，最大弯矩产生于屈服线处，该弯矩全部由钢筋来承担，不考虑混凝土的拉力作用，则利用极限平衡方法并按悬臂梁计算。

$$M_x = \Sigma\ (N_i y_i)$$

$$M_y = \Sigma\ (N_i x_i)$$

(2) 图 8.5.16（*b*）是等边三桩承台具有代表性的破坏

模式，可利用钢筋混凝土板的屈服线理论，按机动法的基本原理来推导公式得：

$$M = \frac{N_{\max}}{3}\left(s - \frac{\sqrt{3}}{2}c\right) \qquad (a)$$

由图 8.5.16（*c*）的等边三桩承台最不利破坏模式，可得另一个公式即：

$$M = \frac{N_{\max}}{3}s \qquad (b)$$

式(*a*)考虑屈服线产生在柱边，过于理想化；式(*b*)未考虑柱子的约束作用，是偏于安全的。根据试件破坏的多数情况，采用(*a*)(*b*)二式的平均值为规范的推荐公式(8.5.16-3)

$$M = \frac{N_{\max}}{3}\left(s - \frac{\sqrt{3}}{4}c\right)$$

(3) 由图 8.5.16（*d*），等腰三桩承台典型的屈服线基本上都垂直于等腰三桩承台的两个腰，当试件在长跨产生开裂破坏后，才在短跨内产生裂缝。因之根据试件的破坏形态并考虑梁的约束影响作用，按梁的理论给出计算公式。

在长跨，当屈服线通过柱中心时：

$$M_1 = \frac{N_{\max}}{3}s \qquad (a')$$

当屈服线通过柱边缝时：

$$M_1 = \frac{N_{\max}}{3}\left(s - \frac{1.5}{\sqrt{4-\alpha^2}}c_1\right) \qquad (b')$$

式（*a′*）未考虑柱子的约束影响，偏于安全；而式（*b′*）考虑屈服线通过往边缘处，又不够安全，今采用两式的平均值作为推荐公式（8.5.16-4）

$$M_1 = \frac{N_{\max}}{3}\left(s - \frac{0.75}{\sqrt{4-\alpha^2}}c_1\right)$$

上述所有三桩承台计算的 *M* 值均指由柱截面形心到相应承台边的板带宽度范围内的弯矩，因而可按此相应宽度采用三向配筋。

8.5.17 柱对承台的冲切计算方法，本规范在编制时曾考虑了以下两种计算方法：方法一为冲切临界截面取柱边 $0.5h_0$ 处，当冲切临界截面与桩相交时，冲切力扣除相交那部分单桩承载力，采用这种计算方法的国家有美国、新西兰，我国九十年代前一些设计单位亦多采用此法；方法二为冲切锥体取柱边或承台变阶处至相应桩顶内边缘连线所构成的锥体并考虑了冲跨比的影响，原苏联及我国《建筑桩基技术规范》均采用这种方法。计算结果表明，这两种方法求得的柱对承台冲切所需的有效高度是十分接近的，相差约 5%左右。考虑到方法一在计算过程中需要扣除冲切临界截面与柱相交那部分面积的单桩承载力，为避免计算上繁琐，本规范推荐采用方法二。

本规范公式（8.5.17-1）中的冲切系数是按 $\lambda = 1$ 时与我国现行《混凝土结构设计规范》的受冲切承载力公式相衔接，即冲切破坏锥体与承台底面的夹角为 45°时冲切系数 $\alpha = 0.7$提出来的。

本规范公式（8.5.17-5）中的角桩冲切系数公式是在我国 JGJ94—94 规范基础上，参照我国现行《混凝土结构设计规范》的受冲切承载力公式，修正后提出来的。修正后的角桩冲切系数，当 λ 在 0.3～0.4 之间时已非常接近原苏联资料数据，当 $\lambda > 0.4$ 后则逐渐小于原苏联资料。但统计数据表明，承台角桩的冲跨比一般都在 0.3～0.6 之间变动，因此在该范围内角桩的冲切承载力已接近原苏联资料数据。

图8.5.17-1 及图 8.5.17-2 分别给出了一典型的九桩承台内柱对承台冲切、角桩对承台冲切所需的承台有效高度比较表，其中桩径为 800mm，柱距为 2400mm，方柱尺寸为 1550mm，承台宽度为 6400mm。计算时荷载分项系数平均值：GB50007 及 JGJ94—94 取 1.35，ACI 318 取 1.45，混凝土设计强度按 GB50010。不言而喻，由于本规范的冲切系数大于《建筑桩基技术规范》的冲切系数，因而按本规范算得的承台有效高度略有降低，但与 ACI 318 规范相比较略偏于安全。但是，美国钢筋混凝土学会 CRSI 手册认为由角桩荷载引起的承台角隅 45°剪切破坏较之角桩冲切破坏更为不利，因此尚需验算距柱边 h_0 承台角隅 45°处的抗剪强度。

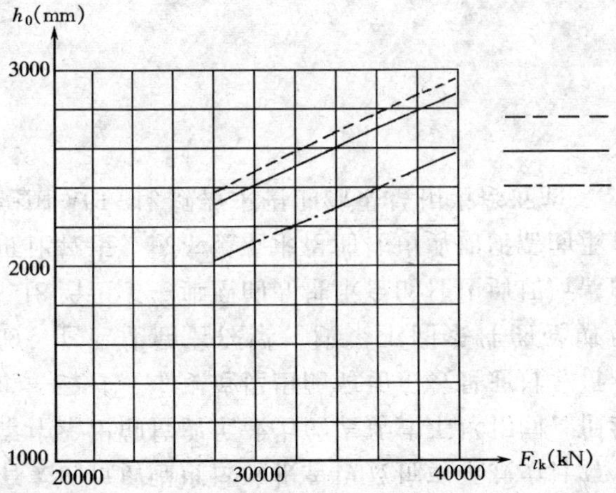

图 8.5.17-1　内柱对承台冲切时承台有效高度比较

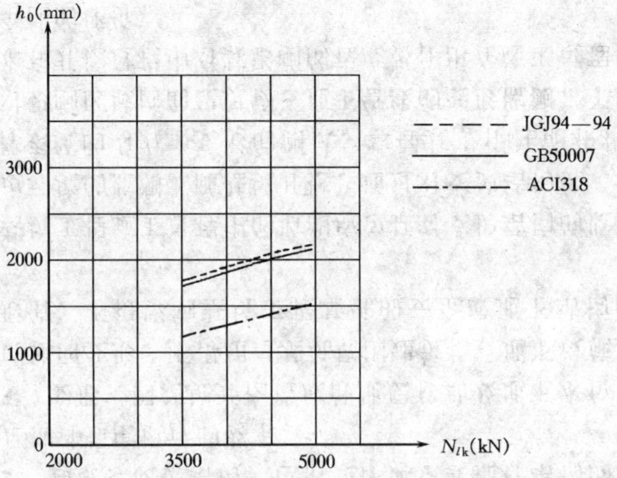

图 8.5.17-2　角桩对承台冲切时承台有效高度比较

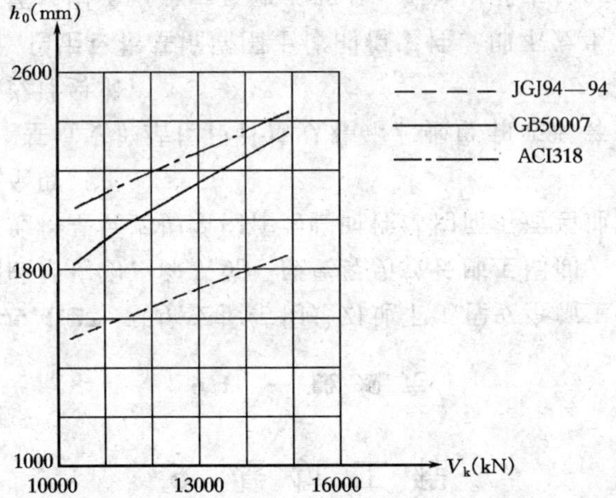

图 8.5.18　柱边剪切承台有效高度比较

8.5.18 桩基承台的抗剪计算，在小剪跨比的条件下具有深梁的特征。关于深梁的抗剪问题，近年来我国已发表了一系列有关的抗剪强度试验报告以及抗剪承载力计算文章，尽管文章中给出的抗剪承载力的表达式不尽相同，但结果具有很好的一致性。本规范提出的剪切系数是通过分析和比较后确定的，它已能涵盖深梁、浅梁不同条件的受剪承载力。图8.5.18给出了一典型的九桩承台的柱边剪切所需的承台有效高度比较表，按本规范求得的柱边剪切所需的承台有效高度与美国 ACI 318 规范求得的结果是相当接近的。

9 基坑工程

9.1 一般规定

9.1.1～9.1.2 基坑支护结构是对地下工程安全施工起决定性作用的结构物，深基坑一般要经历较长施工周期，因此不能简单地将基坑支护结构作为临时性结构而不适当地降低结构的安全度。

9.1.3 基坑支护结构设计应从稳定、强度和变形等三个方面满足设计要求：

1 稳定：指基坑周围土体的稳定性，即不发生土体的滑动破坏，因渗流造成流砂、流土、管涌以及支护结构、支撑体系的失稳。

2 强度：支护结构，包括支撑体系或锚杆结构的强度应满足构件强度设计的要求。

3 变形：因基坑开挖造成的地层移动及地下水位变化引起的地面变形，不得超过基坑周围建筑物、地下设施的允许变形值，不得影响基坑工程基桩的安全或地下结构的施工。

基坑工程施工过程中的监测应包括对支护结构的监测和对周边环境的监测。随基坑开挖，通过对支护结构桩、墙及其支撑系统的内力、变形的测试，掌握其工作性能和状态。通过对影响区域内的建筑物、地下管线的变形监测，了解基坑降水和开挖过程中对其影响的程度，作出在施工过程中基坑安全性的评价。

9.1.4 为基坑工程设计而提供的建筑总平面图，应标明用地的红线范围。

9.1.6 基坑开挖是大面积的卸荷过程，易引起基坑周边土体应力场变化及地面沉降。降雨或施工用水渗入土体会降低土体的强度和增加侧压力，粘性土随着基坑暴露时间延长，坑底土强度逐渐降低，从而降低支护体系的安全度。基底暴露后应及时铺筑混凝土垫层，这对保护坑底土不受施工扰动、延缓应力松弛具有重要的作用，特别是在雨季施工中作用更为明显。

基坑周边荷载，会增加墙后土压力，增加滑动力矩，降低支护体系的安全度。施工过程中，不得随意在基坑周围堆土，形成超过设计要求的地面超载。

9.1.7 深基坑内拟建建筑物的详细勘察，大多数是沿建筑物外轮廓布置勘探工作，往往使基坑工程的设计和施工依据的地质资料不足。本条要求勘察及勘探范围应超出建筑物轮廓线，一般取基坑周围相当基坑深度的2倍，当有特殊情况时，尚需扩大范围。

勘探点的深度一般不应小于基坑深度的2倍。在软土中的基坑开挖，勘探点的深度即使相当于基坑深度的2倍也往往不够，这时，可结合地基详勘的深孔资料一并考虑，在必要时也可补充布置深孔。

9.1.8 基坑工程设计时，土性指标、计算方法、安全度是统一考虑的，故土的抗剪强度指标应慎重选取，这一点必须加以强调。三轴试验受力明确，又可控制排水条件，因此，在基坑工程中确定土的强度指标时规定应采用三轴剪切试验方法。为减少取土时对土样的扰动，应采用薄壁取土器取样。由于基坑用机械开挖，速度较快，支护结构上的土压力形成很快，为与其相适应，采用不排水剪是合理的。

剪切前的固结条件，应根据土的渗透性而定。对饱和软粘土，由于灵敏度高，取土易扰动，为使结果不致过低，按现行《岩土工程勘察规范》GB 50021，可在自重压力下进行固结后再进行不排水剪。

9.1.9 含水层的水文地质、工程地质参数包括渗透系数、影响半径及压缩模量、孔隙比等，其水文地质参数值宜采用抽水试验确定。基坑地下水的控制设计事先需仔细调查邻近地下管线的渗漏情况及地表水源的补给情况。

9.1.10 处于地下水位以下的水压力和土压力，按有效应力原理分析时，水压力与土压力是分开计算的。这种方法概念比较明确。但是在实际使用中有时还存在一些困难，特别是粘性土在实际工程中孔隙水压力往往难以确定。因此，在许多情况下，往往采用总应力法计算土压力，即将水压力和土压力合算，各地对此都积累有一定的工程实践经验。然而，在这种方法中亦存在一些问题，如低估了水压力的作用，对这些复杂性必须有足够的认识。

通常，由于粘性土渗透性弱，地下水对土颗粒不易形成浮力，故宜采用饱和重度，用总应力强度指标水土合算，其计算结果中已包括了水压力的作用。但当支护结构与周围土层之间能形成水头时，仍应单独考虑水压力的作用。对地下水位以下的粉土、砂土、碎石土，由于其渗透性强，地下水对土颗粒可形成浮力，故应采用水土分算。水压力可按静水压力计算。

9.1.11 自然状态下的土体内水平向有效应力，可认为与静止土压力相等。土体侧向变形会改变其水平应力状态。最终的水平应力，随着变形的大小和方向可呈现出两种极限状态

（主动极限平衡状态和被动极限平衡状态），支护结构处于主动极限平衡状态时，受主动土压力作用，是侧向土压力的最小值。

库仑土压理论和朗肯土压理论是工程中常用的两种经典土压理论，无论用库仑或朗肯理论计算土压力，由于其理论的假设与实际工作情况有一定的出入，只能看作是近似的方法，与实测数据有一定差异。一些试验结果证明，库仑土压力理论在计算主动土压力时，与实际较为接近。在计算被动土压力时，其计算结果与实际相比，往往偏大。

静止土压力系数 k_0 值随土体密实度、固结程度的增加而增加，当土层处于超压密状态时，k_0 值的增大尤为显著。静止土压力系数 k_0 宜通过试验测定。当无试验条件时，对正常固结土也可按表 9.1.11 估算。

表 9.1.11　静止土压力系数 k_0

土类	坚硬土	硬—可塑粘性土 粉质粘土、砂土	可—软塑粘性土	软塑粘性土	流塑粘性土
k_0	0.2～0.4	0.4～0.5	0.5～0.6	0.6～0.75	0.75～0.8

对于不允许位移的支护结构，在设计中要按静止土压力作为侧向土压力。

9.1.12　作用在支护结构上的土压力及其分布规律取决于支护体的刚度及横向位移条件。

刚性支护结构的土压力分布可由经典的库仑和朗肯土压理论计算得到，实测结果表明，只要支护结构的顶部的位移不小于其底部的位移，土压力沿垂直方向分布可按三角形计算。但是，如果支护结构底部位移大于顶部位移，土压力将沿高度呈曲线分布，此时，土压力的合力较上述典型条件要大 10%～15%，在设计中应予注意。

柔性支护结构的位移及土压力分布情况比较复杂，设计时应根据具体情况分析，选择适当的土压力值，有条件时土压力值应采用现场实测、反演分析等方法总结地区经验，使设计更加符合实际情况。

9.2　设 计 计 算

9.2.2　深基坑的稳定问题直接与支护结构体系的变形、稳定以及基坑的工程地质、水文地质条件有关。基坑失稳的形态和原因是多种多样的，由于设计上的过错、漏项或施工不慎，均可造成基坑失稳。

基坑失稳可分为两种主要的形态：

1　因基坑土体的强度不足、地下水渗流作用而造成基坑失稳，包括基坑内外侧土体整体滑动失稳；基坑底土因承载力不足而隆起；地层因承压水作用，管涌、渗漏等等。

本条明确桩式、墙式支护结构应进行抗倾覆和抗水平推移稳定验算，并在附录 T 和附录 U 中明确了计算方法，但抗力分项系数的取值很复杂。经几组对比资料分析，对于悬臂式支护结构，当 $\varphi=23°\sim33°$，$c=5\sim15$kPa 时，嵌入深度系数 $\gamma_D=1.2$，抗倾覆稳定安全系数 $\gamma_M=1.8\sim1.2$，抗水平推移稳定安全系数 $\gamma_H\geq1.5$；而对于内撑或锚杆式支护结构，相同的土层条件，嵌入深度系数 $\gamma_D=1.2$，γ_M 仅相当于 1.07 左右，γ_H 相当于 1.23～1.5。基于此分析，本规范未简单采用 γ_D 作为稳定安全系数，而在附录 T、U 中主要提出了抗倾覆稳定性要求，当 $\gamma_M\geq1.3$ 时，对应的抗水平推移安全系数 γ_H 均在 1.4～1.5 以上。

基坑底抗隆起稳定性（坑底涌土）验算，实质上是软土地基承载力不足，故用 $\varphi=0$ 的承载力公式进行验算。

对于一般的粘性土，参照 Prandtl 和 Terzaghi 的地基承载力公式，并将桩墙底面的平面作为极限承载力的基准面，承载力安全系数的验算公式如下：

$$K_s=\frac{\gamma DN_q+cN_c}{\gamma(H+D)+q} \tag{9.2.2}$$

式中 γ——土的重度（kN/m^3）；

c——土的粘聚力（kN/m^2）；

q——地面荷载（kN/m^2）；

N_c、N_q——地基承载力系数。

$$\left.\begin{aligned}N_q&=\tan^2\left(45^\circ+\frac{\varphi}{2}\right)\cdot e^{\pi\tan\varphi}\\N_c&=(N_q-1)\cdot\frac{1}{\tan\varphi}\end{aligned}\right\}$$

采用 Prandtl 公式时，N_c、N_q 按上式计算，此时要求 $K_s\geqslant1.1\sim1.2$。

采用 Terzaghi 公式时，N_c、N_q 按下式计算此时要求 $K_s\geqslant1.15\sim1.25$。

$$\left.\begin{aligned}N_q&=\frac{e^{\left(\frac{3}{4}\pi-\frac{\varphi}{2}\right)\tan\varphi}}{2\cos^2\left(45^\circ+\frac{\varphi}{2}\right)}\\N_c&=(N_q-1)\cdot\frac{1}{\tan\varphi}\end{aligned}\right\}$$

式中 φ——土的内摩擦角。

基坑的渗流稳定性可以分两种情况，一种是坑底面以下有透水层时，若抗渗流稳定安全系数不满足要求时应采取降水（降压）措施。

另一种情况是当支护桩以下一定范围内无透水层时，以基坑底面处坑内外水头差 h' 作为计算压力差，但由于水头差至支护桩底已损失 50%，故支护桩底面处的水压力为 $\gamma_w\left(\frac{1}{2}h'+t\right)$，此值必须小于上覆土重一定数值作为安全储备。

2 因支护结构（包括桩、墙、支撑系统等）的强度、刚度或稳定性不足引起支护结构系统破坏而造成基坑倒坍、破坏。

9.2.3 为了基坑的安全施工和坑底周围土体的稳定，支护结构必须有一定的插入坑底以下土中的深度（又称嵌入深度），这个深度直接关系到基坑工程的稳定性，且较大程度地影响工程的造价。

支护结构的嵌入深度，目前常采用极限平衡法计算确定。根据支护结构可能出现的位移条件，在桩墙的相应部位分别取主动土压力或被动土压力，形成静力极限平衡的计算简图。当入土深度较大时，桩、墙下端可能出现反弯点，反弯点下的力系考虑反弯点下桩墙段在土中出现的反向位移的情况。

对于悬臂式支护桩，桩前后土压力分布如图 9.2.3 所示。

基坑底土压力由式 9.2.3-1 确定。

$$p_a^h=\gamma hk_a-2c\sqrt{k_a} \tag{9.2.3-1}$$

$p=0$ 的零点深度 D 由式 9.2.3-2 求得。

$$D=\frac{\gamma hk_a-2c(\sqrt{k_p}+\sqrt{k_a})}{\gamma(k_p-k_a)} \tag{9.2.3-2}$$

$h+z_1$ 深度处土压力和 $h+t$ 处的土压力可按式 9.2.3-3 求得。

$$\left.\begin{aligned} p_p^{z_1} - p_a^{z_1+h} &= \gamma z_1 k_p + 2c\sqrt{k_p} - [\gamma(z_1+h)k_a - 2c\sqrt{k_a}] \\ p_p^{h+t} - p_a^t &= \gamma(h+t)k_p + 2c\sqrt{k_p} - (\gamma t k_a - 2c\sqrt{k_a}) \end{aligned}\right\}$$

(9.2.3-3)

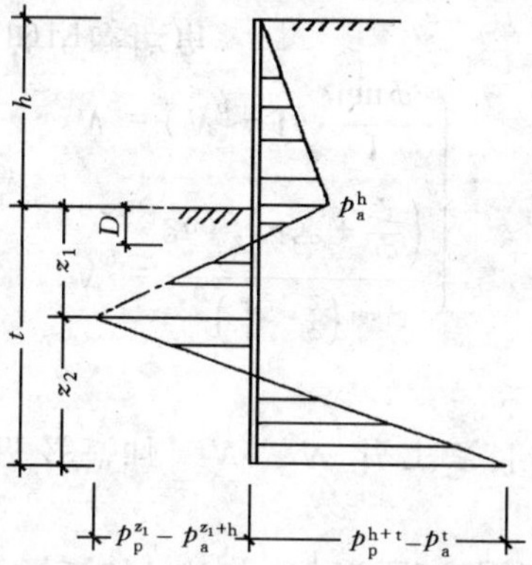

图 9.2.3 桩前后土压力分布

未知数 z_1（或 z_2）和 t 可用使任一点力矩之和等于零和水平力之和等于零两组方程式 9.2.3-4 求解。

$$\left.\begin{aligned} z_2 &= \sqrt{\frac{\gamma k_a(h+t)^3 - \gamma k_p t^3}{\gamma(k_p - k_a)(h+2t)}} \\ \gamma k_a(h+t)^2 - \gamma k_p t^2 + \gamma z_2(k_p - k_a)(h+2t) &= 0 \end{aligned}\right\}$$

(9.2.3-4)

式中 h、t——分别为坑深和桩墙插入坑底面以下土中深度（m）；

k_a、k_p——分别为主动与被动土压力系数。土压力系数计算采用不固结不排水三轴剪切指标；

z_1、z_2——如图 9.2.3 所示。

t、z_2 可用试算法求得。计算得到的 t 值需乘以 1.1 的安全系数作为设计入土深度。

9.2.4 关于侧向弹性地基反力法，工程界亦有人称之为“弹性抗力法”、“地基反力法”、“土抗力法”、“竖向弹性地基梁的基床系数法”等。该法由受水平力作用的单桩的解析推演而来。通常侧向弹性地基梁计算，基床系数采用 m 法的假定，按杆系有限元方法求得支护桩的内力和变形。

由于侧向弹性地基抗力法能较好地反映基坑开挖和回筑过程各种工况和复杂情况对支护结构受力的影响，如：施工过程中基坑开挖、支撑设置、失效或拆除、荷载变化、预加压力、墙体刚度改变、与主体结构板、墙的结合方式、内撑式挡土结构基坑两侧非对称荷载等的影响；结构与地层的相互作用及开挖过程中土体刚度变化的影响；支护结构的空间效应及支护结构与支撑系统的共同作用；反映施工过程及施工完成后的使用阶段墙体受力变化的连续性。因此对于地层软弱、环境保护要求高的基坑、多支点支护结构或空间效应明显的支护结构，宜采用侧向弹性地基反力法。侧向弹性地基反力法的计算精度主要取决于一些基本计算参数的取值是否符合实际，如基床系数、墙背和墙前土压力的分布、支撑的刚度等。各地可通过地区经验加以完善；还需注意在淤泥质地层中，由于难以反映土体的流变特性，计算墙体水平位移可能偏小，应通过工程实践予以调整。

9.2.5 基坑问题过去往往作为地下室施工的一种临时性措施，支护结构设计一般由施工单位考虑，以不倒塌作为满足施工要求为目的。随着建设的发展，尤其在建筑群中间，周边又有复杂的管网分布，基坑设计的稳定性仅是必要条件，很多场合主要控制条件是变形，基坑的变形计算比较复杂，且不够成熟。本规范尚不能推荐一种满意的方法。尤其对超压密土经验更少。本条作为一般性要求提出，以期引起工程技术人员特别是设计人员的高度重视。

基坑工程设计时，应根据环境要求确定基坑位移的控制要求。如当基坑周边无永久性建筑或公用设施时，保证稳定即可满足要求。但为了保证基坑的安全，稳定仍需有一个允许的临界位移值。通过监测控制施工，以确保安全。

基坑的最大水平位移值，与基坑开挖深度、地质条件及支护结构类型等有关，在基坑支护结构体系的设计满足正常的承载能力极限状态（承载能力和结构变形）要求时，支护结构水平位移最大值与基坑底土层的抗隆起稳定安全系数有一定的统计关系，图 9.2.5 为对上海的部分基坑工程的统计关系曲线。图中 δ_h 为最大水平位移，h 为基坑深度，K_s 为抗隆起稳定安全系数。

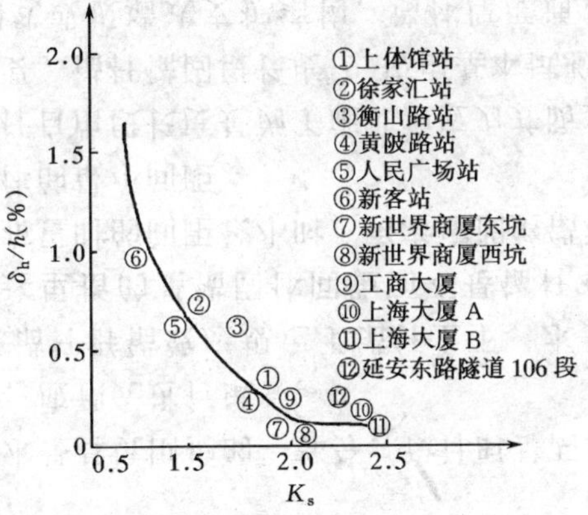

图 9.2.5 上海基坑工程 $\delta_h/h \sim K_s$ 统计关系曲线

9.2.6 本条适用于建筑基坑工程施工过程中对地下水的控制。

集水明排是在基坑内设置排水沟和集水井，用抽水设备将基坑中水从集水井排出，达到疏干基坑内积水的目的。井点降水是对基坑内的地下水或基坑底板以下的承压水进行疏干或减压。隔水是用地下连续墙及喷射注浆（旋喷）、深层搅拌或注浆形成具有一定强度和抗渗性能的截水墙或底板，阻止地下水流入基坑的方法，包括竖向隔水（悬持式和落底式）及水平封底隔水。

为了保障周围建筑物、地下管线等的安全及正常使用，需综合考虑降排水对支护结构变形产生的影响。有时，为有效控制降低地下水位引起的沉陷，需考虑采用隔渗措施，常用的有：1）采用地下连续墙、连续排列的排桩墙挡水；2）采用分离式排桩墙，在桩间设旋喷、深层搅拌等与桩共同形成隔水帷幕或在桩后单独设隔渗墙；3）其他情况可考虑采用高压喷射注浆等方法形成封底隔渗。

基坑降水设计原则：

1） 降水井点宜尽量布置在基坑外，如需要在基坑内设井点，应仔细研究地下水及地层资料，采用砂（砾）渗井或短期使用的抽水井。含水层渗透系数较小，下部有渗透性较好的地层时，宜考虑抽水井、渗井综合作用；

2） 基坑支护结构采用分离排列的桩式结构，不设隔水帷幕时，降水井点应主要布置在基坑外，达到控制地下水进入基坑及降低承压水头的目的；基坑内可视基坑规模、地下水及地层情况，布置一定数量的自渗井和抽水井；

3） 基坑四周设竖向隔水帷幕（包括地下连续墙），隔水帷幂插入隔水层时，井点应设置在基坑内；隔水帷幕未进入隔水层时，降水井点宜设置在基坑外，如为降低降水对周围建筑物的影响，井点也可设置在基坑内；

4）基坑设全封闭隔水帷幕，一般不需设井点降低地下水位，为正常开挖基坑，可在基坑内布设井点抽除坑内积水。

基坑隔水是基坑围护的一部分，设计时是两者统一考虑的，必要时，应预先进行试验。

9.2.7 考虑锚杆群锚效应规定了锚杆上下、水平锚固体的最小距离。这里指的是锚固体间距而不是锚杆布置时的间距，当锚杆布置时的间距较小时，可考虑调整锚杆角度等方法确保锚固体的最小间距。

保证锚杆自由段长度是为了施加预应力并防止预应力过大损失的需要。锚杆锚固段长度 L_a 应由基本试验确定。

9.2.8 柱列式或板墙式支护结构，墙体厚度通常较小，必须靠支撑结构才能建立起整体刚度。此外挡土结构所受的外力作用也不同于其他结构，除了场地的岩土工程性质外，还受到环境条件、施工方法、时空效应等诸多因素的影响。支撑结构的设计必须适应上述的特殊情况采用稳定的结构体系，连接构造必须确保传力和变形协调的可靠性。通常采用多次超静定结构形式，即使局部构件失效也不致影响整个支撑结构的稳定。

平面支撑体系可以直接支撑两端围护墙上所受到的部分侧压力，且构造简单，受力明确，适用范围较广。但当构件长度较大时，应考虑弹性压缩对基坑位移的影响。此外，当基坑两侧的水平作用力相差悬殊时，支护结构计算模型的边界条件应与支护结构的实际位移条件相符合。

当必须利用支撑构件兼作施工平台或栈桥时，除应满足本章有关规定外，尚应满足作业平台（或栈桥）结构的强度和变形要求。

在目前条件下，国内大多数基坑支护结构的内力和变形都采用平面杆系模型进行计算。在这种情况下，通常把支撑结构视为平面框架，即将支撑结构从支护结构中截离出来，在截高处加上相应的支护结构内力，以及作用在支撑上的其他荷载，用平面杆系模型进行分析。

支撑构件截面的抗压、抗弯及抗剪等承载力设计应根据所选择的构件材料，按相应的结构设计规范执行，采用相应的荷载分项系数。

9.3 地下连续墙与逆作法

9.3.2 地下连续墙的常用厚度为 600~800mm，已建工程中最大厚度为 1200mm。墙厚除应满足设计要求外，还需结合成槽机械的规格来确定，一般为偶数值。

9.3.3 地下连续墙的防渗主要依靠墙体的自防渗。所以对墙体混凝土的抗渗等级有个基本要求。地下连续墙防渗的薄弱环节是墙段间的接头部位。当墙段之间接缝处不设止水带时，所选用的防渗止水接头必须严格按施工规程操作，并需达到防渗止水的目的。

9.3.4 地下室逆作法施工，是利用地下室的楼盖结构（梁、板、柱）和外墙结构，作为基坑围护结构在坑内的水平支撑体系和围护体系，由上而下进行地下室结构的施工，与此同时，可进行上部结构的施工。

根据工程的实际情况，也可选择部分逆作法，即由上而下进行逆作法施工地下室的每层楼盖梁，形成水平框格式支撑，地下室封底后再向上逐层浇注楼板，或从零层楼板（或是一层楼板）开始，由上而下逆作法施工负一层至负二层地下室结构，形成可靠的水平支撑，然后挖完地下室土方，封底后再向上逐层施工其他各层未施工的楼板。

逆作法施工时，基坑分层开挖的深度是按地下室主体结构施工的需要确定的。此时，地下室主体结构的设计计算工况应与相应的施工工况相一致。在地下室逆作法施工时，地下室的楼盖结构（梁、板、柱）和外墙结构除应按正常使用工况进行设计外，还应按各阶段的施工工况进行验算。

地下室逆作法施工时，必须在地下室的各层楼板上，在同一垂直断面位置处，预留供出土用的出土口。为了不因出土口的预留而破坏水平支撑体系的整体性，可在该位置先施工板下的梁系，以此梁系作为水平支撑体系的一部分。

地下室逆作法施工所带来的一个问题，便是梁柱节点设计的复杂性。梁柱节点是整个结构体系的一个关键部位。梁板柱钢筋的连接和后浇混凝土的浇筑，关系到在节点处力的传递是否可靠。所以，对梁柱节点的设计必须考虑到满足梁板钢筋及后浇混凝土的施工要求。

10 检验与监测

10.1 检　　验

10.1.1 本条主要适用于以天然土层为地基持力层的浅基础，基槽检验工作应包括下列内容：

1 应做好验槽准备工作，熟悉勘察报告，了解拟建建筑物的类型和特点，研究基础设计图纸及环境监测资料。当遇有下列情况时，应列为验槽的重点：

1）当持力土层的顶板标高有较大的起伏变化时；

2）基础范围内存在两种以上不同成因类型的地层时；

3）基础范围内存在局部异常土质或坑穴、古井、老地基或古迹遗址时；

4）基础范围内遇有断层破碎带、软弱岩脉以及湮废河、湖、沟、坑等不良地质条件时；

5）在雨季或冬季等不良气候条件下施工，基底土质可能受到影响时。

2 验槽应首先核对基槽的施工位置。平面尺寸和槽底标高的允许误差，可视具体的工程情况和基础类型确定。

验槽方法宜使用袖珍贯入仪等简便易行的方法为主，必要时可在槽底普遍进行轻便钎探，当持力层下埋藏有下卧砂层而承压水头高于基底时，则不宜进行钎探，以免造成涌砂。当施工揭露的岩土条件与勘察报告有较大差别或者验槽人员认为必要时，可有针对性地进行补充勘察工作。

3 基槽检验报告是岩土工程的重要技术档案，应做到资料齐全，及时归档。

10.1.2 在压（或夯）实填土的过程中，取样检验分层土的厚度视施工机械而定，一般情况下宜按 20~50cm 分层进行检验。

10.1.3 本条适用于对淤泥、淤泥质土、冲填土、杂填土或其他高压缩性土层构成的地基进行处理的检验。

复合地基的强度及变形模量应通过原位试验方法检验确定，但由于试验的压板面积有限，考虑到大面积荷载的长期作用结果与小面积短时荷载作用的试验结果有一定的差异，故需要再对竖向增强体及地基土的质量进行检验。对挤密碎石桩应用动力触探法检测桩身和桩间土的密实度。对水泥土搅拌桩、低强度素混凝土桩、石灰粉煤灰桩，应对桩身的连续性和材料进行检验。

10.1.4 预制打入桩、静力压桩应提供经确认的桩顶标高、桩底标高、桩端进入持力层的深度等。其中预制桩还应提供打桩的最后三阵锤击贯入度、总锤击数等，静力压桩还应提供最大压力值等。

当预制打入桩、静力压桩的入土深度与勘察资料不符或对桩端下卧层有怀疑时，可采用补勘方法，检查自桩端以上1m 起至下卧层 5d 范围内的标准贯入击数和岩土特征。

10.1.5 混凝土灌注桩提供经确认的参数应包括桩端进入持力层的深度，对锤击沉管灌注桩，应提供最后三阵锤击贯入度、总锤击数等。对钻（冲）孔桩，应提供孔底虚土或沉渣情况等。当锤击沉管灌注桩、冲（钻）孔灌注桩的入土（岩）深度与勘察资料不符或对桩端下卧层有怀疑时，可采用补勘方法，检查自桩端以上 1m 起至下卧层 5d 范围内的岩土特征。

10.1.6 人工挖孔桩应逐孔进行终孔验收，终孔验收的重点是持力层的岩土特征。对单柱单桩的大直径嵌岩桩，承载能力主要取决于嵌岩段岩性特征和下卧层的持力性状，终孔时，应用超前钻逐孔对孔底下 3d 或 5m 深度范围内持力层进行检验，查明是否存在溶洞、破碎带和软夹层等，并提供岩芯抗压强度试验报告。

10.1.7 桩基工程事故，有相当部分是因桩身存在严重的质量问题而造成的。桩基施工完成后，合理地选取工程桩进行完整性检测，评定工程桩质量是十分重要的。抽检方式必须随机、有代表性。常用桩基完整性检测方法有钻孔抽芯法、声波透射法、高应变动力检测法、低应变动力检测法等。其中低应变方法方便灵活，检测速度快，适宜用于预制桩、小直径灌注桩的检测。一般情况下低应变方法能可靠地检测到桩顶下第一个浅部缺陷的界面，但由于激振能量小，当桩身存在多个缺陷或桩周土阻力很大或桩长较大时，难以检测到桩底反射波和深部缺陷的反射波信号，影响检测结果准确度。改进方法是加大激振能量，相对地采用高应变检测方法的效果要好，但对大直径桩，特别是嵌岩桩，高、低应变均难以取得较好的检测效果。钻孔抽芯法通过钻取混凝土芯样和桩底持力层岩芯，既可直观地判别桩身混凝土的连续性，持力层岩土特征及沉渣情况，又可通过芯样试压，了解相应混凝土和岩样的强度，是大直径桩的重要检测方法。不足之处是一孔之见，存在片面性，且检测费用大，效率低。声波透射法通过预埋管逐个剖面检测桩身质量，既能可靠地发现桩身缺陷，又能合理地评定缺陷的位置、大小和形态，不足之处是需要预埋管，检测时缺乏随机性，且只能有效检测桩身质量。实际工作中，将声波透射法与钻孔抽芯法有机地结合起来进行大直径桩质量检测是科学、合理的，且是切实有效的检测手段。

直径大于800mm的嵌岩桩，其承载力一般设计得较高，桩身质量是控制承载力的主要因素之一，应采用可靠的钻孔抽芯或声波透射法（或两者组合）进行检测。每个柱下承台的桩抽检数不得少于一根的规定，涵括了单柱单桩的嵌岩桩必须100%检测。直径大于800mm非嵌岩桩检测数量不少于总桩数的10%。小直径桩其抽检数量宜为20%。对预制桩，当接桩质量可靠时，抽检率可比灌注桩稍低。

10.1.8 工程桩竖向承载力检验可根据建筑物的重要程度确定抽检数量及检验方法。对地基基础设计等级为甲、乙级的工程，宜采用慢速静荷载加载法进行承载力检验。

当嵌岩桩的设计承载力很高，受试验条件和试验能力限制时，可根据终孔时桩端持力层岩性报告结合桩身质量检验报告核验单桩承载力。

10.1.9 对地下连续墙，应提交经确认的成墙记录，主要包括槽底岩性、入岩深度、槽底标高、槽宽、垂直度、清渣、钢筋笼制作和安装质量、混凝土灌注质量记录及预留试块强度检验报告等。由于高低应变检测数学模型与连续墙不符，对地下连续墙的检测，应采用钻孔抽芯或声波透射法。对承重连续墙，检验槽段不宜少于同条件下总槽段数的20%。

10.2 监　　测

10.2.2 人工挖孔桩降水、基坑开挖降水等都对环境有一定的影响，为了确保周边环境的安全和正常使用，施工降水过程中应对地下水位变化、周边地形、建筑物的变形、沉降、倾斜、裂缝和水平位移等情况进行监测。

10.2.3 预应力锚杆施加的预应力实际值因锁定工艺不同和基坑及周边条件变化而发生改变，需要监测。

10.2.4 由于设计、施工不当造成的基坑事故时有发生，人们认识到基坑工程的监测是实现信息化施工、避免事故发生的有效措施，又是完善、发展设计理论、设计方法和提高施工水平的重要手段。

10.2.5 监测项目选择应根据基坑支护形式、地质条件、工程规模、施工工况与季节及环境保护的要求等因素综合而定。

10.2.6 监测值的变化和周边建（构）筑物、管网允许的最大沉降变形是确定监控报警标准的主要因素，其中周边建（构）筑物原有的沉降与基坑开挖造成的附加沉降叠加后，不能超过允许的最大沉降变形值。

10.2.7 爆破对周边环境的影响程度与炸药量、引爆方式、地质条件、离爆破点距离等有关，实际影响程度需对测点的振动速度和频率进行监测确定。

10.2.8 挤土桩施工过程中造成的土体隆起等挤土效应，不但影响周边环境，也会造成邻桩的抬起，严重影响成桩质量和单桩承载力，应实施监控。

10.2.9 本条所指的建筑物沉降观测包括从施工开始，整个施工期内和使用期间对建筑物进行的沉降观测。并以实测资料作为建筑物地基基础工程质量检查的依据之一，建筑物施工期的观测日期和次数，应根据施工进度确定，建筑物竣工后的第一年内，每隔2~3月观测一次，以后适当延长至4~6月，直至达到沉降变形稳定标准为止。

附录 G　基底下允许冻土层最大厚度 h_{max} 的计算

1　已知条件

1）土的冻胀性 η（%）（可由实测取得，也可从本规范附表查取）；

2）基础类型；

3）基础底面尺寸 a、b（m）；

4）基础底面接触压力 p（kPa）；

5）采暖与否。

2　计算：

A. 求非采暖建筑基础下冻土层的最大厚度 h_{max}（m）

1）查附图 1，求出最大冻深处的冻胀应力 σ_{fh}（kPa）；

2）计算 $p_0 = 0.90 \times p$

3）计算应力系数 $\alpha_d = \dfrac{\sigma_{fh}}{p_0}$；

4）根据基础类型、查附图-2 或附图-3 用 a 或 b 和 α_d 找出 h 即 h_{max}。

B. 求采暖建筑基础下冻土层的最大厚度 h_{max}（按阳墙角，取 $\psi_t = 0.85$、$\psi_h = 0.75$）

1）试选 h_{max}：

a. 计算 $\alpha_d = \dfrac{\psi_t + 1}{2} \cdot \psi_h \cdot \dfrac{\sigma_{fh}}{p}$；

b. 由 α_d、a 或 b 查附图-2 或附图-3，得 h_0；

c. 参考 b 中之 h，假设 h 值。

2）由 a 或 b 及 h 查附图-2 或附图-3，找出 α_d。

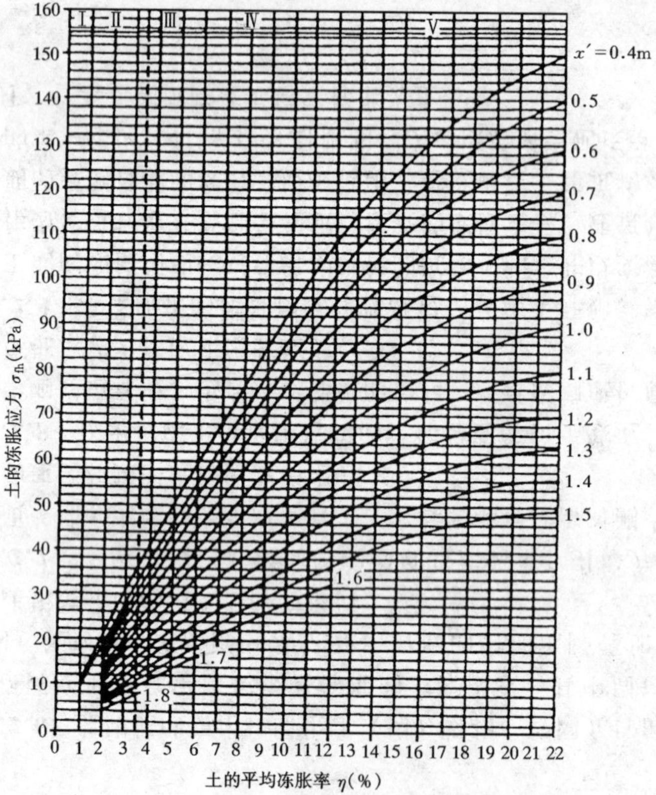

附图-1　土的平均冻胀率与冻胀应力关系曲线

注：①平均冻胀率 η 为最大地面冻胀量与设计冻深之比；

②z' 为获此曲线的试验场地从自然地面算起至任意计算断面处的冻结深度，当计算出现最大冻深时的允许冻土层最大厚度时，$z' - z_d$；

③该曲线是适用于 $z_0 = 1890$mm，冻深 z_d 为 1800mm 的弱冻胀土；冻深 z_d 为 1700mm 的冻胀土；冻深 z_d 为 1600mm 的强冻胀土；冻深 z_d 为 1500mm 的特强冻胀土。在用到其他冻深的地方，应将所要计算断面的深度 z_c 乘以试验场地设计冻深与所要计算的场地的设计冻深的比值，然后按图查取。

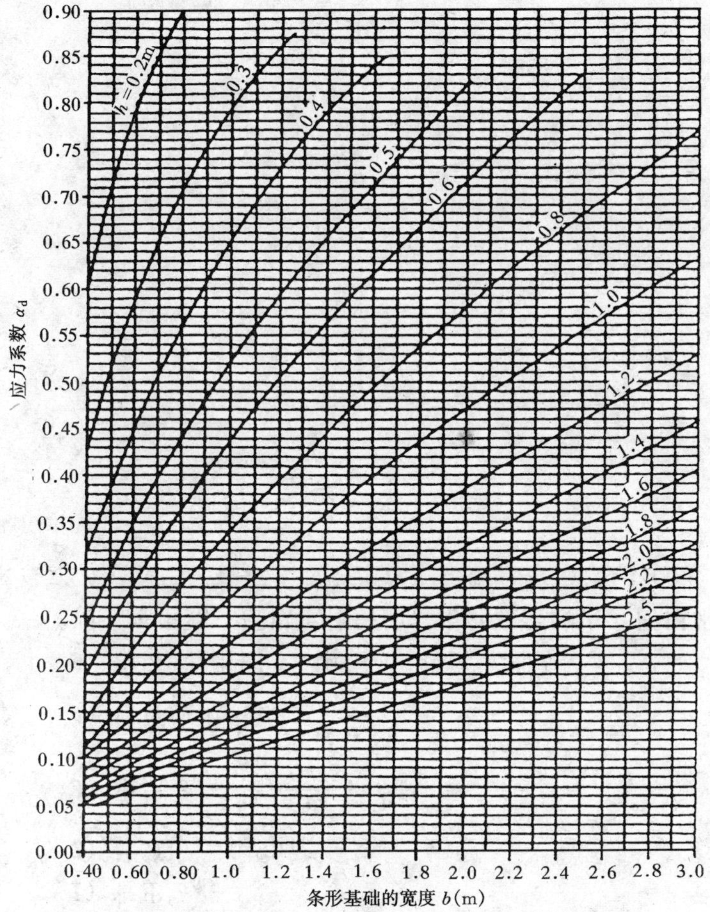

附图 2　条形基础双层地基应力系数曲线

注：h——自基础底面到冻结界面的冻层厚度（cm）

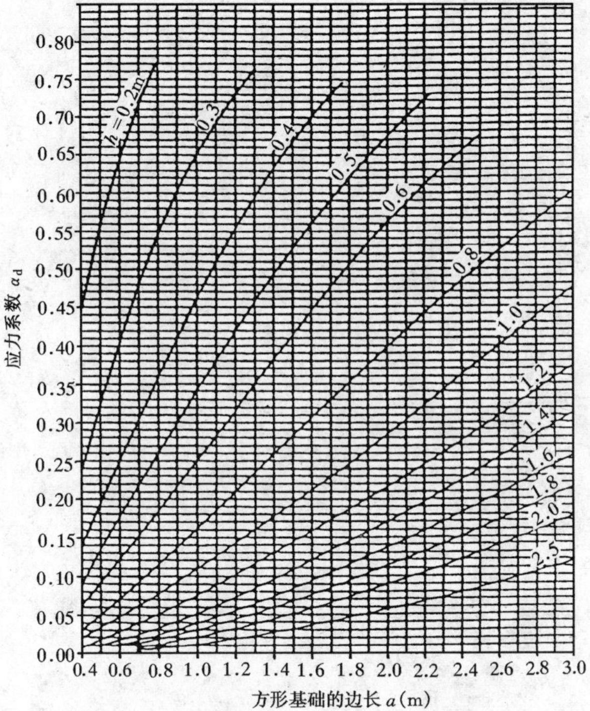

附图 3　方形基础双层地基应力系数曲线

注：h——自基础底面到冻结界面的冻层厚度（cm）

3）计算裸露场地建筑基础的冻胀力 $p_e = \dfrac{\sigma_{fh}}{\alpha_d}$。

4）计算采暖对冻胀力的影响系数 ψ_v：

$$\psi_v = \frac{\dfrac{\psi_t + 1}{2} \cdot z_d - d_{min}}{z_d - d_{min}}$$

5）采暖房屋下基础的冻胀力 $p_h = \psi_v \cdot \psi_h \cdot p_e$

6）当 $p_0 \geqslant p_h$ 时 h_{max}可用，否则，重复计算 2）～6），直到满意为止。

C. 求采暖建筑基础下允许冻土层的最大厚度 h_{max}（按阳墙角，取 $\psi_t = 1.00$，$\psi_h = 0.75$）

1）查出 σ_{fh}；

2）计算 $p_0 = 0.9p$；

3）求出 $p_c = \frac{p_0}{\psi_h} = \frac{p_0}{0.75}$；

4）计算应力系数 $\alpha_d = \frac{\sigma_{fh}}{p_e}$；

5）由 α_d 查附图 2、附图 3，找出 h 即 h_{max}。

说明：考虑到二层以上楼房的室内外高差较大，所以附录 G 之 h_{max}表中一律取采暖对冻深的影响系数 ψ_t 为 1.00。

中华人民共和国国家标准

湿陷性黄土地区建筑规范

GBJ 25—90

主编部门：陕 西 省 计 划 委 员 会
批准部门：中华人民共和国建设部
施行日期：1 9 9 1 年 3 月 1 日

关于发布国家标准《湿陷性黄土地区建筑规范》的通知

(90)建标字第256号

国务院各有关部门，各省、自治区、直辖市建委（建设厅）、计委（计经委），计划单列市建委：

根据国家计委计综〔1986〕250号文的要求，由陕西省计划委员会会同有关部门共同修订的《湿陷性黄土地区建筑规范》，已经有关部门会审。现批准《湿陷性黄土地区建筑规范》，GBJ25—90为国家标准，自一九九一年三月一日起施行。原《湿陷性黄土地区建筑规范》GBJ25—78同时废止。

本规范由陕西省计划委员会负责管理，其具体解释等工作由陕西省建筑科学研究所负责。出版发行由建设部标准定额研究所负责组织。

中华人民共和国建设部

一九九〇年五月十八日

修 订 说 明

根据国家计委计综〔1986〕250号文的精神，由陕西省建筑科学研究设计院会同有关勘察、设计、科研和高等院校等单位组成修订组，对原《湿陷性黄土地区建筑规范》TJ25—78进行修订。在修订过程中，曾向全国各有关单位广泛征求意见，经多次讨论和修改，最后由陕西省计委组织审查定稿。

修改后的规范共分6章，12个附录，对原规范作了较大的补充和修改，主要为下列内容：

1.根据大量的工程实践和建筑物调查资料，将综合处理措施改为采取以地基处理为主的综合措施。

2.增加了第四章地基处理。并增加了名词解释、钻孔内取原状土样的操作要点，各类建筑的举例、水池类构筑物的设计措施、黄土的承载力、单桩浸水静载荷试验6个附录。

3.基底下10m以下的土层，由原规定用固定压力300kPa改用其上覆土的饱和自重压力的测定湿陷系数判定黄土湿陷性，对压缩性较高的新近堆积黄土，在基底下5m内的土层，取消用150kPa压力测定湿陷系数的规定。

基底压力大于300kPa的建筑，增加可用实际压力测定湿陷系数判定黄土湿陷性。

4.判定场地湿陷类型的界限值，不论用计算自重湿陷量或用实测自重湿陷量，均以7cm为准，按计算自重湿陷量取消以7～11cm综合判定的规定。

5.在计算自重湿陷量的公式中，增加一个因土质地区而异的修正系数β_0，按计算自重湿陷量从而可避免将非自重湿陷性黄土场地误判为自重湿陷性黄土场地，或将自重湿陷性黄土场地误判为非自重湿陷性黄土场地。

6.在计算湿陷性黄土地基浸水饱和至下沉稳定为止的总湿陷量的公式中，考虑了地基土的侧向挤出和浸水机率等因素而增加一个修正系数β。

7.根据总湿陷量和计算自重湿陷量的大小，将地基分为Ⅰ（轻微）、Ⅱ（中等）、Ⅲ（严重）、Ⅳ（很严重）四个湿陷等级，取消用分级湿陷量划分为六个湿陷等级的规定。

8.对天然含水量小于塑限含水量的土，改为按塑限含水量确定黄土的承载力，对天然含水量大于25%的土，改为按饱和黄土的承载力表确定承载力。

9.将建筑物甲、乙、丙三类改为甲、乙、丙、丁四类。在甲、乙类建筑中增加了高层建筑及有关规定。

10.将设计措施选择表改为条文表达。

11.在防水措施中引入了行之有效的新型防水材料和管中管检漏设施。

12.在地基计算中，明确了湿陷变形和压缩变形的计算原则，并提出了适合黄土地区的沉降计算的经验系数ψ_s。

在执行本规范的过程中，请各单位结合工程实践，认真总结经验，并请随时将有关意见和建议寄交710082西安市环城西路142号陕西省建筑科学研究设计院《湿陷性黄土地区建筑规范》管理组。

陕西省计划委员会

一九八九年三月

目　次

主　要　符　号

A——基础底面积；

a——压缩系数；

b——基础底面宽度；

c——粘聚力；

d——基础埋置深度、桩身直径；

d_s——土粒相对密度(比重)；

E_s——土的压缩模量；

E_s——土的压缩模量当量值；

e——孔隙比；

f——地基承载力设计值；

f_0——地基承载力基本值；

f_k——地基承载力标准值；

I_L——液性指数；

I_P——塑性指数；

l——基础底面长度；

p——基础底面的平均压力；

p_0——基础底面的平均附加压力；

q_P——桩端土的承载力标准值；

q_s——桩周土的摩擦力标准值；

S_r——土的饱和度；

w——土的含水量；

w_L——液限；

w_P——塑限；

γ——土的重力密度，简称土的重度；

γ_0——基础底面以上土的加权平均重度，地下水位以下取有效重度；

θ——地基的压力扩散角；

η_b——基础宽度的承载力修正系数；

η_d——基础埋深的承载力修正系数；

ψ_s——沉降计算经验系数；

δ_s——湿陷系数；

δ_{zs}——自重湿陷系数；

Δ_{zs}——计算自重湿陷量；

Δ'_{zs}——实测自重湿陷量；

Δ_s——总湿陷量；

p_{sh}——湿陷起始压力；

β_0——因土质地区而异的修正系数；

β——考虑地基土侧向挤出和浸水机率等因素的修正系数；

λ_c——压实系数；

h——小时。

第一章 总 则

第 1.0.1 条 为保证湿陷性黄土地区建筑物的安全与正常使用，应根据湿陷性黄土的特点和工程要求，因地制宜，采取以地基处理为主的综合措施，防止地基湿陷，做到技术先进，经济合理，特制订本规范。

第 1.0.2 条 本规范适用于湿陷性黄土地区的工业与民用建筑（包括构筑物）的勘察、设计、地基处理、施工、使用与维护。

第 1.0.3 条 湿陷性黄土地区的建筑工程，除应按本规范规定执行外，尚应符合有关现行国家标准、规范的规定。

第二章 工程地质勘察

第一节 一般规定

第 2.1.1 条 工程地质勘察工作应查明下列内容，并应结合建筑物的要求对场地、地基作出评价及地基处理措施的建议。

一、黄土地层的时代、成因；

二、湿陷性黄土层的厚度；

三、湿陷系数随深度的变化；

四、湿陷类型和湿陷等级的平面分布；

五、地下水位升降的可能性和其它工程地质条件。

第 2.1.2 条 湿陷性黄土的物理力学性质指标及中国湿陷性黄土工程地质分区略图，可按本规范附录二选用。

第 2.1.3 条 勘察阶段可分为场址选择或可行性研究、初步勘察、详细勘察三个阶段。各阶段的勘察成果，应符合各设计阶段的要求。

对场地面积不大、地质条件简单或有建筑经验的地区，可简化勘察阶段，但应符合初步勘察和详细勘察两个阶段的要求。

对工程地质条件复杂或对基底压力大于 300kPa 的建筑物，尚宜进行施工勘察或专门勘察。

第 2.1.4 条 编制勘察工作纲要，应按下列条件和要求进行:

一、不同的勘察阶段；

二、场地及其附近已有的工程地质资料和地区建筑经验；

三、场地工程地质条件的复杂程度和黄土的湿陷特性；

四、工程规模、设计和施工要求。

第 2.1.5 条 场地工程地质条件的复杂程度，可分为以下三类：

一、简单场地、地形平缓、地貌、地层简单，湿陷类型单一，湿陷等级变化不大。

二、一般场地：地形起伏较大，地貌、地层较复杂，不良地质现象局部发育，湿陷类型、湿陷等级变化较复杂；

三、复杂场地：地形起伏很大，地貌、地层复杂，不良地质现象广泛发育，湿陷类型、湿陷等级分布复杂，地下水位变化显著。

第 2.1.6 条 工程地质测绘，除应符合一般要求外，还应包括下列内容：

一、研究地形的起伏和降水的积聚及排泄条件，调查山洪淹没范围及其发生时间；

二、划分不同地貌单元，查明湿陷凹地，黄土溶洞、滑坡、崩坍、冲沟和泥石流等不良地质现象的分布地段、规模和发展趋势及其对建设的影响；

三、按本规范附录三划分黄土地层和附录四判别新近堆积黄土；

四、调查地下水位的深度、季节性的变化幅度、升降趋势、地表水体和灌溉情况；

五、调查邻近建筑物的现状；

六、了解场地内有无地下坑穴如墓、井、坑、穴、地道、砂井和砂巷等。

第 2.1.7 条 采取原状土样，必须保持其天然的湿度和结构。在探井中取样，竖向间距宜为 1m，土样直径不应小于 10cm；在钻孔中取样，应严格按本规范附录五的要求执行。

取土勘探点中，应有一定数量的探井。在Ⅲ、Ⅳ级自重湿陷性黄土场地上，探井数量不得少于取土勘探点的 1／3。

第 2.1.8 条 勘探点使用完毕后，应立即用原土分层回填夯实，其干密度不应小于 $1.5g/cm^3$。

第 2.1.9 条 对地层的均匀性及力学性质指标，宜采用静力触探、标准贯入试验或旁压试验等方法进行原位测试。

第 2.1.10 条 对地下水位有升降趋势或变化幅度较大的地段。从初步勘察阶段开始，应进行地下水位动态的长期观测。

第二节 现场勘察

第 2.2.1 条 场址选择或可行性研究阶段勘察，应进行下列工作：

一、了解黄土层的地质时代、成因、厚度和湿陷类型，调查有无影响场地稳定性的不良地质现象；

二、搜集和分析有关工程地质、水文地质与地区建筑经验等资料；

三、当调查和收集的资料不能满足要求时，应进行工程地质测绘和勘探、试验工作；

四、本阶段的勘察成果，应对场地的稳定性和适宜性作出评价，并宜对可能采取的地基基础类型进行初步分析。

第 2.2.2 条 初步勘察阶段，应进行下列工作：

一、查明场地内不良地质现象的成因、分布范围和危害程度。初步查明场地内湿陷性黄土的物理力学性质、湿陷类型和湿陷等级的分布，预估地下水位季节性的变化幅度及其升降的可能性；

二、当工程地质条件复杂，已有资料不符合要求时，应进行工程地质测绘，其比例尺可采用1/1000～1/5000；

三、当按室内试验资料和地区建筑经验不能明确判定湿陷类型时，应进行现场试坑浸水试验，按实测自重湿陷量判定；

四、勘探线应按地貌单元的纵、横轴线方向布置。在平缓地段，可按网格布置。勘探点的间距，宜按表2.2.2确定。

初步勘察勘探点的间距 **表2.2.2**

场地类别	勘探点的间距(m)
简单场地	151～250
一般场地	101～150
复杂场地	50～100

五、取土勘探点，应按地貌单元和控制性的地段布置，其数量不得少于全部勘探点的1/2；

六、勘探点的深度，应根据湿陷性黄土层的厚度和预估的压缩层深度确定，宜为10～20m，并应有一定数量的控制性取土勘探点穿透湿陷性黄土层；

七、本阶段的勘察成果，应为不良地质现象的防治设计提供参数；为各类建筑物的合理布置提供依据；对地基基础方案提出建议。

第2.2.3条 详细勘察阶段，应进行下列工作：

一、详细查明各类建筑的地基土层及其物理力学性质指标，确定湿陷类型、湿陷等级及其平面与深度的界限；

二、当需要进一步确定湿陷起始压力或地基承载力时，应进行载荷试验；

三、针对地基基础设计方案进行有关的专门试验和现场测试；

四、勘探点的布置，应根据总平面、建筑物的类别和工程地质条件的复杂程度确定。勘探点的间距，宜按表2.2.3确定。

单独的甲、乙类建筑的场地内，勘探点不宜少于3个。

取土勘探点的数量，不得少于全部勘探点的2/3。若勘探点的间距较大或其数量不多时，全部勘探点可作为取土勘探点。

五、勘探点的深度，除应大于地基压缩层的深度外，对非自重湿陷性黄土场地还应大于基础底面下5m；对自重湿陷性黄土场地，应根据地区和湿陷性黄土层的厚度确定，当基础底面下的湿陷性黄土层厚度大于10m时，对陇西地区和陇东陕北地区，不应小于基础底面下15m，对其它地区不应小于基础底面下10m。对甲、乙类建筑并应有一定数量的取土勘探点穿透湿陷性黄土层。

六、本阶段的勘察成果，应为地基基础的设计提供土的物理力学性质指标和施工及监测的建议。当场地地下水位有可能上升并影响建筑物的安全时，应提供饱和状态下的强度和变形参数。

详细勘察勘探点的间距　　表 2.2.3

场地类别	勘探点的间距(m)
简单场地	51～100
一般场地	30～50
复杂场地	<30

第三节　湿陷性评价

第 2.3.1 条　黄土的湿陷性，应按室内压缩试验在一定压力下测定的湿陷系数 δ_S 值判定，并应符合下列规定：

一、当湿陷系数 δ_S 值小于 0.015 时，应定为非湿陷性黄土；当湿陷系数 δ_S 值等于或大于 0.015 时，应定为湿陷性黄土。

二、湿陷系数 δ_S 值，应按下式计算：

$$\delta_S = \frac{h_P - h'_P}{h_0} \tag{2.3.1}$$

式中　h_P——保持天然的湿度和结构的土样，加压至一定压力时，下沉稳定后的高度(cm)；

h'_P——上述加压稳定后的土样，在浸水作用下，下沉稳定后的高度（cm)；

h_0——土样的原始高度(cm)。

三、测定湿陷系数的压力，应自基础底面（初步勘察时，自地面下 1.5m）算起，10m 以内的土层应用 200kPa，10m 以下至非湿陷性土层顶面，应用其上覆土的饱和自重压力（当大于 300kPa 时，仍应用 300kPa)。

注：当基底压力大于 300kPa 时，宜按实际压力测定的湿陷系数值判定黄土湿陷性。

第 2.3.2 条　建筑场地的湿陷类型，应按实测自重湿陷量 Δ'_{ZS} 或按室内压缩试验累计的计算自重湿陷量 Δ_{ZS} 判定。

当实测或计算自重湿陷量小于或等于 7cm 时，应定为非自重湿陷性黄土场地；

当实测或计算自重湿陷量大于 7cm 时，应定为自重湿陷性黄土场地。

第 2.3.3 条、实测自重湿陷量，应根据现场试坑浸水试验确定。在新建地区，对甲、乙类建筑，宜采用试坑浸水试验。

第 2.3.4 条　计算自重湿陷量，应按室内压缩试验测定不同深度的土样在饱和土自重压力下的自重湿陷系数 δ_{ZS}。自重湿陷系数值可按下式计算：

$$\delta_{ZS} = \frac{h_Z - h'_Z}{h_0} \tag{2.3.4}$$

式中　h_Z——保持天然的湿度和结构的土样，加压至土的饱和自重压力时，下沉稳定后的高度(cm)；

h'_Z——上述加压稳定后的土样，在浸水作用下，下沉稳定后的高度（cm)；

h_0——土样的原始高度(cm)。

第 2.3.5 条　计算自重湿陷量 Δ_{ZS}(cm)，应按下式计算：

$$\Delta_{ZS} = \beta_0 \sum_{i=1}^{n} \delta_{ZSi} h_i \tag{2.3.5}$$

式中　δ_{ZSi}——第 i 层土在上覆土的饱和（$S_r>0.85$）自重压力下的自重湿陷系数；

h_i——第 i 层土的厚度(cm)；

β_0——因土质地区而异的修正系数。对陇西地区可取 1.5，对陇东陕北地区可取 1.2，对关中地区可取 0.7，对其它地区可取 0.5。

计算自重湿陷量 Δ_{ZS} 的累计，应自天然地面（当挖、填方的厚度和面积较大时，自设计地面）算起，至其下全部湿陷性黄土层的底面为止，其中自重湿陷系数 δ_{ZS} 小于 0.015 的土层不应累计。

第 2.3.6 条　湿陷性黄土地基，受水浸湿饱和至下沉稳定为止的总湿陷量 Δ_S(cm)的计算，应符合下列规定：

一、$$\Delta_s=\sum_{i=1}^{n}\beta\delta_{Si}h_i \tag{2.3.6}$$

式中　δ_{Si}——第 i 层土的湿陷系数；

h_i——第 i 层土的厚度(cm)；

β——考虑地基土的侧向挤出和浸水机率等因素的修正系数。基底下 5m（或压缩层）深度内可取 1.5。5m 以下，在非自重湿陷性黄土场地，可不计算；在自重湿陷性黄土场地，可按本规范第 2.3.5 条的 β_0 值取用。

二、总湿陷量应自基础底面（初步勘察时，自地面下 1.5m）算起：在非自重湿陷黄土场地，累计至基底下 5m（或压缩层）深度止；在自重湿陷性黄土场地，对甲、乙类建筑，应按穿透湿陷性土层的取土勘探点，累计至非湿陷性土层顶面止，对丙、丁类建筑，当基底下的湿陷性土层厚度大于 10m 时，其累计深度可根据工程所在地区确定，但陇西、陇东陕北地区不应小于 15m，其它地区不应小于 10m。其中湿陷系数 δ_S 或自重湿陷系数 δ_{ZS} 小于 0.015 的土层不应累计。

第 2.3.7 条　湿陷性黄土地基的湿陷等级，应根据基底下各土层累计的总湿陷量和计算自重湿陷量的大小等因素按表 2.3.7 判定。

湿陷性黄土地基的湿陷等级　　表 2.3.7

湿陷类型 / 计算自重湿陷量(cm) / Δ_s(cm)	非自重湿陷性场地	自重湿陷性场地	
	$\Delta_{ZS}\le 7$	$7<\Delta_{ZS}\le 35$	$\Delta_{ZS}>35$
$\Delta_S\le 30$	Ⅰ(轻微)	Ⅱ(中等)	–
$30<\Delta_S\le 60$	Ⅱ(中等)	Ⅱ或Ⅲ	Ⅲ(严重)
$\Delta_S>60$	–	Ⅲ(严重)	Ⅳ(很严重)

注：①当总湿陷量 $30cm<\Delta_S<50cm$，计算自重湿陷量 $7cm<\Delta_{ZS}<30cm$ 时，可判为Ⅱ级；

②当总湿陷量 $\Delta_S\ge 50cm$，计算自重湿陷量 $\Delta_{ZS}\ge 30cm$ 时，可判为Ⅲ级。

第 2.3.8 条　湿陷起始压力 p_{Sh} 值，可按下列方法确定：

一、按现场载荷试验确定时，应在 $p\sim s_S$（压力与浸水下沉量）曲线上，取其转折点所对应的压力作为湿陷起始压力值。当曲线上的转折点不明显时，可取浸水下沉量 s 与承压板宽度 b 之比小于 0.015 所对应的压力作为湿陷起始压力值。

二、按室内压缩试验(双线法或单线法)确定时，在 $p\sim\delta_S$

曲线上宜取 $\delta_s=0.015$ 所对应的压力作为湿陷起始压力值。

第 2.3.9 条 黄土湿陷性试验应符合本规范附录六的规定。

第三章 设 计

第一节 一 般 规 定

第 3.1.1 条 建筑物应根据其重要性、地基受水浸湿可能性的大小和在使用上对不均匀沉降限制的严格程度，分为甲、乙、丙、丁四类。

一、甲类建筑：高度大于 40m 的高层建筑；高度大于 50m 的构筑物；高度大于 100m 的高耸结构；特别重要的建筑；地基受水浸湿可能性大的重要建筑；对不均匀沉降有严格限制的建筑。

二、乙类建筑：高度 24～40m 的高层建筑；高度 30～50m 的构筑物；高度 50～100m 的高耸结构；地基受水浸湿可能性较大或可能性小的重要建筑；地基受水浸湿可能性大的一般建筑。

三、丙类建筑：除乙类以外的一般建筑和构筑物。

四、丁类建筑：次要建筑。

甲、乙、丙、丁四类建筑的划分，可结合本规范附录七各类建筑的举例确定。

第 3.1.2 条 建筑工程的设计措施，可分为以下三种：

一、地基处理措施：

消除地基的全部或部分湿陷量，或采用基础、桩基础穿透全部湿陷性土层。

二、防水措施：

1.基本防水措施：在建筑物布置、场地排水、屋面排水、地面防水、散水、排水沟、管道敷设、管道材料和接口等方面，应采取措施防止雨水或生产、生活用水的渗漏；

2.检漏防水措施：在基本防水措施的基础上，对防护范围内的地下管道，应增设检漏管沟和检漏井；

3.严格防水措施：在检漏防水措施的基础上，应提高防水地面、排水沟、检漏管沟和检漏井等设施的材料标准，如增设卷材防水层、采用钢筋混凝土排水沟等；

三、结构措施：

减小建筑物的不均匀沉降，或使结构适应地基的变形。

第 3.1.3 条 对各类建筑采取设计措施，应根据场地湿陷类型、地基湿陷等级、地基处理后的剩余湿陷量、结合当地建筑经验和施工条件等因素确定，并应符合下列规定：

一、各级湿陷性黄土地基上的甲类建筑，其地基处理应符合本规范第 4.1.2 条第 1 项或第 4.1.3 条的要求，但防水措施和结构措施可按一般地区进行设计，在自重湿陷性黄土场地，如室内设备和地面有严格要求时，尚应采取检漏防水措施或严格防水措施，其防护距离宜采用本规范第 3.2.4 条表 3.2.4 中规定的数值。

二、各级湿陷性黄土地基上的乙类建筑，其地基处理应符合本规范第 4.1.2 条第 2 项和第 4.1.4 条的要求，并应采取结构措施和防水措施。地基处理后的剩余湿陷量，当不大于 20cm 时，宜采取检漏防水措施或基本防水措施；当大于 20cm 时，对自重湿陷性黄土场地，宜采取严格防水措施，对非自重湿陷性场地，宜采取检漏防水措施；

三、Ⅰ级湿陷性黄土地基上的丙类建筑可不处理地基，但应采取结构措施和基本防水措施；Ⅱ、Ⅲ、Ⅳ级湿陷性黄土地基上的丙类建筑，其地基处理应符合本规范第 4.1.2 条第 2 项和第 4.1.5 条的要求，并应采取结构措施和防水措施。地基处理后的剩余湿陷量，当不大于 30cm 时，宜采取基本防水措施或检漏防水措施；当大于 30cm 时，宜采取检漏防水措施或严格防水措施；

四、各级湿陷性黄土地基上的丁类建筑，其地基一律不处理。但在Ⅰ级湿陷性黄土地基上，应采取基本防水措施；在Ⅱ级湿陷性黄土地基上，应采取结构措施和基本防水措施；在Ⅲ、Ⅳ级湿陷性黄土地基上，应采取结构措施和检漏防水措施；

五、水池类构筑物的设计措施，应符合本规范附录八的规定。

第 3.1.4 条 对各类建筑采取设计措施，除应符合本规范第 3.1.3 条的规定外，尚可按下列情况确定：

一、当地基内的总湿陷量不大于 5cm 时，各类建筑均可按非湿陷性黄土地基进行设计；

二、在湿陷性黄土层很厚的场地上，当甲类建筑消除地基的全部湿陷量或穿透全部湿陷性土层确有困难时，应采取专门措施；

三、当场地内的湿陷性黄土层厚度较薄、湿陷系数较大时，乙类建筑和Ⅱ～Ⅳ级湿陷性黄土地基上的丙类建筑，可采取措施消除地基的全部湿陷量或穿透全部湿陷性土层。

第 3.1.5 条 设备基础应根据设备的重要性与使用要求，地基的湿陷类型、湿陷等级及其受水浸湿可能性的大小确定设计措施。

第 3.1.6 条 在非自重湿陷性黄土场地上，当地基内各土层的湿陷起始压力（不作基础埋深和宽度修正）均大于其附加压力与上覆土的饱和自重压力之和时，各类建筑可按非湿陷性黄土地基设计。

第 3.1.7 条 在新近堆积黄土场地上，甲、乙、丙类建筑的地基处理厚度小于新近堆积黄土层的厚度时，尚应按本规范第 4.1.6 条的规定验算下卧层的承载力，并应按本规范第 3.6.5 条规定计算地基的压缩变形。

第 3.1.8 条 在非自重湿陷性黄土场地上，建筑物在使用期间，当地下水位有可能上升至地基压缩层以内时，各类建筑的设计措施除应符合本章的规定外，尚应符合本规范附录九的规定。

第 3.1.9 条 在施工和使用期间，对甲类建筑和乙类中的重要建筑应进行沉降观测，并应在设计文件中注明沉降观测点的位置和观测要求。

观测点设置后应立即观测一次对高、多层建筑，每完工一层观测一次，竣工时再观测一次，以后每年至少观测一次，至沉降稳定为止。水准点应埋设在岩石或低压缩性的非湿陷性土层中。

第 3.1.10 条 在设计文件中，应附有对场地、建筑物和管道的使用与维护说明。

第二节 场址选择与总平面设计

第 3.2.1 条 场址选择宜符合下列要求：

一、具有排水畅通或利于组织场地排水的地形条件；

二、避开洪水威胁的地段；

三、避开不良地质现象发育和地下坑穴集中的地段；

四、避开新建水库等可能引起地下水位上升的地段；

五、避免将重要建设项目，布置在很严重的湿陷性场地或厚度大的新近堆积黄土、高压缩性的饱和黄土等地段；

六、避开由于建设可能引起工程地质条件恶化的地段。

第 3.2.2 条 总平面的设计，应符合下列要求：

一、合理规划场地，做好竖向设计，保证场地、道路和铁路等地表排水畅通；

二、同一建筑范围内，地基的压缩性和湿陷性变化不宜过大；

三、主要建筑宜布置在湿陷等级低的地段；

四、在山前斜坡地带，建筑物宜沿等高线布置，填方厚度不宜过大；

五、水池类构筑物和有湿润生产过程的厂房等，宜布置在地下水流向的下游地段或地形较低处。

第 3.2.3 条 山前地带的建筑场地，应整平成若干单独的台阶，并应符合下列要求：

一、台阶应具有稳定性；

二、避免雨水沿斜坡排泄；

三、边坡宜做护坡；

四、用陡槽沿边坡排泄雨水时，应保证使雨水由边坡底部沿排水沟平缓地流动，陡槽的结构应保证在暴雨时土不受冲刷。

第 3.2.4 条 埋地管道、排水沟、雨水明沟和水池等与建筑物之间的防护距离不宜小于表 3.2.4 规定的数值。当不满足时，应采取与建筑物相应的防水措施。

第 3.2.5 条 防护距离的计算，对建筑物宜自外墙轴线算起；对高耸结构，宜自基础外缘算起；对水池宜自池壁边缘（喷水池等宜自回水坡边缘）算起；对管道、排水沟宜自其外壁算起。

第 3.2.6 条 各类建筑与新建水渠之间的距离，在非自重湿陷性黄土场地不得小于12m；在自重湿陷性黄土场地不得小于湿陷性土层厚度的3倍，并不应小于25m。

埋地管道、排水沟、雨水明沟和水池等与建筑物之间的防护距离(m) **表3.2.4**

各类建筑	地基湿陷等级			
	Ⅰ	Ⅱ	Ⅲ	Ⅳ
甲	−	−	8～9	11～12
乙	5	6～7	8～9	10～12
丙	4	5	6～7	8～9
丁	−	5	6	7

注：①陇西地区和陇东、陕北地区，当湿陷性土层的厚度大于12m时，压力管道与各类建筑之间的防护距离，宜按湿陷性土层的厚度值采用；

②当湿陷性土层内有碎石土、砂土夹层时，防护距离可大于表中数值；

③采用基本防水措施的建筑，其防护距离不得小于一般地区的规定。

第3.2.7条 建筑场地平整后的坡度，在建筑物周围6m内，不宜小于0.02，当为不透水地面时，可适当减小；在建筑物周围6m外，不宜小于0.005。

当采用雨水明沟或路面排水时，其纵向坡度不宜小于0.005。

第3.2.8条 在建筑物周围6m内平整场地；当为填方时，应分层夯（或压）实。其压实系数不得小于0.90；当为挖方时，对自重湿陷性黄土场地，表面夯（或压）实后，宜设置15～30cm厚的灰土面层。其压实系数不得小于0.93。

第3.2.9条 防护范围内的雨水明沟，不得漏水。在自重湿陷性黄土场地宜设混凝土雨水明沟；防护范围外的雨水明沟，宜做防水处理。沟底下均应设灰土（或土）垫层。

第3.2.10条 建筑物处于下列情况之一时，应采取措施使雨水畅通排除：

一、邻近有构筑物（包括露天装置）、露天吊车、堆场或其它露天作业场等，

二、邻近有铁路通过时；

三、建筑物的平面为口、E、U、H、L等形状，构成封闭或半封闭的场地。

第3.2.11条 山前斜坡上的建筑场地，应根据地形修筑雨水截水沟。

第3.2.12条 防洪设施的设计重现期，宜略高于一般地区。

第3.2.13条 冲沟发育的山区，山洪应尽量利用现有排水沟排走。建筑场地位于山洪威胁的地段，必须设置排洪沟。排洪沟和冲沟应平缓地连接，并可减少弯道，采用较大的坡度。在转弯及跌水处，应采取防护措施。

第3.2.14条 在建筑场地内，铁路的路基应有良好的排水系统，不得利用道渣排水，路基顶面的排水应引向远离建筑物的一侧。在暗道床处，应将基床表面翻松夯（或压）实，也可采用优质防水材料处理。道床内应设防止积水的排水设施。

第三节 建筑设计

第3.3.1条 建筑设计应符合下列要求：

一、建筑物的体型与纵横墙的布置，应利于加强其空间刚度，并具有适应或抵抗湿陷变形的能力。多层砌体民用建筑，体型应简单，长高比不宜大于3。

二、妥善处理建筑物的雨水排水系统，多层民用建筑的室内地坪，宜高出室外地坪45cm；

三、用水设施宜集中设置，缩短地下管线和远离主要承重基础，其管道宜明装。

第3.3.2条 单层和多层建筑物的屋面，宜采用外排水。当采用有组织外排水时，宜选用铸铁管或其它耐用材料的水落管，其末端距离散水面不应大于30cm，并不应设置在沉降缝处。集水面积大的外水落管，应接入专设的雨水明沟或管道。

第3.3.3条 建筑物的周围必须做散水。其坡度不得小于0.05，散水外缘应略高于平整后的场地，散水的宽度应按下列规定采用：

一、当屋面为无组织排水时，檐口高度在8m以下宜为1.5m，檐口高度在8m以上，每增高4m宜增宽25cm，但最宽不宜大于2.5m；

二、当屋面为有组织外排水时，在非自重湿陷性黄土场地，不得小于1m；在自重湿陷性黄土场地，宜为1.5m。

三、水池的散水宽度宜为1～3m，散水外缘超出水池基底边缘不应小于20cm；喷水池等的回水坡或散水的宽度宜为3～5m；

四、高耸结构的散水宜超出基底边缘1m，并不得小于5m。

第3.3.4条 散水应采用现浇混凝土。其垫层应设置15cm厚的灰土或30cm厚的素土，垫层的外缘应超出散水和建筑物外墙基底外缘50cm。

散水宜每隔6～10m设置一条伸缩缝。散水与外墙交接处和散水的伸缩缝，应用柔性防水材料填封。沿散水外缘不宜设置雨水明沟。

第3.3.5条 经常受水浸湿或可能积水的地面，应严密不漏水，并按防水地面设计。对采用严格防水措施的建筑，其防水地面应设卷材防水层或其它行之有效的防水层。地面坡向集水点的坡度不得小于0.01。地面与墙、柱、设备基础等交接处应做翻边。地面下应做30～50cm厚的灰土（或土）垫层。

管道穿过地坪处应做好防水处理。排水沟与地面混凝土宜一次浇成。

第3.3.6条 排水沟的材料和做法，应根据湿陷类型、湿陷等级和使用要求等选定，并应设置灰土（或土）垫层，防护范围内的排水沟，宜采用钢筋混凝土，但在非自重湿陷性黄土场地，室内小型排水沟可采用混凝土，并应做防水面层。对采用严格防水措施的建筑，其排水沟应增设卷材防水层或其它行之有效的防水层。

第3.3.7条 对基础梁底下预留的空隙，应采取有效措施防止地面水浸入地基。对地下室的采光井，应做好防、排水设施。

第3.3.8条 对防护范围内的各种地沟、管沟的做法，均应符合本规范第3.5.5条至第3.5.12条的要求。

第四节 结构设计

第3.4.1条 当地基不处理或仅消除地基的部分湿陷量时，结构设计应根据地基湿陷等级或地基处理后的剩余湿陷量、建筑物的不均匀沉降、倾斜和构件脱离支座等不利情况，采取下列结构措施：

一、选择适宜的结构体系和基础型式；

二、加强结构的整体性与空间刚度；

三、预留适应沉降的净空。

第 3.4.2 条 当建筑物的体型复杂时，宜用沉降缝将建筑物分成若干个体型简单，并具有较大空间刚度的独立单元。砌体结构建筑物的沉降缝处，宜设置双墙。

第 3.4.3 条 高层建筑的设计，宜选用轻质高强材料；宜调整上部荷载和基础宽度，使地基应力均匀分布；宜加强上部结构刚度和基础刚度。

第 3.4.4 条 对甲、乙、丙类建筑，基础的埋置深度，不应小于 1m。

第 3.4.5 条 建筑物的基础或墙，当有地下管道或管沟穿过时，应预留洞孔。洞顶与管沟及管道顶间的净空高度，对消除地基全部湿陷量的建筑物不宜小于 20cm；对消除地基部分湿陷量和未处理地基的建筑物不宜小于 30cm。洞边与管沟外壁必须脱离。洞边与承重外墙转角处外缘的距离不宜小于 1m，当不能满足时，可用钢筋混凝土框加强。洞底距基础底不应小于洞宽的 1／2，并不宜小于 40cm 当不能满足时，应局部加深基础或在洞底设置钢筋混凝土梁。

第 3.4.6 条 砌体结构建筑的钢筋混凝土圈梁，应按下列要求设置：

一、乙、丙类建筑的基础内和屋面檐口处，均应设置钢筋混凝土圈梁。

乙、丙类中的多层建筑，当地基处理后的剩余湿陷量分别不大于 20cm、30cm 时，均应在基础内、屋面檐口处和第一层楼盖处设置钢筋混凝土圈梁，其它各层宜隔层设置；当地基处理后的剩余湿陷量分别大于 20cm、30cm 时，在基础内除均应设置钢筋混凝土圈梁外，并宜每层设置钢筋混凝土圈梁；

二、在Ⅱ、Ⅲ、Ⅳ级湿陷性黄土地基上的丁类建筑，应在基础内和屋面檐口处设置混凝土配筋带，或设置钢筋混凝土圈梁；

三、对采用严格防水措施的多层建筑，应每层设置钢筋混凝土圈梁；

四、各层圈梁均应设在外墙、内纵墙和对整体刚度起重要作用的内横墙上，并应在同一标高处闭合，如遇特殊情况不能闭合时，应采取加强措施。

第 3.4.7 条 砌体结构建筑的窗间墙宽度，在承受主梁处或开间轴线处，不应小于主梁或开间轴线间距的$\frac{1}{3}$，并不应小于 1m；在其它承重墙处，不应小于 0.6m。门窗洞孔边缘至建筑物转角处（或变形缝）的距离不应小于 1m，当不能满足上述要求时，应在洞孔周边采用钢筋混凝土框加强，或在转角及轴线处加构造柱。

多层砌体结构建筑，不得采用空斗墙和无筋砌体过梁。

第 3.4.8 条 当砌体结构建筑的门窗洞孔或其它洞孔的宽度大于 1m，且地基未经处理或未消除地基的全部湿陷量时，应采用钢筋混凝土过梁。

第 3.4.9 条 厂房内吊车上的净空高度：对消除地基全部湿陷量的建筑，不宜小于 20cm；对消除地基部分湿陷量或未处理地基的建筑，不宜小于 30cm。

吊车梁应设计为简支。吊车梁与吊车轨之间应采用能调整的连接方式。

第 3.4.10 条 预制钢筋混凝土梁的支承长度，在砖墙、砖柱上不宜小于 24cm；预制钢筋混凝土板的支承长度，在砖墙上不宜小于 10cm。

第五节 给排水、供热与通风设计

（Ⅰ）给水、排水管道

第 3.5.1 条 给水、排水管道设计，应符合下列要求：

一、室内管道宜明装。暗设管道必须设置便于检修的设施；

二、室外管道宜布置在防护范围外，在防护范围内，地下管道的布置应缩短其长度；

三、管道接口应严密不漏水，并具有柔性；

四、检漏井的设置，应便于检查和排水。

第 3.5.2 条 地下管道应结合具体情况采用下列管材：

一、压力管道应采用给水铸铁管、钢管或预应力钢筋混凝土管等，

二、自流管道宜采用铸铁管、离心成型钢筋混凝土管、离心成型混凝土管、内外上釉陶土管或耐酸陶土管等。当有成熟经验时，也可采用自应力钢筋混凝土管或塑料管等；

三、室内地下排水管道如存水弯、地漏等附件，宜采用铸铁制品。

第 3.5.3 条 对埋地铸铁管应做防腐处理，对埋地钢管及钢配件宜设加强防腐层。

第 3.5.4 条 屋面雨水悬吊管道引出外墙后，应接入室外雨水明沟或管道。

在建筑物的外墙上，不得设置洒水栓。

第 3.5.5 条 检漏管沟，应做防水处理。其材料与做法可根据不同防水措施的要求，按下列规定采用：

一、检漏防水措施，检漏管沟应采用砖壁混凝土槽形底或砖壁钢筋混凝土槽形底；

二、严格防水措施，检漏管沟应采用钢筋混凝土。在非自重湿陷性黄土场地可适当降低标准；在自重湿陷性黄土场地，对地基受水浸湿可能性大的建筑，尚宜增设卷材防水层或塑料油膏防水层；

三、高层建筑或重要建筑，当有成熟经验时，可采用其它形式的检漏管沟或有电讯检漏系统的直埋管中管设施。

直径较小的管道，当采用检漏管沟确有困难时，可采用金属或钢筋混凝土套管。

第 3.5.6 条 检漏管沟的设计，除应符合本节第 3.5.5 条的要求外，并应符合下列规定：

一、检漏管沟的盖板不宜明设。当明设时或在人孔处，应采取防止地面水流入沟内的措施；

二、检漏管沟的沟底，应有坡度坡向检漏井。进出户管的检漏管沟，沟底坡度宜大于 0.02；

三、检漏管沟的截面，应根据管道安装与检修的要求确定。当在使用和构造上需保持地面完整或地下管道较多，并需集中设置时，宜采用半通行或通行管沟；

四、不得利用建筑物和设备基础作为沟壁或井壁。

五、检漏管沟在穿过建筑物基础或墙处不得断开，并应加强其刚度。穿出外墙的检漏管沟的施工缝，宜设在室外检漏井处或超出基础 3m 处。

第 3.5.7 条 对甲类建筑和自重湿陷性黄土场地上乙类

中的重要建筑，室内地下管线宜敷设在地下或半地下室的设备层内。穿出外墙的进、出户管段，宜集中设置在半通行管沟内。

第 3.5.8 条 穿基础或穿墙的地下管道、管沟，在基础或墙内预留洞孔的尺寸，应符合本章第 3.4.5 的规定。

第 3.5.9 条 检漏井的设计，应符合下列规定：

一、检漏井应设置在管沟末端和管沟沿线的分段检漏处，并应防止地面水流入；

二、检漏井内宜设集水坑，其深度不得小于 30cm；

三、当检漏井与排水系统接通时，应防止倒灌。

第 3.5.10 条 检漏井、阀门井和检查井等，应做防水处理，并应防止地面水、雨水流入检漏井或阀门井内。在建筑物防护范围内，宜采用与检漏管沟相应的材料。

不得利用检查井、消火栓井、洒水栓井和阀门井等兼作检漏井。但检漏井可与检查井或阀门井共壁合建。

不得采用闸阀套筒代替阀门井。

第 3.5.11 条 对地下管道及其附属构筑物如检漏井、阀门井、检查井、管沟等的地基设计，应符合下列规定：

一、在自重湿陷性黄土场地，应设 15～30cm 厚的土垫层；对埋地的重要管道或大型压力管道及其附属构筑物，尚应在土垫层上设 30cm 厚的灰土垫层；

二、对埋地的非金属自流管道，除应符合上述地基处理要求外，尚应设置混凝土条形基础。

第 3.5.12 条 当管道穿过井（或沟）时，应在井（或沟）壁处预留洞孔。管道与洞孔间的缝隙，应用不透水的柔性材料填塞。

第 3.5.13 条 管道在穿过水池的池壁处，宜设在柔性防水套管内。水池的溢水管和泄水管，应接入排水系统。

（Ⅱ）热力管道与风道

第 3.5.14 条 热力管道及其进口装置宜明设。当埋地敷设时，必须设置管沟。但其阀门不宜设在沟内。管沟截面。管沟穿过建筑物的基础或墙时，应符合本规范第 3.5.6 条的规定。

第 3.5.15 条 建筑物防护范围内的管沟，其材料与做法应符合本节第 3.5.5 条的要求。检查井、检漏井应采用与管沟相应的材料和做法。

在建筑物防护范围外，或对采用基本防水措施的建筑，管沟和检查井的材料与做法，可按一般地区的标准执行。

第 3.5.16 条 管沟的沟底应设坡向室外检漏井的坡度，检漏井内宜设集水坑，其深度不应小于 30cm。

检漏井可与管网上的检查井合并设置。

在过门管沟的末端，应设置检漏孔，并应采取防冻措施。

第 3.5.17 条 管沟和检查井的地基处理，应符合本规范第 3.5.11 条的要求。

第 3.5.18 条 地下风道或烟道的人孔和检查（检漏）井等，不得设在有可能积水的地方。当确有困难时，应采取有效措施防止地面水流入。

第 3.5.19 条 架空管道和室内外管网的泄水、凝结水，不得任意排放。

第六节 地 基 计 算

第 3.6.1 条 地基计算应包括承载力、湿陷变形、压缩变形和稳定性计算。

第 3.6.2 条 当基础宽度 b 不大于 3m 和基础埋置深度不大于 1.5m 时,地基承载力基本值的确定,应符合下列规定:

一、对晚更新世 Q_3、全新世 Q_4 湿陷性黄土、新近堆积黄土地基上的各类建筑，饱和黄土地基上的乙、丙类建筑，可根据土的物理、力学性质指标的平均值或建议值按附录十的附表 10.1～10.5 确定;

二、对饱和黄土地基上的甲类建筑和乙类中 10 层以上的高层建筑，宜采用静载荷试验确定，或按附录十的附表 10.1～10.5 并结合理论公式计算综合确定;

三、对丁类建筑，可根据邻近建筑的经验确定。

第 3.6.3 条 基础底面积应按地基土的承载力设计值确定。当确定偏心受压基础底面的尺寸时，基础底面边缘的最大压力，不应超过地基土承载力设计值的 1.2 倍。

第 3.6.4 条 当基础宽度大于 3m，或基础埋置深度大于 1.5m 时，地基承载力设计值 f 应按下列公式修正。当基础宽度小于 3m 或大于 6m 时，可分别按 3m、6m 计算。当基础埋置深度小于 1.5m 时，可按 1.5m 计算。

$$f = f_k + \eta_b \gamma (b-3) + \eta_d \gamma_0 (d-1.5) \qquad (3.6.4-1)$$

$$f_k = \psi_f \cdot f_0 \qquad (3.6.4-2)$$

式中 f——修正后地基承载力设计值(kPa);

f_k——地基承载力标准值(kPa)

ψ_f——回归修正系数，对湿陷性黄土地基上的各类建筑与饱和黄土地基上的一般建筑，ψ_f 宜取 1。对饱和黄土地基上的甲类建筑和乙类中的重要建筑，ψ_f 应按本规范附录十的规定计算;

f_0——地基承载力基本值(kPa);

η_b、η_d——分别为基础宽度和埋置深度的地基承载力修正系数，可按基底以下土的类别由表 3.6.4 查得;

γ——基底以下土的重度，地下水位以下取有效重度(kN/m^3);

γ_0——基础底面以上土的加权平均重度，地下水位以下取有效重度 (kN/m^3);

b——基础底面宽度 (m);

d——基础埋置深度 (m)，一般情况，宜自室外地面标高算起。在填方整平地区，可自填土地面标高算起，但填土在上部结构施工后完成时，应自天然地面标高算起。对于地下室，如采用箱形基础或筏板基础时，基础的埋置深度，宜自室外地面标高算起，其它情况,应自室内地面标高算起。

基础的宽度和埋置深度的承载力修正系数 **表 3.6.4**

地基土类别	有关物理指标	η_b	η_d
晚更新世 Q_3、全新世(Q_4^1)湿陷性黄土	$w<24\%$	0.2	1.25
	$w>24\%$	0	1.10
饱和黄土	$e<0.85$、$I_L<0.85$	0.2	1.25
	$e>0.85$、$I_L>0.85$	0	1.10
	$e>1.0$、$I_L>1.0$	0	1.00
新近堆积黄土(Q_4^2)		0	1.00

第 3.6.5 条 对新近堆积黄土(Q_4^2)、饱和黄土等地基的压缩变形和变形容许值，宜符合现行国家标准《建筑地基基础设计规范》的规定。但其中沉降计算经验系数 ψ_S，应符合下列规定：

一、沉降计算经验系数，可采用表 3.6.5 的数值；

沉降计算经验系数 ψ_S **表 3.6.5**

E'_s (MPa)	3.0	5.0	7.5	10.0	12.5	15.0	17.5	20.0
ψ_s	1.80	1.22	0.82	0.62	0.50	0.40	0.35	0.30

二、沉降计算深度范围内压缩模量的当量 E'_s 值，应按下式计算：

$$E'_s = \frac{\Sigma A_i}{\Sigma(A_i / E_{si})}$$

式中 A_i——基底以下第 i 层的附加应力面积；

E_{si}——第 i 层土的压缩模量。

第四章 地基处理

第一节 一般规定

第 4.1.1 条 当建筑物地基的压缩变形、湿陷变形或强度不能满足设计要求时，应针对不同土质条件和建筑物的类别，在地基压缩层内或湿陷性土层内采取处理措施。

第 4.1.2 条 湿陷性黄土地基的处理，应符合下列要求：

1.对甲类建筑应消除地基的全部湿陷量或穿透全部湿陷性土层；

2.对乙、丙类建筑应消除地基的部分湿陷量。

第 4.1.3 条 甲类建筑消除地基全部湿陷量的处理厚度，应符合下列要求：

一、在非自重湿陷性黄土场地，应将基础下湿陷起始压力小于附加压力与上覆土的饱和自重压力之和的所有土层进行处理或处理至基础下压缩层的下限为止；

二、在自重湿陷性黄土场地，应处理基础以下的全部湿陷性土层。

第 4.1.4 条 乙类建筑消除地基部分湿陷量的最小处理厚度，应符合下列要求：

一、在非自重湿陷性黄土场地，不应小于压缩层厚度的 2/3；

二、在自重湿陷性黄土场地，不应小于湿陷性土层厚度的 2/3，并应控制未处理土层的湿陷量不大于 20cm；

三、如基础宽度大或湿陷性土层的厚度大，处理 2/3 压缩层或 2/3 湿陷性土层的厚度确有困难时，在建筑物范围内应采用整片处理。其处理厚度；在非自重湿陷性黄土场地不应小于 4m；在自重湿陷性黄土场地不应小于 6m。

第 4.1.5 条 丙类建筑消除地基部分湿陷量的最小处理厚度，可按表 4.1.5 的规定采用。

消除地基部分湿陷量的最小处理厚度(m) **表 4.1.5**

地基湿陷等级	湿陷类型	
	非自重湿陷性场地	自重湿陷性场地
Ⅱ	2.0	2.0
Ⅲ	—	3.0
Ⅳ	—	4.0

注：在Ⅲ、Ⅳ级自重湿陷性黄土场地上，对多层建筑地基宜采用整片处理，未处理土层的湿陷量不宜大于 30cm。

第 4.1.6 条 地基处理后的承载力，可根据现场测试结果或结合当地建筑经验确定，其下卧层顶面的承载力设计值，应满足下式要求：

$$p_Z + p_{CZ} < f_Z$$

式中 p_Z——下卧层顶面的附加压力设计值(kPa)；

p_{CZ}——下卧层顶面的土自重压力标准值(kPa)；

f_Z——下卧层顶面经深度修正后土的承载力设计值(kPa)。

第 4.1.7 条 地基处理后，下卧层顶面的附加压力 p_Z，对条形基础和矩形基础，可分别按下列公式计算：

条形基础 $$p_Z = \frac{b(p - p_c)}{b + 2z\text{tg}\theta} \quad (4.1.7-1)$$

矩形基础 $$p_Z = \frac{lb(p - p_c)}{(b + 2z\text{tg}\theta)(l + 2z\text{tg}\theta)} \quad (4.1.7-2)$$

式中 b——条形(或矩形)基础底边的宽度(m)；

l——矩形基础底边的长度(m)；

p——基础底面的平均压力设计值(kPa)；

p_c——基础底面土的自重压力标准值(kPa)；

z——基础底面至处理土层底面的距离(m)；

θ——地基压力扩散线与垂直线的夹角，宜为 22°～30°，用素土处理宜取小值，用灰土处理宜取大值。

第 4.1.8 条 选择地基处理方法，应根据建筑物的类别、湿陷性黄土的特性、施工条件和当地材料，并经综合技术经济比较确定。湿陷性黄土地基常用的处理方法，可按表 4.1.8 选择。

第 4.1.9 条 在雨季、冬季选择垫层法、夯实法和挤密法处理地基时，施工期间应采取防雨、防冻措施。并应防止地面水流入已处理和未处理的基坑（或槽）内。

湿陷性黄土地基常用的处理方法　　表 4.1.8

名　称		适用范围	一般可处理(或穿透)基底下的湿陷性土层厚度(m)
垫层法		地下水位以上，局部或整片处理	1～3
夯实法	强夯	$S_r<60\%$的湿陷性黄土，局部或整片处理	3～6
	重夯		1～2
挤密法		地下水位以上，局部或整片处理	5～15
桩基础		基础荷载大，有可靠的持力层	＜30
预浸水法		Ⅲ、Ⅳ级自重湿陷性黄土场地，6m 以上尚应采用垫层等方法处理	可消除地面下 6m 以下全部土层的湿陷性
单液硅化或碱液加固法		一般用于加固地下水位以上的已有建筑物地基	＜10 单液硅化加固的最大深度可达 20

第二节　垫　层　法

第 4.2.1 条　垫层法可分为局部垫层和整片垫层。

当仅要求消除基底下处理土层的湿陷性时，宜采用局部或整片土垫层；当要求提高土的承载力或水稳性时，宜采用局部或整片灰土垫层。

第 4.2.2 条　局部垫层的平面处理范围，每边超出基础底边的宽度，可按下式计算确定，并不应小于垫层厚度的一半。

$$B=b+2z\mathrm{tg}\theta+c \tag{4.2.2}$$

式中　B——需处理土层底面的宽度(m)；

b——条形(或矩形)基础短边的宽度(m)；

z——基础底面至处理土层底面的距离(m)；

c——考虑施工机具影响而增设的附加宽度，宜为 20cm。

θ——宜按本规范第 4.1.7 条的数值采用。

第 4.2.3 条　整片垫层的平面处理范围，每边超出建筑物外墙基础外缘的宽度，不应小于垫层的厚度，并不应小于 2m。

第 4.2.4 条　控制垫层质量的压实系数 λ_c，应符合下列要求：

一、当垫层厚度不大于 3m 时，其压实系数不得小于 0.93；

二、当垫层厚度大于 3m 时，其压实系数不宜小于 0.95。

第 4.2.5 条　垫层的承载力设计值，对土垫层不宜超过 180kPa；对灰土垫层不宜超过 250kPa。当有试验资料时，可按试验结果确定。

第 4.2.6 条　垫层施工，应先将需处理的湿陷性黄土挖出，然后利用黄土或其它粘性土作土料，经过筛后，在最优含水量状态下分层回填夯实至设计标高。灰土垫层的灰与土的体积配合比，宜为 2：8 或 3：7。

第 4.2.7 条　垫层施工，应在每层表面下 2／3 厚度处取样检验土的干密度，取样数量不应小于下列规定：

一、整片垫层，每 $100m^2$ 每层 3 处；

二、矩形（或方形）基础底面下的垫层，每层 2 处；

三、条形（包括管道）基础底面下的垫层，每 30m 每层 2 处。

第三节 夯实法

第 4.3.1 条 当要求消除湿陷性的土层厚度为 3～6m 时，宜采用强夯法；当要求消除湿陷性的土层厚度为 1～2m 时，宜采用重夯法。

但在房屋密集的地区和有精密仪表设备的房屋附近，采用上述方法时，应采取行之有效的防振或隔振措施。

（Ⅰ）强夯法

第 4.3.2 条 采用强夯法处理湿陷性黄土地基，应符合下列规定：

一、地基的处理范围应大于基础的平面尺寸，每边超出基础外缘的宽度，不宜小于 3m。

二、施工前应按设计要求在现场选点进行试夯，在同一场地内如土性基本相同，试夯可在一处进行，若差异明显，应在不同地段分别进行试夯。

三、在试夯过程中，应测量每个夯点每夯击 1 次的下沉量（以下简称夯沉量）。最后两击的平均夯沉量不宜大于 5cm，或按试夯结果确定。

四、试夯结束后，应从夯击终止时的夯面起至其下 5～8m 深度内，每隔 50cm 取土样进行室内试验，测定土的干密度、压缩系数和湿陷系数等指标，也可在现场进行载荷浸水试验或其它原位测试。

五、试夯结果不满足设计要求时，可调整夯锤质量、落距或其它参数重新进行试夯，也可修改设计方案。

第 4.3.3 条 强夯法常用的夯锤底面为圆形。其参数可按表 4.3.3 的规定采用。

常用的圆形夯锤参数 **表 4.3.3**

夯锤			
质量 (t)	底面直径 (m)	底面静压力 (kPa)	落距 (m)
10～20	2.3～2.8	25～40	10～20

第 4.3.4 条 采用强夯法处理湿陷性黄土地基，土的含水量宜低于塑限含水量 1～3%。在拟夯实的土层内，当土的含水量低于 10%时，宜加水至塑限含水量；当土的含水量大于塑限含水量 3%时，宜采取措施适当降低其含水量。

第 4.3.5 条 对地基进行强夯施工，夯锤质量、落距、夯点布置、夯击遍数和夯击次数等参数应与试夯所确定的相同，施工中并应有专人监测和记录。

夯击遍数一般为 2～3 遍，第一遍夯点宜按正三角形布置，夯点中距可为锤底直径的 1.5～2.2 倍，其它各遍夯点宜满堂布置，土的含水量适中时，各遍夯点可采取连续夯击。最末一遍夯击后，宜以 4～6m 落距对表层松土夯实，也可将其压实或清除。夯面以上并宜设置一定厚度的灰土垫层。

第 4.3.6 条 强夯施工过程中或施工结束后，应按下列

要求对强夯处理地基的质量进行检验:

一、检查强夯施工记录，基础内每个夯点的累计夯沉量，不得小于试夯时各夯点平均夯沉量的95%;

二、在每500～1000m^{2}面积内任选一处，自夯面下5～8m深度内，每隔50～100cm取土样测定土的干密度、湿陷系数等指标;

三、当需要采用静力触探等方法测定强夯土的承载力时，宜在地基强夯结束一个月后进行。

根据检验结果，应对不合格处进行补夯，或采取其它补救措施，达到试夯或设计规定的指标为止。

(Ⅱ)重　夯　法

第4.3.7条　重夯法的夯锤质量宜为2～3t，落距宜为4～6m；锤底静压力值不宜小于20kPa；锤底直径宜为1.2～1.4m。夯击时，地基土宜为最优含水量。夯击2～3遍，累计夯击10～15次。对大面积基坑或条形基槽，可采用一夯挨一夯进行夯击，对小面积的独立基坑，可采用跳夯法夯击。在同一夯位可连续夯击3～4次。

第4.3.8条　地基进行重夯施工，在同一夯位，最后2击的平均夯沉量宜为1～2cm。

第4.3.9条　施工结束后，应对重夯处理地基的质量进行检验。其检验方法，可按本节第4.3.6条的规定进行。

第四节　挤　密　法

第4.4.1条　采用挤密法处理地基的宽度，应符合下列要求:

一、当为局部处理时，在非自重湿陷性黄土场地，每边宜超出基础宽度的0.25倍，并不应小于0.5m；在自重湿陷性黄土场地，每边宜超出基础宽度的0.75倍，并不应小于1m。

二、当为整片处理时，每边超出建筑物外墙基础外缘的宽度，宜大于处理厚度的一半。

第4.4.2条　挤密孔的孔位宜按正三角形布置。孔心距可按下式计算:

$$x=\sqrt{\frac{0.907\bar{\eta}_c\rho_{dmax}}{\bar{\eta}_c\rho_{dmax}-\rho_d}}\,d \tag{4.4.2}$$

式中　x——孔心距(cm);

d——挤密孔的直径，宜为35～45cm;

ρ_d——地基挤密前各层土的平均干密度(g/cm^3);

ρ_{dmax}——击实试验确定的最大干密度(g/cm^3);

$\bar{\eta}$——成孔后，3个孔之间土的平均挤密系数。对甲、乙类建筑不宜小于0.93；对其它建筑不宜小于0.90。

第4.4.3条　成孔后，3个孔之间土的最小挤密系数，可按下式计算，但对甲、乙类建筑不宜小于0.88；对其它建筑不宜小于0.84。

$$\eta_{cmin}=\frac{\rho_{d0}}{\rho_{dmax}} \tag{4.4.3}$$

式中　η_{cmin}——土的最小挤密系数;

ρ_{d0}——成孔后，3个孔之间重心点部位土的干密度(g/cm^3);

ρ_{dmax}——击实试验确定的最大干密度(g/cm^3)。

第4.4.4条　孔底在填料前必须夯实。填料应采用素土或灰土，并宜分层回填夯实。其压实系数：对甲、乙类建筑不宜小于 0.95；对其它建筑不宜小于 0.93。

第 4.4.5 条 成孔挤密可选用沉管、爆扩、冲击等方法。对含水量小于 10%或大于 23%的地基土，不宜选用爆扩挤密。

第 4.4.6 条 成孔挤密宜由外向里、间隔分批进行，孔成后应立即进行夯填。预留松动层的厚度：采用机械成孔，宜为 0.3～0.7m；采用爆扩成孔，宜为 1～2m。冬季施工可适当增大预留松动层的厚度。

第 4.4.7 条 整片挤密地基时，在基底下宜设置 0.5m 厚的灰土（或土）垫层。

第 4.4.8 条 孔内填料的夯实质量，应及时抽样检查。其数量不得少于总孔数的 2%；每台班并不应少于 1 孔，在全部孔深内宜每米取土样测定其干密度，检测点的位置应在距孔心三分之二孔的半径处，孔内填料的夯实质量，也可通过现场试验测定。

第五节 桩 基 础

第 4.5.1 条 当采用桩基础时，应穿透湿陷性黄土层。

对非自重湿陷性黄土场地，桩底端应支承在压缩性较低的非湿陷性土层中。

对自重湿陷性黄土场地，桩底端应支承在可靠的持力层中。

第 4.5.2 条 单桩允许承载力，宜按现场浸水静载荷试验并结合地区建筑经验确定。单桩浸水静载荷试验，应符合本规范附录十一的规定。

第 4.5.3 条 估算非自重湿陷性黄土场地的单桩承载力时,桩底端土的承载力和桩周土的摩擦力,均应按饱和状态下的土性指标确定。饱和状态下土的液性指数,可按下式计算:

$$I_L=\frac{\dfrac{S_r e}{d_s}-w_P}{w_L-w_P}$$

式中 I_L——土的液性指数；

S_r——土的饱和度，可取0.85；

e——土的天然孔隙比；

d_s——土粒相对密度(比重)；

w_L、w_P——分别为土的液限和塑限含水量，以小数计。

第 4.5.4 条 自重湿陷性黄土场地的单桩承载力的确定，除不计湿陷性土层范围内的桩周正摩擦力外，尚应扣除桩侧的负摩擦力。正、负摩擦力的数值，宜通过现场试验确定。

桩侧负摩擦力的计算深度，应自桩的承台底面算起，至其下非湿陷性的土层顶面为止。

第 4.5.5 条 桩基础的施工，应符合下列规定：

一、预制桩的入土深度和贯入度，均应符合设计要求；

二、灌注桩成孔后，必须将孔底清理干净。

第六节 预 浸 水 法

第 4.6.1 条 预浸水法可用于处理湿陷性土层厚度大于 10m，自重湿陷量不小于 50cm 的场地。施工前宜通过现场试坑浸水试验确定浸水时间、耗水量和湿陷量等。

第 4.6.2 条 预浸水处理地基的施工，宜符合下列规定：

一、浸水坑边缘至已有建筑物的距离不宜小于 50m,

并应防止由于浸水影响附近建筑物和场地边坡的稳定性。

二、浸水坑的边长不得小于湿陷性土层的厚度。当浸水坑的面积较大时，可分段进行浸水。

三、浸水坑内水位不宜小于30cm，连续浸水时间以湿陷变形稳定为准，其稳定标准为最后五天的平均湿陷量小于5mm。

第 4.6.3 条 地基预浸水结束后，在基础施工前应进行补充勘察工作，重新评定地基的湿陷性，并应采用垫层法或强夯法等处理上部湿陷性土层。

第七节 单液硅化或碱液加固法

第 4.7.1 条 采用单液硅化或碱液法加固湿陷性黄土地基，施工前应在现场进行单孔或群孔灌注溶液试验，以确定灌注溶液的速度、时间（或压力）和加固半径等参数。

溶液灌注试验结束后，隔半个月左右，宜在现场进行载荷浸水试验，或在试验孔的加固范围内取土样进行室内试验，测定加固土的水稳性和强度等指标。

第 4.7.2 条 单液硅化应将硅酸钠（$Na_2O_nSiO_2$）溶液注入土中，其比重宜为1.13～1.15，并不宜小于1.10，加固1m^3湿陷性黄土的溶液用量，可按下式计算：

$$x = Vnd_w\alpha \tag{4.7.2}$$

式中 V——加固土的体积(m^3)；

n——加固前土的孔隙率(%)；

d_w——硅酸钠溶液的比重；

α——溶液填充孔隙的系数,宜为0.5～0.8.

硅酸钠的模数值宜为2.5～3.3，其杂质含量不宜大于2%。

第 4.7.3 条 单液硅化加固湿陷性黄土地基，应符合下列要求：

一、加固土的半径，当采用压力灌注溶液时，宜为0.4～0.5m，当让溶液通过灌注孔自行渗透时，宜为0.2～0.3m；

二、灌注孔宜按正三角形布置，灌注孔之间的距离，宜为加固土半径的1.73倍；

三、对已有建筑物地基进行加固时，在非自重湿陷性黄土场地，宜采用压力自上向下分层灌注溶液；在自重湿陷性黄土场地，应让溶液通过灌注孔自行渗入土中。

第 4.7.4 条 碱液加固法可用于加固非自重湿陷性黄土场地上的已有建筑物地基。加固时宜将碱液（NaOH）通过注液孔渗入土内，每个灌注孔的加固半径，宜为0.3～0.4m。

碱液浓度宜为100g／l，并宜将碱液加热至80°～100℃再注入土中。

第 4.7.5 条 采用单液硅化或碱液加固已有建筑物地基时，在灌注硅酸钠或碱液过程中，应对建筑物的沉降进行监测。

第 4.7.6 条 已渗入油脂或其它有机物的土，不宜采用硅化或碱液加固法。

第五章　施　工

第一节　一 般 规 定

第 5.1.1 条　建筑物及其附属工程的施工，应根据湿陷性黄土的特性和设计要求，合理安排施工程序，防止施工用水和场地雨水流入建筑物地基引起湿陷。

第 5.1.2 条　施工的程序，宜符合下列要求：

一、统筹安排施工准备工作，根据总平面布置、竖向设计和施工组织设计，平整场地，接通水、电、修筑道路、排水设施和必要的护坡、挡土墙等。

二、先施工建筑物的地下工程，后施工地上工程。对体型复杂的建筑物，先施工深、重、高的部分，后施工浅、轻、低的部分。

三、敷设管道时，先施工排水管道，并保证其畅通。

第 5.1.3 条　在建筑物范围内填方整平,或基坑（或槽）开挖前，应对建筑物及其周围 3～5m 范围内的地下坑穴进行探查与处理，并绘图和详细记录其位置、大小、形状及填充情况等。

在重要管道和行驶重型车辆或施工机械的通道下，应对空虚的地下坑穴进行处理。

第 5.1.4 条　地基基础和地下管道的施工，应尽量缩短基坑（或槽）的暴露时间。在雨季、冬季施工时，应采取专门措施，确保工程质量。

第 5.1.5 条　在建筑物邻近修建地下工程时，应采取有效措施，保证原有建筑物和管道系统的安全使用，并应保持场地排水畅通。

第 5.1.6 条　建筑物的沉降观测和场地内的地下水位观测，其水准点应穿透湿陷性黄土层。

第 5.1.7 条　分部分项工程和隐蔽工程完工时，应进行质量评定和验收，并应将有关资料及记录存入工程技术档案，作为交工验收文件。

第二节　现 场 防 护

第 5.2.1 条　建筑场地的防洪工程，应提前施工，并应在洪水期前完成。

第 5.2.2 条　临时的防洪沟、水池、洗料场和淋灰池等，至建筑物外墙的距离，在非自重湿陷性黄土场地，不宜小于 12m；在自重湿陷性黄土场地，不宜小于 25m。遇有碎石土、砂土等夹层时，应采取有效措施，防止水渗入建筑物地基。

搅拌站至建筑物外墙的距离，不宜小于 10m，并应做好排水设施。

第 5.2.3 条　临时给水管道至建筑物外墙的距离，在非自重湿陷性黄土场地，不宜小于 7m；在自重湿陷性黄土场地，不应小于 10m。管道宜敷设在地下，防止冻裂或压坏，并应通水检查，不漏水后方可使用。给水支管应装有阀门，在水龙头处，应设排水设施，将废水引至排水系统。所有临时给水管，均应绘在施工总平面图上，施工完毕应及时拆除。

第 5.2.4 条　取土坑至建筑物外墙的距离，在非自重湿陷性黄土场地，不应小于 12m；在自重湿陷性黄土场地，不应小于 25m。

第 5.2.5 条 制作和堆放预制构件或重型吊车行走的场地，必须整平夯实，保持场地排水畅通。如在建筑物内预制构件，应先施工室内地面，并应采取有效的防水措施。

第 5.2.6 条 在现场堆放材料和设备时，应采取有效措施，保持场地排水畅通。需要大量浇水的材料，宜堆放在距基坑（或槽）边缘 5m 以外，浇水时应有专人管理，严禁使水流入基坑（或槽）内。

第 5.2.7 条 对场地给水、排水和防洪等设施，应有专人负责管理，经常进行检修和维护。

第三节 基坑或槽施工

第 5.3.1 条 对基坑或槽进行开挖和施工，应符合下列规定：

一、当基坑或槽挖至设计规定的深度或标高时，应进行验槽；

二、大型基坑的底面应有一定的坡度，在基础位置外宜设集水坑，如有积水应及时排除。当大型基坑内的土挖至接近设计标高，而下一工序不能连续进行时，宜在其上保留 30～50cm 厚的土层，待继续施工时挖除。

三、从基坑或槽内挖出的土，宜堆成土堤，土堤坡脚至基坑或槽边缘的距离不宜小于 1m。

四、设置土（或灰土）垫层或施工基础前，应在基坑或槽底面打底夯，同一夯点不宜少于 3 遍。当表层土的含水量过大或局部地段有松软土层时，应采取晾干或换土等措施处理。

五、在处理地基和施工基础的始终，应严防地面水流入基坑或槽内。

第 5.3.2 条 基础施工完毕，其周围的灰、砂、砖等,应及时清除，并应用素土在基础周围分层回填夯实，至散水垫层底面或室内地坪垫层底面止，其压实系数不得小于 0.9。

第四节 建筑物的施工

第 5.4.1 条 各种管沟穿过建筑物的基础时，不得留施工缝。当穿过外墙时，应一次做到室外的第一个检查井，或距基础 3m 以外，沟底应有向外排水的坡度。施工中应防止雨水或地面水浸入地基。施工完毕，应及时清理、验收、加盖和回填。

第 5.4.2 条 地下工程施工超出设计地面后，应进行室内和室外填土，并宜将散水和室内地面施工完毕后，再进行地上工程的施工。

第 5.4.3 条 屋面施工完毕，应及时安装天沟、水落管和雨水管道等，以便将雨水引至室外排水系统。

散水的伸缩缝，不得设在水落管处。

第 5.4.4 条 现浇钢筋混凝土结构的模板支撑，应设在整平夯实的地面上。在浇灌与养护（包括蒸汽养护）过程中，应随时检查，防止地面浸水湿陷和模板下沉走动。

第 5.4.5 条 当发现地基湿陷使建筑物产生裂缝时，应暂时停止施工，切断有关水源，查明浸水的原因和范围，对建筑物的沉降和裂缝加强观测，并绘图记录，经处理后方可继续施工。

第五节 管道和水池的施工

第 5.5.1 条 各种管材及其配件进场时，必须按设计要求和现行有关标准进行检查。管道敷设前还应对管材及其配件的规格、尺寸和外观质量逐件检查。也可抽样试验。不合格的严禁使用。

第 5.5.2 条 施工管道及其附属构筑物的地基与基础时，应将基槽底夯实不少于 3 遍，并应采取快速分段流水作业，迅速完成各分段的全部工序。管道敷设完毕，应及时回填，检查井等的地基与基础，应在邻近的管道敷设前施工完毕。

第 5.5.3 条 敷设管道时，管道应与管基（或支架）密合，管道接口应严密不漏水、新、旧管道连接时，应先做好排水设施。当昼夜温差大或在负温度条件下施工时，管道敷设后，宜及时保温 。

第 5.5.4 条 水池、检漏管沟、检漏井和检查井等的施工，必须保证砌体砂浆饱满，混凝土浇捣密实，防水层严密不漏水.. 穿过池（或井、沟）壁的管道和预埋件，应预先设置，不得打洞。铺设盖板前，应将池（或井、沟）底清理干净。池（或井、沟）壁与基槽间，应用素土分层回填夯实，其压实系数不应小于 0.9。

第 5.5.5 条 管道和水池等施工完毕，必须进行水压试验，不合格的应返修或加固，重做试验，直至合格为止，所有试验用水，应引至排水系统，不得任意排放。

第 5.5.6 条 埋地压力管道的水压试验，应符合下列规定:

一、管道试压应逐段进行，每段长度在场内不宜超过 400m，在场外空旷地区不得超过 1000m。分段试压合格后，两段之间管道连接处的接口，应通水检查，不漏水后方可回填。

二、在非自重湿陷性黄土场地，当管基检查合格、沟槽回填至管顶上方 0.5m 以后（接口处暂不回填），应进行一次强度和严密性试验。

三、在自重湿陷性黄土场地，对非金属管道，当管基检查合格后，应进行两次强度和严密性试验：沟槽回填前，应分段进行强度和严密性的预先试验；沟槽回填后，应进行强度和严密性的最后试验。对金属管道，可结合当地建筑经验，进行一次或两次强度和严密性试验。

四、强度试验的压力，应符合有关现行国家标准的规定；严密性试验的压力，应为工作压力加 100kPa。

五、强度试验，应先加压至强度试验的压力，恒压时间不应少于 10min（为保持试验压力，允许向管内补水）。如当时未发现接口管道和管道附件破坏或漏水（允许表面有湿斑，但不得有水珠流淌）可认为合格。

六、严密性试验应在强度试验合格后进行。将强度试验压力降至严密性试验压力，如金属管道经 2h 不漏水，非金属管道经 4h 不漏水，可认为合格，并记录为保持试验压力所补充的水量。

在严密性的最后试验中，为保持试验压力所补充的水量，不应超过预先试验时各分段补充水量及阀件等渗水量的总和。

第 5.5.7 条 埋地排水管道（包括检查井）的水压试验，应符合下列规定:

一、水压试验应分段进行，宜以相邻两检查井间的管段为一分段。对每一分段，均应进行两次严密性试验，沟槽回填前进行预先试验；沟槽回填至管顶上方0.5m以后，再进行复查试验。

二、水压试验的注水高度，对室内排水管道，应为一层楼的高度，并不应超过8m；对室外排水管道，应为上游检查井的满井水位高度，并不应超过上游管顶4m；对室内雨水管道，应为注满立管上部雨水斗的水位高度。

三、按上述注水高度进行的水压试验，经24h不漏水，可认为合格。并记录在试验时间内为保持注水高度所补充的水量。

复查试验时，为保持注水高度所补充的水量，不应超过预先试验的数值。

第5.5.8条 对水池应按设计水位进行水压试验，经72h不漏水，可认为合格（由于蒸发损失的水量可另行计算）。

第5.5.9条 对埋地管道的沟槽，应分层回填夯实，在管道上方0.5m以下应仔细回填，并在管道两侧对称地同时进行，防止管道产生位移和断裂。其它部位回填土的压实系数，不应小于0.9。

第5.5.10条 对检查井和水池，在试压前可预先充水。

管道试压前，可预先充水浸透。充水时间，对金属管道不应少于24h，对非金属管道不应少于48h。

第六章 使用与维护

第一节 一般规定

第6.1.1条 在使用期间，对建筑物和管道应经常进行维护和检修，并应确保所有防水措施发挥有效作用，防止建筑物和管道的地基浸水湿陷。

第6.1.2条 使用单位应安排有关部门或人员负责组织制订维护管理制度、检查维护管理工作。

第6.1.3条 对勘察、设计和施工及验收的各项技术资料，如勘察报告、设计图纸、地基处理的质量检验、地下管道的施工、竣工图等，必须整理归档。

第6.1.4条 在已有建筑物的防护范围内，增添或改变用水设施时，应按本规范有关规定采取相应的防水措施和其它措施。

第二节 维护和检修

第6.2.1条 在使用期间，对给水、排水和热力管道系统（包括一切有水或汽的管道、检查井、检漏井、阀门井等）应经常保持畅通。遇有漏水或故障，应立即断绝水源、汽源，故障排除后方可使用。

对埋地压力管道，宜每隔三至五年进行一次泄压检查（采用工作压力），对自流管道进行一次常压泄漏检查，发现泄漏应及时修理。

第 6.2.2 条 对检漏设施，必须定期检查。宜每半个月检查一次，采用严格防水措施的建筑，宜每周检查一次。发现有积水或堵塞物，应及时清除和修复，并作记录。

对化粪池和检查井，宜每半年清理一次。

第 6.2.3 条 对防护范围内的防水地面、排水沟和雨水明沟，应经常检查，发现裂缝及时修补。每年应全面检修一次。

对散水的伸缩缝和散水与外墙交接处的填塞材料，应经常检查和填补。散水发生倒坡时，应及时修补，保持原设计坡度。

建筑场地应经常保持原设计的排水坡度，发现积水地段，应及时用土填平夯实。

在建筑物周围 6m 以内，应保持排水畅通，不得堆放阻碍排水的物品和垃圾，不得开挖地面，严禁大量浇水。

第 6.2.4 条 每年雨季前和每次暴雨后，对防洪沟、缓洪调节池、排水沟、雨水明沟及雨水集水口等，应进行详细检查，清除淤积物，整理沟堤，保证排水畅通。

第 6.2.5 条 每年结冻以前，对有冻裂可能的水管，应采取保温措施；对暖气管道，在送气以前，必须进行系统检查（特别是过门管沟处）。

暖气管道和其它水管停止使用时，应将管中存水放尽。

第 6.2.6 条 当发现建筑物突然下沉，墙、柱或地面出现裂缝时，应立即检查附近的水管和水池。如有漏水，应迅速断绝水源，测定地基土的含水量，观测建筑物的沉降、裂缝及其发展情况，记录其部位和时间，并会同有关单位研究处理。

第三节 沉降观测和地下水位观测

第 6.3.1 条 使用单位在接管沉降观测和地下水位观测工作时，应对水准基点、观测点、观测井及观测资料和记录，根据设计文件和移交清单，逐项检查、清点和验收。如有水准基点损坏、观测点不全或观测井填塞等情况，应由移交单位补齐或清理。

第 6.3.2 条 水准基点、沉降观测点及水位观测井，应妥善保护，每年应根据地区水准控制网对水准基点校核一次。

第 6.3.3 条 建筑物的沉降观测，除应按现行国家标准《地基与基础工程施工及验收规范》执行外，在沉降稳定后，还应继续观测，每年不应少于一次。

地下水位观测，应按设计要求进行。

观测记录，应及时整理，并存入工程技术档案。

附录一 名词解释

本规范用名词	曾用名词	解释
湿陷性黄土	同左	在一定压力下受水浸湿，土结构迅速破坏，并发生显著附加下沉的黄土 湿陷性黄土主要为马兰黄土和黄土状土。前者属于晚更新世 Q_3 黄土；后者属于全新世 Q_4 黄土
非湿陷性黄土	同左	在一定压力下受水浸湿，土结构不破坏，并无显著附加下沉的黄土
自重湿陷性黄土	同左	在上覆土的自重压力下受水浸湿发生湿陷的湿陷性黄土
非自重湿陷性黄土	同左	在大于上覆土的自重压力下（包括附加压力和土自重压力）受水浸湿发生湿陷的湿陷性黄土
新近堆积黄土（Q_4^2）	同左	沉积年代短（近500年内形成），具高压缩性、承载力低、均匀性差，在50～150kPa压力下变形敏感的全新世 Q_4^2 黄土 新近堆积黄土一般位于全新世 Q_4^1 黄土层的上部
饱和黄土		饱和度大于80%和湿陷性退化的黄土
总湿陷量	全部湿陷量	湿陷性黄土地基，在一定压力和充分浸水条件下，下沉稳定为止的变形量
剩余湿陷量	同左	将湿陷性黄土地基的总湿陷量，减去基底下被处理土层的湿陷量
防护距离	同左	防止建筑物地基受管道、水池等渗漏影响的最小距离
防护范围	同左	建筑物周围防护距离以内的区域

附录二　湿陷性黄土的物理力学性质指标及中国湿陷性黄土工程地质分区略图

分　区	区	地　带	黄土层厚　度(m)	湿陷性黄土层厚度(m)	地下水埋藏深度(m)	物理力学性质指标：含水量 w (%)	天然密度 ρ (g/cm^3)	液　限 w_L (%)	塑性指数 I_p	孔隙比 e	压缩系数 a (MPa^{-1})	湿陷系数 δ_s	自重湿陷系数 δ_{zs}
陇西地区 I		低阶地	5~20	4~12	5~15	9~18	1.42~1.69	23.9~28.0	8.0~11.0	0.9~1.15	0.13~0.59	0.027~0.09	0.005~0.052
		高阶地	20~30	10~20	20~40	7~17	1.33~1.55	25.0~28.5	8.4~11.0	0.98~1.24	0.10~0.46	0.039~0.110	0.007~0.059
陇东陕北地区 II		低阶地	5~30	4~8	4~10	12~20	1.43~1.60	25.0~28.0	8.0~11.0	0.97~1.09	0.26~0.61	0.034~0.079	0.005~0.035
		高阶地	5~150	10~15	40~60	12~18	1.43~1.62	26.4~31.0	9.0~12.2	0.8~1.15	0.17~0.55	0.03~0.084	0.006~0.043
关中地区 III		低阶地	5~20	4~8	7~15	15~21	1.50~1.67	26.2~31.0	9.5~12.0	0.94~1.09	0.24~0.61	0.029~0.072	0.003~0.024
		高阶地	50~100	6~12	20~40	14~20	1.47~1.64	27.3~31.0	10.2~12.2	0.95~1.12	0.17~0.59	0.030~0.078	0.005~0.034
山西地区 IV	汾河流域区 IV$_2$	低阶地	8~15	2~10	4~8	11~19	1.47~1.64	25.1~29.4	7.7~11.8	0.94~1.10	0.24~0.87	0.030~0.070	—
		高阶地	30~100	5~16	50~60	11~18	1.45~1.60	26.5~31.0	9.5~13.1	0.97~1.18	0.17~0.62	0.027~0.089	0.007~0.040
	晋东南区 IV$_2$		30~50	2~6	4~7	18~23	1.54~1.72	27.0~32.5	10.0~13.0	0.85~1.02	0.29~1.0	0.030~0.071	—
河南地区 V			6~25	4~8	5~25	16~21	1.61~1.81	26.0~32.0	10.0~13.0	0.86~1.07	0.18~0.33	0.023~0.045	—
冀鲁地区 VI	河北区 VI$_2$		8~30	2~6	5~12	14~18	1.55~1.70	25.0~28.7	9.0~13.0	0.85~1.00	0.18~0.60	0.024~0.048	—
	山东区 VI$_2$		3~20	2~6	5~8	15~23	1.64~1.74	27.7~31.0	9.6~13.0	0.85~0.90	0.19~0.51	0.02~0.041	—
北部边缘地区 VII	晋陕宁区 VII$_2$		5~30	1~4	5~10	7~10	1.39~1.60	21.7~27.2	7.1~9.7	1.02~1.14	0.23~0.57	0.032~0.059	—
	河西走廊区 VII$_2$		5~10	2~5	5~10	14~18	1.55~1.67	22.6~32.0	6.7~12.0	—	0.17~0.36	0.029~0.050	—

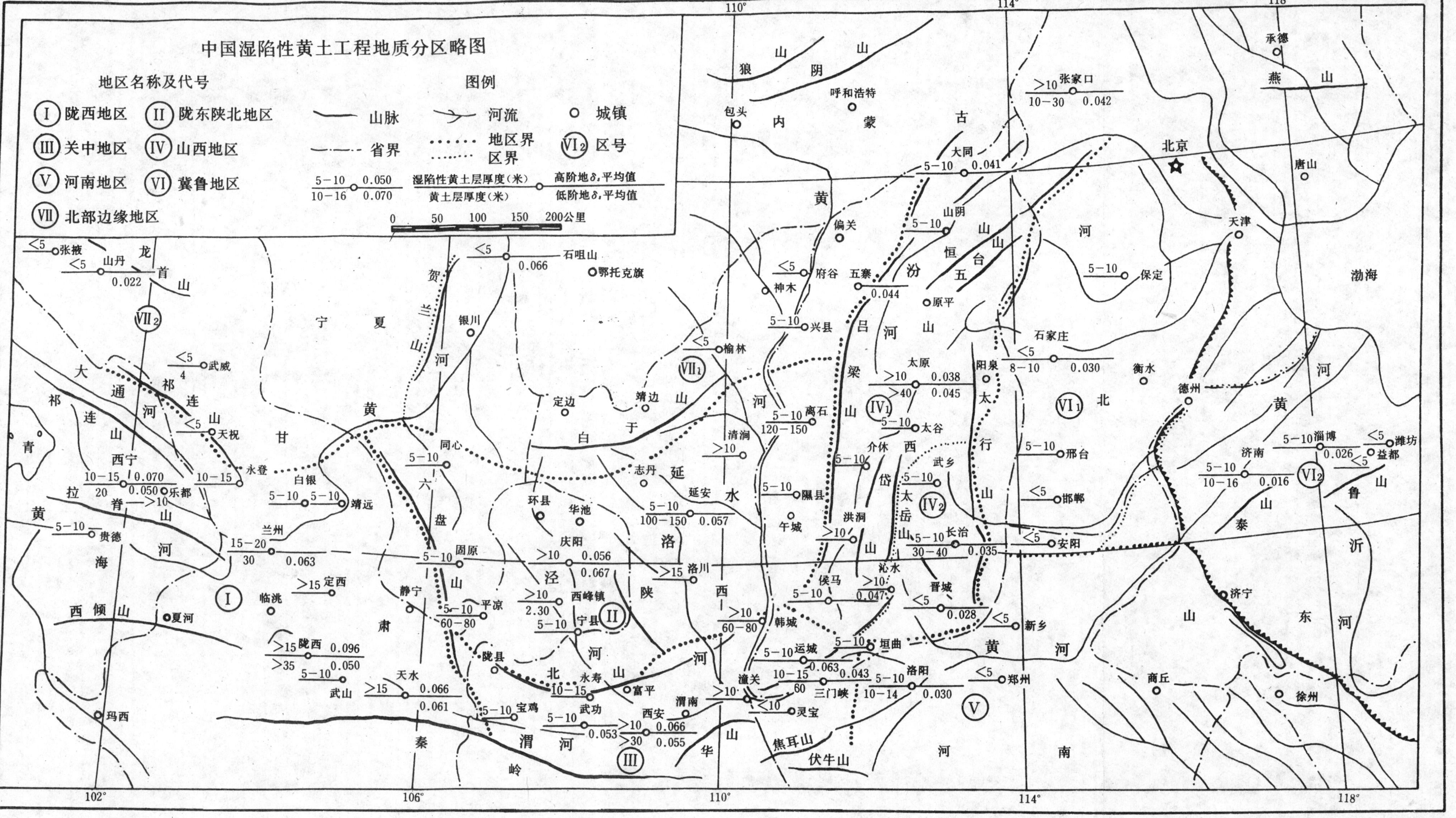

中国湿陷性黄土工程地质分区略图
地区名称及代号
Ⅰ 陇西地区
Ⅱ 陇东陕北地区
Ⅲ 关中地区
Ⅳ 山西地区
Ⅴ 河南地区
Ⅵ 冀鲁地区
Ⅶ 北部边缘地区
图例
山脉
河流
城镇
省界
地区界
区界
Ⅵ₂ 区号
5−10 / 10−16 0.050 / 0.070
湿陷性黄土层厚度（米）
黄土层厚度（米）
高阶地δs平均值
低阶地δs平均值
0 50 100 150 200公里
102° 106° 110° 114° 118°
北京
天津
唐山
承德
张家口
大同
呼和浩特
包头
银川
兰州
西宁
西安
太原
石家庄
郑州
洛阳
济南
徐州
商丘
保定
邢台
邯郸
安阳
新乡
长治
晋城
延安
榆林
庆阳
固原
天水
宝鸡
渭南
潼关
三门峡
灵宝
运城
韩城
洛川
临洮
武威
张掖
山丹
乐都
贵德
夏河
玛西
靖远
白银
永登
天祝
定西
陇西
武山
平凉
静宁
同心
陇县
宁县
西峰镇
环县
华池
志丹
定边
靖边
清涧
离石
隰县
午城
神木
府谷
兴县
偏关
五寨
原平
山阴
阳泉
太谷
介休
洪洞
武乡
侯马
沁水
垣曲
衡水
德州
淄博
潍坊
益都
济宁
富平
永寿
武功
石咀山
鄂托克旗
黄河
渭河
泾河
洛河
汾河
沁河
无定河
渤海
秦岭
六盘山
贺兰山
吕梁山
太行山
太岳山
恒山
五台山
华山
焦耳山
伏牛山
阴山
燕山
泰山
鲁山
祁连山
西倾山
拉脊山
龙首山
白于山

续表

分　区	区	特　征　简　述
陇西地区 I		自重湿陷性黄土分布很广。湿陷性黄土层厚度通常大于10m，地基湿陷等级多为Ⅲ、Ⅳ级，湿陷性敏感，对工程建设的危害性大
陇东陕北地区 II		自重湿陷性黄土分布广泛。湿陷性黄土层厚度通常大于10m，地基湿陷等级近一般为Ⅲ、Ⅳ级，湿陷性较敏感，对工程建设的危害性较大
关中地区 III		低阶地多属非自重湿陷性黄土，高阶地和黄土原多属自重湿陷性黄土。湿陷性黄土层厚度：在渭北高原一般大于10m；在渭河流域两岸多为5～10m，秦岭北麓地带有的小于5m。地基湿陷等级一般为Ⅱ、Ⅲ级。自重湿陷性黄土层一般埋藏较深，湿陷发生较迟缓。在自重湿陷性黄土分布地区，对工程建设有一定的危害性；在非自重湿陷性黄土分布地区，对工程建设的危害性小
山西地区 IV	汾河流域区 IV_1	低阶地多属非自重湿陷性黄土，高阶地（包括山麓堆积）多属自重湿陷性黄土。湿陷性黄土层厚度多为5～10m，个别地段小于5m或大于10m。地基湿陷等级一般为Ⅱ、Ⅲ级。在低阶地新近堆积黄土分布较普遍，土的结构松散，压缩性较高。在自重湿陷性黄土分布地区，对工程建设有一定的危害性；在非自重湿陷性黄土分布地区，对工程建设的危害性较小
	晋东南区 IV_2	

续表

分　区	区	特　征　简　述
河南地区 V		一般为非自重湿陷性黄土。湿陷性黄土层厚度一般约5m，土的结构较密实，压缩性较低。对工程建设危害性不大
冀鲁地区 VI	河北区 VI_1	一般为非自重湿陷性黄土。湿陷性黄土层厚度一般小于5m，局部地段为5～10m，地基湿陷等级一般为Ⅰ级。土的结构密实，压缩性低。在黄土边缘地带及鲁山北麓的局部地段，湿陷性黄土层薄，含水量高，湿陷系数小，地基湿陷等级为Ⅰ级或不具湿陷性
	山东区 VI_2	
北部边缘地区 VII	晋陕宁区 VII_1	为非自重湿陷性黄土，湿陷性黄土层厚度一般小于5m，地基湿陷等级为Ⅰ、Ⅱ级。土的压缩性低。土中含砂量较多。湿陷性黄土分布不连续
	河西走廊区 VII_2	

附录三　黄土的地层划分

时　代	地层划分	试验压力（kPa）200～300
全新世 Q_4	黄土状土	具湿陷性
晚更新世 Q_3	马兰黄土	
中更新世 Q_2	离石黄土	
早更新世 Q_1	午城黄土	不具湿陷性

注：①全新世 Q_4 包括湿陷性黄土 Q_4^1 和新近堆积黄土 Q_4^2；

②中更新世 Q_2 离石黄土层顶面以下的土层有无湿陷性，应根据建筑物基底的实际压力或上覆土的饱和自重压力进行浸水试验确定。

附录四　判别新近堆积黄土（Q_4^2）的规定

（一）现场鉴定新近堆积黄土（Q_4^2），应符合下列要求：

1.堆积环境：黄土塬、梁、峁的坡脚和斜坡后缘，冲沟两侧及沟口处的洪积扇和山前坡积地带，河道拐弯处的内侧，河漫滩及低阶地，山间凹地的表部，平原上被淹埋的池沼洼地。

2.颜色：灰黄、黄褐、棕褐，常相杂或相间。

3.结构：土质不均、松散、大孔排列杂乱。常混有岩性不一的土块，多虫孔和植物根孔。锹挖容易。

4.包含物：常含有机质，斑状或条状氧化铁；有的混砂、砾或岩石碎屑；有的混有砖瓦陶瓷碎片或朽木片等人类活动的遗物。在大孔壁上常有白色钙质粉末。在深色土中，白色物呈菌丝状或条纹状分布，在浅色土中白色物呈星点状分布，有时混钙质结核，呈零星分布。

（二）当现场鉴别尚不明确时，可按下列试验指标判定：

1.在 50～150kPa 压力段变形敏感，$e \sim p$ 曲线呈前陡后缓，小压力下具高压缩性。

2.利用判别式判定

$$R = -68.45e + 10.98a - 7.16\gamma + 1.18w$$

$$R_0 = -154.80$$

当 $R > R_0$ 时，可将该土判为新近堆积黄土（Q_4^2）。

式中 e——土的孔隙比；

a——压缩系数（MPa^{-1}），宜取50～150或0～100压力下之大值；

w——土的天然含水量（%）；

γ——土的重度。

附录五 钻孔内取原状土样的操作要点

在钻孔内采取原状土样，必须严格掌握钻进方法、取样方法、使用合适的取土器，并应符合下列操作要点和注意事项：

（一）钻进方法

宜采用回转钻进，在含水量适中（$16\% < w < 24\%$）及有经验时，亦可采用冲击钻进。

1.回转钻进时，应使用螺纹钻头，并应控制回次进尺的深度。严格掌握“一米三钻”的操作顺序（即取土间距为1m时，第一钻进尺为0.5～0.6m，第二钻清孔进尺为0.2～0.3m，第三钻取原状土样），当取土间距大于1m时，其下部1m深度内仍按上述方法操作；

2.清孔时，不应加压或少许加压慢速钻进，亦可使用薄壁取土器压入清孔。不得用小钻头钻进，大钻头清孔；

3.冲击钻进时，应使用专用的薄壁钻头（其规格为：直径不小于140mm，壁厚不大于3mm，刃口角度不大于10°～12°）。并应采取分段进尺、逐次缩减和坚持清孔的钻进程序，每段进尺应小于回转钻进要求的进尺深度；

4.冲击钻进清孔时，应使用薄壁钻头（亦可用薄壁取土器），一次击入，击入深度为12～15cm，严禁多次击入。

（二）取样方法

1.压入法：取土前，应将取土器轻轻吊放至孔内预定取土深度处，然后以匀速连续压入，中途不得停顿，在压入过程中，钻杆应保持垂直不摇摆。压入深度以超过盛土段3～5cm为宜；

2.击入法：当有经验时，亦可采用击入法。击入时应根据击入阻力大小，预估击入能量，使整个取样过程在一击下完成，不得进行二次锤击。击入深度以超过盛土段3～5cm为宜。

应使用专门的黄土薄壁取土器，其内径不宜小于120mm，刃口壁厚不宜大于3mm，刃口角度10°～12°，控制面积比为12～15%，其尺寸、规格可按附表5采用。

黄土薄壁取土器的尺寸、规格

外径 (mm)	刃口内径 (mm)	放置内衬后内径 (mm)	盛土筒长 (mm)	盛土筒厚 (mm)	余（废）土筒长 (mm)	面积比 (%)	切削刀刃口角度 (°)
<129	120	122	150～200	2.0～2.5	200	<15	12

（三）注意事项：

1.严禁向钻孔内加水钻进；

2.在卸土过程中，不得用锄头等敲打取土器。土样推出取土器后，应注意防止土筒回弹崩开；

3.土样取出后，应检查土柱质量，如发现土样有受压、扰动、碎裂和变形等情况时，应将其废弃，并重新取样；

4.应经常检查钻头、取土器的完好情况。当发现钻头、取土器有变形、刃口缺损时，应及时校正或更换；

5.对探井和钻孔的取样结果应经常对比、检查，及时发现取样过程中可能存在的问题，并及时更正；

6.应在勘察报告书中说明所采用的钻进、取样方法和取土器规格。

附录六　黄土湿陷性试验

（一）室内压缩试验

按室内压缩试验测定湿陷系数 δ_S、自重湿陷系数 δ_{zs} 和湿陷起始压力 p_{sh}，均应符合下列规定；

1.压缩试验所用环刀的面积，不应小于 $50cm^2$。透水石应烘干冷却；

2.测定湿陷系数时，应将环刀试样保持在天然湿度下，分级加荷至规定压力，下沉稳定后浸水，至湿陷稳定为止。

分级加荷：在 0～200kPa 压力以内，每级增量为 50kPa；在 200kPa 压力以上，每级增量为 100kPa；

3.测定自重湿陷系数时，应将环刀试样保持在天然湿度下，采用快速分级加荷，加至试样的上覆土的饱和自重压力，下沉稳定后浸水，至湿陷稳定为止。

4.测定不同压力下的湿陷系数或湿陷起始压力，可采用下列方法中的一种：

（1）单线法压缩试验：应在同一取土点的同一深度处，至少取 5 个环刀试样，均在天然湿度下分级加荷，分别加至不同的规定压力，下沉稳定后浸水，至湿陷稳定为止；

（2）双线法压缩试验：应在同一取土点的同一深度处，取 2 个环刀试样，一个在天然湿度下分级加荷；另一个在天然湿度下加第一级荷载，下沉稳定后浸水，至湿陷稳定，再分级加荷。

分级加荷：在 0～150kPa 压力以内，每级增量为 25～50kPa；在 150kPa 压力以上，每级增量为 50～100kPa。

5.每级加荷后和快速分级加荷最后一级的下沉稳定标准，为每隔 1h 的下沉量不大于 0.01mm。

（二）载荷试验

1.用载荷试验测定湿陷起始压力，可选择下列方法中的一种：

（1）双线法载荷试验：应在场地内相邻位置的同一标高处，做 2 个载荷试验，其中一个在天然湿度的土层上进行；另一个在浸水饱和的土层上进行；

（2）单线法载荷试验：应在场地内相邻位置的同一标高处，至少做 3 个不同压力下的浸水载荷试验；

（3）饱水法载荷试验：应在浸水饱和的土层上做 1 个载荷试验。

2.用载荷试验测定湿陷起始压力，应符合下列要求：

（1）承压板面积不宜小于 $5000cm^2$，试坑边长（或直径）应为承压板边长（或直径）的 3 倍；

（2）每级加荷增量不应大于 25kPa，试验终至压力不宜小于 200kPa；

（3）每级加荷后的下沉稳定标准，为每隔 2h 的下沉量不大于 0.2mm。

（三）试坑浸水试验

采用试坑浸水试验确定实测自重湿陷量，应符合下列要求：

1.试坑宜挖成圆形（或方形），其直径（或边长）不应小于湿陷性黄土层的厚度，并不应小于 10m。试坑深度一般为 50cm，坑底铺 5～10cm 厚的砂或石子。

2.在试坑内不同深度处，设置沉降观测标点，在试坑外设置地面沉降观测标点，沉降观测精度为±0.1mm。

3.试坑内的水头高度，应保持30cm。在浸水过程中，应观测湿陷量、耗水量、浸湿范围和地面裂缝，试验进行至湿陷稳定为止。其稳定标准为最后五天的平均湿陷量小于1mm。

附录七　各类建筑的举例

各类建筑	举　　例
甲	高度大于40m的高层建筑或高度大于50m的筒仓；高度大于100m的电视塔，大型展览、博物馆；一级火车站主楼；6000人以上的体育馆；跨度不小于36m。吊车额定起重量不小于100t的机加工车间；不小于10000t的水压机车间；大型热处理车间；大型电镀车间；大型炼钢车间；大型轧钢压延车间；大型电解车间；大型煤气发生站；60万千瓦以上的火力发电站；大型选矿、选煤车间；煤矿主井多绳提升井塔；大型漂、染车间；大型屠宰车间；10000t以上的冷库；净化工房；有剧毒或有放射污染的建筑
乙	高度24～40m的高层建筑；高度30～50m的筒仓；高度50～100m的烟囱；省（市）级影剧院、民航机场指挥及候机楼、铁路信号及通讯楼、铁路机务洗修库、高校试验楼；跨度大于或等于24m、小于36m和吊车额定起重量大于或等于30t、小于100t的机加工车间；小于10000t的水压机车间；中型轧钢车间、中型选矿车间、中型漂、染车间、中型屠宰车间；单台不小于10t的锅炉房和大、中型浴室
丙	多层住宅楼、办公楼、教学楼，高度不超过30m的筒仓、高度不超过50m的烟囱；跨度小于24m和吊车额定起重量小于30t的机加工车间，单台小于10t的锅炉房；食堂、县、区影剧院、理化试验室；一般的工具、机修、木工车间、成品库
丁	1～2层的简易住宅、简易办公房屋；小型机加工车间；小型工具、机修车间；简易辅助库房、小型库房；简易原料棚、自行车棚

附录八　水池类构筑物的设计措施

(一) 水池类构筑物应根据其重要性、容量大小、地基湿陷等级，并结合当地建筑经验，采取设计措施。

埋地管道与水池之间或水池相互之间的防护距离：在自重湿陷性黄土场地内，应与建筑物之间的防护距离的规定相同，当不能满足要求时，必须加强池体的防渗漏处理；在非自重湿陷性黄土场地内，可按一般地区的规定设计。

(二) 建筑物防护范围内的水池类构筑物，当技术经济合理时，应架空明设于地面（包括地下室地面）以上。

(三) 水池类构筑物应做成不漏水，一般采用现浇钢筋混凝土结构。预埋件和穿过池壁的套管，应在浇灌混凝土前埋设，不得事后钻孔、凿洞，不宜将爬梯嵌入水位以下的池壁中。

(四) 水池类构筑物的地基处理，宜采用整片垫层。在非自重湿陷性黄土场地内，灰土垫层的厚度不宜小于30cm，土垫层的厚度不宜小于50cm；在自重湿陷性黄土场地内，对一般水池，宜设1.0～2.5m厚的土或灰土垫层，对特别重要的水池，宜消除地基的全部湿陷量。

土或灰土垫层的压实系数不得小于0.93。

附录九　非自重湿陷性黄土场地地下水位上升时建筑物的设计措施

(一) 建筑体型应力求简单，平面形状宜避免转折。当有困难时，宜将建筑物分成若干个平面形状简单的单元，并在转折处拉开一定距离，设置能适应沉降的连接体或采取其它措施。

(二) 多层砌体结构房屋，应有较大的刚度。房屋的单元长高比，不宜大于3.0。

(三) 在同一单元内，各基础的荷载、型式、尺寸和埋置深度，应尽量接近，当门廊等与主体建筑物的重量相差悬殊时，应采取有效措施，减少主体建筑物下沉对门廊等的影响。

(四) 在建筑物的一个单元内，不宜设置局部地下室。对有地下室的单元，应用沉降缝将其与相邻单元分开，并应采取措施，防止由于相邻两单元地基土性的差异和地下室挖方卸荷的影响而引起不均匀沉降。

(五) 对多层砌体结构房屋沉降缝处的基底单位面积压力，应适当减小。

(六) 在建筑物的基础附近，有重物堆积或有重型设备时，应采取措施，减轻附加沉降对建筑物的影响。

(七) 对地下室和地下管沟，应根据可能上升的最高水位，采取防水措施。

附录十　黄土的承载力

（一）地基承载力基本值f_0，可根据土的物理、力学指标的平均值或建议值，按附表10.1～10.3确定。

晚更新世（Q_3）、全新世（Q_4^1）湿陷性黄土承载力f_0（kPa）　附表10.1

w_L/e \ f_0 \ w（%）	<13	16	19	22	25
22	180	170	150	130	110
25	190	180	160	140	120
28	210	190	170	150	130
31	230	210	190	170	150
34	250	230	210	190	170
37	–	250	230	210	190

注：对小于塑限含水量的土，宜按塑限含水量确定土的承载力。

饱和黄土承载力f_0（kPa）　附表10.2

$a_{1\sim2}$（MPa^{-1}） \ f_0 \ w/w_L	0.8	0.9	1.0	1.1	1.2
0.1	186	180	–	–	–
0.2	175	170	165	–	–
0.3	160	155	150	145	–
0.4	145	140	135	130	125
0.5	130	125	120	115	110
0.6	118	115	110	105	100
0.7	106	100	95	90	85
0.8	–	90	85	80	75
0.9	–	–	75	70	65
1.0	–	–	–	–	55

注：当土的饱和度S_r=70～80%时，亦可按此表查取承载力。

新近堆积黄土（Q_4^2）承载力 f_0（kPa）　　附表 10.3

a（MPa^{-1}） \ f_0 \ w/w_L	0.4	0.5	0.6	0.7	0.8	0.9
0.2	148	143	138	133	128	12.
0.4	136	132	126	122	116	112
0.6	125	120	115	110	105	100
0.8	115	110	105	100	95	90
1.0	–	100	95	90	85	80
1.2	–	–	85	80	75	70
1.4	–	–	–	70	65	60

注：压缩系数 a 值，可取 50～150kPa 或 100～200kPa 压力下的大值。

（二）利用静力触探比贯入阻力 p_s，确定河谷低阶地的新近堆积黄土（Q_4^2）的承载力，可按附表 10.4 查得。

新近堆积黄土（Q_4^2）承载力 f_0（kPa）　　附表 10.4

p_s（MPa）	0.3	0.7	1.1	1.5	1.9	2.3	2.8	3.3
f_0	55	75	92	108	124	140	161	182

（三）根据轻便触探锤击数确定新近堆积黄土（Q_4^2）承载力基本值时，可按附表 10.5 查得。

新近堆积黄土（Q_4^2）承载力 f_0（kPa）　　附表　10.5

N_{10}（锤击数）	7	11	15	19	23	27
f_0	80	90	100	110	120	135

（四）轻便触探设备的规格和操作要点，应符合有关现行国家标准的要求。

（五）根据载荷试验确定地基土的承载力，宜采用 $p\sim s$ 曲线上的比例界限点所对应的荷载（p_0）作为地基土的基本承载力，对新近堆积黄土（Q_4^2）和饱和黄土的承载力，当 $p\sim s$ 曲线上的比例界限点不明显时，可取沉降与承压板宽度之比不大于 0.015 所对应的压力。

（六）回归修正系数的计算，应符合下列规定：

一、$\psi_f = 1 - \left(\dfrac{2.884}{\sqrt{n}} + \dfrac{7.918}{n^2}\right)\delta$

式中　ψ_f——回归修正系数；

n——附表10.2中参加统计指标的个数；

δ——变异系数。

二、附表 10.2 中并列 $a_{1\sim2}$ 和 w/w_L 两个指标，δ 应采用该两个指标折算后的综合变异系数，综合变异系数 δ 可按下式计算：

$$\delta = \frac{\sigma}{\mu} \qquad (附10.2)$$

$$\delta = \delta_1 + \xi\delta_2 \qquad (附10.3)$$

式中　δ_1——压缩系数（$a_{1\sim2}$）的变异系数；

δ_2——土的天然含水量和液限含水量（w/w_L）的比值变异系数；

ξ——土的天然含水量和液限含水量两者比值的折算系数，对粉土 $\xi=0$；对粘性土 $\xi=0.1$；

σ——标准差；

μ——土性指标平均值。

附录十一　单桩浸水静载荷试验

（一）单桩浸水的静载荷试验，应符合下列要求：

1.桩周浸水坑的尺寸（直径或边长）不宜小于 3m，坑深 0.5m，坑底铺 5～10cm 厚的砂或石子，坑内设置渗水砂孔，其深度应与试桩的底端相同；

2.试验前和试验过程中，应向浸水坑内注水，水头保持 30cm，并应记录耗水量。试验前的连续浸水时间不得少于七天，并应保证桩周和桩底端持力层 3d（d 为桩的直径或边长）范围内的土达到饱和状态；

3.荷载分级、测读沉降时间、各级荷载下的下沉稳定标准、终止加荷条件以及单桩承载力的确定等，应符合现行国家标准《建筑地基基础设计规范》和本规范第 4.5.4 条的规定。

（二）对桩侧负摩擦力进行现场试验确有困难时，可按附表 11.1 中的数值估算。

桩侧平均负摩擦力（kPa）　　附表 11.1

自重湿陷量(cm)	挖、钻孔灌注桩	预制桩
7～20	10	15
＞20	15	20

附录十二　规范条文中用词的说明

（一）对条文执行严格程度的用词，采用以下写法：

1.表示很严格，非这样作不可的用词：

正面词一般采用“必须”；反面词一般采用“严禁”。

2.表示严格，在正常情况下均应这样作的用词：

正面词一般采用“应”；反面词一般采用“不应”或“不得”。

3.表示允许稍有选择，在条件许可时首先应这样作的用词：

正面词一般采用“宜”或“可”；反面词一般采用“不宜”。

（二）条文中必须按指定的标准、规范或其它有关规定执行的写法为“按……执行”或“符合……要求”。非必须按所指的标准、规范或其它规定执行的写法为“参照……”。

附加说明:

本规范主编单位、参加单位和主要起草人名单

主 编 单 位: 陕西省建筑科学研究设计院。

参 加 单 位: 机械电子工业部勘察研究院、
水电部西北勘测设计院、
机械电子工业部工程设计研究院、
陕西机械学院水电学院、
陕西省综合勘察设计院、
甘肃省建筑科学研究所、
兰州有色金属建筑研究所、
甘肃省建筑勘察设计院、
山西省勘察院、
能源部核工业第四设计研究院。

主要起草人: 罗宇生、钟龙辉、肖耀弟、汪国烈、
伍致机、郭志勇、梁伟铭、巫志辉、
陆深叙、杨静玲、史美生、杨忠政。

中华人民共和国国家标准

动力机器基础设计规范

Code for design of dynamic machine foundation

GB 50040-96

主编部门：中华人民共和国机械工业部
批准部门：中华人民共和国建设部
施行日期：1997年1月1日

关于发布国家标准《动力机器基础设计规范》的通知

建标[1996]428号

根据国家计委计综(1987)2390号文的要求，由机械工业部会同有关部门共同修订的《动力机器基础设计规范》已经有关部门会审，现批准《动力机器基础设计规范》GB50040-96为强制性国家标准，自一九九七年一月一日起施行。原国家标准《动力机器基础设计规范》GBJ40-79同时废止。

本标准由机械工业部负责管理，具体解释等工作由机械工业部设计研究院负责，出版发行由建设部标准定额研究所负责组织。

中华人民共和国建设部
一九九六年七月二十二日

目　次

1 总 则

1.0.1 为了在动力机器基础设计中贯彻执行国家的技术经济政策，确保工程质量，合理地选择有关动力参数和基础形式，做到技术先进、经济合理、安全适用，制订本规范。

1.0.2 本规范适用于下列各种动力机器的基础设计：

（1）活塞式压缩机；

（2）汽轮机组和电机；

（3）透平压缩机；

（4）破碎机和磨机；

（5）冲击机器（锻锤、落锤）；

（6）热模锻压力机；

（7）金属切削机床。

本规范不适用于楼层上的动力机器基础设计。

1.0.3 动力机器基础设计时，除采用本规范外，尚应符合国家现行有关标准、规范的规定。

2 术语、符号

2.1 术 语

2.1.1 基组 foundation set

动力机器基础和基础上的机器、附属设备、填土的总称。

2.1.2 当量荷载 equivalent load

为便于分析而采用的与作用于原振动系统的动荷载相当的静荷载。

2.1.3 框架式基础 frame type foundation

由顶层梁板、柱和底板连接而构成的基础。

2.1.4 墙式基础 wall type foundation

由顶板、纵横墙和底板连接而构成的基础。

2.1.5 地基刚度 stiffness of subsoil

地基抵抗变形的能力，其值为施加于地基上的力（力矩）与它引起的线变位（角变位）之比。

2.2 符 号

2.2.1 作用和作用响应

P_z——机器的竖向扰力；

P_x——机器的水平扰力；

p——基础底面平均静压力设计值；

M_φ——机器的回转扰力矩；

M_ψ——机器的扭转扰力矩；

A_z——基组（包括基础和基础上的机器附属设备和土等）重心处的竖向振动线位移；

A_x——基组重心处或基础构件的水平向振动线位移；

A_{φ} ——基础的回转振动角位移；
A_{ψ} ——基础的扭转振动角位移；
$A_{z\varphi}$ —— 基础顶面控制点在水平扰力 P_x、扰力矩 M_{φ} 及竖向扰力 P_z 偏心作用下的竖向振动线位移；
$A_{x\varphi}$ —— 基础顶面控制点在水平扰力 P_x、扰力矩 M_{φ} 及竖向扰力 P_z 偏心作用下的水平向振动线位移；
ω ——机器扰力的圆频率；
ω_{nz} ——基组竖向固有圆频率；
ω_{nx} ——基组水平向固有圆频率；
$\omega_{n\varphi}$ ——基组回转固有圆频率；
$\omega_{n\psi}$ ——基组扭转固有圆频率；
ω_{n1} ——基组水平回转耦合振动第一振型固有圆频率；
ω_{n2} ——基组水平回转耦合振动第二振型固有圆频率；
a ——基础振动加速度；
V ——基础振动速度。

2.2.2 计算指标

C_z ——天然地基抗压刚度系数；
C_{φ} ——天然地基抗弯刚度系数；
C_x ——天然地基抗剪刚度系数；
C_{ψ} ——天然地基抗扭刚度系数；
C_{pz} ——桩尖土的当量抗压刚度系数；
$C_{p\tau}$ ——桩周各层土的当量抗剪刚度系数；
K_z ——天然地基抗压刚度；
K_{φ} ——天然地基抗弯刚度；
K_x ——天然地基抗剪刚度；
K_{ψ} ——天然地基抗扭刚度；
K_{pz} ——桩基抗压刚度；
$K_{p\varphi}$ ——桩基抗弯刚度；
K_{px} ——桩基抗剪刚度；
$K_{p\psi}$ ——桩基抗扭刚度；
ζ_z ——天然地基的竖向阻尼比；
$\zeta_{x\varphi1}$ ——天然地基的水平回转耦合振动第一振型阻尼比；
$\zeta_{x\varphi2}$ ——天然地基的水平回转耦合振动第二振型阻尼比；
ζ_{ψ} ——天然地基扭转向阻尼比；
ζ_{pz} ——桩基的竖向阻尼比；
$\zeta_{px\varphi1}$ ——桩基的水平回转耦合振动第一振型阻尼比；
$\zeta_{px\varphi2}$ ——桩基的水平回转耦合振动第二振型阻尼比；
$\zeta_{p\psi}$ ——桩基的扭转向阻尼比；
f_k ——地基承载力标准值；
f ——地基承载力设计值；
$[A]$ ——基础的允许振动线位移；
$[V]$ ——基础的允许振动速度；
$[a]$ ——基础的允许振动加速度；
m ——基组的质量。

2.2.3 几何参数

A ——基础底面积；
A_p ——桩的截面积；
I ——基础底面通过其形心轴的惯性矩；
J ——基组通过其重心轴的转动惯量；
I_z ——基础底面通过其形心轴的极惯性矩；
J_z ——基组通过其重心轴的极转动惯量；
h_1 ——基组重心至基础顶面的距离；
h_2 ——基组重心至基础底面的距离。

2.2.4 计算系数及其他

α_f ——地基承载力动力折减系数；
α_z ——基础埋深作用对地基抗压刚度的提高系数；

$\alpha_{x\varphi}$ ——基础埋深作用对地基抗剪、抗弯、抗扭刚度的提高系数；

β_z ——基础埋深作用对竖向阻尼比的提高系数；

$\beta_{x\varphi}$ ——基础埋深作用对水平回转耦合振动阻尼比的提高系数；

δ_b ——基础埋深比。

3 基本设计规定

3.1 一般规定

3.1.1 基础设计时，应取得下列资料：

(1)机器的型号、转速、功率、规格及轮廓尺寸图等；

(2)机器自重及重心位置；

(3)机器底座外廓图、辅助设备、管道位置和坑、沟、孔洞尺寸以及灌浆层厚度、地脚螺栓和预埋件的位置等；

(4)机器的扰力和扰力矩及其方向；

(5)基础的位置及其邻近建筑物的基础图；

(6)建筑场地的地质勘察资料及地基动力试验资料。

3.1.2 动力机器基础宜与建筑物的基础、上部结构以及混凝土地面分开。

3.1.3 当管道与机器连接而产生较大振动时，管道与建筑物连接处应采用隔振措施。

3.1.4 当动力机器基础的振动对邻近的人员、精密设备、仪器仪表、工厂生产及建筑物产生有害影响时，应采用隔振措施。低频机器和冲击机器的振动对厂房结构的影响，宜符合本规范附录 A 的规定。

3.1.5 动力机器基础设计不得产生有害的不均匀沉降。

3.1.6 动力机器基础及毗邻建筑物基础置于天然地基上，当能满足施工要求时，两者的埋深可不在同一标高上，但基础建成后，基底标高差异部分的回填土必须夯实。

3.1.7 动力机器基础设置在整体性较好的岩石上时，除锻锤、落锤基础以外，可采用锚桩(杆)基础，其基础设计宜符合本规范附录 B 的规定。

3.1.8 动力机器底座边缘至基础边缘的距离不宜小于100 mm。除锻锤基础以外，在机器底座下应预留二次灌浆层，其厚度不宜小于25 mm。二次灌浆层应在设备安装就位并初调后，用微膨胀混凝土填充密实，且与混凝土基础面结合。

3.1.9 动力机器基础底脚螺栓的设置应符合下列规定：

(1) 带弯钩底脚螺栓的埋置深度不应小于20倍螺栓直径，带锚板地脚螺栓的埋置深度不应小于15倍螺栓直径；

(2) 底脚螺栓轴线距基础边缘不应小于4倍螺栓直径，预留孔边距基础边缘不应小于100 mm，当不能满足要求时，应采取加强措施；

(3) 预埋底脚螺栓底面下的混凝土净厚度不应小于50 mm，当为预留孔时，则孔底面下的混凝土净厚度不应小于100 mm。

3.1.10 动力机器基础宜采用整体式或装配整体式混凝土结构。

3.1.11 动力机器基础的混凝土强度等级不宜低于C15，对按构造要求设计的或不直接承受冲击力的大块式或墙式基础，混凝土的强度等级可采用C10。

3.1.12 动力机器基础的钢筋宜采用Ⅰ、Ⅱ级钢筋，不宜采用冷轧钢筋。受冲击力较大的部位，宜采用热轧变形钢筋。钢筋连接不宜采用焊接接头。

3.1.13 重要的或对沉降有严格要求的机器，应在其基础上设置永久的沉降观测点，并应在设计图纸中注明要求。在基础施工、机器安装及运行过程中应定期观测，作好记录。

3.1.14 基组的总重心与基础底面形心宜位于同一竖线上，当不在同一竖线上时，两者之间的偏心距和平行偏心方向基底边长的比值不应超过下列限值：

(1)对汽轮机组和电机基础　　3%；

(2)对金属切削机床基础以外的一般机器基础：

当地基承载力标准值 $f_k \leqslant 150$ kPa 时　　3%；

当地基承载力标准值 $f_k > 150$ kPa 时　　5%。

3.1.15 当在软弱地基上建造大型的和重要的机器以及1 t及1 t以上的锻锤基础时，宜采用人工地基。

3.1.16 设计动力机器基础的荷载取值应符合下式规定：

(1)当进行静力计算时，荷载应采用设计值；

(2)当进行动力计算时，荷载应采用标准值。

3.2 地基和基础的计算规定

3.2.1 动力机器基础底面地基平均静压力设计值应符合下式要求：

$$p \leqslant \alpha_f f \tag{3.2.1}$$

式中 p——基础底面地基的平均静压力设计值(kPa)；

α_f——地基承载力的动力折减系数；

f——地基承载力设计值(kPa)。

3.2.2 地基承载力的动力折减系数 α_f 可按下列规定采用：

(1)旋转式机器基础可采用0.8。

(2)锻锤基础可按下式计算：

$$\alpha_f = \frac{1}{1+\beta \frac{a}{g}} \tag{3.2.2}$$

式中 a——基础的振动加速度(m/s^2)；

β——地基土的动沉陷影响系数。

(3)其他机器基础可采用1.0。

3.2.3 动力机器基础的地基土类别应按表3.2.3采用。

地基土类别　　**表3.2.3**

土的名称	地基土承载力标准值 f_k(kPa)	地基土类别
碎石土 粘性土	$f_k > 500$ $f_k > 250$	一类土

续表 3.2.3

土的名称	地基土承载力标准值 f_k(kPa)	地基土类别
碎石土 粉土、砂土 粘性土	$300<f_k\leqslant500$ $250<f_k\leqslant400$ $180<f_k\leqslant250$	二类土
碎石土 粉土、砂土 粘性土	$180<f_k\leqslant300$ $160<f_k\leqslant250$ $130<f_k\leqslant180$	三类土
粉土、砂土 粘性土	$120<f_k\leqslant160$ $80<f_k\leqslant130$	四类土

3.2.4 地基土的动沉陷影响系数 β 值，可按下列规定采用：

(1)当为天然地基时，可按表 3.2.4 的规定采用：

地基土动沉陷影响系数 β 值　　表 3.2.4

地基土类别	β
一类土	1.0
二类土	1.3
三类土	2.0
四类土	3.0

(2)对桩基可按桩尖土层的类别选用。

3.2.5 基础底面静压力，应按下列荷载计算：

(1)基础自重和基础上回填土重；

(2)机器自重和传至基础上的其他荷载。

3.2.6 动力机器基础的最大振动线位移、速度或加速度，应按本规范有关各章对各种型式机器的规定进行计算，其幅值应满足下列公式的要求：

$$A_f\leqslant[A] \quad (3.2.6\text{-}1)$$

$$V_f\leqslant[V] \quad (3.2.6\text{-}2)$$

$$a_f\leqslant[a] \quad (3.2.6\text{-}3)$$

式中 A_f ——计算的基础最大振动线位移(m)；

V_f ——计算的基础最大振动速度(m/s)；

a_f ——计算的基础最大振动加速度(m/s²)；

$[A]$ ——基础的允许振动线位移(m)可按本规范的相应各章规定的数据采用；

$[V]$ ——基础的允许振动速度(m/s)可按本规范的相应各章规定的数据采用；

$[a]$ ——基础的允许振动加速度(m/s²)可按本规范规定的数据采用。

3.3 地基动力特征参数

(Ⅰ) 天然地基

3.3.1 天然地基的基本动力特性参数可由现场试验确定，试验方法应按现行国家标准《地基动力特性测试规范》的规定采用。当无条件进行试验并有经验时，可按本规范第 3.3.2～3.3.11 条规定确定。

3.3.2 天然地基的抗压刚度系数值，可按下列规定确定：

(1)当基础底面积大于或等于 20 m² 时，可按表 3.3.2 采用；

(2)当基础底面积小于 20 m² 时，抗压刚度系数值可采用表 3.3.2 中的数值乘以底面积修正系数，修正系数 β_r 值可按下式计算：

$$\beta_r=\sqrt[3]{\frac{20}{A}} \quad (3.3.2)$$

式中 β_r ——底面积修正系数；

A ——基础底面积(m²)。

天然地基的抗压刚度系数 C_z 值(kN/m³)　　表 3.3.2

地基承载力的标准值 f_k(kPa)	土的名称		
	粘性土	粉　土	砂　土
300	66000	59000	52000
250	55000	49000	44000
200	45000	40000	36000
150	35000	31000	28000
100	25000	22000	18000
80	18000	16000	

3.3.3 基础底部由不同土层组成的地基土，其影响深度 h_d 可按下列规定取值。

(1)方形基础可按下式计算：

$$h_d=2d \tag{3.3.3-1}$$

式中 h_d ——影响深度(m)；

d ——方形基础的边长(m)。

(2)其他形状的基础可按下式计算

$$h_d=2\sqrt{A} \tag{3.3.3-2}$$

3.3.4 基础影响地基土深度范围内，由不同土层组成的地基土(图 3.3.4)，其抗压刚度系数可按下式计算：

$$C_z=\frac{2/3}{\sum\limits_{i=1}^{n}\frac{1}{C_{zi}}\left[\frac{1}{1+\frac{2h_{i-1}}{h_d}}-\frac{1}{1+\frac{2h_i}{h_d}}\right]} \tag{3.3.4}$$

式中 C_{zi}——第 i 层土的抗压刚度系数(kN/m³)；

h_i ——从基础底至 i 层土底面的深度(m)；

h_{i-1} ——从基础底至 $i-1$ 层土底面的深度(m)。

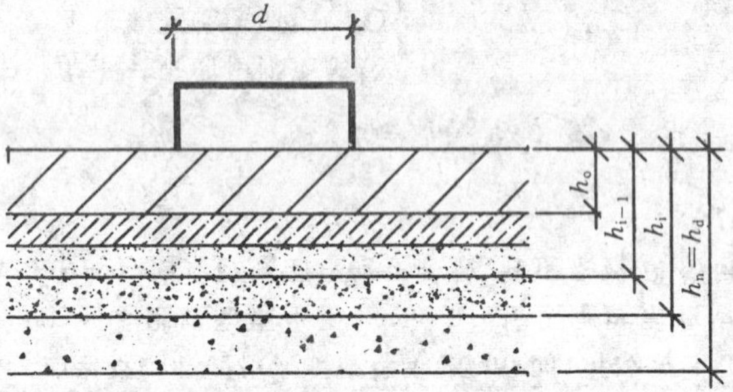

图 3.3.4　分层土地基

3.3.5 天然地基的抗弯、抗剪、抗扭刚度系数可按下列公式计算：

$$C_\varphi=2.15C_z \tag{3.3.5-1}$$

$$C_x=0.70C_z \tag{3.3.5-2}$$

$$C_\psi=1.05C_z \tag{3.3.5-3}$$

式中 C_φ——天然地基抗弯刚度系数(kN/m³)；

C_x——天然地基抗剪刚度系数(kN/m³)；

C_ψ——天然地基抗扭刚度系数(kN/m³)。

3.3.6 天然地基的抗压、抗弯、抗剪、抗扭刚度应按下列公式计算：

$$K_z=C_zA \tag{3.3.6-1}$$

$$K_\varphi=C_\varphi I \tag{3.3.6-2}$$

$$K_x=C_xA \tag{3.3.6-3}$$

$$K_\psi=C_\psi I_z \tag{3.3.6-4}$$

式中 K_z ——天然地基抗压刚度(kN/m)；

K_φ ——天然地基抗弯刚度(kN·m)；

K_x ——天然地基抗剪刚度(kN/m)；

K_ψ ——天然地基抗扭刚度(kN·m)；

I ——基础底面通过其形心轴的惯性矩(m⁴)；

I_z ——基础底面通过其形心轴的极惯性矩(m⁴)。

3.3.7 当基础采用埋置、地基承载力标准值小于 350 kPa，且基础四周回填土与地基土的密度比不小于 0.85 时，其抗压刚度可乘以提高系数 α_z，抗弯、抗剪、抗扭刚度可分别乘以提高系数 $\alpha_{x\varphi}$。提高系数 α_z 和 $\alpha_{x\varphi}$ 可按下列公式计算：

$$\alpha_z=(1+0.4\delta_b)^2 \tag{3.3.7-1}$$

$$\alpha_{x\varphi}=(1+1.2\delta_b)^2 \tag{3.3.7-2}$$

$$\delta_b=\frac{h_t}{\sqrt{A}} \tag{3.3.7-3}$$

式中 α_z ——基础埋深作用对地基抗压刚度的提高系数；

$\alpha_{x\varphi}$ ——基础埋深作用对地基抗剪、抗弯、抗扭刚度的提高系数；

δ_b ——基础埋深比，当 δ_b 大于 0.6 时，应取 0.6；

h_t ——基础埋置深度(m)。

3.3.8 基础与刚性地面相连时，地基抗弯、抗剪、抗扭刚度可分别乘以提高系数 α_1，提高系数可取 1.0～1.4，软弱地基土的提高系数可取 1.4，其他地基土的提高系数可适当减小。

3.3.9 天然地基阻尼比的计算应符合下列规定。

3.3.9.1 竖向阻尼比可按下列公式计算。

(1)粘性土：

$$\zeta_z=\frac{0.16}{\sqrt{\bar{m}}} \tag{3.3.9-1}$$

$$\bar{m}=\frac{m}{\rho A\sqrt{A}} \tag{3.3.9-2}$$

(2)砂土、粉土：

$$\zeta_z=\frac{0.11}{\sqrt{\bar{m}}} \tag{3.3.9-3}$$

式中 ζ_z ——天然地基竖向阻尼比；

$\bar{m}$ ——基组质量比；

m ——基组的质量(t)；

ρ ——地基土的密度(t/m³)。

3.3.9.2 水平回转向、扭转向阻尼比可按下列公式计算：

$$\zeta_{x\varphi1}=0.5\zeta_z \tag{3.3.9-4}$$

$$\zeta_{x\varphi2}=\zeta_{x\varphi1} \tag{3.3.9-5}$$

$$\zeta_\psi=\zeta_{x\varphi1} \tag{3.3.9-6}$$

式中 $\zeta_{x\varphi1}$ ——天然地基水平回转耦合振动第一振型阻尼比；

$\zeta_{x\varphi2}$ ——天然地基水平回转耦合振动第二振型阻尼比；

ζ_ψ ——天然地基扭转向阻尼比。

3.3.10 埋置基础的天然地基阻尼比，应为明置基础的阻尼比分别乘以基础埋深作用对竖向阻尼比的提高系数 β_z、地基水平回转向和扭转向阻尼比提高系数 $\beta_{x\varphi}$。阻尼比提高系数可按下列公式计算：

$$\beta_z=1+\delta_b \tag{3.3.10-1}$$

$$\beta_{x\varphi}=1+2\delta_b \tag{3.3.10-2}$$

式中 β_z ——基础埋深作用对竖向阻尼比的提高系数；

$\beta_{x\varphi}$ ——基础埋深作用对水平回转向或扭转向阻尼比的提高系数。

3.3.11 按本规范第 3.3.2～3.3.10 条确定的地基动力参数，除冲击机器和热模锻压力机基础外，计算天然地基大块式基础的振动线位移时，应将计算所得的竖向振动线位移值乘以折减系数 0.7，水平向振动线位移值乘以折减系数 0.85。

(Ⅱ)桩　基

3.3.12 桩基的基本动力参数可由现场试验确定，试验方法应按现行国家标准《地基动力特性测试规范》的规定采用。当无条件进行试验并有经验时，可按本规范第 3.3.13～3.3.22 条规定确定。

3.3.13 预制桩或打入式灌注桩的抗压刚度可按下列公式计算：

$$K_{pz}=n_p k_{pz} \tag{3.3.13-1}$$

$$k_{pz}=\sum C_{p\tau}A_{p\tau}+C_{pz}A_p \tag{3.3.13-2}$$

式中 K_{pz}——桩基抗压刚度(kN/m);

k_{pz}——单桩的抗压刚度(kN/m);

n_p——桩数;

$C_{p\tau}$——桩周各层土的当量抗剪刚度系数(kN/m³);

$A_{p\tau}$——各层土中的桩周表面积(m²);

C_{pz}——桩尖土的当量抗压刚度系数(kN/m³);

A_p——桩的截面积(m²)。

3.3.14 当桩的间距为4～5倍桩截面的直径或边长时,桩周各层土的当量抗剪刚度系数$C_{p\tau}$可按表3.3.14采用。

桩周土的当量抗剪刚度系数$C_{p\tau}$值(kN/m³)　表3.3.14

土的名称	土的状态	当量抗剪刚度系数 $C_{p\tau}$
淤泥	饱和	6000～7000
淤泥质土	天然含水量45%～50%	8000
粘性土、粉土	软塑	7000～10000
	可塑	10000～15000
	硬塑	15000～25000
粉砂、细砂	稍密～中密	10000～15000
中砂、粗砂、砾砂	稍密～中密	20000～25000
圆砾、卵石	稍密	15000～20000
	中密	20000～30000

3.3.15 当桩的间距为4～5倍桩截面的直径或边长时,桩尖土层的当量抗压刚度系数C_{pz}值可按表3.3.15采用。

3.3.16 预制桩或打入式灌注桩桩基的抗弯刚度可按下式计算:

$$K_{p\varphi}=k_{pz}\sum_{i=1}^{n}r_i^2 \tag{3.3.16}$$

式中 $K_{p\varphi}$——桩基抗弯刚度(kN·m);

r_i——第i根桩的轴线至基础底面形心回转轴的距离(m)。

桩尖土的当量抗压刚度系数C_{pz}值(kN/m³)　表3.3.15

土的名称	土的状态	桩尖埋置深度(m)	当量抗压刚度系数 C_{pz}
粘性土、粉土	软塑、可塑	10～20	500000～800000
	软塑、可塑	20～30	800000～1300000
	硬塑	20～30	1300000～1600000
粉砂、细砂	中密、密实	20～30	1000000～1300000
中砂、粗砂、砾砂、圆砾、卵石	中密 密实	7～15	1000000～1300000 1300000～2000000
页岩	中等风化		1500000～2000000

3.3.17 预制桩或打入式灌注桩桩基的抗剪和抗扭刚度可按下列规定采用:

(1) 抗剪刚度和抗扭刚度可采用相应的天然地基抗剪刚度和抗扭刚度的1.4倍。

(2) 当计入基础埋深和刚性地面作用时,桩基抗剪刚度可按下式计算:

$$K'_{px}=K_x(0.4+\alpha_{x\varphi}\alpha_1) \tag{3.3.17-1}$$

式中 K'_{px}——基础埋深和刚性地面对桩基刚度提高作用后的桩基抗剪刚度(kN/m)。

(3)计入基础埋深和刚性地面作用后的桩基抗扭刚度可按下式计算:

$$K'_{p\psi}=K_\psi(0.4+\alpha_{x\varphi}\alpha_1) \tag{3.3.17-2}$$

式中 $K'_{p\psi}$——基础埋深和刚性地面对桩基刚度提高作用后的桩基抗扭刚度(kN/m)。

(4)当采用端承桩或桩上部土层的地基承载力标准值f_k大于

或等于 200 kPa 时，桩基抗剪刚度和抗扭刚度不应大于相应的天然地基抗剪刚度和抗扭刚度。

3.3.18 斜桩的抗剪刚度应按下列规定确定：

(1)当桩的斜度大于 1∶6，其间距为 4～5 倍桩截面的直径或边长时，斜桩的当量抗剪刚度可采用相应的天然地基抗剪刚度的 1.6 倍；

(2)当计入基础埋深和刚性地面作用时，斜桩桩基的抗剪刚度可按下式计算：

$$K'_{px}=K_x(0.6+\alpha_{x\varphi}\alpha_1) \tag{3.3.18}$$

3.3.19 计算预制桩或打入式灌注桩桩基的固有频率和振动线位移时，其竖向、水平向总质量以及基组的总转动惯量应按下列公式计算：

$$m_{sz}=m+m_0 \tag{3.3.19-1}$$

$$m_{sx}=m+0.4m_0 \tag{3.3.19-2}$$

$$m_0=l_t b\rho \tag{3.3.19-3}$$

$$J'=J(1+\frac{0.4m_0}{m}) \tag{3.3.19-4}$$

$$J'_z=J_z(1+\frac{0.4m_0}{m}) \tag{3.3.19-5}$$

式中 m_{sz}——桩基竖向总质量(t)；

m_{sx}——桩基水平回转向总质量(t)；

m_0——竖向振动时，桩和桩间土参加振动的当量质量(t)；

l_t——桩的折算长度(m)；

b——基础底面的宽度(m)；

d——基础底面的长度(m)；

J'——基组通过其重心轴的总转动惯量(t·m²)；

J'_z——基组通过其重心轴的总极转动惯量(t·m²)；

J——基组通过其重心轴的转动惯量(t·m²)；

J_z——基组通过其重心轴的极转动惯量(t·m²)。

3.3.20 桩的折算长度可按表 3.3.20 采用。

桩的折算长度 l_t 　　　　**表 3.3.20**

桩的入土深度(m)	桩的折算长度(m)
小于或等于 10	1.8
大于或等于 15	2.4

注：当桩的入土深度为 10～15 m 之间时，可用插入法求 l_t。

3.3.21 预制桩和打入式灌注桩桩基的阻尼比可按下列规定计算。

3.3.21.1 桩基竖向阻尼比可按下列公式计算。

(1) 桩基承台底下为粘性土：

$$\zeta_{pz}=\frac{0.2}{\sqrt{\overline{m}}} \tag{3.3.21-1}$$

(2) 桩基承台底下为砂土、粉土：

$$\zeta_{pz}=\frac{0.14}{\sqrt{\overline{m}}} \tag{3.3.21-2}$$

(3) 端承桩：

$$\zeta_{pz}=\frac{0.10}{\sqrt{\overline{m}}} \tag{3.3.21-3}$$

(4)当桩基承台底与地基土脱空时，其竖向阻尼比可取端承桩的竖向阻尼比。

3.3.21.2 桩基水平回转向、扭转向阻尼比可按下列公式计算：

$$\zeta_{px\varphi1}=0.5\zeta_{pz} \tag{3.3.21-4}$$

$$\zeta_{px\varphi2}=\zeta_{px\varphi1} \tag{3.3.21-5}$$

$$\zeta_{p\psi}=\zeta_{px\varphi1} \tag{3.3.21-6}$$

式中 ζ_{pz}——桩基竖向阻尼比；

$\zeta_{px\varphi1}$——桩基水平回转耦合振动第一振型阻尼比；

$\zeta_{px\varphi2}$——桩基水平回转耦合振动第二振型阻尼比；

$\zeta_{p\psi}$——桩基扭转向阻尼比。

3.3.22 计算桩基阻尼比时，可计入桩基承台埋深对阻尼比的提高作用，提高后的桩基竖向、水平回转向以及扭转向阻尼比可按下列规定计算。

(1)摩擦桩：

$$\zeta'_{pz}=\zeta_{pz}(1+0.8\delta) \tag{3.3.22-1}$$

$$\zeta'_{px\varphi1}=\zeta_{px\varphi1}(1+1.6\delta) \tag{3.3.22-2}$$

$$\zeta'_{px\varphi2}=\zeta'_{px\varphi1} \tag{3.3.22-3}$$

$$\zeta'_{p\psi}=\zeta'_{px\varphi1} \tag{3.3.22-4}$$

(2)支承桩：

$$\zeta'_{pz}=\zeta_{pz}(1+\delta) \tag{3.3.22-5}$$

$$\zeta'_{px\varphi1}=\zeta_{px\varphi1}(1+1.4\delta) \tag{3.3.22-6}$$

$$\zeta'_{px\varphi2}=\zeta'_{px\varphi1} \tag{3.3.22-7}$$

$$\zeta'_{p\psi}=\zeta'_{px\varphi1} \tag{3.3.22-8}$$

式中 ζ'_{pz}——桩基承台埋深对阻尼比的提高作用后的桩基竖向阻尼比；

$\zeta'_{px\varphi1}$——桩基承台埋深对阻尼比的提高作用后的桩基水平回转耦合振动第一振型阻尼比；

$\zeta'_{px\varphi2}$——桩基承台埋深对阻尼比的提高作用后的桩基水平回转耦合振动第二振型阻尼比；

$\zeta'_{p\psi}$——桩基承台埋深对阻尼比的提高作用后的桩基扭转向阻尼比。

4 活塞式压缩机基础

4.1 一般规定

4.1.1 活塞式压缩机基础设计时，除应取得本规范第3.1.1条规定的有关资料外，尚应由机器制造厂提供下列资料：

(1)由机器的曲柄连杆机构运动所产生的第一谐、二谐机器竖向扰力 P'_z、P''_z 和水平扰力 P'_x、P''_x，第一谐、二谐回转扰力矩 M'_θ、M''_θ 和扭转扰力矩 M'_ψ、M''_ψ；

(2)扰力作用点位置；

(3)压缩机曲轴中心线至基础顶面的距离。

4.1.2 基础应采用混凝土结构，其形式可为大块式。当机器设置在厂房的二层标高处时，宜采用墙式基础。

4.2 构造要求

4.2.1 由底板、纵横墙和顶板组成的墙式基础，构件之间的构造连接应保证其整体刚度，各构件的尺寸应符合下列规定：

4.2.1.1 基础顶板的厚度应按计算确定，但不宜小于150 mm；

4.2.1.2 顶板悬臂的长度不宜大于2000 mm；

4.2.1.3 机身部分墙的厚度不宜小于500 mm；

4.2.1.4 汽缸部分墙的厚度不宜小于400 mm；

4.2.1.5 底板厚度不宜小于600 mm；

4.2.1.6 底板的悬臂长度可按下列规定采用：

(1)素混凝土底板不宜大于底板厚度；

(2)钢筋混凝土底板，在竖向振动时，不宜大于2.5倍板厚，水平振动时，不宜大于3倍板厚。

4.2.2 基础的配筋应符合下列规定：

4.2.2.1 体积为 20～40 m^3 的大块式基础，应在基础顶面配置直径 10 mm，间距 200 mm 的钢筋网；

4.2.2.2 体积大于 40 m^3 的大块式基础，应沿四周和顶、底面配置直径 10～14 mm，间距 200～300 mm 的钢筋网；

4.2.2.3 墙式基础沿墙面应配置钢筋网，竖向钢筋直径宜为 12～16 mm，水平向钢筋直径宜采用 14～16 mm，钢筋网格间距 200～300 mm。上部梁板的配筋，应按强度计算确定。墙与底板、上部梁板连接处，应适当增加构造配筋；

4.2.2.4 基础底板悬臂部分的钢筋配置，应按强度计算确定，并应上下配筋；

4.2.2.5 当基础上的开孔或切口尺寸大于 600 mm 时，应沿孔或切口周围配置直径不小于 12 mm，间距不大于 200 mm 的钢筋。

4.3 动力计算

4.3.1 进行基础的动力计算时，应确定基础上的扰力和扰力矩的方向和位置(图 4.3.1)。

4.3.2 基础的振动应同时控制顶面的最大振动线位移和最大振动速度。基础顶面控制点的最大振动线位移不应大于 0.20 mm，最大振动速度不应大于 6.30 mm/s。

对于排气压力大于 100 MPa 的超高压压缩机基础的允许振动值，应按专门规定确定。

4.3.3 基组在通过其重心的竖向扰力作用下，其竖向振动线位移和固有圆频率，可按下列公式计算：

$$A_z=\frac{P_z}{K_z}\cdot\frac{1}{\sqrt{(1-\frac{\omega^2}{\omega_{nz}^2})^2+4\zeta_z^2\frac{\omega^2}{\omega_{nz}^2}}} \tag{4.3.3-1}$$

$$\omega_{nz}=\sqrt{\frac{K_z}{m}} \tag{4.3.3-2}$$

$$m=m_f+m_m+m_s \tag{4.3.3-3}$$

式中 A_z——基组重心处的竖向振动线位移(m)；

P_z——机器的竖向扰力(kN)；

ω_{nz}——基组的竖向固有圆频率(rad/s)；

m_f——基础的质量(t)；

m_m——基础上压缩机及附属设备的质量(t)；

m_s——基础上回填土的质量(t)；

ω——机器的扰力圆频率(rad/s)。

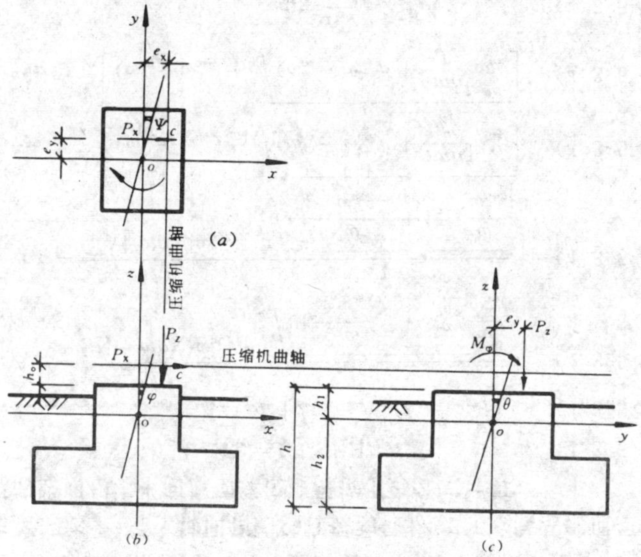

图 4.3.1 扰力、扰力矩

(a)平面图；(b)正立面图；(c)侧立面图

注：o 点为基组重心，即座标原点，c 点为扰力作用点

4.3.4 基组在扭转扰力矩 M_ψ 和水平扰力 P_x 沿 y 轴向偏心作用下(图 4.3.4)，其水平扭转线位移，可按下列公式计算：

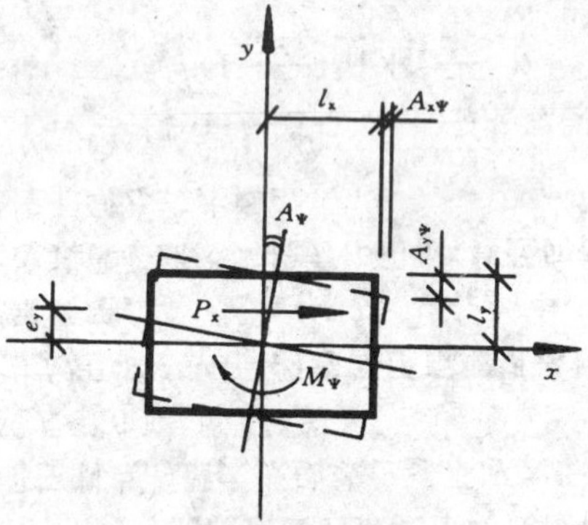

图 4.3.4　基组扭转振动

$$A_{x\psi}=\frac{(M_{\psi}+P_{x}e_{y})l_{y}}{K_{\psi}\sqrt{(1-\frac{\omega^{2}}{\omega_{n\psi}^{2}})^{2}+4\zeta_{\psi}^{2}\frac{\omega^{2}}{\omega_{n\psi}^{2}}}} \qquad (4.3.4\text{-}1)$$

$$A_{y\psi}=\frac{(M_{\psi}+P_{x}e_{y})l_{x}}{K_{\psi}\sqrt{(1-\frac{\omega^{2}}{\omega_{n\psi}^{2}})^{2}+4\zeta_{\psi}^{2}\frac{\omega^{2}}{\omega_{n\psi}^{2}}}} \qquad (4.3.4\text{-}2)$$

$$\omega_{n\psi}=\sqrt{\frac{K_{\psi}}{J_{z}}} \qquad (4.3.4\text{-}3)$$

式中　$A_{x\psi}$——基础顶面控制点由于扭转振动产生沿x轴向的水平振动线位移(m)；

$A_{y\psi}$——基础顶面控制点由于扭转振动产生沿 y 轴向的水平振动线位移(m)；

M_{ψ}——机器的扭转扰力矩(kN·m)；

P_{x}——机器的水平扰力(kN)；

e_{y}——机器水平扰力沿 y 轴向的偏心距(m)；

l_{y}——基础顶面控制点至扭转轴在 y 轴向的水平距离(m)；

l_{x}——基础顶面控制点至扭转轴在 x 轴向的水平距离(m)；

J_{z}——基组对通过其重心轴的极转动惯量(t·m²)；

$\omega_{n\psi}$——基组的扭转振动固有圆频率(rad/s)。

4.3.5　基组在水平扰力 P_{x}和竖向扰力 P_{z}沿 x 向偏心矩作用下，产生 x 向水平、绕 y 轴回转的耦合振动(图 4.3.5)，其基础顶面控制点的竖向和水平向振动线位移可按下列公式计算：

$$A_{z\varphi p}=(A_{\varphi 1}+A_{\varphi 2})l_{x} \qquad (4.3.5\text{-}1)$$

$$A_{x\varphi p}=A_{\varphi 1}(\rho_{\varphi 1}+h_{1})+A_{\varphi 2}(h_{1}-\rho_{\varphi 2}) \qquad (4.3.5\text{-}2)$$

$$A_{\varphi 1p}=\frac{M_{\varphi 1}}{(J_{y}+m\rho_{\varphi 1}^{2})\omega_{n\varphi 1}^{2}}\cdot\frac{1}{\sqrt{(1-\frac{\omega^{2}}{\omega_{n\varphi 1}^{2}})^{2}+4\zeta_{x\varphi 1}^{2}\frac{\omega^{2}}{\omega_{n\varphi 1}^{2}}}} \qquad (4.3.5\text{-}3)$$

$$A_{\varphi 2p}=\frac{M_{\varphi 2}}{(J_{y}+m\rho_{\varphi 2}^{2})\omega_{n\varphi 2}^{2}}\cdot\frac{1}{\sqrt{(1-\frac{\omega^{2}}{\omega_{n\varphi 2}^{2}})^{2}+4\zeta_{x\varphi 2}^{2}\frac{\omega^{2}}{\omega_{n\varphi 2}^{2}}}} \qquad (4.3.5\text{-}4)$$

$$\omega_{n\varphi 1}^{2}=\frac{1}{2}\left[(\omega_{nx}^{2}+\omega_{n\varphi}^{2})-\sqrt{(\omega_{nx}^{2}-\omega_{n\varphi}^{2})^{2}+\frac{4mh_{2}^{2}}{J_{y}}\omega_{nx}^{4}}\right] \qquad (4.3.5\text{-}5)$$

$$\omega_{n\varphi 2}^{2}=\frac{1}{2}\left[(\omega_{nx}^{2}+\omega_{n\varphi}^{2})+\sqrt{(\omega_{nx}^{2}-\omega_{n\varphi}^{2})^{2}+\frac{4mh_{2}^{2}}{J_{y}}\omega_{nx}^{4}}\right] \qquad (4.3.5\text{-}6)$$

$$\omega_{nx}^{2}=\frac{K_{x}}{m} \qquad (4.3.5\text{-}7)$$

$$\omega_{n\varphi}^{2}=\frac{K_{\varphi}+K_{x}h_{2}{}^{2}}{J_{y}} \qquad (4.3.5\text{-}8)$$

$$M_{\varphi 1}=P_{x}(h_{1}+h_{0}+\rho_{\varphi 1})+P_{z}e_{x} \qquad (4.3.5\text{-}9)$$

$$M_{\varphi 2}=P_{x}(h_{1}+h_{0}-\rho_{\varphi 2})+P_{z}e_{x} \qquad (4.3.5\text{-}10)$$

$$\rho_{\varphi 1}=\frac{\omega_{nx}^{2}h_{2}}{\omega_{nx}^{2}-\omega_{n\varphi 1}^{2}} \qquad (4.3.5\text{-}11)$$

$$\rho_{\varphi 2}=\frac{\omega_{nx}^{2}h_{2}}{\omega_{n\varphi 2}^{2}-\omega_{nx}^{2}} \qquad (4.3.5\text{-}12)$$

$$K_{\varphi}=C_{\varphi}I_{y} \qquad (4.3.5\text{-}13)$$

式中 $A_{z\varphi p}$——基础顶面控制点，由于x向水平绕y轴回转耦合振动产生的竖向振动线位移（m）；

$A_{x\varphi p}$——基础顶面控制点，由于x向水平绕y轴回转耦合振动产生的x向水平振动线位移（m）；

$A_{\varphi 1p}$——基组$x-\varphi$向耦合振动第一振型的回转角位移（rad）；

$A_{\varphi 2p}$——基组$x-\varphi$向耦合振动第二振型的回转角位移（rad）；

$\rho_{\varphi 1}$——基组$x-\varphi$向耦合振动第一振型转动中心至基组重心的距离（m）；

$\rho_{\varphi 2}$——基组$x-\varphi$向耦合振动第二振型转动中心至基组重心的距离（m）；

$M_{\varphi 1}$——绕通过$x-\varphi$向耦合振动第一振型转动中心$O_{\varphi 1}$并垂直于回转面ZOX的轴的总扰力矩（kN·m）；

$M_{\varphi 2}$——绕通过$x-\varphi$向耦合振动第二振型转动中心$O_{\varphi 2}$并垂直于回转面ZOX的轴的总扰力矩（kN·m）；

$\omega_{n\varphi 1}$——基组$x-\varphi$向耦合振动第一振型的固有圆频率（rad/s）；

$\omega_{n\varphi 2}$——基组$x-\varphi$向耦合振动第二振型的固有圆频率（rad/s）；

ω_{nx}——基组x向水平固有圆频率（rad/s）；

$\omega_{n\varphi}$——基组绕y轴回转固有圆频率（rad/s）；

h_2——基组重心至基础底面的距离（m）；

K_φ——基组绕y轴的抗弯刚度（kN·m）；

J_y——基组对通过其重心的y轴的转动惯量（t·m²）；

I_y——基组对通过基础底面形心y轴的惯性矩（m⁴）；

e_x——机器竖向扰力P_z沿x轴向的偏心距（m）；

h_1——基组重心至基础顶面的距离（m）；

h_0——水平扰力作用线至基础顶面的距离（m）；

$\zeta_{x\varphi 1}$——基组$x-\varphi$向耦合振动第一振型阻尼比；

$\zeta_{x\varphi 2}$——基组$x-\varphi$向耦合振动第二振型阻尼比。

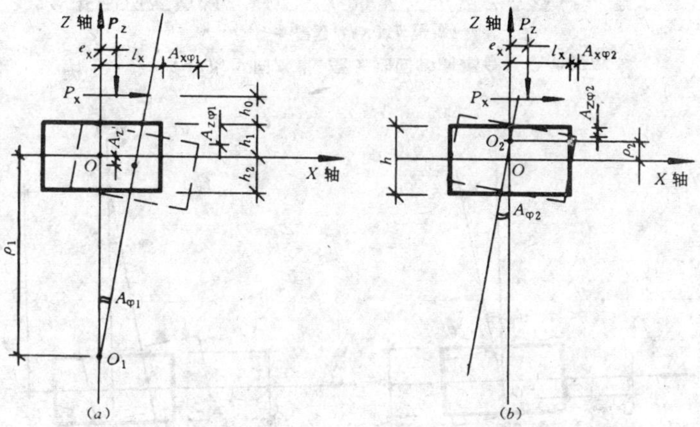

图 4.3.5 基组沿x向水平、绕y轴回转的耦合振动的振型

(a)第一振型；(b)第二振型

4.3.6 基组在回转力矩M_θ和竖向扰力P_z沿y向偏心矩作用下，产生y向水平、绕x轴回转的耦合振动（图 4.3.6），其竖向和水平向振动线位移可按下列公式计算：

$$A_{z\theta}=(A_{\theta 1}+A_{\theta 2})l_y \tag{4.3.6-1}$$

$$A_{y\theta}=A_{\theta 1}(\rho_{\theta 1}+h_1)+A_{\theta 2}(h_1-\rho_{\theta 2}) \tag{4.3.6-2}$$

$$A_{\theta 1}=\frac{M_{\theta 1}}{(J_x+m\rho_{\theta 1}^2)\omega_{n\theta 1}^2}\cdot\frac{1}{\sqrt{(1-\frac{\omega^2}{\omega_{n\theta 1}^2})^2+4\zeta_{y\theta 1}\frac{\omega^2}{\omega_{n\theta 1}^2}}} \tag{4.3.6-3}$$

$$A_{\theta 2}=\frac{M_{\theta 2}}{(J_x+m\rho_{\theta 2}^2)\omega_{n\theta 2}^2}\cdot\frac{1}{\sqrt{(1+\frac{\omega^2}{\omega_{n\theta 2}^2})^2+4\zeta_{y\theta 2}\frac{\omega^2}{\omega_{n\theta 2}^2}}} \tag{4.3.6-4}$$

$$\omega_{n\theta 1}^2=\frac{1}{2}\left[(\omega_{ny}^2+\omega_{n\theta}^2)-\sqrt{(\omega_{ny}^2-\omega_{n\theta}^2)+\frac{4mh_2^2}{J_x}\omega_{ny}^4}\right] \tag{4.3.6-5}$$

$$\omega_{n\theta2}^2=\frac{1}{2}\left[(\omega_{ny}^2+\omega_{n\theta}^2)+\sqrt{(\omega_{ny}^2-\omega_{n\theta}^2)+\frac{4mh_2^2}{J_x}\omega_{ny}^4}\right] \tag{4.3.6-6}$$

$$\omega_{ny}^2=\omega_{nx}^2 \tag{4.3.6-7}$$

$$\omega_{n\theta}^2=\frac{K_\theta+K_x h_2{}^2}{J_x} \tag{4.3.6-8}$$

$$M_{\theta1}=M_\theta+P_z e_y \tag{4.3.6-9}$$

$$M_{\theta2}=M_\theta+P_z e_y \tag{4.3.6-10}$$

$$\rho_{\theta1}=\frac{\omega_{ny}^2 h_2}{\omega_{ny}^2-\omega_{n\theta1}^2} \tag{4.3.6-11}$$

$$\rho_{\theta2}=\frac{\omega_{ny}^2 h_2}{\omega_{n\theta2}^2-\omega_{ny}^2} \tag{4.3.6-12}$$

$$K_\theta=C_\varphi I_x \tag{4.3.6-13}$$

式中 $A_{z\theta}$——基础顶面控制点，由于y向水平绕x轴回转耦合振动产生的竖向振动线位移(m)；

$A_{x\theta}$——基础顶面控制点，由于 y 向水平绕 x 轴回转耦合振动产生的 y 向水平振动线位移(m)；

$A_{\theta1}$——基组 $y-\theta$ 向耦合振动第一振型的回转角位移(rad)；

$A_{\theta2}$——基组 $y-\theta$ 向耦合振动第二振型的回转角位移(rad)；

$\rho_{\theta1}$——基组 $y-\theta$ 向耦合振动第一振型转动中心至基组重心的距离 (m)；

$\rho_{\theta2}$——基组 $y-\theta$ 向耦合振动第二振型转动中心至基组重心的距离 (m)；

$\omega_{n\theta1}$——基组 $y-\theta$ 向耦合振动第一振型的固有圆频率(rad/s)；

$\omega_{n\theta2}$——基组 $y-\theta$ 向耦合振动第二振型的固有圆频率(rad/s)；

ω_{ny}——基组 y 向水平固有圆频率(rad/s)；

$\omega_{n\theta}$——基组绕 x 轴回转固有圆频率(rad/s)；

J_x——基组对通过其重心的 x 轴的转动惯量($t\cdot m^2$)；

$M_{\theta1}$——绕通过 $y-\theta$ 向耦合振动第一振型转动中心 $O_{\theta1}$ 并垂直于回转面 ZOY 的轴的总扰力矩(kN·m)；

$M_{\theta2}$——绕通过 $y-\theta$ 向耦合振动第二振型转动中心 $O_{\theta2}$ 并垂直于回转面 ZOY 的轴的总扰力矩(kN·m)；

K_θ——基组绕 x 轴的抗弯刚度(kN·m)；

I_x——基组对通过底面形心 x 轴的惯性矩(m^4)；

e_y——机器竖向扰力 P_z 沿 y 轴向的偏心距(m)；

M_θ——绕 x 轴的机器扰力矩(kN·m)。

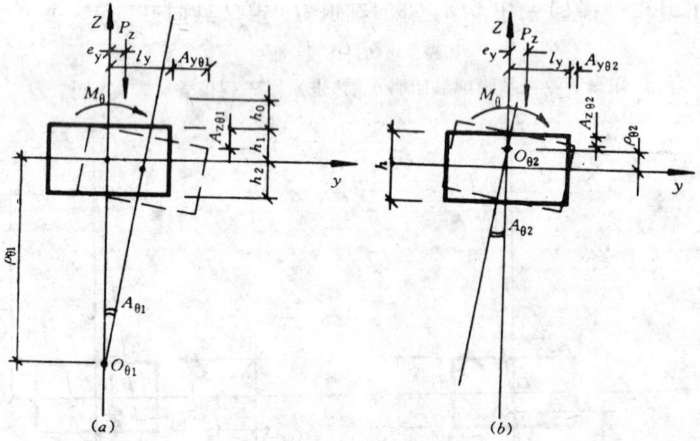

图 4.3.6 基组沿 y 向水平、绕 x 轴回转的耦合振动的振型

(a) 第一振型；(b) 第二振型

4.3.7 基础顶面控制点沿 x、y、z 轴各向的总振动线位移 A 和总振动速度 V 可按下列公式计算：

$$A=\sqrt{(\sum_{j=1}^{n}A'_j)^2+(\sum_{k=1}^{m}A''_k)^2} \quad (4.3.7\text{-}1)$$

$$V=\sqrt{(\sum_{j=1}^{n}\omega' A'_j)^2+(\sum_{k=1}^{m}\omega'' A''_k)^2} \quad (4.3.7\text{-}2)$$

$$\omega'=0.105n \quad (4.3.7\text{-}3)$$

$$\omega''=0.210n \quad (4.3.7\text{-}4)$$

式中 A'_j ——在机器第j个一谐扰力或扰力矩作用下，基础顶面控制点的振动线位移(m)；

A''_k ——在机器第 k 个二谐扰力或扰力矩作用下，基础顶面控制点的振动线位移(m)；

A ——基础顶面控制点的总振动线位移(m)；

V ——基础顶面控制点的总振动速度(m/s)；

ω' ——机器的一谐扰力和扰力矩圆频率(rad/s)；

ω'' ——机器的二谐扰力和扰力矩圆频率(rad/s)；

n ——机器工作转速(r/min)。

4.4 联合基础

4.4.1 当二台或三台同类型压缩机基础置于同一底板上，构成联合基础(图 4.4.1 所示)且符合下列条件时，可将联合基础作为刚性基础进行动力计算：

4.4.1.1 联合基础的底板厚度应满足表 4.4.1 中所列的刚度界限。

4.4.1.2 联合基础的固有圆频率应符合下列规定：

竖向型： $\omega \leqslant 1.3\ \omega^{\circ}_{nz}$ (4.4.1-1)

水平串连型、水平并联型： $\omega \leqslant 1.3\ \omega^{\circ}_{n1s}$ (4.4.1-2)

式中 ω°_{nz}——联合基础划分为单台基础的竖向固有圆频率(rad/s)；

ω_{n1s}——联合基础划分为单台基础的水平回转耦合振动第一振型的固有圆频率(rad/s)。

联合基础的底板在不同地基刚度系数时各种联合型式的刚度界限 h_d/L_1 值　　表 4.4.1

联合基础的联合型式	地基抗压刚度系数 C_z (kN/m³)							
	18000	20000	30000	40000	50000	60000	70000	80000
竖向型	0.236	0.242	0.268	0.288	0.303	0.311	0.323	0.330
水平串联型	0.198	0.201	0.222	0.238	0.251	0.262	0.270	0.278
水平并联型	0.175	0.177	0.186	0.192	0.196	0.198	0.199	0.200

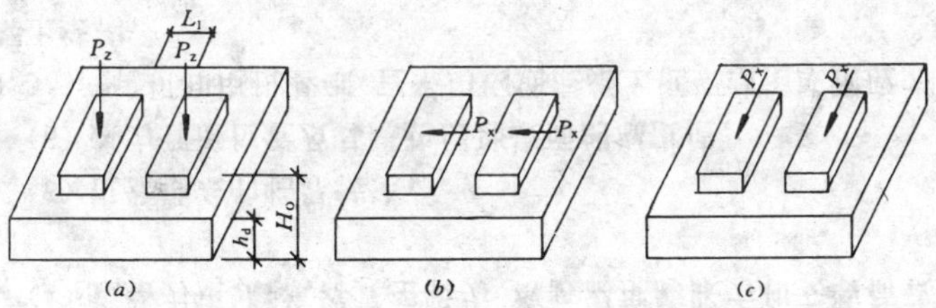

图 4.4.1 联合基础的联合型式

(a)竖向型； (b)水平串联型； (c)水平并联型

4.4.1.3 联合基础的底板厚度不应小于 600 mm，且底板厚度与总高度之比应符合下式要求：

$$\frac{h_d}{H_0}\geqslant 0.15 \quad (4.4.1\text{-}3)$$

式中 h_d ——联合基础的底板厚度(m)；

H_0——联合基础的总高度(m)。

4.4.2 当联合基础作为刚性基础进行动力计算时，宜符合本规范第 4.3 节的规定并应对基础各台机器的一、二谐扰力和扰力矩作用下分别计算各向的振动线位移。联合基础顶面控制点的总振动线位移应取各台机器扰力和扰力矩作用下的振动线位移平方之和的开方。

4.5 简化计算

4.5.1 除立式压缩机以外的功率小于 80 kW 各类压缩机基础和功率小于 500 kW 的对称平衡型压缩机基础，当其质量大于压缩机质量的 5 倍，基础底面的平均静压力设计值小于地基承载力设计值的 1/2 时，可不作动力计算。

4.5.2 对于操作层设在厂房底层的大块式基础，在水平扰力作用下，可采用下列简化计算公式验算基础顶面的水平振动线位移：

$$A_{x\varphi}=1.2\left(\frac{P_x}{K_x}+\frac{P_x H_h}{K_\varphi}h\right)\frac{\omega_{n1s}^2}{\omega_{n1s}^2-\omega^2} \quad (4.5.2\text{-}1)$$

$$H_h=h_0+h_1+h_2$$

$$\omega_{n1s}=\lambda\omega_{nx} \quad (4.5.2\text{-}2)$$

式中 $A_{x\varphi}$——在水平扰力作用下，基础顶面的水平向振动线位移(m)；

H_h——水平扰力作用线至基础底面的距离(m)；

λ——频率比。

4.5.3 频率比 λ 可按表 4.5.3 采用。

频率比 λ **表 4.5.3**

L/h	1.5	2.0	3.0
λ	0.7	0.8	0.9

注：L 为基础在水平扰力作用方向的底板边长。

5 汽轮机组和电机基础

5.1 一般规定

5.1.1 本章适用于工作转速 3000 r/min 及以下的汽轮机组（汽轮发电机、汽轮鼓风机）和电机（调相机等）基础设计。

5.1.2 汽轮机组和电机基础设计时，除应取得本规范第 3.1.1 条规定的有关资料外，尚应由机器制造厂提供下列资料：

(1) 机器自重的分布、转子自重；

(2) 机器旋转时产生的扰力分布、额定转矩；

(3) 冷却器、油箱等辅助设备及管道荷载；

(4) 短路力矩、凝汽器真空吸力、汽缸温度膨胀力和安装荷载等；

(5) 机器轴系的临界转速；

(6) 热力管道位置及其隔热层外表面的温度值。

5.1.3 汽轮机和电机基础，宜采用钢筋混凝土框架结构或预应力混凝土结构。

5.1.4 当电机基础采用墙式或大块式基础时，其动力计算和构造可按本规范第 4 章的规定采用。

5.1.5 框架式基础的顶部四周应留有变形缝与其他结构隔开，中间平台宜与基础主体结构脱开，当不能脱开时，在两者连接处宜采取隔振措施。

5.1.6 汽轮机组的框架式基础宜按多自由度空间力学模型进行多方案分析，合理地确定框架的型式和尺寸。结构选型可按下列原则确定：

(1) 顶板应有足够的质量和刚度。顶板各横梁的静挠度宜接近，顶板的外形和受力应简单，并宜避免偏心荷载；

(2) 在满足强度和稳定性要求的前提下宜适当减小柱的刚度，但其长细比不宜大于 14；

(3) 底板应有一定的刚度，并应结合地基的刚度综合分析确定。

5.1.7 框架式基础的底板、可采用井式、梁板式或平板式。

平板式基础底板的厚度或井式、梁板式基础的梁高，可根据地基条件取基础底板长度的$\frac{1}{15}\sim\frac{1}{20}$，并不应小于柱截面的边长。

5.1.8 当基础建造在岩石地基上并符合本规范附录 B 中的规定时，可采用锚桩(杆)基础。

5.1.9 对中、高压缩性地基土，应加强地基和基础的刚度及采取其他减少基础不均匀沉降的措施。

5.1.10 基础顶板的挑台应做成实腹式，其悬出长度不宜大于 1.5 m，悬臂支座处的截面高度，不应小于悬出长度的 0.75 倍。

5.2 框架式基础的动力计算

(机器工作转速 1000～3000r/min)

5.2.1 框架式基础的动力计算，应按振动线位移控制。计算振动线位移时，可按本规范附录 C 采用空间多自由度体系的计算方法。一般情况下，只需计算扰力作用点的竖向振动线位移。

5.2.2 计算振动线位移时，应采用机器制造厂提供的扰力值，当缺乏扰力资料时，基础的允许振动线位移可按表 5.2.2 采用。

扰力及允许振动线位移　　表 5.2.2

机器工作转速(r/min)		3000	1500
计算振动位移时，第 i 点的扰力 P_{gi}(kN)	竖向、横向	$0.20\ W_{gi}$	$0.16\ W_{gi}$
	纵　向	$0.10\ W_{gi}$	$0.08\ W_{gi}$
允许振动线位移(mm)		0.02	0.04

注：① 表中数值为机器正常运转时的扰力和振动线位移。

② W_{gi}为作用在基础第 i 点的机器转子重力(kN)，一般为集中到梁中或柱顶的转子重力。

5.2.3 计算振动线位移时，宜取在工作转速±25%范围内的最大振动线位移作为工作转速时的计算振动线位移。

5.2.4 对小于 75%工作转速范围内的计算振动线位移，应小于 1.5 倍的允许振动线位移。

5.2.5 计算振动线位移时，任意转速的扰力，可按下式计算：

$$P_{oi}=P_{gi}\left(\frac{n_o}{n}\right)^2 \tag{5.2.5}$$

式中 P_{oi}——任意转速的扰力(kN)；

n_o——任意转速(r/min)。

5.2.6 当框架式基础按空间多自由度体系进行振动计算时，对机组工作转速等于 3000 r/min 的基础，地基可按刚性考虑，对机器工作转速小于 3000 r/min 的基础，则地基宜按弹性考虑。

5.2.7 当有 m 个扰力作用时，质点 i 的振动线位移，可按下式计算：

$$A_i=\sqrt{\sum_{k=1}^{m}(A_{ik})^2} \tag{5.2.7}$$

式中 A_i——质点 i 的振动线位移(m)；

A_{ik}——第 k 个扰力对质点 i 产生的振动线位移(m)。

5.2.8 当基础为横向框架与纵梁构成的空间框架时，可简化为横向平面框架，按本规范附录 C 采用双自由度体系的计算方法。

5.2.9 对工作转速为 3000 r/min，功率为 12.5 MW 及以下的汽轮发电机，当基础为由横向框架与纵梁构成的空间框架，同时满足下列条件时，可不进行动力计算：

(1) 中间框架、纵梁：$W_i\geq 6\ W_{gi}$；

(2) 边框架：　$W_i\geq 10\ W_{gi}$。

注：W_i 为集中到梁中或柱顶的总重力(kN)。

5.3 框架式基础的承载力计算

(机器工作转速 1000～3000 r/min)

5.3.1 基础的承载力计算，荷载分项系数的取值应符合表 5.3.1

的规定。

荷载分项系数　表5.3.1

荷载种类	荷载名称	分项系数
永久荷载	基础自重、机器自重、安装在基础上的其他设备自重、基础上的填土重、汽缸膨胀力、凝汽器真空吸力、温差产生的作用力	1.2
可变荷载	动力荷载(或当量荷载)、顶板活荷载	1.4
偶然荷载	短路力矩	1.0
地震荷载	地震作用	1.3

5.3.2 计算基础构件动内力时,可按空间多自由度体系直接计算动内力。

5.3.3 计算动内力时的扰力值,可取计算振动线位移时所取扰力的4倍,并应考虑材料疲劳的影响,对钢筋混凝土构件的疲劳影响系数可取2.0。

5.3.4 当基础为横向框架与纵梁构成的空间框架时,可采用当量荷载进行构件动内力简化计算。

竖向当量荷载可按集中荷载考虑,水平向当量荷载可按作用在纵、横梁轴线上的集中荷载考虑。

5.3.5 按当量荷载计算动内力时,应分别按基础的基本振型和高振型进行,并取其较大值作为控制值。

5.3.6 按基础的基本振型计算动内力时,其当量荷载可按下列规定计算。

(1) 横向框架上第 i 点的竖向当量荷载可按下式计算,并不应小于4倍转子重:

$$N_{zi}=8\,P_{gi}\left(\frac{\omega_{n1}}{\omega}\right)^2\eta_{max} \qquad (5.3.6\text{-}1)$$

(2) 水平向的总当量荷载可按下列公式计算,并不应小于转子总重,总当量荷载应按刚度分配给各框架:

$$N_x=\xi_x\frac{\sum W_{gi}}{W_t}\sum K_{fxj} \qquad (5.3.6\text{-}2)$$

$$N_y=\xi_y\frac{\sum W_{gi}}{W_t}\sum K_{fyj} \qquad (5.3.6\text{-}3)$$

式中 N_{zi}——横向框架上第 i 点的竖向当量荷载 (kN);

ω_{n1}——横向框架竖向的第一振型固有圆频率(rad/s),可按附录C中公式(C.2.2-1)计算;

η_{max}——最大动力系数,可采用8;

N_x——横向框架的水平向总当量荷载 (kN);

N_y——纵向框架的水平向总当量荷载 (kN);

W_t——基础顶板全部永久荷载 (kN),包括顶板自重、设备重和柱子重的一半;

K_{fxj}——基础第 j 榀横向框架的水平刚度(kN/m);

K_{fyj}——基础第 j 榀纵向框架的水平刚度(kN/m);

ξ_x——横向计算系数(m);

ξ_y——纵向计算系数(m)。

(3) 对工作转速为3000 r/min的汽轮机组,当不作动力计算时,其竖向当量荷载可按表5.3.6-1采用,水平向总当量荷载可按表5.3.6-2采用。

竖向当量荷载　表5.3.6-1

机组功率 W (MW)	$W\leqslant25$	$25<W\leqslant125$
N_{zi}	$10\,W_{gi}$	$6\,W_{gi}$

水平向当量荷载　表5.3.6-2

机组功率 W (MW)	$W\leqslant25$	$25<W\leqslant125$
N_x、N_y	$2\sum W_{gi}$	$\sum W_{gi}$

(4) 计算简图应分别按图 5.3.6-1、5.3.6-2 采用。

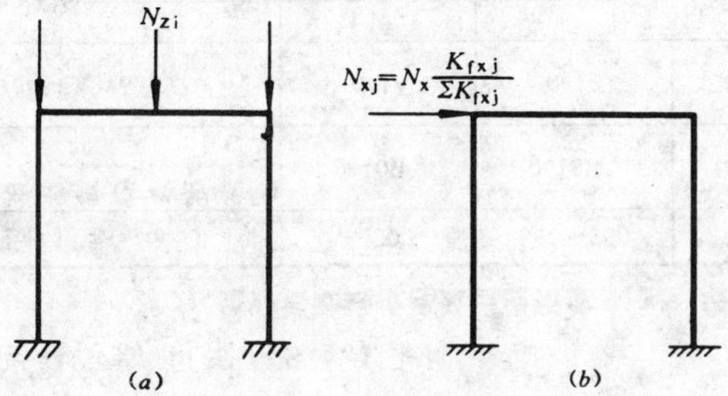

图 5.3.6-1 横向框架

(a) 竖向当量荷载作用;(b) 水平向当量荷载作用

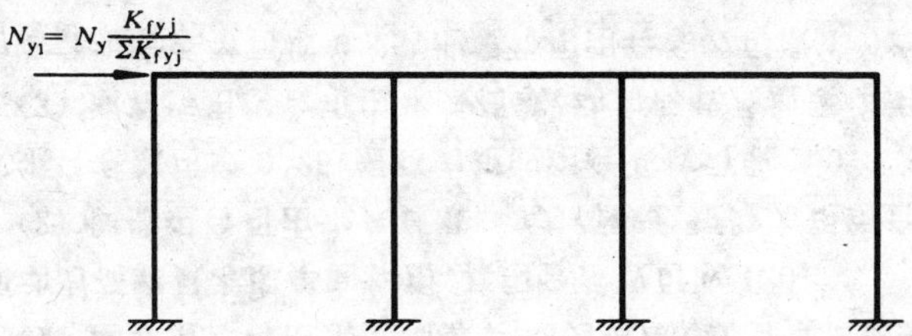

图 5.3.6-2 纵向框架

5.3.7 横向、纵向计算系数可按表 5.3.7 取值。

计算系数　　表 5.3.7

机器工作转速 (r/min)	横向计算系数 ξ_x	纵向计算系数 ξ_y
3000	12.8×10^{-4}	6.4×10^{-4}
1500	40.0×10^{-4}	20.0×10^{-4}

5.3.8 考虑基础高振型振动影响时,顶板的横梁、纵梁,应按表 5.3.8 中所列的当量荷载及计算简图 5.3.8-1、5.3.8-2 计算动内力。

考虑高振型影响的当量荷载　　表 5.3.8

方向	竖向	横向	纵向
荷载 (kN)	$N_{zi}=0.8\,W_{ci}$	$N_{xi}=0.8\,W_{ci}$	$N_{yi}=0.4\,W_{ci}$

注:W_{ci}为构件的自重及其支承的机器重(均布的或集中的)。

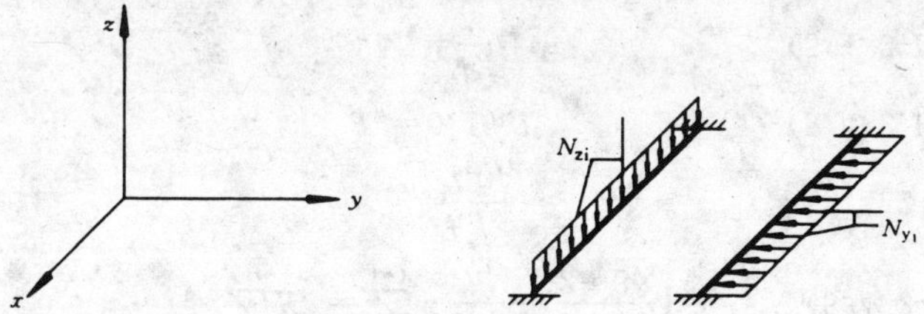

图 5.3.8-1 横梁

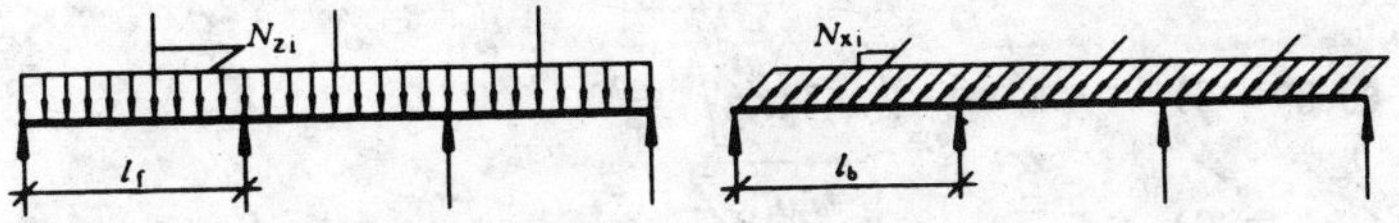

图 5.3.8-2 纵梁

注:l_f 为柱间距;l_b 为横梁间距。

5.3.9 当按空间多自由度体系计算动内力时,应取 1.25 倍机器工作转速范围内的最大动内力值作为控制值。

5.3.10 在 m 个扰力作用时,质点 i 的动内力,可按下式计算:

$$S_i=\sqrt{\sum_{k=1}^{m}(S_{ik})^2} \tag{5.3.10}$$

式中 S_i——质点 i 的动内力(kN)。

S_{ik}——第 k 个扰力对 i 点产生的动内力(kN)。

5.3.11 基础顶板的纵、横梁应考虑由于构件两侧温差产生的应力,可在梁两侧分别配置温度钢筋,每侧配筋百分率为 0.1%,但对机组功率在 100 MW 及以上的汽轮发电机，其高、中压缸侧的纵梁侧面配筋百分率，应增大至 0.15%。

当基础纵向框架长度大于或等于 40 m 时，应进行纵向框架的温度应力计算。顶板与柱脚的计算温差，在缺乏资料时，可取 20℃。

5.3.12 顶板承载力计算应考虑设备安装时的活荷载，活荷载值应根据工艺要求确定，宜采用 20～30 kPa。

5.3.13 短路力矩的动力系数可采用 2.0。

5.3.14 基础的承载力计算应按下述荷载组合，并取其较大值作为控制值：

(1) 基本组合可由永久荷载与动力荷载(或当量荷载)组合，各项动力荷载只考虑单向作用，其组合系数可取 1.0；

(2) 偶然组合可由永久荷载、动力荷载及短路力矩组合，动力荷载组合系数可取 0.25，短路力矩的组合系数可取 1.0；

(3) 地震作用组合可由永久荷载、动力荷载及地震作用组合，动力荷载组合系数可取 0.25，地震作用组合系数可取 1.0。

5.4 低转速电机基础的设计

(机器工作转速 1000 r/min 及以下)

5.4.1 当进行低转速电机基础的动力计算时，其扰力，允许振动线位移及当量荷载，可按表 5.4.1 采用。

扰力、允许振动线位移及当量荷载　　表 5.4.1

机器工作转速(r/min)		<500	500～750	>750
计算横向振动线位移的扰力 P_x(kN)		$0.10W_g$	$0.15W_g$	$0.20W_g$
允许振动线位移[A](mm)		0.16	0.12	0.08
当量荷载(kN)	竖　向 N_{zi}	$4W_{gi}$	$8W_{gi}$	
	横　向 N_{xi}	$2W_{gi}$	$2W_{gi}$	

注：表中当量荷载中，已包括材料的疲劳影响系数 2.0。W_g 为机器转子重(kN)。

5.4.2 框架式电机基础，可只计算顶板振动控制点的横向水平振动线位移，其值可按下列公式计算：

$$A_{x\psi}=A_x+A_\psi l_\psi \tag{5.4.2-1}$$

$$A_x=\frac{P_x}{K_{sx}}\cdot\frac{1}{\sqrt{(1-\frac{\omega^2}{\omega_x^2})^2+\frac{\omega^2}{64\omega_x^2}}} \tag{5.4.2-2}$$

$$A_\psi=\frac{M_\psi}{K_{s\psi}}\cdot\frac{1}{\sqrt{(1-\frac{\omega^2}{\omega_\psi^2})^2+\frac{\omega^2}{64\omega_\psi^2}}} \tag{5.4.2-3}$$

$$K_{sx}=\frac{1}{\frac{1}{K_x}+\frac{h_4^2}{K_\varphi}+\frac{1}{\sum K_{fxj}}} \tag{5.4.2-4}$$

$$K_{s\psi}=\sum K_{fxj}l_{oj}^2 \tag{5.4.2-5}$$

$$\omega_x=\sqrt{\frac{K_{sx}}{m_e}} \tag{5.4.2-6}$$

$$\omega_\psi=\sqrt{\frac{K_{s\psi}}{J_w}} \tag{5.4.2-7}$$

$$\sum K_{fxj}=\sum_{j=1}^{m}\frac{12E_cI_{bj}}{h_j^3}(\frac{1+6\delta_j}{2+3\delta_j}) \tag{5.4.2-8}$$

$$\delta_j=\frac{h_jI_{bj}}{l_jI_{cj}} \tag{5.4.2-9}$$

$$J_w=0.1m_el_d^2 \tag{5.4.2-10}$$

$$M_\psi=\frac{P_x}{2}l_\psi \tag{5.4.2-11}$$

式中　$A_{x\psi}$——框架式电机基础顶板振动控制点的横向水平振动线位移(m)；

A_x——顶板重心的横向水平振动线位移(m)；

A_ψ——顶板的扭转振动角位移(rad)；

K_{sx}——基础及地基总的横向水平刚度(kN/m)；

$K_{s\psi}$——基础及地基总的抗扭刚度(kN/m)；

ω_x ——顶板的水平横向固有圆频率(r/min);

ω_ψ ——顶板的扭转向固有圆频率(r/min);

l_{oj} ——第 j 榀横向框架平面到顶板重心的距离(m);

h_4 ——基础底板底面至顶板顶面的距离(m);

K_{fxj} ——第 j 榀横向框架的水平刚度(kN/m);

δ_j ——无因次系数;

l_ψ ——基础顶板重心到振动控制点的水平距离(m);

I_{bj} ——第 j 榀横向框架横梁的截面惯性矩(m^4);

I_{cj} ——第 j 榀横向框架柱的截面惯性矩(m^4);

h_j ——第 j 榀横向框架柱的计算高度(m);

l_j ——第 j 榀横向框架横梁的计算跨度(m),可取 0.9 倍的两柱子中心线间的距离;

J_w —— 折算质量 m_s 对通过顶板重心竖向轴的惯性矩($t \cdot m^2$);

l_d ——顶板的长度(m);

m_e —— 基组折算质量包括全部机器、基础顶板及柱子质量的 30%(t);

E_e ——混凝土的弹性模量(kPa)。

5.4.3 当采用大块式和墙式基础时,其动力计算与构造要求,可按本规范第 4 章有关规定采用。

5.4.4 15 MV · A 及以下的调相机基础,当采用将运转层设置在室内地坪标高的墙式基础时,可不作振动计算。

5.4.5 电机基础的顶板结构构造配筋,可按下列规定采用:

(1) 在顶板梁侧面配置构造钢筋如图 5.4.5,此时,可不验算由动力荷载和温度差产生的平面弯曲应力;

(2) 上部构造钢筋 A_{g2} 的截面,不应小于 $0.1\% b_n h_n$;

(3) 下部构造钢筋 A_{g1} 的截面,不应小于 $0.1\% bh$;

(4) 钢筋直径不应小于 16 mm,其间距宜取 150～250 mm。

5.4.6 基础构件的承载力计算,可按本规范第 5.3 节有关规定采用。

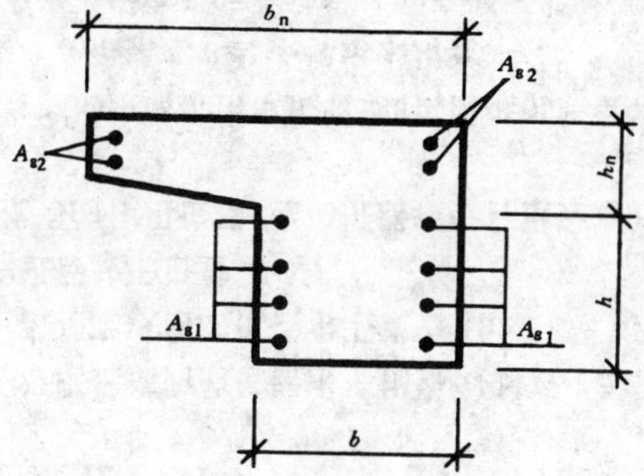

图 5.4.5 梁侧面构造钢筋

6 透平压缩机基础

6.1 一般规定

6.1.1 本章适用于工作转速大于 3000 r/min 的离心式透平压缩机基础的设计。

6.1.2 透平压缩机基础设计时，应取得本规范第 5.1.2 条规定的资料。

6.1.3 透平压缩机基础宜采用钢筋混凝土框架结构。当采用大块式或墙式基础时，其动力计算和构造可按本规范第 4 章的规定采用。

6.1.4 建造在设防烈度 8 度及以下地震区的框架式基础，可不进行抗震验算。

6.2 构造要求

6.2.1 框架式基础的尺寸应符合下列规定：

6.2.1.1 基础底板宜采用矩形板，其厚度可取底板长度的$\frac{1}{10}$～$\frac{1}{12}$，并不宜小于 800 mm；

6.2.1.2 柱子截面宜采用矩形，其最小宽度宜为柱子净高度的$\frac{1}{10}$～$\frac{1}{12}$，并不得小于 450 mm；

6.2.1.3 基础顶板厚度不宜小于其净跨度的 1/4，并不得小于 800 mm。

6.2.2 框架式基础的配筋应符合下列规定：

6.2.2.1 底板应沿周边及板顶、板底配置钢筋网，钢筋直径宜为 14～16 mm，间距宜为 200～250 mm。当采用桩基时，钢筋直径宜为 16～20 mm。

6.2.2.2 柱子配筋应按计算确定。竖向钢筋可沿柱截面周边对称配置，直径不宜小于 18 mm；

6.2.2.3 顶板应沿周边及板顶、板底配置钢筋网，钢筋直径宜为 14～16 mm，间距宜为 200～250 mm。在柱宽范围内，应按纵、横向框架梁计算配筋；

6.2.2.4 底板及顶板上的开孔或缺口，当其直径或边长大于 300 mm 时，应沿周边配置加强钢筋，钢筋直径宜为 14～18 mm，间距宜为 200 mm。

6.3 动力计算

6.3.1 当透平压缩机转子产生的扰力小于 15 kN、其基础的尺寸符合本规范 6.2.1 条的规定，且设备和生产对基础振动无特殊要求时，可不作动力计算。

6.3.2 透平压缩机基础的扰力值和作用位置由机器制造厂提供，当缺乏资料时，可按下列规定采用：

6.3.2.1 机器的扰力可按下列公式计算：

$$P_z=0.25W_g\left(\frac{n}{3000}\right)^{3/2} \tag{6.3.2-1}$$

$$P_x=P_z \tag{6.3.2-2}$$

$$P_y=0.5P_x \tag{6.3.2-3}$$

式中 P_x——沿基础横向的机器水平扰力 (kN)；

P_y——沿基础纵向的机器水平扰力 (kN)；

W_g——机器转子自重 (kN)。

6.3.2.2 扰力的作用位置，应按机器转子自重分布的实际情况确定；

6.3.2.3 当透平压缩机由电机驱动时，由电机产生的竖向和水平向扰力可按本规范第 5.2.2 条规定采用；

6.3.2.4 当透平压缩机与驱动机之间有变速器时，计算转子重

W_g 应计入变速器相同转速的齿轮自重。

6.3.3 透平压缩机框架式基础宜按多自由度空间力学模型进行动力计算并应取工作转速正负20%范围进行扫频计算。混凝土结构的阻尼比可取0.0625，弹性模量可取静弹性模量值。

6.3.4 当基础承受 m 个不同频率的扰力作用时，应分别计算各扰力对验算点 i 所产生的振动速度 V_{ik}，其最大振动速度 V 可按下式计算：

$$V=\sqrt{\sum_{k=1}^{m}V_{ik}^{2}} \tag{6.3.4}$$

式中 V_{ik}——机器扰力对验算点 i 所产生的振动速度(m/s)。

6.3.5 透平压缩机基础顶面控制点的最大振动速度应小于5.0 mm/s。

6.4 框架式基础的承载力计算

6.4.1 当框架式基础符合下列条件时，可不进行承载力计算：

(1) 顶板的净跨度不大于4.0 m；

(2) 作用于每榀框架上的机器自重不大于150 kN；

(3) 基础的构造应满足本规范第6.2节的有关规定，且框架柱截面不应小于600 mm×600 mm，柱中竖向钢筋总配筋率不得小于1%，框架梁上、下主筋配筋率宜取0.5%～1.0%，但不宜少于5根直径为25 mm的Ⅱ级钢筋；

(4) 混凝土强度等级宜采用C 25。

6.4.2 透平压缩机基础承载力计算时，应采用本规范第5.3.1条中除地震作用以外的各项荷载分项系数。荷载的组合可按本规范第5.3.14条规定采用。

6.4.3 与机器设备有关的荷载资料，应由机器制造厂提供，当无资料时，可按下列规定采用：

(1) 顶板上的检修荷载标准值可取10 kPa，使用荷载可取2 kPa；

(2) 凝汽器真空吸力标准值，可按下式计算：

$$P_a=100A_t \tag{6.4.3}$$

式中 P_a——凝汽器真空吸力标准值(kN)；

A_t——凝汽器与汽轮机接口处的横截面面积(m^2)。

6.4.4 透平压缩机的扰力当量荷载，按正负方向的集中荷载作用在基础上，其数值可按下列规定采用：

(1) 竖向当量荷载：

$$N_z=5W_g\frac{n}{3000} \tag{6.4.4}$$

式中 N_z——竖向当量荷载(kN)。

(2) 横向、纵向当量荷载可分别取竖向当量荷载的1/4、1/8，分别集中作用在横梁、纵梁轴线上；

(3) 对不承受机器转子自重的基础构件，其当量荷载在竖向和横向均可取构件自重的1/2，在纵向可取构件自重的1/4。

7　破碎机和磨机基础

7.1　破碎机基础

7.1.1　本节适用于旋回式、颚式、圆锥式、锤式和反击式破碎机基础的设计。

7.1.2　破碎机基础设计时，除应取得本规范第 3.1.1 条规定的有关资料外，尚应由机器制造厂提供下列资料：

(1) 破碎机、电机的相互位置及传动方式；

(2) 破碎机扰力作用位置。

7.1.3　基础宜采用钢筋混凝土结构，其形式可为大块式、墙式或框架式。

7.1.4　墙式基础各构件尺寸应符合下列规定：

7.1.4.1　基础顶板的厚度不宜小于 600 mm，且不小于顶板跨度的 1/6；

7.1.4.2　顶板的悬臂长度不宜大于 1500 mm；

7.1.4.3　纵墙的厚度不宜小于 400 mm，高厚比不宜大于 6；

7.1.4.4　横墙的厚度不宜小于 500 mm，高厚比不宜大于 4；

7.1.4.5　基础底板厚度不宜小于 600 mm，且不宜小于墙厚；

7.1.4.6　基础底板悬臂长度不宜大于 2.5 倍底板厚度。

注：纵墙系指与破碎机扰力方向平行的墙，横墙为与破碎机扰力垂直的墙。

7.1.5　框架式基础的底板宜采用平板，其厚不应小于 600 mm。

7.1.6　两台至三台破碎机可设置在同一基础上，构成联合基础，其底板厚度不应小于 800 mm。

7.1.7　当基础建造在岩石地基上并符合本规范附录 B 中第 B.0.1 条规定时，基础可采用锚桩(杆)基础。

7.1.8　基础的动力计算，可只计算水平扰力作用下所产生的振动线位移，并应符合下列规定：

(1) 大块式和墙式基础的动力计算应按本规范第 4.3.3、4.3.5 和 4.3.7 条的规定采用；

(2) 框架式基础的动力计算应按本规范第 5.4.2 条规定采用，但可不计算扭转振动；

(3) 大块式锚杆基础可不作动力计算；

(4) 联合基础的动力计算，其扰力应取两台机器扰力的绝对值之和，并按本规范第 4.3.3、4.3.5 和 4.3.7 条规定的公式计算，计算所得的振动线位移可乘以折减系数 0.75。

7.1.9　破碎机基础顶面的水平向允许振动线位移可按表 7.1.9 采用。

破碎机基础顶面的水平向允许振动线位移　表 7.1.9

机器转速 n (r/min)	允许振动线位移 (mm)
$n \leqslant 300$	0.25
$300 < n \leqslant 750$	0.20
$n > 750$	0.15

7.1.10　破碎机基础的承载力计算，其荷载应包括构件、机器自重和 4 倍的锤式及反击式破碎机的扰力或 3 倍的其他型式的破碎机扰力。

7.1.11　破碎机基础的配筋，应符合下列规定：

(1) 对于大块式和墙式基础的配筋，可按本规范第 4.2.2 条规定采用；

(2) 框架式基础的配筋，应按计算确定。

7.2　磨机基础

7.2.1　本节适用于被碾物料温度为常温状态的管磨机、球(棒)磨机及自磨机基础的设计。

7.2.2 磨机基础设计时，除应取得本规范第 3.1.1 条规定的有关资料外，尚应由机器制造厂提供下列资料：

(1) 磨机、电机和减速器的相互位置及传动方式；

(2) 磨机内碾磨体的总重；

(3) 磨机筒体中心线距基础面的距离。

7.2.3 磨机基础宜采用钢筋混凝土结构，其形式可为大块式、墙式或箱式。

7.2.4 管磨机的磨头和磨尾可分别采用独立基础。球(棒)磨机及自磨机基础，当建造在土质均匀，地基承载力的标准值大于 250 kPa 时，其磨头和磨尾亦可分别采用独立基础。

7.2.5 墙式和大块式基础可不进行动力计算。

7.2.6 在计算基础底面静压力时，其荷载计算除应符合本规范第 3.2.5 条的规定外，尚应考虑作用在磨机每端轴承中心线处的定向水平当量荷载(图 7.2.6)，其值可按下式计算：

$$P_x = 0.15W_r \tag{7.2.6}$$

式中 P_x ——磨机每端轴承中心线处的定向水平当量荷载(kN)；

W_r ——磨机内碾磨体总重(kN)。

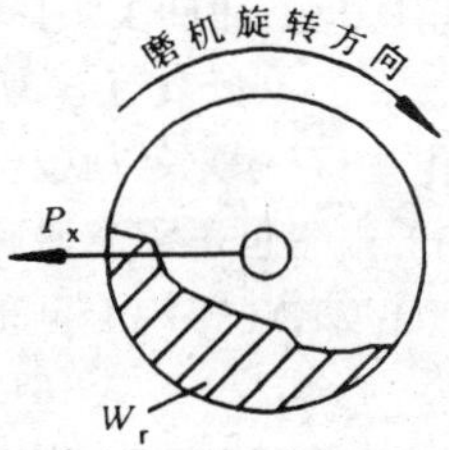

图 7.2.6 定向水平当量荷载

7.2.7 基础的配筋应按本规范第 4.2.2 条规定采用。

8 冲击机器基础

8.1 锻锤基础

8.1.1 本节适用于落下部分公称质量小于或等于 16 t 的锻锤基础设计。

8.1.2 锻锤基础设计时，除应取得本规范第 3.1.1 条规定的资料外，尚应由机器制造厂提供下列资料：

(1) 落下部分公称质量及实际重；

(2) 砧座及锤架重；

(3) 砧座高度、底面尺寸及砧座顶面对本车间地面的相对标高；

(4) 锤架底面尺寸及地脚螺栓的形式、直径、长度和位置；

(5) 落下部分的最大速度或最大行程、汽缸内径、最大进气压力或最大打击能量；

(6) 单臂锤锤架的重心位置。

8.1.3 锻锤基础的形式宜符合下列规定：

8.1.3.1 不隔振锻锤基础可采用梯形或台阶式的整体大块式基础。5 t 及以下的锻锤，亦可采用正圆锥壳基础，其壳体部分的强度计算及构造要求应符合本规范附录 D 的规定；

8.1.3.2 隔振锻锤基础有隔振器置于砧座下的砧座隔振锻锤基础和隔振器置于基础下的基础隔振锻锤基础两种形式；

8.1.3.3 当地基土为四类土或锻锤基础外形尺寸受限制时，宜采用砧座隔振锻锤基础或人工地基。

8.1.4 锻锤基础宜采用钢筋混凝土结构。大块式基础的混凝土强度等级不宜低于 C15，正圆锥壳基础的混凝土强度等级不宜低于 C20。

8.1.5 砧座垫层的材料应符合下列规定：

8.1.5.1 由方木或胶合方木组成的木垫，宜选用材质均匀、耐腐性较强的一等材，并经干燥及防腐处理。其树种应按现行国家标准《木结构设计规范》的规定采用；

8.1.5.2 木垫的材质应符合下列规定：

(1) 横放木垫可采用 TB20、TB17，对于不大于 1 t 的锻锤，亦可用 TB15、TC17、TC15；

(2) 竖放木垫可采用 TB15、TC17、TC15；

(3) 竖放木垫下的横放木垫可采用 TB20、TB17；

(4) 对于木材表层绝对含水率：当采用方木时不宜大于 25%；当采用胶合方木时不宜大于 15%；

8.1.5.3 对于不大于 5 t 的锻锤可采用橡胶垫，橡胶垫可由普通型运输胶带或普通橡胶板组成，含胶量不宜低于 40%，肖氏硬度宜为 65 Hs。其胶种和材质的选择应符合下列规定：

(1) 胶种宜采用氯丁胶、天然胶或顺丁胶；

(2) 当锻锤使用时间每天超过 16 h 时，宜选用耐热橡胶带（板）；

(3) 运输胶带的力学性能应符合国家标准《运输胶带》的规定。普通橡胶板的力学性能宜符合现行国家标准《工业用硫化橡胶板的性能》的规定。

8.1.6 砧座下垫层的铺设方式，应符合下列规定：

(1) 木垫横放并由多层组成时，上下各层应交迭成十字形。最上层沿砧座底面的短边铺设，每层木垫厚度不宜小于 150 mm，并应每隔 0.5～1.0 m 用螺栓将方木拧紧，螺栓直径可按表 8.1.6 选用。

(2) 木垫竖放时，宜在砧座凹坑底面先横放一层厚 100～150 mm 的木垫，然后再沿凹坑用方木立砌，并将顶面刨平。对小于 0.5 t 锻锤可不放横向垫木；

(3) 橡胶垫由一层或数层运输胶带或橡胶板组成，上下各层应顺条通缝迭放，并应在砧座凹坑内满铺；

横放木垫连接螺栓直径　　表 8.1.6

每层木垫厚度(mm)	螺栓直径(mm)
150	20
200	24
250	30
300	36

(4) 对砧座隔振锻锤基础可用高阻尼的弹性隔振器替代垫层。

8.1.7 砧座垫层下基础部分的最小厚度，应符合表 8.1.7 的规定。

砧座垫层下基础部分的最小厚度　　表 8.1.7

落下部分公称质量(t)		最小厚度(mm)
≤0.25		600
≤0.75		800
1		1000
2		1200
3	模锻锤	1500
	自由锻锤	1750
5		2000
10		2750
16		3500

8.1.8 锻锤基础，在砧座垫层下 1.5 m 高度范围内，不得设施工缝。砧座垫层下的基础上表面应一次抹平，严禁做找平层，其水平度要求，木垫下，不应大于 1‰，橡胶垫下，不应大于 0.5‰。

8.1.9 基础的配筋应符合下列规定：

8.1.9.1 砧座垫层下基础上部，应配置水平钢筋网，钢筋直径宜为10～16 mm，钢筋间距宜为100～150 mm。钢筋应采用Ⅱ级钢，伸过凹坑内壁的长度，不宜小于50倍钢筋直径，一般伸至基础外缘，其层数可按表8.1.9采用，各层钢筋网的竖向间距，宜为100～200 mm，并按上密下疏的原则布置，最上层钢筋网的混凝土保护层厚度宜为30～35 mm；

钢筋网层数　　表8.1.9

落下部分公称质量（t）	≤1	2～3	5～10	16
钢筋网层数	2	3	4	5

8.1.9.2 砧座凹坑的四周，应配置竖向钢筋网，钢筋间距宜为100～250 mm，钢筋直径：当锻锤小于5 t时，宜采用12～16 mm；当锻锤大于或等于5 t时宜采用16～20 mm，其竖向钢筋，宜伸至基础底面；

8.1.9.3 基础的底面应配置水平钢筋网，钢筋间距宜为100～250 mm，钢筋直径：当锻锤小于5 t时，宜采用12～18 mm；当锻锤大于或等于5 t时，宜采用18～22 mm；

8.1.9.4 基础及基础台阶顶面，砧座凹坑外侧面及大于或等于2 t的锻锤基础侧面，应配置直径12～16 mm、间距150～250 mm的钢筋网；

8.1.9.5 大于或等于5 t的锻锤砧座垫层下的基础部分，尚应沿竖向每隔800 mm左右配置一层直径12～16mm、间距400 mm左右的水平钢筋网。

8.1.10 砧座凹坑与砧座、垫层的四周间隙中，应采用沥青麻丝填实，并应在间隙顶面50～100 mm范围内用沥青浇灌。

8.1.11 锻锤基础与厂房基础的净距不宜小于500 mm。在同一厂房内有多台10 t及以上的锻锤时，各台锻锤基础中心线的距离不宜小于30 m。

8.1.12 锻锤基础的允许振动线位移及允许振动加速度应同时满足，并应按下列规定采用：

(1)对于2～5 t的锻锤基础，应按表8.1.12采用；

(2)小于2 t的锻锤基础可按表8.1.12数值乘以1.15；

(3)大于5 t的锻锤基础可按表8.1.12中数值乘以0.80。

锻锤基础允许振动线位移及允许振动加速度　　表8.1.12

土的类别	允许振动线位移 (mm)	允许振动加速度 (m/s^2)
一　类　土	0.80～1.20	$0.85g$～$1.3g$
二　类　土	0.65～0.80	$0.65g$～$0.85g$
三　类　土	0.40～0.65	$0.45g$～$0.65g$
四　类　土	<0.40	<$0.45g$

8.1.13 确定锻锤基础允许振动线位移和允许振动加速度时，尚应遵守下列规定：

8.1.13.1 对孔隙比较大的粘性土、松散的碎石土、稍密或很湿到饱和的砂土，尤其是细、粉砂以及软塑到可塑的粘性土，允许振动线位移和允许振动加速度应取表8.1.12中相应土类的较小值；

8.1.13.2 对湿陷性黄土及膨胀土应采取有关措施后，可按表8.1.12内相应的地基土类别选用允许振动值；

8.1.13.3 当锻锤基础与厂房柱基处在不同土质上时，应按较差的土质选用允许振动值；

8.1.13.4 当锻锤基础和厂房柱基均为桩基时，可按桩尖处的土质选用允许振动值。

8.1.14 不隔振锻锤基础顶面竖向振动线位移、固有圆频率和振动加速度可按下列公式计算：

$$A_z = k_A \frac{\psi_e V_o W_o}{\sqrt{K_z W}} \tag{8.1.14-1}$$

$$\omega_{nz}^2 = k_\lambda^2 \frac{K_z g}{W} \tag{8.1.14-2}$$

$$a=A_z\omega_{nz}^2 \quad (8.1.14\text{-}3)$$

式中 a ——基础的振动加速度(m/s^2)；

k_A ——振动线位移调整系数；

k_λ ——频率调整系数；

W ——基础、砧座、锤架及基础上回填土等的总重(kN)，正圆锥壳基础还应包括壳体内的全部土重。当为桩基时，应包括桩和桩间土参加振动的当量重，可按本规范第 3.3.19 条的规定换算；

W_o ——落下部分的实际重(kN)；

ψ_e ——冲击回弹影响系数；

V_o ——落下部分的最大速度(m/s)。

8.1.15 振动线位移调整系和频率调整系数可按下列规定取值：

(1)对除岩石外的天然地基，振动线位移调整系数 k_A 可取 0.6，频率调整系数 k_λ 可取 1.6；

(2)对桩基，振动线位移调整系数 k_A 和频率调整系数可取 1.0。

8.1.16 冲击回弹影响系数 ψ_e 可按下列规定取值：

(1)对模锻锤，当模锻钢制品时，可取 0.5 $s/m^{1/2}$，模锻有色金属制品时，可取 0.35 $s/m^{1/2}$；

(2)对自由锻锤可取 0.4 $s/m^{1/2}$。

8.1.17 锻锤落下部分的最大速度 V_o 可按下列规定确定：

8.1.17.1 对单作用的自由下落锤可按下式计算：

$$V_o=0.9\sqrt{2gH} \quad (8.1.17\text{-}1)$$

8.1.17.2 对双作用锤可按下式计算：

$$V_o=0.65\sqrt{2gH\frac{P_oA_o+W_o}{W_o}} \quad (8.1.17\text{-}2)$$

8.1.17.3 对用锤击能量可按下式计算：

$$V_o=\sqrt{\frac{2.2gu}{W_o}} \quad (8.1.17\text{-}3)$$

式中 H ——落下部分最大行程(m)；

P_o ——汽缸最大进气压力(kPa)；

A_o ——汽缸活塞面积(m^2)；

u ——锤头最大打击能量(kJ)。

8.1.18 建造在软弱粘性土地基上的正圆锥壳基础，当其天然地基抗压刚度系数小于 28000 kN/m^3 时，应取 28000 kN/m^3。

8.1.19 设计单臂锻锤基础，其锤击中心、基础底面形心和基组重心宜位于同一铅垂线上，当不在同一铅垂线上时，不应采用正圆锥壳基础，可采用大块式基础，但必须使锤击中心对准基础底面形心，且锤击中心对基组重心的偏心距不应大于基础偏心方向边长的 5%。此时，锻锤基础边缘的竖向振动线位移可按下式计算：

$$A_{ez}=A_z\left(1+3.0\frac{e_h}{b_h}\right) \quad (8.1.19)$$

式中 A_{ez} ——锤击中心、基础底面形心与基组重心不在同一铅垂线上时，锤基础边缘的竖向振动线位移(m)；

e_h ——锤击中心对基组重心的偏心距(m)；

b_h ——锻锤基础偏心方向的边长(m)。

8.1.20 砧座下垫层的总厚度可按下式计算，并不应小于表 8.1.20 的规定：

$$d_o=\frac{\psi_e^2W_oV_o^2E_1}{f_c^2W_hA_1} \quad (8.1.20)$$

式中 d_o ——砧座下垫层的总厚度(m)；

f_c ——垫层承压强度设计值(kPa)，可按本规范第 8.1.21 条规定采用；

E_1 ——垫层的弹性模量(kPa)，可按本规范第 8.1.21 条规定采用；

W_h ——对模锻锤为砧座和锤架的总重，对自由锻锤为砧座重(kN)。

垫层最小总厚度　　　　表 8.1.20

落下部分公称质量（t）	木　垫（mm）	胶　带（mm）
≤0.25	150	20
0.50	250	20
0.75	300	30
1.00	400	30
2.00	500	40
3.00	600	60
5.00	700	80
10.00	1000	—
16.00	1200	—

8.1.21　垫层的承压强度设计值 f_c 和弹性模量 E_1，可按表 8.1.21 采用。

垫层的承压强度设计值和弹性模量　　　　表 8.1.21

垫层名称	木材强度等级	承压强度计算值 f_c（kPa）		弹性模量 E_1（kPa）
横放木垫	TB-20、TB-17	3000		50×10^4
	TC-17	1800		
	TC-15、TB-15	1700		30×10^4
竖放木垫	TC-17、TC-15、TB-15	10000		10×10^6
运输胶带	—	小于 1 t 的锻锤	3000	3.8×10^4
		1～5 t 的锻锤	2500	

8.1.22　垫层上砧座的竖向振动线位移，可按下式计算：

$$A_{z1}=\psi_e W_o V\sqrt{\frac{d_o}{E_1 W_h A_1}} \qquad (8.1.22)$$

式中 A_{z1}——垫层上砧座的竖向振动线位移。

8.1.23　砧座的竖向允许振动线位移，应符合下列规定：

8.1.23.1　不隔振锻锤基础的砧座竖向允许振动线位移，可按表 8.1.23 采用；

砧座的竖向允许振动线位移　　　　表 8.1.23

落下部分公称质量（t）	竖向允许振动线位移（mm）
≤1.0	1.7
2.0	2.0
3.0	3.0
5.0	4.0
10.0	4.5
16.0	5.0

8.1.23.2　当砧座下采取隔振装置时，砧座竖向允许振动线位移不宜大于 20 mm。

8.2　落锤基础

8.2.1　本节适用于落锤车间或碎铁场地落锤破碎坑基础的设计。

8.2.2　落锤破碎坑基础设计时，除应取得本规范第 3.1.1 条规定的有关资料外，尚应具备下列资料：

（1）落锤锤头重及其最大落程；

（2）破碎坑及砧块的平面尺寸。

8.2.3　落锤破碎坑基础的结构形式，应根据生产工艺的需要、破碎坑及砧块的平面尺寸、地基土的类别和落锤的冲击能量综合分析后确定。

8.2.4　简易破碎坑基础的设计可按下列规定采用：

（1）当地基土为一、二类土时，可在深度不小于 2 m 的土坑内分层铺砌厚度不小于 1 m 的废钢锭、废铁块，孔隙处应以碎铁块和碎钢颗粒填实，其上铺砌砧块，作为碎铁坑基础；

(2)当地基土为三、四类土时，坑中的废钢锭、废铁块应铺砌在夯实的砂石类垫层上，垫层的厚度可根据落锤冲击能量与地基土的承载力确定，宜取 1～2 m；

(3)简易破碎坑基础可不作动力计算。

8.2.5 落锤车间的破碎坑基础应符合下列规定：

8.2.5.1 落锤车间的破碎坑基础，应采用带钢筋混凝土圆筒形或矩形坑壁的基础，其埋置深度，应根据地质情况及构造要求确定，宜取 3～6 m；

8.2.5.2 对一、二、三类地基土，可不设刚性底板[图 8.2.5(*a*)]，当为四类土时，宜采用带刚性底板的槽形基础[图 8.2.5(*b*)]；

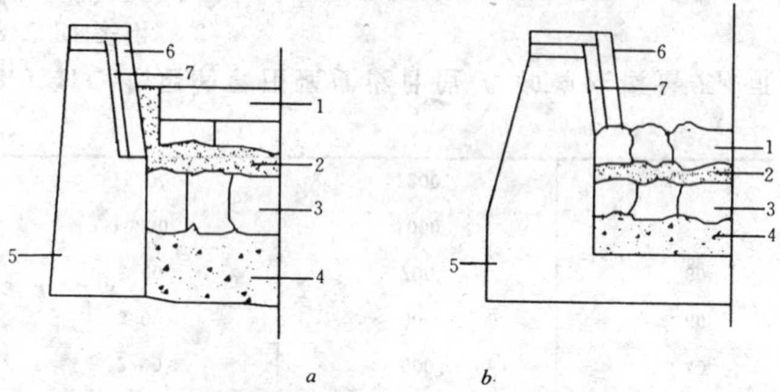

图 8.2.5 钢筋混凝土破碎坑基础

(*a*)不设刚性底板；(*b*)带刚性底板

1——砧块；2——碎铁块及碎钢颗粒；3——废钢锭及废铁块；

4——夯实的砂石类垫层；5——钢筋混凝土基础；

6——保护坑壁的钢锭或钢坯；7——橡胶带或方木垫

8.2.5.3 基础坑底应铺设厚度不小于 1 m 的砂石类垫层，其上可铺砌废钢锭、废铁块，孔隙处应以碎铁块和碎钢颗粒填实，其厚度可按下列规定确定：

(1)对冲击能量小于或等于 1200 kJ 的落锤，废钢锭、废铁块的铺砌厚度不应小于 1.0 m；

(2)对冲击能量大于 1200 kJ 的落锤，其厚度不应小于 1.5 m；

8.2.5.4 破碎坑的最上层铺设砧块。

8.2.6 当落锤破碎坑基础建造在饱和的粉、细砂或淤泥质土层上时，地基应作人工加固处理。

8.2.7 圆筒形坑壁的厚度可根据落锤的冲击能量采用 300～600 mm，坑壁的内外面应各配一层钢筋网，环向总配筋率不宜小于 1.2%，竖向总配筋率不宜小于 0.5%。

8.2.8 矩形破碎坑的设计应符合下列规定：

8.2.8.1 矩形坑壁顶部厚度不宜小于 500 mm，底部厚度不宜小于 1500 mm；

8.2.8.2 坑壁四周、顶和底面应配筋，其直径为：水平向宜为 18～25 mm，竖向宜为 16～22 mm，钢筋间距宜为 150～200 mm。沿坑壁内转角应增设直径为 12～16 mm，间距为 200 mm 的水平钢筋；

8.2.8.3 坑壁外露部分的内侧和顶部，根据可能碰撞的情况，可增设 1～2 层直径为 12～16 mm，间距为 200 mm 的钢筋网；

8.2.8.4 当矩形破碎坑的长边大于 18 m，且落锤冲击能量大于 1200 kJ 时，可在坑壁中配置劲性钢筋。

8.2.9 对内径或内短边小于 5 m 的槽形破碎坑基础的设计应符合下列规定：

8.2.9.1 槽形破碎坑基础的底板厚度不应小于表 8.2.9 中的规定；

8.2.9.2 基础底板上部应配置直径为 12～16 mm，间距为 250～300 mm 的钢筋网，底板下部应配置直径为 16～20 mm，间距为 300～400 mm 的钢筋网，其层数应按表 8.2.9 的规定采用，各层钢筋网的竖向距离宜为 100～150 mm。

槽形基础的底板最小厚度及钢筋网层数　　表 8.2.9

落锤冲击能量(kJ)	基础底板最小厚度(m)		底板钢筋网层数	
	圆筒形	矩形	上部	下部
≤400	1.00	1.50	3	2
1200	1.75	2.25	4～5	3
≥1800	2.50	3.00	6	3

8.2.10 破碎坑基础的钢筋宜采用Ⅱ级钢。

8.2.11 破碎坑的砧块应符合下列规定：

8.2.11.1 破碎坑的砧块宜采用整块钢板，其厚度不宜小于500 mm，砧块的自重应符合下式要求：

$$W_b \geq 0.5 W_o H \tag{8.2.11}$$

式中 W_b——砧块自重(kN)；

W_o——落锤锤头重(kN)。

8.2.11.2 破碎坑的砧块，采用整块钢板有困难时，亦可用数块钢板或钢锭拼成，必须使钢板或钢锭互相紧密接触，其间隙用碎钢粒填实，并宜采用较大截面与质量的钢锭，其截面的选用应符合下列规定：

(1)当落锤冲击能量小于1200 kJ时，钢锭的最小截面为600 mm×600 mm；

(2)当落锤冲击能量大于或等于1200 kJ时，仅采用一层钢锭时，其厚度不应小于1000 mm，采用二层钢锭时，其最小截面为600 mm×600 mm；

8.2.11.3 砧块与废钢锭、废铁块之间，可填150～200 mm厚的碎铁块和钢颗粒，并使其表面平整，接触严密。

8.2.12 砧块顶面宜低于钢筋混凝土坑壁的顶面1.0～2.5 m，坑壁外露的内侧与顶面的保护，应符合下列要求：

8.2.12.1 坑内侧与顶面应采用钢锭或钢坯保护，内侧处钢锭截面不宜小于500 mm×500 mm，顶面处的钢锭或钢坯厚度不宜小于200 mm，亦可采用厚度不小于50 mm的低碳钢钢板予以保护；

8.2.12.2 钢锭、钢坯或钢板与混凝土壁表面间应衬以截面不小于150 mm×150 mm的方木或厚度不小于20 mm的橡胶带。

8.2.13 落锤车间内破碎坑基础的竖向振动线位移、固有圆频率和振动加速度，可按下列公式计算：

$$A_z = 1.4 W_o \sqrt{\frac{H}{W K_z}} \tag{8.2.13-1}$$

$$\omega_{nz}^2 = \frac{K_z g}{W} \tag{8.2.13-2}$$

$$a = A_z \omega_{nz}^2 \tag{8.2.13-3}$$

式中 W——基础、砧块和填充料等总重(kN)。

8.2.14 落锤破碎坑基础的允许振动线位移和允许振动加速度可按表8.2.14采用。

破碎坑基础的允许振动线位移和允许振动加速度　　表 8.2.14

地基土类别	一类土	二类土	三类土	四类土
允许振动线位移(mm)	2.5			
允许振动加速度(m/s²)	(0.9～1.2)g	(0.7～0.9)g	(0.5～0.7)g	(0.4～0.5)g

注：表中允许振动加速度较大值适用于粘性土，较小值适用于砂土。

9 热模锻压力机基础

9.1 一般规定

9.1.1 本章适用于公称压力不大于 120000 kN 的热模锻压力机(以下简称压力机)基础的设计。

9.1.2 压力机基础设计时，除应取得本规范第 3.1.1 条规定的资料外，尚应由机器制造厂提供下列资料：

(1)压力机立柱以上各部件和立柱以下各部件的重力、立柱的重力及最重一套模具的上模和下模的重力；

(2)压力机的重心位置、压力机绕通过其重心平行于主轴的轴的转动惯量、主轴的高度；

(3)压力机起动时，作用于主轴上的竖向扰力、水平向扰力和扰力矩的峰值、脉冲时间及其形式；

(4)压力机立柱的截面、长度及其钢号。当立柱为变截面时，应分别给出各部分的截面和长度。当为装配型压力机时，尚应包括螺栓拉杆的截面、长度及其钢号。

9.1.3 压力机基础宜采用地坑式钢筋混凝土结构。当在生产和工艺上不要求有地坑时，小型压力机亦可采用大块式基础。

9.1.4 压力机基础的自重，不宜小于 1.1～1.5 倍压力机重力，对地基软弱可取 1.5 倍压力机重力。在基础自重相同的条件下，宜增大基础的底面积，减小埋置深度。

9.1.5 当采用天然地基时，公称压力 10000 kN 及以上的压力机基础不宜设置于四类土上(表 3.2.3)。

9.2 构造要求

9.2.1 压力机基础的混凝土强度等级，不应低于 C15，对公称压力 80000 kN 及以上的压力机基础，宜采用 C20，对于地坑式基础，当有地下水时，应采用 C20 防水混凝土。

9.2.2 压力机基础侧壁和底板的厚度应按计算确定，但侧壁厚度不应小于 200 mm，底板厚度不应小于 300 mm。对公称压力 20000 kN 及以上的压力机基础，侧壁和底板的厚度应相应增加。

9.2.3 压力机基础的配筋应按计算确定，但尚应符合下列规定：

9.2.3.1 侧壁内外侧、底板上、下部以及台阶顶面和侧面，应配置间距 200 mm 的钢筋网，其钢筋直径：对公称压力 20000 kN 及以下的压力机基础，可采用 12 mm；公称压力大于 20000 kN 的压力机基础，可采用 14 ～16 mm；

9.2.3.2 在底脚螺栓套筒下端，应加配一层钢筋网，如图 9.2.3 所示。

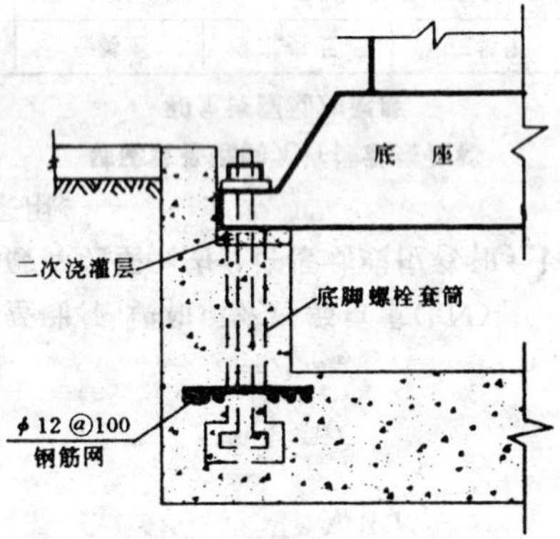

图 9.2.3 压力机底座支承

9.3 动力计算

9.3.1 公称压力小于 12500 kN 的压力机基础，当无特殊要求时可不作动力计算。

9.3.2 压力机基础的动力计算，应根据压力机起动阶段和锻压阶段两种情况进行。起动阶段应计算基础的竖向和水平向振动线位移，锻压阶段只需计算基础的竖向振动线位移。

9.3.3 压力机起动阶段，基组在通过其重心的竖向扰力作用下，其竖向振动线位移、固有圆频率和固有周期可按下列公式计算：

$$A_z=\frac{0.6P_{z0}}{K_z}\eta_{max} \tag{9.3.3-1}$$

$$\omega_{nz}=\sqrt{\frac{K_z}{m}} \tag{9.3.3-2}$$

$$T_{nz}=\frac{2\pi}{\omega_{nz}} \tag{9.3.3-3}$$

式中 P_{z0}——压力机起动阶段通过基组重心的竖向扰力峰值(kN)；

T_{nz}——基组竖向固有周期(s)；

η_{max}——有阻尼动力系数，可按本规范附录F的规定采用。

9.3.4 压力机起动阶段，基组在水平扰力、扰力矩和竖向扰力的偏心作用下产生水平回转耦合振动(图9.3.4)，其竖向振动线位移、水平向振动线位移、固有圆频率和固有周期，可按下列公式计算：

$$A_{z\varphi}=A_z+(A_{\varphi 1}+A_{\varphi 2})l \tag{9.3.4-1}$$

$$A_{x\varphi}=A_{\varphi 1}(h_1+\rho_1)+A_{\varphi 2}(h_1-\rho_2) \tag{9.3.4-2}$$

$$A_{\varphi 1}=\frac{0.9M_1}{(J_y+m\rho_1^2)\omega_{n1}^2}\cdot\eta_{1max} \tag{9.3.4-3}$$

$$A_{\varphi 2}=\frac{0.9M_2}{(J_y+m\rho_2^2)\omega_{n2}^2}\cdot\eta_{2max} \tag{9.3.4-4}$$

$$\omega_{n1}^2=\frac{1}{2}\left[(\omega_{nx}^2+\omega_{n\varphi}^2)-\sqrt{(\omega_{nx}^2-\omega_{n\varphi}^2)^2+\frac{4mh_2}{J_y}\omega_{nx}^4}\right] \tag{9.3.4-5}$$

$$\omega_{n2}^2=\frac{1}{2}\left[(\omega_{nx}^2+\omega_{n\varphi}^2)+\sqrt{(\omega_{nx}^2-\omega_{n\varphi}^2)^2+\frac{4mh_2}{J_y}\omega_{nx}^4}\right] \tag{9.3.4-6}$$

$$\omega_{nx}^2=\frac{K_x}{m} \tag{9.3.4-7}$$

$$\omega_{n\varphi}^2=\frac{K_\varphi+K_xh_2^2}{J_y} \tag{9.3.4-8}$$

$$M_1=M+P_x(h_1+h_0+\rho_1)+P_ze_x \tag{9.3.4-9}$$

$$M_2=M+P_x(h_1+h_0-\rho_2)+P_ze_x \tag{9.3.4-10}$$

$$\rho_1=\frac{\omega_{nx}^2h_2}{\omega_{nx}^2-\omega_{n1}^2} \tag{9.3.4-11}$$

$$\rho_2=\frac{\omega_{nx}^2h_2}{\omega_{n2}^2-\omega_{nx}^2} \tag{9.3.4-12}$$

式中 $A_{z\varphi}$——基础顶面控制点在水平扰力 P_x、扰力矩 M_φ 及竖向扰力 P_z 偏心作用下的竖向振动线位移(m)；

$A_{x\varphi}$——基础顶面控制点在水平扰力 P_x、扰力矩 M_φ 及竖向扰力偏心作用下的水平向振动线位移(m)；

ω_{n1}——基组水平回转耦合振动第一振型的固有频率(rad/s)；

ω_{n2}——基组水平回转耦合振动第二振型的固有频率(rad/s)；

M_1——绕通过第一振型转动中心 O_1 并垂直于回转面的轴的总扰力矩(kN·m)；

M_2——绕通过第二振型转动中心 O_2 并垂直于回转面的轴的总扰力矩(kN·m)；

η_{1max}——第一振型有阻尼动力系数，可按本规范附录F的规定采用；

η_{2max}——第二振型有阻尼动力系数，可按本规范附录F的规定采用。

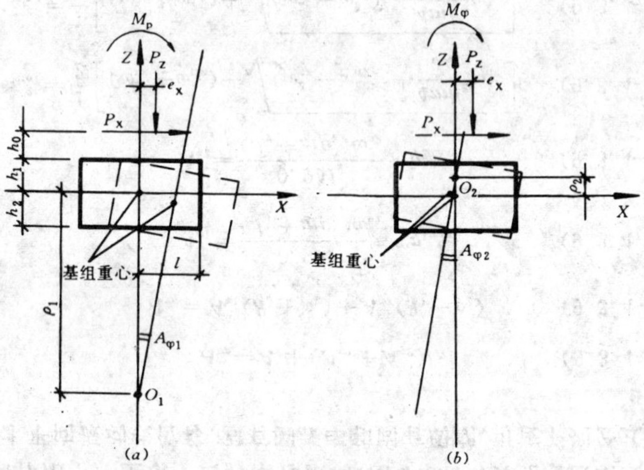

图 9.3.4 基组振型

(a)第一振型;(b)第二振型

9.3.5 压力机锻压阶段,基组的竖向振动线位移应按下列公式计算:

$$A_z = 1.2\frac{P_H}{K_z}\cdot\frac{\omega_{nz}^2}{\omega_{nm}^2-\omega_{nz}^2} \quad (9.3.5\text{-}1)$$

$$\omega_{nm}^2=\frac{K_1}{m_1} \quad (9.3.5\text{-}2)$$

$$m_1=m_u+m_m+0.5m_c \quad (9.3.5\text{-}3)$$

式中 P_H——压力机公称压力(kN);

ω_{nm}——压力机上部质量 m_1 与立柱组成体系的固有圆频率(rad/s);

K_1——压力机各立柱竖向刚度之和(kN/m);

m_1——压力机上部质量(t);

m_u——压力机立柱以上各部件的质量(t);

m_m——最重一套模具的上模质量(t);

m_c——各立柱质量之和(t),当为装配型压力机,立柱的质量应包括拉杆螺栓的质量在内。

9.3.6 压力机基础控制点的允许振动线位移,应按表 9.3.6 采用。

压力机基础的允许振动线位移 **表 9.3.6**

基组固有频率 f_n(Hz)	允许振动线位移(mm)
$f_n \leqslant 3.6$	0.5
$3.6 < f_n \leqslant 6.0$	$1.8/f_n$
$6.0 < f_n \leqslant 15.0$	0.3
$f_n > 15.0$	$0.1+3/f_n$

注:当计算竖向允许振动线位移时,基组固有频率 f_n 可取 $\omega_{nz}/2\pi$;当计算水平向允许振动线位移时,基组固有频率 f_n 可取 $\omega_{n1}/2\pi$。

10 金属切削机床基础

10.0.1 本章适用于普通或精密的重型及重型以下的金属切削机床和加工中心系列机床基础的设计。

10.0.2 机床类型的划分可按下列规定采用：

(1)单机重 100 kN 以下者为中、小型机床；

(2)单机重 100～300 kN 者为大型机床；

(3)单机重 300～1000 kN 者为重型机床。

10.0.3 金属切削机床基础设计时，除应取得本规范第 3.1.1 条规定的有关资料外，尚应由机器制造厂提供下列资料：

(1)机床外形尺寸；

(2)当基础倾斜和变形对机床加工精度有影响或计算基础配筋时，尚需要机床及加工件重力的分布情况、机床移动部件或移动加工件的重力及其移动范围。

10.0.4 机床基础的形式应符合下列规定：

10.0.4.1 凡符合现行国家标准《工业建筑地面设计规范》有关中小型机床安装在混凝土地面上的界限及地面厚度规定的中小型机床可直接采用混凝土地面作为基础；

10.0.4.2 大型机床和混凝土地面厚度不符合现行国家标准《工业建筑地面设计规范》规定的中、小型机床宜采用单独基础或局部加厚的混凝土地面；

10.0.4.3 重型机床和精密机床应采用单独基础。

10.0.5 当机床安装在单独基础上时，其尺寸应符合下列要求：

10.0.5.1 基础平面尺寸不应小于机床支承面积的外廓尺寸，并应满足安装、调整和维修时所需的尺寸；

10.0.5.2 基础的混凝土厚度应符合表 10.0.5 的规定；

金属切削机床基础的混凝土厚度(m)　　表 10.0.5

机床名称	基础的混凝土厚度
卧式车床	0.3+0.070L
立式车床	0.5+0.150h
铣　床	0.2+0.150L
龙门铣床	0.3+0.075L
插　床	0.3+0.150h
龙门刨床	0.3+0.070L
内圆磨床、无心磨床、平面磨床	0.3+0.080L
导轨磨床	0.4+0.080L
螺纹磨床、精密外圆磨床、齿轮磨床	0.4+0.100L
摇臂钻床	0.2+0.130h
深孔钻床	0.3+0.050L
座标镗床	0.5+0.150L
卧式镗床、落地镗床	0.3+0.120L
卧式拉床	0.3+0.050L
齿轮加工机床	0.3+0.150L
立式钻床	0.3～0.6
牛头刨床	0.6～1.0

注：①表中 L 为机床外形的长度(m)，h 为其高度(m)，均系机床样本和说明书上提供的外形尺寸。

②表中基础厚度指机床底座下(如垫铁时，指垫铁下)承重部分的混凝土厚度。

10.0.5.3 有提高加工精度要求的普通机床，可按表 10.0.5 中基础混凝土厚度增加 5%～10%；

10.0.5.4 加工中心系列机床，其基础混凝土厚度可按组合机床的类型，取其精度较高或外形较长者按表 10.0.5 中同类型机床采用。

10.0.6 除隔振基础外，其他机床基础可不进行动力计算。

10.0.7 基础的配筋应符合下列规定：

10.0.7.1 在机床基础的下列部位宜配置直径 8 ～14 mm，间距 150 ～250 mm 的钢筋网：

(1)置于软弱地基土上或地质不均匀处的基础顶、底面；

(2)基础受力不均匀或局部受冲击力的部位；

(3)长度大于 6 m 小于 11 m 的基础顶、底面；

(4)基础内坑、槽、洞口的边缘或基础断面变化悬殊部位；

(5)支承点较少，集中力较大的部位；

10.0.7.2 当基础长度大于 11 m 或机床的移动部件的重力较大时，宜按弹性地基梁、板计算配筋。

10.0.8 当基础倾斜与变形对机床加工精度有影响时，应进行变形验算。当变形不能满足要求时，应采取人工加固地基或增加基础刚度等措施。

10.0.9 加工精度要求较高且重力在 500 kN 以上的机床，其基础建造在软弱地基上时，宜对地基采取预压加固措施。预压的重力可采用机床重力及加工件最大重力之和的 1.4～2.0 倍，并按实际荷载情况分布，分阶段达到预压重力，预压时间可根据地基固结情况决定。

10.0.10 精密机床应远离动荷载较大的机床。大型、重型机床或精密机床的基础应与厂房柱基础脱开。

10.0.11 精密机床基础的设计可分别采取下列措施之一：

10.0.11.1 在基础四周设置隔振沟，隔振沟的深度应与基础深度相同，宽度宜为 100 mm，隔振沟内宜空或垫海棉、乳胶等材料；

10.0.11.2 在基础四周粘贴泡沫塑料、聚苯乙烯等隔振材料；

10.0.11.3 在基础四周设缝与混凝土地面脱开，缝中宜填沥青麻丝等弹性材料；

10.0.11.4 精密机床的加工精度要求较高时，根据环境振动条件，可在基础或机床底部另行采取隔振措施。

10.0.12 计算由地面传来的振动值，可按本规范附录 E 的规定采用。

附录 A 低频机器和冲击机器振动对厂房结构的影响

A.0.1 厂房内设有小于或等于 10 Hz 的低频机器，厂房设计宜避开机器的共振区。

A.0.2 不隔振锻锤基础的振动影响宜符合下列规定：

A.0.2.1 锻锤振动对单层厂房的影响，可按表 A.0.2 采用，并应采取相应的构造措施。

锻锤振动对单层厂房的影响 表 A.0.2

落下部分公称质量 (t)	附加动载影响半径 (m)	屋盖结构附加竖向动荷载为静荷载的百分数(%)
≤1.0	15～25	3～5
2～5	30～40	5～10
10～16	45～55	10～15

A.0.2.2 附加动荷载应按振动影响最大的一台锻锤计入，柱及吊车梁可不考虑附加动荷载。

A.0.2.3 锻锤基础邻近柱基的地基土承载力折减系数，可按下式计算：

$$\alpha_j=\frac{1}{1+0.3\dfrac{a}{g}} \tag{A.0.2}$$

式中 α_j——锻锤基础邻近的柱基的地基土承载力折减系数。

A.0.2.4 对厂房尚应采取相应的抗振构造措施。

A.0.3 落锤振动影响可按下列规定采用：

A.0.3.1 落锤碎破设备，宜设置在远离建筑物的地方，其对邻近建筑物的影响半径宜按表 A.0.3 采用。

碎铁设备振动对邻近建筑物的影响半径(m)　　A.0.3

地基土类别及状态	落锤冲击能量(kJ)		
	≤600	1200	≥1800
一、二、三类土	30	40	60
四类土(饱和粉、细砂及淤泥质土除外)	40	50	70
饱和粉、细砂及淤泥质土	50	80	100

A.0.3.2 当建筑物与碎铁设备的距离小于表 A.0.3 的规定时,应计入碎铁设备的振动影响;

A.0.3.3 落锤破碎坑基础邻近的柱基础的地基承载力折减系数可按本规范第 A.0.2.3 款的公式计算;

A.0.3.4 设计落锤车间时,除应采取相应的抗振构造措施外,尚应根据地基土质情况,在厂房结构净空及节点设计中预留调整的余地并应设置沉降观测点等。

附录B　锚桩(杆)基础设计

B.0.1 当岩石地基符合下列条件时,可采用锚桩(杆)基础:

(1)岩石的饱和单轴极限抗压强度大于 3×10^4 kPa,且地质构造影响轻微,节理、裂隙不发育,无粘土质层理夹层,整体性较好的岩石;

(2)岩石的节理、裂隙虽较发育,但无溶洞、无裂隙水,在采用压力灌浆处理后,尚能构成基本完整状态。

B.0.2 锚桩的钢筋应扎成笼形,可采用 4～6 根主筋,其直径宜为 12～16 mm,锚桩的孔径可取 100～200 mm。

B.0.3 锚杆的钢筋为单根主筋,锚杆的孔径可取 3 倍主筋直径,但不宜小于主筋直径加 50 mm。

B.0.4 主筋可采用螺纹或月牙纹钢筋,不宜采用冷加工钢筋。

B.0.5 锚桩(杆)孔,宜采用不低于 C30 的细石混凝土或水泥砂浆浇灌。

B.0.6 浇灌前应将钻孔清理干净。

B.0.7 锚桩(杆)之间的中距,不应小于锚桩(杆)孔直径的 5 倍,且不得小于 400 mm,并不得大于 1200 mm。距基础边缘的净距不宜小于 150 mm。锚入岩层深度:当采用锚杆时不应小于锚杆孔直径的 20 倍;当采用锚桩时不应小于锚桩孔直径的 15 倍,锚入基础深度,不应小于钢筋直径的 25 倍。

B.0.8 大块式基础的锚桩(杆)主筋总截面面积,可按基础底面积的 0.05%～0.12%选取且应均匀配置,但不应小于机器地脚栓的总截面面积。

B.0.9 墙式或框架式基础的锚桩(杆),其主筋的总截面面积不应小于墙内或柱内主筋截面面积的总和。

附录C　框架式基础的动力计算

C.1　空间多自由度体系计算

C.1.1　空间力学模型的建立

假设基础为空间多自由度体系，按本附录第C.1.4条的规定，选定质点，每段杆件(质点间的杆件)的质量向两端各集中1/2，可不考虑转动惯量的影响。每一质点考虑6个自由度，即3个线位移和3个角位移。每一段杆件应考虑弯曲、剪切、扭转及伸缩等变形，其力学模型见图C.1.1。

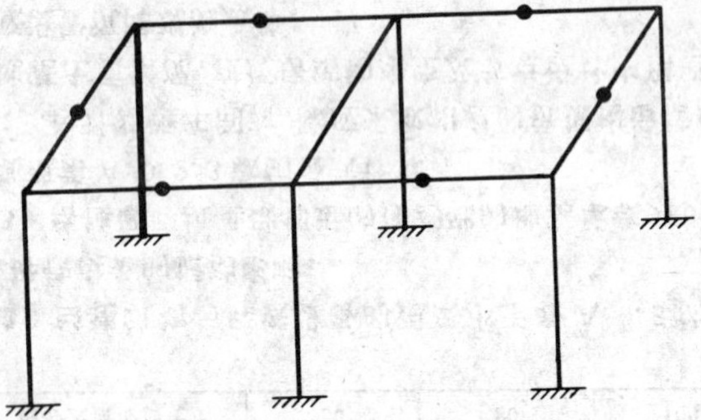

图C.1.1　框架式基础的空间力学模型

C.1.2　自由振动计算　按上述力学模型，建立静刚度矩阵[K]与质量矩阵[M]，求解下列广义特征值问题：

$$[K]\{X\}=\omega^2[M]\{X\} \qquad (C.1.2)$$

应算出1.4倍工作转速内的全部特征对，每一特征对包括一个特征值ω_i^2及相应的特征向量$\{X\}_i$。

C.1.3　强迫振动计算　当采用振型分解法计算振动线位移时，应取1.4倍工作转速内的全部振型进行叠加。结构阻尼比可采用0.0625。

C.1.4　力学模型的简化。

C.1.4.1　杆件计算尺寸的确定：

(1)柱的计算长度，可取底板顶到横梁中心的距离；

(2)纵横梁的计算跨度，可取支座中心线间的距离。当各框架横梁的跨度之差小于30%时，可取其平均值；

(3)当梁、柱截面较大或有加腋时(图C.1.4)，梁刚性区长度可取$\frac{1}{4}(b+b_1)$，且不应大于横梁的宽度b的一半，柱刚性区长度可取$\frac{1}{4}(h+h_1)$，且不应大于纵梁宽度h的一半。

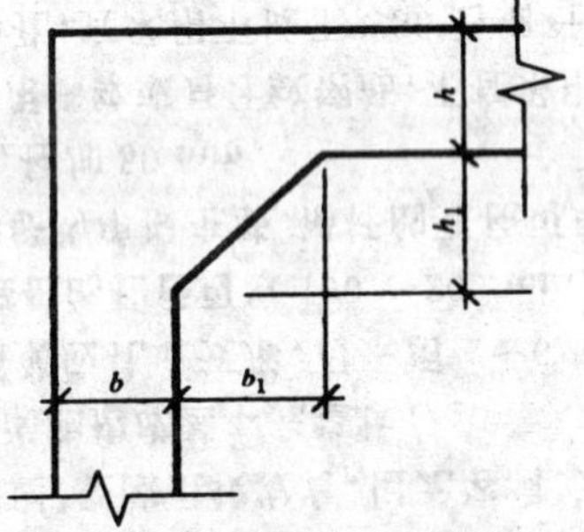

图C.1.4　框架梁加腋示意图

C.1.4.2　质点的选取：

(1)柱子与横梁、纵梁交点均可设质点；

(2)横梁中点可设一个质点；

(3)纵梁在有扰力作用处可设质点。若无扰力作用时，亦可在中点设质点，但纵梁跨度很小时，可不设质点；

(4)等截面柱中段，一般不设质点，变截面柱可酌设质点。

C.1.4.3　板式结构可划分为纵横梁来计算。

C.2 两自由度体系的简化计算

C.2.1 横向平面框架的竖向振动计算简图见图 C.2.1。

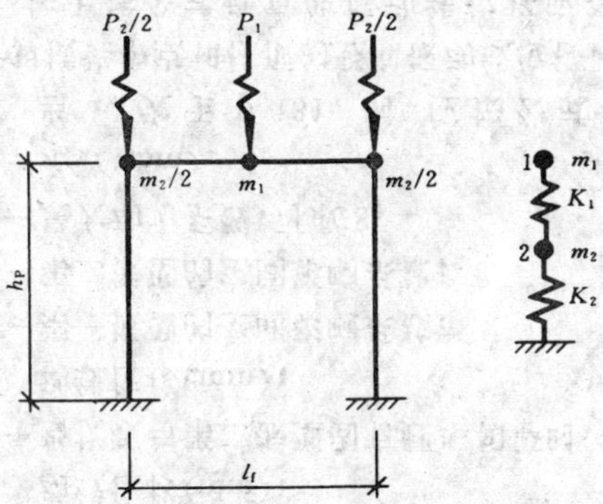

图 C.2.1 横向框架计算

C.2.2 横向框架的固有圆频率、振型(位移比率),可按下列公式计算:

$$\omega_{n1}^2=\frac{1}{2}\left(\frac{K_1}{m_1}+\frac{K_1+K_2}{m_2}\right)-\frac{1}{2}\left[\left(\frac{K_1}{m_1}+\frac{K_1+K_2}{m_2}\right)^2-4\frac{K_1K_2}{m_1m_2}\right]^{\frac{1}{2}} \tag{C.2.2-1}$$

$$\omega_{n2}^2=\frac{1}{2}\left(\frac{K_1}{m_1}+\frac{K_1+K_2}{m_2}\right)+\frac{1}{2}\left[\left(\frac{K_1}{m_1}+\frac{K_1+K_2}{m_2}\right)^2-4\frac{K_1K_2}{m_1m_2}\right]^{\frac{1}{2}} \tag{C.2.2-2}$$

$$m_1=m_m+0.5m_b \tag{C.2.2-3}$$

$$m_2=m_N+0.5(m_c+m_b) \tag{C.2.2-4}$$

$$K_1=\frac{1}{\frac{l_f^3}{96E_cI_b}\cdot\frac{1+2\delta}{2+\delta}+\frac{3}{5}\cdot\frac{l_f}{E_cA_b}} \tag{C.2.2-5}$$

$$K_2=\frac{2E_cA_c}{h_p} \tag{C.2.2-6}$$

$$\delta=\frac{h_pI_b}{l_fI_c} \tag{C.2.2-7}$$

$$X_{21}=\frac{K_1-m_1\omega_{n1}^2}{K_1} \tag{C.2.2-8}$$

$$X_{22}=\frac{K_1-m_1\omega_{n2}^2}{K_1} \tag{C.2.2-9}$$

式中 ω_{n1}——框架的竖向第一振型固有圆频率(rad/s);

ω_{n2}——框架的竖向第二振型固有圆频率(rad/s);

m_1——集中于横梁中点的质量(t);

m_2——集中于两个柱顶的质量(t);

m_m——集中于横梁中点的机器质量(t);

m_b——横梁的本身质量(t);

m_N——相邻纵梁传给框架两个柱的总质量(t),包括结构和机器的质量;

m_c——两个柱的质量(t);

l_f——横向框架平面内两柱中心线间的距离(m);

h_p——底板顶至横梁中心线的距离(m);

K_1——框架梁的竖向刚度(kN/m);

K_2——框架柱的竖向刚度(kN/m);

δ——无因次系数;

A_b——横梁的截面积(m^2);

A_c——柱的截面积(m^2);

I_b——横梁的截面惯性矩(m^4);

I_c——柱的截面惯性矩(m^4);

X_{21}——第一振型时 2 点与 1 点的位移比率;

X_{22}——第二振型时 2 点与 1 点的位移比率。

C.2.3 横向框架的竖向振动线位移的计算,应符合下列规定:

C.2.3.1 当 ω_{n2}小于或等于 $0.131n$ 时,应分别按下列情况计算扰频与第一、第二振型固有频率相等时的振动线位移:

(1)当扰频与第一振型固有频率相等时，横梁中点和柱顶的竖向振动线位移可按下列公式计算：

$$A_{11}=\alpha_p\beta_1\eta_{max}\frac{\sqrt{m_{g1}^2+(m_{g2}X_{21})^2}}{m_1+m_2X_{21}^{\ 2}} \quad (C.2.3\text{-}1)$$

$$A_{21}=A_{11}X_{21} \quad (C.2.3\text{-}2)$$

(2)当扰频与第二振型固有频率相等时，横梁中点和柱顶的竖向振动线位移可按下列公式计算：

$$A_{12}=\alpha_p\beta_2\eta_{max}\frac{\sqrt{m_{g1}^2+(m_{g2}X_{22})^2}}{m_1+m_2X_{22}^{\ 2}} \quad (C.2.3\text{-}3)$$

$$A_{22}=A_{12}X_{22} \quad (C.2.3\text{-}4)$$

式中 A_{11}——当扰频与第一振型固有频率相等时，横梁中点的竖向振动线位移(mm)；

A_{12}——当扰频与第二振型固有频率相等时，横梁中点的竖向振动线位移(mm)；

A_{21}——当扰频与第一振型固有频率相等时，柱顶的竖向振动线位移(mm)；

A_{22}——当扰频与第二振型固有频率相等时，柱顶的竖向振动线位移(mm)；

β_1——第一振型的空间影响系数；

β_2——第二振型的空间影响系数；

η_{max}——最大动力系数，可取 8；

α_p——系数(mm)。

C.2.3.2 当 ω_{n2} 大于 $0.131n$ 时，应按公式(C.2.3-1)和(C.2.3-2)计算横梁中点和柱顶的竖向振动线位移；

C.2.3.3 按上述公式计算的振动线位移应符合本规范第 5.2.2 条和 5.2.3 条的规定。

C.2.4 空间影响系数可按表 C.2.4 采用。

空间影响系数　　表 C.2.4

框架位置	β_1	β_2
边框架	1.30	1.30
中间框架	1.00	0.70

C.2.5 系数 α_p 可根据汽轮发电机的转速由表 C.2.5 确定。

系数 α_p(mm)　　表 C.2.5

机器工作转速 (r/min)	3000	1500
α_p	2×10^{-2}	6.4×10^{-2}

附录D　正圆锥壳锻锤基础的强度计算及构造

D.0.1　壳体尺寸的确定(图D.0.1)宜符合下列规定：

(1)根据锻锤吨位及地基土类别，确定壳体斜度 l_g；

(2)壳体厚度 $h_q=0.125l_q$　(D.0.1-1)

(3)环梁宽度 $b_q=0.250l_q$　(D.0.1-2)

(4)环梁高度 $d_q=0.200l_q$　(D.0.1-3)

(5)环梁外径 $R_q=1.83l_q\cos\alpha_q-\dfrac{h_q}{2\sin\alpha_q}+b_q$　(D.0.1-4)

(6)壳体倾角 α_q，可取35°。

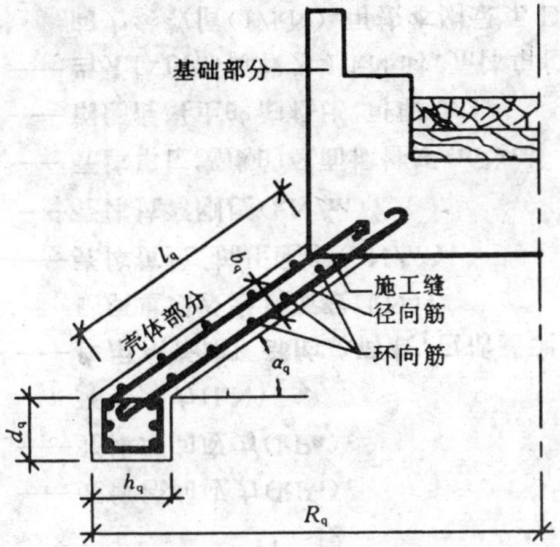

图D.0.1　壳体示意

D.0.2　当计算壳体截面强度时，在壳体顶上的总荷载包括基础自重、锤架和砧座重以及当量荷载的分项系数可取1.2。当计算当量荷载时，材料疲劳等因素的分项系数 μ 可取2.0，回弹系数 e 可取0.5。

D.0.3　壳体顶部的当量荷载可按下式计算：

$$P=(1+e)\frac{W_0V_0}{gT_q}\cdot\mu \tag{D.0.3}$$

式中　P ——壳体顶部的当量荷载(kN)；

T_q ——冲击响应时间(s)，可按本附录D.0.4条规定确定；

μ ——考虑材料疲劳等因素；

e ——回弹系数。

D.0.4　冲击响应时间可按下列规定取值：

(1)对1t及以下的锻锤，其砧座下垫层为木垫时，可取1/200 s，垫层为运输胶带时，可取1/280 s；

(2)对大于1t的锻锤，其砧座下垫层为木垫时，可取1/150 s，垫层为运输胶带时，可取1/200 s。

D.0.5　壳体截面强度可按下列公式计算：

(1)径向应力：

$$\sigma_s=1.2P_q\left(\frac{K_qN_{ss}}{h_q}\pm\frac{K_{\varphi q}M_{ss}h_q}{2I_q}\right) \tag{D.0.5-1}$$

(2)环向应力：

$$\sigma_\theta=1.2P_q\left(\frac{K_qN_{\theta\theta}}{h_q}\pm\frac{K_{\varphi q}M_{\theta\theta}h_q}{2I_q}\right) \tag{D.0.5-2}$$

(3)环梁内力：

$$T=1.2P_q(-K_qN_{ss}\cos\alpha_q+K_{\varphi q}Q_{ss}\sin\alpha_q)(1.83l_q\cos\alpha_q) \tag{D.0.5-3}$$

(4)壳体抗拉、抗压刚度：

$$K_q=\frac{E_ch_q}{1-\nu^2} \tag{D.0.5-4}$$

(5)壳体抗弯刚度：

$$K_{\varphi q}=\frac{E_c h_q^{3}}{12(1-\nu^2)} \quad (D.0.5\text{-}5)$$

(6)壳体单位宽度的截面惯性矩：

$$I_q=\frac{h_q^{3}}{12} \quad (D.0.5\text{-}6)$$

式中 σ_s ——壳体径向应力(kPa)；

σ_θ ——壳体环向应力(kPa)；

T ——环梁内力(kN)；

P_q ——作用在壳体顶部的总荷载，包括基础自重、锤架和砧座重以及当量荷载(kN)；

K_q ——壳体抗拉、抗压刚度(kN/m)；

$K_{\varphi q}$ ——壳体抗弯刚度(kN/m)；

I_q ——壳体单位宽度的截面惯性矩(m^3)；

ν ——钢筋混凝土的泊松比，可取0.2；

N_{ss} ——当壳体顶部荷载为1 kN时，壳体单位宽度上的径向力参数值(1/kN)，可按本附录第D.0.6条规定采用；

$N_{\theta\theta}$ ——当壳体顶部荷载为1 kN时，壳体单位宽度上的环向力参数值(1/kN)，可按本附录第D.0.6条规定采用；

Q_{ss} ——当壳体顶部荷载为1 kN时，壳体单位宽度上的径向剪力参数值[1/(kN·m²)]可按本附录第D.0.6条规定采用；

M_{ss} ——当壳体顶部荷载为1 kN时，壳体单位宽度上的环向弯矩参数值[1/(kN·m)]可按本附录第D.0.6条规定采用；

$M_{\theta\theta}$ ——当壳顶部荷载为1 kN时，壳体单位宽度上的环向弯矩参数值[1/(kN·m)]，可按本附录第D.0.6条规定采用。

D.0.6 壳体的径向、环向力、剪力和弯矩参数值可按下列规定确定：

D.0.6.1 当壳体的倾角 α_q 为35°，地基抗压刚度系数 C_z 值为28000 kN/m³及以上，壳体顶部荷载为1 kN时，壳体单位宽度上的径向力参数值、径向弯矩参数值、径向剪力参数值、环向力参数值和环向弯矩参数值可按表D.0.6采用。

D.0.6.2 当壳体倾角 α_q 为30°时，表D.0.6中各值应乘以1.2，当壳体倾角 α_q 为40°时，应乘以0.8，中间值用插入法计算。

D.0.6.3 当壳体基础建造在抗压刚度系数小于28000 kN/m³的地基上时，表D.0.6中各值应乘以1.2。

正圆锥壳基础内力参数值 表D.0.6

l_q (m)	N_{ss} (1/kN)	M_{ss} [1/(kN·m)]	Q_{ss} [1/(kN·m²)]	$N_{\theta\theta}$ (1/kN)	$M_{\theta\theta}$ [1/(kN·m)]
0.80	-0.317×10^{-7}	-0.164×10^{-5}	0.109×10^{-4}	0.499×10^{-7}	-0.228×10^{-6}
1.00	-0.203×10^{-7}	-0.837×10^{-6}	0.444×10^{-5}	0.318×10^{-7}	-0.116×10^{-6}
1.20	-0.141×10^{-7}	-0.483×10^{-6}	0.214×10^{-5}	0.220×10^{-7}	-0.671×10^{-7}
1.40	-0.103×10^{-7}	-0.303×10^{-6}	0.115×10^{-5}	0.161×10^{-7}	-0.421×10^{-7}
1.60	-0.789×10^{-8}	-0.202×10^{-6}	0.672×10^{-6}	0.123×10^{-7}	-0.281×10^{-7}
1.80	-0.623×10^{-8}	-0.142×10^{-6}	0.419×10^{-6}	0.968×10^{-8}	-0.197×10^{-7}
2.00	-0.504×10^{-8}	-0.103×10^{-6}	0.274×10^{-6}	0.781×10^{-8}	-0.143×10^{-7}
2.20	-0.416×10^{-8}	-0.771×10^{-7}	0.178×10^{-6}	0.643×10^{-8}	-0.107×10^{-7}
2.40	-0.349×10^{-8}	-0.592×10^{-7}	0.131×10^{-6}	0.539×10^{-8}	-0.822×10^{-8}
2.60	-0.297×10^{-8}	-0.464×10^{-7}	0.952×10^{-7}	0.457×10^{-8}	-0.644×10^{-8}
2.80	-0.256×10^{-8}	-0.370×10^{-7}	0.706×10^{-7}	0.393×10^{-8}	-0.514×10^{-8}
3.00	-0.223×10^{-8}	-0.300×10^{-7}	0.534×10^{-7}	0.341×10^{-8}	-0.416×10^{-8}
3.20	-0.195×10^{-8}	-0.246×10^{-7}	0.412×10^{-7}	0.289×10^{-8}	-0.342×10^{-8}
3.40	-0.173×10^{-8}	-0.205×10^{-7}	0.322×10^{-7}	0.264×10^{-8}	-0.284×10^{-8}
3.60	-0.154×10^{-8}	-0.172×10^{-7}	0.256×10^{-7}	0.234×10^{-8}	-0.239×10^{-8}

续表 D.0.6

lq (m)	N_{ss} (1/kN)	M_{ss} [1/(kN·m)]	Q_{ss} [1/(kN·m²)]	$N_{\theta\theta}$ (1/kN)	$M_{\theta\theta}$ [1/(kN·m)]
3.80	-0.138×10^{-8}	-0.146×10^{-7}	0.206×10^{-7}	0.210×10^{-8}	-0.202×10^{-8}
4.00	-0.125×10^{-8}	-0.125×10^{-7}	0.167×10^{-7}	0.189×10^{-8}	-0.173×10^{-8}
4.20	-0.113×10^{-8}	-0.107×10^{-7}	0.137×10^{-7}	0.170×10^{-8}	-0.149×10^{-8}
4.40	-0.103×10^{-8}	-0.930×10^{-8}	0.115×10^{-7}	0.155×10^{-8}	-0.129×10^{-8}
4.80	-0.860×10^{-9}	-0.712×10^{-8}	0.797×10^{-8}	0.129×10^{-8}	-0.986×10^{-9}
5.20	-0.731×10^{-9}	-0.557×10^{-8}	0.576×10^{-8}	0.109×10^{-8}	-0.771×10^{-9}
5.60	-0.629×10^{-9}	-0.443×10^{-8}	0.426×10^{-8}	0.936×10^{-9}	-0.613×10^{-9}
6.00	-0.546×10^{-9}	-0.358×10^{-8}	0.322×10^{-8}	0.810×10^{-9}	-0.495×10^{-9}
6.40	-0.479×10^{-9}	-0.293×10^{-8}	0.247×10^{-8}	0.707×10^{-9}	-0.405×10^{-9}

附录E 地面振动衰减的计算

E.0.1 当动力机器基础为竖向或水平向振动时，距该基础中心 r (m)处地面土的竖向或水平向的振动线位移，应由现场试验确定。当无条件时，可按下列近似公式计算：

$$A_r=A_o\left[\frac{r_o}{r}\xi_o+\sqrt{\frac{r_o}{r}}(1-\xi_o)\right]e^{-f_o\alpha_o(r-r_o)} \quad (E.0.1\text{-}1)$$

对于方形及矩形基础：$r_o=\mu_1\sqrt{\frac{A}{\pi}}$ (E.0.1-2)

对于圆形基础： $r_o=\sqrt{\frac{A}{\pi}}$ (E.0.1-3)

式中 A_r——距振动基础中心 r 处地面上的振动线位移(m)；

A_o——振动基础的振动线位移(m)；

f_o——基础上机器的扰力频率(Hz)，一般为 50 Hz 以下。对于冲击机器基础，可采用基础的固有频率；

r_o——圆形基础的半径(m)或矩形及方形基础的当量半径；

ξ_o——无量纲系数，可按本附录 E.0.2 条规定采用；

α_o——地基土能量吸收系数(s/m)，可按本附录第 E.0.3 条规定采用；

μ_1——动力影响系数，可按本附录第 E.0.4 条规定采用；

E.0.2 无量纲系数 ξ_o 与地基土的性质和振动基础的底面积大小有关，其值可按表 E.0.2 采用。

E.0.3 地基上的能量吸收系数 α_o 值，根据地基土的性质，可按表 E.0.3 采用。

系数 ξ_0 表 E.0.2

土的名称	振动基础的半径或当量半径 r_0(m)							
	0.5 及以下	1.0	2.0	3.0	4.0	5.0	6.0	7 及以上
一般粘性土、粉土、砂土	0.70～0.95	0.55	0.45	0.40	0.35	0.25～0.30	0.23～0.30	0.15～0.20
饱和软土	0.70～0.95	0.50～0.55	0.40	0.35～0.40	0.23～0.30	0.22～0.30	0.20～0.25	0.10～0.20
岩 石	0.80～0.95	0.70～0.80	0.65～0.70	0.60～0.65	0.55～0.60	0.50～0.55	0.45～0.50	0.25～0.35

注:①对于饱和软土，当地下水深 1 m 及以下时，ξ_0 取较小值，1～2.5 m 时取较大值，大于 2.5 m 时取一般粘性土的 ξ_0 值；

②对于岩石覆盖层在 2.5 m 以内时，ξ_0 取较大值，2.5～6 m 时取较小值，超过 6 m 时，取一般粘性土的 ξ_0 值。

地基土能量吸收系数 α_0 值 表 E.0.3

地基土名称及状态		α_0(s/m)
岩石(覆盖层 1.5～2.0 m)	页岩、石灰岩	$(0.385～0.485)\times10^{-3}$
	砂岩	$(0.580～0.775)\times10^{-3}$
硬塑的粘土		$(0.385～0.525)\times10^{-3}$
中密的块石、卵石		$(0.850～1.100)\times10^{-3}$
可塑的粘土和中密的粗砂		$(0.965～1.200)\times10^{-3}$
软塑的粘土、粉土和稍密的中砂、粗砂		$(1.255～1.450)\times10^{-3}$
淤泥质粘土、粉土和饱和细砂		$(1.200～1.300)\times10^{-3}$
新近沉积的粘土和非饱和松散砂		$(1.800～2.050)\times10^{-3}$

注:①同一类地基土上，振动设备大者(如 10 t、16 t 锻锤)，α_0 取小值，振动设备小者取较大值；

②同等情况下，土壤孔隙比大者，α_0 取偏大值，孔隙比小者，α_0 取偏小值。

E.0.4 动力影响系数 μ_1，可按表 E.0.4 采用。

动力影响系数 μ_1 表 E.0.4

基础底面积 A(m²)	μ_1
$A\leqslant10$	1.00
12	0.96
14	0.92
16	0.88
$A\geqslant20$	0.80

附录 F　压力机基础有阻尼动力系数 η_{max} 值的计算

F.0.1　压力机在起动阶段所产生的扰力脉冲，包括竖向扰力、水平扰力及扰力矩，其形式一般介于后峰锯齿冲击脉冲和对称三角形冲击脉冲之间，而更接近于后峰锯齿冲击脉冲。因此，分别列出后峰锯齿冲击脉冲和对称三角形冲击脉冲两种情况的动力系数 η_{max}，其值可按本附录 F.0.2 条规定采用。

F.0.2　当扰力为后峰锯齿冲击脉冲或对称三角形冲击脉冲时，基组的有阻尼动力系数 η_{max}，可按下列规定由表 F.0.2-1、F.0.2-2 查得：

(1)对于竖向有阻尼动力系数 η_{zmax}，阻尼比 ζ 和固有周期 T_n 可取基组的竖向阻尼比 ζ_z、固有周期 T_{nz}；

(2)对于水平回转耦合振动第一、第二振型有阻尼动力系数 η_{1max}、η_{2max}，阻尼比 ζ、固有周期 T_n 可分别取基组的水平回转耦合振动第一、第二振型阻尼比 $\zeta_{x\varphi1}$、$\zeta_{x\varphi2}$、第一、第二振型固有周期 T_{n1}、T_{n2}；

(3)基组竖向、水平向和回转向扰力或扰力矩脉冲时间 t_0 均相同。

扰力为后峰锯齿冲击脉冲的 η_{max} 值 表 F.0.2-1

$\frac{t_o}{T_n}$ \ ζ	0	0.02	0.04	0.06	0.08	0.10	0.12	0.14	0.16	0.18	0.20	0.22	0.24	0.26	0.28	0.30
0.1	0.3107	0.3012	0.2923	0.2838	0.2757	0.2681	0.2608	0.2539	0.2473	0.2410	0.2350	0.2293	0.2238	0.2185	0.2135	0.2087
0.2	0.6012	0.5829	0.5656	0.5492	0.5337	0.5189	0.5049	0.4915	0.4788	0.4667	0.4551	0.4440	0.4335	0.4234	0.4137	0.4044
0.3	0.8531	0.8273	0.8030	0.7799	0.7580	0.7372	0.7175	0.6987	0.6808	0.6637	0.6475	0.6319	0.6170	0.6028	0.5892	0.5761
0.4	1.0512	1.0200	0.9906	0.9626	0.9362	0.9110	0.8871	0.8644	0.8428	0.8221	0.8024	0.7836	0.7656	0.7484	0.7320	0.7162
0.5	1.1854	1.1515	1.1194	1.0890	1.0602	1.0328	1.0068	0.8821	0.9585	0.9361	0.9146	0.8941	0.8746	0.8558	0.8378	0.8206
0.6	1.2516	1.2180	1.1862	1.1561	1.1276	1.1005	1.0748	1.0503	1.0269	1.0047	0.9834	0.9630	0.9436	0.9249	0.9070	0.8898
0.7	1.2521	1.2223	1.1941	1.1673	1.1420	1.1179	1.0949	1.0730	1.0521	1.0321	1.0130	0.9946	0.9769	0.9599	0.9436	0.9279
0.8	1.1971	1.1745	1.1531	1.1327	1.1133	1.0947	1.0768	1.0597	1.0432	1.0273	1.0120	0.9971	0.9827	0.9688	0.9553	0.9421
0.9	1.1045	1.0921	1.0802	1.0686	1.0572	1.0460	1.0350	1.0241	1.0134	1.0028	0.9922	0.9818	0.9715	0.9614	0.9513	0.9413
1.0	1.0000	0.9996	0.9984	0.9965	0.9938	0.9906	0.9867	0.9823	0.9774	0.9721	0.9664	0.9604	0.9541	0.9476	0.9409	0.9340
1.1	0.9154	0.9253	0.9332	0.9392	0.9436	0.9465	0.9482	0.9488	0.9483	0.9471	0.9451	0.9424	0.9392	0.9355	0.9314	0.9269
1.2	0.8787	0.8928	0.9043	0.9134	0.9206	0.9260	0.9299	0.9326	0.9341	0.9347	0.9344	0.9334	0.9317	0.9295	0.9268	0.9237
1.3	0.8980	0.9078	0.9157	0.9220	0.9269	0.9305	0.9331	0.9347	0.9355	0.9356	0.9350	0.9339	0.9323	0.9303	0.9279	0.9251
1.4	0.9556	0.9551	0.9546	0.9540	0.9532	0.9522	0.9510	0.9495	0.9478	0.9459	0.9438	0.9414	0.9389	0.9362	0.9333	0.9302
1.5	1.0223	1.0108	1.0011	0.9929	0.9857	0.9795	0.9739	0.9689	0.9643	0.9599	0.9558	0.9519	0.9481	0.9443	0.9406	0.9369
1.6	1.0737	1.0542	1.0379	1.0241	1.0123	1.0022	0.9934	0.9856	0.9787	0.9726	0.9669	0.9617	0.9568	0.9523	0.9479	0.9437
1.7	1.0959	1.0737	1.0550	1.0392	1.0258	1.0142	1.0042	0.9954	0.9876	0.9807	0.9744	0.9686	0.9633	0.9584	0.9537	0.9492
1.8	1.0858	1.0666	1.0504	1.0366	1.0247	1.0144	1.0053	0.9973	0.9901	0.9835	0.9776	0.9721	0.9669	0.9621	0.9575	0.9532
1.9	1.0494	1.0381	1.0284	1.0198	1.0122	1.0052	0.9988	0.9929	0.9873	0.9821	0.9772	0.9725	0.9681	0.9638	0.9597	0.9557
2.0	1.0000	0.9996	0.9985	0.9967	0.9944	0.9916	0.9886	0.9854	0.9820	0.9785	0.9749	0.9713	0.9678	0.9642	0.9607	0.9571
2.1	0.9556	0.9652	0.9718	0.9760	0.9784	0.9793	0.9792	0.9783	0.9767	0.9747	0.9724	0.9698	0.9671	0.9642	0.9612	0.9582
2.2	0.9325	0.9472	0.9577	0.9648	0.9695	0.9724	0.9738	0.9741	0.9736	0.9725	0.9709	0.9690	0.9668	0.9644	0.9618	0.9592
2.3	0.9386	0.9510	0.9598	0.9659	0.9700	0.9724	0.9736	0.9739	0.9735	0.9725	0.9711	0.9693	0.9673	0.9651	0.9628	0.9603
2.4	0.9685	0.9725	0.9753	0.9770	0.9779	0.9781	0.9777	0.9769	0.9758	0.9743	0.9726	0.9707	0.9686	0.9664	0.9641	0.9617
2.5	1.0081	1.0015	0.9965	0.9926	0.9894	0.9866	0.9840	0.9817	0.9794	0.9771	0.9749	0.9726	0.9703	0.9680	0.9657	0.9633
2.6	1.0419	1.0266	1.0152	1.0065	0.9998	0.9944	0.9900	0.9863	0.9830	0.9800	0.9773	0.9747	0.9722	0.9697	0.9673	0.9649
2.7	1.0589	1.0395	1.0251	1.0142	1.0058	0.9992	0.9939	0.9894	0.9856	0.9823	0.9792	0.9764	0.9738	0.9713	0.9688	0.9664
2.8	1.0548	1.0373	1.0241	1.0141	1.0063	1.0000	0.9949	0.9905	0.9868	0.9835	0.9805	0.9777	0.9750	0.9725	0.9701	0.9677
2.9	1.0323	1.0218	1.0137	1.0072	1.0019	0.9973	0.9934	0.9898	0.9867	0.9837	0.9810	0.9784	0.9759	0.9735	0.9711	0.9688
3.0	1.0000	0.9996	0.9985	0.9969	0.9949	0.9928	0.9905	0.9881	0.9857	0.9834	0.9810	0.9787	0.9764	0.9742	0.9720	0.9698

扰力为对称三角形冲击脉冲的 η_{max} 值 表 F.0.2-2

$\frac{t_0}{T_n}$ \ ζ	0	0.02	0.04	0.06	0.08	0.10	0.12	0.14	0.16	0.18	0.20	0.22	0.24	0.26	0.28	0.30
0.1	0.3116	0.3021	0.2931	0.2845	0.2764	0.2688	0.2615	0.2545	0.2479	0.2416	0.2356	0.2299	0.2244	0.2191	0.2141	0.2092
0.2	0.6079	0.5893	0.5718	0.5551	0.5394	0.5244	0.5102	0.4966	0.4837	0.4714	0.4597	0.4485	0.4377	0.4275	0.4177	0.4083
0.3	0.8747	0.8480	0.8228	0.7988	0.7761	0.7546	0.7341	0.7146	0.6961	0.6784	0.6615	0.6454	0.6300	0.6152	0.6011	0.5876
0.4	1.0997	1.0661	1.0344	1.0043	0.9758	0.9487	0.9230	0.8985	0.8752	0.8530	0.8318	0.8116	0.7922	0.7737	0.7560	0.7390
0.5	1.2732	1.2344	1.1976	1.1628	1.1298	1.0985	1.0688	1.0405	1.0136	0.9880	0.9635	0.9402	0.9179	0.8966	0.8762	0.8567
0.6	1.3919	1.3497	1.3099	1.2722	1.2366	1.2027	1.1706	1.1401	1.1110	1.0834	1.0570	1.0319	1.0079	0.9849	0.9630	0.9420
0.7	1.4657	1.4222	1.3811	1.3422	1.3054	1.2706	1.2375	1.2060	1.1762	1.1477	1.1206	1.0947	1.0700	1.0464	1.0238	1.0022
0.8	1.5049	1.4615	1.4205	1.3818	1.3452	1.3105	1.2775	1.2463	1.2165	1.1882	1.1612	1.1355	1.1109	1.0874	1.0649	1.0434
0.9	1.5172	1.4751	1.4354	1.3979	1.3624	1.3288	1.2969	1.2666	1.2377	1.2103	1.1841	1.1592	1.1353	1.1125	1.0907	1.0698
1.0	1.5085	1.4687	1.4311	1.3956	1.3620	1.3302	1.3001	1.2114	1.2441	1.2182	1.1934	1.1697	1.1471	1.1255	1.1048	1.0849
1.1	1.4835	1.4467	1.4119	1.3791	1.3481	1.3187	1.2908	1.2643	1.2391	1.2151	1.1921	1.1702	1.1492	1.1291	1.1099	1.0914
1.2	1.4460	1.4127	1.3813	1.3517	1.3237	1.2972	1.2721	1.2481	1.2254	1.2036	1.1829	1.1630	1.1440	1.1257	1.1082	1.0913
1.3	1.3991	1.3698	1.3422	1.3162	1.2916	1.2684	1.2463	1.2253	1.2053	1.1861	1.1678	1.1503	1.1334	1.1172	1.1015	1.0864
1.4	1.3456	1.3205	1.2970	1.2749	1.2541	1.2344	1.2156	1.1978	1.1808	1.1645	1.1488	1.1337	1.1192	1.1051	1.0915	1.0782
1.5	1.2879	1.2672	1.2480	1.2300	1.2131	1.1972	1.1820	1.1675	1.1537	1.1403	1.1274	1.1149	1.1027	1.0909	1.0794	1.0681
1.6	1.2279	1.2118	1.1970	1.1834	1.1706	1.1586	1.1472	1.1362	1.1256	1.1152	1.1051	1.0952	1.0855	1.0759	1.0664	1.0570
1.7	1.1676	1.1561	1.1459	1.1367	1.1283	1.1204	1.1128	1.1054	1.0980	1.0907	1.0834	1.0760	1.0686	1.0611	1.0536	1.0460
1.8	1.1086	1.1017	1.0964	1.0920	1.0881	1.0844	1.0807	1.0768	1.0726	1.0682	1.0634	1.0584	1.0531	1.0475	1.0417	1.0358
1.9	1.0523	1.0504	1.0505	1.0514	1.0523	1.0528	1.0528	1.0521	1.0508	1.0489	1.0464	1.0433	1.0398	1.0359	1.0316	1.0269
2.0	1.0000	1.0052	1.0121	1.0186	1.0240	1.0282	1.0312	1.0331	1.0340	1.0340	1.0332	1.0316	1.0294	1.0267	1.0235	1.0199
2.1	0.9605	0.9755	0.9881	0.9983	1.0065	1.0129	1.0176	1.0210	1.0231	1.0241	1.0242	1.0235	1.0222	1.0202	1.0177	1.0147
2.2	0.9562	0.9712	0.9836	0.9937	1.0017	1.0079	1.0126	1.0159	1.0181	1.0192	1.0195	1.0191	1.0179	1.0162	1.0140	1.0114
2.3	0.9799	0.9884	0.9959	1.0023	1.0076	1.0117	1.0148	1.0169	1.0182	1.0187	1.0185	1.0177	1.0163	1.0145	1.0123	1.0097
2.4	1.0160	1.0165	1.0178	1.0192	1.0205	1.0215	1.0221	1.0222	1.0220	1.0213	1.0201	1.0186	1.0168	1.0146	1.0121	1.0094
2.5	1.0546	1.0479	1.0430	1.0394	1.0366	1.0342	1.0321	1.0300	1.0280	1.0258	1.0236	1.0212	1.0186	1.0159	1.0130	1.0099
2.6	1.0904	1.0777	1.0676	1.0596	1.0531	1.0476	1.0429	1.0387	1.0349	1.0313	1.0278	1.0245	1.0211	1.0178	1.0144	1.0110
2.7	1.1207	1.1033	1.0892	1.0776	1.0680	1.0599	1.0530	1.0470	1.0416	1.0367	1.0322	1.0279	1.0239	1.0200	1.0162	1.0124
2.8	1.1442	1.1235	1.1063	1.0922	1.0803	1.0702	1.0615	1.0540	1.0474	1.0414	1.0361	1.0311	1.0265	1.0221	1.0179	1.0138
2.9	1.1605	1.1376	1.1185	1.1026	1.0892	1.0777	1.0679	1.0594	1.0518	1.0452	1.0391	1.0336	1.0286	1.0238	1.0193	1.0150
3.0	1 1695	1.1455	1.1255	1.1087	1.0945	1.0823	1.0718	1.0627	1.0547	1.0476	1.0412	1.0354	1.0300	1.0251	1.0204	1.0160

附录G 本规范用词说明

G.0.1 为便于在执行本规范条文时区别对待，对要求严格程度不同的用词说明如下：

(1)表示很严格，非这样做不可的：
正面词采用“必须”；
反面词采用“严禁”。

(2)表示严格，在正常情况下均应这样做的：
正面词采用“应”；
反面词采用“不应”或“不得”。

(3)表示允许稍有选择，在条件许可时首先应这样做的：
正面词采用“宜”或“可”；
反面词采用“不宜”。

G.0.2 条文中指定按其他有关标准、规范执行时，写法为“应符合……的规定”或“应按……执行”。

附加说明

本规范主编单位、参加单位和主要起草人名单

主编单位：机械工业部设计研究院

参加单位：中国寰球化学工程公司
电力部华北电力设计院
东风汽车公司工厂设计研究院
中国船舶总公司第九设计研究院
冶金工业部长沙黑色冶金矿山设计研究院
冶金工业部建筑研究总院
机械工业部第四设计研究院
机械工业部第一设计研究院
中国石油化工总公司北京设计院
化工部第二设计院
中国兵器工业第五设计研究院
福建省石油化工设计院
湖南大学
化工部第四设计院
吉林化学工业公司设计院
化工部第八设计院
河北省电力勘测设计院
电力部西南电力设计院
电力部电力建设研究所

主要起草人：刘纯康 杨文君 汤来苏 翟荣民

张大德　严竹平　李席珍　吴霞媛
王锡康　叶鹤秀　姜　术　杨先健
王振坤　陈加叶　王瑞兰　刘传声
潘复兰　李静波　王贻荪　谢福辑
戴文斌　贺步学　张芳芑　罗国树
高象波　马士法

中华人民共和国国家标准

动力机器基础设计规范

GB 50040-96

条文说明

修订说明

本规范是根据国家计委计标函[1987]78号文的要求，由机械工业部负责主编，具体由机械工业部设计研究院会同化工部中国寰球化学工程公司、电力工业部华北电力设计研究院、冶金部长沙黑色冶金矿山设计研究院、中国船舶工业总公司第九设计研究院、中国汽车工业总公司东风汽车公司工厂设计研究院等共同修订而成，经建设部1996年7月22日以建标[1996]428号文批准，并会同国家技术监督局联合发布。

在本规范的修订过程中，规范修订组会同有关设计、科研单位和大专院校，进行了广泛的调查研究，认真总结了自1979年原规范GBJ40—79使用以来的工程实践经验和科研成果，并广泛征求了全国有关单位的意见，最后由我部会同有关部门审查定稿。

为了便于广大设计、施工、勘测、科研、学校等单位人员在使用本规范时能正确理解和执行条文规定，《动力机器基础设计规范》修订组根据建设部关于编制标准、规范条文说明的统一要求，按本规范的章、节、条顺序，编写了《动力机器基础设计规范条文说明》，供国内有关部门和单位参考。在使用过程中如发现本条文说明有欠妥之处，请将意见直接函寄北京西三环北路5号机械工业部设计研究院《动力机器基础设计规范》管理组，邮编100081。

目　次

1 总 则

1.0.1 阐明了本规范的指导思想，根据动力机器基础的特点，要求合理地选择地基的有关动力参数。在动力机器基础设计中，地基刚度取小了并不总是安全的，因此，合理地选择地基动力参数就有其重要意义。

1.0.2 明确本规范的适用范围。这次修订，在内容上比GBJ40－79增加了透平压缩机基础和热模锻压力机基础两章，删去了原规范中第二章有关爆扩桩桩基刚度的条文和第六章第三节水爆清砂池基础，因为爆扩桩桩基和水爆清砂池基础早已不在设计中采用。

1.0.3 设计动力机器基础时，除采用本规范外，尚应符合现行国家标准的有关规定，如基础的静力计算，应符合现行国家标准《混凝土结构设计规范》、《钢结构设计规范》和《建筑地基基础规范》的规定，对于湿陷性黄土和膨胀土的地基处理以及地震区的抗震设计应按国家现行的有关标准、规范执行。

2 术语、符号

2.1 术 语

2.1.1～2.1.5 本节所列的术语均按国家标准《建筑结构设计通用符号、计量单位和基本术语》的规定和本规范的专用名词编写的。

2.2 符 号

2.2.1～2.2.4 本节中采用的符号是按国家标准《建筑结构设计通用符号、计量单位和基本术语》的规定，并结合本规范的特点，在GBJ40－79常用符号的基础上制定的。

3 基本设计规定

3.1 一般规定

3.1.1 本条规定了设计动力机器基础时所需要的基本设计资料。

3.1.2 要求机器基础不宜与建筑物基础、地面及上部结构相连，主要原因是避免机器基础振动直接影响到建筑物。但在不少情况下，工艺布置将机器设置在建筑物的柱子附近，其基础不得不与建筑物基础相连，在一般情况下，机器基础与建筑物基础组成联合基础后，由于基础质量和地基刚度都有所增加，致使其振动辐值势必比单独基础要减小，如能将振动辐值减小到不致使建筑物产生有害影响时，则可以允许机器与建筑物的基础连成一体。

3.1.3 受振动的管道不宜直接搁置在建筑物上，以防止建筑物产生局部共振。

3.1.5 机器基础强调应避免产生有害的不均匀沉降，所谓有害的不均匀沉降，主要指机器基础产生的不均匀沉陷而导致机器加工精度不能满足、机器转动时产生轴向颤动，主轴轴瓦磨损较大，影响机器寿命或引起管道变形过大而产生附加应力，甚至拉裂等情况。

3.1.6 动力机器基础及毗邻建筑物基础，如能满足施工要求，两者的埋深可不置于同一标高上，所谓满足施工要求即开挖较深的基础槽时，放坡不影响浅基础的地基，以及对基底标高差异部分的回填土分层夯实等，这主要考虑到基础底标高以下的地基土是影响基础正常使用的主要部分，不能扰动，以保证质量。

3.1.10 GBJ40－79提出了动力机器基础用材的要求，这次修改中增加了可以采用装配整体式混凝土结构的内容。因为自GBJ40

－79 颁布以来，动力机器框架式基础采用装配整体式混凝土结构较多，有了成熟的经验，可以推广应用。

3.1.12 GBJ40－79 对机组的总重心与基础底面形心之间的偏心值提出了要求，这是为了避免基础的不均匀沉陷，同时在计算基础振动时，可以不考虑其偏心影响。

3.1.13 对于建造在软弱地基上的大型和重要的机器以及 1 t 以上的锻锤基础，在过去的实践经验中，容易发生偏沉或沉降过大的问题，因此，本次修订中强调宜采用人工地基。

3.2 地基和基础的计算规定

3.2.6 本条规定了动力机器基础设计中对验算基础振动幅值的要求。

3.3 地基动力特性参数

3.3.1 对于天然地基和桩基的基本动力参数，是随着地基土的不同性质和构造而变的，GBJ40－79 中的表 1 所列的抗压刚度系数 C_z 值，在实践过程中并不能普遍应用，必须在现场作原位测定，因此，在修订本规范时将原来规定在一般情况下按表 1 选用 C_z 值改为一般应由现场试验确定。如设计者有经验，且又无条件做现场试验时，可按本节采用。

3.3.2 表 3.3.2 中所列的抗压刚度系数 C_z 值，在地基承载力的标准值 f_k 一栏内是由 80～300 kN/m² 而 GBJ40－79 则为 80～1000 kN/m²，在土的名称一栏内去掉了岩石碎石土，仅有粘性土、粉土和砂土，因为在使用 GBJ40－79 过程中，不断有来函和来人反映岩石碎石土和地耐力[R]>30 t/m² 的 C_z 值与现场实测值相差悬殊，表 1 中的值有的甚至偏小数倍以上。而且在多年来对岩石碎土的试验研究中，由于岩石不同类别和不同风化程度，其 C_z 值差别很大，还无法提出合适的数值。

3.3.3 基础下地基土的影响深度按 $2d$ 考虑。在动荷载作用下，由于地基土的受压面积随深度增加而增大，因此作用在单位面积上的动应力也随深度增加而减小，土层的动变位亦随之减小，根据实验结果，一般在深度 $2d$ 以上的土层可以不考虑动应力的影响。

3.3.4 基础下影响深度范围内，由不同土层组成的地基土，其抗压刚度系数的计算公式是按影响深度范围内不同土层受单位动荷载后的总动变位推导而得。

3.3.5 规定了地基土抗弯、抗剪和抗扭刚度系数与抗压刚度系数的比例关系，这是根据我国大量实验资料统计得来的。

3.3.7、3.3.8、3.3.10 由试验和实测证明，基础埋深和刚性地面对地基刚度和阻尼比的提高有一定的作用。不考虑这两个作用是造成计算值和实测值相差悬殊的主要原因之一。为搞清埋深和地面的作用，编制组就此问题组织有关人员进行了试验研究，试验分别在包头、马鞍山、淮南、湖北应城、太原和上海等地方进行，试验场地的土质有轻亚粘土(粉土)、中砂、砾砂、粘土和黄土状粘土，地基承载力为 80～300 Pa，所有试验均采用机械式偏心块变频激振器作振源，对基础不同埋深作水平和垂直向试验，每一次试验可获得反应刚度和阻尼比变化规律的振幅-频率曲线，由大量的实测曲线分析统计获得由于基础埋深作用对地基刚度和阻尼比的提高系数。同时，为了安全起见将埋深比 δ_b 限制在 0.6 以内，使刚度和阻尼比的提高有一定的限度。关于扭转刚度和扭转阻尼比，由于试验条件的限制，未做这方面的试验，但考虑到扭转振动时，回填土起着非均匀的抗压作用，这对刚度的提高更为明显，因此本规范暂按水平回转振动的提高系数考虑。

对于地面对地基刚度的提高作用，对此共做了三个实际基础的试验，试验程序有两种：一种是“不埋置→埋置→有地面”；一种是相反的程序，即“有地面→无地面只埋置→不埋置”。前者属新建基础的试验，后者属生产已经多年的老基础的试验。试验结果表明，地面对水平回转刚度的影响很大，可使其刚度提高到 1.5～2.2 倍，而软弱地基的刚度提高倍数要大于较好的地基，因此规范中规定对于软弱地基其提高系数为 1.4，对于其他地基应适当减小。

3.3.9 天然地基阻尼比在 GBJ40－79 中仅按基础的振型分别提出固定的数值，而从长期调查研究中积累了 50 多个块体基础的现场实测数据，发现阻尼比不仅与振型有关系，而且还与基础的质量比及土质有关，本规范提出的阻尼比计算公式是按 55 个块体的现场试验数据，按不同土类进行分析统计并取其最低值而得，因为阻尼比取最低值是偏于安全的。

3.3.11 根据 90 多个现场基础块测试结果进行分析，土的参振质量变化范围很大，约为基础本身质量的 0.43～2.9 倍，它与基础的质量比或底面积的关系都无明显的规律性。为了获得较为接近实际的基础固有频率，对于天然地基，本规范中的基础地基刚度和质量均不考虑参振质量，因此，本规范表 3.3.2 中的抗压刚度系数 C_z 值是偏低的，至少比实际低 43％，这样，虽然对计算基础的固有频率无影响，但使计算基础的振动线位移至少要偏大 43％，为此，本规范规定可将计算所得的垂直向振动线位移乘以 0.7，而水平回转振动时的参振质量要比垂直向振动一般要小 20％，所以对水平向振动的计算振动线位移则乘以 0.85。

3.3.17 桩基的抗剪和抗扭刚度 K_{xp}、$K_{\psi p}$ 可采用天然地基抗剪和抗扭刚度的 1.4 倍，而 GBJ40－79 中为 1.2 倍，这是由于近年来在软土地基对摩擦桩基动力试验中累积数据分析中得出的结论。但是对于地质条件较好，特别是半支承或支承桩，在打桩过程中贯入度较小，每锤击一次，桩本身产生水平摇摆运动，致使桩顶部四周与土脱空，这样就将大大降低桩基的抗剪刚度，例如在南京、北京、合肥等地，其地质情况是：上部为粘土，其地基承载力为 180～250 kPa，下部土层为风化岩或碎石类土，桩基测试结果，其抗剪刚度要比天然地基试块的抗剪刚度低 7％～42％。因此，在本规范条文中特别规定支承桩或桩上部土层的地基承载力标准值 $f_k \geqslant$ 200 kPa的桩基，其抗剪刚度不应大于天然地基的抗剪刚度 K_x。而且在软土地基的桩基，虽然其抗剪刚度是大于天然地基的抗剪刚度，但经过使用一段时间，桩基承台底面有可能与地基土脱空，仅由桩来支承，此时，桩基抗剪刚度将会大大降低，只能考虑桩本身的抗剪刚度，这要通过现场试验来确定。

3.3.18 由于直桩桩基的抗剪刚度与天然地基的抗剪刚度之比由 1.2 提高到 1.4 倍，因此斜桩桩基的抗剪刚度与天然地基的抗剪刚度之比也由 1.4 提高到 1.6 倍。

3.3.21 桩基的阻尼比计算公式，是用 38 个现场桩基动力性能试验数据统计分析而得。

3.3.22 GBJ40－79 中未考虑桩基承台埋深对阻尼比的提高作用，而实际上承台埋深对阻尼比的影响与天然地基基础埋深对阻尼比的影响是相同的，因此本规范增加了这条规定。其中用的系数 0.8～1.6 是使承台埋深作用的计算值与天然地基基础埋深作用的计算值一致。

4　活塞式压缩机基础

4.1　一般规定

4.1.1　本条规定了设计活塞式压缩机所需的资料。其中机器的扰力和扰力矩以及作用位置应由制造厂提供，若制造厂不能提供，则应提供压缩机曲柄连杆数量、尺寸、平面布置图和曲柄错角以及各运动部件的质量等资料，由设计人员进行扰力和扰力矩的计算。活塞式压缩机的扰力主要是各列汽缸往复运动质量惯性力之和，各分扰力向曲轴上汽缸布置中心 c 点(见图 4.3.1)平移时形成扰力矩，因此活塞式压缩机主要扰力和扰力矩方向依汽缸方向而定，立式压缩机以 P_z、M_φ 为主，卧式压缩机以 P_x、M_ϕ 为主。

4.1.2　活塞式压缩机应采用整体性较好的混凝土和钢筋混凝土结构，而且动力计算采用单质点模式也要求基组是个刚体，因此，当机器安装在厂房底层时，一般做成高出地面的大块式基础，当机器安装在厂房的二层标高时，则做成墙式基础，但要满足第 4.2 节构造要求。

4.2　构造要求

4.2.1　由底板、纵横墙和顶板组成的墙式基础，各部分尺寸除满足设备安装要求外，主要以保证基础整体刚度为原则，各构件之间的联结尤为重要。基础顶板厚度一般是指局部悬臂板厚度，可按固有频率计算防止共振来确定。控制最小厚度和最大悬臂长度以保证动荷载下的强度要求。机身部分和汽缸部分墙厚的规定是根据国内工程实践总结并考虑机身部分墙体大多为封闭型，汽缸部分墙体一般为悬臂进行调整而得。基底悬臂长度的规定是根据模拟基础试验和理论上定性分析得出以保证基础顶面和底板悬臂端点的振动幅值和相位基本满足刚体要求。

4.2.2　大块式和墙式基础计算模式为刚体，基础各部分之间基本上没有相对变形，因而一般不必进行强度计算，70 年代对某厂红旗牌压缩机装配式基础表面钢筋应力测定仅为 70～140 N/cm²，也证实了基础表面钢筋基本上是不受力的。基础体积大于 40 m³ 时配置表面钢筋，目的是防止施工时混凝土水化热形成内外温差，导致温度裂缝。表面钢筋要求细而密，以利于阻止裂缝的扩展。体积为 20～40 m³ 时，基础顶面配筋是防止设备安装、检修时混凝土表面遭受撞击损坏。国内调查资料表明，十多台体积为 40 m³ 左右的块体基础并未配置表面钢筋，只要施工注意养护，使用多年均未出现裂缝。因此要注意基础的施工养护，尤其在冬季，应防止混凝土表面骤冷而造成的裂缝。

底板悬臂部分有局部变形，配筋按强度计算确定。顶板如为梁板结构，也要考虑强度问题。

4.3　动力计算

4.3.1　机器坐标系 $czyz$ 中原点 c 即为机器扰力作用点。基组坐标系 $ozyz$ 中的原点 o 取基组总重心，坐标轴方向与机器坐标相同。c 点对 o 点一般均有一定的偏心 e_x、e_y、h_z。基组动力计算时，各公式推导均对 $oxyz$ 坐标而言，因而作用于 c 点的 P_z、P_x 在振动计算中均先平移至重心 o，对于水平回转耦合振动，由于采用振型分解法计算，水平扰力直接平移至各振型的转心 o_1、o_2。

4.3.2　压缩机基础动力计算的最终目的是要把基础的振动控制在允许范围内，以满足工人正常操作、机器正常运转、对周围建(构)筑物及仪表无不良影响并结合我国国情来确定具体数值。

活塞式压缩机的转速一般小于 1000 r/min，属中、低频机器，其基础振动标准应控制速度峰值和位移峰值，转速在 300 r/min 以下时，应控制位移峰值不超过 0.2 mm，转速在 300 r/min 以上时，应控制振动速度峰值不超过 6.3 mm/s。但是通常活塞式压缩机存在两个谐扰力，如果其分别在 300 r/min 以下和 300 r/min 以上时，其总振动值不好确定是用位移峰值还是速度峰值来控制，GBJ40－79 中采用当量转速 n_d，概念不够直观，本规范采用双控制，既控制位移峰值又要控制速度峰值，可达到既严密又便于掌握的效果。对于一、二谐扰频均高于 300 r/min 的压缩机，可只用振动速度峰值控制，对于一、二谐扰频均低于 300 r/min 的压缩机，可只用位移峰值控制。

对于超高压压缩机，由于气体压力很高，为保证机器和管道安全工作，对振动限值的要求比较严格，应由机器制造厂按专门规定确定。

4.3.3～4.3.7 基组（机器、基础及基础底板台阶上的回填土的总称）的振动模式采用质点—弹簧—阻尼器体系，由于考虑了阻尼因素，因而计算结果比较符合实测值，同时还可以解决共振区的计算问题，使基础设计更趋经济合理。基组作为单质点，有六个自由度，其振动可分为竖向、扭转、水平和回转四种形式，当基组总重心与基础底面形心位于同一铅直线上时，基组的竖向和扭转振动是独立的，而水平和回转振动则耦合在一起。

一般一台机器同时存在几种扰力和扰力矩，计算基础顶面控制点的振动线位移和速度幅值时，应分别计算各扰力和扰力矩作用下的振动计算值，当机器存在一、二谐扰力时，必须分别进行振动线位移和速度计算，然后叠加。

基组在通过其重心的竖向扰力作用下产生竖向振动，通过建立运动微分方程求得基组竖向振动固有圆频率 ω_{nz} 和基组重心处竖向线位移 A_z（基组各点的竖向线位移均相同）的计算公式。式中地基动力计算参数可由场地试验块体基础实测来确定，如无条件进行试验，且又是一般动力机器的基础，可由本规范第 3 章求得，一般很难取准，需根据机器的扰力频率，按偏于安全的要求来选取地基动力参数。

扭转振动是在扭转力矩作用下发生的，总扭转力矩除包含机器的扭转力矩 M_ψ 外，还包括水平扰力 P_x 向机组总重心 o 点平移形成的扭转力矩。基础顶面控制点一般指基础角点，此点水平扭转线位移最大，表示为 x、y 向两分量。

水平回转耦合振动为双自由度体系振动，第一振型为绕转心 O_1 回转，第二振型为绕转心 O_2 回转，通过建立运动微分方程求得水平回转耦合第一和第二振型固有圆频率 ω_{n1}、ω_{n2} 和基础顶面控制点的竖向、水平向线位移值。但值得注意的是在计算水平回转振动所引起的竖向振动线位移值 $A_{z\varphi}$ 或 $A_{z\theta}$ 的公式中并不包括因偏心竖向扰力 P_z 平移至基组总重心而产生的基组在通过其重心的竖向扰力作用下产生的竖向振动线位移，因此，当计算在回转力矩和竖向扰力偏心作用下基础顶面控制点的竖向振动线位移时，应将按公式（4.3.6-1）或（4.3.6-2）计算所得的由回转力矩和竖向扰力偏心作用所产生的基础顶面控制点的竖向振动线位移 $A_{z\varphi}$ 或 $A_{z\theta}$ 和公式（4.3.4-1）计算所得的基组在通过其重心的竖向扰力 P_z 作用下的竖向振动线位移 A_z 相叠加。

4.4 联合基础

4.4.1 工程实践中，大型动力基础的底面积经常受到限制，也常遇到地基承载力较低或允许振动线位移较严的情况，此时，采用联合基础往往是一个有效的处理办法。20 年来化工系统有关的设计单位与冶金部建筑研究总院、机械部合作，在联合基础的试验研究和工程实践方面进行大量工作，积累了丰富的经验。本规范采用的联合基础按刚体进行整体计算的办法是根据模拟基础系列试验和实体基础实测数据，结合理论分析得出的。

联合基础一般只取 2～3 台机器联合，机器过多、底板过长均会带来不利影响。联合型式工程上常用竖向型和并联型。对于卧式压缩机，在有条件时（工艺配管专业配合）应优先采用串联型，即沿活塞运动方向的联合，可大大提高基础底面的抗弯惯性矩，从而较大提高地基抗弯刚度，以提高联合基础的固有频率和降低其振动辐值。本条规定了联合基础按刚性整体计算的条件。条件之一是底板的厚度 h_d 应满足刚性要求，条件之二是扰频的限止，因为当扰频 ω 小于 1.3 倍的 ω°_{n1} 时，基础联合后的固有频率提高，便远离共振区，将达到减小振动辐值的目的；反之，若扰频大于 1.3 倍的 ω°_{n1}，基础联合后固有频率提高，有可能靠近或落入共振区而达不到减小振动的目的。

4.5 简化计算

4.5.1 工程设计中经常遇到中、小型压缩机，根据实践经验和综合分析，得出不作动力计算的界限，以便设计人员使用。小型压缩机一般为立式、L 型、W 型，其转速较高和基础较小，扰力也较小(80 kW 以下)的机器，其扰力一般小于 10 kN，一般情况下，采用机器制造厂提供的基础尺寸均能满足振动要求。本规范提出基础质量和底面静压力的要求，一方面保证基础的稳定，另一方面控制底板面积，当机器转速较高，地基刚度较低时，后一条要求对于避开共振区尤为必要。

对称平衡型机器一般由两列、四列或六列汽缸组成，水平扰力相互抵消，一般以一谐扭矩为主，且转速相对较低(一般 $n<500$ r/min)。这类基础多为墙式且底板尺寸较大，故不会发生共振且振动相对比较平稳。需要注意的是 3D22、3M18 这类对置式机器不属于对称平衡型，存在较大的二谐扰力，在软弱地基上也容易发生共振，应慎重对待。

4.5.2 基组在水平扰力作用下产生 x 向水平、绕 y 轴回转耦合振动，其动力计算较为复杂，置于厂房底层的中小型卧式或 L 型压缩机基础在工程上经常碰到，给出简化计算公式很有必要。本规范做出如下基本假定：

(1)把耦合振动分为水平和回转两个独立振动；

(2)采用一定的假设求得耦合振动第一振型固有频率的简化计算公式。

值得指出的是本条仅适用于操作层设在底层的扁平型基础。

4.5.3 对于块体基础，ω_{nx} 比较容易计算，采用下列假定，求出联合基础划分为单台基础水平回转耦合振动第一振型的固有圆频率 ω_{n1s} 与 ω_{nx} 比值 λ 的变化规律，即可算得 ω_{n1s}：

(1)基础为长方体，设置在厂房底层，露出地面 300 mm；

(2)机器质量为基础质量的 10%～20%(根据十多台中小型机器基础统计而得)；

(3)基础底板两方向边长取 1.0～6.0 m；

(4)地基刚度系数变化范围取 20000～68000 kN/m³；

(5)基础埋深分别取 1.0、1.5、2.0、2.5 m。

采用计算机搜索计算，得出 ω_{n1s}/ω_{nx} 只与 L/h 有关，经过一定的简化，并考虑仅推荐扁平基础，得出表 4.5.3。

5 汽轮机组和电机基础

5.1 一般规定

5.1.1 明确本章仅适用于机器工作转速 $n \leqslant 3000$ r/min 的基础，这是因为本章条文都是建立在对工作转速 $n \leqslant 3000$ r/min 的汽轮发电机基础(钢筋混凝土结构)进行实测、研究分析的基础上，因此本条明确了对转速的限制。

5.1.3 本条中提出了汽轮发电机基础采用空间框架形式，一般都用现浇混凝土，在60年代中期，我国建成了容量为2.5 kW的装配式汽轮发电机基础，之后又陆续建成了一批装配式基础，在设计与施工上均有了一定的经验，特别是我国第一台300 MW机组采用了预应力装配式汽轮机基础的1/10模型试验，通过施工、运行实践表明是设计先进合理的。因此在条文中规定有条件时可采用预应力装配式混凝土结构，因为采用该种结构虽能节约钢材和木模、缩短工期，但必须有设计和施工这种结构的经验和能力才能采用。

5.1.5 通过实践证明平台与汽轮发电机基础顶板直接连接时，使平台振动很大，因此两者必须脱开，让汽轮发电机基础独立布置。

5.1.6 汽轮发电机基础是一个复杂的空间框架结构、无限多自由度的振动体系，如何改善基础的动力性能是一个十分重要的问题。通过实测、模型试验及对机组功率为300 MW、200 MW、125 MW的基础，改变各构件的刚度、质量按空间动力计算程序，进行多方案的对比计算，结果表明：基础的顶板、柱子的质量、刚度搭配合理，就可得到较有利的振型，使体系在计算控制范围内的参振质量增大，从而可使有扰力作用点的振动线位移大为减小。根据上述分析规定了汽轮发电机框架式基础的选型原则。

5.1.7 从大量电站建设的实践及收集到的71台汽轮发电机基础的设计来看，我国在汽轮发电机基础底板设计方面已有丰富的经验，认识到底板厚度增减对基础顶板的振动性能影响不大，主要是决定于静力方面的要求，基础底板的作用仅仅是将上部荷载能较均匀地分布到地基上去和将柱脚固定，使之与计算假定一致。根据11台基础的统计，底板厚度与长度之比为1/12.4～1/20。因此，本条规定基础底板厚度为长度的1/15～1/20。这里还需提出，当地基土抗振性较差(如粉细砂)时，底板除应有一定刚度外还应有一定的质量以减少底板的振动。

5.1.9 对于高压缩性土，压缩模量较低，一般情况下宜采用人工地基，同时基础底板亦应有一定刚度。对于中压缩性土，其压缩系数变化范围较大，应根据工程具体情况，采取加大底板面积，改变设备安装顺序，使地基预压或采用人工地基以减少基础不均匀沉降。

5.1.10 根据实测，汽轮发电机基础采用梁板式挑台时，其振动普遍增大，个别厂的基础挑台振动线位移达100 μm以上，当挑台采用实腹式时，其振动一般较小，故本条明确规定挑台应做成实腹式，且挑出长度不宜大于1.5 m，悬臂支座处截面高度不应小于悬臂长度的0.75倍，以保证挑台不出现过大的振动而对生产运行造成不良影响。

5.2 框架式基础的动力计算

5.2.1、5.2.2 分五个方面加以说明：

(1)关于采用振动线位移法。明确规定对基础的动力计算采用振动线位移控制的方法，即计算的振动线位移应小于允许振动线位移值。也有人主张采用共振法，即基础的固有频率要避开机器的扰力频率。本规范采用振动线位移控制而不采用频率控制，其主要原因是因为框架式基础按多自由度体系计算，其固有频率非常密集，要使基础的固有频率避开机器的工作转速是难以实现的。

用振动线位移控制的方法从其概念上来说是允许产生共振，只要振动线位移满足要求即可。

(2)关于允许振动线位移。原水利电力部汽轮机组运转规程中规定 3000 r/min 的汽轮机组轴承振动线位移的合格标准为 0.025 mm，根据多台运行基础的振动实测结果，轴承振动线位移与基础振动线位移的平均比值约为 1.4，如果要限制基础的振动以免引起轴承的过大振动，则基础的振动线位移辐值应控制在 0.025/1.4=0.018 mm以下方为合理。从振动对人的影响而言，综合国外资料，一般认为应控制在 5 mm/s 的振动速度以下，对 3000 r/min的机组则相应的振动线位移应为0.016 mm(16 μm)。从实测振动线位移幅值来看，对 18 台机组容量为 50～125 MW 的基础 184 个测点数据统计，运行时的竖向振动线位移幅值为 6.9 μm，6 台机组容量为 200～300 MW 的基础竖向振动线位移幅值平均为 6.1 μm，比允许值小很多，按其出现的机率 95%以上的振动线位移均在 0.012 mm 以下，仅有个别测点超过 0.02 mm。我们认为基础的允许振动线位移取 0.02 mm 较为合适。

(3)关于扰力的取值。对于扰力的取值应该由机器制造厂提供，但目前各制造厂还没有条件提出，还需在规范中给出扰力值，我们利用现有的动平衡资料、轴承动刚度实测资料和激振实测等方法推算扰力值，所得的结果，离散性较大。按上述三种方法计算出的扰力值，当工作转速为 3000 r/min，轴承振动线位移幅值为 0.03 mm 时，平均竖向扰力为 0.46 W_g，横向水平扰力为0.62 W_g，与过去习惯采用 0.2 W_g 出入较大。实际上扰力值与允许振动线位移和阻尼比的取值是相互配套的，在未能准确地测定扰力之前，只能人为地取一个能控制设计的数值。按本规范推荐的方法多次试算结果，竖向振动线位移约为实测平均值的 1.8 倍就可以起到控制设计的作用，因此 0.2 W_g 这个竖向扰力值配合所采用的计算方法还是可行的。从这个意义上说，规定的扰力值可以认为是一种控制设计用的设计扰力值。

(4)关于采用多自由度体系。框架式基础本来就是一个多自由度体系，过去由于计算工具的限制才简化为一个自由度体系来计算，现在我国电子计算机已十分普遍应用的情况下，改用多自由度体系的计算方法是合理的发展。按多自由度体系的计算方法，其结果比较接近实际情况，因此本规范推荐为主要计算方法，但在此之前所采用的两自由度的计算方法有其简单的优点，多年的实践也证明按此方法设计的基础一般并未发现过大的振动，因此这次修订规范仍保留两自由度体系的简化计算方法。

(5)关于仅控制竖向振动线位移。按原有的振动线位移计算公式上分析，计算的竖向振动线位移幅值总是大于横向和纵向的振动线位移，而三个方向的允许振动线位移是相同的，当竖向振动线位移小于允许值时，其他两个方向的振动线位移也必然满足要求，按空间多自由度系统计算结果也是竖向振动线位移大于其他两个方向的振动线位移。

5.2.6 地基的弹性对框架式基础的振动有一定影响，对机器转速为 1000 r/min 及以下的基础影响较大，对转高频率的机器影响较小，因此规定对 3000 r/min 机器的基础一般可不考虑地基弹性的影响。对工作转速为 1500 r/min 及以下的机器基础则宜考虑其影响，考虑地基弹性时，将地基视作弹簧，与第 3 章的计算原则是一致的。

5.2.9 本条主要是根据以往的实践经验，通过统计、实测计算分析而得出来的。

5.3 框架式基础的承载力计算

本节对动内力计算分别规定为：

(1)可按空间多自由度体系直接计算构件的动内力；

(2)亦可将机器的动力荷载化为静力当量荷载按条文规定进行简化计算；

(3)对于不作动力计算的基础，其静力当量荷载可直接按条文中列出的数值取用。

本节中采用的简化计算方法，除以基本振型计算动内力外，对顶板的纵、横梁补充了考虑高振型影响时动内力的计算方法，这样就与基础实际的振动情况较接近，并使构件有足够的安全度。

5.4　低转速电机基础的设计

5.4.1　本条列出了基础动力计算时的主要设计数据，其中，计算横向振动线位移时的机器扰力值应由制造厂提供，当缺乏资料时，可按表5.4.1采用，表中的允许振动线位移基本上是按允许振动速度6.3 mm/s换算而得。其中小于500 r/min按375 r/min换算，即允许振动线位移$[A]=\frac{6.3}{0.105\times375}=0.16$ mm，其他分别按500及750 r/min换算。

5.4.2　因为考虑到工作转速为1000 r/min及以下的电机基础总是横向水平振动大于竖向振动，因此只需验算基础的横向水平振动线位移。公式(5.4.2-1)～(5.4.2-11)是简化计算公式，它忽略了基础框架的弹性中心与上部顶板质量中心的偏差，即假定框架的弹性中心与顶板质量中心在同一条水平线上。因此水平与扭转振动就不是耦合的，可以分别按单自由度体系计算其振动线位移，然后再进行叠加。

水平振动计算的基本假定为：

(1)地基假定只有弹性而无惯性；

(2)假定底板无惯性亦无弹性；

(3)质量集中于顶板，顶板在水平横向为刚性；

(4)水平扰力作用于基础顶板，忽略轴承座高度。

计算模型相当于一个集中质量和三个串联弹簧，即地基抗剪弹簧K_x、抗弯弹簧K_φ和框架抗侧移弹簧K_{fx}。

6　透平压缩机基础

6.1　一 般 规 定

6.1.1　指出本规范的适用范围。因为确定各章节条文都是建立在对机器工作转速大于3000 r/min的透平压缩机和部分汽轮鼓风机，透平发电机基础等的工程实例，测振资料及参考文献的研究分析的基础上。不适用于下列基础的设计：

(1)对于高速旋转式压缩机的块体式和墙式基础，扰力可按本章确定。动力计算参照第4章进行。

(2)工作转速低于3000 r/min的透平压缩机基础，可参照第5章进行设计。

(3)螺杆压缩机组及滑片式压缩机组的基础，若为块体基础应参照第4章进行设计。

(4)钢结构基础：目前国内没有实践。

6.1.3　钢筋混凝土空间框架是透平压缩机基础最主要的结构形式。在国内、外应用得最广泛。它占地面积小，构件尺寸较经济，可以提供足够的空间布置工艺管道和辅助设备。在计算时可简化为嵌固于底板上的框架；由横梁、纵梁及柱子组成正交结构体系，它与插件结构计算假定比较接近，而且基础各构件受力简单明确，故目前仍采用空间正交框架的动力计算程序。这种结构形式可通过改变构件的截面尺寸，主要是柱子尺寸调整基础的自频来得到良好的动力特性。尽管结构计算简图与结构实际情况有一定的差别，但根据多年的使用经验，计算值与实测值相比较仍能满足工程要求。另外构件的强度计算也可按框架结构进行，从理论计算上可以保证基础有足够的强度和刚度。这种基础的施工技术也较成熟。

无顶板基础是70年代引进工程设计中的另一种基础形式，因这种机组的水平钢框架底盘较长，其制造精度要求较高，工艺制作困难，后来很少再用，故本规范没有对无顶板基础作出规定，也不推荐此种基础形式。

6.1.4 关于如何考虑地震荷载的问题在国内、外规范和资料中说明的较少，仅在前苏联《动力机器基础设计规范》СНиП11－19－79第1.39条中规定：当设计建造在地震区的动力机器基础时，大块式基础构件的强度计算应不考虑地震作用。当计算在地震作用下的构架式和墙式基础时，在其荷载组合中不包括由机器产生的动力荷载。从我国GBJ40－79中的第3条、第77条规定看，需要进行荷载组合，按最不利情况来决定是否考虑地震荷载。

按照《建筑抗震设计规范》GBJ11－89的规定，为简化分析，将压缩机基础视为单自由度体系，进行实例计算最大地震荷载，并按机器工作状况下计算其产生的静力当量荷载，通过实例进行荷载组合，设防烈度为6～8度地区，一般情况下基本组合大于偶然组合，因此基础构件强度验算时基本上是由基本组合控制的，故不考虑地震荷载的作用，这样规定给压缩机基础的设计带来了很大的方便。至于设防烈度为8度以上时，就要进行基本组合和偶然组合，并取其最不利者进行强度计算。

对于建造在设防烈度为6～8度地区的压缩机基础虽不进行地震作用的计算，但在构造上要符合本规定的要求，即能满足《建筑抗震设计规范》GBJ11－89的要求。

6.2 构造要求

6.2.1 为使结构简单施工方便，基础底板宜采用矩形平板，但不排除为支承其附属设备而使底板局部突出的情况。透平压缩机基础底板一般都不长，而且体量较小，故无必要采用井式或梁板式结构。但根据基础的具体情况，设计者经方案比较，认为采用梁板式或井式板具有明显有优越性时仍可采用，所以规范中没有对这两种形式加以排除和限制。

关于底板厚度问题，德国规范DIN4024对透平压缩机框架式基础底板厚度规定不小于底板长度的1/10，过去我们的压缩机基础设计都自觉或不自觉地遵照了DIN4024的规定来确定底板厚度，对机器转速大于3000 r/min的透平压缩机基础底板一般较短，大部分在10～12 m，很少有超过15 m的。根据国内工程实例统计分析，本规范规定底板厚度不得小于柱子宽度，也不宜小于800 mm，一般取底板长度的1/10～1/12。规定底板最小厚度的目的是保证底板具有一定的刚度以减小基础的不均匀沉降和降低基础顶板的振动。

柱子截面及截面尺寸的确定。透平压缩机框架式基础的空间较充裕，柱子做成矩形或方形截面是可行的。柱子截面尺寸太小使基础的强度和稳定不满足，过大又造成材料浪费，而且使基础的动力特性不适宜高转速机器基础。规范根据工程实例统计分析给出了柱子截面尺寸的下限，既不宜小于柱子净高的1/10～1/12，并不得小于400 mm×400 mm。条文中没有规定柱子截面尺寸的上限，主要考虑此类机组的机器自重、转子重、转速的变化范围较大，故没有给定柱子尺寸上限。从基础的动力特性来看，加大柱子断面不一定有利，柱子柔一些对减小上部振动有利，所以对基础设计者来说是应当明确的：即在满足强度、稳定性要求的前提下宜适当减少刚度、设计成柔性柱子。

基础顶板应有足够的刚度和质量，目前国内、外均无具体规定，本条根据收集到的工程实例进行统计和分析后定为顶板厚度不宜小于净跨度的1/4，并不宜小于800 mm。

总之透平压缩机基础的顶板、柱子、底板的断面尺寸选择要使其动力特性适应于机器的工作扰频。

6.2.2 对基础构件的配筋要求是在工程实例分析的基础上，按照《混凝土结构设计规范》GBJ10－89和《建筑抗震设计规范》GBJ11－89的构造要求提出的。

透平压缩机一般均为重要设备基础，设计中常配置较多的钢筋，加之由于振动等方面的原因，构件尺寸一般都大于强度要求，考虑配置较合理的含钢率，即把基础的配筋固定下来，以便于设计人员选用。本条文给出的配筋量既要适应工程常规做法，又应便于施工中混凝土的振捣，保证其密实，故要防止盲目加多配筋的倾向。

6.3 动力计算

6.3.1 多年来对高转速透平压缩机基础的设计施工、实测和研究各方面积累了较丰富的经验。基础可不作动力计算是建立在保证机组安全正常运转的条件下，从减少计算工作量、加快设计进度出发，根据多年设计经验而制定的。

条文中的扰力 P 是指机组某一主振方向分布扰力的总和。

6.3.2 转子的旋转产生的不平衡力称为扰力，它是引起机器和基础振动的主要原因，也是我们进行基础动力计算时的一个很重要的参数。扰力的大小取决于机器轴系的振动特征，机器的制造精度、机组的安装和使用维修等因素，应由机器制造厂提供。

本条提出的扰力计算公式，只能根据转子的工作情况求出它的近似值。按可能产生的最大扰力值作为设计扰力值。在确定扰力计算公式时，一般仍从绕定点作圆周运动的质点的惯性力公式

$$P=mr\omega^2 \quad (1)$$

入手，力求通过机械制造行业的有关标准找出 r 值后，再用上式计算出扰力。如美国石油学会标准 API012(炼油厂用特种用途汽轮机)、API017(炼油厂通用离心压缩机)就有这样的规定："装配好的机器在工厂试验时，在最高连续转速或任何规定运行转速范围内的其他转速下运行，在邻近并相对于每个径向轴承轴的任一平面上，测量振动的双振幅不得超过下述值或 2 密耳(50 μm)"。两者取较小值：

$$\overline{A}=\sqrt{\frac{12000}{n}}+0.25\sqrt{\frac{12000}{n}} \quad (2)$$

式中 $\overline{A}$——包括跳动的未滤波的双振幅，(mil)

n——机器工作转速，(r/min)

在式中，第一项为振动值，第二项为跳动值。如果略去跳动的影响(只计振动部分)，并近似地认为式(2)中的双振幅的一半为 r 值，即

$$r=\frac{1}{2}\sqrt{\frac{12000}{n}} \quad (\text{mil，毫寸}) \quad (3)$$

将英制单位换算成国际单位制，则

$$r=0.45/\sqrt{\omega} \quad (\text{mm}) \quad (4)$$

将其式(4)代入式(1)，即得本规范扰力计算公式(1)。

关于纵向水平扰力的问题，从理论上讲，机器的扰力存在于转子的旋转平面内，可分解为垂直扰力和横向水平扰力，在纵向不存在扰力，而实际上框架式压缩机基础是个空间多自由度体系，每个质点都处于三维空间中，有其 x、y、z 三个方向的自频及振型，在基础的振动实测中亦证实了此点，存在着纵向水平振幅。为此假定一个纵向扰力以计算纵向振幅用。本条规定按式(6.3.1-2)取值，通过大量工程实践的振动实测与分析，认为这样考虑是合适的。

条文中的扰力 P 是指机组某一主振方向分布扰力的总和。

6.3.3 本条规定了动力计算的计算模型和几个基本参数的取值问题。

框架式基础是一个无限自由度空间结构，按空间多自由度体系分析，从理论上讲要比单自由度简化计算合理，能全面反映基础动力特性，得到更经济合理的设计，从振动实测分析来看，比较接近基础的实际振动情况，尽管存在着简化假定的近似性和原始参数的不精确性，但在计算时考虑了机器工作转速±20%范围内的扫频计算，即对工作转速±20%以内的自频作共振计算，并将所得的最大振幅作为计算振幅，一般计算值大于实测值，满足工程要求。

地基的弹性对框架式基础的振动有一定的影响，其影响是降

低了基础的自频，对低频机器基础(例如转速在 1000 r/min 及以下)影响较大，对高频机器基础影响较小，使基础自频远离于机器工作转速，其结果是偏安全的。为减少计算工作量，故可不考虑地基弹性的影响。

混凝土的弹性模量在动力计算时不考虑动态的影响，而按混凝土标号查有关钢筋混凝土规定确定。因弹性模量对结构自频影响较小，如德国 DIN4024 规范取混凝土的弹性模量为 3×10^4 N/mm²，用此值与我国规范中混凝土为 C20 时 $E_c=2.55\times10^4$ N/mm²进行计算比较，其自频大约相差 7%左右。

在动力计算中采用了振型分解法求解，阻尼系数采用 E.C.索罗金滞变阻尼理论，为了使各个振型能完全分解，对于钢筑混凝土框架式基础取阻尼系数为一常数，其值为 0.125，阻尼比为 0.0625。

6.3.4 当透平压缩机组有多个转子，m 个不同转速时，基础就承受 m 个不同频率的扰力作用。这些扰力的大小和相位都是随机量，从机率上看，每个转子均达到正常运行情况下的最大不平衡，每个扰力均达到最大值是不大可能的，而且扰力的相位也是随机的，极少可能出现各扰力的方向与所计算共振频率的主振型完全相同的情况。则根据概率理论，比较可能出现的最大振动烈度为各扰力产生的振动线速度峰值的平方和再开平方，即为规范所采用的公式(6.3.4)。

6.3.5 本条规定了基础振动的限值，基础容许振动线速度峰值的确定原则主要是基础的振动不影响机器的正常运转和生产，其次是基础的振动不应对操作人员造成生理上的不良影响。但在确定具体的限值时，各国根据自己的机器制造行业的标准和经验以及国情，所确定的限值相差很大，在此不例举各国的振动限值。本规定综合国内、外资料及机器运行实践，对于工作转速大于 3000 r/min的机器基础，认为以控制振动线速度峰值 $V\leqslant5$ mm/s 以及相应的均方根值 $V_{rme}\leqslant3.5$ mm/s 作为容许振动限值是比较合适的。通过对 126 台透平压缩机基础在机器正常运转状态下的振动实测的统计，其中只有 7 台超过 5 mm/s，仅占 5.6%，绝大多数基础振动较小，满足振动限值要求。对于机器制造厂家提出的基础振动限值为容许振动线位移时，应转化为振动线速度控制，特别对于有 m 个不同转速时，应按规范中式(6.3.5-1)进行计算。$V_{ij}=A_{ij}\omega_j$，其中 A_{ij}为在扰频 ω_j 作用时在 i 点产生的振动线位移值。

6.4 框架式基础的承载力计算

6.4.1 根据大量的工程实践调查总结，为简化计算规定了不进行承载力计算的条件。

6.4.3 我们常用的冷凝式汽轮机，大部分都是将冷凝器放在汽轮机下面的基础底板上，由于蒸汽的冷凝在冷凝器内形成极高的真空，此时冷凝器与汽轮机的连接处受到由大气压与冷凝器内部气压之间的压差而产生一个较大的拉力，此力的数值为：

$$P_a=\Delta p\cdot A_t=100A_t$$

当冷凝器内形成完全真空时，Δp 等于大气压，即 $\Delta p=100$ kPa，故当制造厂未提供真空吸力时，可采用条文中公式。

真空吸力只有在冷凝式汽轮机或中间抽汽式汽轮机做原动机，且冷凝器和汽轮机为柔性连接时(用波纹管道或其他形式的膨胀节)才存在，仅在计算基础构件强度时才考虑此力。

同步电机的短路力矩：同步电机在短路时，转子有外加直流励磁，它的磁场仍起作用，因而在短路瞬间，转子惯性使它仍以原来的转速旋转，此时转子切割闭合的定子线圈造成电机内部瞬时冲击，构成一个以力偶形式出现的力矩称为短路力矩，将短路力矩除以固定电机的螺栓距离 B 即可求得短路力 P_c。

根据机电制造部门提出的计算公式乘以动力系数 $M=2$，即化为当量荷载作构件强度计算用：

$$M_o=K_t\frac{9.75P}{n}=\frac{70P}{n}$$

式中取 $9.75K_t=70$，目前，系数 K_t 的取值不一致，如美国凯洛格公司取 $K_t=15$，相当于极限状态，在《透平压缩机基础设计资料汇编》中取 $K_t=5\sim7$。

短路力矩只存在于同步电机中，而透平机的原动机中有同步电机，也有异步电机，在设计中应根据工程实际情况分别对待。

6.4.4 压缩机基础强度计算时，除去考虑作用在基础上的静力荷载外，还要考虑作用在基础上的动力荷载。该力是由于转子不平衡力产生的动效应，将它简化成等效静力荷载，该力称之为“当量静力”。各种文献和资料中，这个力的名称有所有同，有称“动力荷载、静力计算时的附加力、临时性的动力荷载、静等效荷载”等等，在设计采用该数值时应正确理解其含义及取值。

现有的一些资料中，当量荷载的计算公式的表达形式大致相同，一般是将转子的不平衡力乘以疲劳系数和动力系数，将它转化为一个等效静力荷载，但其中系数的取值差异较大，其表达式为：

$$N=\eta rP$$

式中 N ——当量静力；

η ——动力放大系数；

r ——疲劳系数；

P ——扰力。

这些公式的概念是建立在单自由度理论基础上的。式(6.4.4)中，疲劳系数取2，动力放大系数为10，并简化了表达形式。此式来自冶金部《制氧机等动力机器基础勘察设计暂行条例》，该《条例》已实施了十余年，在其他的行业标准(如化工部设计标准《透平压缩机基础设计暂行规定》、中国石化总公司标准《炼油厂压缩机基础设计技术规定》等)中均采用了此公式，并应用了多年。

7 破碎机和磨机基础

7.1 破碎机基础

7.1.3 由于工艺生产流程的要求，物料破碎后常用皮带输送机运走，因此，在生产中墙式基础用的最多，其次是大块式基础，框架式基础用得较少。

7.1.4 本条对墙式基础各构件的尺寸作了规定，这是经过长期的调查研究后所取得的成果。

7.1.7 破碎机厂房遇有岩石地基的情况较普遍，应该充分利用岩石地基的有利条件，积极采用锚桩(杆)基础。

7.1.9 本条对破碎机基础允许振动线位移作了规定。破碎机的类型较多，机器扰力频率变化范围大，适当进行分档是必要的，如果采用同一振动值控制，势必造成小型机器振动允许值过严，大机器振动允许值过松的弊病。因此本条将振动允许值分为三档：在 $n\leqslant$ 300 r/min 即破碎机扰频在 5 Hz 及以下时定为一档，300 r/min$<n\leqslant$750 r/min 即破碎机扰频大于 5 Hz 和小于或等于 12.5 Hz 定为一档，$n>$750 r/min 即破碎机扰频大于 12.5 Hz 定为一档。上述三档各自的允许振动线位移值是对以往已有的破碎机基础的实测振动数据经统计分析而确定的。

7.2 磨机基础

7.2.4 当 $f_k>250$ kPa 时，磨机的磨头和磨尾可分别采用独立基础，其理由为：

(1)以往已有不少设计在 $f_k>250$ kPa 条件下采用头尾独立的球磨机基础，经过多年的生产实践无异常现象；

(2)球磨机机器本身不断改进，使之有条件采用头尾分开的独立基础；

(3)地基承载力 $f_k>250$ kPa 的情况下，球磨机的地基反力使用的较小，沉陷量相对地较小，设计时可以人为地控制其地基反力来减小两独立基础间的差异沉降。

8 冲击机器基础

8.1 锻锤基础

8.1.1 本条将锻锤基础设计的适用范围限制在锻锤落下部分公称质量为 16 t 及以下，因为迄今为止我国已经自行设计、施工和使用的最大吨位锻锤为 16 t，编制组已对几台 16 t 锻锤进行了调查，使用基本正常，故实测总结这些锻锤的设计和使用中的经验，列入条文，以利于大吨位锻锤基础的设计。

8.1.3 鉴于近几年来在前苏联和德国等国家对锻锤砧座隔振基础的应用已较普遍，国内亦已在逐步推广采用。而以往使用的隔振锤基均为锻锤基础下隔振的基础，也即将隔振器置于基础块的下面，外面尚有钢筋混凝土基坑用以支承和维修隔振器，占地面积大、埋深较深，土建施工时需先做基坑再捣基础块，然后将基础块顶起来，在基础下面放置隔振器，因此施工周期很长，造价较高。随着技术的进步，人们发现如将隔振器直接置于锻锤砧座下面，不但隔振效果显著，且隔振后的锤基底面尺寸及埋深可以比不隔振的锤基还要小，施工进度与不隔振锤基相同，造价也不比不隔振锤基高，还可以节约车间布置面积，减少振动对厂房及周围环境的影响，改善操作人员的工作条件。因此，在本规范中的第 8.1.6、8.1.23 条中均对此作出了规定。

正圆锥壳锻锤基础在小于 5 t 锤中已在国内推广使用，其特点是可以建造在软弱地基上，效果良好。

8.1.5 砧座下木垫的主要作用是使砧座传下的静压力和冲击力能均匀地作用在基础上，同时可缓冲锤击时的振动影响，保护基础混凝土面免受损伤，且便于调整砧座的水平度以保证锻锤的正常工作。因此要求木垫有一定的弹性压缩，并在长期的冲击荷重作用下，只能有较小的变形。对木垫的具体要求是：材质坚韧，受压强度适中，材质均匀，耐久性好，无节疤、腐朽，干缩、翘曲开裂等均较小。根据这些原则，本条规定了木垫选用的树种及含水率，这是经过大量试验研究确定的。关于橡胶垫作为砧座垫层材料已在国内使用多年，效果良好，但只限于 5 t 及以下的锻锤可使用。

8.1.6 一般锻锤的砧座垫层均由多层横放木垫组成，但在调查中发现已有不少工厂的锻锤基础的砧座垫层采用垫木竖放形式，均有几年乃至十几年的经验，其中最大锻锤吨位为 5 t，最小为 0.5 t。木垫采用竖放后，有利于采用强度较低的树种和短材。

8.1.7 砧座下基础部分的最小厚度，根据收集到的约 130 个锤基础资料分析而得。

8.1.9 本条对基础配筋的规定是根据对国内工程实践经验和大量调查研究资料的分析结合国外的资料而修订的。

8.1.12 本条规定了锻锤基础的振动控制标准，根据锻锤吨位的大小和地基土的类别在表 8.1.12 中分别给出了基础的允许振动线位移和允许振动加速度。其目的在于保证锻锤的正常工作和锻锤车间的结构不致于因过大振动而产生有害影响。但是对于锻锤附近的操作人员会感到振动较大，长期在此环境中，有害身心健康，要解决这一问题，最好的办法是采用隔振基础。

8.1.14 本条规定了不隔振锻锤基础的竖向振动线位移和振动加速度的计算方法。公式(8.1.14-1)是根据单自由度体系建立运动微分方程和物体碰撞原理而得。但考虑到锻锤基础振动线位移和固有频率的计算和实测值之间的差异，在计算公式(8.1.14-1)和(8.1.14-2)中分别给以必要的修正系数。修正的原因是多方面的，有由于基础埋深增加了侧面刚度而使地基刚度作必要的修正；有由于土参加振动而在基础质量方面有所修正；有由于阻尼影响的修正等。为此公式中给出了 k_A 即振动线位移调整系数和 k_λ 即频率调整系数，其值是根据对 28 个大于 1 t 的锤基础和 64 个 1 t 及以下的锤基础实测数据进行分析统计整理而得。公式(8.1.14-1)中的冲击回弹影响系数是按下式求得的：

$$\psi_e=\frac{1+e}{\sqrt{g}} \tag{5}$$

式中 e——回弹系数；对模锻锤：当模锻钢制品时取 0.56；模锻有色金属制品时取 0.1；对自由锻锤取 0.25。

正圆锥壳锤基根据实测的 8 台壳体锤基的振幅和频率再求振动线位移调整系数和频率调整系数值与大块式锤基础的 k_A、k_λ 值是接近的。

8.1.18 本条规定了正圆锥壳锤基建造在软弱的粘性土地基上，当其天然地基抗压刚度系数小于 28000 kN/m³ 时，应取 28000 kN/m³。这是由于壳体内土壤受有向心压力的作用，可使土的密度增加，地基刚度也相应提高，实测结果也证明了这一点。对于建造在砂性土上或较好的粘性土上的壳体基础，由于实测资料较少，其地基抗压刚度系数暂不予提高，仍按实际 C_z 值选用。

8.1.19 根据对锻锤基础实测资料的分析，一般单臂锤，当锤击中心对准基底形心时，其总重心与锤击中心间的偏心值均小于该偏离方向基础边长的 5%。如按中心打击公式计算所得之竖向振动线位移乘以系数$(1+3.0\frac{e_h}{b_h})$后的值，绝大部分符合按竖向—回转公式所得的基础边缘竖向振动线位移(因相对偏心距$\frac{e_h}{b_h}\leqslant 5\%$，水平振动影响微小，可忽略不计)。

8.1.20～8.1.22 条文中给出了砧座下垫层最小厚度的计算公式以及木材横放和竖放的承压强度计算值与弹性模量。除了计算垫层的最小厚度之外，尚需满足表 8.1.20 中规定的垫层最小厚度。对橡胶垫，表中所规定的运输胶带的厚度是由实际生产使用中的经验和实测分析结果所确定的。在实际生产中用运输胶带作为橡胶垫的最大吨位为 3 t 自由锻，考虑 5 t 锤的打击能量与 3 t 自由锻相差不大，因此在表 8.1.20 中将橡胶垫的厚度扩大到 5 t 锤。

8.2 落锤基础

8.2.3～8.2.5 落锤破碎坑基础的平面尺寸根据一次装满需破碎的废金属数量和规格而定。破碎坑基础形式，一般根据生产需要及破碎金属的数量、材质和规格、破碎坑及其砧平面尺寸、地基土的类别和落锤冲击能量而定。

国内无厂房的简易碎铁设备(如三角破碎架)，一般均不设置钢筋混凝土基础，而采用简易破碎坑基础。当碎铁设备设在厂房或露天厂房时，一般均采用钢筋混凝土破碎坑基础。

破碎坑基础的构造，例如砧块厚度和重量，填充层的材料、规格和厚度，坑壁的保护，坑壁和底板的厚度与配筋量，需根据落锤冲击能量大小确定。本规范根据对国内不同冲击能量的落锤破碎坑基础作了大量的调查研究，对破碎坑基础的构造作了具体的规定。

8.2.6 本条主要为了避免落锤基础在软弱地基上产生过大的静、动沉陷或倾斜，同时落锤基础下的静压力亦较大，一般在150～200 kPa左右，个别也有达270 kPa以上，因此，在软弱地基上的落锤基础，虽然考虑了基础宽度与埋深对地基承载力的修正，一般仍不能满足要求，需要对该类地基作人工加固处理。

8.2.7～8.2.9 本条文的规定是总结国内各种类型破碎坑基础的设计和生产使用实践而制订的。圆筒形坑壁厚度一般是300～600 mm，且均为双面配筋。矩形坑壁根据调查，沿坑壁内转角易产生裂缝，因此规定了沿坑壁内转角应增设钢筋加强，同时坑壁的外露部分的顶部和内侧虽有钢锭或钢坯保护，但冲击力影响较大，且保护也难免在损坏后不能及时修补，因此规定加强配筋的措施。

带钢性底板的槽形破碎坑基础，在长期受落锤很大冲击力作用下，基础设计必须使之有足够的重量和强度，往往需耗费较多的混凝土和钢材，如处理不当，有时会使基础严重倾斜或毁坏。因此在条文中根据不同的落锤冲击能量规定了破碎坑底板的最小厚度和钢筋网层数。

8.2.11 国内已建的圆筒形坑壁落锤基础的砧块，大多数采用整块钢板(砧块钢板以采用低碳钢并经退火处理，使用效果很好)，其重量可按公式(8.2.11)计算，这对防止砧块下陷有效，较用钢锭作砧块为好。矩形破碎坑基础的砧块，一般由数块钢板拼成，国内均采用满铺1～2层大型钢锭作为砧块，因整块砧块浇注、吊装均较困难，因此允许用大型钢锭拼成砧块，但钢锭截面应尽量大些。

8.2.12 简易破碎坑，其砧块顶面一般与地面平或略低于地面。某些圆筒形坑壁的落锤基础的砧块顶面与地面标高差不多，但大部分落锤基础为了减少被破碎的钢铁碎片飞散和便于放置需破碎的废料，砧块顶面低于坑壁顶面。根据破碎坑平面尺寸，一般砧块顶面低于坑壁顶面1.5～2.6 m。同时为了便于放置坑壁的防护钢锭而将坑壁略向外倾斜。

8.2.13、8.2.14 落锤基础振动的大小不至于严重影响锤基结构强度、稳定和正常使用，但过大振动时也可能导致落锤基础产生过大动沉陷或严重倾斜，或使破碎车间结构产生过大的附加动应力和使柱子基础产生过大的动沉陷与倾斜面影响落锤生产的正常进行。根据大量的实测和调查资料的分析给出了破碎坑基础竖向振动线位移和固有圆频率的计算公式及允许振动标准。

9 热模锻压力机基础

9.1 一般规定

9.1.1 本章为新增部分。鉴于近年来国内大、中型热模锻压力机和冲压设备日益增多,故有必要在《动力机器基础设计规范》中增补此项内容。在编写过程中,因冲压压力机基础的测试资料太少,有关公式尚难以验证,故本章暂只适用于公称压力不大于120000 kN 的热模锻压力机基础(以下简称压力机基础)。

由于本章压力机基础设计方法较过去习惯方法有较大变动(详见第9.3.2条),故设计所需资料增加了第二、三两项要求。这些要求压力机制造厂应能提供。

9.1.4 过去一些专著、手册要求压力机基础自重不应小于压力机重量的1.0~1.2倍。但在搜集资料时发现某厂一个20 000 kN 压力机(前西德奥姆科公司MP系列)的基础自重虽为压力机重量的1.43倍,但在调试时仍因振动线位移过大不能满足生产要求而被迫加固。因此将上限改为1.5倍,并将下限也略予提高。实际上基础自重与压力机起动阶段的扰力、扰力矩,以及地基情况等有密切关系,很难用一个简单的系数与压力机自重联系起来。因此,本条规定基础自重不宜小于压力机重量的1.1~1.5倍。

在基础自重相同的条件下,力求增大基础面积,减小埋置深度,主要是可以减小基础振动线位移(特别是水平振动线位移),防止基础产生不均匀沉陷而导致机身倾斜、损坏导轨及传动机构;同时,埋置深度减小后将有利于防水,方便施工,对邻近的厂房柱基埋置深度的影响也可小些。

9.2 构造要求

9.2.1~9.2.3 关于压力机基础混凝土标号及最小厚度和配筋的规定,主要是在调查了国内20多个大、中型压力机基础的实际情况并进行分析综合后确定的。该规定大体上与《机电工程手册》第38篇及《动力机器基础设计手册》有关规定相当。遵守该规定,一般能满足承载力、振动和耐久等要求,同时也不至于消耗过多的材料。

9.3 动力计算

9.3.1 《机械工程手册》第38篇及《动力机器基础设计手册》规定:当锻压机公称压力大于16 000 kN 时,其基础需进行动力计算。由于本章计算和控制压力机基础振动线位移的方法与过去习惯方法相比有较大改变,且对公称压力为12 500~16 000 kN 的压力机的基础尚缺乏足够的设计与使用经验(某厂一个16 000 kN 压力机基础因故始终未使用),故对进行动力计算的压力机基础的范围作了更为严格的控制。

9.3.2 以往一些专著、手册及设计单位对压力机基础设计均只要求计算和控制压力机完成锻压工序,滑块回升的瞬间,锻压件反作用于上下模的锻打力(最大值为公称压力)突然消失,曲轴的弹性变形及立柱的弹性伸长也随之突然消失所引起的竖向振动线位移,亦即只计算和控制锻压阶段的竖向振动线位移。但近年来的生产实践和科学试验证明:在压力机起动阶段,即离合器接合后,经过空滑、工作滑动及主动部分(大飞轮)与从动部分(曲轴)完全接合共同升速至稳定转速时(与此同时,滑块开始下行)的振动也很大,有时甚至大于锻压阶段。这是因为在压力机锻压工件的全过程(包括起动、下滑、锻压、回程及制动五个阶段)中,机械系统运动时产生的竖向扰力、水平扰力及扰力矩以起动阶段为最大。更值得注意的是无论起动阶段或锻压阶段,除竖向振动外还有水平振动。某些水平扰力大、作用点高、机座平面尺寸又小的压力机，其起动阶段的水平振动线位移甚至远大于竖向振动线位移。根据对十几台大、中型压力机基础百余条实测的振动曲线分析，在整个锻压工件的全过程中，竖向振动线位移的最大值约有近 2/3 出现在起动阶段，1/3 略多出现在锻压阶段；水平振动线位移的最大值则约 4/5 出现在起动阶段，仅 1/5 出现在锻压阶段，且其幅度与起动阶段相比，大得不多。因此，本条规定了压力机基础的动力计算应考虑起动阶段和锻压阶段两种情况。起动阶段应计算竖向振动线位移和水平振动线位移，而锻压阶段只计算竖向振动线位移即可。

9.3.3 在起动阶段，压力机机械系统在运动过程中产生竖向扰力、水平扰力及扰力矩。因此，基组除有垂直振动外，还有水平与回转耦合振动。本条先不考虑垂直扰力对基组重心的偏心，即先推导当垂直扰力通过基组重心时产生的竖向振动线位移计算公式，而因偏心产生的扰力矩则在第 9.3.4 条水平与回转耦合振动计算中一并考虑。根据理论推导及一些压力机制造厂提供的资料，起动阶段的垂直扰力、水平扰力及扰力矩的脉冲形式均接近于三角形(后峰锯齿三角形或对称三角形)。当扰力脉冲的时间及形状已知，基组即可按单自由度的“质—弹—阻”体系用杜哈米积分求解，从而导出竖向振动线位移计算公式。公式中的有阻尼响应函数最大值，即有阻尼动力系数 η_{max} 的求算十分困难，因为有阻尼响应函数 η 本身就是一个极为繁冗复杂的以阻尼比 ζ、脉冲时间与无阻尼自振周期之比($\frac{t_0}{T_n}$)及时间 t 为变量的超越函数。要求其最大值，还要先求出产生最大值的时间 t_{max}(详见附录 F)。因此只能借助计算机算出各种不同阻尼比和不同脉冲时间与无阻尼自振周期之比的 η_{max} 值列表备查(表 F.0.2-1 和表 F.0.2-2)。

由于许多因素，如质量中未考虑基础周围土壤，地基刚度系数取值往往会小于实际值，基础埋深和刚性地面对地基刚度的提高系数也不可能准确等，用理论公式算出的振幅值与实测值肯定会有差别，要用调整系数进行修正。通过对若干个大、中型压力机基础的理论计算和实测，用数理分析方法求出两者之间的比值，并考虑一定的安全储备，即可得出调整系数为 0.6。引入调整系数即得出公式(9.3.3-1～3)。

9.3.4 推导起动阶段水平振动线位移计算公式时，由于水平扰力及扰力矩的脉冲时间和形式均相同(且与竖向扰力相同)，故可用振型分解法求得运动微公方程式的近似解。用同上方法得出调整系数为 0.9，即可得出公式(9.3.4-1)及(9.3.4-2)。

9.3.5 以往计算压力机锻压阶段竖向振动线位移的计算模式为双自由度“质—弹”体系(图 1)，立柱作为上部弹簧，刚度为 K_1；地基作为下部弹簧，刚度为 K_2。考虑调整系数为 0.6，即得计算竖向振动线位移的公式如下：

$$A'_z=0.6\times\left|\frac{2\Delta}{X_2-X_1}\right| \tag{6}$$

$$\Delta=\frac{P_H}{K_1} \tag{7}$$

$$X_1=\frac{K_1}{K_1-m_1\lambda_1^2},\quad X_2=\frac{K_1}{K_1-m_1\lambda_2^2} \tag{8}$$

$$\omega_{n1,n2}^2=\frac{1}{2}\left[\left(\frac{K_1+K_2}{m_2}+\frac{K_1}{m_1}\right)\mp\sqrt{\left(\frac{K_1+K_2}{m_2}+\frac{K_1}{m_1}\right)^2-4\times\frac{K_1K_2}{m_1m_2}}\right] \tag{9}$$

一般情况下，压力机立柱的刚度 K_1 远大于地基的刚度 K_2(大十几倍至几十倍)。为简化计算，并使计算模式与起动阶段一致，可不考虑立柱的弹性而把整个基组当作一个刚体。于是基组的振动就变为单自由度体系的振动，扰力则来自体系内部质量 m_1 的来回振动(图 2)，其值为 $\Delta K_1\cos\omega_{nm}t$，即 $P_H\cos\omega_{nm}t$($\omega_{nm}^2=\frac{K_1}{m_1}$)。采用同样的调整系数，即可得出竖向振动线位移计算公式(9.3.5-1)。用此公式算出的竖向振动线位移与按双自由度体系考虑的公式(6)相比，误差一般为 1%～2%，可以允许。

关于阻尼问题，原公式(6)未考虑。如考虑阻尼，则基础的竖向位移 $Z_2(t)$ 为

$$Z_2(t)=\frac{\Delta}{X_2-X_1}(e^{-\zeta_{z1}\omega_{n1}t}\cos\omega_{d1}t \cdot e^{-\zeta_{z2}\omega_{n2}t}\cos\omega_{d2}t) \tag{10}$$

式中 ζ_{z1}、ζ_{z2}——分别为立柱和地基的阻尼比；

ω_{d1}、ω_{d2}——分别为双自由度体系第一、第二振型的有阻尼固有圆频率，

$$\omega_{d1}=\omega_{n1}\sqrt{1-\zeta_{z1}^2},\omega_{d2}=\omega_{n2}\sqrt{1-\zeta_{z2}^3} \tag{11}$$

式(10)表明基础的竖向振动为一高频振动叠加于一低频振动上。由于 ω_{n2} 远大于 ω_{n1}，故当高频振动出现第一个正峰值时，低频振动仍处于接近正峰值处，且由于钢柱的阻尼系数甚小，故此时式(10)括号中两项的绝对值均接近于1。如各以+1代入相加，并引入调整系数0.6，式(10)即与式(6)相同。因此，不考虑阻尼可以允许。

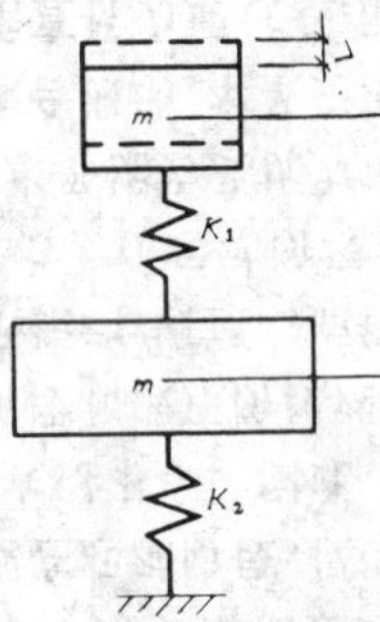

图1 双自由度体系

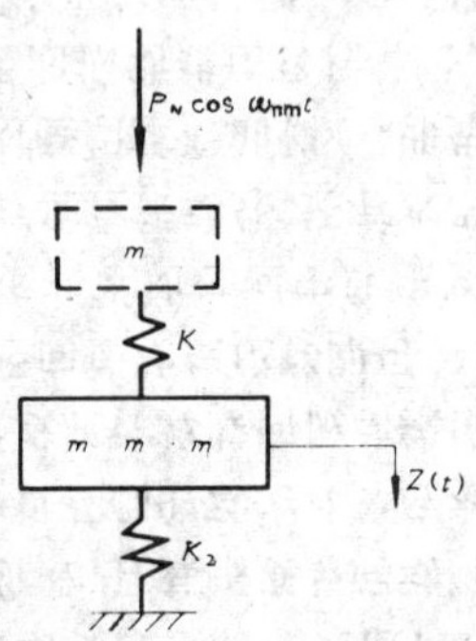

图2 单自由度体系

9.3.6 确定压力机基础的振动线位移允许值主要应考虑两个因素：(1)设备和生产上的要求。这是一个比较确定的限值，超过此值将不能生产合格的产品，或者压力机及其附属设备将易于损坏；(2)操作工人的要求。它与国情有关，比较有弹性，如制定过严，要增加投资，不利于国家建设；但制定过宽，将造成环境污染，直接或间接给生产和生活带来不良后果，同样也不利于国家建设。过去一些专著及手册规定0.3 mm作为压力机基础的振动线位移允许值。根据对某些工厂的十几个正常生产的大、中型压力机基础的实测，在起动阶段测得的最大竖向振动线位移为0.28 mm，最大水平振动线位移为0.26 mm；在锻压阶段测得的最大竖向振动线位移为0.27 mm(实际工作压力小于公称压力，如换算为公称压力则约为0.34 mm)，最大水平振动线位移为0.21 mm(实际工作压力小于公称压力，如换算为公称压力则约为0.31 mm)。因此，采用0.3 mm作为振动线位移允许值是能满足设备和生产上的要求的。至于操作工人的要求，根据我国和德国等国的有关规范，大体上要求振动速度(稳态简谐振动)不超过4～6.4 mm/s。如以我国采用6.28 mm/s为限值，并考虑到压力机基础的振动是由瞬间脉冲所产生的近似有阻尼自由衰减振动，通过换算，在一般压力机基础固有频率为8～15 Hz的条件下相当于20.01～27.40 mm/s的振动速度。由此算出允许振动线位移为0.398～0.291 mm。因此，取0.3 mm为振动线位移允许值也大体上能满足操作工人的要求，不会有较大影响。但对固有频率低于6 Hz或高于15 Hz的压力机基础则应作适当调整，使折算的稳态简谐振动速度大体上仍在4～6.4 mm/s范围内，否则将失之过严(低于6 Hz)或失之过宽(高于15 Hz)。故要求按表8.3.7中所列公式调整，但允许振动线位移最大不得超过0.5 mm以免对设备与管道等附属设施连接不利。

10　金属切削机床基础

10.0.1　补充了适用于“加工中心系列机床基础的设计”的内容，是基于在征询全国各大机床制造厂的意见后确定的，近几年来加工中心系列机床发展较快，如济南第一机床厂提出数控镗铣中心，其基础厚度可参照卧式镗床基础表达式并接近座标镗床基础，北京第三机床厂提出立式钻削中心基础设计，也可参照本规范规定，因此补充了本条例，其选取的基础厚度应按照加工中心各类组合机床特点、性能选取或参照本规范所规定的厚度进行设计。

10.0.5　在本条的第4款中增加了加工中心系列机床，基础混凝土厚度可按组合机床的类型，选取精度较高或外形较长者，可按表10.0.5同类机床采用。基于征求全国各大机床制造厂(第一重型机器厂、沈阳重型机器厂、济南第一机床厂、昆明机床厂、杭州机床厂、上海机床厂等)的意见反馈，核对本厂产品，认为本规范表10.0.5仍有较大范围的实用价值，符合实际，但由于机床加工精度的日益提高，有较多制造厂建议，对提高精度的机床基础应适当将厚度按表列规定增加5%～10%，并认为作上述规定后，可使提高精度的机工保证加工质量，在实践中也得到了验证。并可免于采取不必要措施，有利于节约整个基础工程的投资，所以在本条的第3款中规定了提高精度的机床，按表中基础厚度，增加5%～10%。

10.0.9　原规范要求预压重力系数为1.2～2.0倍，此系数相当于变形的基本安全系数，小了则安全作用不大，预压重力与预压时间是成反比的，系数越小，则预压时间相应加长，且预压卸荷后，还有回弹，扣除回弹后，其预沉量则更小，从施工和安装周期来看，应尽量缩短预压这种带有辅助性质的时间，因此在本次规范修订中，将预压重力的下限由1.2改为1.4，而上限2.0不变。

10.0.11　在反馈意见中，提出对精密加工机床，四周防振沟及地坪设缝中的填料为沥青、麻丝等弹性材料，此两材料混合在一起，时间久了，常会结成硬块，会减低防振作用，因此，缝中宜填入海棉、泡沫、乳胶等弹性不易变化的材料。另外，防震沟对精密的重型机床，由于基础较深，实际施工时较为困难，近年来，国内外皆有采用在基础四周外挂硬质泡沫塑料或聚苯乙烯板等措施，皆能符合加工要求，因此在条文中作上述补充。

中华人民共和国国家标准

锚杆喷射混凝土支护技术规范

Specifications for bolt-shotcrete support

GB 50086—2001

主编部门：原国家冶金工业局

批准部门：中华人民共和国建设部

施行日期：2001年10月1日

关于发布国家标准《锚杆喷射混凝土支护技术规范》的通知

建标［2001］158号

根据原国家计委《一九九四年工程建设标准定额制订、修订计划》（计综合［1994］240号）的要求，由原国家冶金工业局会同有关部门共同修订的《锚杆喷射混凝土支护技术规范》，经有关部门会审，批准为国家标准，编号为GB 50086—2001，自2001年10月1日起施行，其中，1.0.3、3.0.2、4.1.4、4.1.5、4.1.11、4.3.1、4.3.3、5.3.5、7.5.5（4）、7.6.2、8.5.1（4）、9.1.1、9.1.2（1）为强制性条文，必须严格执行。自本规范施行之日起，原国家标准《锚杆喷射混凝土支护技术规范》GBJ 86—85废止。

本规范由冶金工业部建筑研究总院负责具体解释工作，建设部标准定额研究所组织中国计划出版社出版发行。

中华人民共和国建设部

二〇〇一年七月二十日

前　　言

本规范根据原国家计委《一九九四年工程建设标准定额制订、修订计划》（计综合〔1994〕240号），由冶金部建筑研究总院负责，组织有关单位对国家标准《锚杆喷射混凝土支护技术规范》（GBJ 86—85）进行修订而成。

在修订过程中，规范修订组进行了比较广泛的调查研究，吸收了国内外锚杆喷射混凝土支护技术领域的新成果和新经验，组织了有关主要修订内容的专题讨论，最后于1999年2月由建设部主持召开专家审定会，审查定稿。

本规范共有十章、七个附录。包括：总则、术语和符号、围岩分级、锚喷支护设计、现场监控量测、光面爆破、锚杆施工、喷射混凝土施工、安全技术与防尘、质量检查与工程验收等。主要修订内容是：增加了边坡锚喷支护设计、浅埋土质隧洞锚喷支护设计、预应力锚杆试验和监测、自钻式锚杆设计与施工、湿法喷射混凝土施工、水泥裹砂、喷射混凝土施工。修改或增补了围岩分级、预应力锚杆设计、现场监控量测、锚杆施工等有关条款。

本规范由冶金部建筑研究总院（北京市海淀区西土城路33号，邮政编码：100088）归口管理并负责具体解释。

本规范的主编单位、参编单位和主要起草人名单：

主 编 单 位： 冶金部建筑研究总院

参 编 单 位： 煤炭科学研究院
铁道部科学研究院
水利部松辽水利委员会
水利部东北勘测设计院
重庆后勤工程学院
海军工程设计研究局
中国科学院地质与地球物理研究所
北京有色冶金设计研究总院
深圳地铁公司
长江科学院

主要起草人： 程良奎　段振西　刘启琛　郑颖人
赵长海　苏自约　徐祯祥　王思敬
张家识　车黎明　邹贵文　何益寿
赵慧文　丁恩保　盛　谦

目　次

1 总 则

1.0.1 为使锚杆喷射混凝土支护（简称锚喷支护）工程的设计施工符合技术先进、经济合理、安全适用、确保质量的要求，特制定本规范。

1.0.2 本规范适用于矿山井巷、交通隧道、水工隧洞和各类洞室等地下工程锚喷支护的设计与施工。也适用于各类岩土边坡锚喷支护的施工。

1.0.3 锚喷支护的设计与施工，必须做好工程的地质勘察工作，因地制宜，正确有效地加固围岩，合理利用围岩的自承能力。

1.0.4 锚喷支护的设计与施工，除应遵守本规范外，尚应符合现行国家标准的有关规定。

2 术语、符号

2.1 术 语

2.1.1 初期支护 initial support

当设计要求隧洞的永久支护分期完成时，隧洞开挖后及时施工的支护，称为初期支护。

2.1.2 后期支护 Final support

隧洞初期支护完成后，经过一段时间，当围岩基本稳定，即隧洞周边相对位移和位移速度达到规定要求时，最后施工的支护，称为后期支护。

2.1.3 拱腰 haunch

隧洞拱顶至拱脚弧长的中点，称为拱腰。

2.1.4 隧洞周边位移 convergence of tunnel inner perimeter

隧洞周边相对应两点间距离的变化，称为隧洞周边位移。

2.1.5 锚固力 anchoring force

锚杆对围岩所产生的约束力，称为锚固力。

2.1.6 抗拔力 anti-pullforce

阻止锚杆从岩体中拔出的力，称为抗拔力。

2.1.7 润周 wetted perimeter

水土隧洞过水断面的周长，称为润周。

2.1.8 点荷载强度指数 point-loading strength index

直径50mm圆柱形标准试件径向加压时的点荷载强度。

2.1.9 系统锚杆 system bolt

为使围岩整体稳定，在隧洞周边上按一定格式布置的锚杆群，称为系统锚杆。

2.1.10 预应力锚杆 prestress anchor

由锚头、预应力筋、锚固体组成，利用预应力筋自由段（张拉段）的弹性伸长，对锚杆施加预应力，以提供所需的主动支护拉力的长锚杆。本规范所指的预应力锚杆系指预应力值大于200kN、长度大于8.0m的锚杆。

2.1.11 缝管锚杆 split set

将纵向开缝的薄壁钢管强行推入比其外径较小的钻孔中，借助钢管对孔壁的径向压力而起到摩擦锚固作用的锚杆。

2.1.12 水胀锚杆 swellex bolt

将用薄壁钢管加工成的异形空腔杆体送入钻孔中，通过向该杆件空腔高压注水，使其膨胀并与孔壁产生的摩擦力而起到锚固作用的锚杆。

2.1.13 自钻式锚杆 self-drilling bolt

将钻孔、注浆与锚固合为一体，中空钻杆即作为杆体的锚杆。

2.1.14 喷射混凝土 shotcrete

利用压缩空气或其他动力，将按一定配比拌制的混凝土混合物沿管路输送至喷头处，以较高速度垂直喷射于受喷面，依赖喷射过程中水泥与骨料的连续撞击，压密而形成的一种混凝土。

2.1.15 水泥裹砂喷射混凝土 send enveloped by cement (SEC) shotcrete

将按一定配比拌制而成的水泥裹砂砂浆和以粗骨料为主的混合料，分别用砂浆泵和喷射机输送至喷嘴附近相混合后，高速喷到受喷面上所形成的混凝土。

2.1.16 格栅钢架 reinforcing-bar truss

用钢筋焊接加工而成的桁架式支架。

2.2 符 号

2.2.1 抗力和材料性能

C——岩石滑动面上的粘结力

E_c——喷射混凝土的弹性模量

E_f——隧洞围岩变形模量

f_c——喷射混凝土抗压强度设计值

f_{cra}——喷射混凝土抗裂强度设计值

f_t——喷射混凝土抗拉强度设计值

f_{yk}、f_{ptk}——锚杆钢筋、钢绞线强度标准值

f_{yv}——锚杆钢筋抗剪强度设计值

f'_{ck}——施工阶段喷射混凝土试块应达到的平均抗压强度

f'_{ckmin}——施工阶段喷射混凝土同批 n 组试块抗压强度的最低值

f_r——岩石单轴饱和抗压强度

q_r——水泥结石体与钻孔孔壁或喷射混凝土与岩石间的粘结强度设计值

q_s——水泥结石体与钢筋、钢绞线间的粘结强度设计值

S——喷射混凝土抗压强度的标准差

V_{pm}——隧洞岩体纵波速度

V_{pr}——隧洞岩石纵波速度

γ——岩石重力密度

ν_r——围岩泊松比

2.2.2 作用和作用效应

G——不稳定岩石块体重量

N_t——锚杆轴向受拉承载力设计值

P_A——锚杆设计锚固力

$[P]$——喷射混凝土支护允许承受的内水压力值

S_m——隧洞岩体强度应力比

σ_1——垂直于隧洞轴线平面的较大主应力

2.2.3 几何参数

A——锚杆预应力筋截面积

B——隧洞毛跨度

d——钢筋或钢绞线直径

D——钻孔直径

H——隧洞洞顶覆盖岩层厚度

h——喷射混凝土厚度

L_a——锚杆锚固段长度

R_w——过水隧洞的水力半径

r_o——支护后的隧洞半径

S_0——隧洞全断面的润周长

S_1——隧洞喷射混凝土的润周长

S_2——隧洞浇筑混凝土的润周长

2.2.4 计算系数

K——锚杆或预应力锚杆计算安全系数

K_1、K_2——喷射混凝土抗压强度合格判定系数

K_S——验算喷射混凝土对隧洞围岩不稳定块体抗力的安全系数

K_v——岩体完整性系数

n——隧洞壁综合糙率系数、锚杆根数、试块组数

n_1——隧洞喷射混凝土糙率系数

n_2——隧洞浇筑混凝土部位的糙率系数

ξ——粘结强度降低系数

3 围岩分级

3.0.1 锚喷支护工程的地质勘察工作应为围岩分级提供依据，并应贯穿工程建设始终。

3.0.2 围岩级别的划分，应根据岩石坚硬性、岩体完整性、结构面特征、地下水和地应力状况等因素综合确定。并应符合表 3.0.2 的规定。

3.0.3 岩体完整性指标用岩体完整性系数 K_v 表示，K_v 可按下式计算：

$$K_v = \left(\frac{V_{pm}}{V_{pr}}\right)^2 \tag{3.0.3}$$

式中 V_{pm}——隧洞岩体实测的纵波速度（km/s）；

V_{pr}——隧洞岩石实测的纵波速度（km/s）。

当无条件进行声波实测时，也可用岩体体积节理数 J_v，按表3.0.3确定 K_v 值。

表 3.0.3 J_v 与 K_v 对照表

J_v（条/m^3）	<3	3~10	10~20	20~25	>25
K_v	>0.75	0.75~0.55	0.55~0.35	0.35~0.15	<0.15

3.0.4 围岩分级表（见本规范表 3.0.2）中的岩体强度应力比的计算应符合下列规定：

1 当有地应力实测数据时：

$$S_m = \frac{K_v f_r}{\sigma_1} \tag{3.0.4-1}$$

表 3.0.2　围岩分级

围岩级别	主要工程地质特征							毛洞稳定情况
	岩体结构	构造影响程度，结构面发育情况和组合状态	岩石强度指标		岩体声波指标		岩体强度应力比	
			单轴饱和抗压强度（MPa）	点荷载强度（MPa）	岩体纵波速度（km/s）	岩体完整性指标		
Ⅰ	整体状及层间结合良好的厚层状结构	构造影响轻微，偶有小断层。结构面不发育，仅有2~3组，平均间距大于0.8m，以原生和构造节理为主，多数闭合，无泥质充填，不贯通。层间结合良好，一般不出现不稳定块体	>60	>2.5	>5	>0.75	–	毛洞跨度5～10m时，长期稳定，无碎块掉落
Ⅱ	同Ⅰ级围岩结构	同Ⅰ级围岩特征	30~60	1.25~2.5	3.7~5.2	>0.75	–	毛洞跨度5～10m时，围岩能较长时间（数月至数年）维持稳定，仅出现局部小块掉落
	块状结构和层间结合较好的中厚层或厚层状结构	构造影响较重，有少量断层。结构面较发育，一般为3组，平均间距0.4~0.8m，以原生和构造节理为主，多数闭合，偶有泥质充填，贯通性较差，有少量软弱结构面。层间结合较好，偶有层间错动和层面张开现象	>60	>2.5	3.7~5.2	>0.5	–	

续表

围岩级别	主要工程地质特征							毛洞稳定情况
	岩体结构	构造影响程度，结构面发育情况和组合状态	岩石强度指标		岩体声波指标		岩体强度应力比	
			单轴饱和抗压强度（MPa）	点荷载强度（MPa）	岩体纵波速度（km/s）	岩体完整性指标		
Ⅲ	同Ⅰ级围岩结构	同Ⅰ级围岩特征	20~30	0.85~1.25	3.0~4.5	>0.75	>2	毛洞跨度5～10m时，围岩能维持一个月以上的稳定，主要出现局部掉块、塌落
	同Ⅱ级围岩块状结构和层间结合较好的中厚层或厚层状结构	同Ⅱ级围岩块状结构和层间结合较好的中厚层或厚层状结构特征	30~60	1.25~2.50	3.0~4.5	0.50~0.75	>2	
	层间结合良好的薄层和软硬岩互层结构	构造影响较重。结构面发育，一般为3组，平均间距0.2~0.4m，以构造节理为主，节理面多数闭合，少有泥质充填。岩层为薄层或以硬岩为主的软硬岩互层，层间结合良好，少见软弱夹层、层间错动和层面张开现象	>60（软岩，>20）	>2.50	3.0~4.5	0.30~0.50	>2	
	碎裂镶嵌结构	构造影响较重。结构面发育，一般为3组以上，平均间距0.2~0.4m，以构造节理为主，节理面多数闭合，少数有泥质充填，块体间牢固咬合	>60	>2.50	3.0~4.5	0.30~0.50	>2	

续表

围岩级别	岩体结构	主要工程地质特征						毛洞稳定情况
		构造影响程度，结构面发育情况和组合状态	岩石强度指标		岩体声波指标		岩体强度应力比	
			单轴饱和抗压强度（MPa）	点荷载强度（MPa）	岩体纵波速度（km/s）	岩体完整性指标		
Ⅳ	同Ⅱ级围岩块状结构和层间结合较好的中厚层或厚层状结构	同Ⅱ级围岩块状结构和层间结合较好的中厚层或厚层状结构特征	10～30	0.42～1.25	2.0～3.5	0.50～0.75	>1	毛洞跨度5m时，围岩能维持数日到一个月的稳定，主要失稳形式为冒落或片帮
	散块状结构	构造影响严重，一般为风化卸荷带。结构面发育，一般为3组，平均间距0.4～0.8m，以构造节理、卸荷、风化裂隙为主，贯通性好，多数张开，夹泥，夹泥厚度一般大于结构面的起伏高度，咬合力弱，构成较多的不稳定块体	>30	>1.25	>2.0	>0.15	>1	
	层间结合不良的薄层、中厚层和软硬岩互层结构	构造影响严重。结构面发育，一般为3组以上，平均间距0.2～0.4m，以构造、风化节理为主，大部分微张（0.5～1.0mm），部分张开（>1.0mm），有泥质充填，层间结合不良，多数夹泥，层间错动明显	>30（软岩，>10）	>1.25	2.0～3.5	0.20～0.40	>1	
	碎裂状结构	构造影响严重，多数为断层影响带或强风化带。结构面发育，一般为3组以上。平均间距0.2～0.4m，大部分微张（0.5～1.0mm），部分张开（>1.0mm），有泥质充填，形成许多碎块体	>30	>1.25	2.0～3.5	0.20～0.40	>1	

续表

围岩级别	岩体结构	主要工程地质特征						毛洞稳定情况
		构造影响程度，结构面发育情况和组合状态	岩石强度指标		岩体声波指标		岩体强度应力比	
			单轴饱和抗压强度（MPa）	点荷载强度（MPa）	岩体纵波速度（km/s）	岩体完整性指标		
Ⅴ	散体状结构	构造影响很严重，多数为破碎带、全强风化带、破碎带交汇部位。构造及风化节理密集，节理面及其组合杂乱，形成大量碎块体。块体间多数为泥质充填，甚至呈石夹土状或土夹石状	—	—	<2.0	—	—	毛洞跨度5m时，围岩稳定时间很短，约数小时至数日

注：1 围岩按定性分级与定量指标分级有差别时，一般应以低者为准。
2 本表声波指标以孔测法测试值为准。如果用其他方法测试时，可通过对比试验，进行换算。
3 层状岩体按单层厚度可划分为：
厚层：大于0.5m；
中厚层：0.1～0.5m；
薄层：小于0.1m。
4 一般条件下，确定围岩级别时，应以岩石单轴湿饱和抗压强度为准；当洞跨小于5m，服务年限小于10年的工程，确定围岩级别时，可采用点荷载强度指标代替岩块单轴饱和抗压强度指标，可不做岩体声波指标测试。
5 测定岩石强度，做单轴抗压强度测定后，可不做点荷载强度测定。

式中 S_m——岩体强度应力比；

f_r——岩石单轴饱和抗压强度（MPa）；

K_v——岩体完整性系数；

σ_1——垂直洞轴线的较大主应力（kN/m^2）。

2 当无地应力实测数据时：

$$\sigma_1 = \gamma H \tag{3.0.4-2}$$

式中 γ——岩体重力密度（kN/m^3）；

H——隧洞顶覆盖层厚度（m）。

3.0.5 对Ⅲ、Ⅳ级围岩，当地下水发育时，应根据地下水类型、水量大小、软弱结构面多少及其危害程度，适当降级。

3.0.6 对Ⅱ、Ⅲ、Ⅳ级围岩，当洞轴线与主要断层或软弱夹层的夹角小于30°时，应降一级。

4 锚喷支护设计

4.1 一 般 规 定

4.1.1 锚喷支护的设计，宜采用工程类比法，必要时应结合监控量测法及理论验算法。

4.1.2 锚喷支护初步设计阶段，应根据地质勘察资料，按本规范表3.0.2的规定，初步确定围岩级别，并按表4.1.2-1和表4.1.2-2的规定，初步选择隧洞、斜井或竖井的锚喷支护类型和设计参数。

4.1.3 锚喷支护施工设计阶段，应做好工程的地质调查工作，绘制地质素描图或展示图，并标明不稳定块体的大小及其出露位置。实测围岩分级定量指标，按本规范表3.0.2的规定，详细划分围岩级别，并修正初步设计。

4.1.4 对Ⅳ、Ⅴ级围岩中毛洞跨度大于5m的工程，除应按照本规范表4.1.2-1的规定，选择初期支护的类型与参数外，尚应进行监控量测，以最终确定支护类型和参数。

4.1.5 对Ⅰ、Ⅱ、Ⅲ级围岩毛洞跨度大于15m的工程，除应按照本规范表4.1.2-1的规定，选择支护类型与参数外，尚应对围岩进行稳定性分析和验算；对Ⅲ级围岩，还应进行监控量测，以便最终确定支护类型和参数。

4.1.6 对围岩整体稳定性验算，可采用数值解法或解析解法；对局部可能失稳的围岩块体的稳定性验算，可采用块体极限平衡方法。

4.1.7 对边坡工程锚喷支护设计，应充分掌握工程的地质

表 4.1.2-1 隧洞和斜井的锚喷支护类型和设计参数

围岩级别 \ 毛洞跨度 B(m)	$B \leqslant 5$	$5 < B \leqslant 10$	$10 < B \leqslant 15$	$15 < B \leqslant 20$	$20 < B \leqslant 25$
Ⅰ	不支护	50mm 厚喷射混凝土	(1)80～100mm 厚喷射混凝土 (2)50mm 厚喷射混凝土，设置 2.0～2.5m 长的锚杆	100～150mm 厚喷射混凝土，设置 2.5～3.0m 长的锚杆，必要时，配置钢筋网	120～150mm 厚钢筋网喷射混凝土，设置 3.0～4.0m 长的锚杆
Ⅱ	50mm 厚喷射混凝土	(1)80～100mm 厚喷射混凝土 (2)50mm 厚喷射混凝土，设置1.5～2.0m 长的锚杆	(1)120～150mm 厚喷射混凝土，必要时，配置钢筋网 (2)80～120mm 厚喷射混凝土，设置 2.0～3.0m 长的锚杆，必要时，配置钢筋网	120～150mm 厚钢筋网喷射混凝土，设置 3.0～4.0m 长的锚杆	150～200mm 厚钢筋网喷射混凝土，设置 5.0～6.0m 长的锚杆，必要时，设置长度大于 6.0m 的预应力或非预应力锚杆
Ⅲ	(1)80～100mm 厚喷射混凝土 (2)50mm 厚喷射混凝土，设置 1.5～2.0m 长的锚杆	(1)120～150mm 厚喷射混凝土，必要时，配置钢筋网 (2)80～100mm 厚喷射混凝土，设置 2.0～2.5m 长的锚杆，必要时，配置钢筋网	100～150mm 厚钢筋网喷射混凝土，设置 3.0～4.0m 长的锚杆	150～200mm 厚钢筋网喷射混凝土，设置 4.0～5.0m 长的锚杆，必要时，设置长度大于 5.0m 的预应力或非预应力锚杆	—

续表

围岩级别 \ 毛洞跨度 B(m)	$B \leqslant 5$	$5 < B \leqslant 10$	$10 < B \leqslant 15$	$15 < B \leqslant 20$	$20 < B \leqslant 25$
Ⅳ	80～100mm 厚喷射混凝土，设置 1.5～2.0m 长的锚杆	100～150mm 厚钢筋网喷射混凝土，设置 2.0～2.5m 长的锚杆，必要时，采用仰拱	150～200mm 厚钢筋网喷射混凝土，设置 3.0～4.0m 长的锚杆，必要时，采用仰拱并设置长度大于 4.0m 的锚杆	—	—
Ⅴ	120～150mm 厚钢筋网喷射混凝土，设置 1.5～2.0m 长的锚杆，必要时，采用仰拱	150～200mm 厚钢筋网喷射混凝土，设置 2.0～3.0m 长的锚杆，采用仰拱，必要时，加设钢架	—	—	—

注：1 表中的支护类型和参数，是指隧洞和倾角小于 30°的斜井的永久支护，包括初期支护与后期支护的类型和参数。
2 服务年限小于 10 年及洞跨小于 3.5m 的隧洞和斜井，表中的支护参数，可根据工程具体情况，适当减小。
3 复合衬砌的隧洞和斜井，初期支护采用表中的参数时，应根据工程的具体情况，予以减小。
4 陡倾斜岩层中的隧洞或斜井易失稳的一侧边墙和缓倾斜岩层中的隧洞或斜井顶部，应采用表中第(2)种支护类型和参数，其他情况下，两种支护类型和参数均可采用。
5 对高度大于 15.0m 的侧边墙，应进行稳定性验算。并根据验算结果，确定锚喷支护参数。

勘察资料，按不同的失稳破坏类型，采用极限平衡法、数值分析法等方法进行边坡稳定性分析计算。

表 4.1.2-2 竖井锚喷支护类型和设计参数表

围岩级别 \ 竖井毛径 D（m）	D＜25	5≤D＜7
Ⅰ	100mm 厚喷射混凝土，必要时，局部设置长 1.5～2.0m的锚杆	100mm 厚喷射混凝土，设置长 1.5～2.5m 的锚杆；或 150mm 厚喷射混凝土
Ⅱ	100～150mm 厚喷射混凝土，设置长 1.5～2.0m 的锚杆	100～150mm 厚钢筋网喷射混凝土，设置长 2.0～2.5m的锚杆；必要时，加设混凝土圈梁
Ⅲ	150～200mm 厚钢筋网喷射混凝土，设置长 1.5～2.0m的锚杆，必要时，加设混凝土圈梁	150～200mm 厚钢筋网喷射混凝土，设置长 2.0～3.0m的锚杆；必要时，加设混凝土圈梁

注：1 井壁采用锚喷做初期支护时，支护设计参数可适当减小。
2 Ⅲ级围岩中井筒深度超过 500m 时，支护设计参数应予以增大。

4.1.8 理论计算和监控设计所需围岩物理力学计算指标，应通过现场实测取得。计算用的岩体弹性模量、粘结力值，应根据实测弹性模量和粘结力的峰值乘以 0.6～0.8 的折减系数后确定。

当无实测数据时，各级围岩物理力学参数和岩体结构面的粘结力及内摩擦角，可采用表 4.1.8-1 和表 4.1.8-2 中的数值。

表 4.1.8-1 岩体物理力学参数

围岩级别	重力密度 γ（kN/m^3）	抗剪断峰值强度		变形模量 E（GPa）	泊松比 ν
		内摩擦角 φ（°）	粘聚力 C（MPa）		
Ⅰ	26.50	＞60	＞2.1	＞33.0	＞0.20
Ⅱ		60～50	2.1～1.5	33.0～20.0	0.20～0.25
Ⅲ	26.54～24.50	50～39	1.5～0.7	20.0～6.0	0.25～0.30
Ⅳ	24.50～22.50	39～27	0.7～0.2	6.0～1.3	0.30～0.35
Ⅴ	＜22.50	＜27	＜0.2	＜1.3	＜0.35

表 4.1.8-2 岩体结构面抗剪断峰值强度

序号	两侧岩体的坚硬程度及结构面的结合程度	内摩擦角 φ（°）	粘聚力 C（MPa）
1	坚硬岩，结合好	＞37	＞0.22
2	坚硬～较坚硬岩，结合一般 较软岩，结合好	37～29	0.22～0.12
3	坚硬～较坚硬岩，结合差 较软岩～软岩，结合一般	29～19	0.12～0.08
4	较坚硬～较软岩，结合差～结合很差 软岩，结合差 软质岩的泥化面	19～13	0.08～0.05
5	较坚硬岩及全部软质岩，结合很差 软质岩泥化层本身	＜13	＜0.05

4.1.9 竖井锚喷支护设计除应按照本规范表 4.1.2-2 的规定确定支护类型和参数外，还应遵守下列规定：

1 罐道梁宜采用树脂锚杆或早强水泥浆锚杆固定；

2 支承罐道梁处及岩层陡倾斜时，支护应予加强；

3 设置混凝土圈梁时，加固围岩的锚杆应与圈梁连成一体。

4.1.10 下述情况的锚喷支护设计，还应遵守下列相应的规定：

1　隧洞交岔点、断面变化处、洞轴线变化段等特殊部位，均应加强支护结构；

2　对与喷射混凝土难以保证粘结的光滑岩面，应以锚杆或钢筋网喷射混凝土支护为主；

3　围岩较差地段的支护，必须向围岩较好地段适当延伸；

4　Ⅰ、Ⅱ、Ⅲ级围岩中的个别断层或不稳定块体，应进行局部加固；

5　如遇岩溶，应进行处理或局部加固；

6　对可能发生大体积围岩失稳或需对围岩提供较大支护力时，应采用预应力锚杆加固。

4.1.11　对下列地质条件的锚喷支护设计，应通过试验后确定：

1　膨胀性岩体；

2　未胶结的松散岩体；

3　有严重湿陷性的黄土层；

4　大面积淋水地段；

5　能引起严重腐蚀的地段；

6　严寒地区的冻胀岩体。

4.2　锚杆支护设计

4.2.1　锚杆设计应根据隧洞围岩地质情况、工程断面和使用条件等，分别选用下列类型的锚杆；

1　全长粘结型锚杆：普通水泥砂浆锚杆、早强水泥砂浆锚杆、树脂卷锚杆、水泥卷锚杆；

2　端头锚固型锚杆：机械锚固锚杆、树脂锚固锚杆、快硬水泥卷锚固锚杆；

3　摩擦型锚杆：缝管锚杆、楔管锚杆、水胀锚杆；

4　预应力锚杆；

5　自钻式锚杆。

4.2.2　全长粘结型锚杆设计应遵守下列规定：

1　杆体材料宜采用Ⅱ、Ⅲ级钢筋，钻孔直径为28～32mm的小直径锚杆的杆体材料宜用Q235钢筋；

2　杆体钢筋直径宜为16～32mm；

3　杆体钢筋保护层厚度，采用水泥砂浆时不小于8mm，采用树脂时不小于4mm；

4　杆体直径大于32mm的锚杆，应采取杆体居中的构造措施；

5　水泥砂浆的强度等级不应低于M20；

6　对于自稳时间短的围岩，宜用树脂锚杆或早强水泥砂浆锚杆。

4.2.3　端头锚固型锚杆的设计应遵守下列规定：

1　杆体材料宜用Ⅱ级钢筋，杆体直径为16～32mm；

2　树脂锚固剂的固化时间不应大于10min，快硬水泥的终凝时间不应大于12min；

3　树脂锚杆锚头的锚固长度宜为200～250mm，快硬水泥卷锚杆锚头的锚固长度宜为300～400mm；

4　托板可用Q235钢，厚度不宜小于6mm，尺寸不宜小于150mm×150mm；

5　锚头的设计锚固力不应低于50kN；

6　服务年限大于5年的工程，应在杆体与孔壁间注满水泥砂浆。

4.2.4　摩擦型锚杆的设计应遵守下列规定：

1 缝管锚杆的管体材料宜用16锰或20锰硅钢，壁厚为2.0～2.5mm；楔管锚杆的管体材料可用Q235钢，壁厚为2.75～3.25mm；

2 缝管锚杆的外径为30～45mm，缝宽为13～18mm；楔管锚杆缝管段的外径为40～45mm，缝宽宜为10～18mm，圆管段内径不宜小于27mm；

3 钻孔直径应小于摩擦型锚杆的外径，其差值可按表4.2.4选取；

表4.2.4 缝管锚杆、楔管锚杆与钻孔的径差

岩石单轴饱和抗压强度（MPa）	径 差（mm）
>60	1.5～2.0
30～60	2.0～2.5
<30	2.5～3.5

4 宜采用碟形托板，材料为Q235钢，厚度不应小于4mm，尺寸不应小于120mm×120mm；

5 杆体极限抗拉力不宜小于120kN，挡环与管壁焊接处的抗脱力不应小于80kN；

6 缝管锚杆的初锚固力不应小于25kN/m，当需要较高的初锚固力时，可采用带端头锚塞的缝管锚杆或楔管锚杆；

7 水胀式锚杆材料宜选用直径为48mm，壁厚2mm的无缝钢管，并加工成外径为29mm，前后端套管直径为35mm的杆体；

8 水胀式锚杆的托板材料、规格同摩擦型锚杆。

4.2.5 预应力锚杆的设计应遵守下列规定：

1 硬岩锚固宜采用拉力型锚杆；软岩锚固宜采用压力分散型或拉力分散型锚杆。

2 设计锚杆锚固体的间距应考虑锚杆相互作用的不利影响。

3 确定锚杆倾角应避开锚杆与水平面的夹角为－10°～＋10°这一范围。

4 预应力筋材料宜用钢绞线、高强钢丝或高强精轧螺纹钢筋。对穿型锚杆及压力分散型锚杆的预应力筋应采用无粘结钢绞线。当预应力值较小或锚杆长度小于20m时，预应力筋也可采用Ⅱ级或Ⅲ级钢筋。

5 预应力筋的截面尺寸应按下列公式确定。

$$A=\frac{KN_t}{f_{ptk}} \tag{4.2.5-1}$$

式中 A——预应力筋的截面积（mm^2）；

N_t——锚杆轴向拉力设计值（kN）；

f_{ptk}——预应力筋抗拉强度标准值（N/mm^2）；

K——预应力筋截面设计安全系数，临时锚杆取1.6，永久锚杆取1.8。

6 预应力锚杆的锚固段灌浆体宜选用水泥浆或水泥砂浆等胶结材料，其抗压强度不宜低于30MPa。压力分散型锚杆锚固段灌浆体抗压强度不宜低于40MPa。

7 预应力锚杆的自由段长度不宜小于5.0m。

8 预应力锚杆采用粘结型锚固体时，锚固段长度可按下列公式计算，并取其中的较大值：

$$L_a=\frac{KN_t}{\pi Dq_r} \tag{4.2.5-2}$$

$$L_a=\frac{KN_t}{n\pi d\xi q_s} \tag{4.2.5-3}$$

式中 L_a——锚固段长度（mm）；

N_t——锚杆轴向拉力设计值（kN）；

K——安全系数，应按表 4.2.5-3 选取；

D——锚固体直径（mm）；

d——单根钢筋或钢绞线直径（mm）；

n——钢绞线或钢筋根数；

q_r——水泥结石体与岩石孔壁间的粘结强度设计值，取0.8倍标准值（表 4.2.5-1）；

q_s——水泥结石体与钢绞线或钢筋间的粘结强度设计值，取 0.8 倍标准值（表 4.2.5-2）；

ξ——采用 2 根或 2 根以上钢绞线或钢筋时，介面粘结强度降低系数，取 0.60～0.85。

表 4.2.5-1　岩石与水泥结石体之间的粘结强度标准值（推荐）

岩石种类	岩石单轴饱和抗压强度（MPa）	岩石与水泥浆之间粘结强度标准值（MPa）
硬　岩	>60	1.5～3.0
中硬岩	30～60	1.0～1.5
软　岩	5～30	0.3～1.0
注：粘结长度小于 6.0m。		

表 4.2.5-2　钢筋、钢绞线与水泥浆之间的粘结强度标准值（推荐）

类　型	粘结强度标准值（MPa）
水泥结石体与螺纹钢筋之间	2.0～3.0
水泥结石体与钢绞线之间	3.0～4.0
注：1　粘结长度小于 6.0m。 2　水泥结石体抗压强度标准值不小于 M30。	

表 4.2.5-3　岩石预应力锚杆锚固体设计的安全系数

锚杆破坏后危害程度	最小安全系数	
	锚杆服务年限≤2 年	锚杆服务年限>2 年
危害轻微，不会构成公共安全问题	1.4	1.8
危害较大，但公共安全无问题	1.6	2.0
危害大，会出现公共安全问题	1.8	2.2

9　压力分散型或拉力分散型锚杆的单元锚杆锚固长度不宜小于 15 倍锚杆钻孔直径。

10　设计压力分散型锚杆，还应验算灌浆体轴向承压力。确定注浆体的轴心抗压强度应考虑局部受压与注浆体侧向约束的有利影响，一般由试验确定。

11　预应力锚具及联接锚杆杆体的受力部件，均应能承受 95%的杆体极限抗拉力。

12　锚固段内的预应力筋每隔 1.5～2.0m 应设置隔离架。永久性的拉力型或拉力分散型锚杆锚固段内的预应力筋宜外套波形管，预应力筋的保护层厚度不应小于 20mm。临时性锚杆预应力筋的保护层厚度不应小于 10mm。

13　自由段内预应力筋宜采用带塑料套管的双重防腐，套管与孔壁间应灌满水泥砂浆或水泥净浆。

14　永久性预应力锚杆的拉力锁定值应不小于拉力设计值；临时性预应力锚杆可等于或小于拉力设计值。

4.2.6　自钻式锚杆的设计应遵守下列规定：

1　自钻式锚杆杆体应采用厚壁无缝钢管制作，外表全长应具有标准的连接螺纹，并能任意切割和用套筒联接加长；

2 自钻式锚杆结构应包括中空杆体、垫板、螺母、联接套筒和钻头；

3 用于锚杆加长的联接套筒应与锚杆杆体具有同等强度。

4.2.7 系统锚杆布置应遵守下列规定：

1 在隧洞横断面上，锚杆应与岩体主结构面成较大角度布置；当主结构面不明显时，可与隧洞周边轮廓垂直布置。

2 在岩面上，锚杆宜呈菱形排列。

3 锚杆间距不宜大于锚杆长度的1/2；Ⅳ、Ⅴ级围岩中的锚杆间距宜为0.5～1.0m，并不得大于1.25m。

4.2.8 拱腰以上局部锚杆的布置方向应有利于锚杆受拉，拱腰以下及边墙的局部锚杆布置方向应有利于提高抗滑力。

4.2.9 局部锚杆的锚固体应位于稳定岩体内。粘结型锚杆锚固体长度内的胶结材料与杆体间粘结摩阻力设计值和胶结材料与孔壁岩石间粘结摩阻力设计值均应大于锚杆杆体受拉承载力设计值。

4.3 喷射混凝土支护设计

4.3.1 喷射混凝土的设计强度等级不应低于C15；对于竖井及重要隧洞和斜井工程，喷射混凝土的设计强度等级不应低于C20；喷射混凝土1d龄期的抗压强度不应低于5MPa。钢纤维喷射混凝土的设计强度等级不应低于C20，其抗拉强度不应低于2MPa，抗弯强度不应低于6MPa。

不同强度等级喷射混凝土的设计强度应按表4.3.1采用。

表4.3.1 喷射混凝土的强度设计值（MPa）

喷射混凝土强度等级 / 强度种类	C15	C20	C25	C30
轴心抗压	7.5	10.0	12.5	15.0
弯曲抗压	8.5	11.0	13.5	16.5
抗　　拉	0.9	1.1	1.3	1.5

4.3.2 喷射混凝土的体积密度可取2200kg/m³，弹性模量应按表4.3.2采用。喷射混凝土与围岩的粘结强度：Ⅰ、Ⅱ级围岩不应低于0.8MPa，Ⅲ级围岩不应低于0.5MPa。

喷射混凝土与围岩粘结强度试验方法应遵守本规范附录A的规定。

表4.3.2 喷射混凝土的弹性模量（MPa）

喷射混凝土强度等级	弹性模量
C15	1.8×10^4
C20	2.1×10^4
C25	2.3×10^4
C30	2.5×10^4

4.3.3 喷射混凝土支护的厚度，最小不应低于50mm，最大不宜超过200mm。

4.3.4 含水岩层中的喷射混凝土支护厚度，最小不应低于80mm。喷射混凝土的抗渗强度不应低于0.8MPa。

4.3.5 Ⅰ、Ⅱ级围岩中的隧洞工程，喷射混凝土对局部不稳定块体的抗冲切承载力可按下式验算：

$$KG\leqslant 0.6f_{\mathrm{t}}u_{\mathrm{m}}h \tag{4.3.5-1}$$

当喷层内配置钢筋网时，则其抗冲切承载力按下式计算：

$$KG \leqslant 0.3 f_t u_m h + 0.8 f_{yv} A_{svu} \quad (4.3.5\text{-}2)$$

式中 G——不稳定岩面块体重量（N）；

f_t——喷射混凝土抗拉强度设计值（MPa）；

f_{yv}——钢筋抗剪强度设计值（MPa）；

h——喷射混凝土厚度（mm）；当 $h>100$mm 时，仍以 100mm 计算；

u_m——不稳定块体出露面的周边长度（mm）；

A_{svu}——与冲切破坏锥体斜截面相交的全部钢筋截面面积（mm^2）；

K——安全系数，取 2.0。

4.3.6 通过塑性流变岩体的隧洞或受采动影响的巷道及高速水流冲刷的隧洞，宜采用钢纤维喷射混凝土支护。

4.3.7 钢纤维喷射混凝土用的钢纤维应遵守下列规定：

1 普通碳素钢纤维的抗拉强度不得低于 380MPa；

2 钢纤维的直径宜为 0.3～0.5mm；

3 钢纤维的长度宜为 20～25mm，且不得大于 25mm；

4 钢纤维掺量宜为混合料重量的 3.0%～6.0%。

4.3.8 钢筋网喷射混凝土中钢筋网的设计应遵守下列规定：

1 钢筋网材料宜采用Ⅰ级钢筋，钢筋直径宜为 4～12mm；

2 钢筋间距宜为 150～300mm；

3 钢筋保护层厚度不应小于 20mm，水工隧洞的钢筋保护层厚度不应小于 50mm。

4.3.9 钢筋网喷射混凝土支护的厚度不应小于 100mm，且不宜大于 250mm。

4.3.10 对于下列情况，宜采用钢架喷射混凝土支护：

1 围岩自稳时间很短，在喷射混凝土或锚杆的支护作用发挥以前就要求工作面稳定时；

2 为了抑制围岩大的变形，需要增强支护抗力时。

4.3.11 钢架喷射混凝土支护的设计应遵守下列规定：

1 可缩性钢架宜选用 U 型钢钢架，刚性钢架宜用钢筋焊接成的格栅钢架；

2 采用可缩性钢架时，喷射混凝土层应在可缩性节点处设置伸缩缝；

3 钢架间距一般不大于 1.20m，钢架之间应设置纵向钢拉杆，钢架的立柱埋入地坪下的深度不应小于 250mm；

4 覆盖钢架的喷射混凝土保护层厚度不应小于 40mm。

4.4 特殊条件下的锚喷支护设计

（Ⅰ）浅埋隧洞锚喷支护设计

4.4.1 符合表 4.4.1 的浅埋岩石隧洞，宜采用锚杆钢筋网喷射混凝土作永久支护，必要时应加设格栅钢架，其参数可采用工程类比法并结合监控量测和理论计算确定。

表 4.4.1 宜采用锚喷支护的浅埋岩石隧洞条件

围岩级别	洞顶岩石层厚度	毛洞跨度（m）	水文地质条件
Ⅲ	0.5～1.0 倍洞径	<10	无地下水
Ⅳ	1.0～2.0 倍洞径	<10	无地下水
Ⅴ	2.0～3.0 倍洞径	<5	无地下水

4.4.2 对于Ⅳ、Ⅴ级围岩中的浅埋隧洞，应设置仰拱，必要时，宜采用深层固结灌浆，设置长锚杆、超前锚杆或长管棚等方法加固地层。

4.4.3 对于表 4.4.3 中的浅埋岩石隧洞，其支护结构应考虑偏压对隧洞的影响，而作适当加强。

表 4.4.3 浅埋岩石隧洞考虑偏压影响条件

围岩级别	洞顶地表横向坡度	隧洞拱部至地表最小距离
Ⅲ	1:2.5	<1倍洞径
Ⅳ	1:2.5	<2倍洞径
Ⅴ	1:2.5	<3倍洞径

4.4.4 覆土厚度大于1倍洞径的浅埋土质隧洞初期支护宜选用钢筋网喷射混凝土或钢架钢筋网喷射混凝土全封闭式支护型式。对于覆土小于1倍洞径的浅埋土质隧洞采用锚喷支护作初期支护时，其支护参数应通过现场试验及监控量测确定。对于厚淤泥质粘土或厚层含水粉细砂层等土层，未采取有效措施前不宜选用锚喷支护作初期支护。

4.4.5 浅埋土质隧洞锚喷支护结构类型和参数应根据土质条件、隧洞跨度、支护强度和支护刚度要求，采用计算方法确定，宜按表4.4.5的经验参数类比及现场监控量测验证。

表 4.4.5 浅埋土层隧洞初期支护结构类型和参数

地质条件 \ 洞跨	<5m	5~12m
无地下水，隧洞稳定性较好	喷层厚150~250mm，钢筋网 ϕ6~10mm，网距120mm×120mm	喷层厚250~300mm，钢筋网 ϕ6~10mm，网距120mm×120mm，钢架间距不大于1000mm
无地下水，隧洞稳定性较差	喷层厚250~300mm，钢筋网 ϕ6~10mm，网距120mm×120mm，钢架间距750~1000mm	喷层厚300~350mm，双层钢筋网 ϕ6~10mm，网距120mm×120mm，钢架间距不大于750mm

4.4.6 计算浅埋土质隧洞初期支护参数时，其计算荷载包括下列内容：

1 永久性荷载：垂直土压力、侧向土压力及支护结构自重。

2 地面附加荷载。

4.4.7 浅埋土质隧洞采用钢架喷混凝土支护时，钢架应有足够的刚度和强度，应能承受40~60kN/m^{2}的垂直土压力。

4.4.8 浅埋土质隧洞采用锚喷支护时，如地层稳定性差，宜采用土层注浆、超前导管、长管棚等地层预加固预支护方法。但注浆压力应通过试验确定，以保证周围建筑物安全。

（Ⅱ）塑性流变岩体中隧洞锚喷支护设计

4.4.9 位于变形量大且延续时间长的塑性流变岩体中的隧洞，宜采用圆形、椭圆形等曲线形断面。椭圆形断面隧洞的长轴宜与垂直于洞轴线平面内的较大主应力方向相一致。设计断面尺寸必须预留周边相对位移量。

4.4.10 塑性流变岩体中隧洞锚喷支护的设计应遵守下列规定：

1 采用分期支护。初期支护采用喷层厚度不大于100mm的锚喷支护，后期支护视具体情况采用锚喷支护或其他类型支护。

2 采用仰拱封底，形成封闭结构。

3 采用监控量测，根据量测数据，及时调整支护抗力。

（Ⅲ）老黄土隧洞锚喷支护设计

4.4.11 在老黄土中的隧洞，可采用钢筋网喷射混凝土作永久支护，必要时，用水泥砂浆锚杆加强。老黄土的主要物理力学指标应符合表4.4.11的规定。

表 4.4.11 老黄土物理力学指标

顺序	项目	单位	指标
1	天然容重	kg/m^3	≥1700
2	天然含水率	%	12~19
3	塑性指数	—	≥10
4	粘聚力	MPa	≥0.06
5	内摩擦角	°	≥24
6	变形模量	MPa	90~150

4.4.12 采用锚喷支护的老黄土隧洞，洞跨不宜大于6.5m，其断面应为圆形或马蹄形，曲墙的矢高不应小于弦长的1/8，并应设置仰拱。

4.4.13 老黄土隧洞锚喷支护设计应遵守下列规定：

1 钢筋网喷射混凝土支护厚度宜为100~150mm，应分两次施工。当需要水泥砂浆锚杆加强时，锚杆长度宜为2.0~2.5m，杆体直径不宜大于18mm，锚杆孔径不宜小于60mm。

2 沿隧洞轴线每隔5~10m应设置环向伸缩缝，其宽度宜为10~20mm。

3 锚喷支护设计，必须对地表水和洞内施工水提出处理措施。

（Ⅳ）水工隧洞锚喷支护设计

4.4.14 在Ⅰ、Ⅱ、Ⅲ级围岩中的水工隧洞，符合下列条件之一时，锚喷支护可作为后期支护。

1 围岩经过处理不透水，或外水压力高于内水压力，不会发生内水外渗；

2 隧洞虽有一定的渗水，但内水长期外渗不会危及岩体和山坡的稳定，也不会给邻近建筑物带来危害。

4.4.15 有压水工隧洞的锚喷支护，应按"围岩—支护"变形一致的原则，校核喷射混凝土支护的抗裂能力。对于圆形隧洞，当 $h/r_o<0.05$ 时，喷射混凝土支护允许承受的内水压力，可按下式计算：

$$[P]\leqslant f_{cra}\left[\frac{\dfrac{E_r}{E_c}(r_o+h)}{r_o(1+\nu_r)}+\frac{H}{r_o}\right] \tag{4.4.15}$$

式中 $[P]$——喷射混凝土支护允许承受的内水压力值（MPa）；

f_{cra}——喷射混凝土的抗裂强度设计值（MPa）；

E_c——喷射混凝土的弹性模量（MPa）；

E_r——围岩的变形模量（MPa）；

ν_r——围岩的泊松比；

r_o——支护后的隧洞半径（mm）；

h——喷射混凝土厚度（mm）；

H——隧洞洞顶覆盖岩层厚度（m）。

对于承受较高内水压的重要水工隧洞，宜通过水压试验，确定喷射混凝土支护的抗裂能力。

4.4.16 当地下水位较高或长期使用后隧洞可能放空时，设计中应校核锚喷支护在外水压力作用下的稳定性。

4.4.17 采用锚喷支护的永久过水隧洞允许的水流流速不宜超过8m/s；临时过水隧洞允许的水流流速不宜超过12m/s。

4.4.18 锚喷支护隧洞的糙率系数，可按下列公式计算：

$$n_1=\frac{R_W^{\frac{1}{6}}}{17.72\lg\dfrac{14.8R_W}{\Delta}} \tag{4.4.18-1}$$

式中 n_1——喷射混凝土支护的糙率系数；

R_W——水力半径（cm），对于圆形断面的隧洞，$R_W = \frac{D}{4}$（D 为隧洞直径）；

Δ——隧洞洞壁平均起伏差（cm）。

当喷射混凝土支护隧洞的底板使用浇筑混凝土时，应按下式计算支护的综合糙率系数：

$$n^2 S_0 = n_1^2 S_1 + n_2^2 S_2 \tag{4.4.18-2}$$

式中 n——隧洞的综合糙率系数；

n_1——喷射混凝土糙率系数；

n_2——浇筑混凝土部位的糙率系数，宜取 $n_2 = 0.014$；

S_0——隧洞全断面的润周长（m）；

S_1——喷射混凝土的润周长（m）；

S_2——浇注混凝土的润周长（m）。

隧洞喷层表面的平均起伏差不应超过 150mm。

4.4.19 锚喷支护的水工隧洞，喷射混凝土的厚度不应小于 80mm，抗渗强度不应小于 0.8MPa。

4.4.20 锚喷支护的水工隧洞，宜采用现浇混凝土做底拱，并应做好现浇混凝土与喷射混凝土的接缝处理。

（Ⅴ）受采动影响的巷道锚喷支护设计

4.4.21 受采动影响的煤层底板岩巷、电耙巷道和采矿进路，可采用锚喷支护。

4.4.22 受采动影响的巷道的锚喷支护设计应遵守下列规定：

1 锚喷支护的类型和参数，可根据动压影响程度、围岩级别、巷道跨度和服务年限等因素，用工程类比法确定，宜采用锚杆钢筋网喷射混凝土，或锚杆钢筋网喷射混凝土—钢架等组合支护型式；

2 受动压影响严重，并能引起围岩较大变形时，宜采用摩擦型锚杆、钢纤维喷射混凝土或可缩性钢架等支护型式。

4.4.23 当巷道建成后较长时间才受采动影响时，锚喷支护宜先按静压受力状态要求设计，待动压到来之前，再行增强。用于增强的可缩性钢架，其结构构造应便于拆卸回收。

4.5 边坡锚喷支护设计

4.5.1 边坡锚喷支护设计，应综合考虑岩土性状，地下水、边坡高度、坡度、周边环境、坡顶建（构）筑物荷载、地震力及气候等因素。边坡锚杆的锚固力应由稳定性计算确定。锚杆锚固段应伸入边坡潜在滑移面以外。

4.5.2 永久性边坡宜采用预应力锚杆或预应力锚杆与非预应力锚杆相结合的支护类型。坡面宜采用厚度不小于 10cm 的配筋喷射混凝土防护。

4.5.3 边坡锚喷支护设计应包括防排水设计。坡面的喷射混凝土护层内应设置泄水孔。

4.5.4 下列边坡工程的锚喷支护设计应通过专家论证。

1 高度大于 30m 的岩石边坡和高度大于 20m 的土质边坡。

2 地质及环境条件复杂，稳定性极差的边坡工程。

3 滑坡区内的边坡工程。

4 一旦失稳破坏，后果极为严重的边坡工程。

5 现场监控量测

5.1 一般规定

5.1.1 实施现场监控量测的工程应按表5.1.1确定，并应将监控量测项目列入锚喷支护设计文件。

表 5.1.1 隧洞进行现场监控量测的选定表

围岩分级 \ 跨度 B（m）	$B\leqslant5$	$5<B\leqslant10$	$10<B\leqslant15$	$15<B\leqslant20$	$20<B\leqslant25$
Ⅰ	—	—	—	Δ	✓
Ⅱ	—	—	Δ	✓	✓
Ⅲ	—	—	✓	✓	✓
Ⅳ	—	✓	✓	✓	✓
Ⅴ	✓	✓	✓	✓	✓

注：“✓”者为应进行现场监控量测的隧洞。
“Δ”者为选择局部地段进行量测的隧洞。

5.1.2 现场监控量测的设计文件应根据隧洞的地质状况、支护类型及参数、工程环境、施工方法和其他有关条件制定。其内容应包括：量测项目及方法、量测仪器及设备、测点布置、量测程序、量测频率、数据处理及信息反馈方法。

5.1.3 现场监控量测宜由施工单位负责组织实施。根据设计文件的要求负责测点埋设，日常量测和数据处理工作，并及时进行信息反馈。

5.2 现场监控量测的内容与方法

5.2.1 实施现场监控量测的隧洞必须进行地质和支护状况观察、周边位移和拱顶下沉量测。对于具有特殊性质和要求的隧洞尚应进行围岩内部位移和松动区范围、围岩压力及两层支护间接触应力、钢架结构受力、支护结构内力及锚杆内力等项目量测。现场监控量测记录表见本规范附录B。

5.2.2 隧洞开挖后应立即进行围岩状况的观察和记录，并进行工程地质特征的描述。支护完成后应进行喷层表面观察和记录。

5.2.3 现场监控量测的隧洞，若位于城市道路之下或邻近建筑物基础或开挖对地表有较大影响时，必须进行地表下沉量测及爆破震动影响监测。

5.2.4 各类量测点应安设在距开挖面1m范围之内，并应在工作面开挖后12h内和下一次开挖之前测取初读数。

5.2.5 每一项的量测间隔时间应根据该项目量测数据的稳定程度进行确定和调整。对于进行长期观察的隧洞，其后期量测间隔时间可根据工程的性质和要求确定。

5.2.6 各类量测仪器和工具的性能应准确可靠，长期稳定、保证精度和易于掌握。

5.3 现场监控量测的数据处理与反馈

5.3.1 现场监控量测的各类数据均应及时绘制成时态曲线(例如位移-时间曲线)。应注明施工工序和开挖面距量测断面的距离。

5.3.2 当位移时态曲线的曲率趋于平缓时，应对数据进行回归分析或其他数学方法分析，以推算最终位移值，确定位移变化规律。

5.3.3 隧洞周边的实测位移相对值或用回归分析推算的最终位移值均应小于表5.3.3所列数据值。当位移速度无明显下降，而此时实测位移相对值已接近表5.3.3中规定的数值，同时支护混凝土表面已出现明显裂缝；或者实测位移速度出现急剧增长时，必须立即采取补强措施，并改变施工工序或设计参数，必要时应立即停止开挖，进行施工处理。

表5.3.3 隧洞周边允许位移相对值（%）

围岩级别 \ 埋深（m）	<50	50~300	>300
Ⅲ	0.10~0.30	0.20~0.50	0.40~1.20
Ⅳ	0.15~0.50	0.40~1.20	0.80~2.00
Ⅴ	0.20~0.80	0.60~1.60	1.00~3.00

注：1 周边位移相对值系指两测点间实测位移累计值与两测点间距离之比。两测点间位移值也称收敛值。
2 脆性围岩取表中较小值，塑性围岩取表中较大值。
3 本表适用于高跨比0.8~1.2的下列地下工程：
Ⅲ级围岩跨度不大于20m；
Ⅳ级围岩跨度不大于15m；
Ⅴ级围岩跨度不大于10m。
4 Ⅰ、Ⅱ级围岩中进行量测的地下工程，以及Ⅲ、Ⅳ、Ⅴ级围岩中在表注3范围之外的地下工程应根据实测数据的综合分析或工程类比方法确定允许值。

5.3.4 经现场地质观察评定，认为在较大范围内围岩稳定性较好，同时实测位移值远小于预计值而且稳定速度快，此时，可适当减小支护参数。

5.3.5 采用两次支护的地下工程，后期支护的施作，应在同时达到下列三项标准时进行：

1 隧洞周边水平收敛速度小于0.2mm/d；拱顶或底板垂直位移速度小于0.1mm/d；

2 隧洞周边水平收敛速度，以及拱顶或底板垂直位移速度明显下降；

3 隧洞位移相对值已达到总相对位移量的90%以上。

5.3.6 隧洞稳定的判据是后期支护施作后位移速度趋近于零，支护结构的外力和内力的变化速度也应趋近于零。

6 光面爆破

6.0.1 当用钻爆法开挖隧洞时，应采用光面爆破。施工时，必须编制爆破设计，按爆破图表和说明书严格施工，并根据爆破效果，及时修正有关参数。

6.0.2 光面爆破的参数应根据工程类比法或通过现场试炮确定。试炮用的爆破参数可按表 6.0.2 选用。

表 6.0.2 爆破参数

岩石种类	岩石单轴饱和抗压强度（MPa）	装药不偶合系数	周边眼间距（mm）	周边眼抵抗线（mm）	周边眼装药集中度（g/m）
硬 岩	>60	1.20～1.50	550～700 （450～600）	700～850	0.30～0.35
中硬岩	30～60	1.50～2.00	450～650 （400～500）	600～750	0.20～0.30
软 岩	<30	2.00～2.50	350～500 （300～400）	400～600	0.07～0.15

注：1 括号内为 30～36mm 直径的小炮眼数值。
2 本表适用范围：
1）眼深 1.0～3.5m（小炮眼深度不应大于 1.5m）；
2）炮眼直径 40～50mm；
3）装药集中度仅适用于 2 号岩石硝铵炸药，当采用其他炸药时，应进行换算；
4）小炮眼宜采用乳化炸药。
3 竖井爆破时，表中装药集中度数值应增加 10%。

6.0.3 周边眼施工应符合下列要求：

1 洞轮廓线的眼距误差宜小于 50mm；

2 炮眼外偏斜率不应大于 50mm/m；

3 眼深误差不宜大于 100mm。

6.0.4 光面爆破应采用毫秒起爆方式。当雷管分段毫秒差小，造成震动波峰迭加时，应跳段使用。

6.0.5 开挖工作面的岩石爆破时，周边眼应采用低密度、低爆速、低猛度、高爆力的炸药，并应采用毫秒雷管或导爆索同时起爆。当炸药用量较多，对围岩影响较大时，可分段起爆。

6.0.6 周边眼宜采用小药卷连续装药结构或间隔装药结构；眼深小于 2m 时，可采用空气柱反向装药结构；在岩石较软时，亦可用导爆索束装药结构。

6.0.7 内圈炮眼的孔深大于 2.5m 时，内圈炮眼斜率应与周边眼相同。

6.0.8 爆破质量应符合下列要求：

1 眼痕率：硬岩不应小于 80%，中硬岩不应小于 50%；

2 软岩中隧洞周边成型应符合设计轮廓；

3 岩面不应有明显的爆震裂缝；

4 隧洞周边不应欠挖，平均线性超挖值应小于 150mm。

注：1 眼痕率为可见眼痕的炮眼个数与不包括底板的周边眼总数之比；
2 当炮眼眼痕大于孔长的 70% 时，算一个可见眼痕炮眼；
3 平均线性超挖值为超挖横断面积与不包括洞底的设计开挖断面周长之比。

7 锚杆施工

7.1 一般规定

7.1.1 锚杆孔的施工应遵守下列规定：

1 钻锚杆孔前，应根据设计要求和围岩情况，定出孔位，做出标记。

2 锚杆孔距的允许偏差为150mm，预应力锚杆孔距的允许偏差为200mm。

3 预应力锚杆的钻孔轴线与设计轴线的偏差不应大于3%，其他锚杆的钻孔轴线应符合设计要求。

4 锚杆孔深应符合下列要求：

1）水泥砂浆锚杆孔深允许偏差宜为50mm；

2）树脂锚杆和快硬水泥卷锚杆的孔深不应小于杆体有效长度，且不应大于杆体有效长度30mm；

3）摩擦型锚杆孔深应比杆体长10～50mm。

5 锚杆孔径应符合下列要求：

1）水泥砂浆锚杆孔径应大于杆体直径15mm；

2）树脂锚杆和快硬水泥卷锚杆孔径宜为42～50mm，小直径锚杆孔直径宜为28～32mm；

3）水胀式锚杆孔直径宜为42～45mm；

4）其他锚杆的孔径应符合设计要求。

7.1.2 锚杆安装前应做好下列检查工作：

1 锚杆原材料型号、规格、品种，以及锚杆各部件质量和技术性能应符合设计要求；

2 锚杆孔位、孔径、孔深及布置形式应符合设计要求；

3 孔内积水和岩粉应吹洗干净。

7.1.3 在Ⅳ、Ⅴ级围岩及特殊地质围岩中开挖隧洞，应先喷混凝土，再安装锚杆，并应在锚杆孔钻完后及时安装锚杆杆体。

7.1.4 锚杆尾端的托板应紧贴壁面，未接触部位必须楔紧。锚杆杆体露出岩面的长度不应大于喷射混凝土的厚度。

7.1.5 对于不稳定的岩质边坡，应随边坡自上而下分阶段边开挖、边安设锚杆。

7.2 全长粘结型锚杆施工

7.2.1 水泥砂浆锚杆的原材料及砂浆配合比应符合下列要求：

1 锚杆杆体使用前应平直、除锈、除油；

2 宜采用中细砂，粒径不应大于2.5mm，使用前应过筛；

3 砂浆配合比：水泥比砂宜为1:1～1:2（重量比），水灰比宜为0.38～0.45。

7.2.2 砂浆应拌和均匀，随拌随用。一次拌和的砂浆应在初凝前用完，并严防石块、杂物混入。

7.2.3 注浆作业应遵守下列规定：

1 注浆开始或中途停止超过30min时，应用水或稀水泥浆润滑注浆罐及其管路；

2 注浆时，注浆管应插至距孔底50～100mm，随砂浆的注入缓慢匀速拔出；杆体插入后，若孔口无砂浆溢出，应及时补注。

7.2.4 杆体插入孔内长度不应小于设计规定的95%。锚杆安装后，不得随意敲击。

7.3 端头锚固型锚杆施工

7.3.1 树脂锚杆的树脂卷贮存和使用应遵守下列规定：

1 树脂卷宜存放在阴凉、干燥和温度在+5~25℃的防火仓库中。

2 树脂卷应在规定的贮存期内使用；使用前，应检查树脂卷质量，变质者，不得使用。超过使用期者，应通过试验，合格后方可使用。

7.3.2 树脂锚杆的安装应遵守下列规定：

1 锚杆安装前，施工人员应先用杆体量测孔深，做出标记，然后用锚杆杆体将树脂卷送至孔底；

2 搅拌树脂时，应缓慢推进锚杆杆体；

3 树脂搅拌完毕后，应立即在孔口处将锚杆杆体临时固定；

4 安装托板应在搅拌完毕15min后进行，当现场温度低于5℃时，安装托板的时间可适当延长。

7.3.3 快硬水泥卷的贮存应严防受潮，不得使用受潮结块的水泥卷。

7.3.4 快硬水泥卷锚杆的安装除应遵守本规范第7.3.2条的规定外，尚应符合下列要求：

1 水泥卷浸水后，应立即用锚杆杆体送至孔底，并在水泥初凝前，将杆体送入，搅拌完毕；

2 连续搅拌水泥卷的时间宜为30~60s；

3 安装托板和紧固螺帽必须在水泥石的强度达到10MPa后进行。

7.3.5 安装端头锚固型锚杆的托板时，螺帽的拧紧扭矩不应小于100N·m。托板安装后，应定期检查其紧固情况，如有松动，及时处理。

7.4 摩擦型锚杆施工

7.4.1 缝管锚杆、楔管锚杆和水胀锚杆钻孔前，应检查钻头规格，确保孔径符合设计要求。

7.4.2 缝管锚杆的安装应遵守下列规定：

1 向钻孔内推入锚杆杆体，可使用风动凿岩机和专用连接器；

2 凿岩机的工作风压不应小于0.4MPa；

3 锚杆杆体被推进过程中，应使凿岩机、锚杆杆体和钻孔中心线在同一轴线上；

4 锚杆杆体应全部推入钻孔。当托板抵紧壁面时，应立即停止推压。

7.4.3 楔管锚杆的安装除应遵守本规范第7.4.2条的规定外，还应符合下列要求：

1 安装顶锚下楔块时，伸入圆管段内之钢钎直径不应大于26mm；

2 下楔块应推至要求部位，并与上楔块完全揳紧。

7.4.4 水胀锚杆安装应遵守下列规定：

1 锚杆应轻拿轻放，严禁损伤锚杆末端的注液嘴；

2 安装锚杆前，对安装系统进行全面检查，确保其良好的状态；

3 高压泵试运转，压力宜为15~30MPa；

4 锚杆送入钻孔中，应使托板与岩面紧贴。

7.5 预应力锚杆施工

7.5.1 锚杆体的制作应遵守下列规定：

1 预应力筋表面不应有污物、铁锈或其他有害物质，并严格按设计尺寸下料。

2 锚杆体在安装前应妥善保护，以免腐蚀和机械损伤。

3 杆体制作时，应按设计规定安放套管隔离架、波形管、承载体、注浆管和排气管。杆体内的绑扎材料不宜采用镀锌材料。

7.5.2 钻孔应符合下列规定：

1 钻孔的孔深、孔径均应符合设计要求。钻孔深度不宜比规定值大200mm以上。钻头直径不应比规定的钻孔直径小3.0mm以上。

2 钻孔与锚杆预定方位的允许角偏差为1°~3°。

7.5.3 孔口承压垫座应符合下列要求：

1 钻孔孔口必须设有平整、牢固的承压垫座。

2 承压垫座的几何尺寸、结构强度必须满足设计要求，承压面应与锚孔轴线垂直。

7.5.4 锚杆的安装与灌浆应遵守下列规定：

1 预应力锚杆体在运输及安装过程中应防止明显的弯曲、扭转，并不得破坏隔离架、防腐套管、注浆管、排气导管及其他附件。

2 锚杆体放入锚孔前应清除钻孔内的石屑与岩粉；检查注浆管、排气管是否畅通，止浆器是否完好。

3 灌浆料可采用水灰比为0.45~0.50的纯水泥浆，也可采用灰砂比为1:1、水灰比为0.45~0.50的水泥砂浆。

4 当使用自由段带套管的预应力筋时，宜在锚固段长度和自由段长度内采取同步灌浆。

5 当采用自由段无套管的预应力筋时，应进行两次灌浆。第一次灌浆时，必须保证锚固段长度内灌满，但浆液不得流入自由段。预应力筋张拉锚固后，应对自由段进行第二次灌浆。

6 永久性预应力锚杆应采用封孔灌浆，应用浆体灌满自由段长度顶部的孔隙。

7 灌浆后，浆体强度未达到设计要求前，预应力筋不得受扰动。

7.5.5 锚杆张拉与锁定应遵守下列规定：

1 预应力筋张拉前，应对张拉设备进行率定。

2 预应力筋张拉应按规定程序进行，在编排张拉程序时，应考虑相邻钻孔预应力筋张拉的相互影响。

3 预应力筋正式张拉前，应取20%的设计张拉荷载，对其预张拉1~2次，使其各部位接触紧密，钢丝或钢绞线完全平直。

4 压力分散型或拉力分散型锚杆应按张拉设计要求先分别对单元锚杆进行张拉，当各单元锚杆在同等荷载条件下因自由段长度不等而引起的弹性伸长差得以补偿后，再同时张拉各单元锚杆。

5 预应力筋正式张拉时，应张拉至设计荷载的105%~110%，再按规定值进行锁定。

6 预应力筋锁定后48h内，若发现预应力损失大于锚杆拉力设计值的10%时，应进行补偿张拉。

7.5.6 灌浆材料达到设计强度时，方可切除外露的预应力筋，切口位置至外锚具的距离不应小于100mm。

7.5.7 在软弱破碎和渗水量大的围岩中施作永久性预应力

锚杆，施工前应根据需要对围岩进行固结灌浆处理。

7.6 预应力锚杆的试验和监测

7.6.1 预应力锚杆的基本试验应遵守下列规定：

1 基本试验锚杆数量不得少于3根。

2 基本试验所用的锚杆结构、施工工艺及所处的工程地质条件应与实际工程所采用的相同。

3 基本试验最大的试验荷载不宜超过锚杆杆体承载力标准值的0.9倍。

4 基本试验应采用分级循环加、卸荷载法。拉力型锚杆的起始荷载可为计划最大试验荷载的10%，压力分散型或拉力分散型锚杆的起始荷载可为计划最大试验荷载的20%。加荷等级与锚头位移测读间隔时间按本规范附录C确定。

5 锚杆破坏标准：

1）后一级荷载产生的锚头位移增量达到或超过前一级荷载产生位移增量的2倍时；

2）锚头位移不稳定；

3）锚杆杆体拉断。

6 试验结果宜按循环荷载与对应的锚头位移读数列表整理，并绘制锚杆荷载-位移（Q-s）曲线，锚杆荷载-弹性位移（Q-s_e）曲线和锚杆荷载-塑性位移（Q-s_p）曲线。

7 锚杆弹性变形不应小于自由段长度变形计算值的80%，且不应大于自由段长度与1/2锚固段长度之和的弹性变形计算值。

8 锚杆极限承载力取破坏荷载的前一级荷载，在最大试验荷载下未达到规定的破坏标准时，锚杆极限承载力取最大试验荷载值。

7.6.2 **预应力锚杆的验收试验应遵守下列规定：**

1 验收试验锚杆数量不少于锚杆总数的5%，且不得少于3根。

2 验收试验应分级加荷，起始荷载宜为锚杆拉力设计值的30%，分级加荷值分别为拉力设计值的0.5、0.75、1.0、1.2、1.33和1.5倍，但最大试验荷载不能大于杆体承载力标准值的0.8倍。

3 验收试验中，当荷载每增加一级，均应稳定5～10min，记录位移读数。最后一级试验荷载应维持10min。如果在1～10min内，位移量超过1.0mm，则该级荷载应再维持50min，并在15、20、25、30、45和60min时记录其位移量。

4 验收试验中，从50%拉力设计值到最大试验荷载之间所测得的总位移量，应当超过该荷载范围自由段长度预应力筋理论弹性伸长值的80%，且小于自由段长度与1/2锚固段长度之和的预应力筋的理论弹性伸长值。

5 最后一级荷载作用下的位移观测期内，锚头位移稳定或2h蠕变量不大于2.0mm。

7.6.3 长期监测应符合下列要求：

1 永久性预应力锚杆及用于重要工程的临时性预应力锚杆，应对其预应力变化进行长期监测。

2 永久性预应力锚杆的监测数量不应少于锚杆数量10%。临时性预应力锚杆的监测数量不应少于锚杆数量的5%。

3 预应力变化值不宜大于锚杆拉力设计值的10%，必要时可采取重复张拉或适当放松的措施以控制预应力值的变化。

7.7 自钻式锚杆的施工

7.7.1 自钻式锚杆安装前，应检查锚杆体中孔和钻头的水孔是否畅通，若有异物堵塞，应及时清理。

7.7.2 锚杆体钻进至设计深度后，应用水和空气洗孔，直至孔口返水或返气，方可将钻机和连接套卸下，并及时安装垫板及螺母，临时固定杆体。

7.7.3 锚杆灌浆料宜采用纯水泥浆或1:1水泥砂浆，水灰比宜为0.4～0.5。采用水泥砂浆时，砂子粒径不应大于1.0mm。

7.7.4 灌浆料应由杆体中孔灌入，水泥浆体强度达5.0MPa后，可上紧螺母。

8 喷射混凝土施工

8.1 原 材 料

8.1.1 应优先选用硅酸盐水泥或普通硅酸盐水泥，也可选用矿渣硅酸盐水泥或火山灰质硅酸盐水泥，必要时，采用特种水泥。水泥强度等级不应低于32.5MPa。

8.1.2 应采用坚硬耐久的中砂或粗砂，细度模数宜大于2.5。干法喷射时，砂的含水率宜控制在5%～7%；当采用防粘料喷射机时，砂含水率可为7%～10%。

8.1.3 应采用坚硬耐久的卵石或碎石，粒径不宜大于15mm；当使用碱性速凝剂时，不得使用含有活性二氧化硅的石材。

8.1.4 喷射混凝土用的骨料级配宜控制在表8.1.4所给的范围内。

表8.1.4 喷射混凝土骨料通过各筛径的累计重量百分数（%）

骨料粒径(mm) / 项目	0.15	0.30	0.60	1.20	2.50	5.00	10.00	15.00
优	5～7	10～15	17～22	23～31	34～43	50～60	78～82	100
良	4～8	5～22	13～31	18～41	26～54	40～70	62～90	100

8.1.5 应采用符合质量要求的外加剂，掺外加剂后的喷射混凝土性能必须满足设计要求。在使用速凝剂前，应做与水泥的相容性试验及水泥净浆凝结效果试验，初凝不应大于5min，终凝不应大于10min；在采用其他类型的外加剂或几

种外加剂复合使用时，也应做相应的性能试验和使用效果试验。

8.1.6 当工程需要采用外掺料时，掺量应通过试验确定，加外掺料后的喷射混凝土性能必须满足设计要求。

8.1.7 混合水中不应含有影响水泥正常凝结与硬化的有害杂质，不得使用污水及 pH 值小于 4 的酸性水和含硫酸盐量按 SO_4^- 计算超过混合用水重量 1%的水。

8.2 施工机具

8.2.1 干法喷射混凝土机的性能应符合下列要求：

1 密封性能良好，输料连续均匀；

2 生产能力（混合料）为 3～5m^3/h；允许输送的骨料最大粒径为 25mm；

3 输送距离（混合料），水平不小于 100m，垂直不小于 30m。

8.2.2 湿法喷射混凝土机的性能应符合下列要求：

1 密封性能良好，输料连续均匀；

2 生产率大于 5m^3/h，允许骨料最大粒径为 15mm；

3 混凝土输料距离，水平不小于 30m，垂直不小于 20m；

4 机旁粉尘小于 10mg/m^3。

8.2.3 选用的空压机应满足喷射机工作风压和耗风量的要求；当工程需要选用单台空压机工作时，其排风量不应小于 9m^3/min；压风进入喷射机前，必须进行油水分离。

8.2.4 混合料的搅拌宜采用强制式搅拌机。

8.2.5 输料管应能承受 0.8MPa 以上的压力，并应有良好的耐磨性能。

8.2.6 干法喷射混凝土施工供水设施应保证喷头处的水压为0.15～0.20MPa。

8.3 混合料的配合比与拌制

8.3.1 混合料配合比应遵守下列规定：

1 干法喷射水泥与砂、石之重量比宜为 1.0:4.0～1.0:4.5；水灰比宜为 0.40～0.45；湿法喷射水泥与砂、石之重量比宜为 1.0:3.5～1.0:4.0；水灰比宜为0.42～0.50，砂率宜为50%～60%。

2 速凝剂或其他外加剂的掺量应通过试验确定。

3 外掺料的添加量应符合有关技术标准的要求，并通过试验确定。

8.3.2 原材料按重量计，称量的允许偏差应符合下列规定：

1 水泥和速凝剂均为 ±2%；

2 砂、石均为 ±3%。

8.3.3 混合料搅拌时间应遵守下列规定：

1 采用容量小于 400L 的强制式搅拌机时，搅拌时间不得少于 60s；

2 采用自落式或滚筒式搅拌机时，搅拌时间不得少于 120s；

3 采用人工搅拌时，搅拌次数不得少于 3 次；

4 混合料掺有外加剂或外掺料时，搅拌时间应适当延长。

8.3.4 混合料在运输、存放过程中，应严防雨淋、滴水及大块石等杂物混入，装入喷射机前应过筛。

8.3.5 干混合料宜随拌随用。无速凝剂掺入的混合料，存放时间不应超过 2h，干混合料掺速凝剂后，存放时间不应超过 20min。

8.3.6 用于湿法喷射的混合料拌制后，应进行坍落度测定，其坍落度宜为 8~12cm。

8.4 喷射前的准备工作

8.4.1 喷射作业现场，应做好下列准备工作：

1 拆除作业面障碍物、清除开挖面的浮石和墙脚的岩渣、堆积物；

2 用高压风水冲洗受喷面；对遇水易潮解、泥化的岩层，则应用压风清扫岩面；

3 埋设控制喷射混凝土厚度的标志；

4 喷射机司机与喷射手不能直接联系时，应配备联络装置；

5 作业区应有良好的通风和足够的照明装置。

8.4.2 喷射作业前，应对机械设备、风、水管路，输料管路和电缆线路等进行全面检查及试运转。

8.4.3 受喷面有滴水、淋水时，喷射前应按下列方法做好治水工作：

1 有明显出水点时，可埋设导管排水；

2 导水效果不好的含水岩层，可设盲沟排水；

3 竖井淋帮水，可设截水圈排水。

8.4.4 采用湿法喷射时，宜备有液态速凝剂，并应检查速凝剂的泵送及计量装置性能。

8.5 喷 射 作 业

8.5.1 喷射作业应遵守下列规定：

1 喷射作业应分段分片依次进行，喷射顺序应自下而上；

2 素喷混凝土一次喷射厚度应按照表 8.5.1 选用；

表 8.5.1 素喷混凝土一次喷射厚度（mm）

喷射方法	部　位	掺速凝剂	不掺速凝剂
干　法	边　墙	70~100	50~70
	拱　部	50~60	30~40
湿　法	边　墙	80~150	—
	拱　部	60~100	—

3 分层喷射时，后一层喷射应在前一层混凝土终凝后进行，若终凝 1h 后再进行喷射时，应先用风水清洗喷层表面；

4 喷射作业紧跟开挖工作面时，混凝土终凝到下一循环放炮时间，不应小于 3h。

8.5.2 喷射机司机的操作应遵守下列规定：

1 作业开始时，应先送风，后开机，再给料；结束时，应待料喷完后，再关风；

2 向喷射机供料应连续均匀；机器正常运转时，料斗内应保持足够的存料；

3 喷射机的工作风压，应满足喷头处的压力在 0.1MPa 左右；

4 喷射作业完毕或因故中断喷射时，必须将喷射机和输料管内的积料清除干净。

8.5.3 喷射手的操作应遵守下列规定：

1 喷射手应经常保持喷头具良好的工作性能；

2 喷头与受喷面应垂直，宜保持 0.60~1.00m 的距离；

3 干法喷射时，喷射手应控制好水灰比，保持混凝土表面平整，呈湿润光泽，无干斑或滑移流淌现象。

8.5.4 喷射混凝土的回弹率，边墙不应大于15%，拱部不应大于25%。

8.5.5 竖井喷射作业应遵守下列规定：

1 喷射机宜设置在地面；喷射机如置于井筒内时，应设置双层吊盘。

2 采用管道下料时，混合料应随用随下。

3 喷射与开挖单行作业时，喷射区段高宜与掘进段高相同，在每一段高内，可分成1.50～2.00m的小段，各小段的喷射作业应由下而上进行。

8.5.6 喷射混凝土养护应遵守下列规定：

1 喷射混凝土终凝2h后，应喷水养护；养护时间，一般工程不得少于7d，重要工程不得少于14d。

2 气温低于+5℃时，不得喷水养护。

8.5.7 冬期施工应遵守下列规定：

1 喷射作业区的气温不应低于+5℃；

2 混合料进入喷射机的温度不应低于+5℃；

3 喷射混凝土强度在下列数值时，不得受冻：

1）普通硅酸盐水泥配制的喷射混凝土低于设计强度等级30%时；

2）矿渣水泥配制的喷射混凝土低于设计强度等级40%时。

8.6 钢纤维喷射混凝土施工

8.6.1 钢纤维喷射混凝土的原材料除应符合本规范的有关规定外，还应符合下列规定：

1 钢纤维长度偏差不应超过长度公称值的±5%。

2 钢纤维不得有明显的锈蚀和油渍及其他妨碍钢纤维与水泥粘结的杂质；钢纤维内含有的因加工不良造成的粘连片、铁屑及杂质的总重量不应超过钢纤维重量的1%。

3 水泥标号不宜低于425号。

4 骨料粒径不宜大于10mm。

8.6.2 钢纤维喷射混凝土施工除应遵守本章有关规定外，还应符合下列规定：

1 搅拌混合料时，宜采用钢纤维播料机往混合料中添加钢纤维，搅拌时间不宜小于180s；

2 钢纤维在混合料中应分布均匀，不得成团；

3 在钢纤维喷射混凝土的表面宜再喷射一层厚度为10mm的水泥砂浆，其强度等级不应低于钢纤维喷射混凝土的强度等级。

8.7 钢筋网喷射混凝土施工

8.7.1 喷射混凝土中钢筋网的铺设要遵守下列规定：

1 钢筋使用前应清除污锈；

2 钢筋网宜在岩面喷射一层混凝土后铺设，钢筋与壁面的间隙，宜为30mm；

3 采用双层钢筋网时，第二层钢筋网应在第一层钢筋网被混凝土覆盖后铺设；

4 钢筋网应与锚杆或其他锚定装置联结牢固，喷射时钢筋不得晃动。

8.7.2 钢筋网喷射混凝土作业除应符合本章有关规定外，还应符合下列规定：

1 开始喷射时，应减小喷头与受喷面的距离，并调节喷射角度，以保证钢筋与壁面之间混凝土的密实性；

2 喷射中如有脱落的混凝土被钢筋网架住，应及时清除。

8.8 钢架喷射混凝土施工

8.8.1 架设钢架应遵守下列规定：

1 安装前，应检查钢架制作质量是否符合设计要求；

2 钢架安装允许偏差，横向和高程均为±50mm，垂直度为±2℃；

3 钢架立柱埋入底板深度应符合设计要求，并不得置于浮渣上；

4 钢架与壁面之间必须揳紧，相邻钢架之间应连接牢靠。

8.8.2 钢架喷射混凝土施工除应符合本章有关规定外，还应遵守下列规定：

1 钢架与壁面之间的间隙必须用喷射混凝土充填密实；

2 喷射顺序，应先喷射钢架与壁面之间的混凝土，后喷射钢架之间的混凝土；

3 除可缩性钢架的可缩节点部位外，钢架应被喷射混凝土覆盖。

8.9 水泥裹砂喷射混凝土施工

8.9.1 水泥裹砂喷射混凝土施工所用设备除应遵守本规范第8.2节的规定外，还应符合下列要求：

1 砂浆输送泵宜选用液压双缸式、螺旋式或挤压式，也可采用单缸式。砂浆泵的性能应符合下列要求：

1）砂浆输送能力不应小于$4m^3/h$；

2）砂浆输送能力在$0\sim4m^3/h$内宜为无级可调；

3）砂浆输出压力应能保证施工过程中输料管叉管处砂浆的压力不小于0.3MPa；

4）使用单缸式砂浆输送泵时，应保证喷射作业时砂浆的输送脉冲间隔时间不超过0.4s。

2 砂浆拌制设备宜采用反向双转式或行星式水泥裹砂机，也可以采用强制式混凝土搅拌机。

8.9.2 水泥裹砂喷射混凝土的配合比除应遵守本规范第8.3节有关条文规定外，还应符合下列要求：

1 水泥用量宜为$350\sim400kg/m^3$；

2 水灰比宜为0.4～0.52；

3 砂率宜为55%～70%；

4 裹砂砂浆内的含砂量宜为总用砂量的50%～75%；

5 裹砂砂浆内的水泥用量宜为总水泥用量的90%；砂浆内宜掺高效减水剂。

8.9.3 水泥裹砂砂浆的拌制应遵守下列规定：

1 水泥裹砂造壳时的水灰比宜为0.2～0.3，造壳搅拌时间为60～150s；二次加水后的搅拌时间宜为30～90s；减水剂应在二次加水时加入搅拌机。

2 使用掺合料时，则掺合料应与水泥同时加入搅拌机。

8.9.4 混合料的拌制应遵守本规范第8.3节有关条文的规定。

8.9.5 水泥裹砂喷射混凝土作业除应遵守本规范第8.5节有关规定外，还应遵守下列规定：

1 作业开始时，喷射机先送风；砂浆泵按预定输送量送裹砂砂浆；待喷头开始喷出砂浆时，喷射机输送混合料。

2 调整砂浆泵的压力，使喷出的混凝土具有适宜的稠度。

3 喷射作业结束时，喷射机先停止送料后，砂浆泵停止输送砂浆，待喷头处没有物料喷出时，停止送风。

4 一次喷射厚度可按本规范表8.5.1的规定增加20%。

8.10 喷射混凝土强度质量的控制

8.10.1 重要工程的喷射混凝土施工，宜根据喷射混凝土现场28d龄期抗压强度的试验结果，按本规范附录D的格式绘制抗压强度质量图，控制喷射混凝土抗压强度。

8.10.2 喷射混凝土的匀质性，可以现场28d龄期喷射混凝土抗压强度的标准差和变异系数，按表8.10.2的控制水平表示。

表8.10.2 喷射混凝土的匀质性指标

施工控制水平		优	良	及格	差
标准差（MPa）	母体的离散	<4.5	4.5~5.5	>5.5~6.5	>6.5
	一次试验的离散	<2.2	2.2~2.7	>2.7~3.2	>3.2
变异系数（%）	母体的离散	<15	15~20	>20~25	>25
	一次试验的离散	<7	7~9	>9~11	>11

8.10.3 喷射混凝土施工中应达到的平均抗压强度可按下式计算：

$$f_{ck}=f_c+S \qquad (8.10.3)$$

式中 f_{ck}——施工阶段喷射混凝土应达到的平均抗压强度（MPa）；

f_c——喷射混凝土抗压强度设计值（MPa）；

S——标准差（MPa）。

9 安全技术与防尘

9.1 安全技术

9.1.1 施工前，应认真检查和处理锚喷支护作业区的危石，施工机具应布置在安全地带。

9.1.2 在Ⅳ、Ⅴ级围岩中进行锚喷支护施工时，应遵守下列规定：

1 锚喷支护必须紧跟开挖工作面。

2 应先喷后锚，喷射混凝土厚度不应小于50mm；喷射作业中，应有人随时观察围岩变化情况。

3 锚杆施工宜在喷射混凝土终凝3h后进行。

9.1.3 施工中，应定期检查电源线路和设备的电器部件，确保用电安全。

9.1.4 喷射机、水箱、风包、注浆罐等应进行密封性能和耐压试验，合格后方可使用。

喷射混凝土施工作业中，要经常检查出料弯头、输料管和管路接头等有无磨薄、击穿或松脱现象，发现问题，应及时处理。

9.1.5 处理机械故障时，必须使设备断电、停风。向施工设备送电、送风前，应通知有关人员。

9.1.6 喷射作业中处理堵管时，应将输料管顺直，必须紧按喷头，疏通管路的工作风压不得超过0.4MPa。

9.1.7 喷射混凝土施工用的工作台架应牢固可靠，并应设置安全栏杆。

9.1.8 向锚杆孔注浆时，注浆罐内应保持一定数量的砂浆，以防罐体放空，砂浆喷出伤人。处理管路堵塞前，应消除罐内压力。

9.1.9 非操作人员不得进入正进行施工的作业区。施工中，喷头和注浆管前方严禁站人。

9.1.10 施工操作人员的皮肤应避免与速凝剂、树脂胶泥直接接触，严禁树脂卷接触明火。

9.1.11 钢纤维喷射混凝土施工中，应采取措施，防止钢纤维扎伤操作人员。

9.1.12 检验锚杆锚固力应遵守下列规定：

1 拉力计必须固定牢靠。

2 拉拔锚杆时，拉力计前方或下方严禁站人。

3 锚杆杆端一旦出现颈缩时，应及时卸荷。

9.1.13 水胀锚杆的安装应遵守下列规定：

1 高压泵应设置防护罩。锚杆安装完毕，应将其搬移到安全无淋水处，防止放炮时被砸坏。

2 搬运高压泵时，必须断电，严禁带电作业。

3 在高压进水阀未关闭，回水阀未打开之前，不得撤离安装棒。

4 安装锚杆时，操作人员手持安装棒应与锚杆孔轴线偏离一个角度。

9.1.14 预应力锚杆的施工安全应遵守下列规定：

1 张拉预应力锚杆前，应对设备全面检查，并固定牢靠，张拉时孔口前方严禁站人；

2 拱部或边墙进行预应力锚杆施工时，其下方严禁进行其他作业；

3 对穿型预应力锚杆施工时，应有联络装置，作业中应密切联系；

4 封孔水泥砂浆未达到设计强度的70%时，不得在锚杆端部悬挂重物或碰撞外锚具。

9.2 防　　尘

9.2.1 喷射混凝土施工宜采用湿喷或水泥裹砂喷射工艺。

9.2.2 采用干法喷射混凝土施工时，宜采取下列综合防尘措施：

1 在保证顺利喷射的条件下，增加骨料含水率；

2 在距喷头3～4m处增加一个水环，用双水环加水；

3 在喷射机或混合料搅拌处，设置集尘器或除尘器；

4 在粉尘浓度较高地段，设置除尘水幕；

5 加强作业区的局部通风；

6 采用增粘剂等外加剂。

9.2.3 锚喷作业区的粉尘浓度不应大于10mg/m³。施工中，应按本规范附录E的技术要求测定粉尘浓度。测定次数，每半个月至少一次。

9.2.4 喷射混凝土作业人员，应采用个体防尘用具。

10 质量检查与工程验收

10.1 质量检查

10.1.1 原材料与混合料的检查应遵守下列规定：

1 每批材料到达工地后，应进行质量检查，合格后方可使用。

2 喷射混凝土的混合料和锚杆用的水泥砂浆的配合比以及拌和的均匀性，每工作班检查次数不得少于两次；条件变化时，应及时检查。

10.1.2 喷射混凝土抗压强度的检查应遵守下列规定：

1 喷射混凝土必须做抗压强度试验；当设计有其他要求时，可增做相应的性能试验。

2 检查喷射混凝土抗压强度所需的试块应在工程施工中抽样制取。试块数量，每喷射 50～100m^3 混合料或混合料小于 50m^3 的独立工程，不得少于一组，每组试块不得少于 3 个；材料或配合比变更时，应另作一组。

3 检查喷射混凝土抗压强度的标准试块应在一定规格的喷射混凝土板件上切割制取。试块为边长 100mm 的立方体，在标准养护条件下养护 28d，用标准试验方法测得的极限抗压强度，并乘以 0.95 的系数。

喷射混凝土抗压强度标准试块可按本规范附录 F 所列方法进行制作。

4 当不具备制作抗压强度标准试块条件时，也可采用下列方法制作试块，检查喷射混凝土抗压强度。

1）按本规范附录 F 的要求喷制混凝土大板，在标准养护条件下养护 7d 后，用钻芯机在大板上钻取芯样的方法制作试块。芯样边缘至大板周边的最小距离不应小于 50mm。

芯样的加工与试验方法应符合《钻取芯样法测定结构混凝土抗压强度技术规程》YBJ 209 的有关要求。

2）亦可直接向边长为 150mm 的无底标准试模内喷射混凝土制作试块，其抗压强度换算系数，应通过试验确定。

5 采用立方体试块做抗压强度试验时，加载方向必须与试块喷射成型方向垂直。

10.1.3 喷射混凝土抗压强度的验收应符合下列规定：

1 同批喷射混凝土的抗压强度，应以同批内标准试块的抗压强度代表值来评定。

2 同组试块应在同块大板上切割制取，对有明显缺陷的试块，应予舍弃。

3 每组试块的抗压强度代表值为三个试块试验结果的平均值；当三个试块强度中的最大值或最小值之一与中间值之差超过中间值的 15% 时，可用中间值代表该组的强度；当三个试块强度中的最大值和最小值与中间值之差均超过中间值的 15%，该组试块不应作为强度评定的依据。

4 重要工程的合格条件为：

$$f'_{ck} - K_1 S_n \geqslant 0.9 f_c \qquad (10.1.3\text{-}1)$$

$$f'_{ckmin} \geqslant K_2 f_c \qquad (10.1.3\text{-}2)$$

5 一般工程的合格条件为：

$$f'_{ck} \geqslant f_c \qquad (10.1.3\text{-}3)$$

$$f'_{c\,ckmin} \geqslant 0.85 f_c \qquad (10.1.3\text{-}4)$$

式中 f'_{ck}——施工阶段同批 n 组喷射混凝土试块抗压强度的平均值（MPa）；

f_c——喷射混凝土立方体抗压强度设计值（MPa）；

f'_{ckmin}——施工阶段同批 n 组喷射混凝土试块抗压强度的最小值（MPa）；

K_1，K_2——合格判定系数，按表10.1.3取值；

n——施工阶段每批喷射混凝土试块的抽样组数；

S_n——施工阶段同批 n 组喷射混凝土试块抗压强度的标准差（MPa）。

表10.1.3 合格判定系数 K_1、K_2 值

n	10～14	15～24	≥25
K_1	1.70	1.65	1.60
K_2	0.90	0.85	0.85

当同批试块组数 $n<10$ 时，可按 $f'_{ck} \geqslant 1.15 f_c$ 以及 $f'_{ckmin} \geqslant 0.95 f_c$ 验收。

6 喷射混凝土强度不符合要求时，应查明原因，采取补强措施。

注：同批试块是指原材料和配合比基本相同的喷射混凝土试块。

10.1.4 喷射混凝土厚度的检查应遵守下列规定：

1 喷层厚度可用凿孔法或其他方法检查。

2 各类工程喷层厚度检查断面的数量可按表10.1.4确定，但每一个独立工程检查数量不得少于一个断面；每一个断面的检查点，应从拱部中线起，每间隔2～3m设一个，但一个断面上，拱部不应少于3个点，总计不应少于5个点。

3 合格条件为：每个断面上，全部检查孔处的喷层厚度60%以上不应小于设计厚度；最小值不应小于设计厚度的50%；同时，检查孔处厚度的平均值不应小于设计厚度；对重要工程的拱墙喷层厚度的检查结果，应分别进行统计。

表10.1.4 喷射混凝土厚度检查断面间距（m）

隧洞跨度	间距	竖井直径	间距
<5	40～50	<5	20～40
5～15	20～40	5～8	10～20
15～25	10～20	—	—

10.1.5 锚杆质量的检查应遵守下列规定：

1 检查端头锚固型和摩擦型锚杆质量必须做抗拔力试验。试验数量，每300根锚杆必须抽样一组；设计变更或材料变更时，应另做一组，每组锚杆不得少于3根。

2 锚杆质量合格条件为：

$$P_{An} \geqslant P_A \qquad (10.1.5\text{-}1)$$

$$P_{Amin} \geqslant 0.9 P_A \qquad (10.1.5\text{-}2)$$

式中 P_{An}——同批试件抗拔力的平均值（kN）；

P_A——锚杆设计锚固力（kN）；

P_{Amin}——同批试件抗拔力的最小值（kN）。

3 锚杆抗拔力不符合要求时，可用加密锚杆的方法予以补强。

4 全长粘结型锚杆，应检查砂浆密实度，注浆密实度大于75%方为合格。

10.1.6 预应力锚杆的质量检查应遵守下列规定：

1 检查是否有完整的锚杆性能试验与验收试验资料。

2 锚杆的性能试验结果应符合本规范第7.6.1条第6款和第7款的规定。

3 锚杆的验收试验结果应符合本规范第7.6.2条第4款和第5款的规定。

4 长期监测的预应力锚杆的预应力值变化应满足本规范第7.6.3条第3款规定要求。

10.1.7 锚喷支护外观与隧洞断面尺寸应符合下列要求：

1 断面尺寸符合设计要求；

2 无漏喷、离鼓现象；

3 无仍在扩展中或危及使用安全的裂缝；

4 有防水要求的工程，不得漏水；

5 锚杆尾端及钢筋网等不得外露。

10.2 工 程 验 收

10.2.1 锚喷支护工程竣工后，应按设计要求和质量合格条件进行验收。

10.2.2 锚喷支护工程验收时，应提供下列资料：

1 原材料出厂合格证，工地材料试验报告，代用材料试验报告；

2 按本规范附录G的内容与格式提供锚喷支护施工记录；

3 喷射混凝土强度、厚度、外观尺寸及锚杆抗拔力等检查和试验报告，预应力锚杆的性能试验与验收试验报告；

4 施工期间的地质素描图；

5 隐蔽工程检查验收记录；

6 设计变更报告；

7 工程重大问题处理文件；

8 竣工图。

10.2.3 设计要求进行监控量测的工程，验收时，应提交相应的报告与资料：

1 实际测点布置图；

2 测量原始记录表及整理汇总资料，现场监控量测记录表；

3 位移测量时态曲线图；

4 量测信息反馈结果记录。

附录A 喷射混凝土与围岩粘结强度试验

A.0.1 喷射混凝土与围岩的粘结强度试验应在现场进行。当条件不具备时，亦可在试验室用岩块近似地测定其粘结强度。

A.0.2 喷射混凝土与围岩的粘结强度的试验可采用预留试件拉拔法或钻芯拉拔法。

A.0.3 当采用预留试件拉拔法时，试验应在隧洞的边墙或拱部进行。试件应为圆柱体，直径宜为200~500mm，高可为100mm。试验应符合下列步骤：

1 在预定试验部位，施工的喷层厚度应在100mm以上，其表面宜平整；

2 试件部位的混凝土喷射后，应立即用铲刀沿试件轮廓挖出宽50mm的槽，试件与四周的喷射混凝土应完全脱离，仅底面与围岩粘结；

3 试验前，应将钢拉杆埋入试件中心并用环氧树脂砂胶粘结，设计的钢拉杆，应使其抗拔力大于喷射混凝土与岩石的粘结力；

4 用适宜的拉拔设备将试件拉拔至破坏，根据拉拔力和粘结面积，进行粘结强度的计算。

A.0.4 当采用钻芯拉拔法时，应符合下列要求：

1 主要设备应采用混凝土钻芯机、拉拔器和测力计。

2 试验按下列步骤进行：

1）用金刚石钻机在工程欲测部位垂直钻进喷层并深入围岩数厘米，形成芯样；

2）将卡套插入芯样与围岩的空隙中，推压弹簧内套，使卡套卡紧芯样；

3）安装拉拔器与测力仪；

4）以每秒20~40N的速度缓慢加力，直到芯样断裂；

5）按下列公式计算喷射混凝土与围岩的粘结强度：

$$f_{cr}=\frac{P_c}{A_c}\cos\alpha \qquad (A.0.4)$$

式中 f_{cr}——喷射混凝土与岩石的粘结强度（MPa）；

P_c——芯样拉断时的荷载（N）；

A_c——芯样断裂面积（mm^2）；

α——断裂面与芯样横截面交角（°）。

A.0.5 喷射混凝土与岩石块的粘结强度试验应符合下列要求：

1 模板规格和形式：模板尺寸为450mm×350mm×120mm（长×宽×高），其尺寸较小的一边为敞开状。

2 试件制作应符合下列规定：

1）在预定进行粘结强度试验的隧洞区段，选择厚约50mm、长宽尺寸略小于模板尺寸的岩块；

2）将选择好的岩块置于模板内，在与实际结构相同的条件下喷上混凝土，喷射前，先用水冲洗岩块表面；

3）喷成后，在与实际结构物相同的条件下养护至7d龄期，用切割法去掉周边，加工成边长为100mm的立方体试块（其中岩石和混凝土的厚度各为50mm左右），养护至28d龄期，在岩块与混凝土结合面处，用劈裂法求得混凝土与岩块的粘结强度值。

附录 B 现场监控量测记录表

表 B 现场监控量测记录表

工程名称： 埋设日期：

量测项目名称： 开挖日期：

测点位置： 初读数日期：

测试点 / 记要 / 量测值 / 日期、时间											附注
	测值	计算值	测值	计算值	测值	计算值	测值	计算值	测值	计算值	

测读者 计算者 复核者 主管

附录 C 预应力锚杆基本试验循环加卸荷等级与位移观测间隔时间表

表 C 锚杆基本试验循环加卸荷等级与位移观测间隔时间表

加荷标准 / 循环数	加荷量/计划最大试验荷载 （%）								
第一循环	10	—	—	—	30	—	—	—	10
第二循环	10	30	—	—	50	—	—	30	10
第三循环	10	30	30	50	70	—	50	30	10
第四循环	10	30	30	50	80	70	50	30	10
第五循环	10	30	30	50	90	80	50	30	10
第六循环	10	30	30	50	100	90	50	30	10
观测时间（min）	5	5	5	5	10	5	5	5	5

注：1 在每级加荷等级观测时间内，测读锚头位移不应少于 3 次。

2 在每级加荷等级观测时间内，锚头位移小于 0.1mm 时，可施加下一级荷载，否则应延长观测时间，直至锚头位移增量在 2h 内小于 2.0mm 时，方可施加下一级荷载。

附录D 喷射混凝土强度质量控制图的绘制

D.0.1 喷射混凝土施工中的强度质量控制图应包括单次试验强度图，平均强度动态图和平均极差动态图（图D）。

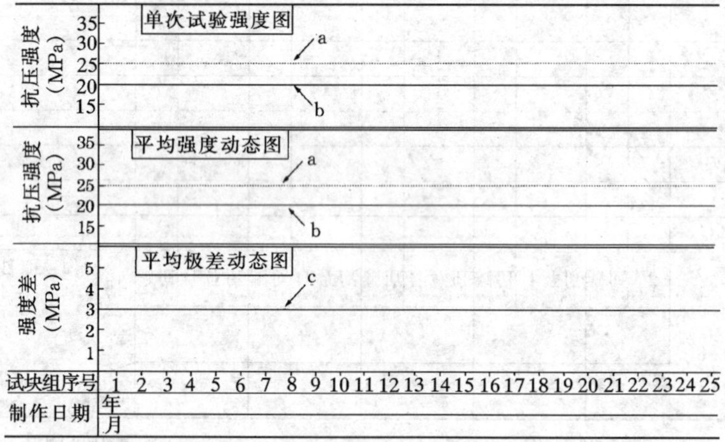

图D 喷射混凝土强度质量控制图

a—施工应达到的平均强度；b—设计强度等级；c—最大的平均差

D.0.2 单次试验强度图绘制时，应将全部强度试验结果，按制取的先后顺序、标点绘制，图上有设计强度等级线和施工应达到的平均强度线作控制。

D.0.3 平均强度动态图绘制中，每个点所标绘的应是以前5组的平均强度，并应以设计强度等级线作下限。

D.0.4 平均级差动态图绘制时，每个点所标绘的应是前10组的平均极差值，并应以最大的平均极差作上限。

附录E 测定喷射混凝土粉尘的技术要求

E.0.1 测定粉尘应采用滤膜称量法。

E.0.2 测定粉尘时，其测点位置、取样数量可按表E.0.2进行布置。

表E.0.2 喷射混凝土粉尘测点位置和取样数量

测尘地点	测点位置	取样数（个）
喷头附近	距喷头5.0m，离底板1.5m，下风向设点	3
喷射机附近	距喷射机1.0m，离底板1.5m，下风向设点	3
洞内拌料处	距拌料处2.0m，离底板1.5m，下风向设点	3
喷射作业区	隧洞跨中，离底板1.5m，作业区下风向设点	3

E.0.3 粉尘采样应在喷射混凝土作业正常、粉尘浓度稳定后进行。每一个试样的取样时间不得少于3min。

E.0.4 占总数80%及以上的测点试样的粉尘浓度，应达到本规范规定的标准，其他试样不得超过$20mg/m^3$。

附录F 喷射混凝土抗压强度标准试块制作方法

F.0.1 标准试块应采用从现场施工的喷射混凝土板件上切割成要求尺寸的方法制作。模具尺寸为450mm×350mm×120mm（长×宽×高），其尺寸较小的一个边为敞开状。

F.0.2 标准试块制作应符合下列步骤：

1 在喷射作业面附近，将模具敞开一侧朝下，以80°（与水平面的夹角）左右置于墙脚。

2 先在模具外的边墙上喷射，待操作正常后，将喷头移至模具位置，由下而上，逐层向模具内喷满混凝土。

3 将喷满混凝土的模具移至安全地方，用三角抹刀刮平混凝土表面。

4 在隧洞内潮湿环境中养护1d后脱模。将混凝土大板移至试验室，在标准养护条件下养护7d，用切割机去掉周边和上表面（底面可不切割）后，加工成边长100mm的立方体试块。立方体试块的允许偏差，边长±1mm；直角≤2°。

F.0.3 加工后的边长为100mm的立方体试块继续在标准条件下养护至28d龄期，进行抗压强度试验。

附录G　锚喷支护施工记录

工程名称：________________围岩级别：________________

里程：________至________记录时间：__年__月__日__时

工程部位：________________记录者：________________

1　原材料、配合比

材料名称	型号·产地	试验报告编号·品质
砂		
石		
水泥		
速凝剂		
外掺料		
水		
钢筋		

喷射混凝土配合比（水泥:砂:石）：________________

速凝剂掺量：________________

外掺料掺量：________________

锚杆注浆配合比（水泥:砂）：________________

水灰比：________________

2　施工时间

锚喷部位开挖（放炮）：____月____日____时

喷射混凝土作业：____月____日___时起至___月___日___时止

锚杆安装：____月____日___时起至___月___日___时止

3　喷层厚度图

4　锚杆布置图

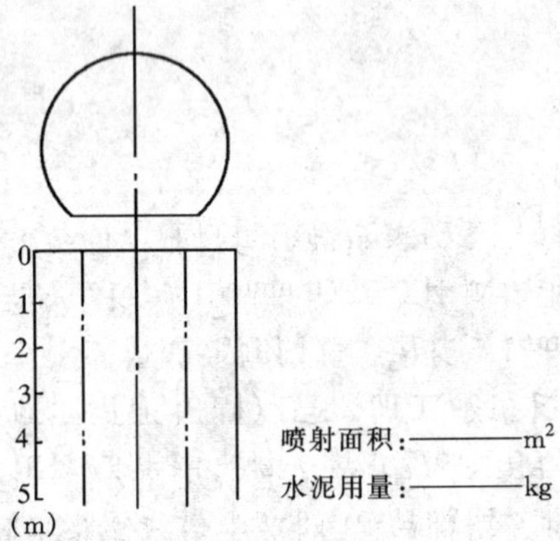

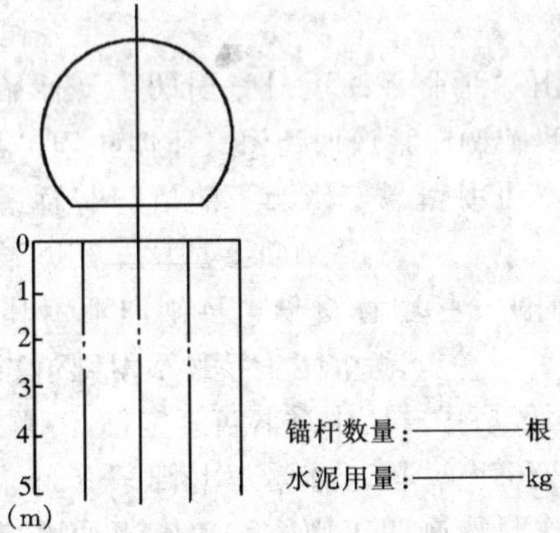

5　其他（包括岩块、围岩坍塌等事件的时间、地点、过程、原因分析，以及锚喷作业中发生机械故障、堵管等事件的次数、原因和排除方法；其他需要记录的事项）。

____

____

____

工程负责人：________

本规范用词说明

1 为便于在执行本规范条文时区别对待，对要求严格程度不同的用词，说明如下：

1）表示很严格，非这样做不可的用词：

正面词采用“必须”，反面词采用“严禁”；

2）表示严格，在正常情况下均应这样做的用词：

正面词采用“应”，反面词采用“不应”或“不得”；

3）表示允许稍有选择，在条件许可时，首先应这样做的用词：

正面词采用“宜”或“可”，反面词采用“不宜”。

表示有选择，在一定条件下可以这样做的用词，采用“可”。

2 本规范中指明应按其他有关标准、规范执行的写法为“应按……执行”或“应符合……要求或规定”。

中华人民共和国国家标准

锚杆喷射混凝土支护技术规范

GB 50086—2001

条 文 说 明

目　　次

1 总 则

1.0.1、1.0.2 锚杆喷射混凝土支护（简称锚喷支护）已在国内地下工程中获得广泛应用，并收到了明显的技术经济效果。但是，由于国内没有一本完整的、统一的技术规范，锚喷支护工程设计保守，不适当地增加工程投资及设计、施工不当，工程质量低劣，危及安全使用的现象不乏其例，甚至出现隧洞工程片帮、冒顶，造成国家财产严重损失的事例也时有发生。制订本规范，是为了使锚喷支护的设计、施工和验收有一个全国统一的标准，符合技术先进、经济合理、安全适用、确保质量的要求，更好地推动地下工程建设的发展。

本规范主要适用于矿山巷道、竖井、斜井、铁路隧道、公路隧道、城市地铁、水工隧洞及各类地下工程的锚杆喷射混凝土初期支护和后期支护。也适用于边坡工程的锚杆喷射混凝土支护的施工。

1.0.3 锚杆喷射混凝土支护与传统支护不同，其主要作用在于主动加固围岩，发挥围岩的自支承能力。因此，锚喷支护的设计和施工，必须正确有效地运用锚喷支护的特性，遵循一整套与传统支护不同的原则。

做好工程的地质勘察工作，是锚喷支护设计施工的一条总原则。勘察可以为锚喷支护的设计、施工提供依据。加强施工过程中的地质调查，能为修改设计和指导施工提供信息。

由于地下工程和矿山井巷所通过的围岩地质条件错综复杂，正确的设计和合理的施工方法，必须根据当地的地质条件和工程要求来确定。因此，锚喷支护必须遵循因地制宜的原则，以达到经济合理和安全可靠的目的。

1.0.4 锚喷支护是一门综合性、多科性和边缘性强的工程技术，涉及到地质勘察、岩土力学混凝土材料，钢筋混凝土结构的设计施工、地下工程防排水等技术领域，本规范不可能、也无必要包含锚喷支护工程设计施工可能涉及的所有技术规定。因此，本条规定除遵守本规范外，尚应符合现行有关国家标准的规定。

3 围岩分级

3.0.1、3.0.2 说明如下：

1 围岩分级的依据和适用范围。

1）围岩分级的依据和适用范围。本规范的围岩分级是以《锚杆喷射混凝土支护技术规范》GBJ 86 中的围岩分级为基础，并吸取了《工程岩体分级标准》GB 50218 的有关内容制订的，适用于隧道与地下工程锚喷支护设计与施工。

2）围岩等级划分。本规范把围岩分为Ⅰ~Ⅴ级，分别表示围岩为稳定、稳定性较好、中等稳定、稳定性差和不稳定五种状态。分级表中前三级基本上是整体稳定的围岩，围岩破坏形式主要是局部块体、层状体的塌落和片帮，产生的围岩压力主要是松动压力。后两级围岩则是整体不稳定的松散软弱围岩，大都会出现塑性状态，产生的围岩压力主要是形变压力。

本规范围岩分级采用了多因素定性和定量指标相结合的分级方法。虽然围岩分级（本规范表 3.0.2）中没有给出以岩体完整性系数与岩石单轴抗压强度的乘积为主要特征的岩体质量系数，但由于表 3.0.2 中给出了岩石单轴抗压强度和岩体完整性指标，所以，实际上也等于给出了岩体质量系数，并基本上以此作为分级的主要定量指标。

本规范的围岩分级中，考虑了岩体的完整性、结构面性状、岩石强度、地下水和地应力状况等自然地质因素。在定性方面考虑了岩体完整性状态，定量方面则增添了岩体声波指标和岩体完整性系数。

2 围岩分级基本因素的考虑。

1）围岩完整性。岩体完整性是影响围岩稳定性的首要因素，它通常取决于岩体结构类型、地质构造影响与结构面发育情况。

（1）岩体结构类型。岩体是由不同地质成因的岩石组成的。从地质成因来说，岩体可概括为块状岩体与层状岩体。块状岩体指块状的火成岩与变质岩，层状岩体指沉积岩、沉积变质岩、喷出火成岩等具有原生成层的岩体。

在岩体结构类型划分中，考虑了岩体结构体的块度尺寸。本围岩分级中，块状岩体分为整体状结构、块状结构与散块状结构、碎裂镶嵌结构与碎裂状结构、散体状结构（见表 1）。碎裂镶嵌与碎裂状结构，虽然块体大小相同，但其咬合程度不同，因而完整性不同。

表 1 块状岩体按结构体块度的划分

岩体结构类型	块度尺寸（以结构面平均间距表示）(m)
整体状结构	>0.8
块状结构与散块状结构	0.4~0.8
碎裂镶嵌与碎裂状结构	0.2~0.4
散体状结构	<0.2

层状岩体按其单层厚度分为厚层、中厚层与薄层，但层状岩体结构类型中按层间结构程度，又细分为层间结合良好、较好和不良的三种情况，此外，还增加了软硬岩互层岩体结构类型。

（2）构造影响程度和结构面发育情况。围岩分级（本规范表3.0.2）中，按地质构造影响大小可分为影响轻微、较重、严重、很严重四级。

结构面发育情况包括节理裂隙或层面的密度（间距）、组数、贯通程度、闭合程度、充填情况和结合情况等。主结构面与洞轴线的不同交角关系，对拱部和边墙的稳定性可以有不同的影响。如主结构面为小于30°的缓倾角时，拱部需采用以锚杆为主的支护型式。

软弱结构面及其组合关系，对围岩稳定性有重要影响。所谓软弱结构面，是指软弱夹层、破碎带、软弱泥化带、断层及夹泥层结构面等。软弱结构面的间距与组数，软弱结构面与洞轴线、临空面的不利组合以及由软弱结构面形成的可能滑移的不稳定块体的大小与数量，都会危及围岩的稳定程度。本规范表3.0.2中反映了上述因素对围岩稳定性分级的影响。

(3) 岩体纵波速度与岩体完整性系数。岩体纵波速度V_{pm}能综合表达岩体质量，而岩体完整性系数K_v只能表示岩体的完整性，围岩分级（本规范表3.0.2）中采用以岩体和岩石声波速度的平方比表示岩体完整性系数K_v。表3.0.2中引用的各类围岩的V_{pm}和K_v数值，大致与国内外常用的数据相接近，尚需在今后实践中不断修正。

本规范围岩分级（表3.0.2）中的声波速度测试规定采用孔测法。为测试方便起见，今后需开展锤击法测试的研究。

2) 岩石强度。由于岩块强度可由室内试验获得，因此，围岩分级中一般采用岩石单轴饱和抗压强度（P_c）作为强度指标。该强度既考虑了地下水对岩石软化，又考虑了岩石的风化情况，同时，它与其他力学指标有较好的互换性，而且，试验方法简单可靠。

为了消除岩块加工的麻烦，对小型工程可采用点荷载强度代替单轴抗压强度。

按本规范围岩分级（表3.0.2）中所给的单轴饱和抗压强度值，可将岩石分为A、B、C、D、E五级（见表2）。

表2 岩石强度等级划分

岩石强度等级	单轴饱和抗压强度（MPa）	代表性岩石
A	>60	花岗岩，闪长岩，安山岩，玄武岩，流纹岩，晶质凝灰岩等火成岩类；片麻岩，片岩，大理岩，石英岩等变质岩类
B	30~60	硅质、铁质胶结的砾岩，砂岩，硅质页岩，石灰岩，白云岩等沉积岩类
C	20~30	红色砂岩
D	10~30 （整体状10~20）	泥质页岩，泥灰岩，粘土岩，泥质砂岩和砾岩，绿泥石片岩，千枚岩，部分凝灰岩
E	<10	

实际上，与围岩稳定性直接有关的因素是岩体强度，但岩体强度需在现场测试，一般不容易做到。因此，在围岩分级中常引入岩体准抗压强度概念，以近似代替岩体强度。准抗压强度可用岩体完整性系数K_v与岩石单轴饱和抗压强度R_c的乘积表示。岩体完整性系数取决于岩体结构类型。因此，相同的岩石抗压强度相对于不同结构类型的岩体，其岩体准抗压强度是不同的。目前，围岩分级中，常用岩体准抗压强度作为分级指标。考虑到岩体完整性系数与岩体结构类型相对应，因此，在本规范围岩分级中，主要以岩体结构类型与岩石单轴饱和抗压强度不同组合确定围岩级别。

3.0.4 围岩分级表（本规范表3.0.2）中考虑了地应力的影响，一般在Ⅰ、Ⅱ级围岩中，岩体强度较高，地应力对围岩稳定性基本无影响，可不予考虑，而在Ⅲ、Ⅳ级围岩中则需考虑。表征地应力影响的指标采用围岩强度应力比 S_m，见本规范公式（3.0.4-1）。

在本围岩分级中确定 S_m时，参照了国外建议的岩石强度应力比（见表3），即

$$S_r = \frac{f_r}{\sigma_1} = \frac{S_m}{K_v} \quad (1)$$

同时，根据对国内某些矿区和隧道的调查，一般埋深在300m以上时，显示出较明显的地压现象，支护破坏率增高。据此，我们把Ⅲ类围岩的 S_m极限值定为2，Ⅳ类围岩的 S_m极限值定为1。

表3　国外采用的岩石强度应力比（f_r/σ_1）分级

分类法＼分级	低地应力	中地应力	强地应力
法国隧协	>4	2~4	<2
日本应用地质协会	>4	2~4	<2
前苏联顿巴斯矿区	>4	2.2~4	<2.2
日本国铁隧规	>6	4~6	2~4

3.0.5　在Ⅲ、Ⅳ、Ⅴ级围岩中，地下水是造成围岩失稳的重要因素之一，它可使岩石软化，强度降低；还可使软弱结构面泥化或冲走充填物，减少摩阻力，促使岩块滑动；地下水还可造成膨胀地压。

在Ⅰ、Ⅱ级围岩中，岩石坚硬，软弱结构面较少，本围岩分级中一般不再考虑地下水影响。但Ⅰ、Ⅱ级围岩中若有充泥的软弱结构面存在，有时要求对软弱结构面进行加固处理。因此Ⅲ、Ⅳ级围岩则应按地下水规模、岩石和结构面的软弱程度及地下水对围岩稳定性的危害大小，酌情降低围岩级别。

围岩中地下水的规模可分为四类：

渗——裂隙渗水；

滴——雨季时有滴水；

流——以裂隙泉形式，流量小于10L/min；

涌——涌水，有一定压力，流量大于10L/min。

3.0.6　在Ⅱ、Ⅲ、Ⅳ级围岩中，当存在断层或软弱夹层时，应审慎地选择洞轴线的方向，使其与断层或软弱夹层大角度相交。不然，当洞轴线与主要断层或软弱夹层交角较小时，则会影响隧洞的稳定性，当夹角小于30°时，则围岩级别应降低一级。

4 锚喷支护设计

4.1 一般规定

4.1.1 目前，地下工程中锚喷支护设计有工程类比法、监控量测法与理论验算法等三种方法，尤以工程类比法应用最广，通常在工程设计中占主导地位。因而，本条规定三种设计方法中以工程类比法为主。但考虑到某些地质复杂、经验不多的地下工程，单凭工程类比法不足以保证设计的可靠性和合理性，此时应结合其他的设计方法。

监控量测法是一种较为科学的设计方法，应当予以高度重视和大力推广。本规范相应条文中规定，对不稳定的，稳定性差的软弱围岩或较大跨度的工程，应采用监控量测法。理论验算法既是当今地下工程支护设计中的一种辅助方法，又是今后设计的发展方向，但鉴于岩体力学参数难以准确确定以及在计算模式方面还存在一些问题，因而，通常只作为工程设计中的辅助手段。本规范相应条文中规定，对处在稳定性较好的围岩中的大跨度工程，锚喷支护设计应辅以理论验算。此外，无论何种情况下，凡可能出现局部失稳的围岩，都需要通过理论计算，进行局部加固。

4.1.2、4.1.3 在地下工程设计和施工中，必须十分强调做好地质勘察工作。地质勘察工作是工程选点、围岩分级和结构设计的基础，是指导施工的依据，尤其是采用锚喷支护的地下工程，要求充分利用围岩自身承载能力，更需要查明工程地质情况。

划分围岩级别通常分为两个阶段：勘察阶段初步划分围岩级别与施工阶段详细划分围岩级别。

勘察阶段初步划分围岩级别。主要内容是根据隧洞开挖前获得的地质资料选定洞轴线，并根据沿洞轴线的地质剖面图，按分级表中的定性指标与岩石强度，初步确定各段围岩级别。然后，根据初定的围岩级别及工程尺寸，按锚喷支护参数表（见本规范表4.1.2-1、表 4.1.2-2）确定支护的类型和参数。

施工阶段详细划分围岩级别。主要内容是深入查明开挖地段的工程地质与水文地质情况，并进行围岩声波测试和岩石点荷载测试等工作；绘制沿洞轴线的综合地质素描图或展示图，标出围岩不稳定块体的出露位置和大小、滑塌方向；确定岩体强度应力比，详细地确定各段围岩级别，作为修正原设计支护类型和参数的依据。

本规范中“隧洞和斜井的锚喷支护类型和设计参数”（见表4.1.2-1）的编制，其基本依据是国内大量工程实践和各部门现行的技术规定。

围岩产状不同，结构面走向与洞轴线交角大小不同，对隧洞拱部和边墙稳定性影响也就不同。故支护参数表4.1.2-1对Ⅰ、Ⅱ、Ⅲ类围岩中一些不同跨度的隧洞，给出了两种支护参数，即对于缓倾角围岩中的隧洞拱部及急倾角围岩中的隧洞易失稳一侧的边墙，应优先采用锚杆支护类型，使支护设计既安全可靠，又经济合理。

从国内 112 个锚喷支护隧洞工程实例统计的情况来看，锚杆的长度，大体如表 4 所示。

本规范“隧洞和斜井的锚喷支护类型和设计参数”（见表4.1.2-1）中不同围岩级别，不同隧洞跨度中选用的锚杆长度，大体上与工程实践相一致。但对Ⅱ、Ⅲ级围岩中跨度大于15m并小于25m的洞室工程，必要时锚杆长度应大于表4中所给的数值或采用预应力锚杆，以确保工程的稳定性。

表4 统计的锚杆长度（m）

围岩级别 \ 毛洞跨度 B（m）	$B \leqslant 5$	$5 < B \leqslant 10$	$10 < B \leqslant 15$	$15 < B \leqslant 20$	$20 < B \leqslant 25$
Ⅰ	—	—	—	—	2～4
Ⅱ	—	1.5～2.5	2～3	2.5～3.0	1.5～4
Ⅲ	1～2	1.5～3.0	1.5～3.5	2～4	—
Ⅳ	1.5～2	2～3	2～3.5	2.5～3	—
Ⅴ	1.5～2.5	2～3	—	—	

4.1.4 Ⅳ、Ⅴ级围岩和Ⅲ级围岩中跨度大于5m的工程，因地质条件复杂，容易出现事故，所以单靠工程类比法设计是不够的。本条文规定表明，Ⅳ级以下围岩的初期支护参数，可按照锚喷支护参数（见本规范表4.1.2-1）中给出的数值确定，而后期支护应根据监控量测法设计确定。并应注意，初期支护参数，应小于锚喷支护参数（表4.1.2-1）中的数值，因为表4.1.2-1中给出的数值是初期支护与后期支护之和。

4.1.5 本条规定对Ⅰ、Ⅱ、Ⅲ级围岩中跨度大于15m的工程，除按照本规范表3.1.2-1选择锚喷支护参数外，还需对围岩稳定性进行力学分析，最终确定支护设计参数。这是由于目前大跨度工程实例还不多，其次是大跨度隧洞围岩不稳定性增大，所以，为保证安全可靠和获得合理支护参数，有必要对围岩的稳定性进行力学验算或通过模型试验进行稳定性分析。

4.1.6 关于围岩整体稳定性验算，目前国内外尚无统一的标准。围岩应力状态计算方法也不统一，但多数人认为应以弹塑性理论为计算依据，若只按弹性理论进行围岩失稳验算是不合理的。因为不让围岩进入塑性，违反了现代支护理论的基本原则，即无法充分发挥围岩的自承能力。事实也表明，围岩出现一定范围的塑性，并不会失稳，反而能充分发挥围岩的自承能力，从而节省了锚喷支护工程量。因此，本条中规定围岩稳定性验算可采用以弹塑性理论为基础的数值解法或解析解法。由于岩体参数不易准确确定，因此，计算中不必过于追求高精度的计算模型和计算方法。也允许采用将弹性应力代入莫尔—库伦准则求塑性区的计算方法，这样求出的塑性区范围一般偏小，可乘以1.1～1.4的系数。

目前，尚无评定围岩稳定性的标准方法。但从理论分析可知，限制围岩受拉区、塑性区和松弛区的最大范围或隧洞周边的最大位移量，或洞周的最小支护抗力值，都能起到控制围岩失稳的作用，问题是其量值应为多少才合适，缺乏统一的标准，目前主要是依据设计人员的经验和参照过去的工程实例来确定。洞周的允许位移量亦可参考本规范表5.3.3来确定。

本条规定体现了围岩局部失稳采用局部加固的设计原则。设计人员根据施工阶段沿洞轴线地质展示图上标出的围岩不稳定块体的大小，采用锚喷支护参数（本规范表4.1.2-1)中给出的支护参数，用块体极限平衡方法进行局部稳定性验算。荷载只考虑不稳定块体的自重，一般不计由地应力作用引起的围岩应力。这是因为应力重分布导致不稳定块体周边的应力降低，同时，由于地应力数值不易取得和不便计算。拱腰以上部位的不稳定块体，一般呈现塌落的形式失去稳定，因而不计结构面上的 C、φ 值；而拱腰以下部位的不稳定块体，则呈现滑落的形式，应计自重引起的摩擦力作用，有时还考虑结构面上的粘结力作用。

4.1.7 对边坡工程锚喷支护设计，应在充分掌握边坡的地质勘察资料的前提下，首先根据岩土性状和岩土结构特征等分析判断可能出现的失稳破坏类型，如平面滑动、圆弧滑动、楔体滑动和倾倒破坏等。

对于一般的边坡稳定问题，可采用极限平衡法求解。对于复杂的边坡稳定问题，可采用数值分析方法处理。边坡采用数值分析方法的合理性主要取决于计算模型及计算参数是否符合边坡的客观状况。数值分析方法能模拟边坡开挖程序和锚杆施作时机，反映施工过程诸因素的变化对边坡稳定性的影响，给出边坡开挖后的位移场和应力场。显示塑性区和拉应力区分布的部位，这些都为边坡的锚固设计提供重要依据。

4.1.8 由于现场测试中，存在着选取测点的代表性问题和岩体试件的尺寸效应等问题，设计中选用的 E、C、φ 值均较实测值低。尤其当围岩进入塑性破坏后，塑性区中 C、E 值随之降低，靠近洞壁的 C、E 值降低多，而靠近弹塑性区交界处，C、E 值降低少。如果计算中不考虑塑性区中 C、E 值的这种变化，则应取 C、E 的平均值作为计算参数，其值通常可由设计人员及勘察人员，按实测值和现场实际情况商定。实践表明，塑性区中 φ 值降低不多，一般不再考虑折减。

在本条中还根据 1995 年颁布的现行国家标准《工程岩体分级标准》GB 50218 给出了各级围岩的力学指标及岩体结构面抗剪断峰值强度。

地应力或支护前洞壁的位移值或释放荷载值，在条文中虽未作规定，但这两个数据都是计算中所必要的，无论在数值计算或分析计算中，都需要知道这两个数据。

对于重要工程，宜采用实测的地应力值。无实测条件时，垂直地应力可按覆盖层的厚度计算确定，侧压系数值可参照当地其他工程实测资料和该地区地质构造情况估计确定。

支护前洞壁位移或释放的荷载值，随施工方法的不同而不同，目前只能借助实测值和经验来确定。如果是实测值，还应考虑量测前已产生的位移和释放的荷载。目前，有些程序中以洞壁实测位移作为边界条件，这种计算方法更能反映实际情况。

对封闭式支护结构，如果计算中不考虑隧洞开挖和支护程序，则支护前洞壁位移值可以近似取仰拱封底前的洞壁位移值或略小于该位移值。

4.1.9 竖井通常是矿山开采的咽喉工程，一般服务年限较长，故在选用锚喷支护时，均采取审慎态度。鉴于目前Ⅳ、Ⅴ级围岩的竖井中，采用锚喷支护的实例不多，故在竖井锚喷支护类型及设计参数（本规范表 4.1.2-2）中，仅列入Ⅰ、Ⅱ、Ⅲ级围岩竖井锚喷支护类型与参数，而且，其支护参数均比同等横断面的隧洞有所增大。

4.1.10 本条规定主要是针对地下工程的特殊部位而言，体现了因地制定、区别对待的设计原则，以确保工程设计既安全可靠、又经济合理。

1 隧洞交岔点、断面变化处等特殊部位，是应力比较集中的地方，加强其支护结构，以确保这些地段的稳定性。

2 喷射混凝土支护的作用，主要是依靠它与围岩表面的紧密粘结来保证其与围岩共同工作的。在光滑岩面上，这种粘结力就很小，因此，应采用以锚杆或钢筋网喷射混凝土为主的支护类型，以获得足够的支护抗力，有效地加固围岩。

3 围岩较差地段的支护应向围岩较好地段延伸一定长度，一般来说应延伸 1.0m 以上。

4.1.11 本条规定中提出的 6 种地质条件都不属于本规范围岩分级中的正常类型。一些试验表明，在膨胀性岩体中，采用锚喷支护与其他支护形式相结合的复合支护是行之有效的，采用锚喷支护作为复合支护的初期支护是适宜的。在其余 5 种情况下，采用锚喷支护尚无足够把握。总的来说，本条所述 6 种岩层采用锚喷支护都缺乏经验，因而，其设计需要经过试验后确定。

4.2 锚杆支护设计

4.2.1 本条规定中所列出的前 4 种锚杆类型是按锚杆的作用原理来划分的，后 1 种自钻式锚杆是本次修订规范时新增的。

全长粘结型锚杆是一种不能对围岩加预应力的被动型锚杆，适用于围岩变形量不大的各类地下工程的永久性系统支护。

端头锚固型锚杆，安装后可以立即提供支护抗力，并能对围岩施加不大于 100kN 的预应力，适用于裂隙性的坚硬岩体中的局部支护。

摩擦型锚杆，安装后可立即提供支护抗力，并能对围岩施加三向预应力，韧性好，适用于软弱破碎、塑性流变围岩及经受爆破震动的矿山巷道工程。

预应力锚杆能对围岩施加大于 200kN 的预应力，且能处理深部的稳定问题，适用于大跨度地下工程的系统支护及局部大的不稳定块体的支护。

自钻式锚杆，是一种具有钻进、注浆、锚固三位一体的锚杆，在复杂地层或需套管护壁钻进且工作空间狭小条件下，施工简便、锚固效果较好。

4.2.3 端头锚固型锚杆，国内目前有以下几种结构形式（见图 1）。其中机械式锚固适用于硬岩或中硬岩；粘结式锚固除用于硬岩及中硬岩外，也可用于软岩。端头锚固型锚杆的作用主要取决于锚头的锚固强度。在锚头型式选定后，其锚固强度是随围岩情况而变化的。因此，为了获得良好的支护效果，使用前，应在现场进行锚杆的拉拔试验，以检验所选定的锚头是否与围岩条件相适应。

由于地下水或潮湿空气的长期作用，端头锚固型锚杆的杆体和锚头易发生锈蚀，可使其锚固力减小或完全丧失。因此，服务年限大于 5 年的端头锚固型锚杆，应采取灌注水泥砂浆或其他防腐措施。

- 端头锚固型锚杆
  - 机械式锚固
    - 楔缝式
    - 胀壳式
    - 倒楔式
  - 粘结式锚固
    - 树脂卷式
    - 快硬水泥卷式

图 1 端头锚固型锚杆结构形式

粘结式锚固端的锚固剂，国内有树脂卷和快硬水泥卷两种。树脂锚固剂目前广泛采用 115 松香封端不饱和聚脂树脂。树脂与填料之比一般为 1:5～1:7，这种锚固剂的特点是固化时间短（由几十秒到几分钟），强度增长快（半小时强度可达 28d 强度的 65%～96%），强度高（最终强度达 60～

120MPa）。因此，能及时提供支护能力。

快硬水泥卷锚固剂由硫铝酸盐水泥和双快型水泥配制而成，水泥卷内的装填密度为1.14～1.48g/cm³，使浸水后的水灰比控制在0.34～0.35范围内。这种快硬水泥锚固剂，强度增长快（0.5～1.0h强度可达20MPa）。因此，快硬水泥卷锚杆也有能及时提供支护抗力的特点。

4.2.4 摩擦型锚杆，目前国内有全长摩擦型（缝管式）和局部摩擦型（楔管式）两种。摩擦型锚杆是一根沿纵向开缝的钢管，当它装入比其外径小2～3mm的钻孔时，钢管受到孔壁的约束力而收缩，同时，沿管体全长对孔壁施加弹性抗力，从而锚固其周围的岩体。这类锚杆的特点是安装后能立即提供支护抗力，有利于及时控制围岩变形；能对围岩施加三向预应力，使围岩处于压缩状态；而且，锚固力还能随时间而提高。

锚杆纵向开缝宽度规定为13～18mm，是基于当锚杆打入比其外径小的钻孔时，开缝不会全闭合甚至重叠。

工程实践表明，当其他条件不变时，摩擦型锚杆的锚固力随锚杆与钻孔径差的加大而增高。要保证锚杆每米锚固长度的初锚固力不小于25kN，径差常取2～3mm。此外，当径差不变时，锚杆锚固力又同岩石的软硬程度密切相关，在硬岩中的锚固力远比在软岩中的为高。因此，对于硬岩、中硬岩和软岩，规定了不同的径差。

在某些特定条件下，需要提高摩擦型锚杆的初锚固力时，可采用带端头锚楔的缝管锚杆或楔管锚杆。工程实践表明，在硬岩条件下，采用带端头锚楔的缝管锚杆或楔管锚杆，可使初始锚固力增加50kN以上。

4.2.5 本条的预应力锚杆是指预拉力大于200kN，长度大于8.0m的岩石锚杆。与非预应力锚杆相比，预应力锚杆有许多突出的优点。它能主动对围岩提供大的支护抗力，有效地抑制围岩位移；能提高软弱结构面和塌滑面处的抗剪强度；按一定规律布置的预应力锚杆群使锚固范围内的岩体形成压应力区而有利于围岩的稳定。此外这种锚杆施工中的张拉工艺，实际上是对每根工程锚杆的检验，有利于保证工程质量。因而近年来国内外在地下工程及边坡工程中预应力锚杆的应用获得迅速发展。这次规范修订中，将预应力锚杆设计、施工及试验监测作为重点充实的条款。

1 目前国内普遍采用的预应力锚杆是一种集中拉力型锚杆，大量的研究资料已经证实这种锚杆固定长度上的粘结应力分布是极不均匀的，固定段的最近端应力集中现象严重，随着荷载的增大，并在荷载传至固定长度最远端之前，杆体——灌浆体界面或者灌浆体——地层界面就会发生“粘脱”（debonding）。这种粘结作用逐步破坏的锚杆一般都会大大降低地层强度的利用率，特别在软岩和土层中，当固定长度大于8～10m时，其承载力的增量很小或无任何增加。国内已开发出一种单孔复合锚固系统，即压力分散型或拉力分散型锚杆。这种锚固系统是在同一个钻孔中安装几个单元锚杆，而每个单元锚杆都有自已的杆体，自已的锚固长度，而且承受的荷载也是通过各自的张拉千斤顶施加的。由于组合成这类锚杆的单元锚杆锚固长度很小，所承受的荷载也小，锚固长度上的轴力和粘结应力分布较均匀，不会产生逐步粘脱现象，从而能最大限度地调用地层强度。从理论上讲，使用这类锚杆的整个锚固长度并无限制，锚杆承载力可随着整个锚固长度的增加而提高，适用于软岩或土体工程。特别是压力分散型锚杆，其单元锚杆的预应力筋采用无粘结钢绞线，在荷载作用下灌浆体受压，不易开裂，因而能大大提高锚杆的耐久性。

2 锚杆的倾角主要应考虑有利于地下工程与边坡和稳定性，一般锚杆轴线应与岩体主结构面或滑移面成大角度相交。

但是与水平面夹角为 - 10° ~ + 10°的区域不应作安设锚杆的范围。因为倾角接近水平的锚杆，注浆后灌浆体的沉淀和泌水现象，会影响锚杆的承载能力。

3 锚杆预应力筋采用钢绞线、钢丝或精轧螺纹钢筋是最为适合的。一是因为其抗拉强度远比Ⅱ、Ⅲ级钢筋高，可以大幅度降低锚杆的用钢量。二是当预拉力达到锚杆拉力设计值时，预应力筋产生的弹性伸长比Ⅱ、Ⅲ级钢筋大若干倍，这样当锚头松动或其他原因使预应力筋弹性伸长变小时，所引起的预应力损失要小得多。三是钢绞线、钢丝运输安装方便。即使在较狭窄的空间也可施工。对穿型锚杆应采用无粘结钢绞线，一方面可大大提高锚杆的耐久性，另一方面当锚杆长度上某部位出现岩体裂隙张开时可在整个长度上调整应力，而不会发生粘结型锚杆那样的应力集中和局部破坏。

4 规定锚杆的自由段长度不宜小于 5.0m，是为了使预应力筋在设定的张力作用下有较大的弹性伸长量，不致在锚杆使用过程中因锚头松动而引起预拉力的显著衰减。

5 本条给出的安全系数 K 适用于预应力锚杆锚固段的设计。按锚杆破坏后影响程度和服务年限的长短给出了不同的安全系数，其取值主要考虑锚杆设计中的不确定因素及风险程度，其数值是参照国外有关标准及中国工程建设标准化协会标准《土层锚杆设计与施工规范》CECS 22 的有关条款的规定提出的。

6 处于地层中的预应力锚杆经常受到地下水（特别是含有腐蚀介质的地下水）的侵蚀，而在高拉应力作用下，预应力筋则会出现应力腐蚀。一般腐蚀和应力腐蚀交织在一起，国外已出现不少因腐蚀而导致锚杆破坏的实例。如法国米克斯坝，有几根 13000kN 承载力的锚杆仅使用几个月就发生断裂。锚杆的应力水平是杆体强度极限值的 67%。经多次试验的结论是，处于高拉伸应力状态下的锈蚀是破坏的主要原因。1986 年国际预应力协会（FIP）曾对 35 个锚杆断裂实例进行调查。其中永久锚杆占 69%，临时锚杆占 31%，锚杆使用期在 2 年内及 2 年以上发生腐蚀断裂的各占一半。由此可见，因腐蚀而引起的锚杆破坏是不能忽视的。

因此，本条规定永久性预应力锚杆预应力筋的保护层厚度不应小于 20mm，并宜外套波形管，一旦锚固段的水泥浆体出现开裂，波形管仍有阻隔地下水浸蚀的作用。

4.2.6 自钻式锚杆适用于钻孔过程易塌孔，而必须采用套管跟进的复杂地层。这种锚杆将钻孔、注浆及锚固等功能一体化，在隧道超前支护系统及高地应力，大变形巷道的变形控制等工程中均取得良好效果。

目前国产的自钻式锚杆的技术参数见表 5。

表 5　自钻式锚杆技术参数

型　号	R27N	R32N
直径/壁厚（mm）	27/6.0	32/6.0
抗拉强度（MPa）	680	680
抗拉力（kN）	280	320
重量（kg/m）	3.0	3.6
螺纹方向	左旋	左旋
标准长度（m）	2.0，3.0，4.0	
最大钻进深度（m）	>12	

4.2.7 锚杆与岩体主结构面成较大角度布置，则能穿过更多的结构面，有利于提高结构面上的抗剪强度，使锚杆间的岩块相互咬合，充分发挥锚杆加固围岩的作用。

系统锚杆的间距，除受围岩稳定条件及锚杆长度制约外，在稳定性较差的岩体中，为使支护紧跟掘进工作面，锚杆的纵向间距还受掘进进尺的影响。所以，锚杆纵向间距的选定，还要与所采用的施工方法相适应。系统锚杆主要对围岩起整体加固作用。根据工程经验，为使一定深度的围岩形成承载拱，锚杆长度必须大于锚杆间距的两倍。因此，规定系统锚杆的间距不宜大于锚杆长度的1/2。但是，在Ⅳ、Ⅴ类围岩中，当锚杆长度超过2.5m时，若仍按间距不大于1/2锚杆长度的规定，则锚杆间的岩块可能因咬合和联锁不良，而导致掉块或坠落。因此，还规定在Ⅳ、Ⅴ类围岩中，锚杆间距不得大于1.25m。

4.2.8 本条规定是为了充分发挥锚杆材料的作用，提供有效的支护抗力，阻止不稳定岩块的坠落。

4.2.9 粘结型锚头的破坏，在裂隙交割的坚硬岩体中，一般受胶结材料与杆体间的粘结强度控制，而在软弱的岩体中，有时则受胶结材料与岩面的粘结强度控制。故本条规定，粘结型锚固体锚入稳定岩体长度的确定应同时验算两种不同情况的粘结强度。

4.3 喷射混凝土支护设计

4.3.1 喷射混凝土强度等级是决定其力学性能和耐久性的重要指标，对支护结构的工作性能和使用效果关系重大。因此，本条文规定对于重要地下工程，喷射混凝土的强度等级不应低于C20，施工中只要遵守本规范的有关规定，一般均能达到设计要求的强度等级。由于地下工程与地面结构不同，喷射混凝土施工后要求具有较高的支护抗力，特别在软弱围岩中喷射混凝土早期强度至关重要。根据国内外对喷射混凝土早期强度的试验资料（见表6），本条规定在添加速凝剂条件下，喷射混凝土1d龄期的抗压强度不应低于5MPa。

国内外的试验资料表明，与不掺钢纤维的喷射混凝土相比，钢纤维喷射混凝土的抗拉强度约提高30%～60%，抗弯强度约提高30%～90%，故本条规定在掺入速凝剂的情况下，钢纤维喷射混凝土的强度等级不得低于C20，抗拉强度不得低于2MPa。

表6 喷射混凝土早期抗压强度（MPa）

测定单位 \ 龄期（h）	3	8	24
日本（新奥法指南）	1.0～3.5	5.0～8.5	10.5～15.0
美国	3.5	8.4	10.6～21.0
中国（下坑隧道工程）	—	2.3～2.5	6.5～6.7
中国（冶金部建筑研究总院）	—	2.5	8.3

4.3.2 喷射混凝土的容重、静力弹性模量的规定值，是在综合分析国内有关单位的科学实验资料及工程质量检验数据基础上提出的。喷射混凝土与围岩的粘结力，不仅与混凝土强度等级有关，也与岩石强度和岩体的完整性有关。故本规范规定，对Ⅰ、Ⅱ级围岩，粘结强度不应小于0.8MPa，Ⅲ级围岩不应低于0.5MPa。对粘结强度作相应的规定，其目的是保证在围岩与喷射混凝土的结合面上能传递一定的拉应

力和剪应力，有利于两者共同工作。

4.3.3 喷射混凝土的收缩较大，若其厚度小于50mm时，喷层中粗骨料的含量甚少，更容易引起收缩开裂。同时，喷层过薄也不足以抵抗岩块的移动，常出现局部开裂或剥落。近几年来，有关部门对喷射混凝土支护使用情况调查结果表明，喷射混凝土支护层产生局部开裂剥落者，其厚度多在50mm以下，也有30～40mm的。因此，本条规定喷射混凝土支护的最小厚度不应小于50mm。

根据锚喷支护原理，要求喷层具有一定的柔性。因此，规定喷射混凝土厚度一般不应超过200mm，特别在软弱围岩中作初期支护，喷层过厚，会产生过大的形变压力，易导致喷层出现破坏，这是不经济的。当喷层不能满足支护抗力要求时，可用锚杆或配筋予以加强。

4.3.4 在含水岩层中采用喷射混凝土支护，规定喷层设计厚度不应小于80mm。抗渗强度不应小于0.8MPa，是为了严格控制外水内渗，以保证良好的工作条件。

4.3.5 冲切强度公式适用于岩石与喷射混凝土粘结强度得到保证，且厚度不大于100mm的喷射混凝土层。因此，本条规定在Ⅰ、Ⅱ级围岩的隧洞中，薄层喷射混凝土对局部不稳定块体的抗力可按本规范公式（4.3.5-1）、（4.3.5-2）计算。当喷层厚度大于100mm或喷层与围岩粘结强度很低时，在局部不稳定块体作用下，喷层呈现粘结破坏。这时，需设置锚杆，由喷层与锚杆共同承受不稳定块体的重量。

4.3.6 大量的试验资料表明，钢纤维喷射混凝土的一系列性能都优于普通喷射混凝土，特别是它具有良好的韧性（即从加荷开始直至试件完全破坏所作的总功，常以荷载-挠度曲线与横坐标轴所包络的面积表示），约比素喷混凝土提高10～50倍（图2），抗冲击能力约比素喷混凝土提高8～30倍。故规定在膨胀岩体隧洞和受采动影响的巷道中，宜采用钢纤维喷射混凝土支护。

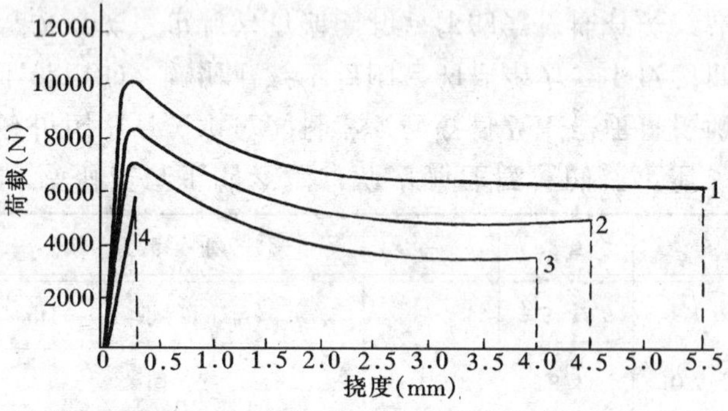

图2 钢纤维喷射混凝土小梁荷载—挠度曲线

1—钢纤维直径0.3mm，长25mm，体积掺量2%；2—钢纤维直径0.4mm，长25mm，体积掺量2%；3—钢纤维直径0.4mm，长25mm，体积掺量1.5%；4—素喷混凝土

4.3.7 本条说明如下：

1 钢纤维喷射混凝土的破坏，通常不是纤维被拉断，而是纤维从混凝土中被拔出，也就是说，钢纤维喷射混凝土增强性能主要是由纤维和混凝土基质的握裹力来决定。因此，普通碳素钢纤维就能满足钢纤维的增强要求。

2 当纤维体积百分率不变时，纤维直径增大，则纤维在混凝土中的分布间距也随之增大；反之，纤维直径减小，纤维间距也随之减小。纤维间距越小，对混凝土裂缝扩展的约束能力也就越强，使混凝土的各种性能更能得到强化。但纤维直径过小，会使纤维添加和钢纤维混凝土的搅拌和施工发生困难。因此，钢纤维的直径以0.3～0.5mm为宜。

3 钢纤维的长度和掺量主要是由喷射混凝土的施工工艺决定。实践表明，纤维长度大于25mm，掺量超过干混合料重量6%时，搅拌的均匀性和喷射施工就要发生困难。主要表现为在搅拌时纤维容易绞结在喷射机中。因此，钢纤维长度不要超过25mm，掺量不宜大于干混合料重量的6%。

4.3.8 在一般情况下，地下工程喷射混凝土支护中配置钢筋网，其主要作用是提高喷射混凝土的整体性，防止收缩，使混凝土中的应力均匀分布，并提供一定的抗剪强度，有利于抵抗岩石塌落和承受冲击荷载。

1 钢筋网常按构造要求设计，故选用的钢筋直径宜为4~12mm。

2 实践表明，当钢筋间距小于150mm，喷射混凝土回弹大，且钢筋与壁面之间易形成空洞，不能保证混凝土的密实度；当钢筋间距大于300mm时，则将大大削弱钢筋网在喷射混凝土中的作用，因此，规定钢筋的间距应为150~300mm。

3 钢筋保护层厚度不应小于20mm，这与普通钢筋混凝土的规定是一致的。由于在过水隧洞中，喷射混凝土要经受高速水流长期的、反复的冲刷作用，其表层容易磨蚀，因此，规定钢筋保护层厚度不应小于50mm。

4.3.11 本条说明如下：

1 当围岩变形量小时，钢架可采用钢管或其他轻型钢材制成的刚性钢架；当围岩变形量大时，宜采用U型钢制成的可缩性钢架。在可缩性节点处，应能使其自由压缩，以适应钢架的柔性卸压作用，故不宜在联接节点处喷上混凝土。

2 设置钢架处，钢架保护层厚度小于40mm时，常引起喷层收缩开裂，从而恶化钢架使用条件，引起钢架腐蚀，故规定钢架保护层厚度不应小于40mm。

3 规定钢架立柱埋入底板的深度不应小于水沟底面水平，是为了保证钢架的稳定性，而不致使其在侧压力作用下被挤向巷道中。

4.4 特殊条件下的锚喷支护设计

（Ⅰ）浅埋隧洞锚喷支护设计

4.4.1 本条主要针对覆盖岩层厚度为1~3倍洞跨的浅埋岩石隧洞而言，由于浅埋岩石隧洞的覆盖层不可能形成完整的支承环，支护结构主要承受岩体的松散压力，它比深埋条件下支护所承受的荷载更大一些。因此，支护刚度和厚度也要比深埋条件下的隧洞要大一些。对本规范表4.4.1所列之外的Ⅰ、Ⅱ级围岩，在类似埋深和跨度条件下，如果施工合理，基本不出现岩体过大松动，因而锚喷支护参数不必加强。目前，锚喷支护用于浅埋岩石隧洞的工程实例见表7。

覆盖岩层厚度小于本规范表4.4.1，洞跨超过本规范表4.4.1的浅埋隧洞，由于各种条件比较复杂和工程经验较少，本规范对这类浅埋隧洞采用锚喷支护未加限制，而是提出通过试验慎重确定。

4.4.2 浅埋隧洞的传统设计方法常采用浅部地压理论，即支护衬砌要承受上部覆盖的全部岩石重量。近年来，在一定条件下的浅埋岩石隧洞采用锚喷支护获得成功。但浅埋岩石隧洞围岩自支承能力的利用程度毕竟不同于深埋隧洞，在设计时务必采取审慎态度，其根本原则是不容许围岩出现较大的变形。本条中所有规定体现了要适当增加锚喷支护刚度，提高支护能力，以控制围岩的变形和松动，保证隧洞的稳定。

表 7 浅埋隧洞锚喷支护工程实例

工程名称	地质条件	隧洞断面宽×高（m）	洞顶覆盖层厚度（m）	支护参数
××洞库AB段	凝灰岩，大部为块状结构，属Ⅱ级围岩	13×7.7	13	锚杆与钢筋网喷射混凝土联合支护，喷层厚80～100mm，锚杆长2.0m，网筋直径6～8mm
××Ⅱ线2号隧洞	砂岩和奥陶纪石灰岩，岩体破碎，断层宽3～6m，节理产状零乱，属Ⅲ、Ⅳ级围岩	11×9	10	锚杆与钢筋网喷射混凝土联合支护，喷层厚150mm，锚杆长2.0～2.5m，网筋直径18～22mm
下坑隧道	严重风化的千枚岩，有地下水，属Ⅳ、Ⅴ级围岩	5.0×6.0	10～20	锚杆与钢筋网喷射混凝土联合支护，喷层厚180mm，锚杆长2.0～2.5m，网筋直径8mm，仰拱厚300mm
××村隧道	严重风化的石灰岩、属Ⅳ级围岩	17×10	5～30	锚杆与钢筋网喷射混凝土联合支护，喷层厚200mm，锚杆长3m，网筋直径16mm，有仰拱

4.4.3 本条规定浅埋岩石隧洞考虑偏压条件，是参照国内有关标准规定，结合锚喷支护的工作特点提出的，仅适用于采用锚喷支护的浅埋岩石隧洞。

4.4.4、4.4.5 最近10多年来，我国城市地铁和市政隧洞采用配筋喷射混凝土与拱架相结合做初期支护已积累了一些经验，本条是在这些工程经验基础上提出的。为了慎重起见，提出了覆土厚度不小于1倍洞径的浅埋土质隧洞前提条件。但实际上我国已有了小于1倍洞径覆土厚度的工程经验，因数量较少，且条件比较复杂，故本条提出“应通过现场试验及监控量测确定”。但在地下水排干有困难的地层、厚淤泥质粘土层、厚层含水粉细砂层等极不稳定地层，本条提出在未采取有效措施前不宜采用的限制。

浅埋土质隧洞采用锚喷支护，其锚杆作用不很明显，故第4.4.5条提出的主要支护形式是钢筋网喷混凝土和钢架-钢筋网喷混凝土，而且强调施作仰拱，形成封闭结构。及时封闭是维护浅埋土质隧洞稳定的要点之一。浅埋土质隧洞锚喷支护工程实例见表8。

表 8 浅埋土质隧洞锚喷支护工程实例

工程名称	地质条件	隧洞断面宽×高（m）	洞顶覆盖厚度（m）	支护类型及参数
北京地铁复西区间隧道	粉细砂及砂砾石层松散，地下水在-22m	6.0×5.4	9～12	喷层厚300mm，钢筋网φ6～10mm，间距150mm×150mm格栅拱架间距750～1000mm二次衬砌350mm，仰拱封底
北京地铁双线区间隧道	亚粘土，粉细砂及砂砾石，无地下水	9.45×7.1	11	喷层厚350mm，钢筋网φ6～10mm，双层排列格栅拱架间距500～750mm，二次衬砌400mm，仰拱封底
北京复兴门折返线渡线	亚粉土，粉细砂及砂砾土层无地下水	14.86×11	11	喷层厚400mm，钢筋网双层布置，格栅拱架间距500mm，二次衬砌450mm，仰拱封底

4.4.6 本条主要规定了设计锚喷支护参数时的荷载确定方法，主要考虑浅埋土质隧洞覆土难以形成稳定的支承环，因

此垂直土压力应以全土柱计算，这是偏于安全的。

4.4.7 浅埋土质隧洞开挖工作面土体的自稳时间较短。而喷射混凝土强度增长要经过一个间隔时间，这段间隔时间的土体稳定要靠安装牢固的钢架支撑。因此，本条强调钢架应具有能承受 40～60kN/m² 荷载的支撑能力。

4.4.8 浅埋土质隧道施工时，会遇到各种不稳定地质条件，应该重视地层预加固和预支护方法。这方面国内外已有不少成熟的经验，包括土体注浆加固、超前锚杆和长管棚等方法。当然，在采用注浆加固地层时，应考虑埋深浅，地下管网多的特点，浆压力应通过试验确定。

（Ⅱ）塑性流变岩体中隧洞锚喷支护设计

4.4.9 隧洞断面形状要尽量做到与围岩压力分布相适应，塑性流变岩体一般是四周来压或有很大的水平压力。因此，在这类围岩中的隧洞断面宜采用圆形、椭圆形或马蹄形等断面形状。采用圆滑曲线的断面轮廓，可以减小应力集中引起的围岩破坏和增强喷层的结构作用。

在塑性流变岩体中开挖隧洞，一条基本原则是不使围岩发生有害松散的前提下，容许围岩产生较大的变形，以减小支护抗力，使锚喷支护达到经济合理，安全可靠。因此，在隧洞的设计中，断面尺寸应预留允许的周边收敛量。

4.4.10 塑性流变岩体的主要特点是在隧洞开挖后，围岩变形量大，延续时间长。在这种情况下，正如“围岩—支护”相互作用原理（图 3）所示的那样，若采用一次完成的刚性大的永久支护，对围岩过早地施加过强的约束力，会导致支护结构承受较大的荷载，甚至常出现弯曲破坏。

通过塑性流变岩体的隧洞，一般应分两次支护，即初期支护与后期支护。初期支护的作用是及时提供一定的支护抗力，使围岩不致发生松散破坏，同时，又允许围岩的塑性变形有一定发展，以充分发挥围岩的自支承作用。后期支护的作用是维持隧洞的长期稳定性，并满足防水等使用要求。

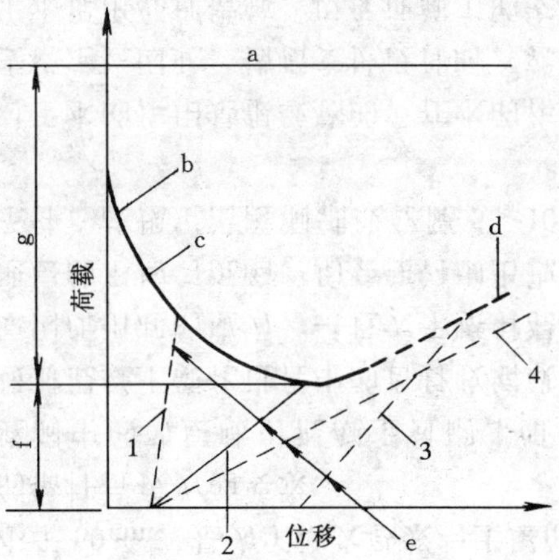

图 3　岩石特性曲线与支护特性曲线相互作用图

a—原始地应力；b—岩石特性曲线；c—岩石拱形成；d—岩石拱破坏；
e—支护特性曲线；f—支护承受部分；g—岩石拱承受部分；
1—太刚；2—适宜；3—太晚；4—太柔

显然，在塑性流变岩体中，采用柔性较大的薄层喷射混凝土加锚杆做初期支护，是十分理想的。但是，也必须指出，塑性流变岩体有明显的时间效应。如图 4 所示，在不同的时间阶段，岩体的应力-位移曲线是不同的。比较柔性的锚喷支护在 t_1、t_2 时，支护特性曲线与岩体特性曲线相交，说明两者能取得平衡。这时，支护结构承受较小的荷载，但却引起相当大的位移。当超过 t_2 时，两者特性曲线不得相交，并出现过度的支护变形，易使围岩松散。因而，必须适时地提高支护抗力，进行后期支护，使支护特性曲线在 t_3 时，与围岩特性曲线相交，以保证隧洞的长期稳定性。

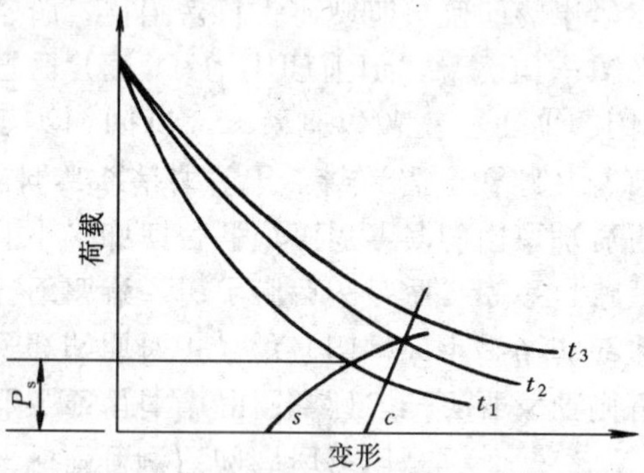

图 4　不同时间阶段围岩特性曲线与支护特性曲线的适应性

s—初期支护的特性曲线；c—后期支护的特性曲线；P_s—支护结构的抗力

在塑性流变岩体中开挖隧洞，由于岩体潜在应力的释放或岩体吸水膨胀，沿四周逐渐向隧洞内挤出。支护结构在一定程度上抑制了岩体的挤压膨胀，但如底部没有约束，围岩裸露，必然形成膨胀和应力释放的集中部位，产生底鼓。如底鼓不加控制，任其发展，常常造成隧洞墙脚内移和支护结构的严重破坏，这在实际工程中是屡见不鲜的。因而，必须设置抑拱，形成全封闭环，以提高支护抗力。

塑性流变岩体中的隧洞采用锚喷支护，如何根据不同时间阶段内围岩与支护的变形特性，调整支护抗力，使“围岩—支护”的变形协调发展，是以经济的支护结构取得隧洞稳定的关键。而要掌握围岩与支护变形的时间效应，最现实可行的办法是通过现场量测。

（Ⅲ）老黄土隧洞锚喷支护设计

4.4.11　老黄土具有湿陷性较小、强度较高的特点。在我国西北地区的老黄土土层中，已用锚喷支护成功地建成一些铁路隧道和地下洞室。通过现场量测和工程实践表明，它能及时支护土体，发挥土体自承作用，保持洞体稳定。

4.4.12　黄土地层有较明显的侧压力，其静止侧压力系数约为0.5左右。因此，隧洞应采用曲线形边墙。用锚喷支护的实例证明，当边墙曲率较大（矢高不应小于弦长的 1/8）并设置抑拱后，隧洞能较快地达到稳定。

4.4.13　本条规定是根据现有的几座穿过老黄土的隧洞，采用锚喷支护的成功经验提出的。当采用水泥砂浆锚杆时，要求孔径不宜小于 60mm，是为了增大砂浆与土层的粘结面积，以满足一定的锚杆抗拔力的要求。

老黄土隧洞中的薄层喷射混凝土衬砌，如不设置伸缩缝，由于在喷射混凝土硬化过程中的自身收缩或使用过程中温度变化等原因所引起的应力，一旦大于喷射混凝土的抗拉强度，以及地层的不均匀沉陷，均会使衬砌出现裂缝，恶化隧洞的工作条件，故规定沿隧洞轴线每隔 5 ~ 10m 应设一道环向伸缩缝。

老黄土对于水的作用是很敏感的，在水的作用下，会很快解体而失去稳定。因此，锚喷支护设计时，就必须对地表水和洞内施工水提出处理措施，以保证施工的安全和洞体的稳定。

（Ⅳ）水工隧洞锚喷支护设计

4.4.14　水工隧洞不同于其他隧洞，它长期处在水的作用下工作，有的甚至在有较高压力水中工作，不仅要承受较大的内水压力，还有防渗、抗冲刷等问题。所以，在水工隧洞中采用锚喷支护时，对其使用范围应有所限制。

工程实践和科学实验表明，水工隧洞锚喷支护承受内水压力及抗渗、抗冲刷等性能，主要取决于围岩性质。当围岩的变形模量为 10×10^3MPa，洞跨为 10m，喷射混凝土的厚度为 200mm 时，锚喷支护的水工隧洞可以承受 0.5MPa 的内水压力（不考虑锚杆和钢筋网的作用），其中 80% 以上的内水压力由围岩承担。考虑水工隧洞的特殊工作条件，当锚喷支护作为后期支护时，仅限制在Ⅲ级以上（包括Ⅲ级）围岩中应用。对于Ⅳ、Ⅴ级围岩，由于完整性差，或岩质软弱，承载能力低，宜采用复合支护，即内水压力主要由现浇钢筋混凝土支护承担。而锚喷初期支护的主要作用是及时支护围岩，限制其有害变形的发展，防止围岩坍塌，保证施工安全。

在水工隧洞中，由于防渗不好，内水外渗，恶化了围岩地质条件，可能导致隧洞严重破坏。因此，对锚喷支护的水工隧洞，必须重视其防渗问题。

4.4.15 ×××一级、××河一级、××镇和×××四个锚喷支护的水工隧洞水压试验表明（表 9），内水压力是由围岩和支护共同承担的，锚喷支护符合弹性介质的薄壁圆管的工作原理。为此，可按“围岩—支护”变形一致的原则来计算支护的抗裂能力。对于洞跨超过 10m、内水压力大于 0.6MPa 的重要工程，其锚喷支护的设计尚缺乏经验，也缺乏运行资料，所以规定宜通过试验决定。

4.4.16 外水压力是水工隧洞的主要荷载之一，锚喷支护也不例外，据×××一级电站和××镇电站试验资料，当外水压力为 1.4～1.6MPa 时，喷层局部剥落，一般呈现粘结破坏。所以，当外水压力较高、隧洞使用中放空时，必须校核其稳定性。

外水压力值，可采用地下水位线以下的水柱高乘以相应的折减系数的方法估算（表 10）。

表 9 有压水工隧洞实测开裂压力与计算开裂压力（MPa）

工程名称	实测开裂压力	计算开裂压力
×××一级	0.66	0.58
××镇	0.89	0.84
××河一级	0.55	—
×××	0.80	0.35

表 10 外水压力折减系数

地下水活动分级	地下水活动情况	折减系数
1	无	0
2	微弱	0～0.25
3	显著	0.25～0.50
4	强烈	0.50～0.75
5	剧烈	0.75～1.00

喷射混凝土支护与围岩是互相紧密结合的两种不同的透水介质，在地下水位变幅小、补水和排水条件固定的情况下，在长期运行过程中将形成稳定的渗流场，所以，严格地说，这时作用在支护上的外水荷载是一种“场力”。

4.4.17 锚喷支护的引水隧洞和尾水隧洞的水流速度均不高，一般为 3～5m/s，只有导流隧洞和泄洪隧洞才有较高的流速。例如，星星哨水库泄洪洞的流速为 7m/s，××2 号泄洪洞的流速达13.5m/s。

在泄洪隧洞和导流隧洞中，可根据围岩条件选择锚喷支护的允许流速，一般来说，围岩条件好，允许流速可适当提高，但不宜超过12m/s，否则，有可能出现冲刷破坏或气蚀破坏。国外也有在12m/s左右的流速情况下锚喷支护发生破坏的实例，其破坏原因一般是由于处在较差的地质地段。因此，对于局部软弱的地质地段和采用较高流速的隧洞，都要采取结构措施，增强支护与围岩的整体性。

4.4.18 隧洞内壁面的平整程度对过流能力有显著影响。壁面过于粗糙，将使水头损失增大，降低隧洞的过流能力。喷射混凝土施作于凹凸不平的岩面上，有水通过时，摩阻损失增大。试验资料证明（表11），喷射混凝土支护的摩阻特性是属于大糙度、非均匀糙率问题，可按J·尼古拉兹公式估算其糙率系数。

表11 喷射混凝土支护实测糙率与计算糙率

工程名称	壁面起伏差（mm）	计算的综合糙率	实测的综合糙率	开挖方式	支护情况
××哨一号洞	115	0.0248	0.0252	光面爆破	局部地段锚喷支护，大部分地段不支护，底板为现浇混凝土
××哨二号洞	115	0.0248	0.0249	光面爆破	
×××	210	0.0274	0.0276	普通爆破	全洞锚喷支护，底板现浇混凝土

由糙率系数计算公式得知，若喷层表面的平均起伏差小于150mm，则可明显减小糙率系数。根据××哨水工隧洞的施工经验，采用光面爆破开挖技术，壁面的平均起伏差可控制在115mm左右。

壁面平均起伏差可按下式计算：

$$\Delta = \Delta_{起} + \Delta_{伏} \tag{2}$$

式中 $\Delta_{起}$、$\Delta_{伏}$——（$A_{max} - A_m$）和（$A_m - A_{min}$）开口环面积按边墙和拱部周长折算的平均厚度（mm）；

A_{max}和A_{min}——分别为大于和小于A_m各断面的平均面积（m^2）；

A_m——平均断面积（m^2）。

采用锚喷支护的水工隧洞，为了减少电能损失，在经济合理的条件下，可以按现浇混凝土支护具有相同水头损失的原则，适当增加隧洞的开挖断面。

4.4.19 鉴于水工隧洞防渗的特殊要求，故对喷射混凝土的抗渗指标提出了较高的要求。根据以往的经验，只要精心施工，注意改善施工工艺，这些规定指标是不难达到的。

4.4.20 采用锚喷支护的水工隧洞，一般底拱为现浇混凝土，这样，在两者的结合处往往形成透水通道，×××水电站隧洞水压试验资料证明，结合处渗出的水占整个隧洞渗水量的25%以上。因此，必须做好接缝的处理。根据×××水电站和××河一级水电站的隧洞施工经验，在施工中，应首先施作底拱的现浇混凝土，然后向边墙和拱部喷射混凝土。现浇混凝土与喷射混凝土应有足够的搭接长度，其结合处应进行凿毛处理，必要时，可对接缝进行灌浆。

（Ⅴ）受采动影响的巷道锚喷支护设计

4.4.21 受采动影响的巷道，是指煤矿和金属矿山中受采煤（采矿）爆破、采空及放顶等影响的主要巷道。对煤矿来说，是指服务年限在5年以上的底板岩巷，而不包括靠近采煤工作面的上、下顺槽和回风巷。

4.4.22 受采动影响巷道的支护结构及参数，主要根据受采动影响程度和服务年限来确定。受采动影响的巷道，承受动压的反复作用，应力集中严重，变形大。因此，在支护选择上应以锚杆、钢架为主，而不宜采用单一的喷射混凝土支护或钢筋网喷射混凝土支护。

钢纤维喷射混凝土有很高的韧性，约比素喷混凝土高10~50倍。摩擦型锚杆受采矿爆破影响后，可以提高其支护抗力。因此，钢纤维喷射混凝土、摩擦型锚杆和可缩性钢架，特别适用于受采动影响严重，并能引起围岩较大变形的地段。

4.4.23 煤矿巷道一般要在建成一段时间后才受采动影响，短则1~2年，长则5~10年。因此，为了减少初期建设投资，缩短建设周期，在初期可只考虑承受静压来确定支护结构及参数，待动压到来之前，再对支护进行加强。

在条件允许的情况下，钢架一般是要回收的，以便重复使用，降低生产成本。因此，在设计钢架时，要从便于拆卸和回收出发，来考虑钢架的结构构造。

5 现场监控量测

5.1 一 般 规 定

5.1.1 现场监控量测是一项技术含量较高的现场工作，它对工程设计的正确实施有着重要作用，因此，应该做出详尽的设计，在设计文件中应对整个量测程序作明确规定。本规范表5.1.1是在总括了各类地下工程现场试验的资料和经验后制定的，其制定的原则是：凡是跨度较大和围岩较差的地下工程，应进行现场监控量测；围岩好或特别好但跨度又很大的地下工程宜在局部地段进行量测，控制和监视局部不稳定块体的动态，以保证安全。

5.1.2 隧洞及地下工程的客观条件千变万化，因此每一工程应有与其条件相应的设计文件。对于所有应进行现场监控量测的工程，本条所列内容都必须包含在设计文件之中。

5.1.3 现场监控量测工作应逐步成为整个施工过程中一个重要环节，该工作宜由施工单位负责实施。其量测结果和资料除应及时指导施工外，还应及时向设计和监理单位报告。

5.2 现场监控量测的内容与方法

5.2.1 地质和支护状况观察、周边位移和拱顶下沉量测是根据设计要求进行量测的隧洞所必须做的量测项目，也即必测项目。地表下沉等量测项目是根据隧洞埋深、围岩状况以及设计文件特殊规定的内容进行选择的量测项目，也即选测项目。

5.2.2 开挖工作面的工程地质与水文地质观察和描述，对于判断围岩稳定性和预测开挖面前方的地质条件是十分重要的；初期支护状况的观察和裂缝描述，对于直接判断围岩和地下工程的稳定性以及支护参数的合理性也是必不可少的。因此，本项工作定为各类地下工程都应进行的现场量测项目。

5.2.3 对于城市浅埋隧洞等地下工程，由于行车路面、重要建筑物等对地表下沉数值有严格的要求，因此，本条规定必须进行地表下沉的监控量测，并应及时进行信息反馈，以利路面行车和建筑物的安全。

5.2.4 本条关于安设时机的要求是为获取围岩开挖初始阶段的变形动态数据。这部分数据在全部变形过程中占十分重要的地位。

5.2.5 量测数据的稳定程度可由数据的时态曲线进行判断。

5.3 现场监控量测的数据处理与反馈

5.3.1 绘制量测数据的时态曲线是数据处理的基本方法，也是竣工文件中必不可少的一部分。时间横坐标下的各类动态是综合分析的条件，尤其是当发生各种事故时，是分析原因的依据。

5.3.2 采用回归分析时，可在下列函数中选用：

1 对数函数，例如：

$$u = a\lg(1+t) \tag{3}$$

$$u = a + \frac{b}{\lg(1+t)} \tag{4}$$

2 指数函数，例如：

$$u = ae^{-b/t} \tag{5}$$

$$u = a(1-e^{-bt}) \tag{6}$$

3 双曲函数，例如：

$$u = \frac{t}{bt} \tag{7}$$

$$u = a\left[1-\left(\frac{1}{1+bt}\right)^2\right] \tag{8}$$

式中 a、b——回归常数；

t——初读数后的时间（d）；

u——位移值（mm）。

5.3.3 本规范表5.3.3中所列数值是对做过现场监控量测的各类地下工程量测数据进行统计和分析后得到的，可作为实际应用的依据。另外，由于地质状况的多变性以及工程结构的复杂性，本表中的数值无法覆盖所有地下工程的实测位移值，因此，允许根据实测数据的综合分析进行适量的修正。

位移反常急剧增长的现象见图5所示，图（a）为正常曲线，（b）为反常曲线，当图中出现反弯点时必须立即向施工主管报告，采取措施。

5.3.4 设计文件中对隧道围岩的记载来源于地质勘察资料，而这种资料是宏观的和粗略的，隧道内具体状况只能在开挖后才明确。因此当实际围岩与设计相差甚远，同时现场位移量测值经综合分析后认为围岩稳定性好，此时允许适当变更支护参数。

5.3.5 本条所列的三条标准是地下工程和围岩达到基本稳定的条件。其中位移速度是指至少7d观测的平均值，总位移量可由回归分析计算得到。

5.3.6 本条给出地下工程达到后期稳定状态的实测判据。后期支护是在一次支护达到基本稳定后施作的，因此后期支

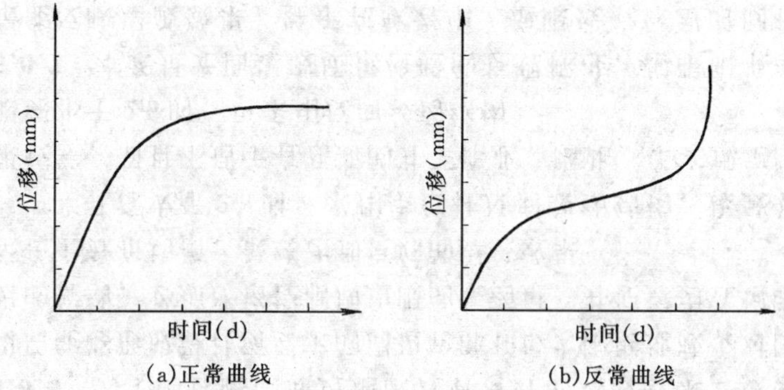

图5 正常曲线与反常曲线

护以后，位移速度必须明显减少并且逐渐接近于零。若干进行长期观测的地下工程已证实了这一结论。具有流变或膨胀性质的围岩容易在支护—围岩接触处产生局部接触应力，因此有必要对其外力和结构内力的量测数据进行分析判断。

6 光面爆破

6.0.1 在隧洞开挖中，为了避免盲目施工，预先进行爆破设计是十分必要的。爆破设计内容包括：炮眼布置图，周边眼装药结构图、钻爆参数和文字说明等。由于地质条件经常变化和爆破器材的改变，因此，应该根据施工情况，随时修正有关参数，以获得良好的爆破效果。

6.0.2 光面爆破效果的好坏，取决于爆破参数的选取是否合理。一般应根据工程类比法或通过现场试炮确定。爆破参数主要是周边眼间距或抵抗线（或周边眼至内圈崩落眼的距离）及其比例关系，装药量集中度等。本规范表6.0.2给出了试炮时初选参数值范围。实践证明，这些因素是共同起作用的，只要通过现场几次爆破试验，并根据爆破效果调整这些参数，就会得到比较理想的爆破效果。

有条件时，也可在施工前进行爆破成缝试验，以求得合理的爆破参数。

6.0.3 为了保证隧洞成型好，周边眼的位置不应偏离轮廓线。实践表明，在软岩中，隧洞周边眼间距误差大于100mm时，爆破效果很差，因此，条文规定沿轮廓线的周边眼间距误差不宜大于50mm。凿岩机的外形尺寸要求周边眼的位置与隧洞周壁之间有一空隙（一般100mm），因而，它决定了周边眼必须有一个向外的偏角。偏角大，虽钻眼方便，但会造成较大的超挖。因此，偏角应控制在较小的范围内，一般以2~3°，瑞典的臂式钻最优外偏角为2.5°。国内常用的支架式凿岩机的钻孔外偏值可以控制在 30～50mm/m 的范围内。

经验表明，“长钎打短眼”的办法可以减小向外的偏斜率，有助于提高爆破面的平整度。

6.0.4 毫秒爆破可以提高爆破效果，减少对围岩的扰动。在隧洞内杂散电流较大的情况下，采用电力起爆有一定危险性，而非电起爆可不受其影响，并具有安全可靠和操作方便等优点。但非电雷管不具备防爆性能，不能使用于有瓦斯的井下爆破作业。

实测得知，当分段起爆差小于 50～100ms 时，爆破震动波峰有叠加现象发生，增加对围岩的扰动，因此，应跳段起爆。但当跳段造成一段起爆药量过大、对围岩影响较大时，则应综合考虑。

在有瓦斯的隧洞中使用毫秒延期电雷管时，为防止瓦斯爆炸，最后一段的延续时间必须小于 130ms。

6.0.5 模型试验和工程实践表明，相邻炮眼同时起爆时，切向拉力叠加，拉裂岩石所需的药量较小。因此，强调周边眼应采用同段毫秒雷管或导爆索同时起爆。

6.0.6 为了确保隧洞周边炮眼具有良好的爆破效果，爆破以后能够形成设计所要求的周边轮廓和最大限度地减少对围岩的扰动，必须严格控制周边眼的装药量，并使爆力在炮眼全长上分布均衡，最终达到良好的爆破效果。

当孔深大于 2m 时，采用空气柱反向装药结构，爆破效果较差，而且不适于有瓦斯的井下作业。因此，条文规定当眼深小于 2m 时，可采用反向装药结构。

6.0.7 本条是光面爆破质量检验的直观标准，炮眼眼痕率最能反映爆破效果。鉴于在软岩中，炮眼残痕保留时间很短，故以成型好坏作为判断的依据。

由于隧洞在开挖过程中受各种因素的影响，开挖时必然会有一定的超挖值，按目前的施工水平，允许线性超挖值 150mm 的标准，需经努力才能达到。因此，规定平均线性超挖值应小于 150mm，计算线性超挖值时，不计入隧洞底板的数值。由于围岩坍塌而造成的超挖，不属于此范围之内。

7 锚杆施工

7.1 一般规定

7.1.1 本条说明如下：

1 由于地下工程开挖后岩面凹凸不平（指采用钻爆法开挖）以及围岩存在的节理裂隙，完全按设计在岩面上布置的锚杆孔位，有时眼位就可能落在岩面的突出点或裂隙处，致使开钻困难。在这种情况下，允许孔位有适当的误差。但是，为了保证锚杆加固围岩的效果，规范中对锚杆孔位的误差作了相应的规定。

2 摩擦型锚杆（缝管锚杆和楔管锚杆）的孔深应比杆体长10~50mm，是为了使锚杆杆体全部推入钻孔中并使托板紧贴壁面，否则会影响锚固效果。

3 砂浆锚杆孔径大于杆体直径15mm，是为了能有足够厚度的砂浆包裹杆体和砂浆与孔壁的粘结均匀，以保证所要求的锚固效果。

7.1.2 本条说明如下：

1 为了确保锚杆的锚固效果，在锚杆安装前一定要对钻孔质量进行检查，如发现与设计要求不符，就要及时采取补救措施，如加深锚杆孔（当偏斜角或孔位偏离设计要求太大时）等。

2 钻孔内若残存有积水、岩粉、碎屑或其他杂物，会影响注浆质量和妨碍杆体插入，也影响锚固效果。因此，锚杆安装前，必须清除孔内积水和岩粉等杂物。

7.1.3 在Ⅳ、Ⅴ级围岩和特殊地质围岩中掘进隧洞时，由于围岩自稳时间短，为保证作业安全和抑制围岩早期变形，应先在隧洞壁面喷上一层混凝土，然后钻孔安装锚杆和铺设钢筋网，再复喷混凝土。

在上述围岩中，由于岩层软弱破碎，钻孔施工后孔壁容易掉渣或产生变形，如不及时安装锚杆，就会使锚杆推不进去或推不到底。这一点对端头锚固型锚杆和摩擦型锚杆尤为重要。因此，规范规定在这类岩层中应做到钻孔施工以后及时安装杆体。

7.1.4 托板是锚杆传力和对围岩起加固作用的重要部件之一，如其不能紧贴或部分接触壁面，不仅严重影响锚杆的加固效果，也会使托板局部受压，出现应力集中而破坏。因此，条文中对托板安装作了严格的规定。

7.2 全长粘结型锚杆施工

7.2.1 砂浆的配合比直接影响着砂浆强度、注浆密实度和施工的顺利进行。条文中规定的配合比，一般均能满足砂浆的设计强度要求。若水灰比过小，可注性差，也容易堵管，影响注浆作业的进行；水灰比过大，杆体插入后，砂浆易往外流淌，孔内砂浆不饱满，影响锚固效果。

7.2.2、7.2.3 钻孔注浆的饱满程度，是确保锚杆安装质量的关键。规定注浆管应插至距孔底50~100mm，随砂浆的注入缓慢匀速拔出，就是为了避免拔管过快而造成孔内砂浆脱节，保证锚杆全长为足够饱满的砂浆所握裹。

7.2.4 砂浆锚杆安装后，在水泥砂浆强度较低时，随意敲击杆体，将影响砂浆与杆体和砂浆与孔壁的粘结强度，降低锚杆的锚固力，影响锚杆质量，易发生安全事故。

7.3 端头锚固型锚杆施工

7.3.1 树脂卷的原料虽然是易燃品或危险品，但制成药卷后，由于已掺入大量的惰性填料，其性能就比较稳定，无爆炸危险，不易自燃。运输和贮存一般按二级易燃物品的货物类型办理。

搬运时，包装箱和药卷包装材料必须牢固，要轻拿轻放，防止碰撞、摔打、挤压。树脂卷应贮存在温度为5~25℃的隔热通风的仓库内。工作场所附近禁止明火。夏季气温较高时，应避免用火车运输。

树脂卷在存放过程中有微量苯乙烯挥发，时间过长，会降低药卷质量。故在成品出厂时，均规定贮存期限，一般为三个月。过期者，必须进行试验，确保性能时，方可使用。

7.3.2 安装树脂锚杆的搅拌机具，可采用旋转式锚杆机、煤电钻或风动搅拌器。托板螺帽的安装可用专用安装器或风动搬手，以确保扭力在100N·m以上。

树脂锚杆安装过程中，必须将杆体推至孔底，才能达到锚固力。搅拌时，应缓推猛搅，以迅速将凝固剂和树脂拌和均匀。根据试验，连续搅拌时间一般为30s。

树脂混合物虽然凝固和硬化快，但强度的增长必须有一个过程。安装顶部锚杆时，为了防止杆体下滑，搅拌完毕后，应立即在孔口处将杆体临时固定。

安装托板的目的，是为了对锚杆施加一定的预应力，压缩岩层，达到其锚固效果。但是，需要在树脂达到一定强度时，才能安装托板。树脂固化和强度的增长速度，随温度的提高而加快。实践表明，施工温度在5℃以上时，搅拌完毕后15min即可安装托板。当现场温度低于5℃时，可适当推迟安装时间。

7.3.3 快硬水泥卷的使用期是指从水泥出厂到水泥卷使用这段时间，一般不超过6个月。过期水泥卷必须进行试验，技术性能满足设计要求时，才能使用。

水泥卷的外套由长纤维透水纸制作，透水性、吸湿性强，容易受潮结块。因此，水泥卷应使用塑料袋密封包装，并贮存在干燥仓库内，以确保质量。

7.3.4 快硬水泥卷锚杆为达到其锚固效果，安装时，要求水泥与水混合均匀，水灰比适宜。试验表明，水泥卷浸水时间为2.5min，当水面不冒气泡时，一般才能达到要求的水灰比。浸水后的水泥卷应立即用杆体送入孔底，连续搅拌时间为30~60s。当水泥卷浸水时间超过水泥终凝时间，水泥卷会发热、变硬，该水泥卷应予报废。

快硬水泥卷锚杆，从安装到水泥卷达到一定强度，即达到安装托板对锚杆所施加预应力值的要求，需要一定的时间。根据试验，这个时间约为水泥搅拌后20min左右。

7.3.5 规定安装端头锚固型锚杆的托板时，螺帽的拧紧扭矩不应小于100N·m，这是因为只有达到一定的拧紧扭矩，才能保证所要求的紧固效果。

端头锚固型锚杆安装以后，由于爆破震动和应力松弛等因素的影响，托板可能松动。因此，在喷射混凝土施工以前，应经常检查托板的紧固情况，如有松动，及时拧紧。

7.4 摩擦型锚杆施工

7.4.1 钻孔直径对摩擦型锚杆的锚固力有明显影响，因此，钻孔前，必须检查钻头规格，以确保孔径符合设计要求。试验和工程应用表明，在锚杆规格和岩层条件相同的情况下，由于钻孔直径不同，获得的锚固效果也不同。钻孔直径较小，所获得的锚固力就较高，反之亦然。但钻孔直径也不宜过小，否则会给锚杆推进造成困难，影响安装质量。

7.4.2 摩擦型锚杆目前常用凿岩机安装，这就要求凿岩机有足够的工作风压，以保证对锚杆有足够的推进力。实践表明，当工作风压小于0.4MPa时，推进速度缓慢，甚至推不进去。因此，规范作了凿岩机的工作风压不要低于0.4MPa的规定。

此外，对这种锚杆来说，用托板传递对岩层的预应力，是确保围岩三向受压的重要因素之一。因此，锚杆杆体应全部推入钻孔，并使托板抵紧壁面。为防止杆体尾端挡环焊缝发生冲击破坏，规范规定托板抵紧壁面时，应立即停止推压。

7.4.3 楔管式锚杆的锚固力由缝管段的锚固力和圆管段端头的楔块式点锚固力组成。因此，安装时，端头上下楔块应完全楔紧，否则，将降低锚杆的锚固力。

7.4.4 水胀锚杆由薄壁钢管（无缝钢管 ϕ48 壁厚 2mm）加工成的异型空腔杆件、端套、挡圈、注液咀和托盘等配套组成。为确保安装操作安全和质量，提出了一些规定和在安装前必须进行的全面检查，如考虑其整体结构强度，高压泵压力不宜超过30MPa，一般为15~30MPa。加压和初锚力的关系为：

在充液压力为10MPa时，平均初锚力为47.8kN；

在充液压力为15MPa时，平均初锚力为70.2kN；

在充液压力为18MPa时，平均初锚力为100kN；

在充液压力为25MPa时，平均初锚力为120kN；

在安装操作中，重点提出了注液咀的保护、杆体与注液器连接牢固，托板与岩面紧贴等，使之取得良好的效果。

7.5 预应力锚杆施工

7.5.1 擦伤、扭结、切割、刻痕等造成的损坏会削弱预应力筋的性能，在高应力状态下工作时，易产生应力腐蚀，这种预应力筋应报废。

绑扎锚杆杆体时，不宜采用镀锌铁丝，以免产生化学腐蚀现象。

7.5.3 孔口承压垫座的平整程度，张拉设备各部件的接触状态，对预应力损失有很大影响。有些工程，在施工中由于承压垫座不平整，或者各部件间接触不良，锚杆锁定后，预应力很快下降，其数值达30%~50%。经采取整平措施后，预应力损失可控制在7%以内。

7.5.4 若使用自由段无套管的锚杆，只有在完成锚固段注浆，并对锚杆施加张拉荷载后，才能在锚杆自由段内灌浆。如果在张拉前对无套管的预应力筋进行灌浆，自由段内的预应力筋不能正常在外力作用下伸长，也就无法对锚杆施加预应力。

套管可采用塑料或其他无损于预应力钢材的材料。

此外，根据国际预应力混凝土协会（FIP）对35件锚杆腐蚀情况的调查，锚头附近（背面1.0m以内），即自由段顶部预应力筋腐蚀占19件，因此必须用浆体填满自由段长度顶部的孔隙。

为了保证封孔注浆密实饱满，应在孔口适当部位预留注浆孔和排气孔，必要时，还可采用膨胀水泥等措施。

7.5.5 压力分散型锚杆或拉力分散型锚杆均由若干单元锚杆组成。而各个单元锚杆的自由段长度是不相等的。为了使各单元锚杆受力相等，必须先对各单元锚杆分别张拉，当各单元锚杆在同等荷载条件下因自由段长度不等引起的弹性伸长差得到补偿后，方可同时张拉各单元锚杆。

7.5.6 如拟对锚杆进行二次补偿张拉，则预留的预应力筋长度，须满足再次张拉的要求。

7.5.7 在软弱破碎和渗水量大的围岩中，为了控制浆液损失，保证预应力筋的锚固质量，一般应对钻孔做不透水性试验。美国的标准规定，如果在10min后钻孔的渗透率超过0.49ml/mm（孔径）/m（孔深），则应对钻孔进行固结灌浆，然后重新钻孔。

7.6 预应力锚杆的试验和监测

7.6.1 预应力锚杆的基本试验是用来确定锚杆是否有足够的承载力，并检验锚杆的设计和施工方法能否满足工程要求。

在对锚杆加荷时，每一循环荷载中，不能将荷载降低到零，而只能退到起始荷载值，以保证试验设备对中。

锚杆试验用的液压千斤顶，在持荷时可根据需要反复泵油，这将能够弥补由于锚杆小位移或少量液压油渗漏造成的误差。

根据基本试验结果，必要时，应修改设计参数和施工方案。这包括增加锚杆数量，调整锚杆设计参数，修改锚杆施工方法等。

7.6.2 预应力锚杆的验收试验的规定与美国等国家关于预应力锚杆验收试验的规定是基本一致的。预应力锚杆的验收试验与基本试验结合在一起能够验证锚杆的承载力，检查预应力锚杆的工程质量。

荷载每增加一级，都应稳定一段时间以记录位移读数，稳定时间一般为5~10min。

7.6.3 目前，国内的锚杆荷载监测装置或荷载传感器的可靠性已不断提高，已较广泛地用于长期监测锚杆荷载的变化情况。

8 喷射混凝土施工

8.1 原 材 料

8.1.1 优先选用普通硅酸盐水泥，是因为它含有较多的 C_3A 和 C_3S，凝结时间较快，特别是与速凝剂有良好的相容性。当地下水含有硫酸盐腐蚀介质，可采用抗硫酸盐水泥。对混凝土有早强要求时，可采用硫铝酸盐水泥或其他早强水泥。

8.1.2 采用中粗砂及其细度模数大于 2.5 的规定，不仅是为了保证混凝土强度，也是为了减少粉尘和混凝土硬化后的收缩。砂子的含水率宜控制在 5%～7%，主要是为了在干法喷射时减少材料搅拌时水泥的飞扬损失，降低粉尘，也有利于水泥的充分水化及混合料在喷头处遇水后易于混合均匀，减少回弹率和提高混凝土强度。

8.1.3 尽管目前国内的喷射机可使用最大粒径为 25mm 的粗骨料，但为了减少回弹率和混合料在管路内的堵塞，故规定最大骨料粒径不宜大于 15mm。

当使用碱性速凝剂时，采用含有活性二氧化硅的石材作骨料，容易产生碱骨料反应，引起喷射混凝土的开裂破坏。因此，规范规定当使用碱性速凝剂时，不得使用含有活性二氧化硅的石材作骨料。

8.1.4 骨料级配对混合料在管路内的输送、混凝土的密实性及喷射中的回弹率都有重要影响。因此，本条规定了喷射混凝土的骨料级配区间。

8.1.5 为了加速喷射混凝土的凝结、硬化，提高其早期强度，减少喷射混凝土施工时的回弹率和因重力而引起的混凝土脱落，增大一次喷射厚度和缩短分层喷射的间隔时间，一般在喷射混凝土中加入速凝剂。速凝剂对于不同品种的水泥，其作用效果也不相同。因此，在使用前应做速凝剂与水泥的相容性试验。试验的主要项目为：水泥掺入速凝剂后的初终凝时间，早期强度和后期（28d）强度的保有率。

当前，喷射混凝土外加剂的类型和品种不断增加，如增粘剂等；几种外加剂如速凝剂与增粘剂，速凝剂与膨胀剂的复合使用也经常出现，为确保其使用后的良好性能和最佳效果，并防止某些负作用的发生，使用前，应进行必要的试验。

8.2 施工机具

8.2.1 喷射机是喷射混凝土施工中的主要设备。目前，国内已有多种干法喷射混凝土机的定型产品。这些不同型号的喷射机，各有其特点，可根据施工需要，选择使用。但是，为了保证喷射混凝土质量，减少施工中的回弹率和粉尘浓度，提高作业效率，喷射机的主要性能，应符合条文规定的要求。

8.2.2 湿拌混凝土喷射机（简称湿喷机）的明显优点是喷射混合料进入喷射机前已按规定加入拌和水，拌和均匀，水灰比能准确控制，有利于水泥的水化，因而施工中粉尘较小，回弹较少，混凝土均质性好，强度也较高，是今后喷射混凝土施工的发展方向。

我国现已研制成功的 TK—961 型湿喷机已在多座铁路隧道中用于湿喷混凝土施工，取得了良好效果，本条对湿法喷射混凝土机的性能要求，是为了保证喷射混凝土的质量和施工顺利进行。

8.2.3 喷射机所用的压缩空气，一般由地面空压机站或移动式空压机供给。风压与风量均应满足喷射混凝土施工要求。风压与风量不足，物料在管内的运动速度减慢，易产生堵管，影响喷射作业的顺利进行，也会减弱冲击捣实力，造成混凝土的密实性差。在实践中，当使用移动式空压机供气时，如排风量小于 $9m^3/min$，则作业中会因供气不足，影响喷射作业的正常进行，因此，本条规定，当使用移动式空压机供气时，其排风量不应小于 $9m^3/min$。

压风进入喷射机前应进行油水分离，以免压风中的油污进入喷射混凝土中，影响混凝土的质量。

8.2.5 在喷射混凝土施工中，输送干混合料用的输料管管壁要经受骨料的反复磨损和 0.10～0.60MPa 的压力。为了保证施工安全并满足正常进行喷射混凝土施工的要求，本条对输料软管的技术性能作出了相应的规定。

8.2.6 干法喷射用的混合水应有足够的压力，以保证压力水穿透料流，使水和水泥均匀混合。压力水一般由高位水池、水泵或加压水箱供给。

料流通过喷头时的压力，一般在 0.10MPa 左右。为此，喷头处的水压应为 0.15～0.20MPa。

8.3 混合料的配合比与拌制

8.3.1 本条说明如下：

1 规定水泥与骨料配合比，这主要是考虑既满足喷射混凝土的强度要求，又可减少回弹损失。当水泥用量增加时，喷射混凝土的强度提高，回弹减少。但是，水泥用量太高时，不仅不经济，也会增加混凝土的收缩。

2 规定砂率宜为 50%～60%，是综合考虑喷射混凝土的施工性能和力学性能后提出的。实践表明，当砂率低于 50%，管路易堵塞，回弹率高；若砂率高于 60%，则不仅会降低喷射混凝土强度，也会加大收缩。

3 对水灰比的规定，是为了有效地保证混凝土强度，并减少回弹和粉尘。

4 由于不同品种的速凝剂，对同一品种水泥的速凝效果不同；就是同一品种的速凝剂，对不同厂家生产的同一品种规格的水泥，也会有不同的速凝效果。此外，速凝剂掺量不当，不但影响速凝效果，也会影响混凝土的早期强度和后期强度。因此，规范规定，喷射混凝土中速凝剂的掺量，应根据速凝剂产品说明书中提供的掺量范围，通过试验确定其最佳掺量。

5 目前，用于喷射混凝土的外掺料主要是粉煤灰和硅粉，其目的主要是减少水泥用量和降低成本。但在不影响喷射混凝土强度的前提下，其掺量有一个最佳范围。因此，就必须通过试验来确定这一最佳值。

8.3.2、8.3.3 对喷射混凝土原材料的称量允许偏差及混合料搅拌时间作出规定，是为了保证混凝土的匀质性。特别是加入速凝剂的混合料，均匀的拌和尤为重要，不然，将不仅影响喷射混凝土的速凝效果，也会使强度值有较大的离散。

8.3.4 干混合料如被雨水、滴水淋湿，混合料中的水泥就可能在喷射作业前提前产生预水化作用，造成凝结时间延长，混凝土强度降低。大块石等杂物混入混合料中，喷射施工中极易堵管，严重影响施工效率，浪费混凝土材料，给施工带来麻烦。因此，在本条对这些问题作了相应的规定。

8.3.5 由于砂、石中含有一定水分，掺入速凝剂的混合料，停放时间较长时，水泥会发生预水化作用，这不仅影响混凝土的速凝效果，使回弹率增大，而且，会导致混凝土后期强度明显降低。大量试验表明，混合料在掺速凝剂后，停放时间超过 20min 时，喷射混凝土早期与后期强度均有显著降低。因此，在施工中应尽量做到混合料随拌随用。

8.4 喷射前的准备工作

8.4.1 本条说明如下：

1 喷射作业前，应认真清除作业面墙脚或边坡底部的岩渣和回弹物料，以防止边墙或边坡混凝土喷层出现失脚现象（即墙脚或边坡底部岩面或土层未喷上混凝土）。喷层失脚，对穿过遇水膨胀或易潮解岩层或土层中的工程，会产生严重的不良后果。有的则产生岩层膨胀和喷层脱落，使支护结构逐步破坏。因此，喷射作业前，必须将墙脚或边坡底部的浮石、岩渣和其他堆积物清除干净，以确保全部作业面均被喷射混凝土覆盖。

2 对于光滑岩面，必要时进行凿毛，以保证喷射混凝土与岩面的粘结强度；对于特别突出的、应力集中的岩面，应进行凿除，以保证受力均衡。

3 工作台架应塔设牢固，并配有安全栏杆，其宽度应为 2.0m 左右，距作业面的距离应为 0.5～1.0m 左右，以保证喷射作业方便灵活和安全。

4 喷射作业前，应用高压风水（对遇水易泥化的岩面只能用压风）清洗受喷面（对土层受喷面，可不用清洗），是为了喷射混凝土与受喷面粘结牢固，保证喷射混凝土和地层良好的共同工作。

5 喷层厚度，是评价喷射混凝土支护工程质量的主要项目之一。实际工程中，往往发生因喷层过薄而引起混凝土开裂、离鼓和剥落现象。因此，施工中必须控制好喷层厚度。一般可利用外露于洞壁的锚杆尾端，或埋设标桩等方法来控制喷射混凝土厚度，也可在施工中用插扦子的办法随时检查喷层厚度。

8.4.2 喷射混凝土施工前，对喷射机及输料软管、皮带上料机、风水管路及其连接处进行检查和试运转，如有问题，可及时处理。这样，可保证施工顺利进行，防范施工事故。比如输料软管，在实践中曾多次遇到喷射作业一开始，输料软管就出现堵塞，经检查发现是软管内壁有水泥结块，这是因为前次喷射作业结束后未吹干净所致。因此，作业前，检查输料软管管壁是否有水泥结块（用锤子敲击疏通），就显得极为重要。

8.4.3 本条规定的几种治水措施，在实践中都是行之有效的。当地下水集中，就应该采用在出水点埋导水管或导水槽的方法，将水引离岩面，然后喷射混凝土。当岩层渗透水量较小、导水效果不好时，应先在渗漏集中的区域，钻深度不小于 1m 的集水孔，然后敷设由矿渣棉或无纺纤维布等材料做成的排水盲沟，将水集中后引入隧洞底板排水沟中。为了保证喷射混凝土和岩层有足够的粘结面积，盲沟最大宽度不要超过 500mm。

8.5 喷射作业

8.5.1 本条说明如下：

1 按规定区段进行喷射作业，有利于保证喷射混凝土支护的质量，并便于施工管理；喷射顺序自下而上，以免松散的回弹物料粘污尚未喷射的壁面。同时，还能起到下部喷层对上部喷层的支托作用，可减少或防止喷层的松脱和坠落。

2 工程实践表明，只有当壁面上形成10mm左右厚的塑性层后，粗骨料才能嵌入。为减少回弹损失，一次喷射的混凝土厚度不宜过薄。同时，一次喷射的厚度也不宜过大，否则，会影响喷射混凝土的粘结力与凝聚力，造成离层或因自重过大而坠落。因此，应按本规范表8.5.1中的要求，控制一次喷射的最大厚度。本条关于一次喷射厚度的规定是指素喷混凝土而言；当为钢筋网喷射混凝土时，因为有钢筋网格的支托，一次喷射厚度可适当加大。

3 当喷射混凝土设计厚度超过本规范表8.5.1中所规定的一次喷射厚度要求时，就应该分层进行喷射。若混凝土未达到终凝就进行后一层喷射，可能会扰动前一层喷射混凝土结构；同时，当混凝土还未终凝时，混凝土与壁面的粘结力还很小，这时若进行后一层喷射，由于喷层厚度的加大，可能导致喷层离鼓甚至脱落，因此，本款规定，“后一层喷射应在前一层混凝土终凝后进行。”

4 工程实践表明，喷射混凝土终凝后3h，紧靠喷射混凝土的工作面进行放炮时，混凝土的凝聚力及其与壁面的粘结力就足以能够抵抗爆破力对新喷混凝土区域范围的震动而不会导致混凝土离鼓、开裂或脱落。因此，本款作出了这一规定，以利缩短作业时间和加快工程进度。

8.5.2 本条说明如下：

1 本条第一款的规定是为避免喷射机司机操作失误，以防止混合料在输料管内积聚而造成堵管。

2 干法喷射时，为了保证通过喷头处加水拌和以后的混合料有稳定的水灰比，从而提高喷射混凝土的质量，减小回弹率和粉尘浓度，本条第二款规定了向喷射机供料应连续均匀，并保持喷射机料斗内有足够的存料。

3 大量的工程实践表明，喷射速度（即喷头出口处的工作风压）是影响喷射混凝土质量和回弹率的重要因素之一。当喷头处的工作风压为0.1MPa左右时，在其他影响因素符合规定的时候，喷射混凝土回弹率较小，强度较高，粉尘浓度较低。当风压过小，即喷射速度太小时，则由于喷射冲击力小，粗骨料不容易嵌入新鲜混凝土中，则回弹率高，也影响喷射混凝土强度；当风压过大，即喷射冲击力大时，回弹率也高，也会使粉尘浓度增大。故本款作了相应的规定。

4 喷射混凝土干混合料是由水泥、砂、石混合而成，砂子一般含5%～7%的水分。试验表明，这种混合料存放15min就开始预水化，存放时间延长，预水化加剧，造成混合料结块。喷射作业完毕，如果残留在喷射机中的混合料结块，就会影响以后喷射机的正常使用，喷射作业过程中的震动会使粘结在喷射机中的水泥块掉落，造成堵管。因此，要求在喷射作业结束后，将喷射机中的积料清除干净是十分必要的。

8.5.3 本条说明如下：

1 喷射手应经常保持喷头具有良好的工作状态，主要是指水环出水眼的畅通和喷头各部件之间良好的密封，使之不漏水，从而保证干混合料在喷头处与水得到均匀地混合。

2 当喷头与受喷面垂直，喷头与受喷面的距离保持在0.60～1.00m的情况下进行喷射作业时，粗骨料易嵌入塑性砂浆层中。喷射冲击力适宜，表现为一次喷射厚度大，回弹率低，粉尘浓度小。但是，目前不少单位对这个问题，往往不够重视，偏离了这一技术要求，从而造成了回弹率高，粉尘浓度大，恶化了作业环境。因此，本款对此特别作了规定。

3 干法喷射混凝土的水灰比是在喷射作业过程中，由喷射手根据经验来控制的，主要是凭经验目测。若达到了规定中的要求，其水灰比一般在0.40~0.45左右，这对保证喷射混凝土的强度和密实性是有利的。

8.5.4 喷射混凝土施工中的回弹率，同喷射混凝土材料和水灰比，混合物喷射速度，喷头至受喷面的距离与角度及喷射手技术熟练程度等因素有关。而回弹率的高低对喷射混凝土质量、材料消耗、施工效率等都有重大影响。工程实践表明，只要正确的按有关规定施工和抓好全面施工质量管理，本条规定的边墙回弹率不应大于15%，拱部回弹率不应大于25%的指标是能够达到的。

8.5.5 本条说明如下：

1 竖井喷射混凝土施工作业时，由于空间狭小，为简化井筒中的布置，可将喷射机设置在地面。如果井筒太深，设备置于地面不能满足要求时，就要在井筒内设置双层吊盘，喷射机司机和喷射手分别在上、下吊盘上作业，从而确保施工安全和喷射作业顺利进行。

2 当喷射机置于井筒内吊盘上时，一般采用溜灰管下料。如果管道内积料过多，含有一定的水分的混合料会在管道内凝结，从而将管道堵死。因此，要求混合料随下随用，使管道保持畅通。

3 竖井施工时，每一掘进段的高度是由井壁围岩的稳定情况决定的。规定支护段高与掘进段高相同，有利于及时控制围岩变形。规定各分段段高为1.50~2.00m及自下而上进行作业，是基于喷射手在不借助于其他辅助设施的情况下能进行喷射作业和有利于提高喷射混凝土的质量。

8.5.6 喷射混凝土中由于砂率较高，水泥用量较大，以及掺有速凝剂，因而，其收缩变形要比现浇混凝土大。因此，喷射混凝土施工后，应对其保持较长时间的喷水养护。本条规定了养护的时间和不需进行养护的条件。

8.5.7 在低温下进行喷射混凝土作业，混凝土凝结时间显著延长，使一次喷射厚度减少，并使回弹率增大。同时，喷射混凝土在低温下硬化，强度增长缓慢。为了保证喷射作业具有良好的工作条件，混凝土在冬期施工中的强度能够得到正常发展，本条作出了作业区和混合料的温度不应低于+5℃的规定。

8.6 钢纤维喷射混凝土施工

8.6.1 本条说明如下：

1 在钢纤维喷射混凝土中混入过长的纤维，在搅拌和施工中容易成团，影响正常施工，若混入过短的纤维，则会影响钢纤维抵抗裂缝扩展的能力和钢纤维喷射混凝土抗拉强度的提高。因此，本款作出了钢纤维长度偏差不应超过长度公称值的±5%的规定。

2 钢纤维锈蚀严重或表面有过多的油渍，会影响纤维与混凝土基体的握裹力。而握裹力则是影响钢纤维增强效果的主要因素之一。钢纤维中混入过多的粘连片、杂质和铁屑，都会影响钢纤维增强性能的提高。因此，本款作出了其含量不应超过钢纤维总量1%的规定。

3 钢纤维喷射混凝土性能与纤维在混凝土基体中分布的情况有关。有关试验表明，骨料粒径越大，纤维在混凝土基体中分布的均匀性就越差，从而对裂缝扩展的约束力就降低，因此，规范中作出了粗骨料粒径不应大于10mm的规定，以充分发挥钢纤维的增强作用。

8.6.2 钢纤维喷射混凝土混合料可使用强制式搅拌机或自落式搅拌机搅拌。

使用强制式搅拌机搅拌混合料，必须配合使用钢纤维播料机。播料机目前主要有电磁振动插播机和振动筛式播料机两种。播料机的作用是将钢纤维均匀添加到强制式搅拌机中与砂、石、水泥混合，边搅拌边添加钢纤维，以保证钢纤维在混合料中拌合分布均匀。

使用自落式搅拌机搅拌混合料时，可将纤维过筛后（一般通过15~20mm孔径的筛子）连同砂、石、水泥一起放进上料斗进入搅拌机内进行搅拌。

不论使用哪种搅拌方法，都要求钢纤维在混合料中分布均匀，不得有成团现象，以确保施工的顺利和混凝土质量。

8.7 钢筋网喷射混凝土施工

8.7.1 当采用普通凿岩爆破方法开挖隧洞时，岩面起伏差较大，在这种情况下，先喷上一层混凝土，再铺设钢筋网，既可保证岩层稳定性较差时的作业安全，又可减少围岩表面起伏差，便于使钢筋网与隧洞表面保持适宜的间隙。

采用双层钢筋网时，第一层钢筋网被混凝土覆盖后再铺设第二层钢筋网，有利于减少喷射作业过程中物料的回弹率，增加钢筋与壁面之间喷射混凝土的密实性。

8.7.2 开始向钢筋网喷射混凝土时，适当减少喷头至受喷面的距离，可提高喷射混凝土料流的冲击力，迫使受喷面上的混凝土挤入钢筋背面，以保证钢筋被混凝土完全包裹和混凝土喷层的密实性。

8.8 钢架喷射混凝土施工

8.8.1 架设钢架前应按照设计要求检查钢材品种和钢架结构形式，安设时，应按设计的间距进行架设。

架设钢架的关键是要保证钢架的稳定性，因此，要求钢架应埋入底板一定深度，钢架与壁面之间应楔紧，钢架之间必须连接牢靠。

8.8.2 钢架喷射混凝土作业的关键是保证钢架与壁面之间的混凝土充填密实，这就要求掌握好喷射方向和顺序。施工时，首先喷射钢架与壁面之间的混凝土，待钢架与壁面之间及钢架周围填满混凝土之后，再喷射钢架之间的混凝土。

8.9 水泥裹砂喷射混凝土施工

8.9.1 用于水泥裹砂喷射混凝土的砂浆泵可选用液压双缸式小型混凝土泵、螺旋式砂浆输送泵（也叫螺杆泵）、挤压式砂浆输送泵以及电动单缸砂浆输送泵。液压双缸泵体积较大、造价较高但性能稳定可靠；螺旋式或挤压式泵体积小、造价低，但主要零部件易受磨损需经常更换；电动单缸砂浆泵体积较小、造价也较低，性能可靠，但输送砂浆时，由于柱塞做的是往复运动，所以输送连续性稍差。

水泥裹砂喷射混凝土施工时，在相同的时间内，砂浆泵输送的砂浆重量与干喷机输送的干混合料的重量基本相同。而干喷机的出力通常确定为3~4m^3/h，相应地，砂浆泵的出力要求能达到4m^3/h。

水泥裹砂喷射混凝土是通过调整砂浆泵的输送量来控制喷出料的稠度。当干喷机输送干混合料的量发生变化时，砂浆泵输送砂浆的量亦应相应变化，从而保证喷出的混凝土有适宜的稠度。因此水泥裹砂喷射混凝土要求砂浆泵的出力在其额定的输送能力下必须是任意可调的。为达到这一要求，当采用电动螺杆泵、挤压泵或单缸泵时，它们的动力应为无级调速电机，以便通过调整电动机的转速来控制砂浆泵的输送量。

单缸砂浆泵是靠柱塞的往复运动来输送砂浆，因此砂浆的输送过程是间断的。砂浆输送的间隔时间可通过砂浆柱塞每分钟的往返次数计算出来。

8.9.2 在确定水泥裹砂喷射混凝土的施工配合比时，首先要确定出总配合比，然后分别确定砂浆的配合比和混合料的配合比。

总配合比的确定可采用普通混凝土配合比设计的“绝对体积法”。混凝土的含气量可取3%～5%。首先根据喷层的强度要求确定一个水灰比；再根据砂子的粗细在55%～70%范围内确定一个砂率；然后再确定单位用水量（混凝土拌和物的坍落度可取3～5cm）。水灰比、砂率和单位用水量确定后便可计算出混凝土的总配合比。

裹砂砂浆内的含砂量是根据砂浆泵的输送性能通过试验确定的。应尽量取大值，以充分发挥裹砂法的优点。干混合料内通常含有10%的水泥，其目的是为了减小混合料对输料管的磨损。当砂石表面含水较多时，会使混合料中的水泥变成稀浆，此时便不宜向混合料中加入水泥，而应将100%的水泥全部用于拌制裹砂砂浆。当砂浆内的含砂量和含水量确定后，裹砂砂浆的配合比以及干混合料的配合比也就相应确定了。

8.9.3 裹砂砂浆的拌制程序有“三段法”和“两段法”。三段法是先将砂和一次搅拌用水加入搅拌机搅拌，使砂子表面充分湿润；再将水泥（包括掺合料）加入搅拌机进行搅拌（这一过程叫“造壳”）；造壳搅拌完成后将二次搅拌用水（总用水量减去造壳用水量）和减水剂加入搅拌机，拌制出水泥裹砂砂浆。两段法是将前两步合并为一步。即：将砂、一次搅拌用水和水泥（包括掺合料）同时投入搅拌机进行造壳搅拌，然后加入二次搅拌用水和减水剂拌制出水泥裹砂砂浆。当采用反向双转式或行星式混凝土搅拌机时可采用两段法；采用一般强制式搅拌机时宜采用三段法。

水泥裹砂法的造壳用水量是根据造壳水灰比确定的。在无试验资料论证的情况下，造壳水灰比可取0.25，用裹砂砂浆内的水泥重量（包括掺合料）乘以造壳水灰比即为造壳用水量。用造壳用水量减去砂浆内的砂子的表面含水（当砂子吸水未达饱和状态时，这一数值为负值）即为一次搅拌用水量。

8.9.5 水泥裹砂喷射混凝土作业时砂浆泵的压力是根据喷射机的压力来确定的。假如喷射机每小时喷出$3m^3$混合料，则砂浆泵也应输出相对应的砂浆量。在喷射作业开始时，首先要使砂浆泵的输送量等于所需的砂浆匹配量，然后在此基础上根据喷出料的状态进行微调。

水泥裹砂喷射混凝土作业时，砂浆泵的输送量要随时根据干喷机输出量的变化而变化。砂浆泵司机要根据喷射手的要求调整砂浆的输送量。

8.10 喷射混凝土强度质量的控制

8.10.1 由于施工中多种因素的影响，喷射混凝土强度的离散性一般较大。但若原材料的选用、配料、搅拌和喷射施工，养护等环节均能按规定进行，就可生产出品质优良的喷射混凝土。施工中，在一个统计周期内，根据测试的喷射混凝土抗压强度（试验试块的应在20组以上），绘制质量控制图，有助于及时了解强度的变化情况，采取措施减小喷射混凝土强度的离散性。

例如某铁路隧道，由于采用强度质量控制图对喷射混凝土施工质量进行控制，做到及时发现问题，尽快采取对策，使锚喷支护的质量迅速提高。施工初期，标准差为±5.6MPa,变异系数为20.1%，施工水平仅为一般；一年后，标准差和变异系数分别下降到±3.3MPa和13.7%，施工控制水平达到了优良。

8.10.2 评价喷射混凝土的施工控制水平，主要参数是标准差和变异系数。

1 母体的离散可通过同批试块的强度值算出。

1）母体标准差

$$S_n = \sqrt{\frac{\sum_{i=1}^{n} f'^2_{cki} - nf'^2_{ck}}{n-1}} \tag{9}$$

式中 S_n——母体标准差（MPa）；

n——试块组数；

f'_{cki}——第 i 组试块抗压强度（MPa）；

f'_{ck}——n 组试块抗压强度的平均值（MPa）。

$$f'_{ck} = \frac{1}{n}\sum_{i=1}^{n} f'_{cki} \tag{10}$$

2）母体变异系数

$$V = \frac{S_n}{f'_{ck}} \times 100 \tag{11}$$

式中 V——变异系数（%）。

2 一次试验的离散，可通过同一工作班一次试验所得数据算出。

1）一次试验标准差

$$S_1 = \frac{1}{d} f'_{ckm} \tag{12}$$

式中 S_1——标准差（MPa）；

d——与组内试块个数有关的系数，按本规范表8.10.2选用；

f'_{ckm}——一次试验中，各组试块极差的平均值（MPa）；每组试块的极差为组内试块最高与最低强度值之差。

2）一次试验的变异系数

$$V_1 = \frac{S_1}{f^2_{ck1}} \times 100 \tag{13}$$

式中 f'_{ck1}——一次试验中各组试块强度的平均值（MPa）。

喷射混凝土强度质量控制图中最大的平均极差 f'_{ckmax} 按下式计算：

$$f'_{ckmax} = f'_{ck} \cdot V_1 \cdot d \tag{14}$$

表12 计算一次试验标准差的系数

试块个数	d	$1/d$	试块个数	d	$1/d$
2	1.128	0.887	7	2.704	0.370
3	1.693	0.591	8	2.847	0.351
4	2.059	0.486	9	2.970	0.337
5	2.326	0.430	10	3.078	0.325
6	2.543	0.395			

表12是根据我国喷射混凝土施工的实际质量状况，并

参考国外用于现浇混凝土的强度控制参数而编制的。

8.10.3 喷射混凝土施工应达到的平均强度，即本规范公式（8.10.3）中计算的标准差 S 为现场实际统计的母体标准差。缺乏统计资料时，初期可根据本工程强度质量控制情况，参照本说明表14所列数值试选。

9 安全技术与防尘

9.1 安全技术

9.1.1 施工前，认真检查和处理作业区（顶板、两帮和工作面）的危石特别重要。以往由于危石未能全面清除，工伤事故屡见不鲜，设备工具被砸坏，故本条作了明确规定。

9.1.2 Ⅳ、Ⅴ级围岩稳定性差，隧洞开挖后自稳时间短（或极短），易发生安全事故。因此，开挖后应及时支护，缩短空顶时间和空顶距离，以充分利用端部支承效应，减少对开挖工作面附近围岩的扰动，保证锚喷支护作业区的安全。

采用先喷后锚，喷层厚度不小于50mm，可及时封闭围岩，防止小岩块脱落，保护作业区人员的安全。同时也应有专人负责，随时观察围岩变化及时采取安全措施。

此外，根据实测资料，掺入速凝剂后喷射混凝土的早期抗压强度3h可达1MPa左右。因此，规定锚杆施工宜在喷射混凝土3h后进行，以保证施工安全。

9.1.3、9.1.4、9.1.5 说明如下：

1 地下工程所处的环境，空气湿度大，电源线路和设备的电气部分易受潮漏电，故应定期检查。

2 喷射机、水箱、风包和注浆罐等都属于承受压力的设备，以往由于使用前未做承压试验，曾发生过崩裂事故。至于出料弯头和输料管磨穿及管路联结处的松脱现象也时有发生，如不及时检查更换，是十分危险的。对于处理机械故障时，断电、停风和送电、送风时通知有关人员，这是必须做到的，多次的事故教训要吸取。故本条作了严格的规定。

9.1.6 喷射作业中，处理堵管是一项涉及到安全的大事，决不能草率行事。在处理堵管时应尽可能采取敲击法疏通。当用高压风吹通时，本条规定工作风压不应超过 0.4MPa，是因为若压力大，一旦管路疏通，堵塞物通过喷嘴时，冲击力很大，使喷头剧烈甩动，喷射手很难按住喷头，极易伤人。

处理堵管时，要顺直输料管，是为了减少管内阻力，确保处理堵管时的安全。

9.1.7、9.1.8、9.1.9 这 3 条规定都是针对锚喷支护施工中，最容易忽略的几个安全问题而提出的。如搭设施工台架时，往往只铺设面板而没有栏杆，这样就不能应付突然出现的情况；向锚杆孔注浆时，稍不注意罐内砂浆就会放空，结果插入钻孔中的注浆管将孔内砂浆喷出，很容易伤害作业人员；喷射作业时，在任何情况下，均规定喷头不得对人，严防喷射料流击伤人。因此，本规范在这 3 条中特别强调了这些容易被人们忽略的安全问题。

9.1.10 速凝剂和树脂对人体（皮肤、眼睛、手）有腐蚀，树脂还属可燃性物质。因此，条文中作了相应的规定。

9.1.11 钢纤维喷射混凝土施工中所用的钢纤维是直径为 0.3～0.5mm 的金属丝，其两端为针状较锋利，容易扎伤人。因此，在搅拌操作、上料喷射及处理回弹物时，应采取措施，防止钢纤维扎伤操作人员。

9.1.12 检验锚杆抗拔力时，所用的拉力计是依托在锚杆的尾端来进行拉拔作业的，因此，为了防止杆体突然拉断或锚杆丧失承载力，试验设备掉下伤人，规定拉拔器前方和下方严禁站人，以确保检验作业的安全。

9.1.13 这四条规定都是针对水胀锚杆在施工中，容易疏忽几个安全问题而提出的。如高压泵设置防护罩、高压胶管的防护，以及防止炮崩等，均在过去时有发生；高压泵的移动或搬动，绝不许可带电作业；同时，也对操作中安装棒的使用作了规定，以确保安装锚杆时，操作人员的安全。

9.2 防　　尘

9.2.2 喷射混凝土施工采用湿喷或水泥裹砂喷射工艺可有效减少粉尘。对于干喷工艺，一般在喷射机附近及喷头周围粉尘量较大，除采用综合防尘措施外，佩戴个体防护用品，也是减少粉尘对人体健康影响的有效措施。

9.2.3 喷射混凝土施工中产生的粉尘主要是水泥粉尘。砂石骨料中虽有细颗粒，但含量很少。经测定，喷射混凝土粉尘中游离二氧化硅含量一般在 10%以下。因此，参照国内外的有关规定（见表 13 和表 14），规范中规定喷射混凝土施工时的粉尘浓度不应大于 $10mg/m^3$。

表 13　国内容许的最高粉尘浓度（mg/m^3）

游离二氧化硅含量（%）	煤炭	冶金	工业企业卫生标准（TJ 36）
>10	2	2	2
<10	10	10	6*
—	—	—	100**

注：表中的“*”为水泥粉尘，“**”为煤粉尘。

表 14 国外容许的最高粉尘浓度（mg/m^3）

游离二氧化硅含量（%）	美国	瑞典	前苏联	日本	法国	英国	朝鲜
>10	2	2	2	2	2.4~0.65	2	2~5
<10	—	5	4	5	8	5	10
—	10*	10*	—	10	—	8**	—

注：表中的“*”为水泥粉尘，“**”为煤粉尘。

10 质量检查与工程验收

10.1 质量检查

10.1.1 为获得质量均匀的喷射混凝土和水泥砂浆，原材料准确称量，混合料搅拌的均匀性是很重要的。要求在每一工作班至少目测检查两次。施工中如遇气候骤变、机械故障或围岩塌方等突发性事件时，应及时对作用的原材料和拌和物进行检查。

10.1.2 抗压强度是喷射混凝土性能的主要指标，一般亦能反映喷射混凝土其他物理力学性能的优劣。因此，检查时通常只做抗压强度试验即可。某些重要工程，如水工隧洞、大型洞室还要了解喷射混凝土的抗拉强度与岩面的粘结强度、抗渗性能等，从而应增做相应的试验。

喷射混凝土标准试块的尺寸，考虑到所用骨料的最大粒径不宜大于15mm，本规范规定为边长100mm的立方体。同时规定28d的极限抗压强度乘以0.95的系数，以与现行国家标准《混凝土结构工程施工及验收规范》GB 50204取得一致。

10.1.3 喷射混凝土强度验收合格条件分为重要工程和一般工程两种情况。

一般工程的规定，其设计强度等级的保证率只有50%。

重要工程规定，$f'_{ck} - K_1 S_n \geqslant 0.9 f_c$ 是主要条件，设计强度的保证率可达95%以上。考虑的主要方面是：

1 采用计量抽样检验方案。使之能以较少的检验数量，得到有关产品质量较多的信息。

2 采有母体标准未知的形式。这对于地下工程施工生产水平不易稳定，喷射混凝土强度质量易于波动的情况较为适用。

3 兼顾使用者、施工者的双方利益。在限制漏判概率的同时，也适当限制错判概率。

4 验收函数 $f'_{ck}-K_1S_n$ 中的 K_1 值服从中心 t 分布规律。当试块组数一定时，K_1 值越大则错判概率愈大，而漏判概率愈小，验收标准愈严，可能造成工程费用的浪费；反之，K_1 愈小，验收标准愈宽，可能造成对结构物安全的影响。为保证漏判概率不随试块组数而变，K_1 值的取值必将随试块组数的增加而减小。本规范表 10.1.3 即为漏判概率限制在 20%左右所取得的 K_1 值，为简便计，分为三挡。

$f'_{ckmin} \geqslant K_2 f_c$ 是第一条件的补充。主要是控制分布曲线中，低强度一侧可能出现长尾的情况，以弥补其不足。

当样本统计数据同时符合本规范公式（10.1.3-1）、（10.1.3-2）或公式（10.1.3-3）、（10.1.3-4）的两个条件时，则认为该批喷射混凝土强度合格。

10.1.4 喷射混凝土厚度的检查常用钻眼法。钻眼检查的做法，宜在喷射混凝土施工完 8h 内用短钎杆钻孔。此时混凝土强度较低，易于实施，发现厚度不够，亦便于及时补喷。当用凿岩机钻眼，因混凝土与围岩粘结紧密，两者颜色相近而不易辨认喷层厚度时，可用酚酞试液涂抹孔壁，碱性混凝土表面呈红色。

规定的检查断面间距，当设计厚度为 100mm 时，与留取强度检查试块的工程量接近。若工程对喷层厚度有严格要求时，检查断面和钻孔数量可适当增加。

喷层厚度检查的合格条件，考虑到岩面本身有起伏，喷层是紧贴岩面的，而且要求做到表面圆顺，因此，不同部位喷层厚度相差的幅度比较大。根据一些开挖成型较好工程的实测结果统计，60%达到设计厚度，其余均不小于设计厚度的 1/2 的要求并不低。此时设计厚度的保证率为 60%。要达到这个要求，应配合采用光面爆破，加强施工管理。

10.1.5 锚杆质量的检查，包括长度、间距、角度、方向、抗拔力以及注浆密实度等，有的已在隐蔽工程检查中进行。锚杆的抗拔力与锚杆的型式，杆体材料、直径，以及围岩强度、钻孔的冲洗程度等因素有关，因此用它作为端头锚固和摩擦型锚杆质量的综合性指标。其抗拔力达到设计指标即为合格。

检验锚杆抗拔力时，应注意下列事项：

1 安装拉力计时，其作用线应与锚杆轴线同心；

2 加载应缓慢，匀速，拉拔至设计吨位时，即停止。设计无要求时不做破坏性试验；

3 拉力计应固定牢靠，并有安全保护措施。

10.1.6 本条说明如下：

1 锚喷支护工程完成后，应保证隧洞或竖井在使用期内设备的使用与安全和人员的正常通行，为此，规定断面尺寸必须符合设计要求。

2 工程竣工时，漏喷或喷层离鼓现象不加处理，则会导致水和湿气侵蚀围岩，使围岩软化或膨胀，造成喷层破坏，严重影响工程的可靠性。

3 工程验收时如发现喷层有正在扩展或危及使用安全的裂缝，则说明该工程是不稳定的，当然不能予以验收。

4 在锚杆和钢筋网喷射混凝土施工中，有时会出现锚杆尾部外露太长和钢筋网没有完全被喷层覆盖，这样不仅不美观，更重要的是锚杆杆体和钢筋会被锈蚀，最终有可能危及工程的使用与安全。因此，要求锚杆尾端和钢筋网不得外露，必须由喷层完全覆盖。

10.2 工 程 验 收

10.2.1 按设计要求和质量合格条件验收锚喷支护工程，是为了确保工程投入使用后，能长期满足安全使用的要求。

10.2.2 锚喷支护工程验收时，应提供8个方面的资料，以备工程使用过程中一旦出现问题可从有关资料中了解当时施工情况，分析原因，提出相应的处理措施。过去在地下工程锚喷支护工程验收时，有的施工单位提供资料不全因而出现问题时，分析原因，进行处理都很困难。为了纠正这种不良状况，规范中特别强调了工程验收时应提供的技术资料。

10.2.3 设计要求进行监控量测的工程，在验收时应提交相应的报告和有关资料，其中必须包括位移测量时态曲线图，该图对分析判断隧洞是否处于稳定，至关重要。

中华人民共和国国家标准

膨胀土地区建筑技术规范

GBJ112-87

主编部门：中华人民共和国城乡建设环境保护部

批准部门：中华人民共和国国家计划委员会

施行日期：1988 年 8 月 1 日

关于发布《膨胀土地区建筑技术规范》的通知

计标[1987]2110 号

根据原国家建委（78）建发设字第 562 号文的要求，由城乡建设环境保护部会同有关部门共同编制的《膨胀土地区建筑技术规范》已经有关部门会审。现批准《膨胀土地区建筑技术规范》GBJ112-87 为国家标准，自 1988 年 8 月 1 日起施行。

本规范由城乡建设环境保护部管理，其具体解释等工作由城乡建设环境保护部中国建筑科学研究院负责。出版发行由中国计划出版社负责。

国家计划委员会

1987 年 11 月 12 日

编制说明

本规范是根据原国家建委（78）建发设字第562号文的通知，由我部中国建筑科学研究院会同全国有关勘察、设计单位共同编制的。

规范编制组在总结膨胀土地区已有工程建设实践经验和科研成果的基础上，经进一步深入调查研究，提出了规范征求意见稿，在全国广泛地征求意见，并经几次讨论和修改，最后由我部会同有关部门审查定稿。

本规范共分总则、勘察、设计、施工和维护管理五章，并附有膨胀土工程特性指标室内试验等六个附录。

本规范属初次编制，请各单位在执行过程中注意总结经验，积累资料，随时将遇到的问题和修改意见寄交中国建筑科学研究院地基基础研究所（北京安外小黄庄），以供今后修订时参考。

城乡建设环境保护部

1987年10月9日

目　次

主　要　符　号

A_p——桩端面积

a——基础外边缘至坡肩水平距离

b——基础底面宽度

d——基础埋置深度

d_a——大气影响深度

f_k——地基承载力的基本值

〔f_s〕——桩侧与土的摩擦力的设计值

〔f_p〕——桩端单位面积的承载力的设计值

G_0——承台和土的自重

h——设计斜坡高度

h_0——土样的原始高度

h_w——土样浸水膨胀稳定后的高度

l_a——桩锚固在非膨胀土层内长度

P——作用于地基上的压力

P_e——土的膨胀力

Q_1——作用于单桩桩顶的竖向荷载

Q_2——作用于桩基承台顶面上的竖向荷载

s——地基土的胀缩变形量

s_c——地基土的分级变形量

s_e——地基土的膨胀变形量

s_s——地基土的收缩变形量

u_p——桩身周长

v_e——在大气影响急剧层内桩侧土的胀切力
v_0——土样原有体积
v_w——土样在水中膨胀稳定后的体积
w——土的天然含水量
w_p——土的塑限含水量
z_n——计算深度
λ_s——地基土的收缩系数
δ_{ef}——土的自由膨胀率
δ_{ep}——在一定压力作用下土的膨胀率
δ_s——土的线缩率
ψ——计算胀缩变形量的经验系数
ψ_e——计算膨胀变形量的经验系数
ψ_s——计算收缩变形量的经验系数
ψ_w——土的湿度系数

第一章 总 则

第 1.0.1 条 为使膨胀土地区的工程建设做到技术先进、经济合理、保证建筑物的安全和正常使用，特制订本规范。

第 1.0.2 条 本规范适用于膨胀土地区的工业与民用建筑的勘察、设计、施工和维护管理。

第 1.0.3 条 膨胀土应是土中粘粒成份主要由亲水性矿物组成，同时具有显著的吸水膨胀和失水收缩两种变形特性的粘性土。

第 1.0.4 条 膨胀土地区的工程建设，必须根据膨胀土的特性和工程要求，综合考虑气候特点、地形地貌条件、土中水份的变化情况等因素，因地制宜，采取治理措施。

第 1.0.5 条 膨胀土地区的工程建设，除应遵守本规范外，尚应符合国家现行的有关标准、规范的要求。

第二章 勘 察

第一节 一 般 规 定

第 2.1.1 条 工程地质勘察阶段应与设计阶段相适应，可分为选择场址勘察、初步勘察和详细勘察三个阶段。

对场地面积不大、地质条件简单或有建设经验的地区，可简化勘察阶段，但应达到详细勘察阶段的要求。对地形地质条件复杂或有成群建筑物破坏的地区，必要时还应进行专门性的勘察工作。

第 2.1.2 条 选择场址勘察，应以工程地质调查为主，辅以少量探坑或必要的钻探工作，了解地层分布，采取适量扰动土样，测定自由膨胀率，初步判定场地内有无膨胀土，对拟选场址的稳定性和适宜性作出工程地质评价。

第 2.1.3 条 工程地质调查应包括下列内容：

一、初步查明膨胀土的地质时代、成因和胀缩性能；

二、划分地貌单元，了解地形形态；

三、查明场地内有无浅层滑坡、地裂、冲沟和隐伏岩溶等不良地质现象；

四、调查地表水排泄积聚情况，地下水类型，多年水位和变化幅度；

五、收集当地多年气象资料（包括降水量、蒸发力、干旱持续时间、气温和地温等），了解其变化特点；

六、调查当地建设经验，分析建筑物损坏的原因。

第 2.1.4 条 初步勘察阶段应确定膨胀土的胀缩性，对场地稳定性和工程地质条件作出评价，为确定建筑总平面布置、主要建筑物地基基础方案及对不良地质现象的防治方案提供工程地质资料。其主要工作应包括下列内容：

一、工程地质条件复杂并且已有资料不符合要求时，应进行工程地质测绘，所用的比例尺可采用 1／1000～1／5000；

二、查明场地内不良地质现象的成因、分布范围和危害程度，预估地下水位季节性变化幅度和对地基土的影响；

三、采取原状土样进行室内基本物理性质试验、收缩试验、膨胀力试验和 50kPa 压力下的膨胀率试验，初步查明场地内膨胀土的物理力学性质。

第 2.1.5 条 详细勘察阶段应详细查明各建筑物的地基土层及其物理力学性质，确定其胀缩等级，为地基基础设计、地基处理、边坡保护和不良地质地段的治理，提供详细的工程地质资料。

第 2.1.6 条 野外勘探及试验工作，除按国家现行岩土工程勘察规范有关规定进行外，尚应符合下列要求：

一、取土勘探点，应根据建筑物类别、地貌单元及地基土胀缩等级分布布置，其数量不应少于勘探点总数的 1／2，详细勘察阶段，在每栋主要建筑物下不得少于 3 个取土勘探点。

二、采取原状土样，应从地表下 1m 处开始，在 1m 至大气影响深度内每米取样 1 件；土层有明显变化处，宜加取土样；大气影响深度以下，取样间距可适当加大。

三、重要的和有特殊要求的建筑场地，必要时应进行现场浸水载荷试验，进一步确定地基土的膨胀性能及其承载力。

第二节　土的工程特性指标

第 2.2.1 条　膨胀土的工程特性指标，应符合下列规定：

一、自由膨胀率（δ_{ef}）

人工制备的烘干土，在水中增加的体积与原体积的比，按下式计算：

$$\delta_{ef}=\frac{v_w-v_o}{v_0}\times 100\% \qquad (2.2.1-1)$$

式中　v_w——土样在水中膨胀稳定后的体积（ml）；

v_0——土样原有体积（ml）。

二、膨胀率（δ_{ep}）

在一定压力下，浸水膨胀稳定后，土样增加的高度与原高度之比，按下式计算：

$$\delta_{ep}=\frac{h_w-h_0}{h_0}\times 100\% \qquad (2.2.1-2)$$

式中　h_w——土样浸水膨胀稳定后的高度（mm）；

h_0——土样的原始高度（mm）。

三、收缩系数（λ_s）

原状土样在直线收缩阶段，含水量减少 1%时的竖向线缩率，按下式计算：

$$\lambda_s=\frac{\Delta\delta_s}{\Delta W} \qquad (2.2.1-3)$$

式中　$\Delta\delta_s$——收缩过程中与两点含水量之差对应的竖向线缩率之差（%）；

ΔW——收缩过程中直线变化阶段两点含水量之差（%）。

四、膨胀力（P_e）

原状土样在体积不变时，由于浸水膨胀产生的最大内应力。

上述特性指标的试验，应按本规范附录一的规定进行。

第三节　场地与地基评价

第 2.3.1 条　进行膨胀土场地的评价，应查明建筑场地内膨胀土的分布及地形地貌条件，根据工程地质特征及土的自由膨胀率等指标综合评价。必要时，尚应进行土的矿物成份鉴定及其他试验。

第 2.3.2 条　具有下列工程地质特征的场地，且自由膨胀率大于或等于 40%的土，应判定为膨胀土：

一、裂隙发育，常有光滑面和擦痕，有的裂隙中充填着灰白、灰绿色粘土。在自然条件下呈坚硬或硬塑状态；

二、多出露于二级或二级以上阶地、山前和盆地边缘丘陵地带，地形平缓，无明显自然陡坎；

三、常见浅层塑性滑坡、地裂，新开挖坑（槽）壁易发生坍塌等；

四、建筑物裂缝随气候变化而张开和闭合。

第 2.3.3 条　膨胀土的膨胀潜势，可按表 2.3.3 分为三类：

膨胀土的膨胀潜势分类　　**表 2.3.3**

自由膨胀率（%）	膨胀潜势
$40\leqslant\delta_{ef}<65$	弱
$65\leqslant\delta_{ef}<90$	中
$\delta_{ef}\geqslant 90$	强

第 2.3.4 条 根据地形地貌条件，建筑场地可分为下列两类：

一、平坦场地：地形坡度小于 5°；地形坡度大于 5°小于 14°，距坡肩水平距离大于 10m 的坡顶地带。

二、坡地场地：地形坡度大于或等于 5°；地形坡度虽然小于 5°，但同一座建筑物范围内局部地形高差大于 1m。

第 2.3.5 条 膨胀土地基评价，应根据地基的膨胀、收缩变形对低层砖混房屋的影响程度进行。地基的胀缩等级，可按表 2.3.5 分为三级。

膨胀土地基的胀缩等级 表 2.3.5

地基分级变形量 S_C (mm)	级别
$15 \leq S_C < 35$	Ⅰ
$35 \leq S_C < 70$	Ⅱ
$S_C \geq 70$	Ⅲ

第 2.3.6 条 地基分级变形量应按公式 3.2.2、3.2.3-1 和 3.2.6 计算，式中膨胀率采用的压力应为 50kPa。

第三章 设计

第一节 一般规定

第 3.1.1 条 膨胀土地基的设计，可按建筑场地的地形地貌条件分为下列两种情况：

一、位于平坦场地上的建筑物地基，按变形控制设计；

二、位于坡地场地上的建筑物地基，除按变形控制设计外，尚应验算地基的稳定性。

第 3.1.2 条 平坦场地上的建筑物地基设计，应根据建筑结构对地基不均匀变形的适应能力，采取相应的措施。木结构、钢和钢筋混凝土排架结构，以及建造在常年地下水位较高的低洼场地上的建筑物，可按一般地基设计。

第 3.1.3 条 对烟囱、窑、炉等高温构筑物应主要考虑干缩影响，并根据可能产生的变形危害程度，采取适当的隔热措施。对冷库等低温建筑物应采取措施，防止水份向基底土转移引起膨胀。

第 3.1.4 条 凡符合下列情况，应选择部分有代表性的建筑物，从施工开始就进行升降观测，竣工后，移交使用单位继续观测：

一、Ⅲ级膨胀土地基上的建筑物；

二、用水量较大的湿润车间；

三、坡地场地上的重要建筑物；

四、高压、易燃或易爆管道支架或有特殊要求的路面、轨道等。

其观测方法应按附录五的规定进行。

对高层建筑物的地下室侧墙及高度大于 3m 的挡土墙，宜进行土压力观测。

第二节　地基计算

第 3.2.1 条　膨胀土地基变形量（图 3.2.1），可按下列三种情况分别计算：

一、当离地表 1m 处地基土的天然含水量等于或接近最小值时，或地面有覆盖且无蒸发可能时，以及建筑物在使用期间，经常有水浸湿的地基，可按膨胀变形量计算；

二、当离地表 1m 处地基土的天然含水量大于 1.2 倍塑限含水量时，或直接受高温作用的地基，可按收缩变形量计算；

三、其他情况下可按胀缩变形量计算。

第 3.2.2 条　地基土的膨胀变形量，应按下式计算：

$$s_e = \psi_e \sum_{i=1}^{n} \delta_{epi} \cdot h_i \tag{3.2.2}$$

式中　s_e——地基土的膨胀变形量（mm）；

ψ_e——计算膨胀变形量的经验系数，宜根据当地经验确定，若无可依据经验时，三层及三层以下建筑物，可采用 0.6；

δ_{epi}——基础底面下第 i 层土在该层土的平均自重压力与平均附加压力之和作用下的膨胀率，由室内试验确定；

h_i——第 i 层土的计算厚度（mm）；

n——自基础底面至计算深度内所划分的土层数（图 3.2.1a），计算深度应根据大气影响深度确定；有浸水可能时，可按浸水影响深度确定。

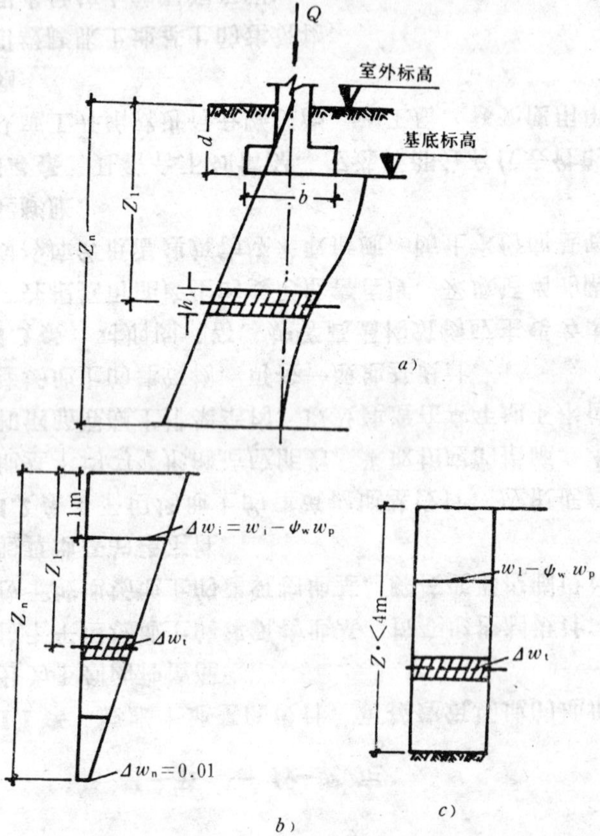

图 3.2.1　地基土变形计算示意图

第 3.2.3 条　地基土的收缩变形量，应按下式计算：

$$s_s = \psi_s \sum_{i=1}^{n} \lambda_{si} \Delta w_i \cdot h_i \tag{3.2.3-1}$$

式中　s_s——地基土的收缩变形量（mm）；

ψ_s——计算收缩变形量的经验系数，宜根据当地经验确定，若无可依据经验时，三层及三层以下建筑物，可采用0.8；

λ_{si}——第 i 层土的收缩系数，应由室内试验确定；

Δw_i——地基土收缩过程中，第 i 层土可能发生的含水量变化的平均值（以小数表示）；

n——自基础底面至计算深度内所划分的土层数（图3.2.1b），计算深度可取大气影响深度，当有热源影响时，应按热源影响深度确定。

在计算深度内，各土层的含水量变化值，应按下式计算：

$$\Delta w_i = \Delta w_1 - (\Delta w_1 - 0.01)\frac{z_i - 1}{z_n - 1} \qquad (3.2.3-2)$$

$$\Delta w_1 = w_1 - \psi_w w_p \qquad (3.2.3-3)$$

式中　w_1、w_p——地表下1m处土的天然含水量和塑限含水量（以小数表示）；

ψ_w——土的湿度系数；

z_i——第 i 层土的深度（m）；

z_n——计算深度，可取大气影响深度（m）。

注：①在地表下4m土层深度内，存在不透水基岩时，可假定含水量变化值为常数（图3.2.1c）。

②在计算深度内有稳定地下水位时，可计算至水位以上3m。

第3.2.4条　膨胀土湿度系数，应根据当地10年以上的土的含水量变化及有关气象资料统计求出；无此资料时，可按下式计算：

$$\psi_w = 1.152 - 0.726a - 0.00107c \qquad (3.2.4)$$

式中　ψ_w——膨胀土湿度系数，在自然气候影响下，地表下1m处土层含水量可能达到的最小值与其塑限值之比；

a——当地9月至次年2月的蒸发力之和与全年蒸发力之比值。我国部分地区蒸发力及降水量值，可按本规范附录二采用；

c——全年中干燥度大于1.00的月份的蒸发力与降水量差值之总和（mm）。

注：干燥度为蒸发力与降水量之比值。

第3.2.5条　大气影响深度，应由各气候区土的深层变形观测或含水量观测及地温观测资料确定；无此资料时，可按表3.2.5采用。

大气影响深度（m）　　**表3.2.5**

土的湿度系数 ψw	大气影响深度 d_a
0.6	5.0
0.7	4.0
0.8	3.5
0.9	3.0

注：①大气影响深度是自然气候作用下，由降水、蒸发、地温等因素引起土的升降变形的有效深度。

②大气影响急剧层深度系指大气影响特别显著的深度。

大气影响急剧层深度，可按表3.2.5中的大气影响深度值乘以0.45采用。

第3.2.6条　地基土的胀缩变形量，应按下式计算：

$$s=\psi\sum_{i=1}^{n}(\delta_{epi}+\lambda_{si}\cdot\Delta w_{i})h_{i} \qquad (3.2.6)$$

式中 ψ——计算胀缩变形量的经验系数，可取 0.7。

第 3.2.7 条 地基土的承载力，可按下列规定确定：

一、对荷载较大的建筑物用现场浸水载荷试验方法确定，载荷试验方法可按本规范附录三的规定进行；

二、采用饱和三轴不排水快剪试验确定土的抗剪强度时，可按国家现行建筑地基基础设计规范中有关规定计算承载力；

三、已有大量试验资料地区，可制订承载力表，供一般工程采用。无资料地区，可按本规范附录三的表列数据采用。

第 3.2.8 条 基础底面压力的确定，应符合下式要求：

在轴心荷载作用下：$P\leqslant f$ (3.2.8−1)

在偏心荷载作用下：$P\max\leqslant 1.2f$ (3.2.8−2)

式中 P——基础底面处的平均压力设计值（kPa）；

f——地基承载力设计值（kPa）；

$P\max$——基础底面边缘的最大压力（kPa）。

第 3.2.9 条 地基土的计算变形量，应符合下式要求：

$$s_j\leqslant [s_j] \qquad (3.2.9)$$

式中 s_j——天然地基或人工地基及采用其他处理措施后的地基变形量计算值（mm）；

$[s_j]$——建筑物的地基容许变形值（mm），可按表 3.2.9 采用。

第 3.2.10 条 膨胀土地基变形量取值，应符合下列规定：

一、膨胀变形量，应取基础某点的最大膨胀上升量；

二、收缩变形量，应取基础某点的最大收缩下沉量；

三、胀缩变形量，应取基础某点的最大膨胀上升量与最大收缩下沉量之和；

四、变形差，应取相邻两基础的变形量之差；

五、局部倾斜，应取砖混承重结构沿纵墙 6～10m 内基础两点的变形量之差与其距离的比值。

第 3.2.11 条 位于坡地场地上的建筑物的地基稳定性，应按下列规定进行验算：

一、土质均匀且无节理面时按圆弧滑动法验算；

二、土层较薄，土层与岩层间存在软弱层时，取软弱层面为滑动面进行验算；

三、层状构造的膨胀土，如层面与坡面斜交，且交角小于 45°时，验算层面的稳定性。

验算稳定性时，必须考虑建筑物和堆料的荷载，抗剪强度应为土体沿滑动面的抗剪强度，稳定安全系数可取 1.2。

建筑物的地基容许变形值 **表 3.2.9**

结构类型	相对变形		变形量
	种类	数值	(mm)
砖混结构	局部倾斜	0.001	15
房屋长度三到四开间及四角有构造柱或配筋砖混承重结构	局部倾斜	0.0015	30
工业与民用建筑相邻柱基			
(1)框架结构无填充墙时	变形差	0.001l	30
(2)框架结构有填充墙时	变形差	0.0005l	20
(3)当基础不均匀升降时不产生附加应力的结构	变形差	0.003l	40

注：l 为相邻柱基的中心距离（m）。

第三节 总平面设计

第 3.3.1 条 场址选择应符合下列要求:

一、具有排水畅通或易于进行排水处理的地形条件;

二、避开地裂、冲沟发育和可能发生浅层滑坡等地段;

三、坡度小于 14°并有可能采用分级低挡土墙治理的地段;

四、地形条件比较简单，土质比较均匀、胀缩性较弱的地段;

五、尽量避开地下溶沟、溶槽发育、地下水变化剧烈的地段。

第 3.3.2 条 总平面设计宜符合下列要求:

一、同一建筑物地基土的分级变形量之差，不宜大于 35mm;

二、竖向设计宜保持自然地形，避免大挖大填;

三、挖方和填方地基上的砖混结构房屋，应考虑挖填部分土中水份变化所造成的危害;

四、应考虑场地内排水系统的管道渗水或排水不畅对建筑物升降变形的影响;

五、对变形有严格要求的建筑物，应布置在膨胀土埋藏较深、胀缩等级较低或地形较平坦的地段。

第 3.3.3 条 场地内的排洪沟、截水沟和雨水明沟，其沟底均应采取防水处理，以防渗漏。排洪沟、截水沟的沟边土坡，应设支挡，防止坍滑。

第 3.3.4 条 地下排水管道接口部位应采取措施防止渗漏，管道距建筑物外墙基础外缘的净距不得小于 3m。

第 3.3.5 条 建筑场地平整后的坡度，在建筑物周围 2.5m 的范围内,不宜小于 2%。

第 3.3.6 条 场地内的绿化，应根据气候条件、膨胀土等级，结合当地经验采取下列相应的措施:

一、在建筑物周围散水以外的空地，宜多种植草皮和绿篱;

二、在距离建筑物 4m 以内可选用低矮、耐修剪和蒸腾量小的果树、花树或松、柏等针叶树;

三、在湿度系数小于 0.75 或孔隙比大于 0.9 的膨胀土地区，种植桉树、木麻黄、滇杨等速生树种，应设置灰土隔离沟，沟与建筑物距离不应小于 5m。

第四节 坡 地

第 3.4.1 条 建筑场地符合本规范第 2.3.4 条二款的规定时，建筑物应按坡地建筑进行设计。

第 3.4.2 条 坡地建筑设计应遵守下列规定:

一、根据工程地质、水文地质条件和坡地上的荷载，按本规范第 3.2.11 条的要求验算坡体的稳定性;

二、考虑坡体的水平移动和坡体内土的含水量变化对建筑物的影响;

三、对不稳定斜坡或根据坡体结构可能产生滑动的斜坡，必须采取可靠的防治滑坡措施。

第 3.4.3 条 防治滑坡应根据工程地质、水文地质和施工影响等，分析可能产生滑坡的主要因素，结合当地建设经验，采取下列措施:

一、设置支挡，根据计算的滑体推力和滑动面或软弱结构面的位置，设置一级或多级抗滑挡土墙、挡土桩或采取其他措施。挡土墙基础应埋置在滑动面或软弱结构面以下。

二、排水措施，必须设置排水沟防止地面水浸入坡体。必要时，尚应采取防渗措施。对裂缝必须进行灌浆处理。

三、设置护坡，可根据当地经验在坡面干砌或浆砌片石，设置支撑盲沟，种植草皮等。

第 3.4.4 条 挡土墙（图 3.4.4）的设计，应符合下列规定：

一、墙背碎石或砂卵石滤水层的厚度，不应小于 300mm；

二、基坑坑底应用混凝土封闭，墙顶面宜做成平台并铺设混凝土防水层；

三、挡土墙应设变形缝和泄水孔，变形缝间距 6～10m；

四、墙背填土宜选用非膨胀性土及透水性较强的填料，并应分层夯填；

五、挡土墙高度不宜大于 3m。

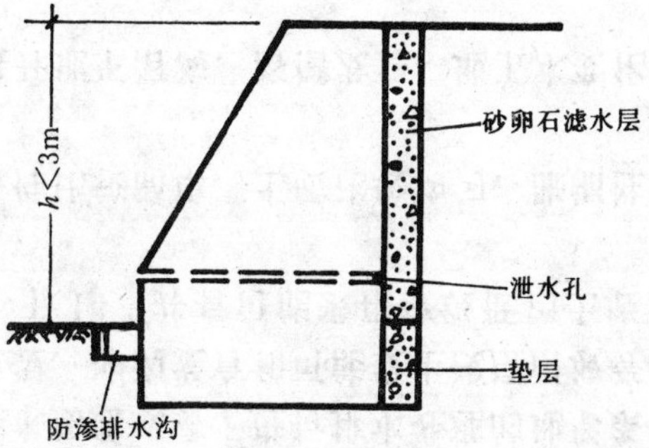

图 3.4.4 挡土墙示意图

第 3.4.5 条 对于高度小于 3m 的挡土墙，其排水条件及填筑材料符合本规范第 3.4.4 条的要求时，其主动土压力可采用楔体试算法确定。计算时不考虑土的水平膨胀力，破裂面上的抗剪强度指标应采用饱和快剪强度。当土体中有明显通过墙址的裂隙面或层理面时，尚应以该面为破裂面验算土压力。

第 3.4.6 条 坡地上建筑物的地基设计，符合下列条件时，可按平坦场地上建筑物的地基进行设计：

一、按本规范第 3.4.4 条设置挡土墙，且建筑物基础外边缘距挡土墙距离大于 5.0m；

二、布置在挖方地段的建筑物外墙至坡脚支挡结构的净距离大于 3m。

第五节 基础埋深

第 3.5.1 条 确定基础埋深，应综合考虑下列条件：

一、场地类型；

二、膨胀土地基胀缩等级；

三、大气影响急剧层深度；

四、建筑物的结构类型；

五、作用在地基上的荷载大小和性质；

六、建筑物的用途，有无地下室、设备基础和地下设施，基础的型式和构造；

七、相邻建筑物的基础埋深。

注：在地震区的高层建筑物基础埋深，应经地基稳定性验算后确定。

第 3.5.2 条 膨胀土地基上建筑物的基础埋置深度，不应小于 1m。

第 3.5.3 条 平坦场地上的砖混结构房屋，以基础埋深为主要防治措施时，基础埋深应取大气影响急剧层深度，或通过变形计算确定。必要时，可根据建筑、结构类型和使用要求，选取适当的其他处理措施。

第 3.5.4 条 以宽散水为主要防治措施，散水宽度在Ⅰ级膨胀土地基上为 2m，在Ⅱ级膨胀土地基上为 3m 时，建筑物基础埋深可为 1m。

第 3.5.5 条 当坡地坡角小于 14°，基础外边缘至坡肩的水平距离大于或等于 5.0m 时，基础埋深（图 3.5.5）可按下式确定：

$$d = 0.45da + h(1 - 0.2\cot\beta) - 0.2a + 0.20 \tag{3.5.5}$$

式中 d——基础埋置深度（m）；

h——设计斜坡高度（m）；

β——设计斜坡的坡角（°）；

a——基础外边缘至坡肩的水平距离（m）。

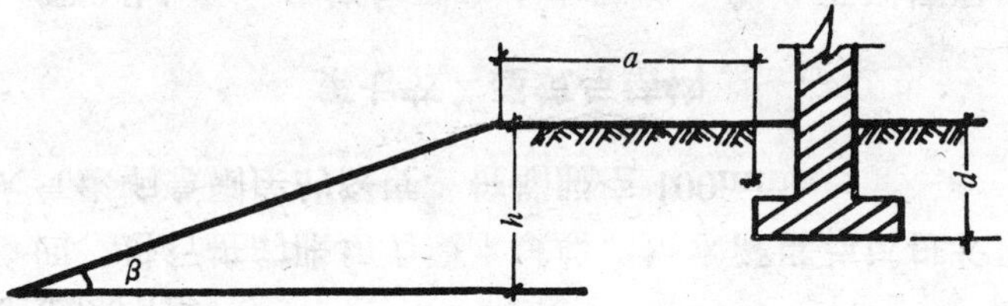

图 3.5.5 坡地上基础埋深计算示意图

第六节 地 基 处 理

第 3.6.1 条 膨胀土地基处理可采用换土、砂石垫层、土性改良等方法。确定处理方法应根据土的胀缩等级、地方材料及施工工艺等，进行综合技术经济比较。

第 3.6.2 条 换土可采用非膨胀性土或灰土。换土厚度可通过变形计算研确定。

第 3.6.3 条 平坦场地上Ⅰ、Ⅱ级膨胀土的地基处理，宜采用砂、碎石垫层。垫层厚度不应小于 300mm。垫层宽度应大于基底宽度，两侧宜采用与垫层相同的材料回填，并做好防水处理。

第 3.6.4 条 膨胀土地区建筑物的桩基础设计，应符合下列要求：

一、桩尖应锚固在非膨胀土层或伸入大气影响急剧层以下的土层中，其伸入长度应满足下列条件：

1.按膨胀变形计算时

$$l_a \geqslant \frac{v_e - Q_1}{u_p〔f_s〕} \tag{3.6.4-1}$$

2.按收缩变形计算时

$$l_a \geqslant \frac{Q_1 - A_p \cdot 〔f_p〕}{u_p〔f_s〕} \tag{3.6.4-2}$$

3.按胀缩变形计算时，计算长度应取公式 3.6.4-1 和 3.6.4-2 两式中的大值。

式中 l_a——桩锚固在非膨胀土层内长度（m）；

v_e——在大气影响急剧层内桩侧土的胀切力。由现场浸水桩基试验确定，试桩数不少于 3 根，取其最大值（kN）；

〔f_s〕——桩侧与土的容许摩擦力（kPa）；

〔f_p〕——桩端单位面积的容许承载力（kPa）；

u_p——桩身周长（m）；

A_p——桩端面积（m^2）。

4.作用在桩顶上的垂直荷载可按下式计算：

$$Q_1 = Q_2 + G_0 \tag{3.6.4-3}$$

式中 Q_1——作用于单桩桩顶的竖向荷载（kN）；

Q_2——作用于桩基承台顶面上的竖向荷载（kN）；

G_0——承台和土的自重（kN）。

二、当桩身承受胀切力时，应验算桩身抗拉强度，并采取通长配筋，最小配筋率应按受拉构件配置。

三、桩承台梁下应留有空隙，其值应大于土层浸水后的最大膨胀量，且不小于 100mm。承台梁两侧应采取措施，防止空隙堵塞。

四、进行桩的胀切力浸水试验，浸水深度与试桩长度应取大气影响急剧层的深度，桩端脱空 100mm。

第七节　建筑与结构

第 3.7.1 条　建筑体型应力求简单，符合下列情况应设置沉降缝：

一、挖方与填方交界处或地基土显著不均匀处；

二、建筑物平面转折部位或高度（或荷重）有显著差异部位；

三、建筑结构（或基础）类型不同部位。

第 3.7.2 条　屋面排水宜采用外排水，水落管下端距散水面不应大于 300mm，并不得设在沉降缝处。排水量较大时，应采用雨水明沟或管道排水。

第 3.7.3 条　散水设计宜符合下列规定：

一、散水面层采用混凝土或沥青混凝土，其厚度为 80～100mm；

二、散水垫层采用灰土或三合土，其厚度为 100～200m；

三、散水伸缩缝间距可为 3m，并与水落管错开；

四、散水宽度不小于 1.2m，其外缘应超出基槽 300mm，坡度可为 3～5%；

五、散水与外墙的交接缝和散水伸缩缝，均应填以柔性防水材料。

散水应在室内地面做好后立即施工。

第 3.7.4 条　宽度大于 2m 的宽散水（图 3.7.4），其做法宜符合下列规定：

一、面层可采用 C15 强度等级的混凝土，厚 80～100mm；

二、隔热保温层，可采用 1∶3 石灰焦渣，厚 100～200mm；

三、垫层，可采用 2∶8 灰土或三合土，厚 100～200mm。

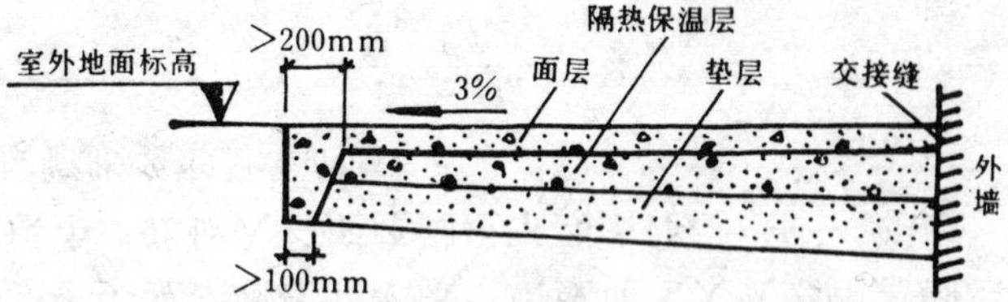

图 3.7.4　宽散水构造示意图

第 3.7.5 条　膨胀土地区建筑物的室内地面设计，应根据使用要求分别对待。对使用要求严格的地面（如特别重要的民用建筑地面、有特殊生产工艺要求及有精密仪表、设备的车间地面等），可根据地基土的胀缩性按本规范附录四的要求采取相应的设计措施。

Ⅲ级膨胀土地基和使用要求特别严格的地面，可采取地面配筋或地面架空等措施。

第 3.7.6 条 对使用要求不严格的工业与民用建筑地面，可按一般方法进行设计，也可采用预制混凝土块或其他材料的预制块铺砌，但块体间应填嵌柔性材料。

第 3.7.7 条 大面积地面应做分格变形缝，分格尺寸可为 3m×3m。地面、墙体、地沟、地坑和设备基础之间宜采用变形缝隔开。变形缝均应填嵌柔性防水材料。

第 3.7.8 条 膨胀土地区建筑，应根据地基土胀缩等级采取下列结构措施:

一、较均匀的弱膨胀土地基，可采用条基。基础埋深较大或条基基底压力较小时，宜采用墩基;

二、承重砌体结构可采用拉结较好的实心砖墙，不得采用空斗墙、砌块墙或无砂混凝土砌体；不宜采用砖拱结构、无砂大孔混凝土和无筋中型砌块等对变形敏感的结构；Ⅱ级、Ⅲ级膨胀土地区，砂浆强度等级不宜低于 M2.5;

三、房屋顶层和基础顶部宜设置圈梁（地基梁、承台梁可代替基础圈梁)，多层房屋的其他各层可隔层设置，必要时，也可层层设置;

四、Ⅲ级膨胀土地基如不满足本规范第 3.5.3 条要求，尚可适当设置构造柱;

五、外廊式房屋应采用悬挑结构。

第 3.7.9 条 砖混结构房屋圈梁的设置，应符合下列要求:

一、圈梁应设置在外墙、内纵墙以及对整体刚度起重要作用的内横墙上，并在同一平面内闭合;

二、圈梁的高度不小于 120mm，纵向钢筋可采用 4 根直径 12mm，混凝土强度等级可为 C15;

三、采用钢筋砖圈梁时，砂浆不应低于 M5 强度等级，其高度不应小于 400mm，水平通长钢筋不应少于 4 根直径 8mm，分上、下两层布置，水平间距可为 120mm。

第 3.7.10 条 砖混结构房屋的门窗或其他洞孔，其宽度在Ⅱ、Ⅲ级膨胀土地基上分别大于 1.2m、1m 者，均应采用钢筋混凝土过梁，不得采用砖拱过梁，在底层窗台处宜设置通长水平钢筋。

第 3.7.11 条 膨胀土地基上的建筑物，预制钢筋混凝土梁支承在砖墙或砖柱上的长度，不得小于 240mm；预制钢筋混凝土板支承在砖墙上的长度，不得小于 100mm。

第 3.7.12 条 钢和钢筋混凝土排架结构，山墙和内隔墙应采用与柱基相同的基础形式。围护墙宜采用填充墙或外包墙，并砌置在基础梁上。基础梁下宜预留 100mm 空隙，并做防水处理。有吊车时，吊车顶面与屋架下弦的净空不应小于 200mm。吊车梁应设计成简支梁，吊车梁与吊车轨道之间，应采用便于调整的连接方式。

第八节 管　　道

第 3.8.1 条 给水进口管和排水出口管，宜敷设在钢筋混凝土套管或管沟中。

第 3.8.2 条 地下管道及其附属构筑物（如管沟、检查井、检漏井等）的地基，宜设置厚 150mm 灰土垫层，管道宜敷设在砂垫层上。

第 3.8.3 条 检漏井应设置在管沟末端和管沟沿线分段检查处，并应防止地面水流入。井内应设置深度不小于

300mm 的集水坑，并应使积水能及时发现和排除。

第 3.8.4 条 地下管道或管沟穿过建筑物的基础或墙时，应设有预留孔洞。洞与管沟或管道间的上下净空，均不应小于 100mm。管道与洞孔间的缝隙，应采用不透水的柔性材料填塞。

第 3.8.5 条 对高压、易燃、易爆管道及其支架基础的设计，应考虑地基土不均匀胀缩变形所造成的危害，并根据使用要求，采取适当措施。

第四章 施 工

第一节 一般规定

第 4.1.1 条 膨胀土地区的建筑施工，应根据设计要求、场地条件和施工季节，认真做好施工组织设计，严格执行施工技术及施工工艺规定。

第 4.1.2 条 基础施工前应完成场区土方、挡土墙、护坡、防洪沟及排水沟等工程，使排水畅通，边坡稳定。

第 4.1.3 条 施工用水应妥善管理，防止管网漏水。临时水池、洗料场、淋灰池、防洪沟及搅拌站等至建筑物外墙的距离，不应小于 10m。临时性生活设施至建筑物外墙的距离，应大于 15m，并应做好排水设施，防止施工用水流入基坑（槽）。

第 4.1.4 条 堆放材料和设备的现场，应采取措施保持场地排水通畅。排水流向应背离基坑（槽）。需大量浇水的材料，应堆放在距基坑（槽）边缘 10m 以外。

第二节 地基和基础施工

第 4.2.1 条 开挖基坑（槽）发现地裂、局部上层滞水或土层有较大变化时，应及时处理后，方能继续施工。

第 4.2.2 条 基础施工宜采用分段快速作业法，施工过程中不得使基坑（槽）曝晒或泡水；雨季施工应采取防水措施。

第 4.2.3 条 基坑（槽）开挖时，应及时采取措施，如坑壁支护、喷浆、锚固等方法，防止坑（槽）壁坍塌。基坑（槽）挖土接近基底设计标高时，宜在其上部预留 150～300mm 土层，待下一工序开始前继续挖除。验槽后，应及时浇混凝土垫层或采取封闭坑底措施。封闭方法可选用喷（抹）1∶3 水泥砂浆或土工塑料膜覆盖。

第 4.2.4 条 风化膨胀岩地区采用爆破技术开挖基坑时，应根据地质特点和设计要求，正确计算炸药用量和选择炮孔深度，进行非同步引爆，并应预留 300mm 厚度的岩层，然后开挖至设计标高。

第 4.2.5 条 在坡地土方施工时，挖方作业应由坡上方自上而下开挖；填方作业应由下至上分层夯（压）填。坡面完成后，应立即封闭。

开挖土方时应保护坡脚。弃土至开挖线的距离应根据开挖深度确定，不应小于 5m。

第 4.2.6 条 施工灌注桩时，在成孔过程中不得向孔内注水。孔底虚土经处理后，方可向孔内浇灌混凝土。

第 4.2.7 条 基础施工出地面后，基坑（槽）应及时分层回填完毕，填料可选用非膨胀土、弱膨胀土及掺有石灰或其他材料的膨胀土，每层虚铺厚度 300mm。选用弱膨胀土作填料时，其含水量宜为 1.1～1.2 倍的塑限含水量。回填夯实土的干密度不应小于 $1550kN/m^3$。

第三节 建（构）筑物的施工

第 4.3.1 条 底层现浇钢筋混凝土楼板（梁），宜采用架空或桁架支模的方法，避免直接支撑在膨胀土上。

第 4.3.2 条 散水施工前应先夯实基土，如基土为回填土应检查回填土质量，不符合要求时，需重新处理。伸缩缝内的防水材料应填密实，并略高于散水，或做成脊背形。

第 4.3.3 条 管道及其附属构筑物的施工，宜采用分段快速作业法。

管道和电缆沟穿过建筑物基础时，应做好接头。管道敷设完成后，应及时回填、加盖或封面。

第 4.3.4 条 水池等水工构筑物的水下结构部分应严格遵守设计要求，必要时，可选用防水混凝土，浇灌时不应留施工缝，必须留缝时应加止水带，也可在池壁及底板增设柔性防水层。

第五章 维 护 管 理

第 5.0.1 条 使用单位应对膨胀土场区内的建筑、管道、地面排水、环境绿化、边坡、挡土墙等认真进行维护管理。

第 5.0.2 条 给排水和热力管网系统，应经常保持畅通，遇有漏水或故障应及时检修。

第 5.0.3 条 经常检查排水沟、雨水明沟、防水地面、散水等的使用状况，如发现开裂、渗漏、堵塞等现象，应及时修补。

第 5.0.4 条 除按本规范第 3.1.4 条的规定进行升降观测的建筑物外，其他建筑物在使用过程中也应定期观察使用状况，发现有异常情况，如墙柱裂缝、地面隆起开裂、吊车轨道变形、烟囱倾斜、窑体下沉等，应作好记录，及时研究处理。

第 5.0.5 条 严禁破坏坡脚和墙基。严禁在坡肩大面积堆料。应经常观察有无出现水平位移的情况。如坡体表面出现通长水平裂缝时，应及时采取措施预防坡体滑动。

第 5.0.6 条 建筑物周围的树木应定期修剪，管理好草坪等绿化设施。

附录一 膨胀土工程特性指标室 内 试 验

一、自由膨胀率试验

本试验用于判定粘性土在无结构力影响下的膨胀潜势，为判别膨胀土提供指标。

1.仪器设备

(1) 玻璃量筒，容积为 50ml，最小刻度为 1ml。容积和刻度必须经过校正。

(2) 量土杯，容积 10ml，内径 20mm。

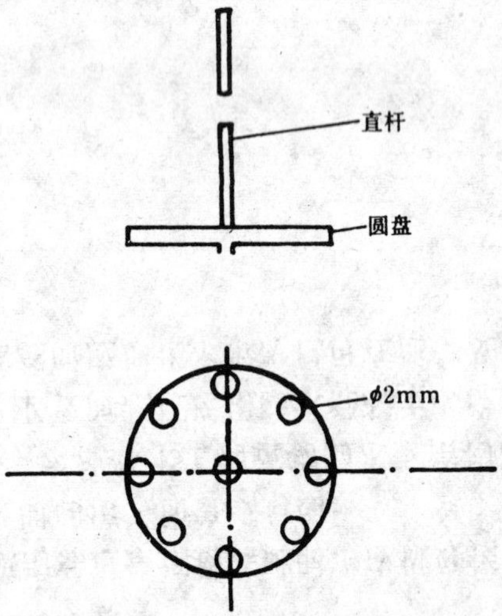

附图 1.1 搅拌器示意图

(3) 无颈漏斗，上口直径 50～60mm，下口直径 4～

5mm。

(4) 搅拌器，由直杆和带孔圆盘构成，圆盘直径小于量筒直径约 2mm，盘上孔径约 2mm（附图 1.1）。

(5) 天平，感量 0.01g，最大称量 200g。

(6)平口刮刀、漏斗支架、取土匙和孔径 0.5mm 的筛等。

2.试验方法与步骤

(1) 用四分对角法取代表性风干土约 100g，碾细全部过 0.5mm 筛（石子、姜石、结核等可去掉）。

(2) 将过筛的试样拌匀，在 105～110℃下烘至恒重，在干燥器内冷却至室温。

(3) 将无颈漏斗放在支架上，漏斗下口对准量土杯中心并保持距离 10mm（附图 1.2）

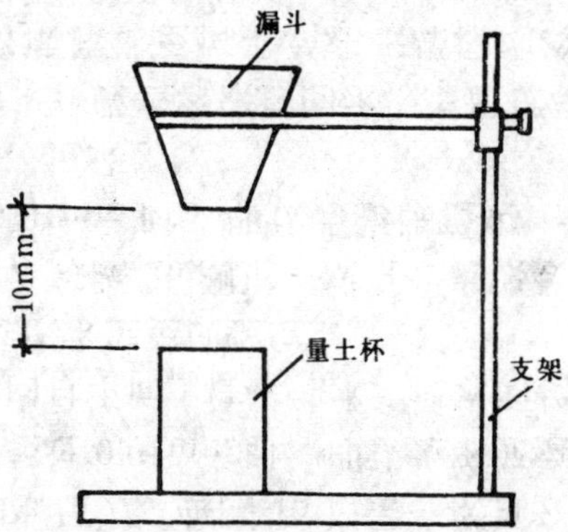

附图 1.2 漏斗与量土杯位置示意图

(4) 用取土匙取适量试样倒人漏斗中，倒土时匙应与漏斗壁接触，且靠近漏斗底部，边倒边用细铁丝轻轻搅动，避免漏斗堵塞，当试样装满量杯并开始流出时，停止向漏斗倒土，移开漏斗刮去杯口多余的土，将量杯中试样倒入匙中，再次将量杯按附图 1.2 所示，置于漏斗下方，将匙中土按上述方法倒入漏斗，使全部落入量杯中，刮去多余土后称量，重复以上操作进行第二次量土和称量，要求两次称量的差值不得大于 0.1g。

(5) 在量筒内注入 30ml 纯水，并加入 5ml 浓度为 5% 的纯氯化钠溶液。将试样倒入量筒内，用搅拌器搅拌悬液，上近液面，下至筒底，上下搅拌各 10 次，用纯水清洗搅拌器及量筒壁，使悬液达 50ml。

(6) 待悬液澄清后，每隔 5h 测读一次土面高度（估读 0.1ml）。直至两次读数差值不大于 0.2ml，可认为膨胀稳定，若土面倾斜，读数可取其中值。

(7) 按本规范公式 2.2.1-1 计算自由膨胀率。

二、50kPa 压力下的膨胀率试验

本试验为地基评价计算地基分级变形量提供参数。

1.仪器设备

(1) 压缩仪、试验前必须标定在 50kPa 压力下的仪器变形量。

(2) 百分表，最大量程 5～10mm，精度 0.01mm。

(3) 环刀，面积为 3000 或 5000mm^2，高为 20mm，等直径，配有高 5mm 接长护环。

(4) 天平，感量 0.1g，最大称量 200g。

(5) 钢直尺，长 150mm。

(6) 推土器，直径略小于环刀内径，高度为 5mm。

2.试验方法与步骤

(1) 用内壁涂有薄层润滑油带护环的环刀切取代表性试样，用推土器将试样推出 5mm，削去多余的土，称其重量准确至 0.1g，测定试前含水量。

（2）按压缩试验要求，将试样装入容器内，放入透水石和薄型滤纸，加压盖板，调整杠杆使之水平。加 1～2kPa 压力（保持该压力至试验结束，不计算在加荷压力之内），并加 50kPa 的瞬时压力，使加荷支架、压板、土样、透水石等紧密接触，调整百分表，记下初读数。

（3）加 50kPa 压力，每隔 1h 记录一次百分表读数。当两次读数差值不超过 0.01mm 时，即认为下沉稳定。

（4）向容器内自下而上注入纯水，使水面超过试样顶面约 5mm，并保持该水位至试验结束。

（5）浸水后，每隔 2h 测记一次百分表读数，当连续两次读数不超过 0.01mm 时，即认为膨胀稳定，随即退荷至零，膨胀稳定后，记录读数。

（6）试验结束，吸去容器中的水，取出试样称其重量，准确至 0.1g。将试样烘至恒重，在干燥器内冷却至室温，称量并计算试前和试后含水量、密度和孔隙比。

3.试验资料整理和校核

（1）按下式计算 50kPa 压力下的膨胀率

$$\delta_{e50}=\frac{z_{50}+z_{c}-z_{0}}{h_{0}}\times 100\% \qquad (附1-1)$$

式中 δ_{e50}——在 50kPa 压力下的膨胀率（%）；

z_{50}——压力为 50kPa 时，试样膨胀稳定后百分表的读数（mm）；

z_c——压力为 50kPa 时仪器的变形值（mm）；

z_0——压力为零时百分表的初读数（mm）；

h_0——试样的原始高度（mm）。

（2）按本附录公式 1-3 计算试后孔隙比。当计算值与实测值之差不超过 0.01 时，即认为试验合格。

三、不同压力下的膨胀率及膨胀力试验

本试验测定试样的膨胀率与压力之间的关系，以及试样在体积不变时由于膨胀产生的最大内应力。为计算地基土的膨胀变形量和确定地基承载力的标准值提供参数。

1.仪器设备

（1）压缩仪，试样面积为 3000 或 5000mm²，高 20mm。试验前必须校正仪器在不同压力下的压缩量和退荷回弹量。

（2）百分表，最大量程为 5～10mm，精度为 0.01mm。

（3）环刀，面积为 3000 或 5000mm²，高为 20mm，等直径，配有高 5mm 接长护环。

（4）天平，感量 0.1g，最大称量 200g。（5）推土器，直径略小于环刀内径，高度为 5mm。（6）钢直尺，长 150mm。

2.试验方法与步骤

（1）用内壁涂有薄层润滑油带有护环的环刀切取代表性试样，由推土器将试样推出 5mm，削去多余的土，称其重量准确至 0.1g，测定试前含水量。

（2）按压缩试验要求，将试样装入容器内，放入干透水石和薄型滤纸。调整杠杆使之水平，加 1～2kPa 的压力（保持该压力至试验结束，不计算在加荷压力之内）并加 50kPa 瞬时压力，使加荷支架、压板、试样和透水石等紧密接触。调整百分表，并记录初读数。

（3）对试样分级连续在 1～2 分钟内施加所要求的压力。所要求的压力可根据工程的要求确定，但要略大于试样的膨胀力。压力分级，当要求的压力大于或等于 150kPa 时，可按 50kPa 分级；当压力小于 150kPa 时，可按 25kPa 分级。

试样压缩稳定的标准为连续两次读数差值不超过 0.01mm。

（4）向容器内自下而上注入纯水，使水面超过试样顶端面约 5mm，并保持试验终止。待试样浸水膨胀稳定后，按加荷等级分级退荷至零。

(5) 试验过程中每退一级荷重，应相隔 2h 测记一次百分表读数。当连续两次读数的差值不超过 0.01mm 时，即认为在该级压力下膨胀达到稳定，但每级荷重下膨胀试验时间不应少于 12h。

(6) 试验结束，吸去容器中的水，取出试样称量，准确至 0.1g。将试样烘至恒重，在干燥器内冷却至室温，称量并计算试样的试前和试后含水量、密度和孔隙比。

3.试验资料的整理的校核

(1) 按下式计算各级压力下的膨胀率

$$\delta_{epi}=\frac{z_p+z_c-z_0}{h_o}\times 100\% \qquad (附1-2)$$

式中 z_p——在一定压力作用下试样浸水膨胀稳定后百分表的读数（mm）；

z_e——在一定压力作用下，压缩仪退荷回弹的校正值（mm）；

z_0——试样压力为零时百分表的初读数（mm）；

h_0——试样的原始高度（mm）。

(2) 按下式计算试样的试后孔隙比：

$$e=\frac{\Delta h_0}{h_0}(1+e_0)+e_0 \qquad (附1-3)$$

式中 Δh_0——退荷至零时试样浸水膨胀稳定后的变形量（mm）；

$\Delta h_0=z_{p0}+z_{c0}-z_0$ 其中 z_{p0} 为试样退荷至零时浸水膨胀稳定后百分表读数（mm）；

z_{c0}——压缩仪退荷至零时的回弹校正值（mm）（附图 1.3）；

e_0——试样的初始孔隙比。

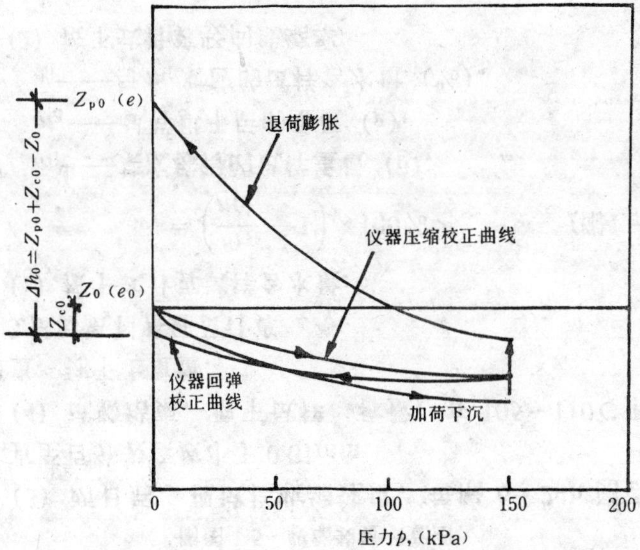

附图 1.3　Δh_0 计算示意图

当计算的试后孔隙比与实测值之差不超过 0.01 时，即认为试验合格。

(3) 以各级压力下的膨胀率为纵坐标，压力为横坐标，绘制膨胀率与压力的关系曲线，该曲线与横坐标的交点即为试样的膨胀力（附图 1.4）。

四、收缩试验

本试验测定粘性土的线收缩率、收缩系数等指标，为地基评价和计算地基土的收缩变形量提供参数。

1.仪器设备

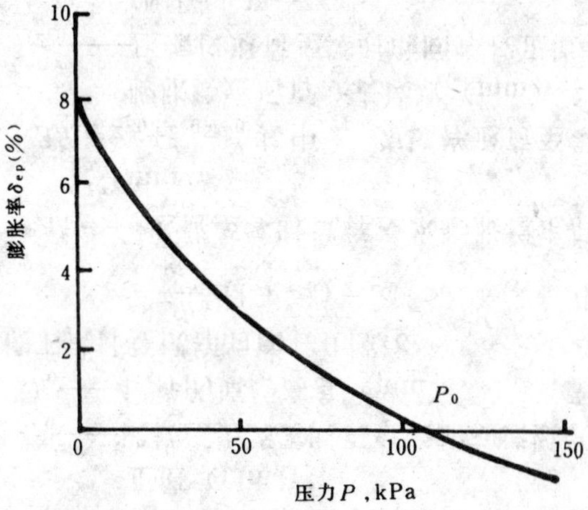

附图 1.4 膨胀率-压力曲线图

(1) 收缩装置（附图 1.5）。测板直径为 10mm，多孔垫板直径为 70mm，板上小孔面积应占整个面积的 50%以上。

(2) 环刀，面积为 3000mm²，高 20mm，等直径。

(3) 推土器，直径为 60mm，推进量为 21mm。

2.试验方法与步骤

(1) 用内壁涂有薄层润滑油的环刀切取试样，用推土器从环刀内推出试样（若试样较松散应采用风干脱环法），立即把试样放入收缩装置，使测板位于试样上表面中心处（附图 1.5）。称取试样重量，准确至 0.1g。调整百分表，记下初读数。在室温下自然风干，室温超过 30℃时，宜在恒温（20℃左右）条件下进行。

(2) 试验初期，视试样的初始温度及收缩速度，每隔 1～4h 测记一次读数，先读百分表读数，后称试样的重量。称量后，将百分表调回至称重前的读数处。因故停止试验时，应设置塑料罩。

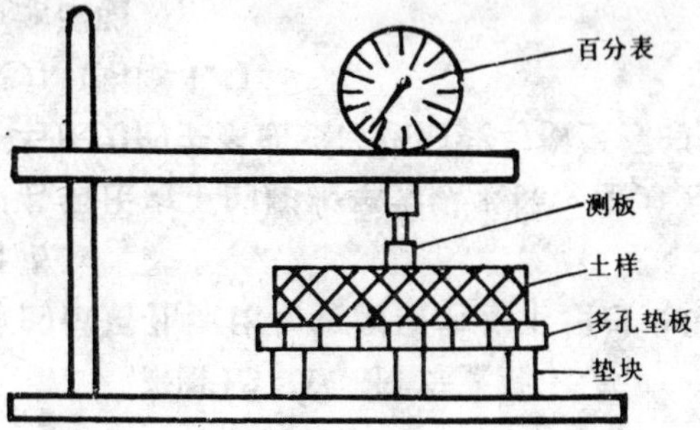

附图 1.5 收缩装置示意图

(3) 两日后，视试样收缩速度，每隔 6～24h 测读一次，直至百分表读数小于 0.01mm。

(4) 试验结束，取下试样，称量，在 105～110℃下烘至恒重，称干土重量。

3.试验资料整理及计算

(1) 按下式计算试样含水量：

$$w_i = \left(\frac{m_i}{m_d} - 1\right) \times 100\% \qquad (附1-4)$$

式中 m_i——某次称得的试样重量（g）；

m_d——试样烘干后的重量（g）；

w_i——与 m_i 对应的试样含水量（%）。

(2) 按下式计算竖向线缩率

$$\delta_{si} = \frac{z_i - z_0}{h_0} \times 100\% \qquad (附1-5)$$

式中 z_i——某次百分表读数（mm）；

z_0——百分表初始读数（mm）；

h_0——试样原始高度（mm）；

δ_{si}——与z_1对应的竖向线缩率（%）。

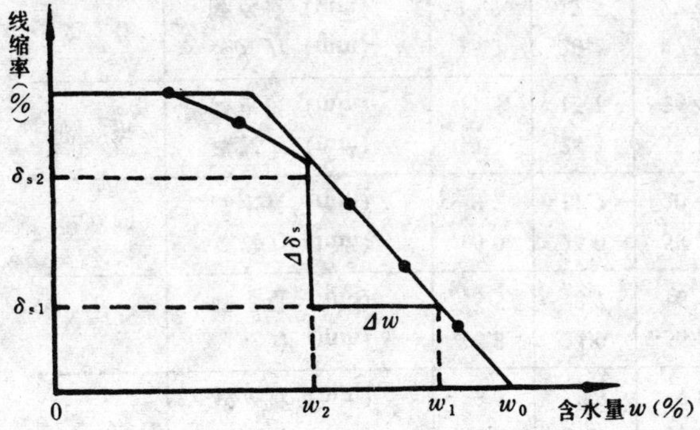

附图 1.6　收缩曲线图

(3) 以含水量为横坐标，竖向线缩率为纵坐标，绘制收缩曲线图（附图 1.6）。根据收缩曲线确定下列各指标值：

a.竖向线缩率，按本规范附录公式附 1–5 计算。

b.收缩系数，按本规范公式 2.2.1–3 计算。

其中　$\Delta w = w_1 - w_2$，　　$\Delta\delta_s = \delta_{s2} - \delta_{s1}$。

(4) 收缩曲线的直线收缩段不应小于三个试验点数据，如不符合此要求，说明该试验曲线无明显直线段，应在试验资料中注明。

附录二　中国部分地区的蒸发力及降水量表

附表 2.1

站名	项别＼月份	1	2	3	4	5	6	7	8	9	10	11	12
吐鲁番	蒸发力（mm）	5.6	16.7	59.2	102.8	167.0	191.2	196.4	173.8	93.9	43.8	42.7	3.5
	降水量（mm）	1.0	0.1	1.8	0.4	0.7	3.8	2.0	3.5	0.9	0.4	1.7	1.1
汉　中	蒸发力（mm）	14.2	20.6	43.6	60.3	94.1	114.8	121.5	118.1	57.4	39.0	17.6	11.9
	降水量（mm）	7.5	10.7	32.2	68.1	86.6	110.2	158.0	141.7	146.9	80.3	38.0	9.3
安　康	蒸发力（mm）	18.5	27.0	51.0	67.3	98.3	122.8	132.6	131.9	67.2	43.9	20.6	16.3
	降水量（mm）	4.4	11.1	33.2	80.8	88.5	78.6	120.7	118.7	133.7	70.2	32.8	7.00
通　县	蒸发力（mm）	15.6	21.5	51.0	87.3	136.9	144.0	130.5	111.2	74.4	44.6	20.1	12.3
	降水量（mm）	2.7	7.7	9.2	22.7	35.6	70.6	197.1	243.5	64.0	21.0	7.8	1.6
唐　山	蒸发力（mm）	14.3	20.3	49.8	83.0	138.8	140.8	126.2	112.4	75.5	45.5	20.4	19.1
	降水量（mm）	2.1	6.2	6.5	27.2	24.3	64.4	224.8	196.5	46.2	22.5	6.9	4.0
衡　水	蒸发力（mm）	14.2	21.9	56.0	96.7	155.2	168.5	143.1	124.6	81.4	52.3	21.2	12.2
	降水量（mm）	3.3	5.3	7.8	39.7	17.1	45.5	164.6	118.4	37.4	24.1	17.6	3.3
泰　安	蒸发力（mm）	16.8	24.9	56.8	85.6	132.5	148.1	133.8	123.6	78.5	54.6	23.8	14.2
	降水量（mm）	5.5	8.7	16.5	36.8	42.4	87.4	228.8	163.2	70.7	32.2	26.4	8.1
兖　州	蒸发力（mm）	16.0	24.9	58.2	87.7	137.9	158.5	140.3	129.5	81.0	56.6	24.8	14.7
	降水量（mm）	8.2	11.2	20.4	42.1	40.0	90.4	237.1	156.7	60.8	30.0	27.0	11.3
临　沂	蒸发力（mm）	17.2	24.3	53.1	78.9	123.7	137.2	123.3	123.7	77.5	56.2	25.6	15.5
	降水量（mm）	11.5	15.1	24.4	52.1	48.2	111.1	284.8	183.1	160.4	33.7	32.3	13.3
文　登	蒸发力（mm）	13.2	20.2	47.7	71.5	120.4	121.1	110.4	112.3	73.4	48.0	21.4	12.0
	降水量（mm）	15.7	12.5	22.4	44.3	43.3	82.4	234.1	194.3	107.9	36.0	35.3	16.3
南　京	蒸发力（mm）	19.5	24.9	50.1	70.5	103.5	120.6	140.0	139.1	80.7	59.0	27.3	17.8
	降水量（mm）	31.8	53.0	78.7	98.7	97.3	139.9	182.0	121.0	100.9	44.3	53.2	21.2
蚌　埠	蒸发力（mm）	19.0	25.9	52.0	74.4	114.3	136.9	137.2	136.0	79.1	57.8	28.2	18.5
	降水量（mm）	26.6	32.6	60.8	62.5	74.3	106.8	205.8	153.7	87.0	38.2	40.3	22.0
合　肥	蒸发力（mm）	19.0	25.6	51.3	71.7	111.5	131.9	150.0	146.3	80.8	59.2	27.9	18.5
	降水量（mm）	33.6	50.2	75.4	106.1	105.9	96.3	181.5	114.1	80.0	43.2	52.5	31.5

续表

站名	项别 \ 月份	1	2	3	4	5	6	7	8	9	10	11	12
巢　湖	蒸发力（mm）	22.8	27.6	54.2	72.6	111.3	134.8	159.7	149.9	84.2	64.7	31.2	21.6
	降水量（mm）	27.4	45.5	73.7	111.1	110.2	89.0	158.1	98.9	76.6	40.1	59.6	26.1
许　昌	蒸发力（mm）	20.6	26.8	33.0	75.7	122.3	153.0	140.7	125.2	76.8	54.6	27.5	19.0
	降水量（mm）	13.0	15.0	19.8	53.0	53.8	70.4	185.7	156.4	72.2	39.9	37.9	10.7
南　阳	蒸发力（mm）	19.2	29.9	53.3	74.4	113.8	144.8	137.6	132.6	78.8	55.6	26.5	18.6
	降水量（mm）	14.2	16.1	36.2	69.9	66.0	84.0	196.8	163.1	93.8	47.3	31.5	10.2
郧　阳	蒸发力（mm）	17.5	23.3	46.5	65.7	105.3	131.0	135.7	127.0	69.4	49.0	23.3	16.2
	降水量（mm）	14.5	20.3	43.7	84.1	74.8	74.7	145.2	134.6	109.7	61.7	38.9	12.3
钟　祥	蒸发力（mm）	23.4	29.1	52.2	70.5	108.6	131.2	151.3	146.2	89.9	62.5	31.9	21.7
	降水量（mm）	26.4	30.3	55.9	99.4	119.5	136.5	184.6	114.0	73.7	53.1	47.2	22.8
江陵（荆州）	蒸发力（mm）	20.1	24.8	45.6	61.7	96.5	120.2	146.8	136.9	82.3	54.4	27.0	18.8
	降水量（mm）	30.0	40.7	77.1	132.7	160.2	165.9	177.6	124.6	70.0	74.0	53.5	31.2
全　州	蒸发力（mm）	29.1	27.9	47.1	59.4	90.6	105.8	151.5	137.7	98.6	68.5	35.7	27.5
	降水量（mm）	55.0	89.0	131.9	250.1	231.0	198.9	110.6	130.8	48.3	69.9	86.0	58.6
桂　林	蒸发力（mm）	32.5	31.2	47.7	61.6	91.5	106.7	138.4	133.5	106.9	78.5	42.9	33.5
	降水量（mm）	55.6	76.1	134.0	279.7	318.4	315.8	224.2	166.9	65.2	97.3	83.2	56.6
百　色	蒸发力（mm）	31.6	36.9	67.6	90.5	123.1	117.9	134.1	128.8	96.8	68.3	40.0	26.4
	降水量（mm）	19.9	17.3	31.1	66.1	168.7	195.7	170.3	189.3	109.4	81.3	39.6	17.7
田　东	蒸发力（mm）	37.1	41.2	70.1	68.0	125.5	122.0	138.5	132.8	101.1	73.9	42.7	35.5
	降水量（mm）	17.4	22.3	37.2	66.0	159.4	213.5	153.7	211.2	134.5	67.3	37.2	22.4
贵　县	蒸发力（nm）	41.6	36.7	52.7	67.6	110.6	109.2	135.0	133.1	111.4	91.2	52.1	42.1
	降水量（mm）	33.3	48.4	63.2	144.0	183.6	302.5	221.4	244.9	101.4	66.6	38.0	27.4
南　宁	蒸发力（mm）	25.1	33.4	51.2	71.3	116.0	115.7	136.3	130.5	101.9	81.7	46.1	35.3
	降水量（mm）	40.2	41.8	63.0	84.1	183.3	241.8	179.9	203.6	110.1	67.0	43.3	25.1
上　思	蒸发力（mm）	45.0	34.7	54.9	74.3	123.0	108.5	127.2	119.0	91.4	73.4	42.5	34.6
	降水量（mm）	23.4	26.0	23.1	62.4	126.7	144.3	201.0	235.6	141.7	74.1	40.4	18.0
来　宾	蒸发力（mm）	36.0	34.2	51.3	76.4	107.5	112.6	140.9	135.7	107.0	79.9	43.4	34.2
	降水量（mm）	28.8	52.7	67.2	116.9	182.8	296.1	195.9	209.0	68.5	78.3	57.3	36.3

续表

站名	项别＼月份	1	2	3	4	5	6	7	8	9	10	11	12
韶关（曲江）	蒸发力（mm）	33.2	31.8	51.4	65.0	103.4	111.4	155.6	141.2	109.9	79.5	44.4	32.2
	降水量（mm）	52.4	83.2	149.7	226.2	239.9	264.1	127.6	138.4	90.8	57.3	49.3	43.5
广州	蒸发力（mm）	40.1	35.9	53.1	66.2	105.4	109.2	137.5	131.1	99.5	88.4	54.5	41.8
	降水量（mm）	39.3	62.5	91.3	158.2	266.7	299.2	220.0	225.5	204.0	52.2	42.0	19.7
湛江	蒸发力（mm）	43.0	37.1	55.9	26.9	123.8	122.3	144.9	132.0	105.1	87.8	58.9	46.2
	降水量（mm）	25.2	38.7	63.5	40.6	163.3	209.2	163.5	251.2	254.4	90.9	44.7	19.5
绵阳	蒸发力（mm）	16.8	21.4	43.8	61.2	92.8	97.0	109.4	104.0	56.7	38.2	21.9	15.2
	降水量（mm）	6.1	10.9	20.2	54.5	83.5	162.0	244.0	224.6	143.5	43.9	19.7	6.1
成都	蒸发力（mm）	17.5	21.4	43.6	59.7	91.0	94.3	107.7	102.1	56.0	37.5	21.7	15.7
	降水量（mm）	5.1	11.3	21.8	51.3	88.3	119.8	229.4	365.5	113.7	48.0	16.5	6.4
昭通	蒸发力（mm）	23.4	31.4	66.1	83.0	97.7	81.9	101.9	92.8	61.7	40.1	27.2	21.2
	降水量（mm）	5.6	6.6	12.6	26.6	74.3	144.1	162.0	124.4	101.2	62.2	15.2	7.0
元谋	蒸发力（mm）	57.1	70.5	122.3	144.7	171.5	130.7	127.1	120.0	94.4	74.7	52.6	45.8
	降水量（mm）	3.4	4.9	2.5	10.1	39.5	113.7	146.2	122.4	76.5	75.5	12.6	6.9
昆明	蒸发力（mm）	35.6	47.2	85.1	103.4	122.6	91.9	90.2	90.3	67.6	53.0	36.9	30.1
	降水量（mm）	10.0	9.9	13.6	19.7	78.5	182.0	216.5	195.1	123.0	94.9	33.6	16.0
开远	蒸发力（mm）	44.4	56.9	99.6	116.7	140.2	105.4	107.5	100.8	81.6	66.5	44.2	39.2
	降水量（mm）	14.2	14.2	25.9	40.9	75.7	131.8	166.6	135.1	83.2	55.2	33.2	20.0
元江	蒸发力（mm）	54.2	69.4	114.3	123.3	148.7	118.8	121.2	116.9	95.3	76.4	52.2	44.8
	降水量（mm）	12.5	11.1	17.2	41.9	80.3	142.6	132.1	133.3	72.4	74.1	37.1	26.9
文山	蒸发力（mm）	36.1	45.8	84.3	104.4	120.8	94.5	99.3	93.6	70.5	59.5	40.4	34.3
	降水量（mm）	13.7	12.4	24.5	61.6	103.9	154.0	194.6	175.0	103.6	64.9	31.1	23.0
蒙自	蒸发力（mm）	40.4	58.4	100.8	117.6	134.5	102.2	102.6	97.7	78.7	66.0	47.8	41.3
	降水量（mm）	12.9	16.4	26.2	45.9	90.1	131.8	150.8	150.5	81.1	52.8	27.7	19.8
贵阳	蒸发力（mm）	21.0	25.0	51.8	70.3	90.9	92.7	116.9	110.1	74.4	46.7	28.1	21.1
	降水量（mm）	19.7	21.8	33.2	108.3	191.8	213.2	178.9	142.0	82.6	89.2	55.9	25.7

附录三　现场浸水载荷试验要点

本试验用以确定地基土的承载力和浸水时的膨胀变形量。

一、试验场地应选在有代表性的地段，试坑和试验设备的布置应符合附图 3.1 的要求。

二、承压板面积不应小于 $0.5m^2$，采用方形承压板时，其宽度 b 不应小于 0.707m。

三、在承压板附近应设置一组深度为 0、1b、2b、3b 和等于当地大气影响深度的分层测标，或采用一孔多层测标方法，以观测各层土的膨胀变形量。

四、采用钻孔或砂沟双面浸水。砂沟或钻孔内应填满中、粗砂，钻孔或砂沟的深度不应小于当地的大气影响深度或 4b。

五、采用重物分级加荷和高精度水准仪观测变形量。

六、应分级加荷至设计荷载。当土的天然含水量大于或等于塑限含水量时，每级荷载可按 25kPa 增加；当土的天然含水量小于塑限含水量时，每级荷载可按 50kPa 增加。每级荷载施加后，应按 0.5h、1h 各观测沉降一次，以后可每隔 1h 或更长一些时间观测一次，直至沉降达到相对稳定后再加下一级荷载。

七、连续 2h 的沉降量不大于 0.1mm／h 时即可认为沉降稳定。

八、当施加最后一级荷载沉降达到稳定标准后，可在砂沟内浸水，浸水水面不应高于承压板底面。浸水期间应每三天或三天以上时间观测一次膨胀变形。膨胀变形相对稳定的标准为连续两个观测周期内，其变形量不应大于 0.1mm／3d。浸水时间不应少于两周。

九、浸水膨胀变形达到相对稳定后，应停止浸水并按第六、七点要求继续加荷直至达到破坏。

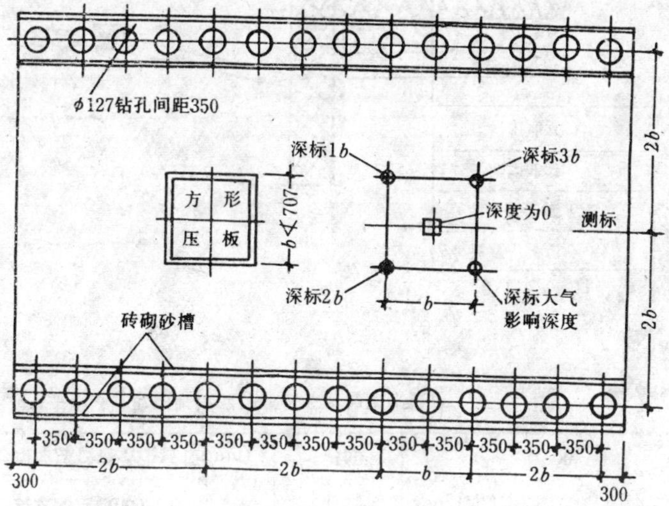

附图 3.1　现场浸水载荷试验试坑及设备布置示意图

十、试验前和试验后应分层取原状土样在室内进行物理力学试验和膨胀试验。

十一、绘制各级荷载下的变形和压力曲线（附图 3.2）以及分层测标变形与时间关系曲线，以确定土的承载力和可能的膨胀量。必要时可用室内试验的 c、φ 值按承载力公式计算其承载力，并与现场载荷试验所确定的承载力值进行对比，并编写试验报告。

十二、应取破坏荷载的一半作为地基土承载力的基本值。在特殊情况下，可按地基设计要求的变形值在 p–s 曲线上选取所对应的荷载作为地基土承载力的基本值（附表 3.1）。

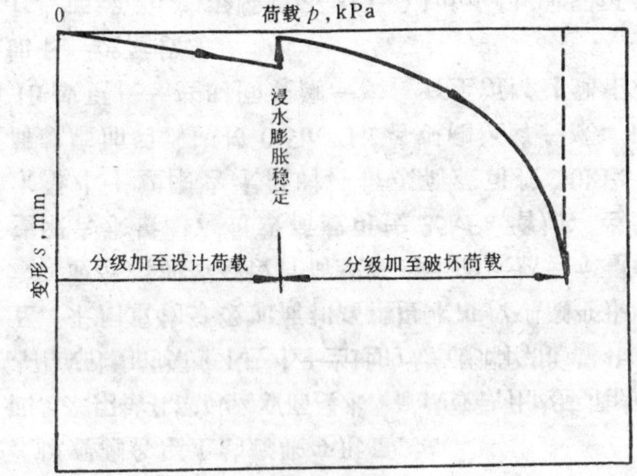

附图 3.2　现场浸水载荷试验 p–s 关系曲线示意图

地基承载力的基本值 f_k(kPa)　附表 3.1

含水比＼孔隙比	0.6	0.9	1.1
<0.5	350	280	200
0.5～0.6	300	220	170
0.6～0.7	250	200	150

注：1.含水比为天然含水量与液限比值。

2.此表适用于基坑开挖时土的天然含水量等于或小于勘察取土试验时土的天然含水量。

附录四　使用要求严格的地面构造

混凝土地面构造　附表 4.1

设计要求＼δ_{epo} (%)	$2<\delta_{epo}<4$	$\delta_{epo}>4$
混凝土垫层厚度(mm)	100	120
换土层总厚度(mm)		$300+(\delta_{epo}-4)\times 100$
变形缓冲层材料最小粒径(mm)	≥150	≥200

注：表中 δ_{epo} 取膨胀试验卸荷到零时的膨胀量。

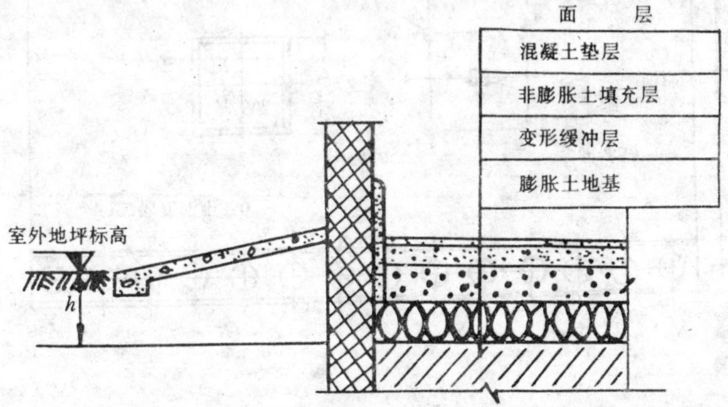

附图 4.1　混凝土地面构造示意图

附录五　建筑物变形观测方法

一、水准基点和观测点的埋没

1.水准基点的埋设应以不受膨胀土胀缩变形影响为原则，宜埋设在邻近的基岩露头或非膨胀土层内。标点应按国家测量规范Ⅱ等水准要求埋设正副点，并要求两点能一站联测校核。邻近没有非膨胀土土层，可在多年的深水井壁上或在常年潮湿、保水条件良好的地段设置深埋式水准基点。为防止侧向胀缩变形对水准基点的影响，宜加设套管，使基点与周围土体隔开，并加强保湿措施。

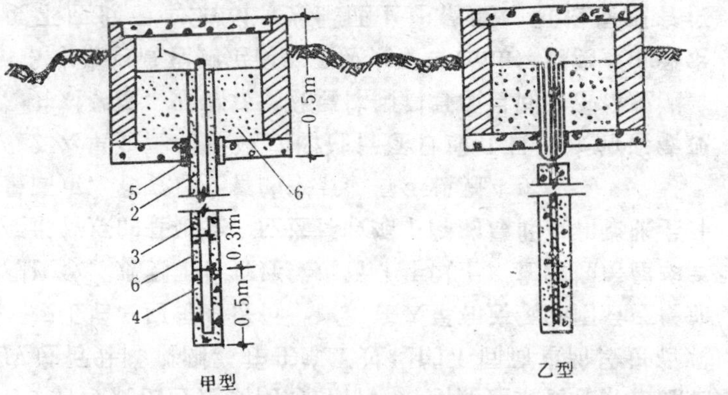

(1)焊接在铁管上的水准标蕊　(2)ϕ30～50mm 的铁管　(3)ϕ60～110mm 的套管　(4)底部现浇混凝土　(5)油毛毡二层　(6)木屑

ϕ108～127 钻孔现浇混凝土，标蕊为 ϕ12 钢筋，上部用短套管隔开

附图 5.1　深埋式水准点示意图

2.深埋式水准点不宜少于 3 个，其构造可按附图 5.1 甲型设置。每次变形观测时，应进行水准基点校核。水准基点离建筑物较远时，可在建筑物附近设置观测水准点，其深度不得浅于该地区的大气影响深度，其构造可按附图 5.1 乙型设置。

3.观测点的布置应全面反映建筑物的变形情况，在砖混承重的房屋转角处、纵横墙交接处以及横墙中部应设置观测点。在房屋转角附近宜加密，2m 左右设一观测点，在承重内隔墙中部应设置内墙点，在室内地面中心及四周应设置地面观测点。

框架结构的房屋沿柱基或纵横轴线应设置观测点。烟囱、水塔、油罐等构筑物的观测点应沿周边对称设置。

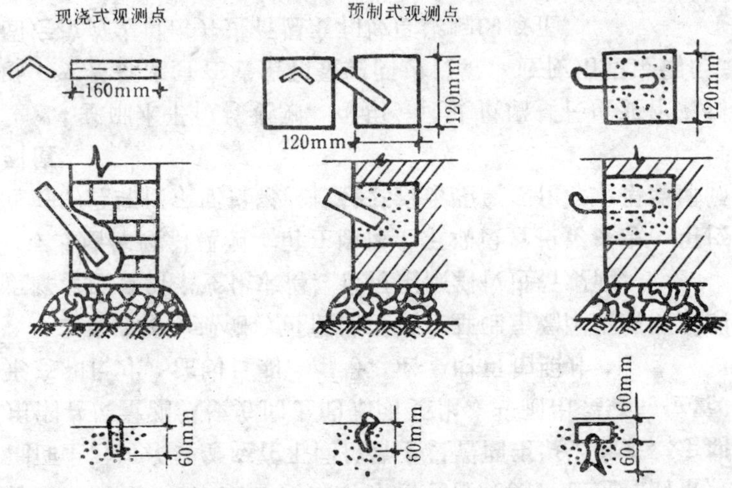

附图 5.2　各类观测点示意图

4.观测点的埋设可按建筑物的特点采用不同的类型（附图 5.2）。每栋建筑物可选择最敏感的 1～2 个剖面，适当增设观测点的观测项目，同时进行水平位移、基础转动，墙体倾斜和裂缝变化等项目的观测。

二、升降观测

1.各项观测应定期同时进行。对新建建筑物在开始施工即应进行升降观测，并在施工过程的不同荷重阶段进行观测。竣工后，应每月进行一次，在久旱和连续降雨后应增加观测次数。观测工作宜连续进行 3 年以上。在掌握房屋季节性变形特点的基础上，应选择收缩下降的最低点和膨胀上升的最高点，和变形交替的季节，每年观测 4 次。

2.久旱久雨时，应立即进行逐日或几日一次的连续观测，并对裂缝，基础转动及墙体倾斜等项目同时进行观测。

3.水准点高程测定误差不应大于 ± 1mm；观测点的测定精度不应低于 ± 2mm。为保证上述精度，可根据现有仪器、线路长度以及拟定的操作方法，确定必要的观测次数。

升降变形观测应采用高精密水准仪进行。

4.每次观测应使用固定的仪器，观测前，应严格校正仪器，每次观测时标尺和仪器设站位置都应固定。可埋设混凝土桩为转尺点，视线长度不得大于 35m，视线高度不得低于 0.3m。

5.宜采用不转站直接测定法进行建筑物的变形观测，视线长度为 20～30m，后视观测水准点回零差不得大于 ± 0.5mm。

观测也可用水准闭合法进行。

三、其他观测

必要时应进行下述变形观测：

1.建筑物墙体和地面裂缝观测，可通过设置可靠的观测标志（附图 5.3）或直接刻划标志进行观测。在选择的重点剖面上，每条裂缝应在不同位置上设置两组以上标志，定期用钢卷尺量测纵横方向上的张闭变化，并画出裂缝的位置、形态和尺寸，注明日期、编号，必要时可拍照片。

2.基础转动观测，可借助埋设在基础角端附近观测点的沉降差反算斜率变化求得，也可用倾斜仪进行观测。

3.墙体倾斜观测，可在墙体上下端设置投影标志，用校正好的经纬仪定期投影，比较其投影距离变化，求得墙体倾斜值。

4.基础水平位移观测，可用分段丈量墙基长度变化来判断。丈量标志宜在墙角和裂缝两边设置。应使用固定钢尺、固定拉力丈量，并进行温度和坡度影响的修正。

水平位移也可用“轴线法”进行，即在建筑物角端 1m 附近埋设 8～10m 深的钻孔桩，用套管将桩与周围土体隔开，作为固定基点，定期架设经纬仪用横标尺测定墙基水平位移。

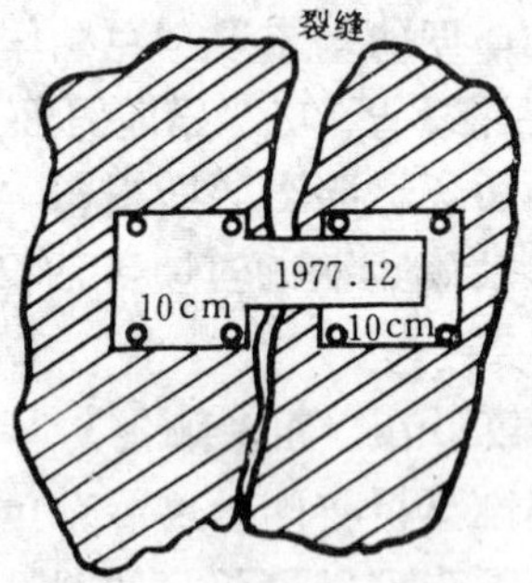

附图 5.3　裂缝观测片图

四、资料整理

1.校核观测数据，算出每个观测点的高程，逐日变化值和累计变化值。

2.绘制观测点的时间—变形曲线。

3.绘制建筑物的变形展开曲线。

4.选择典型剖面，绘制基础升降、裂缝张闭、基础转动和基础水平位移等项目的关系曲线。

5.计算建筑物的平均变形幅度、相对挠曲以及易损部分的局部倾斜。

6.编写观测报告。

附录六 本规范用词说明

一、为便于在执行本规范条文时区别对待，对要求严格程度不同的用词说明如下：

1.表示很严格，非这样作不可的：正面词采用“必须”，反面词采用“严禁”。

2.表示严格，在正常情况下均应这样作的：正面词采用“应”，反面词采用“不应”或“不得”。

3.表示允许稍有选择，在条件许可时首先应这样作的：正面词采用“宜”或“可”，反面词采用“不宜”。

二、条文中指定应按其他有关标准、规范执行时，写法为“应符合……的规定”。非必须按所指定的标准、规范或其他规定执行时，写法为“可参照……执行”。

附加说明:

本规范主编单位、参加单位和主要起草人名单

主编单位: 中国建筑科学研究院

参加单位: 中国有色金属总公司昆明勘察院
航空航天部第四规划设计研究院
云南省设计院
个旧市建委设计室
湖北省综合勘察设计研究院
陕西省综合勘察院
中国人民解放军总后勤部营房设计院
平顶山市建委
航空航天部勘察公司
平顶山矿务局科研所
云南省云锡公司
广西区建委综合设计院
湖北省工业建筑设计院
广州军区营房设计所

主要起草人: 黄熙龄 陆忠伟 何信芳 穆传贤
徐祖森 陈希泉 陈 林 汪德果
陈开山 王思义

中华人民共和国国家标准

工程岩体试验方法标准

Standard for tests method of engineering rock massas

GB/T 50266-99

主编部门：原中华人民共和国电力工业部
批准部门：中华人民共和国建设部
施行日期：1999年5月1日

关于发布国家标准《工程岩体试验方法标准》的通知

建标[1999]25号

根据国家计委计综[1986]2630号文的要求，由电力工业部会同有关部门共同制订的《工程岩体试验方法标准》，已经有关部门会审。现批准《工程岩体试验方法标准》GB/T 50266-99为推荐性国家标准，自1999年5月1日起施行。

本标准由电力工业部负责管理，具体解释等工作由电力工业部水电水利规划设计总院负责，出版发行由建设部标准定额研究所负责组织。

中华人民共和国建设部
一九九九年一月二十二日

目　次

1 总　　则

1.0.1 为统一工程岩体试验方法，提高试验成果的质量和增强试验成果的可比性，制订本标准。

1.0.2 本标准适用于水利、水电、矿山、铁路、交通、石油、国防、工业与民用建筑等工程的岩石试验。

1.0.3 岩石试验对象应具有地质代表性。岩石试验内容、试验方法、技术条件等应符合工程建设勘测、设计、施工的基本要求和特性。

1.0.4 岩石试验除应符合本标准外，尚应符合国家现行有关标准的规定。

2 岩块试验

2.1 含水率试验

2.1.1 岩石含水率试验应采用烘干法，并适用于不含结晶水矿物的岩石。

2.1.2 试件应符合下列要求：

(1)保持天然含水率的试件应在现场采取，不得采用爆破或湿钻法。试件在采取、运输、储存和制备过程中，含水率的变化不应超过1%。

(2)每个试件的尺寸应大于组成岩石最大颗粒的10倍。

(3)每个试件的质量不得小于40g。

(4)每组试验试件的数量不宜少于5个。

2.1.3 试件描述应包括下列内容：

(1)岩石名称、颜色、矿物成分、结构、风化程度、胶结物性质等。

(2)为保持试件含水状态所采取的措施。

2.1.4 主要仪器和设备应包括下列各项：

(1)烘箱和干燥器。

(2)天平。

2.1.5 试验应按下列步骤进行：

(1)称制备好的试件质量。

(2)将试件置于烘箱内，在105～110℃的恒温下烘干试件。

(3)将试件从烘箱中取出，放入干燥器内冷却至室温，称试件质量。

(4)重复本条(2)、(3)程序，直到将试件烘干至恒量为止，即相邻24h两次称量之差不超过后一次称量的0.1%。

(5)称量精确至 0.01g。

2.1.6 试验成果整理应符合下列要求：

(1)按下列公式计算岩石含水率：

$$\omega = \frac{m_o - m_s}{m_s} \times 100 \qquad (2.1.6)$$

式中 ω ——岩石含水率(%)；

m_o——试件烘干前的质量(g)；

m_s——干试件的质量(g)。

(2)计算值精确至 0.1。

(3)含水率试验记录应包括工程名称、试件编号、试件描述、试件烘干前后的质量。

2.2 颗粒密度试验

2.2.1 岩石颗粒密度试验应采用比重瓶法，并适用于各类岩石。

2.2.2 试件应符合下列要求：

(1)将岩石用粉碎机粉碎成岩粉，使之全部通过 0.25mm 筛孔，用磁铁吸去铁屑。

(2)对含有磁性矿物的岩石，应采用瓷研钵或玛瑙研钵粉碎岩石，使全部通过 0.25mm 筛孔。

2.2.3 试件描述应包括下列内容：

(1)粉碎前应描述岩石名称、颜色、矿物成分、结构、风化程度、胶结物性质等。

(2)岩石的粉碎方法。

2.2.4 主要仪器和设备应包括下列各项：

(1)粉碎机、瓷研钵或玛瑙研钵、磁铁块和孔径为 0.25mm 的筛。

(2)天平。

(3)烘箱和干燥器。

(4)真空抽气设备和煮沸设备。

(5)恒温水槽。

(6)容积 100ml 的短颈比重瓶。

(7)温度计。

2.2.5 试验应按下列步骤进行：

(1)将制备好的岩粉，置于 105～110℃的恒温下烘干，烘干时间不得少于 6h，然后放入干燥器内冷却至室温。

(2)用四分法取两份岩粉，每份岩粉质量为 15g。

(3)将经称量的岩粉装入烘干的比重瓶内，注入试液(纯水或煤油)至比重瓶容积的一半处。对含水溶性矿物的岩石，应使用煤油作试液。

(4)当使用纯水作试液时，应采用煮沸法或真空抽气法排除气体；当使用煤油作试液时，应采用真空抽气法排除气体。

(5)当采用煮沸法排除气体时，煮沸时间在加热沸腾以后，不应少于 1h。

(6)当采用真空抽气法排除气体时，真空压力表读数宜为 100kPa，抽至无气泡逸出，抽气时间不宜少于 1h。

(7)将经过排除气体的试液注入比重瓶至近满，然后置于恒温水槽内，使瓶内温度保持稳定并使上部悬液澄清。

(8)塞好瓶塞，使多余试液自瓶塞毛细孔中溢出，将瓶外擦干，称瓶、试液和岩粉的总质量，并测定瓶内试液的温度。

(9)洗净比重瓶，注入经排除气体并与试验同温度的试液至比重瓶内，按本条(7)、(8)程序称瓶和试液的质量。

(10)称量精确至 0.001g。

2.2.6 试验成果整理应符合下列要求：

(1)按下列公式计算岩石颗粒密度：

$$\rho_s = \frac{m_s}{m_1 + m_s - m_2} \cdot \rho_o \qquad (2.2.6)$$

式中 ρ_s ——岩石颗粒密度(g/cm³)；

m_s——干岩粉质量(g)；

m_1——瓶、试液总质量(g)；

m_2——瓶、试液、岩粉总质量(g)；

ρ_0——与试验温度同温的试液密度(g/cm^3)。

(2)颗粒密度试验应进行两次平行测定，两次测定的差值不得大于 $0.02g/cm^3$，取两次测值的平均值。

(3)计算值精确至 0.01。

(4)颗粒密度试验记录应包括工程名称、试件编号、试件描述、比重瓶编号、试液温度、试液密度、干岩粉质量、瓶和试液总质量，以及瓶、试液和岩粉总质量。

2.3 块体密度试验

2.3.1 岩石块体密度试验可采用量积法、水中称量法或蜡封法，并应符合下列要求：

(1)凡能制备成规则试件的各类岩石，宜采用量积法。

(2)除遇水崩解、溶解和干缩湿胀性岩石外，均可采用水中称量法。

(3)不能用量积法或水中称量法进行测定的岩石，宜采用蜡封法。

2.3.2 量积法试件应符合下列要求：

(1)试件尺寸应大于岩石最大颗粒的 10 倍。

(2)试件可用圆柱体、方柱体或立方体。

(3)沿试件高度，直径或边长的误差不得大于 0.3mm。

(4)试件两端面不平整度误差不得大于 0.05mm。

(5)端面应垂直于试件轴线，最大偏差不得大于 0.25°。

(6)方柱体或立方体试件相邻两面应互相垂直，最大偏差不得大于 0.25°。

2.3.3 蜡封法试件宜为边长 40～60mm 的浑圆状岩块。

2.3.4 测干密度时，每组试验试件数量不得少于 3 个；测湿密度时，试件数量不宜少于 5 个。

2.3.5 试件描述应包括下列内容：

(1)岩石名称、颜色、矿物成分、结构、风化程度、胶结物性质等。

(2)节理裂隙的发育程度及其分布。

(3)试件的形态。

2.3.6 主要仪器和设备应包括下列各项：

(1)钻石机、切石机、磨石机、砂轮机等。

(2)烘箱和干燥器。

(3)天平。

(4)测量平台。

(5)熔蜡设备。

(6)水中称量装置。

2.3.7 量积法试验应按下列步骤进行：

(1)量测试件两端和中间三个断面上相互垂直的两个直径或边长，按平均值计算截面积。

(2)量测端面周边对称四点和中心点的五个高度，计算高度平均值。

(3)将试件置于烘箱中，在 105～110℃的恒温下烘 24h，然后放入干燥器内冷却至室温，称试件质量。

(4)长度量测精确至 0.01mm，称量精确至 0.01g。

2.3.8 水中称量法试验步骤应符合本标准第 2.4.5 条的规定。

2.3.9 蜡封法试验应按下列步骤进行：

(1)测湿密度时，应取有代表性的岩石制备试件并称量；测干密度时，试件应在 105～110℃恒温下烘 24h，然后放入干燥器内冷却至室温，称干试件质量。

(2)将试件系上细线，置于温度 60℃左右的熔蜡中约 1～2s，使试件表面均匀涂上一层蜡膜，其厚度约 1mm 左右。当试件上蜡膜有气泡时，应用热针刺穿并用蜡液涂平，待冷却后称蜡封试件质量。

(3)将蜡封试件置于水中称量。

(4)取出试件，擦干表面水分后再次称量。当浸水后的蜡封试件质量增加时，应重做试验。

(5)湿密度试件在剥除蜡膜后，按本标准第2.1.5条的步骤，测定岩石含水率。

(6)称量精确至0.01g。

2.3.10 试验成果整理应符合下列要求：

(1)量积法按下列公式计算岩石块体干密度：

$$\rho_d = \frac{m_s}{AH} \tag{2.3.10-1}$$

式中 ρ_d——岩石块体干密度(g/cm^3)；

m_s——干试件质量(g)；

A——试件截面积(cm^2)；

H——试件高度(cm)。

(2)蜡封法按下列公式计算岩石块体干密度和块体湿密度：

$$\rho_d = \frac{m_s}{\frac{m_1 - m_2}{\rho_w} - \frac{m_1 - m_s}{\rho_p}} \tag{2.3.10-2}$$

$$\rho = \frac{m}{\frac{m_1 - m_2}{\rho_w} - \frac{m_1 - m_s}{\rho_p}} \tag{2.3.10-3}$$

$$\rho_d = \frac{\rho}{1 + 0.01\omega} \tag{2.3.10-4}$$

式中 ρ——岩石块体湿密度(g/cm^3)；

m——湿试件质量(g)；

m_1——蜡封试件质量(g)；

m_2——蜡封试件在水中的称量(g)；

ρ_w——水的密度(g/cm^3)；

ρ_p——石蜡的密度(g/cm^3)；

ω——岩石含水率(%)。

(3)计算值精确至0.01。

(4)块体密度试验记录应包括工程名称、试件编号、试件描述、试验方法、试件质量、试件水中称量、试件尺寸、水的密度和蜡的密度。

2.4 吸水性试验

2.4.1 岩石吸水性试验应包括岩石吸水率试验和岩石饱和吸水率试验，并应符合下列要求：

(1)岩石吸水率采用自由浸水法测定。

(2)岩石饱和吸水率采用煮沸法或真空抽气法测定。

(3)在测定岩石吸水率和饱和吸水率的同时，应采用水中称量法测定岩石块体密度。

(4)本试验适用于遇水不崩解的岩石。

2.4.2 试件应符合下列要求：

(1)规则试件应符合本标准第2.3.2条的要求。

(2)不规则试件宜为边长40～60mm的浑圆状岩块。

(3)每组试验试件的数量不得少于3个。

2.4.3 试件描述应符合本标准第2.3.5条的规定。

2.4.4 主要仪器和设备应包括下列各项：

(1)钻石机、切石机、磨石机、砂轮机等。

(2)烘箱和干燥器。

(3)天平。

(4)水槽。

(5)真空抽气设备和煮沸设备。

(6)水中称量装置。

2.4.5 试验应按下列步骤进行：

(1)将试件置于烘箱内，在105～110℃温度下烘24h，取出放入干燥器内冷却至室温后称量。

(2)当采用自由浸水法饱和试件时，将试件放入水槽，先注水至试件高度的1/4处，以后每隔2h分别注水至试件高度的1/2和3/4处，6h后全部浸没试件。试件在水中自由吸水48h后，取出试件并沾去表面水分称量。

(3)当采用煮沸法饱和试件时，煮沸容器内的水面应始终高于试件，煮沸时间不得少于6h。经煮沸的试件，应放置在原容器中冷却至室温，取出并沾去表面水分称量。

(4)当采用真空抽气法饱和试件时，饱和容器内的水面应高于试件，真空压力表读数宜为100kPa，直至无气泡逸出为止，但总抽气时间不得少于4h。经真空抽气的试件，应放置在原容器中，在大气压力下静置4h，取出并沾去表面水分称量。

(5)将经煮沸或真空抽气饱和的试件，置于水中称量装置上，称试件在水中的质量。

(6)称量精确至0.01g。

2.4.6 试验成果整理应符合下列要求：

(1)按下列公式计算岩石吸水率、饱和吸水率、干密度：

$$\omega_a=\frac{m_o-m_s}{m_s}\cdot 100 \tag{2.4.6-1}$$

$$\omega_{sa}=\frac{m_p-m_s}{m_s}\cdot 100 \tag{2.4.6-2}$$

$$\rho_d=\frac{m_s}{m_p-m_w}\cdot \rho_w \tag{2.4.6-3}$$

式中 ω_a ——岩石吸水率(%)；

ω_{sa} ——岩石饱和吸水率(%)；

ρ_d ——岩石块体干密度(g/cm³)；

m_o ——试件浸水48h的质量(g)；

m_s ——干试件质量(g)；

m_p ——试件经煮沸或真空抽气饱和后的质量(g)；

m_w ——饱和试件在水中的称量(g)；

ρ_w ——水的密度(g/cm³)。

(2)计算值精确至0.01。

(3)吸水性试验记录应包括工程名称、试件编号、试件描述、试验方法、干试件质量、浸水后质量、强制饱和后的质量、试件水中称量及水的密度。

2.5 膨胀性试验

2.5.1 岩石膨胀性试验应包括岩石自由膨胀率试验、岩石侧向约束膨胀率试验和岩石膨胀压力试验，并应符合下列要求：

(1)岩石自由膨胀率试验适用于遇水不易崩解的岩石。

(2)岩石侧向约束膨胀率试验和岩石膨胀压力试验适用于各类岩石。

2.5.2 试件应在现场采取，并保持天然含水状态。不得采用爆破或湿钻法取样。

2.5.3 试件应符合下列要求：

(1)自由膨胀率试验的试件：圆柱形试件的直径宜为50～60mm，试件高度宜等于直径，两端面应平行；正方形试件的边长宜为50～60mm，各相对面应平行。试件数量不得少于3个。

(2)侧向约束膨胀率试验的试件高度应大于15mm，或大于岩石最大颗粒的10倍，两端面应平行。试件直径不得小于高度的4倍。试件数量不得少于3个。

(3)膨胀压力试验的试件高度应大于15mm，或大于岩石最大颗粒的10倍，两端面应平行。试件直径不得小于高度的2.5倍。试件数量不得少于3个。

2.5.4 试件应采用干法加工，天然含水率的变化不应超过1%。

2.5.5 试件描述应包括下列内容：

(1)岩石名称、颜色、矿物成分、结构、风化程度、胶结物性质等。

(2)膨胀变形和加载方向分别与层理、片理、节理裂隙之间的关系。

(3)试件加工方法。

2.5.6 主要仪器和设备应包括下列各项：

(1)钻石机、切石机、磨石机等。

(2)测量平台。

(3)自由膨胀率试验仪。

(4)侧向约束膨胀率试验仪。

(5)膨胀压力试验仪。

(6)干湿温度计。

2.5.7 自由膨胀率试验应按下列步骤进行：

(1)将试件放入自由膨胀率试验仪内，在试件上下分别放置透水板，顶部放置一块金属板。

(2)在试件上部和四侧对称的中心部位分别安装千分表。四侧千分表与试件接触处，宜放置一块薄铜片。

(3)读记千分表读数，每隔10min读记1次，直至3次读数不变。

(4)缓慢地向盛水容器内注入纯水，直至淹没上部透水板。

(5)在第1小时内，每隔10min测读变形1次，以后每隔1h测读变形1次，直至3次读数差不大于0.001mm为止。浸水后试验时间不得小于48h。

(6)试验过程中，应保持水位不变。水温变化不得大于2℃。

(7)试验过程中及试验结束后，应详细描述试件的崩解、掉块、表面泥化或软化等现象。

2.5.8 侧向约束膨胀率试验应按下列步骤进行：

(1)将试件放入内壁涂有凡士林的金属套环内，在试件上下分别放置薄型滤纸和透水板。

(2)顶部放上固定金属荷载块并安装垂直千分表。金属荷载块的质量应能对试件产生5kPa的持续压力。

(3)试验及稳定标准应符合本标准第2.5.7条的(3)～(6)。

(4)试验结束后，应描述试件表面的泥化和软化现象。

2.5.9 膨胀压力试验应按下列步骤进行：

(1)将试件放入内壁涂有凡士林的金属套环内，在试件上下分别放置薄型滤纸和金属透水板。

(2)安装加压系统及量测试件变形的测表。

(3)应使仪器各部位和试件在同一轴线上，不得出现偏心荷载。

(4)对试件施加产生0.01MPa压力的荷载，测读试件变形测表读数，每隔10min读数1次，直至3次读数不变。

(5)缓慢地向盛水容器内注入纯水，直至淹没上部透水板。观测变形测表的变化，当变形量大于0.001mm时，调节所施加的荷载，应保持试件厚度在整个试验过程中始终不变。

(6)开始时每隔10min读数1次，连续3次读数差小于0.001mm时，改为每1h读数1次；当每1h读数连续3次读数差小于0.001mm时，可认为稳定并记录试验荷载。浸水后总试验时间不得少于48h。

(7)试验过程中，应保持水位不变。水温变化不得大于2℃。

(8)试验结束后，应描述试件表面的泥化和软化现象。

2.5.10 试验成果整理应符合下列要求：

(1)按下列公式计算岩石自由膨胀率、侧向约束膨胀率、膨胀压力：

$$V_H=\frac{\Delta H}{H}\times 100 \quad (2.5.10\text{-}1)$$

$$V_D=\frac{\Delta D}{D}\times 100 \quad (2.5.10\text{-}2)$$

$$V_{HP}=\frac{\Delta H_1}{H}\times 100 \quad (2.5.10\text{-}3)$$

$$P_s=\frac{F}{A} \quad (2.5.10\text{-}4)$$

式中 V_H——岩石轴向自由膨胀率(%)；

V_D——岩石径向自由膨胀率(%)；

V_{HP}——岩石侧向约束膨胀率(%)；

P_s——岩石膨胀压力(MPa)；

ΔH——试件轴向变形值(mm)；

H——试件高度(mm)；

ΔD——试件径向平均变形值(mm)；

D——试件直径或边长(mm)；

ΔH_1——有侧向约束试件的轴向变形值(mm)；

F——轴向荷载(N)；

A——试件截面积(mm^2)。

(2)计算值取3位有效数字。

(3)膨胀性试验记录应包括工程名称、试件编号、试件描述、试件尺寸、温度、试验时间、轴向变形、径向变形和轴向荷载。

2.6 耐崩解性试验

2.6.1 耐崩解性试验适用于粘土岩类岩石和风化岩石。

2.6.2 试件应符合下列要求：

(1)在现场采取保持天然含水量的试样并密封。

(2)试样制成每块质量为40～60g的浑圆状岩块试件，每组试验试件的数量不应少于10个。

2.6.3 试件描述应包括岩石名称、颜色、矿物成分、结构、风化程度、胶结物性质等。

2.6.4 主要仪器和设备应包括下列各项：

(1)烘箱及干燥器。

(2)天平。

(3)耐崩解性试验仪。由动力装置、圆柱形筛筒和水槽组成，其中圆柱形筛筒长100mm、直径140mm、筛孔直径2mm(图2.6.4)。

(4)温度计。

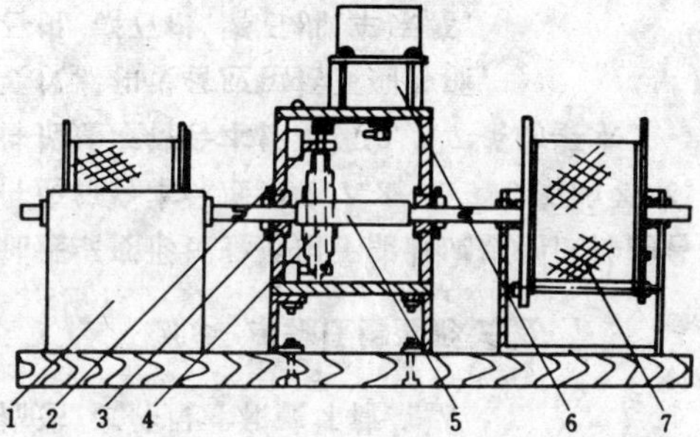

图2.6.4 耐崩解性试验仪

1——水槽；2——蜗杆；3——轴套；4——蜗轮；5——大轴；6——马达；7——筛筒

2.6.5 试验应按下列步骤进行：

(1)将试件装入耐崩解试验仪的圆柱形筛筒内，在105～110℃的温度下烘干至恒量后，在干燥器内冷却至室温称量。

(2)将装有试件的圆柱形筛筒放在水槽内，向水槽内注入纯水，使水位在转动轴下约20mm。圆柱形筛筒以20r/min的转速转动10min后，将圆柱形筛筒和残留试件在105～110℃的温度下烘干至恒量后，在干燥器内冷却至室温称量。

(3)重复本条(2)项的程序，求得第二次循环后的圆柱形筛筒和残留试件质量。根据需要可进行5个循环。

(4)试验过程中，水温应保持在(20±2)℃范围内。

(5)试验结束后，应对残留试件、水的颜色和水中沉积物进行描述。根据需要，对水中沉积物进行颗粒分析、界限含水量测定和粘土矿物分析。

(6)称量精确至0.1g。

2.6.6 试验成果整理应符合下列要求：

(1)按下列公式计算岩石耐崩解性指数：

$$I_{d2}=\frac{m_r}{m_s}\times 100 \qquad (2.6.6)$$

式中　I_{d2}——岩石(二次循环)耐崩解性指数(%)；

m_s——原试件烘干质量(g)；

m_r——残留试件烘干质量(g)。

(2)计算值精确至0.1。

(3)耐崩解性试验记录应包括工程名称、取样位置、试件编号、试件描述、水的温度及试件在试验前后的烘干质量。

2.7　单轴抗压强度试验

2.7.1　单轴抗压强度试验适用于能制成规则试件的各类岩石。

2.7.2　试件可用岩心或岩块加工制成。试件在采取、运输和制备过程中，应避免产生裂缝。

2.7.3　试件尺寸应符合下列要求：

(1)圆柱体直径宜为48～54mm。

(2)含大颗粒的岩石，试件的直径应大于岩石最大颗粒尺寸的10倍。

(3)试件高度与直径之比宜为2.0～2.5。

2.7.4　试件精度应符合下列要求：

(1)试件两端面不平整度误差不得大于0.05mm。

(2)沿试件高度，直径的误差不得大于0.3mm。

(3)端面应垂直于试件轴线，最大偏差不得大于0.25°。

2.7.5　试件含水状态可根据需要选择天然含水状态、烘干状态、饱和状态或其它含水状态。试件烘干和饱和方法应符合本标准第2.4.5条的规定。

2.7.6　同一含水状态下，每组试验试件的数量不应少于3个。

2.7.7　试件描述应包括下列内容：

(1)岩石名称、颜色、矿物成分、结构、风化程度、胶结物性质等。

(2)加荷方向与岩石试件内层理、节理、裂隙的关系及试件加工中出现的问题。

(3)含水状态及所使用的方法。

2.7.8　主要仪器和设备应包括下列各项：

(1)钻石机、锯石机、磨石机、车床等。

(2)测量平台。

(3)材料试验机。

2.7.9　试验应按下列步骤进行：

(1)将试件置于试验机承压板中心，调整球形座，使试件两端面接触均匀。

(2)以每秒0.5～1.0MPa的速度加荷直至破坏。记录破坏荷载及加载过程中出现的现象。

(3)试验结束后，应描述试件的破坏形态。

2.7.10　试验成果整理应符合下列要求：

(1)按下列公式计算岩石单轴抗压强度：

$$R=\frac{P}{A} \tag{2.7.10}$$

式中　R——岩石单轴抗压强度(MPa)；

P——试件破坏荷载(N)；

A——试件截面积(mm^2)。

(2)计算值取3位有效数字。

(3)单轴抗压强度试验记录应包括工程名称、取样位置、试件编号、试件描述、试件尺寸和破坏荷载。

2.8　单轴压缩变形试验

2.8.1　单轴压缩变形试验适用于能制成规则试件的各类岩石。

2.8.2　试件应符合本标准第2.7.2～2.7.6条的要求。

2.8.3　试件描述应符合本标准第2.7.7条的要求。

2.8.4　主要仪器和设备应包括下列各项：

(1)钻石机、锯石机、磨石机、车床等。

(2)测量平台。

(3)材料试验机。

(4)惠斯顿电桥、万用表、兆欧表。

(5)电阻应变仪。

2.8.5 试验应按下列步骤进行：

(1)选择电阻应变片时，电阻片阻栅长度应大于岩石颗粒的10倍，并应小于试件的半径；同一试件所选定的工作片与补偿片的规格、灵敏系数等应相同，电阻值相差应不大于±0.2Ω。

(2)电阻应变片应牢固地粘贴在试件中部的表面，并应避开裂隙或斑晶。纵向或横向电阻应变片的数量不得少于2片，其绝缘电阻值应大于200MΩ。

(3)将试件置于试验机承压板中心，调整球形座，使试件受力均匀。

(4)以每秒0.5～1.0MPa的速度加荷，逐级测读荷载与应变值直至破坏，测值不应少于10组。

(5)记录加荷过程及破坏时出现的现象，并对破坏后的试件进行描述。

2.8.6 试验成果整理应符合下列要求：

(1)岩石单轴抗压强度按式(2.7.10)计算。

(2)按下列公式计算各级应力：

$$\sigma=\frac{P}{A} \tag{2.8.6-1}$$

式中 σ——各级应力(MPa)；

P——与所测各组应变值相应的荷载(N)；

A——试件截面积(mm^2)。

(3)绘制应力与纵向应变及横向应变关系曲线。

(4)按下列公式计算岩石平均弹性模量和岩石平均泊松比：

$$E_{av}=\frac{\sigma_b-\sigma_a}{\varepsilon_{lb}-\varepsilon_{la}} \tag{2.8.6-2}$$

$$\mu_{av}=\frac{\varepsilon_{db}-\varepsilon_{da}}{\varepsilon_{lb}-\varepsilon_{la}} \tag{2.8.6-3}$$

式中 E_{av}——岩石平均弹性模量(MPa)；

μ_{av}——岩石平均泊松比；

σ_a——应力与纵向应变关系曲线上直线段始点的应力值(MPa)；

σ_b——应力与纵向应变关系曲线上直线段终点的应力值(MPa)；

ε_{la}——应力为σ_a时的纵向应变值；

ε_{lb}——应力为σ_b时的纵向应变值；

ε_{da}——应力为σ_a时的横向应变值；

ε_{db}——应力为σ_b时的横向应变值。

(5)按下列公式计算岩石割线弹性模量及相应的岩石泊松比：

$$E_{50}=\frac{\sigma_{50}}{\varepsilon_{l50}} \tag{2.8.6-4}$$

$$\mu_{50}=\frac{\varepsilon_{d50}}{\varepsilon_{l50}} \tag{2.8.6-5}$$

式中 E_{50}——岩石割线弹性模量(MPa)；

μ_{50}——岩石泊松比；

σ_{50}——相当于岩石单轴抗压强度50%时的应力值(MPa)；

ε_{l50}——应力为σ_{50}时的纵向应变值；

ε_{d50}——应力为σ_{50}时的横向应变值。

(6)岩石弹性模量值取3位有效数字；泊松比计算值精确至0.01。

(7)单轴压缩变形试验记录应包括工程名称、取样位置、试件编号、试件描述、试件尺寸、各级荷载下的应力及纵向和横向应变值、破坏荷载。

2.9 三轴压缩强度试验

2.9.1 三轴压缩强度试验采用的侧压力应相等，并适用于能制成圆柱形试件的各类岩石。

2.9.2 试件应符合下列要求：

(1)圆柱形试件直径应为承压板直径的 0.98～1.00。

(2)同一含水状态下，每组试验试件的数量不宜少于 5 个。

(3)其它应符合本标准第 2.7.2 条～第 2.7.5 条的要求。

2.9.3 试件描述应符合本标准第 2.7.7 条的要求。

2.9.4 主要仪器和设备应包括下列各项：

(1)钻石机、锯石机、磨石机、车床等。

(2)测量平台。

(3)三轴试验机(包括测试系统和记录系统)。

2.9.5 试验应按下列步骤进行：

(1)侧压力可按等差级数或等比级数进行选择。

(2)根据三轴试验机要求安装试件。试件应采用防油措施。

(3)以每秒 0.05MPa 的加荷速度同时施加侧压力和轴向压力至预定侧压力值，并使侧压力在试验过程中始终保持为常数。

(4)以每秒 0.5～1.0MPa 的加荷速度施加轴向荷载，直至试件完全破坏，记录破坏荷载。

(5)对破坏后的试件进行描述。当有完整的破坏面时，应量测破坏面与最大主应力作用面之间的夹角。

2.9.6 试验成果整理应符合下列要求：

(1)按下列公式计算不同侧压条件下的轴向应力：

$$\sigma_1=\frac{P}{A} \tag{2.9.6}$$

式中 σ_1 ——不同侧压条件下的轴向应力(MPa)；

P ——试件轴向破坏荷载(N)；

A ——试件截面积(mm^2)。

(2)根据计算的轴向应力 σ_1 及相应施加的侧压力值，在 $\tau\sim\sigma$ 坐标图上绘制莫尔应力圆，根据库伦—莫尔强度理论确定岩石三轴应力状态下的强度参数。

(3)三轴压缩强度试验记录应包括工程名称、取样位置、试件编号、试件描述、试件尺寸、各侧向压应力下各轴向破坏荷载。

2.10 抗拉强度试验

2.10.1 抗拉强度试验采用劈裂法，适用于能制成规则试件的各类岩石。

2.10.2 试件应符合下列要求：

(1)圆柱体试件的直径宜为 48～54mm，试件的厚度宜为直径的 0.5～1.0 倍，并应大于岩石最大颗粒的 10 倍。

(2)其它应符合本标准第 2.7.2 条、第 2.7.4～2.7.6 条的要求。

2.10.3 试件描述应符合本标准第 2.7.7 条的要求。

2.10.4 仪器和设备应符合本标准第 2.7.8 条的要求。

2.10.5 试验应按下列步骤进行：

(1)通过试件直径的两端，沿轴线方向划两条相互平行的加载基线。将 2 根垫条沿加载基线，固定在试件两端。

(2)将试件置于试验机承压板中心，调整球形座，使试件均匀受荷，并使垫条与试件在同一加荷轴线上。

(3)以每秒 0.3～0.5MPa 的速度加荷直至破坏。

(4)记录破坏荷载及加荷过程中出现的现象，并对破坏后的试件进行描述。

2.10.6 试验成果整理应符合下列要求：

(1)按下列公式计算岩石抗拉强度：

$$\sigma_t=\frac{2P}{\pi Dh} \tag{2.10.6}$$

式中 σ_t ——岩石抗拉强度(MPa)；

P ——试件破坏荷载(N)；

D ——试件直径(mm)；

h ——试件厚度(mm)。

(2)计算值取3位有效数字。

(3)抗拉强度试验的记录应包括工程名称、取样位置、试件编号、试件描述、试件尺寸、破坏荷载。

2.11 直剪试验

2.11.1 直剪试验适用于岩块、岩石结构面以及混凝土与岩石胶结面。

2.11.2 应在现场采取试件，在采取、运输和制备过程中，应防止产生裂缝和扰动。

2.11.3 试件尺寸应符合下列要求：

(1)岩块直剪试验试件的直径或边长不得小于5cm，试件高度应与直径或边长相等。

(2)岩石结构面直剪试验试件的直径或边长不得小于5cm，试件高度与直径或边长相等。结构面应位于试件中部。

(3)混凝土与岩石胶结面直剪试验试件应为方块体，其边长不宜小于15cm。胶结面应位于试件中部，岩石起伏差应为边长的1%～2%。混凝土骨料的最大粒径不得大于边长的1/6。

2.11.4 含水状态可根据需要采用天然含水状态、饱和状态或其它含水状态。

2.11.5 每组试验试件的数量不应少于5个。

2.11.6 试件描述应包括下列内容：

(1)岩石名称、颜色、矿物成分、结构、风化程度、胶结物性质等。

(2)层理、片理、节理裂隙的发育程度及其与剪切方向的关系。

(3)结构面的充填物性质、充填程度以及试件在采取和制备过程中受扰动的情况。

(4)混凝土与岩石胶结面的试件，应测定岩石表面的起伏差，并绘制其沿剪切方向的高度变化曲线。混凝土的配合比，胶结质量及实测标号。

2.11.7 主要仪器和设备应包括下列各项：

(1)试件制备设备。

(2)试件饱和设备。

(3)直剪试验仪。

2.11.8 试件安装应符合下列规定：

(1)将试件置于金属剪切盒内，试件与剪切盒内壁之间的间隙以填料填实，使试件与剪切盒成为一个整体。预定剪切面应位于剪切缝中部。

(2)安装试件时，法向荷载和剪切荷载应通过预定剪切面的几何中心。法向位移测表和水平位移测表应对称布置，各测表数量不宜少于2只。

2.11.9 法向荷载的施加方法应符合下列规定：

(1)在每个试件上，分别施加不同的法向应力，所施加的最大法向应力，不宜小于预定的法向应力。

(2)对于岩石结构面中具有充填物的试件，最大法向应力应以不挤出充填物为宜。

(3)不需要固结的试件，法向荷载一次施加完毕，即测读法向位移，5min后再测读一次，即可施加剪切荷载。

(4)需固结的试件，在法向荷载施加完毕后的第一小时内，每隔15min读数1次，然后每半小时读数1次，当每小时法向位移不超过0.05mm时，即认为固结稳定，可施加剪切荷载。

(5)在剪切过程中，应使法向荷载始终保持为常数。

2.11.10 剪切荷载的施加方法应符合下列规定：

(1)按预估最大剪切荷载分8～12级施加。每级荷载施加后，即测读剪切位移和法向位移，5min后再测读一次即施加下一级剪切荷载直至破坏。当剪切位移量变大时，可适当加密剪切荷载分级。

(2)将剪切荷载退至零。根据需要，待试件充分回弹后，调整测表，按上述步骤，进行摩擦试验。

2.11.11 试验结束后,应对试件剪切面进行描述:

(1)准确量测剪切面面积;

(2)详细描述剪切面的破坏情况,擦痕的分布、方向和长度;

(3)测定剪切面的起伏差,绘制沿剪切方向断面高度的变化曲线;

(4)当结构面内有充填物时,应准确判断剪切面的位置,并记述其组成成分、性质、厚度、构造。根据需要测定充填物的物理性质。

2.11.12 试验成果整理应符合下列要求:

(1)按下列公式计算各法向荷载下的法向应力和剪应力:

$$\sigma=\frac{P}{A} \tag{2.11.12-1}$$

$$\tau=\frac{Q}{A} \tag{2.11.12-2}$$

式中 σ ——作用于剪切面上的法向应力(MPa);

τ ——作用于剪切面上的剪应力(MPa);

P——作用于剪切面上的总法向荷载(N);

Q——作用于剪切面上的总剪切荷载(N);

A——剪切面积(mm^2)。

(2)绘制各法向应力下的剪应力与剪切位移及法向位移关系曲线,根据曲线确定各剪切阶段特征点的剪应力。

(3)根据各剪切阶段特征点的剪应力和法向应力绘制关系曲线,按库伦表达式确定相应的岩石抗剪强度参数。

(4)直剪试验记录应包括工程名称、取样位置、试件编号、试件描述、剪切面积、各法向荷载下各级剪切荷载时的法向位移及剪切位移。

2.12 点荷载强度试验

2.12.1 点荷载强度试验适用于各类岩石。

2.12.2 试件可用钻孔岩心,或从岩石露头、勘探坑槽、平洞、巷道中采取的岩块。试件在采取和制备过程中,应避免产生裂缝。

2.12.3 试件尺寸应符合下列规定:

(1)当采用岩心试件作径向试验时,试件的长度与直径之比不应小于1;作轴向试验时,加荷两点间距与直径之比宜为0.3~1.0。

(2)当采用方块体或不规则块体试件作试验时,加荷两点间距宜为30~50mm;加荷两点间距与加荷处平均宽度之比宜为0.3~1.0;试件长度不应小于加荷两点间距。

2.12.4 试件含水状态可根据需要选择天然含水状态、烘干状态、饱和状态或其它含水状态。试件烘干和饱和方法应符合本标准第2.4.5条的规定。

2.12.5 同一含水状态下的岩心试件数量每组应为5~10个,方块体或不规则块体试件数量每组应为15~20个。

2.12.6 试件描述应包括下列内容:

(1)岩石名称、颜色、矿物成分、结构、风化程度、胶结物性质等。

(2)试件形状及制备方法。

(3)加荷方向与层理、节理、裂隙的关系。

(4)含水状态及所使用的方法。

2.12.7 本试验应采用点荷载试验仪。

2.12.8 试验应按下列步骤进行:

(1)径向试验时,将岩心试件放入球端圆锥之间,使上下锥端与试件直径两端紧密接触,量测加荷点间距。接触点距试件自由端的最小距离不应小于加荷两点间距的0.5。

(2)轴向试验时,将岩心试件放入球端圆锥之间,使上下锥端位于岩心试件的圆心处并与试件紧密接触。量测加荷点间距及垂直于加荷方向的试件宽度。

(3)方块体与不规则块体试验时,选择试件最小尺寸方向为加荷方向。将试件放入球端圆锥之间,使上下锥端位于试件中心处并与试件紧密接触。量测加荷点间距及通过两加荷点最小截面的宽度(或平均宽度)。接触点距试件自由端的距离不应小于加荷点间距的0.5。

(4)稳定地施加荷载,使试件在10～60s内破坏,记录破坏荷载。

(5)试验结束后,应描述试件的破坏形态。破坏面贯穿整个试件并通过两加荷点为有效试验。

2.12.9 试验成果整理应符合下列要求:

(1)按下列公式计算岩石点荷载强度:

$$I_s=\frac{P}{D_e^2} \tag{2.12.9-1}$$

式中 I_s——未经修正的岩石点荷载强度(MPa);

P——破坏荷载(N);

D_e——等价岩心直径(mm)。

(2)径向试验时,应按下列公式计算等价岩心直径 D_e:

$$D_e^2=D^2 \tag{2.12.9-2}$$

$$D_e^2=DD' \tag{2.12.9-3}$$

式中 D——加荷点间距(mm);

D'——上下锥端发生贯入后,试件破坏瞬间的加荷点间距(mm)。

(3)轴向、方块体或不规则块体试验时,应按下列公式计算等价岩心直径 D_e:

$$D_e^2=\frac{4WD}{\pi} \tag{2.12.9-4}$$

$$D_e^2=\frac{4WD'}{\pi} \tag{2.12.9-5}$$

式中 W——通过两加荷点最小截面的宽度(或平均宽度)(mm)。

(4)当加荷两点间距不等于50mm时,应对计算值进行修正。当其试验数据较多,且同一组试件中的等价岩心直径具有多种尺寸,而加荷两点间距不等于50mm时,应根据试验结果,绘制 D_e^2 与破坏荷载 P 的关系曲线,并在曲线上查找 $D_e^2=2500\text{mm}^2$ 对应的 P_{50} 值,按下列公式计算岩石点荷载强度:

$$I_{s(50)}=\frac{P_{50}}{2500} \tag{2.12.9-6}$$

式中 $I_{s(50)}$——经尺寸修正后的岩石点荷载强度(MPa);

P_{50}——根据 $D_e^2\sim P$ 关系曲线 D_e^2 为 2500mm^2 时的 P 值(MPa)。

(5)当加荷两点间距不等于50mm,且其试验数据较少,不宜采用上述方法修正时,应按下列公式计算岩石点荷载强度:

$$I_{s(50)}=FI_s \tag{2.12.9-7}$$

$$F=\left(\frac{D_e}{50}\right)^m \tag{2.12.9-8}$$

式中 F——修正系数;

m——修正指数,由同类岩石的经验值确定。

(6)按下式计算岩石点荷载强度各向异性指数:

$$I_{a(50)}=\frac{I'_{s(50)}}{I''_{s(50)}} \tag{2.12.9-9}$$

式中 $I_{a(50)}$——岩石点荷载强度各向异性指数;

$I'_{s(50)}$——垂直于弱面的岩石点荷载强度(MPa);

$I''_{s(50)}$——平行于弱面的岩石点荷载强度(MPa)。

(7)按式(2.12.9-7)计算的垂直和平行弱面岩石点荷载强度应取平均值。平均值的计算,当一组有效的试验数据不超过10个时,应舍去最高值和最低值,再计算其余数的平均值;当一组有效数据超过10个时,可舍去前二个高值和后二个低值,再计算其余数的平均值。

(8)计算值精确至0.01。

(9)点荷载强度试验记录应包括工程名称、取样位置、试件编号、试件描述、试验类型、试件尺寸、破坏荷载。

3 岩体变形试验

3.1 承压板法试验

3.1.1 承压板法试验适用于各类岩体。

3.1.2 试验地段开挖时，应减少对岩体的扰动和破坏。

3.1.3 在岩体的预定部位加工试点，并应符合下列要求：

(1)试点面积应大于承压板，其中加压面积不宜小于 $2000cm^2$。

(2)试点表面范围内受扰动的岩体，宜清除干净并修凿平整；岩面的起伏差，不宜大于承压板直径的1%。

(3)在承压板以外，试验影响范围以内的岩体表面，应平整、无松动岩块和石碴。

(4)试点表面应垂直预定的受力方向。

3.1.4 试点的边界条件，应符合下列要求：

(1)承压板的边缘至试验洞侧壁或底板的距离，应大于承压板直径的1.5倍；承压板的边缘至洞口或掌子面的距离，应大于承压板直径的2.0倍；承压板的边缘至临空面的距离，应大于承压板直径的6.0倍。

(2)两试点承压板边缘之间的距离，应大于承压板直径的3.0倍。

(3)试点表面以下3.0倍承压板直径深度范围内岩体的岩性宜相同。

3.1.5 试点的反力部位，应能承受足够的反力。岩石表面应凿平。

3.1.6 采用钻孔轴向位移计进行深部岩体变形量测的试点，应在试点中心钻孔，钻孔应与试点岩面垂直，钻孔直径应与钻孔轴向位移计直径一致，孔深不应小于承压板直径的6.0倍。

3.1.7 试点可在天然含水状态下，也可在人工浸水条件下进行试验。

3.1.8 地质描述应包括下列内容：

(1) 试段开挖和试点制备的方法及出现的情况。

(2) 岩石名称、结构及主要矿物成分。

(3) 岩体结构面的类型、产状、宽度、延伸性、密度、充填物性质，以及与受力方向的关系等。

(4) 试段岩体风化状态及地下水情况。

(5) 应提供试段地质展示图、试段地质纵横剖面图、试点地质素描图和试点中心钻孔柱状图。

3.1.9 主要仪器和设备应包括下列各项：

(1) 液压千斤顶(刚性承压板法)。

(2) 环形液压枕(柔性承压板法或中心孔法)。

(3) 液压泵及高压管路。

(4) 稳压装置。

(5) 刚性承压板。

(6) 环形钢板与环形传力箱。

(7) 传力柱。

(8) 垫板。

(9) 楔形垫块。

(10) 反力装置。

(11) 测表支架。

(12) 变形测表。

(13) 钻孔轴向位移计。

(14) 钻机及辅助设备。

3.1.10 刚性承压板法加压与传力系统安装应符合下列规定：

(1)清洗试点岩体表面，铺一层水泥浆，放上刚性承压板，轻击承压板，挤出多余水泥浆，并使承压板平行试点表面。水泥浆的厚度不宜大于1cm，并应防止水泥浆内有气泡。

(2)在承压板上放置千斤顶,千斤顶的加荷中心应与承压板中心重合。

(3)在千斤顶上依次安装垫板、传力柱、垫板,在垫板和反力后座岩体之间浇筑混凝土或安装反力装置(图 3.1.10)。

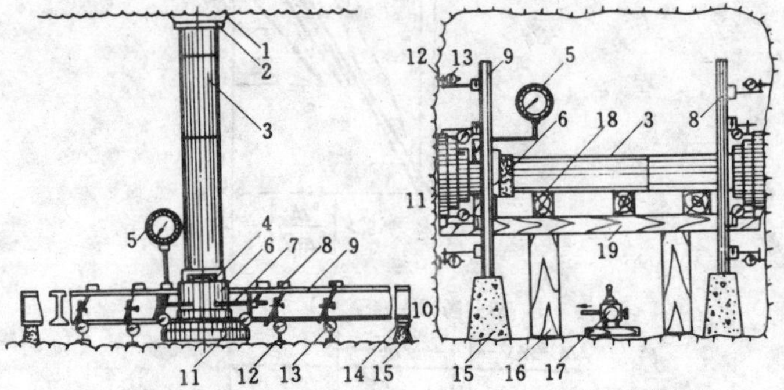

(a) 钻直方向加荷　　(b) 水平方向加荷

图 3.1.10　刚性承压板法试验安装

1——砂浆顶板;2——垫板;3——传力柱;4——圆垫板;5——标准压力表;6——液压千斤顶;7——高压管(接油泵);8——磁性表架;9——工字钢梁;10——钢板;11——刚性承压板;12——标点;13——千分表;14——滚轴;15——混凝土支墩;16——木柱;17——油泵(接千斤顶);18——木垫;19——木梁

(4)安装完毕后,可起动千斤顶稍加压力,也可在传力柱与垫板之间加一楔形垫块,楔进楔形垫块,使整个系统结合紧密。

(5)应使整个系统所有部件的中心,保持在同一轴线上并与加压方向一致。

(6)应保证系统具有足够的刚度和强度。

3.1.11　柔性承压板法加压与传力系统安装应符合下列规定:

(1)进行中心孔法试验的试点,应先在钻孔内安装钻孔轴向位移计。钻孔轴向位移计的测点,可按承压板直径的 0.25、0.50、0.75、1.00、1.50、2.00、3.00 倍孔深处选择其中的若干点进行布置,但孔口及孔底应设有测点(图 3.1.11)。

(2)清洗试点岩体表面,铺一层水泥浆,放上凹槽已用水泥砂浆填平并经养护的环形液压枕,挤出多余水泥浆,并使环形液压枕平行试点表面。水泥浆的厚度不宜大于 1cm,并应防止水泥浆内有气泡。

(3)在环形液压枕上放置环形钢板和环形传力箱。

(4)其它应符合本标准第 3.1.10 条(3)~(6)的规定。

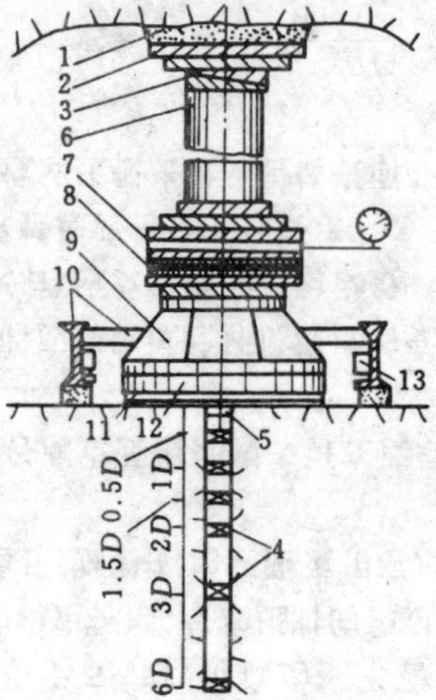

图 3.1.11　柔性承压板中心孔法安装

1——混凝土顶板;2——钢板;3——斜垫板;4——多点位移计;5——锚头;6——传力柱;7——测力枕;8——加压枕;9——环形传力箱;10——测架;11——环形传力枕;12——环形钢板;13——小螺旋顶

3.1.12　量测系统安装应符合下列规定:

(1)在承压板两侧各安放测表支架 1 根,支承形式以简支为宜。支架的支点必须设在试点的影响范围以内,可采用浇筑在岩面上的混凝土墩作支点,防止支架在试验过程中产生沉陷。

(2)在支架上通过磁性表座安装测表:对于刚性承压板,应在承压板上对称布置4个测表；对于柔性承压板(包括中心孔法)应在柔性承压板中心岩面上布置1个测表。

(3)根据需要，可在承压板外的影响范围内，通过承压板中心且相互垂直的二条轴线上布置测表。

3.1.13 水泥浆和混凝土应进行养护。

3.1.14 试验及稳定标准应符合下列规定：

(1)试验最大压力不宜小于预定压力的1.2倍。压力宜分为5级，按最大压力等分施加。

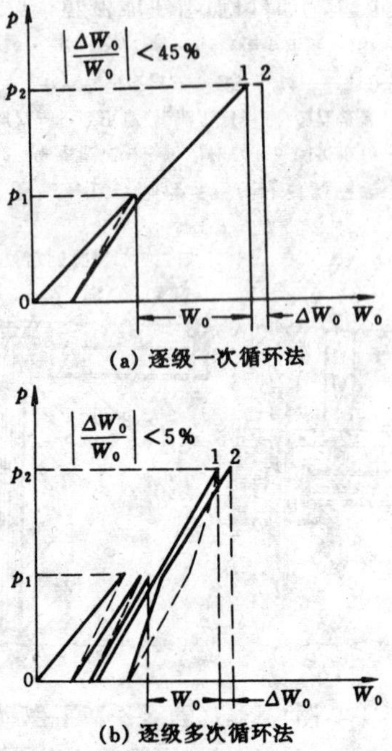

图3.1.14 相对变形变化的计算

(2)加压前应对测表进行初始稳定读数观测，每隔10min同时测读各测表1次，连续3次读数不变，方可开始加压试验，并将此读数作为各测表的初始读数值。钻孔轴向位移计各测点观测，可在表面测表稳定不变后进行初始读数。

(3)加压方式宜采用逐级一次循环法，或逐级多次循环法。当采用逐级一次循环法加压时，每一循环压力应退至零。

(4)每级压力加压后应立即读数，以后每隔10min读数1次，当刚性承压板上所有测表或柔性承压板中心岩面上的测表相邻两次读数差与同级压力下第一次变形读数和前一级压力下最后一次变形读数差之比小于5%时，可认为变形稳定，并进行退压(图3.1.14)。退压后的稳定标准，与加压时的稳定标准相同。

(5)在加压、退压过程中，均应测读相应过程压力下测表读数一次。

(6)中心孔中各测点及板外测表可在读取稳定读数后进行一次读数。

3.1.15 试验期间，应控制试验环境温度的变化。

3.1.16 试验结束后，应及时拆卸试验设备。

3.1.17 试验成果整理应符合下列要求：

(1)当采用刚性承压板法量测岩体表面变形时，按下列公式计算变形参数：

$$E=\frac{\pi}{4}\cdot\frac{(1-\mu^2)PD}{W} \quad (3.1.17\text{-}1)$$

式中 E ——岩体弹性(变形)模量(MPa)。当以总变形 W_0 代入式中计算的为变形模量 E_0；当以弹性变形 W 代入式中计算的为弹性模量 E；

W ——岩体变形(cm)；

P ——按承压板面积计算的压力(MPa)；

D ——承压板直径(cm)；

μ ——泊松比。

(2)当采用柔性承压板法量测岩体表面变形时，按下列公式计算变形参数：

$$E=\frac{(1-\mu^2)P}{W}\cdot 2(r_1-r_2) \qquad (3.1.17\text{-}2)$$

式中 r_1、r_2——环形柔性承压板的外半径和内半径(cm)；

W——板中心岩体表面的变形(cm)。

(3)当采用柔性承压板法量测中心孔深部变形时，按下列公式计算变形参数：

$$E=\frac{P}{W_z}K_z \qquad (3.1.17\text{-}3)$$

$$K_z=2(1-\mu^2)(\sqrt{r_1^2+Z^2}-\sqrt{r_2^2+Z^2})-(1+\mu)\left(\frac{Z^2}{\sqrt{r_1^2+Z^2}}-\frac{Z^2}{\sqrt{r_2^2+Z^2}}\right) \qquad (3.1.17\text{-}4)$$

式中 W_z——深度为 Z 处的岩体变形(cm)；

Z——测点深度(cm)；

K_z——与承压板尺寸、测点深度和泊松比有关的系数(cm)。

(4)当柔性承压板中心孔法量测到不同深度两点的岩体变形值时，两点之间岩体的视变形模量应按下列公式计算：

$$E=P\cdot\frac{K_{z1}-K_{z2}}{W_{z1}-W_{z2}} \qquad (3.1.17\text{-}5)$$

式中 W_{z1}、W_{z2}——深度分别为 Z_1 和 Z_2 处的岩体变形(cm)；

K_{z1}、K_{z2}——深度分别为 Z_1 和 Z_2 处的相应系数。

(5)应绘制压力与变形关系曲线、压力与变形模量关系曲线、压力与弹性模量关系曲线，以及沿中心孔不同深度的压力与变形曲线。

(6)承压板法岩体变形试验记录应包括工程名称、试点编号、试点位置、试验方法、试点描述、测表布置、承压板尺寸、各级压力下的测表读数。

3.2 钻孔变形试验

3.2.1 钻孔变形试验适用于软岩和中坚硬岩体。

3.2.2 试点应符合下列要求：

(1)试验孔应铅直，孔壁应平直光滑，孔径根据仪器要求确定。

(2)在受压范围内，岩性应均一、完整；钻孔直径4倍范围内的岩性应相同。

(3)两试点加压段边缘之间的距离不应小于1倍加压段的长度；加压段边缘距孔口的距离不应小于1倍加压段的长度；加压段边缘距孔底的距离不应小于0.5倍加压段的长度。

3.2.3 地质描述应包括下列内容：

(1)钻孔钻进过程中的情况。

(2)岩石名称、结构及主要矿物成分。

(3)岩体结构面的类型、产状、宽度、充填物性质。

(4)地下水水位、含水层与隔水层分布。

(5)应提供钻孔平面布置图和钻孔柱状图。

3.2.4 主要仪器和设备应包括下列各项：

(1)钻孔压力计或钻孔膨胀计。

(2)起吊设备。

(3)扫孔器、模拟管。

(4)校正仪。

3.2.5 试验准备应包括下列内容：

(1)向钻孔内注水至孔口，将扫孔器放入孔内进行扫孔，直至上下连续3次收集不到岩块为止。将模拟管放入孔内直至孔底，如畅通无阻即可进行试验。

(2)按仪器使用要求，进行钻孔压力计或钻孔膨胀计探头直径标定。

3.2.6 应将组装后的探头放入孔内预定深度，并经定向后立即施加0.5MPa的初始压力，探头即自行固定，读取初始读数。

3.2.7 试验最大压力应根据需要而定，可为预定压力的1.2～1.5倍。压力可分为7～10级，按最大压力等分施加。

3.2.8 加压方式宜采用逐级一次循环法或大循环法。

3.2.9 变形稳定标准应符合下列规定：

(1)当采用逐级一次循环法时，加压后立即读数，以后每隔3～5min读数1次，当相邻两次读数差与同级压力下第一次变形读数和前一级压力下最后一次变形读数差之比小于5%时，可认为变形稳定，即可进行退压。

(2)当采用大循环法时，相邻两循环的读数差与第一次循环的变形稳定读数之比小于5%时，可认为变形稳定，即可进行退压。但大循环次数不应少于3次。

(3)退压后的稳定标准与加压时的稳定标准相同。

3.2.10 在每一循环过程中退压时，压力应退至初始压力。最后一次循环在退至初始压力后，应进行稳定值读数，然后将全部压力退至零，并保持一段时间，再移动探头。

3.2.11 试验结束后，应及时取出探头，对橡皮囊上的压痕进行描述，以确定孔壁岩体掉块和开裂的位置及方向。

3.2.12 试验成果整理应符合下列要求：

(1)按下列公式计算变形参数：

$$E=\frac{P(1+\mu)d}{\delta} \tag{3.2.12}$$

式中 E——岩体弹性(变形)模量(MPa)。当以总变形δ_t代入式中计算的为变形模量E_0；当以弹性变形δ_e代入式中计算的为弹性模量E；

P——计算压力，为试验压力与初始压力之差(MPa)；

d——实测点钻孔直径(cm)；

μ——岩体泊松比；

δ——岩体径向变形(cm)。

(2)应绘制各测点的压力与变形关系曲线、各测点的压力与变形模量关系曲线、压力与弹性模量关系曲线以及与钻孔岩心柱状图相对应的沿孔深的弹性模量、变形模量分布图。

(3)钻孔变形试验记录应包括工程名称、钻孔编号、钻孔位置、钻孔岩心柱状图、测点深度、试验方法、测点方向、测点钻孔直径、初始压力、各级压力下的读数。

4　岩体强度试验

4.1　岩体结构面直剪试验

4.1.1　岩体结构面直剪试验适用于岩体中的各类结构面。

4.1.2　试验地段的开挖，应减少对岩体结构面产生扰动和破坏。

4.1.3　在岩体的预定部位加工试体，并应符合下列要求：

(1)结构面剪切面积不宜小于 $2500cm^2$，最小边长不宜小于50cm，试体高度不宜小于最小边长的1/2。

(2)试体间距宜大于最小边长。

(3)试体的推力方向应与预定剪切方向一致。

(4)在试体的推力部位，应留有安装千斤顶的足够空间，平推法应开挖千斤顶槽。

(5)试体周围结构面的充填物及浮渣应清除干净。

(6)对结构面上部不需要浇筑保护套的完整岩石试体，各个面应大致修凿平整，顶面宜平行预定剪切面；对加压过程中可能出现破裂或松动的试体，应浇筑钢筋混凝土保护套或采取其它保护措施，保护套应具有足够的强度和刚度，顶面应平行预定剪切面，底部应在预定剪切面的上部边缘。

4.1.4　对剪切面倾斜的试体或有夹泥层的试体，在加工前，应采取保护措施。

4.1.5　试体可在天然含水状态下剪切，也可在人工浸水条件下剪切。

4.1.6　每组试验试体的数量，不宜少于5个。

4.1.7　地质描述应包括下列内容：

(1)试验地段开挖、试体制备方法及出现的情况。

(2)结构面的产状、成因、类型、连续性、结构面壁强度及起伏情况。

(3)充填物的厚度、矿物成分、颗粒组成、泥化软化程度、风化程度、含水状态等。

(4)结构面两侧岩体的名称、结构及主要矿物成分。

(5)试段的地下水情况。

(6)应提供试验地段工程地质图、试体地质素描图和结构面剖面示意图。

4.1.8　主要仪器和设备应包括下列各项：

(1)液压千斤顶或液压枕。

(2)液压泵及管路。

(3)稳压装置。

(4)压力表。

(5)垫板。

(6)滚轴排。

(7)传力柱。

(8)传力块。

(9)斜垫板。

(10)反力装置。

(11)测表支架。

(12)磁性表座。

(13)位移测表。

4.1.9　法向荷载系统安装应符合下列规定：

(1)在试体顶部铺设一层水泥砂浆，放上垫板，轻击垫板，使垫板平行预定剪切面。试体顶部也可铺设橡皮板或细砂。

(2)在垫板上依次放上滚轴排、垫板、液压千斤顶或液压枕、垫板、传力柱及顶部垫板。

(3)在垫板和反力座之间浇筑混凝土或安装反力装置。

(4)安装完毕后，可起动千斤顶稍加压力，使整个系统结合紧密。

(5)应使整个系统的所有部件，保持在加压方向的同一轴线上，并垂直预定剪切面。垂直荷载的合力应通过预定剪切面中心。

(6)应保证法向荷载系统具有足够的刚度和强度。当剪切面为倾斜时，对法向荷载系统应加支撑。

(7)为适应剪切过程中可能出现的试体上抬现象，液压千斤顶活塞在安装前应起动部分行程。

4.1.10 剪切荷载系统安装应符合下列规定：

(1)在试体受力面用水泥砂浆粘贴一块垫板，使垫板垂直预定剪切面。在垫板后依次安放传力块(平推法)或斜垫板(斜推法)、液压千斤顶、垫板。在垫板和反力座之间浇筑混凝土。

(2)应使剪切方向与预定的推力方向一致，其投影应通过预定剪切面中心。平推法剪切荷载作用轴线应平行预定剪切面，着力点与剪切面的距离不宜大于剪切方向试体长度的5%；斜推法剪切荷载方向应按预定的角度安装，剪切荷载和法向荷载合力的作用点应在预定剪切面的中心。

4.1.11 量测系统安装应符合下列规定：

(1)安装测表支架，支架的支点应在变形影响范围以外。

(2)在支架上通过磁性表座安装测表。在试体的对称部位，分别安装剪切位移和法向位移测表，每种测表数量不宜少于2只，量测试体的绝对位移。

(3)根据需要，可在试体与基岩表面之间，布置量测试体相对位移的测表。

4.1.12 水泥砂浆和混凝土应进行养护。

4.1.13 法向荷载的施加方法应符合下列规定：

(1)在每个试体上分别施加不同的法向荷载，其值为最大法向荷载的等分值，其最大法向应力不宜小于预定法向应力。

(2)对具有充填物的试体，最大法向荷载的施加，以不挤出充填物为宜。

(3)对每个试体，法向荷载宜分4～5级施加，每隔5min施加一级，并测读每级荷载下的法向位移。在最后一级荷载作用下，要求法向位移值相对稳定，然后施加剪切荷载。

(4)法向位移的稳定标准为：对无充填结构面，每隔5min读数1次，连续两次读数之差不超过0.01mm；对有充填物结构面，可根据结构面的厚度和性质，按每隔10min或15min读数1次，连续两次读数之差不超过0.05mm。

(5)在剪切过程中，应使法向荷载始终保持为常数。

4.1.14 剪切荷载的施加方法应符合下列规定：

(1)按预估的最大剪切荷载分8～12级施加，当剪切位移明显增大时，可适当增加剪切荷载分级。

(2)剪切荷载的施加以时间控制：对无充填结构面每隔5min加荷1次；对有充填物结构面可根据剪切位移的大小，按每隔10min或15min加荷1次。加荷前后均需测读各测表读数。

(3)试体剪断后，应继续施加剪切荷载，直到测出大致相等的剪切荷载值为止。

(4)将剪切荷载缓慢退荷至零，观测试体回弹情况。根据需要，调整设备和测表，按上述同样方法进行摩擦试验。

(5)当采用斜推法分级施加斜向荷载时，应同步降低由于施加斜向荷载而产生的法向分荷载增量，保持法向荷载始终为一常数。

4.1.15 试验结束后，应对剪切面进行描述：

(1)准确量测剪切面面积。

(2)详细记述剪切面的破坏情况，擦痕的分布、方向、长度。

(3)测定剪切面的起伏差，绘制沿剪切方向断面高度的变化曲线。

(4)对结构面中的充填物，应记述其组成成分、性质、厚度。必要时应测定充填物的物理性质。

4.1.16 试验成果整理应符合下列要求：

(1)平推法按式(2.11.12-1)和式(2.11.12-2)计算各法向荷载下的法向应力和剪应力。

(2)斜推法按下式计算各法向荷载下的法向应力和剪应力：

$$\sigma=\frac{P}{A}+\frac{Q}{A}\sin\alpha \tag{4.1.16-1}$$

$$\tau=\frac{Q}{A}\cos\alpha \tag{4.1.16-2}$$

式中　Q ——作用于剪切面上的总斜向荷载(N)；

α ——斜向荷载施力方向与剪切面的夹角。

(3)绘制各法向应力下的剪应力与剪切位移及法向位移关系曲线。

(4)根据上述曲线确定各阶段特征点剪应力。

(5)绘制各阶段的剪应力和法向应力的关系曲线，确定相应的抗剪强度参数。

(6)岩体结构面直剪试验记录应包括工程名称、试体编号、试体位置、试验方法、试体描述、剪切面积、测表布置、各法向荷载下各级剪切荷载时的法向位移及剪切位移。

4.2　岩体直剪试验

4.2.1　岩体直剪试验适用于各类岩体。

4.2.2　试体应符合下列要求：

(1)在预定的试验部位加工成方形试体，其底部剪切面积不宜小于 $2500cm^2$，最小边长不宜小于 50cm，试体高度不宜小于最小边长的 1/2。试体周围岩面宜修凿平整。

(2)需要浇筑保护套的试体，保护套底部应达到预定的剪切缝上部边缘。剪切缝的宽度，宜为推力方向试体长度的 5%。

(3)其它应符合本标准第 4.1.2～4.1.3 条和第4.1.5～4.1.6 条的规定。

4.2.3　地质描述应包括下列内容：

(1)试验地段开挖、试体制备的方法及出现的情况。

(2)岩石名称、结构及主要矿物成分。

(3)岩体结构面的类型、产状、宽度、延伸性、密度、充填物性质以及与受力方向的关系等。

(4)试验段岩体完整程度、风化程度及地下水情况。

(5)应提供试验地段工程地质图、试体展示图。

4.2.4　主要仪器和设备应符合本标准第 4.1.8 条的规定。

4.2.5　设备安装应符合下列规定：

(1)斜推法试验中，剪切荷载和法向荷载合力的作用点应通过预定剪切面的中心，并通过预留剪切缝宽的 1/2 处(图 4.2.5)。

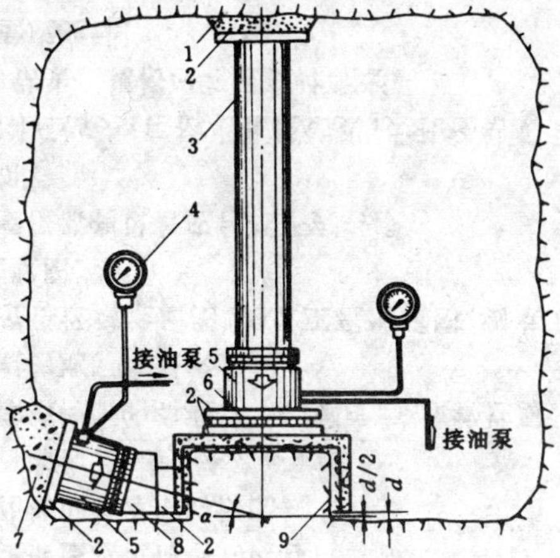

图 4.2.5　岩体直剪(斜推法)试验

1——砂浆顶板；2——钢板；3——传力柱；4——压力表；5——液压千斤顶；6——滚轴排；7——混凝土后座；8——斜垫板；9——钢筋混凝土保护罩

(2)其它应符合本标准第 4.1.9～4.1.12 条的有关规定。

4.2.6　试验及稳定标准应符合下列规定：

(1)法向荷载一次施加完毕，加荷后立即读数，以后每隔 5min 读数 1 次，当连续二次读数之差不超过 0.01mm 时，即认为稳定，可施加剪切荷载。

（2）剪切荷载按预估最大剪切荷载分8～12级施加，每隔5min加荷1次，加荷前后均需测读各测表读数。

（3）其它应符合本标准第4.1.13～4.1.14条的有关规定。

4.2.7 试验结束后，应对剪切面进行下列描述：

（1）准确量测剪切面面积。

（2）详细记述剪切面的破坏情况：破坏形式及范围；剪切碎块的大小、位置及范围；擦痕的分布、方向及长度。

（3）绘制剪切面素描图并作剪切面等高线图。测定剪切面的起伏差，绘制沿剪切方向断面高度的变化曲线。

4.2.8 试验成果整理应符合本标准第4.1.16条的要求。

5 岩体应力测试

5.1 孔壁应变法测试

5.1.1 孔壁应变法测试适用于无水、完整或较完整的岩体。

5.1.2 在测点的测段内，岩性应均一、完整。

5.1.3 地质描述应包括下列内容：

（1）钻孔钻进过程中的情况。

（2）岩石名称、结构及主要矿物成分。

（3）岩体结构面的类型、产状、宽度、充填物性质。

（4）测点的地应力现象。

（5）应提供区域地质图、测区工程地质图、测点工程地质剖面图和钻孔柱状图。

5.1.4 主要仪器和设备应包括下列各项：

（1）钻机。

（2）金刚石钻头：包括小孔径钻头、大孔径钻头、扩孔器、磨平钻头和锥形钻头。规格应与应变计配套。

（3）孔壁应变计。

（4）电阻应变仪。

（5）安装器具。

（6）围压器。

5.1.5 测试准备应包括下列内容：

（1）根据测试要求，选择适当场地，并将钻机安装牢固。

（2）用大孔径钻头钻至预定测试深度。取出岩心，进行描述。

（3）用磨平钻头磨平孔底，用锥形钻头打喇叭口。

（4）用小孔径钻头钻测试孔，要求与大孔同轴，深50cm。取出岩心进行描述；当孔壁不光滑时，应采用金刚石扩孔器扩孔；当岩心破碎时，应重复(2)(3)步骤，直至找到完整岩心位置。

(5)清洗测试孔，并对孔壁进行干燥处理。

5.1.6 仪器安装应符合下列规定：

(1)在测试孔孔壁和应变计上均匀涂上粘结胶。

(2)用安装器将应变计送入测试孔，就位定向，并施加一定的预压力，保证应变计牢固地粘结在孔壁上。

(3)待粘结胶充分固化后，检查系统绝缘值不应小于100MΩ。

(4)取出安装器，量测测点方位角及深度。

5.1.7 测试及稳定标准应符合下列规定：

(1)从钻具中引出应变计电缆，接通仪器。向钻孔内注水，每隔10min读数1次，连续3次读数相差不超过5με时，即认为稳定，并将此读数作为初始值。

(2)按预定分级深度钻进，进行套钻解除，每级深度宜为2cm。每解除一级深度，停钻读数，连续读取2次。

(3)套钻解除深度应超过孔底应力集中影响区。解除至一定深度后，应变计读数趋于稳定。但最小解除深度，即应变计中应变丛位置至解除孔孔底深度，不得小于岩心外径的1倍。

(4)向钻孔内继续注水，每隔10min读数一次，连续3次读数之差不超过5με时，可认为稳定，不再解除。

(5)在解除过程中，当发现异常情况时，应及时停机检查，并记录备案。

(6)检查系统绝缘值。退出钻具，并取出岩心，进行描述。

5.1.8 岩心围压试验应按下列步骤进行：

(1)现场测试结束后，应立即将解除后的岩心连同其中的应变计放入围压器中，进行围压率定试验。其间隔时间，不宜超过24h。

(2)当采用大循环加压时，压力宜分为5～10级，最大压力应大于预估的岩体最大主应力。大循环次数不应少于3次。

(3)当采用逐级加压时，读数稳定标准应符合本标准第5.1.7条的规定。

5.1.9 测试成果整理应符合下列要求：

(1)按本标准附录A的规定计算岩体空间应力。

(2)根据岩心解除应变值和解除深度，绘制解除过程曲线。

(3)根据围压试验资料，绘制压力与应变关系曲线，计算岩石弹性模量和泊松比。

(4)孔壁应变法测试记录应包括工程名称、测点编号、测点位置、试验方法、地质描述、测试深度、相应于解除深度的各电阻片应变值、各电阻片及应变丛布置、钻孔轴向方位角、围压率定曲线。

5.2 孔径变形法测试

5.2.1 孔径变形法测试适用于完整和较完整的岩体。

5.2.2 在测点的测段内，岩性应均一、完整。

5.2.3 地质描述应符合本标准第5.1.3条的规定。

5.2.4 主要仪器和设备应包括下列各项：

(1)孔径变形计。

(2)其它应符合本标准第5.1.4条(1)、(2)、(4)～(6)的规定。

5.2.5 进行测试准备，并应符合本标准第5.1.5条(1)～(4)的规定，并冲洗测试孔，直至回水不含岩粉为止。

5.2.6 仪器安装应符合下列规定：

(1)将孔径变形计与应变仪连接，然后装上定位器，用安装杆送入测试孔内。孔径变形计应变钢环的预压缩量宜为0.2～0.4mm。在将孔径变形计送入测试孔的过程中，应观测仪器读数变化情况。

(2)将孔径变形计送至预定位置后，适当锤击安装杆端部，使孔径变形计锥体楔入测试孔内，与孔口牢固接触。

(3)退出安装杆，从仪器端卸下孔径变形计电缆，从钻具中引出，重新接通电阻应变仪，进行调试并读数。

(4)记录定向器读数，量测测点方位角及深度。

5.2.7 测试及稳定标准应符合本标准第5.1.7条的规定。

5.2.8 岩心围压试验应符合本标准第5.1.8条的规定。

5.2.9 测试成果整理应符合下列要求：

(1)按本标准附录A的规定计算岩体空间应力和平面应力。

(2)根据套钻解除时的仪器读数和解除深度，绘制解除过程曲线。

(3)根据围压试验资料，绘制压力与孔径变形关系曲线，计算岩石弹性模量和泊松比。

(4)孔径变形法测试记录应包括工程名称、测点编号、测点位置、测试方法、地质描述、测试深度、相应于解除深度的各电阻片应变值、孔径变形计触头布置、钻孔轴向方位角、测孔直径、钢环率定系数、围压率定曲线。

5.3 孔底应变法测试

5.3.1 孔底应变法测试适用于无水、完整或较完整的岩体。

5.3.2 在测点测段内，岩性应均一、完整或较完整。

5.3.3 地质描述应符合本标准第5.1.3条的规定。

5.3.4 主要仪器和设备应包括下列各项：

(1)钻机。

(2)金刚石钻头，包括大孔径钻头、粗磨钻头、细磨钻头；其规格应与应变计配套。

(3)孔底应变计。

(4)电阻应变仪。

(5)安装器具。

(6)围压器。

5.3.5 测试准备应包括下列内容：

(1)根据测试要求，选择适当场地，并将钻机安装牢固。

(2)钻至预定深度后，取出岩心，进行描述。当不能满足测试要求时，应继续钻进，直至到合适部位。

(3)用粗磨钻头将孔底磨平，再用细磨钻头精磨。

(4)清洗孔底，并进行干燥处理。

5.3.6 仪器安装应符合下列规定：

(1)在钻孔底面和孔底应变计底面分别均匀涂上粘结胶。用安装器将孔底应变计送入钻孔底部，定向就位，并施加一定压力，使应变计与孔底岩面紧密粘贴。

(2)待胶液充分固化后，检查系统绝缘值，不应小于100MΩ。

(3)取出安装器，量测测点方位角及深度。

5.3.7 测试及稳定标准应符合下列规定：

(1)按本标准第5.1.7条(1)、(2)的规定进行初始值读数和按预定分级深度钻进。

(2)继续钻进解除至一定深度后，应变计读数将趋于稳定，但最小解除深度不得小于岩心直径的4/5。

(3)按本标准第5.1.7条(4)～(6)的规定进行读数和记录解除过程的情况。

5.3.8 围压试验时，若解除的岩心过短，可接装岩性相同的岩心或材料性质接近的衬筒进行。其它应符合本标准第5.1.8条的规定。

5.3.9 测试成果整理应符合下列要求：

(1)按本标准附录A的规定计算岩体空间应力。

(2)根据岩心解除应变值和解除深度，绘制解除过程曲线。

(3)根据围压试验资料，绘制压力与应变关系曲线，计算岩石弹性模量和泊松比。

(4)孔底应变法测试记录应包括工程名称、测点编号、测点位置、测试方法、地质描述、测试深度、相应于解除深度的各电阻片应变值、各电阻片及应变丛布置、钻孔轴向方位角、围压率定曲线。

6 岩体原位观测

6.1 地下洞室围岩收敛观测

6.1.1 地下洞室围岩收敛观测适用于各类围岩。

6.1.2 观测布置应符合下列要求：

(1)应根据地质条件、围岩应力大小、施工方法、支护形式及围岩的时间和空间效应等因素，按一定间距选择观测断面和测点位置。观测断面间距宜大于2倍洞径。

(2)观测断面与开挖掌子面的距离不宜大于1.0m。

(3)基线的数量和方向应根据洞室的形状和大小确定。

(4)测点应牢固地埋设在岩石表面，其深度不宜大于10cm。

6.1.3 地质描述应包括下列内容：

(1)观测段的岩石名称、结构及主要矿物成分。

(2)岩体结构面的类型、产状、宽度及充填物性质。

(3)地下洞室开挖过程中岩体应力特征。

(4)水文地质条件。

(5)应提供观测断面地质剖面图和观测段地质展视图。

6.1.4 主要仪器和设备应包括下列各项：

(1)收敛计。

(2)钻孔工具。

(3)测桩。

(4)温度计。

6.1.5 观测准备应包括下列内容：

(1)应清除测点埋设处的松动岩石。

(2)用钻孔工具垂直洞壁钻孔，将测桩固定在孔内，并在孔口设保护装置。

(3)收敛计在观测前必须进行标定。

6.1.6 仪器安装应符合下列规定：

(1)观测前应将测桩端头擦洗干净。

(2)将收敛计两端分别固定在基线两端的测桩上，按预计的测距固定尺长。

6.1.7 观测及稳定标准应符合下列规定：

(1)调节拉力装置，使钢尺达到恒定张力，读记收敛值。

(2)重复本条(1)的程序2次，取3次读数的平均值作为计算值。3次读数差，不应大于收敛计的精度范围。

(3)观测的同时，测记收敛计的环境温度。

(4)观测时间间隔，应根据工程需要或围岩收敛情况确定。

6.1.8 观测成果整理应符合下列要求：

(1)按下列公式计算经温度修正的实际收敛值：

$$u=u_i+\alpha L(t_n-t_o) \tag{6.1.8}$$

式中 u——实际收敛值(mm)；

u_i——收敛读数值(mm)；

α——收敛计系统温度线胀系数(1/℃)；

L——基线长(mm)；

t_n——收敛计观测时的环境温度(℃)；

t_o——收敛计标定时的环境温度(℃)。

(2)应绘制收敛值与时间关系曲线、收敛值与开挖空间变化关系曲线以及收敛值的断面分布图。

(3)地下洞室围岩收敛观测记录应包括工程名称、观测段和观测断面及观测点的编号与位置、基线长度、地质描述、收敛计编号、收敛计读数、观测时间、观测时的环境温度、观测断面与开挖掌子面的间距。

6.2 钻孔轴向岩体位移观测

6.2.1 钻孔轴向岩体位移观测适用于各类岩体。

6.2.2 观测布置应符合下列要求：

(1)观测断面及断面上观测孔的数量，应根据工程规模、工程特点以及地质条件进行布置。

(2)观测孔的深度和方向，应根据观测目的和地质条件确定。观测孔的深度应超出应力扰动区。

(3)观测孔中测点的位置，宜根据位移变化梯度确定，梯度大的部位测点应加密。测点应避开构造破碎带。孔口或孔底应布置测点。

6.2.3 地质描述应包括下列内容：

(1)观测孔钻孔柱状图。

(2)其它应符合本标准第6.1.3条的规定。

6.2.4 主要仪器和设备应包括下列各项：

(1)钻孔设备。

(2)钻孔轴向位移计。

(3)安装及回收器。

6.2.5 观测准备应包括下列内容：

(1)在预定部位，按要求的孔径、方向和深度钻孔。孔口松动岩石应清除干净，孔口应保持平整。

(2)钻孔达到要求深度后，应将钻孔冲洗干净，并检查钻孔的通畅程度。

6.2.6 仪器安装应符合下列规定：

(1)根据预定位置，由孔底向孔口逐点安装测点或固定点，应防止测点与固定点之间传递位移的连接件相互干扰。

(2)孔口应设保护装置。当有电缆引出线时，电缆引出线和集线箱应采取保护措施。

(3)调整每个测点的初始读数。

(4)现场仪器安装情况应进行记录。

6.2.7 观测及稳定标准应符合下列规定：

(1)每个测点应重复测读3次，取其平均值。3次读数差不应大于仪器精度范围。

(2)观测时间间隔，应根据工程需要或岩体位移情况确定。

6.2.8 观测成果整理应符合下列要求：

(1)绘制测点位移与时间关系曲线。

(2)绘制同一时间测孔内的测点位移与深度关系曲线。

(3)绘制测点位移与断面和空间关系曲线。

(4)对地下洞室，应绘制测点位移随掌子面距离变化的过程曲线。

(5)钻孔岩体轴向位移观测记录应包括工程名称、观测断面和观测孔及测点的编号与位置、地质描述、轴向位移读数值、观测时间、观测断面与开挖掌子面的距离。

6.3 钻孔横向岩体位移观测

6.3.1 钻孔横向岩体位移观测适用于各类岩体。

6.3.2 观测布置应符合下列要求：

(1)观测孔的布置，应根据工程岩体受力情况和地质条件，重点布置在最有可能发生滑移，或对工程施工及运行安全影响最大的部位。

(2)观测孔的深度应超过预计滑移带5m。

6.3.3 地质描述应包括下列内容：

(1)观测区段的岩石名称、岩性及地质分层。

(2)岩体结构面的类型、产状、宽度及充填物性质。

(3)应提供观测孔钻孔柱状图、观测区段地质纵横剖面图和观测区段平面地质图。

6.3.4 主要仪器和设备应包括下列各项：

(1)钻孔设备。

(2)伺服加速度计式滑动测斜仪。

(3)测斜管和管接头。

(4)安装设备。

(5)灌浆设备。

6.3.5 观测准备应包括下列内容：

(1)在预定部位，按要求的孔径和深度，沿铅直方向钻孔。钻孔直径应大于测斜管外径50mm。

(2)钻孔达到要求深度后，应将钻孔冲洗干净，检查钻孔的通畅程度。

6.3.6 测斜管安装应符合下列规定：

(1)按要求长度将测斜管逐节进行预接，打好铆钉孔，并在对接处作对准标记及编号，底部测斜管下端应密封端盖。对接处导槽应对准，铆钉孔应避开导槽。

(2)按测斜管的对准标记和编号逐节对接、固定和密封后，缓慢地吊入钻孔内，直至将测斜管全部下入钻孔内。

(3)调整导槽方向，其中一对导槽方向宜与预计的岩体位移方向一致，用模拟测头检查导槽畅通无阻后，将导管就位锁紧。

(4)将灌浆管沿测斜管外侧下入孔内至孔底以上1m处进行灌浆。灌浆材料应按要求配制。

(5)可在测斜管内灌注清水并施加压重。

(6)灌浆结束后，孔口应设保护装置。待浆液固化后，应量测测斜管导槽方位。

(7)测斜管现场安装情况应进行记录。

6.3.7 观测应符合下列规定：

(1)用模拟测头检查测斜孔导槽。

(2)使测斜仪测读器处于工作状态，将测头导轮插入测斜管导槽内，缓慢地下至孔底，然后由孔底开始自下而上沿导槽全长每隔一定间距测读1次，记录测点深度和读数。测读完毕后，将测头旋转180°插入同一对导槽内，按以上方法再测1次，测点深度应与第1次相同。测读完一对导槽后，将测头旋转90°，按相同的程序，测量另一对导槽的两个方向的读数。

(3)每一深度的正反两读数的绝对值宜相同；当读数有异常时，应及时补测。

(4)浆液固化后，应按一定的时间间隔进行测读，取其稳定值作为观测值的基准值。

(5)校核测斜管导槽方位。

(6)按本条(1)、(2)、(3)的程序进行位移观测。

(7)观测时间间隔，应根据工程需要或岩体位移情况确定。

6.3.8 观测成果整理应符合下列要求：

(1)绘制变化值与深度关系曲线。

(2)绘制位移与深度关系曲线。

(3)对于有明显位移的部位，应绘制该深度的位移与时间的关系曲线。

(4)钻孔横向岩体位移观测记录应包括工程名称、观测测孔的编号及位置、导槽方向、地质描述、测斜管安装情况、各个深度的读数值、观测时间。

7 岩石声波测试

7.1 岩块声波速度测试

7.1.1 岩块声波速度测试适用于能制成规则试件的各类岩石。

7.1.2 试件应符合本标准第 2.7.2～2.7.6 条的要求。

7.1.3 试件描述应符合本标准第 2.7.7 条的要求。

7.1.4 主要仪器和设备应包括下列各项：

(1)钻石机、锯石机、磨石机、车床等。

(2)测量平台。

(3)岩石超声波参数测定仪。

(4)纵、横波换能器。

(5)测试架。

7.1.5 测试应按下列步骤进行：

(1)选用换能器的发射频率，应满足下列公式要求：

$$f \geqslant \frac{2V_p}{D} \tag{7.1.5}$$

式中 f ——换能器发射频率(Hz)；

V_p——岩石纵波速度(m/s)；

D——试件的直径(m)。

(2)测定纵波速度时，耦合剂宜采用凡士林或黄油；测定横波速度时，耦合剂宜采用铝箔或铜箔。

(3)可采用直透法或平透法布置换能器，并应量测两换能器中心的距离。

(4)对非受力状态下的测试，应将试件置于测试架上，对换能器施加约 0.05MPa 的压力，测读纵波或横波在试件中行走的时间；对受力状态下的测试，宜与单轴压缩变形试验同时进行。

(5)测试结束后，应测定超声波在标准有机玻璃棒中的传播时间，绘制时距曲线并确定仪器系统的零延时，或将发射、接收换能器对接，测读零延时。

7.1.6 测试成果整理应符合下列要求：

(1)按下列公式计算岩块的纵波速度和横波速度：

$$V_p = \frac{L}{t_p - t_o} \tag{7.1.6-1}$$

$$V_s = \frac{L}{t_s - t_o} \tag{7.1.6-2}$$

式中 V_p ——纵波速度(m/s)；

V_s ——横波速度(m/s)；

L ——发射、接收换能器中心间的距离(m)；

t_p ——纵波在试件中行走的时间(s)；

t_s ——横波在试件中行走的时间(s)；

t_o ——仪器系统的零延时(s)。

(2)计算值取 3 位有效数字。

(3)岩块声波速度测试记录应包括工程名称、取样位置、试件编号、试件描述、试件尺寸、测试方法、换能器间的距离、传播时间、仪器系统的零延时。

7.2 岩体声波速度测试

7.2.1 岩体声波速度测试适用于各类岩体。

7.2.2 测点布置应符合下列要求：

(1) 测点可选择在平洞、钻孔、风钻孔或地表露头。

(2) 对各向同性岩体的测线，宜按直线布置；对各向异性岩体的测线，宜分别按平行和垂直岩体主要结构面布置。

(3) 相邻二测点的距离，当采用换能器激发时，距离宜为 1～3m；当采用电火花激发时，距离宜为 10～30m；当采用锤击激发时，距离应大于 3m。

(4) 单孔测试时，源距不得小于 0.5m，换能器每次移动距离不得小于0.2m。

(5) 在钻孔或风钻孔中进行孔间穿透测试时，换能器每次移动距离宜为0.2～1.0m。

7.2.3 地质描述应包括下列内容：

(1) 岩石名称、颜色、矿物成分、结构、构造、风化程度、胶结物性质等。

(2) 岩体结构面的产状、宽度、粗糙程度、充填物性质、延伸情况等。

(3) 层理、节理、裂隙的延伸方向与测线的关系。

(4) 测线、测点平面地质图、展示图及剖面图。

(5) 钻孔柱状图。

7.2.4 主要仪器和设备应包括下列各项：

(1) 岩体声波参数测定仪。

(2) 孔中接收、发射换能器。

(3) 一发双收单孔测试换能器。

(4) 弯曲式接收换能器。

(5) 夹心式发射换能器。

(6) 干孔测试设备。

(7) 声波激发锤。

(8) 电火花振源。

7.2.5 岩体表面声波速度测试准备应包括下列内容：

(1) 测点表面应大致修凿平整，并对各测点进行编号。

(2) 测点表面应擦净。纵波换能器应涂1～2mm厚的凡士林或黄油；横波换能器应垫多层铝箔或铜箔。并应将换能器放置在测点上压紧。

(3) 量测接收换能器与发射换能器或接收换能器与锤击点之间的距离。测距相对误差应小于1%。

7.2.6 钻孔或风钻孔中岩体声波速度测试准备应包括下列内容：

(1)钻孔或风钻孔应冲洗干净，将孔内注满水，并对各孔进行编号。

(2)进行孔间穿透测试时，量测两孔口中心点的距离，测距相对误差应小于1%；当两孔轴线不平行时，应量测钻孔的倾角和方位角，计算不同深度处两侧点间的距离。

(3)软岩宜采用干孔测试。

7.2.7 架设仪器并开机预热。当采用换能器激发声波时，应将仪器置于内同步工作方式；当采用锤击或电火花振源激发声波时，应将仪器置于外同步工作方式。

7.2.8 试验及稳定标准应符合下列规定：

(1)将荧光屏上的光标关门讯号调整到纵、横波初至位置，测读声波传播时间；或者利用自动关门装置，测读声波传播时间。

(2)每一对测点读数3次，读数之差不宜大于3%。

(3)测试结束前，应确定仪器与换能器系统的零延时值。

7.2.9 测试成果整理应符合下列要求：

(1)按下列公式计算岩体的纵波速度和横波速度：

$$V_p=\frac{L}{t_p-t_o} \tag{7.2.9-1}$$

$$V_s=\frac{L}{t_s-t_o} \tag{7.2.9-2}$$

$$V_p=\frac{L}{t_2-t_1} \tag{7.2.9-3}$$

式中 L ——换能器中心间的距离(m)；

t_p ——纵波在岩体中行走的时间(s)；

t_s ——横波在岩体中行走的时间(s)；

t_2、t_1 ——一发双收单孔平透直达波法测孔时，两接收点收到的首波到达时间(s)。

(2)计算值取3位有效数字。

(3)岩体声波速度测试记录应包括工程名称、测点编号、测点位置、测试方法、测点描述、测点布置、测点间距、传播时间、仪器系统的零延时。

附录A 岩体应力计算

A.1 应力分量计算

A.1.1 孔壁应变法大地坐标系下空间应力分量应按下列公式计算：

$$E\varepsilon_{ij} = A_{xx}\sigma_x + A_{yy}\sigma_y + A_{zz}\sigma_z + A_{xy}\tau_{xy} + A_{yz}\tau_{yz} + A_{zx}\tau_{zx} \tag{A.1.1-1}$$

$$\begin{aligned} A_{xx} = {} & \sin^2\varphi_j(l_x^2 + l_y^2 - \mu l_z^2) - \cos^2\varphi_j[\mu(l_x^2 + l_y^2) - l_z^2] \\ & - 2(1-\mu^2)\sin^2\varphi_j[\cos2\theta_i(l_x^2 - l_y^2) + 2\sin2\theta_i l_x l_y] \\ & + 2(1+\mu)\sin2\varphi_j[\cos\theta_i l_y l_z - \sin\theta_i l_x l_z] \end{aligned} \tag{A.1.1-2}$$

$$\begin{aligned} A_{yy} = {} & \sin^2\varphi_j(m_x^2 + m_y^2 - \mu m_z^2) - \cos^2\varphi_j[\mu(m_x^2 + m_y^2) - m_z^2] \\ & - 2(1-\mu^2)\sin^2\varphi_j[\cos2\theta_i(m_x^2 - m_y^2) + 2\sin2\theta_i m_x m_y] \\ & + 2(1+\mu)\sin2\varphi_j[\cos\theta_i m_y m_z - \sin\theta_i m_x m_z] \end{aligned} \tag{A.1.1-3}$$

$$\begin{aligned} A_{zz} = {} & \sin^2\varphi_j(n_x^2 + n_y^2 - \mu n_z^2) - \cos^2\varphi_j[\mu(n_x^2 + n_y^2) - n_z^2] \\ & - 2(1-\mu^2)\sin^2\varphi_j[\cos2\theta_i(n_x^2 - n_y^2) + 2\sin2\theta_i n_x n_y] \\ & + 2(1+\mu)\sin2\varphi_j[\cos\theta_i n_y n_z - \sin\theta_i n_x n_z] \end{aligned} \tag{A.1.1-4}$$

$$\begin{aligned} A_{xy} = {} & 2\{\sin^2\varphi_j[l_x m_x + l_y m_y - \mu l_z m_z] - \cos^2\varphi_j[\mu(l_x m_x + l_y m_y) \\ & - l_z m_z] + 2(1-\mu^2)\sin^2\varphi_j[\cos2\theta_i l_y m_y - \sin2\theta_i(l_x m_x \\ & + l_y m_y)] + (1+\mu)\sin2\varphi_j[\cos\theta_i(l_y m_y + l_z m_z) \\ & - \sin\theta_i(l_x m_z + l_z m_x)]\} \end{aligned} \tag{A.1.1-5}$$

$$\begin{aligned} A_{yz} = {} & 2\{\sin^2\varphi_j[m_x n_x + m_y n_y - \mu m_z n_z] - \cos^2\varphi_j[\mu(m_x n_x + \\ & m_y n_y) - m_z n_z] + 2(1-\mu^2)\sin^2\varphi_j[\cos2\theta_i m_y n_y - \sin2\theta_i \\ & (m_x n_y + m_y n_x)] + (1+\mu)\sin2\varphi_j[\cos\theta_i(m_y n_z + m_z n_y) \\ & - \sin\theta_i(m_x n_z + m_z n_x)]\} \end{aligned} \tag{A.1.1-6}$$

$$\begin{aligned} A_{zx} = {} & 2\{\sin^2\varphi_j[n_x l_x + n_y l_y - \mu n_z l_z] - \cos^2\varphi_j[\mu(n_x l_x + n_y l_y) \\ & - n_z l_z] + 2(1-\mu^2)\sin^2\varphi_j[\cos2\theta_i n_y l_y \\ & - \sin2\theta_i(n_y l_y + n_x l_x)] + (1+\mu)\sin2\varphi_j[\cos\theta_i(n_z l_y + n_y l_z) \\ & - \sin\theta_i(n_z l_x + n_x l_z)]\} \end{aligned} \tag{A.1.1-7}$$

式中 E——岩石弹性模量(MPa)；

ε_{ij}——实测岩心应变；

μ——岩石泊松比；

φ_j——应变片与钻孔轴向 Z 的夹角(°)；

θ_i——应变丛与 X 轴的夹角(°)；

σ_x、σ_y、σ_z、τ_{xy}、τ_{yz}、τ_{zx}——分别为应力张量分量(MPa)；

l_x、m_x、n_x；l_y、m_y、n_y；l_z、m_z、n_z——分别为钻孔坐标系各轴对于大地坐标系的方向余弦(°)。

A.1.2 孔径变形法应力分量计算应符合下列要求：

(1)按下列公式计算实测孔径应变 ε_i：

$$\delta_i = \frac{\varepsilon_{in} - \varepsilon_{io}}{k_i} \tag{A.1.2-1}$$

$$\varepsilon_i = \frac{\delta_i}{D} \tag{A.1.2-2}$$

式中 ε_i——实测孔径应变；

δ_i——岩心测量孔不同方向的孔径变形(mm)；

ε_{io}——初始应变值；

ε_{in}——稳定应变值；

k_i——钢环率定系数(mm^{-1})；

D——测孔直径(mm)。

(2)按下列公式计算大地坐标系下的空间应力分量：

$$E\varepsilon_i = A_{xx}^k\sigma_x + A_{yy}^k\sigma_y + A_{zz}^k\sigma_z + A_{xy}^k\tau_{xy} + A_{yz}^k\tau_{yz} + A_{zx}^k\tau_{zx} \tag{A.1.2-3}$$

$$\begin{aligned} A_{xx}^k = {} & l_{xk}^2 + l_{yk}^2 - \mu l_{zk}^2 + 2(1-\mu^2)\cos2\theta_i(l_{xk}^2 - l_{yk}^2) \\ & + 4(1-\mu^2)\sin2\theta_i l_{xk} l_{yk} \end{aligned} \tag{A.1.2-4}$$

$$A_{yy}^k = m_{xk}^2 + m_{yk}^2 - \mu m_{zk}^2 + 2(1-\mu^2)\cos2\theta_i(m_{xk}^2 - m_{yk}^2)$$

$$+4(1-\mu^2)\sin 2\theta_i m_{xk}m_{yk} \quad (A.1.2\text{-}5)$$

$$A_{zz}^k = n_{xk}^2 + n_{yk}^2 - \mu n_{zk}^2 + 2(1-\mu^2)\cos 2\theta_i(n_{xk}^2 - n_{yk}^2)$$

$$+4(1-\mu^2)\sin 2\theta_i n_{xk}n_{yk} \quad (A.1.2\text{-}6)$$

$$A_{xy}^k = 2(l_{xk}m_{xk} + l_{yk}m_{yk} - \mu l_{zk}m_{zk})$$

$$+4(1-\mu^2)\cos 2\theta_i(l_{xk}m_{xk} - l_{yk}m_{yk})$$

$$+4(1-\mu^2)\sin 2\theta_i(l_{xk}m_{yk} + m_{xk}l_{yk}) \quad (A.1.2\text{-}7)$$

$$A_{yz}^k = 2(m_{xk}n_{xk} + m_{yk}n_{yk} - \mu m_{zk}n_{zk})$$

$$+4(1-\mu^2)\cos 2\theta_i(m_{xk}n_{xk} - m_{yk}n_{yk})$$

$$+4(1-\mu^2)\sin 2\theta_i(m_{xk}n_{yk} + n_{xk}m_{yk}) \quad (A.1.2\text{-}8)$$

$$A_{zx}^k = 2(n_{xk}l_{xk} + n_{yk}l_{yk} - \mu n_{zk}l_{zk})$$

$$+4(1-\mu^2)\cos 2\theta_i(n_{xk}l_{xk} - n_{yk}l_{yk})$$

$$+4(1-\mu^2)\sin 2\theta_i(n_{xk}l_{yk} + l_{xk}n_{yk}) \quad (A.1.2\text{-}9)$$

式中 E ——岩石弹性模量(MPa)；

θ_i ——钻孔变形计触头测试方向与该钻孔坐标 X 轴夹角(°)；

σ_x、σ_y、σ_z、τ_{xy}、τ_{yz}、τ_{zx}——为应力张量分量(MPa)；

l_{xk}、m_{xk}、n_{xk}；l_{yk}、m_{yk}、n_{yk}；l_{zk}、m_{zk}、n_{zk}——分别为第 k 钻孔的钻孔坐标系各轴对于大地坐标系的方向余弦(°)。

(3)按下列公式计算平面应力分量：

$$E\varepsilon_i = A_{xx}\sigma_x + A_{yy}\sigma_y + A_{xy}\tau_{xy} - \mu\sigma_z \quad (A.1.2\text{-}10)$$

$$A_{xx} = 1 + 2(1-\mu^2)\cos 2\theta_i \quad (A.1.2\text{-}11)$$

$$A_{yy} = 1 - 2(1-\mu^2)\cos 2\theta_i \quad (A.1.2\text{-}12)$$

$$A_{xy} = 4(1-\mu^2)\sin 2\theta_i \quad (A.1.2\text{-}13)$$

式中 σ_x、σ_y、τ_{xy}——为垂直于钻孔轴向的平面内的应力分量；

σ_z——为沿钻孔轴向的空间应力分量，在特殊情况下可忽略不计。

A.1.3 孔底应变法大地坐标系下的空间应力分量应按下列公式计算：

$$E\varepsilon_i = A_{xx}^k\sigma_x + A_{yy}^k\sigma_y + A_{zz}^k\sigma_z + A_{xy}^k\tau_{xy} + A_{yz}^k\tau_{yz} + A_{zx}^k\tau_{zx} \quad (A.1.3\text{-}1)$$

$$A_{xx}^k = \lambda_1 l_{xk}^2 + \lambda_2 l_{yk}^2 + \lambda_3 l_{zk}^2 + \lambda_4 l_{xk}l_{yk} \quad (A.1.3\text{-}2)$$

$$A_{yy}^k = \lambda_1 m_{xk}^2 + \lambda_2 m_{yk}^2 + \lambda_3 m_{zk}^2 + \lambda_4 m_{xk}m_{yk} \quad (A.1.3\text{-}3)$$

$$A_{zz}^k = \lambda_1 n_{xk}^2 + \lambda_2 n_{yk}^2 + \lambda_3 n_{zk}^2 + \lambda_4 n_{xk}n_{yk} \quad (A.1.3\text{-}4)$$

$$A_{xy}^k = 2(\lambda_1 l_{xk}m_{xk} + \lambda_2 l_{yk}m_{yk} + \lambda_3 l_{zk}^2 m_{zk}) + \lambda_4(l_{xk}m_{yk} + m_{xk}l_{yk}) \quad (A.1.3\text{-}5)$$

$$A_{yz}^k = 2(\lambda_1 m_{xk}n_{xk} + \lambda_2 m_{yk}n_{yk} + \lambda_3 m_{zk}n_{zk}) + \lambda_4(m_{xk}n_{yk} + n_{xk}m_{yk}) \quad (A.1.3\text{-}6)$$

$$A_{zx}^k = 2(\lambda_1 n_{xk}l_{xk} + \lambda_2 n_{yk}l_{yk} + \lambda_3 n_{zk}l_{zk}) + \lambda_4(n_{xk}l_{yk} + l_{xk}n_{yk}) \quad (A.1.3\text{-}7)$$

$$\lambda_1 = 1.25(\cos^2\theta_i - \mu\sin^2\theta_i) \quad (A.1.3\text{-}8)$$

$$\lambda_2 = 1.25(\sin^2\theta_i - \mu\cos^2\theta_i) \quad (A.1.3\text{-}9)$$

$$\lambda_3 = -0.75(0.645 + \mu)(1-\mu) \quad (A.1.3\text{-}10)$$

$$\lambda_4 = 1.25(1+\mu)\sin 2\theta_i \quad (A.1.3\text{-}11)$$

式中 E ——岩心弹性模量(MPa)；

ε_i——实测岩心应变；

θ_i ——第 i 片电阻片与钻孔坐标系 X_k 轴夹角，以逆时针向为正(°)；

μ ——岩石泊松比；

σ_x、σ_y、σ_z、τ_{xy}、τ_{yz}、τ_{zx}——为应力张量分量(MPa)；

l_{xk}、m_{xk}、n_{xk}；l_{yk}、m_{yk}、n_{yk}；l_{zk}、m_{zk}、n_{zk}——分别为第 k 钻孔坐标系各轴对于大地坐标系的方向余弦(°)。

A.2 主应力计算

A.2.1 空间主应力大小及其方向的计算应符合下列要求：

(1)按下列公式计算主应力：

$$\sigma_1 = 2\sqrt{-\frac{P}{3}}\cos\frac{\omega}{3} + \frac{1}{3}J_1 \qquad (A.2.1\text{-}1)$$

$$\sigma_2 = 2\sqrt{-\frac{P}{3}}\cos\frac{\omega + 2\pi}{3} + \frac{1}{3}J_1 \qquad (A.2.1\text{-}2)$$

$$\sigma_3 = 2\sqrt{-\frac{P}{3}}\cos\frac{\omega + 4\pi}{3} + \frac{1}{3}J_1 \qquad (A.2.1\text{-}3)$$

$$\omega = \arccos\left[-\frac{Q}{2\sqrt{-\left(\frac{P}{3}\right)^3}}\right] \qquad (A.2.1\text{-}4)$$

$$P = -\frac{1}{3}J_1^2 + J_2 \qquad (A.2.1\text{-}5)$$

$$Q = -\frac{2}{27}J_1^3 + \frac{1}{3}J_1J_2 - J_3 \qquad (A.2.1\text{-}6)$$

$$J_1 = \sigma_x + \sigma_y + \sigma_z \qquad (A.2.1\text{-}7)$$

$$J_2 = \sigma_x\sigma_y + \sigma_y\sigma_z + \sigma_z\sigma_x - \tau_{xy}^2 - \tau_{yz}^2 - \tau_{zx}^2 \qquad (A.2.1\text{-}8)$$

$$J_3 = \sigma_x\sigma_y\sigma_z - \sigma_x\tau_{yz}^2 - \sigma_y\tau_{zx}^2 - \sigma_z\tau_{xy}^2 - 2\tau_{xy}\tau_{yz}\tau_{zx} \qquad (A.2.1\text{-}9)$$

(2)按下列公式计算主应力与大地坐标系各轴夹角的方向余弦：

$$L_i = \left\{\frac{1}{1+\left[\frac{(\sigma_i+\sigma_x)\tau_{yz}+\tau_{xy}\tau_{zx}}{(\sigma_i-\sigma_y)\tau_{zx}+\tau_{xy}\tau_{yz}}\right]^2+\left[\frac{(\sigma_i-\sigma_x)(\sigma_i-\sigma_y)-\tau_{xy}^2}{(\sigma_i-\sigma_y)\tau_{zx}+\tau_{xy}\tau_{yz}}\right]^2}\right\}^{\frac{1}{2}}$$

(A.2.1-10)

$$m_i = l_i \cdot \frac{(\sigma_i+\sigma_x)\tau_{yz}+\tau_{xy}\tau_{zx}}{(\sigma_i-\sigma_y)\tau_{zx}+\tau_{xy}\tau_{yz}} \qquad (A.2.1\text{-}11)$$

$$n_i = l_i \cdot \frac{(\sigma_i-\sigma_x)(\sigma_i-\sigma_y)-\tau_{xy}^2}{(\sigma_i-\sigma_y)\tau_{zx}+\tau_{xy}\tau_{yz}} \qquad (A.2.1\text{-}12)$$

$i=1、2、3$

(3)按下列公式计算主应力的倾角 α_i 和方位角 β_i

$$\alpha_i = \arcsin m_i \qquad (A.2.1\text{-}13)$$

$$\beta_i = \beta_o - \arcsin\frac{l_i}{\sqrt{1-m_i^2}} = \beta_o - \text{arctg}\frac{l_i}{n_i} \qquad (A.2.1\text{-}14)$$

式中 β_o——钻孔方位角。

A.2.2 平面主应力大小及其方向的计算应符合下列要求：

(1)按下列公式计算主应力：

$$\sigma_1 = \frac{1}{2}\left[(\sigma_x+\sigma_y)+\sqrt{(\sigma_x-\sigma_y)^2+(2\tau_{xy})^2}\right] \qquad (A.2.2\text{-}1)$$

$$\sigma_2 = \frac{1}{2}\left[(\sigma_x+\sigma_y)-\sqrt{(\sigma_x-\sigma_y)^2+(2\tau_{xy})^2}\right] \qquad (A.2.2\text{-}2)$$

式中 σ_x、σ_y 和 τ_{xy} 由式(A.1.2-10)确定。

(2)按下列公式计算主应力方向：

$$\text{tg}2\alpha = \frac{2\tau_{xy}}{\sigma_x-\sigma_y} \qquad (A.2.2\text{-}3)$$

式中 α——最大主应力与 X 轴的夹角，以反时针向旋转量取为正。

附录B　本标准用词说明

B.0.1 为便于在执行本标准条文时区别对待，对要求严格程度不同的用词说明如下：

(1)表示很严格，非这样做不可的用词：

正面词采用“必须”；

反面词采用“严禁”。

(2)表示严格，在正常情况下均应这样做的用词：

正面词采用“应”；

反面词采用“不应”或“不得”。

(3)表示允许稍有选择，在条件许可时，首先应这样做的用词：

正面词采用“宜”或“可”；

反面词采用“不宜”。

B.0.2 条文中指明应按其他有关标准、规范执行的，写法为“应符合……的规定”或“应按……执行”。

附加说明

本标准主编单位、参加单位和主要起草人名单

主 编 单 位： 水电水利规划设计总院

参 加 单 位： 成都勘测设计研究院
中国水利水电科学研究院
长沙矿冶研究院
煤炭科学研究院
武汉岩体土力学研究所
长江科学院
黄河水利委员会勘测规划设计院
昆明勘测设计研究院
东北勘测设计院
铁道科学研究院西南研究所

主要起草人： 陈祖安　张性一　陈梦德　李　迪
陈扬辉　傅冰骏　崔志莲　潘青莲
袁澄文　王永年　阎政翔　夏万仁
陈成宗　郭惠丰　吴玉山　刘永燮

中华人民共和国国家标准

工程岩体试验方法标准

GB/T 50266-99

条文说明

制订说明

本标准是根据国家计委计综[1986]2630号文的要求，由电力工业部负责主编，具体由电力工业部水电水利规划设计总院会同成都勘测设计研究院、中国水利水电科学研究院、长沙矿冶研究院、煤炭科学研究院、武汉岩体土力学研究所、长江科学院、黄河水利委员会勘测规划设计院、昆明勘测设计研究院、东北勘测设计院和铁道科学研究院西南研究所等单位共同编制而成，经建设部1999年1月22日以建标[1999]25号文批准，并会同国家质量技术监督局联合发布。

在本标准的编制过程中，编制组进行了广泛的调查研究，认真总结了40多年来国内各部门的大量实验数据，综合分析了国内外已有的岩石试验规程，吸收了新的科研成果和国外先进技术，并广泛征求了全国有关单位的意见。最后由电力工业部会同有关部门审查定稿。

鉴于本标准系初次编制，在执行过程中，希望各单位结合工程实践和科学研究，认真总结经验，注意积累资料，如发现需要修改和补充之处，请将意见和有关资料寄交水电水利规划设计总院（北京市安德路六铺炕，邮政编码100011），以供今后修订时参考。

本《条文说明》仅供国内有关部门和单位执行本标准时使用。

电力工业部

一九九七年二月

目　次

1 总　　则

1.0.1 岩石试验的成果，既取决于岩石本身的特性，又受试验方法、试件形态、测试条件和试验环境等的影响。本标准就上述内容作了统一规定，有利于提高岩石试验成果的质量，增强同类岩石试验成果的可比性。

1.0.2 本条规定了本标准的适用范围。考虑到各行业对工程岩体试验技术标准的特殊要求，各行业可根据自己的经验和要求，在本标准的基础上，制定适应本行业的具体试验方法标准。

2 岩块试验

2.1 含水率试验

2.1.1 岩石含水率是试件在105～110℃下烘至恒量时所失去的水的质量与试件干质量的比值，以百分数表示。

(1)岩石含水率试验，主要用于测定粘土岩类岩石在天然状态下的含水率。其它试验要求的烘干试件，仍按试验规定的烘干标准执行。

(2)对于含有结晶水矿物的岩石，含水率试验应降低烘干温度，在未取得充分论证之前，对这类岩石的含水率试验，可用烘干温度60±5℃，或者用抽气干燥缸在真空压力表读数为100kPa及23～60℃的温度范围内使之干燥。

2.1.5 本试验采用称量控制，将试件反复烘干至称量达到恒量为止。如果在对某些岩石作了烘干研究，取得论证后，也可改用时间控制。

2.2 颗粒密度试验

2.2.1 岩石颗粒密度是岩石固相物质的质量与其体积的比值。该试验即为原比重试验。

2.2.2 本条对试件作了以下规定：

(1)颗粒密度试验的试件采用块体密度试验后的试件破碎成岩粉，其目的是减少岩石不均一性的影响。

(2)试件粉碎后的最大粒径，应不含闭合裂隙。国内外有关规定中，除个别采用最大粒径不超过0.125mm外，绝大多数规定过0.25mm筛。根据实测资料，当最大粒径为1mm时，对试验成果影响甚微。根据我国现有的技术条件，本试验规定岩石粉碎成岩粉后，需全部通过0.25mm筛孔。

2.2.4 本标准只采用容积为100ml的短颈比重瓶，是考虑了岩石的不均一性和我国现有的实际条件。

2.2.6 纯水密度可查物理手册；煤油密度应实测。

2.3 块体密度试验

2.3.1 岩石块体密度是试件质量与试件体积的比值。根据岩石的含水状态，岩石块体密度可分为干密度、饱和密度和湿密度等。选择试验方法时应注意：

(1)选择岩石块体密度的试验方法时，主要应考虑试件制备的难度和水对岩石的影响。

(2)对于粘土类岩石，将试件置于熔蜡中会引起含水率的变化；若先烘干试件，又将产生干缩，使试件体积缩小，都会使岩石块体密度受到影响，这是蜡封法测定粘土类岩石块体密度的最大弱点。高分子涂料法可在常温下封闭试件，可以确保试验过程中试件含水率和试件体积恒定不变，在取得经验的基础上，允许用高分子涂料法代替蜡封法测定岩石块体密度。

2.3.2 用量积法测定岩石块体密度，能适用于制成规则试件的各类岩石，方法简易，计算成果准确，而且不受试验环境的影响，但采用量积法时，应保证试件制备具有足够的精度。

2.3.3 蜡封法一般用不规则试件，试件表面有明显棱角或缺陷时，对测试成果有一定影响，因此试件应加工成浑圆状。

2.3.7、2.3.8 用量积法测定岩石块体密度时，对于具有干缩湿胀的岩石，试件体积量测在烘干前进行，避免试件烘干对计算密度的影响；用蜡封法测定岩石块体密度时，应掌握好熔蜡温度，温度过高容易使蜡液浸入试件缝隙中，温度低了会使试件封闭不均，不易形成完整蜡膜。因此，本试验规定的熔蜡温度略高于石蜡的熔点(约57℃)。石蜡密度变化较大，在进行蜡封法试验时，需对石蜡的密度测定，其方法与岩石块体密度试验中水中称量法相同。

2.3.10 鉴于岩石属不均质体，并受节理裂隙等结构面的影响，不可能使同组岩石的每个试件试验成果都一致。在试验成果中，应列出每一试件的试验值，不必求平均值。

2.4 吸水性试验

2.4.1 岩石吸水率是试件在大气压力和室温条件下吸入水的质量与试件固体质量的比值，以百分数表示；岩石饱和吸水率是试件在强制状态下的最大吸水量与试件固体质量的比值，以百分数表示。

2.4.2 试件形态对岩石吸水率的试验成果有影响，不规则试件的吸水率可以为规则试件的两倍多，这和试件与水的接触面积大小有很大关系。本试验规定用单轴抗压强度试验试件作为吸水性试验的标准试件，只有在试件制备有困难时，才允许采用不规则的浑圆形试件。采用单轴抗压强度试验试件作为本试验的标准试件，是因为岩石的吸水性能和单轴抗压强度对岩石的风化程度及岩石中微裂隙的发育程度较为敏感，采用抗压试件使资料成果更趋完整。

2.4.6 本条说明同第2.3.10条的说明。

2.5 膨胀性试验

2.5.1 岩石膨胀性试验是测定天然状态下含易吸水膨胀矿物岩石的膨胀性质，如粘土岩类岩石，其它岩石也可采用本标准。主要包括下列内容：

(1)岩石自由膨胀率是岩石试件在浸水后产生的径向和轴向变形分别与试件直径和高度之比，以百分数表示。

(2)岩石侧向约束膨胀率是岩石试件在有侧限条件下，轴向受有限荷载时，浸水后产生的轴向变形与试件原高度之比，以百分数表示。岩石膨胀压力是岩石试件浸水后保持原形体积不变所需的压力。

2.5.6 侧向约束膨胀率试验仪中的金属套环高度不应小于试件

高度与二块透水板厚度之和。不得由于金属套环高度不够，引起试件浸水饱和后出现三向变形。

2.5.9 岩石膨胀压力试验中为使试件变形始终不变，应随时调节所加的荷载：采用杠杆式加压系统，应随时调整法码重量；采用螺杆式加压系统，应随时调整测力钢环或压力传感器的读数。膨胀压力试验仪必须进行各级压力下仪器自身变形的率定，并在加压时扣除仪器变形，使试件变形始终为零。

2.5.10 本条说明同第2.3.10条的说明。

2.6 耐崩解性试验

2.6.1 岩石耐崩解性试验是测定试件在经过干燥和浸水两个标准循环后，试件残留的质量与原质量之比，以百分数表示。岩石耐崩解性试验主要适用于粘土岩类岩石和风化岩石，对于坚硬完整岩石一般不需进行此项试验。

2.7 单轴抗压强度试验

2.7.1 岩石单轴抗压强度试验是试件在无侧限条件下，受轴向力作用破坏时，单位面积上所承受的荷载。本试验采用直接压坏试件的方法来求得岩石单轴抗压强度，也可在进行岩石单轴压缩变形试验的同时，测定岩石单轴抗压强度。

2.7.3 鉴于圆形试件具有轴对称特性，应力分布均匀，而且试件可直接取自钻孔岩心，在室内加工程序简单，本试验推荐圆柱体作为标准试件的形状。

2.7.9 加荷速度对岩石强度测定有一定影响。本试验所规定的每秒0.5～1.0MPa的加荷速度，与当前国内外习惯使用的加荷速度一致。在试验中，可根据岩石强度的高低选用上限或下限，对软弱岩石，加荷速度宜再适当降低。

2.7.10 本条说明同第2.3.10条的说明。

2.8 单轴压缩变形试验

2.8.1 岩石单轴压缩变形试验是测定试件在单轴压缩应力条件下的纵向及横向应变值，据此计算岩石弹性模量和泊松比。本试验采用电阻片法测定岩石试件的变形参数，也可采用千分表或其它量测元件测定岩石变形，在计算中应将变形换算成应变。

2.8.5 试验时宜采用分点测量，这样有利于判断试件受力状态的偏心程度，以便及时调整试件位置。

2.8.6 本试验用两种方法计算岩石弹性模量和泊松比，即岩石平均弹性模量与岩石割线弹性模量及相对应的泊松比。根据需要，也可确定任何应力下的岩石弹性模量和泊松比。在试验成果中，应列出每一试件的试验值，不必求平均值。

2.9 三轴压缩强度试验

2.9.1 岩石三轴压缩强度试验是测定一组岩石试件在不同侧压条件下的三向压缩强度，据此计算岩石在三轴压缩条件下的强度参数。本试验采用等侧压条件下的三轴压缩试验，是指适用于三向应力状态中的特殊情况，即$\sigma_2=\sigma_3$。在进行三轴压缩试验的同时，应进行岩石单轴抗压强度、抗拉强度试验。

2.9.5 侧压力值的选定，主要依据三轴试验机的性能和岩石性质。试件采取防油措施的原因，是为了避免因油液渗入试件而影响试验成果。

2.10 抗拉强度试验

2.10.1 岩石抗拉强度试验是在试件直径方向上，施加一对线性荷载，使试件沿直径方向破坏，间接测定岩石的抗拉强度。本试验采用劈裂法进行抗拉试验，属间接拉伸法。

2.10.5 垫条可采用直径为4mm左右的钢丝或胶木棍，其长度应大于试件厚度。垫条的硬度应与试件硬度相匹配，垫条硬度过大，易对试件发生贯入现象；垫条硬度过低，垫条本身将严重变形，两者都影响试验成果。凡试件最终破坏未贯穿整个试件截面，而是局部脱落，应视为无效试件。

2.10.6 本条说明同第2.3.10条的说明。

2.11 直剪试验

2.11.1 岩石直剪试验是将同一类型的一组岩石试件，在不同的法向荷载下进行剪切，根据库伦表达式确定岩石的抗剪强度参数。本试验采用应力控制式的平推法直剪试验。对于完整坚硬的岩石，宜采用三轴试验。

2.11.9 预定应力或预定压力，一般是指工程设计应力或工程设计压力。在确定试验应力或试验压力时，还应考虑岩石或岩体的强度、岩体的应力状态以及设备的精度或出力。

2.11.12 当剪位移量不大时，剪切面积可直接采用试件剪切面积，当剪位移量过大而影响计算精度时，应采用最终的重叠剪切面积；确定剪切阶段特征点时，按现在常用的有比例极限、屈服极限、峰值强度，在提供抗剪强度参数时，必须提供抗剪断的峰值强度参数值。

2.12 点荷载强度试验

2.12.1 岩石点荷载强度试验是将试件置于上下一对球端圆锥之间，施加集中荷载直至破坏，据此求得岩石点荷载强度和其各向异性指数。

2.12.7 点荷载试验仪的加荷球端圆锥压头的顶角应为60°，球端曲率半径为5mm。

2.12.8 当试件中存在弱面时，加荷方向应分别垂直弱面或平行弱面，以求得各向异性岩石的最大和最小的点荷载强度。

2.12.9 修正指数 $m=2(1-n)$，其中 n 为 $\log P \sim \log D_0^2$ 关系曲线的斜率。

3 岩体变形试验

3.1 承压板法试验

3.1.1 本条说明了该试验的适用范围。

(1)承压板法岩体变形试验是通过刚性或柔性承压板施力于半无限空间岩体表面，量测岩体变形，按弹性理论公式计算岩体变形参数。

(2)本试验采用圆形承压板，特殊情况下，允许采用方形或矩形承压板，但应分别采用相应的计算公式计算，并在试验记录中加以说明。

(3)采用刚性承压板或柔性承压板，可按岩体强度和设备拥有情况选用，坚硬完整岩体宜用柔性承压板，半坚硬和软弱岩体宜用刚性承压板。

(4)本试验适用于在试验平洞或井巷中进行。在露天进行试验时，反力装置可采用地锚法或压重法，但必须注意试验时的环境温度变化，以免影响试验成果。

3.1.2 在开挖试验平洞时，应采取防震措施，尽可能减少岩体的扰动。一般可采用打防震孔或小药量爆破等方式。利用勘探平洞或井巷进行试验时，应清除岩体表面受爆破扰动的岩层。

3.1.9 本条规定了试验必要的仪器和设备。

3.1.12 布置测表时，对均质完整岩体，板外测点可按平行和垂直试验洞轴线布置；对有明显结构面的岩体，可按平行和垂直主要结构面走向布置。

3.1.13 为缩短混凝土的养护期，可在混凝土中加适量的速凝剂。一般采用的速凝剂有氯化钙、氯化钠等。

3.1.14 逐级一次循环加压时，每一循环压力应退零，使岩体充分回弹。当加压方向与地面不相垂直时，考虑安全的原因，允许保持一小压力，这时岩体回弹是不充分的，所计算的岩体弹性模量值可能偏大，应在记录中预以说明。

柔性承压板中心孔法变形试验中，当承压板直径大于 80cm 时，由于岩体中应力传递至深部，需要一定时间过程，稳定读数时间应适当延长，各测表应同时读取变形稳定值。应注意保护钻孔轴向位移计的引出线，不得有异物掉入孔内。

3.1.15 当试点距洞口的距离大于 30m 时，一般可不考虑外部气温变化对试验值的影响，但必须避免由于人为因素（人员、照明、取暖等）造成洞内温度变化幅度过大。通常要求试验期间温度变化不宜大于±1℃。当试点距离洞口较近时，还应采取设置隔温门等措施。

3.1.17 本条规定了试验成果整理的内容，现就在成果整理时应注意的主要问题作如下说明：

当测表因量程不足而需调表时，必须读取调表前后的稳定读数值，并在计算中减去稳定读数值之差。如在试验中，因掉块等原因引起碰动，也可按此方法进行。

刚性承压板法试验，应用 4 个测表的平均值作为岩体变形计算值。当其中 1 个测表因故障或其它原因被判断为失效时，应采用另一对称的 2 个测表的平均值作为岩体变形计算值，并予以说明。

3.2 钻孔变形试验

3.2.1 岩体钻孔变形试验是通过放入岩体钻孔中的压力计或膨胀计，施加径向压力于钻孔孔壁，量测钻孔径向岩体变形，按弹性理论公式计算岩体变形参数。

3.2.2 由于钻孔变形试验的探头依靠自重在钻孔中上下移动，本试验只适宜在铅直孔中进行试验，要求孔斜不超过 5°。为使钻孔孔壁平直光滑，宜采用金刚石钻头钻进。当孔壁存在长度大于加压段 1/3、深度大于 1cm 的空穴或在孔壁有尖锐的岩块存在时，都可能使橡皮囊破裂，凡遇此类情况，均应进行处理，然后进行试验。

3.2.3 为合理地布置测点，应对钻孔岩心进行全面的地质描述，特别要注意钻孔岩体中软弱部位情况的描述。

3.2.5 钻孔变形试验适用于孔内能注满水的钻孔，如果钻孔漏水严重，则应进行灌浆，待水泥浆凝固后再钻孔，然后注水进行试验。

3.2.7 试验的最大压力应根据岩体强度、工程设计需要和仪器设备条件确定。

4 岩体强度试验

4.1 岩体结构面直剪试验

4.1.1 岩体结构面直剪试验是将同一类型岩体结构面的一组试体，在不同的法向荷载下进行剪切，根据库伦表达式确定岩体结构面的抗剪强度参数。岩体结构面直剪试验可分为：在结构面未扰动情况下进行的第一次剪断，通称抗剪断试验；剪断后，沿剪断面继续进行剪切的试验，通称抗剪试验。

4.1.3 本条规定了试体的规格和制备要求。

(1)试体可分为方形(矩形)体和楔形体，本试验推荐方形(矩形)体。在结构面倾角比较陡等特殊情况下可采用楔形体，但在制备试体时，应采取必要措施，防止试体下滑；在试验过程中，应保持法向应力不变。

(2)对于具有一定厚度粘土充填的弱面，为能在试验中可以承受较大的法向荷载，而不致挤出夹泥，可采用加大剪切面积的措施。

(3)对于具有一定厚度粘土充填的膨胀性大的结构面，在试体制备时，可采用限制夹泥膨胀的措施。一般可用：切断地下水来源，尽量避免试体在制备过程中浸泡在水中；在试体顶部，浇筑与试体面积相同的、厚约10cm的钢筋混凝土盖板，待初凝后在其上部施加预定法向荷载，然后向下切割使试体成型；通过在试体内部或外部埋设锚筋对试体施加锚固力，预加锚固力的大小，一般以能限制夹泥膨胀为限，在切割试体时，应注意不使锚固力损失，在对试体施加预定法向荷载后，应及时拆除锚筋。

4.1.10 斜向荷载施力方向与剪切面的夹角α一般可在12°～25°范围内选用。

4.1.13 最大法向应力的确定除考虑预定施加应力的大小外，还应考虑所施加的应力不宜引起结构面中充填物挤出。

对于具有含水率大的高塑性充填物的结构面，法向荷载要分级缓慢施加，否则会因剧烈触变而破坏其结构，影响试验成果。本标准对不同性质的结构面，分别规定了各自达到压缩稳定的时间，使试验的固结阶段应满足剪切前结构面在预定应力作用下，其中的孔隙水压力能够全部消散。按照本标准规定，可以认为基本达到固结。试验中，应绘制法向位移与时间对数关系曲线，据此估测主固结时间 t_{100}。

4.1.14 本标准采用的分级连续施加剪切荷载相当于排水剪，按所规定的剪切速率达到峰值强度的全部剪切历时，一般超过固结曲线所确定的 t_{100} 的6倍。对于具有含水率大的高塑性充填物的结构面，可以降低剪切速率，以满足要求。

4.1.15 当结构面中可能有多个剪切面时，试后对剪切面的描述要首先确定实际剪切面。试件通常都沿着凝聚力最小的面剥离，合理地确定实际剪切面，能正确地评价结构面的性质及其抗剪强度参数。实际剪切面一般可按剪切面中擦痕的长度和分布情况，或泥面的连续性及其厚度加以确定。

4.1.16 由于平推法和斜推法二种试验方法的最终成果无明显差别，本标准将二种试验方法并列，一般可根据设备条件和经验选用。

4.2 岩体直剪试验

4.2.1 岩体直剪试验是将同一类型岩体的一组试体，在不同法向荷载下进行剪切，根据库伦表达式确定岩体本身的抗剪强度参数。对于完整坚硬的岩体，宜采用室内三轴试验。

4.2.2 剪切缝的宽度，一般为推力方向试体长度的5%，能够满足一般岩石的要求。

4.2.6 试验过程中，应及时记录试体中的响声和试体周围裂缝开展的情况，以作成果整理时参考。

5 岩体应力测试

5.1 孔壁应变法测试

5.1.1 孔壁应变法测试是采用孔壁应变计，量测套钻解除后钻孔孔壁的岩石应变，按弹性理论建立的应变与应力之间的关系式，求出岩体内某点的空间应力。本测试适用于各向同性岩体的应力测试。

5.1.2 如需测试原岩应力时，测点深度应超过应力扰动影响区。在地下洞室中进行测试时，测点深度应超过洞室直径(或相应尺寸)的2倍。

5.1.3 由于工程区域构造应力场、岩体特性及边界条件等对应力测试成果有直接影响，因此要注意收集上述有关资料。

5.1.7 套钻钻孔的最终深度，应使测试元件安装位置超出孔底应力集中影响区。这样得到的读数，并据以计算该点岩体应力时，才不致引起很大误差。

5.1.8 解除后的岩心如不能在24h内进行围压试验时，应立即包封，防止干燥。在进行围压试验时，应注意不得移动测试元件位置，以保证测试成果的准确性。

5.1.9 为保证测试精度，在同一钻孔内测试次数不应少于3次。当测试数据离散性较大时，应增加测试次数。

5.2 孔径变形法测试

5.2.1 孔径变形法测试是采用孔径变形计，量测套钻解除后的钻孔孔径变化，按弹性理论建立的孔径变化与应力之间的关系式，求出岩体某点的应力。需测求岩体空间应力时，应采用3个钻孔交会测试，即实交会法。特殊情况下，可采用虚交会法，但应予以说明。

5.3 孔底应变法测试

5.3.1 孔底应变法测试是采用孔底应变计，量测套钻解除后的钻孔孔底岩面应变，按弹性理论公式计算岩体内某点的应力。需测求岩体空间应力时，应采用3个钻孔交会测试。

6 岩体原位观测

6.1 地下洞室围岩收敛观测

6.1.1 地下洞室围岩收敛观测是用收敛计量测围岩表面两点在连线(基线)方向上的相对位移,即收敛值。本标准也适用于岩体表面两点间距离变化的观测。

6.1.2 本条规定了观测断面和观测点的布置原则。

(1)根据实测资料分析,一般情况下,当开挖掌子面距观测断面1.5～2.0倍洞径后,"空间效应"即掌子面的约束作用所产生的影响基本消除。因此,要求测点埋设应尽可能接近掌子面,距掌子面不宜大于1.0m。

(2)"时间效应"是指在掌子面约束作用解除后,收敛值随时间的延长而增大的现象。

(3)测点宜布置在位移较大的部位。

6.1.7 本条规定了观测的步骤。对观测过程中应注意的问题作如下说明:

(1)观测应由固定的人员进行操作,以减少人为误差。

(2)所有观测资料,应在24h以内进行整理,并对异常数据作出相应分析、判断和处理建议。

(3)第一次观测时间应尽早进行,宜在掌子面开挖后立即埋设测点并进行观测。

(4)观测时间间隔应根据开挖情况和收敛值变化的大小来确定,一般在洞室开挖或支护后的半月内,每天应观测1～2次;当掌子面推进到距观测断面大于2倍洞径的距离后,每2天观测1次;当变形稳定后,长期观测一般每月观测1～2次。

当在观测断面附近进行开挖时,爆破前后均应观测1次;在观测断面进行支护或加固处理时,应增加观测次数。

当测值出现异常时,应增加观测次数,以便正确地进行险情预报和获得关键性资料。

6.1.8 采用收敛计观测的围岩位移,只是两个测点间的距离变化,若需求出各测点的位移,可以通过近似计算求得。在选择计算方法时,应考虑方法的假定是否接近所测洞室的实际情况。

6.2 钻孔轴向岩体位移观测

6.2.1 钻孔轴向岩体位移观测是通过钻孔轴向位移计量测孔壁岩体不同深度与钻孔轴线方向一致的位移。

6.2.7 本条说明同第6.1.7条的说明。

6.3 钻孔横向岩体位移观测

6.3.1 本条说明了该观测方法的适用范围。

(1)钻孔横向岩体位移观测是通过测斜仪量测孔壁岩体不同深度与钻孔轴线垂直的位移。

(2)本观测方法采用单向伺服加速度计式滑动测斜仪。

(3)当采用双向伺服加速度计式滑动测斜仪和固定式测斜仪时,可参照本标准。

6.3.2 测孔应有足够的深度,以保证至少有5m以上的导管位于滑动面以下的稳定的岩体内,以便得到可靠的位移测量基准点。假如测斜管底端以下的岩体发生移动,则必须采用其它精确的测量方法,并在孔口设基准点。

6.3.6～6.3.7 本条规定了测斜管安装的要求。对安装过程中应注意的问题作如下说明。

(1)应尽量使测斜管速接成一直线。当深度大于30m时,应采用测扭仪测定导槽的扭曲度,以备校正计算位移值。

(2)浆液固化后的力学性质宜与钻孔周围岩体的力学性质相似,为此应预先进行浆液配比试验。

(3)在岩体位移突变段，可用砂或其它措施充填测斜管与钻孔孔壁间隙，以防止由于岩体位移过大造成测斜管的折裂或剪断，保证测头顺利通过。

(4)观测间距，一般指测头上下两组导轮之间的距离，这样可使每一测段测量结果衔接。

(5)每次观测时，测头应严格保持在相应深度的同一位置上，并由固定人员进行操作。

(6)所有观测资料，应在24h以内整理，并对异常数据作出相应分析、判断和处理。

7 岩石声波测试

7.1 岩块声波速度测试

7.1.1 岩块声波速度测试是测定超声波的纵、横波在试件中传播的时间，据此计算岩块声波速度。

7.1.5 采用直透法布置换能器时，需将换能器安放在试件的两个端面上，使换能器的中心在试件的轴线上；平透法的两换能器应布置在试件的同一侧面；采用切变振动模式的换能器测横波时，收发换能器的振向必须保持一致。换能器置于试件上后，应将多余的凡士林或黄油挤出，以减少耦合介质对测试成果的影响。

7.1.6 由于岩块不是均质体，并受节理裂隙等结构面的影响，因此同组岩块每个试件的试验成果不可能完全一致。在整理测试成果时，应引出每一试件的测试值，不必求平均值。

7.2 岩体声波速度测试

7.2.1 岩体声波速度测试是利用电脉冲、电火花、锤击等方式激发声波，测试声波在岩体中的传播时间，据此计算声波在岩体中的传播速度。

7.2.6 孔间穿透测试时，两钻孔在同一平面且互相平行时，孔内任意深度的距离等于两孔口中心点的距离，否则必须进行孔距校正。在仰孔中测试时，应使用止水设备。两测点间距较大或岩体破碎时，岩体表面测试宜采用锤击振源，孔间测试宜采用电火花振源。

7.2.8 在测试过程中，可按下列原则和方法判别横波：

(1)在岩体介质中，横波出现在纵波之后，它们的速度之比约

$\frac{V_p}{V_s}=\frac{t_s}{t_p}\geqslant 1.7$。

(2)接收到的纵波频率应大于横波频率($f_p>f_s$)。

(3)横波的振幅应比纵波的振幅大($A_s>A_p$)。

(4)采用锤击法时,改变锤击的方向;采用换能器发射时,改变发射电压的极性。此时,接收到的纵波相位不变,横波相位改变180°。

(5)反复调整仪器放大器的增益和衰减挡,在萤光屏上可见到较为清晰的横波,然后加大增益,可较准确测出横波初至时间。

(6)利用专用横波换能器测定横波。

中华人民共和国国家标准

地 基 动 力 特 性 测 试 规 范

Code for measurement method of dynamic properties of subsoil

GB/T 50269-97

主编部门:中华人民共和国机械工业部

批准部门:中 华 人 民 共 和 国 建 设 部

施行日期:1 9 9 8 年 5 月 1 日

关于发布国家标准《地基动力特性测试规范》的通知

建标[1997]281 号

根据国家计委计综[1986]2630 号文的要求,由机械工业部会同有关部门共同制订的《地基动力特性测试规范》已经有关部门会审,现批准《地基动力特性测试规范》GB/T 50269-97 为推荐性国家标准,自一九九八年五月一日起施行。

本标准由机械工业部负责管理,具体解释等工作由机械工业部设计研究院负责,出版发行由建设部标准定额研究所负责组织。

中华人民共和国建设部

一九九七年九月十二日

目　次

1 总　　则

1.0.1 为了统一地基动力特性的测试方法，确保测试质量，为工程设计提供可靠的动力参数，制订本规范。

1.0.2 本规范适用于各类建筑物和构筑物的天然地基和人工地基的动力特性测试。

1.0.3 地基动力特性的测试，应根据工程的实际需要，采用下列一种或几种测试方法，在分析比较的基础上确定地基动力参数，对于动力机器基础设计所需的地基动力参数，必须采用激振法测试。

(1)激振法测试；

(2)振动衰减测试；

(3)地脉动测试；

(4)波速测试；

(5)循环荷载板测试；

(6)振动三轴和共振柱测试。

1.0.4 地基动力特性测试，除应符合本规范的规定外，尚应符合国家现行有关标准、规范的规定。

2 术语、符号

2.1 术　　语

2.1.1 水平回转耦合振动　vibration coupled with translating and rocking

基础沿一水平轴平移并绕另一水平轴同时产生回转振动的耦合振动。

2.1.2 地脉动　micro-tremor

由气象、海洋、地壳构造活动的自然力和交通等人为因素所引起的地球表面固有的微弱(微米级)振动。

2.1.3 压缩波　compressional wave

介质中质点的位移方向平行于波传播方向的波。

2.1.4 剪切波　shear wave

介质中质点的位移方向垂直于波传播方向的波。

2.1.5 破坏振次　number of cycles to cause failure

试样达到破坏标准所需的等幅循环应力作用次数。

2.1.6 动强度比　ratio of dynamic shear strength

试样45°面上的动剪强度与初始法向有效应力的比值。

2.1.7 振次比　cycle ratio

动应力作用下的振次与破坏振次的比值。

2.1.8 动孔压比　dynamic pore pressure ratio

在循环应力作用下试样的孔隙水压力增量与侧向有效固结应力的比值。

2.1.9 动剪应力比　ratio of dynamic shear stress

试样45°面上的动剪应力与侧向有效固结应力的比值。

2.1.10 动剪变模量比 ratio of dynamic shear modulus

对应于某一剪应变幅的动剪变模量，与同一固结应力条件下的最大动剪变模量的比值。

2.2 符 号

2.2.1 作用和作用效应

A_m ——基础竖向振动的共振振幅；

A_{m1} ——基础水平回转耦合振动第一振型共振峰点水平振幅；

$A_{z\varphi}$ ——基础水平回转耦合振动第一振型共振峰点竖向振幅；

$A_{m\psi}$ ——基础扭转振动共振峰点水平振幅；

f_d ——基础有阻尼固有频率；

f_m ——基础竖向振动的共振频率；

f_{m1} ——基础水平回转耦合振动第一振型共振频率；

f_{nz} ——基础竖向无阻尼固有频率；

f_{n1} ——基础水平回转耦合振动第一振型无阻尼固有频率；

f_{nx} ——基础水平向无阻尼固有频率；

$f_{n\varphi}$ ——基础回转无阻尼固有频率；

$f_{m\psi}$ ——基础扭转振动的共振频率；

$f_{n\psi}$ ——基础扭转振动无阻尼固有频率；

f_t ——试样系统扭转振动的共振频率；

f_l ——试样系统纵向振动的共振频率。

2.2.2 计算指标

K_z ——地基抗压刚度；

K_x ——地基抗剪刚度；

K_φ ——地基抗弯刚度；

K_ψ ——地基抗扭刚度；

k_{pz} ——单桩抗压刚度；

$K_{P\varphi}$ ——桩基抗弯刚度；

ζ_z ——地基竖向阻尼比；

$\zeta_{x\varphi_1}$ ——地基水平回转向第一振型阻尼比；

ζ_ψ ——地基扭转向阻尼比；

m_f ——测试基础的质量；

m_z ——基础竖向振动的参振总质量，包括基础、激振设备和地基参加振动的当量质量；

$m_{x\varphi}$ ——基础水平回转耦合振动的参振总质量，包括基础、激振设备和地基参加振动的当量质量；

m_ψ ——基础扭转振动的参振总质量，包括基础、激振设备和地基参加振动的当量质量；

V_P ——压缩波波速；

V_S ——剪切波波速；

V_R ——瑞利波波速；

α ——地基能量吸收系数；

υ ——地基的动泊松比；

ρ ——地基的质量密度；

E_d ——地基的动弹性模量；

G_d ——地基的剪变模量；

γ_d ——试样剪应变幅；

ε_d ——试样轴应变幅；

ζ_t ——试样扭转向阻尼比；

ζ_l ——试样纵向阻尼比；

σ_d ——试样轴向动应力幅；

σ_0' ——平均有效主应力；

σ_1' ——有效大主应力；

σ_3' ——有效小主应力；

σ_{f0} ——潜在破裂面上的初始法向有效应力；

τ_{f0} ——潜在破裂面上的初始剪应力；

τ_{fd} ——潜在破裂面上的动强度；

τ_{fs} ——潜在破裂面上的地震总应力抗剪强度；

R_f ——试样 45°面上的动强度比；

S ——加荷时地基变形量；

S_P ——卸荷时地基塑性变形量；

S_e ——地基弹性变形量。

2.2.3 几何参数

A_0 ——测试基础底面积；

d_s ——试样直径；

h ——测试基础高度；

h_1 ——基础重心至基础顶面的距离；

h_2 ——基础重心至基础底面的距离；

h_3 ——基础重心至激振器水平扰力的距离；

h_s ——试样高度；

h_t ——测试基础的埋置深度；

I ——基础底面对通过其形心轴的惯性矩；

I_t ——基础底面对通过其形心轴的极惯性矩；

J ——基础对通过其重心轴的转动惯量；

J_t ——基础对通过其重心轴的极转动惯量。

2.2.4 计算参数

α_z ——基础埋深对地基抗压刚度的提高系数；

α_x ——基础埋深对地基抗剪刚度的提高系数；

α_φ ——基础埋深对地基抗弯刚度的提高系数；

α_ψ ——基础埋深对地基抗扭刚度的提高系数；

β_z ——基础埋深对竖向阻尼比的提高系数；

$\beta_{x\varphi_1}$ ——基础埋深对水平回转向第一振型阻尼比的提高系数；

β_ψ ——基础埋深对扭转向阻尼比的提高系数；

δ_0 ——测试基础的埋深比；

η ——与基础底面积及底面静应力有关的换算系数。

3 基本规定

3.0.1 地基动力特性现场测试时，应具备下列资料：

(1)建筑场地的地质勘察资料；

(2)建筑场地的地下管道、电缆等的平面图和纵剖面图；

(3)建筑场地及其邻近的干扰振源。

3.0.2 地基动力特性测试前，应根据选定的测试方法制订测试方案，测试方案宜包括下列内容：

(1)测试目的及要求；

(2)测试荷载、加载方法和加载设备；

(3)测试内容、具体方法和测点仪器布置图；

(4)数据处理方法；

(5)激振法测试时，应有预埋螺栓或预留螺栓孔的位置图。

3.0.3 现场测试时，测试设备、仪器均应有防风、防雨雪、防晒和防摔等保护措施。

3.0.4 测试场地应避开外界干扰振源，测点应避开水泥、沥青路面、地下管道和电缆等。

3.0.5 测试报告应包括原始资料、测试结果、分析意见和测试结论等内容。

4 激振法测试

4.1 一般规定

4.1.1 本章适用于强迫振动和自由振动测试天然地基和人工地基的动力特性，为机器基础的振动和隔振设计提供动力参数。

4.1.2 属于周期性振动的机器基础，应采用强迫振动测试。

4.1.3 除桩基外，天然地基和其它人工地基的测试，应提供下列动力参数：

(1)地基抗压、抗剪、抗弯和抗扭刚度系数；

(2)地基竖向和水平回转向第一振型以及扭转向的阻尼比；

(3)地基竖向和水平回转向以及扭转向的参振质量。

4.1.4 桩基应提供下列动力参数：

(1)单桩的抗压刚度；

(2)桩基抗剪和抗扭刚度系数；

(3)桩基竖向和水平回转向第一振型以及扭转向的阻尼比；

(4)桩基竖向和水平回转向以及扭转向的参振质量。

4.1.5 基础应分别做明置和埋置两种情况的振动测试。对埋置基础，其四周的回填土应分层夯实。

4.1.6 激振法测试时，除应具备本规范第3.0.1条规定的有关资料外，尚应具备下列资料：

(1)机器的型号、转速、功率等；

(2)设计基础的位置和基底标高；

(3)当采用桩基时，桩的截面尺寸和桩的长度及间距。

4.1.7 测试结果应包括下列内容：

(1)测试的各种幅频响应曲线；

(2)地基动力参数的试验值，可根据测试成果按本规范附录A第A.0.1条的格式计算确定；

(3)地基动力参数的设计值，可按本规范附录A第A.0.2条的格式计算确定。

4.2 设备和仪器

4.2.1 强迫振动测试的激振设备，应符合下列要求：

(1)当采用机械式激振设备时，工作频率宜为3～60Hz；

(2)当采用电磁式激振设备时，其扰力不宜小于600N。

4.2.2 自由振动测试时，竖向激振可采用铁球，其质量宜为基础质量的1/100～1/150。

4.2.3 传感器宜采用竖直和水平方向的速度型传感器，其通频带应为2～80Hz，阻尼系数应为0.65～0.70，电压灵敏度不应小于30V·s/m，最大可测位移不应小于0.5mm。

4.2.4 放大器应采用带低通滤波功能的多通道放大器，其振幅一致性偏差应小于3%，相位一致性偏差应小于0.1ms，折合输入端的噪声水平应低于2μV。电压增益应大于80dB。

4.2.5 采集与记录装置宜采用多通道数字采集和存储系统，其模/数转换器(A/D)位数不宜小于12位，幅度畸变宜小于1.0dB，电压增益不宜小于60dB。

4.2.6 数据分析装置应具有频谱分析及专用分析软件功能，其内存不应小于4.0MB，硬盘内存不应小于100MB，并应具有抗混淆滤波、加窗及分段平滑等功能。

4.2.7 仪器应具有防尘、防潮性能，其工作温度应在－10℃～50℃范围内。

4.2.8 测试仪器应每年在标准振动台上进行系统灵敏度系数的标定，以确定灵敏度系数随频率变化的曲线。

4.3 测试前的准备工作

4.3.1 块体基础的尺寸应采用2.0m×1.5m×1.0m，其数量不宜少于2个；当根据工程需要，块体数量超过2个时，超过部分的基础，可改变其面积或高度。

4.3.2 桩基础应采用2根桩，桩间距应取设计桩基础的间距。桩台边缘至桩轴的距离可取桩间距的1/2;；桩台的长宽比应为2∶1，其高度不宜小于1.6m；当需做不同桩数的对比测试时，应增加桩数及相应桩台的面积。

4.3.3 测试基础应置于设计基础工程的邻近处，其土层结构宜与设计基础的土层结构相类似。

4.3.4 测试基础的混凝土强度等级不宜低于C15。

4.3.5 基坑坑壁至测试基础侧面的距离应大于500mm；坑底应保持测试土层的原状结构，坑底面应保持水平面。

4.3.6 测试基础的制作尺寸应准确，其顶面应随捣随抹平。

4.3.7 当采用机械式激振设备时，地脚螺栓的埋置深度应大于400mm；地脚螺栓或预留孔在测试基础平面上的位置应符合下列要求：

(1)当做竖向振动测试时，激振设备的竖向扰力应与基础的重心在同一竖直线上；

(2)当做水平振动测试时，水平扰力宜在基础沿长度方向的轴线上。

4.4 测试方法

(Ⅰ)强迫振动

4.4.1 安装机械式激振设备时，应将地脚螺栓拧紧，在测试过程中螺栓不应松动。

4.4.2 安装电磁式激振设备时，其竖向扰力作用点应与测试基础的重心在同一竖直线上，水平扰力作用点宜在基础水平轴线侧面的顶部。

4.4.3 竖向振动测试时，应在基础顶面沿长度方向轴线的两端各布置一台竖向传感器(见图4.4.3)。

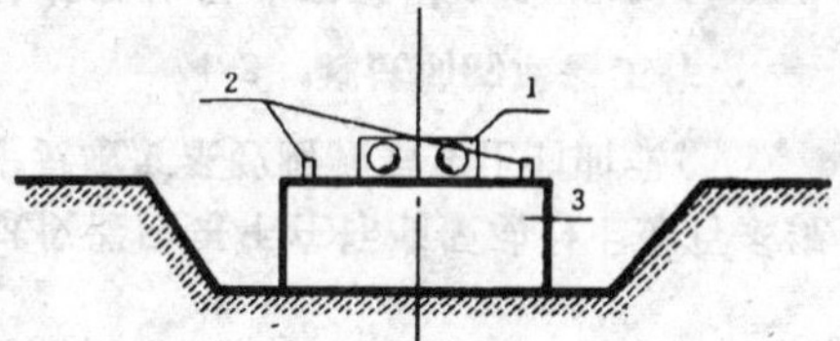

(a)机械式激振设备

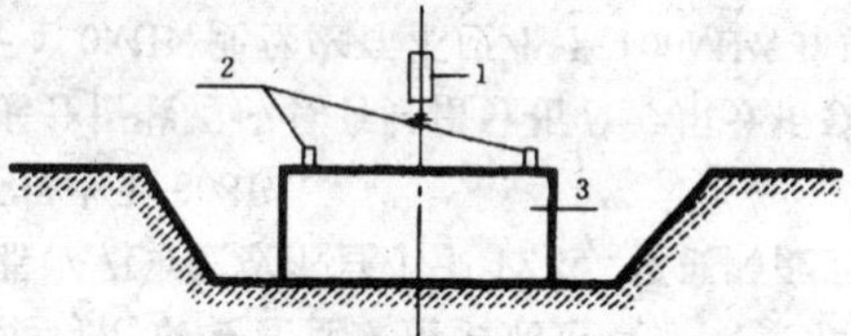

(b)电磁式激振设备

图 4.4.3 激振设备及传感器的布置图
1——激振设备 2——传感器 3——测试基础

4.4.4 水平回转振动测试时，激振设备的扰力应为水平向；在基础顶面沿长度方向轴线的两端各布置一台竖向传感器，在中间布置一台水平向传感器。

4.4.5 扭转振动测试时，应在测试基础上施加一个扭转力矩，使基础产生绕竖轴的扭转振动。传感器应同相位对称布置在基础顶面沿水平轴线的两端，其水平振动方向应与轴线垂直。

4.4.6 幅频响应测试时，激振设备的扰力频率间隔，在共振区外不宜大于 2Hz，在共振区内应小于 1Hz；共振时的振幅不宜大于 150μm。

4.4.7 输出的振动波形，应采用显示器监视，待波形为正弦波时方可进行记录。

（Ⅱ）自由振动

4.4.8 竖向自由振动的测试，可采用铁球自由下落，冲击测试基础顶面的中心处，实测基础的固有频率和最大振幅。测试次数不应少于 3 次。

4.4.9 水平回转自由振动的测试，可水平冲击测试基础水平轴线侧面的顶部，实测基础的固有频率和最大振幅。测试次数不应少于 3 次。

4.4.10 传感器的布置，应与强迫振动测试时的布置相同。

4.5 数据处理

（Ⅰ）强迫振动

4.5.1 数据处理时，应作富氏谱或功率谱。各通道采样点数宜取 1024，采样频率应符合采样定理，分段平滑段数不宜小于 40，并宜加窗函数处理。

4.5.2 数据处理结果，应得到下列幅频响应曲线：

(1)竖向振动为基础竖向振幅随频率变化的幅频响应曲线(A_z-f曲线)；

(2)水平回转耦合振动为基础顶面测试点沿 X 轴的水平振幅随频率变化的幅频响应曲线($A_{x\varphi}-f$ 曲线)，及基础顶面测试点由回转振动产生的竖向振幅随频率变化的幅频响应曲线($A_{z\varphi}-f$ 曲线)；

(3)扭转振动为基础顶面测试点在扭转扰力矩作用下的水平振幅随频率变化的幅频响应曲线($A_{x\psi}-f$ 曲线)。

4.5.3 地基竖向阻尼比，应在 A_z-f 幅频响应曲线上，选取共振峰峰点和 $0.85f_m$ 以下不少于三点的频率和振幅(见图 4.5.3-1、图 4.5.3-2)，按下列公式计算：

$$\zeta_z=\frac{\sum_{i=1}^{n}\zeta_{zi}}{n} \tag{4.5.3-1}$$

$$\zeta_{zi}=\left[\frac{1}{2}\left(1-\sqrt{\frac{\beta_i^2-1}{\alpha_i^4-2\alpha_i^2+\beta_i^2}}\right)\right]^{\frac{1}{2}} \tag{4.5.3-2}$$

$$\alpha_i=\frac{f_m}{f_i} \tag{4.5.3-3}$$

$$\beta_i=\frac{A_m}{A_i} \tag{4.5.3-4}$$

式中 ζ_z ——地基竖向阻尼比；

ζ_{zi} ——由第 i 点计算的地基竖向阻尼比；

f_m ——基础竖向振动的共振频率(Hz)；

A_m ——基础竖向振动的共振振幅(m)；

f_i ——在幅频响应曲线上选取的第 i 点的频率(Hz)；

A_i ——在幅频响应曲线上选取的第 i 点的频率所对应的振幅(m)。

注：上述公式适用于变扰力，对于常扰力，地基竖向阻尼比的计算公式与之相同，只需将公式(4.5.3-3)改为 $\alpha_i=\frac{f_i}{f_m}$ 即可。

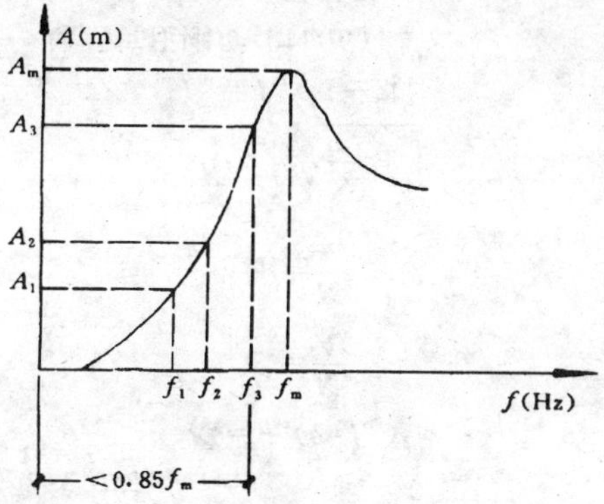

图 4.5.3-1 变扰力的幅频响应曲线

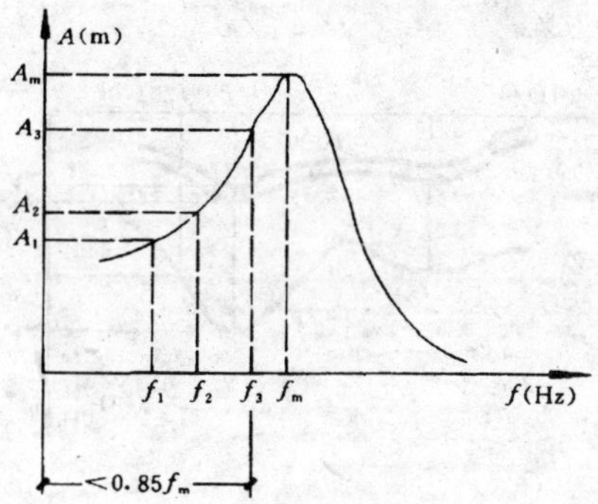

图 4.5.3-2 常扰力的幅频响应曲线

4.5.4 基础竖向振动的参振总质量，应按下列公式计算：

(1)当为变扰力时：

$$m_z=\frac{m_0e_0}{A_m}\cdot\frac{1}{2\zeta_z\sqrt{1-\zeta_z^2}} \tag{4.5.4-1}$$

(2)当为常扰力时：

$$m_z=\frac{P}{A_m(2\pi f_{nz})^2}\cdot\frac{1}{2\zeta_z\sqrt{1-\zeta_z^2}} \tag{4.5.4-2}$$

$$f_{nz}=\frac{f_m}{\sqrt{1-2\zeta_z^2}} \tag{4.5.4-3}$$

式中 m_z ——基础竖向振动的参振总质量(t)，包括基础、激振设备和地基参加振动的当量质量，当 m_z 大于基础质量的 2 倍时，应取 m_z 等于基础质量的 2 倍；

m_0 ——激振设备旋转部分的质量(t)；

e_0 ——激振设备旋转部分质量的偏心距(m)；

P ——电磁式激振设备的扰力(kN)；

f_{nz}——基础竖向无阻尼固有频率(Hz)。

4.5.5 地基的抗压刚度和抗压刚度系数、单桩抗压刚度和桩基抗弯刚度,应按下列公式计算:

(1)当为变扰力时:

$$K_z=m_z(2\pi f_{nz})^2 \tag{4.5.5-1}$$

$$C_z=\frac{K_z}{A_0} \tag{4.5.5-2}$$

$$k_{Pz}=\frac{K_z}{n_P} \tag{4.5.5-3}$$

$$K_{P\varphi}=k_{Pz}\sum_{i=1}^{n}r_i^2 \tag{4.5.5-4}$$

$$f_{nz}=f_m\sqrt{1-2\zeta_z^2} \tag{4.5.5-5}$$

式中 K_z ——地基抗压刚度(kN/m);

C_z ——地基抗压刚度系数(kN/m³);

k_{Pz}——单桩抗压刚度(kN/m);

$K_{P\varphi}$——桩基抗弯刚度(kN·m);

r_i ——第 i 根桩的轴线至基础底面形心回转轴的距离(m);

n_P ——桩数。

(2)当为常扰力时,地基抗压刚度系数、单桩抗压刚度和桩基抗弯刚度应按公式(4.5.5-2)～(4.5.5-4)计算;地基抗压刚度可按下式计算:

$$K_z=\frac{P}{A_m}\cdot\frac{1}{2\zeta_z\sqrt{1-\zeta_z^2}} \tag{4.5.5-6}$$

4.5.6 地基水平回转向第一振型阻尼比,应在 $A_{x\varphi}-f$ 曲线上选取第一振型的共振频率(f_{m1})和频率为 $0.707f_{m1}$ 所对应的水平振幅(见图 4.5.6-1、图 4.5.6-2),按下列公式计算:

(1)当为变扰力时:

$$\zeta_{x\varphi_1}=\left\{\frac{1}{2}\left[1-\sqrt{1-\left(\frac{A}{A_{m1}}\right)^2}\right]\right\}^{\frac{1}{2}} \tag{4.5.6-1}$$

(2)当为常扰力时:

$$\zeta_{x\varphi_1}=\left\{\frac{1}{2}\left[1-\sqrt{1+\frac{1}{3-4\left(\frac{A_{m1}}{A}\right)^2}}\right]\right\}^{\frac{1}{2}} \tag{4.5.6-2}$$

式中 $\zeta_{x\varphi_1}$——地基水平回转向第一振型阻尼比;

A_{m1}——基础水平回转耦合振动第一振型共振峰点水平振幅(m);

A ——频率为 $0.707f_{m1}$ 所对应的水平振幅(m)。

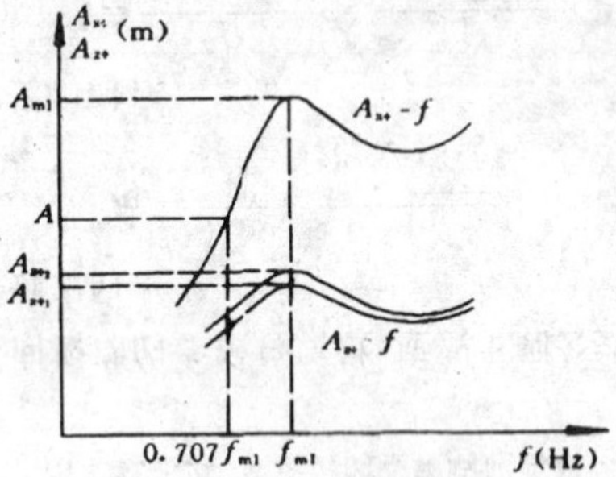

图 4.5.6-1 变扰力的幅频响应曲线

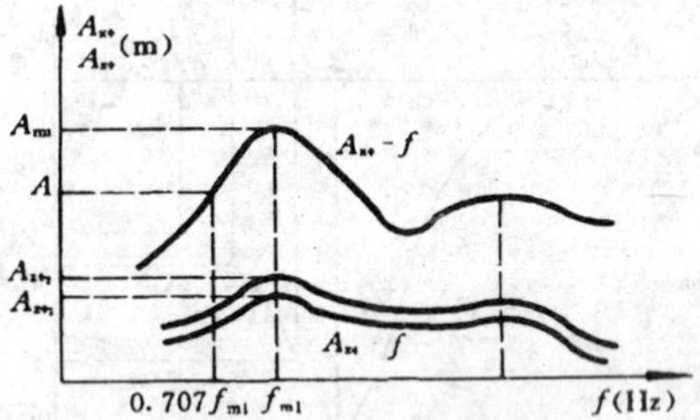

图 4.5.6-2 常扰力的幅频响应曲线

4.5.7 基础水平回转耦合振动的参振总质量，应按下列公式计算：

(1)当为变扰力时：

$$m_{x\varphi}=\frac{m_0e_0(\rho_1+h_3)(\rho_1+h_1)}{A_{m1}}\cdot\frac{1}{2\zeta_{x\varphi_1}\sqrt{1-\zeta_{x\varphi_1}^2}}\cdot\frac{1}{i^2+\rho_1^2} \tag{4.5.7-1}$$

$$\rho_1=\frac{A_x}{\Phi_{m1}} \tag{4.5.7-2}$$

$$\Phi_{m1}=\frac{|A_{z\varphi_1}|+|A_{z\varphi_2}|}{l_1} \tag{4.5.7-3}$$

$$A_x=A_{m1}-h_2\Phi_{m1} \tag{4.5.7-4}$$

$$i=\left[\frac{1}{12}(l^2+h^2)\right]^{\frac{1}{2}} \tag{4.5.7-5}$$

式中 $m_{x\varphi}$——基础水平回转耦合振动的参振总质量（t），包括基础、激振设备和地基参加振动的当量质量，当 $m_{x\varphi}$ 大于基础质量的 1.4 倍时，应取 $m_{x\varphi}$ 等于基础质量的 1.4 倍；

ρ_1 ——基础第一振型转动中心至基础重心的距离(m)；

A_x ——基础重心处的水平振幅(m)；

Φ_{m1}——基础第一振型共振峰点的回转角位移(rad)；

l_1 ——两台竖向传感器的间距(m)；

l ——基础长度(m)；

h ——基础高度(m)；

h_1 ——基础重心至基础顶面的距离(m)；

h_3 ——基础重心至激振器水平扰力的距离(m)；

h_2 ——基础重心至基础底面的距离(m)；

f_{n1}—— 基础水平回转耦合振动第一振型无阻尼固有频率(Hz)；

$A_{z\varphi_1}$—— 第 1 台传感器测试的基础水平回转耦合振动第一振型共振峰点竖向振幅(m)；

$A_{z\varphi_2}$—— 第 2 台传感器测试的基础水平回转耦合振动第一振型共振峰点竖向振幅(m)；

i ——基础回转半径(m)。

(2)当为常扰力时，基础第一振型转动中心至基础重心的距离应按公式(4.5.7-2)～(4.5.7-4)计算，参振总质量应按下列公式计算：

$$m_{x\varphi}=\frac{P(\rho_1+h_3)(\rho_1+h_1)}{A_{m1}(2\pi f_{n1})^2}\cdot\frac{1}{2\zeta_{x\varphi_1}\sqrt{1-\zeta_{x\varphi1}^2}}\cdot\frac{1}{i^2+\rho_1^2} \tag{4.5.7-6}$$

$$f_{n1}=\frac{f_{m1}}{\sqrt{1-2\zeta_{x\varphi1}^2}} \tag{4.5.7-7}$$

4.5.8 地基的抗剪刚度和抗剪刚度系数，应按下列公式计算：

(1)当为变扰力时：

$$K_x=m_{x\varphi}(2\pi f_{nx})^2 \tag{4.5.8-1}$$

$$C_x=\frac{K_x}{A_0} \tag{4.5.8-2}$$

$$f_{nx}=\frac{f_{n1}}{\sqrt{1-\frac{h_2}{\rho_1}}} \tag{4.5.8-3}$$

$$f_{n1}=f_{m1}\sqrt{1-2\zeta_{x\varphi_1}^2} \tag{4.5.8-4}$$

式中 K_x——地基抗剪刚度(kN/m)；

C_x——地基抗剪刚度系数(kN/m³)；

f_{nx}——基础水平向无阻尼固有频率(Hz)。

(2)当为常扰力时，地基的抗剪刚度和抗剪刚度系数应按公式(4.5.8-1)～(4.5.8-3)计算，f_{n1}应按公式(4.5.7-7)计算。

4.5.9 地基的抗弯刚度和抗弯刚度系数，应按下列公式计算：

(1)当为变扰力时：

$$K_\varphi=J(2\pi f_{n\varphi})^2-K_xh_2^2 \tag{4.5.9-1}$$

$$C_{\varphi}=\frac{K_{\varphi}}{I} \tag{4.5.9-2}$$

$$f_{n\varphi}=\sqrt{\rho_1\frac{h_2}{i^2}f_{nx}^2+f_{n1}^2} \tag{4.5.9-3}$$

式中 K_{φ}——地基抗弯刚度(kN·m)；

C_{φ}——地基抗弯刚度系数(kN/m³)；

$f_{n\varphi}$——基础回转无阻尼固有频率(Hz)；

J——基础对通过其重心轴的转动惯量(t·m²)；

I——基础底面对通过其形心轴的惯性矩(m⁴)。

(2)当为常扰力时，地基抗弯刚度和抗弯刚度系数应按公式(4.5.9-1)～(4.5.9-3)计算，f_{n1}应按公式(4.5.7-7)计算。

4.5.10 地基扭转向阻尼比，应在 $A_{x\psi}-f$ 曲线上选取共振频率($f_{m\psi}$)和频率为 $0.707f_{m\psi}$所对应的水平振幅，按下列公式计算：

(1)当为变扰力时

$$\zeta_{\psi}=\left\{\frac{1}{2}\left[1-\sqrt{1-\left(\frac{A_{x\psi}}{A_{m\psi}}\right)}\right]\right\}^{\frac{1}{2}} \tag{4.5.10-1}$$

(2)当为常扰力时

$$\zeta_{\psi}=\left\{\frac{1}{2}\left[1-\sqrt{1+\frac{1}{3-4\left(\frac{A_{m\psi}}{A_{x\psi}}\right)^2}}\right]\right\}^{\frac{1}{2}} \tag{4.5.10-2}$$

式中 ζ_{ψ}——地基扭转向阻尼比；

$f_{m\psi}$——基础扭转振动的共振频率(Hz)；

$A_{m\psi}$——基础扭转振动共振峰点水平振幅(m)；

$A_{x\psi}$——频率为 $0.707f_{m\psi}$所对应的水平振幅(m)。

4.5.11 基础扭转振动的参振总质量，应按下列公式计算：

$$m_{\psi}=\frac{12J_t}{l^2+b^2} \tag{4.5.11-1}$$

$$J_t=\frac{M_{\psi}\cdot l_{\psi}}{A_{m\psi}\cdot\omega_{n\psi}^2}\cdot\frac{1-2\zeta_{\psi}^2}{2\zeta_{\psi}\sqrt{1-\zeta_{\psi}^2}} \tag{4.5.11-2}$$

$$f_{n\psi}=f_{m\psi}\sqrt{1-2\zeta_{\psi}^2} \tag{4.5.11-3}$$

$$\omega_{n\psi}=2\pi f_{n\psi} \tag{4.5.11-4}$$

式中 m_{ψ}——基础扭转振动的参振总质量(t)，包括基础、激振设备和地基参加振动的当量质量(t)；

J_t——基础对通过其重心轴的极转动惯量(t·m²)；

$f_{n\psi}$——基础扭转振动无阻尼固有频率(Hz)；

$\omega_{n\psi}$——基础扭转振动无阻尼固有圆频率(rad/s)；

M_{ψ}——激振设备的扭转力矩(kN·m)；

l_{ψ}——扭转轴至实测振幅点的距离(m)。

4.5.12 地基的抗扭刚度和抗扭刚度系数，应按下列公式计算：

$$K_{\psi}=J_t\cdot\omega_{n\psi}^2 \tag{4.5.12-1}$$

$$C_{\psi}=\frac{K_{\psi}}{I_t} \tag{4.5.12-2}$$

式中 K_{ψ}——地基抗扭刚度(kN·m)；

C_{ψ}——地基抗扭刚度系数(kN/m³)；

I_t——基础底面对通过其形心轴的极惯性矩(m⁴)。

(Ⅱ)自 由 振 动

4.5.13 地基竖向阻尼比，应按下式计算：

$$\zeta_z=\frac{1}{2\pi}\cdot\frac{1}{n}\ln\frac{A_1}{A_{n+1}} \tag{4.5.13}$$

式中 A_1——第1周的振幅(m)；

A_{n+1}——第n+1周的振幅(m)；

n——自由振动周期数。

4.5.14 基础竖向振动的参振总质量，应按下列公式计算(图4.5.14-1、图4.5.14-2)：

$$m_z=\frac{(1+e_1)m_1v}{A_{max}\cdot 2\pi f_{nz}}\cdot e^{-\Phi} \tag{4.5.14-1}$$

$$\Phi=\frac{\mathrm{tg}^{-1}\frac{\sqrt{1-\zeta_z^2}}{\zeta_z}}{\frac{\sqrt{1-\zeta_z^2}}{\zeta_z}} \quad (4.5.14\text{-}2)$$

$$f_{nz}=\frac{f_d}{\sqrt{1-\zeta_z^2}} \quad (4.5.14\text{-}3)$$

$$v=\sqrt{2gH_1} \quad (4.5.14\text{-}4)$$

$$e_1=\sqrt{\frac{H_2}{H_1}} \quad (4.5.14\text{-}5)$$

$$H_2=\frac{1}{2}g\left(\frac{t_0}{2}\right)^2 \quad (4.5.14\text{-}6)$$

式中 A_{max}——基础最大振幅(m)；

f_d——基础有阻尼固有频率(Hz)；

v——铁球自由下落时的速度(m/s)；

H_1——铁球下落高度(m)；

H_2——铁球回弹高度(m)；

e_1——回弹系数；

m_1——铁球的质量(t)；

t_0——两次冲击的时间间隔(s)。

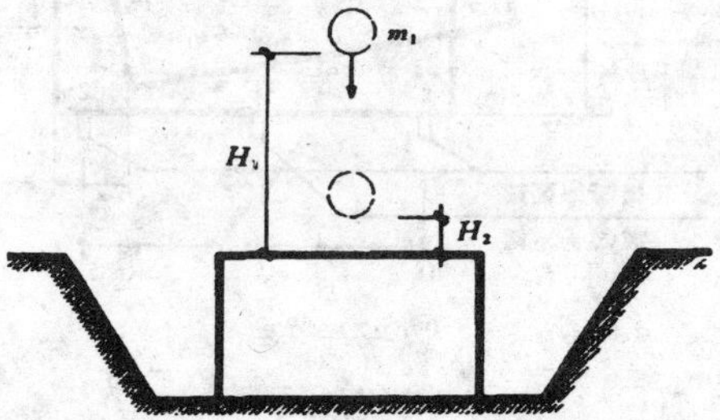

图 4.5.14-1 竖向自由振动

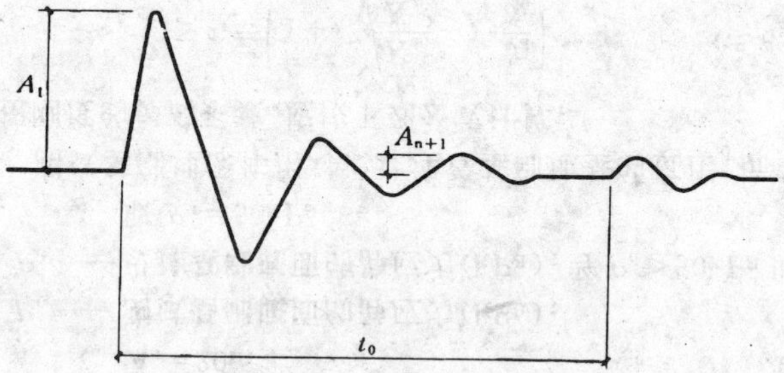

图 4.5.14-2 竖向自由振动波形

4.5.15 地基抗压刚度、单桩抗压刚度和桩基抗弯刚度，应按下列公式计算：

$$K_z=m_z(2\pi f_{nz})^2 \quad (4.5.15\text{-}1)$$

$$C_z=\frac{K_z}{A_0} \quad (4.5.15\text{-}2)$$

$$k_{Pz}=\frac{K_z}{n_P} \quad (4.5.15\text{-}3)$$

$$K_{P\varphi}=k_{Pz}\sum_{i=1}^{n}r_i^2 \quad (4.5.15\text{-}4)$$

4.5.16 地基水平回转向第一振型阻尼比，应按下式计算：

$$\zeta_{x\varphi_1}=\frac{1}{2\pi}\cdot\frac{1}{n}\ln\frac{A_{x\varphi_1}}{A_{x\varphi_{n+1}}} \quad (4.5.16)$$

式中 $A_{x\varphi_1}$——第一周的水平振幅(m)；

$A_{x\varphi_{n+1}}$——第 n+1 周的水平振幅(m)。

4.5.17 地基的抗剪刚度和抗弯刚度，应按下列公式计算(图 4.5.17-1、图 4.5.17-2)：

$$K_x=m_f\omega_{n1}^2\left[1+\frac{h_2}{h}\left(\frac{A_{x\varphi1}}{A_b}-1\right)\right] \quad (4.5.17\text{-}1)$$

$$K_\varphi=J_c\omega_{n1}^2\left[1+\frac{h_2\cdot h}{i_c^2}\cdot\frac{1}{\frac{A_{x\varphi1}}{A_b}-1}\right] \quad (4.5.17\text{-}2)$$

$$J_c = J + m_f \cdot h_2^2 \tag{4.5.17-3}$$

$$i_c = \sqrt{\frac{J_c}{m_f}} \tag{4.5.17-4}$$

$$\omega_{n1} = 2\pi f_{n1} \tag{4.5.17-5}$$

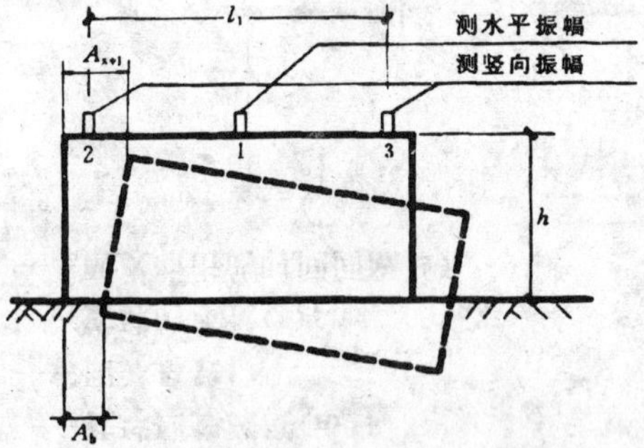

图 4.5.17-1　水平回转耦合振动

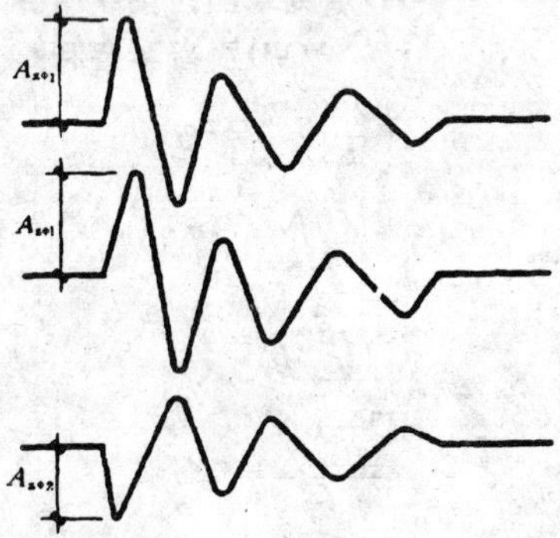

图 4.5.17-2　水平回转耦合振动波形

$$f_{n1} = \frac{f_{d1}}{\sqrt{1-\zeta_{x\varphi_1}^2}} \tag{4.5.17-6}$$

$$A_b = A_{x\varphi1} - \frac{|A_{z\varphi_1}| + |A_{z\varphi_2}|}{l_1} \cdot h \tag{4.5.17-7}$$

式中　m_f——基础的质量(t)；

J_c——基础对通过其底面形心轴的转动惯量($t \cdot m^2$)；

$A_{x\varphi1}$——基础顶面的水平振幅(m)；

A_b——基础底面的水平振幅(m)；

f_{d1}——基础水平回转耦合振动第一振型有阻尼固有频率(Hz)。

4.6　地基动力参数的换算

4.6.1　由明置块体基础测试的地基抗压、抗剪、抗弯、抗扭刚度系数以及由明置桩基础测试的抗剪、抗扭刚度系数，用于机器基础的振动和隔振设计时，应进行底面积和压力换算，其换算系数应按下式计算：

$$\eta = \sqrt[3]{\frac{A_0}{A_d}} \cdot \sqrt[3]{\frac{P_d}{P_0}} \tag{4.6.1}$$

式中　η——与基础底面积及底面静应力有关的换算系数；

A_0——测试基础的底面积(m^2)；

A_d——设计基础的底面积(m^2)，当 $A_d > 20m^2$ 时，应取 $A_d = 20m^2$；

P_0——测试基础底面的静应力(kPa)；

P_d——设计基础底面的静应力(kPa)；当 $P_d > 50kPa$ 时，应取 $P_d = 50kPa$。

4.6.2　测试基础埋深作用对设计埋置基础地基的抗压、抗弯、抗剪、抗扭刚度的提高系数，应按下列公式计算：

$$\alpha_z = \left(1 + \left(\sqrt{\frac{K'_{z0}}{K_{z0}}} - 1\right)\frac{\delta_d}{\delta_0}\right)^2 \tag{4.6.2-1}$$

$$\alpha_x=\left[1+\left(\sqrt{\frac{K'_{x0}}{K_{x0}}}-1\right)\frac{\delta_d}{\delta_0}\right]^2 \tag{4.6.2-2}$$

$$\alpha_\varphi=\left[1+\left(\sqrt{\frac{K'_{\varphi0}}{K_{\varphi0}}}-1\right)\frac{\delta_d}{\delta_0}\right]^2 \tag{4.6.2-3}$$

$$\alpha_\psi=\left[1+\left(\sqrt{\frac{K'_{\psi0}}{K_{\psi0}}}-1\right)\frac{\delta_d}{\delta_0}\right]^2 \tag{4.6.2-4}$$

$$\delta_0=\frac{h_t}{\sqrt{A_0}} \tag{4.6.2-5}$$

式中 α_z ——基础埋深对地基抗压刚度的提高系数；

α_x ——基础埋深对地基抗剪刚度的提高系数；

α_φ ——基础埋深对地基抗弯刚度的提高系数；

α_ψ ——基础埋深对地基抗扭刚度的提高系数；

K_{z0} ——明置测试块体基础或桩基础的地基抗压刚度(kN/m)；

K_{x0} ——明置测试块体基础或桩基础的地基抗剪刚度(kN/m)；

$K_{\varphi0}$ ——明置测试块体基础或桩基础的地基抗弯刚度(kN·m)；

$K_{\psi0}$ ——明置测试块体基础或桩基础的地基抗扭刚度(kN·m)；

K'_{z0} ——埋置测试块体基础或桩基础的地基抗压刚度(kN/m)；

K'_{x0} ——埋置测试块体基础或桩基础的地基抗剪刚度(kN/m)；

$K'_{\varphi0}$ ——埋置测试块体基础或桩基础的地基抗弯刚度(kN·m)；

$K'_{\psi0}$ ——埋置测试块体基础或桩基础的地基抗扭刚度(kN·m)；

δ_0——测试块体基础或桩基础的埋深比；

δ_d——设计块体基础或桩基础的埋深比；

h_t——测试块体基础或桩基础的埋置深度(m)。

4.6.3 由明置块体基础或桩基础测试的地基竖向、水平回转向第一振型和扭转向阻尼比，用于动力机器基础设计时，应按下列公式计算：

$$\zeta_z=\zeta_{z0}\cdot\xi \tag{4.6.3-1}$$

$$\zeta_{x\varphi_1}=\zeta_{x\varphi_1 0}\cdot\xi \tag{4.6.3-2}$$

$$\zeta_\psi=\zeta_{\psi0}\cdot\xi \tag{4.6.3-3}$$

$$\xi=\frac{\sqrt{m_r}}{\sqrt{m_d}} \tag{4.6.3-4}$$

$$m_r=\frac{m_0}{\rho A_0\sqrt{A_0}} \tag{4.6.3-5}$$

式中 ζ_{z0}——明置测试块体基础或桩基础的地基竖向阻尼比；

$\zeta_{x\varphi_1 0}$——明置测试块体基础或桩基础的地基水平回转向第一振型阻尼比；

$\zeta_{\psi0}$——明置测试块体基础或桩基础的地基扭转向阻尼比；

ζ_z——明置设计基础的地基竖向阻尼比；

$\zeta_{x\varphi_1}$——明置设计基础的地基水平回转向第一振型阻尼比；

ζ_ψ——明置设计基础的地基扭转向阻尼比；

ξ——与基础的质量比有关的系数；

m_0——测试块体基础或桩基础的质量(t)；

m_r——测试块体基础或桩基础的质量比；

m_d——设计基础的质量比。

4.6.4 测试基础埋深作用对设计埋置基础地基的竖向、水平回转向第一振型和扭转向阻尼比的提高系数，应按下列公式计算：

$$\beta_z = 1 + \left(\frac{\zeta'_{z0}}{\zeta_{z0}} - 1\right)\frac{\delta_d}{\delta_0} \qquad (4.6.4\text{-}1)$$

$$\beta_{x\varphi_1} = 1 + \left(\frac{\zeta'_{x\varphi_1 0}}{\zeta_{x\varphi_1 0}} - 1\right)\frac{\delta_d}{\delta_0} \qquad (4.6.4\text{-}2)$$

$$\beta_\psi = 1 + \left(\frac{\zeta'_{\psi 0}}{\zeta_{\psi 0}} - 1\right)\frac{\delta_d}{\delta_0} \qquad (4.6.4\text{-}3)$$

式中 β_z——基础埋深对竖向阻尼比的提高系数；

$\beta_{x\varphi_1}$——基础埋深对水平回转向第一振型阻尼比的提高系数；

β_ψ——基础埋深对扭转向阻尼比的提高系数；

ζ'_{z0}——埋置测试的块体基础或桩基础的地基竖向阻尼比；

$\zeta'_{x\varphi_1 0}$——埋置测试的块体基础或桩基础的地基水平回转向第一振型阻尼比；

$\zeta'_{\psi 0}$——埋置测试的块体基础或桩基础的地基扭转向阻尼比。

4.6.5 由明置块体基础或桩基础测试的竖向、水平回转向和扭转向的地基参加振动的当量质量，当用于计算机器基础的固有频率时，应分别乘以设计基础底面积与测试基础底面积的比值。

4.6.6 由2根或4根桩的桩基础测试的单桩抗压刚度，当用于桩数超过10根桩的桩基础设计时，应分别乘以群桩效应系数0.75或0.9。

5 振动衰减测试

5.1 一般规定

5.1.1 本章适用于振动波沿地面衰减的测试，为机器基础的振动和隔振设计提供地基动力参数。

5.1.2 下列情况应采用振动衰减测试：

(1)当设计的车间内同时设置低转速和高转速的机器基础，且需计算低转速机器基础振动对高转速机器基础的影响时；

(2)当振动对邻近的精密设备、仪器、仪表或环境等产生有害的影响时。

5.1.3 振动衰减测试的振源，可采用测试现场附近的动力机器、公路交通、铁路等的振动，当现场附近无上述振源时，可采用机械式激振设备作为振源。

5.1.4 当进行竖向和水平向振动衰减测试时，基础应埋置。

5.1.5 测试用的设备和仪器可按本规范第4.2节的规定选用。

5.1.6 测试基础、激振设备的安装和准备工作等，应符合本规范第4.3节的规定。

5.1.7 测试结果应包括下列内容：

(1)测试记录表，可按本规范附录B“振动衰减测试记录表”的格式整理；

(2)不同激振频率测试的地面振幅随距振源的距离而变化的曲线(A_r-r)；

(3)不同激振频率计算的地基能量吸收系数随距振源的距离而变化的曲线($\alpha-r$)。

5.2 测试方法

5.2.1 振动衰减测试的测点，不应设在浮砂地、草地、松软的地层和冰冻层上。

5.2.2 当进行周期性振动衰减测试时，激振设备的频率除应采用工程对象所受的频率外，尚应做各种不同激振频率的测试。

5.2.3 测点应沿设计基础所需的振动衰减测试的方向进行布置。

5.2.4 测点的间距在距离基础边缘小于等于 5m 范围内宜为 1m；距离基础边缘大于 5m 且小于等于 15m 范围内宜为 2m；距离基础边缘大于 15m 且小于等于 30m 范围内宜为 5m，距离基础边缘 30m 以外时宜大于 5m（见图 5.2.4）；测试半径 r_n 应大于基础当量半径的 35 倍，基础当量半径应按下式计算：

$$r_0=\sqrt{\frac{A_0}{\pi}} \tag{5.2.4}$$

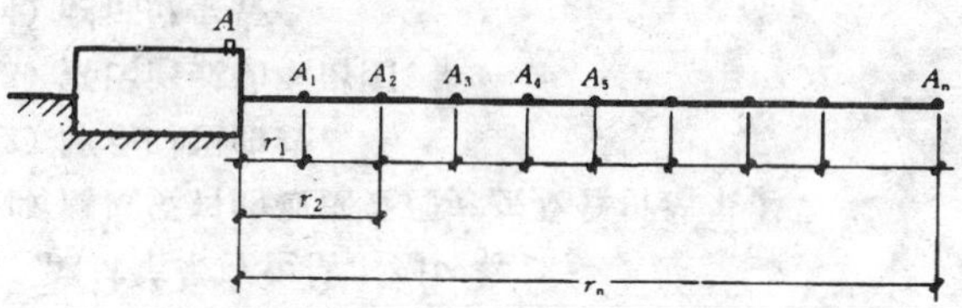

图 5.2.4 振动衰减测点布置图

5.2.5 测试时，应记录传感器与振源之间的距离和激振频率。

5.2.6 当在振源处进行振动测试时，传感器的布置宜符合下列规定：

(1)当振源为动力机器基础时，应将传感器置于沿振动波传播方向测试的基础轴线边缘上；

(2)当振源为公路交通车辆时，可将传感器置于行车道沿外 0.5m 处；

(3)当振源为铁路交通车辆时，可将传感器置于距铁路轨外 0.5m 处；

(4)当振源为锤击预制桩时，可将传感器置于距桩边 0.3～0.5m 处；

(5)当振源为重锤夯击土时，可将传感器置于夯击点边缘外 1.0m 处。

5.3 数据处理

5.3.1 振动衰减测试的资料，可按本规范附录 B 的记录表格式整理。

5.3.2 数据处理时，应绘制由各种激振频率测试的地面振幅随距振源的距离而变化的 $A_r—r$ 曲线图。

5.3.3 地基能量吸收系数，可按下式计算：

$$\alpha=\frac{1}{f_0}\cdot\frac{1}{r_0-r}\ln\frac{A_r}{A\left[\frac{r_0}{r}\xi_0+\sqrt{\frac{r_0}{r}}(1-\xi_0)\right]} \tag{5.3.3}$$

式中 α ——地基能量吸收系数(s/m)；

f_0 ——激振频率(Hz)；

A ——测试基础的振幅(m)；

A_r ——距振源的距离为 r 处的地面振幅(m)；

ξ_0 —— 无量纲系数，可按现行国家标准《动力机器基础设计规范》附录 E“地面振动衰减的计算”的有关规定采用。

6 地脉动测试

6.1 一 般 规 定

6.1.1 本章适用于周期在 0.1～1.0s、振幅小于 3μm 的地脉动测试，为工程抗震和隔振设计提供场地的卓越周期和脉动幅值。

6.1.2 测试结果应包括下列内容：

(1) 测试资料的数据处理方法及分析结果；

(2) 脉动时程曲线；

(3) 富氏谱或功率谱图；

(4) 测试成果表。

6.2 设备和仪器

6.2.1 地脉动测试系统应符合下列要求：

(1) 通频带应选择为 1～40Hz；信噪比应大于 80dB；

(2) 低频特性应稳定可靠，系统放大倍数不应小于 10^6；

(3) 测试系统应与数据采集分析系统相配接。

6.2.2 传感器除应符合本规范第 4.2.3 条的要求外，也可采用频率特性和灵敏度等满足测试要求的加速度型传感器；对地下脉动测试用的速度型传感器，通频带应为 1～25Hz，并应严格密封防水。

6.2.3 放大器应符合下列要求：

(1) 当采用速度型传感器时，放大器应符合本规范第 4.2.4 条的要求；

(2) 当采用加速度型传感器时，应采用多通道适调放大器。

6.2.4 信号采集与分析系统宜采用多通道，模数转换器(A/D)位数不宜小于 12 位；曲线与图形显示不宜低于图像清晰度指标(VGA)，并应具有抗混淆滤波功能，低通滤波宜为 80dB/oct，计算机内存不应小于 4.0MB，并应具有加窗功能和时域、频域分析软件。

6.2.5 测试仪器应每年在标准振动台上进行系统灵敏度系数的标定，以确定灵敏度系数随频率变化的曲线。

6.3 测 试 方 法

6.3.1 每个建筑场地的地脉动测点，不应少于 2 个；也可根据工程需要，增加测点数量。

6.3.2 当记录脉动信号时，在距离观测点 100m 范围内，应无人为振动干扰。

6.3.3 测点宜选在天然土地基上及波速测试孔附近，传感器应沿东西、南北、竖向三个方向布置。

6.3.4 地下脉动测试时，测点深度应根据工程需要进行布置。

6.3.5 脉动信号记录时，应根据所需频率范围设置低通滤波频率和采样频率，采样频率宜取 50～100Hz，每次记录时间不应少于 15min，记录次数不得少于 2 次。

6.4 数 据 处 理

6.4.1 数据处理，宜作富氏谱或功率谱分析；每个样本数据宜采用 1024 个点；采样间隔宜取 0.01～0.02s，并加窗函数处理；频域平均次数不宜少于 32 次。

6.4.2 场地卓越周期应根据卓越频率确定，并应按下列公式计算：

$$T=\frac{1}{f} \qquad (6.4.2)$$

式中 T —— 场地卓越周期(s)；

f —— 卓越频率(Hz)。

6.4.3 卓越频率应按下列规定确定：

(1) 按谱图中最大峰值所对应的频率确定；

(2) 当谱图中出现多峰且各峰的峰值相差不大时，可在谱分析的同时，进行相关或互谱分析，以便对场地脉动卓越频率进行综合评价。

6.4.4 脉动幅值的确定应符合下列规定：

(1) 脉动幅值应取实测脉动信号的最大幅值；

(2) 确定脉动信号的幅值时，应排除人为干扰信号的影响。

7 波速测试

7.1 一般规定

7.1.1 本章适用于在土层中用单孔法和跨孔法测试压缩波与剪切波波速，以及用面波法测试瑞利波波速。弹性波在岩层中的传播速度，也可按照本章的规定测试。

7.1.2 按本章规定测得的波速值可应用于下列情况：

(1) 计算地基的动弹性模量、动剪变模量和动泊松比；

(2) 场地土的类型划分和场地土层的地震反应分析；

(3) 在地基勘察中，配合其它测试方法综合评价场地土的工程力学性质。

7.1.3 测试结果应包括下列内容：

(1) 单孔法测试的波速结果，可按本规范附录C第C.0.1条的格式整理；

(2) 跨孔法测试的波速结果，可按本规范附录C第C.0.2条的格式整理；

(3) 面波法测试的波速结果，可按本规范附录C第C.0.3条的格式整理。

7.2 设备和仪器

7.2.1 激振设备应符合下列要求：

(1) 单孔法测试时，剪切波振源应采用锤和上压重物的木板，压缩波振源宜采用锤和金属板；

(2) 跨孔法测试时，剪切波振源宜采用剪切波锤，也可采用标准贯入试验装置，压缩波振源宜采用电火花或爆炸等。

7.2.2 当采用三分量井下传感器时，应附有将其固定于井壁的装置，其固有频率宜小于地震波主频率的 1/2。

7.2.3 放大器及记录系统应采用多道浅层地震仪，其记录时间的分辨率应高于 1ms；也可按本规范第 4.2 节的规定选用。

7.2.4 触发器性能应稳定，其灵敏度宜为 0.1ms。

7.2.5 测斜仪应能测 0°～360°的方位角及 0°～30°的顶角；顶角的测试误差不宜大于 0.1°。

7.2.6 面波法测试用的设备和仪器可按本规范第 4.2 节的规定选用。

7.3 测试方法

（Ⅰ）单孔法

7.3.1 测试前的准备工作应符合下列要求：

(1) 测试孔应垂直；

(2) 当剪切波振源采用锤击上压重物的木板时，木板的长向中垂线应对准测试孔中心，孔口与木板的距离宜为 1～3m；板上所压重物宜大于 400kg；木板与地面应紧密接触；

(3) 当压缩波振源采用锤击金属板时，金属板距孔口的距离宜为1～3m。

7.3.2 测试工作应符合下列要求：

(1) 测试时，应根据工程情况及地质分层，每隔 1～3m 布置一个测点，并宜自下而上按预定深度进行测试；

(2) 剪切波测试时，传感器应设置在测试孔内预定深度处固定，沿木板纵轴方向分别打击其两端，可记录极性相反的两组剪切波波形；

(3) 压缩波测试时，可锤击金属板，当激振能量不足时，可采用落锤或爆炸产生压缩波。

7.3.3 测试工作结束后，应选择部分测点作重复观测，其数量不应少于测点总数的 10%。

（Ⅱ）跨孔法

7.3.4 测试场地宜平坦；测试孔宜设置一个振源孔和两个接收孔，并布置在一条直线上。

7.3.5 测试孔的间距在土层中宜取 2～5m，在岩层中宜取 8～15m；测试时，应根据工程情况及地质分层，每隔 1～2m 布置一个测点。

7.3.6 钻孔应垂直，并宜用泥浆护壁或下套管，套管壁与孔壁应紧密接触。

7.3.7 测试时，振源与接收孔内的传感器应设置在同一水平面上。

7.3.8 测试工作可采用下列方法：

(1) 当振源采用剪切波锤时，宜采用一次成孔法；

(2) 当振源采用标准贯入试验装置时，宜采用分段测试法。

7.3.9 当测试深度大于 15m 时，必须对所有测试孔进行倾斜度及倾斜方位的测试；测点间距不应大于 1m。

7.3.10 当采用一次成孔法测试时，测试工作结束后，应选择部分测点作重复观测，其数量不应少于测点总数的 10%；也可采用振源孔和接收孔互换的方法进行检测。

（Ⅲ）面波法

7.3.11 测试前的准备工作以及对激振设备安装的要求，应符合本规范第 4.3 节和第 4.4.1、4.4.2 条的规定。

7.3.12 测试工作可采用下列方法：

(1) 稳态振源宜采用机械式或电磁式激振设备（见图 7.3.12）；

(2) 在振源同一侧应放置两台间距为 Δl 的竖向传感器，接收由振源产生的瑞利波信号；

(3) 改变激振频率，测试不同深度处土层的瑞利波波速；

(4) 电磁式激振设备可采用单一正弦波信号或合成正弦波信号。

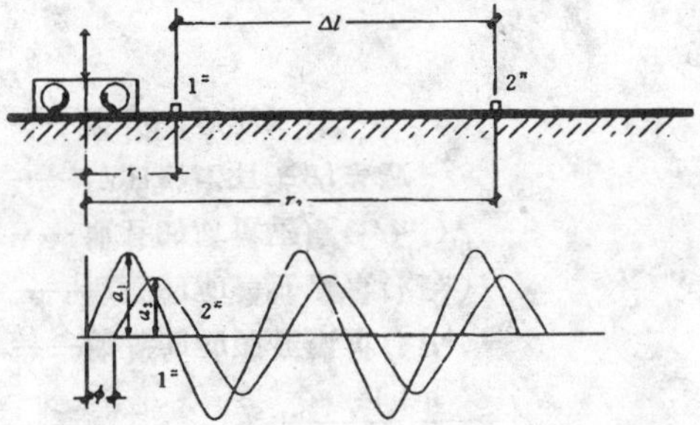

图 7.3.12 激振设备及传感器的布置图

7.4 数据处理

（Ⅰ）单 孔 法

7.4.1 压缩波或剪切波从振源到达测点时间的确定，应符合下列规定：

(1) 确定压缩波的时间，应采用竖向传感器记录的波形；

(2) 确定剪切波的时间，应采用水平传感器记录的波形。

7.4.2 压缩波或剪切波从振源到达测点的时间，应按下列公式进行斜距校正：

$$T=KT_{\mathrm{L}} \tag{7.4.2-1}$$

$$K=\frac{H+H_0}{\sqrt{L^2+(H+H_0)^2}} \tag{7.4.2-2}$$

式中 T ——压缩波或剪切波从振源到达测点经斜距校正后的时间(s)(相应于波从孔口到达测点的时间)；

T_{L} ——压缩波或剪切波从振源到达测点的实测时间(s)；

K ——斜距校正系数；

H ——测点的深度(m)；

H_0 ——振源与孔口的高差(m)，当振源低于孔口时，H_0 为负值；

L ——从板中心到测试孔的水平距离(m)。

7.4.3 时距曲线图的绘制，应以深度 H 为纵坐标，时间 T 为横坐标。

7.4.4 波速层的划分，应结合地质情况，按时距曲线上具有不同斜率的折线段确定。

7.4.5 每一波速层的压缩波波速或剪切波波速，应按下式计算：

$$V=\frac{\Delta H}{\Delta T} \tag{7.4.5}$$

式中 V ——波速层的压缩波波速或剪切波波速(m/s)；

ΔH ——波速层的厚度(m)；

ΔT ——压缩波或剪切波传到波速层顶面和底面的时间差(s)。

（Ⅱ）跨 孔 法

7.4.6 压缩波或剪切波从振源到达测点时间的确定，应符合下列规定：

(1) 确定压缩波的时间，应采用水平传感器记录的波形；

(2) 确定剪切波的时间，应采用竖向传感器记录的波形。

7.4.7 由振源到达每个测点的距离，应按测斜数据进行计算。

7.4.8 每个测试深度的压缩波波速及剪切波波速，应按下列公式计算：

$$V_{\mathrm{P}}=\frac{\Delta S}{T_{\mathrm{P2}}-T_{\mathrm{P1}}} \tag{7.4.8-1}$$

$$V_{\mathrm{S}}=\frac{\Delta S}{T_{\mathrm{S2}}-T_{\mathrm{S1}}} \tag{7.4.8-2}$$

$$\Delta S=S_2-S_1 \tag{7.4.8-3}$$

式中 V_{P} ——压缩波波速(m/s)；

V_{S} ——剪切波波速(m/s)；

T_{P1} ——压缩波到达第1个接收孔测点的时间(s)；

T_{P2} ——压缩波到达第2个接收孔测点的时间(s)；
T_{S1} ——剪切波到达第1个接收孔测点的时间(s)；
T_{S2} ——剪切波到达第2个接收孔测点的时间(s)；
S_1 ——由振源到第1个接收孔测点的距离(m)；
S_2 ——由振源到第2个接收孔测点的距离(m)；
ΔS ——由振源到两个接收孔测点距离之差(m)。

(Ⅲ)面 波 法

7.4.9 瑞利波波速应按下式计算：

$$V_R=\frac{2\pi f\Delta l}{\Phi} \tag{7.4.9}$$

式中 V_R——瑞利波波速(m/s)；
Φ ——两台传感器接收到的振动波之间的相位差(rad)。
Δl——两台传感器之间的水平距离(m)，当Φ为2π时，Δl即为瑞利波波长L_R(m)；
f ——振源的频率(Hz)。

7.4.10 地基的动剪变模量和动弹性模量，应按下列公式计算：

$$G_d=\rho V_S^2 \tag{7.4.10-1}$$

$$E_d=2(1+\upsilon)\rho V_S^2 \tag{7.4.10-2}$$

$$V_S=\frac{V_R}{\eta_S} \tag{7.4.10-3}$$

$$\eta_S=\frac{0.87+1.12\upsilon}{1+\upsilon} \tag{7.4.10-4}$$

式中 G_d——地基的动剪变模量(kPa)；
E_d——地基的动弹性模量(kPa)；
ρ ——地基的质量密度(t/m^3)；
η_S ——与泊松比有关的系数；
υ ——地基的动泊松比。

8 循环荷载板测试

8.1 一般规定

8.1.1 本章适用于在承压板上反复加荷与卸荷测试，为大型机床和水压机等基础设计提供地基弹性模量和地基抗压刚度系数。

8.1.2 循环荷载板测试时，除应具备本规范第3.0.1条规定的有关资料外，尚应具备拟建基础的位置和基底标高等资料。

8.1.3 测试结果应包括下列内容：

(1) 循环荷载板测试记录，可按本规范附录D的格式整理；
(2) 测试的各种曲线图；
(3) 经修正后的地基弹性变形量；
(4) 地基弹性模量；
(5) 地基抗压刚度系数的测试值及经换算后的设计值。

8.2 设备和仪器

8.2.1 加荷装置可采用载荷台或采用反力架、液压和稳压等设备。

8.2.2 载荷台或反力架必须稳固、安全可靠，其承受荷载能力应大于最大测试荷载的1.5～2.0倍。

8.2.3 当采用千斤顶加荷时，其反力支撑可采用重物、地锚、坑壁斜撑和平洞顶板支撑等。

8.2.4 测试变形量的仪器，应满足测试精度的要求。百分表的精度不应低于0.01mm，位移传感器的精度不应低于0.01mm。

8.3 测试前的准备工作

8.3.1 承压板应具有足够的刚度，其形状可采用正方形或圆形；面积宜为 $0.5m^2$；对密实土层，面积可采用 $0.1\sim0.25m^2$。

8.3.2 承压板应设置在设计基础邻近处，其土层结构宜与设计基础的土层结构相类似。

8.3.3 试坑底面的宽度，应大于承压板的边长或直径的 3 倍。

8.3.4 试坑底面应保持水平面，并宜在试压表面用中砂层找平，其厚度不应小于 10mm；承压板应与试坑底面紧密接触。

8.3.5 加荷千斤顶的重心，应与承压板的中心在同一竖直线上。

8.3.6 沉降观测装置的固定点，应设置在变形影响区以外。

8.4 测试方法

8.4.1 循环荷载的大小和次数，应根据设计要求和地基性质确定。

8.4.2 荷载应分级施加，第一级荷载应取试坑底面土的自重，变形稳定后再施加循环荷载，其增量可按表 8.4.2 采用。

各类土的循环荷载增量　　表 8.4.2

土的名称	循环荷载增量(kPa)
淤泥、流塑粘性土、松散砂土	≤15
软塑粘性土、新近堆积黄土，稍密的粉、细砂	15～25
可塑～硬塑粘性土、黄土，中密的粉、细砂	25～50
坚硬粘性土，密实的中、粗砂	50～100
密实的碎石土、风化岩石	100～150

8.4.3 测试方法可采用单荷级循环法或多荷级循环法。每一荷级反复循环次数应根据土的类别采用，对粘性土宜为 6～8 次，对砂性土宜为 4～6 次。

8.4.4 每级荷载的循环时间，加荷时宜为 5min，卸荷时宜为 5min，并同时观测变形量。

8.4.5 加荷时地基变形量稳定的标准应符合下列要求：

(1) 在静力荷载作用下，连续 2h 观测中，每小时变形量不应超过 0.1mm；

(2) 在循环荷载作用下，最后一次循环测得的弹性变形量与前一次循环测得的弹性变形量的差值应小于 0.05mm。

8.4.6 每一级荷载作用下的弹性变形，宜取最后一次循环卸载的弹性变形量。

8.5 数据处理

8.5.1 根据测试数据，应绘制下列曲线图：

(1) 应力—时间曲线图；

(2) 变形—时间曲线图；

(3) 变形—应力曲线图；

(4) 弹性变形—应力曲线图。

8.5.2 地基弹性变形量应按下式计算：

$$S_e=S-S_P \tag{8.5.2}$$

式中 S_e ——地基弹性变形量(mm)；

S ——加荷时地基变形量(mm)；

S_P ——卸荷时地基塑性变形量(mm)。

8.5.3 各级荷载测试的地基弹性变形量，可按下列公式进行修正：

$$S'_e=S_0+CP_L \tag{8.5.3-1}$$

$$S_0=\frac{\sum S_{e,i}\cdot\sum P_{Li}^2-\sum P_L\sum(P_L\cdot S_{e,i})}{N\cdot\sum P_{Li}^2-(\sum P_{Li})^2} \tag{8.5.3-2}$$

$$C=\frac{\sum S_{e,i}\cdot\sum P_L-N\sum(P_L\cdot S_{e,i})}{(\sum P_{Li})^2-N\cdot\sum P_{Li}^2} \tag{8.5.3-3}$$

式中 S'_e——经修正后的地基弹性变形量(mm)；
S_0——校正值；
C——弹性变形—应力曲线的斜率(mm/kPa)；
P_L——地基弹性变形的最后一级荷载作用下的承压板底面总静应力(kPa)；
N——荷级次数；
$S_{e,i}$——第 i 级荷载作用下的弹性变形量(mm)；
P_{Li}——第 i 级荷载作用下的承压板底面静应力(kPa)。

8.5.4 地基弹性模量可按下式计算：

$$E=\frac{(1-\upsilon^2)Q}{d\cdot S'_e} \tag{8.5.4}$$

式中 E——地基弹性模量(MPa)；
d——承压板直径(mm)；
Q——承压板上总荷载(N)。

8.5.5 地基抗压刚度系数，可按下式计算：

$$C_z=\frac{P_L}{S'_e} \tag{8.5.5}$$

8.5.6 按照本章的规定测试的地基抗压刚度系数，用于设计基础时，应乘以换算系数，换算系数应按下式计算：

$$\eta_l=\sqrt[3]{\frac{A_l}{A_d}}\sqrt[3]{\frac{P_d}{P_l}} \tag{8.5.6}$$

式中 η_l——与承压板底面积及底面静应力有关的系数；
A_l——承压板底面积(m^2)；
A_d——设计基础的底面积(m^2)，当 $A_d>20m^2$ 时，应取 $A_d=20m^2$；
P_d——设计基础底面的静应力(kPa)，当 $P_d>50$kPa 时，应取 $P_d=50$kPa。

9 振动三轴和共振柱测试

9.1 一般规定

9.1.1 本章适用于测试细粒土和砂土的动力特性，为场地、建筑物和构筑物进行动力反应分析以及为地基土和边坡土进行动力稳定性分析提供动力参数。

9.1.2 根据地基土的类别与工程要求，土试样测试应提供下列动力参数：

(1) 土试样的动弹性模量、动剪变模量和阻尼比；

(2) 土试样的动强度、抗液化强度和动孔隙水压力。

9.1.3 测试结果应包括下列内容：

(1) 最大动剪变模量或最大动弹性模量与平均有效固结应力的关系；

(2) 动剪变模量比与阻尼比对剪应变幅的关系曲线，或动弹性模量比与阻尼比对轴应变幅的关系曲线；

(3) 动强度比与破坏振次的关系曲线；

(4) 地震总应力抗剪强度与潜在破裂面上初始法向有效应力的关系，以及相应的地震总应力抗剪强度指标；

(5) 对有关动强度的资料，应注明所采用的试样密度、固结应力条件、破坏标准和相应的等效破坏振次；

(6) 当需提供动孔隙水压力特性的测试资料时，可提供动孔压比与振次比的关系曲线，也可提供动孔压比与动剪应力比的关系曲线。

9.2 设备和仪器

9.2.1 测试设备可采用扭转向激振和纵向激振的共振柱仪，以及电磁式、液压式、气压式和惯性式等各种驱动型式的振动三轴仪。

9.2.2 设备主机的静力加荷系统和孔隙水压力测量系统，应符合现行国家标准《土工试验方法标准》中有关三轴压缩试验仪器的规定。

9.2.3 设备主机的动力加载系统，其幅值应平衡、波形应对称；振幅相对偏差与半周期相对偏差不宜大于10%。

9.2.4 设备的实测应变幅范围应满足工程动力分析的需要。

9.2.5 传感器宜采用位移、速度、加速度、孔隙水压力和荷重等传感器。

9.2.6 记录仪应采用配有微机的数字采集系统。当缺乏这种数字采集系统时，也可采用 $X—Y$ 函数记录仪。

9.2.7 配成套的仪器，应具有良好的频率响应、性能稳定、灵敏度高和失真小。

9.2.8 设备和仪器应每半年进行一次检查和标定。

9.3 测试方法

9.3.1 试样的制备和饱和方法应符合现行国家标准《土工试验方法标准》中有关三轴压缩试验的规定。

9.3.2 天然地基的试样宜采用原状土制备；人工地基的试样制备方法宜与工程现场填土条件相类似。

9.3.3 饱和试样在周围压力下的孔隙水压力系数不宜小于0.98。

9.3.4 试样的固结应力条件应根据地基土的测试条件确定。每一种试样的初始剪应力比可选用1～3个；每一个初始剪应力比相对应的侧向固结应力也可采用1～3个。

9.3.5 测试时应首先使土试样在静力作用下固结稳定后，再在不排水条件下施加动应力或动应变。

9.3.6 动剪变模量或动弹性模量在共振柱仪上测试时，应采用共振法，也可采用自由振动法；阻尼比测试时，宜采用自由振动法。

9.3.7 动弹性模量和阻尼比在振动三轴仪上测试时，应在固定频率的轴向动应力作用下测得试样的动应力—动应变滞回圈；动应力的作用振次不宜大于5次。

9.3.8 测试动剪变模量或动弹性模量以及阻尼比随应变幅的变化时，宜逐级施加动应变幅或动应力幅；后一级的振幅可控制为前一级的1倍；在同一试样上选用允许施加的动应变幅或动应力幅的级数时，应避免孔隙水压力明显升高。

9.3.9 当同时测试动剪变模量和动弹性模量的设备条件不足时，可根据动剪变模量与动弹性模量之间的关系进行换算。

9.3.10 土试样动强度的破坏标准，一般可取土试样的弹性应变与塑性应变之和等于0.05，也可根据地基土情况和工程重要性，在0.025～0.1的范围内取值；对于可液化土的抗液化强度试验，也可采用初始液化作为破坏标准。

9.3.11 土试样动强度的等效破坏振次，应根据工程对象可能承受的循环荷载性质确定。

9.3.12 土试样的动强度或抗液化强度测试，宜在不排水条件下进行；在土试样上施加一稳态振动的轴向动应力，并应记录应力、应变和孔隙水压力的变化过程，直至试样达到或超过所规定的破坏标准。

9.3.13 在同一固结应力条件下，动强度测试的试样个数不应少于3个；对各个试样应施加不同的动应力幅，以使实测的破坏振次的分布范围能覆盖工程对象的等效破坏振次。

9.3.14 在循环应力作用下，饱和土孔隙水压力增长特性的测试方法，应符合本章第9.3.10～9.3.13条的规定。

9.3.15 在振动三轴仪上测试土的上述动力特性时，施加动应力或动应变的频率，应采用工程对象所受循环荷载的频率。

9.4 数据处理

9.4.1 动应力、动应变和孔隙水压力等物理量，应按仪器的标定系数及试样尺寸，由电测记录值进行换算。

9.4.2 当试样在一端固定、另一端为扭转激振的共振柱仪上测试时，试样的剪应变幅，应按下列公式计算：

(1)当为圆柱体试样时：

$$\gamma_d=\frac{\theta d_s}{3h_s} \tag{9.4.2-1}$$

(2)当为空心圆柱体试样时：

$$\gamma_d=\frac{\theta(d_1+d_2)}{4h_s} \tag{9.4.2-2}$$

式中 γ_d——试样剪应变幅；

θ——试样激振端的角位移幅(rad)；

d_s——试样直径(m)；

h_s——试样高度(m)；

d_1——空心圆柱体试样的外径(m)；

d_2——空心圆柱体试样的内径(m)。

9.4.3 在扭转激振的共振柱仪上测试时，试样的动剪变模量，应按下式计算：

$$G_d=\rho\left(\frac{2\pi h_s f_t}{F_t}\right)^2 \tag{9.4.3}$$

式中 G_d——试样动剪变模量(kPa)；

ρ——试样质量密度(t/m³)；

f_t——试样系统扭转振动的共振频率(Hz)；

F_t——扭转向无量纲频率因数。

9.4.4 扭转向无量纲频率因数，应按下列公式计算：

$$F_t\cdot \mathrm{tg}F_t=\frac{1}{T_t} \tag{9.4.4-1}$$

$$T_t=\frac{J_a}{J_s}\left[1-\left(\frac{f_{at}}{f_t}\right)^2\right] \tag{9.4.4-2}$$

$$J_s=\frac{m_s d_s^2}{8} \tag{9.4.4-3}$$

$$A_{at}=\frac{f_{at}\cdot J_a\cdot \delta_{at}}{\pi\cdot f_t\cdot J_s} \tag{9.4.4-4}$$

式中 T_t——仪器激振端扭转向惯量因数；

J_s——试样转动惯量(t·m²)；

m_s——试样总质量(t)；

J_a——仪器激振端压板系统的转动惯量(t·m²)；

A_{at}——仪器激振端扭转向阻尼因数；

f_{at}——仪器激振端压板系统扭转向共振频率(Hz)，对于激振端没有弹簧-阻尼器的仪器，$f_{at}=0$；

δ_{at}——仪器激振端压板系统扭转向自由振动对数衰减率。

9.4.5 试样扭转向阻尼比，应按下列公式计算：

$$\zeta_t=\frac{[\delta_t(1+S_t)-S_t\delta_{at}]}{2\pi} \tag{9.4.5-1}$$

$$\delta_t=\frac{1}{n}\ln\left(\frac{A_1}{A_{n+1}}\right) \tag{9.4.5-2}$$

$$S_t=\frac{J_a}{J_s}\left(\frac{f_{at}F_t}{f_t}\right)^2 \tag{9.4.5-3}$$

式中 ζ_t——试样扭转向阻尼比；

δ_t——试样系统扭转自由振动的对数衰减率；

S_t——试样系统扭转向能量比；

n——自由振动的周期数；

A_1——第一周的振幅(μm)；

A_{n+1}——第n+1周的振幅(μm)。

9.4.6 当试样在纵向激振的共振柱仪上测试时，试样的轴应变幅和动弹性模量，应按下列公式计算：

$$\varepsilon_d=\frac{A_l}{h_s} \tag{9.4.6-1}$$

$$E_d=\rho(\frac{2\pi\cdot h_s\cdot f_l}{F_l})^2 \quad (9.4.6\text{-}2)$$

式中 ε_d —— 试样轴应变幅；

E_d —— 试样动弹性模量(kPa)；

A_l —— 试样激振端的轴位移幅(m)；

f_l —— 试样系统纵向振动的共振频率(Hz)；

F_l —— 纵向无量纲频率因数。

9.4.7 纵向无量纲频率因数，应按下列公式计算：

$$F_l \mathrm{tg} F_l=\frac{1}{T_l} \quad (9.4.7\text{-}1)$$

$$T_l=\frac{m_a}{m_s}\left[1-\left(\frac{f_{al}}{f_l}\right)^2\right] \quad (9.4.7\text{-}2)$$

$$A_{al}=\frac{f_{al}m_a\delta_{al}}{\pi f_l m_s} \quad (9.4.7\text{-}3)$$

式中 T_l —— 仪器激振端纵向惯量因数；

A_{al} —— 仪器激振端纵向阻尼因数；

m_a —— 仪器激振端压板系统的质量(t)；

f_{al} —— 仪器激振端压板系统纵向共振频率(Hz)；

δ_{al} —— 仪器激振端压板系统纵向自由振动对数衰减率，应在仪器标定时确定。

9.4.8 试样纵向阻尼比，应按下列公式计算：

$$\zeta_l=\frac{[\delta_l(1+S_l)-S_l\delta_{al}]}{2\pi} \quad (9.4.8\text{-}1)$$

$$S_l=\frac{m_a}{m_s}(\frac{f_{al}F_l}{f_l})^2 \quad (9.4.8\text{-}2)$$

式中 ζ_l —— 试样纵向阻尼比；

δ_l —— 试样系统纵向自由振动的对数衰减率；

S_l —— 试样系统纵向能量比。

9.4.9 当试样在振动三轴仪上测试时，试样的动弹性模量和阻尼比，应根据记录的动应力—动应变滞回圈(见图 9.4.9)，按下列公式计算：

$$E_d=\frac{\sigma_d}{\varepsilon_d} \quad (9.4.9\text{-}1)$$

$$\zeta_l=\frac{A_s}{\pi A_t} \quad (9.4.9\text{-}2)$$

式中 σ_d —— 试样轴向动应力幅(kPa)；

A_s —— 动应力—动应变滞回圈的面积(cm^2)，如图 9.4.9 中阴影线所示；

A_t —— 图 9.4.9 中直角三角形 abc 的面积(cm^2)。

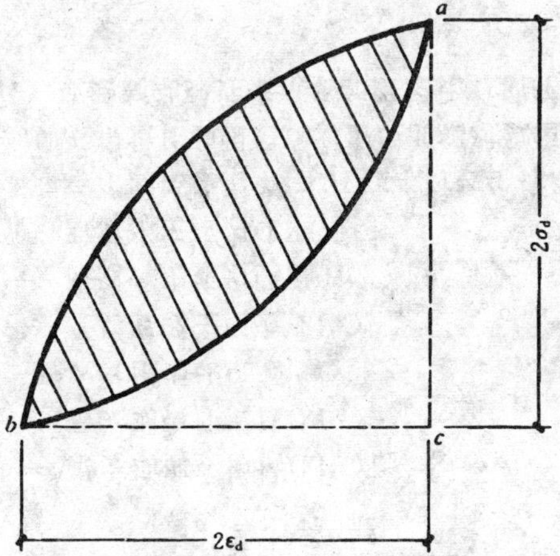

图 9.4.9 动应力—动应变滞回圈

9.4.10 动剪变模量与动弹性模量以及动剪应变幅与动轴应变幅之间，可按下列公式进行换算：

$$G_d=\frac{E_d}{2(1+\upsilon_s)} \quad (9.4.10\text{-}1)$$

$$\gamma_d=\varepsilon_d(1+\upsilon_s) \quad (9.4.10\text{-}2)$$

式中　υ_s——试样泊松比。

9.4.11　在共振柱仪或振动三轴仪上测试的最大动剪变模量或最大动弹性模量，应绘制它们与二维或三维平均有效主应力的双对数关系曲线图(见图 9.4.11-1、图 9.4.11-2)，该曲线可用下列公式表达。

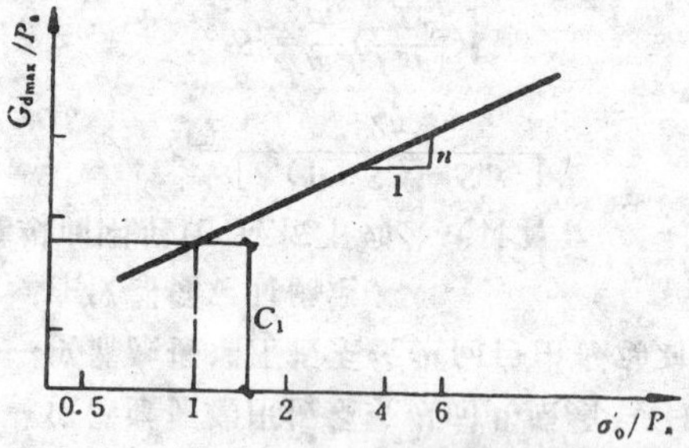

图 9.4.11-1　最大动剪变模量与平均有效主应力的关系

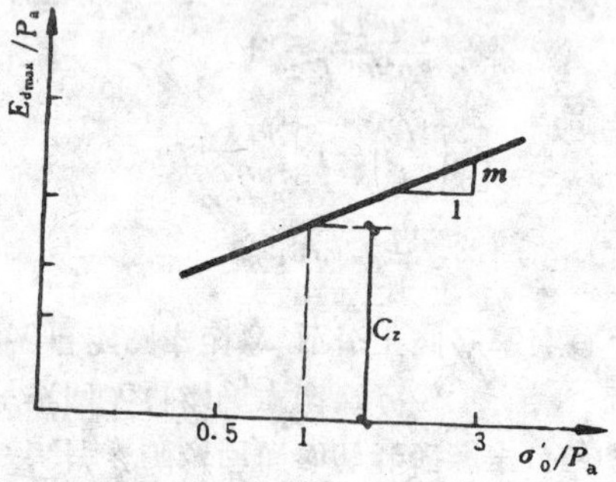

图 9.4.11-2　最大动弹性模量与平均有效主应力的关系

$$G_{dmax}=C_1 P_a^{(1-n)}\sigma'^{n}_0 \tag{9.4.11-1}$$

$$E_{dmax}=C_2 P_a^{(1-m)}\sigma'^{m}_0 \tag{9.4.11-2}$$

当 $P_a^{(1-n)}\sigma'^{n}_0=1$ 时　$C_1=G_{dmax}$

当 $P_a^{(1-m)}\sigma'^{m}_0=1$ 时　$C_2=E_{dmax}$

$$n=\tan\alpha \tag{9.4.11-3}$$

$$m=\tan\beta \tag{9.4.11-4}$$

(1)对二维：

$$\sigma'_0=\frac{\sigma'_1+\sigma'_3}{2} \tag{9.4.11-5}$$

(2)对三维：

$$\sigma'_0=\frac{\sigma'_1+2\sigma'_3}{3} \tag{9.4.11-6}$$

式中　G_{dmax}——最大动剪变模量(kPa)；

E_{dmax}——最大动弹性模量(kPa)；

P_a——大气压力(kPa)；

σ'_0——平均有效主应力(kPa)；

σ'_1——有效大主应力(kPa)；

σ'_3——有效小主应力(kPa)。

9.4.12　对于每一个固结应力条件，应在半对数坐标纸上，根据测试结果绘制动剪变模量比和阻尼比对剪应变幅对数值的关系曲线(见图 9.4.12)，或绘制动弹性模量比和阻尼比对轴应变幅对数值的关系曲线：

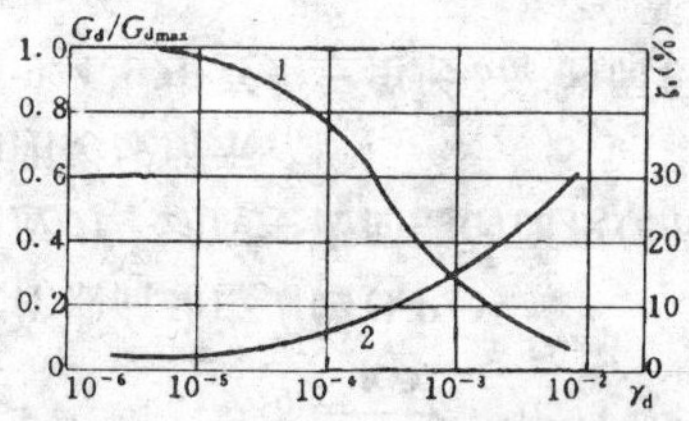

图 9.4.12　动剪变模量比和阻尼比对剪应变幅的关系曲线

1——动剪变模量比　2——阻尼比

9.4.13 在振动三轴仪上测试记录的动应力、动应变和动孔隙水压力的时程曲线上，应按本规范第 9.3.10 条规定的破坏标准，确定达到该标准的破坏振次；相应于该破坏振次的试样 45°面上的动强度比，应按下式计算：

$$R_{\mathrm{f}}=\frac{\sigma_{\mathrm{d}}}{2\sigma'_{0}} \tag{9.4.13}$$

式中 R_{f} —— 试样 45°面上的动强度比；

σ_{d} —— 试样轴向动应力幅(kPa)。

9.4.14 对在同一固结应力条件下多个试样的测试结果，应在半对数坐标纸上，根据测试结果绘制动强度比与破坏振次对数值的关系曲线(见图 9.4.14)，该关系曲线相应于某一初始剪应力比和某一侧向固结应力，并按工程要求的等效破坏振次，在曲线上确定相应的动强度比。

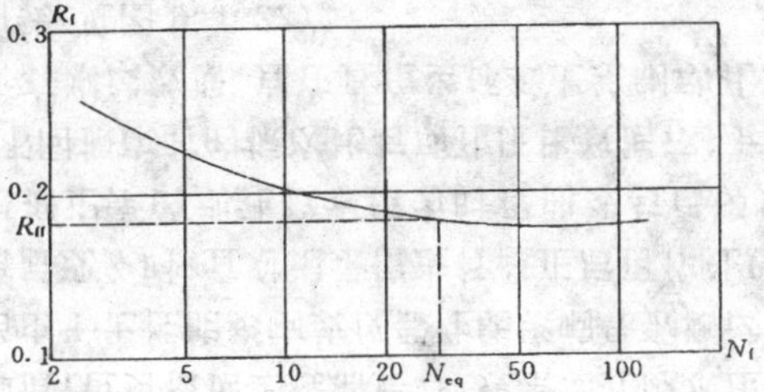

图 9.4.14 动强度比与破坏振次的关系曲线

9.4.15 试样潜在破裂面上的初始法向有效应力和初始剪应力以及相应于工程等效破坏振次的动强度，宜按下列公式计算：

(1)受压破坏时：

$$\sigma'_{\mathrm{f.0}}=\frac{\sigma'_{1}+\sigma'_{3}}{2}-\frac{(\sigma_{1}-\sigma_{3})\sin\Phi'}{2} \tag{9.4.15-1}$$

$$\tau_{\mathrm{f.0}}=\frac{(\sigma_{1}-\sigma_{3})\cos\Phi'}{2} \tag{9.4.15-2}$$

$$\tau_{\mathrm{f.d}}=R_{\mathrm{ff}}\sigma'_{0}\cos\Phi' \tag{9.4.15-3}$$

$$\tau_{\mathrm{f.s}}=\tau_{\mathrm{f.0}}+\tau_{\mathrm{f.d}} \tag{9.4.15-4}$$

$$\alpha_{0}=\frac{\tau_{\mathrm{f.0}}}{\sigma'_{\mathrm{f.0}}} \tag{9.4.15-5}$$

式中 $\sigma'_{\mathrm{f.0}}$ —— 潜在破裂面上的初始法向有效应力(kPa)；

$\tau_{\mathrm{f.0}}$ —— 潜在破裂面上的初始剪应力(kPa)；

Φ' —— 试样的有效内摩擦角(°)；

α_{0} —— 潜在破裂面上的初始剪应力比；

$\tau_{\mathrm{f.d}}$ —— 潜在破裂面上的动强度(kPa)；

R_{ff} —— 对应于等效破坏振次的动强度比，由图 9.4.14 确定；

$\tau_{\mathrm{f.s}}$ —— 潜在破裂面上的地震总应力抗剪强度(kPa)。

(2)受拉破坏时，$\tau_{\mathrm{f.0}}$、$\tau_{\mathrm{f.d}}$ 及 α_{0} 可分别按式(9.4.15-2)、(9.4.15-3)及(9.4.15-5)计算，$\sigma'_{\mathrm{f.0}}$、$\tau_{\mathrm{f.s}}$宜按下列公式计算：

$$\sigma'_{\mathrm{f.0}}=\frac{\sigma'_{1}+\sigma'_{3}}{2}+(\frac{\sigma_{1}-\sigma_{3}}{2})\sin\Phi' \tag{9.4.15-6}$$

$$\tau_{\mathrm{f.s}}=\tau_{\mathrm{f.d}}-\tau_{\mathrm{f.0}} \tag{9.4.15-7}$$

9.4.16 当潜在破裂面上的初始剪力比等于零时，饱和砂土潜在破裂面上的动强度应按下式计算：

$$\tau_{\mathrm{f.d}}=C_{\mathrm{r}}\cdot R_{\mathrm{ff}}\cdot\sigma_{0}' \tag{9.4.16}$$

式中 C_{r} —— 测试条件修正系数，其值与静止侧压力系数 k_{0} 有关，当 k_{0} 为 0.4 时，C_{r} 应采用 0.57；当 k_{0} 为 1.0 时，C_{r} 应采用 0.9～1.0。

9.4.17 对受压破坏与受拉破坏，应按下列公式进行判别：

(1)受压破坏：

$$\sigma_{\mathrm{d}}\leqslant\frac{\sigma_{1}-\sigma_{3}}{\sin\Phi'} \tag{9.4.17-1}$$

(2)受拉破坏：

$$\sigma_{\mathrm{d}}>\frac{\sigma_{1}-\sigma_{3}}{\sin\Phi'} \tag{9.4.17-2}$$

9.4.18 潜在破裂面上的地震总应力抗剪强度与初始法向有效应力之间的关系，宜在直角坐标纸上进行整理；对应于一定等效破坏振次的地震总应力抗剪强度，应按下式计算：

$$\tau_{fs}=C_d+\sigma'_{f.0}\mathrm{tg}\Phi_d \quad (9.4.18)$$

式中 C_d —— 地震总应力抗剪强度的凝聚力(kPa)；

Φ_d —— 地震总应力抗剪强度的内摩擦角(°)。

9.4.19 对于不同的固结应力条件，应分别绘制各自的地震总应力抗剪强度曲线，且宜用潜在破裂面上的初始剪力比表示固结应力条件。

9.4.20 动孔隙水压力数据整理时，宜取记录时程曲线上动孔隙水压力的峰值；也可根据工程需要，取残余动孔隙水压力值。

9.4.21 当由于土性能影响或仪器性能影响导致测试记录的孔隙水压力有滞后现象时，宜对记录值进行修正后再作处理。

9.4.22 根据记录的动孔隙水压力时程曲线与已确定的破坏振次，可计算不同振次时的振次比与动孔压比数据；对于同一初始剪应力比的所有测试数据，宜在直角坐标纸上绘制动孔压比与振次比的关系曲线(见图9.4.22)。

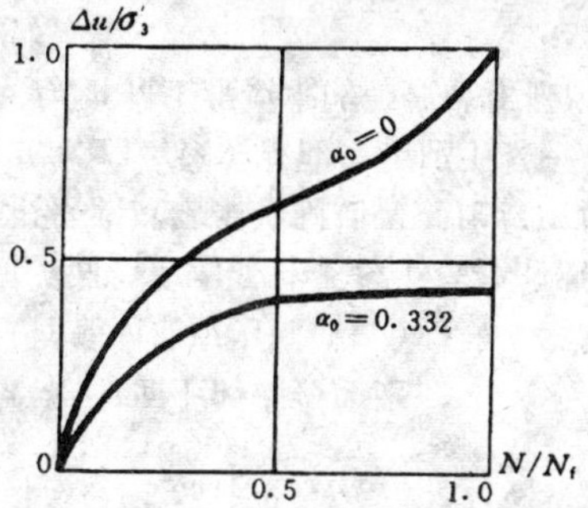

图 9.4.22 动孔压比与振次比的关系曲线

9.4.23 对于初始剪应力比相同的各个试验，可在直角坐标纸上，绘制在固定振次作用下的动孔压比与动剪应力比的关系曲线(见图9.4.23)；也可根据工程需要，绘制不同初始剪应力比与不同振次作用下的同类关系曲线。

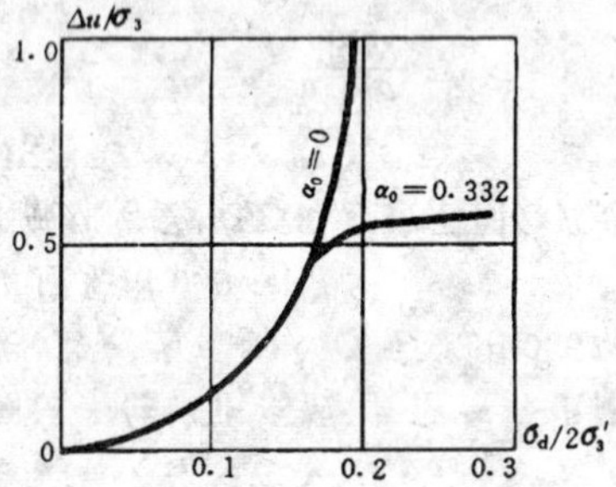

图 9.4.23 动孔压比与动剪应力比的关系曲线

附录A 激振法测试地基动力参数计算表

A.0.1 当根据激振法测试的结果确定地基动力参数试验值时，可按附表A.0.1-1～A.0.1-5的格式计算。

A.0.2 当根据激振法测试的结果确定地基动力参数设计值时，应按附表A.0.2-1、A.0.2-2的格式计算。

附表A.0.1-1 地基竖向动力参数测试计算表（用于强迫振动测试）

工程名称：________

基础号	参数 / 状态	f_m (Hz)	A_m (m)	f_1 (Hz)	A_1 (m)	f_2 (Hz)	A_2 (m)	f_3 (Hz)	A_3 (m)	ζ_z	m_z (t)	K_z (kN/m)	C_z (kN/m³)
	明置												
	埋置												
	明置												
	埋置												
	明置												
	埋置												

测试________ 计算________ 校核________ 负责人________ ____年____月

地基水平回转向动力参数测试计算表（用于强迫振动测试）

工程名称：__________ **附表 A.0.1-2**

基础号	参数 / 状态	f_{m1} (Hz)	A_{m1} (m)	$0.707f_{m1}$ (Hz)	A (m)	$A_{z\varphi_1}$ (m)	$A_{z\varphi_2}$ (m)	l_1 (m)	Φ_{m1} (rad)	A_x (m)	ρ_1 (m)	$\zeta_{x\varphi_1}$	$m_{x\varphi}$ (t)	K_x (kN/m)	C_x (kN/m³)	K_φ (kN·m)	C_φ (kN/m³)
	明置																
	埋置																
	明置																
	埋置																
	明置																
	埋置																

测试________ 计算________ 校核________ 负责人________ ____年____月

地基竖向动力参数测试计算表（用于自由振动测试）

工程名称：__________ **附表 A.0.1-3**

基础号	参数 / 状态	m_1 (t)	H_1 (m)	V (m/s)	f_d (Hz)	A_{max} (m)	t_0 (s)	H_2 (m)	ζ_z	Φ (rad)	f_n (Hz)	e_1	m_z (t)	K_z (kN/m)	C_z (kN/m³)
	明置														
	埋置														
	明置														
	埋置														
	明置														
	埋置														

测试________ 计算________ 校核________ 负责人________ ____年____月

地基水平回转向动力参数测试计算表（用于自由振动测试）

（1）K_x 的计算表

工程名称：________

附表 A.0.1-4

基础号	参数/状态	f_{n1} (Hz)	ω_{n1} (rad/s)	$m_f\omega_{n1}^2$ $(t\cdot rad^2/s^2)$	A_1 (m)	l_1 (m)	$\frac{A_{x\varphi_1}+A_{x\varphi_2}}{l_1}h$ (m)	$A_b=$ (4)−(6) (m)	$\frac{A_1}{A_b}$	$\frac{A_1}{A_b}-1$	$\frac{h_2}{h}$	(10)·(9)	1+(11)+(11)	K_x (3)·(12) (kN/m)	C_x (kN/m^3)
		(1)	(2)	(3)	(4)	(5)	(6)	(7)	(8)	(9)	(10)	(11)	(12)	(13)	(14)
	明置														
	埋置														
	明置														
	埋置														
	明置														
	埋置														

测试________ 计算________ 校核________ 负责人________ ____年____月

（2） K_φ 的计算表

附表 A.0.1-5

基础号	参数/状态	f_{n1} (Hz)	J_C $(t\cdot m^2)$	$\omega_{n1}^2\cdot J_C$ $(rad^2/s^2\cdot t\cdot m^2)$	$A_{x\varphi_1}$ (m)	A_b (m)	$\frac{A_{x\varphi_1}}{A_b}-1$	$\frac{1}{\frac{A_{x\varphi_1}}{A_b}-1}$	h_2 (m)	i_c^2 (m^2)	$\frac{h}{i_c^2}$ (m^{-1})	$\frac{h_2\cdot h}{i_c^2}\cdot\frac{1}{\frac{A_{x\varphi_1}}{A_b}-1}$	1+(11)	K_φ (3)·(12) (kN/m)	$C_\varphi=\frac{K_\varphi}{I}$ (kN/m^3)
		(1)	(2)	(3)	(4)	(5)	(6)	(7)	(8)	(9)	(10)	(11)	(12)	(13)	(14)
	明置														
	埋置														
	明置														
	埋置														
	明置														
	埋置														

测试________ 计算________ 校核________ 负责人________ ____年____月

提供设计应用的天然地基动力参数计算表

工程名称：________　　　　附表 A. 0. 2-1

基础号	参数 / 状态	C_z (kN/m³)	C_x (kN/m³)	C_φ (kN/m³)	C_ψ (kN/m³)	ζ_z	$\zeta_{x\varphi_1}$	ζ_ψ	m_{dz} (t)	$m_{dx\varphi}$ (t)
	明置									
	埋置									
	明置									
	埋置									

注：(1)当基础明置时：$C_z=C_{z,0}\cdot\eta$；$C_x=C_{x0}\cdot\eta$；$C_\varphi=C_{\varphi0}\cdot\eta$；$C_\psi=C_{\psi0}\cdot\eta$；$\zeta_z=\zeta_{z0}\cdot\sqrt{\frac{m_r}{m_d}}$；$\zeta_{x\varphi1}=\zeta_{x\varphi_1 0}\sqrt{\frac{m_r}{m_d}}$；$\zeta_\psi=\zeta_{\psi0}\cdot\sqrt{\frac{m_r}{m_d}}$

其中 $C_{z,0}$、$C_{x,0}$、$C_{\varphi0}$、$C_{\psi0}$、ζ_{z0}、$\zeta_{x\varphi0}$、$\zeta_{\varphi0}$为块体基础在明置时的测试值；η 为换算系数。

(2)当基础埋置时：$C'_z=C_z\cdot\alpha_z$；$C'_x=C_x\cdot\alpha_x$；$C'_\varphi=C_\varphi\cdot\alpha_\varphi$；$C'_\psi=C_\psi\cdot\alpha_\psi$；$\zeta'_z=\zeta_z\cdot\beta_z$；$\zeta'_{x\varphi1}=\zeta_{x\varphi_1}\beta_{x\varphi}$；$\zeta'_\psi=\zeta_\psi\cdot\beta_\psi$。

(3)$m_{dz}=(m_z-m_f)\frac{A_d}{A_0}$；$m_{dx\varphi}=(m_{x\varphi}-m_f)\frac{A_d}{A_0}$，$m_{d\psi}$与 $m_{dx\varphi}$相同。

测试________　计算________　校核________　负责人________　____年____月

提供设计应用的桩基动力参数计算表

工程名称：________　　　　附表 A. 0. 2-2

基础号	参数 / 状态	k_{Pz} (kN/m)	$k_{P\varphi}$ (kN·m)	C_x (kN/m³)	C_ψ (kN/m³)	ζ_z	$\zeta_{x\varphi_1}$	ζ_ψ	m_{dz} (t)	$m_{dx\varphi}$ (t)	$m_{d\psi}$ (t)
	明置										
	埋置										
	明置										
	埋置										

注：(1)当桩基础明置时：$k_{Pz}=k_{Pz0}\cdot\eta_z$；$k_{P\varphi}=k_{Pz}\sum_{i=1}^{n}r_i^2$；$C_x=C_{x0}\cdot\eta$；$C_\psi=C_{\psi0}\cdot\eta$；

$\zeta_z=\zeta_{z0}\cdot\sqrt{\frac{m_{rP}}{m_{dP}}}$；$\zeta_{x\varphi1}=\zeta_{x\varphi_1 0}\cdot\sqrt{\frac{m_{rP}}{m_{dP}}}$；$\zeta_\psi=\zeta_{\psi0}\cdot\sqrt{\frac{m_{rP}}{m_{dP}}}$；

其中 k_{Pz0}、$C_{x,0}$、$C_{\psi,0}$、ζ_{z0}、$\zeta_{x\varphi_1 0}$、$\zeta_{\psi0}$为桩基础在明置时的测试值；η_z 为群桩效应系数。

(2)当桩基础埋置时：$k'_{Pz}=k_{Pz}\cdot\alpha_z$；$k'_{P\varphi}=k_{P\varphi}\cdot\alpha_x$；$C'_x=C_x\cdot\alpha_x$；$C'_\psi=C_\psi\cdot\alpha_\psi$；

$\zeta'_z=\zeta_z\cdot\beta_z$；$\zeta'_{x\varphi_1}=\zeta_{x\varphi_1}\cdot\beta_{x\psi}$；$\zeta'_\psi=\zeta_\psi\cdot\beta_\psi$。

(3)$m_{dz}=(m_{zP}-m_f)\frac{A_{dP}}{A_{0P}}$；$m_{dx\varphi}=(m_{x\varphi P}-m_f)\frac{A_{dP}}{A_{0P}}$；$m_{d\psi}=(m_{\psi,P}-m_f)\frac{A_{dP}}{A_{0P}}$。

测试________　计算________　校核________　负责人________　____年____月

附录B 振动衰减测试记录表

振动衰减测试记录表

工程名称：________ 附表 B

测点布置图	地质剖面图	测点号	测点距振源距离(m)	实测振幅值 (μm)									备注
				垂直向			水平径向			水平切向			
				f_1= (Hz)	f_2= (Hz)	f_3= (Hz)	f_1= (Hz)	f_2= (Hz)	f_3= (Hz)	f_1= (Hz)	f_2= (Hz)	f_3= (Hz)	
		r_0											
		1											
		2											
		3											
		4											
		5											
		6											
		7											
		8											
		9											
		…											

测试______ 记录______ 校核______ 负责人______ ___年___月

附录C 波速测试记录表

C.0.1 当根据单孔法测试的结果确定压缩波与剪切波波速时，宜按附表C.0.1-1、C.0.1-2的格式整理。

C.0.2 当根据跨孔法测试的结果确定压缩波与剪切波波速时，宜按附表C.0.2-1、C.0.2-2的格式整理。

C.0.3 当根据面波法测试的结果确定瑞利波波速时，宜按附表C.0.3-1、C.0.3-2的格式整理。

面波法测试记录表

工程名称：________ **附录 C.0.3-1**

瑞利波波速 V_R(m/s) / 相位差(2πrad)	激振频率(Hz)							
	5	10	15	20	…	…	100	120
0.5								
1.0								
1.5								
2.0								
2.5								

测试______ 记录______ 校核______ 负责人 ______年___月

面波法测试的波速计算表 **附录 C.0.3-2**

参数名称	测试值或计算值
频率 f(Hz)	
波长 λ(m)	
波速 v_k(m/s)	
泊松比 v	
质量密度 ρ(t/m³)	
剪变模量 G_d(kPa)	
弹性模量 E_d(kPa)	

测试______ 计算______ 校核______ 负责人 ______年___月

单孔法测试记录表

工程名称：________　　测试孔编号：________

工程地点：________　　$L=$　　$H_0=$　　**附表 C.0.1-1**

深度(m)	地层名称	测试深度(m)	间距(m)	斜距校正系数 K	读时 T(ms)		T'(ms)		时差(ms)		波速(m/s)		时距曲线	波速分布图	备注
					T_P	T_S	T'_P	T'_S	$\Delta T'_P$	$\Delta T'_S$	V_P	V_S			

测试________　记录________　制图________　校核________　负责人________　____年____月

单孔法测试的波速计算表

附表 C.0.1-2

深度(m)	地层名称	测试深度(m)	波速(m/s)		波速分布图	备注
			V_p	V_s		

测试________　计算________　校核________　负责人________　____年____月

附表 C.0.2-1

跨孔法测试记录表

工程名称：____________

工程地点：____________　　测试孔排列方位：__________

深度(m)	土层名称	测斜后实际水平距离(m)			波的传播时间(ms)						波速值(m/s)						备注
					$Z-J_1$		$Z-J_2$		J_1-J_2		$Z-J_1$		$Z-J_2$		J_1-J_2		
		S_1	S_2	ΔS	T_P	T_S	T_P	T_S	T_P	T_S	V_P	V_S	V_P	V_S	V_P	V_S	

测试________　记录________　校核________　负责人________　____年____月

附表 C.0.2-2

跨孔法测试的波速计算表

深度(m)	地层名称	测试深度(m)	波速(m/s)		备注
			V_P	V_S	

测试________　计算________　制图________　校核________　负责人________　____年____月

附录 D　循环荷载板测试记录表

循环荷载板测试记录表

工程名称：________　　　　工程地点：________

________号荷载测试表　　　　测试深度：________

承压板面积：________(cm²)　　　　测试土层：________

附表 D

观测时间			间隔时间(min)	荷重(kPa)			下沉读数(mm)			下沉量(mm)		附注
日/月	时	分		本次加荷	累计荷重	单位面积荷重	左读数	右读数	平均读数	相对下沉 s	累计下沉 $\sum s$	

测试____　记录____　校核____　负责人____　____年____月

附录 E　振动三轴和共振柱测试记录表

E.0.1　当根据振动三轴测试的结果确定试样的动力参数时，宜按附表 E.0.1-1、E.0.1-2 的格式计算。

E.0.2　当根据共振柱测试的结果确定试样的动力参数时，宜按附表 E.0.2-1、E.0.2-2 的格式计算。

共振柱测试记录表(自由振动法)

工程编号：________　　　　**附录 E.0.2-2**

试样编号：________　试样高度：________(mm)　试样密度：________(g/cm³)

试样质量：________(g)　试样面积：________(cm²)　试样孔隙比：________

周围压力(kPa)	电荷输出电压(mV)	转动板转动惯量(kg·cm²)	系统标定系数	自振周期(s)					自振振幅(mm)					动剪切模量(kPa)	动剪应变(%)	阻尼比
σ_3		I_t	mV/cm/s²	T_1	T_2	T_3	T_4	平均	A_1	A_2	A_3	A_4	平均	G	r	λ

测试____计算____校核____负责人____　____年____月

振动三轴测试记录表(动模量与阻尼比测试)

工程编号:________ 附表 E.0.1-1

试样编号:			土的名称:
试样状态	固结前	固结后	固结条件
试样直径(mm)	d_s	d'_s	固结应力比:________
试样高度(mm)	h_s	h'_s	轴向应力:________(kPa)
试样面积(cm^2)	A_s	A'_s	侧向应力:________(kPa)
试样体积(cm^3)	V_S	V'_S	固结排水量:________(ml)
试样干密度(g/cm^3)	ρ_d	ρ'_d	固结变形量:________(mm)

输出电压(mV)	动应力				动应变				动孔隙水压力				动模量		阻尼比		
	衰减档	光点位移(cm)	标定系数(N/cm)	动应力 $\frac{10\times(2)\times(3)}{A_0}$ (kPa)	衰减档	光点位移(cm)	标定系数(cm/cm)	动应变 $\frac{(6)\times(7)}{h_0}\times100\%$ (%)	衰减档	光点位移(cm)	标定系数(kPa/cm)	动孔压 (11)×(10)(kPa)	动模量 $\frac{(4)}{(8)}$ (MPa)	$1/E_d$ $\frac{1}{(13)}$ (MPa^{-1})	滞回圈面积(cm^2)	三角形面积(cm^2)	阻尼比 $\frac{1}{\pi}\times\frac{(15)}{(16)}$
	(1)	(2)	(3)	(4)	(5)	(6)	(7)	(8)	(9)	(10)	(11)	(12)	(13)	(14)	(15)	(16)	(17)

测试________ 计算________ 校核________ 负责人________ ______年______月

振动三轴测试记录表(动强度与液化测试)

工程编号: 附表 E.0.1-2

试样编号:					土的名称:				
试样状态	固结前	固结后	应力状态		其它				
直径(mm)	d_s	d'_s	固结主应力比 K_c		饱和度 S_r			振动频率	(Hz)
高度(mm)	h_s	h'_s	有效大主应力 σ'_1	(kPa)	孔隙水压力系数 B			振动波形	
面积(cm^2)	A_s	A'_s	有效小主应力 σ'_3	(kPa)	仪器光点位移标定系数	动应力	(N/cm)	破坏标准	
体积(cm^3)	V_S	V'_S	起始孔隙水压力 μ_0	(kPa)		动变形	(cm/cm)	破坏振次	(次)
干密度(g/cm^3)	ρ_d	ρ'_d	设定动应力幅 σ_d	(kPa)		动孔压	(kPa/cm)	破坏孔压	(kPa)

振次(次)	动应力幅		轴向动变形		动孔隙压力		动应变(%)	试样面积(cm^2)	有效大主应力(kPa)	45°面上的初始应力		45°面上的动应力比 $R_f=\sigma_d/2\sigma'_0$	45°面上的动孔压比 U_d/σ'_0	潜在破裂面上的应力			地震总应力抗剪强度 τ_{fs} (kPa)
	光点位移(cm)	动应力 σ_d (kPa)	光点位移(cm)	动变形 ε_d (cm)	光点位移(cm)	动孔压 U_d (kPa)				$\sigma'_0=\frac{\sigma'_1+\sigma'_3}{2}$ (kPa)	$\tau_0=\frac{\sigma'_1-\sigma'_3}{2}$ (kPa)			σ'_{f0} (kPa)	τ_{f0} (kPa)	τ_{fd} (kPa)	
(1)	(2)	(3)	(4)	(5)	(6)	(7)	(8)	(9)	(10)	(11)	(12)	(13)	(14)	(15)	(16)	(17)	(18)

测试________ 计算________ 校核________ 负责人________ ____年____月

共振柱测试记录表(共振法)

工程编号:________ **附录 E.0.2-1**

试样编号: 土的名称: 周围压力: (kPa)

试样状态	固结前	固结后	固结过程		计算参数		
试样直径(mm)			时间(h)	排水管读数(ml)	转动惯量($kg\cdot cm^2$)	试样 J_s	
试样高度(mm)						试样顶端附加物 J_a	
试样面积(cm^2)					试样顶端附加物质量 m_a (g)		
试样体积(cm^3)					无量纲频率系数	F_t	
试样质量(g)						F_l	
试样含水量(%)					加速度计标定系数 β_1 ($mV/981cm/s^2$)		
干试样密度(g/cm^3)					加速度传感器到试样轴线距离 d_1: (cm)		

轴向共振							扭转共振							
测定次数	共振频率(Hz)	最大电压值(mV)	共振圆频率(rad/s)	轴向动变形(cm)	动应变$\times 10^{-4}$(%)	动弹性模量(kPa)	测定次数	共振频率(Hz)	最大电压值(mV)	共振圆频率(rad/s)	动位移(cm)	动剪应变(%)	动剪切模量(kPa)	阻尼比

测试______ 计算______ 校核______ 负责人______ ____年____月

附录F 本规范用词说明

F.0.1 为便于在执行本规范条文时区别对待,对要求严格程度不同的用词说明如下:

(1)表示很严格,非这样做不可的:

正面词采用“必须”;

反面词采用“严禁”;

(2)表示严格,在正常情况下均应这样做的:

正面词采用“应”;

反面词采用“不应”或“不得”。

(3)表示允许稍有选择,在条件许可时首先应这样做的:

正面词采用“宜”或“可”;

反面词采用“不宜”。

F.0.2 条文中指定应按其它有关标准、规范执行时,写法为“应符合……的规定”。非必须按指定的标准、规范或其它规定执行时,写法为“可参照……”。

附加说明

本规范主编单位、参加单位和主要起草人名单

主 编 单 位： 机械工业部设计研究院

参 加 单 位： 中国水利水电科学研究院
北京市勘察设计研究院
同济大学
机械工业部勘察研究院
中国航空工业勘察设计院

主要起草人： 李席珍 俞培基 吴学方 郝增志
吴成元 单志康 黄 进 张守华
霍志人 李 政

中华人民共和国国家标准

地基动力特性测试规范

GB/T 50269—97

条 文 说 明

制订说明

本规范是根据国家计委计综〔1986〕2630号文的要求，由机械工业部负责主编，具体由机械工业部设计研究院会同中国水利水电科学研究院、北京市勘察院、同济大学、机械工业部勘察研究院、中国航空工业勘察设计院共同编制而成，经建设部一九九七年九月十二日以建标〔1997〕281号文批准，并会同国家技术监督局联合发布。

在本规范的编制过程中，规范编制组进行了广泛的调查研究，认真总结我国的科研成果和工程实践经验，同时参考了有关国家的先进经验，并广泛征求了全国有关单位的意见，最后由建设部会同有关部门审查定稿。

鉴于本规范系初次编制，在执行过程中希望各单位结合工程实践和科学研究，认真总结经验，注意积累资料，如发现需要修改和补充之处，请将意见和有关资料寄交机械工业部设计研究院(北京西三环北路5号，邮政编码：100081)，并抄送机械工业部，以供今后修订时参考。

目　次

1 总 则

1.0.1 本规范为国内首次制订。为了使现场和室内的测试、分析、计算方法统一化，能提供符合实际的工程设计所需的地基动力特性参数，做到技术先进，确保质量，很需要有一本各种动力测试方法齐全的规范，以满足工程设计的需要，本规范就是为此目的而制订的。本规范总结了国内几十年以来在地基动力特性测试方面的经验，将国内已应用过的成熟的各种测试分析方法，基本上都编入了这本规范。有的方法是国外没有，国内首创。

1.0.2、1.0.3 地基动力特性参数，是机器基础振动和隔振设计以及在动荷载作用下各类建筑物、构筑物的动力反应及地基动力稳定性分析必需的资料。本规范适用于原位和室内确定天然地基（包括膨胀土、湿陷性黄土、残积土等各种特殊土）和人工地基（包括桩基、碎石桩、夯实土等人工加固的地基）动力特性的测试、分析方法。不同的工程，需用的测试方法和动力参数也不相同，如：用激振法测试和振动衰减测试的资料可计算地基刚度系数、阻尼比、参振质量和地基土能量吸收系数，主要应用于动力机器基础的振动设计、精密仪器仪表的隔振设计以及评估振动对周围环境的影响等；地脉动测试可确定场地土的卓越周期和振幅，可应用于工程抗震和隔振设计；波速测试主要用于场地土的类型划分、场地土层的地震反应分析，以及用波速计算泊松比、动弹性模量、动剪变模量，也可计算地基刚度系数；循环荷载板测试可计算地基的弹性模量、地基的刚度系数，一般可用于大型机床、水压机、高速公路、铁路等工程设计；振动三轴和共振柱测试可确定地基土的动模量、阻尼比、动强度等参数，可用于对建筑物和构筑物进行动力反应分析以及对地基土和边坡土进行动力稳定性分析。上述说明，相同类型的动力参数，可采用不同的测试、分析方法，因此应根据不同工程设计的实际需要，选择有关的测试、计算方法。如动力机器基础设计所需的动力参数，应优先选用激振法，因激振法与动力机器基础的振动是同一种振动类型，将试验基础实测计算的地基动力特性参数，径基底面积、基底静压力、基础埋深等的修正后，最符合设计基础的实际情况。另外，从国外有些国家的资料看，也有用弹性半空间的理论来计算机器基础的振动，其地基刚度系数则采用地基土的波速进行计算，这说明不同的计算理论体系需采用不同的测试方法和计算方法。对一些特殊重要的工程，尚应采用几种方法分别测试，以便综合分析、评价场地土层的动力特性。

3 基本规定

3.0.1 本条根据地基动力特性现场测试的需要，提出测试时所应具备的资料，其目的是在现场选择测点时，应避开这些干扰振源和地下管道、电缆等的影响。

3.0.2 为了做好测试工作，在测试前，应制订测试方案，将所需测的内容、方法、仪器布置、加载方法、测试目的和要求、数据处理方法等列出，以便顺利地进行测试，保质保量地满足工程设计的需要。当采用激振法测试时，尚应根据工程设计的要求，确定测试基础的数量、尺寸，并在每一个测试基础上，应有预埋螺栓或预留螺栓孔的位置图。

3.0.5 由于过去没有统一的测试规范，各单位写的测试报告内容五花八门，有的测试资料、测试成果也不齐全，既不便于设计使用，也不利于积累资料，因此本条规定了测试报告应包括的几部分内容，其中测试成果、分析意见、结论等内容随各章测试方法不同而各不相同，其内容均放在各章的一般规定内，原始资料一般可包括下列内容：

(1)任务来源、工程概况；

(2)测试场地的地质勘察资料；

(3)测试用的设备和仪器；

(4)测试内容及计算方法；

(5)振动三轴和共振柱测试尚应包括土试样的基本特性和取样情况，土试样的制备和饱和方法。

4 激振法测试

4.1 一般规定

4.1.1 本章适用于强迫振动和自由振动测试天然地基和人工地基的动力特性。由于天然地基和人工地基的测试方法，使用的设备和仪器，现场准备工作，数据处理等都完全相同，仅是块体基础和桩基础的尺寸不同，而块体基础适用于除桩基础以外的天然地基和人工地基上的测试。因此本章各条中提到的测试基础即包括块体基础和桩基础，地基动力参数即包括天然地基和人工地基的动力参数，如果仅提块体基础的动力参数，即表示除桩基外的人工地基和天然地基的动力参数。在数据处理时，块体基础和桩基础的幅频响应曲线处理方法相同，块体基础和桩基础的各向阻尼比计算方法相同。条文中各向阻尼比的计算，均包含块体基础和桩基础，基础在各个方向振动参振总质量的计算方法均包括块体基础和桩基础。由测试资料计算地基抗压刚度时，块体基础和桩基础的计算方法相同，只是计算抗压刚度系数时，两者才有区别，除桩基外的抗压刚度系数，由总的抗压刚度被基础底面积除，桩基则被桩数除。

4.1.2 地基动力参数是计算动力机器基础振动的关键数据，数据的选用是否符合实际，直接影响到基础设计的效果，而测试方法不同，则由测试资料计算的地基动力参数也不完全一致，因此测试方法的选择，应与设计基础的振动类型相符合，如设计周期性振动的机器基础，应在现场采用强迫振动测试。

4.1.5 明置基础的测试目的是为了获得基础下地基的动力参数，埋置基础的测试目的是为了获得埋置后对动力参数的提高效果。因为所有的机器基础都有一定的埋深，有了这两者的动力参数，就可进行机器基础的设计，因此测试基础应分别做明置和埋置两种情况的振动测试。基础四周回填土是否夯实，直接影响埋置作用对动力参数的提高效果，在作埋置基础的振动测试时，四周的回填土一定要分层夯实。

4.1.7 本条规定了测试结果的具体内容，特别是各种参数均以表格的形式整理计算和提供设计应用，既能一目了然，又便于今后积累资料。

4.2 设备和仪器

4.2.1 机械式激振设备的扰力可分为几档，测试时，其扰力一般皆能满足要求。由于块体基础水平回转耦合振动的固有频率及在软弱地基上的竖向振动固有频率一般均较低，因此要求激振设备的最低频率尽可能低，最好能在3Hz就可测得振动波形，至高不能超过5Hz，这样测出的完整的幅频响应共振曲线才能较好地满足数据处理的需要；而桩基础的竖向振动固有频率高，要求激振设备的最高工作频率尽可能的高，最好能达到60Hz以上，以便能测出桩基础的共振峰。电磁式激振设备的工作频率范围很宽，只是扰力太小时对桩基础的竖向振动激不起来，因此规定扰力不宜小于600N。

4.3 测试前的准备工作

4.3.1 本条规定了块体基础的尺寸和数量。块体数量最少2个，超过2个时可改变超过部分的基础面积而保持高度不变，获得底面积变化对动力参数的影响，或改变超过部分基础高度而保持底面积不变，获得基底应力变化对动力参数的影响。基础尺寸应保证扰力中心与基础重心在一垂线上，高度应保证地脚螺栓的锚固深度，又便于测试基础埋深对地基动力参数的影响。基础的高度太大，挖土或回填都增加许多劳动量，而高度太小，基础质量小，基础固有频率高，如激振器的扰频不高，就会给测共振峰带来困难，因此基础的高度既不能太大，也不能太小。条文中规定的尺寸对 $f_K=200kN/m^2$的粘土来说，基础的固有频率已超过 30Hz。机器基础的底面一般为矩形，为了使试验基础与设计基础的底面形状相类似，本条规定了采用矩形基础，且其长、宽、高均具有一定的比例。

4.3.2 桩基的刚度，不仅与桩的长度、截面大小和地基土的种类有关，还与桩的间距、桩的数量等有关。一般机器基础下的桩数，根据基底面积的大小，从几根到几十根，最多也有到一百多根的，而试验基础的桩数不能太多，根据以往试验的经验，一根桩（带桩台）的测试效果不理想，2 根、4 根桩（带桩台）的测试效果比较好，但 4 根桩的测试费用较大，因此本条文订的是 2 根桩。如现场有条件作桩数对比测试时，也可增加 4 根桩和 6 根桩的测试。由于桩基的固有频率比较高，桩台的高度应该比天然地基的基础高度大，否则固有频率太高，共振峰很难测出来。桩台边至桩轴的距离应等于桩间距的 1/2，桩台的长宽比应为 2∶1，规定的目的是为了使 2 根桩的测试资料计算的动力参数，在折算为单桩时，可将桩台划分为 1 根桩的单元体进行分析。但对于直径大于 400mm 的桩，桩台边至桩轴的距离与桩间距的比亦可小于 1/2，其目的为了减小桩台的面积，这样可根据现场实际条件有所选择。

4.3.3 由于地基的动力特性参数与土的性质有关，如果试验基础下的地基土与设计基础下的地基土不一致，测试资料计算的动力参数不能用于设计基础，因此试验基础的位置应选择在拟建基础附近相同的土层上。试验基础的基底标高，最好与拟建基础基底标高一致，但考虑到有的动力机器基础高度大，基底埋置深，如将小的试验基础也置于同一标高，现场施工与测试工作均有困难，因此规范条文中对此未作规定，就是为了给现场测试工作有灵活余地，可视基底标高的深浅以及基底土的性质确定。关键是要掌握好试验基础与拟建基础底面的土层结构相同。

4.3.5 基坑坑壁至试验基础侧面的距离应大于 500mm，其目的是为了在做基础的明置试验时，基础侧面四周的土压力不会影响到基础底面土的动力参数。在现场做测试准备工作时，不要把试坑挖得太大，即距离略大于 500mm。因为距离太大了，作埋置测试时，回填土的工作量大，应根据现场具体情况掌握好分寸。坑底应保持原状土，即挖坑时，不要将试验基础底面的原状土破坏，因为基底土是否遭到破坏，直接影响测试结果。坑底面应为水平面，因为只有水平面，基础浇灌后才能保持基础重心、底面形心和竖向激振力位于同一垂线上。

4.3.6 有的施工单位在浇注混凝土时，基础顶面做得特别粗糙，高低不平，以致激振器安装时，其底板与基础顶面接触不好，传感器也放不平稳，影响测试效果。因此，在试验基础图纸上，注明基础顶面的混凝土应随捣随抹平。

4.3.7 在现场作准备工作时，一定要注意基础上预埋螺栓或预留螺栓孔的位置。预埋螺栓的位置要严格按试验图纸上的要求，不能偏离，只要有一个螺栓偏离，激振器的底板就安装不进去。预埋螺栓的优点是与现浇基础一次做完，缺点是位置可能放不准，影响激振器的安装，因此在施工时，可采用定位模具以保证位置准确。预留螺栓孔的优点是，待激振器安装时，可对准底板螺孔放置螺栓，放好后再灌浆，缺点是与现浇基础不能一次做完。这两种方法选择哪一种，可根据现场条件确定。如为预留孔，则孔的面积不应小于 $100\times100mm^2$，孔太小了，灌浆不方便。螺栓的长度不小于 400mm，主要是为了保证在受动拉力时有足够的锚固力，不被拉出，具体加工时螺栓下端可制成弯钩或焊一块铁板，以增强锚固力。露出激振器底板上面的螺栓，其螺丝扣的高度，应足够能拧上两个螺母和一个弹簧垫圈。加弹簧垫圈和用两个螺母，目的是为了在整个激振测试过程中，螺栓不易被震松。在试验工作结束以前，螺栓的螺丝扣一定要保护好，以免碰坏。

4.4 测试方法

（Ⅰ）强迫振动

4.4.1 在振动测试过程中，地脚螺栓很容易被震松，一旦被震松后，所测的数据就不准。为避免地脚螺栓在测振过程中被震松，在测试前，应在地脚螺栓上放上弹簧垫圈，然后再用两个螺母将其拧紧，每测完一次，都必须检查一下螺母是否被震松，如在测试过程中有松动，则应将机器停下拧紧后重新测定，松动时测的资料作废。

4.4.2 采用电磁式激振设备作水平回转振动测试时，其扰力作用点应在沿水平轴线方向基础侧面的顶部，最好是沿长边、短边两个方向都进行测试，以便对比两个方向测试所得动力参数的差异。

4.4.4 于基础顶面两端布置竖向传感器是为了测基础回转时的振幅，以便计算基础的回转角，其间的距离 l_1 必须量准。

4.4.5 基础的扭转振动测试，过去国内外都很少做过，设计时所应用的动力参数均与竖向测试的地基动力参数挂钩，而竖向与扭转向的关系也是通过理论计算所得。为了能测试扭转振动，机械工业部设计研究院和第一设计院进行过多次的测试研究工作，设计研究院于90年代成功地做了扭转振动测试，共测试了十几个基础的扭转振动，测出了在扭转扰力矩作用下水平振幅随频率变化的幅频响应共振曲线。条文中传感器的布置方法，最容易判别其振动是否为扭转振动，如为扭转振动，则实测波形的相位相反（即相差180°），如为水平—回转耦合振动，则实测波形的相位相同，可检验激振器能否使基础产生扭转振动。因此在布置仪器时，一定要注意两台传感器本身相位是否相同。

4.4.6 在共振区以内（即 $0.75f_m \leqslant f \leqslant 1.25f_m$，$f_m$ 为共振频率），频率应尽可能测密一些，最好是0.5Hz左右。由于共振峰点很难测得，激振频率在峰点很易滑过去，不一定能稳住在峰点，因此只有尽量拍密一些，才易找到峰点，减少人为的误差。共振时的振幅不大于150μm，一是因为振幅大了，峰点更难测得；二是振幅太大，影响地基土的动力参数。周期性振动的机器基础，当 $f \geqslant 10$Hz时，其振幅都不会大于150μm。

（Ⅱ）自由振动

4.4.8 当铁球下落冲击基础后，基础产生有阻尼自由振动，第一个波的振幅最大，然后逐渐减小，振幅应取第一个波。为减小测试时高频波的影响及避免基础顶面被冲坏，测试时可在基础顶面中心处放一块稍厚的橡胶垫。竖向自由振动，有时会出现波形不好的情况，测试时应注意检查波形是否正常。

4.4.9 基础水平振动测试，可采用木锤敲击，敲击点在基础侧面轴线顶端，比较易于产生回转振动。敲击时，可以沿长轴线（与强迫振动时水平激振力的方向一致），也可沿短轴线敲击，可对比两者的参数相差多少，但提供设计用的参数，应与设计基础水平扰力的方向一致。

4.5 数据处理

数据处理有两点需说明如下：

(1)由于块体基础和桩基础的数据处理方法相同，因此本节条文中的计算均包括块体基础和桩基础，仅是有区别之处才分别列出；

(2)为了简化参数的符号，条文中对变扰力和常扰力均采用相同符号，计算时，只需将各自测试的幅频响应共振曲线选取的值代入各自的计算公式中进行计算。

（Ⅰ）强迫振动

4.5.3 由 A_z-f 幅频响应曲线计算的地基竖向动力参数，其计算值与选取的点有关，在曲线上选不同的点，计算所得的参数不同。为了统一，除选取共振峰点外，尚应在曲线上选取三点，计算平均阻尼比 ζ_z 及相应的 K_z 和 m_z，这样计算的结果，差别不会太大，这种计算方法，必须要把共振峰峰点测准；$0.85f_m$ 以上的点不取，是因为这种计算方法对试验数据的精度要求较高，略有误差，就会使计算结果产生较大差异；另外，低频段的频率也不宜取得太低，频率太低时，振幅很小，受干扰波的影响，量波的误差较大，使计算的误差大。在实测的共振曲线上，有时会出现小“鼓包”，取用“鼓包”上的数据，则会使计算结果产生较大的误差，因此要根据不同的实测曲线，合理地采集数据。根据过去大量测试资料数据处理的经验，应按下列原则采集数据：

(1)对出现“鼓包”的共振曲线，“鼓包”上的数据不取；

(2)$0.85f_m<f<f_m$ 区段内的数据不取；

(3)低频段的频率选择，不宜取得太低，应取波形好的，量波误差小的频率。

有的试验基础，如桩基，因固有频率高，而机械式激振器的扰频低于试验基础的固有频率而无法测出共振峰值时，可采用低频区段求刚度的方法计算。但这种计算方法必须要测出扰力与位移之间的相位角，其计算方法为(图1)：

$$m_z=\frac{\frac{P_1}{A_1}\cos\varphi_1-\frac{P_2}{A_2}\cos\varphi_2}{\omega_2^2-\omega_1^2} \tag{1}$$

$$K_z=\frac{P_1}{A_1}\cos\varphi_1+m_z\omega_1^2 \tag{2}$$

$$\zeta_1=\frac{\mathrm{tg}\Phi_1(1-\frac{\omega_1}{\omega_z})^2}{2\frac{\omega_1}{\omega_z}} \tag{3}$$

$$\zeta_2=\frac{\mathrm{tg}\Phi_2[1-(\frac{\omega_2}{\omega_z})^2]}{2\frac{\omega_2}{\omega_z}} \tag{4}$$

$$\zeta_z=\frac{\zeta_1+\zeta_2}{2} \tag{5}$$

$$\omega_z=\sqrt{\frac{K_z}{m_z}} \tag{6}$$

式中 P_1——激振频率为 f_1 时的扰力(N)；

P_2——激振频率为 f_2 时的扰力(N)；

A_1——激振频率为 f_1 时的振幅(μm)；

A_2——激振频率为 f_2 时的振幅(μm)；

Φ_1——激振频率为 f_1 时扰力与位移之间的相位角，由测试确定；

Φ_2——激振频率为 f_2 时的扰力与位移之间的相位角，由测试确定。

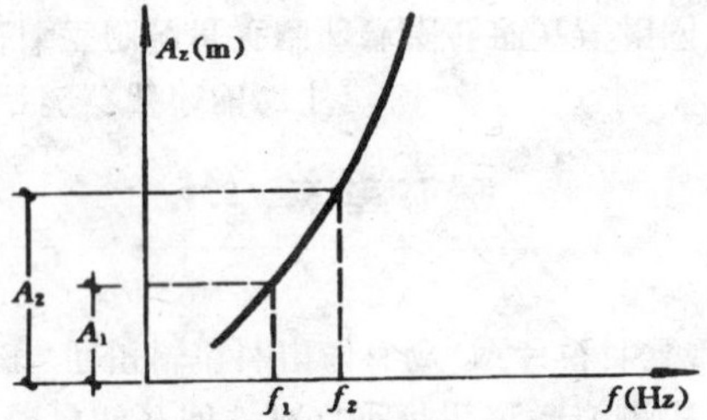

图1 共振峰未测得的 A_z-f 曲线

4.5.6、4.5.10 由于水平回转耦合振动和扭转振动的共振频率一般都在十几赫兹左右，低频段波形较好的频率大约在8Hz左右，而 $0.85f_1$ 以上的点不能取，则共振曲线上剩下可选用的点就不多了，因此，水平回转耦合振动和扭转振动资料的分析方法与竖向振动不一样，不需要取三个以上的点，而只取共振峰峰点频率 f_{m1} 及相应的水平振幅 A_{m1} 和另一频率为 $0.707f_{m1}$ 点的频率和水平振幅 A 代入公式(4.5.6-1)、(4.5.6-2)、(4.5.10)计算阻尼比 $\zeta_{x\varphi1}$、ζ_ψ，而且选择这一点计算的阻尼比与选择几点计算的平均阻尼比很接近。

（Ⅰ）自由振动

4.5.13 一般有条件做强迫振动试验的工程，都应在现场做强迫振动试验，没有条件时，才仅做自由振动试验。原因是竖向自由振动试验阻尼较大时，特别是有埋置的情况，实测得的自由振动波数少，很快就衰减了，从波形上测得的固有频率值以及由振幅计算的阻尼比都不如强迫振动试验测得的准确。当然，基础固有频率比较高时，强迫振动试验测不出共振峰的情况也会有的。因此有条件时，两种试验都做，可以相互补充。计算固有频率时，应从记录波形的 1/4 波长后面部分取值，因第一个 1/4 波长受冲击的影响，不能代表基础的固有频率。

4.5.16、4.5.17 由于基础水平回转耦合振动测试的阻尼比，较竖向振动的阻尼比小，实测的自由振动衰减波形比较好，从波形上量得的固有频率与强迫振动试验实测的固有频率基本一样。其缺点是：不象竖向振动那样，可以计算出总的参振质量 m_z（包括土的参振质量，而 K_z 也包括了土的参振质量），只能用试验基础的质量计算 K_x、K_φ。由于水平回转耦合自由振动实测资料不能计算土的参振质量，因此在提供给设计人员使用的实测资料时，一定要写明那些刚度系数 C_z、C_x、C_φ、C_ψ 中包含了土的参振质量影响。用这些刚度系数计算基础的固有频率时，也必须将土的参振质量加到基础的质量中。如果刚度系数中不包含土的参振质量，也必须写明设计时不考虑土的参振质量。

4.6 地基动力参数的换算

4.6.1 由于地基动力参数值与基础底面积大小、基础高度、基底应力、基础埋深等有关，而试验基础与设计的动力机器基础在这些方面都不可能相同。因此，由试验基础实测计算的地基动力参数应用于机器基础的振动和隔振设计时，必须进行相应的换算后，才能提供给设计应用。

4.6.2 基础四周的填土能提高地基刚度系数，并随基础埋深比的增大而增加，因此，必须将试验基础的埋深比换算至设计基础的埋深比，进行修正后的地基刚度系数，才能用于设计有埋置的动力机器基础。桩基的抗剪、抗扭刚度系数 C_x、C_ψ 值，除与桩的材料、截面积和桩数有关外，主要取决于基底下的地基土抗剪、抗扭刚度系数，因此，提供给设计应用时的换算方法可与试验块体基础的相同。

4.6.3 基础下地基的阻尼比随基底面积的增大而增加，并随基底下静压力的增大而减小，因此，由试验资料计算的阻尼比用于设计动力机器基础时，必须将测试基础的质量比换算为设计基础的质量比后才能用于机器基础的设计。

4.6.4 基础四周的填土能提高地基的阻尼比，并随基础埋深比的增大而增加，因此，必须将试验基础的埋深比换算至设计基础的埋深比，进行修正后的阻尼比，才能用于设计有埋置的动力机器基础。

4.6.5 基础振动时地基土参振质量值，与基础底面积的大小有关，因此，由试验块体基础和桩基础在明置时实测幅频响应曲线计算的地基参振质量，应换算为设计基础的底面积后才能应用于设计。

4.6.6 由于桩基的刚度 K_{zh}，与试验时的桩数有关，根据 2 根桩桩基实测幅频响应曲线计算的 1 根桩的抗压刚度 k_{zp} 与 4 根桩桩基础测试资料计算的 1 根桩的 k_{zp} 相比，前者为后者的 1.3 倍，与 6 根桩桩基础测试资料计算的 k_{zp} 相比，为 1.36 倍。桩数再增加时，其变化逐渐减小，作测试桩基础的桩数规定为 2 根桩，根据工程需要，也可能做 2 根桩和 4 根桩的桩基础振动测试。因此本条规定由 2 根或 4 根桩的桩基础测试资料计算的 k_{zp} 值，应分别乘以群桩效应系数 0.75 或 0.9 后，才能提供给设计群桩基础应用。

5 振动衰减测试

5.1 一 般 规 定

5.1.2 由于生产工艺的需要，在一个车间内同时设置有低转速和高转速的动力机器基础。一般低转速机器的扰力较大，基础振幅也较大，而高转速基础的振幅控制很严，因此设计中需要计算低转速机器基础的振动对高粘速机器基础的影响，计算值是否符合实际，还与这个车间的地基土能量吸收系数 α 有关，因此，事先应在现场做基础强迫振动试验，实测振动波在地基中的衰减，以便根据振幅随距离的衰减，计算 α 值，提供设计应用。设计人员应按设计基础间的距离，选用 α 值，以计算低转速机器基础振动对高转速机器基础的影响。

振动能影响精密仪器、仪表的测量精度，也影响精密设备的加工精度。如果其周围有振源，应测定其影响大小，当其影响超过允许值时，必须对设计的精密仪器、仪表、设备等采取隔振或其它有效措施。

5.1.3 利用已投产的锻锤、落锤、冲压机、压缩机基础的振动，作为振源进行衰减测定，是最符合设计基础的实际情况的。因振源在地基土中的衰减与很多因素有关，不仅与地基土的种类和物理状态有关，而且与基础的面积、埋置深度、基底应力等有关，与振源是周期性还是冲击性、是高频还是低频等多种因素有关，而设计基础与上述这些因素比较接近，用这些实测资料计算的 α 值，反过来再用于设计基础，与实际就比较符合。因此，在有条件的地方，应尽可能利用现有投产的动力机器基础进行测定，只是在没有条件的情况下才现浇一个基础，采用机械式激振设备作为振源。如果设计的基础受非动力机器振动的影响，也可利用现场附近的其它振源，如公路交通、铁路等的振动。

5.1.4 由于振波的衰减，与基础的明置和埋置有关，一般明置基础，按实测振波衰减计算的 α 值大，即衰减快，而埋置基础，按实测振波衰减计算的 α 值小，衰减慢。特别是水平回转耦合振动，明置基础底面的水平振幅比顶面水平振幅小很多，这是由于明置基础的回转振动较大所致。明置基础的振波是通过基底振动大小向周围传播，衰减快，如果均用测试基础顶面的振幅计算 α 值时，明置基础的 α 值则要大得多，用此 α 值计算设计基础的振动衰减时偏于不安全。因设计基础均有埋置，故应在测试基础有埋置时测定。

5.2 测 试 方 法

5.2.1 由于传感器放在浮砂地、草地和松软的地层上时，影响测量数据的准确性，因此在选择放传感器的测点时，应避开这些地方。如无法避开，则应将草铲除、整平，将松散土层夯实。

5.2.2 由于振动沿地面的衰减与振源机器的扰力频率有关，一般高频衰减快，低频衰减慢，因此，测试基础的激振频率应选择与设计基础的机器扰力频率相一致。另外，为了积累扰力频率不相同时测试的振动衰减资料，尚应做各种不同激振频率的振动衰减测试。

5.2.3 由于地基振动衰减的计算公式是建立在地基为弹性半空间无限体这一假定上的，而实际情况不完全如此。振源的方向不同，测的结果也不相同，因此，在实测试验基础的振动，在地基中的衰减时，传感器置于测试基础的方向，应与设计基础所需测的方向相同。

5.2.4 由于近距离衰减快，远距离衰减慢，一般在离振源距离10m 以内的范围，地面振幅随离振源距离增加而减小得快，因此，传感器的布点，应布密一些。如在5m 以内，应每隔 1m 布置 1 台传感器，5～15m 范围内，每隔 2m 布置 1 台传感器，15m 以外，每隔 5m 布置 1 台传感器。亦可根据设计基础的实际需要，布置传感器的距离。

5.2.6 关于各种不同振源处的振幅测试，传感器测点的布置位置，各个单位在测试时都不相同，由于测点位置不同，测试结果也不同。本条对各种不同振源规定了传感器放的测点位置，其目的是为各单位测定时有统一的规定。

5.3 数据处理

5.3.2、5.3.3 对同一种土、同一个振源计算的 α 值随距离的变化，从图 2 中可以看出，α 不是一个定值。由于近振源处(约 2～3 倍基础边长)，振动衰减很快，计算的 α 值很大，到一定距离后(图 2 中为 15m 以后)，α 值比较稳定，趋向一个变化不大的值，不管用哪个公式计算都是这个规律。因此，如果用一个平均的 α 值计算不同距离的振幅，则得出在近距离内的计算振幅比实际振幅大，而在远距离的计算振幅比实际的小，这样计算的结果都不符合实际。试验中应按照实测资料计算出 α 随 r 的变化曲线，提供给设计应用，由设计人员根据设计基础离振源的距离选用 α 值。在计算 α 值前，应先将各种激振频率作用下测试的地面振幅随离振源距离远近而变化的关系绘制成各种曲线图。由曲线图即可发现测试的资料是否有规律，一般在近距离范围内，振幅衰减快，远距离振幅衰减慢。

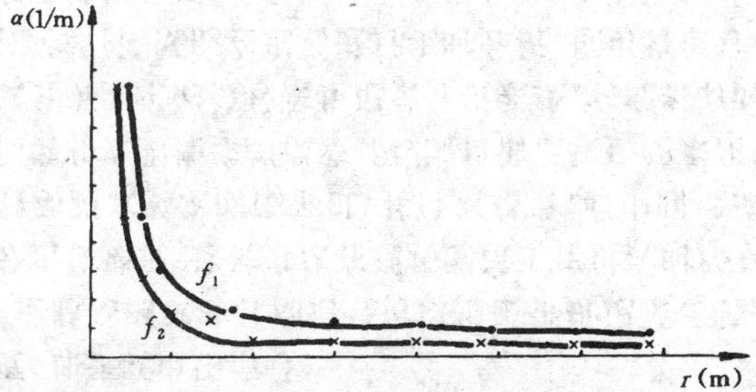

图 2　α 随 r 的变化曲线

6 地脉动测试

6.1 一般规定

6.1.1 地脉动有长周期与短周期之分。周期大于 1.0s 的称为长周期，本规范涉及的地脉动周期在 0.1～1.0s 范围内，属于短周期地脉动。

地脉动是由气象变化、潮汐、海浪等自然力和交通运输、动力机器等人为扰力引起的波动，经地层多重反射和折射，由四面八方传播到测试点的多维波群随机集合而成。随时间作不规则的随机振动，其振幅为小于几微米的微弱振动。它具有平稳随机过程的特性，即地脉动信号的频率特性不随时间的改变而有明显的不同，它主要反映场地地基土层结构的动力特性。因此，它可以用随机过程样本函数集合的平均值来描述，如富氏谱、功率谱等。

6.1.2 测试结果中的数据处理，为了避免频谱分析中的频率混淆现象，事前应对分析数据进行加窗函数处理，如哈明窗、汉宁窗、滑动指数窗。

6.2 设备和仪器

6.2.1 地脉动的周期为 0.1～1.0s，振幅一般在 3μm 以下，因此要求地脉动测试系统灵敏度高、低频特性好、工作稳定可靠；信号分析系统应具有低通滤波、加窗函数以及常用的时域和频域分析软件。

6.2.2 用地基动力参数测试中常用的电动式速度传感器进行脉动测试虽然经济方便，但在钻孔内进行地脉动测试时，这种速度型传感器固有频率很难做到 1.0Hz，而且体积较大，不得不放宽要求。近几年来已经逐步采用加速度传感器来进行地脉动测试，它的工作频带可达 0～60Hz，体积小，容易密封，可以直接测到场地脉动的速度，加速度电压信号。

6.2.4 地脉动测试的脉动信号可以用磁带机记录，到室内回放，用信号分析仪处理，这种方法在现场测试工作量大时经常采用。但要满足脉动测试要求的磁带机，其价格昂贵，而中间增加的环节，易带来仪器和人为操作的误差。因此，目前已较广泛采用能满足地脉动测试分析要求的信号采集记录分析系统。它配备有时域、频域分析的各种软件，既能在现场进行实时分析，也可将信号记录在软盘中到室内进行分析。

6.2.5 测试仪器标定是指传感器、适调放大器、信号采集记录分析系统在振动台上每年标定一次。平时在地脉动测试前，可分别对每件仪器进行检查或用超低频信号发生器和毫伏表简易标定。

6.3 测试方法

6.3.1 每个建筑场地的地脉动测点，不应少于 2 个。当同一建筑场地有不同的地质地貌单元，其地层结构不同，地脉动的频谱特征也有差异，此时可适当增加测点数量。

6.3.2 测点选择是否合适，直接影响地脉动测试的精确程度。如果测点选择不好，微弱的脉动信号有可能淹没于周围环境的干扰信号之中，给地脉动信号的数据处理带来困难。

6.3.3 建筑场地钻孔波速测试和地脉动测试，虽然目的和方法有别，但它们都与地层覆盖层的厚度及地层的土性有关，其地层的剪切波速 V_S 与场地的卓越周期 T_0 必然有内在的联系。地脉动观测点布置于波速孔附近，正是为了积累资料、探索其内在的联系。

测点三个传感器的布置是考虑到有些场地的地层具有方向性。如第四系冲洪积地层不同的方向有差异；基岩的构造断裂也具有方向性。因此，要求沿东西、南北、竖向三个方向布置传感器。

6.3.4 不同土工构筑物的基础埋深和形式不同，应根据实际工程需要、布置地下脉动观测点的深度；在城市地脉动观测时，交通运输等人为干扰 24h 不断，地面振动干扰大，但它随深度衰减很快，一般也需在一定深度的钻孔内进行测试。

通常远处震源的脉动信号是通过基岩传播反射到地层表面的，通过地面与地下脉动的测试，不仅可以了解脉动频谱的性状，还可了解场地脉动信号竖向分布情况和场地土层对脉动信号的放大和吸收作用。

6.3.5 本规范规定的脉动信号频率在 1～10Hz 范围内，按照采样定理，采样频率大于 20Hz 即可，但实际工作中，最低采样频率常取分析上限频率的 3～5 倍。然而，采样频率太高，脉动信号的频率分辨率降低，影响卓越周期的分析精度。条文中提出采样频率宜为 50～100Hz，就考虑了脉动时域波形和谱图中的频率分辨率。

6.4 数据处理

6.4.1 为了减少频谱分析中的频率混迭现象，事先应对分析数据进行窗函数处理，对脉动信号一般加滑动指数窗，哈明窗、汉宁窗较为合适。

脉动信号的性质可用随机过程样本函数集合的平均值来描述，即脉动信号的卓越频率应是多次频域平均的结果。从数理统计与测试分析系统的计算机内存考虑，经 32 次频域平均已基本上能满足要求。

6.4.3 脉动信号频谱图一般为一个突出谱峰形状，卓越周期只有一个；如地层为多层结构时，谱图有多阶谱峰形状，通常不超过三阶，卓越周期可按峰值大小分别提出；对频谱图中无明显峰值的宽频带，可按电学中的半功率点确定其范围。

6.4.4 脉动幅值应取实测脉动信号的最大幅值。这里所指的幅值，可以是位移、速度，加速度幅，可以根据测试仪器和工程的需要确定。

7 波速测试

近年来由于抗震设计、动力机器基础和工程勘察等方面的需要，原位测试地震波速（压缩波速、剪切波速，特别是后者）的工作在我国得到了较大发展。目前，我国已能为波速测试工作提供仪器设备，我国广大技术人员已积累了丰富经验。本章就是在这基础上制定的。

7.1 一般规定

7.1.1 适用于测波速的方法较多，本章只涉及单孔法、跨孔法及表面波速法。其它的方法，如有关折射波法的工作方法，可在地震勘探的规范中找到。目前，因受振源条件及工作条件的限制，单孔法及跨孔法一般只用于测定深度150m以内土层的波速。

单孔法的特点是只用一个试验孔，在地面打击木板产生向下传播的波，其介质的质点振动方向垂直入射面的剪切波（SH波）。测出它到达位于不同深度的水平向传感器的时间，就能定出它在垂直地层方向的传播速度。

跨孔法的特点是多个试验孔，振源产生水平方向传播的波，其介质质点振动方向在入射面内的剪切波（SV波）。测出它到达位于各接收孔中与振源同标高的垂直向传感器的时间，可得到剪切波在地层中水平方向传播的速度。

面波法的特点是在地面求瑞利波的速度，再利用瑞利波速与剪切波速的关系求出剪切波速。

7.2 设备和仪器

7.2.1 压缩波振源可用锤击、爆炸振源、电火花振源等。

对于剪切波振源，首先希望它在测线方向产生足够能量的剪切波；其次希望能通过相反方向的激发产生极性相反的二组剪切波，以便于确定剪切波的初至时间。

单孔法目前普遍用板式剪切波振源，其优点是简便易行，能得到两组SH波，缺点是能量有限，目前国内能测的深度为100m左右。

跨孔法目前较理想的振源是剪切波锤，这是一种能在孔内某一预定位置产生质点为上下方向振动的剪切波的设备，它的优点为：能产生极性相反的两组剪切波，可比较准确地确定波到达接收孔的初至时间，能在孔中反复测试。缺点为：要在振源孔下套管，并在套管与孔壁间隙灌注膨润土与水泥的混合浆液，花费较大，它所激发的能量较小。孔深时，由于连接锤的多条管线易缠绕，往往影响锤击效果。

如无剪切波锤，可借用标准贯入试验装置，在地面垂直打击连接标准贯入器的钻杆，即可在孔底产生剪切波。它的优点是易操作，在振源孔钻孔过程中即可进行试验；缺点是不容易得到反向的剪切波，在振源孔钻完后就无法再作检查。

近期有人利用电火花振源同时取得P波及S波，利用这种振源往往较易得到P波的初至时间，确定S波的到达时间较难。

7.2.2 单孔法及跨孔法应用三分量井下传感器，即在一密封、坚固的圆筒内安置3个互相垂直的传感器，其中1个是竖向的，2个是水平向的，水平向传感器应性能一致。目前，所用的是动圈型磁电式速度传感器（又称检波器），其特点是：只有当所需测的振动的频率大于传感器固有频率时，传感器所测得的振动的幅值畸变及相位畸变才能小。结合我国目前使用的传感器的规格，规定传感器的固有频率宜小于所测地震波主频的1/2。在用单孔法时，当所测深度很大时，地震波主频可能较低，此时宜采用固有频率较低的传感器。

在工作时，传感器外壳应与孔壁紧密接触，一般外壳附上气囊,用尼龙管(或加固聚乙烯管)连到地面,通过打气使气囊膨胀,将传感器压紧在孔壁上。也可用其它设备如弹簧、水囊等将传感器固定在孔壁上。

7.2.4 在振源激发地震波的同时,触发器送出一个信号给地震仪,启动地震仪记录地震波。

触发器的种类很多,有晶体管开关电路,机械式弹簧接触片,也有用速度传感器。

触发器的触发时间相对于实际激发时间总是有延迟的,延迟时间的多少视触发器的性能而不同。即使同一类触发器,延迟时间也可能不同,要求延迟时间尽量小,尤其要稳定。

用单孔法时,延迟时间对求第一层地层的波速值有影响,其它各层的波速虽然是用时间差计算的,但由于不是同一次激发的,如果延迟时间不稳定,则对计算波速值仍有影响。此外,如在同一孔工作过程中换用触发器,为避免由于前后两触发器延迟时间的不同造成误差,可以用后一触发器重复测试前几个测点的方法解决。

7.2.6 面波法测试所需用的测试仪器及设备均与激振法相同,故不详列。

7.3 测试方法

(Ⅰ)单孔法

7.3.1 单孔法按传感器的位置可分为下孔法及上孔法。传感器在孔下者为下孔法,反之为上孔法。测剪切波速时,一般用下孔法,此时用击板法能产生较纯的剪切波,压缩波的干扰小。上孔法的振源(炸药、电火花)在孔下,传感器在地面,此时振源产生压缩波和剪切波。用这种方法辨认压缩波比较容易,而辨认剪切波及确定其到达传感器的时间就不容易了。在井下能产生SH波的装置,目前在我国还不多。

本章只叙述下孔法。

单孔法测试的现场准备工作比较简单,在实际工作中经常遇到的问题是地表条件不好和钻孔易塌、缩孔。在城区工作时、现场经常有管道、坑道等地下构筑物,地表还有大量碎石、砖瓦、房渣土等不均匀地层,都不利于激发较纯的剪切波。因此,在工作前应了解现场情况,使测试孔离开地下构筑物,并用挖坑放置木板的方法避开地下管道及地表不均匀层,减少它们的影响。

当钻孔必须下套管时,必须使套管壁与孔壁紧密接触。

一般情况下,根据现场条件确定木板离测试孔的距离 L。虽然击板法能产生较纯的剪切波,但也会有少量压缩波产生,当木板离孔太近时,往往在浅处收到的剪切波由于和前面的压缩波挨得太近,而不能很好地定出其初至时间。

另一方面,当第一层土下有高速层时,则按斯奈尔定律,当入射角为临界角时,会在界面上产生折射波,如 L 值过大,则往往会先收到折射波的初至,从而在求波速值时出错。因此,在确定 L 值时应注意工程地质条件。

(Ⅱ)跨孔法

7.3.4 跨孔法测试最初是用两个试验孔,一个振源孔,一个接收孔。这种方法的缺点是:不能消除因触发器的延迟所引起的计时误差,当套管周围填料与土层性质不一致时,会导致传播时间有误差;当用标准贯入器作振源时,因为是在地面敲击钻杆,在计算波速时还应考虑地震波在钻杆内传播的时间。

目前,主张用3～4个试验孔,排成一直线。当用3个试验孔时,以端点一个孔作为振源孔,其余2个孔为接收孔。在地层不均匀及进行复测时,还可以用另一端的孔作为振源孔进行测试。

孔间距离的确定受地质情况及仪器精度的限制。我们所需测的是直达波到达接收点的初至时间,但当所要观测的地层上下有高速层时,就可能产生折射波。在离振源距离大于临界距离时,折射波会比直达波先到达接收点,这时所接收到的就是折射波的初至,按这个时间计算出的波速将比实际地层波速值高。因此,孔间距离不应大于临界距离(见图3),计算临界距离的公式为:

$$X_c=\frac{2\cos i\cos\Phi}{1-\sin(i+\Phi)}\cdot H \qquad (7)$$

式中 X_c ——临界距离(m)；

H ——沿钻孔方向振源至高速层的距离(m)；

i ——临界角(°)$i=\arcsin(v_1/v_2)$；

v_1 ——低速层波速(m/s)；

v_2 ——高速层波速(m/s)；

Φ ——地层界面倾角(°)以顺时针方向为正。

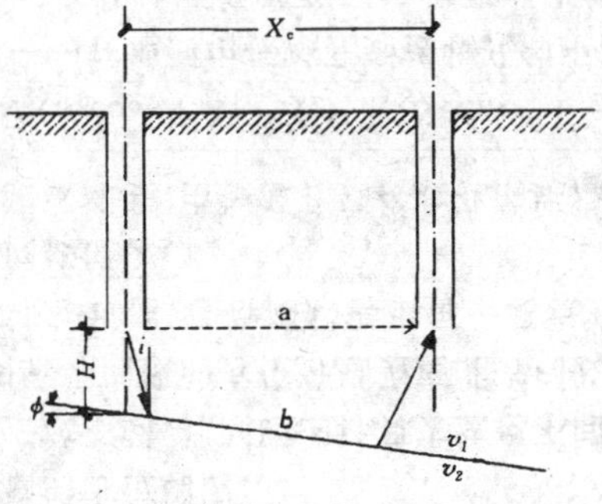

图 3 直达波与折射波传播途径

a——直达波传播途径；b——折射波传播途径

计算的 X_c/H 值见表 1。

X_c/H 值的计算 **表 1**

φ \ v_1/v_2 (X_c/H)	0.1	0.2	0.3	0.4	0.45	0.5	0.55	0.6	0.65	0.7	0.75	0.8	0.85	0.9	0.95
0°	2.21	2.45	2.73	3.06	3.25	3.46	3.71	4.00	4.34	4.76	5.29	6.00	7.02	8.72	12.49
10°	2.69	3.05	3.49	4.04	4.38	4.78	5.25	5.83	6.57	7.54	8.89	10.95	14.52	22.60	
20°	3.31	3.86	4.58	5.54	6.18	6.96	7.95	9.25	11.05	13.70	18.01	26.20	46.94		
30°	4.14	5.04	6.28	8.13	9.44	11.30	13.63	17.24	23.04	33.69	57.97				

另外，孔间距离太小，则所观测的由两振源到接收孔的地震波传播时间太小。目前，我国所用仪器的时间分辨率仅 0.2～1.0ms，时间差太小，相对误差会增大，从而降低测试精度。

建议当地层为土层时(剪切波速度一般小于 500m/s)；孔间距采用 2～5m，当地层为岩层时，应增大孔距。在岩层中有的单位利用爆炸、电火花等作为振源，在考虑孔距时，应顾及能清楚分辨压缩波和剪切波而适当加大距离。

7.3.6 跨孔法测试的试验孔一般需下套管，尤其当振源为剪切波锤时，因需用力将剪切波锤固定于孔壁，更需如此。当采用塑料套管时，套管和孔壁的间隙应灌浆或充填砂砾以保证波的传播。当地层为粘性土、砂砾石时，灌浆可以用膨润土、水泥与水按 1∶1∶6.25 的比例搅拌成的混合液。

灌浆时应自下而上用泥浆泵压入水泥浆，以求把井液全部排除，并注意勿使水泥浆进入套管内。有多种灌浆办法，例如，当孔径较大时，可在下套管的同时就下灌浆管(直径 2cm 左右的塑料管)，并把套管底部堵死，在套管内灌水以抵销井液的浮力，便于下管。然后，用泥浆泵把水泥浆压入底部，使水泥浆自下而上填满间隙即可。待水泥浆凝固后方可测试。

7.3.8 采用一次成孔法是在振源孔及接收孔都准备完后，将剪切波锤及传感器分别放入振源孔及接收孔中的预定深度处，并固定于孔壁，再进行测试。可自下而上完成全部测试工作。

分段测试法是振源孔钻到预定深度，将标准贯入器放到孔底，传感器放入接收孔中同一深度进行测试，一次测毕。需加深振源孔至下一预定深度，再重复上述步骤，从上到下依次测试。

7.3.9 当用跨孔法测试的深度超过 15m 时，为了得到在每一测试深度的孔间距的准确数据，应进行测斜工作，因钻孔很难保持竖直，只要一个孔有 1°偏差，在 15m 时就会有 0.262m 的偏移，孔间距(以 4m 计)的误差就会达到 6.5%。

由于测斜工作比较复杂，且需精密仪器，一般单位并不具备，因此本条规定只限于深度大于 15m 的孔需测斜，但在钻孔较浅时应特别注意保持孔的竖直。

测斜工作对测斜仪的精度要求比较高。假如两接收孔在地面的间距为 4.0m，它们各自向外侧偏斜 0.1°，则在深 50m 处，两孔间实际距离为 4.17m，这时如仍按 4.0m 计算波速，则相对误差可达 4.08%，为使由于孔斜引起的误差小于 5%，要求测斜仪的灵敏度不小于 0.1°。

目前，比较通行的精度较高的测斜仪为伺服加速度式测斜仪（我国有多个厂家生产），它的系统总精度为每 25m 允许偏差为 ±6mm，相当于 0.014°。使用这种测斜仪时，需在孔内放置具有两对互成 90°导向槽的测斜管，测斜仪沿导向槽滑动进行测量，孔斜的方位由导向槽的方位确定。

测斜管的安放不同，孔间距的计算方法也不同。

(1)使测斜管导向槽的方位分别为南北方向及东西方向，以北向为 X 轴，东向为 Y 轴，进行测斜得出每一测点在北向和东向相对于地面孔的偏移值 X、Y。

则在某一测试深度，由振源孔到接收孔的距离为：

$$S=\sqrt{(S_0\cos\varphi+X_j-X_z)^2+(S_0\sin\varphi+Y_j-Y_z)^2} \tag{8}$$

式中 S_0 —— 在地面由振源孔到接收孔的距离(m)；

φ —— 从地面振源孔到接收孔的连线相对于北向的角度(°)；

X_j、Y_j —— 在接收孔该深度 X 和 Y 方向的偏移(m)；

X_z、Y_z —— 在振源孔该深度 X 和 Y 方向的偏移(m)。

(2)使测斜管一组导向槽的方位与测线(振源孔与接收孔的连线)一致，定为 X 轴，另一组导向槽的方位为 Y 轴。则振源孔和接收孔在某测试深度处的距离为：

$$S=\sqrt{(S_0+X_j-X_z)^2+(Y_j-Y_z)^2} \tag{9}$$

上述两方法中，第一种方法具有普遍意义，第二种方法则比较方便。

国内其它类型高精度测斜仪，只要能满足本规范的要求，均可使用。

(Ⅲ)面 波 法

7.3.12 瑞利波在地表面的传播具有下列特性：

(1)试验基础作竖向激振产生 P 波、S 波、R 波，其中 R 波占全部能量的 2/3；

(2)瑞利波在土中传播速度与剪切波速度相接近，其差值与泊松比有关；

(3)瑞利波的衰减是相对震源距离 r，以 $1/\sqrt{r}$ 的比例衰减，较 S 波衰减慢，故可利用地表面进行测试，不需钻孔；

(4)瑞利波的传播范围相当于一个波长 L_R 深度领域，其所反应的地基弹性性质，可考虑为 $L_R/2$ 深度范围内平均值。

7.4 数 据 处 理

(Ⅰ)单 孔 法

7.4.2 在单孔法的资料整理过程中，由于木板离试验孔有一定距离 L，因此产生两个问题：

其一，如果靠近地表的地层为低速层，下有高速层就会产生折射波，如图 4 所示。

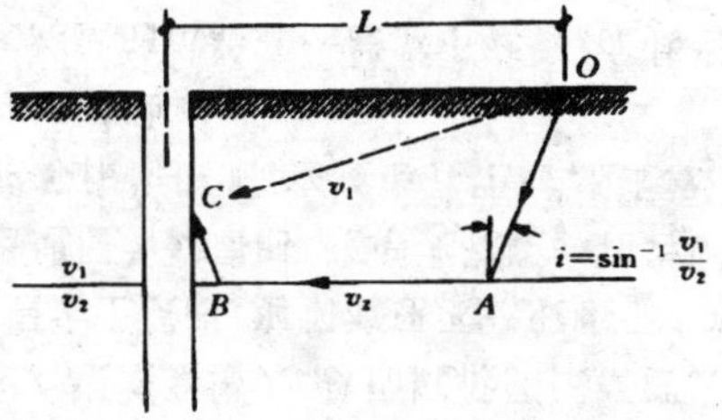

图 4 产生折射波的传播途径

图中，O 点处为振源，C 点处为传感器，OC 为直达波传播途径，$OABC$ 为折射波传播途径。当 L 足够大时，波按 $OABC$ 行走的时间将小于按 OC 行走的时间，此时，如仍按直达波计算第一层波速将会产生误差。因此，除在规范中规定振源离孔的距离外，在资料整理中也应考虑是否存在这一问题。

其二，由于存在 L，因此，在计算时不能直接用测试深度差除以波到达测点的时间差而得出该测试间隔的波速值，而必须作斜距校正。斜距校正的方法有多种，其原理大都是把波从振源到接收点的传播途径当作直线，再按三角关系进行校正，如图 5 所示：

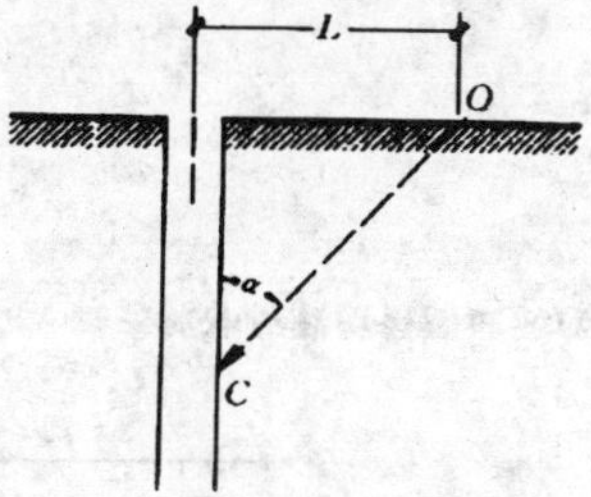

图 5　斜距按三角关系校正图

按这种假设进行的各种校正，虽然公式不同，实质都需计算出 $\cos\alpha$ 值，再进行下一步计算，其结果是一样的。本规范所用的校正方法是其中一种。

严格地说，规范所规定的方法是近似的，在多层介质中地震波射线不是直线而是折线，按斯奈尔定理，在每一波速界面射线都有相应的透射角。我国已有同志发表文章，提出利用计算机用最优化法按斯奈尔定理将射线分成折线再计算波速。由于 L 值一般不应太大，用这种方法与本规范所用的方法对比表明差别不大（见表 2）。

单孔法中两种计算方法的比较举列　　表 2

深度(m)	6	8	10	12	14	16	18	20	22	24	26	30	34	38	40
实际读时(ms)	34.8	43.6	50.0	57.2	65.4	71.4	76.4	84.0	91.0	96.8	103.4	111.0	119.6	133.2	139.2
按本规范计算的波速值(m/s)	187	211	290	267	238	328	385	263	278	345	303	513	471	292	333
用优化法计算的波速值(m/s)	187	207	292	266	238	329	387	258	286	334	306	513	468	292	328

注：激发板与测试孔口距离 $L=2.5$m，板底与孔口高差为零。

鉴于规范所提方法较简便易行，仍建议用此法。

（Ⅱ）跨孔法

7.4.7　跨孔法资料整理中，当所测试的地层上下有高速层时，应注意不要将折射波的初至时间当作直达波的初至时间，以免得出错误的结果。可按下列方法判明是否有折射波的影响：

（1）计算出由振源到第一接收孔的波速值：

$$V_{P1}=S_1/T_{P1} \tag{10}$$

$$V_{S1}=S_1/T_{S1} \tag{11}$$

（2）计算出由振源到第二接收孔的波速值：

$$V_{P2}=S_2/T_{P2} \tag{12}$$

$$V_{S2}=S_2/T_{S2} \tag{13}$$

（3）计算出两接收孔之间的波速值：

$$V_{P12}=\Delta S/(T_{P2}-T_{P1}) \tag{14}$$

$$V_{S12}=\Delta S/(T_{S2}-T_{S1}) \tag{15}$$

在考虑到触发器延迟及套管等可能影响因素后，如果波速值基本一致，可初步认为无折射影响。

（4）参考条文说明表 1，并利用直达波，一层折射、二层折射的时距曲线公式进行计算，以判明在各层（尤其是低速层）中，传感器所接收到的地震波的初至时间是否为直达波的到达时间。

(5)对有怀疑的地层做补充测试工作，例如：变化测试深度，变化振源孔的位置，单独变化振源或传感器的上下位置等，判明是否有折射现象存在。

(Ⅲ)面 波 法

7.4.10 根据实测瑞利波速度 v_R，泊松比 υ 值，换算成剪切波波速 v_s。而后计算相应各土层的动剪变模量和动弹性模量。

面波法测试，除上述稳态激振外，亦可采用瞬态脉冲荷载激振，测试两传感器接收到的时域信号的时间滞后，确定瑞利波速度 v_R(图 6)

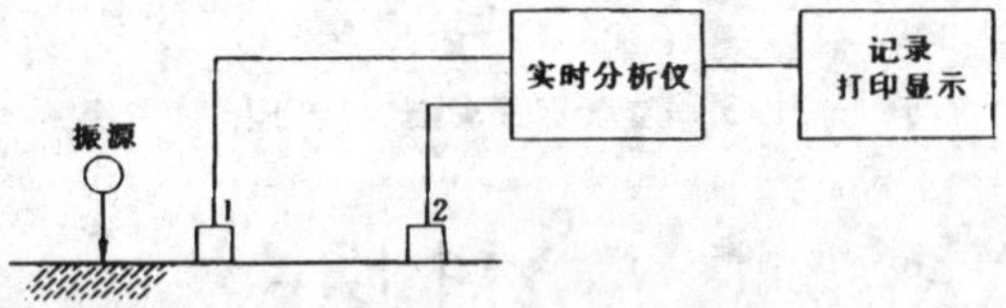

图 6 瞬态脉冲荷载激振测试示意图

8 循环荷载板测试

8.1 一般规定

8.1.1 循环荷载板测试，是将一个刚性压板，置于理想的半无限弹性体表面，在压板上反复进行加荷、卸荷试验，量测各级荷载作用下的变形和回弹量，绘制 $P-S$ 滞回曲线，根据每级荷载卸荷时的回弹变形量，确定相应的弹性变形值 S_e 和地基抗压刚度系数。

8.2 设备和仪器

8.2.1 测试设备与静力荷载设备相同，有铁架载荷台，油压载荷试验设备，反力架可采用液压稳压装置加荷，或在载荷台上直接加重物。

8.2.2 测试前应考虑设备能承受的最大荷载，同时要考虑反力或重物荷载，设备的承受荷载能力应大于试验最大荷载的 1.5～2.0 倍。

8.2.3 采用千斤顶加荷时，其反力可由重物、地锚、坑壁斜撑等提供。可根据现场土层性质、试验深度等具体条件按表 3 选用加荷方法。

各种加荷方法的适用条件　　表 3

类型	适用条件
堆载式	设备简单，土质条件不限，试验深度范围大，所需重物较多
撑壁式	设备轻便，试验深度宜在 2～4m，土质稳定
平洞式	设备简单，要有 3m 以上陡坎，洞顶土厚度大于 2m，且稳定
锚杆式	设备复杂，需下地锚，表土要有一定锚着力

8.2.4 观测变形值可采用 10～30mm 行程的百分表，其量程较大，在试验中不需要经常调表，可减少观测误差，提高测试精度。有条件时，也可采用电测位移传感器观测。

8.3 测试前的准备工作

8.3.1 测试资料表明，在一定条件下，地基土的变形量与荷载板宽度成正比关系，当压板宽度增加(或减小)到一定限度时，变形不再增加(或减小)，趋于一定值。对荷载板大小的选择，各国也不相同，美、英、日等国家，偏重使用小压板，原苏联等国家一般规定用 $0.5m^2$。亦有用 $0.25m^2$(硬土)。我国多采用 $0.25\sim0.5m^2$。本条规定一般采用 $0.5m^2$，对密实土层压板面积可采用 $0.1\sim0.25m^2$。

8.3.2 鉴于地基的弹性变形、弹性模量和地基抗压刚度系数与地基土的性质有关，如果承压板下面的土与拟建基础下的土性质不同，则由试验资料计算的参数不能用于设计基础，因此承压板的位置应选择在设计基础附近相同土层上。

8.3.3 试坑底面宽度应大于承压板直径的 3 倍，根据铁道科学院等单位试验结果表明：在砂层中，不论压板放在砂的表面，还是放在砂土中一定深度(2.04m)处，在同一水平面上，最大变形范围均发生在 0.7～1.75 倍承压板直径范围，超过压板直径 3 倍以上，土的变形就极微小了。另外一些试验资料表明，坑壁的影响随离压板的距离增加而迅速减小，当压板底面宽度和试坑宽度之比接近 1：3时，这样影响就很小，可以忽略不计。

8.4 测试方法

8.4.2～8.4.5 测试时，先在某一荷级下(土自重压力或设计压力)加载，使压板下沉稳定(稳定标准为连续 2h 内，每小时变形量不超过 0.1mm)后，再继续施加循环荷载，其值按条文中的表 8.4.2 选取，也可按土的比例界限值的 1/10～1/12 考虑选取，观测相应的变形值。每次加荷、卸荷要求在 10min 内完成(即加荷观测 5min，卸荷回弹观测 5min)。

单荷级循环法：选择一个荷级，以等速加荷、卸荷，反复进行，直至达到弹性变形接近常数为止，一般粘性土为 6～8 次，砂性土为 4～6 次。

多荷级循环法：选择 3～4 个荷级，每一荷级反复进行加荷、卸荷 5～8 次，直到弹性变形为一定值后进行第 2 个荷级试验，依次类推，直至加完预定的荷级。

变形稳定标准：考虑到土并非纯弹性体，在同一荷载作用下，不同回次的弹性变形量是不相同的。前后两个回次弹性变形差值小于 0.05mm 时，可作为稳定的标准，并取最后一次弹性变形值。如果前后两个差值在 0.05～0.08mm 之间，可以取最后两次弹性变形的平均值。

8.5 数据处理

8.5.1 试验数据经计算、整理后，绘制 P_L-t、S-t、S-P_L、S_e-P_L 关系曲线图，可分开绘制，也可合起来绘制。

8.5.2 加荷后，地基土产生变形，即包含了弹、塑性变形，称之为总变形(S)；而卸荷回弹变形，可认为是弹性变形值(S_e)。

8.5.3 在试验过程中，记录下来的弹性变形值，由于受各种条件的影响，通常出现偏低或偏高的情况，为消除其影响，可用本规范公式(8.5.3-1)修正，式中 S_0 和 C 值用最小二乘法求得。

8.5.4 地基弹性模量可按弹性理论公式进行计算，关键是要准确测定地基土的弹性变形值。对于土的泊松比 υ 值，可以进行实测，也可按表 4 数值选取。一般密实的土宜选低值，稍密或松散的土宜选高值。

各类土的 υ 值 表 4

地基土的名称	卵石	砂土	粉土	粉质粘土	粘土
υ	0.2～0.25	0.30～0.35	0.35～0.40	0.40～0.45	0.45～0.50

8.5.5 地基刚度系数，是根据循环荷载板试验确定的弹性变形值 S'_e 与应力 P_L 的比值求得。该方法简单直观，比较符合地基土的实际状况。

9 振动三轴和共振柱测试

9.1 一 般 规 定

9.1.1 在试验室内测试地基土动力性质的方法有很多种，包括共振柱、动三轴、动单剪、动扭剪和波速测试等方法，各有优缺点。目前，国内外在工程实际中应用最广的是共振柱和动三轴两种方法，加之这两种试验设备目前国内都已有产品，因此，本规范只纳入这两种试验方法，但并不限制其它试验方法的采用。至于土的动力特性参数的确定则取决于所选用的力学模型。在循环应力作用下土的力学模型很多，但当前较成熟，且在国内外工程界应用最广的是非线性的等效粘弹体模型，本规范以这一模型为理论基础测定土的动剪变模量、动弹性模量和阻尼比以及动强度、抗液化强度和动孔隙水压力。

9.2 设备和仪器

9.2.1 扭转向激振与纵向激振的激振端压板系统，无弹簧-阻尼器与有弹簧-阻尼器的各种类型共振柱仪都可采用；各种驱动方式的振动三轴仪，包括电磁式、液压式、气压式和惯性式，都可采用。但都应满足有关设备和仪器的基本要求。

9.2.4 共振柱仪能够实测的应变幅范围一般为 10^{-5}～10^{-4}，性能良好的能达到 10^{-3}。振动三轴仪能够实测的应变幅范围一般为 10^{-4}～10^{-2}，精度高的能测至 10^{-5}的小应变幅。由于土的应力-应变关系具有强烈的非线性特点，因此，要求在工程对象动力反应分析所需要的应变幅范围内，通过适当的试验设备实测土的动模量和阻尼比，必要时，应联合使用两种试验设备。振动三轴仪实测的应变幅范围的上限值，应能满足确定动强度的破坏标准的要求。

9.3 测 试 方 法

9.3.3 现行国家标准《土工试验方法标准》中提出了 3 种饱和土试样的方法，即抽气饱和、水头饱和与反压力饱和。当采用抽气饱和时该标准要求饱和度不低于 95%；当采用反压力饱和时，该标准认为，孔隙水压力增量与周围压力增量之比大于 0.98 时试样达到饱和。在室内测试饱和土的动力特性时，应要求试样达到饱和，特别是进行砂性土和粉质土的抗液化强度试验，因此，本条要求饱和试样在周围压力作用下的孔隙水压力系数不小于 0.98，但考虑到某些土性质的影响和一些试验室设备条件的限制，对执行严格程度采用“宜”。

9.3.4 试验的固结应力条件，包括初始剪应力比与固结应力的选用，应使试验结果能满足所试验土样在地基或边坡土中受力范围的要求。

9.3.8 如果在一个试样上施加多级动应变或动应力以测定动模量和阻尼比随应变幅的变化，可以节省试验工作量，对于原状土还可节省取样数量和解决土性不均匀问题。但是，这样做有可能因预振造成孔隙水压力升高而影响后面几级的试验结果。为减少预振影响，应尽量缩短在每级动应变或动应力下的测试时间，对共振柱仪要求提高操作人员的熟练程度；对振动三轴仪，在本规范第 9.3.7条中规定了动应力的作用振次不宜大于 5 次，且宜少不宜多；在本条中又要求后一级振幅为前一级的 1 倍。至于对同一试样上允许施加动应变或动应力的级数，因具体情况多变，难以做出统一的合理规定，本条文只提出了控制原则。

9.3.9 本条结合本规范第 9.2.4 条的规定，“设备的实测应变幅范围应满足工程动力分析的需要。”实测动剪变模量或动弹性模量，包括最大动剪变模量或最大动弹性模量。本条文不采用根据应力幅与应变幅的双曲线关系，假定外推最大动弹性模量的做法，因为它会造成很大误差。另一方面，由于目前振动扭剪仪和振动单剪仪尚未普及，对于较大的应变幅范围，只能用振动三轴仪实测动弹性模量，因此，本条允许在动剪变模量与动弹性模量之间相互换算，同时亦允许在剪应变幅与轴应变幅之间相互换算。

9.3.10 对于确定动强度的破坏标准，在本条中只是提出了一些目前较通用的标准，以供选择。如果在开始做某一工程地基土的测试工作时，尚未能对破坏标准做出明确选择，则可根据地基土的性质、工程运行条件或动荷载的性质以及工程的重要性，选用1～2种，甚至3种破坏标准进行试验并整理成果，供进行设计分析时选用。

9.3.11 在振动三轴测试过程中，目前普遍采用的是正弦波形的循环应力，而实际工程中有些重要的动荷载，如地震作用，都是随机波，这样，在室内测试动强度时就有了等效循环应力和等效破坏振次的概念。而规定等效破坏振次并不属于本规范的内容。如果实际工程中的动荷载也是正弦波，则等效破坏振次就是实际动荷载的循环作用次数。对于地震作用，目前普遍采用的等效破坏振次与地震震级相关，如表5所示，可供进行动强度试验时参考。与表中所列等效破坏振次相对应的正弦波的等效循环剪应力幅是地震产生的最大动剪应力的65%。

地震作用的等效破坏振次　　表5

地震震级(M)	6.0	6.5	7.0	7.5	8.0
等效破坏振况(N_{eq})	5	8	12	15～20	26～30

9.4 数据处理

9.4.2～9.4.9 在共振柱仪和振动三轴仪上测试动剪变模量、动弹性模量和阻尼比，对所测得数据进行处理分析时，均以土的力学模型是理想粘弹体模型为基础，同时考虑土的动模量与阻尼都随应变幅变化而变化以反映土的应力-应变关系的非线性特征。对于共振柱仪，由于试样激振端压板系统的质量影响，使得数据处理较为复杂；而当激振端还具有弹簧-阻尼器时，试验数据的处理只有通过专用的计算机程序方能完成。本章条文中只给出了在最简单情况下处理共振柱试验数据的公式，见本规范条文(9.4.4-1)式。无量纲频率因数F_t是仪器激振端惯量系数T_t和仪器阻尼系数A_{dt}的一个函数，对于$A_{dt}=0$，即在仪器激振端没有弹簧-阻尼器时，且土试样的阻尼比$\zeta_t<0.1$，F_t一般可采用本规范条文中(9.4.4-1)式求解，当A_{dt}与ζ_t两值与上列条件差别不大时，也可近似用本规范条文(9.4.4-1)式求解。严格讲，F_t需由计算机的专用程序通过试算确定。

9.4.11 整理最大动剪变模量或最大动弹性模量与有效应力的关系时，早期都采用了八面体平均应力。近些年来，已有较多的工作证明，最大动剪变模量只与在质点振动和振动传播两个方向上作用的主应力有关，而几乎不受作用在垂直振动平面上的主应力的影响。共振柱仪中试样受轴对称应力，是二维问题；而大量的动力反应分析工作也是二维分析，因此，本章规定，对二维与三维条件，分别采用本规范条文(9.4.11-3)与(9.4.11-4)式计算平均有效主应力。在整理最大动模量与平均有效应力的公式(9.4.11-1)和(9.4.11-2)式中，都引入了大气压力项，以使系数C成为无量纲的反映土性质的系数。

9.4.13～9.4.19 在振动三轴仪上测试土的动强度或抗液化强度，是目前国内外应用最广的一种方法。根据振动三轴仪中试样的受力条件，用潜在破裂面上的应力状态整理其总应力抗剪强度指标，在概念上较合理，实际应用也较广。因此，本章建议用这一方法。另外，本规范条文中(9.4.15-3)式适用于$\alpha_0\geqslant0.15$时的情况，本规范条文(9.4.16)式适用于$\alpha_0=0$；当$0.15>\alpha_0>0$时，可用现行插入法取值。

9.4.20～9.4.23 有效应力法分析土体动力反应和抗震稳定，已是一种发展趋势，现行国家标准《构筑物抗震设计规范》中要求在对尾矿坝进行地震稳定分析时考虑地震引起的孔隙水压力，因此，本章列入了饱和土动孔隙水压力测试。对测试数据的整理，建议为目前国内外应用较广的一种方法。

中华人民共和国行业标准

高层建筑箱形与筏形基础技术规范

Technical Code for Tall Building Box Foundations and Raft Foundations

JGJ 6—99

主编单位：中国建筑科学研究院
批准部门：中华人民共和国建设部
施行日期：1999年11月1日

关于发布行业标准《高层建筑箱形与筏形基础技术规范》的通知

建标［1999］137号

根据建设部《关于印发一九八九年工程建设专业标准规范制订、修订计划的通知》（［89］建标计字第8号）的要求，由中国建筑科学研究院主编的《高层建筑箱形与筏形基础技术规范》，经审查，批准为强制性行业标准，编号JGJ6—99，自1999年11月1日起施行。原部标准《高层建筑箱形基础设计与施工规程》JGJ6—80同时废止。

本标准由建设部建筑工程标准技术归口单位中国建筑科学研究院负责管理，中国建筑科学研究院负责具体解释，建设部标准定额研究所组织中国建筑工业出版社出版。

中华人民共和国建设部
1999年5月26日

目　　次

1 总　　则

1.0.1 为了在高层建筑箱形和筏形基础的勘察、设计与施工中做到技术先进、经济合理、安全适用、确保质量，制订本规范。

1.0.2 本规范适用于高层建筑箱形和筏形基础的勘察、设计与施工。

1.0.3 箱形和筏形基础的设计与施工，应综合考虑整个建筑场地的地质条件、施工方法、使用要求以及与相邻建筑的相互影响，并应考虑地基基础和上部结构的共同作用。

1.0.4 高层建筑箱形和筏形基础的勘察、设计与施工除应符合本规范外，尚应符合国家现行有关标准的规定。

2 术语、符号

2.1 术　　语

2.1.1 箱形基础 Box Foundation

由底板、顶板、侧墙及一定数量内隔墙构成的整体刚度较好的单层或多层钢筋混凝土基础。

2.1.2 筏形基础 Raft Foundation

柱下或墙下连续的平板式或梁板式钢筋混凝土基础。

2.2 符　　号

2.2.1 抗力和材料性能

E_s——土的压缩模量；

E'_s——土的回弹再压缩模量；

E_0——土的变形模量；

f——地基承载力设计值；

f_c——混凝土轴心抗压强度设计值；

f_t——混凝土轴心抗拉强度设计值；

f_k——地基承载力标准值；

f_{SE}——调整后的地基土抗震承载力设计值；

I——截面惯性矩；

W——基础底面的抵抗矩；

w——土的含水量。

2.2.2 作用和作用效应

F——基础顶面竖向力设计值；

p——基础底面处平均压力设计值；

p_0——基础底面处平均附加压力标准值；

p_c——基础底面处地基土的自重压力标准值；

p_n——扣除底板自重后的地基平均净反力设计值；

p_k——长期效应组合下的基础底面处的平均压力标准值；

q_1——作用在洞口上过梁上的均布荷载设计值；

q_2——作用在洞口下过梁上的均布荷载设计值；

s——沉降量；

V——水平剪力，过梁的剪力设计值；

V_f——上部结构底部通过箱基或地下一层结构顶板传来的剪力设计值；

$V_{E,f}$——地震效应组合时，上部结构底部通过箱基或地下一层结构顶板传来的剪力设计值；

V_s——扣除底板自重后地基净反力产生的支座边缘处板所承受的总剪力设计值；

V_w——由柱根轴力传给各片墙的竖向剪力设计值；

z_n——地基沉降计算深度；

α——附加应力系数；

α_T——整体倾斜计算值；

τ——剪应力。

2.2.3 几何参数

A——基础底面面积；

b——基础底面宽度；

b_f——与剪力方向一致的箱基或地下一层结构顶板的宽度；

d——基础埋置深度；

d_c——控制性勘探点深度；

d_g——一般性勘探点深度；

h_0——板的有效高度；

H_g——建筑物高度，指室外地面至檐口高度；

L——房屋长度或沉降缝分隔的单元长度；

l_{n1}——矩形双向板的短边长度；

l_{n2}——矩形双向板的长边长度；

t——墙体厚度；

t_f——箱基或地下一层结构顶板的厚度；

e——偏心距；

u_m——冲切临界截面周长。

2.2.4 计算系数

α_s——筏板与柱之间的不平衡弯矩传至冲切临界截面周边的剪应力系数；

α_m——筏板与柱之间的不平衡弯矩传至冲切临界截面周边的弯曲应力系数；

β——沉降计算深度调整系数；

ζ_s——地基土抗震承载力调整系数；

μ——剪力分配系数；

η——基础沉降计算修正系数；

ψ_s——沉降计算经验系数；

ψ'——考虑回弹影响的沉降计算经验系数。

3 地基勘察

3.1 一般规定

3.1.1 地基勘察应进行以下主要工作：

(1) 查明建筑场地内及其邻近地段有无影响工程稳定性的不良地质现象以及有无古河道和人工地下设施等存在；

(2) 查明建筑场地的地层结构、均匀性以及各岩土层的工程性质；

(3) 查明地下水类型、埋藏情况、季节性变化幅度和对建筑材料的腐蚀性；

(4) 在抗震设防区应划分对建筑抗震有利、不利和危险的地段，判明场地土类型和建筑场地类别，查明场地内有无可液化土层。

3.1.2 勘察报告应包括以下主要内容：

(1) 建筑场地的基本地质情况及分析；

(2) 地基基础设计和地基处理的建议方案；

(3) 天然地基或桩基的承载力和变形计算所需的计算参数；

(4) 场地水文地质条件、地下水埋藏条件和变化幅度。当基础埋深低于地下水位时，应就施工降水方案和对相邻建筑物的影响提出建议并提供有关的技术参数；

(5) 基坑开挖边坡稳定性的分析，必要时提出支护方案。

3.2 勘探要点

3.2.1 勘探点的布置应考虑建筑物的体型、荷载分布和地层的复杂程度，应满足评价建筑物纵横两个方向地层土质均匀性的要求，并应符合下列规定：

3.2.1.1 勘探点间距宜为15～35m；当地层变化特别复杂时，宜适当加密；

3.2.1.2 单幢高层建筑的勘探点不应少于5个，其中控制性勘探点不应少于2个；

3.2.1.3 勘探点宜沿建筑物周边布置，并宜在角点和中心点布置勘探点；在层数或荷载变化较大的位置宜适当增加勘探点；

3.2.1.4 当箱形或筏形基础下采用承载力很大的大直径桩、地质条件比较复杂时，宜在每个桩位布置一个勘探点。

3.2.2 勘探点的深度应符合下列规定：

3.2.2.1 控制性勘探点的深度应大于地基压缩层深度，并可按下式估算：

$$d_c = d + \alpha_c b \quad (3.2.2\text{-}1)$$

式中 d_c——控制性勘探点深度；

d——基础埋置深度；

b——基础底面宽度；

α_c——与土层有关的经验系数，根据地基持力层土类按表3.2.2取值。

3.2.2.2 一般性勘探点的深度应以控制主要受力层的变化为原则，并可按下式估算：

$$d_g = d + \alpha_g b \quad (3.2.2\text{-}2)$$

式中 d_g——一般性勘探点的深度；

α_g——与土层有关的经验系数，根据地基主要受力土层按表3.2.2取值。

经验系数 α_c、α_g 值 表3.2.2

经验系数 \ 土类	砂土、碎石土	粘性土、粉土	软土
α_c	0.6～1.0	1.0～1.5	1.5～2.0
α_g	0.3～0.5	0.5～0.8	0.8～1.0

注：1. 取值应考虑土的密度、地下水位等条件，当为密实土，且地下水位埋藏较深时取小值，反之取大值；

2. 在软土地区，取值时应考虑基础宽度，当 b>60m 时取小值；b≤20m 时取大值。

3.2.2.3 抗震设防区的勘探点深度尚应符合现行国家标准《建筑

抗震设计规范》(GBJ11) 的要求;

3.2.2.4 对不考虑群桩效应,端承型大直径桩的控制性勘探点深度应达到预计桩尖以下 3~5m;当桩端(包括扩底端)直径大于 1.5m 时,控制性勘探点深度应大于或等于 5 倍桩端直径。当遇软层时则应加深至穿透软层。一般性勘探点应到桩端以下 1~2m;

3.2.2.5 摩擦型桩基需计算地基变形时,可将群桩视为一假想实体基础,并自桩端开始计算压缩层深度来决定控制性钻孔的深度。当利用公式 3.2.2-1 估算控制性钻孔的深度时,基础埋深 d 应按桩尖的埋深取值。在计算深度范围内遇有坚硬岩层或密实的碎石土层时,钻孔深度可酌减。

3.2.3 取土和原位测试勘探点的数量和取土数量应符合下列规定:

3.2.3.1 取土和原位测试勘探点数量应占勘探点总数的 1/2~2/3,且单幢建筑至少应有二个取土和原位测试孔;

3.2.3.2 地基持力层和主要受力土层采取的原状土样每层不应少于 6 件,或原位测试次数不应少于 6 次。

3.3 室内试验与现场原位测试

3.3.1 室内压缩试验所施加的最大压力值应大于土的自重压力与预计的附加压力之和。压缩系数和压缩模量的计算应取自重压力至自重压力与附加压力之和的压力段,当需考虑深基坑开挖卸荷和再加荷对地基变形的影响时,应进行回弹再压缩试验,其压力的施加应模拟实际加卸荷的应力状态。

3.3.2 剪力试验宜采用三轴压缩试验。当地基土为饱和软土或荷载施加速率较高时,宜采用三轴不固结不排水的试验方法;当荷载施加速率较低时,宜采用三轴固结不排水的试验方法。

3.3.3 确定一级建筑物或有特殊要求建筑物的地基承载力和变形计算参数,应进行平板载荷试验。建筑物安全等级按现行国家标准《建筑地基基础设计规范》(GBJ7) 划分。

3.3.4 确定软土地基的抗剪强度,宜进行十字板剪切试验。

3.3.5 查明粘性土、粉土、砂土的均匀性、承载力及变形特征时,宜进行静力触探和旁压试验。

3.3.6 判明粉土和砂土的密实度和地震液化的可能性时,宜进行标准贯入试验。

3.3.7 查明碎石土的均匀性和承载力时,宜进行重型或超重型动力触探。

3.3.8 取得抗震设计所需的参数时,应进行波速试验。

3.4 地 下 水

3.4.1 应查明建筑场地的地下水位,包括实测的上层滞水、潜水和承压水水位、季节性变化幅度以及地下水对建筑材料的腐蚀性。

3.4.2 对需进行人工降低地下水位的工程,勘察报告应包括场地的水文地质资料和降水设计的参数,对降水方法提出建议,并预测降水对邻近建筑物和重要地下设施的影响。

4 地基计算

4.0.1 箱形和筏形基础的地基应进行承载力和变形计算，必要时应验算地基的稳定性。

4.0.2 在确定高层建筑的基础埋置深度时，应考虑建筑物的高度、体型、地基土质、抗震设防烈度等因素，并应满足抗倾覆和抗滑移的要求。抗震设防区天然土质地基上的箱形和筏形基础，其埋深不宜小于建筑物高度的1/15；当桩与箱基底板或筏板连接的构造符合本规范第5.4.5条的规定时，桩箱或桩筏基础的埋置深度（不计桩长）不宜小于建筑物高度的1/18。

4.0.3 箱形和筏形基础底面的压力设计值，可按下列公式计算：

（1）当受轴心荷载作用时

$$p=\frac{F+G}{A} \tag{4.0.3-1}$$

式中 p——轴心荷载作用下的基础底面平均压力设计值；

F——上部结构传至基础顶面的竖向力设计值；

G——基础自重设计值和基础上的土重设计值之和，在计算地下水位以下部分时，应取土的有效重度；

A——基础底面面积。

（2）当受偏心荷载作用时

$$p_{max}=\frac{F+G}{A}+\frac{M}{W} \tag{4.0.3-2}$$

$$p_{min}=\frac{F+G}{A}-\frac{M}{W} \tag{4.0.3-3}$$

式中 M——作用于矩形基础底面的力矩设计值；

W——基础底面边缘抵抗矩；

p_{max}——基础底面边缘的最大压力设计值；

p_{min}——基础底面边缘的最小压力设计值。

4.0.4 基础底面压力应符合下列公式的要求：

（1）当受轴心荷载作用时

$$p\leqslant f \tag{4.0.4-1}$$

（2）当受偏心荷载作用时

$$p_{max}\leqslant 1.2f \tag{4.0.4-2}$$

式中 f——地基承载力设计值，按现行国家标准《建筑地基基础设计规范》（GBJ7）确定。

（3）对于非抗震设防的高层建筑箱形和筏形基础，尚应符合下式要求：

$$p_{min}\geqslant 0 \tag{4.0.4-3}$$

4.0.5 对于抗震设防的建筑，箱形和筏形基础的基础底面压力除应符合公式（4.0.4-1）及（4.0.4-2）的要求外，尚应按下列公式进行地基土抗震承载力的验算：

$$p_E\leqslant f_{SE} \tag{4.0.5-1}$$

$$p_{E,max}\leqslant 1.2f_{SE} \tag{4.0.5-2}$$

$$f_{SE}=\zeta_s f \tag{4.0.5-3}$$

式中 p_E——基础底面地震效应组合的平均压力设计值；

$p_{E,max}$——基础底面地震效应组合的边缘最大压力设计值；

f_{SE}——调整后的地基土抗震承载力设计值；

ζ_s——地基土抗震承载力调整系数，按表4.0.5确定。

地基土抗震承载力调整系数 ζ_s 　　**表 4.0.5**

岩土名称和性状	ζ_s
岩石，密实的碎石土，密实的砾、粗、中砂，$f_k\geqslant$300kPa 的粘性土和粉土	1.5
中密、稍密的碎石土，中密和稍密的砾、粗、中砂，密实和中密的细、粉砂，150kPa$\leqslant f_k<$300kPa 的粘性土和粉土	1.3
稍密的细、粉砂，100kPa$\leqslant f_k<$150kPa 的粘性土和粉土，新近沉积的粘性土和粉土	1.1
淤泥，淤泥质土，松散的砂，填土	1.0

注：f_k 为地基土承载力的标准值。

当基础底面地震效应组合的边缘最小压力出现零应力时，零应力区的面积不应超过基础底面面积的25%。

4.0.6 当采用土的压缩模量计算箱形和筏形基础的最终沉降量 s 时，可按下式计算：

$$s=\sum_{i=1}^{n}\left(\psi'\frac{p_c}{E'_{si}}+\psi_s\frac{p_0}{E_{si}}\right)(z_i\bar{\alpha}_i-z_{i-1}\bar{\alpha}_{i-1}) \qquad (4.0.6)$$

式中 s——最终沉降量；

ψ'——考虑回弹影响的沉降计算经验系数，无经验时取 $\Psi'=1$；

ψ_s——沉降计算经验系数，按地区经验采用；当缺乏地区经验时，可按现行国家标准《建筑地基基础设计规范》（GBJ7）的有关规定采用；

p_c——基础底面处地基土的自重压力标准值；

p_0——长期效应组合下的基础底面处的附加压力标准值；

E'_{si}、E_{si}——基础底面下第 i 层土的回弹再压缩模量和压缩模量，按本规范第3.3.1条试验要求取值；

n——沉降计算深度范围内所划分的地基土层数；

z_i、z_{i-1}——基础底面至第 i 层、第 $i-1$ 层底面的距离；

$\bar{\alpha}_i$、$\bar{\alpha}_{i-1}$——基础底面计算点至第 i 层、第 $i-1$ 层底面范围内平均附加应力系数，按本规范附录 A 采用。

沉降计算深度可按现行国家标准《建筑地基基础设计规范》（GBJ7）确定。

4.0.7 当采用土的变形模量计算箱形和筏形基础的最终沉降量 s 时，可按下式计算：

$$s=p_k b\eta\sum_{i=1}^{n}\frac{\delta_i-\delta_{i-1}}{E_{0i}} \qquad (4.0.7)$$

式中 p_k——长期效应组合下的基础底面处的平均压力标准值；

b——基础底面宽度；

δ_i、δ_{i-1}——与基础长宽比 L/b 及基础底面至第 i 层土和第 $i-1$ 层土底面的距离深度 z 有关的无因次系数，可按本规范附录B中的表 B 确定；

E_{0i}——基础底面下第 i 层土变形模量，通过试验或按地区经验确定；

η——修正系数，可按表4.0.7确定。

修正系数 η **表4.0.7**

$m=\frac{2z_n}{b}$	$0<m\leqslant0.5$	$0.5<m\leqslant1$	$1<m\leqslant2$	$2<m\leqslant3$	$3<m\leqslant5$	$5<m\leqslant\infty$
η	1.00	0.95	0.90	0.80	0.75	0.70

4.0.8 按公式（4.0.7）进行沉降计算时，沉降计算深度 z_n，应按下式计算：

$$z_n=(z_m+\xi b)\beta \qquad (4.0.8)$$

式中 z_m——与基础长宽比有关的经验值，按表4.0.8-1确定；

ξ——折减系数，按表4.0.8-1确定；

β——调整系数，按表4.0.8-2确定。

z_m 值和折减系数 ξ **表4.0.8-1**

L/b	$\leqslant1$	2	3	4	$\geqslant5$
z_m	11.6	12.4	12.5	12.7	13.2
ξ	0.42	0.49	0.53	0.60	1.00

调整系数 β **表4.0.8-2**

土 类	碎 石	砂 土	粉 土	粘性土	软 土
β	0.30	0.50	0.60	0.75	1.00

4.0.9 箱形和筏形基础的整体倾斜值，可根据荷载偏心、地基的不均匀性、相邻荷载的影响和地区经验进行计算。

4.0.10 箱形和筏形基础的允许沉降量和允许整体倾斜值应根据建筑物的使用要求及其对相邻建筑物可能造成的影响按地区经验确定。但横向整体倾斜的计算值 α_T，在非抗震设计时宜符合下式的要求：

$$\alpha_T \leqslant \frac{B}{100H_g} \quad (4.0.10)$$

式中　B——箱形或筏形基础宽度；

H_g——建筑物高度，指室外地面至檐口高度。

4.0.11　建在非岩石地基上的一级高层建筑，均应进行沉降观测；对重要和复杂的高层建筑，尚宜进行基坑回弹、地基反力、基础内力和地基变形等的实测。

5　结构设计与构造要求

5.1　一般规定

5.1.1　箱形和筏形基础的平面尺寸，应根据地基土的承载力、上部结构的布置及荷载分布等因素确定。当为满足地基承载力的要求而扩大底板面积时，扩大部位宜设在建筑物的宽度方向。

5.1.2　对单幢建筑物，在均匀地基的条件下，箱形和筏形基础的基底平面形心宜与结构竖向荷载重心重合。当不能重合时，在永久荷载与楼（屋）面活荷载长期效应组合下，偏心距 e 宜符合下式要求：

$$e \leqslant 0.1\frac{W}{A} \quad (5.1.2)$$

式中　W——与偏心距方向一致的基础底面边缘抵抗矩；

A——基础底面积。

5.1.3　当高层建筑的地下室采用箱形或筏形基础，且地下室四周回填土为分层夯实时，上部结构的嵌固部位可按下列原则确定：

5.1.3.1　单层地下室为箱基，上部结构为框架、剪力墙或框剪结构时，上部结构的嵌固部位可取箱基的顶部（图 5.1.3*a*）；

5.1.3.2　采用箱基的多层地下室及采用筏基的地下室，对于上部结构为框架、剪力墙或框剪结构的多层地下室，当地下室的层间侧移刚度大于等于上部结构层间侧移刚度的 1.5 倍时，地下一层结构顶部可作为上部结构的嵌固部位（图 5.1.3*b*、*c*），否则认为上部结构嵌固在箱基或筏基的顶部。上部结构为框架或框剪结构，其地下室墙的间距尚应符合表 5.1.3 的要求；

5.1.3.3　对于上部结构为框筒或筒中筒结构的地下室，当地下一层结构顶板整体性较好，平面刚度较大且无大洞口，地下室的外墙能承受上部结构通过地下一层顶板传来的水平力或地震作用时，地下一层结构顶部可作为上部结构的嵌固部位（图 5.1.3 *b*、*c*）。

地下室墙的间距　　表 5.1.3

非抗震设计	抗震设防烈度		
	6 度，7 度	8 度	9 度
≤4*B* 且≤60m	≤4*B* 且≤50m	≤3*B* 且≤40m	≤2*B* 且≤30m

注：*B* 为地下一层结构顶板宽度。

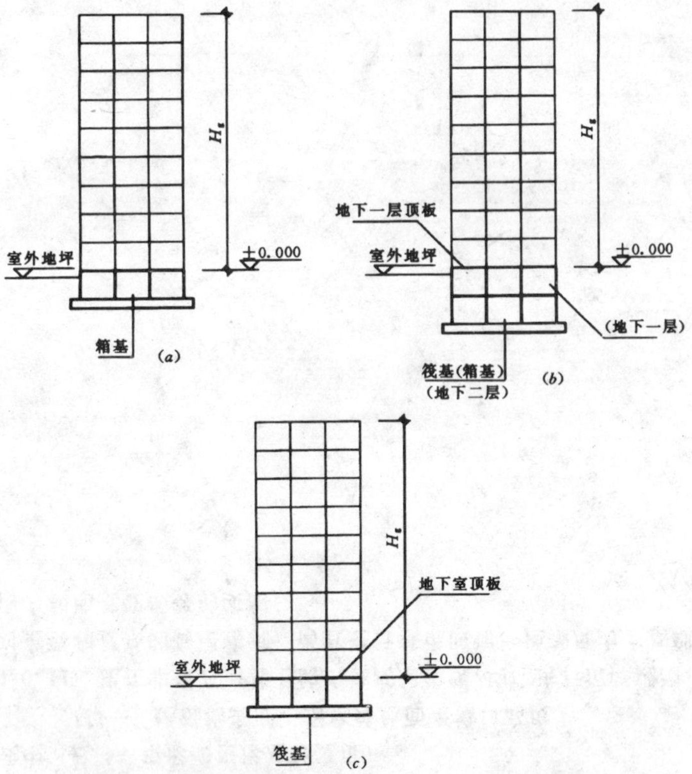

图 5.1.3　采用箱形或筏形基础时上部结构的嵌固部位

5.1.4　当考虑上部结构嵌固在箱形基础的顶板上或地下一层结构顶部时，箱基或地下一层结构顶板除满足正截面受弯承载力和斜截面受剪承载力要求外，其厚度尚不应小于 200mm。对框筒或筒中筒结构，箱基或地下一层结构顶板与外墙连接处的截面，尚应符合下列条件（图 5.1.4）：

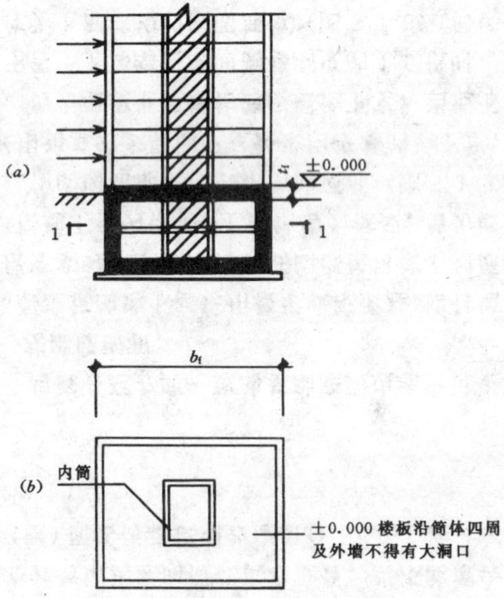

图 5.1.4　框筒结构箱形或筏形基础剖面示意

（*a*）框筒结构箱形或筏形基础剖面图；

（*b*）剖面 1-1　框筒结构地下一层平面图

非抗震设计　$V_f \leqslant 0.125 f_c b_f t_f$　　(5.1.4-1)

抗震设计　$V_{E,f} \leqslant \frac{1}{\gamma_{RE}} (0.1 f_c b_f t_f)$　　(5.1.4-2)

式中　f_c——混凝土轴心受压强度设计值；

b_f——沿水平力或地震力方向与外墙连接的箱基或地下一层结构顶板的宽度；

t_f——箱基或地下一层结构顶板的厚度；

V_f——上部结构传来的计算截面处的水平剪力设计值；

$V_{E,f}$——地震效应组合时，上部结构传来的计算截面处的水平地震剪力设计值；

γ_{RE}——承载力抗震调整系数，取 0.85。

5.1.5 符合本规范第 5.1.3.2 或 5.1.3.3 款要求的多层地下室，在进行抗震验算时，地下室的框架及剪力墙的加强部位应从地下一层结构顶板标高往下延伸一层，地下室加强部位的框架柱、剪力墙的弯矩设计值应根据抗震设防烈度、建筑物的抗震等级按现行国家标准《混凝土结构设计规范》(GBJ10) 和《建筑抗震设计规范》(GBJ11) 中的有关底部加强区的规定进行计算，其构造措施也应符合相应规定。当不符合上述要求时，加强部位应从箱基顶板或平板式筏基或梁板式筏基梁的顶部开始。加强范围以下的结构构造可遵循非抗震设计的构造要求。

5.1.6 箱形基础的混凝土强度等级不应低于C20；筏形基础和桩箱、桩筏基础的混凝土强度等级不应低于C30。当采用防水混凝土时，防水混凝土的抗渗等级应根据地下水的最大水头与混凝土厚度的比值，按表 5.1.6 选用，且其抗渗等级不应小于 0.6MPa。对重要建筑宜采用自防水并设架空排水层方案。

箱形和筏形基础防水混凝土的抗渗等级　　表 5.1.6

最大水头(H)与防水混凝土厚度(h)的比值	设计抗渗等级(MPa)	最大水头(H)与防水混凝土厚度(h)的比值	设计抗渗等级(MPa)
$\frac{H}{h}<10$	0.6	$25\leqslant\frac{H}{h}<35$	1.6
$10\leqslant\frac{H}{h}<15$	0.8	$\frac{H}{h}\geqslant35$	2.0
$15\leqslant\frac{H}{h}<25$	1.2		

5.2 箱 形 基 础

5.2.1 箱形基础的内、外墙应沿上部结构柱网和剪力墙纵横均匀布置，墙体水平截面总面积不宜小于箱形基础外墙外包尺寸的水平投影面积的 1/10。对基础平面长宽比大于 4 的箱形基础，其纵墙水平截面面积不得小于箱基外墙外包尺寸水平投影面积的 1/18。

注：计算墙体水平截面面积时，不扣除洞口部分。

5.2.2 箱形基础的高度应满足结构承载力和刚度的要求，其值不宜小于箱形基础长度的 1/20，并不宜小于 3m。箱形基础的长度不包括底板悬挑部分。

5.2.3 高层建筑同一结构单元内，箱形基础的埋置深度宜一致，且不得局部采用箱形基础。

5.2.4 箱形基础的底板厚度应根据实际受力情况、整体刚度及防水要求确定，底板厚度不应小于 300mm。底板除计算正截面受弯承载力外，其斜截面受剪承载力应符合下式要求：

$$V_s \leqslant 0.07 f_c b h_0 \qquad (5.2.4)$$

式中 V_s——扣除底板自重后基底净反力产生的板支座边缘处的总剪力设计值（图 5.2.4）；

f_c——混凝土轴心抗压强度设计值；

b——支座边缘处板的净宽；

h_0——板的有效高度。

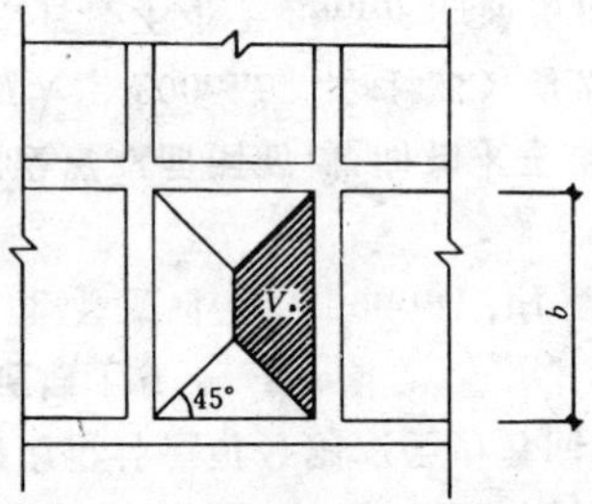

图 5.2.4 V_s 计算方法的示意

5.2.5 箱形基础底板应满足受冲切承载力的要求。当底板区格为矩形双向板时，底板的截面有效高度应符合下式要求（图 5.2.5）：

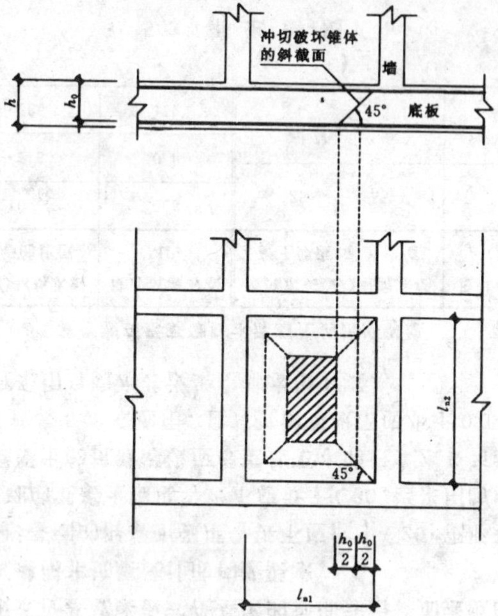

图 5.2.5　底板的冲切

$$h_0 \geqslant \frac{(l_{n1}+l_{n2})-\sqrt{(l_{n1}+l_{n2})^2-\dfrac{4p_n l_{n1} l_{n2}}{p_n+0.6f_t}}}{4} \tag{5.2.5}$$

式中　h_0——底板的截面有效高度；

l_{n1}、l_{n2}——计算板格的短边和长边的净长度；

p_n——扣除底板自重后的基底平均净反力设计值，地基反力系数按本规范附录 C 选用；

f_t——混凝土轴心抗拉强度设计值。

5.2.6　箱形基础的墙体应符合下列要求：

5.2.6.1　墙身厚度应根据实际受力情况及防水要求确定。当符合本规范第 5.1.4 条和 5.2.1 条要求时，上部结构传至箱基顶部的总弯矩设计值、总剪力设计值可分别按受力方向的墙身弯曲刚度、剪切刚度分配至各道墙上；

5.2.6.2　外墙厚度不应小于 250mm；内墙厚度不应小于 200mm；

5.2.6.3　墙体内应设置双面钢筋，竖向和水平钢筋的直径不应小于 10mm，间距不应大于 200mm。除上部为剪力墙外，内、外墙的墙顶处宜配置两根直径不小于 20mm 的通长构造钢筋。

5.2.7　当地基压缩层深度范围内的土层在竖向和水平方向较均匀、且上部结构为平立面布置较规则的剪力墙、框架、框架-剪力墙体系时，箱形基础的顶、底板可仅按局部弯曲计算，计算时底板反力应扣除板的自重。顶、底板钢筋配置量除满足局部弯曲的计算要求外，纵横方向的支座钢筋尚应有 1/2～1/3 贯通全跨，且贯通钢筋的配筋率分别不应小于 0.15%、0.10%；跨中钢筋应按实际配筋全部连通。

5.2.8　对不符合本规范第 5.2.7 条要求的箱形基础，应同时考虑局部弯曲及整体弯曲的作用。地基反力可按附录 C 确定；底板局部弯曲产生的弯矩应乘以 0.8 折减系数；计算整体弯曲时应考虑上部结构与箱形基础的共同作用；对框架结构，箱形基础的自重应按均布荷载处理。箱形基础承受的整体弯矩可按下列公式计算（图 5.2.8）：

$$M_F = M\frac{E_F I_F}{E_F I_F + E_B I_B} \tag{5.2.8-1}$$

$$E_B I_B = \sum_{i=1}^{n}\left[E_b I_{bi}\left(1+\frac{K_{ui}+K_{li}}{2K_{bi}+K_{ui}+K_{li}}m^2\right)\right]+E_w I_w \tag{5.2.8-2}$$

式中　M_F——箱形基础承受的整体弯矩；

M——建筑物整体弯曲产生的弯矩，可按静定梁分析

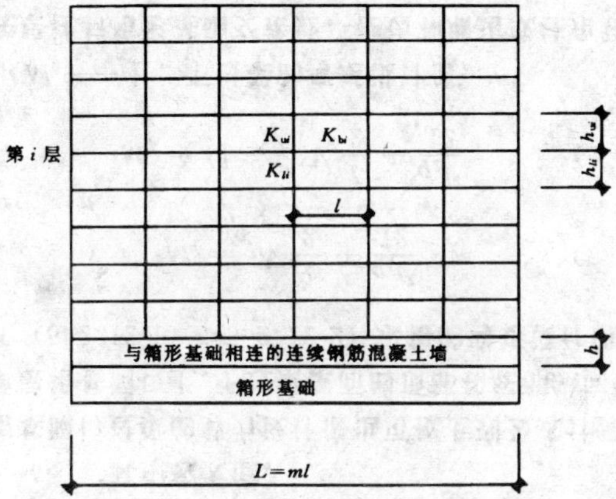

图 5.2.8 公式（5.2.8-2）中符号的示意

或采用其他有效方法计算；

E_FI_F——箱形基础的刚度，其中 E_F 为箱形基础的混凝土弹性模量，I_F 为按工字形截面计算的箱形基础截面惯性矩，工字形截面的上、下翼缘宽度分别为箱形基础顶、底板的全宽，腹板厚度为在弯曲方向的墙体厚度的总和；

E_BI_B——上部结构的总折算刚度；

E_b——梁、柱的混凝土弹性模量；

K_{ui}、K_{li}、K_{bi}——第 i 层上柱、下柱和梁的线刚度，其值分别为 $\frac{I_{ui}}{h_{ui}}$、$\frac{I_{li}}{h_{li}}$和$\frac{I_{bi}}{l}$；

I_{ui}、I_{li}、I_{bi}——第 i 层上柱、下柱和梁的截面惯性矩；

h_{ui}、h_{li}——第 i 层上柱及下柱的高度；

L——上部结构弯曲方向的总长度；

l——上部结构弯曲方向的柱距；

E_w——在弯曲方向与箱形基础相连的连续钢筋混凝土墙的弹性模量；

I_w——在弯曲方向与箱形基础相连的连续钢筋混凝土墙的截面惯性矩，其值为$\frac{th^3}{12}$；

t——在弯曲方向与箱形基础相连的连续钢筋混凝土墙体厚度的总和；

h——在弯曲方向与箱形基础相连的连续钢筋混凝土墙体的高度；

m——在弯曲方向的节间数；

n——建筑物层数。不大于 8 层时，n 取实际楼层数；大于 8 层时，n 取 8。

公式（5.2.8-2）用于等柱距的框架结构。对柱距相差不超过 20%的框架结构也可适用，此时，l 取柱距的平均值。

在箱形基础顶、底板配筋时，应综合考虑承受整体弯曲的钢筋与局部弯曲的钢筋的配置部位，以充分发挥各截面钢筋的作用。

5.2.9 箱形基础的内、外墙，除与剪力墙连接者外，由柱根传给各片墙的竖向剪力设计值，可按相交于该柱下各片墙的刚度进行分配。墙身的受剪截面应符合下式要求：

$$V_w \leqslant 0.25 f_c A_w \qquad (5.2.9)$$

式中 V_w——由柱根轴力传给各片墙的竖向剪力设计值，按相交的各片墙的刚度进行分配；

f_c——混凝土轴心受压强度设计值；

A_w——墙身竖向有效截面积。

5.2.10 门洞宜设在柱间居中部位，洞边至上层柱中心的水平距离不宜小于 1.2m，洞口上过梁的高度不宜小于层高的 1/5，洞口面积不宜大于柱距与箱形基础全高乘积的 1/6。

墙体洞口周围应设置加强钢筋，洞口四周附加钢筋面积不应小于洞口内被切断钢筋面积的一半，且不少于两根直径为 16mm 的钢筋，此钢筋应从洞口边缘处延长 40 倍钢筋直径。

5.2.11 单层箱基洞口上、下过梁的受剪截面应分别符合下列公式的要求：

$$V_1 \leqslant 0.25 f_c A_1 \quad (5.2.11\text{-}1)$$

$$V_2 \leqslant 0.25 f_c A_2 \quad (5.2.11\text{-}2)$$

$$V_1 = \mu V + \frac{q_1 l}{2} \quad (5.2.11\text{-}3)$$

$$V_2 = (1-\mu)V + \frac{q_2 l}{2} \quad (5.2.11\text{-}4)$$

$$\mu = \frac{1}{2}\left(\frac{b_1 h_1}{b_1 h_1 + b_2 h_2} + \frac{b_1 h_1^3}{b_1 h_1^3 + b_2 h_2^3}\right) \quad (5.2.11\text{-}5)$$

式中 V_1、V_2——上、下过梁的剪力设计值；

V——洞口中点处的剪力设计值；

μ——剪力分配系数；

q_1、q_2——作用在上、下过梁上的均布荷载设计值；

l——洞口的净宽；

f_c——混凝土轴心受压强度设计值；

A_1、A_2——上、下过梁的有效截面积，上、下过梁可取图 5.2.11a 及图 5.2.11b 的阴影部分计算，并取其中较大值。

多层箱基洞口过梁的剪力设计值也可按上列公式计算。

5.2.12 单层箱基洞口上、下过梁截面的顶部和底部纵向钢筋，应分别按公式（5.2.12-1）、（5.2.12-2）求得的弯矩设计值配置：

$$M_1 = \mu V \frac{l}{2} + \frac{q_1 l^2}{12} \quad (5.2.12\text{-}1)$$

$$M_2 = (1-\mu)V \frac{l}{2} + \frac{q_2 l^2}{12} \quad (5.2.12\text{-}2)$$

式中 M_1、M_2——上、下过梁的弯矩设计值。

5.2.13 底层柱与箱形基础交接处，柱边和墙边或柱角和八字角

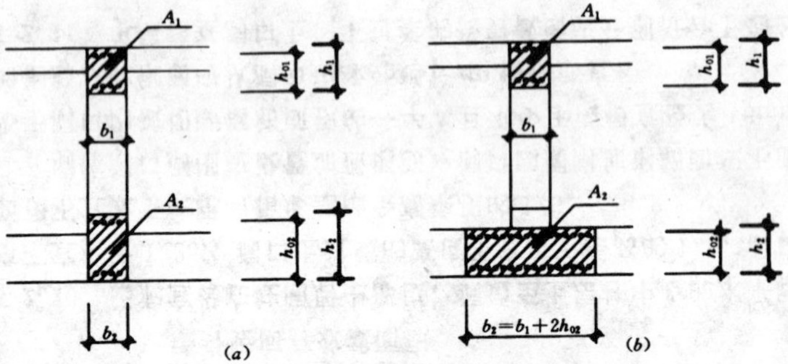

图 5.2.11 洞口上下过梁的有效截面积

之间的净距不宜小于 50mm，并应验算底层柱下墙体的局部受压承载力；当不能满足时，应增加墙体的承压面积或采取其他有效措施。

5.2.14 底层柱纵向钢筋伸入箱形基础的长度应符合下列规定：

5.2.14.1 柱下三面或四面有箱形基础墙的内柱，除四角钢筋应直通基底外，其余钢筋可终止在顶板底面以下 40 倍钢筋直径处；

5.2.14.2 外柱、与剪力墙相连的柱及其它内柱的纵向钢筋应直通到基底。

5.2.15 当箱基的外墙设有窗井时，窗井的分隔墙应与内墙连成整体。窗井分隔墙可视作由箱形基础内墙伸出的挑梁。窗井底板应按支承在箱基外墙、窗井外墙和分隔墙上的单向板或双向板计算。

5.2.16 与高层建筑相连的门厅等低矮单元基础，可采用从箱形基础挑出的基础梁方案

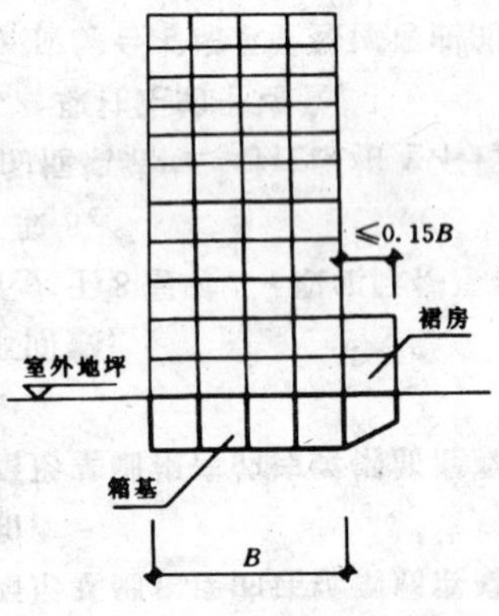

图 5.2.16 箱形基础挑出部位示意

(图 5.2.16)。挑出长度不宜大于 0.15 倍箱基宽度，并应考虑挑梁对箱基产生的偏心荷载的影响。挑出部分下面应填充一定厚度的松散材料，或采取其它能保证挑梁自由下沉的措施。

5.3 筏形基础

5.3.1 筏形基础分梁板式和平板式两种类型，应根据地基土质、上部结构体系、柱距、荷载大小以及施工等条件确定。

5.3.2 梁板式筏基底板的板格应满足受冲切承载力的要求。梁板式筏基的板厚不应小于 300mm，且板厚与板格的最小跨度之比不宜小于 1/20。

5.3.3 梁板式筏基的基础梁除满足正截面受弯及斜截面受剪承载力外，尚应验算底层柱下基础梁顶面的局部受压承载力。

5.3.4 地下室底层柱、剪力墙与梁板式筏基的基础梁的连接构造要求应符合下列规定：

5.3.4.1 当交叉基础梁的宽度小于柱截面的边长时，交叉基础梁连接处应设置八字角，柱角和八字角之间的净距不宜小于 50mm（图 5.3.4*a*）；

5.3.4.2 当单向基础梁与柱连接时，柱截面的边长大于 400mm，可按图 5.3.4*b*、*c* 采用；柱截面的边长小于等于 400mm，可按图 5.3.4*d* 采用；

5.3.4.3 当基础梁与剪力墙连接时，基础梁边至剪力墙边的距离不宜小于 50mm（图 5.3.4*e*）。

5.3.5 平板式筏基的板厚应能满足受冲切承载力的要求。板的最小厚度不宜小于 400mm。计算时应考虑作用在冲切临界截面重心上的不平衡弯矩所产生的附加剪力。距柱边 $h_0/2$ 处冲切临界截面的最大剪应力 τ_{max} 应按公式（5.3.5-1）、（5.3.5-2）、（5.3.5-3）计算（图 5.3.5）。

$$\tau_{max}=\frac{V_s}{u_m h_0}+\alpha_s\frac{MC_{AB}}{I_s} \quad (5.3.5\text{-}1)$$

$$\tau_{max}\leqslant 0.6f_t \quad (5.3.5\text{-}2)$$

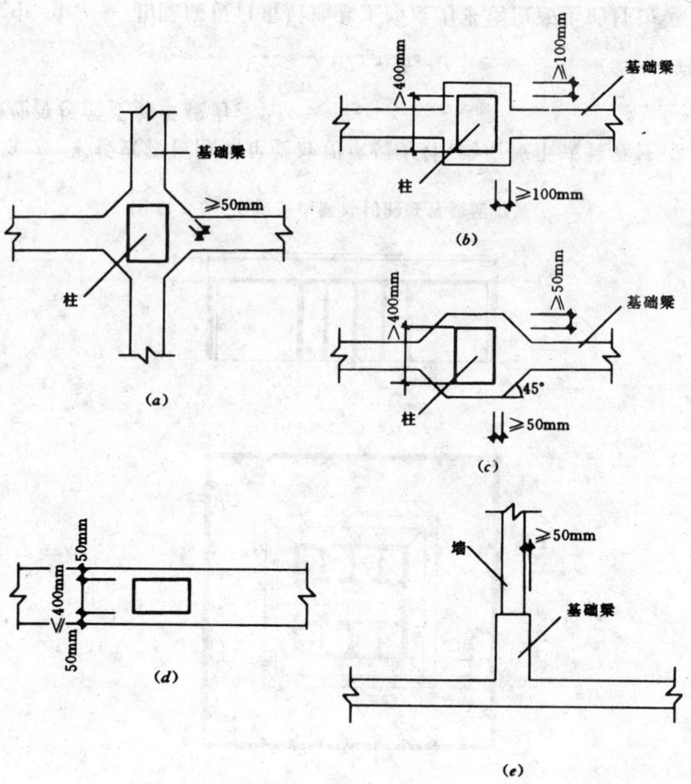

图 5.3.4 基础梁与地下室底层柱或剪力墙连接的构造

$$\alpha_s=1-\frac{1}{1+\frac{2}{3}\sqrt{\frac{c_1}{c_2}}} \quad (5.3.5\text{-}3)$$

式中 V_s——集中反力设计值，对柱取轴力设计值减去筏板冲切破坏锥体内的地基反力设计值；对边柱和角柱，取轴力设计值减去筏板冲切临界截面范围内的地基反力设计值，地基反力值应扣除底板自重；

u_m——距柱边 $h_0/2$ 处冲切临界截面的周长，按本规范附录 D 计算；

h_0——筏板的有效高度；

M——作用在冲切临界截面重心上的不平衡弯矩；

C_{AB}——沿弯矩作用方向，冲切临界截面重心至冲切临界截面最大剪应力点的距离；

I_s——冲切临界截面对其重心的极惯性矩，按本规范附录 D 计算；

f_t——混凝土轴心抗拉强度设计值；

c_1——与弯矩作用方向一致的冲切临界截面的边长，按本规范附录 D 计算；

c_2——垂直于 c_1 的冲切临界截面的边长，按本规范附录 D 计算；

α_s——不平衡弯矩传至冲切临界截面周边的剪应力系数。

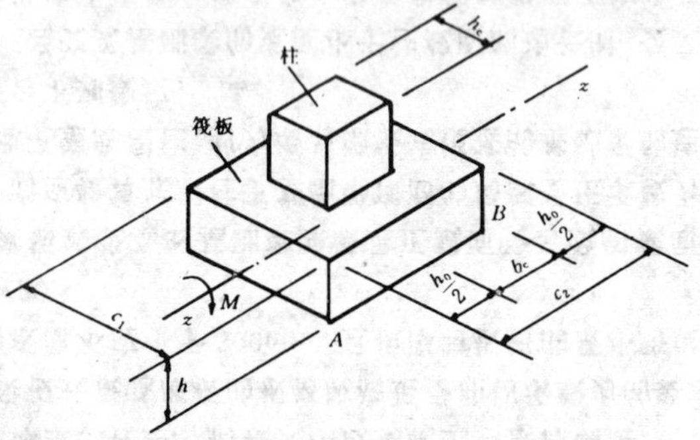

图 5.3.5　内柱冲切临界截面示意图

当柱荷载较大，等厚度筏板的受冲切承载力不能满足要求时，可在筏板上面增设柱墩或在筏板下局部增加板厚或采用抗冲切箍筋来提高受冲切承载能力。

5.3.6　平板式筏基上的内筒（图 5.3.6），其周边的冲切承载力可按下式计算：

$$\frac{F_l}{u_m h_0} \leqslant 0.6 f_t \tag{5.3.6}$$

式中　F_l——内筒所承受的轴力设计值减去筏板冲切破坏锥体内的地基反力设计值。其中地基反力值应扣除板的自重；

u_m——距内筒外表面 $h_0/2$ 处冲切临界截面的周长；

h_0——距内筒外表面 $h_0/2$ 处筏板的有效高度。

当需要考虑内筒根部弯矩的影响时，距内筒外表面 $h_0/2$ 处冲切临界截面的最大剪应力可按本规范公式（5.3.5-1）计算。

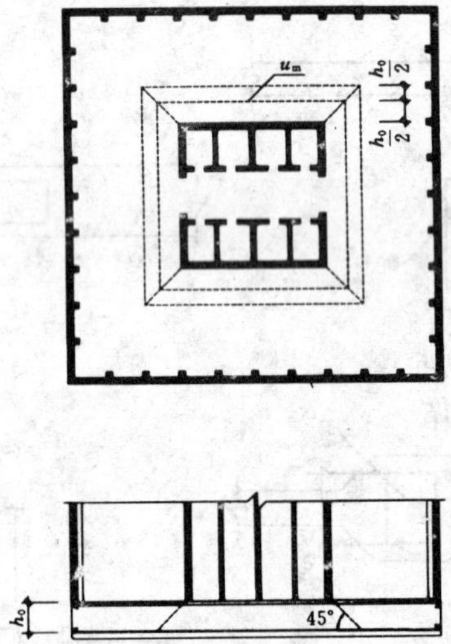

图 5.3.6　筏板受内筒冲切的临界截面位置

5.3.7　平板式筏板除满足受冲切承载力外，尚应按下式验算柱边缘处筏板的受剪承载力：

$$V_s \leqslant 0.07 f_c b_w h_0 \tag{5.3.7}$$

式中　V_s——扣除底板自重后地基土净反力平均值产生的柱边缘

处单位宽度的剪力设计值；

b_w——取单位宽度。

5.3.8 筏形基础地下室的外墙厚度不应小于 250mm，内墙厚度不应小于 200mm。墙体内应设置双面钢筋，钢筋配置量除满足承载力要求外，竖向和水平钢筋的直径不应小于 10mm，间距不应大于 200mm。

5.3.9 当地基比较均匀、上部结构刚度较好，且柱荷载及柱间距的变化不超过 20%时，筏形基础可仅考虑局部弯曲作用，按倒楼盖法进行计算。计算时地基反力可视为均布，其值应扣除底板自重。

当地基比较复杂、上部结构刚度较差，或柱荷载及柱间距变化较大时，筏基内力应按弹性地基梁板方法进行分析。

5.3.10 按倒楼盖法计算的梁板式筏基，其基础梁的内力可按连续梁分析，边跨跨中弯矩以及第一内支座的弯矩值宜乘以 1.2 的系数。考虑到整体弯曲的影响，梁板式筏基的底板和基础梁的配筋除满足计算要求外，纵横方向的支座钢筋尚应有 1/2～1/3 贯通全跨，且其配筋率不应小于 0.15%；跨中钢筋应按实际配筋全部连通。

5.3.11 按倒楼盖法计算的平板式筏基，柱下板带和跨中板带的承载力应符合计算要求。

5.3.11.1 柱下板带中在柱宽及其两侧各 0.5 倍板厚的有效宽度范围内的钢筋配置量不应小于柱下板带钢筋的一半，且应能承受作用在冲切临界截面重心上的部分不平衡弯矩 M_p 的作用。M_p 应按下列公式计算：

$$M_p = \alpha_m M \tag{5.3.11-1}$$

$$\alpha_m = 1 - \alpha_s \tag{5.3.11-2}$$

式中 M_p——板与柱之间的部分不平衡弯矩；

α_m——不平衡弯矩传至冲切临界截面周边的弯曲应力系数；

5.3.11.2 考虑到整体弯曲的影响，柱下筏板带和跨中板带的底部钢筋应有 1/2～1/3 贯通全跨，且配筋率不应小于 0.15%；顶部钢筋应按实际配筋全部连通；

5.3.11.3 对有抗震设防要求的平板式筏基，计算柱下板带受弯承载力时，柱内力应考虑地震作用不利组合。

5.4 桩箱与桩筏基础

5.4.1 当高层建筑箱形与筏形基础下天然地基承载力或沉降变形不能满足设计要求时，可采用桩加箱形或筏形基础。桩的类型应根据工程地质资料、结构类型、荷载性质、施工条件以及经济指标等因素确定。有关桩的设计应符合国家现行行业标准《建筑桩基技术规范》(JGJ94) 的要求。

5.4.2 当箱形或筏形基础下桩的数量较少时，桩宜布置在墙下、梁板式筏形基础的梁下或平板式筏形基础的柱下。基础底板的厚度应满足整体刚度及防水要求。当桩布置在墙下或基础梁下时，基础板的厚度不得小于 300mm，且不宜小于板跨的 1/20。

5.4.3 当箱形或筏形基础下需要满堂布桩时，基础板的厚度应满足受冲切承载力的要求。基础板沿桩顶、柱根、剪力墙或筒体周边的受冲切承载力可按国家现行行业标准《建筑桩基技术规范》(JGJ94) 计算。

5.4.4 基础板的弯矩可按下列方法计算：

5.4.4.1 先将基础板上的竖向荷载设计值按静力等效原则移至基础底面桩群承载力重心处。弯矩引起的桩顶不均匀反力按直线变化原则计算，并以柱或墙为支座采用倒楼盖法计算板的弯矩。当支座反力与实际柱或墙的荷载效应相差较大时，应重新调整桩位再次计算桩顶反力；

5.4.4.2 当桩基的沉降量较均匀时，可将单桩简化为一个弹簧，按支承于弹簧上的弹性平板计算板中的弯矩。桩的弹簧系数可按单桩载荷试验或地区经验确定。

5.4.5 桩与箱基或筏基的连接应符合下列规定：

5.4.5.1 桩顶嵌入箱基或筏基底板内的长度，对于大直径桩，不宜小于100mm；对中小直径的桩不宜小于50mm；

5.4.5.2 桩的纵向钢筋锚入箱基或筏基底板内的长度不宜小于钢筋直径的35倍，对于抗拔桩基不应少于钢筋直径的45倍。

6 施 工

6.1 一般规定

6.1.1 箱形基础与筏形基础的施工组织设计应根据整个建筑场地、工程地质和水文地质资料以及现场环境等条件进行。

6.1.2 施工前应根据工程特点、工程环境、水文地质和气象条件制定监测计划。

6.1.3 施工过程中应保护各类观测点和监测点。

6.1.4 施工中应做好监测记录并及时反馈信息，发现异常情况应及时处理。

6.2 影响区域的监测

6.2.1 基坑开挖前应对邻近原有建、构筑物及其地基基础、道路和地下管线的状况进行详细调查。发现裂缝、倾斜、滑移等损坏迹象，应作标记和拍照，并存档备案。

6.2.2 施工过程中应按监测计划对影响区域内的建、构筑物、道路和地下管线的水平位移和沉降进行监测，监测数据应作为调整施工进度和工艺的依据。

6.2.3 对影响区域内的危房、重要建筑、变形敏感的建、构筑物、道路和地下管线，应采取防护措施。

6.3 降 水

6.3.1 当地下水位影响基坑施工时，应采取人工降低地下水位或隔水措施。

6.3.2 降水、隔水方案应根据水文地质资料、基坑开挖深度、支护方式及降水影响区域内的建筑物、管线对降水反应的敏感程度等因素确定。

6.3.3 降水方案可按表6.3.3的要求选用：

降 水 方 案　　表6.3.3

基坑开挖深度（m）	土类		
	粘土、淤泥质土、淤泥	粉质粘土、粉砂	细砂、中砂、粗砂、砾砂
≤6	单层井点、电渗法	单层井点、电渗法	单层井点、表面排水
6～12	多层井点、喷射井点	多层井点、喷射井点	多层井点、管井
12～20	喷射井点、深井泵	喷射井点、深井泵	喷射井点、深井泵
＞20	喷射井点、深井泵	深井泵、喷射井点	深井泵

6.3.4 当采用降水方案时，为减小对工程本身和影响区的不利影响，井点施工必须执行现行国家标准《地基与基础工程施工及验收规范》（GBJ202）的规定，严格控制出水的含泥量。

6.3.5 放坡开挖的基坑，井点管距坑边不应小于1m。机房距坑边不应小于1.5m，地面应夯实填平。抽吸设备排水口应远离边坡，防止排出的水渗入坑内。

6.3.6 当采用U型板桩支护基坑、井点管需要布置在坑内时，宜将井点管设在板桩的凹档处。土方开挖时，应随时用粘土对井点管周围的砂井进行封盖。平板形板桩的井点管布置在坑内时，应防止碰坏井管。

6.3.7 应设置降水观察井，对降水的效果进行观察。

6.3.8 当降低地下水位会危及影响区域内建、构筑物和道路及地下管线时，宜在降水井管与建筑物、管线间设置隔水帷幕或回灌砂井、回灌井点和回灌砂沟。回灌砂井、回灌井点和回灌砂沟与降水井点间的距离，应根据降水与回灌水位曲线和场地条件而定，但不宜小于6m。

6.3.9 当采用井点降水和回灌方法时，井点降水与回灌应同时进行。

6.3.10 降水完毕后，应根据工程特点和土方回填进度陆续关闭和拔除井点管。井点管拔除后应立即用砂土将井孔回填密实。

6.3.11 对无抗浮措施的箱、筏基础，停止降水后的抗浮稳定系数不得小于1.2。

6.4 基坑开挖

6.4.1 在下列情况下，基坑开挖时应采取支护措施：

（1）深度较大不具备自然放坡施工条件；

（2）地基土质松软，并有地下水或丰盛上层滞水；

（3）基坑开挖危及邻近建、构筑物、道路及地下管线的安全与使用。

6.4.2 基坑支护结构应根据当地工程经验，综合考虑水文地质条件、基坑开挖深度、场地条件及周围环境因地制宜进行设计。

6.4.3 在场地宽阔，不影响邻近建筑、周围地下构筑物或地下管线的情况下，宜采用放坡开挖，并根据稳定性分析确定坡度。

6.4.4 当采用机械开挖基坑时，应保留200～300mm土层由人工挖除。

6.4.5 基坑边的施工荷载不得超过设计规定的荷载值。

6.4.6 开挖深基坑时，宜布置地面和坑内排水系统。

6.4.7 冬期施工时，必须采取有效措施，防止基土的冻胀。

6.4.8 基坑开挖完成并经验收后，应立即进行基础施工，防止暴晒和雨水浸泡造成基土破坏。

6.5 支护结构施工

6.5.1 板桩的制作质量应符合设计要求和现行国家标准《地基与基础施工及验收规范》（GBJ202）的规定。当采用预制钢筋混凝土桩或型钢作为支护板桩时，应有出厂合格证。

6.5.2 钢筋混凝土板桩的榫口应结合紧密，钢板桩应锁口或相互搭接。

6.5.3 第一根沉打的钢筋混凝土板桩的桩尖应做成双面斜口，桩长应比以后沉打的长2～3m，以后沉打的桩的桩尖应为单面斜口，斜面应在打桩的前进方向。

6.5.4 沿板桩墙两侧应设置导向围檩，导向围檩应有足够强度和刚度，板桩应顺导向围檩沉打，并严格控制垂直度。

6.5.5 拔除板桩应有防止带出基础周边地基土的措施。

6.5.6 当采用灌注桩作挡土桩时，桩顶部应设置钢筋混凝土水平圈梁与各挡土桩连结。

6.5.7 灌注桩的施工及质量标准应符合国家现行行业标准《建筑桩基技术规范》(JGJ94) 的要求。

6.5.8 密排桩、双排桩应间隔施工。

6.5.9 灌注桩混凝土浇筑完毕后，露出的钢筋应清理干净，并应在清除桩头混凝土残渣后，方可支模浇筑圈梁。

6.5.10 地下连续墙施工应符合下列规定：

(1) 施工前应沿墙面线两侧构筑导墙。导墙宜用现浇钢筋混凝土；

(2) 护壁泥浆的性能指标应符合现行国家标准《地基与基础施工及验收规范》(GBJ202) 的要求；

(3) 施工期间，槽内泥浆液面应高于地下水位 0.5m 以上，亦不应低于导墙顶面 0.3m。施工场地应设置排水沟、集水井、防止地表水流入槽内破坏泥浆性能；

(4) 单元槽段的长度应根据地质和水文条件、成槽设备、起重机的性能、混凝土的拌制供应能力、钢筋笼的重量、设计构造要求及槽壁稳定等因素确定，宜为 4～8m；

(5) 在槽深范围内存在可能漏失泥浆的土层时，事前应做好堵漏措施；

(6) 槽段开挖完成后，应检查槽位、槽宽、槽深及槽壁垂直度，以及作好记录，经检验符合设计要求后方可清槽换浆；

(7) 对槽底泥浆和沉淀物应进行置换和清除。置换量不宜少于槽段总体量的 1/3，置换和清底应采用槽底抽吸、槽顶补浆方法，使底部泥浆相对密度不大于 1.20；

(8) 钢筋笼的拼装应采用焊接，不得采用铁丝绑扎；

(9) 钢筋笼的构造应便于准确就位，不得采用强行加压或用自重坠落的方法沉入槽内；

(10) 从钢筋笼沉入槽内到混凝土浇筑的时间不宜超过 4～6 小时，浇筑混凝土时，应防止钢筋笼上浮；

(11) 地下连续墙混凝土的配合比应按流态混凝土设计并经过试验确定。坍落度宜为 18～20cm。

6.5.11 支护结构的横梁和支撑应按施工组织设计规定的程序和要求进行安装和拆除。支撑与横梁的接触面应平整紧贴。当采用拼接的支撑系统时，拼接节点应符合设计要求。

6.5.12 当圈梁作为顶层支撑或锚杆锚固端的支承梁而承受水平力时，应满足强度和变形要求。

6.6 箱基与筏基的施工

6.6.1 箱基与筏基的施工应执行现行国家标准《混凝土结构工程施工及验收规范》(GB50204) 的有关规定。

6.6.2 基础长度超过 40m 时，宜设置施工缝，缝宽不宜小于 80cm。在施工缝处，钢筋必须贯通。

6.6.3 当主楼与裙房采用整体基础，且主楼基础与裙房基础之间采用后浇带时，后浇带的处理方法应与施工缝相同。

6.6.4 施工缝或后浇带及整体基础底面的防水处理应同时做好，并注意保护。

6.6.5 基础混凝土应采用同一品种水泥、掺合料、外加剂和同一配合比。

6.6.6 大体积混凝土可采用掺合料和外加剂改善混凝土和易性，减少水泥用量，降低水化热，其用量应通过试验确定。掺合料和外加剂的质量应符合现行国家标准《混凝土质量控制标准》(GB50164) 的规定。

6.6.7 大体积混凝土宜采用蓄热养护法养护，其内外温差不宜大于 25℃。

6.6.8 大体积混凝土宜采用斜面式薄层浇捣，利用自然流淌形成斜坡，并应采取有效措施防止混凝土将钢筋推离设计位置。

6.6.9 大体积混凝土必须进行二次抹面工作，减少表面收缩裂缝。

6.6.10 混凝土的泌水宜采用抽水机抽吸或在侧模上开设泌水孔排除。

6.6.11 基础施工完毕后，基坑应及时回填。回填前应清除基坑中的杂物；回填应在相对的两侧或四周同时均匀进行，并分层夯实。

6.7 施工监测

6.7.1 从基坑开挖至基坑回填完成期间（软土地区尚应延长 4～6 个月），应对影响区范围内的邻近建筑物和管线垂直与水平变形进行监测。

6.7.2 实施降水和回灌方案时，应进行降水观测井和回灌观测井的水位测试以及邻近建筑物、管线的沉陷与水平位移观测。

6.7.3 采用护坡桩系统时，应对挡土桩的变形、桩的内力变化进行监测。

6.7.4 当采用地下连续墙作为围护结构时，应监测墙体位移、平面变形、结构整体稳定、土压力、孔隙水压力、土体位移和地下水位等项目。

6.7.5 基坑开挖过程中，应对水平支撑系统和锚杆的工作状态进行检查和监测。

6.7.6 施工中应进行大体积混凝土的测温工作。测温点的布置应便于绘制温度变化梯度图，可布置在基础平面的对称轴和对角线上。测温点应设在混凝土结构厚度的 1/2、1/4 和表面处，离钢筋的距离应大于 30mm。

附录 A 附加应力系数 α、平均附加应力系数 $\bar{\alpha}$

A.0.1 矩形面积上均布荷载作用下角点附加应力系数 α 应按表 A.0.1 确定。

矩形面积上均布荷载作用下角点附加应力系数 α 表 A.0.1

z/b	l/b										
	1.0	1.2	1.4	1.6	1.8	2.0	3.0	4.0	5.0	6.0	10.0	条形
0.0	0.250	0.250	0.250	0.250	0.250	0.250	0.250	0.250	0.250	0.250	0.250	0.250
0.2	0.249	0.249	0.249	0.249	0.249	0.249	0.249	0.249	0.249	0.249	0.249	0.249
0.4	0.240	0.242	0.243	0.243	0.244	0.244	0.244	0.244	0.244	0.244	0.244	0.244
0.6	0.223	0.228	0.230	0.232	0.232	0.233	0.234	0.234	0.234	0.234	0.234	0.234
0.8	0.200	0.207	0.212	0.215	0.216	0.218	0.220	0.220	0.220	0.220	0.220	0.220
1.0	0.175	0.185	0.191	0.195	0.198	0.200	0.203	0.204	0.204	0.204	0.205	0.205
1.2	0.152	0.163	0.171	0.176	0.179	0.182	0.187	0.188	0.189	0.189	0.189	0.189
1.4	0.131	0.142	0.151	0.157	0.161	0.164	0.171	0.173	0.174	0.174	0.174	0.174
1.6	0.112	0.124	0.133	0.140	0.145	0.148	0.157	0.159	0.160	0.160	0.160	0.160
1.8	0.097	0.108	0.117	0.124	0.129	0.133	0.143	0.146	0.147	0.148	0.148	0.148
2.0	0.084	0.095	0.103	0.110	0.116	0.120	0.131	0.135	0.136	0.137	0.137	0.137
2.2	0.073	0.083	0.092	0.098	0.104	0.108	0.121	0.125	0.126	0.127	0.128	0.128
2.4	0.064	0.073	0.081	0.088	0.093	0.098	0.111	0.116	0.118	0.118	0.119	0.119
2.6	0.057	0.065	0.072	0.079	0.084	0.089	0.102	0.107	0.110	0.111	0.112	0.112
2.8	0.050	0.058	0.065	0.071	0.076	0.080	0.094	0.100	0.102	0.104	0.105	0.105
3.0	0.045	0.052	0.058	0.064	0.069	0.073	0.087	0.093	0.096	0.097	0.099	0.099

续表

z/b	l/b											
	1.0	1.2	1.4	1.6	1.8	2.0	3.0	4.0	5.0	6.0	10.0	条形
3.2	0.040	0.047	0.053	0.058	0.063	0.067	0.081	0.087	0.090	0.092	0.093	0.094
3.4	0.036	0.042	0.048	0.053	0.057	0.061	0.075	0.081	0.085	0.086	0.088	0.089
3.6	0.033	0.038	0.043	0.048	0.052	0.056	0.069	0.076	0.080	0.082	0.084	0.084
3.8	0.030	0.035	0.040	0.044	0.048	0.052	0.065	0.072	0.075	0.077	0.080	0.080
4.0	0.027	0.032	0.036	0.040	0.044	0.048	0.060	0.067	0.071	0.073	0.076	0.076
4.2	0.025	0.029	0.033	0.037	0.041	0.044	0.056	0.063	0.067	0.070	0.072	0.073
4.4	0.023	0.027	0.031	0.034	0.038	0.041	0.053	0.060	0.064	0.066	0.069	0.070
4.6	0.021	0.025	0.028	0.032	0.035	0.038	0.049	0.056	0.061	0.063	0.066	0.067
4.8	0.019	0.023	0.026	0.029	0.032	0.035	0.046	0.053	0.058	0.060	0.064	0.064
5.0	0.018	0.021	0.024	0.027	0.030	0.033	0.043	0.050	0.055	0.057	0.061	0.062
6.0	0.013	0.015	0.017	0.020	0.022	0.024	0.033	0.039	0.043	0.046	0.051	0.052
7.0	0.009	0.011	0.013	0.015	0.016	0.018	0.025	0.031	0.035	0.038	0.043	0.045
8.0	0.007	0.009	0.010	0.011	0.013	0.014	0.020	0.025	0.028	0.031	0.037	0.039
9.0	0.006	0.007	0.008	0.009	0.010	0.011	0.016	0.020	0.024	0.026	0.032	0.035
10.0	0.005	0.006	0.007	0.007	0.008	0.009	0.013	0.017	0.020	0.022	0.028	0.032
12.0	0.003	0.004	0.005	0.005	0.006	0.006	0.009	0.012	0.014	0.017	0.022	0.026
14.0	0.002	0.003	0.003	0.004	0.004	0.005	0.007	0.009	0.011	0.013	0.018	0.023
16.0	0.002	0.002	0.003	0.003	0.003	0.004	0.005	0.007	0.009	0.010	0.014	0.020
18.0	0.001	0.002	0.002	0.002	0.003	0.003	0.004	0.006	0.007	0.008	0.012	0.018
20.0	0.001	0.001	0.002	0.002	0.002	0.002	0.004	0.005	0.006	0.007	0.010	0.016
25.0	0.001	0.001	0.001	0.001	0.001	0.002	0.002	0.003	0.004	0.004	0.007	0.013
30.0	0.001	0.001	0.001	0.001	0.001	0.001	0.002	0.002	0.003	0.003	0.005	0.011
35.0	0.000	0.000	0.001	0.001	0.001	0.001	0.001	0.002	0.002	0.002	0.004	0.009
40.0	0.000	0.000	0.000	0.000	0.001	0.001	0.001	0.001	0.001	0.002	0.003	0.008

注：l—基础长度(m)；b—基础宽度(m)；z—计算点离基础底面垂直距离(m)。

A.0.2 矩形面积上均布荷载作用下角点平均附加应力系数 $\bar{\alpha}$ 应按表 A.0.2 确定。

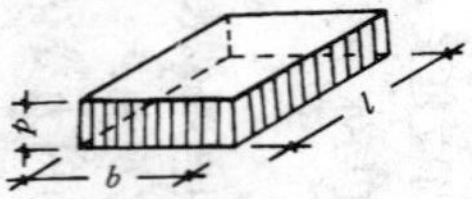

矩形面积上均布荷载作用下角点平均附加应力系数 $\bar{\alpha}$ 表 A.0.2

z/b \ l/b	1.0	1.2	1.4	1.6	1.8	2.0	2.4	2.8	3.2	3.6	4.0	5.0	10.0
0.0	0.2500	0.2500	0.2500	0.2500	0.2500	0.2500	0.2500	0.2500	0.2500	0.2500	0.2500	0.2500	0.2500
0.2	0.2496	0.2497	0.2497	0.2498	0.2498	0.2498	0.2498	0.2498	0.2498	0.2498	0.2498	0.2498	0.2498
0.4	0.2474	0.2479	0.2481	0.2483	0.2483	0.2484	0.2485	0.2485	0.2485	0.2485	0.2485	0.2485	0.2485
0.6	0.2423	0.2437	0.2444	0.2448	0.2451	0.2452	0.2454	0.2455	0.2455	0.2455	0.2455	0.2455	0.2456
0.8	0.2346	0.2372	0.2387	0.2395	0.2400	0.2403	0.2407	0.2408	0.2409	0.2409	0.2410	0.2410	0.2410
1.0	0.2252	0.2291	0.2313	0.2326	0.2335	0.2340	0.2346	0.2349	0.2351	0.2352	0.2352	0.2353	0.2353
1.2	0.2149	0.2199	0.2229	0.2248	0.2260	0.2268	0.2278	0.2282	0.2285	0.2286	0.2287	0.2288	0.2289
1.4	0.2043	0.2102	0.2140	0.2164	0.2180	0.2191	0.2204	0.2211	0.2215	0.2217	0.2218	0.2220	0.2221
1.6	0.1939	0.2006	0.2049	0.2079	0.2099	0.2113	0.2130	0.2138	0.2143	0.2146	0.2148	0.2150	0.2152
1.8	0.1840	0.1912	0.1960	0.1994	0.2018	0.2034	0.2055	0.2066	0.2073	0.2077	0.2079	0.2082	0.2084
2.0	0.1746	0.1822	0.1875	0.1912	0.1938	0.1958	0.1982	0.1996	0.2004	0.2009	0.2012	0.2015	0.2018
2.2	0.1659	0.1737	0.1793	0.1833	0.1862	0.1883	0.1911	0.1927	0.1937	0.1943	0.1947	0.1952	0.1955
2.4	0.1578	0.1657	0.1715	0.1757	0.1789	0.1812	0.1843	0.1862	0.1873	0.1880	0.1885	0.1890	0.1895
2.6	0.1503	0.1583	0.1642	0.1686	0.1719	0.1745	0.1779	0.1799	0.1812	0.1820	0.1825	0.1832	0.1838
2.8	0.1433	0.1514	0.1574	0.1619	0.1654	0.1680	0.1717	0.1739	0.1753	0.1763	0.1769	0.1777	0.1784

续表

z/b \ l/b	1.0	1.2	1.4	1.6	1.8	2.0	2.4	2.8	3.2	3.6	4.0	5.0	10.0
3.0	0.1369	0.1449	0.1510	0.1556	0.1592	0.1619	0.1658	0.1682	0.1698	0.1708	0.1715	0.1725	0.1733
3.2	0.1310	0.1390	0.1450	0.1497	0.1533	0.1562	0.1602	0.1628	0.1645	0.1657	0.1664	0.1675	0.1685
3.4	0.1256	0.1334	0.1394	0.1441	0.1478	0.1508	0.1550	0.1577	0.1595	0.1607	0.1616	0.1628	0.1639
3.6	0.1205	0.1282	0.1342	0.1389	0.1427	0.1456	0.1500	0.1528	0.1548	0.1561	0.1570	0.1583	0.1595
3.8	0.1158	0.1234	0.1293	0.1340	0.1378	0.1408	0.1452	0.1482	0.1502	0.1516	0.1526	0.1541	0.1554
4.0	0.1114	0.1189	0.1248	0.1294	0.1332	0.1362	0.1408	0.1438	0.1459	0.1474	0.1485	0.1500	0.1516
4.2	0.1073	0.1147	0.1205	0.1251	0.1289	0.1319	0.1365	0.1396	0.1418	0.1434	0.1445	0.1462	0.1479
4.4	0.1035	0.1107	0.1164	0.1210	0.1248	0.1279	0.1325	0.1357	0.1379	0.1396	0.1407	0.1425	0.1444
4.6	0.1000	0.1070	0.1127	0.1172	0.1209	0.1240	0.1287	0.1319	0.1342	0.1359	0.1371	0.1390	0.1410
4.8	0.0967	0.1036	0.1091	0.1136	0.1173	0.1204	0.1250	0.1283	0.1307	0.1324	0.1337	0.1357	0.1379
5.0	0.0935	0.1003	0.1057	0.1102	0.1139	0.1169	0.1216	0.1249	0.1273	0.1291	0.1304	0.1325	0.1348
5.2	0.0906	0.0972	0.1026	0.1070	0.1106	0.1136	0.1183	0.1217	0.1241	0.1259	0.1273	0.1295	0.1320
5.4	0.0878	0.0943	0.0996	0.1039	0.1075	0.1105	0.1152	0.1186	0.1211	0.1229	0.1243	0.1265	0.1292
5.6	0.0852	0.0916	0.0968	0.1010	0.1046	0.1076	0.1122	0.1156	0.1181	0.1200	0.1215	0.1238	0.1266
5.8	0.0828	0.0890	0.0941	0.0983	0.1018	0.1047	0.1094	0.1128	0.1153	0.1172	0.1187	0.1211	0.1240
6.0	0.0805	0.0866	0.0916	0.0957	0.0991	0.1021	0.1067	0.1101	0.1126	0.1146	0.1161	0.1185	0.1216
6.2	0.0783	0.0842	0.0891	0.0932	0.0966	0.0995	0.1041	0.1075	0.1101	0.1120	0.1136	0.1161	0.1193
6.4	0.0762	0.0820	0.0869	0.0909	0.0942	0.0971	0.1016	0.1050	0.1076	0.1096	0.1111	0.1137	0.1171
6.6	0.0742	0.0799	0.0847	0.0886	0.0919	0.0948	0.0993	0.1027	0.1053	0.1073	0.1088	0.1114	0.1149
6.8	0.0723	0.0779	0.0826	0.0865	0.0898	0.0926	0.0970	0.1004	0.1030	0.1050	0.1066	0.1092	0.1129
7.0	0.0705	0.0761	0.0806	0.0844	0.0877	0.0904	0.0949	0.0982	0.1008	0.1028	0.1044	0.1071	0.1109
7.2	0.0688	0.0742	0.0787	0.0825	0.0857	0.0884	0.0928	0.0962	0.0987	0.1008	0.1023	0.1051	0.1090
7.4	0.0672	0.0725	0.0769	0.0806	0.0838	0.0865	0.0908	0.0942	0.0967	0.0988	0.1004	0.1031	0.1071

续表

z/b \ l/b	1.0	1.2	1.4	1.6	1.8	2.0	2.4	2.8	3.2	3.6	4.0	5.0	10.0
7.6	0.0656	0.0709	0.0752	0.0789	0.0820	0.0846	0.0889	0.0922	0.0948	0.0968	0.0984	0.1012	0.1054
7.8	0.0642	0.0693	0.0736	0.0771	0.0802	0.0828	0.0871	0.0904	0.0929	0.0950	0.0966	0.0994	0.1036
8.0	0.0627	0.0678	0.0720	0.0755	0.0785	0.0811	0.0853	0.0886	0.0912	0.0932	0.0948	0.0976	0.1020
8.2	0.0614	0.0663	0.0705	0.0739	0.0769	0.0795	0.0837	0.0869	0.0894	0.0914	0.0931	0.0959	0.1004
8.4	0.0601	0.0649	0.0690	0.0724	0.0754	0.0779	0.0820	0.0852	0.0878	0.0893	0.0914	0.0943	0.0938
8.6	0.0588	0.0636	0.0676	0.0710	0.0739	0.0764	0.0805	0.0836	0.0862	0.0882	0.0898	0.0927	0.0973
8.8	0.0576	0.0623	0.0663	0.0696	0.0724	0.0749	0.0790	0.0821	0.0846	0.0866	0.0882	0.0912	0.0959
9.2	0.0554	0.0599	0.0637	0.0670	0.0697	0.0721	0.0761	0.0792	0.0817	0.0837	0.0853	0.0882	0.0931
9.6	0.0533	0.0577	0.0614	0.0645	0.0672	0.0696	0.0734	0.0765	0.0789	0.0809	0.0825	0.0855	0.0905
10.0	0.0514	0.0556	0.0592	0.0622	0.0649	0.0672	0.0710	0.0739	0.0763	0.0783	0.0799	0.0829	0.0880
10.4	0.0496	0.0537	0.0572	0.0601	0.0627	0.0649	0.0686	0.0716	0.0739	0.0759	0.0775	0.0804	0.0857
10.8	0.0479	0.0519	0.0553	0.0581	0.0606	0.0628	0.0664	0.0693	0.0717	0.0736	0.0751	0.0781	0.0834
11.2	0.0463	0.0502	0.0535	0.0563	0.0587	0.0609	0.0644	0.0672	0.0695	0.0714	0.0730	0.0759	0.0813
11.6	0.0448	0.0486	0.0518	0.0545	0.0569	0.0590	0.0625	0.0652	0.0675	0.0694	0.0709	0.0738	0.0793
12.0	0.0435	0.0471	0.0502	0.0529	0.0552	0.0573	0.0606	0.0634	0.0656	0.0674	0.0690	0.0719	0.0774
12.8	0.0409	0.0444	0.0474	0.0499	0.0521	0.0541	0.0573	0.0599	0.0621	0.0639	0.0654	0.0682	0.0739
13.6	0.0387	0.0420	0.0448	0.0472	0.0493	0.0512	0.0543	0.0568	0.0589	0.0607	0.0621	0.0649	0.0707
14.4	0.0367	0.0398	0.0425	0.0448	0.0468	0.0486	0.0516	0.0540	0.0561	0.0577	0.0592	0.0619	0.0677
15.2	0.0349	0.0379	0.0404	0.0426	0.0446	0.0463	0.0492	0.0515	0.0535	0.0551	0.0565	0.0592	0.0650
16.0	0.0332	0.0361	0.0385	0.0407	0.0425	0.0442	0.0469	0.0492	0.0511	0.0527	0.0540	0.0567	0.0625
18.0	0.0297	0.0323	0.0345	0.0364	0.0381	0.0396	0.0422	0.0442	0.0460	0.0475	0.0487	0.0512	0.0570
20.0	0.0269	0.0292	0.0312	0.0330	0.0345	0.0359	0.0383	0.0402	0.0418	0.0432	0.0444	0.0468	0.0524

A.0.3 矩形面积上三角形分布荷载作用下的附加应力系数 α 与平均附加应力系数 $\bar{\alpha}$ 应按表 A.0.3 确定。

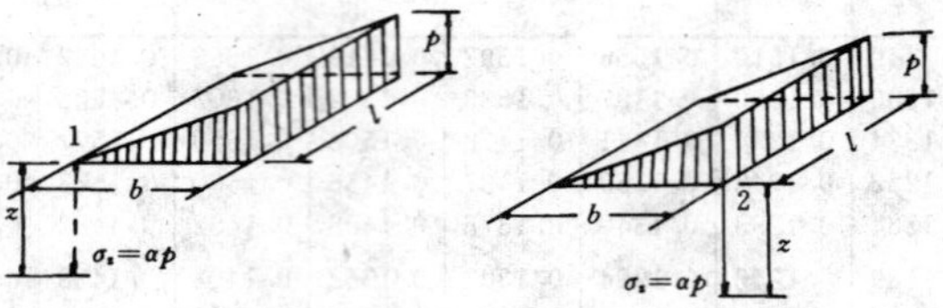

表 A.0.3 矩形面积上三角形分布荷载作用下的附加应力系数 α 与平均附加应力系数 $\bar{\alpha}$

l/b	0.2				0.4				0.6			
点	1		2		1		2		1		2	
z/b 系数	α	$\bar{\alpha}$	α	$\bar{\alpha}$	α	$\bar{\alpha}$	α	$\bar{\alpha}$	α	$\bar{\alpha}$	α	$\bar{\alpha}$
0.0	0.0000	0.0000	0.2500	0.2500	0.0000	0.0000	0.2500	0.2500	0.0000	0.0000	0.2500	0.2500
0.2	0.0223	0.0112	0.1821	0.2161	0.0280	0.0140	0.2115	0.2308	0.0296	0.0148	0.2165	0.2333
0.4	0.0269	0.0179	0.1094	0.1810	0.0420	0.0245	0.1604	0.2084	0.0487	0.0270	0.1781	0.2153
0.6	0.0259	0.0207	0.0700	0.1505	0.0448	0.0308	0.1165	0.1851	0.0560	0.0355	0.1405	0.1966
0.8	0.0232	0.0217	0.0480	0.1277	0.0421	0.0340	0.0853	0.1640	0.0553	0.0405	0.1093	0.1787
1.0	0.0201	0.0217	0.0346	0.1104	0.0375	0.0351	0.0638	0.1461	0.0508	0.0430	0.0852	0.1624

续表

l/b	0.2				0.4				0.6			
点	1		2		1		2		1		2	
z/b 系数	α	$\bar{\alpha}$	α	$\bar{\alpha}$	α	$\bar{\alpha}$	α	$\bar{\alpha}$	α	$\bar{\alpha}$	α	$\bar{\alpha}$
1.2	0.0171	0.0212	0.0260	0.0970	0.0324	0.0351	0.0491	0.1312	0.0450	0.0439	0.0673	0.1480
1.4	0.0145	0.0204	0.0202	0.0865	0.0278	0.0344	0.0386	0.1187	0.0392	0.0436	0.0540	0.1356
1.6	0.0123	0.0195	0.0160	0.0779	0.0238	0.0333	0.0310	0.1082	0.0339	0.0427	0.0440	0.1247
1.8	0.0105	0.0186	0.0130	0.0709	0.0204	0.0321	0.0254	0.0993	0.0294	0.0415	0.0363	0.1153
2.0	0.0090	0.0178	0.0108	0.0650	0.0176	0.0308	0.0211	0.0917	0.0255	0.0401	0.0304	0.1071
2.5	0.0063	0.0157	0.0072	0.0538	0.0125	0.0276	0.0140	0.0769	0.0183	0.0365	0.0205	0.0903
3.0	0.0046	0.0140	0.0051	0.0458	0.0092	0.0248	0.0100	0.0661	0.0135	0.0330	0.0148	0.0786
5.0	0.0018	0.0097	0.0019	0.0289	0.0036	0.0175	0.0038	0.0424	0.0054	0.0236	0.0056	0.0476
7.0	0.0009	0.0073	0.0010	0.0211	0.0019	0.0133	0.0019	0.0311	0.0028	0.0180	0.0029	0.0352
10.0	0.0005	0.0053	0.0004	0.0150	0.0009	0.0097	0.0010	0.0222	0.0014	0.0133	0.0014	0.0253

续表

l/b	0.8				1.0				1.2			
点	1		2		1		2		1		2	
z/b 系数	α	$\bar{\alpha}$	α	$\bar{\alpha}$	α	$\bar{\alpha}$	α	$\bar{\alpha}$	α	$\bar{\alpha}$	α	$\bar{\alpha}$
0.0	0.0000	0.0000	0.2500	0.2500	0.0000	0.0000	0.2500	0.2500	0.0000	0.0000	0.2500	0.2500
0.2	0.0301	0.0151	0.2178	0.2339	0.0304	0.0152	0.2182	0.2341	0.0305	0.0153	0.2184	0.2342
0.4	0.0517	0.0280	0.1844	0.2175	0.0531	0.0285	0.1870	0.2184	0.0539	0.0288	0.1881	0.2187
0.6	0.0621	0.0376	0.1520	0.2011	0.0654	0.0388	0.1575	0.2030	0.0673	0.0394	0.1602	0.2039
0.8	0.0637	0.0440	0.1232	0.1852	0.0688	0.0459	0.1311	0.1883	0.0720	0.0470	0.1355	0.1899
1.0	0.0602	0.0476	0.0996	0.1704	0.0666	0.0502	0.1086	0.1746	0.0708	0.0518	0.1143	0.1769
1.2	0.0546	0.0492	0.0807	0.1571	0.0615	0.0525	0.0901	0.1621	0.0664	0.0546	0.0962	0.1649
1.4	0.0483	0.0495	0.0661	0.1451	0.0554	0.0534	0.0751	0.1507	0.0606	0.0559	0.0817	0.1541
1.6	0.0424	0.0490	0.0547	0.1345	0.0492	0.0533	0.0628	0.1405	0.0545	0.0561	0.0696	0.1443
1.8	0.0371	0.0480	0.0457	0.1252	0.0435	0.0525	0.0534	0.1313	0.0487	0.0556	0.0596	0.1354
2.0	0.0324	0.0467	0.0387	0.1169	0.0384	0.0513	0.0456	0.1232	0.0434	0.0547	0.0513	0.1274
2.5	0.0236	0.0429	0.0265	0.1000	0.0284	0.0478	0.0318	0.1063	0.0326	0.0513	0.0365	0.1107
3.0	0.0176	0.0392	0.0192	0.0871	0.0214	0.0439	0.0233	0.0931	0.0249	0.0476	0.0270	0.0976
5.0	0.0071	0.0285	0.0074	0.0576	0.0088	0.0324	0.0091	0.0624	0.0104	0.0356	0.0108	0.0661
7.0	0.0038	0.0219	0.0038	0.0427	0.0047	0.0251	0.0047	0.0465	0.0056	0.0277	0.0056	0.0496
10.0	0.0019	0.0162	0.0019	0.0308	0.0023	0.0186	0.0024	0.0336	0.0028	0.0207	0.0028	0.0359

续表

l/b	1.4				1.6				1.8			
点	1		2		1		2		1		2	
z/b 系数	α	$\bar{\alpha}$	α	$\bar{\alpha}$	α	$\bar{\alpha}$	α	$\bar{\alpha}$	α	$\bar{\alpha}$	α	$\bar{\alpha}$
0.0	0.0000	0.0000	0.2500	0.2500	0.0000	0.0000	0.2500	0.2500	0.0000	0.0000	0.2500	0.2500
0.2	0.0305	0.0153	0.2185	0.2343	0.0306	0.0153	0.2185	0.2343	0.0306	0.0153	0.2185	0.2343
0.4	0.0543	0.0289	0.1886	0.2189	0.0545	0.0290	0.1889	0.2190	0.0546	0.0290	0.1891	0.2190
0.6	0.0684	0.0397	0.1616	0.2043	0.0690	0.0399	0.1625	0.2046	0.0694	0.0400	0.1630	0.2047
0.8	0.0739	0.0476	0.1381	0.1907	0.0751	0.0480	0.1396	0.1912	0.0759	0.0482	0.1405	0.1915
1.0	0.0735	0.0528	0.1176	0.1781	0.0753	0.0534	0.1202	0.1789	0.0766	0.0538	0.1215	0.1794
1.2	0.0698	0.0560	0.1007	0.1666	0.0721	0.0568	0.1037	0.1678	0.0738	0.0574	0.1055	0.1684
1.4	0.0644	0.0575	0.0864	0.1562	0.0672	0.0586	0.0897	0.1576	0.0692	0.0594	0.0921	0.1585
1.6	0.0586	0.0580	0.0743	0.1467	0.0616	0.0594	0.0780	0.1484	0.0639	0.0603	0.0806	0.1494
1.8	0.0528	0.0578	0.0644	0.1381	0.0560	0.0593	0.0681	0.1400	0.0585	0.0604	0.0709	0.1413
2.0	0.0474	0.0570	0.0560	0.1303	0.0507	0.0587	0.0596	0.1324	0.0533	0.0599	0.0625	0.1338
2.5	0.0362	0.0540	0.0405	0.1139	0.0393	0.0560	0.0440	0.1163	0.0419	0.0575	0.0469	0.1180
3.0	0.0280	0.0503	0.0303	0.1008	0.0307	0.0525	0.0333	0.1033	0.0331	0.0541	0.0359	0.1052
5.0	0.0120	0.0382	0.0123	0.0690	0.0135	0.0403	0.0139	0.0714	0.0148	0.0421	0.0154	0.0734
7.0	0.0064	0.0299	0.0066	0.0520	0.0073	0.0318	0.0074	0.0541	0.0081	0.0333	0.0083	0.0558
10.0	0.0033	0.0224	0.0032	0.0379	0.0037	0.0239	0.0037	0.0395	0.0041	0.0252	0.0042	0.0409

续表

z/b \ l/b / 点 / 系数	2.0				3.0				4.0			
	1		2		1		2		1		2	
	α	$\bar{\alpha}$	α	$\bar{\alpha}$	α	$\bar{\alpha}$	α	$\bar{\alpha}$	α	$\bar{\alpha}$	α	$\bar{\alpha}$
0.0	0.0000	0.0000	0.2500	0.2500	0.0000	0.0000	0.2500	0.2500	0.0000	0.0000	0.2500	0.2500
0.2	0.0306	0.0153	0.2185	0.2343	0.0306	0.0153	0.2186	0.2343	0.0306	0.0153	0.2186	0.2343
0.4	0.0547	0.0290	0.1892	0.2191	0.0548	0.0290	0.1894	0.2192	0.0549	0.0291	0.1894	0.2192
0.6	0.0696	0.0401	0.1633	0.2048	0.0701	0.0402	0.1638	0.2050	0.0702	0.0402	0.1639	0.2050
0.8	0.0764	0.0483	0.1412	0.1917	0.0773	0.0486	0.1423	0.1920	0.0776	0.0487	0.1424	0.1920
1.0	0.0774	0.0540	0.1225	0.1797	0.0790	0.0545	0.1244	0.1803	0.0794	0.0546	0.1248	0.1803
1.2	0.0749	0.0577	0.1069	0.1689	0.0774	0.0584	0.1096	0.1697	0.0779	0.0586	0.1103	0.1699
1.4	0.0707	0.0599	0.0937	0.1591	0.0739	0.0609	0.0973	0.1603	0.0748	0.0612	0.0982	0.1605
1.6	0.0656	0.0609	0.0826	0.1502	0.0697	0.0623	0.0870	0.1517	0.0708	0.0626	0.0882	0.1521
1.8	0.0604	0.0611	0.0730	0.1422	0.0352	0.0628	0.0782	0.1441	0.0666	0.0633	0.0797	0.1445
2.0	0.0553	0.0608	0.0649	0.1348	0.0607	0.0629	0.0707	0.1371	0.0624	0.0634	0.0726	0.1377
2.5	0.0440	0.0586	0.0491	0.1193	0.0504	0.0614	0.0559	0.1223	0.0529	0.0623	0.0585	0.1233
3.0	0.0352	0.0554	0.0380	0.1067	0.0419	0.0589	0.0451	0.1104	0.0449	0.0600	0.0482	0.1116
5.0	0.0161	0.0435	0.0167	0.0749	0.0214	0.0480	0.0221	0.0797	0.0248	0.0500	0.0256	0.0817
7.0	0.0089	0.0347	0.0091	0.0572	0.0124	0.0391	0.0126	0.0619	0.0152	0.0414	0.0154	0.0642
10.0	0.0046	0.0263	0.0046	0.0403	0.0066	0.0302	0.0066	0.0462	0.0084	0.0325	0.0083	0.0485

续表

z/b \ l/b / 点 / 系数	6.0				8.0				10.0			
	1		2		1		2		1		2	
	α	$\bar{\alpha}$	α	$\bar{\alpha}$	α	$\bar{\alpha}$	α	$\bar{\alpha}$	α	$\bar{\alpha}$	α	$\bar{\alpha}$
0.0	0.0000	0.0000	0.2500	0.2500	0.0000	0.0000	0.2500	0.2500	0.0000	0.0000	0.2500	0.2500
0.2	0.0306	0.0153	0.2186	0.2343	0.0306	0.0153	0.2186	0.2343	0.0306	0.0153	0.2186	0.2343
0.4	0.0549	0.0291	0.1894	0.2192	0.0549	0.0291	0.1894	0.2192	0.0549	0.0291	0.1894	0.2192
0.6	0.0702	0.0402	0.1640	0.2050	0.0702	0.0403	0.1640	0.2050	0.0702	0.0403	0.1640	0.2050
0.8	0.0776	0.0487	0.1426	0.1921	0.0776	0.0487	0.1426	0.1921	0.0776	0.0487	0.1426	0.1921
1.0	0.0795	0.0546	0.1250	0.1804	0.0796	0.0546	0.1250	0.1804	0.0796	0.0546	0.1250	0.1804
1.2	0.0782	0.0587	0.1105	0.1700	0.0783	0.0587	0.1105	0.1700	0.0783	0.0587	0.1105	0.1700
1.4	0.0752	0.0613	0.0986	0.1606	0.0752	0.0613	0.0987	0.1606	0.0753	0.0613	0.0987	0.1606
1.6	0.0714	0.0628	0.0887	0.1523	0.0715	0.0628	0.0888	0.1523	0.0715	0.0628	0.0889	0.1523
1.8	0.0673	0.0635	0.0805	0.1447	0.0675	0.0635	0.0806	0.1448	0.0675	0.0635	0.0808	0.1448
2.0	0.0634	0.0637	0.0734	0.1380	0.0638	0.0638	0.0736	0.1380	0.0636	0.0638	0.0738	0.1380
2.5	0.0543	0.0627	0.0601	0.1237	0.0547	0.0628	0.0604	0.1238	0.0548	0.0628	0.0605	0.1239
3.0	0.0469	0.0607	0.0504	0.1123	0.0474	0.0609	0.0509	0.1124	0.0476	0.0609	0.0511	0.1125
5.0	0.0283	0.0515	0.0290	0.0833	0.0296	0.0519	0.0303	0.0837	0.0301	0.0521	0.0309	0.0839
7.0	0.0186	0.0435	0.0190	0.0663	0.0204	0.0442	0.0207	0.0671	0.0212	0.0445	0.0216	0.0674
10.0	0.0111	0.0349	0.0111	0.0509	0.0128	0.0359	0.0130	0.0520	0.0139	0.0364	0.0141	0.0526

A.0.4 圆形面积上均布荷载作用下中点的附加应力系数 α 与平均附加应力系数 $\bar{\alpha}$ 应按表 A.0.4 确定：

圆形面积上均布荷载作用下中点的附加应力系数 $\bar{\alpha}$ 与平均附加应力系数 $\bar{\alpha}$ 表 A.0.4

z/r	圆形		z/r	圆形	
	α	$\bar{\alpha}$		α	$\bar{\alpha}$
0.0	1.000	1.000	2.6	0.187	0.560
0.1	0.999	1.000	2.7	0.175	0.546
0.2	0.992	0.998	2.8	0.165	0.532
0.3	0.976	0.993	2.9	0.155	0.519
0.4	0.949	0.986	3.0	0.146	0.507
0.5	0.911	0.974	3.1	0.138	0.495
0.6	0.864	0.960	3.2	0.130	0.484
0.7	0.811	0.942	3.3	0.124	0.473
0.8	0.756	0.923	3.4	0.117	0.463
0.9	0.701	0.901	3.5	0.111	0.453
1.0	0.647	0.878	3.6	0.106	0.443
1.1	0.595	0.855	3.7	0.101	0.434
1.2	0.547	0.831	3.8	0.096	0.425
1.3	0.502	0.808	3.9	0.091	0.417
1.4	0.461	0.784	4.0	0.087	0.409
1.5	0.424	0.762	4.1	0.083	0.401
1.6	0.390	0.739	4.2	0.079	0.393
1.7	0.360	0.718	4.3	0.076	0.386
1.8	0.332	0.697	4.4	0.073	0.379
1.9	0.307	0.677	4.5	0.070	0.372
2.0	0.285	0.658	4.6	0.067	0.365
2.1	0.264	0.640	4.7	0.064	0.359
2.2	0.245	0.623	4.8	0.062	0.353
2.3	0.229	0.606	4.9	0.059	0.347
2.4	0.210	0.590	5.0	0.057	0.341
2.5	0.200	0.574			

A.0.5 圆形面积上三角形分布荷载作用下边点的附加应力系数 α 与平均附加应力系数 $\bar{\alpha}$ 应按表 A.0.5 确定：

圆形面积上三角形分布荷载作用下边点的附加应力系数 α 与平均附加应力系数 $\bar{\alpha}$

表 A.0.5

z/r \ 系数 \ 点	1		2		z/r \ 系数 \ 点	1		2		z/r \ 系数 \ 点	1		2	
	α	$\bar{\alpha}$	α	$\bar{\alpha}$		α	$\bar{\alpha}$	α	$\bar{\alpha}$		α	$\bar{\alpha}$	α	$\bar{\alpha}$
0.0	0.000	0.000	0.500	0.500	1.6	0.087	0.070	0.154	0.294	3.2	0.048	0.069	0.061	0.196
0.1	0.016	0.008	0.465	0.483	1.7	0.085	0.071	0.144	0.286	3.3	0.046	0.068	0.059	0.192
0.2	0.031	0.016	0.433	0.466	1.8	0.083	0.072	0.134	0.278	3.4	0.045	0.067	0.055	0.188
0.3	0.044	0.023	0.403	0.450	1.9	0.080	0.072	0.126	0.270	3.5	0.043	0.067	0.053	0.184
0.4	0.054	0.030	0.376	0.435	2.0	0.078	0.073	0.117	0.263	3.6	0.041	0.066	0.051	0.180
0.5	0.063	0.035	0.349	0.420	2.1	0.075	0.073	0.110	0.255	3.7	0.040	0.065	0.048	0.177
0.6	0.071	0.041	0.324	0.406	2.2	0.072	0.073	0.104	0.249	3.8	0.038	0.065	0.046	0.173
0.7	0.078	0.045	0.300	0.393	2.3	0.070	0.073	0.079	0.242	3.9	0.037	0.064	0.043	0.170
0.8	0.083	0.050	0.279	0.380	2.4	0.067	0.073	0.091	0.236	4.0	0.036	0.063	0.041	0.167
0.9	0.088	0.054	0.258	0.368	2.5	0.064	0.072	0.086	0.230	4.2	0.033	0.062	0.038	0.161
1.0	0.091	0.057	0.238	0.356	2.6	0.062	0.072	0.081	0.225	4.4	0.031	0.061	0.034	0.155
1.1	0.092	0.061	0.221	0.344	2.7	0.059	0.071	0.078	0.219	4.6	0.029	0.059	0.031	0.150
1.2	0.093	0.063	0.205	0.333	2.8	0.057	0.071	0.074	0.214	4.8	0.027	0.058	0.029	0.145
1.3	0.092	0.065	0.190	0.323	2.9	0.055	0.070	0.070	0.209	5.0	0.025	0.057	0.027	0.140
1.4	0.091	0.067	0.177	0.313	3.0	0.052	0.070	0.067	0.204					
1.5	0.089	0.069	0.165	0.303	3.1	0.050	0.069	0.064	0.200					

附录B　按 E_0 计算沉降时的 δ 系数

δ 系 数　　**表 B**

$m=\frac{2z}{b}$	$n=\frac{l}{b}$						$n\geqslant10$
	1	1.4	1.8	2.4	3.2	5	
0.0	0.000	0.000	0.000	0.000	0.000	0.000	0.000
0.4	0.100	0.100	0.100	0.100	0.100	0.100	0.104
0.8	0.200	0.200	0.200	0.200	0.200	0.200	0.208
1.2	0.299	0.300	0.300	0.300	0.300	0.300	0.311
1.6	0.380	0.394	0.397	0.397	0.397	0.397	0.412
2.0	0.446	0.472	0.482	0.486	0.486	0.486	0.511
2.4	0.499	0.538	0.556	0.565	0.567	0.567	0.605
2.8	0.542	0.592	0.618	0.635	0.640	0.640	0.687
3.2	0.577	0.637	0.671	0.696	0.707	0.709	0.763
3.6	0.606	0.676	0.717	0.750	0.768	0.772	0.831
4.0	0.630	0.708	0.756	0.796	0.820	0.830	0.892
4.4	0.650	0.735	0.789	0.837	0.867	0.883	0.949
4.8	0.668	0.759	0.819	0.873	0.908	0.932	1.001
5.2	0.683	0.780	0.834	0.904	0.948	0.977	1.050
5.6	0.697	0.798	0.867	0.933	0.981	1.018	1.096
6.0	0.708	0.814	0.887	0.958	1.011	1.056	1.138
6.4	0.719	0.828	0.904	0.980	1.031	1.090	1.178
6.8	0.728	0.841	0.920	1.000	1.065	1.122	1.215
7.2	0.736	0.852	0.935	1.019	1.088	1.152	1.251
7.6	0.744	0.863	0.948	1.036	1.109	1.180	1.285
8.0	0.751	0.872	0.960	1.051	1.128	1.205	1.316
8.4	0.757	0.881	0.970	1.065	1.146	1.229	1.347
8.8	0.762	0.888	0.980	1.078	1.162	1.251	1.376
9.2	0.768	0.896	0.989	1.089	1.178	1.272	1.404
9.6	0.772	0.902	0.998	1.100	1.192	1.291	1.431
10.0	0.777	0.908	1.005	1.110	1.205	1.309	1.456
11.0	0.786	0.922	1.022	1.132	1.238	1.349	1.506
12.0	0.794	0.933	1.037	1.151	1.257	1.384	1.550

注：l 与 b——矩形基础的长度与宽度；

z——为基础底面至该层土底面的距离。

附录C　地基反力系数

C.0.1　粘性土地基反力系数按下列表值确定：

***L/B*=1**　　**表 C.0.1-1**

1.381	1.179	1.128	1.108	1.108	1.128	1.179	1.381
1.179	0.952	0.898	0.879	0.879	0.898	0.952	1.179
1.128	0.898	0.841	0.821	0.821	0.841	0.898	1.128
1.108	0.879	0.821	0.800	0.800	0.821	0.879	1.108
1.108	0.879	0.821	0.800	0.800	0.821	0.879	1.108
1.128	0.898	0.841	0.821	0.821	0.841	0.898	1.128
1.179	0.952	0.898	0.879	0.879	0.898	0.952	1.179
1.381	1.179	1.128	1.108	1.108	1.128	1.179	1.381

***L/B*=2～3**　　**表 C.0.1-2**

1.265	1.115	1.075	1.061	1.061	1.075	1.115	1.265
1.073	0.904	0.865	0.853	0.853	0.865	0.904	1.073
1.046	0.875	0.835	0.822	0.822	0.835	0.875	1.046
1.073	0.904	0.865	0.853	0.853	0.865	0.904	1.073
1.265	1.115	1.075	1.061	1.061	1.075	1.115	1.265

***L/B*=4～5**　　**表 C.0.1-3**

1.229	1.042	1.014	1.003	1.003	1.014	1.042	1.229
1.096	0.929	0.904	0.895	0.895	0.904	0.929	1.096
1.081	0.918	0.893	0.884	0.884	0.893	0.918	1.081
1.096	0.929	0.904	0.895	0.895	0.904	0.929	1.096
1.229	1.042	1.014	1.003	1.003	1.014	1.042	1.229

***L/B*=6～8**　　**表 C.0.1-4**

1.214	1.053	1.013	1.008	1.008	1.013	1.053	1.214
1.083	0.939	0.903	0.899	0.899	0.903	0.939	1.083
1.069	0.927	0.892	0.888	0.888	0.892	0.927	1.069
1.083	0.939	0.903	0.899	0.899	0.903	0.939	1.083
1.214	1.053	1.013	1.008	1.008	1.013	1.053	1.214

C.0.2 软土地基反力系数按表 C.0.2 确定：

表 C.0.2

0.906	0.966	0.814	0.738	0.738	0.314	0.966	0.906
1.124	1.197	1.009	0.914	0.914	1.009	1.197	1.124
1.235	1.314	1.109	1.006	1.006	1.109	1.314	1.235
1.124	1.197	1.009	0.914	0.914	1.009	1.197	1.124
0.906	0.966	0.811	0.738	0.738	0.811	0.966	0.906

C.0.3 粘性土地基异形基础地基反力系数按下列表值确定：

表 C.0.3-1

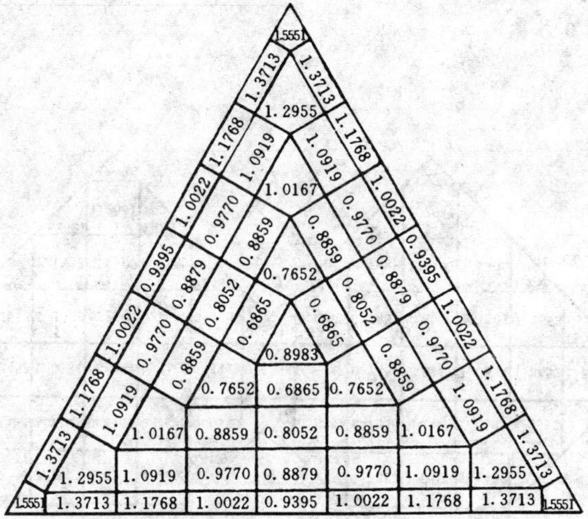

表 C.0.3-2

1.3151	1.1594	1.0409	1.1594	1.3151
1.1678	1.0294	0.9315	1.0294	1.1678
1.0085	0.8546	0.8055	0.8546	1.0085
0.9118	0.8041	0.7207	0.8041	0.9118

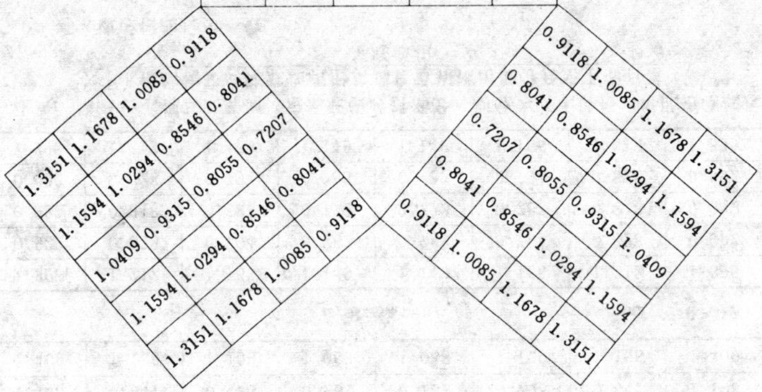

表 C.0.3-3

			1.4799	1.3443	1.2086	1.3443	1.4799			
			1.2336	1.1199	1.0312	1.1199	1.2336			
			0.9623	0.8726	0.8127	0.8726	0.9623			
1.4799	1.2336	0.9623	0.7850	0.7009	0.6673	0.7009	0.7850	0.9623	1.2336	1.4799
1.3443	1.1199	0.8726	0.7009	0.6240	0.5693	0.6240	0.7009	0.8726	1.1199	1.3443
1.2086	1.0312	0.8127	0.6673	0.5693	0.4996	0.5693	0.6673	0.8127	1.0312	1.2086
1.3443	1.1199	0.8726	0.7009	0.6240	0.5693	0.6240	0.7009	0.8726	1.1199	1.3443
1.4799	1.2336	0.9623	0.7850	0.7009	0.6673	0.7009	0.7850	0.9623	1.2336	1.4799
			0.9623	0.8726	0.8127	0.8726	0.9623			
			1.2336	1.1199	1.0312	1.1199	1.2336			
			1.4799	1.3443	1.2086	1.3443	1.4799			

表 C.0.3-4

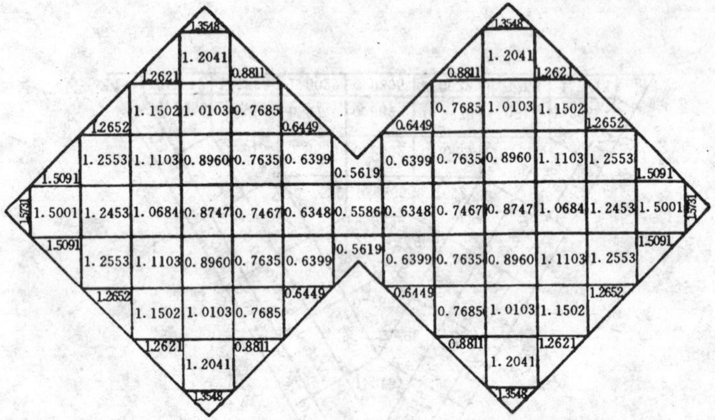

表 C.0.3-5

1.314	1.137	0.855	0.973	1.074				
1.173	1.012	0.780	0.873	0.975				
1.027	0.903	0.697	0.756	0.880				
1.003	0.869	0.667	0.686	0.783				
1.135	1.029	0.749	0.731	0.694	0.783	0.880	0.975	1.074
1.303	1.183	0.885	0.829	0.731	0.686	0.756	0.873	0.973
1.454	1.246	1.069	0.885	0.749	0.667	0.697	0.780	0.855
1.566	1.313	1.246	1.183	1.029	0.869	0.903	1.012	1.137
1.659	1.566	1.454	1.303	1.135	1.003	1.027	1.173	1.314

C.0.4 砂土地基反力系数按下列表值确定：

$L/B=1$ 表 C.0.4-1

1.5875	1.2582	1.1875	1.1611	1.1611	1.1875	1.2582	1.5875
1.2582	0.9096	0.8410	0.8168	0.8168	0.8410	0.9096	1.2582
1.1875	0.8410	0.7690	0.7436	0.7436	0.7690	0.8410	1.1875
1.1611	0.8168	0.7436	0.7175	0.7175	0.7436	0.8168	1.1611
1.1611	0.8168	0.7436	0.7175	0.7175	0.7436	0.8168	1.1611
1.1875	0.8410	0.7690	0.7436	0.7436	0.7690	0.8410	1.1875
1.2582	0.9096	0.8410	0.8168	0.8168	0.8410	0.9096	1.2582
1.5875	1.2582	1.1875	1.1611	1.1611	1.1875	1.2582	1.5875

$L/B=2\sim3$ 表 C.0.4-2

1.409	1.166	1.109	1.088	1.088	1.109	1.166	1.409
1.108	0.847	0.798	0.781	0.781	0.798	0.847	1.108
1.069	0.812	0.762	0.745	0.745	0.762	0.812	1.069
1.108	0.847	0.798	0.781	0.781	0.798	0.847	1.108
1.409	1.166	1.109	1.088	1.088	1.109	1.166	1.409

$L/B=4\sim5$ 表 C.0.4-3

1.395	1.212	1.166	1.149	1.149	1.166	1.212	1.395
0.922	0.828	0.794	0.783	0.783	0.794	0.828	0.992
0.989	0.818	0.783	0.772	0.772	0.783	0.818	0.989
0.992	0.828	0.794	0.783	0.783	0.794	0.828	0.992
1.395	1.212	1.166	1.149	1.149	1.166	1.212	1.395

注：1. 附表表示将基础底面（包括底板悬挑部分）划分为若干区格，每区格基底反力$=\frac{\text{上部结构竖向荷载加箱形基础自重和挑出部分台阶上的自重}}{\text{基底面积}}$×该区格的反力系数

2. 该附录适用于上部结构与荷载比较均称的框架结构，地基土比较均匀、底板悬挑部分不宜超过 0.8m，不考虑相邻建筑物的影响以及满足本规范构造要求的单幢建筑物的箱形基础。当纵横方向荷载不很匀称时，应分别将不匀称荷载对纵横方向对称轴所产生的力矩值所引起的地基不均匀反力和由附表计算的反力进行叠加。力矩引起的地基不均匀反力按直线变化计算。

3. 附表 C.0.3-2 中，三个翼和核心三角形区域的反力与荷载应各自平衡，核心三角形区域内的反力可按均布考虑。

附录D 冲切临界截面周长及极惯性矩计算

D.0.1 冲切临界截面的周长 u_m 以及冲切临界截面对其重心的极惯性矩 I_s，应根据柱所处的部位分别按下列公式进行计算：

（1）内柱：

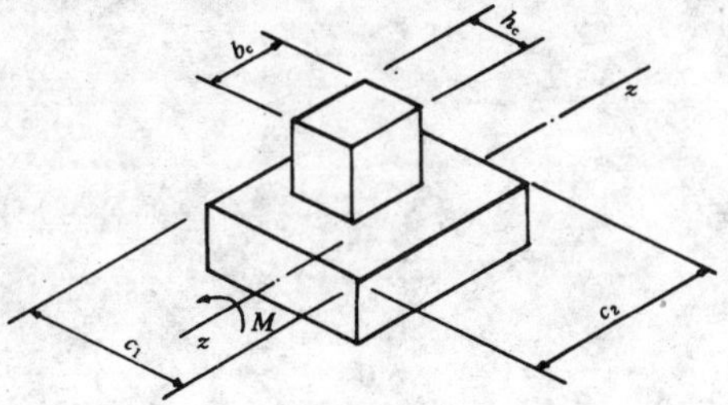

图 D.0.1-1

$$u_m = 2c_1 + 2c_2 \tag{D.0.1-1}$$

$$I_s = \frac{c_1 h_0^3}{6} + \frac{c_1^3 h_0}{6} + \frac{c_2 h_0 c_1^2}{2} \tag{D.0.1-2}$$

$$c_1 = h_c + h_0 \tag{D.0.1-3}$$

$$c_2 = b_c + h_0 \tag{D.0.1-4}$$

$$C_{AB} = \frac{c_1}{2} \tag{D.0.1-5}$$

式中 h_c——与弯矩作用方向一致的柱截面的边长；

b_c——垂直于 h_c 的柱截面边长。

（2）边柱：

$$u_m = 2c_1 + c_2 \tag{D.0.1-6}$$

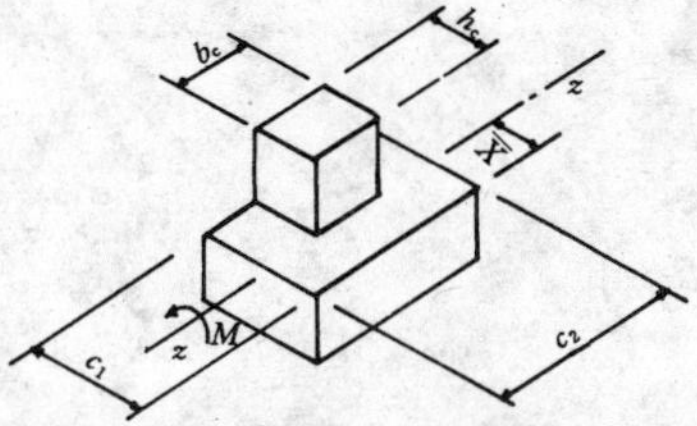

图 D.0.1-2

$$I_s = \frac{c_1 h_0^3}{6} + \frac{c_1^3 h_0}{6} + 2h_0 c_1 \left(\frac{c_1}{2} - \overline{X}\right)^2 + c_2 h_0 \overline{X}^2 \tag{D.0.1-7}$$

$$c_1 = h_c + \frac{h_0}{2} \tag{D.0.1-8}$$

$$c_2 = b_c + h_0 \tag{D.0.1-9}$$

$$C_{AB} = c_1 - \overline{X} \tag{D.0.1-10}$$

$$\overline{X} = \frac{c_1^2}{2c_1 + c_2} \tag{D.0.1-11}$$

式中 $\overline{X}$——冲切临界截面重心位置。

（3）角柱：

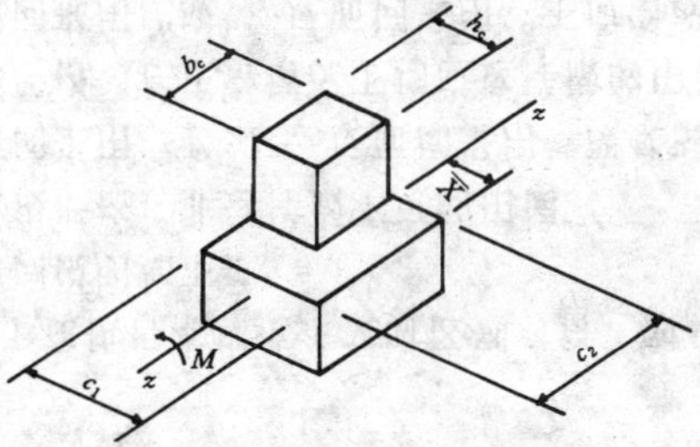

图 D.0.1-3

$$u_m = c_1 + c_2 \tag{D.0.1-12}$$

$$I_s=\frac{c_1h_0^3}{12}+\frac{c_1^3h_0}{12}+c_1h_0\left(\frac{c_1}{2}-\overline{X}\right)^2+c_2h_0\overline{X}^2 \quad \text{(D. 0. 1-13)}$$

$$c_1=h_c+\frac{h_0}{2} \quad \text{(D. 0. 1-14)}$$

$$c_2=b_c+\frac{h_0}{2} \quad \text{(D. 0. 1-15)}$$

$$C_{AB}=c_1-\overline{X} \quad \text{(D. 0. 1-16)}$$

$$\overline{X}=\frac{c_1^2}{2c_1+2c_2} \quad \text{(D. 0. 1-17)}$$

式中　$\overline{X}$——冲切临界截面重心位置。

附录E　本规范用词说明

E. 0. 1　为便于在执行本规范条文时区别对待，对于要求严格程度的不同的用词说明如下：

（1）表示很严格，非这样做不可的用词：

正面词采用“必须”，反面词采用“严禁”。

（2）表示严格，在正常情况下均应这样做的用词：

正面词采用“应”；反面词采用“不应”或“不得”。

（3）表示允许稍有选择，在条件许可时首先应这样做的用词：

正面词采用“宜”或“可”；反面词采用“不宜”。

E. 0. 2　条文中指明必须按其他标准、规范执行的写法为“按……执行”或“应符合……的规定”。

附加说明

本规范主编单位、参加单位和主要起草人名单

主编单位：中国建筑科学研究院

参加单位：北京市建筑设计研究院
北京市勘察设计研究院
上海市建筑设计研究院
中国兵器工业勘察设计研究院
辽宁省建筑设计研究院
北京建工集团总公司

主要起草人：何颐华　钱力航　侯光瑜　袁炳麟
彭安宁　黄　强　谭永坚　裴　捷
章家驹　郑孟祥　余志成

中华人民共和国行业标准

高层建筑箱形与筏形基础技术规范

JGJ 6—99

条文说明

前　言

根据建设部标准定额司（89）建标计字第8号文关于发送《一九八九年工程建设标准、投资估算指标、建设工期定额、建设用地指标制定计划》（草案）等通知，《高层建筑箱形与筏形基础技术规范》的修订任务列为《一九八九年工程建设专业标准规范制订修订计划》第29项。中国建筑科学研究院为该规范的主编单位，北京市建筑设计研究院、北京市勘察设计研究院、上海市建筑设计研究院、中国兵器工业勘察设计研究院、辽宁省建筑设计研究院及北京市建工集团总公司为参加单位，共同总结近十年来我国高层建筑箱形与筏形基础勘察、设计、施工的实践经验和科研成果，对原国家建筑工程总局颁布的《高层建筑箱形基础设计与施工规程》(JGJ6—80）进行修订与扩充，编制新的《高层建筑箱形与筏形基础技术规范》，经中华人民共和国建设部建标［1999］137号文批准发布。

为便于广大设计、科研、检测、施工、教学等有关单位人员在使用本规范时能正确理解和执行条文规定，编制组根据建设部关于编制标准、规范条文说明的统一规定，按《高层建筑箱形与筏形基础技术规范》的章、节、条顺序，编制了本条文说明，供国内有关单位和使用者参考。

在使用过程中，如发现本条文说明有需要修改或补充之处，请将意见和有关资料寄交中国建筑科学研究院（北京北三环东路30号，邮政编码100013），以供今后修订时参考。

目　次

1 总　　则

1.0.2　本规范适用于高层民用与工业建筑箱形和筏形基础的勘察、设计与施工。本规范考虑了上部结构、箱形或筏形基础与地基三者的共同作用。高层建筑上部结构具有很大的刚度，它直接影响到基础的变形，所以把高层建筑的上部结构与箱形或筏形基础看作一个整体时，箱形和筏形基础就显示出刚性基础的变形特征，它与没有上部结构或上部结构刚度很小的箱筏基础的变形特征是不同的，设计计算方法也就有所区别。

1.0.3　设计箱形和筏形基础时，首先应从地质条件（如持力层位置、地基承载力、有无软弱下卧层、地下水位等）、施工方法（如基坑开挖及支护技术设备、人工降低地下水位的技术及设备等）、使用要求（如是否需要人防地下室或地下车库等）、是否影响相邻建筑物的安全使用以及如何采取措施等方面进行综合分析，论证采用箱基或筏基的合理性。在进行计算时，同样要考虑上述因素，关于地基基础与上部结构的共同作用，在“结构设计与构造要求”一章中已有具体规定。

3 地基勘察

3.1.1　本条提出了地基勘察应解决的主要问题。并参照了《建筑抗震设计规范》(GBJ11—89)第3.1.6条的规定：“场地地质勘察，除应按国家有关标准的规定执行外，尚应根据实际需要划分对建筑有利、不利和危险的地段，提供建筑的场地类别及岩土地震稳定性……”。

3.2.1　本条规定了布置勘探点应考虑的因素，重点是探明高层建筑地基的均匀性，防止发生倾斜。勘探点间距的规定是参照《高层建筑岩土工程勘察规程》提出的，单幢高层建筑的勘探点不应少于5个，其中控制性深孔不应少于2个是为满足倾斜和差异沉降分析的要求规定的。当场地地层土质比较均匀时，对高层建筑群勘察的控制孔数量可比单幢2个控制孔的要求适当减少。大直径桩（墩）因其承受荷载较大，往往可达数千千牛至上万千牛以上，在结构上对其沉降量也要求较严，因此，当地基条件复杂时，宜在每个桩（墩）下都布置钻孔，以取得准确可靠的地质资料。

3.2.2　勘探点深度的规定是参考下列资料提出的：

1. 行业标准《高层建筑岩土工程勘察规程》。

2. 匈牙利标准 MSZ4488《Exploration and Sampling for Geotechnical Tests》，其中规定：“对尺寸很大的筏基，勘探深度为基础短边宽度的1.5倍”；“桩基至少要钻到桩尖以下3m”。

3.《American Standard Building Code Requirements for Excavation and Foundations》，其中规定：“对于软土上非常重的建筑物，勘探深度为1.5b，b指建筑物宽度”。

3.3.1　高层建筑的荷载大、埋深大，地基压缩层的深度也大，因此，在确定土的压缩模量时，必须考虑土的自重压力的影响，计算地基变形时应取自重压力至自重压力与附加压力之和的压力段来计算压缩模量。当基坑开挖较深时，应考虑地基回弹对基础沉降的影响，进行回弹再压缩试验。

用分层总和法计算地基变形时，需取得地基压缩层范围内各土层的压缩模量，但有时遇到难于取到原状土样的土层（如软土、砂土和碎石土）而使变形计算产生困难，特别是对砂土和碎石土，取原状土样最为困难，为解决这类土进行地基变形计算所需的计算参数问题，可以考虑采用下述方法：

1. 利用适当的原位测试方法（如标准贯入试验、重型动力触探等），将测试数据与地区的建筑物沉降观测资料以倒算方法算出的变形参数建立统计关系。

2. 勘探时设法测出砂土、碎石土的天然重度和含水量等物理性指标，然后用扰动土样模拟制备出试验土样进行室内试验。实践表明，人工制备的砂土土样，其组成级配和原状砂土样相同，在此条件下其应力-应变关系主要决定于密度和湿度。

3.3.2 三轴剪力试验的土样受力条件比较清楚，测得的抗剪强度指标也比较符合实际情况，因此，剪力试验一般宜采用三轴剪力试验。试验方法应按地基的加荷速率和地基土的排水条件选择。因为试验方法不同，测得的强度指标也明显不同。目前，不少大、中型勘察单位都已添置了三轴剪力仪。

3.3.8 按《建筑抗震设计规范》(GBJ11—89) 的规定，在确定场地土的类型和建筑场地类别时，须进行土层的剪切波速试验。

3.4.1 由于高层建筑的箱形和筏形基础的埋深较深（因一般都设有一层或多层地下室），建筑场地的地下水对箱、筏基础的设计和施工影响都很大，如水压力的计算、抗浮和防水的设计以及施工降水等。因此，地基勘察应探明场地的地下水类型、水位和水质情况，并应通过调查提供地下水位的变化幅度和变化趋势，对于重要建筑物，应设置地下水长期观测孔。

4 地基计算

4.0.2 从原则上规定了确定高层建筑箱形和筏形基础埋置深度应考虑的各种因素，必须有一定的埋置深度才能保证箱形和筏形基础的抗倾覆和抗滑移稳定性。

本条同时给出了高层建筑箱形和筏形基础埋深的经验值。即对于抗震设防区的天然土质地基，埋深不宜小于建筑物高度的1/15。北京市勘察设计研究院张在明等研究了高层建筑地基整体稳定性与基础埋深的关系，以二幢分别为15层和25层的建筑考虑了地震荷载和地基的种种不利因素，用圆弧滑动面法进行分析，其结论是即使25层的建筑物，埋深仅1.8m，其稳定安全系数也达到了1.44，如埋深达到3.8m(1/17.8)，则安全系数达到1.64。当采用桩基础时，埋深（不计桩长）不宜小于建筑物高度的1/18。这些限值都是根据工程经验经过统计分析得到的。桩与底板的连接应符合以下要求：

1. 桩顶嵌入底板的长度一般不宜小于50mm，大直径桩不宜小于100mm；

2. 混凝土桩的桩顶主筋伸入底板的锚固长度不宜小于35倍主筋直径。

4.0.4 在验算基础底面压力时，对于非抗震设防区的高层建筑箱形和筏形基础要求 $P_{max} \leqslant 1.2f$，$P_{min} \geqslant 0$。前者与一般建筑物基础的要求是一致的，而 $P_{min} \geqslant 0$ 是根据高层建筑的特点提出的。因为高层建筑的高度大，重量大，本身对倾斜的限制也比较严格，所以它对地基的强度和变形的要求也较一般建筑严格。

4.0.5 对于抗震设防区的高层建筑箱形和筏形基础，在验算地基抗震承载力时，采用了地基抗震承载力设计值 f_{SE}，即：

$$f_{SE} = \zeta_s f$$

式中 f 为地基静承载力设计值，即 f 是经过基础深度和宽度修正的值。这是《高层建筑箱形基础设计与施工规程》(JGJ6—80) 执行以来，不断总结工程实践经验以后确定下来的。

4.0.6 建于天然地基上的建筑物，其基础施工时均需先开挖基坑。此时地基土受力性状的改变，相当于卸除该深度土自重压力 p_c 的荷载，卸载后地基即发生回弹变形。在建筑物从砌筑基础以至建成投入使用期间，地基处于逐步加载受荷的过程中。当外荷小于或等于 p_c 时，地基沉降变形 s_1 是由地基回弹转化为再压缩的变形。当外荷大于 p_c 时，除上述 s_1 回弹再压缩地基沉降变形外，还由于附加压力 $p_0=p-p_c$ 产生地基固结沉降变形 s_2。对基础埋置深的建筑物地基最终沉降变形皆应由 s_1+s_2 组成；如按分层总和法计算地基最终沉降，即如公式（4.0.6）所示。

由于建筑物基础深度不同，地基的回弹再压缩变形 s_1 在量值程度上有较大差别。如果建筑物的基础埋深小，该回弹再压缩变形 s_1 值甚小，计算沉降时可以忽略不计。这样考虑正如现行建筑地基基础设计规范中提出仅以附加压力 p_0 计算沉降的方法也就是公式（4.0.6）中的 s_2 沉降部分。

应该指出高层建筑箱基和筏基由于基础埋置较深，因此地基回弹再压缩变形 s_1 往往在总沉降中占重要地位，甚至有些高层建筑若设置 3～4 层（甚至更多层）地下室时，总荷载 p 有可能等于或小于 p_c，这样的高层建筑地基沉降变形将仅由地基回弹再压缩变形决定。由此看来，对于高层建筑箱基和筏基在计算地基最终沉降变形中 s_1 部分的变形不但不应忽略，而应予以重视和考虑。

公式(4.0.6)中所用的回弹再压缩模量 E'_s 和压缩模量 E_s 应按本规范第 3.3.1 条的试验要求取得。按公式（4.0.6）计算最终沉降，对于地基土的应力固结历史的影响因素亦有所考虑。

公式(4.0.6)中沉降计算经验系数 ψ_s 可按地区经验采用；由于该系数 ψ_s 仅用于对 s_2 部分的沉降进行调整，与现行国家标准《建筑地基基础设计规范》(GBJT)相协调，故在缺乏地区经验时，ψ_s 值可按该规范有关规定采用。地基沉降回弹再压缩变形 s_1 部分的经验系数 ψ' 可按地区经验确定。但目前有经验的地区和单位较少，尚须不断积累，目前暂可按 $\psi'=1$ 考虑。

本条中基础中点的地基沉降计算深度按现行国家标准《建筑地基基础设计规范》采用，不另作说明。

4.0.7 当采用变形模量时，高层建筑箱形和筏形基础的沉降计算方法。

我国《高层建筑箱形基础设计与施工规程》(JGJ6—80) 的地基沉降变形计算方法采用分层总和法，并乘以沉降计算经验系数 m_x，由于高层建筑实测沉降观测资料较少，而且这些资料主要来自北京与上海等地，因此，计算沉降量与实际情况相差较多。有时由于计算沉降量偏大，导致原来可以采用天然地基的高层建筑，不适当地采用了桩基础，造价提高，造成浪费。

本规范除在 4.0.6 条规定采用室内压缩模量计算沉降量外，又在 4.0.7 条规定了按变形模量计算沉降的方法。设计人员可以根据工程的具体情况选择其中任一种方法进行沉降计算。

高层建筑箱形与筏形基础地基的沉降计算与一般中小型基础有所不同，如前所述，高层建筑除具有基础面积大、埋置深，尚有地基回弹等影响。因此，利用本条方法计算地基沉降变形时尚应遵守以下原则：

1. 关于计算荷载问题

我国地基沉降变形计算是以附加压力作为计算荷载，并且已积累了很多经验。一些高层建筑基础埋置较深，根据使用要求及地质条件，有时将箱形基础做成补偿基础，此种情况下，附加压力很小或等于零。如按附加压力为计算荷重，则其沉降变形也很小或等于零。实际并非如此，由于箱形或筏形基础的基坑面积大，基坑开挖坑底回弹，建筑物荷重增加到一定程度时，基础仍然有沉降变形。该变形为回弹再压缩变形。

为了使沉降计算与实际变形接近，采用总荷载作为地基沉降计算压力的建议，对大基础是适宜的。对高层建筑箱形及筏形基础地基沉降计算，采用总荷载作为计算压力较用附加压力合理。一方面近似考虑了深埋基础（或补偿基础）计算中的复杂问题，另一方面也近似解决了大面积开挖基坑坑底的回弹再压缩问题。

2. 关于地基模量的问题

采用野外载荷试验资料算得的变形模量 E_0，基本上解决了试验土样扰动的问题。土中应力状态在载荷板下与实际情况比较接近。因此，有关资料指出在地基沉降计算公式中宜采用原位载荷试验所确定的变形模量最理想。其缺点是试验工作量大，时间较长。目前我国采用旁压仪确定变形模量或标准贯入试验及触探资料，间接推算与原位载荷试验建立关系以确定变形模量，也是一种有前途的方法。例如我国《深圳地区建筑地基基础设计试行规程》就规定了花岗岩残积土的变形模量可根据标准贯入锤击数 N 确定。

3. 大基础的地基压缩层深度问题

高层建筑箱形及筏形基础宽度一般都大于 10m，可按大基础考虑。由何颐华《大基础地基压缩层深度计算方法的研究》一文可知，大基础地基压缩层的深度 z_n 与基础宽度 b、土的类别有密切的关系。该资料已根据不同基础宽度 b 计算了方形、矩形及带形基础地基压缩层 z_n，并将计算结果 z_n 与 b 绘成曲线。由曲线可知在基础宽度 $b=10\sim30$m（带形基础为 10～20m）的区段间，z_n 与 b 的曲线近似直线关系。从而得到了地基压缩层深度的计算公式。又根据工程实测的地基压缩层深度对计算值作了调整，即乘一调整系数 β 值，对砂类土 $\beta=0.5$，一般粘土 $\beta=0.75$，软弱土 $\beta=1.00$，最后得到了大基础地基压缩层 z_n 的近似计算公式(4.0.8)。利用该式计算地基压缩层深度 z_n 并与工程实测结果作了对比，一般接近实际，而且简易实用。

4. 高层建筑箱形及筏形基础地基沉降变形计算方法

目前，国内外高层建筑箱形及筏形基础采用的地基沉降变形计算方法一般有分层总和法与弹性理论法。地基是处于三向应力状态下的，土是分层的，地基的变形是在有效压缩层深度范围之内的。很多学者在三向应力状态下计算地基沉降变形量的研究中作了大量工作。本条所述方法以弹性理论为依据，考虑了地基中的三向应力作用、有效压缩层、基础刚度、形状及尺寸等因素对基础沉降变形的影响，给出了在均布荷载下矩形刚性基础沉降变形的近似解及带形刚性基础沉降变形的精确解，计算结果与实测结果比较接近，见表 1

利用本规范第 4.0.7 条计算方法计算地基沉降与实测值比较表　　表 1

序号	工程类别	地基土的类别	土层厚度 (m)	本条方法计算值 (cm)	工程实测值 (cm)
1	郑州某大厦	粉细砂土 轻亚粘土 亚粘土	5.20 2.30 2.10	3.6	已下沉 3.0cm 预计 3.75cm
2	深圳上海宾馆	花岗岩残积土	20.0	3.6	2.6～2.8
3	深圳长城大厦 C	花岗岩残积土	13.0	1.7	1.5
4	深圳长城大厦 B	花岗岩残积土	13.0	1.42	1.49
5	深圳长城大厦 B737 点	花岗岩残积土	13.0	1.80	1.94
6	深圳长城大厦 D	花岗岩残积土	13.0	1.48	1.47
7	深圳中航工贸大厦	花岗岩残积土	20.0	2.75	2.80
8	直径 38m 的烟筒基础	粘土 粘质砂土 粘土	3.0 1.5 —	10.3	9.0
9	直径 38m 的烟筒基础	粘土 粘质砂土 粘土	3.5 2.5 —	9.6	10.0
10	直径 23m 的烟筒基础	粘土 黑粘土 细砂 黑粘土 石灰岩	5.6 4.0 6.0 4.7 —	8.8	8.0
11	直径 32m 的烟筒基础	坍陷粘土 粘质砂土 粘土	1.0 5.0 —	10.3	9.0
12	直径 41m 的烟筒基础	细砂 粗砂 粘土 泥灰岩	11.0 5.0 3.0 —	6.5	4.5

续表

序号	工程类别	地基土的类别	土层厚度(m)	本条方法计算值(cm)	工程实测值(cm)
13	直径 36m 的烟筒基础	细砂 粗砂 粘质砂土 泥灰岩 硬泥灰岩	2.5 3.0 1.0 5.0 —	4.5	4.8
14	直径 32m 的烟筒基础	细砂 粉砂 粗砂 粘土	5.0 5.5 5.5 —	3.9	2.4
15	直径 21.5m 的烟筒基础	细砂 中砂 细砂 中砂 粘土	2.0 2.0 3.0 9.5 —	3.2	2.5
16	直径 30m 的水塔基础	细砂 中砂 粘土 粘土 石灰岩	2.5 4.0 5.0 35.0	13.7	15

4.0.10 确定整体倾斜容许值的主要依据是：

1. 保证建筑物的稳定和正常使用；
2. 不会造成人们的心理恐慌。

第九届国际土力学与基础工程会议（1977. 东京）发展水平报告《基础与结构的性状》(J. B. BURLAND, B B. BROMS, V. F. DEMELLD）指出，倾斜达到 1/250 可被肉眼觉察；SKEMPOTON 与 DOUALD（1956 年）认为倾斜达到 1/150 结构开始损坏。根据我国的工程实践经验，对于非抗震设防的建筑将横向整体倾斜容许值定为 $B/100H$ 是适宜的。

4.0.11 沉降观测十分重要，对于建在非岩石地基上的高层建筑均应进行。其目的之一是为了监测高层建筑的沉降变形情况，一旦出现问题可以及时处理；对于重要的复杂的高层建筑宜进行的其他几项现场测试，也是基于同样的原因。

5 结构设计与构造要求

5.1.1 箱形基础和筏形基础的平面尺寸，通常是先将上部结构底层平面或地下室布置确定后，再根据荷载分布情况验算地基承载力、沉降量和倾斜值。若不满足要求则需调整其底面积和形状，将基础底板一侧或全部适当挑出，甚至将箱形基础或地下室整体加大，或增加埋深或采取其他有效措施以达到满足地基承载力以及容许沉降量和倾斜值的要求。

工程沉降观察记录表明，平面为矩形的箱形和筏形基础，其纵向相对挠曲要比横向大得多。为防止由于加大基础的纵向长度尺寸而引起纵向挠曲的增加，当需要扩大基底面积时，宜优先扩大基础的宽度。

5.1.2 对单幢建筑物，在均匀地基的条件下，基础底面的压力和基础的整体倾斜主要取决于永久荷载与可变荷载效应组合产生的偏心距大小。对基底平面为矩形的箱基和筏基，在偏心荷载作用下，基础抗倾复稳定系数 K_F 可用下式表示：

$$K_F=\frac{y}{e}=\frac{\gamma B}{e}=\frac{\gamma}{\frac{e}{B}}$$

式中 B——与组合荷载竖向合力偏心方向平行的基础边长；

e——作用在基底平面的组合荷载全部竖向合力对基底面积形心的偏心距；

y——基底平面形心至最大受压边缘的距离，γ 为 y 与 B 的比值。

从式中可以看出 $\frac{e}{B}$ 直接影响着抗倾覆稳定系数 K_F，K_F 随着 $\frac{e}{B}$ 的增大而降低，因此容易引起较大的倾斜。表 2 三个典型工程的实测证实了在地基条件相同时，$\frac{e}{B}$越大，则倾斜越大。

$\frac{e}{B}$值与整体倾斜的关系　　　　表 2

地基条件	工程名称	横向偏心距 e (m)	基底宽度 B (m)	$\frac{e}{B}$	实测倾斜 (‰)
上海软土地基	胸科医院	0.164	17.9	$\frac{1}{109}$	2.1（有相邻影响）
上海软土地基	某研究所	0.154	14.8	$\frac{1}{96}$	2.7
北京硬土地基	中医医院	0.297	12.6	$\frac{1}{42}$	1.716 唐山地震北京烈度为 6 度，未发现明显变化

高层建筑由于楼身质心高，荷载重，当箱形和筏形基础开始产生倾斜后，建筑物总重对基础底面形心将产生新的倾复力矩增量，而倾复力矩的增量又产生新的倾斜增量，倾斜可能随时间而增长，直至地基变形稳定为止。因此，为避免基础产生倾斜，应尽量使结构竖向永久荷载与基础平面形心重合，当偏心难以避免时，则应规定竖向合力偏心距的限值。本规范根据实测资料并参考交通部《公路桥涵设计规范》对桥墩合力偏心距的限制，规定了在永久荷载与楼（屋）面活载组合时，$e \leqslant 0.1\frac{W}{A}$。从实测结果来看，这个限制对硬土地区稍严格，当有可靠依据时可适当放松。

5.1.3 在设计中上部结构一般都假定嵌固在基础结构上。对有抗震设防要求的建筑，为了保证上部结构的某些关键部位能实现预期的先于其他部位屈服，要求基础结构应具有足够的承载力，在上部结构进入非弹性阶段时，基础结构始终能承受上部结构竖向荷载并将荷载安全分布到地基上。箱形基础有较多纵横墙，刚度较大，能承受上部结构超过屈服强度所产生的内力。当上部结构为框架、框剪或剪力墙结构，地下室为单层箱基时，箱基的层间侧移刚度一般都大于上部结构，因此可考虑将上部结构嵌固在箱基顶面上。

对多层地下室，根据地下室的构造，可分为基础部分和非基础部分，非基础部分除地下室外围挡土墙外，其内部结构布置基本同上部结构。数据分析表明，由于地下室外墙参与工作，其层间侧移刚度一般都大于上部结构，能保证地震作用下，上部结构出现预期的耗能机制。本规范参考北京市建筑设计研究院胡庆昌《带地下室的高层建筑抗震设计》，规定了当非基础部分地下室的层间侧移刚度大于上部结构层刚度的 1.5 倍时，地下一层顶板可考虑作为上部结构的嵌固部位，否则嵌固部位取箱基顶面。

对上部结构为框筒或筒中筒结构的多层、空旷地下室，为保证水平剪力的传递，要求地下一层结构顶板有较好的整体刚度，沿内筒和外墙四周无较大的洞口，板与地下室外墙连接处的水平截面有足够的受剪承载力，与水平力方向一致的地下室外墙能承受通过地下一层顶板传来的水平剪力或地震剪力，且地下室层间侧移刚度不小于上部结构层间侧移刚度 1.5 倍时，框筒或筒中筒结构可考虑嵌固于地下一层顶板处，如图 1 所示。

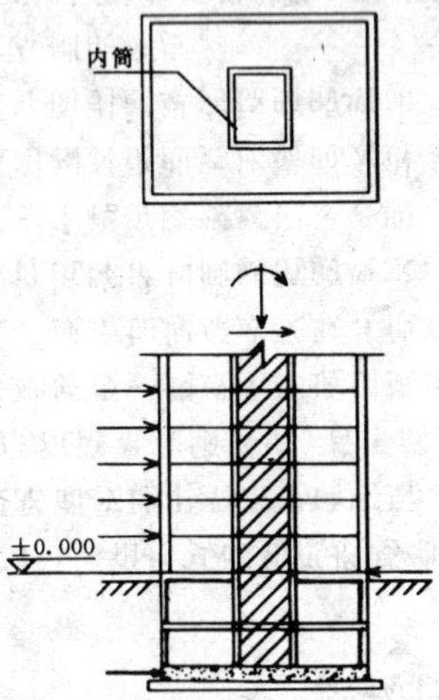

图 1　框筒或筒中筒结构嵌固示意

5.1.5 基础结构承受地震作用时，箱基由于纵横墙较多，筏基由于整体刚度较大，在上部结构进入非弹性阶段，箱基或筏基仍处于弹性阶段，因此箱基或筏基的设计主要是承载力问题而无须考虑延性要求，其构造要求可按一般非抗震要求处理。唐山震害中多数地面以上的工程遭受严重破坏，而地下人防工程基本完好的事实验证了上述观点。如新华旅社上部为八层组合框架，8 度设防，实际地震烈度为 10 度。该建筑的梁、柱及墙体均遭到严重破坏（未倒塌），而地下室仍然完好。天津属软土区，唐山地震波及天津时，该地区的地震烈度为7～9度，地震后已有的人防地下室基本完好，仅人防通道出现严重裂缝。但是，多层地下室的非基础部分其延性要求应有所区别，设计中应考虑在强震作用下塑性铰范围向下发展的可能。国内震害调查表明，较大的破坏都发生在基础与上部结构交接处，地下室虽未遭到严重破坏，但个别地下室柱头出现局部压坏、柱子有剪坏现象。因此，对符合第5.1.3.2条和第5.1.3.3条要求的地下室框架及剪力墙，其加强范围应从地下一层顶板往下延伸一层。地下室加强部位的框架柱、剪力墙的弯矩设计值不应小于上部结构底部加强范围相应的弯矩设计值，其构造措施亦应符合相应的有关规定。当地下室的层间侧移刚度小于上部结构层刚度1.5倍时，加强范围应延伸至箱基顶面。

5.2.1 墙体的作用是连接顶、底板并把很大的竖向荷载和水平荷载较均匀地传递到地基上去。提出墙体面积率的要求是为了保证箱形基础有足够的整体刚度及纵横方向受剪承载力。这些面积率指标主要来源于国内已建工程墙体面积率的统计资料，详见表3。其中有些工程经过了6度地震的考验，这样的面积率指标在一般工程中基本上都能达到，并且能满足一般人防使用上的要求。

在面积率的控制中，我们对基础平面长宽比大于4的箱形基础纵墙控制较严。因为工程实测沉降表明，箱形基础的相对挠曲，纵向要大于横向。这说明了在正常的受力状态下，纵向是我们要考虑的主要方向。然而横墙的数量也不能太少，横墙受剪面积不足，将影响抵抗挠曲的刚度。

5.2.2 本规范提出箱形基础高度不宜小于基础长度的1/20，且不应小于3m的要求，旨在要求箱形基础具有一定的刚度，能适应地基的不均匀沉降，满足使用功能上的要求，减少不均匀沉降引起的上部结构附加应力。制定这种控制条件的依据是：1.从已建工程的统计资料来看，箱形基础的高度与长度的比值在1/3.8至1/21.1之间，这些工程的实测相对挠曲值，软土地区一般都在万分之三以下，硬土地区一般都小于万分之一，除个别工程，由于施工中拔钢板桩将基底下的土带出，使部分外纵墙出现上大下小内外贯通裂缝外（裂缝最宽处达2mm），其他工程并没有出现异常现象，刚度都较好。因此，将箱形基础的高度与长度的比值，由原规程JGJ6—80中的1/18改为1/20，控制在已建工程统计资料的上限之内，是完全可行的，计算结果也表明这一修改不会导致基础内力和相对挠曲值很大的变化。

5.2.6 箱形基础墙的厚度，除应按实际受力情况进行验算外，还规定了内、外墙的最小厚度，即外墙不应小于250mm，内墙不应小于200m，这一限制是从保证箱形基础整体刚度的条件下分析了大量工程实例的基础上提出的，统计资料列于表3。这一限制，也是配合第5.2.1条使用的。

5.2.7 箱基分析实质上是一个求解地基—基础—上部结构协同工作的课题。近30年来，国内外不少学者先后对这一课题进行了研究，在非线性地基模型及其参数的选择、上下协同工作机理的研究上取得了不少成果。特别是70年代后期以来，国内一些科研、设计单位结合具体工程在现场进行了包括基底接触应力、箱基钢筋应力以及基础沉降观察等一系列测试，积累了大量宝贵资料，为箱基的研究和分析提供了可靠的依据。

建筑物沉降观测结果和理论研究表明，对平面布置规则、立面沿高度大体一致的单幢建筑物，当箱基下压缩土层范围内沿竖向和水平方向土层较均匀时，箱形基础的纵向挠曲曲线的形状呈盆状形。纵向挠曲曲线的曲率并不随着楼层的增加、荷载的增大而始终增大。最大的曲率发生在施工期间的某一临界层，该临界层与上部结构形式及影响其刚度形成的施工方式、非结构构件的材性及其就位时间有关。当上部结构最初几层施工时，由于其混凝土尚处于软塑状态，上部结构的刚度还未形成，上部结构只能以荷载的形式施加在箱基的顶部，因而箱基的整体挠曲曲线的曲率随着楼层的升高而逐渐增大，其工作尤如弹性地基上的梁或板。当楼层上升至一定的高度之后，最早施工的下面几层结构随着时间的推移，它的刚度就陆续形成，一般情况下，上部结构刚度的形成时间约滞后三层左右。在刚度形成之后，上部结构要满足变

箱形基础工程实例表 表 3

序号	工程名称	上部结构体系	层数	建筑高度 H (m)	箱基埋深 h' (m)	箱基高度 h (m)	箱基长度 L (m)	箱基宽度 B (m)	$\frac{L}{B}$	箱基面积 A (m^2)	$\frac{h'}{H}$	$\frac{h}{H}$	$\frac{h}{L}$	顶板厚/底板厚 (cm)	内墙厚/外墙厚 (cm)	横墙总长 (m)	纵墙总长 (m)	每平米箱基面积上墙体长度(cm)			墙体水平截面积/箱基面积		
																		横向	纵向	纵横	横墙	纵墙	横＋纵
1	北京展览馆	框剪		44.95 (94.5)	4.25	4.25	48.5	45.2	1.07	2192	$\frac{1}{10.6}\left(\frac{1}{19.9}\right)$	$\frac{1}{10.6}$	$\frac{1}{11.4}$	$\frac{20}{100}$	$\frac{50}{50}$	289	309	13.2	14.1	27.3	$\frac{1}{15.2}$	$\frac{1}{14.2}$	$\frac{1}{7.33}$
2	民族文化宫	框剪	13	62.1	6	5.92	22.4	22.4	1	502	$\frac{1}{10.4}$	$\frac{1}{10.5}$	$\frac{1}{3.8}$	$\frac{40}{60}$	$\frac{40\sim50}{40}$	134	134	26.8	26.8	57.6	$\frac{1}{8.6}$	$\frac{1}{8.6}$	$\frac{1}{4.3}$
3	三里屯外交公寓	框剪	10	37.5	4	3.05	41.6	14.1	2.95	585	$\frac{1}{9.3}$	$\frac{1}{12.2}$	$\frac{1}{13.6}$	$\frac{25}{40(\text{加腋})}$	$\frac{30}{35}$	127	146	21.7	24.9	46.6	$\frac{1}{14.3}$	$\frac{1}{12.2}$	$\frac{1}{6.6}$
4	中国图片社	框架	7	33.8	4.45	3.6	17.6	13.7	1.27	241	$\frac{1}{7.6}$	$\frac{1}{9.4}$	$\frac{1}{4.9}$	$\frac{20}{40}$	$\frac{40}{40}$	69	70	28.4	29.2	57.6	$\frac{1}{8.8}$	$\frac{1}{8.6}$	$\frac{1}{4.34}$
5	外交公寓16号楼	剪力墙	17	54.7	7.65	9.06	36	13	2.77	468	$\frac{1}{7.2}$	$\frac{1}{6.1}$	$\frac{1}{4}$	$\frac{10,8,20}{80}$	$\frac{30}{35}$	117	144	23.1	30.7	53.8	$\frac{1}{12.9}$	$\frac{1}{10}$	$\frac{1}{5.63}$
6	外贸谈判楼	框剪	10	36.9	4.7	3.5	31.5	21	1.5	662	$\frac{1}{7.9}$	$\frac{1}{10.5}$	$\frac{1}{9}$	$\frac{40}{60}$	$\frac{20\sim35}{35}$	147	179	22	27	49	$\frac{1}{14.8}$	$\frac{1}{11.8}$	$\frac{1}{6.55}$
7	中医病房楼	框架	10	38.3	6(3.2)	5.35	86.8	12.6	6.9	1096	$\frac{1}{6.4(12)}$	$\frac{1}{7.2}$	$\frac{1}{16.2}$	$\frac{30}{70}$	$\frac{20}{30}$	158	347	14.5	31.7	46.2	$\frac{1}{27.7}$	$\frac{1}{12.6}$	$\frac{1}{8.7}$
8	双井服务楼	框剪	11	35.8	7	3.6	44.8	11.4	3.03	511	$\frac{1}{5.1}$	$\frac{1}{9.9}$	$\frac{1}{12.4}$	$\frac{10,20}{80}$	$\frac{30}{35}$	91	134	17.8	26.3	44.1	$\frac{1}{14.3}$	$\frac{1}{12.2}$	$\frac{1}{6.6}$
9	水规院住宅	框剪	10	27.8	4.2	3.25	63	9.9	6.4	624	$\frac{1}{6.6}$	$\frac{1}{8.6}$	$\frac{1}{19.4}$	$\frac{25}{50}$	$\frac{20}{30}$	109	189	17.5	30.3	47.8	$\frac{1}{28.7}$	$\frac{1}{12.4}$	$\frac{1}{8.65}$
10	总参住宅	框剪	14	35.5	4.9	3.52	73.8	10.8	6.83	797	$\frac{1}{7.9}$	$\frac{1}{10.9}$	$\frac{1}{21}$	$\frac{25}{65}$	$\frac{20\sim35}{25}$	140	221	17.6	27.8	45.4	$\frac{1}{25.9}$	$\frac{1}{14.4}$	$\frac{1}{9.3}$
11	前三门604号楼	剪力墙	11	30.2	3.6	3.3	45	9.9	4.55	446	$\frac{1}{8.4}$	$\frac{1}{9.4}$	$\frac{1}{14}$	$\frac{30}{50}$	$\frac{18}{30}$	149	135	33.2	30.3	63.5	$\frac{1}{15.3}$	$\frac{1}{12.7}$	$\frac{1}{6.95}$
12	中科有机所实验室	预制框架	7	27.48	3.1	3.2	69.6	16.8	4.12	1169	$\frac{1}{9}$	$\frac{1}{8.4}$	$\frac{1}{21.1}$	$\frac{40}{40}$	$\frac{25,30,40}{30}$	210.6	278.4	18	23.8	41.8		$\frac{1}{14}$	$\frac{1}{8.6}$
13	广播器材厂彩电车间	预制框架	7	27.23	3.1	3.1	18.3	15.3	1.19	234	$\frac{1}{8.8}$	$\frac{1}{7.8}$	$\frac{1}{6.1}$	$\frac{20,40}{50}$	$\frac{30}{30}$	55.2	67.2	23.59	28.72	52.31		$\frac{1}{16.1}$	$\frac{1}{6.4}$
14	胸科医院外科大楼	框剪	10	36.7	6.0	5	45.5	17.9	2.54	814	$\frac{1}{6.1}$	$\frac{1}{7.3}$	$\frac{1}{9.1}$	$\frac{40}{50}$	$\frac{20,25}{30}$	187.1	273	22.98	33.54	56.52		$\frac{1}{12.8}$	$\frac{1}{7.7}$

续表

序号	工程名称	上部结构体系	层数	建筑高度 H (m)	箱基埋深 h' (m)	箱基高度 h (m)	箱基长度 L (m)	箱基宽度 B (m)	$\frac{L}{B}$	箱基面积 A (m²)	$\frac{h'}{H}$	$\frac{h}{H}$	$\frac{h}{L}$	顶板厚/底板厚 (cm)	内墙厚/外墙厚 (cm)	横墙总长 (m)	纵墙总长 (m)	每平米箱基面积上墙体长度(cm)			墙体水平截面积/箱基面积		
																		横向	纵向	纵横	横墙	纵墙	横+纵
15	科技情报站综合楼	框架	8	34.1	2.85	3.25	30.25	12	2.5	363	$\frac{1}{12}$	$\frac{1}{10.5}$	$\frac{1}{9.3}$	$\frac{40}{45}$	$\frac{20}{30}$	72	91	19.83	24.93	44.76		$\frac{1}{14.2}$	$\frac{1}{8.5}$
16	武宁旅馆	框架	10	34.9	4.0	5.2	51.4	13.4	3.83	689	$\frac{1}{8.7}$	$\frac{1}{6.7}$	$\frac{1}{9.9}$	$\frac{20}{30}$	$\frac{25}{25}$	108.2	174	15.71	25.29	41		$\frac{1}{15.8}$	$\frac{1}{9.8}$
17	615号工程试验楼	预制框架	8	31.3	2.69	3.1	55.8	16.5	3.38	922	$\frac{1}{11.6}$	$\frac{1}{10.1}$	$\frac{1}{18}$	$\frac{40}{50}$	$\frac{25,30}{30}$	489.6	222	53.13	24.11	77.24		$\frac{1}{15.1}$	$\frac{1}{8.9}$
18	邮电520厂交换机生产楼	框剪（现柱预梁）	9	40.4	3.85	4.6	34.8	32.6	1.07	850	$\frac{1}{8.8}$	$\frac{1}{8.8}$	$\frac{1}{7.5}$	$\frac{25}{50}$	$\frac{25}{25}$	228	161	26.83	18.99	75.82		$\frac{1}{20.1}$	$\frac{1}{8.7}$
19	起重电器厂综合楼北楼	框剪（现柱预梁）	5～9	32.3	2.85	3.1	34.7	12.4	2.8	430	$\frac{1}{11.3}$	$\frac{1}{10.4}$	$\frac{1}{11.2}$	$\frac{40}{40}$	$\frac{25,30}{25,30,40}$	84	114	19.52	26.49	46.01		$\frac{1}{13}$	$\frac{1}{7.7}$
20	宝钢生活区旅馆	框剪（现柱预梁）	9	28.78	3.9	4.66	48.5	16	5.27	1063	$\frac{1}{7.4}$	$\frac{1}{6.2}$	$\frac{1}{18.1}$	$\frac{30}{40}$	$\frac{20,25,30}{25}$	312.8	246	29.44	23.15	52.59		$\frac{1}{16.9}$	$\frac{1}{8.2}$
21	邮电医院病房楼	框架	8	28.9	2.71	3.35	46.3	14.3	3.23	750	$\frac{1}{10.4}$	$\frac{1}{8.6}$	$\frac{1}{13.8}$	$\frac{40}{50}$	$\frac{25,40}{30}$	162.3	159	21.65	21.97	43.62		$\frac{1}{18.2}$	$\frac{1}{8.8}$
22	医疗研究所实验楼	框架	7	27	3.26	3.61	42.7	14.8	2.88	706	$\frac{1}{8.3}$	$\frac{1}{7.5}$	$\frac{1}{11.8}$	$\frac{35}{50}$	$\frac{25}{30}$	134.8	170.8	19.1	24.2	43.3		$\frac{1}{15}$	$\frac{1}{8.2}$
23	上海展览馆	框架	14	91.8	0.5	7.27	46.5	46.5	1	2159	$\frac{1}{18.3}$	$\frac{1}{12.6}$	$\frac{1}{6.4}$	$\frac{20}{100}$	$\frac{40}{50}$	311	311	14.4	14.4	28.8			
24	西安铁一局综合楼	框架	7～9	25.6～34	4.45	4.15	64.8	14.1	4.6	914	$\frac{1}{5.76}$	$\frac{1}{6.18}$	$\frac{1}{15.6}$	$\frac{35}{30}$	$\frac{30}{30}$	102.6	165.2	11.22	18.2	29.32		$\frac{1}{18.41}$	$\frac{1}{11.36}$
25	康乐路12层住宅	剪力墙	12	37.5	5.4	5.70	67.6	11.7	5.78	787.3	$\frac{1}{6.9}$	$\frac{1}{6.8}$	$\frac{1}{11.8}$	$\frac{30}{50}$	$\frac{25,30}{40}$								
26	华盛路12层住宅	框架	12	36.8	5.55	3.55	55.8	12.5	4.46	697.5	$\frac{1}{6.6}$	$\frac{1}{10.3}$	$\frac{1}{15.7}$	$\frac{30}{50}$	$\frac{30}{24～30}$	178.5	167	25.6	23.9	49.5		$\frac{1}{13.3}$	$\frac{1}{7.2}$
27	北站旅馆	框架	8	28.52	3.08	3.25	41.1	14.7	2.80	742.3	$\frac{1}{9.2}$	$\frac{1}{8.8}$	$\frac{1}{12.6}$	$\frac{25}{25}$	$\frac{砖24}{20}$	126.9	193.8	17.1	26.1	43.2		$\frac{1}{17.5}$	$\frac{1}{10.5}$

形协调条件，符合呈盆状形的箱形基础沉降曲线，中间柱子或中间墙段将产生附加的拉力，而边柱或尽端墙段则产生附加的压力。上部结构内力重分布的结果，导致了箱基整体挠曲及其弯曲应力的降低。在进行装修阶段，由于上部结构的刚度已基本完成，装修阶段所增加的荷载又使箱基的整体挠曲曲线的曲率略有增加。图 2 给出了北京中医医院病房楼各个阶段的箱基纵向沉降图，从图中可以清楚看出箱基整体挠曲曲线的基本变化规律。

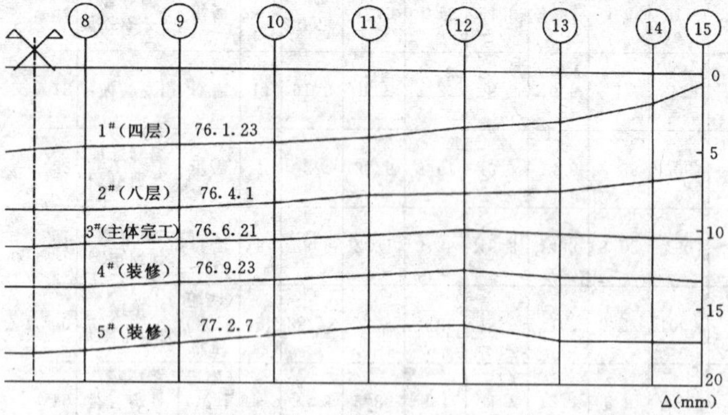

图 2 北京中医医院病房楼箱形基础纵向沉降图

国内大量测试表明，箱基顶、底板钢筋实测应力，一般只有 $20\sim30N/mm^2$，最高也不过 $50N/mm^2$。远低于考虑了上部结构参与工作后箱基顶、底板钢筋的应力。究其原因，除了设计中钢筋配置偏多、非结构性填充墙参与工作的因素外，主要原因是过去计算中未考虑基底与土壤之间的摩擦力影响。分析研究表明，基底摩擦力的存在改变了箱基顶、底板的受力状态，对降低钢筋应力有着明显作用。本规范提供的实用计算方法，是以实测的纵向相对挠曲作为主要依据，通过验算底板钢筋应力后确定的。

表 4 给出了北京、上海、西安、保定等地的 12 项工程的实测沉降资料。这些建筑物的结构体系有钢筋混凝土框架结构、框剪结构、剪力墙结构；施工形式有装配整体式的，也有全现浇的；基础持力层有北京地区的第四纪粘性土，上海的亚砂土层、淤泥质粘土层，西安的非湿陷性黄土，保定的含淤泥亚粘土。因此，这些实测资料具有较广泛的代表性。从实测资料中可以看到，箱基的相对挠曲值都很小，第四纪土地区一般都小于万分之一，软土地区一般都小于万分之三。除上海某住宅因施工中拔钢板桩时带出土较多，箱基纵向挠曲曲线呈弓形外，其余工程均呈盆状形。因此，在验证本规范提出的方法时，假定箱基的沉降曲线为余弦组合函数是可行的。

为了分析箱基纵向弯曲和基底摩擦力对箱基顶、底板的影响，我们选择了上海国际妇幼保健院和北京水规院住宅二个典型工程作为分析实例。上海国际妇幼保健院是我们目前收集到的箱基纵向相对挠曲 $\frac{\Delta m}{L}$ 最大的一个；北京水规院住宅则是众多箱基底板配筋中最少的一个，原设计中仅按局部弯曲进行配筋。这两幢建筑物建成后已使用十多年，经调查墙身和底板均未发现异常现象，使用正常。在分析这两个工程实例时，将实测的箱基中点沉降差值代入已定的相对变形方程，上部结构刚度按滞后三层考虑；基底摩擦系数根据基底持力层土质情况，按《建筑地基基础设计规范》(GBJ7—89) 中的最小值选用，上海地区取 0.25，北京地区取 0.3；底板按扣除其自重后的均匀地基反力计算，截面配筋按塑性理论计算，支座和跨中弯矩的比值取 1.4。计算结果表明：

建筑物实测最大相对挠曲 表 4

工程名称	主要基础持力层	上部结构	层数 / 建筑总高(m)	箱基长度(m) / 箱基高度(m)	$\frac{\Delta m}{L}\times10^{-4}$
北京水规院住宅	第四纪粘性土与砂卵石交互层	框架剪力墙	$\frac{9}{27.8}$	$\frac{63}{3.25}$	0.33
北京604住宅	第四纪粘性土与砂卵石交互层	现浇剪力墙及外挂板	$\frac{10}{30.2}$	$\frac{45}{3.3}$	0.60
北京中医病房楼	第四纪中、轻砂粘与粘砂交互层	预制框架及外挂板	$\frac{10}{38.3}$	$\frac{86.8}{5.35}$	0.46

续表

工程名称	主要基础持力层	上部结构	层数/建筑总高(m)	箱基长度(m)/箱基高度(m)	$\frac{\Delta m}{L}\times10^{-4}$
北京总参住宅	第四纪中、轻砂粘与粘砂交互层	预制框剪结构	$\frac{14}{35.5}$	$\frac{73.8}{3.52}$	0.546
上海四平路住宅	淤泥及淤泥质土	现浇剪力墙	$\frac{12}{35.8}$	$\frac{50.1}{3.68}$	1.40
上海胸科医院外科大楼	淤泥及淤泥质土	预制框架	$\frac{10}{36.7}$	$\frac{45.5}{5.0}$	1.78
上海国际妇幼保健院	淤泥及淤泥质土	预制框架	$\frac{7}{29.8}$	$\frac{50.65}{3.15}$	2.78
上海中波1号楼	淤泥及淤泥质土	现浇框架	$\frac{7}{23.7}$	$\frac{25.60}{3.30}$	1.30
上海康乐路住宅	淤泥及淤泥质土	现浇剪力墙底框架	$\frac{12}{37.5}$	$\frac{67.6}{5.7}$	−3.4
上海华盛路住宅	淤泥及淤泥质土	预制框剪及外挂板	$\frac{12}{36.8}$	$\frac{55.8}{3.55}$	−1.8
西安宾馆	非湿陷性黄土	现浇剪力墙	$\frac{15}{51.8}$	$\frac{62}{7.0}$	0.89
保定冷库	亚粘土含淤泥	现浇无梁楼盖	$\frac{5}{22.2}$	$\frac{54.6}{4.5}$	0.37

注：$\frac{\Delta m}{L}$为正值时表示基底变形呈盆状，即“∪”状。

（1）基底摩擦力的大小与土的性质、基底反压力大小及其分布状态有关，且由两端向中间逐渐增大。箱基顶、底板在基底摩擦力作用下分别处于拉压状态，与变形呈盆状的箱基顶、底板的受力状态相反。对于底板，无论是软土地区还是硬土地区，由于基底摩擦力的存在，抵消了整体弯曲产生的全部拉应力，使底板在基底反压力作用下处于压弯状态。上海国际妇幼保健院和北京水规院住宅的底板在按局部弯曲配筋的条件下，其钢筋最大应力分别为206MPa和149.7MPa，均发生在端跨，且钢筋应力均由外向中间衰减。计算结果还表明，截面受拉区部分混凝土尚未退出工作。因此，基底摩擦力是降低底板钢筋应力的主要因素。

（2）箱基顶板的受力状态与其挠曲程度有关，硬土地区由于基底摩擦力的影响大于整体弯曲的影响，顶板在竖向荷载作用下处于拉弯状态，钢筋最大应力发生在中间，其值为8.47MPa，且钢筋应力由中间向两端逐渐减小；而软土地区的箱基顶板一般则处于压弯状态，钢筋最大应力出现在端跨并向中间逐渐降低，钢筋最大应力为5.1MPa，大部分断面上的应力状态仍处在弹性阶段。

箱基顶、底板应力均应是局部弯曲应力、整体弯曲应力和基底摩擦力引起的应力三者之和。上部结构参与工作对降低箱基的整体挠曲的曲率及其相应的应力有着明显的影响，而基底摩擦力则是降低箱基顶、底板钢筋应力的主要因素。本规范提出的方法，从形式上虽与习惯的“倒楼盖”法相似，但其内涵是完全不同的。它适用于地基压缩层范围内无严重不均匀土层、上部结构平面布置规则且立面沿高度大体一致的剪力墙结构、框架或框剪结构的箱形基础。

考虑到整体弯曲的影响，箱基顶、底板纵横方向的支座钢筋应有1/2～1/3贯通全跨，跨中钢筋按实际配筋全部连通，贯通钢筋的配筋率应满足本条款中规定的要求。

5.2.8 1980年颁布的《高层建筑箱形基础设计与施工规程》(JGJ6—80)，提出了在分析整体弯曲作用时，将上部结构简化为等代梁，按照无榫连接的双梁原理，将上部结构框架等效刚度E_BJ_B和箱形基础刚度E_FI_F叠加得总刚度，按静定梁分析各截面的弯矩和剪力，并按刚度比将弯矩分配给箱基的计算原则。这个考虑了上部结构抗弯刚度的简化方法，是符合共同工作机理的。但是，国内许多研究人员的分析结果表明，上部结构刚度对基础的贡献并不与层数的增加而简单的增加，而是随着层数的增加逐渐衰减。例如，上海同济大学朱百里、曹名葆、魏道垛分析了每层

楼的竖向刚度 K_{VY} 对基础贡献的百分比，其结果见表5。从表中可以看到上部结构刚度的贡献是有限的，结果是符合圣维南原理的。

楼层竖向刚度 K_{VY} 对减小基础内力的贡献　　表 5

层	一	二	三	四～六	七～九	十～十二	十三～十五
K_{VY} 的贡献（%）	17.0	16.0	14.3	9.6	4.6	2.2	1.2

北京工业大学孙家乐、武建勋则利用二次曲线型内力分布函数，考虑了柱子的压缩变形，推导出连分式框架结构等效刚度公式。利用该公式算出的结果，也说明了上部结构刚度的贡献是有限的，见图3。

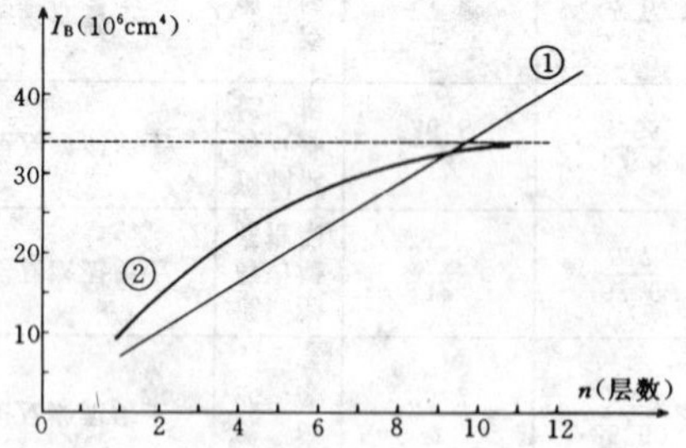

图 3　等效刚度计算结果比较

注：①按 JGJ6—80 规程的等效刚度计算结果；
②按北工大提出的连分式等效刚度计算结果。

因此，在确定框架结构刚度对箱基的贡献时，我们在 JGJ6—80 规程的框架结构等效刚度公式的基础上，提出了对层数的限制，规定了框架结构参于工作的层数不多于8层，该限制是综合了上部框架结构竖向刚度、弯曲刚度以及剪切刚度的影响。此外，在计算底板局部弯曲内力时，考虑到双向板周边与墙体连接产生的推力作用，注意到双向板实测跨中反压力小于墙下实测反压力的情况，对底板为双向板的局部弯曲内力采用0.8的折减系数。

箱形基础的地基反力，可按附录C采用，也可参照其他有效方法确定。地基反力系数表，系中国建筑科学研究院地基所根据北京地区一般粘性土和上海淤泥质粘性土上高层建筑实测反力资料以及收集到的西安、沈阳等地的实测成果研究编制的。

当荷载、柱距相差较大，箱基长度大于上部结构的长度（悬挑部分大于1m）时，或者建筑物平面布置复杂、地基不均匀时，箱基内力应根据土—箱基或土—箱基—上部结构协同工作的电子计算机程序进行分析。

5.3.5 N. W. Hanson 和 J. M. Hanson 在他们的“混凝土板柱之间剪力和弯矩的传递”试验报告中指出：板与柱之间的不平衡弯矩传递，一部分不平衡弯矩是通过临界截面周边的弯曲应力 T 和 C 来传递，而一部分不平衡弯矩则通过临界截面上的偏心剪力对临界截面重心产生的弯矩来传递的，如图4所示。因此，在验算距柱边 $h_0/2$ 处的冲切临界截面剪应力时，除需考虑竖向荷载产生的剪应力外，尚应考虑作用在冲切临界截面重心上的不平衡弯矩所产生的附加剪应力。本规范公式（5.3.5-1）右侧第一项是根据我国《混凝土结构设计规范》(GBJ10—89）第4.4.1条在集中反力作用下的冲切承载力计算公式换算而得，右侧第二项是引自美国 ACI—318 规范中有关的计算规定。

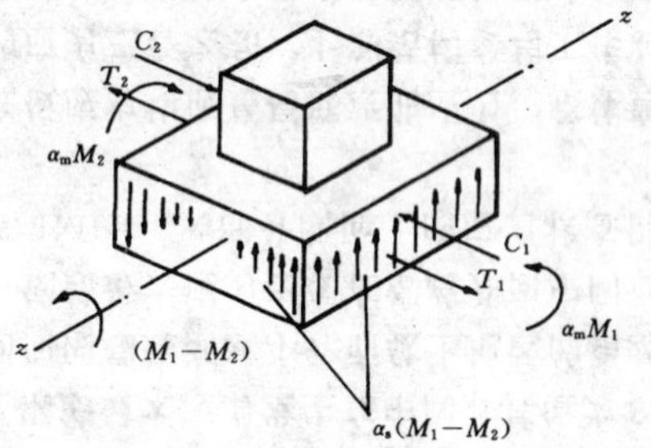

图 4　板与柱不平衡弯矩传递示意图

关于公式（5.3.5-1）中集中力取值的问题，国内外大量试验结果表明，内柱的冲切破坏呈完整的锥体状，我国工程实践中一直沿用柱所承受的轴向力设计值减去冲切破坏锥体范围内的地基反力设计值作为集中力；对边柱和角柱，由于我国在这方面试验积累的成果不多，本规范参考美国ACI—318规范，取柱轴力设计值减去冲切临界截面范围内的地基反力设计值作为集中力设计值。

公式（5.3.5-1）中的M是指作用在距柱边$h_0/2$处冲切临界截面重心上的弯矩，对边柱它包括由柱根处轴力设计值N和该处筏板冲切临界截面范围内的地基反力设计值P对临界截面重心产生的弯矩。由于本条款中筏板和上部结构是分别计算的，因此计算M值时尚应包括柱子根部的弯矩M_c，如图5所示，M的表达式为：

$$M=Ne_N-Pe_P\pm M_c$$

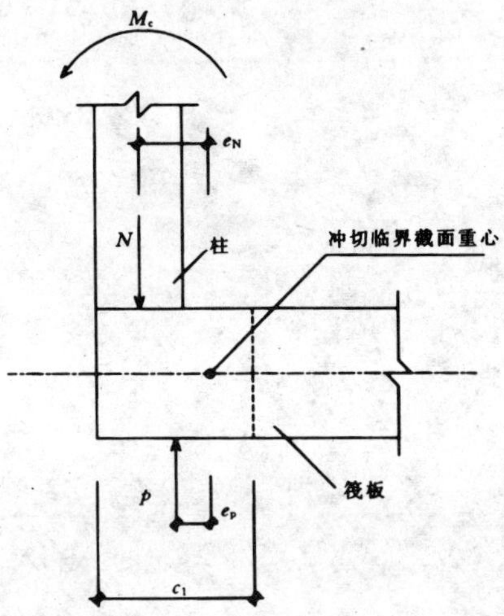

图5　M计算示意图

对于内柱，由于对称关系，柱截面形心与冲切临界截面重心重合，$e_N=e_P=0$，因此冲切临界截面重心上的弯矩，可取柱下板带板端不平衡弯矩和柱根弯矩之和。

对有抗震设防要求的平板式筏基，尚应验算地震作用组合的临界截面的最大剪应力$\tau_{E,max}$，此时公式（5.3.5-1）和（5.3.5-2）应改写为：

$$\tau_{E,max}=\frac{V_{sE}}{A_s}+\alpha_s\frac{M_E}{I_s}C_{AB}$$

$$\tau_{E,max}\leqslant 0.6\frac{f_t}{\gamma_{RE}}$$

式中　V_{sE}——考虑地震作用组合后的集中反力设计值；

M_E——考虑地震作用组合后的冲切临界截面重心上的弯矩；

γ_{RE}——抗震调整系数，取0.85。

5.3.11　工程实践表明，在柱宽及其两侧一定范围的有效宽度内，其钢筋配置量不应小于柱下板带配筋量的一半，且应能承受板与柱之间一部分不平衡弯矩$\alpha_m M$，以保证板柱之间的弯矩传递，并使筏板在地震作用过程中处于弹性状态，保证柱根处能实现预期的塑性铰。条款中有效宽度的范围，是根据筏板较厚的特点，以小于1/4板跨为原则而提出来的。有效宽度范围如图6所示。

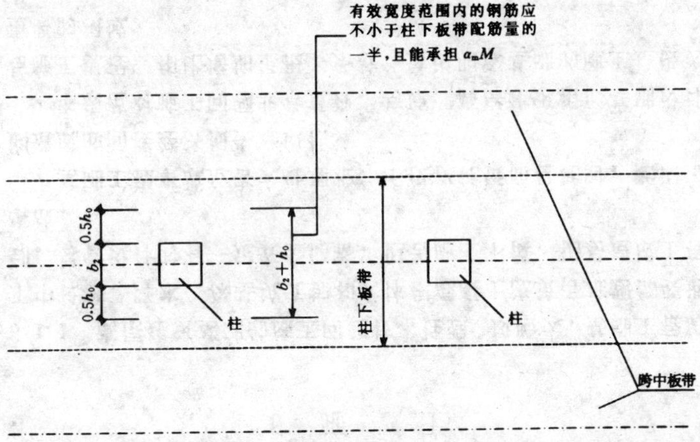

图6　柱两侧有效宽度范围的示意

对筏板的整体弯曲影响，本条款通过构造措施予以保证，要求柱下板带和跨中板带的底部钢筋应有1/2～1/3贯通全跨，顶部钢筋按实际配筋全部连通，配筋率不应小于0.15%。

6 施 工

6.1.1 高层建筑基础的施工问题技术性强、风险大，基础工程施工中长桩、降水、深基坑支护和大体积混凝土浇筑等难题都要遇到。尽管设计时有一定安全储备，但若施工不慎，仍易造成工程事故。

基础工程事故危害大处理难，不仅仅耗资而且耗时，贻误工期造成的间接经济损失难以估算。

本规范对施工问题非常重视，与原“高层建筑箱形基础设计与施工规程”相比增加了很多条款，这说明深基础的施工是极为重要的领域。

施工这一章涉及的许多问题，国家已制订或正在制订一些专门的技术标准，可同时参照使用。

施工前必须认真研究整个建筑场地工程地质和水文地质资料以及现场环境，作出切实可行的施工组织设计，并且施工作业一定要严格履行施工组织设计。

6.1.2 该条规定的监测工作十分重要，施工中应根据不同重要程度作出相应的监测计划及方案，监测人员应及时向工程负责人通报监测结果。

6.1.3 在紧张繁忙、头绪众多的施工现场，保护各类观测点、监测点和试验仪器是很困难的。除了对施工人员加强教育，还应在相应的位置上配以醒目的标记，以引起人们的注意和重视。

6.2.1 该条是国内外许多施工部门在工程实践中总结的经验，由于基础施工与周围居民及其它单位发生的纠纷很多，大的纠纷不但造成经济损失而且影响正常的施工作业，贻误工期。因此应对邻近原有建筑物、管线及道路的状况进行细致地调查并存档备案。

6.2.3 基础工程施工的许多项目如降水、开挖基坑与桩基施工等都可能影响周围环境、邻近建筑、道路及管线，因此应采取必要的保护措施。至于影响区域的范围，因岩土特性的差异亦有所不同，各地区应根据本地区的经验确定。上海有些单位确定影响区的方法如图 7 所示。

国家重点文物保护对象、重要建筑、重要厂房以及危房都要定期检查，认真防护。目前已有许多施工单位做得很好，甚至将与拟建建筑物相距几米的古树也精心保护下来。

6.3.1 降水的目的是为了降低地下水位、疏干基坑、固结土体、稳定边坡、防止流砂与管涌，便于基坑开挖与基础施工。一旦出现边坡失稳、流砂与管涌，补救将很麻烦。边坡失稳、流砂与管涌的发生一般都与地下水有关，尤其是与地下水的动水压力梯度的增大有关。

6.3.2 目前降水、隔水方案很多，如：有采用地下连续墙进行支护与隔水，有采用灌注桩进行支护而配以搅拌桩隔水，还有采用降水与回灌相结合的方法既疏干基坑又保持坑外地下水位等，究竟采用哪种方法除考虑本条所列的因素外，还应考虑经济效益和地区成熟的经验与技术。

在施工中常发生由于降水对邻近建筑物、道路及管线产生不良影响的工程事故。降水产生不良影响的因素主要有两个，一是降水引起地下水位下降使土体产生固结沉降，二是降水过程带出大量土颗粒，在土体中产生孔洞，孔洞塌陷造成沉降。

井点降水的影响区应根据降水曲线来确定。

6.3.3 表 6-3-3 列出的方案仅供参考，选用某种方案主要根据水文地质资料以及地区经验等因素决定。当土的渗透系数较小时，无论哪种方案都比较困难。

6.3.5 一定要注意使排水远离基坑边坡，如边坡被水浸泡，土的抗剪强度、粘聚力立即下降，容易引起基坑坍塌和滑坡。

6.3.6 土方开挖时，应注意保护降水设施，损坏降水设施则影响基坑开挖，还需重新设井点管，浪费资金浪费工时。

6.3.7 通过水位观察井的水位变化情况，调整和控制抽水井和回

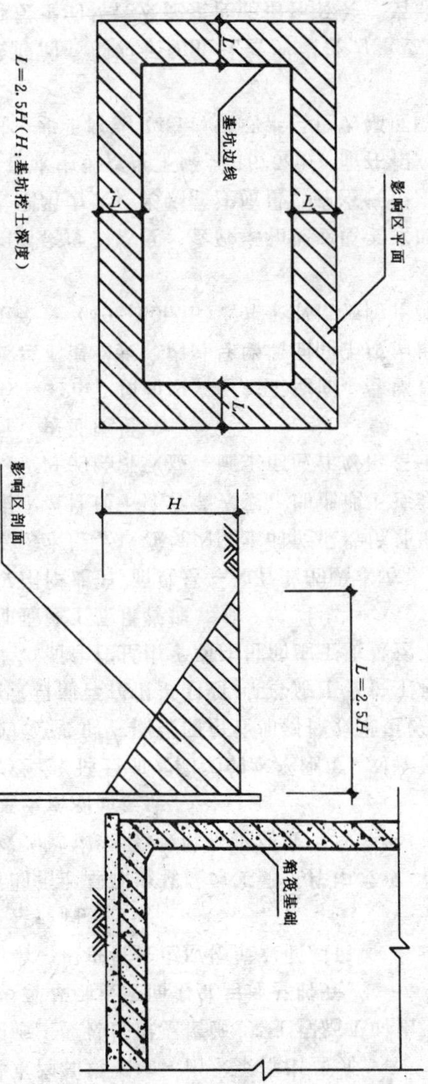

图 7 影响区的确定

注：如采用锚杆，取 1.2 倍锚杆长度为影响区。

灌井的抽水量与回灌量，保证坑内、坑外降水曲面在预期范围内。坑内的降水曲面保持在坑底面以下 0.5～1.0m 为好，坑外的降水曲面则保持原地下水位为最佳。

6.3.8 降水施工时，由于建筑物地下水的流失，往往会引起地面的不均匀沉陷，甚至会造成周围建筑物的倒塌，已有这方面的工程实例。为了不影响周围建筑可采用隔水帷幕或回灌井点方法，一般回灌井点方法比较经济。

回灌砂井、回灌井点和回灌砂沟与降水井点间的距离应根据降水-回灌水位曲线和场地条件而定。降水曲线是漏斗形，而回灌曲线是倒漏斗形，降水与回灌水位曲线应有重叠。为了防止降水和回灌两井相通，应保持一定的距离，一般不宜小于 6m。如果两井相通，就会形成降水井点仅抽吸回灌井点的水，而使基坑内的水位无法下降，失去降水的作用。

6.3.11 当基础埋置深度大，而地下水位较高时尤其要重视水的浮力，必须满足抗浮要求。当建筑物高低层采用整体基础时，要验算高低层结合处基础板的负弯矩和抗裂强度，需要时，可在低层部分的基础下打抗拔桩或拉锚。

6.4.1 基坑开挖是否要支护视具体情况而定，各地区差异很大，即使同一地区也不尽相同，本条所列三种情况应予以重视。由于支护属临时性措施，因此在保证安全的前提下还应考虑经济性。

6.4.2 大多数高层建筑基础埋置深度较深，有的超过 20m。深基坑支护设计合理与否直接影响建筑物的施工工期与造价，影响邻近建筑物的安全。我国地域辽阔，基坑支护方法很多，作为一种临时性的支护结构，应充分考虑土质、结构特点以及地区经验，因地制宜进行支护设计。

6.4.3 采用自然放坡一定要谨慎，作稳定性分析时，土的物理力学指标的选用必须符合实际。需要指出的是土的力学指标对含水量的变化非常敏感，虽然计算得十分安全，往往一场大雨之后严重的塌方就发生了。施工时一定要考虑好应急措施。

6.4.5 在市区施工由于场地小，常常发生坑边堆载超过设计规定的现象，严格的施工管理是必要的。

6.4.6 坑内排水可设排水沟和集水坑，由水泵排出基坑。

6.4.7 在严寒地区冬期施工要做好保温措施。某工程施工时由于没做好保温措施，春天发现基础板底面多处与地基脱开。

6.5.3 在基坑转角处的第一根桩桩尖也应做成双面斜口。

6.5.4 设导向围檩主要是控制桩位。

6.5.5 在许多地区进行的箱形基础地基反力实测工作中发现，在拔除板桩前反力分布曲线为抛物线形，拔除板桩后变为马鞍形，这是由于拔除板桩造成地基土松动而造成。

6.5.6 根据许多工程的经验，适当加大圈梁的水平刚度，对保证挡土桩的稳定性是有利的。必要时在圈梁四角处加斜撑效果更好。

6.5.7 灌注桩的施工质量目前存在很多问题，某些施工支护工程失败并不是由于计算失误，而往往是由于灌注桩的施工质量达不到要求而造成，因此应加强施工质量管理。

6.5.10 地下连续墙不仅用作支护，而且是一种有效的隔水方案，把地下连续墙深度选在不透水层上，在坑内降水时能保持坑外地下水水位。有的工程采用永久性地下连续墙方案，即把地下连续墙作为地下室外墙，取得较好的经济效益，施工前应作好准备工作，施工时方能顺利进行，保证质量。

（1）导墙深度一般为 1～2m，顶面应高于施工地面，导墙背面应用粘性土回填并夯实，不得漏浆。内外导墙墙面间距应为地下连续墙设计厚度加施工余量（40～60mm），并采取措施防止导墙位移。

（2）主要控制泥浆相对密度、粘度、含砂率和泥皮厚度这四个性能指标，相对密度大则阻力大，影响灌注质量。在空气中塌落度为 21cm 的混凝土，在水中坍落度下降为 16.5cm，而在相对密度为 1.2 的泥浆中则进一步下降为 14cm，流动半径也大幅度降低。

（3）保持槽内泥浆液面的高度对于防止孔壁坍塌极为重要，泥浆液面的高度主要与地层土的特性及泥浆性能指标有关。当地层中有砂层等不稳定土层或泥浆相对密度较低时，则泥浆液面应适当提高，施工中常常发生由于泥浆液面突然下降，几分钟内孔壁就坍塌的事故。

(5) 地下连续墙施工前一定要认真分析工程地质条件，当存在可能造成泥浆漏失现象的地层时，应做好堵漏措施。目前主要采用投入粘土的办法堵漏。

(6) 一般槽位和槽深比较容易控制，槽宽和槽壁垂直度较难控制。在粘土层中，由于空槽时间长以及泥浆性能指标达不到要求容易产生缩孔现象。槽壁垂直度与设备、工人技术水平以及地质条件有关，一定要认真控制，严格检验。

(7) 根据地层土质特性，置换和清除槽底泥浆和沉淀物可采用正循环、反循环或正反循环相结合的办法。正循环容易保持孔壁稳定，但速度较慢。反循环清渣效果好，但必须有充足的泥浆，保持泥浆液面高度，否则容易塌孔。

(9) 钢筋笼焊接不正，或由于缩孔等原因有时不易沉入槽内，此时应分析原因，不得采用强行加压方法勉强就位。否则不是钢筋笼保护层难以保证，就是刮坏孔壁，造成沉渣厚度增大。

(10) 钢筋笼在槽内停放时间越长，钢筋上的泥皮就越厚，钢筋与混凝土的粘结强度就降低。浇筑混凝土时，要控制好浇筑时间，不可超过混凝土初凝时间。

(11) 混凝土的流动性与和易性直接影响灌注质量，施工前至少应做三种不同配合比混凝土的性能指标试验，择优取用。另外还应根据气温变化控制初凝时间。

6.6.2 箱基和筏基长度超过40cm，基础墙体都易发生裂缝（垂直分布），外墙上的裂缝对防水不利，处理费用很高。

施工缝的做法很多，有事先把钢筋贯通，用钢丝网模隔断，接缝前用人工将混凝土表面凿毛。也有直接采用齿口连接拉板网放置在施工缝处模板内侧，待拆模后，表面露出拉板网齿槽，增加新老混凝土之间的咬接。

钢筋也有事先不贯通的，先在缝的两侧伸出受力钢筋，但不相连，而在基础混凝土浇灌三至四星期之后再将伸出的钢筋等强焊接。这样做的优点是避免钢筋传递收缩应力。

6.6.3 后浇带的处理方法同施工缝，但后浇带要考虑差异沉降的影响。如何准确计算沉降量？如何考虑沉降随时间和施工进程的发展趋势？根据具体情况决定。

6.6.4 对于有防水要求的基础，施工缝与后浇带的防水处理要与整片基础同时做好，不要在此处断缝。并要采取必要的保护措施，防止施工时损坏。

差异沉降容易造成基础板开裂，后浇带的防水处理要考虑这一因素，事先采取必要措施。

6.6.5 水泥的出厂日期、存放时间也应注意，例如：硅酸盐水泥存放三个月强度会下降10%～20%，存放六个月强度可降低15%～50%等。

6.6.6 混凝土外加剂与掺合料的应用技术性很强，应通过试验确定。

6.6.7 大体积混凝土的养护以前多采用冷却法，而目前蓄热养护法正被许多工程人员所接受，效果也很理想。其原理是，在混凝土表面采取保温甚至加热措施，降低混凝土内外温差，从而减小温度应力。

6.6.9 二次抹面工作很重要，应及时进行，否则一旦泥水混入则难以处理，二次抹面不但具有补强效果，而且对防渗也有很大作用。

6.7.2 由于降水和基坑开挖造成的施工事故很多，如美国纽约的曼哈顿地区有一幢十层大楼因施工降水产生不均匀沉降最终造成大楼倒塌。开挖基坑时，板桩有向基坑位移的趋势，墨西哥一工程板桩水平位移达1m。由于开挖基坑造成邻近建筑物损坏的事故很多，只要认真做好监测工作，发现问题及时处理，完全可避免这类事故的发生。

6.7.3 桩的内力和锚杆拉力，可采用钢弦式或电阻式测力计。实践表明现场用钢弦式测力计（钢筋应力计）比较可靠，具有不易损坏，数据准确，不易受干扰的优点。

6.7.4 地下连续墙一般用于比较深的基坑，造价较高。由于土压力和水压力都较大，应认真做好各项监测工作，随开挖深度的增加，监测频度逐渐加密。

6.7.6 大体积混凝土的测温工作，主要是为了控制内外温差。由于水泥水化热的作用，将使混凝土升温，在混凝土内外形成较大的温度差（大体积混凝土的中心温度能达到50°～60°），产生较大的温度应力。混凝土早期抗拉强度较低，抵抗不了温度应力，于是就产生开裂现象。

测温孔测温后一定要堵严（可用棉丝等材料），防止热量散失，防止垃圾掉入孔内，影响测温精度。

中华人民共和国行业标准

建筑地基处理技术规范

Technical code for ground treatment of buildings

JGJ 79—2002

主编部门：中国建筑科学研究院
批准部门：中华人民共和国建设部
施行日期：2003年1月1日

中华人民共和国建设部
公　　告

第64号

建设部关于发布行业标准《建筑地基处理技术规范》的公告

现批准《建筑地基处理技术规范》为行业标准，编号为JGJ79—2002，自2003年1月1日起实施。其中，第3.0.5、3.0.6、4.4.2、5.4.2、6.1.2、6.3.5、6.4.3、7.4.4、8.4.4、9.4.2、10.4.2、11.1.2、11.3.15、11.4.3、12.4.5、13.3.9、13.4.3、14.4.3、15.4.3、16.4.2条为强制性条文，必须严格执行；原行业标准《建筑地基处理技术规范》JGJ79—91同时废止。

本规范由建设部标准定额研究所组织中国建筑工业出版社出版发行。

中华人民共和国建设部
二〇〇二年九月二十七日

前　　言

根据建设部建标［1997］71号文的要求，规范修订组在深入调查研究，认真总结国内外科研成果和大量实践经验，并在广泛征求意见基础上，全面修订了《建筑地基处理技术规范》JGJ 79—91。

本规范主要技术内容是：1. 总则；2. 术语、符号；3. 基本规定；4. 换填垫层法；5. 预压法；6. 强夯法和强夯置换法；7. 振冲法；8. 砂石桩法；9. 水泥粉煤灰碎石桩法；10. 夯实水泥土桩法；11. 水泥土搅拌法；12. 高压喷射注浆法；13. 石灰桩法；14. 灰土挤密桩法和土挤密桩法；15. 柱锤冲扩桩法；16. 单液硅化法和碱液法；17. 其他地基处理方法等。

本规范主要修订内容是：

1. 增加了强夯置换法、水泥粉煤灰碎石桩法、夯实水泥土桩法、水泥土搅拌法（干法）、石灰桩法和柱锤冲扩桩法等地基处理方法的设计和施工规定。

2. 对原规范中总则、主要符号、基本规定、换填法、预压法、强夯法、振冲法、土或灰土挤密桩法、砂石桩法、深层搅拌法、高压喷射注浆法和复合地基载荷试验要点等内容均作了修改、补充和完善。

3. 取消了托换法一章，对其内容作了调整：将单液硅化法和碱液法内容作了补充独立成章；将其他方法列入第17章。

本规范由建设部负责管理和对强制性条文的解释，由主编单位负责具体技术内容的解释。

本规范主编单位：中国建筑科学研究院（地址：北京市北三环东路30号，邮政编码：100013）

本规范参加单位：冶金建筑研究总院
陕西省建筑科学研究设计院
浙江大学
同济大学
湖北省建筑科学研究设计院
福建省建筑科学研究院
铁道部第四勘测设计院（上海）
河北工业大学
西安建筑科技大学
铁道部科学研究院

本规范主要起草人：张永钧（以下按姓名笔画为序）
王仁兴　王吉望　王恩远　平湧潮
叶观宝　刘　毅　刘惠珊　张　峰
杨灿文　罗宇生　周国钧　侯伟生
袁　勋　袁内镇　涂光祉　阎明礼
康景俊　滕延京　潘秋元

目　次

1　总　　则

1.0.1　为了在地基处理的设计和施工中贯彻执行国家的技术经济政策，做到安全适用、技术先进、经济合理、确保质量、保护环境，制定本规范。

1.0.2　本规范适用于建筑工程地基处理的设计、施工和质量检验。

1.0.3　地基处理除应满足工程设计要求外，尚应做到因地制宜、就地取材、保护环境和节约资源等。

1.0.4　建筑工程地基处理除应执行本规范外，尚应符合国家现行的有关强制性标准的规定。经处理后的地基计算时，尚应符合现行国家标准《建筑地基基础设计规范》GB 50007的有关规定。

2 术语、符号

2.1 术 语

2.1.1 地基处理 ground treatment

为提高地基承载力，改善其变形性质或渗透性质而采取的人工处理地基的方法。

2.1.2 复合地基 composite subgrade，composite foundation

部分土体被增强或被置换形成增强体，由增强体和周围地基土共同承担荷载的地基。

2.1.3 地基承载力特征值 characteristic value of subgrade bearing capacity

由载荷试验测定的地基土压力变形曲线线性变形段内规定的变形所对应的压力值，其最大值为比例界限值。

2.1.4 换填垫层法 cushion

挖去地表浅层软弱土层或不均匀土层，回填坚硬、较粗粒径的材料，并夯压密实，形成垫层的地基处理方法。

2.1.5 预压法 preloading

对地基进行堆载或真空预压，使地基土固结的地基处理方法。

2.1.6 真空预压法 vacuum preloading

通过对覆盖于竖井地基表面的不透气薄膜内抽真空，而使地基固结的地基处理方法。

2.1.7 强夯法 dynamic compaction，dynamic consolidation

反复将夯锤提到高处使其自由落下，给地基以冲击和振动能量，将地基土夯实的地基处理方法。

2.1.8 强夯置换法 dynamic replacement

将重锤提到高处使其自由落下形成夯坑，并不断夯击坑内回填的砂石、钢渣等硬粒料，使其形成密实的墩体的地基处理方法。

2.1.9 振冲法 vibroflotation，vibro-replacement

在振冲器水平振动和高压水的共同作用下，使松砂土层振密，或在软弱土层中成孔，然后回填碎石等粗粒料形成桩柱，并和原地基土组成复合地基的地基处理方法。

2.1.10 砂石桩法 sand-gravel pile

采用振动、冲击或水冲等方式在地基中成孔后，再将碎石、砂或砂石挤压入已成的孔中，形成砂石所构成的密实桩体，并和原桩周土组成复合地基的地基处理方法。

2.1.11 水泥粉煤灰碎石桩法 cement-flyash-gravel pile

由水泥、粉煤灰、碎石、石屑或砂等混合料加水拌和形成高黏结强度桩，并由桩、桩间土和褥垫层一起组成复合地基的地基处理方法。

2.1.12 夯实水泥土桩法 rammed soil-cement pile

将水泥和土按设计的比例拌和均匀，在孔内夯实至设计要求的密实度而形成的加固体，并与桩间土组成复合地基的地基处理方法。

2.1.13 水泥土搅拌法 cement deep mixing

以水泥作为固化剂的主剂，通过特制的深层搅拌机械，将固化剂和地基土强制搅拌，使软土硬结成具有整体性、水稳定性和一定强度的桩体的地基处理方法。

2.1.14 深层搅拌法 deep mixing

使用水泥浆作为固化剂的水泥土搅拌法。简称湿法。

2.1.15 粉体喷搅法 dry jet mixing

使用干水泥粉作为固化剂的水泥土搅拌法。简称干法。

2.1.16 高压喷射注浆法 jet grouting

用高压水泥浆通过钻杆由水平方向的喷嘴喷出，形成喷射流，以此切割土体并与土拌和形成水泥土加固体的地基处理方法。

2.1.17 石灰桩法 lime pile

由生石灰与粉煤灰等掺合料拌和均匀，在孔内分层夯实形成竖向增强体，并与桩间土组成复合地基的地基处理方法。

2.1.18 灰土挤密桩法 lime soil pile

利用横向挤压成孔设备成孔，使桩间土得以挤密。用灰土填入桩孔内分层夯实形成灰土桩，并与桩间土组成复合地基的地基处理方法。

2.1.19 土挤密桩法 earth pile

利用横向挤压成孔设备成孔，使桩间土得以挤密。用素土填入桩孔内分层夯实形成土桩，并与桩间土组成复合地基的地基处理方法。

2.1.20 柱锤冲扩桩法 piles thrusted-expanded in column-hammer

反复将柱状重锤提到高处使其自由落下冲击成孔，然后分层填料夯实形成扩大桩体，与桩间土组成复合地基的地基处理方法。

2.1.21 单液硅化法 silicification grouting

采用硅酸钠溶液注入地基土层中，使土粒之间及其表面形成硅酸凝胶薄膜，增强了土颗粒间的联结，赋予土耐水性、稳固性和不湿陷性，并提高土的抗压和抗剪强度的地基处理方法。

2.1.22 碱液法 soda solution grouting

将加热后的碱液（即氢氧化钠溶液），以无压自流方式注入土中，使土粒表面溶合胶结形成难溶于水的，具有高强度的钙、铝硅酸盐络合物，从而达到消除黄土湿陷性，提高地基承载力的地基处理方法。

2.2 符　　号

A——基础底面积；

A_e——一根桩分担的处理地基面积；

A_p——桩的截面积；

b——基础底面宽度；

D_r——砂土相对密实度；

d——桩身直径；

d_e——一根桩分担的处理地基面积的等效圆直径、有效排水直径；

e——孔隙比；

f_{ak}——地基承载力特征值；

f_{pk}——桩体单位截面积承载力特征值；

f_{sk}——桩间土的承载力特征值；

f_{spk}——复合地基的承载力特征值；

I_P——塑性指数；

l——基础底面长度、桩长；

m——面积置换率；

p_k——相应于荷载效应标准组合时，基础底面处的平均压力值；

p_c——基础底面处土的自重压力值；
q_p——桩端地基土的承载力特征值，桩端端阻力特征值；
q_s——桩周土的侧阻力特征值；
R_k——单桩竖向承载力特征值；
s——桩间距；
U——固结度；
w_{op}——最优含水量；
z——基础底面下换填垫层的厚度；
θ——压力扩散角；
λ_c——压实系数；
ρ_d——干密度。

3 基本规定

3.0.1 在选择地基处理方案前，应完成下列工作：

1 搜集详细的岩土工程勘察资料、上部结构及基础设计资料等；

2 根据工程的要求和采用天然地基存在的主要问题，确定地基处理的目的、处理范围和处理后要求达到的各项技术经济指标等；

3 结合工程情况，了解当地地基处理经验和施工条件，对于有特殊要求的工程，尚应了解其他地区相似场地上同类工程的地基处理经验和使用情况等；

4 调查邻近建筑、地下工程和有关管线等情况；

5 了解建筑场地的环境情况。

3.0.2 在选择地基处理方案时，应考虑上部结构、基础和地基的共同作用，并经过技术经济比较，选用处理地基或加强上部结构和处理地基相结合的方案。

3.0.3 地基处理方法的确定宜按下列步骤进行：

1 根据结构类型、荷载大小及使用要求，结合地形地貌、地层结构、土质条件、地下水特征、环境情况和对邻近建筑的影响等因素进行综合分析，初步选出几种可供考虑的地基处理方案，包括选择两种或多种地基处理措施组成的综合处理方案；

2 对初步选出的各种地基处理方案，分别从加固原理、适用范围、预期处理效果、耗用材料、施工机械、工期要求和对环境的影响等方面进行技术经济分析和对比，选择最佳的地基处理方法；

3 对已选定的地基处理方法，宜按建筑物地基基础设计等级和场地复杂程度，在有代表性的场地上进行相应的现场试验或试验性施工，并进行必要的测试，以检验设计参数和处理效果。如达不到设计要求时，应查明原因，修改设计参数或调整地基处理方法。

3.0.4 经处理后的地基，当按地基承载力确定基础底面积及埋深而需要对本规范确定的地基承载力特征值进行修正时，应符合下列规定：

1 基础宽度的地基承载力修正系数应取零；

2 基础埋深的地基承载力修正系数应取1.0。

经处理后的地基，当在受力层范围内仍存在软弱下卧层时，尚应验算下卧层的地基承载力。

对水泥土类桩复合地基尚应根据修正后的复合地基承载力特征值，进行桩身强度验算。

3.0.5 按地基变形设计或应作变形验算且需进行地基处理的建筑物或构筑物，应对处理后的地基进行变形验算。

3.0.6 受较大水平荷载或位于斜坡上的建筑物及构筑物，当建造在处理后的地基上时，应进行地基稳定性验算。

3.0.7 施工技术人员应掌握所承担工程的地基处理目的、加固原理、技术要求和质量标准等。施工中应有专人负责质量控制和监测，并做好施工记录。当出现异常情况时，必须及时会同有关部门妥善解决。施工过程中应进行质量监理。施工结束后必须按国家有关规定进行工程质量检验和验收。

3.0.8 复合地基载荷试验应符合本规范附录A的规定。

3.0.9 对于现行国家标准《建筑地基基础设计规范》GB 50007规定需要进行地基变形计算的建筑物或构筑物，经地基处理后，应进行沉降观测，直至沉降达到稳定为止。

4 换 填 垫 层 法

4.1 一 般 规 定

4.1.1 换填垫层法适用于浅层软弱地基及不均匀地基的处理。

4.1.2 应根据建筑体型、结构特点、荷载性质、岩土工程条件、施工机械设备及填料性质和来源等进行综合分析，进行换填垫层的设计和选择施工方法。

4.2 设 计

4.2.1 垫层的厚度 z 应根据需置换软弱土的深度或下卧土层的承载力确定，并符合下式要求：

$$p_z + p_{cz} \leqslant f_{az} \tag{4.2.1-1}$$

式中 p_z——相应于荷载效应标准组合时，垫层底面处的附加压力值（kPa）；

p_{cz}——垫层底面处土的自重压力值（kPa）；

f_{az}——垫层底面处经深度修正后的地基承载力特征值（kPa）。

垫层底面处的附加压力值 p_z 可分别按（4.2.1-2）和（4.2.1-3）式计算：

条形基础

$$p_z = \frac{b(p_k - p_c)}{b + 2z\text{tg}\theta} \tag{4.2.1-2}$$

矩形基础

$$p_z = \frac{bl(p_k - p_c)}{(b + 2z\text{tg}\theta)(l + 2z\text{tg}\theta)} \tag{4.2.1-3}$$

式中 b——矩形基础或条形基础底面的宽度（m）；

l——矩形基础底面的长度（m）；

p_k——相应于荷载效应标准组合时，基础底面处的平均压力值（kPa）；

p_c——基础底面处土的自重压力值（kPa）；

z——基础底面下垫层的厚度（m）；

θ——垫层的压力扩散角（°），宜通过试验确定，当无试验资料时，可按表 4.2.1 采用。

表 4.2.1 压力扩散角 θ（°）

z/b \ 换填材料	中砂、粗砂、砾砂、圆砾、角砾、石屑、卵石、碎石、矿渣	粉质粘土、粉煤灰	灰土
0.25	20	6	28
≥0.50	30	23	

注：1 当 $z/b < 0.25$，除灰土取 $\theta = 28°$外，其余材料均取 $\theta = 0°$，必要时，宜由试验确定；

2 当 $0.25 < z/b < 0.5$ 时，θ 值可内插求得。

换填垫层的厚度不宜小于 0.5m，也不宜大于 3m。

4.2.2 垫层底面的宽度应满足基础底面应力扩散的要求，可按下式确定：

$$b' \geqslant b + 2z\text{tg}\theta \tag{4.2.2}$$

式中 b'——垫层底面宽度（m）；

θ——压力扩散角，可按表 4.2.1 采用；当 $z/b < 0.25$ 时，仍按表中 $z/b = 0.25$ 取值。

整片垫层底面的宽度可根据施工的要求适当加宽。

垫层顶面宽度可从垫层底面两侧向上，按基坑开挖期间保持边坡稳定的当地经验放坡确定。垫层顶面每边超出基础底边不宜小于300mm。

4.2.3 垫层的承载力宜通过现场载荷试验确定，并应进行下卧层承载力的验算。

4.2.4 对于垫层下存在软弱下卧层的建筑，在进行地基变形计算时应考虑邻近基础对软弱下卧层顶面应力叠加的影响。当超出原地面标高的垫层或换填材料的重度高于天然土层重度时，宜早换填，并应考虑其附加的荷载对建筑及邻近建筑的影响。

垫层地基的变形由垫层自身变形和下卧层变形组成。换填垫层在满足本规范第4.2.1条、第4.2.2条和第4.2.6条的条件下，垫层地基的变形可仅考虑其下卧层的变形。对沉降要求严的或垫层厚的建筑，应计算垫层自身的变形。

垫层下卧层的变形量可按现行国家标准《建筑地基基础设计规范》GB 50007 的有关规定计算。

4.2.5 垫层可选用下列材料：

1 砂石。宜选用碎石、卵石、角砾、圆砾、砾砂、粗砂、中砂或石屑（粒径小于2mm的部分不应超过总重的45%），应级配良好，不含植物残体、垃圾等杂质。当使用粉细砂或石粉（粒径小于0.075mm的部分不超过总重的9%）时，应掺入不少于总重30%的碎石或卵石。砂石的最大粒径不宜大于50mm。对湿陷性黄土地基，不得选用砂石等透水材料。

2 粉质粘土。土料中有机质含量不得超过5%，亦不得含有冻土或膨胀土。当含有碎石时，其粒径不宜大于50mm。用于湿陷性黄土或膨胀土地基的粉质粘土垫层，土料中不得夹有砖、瓦和石块。

3 灰土。体积配合比宜为2:8或3:7。土料宜用粉质粘土，不宜使用块状粘土和砂质粉土，不得含有松软杂质，并应过筛，其颗粒不得大于15mm。石灰宜用新鲜的消石灰，其颗粒不得大于5mm。

4 粉煤灰。可用于道路、堆场和小型建筑、构筑物等的换填垫层。粉煤灰垫层上宜覆土0.3~0.5m。粉煤灰垫层中采用掺加剂时，应通过试验确定其性能及适用条件。作为建筑物垫层的粉煤灰应符合有关放射性安全标准的要求。粉煤灰垫层中的金属构件、管网宜采取适当防腐措施。大量填筑粉煤灰时应考虑对地下水和土壤的环境影响。

5 矿渣。垫层使用的矿渣是指高炉重矿渣，可分为分级矿渣、混合矿渣及原状矿渣。矿渣垫层主要用于堆场、道路和地坪，也可用于小型建筑、构筑物地基。选用矿渣的松散重度不小于11kN/m^3，有机质及含泥总量不超过5%。设计、施工前必须对选用的矿渣进行试验，在确认其性能稳定并符合安全规定后方可使用。作为建筑物垫层的矿渣应符合对放射性安全标准的要求。易受酸、碱影响的基础或地下管网不得采用矿渣垫层。大量填筑矿渣时，应考虑对地下水和土壤的环境影响。

6 其他工业废渣。在有可靠试验结果或成功工程经验时，对质地坚硬、性能稳定、无腐蚀性和放射性危害的工业废渣等均可用于填筑换填垫层。被选用工业废渣的粒径、级配和施工工艺等应通过试验确定。

7 土工合成材料。由分层铺设的土工合成材料与地基土构成加筋垫层。所用土工合成材料的品种与性能及填料的土类应根据工程特性和地基土条件，按照现行国家标准《土工合成材料应用技术规范》GB 50290 的要求，通过设计并进行现场试验后确定。

作为加筋的土工合成材料应采用抗拉强度较高、受力时伸长率不大于4%~5%、耐久性好、抗腐蚀的土工格栅、土工格室、土工垫或土工织物等土工合成材料；垫层填料宜用碎石、角砾、砾砂、粗砂、中砂或粉质粘土等材料。当工程要求垫层具有排水功能时，垫层材料应具有良好的透水性。

在软土地基上使用加筋垫层时，应保证建筑稳定并满足允许变形的要求。

4.2.6 垫层的压实标准可按表4.2.6选用：

表4.2.6 各种垫层的压实标准

施工方法	换填材料类别	压实系数 λ_c
碾压、振密或夯实	碎石、卵石	0.94~0.97
	砂夹石（其中碎石、卵石占全重的30%~50%）	
	土夹石（其中碎石、卵石占全重的30%~50%）	
碾压、振密或夯实	中砂、粗砂、砾砂、角砾、圆砾、石屑	0.94~0.97
	粉质粘土	
	灰土	0.95
	粉煤灰	0.90~0.95

注：1 压实系数 λ_c 为土的控制干密度 ρ_d 与最大干密度 ρ_{dmax} 的比值；土的最大干密度宜采用击实试验确定，碎石或卵石的最大干密度可取2.0~2.2t/m³；

2 当采用轻型击实试验时，压实系数 λ_c 宜取高值，采用重型击实试验时，压实系数 λ_c 可取低值；

3 矿渣垫层的压实指标为最后二遍压实的压陷差小于2mm。

4.2.7 对于工程量较大的换填垫层，应按所选用的施工机械、换填材料及场地的土质条件进行现场试验，以确定压实效果。

4.3 施 工

4.3.1 垫层施工应根据不同的换填材料选择施工机械。粉质粘土、灰土宜采用平碾、振动碾或羊足碾，中小型工程也可采用蛙式夯、柴油夯。砂石等宜用振动碾。粉煤灰宜采用平碾、振动碾、平板振动器、蛙式夯。矿渣宜采用平板振动器或平碾，也可采用振动碾。

4.3.2 垫层的施工方法、分层铺填厚度、每层压实遍数等宜通过试验确定。除接触下卧软土层的垫层底部应根据施工机械设备及下卧层土质条件确定厚度外，一般情况下，垫层的分层铺填厚度可取200~300mm。

为保证分层压实质量，应控制机械碾压速度。

4.3.3 粉质粘土和灰土垫层土料的施工含水量宜控制在最优含水量 $w_{op}\pm2\%$ 的范围内，粉煤灰垫层的施工含水量宜控制在 $w_{op}\pm4\%$ 的范围内。最优含水量可通过击实试验确定，也可按当地经验取用。

4.3.4 当垫层底部存在古井、古墓、洞穴、旧基础、暗塘等软硬不均的部位时，应根据建筑对不均匀沉降的要求予以处理，并经检验合格后，方可铺填垫层。

4.3.5 基坑开挖时应避免坑底土层受扰动，可保留约200mm厚的土层暂不挖去，待铺填垫层前再挖至设计标高。严禁扰动垫层下的软弱土层，防止其被践踏、受冻或受水浸泡。在碎石或卵石垫层底部宜设置150~300mm厚的砂垫层或铺一层土工织物，以防止软弱土层表面的局部破坏，同时必须防止基坑边坡坍土混入垫层。

4.3.6 换填垫层施工应注意基坑排水，除采用水撼法施工砂垫层外，不得在浸水条件下施工，必要时应采用降低地下水位的措施。

4.3.7 垫层底面宜设在同一标高上，如深度不同，基坑底土面应挖成阶梯或斜坡搭接，并按先深后浅的顺序进行垫层施工，搭接处应夯压密实。

粉质粘土及灰土垫层分段施工时，不得在柱基、墙角及承重窗间墙下接缝。上下两层的缝距不得小于500mm。接缝处应夯压密实。灰土应拌合均匀并应当日铺填夯压。灰土夯压密实后3d内不得受水浸泡。粉煤灰垫层铺填后宜当天压实，每层验收后应及时铺填上层或封层，防止干燥后松散起尘污染，同时应禁止车辆碾压通行。

垫层竣工验收合格后，应及时进行基础施工与基坑回填。

4.3.8 铺设土工合成材料时，下铺地基土层顶面应平整，防止土工合成材料被刺穿、顶破。铺设时应把土工合成材料张拉平直、绷紧，严禁有折皱；端头应固定或回折锚固；切忌曝晒或裸露；连结宜用搭接法、缝接法和胶结法，并均应保证主要受力方向的连结强度不低于所采用材料的抗拉强度。

4.4 质量检验

4.4.1 对粉质粘土、灰土、粉煤灰和砂石垫层的施工质量检验可用环刀法、贯入仪、静力触探、轻型动力触探或标准贯入试验检验；对砂石、矿渣垫层可用重型动力触探检验。并均应通过现场试验以设计压实系数所对应的贯入度为标准检验垫层的施工质量。压实系数也可采用环刀法、灌砂法、灌水法或其他方法检验。

4.4.2 垫层的施工质量检验必须分层进行。应在每层的压实系数符合设计要求后铺填上层土。

4.4.3 采用环刀法检验垫层的施工质量时，取样点应位于每层厚度的2/3深度处。检验点数量，对大基坑每50～100m^2不应少于1个检验点；对基槽每10～20m不应少于1个点；每个独立柱基不应少于1个点。采用贯入仪或动力触探检验垫层的施工质量时，每分层检验点的间距应小于4m。

4.4.4 竣工验收采用载荷试验检验垫层承载力时，每个单体工程不宜少于3点；对于大型工程则应按单体工程的数量或工程的面积确定检验点数。

5 预 压 法

5.1 一 般 规 定

5.1.1 预压法包括堆载预压法和真空预压法。预压法适用于处理淤泥质土、淤泥和冲填土等饱和粘性土地基。

5.1.2 预压法处理地基应预先通过勘察查明土层在水平和竖直方向的分布、层理变化，查明透水层的位置、地下水类型及水源补给情况等。并应通过土工试验确定土层的先期固结压力、孔隙比与固结压力的关系、渗透系数、固结系数、三轴试验抗剪强度指标以及原位十字板抗剪强度等。

5.1.3 对重要工程，应在现场选择试验区进行预压试验，在预压过程中应进行地基竖向变形、侧向位移、孔隙水压力、地下水位等项目的监测并进行原位十字板剪切试验和室内土工试验。根据试验区获得的监测资料确定加载速率控制指标、推算土的固结系数、固结度及最终竖向变形等，分析地基处理效果，对原设计进行修正，并指导全场的设计与施工。

5.1.4 对堆载预压工程，预压荷载应分级逐渐施加，确保每级荷载下地基的稳定性，而对真空预压工程，可一次连续抽真空至最大压力。

5.1.5 对主要以变形控制的建筑，当塑料排水带或砂井等排水竖井处理深度范围和竖井底面以下受压土层经预压所完成的变形量和平均固结度符合设计要求时，方可卸载。

对主要以地基承载力或抗滑稳定性控制的建筑，当地基土经预压而增长的强度满足建筑物地基承载力或稳定性要求时，方可卸载。

5.2 设 计

（Ⅰ） 堆载预压法

5.2.1 对深厚软粘土地基，应设置塑料排水带或砂井等排水竖井。当软土层厚度不大或软土层含较多薄粉砂夹层，且固结速率能满足工期要求时，可不设置排水竖井。

5.2.2 堆载预压法处理地基的设计应包括下列内容：

1 选择塑料排水带或砂井，确定其断面尺寸、间距、排列方式和深度；

2 确定预压区范围、预压荷载大小、荷载分级、加载速率和预压时间；

3 计算地基土的固结度、强度增长、抗滑稳定性和变形。

5.2.3 排水竖井分普通砂井、袋装砂井和塑料排水带。普通砂井直径可取 300 ~ 500mm，袋装砂井直径可取 70 ~ 120mm。塑料排水带的当量换算直径可按下式计算：

$$d_p = \frac{2(b + \delta)}{\pi} \qquad (5.2.3)$$

式中 d_p——塑料排水带当量换算直径（mm）；

b——塑料排水带宽度（mm）；

δ——塑料排水带厚度（mm）。

5.2.4 排水竖井的平面布置可采用等边三角形或正方形排列。竖井的有效排水直径 d_e 与间距 l 的关系为：

等边三角形排列 $d_e = 1.05l$

正方形排列　$d_e = 1.13l$

5.2.5 排水竖井的间距可根据地基土的固结特性和预定时间内所要求达到的固结度确定。设计时，竖井的间距可按井径比 n 选用（$n = d_e/d_w$，d_w 为竖井直径，对塑料排水带可取 $d_w = d_p$）。塑料排水带或袋装砂井的间距可按 $n = 15 \sim 22$ 选用，普通砂井的间距可按 $n = 6 \sim 8$ 选用。

5.2.6 排水竖井的深度应根据建筑物对地基的稳定性、变形要求和工期确定。

对以地基抗滑稳定性控制的工程，竖井深度至少应超过最危险滑动面 2.0m。

对以变形控制的建筑，竖井深度应根据在限定的预压时间内需完成的变形量确定。竖井宜穿透受压土层。

5.2.7 一级或多级等速加载条件下，当固结时间为 t 时，对应总荷载的地基平均固结度可按下式计算：

$$\overline{U}_t = \sum_{i=1}^{n} \frac{\dot{q}_i}{\Sigma \Delta p}\left[(T_i - T_{i-1}) - \frac{\alpha}{\beta} e^{-\beta t}(e^{\beta T_i} - e^{\beta T_{i-1}})\right] \tag{5.2.7}$$

式中 $\overline{U}_t$——t 时间地基的平均固结度；

$\dot{q}_i$——第 i 级荷载的加载速率（kPa/d）；

$\Sigma\Delta p$——各级荷载的累加值（kPa）；

T_{i-1}，T_i——分别为第 i 级荷载加载的起始和终止时间（从零点起算）（d），当计算第 i 级荷载加载过程中某时间 t 的固结度时，T_i 改为 t；

α，β——参数，根据地基土排水固结条件按表 5.2.7 采用。对竖井地基，表中所列 β 为不考虑涂抹和井阻影响的参数值。

表 5.2.7　α、β 值

排水固结条件 / 参数	竖向排水固结 $\overline{U}_z > 30\%$	向内径向排水固结	竖向和向内径向排水固结（竖井穿透受压土层）	说　明
α	$\frac{8}{\pi^2}$	1	$\frac{8}{\pi^2}$	$F_n = \frac{n^2}{n^2-1}\ln(n) - \frac{3n^2-1}{4n^2}$ c_h—土的径向排水固结系数（cm^2/s） c_v—土的竖向排水固结系数（cm^2/s） H—土层竖向排水距离（cm） $\overline{U}_z$—双面排水土层或固结应力均匀分布的单面排水土层平均固结度
β	$\frac{\pi^2 c_v}{4H^2}$	$\frac{8c_h}{F_n d_e^2}$	$\frac{8c_h}{F_n d_e^2} + \frac{\pi^2 c_v}{4H^2}$	

5.2.8 当排水竖井采用挤土方式施工时，应考虑涂抹对土体固结的影响。当竖井的纵向通水量 q_w 与天然土层水平向渗透系数 k_h 的比值较小，且长度又较长时，尚应考虑井阻影响。瞬时加载条件下，考虑涂抹和井阻影响时，竖井地基径向排水平均固结度可按下式计算：

$$\overline{U}_r = 1 - e^{-\frac{8c_h}{Fd_e^2}t} \tag{5.2.8-1}$$

$$F = F_n + F_s + F_r \tag{5.2.8-2}$$

$$F_n = \ln(n) - \frac{3}{4} \qquad n \geqslant 15 \tag{5.2.8-3}$$

$$F_s = \left[\frac{k_h}{k_s} - 1\right]\ln s \tag{5.2.8-4}$$

$$F_r = \frac{\pi^2 L^2}{4}\frac{k_h}{q_w} \tag{5.2.8-5}$$

式中 $\overline{U}_r$——固结时间 t 时竖井地基径向排水平均固结度；

k_h——天然土层水平向渗透系数（cm/s）；

k_s——涂抹区土的水平向渗透系数，可取 $k_s = (\frac{1}{5} \sim \frac{1}{3})k_h$（cm/s）；

s——涂抹区直径 d_s 与竖井直径 d_w 的比值，可取 $s=2.0\sim3.0$，对中等灵敏粘性土取低值，对高灵敏粘性土取高值；

L——竖井深度（cm）；

q_w——竖井纵向通水量，为单位水力梯度下单位时间的排水量（cm^3/s）；

一级或多级等速加荷条件下，考虑涂抹和井阻影响时竖井穿透受压土层地基之平均固结度可按式（5.2.7）计算，其中 $\alpha=\frac{8}{\pi^2}$，$\beta=\frac{8c_h}{Fd_e^2}+\frac{\pi^2c_v}{4H^2}$。

5.2.9 对排水竖井未穿透受压土层之地基，应分别计算竖井范围土层的平均固结度和竖井底面以下受压土层的平均固结度，通过预压使该两部分固结度和所完成的变形量满足设计要求。

5.2.10 预压荷载大小应根据设计要求确定。对于沉降有严格限制的建筑，应采用超载预压法处理，超载量大小应根据预压时间内要求完成的变形量通过计算确定，并宜使预压荷载下受压土层各点的有效竖向应力大于建筑物荷载引起的相应点的附加应力。

预压荷载顶面的范围应等于或大于建筑物基础外缘所包围的范围。

加载速率应根据地基土的强度确定。当天然地基土的强度满足预压荷载下地基的稳定性要求时，可一次性加载，否则应分级逐渐加载，待前期预压荷载下地基土的强度增长满足下一级荷载下地基的稳定性要求时方可加载。

5.2.11 计算预压荷载下饱和粘性土地基中某点的抗剪强度时，应考虑土体原来的固结状态。对正常固结饱和粘性土地基，某点某一时间的抗剪强度可按下式计算：

$$\tau_{ft}=\tau_{f0}+\Delta\sigma_z\cdot U_t\tan\varphi_{cu} \tag{5.2.11}$$

式中 τ_{ft}——t 时刻，该点土的抗剪强度（kPa）；

τ_{f0}——地基土的天然抗剪强度（kPa）；

$\Delta\sigma_z$——预压荷载引起的该点的附加竖向应力（kPa）；

U_t——该点土的固结度；

φ_{cu}——三轴固结不排水压缩试验求得的土的内摩擦角（°）；

5.2.12 预压荷载下地基的最终竖向变形量可按下式计算：

$$s_f=\xi\sum_{i=1}^{n}\frac{e_{0i}-e_{1i}}{1+e_{0i}}h_i \tag{5.2.12}$$

式中 s_f——最终竖向变形量（m）；

e_{0i}——第 i 层中点土自重应力所对应的孔隙比，由室内固结试验 e-p 曲线查得；

e_{1i}——第 i 层中点土自重应力与附加应力之和所对应的孔隙比，由室内固结试验 e-p 曲线查得；

h_i——第 i 层土层厚度（m）；

ξ——经验系数，对正常固结饱和粘性土地基可取 $\xi=1.1\sim1.4$。荷载较大、地基土较软弱时取较大值，否则取较小值。

变形计算时，可取附加应力与土自重应力的比值为 0.1 的深度作为受压层的计算深度。

5.2.13 预压法处理地基必须在地表铺设与排水竖井相连的砂垫层，砂垫层厚度不应小于 500mm。

砂垫层砂料宜用中粗砂，粘粒含量不宜大于 3%，砂料中可混有少量粒径小于 50mm 的砾石。砂垫层的干密度应大于1.5g/cm³，其渗透系数宜大于1×10^{-2}cm/s。

在预压区边缘应设置排水沟，在预压区内宜设置与砂垫层相连的排水盲沟。

5.2.14 砂井的砂料应选用中粗砂，其粘粒含量不应大于3%。

（Ⅱ） 真空预压法

5.2.15 真空预压法处理地基必须设置排水竖井。设计内容包括：竖井断面尺寸、间距、排列方式和深度的选择；预压区面积和分块大小；真空预压工艺；要求达到的真空度和土层的固结度；真空预压和建筑物荷载下地基的变形计算；真空预压后地基土的强度增长计算等。

5.2.16 排水竖井的间距可按本规范第5.2.5条选用。

砂井的砂料应选用中粗砂，其渗透系数应大于1×10^{-2}cm/s。

5.2.17 真空预压区边缘应大于建筑物基础轮廓线，每边增加量不得小于3.0m。每块预压面积宜尽可能大且呈方形。

5.2.18 真空预压的膜下真空度应稳定地保持在650mmHg以上，且应均匀分布，竖井深度范围内土层的平均固结度应大于90%。

5.2.19 当建筑物的荷载超过真空预压的压力，且建筑物对地基变形有严格要求时，可采用真空－堆载联合预压法，其总压力宜超过建筑物的荷载。

5.2.20 对于表层存在良好的透气层或在处理范围内有充足水源补给的透水层时，应采取有效措施隔断透气层或透水层。

5.2.21 真空预压地基最终竖向变形可按本规范第5.2.12条计算，其中ξ可取0.8～0.9。真空－堆载联合预压法以真空预压为主时，ξ可取0.9。

5.2.22 真空预压所需抽真空设备的数量，可按加固面积的大小和形状、土层结构特点，以一套设备可抽真空的面积为1000～1500m²确定。

5.3 施　　工

（Ⅰ） 堆载预压法

5.3.1 塑料排水带的性能指标必须符合设计要求。塑料排水带在现场应妥加保护，防止阳光照射、破损或污染，破损或污染的塑料排水带不得在工程中使用。

5.3.2 砂井的灌砂量，应按井孔的体积和砂在中密状态时的干密度计算，其实际灌砂量不得小于计算值的95%。

灌入砂袋中的砂宜用干砂，并应灌制密实。

5.3.3 塑料排水带和袋装砂井施工时，宜配置能检测其深度的设备。

5.3.4 塑料排水带施工所用套管应保证插入地基中的带子不扭曲。塑料排水带需接长时，应采用滤膜内芯带平搭接的连接方法，搭接长度宜大于200mm。

袋装砂井施工所用套管内径宜略大于砂井直径。

塑料排水带和袋装砂井施工时，平面井距偏差不应大于井径，垂直度偏差不应大于1.5%，深度不得小于设计要求。

塑料排水带和袋装砂井砂袋埋入砂垫层中的长度不应小于500mm。

5.3.5 对堆载预压工程，在加载过程中应进行竖向变形、边桩水平位移及孔隙水压力等项目的监测，且根据监测资料控制加载速率。对竖井地基，最大竖向变形量每天不应超过15mm，对天然地基，最大竖向变形量每天不应超过10mm；边桩水平位移每天不应超过5mm，并且应根据上述观察资料综合分析、判断地基的稳定性。

（Ⅱ） 真空预压法

5.3.6 真空预压的抽气设备宜采用射流真空泵，空抽时必须达到95kPa以上的真空吸力，真空泵的设置应根据预压面积大小和形状、真空泵效率和工程经验确定，但每块预压区至少应设置两台真空泵。

5.3.7 真空管路的连接应严格密封，在真空管路中应设置止回阀和截门。

水平向分布滤水管可采用条状、梳齿状及羽毛状等形式，滤水管布置宜形成回路。滤水管应设在砂垫层中，其上覆盖厚度100～200mm的砂层。滤水管可采用钢管或塑料管，外包尼龙纱或土工织物等滤水材料。

5.3.8 密封膜应采用抗老化性能好、韧性好、抗穿刺性能强的不透气材料。密封膜热合时宜采用双热合缝的平搭接，搭接宽度应大于15mm。

密封膜宜铺设三层，膜周边可采用挖沟埋膜、平铺并用粘土覆盖压边、围埝沟内及膜上覆水等方法进行密封。

5.3.9 采用真空—堆载联合预压时，先进行抽真空，当真空压力达到设计要求并稳定后，再进行堆载，并继续抽气，堆载时需在膜上铺设土工编织布等保护材料。

5.4 质量检验

5.4.1 施工过程质量检验和监测应包括以下内容：

1 塑料排水带必须在现场随机抽样送往实验室进行性能指标的测试，其性能指标包括纵向通水量、复合体抗拉强度、滤膜抗拉强度、滤膜渗透系数和等效孔径等。

2 对不同来源的砂井和砂垫层砂料，必须取样进行颗粒分析和渗透性试验。

3 对于以抗滑稳定控制的重要工程，应在预压区内选择代表性地点预留孔位，在加载不同阶段进行原位十字板剪切试验和取土进行室内土工试验。

4 对预压工程，应进行地基竖向变形、侧向位移和孔隙水压力等项目的监测。

5 真空预压工程除应进行地基变形、孔隙水压力的监测外，尚应进行膜下真空度和地下水位的量测。

5.4.2 预压法竣工验收检验应符合下列规定：

1 排水竖井处理深度范围内和竖井底面以下受压土层，经预压所完成的竖向变形和平均固结度应满足设计要求。

2 应对预压的地基土进行原位十字板剪切试验和室内土工试验。必要时，尚应进行现场载荷试验，试验数量不应少于3点。

6 强夯法和强夯置换法

6.1 一 般 规 定

6.1.1 强夯法适用于处理碎石土、砂土、低饱和度的粉土与粘性土、湿陷性黄土、素填土和杂填土等地基。强夯置换法适用于高饱和度的粉土与软塑～流塑的粘性土等地基上对变形控制要求不严的工程。

6.1.2 强夯置换法在设计前必须通过现场试验确定其适用性和处理效果。

6.1.3 强夯和强夯置换施工前，应在施工现场有代表性的场地上选取一个或几个试验区，进行试夯或试验性施工。试验区数量应根据建筑场地复杂程度、建筑规模及建筑类型确定。

6.2 设 计

（Ⅰ）强 夯 法

6.2.1 强夯法的有效加固深度应根据现场试夯或当地经验确定。在缺少试验资料或经验时可按表 6.2.1 预估。

表 6.2.1 强夯法的有效加固深度（m）

单击夯击能（kN·m）	碎石土、砂土等粗颗粒土	粉土、粘性土、湿陷性黄土等细颗粒土
1000	5.0～6.0	4.0～5.0
2000	6.0～7.0	5.0～6.0
3000	7.0～8.0	6.0～7.0
4000	8.0～9.0	7.0～8.0
5000	9.0～9.5	8.0～8.5
6000	9.5～10.0	8.5～9.0
8000	10.0～10.5	9.0～9.5

注：强夯法的有效加固深度应从最初起夯面算起。

6.2.2 夯点的夯击次数，应按现场试夯得到的夯击次数和夯沉量关系曲线确定，并应同时满足下列条件：

1 最后两击的平均夯沉量不宜大于下列数值：当单击夯击能小于 4000kN·m 时为 50mm；当单击夯击能为 4000～6000kN·m 时为 100mm；当单击夯击能大于 6000kN·m 时为 200mm；

2 夯坑周围地面不应发生过大的隆起；

3 不因夯坑过深而发生提锤困难。

6.2.3 夯击遍数应根据地基土的性质确定，可采用点夯 2～3 遍，对于渗透性较差的细颗粒土，必要时夯击遍数可适当增加。最后再以低能量满夯 2 遍，满夯可采用轻锤或低落距锤多次夯击，锤印搭接。

6.2.4 两遍夯击之间应有一定的时间间隔，间隔时间取决于土中超静孔隙水压力的消散时间。当缺少实测资料时，可根据地基土的渗透性确定，对于渗透性较差的粘性土地基，间隔时间不应少于 3～4 周；对于渗透性好的地基可连续夯击。

6.2.5 夯击点位置可根据基底平面形状，采用等边三角形、等腰三角形或正方形布置。第一遍夯击点间距可取夯锤直径的 2.5～3.5 倍，第二遍夯击点位于第一遍夯击点之间。以后各遍夯击点间距可适当减小。对处理深度较深或单击夯击能较大的工程，第一遍夯击点间距宜适当增大。

6.2.6 强夯处理范围应大于建筑物基础范围，每边超出基础外缘的宽度宜为基底下设计处理深度的1/2至2/3，并不宜小于3m。

6.2.7 根据初步确定的强夯参数，提出强夯试验方案，进行现场试夯。应根据不同土质条件待试夯结束一至数周后，对试夯场地进行检测，并与夯前测试数据进行对比，检验强夯效果，确定工程采用的各项强夯参数。

6.2.8 强夯地基承载力特征值应通过现场载荷试验确定，初步设计时也可根据夯后原位测试和土工试验指标按现行国家标准《建筑地基基础设计规范》GB 50007有关规定确定。

6.2.9 强夯地基变形计算应符合现行国家标准《建筑地基基础设计规范》GB 50007有关规定。夯后有效加固深度内土层的压缩模量应通过原位测试或土工试验确定。

（Ⅱ） 强夯置换法

6.2.10 强夯置换墩的深度由土质条件决定，除厚层饱和粉土外，应穿透软土层，到达较硬土层上。深度不宜超过7m。

6.2.11 强夯置换法的单击夯击能应根据现场试验确定。

6.2.12 墩体材料可采用级配良好的块石、碎石、矿渣、建筑垃圾等坚硬粗颗粒材料，粒径大于300mm的颗粒含量不宜超过全重的30%。

6.2.13 夯点的夯击次数应通过现场试夯确定，且应同时满足下列条件：

1 墩底穿透软弱土层，且达到设计墩长；

2 累计夯沉量为设计墩长的1.5～2.0倍；

3 最后两击的平均夯沉量不大于本规范第6.2.2条的规定值。

6.2.14 墩位布置宜采用等边三角形或正方形。对独立基础或条形基础可根据基础形状与宽度相应布置。

6.2.15 墩间距应根据荷载大小和原土的承载力选定，当满堂布置时可取夯锤直径的2～3倍。对独立基础或条形基础可取夯锤直径的1.5～2.0倍。墩的计算直径可取夯锤直径的1.1～1.2倍。

6.2.16 当墩间净距较大时，应适当提高上部结构和基础的刚度。

6.2.17 强夯置换处理范围应按本规范第6.2.6条执行。

6.2.18 墩顶应铺设一层厚度不小于500mm的压实垫层，垫层材料可与墩体相同，粒径不宜大于100mm。

6.2.19 强夯置换设计时，应预估地面抬高值，并在试夯时校正。

6.2.20 强夯置换法试验方案的确定，应符合本规范第6.2.7条的规定。检测项目除进行现场载荷试验检测承载力和变形模量外，尚应采用超重型或重型动力触探等方法，检查置换墩着底情况及承载力与密度随深度的变化。

6.2.21 确定软粘性土中强夯置换墩地基承载力特征值时，可只考虑墩体，不考虑墩间土的作用，其承载力应通过现场单墩载荷试验确定，对饱和粉土地基可按复合地基考虑，其承载力可通过现场单墩复合地基载荷试验确定。

6.2.22 强夯置换地基的变形计算应符合本规范第7.2.9条的规定。

6.3 施　　工

6.3.1 强夯锤质量可取10～40t，其底面形式宜采用圆形或多边形，锤底面积宜按土的性质确定，锤底静接地压力值可取25～40kPa，对于细颗粒土锤底静接地压力宜取较小值。

锤的底面宜对称设置若干个与其顶面贯通的排气孔，孔径可取250～300mm。强夯置换锤底静接地压力值可取100～200kPa。

6.3.2 施工机械宜采用带有自动脱钩装置的履带式起重机或其他专用设备。采用履带式起重机时，可在臂杆端部设置辅助门架，或采取其他安全措施，防止落锤时机架倾覆。

6.3.3 当场地表土软弱或地下水位较高，夯坑底积水影响施工时，宜采用人工降低地下水位或铺填一定厚度的松散性材料，使地下水位低于坑底面以下2m。坑内或场地积水应及时排除。

6.3.4 施工前应查明场地范围内的地下构筑物和各种地下管线的位置及标高等，并采取必要的措施，以免因施工而造成损坏。

6.3.5 当强夯施工所产生的振动对邻近建筑物或设备会产生有害的影响时，应设置监测点，并采取挖隔振沟等隔振或防振措施。

6.3.6 强夯施工可按下列步骤进行：

1 清理并平整施工场地；

2 标出第一遍夯点位置，并测量场地高程；

3 起重机就位，夯锤置于夯点位置；

4 测量夯前锤顶高程；

5 将夯锤起吊到预定高度，开启脱钩装置，待夯锤脱钩自由下落后，放下吊钩，测量锤顶高程，若发现因坑底倾斜而造成夯锤歪斜时，应及时将坑底整平；

6 重复步骤5，按设计规定的夯击次数及控制标准，完成一个夯点的夯击；

7 换夯点，重复步骤3至6，完成第一遍全部夯点的夯击；

8 用推土机将夯坑填平，并测量场地高程；

9 在规定的间隔时间后，按上述步骤逐次完成全部夯击遍数，最后用低能量满夯，将场地表层松土夯实，并测量夯后场地高程。

6.3.7 强夯置换施工可按下列步骤进行：

1 清理并平整施工场地，当表土松软时可铺设一层厚度为1.0～2.0m的砂石施工垫层；

2 标出夯点位置，并测量场地高程；

3 起重机就位，夯锤置于夯点位置；

4 测量夯前锤顶高程；

5 夯击并逐击记录夯坑深度。当夯坑过深而发生起锤困难时停夯，向坑内填料直至与坑顶平，记录填料数量，如此重复直至满足规定的夯击次数及控制标准完成一个墩体的夯击。当夯点周围软土挤出影响施工时，可随时清理并在夯点周围铺垫碎石，继续施工；

6 按由内而外，隔行跳打原则完成全部夯点的施工；

7 推平场地，用低能量满夯，将场地表层松土夯实，并测量夯后场地高程；

8 铺设垫层，并分层碾压密实。

6.3.8 施工过程中应有专人负责下列监测工作：

1 开夯前应检查夯锤质量和落距，以确保单击夯击能量符合设计要求；

2 在每一遍夯击前，应对夯点放线进行复核，夯完后检查夯坑位置，发现偏差或漏夯应及时纠正；

3 按设计要求检查每个夯点的夯击次数和每击的夯沉量。对强夯置换尚应检查置换深度。

6.3.9 施工过程中应对各项参数及情况进行详细记录。

6.4 质量检验

6.4.1 检查施工过程中的各项测试数据和施工记录，不符合设计要求时应补夯或采取其他有效措施。强夯置换施工中可采用超重型或重型圆锥动力触探检查置换墩着底情况。

6.4.2 强夯处理后的地基竣工验收承载力检验，应在施工结束后间隔一定时间方能进行，对于碎石土和砂土地基，其间隔时间可取7~14d；粉土和粘性土地基可取14~28d。强夯置换地基间隔时间可取28d。

6.4.3 强夯处理后的地基竣工验收时，承载力检验应采用原位测试和室内土工试验。强夯置换后的地基竣工验收时，承载力检验除应采用单墩载荷试验检验外，尚应采用动力触探等有效手段查明置换墩着底情况及承载力与密度随深度的变化，对饱和粉土地基允许采用单墩复合地基载荷试验代替单墩载荷试验。

6.4.4 竣工验收承载力检验的数量，应根据场地复杂程度和建筑物的重要性确定，对于简单场地上的一般建筑物，每个建筑地基的载荷试验检验点不应少于3点；对于复杂场地或重要建筑地基应增加检验点数。强夯置换地基载荷试验检验和置换墩着底情况检验数量均不应少于墩点数的1%，且不应少于3点。

7 振冲法

7.1 一般规定

7.1.1 振冲法适用于处理砂土、粉土、粉质粘土、素填土和杂填土等地基。对于处理不排水抗剪强度不小于20kPa的饱和粘性土和饱和黄土地基，应在施工前通过现场试验确定其适用性。不加填料振冲加密适用于处理粘粒含量不大于10%的中砂、粗砂地基。

7.1.2 对大型的、重要的或场地地层复杂的工程，在正式施工前应通过现场试验确定其处理效果。

7.2 设计

7.2.1 振冲桩处理范围应根据建筑物的重要性和场地条件确定，当用于多层建筑和高层建筑时，宜在基础外缘扩大1~2排桩。当要求消除地基液化时，在基础外缘扩大宽度不应小于基底下可液化土层厚度的1/2。

7.2.2 桩位布置，对大面积满堂处理，宜用等边三角形布置；对单独基础或条形基础，宜用正方形、矩形或等腰三角形布置。

7.2.3 振冲桩的间距应根据上部结构荷载大小和场地土层情况，并结合所采用的振冲器功率大小综合考虑。30kW振冲器布桩间距可采用1.3~2.0m；55kW振冲器布桩间距可采用1.4~2.5m；75kW振冲器布桩间距可采用1.5~3.0m。荷载大或对粘性土宜采用较小的间距，荷载小或对砂土宜采用较大的间距。

7.2.4 桩长的确定：当相对硬层埋深不大时，应按相对硬层埋深确定；当相对硬层埋深较大时，按建筑物地基变形允许值确定；在可液化地基中，桩长应按要求的抗震处理深度确定。桩长不宜小于4m。

7.2.5 在桩顶和基础之间宜铺设一层300～500mm厚的碎石垫层。

7.2.6 桩体材料可用含泥量不大于5%的碎石、卵石、矿渣或其他性能稳定的硬质材料，不宜使用风化易碎的石料。常用的填料粒径为：30kW振冲器20～80mm；55kW振冲器30～100mm；75kW振冲器40～150mm。

7.2.7 振冲桩的平均直径可按每根桩所用填料量计算。

7.2.8 振冲桩复合地基承载力特征值应通过现场复合地基载荷试验确定，初步设计时也可用单桩和处理后桩间土承载力特征值按下式估算：

$$f_{spk} = mf_{pk} + (1 - m)f_{sk} \qquad (7.2.8\text{-}1)$$

$$m = d^2/d_e^2 \qquad (7.2.8\text{-}2)$$

式中 f_{spk}——振冲桩复合地基承载力特征值（kPa）；

f_{pk}——桩体承载力特征值（kPa），宜通过单桩载荷试验确定；

f_{sk}——处理后桩间土承载力特征值（kPa），宜按当地经验取值，如无经验时，可取天然地基承载力特征值；

m——桩土面积置换率；

d——桩身平均直径（m）；

d_e——一根桩分担的处理地基面积的等效圆直径；

等边三角形布桩　$d_e = 1.05s$

正方形布桩　$d_e = 1.13s$

矩形布桩　$d_e = 1.13\sqrt{s_1 s_2}$

s、s_1、s_2分别为桩间距、纵向间距和横向间距。

对小型工程的粘性土地基如无现场载荷试验资料，初步设计时复合地基的承载力特征值也可按下式估算：

$$f_{spk} = [1 + m(n - 1)]f_{sk} \qquad (7.2.8\text{-}3)$$

式中 n——桩土应力比，在无实测资料时，可取2～4，原土强度低取大值，原土强度高取小值。

7.2.9 振冲处理地基的变形计算应符合现行国家标准《建筑地基基础设计规范》GB 50007有关规定。复合土层的压缩模量可按下式计算：

$$E_{sp} = [1 + m(n - 1)]E_s \qquad (7.2.9)$$

式中 E_{sp}——复合土层压缩模量（MPa）；

E_s——桩间土压缩模量（MPa），宜按当地经验取值，如无经验时，可取天然地基压缩模量。

公式（7.2.9）中的桩土应力比，在无实测资料时，对粘性土可取2～4，对粉土和砂土可取1.5～3，原土强度低取大值，原土强度高取小值。

7.2.10 不加填料振冲加密宜在初步设计阶段进行现场工艺试验，确定不加填料振密的可能性、孔距、振密电流值、振冲水压力、振后砂层的物理力学指标等。

用30kW振冲器振密深度不宜超过7m，75kW振冲器不宜超过15m。

7.2.11 不加填料振冲加密孔距可为2～3m，宜用等边三角形布孔。

7.2.12 不加填料振冲加密地基承载力特征值应通过现场载荷试验确定，初步设计时也可根据加密后原位测试指标按现行国家标准《建筑地基基础设计规范》GB 50007 有关规定确定。

7.2.13 不加填料振冲加密地基变形计算应符合现行国家标准《建筑地基基础设计规范》GB 50007 有关规定。加密深度内土层的压缩模量应通过原位测试确定。

7.3 施 工

7.3.1 振冲施工可根据设计荷载的大小、原土强度的高低、设计桩长等条件选用不同功率的振冲器。施工前应在现场进行试验，以确定水压、振密电流和留振时间等各种施工参数。

7.3.2 升降振冲器的机械可用起重机、自行井架式施工平车或其他合适的设备。施工设备应配有电流、电压和留振时间自动信号仪表。

7.3.3 振冲施工可按下列步骤进行：

1 清理平整施工场地，布置桩位；

2 施工机具就位，使振冲器对准桩位；

3 启动供水泵和振冲器，水压可用 200～600kPa，水量可用 200～400L/min，将振冲器徐徐沉入土中，造孔速度宜为 0.5～2.0m/min，直至达到设计深度。记录振冲器经各深度的水压、电流和留振时间。

4 造孔后边提升振冲器边冲水直至孔口，再放至孔底，重复两三次扩大孔径并使孔内泥浆变稀，开始填料制桩。

5 大功率振冲器投料可不提出孔口，小功率振冲器下料困难时，可将振冲器提出孔口填料，每次填料厚度不宜大于 50cm。将振冲器沉入填料中进行振密制桩，当电流达到规定的密实电流值和规定的留振时间后，将振冲器提升 30～50cm。

6 重复以上步骤，自下而上逐段制作桩体直至孔口，记录各段深度的填料量、最终电流值和留振时间，并均应符合设计规定。

7 关闭振冲器和水泵。

7.3.4 施工现场应事先开设泥水排放系统，或组织好运浆车辆将泥浆运至预先安排的存放地点，应尽可能设置沉淀池重复使用上部清水。

7.3.5 桩体施工完毕后应将顶部预留的松散桩体挖除，如无预留应将松散桩头压实，随后铺设并压实垫层。

7.3.6 不加填料振冲加密宜采用大功率振冲器，为了避免造孔中塌砂将振冲器抱住，下沉速度宜快，造孔速度宜为 8～10m/min，到达深度后将射水量减至最小，留振至密实电流达到规定时，上提 0.5m，逐段振密直至孔口，一般每米振密时间约 1 分钟。

在粗砂中施工如遇下沉困难，可在振冲器两侧增焊辅助水管，加大造孔水量，但造孔水压宜小。

7.3.7 振密孔施工顺序宜沿直线逐点逐行进行。

7.4 质 量 检 验

7.4.1 检查振冲施工各项施工记录，如有遗漏或不符合规定要求的桩或振冲点，应补做或采取有效的补救措施。

7.4.2 振冲施工结束后，除砂土地基外，应间隔一定时间后方可进行质量检验。对粉质粘土地基间隔时间可取 21～

28d，对粉土地基可取14～21d。

7.4.3 振冲桩的施工质量检验可采用单桩载荷试验，检验数量为桩数的0.5%，且不少于3根。对碎石桩体检验可用重型动力触探进行随机检验。对桩间土的检验可在处理深度内用标准贯入、静力触探等进行检验。

7.4.4 振冲处理后的地基竣工验收时，承载力检验应采用复合地基载荷试验。

7.4.5 复合地基载荷试验检验数量不应少于总桩数的0.5%，且每个单体工程不应少于3点。

7.4.6 对不加填料振冲加密处理的砂土地基，竣工验收承载力检验应采用标准贯入、动力触探、载荷试验或其他合适的试验方法。检验点应选择在有代表性或地基土质较差的地段，并位于振冲点围成的单元形心处及振冲点中心处。检验数量可为振冲点数量的1%，总数不应少于5点。

8 砂石桩法

8.1 一般规定

8.1.1 砂石桩法适用于挤密松散砂土、粉土、粘性土、素填土、杂填土等地基。对饱和粘土地基上对变形控制要求不严的工程也可采用砂石桩置换处理。砂石桩法也可用于处理可液化地基。

8.1.2 采用砂石桩处理地基应补充设计、施工所需的有关技术资料。对粘性土地基，应有地基土的不排水抗剪强度指标；对砂土和粉土地基应有地基土的天然孔隙比、相对密实度或标准贯入击数、砂石料特性、施工机具及性能等资料。

8.1.3 用砂石桩挤密素填土和杂填土等地基的设计及质量检验，尚应符合本规范第14章中的有关规定。

8.2 设计

8.2.1 砂石桩孔位宜采用等边三角形或正方形布置。

砂石桩直径可采用300～800mm，可根据地基土质情况和成桩设备等因素确定。对饱和粘性土地基宜选用较大的直径。

8.2.2 砂石桩的间距应通过现场试验确定。对粉土和砂土地基，不宜大于砂石桩直径的4.5倍；对粘性土地基不宜大于砂石桩直径的3倍。初步设计时，砂石桩的间距也可按下列公式估算。

1 松散粉土和砂土地基可根据挤密后要求达到的孔隙

比 e_1 来确定。

等边三角形布置

$$s = 0.95\xi d\sqrt{\frac{1+e_0}{e_0-e_1}} \qquad (8.2.2\text{-}1)$$

正方形布置

$$s = 0.89\xi d\sqrt{\frac{1+e_0}{e_0-e_1}} \qquad (8.2.2\text{-}2)$$

$$e_1 = e_{max} - D_{r1}(e_{max} - e_{min}) \qquad (8.2.2\text{-}3)$$

式中 s——砂石桩间距（m）；

d——砂石桩直径（m）；

ξ——修正系数，当考虑振动下沉密实作用时，可取1.1～1.2；不考虑振动下沉密实作用时，可取1.0；

e_0——地基处理前砂土的孔隙比，可按原状土样试验确定，也可根据动力或静力触探等对比试验确定；

e_1——地基挤密后要求达到的孔隙比；

e_{max}、e_{min}——砂土的最大、最小孔隙比，可按现行国家标准《土工试验方法标准》GB/T 50123 的有关规定确定；

D_{r1}——地基挤密后要求砂土达到的相对密实度，可取0.70～0.85。

2 粘性土地基：

等边三角形布置

$$s = 1.08\sqrt{A_e} \qquad (8.2.2\text{-}4)$$

正方形布置

$$s = \sqrt{A_e} \qquad (8.2.2\text{-}5)$$

式中 A_e——1根砂石桩承担的处理面积（m^2）；

$$A_e = \frac{A_p}{m} \qquad (8.2.2\text{-}6)$$

式中 A_p——砂石桩的截面积（m^2）；

m——面积置换率。可按本规范（7.2.8-2）式确定。

8.2.3 砂石桩桩长可根据工程要求和工程地质条件通过计算确定：

1 当松软土层厚度不大时，砂石桩桩长宜穿过松软土层；

2 当松软土层厚度较大时，对按稳定性控制的工程，砂石桩桩长应不小于最危险滑动面以下2m的深度；对按变形控制的工程，砂石桩桩长应满足处理后地基变形量不超过建筑物的地基变形允许值并满足软弱下卧层承载力的要求；

3 对可液化的地基，砂石桩桩长应按现行国家标准《建筑抗震设计规范》GB 50011 的有关规定采用；

4 桩长不宜小于4m。

8.2.4 砂石桩处理范围应大于基底范围，处理宽度宜在基础外缘扩大1～3排桩。对可液化地基，在基础外缘扩大宽度不应小于可液化土层厚度的1/2，并不应小于5m。

8.2.5 砂石桩桩孔内的填料量应通过现场试验确定，估算时可按设计桩孔体积乘以充盈系数 β 确定，β 可取1.2～1.4。如施工中地面有下沉或隆起现象，则填料数量应根据现场具体情况予以增减。

8.2.6 桩体材料可用碎石、卵石、角砾、圆砾、砾砂、粗砂、中砂或石屑等硬质材料，含泥量不得大于5%，最大粒径不宜大于50mm。

8.2.7 砂石桩顶部宜铺设一层厚度为 300～500mm 的砂石垫层。

8.2.8 砂石桩复合地基的承载力特征值，应通过现场复合地基载荷试验确定，初步设计时，也可通过下列方法估算：

1 对于采用砂石桩处理的复合地基，可按本规范公式（7.2.8-1）或公式（7.2.8-3）估算；

2 对于采用砂桩处理的砂土地基，可根据挤密后砂土的密实状态，按现行国家标准《建筑地基基础设计规范》GB 50007 的有关规定确定。

8.2.9 砂石桩处理地基的变形计算，应按本规范第 7.2.9 条的规定计算；对于砂桩处理的砂土地基，应按现行国家标准《建筑地基基础设计规范》GB 50007 的有关规定计算。

8.2.10 当砂石桩用于处理堆载地基时，应按现行国家标准《建筑地基基础设计规范》GB 50007 有关规定进行抗滑稳定性验算。

8.3 施 工

8.3.1 砂石桩施工可采用振动沉管、锤击沉管或冲击成孔等成桩法。当用于消除粉细砂及粉土液化时，宜用振动沉管成桩法。

8.3.2 施工前应进行成桩工艺和成桩挤密试验。当成桩质量不能满足设计要求时，应在调整设计与施工有关参数后，重新进行试验或改变设计。

8.3.3 振动沉管成桩法施工应根据沉管和挤密情况，控制填砂石量、提升高度和速度、挤压次数和时间、电机的工作电流等。

8.3.4 施工中应选用能顺利出料和有效挤压桩孔内砂石料的桩尖结构。当采用活瓣桩靴时，对砂土和粉土地基宜选用尖锥型；对粘性土地基宜选用平底型；一次性桩尖可采用混凝土锥形桩尖。

8.3.5 锤击沉管成桩法施工可采用单管法或双管法。锤击法挤密应根据锤击的能量，控制分段的填砂石量和成桩的长度。

8.3.6 砂石桩的施工顺序：对砂土地基宜从外围或两侧向中间进行，对粘性土地基宜从中间向外围或隔排施工；在既有建（构）筑物邻近施工时，应背离建（构）筑物方向进行。

8.3.7 施工时桩位水平偏差不应大于 0.3 倍套管外径；套管垂直度偏差不应大于 1%。

8.3.8 砂石桩施工后，应将基底标高下的松散层挖除或夯压密实，随后铺设并压实砂石垫层。

8.4 质量检验

8.4.1 应在施工期间及施工结束后，检查砂石桩的施工记录。对沉管法，尚应检查套管往复挤压振动次数与时间、套管升降幅度和速度、每次填砂石料量等项施工记录。

8.4.2 施工后应间隔一定时间方可进行质量检验。对饱和粘性土地基应待孔隙水压力消散后进行，间隔时间不宜少于 28d；对粉土、砂土和杂填土地基，不宜少于 7d。

8.4.3 砂石桩的施工质量检验可采用单桩载荷试验，对桩体可采用动力触探试验检测，对桩间土可采用标准贯入、静力触探、动力触探或其他原位测试等方法进行检测。桩间土质量的检测位置应在等边三角形或正方形的中心。检测数量不应少于桩孔总数的 2%。

8.4.4 砂石桩地基竣工验收时，承载力检验应采用复合地基载荷试验。

8.4.5 复合地基载荷试验数量不应少于总桩数的0.5%，且每个单体建筑不应少于3点。

9 水泥粉煤灰碎石桩法

9.1 一 般 规 定

9.1.1 水泥粉煤灰碎石桩（CFG 桩）法适用于处理粘性土、粉土、砂土和已自重固结的素填土等地基。对淤泥质土应按地区经验或通过现场试验确定其适用性。

9.1.2 水泥粉煤灰碎石桩应选择承载力相对较高的土层作为桩端持力层。

9.1.3 水泥粉煤灰碎石桩复合地基设计时应进行地基变形验算。

9.2 设　　计

9.2.1 水泥粉煤灰碎石桩可只在基础范围内布置，桩径宜取350～600mm。

9.2.2 桩距应根据设计要求的复合地基承载力、土性、施工工艺等确定，宜取3～5倍桩径。

9.2.3 桩顶和基础之间应设置褥垫层，褥垫层厚度宜取150～300mm，当桩径大或桩距大时褥垫层厚度宜取高值。

9.2.4 褥垫层材料宜用中砂、粗砂、级配砂石或碎石等，最大粒径不宜大于30mm。

9.2.5 水泥粉煤灰碎石桩复合地基承载力特征值，应通过现场复合地基载荷试验确定，初步设计时也可按下式估算：

$$f_{spk} = m\frac{R_a}{A_p} + \beta(1-m)f_{sk} \tag{9.2.5}$$

式中 f_{spk}——复合地基承载力特征值（kPa）；

m——面积置换率；

R_a——单桩竖向承载力特征值（kN）；

A_p——桩的截面积（m^2）；

β——桩间土承载力折减系数，宜按地区经验取值，如无经验时可取0.75～0.95，天然地基承载力较高时取大值；

f_{sk}——处理后桩间土承载力特征值（kPa），宜按当地经验取值，如无经验时，可取天然地基承载力特征值。

9.2.6 单桩竖向承载力特征值 R_a 的取值，应符合下列规定：

1 当采用单桩载荷试验时，应将单桩竖向极限承载力除以安全系数2；

2 当无单桩载荷试验资料时，可按下式估算：

$$R_a = u_p \sum_{i=1}^{n} q_{si} l_i + q_p A_p \tag{9.2.6}$$

式中 u_p——桩的周长（m）；

n——桩长范围内所划分的土层数；

q_{si}、q_p——桩周第 i 层土的侧阻力、桩端端阻力特征值（kPa），可按现行国家标准《建筑地基基础设计规范》GB 50007 有关规定确定；

l_i——第 i 层土的厚度（m）。

9.2.7 桩体试块抗压强度平均值应满足下式要求：

$$f_{cu} \geqslant 3\frac{R_a}{A_p} \tag{9.2.7}$$

式中 f_{cu}——桩体混合料试块（边长150mm立方体）标准养护28d立方体抗压强度平均值（kPa）。

9.2.8 地基处理后的变形计算应按现行国家标准《建筑地基基础设计规范》GB 50007 的有关规定执行。复合土层的分层与天然地基相同，各复合土层的压缩模量等于该层天然地基压缩模量的 ζ 倍，ζ 值可按下式确定：

$$\zeta = \frac{f_{spk}}{f_{ak}} \tag{9.2.8-1}$$

式中 f_{ak}——基础底面下天然地基承载力特征值（kPa）。

变形计算经验系数 ψ_s 根据当地沉降观测资料及经验确定，也可采用表 9.2.8 数值。

表 9.2.8 变形计算经验系数 ψ_s

$\overline{E}_s$（MPa）	2.5	4.0	7.0	15.0	20.0
ψ_s	1.1	1.0	0.7	0.4	0.2

注：$\overline{E}_s$ 为变形计算深度范围内压缩模量的当量值，应按下式计算：

$$\overline{E}_s = \frac{\Sigma A_i}{\Sigma \frac{A_i}{E_{si}}} \tag{9.2.8-2}$$

式中 A_i——第 i 层土附加应力系数沿土层厚度的积分值；

E_{si}——基础底面下第 i 层土的压缩模量值（MPa），桩长范围内的复合土层按复合土层的压缩模量取值。

9.2.9 地基变形计算深度应大于复合土层的厚度，并符合现行国家标准《建筑地基基础设计规范》GB 50007 中地基变形计算深度的有关规定。

9.3 施 工

9.3.1 水泥粉煤灰碎石桩的施工，应根据现场条件选用下列施工工艺：

1 长螺旋钻孔灌注成桩，适用于地下水位以上的粘性土、粉土、素填土、中等密实以上的砂土；

2 长螺旋钻孔、管内泵压混合料灌注成桩，适用于粘性土、粉土、砂土，以及对噪声或泥浆污染要求严格的场地；

3 振动沉管灌注成桩，适用于粉土、粘性土及素填土地基。

9.3.2 长螺旋钻孔、管内泵压混合料灌注成桩施工和振动沉管灌注成桩施工除应执行国家现行有关规定外，尚应符合下列要求：

1 施工前应按设计要求由试验室进行配合比试验，施工时按配合比配制混合料。长螺旋钻孔、管内泵压混合料成桩施工的坍落度宜为160～200mm，振动沉管灌注成桩施工的坍落度宜为30～50mm，振动沉管灌注成桩后桩顶浮浆厚度不宜超过200mm；

2 长螺旋钻孔、管内泵压混合料成桩施工在钻至设计深度后，应准确掌握提拔钻杆时间，混合料泵送量应与拔管速度相配合，遇到饱和砂土或饱和粉土层，不得停泵待料；沉管灌注成桩施工拔管速度应按匀速控制，拔管速度应控制在1.2～1.5m/min左右，如遇淤泥或淤泥质土，拔管速度应适当放慢；

3 施工桩顶标高宜高出设计桩顶标高不少于0.5m；

4 成桩过程中，抽样做混合料试块，每台机械一天应做一组（3块）试块（边长为150mm的立方体），标准养护，测定其立方体抗压强度。

9.3.3 冬期施工时混合料入孔温度不得低于5℃，对桩头和桩间土应采取保温措施。

9.3.4 清土和截桩时，不得造成桩顶标高以下桩身断裂和扰动桩间土。

9.3.5 褥垫层铺设宜采用静力压实法，当基础底面下桩间土的含水量较小时，也可采用动力夯实法，夯填度（夯实后的褥垫层厚度与虚铺厚度的比值）不得大于0.9。

9.3.6 施工垂直度偏差不应大于1%；对满堂布桩基础，桩位偏差不应大于0.4倍桩径；对条形基础，桩位偏差不应大于0.25倍桩径，对单排布桩桩位偏差不应大于60mm。

9.4 质量检验

9.4.1 施工质量检验主要应检查施工记录、混合料坍落度、桩数、桩位偏差、褥垫层厚度、夯填度和桩体试块抗压强度等。

9.4.2 水泥粉煤灰碎石桩地基竣工验收时，承载力检验应采用复合地基载荷试验。

9.4.3 水泥粉煤灰碎石桩地基检验应在桩身强度满足试验荷载条件时，并宜在施工结束28d后进行。试验数量宜为总桩数的0.5%～1%，且每个单体工程的试验数量不应少于3点。

9.4.4 应抽取不少于总桩数的10%的桩进行低应变动力试验，检测桩身完整性。

10 夯实水泥土桩法

10.1 一 般 规 定

10.1.1 夯实水泥土桩法适用于处理地下水位以上的粉土、素填土、杂填土、粘性土等地基。处理深度不宜超过10m。

10.1.2 岩土工程勘察应查明土层的厚度和组成、土的含水量、有机质含量和地下水的腐蚀性等。

10.1.3 夯实水泥土桩设计前必须进行配比试验，针对现场地基土的性质，选择合适的水泥品种，为设计提供各种配比的强度参数。夯实水泥土桩体强度宜取28d龄期试块的立方体抗压强度平均值。

10.2 设 计

10.2.1 夯实水泥土桩处理地基的深度，应根据土质情况、工程要求和成孔设备等因素确定。当采用洛阳铲成孔工艺时，深度不宜超过6m。

10.2.2 夯实水泥土桩可只在基础范围内布置。桩孔直径宜为300～600mm，可根据设计及所选用的成孔方法确定。桩距宜为2～4倍桩径。

10.2.3 桩长的确定：当相对硬层的埋藏深度不大时，应按相对硬层埋藏深度确定；当相对硬层埋藏深度较大时，应按建筑物地基的变形允许值确定。

10.2.4 在桩顶面应铺设100～300mm厚的褥垫层，垫层材料可采用中砂、粗砂或碎石等，最大粒径不宜大于20mm。

10.2.5 夯实水泥土桩复合地基承载力特征值应按现场复合地基载荷试验确定。初步设计时也可按本规范公式（9.2.5）估算，公式中 R_a 为单桩竖向承载力特征值（kN），可按本规范第9.2.6条规定确定；β 为桩间土的承载力折减系数，可取0.9～1.0；f_{sk}为处理后桩间土承载力特征值（kPa），可取天然地基承载力特征值。

10.2.6 桩孔内夯填的混合料配合比应按工程要求、土料性质及采用的水泥品种，由配合比试验确定，并应满足本规范公式（9.2.7）要求。

10.2.7 地基处理后的变形计算应按现行国家标准《建筑地基基础设计规范》GB 50007的有关规定执行。计算深度必须大于复合土层的深度。复合土层的压缩模量可按本规范第9.2.8条确定。

10.3 施 工

10.3.1 夯实水泥土桩的施工，应按设计要求选用成孔工艺。挤土成孔可选用沉管、冲击等方法；非挤土成孔可选用洛阳铲、螺旋钻等方法。

10.3.2 夯填桩孔时，宜选用机械夯实。分段夯填时，夯锤的落距和填料厚度应根据现场试验确定，混合料的压实系数 λ_c 不应小于0.93。

10.3.3 土料中有机质含量不得超过5%，不得含有冻土或膨胀土，使用时应过10～20mm筛，混合料含水量应满足土料的最优含水量 w_{op}，其允许偏差不得大于±2%。土料与水泥应拌和均匀，水泥用量不得少于按配比试验确定的重量。

垫层材料应级配良好，不含植物残体、垃圾等杂质。垫层铺设时应压（夯）密实，夯填度不得大于0.9。采用的施工方法应严禁使基底土层扰动。

10.3.4 成孔施工应符合下列要求：

1 桩孔中心偏差不应超过桩径设计值的1/4，对条形基础不应超过桩径设计值的1/6；

2 桩孔垂直度偏差不应大于1.5%；

3 桩孔直径不得小于设计桩径；

4 桩孔深度不应小于设计深度。

10.3.5 向孔内填料前孔底必须夯实。桩顶夯填高度应大于设计桩顶标高200~300mm，垫层施工时应将多余桩体凿除，桩顶面应水平。

10.3.6 施工过程中，应有专人监测成孔及回填夯实的质量，并作好施工记录。如发现地基土质与勘察资料不符时，应查明情况，采取有效处理措施。

10.3.7 雨期或冬期施工时，应采取防雨、防冻措施，防止土料和水泥受雨水淋湿或冻结。

10.4 质 量 检 验

10.4.1 施工过程中，对夯实水泥土桩的成桩质量，应及时进行抽样检验。抽样检验的数量不应少于总桩数的2%。

对一般工程，可检查桩的干密度和施工记录。干密度的检验方法可在24h内采用取土样测定或采用轻型动力触探击数 N_{10} 与现场试验确定的干密度进行对比，以判断桩身质量。

10.4.2 夯实水泥土桩地基竣工验收时，承载力检验应采用单桩复合地基载荷试验。对重要或大型工程，尚应进行多桩复合地基载荷试验。

10.4.3 夯实水泥土桩地基检验数量应为总桩数的0.5%~1%，且每个单体工程不应少于3点。

11 水泥土搅拌法

11.1 一般规定

11.1.1 水泥土搅拌法分为深层搅拌法（以下简称湿法）和粉体喷搅法（以下简称干法）。水泥土搅拌法适用于处理正常固结的淤泥与淤泥质土、粉土、饱和黄土、素填土、粘性土以及无流动地下水的饱和松散砂土等地基。当地基土的天然含水量小于30%（黄土含水量小于25%）、大于70%或地下水的pH值小于4时不宜采用干法。冬期施工时，应注意负温对处理效果的影响。

11.1.2 水泥土搅拌法用于处理泥炭土、有机质土、塑性指数 I_p 大于25的粘土、地下水具有腐蚀性时以及无工程经验的地区，必须通过现场试验确定其适用性。

11.1.3 水泥土搅拌法形成的水泥土加固体，可作为竖向承载的复合地基；基坑工程围护挡墙、被动区加固、防渗帷幕；大体积水泥稳定土等。加固体形状可分为柱状、壁状、格栅状或块状等。

11.1.4 确定处理方案前应搜集拟处理区域内详尽的岩土工程资料。尤其是填土层的厚度和组成；软土层的分布范围、分层情况；地下水位及pH值；土的含水量、塑性指数和有机质含量等。

11.1.5 设计前应进行拟处理土的室内配比试验。针对现场拟处理的最弱层软土的性质，选择合适的固化剂、外掺剂及其掺量，为设计提供各种龄期、各种配比的强度参数。

对竖向承载的水泥土强度宜取90d龄期试块的立方体抗压强度平均值；对承受水平荷载的水泥土强度宜取28d龄期试块的立方体抗压强度平均值。

11.2 设计

11.2.1 固化剂宜选用强度等级为32.5级及以上的普通硅酸盐水泥。水泥掺量除块状加固时可用被加固湿土质量的7%～12%外，其余宜为12%～20%。湿法的水泥浆水灰比可选用0.45～0.55。外掺剂可根据工程需要和土质条件选用具有早强、缓凝、减水以及节省水泥等作用的材料，但应避免污染环境。

11.2.2 水泥土搅拌法的设计，主要是确定搅拌桩的置换率和长度。竖向承载搅拌桩的长度应根据上部结构对承载力和变形的要求确定，并宜穿透软弱土层到达承载力相对较高的土层；为提高抗滑稳定性而设置的搅拌桩，其桩长应超过危险滑弧以下2m。

湿法的加固深度不宜大于20m；干法不宜大于15m。水泥土搅拌桩的桩径不应小于500mm。

11.2.3 竖向承载水泥土搅拌桩复合地基的承载力特征值应通过现场单桩或多桩复合地基荷载试验确定。初步设计时也可按本规范公式（9.2.5）估算，公式中 f_{sk} 为桩间土承载力特征值（kPa），可取天然地基承载力特征值；β 为桩间土承载力折减系数。当桩端土未经修正的承载力特征值大于桩周土的承载力特征值的平均值时，可取0.1～0.4，差值大时取低值；当桩端土未经修正的承载力特征值小于或等于桩周土的承载力特征值的平均值时，可取0.5～0.9，差值大时或设置褥垫层时均取高值。

11.2.4 单桩竖向承载力特征值应通过现场载荷试验确定。初步设计时也可按式（11.2.4-1）估算。并应同时满足式（11.2.4-2）的要求，应使由桩身材料强度确定的单桩承载力大于（或等于）由桩周土和桩端土的抗力所提供的单桩承载力：

$$R_a = u_p \sum_{i=1}^{n} q_{si} l_i + \alpha q_p A_p \qquad (11.2.4\text{-}1)$$

$$R_a = \eta f_{cu} A_p \qquad (11.2.4\text{-}2)$$

式中 f_{cu}——与搅拌桩桩身水泥土配比相同的室内加固土试块（边长为70.7mm的立方体，也可采用边长为50mm的立方体）在标准养护条件下90d龄期的立方体抗压强度平均值（kPa）；

η——桩身强度折减系数，干法可取0.20~0.30；湿法可取0.25~0.33；

u_p——桩的周长（m）；

n——桩长范围内所划分的土层数；

q_s——桩周第 i 层土的侧阻力特征值。对淤泥可取4~7kPa；对淤泥质土可取6~12kPa；对软塑状态的粘性土可取10~15kPa；对可塑状态的粘性土可以取12~18kPa；

l_i——桩长范围内第 i 层土的厚度（m）；

q_p——桩端地基土未经修正的承载力特征值（kPa），可按现行国家标准《建筑地基基础设计规范》GB 50007的有关规定确定；

α——桩端天然地基土的承载力折减系数，可取0.4~0.6，承载力高时取低值。

11.2.5 竖向承载搅拌桩复合地基应在基础和桩之间设置褥垫层。褥垫层厚度可取200~300mm。其材料可选用中砂、粗砂、级配砂石等，最大粒径不宜大于20mm。

11.2.6 竖向承载搅拌桩复合地基中的桩长超过10m时，可采用变掺量设计。在全桩水泥总掺量不变的前提下，桩身上部三分之一桩长范围内可适当增加水泥掺量及搅拌次数；桩身下部三分之一桩长范围内可适当减少水泥掺量；

11.2.7 竖向承载搅拌桩的平面布置可根据上部结构特点及对地基承载力和变形的要求，采用柱状、壁状、格栅状或块状等加固型式。桩可只在基础平面范围内布置，独立基础下的桩数不宜少于3根。柱状加固可采用正方形、等边三角形等布桩型式。

11.2.8 当搅拌桩处理范围以下存在软弱下卧层时，应按现行国家标准《建筑地基基础设计规范》GB 50007的有关规定进行下卧层承载力验算。

11.2.9 竖向承载搅拌桩复合地基的变形包括搅拌桩复合土层的平均压缩变形 s_1 与桩端下未加固土层的压缩变形 s_2：

1 搅拌桩复合土层的压缩变形 s_1 可按下式计算：

$$s_1 = \frac{(p_z + p_{zl}) l}{2E_{sp}} \qquad (11.2.9\text{-}1)$$

$$E_{sp} = mE_p + (1 - m) E_s \qquad (11.2.9\text{-}2)$$

式中 p_z——搅拌桩复合土层顶面的附加压力值（kPa）；

p_{zl}——搅拌桩复合土层底面的附加压力值（kPa）；

E_{sp}——搅拌桩复合土层的压缩模量（kPa）；

E_p——搅拌桩的压缩模量，可取（100~120）f_{cu}（kPa）。对桩较短或桩身强度较低者可取低值，反之可取高值；

E_s——桩间土的压缩模量（kPa）。

2 桩端以下未加固土层的压缩变形 s_2 可按现行国家标准《建筑地基基础设计规范》GB 50007 的有关规定进行计算。

11.3 施 工

11.3.1 水泥土搅拌法施工现场事先应予以平整，必须清除地上和地下的障碍物。遇有明浜、池塘及洼地时应抽水和清淤，回填粘性土料并予以压实，不得回填杂填土或生活垃圾。

11.3.2 水泥土搅拌桩施工前应根据设计进行工艺性试桩，数量不得少于 2 根。当桩周为成层土时，应对相对软弱土层增加搅拌次数或增加水泥掺量。

11.3.3 搅拌头翼片的枚数、宽度、与搅拌轴的垂直夹角、搅拌头的回转数、提升速度应相互匹配，以确保加固深度范围内土体的任何一点均能经过20次以上的搅拌。

11.3.4 竖向承载搅拌桩施工时，停浆（灰）面应高于桩顶设计标高 300～500mm。在开挖基坑时，应将搅拌桩顶端施工质量较差的桩段用人工挖除。

11.3.5 施工中应保持搅拌桩机底盘的水平和导向架的竖直，搅拌桩的垂直偏差不得超过 1%；桩位的偏差不得大于 50mm；成桩直径和桩长不得小于设计值。

11.3.6 水泥土搅拌法施工步骤由于湿法和干法的施工设备不同而略有差异。其主要步骤应为：

1 搅拌机械就位、调平；

2 预搅下沉至设计加固深度；

3 边喷浆（粉）、边搅拌提升直至预定的停浆（灰）面；

4 重复搅拌下沉至设计加固深度；

5 根据设计要求，喷浆（粉）或仅搅拌提升直至预定的停浆（灰）面；

6 关闭搅拌机械；

在预（复）搅下沉时，也可采用喷浆（粉）的施工工艺，但必须确保全桩长上下至少再重复搅拌一次。

（Ⅰ）湿 法

11.3.7 施工前应确定灰浆泵输浆量、灰浆经输浆管到达搅拌机喷浆口的时间和起吊设备提升速度等施工参数，并根据设计要求通过工艺性成桩试验确定施工工艺。

11.3.8 所使用的水泥都应过筛，制备好的浆液不得离析，泵送必须连续。拌制水泥浆液的罐数、水泥和外掺剂用量以及泵送浆液的时间等应有专人记录；喷浆量及搅拌深度必须采用经国家计量部门认证的监测仪器进行自动记录。

11.3.9 搅拌机喷浆提升的速度和次数必须符合施工工艺的要求，并应有专人记录。

11.3.10 当水泥浆液到达出浆口后，应喷浆搅拌 30s，在水泥浆与桩端土充分搅拌后，再开始提升搅拌头。

11.3.11 搅拌机预搅下沉时不宜冲水，当遇到硬土层下沉太慢时，方可适量冲水，但应考虑冲水对桩身强度的影响。

11.3.12 施工时如因故停浆，应将搅拌头下沉至停浆点以下 0.5m 处，待恢复供浆时再喷浆搅拌提升。若停机超过三小时，宜先拆卸输浆管路，并妥加清洗。

11.3.13 壁状加固时，相邻桩的施工时间间隔不宜超过 24h。如间隔时间太长，与相邻桩无法搭接时，应采取局部补桩或注浆等补强措施。

（Ⅱ）干　　法

11.3.14 喷粉施工前应仔细检查搅拌机械、供粉泵、送气（粉）管路、接头和阀门的密封性、可靠性。送气（粉）管路的长度不宜大于60m。

11.3.15 水泥土搅拌法（干法）喷粉施工机械必须配置经国家计量部门确认的具有能瞬时检测并记录出粉量的粉体计量装置及搅拌深度自动记录仪。

11.3.16 搅拌头每旋转一周，其提升高度不得超过16mm。

11.3.17 搅拌头的直径应定期复核检查，其磨耗量不得大于10mm。

11.3.18 当搅拌头到达设计桩底以上1.5m时，应即开启喷粉机提前进行喷粉作业。当搅拌头提升至地面下500mm时，喷粉机应停止喷粉。

11.3.19 成桩过程中因故停止喷粉，应将搅拌头下沉至停灰面以下1m处，待恢复喷粉时再喷粉搅拌提升。

11.3.20 需在地基土天然含水量小于30%土层中喷粉成桩时，应采用地面注水搅拌工艺。

11.4　质 量 检 验

11.4.1 水泥土搅拌桩的质量控制应贯穿在施工的全过程，并应坚持全程的施工监理。施工过程中必须随时检查施工记录和计量记录，并对照规定的施工工艺对每根桩进行质量评定。检查重点是：水泥用量、桩长、搅拌头转数和提升速度、复搅次数和复搅深度、停浆处理方法等。

11.4.2 水泥土搅拌桩的施工质量检验可采用以下方法：

1　成桩7d后，采用浅部开挖桩头（深度宜超过停浆（灰）面下0.5m），目测检查搅拌的均匀性，量测成桩直径。检查量为总桩数的5%。

2　成桩后3d内，可用轻型动力触探（N_{10}）检查每米桩身的均匀性。检验数量为施工总桩数的1%，且不少于3根。

11.4.3 竖向承载水泥土搅拌桩地基竣工验收时，承载力检验应采用复合地基载荷试验和单桩载荷试验。

11.4.4 载荷试验必须在桩身强度满足试验荷载条件时，并宜在成桩28d后进行。检验数量为桩总数的0.5%～1%，且每项单体工程不应少于3点。

经触探和载荷试验检验后对桩身质量有怀疑时，应在成桩28d后，用双管单动取样器钻取芯样作抗压强度检验，检验数量为施工总桩数的0.5%，且不少于3根。

11.4.5 对相邻桩搭接要求严格的工程，应在成桩15d后，选取数根桩进行开挖，检查搭接情况。

11.4.6 基槽开挖后，应检验桩位、桩数与桩顶质量，如不符合设计要求，应采取有效补强措施。

12 高压喷射注浆法

12.1 一般规定

12.1.1 高压喷射注浆法适用于处理淤泥、淤泥质土、流塑、软塑或可塑粘性土、粉土、砂土、黄土、素填土和碎石土等地基。

当土中含有较多的大粒径块石、大量植物根茎或有较高的有机质时，以及地下水流速过大和已涌水的工程，应根据现场试验结果确定其适用性。

12.1.2 高压喷射注浆法可用于既有建筑和新建建筑地基加固，深基坑、地铁等工程的土层加固或防水。

12.1.3 高压喷射注浆法分旋喷、定喷和摆喷三种类别。根据工程需要和土质条件，可分别采用单管法、双管法和三管法。加固形状可分为柱状、壁状、条状和块状。

12.1.4 对既有建筑物在制定高压喷射注浆方案时应搜集有关的历史和现状资料、邻近建筑物和地下埋设物等资料。

12.1.5 高压喷射注浆方案确定后，应结合工程情况进行现场试验、试验性施工或根据工程经验确定施工参数及工艺。

12.2 设 计

12.2.1 高压喷射注浆形成的加固体强度和范围，应通过现场试验确定。当无现场试验资料时，亦可参照相似土质条件的工程经验。

12.2.2 竖向承载旋喷桩复合地基承载力特征值应通过现场复合地基载荷试验确定。初步设计时，也可按本规范公式（9.2.5）估算，公式中 β 为桩间土承载力折减系数，可根据试验或类似土质条件工程经验确定，当无试验资料或经验时，可取 0～0.5，承载力较低时取低值。

12.2.3 单桩竖向承载力特征值可通过现场单桩载荷试验确定。也可按式（12.2.3-1）和（12.2.3-2）估算，取其中较小值：

$$R_a = \eta f_{cu} A_p \tag{12.2.3-1}$$

$$R_a = u_p \sum_{i=1}^{n} q_{si} l_i + q_p A_p \tag{12.2.3-2}$$

式中 f_{cu}——与旋喷桩桩身水泥土配比相同的室内加固土试块（边长为70.7mm的立方体）在标准养护条件下28d龄期的立方体抗压强度平均值（kPa）；

η——桩身强度折减系数，可取 0.33；

n——桩长范围内所划分的土层数；

l_i——桩周第 i 层土的厚度（m）；

q_{si}——桩周第 i 层土的侧阻力特征值（kPa），可按现行国家标准《建筑地基基础设计规范》GB 50007 有关规定或地区经验确定。

q_p——桩端地基土未经修正的承载力特征值（kPa），可按现行国家标准《建筑地基基础设计规范》GB 50007 有关规定或地区经验确定。

12.2.4 当旋喷桩处理范围以下存在软弱下卧层时，应按现行国家标准《建筑地基基础设计规范》GB 50007 的有关规定进行下卧层承载力验算。

12.2.5 竖向承载旋喷桩复合地基宜在基础和桩顶之间设置

褥垫层。褥垫层厚度可取200～300mm，其材料可选用中砂、粗砂、级配砂石等，最大粒径不宜大于30mm。

12.2.6 竖向承载旋喷桩的平面布置可根据上部结构和基础特点确定。独立基础下的桩数一般不应少于4根。

12.2.7 桩长范围内复合土层以及下卧层地基变形值应按现行国家标准《建筑地基基础设计规范》GB 50007有关规定计算，其中，复合土层的压缩模量可根据地区经验确定。

12.2.8 高压喷射注浆法用于深基坑、地铁等工程形成连续体时，相邻桩搭接不宜小于300mm，并应符合设计要求和国家现行的有关规范的规定。

12.3 施　工

12.3.1 施工前应根据现场环境和地下埋设物的位置等情况，复核高压喷射注浆的设计孔位。

12.3.2 高压喷射注浆的施工参数应根据土质条件、加固要求通过试验或根据工程经验确定。并在施工中严格加以控制。单管法及双管法的高压水泥浆和三管法高压水的压力应大于20MPa。

12.3.3 高压喷射注浆的主要材料为水泥，对于无特殊要求的工程，宜采用强度等级为32.5级及以上的普通硅酸盐水泥。根据需要可加入适量的外加剂及掺合料。外加剂和掺合料的用量，应通过试验确定。

12.3.4 水泥浆液的水灰比应按工程要求确定，可取0.8～1.5，常用1.0。

12.3.5 高压喷射注浆的施工工序为机具就位、贯入喷射管、喷射注浆、拔管和冲洗等。

12.3.6 喷射孔与高压注浆泵的距离不宜大于50m。钻孔的位置与设计位置的偏差不得大于50mm。实际孔位、孔深和每个钻孔内的地下障碍物、洞穴、涌水、漏水及与岩土工程勘察报告不符等情况均应详细记录。

12.3.7 当喷射注浆管贯入土中，喷嘴达到设计标高时，即可喷射注浆。在喷射注浆参数达到规定值后，随即分别按旋喷、定喷或摆喷的工艺要求，提升喷射管，由下而上喷射注浆。喷射管分段提升的搭接长度不得小于100mm。

12.3.8 对需要局部扩大加固范围或提高强度的部位，可采用复喷措施。

12.3.9 在高压喷射注浆过程中出现压力骤然下降、上升或冒浆异常时，应查明原因并及时采取措施。

12.3.10 高压喷射注浆完毕，应迅速拔出喷射管。为防止浆液凝固收缩影响桩顶高程，必要时可在原孔位采用冒浆回灌或第二次注浆等措施。

12.3.11 当处理既有建筑地基时，应采用速凝浆液或跳孔喷射和冒浆回灌等措施，以防喷射过程中地基产生附加变形和地基与基础间出现脱空现象。同时，应对建筑物进行变形监测。

12.3.12 施工中应做好泥浆处理，及时将泥浆运出或在现场短期堆放后作土方运出。

12.3.13 施工中应严格按照施工参数和材料用量施工，并如实做好各项记录。

12.4 质量检验

12.4.1 高压喷射注浆可根据工程要求和当地经验采用开挖检查、取芯（常规取芯或软取芯）、标准贯入试验、载荷试验或围井注水试验等方法进行检验，并结合工程测试、观测资料及实际效果综合评价加固效果。

12.4.2 检验点应布置在下列部位：

1 有代表性的桩位；

2 施工中出现异常情况的部位；

3 地基情况复杂，可能对高压喷射注浆质量产生影响的部位。

12.4.3 检验点的数量为施工孔数的1%，并不应少于3点。

12.4.4 质量检验宜在高压喷射注浆结束28d后进行。

12.4.5 竖向承载旋喷桩地基竣工验收时，承载力检验应采用复合地基载荷试验和单桩载荷试验。

12.4.6 载荷试验必须在桩身强度满足试验条件时，并宜在成桩28d后进行。检验数量为桩总数的0.5%～1%，且每项单体工程不应少于3点。

13 石灰桩法

13.1 一般规定

13.1.1 石灰桩法适用于处理饱和粘性土、淤泥、淤泥质土、素填土和杂填土等地基；用于地下水位以上的土层时，宜增加掺合料的含水量并减少生石灰用量，或采取土层浸水等措施。

13.1.2 对重要工程或缺少经验的地区，施工前应进行桩身材料配合比、成桩工艺及复合地基承载力试验。桩身材料配合比试验应在现场地基土中进行。

13.2 设计

13.2.1 石灰桩的主要固化剂为生石灰，掺合料宜优先选用粉煤灰、火山灰、炉渣等工业废料。生石灰与掺合料的配合比宜根据地质情况确定，生石灰与掺合料的体积比可选用1:1或1:2，对于淤泥、淤泥质土等软土可适当增加生石灰用量，桩顶附近生石灰用量不宜过大。当掺石膏和水泥时，掺加量为生石灰用量的3%～10%。

13.2.2 当地基需要排水通道时，可在桩顶以上设200～300mm厚的砂石垫层。

13.2.3 石灰桩宜留500mm以上的孔口高度，并用含水量适当的粘性土封口，封口材料必须夯实，封口标高应略高于原地面。石灰桩桩顶施工标高应高出设计桩顶标高100mm以上。

13.2.4 石灰桩成孔直径应根据设计要求及所选用的成孔方法确定，常用 300～400mm，可按等边三角形或矩形布桩，桩中心距可取 2～3 倍成孔直径。石灰桩可仅布置在基础底面下，当基底土的承载力特征值小于70kPa时，宜在基础以外布置1～2排围护桩。

13.2.5 洛阳铲成孔桩长不宜超过 6m；机械成孔管外投料时，桩长不宜超过 8m；螺旋钻成孔及管内投料时可适当加长。

13.2.6 石灰桩桩端宜选在承载力较高的土层中。在深厚的软弱地基中采用"悬浮桩"时，应减少上部结构重心与基础形心的偏心，必要时宜加强上部结构及基础的刚度。

13.2.7 地基处理的深度应根据岩土工程勘察资料及上部结构设计要求确定。应按现行国家标准《建筑地基基础设计规范》GB 50007 验算下卧层承载力及地基的变形。

13.2.8 石灰桩复合地基承载力特征值不宜超过 160kPa，当土质较好并采取保证桩身强度的措施，经过试验后可以适当提高。

13.2.9 石灰桩复合地基承载力特征值应通过单桩或多桩复合地基载荷试验确定。初步设计时，也可按公式（7.2.8-1）估算，公式中 f_{pk} 为石灰桩桩身抗压强度比例界限值，由单桩竖向载荷试验测定，初步设计时可取 350～500kPa，土质软弱时取低值（kPa）；f_{sk} 为桩间土承载力特征值，取天然地基承载力特征值的 1.05～1.20 倍，土质软弱或置换率大时取高值（kPa）；m 为面积置换率，桩面积按 1.1～1.2 倍成孔直径计算，土质软弱时宜取高值。

13.2.10 处理后地基变形应按现行的国家标准《建筑地基基础设计规范》GB 50007 有关规定进行计算。变形经验系数 ψ_s 可按地区沉降观测资料及经验确定。

石灰桩复合土层的压缩模量宜通过桩身及桩间土压缩试验确定，初步设计时可按下式估算：

$$E_{sp} = \alpha[1 + m(n - 1)]E_s \qquad (13.2.10)$$

式中 E_{sp}——复合土层的压缩模量（MPa）；

α——系数，可取 1.1～1.3，成孔对桩周土挤密效应好或置换率大时取高值；

n——桩土应力比，可取 3～4，长桩取大值。

E_s——天然土的压缩模量（MPa）；

13.3 施　工

13.3.1 石灰材料应选用新鲜生石灰块，有效氧化钙含量不宜低于 70%，粒径不应大于 70mm，含粉量（即消石灰）不宜超过 15%。

13.3.2 掺合料应保持适当的含水量，使用粉煤灰或炉渣时含水量宜控制在 30%左右。无经验时宜进行成桩工艺试验，确定密实度的施工控制指标。

13.3.3 石灰桩施工可采用洛阳铲或机械成孔。机械成孔分为沉管和螺旋钻成孔。成桩时可采用人工夯实、机械夯实、沉管反插、螺旋反压等工艺。填料时必须分段压（夯）实，人工夯实时每段填料厚度不应大于 400mm。管外投料或人工成孔填料时应采取措施减小地下水渗入孔内的速度，成孔后填料前应排除孔底积水。

13.3.4 施工顺序宜由外围或两侧向中间进行。在软土中宜间隔成桩。

13.3.5 施工前应作好场地排水设施，防止场地积水。

13.3.6 进入场地的生石灰应有防水、防雨、防风、防火措施，宜做到随用随进。

13.3.7 桩位偏差不宜大于 $0.5d$。

13.3.8 应建立完整的施工质量和施工安全管理制度，根据不同的施工工艺制定相应的技术保证措施。及时作好施工记录，监督成桩质量，进行施工阶段的质量检测等。

13.3.9 石灰桩施工时应采取防止冲孔伤人的有效措施，确保施工人员的安全。

13.4 质 量 检 测

13.4.1 石灰桩施工检测宜在施工 7~10d 后进行；竣工验收检测宜在施工28d后进行。

13.4.2 施工检测可采用静力触探、动力触探或标准贯入试验。检测部位为桩中心及桩间土，每两点为一组。检测组数不少于总桩数的 1%。

13.4.3 石灰桩地基竣工验收时，承载力检验应采用复合地基载荷试验。

13.4.4 载荷试验数量宜为地基处理面积每 $200m^2$ 左右布置一个点，且每一单体工程不应少于 3 点。

14 灰土挤密桩法和土挤密桩法

14.1 一 般 规 定

14.1.1 灰土挤密桩法和土挤密桩法适用于处理地下水位以上的湿陷性黄土、素填土和杂填土等地基，可处理地基的深度为 5~15m。当以消除地基土的湿陷性为主要目的时，宜选用土挤密桩法。当以提高地基土的承载力或增强其水稳性为主要目的时，宜选用灰土挤密桩法。当地基土的含水量大于 24%、饱和度大于 65% 时，不宜选用灰土挤密桩法或土挤密桩法。

14.1.2 对重要工程或在缺乏经验的地区，施工前应按设计要求，在现场进行试验。如土性基本相同，试验可在一处进行，如土性差异明显，应在不同地段分别进行试验。

14.2 设 计

14.2.1 灰土挤密桩和土挤密桩处理地基的面积，应大于基础或建筑物底层平面的面积，并应符合下列规定：

1 当采用局部处理时，超出基础底面的宽度：对非自重湿陷性黄土、素填土和杂填土等地基，每边不应小于基底宽度的 0.25 倍，并不应小于 0.50m；对自重湿陷性黄土地基，每边不应小于基底宽度的 0.75 倍，并不应小于 1.00m。

2 当采用整片处理时，超出建筑物外墙基础底面外缘的宽度，每边不宜小于处理土层厚度的 1/2，并不应小于 2m。

14.2.2 灰土挤密桩和土挤密桩处理地基的深度，应根据建筑场地的土质情况、工程要求和成孔及夯实设备等综合因素确定。对湿陷性黄土地基，应符合现行国家标准《湿陷性黄土地区建筑规范》GB 50025的有关规定。

14.2.3 桩孔直径宜为300～450mm，并可根据所选用的成孔设备或成孔方法确定。桩孔宜按等边三角形布置，桩孔之间的中心距离，可为桩孔直径的2.0～2.5倍，也可按下式估算：

$$s = 0.95d\sqrt{\frac{\overline{\eta}_c\rho_{dmax}}{\overline{\eta}_c\rho_{dmax} - \overline{\rho}_d}} \quad (14.2.3)$$

式中 s——桩孔之间的中心距离（m）；

d——桩孔直径（m）；

ρ_{dmax}——桩间土的最大干密度（t/m^3）；

$\overline{\rho}_d$——地基处理前土的平均干密度（t/m^3）；

$\overline{\eta}_c$——桩间土经成孔挤密后的平均挤密系数，对重要工程不宜小于0.93，对一般工程不应小于0.90。

14.2.4 桩间土的平均挤密系数 $\overline{\eta}_c$，应按下式计算：

$$\overline{\eta}_c = \frac{\overline{\rho}_{d1}}{\rho_{dmax}} \quad (14.2.4)$$

式中 $\overline{\rho}_{d1}$——在成孔挤密深度内，桩间土的平均干密度（t/m^3），平均试样数不应少于6组。

14.2.5 桩孔的数量可按下式估算：

$$n = \frac{A}{A_e} \quad (14.2.5)$$

式中 n——桩孔的数量；

A——拟处理地基的面积（m^2）；

A_e——1根土或灰土挤密桩所承担的处理地基面积（m^2），即：

$$A_e = \frac{\pi d_e^2}{4}$$

d_e——一根桩分担的处理地基面积的等效圆直径（m）；

桩孔按等边三角形布置 $d_e = 1.05s$

桩孔按正方形布置 $d_e = 1.13s$。

14.2.6 桩孔内的填料，应根据工程要求或处理地基的目的确定，桩体的夯实质量宜用平均压实系数 $\overline{\lambda}_c$ 控制。

当桩孔内用灰土或素土分层回填、分层夯实时，桩体内的平均压实系数 $\overline{\lambda}_c$ 值，均不应小于0.96；

消石灰与土的体积配合比，宜为2:8或3:7。

14.2.7 桩顶标高以上应设置300～500mm厚的2:8灰土垫层，其压实系数不应小于0.95。

14.2.8 灰土挤密桩和土挤密桩复合地基承载力特征值，应通过现场单桩或多桩复合地基载荷试验确定。初步设计当无试验资料时，可按当地经验确定，但对灰土挤密桩复合地基的承载力特征值，不宜大于处理前的2.0倍，并不宜大于250kPa；对土挤密桩复合地基的承载力特征值，不宜大于处理前的1.4倍，并不宜大于180kPa。

14.2.9 灰土挤密桩和土挤密桩复合地基的变形计算，应符合现行国家标准《建筑地基基础设计规范》GB 50007的有关规定，其中复合土层的压缩模量，可采用载荷试验的变形模量代替。

14.3 施　　工

14.3.1 成孔应按设计要求、成孔设备、现场土质和周围环境等情况，选用沉管（振动、锤击）或冲击等方法。

14.3.2 桩顶设计标高以上的预留覆盖土层厚度宜符合下列要求：

1 沉管（锤击、振动）成孔，宜为0.50~0.70m；

2 冲击成孔，宜为1.20~1.50m。

14.3.3 成孔时，地基土宜接近最优（或塑限）含水量，当土的含水量低于12%时，宜对拟处理范围内的土层进行增湿，增湿土的加水量可按下式估算：

$$Q = v\overline{\rho}_d(w_{op} - \overline{w})k \quad (14.3.3)$$

式中 Q——计算加水量（m^3）；

v——拟加固土的总体积（m^3）；

$\overline{\rho}_d$——地基处理前土的平均干密度（t/m^3）；

w_{op}——土的最优含水量（%），通过室内击实试验求得；

$\overline{w}$——地基处理前土的平均含水量（%）；

k——损耗系数，可取1.05~1.10。

应于地基处理前4~6d，将需增湿的水通过一定数量和一定深度的渗水孔，均匀地浸入拟处理范围内的土层中。

14.3.4 成孔和孔内回填夯实应符合下列要求：

1 成孔和孔内回填夯实的施工顺序，当整片处理时，宜从里（或中间）向外间隔1~2孔进行，对大型工程，可采取分段施工；当局部处理时，宜从外向里间隔1~2孔进行；

2 向孔内填料前，孔底应夯实，并应抽样检查桩孔的直径、深度和垂直度；

3 桩孔的垂直度偏差不宜大于1.5%；

4 桩孔中心点的偏差不宜超过桩距设计值的5%；

5 经检验合格后，应按设计要求，向孔内分层填入筛好的素土、灰土或其他填料，并应分层夯实至设计标高。

14.3.5 铺设灰土垫层前，应按设计要求将桩顶标高以上的预留松动土层挖除或夯（压）密实。

14.3.6 施工过程中，应有专人监理成孔及回填夯实的质量，并应做好施工记录。如发现地基土质与勘察资料不符，应立即停止施工，待查明情况或采取有效措施处理后，方可继续施工。

14.3.7 雨季或冬季施工，应采取防雨或防冻措施，防止灰土和土料受雨水淋湿或冻结。

14.4 质量检验

14.4.1 成桩后，应及时抽样检验灰土挤密桩或土挤密桩处理地基的质量。对一般工程，主要应检查施工记录、检测全部处理深度内桩体和桩间土的干密度，并将其分别换算为平均压实系数$\overline{\lambda}_c$和平均挤密系数$\overline{\eta}_c$。对重要工程，除检测上述内容外，还应测定全部处理深度内桩间土的压缩性和湿陷性。

14.4.2 抽样检验的数量，对一般工程不应少于桩总数的1%；对重要工程不应少于桩总数的1.5%。

14.4.3 灰土挤密桩和土挤密桩地基竣工验收时，承载力检验应采用复合地基载荷试验。

11.4.4 检验数量不应少于桩总数的0.5%，且每项单体工程不应少于3点。

15 柱锤冲扩桩法

15.1 一般规定

15.1.1 柱锤冲扩桩法适用于处理杂填土、粉土、粘性土、素填土和黄土等地基，对地下水位以下饱和松软土层，应通过现场试验确定其适用性。地基处理深度不宜超过6m，复合地基承载力特征值不宜超过160kPa。

15.1.2 对大型的、重要的或场地复杂的工程，在正式施工前，应在有代表性的场地上进行试验。

15.2 设 计

15.2.1 处理范围应大于基底面积。对一般地基，在基础外缘应扩大1～2排桩，并不应小于基底下处理土层厚度的1/2。对可液化地基，处理范围可按上述要求适当加宽。

15.2.2 桩位布置可采用正方形、矩形、三角形布置。常用桩距为1.5～2.5m，或取桩径的2～3倍。

15.2.3 桩径可取500～800mm，桩孔内填料量应通过现场试验确定。

15.2.4 地基处理深度可根据工程地质情况及设计要求确定。对相对硬层埋藏较浅的土层，应深达相对硬土层；当相对硬层埋藏较深时，应按下卧层地基承载力及建筑物地基的变形允许值确定；对可液化地基，应按现行国家标准《建筑抗震设计规范》GB 50011的有关规定确定。

15.2.5 在桩顶部应铺设200～300mm厚砂石垫层。

15.2.6 桩体材料可采用碎砖三合土、级配砂石、矿渣、灰土、水泥混合土等。当采用碎砖三合土时，其配合比（体积比）可采用生石灰:碎砖:粘性土为1:2:4。当采用其他材料时，应经试验确定其适用性和配合比。

15.2.7 柱锤冲扩桩复合地基承载力特征值应通过现场复合地基载荷试验确定，初步设计时，也可按公式（7.2.8-3）估算，公式中 f_{spk} 为柱锤冲扩桩复合地基承载力特征值（kPa）；m 为面积置换率，可取0.2～0.5；n 为桩土应力比，无实测资料时可取2～4，桩间土承载力低时取大值；f_{sk} 为处理后桩间土承载力特征值（kPa），宜按当地经验取值，如无经验时，可取天然地基承载力特征值。

15.2.8 地基处理后变形计算应按现行国家标准《建筑地基基础设计规范》GB 50007的有关规定执行。初步设计时复合土层的压缩模量可按公式（7.2.9）估算，公式中 E_{sp} 为复合土层的压缩模量（MPa）；E_s 为加固后桩间土的压缩模量（MPa），可按当地经验取值。

15.2.9 当柱锤冲扩桩处理深度以下存在软弱下卧层时，应按现行国家标准《建筑地基基础设计规范》GB 50007的有关规定进行下卧层地基承载力验算。

15.3 施 工

15.3.1 柱锤冲扩桩法宜用直径300～500mm、长度2～6m、质量1～8t的柱状锤（柱锤）进行施工。

15.3.2 起重机具可用起重机、步履式夯扩桩机或其他专用机具设备。

15.3.3 柱锤冲扩桩法施工可按下列步骤进行：

1 清理平整施工场地，布置桩位；

2 施工机具就位，使柱锤对准桩位；

3 柱锤冲孔：根据土质及地下水情况可分别采用下述三种成孔方式：

1）冲击成孔：将柱锤提升一定高度，自动脱钩下落冲击土层，如此反复冲击，接近设计成孔深度时，可在孔内填少量粗骨料继续冲击，直到孔底被夯密实。

2）填料冲击成孔：成孔时出现缩颈或坍孔时，可分次填入碎砖和生石灰块，边冲击边将填料挤入孔壁及孔底，当孔底接近设计成孔深度时，夯入部分碎砖挤密桩端土。

3）复打成孔：当坍孔严重难以成孔时，可提锤反复冲击至设计孔深，然后分次填入碎砖和生石灰块，待孔内生石灰吸水膨胀、桩间土性质有所改善后，再进行二次冲击复打成孔。

当采用上述方法仍难以成孔时，也可以采用套管成孔，即用柱锤边冲孔边将套管压入土中，直至桩底设计标高。

4）成桩：用标准料斗或运料车将拌合好的填料分层填入桩孔夯实。当采用套管成孔时，边分层填料夯实，边将套管拔出。锤的质量、锤长、落距、分层填料量、分层夯填度、夯击次数、总填料量等应根据试验或按当地经验确定。每个桩孔应夯填至桩顶设计标高以上至少0.5m，其上部桩孔宜用原槽土夯封。施工中应作好记录，并对发现的问题及时进行处理。

5）施工机具移位，重复上述步骤进行下一根桩施工。

15.3.4 成孔和填料夯实的施工顺序，宜间隔进行。

15.3.5 基槽开挖后，应进行晾槽拍底或碾压，随后铺设垫层并压实。

15.4 质 量 检 验

15.4.1 施工过程中应随时检查施工记录及现场施工情况，并对照预定的施工工艺标准，对每根桩进行质量评定。对质量有怀疑的工程桩，应用重型动力触探进行自检。

15.4.2 冲扩桩施工结束后7～14d内，可对桩身及桩间土进行抽样检验，可采用重型动力触探进行，并对处理后桩身质量及复合地基承载力作出评价。检验点数可按冲扩桩总数的2%计。每一单体工程桩身及桩间土总检验点数均不应少于6点。

15.4.3 柱锤冲扩桩地基竣工验收时，承载力检验应采用复合地基载荷试验。

15.4.4 检验数量为总桩数的0.5%，且每一单体工程不应少于3点。载荷试验应在成桩14d后进行。

15.4.5 基槽开挖后，应检查桩位、桩径、桩数、桩顶密实度及槽底土质情况。如发现漏桩、桩位偏差过大、桩头及槽底土质松软等质量问题，应采取补救措施。

16 单液硅化法和碱液法

16.1 一般规定

16.1.1 单液硅化法和碱液法适用于处理地下水位以上渗透系数为 0.10～2.00m/d 的湿陷性黄土等地基。在自重湿陷性黄土场地，当采用碱液法时，应通过试验确定其适用性。

16.1.2 对于下列建（构）筑物，宜采用单液硅化法或碱液法：

1 沉降不均匀的既有建（构）筑物和设备基础；

2 地基受水浸湿引起湿陷，需要立即阻止湿陷继续发展的建（构）筑物或设备基础；

3 拟建的设备基础和构筑物；

16.1.3 采用单液硅化法或碱液法加固湿陷性黄土地基，应于施工前在拟加固的建（构）筑物附近进行单孔或多孔灌注溶液试验，确定灌注溶液的速度、时间、数量或压力等参数。

灌注溶液试验结束后，隔 7～10d，应在试验范围的加固深度内量测加固土的半径，并取土样进行室内试验，测定加固土的压缩性和湿陷性等指标。必要时，应进行浸水载荷试验或其他原位测试，以确定加固土的承载力和湿陷性。

16.1.4 对酸性土和已渗入沥青、油脂及石油化合物的地基土，不宜采用单液硅化法和碱液法。

16.2 设　　计

（Ⅰ）　单液硅化法

16.2.1 单液硅化法按其灌注溶液的工艺，可分为压力灌注和溶液自渗两种。

1 压力灌注可用于加固自重湿陷性黄土场地上拟建的设备基础和构筑物的地基，也可用于加固非自重湿陷性黄土场地上的既有建（构）筑物和设备基础的地基。

2 溶液自渗宜用于加固自重湿陷性黄土场地上的既有建（构）筑物和设备基础的地基。

16.2.2 单液硅化法应由浓度为 10%～15% 的硅酸钠（$Na_2O \cdot nSiO_2$）溶液，掺入 2.5% 氯化钠组成。其相对密度宜为 1.13～1.15，并不应小于 1.10。

加固湿陷性黄土的溶液用量，可按下式估算：

$$Q = V\bar{n}d_{N1}\alpha \tag{16.2.2}$$

式中 Q——硅酸钠溶液的用量（m^3）；

V——拟加固湿陷性黄土的体积（m^3）；

$\bar{n}$——地基加固前，土的平均孔隙率；

d_{N1}——灌注时，硅酸钠溶液的相对密度；

α——溶液填充孔隙的系数，可取 0.60～0.80。

硅酸钠溶液的模数值宜为 2.5～3.3，其杂质含量不应大于 2%。

16.2.3 当硅酸钠溶液的浓度大于加固湿陷性黄土所要求的浓度时，应将其加水稀释，加水量可按下式估算：

$$Q' = \frac{d_N - d_{N1}}{d_{N1} - 1} \times q \tag{16.2.3}$$

式中 Q'——拟稀释硅酸钠溶液的加水量（t）；

d_N——稀释前，硅酸钠溶液的相对密度；

q——拟稀释硅酸钠溶液的质量（t）。

16.2.4 采用单液硅化法加固湿陷性黄土地基，灌注孔的布置应符合下列要求：

1 灌注孔的间距：压力灌注宜为0.80～1.20m；溶液自渗宜为0.40～0.60m；

2 加固拟建的设备基础和建（构）筑物的地基，应在基础底面下按等边三角形满堂布置，超出基础底面外缘的宽度，每边不得小于1m；

3 加固既有建（构）筑物和设备基础的地基，应沿基础侧向布置，每侧不宜少于2排。

当基础底面宽度大于3m时，除应在基础每侧布置2排灌注孔外，必要时，可在基础两侧布置斜向基础底面中心以下的灌注孔或在其台阶上布置穿透基础的灌注孔，以加固基础底面下的土层。

（Ⅱ） 碱 液 法

16.2.5 当100g干土中可溶性和交换性钙镁离子含量大于10mg·eq时，可采用单液法，即只灌注氢氧化钠一种溶液加固；否则，应采用双液法，即需采用氢氧化钠溶液与氯化钙溶液轮番灌注加固。

16.2.6 碱液加固地基的深度应根据场地的湿陷类型、地基湿陷等级和湿陷性黄土层厚度，并结合建筑物类别与湿陷事故的严重程度等综合因素确定。加固深度宜为2～5m。

对非自重湿陷性黄土地基，加固深度可为基础宽度的1.5～2.0倍。

对Ⅱ级自重湿陷性黄土地基，加固深度可为基础宽度的2.0～3.0倍。

16.2.7 碱液加固土层的厚度 h，可按下式估算：

$$h = l + r \tag{16.2.7}$$

式中 l——灌注孔长度，从注液管底部到灌注孔底部的距离(m)；

r——有效加固半径（m）。

16.2.8 碱液加固地基的半径 r，宜通过现场试验确定。当碱液浓度和温度符合本规范第16.3.6条和第16.3.8条规定时，有效加固半径与碱液灌注量之间，可按下式估算：

$$r = 0.6\sqrt{\frac{V}{nl \times 10^3}} \tag{16.2.8}$$

式中 V——每孔碱液灌注量（L），试验前可根据加固要求达到的有效加固半径按式（16.2.10）进行估算；

n——拟加固土的天然孔隙率。

当无试验条件或工程量较小时，r 可取0.40～0.50m。

16.2.9 当采用碱液加固既有建（构）筑物的地基时，灌注孔的平面布置，可沿条形基础两侧或单独基础周边各布置一排。当地基湿陷较严重时，孔距可取0.7～0.9m，当地基湿陷较轻时，孔距可适当加大至1.2～2.5m。

16.2.10 每孔碱液灌注量可按下式估算：

$$V = \alpha\beta\pi r^2(l + r)n \tag{16.2.10}$$

式中 α——碱液充填系数，可取0.6～0.8；

β——工作条件系数，考虑碱液流失影响，可取1.1。

16.3 施　　工

（Ⅰ）　单液硅化法

16.3.1　压力灌注溶液的施工步骤，应符合下列要求：

1　向土中打入灌注管和灌注溶液，应自基础底面标高起向下分层进行，达到设计深度后，将管拔出，清洗干净可继续使用；

2　加固既有建筑物地基时，在基础侧向应先施工外排，后施工内排。

3　灌注溶液的压力值由小逐渐增大，但最大压力不宜超过200kPa。

16.3.2　溶液自渗的施工步骤，应符合下列要求：

1　在基础侧向，将设计布置的灌注孔分批或全部打（或钻）至设计深度；

2　将配好的硅酸钠溶液注满各灌注孔，溶液面宜高出基础底面标高0.50m，使溶液自行渗入土中；

3　在溶液自渗过程中，每隔2～3h，向孔内添加一次溶液，防止孔内溶液渗干。

16.3.3　施工中应经常检查各灌注孔的加固深度、注入土中的溶液量、溶液的浓度和有无沉淀现象。采用压力灌注时，应经常检查在灌注溶液过程中，溶液有无从灌注孔冒出地面，如发现溶液冒出地面，应立即停止灌注，采取有效措施处理后再继续灌注。

16.3.4　计算溶液量全部注入土中后，所有灌注孔宜用2:8灰土分层回填夯实。

16.3.5　采用单液硅化法加固既有建（构）筑物或设备基础的地基时，在灌注硅酸钠溶液过程中，应进行沉降观测，当发现建（构）筑物和设备基础的沉降突然增大或出现异常情况时，应立即停止灌注溶液，待查明原因并采取有效措施处理后，再继续灌注。

（Ⅱ）碱　液　法

16.3.6　灌注孔可用洛阳铲、螺旋钻成孔或用带有尖端的钢管打入土中成孔，孔径为60～100mm，孔中填入粒径为20～40mm的石子，直到注液管下端标高处，再将内径20mm的注液管插入孔中，管底以上300mm高度内填入粒径为2～5mm的小石子，其上用2:8灰土填入并夯实。

16.3.7　碱液可用固体烧碱或液体烧碱配制，加固1m³黄土需要NaOH量约为干土质量的3%，即35～45kg。碱液浓度不应低于90g/L，常用浓度为90～100g/L。

双液加固时，氯化钙溶液的浓度为50～80g/L。

16.3.8　配溶液时，应先放水，而后徐徐放入碱块或浓碱液。溶液加碱量可按下列公式计算：

1　采用固体烧碱配制每1m³浓度为M的碱液时，每1m³水中的加碱量为：

$$G_s = \frac{1000M}{P} \qquad (16.3.8\text{-}1)$$

式中　G_s——每1m³碱液中投入的固体烧碱量（kg）；

M——配制碱液的浓度（g/L），计算时将g化为kg；

P——固体烧碱中，NaOH含量的百分数（%）。

2　采用液体烧碱配制每1m³浓度为M的碱液时，投入的液体烧碱量V_1为：

$$V_1 = 1000\frac{M}{d_N N} \qquad (16.3.8\text{-}2)$$

加水量 V_2 为：

$$V_2 = 1000(1 - \frac{M}{d_N N}) \qquad (16.3.8\text{-}3)$$

式中 V_1——液体烧碱体积（L）；

V_2——加水的体积（L）；

d_N——液体烧碱的相对密度；

N——液体烧碱的质量分数。

16.3.9 应在盛溶液桶中将碱液加热到90℃以上才能进行灌注，灌注过程中桶内溶液温度应保持不低于80℃。

16.3.10 灌注碱液的速度，宜为2～5L/min。

16.3.11 碱液加固施工，应合理安排灌注顺序和控制灌注速率。宜间隔1～2孔灌注，并分段施工，相邻两孔灌注的间隔时间不宜少于3d。同时灌注的两孔间距不应小于3m。

16.3.12 当采用双液加固时，应先灌注氢氧化钠溶液，间隔8～12h后，再灌注氯化钙溶液，后者用量为前者的1/2～1/4。

16.3.13 施工中应防止污染水源，并应安全操作。

16.4 质 量 检 验

（Ⅰ）单液硅化法

16.4.1 硅酸钠溶液灌注完毕，应在7～10d后，对加固的地基土进行检验。

16.4.2 单液硅化法处理后的地基竣工验收时，承载力及其均匀性应采用动力触探或其他原位测试检验。必要时，尚应在加固土的全部深度内，每隔1m取土样进行室内试验，测定其压缩性和湿陷性。

16.4.3 地基加固结束后，尚应对已加固地基的建（构）筑物或设备基础进行沉降观测，直至沉降稳定，观测时间不应少于半年。

（Ⅱ）碱 液 法

16.4.4 碱液加固施工应作好施工记录，检查碱液浓度及每孔注入量是否符合设计要求。施工中每间隔1～3d，应对既有建筑物的附加沉降进行观测。

16.4.5 碱液加固地基的竣工验收，应在加固施工完毕28d后进行。可通过开挖或钻孔取样，对加固土体进行无侧限抗压强度试验和水稳性试验。取样部位应在加固土体中部，试块数不少于3个，28d龄期的无侧限抗压强度平均值不得低于设计值的90%。将试块浸泡在自来水中，无崩解。当需要查明加固土体的外形和整体性时，可对有代表性加固土体进行开挖，量测其有效加固半径和加固深度。

16.4.6 地基经碱液加固后应继续进行沉降观测，观测时间不得少于半年，按加固前后沉降观测结果或用触探法检测加固前后土中阻力的变化，确定加固质量。

17 其他地基处理方法

17.0.1 注浆法适用于处理砂土、粉土、粘性土和人工填土等地基。

17.0.2 锚杆静压桩法适用于淤泥、淤泥质土、粘性土、粉土和人工填土等地基。

17.0.3 树根桩法适用于淤泥、淤泥质土、粘性土、粉土、砂土、碎石土、黄土和人工填土等地基。

17.0.4 坑式静压桩法适用于淤泥、淤泥质土、粘性土、粉土、人工填土和湿陷性黄土等地基。

17.0.5 注浆法、锚杆静压桩法、树根桩法和坑式静压桩法的设计和施工应按行业标准《既有建筑地基基础加固技术规范》JGJ 123—2000 有关规定执行。

附录 A 复合地基载荷试验要点

A.0.1 本试验要点适用于单桩复合地基载荷试验和多桩复合地基载荷试验。

A.0.2 复合地基载荷试验用于测定承压板下应力主要影响范围内复合土层的承载力和变形参数。复合地基载荷试验承压板应具有足够刚度。单桩复合地基载荷试验的承压板可用圆形或方形，面积为一根桩承担的处理面积；多桩复合地基载荷试验的承压板可用方形或矩形，其尺寸按实际桩数所承担的处理面积确定。桩的中心（或形心）应与承压板中心保持一致，并与荷载作用点相重合。

A.0.3 承压板底面标高应与桩顶设计标高相适应。承压板底面下宜铺设粗砂或中砂垫层，垫层厚度取 50～150mm，桩身强度高时宜取大值。试验标高处的试坑长度和宽度，应不小于承压板尺寸的 3 倍。基准梁的支点应设在试坑之外。

A.0.4 试验前应采取措施，防止试验场地地基土含水量变化或地基土扰动。以免影响试验结果。

A.0.5 加载等级可分为 8～12 级。最大加载压力不应小于设计要求压力值的 2 倍。

A.0.6 每加一级荷载前后均应各读记承压板沉降量一次，以后每半个小时读记一次。当一小时内沉降量小于 0.1mm 时，即可加下一级荷载。

A.0.7 当出现下列现象之一时可终止试验：

1 沉降急剧增大，土被挤出或承压板周围出现明显的隆起；

2　承压板的累计沉降量已大于其宽度或直径的6%；

3　当达不到极限荷载，而最大加载压力已大于设计要求压力值的2倍。

A.0.8　卸载级数可为加载级数的一半，等量进行，每卸一级，间隔半小时，读记回弹量，待卸完全部荷载后间隔三小时读记总回弹量。

A.0.9　复合地基承载力特征值的确定：

1　当压力—沉降曲线上极限荷载能确定，而其值不小于对应比例界限的2倍时，可取比例界限；当其值小于对应比例界限的2倍时，可取极限荷载的一半；

2　当压力—沉降曲线是平缓的光滑曲线时，可按相对变形值确定；

1）对砂石桩、振冲桩复合地基或强夯置换墩：当以粘性土为主的地基，可取 s/b 或 s/d 等于0.015所对应的压力（s 为载荷试验承压板的沉降量；b 和 d 分别为承压板宽度和直径，当其值大于2m时，按2m计算）；当以粉土或砂土为主的地基，可取 s/b 或 s/d 等于0.01所对应的压力。

2）对土挤密桩、石灰桩或柱锤冲扩桩复合地基，可取 s/b 或 s/d 等于0.012所对应的压力。对灰土挤密桩复合地基，可取 s/b 或 s/d 等于0.008所对应的压力。

3）对水泥粉煤灰碎石桩或夯实水泥土桩复合地基，当以卵石、圆砾、密实粗中砂为主的地基，可取 s/b 或 s/d 等于0.008所对应的压力；当以粘性土、粉土为主的地基，可取 s/b 或 s/d 等于0.01所对应的压力。

4）对水泥土搅拌桩或旋喷桩复合地基，可取 s/b 或 s/d 等于0.006所对应的压力。

5）对有经验的地区，也可按当地经验确定相对变形值。

按相对变形值确定的承载力特征值不应大于最大加载压力的一半。

A.0.10　试验点的数量不应少于3点，当满足其极差不超过平均值的30%时，可取其平均值为复合地基承载力特征值。

本规范用词说明

1 为便于在执行本规范条文时区别对待，对要求严格程度不同的用词说明如下：

（1）表示很严格，非这样做不可的：正面词采用“必须”；反面词采用“严禁”。

（2）表示严格，在正常情况均应这样做的：正面词采用“应”；反面词采用“不应”或“不得”。

（3）表示允许稍有选择，在条件许可时首先应这样做的：正面词采用“宜”；反面词采用“不宜”。

表示有选择，在一定条件下可以这样做的，采用“可”。

2 条文中指明应按其他有关标准执行的写法为“应按……执行”或“应符合……的要求（或规定）”。

中华人民共和国行业标准

建筑地基处理技术规范

JGJ 79—2002

条 文 说 明

前　　言

《建筑地基处理技术规范》JGJ 79—2002 经建设部 2002 年9月 27 日以建设部第 64 号公告批准、发布。

本规范第一版的主编单位是中国建筑科学研究院，参加单位是浙江大学、南京水利科学研究院、陕西省建筑科学研究设计院、铁道部科学研究院、冶金部建筑研究总院、同济大学、北方交通大学。

为便于广大设计、施工、科研、学校等单位的有关人员在使用本标准时能正确理解和执行条文规定，《建筑地基处理技术规范》编制组按章、节、条顺序编制了本标准的条文说明，供使用者参考。在使用中如发现本条文说明有不妥之处，请将意见函寄中国建筑科学研究院（地址：北京市北三环东路30号，邮政编码 100013）。

目　　次

1 总　　则

1.0.1 随着地基处理设计水平的提高、施工工艺的改进和施工设备的更新，我国地基处理技术发展很快，对于各种不良地基，经过地基处理后，一般均能满足建造大型、重型或高层建筑的要求。由于地基处理的适用范围进一步扩大，地基处理项目的增多，用于地基处理的费用在工程建设投资中所占比重的不断增大。因而，地基处理的设计和施工必须认真贯彻执行国家的技术经济政策，做到安全适用、技术先进、经济合理、确保质量、保护环境。

3 基本规定

3.0.1 本条规定在选择地基处理方案前应完成的工作，其中强调要进行现场调查研究，了解当地地基处理经验和施工条件，调查邻近建筑、地下工程、管线和环境情况等。

3.0.2 大量工程实例证明，采用加强建筑物上部结构刚度和承载能力的方法，能减少地基的不均匀变形，取得较好的技术经济效果。因此，本条规定对于需要进行地基处理的工程，在选择地基处理方案时，应同时考虑上部结构、基础和地基的共同作用，尽量选用加强上部结构和处理地基相结合的方案，这样既可降低地基的处理费用，又可收到满意的效果。

3.0.3 本条规定了在确定地基处理方法时宜遵循的步骤。着重指出在选择地基处理方案时，宜根据各种因素进行综合分析，初步选出几种可供考虑的地基处理方案，其中强调包括选择两种或多种地基处理措施组成的综合处理方案。因为许多工程实践证明，当岩土工程条件较为复杂或建筑物对地基要求较高时，采用单一的地基处理方法处理地基，往往满足不了设计要求或造价较高，而由两种或多种地基处理措施组成的综合处理方法很可能是最佳选择。

3.0.5 本条是指现行国家标准《建筑地基基础设计规范》GB 50007 规定应按地基变形设计或应作变形验算的建筑物或构筑物，当需进行地基处理时，应对处理后的地基进行变形验算。

4 换填垫层法

4.1 一般规定

4.1.1 换填垫层法适用于处理各类浅层软弱地基。当在建筑范围内上层软弱土较薄，则可采用全部置换处理。对于较深厚的软弱土层，当仅用垫层局部置换上层软弱土时，下卧软弱土层在荷载下的长期变形可能依然很大。例如，对较深厚的淤泥或淤泥质土类软弱地基，采用垫层仅置换上层软土后，通常可提高持力层的承载力，但不能解决由于深层土质软弱而造成地基变形量大对上部建筑物产生的有害影响；或者对于体型复杂、整体刚度差、或对差异变形敏感的建筑，均不应采用浅层局部置换的处理方法。

对于建筑范围内局部存在松填土、暗沟、暗塘、古井、古墓或拆除旧基础后的坑穴，均可采用换填法进行地基处理。在这种局部的换填处理中，保持建筑地基整体变形均匀是换填应遵循的最基本的原则。

开挖基坑后，利用分层回填夯压，也可处理较深的软弱土层。但换填基坑开挖过深，常因地下水位高，需要采用降水措施；坑壁放坡占地面积大或边坡需要支护；及因此易引起邻近地面、管网、道路与建筑的沉降变形破坏；再则施工土方量大、弃土多等因素，常使处理工程费用增高、工期拖长、对环境的影响增大等。因此，换填法的处理深度通常控制在3m以内较为经济合理。

大面积填土产生的大范围地面负荷影响深度较深，地基压缩变形量大，变形延续时间长，与换填垫层法浅层处理地基的特点不同，因而大面积填土地基的设计施工应另行按国家现行有关规范执行。

换填垫层法常用于处理轻型建筑、地坪、堆料场及道路工程等。

4.1.2 采用换填垫层全部置换厚度不大的软弱土层，可取得良好的效果；对于轻型建筑、地坪、道路或堆场，采用换填垫层处理上层部分软弱土时，由于传递到下卧层顶面的附加应力很小，也可取得较好的效果。但对于结构刚度差、体型复杂、荷重较大的建筑，由于附加荷载对下卧层的影响较大，如仅换填软弱土层的上部，地基仍将产生较大的变形及不均匀变形，仍有可能对建筑造成破坏。在我国东南沿海软土地区，许多工程实例的经验或教训表明，采用换填垫层时，必须考虑建筑体型、荷载分布、结构刚度等因素对建筑物的影响，对于深厚软弱土层，不应采用局部换填垫层法处理地基。对于不同特点的工程，还应分别考虑换填材料的强度、稳定性、压力扩散能力、密度、渗透性、耐久性、对环境的影响、价格、来源与消耗等。当换填量大时，尤其应首先考虑当地材料的性能及使用条件。此外还应考虑所能获得的施工机械设备类型、适用条件等综合因素，从而合理地进行换填垫层设计及选择施工方法。例如，对于承受振动荷载的地基不应选择砂垫层进行换填处理；略超过放射性标准的矿渣可以用于道路或堆场地基的换填，但不应用于建筑换填垫层处理等。

4.2 设 计

4.2.1 垫层设计应满足建筑地基的承载力和变形要求。首先垫层能换除基础下直接承受建筑荷载的软弱土层，代之以能满足承载力要求的垫层；其次荷载通过垫层的应力扩散，使下卧层顶面受到的压力满足小于或等于下卧层承载能力的条件；再者基础持力层被低压缩性的垫层代换，能大大减少基础的沉降量。因此，合理确定垫层厚度是垫层设计的主要内容。通常根据土层的情况确定需要换填的深度，对于浅层软土厚度不大的工程，应置换掉全部软土。对需换填的软弱土层，首先应根据垫层的承载力确定基础的宽度和基底压力，再根据垫层下卧层的承载力，设垫层的厚度，经本规范式 4.2.1-1 复核，最后确定垫层厚度。

下卧层顶面的附加压力值可以根据双层地基理论进行计算，但这种方法仅限于条形基础均布荷载的计算条件。也可以将双层地基视作均质地基，按均质连续各向同性半无限直线变形体的弹性理论计算。第一种方法计算比较复杂，第二种方法的假定又与实际双层地基的状态有一定误差。最常用的是扩散角法，按本规范式 4.2.1-2 或 4.2.1-3 计算的垫层厚度虽比按弹性理论计算的结果略偏安全，但由于计算方法比较简便，易于理解又便于接受，故而在工程设计中得到了广泛的认可和使用。

压力扩散角应随垫层材料及下卧土层的力学特性差异而定，可按双层地基的条件来考虑。四川及天津曾先后对上硬下软的双层地基进行了现场载荷试验及大量模型试验，通过实测软弱下卧层顶面的压力反算上部垫层的压力扩散角。根据模型试验实测压力，在垫层厚度等于基础宽度时，计算的压力扩散角 θ 均小于 30°，而直观破裂角为 30°。同时，对照耶戈洛夫双层地基应力理论计算值，在较安全的条件下，验算下卧层承载力的垫层破坏的扩散角与实测土的破裂角相当。因此，采用理论计算值时，扩散角 θ 最大取 30°。对 θ 小于 30°的情况，以理论计算值为基础，求出不同垫层厚度时的扩散角 θ。根据陕西、上海、北京、辽宁、广东、湖北等地的垫层试验，对于中砂、粗砂、砾砂、石屑的变形模量均在 30～45MPa 的范围，卵石、碎石的变形模量可达 35～80MPa，而矿渣则可达到 35～70MPa。这类粗颗粒垫层材料与下卧的较软土层相比，其变形模量比值均接近或大于 10，扩散角最大取 30°；而对于其他常作换填材料的细粒土或粉煤灰垫层，碾压后变形模量可达到 13～20MPa，与粉质粘土垫层类似，该类垫层材料的变形模量与下卧较软土层的变形模量比值显著小于粗粒土垫层的比值，则可比较安全地按 3 来考虑，同时按理论值计算出扩散角 θ。灰土垫层则根据建研院的试验及北京、天津、西北等地经验，按一定压实要求的 3:7 或 2:8 灰土 28d 强度考虑，取 θ 为 28°。因此，参照现行的国家标准《建筑地基基础设计规范》GB 50007 给出表 4.2.1 中不同垫层材料的压力扩散角。

4.2.2 确定垫层宽度时，除应满足应力扩散的要求外，还应考虑垫层应有足够的宽度及侧面土的强度条件，防止垫层材料向侧边挤出而增大垫层的竖向变形量。最常用的方法依然是按扩散角法计算垫层宽度，或根据当地经验取值。当 $z/b>0.5$ 时，垫层厚度较大，按扩散角确定垫层的底宽较宽，而按垫层底面应力计算值分布的应力等值线在垫层底面处的实际分布则较窄。当两者差别较大时，也可根据应力等值线的形状将垫层剖面做成倒梯形，以节省换填的工程量。当基础荷载较大，或对沉降要求较高，或垫层侧边土的承载力较差时，垫层宽度可适当加大。在筏基、箱基或宽大独立基础下采用换填垫层时，对垫层厚度小于 0.25 倍基础宽度的条件，计算垫层的宽度仍应考虑压力扩散角的要求。

4.2.3 经换填处理后的地基，由于理论计算方法尚不够完善，或由于较难选取有代表性的计算参数等原因，而难于通过计算准确确定地基承载力。所以，本条强调经换填垫层处理的地基其承载力宜通过试验、尤其是通过现场原位试验确定。只是对于按现行的国家标准《建筑地基基础设计规范》GB 50007 划分安全等级为三级的建筑物及一般不太重要的、小型、轻型或对沉降要求不高的工程，在无试验资料或经验时，当施工达到本规范要求的压实标准后，可以参考表 1 所列的承载力特征值取用。

4.2.4 我国软粘土分布地区的大量建筑物沉降观测及工程经验表明，采用换填垫层进行局部处理后，往往由于软弱下卧层的变形，建筑物地基仍将产生过大的沉降量及差异沉降量。因此，应按现行的国家标准《建筑地基基础设计规范》GB 50007 中的变形计算方法进行建筑物的沉降计算，以保证地基处理效果及建筑物的安全使用。

粗粒换填材料的垫层在施工期间垫层自身的压缩变形已基本完成，且量值很小。因而对于碎石、卵石、砂夹石、砂和矿渣垫层，在地基变形计算中，可以忽略垫层自身部分的变形值；但对于细粒材料的尤其是厚度较大的换填垫层，则应计入垫层自身的变形。有关垫层的模量应根据试验或当地经验确定。在无试验资料或经验时，可参照表 2 选用。

表 1　垫层的承载力

换填材料	承载力特征值 f_{ak}（kPa）
碎石、卵石	200～300
砂夹石（其中碎石、卵石占全重的 30%～50%）	200～250
土夹石（其中碎石、卵石占全重的 30%～50%）	150～200
中砂、粗砂、砾砂、圆砾、角砾	150～200
粉质粘土	130～180
石屑	120～150
灰土	200～250
粉煤灰	120～150
矿渣	200～300

注：压实系数小的垫层，承载力特征值取低值，反之取高值；原状矿渣垫层取低值，分级矿渣或混合矿渣垫层取高值。

表 2　垫层模量（MPa）

垫层材料 \ 模量	压缩模量 E_s	变形模量 E_0
粉煤灰	8～20	
砂	20～30	
碎石、卵石	30～50	
矿渣		35～70

注：压实矿渣的 E_0/E_s 比值可按 1.5～3 取用。

下卧层顶面承受换填材料本身的压力超过原天然土层压力较多的工程，地基下卧层将产生较大的变形。如工程条件许可，宜尽早换填，以使由此引起的大部分地基变形在上部结构施工之前完成。

4.2.5 砂石是良好的换填材料，但对具有排水要求的砂垫层宜控制含泥量不大于 3%；采用粉细砂作为换填材料时，应改善材料的级配状况，在掺加碎石或卵石使其颗粒不均匀系数不小于 5 并拌合均匀后，方可用于铺填垫层。

石屑是采石场筛选碎石后的细粒废弃物，其性质接近于砂，在各地使用作为换填材料时，均取得了很好的成效。但应控制好含泥量及含粉量，才能保证垫层的质量。

粘土及粉土均难以夯压密实，故换填时均应避免采用作为换填材料。在不得已选用上述土料回填时，也应掺入不少于30%的砂石并拌合均匀后，方可使用。当采用粉质粘土大面积换填并使用大型机械夯压时，土料中的碎石粒径可稍大于50mm，但不宜大于100mm，否则将影响垫层的夯压效果。

灰土强度随土料中粘粒含量增高而加大，塑性指数小于4的粉土中粘粒含量太少，不能达到提高灰土强度的目的，因而不能用于拌合灰土。灰土所用的消石灰应符合Ⅲ级以上标准，贮存期不超过3个月，所含活性CaO和MgO越高则胶结力越强。通常灰土的最佳含灰率为CaO + MgO约达总量的8%。石灰应消解3~4d并筛除生石灰块后使用。

粉煤灰可分为湿排灰和调湿灰。按其燃烧后形成玻璃体的粒经分析，应属粉土的范畴。但由于含有CaO、SO_3等成分，具有一定的活性，当与水作用时，因具有胶凝作用的火山灰反应，使粉煤灰垫层逐渐获得一定的强度与刚度，有效地改善了垫层地基的承载能力及减小变形的能力。不同于抗地震液化能力较低的粉土或粉砂，由于粉煤灰具有一定的胶凝作用，在压实系数大于0.9时，即可以抵抗7度地震液化。用于发电的燃煤常伴生有微量放射性同位素，因而粉煤灰亦有时有弱放射性。作为建筑物垫层的粉煤灰应按照国家标准《工业废渣建筑材料放射性物质控制标准》GB 9196—88及《放射卫生防护基本标准》GB 4792—84的有关规定作为安全使用的标准。粉煤灰含碱性物质，回填后碱性成分在地下水中溶出，使地下水具弱碱性，因此应考虑其对地下水的影响并应对粉煤灰垫层中的金属构件、管网采取一定的防护措施。粉煤灰垫层上宜覆盖0.3~0.5m厚的粘性土，以防干灰飞扬，同时减少碱性对植物生长的不利影响，有利环境绿化。

矿渣的稳定性是其是否适用于做换填垫层材料的最主要性能指标，冶金部试验结果证明，当矿渣中CaO的含量小于45%及FeS与MnS的含量≈1%时，矿渣不会产生硅酸盐分解和铁锰分解，排渣时不浇石灰水，矿渣也就不会产生石灰分解，则该类矿渣性能稳定，可用于换填。对中、小型垫层可选用8~40mm与40~60mm的分级矿渣或0~60mm的混合矿渣；较大面积换填时，矿渣最大粒径不宜大于200mm或大于分层铺填厚度的2/3。与粉煤灰相同，对用于换填垫层的矿渣，同样要考虑放射性、对地下水、环境的影响及对金属管网、构件的影响。

土工合成材料（Geosynthetics）是近年来随着化学合成工业的发展而迅速发展起来的一种新型土工材料，主要由涤纶、尼龙、腈纶、丙纶等高分子化合物，根据工程的需要，加工成具有弹性、柔性、高抗拉强度、低伸长率、透水、隔水、反滤性、抗腐蚀性、抗老化性和耐久性的各种类型的产品。如各种土工格栅、土工格室、土工垫、土工网格、土工膜、土工织物、塑料排水带及其他土工复合材料等。由于这些材料的优异性能及广泛的适用性，受到工程界的重视，被迅速推广应用于河、海岸护坡、堤坝、公路、铁路、港口、堆场、建筑、矿山、电力等领域的岩土工程中，取得了良好的工程效果和经济效益。

用于换填垫层的土工合成材料，在垫层中主要起加筋作用，以提高地基土的抗拉和抗剪强度、防止垫层被拉断裂和剪切破坏、保持垫层的完整性、提高垫层的抗弯刚度。因此利用土工合成材料加筋的垫层有效地改变了天然地基的性状，增大了压力扩散角，降低了下卧天然地基表面的压力，约束了地基侧向变形，调整了地基不均匀变形，增大地基的稳定性并提高地基的承载力。由于土工合成材料的上述特点，将其用于软弱粘性土、泥炭、沼泽地区修建道路、堆场等取得了较好的成效，同时在部分建筑、构筑物的加筋垫层中应用，也得到了肯定的效果。根据理论分析、室内试验以及工程实测的结果证明采用土工合成材料加筋垫层的作用机理为：(1) 扩散应力，加筋垫层刚度较大，增大了压力扩散角，有利于上部荷载扩散，降低垫层底面压力；(2) 调整不均匀沉降，由于加筋垫层的作用，加大了压缩层范围内地基的整体刚度，均化传递到下卧土层上的压力，有利于调整基础的不均匀沉降；(3) 增大地基稳定性，由于加筋垫层的约束，整体上限制了地基土的剪切、侧向挤出及隆起。

采用土工合成材料加筋垫层时，应根据工程荷载的特点、对变形、稳定性的要求和地基土的工程性质、地下水性质及土工合成材料的工作环境等，选择土工合成材料的类型、布置形式及填料品种，主要包括：(1) 确定所需土工合成材料的类型、物理性质和主要的力学性质如允许抗拉强度及相应的伸长率、耐久性与抗腐性等；(2) 确定土工合成材料在垫层中的布置形式、间距及端部的固定方式；(3)选择适用的填料与施工方法等。此外，要通过验证、保证土工合成材料在垫层中不被拉断和拔出失效。同时还要检验垫层地基的强度和变形以确保满足设计的要求。最后通过载荷试验确定垫层地基的承载能力。

土工合成材料的耐久性与老化问题，在工程界均有较多的关注。由于土工合成材料引入我国为时尚短，仅在江苏使用了十几年后，未见在工程中老化而影响耐久性。英国已有近一百年的使用历史，效果较好。合成材料老化有三个主要因素：紫外线照射、60～80℃的高温与氧化。在岩土工程中，由于土工合成材料是埋在地下的土层中，上述三个影响因素皆极微弱，故土工合成材料均能满足常规建筑工程中的耐久性需要。

在加筋土垫层中，主要由土工合成材料承受大的拉应力，所以要求选用高强度、低徐变性的材料，在承受工作应力时的伸长率不宜大于4%～5%，以保证垫层及下卧层土体的稳定性。在软弱土层采用土工合成材料加筋垫层，由合成材料承受上部荷载产生的应力远高于软弱土中的应力，因此一旦由于合成材料超过极限强度产生破坏，随之荷载转移而由软弱土承受全部外荷，势将大大超过软弱土的极限强度，而导致地基的整体破坏。结果地基可能失稳而引起上部建筑产生迅速与大量的沉降，并使建筑结构造成严重的破坏。因此用于加筋垫层中的土工合成材料必须留有足够的安全系数，而绝不能使其受力后的强度等参数处于临界状态。以免导致严重的后果。同时亦应充分考虑一旦因垫层结构的破坏对建筑安全的影响。

4.3 施　工

4.3.2 换填垫层的施工参数应根据垫层材料、施工机械设备及设计要求等通过现场试验确定，以求获得最佳夯压效果。在不具备试验条件的场合，也可参照建工及水电部门的经验数值，按表3选用。对于存在软弱下卧层的垫层，应针对不同施工机械设备的重量、碾压强度、振动力等因素，确定垫层底层的铺填厚度，使既能满足该层的压密条件，又能防止破坏及扰动下卧软弱土的结构。

表 3　　垫层的每层铺填厚度及压实遍数

施工设备	每层铺填厚度（m）	每层压实遍数
平碾（8～12t）	0.2～0.3	6～8(矿渣 10～12)
羊足碾（5～16t）	0.2～0.35	8～16
蛙式夯（200kg）	0.2～0.25	3～4
振动碾（8～15t）	0.6～1.3	6～8
插入式振动器	0.2～0.5	
平板式振动器	0.15～0.25	

4.3.3　为获得最佳夯压效果，宜采用垫层材料的最优含水量 w_{op}作为施工控制含水量。对于粉质粘土和灰土，现场可控制在最优含水量 $w_{op}\pm2\%$的范围内；当使用振动碾压时，可适当放宽下限范围值，即控制在最优含水量 w_{op}的$-6\%\sim+2\%$范围内。最优含水量可按现行国家标准《土工试验方法标准》GB/T 50123中轻型击实试验的要求求得。在缺乏试验资料时，也可近似取 0.6 倍液限值；或按照经验采用塑限 $w_p\pm2\%$的范围值作为施工含水量的控制值。粉煤灰垫层不应采用浸水饱和施工法，其施工含水量应控制在最优含水量 $w_{op}\pm4\%$的范围内。若土料湿度过大或过小，应分别予以晾晒、翻松、掺加吸水材料或洒水湿润以调整土料的含水量。对于砂石料则可根据施工方法不同按经验控制适宜的施工含水量，即当用平板式振动器时可取 15%～20%；当用平碾或蛙式夯时可取 8%～12%；当用插入式振动器时宜为饱和。对于碎石及卵石应充分浇水湿透后夯压。

4.3.4　对垫层底部的下卧层中存在的软硬不均点，要根据其对垫层稳定及建筑物安全的影响确定处理方法。对不均匀沉降要求不高的一般性建筑，当下卧层中不均点范围小，埋藏很深，处于地基压缩层范围以外，且四周土层稳定时，对该不均点可不做处理。否则，应予挖除并根据与周围土质及密实度均匀一致的原则分层回填并夯压密实，以防止下卧层的不均匀变形对垫层及上部建筑产生危害。

4.3.5　垫层下卧层为软弱土层时，因其具有一定的结构强度，一旦被扰动则强度大大降低，变形大量增加，将影响到垫层及建筑的安全使用。通常的做法是，开挖基坑时应预留厚约 200mm 的保护层，待做好铺填垫层的准备后，对保护层挖一段随即用换填材料铺填一段，直到完成全部垫层，以保护下卧土层的结构不被破坏。按浙江、江苏、天津等地的习惯做法，在软弱下卧层顶面设置厚 150～300mm 的砂垫层，防止粗粒换填材料挤入下卧层时破坏其结构。

4.3.7　在同一栋建筑下，应尽量保持垫层厚度相同；对于厚度不同的垫层，应防止垫层厚度突变；在垫层较深部位施工时，应注意控制该部位的压实系数，以防止或减少由于地基处理厚度不同所引起的差异变形。

为保证灰土施工控制的含水量不致变化，拌合均匀后的灰土应在当日使用。灰土夯实后，在短时间内水稳性及硬化均较差，易受水浸而膨胀疏松，影响灰土的夯压质量。

粉煤灰分层碾压验收后，应及时铺填上层或封层，防止干燥或扰动使碾压层松胀密实度下降及扬起粉尘污染。

4.3.8　铺设土工合成材料时应注意均匀平整，且保持一定的松紧度，以使其在工作状态下受力均匀，并避免被块石、树根等刺穿、顶破，引起局部的应力集中。用于加筋垫层中的土工合成材料，因工作时要受到很大的拉应力，故其端头一定要埋设固定好，通常是在端部位置挖地沟，将合成材料的端头埋入沟内上覆土压住固定，以防止其受力后被拔出。

铺设土工合成材料时，应避免长时间曝晒或暴露，一般施工宜连续进行，暴露时间不宜超过48h，并注意掩盖，以免材质老化、降低强度及耐久性。

4.4 质量检验

4.4.1 垫层的施工质量检验可利用贯入仪、轻型动力触探或标准贯入试验检验。必须首先通过现场试验，在达到设计要求压实系数的垫层试验区内，利用贯入试验测得标准的贯入深度或击数，然后再以此作为控制施工压实系数的标准，进行施工质量检验。检验砂垫层使用的环刀容积不应小于$200cm^3$，以减少其偶然误差。在粗粒土垫层中的施工质量检验，可设置纯砂检验点，按环刀取样法检验，或采用灌水法、灌砂法进行检验。

4.4.3 垫层施工质量检验点的数量因各地土质条件和经验不同而取值范围不同。对大基坑较多采用$50\sim100m^2$不少于1点，或每$100m^2$不少于2点。本条按天津、北京、河南、西北等大部分地区多数单位的做法规定了大基坑、基槽和独立柱基的检验点数量。

4.4.4 竣工验收宜采用载荷试验检验垫层质量，为保证载荷试验的有效影响深度不小于换填垫层处理的厚度，载荷试验压板的边长或直径不应小于垫层厚度的1/3。

5 预 压 法

5.1 一 般 规 定

5.1.1 预压法处理地基分为堆载预压和真空预压两类。降水预压和电渗排水预压在工程上应用甚少，暂未列入。堆载预压分塑料排水带或砂井地基堆载预压和天然地基堆载预压。通常，当软土层厚度小于4.0m时，可采用天然地基堆载预压法处理，当软土层厚度超过4.0m时，为加速预压过程，应采用塑料排水带、砂井等竖井排水预压法处理地基。对真空预压工程，必须在地基内设置排水竖井。

本条提出适用于预压法处理的土类。对于在持续荷载作用下体积会发生很大压缩，强度会明显增长的土，这种方法特别适用。对超固结土，只有当土层的有效上覆压力与预压荷载所产生的应力水平明显大于土的先期固结压力时，土层才会发生明显的压缩。竖井排水预压法对处理泥炭土、有机质土和其他次固结变形占很大比例的土效果较差，只有当主固结变形与次固结变形相比所占比例较大时才有明显效果。

5.1.2 通过勘察查明土层的分布、透水层的位置及水源补给等，这对预压工程很重要，如对于粘土夹粉砂薄层的“千层糕”状土层，它本身具有良好的透水性，不必设置排水竖井，仅进行堆载预压即可取得良好的效果。对真空预压工程，查明处理范围内有无透水层（或透气层）及水源补给情况，关系到真空预压的成败和处理费用。

5.1.3 对重要工程，应预先选择代表性地段进行预压试验，通过试验区获得的竖向变形与时间关系曲线，孔隙水压力与时间关系曲线等推算土的固结系数。固结系数是预压工程地基固结计算的主要参数，可根据前期荷载所推算的固结系数预计后期荷载下地基不同时间的变形并根据实测值进行修正，这样就可以得到更符合实际的固结系数。此外，由变形与时间曲线可推算出预压荷载下地基的最终变形、预压阶段不同时间的固结度等，为卸载时间的确定、预压效果的评价以及指导全场的设计与施工提供主要依据。

5.1.5 对预压工程，什么情况下可以卸载，这是工程上很关心的问题，特别是对变形的控制。设计时应根据所计算的建筑物最终沉降量并对照建筑物使用期间的允许变形值，确定预压期间应完成的变形量，然后按照工期要求，选择排水竖井直径、间距、深度和排列方式、确定预压荷载大小和加载历时，使在预定工期内通过预压完成设计所要求的变形量，使卸载后的残余变形满足建筑物允许变形要求。对排水井穿透压缩土层的情况，通过不太长时间的预压可满足设计要求，土层的平均固结度一般可达90%以上。对排水竖井未穿透受压土层的情况，应分别使竖井深度范围土层和竖井底面以下受压土层的平均固结度和所完成的变形量满足设计要求。这样要求的原因是，竖井底面以下受压土层属单向排水，如土层厚度较大，则固结较慢，预压期间所完成的变形较小，难以满足设计要求，为提高预压效果，应尽可能加深竖井深度，使竖井底面以下受压土层厚度减小。

5.2 设 计

（Ⅰ） 堆载预压法

5.2.1 本条中提出对含较多薄粉砂夹层的软土层，可不设置排水竖井。这种土层通常具有良好的透水性。表4为上海石化总厂天然地基上10000m^3试验油罐经148d充水预压的实测和推算结果。

该罐区的土层分布为：地表约4m左右的粉质粘土（“硬壳层”）其下为含粉砂薄层的淤泥质粘土，呈“千层糕”状构造。预计固结较快，地基未作处理，经148d充水预压后，固结度达90%左右。

表4　从实测 $s \sim t$ 曲线推算之 β、S_f 等值

测　点	2号	5号	10号	13号	16个测点平均值	罐中心
实测沉降 s_t（cm）	87.0	87.5	79.5	79.4	84.2	131.9
β（1/d）	0.0166	0.0174	0.0174	0.0151	0.0159	0.0188
最终沉降 s_f（cm）	93.4	93.6	84.9	85.1	91.0	138.9
瞬时沉降 s_d（cm）	26.4	22.4	23.5	23.7	25.2	38.4
固结度$\overline{U}$（%）	90.4	91.4	91.5	88.6	89.7	93.0

土层的平均固结度普遍表达式 $\overline{U}$ 如下：

$$\overline{U} = 1 - \alpha e^{-\beta t} \tag{1}$$

式中 α、β 为和排水条件有关的参数。β 值与土的固结系数、排水距离等有关，它综合反映了土层的固结速率。从表4可看出罐区土层的 β 值较大。对照砂井地基，如台州电厂煤场砂井地基 β 值为0.0207（1/d），而上海炼油厂油罐天然地基 β 值为0.0248（1/d）。它们的 β 值相近。

5.2.3 对于塑料排水带的当量换算直径 d_p，虽然许多文献都提供了不同的建议值，但至今还没有结论性的研究成果，式（5.2.3）是著名学者 Hansbo 提出的，国内工程上也普遍采用，故在规范中推荐使用。

5.2.5 竖井间距的选择，应根据地基土的固结特性，预定时间内所要求达到的固结度以及施工影响等通过计算、分析确定。根据我国的工程实践，普通砂井之井径比取 6～8，塑料排水带或袋装砂井之井径比取 15～22，均取得良好的处理效果。

5.2.6 排水竖井的深度，应根据建筑物对地基的稳定性、变形要求和工期确定。对以变形控制的建筑，竖井宜穿透受压土层。对受压土层深厚，竖井很长的情况，虽然考虑井阻影响后，土层径向排水平均固结度随深度而减小，但井阻影响程度取决于竖井的纵向通水量 q_w 与天然土层水平向渗透系数 k_h 的比值大小和竖井深度等。对于竖井深度 $L=30$m，井径比 $n=20$，径向排水固结时间因子 $T_h=0.86$，不同比值 q_w/k_h 时，土层在深度 $z=1$m 和 30m 处根据 Hansbo（1981）公式计算之径向排水平均固结度 $\bar{U}_r$ 如表 5 所示。

表 5 Hansbo（1981）公式计算之径向排水平均固结度 $\bar{U}_r$

q_w/k_h（m^2） z（m）	300	600	1500
1	0.91	0.93	0.95
30	0.45	0.63	0.81

由表可见，在深度 $z=30$m 处，土层之径向排水平均固结度仍较大，特别是当 q_w/k_h 较大时。因此，对深厚受压土层，在施工能力可能时，应尽可能加深竖井深度，这对加速土层固结，缩短工期是很有利的。

5.2.7 对逐渐加载条件下竖井地基平均固结度的计算，本规范采用的是改进的高木俊介法，其理由是该公式理论上是精确解，而且无需先计算瞬时加载条件下的固结度，再根据逐渐加载条件进行修正，而是两者合并计算出修正后的平均固结度，而且公式适用于多种排水条件，可应用于考虑井阻及涂抹作用的径向平均固结度计算。

算例：

已知：地基为淤泥质粘土层，固结系数 $c_h=c_v=1.8\times10^{-3}cm^2/s$，受压土层厚 20m，袋装砂井直径 $d_w=70$mm，袋装砂井为等边三角形排列，间距 $l=1.4$m，深度 $H=20$m，砂井底部为不透水层，砂井打穿受压土层。预压荷载总压力 $p=100$kPa，分两级等速加载，如图 1 所示。

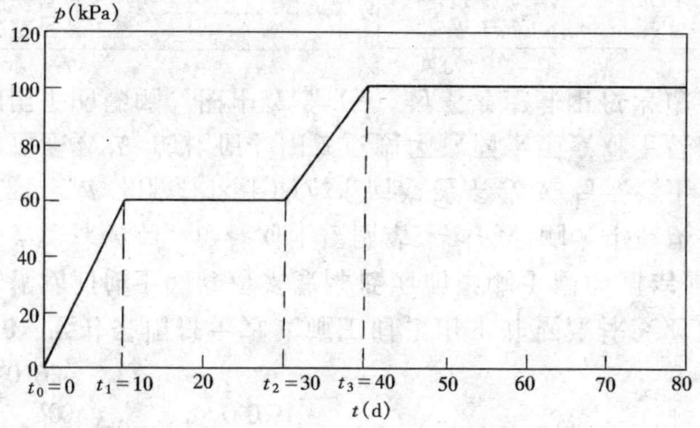

图 1 加荷过程

求：加荷开始后 120d 受压土层之平均固结度（不考虑竖井井阻和涂抹影响）。

计算：

受压土层平均固结度包括两部分：径向排水平均固结度和向上竖向排水平均固结度。按公式（5.2.7）计算，其中 α、β 由表 5.2.7 知：

$$\alpha = \frac{8}{\pi^2} = 0.81$$

$$\beta = \frac{8c_h}{F_n d_e^2} + \frac{\pi^2 c_v}{4H^2}$$

根据砂井的有效排水圆柱体直径 $d_e = 1.05l = 1.05 \times 1.4 = 1.47\text{m}$

径井比 $n = d_e / d_w = 1.47/0.07 = 21$，则

$$F_n = \frac{n^2}{n^2 - 1}\ln(n) - \frac{3n^2 - 1}{4n^2}$$

$$= \frac{21^2}{21^2 - 1}\ln(21) - \frac{3 \times 21^2 - 1}{4 \times 21^2} = 2.3$$

$$\beta = \frac{8 \times 1.8 \times 10^{-3}}{2.3 \times 147^2} + \frac{3.14^2 \times 1.8 \times 10^{-3}}{4 \times 2000^2}$$

$$= 2.908 \times 10^{-7} 1/\text{s} = 0.0251(1/\text{d})$$

第一级荷载加荷速率 $\dot{q}_1 = 60/10 = 6\text{kPa/d}$

第二级荷载加荷速率 $\dot{q}_2 = 40/10 = 4\text{kPa/d}$

固结度计算：

$$\overline{U}_t = \sum \frac{\dot{q}_i}{\sum \Delta p}\left[(T_i - T_{i-1}) - \frac{\alpha}{\beta}e^{-\beta t}(e^{\beta T_i} - e^{\beta T_{i-1}})\right]$$

$$= \frac{\dot{q}_1}{\sum \Delta p}\left[(t_1 - t_0) - \frac{\alpha}{\beta}e^{-\beta t}(e^{\beta t_1} - e^{\beta t_0})\right]$$

$$+ \frac{\dot{q}_2}{\sum \Delta p}\left[(t_3 - t_2) - \frac{\alpha}{\beta}e^{-\beta t}(e^{\beta t_3} - e^{\beta t_2})\right]$$

$$= \frac{6}{100}\left[(10 - 0) - \frac{0.81}{0.0251}e^{-0.0251 \times 120}(e^{0.0251 \times 10} - e^0)\right]$$

$$+ \frac{4}{100}\left[(40 - 30) - \frac{0.81}{0.0251}e^{-0.0251 \times 120}(e^{0.0251 \times 40} - e^{0.0251 \times 30})\right]$$

$$= 0.93$$

5.2.8 竖井采用挤土方式施工时，由于井壁涂抹及对周围土的扰动而使土的渗透系数降低因而影响土层的固结速率，此即为涂抹影响。涂抹对土层固结速率的影响大小取决于涂抹区直径 d_s 和涂抹区土的水平向渗透系数 k_s 与天然土层水平渗透系数 k_h 的比值。图 2 反映了这两个因素对土层固结时间因子的影响，图中 T_{h90}（s）为不考虑井阻仅考虑涂抹

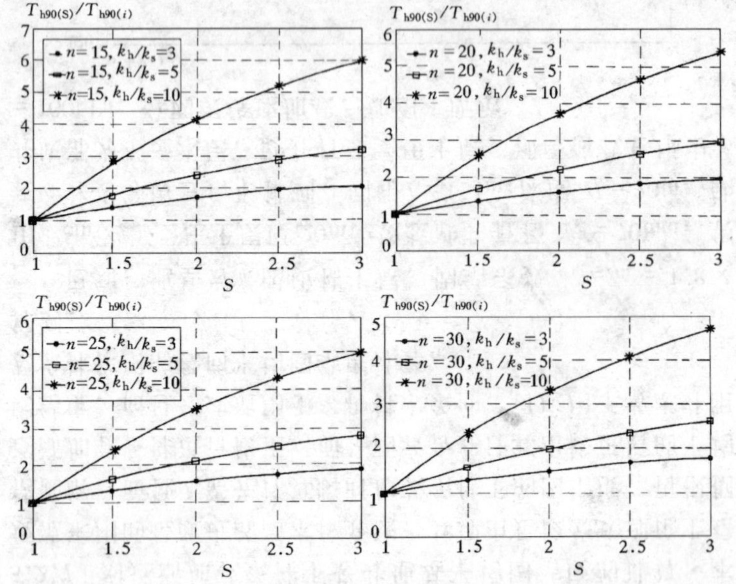

图 2 涂抹对土层固结速率的影响

影响时，土层径向排水平均固结度 $\bar{U}_r = 0.9$ 时之固结时间因子。由图可见，涂抹对土层固结速率影响显著，在固结度计算中，涂抹影响应予考虑。对涂抹区直径 d_s，有的文献取 $d_s =$ （2～3）d_m，其中，d_m 为竖井施工套管横截面积当量直径。对涂抹区土的渗透系数，由于土被扰动的程度不同，愈靠近竖井，k_s 愈小。关于 d_s 和 k_s 大小还有待进一步积累资料。

如不考虑涂抹仅考虑井阻影响，即 $F = F_n + F_r$，由反映井阻影响的参数 F_r 的计算式可见，井阻大小取决于竖井深度和竖井纵向通水量 q_w 与天然土层水平向渗透系数 k_h 的比值。如以竖井地基径向平均固结度达到 $\bar{U}_r = 0.9$ 为标准，则可求得不同竖井深度，不同井径比和不同 q_w/k_h 比值时，考虑井阻影响（$F = F_n + F_r$）和理想井条件（$F = F_n$）之固结时间因子 T_{h90}（r）和 T_{h90}（i）。比值 T_{h90}（r）$/T_{h90}$（i）与 q_w/k_h 的关系曲线见图 3。由图可知，对不同深度的竖井地基，如以 T_{h90}（r）$/T_{h90}$（i）$\leqslant 1.1$ 作为可不考虑井阻影响的标准，则可得到相应的 q_w/k_h 值，因而可得到竖井所需要的通水量 q_w 理论值，即竖井在实际工作状态下应具有的纵向通水量值。对塑料排水带来说，它不同于实验室按一定实验标准测定的通水量值。工程上所选用的通过实验测定的产品通水量应比理论通水量高。设计中如何选用产品的纵向通水量是工程上所关心而又很复杂的问题，它与排水带深度、天然土层和涂抹后土渗透系数、排水带实际工作状态和工期要求等很多因素有关。同时，在预压过程中，土层的固结速率也是不同的，预压初期土层固结较快，需通过塑料排水带排出的水量较大，而塑料排水带的工作状态相对较好。关于塑料排水带的通水量问题还有待进一步研究和在实际工程中积累更多的经验。

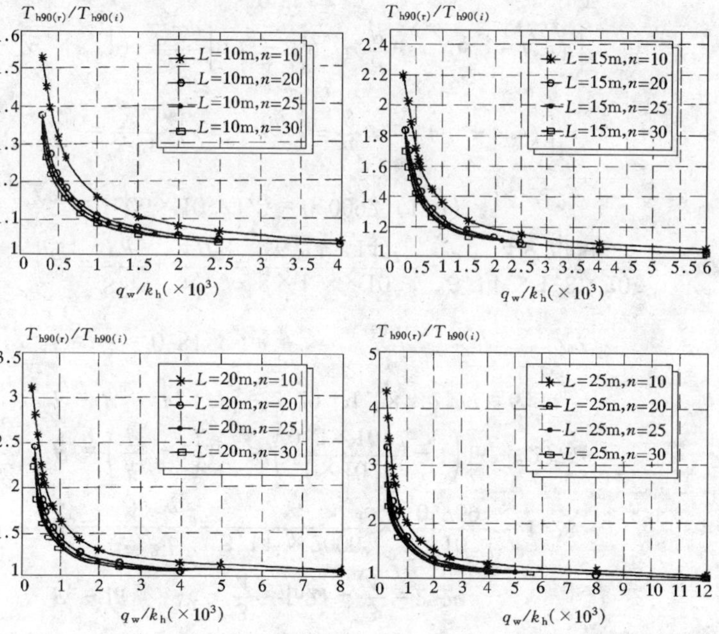

图 3　井阻对土层固结速率的影响

对砂井，其纵向通水量可按下式计算：

$$q_w = k_w \cdot A_w = k_w \cdot \pi d_w^2/4 \tag{2}$$

式中，k_w 为砂料渗透系数。作为具体算例，取井径比 $n = 20$；袋装砂井直径 $d_w = 70$mm 和 100mm 两种；土层渗透系数 $k_h = 1\times10^{-6}$cm/s、5×10^{-7}cm/s、1×10^{-7}cm/s 和 1×10^{-8} cm/s，考虑井阻影响时之时间因子 T_{h90}（r）与理想井时间因子 T_{h90}（i）之比值列于表 6，相应的 q_w/k_h 列于表 7 中。从表的计算结果看，对袋装砂井，宜选用较大的直径和较高的砂料渗透系数。

表 6　井阻时间因子 T_{h90}（r）与理想井时间因子 T_{h90}（i）之比值

砂井砂料渗透系数（cm/s）	土层渗透系数（cm/s）	袋装砂井直径（mm）70		100	
	砂井深度（m）	10	20	10	20
1×10^{-2}	1×10^{-6}	3.85	12.41	2.40	6.60
	5×10^{-7}	2.43	6.71	1.70	3.80
	1×10^{-7}	1.29	2.14	1.14	1.56
	1×10^{-8}	1.03	1.11	1.01	1.06
5×10^{-2}	1×10^{-6}	1.57	3.29	1.28	2.12
	5×10^{-7}	1.29	2.14	1.14	1.56
	1×10^{-7}	1.06	1.23	1.03	1.11
	1×10^{-8}	1.01	1.02	1.00	1.01

表 7　q_w/k_h（m^2）

砂井砂料渗透系数（cm/s）	土层渗透系数（cm/s）	袋装砂井直径（mm）70	100
1×10^{-2}	1×10^{-6}	38.5	78.5
	5×10^{-7}	77.0	157.0
	1×10^{-7}	385.0	785.0
	1×10^{-8}	3850.0	7850.0
5×10^{-2}	1×10^{-6}	192.3	392.5
	5×10^{-7}	384.6	785.0
	1×10^{-7}	1923.0	3925.0
	1×10^{-8}	19230.0	39250.0

算例：

已知：地基为淤泥质粘土层，水平向渗透系数 $k_h=1\times10^{-7}$cm/s，$c_h=c_v=1.8\times10^{-3}cm^2/s$，袋装砂井直径 $d_w=70$mm，砂料渗透系数 $k_w=2\times10^{-2}$cm/s，涂抹区土的渗透系数 $k_s=\frac{1}{5}k_h=0.2\times10^{-7}$cm/s。取 $s=2$，袋装砂井为等边三角形排列，间距 $l=1.4$m，深度 $H=20$m，砂井底部为不透水层，砂井打穿受压土层。预压荷载总压力 $p=100$kPa，分两级等速加载，如图 1 所示。

求：加载开始后 120d 受压土层之平均固结度

计算：

袋装砂井纵向通水量

$$q_w=k_w\times\pi d_w^2/4=2\times10^{-2}\times3.14\times7^2/4=0.769cm^3/s$$

$$F_n=\ln(n)-\frac{3}{4}=\ln21-\frac{3}{4}=2.29$$

$$F_r=\frac{\pi^2L^2}{4}\frac{k_h}{q_w}=\frac{3.14^2\times2000^2}{4}\times\frac{1\times10^{-7}}{0.769}=1.28$$

$$F_s=\left(\frac{k_h}{k_s}-1\right)\ln s=\left(\frac{1\times10^{-7}}{0.2\times10^{-7}}-1\right)\ln2=2.77$$

$$F=F_n+F_r+F_s=2.29+1.28+2.77=6.34$$

$$\alpha=\frac{8}{\pi^2}=0.81$$

$$\beta=\frac{8c_h}{Fd_e^2}+\frac{\pi^2c_v}{4H^2}=\frac{8\times1.8\times10^{-3}}{6.34\times147^2}+\frac{3.14^2\times1.8\times10^{-3}}{4\times2000^2}$$

$$=1.06\times10^{-7}1/s=0.0092\ (1/d)$$

$$\overline{U}_t=\frac{\dot{q}_1}{\sum\Delta p}\left[(t_1-t_0)-\frac{\alpha}{\beta}e^{-\beta t}(e^{\beta t_1}-e^{\beta t_0})\right]$$

$$+\frac{\dot{q}_2}{\sum\Delta p}\left[(t_3-t_2)-\frac{\alpha}{\beta}e^{-\beta t}(e^{\beta t_3}-e^{\beta t_2})\right]$$

$$=\frac{6}{100}\left[(10-0)-\frac{0.81}{0.0092}e^{-0.0092\times120}(e^{0.0092\times10}-e^{0})\right]$$

$$+\frac{4}{100}\left[(40-30)-\frac{0.81}{0.0092}e^{-0.0092\times120}\left(e^{0.0092\times40}-e^{0.0092\times30}\right)\right]$$

$$=0.68$$

5.2.9 对竖井未穿透受压土层之地基，当竖井底面以下受压土层较厚时，竖井范围土层平均固结度与竖井底面以下土层的平均固结度相差较大，预压期间所完成的固结变形量也因之相差较大，如若将固结度按整个受压土层平均，则与实际固结度沿深度的分布不符，且掩盖了竖井底面以下土层固结缓慢，预压期间完成的固结变形量小，建筑物使用以后剩余沉降持续时间长等实际情况。同时，按整个受压土层平均，使竖井范围土层固结度比实际降低而影响稳定分析结果。因此，竖井范围与竖井底面以下土层的固结度和相应的固结变形应分别计算，不宜按整个受压土层平均计算。

5.2.10 本条规定，对沉降有严格限制的建筑，应采用超载预压法处理地基。经超载预压后，如受压土层各点的有效应力大于建筑物荷载引起的相应点的附加应力时，则今后在建筑物荷载下地基将不会再发生固结变形，而且将减小次固结变形。图 4 为某工程淤泥质粘土的室内试验结果。由图可见，超载作用时间一定，卸载越大，次固结发生的时间越推迟，次固结系数越小。

实际工程中，根据建筑物对地基变形的要求、地基土的性质，可采用有效应力面积比来进行超载的设计和卸载的控制。有效应力面积比定义为：受压土层范围内建筑物荷载引起的附加总应力面积与卸载前相同厚度土层内预压荷载引起的有效应力面积之比。超载卸除后地基的残余变形大小与卸载前地基达到的固结度和超载大小有关，有效应力面积比则

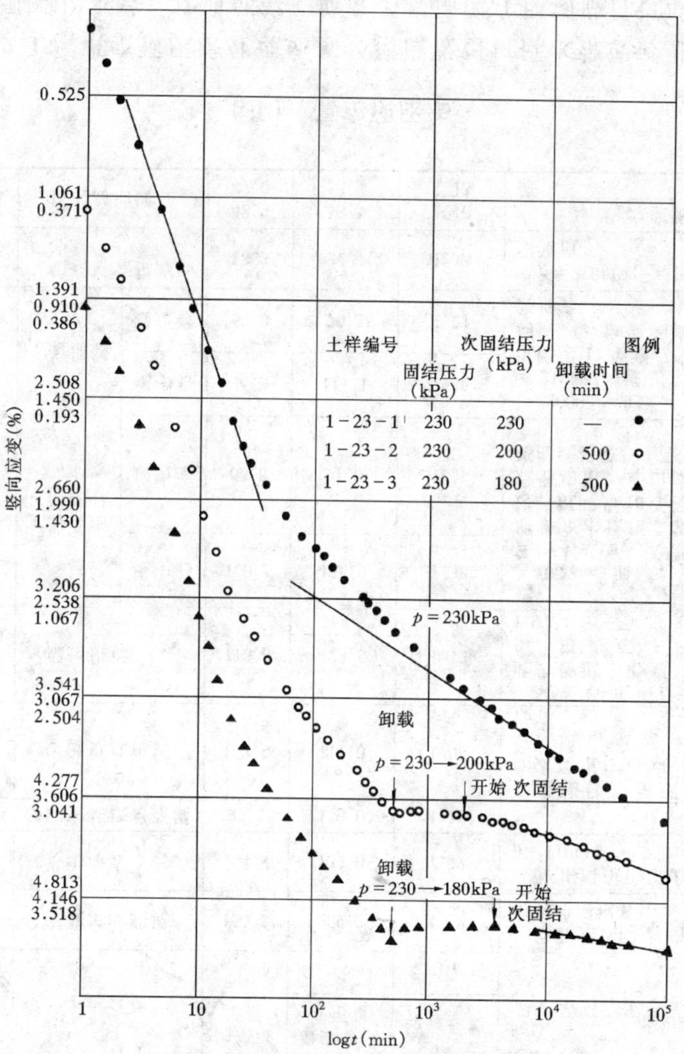

图 4 不同卸载情况下的试验结果

综合反映了这两者的影响，有效应力面积比愈小，则卸载后地基的残余变形也愈小。

5.2.11 饱和软粘土根据其天然固结状态可分成正常固结土、超固结土和欠固结土。显然，对不同固结状态的土，在预压荷载下其强度增长是不同的，由于超固结土和欠固结土强度增长缺乏实测资料，本规范暂未能提出具体预计方法。

对正常固结饱和粘性土，本规范所采用的强度计算公式已在工程上得到广泛的应用。该法模拟了压应力作用下土体排水固结引起的强度增长，而不模拟剪缩作用引起的强度增长，它可直接用十字板剪切试验结果来检验计算值的准确性。该式可用于竖井地基有效固结压力法稳定分析。

式中 τ_{f0} 为地基土的天然抗剪强度，由计算点土的自重应力和三轴固结不排水试验指标 c_{cu}，φ_{cu} 计算或由原位十字板剪切试验测定。

5.2.12 预压荷载下地基的变形包括瞬时变形、主固结变形和次固结变形三部分。次固结变形大小和土的性质有关。泥炭土、有机质土或高塑性粘性土土层，次固结变形较显著，而其他土则所占比例不大，如忽略次固结变形，则受压土层的总变形由瞬时变形和主固结变形两部分组成。主固结变形工程上通常采用单向压缩分层总和法计算，这只有当荷载面积的宽度或直径大于受压土层的厚度时才较符合计算条件，否则应对变形计算值进行修正以考虑三向压缩的效应。但研究结果表明，对于正常固结或稍超固结土地基，三向修正是不重要的。因此，仍可按单向压缩计算。经验系数 ξ 考虑了瞬时变形和其他影响因素，根据多项工程实测资料推算，正常固结粘性土地基的 ξ 值列于表 8。

表 8　正常固结粘性土地基的 ξ 值

<table>
<tr><th rowspan="2">序号</th><th rowspan="2" colspan="2">工程名称</th><th>固结变形量</th><th>最终竖向变形量</th><th>经验系数</th><th rowspan="2">备　注</th></tr>
<tr><th>s_c (cm)</th><th>s_f (cm)</th><th>$\xi = s_f/s_c$</th></tr>
<tr><td>1</td><td colspan="2">宁波试验路堤</td><td>150.2</td><td>209.2</td><td>1.38</td><td>砂井地基，s_f 由实测曲线推算</td></tr>
<tr><td>2</td><td colspan="2">舟山冷库</td><td>104.8</td><td>132.0</td><td>1.32</td><td>砂井预压，压力 $p = 110$kPa</td></tr>
<tr><td>3</td><td colspan="2">广东某铁路路堤</td><td>97.5</td><td>113.0</td><td>1.16</td><td></td></tr>
<tr><td>4</td><td colspan="2">宁波栎社机场</td><td>102.9</td><td>111.0</td><td>1.08</td><td>袋装砂井预压，此为场道中心点 ξ 值，道边点 $\xi = 1.11$</td></tr>
<tr><td>5</td><td colspan="2">温州机场</td><td>110.8</td><td>123.6</td><td>1.12</td><td>袋装砂井预压，此为场道中心点 ξ 值，道边点 $\xi = 1.07$</td></tr>
<tr><td rowspan="2">6</td><td rowspan="2">上海金山油罐</td><td>罐中心</td><td>100.5</td><td>138.9</td><td>1.38</td><td rowspan="2">10000m³ 油罐，$p = 164.3$kPa，天然地基充水预压。罐边缘沉降为 16 个测点平均值，s_f 由实测曲线推算</td></tr>
<tr><td>罐边缘</td><td>65.8</td><td>91.0</td><td>1.38</td></tr>
<tr><td rowspan="2">7</td><td rowspan="2">上海油罐</td><td>罐中心</td><td>76.3</td><td>111.1</td><td>1.46</td><td rowspan="2">20000m³ 油罐，$p = 210$kPa，罐边缘沉降为 12 个测点平均值，s_f 由实测曲线推算</td></tr>
<tr><td>罐边缘</td><td>63.0</td><td>76.3</td><td>1.21</td></tr>
<tr><td>8</td><td colspan="2">帕斯科克拉炼油厂油罐</td><td>18.3</td><td>24.4</td><td>1.33</td><td>$p = 210$kPa，s_f 为实测值</td></tr>
<tr><td>9</td><td colspan="2">格兰岛油罐</td><td>48.3
47.0</td><td>53.4
53.4</td><td>1.10
1.13</td><td>s_c、s_f 均为实测值</td></tr>
</table>

(Ⅱ) 真空预压法

5.2.15 真空预压法处理地基必须设置塑料排水带或砂井，否则难以奏效。交通部第一航务工程局曾在现场做过试验，不设置砂井，抽气两个月，变形仅几个毫米，达不到处理目的。

5.2.16 真空度在砂井内的传递与井料的颗粒组成和渗透性有关。根据天津的资料，当井料的渗透系数 $k = 1 \times 10^{-2}$ cm/s时，10m 长的袋装砂井真空度降低约 10%，当砂井深度超过 10m 时，为了减小真空度沿深度的损失，对砂井砂料应有更高的要求。

5.2.17 真空预压效果与预压区面积大小及长宽比等有关。表 9 为天津新港现场预压试验的实测结果。

表 9　　预压区面积大小影响

预压区面积（m^2）	264	1250	3000
中心点沉降量（cm）	50	57	74 ~ 80

此外，在真空预压区边缘，由于真空度会向外部扩散，其加固效果不如中部，为了使预压区加固效果比较均匀，预压区应大于建筑物基础轮廓线，并不小于 3.0m。

5.2.18 真空预压的效果和膜内真空度大小关系很大，真空度越大，预压效果越好。如真空度不高，加上砂井井阻影响，处理效果将受到较大影响。根据国内许多工程经验，膜内真空度一般都能达到 650mmHg 以上。这也是真空预压应达到的基本真空度。

5.2.19 当建筑物的荷载超过真空压力且建筑物对地基的承载力和变形有严格要求时，应采用真空-堆载联合预压法。工程实践证明，真空预压和堆载预压效果可以叠加，条件是两种预压必须同时进行，如某工程 $47 \times 54m^2$ 面积真空和堆载联合预压试验，平均沉降如表 10 所示。某工程预压前后十字板强度的变化如表 11 所示。

表 10　　实 测 沉 降 值

项目	真空预压	加 30kPa 堆载	加 50kPa 堆载
沉降（cm）	48	68	84

表 11　　预压前后十字板强度（kPa）

深度（m）	土　名	预压前	真空预压	真空-堆载预压
2.0 ~ 5.8	淤泥夹淤泥质粉质粘土	12	28	40
5.8 ~ 10.0	淤泥质粘土夹粉质粘土	15	27	36
10.0 ~ 15.0	淤泥	23	28	33

5.2.21 对堆载预压工程，由于地基将产生体积不变的向外的侧向变形而引起相应的竖向变形，所以，按单向压缩分层总和法计算固结变形后尚应乘以大于 1 的经验系数以反映地基向外侧向变形的影响。对真空预压工程，在抽真空过程中将产生向内的侧向变形，这是因为抽真空时，孔隙水压力降低，水平方向增加了一个向负压源的压力 $\Delta\sigma_3 = -\Delta u$，对真空-堆载联合预压的工程，如孔隙水压力小于初始值，土体仍然发生向内的侧向变形，因此，在按单向压缩分层总和法计算固结变形后应乘上小于 1 的经验系数方能得到地基的最终竖向变形。对于经验系数 ξ 尚缺少资料。今后还有待积累更多的资料。

5.3　施　　工

（Ⅰ）　堆载预压法

5.3.4 塑料排水带施工所用套管应保证插入地基中的带子平直、不扭曲。塑料排水带的纵向通水量除与侧压力大小有关外，还与排水带的平直、扭曲程度有关。扭曲的排水带将使纵向通水量减小。因此施工所用套管应采用菱形断面或出口段扁矩形断面，不应全长都采用圆形断面。

袋装砂井施工所用套管直径宜略大于砂井直径，主要是为了减小对周围土的扰动范围。

5.3.5 对堆载预压工程，当荷载较大时，应严格控制加载速率，防止地基发生剪切破坏或产生过大的塑性变形。工程上一般根据竖向变形、边桩水平位移和孔隙水压力等监测资料按一定标准进行控制。最大竖向变形控制每天不超过 10～15mm，对竖井地基取高值，天然地基取低值；边桩水平位移每天不超过 5mm。对孔隙水压力的控制，目前尚缺少经验。对分级加载的工程（如油罐充水预压），可将测点的观测资料整理成每级荷载下孔隙水压力增量累加值 $\sum\Delta u$ 与相应荷载增量累加值 $\sum\Delta p$ 关系曲线（$\sum\Delta u$-$\sum\Delta p$ 关系曲线）。对连续逐渐加载工程，可将测点孔压 u 与观测时间相应的荷载 p 整理成 $u-p$ 曲线。当以上曲线斜率出现陡增时，认为该点已发生剪切破坏。

应当指出，按观测资料进行地基稳定性控制是一项复杂的工作，控制指标取决于多种因素，如地基土的性质、地基处理方法、荷载大小以及加载速率等。软土地基的失稳通常经历从局部剪切破坏到整体剪切破坏的过程，这个过程要有数天时间。因此，应对孔隙水压力、竖向变形、边桩水平位移等观测资料进行综合分析，密切注意它们的发展趋势，这是十分重要的。对铺设有土工织物的堆载工程，要注意破坏的突发性。

（Ⅱ） 真空预压法

5.3.7 由于各种原因，射流真空泵全部停止工作，膜内真空度随之全部卸除，这将直接影响地基预压效果，并延长预压时间，为避免膜内真空度在停泵后很快降低，在真空管路中应设置止回阀和截门。当预计停泵时间超过 24h 时，则应关闭截门。所用止回阀及截门都应符合密封要求。

5.3.8 密封膜铺三层的理由是，最下一层和砂垫层相接触，膜容易被刺破，最上一层膜易受环境影响，如老化、刺破等，而中间一层膜是最安全最起作用的一层膜。

膜的密封有多种方法，就效果来说，以膜上全面覆水最好。

5.4 质量检验

5.4.1 对于以抗滑稳定性控制的重要工程，应在预压区内预留孔位，在堆载不同阶段进行原位十字板剪切试验和取土进行室内土工试验，根据试验结果验算下一级荷载地基的抗滑稳定性，同时也检验地基处理效果。

在预压期间应及时整理竖向变形与时间、孔隙水压力与时间等关系曲线，并推算地基的最终竖向变形、不同时间的固结度以分析地基处理效果，并为确定卸载时间提供依据。工程上往往利用实测变形与时间关系曲线按以下公式推算最终竖向变形量 s_f 和参数 β 值：

$$s_f = \frac{s_3(s_2 - s_1) - s_2(s_3 - s_2)}{(s_2 - s_1) - (s_3 - s_2)} \tag{3}$$

$$\beta = \frac{1}{t_2 - t_1}\ln\frac{s_2 - s_1}{s_3 - s_2} \tag{4}$$

式中　s_1、s_2、s_3 为加荷停止后时间 t_1、t_2、t_3 相应的竖向变形量，并取 $t_2 - t_1 = t_3 - t_2$。停荷后预压时间延续越长，推算的结果越可靠。有了 β 值即可计算出受压土层的平均固结系数，可计算出任意时间的固结度。

利用加载停歇时间的孔隙水压力 u 与时间 t 的关系曲线按下式可计算出参数 β：

$$\frac{u_1}{u_2} = e^{\beta(t_2 - t_1)} \tag{5}$$

式中　u_1、u_2 为相应时间 t_1、t_2 的实测孔隙水压力值。β 值反映了孔隙水压力测点附近土体的固结速率，而按式(4)计算的 β 值则反映了受压土层的平均固结速率。

6　强夯法和强夯置换法

6.1　一般规定

6.1.1～6.1.2　强夯法又名动力固结法或动力压实法。这种方法是反复将夯锤（质量一般为 10～40t）提到一定高度使其自由落下（落距一般为 10～40m），给地基以冲击和振动能量，从而提高地基的承载力并降低其压缩性，改善地基性能。由于强夯法具有加固效果显著、适用土类广、设备简单、施工方便、节省劳力、施工期短、节约材料、施工文明和施工费用低等优点，我国自 20 世纪 70 年代引进此法后迅速在全国推广应用。大量工程实例证明，强夯法用于处理碎石土、砂土、低饱和度的粉土与粘性土、湿陷性黄土、素填土和杂填土等地基，一般均能取得较好的效果。对于软土地基，一般来说处理效果不显著。

强夯置换法是采用在夯坑内回填块石、碎石等粗颗粒材料，用夯锤夯击形成连续的强夯置换墩。强夯置换法是 20 世纪 80 年代后期开发的方法，适用于高饱和度的粉土与软塑～流塑的粘性土等地基上对变形控制要求不严的工程。强夯置换法具有加固效果显著、施工期短、施工费用低等优点，目前已用于堆场、公路、机场、房屋建筑、油罐等工程，一般效果良好，个别工程因设计、施工不当，加固后出现下沉较大或墩体与墩间土下沉不等的情况。因此，本条特别强调采用强夯置换法前，必须通过现场试验确定其适用性和处理效果，否则不得采用。

6.1.3 强夯法虽然已在工程中得到广泛的应用，但有关强夯机理的研究，至今尚未取得满意的结果。因此，目前还没有一套成熟的设计计算方法。本条规定，强夯施工前，应在施工现场有代表性的场地上进行试夯或试验性施工。

6.2 设　　计

6.2.1 强夯法的有效加固深度既是反映处理效果的重要参数，又是选择地基处理方案的重要依据。强夯法创始人梅那（Menard）曾提出下式来估算影响深度 H：

$$H \approx \sqrt{Mh}\,(\mathrm{m}) \tag{6}$$

式中　M——夯锤质量（t）；

h——落距（m）。

国内外大量试验研究和工程实测资料表明，采用上述梅那公式估算有效加固深度将会得出偏大的结果。从梅那公式中可以看出，其影响深度仅与夯锤重和落距有关。而实际上影响有效加固深度的因素很多，除了夯锤重和落距以外，夯击次数、锤底单位压力、地基土性质、不同土层的厚度和埋藏顺序以及地下水位等都与加固深度有着密切的关系。鉴于有效加固深度问题的复杂性，以及目前尚无适用的计算式，所以本条规定有效加固深度应根据现场试夯或当地经验确定。

考虑到设计人员选择地基处理方法的需要，有必要提出有效加固深度的预估方法。由于梅那公式估算值较实测值为大，国内外相继发表了一些文章，建议对梅那公式进行修正，修正系数范围值大致为0.34～0.80，根据不同土类选用不同修正系数。虽然经过修正的梅那公式与未修正的梅那公式相比较有了改进，但是大量工程实践表明，对于同一类土，采用不同能量夯击时，其修正系数并不相同。单击夯击能越大时，修正系数越小。对于同一类土，采用一个修正系数，并不能得到满意的结果。因此，本规范不采用修正后的梅那公式，而采用表6.2.1的形式。表中将土类分成碎石土、砂土等粗颗粒土和粉土、粘性土、湿陷性黄土等细颗粒土两类，便于使用。单击夯击能范围为1000～8000 kN·m，满足了当前绝大多数工程的需要。表中的数值系根据大量工程实测资料的归纳和工程经验的总结而制定的，并经广泛征求意见后，作了必要的调整。

6.2.2 夯击次数是强夯设计中的一个重要参数，对于不同地基土来说夯击次数也不同。夯击次数应通过现场试夯确定，常以夯坑的压缩量最大、夯坑周围隆起量最小为确定的原则。可从现场试夯得到的夯击次数和夯沉量关系曲线确定。但要满足最后两击的平均夯沉量不大于本条的有关规定。同时夯坑周围地面不发生过大的隆起。因为隆起量太大，说明夯击效率降低，则夯击次数要适当减少。此外，还要考虑施工方便，不能因夯坑过深而发生起锤困难的情况。

6.2.3 夯击遍数应根据地基土的性质确定。一般来说，由粗颗粒土组成的渗透性强的地基，夯击遍数可少些。反之，由细颗粒土组成的渗透性弱的地基，夯击遍数要求多些。根据我国工程实践，对于大多数工程采用夯击遍数2遍，最后再以低能量满夯2遍，一般均能取得较好的夯击效果。对于渗透性弱的细颗粒土地基，必要时夯击遍数可适当增加。

必须指出，由于表层土是基础的主要持力层，如处理不好，将会增加建筑物的沉降和不均匀沉降。因此，必须重视满夯的夯实效果，除了采用2遍满夯外，还可采用轻锤或低落距锤多次夯击，锤印搭接等措施。

6.2.4 两遍夯击之间应有一定的时间间隔，以利于土中超静孔隙水压力的消散。所以间隔时间取决于超静孔隙水压力的消散时间。但土中超静孔隙水压力的消散速率与土的类别、夯点间距等因素有关。有条件时最好能在试夯前埋设孔隙水压力传感器，通过试夯确定超静孔隙水压力的消散时间，从而决定两遍夯击之间的间隔时间。当缺少实测资料时，间隔时间可根据地基土的渗透性按本条规定采用。

6.2.5 夯击点布置是否合理与夯实效果有直接的关系。夯击点位置可根据基底平面形状进行布置。对于某些基础面积较大的建筑物或构筑物，为便于施工，可按等边三角形或正方形布置夯点；对于办公楼、住宅建筑等，可根据承重墙位置布置夯点，一般可采用等腰三角形布点，这样保证了横向承重墙以及纵墙和横墙交接处墙基下均有夯击点；对于工业厂房来说也可按柱网来设置夯击点。

夯击点间距的确定，一般根据地基土的性质和要求处理的深度而定。对于细颗粒土，为便于超静孔隙水压力的消散，夯点间距不宜过小。当要求处理深度较大时，第一遍的夯点间距更不宜过小，以免夯击时在浅层形成密实层而影响夯击能往深层传递。此外，若各夯点之间的距离太小，在夯击时上部土体易向侧向已夯成的夯坑中挤出，从而造成坑壁坍塌，夯锤歪斜或倾倒，而影响夯实效果。

6.2.6 由于基础的应力扩散作用，强夯处理范围应大于建筑物基础范围，具体放大范围可根据建筑结构类型和重要性等因素考虑确定。对于一般建筑物，每边超出基础外缘的宽度宜为基底下设计处理深度的1/2至2/3，并不宜小于3m。

6.2.7 根据上述各条初步确定的强夯参数，提出强夯试验方案，进行现场试夯，并通过测试，与夯前测试数据进行对比，检验强夯效果，并确定工程采用的各项强夯参数，若不符合使用要求，则应改变设计参数。在进行试夯时也可采用不同设计参数的方案进行比较，择优选用。

6.2.10 本条规定置换深度不宜超过7m，是根据国内常用夯击能常在5000kN·m以下提出的，国外置换深度有达12m，锤的质量超过40t者。

对淤泥、泥炭等粘性软弱土层，置换墩应穿透软土层，着底在较好土层上，因墩底竖向应力较墩间土高，如果墩底仍在软弱土中，恐承受不了墩底较高竖向应力而产生较多下沉。

对深厚饱和粉土、粉砂，墩身可不穿透该层，因墩下土在施工中密度变大，强度提高有保证，故可允许不穿透该层。

强夯置换的加固原理相当于下列三者之和：

强夯置换 = 强夯（加密）+ 碎石墩 + 特大直径排水井

因此，墩间的和墩下的粉土或粘性土通过排水与加密，其密度及状态可以改善。由此可知，强夯置换的加固深度由二部分组成，即置换深度和墩下加密范围。墩下加密范围，因资料有限目前尚难确定，应通过现场试验逐步积累资料。

6.2.11 单击夯击能应根据现场试验决定，但在可行性研究或初步设计时可按图5中的实线（平均值）与虚线（下限）所代表的公式估计：

较适宜的夯击能 $\bar{E} = 940(H_1 - 2.1)$ (7)

夯击能最低值 $E_w = 940(H_1 - 3.3)$ (8)

式中 H_1——置换墩深度（m）。

初选夯击能宜在 $\bar{E}$ 与 E_w 之间选取，高于 $\bar{E}$ 则可能浪费，低于 E_w 则可能达不到所需的置换深度。图5是国内外

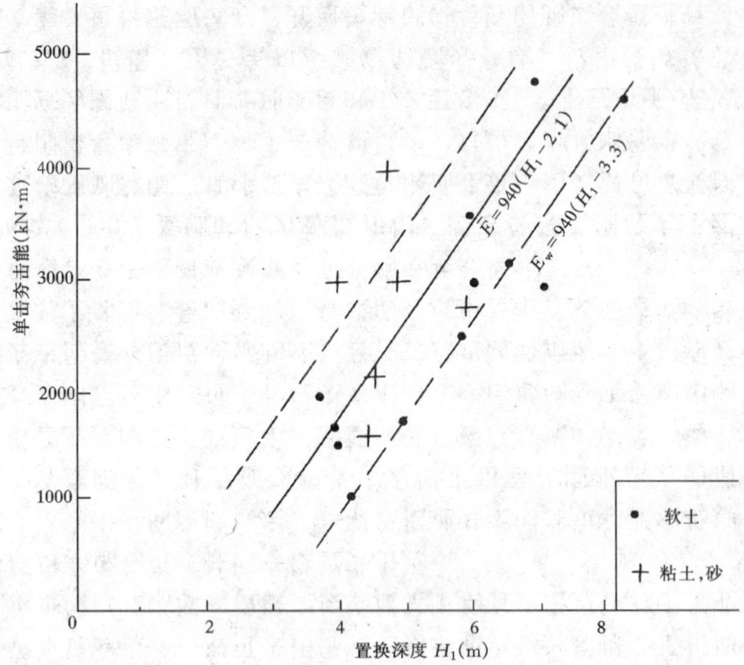

图 5　夯击能与实测置换深度的关系

19个工程的实际置换墩深度汇总而来，由图中看不出土性的明显影响，估计是因强夯置换的土类多限于粉土与淤泥质土，而这类土在施工中因液化或触变，抗剪强度都很低之故。

强夯置换宜选取同一夯击能中锤底静压力较高的锤施工，图5中二根虚线间的水平距离反映出在同一夯击能下，置换深度却有不同，这一点可能多少反映了锤底静压力的影响。

6.2.12　墩体材料级配不良或块石过多过大，均易在墩中留下大孔，在后续墩施工或建筑物使用过程中使墩间土挤入孔隙，下沉增加，因此本条强调了级配和大于300mm的块石总量不超出填料总重的30%。

6.2.13　累计夯沉量指单个夯点在每一击下夯沉量的总和，累计夯沉量为设计墩长的1.5～2倍以上，主要是保证夯墩的密实度与着底，实际是充盈系数的概念，此处以长度比代替体积比。

6.2.16　本条意在保证基础的刚度与墩间距相匹配，基础或路面的刚度应使基底标高处的置换墩与墩间土下沉一致，即基础为刚性体。如基础很柔则墩与墩间土可能产生下沉不均或路面与基础开裂。

6.2.19　强夯置换时地面不可避免要抬高，特别在饱和粘性土中，根据有限资料，隆起的体积可达填入体积的大半，这主要是因为粘性土在强夯置换中密度改变较粉土少，虽有部分软土挤入置换墩孔隙中，或因填料吸水而降低一些含水量，但隆起的体积还是可观的，应在试夯时仔细记录，做出合理的估计。

6.2.21　本条规定强夯置换后的地基承载力对粉土中的置换地基按复合地基考虑，对淤泥或流塑的粘性土中的置换墩则不考虑墩间土的承载力，按单墩载荷试验的承载力除以单墩加固面积取为加固后的地基承载力，主要是考虑：

1　淤泥或流塑软土中强夯置换国内有个别不成功的先例，为安全起见，须等有足够工程经验后再行修正，以利于此法的推广应用。

2　某些国内工程因单墩承载力已够，而不再考虑墩间土的承载力。

3　强夯置换法在国外亦称为“动力置换与混合”法

(Dynamic replacement and mixing method)，因为墩体填料为碎石或砂砾时，置换墩形成过程中大量填料与墩间土混合，越浅处混合的越多，因而墩间土已非原来的土而是一种混合土，含水量与密实度改善很多，可与墩体共同组成复合地基，但目前由于对填料要求与施工操作尚未规范化，填料中块石过多，混合作用不强，墩间的淤泥等软土性质改善不够，因此目前暂不考虑墩间土的承载力较为稳妥。

6.3 施　工

6.3.1 根据要求处理的深度和起重机的起重能力选择强夯锤质量。我国至今采用的最大夯锤质量为 40t，常用的夯锤质量为 10～25t。夯锤底面形式是否合理，在一定程度上也会影响夯击效果。正方形锤具有制作简单的优点，但在使用时也存在一些缺点，主要是起吊时由于夯锤旋转，不能保证前后几次夯击的夯坑重合，故常出现锤角与夯坑侧壁相接触的现象，因而使一部分夯击能消耗在坑壁上，影响了夯击效果。根据工程实践，圆形锤或多边形锤不存在此缺点，效果较好。锤底面积可按土的性质确定，锤底静接地压力值可取 25～40kPa，对于饱和细颗粒土宜取较小值。强夯置换锤底静接地压力值可取 100～200kPa。为了提高夯击效果，锤底应对称设置若干个与其顶面贯通的排气孔，以利于夯锤着地时坑底空气迅速排出和起锤时减小坑底的吸力。排气孔的孔径一般为 250～300mm。

6.3.3 当场地表土软弱或地下水位高的情况，宜采用人工降低地下水位，或在表层铺填一定厚度的松散性材料。这样做的目的是在地表形成硬层，可以用以支承起重设备，确保机械设备通行和施工，又可加大地下水和地表面的距离，防止夯击时夯坑积水。

6.3.5 对振动有特殊要求的建筑物，或精密仪器设备等，当强夯振动有可能对其产生有害影响时，应采取隔振或防振措施。

6.3.7 当表土松软时应铺设一层厚为 1.0～2.0m 的砂石施工垫层以利施工机具运转。随着置换墩的加深，被挤出的软土渐多，夯点周围地面渐高，先铺的施工垫层在向夯坑中填料时往往被推入坑中成了填料，施工层越来越薄，因此，施工中须不断地在夯点周围加厚施工垫层，避免地面松软。

6.3.8 施工过程中应有专人负责监测工作。首先，应检查夯锤质量和落距，因为若夯锤使用过久，往往因底面磨损而使质量减少，落距未达设计要求，也将影响单击夯击能；其次，夯点放线错误情况常有发生，因此，在每遍夯击前，均应对夯点放线进行认真复核；此外，在施工过程中还必须认真检查每个夯点的夯击次数和量测每击的夯沉量。对强夯置换尚应检查置换深度。

6.3.9 由于强夯施工的特殊性，施工中所采用的各项参数和施工步骤是否符合设计要求，在施工结束后往往很难进行检查，所以要求在施工过程中对各项参数和施工情况进行详细记录。

6.4 质 量 检 验

6.4.1 强夯地基的质量检验，包括施工过程中的质量监测及夯后地基的质量检验，其中前者尤为重要。所以必须认真检查施工过程中的各项测试数据和施工记录，若不符合设计要求时，应补夯或采取其他有效措施。

6.4.2 经强夯处理的地基，其强度是随着时间增长而逐步恢复和提高的，因此，竣工验收质量检验应在施工结束间隔一定时间后方能进行。其间隔时间可根据土的性质而定。

6.4.4 强夯地基质量检验的数量，主要根据场地复杂程度和建筑物的重要性确定。考虑到场地土的不均匀性和测试方法可能出现的误差，本条规定了最少检验点数。

7 振 冲 法

7.1 一 般 规 定

7.1.1 振冲法对不同性质的土层分别具有置换、挤密和振动密实等作用。对粘性土主要起到置换作用，对中细砂和粉土除置换作用外还有振实挤密作用。在以上各种土中施工都要在振冲孔内加填碎石（或卵石等）回填料，制成密实的振冲桩，而桩间土则受到不同程度的挤密和振密。桩和桩间土构成复合地基，使地基承载力提高，变形减少，并可消除土层的液化。

在中、粗砂层中振冲，由于周围砂料能自行塌入孔内，也可以采用不加填料进行原地振冲加密的方法。这种方法适用于较纯净的中、粗砂层，施工简便，加密效果好。

7.1.2 振冲法处理设计目前还处在半理论半经验状态，这是因为一些计算方法都还不够成熟，某些设计参数也只能凭工程经验选定。因此，对大型的、重要的或场地地层复杂的工程，在正式施工前应通过现场试验确定其适用性。

7.2 设　　计

7.2.5 碎石垫层起水平排水的作用，有利于施工后土层加快固结，更大的作用在碎石桩顶部采用碎石垫层可以起到明显的应力扩散作用，降低碎石桩和桩周围土的附加应力，减少碎石桩侧向变形，从而提高复合地基承载力，减少地基变形量。在大面积振冲处理的地基中，如局部基础下有较薄的软土，应考虑加大垫层厚度。

7.2.6 填料的作用，一方面是填充在振冲器上拔后在土中留下的孔洞，另一方面是利用其作为传力介质，在振冲器的水平振动下通过连续加填料将桩间土进一步振挤加密。

7.2.7 振冲桩直径通常为0.8～1.2m，可按每根桩所用填料量计算。

7.2.8 本规范式（7.2.8-3）是南京水利科学研究院根据多年来的实践于1983年总结出来的。实测的桩土应力比参见表12，由该表可见，n 值多数为2～5。为此，条文中建议桩土应力比可取2～4。

表12　　实测桩土应力比

序号	工程名称	主要土层	n 范围	n 均值
1	江苏连云港临洪东排涝站	淤泥		2.5
2	塘沽长芦盐场第二化工厂	粘土、淤泥质粘土	1.6～3.8	2.8
3	浙江台州电厂	淤泥质粉质粘土	最大3.0,3.5	
4	山西太原环保研究所	粉质粘土、粘质粉土		2.0
5	江苏南通天生港电厂	粉砂夹薄层粉质粘土		2.0,2.4
6	上海江桥车站附近路堤	粉质粘土、淤泥质粉质粘土	1.4～2.4	
7	宁夏大武口电厂	粉质粘土、中粗砂	2.5,3.1	
8	美国Hampton(164)路堤	极软粉土、含砂粘土	2.6～3.0	
9	美国New Orleans试验堤	有机软粘土夹粉砂	4.0～5.0	
10	美国New Orleans码头后方	有机软粘土夹粉砂	5.0～6.0	
11	法国Ile lacroix路堤	软粘土	2.0～4.0	2.8
12	美国乔治工学院模型试验	软粘土	1.5～5.0	

7.2.11 不加填料振冲加密孔间距视砂土的颗粒组成、密实要求、振冲器功率等因素而定，砂的粒径越细，密实要求越高，则间距越小。使用30kW振冲器，间距一般为1.8～2.5m；使用75kW振冲器，间距可加大到2.5～3.5m。振冲加密孔布孔宜用等边三角形或正方形。对大面积挤密处理，用前者比后者可得到更好的挤密效果。

7.3 施　　工

7.3.1 振冲施工选用振冲器要考虑设计荷载的大小、工期、工地电源容量及地基土天然强度的高低等因素。30kW功率的振冲器每台机组约需电源容量75kW，其制成的碎石桩径约0.8m，桩长不宜超过8m，因其振动力小，桩长超过8m加密效果明显降低；75kW振冲器每台机组需要电源电量100kW，桩径可达0.9～1.5m，振冲深度可达20m。

在邻近既有建筑物场地施工时，为减小振动对建筑物的影响，宜用功率较小的振冲器。

为保证施工质量，电压、加密电流、留振时间要符合要求。如电源电压低于350V则应停止施工。使用30kW振冲器密实电流一般为45～55A；55kW振冲器密实电流一般为75～85A；75kW振冲器密实电流为80～95A。

7.3.2 升降振冲器的机具一般常用8～25t汽车吊，可振冲5～20m长桩。

7.3.3 要保证振冲桩的质量，必须控制好密实电流、填料量和留振时间三方面的规定。

首先，要控制加料振密过程中的密实电流。在成桩时，注意不能把振冲器刚接触填料的一瞬间的电流值作为密实电流。瞬时电流值有时可高达100A以上，但只要把振冲器停住不下降，电流值立即变小。可见瞬时电流并不真正反映填料的密实程度。只有让振冲器在固定深度上振动一定时间（称为留振时间）而电流稳定在某一数值，这一稳定电流才能代表填料的密实程度。要求稳定电流值超过规定的密实电流值。该段桩体才算制作完毕。

其次，要控制好填料量。施工中加填料不宜过猛，原则上要“少吃多餐”，即要勤加料，但每批不宜加得太多。值得注意的是在制作最深处桩体时，为达到规定密实电流所需的填料远比制作其他部分桩体多。有时这段桩体的填料量可占整根桩总填料量的1/4到1/3。这是因为开初阶段加的料有相当一部分从孔口向孔底下落过程中被粘留在某些深度的孔壁上，只有少量能落到孔底。另一个原因是如果控制不当，压力水有可能造成超深，从而使孔底填料量剧增。第三个原因是孔底遇到了事先不知的局部软弱土层，这也能使填料数量超过正常用量。

7.3.4 振冲施工有泥水从孔内返出。砂石类土返泥水较少，粘土层返泥水量大，这些泥水不能漫流在基坑内，也不能直接排入到地下排污管和河道中，以免引起对环境的有害影响，为此在场地上必须事先开设排泥水沟系和做好沉淀池。施工时用泥浆泵将返出的泥水集中抽入池内，在城市施工，当泥水量不大时可用水车拉走。

7.3.5 为了保证桩顶部的密实，振冲前开挖基坑时应在桩顶高程以上预留一定厚度的土层。一般30kW振冲器应留0.7～1.0m，75kW应留1.0～1.5m。当基槽不深时可振冲后开挖。

7.3.6 在有些砂层中施工，常要连续快速提升振冲器，电流始终可保持加密电流值。如广东新沙港水中吹填的中砂，振前标贯击数 $N=3\sim7$ 击，设计要求振冲后 $N\geqslant15$ 击，采用正三角形布孔，桩距2.54m，加密电流100A，经振冲后达到 $N>20$ 击。14m厚的砂层完成一孔约需20min。又如拉各都坝基，水中回填中、粗砂，振前 $N_{10}=10$ 击，相对密实度 $D_r=0.11$，振后 $N_{10}>80$ 击，$D_r=0.9$。孔距2.0m，孔深7m，全孔振冲时间4～6min。

7.4 质量检验

7.4.3 对碎石桩桩体密实程度的检验，可采用重型动力触探现场随机检验。这种方法设备简单，操作方便，可以连续检测桩体密实情况，但目前尚未建立贯入击数与碎石桩力学性能指标之间的对应关系。有待在工程中广泛应用，积累实测资料，使该法日趋完善。

8 砂石桩法

8.1 一般规定

8.1.1 碎石桩、砂桩和砂石桩总称为砂石桩，是指采用振动、冲击或水冲等方式在软弱地基中成孔后，再将砂或碎石挤压入已成的孔中，形成大直径的砂石所构成的密实桩体。砂石桩法早期主要用于挤密砂土地基，随着研究和实践的深化，特别是高效能专用机具出现后，应用范围不断扩大。为提高其在粘性土中的处理效果，砂石桩填料由砂扩展到砂、砾及碎石。

砂石桩用于松散砂土、粉土、粘性土、素填土及杂填土地基，主要靠桩的挤密和施工中的振动作用使桩周围土的密度增大，从而使地基的承载能力提高，压缩性降低。国内外的实际工程经验证明砂石桩法处理砂土及填土地基效果显著，并已得到广泛应用。

砂石桩处理可液化地基的有效性已为国内外不少实际地震和试验研究成果所证实。

砂石桩法用于处理软土地基，国内外也有较多的工程实例。但应注意由于软粘土含水量高、透水性差，砂石桩很难发挥挤密效用，其主要作用是部分置换并与软粘土构成复合地基，同时加速软土的排水固结，从而增大地基土的强度，提高软基的承载力。在软粘土中应用砂石桩法有成功的经验，也有失败的教训。因而不少人对砂石桩处理软粘土持有疑义，认为粘土透水性差，特别是灵敏度高的土在成桩过程中，土中产生的孔隙水压力不能迅速消散，同时天然结构受到扰动将导致其抗剪强度降低，如置换率不够高是很难获得可靠的处理效果的。此外，认为如不经过预压，处理后地基仍将发生较大的沉降，对沉降要求严格的建筑结构难以满足允许的沉降要求。所以，用砂石桩处理饱和软粘土地基，应按建筑结构的具体条件区别对待，最好是通过现场试验后再确定是否采用。据此本条指出，在饱和粘土地基上对变形控制要求不严的工程也可采用砂石桩置换处理。

8.1.2 采用砂石桩法处理地基除应按第3章基本规定中要求收集详细的岩土工程勘察资料外，针对砂石桩法的特点本条提出了还应补充的一些设计和施工所需资料。

施工可用的机械及方法是进行设计和施工的基本前提，不同的机具具有不同的特性参数和性能，它关系到砂石桩的布置、桩距及用料的确定以及效果的预测等，必须事前有所了解。

砂石桩填料用量大并有一定的技术规格要求，故应预先勘察确定取料场及储量、材料的性能、运距等。

砂石桩处理饱和粘土地基，载荷初期将产生较大的变形。砂石桩主要起置换作用，并与地基土组合成复合地基，增大地基抗剪强度，提高地基抗滑动破坏能力。

对于砂土地基，砂土的最大、最小孔隙比以及原地层的天然密度是设计的基本依据，应事先提供资料。

8.2 设计

8.2.1 砂石桩的设计内容包括桩位布置、桩距、处理范围、灌砂石量及处理地基的承载力、稳定或变形验算。

砂石桩的平面布置可采用等边三角形或正方形。对于砂土地基，因靠砂石桩的挤密提高桩周土的密度，所以采用等边三角形更有利，它使地基挤密较为均匀。对于软粘土地基，主要靠置换，因而选用任何一种均可。

砂石桩直径的大小取决于施工设备桩管的大小和地基土的条件。小直径桩管挤密质量较均匀但施工效率低；大直径桩管需要较大的机械能力，工效高，采用过大的桩径，一根桩要承担的挤密面积大，通过一个孔要填入的砂料多，不易使桩周土挤密均匀。对于软粘土宜选用大直径桩管以减小对原地基土的扰动程度，同时置换率较大可提高处理的效果。沉管法施工时，设计成桩直径与套管直径比不宜大于1.5，主要考虑振动挤压时如扩径较大，会对地基土产生较大扰动，不利于保证成桩质量。另外，成桩时间长，效率低给施工也会带来困难。目前使用的桩管直径一般为300～800mm，但也有小于200mm或大于800mm的。

8.2.2 砂石桩处理松砂地基的效果受地层、土质、施工机械、施工方法、填砂石的性质和数量、砂石桩排列和间距等多种因素的综合影响，较为复杂。国内外虽已有不少实践，并曾进行了一些试验研究，积累了一些资料和经验，但是有关设计参数如桩距、灌砂石量以及施工质量的控制等仍须通过施工前的现场试验才能确定。

桩距不能过小，也不宜过大，根据经验提出桩距一般可控制在3～4.5倍桩径之内。合理的桩径取决于具体的机械能力和地层土质条件。当合理的桩距和桩的排列布置确定后，一根桩所承担的处理范围即可确定。土层密度的增加靠其孔隙的减小，把原土层的密度提高到要求的密度，孔隙要减小的数量可通过计算得出。这样可以设想只要灌入的砂石料能把需要减小的孔隙都充填起来，那么土层的密度也就能够达到预期的数值。据此，如果假定地层挤密是均匀的，同时挤密前后土的固体颗粒体积不变，则可推导出本条所列的桩距计算公式。

对粉土和砂土地基，以上公式推导是假设地面标高施工后和施工前没有变化。实际上，很多工程都采用振动沉管法施工，施工时对地基有振密和挤密双重作用，而且地面下沉，施工后地面平均下沉量可达100～300mm。因此，当采用振动沉管法施工砂石桩时，桩距可适当增大，修正系数建议取1.1～1.2。

地基挤密要求达到的密实度是从满足建筑结构地基的承载力、变形或防止液化的需要而定的，原地基土的密实度可通过钻探取样试验，也可通过标准贯入、静力触探等原位测试结果与有关指标的相关关系确定。各有关的相关关系可通过试验求得，也可参考当地或其他可靠的资料。

这种计算桩距的方法，除了假定条件不完全符合实际外，砂石桩的实际直径也较难准确地定出。因而有的资料把砂石桩体积改为灌砂石量，即只控制砂石量，不必注意桩的直径如何。其实两者基本上是一样的。

桩间距与要求的复合地基承载力及桩和原地基土的承载力有关。如按要求的承载力算出的置换率过高、桩距过小不易施工时，则应考虑增大桩径和桩距。在满足上述要求条件下，一般桩距应适当大些，可避免施工过大地扰动原地基土，影响处理效果。

8.2.3 关于砂石桩的长度，通常应根据地基的稳定和变形验算确定，为保证稳定，桩长应达到滑动弧面之下，当软土层厚度不大时，桩长宜超过整个松软土层。标准贯入和静力触探沿深度的变化曲线也是提供确定桩长的重要资料。

对可液化的砂层，为保证处理效果，一般桩长应穿透液化层，如可液化层过深，则应按现行国家标准《建筑抗震设计规范》GB 50011 有关规定确定。

另外，根据砂石桩单桩荷载试验表明，砂石桩桩体在受荷过程中，在桩顶 4 倍桩径范围内将发生侧向膨胀，因此设计深度应大于主要受荷深度，即不宜小于 4.0m。

一般建筑物的沉降存在一个沉降槽，当差异沉降过大，则会使建筑物受到损坏。为了减少其差异沉降，可分区采用不同桩长进行加固，用以调整差异沉降。

8.2.4 本条规定砂石桩处理地基要超出基础一定宽度，这是基于基础的压力向基础外扩散。另外，考虑到外围的 2～3 排桩挤密效果较差，提出加宽 1～3 排桩，原地基越松则应加宽越多。重要的建筑以及要求荷载较大的情况应加宽多些。

砂石桩法用于处理液化地基，原则上必须确保建筑物的安全使用。基础外应处理的宽度目前尚无统一的标准。美国经验取等于处理的深度，但根据日本和我国有关单位的模型试验得到结果为应处理深度的 2/3。另由于基础压力的影响，使地基土的有效压力增加，抗液化能力增大，故这一宽度可适当降低。同时根据日本用挤密桩处理的地基经过地震考验的结果，说明需处理的宽度也比处理深度的 2/3 小，据此定出每边放宽不宜小于处理深度的 1/2。同时不宜小于 5m。

8.2.5 砂石桩桩孔内的填料量应通过现场试验确定。考虑到挤密砂石桩沿深度不会完全均匀，同时实践证明砂石桩施工挤密程度较高时地面要隆起，另外施工中还会有所损失等，因而实际设计灌砂石量要比计算砂石量增加一些。根据地层及施工条件的不同增加量约为计算量的 20%～40%。

8.2.6 关于砂石桩用料的要求，对于砂基，条件不严格，只要比原土层砂质好同时易于施工即可，一般应注意就地取材。按照各有关资料的要求最好用级配较好的中、粗砂，当然也可用砂砾及碎石。对饱和粘性土因为要构成复合地基，特别是当原地基土较软弱、侧限不大时，为了有利于成桩，宜选用级配好、强度高的砂砾混合料或碎石。填料中最大颗粒尺寸的限制取决于桩管直径和桩尖的构造，以能顺利出料为宜，本条规定最大不应超过 50mm。考虑有利于排水，同时保证具有较高的强度，规定砂石桩用料中小于 0.005mm 的颗粒含量（即含泥量）不能超过5%。

8.3 施　　工

8.3.1 砂石桩的施工，应选用与处理深度相适应的机械。可用的砂石桩施工机械类型很多，除专用机械外还可利用一般的打桩机改装。砂石桩机械主要可分为两类，即振动式砂石桩机和锤击式砂石桩机。此外，也有用振捣器或叶片状加密机，但应用较少。

用垂直上下振动的机械施工的称为振动沉管成桩法，用锤击式机械施工成桩的称为锤击沉管成桩法，锤击沉管成桩法的处理深度可达 10m。砂石桩机通常包括桩机架、桩管及桩尖、提升装置、挤密装置（振动锤或冲击锤）、上料设备及检测装置等部分。为了使砂石有效地排出或使桩管容易打入，高能量的振动砂石桩机配有高压空气或水的喷射装置，同时配有自动记录桩管贯入深度、提升量、压入量、管内砂石位置及变化（灌砂石及排砂石量），以及电机电流变化等检测装置。国外有的设备还装有微机，根据地层阻力的变化自动控制灌砂石量并保证沿深度均匀挤密全面达到设计标准。

8.3.2 不同的施工机具及施工工艺用于处理不同的地层会有不同的处理效果。常遇到设计与实际情况不符或者处理质量不能达到设计要求的情况，因此施工前在现场的成桩试验具有重要的意义。

通过现场成桩试验检验设计要求和确定施工工艺及施工控制要求，包括填砂石量、提升高度、挤压时间等。为了满足试验及检测要求，试验桩的数量应不少于7~9个。正三角形布置至少要7个（即中间1个周围6个）；正方形布置至少要9个（3排3列每排每列各3个）。如发现问题，则应及时会同设计人员调整设计或改进施工。

8.3.3 振动法施工，成桩步骤如下：

1 移动桩机及导向架，把桩管及桩尖对准桩位；

2 启动振动锤，把桩管下到预定的深度；

3 向桩管内投入规定数量的砂石料（根据施工试验的经验，为了提高施工效率，装砂石也可在桩管下到便于装料的位置时进行）；

4 把桩管提升一定的高度（下砂石顺利时提升高度不超过1~2m），提升时桩尖自动打开，桩管内的砂石料流入孔内；

5 降落桩管，利用振动及桩尖的挤压作用使砂石密实；

6 重复4、5两工序，桩管上下运动，砂石料不断补充，砂石桩不断增高；

7 桩管提至地面，砂石桩完成。

施工中，电机工作电流的变化反映挤密程度及效率。电流达到一定不变值，继续挤压将不会产生挤密效能。施工中不可能及时进行效果检测，因此按成桩过程的各项参数对施工进行控制是重要的环节，必须予以重视，有关记录是质量检验的重要资料。

8.3.5 锤击法施工有单管法和双管法两种，但单管法难以发挥挤密作用，故一般宜用双管法。

双管法的施工根据具体条件选定施工设备，也可临时组配。其施工成桩过程如下：

1 将内外管安放在预定的桩位上，将用作桩塞的砂石投入外管底部；

2 以内管做锤冲击砂石塞，靠摩擦力将外管打入预定深度；

3 固定外管将砂石塞压入土中；

4 提内管并向外管内投入砂石料；

5 边提外管边用内管将管内砂石冲出挤压土层；

6 重复4、5步骤；

7 待外管拔出地面，砂石桩完成。

此法优点是砂石的压入量可随意调节，施工灵活，特别适合小规模工程。

其他施工控制和检测记录参照振动法施工的有关规定。

8.3.6 以挤密为主的砂石桩施工时，应间隔（跳打）进行，并宜由外侧向中间推进；对粘性土地基，砂石桩主要起置换作用，为了保证设计的置换率，宜从中间向外围或隔排施工；在既有建（构）筑物邻近施工时，为了减少对邻近既有建（构）筑物的振动影响，应背离建（构）筑物方向进行。

砂石桩施工完了，当设计或施工投砂石量不足时地面会下沉；当投料过多时地面会隆起，同时表层0.5~1.0m常呈松软状态。如遇到地面隆起过高也说明填砂石量不适当。实际观测资料证明，砂石在达到密实状态后进一步承受挤压又会变松，从而降低处理效果。遇到这种情况应注意适当减少填砂石量。

施工场地土层可能不均匀，土质多变，处理效果不能直接看到，也不能立即测出。为了保证施工质量，使在土层变化的条件下施工质量也能达到标准，应在施工中进行详细的观测和记录。观测内容包括桩管下沉随时间的变化；灌砂石量预定数量与实际数量；桩管提升和挤压的全过程（提升、挤压、砂桩高度的形成随时间的变化）等。有自动检测记录仪器的砂石桩机施工中可以直接获得有关的资料，无此设备时须由专人测读记录。根据桩管下沉时间曲线可以估计土层的松软变化随时掌握投料数量。

8.3.8 砂石桩桩顶部施工时，由于上覆压力较小，因而对桩体的约束力较小，桩顶形成一个松散层，加载前应加以处理（挖除或碾压）才能减少沉降量，有效地发挥复合地基作用。

8.4 质量检验

8.4.1 砂石桩施工的沉管时间、各深度段的填砂石量、提升及挤压时间等是施工控制的重要手段，这些资料本身就可以作为评估施工质量的重要依据，再结合抽检便可以较好地作出质量评价。

8.4.2 由于在制桩过程中原状土的结构受到不同程度的扰动，强度会有所降低，饱和土地基在桩周围一定范围内，土的孔隙水压力上升。待休置一段时间后，孔隙水压力会消散，强度会逐渐恢复，恢复期的长短是根据土的性质而定。原则上应待孔压消散后进行检验。粘性土孔隙水压力的消散需要的时间较长，砂土则很快。根据实际工程经验规定对饱和粘性土为28d，粉土、砂土和杂填土可适当减少。对非饱和土不存在此问题，一般在桩施工后3～5d即可进行。

8.4.3 砂石桩处理地基最终是要满足承载力、变形或抗液化的要求，标准贯入、静力触探以及动力触探可直接提供检测资料，所以本条规定可用这些测试方法检测砂石桩及其周围土的挤密效果。

应在桩位布置的等边三角形或正方形中心进行砂石桩处理效果检测，因为该处挤密效果较差。只要该处挤密达到要求，其他位置就一定会满足要求。此外，由该处检测的结果还可判明桩间距是否合理。

如处理可液化地层时，可按标准贯入击数来衡量砂性土的抗液化性，使砂石桩处理后的地基实测标准贯入击数大于临界贯入击数。这种液化判别方法只考虑了桩间土的抗液化能力，而未考虑砂石桩的作用，因而在设计上是偏于安全的。

9 水泥粉煤灰碎石桩法

9.1 一般规定

9.1.1 水泥粉煤灰碎石桩是由水泥、粉煤灰、碎石、石屑或砂加水拌和形成的高粘结强度桩（简称 CFG 桩），桩、桩间土和褥垫层一起构成复合地基。

水泥粉煤灰碎石桩系高粘结强度桩，需在基础和桩顶之间设置一定厚度的褥垫层。保证桩、土共同承担荷载形成复合地基。

水泥粉煤灰碎石桩与素混凝土桩的区别仅在于桩体材料的构成不同，而在其受力和变形特性方面没有什么区别。

水泥粉煤灰碎石桩复合地基具有承载力提高幅度大，地基变形小等特点，并具有较大的适用范围。就基础形式而言，既可适用于条基、独立基础，也可适用于箱基、筏基；既有工业厂房，也有民用建筑。就土性而言，适用于处理粘土、粉土、砂土和正常固结的素填土等地基。对淤泥质土应通过现场试验确定其适用性。

水泥粉煤灰碎石桩不仅用于承载力较低的土，对承载力较高（如承载力 $f_{ak}=200$kPa）但变形不能满足要求的地基，也可采用水泥粉煤灰碎石桩以减少地基变形。

目前已积累的工程实例，用水泥粉煤灰碎石桩处理承载力较低的地基多用于多层住宅和工业厂房。比如南京浦镇车辆厂厂南生活区 24 幢 6 层住宅楼，原地基土承载力特征值为 60kPa 的淤泥质土，经处理后复合地基承载力特征值达 240kPa，基础形式为条基，建筑物最终沉降多在 4cm 左右。

对一般粘性土、粉土或砂土，桩端具有好的持力层，经水泥粉煤灰碎石桩处理后可作为高层或超高层建筑地基，如北京华亭嘉园35层住宅楼，天然地基承载力特征值为 $f_{ak}=200$kPa，采用水泥粉煤灰碎石桩处理后建筑物沉降 3～4cm。对可液化地基，可采用碎石桩和水泥粉煤灰碎石桩多桩型复合地基，一般先施工碎石桩，然后在碎石桩中间打沉管水泥粉煤灰碎石桩，既可消除地基土的液化，又可获取很高的复合地基承载力。

9.1.2 水泥粉煤灰碎石桩具有较强的置换作用，其他参数相同，桩越长、桩的荷载分担比（桩承担的荷载占总荷载的百分比）越高。设计时须将桩端落在相对好的土层上，这样可以很好地发挥桩的端阻力，也可避免场地岩性变化大可能造成建筑物沉降的不均匀。

9.1.3 目前国内许多地区发生的建筑物倾斜、开裂等事故，由地基变形不均匀所致占了较大的比例。特别对于地基土岩性变化大，若只按承载力控制进行设计，将会出现变形过大或严重不均匀，影响建筑物正常使用。本条规定水泥粉煤灰碎石桩复合地基应进行地基变形验算，是与现行国家标准《建筑地基基础设计规范》GB 50007 强调按变形控制的设计思想相一致的。

9.2 设 计

9.2.1 水泥粉煤灰碎石桩桩径宜取 350～600mm，桩径过小，施工质量不容易控制，桩径过大，需加大褥垫层厚度才能保证桩土共同承担上部结构传来的荷载。

水泥粉煤灰碎石桩可只布置在基础范围内，对可液化地基，基础内可采用振动沉管水泥粉煤灰碎石桩、振动沉管碎石桩间作的加固方案，但基础外一定范围内须打设一定数量的碎石桩。

9.2.2 桩距应根据设计要求的复合地基承载力、建筑物控制沉降量、土性、施工工艺等确定，宜取3~5倍桩径。

设计的桩距首先要满足承载力和变形量的要求。从施工角度考虑，尽量选用较大的桩距，以防止新打桩对已打桩的不良影响。

就土的挤（振）密性而言，可将土分为：

1 挤（振）密效果好的土，如松散粉细砂、粉土、人工填土等；

2 可挤（振）密土，如不太密实的粉质粘土；

3 不可挤（振）密土，如饱和软粘土或密实度很高的粘性土、砂土等。

施工工艺可分为两大类：

一是对桩间土产生扰动或挤密的施工工艺，如振动沉管打桩机成孔制桩，属挤土成桩工艺。

其二是对桩间土不产生扰动或挤密的施工工艺，如长螺旋钻孔灌注成桩，属非挤土成桩工艺。

对挤土成桩工艺和不可挤密土宜采用较大的桩距。

在满足承载力和变形要求的前提下，可以通过调整桩长来调整桩距，桩越长，桩间距可以越大。

9.2.3 褥垫层在复合地基中具有如下的作用：

1 保证桩、土共同承担荷载，它是水泥粉煤灰碎石桩形成复合地基的重要条件。

2 通过改变褥垫厚度，调整桩垂直荷载的分担，通常褥垫越薄桩承担的荷载占总荷载的百分比越高，反之亦然。

3 减少基础底面的应力集中。

4 调整桩、土水平荷载的分担，褥垫层越厚，土分担的水平荷载占总荷载的百分比越大，桩分担的水平荷载占总荷载的百分比越小。

工程实践表明，褥垫层合理厚度为100~300mm，考虑施工时的不均匀性，本条规定褥垫层厚度取150~300mm，当桩径大，桩距大时宜取高值。

9.2.4 褥垫层材料宜用中砂、粗砂、级配砂石和碎石，最大粒径不宜大于30mm。

不宜采用卵石，由于卵石咬合力差，施工时扰动较大、褥垫厚度不容易保证均匀。

9.2.5 水泥粉煤灰碎石桩复合地基承载力特征值应通过现场复合地基载荷试验确定，初步设计时也可按式（9.2.5）估算：

式中 f_{sk}为加固后桩间土承载力特征值（kPa），宜按当地经验取值，如无经验时，可取天然地基承载力特征值。

当采用非挤土成桩工艺时，f_{sk}可取天然地基承载力特征值。

当采用挤土成桩工艺时，对结构性土，如淤泥质土等，施工时因受扰动强度降低，施工完后随着恢复期的增加，土体强度会有所恢复，土性不同，强度恢复的程度和所需的时间也不同，比如南京造纸厂工程，地基土为淤泥质粉质粘土，天然地基承载力特征值为$f_{ak}=87\text{kPa}$，采用振动沉管打桩机施工，施工后不同恢复期地基承载力特征值如表13所示。

表 13　　施工后不同恢复期地基承载力特征值

恢复期（d）	14	34	36	42	53
承载力特征值 f_{ak}（kPa）	49	92	96	99	105

恢复期超过 32d，桩间土承载力大于原天然地基承载力。而天津塘沽地区的淤泥质粘土，成桩后 120d 后才能恢复到原土强度。

考虑到地基处理后，上部结构施工有一个过程，应考虑荷载增长和土体强度恢复的快慢来确定 f_{sk}。

对可挤密的一般粘性土，f_{sk}可取 1.1～1.2 倍天然地基承载力特征值，即 f_{sk} =（1.1～1.2）f_{ak}，塑性指数小，孔隙比大时取高值。

对不可挤密土，若施工速度慢，可取 $f_{sk}=f_{ak}$；

对不可挤密土，若施工速度快，宜通过现场试验确定 f_{sk}；

对挤密效果好的土，由于承载力提高幅值的挤密分量较大，宜通过现场试验确定 f_{sk}。

9.2.8　水泥粉煤灰碎石桩复合地基的变形计算应按现行国家标准《建筑地基基础设计规范》GB 50007 的有关规定执行。但有两点需作说明：

1　复合地基的分层与天然地基分层相同，大量工程实践表明当荷载接近或达到复合地基承载力时，各复合土层的压缩模量可按该层天然地基压缩模量的 ζ 倍计算。

工程中应由现场试验测定的 f_{spk}，和天然地基承载力 f_{ak} 确定 ζ。

若无试验资料时，初步设计可由地质报告提供的地基承载力特征值 f_{ak}，以及计算得到的满足设计要求的复合地基承载力特征值 f_{spk}，按式（9.2.8-1）计算 ζ。

2　变形经验系数 ψ_s，对不同地区可根据沉降观测资料及经验确定，也可按表 9.2.8 取值，表 9.2.8 取自现行的国家标准《建筑地基基础设计规范》GB 50007 表 5.2.5 中的基底附加压力 $p_0 \leqslant 0.75 f_{ak}$的一栏。

9.2.9　复合地基变形计算过程中，在复合土层范围内，压缩模量很高时，可能满足下式

$$\Delta s'_n \leqslant 0.025 \sum_{i=1}^{n} \Delta s'_i \tag{9}$$

要求，若计算到此为止，就漏掉了桩端以下土层的变形量，因此，计算时计算深度必须大于复合土层厚度。

9.3　施　　工

9.3.1　水泥粉煤灰碎石桩的施工，应根据设计要求和现场地基土的性质、地下水埋深、场地周边是否有居民、有无对振动反应敏感的设备等多种因素选择施工工艺。

这里给出了三种常用的施工工艺：1. 长螺旋钻孔灌注成桩；2. 长螺旋钻孔、管内泵压混合料成桩；3. 振动沉管灌注成桩。

若地基土是松散的饱和粉细砂、粉土，以消除液化和提高地基承载力为目的，此时应选择振动沉管打桩机施工；振动沉管灌注成桩属挤土成桩工艺，对桩间土具有挤（振）密效应。但振动沉管灌注成桩工艺难以穿透厚的硬土层、砂层和卵石层等。在饱和粘性土中成桩，会造成地表隆起，挤断

已打桩，且振动和噪声污染严重，在城市居民区施工受到限制。在夹有硬的粘性土时，可采用长螺旋钻机引孔，再用振动沉管打桩机制桩。

长螺旋钻孔灌注成桩适用于地下水位以上的粘性土、粉土、素填土、中等密实以上的砂土，属非挤土成桩工艺，该工艺具有穿透能力强，无振动、低噪音、无泥浆污染等特点，但要求桩长范围内无地下水，以保证成孔时不塌孔。

长螺旋钻孔、管内泵压混合料成桩工艺，是国内近几年来使用比较广泛的一种新工艺，属非挤土成桩工艺，具有穿透能力强、低噪音、无振动、无泥浆污染、施工效率高及质量容易控制等特点。

长螺旋钻孔灌注成桩和长螺旋钻成孔、管内泵压混合料成桩工艺，在城市居民区施工，对周围居民和环境的不良影响较小。

9.3.2 水泥粉煤灰碎石桩施工除应符合国家现行有关规范外，尚应符合下列要求：

1 当用振动沉管灌注成桩和长螺旋钻孔灌注成桩施工时，桩体配比中采用的粉煤灰可选用电厂收集的粗灰；当采用长螺旋钻孔、管内泵压混合料灌注成桩时，为增加混合料和易性和可泵性，宜选用细度（0.045mm 方孔筛筛余百分比）不大于45%的Ⅲ级或Ⅲ级以上等级的粉煤灰。

2 长螺旋钻孔、管内泵压混合料成桩施工时每方混合料粉煤灰掺量宜为70～90kg，坍落度应控制在160～200mm，这主要是考虑保证施工中混合料的顺利输送。坍落度太大，易产生泌水、离析，泵压作用下，骨料与砂浆分离，导致堵管。坍落度太小，混合料流动性差，也容易造成堵管。振动沉管灌注成桩若混合料坍落度过大，桩顶浮浆过多，桩体强度会降低。

3 长螺旋钻孔、管内泵压混合料成桩施工，应准确掌握提拔钻杆时间，钻孔进入土层预定标高后，开始泵送混合料，管内空气从排气阀排出，待钻杆内管及输送软、硬管内混合料连续时提钻。若提钻时间较晚，在泵送压力下钻头处的水泥浆液被挤出，容易造成管路堵塞。应杜绝在泵送混合料前提拔钻杆，以免造成桩端处存在虚土或桩端混合料离析、端阻力减小。提拔钻杆中应连续泵料，特别是在饱和砂土、饱和粉土层中不得停泵待料，避免造成混合料离析、桩身缩径和断桩，目前施工多采用2台0.5m^3的强制式搅拌机，可满足施工要求。

振动沉管灌注桩成桩施工应控制拔管速度，拔管速度太快易造成桩径偏小或缩颈断桩。在南京浦镇车辆厂工地做了三种拔管速度的试验，（1）拔管速度为1.2m/min时，成桩后开挖测桩径为38cm（沉管为ϕ377管）；（2）拔管速度为2.5m/min，沉管拔出地面后，有大约0.2m^3的混合料被带到地表，开挖后测桩径为36cm；（3）拔管速度为0.8m/min时，成桩后发现桩顶浮浆较多。经大量工程实践认为，拔管速率控制在1.2～1.5m/min是适宜的。

4 施工中桩顶标高应高出设计桩顶标高，留有保护桩长。保护桩长的设置是基于以下几个因素：（1）成桩时桩顶不可能正好与设计标高完全一致，一般要高出桩顶设计标高一段长度；（2）桩顶一般由于混合料自重压力较小或由于浮浆的影响，靠桩顶一段桩体强度较差；（3）已打桩尚未结硬时，施打新桩可能导致已打桩受振动挤压，混合料上涌使桩径缩小。增大混合料表面的高度即增加了自重压力，可提高抵抗周围土挤压的能力。

9.3.3 冬期施工时，应采取措施避免混合料在初凝前遭到冻结，保证混合料入孔温度大于5℃，根据材料加热难易程度，一般优先加热拌合水，其次是砂和石。混合料温度不宜过高，以免造成混合料假凝无法正常泵送施工。泵头管线也应采取保温措施。施工完清除保护土层和桩头后，应立即对桩间土和桩头采用草帘等保温材料进行覆盖，防止桩间土冻胀而造成桩体拉断。

9.3.4 长螺旋钻成孔、管内泵压混合料成桩施工中存在钻孔弃土。对弃土和保护土层清运时如采用机械、人工联合清运，应避免机械设备超挖，并应预留至少50cm用人工清除，避免造成桩头断裂和扰动桩间土层。

9.3.5 褥垫层材料多为粗砂、中砂或碎石，碎石粒径宜为8～20mm，不宜选用卵石。当基础底面桩间土含水量较大时，应进行试验确定是否采用动力夯实法，避免桩间土承载力降低。对较干的砂石材料，虚铺后可适当洒水再行碾压或夯实。

9.4 质量检验

9.4.1 施工中应对每根桩成桩时间、投料量、桩长、发生的特殊情况等进行真实、详细的记录。

9.4.2～9.4.3 复合地基载荷试验是确定复合地基承载力、评定加固效果的重要依据。进行复合地基载荷试验时必须保证桩体强度，满足试验要求。进行单桩载荷试验时为防止试验中桩头被压碎，宜对桩头进行加固。在确定试验日期时，还应考虑施工过程中对桩间土的扰动，桩间土承载力和桩的侧阻端阻的恢复都需要一定时间，一般在冬季检测时桩和桩间土强度增长较慢。

复合地基载荷试验所用载荷板的面积应与受检测桩所承担的处理面积相同。选择试验点时应本着随机分布的原则进行。

10 夯实水泥土桩法

10.1 一 般 规 定

10.1.1 由于场地条件的限制和住宅产业开发的需要，急需一种施工周期短、造价低、施工文明、质量容易控制的地基处理方法。近年来，中国建筑科学研究院地基所在北京等地旧城区危改小区工程中开发了夯实水泥土桩地基处理新技术，经过大量室内、原位试验和工程实践，日趋完善。目前该项技术已在北京、河北等地近1200多项工程中应用，产生了巨大的社会经济效益，节省了大量建筑资金。

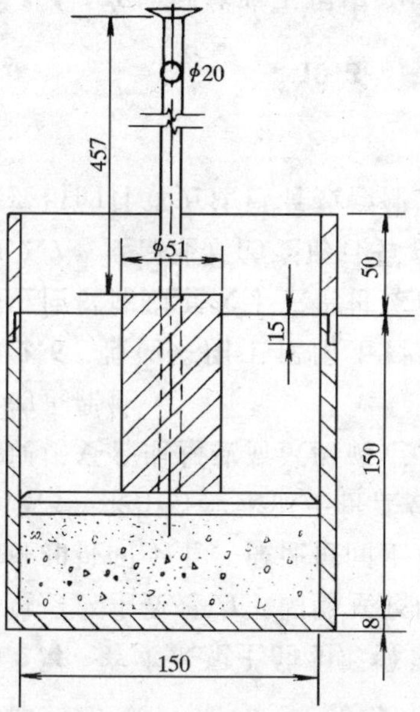

图6 击实试验主要部件示意

目前，由于施工机械的限制，夯实水泥土桩法适用于地下水位以上的粉土、素填土、杂填土、粘性土等地基。

10.1.3 夯实水泥土强度主要由土的性质、水泥品种、水泥标号、龄期、养护条件等控制。特别规定夯实水泥土设计强度应采用现场土料和施工采用的水泥品种、标号进行混合料配比设计。

夯实水泥土配比强度试验应符合下列规定：

1 试验采用的击实试模和击锤如图6所示，尺寸应符合表14规定。

2 试样的制备应符合现行国家标准《土工试验方法标准》GB/T 50123—1999的有关规定。水泥和过筛土料应按土料最优含水量拌合均匀。

3 击实试验应按下列步骤进行：

表14 击实试验主要部件规格

锤质量（kg）	锤底直径（mm）	落　高（mm）	击实试模（mm）
4.5	51	457	150×150×150

在击实试模内壁均匀涂一薄层润滑油，称量一定量的试样，倒入试模内，分四层击实，每层击数由击实密度控制。每层高度相等，两层交界处的土面应刨毛。击实完成时，超出击实试模顶的试样用刮刀削平。称重并计算试样成型后的干密度。

4 试块脱模时间为24 h，脱模后必须在标准养护条件下养护28d，按标准试验方法作立方体强度试验。

10.2 设 计

10.2.1 采用洛阳铲成孔时，处理深度宜小于6m，主要是由于施工工艺决定，大于6m时，效率太低，不宜采用。

10.2.2 常用的桩径为350～400mm。选用的夯锤应与桩径相适应。

10.2.3 当相对硬层的埋藏深度较大时，应按建筑物地基的变形允许值确定，主要是强调采用夯实水泥土桩法处理的地基，如存在软弱下卧层时，应验算其变形，按允许变形控制设计。

10.2.4 夯实水泥土的变形模量远大于土的变形模量。设置褥垫层，主要是为了调整基底压力分布，使荷载通过垫层传到桩和桩间土上，保证桩间土承载力的发挥。

10.2.5 采用夯实水泥土桩法处理地基的复合地基承载力应按现场复合地基载荷试验确定，强调现场试验对复合地基设计的重要性。

10.2.6 强调采用工程用土料和水泥进行混合料配比试验，并应使桩体强度大于三倍桩体设计压力。

10.2.7 复合地基的变形计算在国内外仍处于研究阶段，本条提出的计算方法已有数幢建筑的沉降观测资料验证是可靠的。

10.3 施　　工

10.3.1 在旧城危改工程中，由于场地环境条件的限制，多采用人工洛阳铲、螺旋钻机成孔方法。当土质较松软时采用沉管、冲击等方法挤土成孔，可收到良好的效果。

10.3.2 相同水泥掺量条件下，桩体密实度是决定桩体强度的主要因素，当 $\lambda_c \geqslant 0.93$ 时，桩体强度约为最大密度下桩体强度的 50%～60%。

10.3.3 混合料含水量是决定桩体夯实密度的重要因素，在现场实施时应严格控制。用机械夯实时，因锤重，夯实功大，宜采用土料最佳含水量 w_{op} -（1%～2%），人工夯实时宜采用土料最佳含水量 w_{op} +（1%～2%），均应由现场试验确定。

褥垫层铺设要求夯填度小于 0.90，主要是为了减少施工期地基的变形量。

10.3.5 各种成孔工艺均可能使孔底存在部分扰动和虚土，因此夯填混合料前应将孔底土夯实，有利于发挥桩端阻力，提高复合地基承载力。

为保证桩顶的桩体强度，现场施工时均要求桩体夯填高度大于桩顶设计标高 200～300mm。

10.3.6 夯实水泥土桩法处理地基的优点之一是在成孔时可以逐孔检验土层情况是否与勘察资料相符合，不符合时可及时调整设计，保证地基处理的质量。

10.4 质 量 检 验

10.4.1 夯实水泥土桩施工时，一般检验成桩干密度。目前检验干密度的手段一般采用取土和轻便触探等手段。

10.4.2 本条强调工程的竣工验收检验，应该采用单桩或多桩复合地基载荷试验方法。

11 水泥土搅拌法

11.1 一 般 规 定

11.1.1~11.1.2 水泥土搅拌法是适用于加固饱和粘性土和粉土等地基的一种方法。它是利用水泥（或石灰）等材料作为固化剂通过特制的搅拌机械，就地将软土和固化剂（浆液或粉体）强制搅拌，使软土硬结成具有整体性、水稳性和一定强度的水泥加固土，从而提高地基土强度和增大变形模量。根据固化剂掺入状态的不同，它可分为浆液搅拌和粉体喷射搅拌两种。前者是用浆液和地基土搅拌，后者是用粉体和地基土搅拌。

水泥浆搅拌法最早在美国研制成功，称为 Mixed-in-Place Pile（简称 MIP 法），国内 1977 年由冶金部建筑研究总院和交通部水运规划设计院进行了室内试验和机械研制工作，于 1978 年底制造出国内第一台 SJB-1 型双搅拌轴中心管输浆的搅拌机械，并由江阴市江阴振冲器厂成批生产（目前 SJB-2 型加固深度可达 18m）。1980 年初在上海宝钢三座卷管设备基础的软土地基加固工程中首次获得成功。1980 年初天津市机械施工公司与交通部一航局科研所利用日本进口螺旋钻孔机械进行改装，制成单搅拌轴和叶片输浆型搅拌机，1981 年在天津造纸厂蒸煮锅改造扩建工程中获得成功。

粉体喷射搅拌法（Dry Jet Mixing Method 简称 DJM 法）最早由瑞典人 Kjeld Paus 于 1967 年提出了使用石灰搅拌桩加固 15m 深度范围内软土地基的设想，并于 1971 年瑞典 Linden-Alimat 公司在现场制成第一根用石灰粉和软土搅拌成的桩，1974 年获得粉喷技术专利，生产出的专用机械其桩径 500mm，加固深度 15m。我国由铁道部第四勘测设计院于 1983 年用 DPP-100 型汽车钻改装成国内第一台粉体喷射搅拌机，并使用石灰作为固化剂，应用于铁路涵洞加固。1986 年开始使用水泥作为固化剂，应用于房屋建筑的软土地基加固。1987 年铁四院和上海探矿机械厂制成 GPP-5 型步履式粉喷机，成桩直径 500mm，加固深度 12.5m。当前国内粉喷机的成桩直径一般在 500~700mm 范围，深度一般可达 15m。

石灰固化剂一般适用于粘土颗粒含量大于 20%，粉粒及粘粒含量之和大于 35%，粘土的塑性指数大于 10，液性指数大于 0.7，土的 pH 值为 4~8，有机质含量小于 11%，土的天然含水量大于 30% 的偏酸性的土质加固。

水泥土搅拌法加固软土技术具有其独特优点：(1) 最大限度地利用了原土；(2) 搅拌时无振动、无噪音和无污染，可在密集建筑群中进行施工，对周围原有建筑物及地下沟管影响很小；(3) 根据上部结构的需要，可灵活地采用柱状、壁状、格栅状和块状等加固型式；(4) 与钢筋混凝土桩基相比，可节约钢材并降低造价。

水泥固化剂一般适用于正常固结的淤泥与淤泥质土（避免产生负摩擦力）、粘性土、粉土、素填土（包括冲填土）、饱和黄土、粉砂以及中粗砂、砂砾（当加固粗粒土时，应注意有无明显的流动地下水，以防固化剂尚未硬结而遭地下水冲洗掉）等地基加固。

根据室内试验，一般认为用水泥作加固料，对含有高岭石、多水高岭石、蒙脱石等粘土矿物的软土加固效果较好；而对含有伊利石、氯化物和水铝石英等矿物的粘性土以及有机质含量高，pH 值较低的粘性土加固效果较差。

在粘粒含量不足的情况下，可以添加粉煤灰。而当粘土的塑性指数 Ip 大于 25 时，容易在搅拌头叶片上形成泥团，无法完成水泥土的拌和。当 pH 值小于 4 时，掺入百分之几的石灰，通常 pH 值就会大于 12。当地基土的天然含水量小于 30%时，由于不能保证水泥充分水化，故不宜采用干法。

在某些地区的地下水中含有大量硫酸盐（海水渗入地区），因硫酸盐与水泥发生反应时，对水泥土具有结晶性侵蚀，会出现开裂、崩解而丧失强度。为此应选用抗硫酸盐水泥，使水泥土中产生的结晶膨胀物质控制在一定的数量范围内，藉以提高水泥土的抗侵蚀性能。

在我国北纬 40°以南的冬季负温条件下，冰冻对水泥土的结构损害甚微。在负温时，由于水泥与粘土矿物的各种反应减弱，水泥土的强度增长缓慢（甚至停止）；但正温后，随着水泥水化等反应的继续深入，水泥土的强度可接近标准强度。

11.1.3 本章大部分条款主要针对竖向承载的水泥土复合地基进行编写的；而将搅拌桩作为挡土结构的详细内容可参见国家现行的有关建筑基坑工程技术规范。

11.1.4 对拟采用水泥土搅拌法的工程，除了常规的工程地质勘察要求外，尚应注意查明：

1 填土层的组成：特别是大块物质（石块和树根等）的尺寸和含量。含大块石对水泥土搅拌法施工速度有很大的影响，所以必须清除大块石等再予施工。

2 土的含水量：当水泥土配比相同时，其强度随土样的天然含水量的降低而增大。试验表明，当土的含水量在 50%～85%范围内变化时，含水量每降低 10%，水泥土强度可提高 30%。

3 有机质含量：有机质含量较高会阻碍水泥水化反应，影响水泥土的强度增长。故对有机质含量较高的明、暗浜填土及吹填土应予慎重考虑，许多设计单位往往采用在浜域内加大桩长的设计方案，从而得不到理想的效果。应从提高置换率和增加水泥掺入量角度，来保证浜域内的水泥土达到一定的桩身强度。工程实践表明，采用在浜内提高置换率（长、短桩结合）往往能得到理想的加固效果。对生活垃圾的填土不应采用水泥土搅拌法加固。

采用干法加固砂土应进行颗粒级配分析。特别注意土的粘粒含量及对加固料有害的土中离子种类及数量，如 SO_4^{2-}、Cl^- 等。

11.1.5 水泥土的强度随龄期的增长而增大，在龄期超过 28d 后，强度仍有明显增长，为了降低造价，对承重搅拌桩试块国内外都取 90d 龄期为标准龄期。对起支挡作用承受水平荷载的搅拌桩，为了缩短养护期，水泥土强度标准取 28d 龄期为标准龄期。从抗压强度试验得知，在其他条件相同时，不同龄期的水泥土抗压强度间关系大致呈线性关系，其经验关系式如下：

$$f_{cu7} = (0.47 \sim 0.63) f_{cu28}$$

$$f_{cu14} = (0.62 \sim 0.80) f_{cu28}$$

$$f_{cu60} = (1.15 \sim 1.46) f_{cu28}$$

$$f_{cu90} = (1.43 \sim 1.80) f_{cu28}$$

$$f_{cu90} = (2.37 \sim 3.73) f_{cu7}$$

$$f_{cu90} = (1.73 \sim 2.82) f_{cu14}$$

上式 f_{cu7}、f_{cu14}、f_{cu28}、f_{cu60}、f_{cu90} 分别为 7、14、28、60、90d 龄期的水泥土抗压强度。

当龄期超过三个月后，水泥土强度增长缓慢。180d 的水泥土强度为 90d 的 1.25 倍，而 180d 后水泥土强度增长仍未终止。

当拟加固的软弱地基为成层土时，应选择最弱的一层土进行室内配比试验。

11.2 设　计

11.2.1 采用水泥作为固化剂材料，在其他条件相同时，在同一土层中水泥掺入比不同时，水泥土强度将不同。由于块状加固属于大体积处理，对于水泥土的强度要求不高，因此为了节约水泥，降低成本，可选用 7% ~ 12% 的水泥掺量。水泥掺入比大于 10% 时，水泥土强度可达 0.3 ~ 2MPa 以上。一般水泥掺入比 α_w 采用 12% ~ 20%。水泥土的抗压强度随其相应的水泥掺入比的增加而增大，但因场地土质与施工条件的差异，掺入比的提高与水泥土强度增加的百分比是不完全一致的。

水泥标号直接影响水泥土的强度，水泥强度等级提高 10 级，水泥土强度 f_{cu} 约增大 20% ~ 30%。如要求达到相同强度，水泥强度等级提高 10 级可降低水泥掺入比 2% ~ 3%。

外掺剂对水泥土强度有着不同的影响。木质素磺酸钙对水泥土强度的增长影响不大，主要起减水作用；三乙醇胺、氯化钙、碳酸钠、水玻璃和石膏等材料对水泥土强度有增强作用，其效果对不同土质和不同水泥掺入比又有所不同。当掺入与水泥等量的粉煤灰后，水泥土强度可提高 10% 左右。故在加固软土时掺入粉煤灰不仅可消耗工业废料，水泥土强度还可有所提高。

11.2.2 从承载力角度提高置换率比增加桩长的效果更好。水泥土桩是介于刚性桩与柔性桩间具有一定压缩性的半刚性桩，桩身强度越高，其特性越接近刚性桩；反之则接近柔性桩。桩越长，则对桩身强度要求越高。但过高的桩身强度对复合地基承载力的提高及桩间土承载力的发挥是不利的。为了充分发挥桩间土的承载力和复合地基的潜力，应使土对桩的支承力与桩身强度所确定的单桩承载力接近。通常使后者略大于前者较为安全和经济。

对软土地区，地基处理的任务主要是解决地基的变形问题，即地基是在满足强度的基础上以变形进行控制的，因此水泥土搅拌桩的桩长应通过变形计算来确定。对于变形来说，增加桩长，对减少沉降是有利的。实践证明，若水泥土搅拌桩能穿透软弱土层到达强度相对较高的持力层，则沉降量是很小的。

对某一地区的水泥土桩，其桩身强度是有一定限制的，也就是说，水泥土桩从承载力角度，存在一有效桩长，单桩承载力在一定程度上并不随桩长的增加而增大。但当软弱土层较厚，从减少地基的变形量方面考虑，桩应设计较长，原则上，桩长应穿透软弱土层到达下卧强度较高之土层，尽量在深厚软土层中避免采用“悬浮”桩型。

11.2.3 桩间土承载力折减系数 β 是反映桩土共同作用的一个参数。如 $\beta = 1$ 时，则表示桩与土共同承受荷载，由此得出与柔性桩复合地基相同的计算公式；如 $\beta = 0$ 时，则表示桩间土不承受荷载，由此得出与一般刚性桩基相似的计算公式。

对比水泥土和天然土的应力应变关系曲线及复合地基和天然地基的 $p\text{-}s$ 曲线，可见，在发生与水泥土极限应力值相对应的应变值时，或在发生与复合地基承载力设计值相对应的沉降值时，天然地基所提供的应力或承载力小于其极限应力或承载力值。考虑水泥土桩复合地基的变形协调，引入折减系数 β,它的取值与桩间土和桩端土的性质,搅拌桩的桩身强度和承载力,养护龄期等因素有关。桩间土较好、桩端土较弱、桩身强度较低、养护龄期较短,则 β 值取高值;反之,则 β 值取低值。

确定 β 值还应根据建筑物对沉降要求有所不同。当建筑物对沉降要求控制较严时,即使桩端是软土,β 值也应取小值,这样较为安全;当建筑物对沉降要求控制较低时,即使桩端为硬土,β 值也可取大值，这样较为经济。

11.2.4 公式（11.2.4-2）中的加固土强度折减数 η 是一个与工程经验以及拟建工程的性质密切相关的参数。工程经验包括对施工队伍素质、施工质量、室内强度试验与实际加固强度比值以及对实际工程加固效果等情况的掌握。拟建工程性质包括工程地质条件、上部结构对地基的要求以及工程的重要性等。目前在设计中一般取 $\eta = 0.2 \sim 0.33$。

公式（11.2.4-1）中桩周土的侧阻力特征值 q_{si} 是根据现场载荷试验结果和已有工程经验总结确定的，对软塑状态的粘性土 q_s 为 10～15kPa；但一般对可塑状态的粘性土 q_s 可提高至 12～18kPa。

公式（11.2.4-1）中桩端地基承载力折减系数 α 取值与施工时桩端施工质量及桩端土质等条件有关。当桩端为较硬土层时取高值。如果桩底施工质量不好，水泥土桩没能真正支承在硬土层上，桩端地基承载力不能充分发挥，这时取 $\alpha = 0.4$。反之，当桩底质量可靠时取 $\alpha = 0.6$，通常取 $\alpha = 0.5$。

对式（11.2.4-2）和式（11.2.4-1）进行分析可以看出，当桩身强度大于（11.2.4-2）式所提出的强度值时，相同桩长的承载力相近，而不同桩长的承载力明显不同。此时桩的承载力由基土支持力控制，增加桩长可提高桩的承载力。当桩身强度低于（11.2.4-2）式所给值时，承载力受桩身强度控制。

11.2.5 在刚性基础和桩之间设置一定厚度的褥垫层后，可以保证基础始终通过褥垫层把一部分荷载传到桩间土上，调整桩和土荷载的分担作用。特别是当桩身强度较大时，在基础下设置褥垫层可以减小桩土应力比，充分发挥桩间土的作用，即可增大 β 值。减少基础底面的应力集中。

11.2.6 设计者往往将水泥土桩理解为桩基，因此要求其像刚性桩那样，在桩长范围内强度一致，而且桩强度越高越好。这是违反复合地基基本假定的。根据室内模型试验和水泥土桩的加固机理分析，其桩身轴向应力自上而下逐渐减小，其最大轴力位于桩顶 3 倍桩径范围内。因此，在水泥土单桩设计中，为节省固化剂材料和提高施工效率，设计时可采用变掺量的施工工艺。现有工程实践证明，这种变强度的设计方法能获得良好的技术经济效果。

桩身强度亦不宜太高。应使桩身有一定的变形量，这样才能促使桩间土强度的发挥。否则就不存在复合地基，而成为桩基了。

固化剂与土的搅拌均匀程度对加固体的强度有较大的影响。实践证明采取复搅工艺对提高桩体强度有较好效果。

11.2.7 水泥土桩的布置形式对加固效果很有影响，一般根据工程地质特点和上部结构要求可采用柱状、壁状、格栅状、块状以及长短桩相结合等不同加固型式。

1 柱状：每隔一定距离打设一根水泥土桩，形成柱状加固型式，适用于单层工业厂房独立柱基础和多层房屋条形基础下的地基加固，它可充分发挥桩身强度与桩周侧阻力。

2 壁状：将相邻桩体部分重叠搭接成为壁状加固型式，适用于深基坑开挖时的边坡加固以及建筑物长高比大、刚度小、对不均匀沉降比较敏感的多层房屋条形基础下的地基加固。

3 格栅状：它是纵横两个方向的相邻桩体搭接而形成的加固型式。适用于对上部结构单位面积荷载大和对不均匀沉降要求控制严格的建（构）筑物的地基加固。

4 长短桩相结合：当地质条件复杂，同一建筑物坐落在两类不同性质的地基土上时，可用3m左右的短桩将相邻长桩连成壁状或格栅状，藉以调整和减小不均匀沉降量。

水泥土桩的强度和刚度是介于柔性桩（砂桩、碎石桩等）和刚性桩（钢管桩、混凝土桩等）间的一种半刚性桩，它所形成的桩体在无侧限情况下可保持直立，在轴向力作用下又有一定的压缩性，但其承载性能又与刚性桩相似，因此在设计时可仅在上部结构基础范围内布桩，不必像柔性桩一样需在基础外设置护桩。

对于一般建筑物，都是在满足强度要求的条件下以沉降进行控制的，应采用以下沉降控制设计思路：

1 根据地层结构进行地基变形计算，由建筑物对变形的要求确定加固深度，即选择施工桩长；

2 根据土质条件、固化剂掺量、室内配比试验资料和现场工程经验选择桩身强度和水泥掺入量及有关施工参数；

3 根据桩身强度的大小及桩的断面尺寸，由（11.2.4-2）式计算单桩承载力；

4 根据单桩承载力和上部结构要求达到的复合地基承载力，由（9.2.5）式计算桩土面积置换率；

5 根据桩土面积置换率和基础形式进行布桩，桩可只在基础平面范围内布置。

11.2.8 水泥土桩加固设计中往往以群桩型式出现，群桩中各桩与单桩的工作状态迥然不同。试验结果表明，双桩承载力小于两根单桩承载力之和；双桩沉降量大于单桩沉降量。可见，当桩距较小时，由于应力重叠产生群桩效应。因此，在设计时当水泥土桩的置换率较大（$m>20\%$），且非单行排列，而桩端下又存在较软弱的土层时，尚应将桩与桩间土视为一个假想的实体基础，用以验算软弱下卧层的地基承载力。

11.2.9 水泥土桩复合地基的变形包括群桩体的压缩变形和桩端下未处理土层的压缩变形之和。

公式（11.2.9-1）和（11.2.9-2）是半理论半经验的搅拌桩水泥土体的压缩量计算公式。其中搅拌桩的压缩模量 E_p 的数值，根据经验可取（100～120）f_{cu}（kPa），对桩较短或桩身强度较低者可取低值，反之可取高值。

根据大量水泥土单桩复合地基载荷试验资料，得到了在工作荷载下水泥土桩复合地基的复合模量，一般为15～25MPa，其大小受面积置换率、桩间土质和桩身质量等因素的影响。且根据理论分析和实测结果，复合地基的复合模量总是大于由桩的模量和桩间土的模量的面积加权之和。大量的水泥土桩设计计算及实测结果表明，群桩体的压缩变形量仅变化在10～50mm间。

下卧层变形按天然地基采用分层总和法进行计算。

11.3 施 工

11.3.1 国产水泥土搅拌机的搅拌头大都采用双层（或多层）十字杆形或叶片螺旋形。这类搅拌头切削和搅拌加固软土十分合适，但对块径大于100mm的石块、树根和生活垃圾等大块物的切割能力较差，即使将搅拌头作了加强处理后已能穿过块石层，但施工效率较低，机械磨损严重。因此，施工时应予以挖除后再填素土为宜，增加的工程量不大，但施工效率却可大大提高。

11.3.2 工艺性试桩的目的是

1 提供满足设计固化剂掺入量的各种操作参数。

2 验证搅拌均匀程度及成桩直径。

3 了解下钻及提升的阻力情况，并采取相应的措施。

11.3.3 深层搅拌机施工时，搅拌次数越多，则拌和越为均匀，水泥土强度也越高，但施工效率就降低。试验证明，当加固范围内土体任一点的水泥土每遍经过20次的拌和，其强度即可达到较高值。每遍搅拌次数 N 由下式计算：

$$N = \frac{h\cos\beta\Sigma Z}{V}n \tag{10}$$

式中 h——搅拌叶片的宽度（m）；

β——搅拌叶片与搅拌轴的垂直夹角（°）；

ΣZ——搅拌叶片的总枚数；

n——搅拌头的回转数（rev/min）；

V——搅拌头的提升速度（m/min）；

11.3.4 根据实际施工经验，搅拌法在施工到顶端0.3～0.5m范围时，因上覆土压力较小，搅拌质量较差。因此，其场地整平标高应比设计确定的桩顶标高再高出0.3～0.5m，桩制作时仍施工到地面。待开挖基坑时，再将上部0.3～0.5m的桩身质量较差的桩段挖去。根据现场实践表明，当搅拌桩作为承重桩进行基坑开挖时，桩身水泥土已有一定的强度，若用机械开挖基坑，往往容易碰撞损坏桩顶，因此基底标高以上0.3m宜采用人工开挖，以保护桩头质量。

11.3.5 本条中的桩位偏差是指成桩后的偏差，因此对于桩位放线的偏差不得大于20mm。

11.3.6 如按本条施工步骤进行，就能达到搅拌均匀、施工速度较快的目的，其关键点是必须确保全桩长再重复搅拌一次。

（Ⅰ）湿 法

11.3.7 每一个水泥土搅拌桩的施工现场，由于土质有差异、水泥的品种和标号不同、因而搅拌加固质量有较大的差别。所以在正式搅拌桩施工前，均应按施工组织设计确定的搅拌施工工艺制作数根试桩，再最后确定水泥浆的水灰比、泵送时间、搅拌机提升速度和复搅深度等参数。

制桩质量的优劣直接关系到地基处理的效果。其中的关键是注浆量、水泥浆与软土搅拌的均匀程度。因此，施工中应严格控制喷浆提升速度 V，可按下式计算：

$$V = \frac{\gamma_{d}Q}{F\gamma\alpha_{w}(1+\alpha_{c})} \tag{11}$$

式中 V——搅拌头喷浆提升速度（m/min）；

γ_{d}、γ——分别为水泥浆和土的重度（kN/m^3）；

Q——灰浆泵的排量（m^3/min）；

F——搅拌桩的截面积（m^2）；

α_w——水泥掺入比；

α_c——水泥浆水灰比；

11.3.8 由于搅拌机械通常采用定量泵输送水泥浆，转速大多又是恒定的，因此灌入地基中的水泥量完全取决于搅拌机的提升速度和复搅次数，施工过程中不能随意变更，并应保证水泥浆能定量不间断供应。采用自动记录是为了最大程度的降低人为干扰施工质量，目前市售的记录仪必须有国家计量部门的认证。严禁采用由施工单位自制的记录仪。

由于固化剂从灰浆泵到达搅拌机械的出浆口需通过较长的输浆管，必须考虑水泥浆到达桩端的泵送时间。一般可通过试打桩确定其输送时间。

11.3.9 搅拌桩施工检查是检查搅拌桩施工质量和判明事故原因的基本依据，因此对每一延米的施工情况均应如实及时记录，不得事后回忆补记。

施工中要随时检查自动计量装置的制桩记录，对每根桩的水泥用量、成桩过程（下沉、喷浆提升和复搅等时间）进行详细检查，质检员应根据制桩记录，对照标准施工工艺，对每根桩进行质量评定。

11.3.10 不提升搅拌机而喷浆搅拌30s是为了确保搅拌桩底与土体充分搅拌均匀，达到较高的强度。

11.3.11 深层搅拌机预搅下沉时，当遇到较坚硬的表土层而使下沉速度过慢时，可适当加水下沉。试验表明，当土层的含水量增加，水泥土的强度会降低。但考虑到搅拌设计中一般是按下部最软的土层来确定水泥掺量的，因此只要表层的硬土经加水搅拌后的强度不低于下部软土加固后的强度，也是能满足设计要求的。

11.3.12 凡成桩过程中，由于电压过低或其他原因造成停机使成桩工艺中断时，应将搅拌机下沉至停浆点以下0.5m，等恢复供浆时再喷浆提升继续制桩；凡中途停止输浆3h以上者，将会使水泥浆在整个输浆管路中凝固，因此必须排清全部水泥浆，清洗管路。

11.3.13 由于水泥土搅拌桩的水泥掺量一般不超过20%，因此水泥土的终凝时间超过24h，所以需要相邻单桩搭接施工的时间间隔不宜超过24h。

（Ⅱ）干　法

11.3.14 每个场地开工前的成桩工艺试验必不可少，由于制桩喷灰量与土性、孔深、气流量等多种因素有关，故应根据设计要求逐步调试，藉以确定施工有关参数（如土层的可钻性、提升速度、叶轮泵转速等），以便正式施工时能顺利进行。施工经验表明送粉管路长度超过60m后，送粉阻力明显增大，送粉量也不易达到恒定。

11.3.15 由于干法喷粉搅拌是用可任意压缩的压缩空气输送水泥粉体的，因此送粉量不易严格控制，所以要认真操作粉体自动计量装置，严格控制固化剂的喷入量，满足设计要求。

11.3.16 合格的粉喷桩机一般均已考虑提升速度与搅拌头转速的匹配，钻头均约每搅拌一圈提升15mm，从而保证成桩搅拌的均匀性。但每次搅拌时，桩体将出现极薄软弱结构面，这对承受水平剪力是不利的。一般可通过复搅的方法来提高桩体的均匀性，消除软弱结构面，提高桩体抗剪强度。

11.3.17 定时检查成桩直径及搅拌的均匀程度。粉喷桩桩长大于10m时，其底部喷粉阻力较大，应适当减慢钻机提升速度，以确保固化剂的设计喷入量。

11.3.18 固化剂从料罐到喷灰口有一定的时间延迟，严禁在没有喷粉的情况进行钻机提升作业。

11.3.19 如此操作是为了防止断桩。

11.3.20 如不及时在地面浇水，将使地下水位以上区段的水泥土水化不完全，造成桩身强度降低。

11.4 质量检验

11.4.1 对每根制成的水泥土桩须随时进行检查；对不合格的桩应根据其位置和数量等具体情况，分别采取补桩或加强附近工程桩等措施。

11.4.2 水泥土搅拌桩成桩质量检验方法有：

1 浅部开挖：本条措施属自检范围。各施工机组应对成桩质量随时检查，及时发现问题，及时处理。开挖检查仅仅是浅部桩头部位，目测其成桩大致情况，例如成桩直径、搅拌均匀程度等。

2 轻型动力触探（N_{10}）仅适用于成桩 3d 内的桩身均匀程度的检验。由于每次落锤能量较小，连续触探一般不大于 4m；但是如果采用从桩顶开始至桩底，每米桩身先钻孔 700mm 深度，然后触探 300mm，并记录锤击数的操作方法则触探深度可加大，触探杆宜用铝合金制造，可不考虑杆长的修正。

11.4.3～11.4.4 复合地基载荷试验和单桩载荷试验是检测水泥土搅拌桩加固效果最可靠的方法之一。一般宜在龄期 28d 后进行。

经触探和载荷试验检验后对桩身质量有怀疑时，一般可采用双管单动取样器对桩身钻芯取样，制成试块，进行桩身实际强度测定。为保证试块尺寸，钻孔直径不宜小于 108mm。

11.4.5 用作止水的壁状水泥桩体，在必要时可开挖桩顶 3～4m 深度，检查其外观搭接状态。另外，也可沿壁状加固体轴线斜向钻孔，使钻杆通过 2～4 根桩身，即可检查深部相邻桩的搭接状态。

11.4.6 水泥土搅拌桩施工时，由于各种因素的影响，有可能不符合设计要求。只有基槽开挖后测放了建筑物轴线或基础轮廓线后，才能对偏位桩的数量、部位和程度进行分析和确定补救措施。因此，水泥土搅拌法的施工验收工作宜在开挖基槽后进行。

对于水泥土搅拌桩的检测，目前应该在使用自动计量装置进行施工全过程监控的前提下，采用单桩和复合地基载荷试验进行检验。

12 高压喷射注浆法

12.1 一 般 规 定

12.1.1 高压喷射注浆法包括旋喷（桩）、定喷和摆喷三种方法。本工法欧美国家称为 Jet Grouting，日本称作高压喷射注浆法或 CCP 工法、JSG 工法等。

由于高压喷射注浆使用的压力大，因而喷射流的能量大、速度快。当它连续和集中地作用在土体上，压应力和冲蚀等多种因素便在很小的区域内产生效应，对从粒径很小的细粒土到含有颗粒直径较大的卵石、碎石土，均有巨大的冲击和搅动作用，使注入的浆液和土拌合凝固为新的固结体。实践表明，本法对淤泥、淤泥质土、流塑或软塑粘性土、粉土、砂土、黄土、素填土和碎石土等地基都有良好的处理效果。

但对于硬粘性土，含有较多的块石或大量植物根茎的地基，因喷射流可能受到阻挡或削弱，冲击破碎力急剧下降，切削范围小或影响处理效果。而对于含有过多有机质的土层，则其处理效果取决于固结体的化学稳定性。鉴于上述几种土的组成复杂、差异悬殊，高压喷射注浆处理的效果差别较大，不能一概而论，故应根据现场试验结果确定其适用程度。对于湿陷性黄土地基，因当前试验资料和施工实例较少，亦应预先进行现场试验。

高压喷射注浆处理深度较大，我国建筑地基高压喷射注浆处理深度目前已达 30m 以上。

12.1.2 高压喷射注浆有强化地基和防漏的作用，可卓有成效地用于既有建筑和新建工程的地基处理、地下工程及堤坝的截水、基坑封底、被动区加固、基坑侧壁防止漏水或减小基坑位移等。对地下水流速过大或已涌水的防水工程，由于工艺、机具和瞬时速凝材料等方面的原因，应慎重使用。必要时应通过现场试验确定。

12.1.3 高压喷射有旋喷（固结体为园柱状）、定喷（固结体为壁状）、和摆喷（固结体为扇状）等 3 种基本形状，它们均可用下列方法实现。

1 单管法：喷射高压水泥浆液一种介质；

2 双管法：喷射高压水泥浆液和压缩空气二种介质；

3 三管法：喷射高压水流、压缩空气及水泥浆液等三种介质。

由于上述 3 种喷射流的结构和喷射的介质不同，有效处理长度也不同，以三管法最长，双管法次之，单管法最短。实践表明，旋喷形式可采用单管法、双管法和三管法中的任何一种方法。定喷和摆喷注浆常用双管法和三管法。

12.1.4 在制定高压喷射注浆方案时，应搜集和掌握各种基本资料。主要是：岩土工程勘察（土层和基岩的性状，标准贯入击数，土的物理力学性质，地下水的埋藏条件、渗透性和水质成分等）资料；建筑物结构受力特性资料；施工现场和邻近建筑的四周环境资料；地下管道和其他埋设物资料及类似土层条件下使用的工程经验等。

12.2 设　　计

12.2.1 旋喷桩直径的确定是一个复杂的问题，尤其是深部的直径，无法用准确的方法确定。因此，除了浅层可以用开挖的方法确定之外，只能用半经验的方法加以判断、确定。

根据国内外的施工经验，其设计直径可参考表15选用。定喷及摆喷的有效长度约为旋喷桩直径的1.0~1.5倍。

表15　旋喷桩的设计直径（m）

土质＼方法		单管法	双管法	三管法
粘性土	$0<N<5$	0.5~0.8	0.8~1.2	1.2~1.8
	$6<N<10$	0.4~0.7	0.7~1.1	1.0~1.6
砂　土	$0<N<10$	0.6~1.0	1.0~1.4	1.5~2.0
	$11<N<20$	0.5~0.9	0.9~1.3	1.2~1.8
	$21<N<30$	0.4~0.8	0.8~1.2	0.9~1.5

注：N为标准贯入击数

12.2.2　旋喷桩复合地基承载力通过现场载荷试验方法确定误差较小。由于通过公式计算在确定折减系数β和单桩承载力方面均可能有较大的变化幅度，因此只能用作估算。对于承载力较低时β取低值，是出于减小变形的考虑。

12.2.8　当旋喷桩需要相邻桩相互搭接形成整体时，应考虑施工中垂直度误差等，设计桩径相互搭接不宜小于300mm。尤其在截水工程中尚需要采取可靠方案或措施保证相邻桩的搭接，防止截水失败。

12.3　施　　工

12.3.1　施工前，应对照设计图纸核实设计孔位处有无妨碍施工和影响安全的障碍物。如遇有上水管、下水管、电缆线、煤气管、人防工程、旧建筑基础和其他地下埋设物等障碍物影响施工时，则应与有关单位协商清除或搬移障碍物或更改设计孔位。

12.3.2　由于高压喷射注浆的压力愈大，处理地基的效果愈好，根据国内实际工程中应用实例，单管法、双管法及三管法的高压水泥浆液流或高压水射流的压力宜大于20MPa，气流的压力以空气压缩机的最大压力为限，通常在0.7MPa左右，低压水泥浆的灌注压力，通常在1.0~2.0MPa左右，提升速度为0.05~0.25m/min，旋转速度可取10~20r/min。

12.3.3　喷射注浆的主要材料为水泥，对于无特殊要求的工程宜采用强度等级为32.5级及以上普通硅酸盐水泥。根据需要，可在水泥浆中分别加入适量的外加剂和掺合料，以改善水泥浆液的性能，如早强剂、悬浮剂等。所用外加剂或掺合剂的数量，应根据水泥土的特点通过室内配比试验或现场试验确定。当有足够实践经验时，亦可按经验确定。

喷射注浆的材料还可选用化学浆液。因费用昂贵，只有少数工程应用。

12.3.4　水泥浆液的水灰比越小，高压喷射注浆处理地基的强度越高。在生产中因注浆设备的原因，水灰比太小时，喷射有困难，故水灰比通常取0.8~1.5，生产实践中常用1.0。

由于生产、运输和保存等原因，有些水泥厂的水泥成分不够稳定，质量波动较大，可导致高压喷射水泥浆液凝固时间过长，固结强度降低。因此事先应对各批水泥进行检验，鉴定合格后才能使用。对拌制水泥浆的用水，只要符合混凝土拌合标准即可使用。

12.3.5　高压喷射注浆的全过程为钻机就位、钻孔、置入注浆管、高压喷射注浆和拔出注浆管等基本工序。施工结束后应立即对机具和孔口进行清洗。钻孔的目的是为了置入注浆管到预定的土层深度，如能用振动或直接把注浆管钻入土层预定深度，则钻孔和置入注浆管的两道工序合并为一道工序。

12.3.6 高压泵通过高压橡胶软管输送高压浆液至钻机上的注浆管，进行喷射注浆。若钻机和高压水泵的距离过远，势必要增加高压橡胶软管的长度，使高压喷射流的沿程损失增大，造成实际喷射压力降低的后果。因此钻机与高压水泵的距离不宜过远，在大面积场地施工时，为了减少沿程损失，则应搬动高压泵保持与钻机的距离。

实际施工孔位与设计孔位偏差过大时，会影响加固效果。故规定孔位偏差值应小于50mm，并且必须保持钻孔的垂直度。土层的结构和土质种类对加固质量关系更为密切，只有通过钻孔过程详细记录地质情况并了解地下情况后，施工时才能因地制宜及时调整工艺和变更喷射参数，达到处理效果良好的目的。

12.3.7 各种形式的高压喷射注浆，均自下而上进行。当注浆管不能一次提升完成而需分数次卸管时，卸管后喷射的搭接长度不得小于100mm，以保证固结体的整体性。

12.3.8 在不改变喷射参数的条件下，对同一标高的土层作重复喷射时，能加大有效加固长度和提高固结体强度。这是一种局部获得较大旋喷直径或定喷、摆喷范围的简易有效方法。复喷的方法根据工程要求决定。在实际工作中，旋喷桩通常在底部和顶部进行复喷，以增大承载力和确保处理质量。

12.3.9 当喷射注浆过程中出现下列异常情况时，需查明原因并采取相应措施：

1 流量不变而压力突然下降时，应检查各部位的泄漏情况，必要时拔出注浆管，检查密封性能。

2 出现不冒浆或断续冒浆时，若系土质松软则视为正常现象，可适当进行复喷；若系附近有空洞、通道，则应不提升注浆管继续注浆直至冒浆为止或拔出注浆管待浆液凝固后重新注浆。

3 压力稍有下降时，可能系注浆管被击穿或有孔洞，使喷射能力降低。此时应拔出注浆管进行检查。

4 压力陡增超过最高限值、流量为零、停机后压力仍不变动时，则可能系喷嘴堵塞。应拔管疏通喷嘴。

12.3.10 当高压喷射注浆完毕后，或在喷射注浆过程中因故中断，短时间（小于或等于浆液初凝时间）内不能继续喷浆时，均应立即拔出注浆管清洗备用，以防浆液凝固后拔不出管来。

为防止因浆液凝固收缩，产生加固地基与建筑基础不密贴或脱空现象，可采用超高喷射（旋喷处理地基的顶面超过建筑基础底面，其超高量大于收缩高度）、回灌冒浆或第二次注浆等措施。

12.3.11 高压喷射注浆处理地基时，在浆液未硬化前，有效喷射范围内的地基因受到扰动而强度降低，容易产生附加变形，因此在处理既有建筑地基或在邻近既有建筑旁施工时，应防止施工过程中，在浆液凝固硬化前导致建筑物的附加下沉。通常采用控制施工速度、顺序和加快浆液凝固时间等方法防止或减小附加变形。

12.3.12 在城市施工中泥浆管理直接影响文明施工，必须在开工前做好规划，做到有计划的堆放或废浆及时排出现场，保持场地文明。

12.3.13 应在专门的记录表格上做好自检，如实记录施工的各项参数和详细描述喷射注浆时的各种现象，以便判断加固效果并为质量检验提供资料。

12.4 质量检验

12.4.1 应在严格控制施工参数的基础上，根据具体情况选定质量检验方法。开挖检查法虽简单易行，通常在浅层进行，但难以对整个固结体的质量作全面检查。钻孔取芯是检验单孔固结体质量的常用方法，选用时需以不破坏固结体和有代表性为前提，可以在28d后取芯或在未凝以前软取芯(软弱粘性土地基)。标准贯入和静力触探在有经验的情况下也可以应用。载荷试验是建筑地基处理后检验地基承载力的良好方法。压水试验通常在工程有防渗漏要求时采用。

建筑物的沉降观测及基坑开挖过程测试和观察是全面检查建筑地基处理质量的不可缺少的重要方法。

12.4.2 检验点的位置应重点布置在有代表性的加固区。必要时，对喷射注浆时出现过异常现象和地质复杂的地段亦应检验。

12.4.3 每个建筑工程喷射注浆处理后，不论其大小，均应进行检验。检验量为施工孔数的1%，并且至少要检验3点。

12.4.4 高压喷射注浆处理地基的强度离散性大，在软弱粘性土中，强度增长速度较慢。检验时间应在喷射注浆后28d进行，以防由于固结体强度不高时，因检验而受到破坏，影响检验的可靠性。

13 石灰桩法

13.1 一般规定

13.1.1 石灰桩是以生石灰为主要固化剂与粉煤灰或火山灰、炉渣、矿渣、粘性土等掺合料按一定的比例均匀混合后，在桩孔中经机械或人工分层振压或夯实所形成的密实桩体。为提高桩身强度，还可掺加石膏、水泥等外加剂。

石灰桩的主要作用机理是通过生石灰的吸水膨胀挤密桩周土，继而经过离子交换和胶凝反应使桩间土强度提高。同时桩身生石灰与活性掺合料经过水化、胶凝反应，使桩身具有0.3~1.0MPa的抗压强度。

石灰桩属可压缩的低粘结强度桩，能与桩间土共同作用形成复合地基。

由于生石灰的吸水膨胀作用，特别适用于新填土和淤泥的加固，生石灰吸水后还可使淤泥产生自重固结。形成强度后的密集的石灰桩身与经加固的桩间土结合为一体，使桩间土欠固结状态消失。

石灰桩与灰土桩不同，可用于地下水位以下的土层，用于地下水位以上的土层时，如土中含水量过低，则生石灰水化反应不充分，桩身强度降低，甚至不能硬化。此时采取减少生石灰用量和增加掺合料含水量的办法，经实践证明是有效的。

石灰桩不适用于地下水下的砂类土。

13.1.2 石灰桩可就地取材，各地生石灰、掺合料及土质均有差异，在无经验的地区应进行材料配比试验。由于生石灰膨胀作用，其强度与侧限有关，因此，配比试验宜在现场地基土中进行。

13.2 设　　计

13.2.1 块状生石灰经测试其孔隙率为35%～39%，掺合料的掺入数量理论上至少应能充满生石灰块的孔隙，以降低造价，减少生石灰膨胀作用的内耗。

生石灰与粉煤灰、炉碴、火山灰等活性材料可以发生水化反应，生成不溶于水的水化物，同时使用工业废料也符合国家环保政策。

在淤泥中增加生石灰用量有利于淤泥的固结，桩顶附近减少生石灰用量可减少生石灰膨胀引起的地面隆起，同时桩体强度较高。

当生石灰用量超过总体积的30%时，桩身强度下降，但对软土的加固效果较好，经过工程实践及试验总结，生石灰与掺合料的体积比为1:1或1:2较合理，土质软弱时采用1:1，一般采用1:2。

桩身材料加入少量的石膏或水泥可以提高桩身强度，在地下水渗透较严重的情况下或为提高桩顶强度时，可适量加入。

13.2.2 石灰桩属可压缩性桩，一般情况下桩顶可不设垫层。石灰桩身根据不同的掺合料有不同的渗透系数，其值为10^{-3}～10^{-5}cm/s量级，可作为竖向排水通道。

13.2.3 由于石灰桩的膨胀作用，桩顶覆盖压力不够时，易引起桩顶土隆起，增加再沉降，因此其空口高度不宜小于500mm，以保持一定的覆盖压力。

其封口标高应略高于原地面系为了防止地面水早期渗入桩顶，导致桩身强度降低。

13.2.4 试验表明，石灰桩宜采用细而密的布桩方式，这样可以充分发挥生石灰的膨胀挤密效应，但桩径过小则施工速度受影响。目前人工成孔的桩径以ϕ300mm为宜，机械成孔以ϕ350mm左右为宜。

过去的习惯是将基础以外也布置数排石灰桩，如此则造价剧增，试验表明在一般的软土中，围护桩对提高复合地基承载力的增益不大。在承载力很低的淤泥或淤泥质土中，基础外围增加1～2排围护桩有利于对淤泥的加固，可以提高地基的整体稳定性，同时围护桩可将土中大孔隙挤密能起止水作用，可提高内排桩的施工质量。

13.2.5 洛阳铲成孔桩长不宜超过6m，系指人工成孔，如用机动洛阳铲可适当加长。机械成孔管外投料时，如桩长过长，则不能保证成桩直径，特别在易缩孔的软土中，桩长只能控制在6m以内，不缩孔时，桩长可控制在8m以内。

13.2.6 由于石灰桩复合地基桩土变形谐调，石灰桩身又为可压缩的柔性桩，复合土层承载性能接近人工垫层。大量工程实践证明，复合土层沉降仅为桩长的0.5%～0.8%，沉降主要来自于桩底下卧层，因此宜将桩端置于承载力较高的土层中。

正如本规范第13.2.10条说明中所述，石灰桩具有减载和预压作用，因此在深厚的软土中刚度较好的建筑物有可能使用“悬浮桩”，在无地区经验时，应进行大压板载荷试验，确定加固深度。

13.2.8 石灰桩桩身强度与土的强度有密切关系。土强度高时，对桩的约束力大，生石灰膨胀时可增加桩身密度，提高桩身强度，反之当土的强度较低时，桩身强度也相应降低。石灰桩在软土中的桩身强度多在0.3~1.0MPa之间，强度较低，其复合地基承载力不宜超过160kPa，而多在120~160kPa之间。如土的强度较高，可减少生石灰用量，外加石膏或水泥等外加剂，提高桩身强度，复合地基承载力可以提高，同时应当注意，在强度高的土中，如生石灰用量过大，则会破坏土的结构，综合加固效果不好。

13.2.9 试验研究证明，当石灰桩复合地基荷载达到其承载力特征值时，具有以下特征：

1 沿桩长范围内各点桩和土的相对位移很小（2mm以内），桩土变形谐调；

2 土的接触压力接近达到桩间土承载力特征值，即桩间土发挥度系数为1；

3 桩顶接触压力达到桩体比例极限，桩顶出现塑性变形；

4 桩土应力比趋于稳定，其值在2.5~5之间；

5 桩土的接触压力可采用平均压力进行计算。

基于以上特征，按本规范（7.2.8-1）式常规的面积比方法计算复合地基承载力是适宜的，在置换率计算中，桩径除考虑膨胀作用外，尚应考虑桩边2cm左右厚的硬壳层，故计算桩径取成孔直径的1.1~1.2倍。

桩间土的承载力与置换率、生石灰掺量以及成孔方式等因素有关。

试验检测表明生石灰对桩周边厚$0.3d$左右的环状土体显示了明显的加固效果，强度提高系数达1.4~1.6，圆环以外的土体加固效果不明显。因此，可采用下式计算桩间土承载力：

$$f_{sk} = \left[\frac{(K-1)d^2}{A_e(1-m)} + 1\right]\mu f_{ak} \tag{12}$$

式中 f_{ak}——天然地基承载力特征值；

K——桩边土强度提高系数取1.4~1.6，软土取高值；

A_e——一根桩分担的处理地基面积；

m——置换率；

d——计算桩直径；

μ——成桩中挤压系数，排土成孔时$\mu=1$，挤土成孔时$\mu=1\sim1.3$（可挤密土取高值，饱和软土取1）。

13.2.10 石灰桩的掺合料为轻质的粉煤灰或炉碴，生石灰块的重度约10kN/m³，石灰桩身饱和后重度为13kN/m³，以轻质的石灰桩置换土，复合土层的自重减轻，特别是石灰桩复合地基的置换率较大，减载效应明显。复合土层自重减轻即是减少了桩底下卧层软土的附加应力，以附加应力的减少值反推上部荷载减少的对应值是一个可观的数值。这种减载效应对减少软土变形增益很大。同时考虑石灰的膨胀对桩底土的预压作用，石灰桩底下卧层的变形较常规计算减小，经过湖北、广东地区四十余个工程沉降实测结果的对比（人工洛阳铲成孔、桩长6m以内，条形基础简化为筏基计算），变形较常规计算有明显减小。由于各地情况不同，统计数量有限，应以当地经验为主。

式（13.2.10）为常规复合模量的计算公式，系数α为桩间土加固后压缩模量的提高系数。如前述石灰桩身强度与桩间土强度有对应关系，桩身压缩模量也随桩间土模量的不同而变化，此大彼大，此小彼小，鉴于这种对应性质，复合地基桩土应力比的变化范围缩小，经大量测试，桩土应力比的范围为 2~5，大多为 3~4。

石灰桩桩身压缩模量可用环刀取样，作室内压缩试验求得。

13.3 施　　工

13.3.1 生石灰块的膨胀率大于生石灰粉，同时生石灰粉易污染环境。为了使生石灰与掺合料反应充分，应将块状生石灰粉碎，其粒径 30~50mm 为佳，最大不宜超过 70mm。

13.3.2 掺合料含水量过少则不易夯实，过大时在地下水位以下易引起冲孔（放炮）。

石灰桩身密实度是质量控制的重要指标，由于周围土的约束力不同，配比也不同，桩身密实度的定量控制指标难以确定，桩身密实度的控制宜根据施工工艺的不同凭经验控制。无经验的地区应进行成桩工艺试验。成桩 7~10d 后用轻便触探（N_{10}）进行对比检测，选择适合的工艺。

13.3.3 管外投料或人工成孔时，孔内往往存水，此时应采用小型软轴水泵或潜水泵排干孔内水，方能向孔内投料。

在向孔内投料的过程中如孔内渗水严重，则影响夯实（压实）桩料的质量，此时应采取降水或增打围护桩隔水的措施。

13.3.9 石灰桩施工中的冲孔(放炮)现象应引起重视,其主要原因在于孔内进水或存水使生石灰与水迅速反应,其温度高达 200~300℃,空气遇热膨胀,不易夯实,桩身孔隙大,孔隙内空气在高温下迅速膨胀,将上部夯实的桩料冲出孔口。应采取减少掺合料含水量,排干孔内积水或降水,加强夯实等措施,确保安全。

13.4 质 量 检 测

13.4.1 石灰桩加固软土的机理分为物理加固和化学加固两个作用，物理作用（吸水、膨胀）的完成时间较短，一般情况下 7d 以内均可完成。此时桩身的直径和密度已定型，在夯实力和生石灰膨胀力作用下，7~10d 桩身已具有一定的强度。而石灰桩的化学作用则速度缓慢，桩身强度的增长可延续 3 年甚至 5 年。考虑到施工的需要，目前将一个月龄期的强度视为桩身设计强度，7~10d 龄期的强度约为设计强度的 60%左右。

龄期 7~10d 时，石灰桩身内部仍维持较高的温度（30~50℃），采用静力触探检测时应考虑温度对探头精度的影响。

13.4.2~13.4.3 大量的检测结果证明，石灰桩复合地基在整个受力阶段，都是受变形控制的，其 p-s 曲线呈缓变型。石灰桩复合地基中的桩土具有良好的协同工作特征，土的变形控制着复合地基的变形，所以石灰桩复合地基的允许变形宜与天然地基的标准相近。

在取得载荷试验与静力触探检测对比经验的条件下，也可采用静力触探估算复合地基承载力。关于桩体强度的确定，可取 $0.1p_s$ 为桩体比例极限，这是经过桩体取样在试验机上作抗压试验求得比例极限与原位静力触探 p_s 值对比的结果。但仅适用于掺合料为粉煤灰、炉碴的情况。

地下水以下的桩底存在动水压力。夯实也不如桩的中上部，因此其桩身强度较低。桩的顶部由于覆盖压力有限，桩体强度也有所降低。因此石灰桩的桩体强度沿桩长变化，中部最高，顶部及底部较差。

试验证明当底部桩身具有一定强度时，由于化学反应的结果，其后期强度可以提高，但当 7 ~ 10d 比贯入阻力很小（p_s 值小于 1MPa）时，其后期强度的提高有限。

14 灰土挤密桩法和土挤密桩法

14.1 一般规定

14.1.1 灰土挤密桩或土挤密桩通过成孔过程中的横向挤压作用，桩孔内的土被挤向周围，使桩间土得以挤密，然后将备好的灰土或素土（粘性土）分层填入桩孔内，并分层捣实至设计标高。用灰土分层夯实的桩体，称为灰土挤密桩；用素土分层夯实的桩体，称为土挤密桩。二者分别与挤密的桩间土组成复合地基，共同承受基础的上部荷载。

大量的试验研究资料和工程实践表明，灰土挤密桩和土挤密桩用于处理地下水位以上的湿陷性黄土、素填土、杂填土等地基，不论是消除土的湿陷性还是提高承载力都是有效的。但当土的含水量大于 24% 及其饱和度超过 65% 时，在成孔及拔管过程中，桩孔及其周围容易缩颈和隆起，挤密效果差，故上述方法不适用于处理地下水位以下及毛细饱和带的土层。

基底下 5m 以内的湿陷性黄土、素填土、杂填土，通常采用土（或灰土）垫层或强夯等方法处理。大于 15m 的土层，由于成孔设备限制，一般采用其他方法处理。本条规定可处理地基的深度为 5 ~ 15m，基本上符合陕西、甘肃和山西等省的情况。

饱和度小于 60% 的湿陷性黄土，其承载力较高，湿陷性较强，处理地基常以消除湿陷性为主。而素填土、杂填土的湿陷性一般较小，但其压缩性高、承载力低，故处理地基常以降低压缩性、提高承载力为主。

灰土挤密桩和土挤密桩，在消除土的湿陷性和减小渗透性方面，其效果基本相同或差别不明显，但土挤密桩地基的承载力和水稳性不及灰土挤密桩，选用上述方法时，应根据工程要求和处理地基的目的确定。

14.1.2 灰土挤密桩和土挤密桩是一种比较成熟的地基处理方法，自二十世纪60年代以来，在陕西、甘肃等湿陷性黄土地区的工业与民用建筑的地基处理中已广泛使用，积累了一定的经验，对一般工程，施工前在现场不进行成孔挤密等试验，不致产生不良后果，并有利于加快地基处理的施工进度。但在缺乏建筑经验的地区和对不均匀沉降有严格限制的重要工程，施工前应按设计要求在现场进行试验，以检验地基处理方案和设计参数的合理性，对确保地基处理质量，查明其效果都很有必要。

试验内容包括成孔、孔内夯实质量、桩间土的挤密情况、单桩和桩间土以及单桩或多桩复合地基的承载力等。

14.2 设　计

14.2.1 局部处理地基的宽度超出基础底面边缘一定范围，主要在于改善应力扩散，增强地基的稳定性，防止基底下被处理的土层，在基础荷载作用下受水浸湿时产生侧向挤出，并使处理与未处理接触面的土体保持稳定。

局部处理超出基础边缘的范围较小，通常只考虑消除拟处理土层的湿陷性，而未考虑防渗隔水作用。但只要处理宽度不小于本条规定，不论是非自重湿陷性黄土还是自重湿陷性黄土，采用灰土挤密桩或土挤密桩处理后，对防止侧向挤出、减小湿陷变形的效果都很明显。

整片处理的范围大，既可消除拟处理土层的湿陷性，又可防止水从侧向渗入未处理的下部土层引起湿陷，故整片处理兼有防渗隔水作用。

14.2.2 本条对灰土挤密桩和土挤密桩处理地基的深度作了原则性规定，具体深度由设计根据现场土质情况、工程要求和成孔设备等因素确定。

当以消除地基土的湿陷性为主要目的时，在非自重湿陷性黄土场地，宜将附加应力与土的饱和自重应力之和大于湿陷起始压力的全部土层进行处理，或处理至地基压缩层的下限截止；在自重湿陷性黄土场地，宜处理至非湿陷性黄土层顶面止。

当以降低土的压缩性、提高地基承载力为主要目的时，宜对基底下压缩层范围内压缩系数 a_{1-2}大于 0.40MPa^{-1}或压缩模量小于6MPa的土层进行处理。

对湿陷性黄土地基，也可按现行国家标准《湿陷性黄土地区建筑规范》GB 50025的有关规定执行。

14.2.3 根据我国黄土地区的现有成孔设备，沉管（锤击、振动）成孔的桩孔直径多为0.37～0.40m。布置桩孔应考虑消除桩间土的湿陷性。桩间土的挤密用平均挤密系数 $\bar{\eta}_c$ 表示。

大量试验研究资料和工程经验表明，消除桩间土的湿陷性，桩孔之间的中心距离通常为桩孔直径的2.0～2.5倍，也可按本条公式（14.2.3）进行估算。

14.2.4 湿陷性黄土为天然结构，处理湿陷性黄土与处理扰动土有所不同，故检验桩间土的质量用平均挤密系数 $\bar{\eta}_c$ 控制，而不用压实系数控制，平均挤密系数是在成孔挤密深度内，通过取土样测定桩间土的平均干密度与其最大干密度的比值而获得，平均干密度的取样自桩顶向下 0.5m 起，每 1m 不应少于 2 点（1 组），即：桩孔外 100mm 处 1 点，桩孔之间的中心距（1/2 处）1 点。当桩长大于 6m 时，全部深度内取样点不应少于 12 点（6 组）；当桩长小于 6m 时，全部深度内的取样点不应少于 10 点（5 组）。

14.2.6 当为消除黄土、素填土和杂填土的湿陷性而处理地基时，桩孔内用素土（粘性土、粉质粘土）作填料，可满足工程要求，当同时要求提高其承载力或水稳性时，桩孔内用灰土作填料较合适。

为防止填入桩孔内的灰土吸水后产生膨胀，不得使用生石灰与土拌合，而应用消解后的石灰与黄土或其他粘性土拌合。石灰富含钙离子，与土混合后产生离子交换作用，在较短时间内便成为凝硬性材料，因此拌合后的灰土放置时间不可太长，并宜于当日使用完毕。

由于桩体是用松散状态的素土（粘性土或粘质粉土）、灰土经夯实而成，桩体的夯实质量可用土的干密度表示，土的干密度大，说明夯实质量好，反之，则差。桩体的夯实质量一般通过测定全部深度内土的干密度确定，然后将其换算为平均压实系数 $\bar{\lambda}_c$ 进行评定。桩体土的干密度取样：自桩顶向下 0.5m 起，每 1m 不应少于 2 点（1 组），即桩孔内距桩孔边缘 50mm 处 1 点，桩孔中心（即 1/2）处 1 点，当桩长大于 6m 时，全部深度内的取样点不应少于 12 点（6 组），当桩长不足 6m 时，全部深度内的取样点不应少于 10 点（5 组）。

桩体土的平均压实系数 $\bar{\lambda}_c$，是根据桩孔全部深度内的平均干密度与室内击实试验求得填料（素土或灰土）在最优含水量状态下的最大干密度的比值，即 $\bar{\lambda}_c = \frac{\bar{\rho}_{d0}}{\rho_{dmax}}$，式中 $\bar{\rho}_{d0}$ 为桩孔全部深度内的填料（素土或灰土），经分层夯实的平均干密度（t/m^3）；ρ_{dmax} 为桩孔内的填料（素土或灰土），通过击实试验求得最优含水量状态下的最大干密度（t/m^3）。

本条规定用灰土或素土填孔，桩体内的平均压实系数 $\bar{\lambda}_c$ 均不应小于 0.96。

14.2.7 灰土挤密桩或土挤密桩回填夯实结束后，在桩顶标高以上设置 300～500mm 厚的灰土垫层，一方面可使桩顶和桩间土找平，另方面有利于改善应力扩散，调整桩土的应力比，并对减小桩身应力集中也有良好作用。

14.2.8 为确定灰土挤密桩或土挤密桩的桩数及其桩长（或处理深度），设计时往往需要了解采用灰土挤密桩或土挤密桩处理地基的承载力，而原位测试（包括载荷试验、静力触探、动力触探）结果比较可靠。

用载荷试验可测定单桩和桩间土的承载力，也可测定单桩复合地基或多桩复合地基的承载力。当不用载荷试验时，桩间土的承载力可采用静力触探测定。桩体特别是灰土填孔的桩体，采用静力触探测定其承载力不一定可行，但可采用动力触探测定。

14.2.9 灰土挤密桩或土挤密桩复合地基的变形，包括桩和桩间土及其下卧未处理土层的变形。前者通过挤密后，桩间土的物理力学性质明显改善，即土的干密度增大、压缩性降低、承载力提高，湿陷性消除，故桩和桩间土（复合土层）的变形可不计算，但应计算下卧未处理土层的变形。

14.3 施　　工

14.3.1 现有成孔方法，包括沉管（锤击、振动）和冲击等方法，但都有一定的局限性，在城乡建设和居民较集中的地区往往限制使用，如锤击沉管成孔，通常允许在新建场地使用，故选用上述方法时，应综合考虑设计要求、成孔设备或成孔方法、现场土质和对周围环境的影响等因素。

14.3.2 施工灰土挤密桩或土挤密桩时，在成孔或拔管过程中，对桩孔（或桩顶）上部土层有一定的松动作用，因此施工前应根据选用的成孔设备和施工方法，在基底标高以上预留一定厚度的松动土层，待成孔和桩孔回填夯实结束后，将其挖除或按设计规定进行处理。

14.3.3 拟处理地基土的含水量对成孔施工与桩间土的挤密至关重要。工程实践表明，当天然土的含水量小于12%时，土呈坚硬状态，成孔挤密困难，且设备容易损坏；当天然土的含水量等于或大于24%，饱和度大于65%时，桩孔可能缩颈，桩孔周围的土容易隆起，挤密效果差；当天然土的含水量接近最优（或塑限）含水量时，成孔施工速度快，桩间土的挤密效果好。因此，在成孔过程中，应掌握好拟处理地基土的含水量不要太大或太小，最优含水量是成孔挤密施工的理想含水量，而现场土质往往并非恰好是最优含水量，如只允许在最优含水量状态下进行成孔施工，小于最优含水量的土便需要加水增湿，大于最优含水量的土则要采取晾干等措施，这样施工很麻烦，而且不易掌握准确和加水均匀。因此，当拟处理地基土的含水量低于12%时，宜按公式(14.3.2)计算的加水量进行增湿。对含水量介于12～24%的土，只要成孔施工顺利，桩孔不出现缩颈，桩间土的挤密效果符合设计要求，不一定要采取增湿或晾干措施。

14.3.4 成孔和孔内回填夯实的施工顺序，习惯做法从外向里间隔1～2孔进行，但施工到中间部位，桩孔往往打不下去或桩孔周围地面明显隆起，为此有的修改设计，增大桩孔之间的中心距离，这样很麻烦。为此本条改为对整片处理，宜从里（或中间）向外间隔1～2孔进行，对大型工程可采取分段施工，对局部处理，宜从外向里间隔1～2孔进行。局部处理的范围小，且多为独立基础及条形基础，从外向里对桩间土的挤密有好处，也不致出现类似整片处理或桩孔打不下去的情况。

桩孔的直径与成孔设备或成孔方法有关，成孔设备或成孔方法如已选定，桩孔直径基本上固定不变，桩孔深度按设计规定，为防止施工出现偏差或不按设计图施工，在施工过程中应加强监督，采取随机抽样的方法进行检查，但抽查数量不可太多，每台班检查1～2孔即可，以免影响施工进度。

14.3.5～14.3.7 施工记录是验收的原始依据。必须强调施工记录的真实性和准确性，且不得任意涂改。为此应选择有一定业务素质的相关人员担任施工记录，这样才能确保做好施工记录。

土料和灰土受雨水淋湿或冻结，容易出现“橡皮土”，且不易夯实。当雨季或冬季选择灰土挤密桩或土挤密桩处理地基时，应采取防雨或防冻措施，保护灰土或土料不受雨水淋湿或冻结，以确保施工质量。

14.4 质 量 检 验

14.4.1 为确保灰土挤密桩或土挤密桩处理地基的质量，在施工过程中应采取抽样检验，检验数据和结论应准确、真实，具有说服力，对检验结果应进行综合分析或综合评价。

14.4.2 本条根据一般工程和重要工程，对抽样检验的数量分别作了规定。由于挖探井取土样对桩体和桩间土均有一定程度的扰动及破坏，因此选点应具有代表性，并保证检验数据的可靠性。

取样结束后，其探井应分层回填夯实，压实系数不应小于0.93。

15 柱锤冲扩桩法

15.1 一般规定

15.1.1 柱锤冲扩桩法的加固机理主要有以下四点：1是成孔及成桩过程中对原土的动力挤密作用；2是对原土的动力固结作用；3是冲扩桩充填置换作用（包括桩身及挤入桩间土的骨料）；4是生石灰的水化和胶凝作用（化学置换）。

上述作用依不同土类而有明显区别。对地下水位以上杂填土、素填土、粉土及可塑状态粘性土、黄土等，在冲孔过程中成孔质量较好，无坍孔及缩颈现象，孔内无积水，成桩过程中地面不隆起甚至下沉，经检测孔底及桩间土在成孔及成桩过程中得到挤密，试验表明挤密土影响范围约为2~3倍桩径。而对地下水位以下饱和松软土层冲孔时坍孔严重，有时甚至无法成孔，在成桩过程中地面隆起严重，经检测桩底及桩间土挤密效果不明显，桩身质量也较难保证，因此对上述土层应慎用。限于目前设备条件，处理深度不宜大于6m，否则不经济。对于湿陷性黄土地区，其地基处理深度及复合地基承载力特征值，可按当地经验确定。

15.1.2 柱锤冲扩桩法目前还处于半理论半经验状态，成孔和成桩工艺及地基固结效果直接受到土质条件的影响。因此在正式施工前进行成桩试验及试验性施工十分必要。根据现场试验取得的资料修改设计，制定施工及检验要求。

现场试验主要内容：1. 成孔及成桩试验；2. 试验性施工；3. 复合地基承载力对比试验（载荷试验及动力触探试

验）。

15.2 设　计

15.2.1 地基处理的宽度超过基础底面边缘一定范围，主要作用在于增强地基的稳定性，防止基底下被处理土层在附加应力作用下产生侧向变形，因此原天然土层越软，加宽的范围应越大。通常按压力扩散角 $\theta = 30°$ 来确定加固范围的宽度，并不少于 1～2 排桩。

用柱锤冲扩桩法处理可液化地基应适当加大处理宽度。对于上部荷载较小的室内非承重墙及单层砖房可仅在基础范围内布桩。

15.2.2 对于可塑状态粘性土、黄土等，因靠冲扩桩的挤密来提高桩间土的密实度，所以采用等边三角形布桩有利，可使地基挤密均匀。对于软粘土地基，主要靠置换，因而选用任何一种布桩方式均可。考虑到施工方便，以正方形或正方形中间补桩一根（等腰三角形）的布桩形式最为常用。

桩间距与设计要求的复合地基承载力及原地基土的承载力有关，根据经验，桩中距一般可取 1.5～2.5m 或取桩径的 2～3 倍。

15.2.3 柱锤冲扩桩法有以下三个直径：

1 柱锤直径：它是柱锤实际直径，现已经形成系列，常用直径为 300～500mm，如公称 ϕ377 锤，就是 377mm 直径的柱锤。

2 冲孔直径：它是冲孔达到设计深度时，地基被冲击成孔的直径，对于可塑状态粘性土其成孔直径往往比锤直径要大。

3 桩径：它是桩身填料夯实后的平均直径，它比冲孔直径大，如 ϕ377 柱锤夯实后形成的桩径可达 600～800mm。因此，桩径不是一个常数，当土层松软时，桩径就大，当土层较密时，桩径就小。

设计时一般先根据经验假设桩径，假设时应考虑柱锤规格、土质情况及复合地基的设计要求，一般常用 $d = 500$～800mm，经试成桩后再调整桩径。

15.2.4 地基处理深度的确定应考虑：1. 软弱土层厚度；2. 可液化土层厚度；3. 地基变形等因素。限于设备条件，柱锤冲扩桩法适用于 6m 以内的浅层处理，因此当软弱土层较厚时应进行地基变形和下卧层地基承载力验算。

15.2.5 柱锤冲扩桩法是从地下向地表进行加固，由于地表约束减少，加之成桩过程中桩间土隆起造成桩顶及槽底土质松动，因此为保证地基处理效果及扩散基底压力，对低于槽底的松散桩头及松软桩间土应予以清除，换填砂石垫层。

15.2.6 桩体材料推荐采用以拆房土为主组成的碎砖三合土，主要是为了降低工程造价，减少杂土丢弃对环境的污染。有条件时也可以采用级配砂石、矿渣、灰土、水泥混合土等，由于目前尚缺少足够的工程经验，因此当采用其他材料时，应经试验确定其适用性和配合比等有关参数。

碎砖三合土的配合比（体积比）除设计有特殊要求外，一般可采用 1:2:4（生石灰:碎砖:粘性土）。对地下水位以下流塑状态松软土层，宜适当加大碎砖及生石灰用量。碎砖三合土中的石灰宜采用块状生石灰，CaO 含量应在 80% 以上。碎砖三合土中的土料，尽量选用就地基坑开挖出的粘性土料，不应含有机物料（如油毡、苇草、木片等），不应使用淤泥质土、盐渍土和冻土。土料含水量对桩身密实度影响较大，因此应采用最佳含水量进行施工，考虑实际施工时土料来源及成分复杂，根据大量工程实践经验，采用目力鉴别即手握成团、落地开花即可。

为了保证桩身均匀及触探试验的可靠性，碎砖粒径不宜大于120mm，如条件容许碎砖粒径控制在60mm左右最佳，成桩过程中严禁使用粒径大于240mm砖料及混凝土块。

15.2.7 柱锤冲扩三合土桩属散体材料桩（或柔性桩），桩身密实度及承载力因受桩间土影响而较离散，因此规范规定应按复合地基载荷试验确定其承载力。初步设计时也可按式(7.2.8-3)进行估算，该式是根据桩和桩间土通过刚性基础共同承担上部荷载而推导出来的。式中桩土应力比 n 是根据部分载荷试验资料而实测出来的。加固后桩间土承载力 f_{sk} 应根据土质条件及设计要求确定，当天然地基承载力特征值 $f_{ak} \geqslant 80$kPa 时，可取加固前天然地基承载力进行估算；对于新填沟坑、杂填土等松软土层，可按当地经验或经现场试验根据重型动力触探平均击数 $\overline{N}_{63.5}$ 参考表16确定。

表16　桩间土 $\overline{N}_{63.5} \sim f_{sk}$ 关系表

$\overline{N}_{63.5}$	2	3	4	5	6	7
f_{sk}（kPa）	80	110	130	140	150	160

注：1　计算 $\overline{N}_{63.5}$ 时应去掉10%的极大值和极小值，当触探深度大于4m时，$N_{63.5}$ 应乘以0.9折减系数。

2　杂填土及饱和松软土层，表中 f_{sk} 应乘以0.9折减系数。

15.2.8 本规范式（7.2.9）是根据复合地基在上部荷载作用下协调变形、应变趋于一致，复合地基中桩和桩间土应力按压缩模量大小分配而推导出来的。加固后桩间土压缩模量可按当地经验或根据加固后桩间土重型动力触探平均击数 $\overline{N}_{63.5}$ 参考表17选用。

表17　桩间土 $\overline{N}_{63.5} \sim E_s$ 关系表

$\overline{N}_{63.5}$	2	3	4	5	6
E_s（MPa）	4.0	6.0	7.0	7.5	8.0

15.3　施　　工

15.3.1 本规范建议采用的柱锤及自动脱钩装置为沧州市机械施工有限公司的产品。目前生产上采用的系列柱锤如表18所示：

表18　柱锤明细表

序号	规格			锤底形状
	直径（mm）	长度（m）	质量（t）	
1	325	2～6	1.0～4.0	凹形底
2	377	2～6	1.5～5.0	凹形底
3	500	2～6	3.0～9.0	凹形底

注：封顶或拍底时，可采用质量2～10t的扁平重锤进行。

柱锤可用钢材制作或用钢板为外壳内部浇筑混凝土制成，也可用钢管为外壳内部浇铸铁制成。

为了适应不同工程的要求，钢制柱锤可制成装配式，由组合块和锤顶两部分组成，使用时用螺栓连成整体，调整组合块数（一般0.5t/块），即可按工程需要组合成不同质量和长度的柱锤。

锤型选择应按土质软硬、处理深度及成桩直径经试成桩后加以确定，柱锤长度不宜小于处理深度。

15.3.2 升降柱锤的设备可选用10～30t自行杆式起重机或其他专用设备，采用自动脱钩装置，起重能力应通过计算（按锤质量及成孔时土层对柱锤的吸附力）或现场试验确定，一般不应小于锤质量的3～5倍。

15.3.3 场地平整、清除障碍物是机械作业的基本条件。当加固深度较深，柱锤长度不够时，也可采取先挖出一部分土，然后再进行冲扩施工。

施工时桩位放线一般可在地面上撒白灰线，或在桩位处用短钢钎击深200mm，然后灌入白灰，以保证桩位准确。桩点要醒目、持久，以防漏桩。

柱锤冲扩桩法成孔方式有：

1 冲击成孔：最基本的成孔工艺，条件是冲孔时孔内无明水、孔壁直立、不坍孔、不缩颈。

2 填料冲击成孔：当冲击成孔出现坍孔或缩颈时，采用本法。这时的填料与成桩填料不同，主要目的是吸收孔壁附近地基中的水分，密实孔壁，使孔壁直立、不坍孔、不缩颈。碎砖及生石灰能够显著降低土壤中的水分，提高桩间土承载力，因此填料冲击成孔时应采用碎砖及生石灰块。

3 二次复打成孔：当采用填料冲击成孔施工工艺也不能保证孔壁直立、不坍孔、不缩颈时，应采用本方案。在每一次冲扩时，填料以碎砖、生石灰为主，根据土质不同采用不同配比，其目的是吸收土壤中水分，改善原土性状。第二次复打成孔后要求孔壁直立、不坍孔，然后边填料边夯实形成桩体。第二次冲孔可在原桩位，也可在桩间进行。

套管成孔可解决坍孔及缩颈问题，但其施工工艺较复杂，因此只在特殊情况下使用。

桩体施工的关键是分层填料量、分层夯实厚度及总填料量。施工前应根据试成桩及设计要求的桩径和桩长进行确定。填料充盈系数不宜小于1.5。如密实度达不到设计要求，应空夯夯实。

每根桩的施工记录是工程质量管理的重要依据，也是施工中发现问题的重要一环，所以必须设专门技术人员负责记录工作。

要求夯填至桩顶设计标高以上，主要是为了保证桩顶密实度。当不能满足上述要求时，应进行夯实或采用局部换填处理。

15.3.4 柱锤冲扩桩法夯击能量较大，易发生地面隆起，造成表层桩和桩间土出现松动，从而降低处理效果，因此成孔及填料夯实的施工顺序宜间隔进行。

15.4 质量检验

15.4.1 柱锤冲扩桩法质量检验程序：施工中施工单位自检→竣工后质检部门抽检→基槽开挖后验槽三个环节。实践证明这是行之有效的，其中施工单位自检尤为重要。

15.4.2 采用柱锤冲扩桩法处理的地基，其承载力是随着时间增长而逐步提高的，因此要求在施工结束后休止7～14d再进行检验，实践证明这样不仅方便施工也是偏于安全的。对非饱和土和粉土休止时间可适当缩短。

桩身及桩间土密实度检验宜优先采用重型动力触探进行。检验点应随机抽样并经设计或监理认定，检测点不少于总桩数的2%且不少于6组（即同一检测点桩身及桩间土分别进行检验）。当土质条件复杂时，应加大检验数量。

柱锤冲扩桩复合地基质量评定主要是地基承载力大小及均匀程度。复合地基承载力与桩身及桩间土动力触探击数的相关关系应经对比试验按当地经验确定。实践表明采用柱锤冲扩桩法处理的土层往往上部及下部稍差而中间较密实，因此有必要时可分层进行评价。

15.4.5 基槽开挖检验的重点是桩顶密实度及槽底土质情况。由于柱锤冲扩桩法施工工艺的特点是冲孔后自下而上成桩，即由下往上对地基进行加固处理，由于顶部上覆压力小，容易造成桩顶及槽底土质松动，而这部分又是直接持力层，因此应加强对桩顶特别是槽底以下1m厚范围内土质的检验，检验方法可采用轻便触探进行。桩位偏差不宜大于1/2桩径，桩径负偏差不宜大于100mm，桩数应满足设计要求。

16 单液硅化法和碱液法

16.1 一 般 规 定

16.1.1 碱液法在自重湿陷性黄土地区使用较少，而且加固深度不足5m，为防止采用碱液法加固既有建筑物地基产生附加沉降，本条规定，在自重湿陷性黄土场地，当采用碱液法加固时，应通过试验确定其可行性，待取得经验后再逐步扩大其应用范围。

16.1.2 采用单液硅化法或碱液法，对拟建的设备基础和构筑物的地基进行加固，主体工程尚未施工，在灌注溶液过程中，不致产生附加沉降，也无其他不良后果，经加固后的地基，土的湿陷性消除，承载力明显提高。

在非自重湿陷性黄土场地，既有建筑物和设备基础一旦出现不均匀沉降，或地基偶然受水浸湿引起湿陷，采用上述方法加固地基，可迅速阻止其沉降和裂缝继续发展。

16.1.3、16.1.4 进行单孔或多孔灌注溶液试验，主要在于确定设计、施工所需的有关参数以及单液硅化法与碱液法的加固效果。

酸性土和土中已渗入油脂或有机质含量较多的土，阻碍溶液与土接触，不产生化学反应，无加固作用或加固效果不佳。

16.2 设 计

（Ⅰ） 单液硅化法

16.2.1 单液硅化法加固湿陷性黄土地基的灌注工艺有两

种。一是压力灌注，二是溶液自渗。

压力灌注溶液的速度快，扩散范围大，灌注溶液过程中，溶液与土接触初期，尚未产生化学反应，在自重湿陷性严重的场地，采用此法加固既有建筑物地基，附加沉降可达30cm以上，对既有建筑物显然是不允许的，故本条规定，压力灌注可用于加固自重湿陷性场地上拟建的设备基础和构筑物的地基，也可用于加固非自重湿陷性黄土场地上既有建筑物和设备基础的地基。因为非自重湿陷性黄土有一定的湿陷起始压力，基底附加应力不大于湿陷起始压力或虽大于湿陷起始压力但数值不大时，不致出现附加沉降，并已为大量工程实践和试验研究资料所证明。

压力灌注需要用加压设备（如空压机）和金属灌注管等，成本相对较高，其优点是加固范围较大，不只是可加固基础侧向，而且可加固既有建筑物基础底面以下的部分土层。

溶液自渗的速度慢，扩散范围小，溶液与土接触初期，对既有建筑物和设备基础的附加沉降很小（10~20mm），不超过建筑物地基的允许变形值。

此工艺是在二十世纪80年代初发展起来的，在现场通过大量的试验研究，采用溶液自渗加固了大厚度自重湿陷性黄土场地上既有建筑物和设备基础的地基，控制了建筑物的不均匀沉降及裂缝继续发展，并恢复了建筑物的使用功能。

溶液自渗的灌注孔可用钻机或洛阳铲成孔，不需要用灌注管和加压等设备，成本相对较低，含水量不大于20%、饱和度不大于60%的地基土，采用溶液自渗较合适。

16.2.2 湿陷性黄土的天然含水量较小，孔隙中一般无自由水，采用浓度（10%~15%）低的硅酸钠（俗称水玻璃）溶液注入土中，不致被孔隙中的水稀释，此外，溶液的浓度低，粘滞度小，可灌性好，渗透范围较大，加固土的无侧限抗压强度可达300kPa以上，并对降低加固土的成本有利。

加固湿陷性黄土的溶液用量，按公式（16.2.2）进行估算，便于做到心中有数，并可控制工程总预算及硅酸钠溶液的总消耗量，溶液填充孔隙的系数是根据已加固的工程经验得出的。

单液硅化加固湿陷性黄土的主要材料为液体水玻璃（即硅酸钠溶液），其颜色多为透明或稍许混浊，不溶于水的杂质含量不得超过规定值。

水玻璃的模数值是二氧化硅与氧化钠（百分率）之比，水玻璃的模数值愈大，意味着水玻璃中含 SiO_2 的成分愈多。因为硅化加固主要是由 SiO_2 对土的胶结作用，所以水玻璃模数值的大小直接影响着加固土的强度。试验研究表明，模数值为 $\frac{SiO_2\%}{Na_2O\%}=1$ 的纯偏硅酸钠溶液加固土的强度很小，完全不适合加固土的要求，模数值在2.5~3.0范围内的水玻璃溶液，加固土的强度可达最大值，模数值超过3.3以上时，随着模数值的增大，加固土的强度反而降低，说明 SiO_2 过多对土的强度有不良影响，因此本条规定采用单液硅化加固湿陷性黄土地基，水玻璃的模数值宜为2.5~3.3。

16.2.3 从工厂购进的水玻璃溶液，其浓度通常大于加固湿陷性黄土所要求的浓度，比重多为1.45或大于1.45，注入土中时的浓度宜为10%~15%，相对密度为1.13~1.15，故需要按式（16.2.3）计算加水量，对浓度高的水玻璃溶液进行稀释。

16.2.4 加固既有建（构）筑物和设备基础的地基，不可能直接在基础底面下布置灌注孔，而只能在基础侧向（或周边）布置灌注孔，因此基础底面下的土层难以达到加固要求，对基础侧向地基土进行加固，可以防止侧向挤出，减小地基的竖向变形，每侧布置一排灌注孔加固土体很难联成整体，故本条规定每侧布置灌注孔不宜少于2排。

当基础底面宽度大于3m时，除在基础每侧布置2排灌注孔外，是否需要布置斜向基础底面的灌注孔，可根据工程具体情况确定。

（Ⅱ）碱液法

16.2.5 室内外试验表明，当100g干土中可溶性和交换性钙镁离子含量不少于10mg·eq时，灌入氢氧化钠溶液都可得到较好的加固效果。

氢氧化钠溶液注入土中后，土粒表层会逐渐发生膨胀和软化，进而发生表面的相互溶合和胶结（钠铝硅酸盐类胶结），但这种溶合胶结是非水稳性的，只有在土粒周围存在有 $Ca(OH)_2$ 和 $Mg(OH)_2$ 的条件下，才能使这种胶结构成为强度高且具有水硬性的钙铝硅酸盐络合物。这些络合物的生成将使土粒牢固胶结，强度大大提高，并且具有充分的水稳性。

由于黄土中钙、镁离子含量一般都较高（属于钙、镁离子饱和土），故采用单液加固已足够。如钙、镁离子含量较低，则需考虑采用碱液与氯化钙溶液的双液法加固。为了提高碱液加固黄土的早期强度，也可适当注入一定量的氯化钙溶液。

16.2.6 碱液加固深度的确定，关系到加固效果和工程造价，要保证加固效果良好而造价又低，就需要确定一个合理的加固深度。碱液加固法适宜于浅层加固，加固深度不宜超过4~5m。过深除增加施工难度外，造价也较高。当加固深度超过5m时，应与其他加固方法进行技术经济比较后，再行决定。

位于湿陷性黄土地基上的基础，浸水后产生的湿陷量可分为由附加压力引起的湿陷以及由饱和自重压力引起的湿陷，前者一般称为外荷湿陷，后者称为自重湿陷。

有关浸水载荷试验资料表明，外荷湿陷与自重湿陷影响深度是不同的。对非自重湿陷性黄土地基只存在外荷湿陷。当其基底压力不超过200kPa时，外荷湿陷影响深度约为基础宽度 b 的1.0~2.4倍，但80%~90%的外荷湿陷量集中在基底下1.0~1.5b的深度范围内，其下所占的比例很小。对自重湿陷性黄土地基，外荷湿陷影响深度则为2.0~2.5b。在湿陷影响深度下限处土的附加压力与饱和自重压力的比值为0.25~0.36，其值较一般确定压缩层下限标准0.2（对一般土）或0.1（对软土）要大得多，故外荷湿陷影响深度小于压缩层深度。

位于黄土地基上的中小型工业与民用建筑物，其基础宽度多为1~2m。当基础宽度为2m或2m以上时，其外荷湿陷影响深度将超过4m，为避免加固深度过大，当基础较宽，也即外荷湿陷影响深度较大时，加固深度可减少到1.5~2.0b，这时可消除80%~90%的外荷湿陷量，从而大大减轻湿陷的危害。

对自重湿陷性黄土地基，试验研究表明，当地基属于自重湿陷不敏感或不很敏感类型时，如浸水范围小，外荷湿陷将占到总湿陷的87%~100%，自重湿陷将不产生或产生的很不充分。当基底压力不超过200kPa时，其外荷湿陷影响深度为2.0～2.5b，故本规范建议，对于这类地基，加固深度为2.0～3.0b，这样可基本消除地基的全部外荷湿陷。

16.2.7 试验表明，碱液灌注过程中，溶液除向四周渗透外，还往灌注孔上下各外渗一部分，其范围约相当于有效加固半径 r。但灌注孔以上的渗出范围，由于溶液温度高，浓度也相对较大，故土体硬化快，强度高；而灌注孔以下部分，则因溶液温度和浓度都已降低，故强度较低。因此，在加固厚度计算时，可将孔下部渗出范围略去，而取 $h = l + r$，偏于安全。

16.2.8 每一灌注孔加固后形成的加固土体可近似看做一圆柱体，这圆柱体的平均半径即为有效加固半径。灌液过程中，水分渗透距离远较加固范围大。在灌注孔四周，溶液温度高，浓度也相对较大；溶液往四周渗透中，溶液的浓度和温度都逐渐降低，故加固体强度也相应由高到低。试验结果表明，无侧限抗压强度－距离关系曲线近似为一抛物线，在加固柱体外缘，由于土的含水量增高，其强度比未加固的天然土还低。灌液试验中一般可取加固后无侧限抗压强度高于天然土无侧限抗压强度平均值50%以上的土体为有效加固体，其值大约在100～150kPa之间。有效加固体的平均半径即为有效加固半径。

从理论上讲，有效加固半径随溶液灌注量的增大而无限增大，但实际上，当溶液灌注超过某一定数量后，加固体积并不与灌注量成正比，这是因为外渗范围过大时，外围碱液浓度大大降低，起不到加固作用。因此存在一个较经济合理的加固半径。试验表明，这一合理半径一般为0.40～0.50m。

16.2.9 碱液加固一般采用直孔，很少采用斜孔。如灌注孔紧贴基础边缘。则有一半加固体位于基底以下，已起到承托基础的作用，故一般只需沿条形基础两侧或单独基础周边各布置一排孔即可。如孔距为1.8～2.0r，则加固体连成一体，相当于在原基础两侧或四周设置了刚性桩，与周围未加固土体组成复合地基。

16.2.10 湿陷性黄土的饱和度一般在15%～77%范围内变化，多数在40%～50%左右，故溶液充填土的孔隙时不可能全部取代原有水分，因此充填系数取0.6～0.8。举例如下，如加固1.0m^3黄土，设其天然孔隙率为50%，饱和度为40%，则原有水份体积为0.2m^3。当碱液充填系数为0.6时，则1.0m^3土中注入碱液为0.3（0.6×0.5）m^3，孔隙将被溶液全部充满，饱和度达100%。考虑到溶液注入过程中可能将取代原有土粒周围的部分弱结合水，这时可取充填系数为0.8，则注入碱液量为0.4（0.8×0.5）m^3，将有0.1m^3原有水分被挤出。

考虑到黄土的大孔隙性质，将有少量碱液顺大孔隙流失，不一定能均匀地向四周渗透，故实际施工时，应使碱液灌注量适当加大，本条建议取工作条件系数为1.1。

16.3 施　工

（Ⅰ）单液硅化法

16.3.1 压力灌注溶液的施工步骤除配溶液等准备工作外，主要分为打灌注管和灌注溶液。通常自基础底面标高起向下分层进行，先施工第一加固层，完成后再施工第二加固层，在灌注溶液过程中，应注意观察溶液有无上冒（即冒出地面）现象，发现溶液上冒应立即停止灌注，分析原因，采取措施，堵塞溶液不出现上冒后，再继续灌注。打灌注管及连接胶皮管时，应精心施工，不得摇动灌注管，以免灌注管壁与土接触不严，形成缝隙，此外，胶皮管与灌注管连接完毕后，还应将灌注管上部及其周围 0.5m 厚的土层进行夯实，其干密度不得小于 $1.60g/cm^3$。

加固既有建筑物地基，在基础侧向应先施工外排，后施工内排，并间隔 1~3 孔进行打灌注管和灌注溶液。

16.3.2 溶液自渗的施工步骤除配溶液与压力灌注相同外，打灌注孔及灌注溶液与压力灌注有所不同，灌注孔直接钻（或打）至设计深度，不需分层施工，可用钻机或洛阳铲成孔，采用打管成孔时，孔成后应将管拔出，孔径一般为 60~80mm。

溶液自渗不需要灌注管及加压设备，而是通过灌注孔直接渗入欲加固的土层中，在自渗过程中，溶液无上冒现象，每隔一定时间向孔内添加一次溶液，防止溶液渗干。

16.3.3 硅酸钠溶液配好后，如不立即使用或停放一定时间后，溶液会产生沉淀现象，灌注时，应再将其搅拌均匀，以免影响顺利灌注。

16.3.4 不论是压力灌注还是溶液自渗，计算溶液量全部注入土中后，加固土体中的灌注孔均宜用 2∶8 灰土分层回填夯实，防止地面水、生产或生活用水浸入地基土内。

16.3.5 对既有建筑物或设备基础进行沉降观测，可及时发现在灌注硅酸钠溶液过程中是否会引起附加沉降以及附加沉降的大小，便于查明原因，停止灌注或采取其他处理措施。

（Ⅱ）碱液法

16.3.6 灌注孔直径的大小主要与溶液的渗透量有关。如土质疏松，由于溶液渗透快，则孔径宜小。如孔径过大，在加固过程中，大量溶液将渗入灌注孔下部，形成上小下大的蒜头形加固体。如土的渗透性弱，而孔径较小，就将使溶液渗入缓慢，灌注时间延长，溶液由于在输液管中停留时间长，热量散失，将使加固体早期强度偏低，影响加固效果。

16.3.7 固体烧碱质量一般均能满足加固要求，液体烧碱及氯化钙在使用前均应进行化学成分定量分析，以便确定稀释到设计浓度时所需的加水量。

室内试验结果表明，用风干黄土加入相当于干土质量 1.12% 的氢氧化钠并拌合均匀制取试块，在常温下养护 28d 或在 40~100℃高温下养护 2h，然后浸水 20h，测定其无侧限抗压强度可达 166~446kPa。当拌合用的氢氧化钠含量低于干土质量 1.12% 时，试块浸水后即崩解。考虑到碱液在实际灌注过程中不可能分布均匀，因此一般按干土质量 3% 比例配料，湿陷性黄土干密度一般为 $1200\sim1500kg/m^3$，故加固每 $1m^3$ 黄土约需 NaOH 量为 35~45kg。

碱液浓度对加固土强度有一定影响，试验表明，当碱液浓度较低时加固强度增长不明显，较合理的碱液浓度宜为 90~100g/L。

16.3.8 由于固体烧碱中仍含有少量其他成分杂质，故配置碱液时应按纯 NaOH 含量来考虑。式（16.3.8-1）中忽略了由于固体烧碱投入后引起的溶液体积的少许变化。现将该式应用举例如下：

设固体烧碱中含纯 NaOH 为 85%，要求配置碱液浓度为 120g/L，则配置每立方米碱液所需固体烧碱量为：

$$G_s = 1000 \times \frac{M}{P} = 1000 \times \frac{0.12}{85\%} = 141.2\text{kg}$$

采用液体烧碱配置每立米浓度为 M 的碱液时，液体烧碱体积与所加的水的体积之和为 1000L，在 1000L 溶液中，NaOH 溶质的量为 $1000M$。一般化工厂生产的液体烧碱浓度以质量分数（即质量百分浓度）表示者居多，故施工中用比重计测出液体碱烧相对密度 d_N，并已知其质量分数为 N 后，则每升液体烧碱中 NaOH 溶质含量即为 $G_s = d_N V_1 N$，故 $V_1 = \frac{G_s}{d_N N} = \frac{1000M}{d_N N}$，相应水的体积为 $V_2 = 1000 - V_1 = 1000\left(1 - \frac{M}{d_N N}\right)$。

举例如下：设液体烧碱的质量分数为 30%，相对密度为 1.328，配制浓度为 100g/L 碱液时，每立方米溶液中所加的液体烧碱量为：

$$V_1 = 1000 \times \frac{M}{d_N N} = 1000 \times \frac{0.1}{1.328 \times 30\%} = 251\text{L}$$

16.3.9 碱液灌注前加温主要是为了提高加固土体的早期强度。在常温下，加固强度增长很慢，加固 3d 后，强度才略有增长。温度超过 40℃以上时，反应过程可大大加快，连续加温 2h 即可获得较高强度。温度愈高，强度愈大。试验表明，在 40℃条件下养护 2h，比常温下养护 3d 的强度提高 2.87 倍，比 28d 常温养护提高 1.32 倍。因此，施工时应将溶液加热到沸腾。加热可用煤、炭、木柴、煤气或通入锅炉蒸气，因地制宜。

16.3.10 碱液加固与硅化加固的施工工艺不同之处在于后者是加压灌注（一般情况下），而前者是无压自流灌注，因此一般渗透速度比硅化法慢。其平均灌注速度在 1～10L/min 之间，以 2～5L/min 速度效果最好。灌注速度超过 10L/min，意味着土中存在有孔洞或裂隙，造成溶液流失；当灌注速度小于 1L/min 时，意味着溶液灌不进，如排除灌注管被杂质堵塞的因素，则表明土的可灌性差。当土中含水量超过 28%或饱和度超过 75%时，溶液就很难注入，一般应减少灌注量或另行采取其他加固措施以进行补救。

16.3.11 在灌液过程中，由于土体被溶液中携带的大量水分浸湿，立即变软，而加固强度的形成尚需一定时间。在加固土强度形成以前，土体在基础荷载作用下由于浸湿软化将使基础产生一定的附加下沉，为减少施工中产生过大的附加下沉，避免建筑物产生新的危害，应采取跳孔灌液并分段施工，以防止浸湿区连成一片。由于 3d 龄期强度可达到 28d 龄期强度的 50%左右，故规定相邻两孔灌注时间间隔不少于 3d。

16.3.12 采用 $CaCl_2$ 与 NaOH 的双液法加固地基时，两种溶液在土中相遇即反应生成 $Ca(OH)_2$ 与 NaCl。前者将沉淀在土粒周围而起到胶结与填充的双重作用。由于黄土是钙、镁离子饱和土，故一般只采用单液法加固。但如要提高加固土强度，也可考虑用双液法。施工时如两种溶液先后采用同一容器，则在碱液灌注完成后应将容器中的残留碱液清洗干净，否则，后注入的 $CaCl_2$ 溶液将在容器中立即生成白色的 $Ca(OH)_2$ 沉淀物，从而使注液管堵塞，不利于溶液的渗入。为避免 $CaCl_2$ 溶液在土中置换过多的碱液中的钠离子，规定两种溶液间隔灌注时间不应少于 8～12h，以便使先注入的碱液与被加固土体有较充分的反应时间。

16.3.13 施工中应注意安全操作，并备工作服、胶皮手套、风镜、围裙、鞋罩等。皮肤如沾上碱液，应立即用 5%浓度的硼酸溶液冲洗。

16.4 质量检验

（Ⅰ） 单液硅化法

16.4.3 沉降观测结果，也可作为评定地基加固质量和效果好坏的重要依据之一。地基加固结束后，既有建筑物或设备基础的沉降很小并很快稳定，说明地基加固的质量和效果则好，反之则差。观测时间一般不应少于半年。

（Ⅱ） 碱液法

16.4.4～16.4.6 碱液加固后，土体强度有一个增长的过程，故验收工作应在施工完毕 28d 以后进行。

碱液加固工程质量的判定除以沉降观测为主要依据外，还应对加固土体的强度、有效加固半径和加固深度进行测定。有效加固半径和加固深度目前只能实地开挖测定。强度则可通过钻孔或开挖取样测定。由于碱液加固土的早期强度是不均匀的，一般应在有代表性的加固土体中部取样，试样的直径和高度均为 50mm，试块数应不少于 3 个，取其强度平均值。考虑到后期强度还将继续增长，故允许加固土 28d 龄期的无侧限抗压强度的平均值可不低于设计值的 90%。

如采用触探法检验加固质量，宜采用标准贯入试验；如采用轻便触探易导致钻杆损坏。

17 其他地基处理方法

17.0.1～17.0.5 除本规范 4～16 各章所列的地基处理方法外，常用的地基处理方法尚有注浆法、锚杆静压桩法、树根桩法和坑式静压桩法。这些方法已纳入行业标准《既有建筑地基基础加固技术规范》JGJ 123—2000 内，有关这些方法的设计和施工应按该规范有关规定执行。为方便使用，本章列出了上述方法的适用土类。

附录 A　复合地基载荷试验要点

A.0.2　正确选择承压板面积是确保试验结果准确性的重要环节。对于单桩或多桩复合地基载荷试验，其承压板面积必须与单桩或实际桩数所承担的处理面积相等。

A.0.4　载荷试验场地地基土含水量变化或地基土受到扰动，均会影响试验结果的准确性。引起地基土含水量变化的因素很多，诸如曝晒、冰冻、刮风、蒸发、基坑浸水和人工降低地下水位等均可引起地基土含水量变化。因此，试验前应采取有效的预防措施。

中华人民共和国行业标准

建筑桩基技术规范

Technical Code for Building Pile Foundations

JGJ 94—94

主编单位：中国建筑科学研究院
批准部门：中华人民共和国建设部
施行日期：1995 年 7 月 1 日

关于发布行业标准《建筑桩基技术规范》的通知

建标［1994］802 号

根据原国家计委计标函［1987］78 号文的要求，由中国建筑科学研究院主编的《建筑桩基技术规范》，业经审查，现批准为强制性行业标准，编号 JGJ 94—94，自 1995 年 7 月 1 日起施行。

本标准由建设部建筑工程标准技术归口单位中国建筑科学研究院归口管理，具体解释等工作由中国建筑科学研究院地基所负责。在施行过程中如发现问题和意见，请函告中国建筑科学研究院。

本规范由建设部标准定额研究所组织出版。

中华人民共和国建设部
1994 年 12 月 31 日

目　次

1 总　　则

1.0.1 为了在桩基设计与施工中做到技术先进、经济合理、安全适用、确保质量，制定本规范。

1.0.2 本规范适用于工业与民用建筑（包括构筑物）桩基的设计与施工。

1.0.3 桩基的设计与施工，应综合考虑地质条件、上部结构类型、荷载特征、施工技术条件与环境、检测条件等因素，精心设计、精心施工。

1.0.4 本规范系根据《建筑结构设计统一标准》GBJ 68—84的基本原则制订。与建筑结构有关的符号、单位和术语按《建筑结构设计基本术语、通用符号和计量单位》GBJ 83—85 采用。

1.0.5 采用本规范时，土分类按现行的《建筑地基基础设计规范》规定执行；荷载取值按现行的《建筑结构荷载规范》规定执行；混凝土桩和承台的截面计算按现行的《混凝土结构设计规范》的有关规定执行；钢桩的截面计算按现行的《钢结构设计规范》规定执行。对于特殊土地区的桩基、地震和机械振动荷载作用下的桩基，尚应按现行的有关规范执行。本规范未作规定的其他内容，尚应符合现行的有关标准、规范的规定。

2 术语、符号

2.1 术　　语

桩基础——由基桩和连接于桩顶的承台共同组成。若桩身全部埋于土中，承台底面与土体接触，则称为低承台桩基；若桩身上部露出地面而承台底位于地面以上，则称为高承台桩基。建筑桩基通常为低承台桩基础。

单桩基础——采用一根桩（通常为大直径桩）以承受和传递上部结构（通常为柱）荷载的独立基础。

群桩基础——由 2 根以上基桩组成的桩基础。

基桩——群桩基础中的单桩。

复合桩基——由桩和承台底地基土共同承担荷载的桩基。

复合基桩——包含承台底土阻力的基桩。

单桩竖向极限承载力——单桩在竖向荷载作用下到达破坏状态前或出现不适于继续承载的变形时所对应的最大荷载。它取决于土对桩的支承阻力和桩身材料强度，一般由土对桩的支承阻力控制，对于端承桩、超长桩和桩身质量有缺陷的桩，可能由桩身材料强度控制。

群桩效应——群桩基础受竖向荷载后，由于承台、桩、土的相互作用使其桩侧阻力、桩端阻力、沉降等性状发生变化而与单桩明显不同，承载力往往不等于各单桩承载力之和，称其为群桩效应。群桩效应受土性、桩距、桩数、桩的长径比、桩长与承台宽度比、成桩方法等多因素的影响而变化。

群桩效应系数——用以度量构成群桩承载力的各个分量因群桩效应而降低或提高的幅度指标，如侧阻、端阻、承台底土阻力的群桩效应系数。

桩侧阻力群桩效应系数——群桩中的基桩平均极限侧阻与单

桩平均极限侧阻之比。

桩端阻力群桩效应系数——群桩中的基桩平均极限端阻与单桩平均极限端阻之比。

桩侧阻端阻综合群桩效应系数——群桩中的基桩平均极限承载力与单桩极限承载力之比。

承台底土阻力群桩效应系数——群桩承台底平均极限土阻力与承台底地基土极限阻力之比。

负摩阻力——桩身周围土由于自重固结、自重湿陷、地面附加荷载等原因而产生大于桩身的沉降时，土对桩侧表面所产生的向下摩阻力。在桩身某一深度处的桩土位移量相等，该处称为中性点。中性点是正、负摩阻力的分界点。

下拉荷载——对于单桩基础，中性点以上负摩阻力的累计值即为下拉荷载。对于群桩基础中的基桩，尚需考虑负摩阻力的群桩效应，即其下拉荷载尚应将单桩下拉荷载乘以相应的负摩阻力群桩效应系数予以折减。

闭塞效应——开口管桩沉入过程，桩端土一部分被挤向外围，一部分涌入管内形成“土塞”。土塞受到管壁摩阻力作用将产生一定压缩，土塞高度及其闭塞程度与土性、管径、壁厚及进入持力层的深度等诸多因素有关。闭塞程度直接影响端阻发挥与破坏性状及桩的承载力。称此为“闭塞效应”。

2.2 符 号

2.2.1 抗力和材料性能

q_{sik}——单桩第 i 层土的极限侧阻力标准值；

q_{pk}——单桩的极限端阻力标准值；

q_{ck}——承台底地基土极限阻力标准值；

Q_{sk}、Q_{pk}——单桩总极限侧阻力、总极限端阻力标准值；

Q_{uk}——单桩竖向极限承载力标准值；

Q_{ck}——相应于任一复合基桩的承台底地基土总极限阻力标准值；

R——桩基中复合基桩或基桩的竖向承载力设计值；

U_k——单桩抗拔极限承载力标准值；

U_{gk}——群桩中任一基桩的抗拔极限承载力标准值；

R_{h1}——复合基桩或基桩的水平承载力设计值；

R_h——单桩水平承载力设计值；

p_s——静力触探单桥探头比贯入阻力值；

f_s、q_c——静力触探双桥探头平均侧阻力、平均端阻力；

m——桩侧地基土水平抗力系数的比例系数；

f_{rc}——岩石饱和单轴抗压强度标准值；

f_t、f_c——混凝土抗拉、抗压强度设计值；

E_s——土的压缩模量；

γ、γ_e——土的重度、有效重度。

2.2.2 作用和作用效应

F——作用于桩基承台顶面的竖向力设计值；

G——桩基承台和承台上土自重设计值；

N_i——第 i 复合基桩或基桩上的竖向力设计值；

M_x、M_y——作用于承台底面的外力对通过桩群形心的 x、y 轴的力矩；

H——作用于承台底面的水平力设计值；

H_1——作用于任一复合基桩或基桩的水平力设计值；

q_{sk}^n——单桩平均负摩阻力标准值；

Q_k^n——作用于单桩侧面的下拉荷载标准值；

Q_{gk}^n——作用于群桩中任一基桩的下拉荷载标准值；

q_f——切向冻胀力设计值；

s——桩基最终沉降量。

2.2.3 几何参数

s_a——桩中心距；

l——桩身长度；

d——桩身设计直径；

D——桩端扩底设计直径；

d_s——钢管桩外直径；

u——桩身周长；

A_c——承台底净面积；

A——桩身截面面积；

A_p——桩端面积；

A_n——桩身换算截面积；

h_n——桩的换算深度；

L_c——承台长度；

B_c——承台宽度；

z_n——桩基沉降计算深度（从桩端平面算起）。

2.2.4 计算系数

γ_o——建筑桩基重要性系数；

γ_s、γ_p——桩侧阻、桩端阻抗力分项系数；

γ_{sp}——桩侧阻端阻综合抗力分项系数；

γ_c——承台底土阻抗力分项系数；

η_s、η_p——桩侧阻、桩端阻群桩效应系数；

η_{sp}——桩侧阻端阻综合群桩效应系数；

η_c——承台底土阻力群桩效应系数；

η_f——冻胀影响系数；

ζ_s、ζ_p——嵌岩段侧阻力、端阻力修正系数；

ψ_s、ψ_b——大直径桩侧阻力、端阻力尺寸效应系数；

λ_s——钢管桩侧阻挤土效应系数；

λ_p——敞口桩桩端闭塞效应系数；

μ——承台底与基土间摩阻系数；

ψ_e——桩基等效沉降系数；

ψ——桩基沉降计算经验系数；

ψ_c——基桩施工工艺系数；

α_E——钢筋弹性模量与混凝土弹性模量的比值。

3 基本设计规定

3.1 基本资料

3.1.1 桩基设计应具备以下资料：

3.1.1.1 岩土工程勘察资料

（1）按照现行《岩土工程勘察规范》要求整理的工程地质报告和图件；

（2）桩基按两类极限状态进行设计所需用的岩土物理力学性能指标值；

（3）对建筑场地的不良地质现象，如滑坡、崩塌、泥石流、岩溶、土洞等，有明确的判断、结论和防治方案；

（4）已确定和预测的地下水位及地下水化学分析结论；

（5）现场或其他可供参考的试桩资料及附近类似桩基工程经验资料；

（6）抗震设防区按设防烈度提供的液化地层资料；

（7）有关地基土冻胀性、湿陷性、膨胀性的资料。

3.1.1.2 建筑场地与环境条件的有关资料

（1）建筑场地的平面图，包括交通设施、高压架空线、地下管线和地下构筑物的分布；

（2）相邻建筑物安全等级、基础型式及埋置深度；

（3）水、电及有关建筑材料的供应条件；

（4）周围建筑物及边坡的防振、防噪音的要求；

（5）泥浆排泄、弃土条件。

3.1.1.3 建筑物的有关资料

（1）建筑物的总平面布置图；

（2）建筑物的结构类型、荷重及建筑物的使用或生产设备对基础竖向及水平位移的要求；

(3) 建筑物的安全等级；

(4) 建筑物的抗震设防烈度和建筑（抗震）类别。

3.1.1.4 施工条件的有关资料

(1) 施工机械设备条件，制桩条件、动力条件以及对地质条件的适应性；

(2) 施工机械设备的进出场及现场运行条件。

3.1.1.5 供设计比较用的各种桩型及其实施的可能性。

3.1.2 桩基的详细勘察除满足现行勘察规范有关要求外尚应满足以下要求：

3.1.2.1 勘探点间距

(1) 对于端承桩和嵌岩桩：主要根据桩端持力层顶面坡度决定，宜为12～24m。当相邻两个勘探点揭露出的层面坡度大于10%时，应根据具体工程条件适当加密勘探点；

(2) 对于摩擦桩：宜为20～30m布置勘探点，但遇到土层的性质或状态在水平方向分布变化较大，或存在可能影响成桩的土层存在时，应适当加密勘探点；

(3)复杂地质条件下的柱下单桩基础应按桩列线布置勘探点，并宜每桩设一勘探点。

3.1.2.2 勘探深度

(1) 布置1/3～1/2的勘探孔为控制性孔，且安全等级为一级建筑桩基，场地至少应布置3个控制性孔，安全等级为二级的建筑桩基应不少于2个控制性孔。控制性孔深度应穿透桩端平面以下压缩层厚度，一般性勘探孔应深入桩端平面以下3～5m；

(2) 嵌岩桩钻孔应深入持力岩层不小于3～5倍桩径；当持力岩层较薄时，应有部分钻孔钻穿持力岩层。岩溶地区，应查明溶洞、溶沟、溶槽、石笋等的分布情况。

3.1.2.3 在勘察深度范围内的每一地层，均应进行室内试验或原位测试，提供设计所需参数。

3.2 桩的选型与布置

3.2.1 桩可按下列规定分类

3.2.1.1 按承载性状分类

(1) 摩擦型桩：

摩擦桩：在极限承载力状态下，桩顶荷载由桩侧阻力承受；

端承摩擦桩：在极限承载力状态下，桩顶荷载主要由桩侧阻力承受。

(2) 端承型桩：

端承桩：在极限承载力状态下，桩顶荷载由桩端阻力承受；

摩擦端承桩：在极限承载力状态下，桩顶荷载主要由桩端阻力承受。

3.2.1.2 按桩的使用功能分类

(1) 竖向抗压桩（抗压桩）；

(2) 竖向抗拔桩（抗拔桩）；

(3) 水平受荷桩（主要承受水平荷载）；

(4) 复合受荷桩（竖向、水平荷载均较大）。

3.2.1.3 按桩身材料分类

(1) 混凝土桩：灌注桩、预制桩；

(2) 钢桩；

(3) 组合材料桩。

3.2.1.4 按成桩方法分类

(1) 非挤土桩：干作业法、泥浆护壁法、套管护壁法；

(2) 部分挤土桩：部分挤土灌注桩、预钻孔打入式预制桩、打入式敞口桩；

(3) 挤土桩：挤土灌注桩、挤土预制桩（打入或静压）。

3.2.1.5 按桩径大小分类

(1) 小桩：$d \leqslant 250$mm；

(2) 中等直径桩：250mm$< d <$800mm；

(3) 大直径桩：$d \geqslant 800$mm。

d——桩身设计直径。

3.2.2 桩型与工艺选择应根据建筑结构类型、荷载性质、桩的使用功能、穿越土层、桩端持力层土类、地下水位、施工设备、施工环境、施工经验、制桩材料供应条件等，选择经济合理、安全适用的桩型和成桩工艺。选择时可参考附录A。

3.2.3 桩的布置需符合下列要求：

3.2.3.1 桩的中心距：

(1)桩的最小中心距应符合表3.2.3-1的规定。对于大面积桩群，尤其是挤土桩，桩的最小中心距宜按表列值适当加大；

桩的最小中心距 表3.2.3-1

土类与成桩工艺		排数不少于3排且桩数不少于9根的摩擦型桩基	其他情况
非挤土和部分挤土灌注桩		3.0*d*	2.5*d*
挤土灌注桩	穿越非饱和土	3.5*d*	3.0*d*
	穿越饱和软土	4.0*d*	3.5*d*
挤土预制桩		3.5*d*	3.0*d*
打入式敞口管桩和H型钢桩		3.5*d*	3.0*d*

注：*d*——圆桩直径或方桩边长。

(2) 扩底灌注桩除应符合表3.2.3-1的要求外，尚应满足表3.2.3-2的规定。

灌注桩扩底端最小中心距 表3.2.3-2

成桩方法	最小中心距
钻、挖孔灌注桩	1.5*D* 或 *D*+1m（当 *D*>2m时）
沉管夯扩灌注桩	2.0*D*

注：*D*——扩大端设计直径。

3.2.3.2 排列基桩时，宜使桩群承载力合力点与长期荷载重心重合，并使桩基受水平力和力矩较大方向有较大的截面模量。

3.2.3.3 对于桩箱基础，宜将桩布置于墙下；对于带梁（肋）桩筏基础，宜将桩布置于梁（肋）下；对于大直径桩宜采用一柱一桩；

3.2.3.4 同一结构单元宜避免采用不同类型的桩。

3.2.3.5 一般应选择较硬土层作为桩端持力层。桩端全断面进入持力层的深度，对于粘性土、粉土不宜小于2*d*，砂土不宜小于1.5*d*，碎石类土，不宜小于1*d*。当存在软弱下卧层时，桩基以下硬持力层厚度不宜小于4*d*。

当硬持力层较厚且施工条件许可时，桩端全断面进入持力层的深度宜达到桩端阻力的临界深度。

3.3 设计原则

3.3.1 建筑桩基采用以概率理论为基础的极限状态设计法，以可靠指标度量桩基的可靠度，采用以分项系数表达的极限状态设计表达式进行计算。

3.3.2 桩基极限状态分为下列两类：

3.3.2.1 承载能力极限状态：对应于桩基达到最大承载能力或整体失稳或发生不适于继续承载的变形；

3.3.2.2 正常使用极限状态：对应于桩基达到建筑物正常使用所规定的变形限值或达到耐久性要求的某项限值。

3.3.3 根据桩基损坏造成建筑物的破坏后果（危及人的生命、造成经济损失、产生社会影响）的严重性，桩基设计时应根据表3.3.3选用适当的安全等级。

建筑桩基安全等级 表3.3.3

安全等级	破坏后果	建筑物类型
一级	很严重	重要的工业与民用建筑物；对桩基变形有特殊要求的工业建筑物
二级	严重	一般的工业与民用建筑物
三级	不严重	次要的建筑物

3.3.4 根据承载能力极限状态和正常使用极限状态的要求，桩基需进行下列计算和验算：

3.3.4.1 所有桩基均应进行承载能力极限状态的计算，计算内容包括：

(1) 根据桩基的使用功能和受力特征进行桩基的竖向（抗压或抗拔）承载力计算和水平承载力计算；对于某些条件下的群桩基础宜考虑由桩群、土、承台相互作用产生的承载力群桩效应；

(2) 对桩身及承台承载力进行计算；对于桩身露出地面或桩侧为可液化土、极限承载力小于50kPa（或不排水抗剪强度小于10kPa）土层中的细长桩尚应进行桩身压屈验算；对混凝土预制桩尚应按施工阶段的吊装、运输和锤击作用进行强度验算；

(3) 当桩端平面以下存在软弱下卧层时，应验算软弱下卧层的承载力；

(4) 对位于坡地、岸边的桩基应验算整体稳定性；

(5) 按现行《建筑抗震设计规范》规定应进行抗震验算的桩基，应验算抗震承载力。

3.3.4.2 下列建筑桩基应验算变形：

(1) 桩端持力层为软弱土的一、二级建筑桩基以及桩端持力层为粘性土、粉土或存在软弱下卧层的一级建筑桩基，应验算沉降；并宜考虑上部结构与基础的共同作用；

(2) 受水平荷载较大或对水平变位要求严格的一级建筑桩基应验算水平变位。

3.3.4.3 下列建筑桩基应进行桩身和承台抗裂和裂缝宽度验算：

根据使用条件要求混凝土不得出现裂缝的桩基应进行抗裂验算；对使用上需限制裂缝宽度的桩基应进行裂缝宽度验算。

3.3.5 桩基承载能力极限状态的计算应采用作用效应的基本组合和地震作用效应组合。

当进行桩基的抗震承载能力计算时，荷载设计值和地震作用设计值应符合现行《建筑抗震设计规范》的规定。

3.3.6 按正常使用极限状态验算桩基沉降时应采用荷载的长期效应组合；验算桩基的水平变位、抗裂、裂缝宽度时，根据使用要求和裂缝控制等级应分别采用作用效应的短期效应组合或短期效应组合考虑长期荷载的影响。

3.3.7 建于粘性土、粉土上的一级建筑桩基及软土地区的一、二级建筑桩基，在其施工过程及建成后使用期间，必须进行系统的沉降观测直至沉降稳定。

3.4 特殊条件下的桩基

3.4.1 软土地区的桩基应按下列原则设计：

3.4.1.1 软土中的桩基宜选择中、低压缩性的粘性土、粉土、中密和密实的砂类土以及碎石类土作为桩端持力层；对于一级建筑桩基，不宜采用桩端置于软弱土层上的摩擦桩；

3.4.1.2 桩周软土因自重固结、场地填土、地面大面积堆载、降低地下水等原因而产生的沉降大于桩的沉降时，应视具体工程情况考虑桩侧负摩阻力对基桩承载力的影响；

3.4.1.3 采用挤土桩时应考虑沉桩(管)挤土效应对邻近桩、建（构）筑物、道路和地下管线等产生的不利影响；

3.4.1.4 先沉桩后开挖基坑时，必须考虑基坑挖土顺序、坑边土体侧移对桩的影响；

3.4.1.5 在高灵敏度厚层淤泥中不宜采用大片密集沉管灌注桩。

3.4.2 湿陷性黄土地区的桩基应按下列原则设计：

3.4.2.1 基桩应穿透湿陷性黄土层，桩端应支承在压缩性较低的粘性土层或中密、密实的粉土、砂土、碎石类土层中；

3.4.2.2 在自重湿陷性黄土地基中，宜采用干作业法的钻、挖孔灌注桩；

3.4.2.3 非自重湿陷性黄土地基中的单桩极限承载力应按下列规定确定：

(1) 对一级建筑桩基应按现场浸水载荷试验并结合地区经验

确定；

(2) 对于二、三级建筑桩基，可按饱和状态下的土性指标，采用经验公式估算。

3.4.2.4 自重湿陷性黄土地基中的单桩极限承载力，应根据工程具体情况考虑负摩阻力的影响。

3.4.3 季节性冻土和膨胀土地基中的桩基，应按下列原则设计：

3.4.3.1 桩端进入冻深线或膨胀土的大气影响急剧层以下的深度，应通过抗拔稳定性验算确定，且不得小于4倍桩径及1倍扩大端直径，最小深度应大于1.5m；

3.4.3.2 为减少和消除冻胀或膨胀对建筑物桩基的作用，宜采用钻、挖孔（扩底）灌注桩；

3.4.3.3 确定基桩竖向极限承载力时，除不计入冻胀、膨胀深度范围内桩侧阻力外，还应考虑地基土的冻胀、膨胀作用，验算桩基的抗拔稳定性和桩身受拉承载力；

3.4.3.4 为消除桩基受冻胀或膨胀作用的危害，可在冻胀或膨胀深度范围内，沿桩周及承台作隔冻、隔胀处理。

3.4.4 岩溶地区的桩基应按下列原则设计：

3.4.4.1 岩溶地区的桩基，宜采用钻、挖孔桩。当单桩荷载较大，岩层埋深较浅时，宜采用嵌岩桩；

3.4.4.2 石笋密布地区的嵌岩桩，应全断面嵌入基岩；

3.4.4.3 当岩面较为平整且上覆土层较厚时，嵌岩深度宜采用 $0.2d$ 或不小于0.2m。

3.4.5 坡地岸边上的桩基应按下列原则设计：

3.4.5.1 建筑场地内的边坡必须是完全稳定的边坡，如有崩塌、滑坡等不良地质现象存在时，应按照现行《建筑地基基础设计规范》有关条款进行整治；

3.4.5.2 桩身的纵向主筋应通长配置；

3.4.5.3 当有水平荷载时，应验算坡地在最不利荷载组合下桩基的整体稳定和基桩水平承载力；

3.4.5.4 利用倾斜地层作桩端持力层时，应保证坡面的稳定性。

3.4.6 抗震设防区桩基应按下列原则设计：

3.4.6.1 桩进入液化层以下稳定土层中的长度（不包括桩尖部分）应按计算确定；对于粘性土、粉土不宜小于 $2d$，砂土不宜小于 $1.5d$，碎石类土不宜小于 $1d$，且对碎石土、砾、粗、中砂，密实粉土，坚硬粘性土尚不应小于500mm，对其他非岩类石土尚不应小于1.5m；

3.4.6.2 对建于可能因地震引起上部土层滑移地段的桩基，应考虑滑移体对桩产生的附加水平力；

3.4.6.3 承台周围回填土应采用素土或灰土、级配砂石分层夯实，或原坑浇注混凝土承台；当承台周围为可液化土或极限承载力小于80kPa（或不排水抗剪强度小于15kPa）的软土时，宜将承台外一定范围的土进行加固。为提高桩基对地震作用的水平抗力，可考虑采用加强刚性地坪，加大承台埋置深度，在承台底面铺碎石垫层或设置防滑趾，在承台之间设置连系梁等措施。

3.4.7 对可能出现负摩阻力的桩基，宜按下列原则设计：

3.4.7.1 对于填土建筑场地，先填土并保证填土的密实度，待填土地面沉降基本稳定后成桩；

3.4.7.2 对于地面大面积堆载的建筑物，采取预压等处理措施，减少堆载引起的地面沉降；

3.4.7.3 对位于中性点以上的桩身进行处理，以减少负摩阻力；

3.4.7.4 对于自重湿陷性黄土地基，采用强夯、挤密土桩等先行处理，消除上部或全部土层的自重湿陷性；

3.4.7.5 采用其他有效而合理的措施。

4 桩基构造

4.1 桩的构造

Ⅰ 灌注桩

4.1.1 符合下列条件的灌注桩，其桩身可按构造要求配筋。

4.1.1.1 桩顶轴向压力应符合下式规定：

$$\gamma_0 N \leqslant f_c \cdot A \tag{4.1.1-1}$$

式中 γ_0——建筑桩基重要性系数，按表3.3.3确定安全等级，对于一、二、三级分别取$\gamma_0=1.1$，1.0，0.9；对于柱下单桩按提高一级考虑；对于柱下单桩的一级建筑桩基取$\gamma_0=1.2$；

N——桩顶轴向压力设计值；

f_c——混凝土轴心抗压强度设计值，对于灌注桩应按5.5.2条折减；

A——桩身截面面积。

4.1.1.2 桩顶水平力应符合下列公式规定：

$$\gamma_0 H_1 \leqslant \alpha_h d^2 \left(1 + \frac{0.5 N_G}{\gamma_m \cdot f_t \cdot A}\right) \sqrt[5]{1.5d^2 + 0.5d} \tag{4.1.1-2}$$

式中 H_1——桩顶水平力设计值（kN）；

α_h——综合系数（kN），按表4.1.1采用；

d——桩身设计直径（m）；

N_G——按基本组合计算的桩顶永久荷载产生的轴向力设计值（kN）；

f_t——混凝土轴心抗拉强度设计值（kPa）；

γ_m——桩身截面模量的塑性系数，圆截面$\gamma_m=2$；矩形截面$\gamma_m=1.75$；

A——桩身截面面积，按m^2计算。

注：当验算桩基受地震作用时，式（4.1.1-1）、（4.1.1-2）中$\gamma_0=1$。

综合系数 α_h（kN） **表4.1.1**

类别	上部土层名称性状 [承台下2（d+1）（m）深度范围内]	桩身混凝土强度等级		
		C15	C20	C25
Ⅰ	淤泥、淤泥质土、饱和湿陷性黄土	32～37	39～44	46～52
Ⅱ	流塑、软塑状粘性土，高压缩性粉土、松散粉细砂，松散填土	37～44	44～52	52～62
Ⅲ	可塑状粘性土，中压缩性粉土，稍密砂土，稍密、中密填土	44～53	52～64	62～76
Ⅳ	硬塑、坚硬状粘性土，低压缩性粉土，中密中、粗砂，密实老填土	53～65	64～79	76～94
Ⅴ	中密、密实砾砂，碎石类土	65～81	79～98	94～116

注：当桩基受长期或经常出现的水平荷载时，按表中土层分类顺序降低一类取值，如Ⅱ类按Ⅰ类取值。

4.1.2 符合本规范4.1.1条规定的灌注桩，桩身构造配筋的要求如下：

4.1.2.1 一级建筑桩基，应配置桩顶与承台的连接钢筋笼，其主筋采用6～10根ϕ12～14，配筋率不小于0.2%，锚入承台30倍主筋直径，伸入桩身长度不小于10倍桩身直径，且不小于承台下软弱土层层底深度；

4.1.2.2 二级建筑桩基，根据桩径大小配置4～8根ϕ10～12的桩顶与承台连接钢筋，锚入承台至少30倍主筋直径且伸入桩身长度不小于$5d$，对于沉管灌注桩，配筋长度不应小于承台软弱土层层底深度；

三级建筑桩基可不配构造钢筋。

4.1.3 不符合本规范第4.1.1条规定的灌注桩，应按下列规定配筋：

4.1.3.1 配筋率：当桩身直径为 300～2000mm 时，截面配筋率可取 0.65%～0.20%（小桩径取高值，大桩径取低值）；对受水平荷载特别大的桩、抗拔桩和嵌岩端承桩根据计算确定配筋率；

4.1.3.2 配筋长度：

（1）端承桩宜沿桩身通长配筋；

（2）受水平荷载的摩擦型桩（包括受地震作用的桩基），配筋长度宜采用 $4.0/\alpha$（α 见本规范第 5.4.5 条）；对于单桩竖向承载力较高的摩擦端承桩宜沿深度分段变截面配通长或局部长度筋；对承受负摩阻力和位于坡地岸边的基桩应通长配筋；

（3）专用抗拔桩应通长配筋；因地震作用、冻胀或膨胀力作用而受拔力的桩，按计算配置通长或局部长度的抗拉筋；

4.1.3.3 对于受水平荷载的桩，主筋不宜小于 8ϕ10，对于抗压桩和抗拔桩，主筋不应少于 6ϕ10，纵向主筋应沿桩身周边均匀布置，其净距不应小于 60mm，并尽量减少钢筋接头；

4.1.3.4 箍筋采用 ϕ6～8@200～300mm，宜采用螺旋式箍筋；受水平荷载较大的桩基和抗震桩基，桩顶 3～5d 范围内箍筋应适当加密；当钢筋笼长度超过 4m 时，应每隔 2m 左右设一道 ϕ12～18 焊接加劲箍筋。

4.1.4 桩身混凝土及混凝土保护层厚度应符合下列要求：

4.1.4.1 混凝土强度等级，不得低于 C15，水下灌注混凝土时不得低于 C20，混凝土预制桩尖不得低于 C30；

4.1.4.2 主筋的混凝土保护层厚度，不应小于 35mm，水下灌注混凝土，不得小于 50mm。

4.1.5 扩底灌注桩扩底端尺寸宜按下列规定确定（见图 4.1.5）。

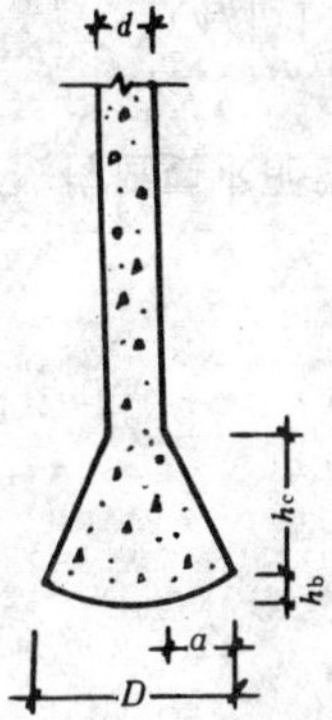

图 4.1.5 扩底桩构造

4.1.5.1 当持力层承载力低于桩身混凝土受压承载力时，可采用扩底；扩底端直径与桩身直径比 D/d，应根据承载力要求及扩底端部侧面和桩端持力层土性确定，最大不超过 3.0；

4.1.5.2 扩底端侧面的斜率应根据实际成孔及支护条件确定，a/h_c 一般取 1/3～1/2，砂土取约 1/3，粉土、粘性土取约 1/2；

4.1.5.3 扩底端底面一般呈锅底形，矢高 h_b 取（0.10～0.15）D。

Ⅱ 混凝土预制桩

4.1.6 混凝土预制桩的截面边长不应小于 200mm；预应力混凝土预制桩的截面边长不宜小于 350mm；预应力混凝土离心管桩的外径不宜小于 300mm。

4.1.7 预制桩的桩身配筋应按吊运、打桩及桩在建筑物中受力等条件计算确定。预制桩的最小配筋率不宜小于 0.80%。如采用静压法沉桩时，其最小配筋率不宜小于 0.4%，主筋直径不宜小于 ϕ14，打入桩桩顶 2～3d 长度范围内箍筋应加密，并设置钢筋网片。

预应力混凝土预制桩宜优先采用先张法施加预应力。预应力钢筋宜选用冷拉Ⅲ级、Ⅳ级或Ⅴ级钢筋。

4.1.8 预制桩的混凝土强度等级不宜低于 C30，采用静压法沉桩时，可适当降低，但不宜低于 C20，预应力混凝土桩的混凝土强度等级不宜低于 C40，预制桩纵向钢筋的混凝土保护层厚度不宜小于 30mm。

4.1.9 预制桩的分节长度应根据施工条件及运输条件确定。接头不宜超过两个，预应力管桩接头数量不宜超过四个。

4.1.10 预制桩的桩尖可将主筋合拢焊在桩尖辅助钢筋上，在密实砂和碎石类土中，可在桩尖处包以钢钣桩靴，加强桩尖。

Ⅲ 钢 桩

4.1.11 钢桩可采用管型或 H 型，其材质应符合现行有关规范规定。

4.1.12 钢桩的分段长度不宜超过12～15m；常用截面尺寸见表4.1.12-1、表4.1.12-2。

钢管桩截面尺寸（mm） **表4.1.12-1**

钢管桩截面外径尺寸	壁	厚		
400	9	12		
500	9	12	14	
600	9	12	14	16
700	9	12	14	16
800	9	12	14	16
900	12	14	16	18
1000	12	14	16	18

H型钢桩截面尺寸（mm） **表4.1.12-2**

公称尺寸	截面尺寸				图示
	H	B	t_1	t_2	
200×200	200	204	12	12	
250×250	244	252	11	11	
	250	255	14	14	
300×300	294	300	12	12	
	300	300	10	15	
	300	305	15	15	
350×350	338	351	13	13	
	344	354	16	16	
	350	350	12	19	
	350	357	19	19	
400×400	388	402	15	15	
	394	405	18	18	
	400	400	13	21	
	400	408	21	21	
	404	405	18	28	
	428	407	20	35	

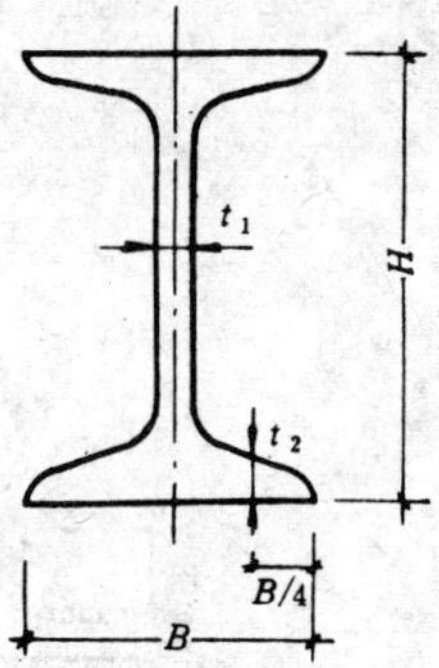

4.1.13 钢桩焊接头应采用等强度连结，使用的焊条、焊丝和焊剂应符合现行有关规范规定。

4.1.14 钢桩的端部形式，应根据桩所穿越的土层、桩端持力层性质、桩的尺寸、挤土效应等因素综合考虑确定。

4.1.14.1 钢管桩可采用下列桩端形式：

（1）敞口：

带加强箍（带内隔板、不带内隔板）；

不带加强箍（带内隔板、不带内隔板）。

（2）闭口：

平底；

锥底。

4.1.14.2 H型钢桩可采用下列桩端形式：

（1）带端板。

（2）不带端板：

锥底；

平底（带扩大翼、不带扩大翼）。

4.1.15 钢管桩应采用上下节桩对焊连接，其构造见图4.1.15-1。H型钢桩接头可采用对焊或采用连接板贴角焊，其构造见图4.1.15-2。

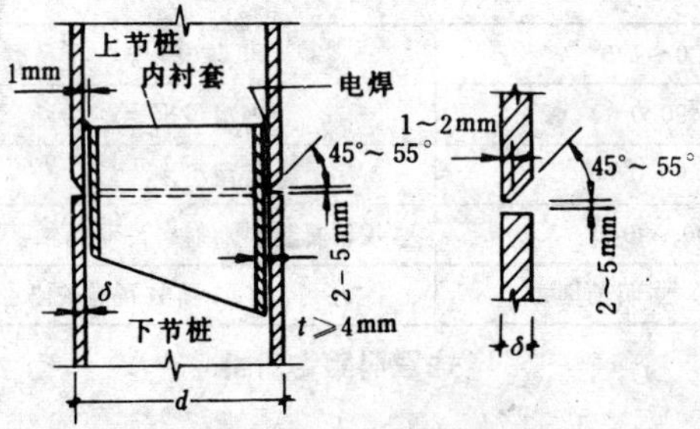

(a) 接口详图

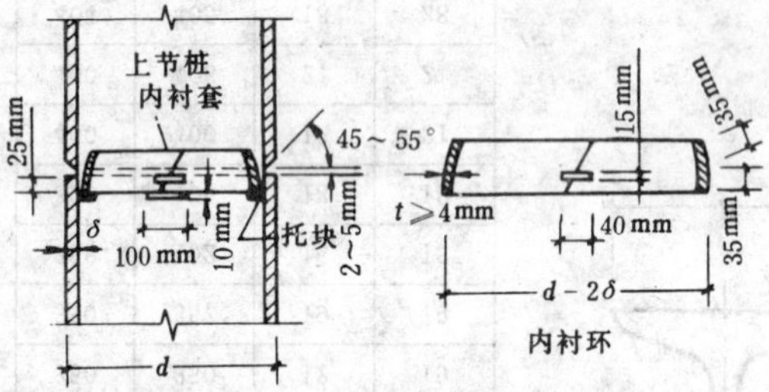

（*b*）接桩构造

图 4.1.15-1　钢管桩接桩构造

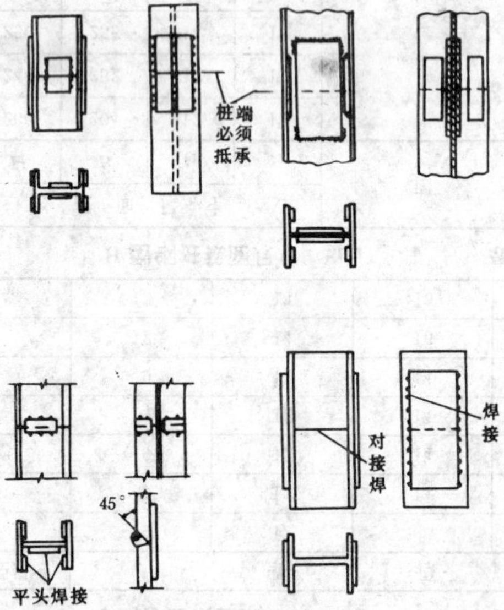

图 4.1.15-2　H 型钢桩接桩构造

4.1.16　钢桩的防腐处理应符合下列规定：

4.1.16.1　钢桩的腐蚀速率当无实测资料时可按表 4.1.16 确定；

钢桩年腐蚀速率　　**表 4.1.16**

钢桩所处环境		单面腐蚀率（mm/y）
地面以上	无腐蚀性气体或腐蚀性挥发介质	0.05～0.1
地面以下	水位以上	0.05
	水位以下	0.03
	波动区	0.1～0.3

4.1.16.2　钢桩防腐处理可采用外表面涂防腐层，增加腐蚀余量及阴极保护；当钢管桩内壁同外界隔绝时，可不考虑内壁防腐。

4.2　承台构造

4.2.1　桩基承台的构造尺寸，除满足抗冲切、抗剪切、抗弯和上部结构需要外，尚应符合下列规定：

4.2.1.1　承台最小宽度不应小于 500mm，承台边缘至桩中心的距离不宜小于桩的直径或边长，且边缘挑出部分不应小于 150mm。对于条形承台梁边缘挑出部分不应小于 75mm；

4.2.1.2　条形承台和柱下独立桩基承台的厚度不应小于 300mm；

4.2.1.3　筏形、箱形承台板的厚度应满足整体刚度、施工条件及防水要求。对于桩布置于墙下或基础梁下的情况，承台板厚度不宜小于 250mm，且板厚与计算区段最小跨度之比不宜小于 1/20；

4.2.1.4　柱下单桩基础，宜按连接柱、连系梁的构造要求将连系梁高度范围内桩的圆形截面改变成方形截面。

4.2.2　承台混凝土强度等级不宜小于 C15，采用Ⅱ级钢筋时，混凝土强度等级不宜低于 C20。承台底面钢筋的混凝土保护层厚度不宜小于70mm。当设素混凝土垫层时，保护层厚度可适当减小；垫层厚度宜为100mm，强度等级宜为C7.5。

4.2.3 承台的钢筋配置除满足计算要求外，尚应符合下列规定：

4.2.3.1 承台梁的纵向主筋直径不宜小于ϕ12，架立筋直径不宜小于ϕ10，箍筋直径不宜小于ϕ6；

4.2.3.2 柱下独立桩基承台的受力钢筋应通长配置。矩形承台板配筋宜按双向均匀布置，钢筋直径不宜小于ϕ10，间距应满足100～200mm。对于三桩承台，应按三向板带均匀配置，最里面三根钢筋相交围成的三角形应位于柱截面范围以内（图4.2.3）。

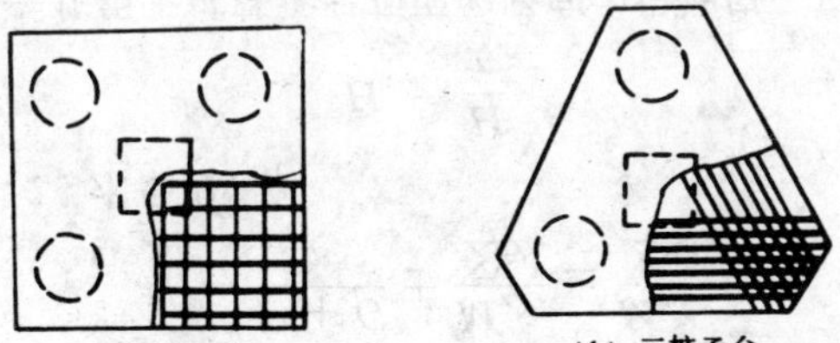

(a) 矩形承台　(b) 三桩承台

图4.2.3 柱下独立桩基承台配筋

4.2.3.3 筏形承台板的分布构造钢筋，可采用ϕ10～12，间距150～200mm。当仅考虑局部弯曲作用按倒楼盖法计算内力时，考虑到整体弯矩的影响，纵横两方向的支座钢筋尚应有1/2～1/3且配筋率不小于0.15%，贯通全跨配置；跨中钢筋应按计算配筋率全部连通。

4.2.3.4 箱形承台顶、底板的配筋，应综合考虑承受整体弯曲钢筋的配置部位，以充分发挥各截面钢筋的作用。当仅按局部弯曲作用计算内力时，考虑到整体弯曲的影响，钢筋配置量除符合局部弯曲计算要求外，纵横两方向支座钢筋尚应有1/2～1/3且配筋率分别不小于0.15%，0.10%贯通全跨配置，跨中钢筋应按实际配筋率全部连通。

4.2.4 桩与承台的连接宜符合下列要求：

4.2.4.1 桩顶嵌入承台的长度对于大直径桩，不宜小于100mm；对于中等直径桩不宜小于50mm；

4.2.4.2 混凝土桩的桩顶主筋应伸入承台内，其锚固长度不宜小于30倍主筋直径，对于抗拔桩基不应小于40倍主筋直径。预应力混凝土桩可采用钢筋与桩头钢钣焊接的连接方法。钢桩可采用在桩头加焊锅型钣或钢筋的连接方法。

4.2.5 承台之间的连接宜符合下列要求：

4.2.5.1 柱下单桩宜在桩顶两个互相垂直方向上设置连系梁。当桩柱截面直径之比较大（一般大于2）且桩底剪力和弯矩较小时可不设连系梁；

4.2.5.2 两桩桩基的承台，宜在其短向设置连系梁，当短向的柱底剪力和弯矩较小时可不设连系梁；

4.2.5.3 有抗震要求的柱下独立桩基承台，纵横方向宜设置连系梁；

4.2.5.4 连系梁顶面宜与承台顶位于同一标高。连系梁宽度不宜小于200mm，其高度可取承台中心距的1/10～1/15；

4.2.5.5 连系梁配筋应根据计算确定，不宜小于4ϕ12。

4.2.6 承台埋深应不小于600mm。在季节性冻土及膨胀土地区，其承台埋深及处理措施，应按现行《建筑地基基础设计规范》和《膨胀土地区建筑技术规范》等有关规定执行。

5 桩基计算

5.1 桩顶作用效应计算

5.1.1 对于一般建筑物和受水平力（包括力矩与水平剪力）较小的高大建筑物桩径相同的群桩基础，应按下列公式计算群桩中复合基桩或基桩的桩顶作用效应。

5.1.1.1 竖向力：

轴心竖向力作用下

$$N=\frac{F+G}{n} \tag{5.1.1-1}$$

偏心竖向力作用下

$$N_i=\frac{F+G}{n}\pm\frac{M_x y_i}{\sum y_j^2}\pm\frac{M_y x_i}{\sum x_j^2} \tag{5.1.1-2}$$

5.1.1.2 水平力：

$$H_1=\frac{H}{n} \tag{5.1.1-3}$$

式中 F——作用于桩基承台顶面的竖向力设计值；

G——桩基承台和承台上土自重设计值（自重荷载分项系数当其效应对结构不利时取1.2；有利时取1.0）；并应对地下水位以下部分扣除水的浮力；

N——轴心竖向力作用下任一复合基桩或基桩的竖向力设计值；

N_i——偏心竖向力作用下第 i 复合基桩或基桩的竖向力设计值；

M_x、M_y——作用于承台底面通过桩群形心的 x、y 轴的弯矩设计值；

x_i、y_i——第 i 复合基桩或基桩至 y、x 轴的距离；

H——作用于桩基承台底面的水平力设计值；

H_1——作用于任一复合基桩或基桩的水平力设计值；

n——桩基中的桩数。

5.1.2 对于主要承受竖向荷载的抗震设防区低承台桩基，当同时满足下列条件时，桩顶作用效应计算可不考虑地震作用：

5.1.2.1 按《建筑抗震设计规范》规定可不进行天然地基和基础抗震承载力计算的建筑物；

5.1.2.2 不位于斜坡地带或地震可能导致滑移、地裂地段的建筑物；

5.1.2.3 桩端及桩身周围无液化土层；

5.1.2.4 承台周围无液化土、淤泥、淤泥质土。

5.1.3 属于下列情况之一的桩基，计算各基桩的作用效应和桩身内力时，可考虑承台（包括地下墙体）与基桩共同工作和土的弹性抗力作用（计算方法和公式详见附录B）。

5.1.3.1 位于8度和8度以上抗震设防区和其他受较大水平力的高大建筑物，当其桩基承台刚度较大或由于上部结构与承台的协同作用能增强承台的刚度时；

5.1.3.2 受较大水平力及8度和8度以上地震作用的高承台桩基。

5.2 桩基竖向承载力计算

Ⅰ 一般规定

5.2.1 桩基中复合基桩或基桩的竖向承载力计算应符合下述极限状态计算表达式。

5.2.1.1 荷载效应基本组合：

轴心竖向力作用下

$$\gamma_0 N\leqslant R \tag{5.2.1-1}$$

偏心竖向力作用下，除满足式（5.2.1-1）外，尚应满足下式

$$\gamma_0 N_{max} \leqslant 1.2R \quad (5.2.1\text{-}2)$$

式中 R——桩基中复合基桩或基桩的竖向承载力设计值。

注：当上部结构内力分析中所考虑的 γ_0 取值与本规范第 4.1.1 条的规定一致时，则作用效应项中不再代入 γ_0 计算；不一致时，应乘以桩基与上部结构 γ_0 的比值。

5.2.1.2 地震作用效应组合：

轴心竖向力作用下

$$N \leqslant 1.25R \quad (5.2.1\text{-}3)$$

偏心竖向力作用下，除满足式（5.2.1-3）外，尚应满足下式

$$N_{max} \leqslant 1.5R \quad (5.2.1\text{-}4)$$

Ⅱ 桩基竖向承载力设计值

5.2.2 桩基中复合基桩或基桩的竖向承载力设计值，应符合下列规定：

5.2.2.1 桩数不超过 3 根的桩基，基桩的竖向承载力设计值为：

$$R = Q_{sk}/\gamma_s + Q_{pk}/\gamma_p \quad (5.2.2\text{-}1)$$

当根据静载试验确定单桩竖向极限承载力标准值时，基桩的竖向承载力设计值为：

$$R = Q_{uk}/\gamma_{sp} \quad (5.2.2\text{-}2)$$

5.2.2.2 对于桩数超过 3 根的非端承桩复合桩基，宜考虑桩群、土、承台的相互作用效应，其复合基桩竖向承载力设计值为：

$$R = \eta_s Q_{sk}/\gamma_s + \eta_p Q_{pk}/\gamma_p + \eta_c Q_{ck}/\gamma_c \quad (5.2.2\text{-}3)$$

当根据静载试验确定单桩竖向极限承载力标准值时，其复合基桩的竖向承载力设计值为：

$$R = \eta_{sp} Q_{uk}/\gamma_{sp} + \eta_c Q_{ck}/\gamma_c \quad (5.2.2\text{-}4)$$

$$Q_{ck} = q_{ck} \cdot A_c/n \quad (5.2.2\text{-}5)$$

当承台底面以下存在可液化土、湿陷性黄土、高灵敏度软土、欠固结土、新填土，或可能出现震陷、降水、沉桩过程产生高孔隙水压和土体隆起时，不考虑承台效应，即取 $\eta_c=0$，η_s、η_p、η_{sp} 取表 5.2.3-1 中 $B_c/l=0.2$ 一栏的对应值。

式中 Q_{sk}、Q_{pk}——分别为单桩总极限侧阻力和总极限端阻力标准值；

Q_{ck}——相应于任一复合基桩的承台底地基土总极限阻力标准值；

q_{ck}——承台底 1/2 承台宽度深度范围（≤5m）内地基土极限阻力标准值；

A_c——承台底地基土净面积；

Q_{uk}——单桩竖向极限承载力标准值；

η_s、η_p、η_{sp}、η_c——分别为桩侧阻群桩效应系数、桩端阻群桩效应系数、桩侧阻端阻综合群桩效应系数、承台底土阻力群桩效应系数，按本规范第 5.2.3 条确定；

γ_s、γ_p、γ_{sp}、γ_c——分别为桩侧阻抗力分项系数、桩端阻抗力分项系数、桩侧阻端阻综合抗力分项系数、承台底土阻抗力分项系数，按表 5.2.2 采用。

桩基竖向承载力抗力分项系数 **表 5.2.2**

桩型与工艺	$\gamma_s=\gamma_p=\gamma_{sp}$		γ_c
	静载试验法	经验参数法	
预制桩、钢管桩	1.60	1.65	1.70
大直径灌注桩（清底干净）	1.60	1.65	1.65
泥浆护壁钻（冲）孔灌注桩	1.62	1.67	1.65
干作业钻孔灌注桩（d<0.8m）	1.65	1.70	1.65
沉管灌注桩	1.70	1.75	1.70

注：①根据静力触探方法确定预制桩、钢管桩承载力时，取 $\gamma_s=\gamma_p=\gamma_{sp}=1.60$。
②抗拔桩的侧阻抗力分项系数 γ_s 可取表列数值。

5.2.2.3 所有基桩的竖向承载力设计值的取值尚应满足本规范第 5.5 节桩身承载力计算要求。

5.2.3 群桩效应系数 η_s、η_p、η_{sp}、η_c 可按下列规定确定：

5.2.3.1 桩侧阻群桩效应系数 η_s、桩端阻群桩效应系数 η_p

及根据单桩静载试验确定单桩竖向极限承载力时的桩侧阻端阻综合群桩效应系数 η_{sp} 可按表 5.2.3-1 确定；

侧阻、端阻群桩效应系数 η_s、η_p 及侧阻端阻综合群桩效应系数 η_{sp}　　　表 5.2.3-1

效应系数	土名称	粘性土				粉土、砂土			
	B_c/l ＼ s_a/d	3	4	5	6	3	4	5	6
η_s	≤0.20	0.80	0.90	0.96	1.00	1.20	1.10	1.05	1.00
	0.40	0.80	0.90	0.96	1.00	1.20	1.10	1.05	1.00
	0.60	0.79	0.90	0.96	1.00	1.09	1.10	1.05	1.00
	0.80	0.73	0.85	0.94	1.00	0.93	0.97	1.03	1.00
	≥1.00	0.67	0.78	0.86	0.93	0.78	0.82	0.89	0.95
η_p	≤0.20	1.64	1.35	1.18	1.06	1.26	1.18	1.11	1.06
	0.40	1.68	1.40	1.23	1.11	1.32	1.25	1.20	1.15
	0.60	1.72	1.44	1.27	1.16	1.37	1.31	1.26	1.22
	0.80	1.75	1.48	1.31	1.20	1.41	1.36	1.32	1.28
	≥1.00	1.79	1.52	1.35	1.24	1.44	1.40	1.36	1.33
η_{sp}	≤0.20	0.93	0.97	0.99	1.01	1.21	1.11	1.06	1.01
	0.40	0.93	0.97	1.00	1.02	1.22	1.12	1.07	1.02
	0.60	0.93	0.98	1.01	1.02	1.13	1.13	1.08	1.03
	0.80	0.89	0.95	0.99	1.03	1.01	1.03	1.07	1.04
	≥1.00	0.84	0.89	0.94	0.97	0.88	0.91	0.96	1.00

注：①B_c、l 分别为承台宽度和桩的入土长度，s_a 为桩中心距，当不规则布桩时按本规范第 5.3.9 条确定；

②当 $s_a/d>6$ 时，取 $\eta_s=\eta_p=\eta_{sp}=1$；两向桩距 s_a 不等时，s_a/d 取均值；

③当桩侧为成层土时，η_s 可按主要土层或分别按各土层类别取值；

④对于孔隙比 $e>0.8$ 的非饱和粘性土和松散粉土、砂类土中的挤土群桩，表列系数可提高 5%，对于密实粉土、砂类土中的群桩，表列系数宜降低 5%。

5.2.3.2　承台底土阻力发挥值与桩距、桩长、承台宽度、桩的排列、承台内外区面积比等有关。承台底土阻力群桩效应系数可按下式计算：

$$\eta_c = \eta_c^i \frac{A_c^i}{A_c} + \eta_c^e \frac{A_c^e}{A_c} \tag{5.2.3}$$

式中　A_c^i、A_c^e——承台内区（外围桩边包络区）、外区的净面积，$A_c=A_c^i+A_c^e$，见图 5.2.3；

η_c^i、η_c^e——承台内、外区土阻力群桩效应系数，按表 5.2.3-2 取值。

当承台下存在高压缩性软弱土层时，η_c^e 均按 $B_c/l\leqslant 0.2$ 取值。

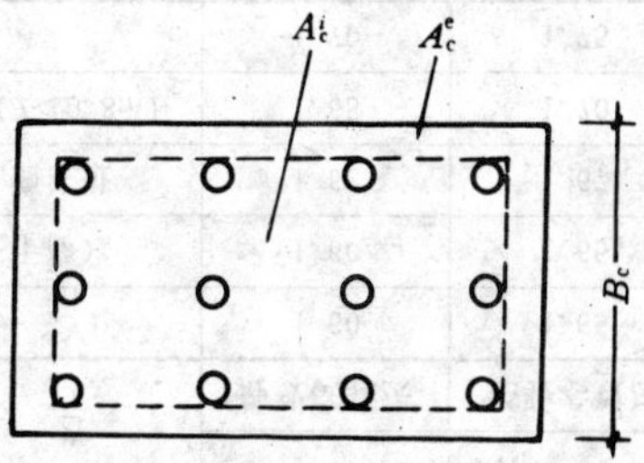

图 5.2.3　承台底分区图

承台内、外区土阻力群桩效应系数　　　表 5.2.3-2

B_c/l ＼ s_a/d	η_c^i				η_c^e			
	3	4	5	6	3	4	5	6
≤0.2	0.11	0.14	0.18	0.21				
0.4	0.15	0.20	0.25	0.30				
0.6	0.19	0.25	0.31	0.37	0.63	0.75	0.88	1.00
0.8	0.21	0.29	0.36	0.43				
≥1.0	0.24	0.32	0.40	0.48				

Ⅲ　单桩竖向极限承载力标准值

5.2.4　单桩竖向极限承载力标准值应按下列规定确定：

5.2.4.1　一级建筑桩基应采用现场静载荷试验，并结合静力触探、标准贯入等原位测试方法综合确定；

5.2.4.2　二级建筑桩基应根据静力触探、标准贯入、经验参数等估算，并参照地质条件相同的试桩资料，综合确定。当缺乏可参照的试桩资料或地质条件复杂时，应由现场静载荷试验确定；

5.2.4.3 对三级建筑桩基，如无原位测试资料时，可利用承载力经验参数估算。

5.2.5 采用现场静载荷试验确定单桩竖向极限承载力标准值时，在同一条件下的试桩数量不宜小于总桩数的1%，且不应小于3根，工程总桩数在50根以内时不应小于2根。试验及单桩竖向极限承载力取值按附录C方法进行。

5.2.6 当根据单桥探头静力触探资料确定混凝土预制桩单桩竖向极限承载力标准值时，如无当地经验可按下式计算：

$$Q_{uk} = Q_{sk} + Q_{pk} = u\sum q_{sik} l_i + \alpha p_{sk} A_p \qquad (5.2.6\text{-}1)$$

式中 u——桩身周长；

q_{sik}——用静力触探比贯入阻力值估算的桩周第 i 层土的极限侧阻力标准值；

l_i——桩穿越第 i 层土的厚度；

α——桩端阻力修正系数；

p_{sk}——桩端附近的静力触探比贯入阻力标准值（平均值）；

A_p——桩端面积。

5.2.6.1 q_{sik}值应结合土工试验资料，依据土的类别、埋藏深度、排列次序，按图5.2.6折线取值；

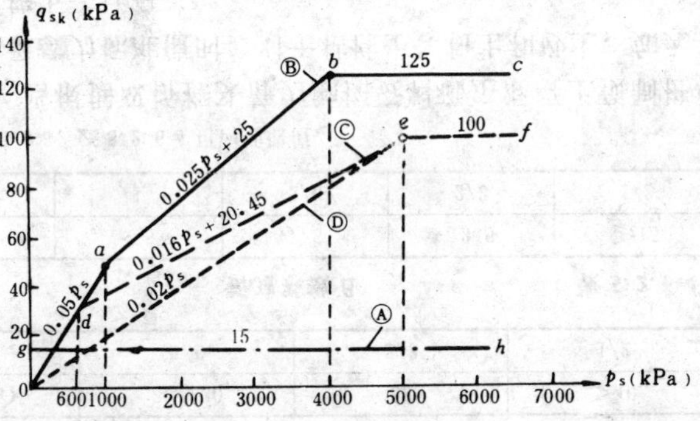

图 5.2.6 q_{sk}-p_s 曲线

注：图5.2.6中，直线Ⓐ（线段 gh）适用于地表下6m范围内的土层；折线Ⓑ（线段 $oabc$）适用于粉土及砂土土层以上（或无粉土及砂土土层地区）的粘性土；折线Ⓒ（线段 $odef$）适用于粉土及砂土土层以下的粘性土；折线Ⓓ（线段 oef）适用于粉土、粉砂、细砂及中砂。

当桩端穿越粉土、粉砂、细砂及中砂层底面时，折线Ⓓ估算的 q_{sik}值需乘以表5.2.6-1中系数 ζ_s 值；

系数 ζ_s 值 **表 5.2.6-1**

p_s/p_{sl}	≤5	7.5	≥10
ζ_s	1.00	0.50	0.33

注：①p_s为桩端穿越的中密～密实砂土、粉土的比贯入阻力平均值；p_{sl}为砂土、粉土的下卧软土层的比贯入阻力平均值；

②采用的单桥探头，圆锥底面积为15cm²，底部带7cm高滑套，锥角60°。

5.2.6.2 桩端阻力修正系数 α 值按表5.2.6-2取值；

桩端阻力修正系数 α 值 **表 5.2.6-2**

桩入土深度（m）	$h<15$	$15\leq h\leq 30$	$30<h\leq 60$
α	0.75	0.75～0.90	0.90

注：桩入土深度 $15\leq h\leq 30$m 时，α 值按 h 值直线内插；h 为基底至桩端全断面的距离（不包括桩尖高度）。

5.2.6.3 p_{sk}可按下式计算：

当 $p_{sk1}\leq p_{sk2}$ 时

$$p_{sk} = \frac{1}{2}(p_{sk1} + \beta \cdot p_{sk2}) \qquad (5.2.6\text{-}2)$$

当 $p_{sk1}>p_{sk2}$ 时

$$p_{sk} = p_{sk2} \qquad (5.2.6\text{-}3)$$

式中 p_{sk1}——桩端全截面以上8倍桩径范围内的比贯入阻力平均值；

p_{sk2}——桩端全截面以下4倍桩径范围内的比贯入阻力平均值，如桩端持力层为密实的砂土层，其比贯入阻力平均值 p_s 超过20MPa时，则需乘以表5.2.6-3中系数 C 予以折减后，再计算 p_{sk2} 及 p_{sk1} 值；

β——折减系数，按 p_{sk2}/p_{sk1} 值从表5.2.6-4选用。

系　数　C　　　　表 5.2.6-3

p_s (MPa)	20～30	35	>40
系数 C	5/6	2/3	1/2

折减系数 β　　　　表 5.2.6-4

p_{sk2}/p_{sk1}	≤5	7.5	12.5	≥15
β	1	5/6	2/3	1/2

注：表 5.2.6-3、表 5.2.6-4 可内插取值。

5.2.7　当根据双桥探头静力触探资料确定混凝土预制桩单桩竖向极限承载力标准值时，对于粘性土、粉土和砂土，如无当地经验时可按下式计算：

$$Q_{uk} = u\sum l_i \cdot \beta_i \cdot f_{si} + \alpha \cdot q_c \cdot A_p \quad (5.2.7)$$

式中　f_{si}——第 i 层土的探头平均侧阻力；

q_c——桩端平面上、下探头阻力，取桩端平面以上 $4d$（d 为桩的直径或边长）范围内按土层厚度的探头阻力加权平均值，然后再和桩端平面以下 $1d$ 范围内的探头阻力进行平均；

α——桩端阻力修正系数，对粘性土、粉土取 2/3，饱和砂土取 1/2；

β_i——第 i 层土桩侧阻力综合修正系数，按下式计算：

粘性土、粉土：$\beta_i = 10.04\ (f_{si})^{-0.55}$

砂土：$\beta_i = 5.05\ (f_{si})^{-0.45}$

注：双桥探头的圆锥底面积为 15cm²，锥角 60°，摩擦套筒高 21.85cm，侧面积 300cm²。

5.2.8　当根据土的物理指标与承载力参数之间的经验关系确定单桩竖向极限承载力标准值时，宜按下式计算：

$$Q_{uk} = Q_{sk} + Q_{pk} = u\sum q_{sik} l_i + q_{pk} A_p \quad (5.2.8)$$

式中　q_{sik}——桩侧第 i 层土的极限侧阻力标准值，如无当地经验值时，可按表 5.2.8-1 取值；

q_{pk}——极限端阻力标准值，如无当地经验值时，可按表 5.2.8-2 取值。

桩的极限侧阻力标准值 q_{sik} (kPa)　　　　表 5.2.8-1

土的名称	土　的　状　态	混凝土预制桩	水下钻（冲）孔桩	沉　管灌注桩	干作业钻孔桩
填　　土		20～28	18～26	15～22	18～26
淤　　泥		11～17	10～16	9～13	10～16
淤泥质土		20～28	18～26	15～22	18～26
粘 性 土	$I_L > 1$	21～36	20～34	16～28	20～34
	$0.75 < I_L \leq 1$	36～50	34～48	28～40	34～48
	$0.50 < I_L \leq 0.75$	50～66	48～64	40～52	48～62
	$0.25 < I_L \leq 0.5$	66～82	64～78	52～63	62～76
	$0 < I_L \leq 0.25$	82～91	78～88	63～72	76～86
	$I_L \leq 0$	91～101	88～98	72～80	86～96
红 粘 土	$0.7 < \alpha_w \leq 1$	13～32	12～30	10～25	12～30
	$0.5 < \alpha_w \leq 0.7$	32～74	30～70	25～68	30～70
粉　　土	$e > 0.9$	22～44	22～40	16～32	20～40
	$0.75 \leq e \leq 0.9$	42～64	40～60	32～50	40～60
	$e < 0.75$	64～85	60～80	50～67	60～80
粉 细 砂	稍　　密	22～42	22～40	16～32	20～40
	中　　密	42～63	40～60	32～50	40～60
	密　　实	63～85	60～80	50～67	60～80
中　　砂	中　　密	54～74	50～72	42～58	50～70
	密　　实	74～95	72～90	58～75	70～90
粗　　砂	中　　密	74～95	74～95	58～75	70～90
	密　　实	95～116	95～116	75～92	90～110
砾　　砂	中密、密实	116～138	116～135	92～110	110～130

注：①对于尚未完成自重固结的填土和以生活垃圾为主的杂填土，不计算其侧阻力；

②α_w 为含水比，$\alpha_w = w/w_L$；

③对于预制桩，根据土层埋深 h，将 q_{sk} 乘以下表修正系数。

土层埋深 h (m)	≤5	10	20	≥30
修正系数	0.8	1.0	1.1	1.2

桩的极限端阻力标准值 q_{pk}（kPa） **表 5.2.8-2**

土名称	桩型 / 土的状态	预制桩入土深度（m） $h\leqslant9$	$9<h\leqslant16$	$16<h\leqslant30$	$h>30$	水下钻（冲）孔桩入土深度（m） 5	10	15	$h>30$
粘性土	$0.75<I_L\leqslant1$	210～840	630～1300	1100～1700	1300～1900	100～150	150～250	250～300	300～450
	$0.50<I_L\leqslant0.75$	840～1700	1500～2100	1900～2500	2300～3200	200～300	350～450	450～550	550～750
	$0.25<I_L\leqslant0.50$	1500～2300	2300～3000	2700～3600	3600～4400	400～500	700～800	800～900	900～1000
	$0<I_L\leqslant0.25$	2500～3800	3800～5100	5100～5900	5900～6800	750～850	1000～1200	1200～1400	1400～1600
粉土	$0.75<e\leqslant0.9$	840～1700	1300～2100	1900～2700	2500～3400	250～350	300～500	450～650	650～850
	$e\leqslant0.75$	1500～2300	2100～3000	2700～3600	3600～4400	550～800	650～900	750～1000	850～1000
粉砂	稍密	800～1600	1500～2100	1900～2500	2100～3000	200～400	350～500	450～600	600～700
	中密、密实	1400～2200	2100～3000	3000～3800	3800～4600	400～500	700～800	800～900	900～1100
细砂	中密、密实	2500～3800	3600～4800	4400～5700	5300～6500	550～650	900～1000	1000～1200	1200～1500
中砂		3600～5100	5100～6300	6300～7200	7000～8000	850～950	1300～1400	1600～1700	1700～1900
粗砂		5700～7400	7400～8400	8400～9500	9500～10300	1400～1500	2000～2200	2300～2400	2300～2500
砾砂	中密、密实	6300～10500				1500～2500			
角砾、圆砾		7400～11600				1800～2800			
碎石、卵石		8400～12700				2000～3000			

续表

土名称	桩型 / 土的状态	沉管灌注桩入土深度（m）				干作业钻孔桩入土深度（m）		
		5	10	15	>15	5	10	15
粘性土	$0.75<I_L\leqslant1$	400～600	600～750	750～1000	1000～1400	200～400	400～700	700～950
	$0.50<I_L\leqslant0.75$	670～1100	1200～1500	1500～1800	1800～2000	420～630	740～950	950～1200
	$0.25<I_L\leqslant0.50$	1300～2200	2300～2700	2700～3000	3000～3500	850～1100	1500～1700	1700～1900
	$0<I_L\leqslant0.25$	2500～2900	3500～3900	4000～4500	4200～5000	1600～1800	2200～2400	2600～2800
粉土	$0.75<e\leqslant0.9$	1200～1600	1600～1800	1800～2100	2100～2600	600～1000	1000～1400	1400～1600
	$e<0.75$	1800～2200	2200～2500	2500～3000	3000～3500	1200～1700	1400～1900	1600～2100
粉砂	稍密	800～1300	1300～1800	1800～2000	2000～2400	500～900	1000～1400	1500～1700
	中密、密实	1300～1700	1800～2400	2400～2800	2800～3600	850～1000	1500～1700	1700～1900
细砂	中密、密实	1800～2200	3000～3400	3500～3900	4000～4900	1200～1400	1900～2100	2200～2400
中砂		2800～3200	4400～5000	5200～5500	5500～7000	1800～2000	2800～3000	3300～3500
粗砂		4500～5000	6700～7200	7700～8200	8400～9000	2900～3200	4200～4600	4900～5200
砾砂		5000～8400				3200～5300		
角砾、圆砾	中密、密实	5900～9200						
碎石、卵石		6700～10000						

注：①砂土和碎石类土中桩的极限端阻力取值，要综合考虑土的密实度，桩端进入持力层的深度比 h_b/d，土愈密实，h_b/d 愈大，取值愈高。

②表中沉管灌注桩系指带预制桩尖沉管灌注桩。

5.2.9 根据土的物理指标与承载力参数之间的经验关系，确定大直径桩（$d \geqslant 800mm$）单桩竖向极限承载力标准值时，可按下式计算：

$$Q_{uk} = Q_{sk} + Q_{pk} = u\sum\psi_{si}q_{sik}l_{si} + \psi_p q_{pk} A_p \qquad (5.2.9)$$

式中 q_{sik}——桩侧第 i 层土的极限侧阻力标准值，如无当地经验值时，可按表 5.2.8-1 取值，对于扩底桩变截面以下不计侧阻力；

q_{pk}——桩径为 800mm 的极限端阻力标准值，可采用深层载荷板试验确定；当不能进行深层载荷板试验时，可采用当地经验值或按表 5.2.8-2 取值，对于干作业（清底干净）可按表 5.2.9-1 取值；

对于混凝土护壁的大直径挖孔桩，计算单桩竖向承载力时，其设计桩径取护壁外直径；

ψ_{si}、ψ_p——大直径桩侧阻、端阻尺寸效应系数，按表 5.2.9-2 取值。

干作业桩（清底干净，$D=800mm$）

极限端阻力标准值 q_{pk}（kPa）　　表 5.2.9-1

土名称		状态		
粘性土		$0.25<I_L\leqslant0.75$	$0<I_L\leqslant0.25$	$I_L\leqslant0$
		800～1800	1800～2400	2400～3000
粉土		$0.75<e\leqslant0.9$	$e\leqslant0.75$	
		1000～1500	1500～2000	
砂土、碎石类土		稍密	中密	密实
	粉砂	500～700	800～1100	1200～2000
	细砂	700～1100	1200～1800	2000～2500
	中砂	1000～2000	2200～3200	3500～5000
	粗砂	1200～2200	2500～3500	4000～5500
	砾砂	1400～2400	2600～4000	5000～7000
	圆砾、角砾	1600～3000	3200～5000	6000～9000
	卵石、碎石	2000～3000	3300～5000	7000～11000

注：①q_{pk}取值宜考虑桩端持力层土的状态及桩进入持力层的深度效应，当进入持力层深度 h_b 为：$h_b\leqslant D$，$D<h_b<4D$，$h_b\geqslant4D$；q_{pk}可分别取较低值、中值，较高值。

②砂土密实度可根据标贯击数 N 判定，$N\leqslant10$ 为松散，$10<N\leqslant15$ 为稍密，$15<N\leqslant30$ 为中密，$N>30$ 为密实。

③当对沉降要求不严时，可适当提高 q_{pk}值。

大直径灌注桩侧阻力尺寸效应系数 ψ_{si}、

端阻力尺寸效应系数 ψ_p　　表 5.2.9-2

土类别	粘性土、粉土	砂土、碎石类土
ψ_{si}	1	$\left(\frac{0.8}{d}\right)^{1/3}$
ψ_p	$\left(\frac{0.8}{D}\right)^{1/4}$	$\left(\frac{0.8}{D}\right)^{1/3}$

注：表中 D 为桩端直径。

5.2.10 当根据土的物理指标与承载力参数之间的经验关系确定钢管桩单桩竖向极限承载力标准值时，可按下式计算：

$$Q_{uk} = Q_{sk} + Q_{pk} = \lambda_s u\sum q_{sik}l_i + \lambda_p q_{pk} A_p \qquad (5.2.10\text{-}1)$$

当 $h_b/d_s<5$ 时 $$\lambda_p = 0.16\frac{h_b}{d_s}\cdot\lambda_s \qquad (5.2.10\text{-}2)$$

当 $h_b/d_s\geqslant5$ 时 $$\lambda_p = 0.8\cdot\lambda_s \qquad (5.2.10\text{-}3)$$

式中 q_{sik}、q_{pk}——取与混凝土预制桩相同值；

λ_p——桩端闭塞效应系数，对于闭口钢管桩 $\lambda_p=1$，对于敞口钢管桩宜按式 5.2.10-2、式 5.2.10-3 取值；

h_b——桩端进入持力层深度；

d_s——钢管桩外直径；

λ_s——侧阻挤土效应系数，对于闭口钢管桩 $\lambda_s=1$，敞口钢管桩 λ_s 宜按表 5.2.10 确定。

敞口钢管桩侧阻挤土效应系数 λ_s　　表 5.2.10

d_s（mm）	≤600	700	800	900	1000
λ_s	1.00	0.93	0.87	0.82	0.77

对于带隔板的半敞口钢管桩，以等效直径 d_e 代替 d_s 确定 λ_s、λ_p；$d_e=d_s/\sqrt{n}$；其中 n 为桩端隔板分割数（见图 5.2.10）。

$n=2$　　$n=4$　　$n=9$

图 5.2.10　隔板分割

5.2.11　嵌岩桩单桩竖向极限承载力标准值，由桩周土总侧阻、嵌岩段总侧阻和总端阻三部分组成。当根据室内试验结果确定单桩竖向极限承载力标准值时，可按下式计算：

$$Q_{uk}=Q_{sk}+Q_{rk}+Q_{pk} \quad (5.2.11\text{-}1)$$

$$Q_{sk}=u\sum_1^n \zeta_{si}q_{sik}l_i \quad (5.2.11\text{-}2)$$

$$Q_{rk}=u\zeta_s f_{rc}h_r \quad (5.2.11\text{-}3)$$

$$Q_{pk}=\zeta_p f_{rc}A_p \quad (5.2.11\text{-}4)$$

式中　Q_{sk}、Q_{rk}、Q_{pk}——分别为土的总极限侧阻力、嵌岩段总极限侧阻力、总极限端阻力标准值；

ζ_{si}——覆盖层第 i 层土的侧阻力发挥系数；当桩的长径比不大（$l/d<30$），桩端置于新鲜或微风化硬质岩中且桩底无沉渣时，对于粘性土、粉土　取 $\zeta_{si}=0.8$，对于砂类土及碎石类土，取 $\zeta_{si}=0.7$；对于其他情况，取 $\zeta_{si}=1$；

q_{sik}——桩周第 i 层土的极限侧阻力标准值，根据成桩工艺按表 5.2.8-1 取值；

f_{rc}——岩石饱和单轴抗压强度标准值，对于粘土质岩取天然湿度单轴抗压强度标准值；

h_r——桩身嵌岩（中等风化、微风化、新鲜基岩）深度，超过 $5d$ 时，取 $h_r=5d$；当岩层表面倾斜时，以坡下方的嵌岩深度为准；

ζ_s、ζ_p——嵌岩段侧阻力和端阻力修正系数，与嵌岩深径比 h_r/d 有关，按表 5.2.11 采用。

嵌岩段侧阻和端阻修正系数　　**表 5.2.11**

嵌岩深径比 h_r/d	0.0	0.5	1	2	3	4	≥5
侧阻修正系数 ζ_s	0.000	0.025	0.055	0.070	0.065	0.062	0.050
端阻修系数 ζ_p	0.500	0.500	0.400	0.300	0.200	0.100	0.000

注：①当嵌岩段为中等风化岩时，表中数值乘以 0.9 折减；
②岩石单轴抗压强度的标准值可按附录 C 中 C.0.11 条规定取值。

5.2.12　对于桩身周围有液化土层的低承台桩基，当承台下有不小于 1m 厚的非液化土或非软弱土时，土层液化对单桩极限承载力的影响可将液化土层极限侧阻标准值乘以土层液化折减系数计算单桩极限承载力标准值。土层液化折减系数 ψ_L 按表 5.2.12 确定。

土层液化折减系数 ψ_L　　**表 5.2.12**

序号	$\lambda_N=\frac{N_{63.5}}{N_{cr}}$	自地面算起的液化土层深度 d_L（m）	ψ_L
1	$\lambda_N\leqslant 0.6$	$d_L\leqslant 10$	0
		$d_L>10$	1/3
2	$0.6<\lambda_N\leqslant 0.8$	$d_L\leqslant 10$	1/3
		$d_L>10$	2/3
3	$0.8<\lambda_N\leqslant 1.0$	$d_L\leqslant 10$	2/3
		$d_L>10$	1.0

注：①$N_{63.5}$ 为饱和土标准贯入击数实测值；N_{cr} 为液化判别标准贯入击数临界值；
②对于挤土桩，当桩距小于 $4d$，且桩的排数不少于 5 排、总桩数不少于 25 根时，土层液化折减系数可取 2/3～1。

当承台底非液化土层厚度小于 1m 时，土层液化折减系数按表 5.2.12 降低一档取值。

Ⅳ　特殊条件下桩基竖向承载力验算

5.2.13　当桩端平面以下受力层范围内存在软弱下卧层时，应按下列规定验算软弱下卧层的承载力。

5.2.13.1 对于桩距 $s_a \leqslant 6d$ 的群桩基础，按下列公式验算：

$$\sigma_z + \gamma_i z \leqslant q_{uk}^{w}/\gamma_q \quad (5.2.13\text{-}1)$$

$$\sigma_z = \frac{\gamma_0(F+G) - 2(A_0+B_0)\cdot\sum q_{sik}l_i}{(A_0+2t\cdot \mathrm{tg}\theta)(B_0+2t\cdot \mathrm{tg}\theta)} \quad (5.2.13\text{-}2)$$

式中 σ_z——作用于软弱下卧层顶面的附加应力，见图（5.2.13-a）；

γ_i——软弱层顶面以上各土层重度按土层厚度计算的加权平均值；

z——地面至软弱层顶面的深度；

q_{uk}^{w}——软弱下卧层经深度修正的地基极限承载力标准值；

γ_q——地基承载力分项系数，取 $\gamma_q=1.65$；

A_0、B_0——桩群外缘矩形面积的长、短边长（见图 5.2.13-a）；

θ——桩端硬持力层压力扩散角，按表 5.2.13 取值。

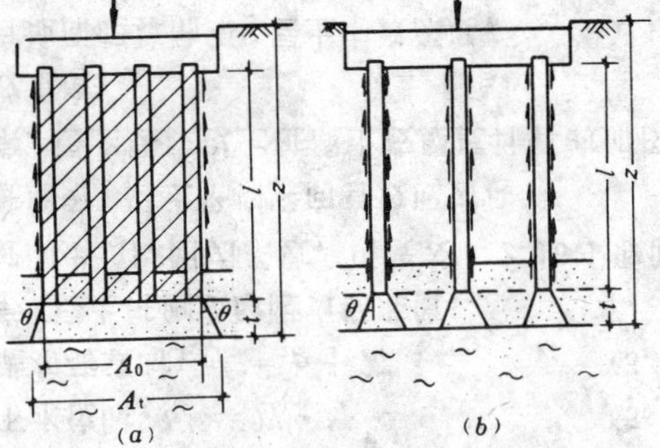

图 5.2.13 软弱下卧层承载力验算

5.2.13.2 对于桩距 $s_a > 6d$、且硬持力层厚度 $t < (s_a - D_e)\cdot \cot\theta/2$ 的群桩基础（图 5.2.13-b），以及单桩基础，按式（5.2.13-1）验算软弱下卧层的承载力时，其 σ_z 按下式确定：

$$\sigma_z = \frac{4(\gamma_0 N - u\Sigma q_{sik}l_i)}{\pi(D_e + 2t\cdot \mathrm{tg}\theta)^2} \quad (5.2.13\text{-}3)$$

式中 N——桩顶轴向压力设计值；

D_e——桩端等代直径，对于圆形桩端，$D_e=D$；方形桩，$D_e=1.13b$（b 为桩的边长）；按表 5.2.13 确定 θ 时，$B_0=D_e$。

桩端硬持力层压力扩散角 θ **表 5.2.13**

E_{s1}/E_{s2}	$t=0.25B_0$	$t\geqslant 0.50B_0$
1	4°	12°
3	6°	23°
5	10°	25°
10	20°	30°

注：①E_{s1}、E_{s2} 为硬持力层、软下卧层的压缩模量；

②当 $t<0.25B_0$ 时，θ 降低取值。

5.2.14 符合下列条件之一的桩基，当桩周土层产生的沉降超过基桩的沉降时，应考虑桩侧负摩阻力。

5.2.14.1 桩穿越较厚松散填土、自重湿陷性黄土、欠固结土层进入相对较硬土层时；

5.2.14.2 桩周存在软弱土层，邻近桩侧地面承受局部较大的长期荷载，或地面大面积堆载（包括填土）时；

5.2.14.3 由于降低地下水位，使桩周土中有效应力增大，并产生显著压缩沉降时。

5.2.15 桩周土沉降可能引起桩侧负摩阻力时，应根据工程具体情况考虑负摩阻力对桩基承载力和沉降的影响；当缺乏可参照的工程经验时，可按下列规定验算。

5.2.15.1 对于摩擦型基桩取桩身计算中性点以上侧阻力为零，按下式验算基桩承载力：

$$\gamma_0 N \leqslant R \quad (5.2.15\text{-}1)$$

5.2.15.2 对于端承型基桩除应满足上式要求外，尚应考虑负摩阻力引起基桩的下拉荷载 Q_g^n（根据本规范第 5.2.16 条确定），按下式验算基桩承载力：

$$\gamma_0(N + 1.27Q_g^n) \leqslant 1.6R \quad (5.2.15\text{-}2)$$

5.2.15.3 当土层不均匀或建筑物对不均匀沉降较敏感时，尚应将负摩阻力引起的下拉荷载计入附加荷载验算桩基沉降。

注：本条中的竖向承载力设计值 R 只计中性点以下部分侧阻值及端阻值。

5.2.16 桩侧负摩阻力及其引起的下拉荷载，当无实测资料时可按下列规定计算。

5.2.16.1 单桩负摩阻力标准值可按下列公式计算：

$$q_{si}^{n}=\zeta_{n}\sigma_{i}' \tag{5.2.16-1}$$

当降低地下水位时：$\sigma_i'=\gamma_i'\cdot z_i$ (5.2.16-2)

当地面有满布荷载时：$\sigma_i'=p+\gamma_i'\cdot z_i$ (5.2.16-3)

式中 q_{si}^{n}——第 i 层土桩侧负摩阻力标准值；

ζ_n——桩周土负摩阻力系数，可按表 5.2.16-1 取值；

σ_i'——桩周第 i 层土平均竖向有效应力；

γ_i'——第 i 层土层底以上桩周土按厚度计算的加权平均有效重度；

z_i——自地面起算的第 i 层土中点深度；

p——地面均布荷载。

负摩阻力系数 ζ_n 表 5.2.16-1

土类	ζ_n
饱和软土	0.15～0.25
粘性土、粉土	0.25～0.40
砂土	0.35～0.50
自重湿陷性黄土	0.20～0.35

注：①在同一类土中，对于打入桩或沉管灌注桩，取表中较大值，对于钻（冲）挖孔灌注桩，取表中较小值；

②填土按其组成取表中同类土的较大值；

③当 q_{si}^{n} 计算值大于正摩阻力时，取正摩阻力值。

对于砂类土，也可按下式估算负摩阻力标准值：

$$q_{si}^{n}=\frac{N_i}{5}+3 \tag{5.2.16-4}$$

式中 N_i——桩周第 i 层土经钻杆长度修正的平均标准贯入试验击数。

5.2.16.2 群桩中任一基桩的下拉荷载标准值可按下式计算：

$$Q_g^n=\eta_n\cdot u\sum_{i=1}^{n}q_{si}^{n}l_i \tag{5.2.16-5}$$

$$\eta_n=s_{ax}\cdot s_{ay}\Big/\left[\pi d\left(\frac{q_s^n}{\gamma'_m}+\frac{d}{4}\right)\right] \tag{5.2.16-6}$$

式中 n——中性点以上土层数；

l_i——中性点以上各土层的厚度；

η_n——负摩阻力桩群效应系数；

s_{ax}、s_{ay}——分别为纵横向桩的中心距；

q_s^n——中性点以上桩的平均负摩阻力标准值；

γ'_m——中性点以上桩周土加权平均有效重度。

注：对于单桩基础或按式（5.2.16-6）计算群桩基础的 $\eta_n>1$ 时，取 $\eta_n=1$。

5.2.16.3 中性点深度 l_n 应按桩周土层沉降与桩沉降相等的条件计算确定，也可参照表 5.2.16-2 确定。

中性点深度 l_n 表 5.2.16-2

持力层性质	粘性土、粉土	中密以上砂	砾石、卵石	基岩
中性点深度比 l_n/l_0	0.5～0.6	0.7～0.8	0.9	1.0

注：①l_n、l_0——分别为中性点深度和桩周沉降变形土层下限深度；

②桩穿越自重湿陷性黄土层时，l_n 按表列值增大 10%（持力层为基岩除外）。

5.2.17 承受拔力的桩基，应按下列公式同时验算群桩基础及其基桩的抗拔承载力，并按现行《混凝土结构设计规范》GBJ 10 验算基桩材料的受拉承载力。

$$\gamma_0 N\leqslant U_{gk}/\gamma_s+G_{gp} \tag{5.2.17-1}$$

$$\gamma_0 N\leqslant U_k/\gamma_s+G_p \tag{5.2.17-2}$$

式中 N——基桩上拔力设计值；

U_{gk}——群桩呈整体破坏时基桩的抗拔极限承载力标准值，根据本规范 5.2.18 条确定；

U_k——基桩的抗拔极限承载力标准值，根据本规范 5.2.18 条确定；

G_{gp}——群桩基础所包围体积的桩土总自重设计值除以总桩数，地下水位以下取浮重度；

G_p——基桩（土）自重设计值，地下水位以下取浮重度，对于扩底桩应按表5.2.18-1确定桩、土柱体周长，计算桩、土自重设计值。

5.2.18 群桩基础及其基桩的抗拔极限承载力标准值应按下列规定确定：

5.2.18.1 对于一级建筑桩基，基桩的抗拔极限承载力标准值应通过现场单桩上拔静载荷试验确定。单桩上拔静载荷试验及抗拔极限载力标准值取值可按附录D进行；

5.2.18.2 对于二、三级建筑桩基，如无当地经验时，群桩基础及基桩的抗拔极限承载力标准值可按下列规定计算：

（1）单桩或群桩呈非整体破坏时，基桩的抗拔极限承载力标准值可按下式计算：

$$U_k = \sum \lambda_i q_{sik} u_i l_i \qquad (5.2.18\text{-}1)$$

式中 U_k——基桩抗拔极限承载力标准值；

u_i——破坏表面周长，对于等直径桩取 $u=\pi d$；对于扩底桩按表5.2.18-1取值；

q_{sik}——桩侧表面第 i 层土的抗压极限侧阻力标准值，可按表5.2.8-1取值；

λ_i——抗拔系数，按表5.2.18-2取值。

扩底桩破坏表面周长 u_i **表5.2.18-1**

自桩底起算的长度 l_i	$\leqslant 5d$	$>5d$
u_i	πD	πd

抗拔系数 λ_i **表5.2.18-2**

土 类	λ 值
砂 土	0.50～0.70
粘性土、粉土	0.70～0.80

注：桩长 l 与桩径 d 之比小于20时，λ_i 取小值。

（2）群桩呈整体破坏时，基桩的抗拔极限承载力标准值可按下式计算：

$$U_{gk} = \frac{1}{n} u_l \sum \lambda_i q_{sik} l_i \qquad (5.2.18\text{-}2)$$

式中 u_l——桩群外围周长。

5.2.19 季节性冻土上轻型建筑的短桩基础，应按下式验算其抗冻拔稳定性：

$$\eta_f q_f u z_0 \leqslant U_k/\gamma_s + N_G + G_p \qquad (5.2.19)$$

式中 η_f——冻深影响系数，按表5.2.19-1采用；

q_f——切向冻胀力设计值，按表5.2.19-2采用；

z_0——季节性冻土的标准冻深；

U_k——标准冻深线以下单桩的抗拔极限承载力标准值，按本规范第5.2.18条确定。

η_f 值 **表5.2.19-1**

标准冻深（m）	$z_0 \leqslant 2.0$	$2.0 < z_0 \leqslant 3.0$	$z_0 > 3.0$
η_f	1.0	0.9	0.8

q_f（kPa）值 **表5.2.19-2**

冻胀性分类 / 土 类	弱冻胀	冻 胀	强冻胀	特强冻胀
粘性土、粉土	30～60	60～80	80～120	120～150
砂土、砾（碎）石（粘、粉粒含量>15%）	<10	20～30	40～80	90～200

注：①表面粗糙的灌注桩，表中数值应乘以系数1.1～1.3；

②本表不适用于含盐量大于0.5%的冻土。

5.2.20 膨胀土上轻型建筑的短桩基础，应按下式验算其抗拔稳定性。

$$u \sum q_{ei} l_{ei} \leqslant U_k/\gamma_s + N_G + G_p \qquad (5.2.20)$$

式中 U_k——大气影响急剧层下稳定土层中桩的抗拔极限承载力标准值，按本规范第5.2.18条确定；

q_{ei}——大气影响急剧层中第 i 层土的极限胀切力设计值（取标准值乘以荷载分项系数 $\gamma_e=1.27$）由现场浸水

试验确定；

l_{ei}——大气影响急剧层中第 i 层土的厚度。

5.3 桩基沉降计算

5.3.1 需要计算变形的建筑物，其桩基变形计算值不应大于桩基变形容许值。

5.3.2 桩基变形可用下列指标表示：

5.3.2.1 沉降量；

5.3.2.2 沉降差；

5.3.2.3 倾斜：建筑物桩基础倾斜方向两端点的沉降差与其距离之比值；

5.3.2.4 局部倾斜：墙下条形承台沿纵向某一长度范围内桩基础两点的沉降差与其距离的比值。

5.3.3 计算桩基变形时，桩基变形指标应遵守以下规定选用：

由于土层厚度与性质不均匀、荷载差异，体型复杂等因素引起的地基变形，对于砌体承重结构应由局部倾斜控制；对于框架结构应由相邻柱基的沉降差控制；对于多层或高层建筑和高耸结构应由倾斜值控制。

5.3.4 建筑物的桩基变形容许值如无当地经验时可按表5.3.4规定采用，对于表中未包括的建筑物桩基容许变形值，可根据上部结构对桩基变形的适应能力和使用上的要求确定。

建筑物桩基变形容许值　　表5.3.4

变形特征		容许值
砌体承重结构基础的局部倾斜		0.002
工业与民用建筑相邻柱基的沉降差		
(1) 框架结构		$0.002l_0$
(2) 砖石墙填充的边排柱		$0.0007l_0$
(3) 当基础不均匀沉降时不产生附加应力的结构		$0.005l_0$
单层排架结构（柱距为6m）桩基的沉降量（mm）		120
桥式吊车轨面的倾斜（按不调整轨道考虑）		
纵向		0.004
横向		0.003
多层和高层建筑基础的倾斜	$H_g \leqslant 24$	0.004
	$24 < H_g \leqslant 60$	0.003
	$60 < H_g \leqslant 100$	0.002
	$H_g > 100$	0.0015
高耸结构基础的倾斜	$H_g \leqslant 20$	0.008
	$20 < H_g \leqslant 50$	0.006
	$50 < H_g \leqslant 100$	0.005
	$100 < H_g \leqslant 150$	0.004
	$150 < H_g \leqslant 200$	0.003
	$200 < H_g \leqslant 250$	0.002
高耸结构基础的沉降量（mm）	$H_g \leqslant 100$	350
	$100 < H_g \leqslant 200$	250
	$200 < H_g \leqslant 250$	150

注：l_0 为相邻柱基的中心距离（mm）；H_g 为自室外地面起算的建筑物高度（m）。

5.3.5 对于桩中心距小于或等于6倍桩径的桩基，其最终沉降量计算可采用等效作用分层总和法。等效作用面位于桩端平面，等效作用面积为桩承台投影面积，等效作用附加应力近似取承台底平均附加压力。等效作用面以下的应力分布采用各向同性均质直线变形体理论。计算模式如图5.3.5所示，桩基内任意点的最终沉降量可用角点法按下式计算：

$$s=\psi \cdot \psi_e \cdot s'=\psi \cdot \psi_e \cdot \sum_{j=1}^{m} p_{0j} \sum_{i=1}^{n} \frac{z_{ij}\alpha_{ij}-z_{(i-1)j}\alpha_{(i-1)j}}{E_{si}} \qquad (5.3.5)$$

式中　s——桩基最终沉降量（mm）；

s'——按分层总和法计算出的桩基沉降量（mm）；

ψ——桩基沉降计算经验系数，当无当地可靠经验时可按第5.3.10条确定；

ψ_e——桩基等效沉降系数，按第5.3.8条确定；

m——角点法计算点对应的矩形荷载分块数；

p_{0j}——角点法计算点对应的第 j 块矩形底面长期效应组合的附加压力（kPa）；

n——桩基沉降计算深度范围内所划分的土层数（图5.3.5）；

E_{si}——等效作用底面以下第 i 层土的压缩模量（MPa），采用地基土在自重压力至自重压力加附加压力作用时的压缩模量；

z_{ij}、$z_{(i-1)j}$——桩端平面第 j 块荷载至第 i 层土、第 $i-1$ 层底面的距离（m）；

α_{ij}、$\alpha_{(i-1)j}$——桩端平面第 j 块荷载计算点至第 i 层土、第 $i-1$ 层土底面深度范围内平均附加应力系数，可按本规范附录G采用。

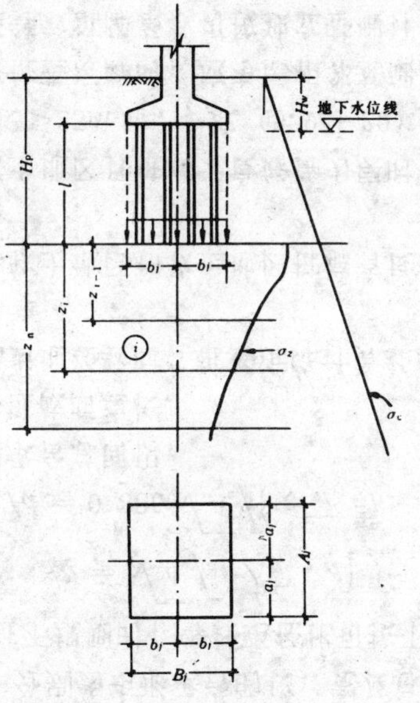

图 5.3.5

5.3.6 计算矩形桩基变形时，桩基沉降计算式（5.3.5）可简化成下式：

5.3.6.1 矩形基础中点沉降

$$s=\psi\cdot\psi_e\cdot s'=4\cdot\psi\cdot\psi_e\cdot p_0\sum_{i=1}^{n}\frac{z_i\alpha_i-z_{i-1}\alpha_{i-1}}{E_{si}} \quad (5.3.6\text{-}1)$$

式中 α_i、α_{i-1}——根据矩形长宽比 a/b 及深宽比 $\frac{z_i}{b}=\frac{2z_i}{B_c}$，$\frac{z_{i-1}}{b}=\frac{2z_{i-1}}{B_c}$ 查附录G。

5.3.6.2 矩形基础角点沉降

$$s=\psi\cdot\psi_e\cdot s'=\psi\cdot\psi_e\cdot p_0\sum_{i=1}^{n}\frac{z_i\alpha_i-z_{i-1}\alpha_{i-1}}{E_{si}} \quad (5.3.6\text{-}2)$$

式中 p_0——平均附加压力；

α_i、α_{i-1}——根据矩形长度比 a/b 及深宽比 $\frac{z_i}{b}=\frac{z_i}{B_c}$，$\frac{z_{i-1}}{b}=\frac{z_{i-1}}{B_c}$ 查附录G。

5.3.7 地基沉降计算深度 z_n（图5.3.5），按应力比法确定，且 z_n 处的附加应力 σ_z 与土的自重应力 σ_c 应符合下式要求：

$$\sigma_z = 0.2\sigma_c \quad (5.3.7\text{-}1)$$

$$\sigma_z = \sum_{j=1}^{m}\alpha'_j p_{0j} \quad (5.3.7\text{-}2)$$

式中附加应力系数 α'_j 根据角点法划分的矩形长宽比及深宽比查附录G。

5.3.8 桩基等效沉降系数 ψ_e 按下式简化计算：

$$\psi_e = C_0 + \frac{n_b-1}{C_1(n_b-1)+C_2} \quad (5.3.8\text{-}1)$$

$$n_b = \sqrt{n\cdot B_c/L_c} \quad (5.3.8\text{-}2)$$

式中 n_b——矩形布桩时的短边布桩数，当布桩不规则时可按式（5.3.8-2）近似计算，当 n_b 计算值小于1时，取 $n_b=1$；

C_0、C_1、C_2——根据群桩不同距径比（桩中心距与桩径之比）s_a/d、长径比 l/d 及基础长宽比 L_c/B_c 由附录

H 查出。

L_c、B_c、n——分别为矩形承台的长、宽及总桩数。

5.3.9 当布桩不规则时，等效距径比可按下式近似计算：

圆形桩 $$s_a/d = \sqrt{A_e}/(\sqrt{n} \cdot d) \quad (5.3.9\text{-}1)$$

方形桩 $$s_a/d = 0.886\sqrt{A_e}/(\sqrt{n} \cdot b) \quad (5.3.9\text{-}2)$$

式中 A_e——桩基承台总面积；

b——方形桩截面边长。

5.3.10 当无当地经验时，桩基沉降计算经验系数 ψ 可按下列规定选用：

5.3.10.1 非软土地区和软土地区桩端有良好持力层时 ψ 取 1；

5.3.10.2 软土地区且桩端无良好持力层时，当桩长 $l \leqslant 25$m 时，ψ 取 1.7，桩长 >25m 时，ψ 取 $(5.9l-20)/(7l-100)$。

5.3.11 计算桩基沉降时，应考虑相邻基础的影响，采用叠加原理计算；桩基等效沉降系数可按独立基础计算。

5.3.12 当桩基形状不规则时，可采用等代矩形面积计算桩基等效沉降系数，等效矩形的长宽比可根据承台实际形状确定。

5.4 桩基水平承载力与位移计算

5.4.1 一般建筑物和水平荷载较小的高大建筑物单桩基础和群桩中的复合基桩应满足：

$$\gamma_0 H_1 \leqslant R_{h1} \quad (5.4.1)$$

式中 H_1——单桩基础或群桩中复合基桩桩顶处的水平力设计值；

R_{h1}——单桩基础或群桩中复合基桩的水平承载力设计值。

5.4.2 单桩的水平承载力设计值应按下列规定确定。

5.4.2.1 对于受水平荷载较大的一级建筑桩基，单桩的水平承载力设计值应通过单桩静力水平荷载试验确定，试验方法及承载力取值按附录 E 执行。

5.4.2.2 对于钢筋混凝土预制桩、钢桩、桩身全截面配筋率不小于 0.65%的灌注桩，可根据静载试验结果取地面处水平位移为 10mm（对于水平位移敏感的建筑物取水平位移 6mm）所对应的荷载为单桩水平载力设计值。

5.4.2.3 对于桩身配筋率小于 0.65%的灌注桩，可取单桩水平静载试验的临界荷载为单桩水平承载力设计值。

5.4.2.4 当缺少单桩水平静载试验资料时，可按下列公式估算桩身配筋率小于 0.65%的灌注桩的单桩水平承载力设计值。

$$R_h = \frac{\alpha\gamma_m f_t W_0}{\nu_m}(1.25 + 22\rho_g)\left(1 \pm \frac{\zeta_N \cdot N}{\gamma_m f_t A_n}\right) \quad (5.4.2\text{-}1)$$

式中±号根据桩顶竖向力性质确定，压力取“+”，拉力取“−”；

α——桩的水平变形系数，按本规范第 5.4.5 条确定；

R_h——单桩水平承载力设计值；

γ_m——桩截面模量塑性系数，圆形截面 $\gamma_m=2$，矩形截面 $\gamma_m=1.75$；

f_t——桩身混凝土抗拉强度设计值；

W_0——桩身换算截面受拉边缘的截面模量，圆形截面为：

$$W_0 = \frac{\pi d}{32}[d^2 + 2(\alpha_E - 1)\rho_g d_0^2]$$

其中 d_0 为扣除保护层的桩直径；α_E 为钢筋弹性模量与混凝土弹性模量的比值；

ν_m——桩身最大弯矩系数，按表 5.4.2 取值，单桩基础和单排桩基纵向轴线与水平力方向相垂直的情况，按桩顶铰接考虑；

ρ_g——桩身配筋率；

A_n——桩身换算截面积，圆形截面为：

$$A_n = \frac{\pi d^2}{4}[1 + (\alpha_E - 1)\rho_g]$$

ζ_N——桩顶竖向力影响系数，竖向压力取 $\zeta_N=0.5$；竖向拉力取 $\zeta_N=1.0$。

对于混凝土护壁的挖孔桩，计算单桩水平承载力时，其设计桩径取护壁内直径。

5.4.2.5 当缺少单桩水平静载试验资料时，可按下式估算预制桩、钢桩、桩身配筋率不小于0.65%的灌注桩单桩水平承载力设计值。

$$R_h = \frac{\alpha^3 EI}{\nu_x}\chi_{0a} \qquad (5.4.2\text{-}2)$$

式中 EI——桩身抗弯刚度，对于钢筋混凝土桩，$EI=0.85E_cI_0$；其中，I_0为桩身换算截面惯性矩，圆形截面，$I_0=W_0d/2$；

χ_{0a}——桩顶容许水平位移；

ν_x——桩顶水平位移系数，按表5.4.2取值，取值方法同ν_m。

5.4.2.6 验算地震作用桩基的水平承载力时，应将上述方法确定的单桩水平承载力设计值乘以调整系数1.25。

桩顶（身）最大弯矩系数 ν_m 和桩顶水平位移系数 ν_x 表 5.4.2

桩顶约束情况	桩的换算埋深（αh）	ν_m	ν_x
铰接、自由	4.0	0.768	2.441
	3.5	0.750	2.502
	3.0	0.703	2.727
	2.8	0.675	2.905
	2.6	0.639	3.163
	2.4	0.601	3.526
固接	4.0	0.926	0.940
	3.5	0.934	0.970
	3.0	0.967	1.028
	2.8	0.990	1.055
	2.6	1.018	1.079
	2.4	1.045	1.095

注：①铰接（自由）的ν_m系桩身的最大弯矩系数，固接ν_m系桩顶的最大弯矩系数；
②当$\alpha h>4$时取$\alpha h=4.0$。

5.4.3 群桩基础（不含水平力垂直于单排桩基纵向轴线和力矩较大的情况）的复合基桩水平承载力设计值应考虑由承台、桩群、土相互作用产生的群桩效应，可按下式确定：

$$R_{h1} = \eta_h R_h \qquad (5.4.3\text{-}1)$$

$$\eta_h = \eta_i\eta_r + \eta_l + \eta_b \qquad (5.4.3\text{-}2)$$

$$\eta_i = \frac{\left(\frac{s_a}{d}\right)^{0.015n_2+0.45}}{0.15n_1 + 0.10n_2 + 1.9} \qquad (5.4.3\text{-}3)$$

$$\eta_l = \frac{m\chi_{0a}B'_c h_c^2}{2n_1n_2R_h} \qquad (5.4.3\text{-}4)$$

$$\eta_b = \frac{\mu P_c}{n_1n_2R_h} \qquad (5.4.3\text{-}5)$$

$$\chi_{0a} = \frac{R_h\nu_x}{\alpha^3 EI} \qquad (5.4.3\text{-}6)$$

式中 η_h——群桩效应综合系数；

η_i——桩的相互影响效应系数；

η_r——桩顶约束效应系数，按表5.4.3-1取值；

η_l——承台侧向土抗力效应系数；

η_b——承台底摩阻效应系数；

s_a/d——沿水平荷载方向的距径比；

n_1，n_2——分别为沿水平荷载方向与垂直于水平荷载方向每排桩中的桩数；

m——承台侧面土水平抗力系数的比例系数，当无试验资料时可按表5.4.5取值；

χ_{0a}——桩顶（承台）的水平位移容许值，当以位移控制时，可取$\chi_{0a}=10$mm（对水平位移敏感的结构物取$\chi_{0a}=6$mm）；当以桩身强度控制（低配筋率灌注桩）时，可近似按式（5.4.3-6）确定；

B'_c——承台受侧向土抗一边的计算宽度，$B'_c=B_c+1$（m），B_c为承台宽度；

h_c——承台高度（m）；

μ——承台底与基土间的摩擦系数，可按表5.4.3-2取值；

P_c——承台底地基土分担的竖向荷载设计值，可按本规范第5.2.3条估算，$P_c=\eta_c q_{ck} A_c$。

当存在第5.2.2条所规定的不能考虑承台效应的情况时，取$\eta_b=0$；当承台侧面为可液化土时，取$\eta_l=0$。

桩顶约束效应系数 η_r　　表5.4.3-1

换算深度 αh	2.4	2.6	2.8	3.0	3.5	≥4.0
位移控制	2.58	2.34	2.20	2.13	2.07	2.05
强度控制	1.44	1.57	1.71	1.82	2.00	2.07

注：$\alpha=\sqrt[5]{\frac{mb_0}{EI}}$，$h$ 为桩的入土深度。

承台底与基土间的摩擦系数 μ　　表5.4.3-2

土的类别		摩擦系数 μ
粘性土	可塑	0.25～0.30
	硬塑	0.30～0.35
	坚硬	0.35～0.45
粉土	密实、中密（稍湿）	0.30～0.40
中砂、粗砂、砾砂		0.40～0.50
碎石土		0.40～0.60
软质岩石		0.40～0.60
表面粗糙的硬质岩石		0.65～0.75

5.4.4 承受水平荷载较大的带地下室的高大建筑物桩基，可考虑承台、桩群、土共同作用，按附录B方法计算基桩内力和变位，与水平外力作用平面相垂直的单排桩基按附录B中附表B-3计算。

5.4.5 桩的水平变形系数和地基土水平抗力系数可按下列规定确定：

5.4.5.1 桩的水平变形系数 α（1/m）

$$\alpha=\sqrt[5]{\frac{mb_0}{EI}} \tag{5.4.5}$$

式中　m——桩侧土水平抗力系数的比例系数；

b_0——桩身的计算宽度（m）；

圆形桩：当直径 $d\leqslant 1\text{m}$ 时，$b_0=0.9(1.5d+0.5)$；

当直径 $d>1\text{m}$ 时，$b_0=0.9(d+1)$；

方形桩：当边宽 $b\leqslant 1\text{m}$ 时，$b_0=1.5b+0.5$；

当边宽 $b>1\text{m}$ 时，$b_0=b+1$。

5.4.5.2 桩侧土水平抗力系数的比例系数 m，宜通过单桩水平静载试验（按附录E）确定，当无静载试验资料时，可按表5.4.5取值。

地基土水平抗力系数的比例系数 m 值　　表5.4.5

序号	地基土类别	预制桩、钢桩		灌注桩	
		m (MN/m^4)	相应单桩在地面处水平位移（mm）	m (MN/m^4)	相应单桩在地面处水平位移（mm）
1	淤泥，淤泥质土，饱和湿陷性黄土	2～4.5	10	2.5～6	6～12
2	流塑（$I_L>1$）、软塑（$0.75<I_L\leqslant 1$）状粘性土，$e>0.9$粉土，松散粉细砂，松散、稍密填土	4.5～6.0	10	6～14	4～8
3	可塑（$0.25<I_L\leqslant 0.75$）状粘性土，$e=0.75\sim 0.9$粉土，湿陷性黄土，中密填土、稍密细砂	6.0～10	10	14～35	3～6
4	硬塑（$0<I_L<0.25$）坚硬（$I_L\leqslant 0$）状粘性土，湿陷性黄土，$e<0.75$粉土，中密的中粗砂，密实老填土	10～22	10	35～100	2～5
5	中密、密实的砾砂、碎石类土			100～300	1.5～3

注：①当桩顶水平位移大于表列数值或灌注桩配筋率较高（≥0.65%）时，m 值应适当降低；当预制桩的水平向位移小于 10mm 时，m 值可适当提高；

②当水平荷载为长期或经常出现的荷载时，应将表列数值乘以 0.4 降低采用；

③当地基为可液化土层时，应将表列数值乘以表 5.2.12 系数 ψ_L。

5.5 桩身承载力与抗裂计算

5.5.1 桩身承载力与抗裂计算，除按本节有关规定执行外，尚应遵照现行《混凝土结构设计规范》GBJ 10、《钢结构设计规范》GBJ 17 和《建筑抗震设计规范》GBJ 11 有关规定执行。

5.5.2 计算混凝土桩在轴心受压荷载和偏心受压荷载下的桩身承载力时，应将混凝土的轴心抗压强度设计值和弯曲抗压强度设计值分别乘以下列基桩施工工艺系数 ψ_c：

混凝土预制桩 $\psi_c=1.0$；

干作业非挤土灌注桩 $\psi_c=0.9$；

泥浆护壁和套管护壁非挤土灌注桩、部分挤土灌注桩、挤土灌注桩 $\psi_c=0.8$。

5.5.3 计算桩身轴心抗压强度时，一般不考虑压曲的影响，即取稳定系数 $\varphi=1.0$。对于桩的自由长度较大的高桩承台、桩周为可液化土或为地基极限承载力标准值小于 50kPa 的地基土（或不排水抗剪强度小于 10kPa）时，应考虑压曲的影响。其稳定系数 φ 可根据桩身计算长度 l_c 和桩的设计直径 d 按表 5.5.3-1 确定。桩身计算长度根据桩顶的约束情况、桩身露出地面的自由长度、桩的入土长度、桩侧和桩底的土质条件按表 5.5.3-2 确定。

桩的稳定系数 φ 表 5.5.3-1

l_c/d	≤7	8.5	10.5	12	14	15.5	17	19	21	22.5
φ	1.00	0.98	0.95	0.92	0.87	0.81	0.75	0.70	0.65	0.60
l_c/d	24	26	28	29.5	31	33	34.5	36.5	38	40
φ	0.56	0.52	0.48	0.44	0.40	0.36	0.32	0.29	0.26	0.23

桩身计算长度 l_c 表 5.5.3-2

桩顶铰接				桩顶固接			
桩底支于非岩石土中		桩底嵌于岩石内		桩底支于非岩石土中		桩底嵌于岩石内	
$h<\frac{4.0}{\alpha}$	$h\geq\frac{4.0}{\alpha}$	$h<\frac{4.0}{\alpha}$	$h\geq\frac{4.0}{\alpha}$	$h<\frac{4.0}{\alpha}$	$h\geq\frac{4.0}{\alpha}$	$h<\frac{4.0}{\alpha}$	$h\geq\frac{4.0}{\alpha}$

$l_c=1.0\times(l_0+h)$	$l_c=0.7\times\left(l_0+\frac{4.0}{\alpha}\right)$	$l_c=0.7\times(l_0+h)$	$l_c=0.7\times\left(l_0+\frac{4.0}{\alpha}\right)$	$l_c=0.7\times(l_0+h)$	$l_c=0.5\times\left(l_0+\frac{4.0}{\alpha}\right)$	$l_c=0.5\times(l_0+h)$	$l_c=0.5\times\left(l_0+\frac{4.0}{\alpha}\right)$

注：①表中 $\alpha=\sqrt[5]{\frac{mb_0}{EI}}$；

②l_0 为高承台基桩露出地面的长度，对于低承台桩基，$l_0=0$；当桩侧土为液化土时，h 乘以（$1-\psi_L$），其中 ψ_L 为土层液化折减系数，按表 5.2.12 取值。

5.5.4 计算混凝土桩在偏心受压荷载下的桩身承载力时，一般不考虑偏心距的增大影响，当桩身穿越液化土和地基土极限承载力标准值小于 50kPa（或不排水抗剪强度小于 10kPa）特别软弱的土层时，应考虑桩身在弯矩作用平面内的挠曲对轴向力偏心矩的影响，即应将轴向力对截面重心的初始偏心矩 e_i 乘以偏心矩增大系数 η，偏心距增大系数 η，按下式计算：

$$\eta=1+\frac{1}{1400\frac{e_i}{h_0}}\left(\frac{l_c}{h}\right)^2\zeta_1\zeta_2 \qquad (5.5.4\text{-}1)$$

$$\zeta_1=\frac{0.5f_cA}{N} \qquad (5.5.4\text{-}2)$$

$$\zeta_2 = 1.15 - 0.01\frac{l_c}{h} \quad (5.5.4\text{-}3)$$

式中 e_i—— 荷载初始偏心距；

l_c—— 桩的计算长度，可按表 5.5.3-2 取值；

h—— 桩的截面高度，对于环形桩取外直径；对于圆形桩取桩身直径；

h_0—— 桩身截面的有效高度，对于环形截面取 $h_0=r_2+r_s$ 对于圆形截面取 $h_0=r+r_s$；其中 r_2、r 为环形、圆形截面外半径，r_s 为纵向钢筋所在圆周的半径；

ζ_1—— 偏心受压桩的截面曲率修正系数，当 $\zeta_1>1$ 时，取 $\zeta_1=1$；

ζ_2—— 考虑桩的长细比对截面曲率的影响系数，当 $l_c/h<15$ 时，取 $\zeta_2=1.0$。

当桩的长细比 $l_c/h\leqslant 8$ 时，可不考虑挠度对偏心距的影响。

5.5.5 对于打入式钢管桩，应按以下规定验算桩身局部压曲：

5.5.5.1 当 $t/d_s=\frac{1}{50}\sim\frac{1}{80}$，$d_s\leqslant 600$mm，锤击应力小于钢材屈服强度时，可不进行压曲验算。式中 t—— 钢管桩壁厚；d_s—— 钢管桩外径。

5.5.5.2 当 $d_s>600$mm，可按下式验算：

$$0.388E\frac{t}{d_s}\leqslant f_y \quad (5.5.5\text{-}1)$$

式中 E—— 钢材的弹性模量；

f_y—— 钢材屈服强度设计值。

5.5.5.3 当 $d_s\geqslant 900$mm，除按（5.5.5-1）式验算外，尚应按下式验算：

$$14.5E\left(\frac{t}{d_s}\right)^2\leqslant f_y \quad (5.5.5\text{-}2)$$

5.5.6 对于一级建筑桩基、桩身有抗裂要求和处于腐蚀性土质中的打入式预制混凝土桩、钢桩，当无实测资料时，可按下列规定验算锤击压应力。

5.5.6.1 锤击压应力可按下式计算：

$$\sigma_p=\frac{\alpha\sqrt{2eE\gamma_p H}}{\left[1+\frac{A_c}{A_H}\sqrt{\frac{E_c\cdot\gamma_c}{E_H\cdot\gamma_H}}\right]\left[1+\frac{A}{A_c}\sqrt{\frac{E\cdot\gamma_p}{E_c\cdot\gamma_c}}\right]} \quad (5.5.6)$$

式中 σ_p—— 桩的锤击压应力；

α—— 锤型系数；自由落锤，$\alpha=1$，柴油锤，$\alpha=\sqrt{2}$；

e—— 锤击效率系数；自由落锤，$e=0.6$；柴油锤，$e=0.8$；

A_H、A_c、A—— 锤、桩垫、桩的实际断面积；

E_H、E_c、E—— 锤、桩垫、桩的纵向弹性模量；

γ_H、γ_c、γ_p—— 锤、桩垫、桩的重度；

H—— 锤落距。

5.5.6.2 锤击压应力应满足以下要求：

（1）对于钢桩，锤击压应力应小于钢材的屈服强度值；

（2）对于混凝土桩，锤击压应力应小于桩材的轴心抗压强度设计值。

5.5.6.3 对于预制混凝土桩，为防止沉桩过程中出现冲击疲劳现象，应对沉桩总锤击数加以限制。总锤击数可根据打桩机类型及结构、地质条件、锤击能量、桩材及截面面积、桩垫材料等综合考虑后加以确定。

5.5.7 对于一级建筑桩基和桩身有抗裂要求或处于腐蚀性土质中的打入式混凝土预制桩、钢桩，应按下列规定验算锤击拉应力：

5.5.7.1 遇有下列情况之一，应进行锤击拉应力验算：

（1）沉桩路径中，桩需穿越软弱土层；

（2）变截面桩的截面变化处和组合桩不同材质的连接处；

（3）桩最终入土深度 20m 以上。

5.5.7.2 锤击拉应力验算内容包括：

（1）在锤击作用下，沿桩身轴向的最大拉应力；

（2）在锤击作用下，与最大锤击压力相应的某一横截面的环向拉应力（圆形或环形截面）或侧向拉应力（方形或矩形截面）。

5.5.7.3 当无实测资料时，锤击拉应力可参照表 5.5.7 确定。

锤击拉应力建议值 **表 5.5.7**

应力类别	桩类	建议值（kPa）	出现部位
桩轴向拉应力值	钢管桩	(0.33～0.5) σ_p	①桩刚穿越软土层时；②距桩尖 (0.5～0.7) l 处，l——桩入土深度，σ_p——锤击压应力值
	混凝土及预应力混凝土桩	(0.25～0.33) σ_p	
桩截面环向拉应力或侧向拉应力	钢管桩（环向）	0.25σ_p	最大锤击压应力相应的截面
	混凝土及预应力混凝土桩（侧向）	(0.22～0.25) σ_p	

注：最大锤击压应力 σ_p 按本规范第 5.5.6 条计算。

5.5.7.4 锤击拉应力值应小于桩身材料的抗拉强度设计值。

5.5.8 对于受长期或经常出现的水平力或拔力的建筑桩基，应验算桩身的裂缝宽度，其最大裂缝宽度不得超过 0.2mm。对于处于腐蚀介质中的桩基，应控制桩基不出现裂缝；对于桩基处于含有酸、氯等介质的环境中时，则其防护要求还应根据介质腐蚀性的强弱符合有关专门规范的规定采取专门的防护措施，保证桩基的耐久性。

5.5.9 预制桩桩身配筋可按计算确定。吊运时单吊点和双吊点的设置，应按吊点（或支点）跨间正弯距与吊点处的负弯矩相等的原则进行布置。考虑预制桩吊运时可能受到冲击和振动的影响，计算吊运弯矩和吊运拉力时，宜将桩身重力乘以 1.3 的动力系数。

5.5.10 当进行桩身截面的抗震验算时，应根据《建筑抗震设计规范》GBJ 11 考虑桩身承载力的抗震调整。

5.6 承台计算

I 受弯计算

5.6.1 桩基承台的弯矩，可分别按第 5.6.2 条至第 5.6.5 条确定，按现行的《混凝土结构设计规范》GBJ 10 计算其正截面受弯承载力和配筋。

5.6.2 柱下独立桩基承台的正截面弯矩设计值可按下列规定计算：

5.6.2.1 多桩矩形承台弯矩计算截面取在柱边和承台高度变化处（杯口外侧或台阶边缘），可按下式计算：

$$M_x = \sum N_i y_i \quad (5.6.2\text{-}1)$$

$$M_y = \sum N_i x_i \quad (5.6.2\text{-}2)$$

式中 M_x、M_y——垂直 Y 轴和 X 轴方向计算截面处的弯矩设计值；

x_i、y_i——垂直 Y 轴和 X 轴方向自桩轴线到相应计算截面的距离（图 5.6.2-1）；

N_i——扣除承台和承台上土自重设计值后第 i 桩竖向净反力设计值；当符合第 5.2.2 条不考虑承台效应的条件时，则为第 i 桩竖向总反力设计值。

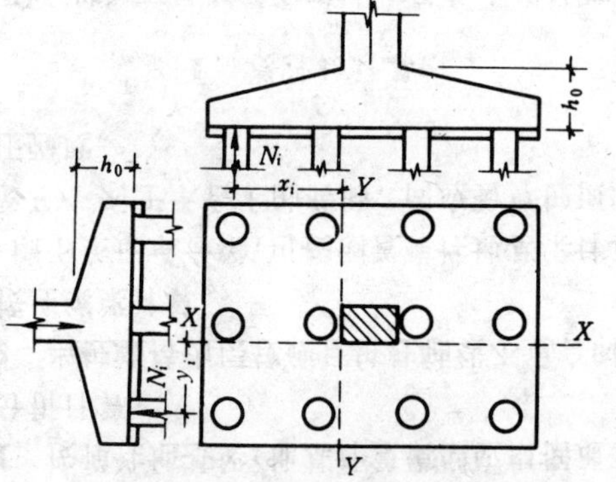

图 5.6.2-1 矩形承台弯矩计算

5.6.2.2 三桩三角形承台弯矩计算截面取在柱边（图 5.6.2-2）按下式计算：

$$M_y = N_x \cdot x \quad (5.6.2\text{-}3)$$

$$M_x = N_y \cdot y \quad (5.6.2\text{-}4)$$

注：对于三桩三角形承台计算弯矩截面不与主筋方向正交时，须对主筋方向角进行换算。

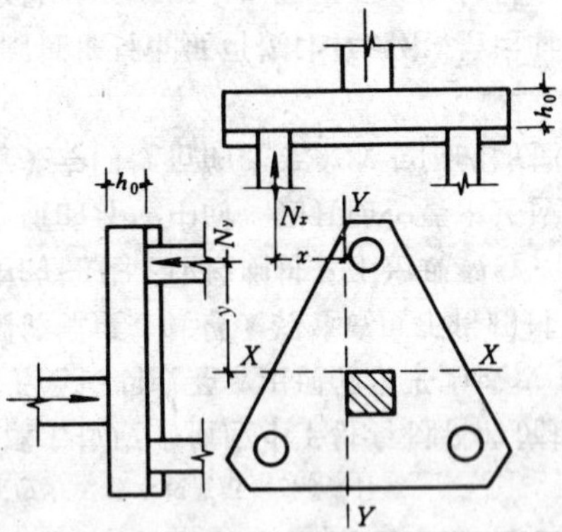

图 5.6.2-2 三桩三角形承台弯矩计算

5.6.3 箱形承台和筏形承台弯矩可按下列规定计算：

5.6.3.1 箱形承台和筏形承台的弯矩宜考虑地基土层性质、基桩的几何特征、承台和上部结构形式与刚度，按地基—桩—承台—上部结构共同作用的原理分析计算；

5.6.3.2 对于箱形承台，当桩端持力层为基岩、密实的碎石类土、砂土，且较均匀时，或当上部结构为剪力墙、12 层以上框架、框架-剪力墙体系且箱形承台的整体刚度较大时，箱形承台顶、底板可仅考虑局部弯曲作用进行计算；

5.6.3.3 对于筏形承台，当桩端持力层坚硬均匀、上部结构刚度较好，且柱荷载及柱间距的变化不超过 20%时，可仅考虑局部弯曲作用按倒楼盖法计算；当桩端以下有中、高压缩性土、非均匀土层、上部结构刚度较差或柱荷载及柱间距变化较大时，应按弹性地基梁板进行计算。

5.6.4 柱下条形承台梁的弯矩可按下列规定计算：

5.6.4.1 按弹性地基梁（地基计算模型应根据地基土层特性选取）进行分析计算；

5.6.4.2 当桩端持力层较硬且桩柱轴线不重合时，可视桩为不动支座，按连续梁计算。

5.6.5 墙下条形承台梁，可按倒置弹性地基梁计算弯矩和剪力（详见附录 F）。对于承台上的砖墙，尚应验算桩顶以上部分砌体的局部承压强度。

Ⅱ 受冲切计算

5.6.6 柱（墙）下桩基承台受冲切承载力的计算，应符合下列规定：

5.6.6.1 冲切破坏锥体应采用自柱（墙）边和承台变阶处至相应桩顶边缘连线所构成的截锥体，锥体斜面与承台底面之夹角不小于 45°（见图 5.6.6-1，5.6.6-2）。

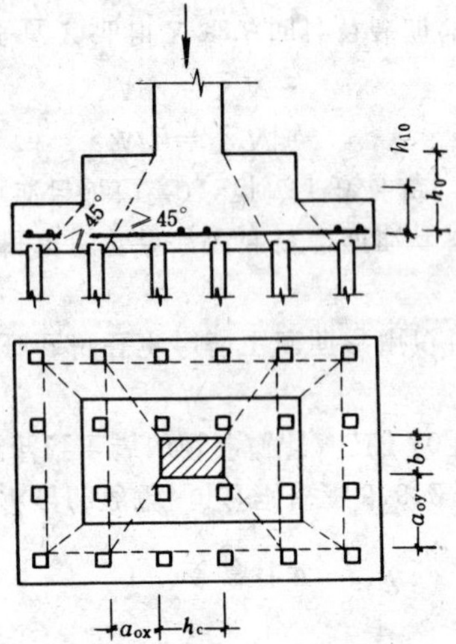

图 5.6.6-1 柱下独立桩基柱对承台的冲切计算

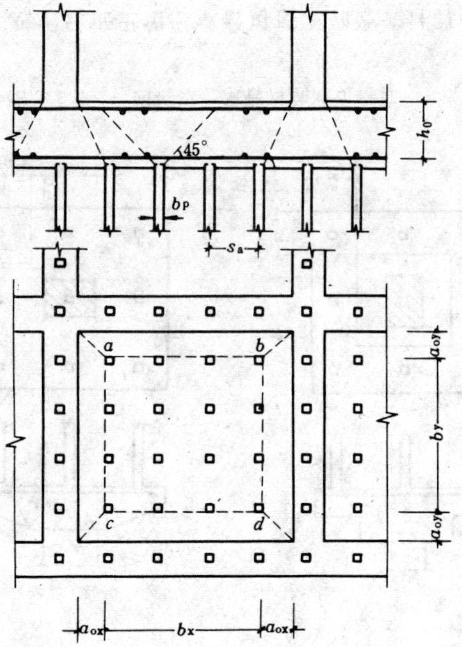

图 5.6.6-2　墙对筏形承台的冲切计算

5.6.6.2　受冲切承载力可按下列公式计算：

$$\gamma_0 F_l \leqslant \alpha f_t u_m h_0 \quad (5.6.6\text{-}1)$$

$$F_l = F - \sum Q_i \quad (5.6.6\text{-}2)$$

$$\alpha = \frac{0.72}{\lambda + 0.2} \quad (5.6.6\text{-}3)$$

式中　F_l——作用于冲切破坏锥体上的冲切力设计值；

f_t——承台混凝土抗拉强度设计值；

u_m——冲切破坏锥体一半有效高度处的周长；

h_0——承台冲切破坏锥体的有效高度；

α——冲切系数；

λ——冲跨比，$\lambda = a_0/h_0$，a_0为冲跨，即柱（墙）边或承台变阶处到桩边的水平距离；当 $a_0 < 0.20h_0$ 时，取 $a_0 = 0.20h_0$，当 $a_0 > h_0$ 时，取 $a_0 = h_0$，λ 满足 0.2～1.0；

F——作用于柱（墙）底的竖向荷载设计值；

$\sum Q_i$——冲切破坏锥体范围内各基桩的净反力（不计承台和承台上土自重）设计值之和。

对于圆柱及圆桩，计算时应将截面换算成方柱及方桩，即取换算柱截面边宽 $b_c = 0.8d_c$，换算桩截面边宽 $b_p = 0.8d$。

5.6.6.3　对于柱下矩形独立承台受柱冲切的承载力可按下列公式计算（图 5.6.6-1）：

$$\gamma_0 F_l \leqslant 2[\alpha_{0x}(b_c + a_{0y}) + \alpha_{0y}(h_c + a_{0x})] f_t h_0 \quad (5.6.6\text{-}4)$$

式中　α_{0x}、α_{0y}——由公式（5.6.6-3）求得，$\lambda_{0x} = \dfrac{a_{0x}}{h_0}$；$\lambda_{0y} = \dfrac{a_{0y}}{h_0}$；

h_c、b_c——柱截面长、短边尺寸；

a_{0x}——自柱短边到最近桩边的水平距离；

a_{0y}——自柱长边到最近桩边的水平距离。

5.6.6.4　对于柱（墙）根部受弯矩较大的情况，应考虑其根部弯矩在冲切锥面上产生的附加剪力验算承台受柱（墙）的冲切承载力，计算方法可按《高层建筑箱形与筏形基础技术规范》的有关规定进行。

5.6.7　对位于柱（墙）冲切破坏锥体以外的基桩，应按下列规定计算受基桩冲切的承载力。

5.6.7.1　四桩（含四桩）以上承台受角桩冲切的承载力按下列公式计算：

$$\gamma_0 N_l \leqslant \left[\alpha_{1x}\left(c_2 + \frac{a_{1y}}{2}\right) + \alpha_{1y}\left(c_1 + \frac{a_{1x}}{2}\right)\right] f_t h_0 \quad (5.6.7\text{-}1)$$

$$\alpha_{1x} = \frac{0.48}{\lambda_{1x} + 0.2}$$

$$\alpha_{1y} = \frac{0.48}{\lambda_{1y} + 0.2} \quad (5.6.7\text{-}2)$$

式中　N_l——角桩竖向净反力设计值，

α_{1x}、α_{1y}——角桩冲切系数；

λ_{1x}、λ_{1y}——角桩冲跨比，其值满足 0.2～1.0；$\lambda_{1x}=\frac{a_{1x}}{h_0}$，$\lambda_{1y}=\frac{a_{1y}}{h_0}$；

c_1、c_2——从角桩内边缘至承台外边缘的距离；

a_{1x}、a_{1y}——从承台底角桩内边缘引 45°冲切线与承台顶面相交点至角桩内边缘的水平距离；当柱或承台变阶处位于该 45°线以内时，则取由柱边或变阶处与桩内边缘连线为冲切锥体的锥线（图 5.6.7-1）；

h_0——承台外边缘的有效高度。

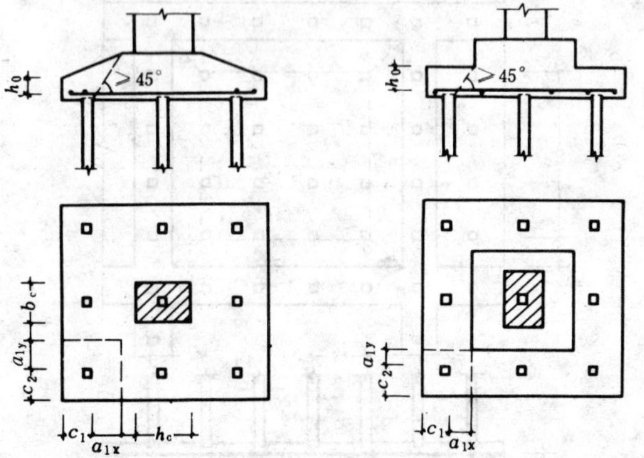

图 5.6.7-1　四桩以上承台角桩冲切验算

5.6.7.2　对于三桩三角形承台可按下列公式计算受角桩冲切的承载力（图 5.6.7-2）：

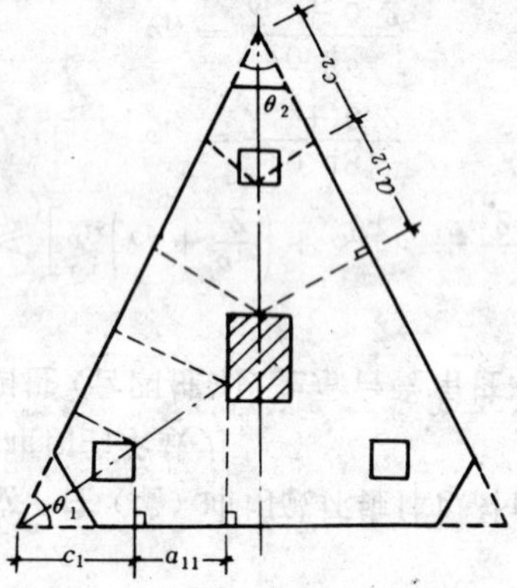

图 5.6.7-2　三桩三角形承台角桩冲切计算

底部角桩

$$\gamma_0 N_l \leqslant \alpha_{11}(2c_1 + a_{11})\mathrm{tg}\frac{\theta_1}{2}f_t h_0 \tag{5.6.7-3}$$

$$\alpha_{11} = \frac{0.48}{\lambda_{11} + 0.2} \tag{5.6.7-4}$$

顶部角桩

$$\gamma_0 N_l \leqslant \alpha_{12}(2c_2 + a_{12})\mathrm{tg}\frac{\theta_2}{2}f_t h_0 \tag{5.6.7-5}$$

$$\alpha_{12} = \frac{0.48}{\lambda_{12} + 0.2} \tag{5.6.7-6}$$

式中　λ_{11}、λ_{12}——角桩冲跨比，$\lambda_{11}=\frac{a_{11}}{h_0}$，$\lambda_{12}=\frac{a_{12}}{h_0}$；

a_{11}、a_{12}——从承台底角桩内边缘向相邻承台边引 45°冲切线与承台顶面相交点至角桩内边缘的水平距离；当柱位于该 45°线以内时，则取柱边与桩内边缘连线为冲切锥体的锥线（图 5.6.7-2）。

5.6.7.3　对于箱形、筏形承台，应按下列公式计算承台受内部基桩的冲切承载力：

（1）按下列公式计算受单一基桩的冲切承载力（图 5.6.6-2）：

$$\gamma_0 N_l \leqslant 2.4(b_p + h_0) f_t h_0 \qquad (5.6.7\text{-}7)$$

(2) 按下列公式计算承台受桩群的冲切承载力（图 5.6.6-2）：

$$\gamma_0 \sum N_{li} \leqslant 2[\alpha_{0x}(b_y + a_{0y}) + \alpha_{0y}(b_x + a_{0x})] f_t h_0 \quad (5.6.7\text{-}8)$$

式中 $\sum N_{li}$——abcd 冲切锥体范围内各桩的竖向净反力设计值之和；

α_{0x}、α_{0y}——由公式（5.6.6-3）求得，$\lambda_{0x}=\dfrac{a_{0x}}{h_0}$，$\lambda_{0y}=\dfrac{a_{0y}}{h_0}$。

Ⅲ 受剪计算

5.6.8 桩基承台斜截面的受剪承载力计算，应符合下列规定：

5.6.8.1 剪切破坏面为通过柱边（墙边）和桩边连线形成的斜截面（图 5.6.8）；

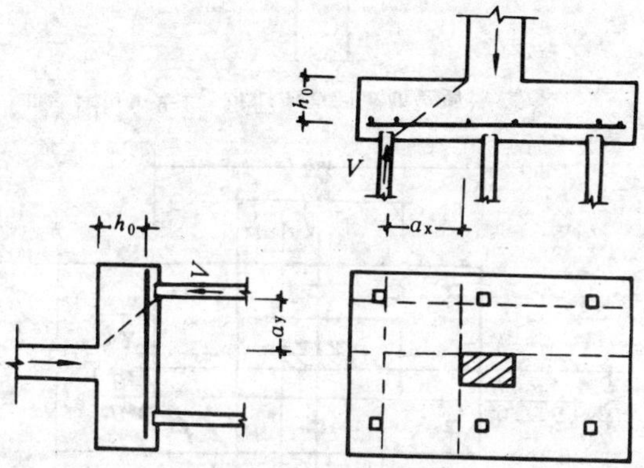

图 5.6.8 承台斜截面受剪计算

5.6.8.2 斜截面受剪承载力应按下列公式计算：

$$\gamma_0 V \leqslant \beta f_c b_0 h_0 \qquad (5.6.8\text{-}1)$$

当 $0.3 \leqslant \lambda < 1.4$ 时 $\quad \beta = \dfrac{0.12}{\lambda + 0.3} \qquad (5.6.8\text{-}2)$

当 $1.4 \leqslant \lambda \leqslant 3.0$ 时 $\quad \beta = \dfrac{0.2}{\lambda + 1.5} \qquad (5.6.8\text{-}3)$

式中 V——斜截面的最大剪力设计值；

f_c——混凝土轴心抗压强度设计值；

b_0——承台计算截面处的计算宽度；

h_0——承台计算截面处的有效高度；

β——剪切系数；

λ——计算截面的剪跨比，$\lambda_x=\dfrac{a_x}{h_0}$，$\lambda_y=\dfrac{a_y}{h_0}$，此处，$a_x$，$a_y$ 为柱边（墙边）或承台变阶处至 x、y 方向计算一排桩的桩边的水平距离，当 $\lambda<0.3$ 时，取 $\lambda=0.3$；当 $\lambda>3$ 时，取 $\lambda=3$，λ 满足 0.3～3.0。

5.6.8.3 当柱边（墙边）外有多排桩形成多个剪切斜截面时，对每一个斜截面都应进行受剪承载力计算。

5.6.9 对于柱下矩形独立承台，应按下列规定分别对柱的纵横（$X-X$，$Y-Y$）两个方向的斜截面进行受剪承载力计算。

5.6.9.1 对于阶梯形承台应分别在变阶处（A_1-A_1，B_1-B_1）及柱边处（A_2-A_2，B_2-B_2）进行斜截面受剪计算（图 5.6.9-1）。

计算变阶处截面 A_1-A_1，B_1-B_1 的斜截面受剪承载力时，其截面有效高度均为 h_{01}，截面计算宽度分别为 b_{y1} 和 b_{x1}。

计算柱边截面 A_2-A_2 和 B_2-B_2 处的斜截面受剪承载力时，其截面有效高度均为 $h_{01}+h_{02}$，截面计算宽度分别为：

对 A_2-A_2 $\quad b_{y0} = \dfrac{b_{y1} \cdot h_{01} + b_{y2} \cdot h_{02}}{h_{01} + h_{02}} \qquad (5.6.9\text{-}1)$

对 B_2-B_2 $\quad b_{x0} = \dfrac{b_{x1} \cdot h_{01} + b_{x2} \cdot h_{02}}{h_{01} + h_{02}} \qquad (5.6.9\text{-}2)$

5.6.9.2 对于锥形承台应对 $A-A$ 及 $B-B$ 两个截面进行受剪承载力计算（图 5.6.9-2），截面有效高度均为 h_0，截面的计算宽度分别为：

对 $A-A$ $\quad b_{y0} = \left[1 - 0.5\dfrac{h_1}{h_0}\left(1 - \dfrac{b_{y2}}{b_{y1}}\right)\right] b_{y1} \qquad (5.6.9\text{-}3)$

对 $B-B$ $\quad b_{x0} = \left[1 - 0.5\dfrac{h_1}{h_0}\left(1 - \dfrac{b_{x2}}{b_{x1}}\right)\right] b_{x1} \qquad (5.6.9\text{-}4)$

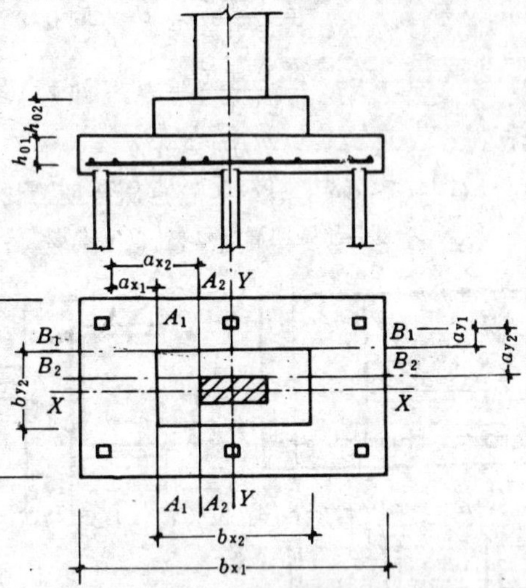

图5.6.9-1　阶形承台斜截面受剪计算

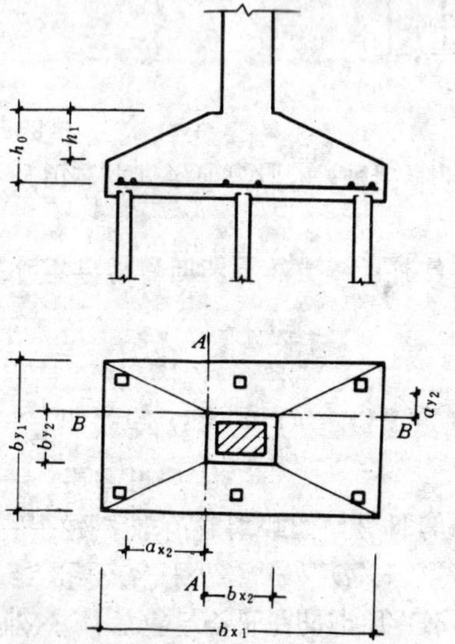

图5.6.9-2　锥形承台受剪计算

5.6.10　墙（柱）下条形承台梁斜截面的抗剪承载力按《混凝土结构设计规范》GBJ 10 计算；墙下条形承台梁的最大剪力按附录 F 确定。

5.6.11　承台配有箍筋，但未配弯起钢筋时，斜截面的受剪承载力可按下列公式计算：

$$\gamma_0 V \leqslant \beta f_c b_0 h_0 + 1.25 f_y \frac{A_{sv}}{s} h_0 \qquad (5.6.11)$$

式中 A_{sv}——配置在同一截面内箍筋各肢的全部截面面积；

s——沿计算斜截面方向箍筋的间距；

f_y——非预应力钢筋的受拉强度设计值。

5.6.12　承台配有箍筋和弯起钢筋时，斜截面的受剪承载力可按下列公式计算：

$$\gamma_0 V \leqslant \beta f_c b_0 h_0 + 1.25 f_y \frac{A_{sv}}{s} h_0 + 0.8 f_y A_{sb} \sin\alpha_s \qquad (5.6.12)$$

式中 A_{sb}——同一平面弯起钢筋的截面面积；

α_s——斜截面上弯起钢筋与承台底面的夹角。

Ⅳ　局部受压计算

5.6.13　对于柱下桩基，当承台混凝土强度等级低于柱的强度等级时，应按现行《混凝土结构设计规范》GBJ 10 的规定验算承台的局部受压承载力。

5.6.14　当进行承台的抗震验算时，应根据现行《建筑抗震设计规范》GBJ 11 的规定对承台的受弯、受剪切承载力进行抗震调整。

6 灌注桩施工

6.1 施工准备

6.1.1 灌注桩施工应具备下列资料：

6.1.1.1 建筑物场地工程地质资料和必要的水文地质资料；

6.1.1.2 桩基工程施工图(包括同一单位工程中所有的桩基础）及图纸会审纪要；

6.1.1.3 建筑场地和邻近区域内的地下管线（管道、电缆)、地下构筑物、危房、精密仪器车间等的调查资料；

6.1.1.4 主要施工机械及其配套设备的技术性能资料；

6.1.1.5 桩基工程的施工组织设计或施工方案；

6.1.1.6 水泥、砂、石、钢筋等原材料及其制品的质检报告；

6.1.1.7 有关荷载、施工工艺的试验参考资料。

6.1.2 施工组织设计应结合工程特点,有针对性地制定相应质量管理措施，主要包括下列内容：

6.1.2.1 施工平面图：标明桩位、编号、施工顺序、水电线路和临时设施的位置；采用泥浆护壁成孔时，应标明泥浆制备设施及其循环系统；

6.1.2.2 确定成孔机械、配套设备以及合理施工工艺的有关资料，泥浆护壁灌注桩必须有泥浆处理措施；

6.1.2.3 施工作业计划和劳动力组织计划；

6.1.2.4 机械设备、备（配）件、工具（包括质量检查工具)、材料供应计划；

6.1.2.5 桩基施工时，对安全、劳动保护、防火、防雨、防台风、爆破作业、文物和环境保护等方面应按有关规定执行；

6.1.2.6 保证工程质量、安全生产和季节性（冬、雨季）施工的技术措施。

6.1.3 成桩机械必须经鉴定合格，不合格机械不得使用。

6.1.4 施工前应组织图纸会审,会审纪要连同施工图等作为施工依据并列入工程档案。

6.1.5 桩基施工用的临时设施，如供水、供电、道路、排水、临设房屋等，必须在开工前准备就绪，施工场地应进行平整处理，以保证施工机械正常作业。

6.1.6 基桩轴线的控制点和水准基点应设在不受施工影响的地方。开工前，经复核后应妥善保护，施工中应经常复测。

6.2 一般规定

6.2.1 不同桩型的适应条件如下：

6.2.1.1 泥浆护壁钻孔灌注桩适用于地下水位以下的粘性土、粉土、砂土、填土、碎（砾）石土及风化岩层；以及地质情况复杂，夹层多、风化不均、软硬变化较大的岩层；冲孔灌注桩除适应上述地质情况外，还能穿透旧基础、大孤石等障碍物，但在岩溶发育地区应慎重使用。

6.2.1.2 沉管灌注桩适用于粘性土、粉土、淤泥质土、砂土及填土；在厚度较大、灵敏度较高的淤泥和流塑状态的粘性土等软弱土层中采用时，应制定质量保证措施，并经工艺试验成功后方可实施。

夯扩桩适用于桩端持力层为中、低压缩性粘性土、粉土、砂土、碎石类土，且其埋深不超过20m的情况。

6.2.1.3 干作业成孔灌注桩适用于地下水位以上的粘性土、粉土、填土、中等密实以上的砂土、风化岩层。人工挖孔灌注桩在地下水位较高，特别是有承压水的砂土层、滞水层、厚度较大的高压缩性淤泥层和流塑淤泥质土层中施工时，必须有可靠的技术措施和安全措施。

6.2.2 钻（冲）孔机具的适用范围可按照表6.2.2选用：

6.2.3 成孔设备就位后，必须平正、稳固，确保在施工中不发生倾斜、移动。为准确控制成孔深度，在桩架或桩管上应设置控制深度的标尺，以便在施工中进行观测记录。

钻（冲）孔机具的适用范围　　表 6.2.2

成孔机具	适　用　范　围
潜水钻	粘性土、粉土、淤泥、淤泥质土、砂土、强风化岩、软质岩
回转钻（正反循环）	碎石类土、砂土、粘性土、粉土、强风化岩、软质与硬质岩
冲抓钻	碎石类土、砂土、砂卵石、粘性土、粉土、强风化岩
冲击钻	适用于各类土层及风化岩、软质岩

6.2.4　成孔的控制深度应符合下列要求：

6.2.4.1　摩擦型桩：摩擦桩以设计桩长控制成孔深度；端承摩擦桩必须保证设计桩长及桩端进入持力层深度；当采用锤击沉管法成孔时，桩管入土深度控制以标高为主，以贯入度控制为辅；

6.2.4.2　端承型桩：当采用钻（冲）、挖掘成孔时，必须保证桩孔进入设计持力层的深度；当采用锤击沉管法成孔时，沉管深度控制以贯入度为主，设计持力层标高对照为辅。

6.2.5　灌注桩成孔施工的允许偏差应满足表 6.2.5 的要求。

灌注桩施工允许偏差　　表 6.2.5

序号	成孔方法		桩径偏差（mm）	垂直度允许偏差（%）	桩位允许偏差（mm）：单桩、条形桩基沿垂直轴线方向和群桩基础中的边桩	桩位允许偏差（mm）：条形桩基沿轴线方向和群桩基础中间桩
1	泥浆护壁冲（钻）孔桩	$d\leqslant 1000$mm	$-0.1d$ 且 $\leqslant -50$	1	$d/6$ 且不大于 100	$d/4$ 且不大于 150
		$d>1000$mm	-50		$100+0.01H$	$150+0.01H$
2	锤击（振动）沉管、振动冲击沉管成孔	$d\leqslant 500$mm	-20	1	70	150
		$d>500$mm			100	150
3	螺旋钻、机动洛阳铲钻孔扩底		-20	1	70	150
4	人工挖孔桩	现浇混凝土护壁	±50	0.5	50	150
		长钢套管护壁	±20	1	100	200

注：①桩径允许偏差的负值是指个别断面；

②采用复打、反插法施工的桩径允许偏差不受本表限制；

③H 为施工现场地面标高与桩顶设计标高的距离；d 为设计桩径。

6.2.6　钢筋笼除符合设计要求外，尚应符合下列规定：

6.2.6.1　钢筋笼的制作允许偏差见表 6.2.6；

钢筋笼制作允许偏差　　表 6.2.6

项次	项　目	允许偏差（mm）
1	主筋间距	±10
2	箍筋间距或螺旋筋螺距	±20
3	钢筋笼直径	±10
4	钢筋笼长度	±50

6.2.6.2　分段制作的钢筋笼，其接头宜采用焊接并应遵守《混凝土结构工程施工及验收规范》GB 50204；

6.2.6.3　主筋净距必须大于混凝土粗骨料粒径 3 倍以上；

6.2.6.4　加劲箍宜设在主筋外侧，主筋一般不设弯钩，根据施工工艺要求所设弯钩不得向内圆伸露，以免妨碍导管工作；

6.2.6.5　钢筋笼的内径应比导管接头处外径大 100mm 以上；

6.2.6.6　搬运和吊装时，应防止变形，安放要对准孔位，避免碰撞孔壁，就位后应立即固定；

6.2.6.7 钢筋笼主筋的保护层允许偏差如下：

水下浇注混凝土桩　　±20mm

非水下浇注混凝土桩　　±10mm

6.2.7 粗骨料可选用卵石或碎石，其最大粒径对于沉管灌注桩不宜大于 50mm，并不得大于钢筋间最小净距的 1/3；对于素混凝土桩，不得大于桩径的 1/4，并不宜大于 70mm。

6.2.8 检查成孔质量合格后应尽快浇注混凝土。桩身混凝土必须留有试件，直径大于 1m 的桩，每根桩应有 1 组试块，且每个浇注台班不得少于 1 组，每组 3 件。

6.2.9 为核对地质资料、检验设备、工艺以及技术要求是否适宜，桩在施工前，宜进行“试成孔”。

6.2.10 人工挖孔桩的孔径（不含护壁）不得小于 0.8m，当桩净距小于 2 倍桩径且小于 2.5m 时，应采用间隔开挖。排桩跳挖的最小施工净距不得小于 4.5m，孔深不宜大于 40m。

6.2.11 人工挖孔桩混凝土护壁的厚度不宜小于 100mm，混凝土强度等级不得低于桩身混凝土强度等级，采用多节护壁时，上下节护壁间宜用钢筋拉结。

6.2.12 灌注桩施工现场所有设备、设施、安全装置、工具配件以及个人劳保用品必须经常检查，确保完好和使用安全。

6.2.13 人工挖孔桩施工应采取下列安全措施：

6.2.13.1 孔内必须设置应急软爬梯；供人员上下井，使用的电葫芦、吊笼等应安全可靠并配有自动卡紧保险装置，不得使用麻绳和尼龙绳吊挂或脚踏井壁凸缘上下。电葫芦宜用按扭式开关，使用前必须检验其安全起吊能力；

6.2.13.2 每日开工前必须检测井下的有毒有害气体，并应有足够的安全防护措施。桩孔开挖深度超过 10m 时，应有专门向井下送风的设备，风量不宜少于 25L/s；

6.2.13.3 孔口四周必须设置护拦，一般加 0.8m 高围栏围护；

6.2.13.4 挖出的土石方应及时运离孔口，不得堆放在孔口四周 1m 范围内，机动车辆的通行不得对井壁的安全造成影响。

6.2.13.5 施工现场的一切电源、电路的安装和拆除必须由持证电工操作；电器必须严格接地、接零和使用漏电保护器。各孔用电必须分闸，严禁一闸多用。孔上电缆必须架空 2.0m 以上，严禁拖地和埋压土中，孔内电缆、电线必须有防磨损、防潮、防断等保护措施。照明应采用安全矿灯或 12V 以下的安全灯。并遵守《施工现场临时用电安全技术规范》JGJ 46 的规定。

6.3 泥浆护壁成孔灌注桩

I 泥浆的制备和处理

6.3.1 除能自行造浆的土层外，均应制备泥浆。泥浆制备应选用高塑性粘土或膨润土。拌制泥浆应根据施工机械、工艺及穿越土层进行配合比设计。膨润土泥浆可按表 6.3.1 的性能指标制备。

制备泥浆的性能指标　　**表 6.3.1**

项次	项　目	性 能 指 标	检 验 方 法
1	比　重	1.1～1.15	泥浆比重计
2	粘　度	10～25s	50000/70000 漏斗法
3	含 砂 率	＜6%	
4	胶 体 率	＞95%	量 杯 法
5	失 水 量	＜30mL/30min	失水量仪
6	泥皮厚度	1～3mm/30min	失水量仪
7	静 切 力	1min20～30mg/cm^2 10min50～100mg/cm^2	静切力计
8	稳 定 性	＜0.03g/cm^2	
9	pH　值	7～9	pH 试 纸

6.3.2 泥浆护壁应符合下列规定：

6.3.2.1 施工期间护筒内的泥浆面应高出地下水位 1.0m 以上，在受水位涨落影响时，泥浆面应高出最高水位 1.5m 以上；

6.3.2.2 在清孔过程中，应不断置换泥浆，直至浇注水下混凝土；

6.3.2.3 浇注混凝土前，孔底500mm以内的泥浆比重应小于1.25；含砂率≤8%；粘度≤28s；

6.3.2.4 在容易产生泥浆渗漏的土层中应采取维持孔壁稳定的措施。

6.3.3 废弃的泥浆、碴应按环境保护的有关规定处理。

Ⅱ 正反循环钻孔灌注桩的施工

6.3.4 钻孔机具及工艺的选择，应根据桩型、钻孔深度、土层情况、泥浆排放及处理等条件综合确定。对孔深大于30m的端承型桩，宜采用反循环工艺成孔或清孔。

6.3.5 泥浆护壁成孔时，宜采用孔口护筒，护筒应按下列规定设置：

6.3.5.1 护筒埋设应准确、稳定，护筒中心与桩位中心的偏差不得大于50mm；

6.3.5.2 护筒一般用4～8mm钢板制作，其内径应大于钻头直径100mm，其上部宜开设1～2个溢浆孔；

6.3.5.3 护筒的埋设深度：在粘性土中不宜小于1.0m；砂土中不宜小于1.5m；其高度尚应满足孔内泥浆面高度的要求；

6.3.5.4 受水位涨落影响或水下施工的钻孔灌注桩，护筒应加高加深，必要时应打入不透水层。

6.3.6 在松软土层中钻进，应根据泥浆补给情况控制钻进速度；在硬层或岩层中的钻进速度以钻机不发生跳动为准。

6.3.7 为了保证钻孔的垂直度，钻机设置的导向装置应符合下列规定：

6.3.7.1 潜水钻的钻头上应有不小于3倍直径长度的导向装置；

6.3.7.2 利用钻杆加压的正循环回转钻机，在钻具中应加设扶正器。

6.3.8 钻进过程中如发生斜孔、塌孔和护筒周围冒浆时，应停钻，待采取相应措施后再行钻进。

6.3.9 钻孔达到设计深度，清孔应符合下列规定：

6.3.9.1 泥浆指标参照第6.3.2.3款执行。

6.3.9.2 灌注混凝土之前，孔底沉碴厚度指标应符合下列规定：

端承桩≤50mm

摩擦端承、端承摩擦桩≤100mm

摩擦桩≤300mm

Ⅲ 冲击成孔灌注桩的施工

6.3.10 在钻头锥顶和提升钢丝绳之间应设置保证钻头自转向的装置，以防产生梅花孔。

6.3.11 冲孔桩的孔口应设置护筒，其内径应大于钻头直径200mm，护筒应按第6.3.5条设置。

6.3.12 泥浆应按第6.3.2条和6.3.3条执行。

6.3.13 冲击成孔应符合下列规定：

6.3.13.1 开孔时，应低锤密击，如表土为淤泥、细砂等软弱土层，可加粘土块夹小片石反复冲击造壁，孔内泥浆面应保持稳定；

6.3.13.2 在各种不同的土层、岩层中钻进时，可按照表6.3.13进行。

冲击成孔操作要点 表6.3.13

项目	操作要点	备注
在护筒刃脚以下2m以内	小冲程1m左右，泥浆比重1.2～1.5，软弱层投入粘土块夹小片石	土层不好时提高泥浆比重或加粘土块
粘性土层	中、小冲程1～2m，泵入清水或稀泥浆，经常清除钻头上的泥块	防粘钻可投入碎砖石
粉砂或中粗砂层	中冲程2～3m，泥浆比重1.2～1.5，投入粘土块，勤冲勤掏碴	

续表

项　目	操　作　要　点	备　　注
砂卵石层	中、高冲程2～4m，泥浆比重1.3左右，勤掏碴	
软弱土层或塌孔回填重钻	小冲程反复冲击，加粘土块夹小片石，泥浆比重1.3～1.5	

6.3.13.3 进入基岩后，应低锤冲击或间断冲击，如发现偏孔应回填片石至偏孔上方300mm～500mm处，然后重新冲孔；

6.3.13.4 遇到孤石时，可预爆或用高低冲程交替冲击，将大孤石击碎或挤入孔壁；

6.3.13.5 必须采取有效的技术措施，以防扰动孔壁造成塌孔、扩孔、卡钻和掉钻；

6.3.13.6 每钻进4～5m深度验孔一次，在更换钻头前或容易缩孔处，均应验孔；

6.3.13.7 进入基岩后，每钻进100～500mm应清孔取样一次（非桩端持力层为300～500mm；桩端持力层为100～300mm）以备终孔验收。

6.3.14 排碴可采用泥浆循环或抽碴筒等方法，如用抽碴筒排碴应及时补给泥浆。

6.3.15 冲孔中遇到斜孔、弯孔、梅花孔、塌孔，护筒周围冒浆等情况时，应停止施工，采取措施后再行施工。

6.3.16 大直径桩孔可分级成孔，第一级成孔直径为设计桩径的0.6～0.8倍。

6.3.17 清孔应按下列规定进行：

6.3.17.1 不易坍孔的桩孔，可用空气吸泥清孔；

6.3.17.2 稳定性差的孔壁应用泥浆循环或抽碴筒排碴，清孔后浇注混凝土之前的泥浆指标按第6.3.2.3款执行；

6.3.17.3 清孔时，孔内泥浆面应符合第6.3.2.1款的规定；

6.3.17.4 浇注混凝土前，孔底沉碴允许厚度应按第6.3.9.2款的规定执行。

Ⅳ　水下混凝土的浇注

6.3.18 钢筋笼吊装完毕，应进行隐蔽工程验收，合格后应立即浇注水下混凝土。

6.3.19 水下混凝土的配合比应符合下列规定：

6.3.19.1 水下混凝土必须具备良好的和易性，配合比应通过试验确定；坍落度宜为180～220mm；水泥用量不少于360kg/m^3；

6.3.19.2 水下混凝土的含砂率宜为40％～45％，并宜选用中粗砂；粗骨料的最大粒径应＜40mm，有条件时可采用二级配；

6.3.19.3 为改善和易性和缓凝，水下混凝土宜掺外加剂。

6.3.20 导管的构造和使用应符合下列规定：

6.3.20.1 导管壁厚不宜小于3mm，直径宜为200～250mm；直径制作偏差不应超过2mm，导管的分节长度视工艺要求确定，底管长度不宜小于4m，接头宜用法兰或双螺纹方扣快速接头。

6.3.20.2 导管提升时，不得挂住钢筋笼，为此可设置防护三角形加劲钣或设置锥形法兰护罩；

6.3.20.3 导管使用前应试拼装、试压，试水压力为0.6～1.0MPa。

6.3.21 使用的隔水栓应有良好的隔水性能，保证顺利排出。

6.3.22 浇注水下混凝土应遵守下列规定：

6.3.22.1 开始灌注混凝土时，为使隔水栓能顺利排出，导管底部至孔底的距离宜为300～500mm，桩直径小于600mm时可适当加大导管底部至孔底距离；

6.3.22.2 应有足够的混凝土储备量，使导管一次埋入混凝土面以下0.8m以上；

6.3.22.3 导管埋深宜为2～6m，严禁导管提出混凝土面，应有专人测量导管埋深及管内外混凝土面的高差，填写水下混凝土浇注记录；

6.3.22.4 水下混凝土必须连续施工，每根桩的浇注时间按初盘混凝土的初凝时间控制，对浇注过程中的一切故障均应记录备案；

6.3.22.5 控制最后一次灌注量，桩顶不得偏低，应凿除的泛浆高度必须保证暴露的桩顶混凝土达到强度设计值。

6.4 沉管灌注桩和内夯灌注桩

Ⅰ 锤击沉管灌注桩的施工

6.4.1 锤击沉管灌注桩的施工应该根据土质情况和荷载要求，分别选用单打法、复打法、反插法。

6.4.2 锤击沉管灌注桩的施工应遵守下列规定：

6.4.2.1 群桩基础和桩中心距小于4倍桩径的桩基，应提出保证相邻桩桩身质量的技术措施；

6.4.2.2 混凝土预制桩尖或钢桩尖的加工质量和埋设位置应与设计相符，桩管与桩尖的接触应有良好的密封性；

6.4.2.3 沉管全过程必须有专职记录员做好施工记录；每根桩的施工记录均应包括每米的锤击数和最后一米的锤击数；必须准确测量最后三阵，每阵十锤的贯入度及落锤高度。

6.4.3 拔管和灌注混凝土应遵守下列规定：

6.4.3.1 沉管至设计标高后，应立即灌注混凝土，尽量减少间隔时间；灌注混凝土之前，必须检查桩管内有无吞桩尖或进泥、进水。

6.4.3.2 当桩身配钢筋笼时，第一次混凝土应先灌至笼底标高，然后放置钢筋笼，再灌混凝土至桩顶标高。第一次拔管高度应控制在能容纳第二次所需灌入的混凝土量为限，不宜拔得过高。在拔管过程中应有专用测锤或浮标检查混凝土面的下降情况；

6.4.3.3 拔管速度要均匀，对一般土层以1m/min为宜，在软弱土层和软硬土层交界处宜控制在0.3～0.8m/min；

6.4.3.4 采用倒打拔管的打击次数，单动汽锤不得少于50次/min，自由落锤轻击（小落距锤击）不得少于40次/min；在管底未拔至桩顶设计标高之前，倒打和轻击不得中断。

6.4.4 混凝土的充盈系数不得小于1.0；对于混凝土充盈系数小于1.0的桩，宜全长复打，对可能有断桩和缩颈桩，应采用局部复打。成桩后的桩身混凝土顶面标高应不低于设计标高500mm。全长复打桩的入土深度宜接近原桩长，局部复打应超过断桩或缩颈区1m以上。

6.4.5 全长复打桩施工时应遵守下列规定：

6.4.5.1 第一次灌注混凝土应达到自然地面；

6.4.5.2 应随拔管随清除粘在管壁上和散落在地面上的泥土；

6.4.5.3 前后二次沉管的轴线应重合；

6.4.5.4 复打施工必须在第一次灌注的混凝土初凝之前完成。

6.4.6 当桩身配有钢筋时，混凝土的坍落度宜采用80～100mm；素混凝土桩宜采用60～80mm。

Ⅱ 振动、振动冲击沉管灌注桩的施工

6.4.7 应根据土质情况和荷载要求，分别选用单打法、反插法、复打法等。单打法适用于含水量较小的土层，且宜采用预制桩尖；反插法及复打法适用于饱和土层。

6.4.8 单打法施工应遵守下列规定：

6.4.8.1 必须严格控制最后30s的电流、电压值，其值按设计要求或根据试桩和当地经验确定；

6.4.8.2 桩管内灌满混凝土后，先振动5～10s，再开始拔管，应边振边拔，每拔0.5～1.0m停拔振动5～10s；如此反复，直至桩管全部拔出；

6.4.8.3 在一般土层内，拔管速度宜为1.2～1.5m/min，用活瓣桩尖时宜慢，用预制桩尖时可适当加快；在软弱土层中，宜

控制在 0.6～0.8m/min。

6.4.9 反插法施工应符合下列规定：

6.4.9.1 桩管灌满混凝土之后，先振动再拔管，每次拔管高度 0.5～1.0m，反插深度 0.3～0.5m；在拔管过程中，应分段添加混凝土，保持管内混凝土面始终不低于地表面或高于地下水位 1.0～1.5m 以上，拔管速度应小于 0.5m/min；

6.4.9.2 在桩尖处的 1.5m 范围内，宜多次反插以扩大桩的端部断面；

6.4.9.3 穿过淤泥夹层时，应当放慢拔管速度，并减少拔管高度和反插深度，在流动性淤泥中不宜使用反插法。

6.4.10 复打法的施工要求可按第 6.4.4 条和第 6.4.5 条执行。

Ⅲ 夯压成型灌注桩的施工

6.4.11 夯扩桩可采用静压或锤击沉管进行夯压、扩底、扩径。内夯管比外管短 100mm，内夯管底端可采用闭口平底或闭口锥底，见图 6.4.11。

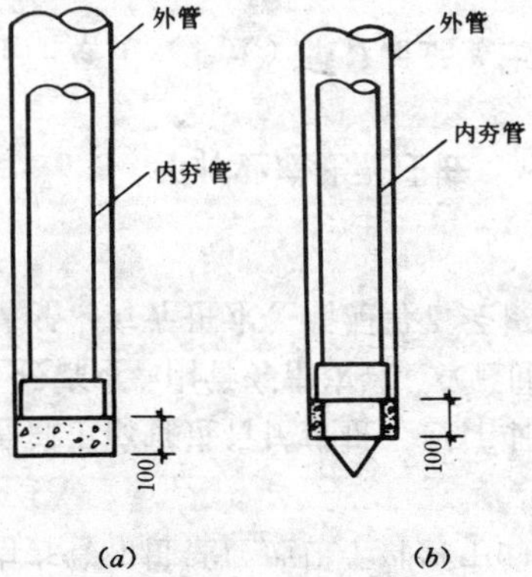

图 6.4.11 内外管及管塞

(a) 平底内夯管；(b) 锥底内夯管

6.4.12 沉管过程，外管封底可采用干硬性混凝土、无水混凝土，经夯击形成阻水、阻泥管塞，其高度一般为 100mm。当不出现由内、外管间隙涌水、涌泥时，也可不采用上述封底措施。

6.4.13 桩端夯扩头平均直径可按下列公式估算：

一次夯扩 $$D_1 = d_0\sqrt{\frac{H_1 + h_1 - C_1}{h_1}} \tag{6.4.13-1}$$

二次夯扩 $$D_2 = d_0\sqrt{\frac{H_1 + H_2 + h_2 - C_1 - C_2}{h_2}} \tag{6.4.13-2}$$

式中 D_1、D_2——第一次、二次夯扩扩头平均直径；

d_0——外管内径；

H_1、H_2——第一次、二次夯扩工序中外管中灌注混凝土高度（从桩底起算）；

h_1、h_2——第一次、二次夯扩工序中外管上拔高度（从桩底起算），可取 $H_1/2$，$H_2/2$；

C_1、C_2——第一次、二次夯扩工序中内外管同步下沉至离桩底的距离，可取 C_1、C_2 值为 0.2m（见图 6.4.13）。

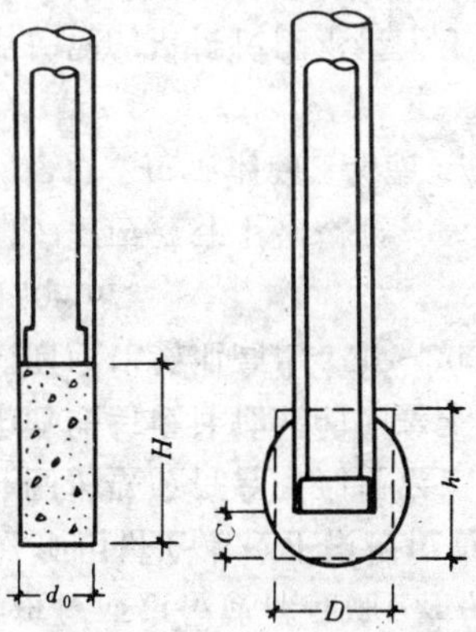

图 6.4.13 扩底端

6.4.14 桩的长度较大或需配置钢筋笼时，桩身混凝土宜分段灌注；拔管时内夯管和桩锤应施压于外管中的混凝土顶面，边压边拔。

6.4.15 工程施工前宜进行试成桩，应详细记录混凝土的分次灌入量，外管上拔高度，内管夯击次数，双管同步沉入深度，并检查外管的封底情况，有无进水、涌泥等，经核定后作为施工控制依据。

6.5 干作业成孔灌注桩

Ⅰ 钻孔（扩底）灌注桩的施工

6.5.1 钻孔时应符合下列规定：

6.5.1.1 钻杆应保持垂直稳固，位置正确，防止因钻杆晃动引起扩大孔径；

6.5.1.2 钻进速度应根据电流值变化，及时调整；

6.5.1.3 钻进过程中，应随时清理孔口积土，遇到地下水，塌孔、缩孔等异常情况时，应及时处理。

6.5.2 钻孔扩底桩的施工直孔部分应按第6.5.1、6.5.3、6.5.4条规定执行，扩底部位尚应符合下列规定：

6.5.2.1 根据电流值或油压值，调节扩孔刀片切削土量，防止出现超负荷现象；

6.5.2.2 扩底直径应符合设计要求，经清底扫膛，孔底的虚土厚度应符合规定。

6.5.3 成孔达到设计深度后，孔口应予保护，按第6.2.5条规定验收，并做好记录。

6.5.4 浇注混凝土前，应先放置孔口护孔漏斗，随后放置钢筋笼并再次测量孔内虚土厚度，扩底桩灌注混凝土时，第一次应灌到扩底部位的顶面，随即振捣密实；浇注桩顶以下5m范围内混凝土时，应随浇随振动，每次浇注高度不得大于1.5m。

Ⅱ 人工挖孔灌注桩的施工

6.5.5 开孔前，桩位应定位放样准确，在桩位外设置定位龙门桩，安装护壁模板必须用桩心点校正模板位置，并由专人负责。

6.5.6 第一节井圈护壁应符合下列规定：

6.5.6.1 井圈中心线与设计轴线的偏差不得大于20mm；

6.5.6.2 井圈顶面应比场地高出150～200mm，壁厚比下面井壁厚度增加100～150mm。

6.5.7 修筑井圈护壁应遵守下列规定：

6.5.7.1 护壁的厚度、拉结钢筋、配筋、混凝土强度均应符合设计要求；

6.5.7.2 上下节护壁的搭接长度不得小于50mm；

6.5.7.3 每节护壁均应在当日连续施工完毕；

6.5.7.4 护壁混凝土必须保证密实，根据土层渗水情况使用速凝剂；

6.5.7.5 护壁模板的拆除宜在24h之后进行；

6.5.7.6 发现护壁有蜂窝、漏水现象时，应及时补强以防造成事故；

6.5.7.7 同一水平面上的井圈任意直径的极差不得大于50mm。

6.5.8 遇有局部或厚度不大于1.5m的流动性淤泥和可能出现涌土涌砂时，护壁施工宜按下列方法处理：

6.5.8.1 每节护壁的高度可减小到300～500mm，并随挖、随验、随浇注混凝土；

6.5.8.2 采用钢护筒或有效的降水措施。

6.5.9 挖至设计标高时，孔底不应积水，终孔后应清理好护壁上的淤泥和孔底残碴、积水，然后进行隐蔽工程验收。验收合格后，应立即封底和浇注桩身混凝土。

6.5.10 浇注桩身混凝土时，混凝土必须通过溜槽；当高度超过3m时，应用串筒，串筒末端离孔底高度不宜大于2m，混凝土宜采用插入式振捣器振实。

6.5.11 当渗水量过大（影响混凝土浇注质量时），应采取有效措施保证混凝土的浇注质量。

7 混凝土预制桩与钢桩的施工

7.1 混凝土预制桩的制作

7.1.1 混凝土预制桩可以在工厂或施工现场预制，但预制场地必须平整、坚实。

7.1.2 制桩模板可用木模板或钢模，必须保证平整牢靠，尺寸准确。

7.1.3 钢筋骨架的主筋连接宜采用对焊或电弧焊，主筋接头配置在同一截面内的数量，应符合下列规定：

7.1.3.1 当采用闪光对焊和电弧焊时，对于受拉钢筋，不得超过50%；

7.1.3.2 相邻两根主筋接头截面的距离应大于$35d_g$（主筋直径），并不小于500mm。

7.1.3.3 必须符合钢筋焊接及验收规程。

7.1.4 预制桩钢筋骨架的允许偏差，应符合表7.1.4的规定。

预制桩钢筋骨架的允许偏差　　表7.1.4

项　次	项　　　目	允许偏差（mm）
1	主筋间距	±5
2	桩尖中心线	10
3	箍筋间距或螺旋筋的螺距	±20
4	吊环沿纵轴线方向	±20
5	吊环沿垂直于纵轴线方向	±20
6	吊环露出桩表面的高度	±10
7	主筋距桩顶距离	±10

续表

项　次	项　　目	允许偏差（mm）
8	桩顶钢筋网片位置	±10
9	多节桩锚固钢筋长度（胶泥接桩用）	±10
10	多节桩锚固钢筋位置（胶泥接桩用）	5
11	多节桩预埋铁件位置	±10

7.1.5 确定桩的单节长度时应符合下列规定：

7.1.5.1 满足桩架的有效高度、制作场地条件、运输与装卸能力；

7.1.5.2 应避免桩尖接近硬持力层或桩尖处于硬持力层中接桩。

7.1.6 为防止桩顶击碎，浇注预制桩的混凝土时，宜从桩顶开始浇筑，并应防止另一端的砂浆积聚过多。

7.1.7 锤击预制桩，其粗骨料粒径宜为5～40mm。

7.1.8 锤击预制桩，应在强度与龄期均达到要求后，方可锤击。

7.1.9 重叠法制作预制桩时，应符合下列规定：

7.1.9.1 桩与邻桩及底模之间的接触面不得粘连；

7.1.9.2 上层桩或邻桩的浇注，必须在下层桩或邻桩的混凝土达到设计强度的30%以后，方可进行；

7.1.9.3 桩的重叠层数，视具体情况而定，不宜超过4层。

7.1.10 桩的表面应平整、密实，制作允许偏差应符合表7.1.10的规定。

预制桩制作允许偏差（mm）　　表7.1.10

桩型	项　　目	允许偏差（mm）
钢筋混凝土实心桩	①横截面边长	±5
	②桩顶对角线之差	10
	③保护层厚度	±5
	④桩身弯曲矢高	不大于1‰桩长且不大于20

续表

桩型	项　　目	允许偏差（mm）
钢筋混凝土实心桩	⑤桩尖中心线	10
	⑥桩顶平面对桩中心线的倾斜	≤3
	⑦锚筋预留孔深	0～+20
	⑧浆锚预留孔位置	5
	⑨浆锚预留孔径	±5
	⑩锚筋孔的垂直度	≤1%
钢筋混凝土管桩	①直径	±5
	②管壁厚度	−5
	③抽心圆孔中心线对桩中心线	5
	④桩尖中心线	10
	⑤下节或上节桩的法兰对中心线的倾斜	2
	⑥中节桩两个法兰对桩中心线倾斜之和	3

7.2 混凝土预制桩的起吊、运输和堆存

7.2.1 混凝土预制桩达到设计强度的70%方可起吊，达到100%才能运输。

7.2.2 桩起吊时应采取相应措施，保持平稳，保护桩身质量。

7.2.3 水平运输时，应做到桩身平稳放置，无大的振动，严禁在场地上以直接拖拉桩体方式代替装车运输。

7.2.4 桩的堆存应符合下列规定：

7.2.4.1 地面状况应满足7.1.1条的规定；

7.2.4.2 垫木与吊点应保持在同一横断平面上，且各层垫木应上下对齐；

7.2.4.3 堆放层数不宜超过四层。

7.3 混凝土预制桩的接桩

7.3.1 桩的连接方法有焊接、法兰接及硫磺胶泥锚接三种，

前二种可用于各类土层；硫磺胶泥锚接适用于软土层，且对一级建筑桩基或承受拔力的桩宜慎重选用。

7.3.2 接桩材料应符合下列规定：

7.3.2.1 焊接接桩：钢钣宜用低碳钢，焊条宜用 E43；

7.3.2.2 法兰接桩：钢钣和螺栓宜用低碳钢；

7.3.2.3 硫磺胶泥锚接桩：硫磺胶泥配合比应通过试验确定，其物理力学性能应符合表 7.3.2 的规定。

硫磺胶泥的主要物理力学性能指标　　表 7.3.2

物理性能	1. 热变性：60℃以内强度无明显变化；120℃变液态；140～145℃密度最大且和易性最好；170℃开始沸腾；超过 180℃开始焦化，且遇明火即燃烧 2. 重度：2.28～2.32g/cm³ 3. 吸水率：(0.12～0.24)％ 4. 弹性模量：5×10^5kPa 5. 耐酸性：常温下能耐盐酸、硫酸、磷酸、40％以下的硝酸、25％以下铬酸、中等浓度乳酸和醋酸
力学性能	1. 抗拉强度：4×10^3kPa 2. 抗压强度：4×10^4kPa 3. 握裹强度：与螺纹钢筋为 1.1×10^4kPa；与螺纹孔混凝土为 4×10^3kPa 4. 疲劳强度：对照混凝土的试验方法，当疲劳应力比值 P 为 0.38 时，疲劳修正系数 $r>0.8$

7.3.3 采用焊接接桩时，应先将四角点焊固定，然后对称焊接，并确保焊缝质量和设计尺寸。

7.3.4 为保证硫磺胶泥锚接桩质量，应做到：

7.3.4.1 锚筋应刷清并调直；

7.3.4.2 锚筋孔内应有完好螺纹，无积水、杂物和油污；

7.3.4.3 接桩时接点的平面和锚筋孔内应灌满胶泥；

7.3.4.4 灌注时间不得超过两分钟；

7.3.4.5 灌注后停歇时间应符合表 7.3.4 的规定；

7.3.4.6 胶泥试块每班不得少于一组。

硫磺胶泥灌注后的停歇时间　　表 7.3.4

项次	桩断面 (mm)	不同气温下的停歇时间（min）									
		0～10℃		11～20℃		21～30℃		31～40℃		41～50℃	
		打桩	压桩	打桩	压桩	打桩	压桩	打桩	压桩	打桩	压桩
1	400×400	6	4	8	5	10	7	13	9	17	12
2	450×450	10	6	12	7	14	9	17	11	21	14
3	500×500	13	/	15	/	18	/	21	/	24	/

7.4 混凝土预制桩的沉桩

7.4.1 沉桩前必须处理架空（高压线）和地下障碍物，场地应平整，排水应畅通，并满足打桩所需的地面承载力。

7.4.2 桩锤的选用应根据地质条件、桩型、桩的密集程度、单桩竖向承载力及现有施工条件等决定，也可按表 7.4.2 执行。

锤重选择表　　表 7.4.2

锤型			柴油锤（t）					
			20	25	35	45	60	72
锤的动力性能		冲击部分重（t）	2.0	2.5	3.5	4.5	6.0	7.2
		总重（t）	4.5	6.5	7.2	9.6	15.0	18.0
		冲击力（kN）	2000	2000～2500	2500～4000	4000～5000	5000～7000	7000～10000
		常用冲程（m）	1.8～2.3					
桩的截面尺寸		预制方桩、预应力管桩的边长或直径（cm）	25～35	35～40	40～45	45～50	50～55	55～60
		钢管桩直径(cm)		$\phi40$		$\phi60$	$\phi90$	$\phi90\sim100$
持力层	粘性土 粉土	一般进入深度（m）	1～2	1.5～2.5	2～3	2.5～3.5	3～4	3～5
		静力触探比贯入阻力 P_s 平均值（MPa）	3	4	5	>5	>5	>5

续表

锤型			柴油锤 (t)					
			20	25	35	45	60	72
持力层	砂土	一般进入深度 (m)	0.5~1	0.5~1.5	1~2	1.5~2.5	2~3	2.5~3.5
		标准贯入击数 N（未修正）	15~25	20~30	30~40	40~45	45~50	50
锤的常用控制贯入度（cm/10击）				2~3		3~5	4~8	
设计单桩极限承载力（kN）			400~1200	800~1600	2500~4000	3000~5000	5000~7000	7000~10000

注：①本表仅供选锤用；

②本表适用于20~60m长预制钢筋混凝土桩及40~60m长钢管桩，且桩尖进入硬土层有一定深度。

7.4.3 桩打入时应符合下列规定：

7.4.3.1 桩帽或送桩帽与桩周围的间隙应为5~10mm；

7.4.3.2 锤与桩帽，桩帽与桩之间应加设弹性衬垫，如硬木、麻袋、草垫等；

7.4.3.3 桩锤、桩帽或送桩应和桩身在同一中心线上；

7.4.3.4 桩插入时的垂直度偏差不得超过0.5%。

7.4.4 打桩顺序应按下列规定执行：

7.4.4.1 对于密集桩群，自中间向两个方向或向四周对称施打；

7.4.4.2 当一侧毗邻建筑物时，由毗邻建筑物处向另一方向施打；

7.4.4.3 根据基础的设计标高，宜先深后浅；

7.4.4.4 根据桩的规格，宜先大后小，先长后短。

7.4.5 桩停止锤击的控制原则如下：

7.4.5.1 桩端（指桩的全断面）位于一般土层时，以控制桩端设计标高为主，贯入度可作参考；

7.4.5.2 桩端达到坚硬、硬塑的粘性土、中密以上粉土、砂土、碎石类土、风化岩时，以贯入度控制为主，桩端标高可作参考；

7.4.5.3 贯入度已达到而桩端标高未达到时，应继续锤击3阵，按每阵10击的贯入度不大于设计规定的数值加以确认，必要时施工控制贯入度应通过试验与有关单位会商确定。

7.4.6 当遇到贯入度剧变，桩身突然发生倾斜、移位或有严重回弹，桩顶或桩身出现严重裂缝、破碎等情况时，应暂停打桩，并分析原因，采取相应措施。

7.4.7 当采用内（外）射水法沉桩时，应符合下列规定：

7.4.7.1 水冲法打桩适用于砂土和碎石土；

7.4.7.2 水冲至最后1~2m时，应停止射水，并用锤击至规定标高，停锤控制标准可按7.4.5条有关规定执行。

7.4.8 为避免或减小沉桩挤土效应和对邻近建筑物、地下管线等的影响，施打大面积密集桩群时，可采取下列辅助措施：

7.4.8.1 预钻孔沉桩，孔径约比桩径（或方桩对角线）小50~100mm，深度视桩距和土的密实度、渗透性而定，深度宜为桩长的1/3~1/2，施工时应随钻随打；桩架宜具备钻孔锤击双重性能；

7.4.8.2 设置袋装砂井或塑料排水板，以消除部分超孔隙水压力，减少挤土现象。袋装砂井直径一般为70~80mm，间距1~1.5m，深度10~12m；塑料排水板，深度、间距与袋装砂井相同；

7.4.8.3 设置隔离板桩或地下连续墙；

7.4.8.4 开挖地面防震沟可消除部分地面震动，可与其他措施结合使用，沟宽0.5~0.8m，深度按土质情况以边坡能自立为准；

7.4.8.5 限制打桩速率；

7.4.8.6 沉桩过程应加强邻近建筑物，地下管线等的观测、监护。

7.4.9 静力压桩适用于软弱土层，当存在厚度大于2m的中密以上砂夹层时，不宜采用静力压桩。静力压桩应符合下列规定：

7.4.9.1 压桩机应根据土质情况配足额定重量；

7.4.9.2 桩帽、桩身和送桩的中心线应重合；

7.4.9.3 节点处理应符合第 7.1.5.2 款及第 7.3.1～7.3.4 条规定；

7.4.9.4 压同一根（节）桩应缩短停顿时间。

7.4.10 为减小静力压桩的挤土效应，可按 7.4.8 条选择适当措施。

7.4.11 桩位允许偏差，应符合表 7.4.11 条的规定。

预制桩（钢桩）位置的允许偏差 **表 7.4.11**

序号	项目	允许偏差（mm）
1	单排或双排桩条形桩基	
	（1）垂直于条形桩基纵轴方向	100
	（2）平行于条形桩基纵轴方向	150
2	桩数为 1～3 根桩基中的桩	100
3	桩数为 4～16 根桩基中的桩	1/3 桩径或 1/3 边长
4	桩数大于 16 根桩基中的桩	
	（1）最外边的桩	1/3 桩径或 1/3 边长
	（2）中间桩	1/2 桩径或 1/2 边长

注：由于降水、基坑开挖和送桩深度超过 2m 等原因产生的位移偏差不在此表内。

7.4.12 按标高控制的桩，桩顶标高的允许偏差为－50～＋100mm。

7.4.13 斜桩倾斜度的偏差，不得大于倾斜角正切值的 15%。

注：倾斜角系指桩纵向中心线与铅垂线间的夹角。

7.5 钢桩（钢管桩、H 型桩及其他异型钢桩）的制作

7.5.1 制作钢桩的材料应符合设计要求，并有出厂合格证和试验报告。

7.5.2 现场制作钢桩应有平整的场地及挡风防雨设施。

7.5.3 钢桩制作的容许偏差应符合表 7.5.3 的规定。

钢桩制作的容许偏差 **表 7.5.3**

序号	项目		容许偏差（mm）
1	外径或断面尺寸	桩端部	±0.5%外径或边长
		桩身	±1%外径或边长
2	长度		＞0
3	矢高		≤1%桩长
4	端部平整度		≤2（H 型桩≤1）
5	端部平面与桩身中心线的倾斜值		≤2

7.5.4 钢桩的分段长度应满足第 7.1.5 条的规定，且不宜大于 15m。

7.5.5 用于地下水有侵蚀性的地区或腐蚀性土层的钢桩，应按设计要求作防腐处理。

7.6 钢桩的焊接

7.6.1 钢桩的焊接应符合下列规定：

7.6.1.1 端部的浮锈、油污等脏物必须清除，保持干燥；下节桩顶经锤击后的变形部分应割除；

7.6.1.2 上下节桩焊接时应校正垂直度，对口的间隙为 2～3mm；

7.6.1.3 焊丝（自动焊）或焊条应烘干；

7.6.1.4 焊接应对称进行；

7.6.1.5 焊接应用多层焊，钢管桩各层焊缝的接头应错开，焊渣应清除；

7.6.1.6 气温低于 0℃或雨雪天，无可靠措施确保焊接质量时，不得焊接；

7.6.1.7 每个接头焊接完毕，应冷却一分钟后方可锤击；

7.6.1.8 焊接质量应符合国家钢结构施工与验收规范和建筑钢结构焊接规程，每个接头除应按表 7.6.1 规定进行外观检查外，还应按接头总数的 5%做超声或 2%做 X 拍片检查，在同一工

程内，探伤检查不得少于 3 个接头。

接桩焊缝外观允许偏差　　表 7.6.1

序　号	项　　目	允许偏差（mm）
1	上下节桩错口：	
	①钢管桩外径≥700mm	3
	②钢管桩外径<700mm	2
	H 型钢桩	1
2	咬边深度（焊缝）	0.5
3	加强层高度（焊缝）	0～+2
	加强层宽度（焊缝）	0～+3

7.6.2　H 型钢桩或其他异型薄壁钢桩，接头处应加连接板，其型式如无规定，可按等强度设置。

7.7　钢桩的运输和堆存

7.7.1　钢桩的运输与堆存应注意下列几点：

7.7.1.1　堆存场地应平整、坚实、排水畅通；

7.7.1.2　桩的两端应有适当保护措施，钢管桩应设保护圈；

7.7.1.3　搬运时应防止桩体撞击而造成桩端、桩体损坏或弯曲；

7.7.1.4　钢桩应按规格、材质分别堆放，堆放层数不宜太高，对钢管桩，ϕ900 直径放置三层；ϕ600 放置四层；ϕ400 放置五层；对 H 型钢桩最多六层；支点设置应合理，钢管桩的两侧应用木楔塞住，防止滚动。

7.8　钢桩的沉桩

7.8.1　第 7.4 节各条均适用于钢桩施工。

7.8.2　钢管桩如锤击沉桩有困难，可在管内取土以助沉。

7.8.3　H 型钢桩断面刚度较小，锤重不宜大于 4.5t 级（柴油锤），且在锤击过程中桩架前应有横向约束装置，防止横向失稳。

7.8.4　持力层较硬时，H 型钢桩不宜送桩。

7.8.5　地表层如有大块石、混凝土块等回填物，则应在插入 H 型钢桩前进行触探并清除桩位上的障碍物，保证沉桩质量。

8 承台施工

8.1 一般规定

8.1.1 独立桩基承台，施工顺序宜先深后浅。

8.1.2 承台埋置较深时，应对临近建筑物、市政设施，采取必要的保护措施，在施工期间应进行监测。

8.2 基坑开挖和回填

8.2.1 基坑开挖前应对边坡稳定（无支护基坑），支护型式（有支护基坑）、降水措施、挖土方案、运土路线、堆土位置编制施工方案，经审查批准后方能开工，打桩全部结束并停顿一段时间后方可开挖。

8.2.2 支护方式可采用钢板桩、地下连续墙、排桩（灌注桩）、水泥土搅拌桩、喷锚、H型钢桩（加插板）等，及其与锚杆或内撑组合的支护结构。

8.2.3 地下水位较高需降水时，可视周围环境情况采用内降水或外降水措施。

8.2.4 挖土应分层进行，高差不宜过大。软土地区的基坑开挖，基坑内土面高度应保持均匀，高差不宜超过1m。

8.2.5 挖出的土方不得堆置在基坑附近。

8.2.6 机械挖土时必须确保基坑内的桩体不受损坏。

8.2.7 基坑开挖结束后，应在基坑底做好排水盲沟及集水井，周围如有降水设施仍应维持运转。

8.2.8 基坑回填前，应排除积水，清除含水量较高的浮土和建筑垃圾，填土应分层压实，对称进行。

8.3 钢筋和混凝土施工

8.3.1 绑扎钢筋前必须将灌注桩桩头浮浆部分或锤击面破坏部分（预制混凝土桩、钢桩）去除，并应确保桩体埋入承台长度符合设计要求，钢管桩尚应焊好桩顶连接件。

8.3.2 承台混凝土应一次浇注完成，混凝土入槽宜用平铺法。大体积承台混凝土施工，应采取有效措施防止温度应力引起裂缝。

9 桩基工程质量检查及验收

9.1 成桩质量检查

9.1.1 灌注桩的成桩质量检查主要包括成孔及清孔、钢筋笼制作及安放、混凝土搅制及灌注等三个工序过程的质量检查。

9.1.1.1 混凝土搅制应对原材料质量与计量、混凝土配合比、坍落度、混凝土强度等级等进行检查；

9.1.1.2 钢筋笼制作应对钢筋规格、焊条规格、品种、焊口规格、焊缝长度、焊缝外观和质量、主筋和箍筋的制作偏差等进行检查；

9.1.1.3 在灌注混凝土前，应严格按照第6章有关施工质量要求对已成孔的中心位置、孔深、孔径、垂直度、孔底沉渣厚度、钢筋笼安放的实际位置等进行认真检查，并填写相应质量检查记录。

9.1.2 预制桩和钢桩成桩质量检查主要包括制桩、打入（静压）深度、停锤标准、桩位及垂直度检查：

9.1.2.1 预制桩应按选定的标准图或设计图制作，其偏差应符合表7.1.4及表7.1.10的要求；

9.1.2.2 沉桩过程中的检查项目应包括每米进尺锤击数、最后1m锤击数、最后三阵贯入度及桩尖标高、桩身（架）垂直度等。

9.1.3 对于沉管灌注桩及其他具有上述灌注桩和预制桩施工工序的质量检查宜按第9.1.1条及9.1.2条有关项目进行。

9.1.4 对于一级建筑桩基和地质条件复杂或成桩质量可靠性较低的桩基工程，应进行成桩质量检测。检测方法可采用可靠的动测法，对于大直径桩还可采取钻取岩芯、预埋管超声检测法；检测数量根据具体情况由设计确定。

9.1.5 成桩桩位偏差应根据不同桩型按表6.2.5及表7.4.11规定检查。

9.2 单桩承载力检测

9.2.1 为确保实际单桩竖向极限承载力标准值达到设计要求，应根据工程重要性、地质条件、设计要求及工程施工情况进行单桩静载荷试验或可靠的动力试验。

9.2.2 下列情况之一的桩基工程，应采用静载试验对工程桩单桩竖向承载力进行检测，检测桩数不少于第5.2.5条规定的要求。

9.2.2.1 工程桩施工前未进行单桩静载试验的一级建筑桩基；

9.2.2.2 工程桩施工前未进行单桩静载试验，且有下列情况之一者：地质条件复杂、桩的施工质量可靠性低、确定单桩竖向承载力的可靠性低、桩数多的二级建筑桩基。

9.2.3 下列情况之一的桩基工程，可采用可靠的动测法对工程桩单桩竖向承载力进行检测。

9.2.3.1 工程桩施工前已进行单桩静载试验的一级建筑桩基；

9.2.3.2 属于第9.2.2.2款规定范围外的二级建筑桩基；

9.2.3.3 三级建筑桩基；

9.2.3.4 一、二级建筑桩基静载试验检测的辅助检测。

9.3 基桩及承台工程验收资料

9.3.1 当桩顶设计标高与施工场地标高相近时，桩基工程的验收应待成桩完毕后验收；当桩顶设计标高低于施工场地标高时，应待开挖到设计标高后进行验收。

9.3.2 基桩验收应包括下列资料：

9.3.2.1 工程地质勘察报告、桩基施工图、图纸会审纪要、设计变更单及材料代用通知单等；

9.3.2.2 经审定的施工组织设计、施工方案及执行中的变更情况；

9.3.2.3 桩位测量放线图，包括工程桩位线复核签证单；

9.3.2.4 成桩质量检查报告；

9.3.2.5 单桩承载力检测报告；

9.3.2.6 基坑挖至设计标高的基桩竣工平面图及桩顶标高图。

9.3.3 承台工程验收时应包括下列资料：

9.3.3.1 承台钢筋、混凝土的施工与检查记录；

9.3.3.2 桩头与承台的锚筋、边桩离承台边缘距离、承台钢筋保护层记录；

9.3.3.3 承台厚度、长宽记录及外观情况描述等。

附录A 成桩工艺选择参考表

桩类			桩径		桩长(m)	穿越土层											桩端进入持力层				地下水位		对环境影响		孔底有无挤密
			桩身(mm)	扩大端(mm)		一般粘性土及其填土	淤泥和淤泥质土	粉土	砂土	碎石土	季节性冻土膨胀土	黄土 非自重湿陷性黄土	黄土 自重湿陷性黄土	中间有硬夹层	中间有砂夹层	中间有砾石夹层	硬粘性土	密实砂土	碎石土	软质岩石和风化岩石	以上	以下	振动和噪音	排浆	
非挤土成桩法	干作业法	长螺旋钻孔灌注桩	300～600	/	≤12	○	×	○	△	×	○	○	△	×	△	×	○	○	×	×	○	×	无	无	无
		短螺旋钻孔灌注桩	300～800	/	≤30	○	×	○	△	×	○	○	×	×	△	×	○	○	×	×	○	×	无	无	无
		钻孔扩底灌注桩	300～600	800～1200	≤30	○	×	○	×	×	○	○	×	×	△	×	○	○	×	×	○	×	无	无	无
		机动洛阳铲成孔灌注桩	300～500	/	≤20	○	×	△	×	×	○	○	△	△	×	△	○	○	×	×	○	×	无	无	无
		人工挖孔扩底灌注桩	1000～2000	1600～4000	≤40	○	△	△	×	×	○	○	○	○	△	△	○	×	×	○	○	△	无	无	无

续表

桩类			桩径 桩身 (mm)	桩径 扩大端 (mm)	桩长 (m)	穿越土层 一般粘性土及其填土	淤泥和淤泥质土	粉土	砂土	碎石土	季节性冻土膨胀土	黄土 非自重湿陷性黄土	黄土 自重湿陷性黄土	中间有硬夹层	中间有砂夹层	中间有砾石夹层	桩端进入持力层 硬粘性土	密实砂土	碎石土	软质岩石和风化岩石	地下水位 以上	以下	对环境影响 振动和噪音	排浆	孔底有无挤密
非挤土成桩法	泥浆护壁法	潜水钻成孔灌注桩	500～800	/	≤50	○	○	○	△	×	△	△	×	×	△	×	○	○	△	×	○	○	无	有	无
		反循环钻成孔灌注桩	600～1200	/	≤80	○	○	○	△	×	△	○	×	○	○	×	○	○	△	○	○	○	无	有	无
		迴旋钻成孔灌注桩	600～1200	/	≤80	○	○	○	△	×	△	○	×	○	○	×	○	○	△	○	○	○	无	有	无
		机挖异型灌注桩	400～600	/	≤20	○	△	○	×	×	△	○	×	△	△	×	○	○	△	△	△	○	无	有	无
		钻孔扩底灌注桩	600～1200	1000～1600	≤20	○	○	○	×	×	△	○	×	○	○	×	○	×	×	△	○	○	无	有	无
	套管护壁法	贝诺托灌注桩	800～1600	/	≤50	○	○	○	○	○	△	○	×	○	○	○	○	○	○	○	○	○	无	无	无
		短螺旋钻孔灌注桩	300～800	/	≤20	○	○	○	○	×	△	○	×	△	△	△	○	○	△	×	○	○	无	无	无
部分挤土成桩法		冲击成孔灌注桩	600～1200	/	≤50	○	△	△	△	○	△	×	×	○	○	○	○	○	○	○	○	○	有	有	无
		钻孔压注成型灌注桩	300～1000	/	≤30	○	△	△	△	×	○	○	○	△	△	×	○	○	×	△	○	△	无	有	无

续表

桩类			桩径 桩身(mm)	桩径 扩大端(mm)	桩长(m)	穿越土层 一般粘性土及其填土	穿越土层 淤泥和淤泥质土	穿越土层 粉土	穿越土层 砂土	穿越土层 碎石土	穿越土层 季节性冻土膨胀土	穿越土层 黄土 非自重湿陷性黄土	穿越土层 黄土 自重湿陷性黄土	穿越土层 中间有硬夹层	穿越土层 中间有砂夹层	穿越土层 中间有砾石夹层	桩端进入持力层 硬粘性土	桩端进入持力层 密实砂土	桩端进入持力层 碎石土	桩端进入持力层 软质岩石和风化岩石	地下水位 以上	地下水位 以下	对环境影响 振动和噪音	对环境影响 排浆	孔底有无挤密
部分挤土成桩法		组合桩	≤600	/	≤30	○	○	○	○	×	○	○	△	○	○	△	○	○	○	△	○	○	有	无	无
		预钻孔打入式预制桩	≤500	/	≤60	○	○	○	△	×	○	○	○	○	○	△	○	○	△	△	○	○	有	无	有
		混凝土（预应力混凝土）管桩	≤600	/	≤60	○	○	○	△	×	△	○	△	△	△	△	○	○	○	△	○	○	有	无	有
		H型钢桩	规格	/	≤50	○	○	○	○	○	△	×	×	○	○	○	△	△	○	○	○	○	有	无	无
		敞口钢管桩	600～900	/	≤50	○	○	○	○	△	△	○	○	○	○	○	○	○	○	○	○	○	有	无	有
挤土成桩法	挤土灌注桩	振动沉管灌注桩	270～400	/	≤24	○	○	○	△	×	○	○	○	×	△	×	○	○	×	×	○	○	有	无	有
		锤击沉管灌注桩	300～500	/	≤24	○	○	○	△	×	○	○	○	△	△	△	○	○	△	×	○	○	有	无	有
		锤击振动沉管灌注桩	270～400	/	≤20	○	○	△	△	×	△	○	○	○	○	△	○	○	○	○	○	○	有	无	有

续表

桩类			桩径 桩身 (mm)	桩径 扩大端 (mm)	桩长 (m)	穿越土层 一般粘性土及其填土	淤泥和淤泥质土	粉土	砂土	碎石土	季节性冻土膨胀土	黄土 非自重湿陷性黄土	黄土 自重湿陷性黄土	中间有硬夹层	中间有砂夹层	中间有砾石夹层	桩端进入持力层 硬粘性土	密实砂土	碎石土	软质岩石和风化岩石	地下水位 以上	地下水位 以下	对环境影响 振动和噪音	对环境影响 排浆	孔底有无挤密
挤土成桩法	挤土灌注桩	平底大头灌注桩	350～400	450×450～500×500	≤15	○	○	△	×	×	△	△	△	×	△	×	○	△	×	×	○	○	有	无	有
		沉管灌注同步桩	≤400	/	≤20	○	○	○	△	×	○	○	○	×	△	×	○	△	×	×	○	○	有	无	有
		夯压成型灌注桩	325、377	460～700	≤24	○	○	○	△	△	○	○	○	×	△	×	○	△	△	×	○	○	有	无	有
		干振灌注桩	350	/	≤10	○	○	○	△	△	△	○	△	×	△	△	△	△	×	×	○	×	有	无	无
		爆扩灌注桩	≤350	≤1000	≤12	○	×	×	×	×	△	○	○	×	△	×	○	×	×	×	○	×	有	无	有
		弗兰克桩	≤600	≤1000	≤20	○	○	○	△	△	○	○	○	△	○	△	○	○	△	×	○	○	有	无	有
	挤土预制桩	打入实心混凝土预制桩 闭口钢管桩、混凝土管桩	≤500×500 ≤600	/	≤50	○	○	○	△	△	△	○	○	○	○	○	○	○	△	△	○	○	有	无	有
		静压桩	400×400	/	≤40	○	○	△	△	×	×	○	△	△	△	×	○	○	×	×	○	○	无	无	有

注：表中符号○表示比较合适；△表示有可能采用；×表示不宜采用。

附录B　考虑承台（包括地下墙体）、基桩协同工作和土的弹性抗力作用计算受水平荷载的桩基

B.0.1　基本假定

B.0.1.1　将土体视为弹性变形介质，其水平抗力系数随深度线性增加（m 法），地面处为零。

对于低承台桩基，在计算基桩时，假定桩顶标高处的水平抗力系数为零并随深度增长。

B.0.1.2　在水平力和竖向压力作用下，基桩、承台、地下墙体表面上任一点的接触应力（法向弹性抗力）与该点的法向位移 δ 成正比。

B.0.1.3　忽略桩身、承台、地下墙体侧面与土之间的粘着力和摩擦力对抵抗水平力的作用。

B.0.1.4　当承台底面与地基土之间不脱开，即符合第5.2.2条规定，可考虑承台底摩阻力。承台与地基土之间的摩阻力同法向压力成正比，同承台水平位移值无关。

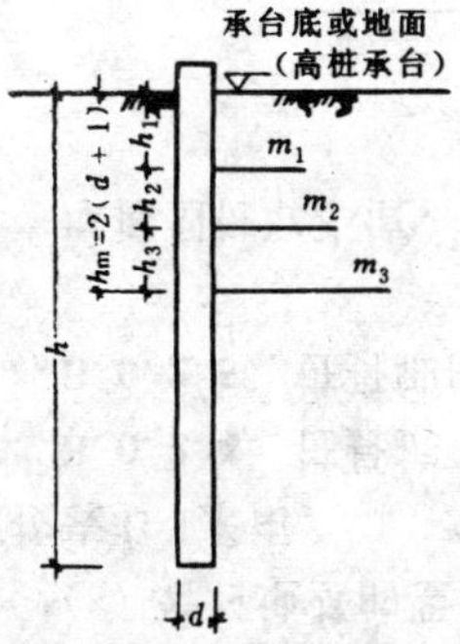

图 B-1

B.0.1.5　桩顶与承台刚性连接（固接），承台的刚度视为无穷大。因此，只有当承台的刚度较大，或由于上部结构与承台的协同作用使承台的刚度得到增强的情况下，才适于采用此种方法计算。

计算中考虑土的弹性抗力时，要注意土体的稳定性。

B.0.2　基本计算参数

B.0.2.1　地基土水平抗力系数的比例系数 m，其值按本规范第5.4.5条规定采用。

当基桩侧面为几种土层组成时，应求得主要影响深度 $h_m=2(d+1)$ 米范围内的 m 值作为计算值（见图 B-1）。

当 h_m 深度内存在两层不同土时：

$$m=\frac{m_1h_1^2+m_2(2h_1+h_2)h_2}{h_m^2} \tag{B-1}$$

当 h_m 深度内存在三层不同土时：

$$m=\frac{m_1h_1^2+m_2(2h_1+h_2)h_2+m_3(2h_1+2h_2+h_3)h_3}{h_m^2} \tag{B-2}$$

B.0.2.2　承台侧面地基土水平抗力系数 C_n

$$C_n=m\cdot h_n \tag{B-3}$$

式中　m——承台埋深范围地基土的水平抗力系数的比例系数（MN/m^4）；

h_n——承台埋深（m）。

B.0.2.3　地基土竖向抗力系数 C_0、C_b 和地基土竖向抗力系数的比例系数 m。

（1）桩底面地基土竖向抗力系数 C_0

$$C_0=m_0h \tag{B-4}$$

式中　m_0——桩底面地基土竖向抗力系数的比例系数（MN/m^4），近似取 $m_0=m$；

h——桩的入土深度(m)，当 h 小于10m 时按10m 计算。

（2）承台底地基土竖向抗力系数 C_b

$$C_b=m_0h_n \tag{B-5}$$

式中　h_n——承台埋深（m），当 h_n 小于1m 时，按1m 计算。

岩石地基竖向抗力系数 C_R　　**表 B-1**

单轴极限抗压强度标准值 f_{rc}（kPa）	C_R（MN/m^3）
1000	300
≥25000	15000

注：f_{rc}为表列数值的中间值时，C_R 采用插入法确定。

(3) 岩石地基的竖向抗力系数 C_R，不随岩层埋深而增长，其值按表 B-1采用。

B. 0. 2. 4 桩身抗弯刚度 EI：按第 5.4.2 条规定计算确定；

B. 0. 2. 5 桩身轴向压力传布系数 ζ_N

$$\zeta_N = 0.5 \sim 1.0$$

摩擦型桩取小值，端承型桩取大值。

B. 0. 2. 6 地基土与承台板之间的摩擦系数 μ，按第5.4.3条表5.4.3-2取值。

B. 0. 3 计算公式

B. 0. 3. 1 单桩基础或与外力作用平面相垂直的单排桩基础，见表 B-3。

表 B-3

计算步骤		内容		备注
1	确定荷载和计算图式	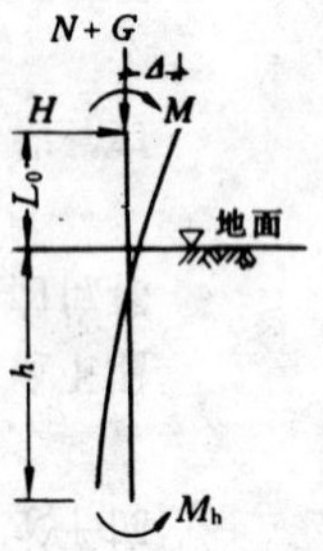		
2	确定基本参数	m、EI、α		详见附录 B.0.2
3	求地面处桩身内力	弯矩 ($F\times L$) 水平力 (F)	$M_0=\frac{M}{n}+\frac{H}{n}l_0 \quad H_0=\frac{H}{n}$	n——单排桩的桩数；低桩台时，令 $l_0=0$

续表

计算步骤					内容	备注
4	求单位力作用于桩身地面处，桩身在该处产生的变位	$H_0=1$ 作用时	水平位移 ($F^{-1}\times L$)	$h\leqslant\frac{2.5}{\alpha}$	$\delta_{HH}=\frac{1}{\alpha^3EI}\times\frac{(B_3D_4-B_4D_3)+K_h(B_2D_4-B_4D_2)}{(A_3B_4-A_4B_3)+K_h(A_2B_4-A_4B_2)}$	桩底支承于非岩石类土中，当 $h>\frac{2.5}{\alpha}$，可令 $K_h=0$； 桩底支承基岩面上，当 $h>\frac{3.5}{\alpha}$，可令 $K_h=0$。K_h 计算见注③。 系数 A_1……D_4、A_f、B_f、C_f 根据 $\bar{h}=\alpha h$ 查表 B-6
				$h>\frac{2.5}{\alpha}$	$\delta_{HH}=\frac{1}{\alpha^3EI}A_f$	
			转角 (F^{-1})	$h\leqslant\frac{2.5}{\alpha}$	$\delta_{MH}=\frac{1}{\alpha^2EI}\times\frac{(A_3D_4-A_4D_3)+K_h(A_2D_4-A_4D_2)}{(A_3B_4-A_4B_3)+K_h(A_2B_4-A_4B_2)}$	
				$h>\frac{2.5}{\alpha}$	$\delta_{MH}=\frac{1}{\alpha^2EI}B_f$	
		$M_0=1$ 作用时	水平位移 (F^{-1})	$h\leqslant\frac{2.5}{\alpha}$	$\delta_{HM}=\delta_{MH}$	
				$h>\frac{2.5}{\alpha}$	$\delta_{HM}=\delta_{MH}$	
			转角 ($F^{-1}\times L^{-1}$)	$h\leqslant\frac{2.5}{\alpha}$	$\delta_{MM}=\frac{1}{\alpha EI}\times\frac{(A_3C_4-A_4C_3)+K_h(A_2C_4-A_4C_2)}{(A_3B_4-A_4B_3)+K_h(A_2B_4-A_4B_2)}$	
				$h>\frac{2.5}{\alpha}$	$\delta_{MM}=\frac{1}{\alpha EI}C_f$	
5	求地面处桩身的变位	水平位移（L） 转角（弧度）			$x_0=H_0\delta_{HH}+M_0\delta_{HM}$ $\varphi_0=-(H_0\delta_{MH}+M_0\delta_{MM})$	

续表

计算步骤			内容	备注
6	求地面以下任一深度的桩身内力	弯矩（F×L） 水平力（F）	$M_y=\alpha^2EI(x_0A_3+\frac{\varphi_0}{\alpha}B_3+\frac{M_0}{\alpha^2EI}C_3+\frac{H_0}{\alpha^3EI}D_3)$ $H_y=\alpha^3EI(x_0A_4+\frac{\varphi_0}{\alpha}B_4+\frac{M_0}{\alpha^2EI}C_4+\frac{H_0}{\alpha^3EI}D_4)$	
7	求桩顶水平位移	（L）	$\Delta=x_0-\varphi_0l_0+\Delta_0$ 其中 $\Delta_0=\frac{Hl_0^3}{3nEI}+\frac{Ml_0^2}{2nEI}$	
8	求桩身最大弯矩及其位置	最大弯矩位置（L）	由 $\frac{\alpha M_0}{H_0}=C_{\rm I}$ 查表 B-7 得相应的 αy, $y_{M\max}=\frac{\alpha y}{\alpha}$	$C_{\rm I}$、$C_{\rm II}$ 查表 B-7
		最大弯矩（F×L）	$M_{\max}=M_0C_{\rm II}$	

注：① δ_{HH}、δ_{MH}、δ_{HM} 和 δ_{MM} 的物理意义图示

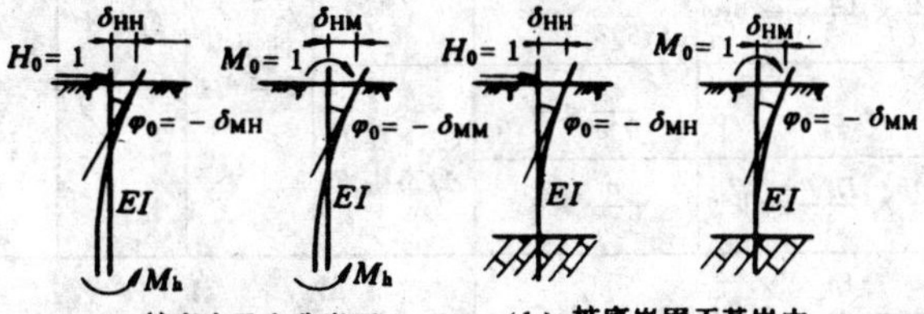

（a）桩底支承在非岩石类土中或基岩表面　（b）桩底嵌固于基岩中

②当桩底嵌固于基岩中时，δ_{HH}……δ_{MM} 按下列公式计算：

$$\delta_{HH}=\frac{1}{\alpha^3EI}\times\frac{B_2D_1-B_1D_2}{A_2B_1-A_1B_2};\qquad \delta_{MH}=\frac{1}{\alpha^2EI}\times\frac{A_2D_1-A_1D_2}{A_2B_1-A_1B_2};$$

$$\delta_{HM}=\delta_{MH};\qquad \delta_{MM}=\frac{1}{\alpha EI}\times\frac{A_2C_1-A_1C_2}{A_2B_1-A_1B_2}$$

③系数 K_h　　$K_h=\frac{C_0I_0}{\alpha EI}$

式中　C_0、α、E、I——详见附录 B.0.2；

I_0——桩底截面惯性矩，对于非扩底 $I_0=I$。

④表中量纲 F——力；L——长度。

B.0.3.2 位于（或平行于）外力作用平面的单排（或多排）桩低承台桩基，见表 B-4。

表 B-4

计 算 步 骤				内 容	备 注
1	确定荷载和计算图式			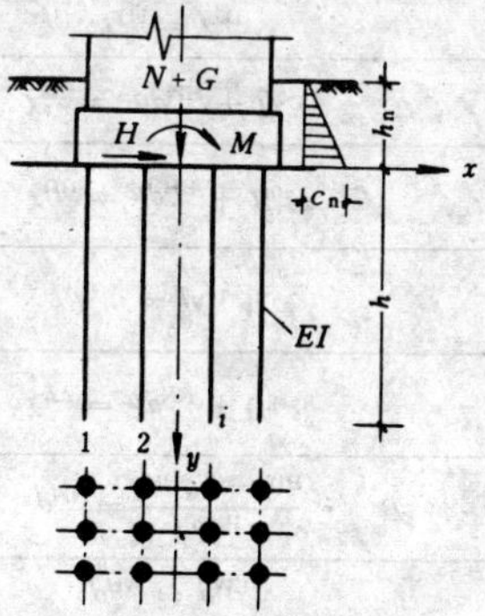	坐标原点应选在桩群对称点上或重心上
2	确定基本计算参数			m、m_0、EI、α、ζ_N、C_0、C_b、μ	详见附录 B.0.2
3	求单位力作用于桩顶时，桩顶产生的变位	$H_i=1$ 作用时	水平位移 $(F^{-1}\times L)$	δ_{HH}	公式同表 B-3 中步骤 4
			转角 (F^{-1})	δ_{MH}	
		$M_1=1$ 作用时	水平位移 (F^{-1})	$\delta_{HM}=\delta_{MH}$	
			转角 $(F^{-1}\times L^{-1})$	δ_{MM}	

续表

计算步骤				内容	备注
4	求桩顶发生单位变位时，在桩顶引起的内力	发生单位竖向位移时	轴向力 $(F\times L^{-1})$	$\rho_{NN}=\frac{1}{\frac{\zeta_N h}{EA}+\frac{1}{C_0A_0}}$	ζ_N、C_0、A_0 —— 见附录 B.0.2 E、A—— 桩身弹性模量和横截面面积
		发生单位水平位移时	水平力 $(F\times L^{-1})$	$\rho_{HH}=\frac{\delta_{MM}}{\delta_{HH}\delta_{MM}-\delta_{MH}^2}$	
			弯矩 (F)	$\rho_{MH}=\frac{\delta_{MH}}{\delta_{HH}\delta_{MM}-\delta_{MH}^2}$	
		发生单位转角时	水平力 (F)	$\rho_{HM}=\rho_{MH}$	
			弯矩 $(F\times L)$	$\rho_{MM}=\frac{\delta_{HH}}{\delta_{HH}\delta_{MM}-\delta_{MH}^2}$	
5	求承台发生单位变位时所有桩顶、承台和侧墙引起的反力和	发生单位竖向位移时	竖向反力 $(F\times L^{-1})$	$\gamma_{VV}=n\rho_{NN}+C_bA_b$	$B_0=B+1$ B——垂直于力作用面方向的承台宽； A_b、I_b、F^c、S^c 和 I^c —— 详见附注③、④ n——基桩数 x_i——坐标原点至各桩的距离 K_i——第 i 排桩的根数
			水平反力 $(F\times L^{-1})$	$\gamma_{UV}=\mu C_bA_b$	
		发生单位水平位移时	水平反力 $(F\times L^{-1})$	$\gamma_{UU}=n\rho_{HH}+B_0F^c$	
			反弯矩 (F)	$\gamma_{\beta U}=-n\rho_{MH}+B_0S^c$	
		发生单位转角时	水平反力 (F)	$\gamma_{U\beta}=\gamma_{\beta U}$	
			反弯矩 $(F\times L)$	$\gamma_{\beta\beta}=n\rho_{MM}+\rho_{NN}\sum K_ix_i^2+B_0I^c+C_bI_b$	

续表

计 算 步 骤			内 容	备 注
6	求承台变位	竖向位移（L）	$V=\dfrac{(N+G)}{\gamma_{VV}}$	
		水平位移（L）	$U=\dfrac{\gamma_{\beta\beta}H-\gamma_{U\beta}M}{\gamma_{UU}\gamma_{\beta\beta}-\gamma_{U\beta}^{2}}-\dfrac{(N+G)\gamma_{UV}\gamma_{\beta\beta}}{\gamma_{VV}(\gamma_{UU}\gamma_{\beta\beta}-\gamma_{U\beta}^{2})}$	
		转角（弧度）	$\beta=\dfrac{\gamma_{UU}M-\gamma_{U\beta}H}{\gamma_{UU}\gamma_{\beta\beta}-\gamma_{U\beta}^{2}}+\dfrac{(N+G)\gamma_{UV}\gamma_{U\beta}}{\gamma_{VV}(\gamma_{UU}\gamma_{\beta\beta}-\gamma_{U\beta}^{2})}$	
7	求任一基桩桩顶内力	轴向力（F）	$N_{oi}=(V+\beta x_i)\rho_{NN}$	x_i 在原点以右取正，以左取负
		水平力（F）	$H_n=U\rho_{HH}-\beta\rho_{HM}$	
		弯矩（F×L）	$M_0=\beta\rho_{MM}-U\rho_{MH}$	
8	求任一深度桩身弯矩	弯矩（F×L）	$M_y=\alpha^2EI\left(UA_3+\dfrac{\beta}{\alpha}B_3+\dfrac{M_0}{\alpha^2EI}C_3+\dfrac{H_0}{\alpha^3EI}D_3\right)$	A_3、B_3、C_3、D_3 查表 B-6，当桩身变截面配筋时作该项计算
9	求桩身最大弯矩及其位置	最大弯矩位置（L）	y_{Mmax}	计算公式同附表 B-3
		最大弯矩（F×L）	M_{max}	
10	求承台和侧墙的弹性抗力	水平抗力（F）	$H_E=UB_0F^c+\beta B_0S^c$	
		反弯矩（F×L）	$M_E=UB_0S^c+\beta B_0I^c$	

续表

计算步骤			内容	备注
11	求承台底地基土的弹性抗力和摩阻力	竖向抗力（F）	$N_b = VC_bA_b$	10、11、12项为非必算内容
		水平抗力（F）	$H_b = \mu N_b$	
		反弯矩（F×L）	$M_b = \beta C_b I_b$	
12	校核水平力的计算结果		$\sum H_i + H_E + H_b = H$	

注：① ρ_{NN}、ρ_{HH}、ρ_{MH}、ρ_{HM} 和 ρ_{MM} 的物理意义图示：

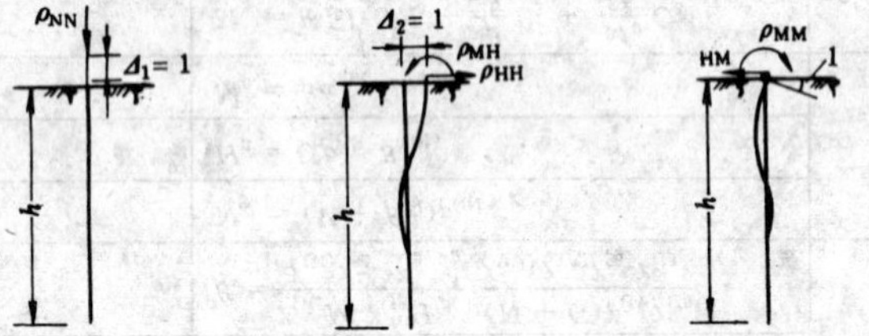

桩顶产生单位竖向位移时　　桩顶产生单位水平位移时　　桩顶产生单位转角时

②A_0——单桩桩底压力分布面积，对于端承型桩，A_0 为单桩的底面积；对于摩擦型桩，取下列二公式计算值之较小者：

$$A_0 = \pi\left(htg\frac{\varphi_m}{4} + \frac{d}{2}\right)^2 \qquad A_0 = \frac{\pi}{4}s^2$$

式中　h——桩入土深度；

φ_m——桩周各土层内摩擦角的加权平均值；

d——桩的计算直径；

s——桩的中心距。

③F^c、S^c、I^c——承台底面以上侧向土水平抗力系数 C 图形的面积、对于底面的面积矩、惯性矩：

$$F^c=\frac{C_n h_n}{2}$$

$$S^c=\frac{C_n h_n^2}{6}$$

$$I^c=\frac{C_n h_n^3}{12}$$

④A_b、I_b——承台底与地基土的接触面积、惯性矩：

$$A_b=F\text{-}nA$$

$$I_b=I_F-\sum AK_i x_i^2$$

式中 F——承台底面积；

nA——各基桩桩顶横截面积和。

B.0.3.3 位于（或平行于）外力作用平面的单排（或多排）桩高承台桩基，见表 B-5。

B.0.4 确定地震作用下桩基计算参数和图式的几个问题

B.0.4.1 当承台底面以上土层为液化层时，不考虑承台侧面土体的弹性抗力和承台底土的竖向弹性抗力与摩阻力，此时，令 $C_n=C_b=0$，可按表 B-5 高承台公式计算。

B.0.4.2 当承台底面以上为非液化层，而承台底面与承台底面下土体可能发生脱离时（承台底面以下有自重固结、自重湿陷、震陷、液化土层时），不考虑承台底地基土的竖向弹性抗力和摩阻力，只考虑承台侧面土体的弹性抗力，宜按表 B-5 高承台图式进行计算；但计算承台单位变位引起的桩顶、承台、地下墙体的反力和时，应考虑承台和地下墙体侧面土体弹性抗力的影响，可按表 B-4 的步骤 5 的公式计算（$C_b=0$）；

B.0.4.3 当桩周 2（$d+1$）米深度内有液化夹层时，其水平抗力系数的比例系数综合计算值 m，将液化层的 m 按表 5.2.12 折减代入公式（B-1）或（B-2）中计算确定。

表 B-5

计算步骤				内容	备注
1	确定荷载和计算图式			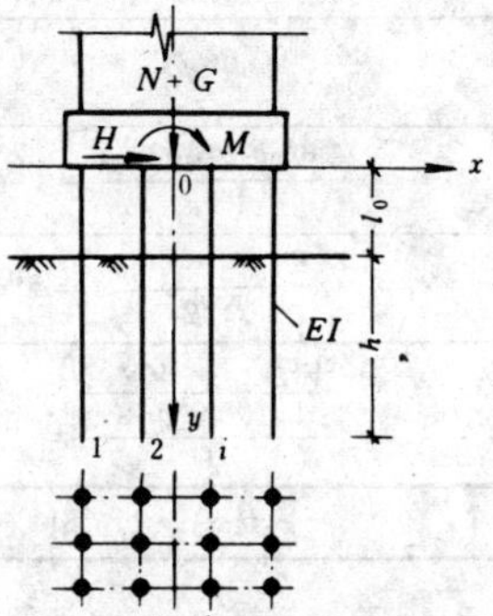	坐标原点应选在桩群对称点上或重心上
2	确定基本计算参数			m、m_0、EI、α、ξ_N、C_0	详见附录 B.0.2
3	求单位力作用于桩身地面处，桩身在该处产生的变位			δ_{HH}、δ_{MH}、δ_{HM}、δ_{MM}	公式同表 B-3
4	求单位力作用于桩顶时，桩顶产生的变位	$H_i=1$ 作用时	水平位移 ($F^{-1}\times L$)	$\delta'_{HH}=\frac{l_0^3}{3EI}+\sigma_{MM}l_0^2+2\delta_{MH}l_0+\delta_{HH}$	
			转角 (F^{-1})	$\delta'_{MH}=\frac{l_0^2}{2EI}+\delta_{MM}l_0+\delta_{MH}$	
		$M_i=1$ 作用时	水平位移 (F^{-1})	$\delta'_{HM}=\delta'_{MH}$	
			转角 ($F^{-1}\times L^{-1}$)	$\delta'_{MM}=\frac{l_0}{EI}+\delta_{MM}$	

续表

计算步骤				内容	备注
5	求桩顶发生单位变位时，桩顶引起的内力	发生竖向单位位移	轴向力 $(F\times L^{-1})$	$\rho_{NN}=\dfrac{1}{\dfrac{l_0+\zeta_N h}{EA}+\dfrac{1}{C_0A_0}}$	
		发生水平单位位移时	水平力 $(F\times L^{-1})$	$\rho_{HH}=\dfrac{\delta'_{MM}}{\delta'_{HH}\delta'_{MM}-\delta'^2_{MH}}$	
			弯矩 (F)	$\rho_{MH}=\dfrac{\delta'_{MH}}{\delta'_{HH}\delta'_{MM}-\delta'^2_{MH}}$	
		发生单位转角时	水平力 (F)	$\rho_{HM}=\rho_{MH}$	
			弯矩 $(F\times L)$	$\rho_{MM}=\dfrac{\delta'_{HH}}{\delta'_{HH}\delta'_{MM}-\delta'^2_{MH}}$	
6	求承台发生单位变位时，所有桩顶引起的反力和	单位竖直位移时	竖向反力 $(F\times L^{-1})$	$\gamma_{VV}=n\rho_{NN}$	
		单位水平位移时	水平反力 $(F\times L^{-1})$	$\gamma_{UU}=n\rho_{HH}$	n——基桩数 x_i——坐标原点至各桩的距离 K_i——第 i 排桩的根数
			反弯矩 (F)	$\gamma_{\beta U}=-n\rho_{MH}$	
		单位转角时	水平反力 (F)	$\gamma_{U\beta}=\gamma_{\beta U}$	
			反弯矩 $(F\times L)$	$\gamma_{\beta\beta}=n\rho_{MM}+\rho_{NN}\sum K_i x_i^2$	

续表

计算步骤			内容	备注
7	求承台变位	竖直位移（L）	$V=\frac{N+G}{\gamma_{VV}}$	
		水平位移（L）	$U=\frac{\gamma_{\beta\beta}H-\gamma_{U\beta}M}{\gamma_{UU}\gamma_{\beta\beta}-\gamma_{U\beta}^2}$	
		转角（弧度）	$\beta=\frac{\gamma_{UU}M-\gamma_{U\beta}H}{\gamma_{UU}\gamma_{\beta\beta}-\gamma_{U\beta}^2}$	
8	求任一基桩桩顶内力	竖向力（F）	$N_i=(V+\beta x_i)\rho_{NN}$	x_i 在原点 O 以右取正，以左取负
		水平力（F）	$H_i=U\rho_{HH}-\beta\rho_{HM}=\frac{H}{n}$	
		弯矩（F×L）	$M_i=\beta\rho_{MM}-U\rho_{MH}$	
9	求地面处桩身截面上的内力	水平力（F）	$H_0=H_i$	
		弯矩（F×L）	$M_0=M_i+H_i l_0$	
10	求地面处桩身的变位	水平位移（L）	$x_0=H_0\delta_{HH}+M_0\delta_{HM}$	
		转角（弧度）	$\varphi_0=-(H_0\delta_{MH}+M_0\delta_{MM})$	
11	求地面下任一深度桩身截面内力	弯矩（F×L）	$M_y=\alpha^2 EI(x_0A_3+\frac{\varphi_0}{\alpha}B_3+\frac{M_0}{\alpha^2 EI}C_3+\frac{H_0}{\alpha^3 EI}D_3)$	A_3……D_4 查表 B-6，当桩身变截面配筋时作该项计算
		水平力（F）	$H_y=\alpha^3 EI(x_0A_4+\frac{\varphi_0}{\alpha}B_4+\frac{M_0}{\alpha^2 EI}C_4+\frac{H_0}{\alpha^3 EI}D_4)$	
12	求桩身最大弯矩及其位置	最大弯矩位置（L）	$y_{M_{max}}$	计算公式同表 B-3
		最大弯矩（F×L）	M_{max}	

影响函数值表 表 B-6

换算深度 $h=ay$	A_3	B_3	C_3	D_3	A_4	B_4	C_4	D_4	$B_3D_4-B_4D_3$	$A_3B_4-A_4B_3$	$B_2D_4-B_4D_2$
0	0.00000	0.00000	1.00000	0.00000	0.00000	0.00000	0.00000	1.00000	0.00000	0.00000	1.00000
0.1	-0.00017	-0.00001	1.00000	0.10000	-0.00500	-0.00033	-0.00001	1.00000	0.00002	0.00000	1.00000
0.2	-0.00133	-0.00013	0.99999	0.20000	-0.02000	-0.00267	-0.00020	0.99999	0.00040	0.00000	1.00004
0.3	-0.00450	-0.00067	0.99994	0.30000	-0.04500	-0.00900	-0.00101	0.99992	0.00203	0.00001	1.00029
0.4	-0.01067	-0.00213	0.99974	0.39998	-0.08000	-0.02133	-0.00320	0.99966	0.00640	0.00006	1.00120
0.5	-0.02083	-0.00521	0.99922	0.49991	-0.12499	-0.04167	-0.00781	0.99896	0.01563	0.00022	1.00365
0.6	-0.03600	-0.01080	0.99806	0.59974	-0.17997	-0.07199	-0.01620	0.99741	0.03240	0.00065	1.00917
0.7	-0.05716	-0.02001	0.99580	0.69935	-0.24490	-0.11433	-0.03001	0.99440	0.06006	0.00163	1.01962
0.8	-0.08532	-0.03412	0.99181	0.79854	-0.31975	-0.17060	-0.05120	0.98908	0.10248	0.00365	1.03824
0.9	-0.12144	-0.05466	0.98524	0.89705	-0.40443	-0.24284	-0.08198	0.98032	0.16426	0.00738	1.06893
1.0	-0.16652	-0.08329	0.97501	0.99445	-0.49881	-0.33298	-0.12493	0.96667	0.25062	0.01390	1.11679
1.1	-0.22152	-0.12192	0.95975	1.09016	-0.60268	-0.44292	-0.18285	0.94634	0.36747	0.02464	1.18823
1.2	-0.28737	-0.17260	0.93783	1.18342	-0.71573	-0.57450	-0.25886	0.91712	0.52158	0.04156	1.29111
1.3	-0.36496	-0.23760	0.90727	1.27320	-0.83753	-0.72950	-0.35631	0.87638	0.72057	0.06724	1.43498
1.4	-0.45515	-0.31933	0.86575	1.35821	-0.96746	-0.90954	-0.47883	0.82102	0.97317	0.10504	1.63125

续表

换算深度 $h=\alpha y$	A_3	B_3	C_3	D_3	A_4	B_4	C_4	D_4	$B_3D_4-B_4D_3$	$A_3B_4-A_4B_3$	$B_2D_4-B_4D_2$
1.5	-0.55870	-0.42039	0.81054	1.43680	-1.10468	-1.11609	-0.63027	0.74745	1.28938	0.15916	1.89349
1.6	-0.67629	-0.54348	0.73859	1.50695	-1.24808	-1.35042	0 81466	0.65156	1.68091	0.23497	2.23776
1.7	-0.80848	-0.69144	0.64637	1.56621	-1.39623	-1.61346	-1.03616	0.52871	2.16145	0.33904	2.68296
1.8	-0.95564	-0.86715	0.52997	1.61162	-1.54728	-1.90577	-1.29909	0.37368	2.74734	0.47951	3.25143
1.9	-1.11796	-1.07357	0.38503	1.63969	-1.69889	-2.22745	-1.60770	0.18071	3.45833	0.66632	3.96945
2.0	-1.29535	-1.31361	0.20676	1.64628	-1.84818	-2.57798	-1.96620	-0.05652	4.31831	0.91158	4.86824
2.2	-1.69334	-1.90567	-0.27087	1.57538	-2.12481	-3.35952	-2.84858	-0.69158	6.61044	1.63962	7.36356
2.4	-2.14117	-2.66329	-0.94885	1.35201	-2.33901	-4.22811	-3.97323	-1.59151	9.95510	2.82366	11.13130
2.6	-2.62126	-3.59987	-1.87734	0.91679	-2.43695	-5.14023	-5.35541	-2.82106	14.86800	4.70118	16.74660
2.8	-3.10341	-4.71748	-3.10791	0.19729	-2.34558	-6.02299	-6.99007	-4.44491	22.15710	7.62658	25.06510
3.0	-3.54058	-5.99979	-4.68788	-0.89126	-1.96928	-6.76460	-8.84029	-6.51972	33.08790	12.13530	37.38070
3.5	-3.91921	-9.54367	-10.34040	-5.85402	1.07408	-6.78895	-13.69240	-13.82610	92.20900	36.85800	101.36900
4.0	-1.61428	-11.7307	-17.91860	-15.07550	9.24368	-0.35762	-15.61050	-23.14040	266.06100	109.01200	279.99600

注：表中 y 为桩身计算截面的深度；α 为桩的水平变形系数。

续表

换算深度 $h=ay$	$A_2B_4-A_4B_2$	$A_3D_4'-A_4D_3$	$A_2D_4-A_4D_2$	$A_3C_4-A_4C_3$	$A_2C_4-A_4C_2$	$A_f=\frac{B_3D_4-B_4D_3}{A_3B_4-A_4B_3}$	$B_f=\frac{A_3D_4-A_4D_3}{A_3B_4-A_4B_3}$	$C_f=\frac{A_3C_4-A_4C_3}{A_3B_4-A_4B_3}$	$\frac{B_2D_1-B_1D_2}{A_2B_1-A_1B_2}$	$\frac{A_2D_1-A_1D_2}{A_2B_1-A_1B_2}$	$\frac{A_2C_1-C_1A_2}{A_2B_1-A_1B_2}$
0	0.00000	0.00000	0.00000	0.00000	0.00000	∞	∞	∞	0.00000	0.00000	0.00000
0.1	0.00500	0.00033	0.00003	0.00500	0.00050	3770.49	54098.40	81967.20	0.00033	0.00500	0.10000
0.2	0.02000	0.00267	0.00033	0.02000	0.00400	424.771	2807.280	21028.60	0.00269	0.02000	0.20000
0.3	0.04500	0.00900	0.00169	0.04500	0.01350	196.135	869.565	4347.970	0.00900	0.04500	0.30000
0.4	0.07999	0.02133	0.00533	0.08001	0.03200	111.936	372.930	1399.070	0.02133	0.07999	0.39996
0.5	0.12504	0.04167	0.01302	0.12505	0.06251	72.102	192.214	576.825	0.04165	0.12495	0.49988
0.6	0.18013	0.07203	0.02701	0.18020	0.10804	50.012	111.179	278.134	0.07192	0.17893	0.59962
0.7	0.24535	0.11443	0.05004	0.24559	0.17161	36.740	70.001	150.236	0.11406	0.24448	0.69902
0.8	0.32091	0.17094	0.03539	0.32150	0.25632	28.108	46.884	88.179	0.16985	0.31867	0.79783
0.9	0.40709	0.24374	0.13685	0.40842	0.36533	22.245	33.009	55.312	0.24092	0.40199	0.89562
1.0	0.50436	0.33507	0.20873	0.50714	0.50194	18.028	24.102	36.480	0.32855	0.49374	0.99179
1.1	0.61351	0.44739	0.30600	0.61893	0.66965	14.915	18.160	25.122	0.43351	0.59294	1.08560
1.2	0.73565	0.58346	0.43412	0.74562	0.87232	12.550	14.039	17.941	0.55589	0.69811	1.17605
1.3	0.87244	0.74650	0.59910	0.88991	1.11429	10.716	11.102	13.235	0.69488	0.80737	1.26199
1.4	1.02612	0.94032	0.80887	1.05550	1.40059	9.265	8.952	10.049	0.84855	0.91831	1.34213

续表

换算深度 $h=ay$	$A_2B_4-A_4B_2$	$A_3D_4-A_4D_3$	$A_2D_4-A_4D_2$	$A_3C_4-A_4C_3$	$A_2C_4-A_4C_2$	$A_f=\frac{B_3D_4-B_4D_3}{A_3B_4-A_4B_3}$	$B_f=\frac{A_3D_4-A_4D_3}{A_3B_4-A_4B_3}$	$C_f=\frac{A_3C_4-A_4C_3}{A_3B_4-A_4B_3}$	$\frac{B_2D_1-B_1D_2}{A_2B_1-A_1B_2}$	$\frac{A_2D_1-A_1D_2}{A_2B_1-A_1B_2}$	$\frac{A_2C_1-C_1A_2}{A_2B_1-A_1B_2}$
1.5	1.19981	1.16960	1.07061	1.24752	1.73720	8.101	7.349	7.838	1.01382	1.02816	1.41516
1.6	1.39771	1.44015	1.39379	1.47277	2.13135	7.154	6.129	6.268	1.18632	1.13380	1.47990
1.7	1.62522	1.75934	1.78918	1.74019	2.59200	6.375	5.189	5.133	1.36088	1.23219	1.53540
1.8	1.88946	2.13653	2.26933	2.06147	3.13039	5.730	4.456	4.300	1.53179	1.32058	1.58115
1.9	2.19944	2.58362	2.84909	2.45147	3.76049	5.190	3.878	3.680	1.69343	1.39688	1.61718
2.0	2.56664	3.11583	3.54638	2.92905	4.49999	4.737	3.418	3.213	1.84091	1.43979	1.64405
2.2	3.53366	4.51846	5.38469	4.24806	6.40196	4.032	2.756	2.591	2.08041	1.54549	1.67490
2.4	4.95288	6.57004	8.02219	6.28800	9.09220	3.526	2.327	2.227	2.23974	1.58566	1.68520
2.6	7.07178	9.62890	11.82060	9.46294	12.97190	3.161	2.048	2.013	9.32965	1.59617	1.68665
2.8	10.26420	14.25710	17.33620	14.40320	18.66360	2.905	1.869	1.889	2.37119	1.59262	1.68717
3.0	15.09220	21.32850	25.42750	22.06800	27.12570	2.727	1.758	1.818	2.38547	1.58606	1.69051
3.5	41.01820	60.47600	67.49820	64.76960	72.04850	2.502	1.641	1.757	2.38891	1.58435	1.71100
4.0	114.72200	176.70600	185.99600	190.83400	200.04700	2.441	1.625	1.751	2.40074	1.59979	1.73218

桩身最大弯矩截面系数 C_{I}、最大弯矩系数 C_{II} 表 B-7

换算深度 $\bar{h}=ay$	C_{I}						C_{II}					
	$ah=4.0$	$ah=3.5$	$ah=3.0$	$ah=2.8$	$ah=2.6$	$ah=2.4$	$ah=4.0$	$ah=3.5$	$ah=3.0$	$ah=2.8$	$ah=2.6$	$ah=2.4$
0.0	∞	∞	∞	∞	∞	∞	1	1	1	1	1	1
0.1	131.252	129.489	120.507	112.954	102.805	90.196	1.001	1.001	1.001	1.001	1.001	1.000
0.2	34.186	33.699	31.158	29.090	26326	22.939	1.004	1.004	1.004	1.005	1.005	1.006
0.3	15.544	15.282	14.013	13.003	11.671	10.064	1.012	1.013	1.014	1.015	1.017	1.019
0.4	8.781	8.605	7.799	7.176	6.368	5.409	1.029	1.030	1.033	1.036	1.040	1.047
0.5	5.539	5.403	4.821	4.385	3.829	3.183	1.057	1.059	1.066	1.073	1.083	1.100
0.6	3.710	3.597	3.141	2.811	2.400	1.931	1.101	1.105	1.120	1.134	1.158	1.196
0.7	2.566	2.465	2.089	1.826	1.506	1.150	1.169	1.176	1.209	1.239	1.291	1.380
0.8	1.791	1.699	1.377	1.160	0.902	0.623	1.274	1.289	1.358	1.426	1.549	1.795
0.9	1.238	1.151	0.867	0.683	0.471	0.248	1.441	1.475	1.635	1.807	2.173	3.230
1.0	0.824	0.740	0.484	0.327	0.149	-0.032	1.728	1.814	2.252	2.861	5.076	-18.277
1.1	0.503	0.420	0.187	0.049	-0.100	-0.247	2.299	2.562	4.543	14.411	-5.649	-1.684
1.2	0246	0.163	-0.052	-0.172	-0.299	-0.418	3.876	5.349	-12.716	-3.165	-1.406	-0.714
1.3	0.034	-0.049	-0.249	-0.355	-0.465	-0.557	23.408	-14.587	-2.093	-1.178	-0.675	-0.381
1.4	-0.145	-0.229	-0.416	-0.508	-0.597	-0.672	-4.596	-2.572	-0.936	-0.628	-0.383	-0.220
1.5	-0.299	-0.384	-0.559	-0.639	-0.712	-0.769	-1.876	-1.265	-0.574	-0.378	-0.233	-0.131

续表

换算深度 $h=ay$	C_1						C_I					
	$ah=4.0$	$ah=3.5$	$ah=3.0$	$ah=2.8$	$ah=2.6$	$ah=2.4$	$ah=4.0$	$ah=3.5$	$ah=3.0$	$ah=2.8$	$ah=2.6$	$ah=2.4$
1.6	-0.434	-0.521	-0.634	-0.753	-0.812	-0.853	-1.128	-0.772	-0.365	-0.240	-0.146	-0.078
1.7	-0.555	-0.645	-0.796	-0.854	-0.898	-0.025	-0.740	-0.517	-0.242	-0.157	-0.091	-0.046
1.8	-0.665	-0.756	-0.896	-0.943	-0975	-0.987	-0.530	-0.366	-0.164	-0.103	-0.057	-0.026
1.9	-0.768	-0.862	-0.988	-1.024	-1.043	-1.043	-0.396	-0.263	-0.112	-0.067	-0.034	-0.014
2.0	-0.865	-0.961	-1.073	-1.098	-1.105	-1.092	-0.304	-0.194	-0.076	-0.042	-0.020	-0.006
2.2	-.1.048	-1.148	-1.225	-1.227	-1.210	-1.176	-0.187	-0.106	-0.033	-0.015	-0.005	-0.001
2.4	-1.230	-1.328	-1.360	-1.338	-1.299	0	-0.118	-0.057	-0.012	-0.004	-0.001	0
2.6	-1.420	-1.507	-1.482	-1.434	0.333		-0.074	-0.028	-0.003	-0.001	0	
2.8	-1.635	-1.692	-1.593	0.056			-0.045	-0.013	-0.001	0		
3.0	-1.893	-1.886	0				-0.026	-0.004	0			
3.5	-2.994	1.000					-0.003	0				
4.0	-0.045						-0.011					

注：表中 α 为桩的水平变形系数；y 为桩身计算截面的深度；h 为桩的入土深度。当 $ah>4.0$ 时，按 $ah=4.0$ 计算。

附录C 单桩竖向抗压静载试验

C.0.1 试验目的：采用接近于竖向抗压桩的实际工作条件的试验方法，确定单桩竖向（抗压）极限承载力，作为设计依据，或对工程桩的承载力进行抽样检验和评价。当埋设有桩底反力和桩身应力、应变测量元件时，尚可直接测定桩周各土层的极限侧阻力和极限端阻力。除对于以桩身承载力控制极限承载力的工程桩试验加载至承载力设计值的1.5～2倍外，其余试桩均应加载至破坏。

C.0.2 试验加载装置：一般采用油压千斤顶加载，千斤顶的加载反力装置可根据现场实际条件取下列三种形式之一：

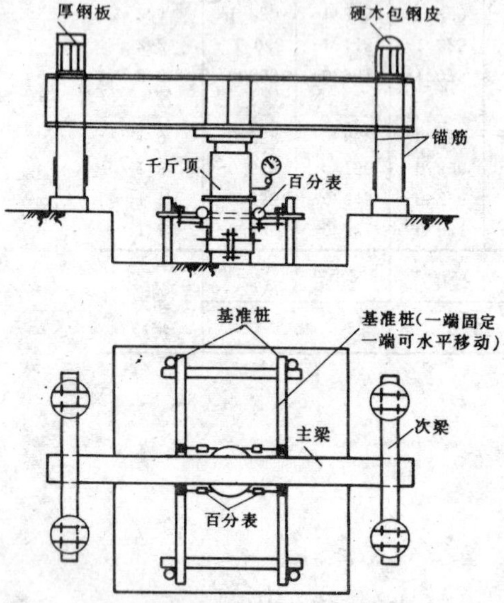

图 C-1 竖向静载试验装置

C.0.2.1 锚桩横梁反力装置（图C-1）：

锚桩、反力梁装置能提供的反力应不小于预估最大试验荷载的1.2～1.5倍。

采用工程桩作锚桩时，锚桩数量不得少于4根，并应对试验过程锚桩上拔量进行监测。

C.0.2.2 压重平台反力装置：压重量不得少于预估最大试验荷载的1.2倍；压重应在试验开始前一次加上，并均匀稳固放置于平台上；

C.0.2.3 锚桩压重联合反力装置：当试桩最大加载量超过锚桩的抗拔能力时，可在横梁上放置或悬挂一定重物，由锚桩和重物共同承受千斤顶加载反力。

千斤顶平放于试桩中心，当采用2个以上千斤顶加载时，应将千斤顶并联同步工作，并使千斤顶的合力通过试桩中心。

C.0.3 荷载与沉降的量测仪表：荷载可用放置于千斤顶上的应力环、应变式压力传感器直接测定，或采用联于千斤顶的压力表测定油压，根据千斤顶率定曲线换算荷载。试桩沉降一般采用百分表或电子位移计测量。对于大直径桩应在其2个正交直径方向对称安置4个位移测试仪表，中等和小直径桩径可安置2个或3个位移测试仪表。沉降测定平面离桩顶距离不应小于0.5倍桩径，固定和支承百分表的夹具和基准梁在构造上应确保不受气温、振动及其他外界因素影响而发生竖向变位。

C.0.4 试桩、锚桩（压重平台支墩）和基准桩之间的中心距离应符合表C-1的规定。

试桩、锚桩和基准桩之间的中心距离　　表C-1

反力系统	试桩与锚桩（或压重平台支墩边）	试桩与基准桩	基准桩与锚桩（或压重平台支墩边）
锚桩横梁反力装置	≥4d 且	≥4d 且	≥4d 且
压重平台反力装置	≮2.0m	≮2.0m	≮2.0m

注：d——试桩或锚桩的设计直径，取其较大者（如试桩或锚桩为扩底桩时，试桩与锚桩的中心距不应小于2倍扩大端直径）。

C.0.5 试桩制作要求

C.0.5.1 试桩顶部一般应予加强，可在桩顶配置加密钢筋网2～3层，或以薄钢板圆筒作成加劲箍与桩顶混凝土浇成一体，用高标号砂浆将桩顶抹平。对于预制桩，若桩顶未破损可不另作处理。

C.0.5.2 为安置沉降测点和仪表，试桩顶部露出试坑地面的高度不宜小于600mm，试坑地面宜与桩承台底设计标高一致。

C.0.5.3 试桩的成桩工艺和质量控制标准应与工程桩一致。为缩短试桩养护时间，混凝土强度等级可适当提高，或掺入早强剂。

C.0.6 从成桩到开始试验的间歇时间：在桩身强度达到设计要求的前提下，对于砂类土，不应少于10d；对于粉土和粘性土，不应少于15d；对于淤泥或淤泥质土，不应少于25d。

C.0.7 试验加载方式：采用慢速维持荷载法，即逐级加载，每级荷载达到相对稳定后加下一级荷载，直到试桩破坏，然后分级卸载到零。当考虑结合实际工程桩的荷载特征可采用多循环加、卸载法（每级荷载达到相对稳定后卸载到零）。当考虑缩短试验时间，对于工程桩的检验性试验，可采用快速维持荷载法，即一般每隔一小时加一级荷载。

C.0.8 加卸载与沉降观测：

C.0.8.1 加载分级：每级加载为预估极限荷载的1/10～1/15，第一级可按2倍分级荷载加荷；

C.0.8.2 沉降观测：每级加载后间隔5、10、15min各测读一次，以后每隔15min测读一次，累计1h后每隔30min测读一次。每次测读值记入试验记录表；

C.0.8.3 沉降相对稳定标准：每一小时的沉降不超过0.1mm，并连续出现两次（由1.5h内连续三次观测值计算），认为已达到相对稳定，可加下一级荷载。

C.0.8.4 终止加载条件：当出现下列情况之一时，即可终止加载：

（1）某级荷载作用下，桩的沉降量为前一级荷载作用下沉降量的5倍；

（2）某级荷载作用下，桩的沉降量大于前一级荷载作用下沉降量的2倍，且经24h尚未达到相对稳定；

（3）已达到锚桩最大抗拔力或压重平台的最大重量时。

C.0.8.5 卸载与卸载沉降观测：每级卸载值为每级加载值的2倍。每级卸载后隔15min测读一次残余沉降，读两次后，隔30min再读一次，即可卸下一级荷载，全部卸载后，隔3～4h再读一次。

C.0.9 试验报告内容及资料整理

C.0.9.1 单桩竖向抗压静载试验概况：整理成表格形式（见表C-2），并应对成桩和试验过程出现的异常现象作补充说明；

单桩竖向（水平）静载试验概况表 **表C-2**

<table>
<tr><td colspan="2">工程名称</td><td></td><td>地　点</td><td></td><td colspan="2">试验单位</td><td colspan="2"></td></tr>
<tr><td colspan="2">试桩编号</td><td></td><td>桩　型</td><td></td><td colspan="2">试验起止时间</td><td colspan="2"></td></tr>
<tr><td colspan="2">成桩工艺</td><td></td><td>桩断面尺寸</td><td></td><td colspan="2">桩　长</td><td colspan="2"></td></tr>
<tr><td rowspan="2">混凝土标号</td><td>设　计</td><td></td><td>灌注桩虚土厚度</td><td></td><td rowspan="2">配　筋</td><td>规　格</td><td rowspan="2">配筋率</td><td rowspan="2"></td></tr>
<tr><td>实　际</td><td></td><td>灌注充盈系数</td><td></td><td>长　度</td></tr>
</table>

<table>
<tr><td colspan="6">综　合　柱　状　图</td><td rowspan="7">试桩平面布置示意图</td></tr>
<tr><td>层次</td><td>土层名称</td><td>描　述</td><td>地质符号</td><td>相对标高</td><td>桩身剖面</td></tr>
<tr><td>1</td><td></td><td></td><td></td><td colspan="2" rowspan="5">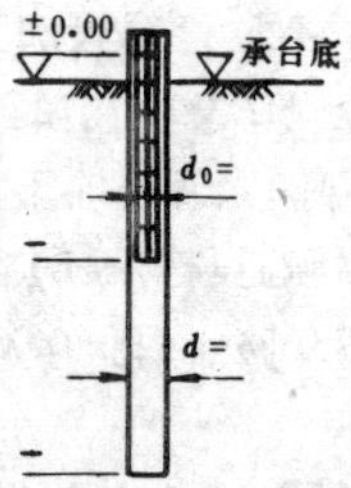
</td></tr>
<tr><td>2</td><td></td><td></td><td></td></tr>
<tr><td>3</td><td></td><td></td><td></td></tr>
<tr><td>4</td><td></td><td></td><td></td></tr>
<tr><td>5</td><td></td><td></td><td></td></tr>
</table>

续表

土的物理力学指标														
层次	深度(m)	γ (kN/m³)	w (%)	e	S_r	ω_p (%)	I_p	I_L	a_{1-2} (a_{2-3})	E_s (MPa)	φ (°)	f_k (kPa)		
1														
2														

试验：　　　　资料整理：　　　　校核：

C. 0. 9. 2　单桩竖向抗压静载试验记录表（见表 C-3）；

单桩竖向抗压静载试验记录表　　**表 C-3**

试桩号：

荷载 (kN)	观测时间 日/月时分	间隔时间 (min)	读数					沉降(mm)		备注
			表	表	表	表	平均	本次	累计	

试验：　　　　记录：　　　　校核：

C. 0. 9. 3　单桩竖向抗压静载试验荷载-沉降汇总表（见表 C-4）；

单桩竖向抗压静载试验结果汇总表　　**表 C-4**

试桩号：

序号	荷载 (kN)	历时（min）		沉降（mm）	
		本级	累计	本级	累计

试验：　　　　记录：　　　　校核：

C. 0. 9. 4　确定单桩竖向极限承载力：一般应绘 Q-s，s-lg$t$ 曲线，以及其他辅助分析所需曲线；

C. 0. 9. 5　当进行桩身应力、应变和桩底反力测定时，应整理出有关数据的记录表和绘制桩身轴力分布、侧阻力分布，桩端阻力-荷载、桩端阻力-沉降关系等曲线；

C. 0. 9. 6　按第 C. 0. 10 条和第 C. 0. 11 条确定单桩竖向极限承载力标准值。

C. 0. 10　单桩竖向极限承载力可按下列方法综合分析确定：

C. 0. 10. 1　根据沉降随荷载的变化特征确定极限承载力：对于陡降型 Q-s 曲线取 Q-s 曲线发生明显陡降的起始点；

C. 0. 10. 2　根据沉降量确定极限承载力：对于缓变型 Q-s 曲线一般可取 $s=40\sim60$mm 对应的荷载，对于大直径桩可取 $s=0.03\sim0.06D$（D 为桩端直径，大桩径取低值，小桩径取高值）所对应的荷载值；对于细长桩（$l/d>80$）可取 $s=60\sim80$mm 对应的荷载；

C. 0. 10. 3　根据沉降随时间的变化特征确定极限承载力：取 s-lg$t$ 曲线尾部出现明显向下弯曲的前一级荷载值。

C. 0. 11　单桩竖向极限承载力标准值应根据试桩位置、实际地质条件、施工情况等综合确定。当各试桩条件基本相同时，单桩竖向极限承载力标准值可按下列步骤与方法确定：

C. 0. 11. 1 计算试桩结果统计特征值：

(1)按上述方法，确定 n 根正常条件试桩的极限承载力实测值 Q_{ui}；

(2）按下式计算 n 根试桩实测极限承载力平均值 Q_{um}

$$Q_{um}=\frac{1}{n}\sum_{i=1}^{n}Q_{ui} \tag{C-1}$$

(3）按下式计算每根试桩的极限承载力实测值与平均值之比 α_i

$$\alpha_i=Q_{ui}/Q_{um} \tag{C-2}$$

下标 i 根据 Q_{ui}值由小到大的顺序确定；

(4）按下式计算 α_i 的标准差 S_n

$$S_n=\sqrt{\sum_{i=1}^{n}(\alpha_i-1)^2/(n-1)} \tag{C-3}$$

C. 0. 11. 2　确定单桩竖向极限承载力标准值 Q_{uk}

（1）当 $S_n \leqslant 0.15$ 时，$Q_{uk}=Q_{um}$；

（2）当 $S_n > 0.15$ 时，$Q_{uk}=\lambda Q_{um}$

C.0.11.3 单桩竖向极限承载力标准值折减系数 λ，根据变量 α_i 的分布，按下列方法确定：

（1）当试桩数 $n=2$ 时，按表 C-5 确定

折减系数 λ（$n=2$） **表 C-5**

$\alpha_2-\alpha_1$	0.21	0.24	0.27	0.30	0.33	0.36	0.39	0.42	0.45	0.48	0.51
λ	1.00	0.99	0.97	0.96	0.94	0.93	0.91	0.90	0.88	0.87	0.85

（2）当试桩数 $n=3$ 时，按表 C-6 确定

折减系数 λ（$n=3$） **表 C-6**

λ / α_2 \ $\alpha_3-\alpha_1$	0.30	0.33	0.36	0.39	0.42	0.45	0.48	0.51
0.84							0.93	0.92
0.92	0.99	0.98	0.98	0.97	0.96	0.95	0.94	0.93
1.00	1.00	0.99	0.98	0.97	0.96	0.95	0.93	0.92
1.08	0.98	0.97	0.95	0.94	0.93	0.91	0.90	0.88
1.16							0.86	0.84

（3）当试桩数 $n \geqslant 4$ 时按下式计算：

$$A_0 + A_1\lambda + A_2\lambda^2 + A_3\lambda^3 + A_4\lambda^4 = 0 \quad \text{(C-4)}$$

式中 $A_0 = \sum_{i=1}^{n-m}\alpha_i^2 + \frac{1}{m}\left(\sum_{i=1}^{n-m}\alpha_i\right)^2$；

$A_1 = -\frac{2n}{m}\sum_{i=1}^{n-m}\alpha_i$；

$A_2 = 0.127 - 1.127n + \frac{n^2}{m}$；

$A_3 = 0.147 \times (n-1)$；

$A_4 = -0.042 \times (n-1)$；

取 $m=1$，2……满足式（C-4）的 λ 值即为所求。

附录D 单桩竖向抗拔静载试验

D.0.1 试验目的：采用接近于竖向抗拔桩的实际工作条件的试验方法，确定单桩抗拔极限承载力。

D.0.2 试验加载装置：一般采用油压千斤顶加载，千斤顶的加载反力装置可根据现场情况确定，应尽量利用工程桩为支座反力，抗拔试桩与支座桩的最小间距可根据表 C-1 确定。

D.0.3 荷载与沉降量测仪表：荷载可用放置于千斤顶上的应力环，应变式压力传感器直接测定，或采用联于千斤顶的标准压力表测定油压，根据千斤顶率定曲线换算荷载。试桩上拔变形一般采用百分表测量，布置方法与竖向抗压试验相同。

D.0.4 从成桩到开始试验的间歇时间：在确定桩身强度达到要求的前提下，对于砂类土、不应少于 10d；对于粉土和粘性土，不应少于 15d，对于淤泥或淤泥质土，不应少于 25d。

D.0.5 试验加载方式：一般采用慢速维持荷载法（逐级加载，每级荷载达到相对稳定后加下一级荷载，直到试桩破坏，然后逐级卸载到零）。当考虑结合实际工程桩的荷载特征时，也可采用多循环加卸载法（每级荷载达到相对稳定后卸载到零）。

D.0.6 慢速维持荷载法按下列规定进行加、卸载和竖向变形观测：

D.0.6.1 加载分级：每级加载为预估极限荷载的 1/10～1/15。

D.0.6.2 变形观测；每级加载后间隔 5、10、15min 各测读一次，以后每隔 15min 测读一次，累计 1h 后每隔 30min 测读一次。每次测读值记入试验记录表（见表 C-3），并记录桩身外露部分裂缝开展情况。

D.0.6.3 变形相对稳定标准：每一小时内的变形值不超过

0.1mm，并连续出现两次（由1.5h内连续三次观测值计算），认为已达到相对稳定，可加下一级荷载。

D.0.6.4 终止加载条件：当出现下列情况之一时，即可终止加载：

（1）桩顶荷载为桩受拉钢筋总极限承载力的0.9倍时；

（2）某级荷载作用下，桩顶变形量为前一级荷载作用下的5倍；

（3）累计上拔量超过100mm。

D.0.7 单桩竖向抗拔静载试验分析报告的资料整理内容：

D.0.7.1 单桩竖向抗拔静载试验概况：整理成表格形式（宜按表C-2）并对成桩的试验过程出现的异常现象作补充说明；

D.0.7.2 单桩竖向抗拔静载试验记录表（宜按表C-3）；

D.0.7.3 单桩竖向抗拔静载试验变形汇总表（宜按表C-4）；

D.0.7.4 绘制单桩竖向抗拔试验荷载-变形（U-Δ）曲线图；

D.0.7.5 当进行桩身应力、应变测试时，应整理出有关数据的记录表及绘制桩身应力变化、桩侧阻力与荷载-变形等关系曲线。

D.0.8 单桩竖向抗拔极限承载力的判定：

D.0.8.1 对于陡变形U-Δ曲线，取陡升起始点荷载为极限荷载；

D.0.8.2 对于缓变形U-Δ曲线，根据上拔量和Δ-lg$t$曲线变化综合判定，即取Δ-lg$t$曲线尾部显著弯曲的前一级荷载为极限荷载。

附录E 单桩水平静载试验

E.0.1 试验目的：采用接近于水平受力桩的实际工作条件的试验方法确定单桩的水平承载力和地基土的水平抗力系数或对工程桩的水平承载力进行检验和评价；当埋设有桩身应力测量元件时，可测定出桩身应力变化，并由此求得桩身弯矩分布。

E.0.2 试验设备与仪表装置（图E-1）

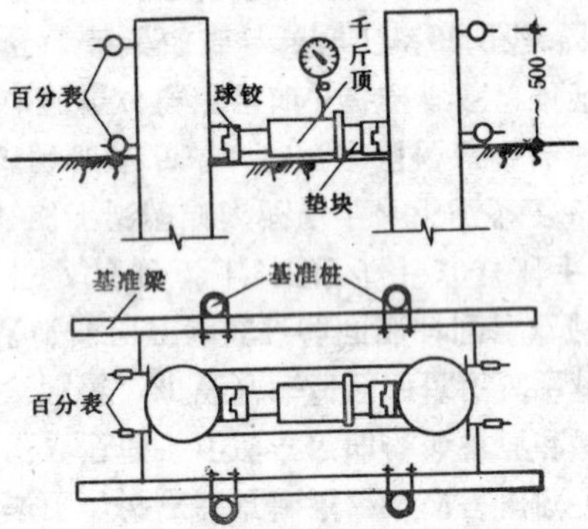

图E-1 水平静载试验装置

E.0.2.1 采用千斤顶施加水平力，水平力作用线应通过地面标高处（地面标高应与实际工程桩基承台底面标高一致）。在千斤顶与试桩接触处宜安置一球形铰座，以保证千斤顶作用力能水平通过桩身轴线；

E.0.2.2 桩的水平位移宜采用大量程百分表测量。每一试桩在力的作用水平面上和在该平面以上50cm左右各安装一或二只百分表（下表测量桩身在地面处的水平位移，上表测量桩顶水平位移，根据两表位移差与两表距离的比值求得地面以上桩身的转角）。如果桩身露出地面较短，可只在力的作用水平面上安装百分表测量水平位移；

E.0.2.3　固定百分表的基准桩宜打设在试桩侧面靠位移的反方向，与试桩的净距不少于1倍试桩直径。

E.0.3　试验加载方法：宜采用单向多循环加卸载法，对于个别受长期水平荷载的桩基也可采用慢速维持加载法（稳定标准可参照竖向静载试验）进行试验。

E.0.4　多循环加卸载试验法，按下列规定进行加卸载和位移观测：

E.0.4.1　荷载分级：取预估水平极限承载力的1/10～1/15作为每级荷载的加载增量。根据桩径大小并适当考虑土层软硬，对于直径300～1000mm的桩，每级荷载增量可取2.5～20kN；

E.0.4.2　加载程序与位移观测：每级荷载施加后，恒载4min测读水平位移，然后卸载至零，停2min测读残余水平位移，至此完成一个加卸载循环，如此循环5次便完成一级荷载的试验观测。加载时间应尽量缩短，测量位移的间隔时间应严格准确，试验不得中途停歇；

E.0.4.3　终止试验的条件：当桩身折断或水平位移超过30～40mm（软土取40mm）时，可终止试验。

E.0.5　单桩水平静载试验报告内容及资料整理

E.0.5.1　单桩水平静载试验概况：整理成表格形式（宜按表C-2）。对成桩和试验过程发生的异常现象应作补充说明；

E.0.5.2　单桩水平静载试验记录表（宜按表E-1）。

单桩水平静载试验记录表　　表E-1

试桩号：　　　　上下表距：

荷载(kN)	观测时间 日/月时分	循环数	加载		卸载		水平位移(mm)		加载上下表读数差	转角	备注
			上表	下表	上表	下表	加载	卸载			

试验：　　　　记录：　　　　校核：

E.0.5.3　绘制有关试验成果曲线：一般应绘制水平力-时间-位移（H_0-t-x_0）、水平力-位移梯度（H_0-$\frac{\Delta x_0}{\Delta H_0}$）或水平力-位移双对数（$\lg H_0$-$\lg x_0$）曲线，当测量桩身应力时，尚应绘制应力沿桩身分布和水平力-最大弯矩截面钢筋应力（H_0-σ_g）等曲线。

E.0.6　单桩水平临界荷载（桩身受拉区混凝土明显退出工作前的最大荷载）按下列方法综合确定；

E.0.6.1　取H_0-t-x_0曲线出现突变（相同荷载增量的条件下，出现比前一级明显增大的位移增量）点的前一级荷载为水平临界荷载（图E-2a）；

E.0.6.2　取H_0-$\frac{\Delta x_0}{\Delta H_0}$曲线第一直线段的终点（图E-2$b$）或$\log H_0$-$\log x_0$曲线拐点所对应的荷载为水平临界荷载；

E.0.6.3　当有钢筋应力测试数据时，取H_0-σ_g第一突变点对应的荷载为水平临界荷载（图E-2c）。

E.0.7　单桩水平极限荷载可根据下列方法综合确定：

E.0.7.1　取H_0-t-x_0曲线明显陡降的前一级荷载为极限荷载（附图E-2a）；

E.0.7.2　取H_0-$\frac{\Delta x_0}{\Delta H_0}$曲线第二直线段的终点对应的荷载为极限荷载（图E-2b）；

E.0.7.3　取桩身折断或钢筋应力达到流限的前一级荷载为极限荷载。

有条件时，可模拟实际荷载情况、进行桩顶同时施加轴向压力的水平静载试验。

E.0.8　地基土水平抗力系数的比例系数m可根据试验结果按下列公式确定：

$$m=\frac{\left(\frac{H_{cr}}{x_{cr}}v_x\right)^{5/3}}{b_0(EI)^{2/3}} \tag{E-1}$$

式中　m——地基土水平抗力系数的比例系数（MN/m^4），该数值为地面以下2（d+1）m深度内各土层的综合值；

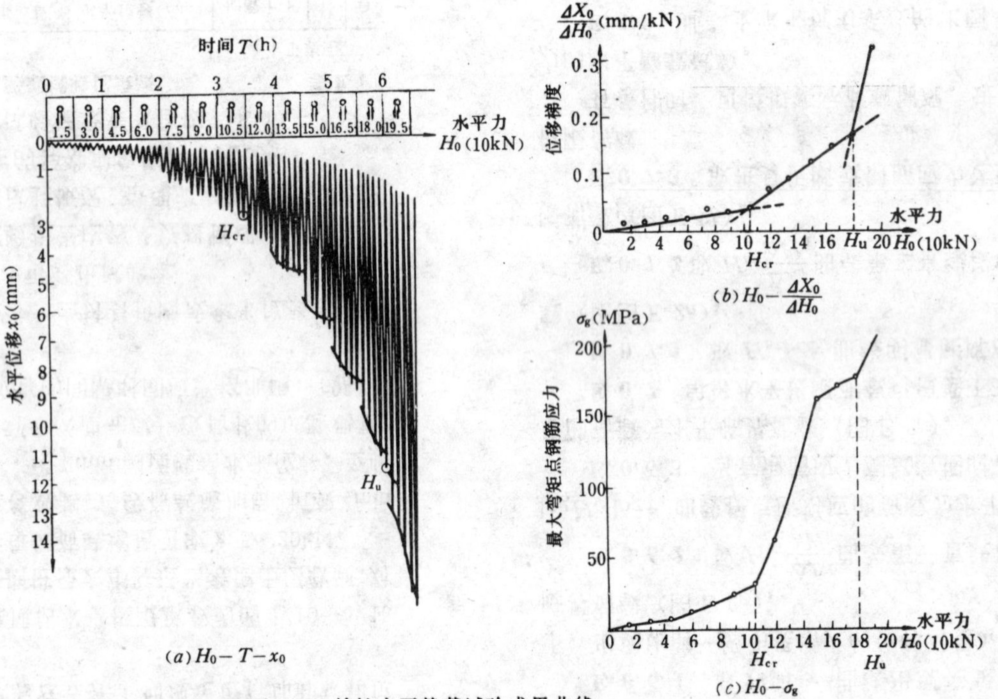

图 E-2 单桩水平静载试验成果曲线

H_{cr}——单桩水平临界荷载（kN）；

x_{cr}——单桩水平临界荷载对应的位移；

v_x——桩顶位移系数，可按表 5.4.2 采用（先假定 m，试算 α）；

b_0——桩身计算宽度（m），按第 5.4.5 条计算确定。

附录 F　按倒置弹性地基梁计算墙下条形桩基承台梁

按倒置弹性地基梁计算墙下条形桩基连续承台梁时，先求得作用于梁上的荷载，然后按普通连续梁计算其弯矩和剪力。弯矩和剪力的计算公式根据附图 F-1 所示计算简图，分别按表 F-1 采用。

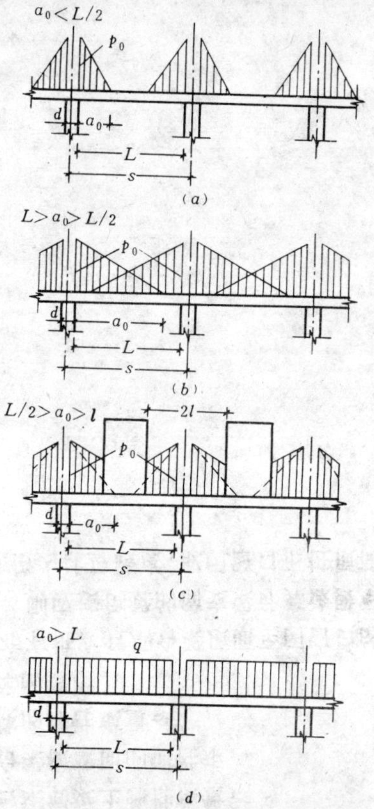

图 F-1　墙下条形桩基连续承台梁计算简图

墙下条形桩基连续承台梁内力计算公式　　表 F-1

内力	计算简图编号	内力计算公式	
支座弯矩	(a)、(b)、(c)	$M=-p\frac{a_0^2}{12}\left(2-\frac{a_0}{L_c}\right)$	(F-1)
	(d)	$M=-\frac{qL_c^2}{12}$	(F-2)
跨中弯矩	(a)、(c)	$M=p_0\frac{a_0^3}{12L_c}$	(F-3)
	(b)	$M=\frac{p_0}{12}\left[L_c\left(6a_0-3L_c+0.5\frac{L_c^2}{a_0}\right)-a_0^2\left(4-\frac{a_0}{L_c}\right)\right]$	(F-4)
	(d)	$M=\frac{qL_c^2}{24}$	(F-5)
最大剪力	(a)、(b)、(c)	$Q=\frac{p_0a_0}{2}$	(F-6)
	(d)	$Q=\frac{qL}{2}$	(F-7)

注：当连续承台梁少于6跨时，其支座与跨中弯矩应按实际跨数和图F-1求计算公式。

公式F-1～F-7中：

p_0——线荷载的最大值（kN/m），按下式确定：

$$p_0=\frac{qL_c}{a_0} \tag{F-8}$$

a_0——自桩边算起的三角形荷载图形的底边长度，分别按下列公式确定：

中间跨　$$a_0=3.14\sqrt[3]{\frac{E_nI}{E_kb_k}} \tag{F-9}$$

边　跨　$$a_0=2.4\sqrt[3]{\frac{E_nI}{E_kb_k}} \tag{F-10}$$

式中　L_c——计算跨度，$L_c=1.05L$；

L——两相邻桩之间的净距；

q——承台梁底面以上的均布荷载；

E_nI——承台梁的抗弯刚度；

E_n——承台梁混凝土弹性模量；

I——承台梁横截面的惯性矩；

E_k——墙体的弹性模量；

b_k——墙体的宽度。

当门窗口下布有桩，且承台梁顶面至门窗口的砌体高度小于门窗口的净宽时，则应按倒置的简支梁计算该段梁的弯矩，即取门窗净宽的1.05倍为计算跨度，取门窗口下桩顶荷载为计算集中荷载进行计算。

附录 G　附加应力系数 α'、平均附加应力系数 α

（a）矩形面积上均布荷载作用下角点附加应力系数 α'

表 G-1

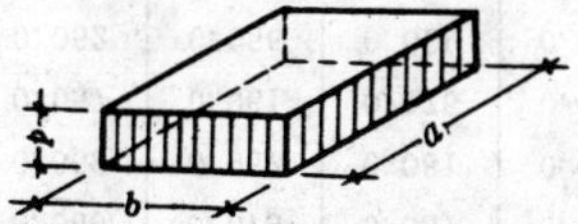

z/b \ a/b	1.0	1.2	1.4	1.6	1.8	2.0	3.0	4.0	5.0	6.0	10.0	条形
0.0	0.250	0.250	0.250	0.250	0.250	0.250	0.250	0.250	0.250	0.250	0.250	0.250
0.2	0.249	0.249	0.249	0.249	0.249	0.249	0.249	0.249	0.249	0.249	0.249	0.249
0.4	0.240	0.242	0.243	0.243	0.244	0.244	0.244	0.244	0.244	0.244	0.244	0.244
0.6	0.223	0.228	0.230	0.232	0.232	0.233	0.234	0.234	0.234	0.234	0.234	0.234
0.8	0.200	0.207	0.212	0.215	0.216	0.213	0.220	0.220	0.220	0.220	0.220	0.220
1.0	0.175	0.185	0.191	0.195	0.198	0.200	0.203	0.204	0.204	0.204	0.205	0.205
1.2	0.152	0.163	0.171	0.176	0.179	0.182	0.187	0.188	0.189	0.189	0.189	0.189

续表

z/b \ a/b	1.0	1.2	1.4	1.6	1.8	2.0	3.0	4.0	5.0	6.0	10.0	条形
1.4	0.131	0.142	0.151	0.157	0.161	0.164	0.171	0.173	0.174	0.174	0.174	0.174
1.6	0.112	0.124	0.133	0.140	0.145	0.148	0.157	0.159	0.160	0.160	0.160	0.160
1.8	0.097	0.108	0.117	0.124	0.129	0.133	0.143	0.146	0.147	0.148	0.148	0.148
2.0	0.084	0.095	0.103	0.110	0.116	0.120	0.131	0.135	0.136	0.137	0.137	0.137
2.2	0.073	0.083	0.092	0.098	0.104	0.108	0.121	0.125	0.126	0.127	0.128	0.128
2.4	0.064	0.073	0.081	0.088	0.093	0.098	0.111	0.116	0.118	0.118	0.119	0.119
2.6	0.057	0.065	0.072	0.079	0.084	0.089	0.102	0.107	0.110	0.111	0.112	0.112
2.8	0.050	0.058	0.065	0.071	0.076	0.080	0.094	0.100	0.102	0.104	0.105	0.105
3.0	0.045	0.052	0.058	0.064	0.069	0.073	0.087	0.093	0.096	0.097	0.099	0.099
3.2	0.040	0.047	0.053	0.058	0.063	0.067	0.081	0.087	0.090	0.092	0.093	0.094
3.4	0.036	0.042	0.048	0.053	0.057	0.061	0.075	0.081	0.085	0.086	0.088	0.089
3.6	0.033	0.038	0.043	0.048	0.052	0.056	0.069	0.076	0.080	0.082	0.084	0.084
3.8	0.030	0.035	0.040	0.044	0.048	0.052	0.065	0.072	0.075	0.077	0.080	0.080
4.0	0.027	0.032	0.036	0.040	0.044	0.048	0.060	0.067	0.071	0.073	0.076	0.076
4.2	0.025	0.029	0.033	0.037	0.041	0.044	0.056	0.063	0.067	0.070	0.072	0.073
4.4	0.023	0.027	0.031	0.034	0.038	0.041	0.053	0.060	0.064	0.066	0.069	0.070
4.6	0.021	0.025	0.028	0.032	0.035	0.038	0.049	0.056	0.061	0.063	0.066	0.067

续表

z/b \ a/b	1.0	1.2	1.4	1.6	1.8	2.0	3.0	4.0	5.0	6.0	10.0	条形
4.8	0.019	0.023	0.026	0.029	0.032	0.035	0.046	0.053	0.058	0.060	0.064	0.064
5.0	0.018	0.021	0.024	0.027	0.030	0.033	0.043	0.050	0.055	0.057	0.061	0.062
6.0	0.013	0.015	0.017	0.020	0.022	0.024	0.033	0.030	0.043	0.046	0.051	0.052
7.0	0.009	0.011	0.013	0.015	0.016	0.018	0.025	0.031	0.035	0.038	0.043	0.045
8.0	0.007	0.009	0.010	0.011	0.013	0.014	0.020	0.025	0.028	0.031	0.037	0.039
9.0	0.006	0.007	0.008	0.009	0.010	0.011	0.016	0.020	0.024	0.026	0.032	0.035
10.0	0.005	0.006	0.007	0.007	0.008	0.009	0.013	0.017	0.020	0.022	0.028	0.032
12.0	0.003	0.004	0.005	0.005	0.006	0.006	0.009	0.012	0.014	0.017	0.022	0.026
14.0	0.002	0.002	0.003	0.004	0.004	0.005	0.007	0.009	0.011	0.013	0.018	0.023
16.0	0.002	0.002	0.003	0.003	0.003	0.004	0.005	0.007	0.009	0.010	0.014	0.020
18.0	0.001	0.002	0.002	0.002	0.003	0.003	0.004	0.006	0.007	0.003	0.012	0.018
20.0	0.001	0.001	0.002	0.002	0.002	0.002	0.004	0.005	0.006	0.007	0.010	0.016
25.0	0.001	0.001	0.001	0.001	0.001	0.002	0.002	0.003	0.004	0.004	0.007	0.013
30.0	0.001	0.001	0.001	0.001	0.001	0.001	0.002	0.002	0.003	0.003	0.005	0.011
35.0	0.000	0.000	0.001	0.001	0.001	0.001	0.001	0.002	0.002	0.002	0.004	0.009
40.0	0.000	0.000	0.000	0.000	0.001	0.001	0.001	0.001	0.001	0.002	0.003	0.008

注：a——矩形均布荷载长度（m）；b——矩形均布荷载宽度（m）；z——计算点离桩端平面垂直距离（m）。

(*b*) 矩形面积上均布荷载作用下角点的平均附加应力系数 α　　表 G-2

a/b \ z/b	1.0	1.2	1.4	1.6	1.8	2.0	2.4	2.8	3.2	3.6	4.0	5.0	10.0
0.0	0.2500	0.2500	0.2500	0.2500	0.2500	0.2500	0.2500	0.2500	0.2500	0.2500	0.2500	0.2500	0.2500
0.2	0.2496	0.2497	0.2497	0.2498	0.2498	0.2498	0.2498	0.2498	0.2498	0.2498	0.2498	0.2498	0.2498
0.4	0.2474	0.2479	0.2481	0.2483	0.2483	0.2484	0.2485	0.2485	0.2485	0.2485	0.2485	0.2485	0.2485
0.6	0.2423	0.2437	0.2444	0.2448	0.2451	0.2452	0.2454	0.2455	0.2455	0.2455	0.2455	0.2455	0.2456
0.8	0.2343	0.2372	0.2387	0.2395	0.2400	0.2403	0.2407	0.2408	0.2409	0.2409	0.2410	0.2410	0.2410
1.0	0.2252	0.2291	0.2313	0.2326	0.2335	0.2340	0.2346	0.2349	0.2351	0.2352	0.2352	0.2353	0.2353
1.2	0.2149	0.2199	0.2229	0.2248	0.2260	0.2268	0.2278	0.2282	0.2285	0.2236	0.2287	0.2288	0.2289
1.4	0.2043	0.2102	0.2140	0.2146	0.2180	0.2191	0.2204	0.2211	0.2215	0.2217	0.2218	0.2220	0.2221
1.6	0.1939	0.2006	0.2049	0.2079	0.2099	0.2113	0.2130	0.2138	0.2143	0.2146	0.2148	0.2150	0.252
1.8	0.1840	0.1910	0.1960	0.1994	0.2018	0.2034	0.2055	0.2066	0.2073	0.2077	0.2079	0.082	0.2084
2.0	0.1746	0.1822	0.1875	0.1912	0.1980	0.1958	0.1982	0.1996	0.2004	0.2009	0.2012	0.2015	0.2018
2.2	0.1659	0.1737	0.1793	0.1833	0.1862	0.1883	0.1911	0.1927	0.1937	0.1943	0.1947	0.1952	0.1955
2.4	0.1578	0.1657	0.1715	0.1757	0.1789	0.1812	0.1843	0.1862	0.1873	0.1880	0.1825	0.1890	0.1895
2.6	0.1503	0.1583	0.1642	0.1686	0.1719	0.1745	0.1779	0.1799	0.1812	0.1820	0.1825	0.1832	0.1833
2.8	0.1433	0.1514	0.1574	0.1619	0.1654	0.1680	0.1717	0.1739	0.1753	0.1763	0.1769	0.1777	0.1784

续表

a/b z/b	1.0	1.2	1.4	1.6	1.8	2.0	2.4	2.8	3.2	3.6	4.0	5.0	10.0
3.0	0.1369	0.1449	0.1510	0.1556	0.1592	0.1619	0.1658	0.1682	0.1698	0.1708	0.1715	0.1725	0.1733
3.2	0.1310	0.1390	0.1450	0.1497	0.1533	0.1562	0.1602	0.1628	0.1645	0.1657	0.1664	0.1675	0.1685
3.4	0.1256	0.1334	0.1394	0.1441	0.1478	0.1508	0.1550	0.1577	0.1595	0.1607	0.1616	0.1628	0.1639
3.6	0.1205	0.1282	0.1342	0.1389	0.1427	0.1456	0.1500	0.1528	0.1548	0.1561	0.1570	0.1583	0.1595
3.8	0.1158	0.1234	0.1293	0.1340	0.1378	0.1408	0.1452	0.1482	0.1502	0.1516	0.1526	0.1541	0.1554
4.0	0.1140	0.1189	0.1248	0.1294	0.1332	0.1362	0.1408	0.1438	0.1459	0.1474	0.1485	0.1500	0.1516
4.2	0.1073	0.1147	0.1205	0.1251	0.1289	0.1319	0.1365	0.1396	0.1418	0.1434	0.1445	0.1462	0.1479
4.4	0.1035	0.1107	0.1164	0.1210	0.1248	0.1279	0.1325	0.1357	0.1379	0.1396	0.1407	0.1425	0.1444
4.6	0.1000	0.1107	0.1127	0.1172	0.1209	0.1240	0.1287	0.1319	0.1342	0.1359	0.1371	0.1390	0.1410
4.8	0.0967	0.1036	0.1091	0.1136	0.1173	0.1204	0.1250	0.1283	0.1307	0.1324	0.1337	0.1357	0.1379
5.0	0.0935	0.1003	0.1057	0.1102	0.1139	0.1169	0.1216	0.1249	0.1273	0.1291	0.1304	0.1325	0.1348
5.2	0.0906	0.0972	0.1026	0.1070	0.1108	0.1136	0.1183	0.1217	0.1241	0.1259	0.1273	0.1295	0.1320
5.4	0.0878	0.0943	0.0996	0.1039	0.1075	0.1105	0.1152	0.1186	0.1210	0.1229	0.1243	0.1265	0.1292
5.6	0.0852	0.0916	0.0968	0.1010	0.1046	0.1076	0.1122	0.1156	0.1181	0.1200	0.1215	0.1238	0.1266
5.8	0.0828	0.0890	0.0941	0.0983	0.1018	0.1047	0.1094	0.1128	0.1153	0.1720	0.1870	0.1211	0.1240

续表

a/b z/b	1.0	1.2	1.4	1.6	1.8	2.0	2.4	2.8	3.2	3.6	4.0	5.0	10.0
6.0	0.0805	0.0866	0.0916	0.0957	0.0991	0.1021	0.1067	0.1101	0.1126	0.1460	0.1161	0.1185	0.1216
6.2	0.0783	0.0842	0.0891	0.0932	0.0966	0.0995	0.1041	0.1075	0.1101	0.1120	0.1136	0.1161	0.1193
6.4	0.0762	0.0820	0.0869	0.0909	0.0942	0.0971	0.1016	0.1050	0.1076	0.1096	0.1111	0.1137	0.1171
6.6	0.0742	0.0799	0.0847	0.0886	0.0919	0.0948	0.0993	0.1027	0.1053	0.1073	0.1088	0.1114	0.1149
6.8	0.0723	0.0779	0.0826	0.0865	0.0898	0.0926	0.0970	0.1004	0.1030	0.1050	0.1066	0.1092	0.129
7.0	0.0705	0.0761	0.0806	0.0844	0.0877	0.0904	0.0949	0.0982	0.1008	0.1028	0.1044	0.1071	0.1109
7.2	0.0688	0.0742	0.0787	0.0825	0.0857	0.0884	0.0928	0.0962	0.0987	0.1008	0.1023	0.1051	0.090
7.4	0.0672	0.0725	0.0769	0.0806	0.0338	0.0865	0.0908	0.0942	0.0967	0.0988	0.1004	0.1031	0.1071
7.6	0.0656	0.0709	0.0752	0.0789	0.0820	0.0846	0.0889	0.0922	0.0967	0.0988	0.1004	0.1031	0.1071
7.8	0.0642	0.0693	0.0736	0.0771	0.0802	0.0828	0.0871	0.0904	0.0929	0.0950	0.0966	0.0994	0.1036
8.0	0.0627	0.0678	0.0720	0.0755	0.0785	0.0811	0.0853	0.0886	0.0912	0.0932	0.0948	0.0976	0.1020
8.2	0.0614	0.0663	0.0705	0.0739	0.0769	0.0795	0.0837	0.0869	0.0894	0.0914	0.0931	0.0959	0.1004
8.4	0.0601	0.0649	0.0690	0.0724	0.0754	0.0779	0.0820	0.0852	0.0878	0.0893	0.0914	0.0943	0.0938
8.6	0.0588	0.0636	0.0676	0.0710	0.0739	0.0764	0.0805	0.0836	0.0862	0.0882	0.0893	0.0927	0.0973
8.8	0.0576	0.0623	0.0663	0.0696	0.0724	0.0749	0.0790	0.0821	0.0846	0.0866	0.0882	0.0912	0.0959

续表

z/b \ a/b	1.0	1.2	1.4	1.6	1.8	2.0	2.4	2.8	3.2	3.6	4.0	5.0	10.0
9.2	0.0554	0.0599	0.0637	0.0670	0.0697	0.0721	0.0761	0.0792	0.0817	0.0837	0.0853	0.0882	0.0931
9.6	0.0533	0.0577	0.0614	0.0645	0.0672	0.0696	0.0734	0.0765	0.0789	0.0809	0.0825	0.0855	0.0905
10.0	0.0514	0.0556	0.0592	0.0622	0.0649	0.0672	0.0710	0.0739	0.0763	0.0783	0.0799	0.0829	0.0880
10.4	0.0496	0.0537	0.0572	0.0601	0.0627	0.0649	0.0686	0.0716	0.0739	0.0759	0.0775	0.0804	0.0857
10.8	0.0479	0.0519	0.0553	0.0581	0.0606	0.0628	0.0664	0.0693	0.0717	0.0736	0.0751	0.0781	0.0834
11.2	0.0463	0.0502	0.0535	0.0563	0.0587	0.0609	0.0644	0.0672	0.0695	0.0714	0.0730	0.0759	0.0813
11.6	0.0448	0.0486	0.0518	0.0545	0.0569	0.0590	0.0625	0.0652	0.0675	0.0694	0.0709	0.0738	0.0793
12.0	0.0435	0.0471	0.0502	0.0529	0.0552	0.0573	0.0606	0.0634	0.0656	0.6674	0.0690	0.0719	0.0774
12.8	0.0409	0.0444	0.0474	0.0499	0.0521	0.0541	0.0573	0.0599	0.0621	0.0639	0.0654	0.0682	0.0739
13.6	0.0387	0.0420	0.0448	0.0472	0.0493	0.0512	0.0543	0.0568	0.0589	0.0607	0.0621	0.0649	0.0707
14.4	0.0367	0.0398	0.0425	0.0448	0.0468	0.0486	0.0516	0.0540	0.0561	0.0577	0.0592	0.0619	0.0677
15.2	0.0319	0.0379	0.0404	0.0426	0.0446	0.0463	0.0492	0.0515	0.0535	0.0551	0.0565	0.0592	0.0650
16.0	0.0332	0.0361	0.0385	0.0407	0.0426	0.0442	0.0469	0.0492	0.0511	0.0527	0.0540	0.0567	0.0625
18.0	0.0297	0.0323	0.0345	0.0364	0.0381	0.0396	0.0422	0.0442	0.0460	0.0475	0.0487	0.0512	0.0570
20.0	0.0269	0.0292	0.0312	0.0330	0.0345	0.0359	0.0402	0.0402	0.0418	0.0432	0.0444	0.0468	0.0524

（c）矩形面积上三角形分布荷载作用下的附加应力系数 α' 与平均附加应力系数 α

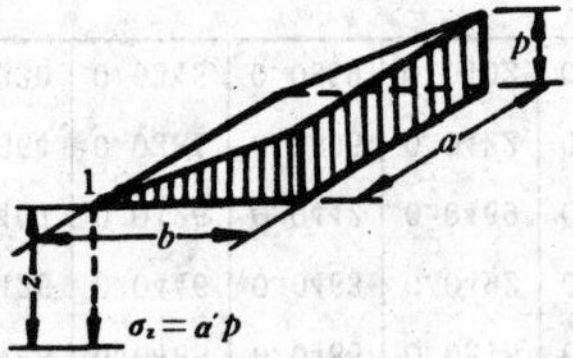

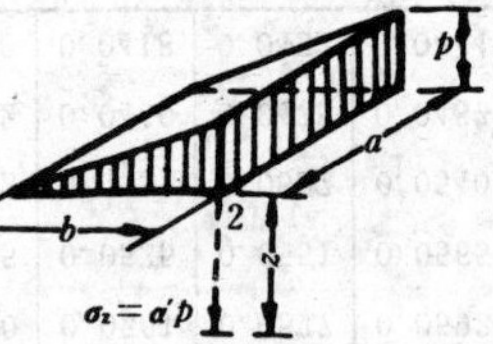

表 G-3

a/b	0.2				0.4				0.6				a/b
点	1		2		1		2		1		2		点
z/b 系数	α'	α	α'	α	α'	α	α'	α	α'	α	α'	α	系数 z/b
0.0	0.0000	0.0000	0.2500	0.2500	0.0000	0.0000	0.2500	0.2500	0.0000	0.0000	0.2500	0.2500	0.0
0.2	0.0223	0.0112	0.1821	0.2161	0.0280	0.0140	0.2115	0.2308	0.0296	0.0148	0.2165	0.2333	0.2
0.4	0.0269	0.0179	0.1094	0.1810	0.0420	0.0245	0.1604	0.2084	0.0487	0.0270	0.1781	0.2153	0.4
0.6	0.0259	0.0207	0.0700	0.1505	0.0448	0.0308	0.1165	0.1851	0.0560	0.0355	0.1405	0.1966	0.6
0.8	0.0232	0.0217	0.0480	0.1277	0.0421	0.0340	0.0853	0.1640	0.0553	0.0405	0.1093	0.1787	0.8
1.0	0.0201	0.0217	0.0346	0.1104	0.0375	0.0351	0.0638	0.1461	0.0508	0.0430	0.0852	0.1624	1.0
1.2	0.0171	0.0212	0.0260	0.0970	0.0324	0.0351	0.0491	0.1312	0.0450	0.0439	0.0673	0.1480	1.2
1.4	0.0145	0.0204	0.0202	0.0865	0.0278	0.0344	0.0386	0.1187	0.0392	0.0436	0.0540	0.1356	1.4
1.6	0.0123	0.0195	0.0160	0.0779	0.0238	0.0333	0.0310	0.1082	0.0339	0.0427	0.0440	0.1247	1.6
1.8	0.0105	0.0186	0.0130	0.0709	0.0204	0.0321	0.0254	0.0993	0.0294	0.0415	0.0363	0.1153	1.8
2.0	0.0090	0.0178	0.0108	0.0650	0.0176	0.0308	0.0211	0.0917	0.0255	0.0401	0.0304	0.1071	2.0
2.5	0.0063	0.0157	0.0072	0.0538	0.0125	0.0276	0.0140	0.0769	0.0183	0.0365	0.0205	0.0908	2.5
3.0	0.0046	0.0140	0.0051	0.0458	0.0092	0.0248	0.0100	0.0661	0.0135	0.0330	0.0148	0.0786	3.0
5.0	0.0018	0.0097	0.0019	0.0289	0.0036	0.0175	0.0038	0.0424	0.0054	0.0236	0.0056	0.0476	5.0
7.0	0.0009	0.0073	0.0010	0.0211	0.0019	0.0133	0.0019	0.0311	0.0028	0.0180	0.0029	0.0352	7.0
10.0	0.0005	0.0053	0.0004	0.0150	0.0009	0.0097	0.0010	0.0222	0.0014	0.0133	0.0014	0.0253	10.0

续表

z/b　系数　点　a/b	0.8				1.0				1.2				a/b　点　系数　z/b
	1		2		1		2		1		2		
	α′	α	α′	α	α′	α	α′	α	α′	α	α′	α	
0.0	0.0000	0.0000	0.2500	0.2500	0.0000	0.0000	0.2500	0.2500	0.0000	0.0000	0.2500	0.2500	0.0
0.2	0.0301	0.0301	0.2178	0.2339	0.0304	0.0152	0.2182	0.2341	0.0305	0.0153	0.2184	0.2342	0.2
0.4	0.0317	0.0280	0.1844	0.2175	0.0531	0.0285	0.1870	0.2184	0.0539	0.0288	0.1881	0.2187	0.4
0.6	0.6210	0.0376	0.1520	0.2011	0.0654	0.0388	0.1575	0.2030	0.0673	0.0394	0.1602	0.2039	0.6
0.8	0.0637	0.0440	0.1232	0.1852	0.0688	0.0459	0.1311	0.1883	0.0720	0.0470	0.1355	0.1899	0.8
1.0	0.0602	0.0476	0.0996	0.1704	0.0666	0.0502	0.1086	0.1746	0.0708	0.0518	0.1143	0.1769	1.0
1.2	0.5460	0.0492	0.0807	0.1571	0.0615	0.0525	0.0901	0.1621	0.0664	0.0546	0.0962	0.1649	1.2
1.4	0.0483	0.0495	0.0661	0.1451	0.0554	0.0534	0.0751	0.1507	0.0606	0.0559	0.0817	0.1541	1.4
1.6	0.0424	0.0490	0.0547	0.1345	0.0492	0.0533	0.0628	0.1405	0.0545	0.0561	0.0696	0.1443	1.6
1.8	0.0371	0.0480	0.0457	0.1252	0.0435	0.0525	0.0534	0.1313	0.0487	0.0556	0.0596	0.1354	1.8
2.0	0.0324	0.0467	0.0387	0.1169	0.0384	0.0513	0.0456	0.1232	0.0434	0.0547	0.0513	0.1274	2.0
2.5	0.0236	0.0429	0.0265	0.1000	0.0284	0.0478	0.0318	0.1063	0.0326	0.0513	0.0365	0.1107	2.5
3.0	0.0176	0.0392	0.0192	0.0871	0.0214	0.0439	0.0233	0.0931	0.0249	0.0476	0.0270	0.0976	3.0
5.0	0.0071	0.0285	0.0074	0.0576	0.0033	0.0324	0.0091	0.0624	0.0104	0.0356	0.0108	0.0661	5.0
7.0	0.0038	0.0219	0.0038	0.0427	0.0017	0.0251	0.0047	0.0465	0.0056	0.0277	0.0056	0.0496	7.0
10.0	0.0019	0.0162	0.0019	0.0308	0.0023	0.0186	0.0024	0.0336	0.0028	0.0207	0.0028	0.0359	10.0

续表

a/b	1.4				1.6				1.8				a/b
点	1		2		1		2		1		2		点
z/b 系数	α'	α	α'	α	α'	α	α'	α	α'	α	α'	α	系数 z/b
0.0	0.0000	0.0000	0.2500	0.2500	0.0000	0.0000	0.2500	0.2500	0.0000	0.0000	0.2500	0.2500	0.0
0.2	0.0305	0.0153	0.2185	0.2343	0.0306	0.0153	0.2185	0.2343	0.0306	0.0153	0.2185	0.2343	0.2
0.4	0.0543	0.0289	0.1886	0.2189	0.0545	0.0290	0.1889	0.2190	0.0546	0.0290	0.1891	0.2190	0.4
0.6	0.0684	0.0397	0.1616	0.2043	0.0690	0.0399	0.1625	0.2046	0.0694	0.0400	0.1630	0.2047	0.6
0.8	0.0739	0.0476	0.1381	0.1907	0.0751	0.0480	0.1396	0.1912	0.0759	0.0482	0.1405	0.1915	0.8
1.0	0.0735	0.0528	0.1176	0.1781	0.0753	0.0534	0.1202	0.1789	0.0766	0.0538	0.1215	0.1794	1.0
1.2	0.0698	0.0560	0.1007	0.1666	0.0721	0.0568	0.1037	0.1678	0.0738	0.0574	0.1055	0.1684	1.2
1.4	0.0644	0.0575	0.0864	0.1562	0.0672	0.0586	0.0897	0.1576	0.0692	0.0594	0.0921	0.1585	1.4
1.6	0.0586	0.0580	0.0743	0.1467	0.0616	0.0594	0.0780	0.1484	0.0639	0.0603	0.0806	0.1494	1.6
1.8	0.0528	0.0578	0.0644	0.1381	0.0560	0.0593	0.0681	0.1400	0.0585	0.0604	0.0709	0.1413	1.8
2.0	0.0474	0.0570	0.0560	0.1303	0.0507	0.0587	0.0596	0.1324	0.0533	0.0599	0.0625	0.1338	2.0
2.5	0.0362	0.0540	0.0405	0.1139	0.0393	0.0560	0.0440	0.1163	0.0419	0.0575	0.0469	0.1180	2.5
3.0	0.0280	0.0503	0.0303	0.1008	0.0307	0.0525	0.0333	0.1033	0.0331	0.0541	0.0359	0.1052	3.0
5.0	0.0120	0.0382	0.0123	0.0690	0.0135	0.0403	0.0139	0.0714	0.0148	0.0421	0.0154	0.0734	5.0
7.0	0.0064	0.0299	0.0066	0.0520	0.0073	0.0318	0.0074	0.0541	0.0081	0.0333	0.0083	0.0558	7.0
10.0	0.0033	0.0224	0.0032	0.0379	0.0037	0.0239	0.0037	0.0395	0.0041	0.0252	0.0042	0.0409	10.0

续表

a/b	2.0				3.0				4.0				a/b
点	1		2		1		2		1		2		点
z/b 系数	α′	α	α′	α	α′	α	α′	α	α′	α	α′	α	系数 z/b
0.0	0.0000	0.0000	0.2500	0.2500	0.0000	0.0000	0.2500	0.2500	0.0000	0.0000	0.2500	0.2500	0.0
0.2	0.0306	0.0153	0.2185	0.2348	0.0306	0.0153	0.2186	0.2343	0.0306	0.0153	0.2186	0.2343	0.2
0.4	0.0547	0.0290	0.1892	0.2191	0.0548	0.0290	0.1894	0.2192	0.0549	0.0291	0.1894	0.2192	0.4
0.6	0.0696	0.0401	0.1633	0.2048	0.0701	0.0402	0.1638	0.2050	0.0702	0.0402	0.1639	0.2050	0.6
0.8	0.0764	0.0483	0.1412	0.1917	0.0773	0.0486	0.1423	0.1920	0.0776	0.0487	0.1424	0.1920	0.8
1.0	0.0774	0.0540	0.1225	0.1797	0.0790	0.0545	0.1244	0.1803	0.0794	0.0546	0.1248	0.1803	1.0
1.2	0.0749	0.0577	0.1069	0.1689	0.0774	0.0584	0.1096	0.1697	0.0779	0.0586	0.1103	0.1699	1.2
1.4	0.0707	0.0599	0.0937	0.1591	0.0739	0.0609	0.0973	0.1603	0.0748	0.0612	0.0982	0.1605	1.4
1.6	0.0656	0.0609	0.0826	0.1502	0.0697	0.0623	0.0870	0.1517	0.0708	0.0626	0.0882	0.1521	1.6
1.8	0.0604	0.0611	0.0730	0.1422	0.0652	0.0628	0.0782	0.1441	0.0666	0.0633	0.0797	0.1445	1.8
2.0	0.0553	0.0608	0.0649	0.1348	0.0607	0.0629	0.0707	0.1371	0.0624	0.0634	0.0726	0.1377	2.0
2.5	0.0440	0.0586	0.0491	0.1193	0.0504	0.0614	0.0559	0.1223	0.0529	0.0623	0.0585	0.1233	2.5
3.0	0.0352	0.0554	0.0380	0.1067	0.0419	0.0589	0.0451	0.1104	0.0449	0.0600	0.0482	0.1116	3.0
5.0	0.0161	0.0435	0.0167	0.0749	0.0214	0.0480	0.0221	0.0797	0.0248	0.0500	0.0256	0.0817	5.0
7.0	0.0089	0.0347	0.0091	0.0572	0.0124	0.0391	0.0126	0.0619	0.0152	0.0414	0.0154	0.0642	7.0
10.0	0.0046	0.0263	0.0046	0.0403	0.0066	0.0302	0.0066	0.0462	0.0084	0.0325	0.0083	0.0485	10.0

续表

z/b \ 系数 \ 点 \ a/b	6.0				8.0				10.0				a/b / 点 / 系数 / z/b
	1		2		1		2		1		2		
	α′	α	α′	α	α′	α	α′	α	α′	α	α′	α	
0.0	0.0000	0.0000	0.2500	0.2500	0.0000	0.0000	0.2500	0.2500	0.0000	0.0000	0.2500	0.2500	0.0
0.2	0.0306	0.0153	0.2186	0.2343	0.0306	0.0153	0.2186	0.2343	0.0306	0.0153	0.2186	0.2343	0.2
0.4	0.0549	0.0291	0.1894	0.2192	0.0549	0.0291	0.1894	0.2192	0.0549	0.0291	0.1894	0.2192	0.4
0.6	0.0702	0.0402	0.1640	0.2050	0.0702	0.0402	0.1640	0.2050	0.0702	0.0402	0.1640	0.2050	0.6
0.8	0.0776	0.0487	0.1426	0.1921	0.0776	0.0487	0.1426	0.1921	0.0776	0.0487	0.1426	0.1921	0.8
1.0	0.0795	0.0546	0.1250	0.1804	0.0796	0.0546	0.1250	0.1804	0.0796	0.0546	0.1250	0.1804	1.0
1.2	0.0782	0.0587	0.1105	0.1700	0.0783	0.0587	0.1105	0.1700	0.0783	0.0587	0.1105	0.1700	1.2
1.4	0.0752	0.0613	0.0986	0.1606	0.0752	0.0613	0.0987	0.1606	0.0753	0.0613	0.0987	0.1606	1.4
1.6	0.0714	0.0628	0.0887	0.1523	0.0715	0.0628	0.0888	0.1523	0.0715	0.0628	0.0889	0.1523	1.6
1.8	0.0673	0.0635	0.0805	0.1447	0.0675	0.0635	0.0806	0.1448	0.0675	0.0635	0.0808	0.1448	1.8
2.0	0.0634	0.0637	0.0734	0.1380	0.0636	0.0638	0.0736	0.1380	0.0636	0.0638	0.0738	0.1380	2.0
2.5	0.0543	0.0627	0.0601	0.1237	0.0547	0.0628	0.0604	0.1238	0.0548	0.0628	0.0605	0.1239	2.5
3.0	0.0469	0.0607	0.0504	0.1123	0.0474	0.0609	0.0509	0.1124	0.0476	0.0609	0.0511	0.1125	3.0
5.0	0.0283	0.0515	0.0290	0.0833	0.0296	0.0519	0.0303	0.0837	0.0301	0.0521	0.0309	0.0839	5.0
7.0	0.0186	0.0435	0.0190	0.0663	0.0204	0.0442	0.0207	0.0671	0.0212	0.0445	0.0216	0.0674	7.0
10.0	0.0111	0.0349	0.0111	0.0509	0.0128	0.0359	0.0130	0.0520	0.0139	0.0364	0.0141	0.0526	10.0

(*d*) 圆形面积上均布荷载作用下中点的附加应力系数 α' 与平均附加应力系数 α 表 G-4

z/r	圆形		z/r	圆形	
	α'	α		α'	α
0.0	1.000	1.000	2.6	1.187	0.560
0.1	0.999	1.000	2.7	0.175	0.546
0.2	0.992	0.998	2.8	0.165	0.532
0.3	0.976	0.993	2.9	0.155	0.519
0.4	0.949	0.986	3.0	0.146	0.507
0.5	0.911	0.974	3.1	0.138	0.495
0.6	0.864	0.960	3.2	0.130	0.484
0.7	0.811	0.942	3.3	0.124	0.473
0.8	0.756	0.923	3.4	0.117	0.463
0.9	0.701	0.901	3.5	0.111	0.453
1.0	0.647	0.878	3.6	0.106	0.443
1.1	0.595	0.855	3.7	0.101	0.434

续表

z/r	圆形		z/r	圆形	
	α′	α		α′	α
1.2	0.547	0.831	3.8	0.096	0.425
1.3	0.502	0.808	3.9	0.091	0.417
1.4	0.461	0.784	4.0	0.087	0.409
1.5	0.424	0.762	4.1	0.083	0.401
1.6	0.390	0.739	4.2	0.079	0.393
1.7	0.360	0.718	4.3	0.076	0.386
1.8	0.332	0.697	4.4	0.073	0.379
1.9	0.307	0.677	4.5	0.070	0.372
2.0	0.285	0.658	4.6	0.067	0.365
2.1	0.264	0.640	4.7	0.064	0.359
2.2	0.245	0.623	4.8	0.062	0.353
2.3	0.229	0.606	4.9	0.059	0.347
2.4	0.210	0.590	5.0	0.057	0.341
2.5	0.200	0.574			

圆形面积上三角形分布荷载作用下边点的附加应力系数 α' 与平均附加应力系数 α **表 G-5**

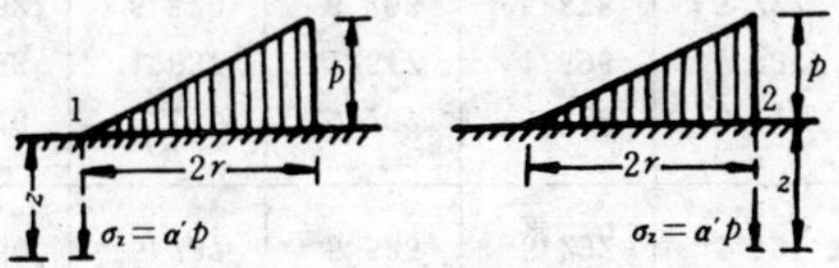

r—圆形面积的半径

点 系数 z/r	1 α'	1 α	2 α'	2 α
0.0	0.000	0.000	0.500	0.500
0.1	0.016	0.008	0.465	0.483
0.2	0.031	0.016	0.433	0.466
0.3	0.044	0.023	0.403	0.450
0.4	0.054	0.030	0.376	0.435
0.5	0.063	0.035	0.349	0.420
0.6	0.071	0.041	0.324	0.406
0.7	0.078	0.045	0.300	0.393
0.8	0.083	0.050	0.279	0.380
0.9	0.088	0.054	0.258	0.368
1.0	0.091	0.057	0.238	0.356
1.1	0.092	0.061	0.221	0.344

点 系数 z/r	1 α'	1 α	2 α'	2 α
1.2	0.093	0.063	0.205	0.333
1.3	0.092	0.065	0.190	0.323
1.4	0.091	0.067	0.177	0.313
1.5	0.089	0.069	0.165	0.303
1.6	0.087	0.070	0.154	0.294
1.7	0.085	0.071	0.144	0.286
1.8	0.083	0.072	0.134	0.278
1.9	0.080	0.072	0.126	0.270
2.0	0.078	0.073	0.117	0.263
2.1	0.075	0.073	0.110	0.255
2.2	0.072	0.073	0.104	0.249
2.3	0.070	0.073	0.097	0.242

点 系数 z/r	1 α'	1 α	2 α'	2 α
2.4	0.067	0.073	0.091	0.236
2.5	0.064	0.072	0.086	0.230
2.6	0.062	0.072	0.081	0.225
2.7	0.059	0.071	0.078	0.219
2.8	0.057	0.071	0.074	0.214
2.9	0.055	0.070	0.070	0.209
3.0	0.052	0.070	0.067	0.204
3.1	0.050	0.069	0.064	0.200
3.2	0.048	0.069	0.061	0.196
3.3	0.046	0.068	0.059	0.192
3.4	0.045	0.067	0.055	0.188
3.5	0.043	0.067	0.053	0.184

点 系数 z/r	1 α'	1 α	2 α'	2 α
3.6	0.041	0.066	0.051	0.180
3.7	0.040	0.065	0.048	0.177
3.8	0.038	0.065	0.046	0.173
3.9	0.037	0.064	0.043	0.170
4.0	0.036	0.063	0.041	0.167
4.2	0.033	0.062	0.038	0.161
4.4	0.031	0.061	0.034	0.155
4.6	0.029	0.059	0.031	0.150
4.8	0.027	0.058	0.029	0.145
5.0	0.025	0.057	0.027	0.140

附录H 桩基等效沉降系数 ψ_e 计算参数表

($s_a/d=2$) **表 H-1**

l/d	L_c/B_c	1	2	3	4	5	6	7	8	9	10
5	C_0	0.203	0.282	0.329	0.363	0.389	0.410	0.428	0.443	0.456	0.468
	C_1	1.543	1.687	1.797	1.845	1.915	1.949	1.981	2.047	2.073	2.098
	C_2	5.563	5.356	5.086	5.020	4.878	4.843	4.817	4.704	4.690	4.681
10	C_0	0.125	0.188	0.228	0.258	0.282	0.301	0.318	0.333	0.346	0.357
	C_1	1.487	1.573	1.653	1.676	1.731	1.750	1.768	1.828	1.844	1.860
	C_2	7.000	6.260	5.737	5.535	5.292	5.191	5.114	4.949	4.903	4.865
15	C_0	0.093	0.146	0.180	0.207	0.228	0.246	0.262	0.275	0.287	0.298
	C_1	1.508	1.568	1.637	1.647	1.696	1.707	1.718	1.776	1.787	1.798
	C_2	8.413	7.252	6.520	6.208	5.878	5.722	5.604	5.393	5.320	5.259

续表

l/d	L_c/B_c	1	2	3	4	5	6	7	8	9	10
20	C_0	0.075	0.120	0.151	0.175	0.194	0.211	0.225	0.238	0.249	0.260
	C_1	1.548	1.592	1.654	1.656	1.701	1.706	1.712	1.770	1.777	1.783
	C_2	9.783	8.236	7.310	6.897	6.486	6.280	6.123	5.870	5.771	5.689
25	C_0	0.063	0.103	0.131	0.152	0.170	0.186	0.199	0.211	0.221	0.231
	C_1	1.596	1.628	1.686	1.679	1.722	1.722	1.724	1.783	1.786	1.789
	C_2	11.118	9.205	8.094	7.583	7.095	6.841	6.647	6.353	6.230	6.128
30	C_0	0.055	0.090	0.116	0.135	0.152	0.166	0.179	0.190	0.200	0.209
	C_1	1.646	1.669	1.724	1.711	1.753	1.748	1.745	1.806	1.806	1.806
	C_2	12.426	10.159	8.868	8.264	7.700	7.400	7.170	6.836	6.689	6.568
40	C_0	0.044	0.073	0.095	0.112	0.126	0.139	0.150	0.160	0.169	0.177
	C_1	1.754	1.761	1.812	1.787	1.827	1.814	1.803	1.867	1.861	1.855
	C_2	14.984	12.036	10.396	9.610	8.900	8.509	8.211	7.797	7.605	7.446
50	C_0	0.036	0.062	0.081	0.096	0.108	0.120	0.129	0.138	0.147	0.154
	C_1	1.865	1.860	1.909	1.873	1.911	1.889	1.872	1.939	1.927	1.916
	C_2	17.492	13.885	11.905	10.945	10.090	9.613	9.247	8.755	8.519	8.328

续表

l/d \ L_c/B_c		1	2	3	4	5	6	7	8	9	10
60	C_0	0.031	0.054	0.070	0.084	0.095	0.105	0.114	0.122	0.130	0.137
	C_1	1.979	1.962	2.010	1.962	1.999	1.970	1.945	2.016	1.998	1.981
	C_2	19.967	15.719	13.406	12.274	11.278	10.715	10.284	9.713	9.433	9.200
70	C_0	0.028	0.048	0.063	0.075	0.085	0.094	0.102	0.110	0.117	0.123
	C_1	2.095	2.067	2.114	2.055	2091	2.054	2.021	2.097	2.072	2.049
	C_2	22.423	17.546	14.901	13.602	12.465	11.818	11.322	10.672	10.349	10.080
80	C_0	0.025	0.043	0.056	0.067	0.077	0.085	0.093	0.100	0.106	0.112
	C_1	2.213	2.174	2.220	2.150	2.185	2.139	2.099	2.178	2.147	2.119
	C_2	24.868	19.370	16.398	14.933	13.655	12.925	12.364	11.635	11.270	10.964
90	C_0	0.022	0.039	0.051	0.061	0.070	0.078	0.085	0.091	0.097	0.103
	C_1	2.333	2.283	2.328	2.245	2.280	2.225	2.177	2.261	2.223	2.189
	C_2	27.307	21.195	17.897	16.267	14.849	14.036	13.411	12.603	12.194	11.853
100	C_0	0.021	0.036	0.047	0.057	0.065	0.072	0.078	0.084	0.090	0.095
	C_1	2.453	2.392	2.436	2.341	2.375	2.311	2.256	2.344	2.299	2.259
	C_2	29.744	23.024	19.400	17.608	16.049	15.153	14.464	13.575	13.123	12.745

注：L_c——群桩基础承台长度；B_c——群桩基础承台宽度；l——桩长；d——桩径。

$(s_a/d=3)$ **表 H-2**

l/d \ L_c/B_c		1	2	3	4	5	6	7	8	9	10
5	C_0	0.203	0.318	0.377	0.416	0.445	0.468	0.486	0.502	0.516	0.528
	C_1	1.483	1.723	1.875	1.955	2.045	2.098	2.144	2.218	2.256	2.290
	C_2	3.679	4.036	4.006	4.053	3.995	4.007	4.014	3.938	3.944	3.948
10	C_0	0.125	0.213	0.263	0.298	0.324	0.346	0.364	0.380	0.394	0.406
	C_1	1.419	1.559	1.662	1.705	1.770	1.801	1.828	1.891	1.913	1.935
	C_2	4.861	4.723	4.460	4.384	4.237	4.193	4.158	4.038	4.017	4.000
15	C_0	0.093	0.166	0.209	0.240	0.265	0.285	0.302	0.317	0.330	0.342
	C_1	1.430	1.533	1.619	1.646	1.703	1.723	1.741	1.801	1.817	1.832
	C_2	5.900	5.435	5.010	4.855	4.641	4.559	4.496	4.340	4.300	4.267
20	C_0	0.075	0.138	0.176	0.205	0.227	0.246	0.262	0.276	0.288	0.299
	C_1	1.461	1.542	1.619	1.635	1.687	1.700	1.712	1.772	1.783	1.793
	C_2	6.879	6.137	5.570	5.346	5.073	4.958	4.869	4.679	4.623	4.577
25	C_0	0.063	0.118	0.153	0.179	0.200	0.218	0.233	0.246	0.258	0.268
	C_1	1.500	1.565	1.637	1.644	1.693	1.699	1.706	1.767	1.774	1.780
	C_2	7.822	6.826	6.127	5.839	5.511	5.364	5.252	5.030	4.958	4.899
30	C_0	0.055	0.104	0.136	0.160	0.180	0.196	0.210	0.223	0.234	0.244
	C_1	1.542	1.595	1.663	1.662	1.709	1.711	1.712	1.775	1.777	1.780
	C_2	8.741	7.506	6.680	6.331	5.949	5.772	5.638	5.383	5.297	5.226
40	C_0	0.044	0.085	0.112	0.133	0.150	0.165	0.178	0.189	0.199	0.208
	C_1	1.632	1.667	1.729	1.715	1.759	1.750	1.743	1.808	1.804	1.799
	C_2	10.535	8.845	7.774	7.309	6.822	6.588	6.410	6.093	5.978	5.883

续表

l/d \ L_c/B_c		1	2	3	4	5	6	7	8	9	10
50	C_0	0.036	0.072	0.096	0.114	0.130	0.143	0.155	0.165	0.174	0.182
	C_1	1.726	1.746	1.805	1.778	1.819	1.801	1.786	1.855	1.843	1.832
	C_2	12.292	10.168	8.860	8.284	7.694	7.405	7.185	6.805	6.662	6.543
60	C_0	0.031	0.063	0.084	0.101	0.115	0.127	0.137	0.146	0.155	0.163
	C_1	1.822	1.828	1.885	1.845	1.885	1.858	1.834	1.907	1.888	1.870
	C_2	14.029	11.486	9.944	9.259	8.568	8.224	7.962	7.520	7.348	7.206
70	C_0	0.028	0.056	0.075	0.090	0.103	0.114	0.123	0.132	0.140	0.147
	C_1	1.920	1.913	1.968	1.916	1.954	1.918	1.885	1.962	1.936	1.911
	C_2	15.756	12.801	11.029	10.237	9.444	9.047	8.742	8.238	8.038	7.871
80	C_0	0.025	0.050	0.068	0.081	0.093	0.103	0.112	0.120	0.127	0.184
	C_1	2.019	2.000	2.053	1.988	2.025	1.979	1.938	2.019	1.985	1.954
	C_2	17.478	14.120	12.117	11.220	10.325	9.874	9.527	8.959	8.731	8.540
90	C_0	0.022	0.045	0.062	0.074	0.085	0.095	0.103	0.110	0.117	0.123
	C_1	2.118	2.087	2.139	2.060	2.096	2.041	1.991	2.076	2.036	1.998
	C_2	19.200	15.442	13.210	12.208	11.211	10.705	10.316	9.684	9.427	9.211
100	C_0	0.021	0.042	0.057	0.069	0.079	0.087	0.095	0.102	0.108	0.114
	C_1	2.218	2.174	2.225	2.133	2.168	2.103	2.044	2.133	2.086	2.042
	C_2	20.925	16.770	14.307	13.201	12.101	11.541	11.110	10.413	10.127	9.886

注：L_c——群桩基础承台长度；B_c——群桩基础承台宽度；l——桩长；d——桩径。

表 H-3

($s_a/d=4$)

l/d	L_c/B_c	1	2	3	4	5	6	7	8	9	10
5	C_0	0.203	0.354	0.422	0.464	0.495	0.519	0.538	0.555	0.568	0.580
	C_1	1.445	1.786	1.986	2.101	2.213	2.286	2.349	2.434	2.484	2.530
	C_2	2.633	3.243	3.340	3.444	3.431	3.466	3.488	3.433	3.447	3.457
10	C_0	0.125	0.237	0.294	0.332	0.361	0.384	0.403	0.419	0.433	0.445
	C_1	1.378	1.570	1.695	1.756	1.830	1.870	1.906	1.972	2.000	2.027
	C_2	3.707	3.873	3.743	3.729	3.630	3.612	3.597	3.500	3.490	3.482
15	C_0	0.093	0.185	0.234	0.269	0.296	0.317	0.335	0.351	0.364	0.376
	C_1	1.384	1.524	1.626	1.666	1.729	1.757	1.781	1.843	1.863	1.881
	C_2	4.571	4.458	4.188	4.107	3.951	3.904	3.866	3.736	3.712	3.693
20	C_0	0.075	0.153	0.198	0.230	0.254	0.275	0.291	0.306	0.319	0.331
	C_1	1.408	1.521	1.611	1.638	1.695	1.713	1.730	1.791	1.805	1.818
	C_2	5.361	5.024	4.636	4.502	4.297	4.225	4.169	4.009	3.973	3.944
25	C_0	0.063	0.132	0.173	0.202	0.225	0.244	0.260	0.274	0.286	0.297
	C_1	1.441	1.534	1.616	1.633	1.686	1.698	1.708	1.770	1.779	1.786
	C_2	6.114	5.578	5.081	4.900	4.650	4.555	4.482	4.293	4.246	4.208
30	C_0	0.055	0.117	0.154	0.181	0.203	0.221	0.236	0.249	0.261	0.271
	C_1	1.477	1.555	1.633	1.640	1.691	1.696	1.701	1.764	1.768	1.771
	C_2	6.843	6.122	5.524	5.298	5.004	4.887	4.799	4.581	4.524	4.477
40	C_0	0.044	0.095	0.127	0.151	0.170	0.186	0.200	0.212	0.223	0.233
	C_1	1.555	1.611	1.681	1.673	1.720	1.714	1.708	1.774	1.770	1.765
	C_2	8.261	7.195	6.402	6.093	5.713	5.556	5.436	5.163	5.085	5.021

续表

l/d \ L_c/B_c		1	2	3	4	5	6	7	8	9	10
50	C_0	0.036	0.081	0.109	0.130	0.148	0.162	0.175	0.186	0.196	0.205
	C_1	1.636	1.674	1.740	1.718	1.762	1.745	1.730	1.800	1.787	1.775
	C_2	9.648	8.258	7.277	6.887	6.424	6.227	6.077	5.749	5.650	5.569
60	C_0	0.031	0.071	0.096	0.115	0.131	0.144	0.156	0.166	0.175	0.183
	C_1	1.719	1.742	1.805	1.768	1.810	1.783	1.758	1.832	1.811	1.791
	C_2	11.021	9.319	8.152	7.684	7.138	6.902	6.721	6.338	6.219	6.120
70	C_0	0.028	0.063	0.086	0.103	0.117	0.130	0.140	0.150	0.158	0.166
	C_1	1.803	1.811	1.872	1.821	1.861	1.824	1.789	1.867	1.839	1.812
	C_2	12.387	10.381	9.029	8.485	7.856	7.580	7.369	6.929	6.789	6.672
80	C_0	0.025	0.057	0.077	0.093	0.107	0.118	0.128	0.137	0.145	0.152
	C_1	1.887	1.882	1.940	1.876	1.914	1.866	1.822	1.904	1.868	1.834
	C_2	13.753	11.447	9.911	9.291	8.578	8.262	8.020	7.524	7.362	7.226
90	C_0	0.022	0.051	0.071	0.085	0.098	0.108	0.117	0.126	0.133	0.140
	C_1	1.972	1.953	2.009	1.931	1.967	1.909	1.857	1.943	1.899	1.858
	C_2	15.119	12.518	10.799	10.102	9.305	8.949	8.674	8.122	7.938	7.782
100	C_0	0.021	0.047	0.065	0.079	0.090	0.100	0.109	0.117	0.123	0.130
	C_1	2.057	2.025	2.079	1.986	2.021	1.953	1.891	1.981	1.931	1.883
	C_2	16.490	13.595	11.691	10.918	10.036	9.639	9.331	8.722	8.515	8.339

注：L_c——群桩基础承台长度；B_c——群桩基础承台宽度；l——桩长；d——桩径。

（$s_a/d=5$）　　　　**表 H-4**

l/d	L_c/B_c	1	2	3	4	5	6	7	8	9	10
5	C_0	0.203	0.389	0.464	0.510	0.543	0.567	0.587	0.603	0.617	0.628
	C_1	1.416	1.864	2.120	2.277	2.416	2.514	2.599	2.695	2.761	2.821
	C_2	1.941	2.652	2.824	2.957	2.973	3.018	3.045	3.008	3.023	3.033
10	C_0	0.125	0.260	0.323	0.364	0.394	0.417	0.437	0.453	0.467	0.480
	C_1	1.349	1.593	1.740	1.818	1.902	1.952	1.996	2.065	2.099	2.131
	C_2	2.959	3.301	3.255	3.278	3.208	3.206	3.201	3.120	3.116	3.112
15	C_0	0.093	0.202	0.257	0.295	0.323	0.345	0.364	0.379	0.393	0.405
	C_1	1.351	1.528	1.645	1.697	1.766	1.800	1.829	1.893	1.916	1.938
	C_2	3.724	3.825	3.649	3.614	3.492	3.465	3.442	3.329	3.314	3.301
20	C_0	0.075	0.168	0.218	0.252	0.278	0.299	0.317	0.332	0.345	0.357
	C_1	1.372	1.513	1.615	1.651	1.712	1.735	1.755	1.818	1.834	1.849
	C_2	4.407	4.316	4.036	3.957	3.792	3.745	3.708	3.566	3.542	3.522
25	C_0	0.063	0.145	0.190	0.222	0.246	0.267	0.283	0.298	0.310	0.322
	C_1	1.399	1.517	1.609	1.633	1.690	1.705	1.717	1.781	1.791	1.800
	C_2	5.049	4.792	4.418	4.301	4.096	4.031	3.982	3.812	3.780	3.754
30	C_0	0.055	0.128	0.170	0.199	0.222	0.241	0.257	0.271	0.283	0.294
	C_1	1.431	1.531	1.617	1.630	1.684	1.692	1.697	1.762	1.767	1.770
	C_2	5.668	5.258	4.796	4.644	4.401	4.320	4.259	4.063	4.022	3.990
40	C_0	0.044	0.105	0.141	0.167	0.188	0.205	0.219	0.232	0.243	0.253
	C_1	1.498	1.573	1.650	1.646	1.695	1.689	1.683	1.751	1.746	1.741
	C_2	6.865	6.176	5.547	5.331	5.013	4.902	4.817	4.568	4.512	4.467

续表

l/d \ L_c/B_c		1	2	3	4	5	6	7	8	9	10
50	C_0	0.036	0.089	0.121	0.144	0.163	0.179	0.192	0.204	0.214	0.224
	C_1	1.569	1.623	1.695	1.675	1.720	1.703	1.868	1.758	1.743	1.730
	C_2	8.034	7.085	6.296	6.018	5.628	5.486	5.379	5.078	5.006	4.948
60	C_0	0.031	0.078	0.106	0.128	0.145	0.159	0.171	0.182	0.192	0.201
	C_1	1.642	1.678	1.745	1.710	1.753	1.724	1.697	1.772	1.749	1.727
	C_2	9.192	7.994	7.046	6.709	6.246	6.074	5.943	5.590	5.502	5.429
70	C_0	0.028	0.069	0.095	0.114	0.130	0.143	0.155	0.165	0.174	0.182
	C_1	1.715	1.735	1.799	1.748	1.789	1.749	1.712	1.791	1.760	1.730
	C_2	10.345	8.905	7.800	7.403	6.868	6.664	6.509	6.104	5.999	5.911
80	C_0	0.025	0.063	0.086	0.104	0.118	0.131	0.141	0.151	0.159	0.167
	C_1	1.788	1.793	1.854	1.788	1.827	1.776	1.730	1.812	1.773	1.737
	C_2	11.498	9.820	8.558	8.102	7.493	7.258	7.077	6.620	6.497	6.393
90	C_0	0.022	0.057	0.079	0.095	0.109	0.120	0.130	0.139	0.147	0.154
	C_1	1.861	1.851	1.909	1.830	1.866	1.805	1.749	1.835	1.789	1.745
	C_2	12.653	10.741	9.321	8.805	8.123	7.854	7.647	7.138	6.996	6.876
100	C_0	0.021	0.052	0.072	0.088	0.100	0.111	0.120	0.129	0.136	0.143
	C_1	1.934	1.909	1.966	1.871	1.905	1.834	1.769	1.859	1.805	1.755
	C_2	13.812	11.667	10.089	9.512	8.755	8.453	8.218	7.657	7.495	7.358

注：L_c——群桩基础承台长度；B_c——群桩基础承台宽度；l——桩长；d——桩径。

（$s_a/d=6$）

表 H-5

l/d	L_c/B_c	1	2	3	4	5	6	7	8	9	10
5	C_0	0.203	0.423	0.506	0.555	0.588	0.613	0.633	0.649	0.663	0.674
	C_1	1.393	1.956	2.277	2.485	2.658	2.789	2.902	3.021	3.099	3.179
	C_2	1.438	2.152	2.365	2.503	2.538	2.581	2.603	2.586	2.596	2.599
10	C_0	0.125	0.281	0.350	0.393	0.424	0.449	0.468	0.485	0.499	0.511
	C_1	1.328	1.623	1.793	1.889	1.983	2.044	2.096	2.169	2.210	2.247
	C_2	2.421	2.870	2.881	2.927	2.879	2.886	2.887	2.818	2.817	2.815
15	C_0	0.093	0.219	0.279	0.318	0.348	0.371	0.390	0.406	0.419	0.432
	C_1	1.327	1.540	1.671	1.733	1.809	1.848	1.882	1.949	1.975	1.999
	C_2	3.126	3.366	3.256	3.250	3.153	3.139	3.126	3.024	3.015	3.007
20	C_0	0.075	0.182	0.236	0.272	0.300	0.322	0.340	0.355	0.369	0.380
	C_1	1.344	1.513	1.625	1.669	1.735	1.762	1.785	1.850	1.868	1.884
	C_2	3.740	3.815	3.607	3.565	3.428	3.398	3.374	3.243	3.227	3.214
25	C_0	0.063	0.157	0.207	0.240	0.266	0.287	0.304	0.319	0.332	0.343
	C_1	1.368	1.509	1.610	1.640	1.700	1.717	1.731	1.796	1.807	1.816
	C_2	4.311	4.242	3.950	3.877	3.703	3.659	3.625	3.468	3.445	3.427
30	C_0	0.055	0.139	0.184	0.216	0.240	0.260	0.276	0.291	0.303	0.314
	C_1	1.395	1.516	1.608	1.627	1.683	1.692	1.699	1.765	1.769	1.773
	C_2	4.858	4.659	4.288	4.187	3.977	3.921	3.879	3.694	3.666	3.643
40	C_0	0.044	0.114	0.153	0.181	0.203	0.221	0.236	0.249	0.261	0.271
	C_1	1.455	1.545	1.627	1.626	1.676	1.671	1.664	1.733	1.727	1.721
	C_2	5.912	5.477	4.957	4.804	4.528	4.447	4.386	4.151	4.111	4.078

续表

l/d \ L_c/B_c		1	2	3	4	5	6	7	8	9	10
50	C_0	0.036	0.097	0.132	0.157	0.177	0.193	0.207	0.219	0.230	0.240
	C_1	1.517	1.584	1.659	1.640	1.687	1.669	1.650	1.723	1.707	1.691
	C_2	6.939	6.287	5.624	5.423	5.080	4.974	4.896	4.610	4.557	4.514
60	C_0	0.031	0.085	0.116	0.139	0.157	0.172	0.185	0.196	0.207	0.216
	C_1	1.581	1.627	1.698	1.662	1.706	1.675	1.645	1.722	1.697	1.672
	C_2	7.956	7.097	6.292	6.043	5.634	5.504	5.406	5.071	5.004	4.948
70	C_0	0.028	0.076	0.104	0.125	0.141	0.156	0.168	0.178	0.188	0.196
	C_1	1.645	1.673	1.740	1.688	1.728	1.686	1.646	1.726	1.692	1.660
	C_2	8.968	7.908	6.964	6.667	6.191	6.035	5.917	5.532	5.450	5.382
80	C_0	0.025	0.068	0.094	0.113	0.129	0.142	0.153	0.163	0.172	0.180
	C_1	1.708	1.720	1.783	1.716	1.754	1.700	1.650	1.734	1.692	1.652
	C_2	9.981	8.724	7.640	7.293	6.751	6.569	6.428	5.994	5.896	5.814
90	C_0	0.022	0.062	0.086	0.104	0.118	0.131	0.141	0.150	0.159	0.167
	C_1	1.772	1.768	1.827	1.745	1.780	1.716	1.657	1.744	1.694	1.648
	C_2	10.997	9.544	8.319	7.924	7.314	7.103	6.939	6.457	6.342	6.244
100	C_0	0.021	0.057	0.079	0.096	0.110	0.121	0.131	0.140	0.148	0.155
	C_1	1.835	1.815	1.872	1.775	1.808	1.733	1.665	1.755	1.698	1.646
	C_2	12.016	10.370	9.004	8.557	7.879	7.639	7.450	6.919	6.787	6.673

注：L_c——群桩基础承台长度；B_c——群桩基础承台宽度；l——桩长；d——桩径。

附录I　本规范用词说明

一、为便于在执行本规范条文时区别对待，对于要求严格程度的不同的用词说明如下：

1. 表示很严格，非这样做不可的用词：

正面词采用“必须”，反面词采用“严禁”。

2. 表示严格，在正常情况下均应这样做的用词：

正面词采用“应”；反面词采用“不应”或“不得”。

3. 表示允许稍有选择，在条件许可时首先应这样做的用词：

正面词采用“宜”或“可”；反面词采用“不宜”。

二、条文中指明必须按其他标准、规范执行的写法为“按……执行”或“应符合……的规定”。

附加说明

本规范主编单位、参加单位和主要起草人名单

主 编 单 位：中国建筑科学研究院

参 加 单 位：同济大学

陕西省建筑科学研究设计院

重庆建筑大学

冶金部建筑研究总院

福建省建筑科学研究院

上海高桥石油化工公司设计院

上海市基础工程公司

广东省基础工程公司

主要起草人：刘金砺　黄　强　费鸿庆　洪毓康　黄求顺　俞振全　龚一鸣　陈竹昌　钟　亮　贾庆山　桂业琨　经永新　陈启芬

中华人民共和国行业标准

建筑桩基技术规范

JGJ 94—94

条　文　说　明

前　言

根据原国家计委计标函（1987）78号文通知的要求，由中国建筑科学研究院负责，会同同济大学、陕西省建筑科学研究设计院、重庆建筑大学、冶金部建筑研究总院、福建省建筑科学研究院、上海高桥石油化工公司设计院、上海市基础工程公司、广东省基础工程公司等单位共同编制的《建筑桩基技术规范》JGJ94—94，经中华人民共和国建设部建标［1994］802号文批准发布。

为便于广大设计、科研、检测、施工、教学等有关单位人员在使用本规范时能正确理解和执行条文规定，编制组根据建设部关于编制标准、规范条文说明的统一规定，按《建筑桩基技术规范》的章、节、条顺序，编制了本条文说明，供国内各有关单位和使用者参考。在使用中如发现本条文说明有欠妥之处，请将意见直接函寄北京（北京北三环东路30号，邮政编码：100013）中国建筑科学研究院地基研究所《建筑桩基技术规范》管理组。

本《条文说明》仅供国内使用，不得外传和翻印。

1994年12月

目　次

1 总 则

1.0.3 桩基工程是否能实现其预定功能，并做到技术先进、经济合理，完全取决于设计与施工质量。设计中应综合考虑的因素主要有：地质条件、上部结构类型、荷载特征、施工技术、施工环境、检测条件等。

地质条件不仅是特定荷载条件下制约桩径、桩长的主要因素，也是选择桩型、成桩工艺的主要依据。

上部结构类型指砖混、排架、刚架、框架、框剪、框筒、全剪力墙、全筒等结构形式及其不同的长高比。不同结构类型及长高比具有不同的刚度、整体性及其对地基变形的不同适应能力；而不同的桩型、成桩工艺、桩端持力层、桩的长径比、排列与布置等，具有不同的竖向和水平承载力与变形性状。因此，上部结构类型是桩基设计中应予考虑的重要因素。

荷载特征（作用特征）是指荷载的动静态、恒载与可变荷载的大小、偶发荷载的大小、竖向压、拔荷载的大小，竖向荷载的偏心距、水平荷载的大小及其变化特征。这些都将制约桩的竖向、水平承载力要求、桩基的工作性状，因此桩的选型与布置、桩基的计算都应考虑荷载特征。

施工技术条件与环境是指成孔成桩设备、技术及其成熟性，施工现场的设备运转、排浆、弃土、防噪声振动要求等。脱离当地施工技术条件与施工环境的现实，选择成桩工艺与设置方法，往往造成负效应，甚至无法实施。

检测条件是指按有关规范规定进行单桩承载力试验或检验、桩身结构完整性检测的条件。对于灌注桩桩身结构完整性的检测较预制桩更为重要。

1.0.4 桩基础作为结构物的一部分，应根据《建筑结构设计统一标准》制订设计基本原则，但由于桩基础与土相互作用的特性，又不能照搬上部结构的全部设计原则。而目前我国仍未制订出“地基基础”的通用基础标准，因此，在制订本规范时，原则上按两类极限状态—承载能力极限状态和正常使用极限状态设计。根据工程经验，仅在某些特定条件下才需计算桩基的沉降、水平变位、抗裂性与裂缝宽度。

对于本规范所采用的符号、单位和术语，按《建筑结构设计通用符号、计量单位和基本术语》GBJ8—85的规定，一方面力求与《建筑地基基础设计规范》GBJ7—89、《混凝土结构设计规范》GBJ10—89协调一致，另一方面有关桩基础的专业术语与符号采用 国际土力学与基础工程学会 的统一规定。这样，既方便国内应用，又利于国际交流。

1.0.5 本规范中有关土的分类、物理力学指标均按《建筑地基基础设计规范》GBJ7—89规定执行，显然这种统一协调是工程实用所必需的。关于荷载取值、组合、分项系数按《建筑结构荷载规范》GBJ9—87规定执行，以使上下部结构荷载效应的计算做到统一。关于混凝土基桩与承台的强度计算，除本规范中根据桩基的工作特点作出相应规定外，其余均与《混凝土结构设计规范》GBJ10—89规定协调一致。钢桩的强度计算除本规范中规定者外，按《钢结构设计规范》执行。

3 基本设计规定

3.1 基本资料

3.1.1 本条系根据一般情况下桩基设计所要求具备资料作出的相应规定，在特殊情况下，还应增加有关资料，以满足设计要求。

岩土工程勘察资料是桩基设计的主要依据，资料必须完善。岩土性质指标在条文中没有列出，但规范有关章节均有具体要求。地下水位受季节和气候的影响较大，勘察时确定的地下水位与施工和使用时的地下水位有差异，因此要求提供观测的地下水位。现阶段桩基承载力的确定，最可靠的方法是现场静载荷试验，在收集资料时应强调试桩资料的收集。

3.1.2 勘探点应根据工程地质条件的复杂程度进行布置，简单地质条件下勘探点的间距可大些，但应保证揭露场地的工程地质条件与特征。复杂地质条件下应适当加密勘探点。随着桩基工程技术的发展，成桩尺寸和单桩承载力有很大的提高，柱下单桩基础的使用量增加。对于这种基础型式，万一有一根桩失效，便会危及整个建筑物的安全，因此条文中规定宜每一柱设一勘探点。钻孔深度是根据桩基受力与变形特性确定的。

3.2 桩的选型与布置

3.2.1 关于桩的分类

一旦确定采用桩基础后，合理地选择桩类和桩型是桩基设计中的重要环节。有关桩的分类说明如下。

一、桩在竖向荷载作用下，桩顶荷载由桩侧阻力和端阻力共同承受，而桩侧阻力、端阻力的大小及分担荷载比例，主要由桩侧、桩端地基土的物理力学性质，桩的尺寸和施工工艺所决定。传统的分类法是将桩分成摩擦桩和端承桩，很多设计者将摩擦桩视为只具有侧阻力，端承桩只具有端阻力，显然这是不符合实际的。为此，本规范按竖向荷载下桩土相互作用特点，桩侧阻力与桩端阻力的发挥程度和分担荷载比，将桩分为摩擦型桩和端承型桩两大类和四个亚类。

1. 摩擦型桩：是指在竖向极限荷载作用下，桩顶荷载全部或主要由桩侧阻力承受。根据桩侧阻力分担荷载的大小，摩擦型桩分为摩擦桩和端承摩擦桩两类。

在深厚的软弱土层作中，无较硬的土层作为桩端持力层，或桩端持力层虽然较坚硬但桩的长径比 l/d 很大，传递到桩端的轴力很小，以至在极限荷载作用下，桩顶荷载绝大部分由桩侧阻力承受，桩端阻力很小可忽略不计的桩，称其为摩擦桩。

当桩的 l/d 不很大，桩端持力层为较坚硬的粘性土、粉土和砂类土时，除桩侧阻力外，还有一定的桩端阻力。桩顶荷载由桩侧阻力和桩端阻力共同承担，但大部分由桩侧阻力承受的桩，称其为端承摩擦桩。这类桩所占比例很大。

2. 端承型桩：是指在竖向极限荷载作用下，桩顶荷载全部或主要由桩端阻力承受，桩侧阻力相对桩端阻力而言较小，或可忽略不计的桩。根据桩端阻力发挥的程度和分担荷载的比例，又可分为摩擦端承桩和端承桩两类。桩端进入中密以上的砂土、碎石类土或中、微化岩层，桩顶极限荷载由桩侧阻力和桩端阻力共同承担，而主要由桩端阻力承受，称其为摩擦端承桩。

当桩的 l/d 较小（一般小于10），桩身穿越软弱土层，桩端设置在密实砂层，碎石类土层中、微风化岩层中，桩顶荷载绝大部分由桩端阻力承受，桩侧阻力很小可忽略不计时，称其为端承桩。

对于嵌岩桩，桩侧与桩端荷载分担比与孔底沉渣及进入基岩深度有关，桩的长径比 l/d 不是制约荷载分担比的唯一因素。

二、按使用功能分类，是指桩在使用状态下，按桩的抗力性能和工作机理进行分类。不同使用功能的桩基，有不同的构造要求和不同的计算内容。

1. 竖向抗压桩：主要承受竖向下压荷载（简称竖向荷载）的桩，应进行竖向承载力计算，必要时，还需计算桩基沉降，验算软弱下卧层的承载力以及负摩阻力产生的下拉荷载；

2. 竖向抗拔桩：主要承受竖向上拔荷载的桩，应进行桩身强度和抗裂计算以及抗拔承载力验算；

3. 水平受荷桩：主要承受水平荷载的桩，应进行桩身强度和抗裂验算以及水平承载力和位移验算；

4. 复合受荷桩：承受竖向、水平荷载均较大的桩，应按竖向抗压（或抗拔）桩及水平受荷桩的要求进行验算。

三、按桩身材料的性质可分为三类：混凝土桩、钢桩和组合材料桩。

混凝土桩可分为灌注桩和预制桩两类。在现场采用机械或人工成孔，就地灌注混凝土成桩，称为灌注桩。灌注桩可在桩内设置钢筋笼，也可不配钢筋；预制桩是在工厂或现场预制成型的混凝土桩，有实心（或空心）方桩、管桩。为提高其抗裂性和节约钢材可做成预应力桩，为减小沉桩挤土效应可做成敞口预应力管桩。钢桩、主要有钢管桩、H 型钢桩以及使用量较小的钢轨桩。

组合材料桩，是指用两种材料组合的桩，例如钢管桩内填充混凝土，或上部为钢管桩下部为混凝土等型式的组合桩。

四、按成桩方法与工艺分类。大量工程实践表明，成桩挤土效应对桩的承载力、成桩质量控制、环境等有很大影响，因此，根据成桩方法和成桩过程的挤土效应，将桩分为非挤土桩，部分挤土桩和挤土桩三类。

在饱和软土中设置挤土桩，如设计和施工不当，就会产生明显的挤土效应，导致未初凝的灌注桩桩身缩小乃至断裂，桩上涌和移位，地面隆起，从而降低桩的承载力；有时还会损坏邻近建筑物；桩基施工后，还可能因饱和软土中孔隙水压力消散，土层产生再固结沉降，使桩产生负摩阻力，降低桩基承载力，增大桩基沉降。挤土桩若设计和施工得当，可收到良好的技术经济效果。在非饱和松散土中采用挤土桩，其承载力明显高于非挤土桩。因此，正确地选择成桩方法和工艺，是桩基设计中的重要环节。

五、按桩径大小分类，依据桩的承载性能，使用功能和施工方法的某些区别，并参考国外分类界限确定如下。

小桩：桩径 $d \leqslant 250$mm。由于桩径小使施工机械、施工场地及施工方法一般较为简单。小桩多用于基础加固（树根桩或静压锚杆托换桩）和复合桩基础。

中等直径桩：桩径 250mm$<d<$800mm。这类桩长期以来在工业与民用建筑物中大量使用，成桩方法和工艺繁多。

大直径桩：桩径 $d \geqslant 800$mm。近年来发展较快，范围逐渐增多。因为桩径大且桩端还可扩大，因此，单桩承载力较高。此类桩除大直径钢管桩外，多数为钻、冲、挖孔灌注桩。通常用于高重型建（构）筑物基础，并可实现柱下单桩的结构型式。正因为如此，也决定了大直径桩施工质量的重要性。此类桩大多数是端承型桩，少量为端承摩擦桩。

3.2.2 本条指出了在选择桩型和施工工艺时，应根据经济合理、安全适用的原则，综合考虑各主要因素。附录 A 表可作成桩工艺选择时参考。如本地区无该类桩型或工艺使用经验可借鉴时，应进行必要的试验，包括施工机械性能试验，成孔成桩工艺试验，桩的受力性能试验等。

3.2.3 桩的布置原则主要应考虑桩的中心距，桩的合理排列以及桩端进入持力层的深度等因素。

一、为了避免桩基施工可能引起土的松弛效应和挤土效应对相邻基桩的不利影响，以及桩群效应对基桩承载力的不利影响，布桩时应该根据土类和成桩工艺及排列确定桩的最小中心距，一般情况下，穿越饱和软土的挤土桩，要求桩中心距最大，部分挤土桩或穿越非饱和土的挤土桩次之，非挤土桩最小；对于大面积的桩群，桩的最小中心距宜适当加大。对于桩的排数为 1～2 排，桩数小于 9 根的其他情况的摩擦型桩基，桩的最小中心距可适当减小。

扩底灌注桩为保证桩侧阻力得到有效发挥且避免扩大端相串，除桩的最小中心距应符合规范表 3.2.3-1 中要求外，尚宜满足规范表 3.2.3-2 中的规定。

经验证明，桩的合理布置对发挥桩的承载力，减少建筑物的沉降，特别是不均匀沉降是至关重要的。

二、桩端持力层的选择原则及桩端进入持力层的最小深度，主要是考虑了在各类持力层中成桩的可能性和尽量提高桩端阻力的要求。对于薄持力层，且桩端持力层有下卧软弱土层时，当桩端进入持力层过深，反而会降低桩的承载力。当硬持力层较厚且施工条件许可时，桩端进入持力层的深度宜尽可能达到该土层桩端阻力的临界深度。桩端阻力的临界深度是指桩端阻力随桩端进入持力层的深度增加而增大的一个界限深度值。当桩端进入持力层的深度超过该土层的临界深度后，桩端阻力则不再有显著增加或不再增加了。因此，将桩端设置在土层的临界深度处，有利于充分发挥桩的承载力。砂与碎石类土的临界深度为（3～10）d，随密度提高而增大；粉土、粘性土的临界深度为（2～6）d，随土的孔隙比和液性指数的减小而增大。

3.3 设计原则

3.3.1 可靠性分析设计或称概率极限状态设计法已在《建筑结构设计统一标准》中明确规定为建筑结构的设计原则，《工程结构可靠度设计统一标准》也规定对于各类工程结构要采用概率极限状态设计法。60 年代以来，岩土工程的可靠性研究已成为许多国家迅速发展的一门学科，有些国家已开始应用于工程设计。原苏联建筑法规—桩基础 СНИП2.02.03—85 规定桩基础按两类极限状态设计，并在承载力设计表达式中引入工作条件系数 γ_c（随成桩方法工艺而变），安全系数 γ_k（随确定承载力方法、高低承台、群桩中桩数而变）。波兰 PИ—83/B—02482 桩和桩基承载力规范中规定按两类极限状态设计，在承载力设计表达式中引入修正系数 m（对单、双、群桩取不同值），工艺系数 Sp、Ss、Sw，土的材料系数 γ_m。欧洲地基基础设计规范规定桩基础设计必须满足两类极限状态——破坏（承载能力）极限状态、功能（正常使用）极限状态。

传统的定值（确定性）设计法是将荷载、承载力视为定值，以总安全系数 K 来度量桩基的安全度—可靠度。实际上，对于不同地质条件与土层、不同桩型、承受不同性质荷载（恒载与可变荷载的比例等）的桩基，在取相同安全系数的条件下，其实际的可靠度是不同的，也是不明确的。因为荷载效应 S、抗力 R 都是随机变量。由图 3-1 所示 S、R 频率分布曲线，传统的安全系数为

$$K = R_0/S_0$$

从图 3-1 看出，R、S 是围绕均值 R_0、S_0 呈一定规律变化的，因此对于同一土质、同一桩型，实际安全系数 K 也非定值。对于不同土质、不同桩型，其 P 的变异特征不同，采用同一安全系数 K 进行设计的情况下，其实际安全度不同，甚至相差很大。这是传统定值设计法存在问题的一个方面。

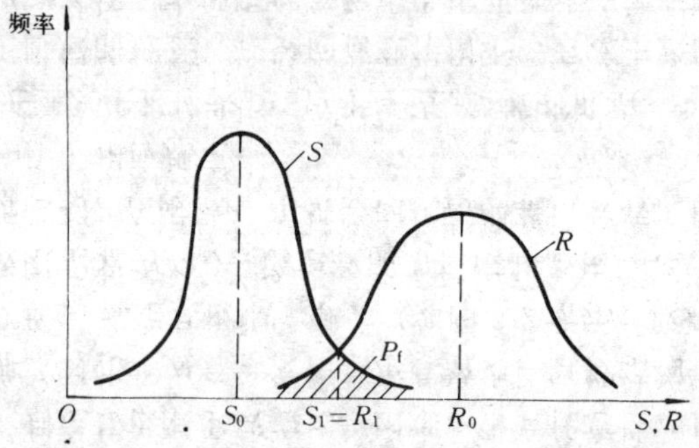

图 3-1 荷载效应 S、抗力 R 频率分布

另一方面，取一定安全系数进行的设计，也并非绝对安全，图 3-1 中 S、R 频率分布曲线相交形成的阴影面积即表示工程的失效概率 P_f（$R<S$）。而传统的定值设计法并不能提供这种失效概率或可靠性指标。不区分荷载、土性、桩型等的变异特征，笼统采用同一安全系数进行设计，可能造成失效概率过小或过大的情

况。

因此，以概率极限状态设计法取代确定性设计法已成为一种趋势。即运用概率论和数理统计分析荷载、承载力的变异特征与规律，利用既有工程经验，在安全与经济之间寻求合理的平衡，确定一般工程桩基承载力的目标可靠指标 β（对应于一定失效概率），从而求得不同土层中不同桩型的抗力分项系数，以分项系数表达的极限状态设计表达式进行桩基承载力计算。

3.3.2 如上所述桩基极限状态分为两类：承载能力极限状态和正常使用极限状态。

一、桩基承载能力极限状态，以竖向受压桩基为例，由下述三种状态之一确定。

1. 桩基达到最大承载力，超出该最大承载力即发生破坏。就竖向受荷单桩而言，其荷载-沉降曲线大体表现为陡降型（A）和缓变型（B）两类（如图 3-2）。Q-s 曲线是破坏模式与特征的宏观反映，陡降型属于“急进破坏”，缓变型属“渐进破坏”。前者破坏特征点明显，一旦荷载超过极限承载力，沉降便急剧增大，即发生破坏，只有减小荷载才能恢复继续承受荷载的能力。后者破坏特征点不明显，常常是通过多种分析方法判定其极限承载力。该极限承载力并非真正的最大承载力，因为继续增加荷载，沉降仍

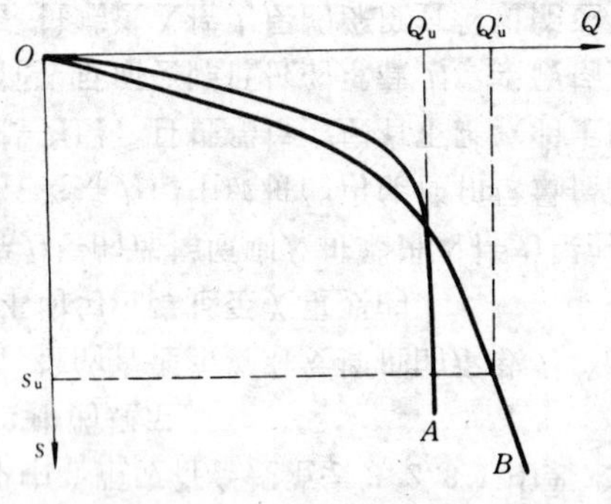

图 3-2 荷载-沉降曲线

能趋于稳定，不过是塑性区开展范围扩大、塑性沉降量增加而已。对于大直径桩、群桩基础尤其是低承台群桩，其荷载-沉降曲线变化更为平缓，渐进破坏特征更明显。由此可见，对于两类破坏型态的桩基，其承载力失效后果是不同的；

2. 桩基发生不适于继续承载的变形。如前所述，对于大部分大直径单桩基础、低承台群桩基础，其荷载-沉降呈缓变型，属渐进破坏，判定其极限承载力比较困难，带有任意性，且物理意义不甚明确。因此，为充分发挥其承载潜力，宜按结构物所能承受的最大变形 s_u 确定其极限承载力（如图 3-2 所示，取对应于 s_u 的荷载为极限承载力 Q_u）。该承载能力极限状态由不适于继续承载的变形所制约。在附录 C 单桩竖向抗压静载试验有关极限承载力判定部分作了相应规定；

3. 桩基发生整体失稳。位于岸边、斜坡的桩基、浅埋桩基、存在软弱下卧层的桩基，在竖向荷载作用下，有发生整体失稳的可能。因此，其承载力极限状态除由上述两种状态之一制约外，尚应验算桩基的整体失稳。

对于承受水平荷载、上拔荷载的桩基，其承载能力极限状态同样由上述三种状态之一所制约。

对于桩身和承台，其承载能力极限状态的具体涵义包括受压、受拉、受弯、受剪、受冲切极限承载力。

二、桩基的正常使用极限状态，系指桩基达到建筑物正常使用所规定的变形限值或达到耐久性要求的某项限值，具体指：

1. 桩基的变形。竖向荷载引起的沉降和水平荷载引起的水平变位，可能导致建筑物标高的过大变化，差异沉降和水平位移使建筑物倾斜过大、开裂、装修受损、设备不能正常运转、人们心理不能承受等，从而影响建筑物的正常使用功能；

2. 桩身和承台的耐久性。对处于腐蚀介质环境中的桩身和承台，要进行混凝土的抗裂验算和钢桩的耐腐蚀验算；对于使用上需限制混凝土裂缝宽度（按《混凝土结构设计规范》规定）的桩基，应验算桩身和承台的裂缝宽度。这些验算的总目的是为了

满足桩基的耐久性，保持建筑物的正常使用功能。

3.3.3 桩基建筑物的安全等级系根据《建筑结构设计统一标准》GBJ68—84规定，按桩基损坏造成建筑物破坏的后果（危及人的生命、造成经济损失、产生社会影响）的严重性，采用三级划分。参照《建筑地基基础设计规范》GBJ7—89规定，考虑桩基的工作特点，对于一级建筑物桩基类型规定为如下两类：

1. 重要的工业与民用建筑物；

2. 对桩基变形有特殊要求的工业建筑物。

对于20层以上的高层建筑，其总高度（从地面起算）超过60m，桩基允许倾斜值为2‰，建筑物顶端的倾斜位移值不超过12cm。此时，尚不致对群众心理产生不良影响，电梯也能保持正常运转。若倾斜超过该项限值，则会造成人们心理上的恐惧，电梯也不能正常运转。因此，对于20层以上的建筑物应列入重要建筑物。对于有纪念意义的或供群众性集会的民用建筑，经济意义重大的工业建筑物也应列入重要建筑物。

对于对桩基变形有特殊要求的工业建筑，如化工、炼油厂中的高压、易燃、易爆管道相联的装置，其基础的绝对沉降和差异沉降限制都很严。这是由于这类装置与管道刚性相联，基础的较大绝对沉降和差异沉降都可能导致相联接头受损，引起泄气、漏液，从而引起燃烧、爆炸，后果严重。此外，某些容器对液面的倾斜限制较严，不能超过1‰，否则将影响正常使用。因此，凡对于桩基变形有特殊要求的厂房、构筑物均应列入一级建筑物类型范围进行设计。

3.3.4 本条根据3.3.2桩基按两类极限状态—承载能力极限状态和正常使用极限状态设计的要求，规定了具体的计算或验算的项目。这些计算或验算项目在第五章桩基计算的第一节至第六节作了计算内容、模式、方法、参数确定的规定。

3.3.5 根据《建筑结构荷载规范》GBJ9—87规定，对于承载能力极限状态，应采用荷载效应的基本组合和地震作用效应组合进行设计。荷载效应基本组合设计值S按下列公式确定：

$$S=\gamma_G C_G G_k+\gamma_{Q1}C_{Q1}G_{1k}+\sum_{i=2}^{n}\gamma_{Qi}C_{Qi}\psi_{ci}Q_{ik} \tag{3-1}$$

式中 γ_G——永久荷载的分项系数；当其效应对桩基不利时，取1.2；有利时，取1.0；对于土自重，其分项系数取1.2；验算倾覆和滑移时，对抗倾覆和滑移有利的永久荷载，其分项系数可取0.9；

γ_{Q1}、γ_{Qi}——分别为第一个和第i个可变荷载的分项系数，一般情况下取1.4；

G_k——永久荷载的标准值；

Q_{1k}——第一个可变荷载的标准值，该荷载的效应$\gamma_{Q1}C_{Q1}G_{1k}$大于其他任意第i个可变荷载的效应$\gamma_{Qi}C_{Qi}G_{ik}$；

G_{ik}——其他第i个可变荷载的标准值；

C_G、C_{Q1}、C_{Qi}——分别为永久荷载、第一个可变荷载和其他第i个可变荷载的荷载效应系数；

ψ_{ci}——第i个可变荷载的组合值系数。

对于一般排架、框架结构，基本组合设计值可采用下列简化公式：

$$S=\gamma_G C_G G_k+\psi\sum_{i=2}^{n}\gamma_{Qi}C_{Qi}Q_{ik} \tag{3-2}$$

式中 ψ——可变荷载的组合系数。

地震作用与其他荷载效应的基本组合，其设计值S按《建筑抗震设计规范》GBJ11—89计算确定。

3.3.6 计算桩基沉降时，采用荷载的长期效应组合。这主要是考虑到地基土的主固结变形和次固结变形存在显著的时间效应，沉降的产生是同荷载的长期效应相联系的。根据《建筑结构荷载规范》，长期效应组合的设计值为

$$S_l=C_G G_k+\sum_{i=1}^{n}C_{Qi}\psi_{qi}Q_{ik} \tag{3-3}$$

式中 ψ_{qi}——第i个可变荷载的准永久值系数。

计算桩基的水平变位、抗裂、裂缝宽度时，采用荷载效应的短期效应组合或短期效应组合考虑长期荷载的影响。这主要是考

虑到桩基的水平变位、桩身和承台裂缝在短时间内即可出现。桩基的水平变位受桩侧土固结变形时效的一定影响，但并不明显。该影响系通过桩侧土水平抗力系数的取值予以考虑，如永久水平荷载、经常反复出现的荷载作用下，m 值乘以 0.4 折减。

3.3.7 关于建筑物的沉降观测，是实现信息化施工、管理、使用的必要措施，为积累资料完善桩基沉降计算所必需。沉降观测的范围应根据建筑物重要性、地基土类别确定，对建于砂土、碎石类土上的桩基，由于其沉降量小，时效不显著，无需进行观测。因此，规定对建于粘性土、粉土上的一级建筑物桩基及软土地区的一、二级建筑物桩基，在其施工过程和使用期间，必须进行系统的沉降观测直至沉降稳定。

3.4 特殊条件下的桩基

3.4.1 关于软土地区桩基设计原则

软土中桩基宜选择低压缩性土层作为桩端持力层。这是多年来软土地区桩基实践的成功经验，也是桩基建筑物沉降小且均匀并能满足承载力要求的最基本条件之一。在低压缩性土层埋藏很深的厚层软土地区，一些多层建筑物无论是采用条基、筏或箱基等浅基础方案，还是采用地基处理的方案，都难以满足沉降量与沉降差的要求。在此情况下，如按上述一般桩端持力层规定考虑桩基础方案，基础造价将大为提高。近年来，有的深厚软土地区已将多层建筑桩基的桩端设置在非低压缩性土层中，按控制桩基允许沉降量进行布桩，使桩数比常规设计大为减少，经济效果较好。因此，在深厚软土的地质条件下，对于多层建筑桩基础的桩端持力层要求，作了一些更动。

负摩阻力、沉桩挤土对周围环境的影响以及开挖基坑引起桩的侧向变位都是软土地区桩基实践中易于引起工程质量事故或工程纠纷的设计与施工问题。对于后者，尚无实用的计算方法作出较可靠的预估，目前主要仍依赖于经验，有时还需要借助现场监测来指导施工进程。为使设计和施工人员注意这些问题，认真做好施工组织设计及相应的应变措施，以减少工程质量事故，本条作了原则的规定。

3.4.2 关于湿陷性黄土地区桩基设计原则

本条规定了湿陷性黄土地区桩基设计的原则，包括基桩桩端持力层的选择，自重湿陷性黄土地基中灌注桩的施工方法；单桩极限承载力标准值的确定原则和负摩阻力确定方法。

湿陷性黄土地区的桩基础，无论是在施工，还是在使用时，都应避免水的浸润，并应充分考虑可能受水浸润后的工作状态。值得注意的是，现有的自重湿陷性黄土地基中桩的负摩阻力试验资料表明：

1. 在同一类土中挤土桩的负摩阻力大于非挤土桩的负摩阻力；

2. 湿陷系数大、湿陷速度快、其负摩阻力增长速度也快；

3. 较小的桩土相对位移，可能有较大的负摩阻力；

4. 小面积浸水湿陷产生的负摩阻力可能大于大面积浸水时的负摩阻力；

5. 浸水结束后地基土失水固结过程侧摩阻力仍会继续增大。

因此，应根据工程具体情况按第 5.2.15～5.2.16 条规定考虑负摩阻力计算。

3.4.3 关于季节性冻土和膨胀土中桩基设计原则

季节性冻土和膨胀土中的桩基础，在冻深线或大气影响急剧层内，由于地基土的冻胀和增湿膨胀，使桩侧面产生向上抬升的胀切力；在冻深线或大气影响急剧层以下桩段的侧阻力、桩顶荷载、桩身自重组成平衡胀切力的锚固力系，因此，对此类桩应验算其抗拔承载力。根据此类桩基工作机理，提出了设计应遵循的 4 条规定。

3.4.4 关于岩溶地区桩基设计原则

岩溶地区基岩表面崎岖不平，采用挤土桩容易产生偏斜，对于预制桩则很难估计桩的实际长度，而钻（冲）、挖孔桩则比较灵活，适应性强。在岩溶发育地区，彻底勘察清楚岩石溶洞比较困难。考虑到岩溶地区的岩石强度一般较高，为保证桩端平面溶洞顶板有一定厚度，且不致于增加施工难度，因此嵌岩桩的嵌岩深度不宜太深。岩溶地区的基岩表面，常分布一层软塑至流塑状态的红粘土，进行钻（冲）、挖孔桩干作业施工时，应采取有关措施，防止涌土现象发生。

3.4.5 关于坡地岸边桩基设计原则

位于坡地岸边的建筑场地应该是稳定的，当有不良地质条件存在时，应事先进行防护和治理。在稳定的坡地岸边，一旦设置基桩后，由于桩身刚度远大于土层刚度，部分水平推力可能转移到基桩上，因此坡地岸边的基桩宜通长配筋。某些地层，例如坡积层，其层面多为高倾角软弱结构面。在这种地层上设置基桩时，应特别注意其稳定性。

3.4.6 关于地震设防区桩基设计原则

一、提高桩基水平抗力的措施，应根据建筑物重要性、承台下地基土的性能，结合具体情况综合确定。

二、对于水平场地，从唐山地震在可液化土层中的低承台桩基础震害的情况分析，桩端应进入液化土层以下的稳定土层中一定深度。该深度的大小，应根据持力层性质、设防等级、建筑物重要性等情况综合确定。

三、我国唐山、海城地震的宏观震害调查表明，在地震作用下，斜坡场地上的桩基结构物（如桥台、码头或挡土墙等）中有相当比例发生滑移、倾斜或桩身折断。与此不同，水平场地上的低承台桩基础，除了桩端支承在可液化土层上或桩基础一侧有较大地面堆载的情况之外，一般震害较轻。这些宏观震害的对比表明，斜坡上的桩基础不仅受到上部结构重量产生的惯性力作用，还受到滑移土体的水平力作用。此外，基桩侧向支承力还因土的液化而削弱。这类桩基的实际受力与性能与常规低承台桩基不同。因此，为了抵抗滑移土体的水平力作用，对这类桩基应按抗滑桩的要求进行布桩与计算。

3.4.7 由于桩的负摩阻力是因桩周土层的沉降变形大于桩的沉降变形而产生的。因此，为减小或避免桩出现负摩阻力，应采取相应措施，减少或消除桩周土层的过大沉降。

本条文提出了四种方法和措施，可供设计时选用。

4 桩基构造

4.1 桩的构造

Ⅰ 灌注桩

4.1.1 本条规定灌注桩桩身只需配构造钢筋的受力条件与《工业与民用建筑灌注桩基础设计与施工规程》JGJ4—80 基本一致，但有下列两点变动。

一、采用承载能力的极限状态设计表达式，桩顶轴向压力和水平力为荷载效应的基本组合或地震作用效应组合的设计值，其基本组合的荷载分项系数加权平均值一般情况为 1.27。故抗力设计值应作相应调整。

桩顶水平力符合下列半经验公式时，其桩身只需按构造配筋。

$$\gamma_0 H_1 \leqslant \alpha_h d^2 \left(1 + \frac{0.5N_G}{\gamma_m \cdot f_t \cdot A}\right) \sqrt[5]{1.5d^2 + 0.5d}$$

式中 综合系数 α_h 应按 JGJ4—80 规定乘以 1.27。

二、桩顶轴向永久荷载效应 N_G 对基桩水平承载力的影响为：

$$\frac{0.5N_G}{\gamma_m \cdot f_t \cdot A}$$

其中，N_G 为永久荷载设计值，即标准值乘以荷载分项系数 γ_G＝1.2，其值比 JGJ4—80 规定增大了 0.2 倍；f_t 为混凝土抗拉强度设计值，约相当于 TJ10—74 所列 R_l 值的 0.78 倍；此外，根据 JGJ4—80 颁布后进行的更多的单群桩水平静载联合竖向压载试验结果表明，竖向荷载对水平承载力的增强效应比 JGJ4—80 规定的略小，其系数应由 0.9 降至 0.8。综合上述三点，JGJ4—80 式(2.2.1-1) 中竖向荷载增强效应调整为

$$\frac{0.8N_1}{\gamma_m R_l A} = \frac{0.8N_G/1.2}{\gamma_m \cdot f_t/0.78 \cdot A} \approx \frac{0.5N_G}{\gamma_m \cdot f_t \cdot A}$$

4.1.2 关于桩顶构造连接筋的规定。

当符合第 4.1.1 规定时，灌注桩只需配置桩顶与承台连接构造筋，且对于不同安全等级建筑物，配筋要求不同。其理由是：

一、桩顶与承台混凝土为二次浇注，整体性和强度相对较低；而承台所受水平力和弯矩需通过承台与桩顶的连接部位传递，故需配置连接构造筋。

二、桩身上部是承受水平力的关键部位，当承台下为软弱土层时水平承载力会明显降低；对于沉管灌注桩由于成桩过程的挤土效应往往引起上部软弱土层中桩身出现缩颈、断裂等；因此，规定对于一级和二级建筑物桩基沉管灌注桩的连接构造筋应加深至上部软弱土层底部。

4.1.3 关于桩身受力钢筋的配置要求。

对于不符合第 4.1.1 条规定的灌注桩，应按规定配筋。有关配筋规定说明以下两点：

一、配筋率。对于灌注桩，其配筋率可较预制桩大大降低。根据不同土层、不同桩径的水平承载力试验，一般情况下，当桩身直径为 300～2000mm 时，截面配筋率取 0.65%～0.20%（小桩径取高值，大桩径取低值）可满足水平承载力要求。该配筋率是水平承载力设计值由临界荷载（桩身开裂前的最大荷载）控制条件下的最小配筋率。配筋率可随桩径增大而适当降低，主要是由于主筋的抗弯截面抵抗矩是随桩径的三次方变化所致。对于受水平荷载较大且其水平位移限制不很严（不超过 10mm）时，其配筋率宜根据计算适当增加。当对水平位移和开裂限制较严时，则只能通过其他措施来提高桩基的承载力，如增大桩径、设置承台底碎石垫层、承台侧向回填灰土夯实以利用其侧向土抗力等。

对于抗拔桩，其配筋率应根据抗拔承载力要求计算确定。对于竖向承载力很高，但桩身截面并不很大的嵌岩端承桩、扩底端承桩，其配筋率也应通过计算确定。

二、配筋长度

1. 端承桩，由于其竖向力沿深度递减很小，桩长一般也不大，因此宜通长配筋。

2. 受水平荷载（包括地震作用）的摩擦型桩，由于其桩长一般较大，通长配筋并非受力所需，也不便于施工，因此，只需在弯矩零点 4.0/α（α为桩的变形系数）以上配筋。对于竖向承载力较高的摩擦端承桩，由于传递到桩端的轴向压力较大，一般情况下宜沿深度降低配筋率，即实行分段配筋。对于受负摩阻力较大的桩，由于中性点截面的轴向压力大于桩顶，全桩长的轴向压力都较大，因此宜通长配筋。对于坡地岸边的桩基，兼有抗滑保持整体稳定的作用，因此宜通长配筋。

3. 专用抗拔桩，指设置于地下水位以下或可能受河湖洪水淹没构筑物的桩基，如泵站等，上浮力大于竖向下压荷载；纤缆桩基也属于抗拔功能为主的桩基。对于这类专用抗拔桩，其桩径、桩长由抗拔承载力决定，应通长配筋。对于以竖向下压荷载为主，在使用过程可能承受因地震、风力、土的膨胀力作用等引起拔力的基桩，则应通过计算配置局部长度钢筋或通长钢筋。

4.2 承台构造

4.2.1 关于承台尺寸

一、承台的最小宽度不应小于 500mm，承台边缘至桩中心的距离不宜小于桩的直径或边长，边缘挑出部分不应小于 150mm。这主要是为了满足桩顶嵌固及抗冲切的需要。对于墙下条形承台梁，其边缘挑出部分可降低至 75mm，这主要是考虑到墙体与承台梁共同工作可增强承台梁的整体刚度，并不致于产生桩顶对承台梁的冲切破坏。

二、条形承台和柱下独立桩基，承台的最小厚度规定为 300mm，是为满足承台的基本刚度、桩与承台的连接等构造需要。

三、箱形承台底板的最小厚度规定为 250mm，是为了满足桩与承台连接、板的必要刚度、防水等的基本要求。

4.2.4 关于桩与承台的连接

一、根据传统习惯，建筑物桩基桩顶嵌入承台的长度只需 50～100mm（大直径桩取 100mm，普通桩取 50mm），桩顶主筋锚入承台 $30d_g$（d_g 为主筋直径）可形成介于铰接与刚接之间的连接方式，既可传递剪力，也可传递一部分弯矩。大量群桩的水平承载力试验表明，这种连接有利于降低桩顶固端弯矩，提高群桩的水平承载力。如果桩顶嵌入承台深度过大，势必降低承台的有效高度，而不利于承台抗弯、抗冲切、抗剪切。

二、桩顶钢筋锚入承台的深度，一般情况下，$30d_g$ 即可。桩锚入承台的作用只在于形成能传递剪力和部分弯矩的连接体。这种连接也能承受偶然发生的不大的拔力。若锚入长度过大，对于预制桩，其桩头外露部分过长，破桩头的工作量和造价相应增加。对于专用抗拔桩基，由于承受较大拔力，为确保桩顶主钢筋有足够的握裹力不致从承台中拔出，规定主筋锚入承台不小于 $40d_g$。

对于钢桩，为使桩顶与承台形成可靠连接，可于桩顶加焊锅形钢板或钢筋。

4.2.5 关于承台之间的连接

一、对于柱下单桩基础宜在相互垂直的两个方向设置连系梁，这主要是为传递、分配柱底剪力、弯矩，增强整个建筑物桩基的协同工作能力，也符合结构内力分析时柱底假定为固端的计算模式。当桩径较大，如桩直径相当于柱直径的 2 倍以上时，桩的抗弯刚度约相当于柱的 16 倍以上。在柱底剪力、弯矩不很大的情况下，单桩基础实现自身平衡而不致有大的变位，其力学模型也符合结构内力分析时柱底为固端的假定。在这种情况下，就无需增设桩顶横向连系梁。

二、对于双桩基础，在其长向的抗剪、抗弯能力较强，一般无需设置承台之间的连系梁。在其短向抗弯刚度较小，因此宜设置承台间的连系梁。但当柱底剪力、弯矩不太大时，如上所述，也无需设置连系梁。

三、对于有抗震设防要求的柱下独立承台，宜设置纵横向连系梁。这主要是考虑地震作用下，建筑物各独立承台之间所受剪力、弯矩是非同步的，利用承台之间的连系梁进行传递和分配是十分有利的。

四、连系梁顶面宜与承台顶面位于同一标高，以利于直接传递柱底剪力、弯矩。连系梁的截面尺寸一般以柱底剪力作用于梁端，按受压确定其截面尺寸，根据受拉确定配筋。在抗震设防区也有采用这种粗略计算方法，即取柱轴力的 1/10 为梁端拉、压力确定截面尺寸和配筋。连系梁最小尺寸规定为宽度不小于 200mm，高度不小于梁跨的 1/15～1/10，以保证其出平面外的刚度。最小配筋量不小于 4ϕ12。

4.2.6 承台的最小埋深 600mm 是根据承台的最小高度为 500mm 确定的。对于季节性冻土、膨胀土地区的承台埋深，一般宜埋设于冰冻线、大气影响线以下，但当冰冻线、大气影响线深度超过 1000mm 且承台高度较小时，则应视土的冻胀、膨胀性等级分别采取换填无粘性垫层、预留空隙等隔胀措施。

5 桩基计算

5.1 桩顶作用效应计算

5.1.1 本规范在桩基计算中考虑了桩群—承台—土共同作用的计算分析方法，因而引入了基桩与复合基桩的概念，按照传统设计方法的计算公式，求得复合基桩（或基桩）的桩顶作用效应。

规范式（5.1.1-1～5.1.1-4）是沿用已久的桩顶作用效应计算公式，其假定为：(*a*) 承台为绝对刚性，受弯矩作用时呈平面转动，不产生挠曲；(*b*) 桩与承台为铰接相连，只传递轴力和水平力，不传递弯矩；(*c*) 各桩身的刚度相等。

除少数上部结构刚度很小的大片筏式桩基和柱下条形桩基外，一般承台本身的刚度较大（如独立柱基）或由于承台与上部结构协同作用而使承台的刚度增大，近似视为绝对刚性是可以的。桩与承台的连接一般都是设计成近似刚接的。各桩刚度相等与一般情况相符。因此，按上述简化公式计算只能得到桩顶作用效应的近似值，但这种近似对于所规定的计算对象而言是容许的。实践也表明，这样计算对于桩基承载力而言并未出现问题，但使计算工作大为简化。对于各桩桩径不等的桩基，其桩顶作用效应的计算则应按实际截面刚度进行计算。

5.1.3 受较大水平力的高大建筑物桩基和受水平力的高承台桩基桩顶作用效应的计算应考虑承台与基桩协同工作和土的弹性抗力计算各基桩桩顶作用效应和桩身内力（附录 B），这种计算方法虽较麻烦，但从试验结果和桩基抗震效果的宏观调查等表明，这样计算对于上述桩基而言，仍属必要。以下情况可以说明这点。

一、试验表明，承台底面摩阻和侧向土抗对抵抗水平外力的作用是明显的。

有关承台侧向土抗与承台底摩阻的水平静载对比试验　　表 5-1

桩类别	试验地点	桩的排列构造	垂直荷载 N (kN)	水平承载力 (kN)			应位移 X_0 (mm)	备注
				总	单	比较		
钻孔灌注桩	北京天坛	3ϕ320 三角排列，承台脱空，侧向无土抗	600	210	70		1.7	以桩身受拉区混凝土明显开裂为标准确定的水平临界荷载
		3ϕ320 三角排列，承台贴地，侧向有土抗	600	405	135	135/70 =1.93	4.7	
		ϕ320 单桩，桩顶自由	200		100	135/100 =1.35	3.9	
钻孔灌注桩	山东东平湖	5ϕ850 梅花形排列，承台贴地，侧向无土抗	2500	1565 2220	313 444		10	临界荷载 极限荷载
		ϕ850 单桩，桩顶自由	500		180 250	444/250 =1.78	10	临界荷载 极限荷载
钻孔灌注桩	山东章邱屋子	9ϕ125 正方行列形排列，承台脱空，侧向无土抗	0	28.5 36.7			5 13.7	临界荷载 极限荷载
		9ϕ125 正方行列形排列，桩屋子承台贴地，侧向无土抗	0	40.2 4665		46.5/36.7 =1.275	9.4	临界荷载 极限荷载
爆扩桩	北京房山Ⅰ区	3ϕ325 三角排列，承台贴地，刚接，侧向无土抗	0	312 568	104 186		4 20	临界荷载 极限荷载
		ϕ325 单桩，桩顶自由	0		43 81	104/43 =2.6	4 20	临界荷载 极限荷载
	北京房山Ⅱ区	3ϕ325 三角排列，承台贴地，刚接，侧向无土抗	0	336 588	112 196		4 20	临界荷载 极限荷载
		3ϕ325 三角排列，承台贴地，刚接，侧向无土抗	580	510	170	170/112 =1.52	4	临界荷载
		ϕ325 单桩，桩顶自由	0		48 82	112/48 =2.33	4 20	临界荷载 极限荷载

表 5-1 列出了有关单位所进行的单群桩、高低桩台对比试验结果。从表 5-1 看出，群桩基础中一根基桩的平均水平承载力均比独立单桩高。北京天坛的 3 桩基础对比试验表明，承台有摩阻与土侧抗的低承台其水平承载力比高承台提高 93%，与独立单桩相比，也提高 35%；山东东平湖的 5 桩基础试验，承台底摩阻使桩基水平承载力比独立单桩提高 78%；北京房山 3 桩基础Ⅱ区试验，有土侧抗使水平承载力提高 52%；承台底摩阻与土侧抗使水平承载力比独立单桩提高 133%。由此可见，承台底摩阻与侧向土抗力对抵抗水平外力的作用是应予考虑的。铁路桥梁桩基承台与基土之间发现过脱离现象，对这一点应作具体分析。铁路桥基承受较大的重复作用的垂直活荷载，行车时有一定振动，因此脱空现象的发生是不难理解的。当建筑物承台底面以下存在可液化土、湿陷性黄土、高灵敏度软土、欠固结土、新填土，或可能出现震陷、降水、沉桩过程产生高孔隙水压和土体隆起时，则不考虑承台底的摩阻。

二、如前所述，唐山地震后对基础的宏观调查表明，低承台桩基的抗震性能明显优于高承台；桩基的抗震性能优于浅基础；正在修建的桩基，在承台侧向尚未复土的情况，震害明显；桩基一侧有临空面的情况同样如此；由此可见承台侧向土抗与承台底摩阻对抗震的作用是明显的。日本关于桩基的抗震设计中对于地下室墙的侧面土弹性抗力抵抗水平力的作用置于很重要的地位，并采用经验估算方法。当地下室墙外土层标准贯入度 $N_{63.5}\geqslant4$，建筑有一层地下室时，外墙承受总地震水平力的 30%；两层地下室时，承受 50%；三层地下室时，承受 70%；四层及以上时，承受全部地震水平力。当地下室墙外土质 $N_{63.5}\geqslant20$，建一层地下室时，外墙承受总地震力的 70%，两层及以上时，承受全部地震水平力。

三、考虑承台（包括地下墙体）与基桩协同工作和土的弹性抗力计算受水平力的桩基，可以根据承台、地下墙体的埋入深度，侧向土和承台底面以下土的性质，桩径、桩长等条件，求出各部分的变位、内力，以及承台、地下墙体抵抗水平力的具体数值。

按上述方法计算的对象规定为两类，第一类是受 8 度或 8 度以上地震作用的高大建筑物桩基。因这类桩基不仅各单桩受力大，而且由于建筑物重心高，靠外缘的桩还可能受到力矩引起的拔力，按上述方法计算能考虑抵抗水平力的有利和不利因素，使设计更加合理。第二类是受水平力的高承台桩基。因其抵抗水平力的能力差，计算粗糙可能招致损坏，如力矩荷载的大小对基桩内力的影响很大，在第 5.1.1 条简化公式中就无法反映。此外，对一些承受水平力较大的剪力墙桩基，也可考虑按这种方法进行计算。

5.2 桩基竖向承载力计算

Ⅰ 一般规定

5.2.1 根据作用性质，桩基竖向承载力验算分为：荷载效应基本组合、地震作用效应组合（限于抗震设防区需进行抗震验算的桩基）。对其极限状态设计表达式说明以下四点。

一、区别建筑物桩基的安全等级，荷载效应值分别乘以建筑物重要性系数 γ_0。γ_0 根据《建筑结构荷载规范》规定取值，对于一、二、三级建筑物桩基分别取 $\gamma_0=1.1$，1.0，0.9。对于柱下单桩基础，由于单桩承载力的失效即桩基承载力的失效，故规定 γ_0 按等级分别增加 0.1。

二、由于《建筑抗震设计规范》的地震作用计算中已纳入建筑结构类别因素，故验算桩基抗震承载力时，不再考虑建筑物桩基重要性系数 γ_0。

三、桩基在偏心荷载下，受轴力最大的边缘基桩，与《建筑地基基础设计规范》GBJ7—89 和《工业与民用建筑灌注桩基础设计与施工规程》JGJ4—80 一致，其承载力增大 20%。

四、对于各类土层中的基桩，其抗震承载力均提高 25%，这与 JGJ4—80 一致。尽管不同地基土抗震承载力调整系数不同，但对于桩基而言，其桩身、桩端往往处于不同土层中，实际设计中分别进行调整难以做到。加之，辽南、唐山地震震害调查表明，即使是对于抗震承载力较小的软土地基，水平场地上建筑物桩基也均未失效。因此不区别土类，一律调高 25%；偏心作用，与正常荷载作用一样，边缘受最大轴力基桩承载力调高 20%，即总计调高 50%，调整系数为 1.5（1.25×1.20）。

Ⅱ 桩基竖向承载力设计值

5.2.2 关于基桩和复合基桩竖向承载力设计值说明以下三点。

一、关于群桩效应

由地基土强度制约的基桩或复合基桩竖向承载力的群桩效应，根据桩群—土—承台相互作用特性的不同，分以下三种情况考虑：

1. 端承群桩。由于其侧阻力发挥值很小，桩端持力层压缩性低，桩基沉降小，侧阻、端阻的群桩效应可忽略不计，承台土反力也很小。故端承群桩中的基桩，其承载力可视为与单桩相等。

2. 桩数不超过 3 根的非端承群桩。由于桩数少，侧阻、端阻的群桩效应也较小；虽存在承台土抗力，但对于桩数不超过 3 根的群桩，予以忽略，作为安全储备是必要的。

3. 桩数超过 3 根的非端承群桩。由于桩群—土—承台的相互作用，导致侧阻、端阻、承台阻力随桩距、桩长、承台宽度等而呈一定规律变化，因此确定群桩基础中基桩或复合基桩的承载力设计值时，宜分项考虑侧阻、端阻、承台土抗力的群桩效应系数 η_s、η_p、η_c。

承台效应之一是摩擦型桩基受荷后承台底产生土反力分担一部分荷载。通过二十多年的大量试验研究、工程观测、工程试点，已取得了有关承台土抗力与有关因素的变化规律。因此，考虑承台土阻力分担荷载的问题已进入实用阶段，将其列入规范无疑可使建筑桩基的设计趋于更科学合理。工程实际中也发现过地基土与承台底脱空的现象。这种现象大体发生在这样一些条件下：一是承受经常出现的动力作用或反复加卸载，如铁路桥梁桩基；二是承台底存在新填土、湿陷性黄土、欠固结土、液化土、高灵敏度软土，或由于降水，地基土固结与承台脱空；三是由于饱和软土中沉入密集桩群，引起超孔压和土体重塑上涌，随着时间推移，桩间土逐渐固结下沉与承台脱离。当桩端置于较硬持力层，且基桩承载力取值偏低时，基桩因承台底基土脱离而使所受荷载增大，但沉降无明显发展，因而承台土抗力不能再度出现。上海一号码头某筒仓桩基即是一例。对于这种情况，即使在设计中考虑承台分担荷载效应，也仍能确保桩基具有足够的安全度。在设计中考虑承台效应时主要应排除的是承台底面以下存在上述几类特殊性质土层和动力作用的情况。因此，条文中对此作了相应规定。

二、关于基桩和复合基桩承载力设计值表达式

如上所述，基桩或复合基桩的侧阻力、端阻力、承台土阻力各具特定的群桩效应，故分别以侧阻群桩效应系数 η_s、端阻群桩效应系数 η_p、承台土阻力群桩效应系数 η_c 表征；另外，同一成桩方法的桩基，其侧阻、端阻、承台土阻力又各自具有一定的变异性，故分别以侧阻力分项系数 γ_s、端阻力分项系数 γ_p、承台土阻力分项系数 γ_c 表征。因此，基桩或复合基桩承载力设计值的统一计算表达式为：

$$R = \eta_s Q_{sk}/\gamma_s + \eta_p Q_{pk}/\gamma_p + \eta_c Q_{ck}/\gamma_c$$

根据上述桩型、桩数、土层和作用的变化，以及单桩承载力确定方法的变化，分别给出规范式（5.2.2-1）～（5.2.2-4）。

三、关于抗力分项系数

在确定单桩竖向承载力抗力分项系数时，首先应考虑各种桩型的承载力是否满足可靠指标的要求，然后再行选择最优抗力分项系数。

由于群桩基础的系统可靠度问题的复杂性，当前桩基可靠性分析仍局限于单桩，即桩基的可靠性分析仍以单桩承载力为基础。对于各种桩型的承载力计算与实测值和统计结果进行可靠指标验算是分析承载力参数取值及计算模式的合理性标准。这种验算是基于单桩承载力的可靠与经济之间选择一种合理平衡，力求以最经济的途径，使承载力的取值保证建筑物的各种预定功能要求。限于目前的条件，并考虑到安全度总体水准的继续性，目标可靠指标一般采用“校准法”确定。所谓“校准法”就是通过现有单桩可靠度反演计算和综合分析，确定今后设计所采用的单桩可靠指标。根据我国应用时间最长、用桩量较大且桩身强度及几何尺寸变异性最小的混凝土预制桩，根据全国各地所收集到的 190 根预制桩按《建筑地基基础设计规范》GBJ7—89 承载力参数表计算分析所得实测与计算值之比的平均值 $\mu=1.007$，变异系数 $\delta=0.308$，其实测与计算值之比频数图如图 5-1 所示。

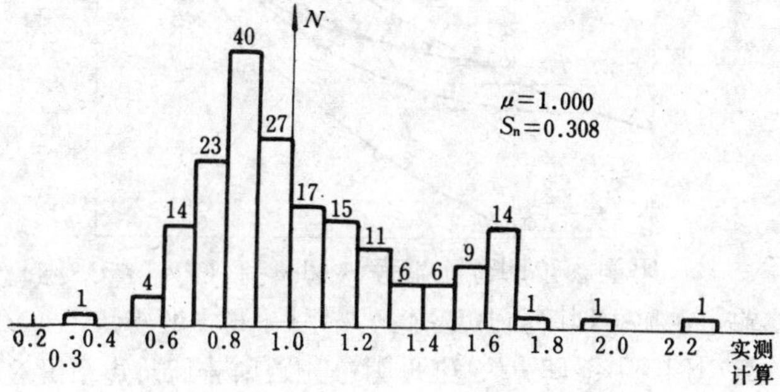

图 5-1 “校准法”190 根预制桩频数分布图

根据“校准法”按经验分布及对数正态分布拟合抗力分布计算单桩承载力可靠指标，并按传统定值设计法取安全系数 $K=2$，计算单桩可靠指标。“校准”结果给出了单桩可靠指标随 ρ 的变化（ρ 为可变荷载与永久荷载值之比 $\rho=Q/G$）分布如图 5-2 所示。

根据工业与民用建筑 $\rho=0.25\sim0.5$ 确定单桩竖向承载力目标可靠指标取 $\beta=2.3$。

维持原定值设计法安全度总体水准，最优抗力分项系数 γ_{sp} 根据分析可得：

$$\gamma_{sp} = \frac{K(1+\rho)}{\alpha(\gamma_G + \rho\gamma_Q)} \tag{5-1}$$

取 $\rho=(0.25+0.50)/2=0.375, \gamma_G=1.2, \gamma_Q=1.4, K=2$ 代入上式得：

$$\gamma_{sp}=1.6/\alpha \tag{5-2}$$

式中 α 为承载力折减系数。当某种桩型抗力分布验算结果不满足目标可靠指标要求时，就需进行折减（$\alpha<1$），当满足要求时取 $\alpha=1$。

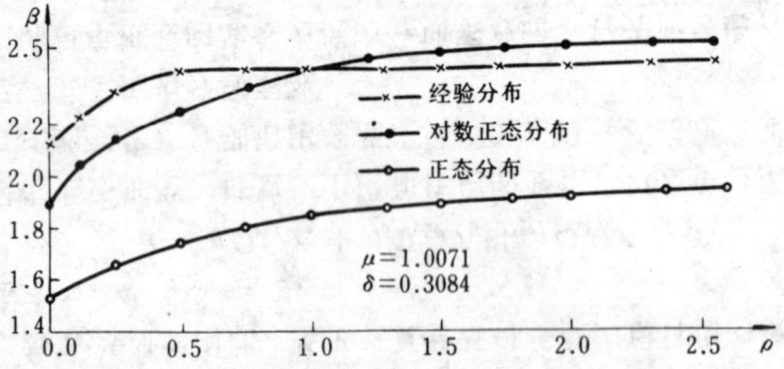

图 5-2 “校准法”计算 β 值

对各种不同桩型及承载力确定方法给出的抗力分项系数如规范表 5.2.2-1 所示。

本次规范编制由于受现有统计资料的限制，还无法分别对桩侧阻及端阻分别进行统计给出 γ_s、γ_p。规范表 5.2.2-1 列出了 $\gamma=\gamma_p=\gamma_{sp}$ 的值，目的在于建立 $\gamma_s\neq\gamma_p$ 的概念，并积累有关数据，以利于修订规范时明确提出不同桩型的 γ_s、γ_p 值。

5.2.3 关于群桩效应系数 η_s、η_p、η_c 的确定

群桩效应系数 η_s、η_p、η_c 主要根据各类土中的群桩系统试验结果，包括：(1) 粉土中不同桩径（d=125，170，250，330mm）、不同桩长（$l=8d$，$13d$，$18d$，$23d$）、不同桩距（$S_a=2d$，$3d$，$4d$，$6d$）、不同排列和桩数（n=2×2，3×3，4×4，1×2，1×4，1×6，2×4，3×4）、不同承台设置方式（高、低承台）钻孔群桩及相应单桩试验，(2) 软土中不同桩距（$S_a=3d$，$4d$，$6d$）、不同桩数与排列（n=3×3，4×4，2×4）现场模型单群桩（d=100mm，$l=45d$）试验，(3) 粉质粘土中模型群桩试验（d=114mm，$l=17.5d$，$S_a=3.5d$，n=3×9）结果，参考国内外有关群桩试验结果，并以 15 个工程试点、工程观测结果进行验证而确定的。

一、侧阻群桩效应

群桩中各基桩的侧阻力由于邻桩的相互影响，导致其发挥值、发挥性状不同于独立单桩，对于低承台群桩还受承台效应的影响。基桩侧阻的群桩效应主要随土性、桩距、桩的数量与排列、桩长与承台宽度比、成桩工艺等而变化。

1. 粉土、砂土中的群桩

设置于具有加工硬化特性的非密实砂土、粉土中的群桩，其侧阻力呈现“沉降硬化”特性。图 5-3 所示为粉土中不同桩距高承台群桩及相应单桩的平均侧阻 q_s 随桩距 S_a/d 的变化。图中表明，大桩距（$6d$）群桩和单桩一样，q_s 不随沉降增加而呈现硬化现象。而中小桩距（$2d\sim4d$）群桩的 q_s 呈现明显的沉降硬化。

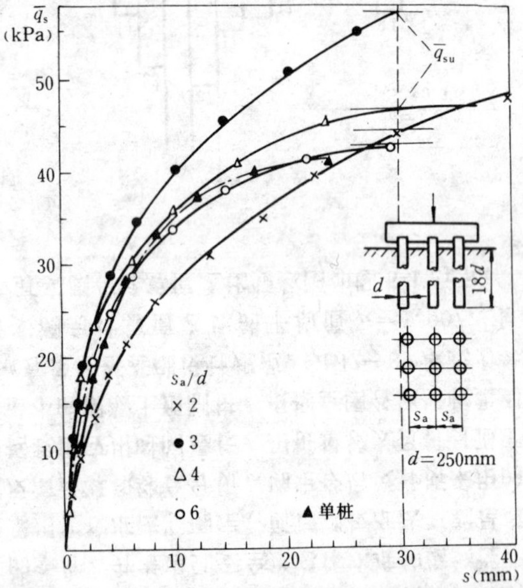

图 5-3 粉土中不同桩距群桩平均侧阻与沉降关系

低承台对群桩侧阻产生“削弱效应”。图 5-4 所示不同桩长低承台群桩平均侧阻与沉降关系表明，$l=13d$，$18d$，$23d$，的 q_s-s 都显示沉降硬化。对于桩长过小（$l=8d$<承台宽度 $B_c=9d$）群桩，由于承台效应，甚至出现“沉降软化”。

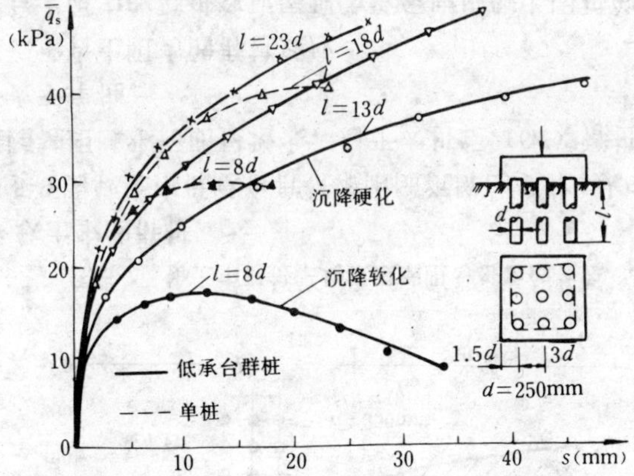

图 5-4 粉土中不同桩长低承台群桩平均侧阻与沉降关系

图 5-5（a）为高、低承台群桩平均数限侧阻与桩距的关系。从中看出，由于承台的削弱效应导致低承台群桩的平均极限侧阻普遍小于高承台群桩，且在桩距 $3d$ 显示沉降硬化峰值。图 5-5（b）表明，承台的削弱效应随桩长与承台宽度比 l/B_c 增大而减小。

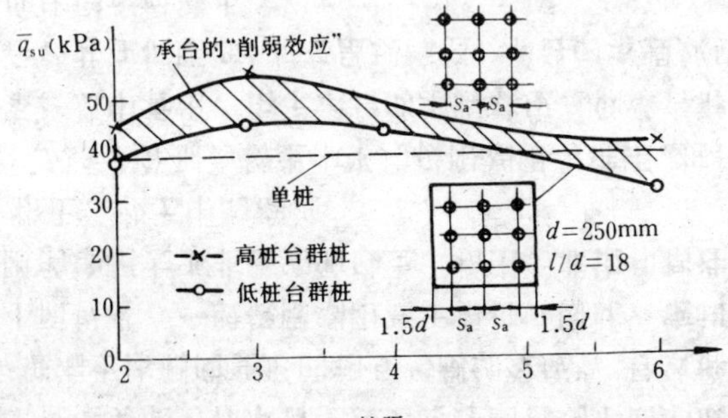

(a)桩距

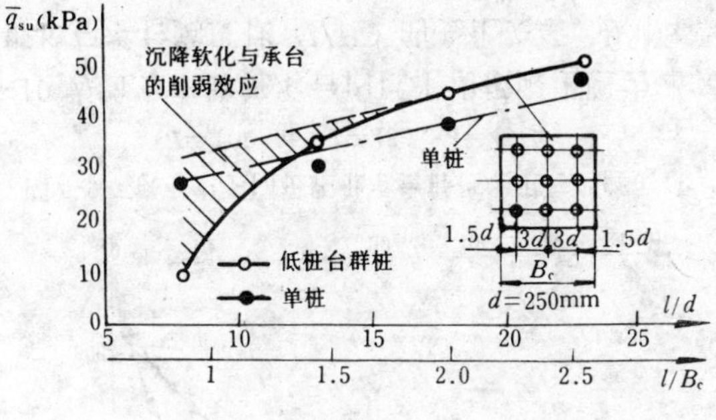

(b)桩长

图 5-5 粉土中平均极限侧阻与桩距桩长的关系

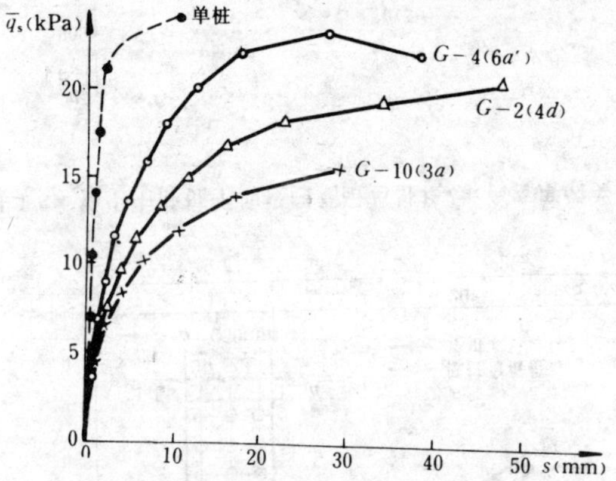

图 5-6 软土中不同桩距群桩平均侧阻与沉降关系

（$d=100$mm，$l=45d$，$n=4\times4$）

2. 软土中的群桩

软土中的群桩，其侧阻发挥值随桩距减小而降低（图 5-6），发挥侧阻极限值所需沉降，群桩明显大于单桩。

二、端阻的群桩效应

由于桩侧剪应力和承台土反力传递到桩端平面形成的“边载效应”，桩端土体侧向变形的相互“制约效应”，导致群桩端阻随桩距减小而提高，一般极限端阻高于单桩。因此，饱和粘性土中群桩端阻的增幅大于非密实的砂土、粉土、非饱和粘性土。

1. 粉土、砂土中的群桩

图 5-7、5-8 分别为粉土中平均极限端阻与桩距、桩长/承台宽度的关系。从中看出，由于承台的增强效应、低承台群桩端阻大于高承台，并在桩距 3d 左右呈现峰值；承台的增强效应随桩长/承台宽度比增大而减小。

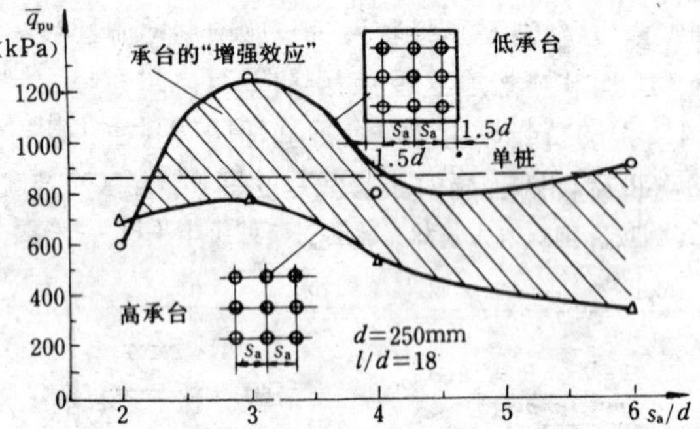

图 5-7 粉土中群桩平均极限端阻与桩距的关系

2. 软土中的群桩

图 5-9 为软土中低承台群桩端阻随沉降的变化。从中看出，群桩端阻随桩距减小而明显增大，对于大桩距（6d）群桩，其端阻也显著大于单桩。

三、承台土阻力的群桩效应

承台土阻力的群桩效应表现为承台底桩侧土因桩的竖向位移发生剪切变形而低于平板基底土阻力，其分布图式随桩距、桩长、承台刚度等而变化，总规律是承台内区（桩群外包络线以内范围）显著小于外区（外缘区），外区土阻力大小随桩群的几何参数变化不显著。

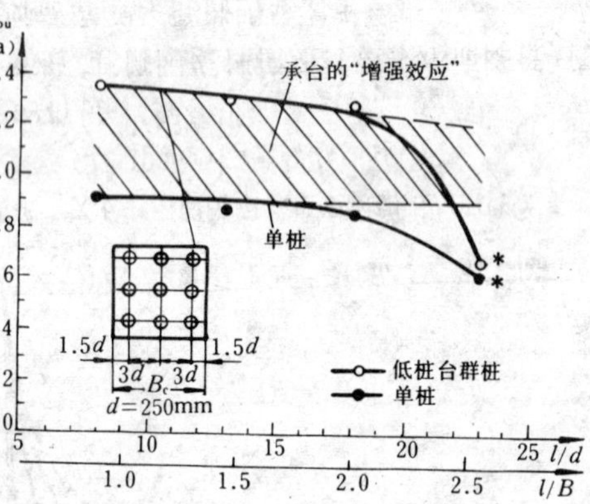

图 5-8 粉土中群桩平均极限端阻与桩长/承台宽度的关系

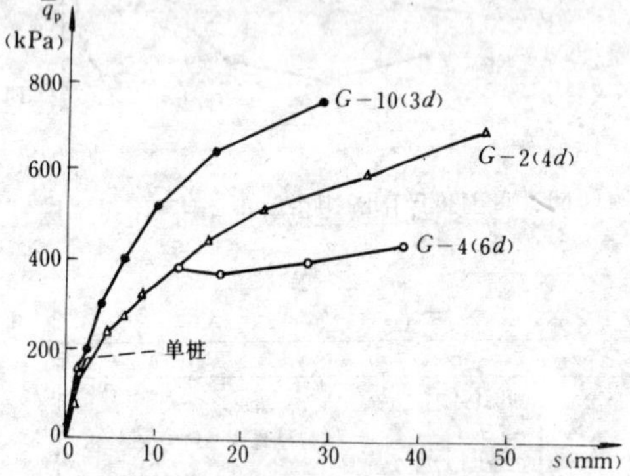

图 5-9 软土中不同桩距低承台群桩端阻与沉降关系

(d=100mm，l=45d，n=4×4)

图 5-10 为粉土中群桩承台内区平均极限土阻力 σ_{in}^{i} 随桩距比（s_a/d）、桩长与承台宽度比（l/B_c）的变化关系。从中看出，当桩长一定（l=18d）、l/B_c 变幅较小（l/B_c=1.20～2.56）时，σ_{in}^{i} 随桩距增大呈缓变双曲线（图 5-10a）增大；当桩距一定（s_a/d=3），

σ^c_{in}随 l/B_c 增大呈缓变双曲线减小，并当 $l/B_c \geqslant 2$ 时，σ^c_{in}趋于渐近值（图 5-10b）。

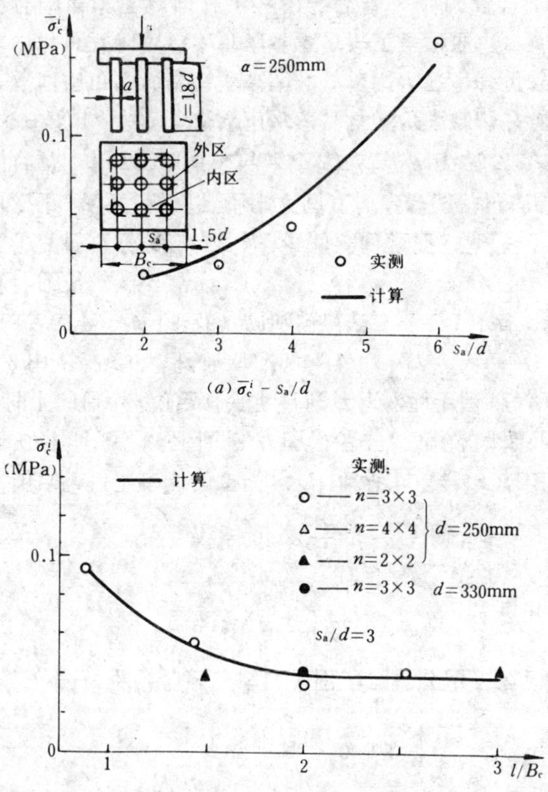

(a) $\overline{\sigma}_c^i$ - s_a/d

(b) $\overline{\sigma}_c^i$ - l/B_c

图 5-10　粉土中承台内区平均极限土阻力 σ^c_{in}与 S_a/d、l/B_c 的关系

四、群桩效应系数 η_s、η_p、η_{sp}、η_c

鉴于大量的系统试验结果表明，传统的单-群桩效率系数不能如实反映承载力的群桩效应。为此，引入分项群桩效应系数-侧阻群桩效应系数 η_s、端阻群桩效应系数 η_p、侧阻端阻综合群桩效应系数 η_{sp}、承台土阻力群桩效应系数 η_c，其定义为：

$$\eta_s = \frac{\text{群桩中基桩平均极限侧阻力}}{\text{单桩平均极限侧阻力}} = \frac{q_{sm}}{q_s}$$

$$\eta_p = \frac{\text{群桩中基桩平均极限端阻力}}{\text{单桩平均极限端阻力}} = \frac{q_{pm}}{q_p}$$

$$\eta_{sp} = \frac{\text{群桩中各基桩平均极限承载力}}{\text{单桩极限承载力}} = \frac{Q_{um}}{Q_u}$$

$$\eta_c = \frac{\text{群桩承台底平均极限土阻力}}{\text{承台底地基土极限承载力标准值}} = \frac{\sigma_{uk}}{f_{uk}}$$

根据群桩侧阻、端阻、承台土阻力的大量测试结果及其随有关因素的变化规律，给出 η_s、η_p、η_c 的实用计算表达式如下：

$$\eta_s = G_s \cdot C_s \tag{5-3}$$

$$\eta_p = G_p \cdot C_p \tag{5-4}$$

$$\eta_c = \eta_c^e \frac{A_c^e}{A_c} + \eta_c \frac{A_c^i}{A_c} \tag{5-5}$$

式中　G_s、G_p——侧阻、端阻的群桩效应系数；

对于砂土、粉土中的桩基：

$$G_s = \alpha \tag{5-6}$$

S_a/d	2	3	4	5	6
α	1.0	1.3	1.2	1.1	1.0

$$G_p = 10/(\frac{s_a}{d} + 6) \tag{5-7}$$

对于粘性土中的桩基：

$$G_s = 1.2 - \frac{1.2d}{s_a} \tag{5-8}$$

$$G_p = \frac{6}{s_a/d} \cdot \ln[e - \frac{6 - s_a/d}{6}] \tag{5-9}$$

C_s、C_p——侧阻、端阻的承台效应系数，对于高承台，$C_s = C_p = 1$；

对于砂土、粉土中的桩基：

$$C_s = 1 + 0.1\frac{s_a}{d} - 0.8\left[\frac{B_c}{l} - \ln\left(0.2\frac{B_c}{l} + 1\right)\right] \quad (5\text{-}10)$$

$$C_p = 1 + 0.1\frac{s_a}{d}\sqrt{\frac{B_c}{l}} \quad (5\text{—}11)$$

对于粘性土中的桩基：

$$C_s = 1 + 0.12\sqrt{\frac{s_a}{d}} - 0.5\left[\frac{B_c}{l} - \ln\left(0.3\frac{B_c}{l} + 1\right)\right] \quad (5\text{-}12)$$

$$C_p = 1 + 0.1\frac{s_a}{d}\ln\left(\frac{0.5B_c}{l} + 1\right) \quad (5\text{-}13)$$

η_c^e、η_c^i——承台外区、内区土阻力群桩效应系数：

$$\eta_c^e = \frac{1}{8}\left(\frac{s_a}{d} + 2\right) \quad (5\text{-}14)$$

$$\eta_c^i = 0.08\frac{s_a}{d}\sqrt{\frac{B_c}{l}} \quad (5\text{-}15)$$

现场试验和工程实测表明，软土地基上承台内区土阻力 σ_c^i 基本不随 B_c/l 而变化，不同 B_c/l 的情况下，其 σ_c^i 均接近于 $B_c/l \leqslant 0.2$ 条件下的值，故规定对于承台底存在软弱土层时，均取规范表 5.2.3-2 中 $B_c/l \leqslant 0.2$ 栏所对应的 η_c^i。

将式（5-3）～（5-15）制成规范表 5.2.3-1、表 5.2.3-2，以便于设计应用。

五、群桩效应系数 η_s、η_p、η_c 的试验验证

对粉土、软土、粉质粘土中不同几何参数的群桩试验的 η_c、η_s、η_p 进行计算，并与实测值进行比较，其结果列于表 5-2、表 5-3、表 5-4。从中看出，采用上述实用方法计算群桩基础的分项群桩效应系数，从而确定分项极限承载力和总极限承载力是可行的。

六、群桩基础承台土抗力计算方法工程验证

设计中考虑承台底基土分担荷载是一个普遍关注的重要问题，上述计算方法主要以系统试验结果为基础求得的。为验证这一方法的可靠性，这里引用 15 项工程的实测结果与计算值进行比较，列于表 5-5。这 15 项桩基工程就地基土质而言，包括饱和粘

群桩承台土阻力试验与计算比较 表 5-2

序列	试验编号	承台底基土	桩径 d (mm)	长径比 l/d	桩距比 s_a/d	桩数 $r\times m$	承台宽度与桩长比 B_c/l	承台内区面积比 A_c^i/A_c	承台土阻力群桩效应系数 η_c	承台土阻力		实测 / 计算
										计算 σ_{cu}	实测 σ'_{cu}	$\dfrac{\sigma'_{cu}}{\sigma_{cu}}$
1	G—5	粉土 f_{uk}=200kPa	250	18	3	3×3	0.500	0.567	0.37	85	96	1.13
2	G—7		250	8	3	3×3	1.125	0.567	0.41	106	121	1.14
3	G—8	f_{uk}=200kPa	250	13	3	3×3	0.692	0.567	0.39	94	87	0.93
4	G—9	f_{uk}=200kPa	250	23	3	3×3	0.391	0.567	0.67	81	99	1.22
5	G—13	f_{uk}=200kPa	250	18	4	3×3	0.611	0.614	0.44	104	98	0.96
6	G—14	f_{uk}=200kPa	250	18	6	3×3	0.833	0.743	0.70	151	176	1.17
7	G—19	f_{uk}=200kPa	250	18	3	1×4	0.167	0.270	0.52	114	135	1.18
8	G—20	f_{uk}=200kPa	250	18	3	2×4	0.333	0.552	0.36	81	111	1.37
9	G—21	f_{uk}=200kPa	250	18	3	3×4	0.507	0.614	0.35	80	53	0.66
10	G—22	f_{uk}=200kPa	250	18	3	4×4	0.667	0.665	0.34	82	51	0.62
11	G—23	f_{uk}=200kPa	250	18	3	2×2	0.333	0.392	0.44	110	149	1.35
12	G—24	f_{uk}=200kPa	250	18	3	1×6	0.167	0.665	0.34	82	51	0.62
13	G—25	f_{uk}=200kPa	250	18	3	3×3	0.500	0.567	0.37	53	63	1.19
14	GD—1	淤泥质土 f_{uk}=80kPa	100	45	3	4×4	0.267	0.665	0.28	25	28	1.21
15	GD—2	f_{uk}=200kPa	100	45	4	4×4	0.333	0.736	0.30	28	20	0.71
16	GD—3	f_{uk}=200kPa	100	45	6	4×4	0.467	0.813	0.36	39	24	0.62
17	GD—4	f_{uk}=200kPa	100	45	6	3×3	0.333	0.743	0.41	37	50	1.28
18	GR—1	粉质粘土 f_{uk}=400kPa	114	17.5	3.5	3×9	0.500	0.862	0.24	118	140	1.19
19	GB—1	粉土 f_{uk}=300kPa	325	12.3	4	2×2	0.550	0.710	0.34	102	122	1.20

注：G—25 为长期载荷试验，GB—1 为爆扩桩，D=1000mm。

粉土中钻孔群桩极限承载力计算与实测比较 **表 5-3**

编号	桩径 d (mm)	桩长比 l/d	桩距比 s_a/d	桩数 n	桩承台	对应单桩 q_{sui} (kPa)	对应单桩 q_{sui} (kPa)	群桩 q_{su} (kPa)	群桩 q_{pu} (kPa)	侧阻群桩效率系数 η_s		端阻群桩效率系数 η_p		承台土阻力群桩效率系数 η_c		群桩级限承载力 P_u (kN)		极限承载力群桩效应系数 η		实测 η'/计算 η
										计算	实测	计算	实测	计算	实测	计算	实测	计算	实测	
G—5	250	18	3	3×3	低	37.8	844	44.1	1256	1.14	1.16	1.34	1.49	0.43	0.48	2267	2560	1.34	1.51	1.13
G—6	330	18	3	3×3	低	44.1	569	44.1	—	1.14	—	1.34	—	0.43	—	3386	3430	1.14	1.15	1.01
G—7	250	8	3	3×3	低	27.5	992	9.8	1324	0.78	0.36	1.44	1.44	0.53	0.60	1387	1340	1.68	1.64	0.98
G—8	250	13	3	3×3	低	32.4	844	35.3	1275	1.01	1.09	1.39	1.51	0.47	0.43	1702	1880	1.55	1.69	1.09
G—9	250	23	3	3×3	低	43.2	589	50.0	857	1.20	1.16	1.32	1.12	0.41	0.49	2828	2950	1.11	1.15	1.04
G—11	330	14	3	3×3	低	38.0	830	—	—	1.04	—	1.38	—	0.46	—	2910	3100	1.17	1.25	1.07
G—13	250	18	4	3×3	低	37.8	844	42.2	585	0.82	1.11	1.31	0.93	0.52	0.49	2213	2490	1.31	1.46	1.11
G—14	250	18	6	3×3	低	37.8	844	31.4	893	0.99	0.82	1.29	1.06	0.76	0.88	3740	3750	2.21	2.23	1.01
G—16	250	18	3	3×3	高	37.8	844	54.0	765	1.20	1.42	1.26	0.91	0	0	1911	2300	1.34	1.36	1.01
G—17	250	18	4	3×3	高	37.8	844	44.1	510	1.10	1.16	1.18	0.60	0	0	1772	1740	1.05	1.03	0.98
G—18	250	18	6	3×3	高	37.8	844	40.2	314	1.00	1.00	1.06	0.37	0	0	1597	1495	0.94	0.88	0.94
G—19	250	18	3	1×4	低	37.8	844	42.2	1001	1.20	1.11	1.26	1.19	0.57	0.68	1084	1120	1.44	1.49	1.03
G—20	250	18	3	2×4	低	37.8	844	33.4	1275	1.20	0.88	1.30	1.51	0.40	0.60	2070	2100	1.38	1.41	1.02
G—21	250	18	3	3×4	低	37.8	844	32.4	647	1.15	0.85	1.35	0.77	0.40	0.27	2882	2220	1.28	—	—
G—22	250	18	3	4×4	低	37.8	844	39.2	1226	1.04	1.03	1.39	1.45	0.41	0.26	3816	3590	1.19	1.19	1.00
G—23	250	18	3	2×2	低	37.8	844	45.1	1030	1.20	1.20	1.30	1.22	0.51	0.61	1066	1216	1.42	1.60	1.13
G—24	250	18	3	1×6	低	37.8	844	42.2	775	1.20	1.11	1.26	0.92	0.57	0.52	1626	1590	1.37	1.41	1.03

软土中群桩极限承载力计算与实测比较 **表 5-4**

编号	桩径 d (mm)	桩长比 l/d	桩距比 s_a/d	桩数 n	单桩极限承载力 Q_u (kN)	桩承台	对应单桩		群桩		侧阻群桩效率系数 η_s		端阻群桩效率系数 η_p		承台土阻力群桩效率系数 η_c		群桩级限承载力 P_u (kN)		极限承载力群桩效应系数 η		实测 η'/计算 η
							q_{sui} (kPa)	q_{sui} (kPa)	q_{su} (kPa)	q_{pu} (kPa)	计算	实测	计算	实测	计算	实测	计算	实测	计算	实测	
G—1	100	45	3	4×4	26.5	低	19.4	173			0.80		1.65		0.28	0.35	428	410	0.93	0.97	1.01
G—2	100	45	4	4×4	29.4	低	21.5	173	18.5	540	0.90	0.86	1.23	3.1	0.30	0.25	538	509	1.07	1.08	1.01
G—4	100	45	6	4×4	29.4	低	21.5	173	23.0	390	1.00	1.07	1.17	2.3	0.36	0.30	721	841	1.28	1.36	1.06
G—6	100	45	6	3×3	32.4	低	23.7	173			1.00		1.13		0.41	0.49	422	447	1.26	1.54	1.22
G—7	100	45	4	4×4	29.4	低	21.5	173			0.90		1.23		0.30		538	526	1.07	1.12	1.05
G—9	100	45	4	4×4	29.4	低	21.5	173			0.90		1.23		0.30		538	533	1.07	1.13	1.06
G-9B	100	45	4	4×4	29.4	高	21.5	1.73			0.90		1.23		0		538	490	0.99	1.04	1.05
G-10S	100	45	3	2×4	29.4	低	21.5	173	15.8	760	0.80	0.73	1.26	4.4	0.36		234	225	1.03	0.95	0.92
G-10N	100	45	3	2×4	29.4	低	21.5	173	15.8	760	0.80	0.73	1.26	4.4	0.36		234	225	1.03	1.00	0.97
DG—1	114	17.5	3.5	3×9	55										0.30	035	1681	1750	1.13	1.18	1.04

建筑物群桩承台土阻力计算与实测比较 **表 5-5**

序号	建筑结构	承台底基土	桩经(mm)/桩长 L(mm)	平均桩距 s_a/d	承台平面尺寸(m^2)	承台宽度与桩长比 B_c/l	承台内区面积比 A_c^{in}/A_c	承台效应系数 η_c	承台土阻力(kPa) 计算 σ_c (σ_{cu})	实测 σ_c'	$\frac{实测\ \sigma_c'}{计算\ \sigma_c}$
1	22层框剪	亚粘土 $f_{uk}=160kPa$	$\frac{\phi550}{22.0}$	3.29	42.7×24.7	1.12	0.96	0.15	12 (24)	13.4 (53.4)	1.12
2	25层框筒	亚粘土 $f_{uk}=180kPa$	$\frac{450\times450}{25.8}$	3.94	37.0×37.0	1.44	0.90	0.20	18 (36)	25.3 (65.3)	1.40
3	独立柱基	淤泥质亚粘 $f_{uk}=120kPa$	$\frac{400\times400}{24.5}$	3.55	5.6×4.4	0.18	0.83	0.21	17.1 (34.2)	17.7 (24.7)	1.04
4	18～20层剪力墙	粉砂 $f_{uk}=180kPa$	$\frac{400\times400}{7.5}$	3.75	29.7×16.7	2.95	0.88	0.20	18.0 (36.0)	20.4 (40.4)	1.13
5	12层剪力墙	粉土 $f_{uk}=160kPa$	$\frac{450\times450}{25.5}$	3.82	25.5×12.9	0.506	0.85	0.9	23.2 (46.4)	33.8 (63.8)	1.46
6	16层框剪	淤质亚砂 $f_{uk}=160kPa$	$\frac{50\times50}{26.0}$	3.14	44.2×12.3	0.456	0.88	0.23	16.1 (32.2)	15 (40)	0.93
7	32层剪力墙	淤质亚粘 $f_{uk}=160kPa$	$\frac{500\times500}{54.6}$	4.31	27.5×24.5	0.453	0.90	0.27	18.9 (37.8)	19 (39.0)	1.01
8	26层框筒	亚砂 $f_{uk}=160kPa$	$\frac{\phi609}{53.0}$	4.26	38.7×36.4	0.687	0.90	0.33	26.4 (52.8)	29.4 (89.4)	1.11

续表

序号	建筑结构	承台底基上	桩经(mm) / 桩长 L(mm)	平均桩距 s_a/d	承台平面尺寸(m^2)	承台宽度与桩长比 B_c/l	承台内区面积比 A_c^{in}/A_c	承台效应系数 η_c	承台土阻力(kPa) 计算 σ_c (σ_{cu})	实测 σ_c'	实测 σ_c' / 计算 σ_c
9	7层砖混怡园2#	粘填土 f_{uk}=157kPa	ϕ400 / 13.5	4.6	439	0.163	0.98	0.18	13.7 (27.4)	14.4	1.05
10	7层砖混怡园3#	粘填土 f_{uk}=157kPa	ϕ400 / 13.5	4.6	335	0.111	0.97	0.18	14.2 (27.4)	18.5	1.30
11	7层框架6#住宅	亚粘填土 f_{uk}=220kPa	ϕ380 / 15.5	4.15	14.7×17.7	0.98	0.98	0.17	19.0 (38.1)	19.5	1.03
12	7层框架9#住宅	亚粘填土 f_{uk}=220kPa	ϕ380 / 15.5	4.3	10.5×39.6	0.73	0.98	0.16	18.0 (35.9)	24.5	1.36
13	7层框架10#住宅	亚粘填土 f_{uk}=220kPa	ϕ380 / 15.5	4.4	9.1×36.3	0.61	0.97	0.18	19.3 (38.5)	32.1	1.66
14	7层框架14#住宅	亚粘填土 f_{uk}=220kPa	ϕ380 / 15.5	4.3	10.5×39.6	0.73	0.98	0.16	19.1 (38.5)	19.4	1.02
15	某油田塔基	轻亚粘 f_{uk}=240kPa	ϕ325 / 4.0	5.5	ϕ=6.9m	1.4	0.88	0.50	60 (120)	66	1.10

注：①计算土阻力，σ_{cu}为极限值，$\sigma_c=\sigma_{cu}/2$；

②实测土阻力 σ'_c，括弧内为未扣除静水压力值，括弧外为扣除静水压（浮力）值。

③序号1在武汉；序号2在上海；序号3在大港，序号4～8在上海；序号9～10在福州；序号11～14在福州，序号15在山东。

④f_{uk}为地基土极限承载力标准值，取 $f_{uk}=2$ [R]。

性土、软土、粉土；就建筑结构类型而言包括框架、框剪、框筒、剪力墙、排架、砖混；就建筑物性质和高度而言，包括多、高层住宅、宾馆、厂房、高塔。

按式（5-5）及规范表5.2.3-2计算出承台竖向土阻力群桩效应系数 η_c，按下式求得承台平均土阻力极限值

$$\sigma_{cu}=\eta_c\cdot f_{uk} \tag{5-16}$$

将 σ_{cu} 除以安全系数 $K=2$，求得承台平均土阻力容许值 σ_c，以便与实测值比较（考虑到实测工程的原设计方法）。

$$\sigma_c=\sigma_{cu}/2$$

式中 f_{uk}——承台底地基土极限承载力标准值，取规范容许值乘以2，即

$$f_{uk}=2[R]$$

由表5-2建筑物群桩承台土阻力计算与实测比较可见，实测与计算值之比一般大于1。这说明规范所给计算方法是偏于安全的，这也符合首次将承台、桩共同分担荷载问题列入规范宜谨慎稳妥的原则。

5.2.4，5.2.5 关于单桩竖向极限承载力标准值的确定

实际表明，单桩竖向极限承载力的确定就其可靠性而言，仍以传统的静载试验最高，其次为七十年代发展起来的原位测试法，包括静力触探、标准贯入、旁压试验。由于单桩静载试验的费用、时间、人力消耗都较高，大量推广应用显然是不现实的。因此，根据建筑物的类别选择确定单桩极限承载力标准值的方法也是在可靠性与经济性之间选择合理的平衡。虽然单桩静载试验就评价试验样品的承载力而言是一种可靠性较高的方法，但由于试桩数量毕竟很少，评价母体的承载力仍带有某种局限性。因此，不论属何等级建筑物，均应采用多种方法结合地质条件综合分析确定承载力，以提高确定结果的可靠性。

关于静力试桩数量，仍维持《建筑地基基础设计规范》规定的总桩数的1%，且一般不少于3根。但考虑到某些工程总桩数较少，因此，规定当总桩数不超过50根者，试桩数可减为2根。这一规定，同当前工程实际执行情况也较为接近。

关于竖向静载试验、根据静载试验结果如何确定单桩极限承载力标准值等都是很重要的问题，由于内容繁多故列于附录C。

5.2.6 利用静力触探确定单桩极限承载力。

1975年以来，各地对静力触探确定单桩极限承载力进行了广泛研究，积累了丰富的静力触探与单桩竖向静载试验的对比资料。关于单桥探头静力触探确定单桩竖向承载力的统计分析，主要以全国十省两市（上海、天津、河北、江苏、安徽、山东、浙江、湖北、河南、广东、四川及陕西）共275根预制桩的试桩结果为依据。

一、极限侧阻力标准值 q_{sik} 的确定

采用单桥探头静力触探的比贯入阻力资料估算各土层的极限桩侧阻力值时，需依据勘察资料，考虑土层的埋藏深度、排列次序及性质等，因此，规范图5.2.6-1的 q_{sk}-p_s 曲线考虑了以下四种情形。

1. 浅层土（土层埋深小于6m）

地表一定范围内的土层，由于上复压力较小，侧阻力也较低。锤击引起桩水平振动使桩身与浅层土局部脱离，土越硬，桩土局部脱离持续越久，土越软，桩土脱离随时间逐渐消失而趋闭合。浅层土的侧阻力值趋于某个定值，而与土质情况的关系不大。对全国51根各种土层中埋有测试元件试桩的浅层土侧阻力实测值统计为13.1～27.7kPa，平均值为17.3kPa。因此规定浅层土的极限侧阻力值采用15kPa，其范围以地表下6m为限。这对于较长桩的承载力估算精度影响不大，而对于短桩的估算精度可能会有一些影响。

2. 粘性土

由于土层的排列次序不同，粘性土的极限桩侧阻力值的发挥变化较大，例如，位于粉土、砂土层（或试桩区内不存在粉土、砂土层）之上的粘性土，当桩被打入土中时，桩身混凝土表面会粘附一层含水量相对较低而抗剪强度较高的泥皮。这层泥皮紧紧依附

于桩身，使得桩变形时剪切面不在桩身与土的接触面上，打桩扰动恢复后的泥皮强度大致上与桩极限侧阻力相同。而对于下卧于粉土、砂土层下的粘性土，当桩身穿越粉土、砂土层时，将夹带粉土、砂土一起沉入下卧的粘性土层。这时，桩身及其夹带的泥皮与周围的粘性土层之间将夹带一层粉土、砂土层，侧阻力值因此而有所降低；

3. 粉土、砂类土层

根据单桩静力触探结果表明，粉土、砂类土层中的比贯入阻力曲线线型起伏较大，规范图 5.2.6 中给定的曲线 D 考虑了极限侧阻力实测值在上海、南通地区的最大值为 100kPa，而在非软土地区的粉土、砂类土层侧阻力则可高于此值。

当桩穿越粉土、砂类土层底面时，以曲线 D 估算的侧阻力值偏大，故需按规范表 5.2.6-1 进行折减。

二、极限端阻力标准值的确定

用静力触探资料估算桩端阻力值一般不采用桩端全断面处对应的比贯入阻力 p_s 值作为桩端阻力估算值。这是因为探头的临界深度值远小于桩的临界深度值，因此，在土层变化处，尺寸效应使得两者有较大出入。由于桩端阻力发挥与多种因素有关，如持力层土类及其结构、密度、埋藏深度、厚度、持力层上下土层的排列次序、桩端进入持力层深度与桩径的比值等有关。用静力触探资料估计桩端阻力值一般通过确定桩端以上一定范围内土层厚度 d_1，平均比贯入阻力值与桩端以下一定影响深度（d_2）范围内的平均比贯入阻力值综合确定。

桩端位于匀质砂土（或均匀的硬塑粘性土）中，桩端距上覆（或下卧）软土层均有相当距离，影响桩端阻力的主要因素是砂土的类别、密实度及其埋深，其他因素的影响不明显。用各种取值范围及取值方法的结果差别不大，为方便，建议取全断面以上 $8d$、全断面以下 $4d$ 的影响范围。对于桩端位于匀质软粘土，情况亦同。

假如密砂层的比贯入阻力平均值 p_s 超过 20MPa 时，考虑到这类土在探头贯入过程中将发生剪胀现象，产生的侧孔隙水压力将使砂粒间有效应力暂时增加，按这时的比贯入阻力 p_s 值来估计桩端阻力将使估算值偏高，故需按规范表 5.2.6-3 系数 C 加以折减。

当桩端进入砂土（或硬塑粘性土）层不深，桩端阻力一般不高，原因是上覆软粘性土（或松砂）层的存在会影响端阻力的发挥。因此，对软、硬土层分界面附近桩端阻力的估算，如仍采用平均值，则估算值将会超过实测值的 25%～40%，软、硬程度极差越大，偏高值越大。考虑到这种情况，建议桩端比贯入阻力乘以折减系数 β（规范表 5.2.6-4）后取平均值。

全国十省二市共 275 根试桩的实测与计算之比的统计频数图如图 5-11 所示。

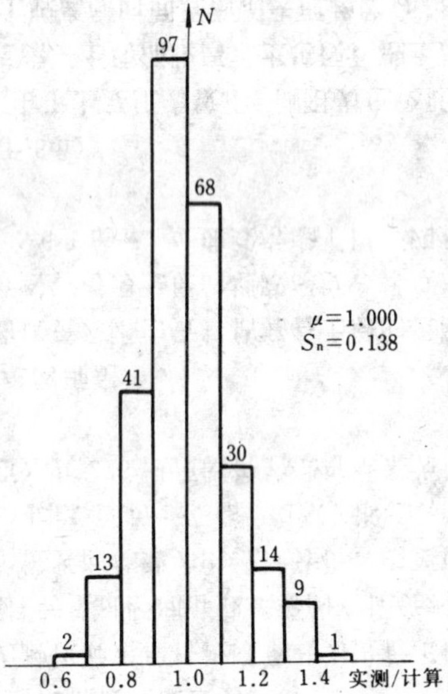

图 5-11　275 根预制桩静力触探法频数分布图

5.2.7　根据双桥探头静力触探估算预制桩竖向承载力。规范（式 5.2.7-1）是根据浙江、嘉兴、连云港、太原、西安等地共 43 根打入不同地层的静力试桩，并经较多工程应用后提出的。桩侧阻力系数，采用铁道部科学研究院等建议方法，桩端阻力的估算采用机械电子工业部勘察研究院给出的经验系数。

43 根试桩结果所得单桩极限承载力与按规范式 5.2.7-1 估算的极限承载力比值在 0.82～1.22 之间，其中 25 根桩的估算误差在 10%以内，占 58.1%，17 根桩的估算误差在 10%～20%之间，占 40%；以上两部分合计占 92.1%，仅有一根桩的误差为 22%。

5.2.8 关于极限侧阻力、极限端阻力标准值经验值的确定。竖向极限承载力标准值是沿用多年的传统方法，广泛应用于各种桩型，尤其是预制桩更是积累了丰富的经验。规范式（5.2.8）给出了预制桩、水下钻（冲）孔灌注桩、沉管灌注桩及干作业钻孔灌注桩的经验计算式。其桩侧极限阻力标准值及桩端极限阻力标准值分别列于规范表 5.2.8-1 及表 5.2.8-2。

本规范在制定承载力参数表时，考虑到与《建筑地基基础设计规范》GBJ7—89 的衔接关系及其所积累的工程经验，并考虑到本规范按极限状态设计的要求，在承载力参数的统计分析中以 GBJ7—89 的承载力参数表所对应的极限承载力为基本值，确定各土层的承载力比值关系，再根据统计分析结果确定极限承载力标准值。

一、预制桩承载力参数的统计分析

根据全国各地 229 根试桩结果统计分析，按 GBJ7—89 所列经验参数计算单桩极限承载力主要存在以下 3 个问题。

1. 缺乏较软弱土层的桩端阻力值；

2. 埋深 10m 左右的较硬层端阻力偏高；

3. 缺少埋深超过 30m 以上持力层的端阻力。

对于以上 3 个方面的问题增补或修改之后，也无法从根本上改变对短桩估算偏大，对长桩估算值偏小的情况。为此，需要通过考虑桩的入土深度对桩侧阻力进行修正，即引入深度修正系数 0.8～1.2。对 229 根预制桩按规范表 5.2.8-1，表 5.2.8-2 所列经验系数计算，其实测值与计算值之比的频数图及标准差 S_n 如图 5-12 所示。

二、水下钻（冲）孔灌注桩竖向承载力参数统计分析

《工业与民用建筑灌注桩基础设计与施工规程》JGJ4—80 由于受当时灌注桩发展水平和试验数量的限制，仅收集到水下钻孔桩资料 20 根，在 JGJ4—80 中未提供水下钻（冲）孔灌注桩侧阻力参数表。本次编制工作中，共收集各地试桩资料 73 根。

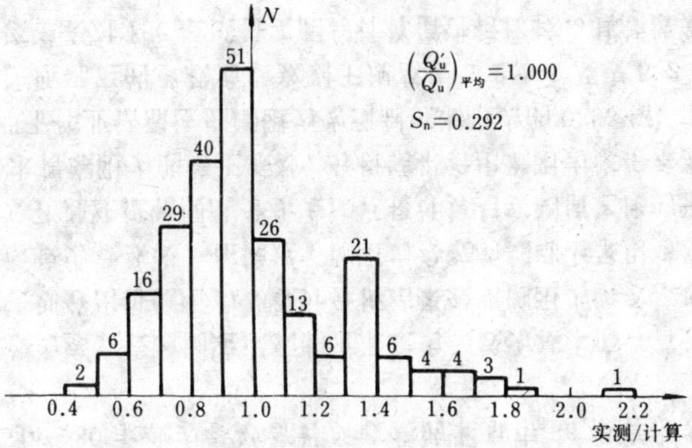

图 5-12 预制桩（229 根）极限承载力实测/计算频数分布图

由于钻（冲）孔桩成桩直径、沉渣等变异性大，其承载力的离散性也较大，因此在本次分析中首先以经验方法划分出桩的总侧阻力与端阻力然后分别统计分析。

1. 桩侧阻力的统计分析

桩侧阻力按经验方法划分后，以 GBJ7—89 的预制桩侧阻力值为基本值，然后将各类土的对应的参数分别乘以不同的修正系数，用最小二乘法得出该修正系数。由此求得侧阻力标准值（规范表 5.2.8-1）。

2. 桩端阻力的统计分析

以预制桩端阻力表作为灌注桩端阻力表的基本值，并考虑各个土层为同一修正系数，则单桩计算极限承载力 Q_k 可由下式确定。

$$Q_k = Q_{sk} + \eta \cdot Q_{pk} \tag{5-17}$$

式中 Q_{sk}——按修正后的侧阻力经验值计算的总侧阻力；

Q_{pk}——按预制桩端阻经验值计算的总端阻力；

η——水下钻（冲）孔桩端阻力修正系数。

根据式（5-17）计算给出的各桩极限承载力值与实测值之比 μ_i 平均值为 1 的原则，即：

$$\frac{1}{n}\Sigma\mu_i=\frac{1}{n}\Sigma\frac{Q_{ik}}{Q_{mi}}=\frac{1}{n}\left(\Sigma\frac{Q_{sik}}{Q_{mi}}+\eta\Sigma\frac{Q_{pik}}{Q_{mi}}\right)=1$$

得

$$\eta=\left(n-\Sigma\frac{Q_{sik}}{Q_{mi}}\right)/\Sigma\frac{Q_{pik}}{Q_{mi}} \quad (5\text{-}18)$$

式中 n——统计子样数；

Q_{mi}——单桩极限承载力实测值。

对于 73 根桩，按式（5-18）计算得 $\eta=0.25$。将按规范表 5.2.81 及规范表 5.2.8-2 计算所得极限承载力与实测值之比的频数图表示于 5-13。

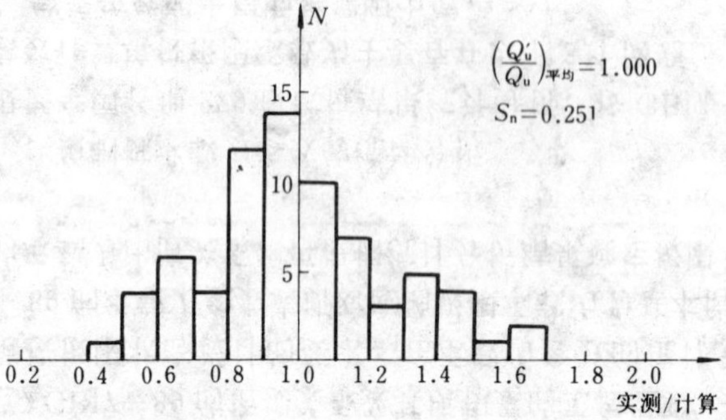

图 5-13　水下钻冲孔灌注桩（73 根）极限承载力实测/计算频数分布图

三、沉管灌注桩承载力参数统计分析

本次沉管灌注桩承载力参数统计共收集到五省二市的试桩资料近 500 份。但由于其中绝大部分试桩为工程检验性试桩，加荷未能达到极限承载力，另外部分试桩报告缺少地质资料等原因而无法参加统计，经筛选得到参加本次统计的试桩共 138 根。

考虑到沉管灌注桩与混凝土预制桩同属于挤土桩，同时由于沉管灌注桩无法进行桩身内力测试，侧阻与端阻划分方法也无成熟经验，因此，以预制桩承载力参数表为基本值，将各土层侧阻及端阻考虑同一修正系数确定承载力参数。经 138 根桩的统计分析得修正系数为 0.834，即沉管灌注桩的承载力参数取值为预制桩的 0.834 倍。由此制定了承载力参数表，实测值与计算值之比的频数分布如图 5-14。

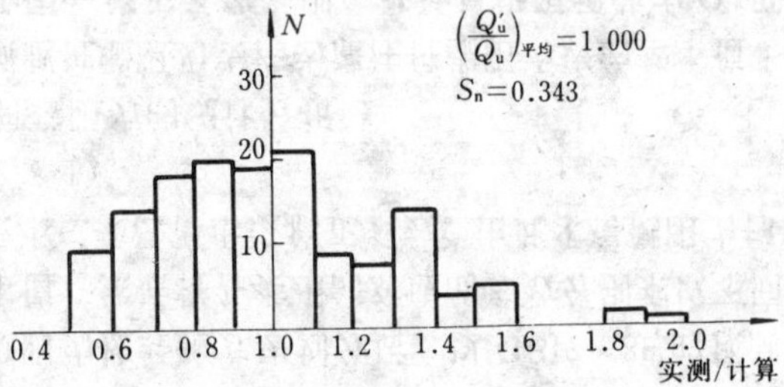

图 5-14　沉管灌注桩（138 根）极限承载力实测/计算频数分布图

四、干作业钻孔灌注桩承载力参数统计分析

本次参加统计的干作业钻孔灌注桩试验资料共有 150 根，分布于黑龙江、北京、河北、辽宁，这些试桩资料比较完整，总数量较 JGJ4—80 承载力参数统计所收集的北京市 36 根有很大增加。

承载力参数表的制定以预制桩承载力参数为基本值，首先按经验方法划分出桩侧阻力，统计分析结果表明侧阻力参数接近于预制桩承载力参数表。在确定了侧阻力参数的基础上采用与水下钻（冲）孔灌注桩相同的分析方法，将计算与实测值之比的平均值取 1,求得端阻力的修正系数。分析结果给出端阻力修正系数为 0.53，即干作业钻灌注桩端阻力为预制桩端阻力的 0.53 倍。根据上述方法所确定的承载力参数列于规范表 5.2.8-1 及表 5.2.8-2 值。按该二表对 150 根试桩实测与计算值进行比较，其频数分布表示于图 5-15。

5.2.9　关于大直径桩极限端阻力标准值（$d\geqslant800$mm）经验参数与尺寸效应问题。

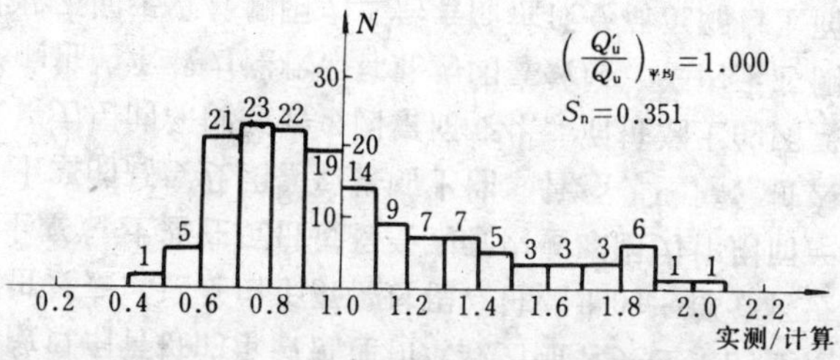

图 5-15　干作业钻孔桩（150 根）极限承载力实测/计算频数分布图

大直径桩施工质量较其他桩型易于控制，尤其是人工挖孔桩是如此。由于大直径桩通常置于较好的持力层上，又由于常采用扩底，单桩静载荷试验的 Q-s 曲线一般呈缓变型。单桩承载力的取值往往按沉降控制，并考虑上部结构对沉降的敏感性确定。以往的取值方法基本上以对应沉降 $s=10\sim20$mm 或 $s=0.11\sim0.15D$ 为容许承载力或 $s=40\sim60$mm 为极限承载力。本次统计所收集到的 40 根大直径试桩资料，由于受加荷量的限制，大部分没有加荷至极限荷载。为了综合考虑试验容许承载力取值按 $s=15$mm 及 $s=0.01D$ 的两种取值方法，取其平均值为实测容许承载力。由于侧阻力所占比重不大，故其极限端阻力取为实测容许端阻力的 2 倍。

由于大直径桩端阻力一般呈渐进破坏，因此其极限端阻力随桩径增大而减小。《北京大直径桩勘察、设计、施工的若干建议》规定大直径桩端阻力取值随桩端直径 D 增大而减小，粘性土、粉土降幅较小，粉细砂次之，砾石降幅最大，其总的变化关系是极限端阻随 D 呈双曲线减小（如图 5-16）。G. G. Meyerhof (1988) 指出，砂土中大直径桩的极限端阻随桩径增大而呈双曲线型减小，其减小的幅度随砂的密实度增大而增大，其原因是由于大直径桩端阻呈渐进破坏。根据现有资料，将大直径桩端阻的尺寸效应系数表示为：

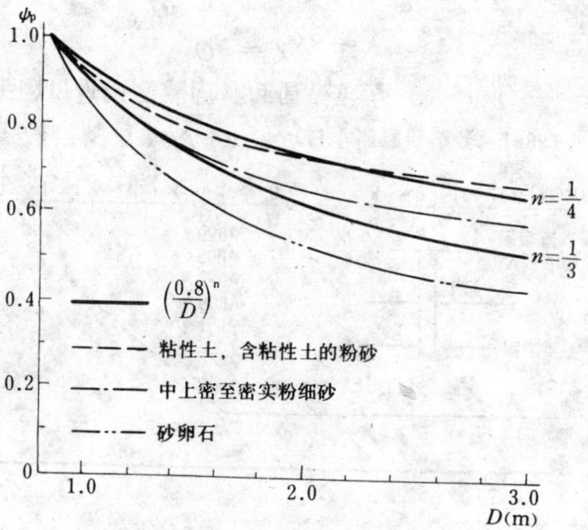

图 5-16　大直径桩端阻尺寸效应系数 ψ_p 值桩径 D 的变化

$$\psi_p=(\frac{0.8}{D})^n$$

式中　D——桩端直径；

n——经验指数，对于粘性土、粉土，$n=1/4$；对于砂土、碎石类土，$n=1/3$。

由于大直径桩一般为钻、挖、冲孔灌注桩，在成孔过程对于无粘性的砂、碎石类土，将因应力释放而出现孔壁土的松弛效应，导致侧阻力降低，孔径愈大，降幅愈大。图 5-17 为 H. Brandl (1988) 给出的砂、砾土中极限侧阻与桩径的关系。该图表明，极限侧阻随桩径增大呈双曲线减小。目前国内积累的侧阻随桩径变化的资料尚少，但对于砂土、碎石类土中侧阻的尺寸效应是不容忽略的，建议参照图 5-17 的变化特征取如下变幅不大的双曲线型尺寸效应系数

$$\psi_s=(\frac{0.8}{d})^{1/3}$$

式中　d——桩身直径。

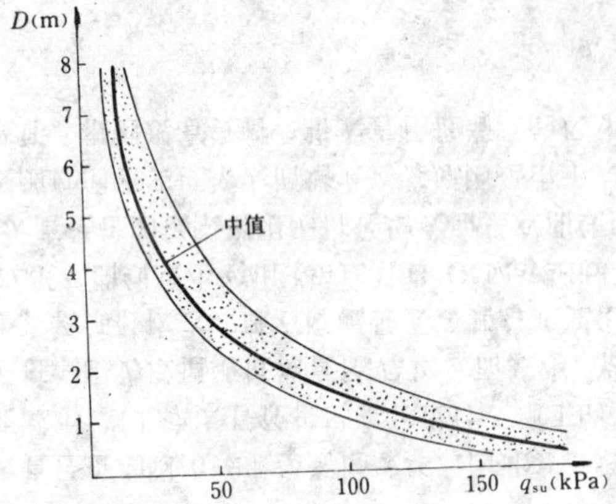

图 5-17 砂、砾土中极限侧阻力随桩径的变化

对于粘性土、粉土孔壁土松弛变形较小，取 $\psi_s=1$。

5.2.10 关于钢管桩的竖向承载力

一、闭口钢管桩

闭口钢管桩的承载变形机理与混凝土预制桩是相同的。钢管桩表面性质与混凝土预制桩虽有所不同，但大量试验结果表明，两者的极限侧阻力是可视为相等的，因为除坚硬粘性土外，侧阻剪切破坏面是发生于靠近桩表面的土体中，而不是发生于桩土界面。因此，闭口钢管桩承载力的计算可采用与混凝土预制桩相同的模式和承载力参数。

二、敞口钢管桩的端阻力

敞口钢管桩的承载机理和承载力随有关因素的变化远比闭口钢管桩复杂。这是由于沉桩过程，桩端土的一部分将进入管内形成"土塞"。土塞在沉桩过程受到管内壁摩阻力作用而产生一定压缩。土塞的高度及闭塞效果随土性、管径、壁厚、桩入土深度及进入持力层的深度等诸多因素而变化。而桩端土的闭塞程度又直接影响桩的承载力性状，称此为闭塞效应。管内土芯侧阻力的发挥性状不同于管外侧阻力。后者随桩顶受荷沉降自上而下逐步发挥，前者则只有当荷载传递到桩端并产生桩端沉降才开始由下而上逐渐发挥。土塞的模量愈低，土塞的高度愈大，全部充分发挥土塞侧阻所需沉降愈大。敞口钢管桩端阻的破坏以下列两种形式之一出现：

1. 土塞沿管内向上挤出，或由于土塞的压缩量大且高度大，虽未全长向上挤出，但桩端土已大量拥入；

2. 桩端地基土如同闭口桩一样破坏。

对于第一种情况，桩端土处于未完全闭塞状态，其闭塞程度主要随桩进入持力层的深度增大而增大，随桩管内径增大而降低。对于第二种情况，桩端土处于完全闭塞状态，其端阻力发挥值与闭口桩相同。

为简化计算，以桩端闭塞效应系数 λ_p 表征极限端阻力的闭塞效应。图 5-18 为 λ_p 与进入持力层相对深度 h_b/d_s 的关系。纵坐标为敞口桩静载试验所得总极限端阻与 $30NA_p$ 之比。其中 $30NA_p$ 为闭口桩总极限端阻，N 为桩端土标贯击数，A_p 为桩端投影面积。从该图看出，当 $h_b/d_s\leqslant5$ 时，λ_p 随 h_b/d_s 线性增大；当 $h_b/d_s>5$ 时，λ_p 趋于常量（$\lambda_p=0.8$，部分桩试验值 λ_p 为 1 或接近于 1）。图中 λ_p 系 ϕ450～650mm 钢管桩的试验值，故对于 $d_s>600$mm 桩尚应予以折减。

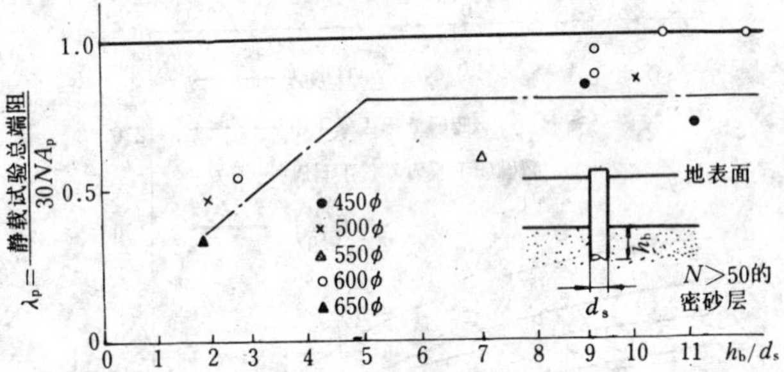

图 5-18 λ_p 与 h_b/d_s 的关系（日本钢管桩协会，1986）

故对于敞口桩极限端阻标准值表示为

$$Q_{pk}=\lambda_p q_{pk} A_p$$

闭塞效应系数 λ_p 根据桩端进入持力层的相对深度 h_b/d_s、桩外径 d_s 由规范式（5.2.10-2）、式（5.2.10-3）及规范表 5.2.10 确定。

当敞口桩底部设置隔板时，桩端的闭塞效果将会提高，即增大闭塞效应系数 λ_p。参考日本钢管桩协会编制的“钢管桩设计与施工”的规定，按下式计算带隔板桩的等效直径

$$d_e = d_s/\sqrt{n}$$

式中 n 为隔板分割数。将 d_e 代替 d_s 确定 λ_s、λ_p。

三、敞口钢管桩的侧阻力

敞口钢管桩沉桩过程一部分土进入管内形成土塞，一部分被挤向桩周，因此其挤土效应不同于闭口桩。桩侧阻力的性状受挤土效应影响，因而也受桩端闭塞情况的影响。

试验结果表明，饱和粘性土中的桩侧阻力随挤土密度而变化。敞口桩的挤土密度 ρ 由下式确定

$$\rho = \frac{\text{入土桩壁体积} + (\text{桩入土深度} - \text{土塞高度}) \times \text{土芯横截面积}}{\text{桩入土部分外表面积}}$$

表 5-6 所列为不同挤土密度试桩的极限侧阻力实测值。从中看出，对于敞口（开口）桩，由于挤土密度低，其侧阻 q_{su} 低于挤土密度大的桩。而挤土密度又随桩径增大而减小。将敞口桩总极限侧阻标准值表示为

桩侧阻力与挤土密度关系　　表 5-6

试验地点	桩型、尺寸 (mm)	挤土密度	桩侧阻力 q_{su}（kPa）		
		ρ（m^3/m^2）	上部	中部	下部
LSTT 试桩	开口 R、C 管桩 ϕ1200	0.058		48.9	
	R、C 方桩 600×600	0.150		69.4	
SHBG 码头试桩	开口钢管桩 ϕ1200	0.043	7.0	36.1	
	R、C 方桩 600×600	0.150	21.0	72.0	
BKSH 码头试验	开口钢管桩 ϕ1200	0.025	5.0	19.9	45.4
	R、C 方桩 600×600	0.150	16.0	38.2	100
	半开口钢管桩 ϕ1200	0.267	18.1	37.6	96.0
	闭口钢管桩 ϕ1200	0.300	18.1	37.6	96.0

引自（秦玉珙　施鸣升　1986）

$$Q_{sk} = \lambda_s u \Sigma q_{ski} l_i$$

式中，λ_s 为侧阻挤土效应系数，随敞口桩内径增大而减小。

5.2.11　关于嵌岩桩单桩竖向承载力的计算

嵌岩灌注桩大量应用于建筑工程仅是近十年的事，以致在《工业与民用建筑灌注桩基础设计与施工规程》JGJ4—80 中未列入这类桩的计算方法，在《建筑地基基础设计规范》GBJ7—89 中仅给出了支承于基岩表面的短粗桩的只计端阻力的计算模式。综合十多年来的大量模型与原型试验研究成果和工程应用经验，本规范给出嵌岩桩单桩极限承载力标准值计算模式为：承载力一般由桩周土总侧阻力 Q_{sk}、嵌岩段总侧阻力 Q_{rk}、总端阻力 Q_{pk} 三部分组成，并分别为系数 ζ_s、ζ_r、ζ_p 的函数。

一、关于上覆土层侧阻力问题。以往有这样一种概念，凡嵌岩桩必为端承桩，凡端承桩均不考虑土层侧阻力。这对于存在冲刷作用的桥梁桩基，这样考虑是接近实际的。大量现场试验结果表明，随着上覆土层的性质和厚度的不同，桩的长径比 l/d 的不同，嵌入基岩性质和深度的不同，以及桩底沉渣厚度不同，桩侧阻力、端阻力的发挥性状也不同。通过荷载传递的测试，一般情况下，上覆土层的侧阻力是可以发挥的，除非桩的长径比很小，且桩端置于新鲜或微风化基岩中。因此，一般情况下，其侧阻发挥系数 $\zeta_s=1$，当桩的长径比不大（$l/d<30$），桩端置于新鲜或微风化硬质岩中且桩端无沉渣时，对于粘性土、粘土取 $\zeta_{si}=0.8$，对于砂土及碎石类土，取 $\zeta_{si}=0.7$。当桩很短，土层侧阻力是可以忽略不计的。

二、关于嵌岩段侧阻力问题。当桩端嵌入基岩一定深度，荷载先通过侧阻力传递于嵌岩段侧壁，在产生一定剪切变形后，一部分荷载才传递到桩底。由于嵌岩段的侧阻力是非均匀分布的，为此引入一侧阻力修正系数 ζ_s，如规范表 5.2.11。

三、关于嵌岩桩端阻力问题。试验结果表明，传递到桩端的应力随嵌岩深度增大而递减，当嵌岩深度达到 $5d$ 时，传递到桩端的应力接近于零。为此，引入端阻力修正系数 ζ_p，如规范表5.2.11。这说明桩端嵌岩深度一般不必过大，超过某一界限，并无助于提高竖向承载力。

四、关于嵌岩桩单桩竖向极限承载力规范计算式的验证。为验证该计算公式的可靠性，从国内外收集到两百多根破坏性试桩资料，但是很多资料的参数不完整，大多缺少嵌岩深度或岩石强度参数，不能参加统计，经筛选仅有 63 根试桩资料较完整，可作统计计算用。这此试桩资料的区域分布如表 5-7 所示。就全国性的规范来说，其分布范围仍嫌太窄。

试桩分布区域表　　表 5-7

试桩地点	四川	湖南	广东	贵州	云南	浙江	福建	山东	新加坡	加拿大
桩　数	16	9	5	3	2	11	5	4	4	4

为验证嵌岩桩极限承载力标准值计算式的可靠性，将计算式的计算结果与实测极限承载力之比（简称计试比 S）作为随机变量进行统计分析，其频数分布图如图 5-19 所示。从频数分布图可看出，计试比 S 值为 0.9～0.99 之间占 41%，S 值为 0.8～1.19 之间占 85%，即绝大部分数据落在 1.0 左右。经统计分析，计试比 S 的平均值为 0.9851，说明计算结果较实测值略偏小，这也是工程所必需的。统计分析的标准差为 0.1246，变异系数为 0.1265。该计算式属首次编入规范，为使大面积应用时有更多的安全储备，在编制规范表 5.2.11 时，人为地将嵌岩侧阻力和端阻力修正系数适当降低，使按规范式（5.2.11）计算的结果作到绝大部分小于实测值。

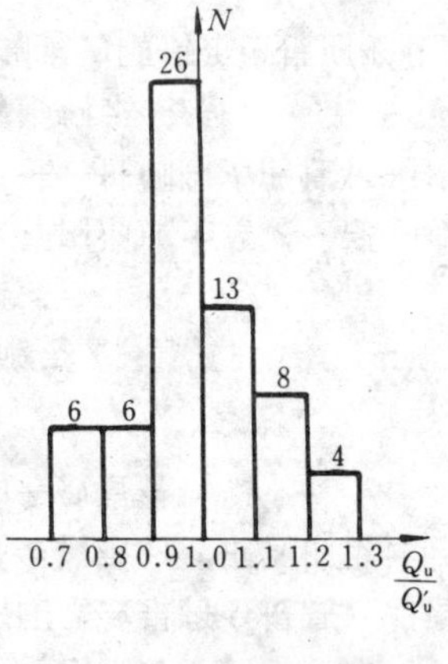

图 5-19　嵌岩桩极限承载力计试比 Q_u/Q_u' 频数分布图

以上计算结果为嵌岩灌注桩单桩极限承载力标准值，基桩设计值应根据第 5.2.2 条规定考虑成桩工艺除以分项抗力系数确定。对属于纯端承的嵌岩桩，按下列公式确定其基桩设计值，即不计承台—桩群—土的相互作用产生的群桩效应

$$R=(Q_{rk}+Q_{pk})/\gamma_p$$

对于摩擦端承嵌岩桩群桩基础，由于桩端持力层为基岩，其沉降量与单桩相近，承台土阻力小到可忽略不计，侧阻、端阻的群桩效应也可忽略不计，因此，基桩承载力设计值按下式计算确定。

$$R=Q_{sk}/\gamma_s+(Q_{rk}+Q_{pk})/\gamma_p$$

本条所述嵌岩桩系指桩端嵌入中等风化岩，或微风化岩桩端岩体能取样进行单轴抗压强度试验的情况。对于桩端置于强风化岩中的嵌岩桩，由于强风岩不能取样成型，其强度不能通过单轴抗压试验确定。这类强化嵌岩段极限承载力参数标准值可根据岩体的风化程度按砂土、碎石类土取值。

5.2.12　关于桩周液化土层极限侧阻标准值的确定

关于液化土层侧阻力的确定和存在液化土层的桩基承载力的确定是一个争议多、难度大的问题，大体上有这样三种不同观点：一是认为应考虑液化层液化后再固结对桩产生负摩阻力；二是认为可将液化层侧阻力均取零值；三是应视液化层的液化势和埋深的不同对侧阻力取不同折减系数。根据我国海南、唐山地震震害调查结果，凡采用桩基的建筑物，不论是否有液化土层存在，其抗震效果均属良好，未发现有桩基失效。况且这些存在液化土层的桩基，原先并未考虑土层液化导致侧阻力显著降低或出现负摩阻力进行抗震设防计算。在当前我们对土层液化机理及液化对桩基承载力影响已经取得一定认识的情况下，把科研成果与国内外工程抗震经验结合起来形成规范条文，力求做到经济合理。

日本土力学与基础工程学会编制的《基础桩的调查·设计与

施工》在抗震设计和砂层液化的处理一节中规定按土层的液化抵抗率 F_l、距地面深度，将液化层的承载力参数分别乘以 0、1/3、2/3、1.0 折减。我国《 高耸构筑物抗震设计规范 》（送审稿）规定按液化土层的 N/N_{cr}、（N——标贯击数；N_{cr}——液化判别标贯击数临界值）埋深分别对桩侧阻力乘以折减系数 0、1/3、2/3、1.0。两者比较相近。为此，本规范参照上述两个文件制定了规范表 5.2.12 液化土层极限侧阻力折减系数 ψ_l 表。该表的适用前提条件是承台下有不小于 1m 厚的非液化土或非软弱土层。这主要是考虑上覆非液化土对抑制下部液化土大量喷水涌砂和保持桩基整体稳定的重要作用。若无上覆非液化层，则应采取表层处理措施消除其液化。

5.2.13 关于软弱下卧层承载力的验算

在存在一定厚度硬夹层的地基中，为减小桩长节约投资，或由于沉桩（管）穿透硬层的困难，可考虑将桩端设置于软层以上的有限厚度硬层中。该硬层是否可作为群桩的可靠持力层，即是否会由于软卧层的承载力不足而导致持力层发生冲剪破坏，是需进行验算的。根据冲剪破坏模式分下列两种情况验算。

一、整体冲剪破坏

对于桩距 $s_a \leqslant 6d$ 的群桩基础，桩群、桩间土、硬持力层冲剪体形成如同实体墩基而整体冲剪破坏。其剪切破坏面发生于桩群外围表面，冲切锥体锥面与竖直线成 θ 角（压力扩散角）。θ 角随硬层与软卧层压缩模量比 E_{s1}/E_{s2} 及桩端下硬持力层的相对厚度而变，其经验值列于规范表 5.2.13（参考《建筑地基基础设计规范》GBJ7—89）。软弱下卧层承载力的极限状态设计表达式（5.2.13-1）系根据冲剪锥体底面压应力设计值不超过软下卧层的承载力设计值的条件建立。

二、各基桩单独冲剪破坏

对于群桩桩距 $s_a > 6d$、且各基桩桩端的压力扩散线不相交于硬持力层中时，即硬持力层厚度 $t <（s_a - D_e）\cot\theta/2$ 时（其中 D_e 为桩端等代直径，对于圆形桩端，$D_e = D$；方形桩，$D_e = 1.13b$，b 为桩的边长；θ 为桩端压力扩散角，取 $B_b = D_e$，按规范表 5.2.13 确定），各基桩呈单独冲剪破坏。传递到冲剪破坏锥体底面的附加应力按规范式（5.2.13-3）计算确定。

5.2.14 关于产生负摩阻力的条件

《灌注桩规程》JGJ4—80 和《建筑地基基础设计规范》GBJ7—89 中均列有当桩周土层产生的沉降超过桩基沉降时应考虑负摩阻力影响的有关条文，但未给出相应的计算公式。本条将产生负摩阻力的条件列出，并归纳为三类情况：第一类情况为桩周土在自重作用下固结沉降或浸水导致土体结构破坏强度降低而固结（湿陷）；第二类情况为外界荷载作用导致桩周土固结沉降；第三类情况为因降水导致有效应力增大而固结。

负摩阻力问题，在我国工程实践中已变成一个热点问题，不少建筑物桩基由于存在上述三类条件之一而出现沉降、倾斜、开裂，以致有的无法使用而拆除，或花费大量资金进行加固，等等。反之，有的工程设计中对负摩阻力予以考虑并采取相应措施，则避免了事故。

5.2.15 关于考虑负摩阻力验算桩基承载力和沉降问题

负摩阻力对于桩基承载力和沉降的影响随侧阻力与端阻力分担荷载比、建筑物各桩基周围土层沉降的均匀性、建筑物对不均匀沉降的敏感程度而异，因此，对于考虑负摩阻力验算承载力和沉降也应有所区别。

一、对于摩擦型桩基，当出现负摩阻力对基桩施加下拉荷载时，由于持力层压缩性较大，随之引起沉降。桩基沉降一出现，土对桩的相对位移便减小，负摩阻力便降低，直至转化为零。因此，一般情况下对于摩擦型桩基，可近似视中性点（ 理论中性点）以上侧阻力为零计算桩基承载力。

二、对于端承型桩基，由于其桩端持力层较坚硬，受负摩阻力引起下拉荷载后不致产生沉降或沉降量较小，此时负摩阻力将长期作用于桩身中性点以上侧表面。因此，应计算中性点以上负摩阻力形成的下拉荷载 Q_n，并以下拉荷载作为外荷载的一部分验算其承载力。

由于上述下拉荷载的计算是以负摩阻力、中性点位置均达理论最大值的假定为基础的。实际上由于桩身的弹性压缩、桩端持力层的压缩引起桩基一定沉降，导致摩阻力小于理论最大值。因此，在以往定值设计法中将安全系数降低，即由正常状态的 $K=2$ 降至 $K=1.2\sim1.3$。

$$N_k + Q_n \leqslant Q_{uk}/(1.2 \sim 1.3)$$

$$(1.2 \sim 1.3)(N_k + Q_n) \leqslant Q_{uk}$$

式中 N_k——轴向压力标准值。

若取荷载分项系数加权平均值 $\gamma_{QG}=1.27$，抗力分项系数 $\gamma_{sp}=1$，则得

$$1.27(N_k + Q_n) \leqslant Q_{uk}$$

考虑建筑物重要性系数，则由上式可得概率极限状态的承载力验算表达式：

$$\gamma_0(N + 1.27Q_n) \leqslant Q_{uk} = 1.6R$$

此即规范式（5.2.15-2）。

三、如上所述，负摩阻力作用必然加大桩基沉降。当建筑物各桩基周围土层的沉降均匀，且建筑物对不均匀沉降不敏感时，负摩阻力引起的沉降不致危害建筑物的正常使用，因此可不必验算沉降。但对于各桩基周围受到不均匀堆载、不均匀降水或土层自身不均时，将出现不均匀沉降，各桩基因负摩阻力产生的下拉荷载和沉降也会是不均匀的，因此需考虑负摩阻力验算桩基沉降。

5.2.16 关于负摩阻力及其引起的下拉荷载的计算

一、关于负摩阻力标准值的计算

影响负摩阻力的因素甚多，诸如桩侧与桩端土的变形与强度性质、土层的应力历史、地面堆载的大小与范围、降低地下水的范围与深度、桩顶荷载施加时间与发生负摩阻力时间之间的关系、桩的类型与成桩工艺等。因此，精确计算负摩阻力是复杂而困难的。迄今国内外学者提出的计算方法与公式都是近似的和经验性的。

多数学者认为桩侧负摩阻力的大小与桩侧土的有效应力有关，不同负摩阻力计算式中也多反映有效应力因素。根据大量试验与工程实测结果表明，以有效应力法较接近于实际。因此本规范规定如下有效应力法为负摩阻力标准值计算法。

$$q_{ni} = k\mathrm{tg}\varphi \cdot \sigma'_i = \zeta_n \cdot \sigma'_i$$

式中 q_{ni}——第 i 层土桩侧负摩阻力标准值；

k——土的侧压力系数；

φ——土的有效内摩擦角；

σ'_i——第 i 层土的平均竖向有效应力；

ζ_n——负摩阻力系数。

ζ_n 与土的类别和状态有关，对于粗粒土，ζ_n 随土的粒度和密度增加而增大；对于细粒土，则随土的塑性指数、孔隙比、饱和度增大而降低。综合有关文献的建议值和各类土中的测试结果，给出如规范表 5.2.16-1 所列 ζ_n 值。

下面列举饱和软土中负摩阻力实测与按规范方法计算的比较。

某电厂的贮煤场位于厚 70～80m 的第四系全新统海相地层上，上部为厚 20～35m 的低强度、高压缩性的饱和软粘土。用底面积为 35m×35m，高 4.85m 的土石堆载模拟煤堆荷载，堆载底面压力为 99kPa，在堆载中心设置了一根入土 44m 的 ϕ610 闭口钢管桩，桩端进入超固结粘土、粉质粘土和粉土层中。在钢管桩内采用测微计量测了桩身应变，从而得到桩身正负摩阻力分布图，中性点位置；在桩周土中埋设了孔隙水压力计，测得地基中不同深度的孔隙水压力变化。

按规范有效应力法公式（5.2.16-1）估算，得图 5-20 所示曲线。

由图中曲线比较可知，计算值与实测值相近。

二、关于中性点的确定

当桩穿越厚度为 l_0 的可压缩土层，桩端设置于较坚硬的持力层时，在桩的某一深度 l_n 以上，土的沉降大于桩的沉降，在该段

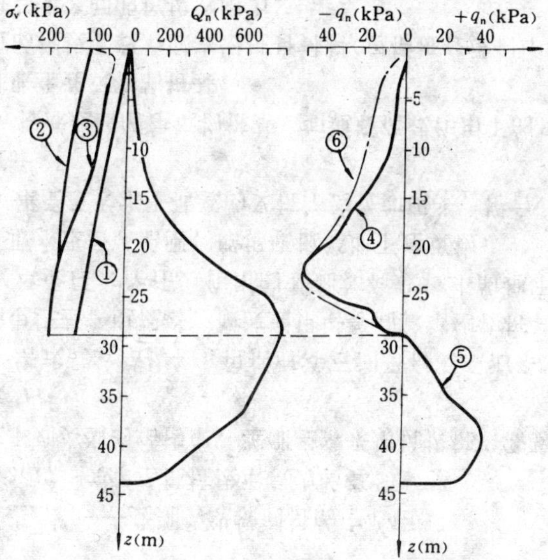

图 5-20 采用有效应力法计算负摩阻力图

①土的计算自重应力 $\sigma_c=\gamma' z$，γ'—土的浮重度；②竖向应力 $\sigma_v=\sigma_r+\sigma_c$；③竖向有效应力 $\sigma'_v=\sigma_v-u$，u—实测孔隙水压力；④由实测桩身轴力 Q_n，求得的负摩阻力 $-q_n$；⑤由实测桩身身轴力 Q_n，求得的正摩阻力 $+q_n$；⑥由实测孔隙水压力，按有效应力法推算的负摩阻力

桩长内，桩侧产生负摩阻力；l_n 深度以下的可压缩层内，土的沉降小于桩的沉降，土对桩产生正摩阻力，在 l_n 深度处，桩土相对位移为零，即既没有负摩阻力，又没有正摩阻力，习惯上称该点为中性点。中性点截面桩身的轴力最大（见图 5-21）。

一般来说，中性点的位置，在初期多少是有变化的，它是随着桩的沉降增加而向上移动，当沉降趋于稳定，中性点也将稳定在某一固定的深度 l_n 处。

工程实测表明，在可压缩土层 l_0 的范围内，负摩阻力的作用长度，即中性点的稳定深度 l_n，是随桩端持力土层的强度和刚度的增大而增加的，其深度比 l_n/l_0 的经验值列于规范表 5.2.16-2 中。

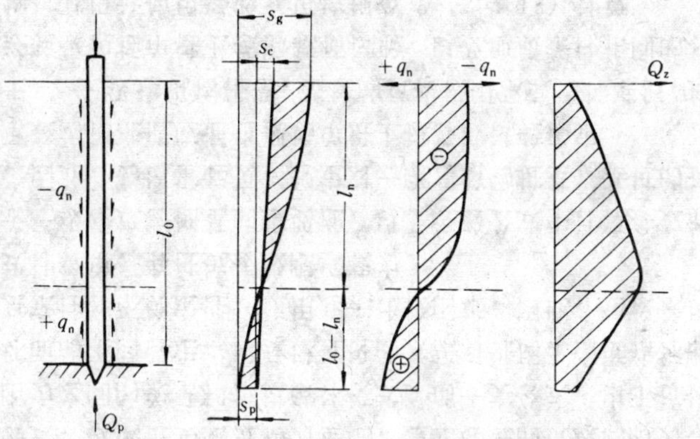

图 5-21 桩的负摩阻力中性点示意图

s_g—地表沉降量；s_p—桩端沉降量；l_0—压缩土层厚度；

l_n—中性点深度；s_c—桩顶沉降量；Q_z—桩身轴向力

三、关于负摩阻力的群桩效应的考虑

对于单桩基础，其下拉荷载即为桩侧负摩阻力的总和。

对于桩距较小的群桩，其基桩的负摩阻力因群桩效应而降低。这是由于桩侧负摩阻力是由桩侧土体沉降而引起，若群桩中各桩表面单位面积所分担的土体重量小于单桩的负摩阻力极限值，将导致基桩负摩阻力降低，即显示群桩效应。计算群桩中基桩的下拉荷载时，应乘以群桩效应系数 $\eta_n<1$。

本规范推荐按等效圆法计算其群桩效应，即独立单桩单位长度的负摩阻力由相应长度范围内半径 r_e 形成的土体重量与之等效，得

$$\pi d q_s^n=(\pi r_e^2-\frac{\pi d^2}{4})\gamma'_m$$

解上式得

$$r_e = \sqrt{\frac{dq_s^n}{\gamma'_m} + \frac{d^2}{4}} \tag{5-19}$$

式中 r_e——等效圆半径（m）；

d——桩身直径（m）；

q_s^n——单桩平均极限负摩阻力标准值（kPa）；

γ'_m——桩侧土体平均有效重度（kN/m^3）。

以群桩各基桩中心为圆心，以 γ_e 为半径作圆，由各圆的相交点作矩形。矩形面积 $A_r = S_{ax} \cdot S_{ay}$ 与圆面积 $A_e = \pi r_e^2$ 之比，即为负摩阻力群桩效应系数。

$$\eta_n = A_r / A_e$$

$$= \frac{s_{ax} \cdot s_{ay}}{\pi r_e^2}$$

$$= s_{ax} \cdot s_{ay} / \pi d (\frac{q_s^n}{\gamma'_m} + \frac{d}{4}) \tag{5-20}$$

式中 s_{ax}、s_{ay}——分别为纵横向桩的中心距。

5.2.17 关于基桩抗拔承载力验算

在下列类型的结构中，基础经常采用抗拔桩，需验算桩的抗拔承载力：

1. 塔式高耸结构物，包括海洋石油平台及系泊系统的桩基，高压输电塔基、电视塔、微波通讯塔等高耸结构物桩基；

2. 承受巨大浮托力作用的基础如荷载较小的地下室、地下油罐、取水泵房、船闸、船坞底板等地下建筑物；

3. 承受巨大水平荷载的叉桩结构，如码头、桥台、挡土墙上的斜桩；

4. 特殊地区的建筑物桩基，如地震荷载作用下的桩基、膨胀土及冻胀土建筑物的桩基。

桩的抗拔承载力取决于桩身材料（包括桩在承台中的嵌固）强度及桩与土之间的抗拔侧阻力。

桩的抗拔承载力由桩侧阻力和桩身重力组成，上拔时形成的桩端真空吸引力，由于其所占比例不大，且可靠性不高，因此不予考虑。

基桩（土）自重在地下水位以下部分，应取浮重度。

对于扩底桩，当桩长与桩径之比 $l/d \leqslant 5$，基桩（土）自重标准值可取扩大端圆柱体投影面形成的桩、土自重标准值。这时破坏体周长为 πD，单桩的抗拔极限侧阻力标准值仍取桩侧表面土的标准值。

对于 $l/d > 5$ 的扩底桩，其抗拔破坏模式受土的压缩性影响，桩上段的剪切面将转变为发生于桩土界面，即破坏柱体直径由 D 减小为 d。因此其剪切面周长以 $l/d = 5$ 为界分段计算（如规范5.2.18-1 所示）。诚然，这是一种简化计算法。

关于桩、土自重的分项系数 γ_g，参照《建筑荷载设计规范》取 $\gamma_g = 0.9$。

5.2.18 关于单桩及群桩的抗拔极限承载力标准值的确定

抗拔极限承载力的计算公式一般可分为二大类。一类称为理论计算公式，此类公式是先假定不同的桩基破坏模式，然后以土的抗剪强度及侧压力系数等主要参数来进行承载力计算。第二类为经验公式，以试桩实测资料为基础，建立起桩的抗拔侧阻力与抗压侧阻力之间的关系和抗拔破坏模式。前一类公式，由于抗拔剪切破坏面的不同假定，以及设置桩的方法对桩周土强度指标的影响的复杂性和不确定性，使用起来比较困难，因此，建议采用经验公式计算单、群桩抗拔极限承载力。

由于一级建筑物桩基的重要性，以及经验公式中计算参数的局限性，因此，为慎重起见，规定对一级建筑物桩基，基桩的抗拔极限承载力标准值应通过现场单桩上拔静载试验确定。

对于二、三级建筑物桩基，基桩的抗拔极限承载力标准值，如无当地经验（包括单桩上拔静载荷试验，以及地质条件相同的相似建筑物桩基设计使用经验）可按规范式（5.2.18）计算。

桩的抗拔侧阻力与抗压侧阻力有相似处，但随着上拔量的增加，其侧阻力会因土层松动，及侧面积减少等原因而低于抗压侧阻力，故利用抗压侧阻力确定抗拔侧阻力时，需引入拔压限侧阻力比例系数，即抗拔系数 λ。

我国目前抗压、抗拔侧阻力实测对比的资料不多。

交通部科学研究院在《公路桥梁钻孔桩》一书中给出桩径 1.5m，桩长为 4.0～34.2m（$l/d=2.6\sim22.8$）不等，相应的桩顶上拔量为桩径的 0.95%～1.3%，$\lambda=0.16\sim0.34$，入土深度越浅比例越小。

在无锡国棉一厂纺织联合车间潜水电钻钻孔灌注桩单桩垂直静载荷试验中灌注桩直径 $d=600$mm，$l=20$m，$l/d=3.3$ 所得 $\lambda=0.6\sim0.8$；

在南通 200kV 泰刘线冲吸式钻孔灌注桩试验与施工中，粉砂中灌注桩 $d=450$mm，$l=12$m，$l/d=26.7$，所得 $\lambda=0.9$。

1979 年在南通进行的较大规模冲吸式钻孔灌注桩试验中，对桩长为 9m，12m 左右的灌注桩作拔、压试验，得桩长 9m 时 $\lambda=0.79$，桩长 12m 时 $\lambda=0.98$。试验表明在承受上拔荷载的桩基中，采用长桩是较为合理的。

第四航务工程局科研所在广州地区对 6 根打入砂土中的桩，$l/d=13\sim33$，进行拔、压对比，试验结果 $\lambda=0.38\sim0.53$。

我国交通部《港口工程技术规范》中规定 $\lambda=0.8$，这对于打入粘性土中的抗拔桩是适用的。

甘肃省建研所在自重湿陷性黄土地基中进行了灌注桩在天然状态和饱和状态下拔、压对比试验，天然状态下 $\lambda=0.78$，饱水状态下 $\lambda=0.5$ 左右。试验研究表明，桩的设置方法，以及桩长对桩的抗拔承载力有相当大的影响。总的来说，拔压比 λ，灌注桩高于预制桩，长桩高于短桩，但试验数据还不够多，尚难给出明确结论。因此，规范 5.2.18-2 给出的 λ 范围应综合桩的施工方法及桩长选用。

关于群桩的抗拔极限承载力，目前国内尚未进行过三根桩以上的群桩抗拔试验，因此，借鉴了国外的桩基规范中较通用的计算规定。

上拔荷载下群桩的破坏模式因桩距大小不同而呈基桩分离的非整体拔出破坏和桩土呈整体拔出破坏。对于呈非整体破坏（大桩距）群桩，其基桩抗拔承载力与单桩相同；对于呈整体（块体）破坏（小桩距）的群桩的计算，是把群桩当作一个实体基础，上拔破坏时的破坏面即实体基础的外表面。因此，群桩中任意一根基桩的抗拔极限承载力的桩侧表面周长即为：u_l/n。（u_l 为实体基础的周长）u_l/n 与单桩周长 u 之比值即为群桩效应系数。

5.2.19 关于季节性冻土上短桩基础抗冻拔承载力验算

季节性冻土地区的轻型建筑物，当采用桩基础时，由于建筑物结构荷载较小，桩的入土深度较浅，常因地基土冻胀而使基础逐年上拔，造成上部建筑物的破坏。因此，对于季节性冻土地区的桩基，不仅需满足地基冻融时桩基竖向抗压承载力的要求，尚需验算由于冻深线以上地基土冻胀对桩产生的冻切力作用下，基桩的抗拔承载力。

在季节性冻土地区中冻深线以上的桩周地基土，冻结过程是由上而下发生的。由于在冻深线以上的地基土冻结程度的不同，冻切力大小也有所区别，加之由于上部冻土对下部冻土的约束作用，下部冻土对桩的冻胀切力相对也要小些，因此，在计算冻深线上冻土对基桩产生的冻胀力时，要考虑一个随深度减小的“冻深影响系数”η_f，η_f 值列于规范表 5.2.19-1。

冻深线此上的冻土在冻胀时，除了对桩产生向上的冻胀力和使地表膨胀变形外，还会对冻深线以下的不冻土（或称暖土）层产生反作用的冻胀压力。这种冻胀压力将对冻深线以下的不冻土产生压缩变形，从而增加不冻土中的桩侧摩阻力，提高不冻土中桩的抗拔力，因此是有利的。但由于影响这种膨胀压力的因素多而复杂，难以准确量测和确定，因此，不予考虑和计入，作为抗拔承载力的安全储备。

按规范式（5.2.19）验算基桩的抗拔承载力，并结合第 3.4.3 条的规定，就可以确定在季节性冻土上轻型建筑桩基的最小桩长。

季节性冻土的冻胀力标准值，根据现有的试桩资料，进行复核验算，建议取用规范表5.2.19-2中数据。

5.2.20 关于膨胀土上短桩基础抗拔承载力验算

膨胀土具有湿胀、干缩的可逆性变形特性，其变形量与组成土的矿物成份和土的湿度变化等因素有关。

在膨胀土的大气影响的急剧层内，地基土的湿度、地温及变形变化幅度较大，因此，基础设置于急剧层内易引起房屋的损坏。在急剧层下的稳定层内，地基土湿度、温度和变形变化幅度很小，桩侧土的侧阻力也保持稳定，从而对桩起锚固作用。

大气影响急剧层内土体膨胀时，对桩侧表面产生向上胀切力 q_e，胀切力使桩产生的胀拔力为：$u\Sigma q_{ei}l_{ei}$，q_{ei} 值由现场浸水试验确定。

稳定土层内桩的抗拔力由桩表面抗拔侧阻力、桩顶竖向荷载和桩自重三部分组成，如规范式（5.2.20）所示。抗拔极限侧阻力设计值按抗拔桩的规定确定。

5.3 桩基沉降计算

5.3.1～5.3.4 虽然桩基的沉降计算一般小于天然地基的沉降，但建筑物对桩基变形的适应能力和允许变形值与其对天然地基变形的适用能力与允许值是大体一致的。因此，在考虑桩基变形时可参照天然地基的要求。规范表5.3.4是根据《建筑地基基础设计规范》GBJ7—89“建筑物的地基变形允许值”表制定的。

5.3.5 关于桩基沉降的等效作用分层总和法

群桩基础的变形与荷载、桩长、桩距、桩数排列及各土层的物理力学性质有关。近几年来越来越多的工程实测证明了应用Mindlin解计算群桩沉降较以Boussinesq解为基础的等代墩基法更符合实际，但由于Mindlin解及其计算方法的复杂性一直难以得到普遍推广应用。等代墩基法由于计算简单而在工程上具有实用价值。本规范将Mindin解与等代墩基布氏解之间建立关系，采用等效作用分层总和法计算桩基沉降。计算时保留了等代墩基法简便的优点，同时引入等效沉降系数以反映Mindlin解与Boussinedq解的相互关系，最后以设计人员所熟悉的分层总和法计算桩基沉降。称其为等效作用分层总和法。

等效作用分层总和法为了简化计算分析，将等效作用荷载面规定为桩端平面，等效面积即为桩承台投影面积，并基于基桩自重所产生的附加应力较小（对于非挤土、部分挤土桩而言，其附加应力只相当于混凝土与土的重度差），可忽略不计。因此，等效作用面的附加应力即相当于计算天然地基时承台板底面的附加应力。桩端平面下的应力分布采用Boussinesq解，这样，在桩基沉降计算时，除了桩基等效沉降计算系数外，其余计算与天然地基的计算完全一致。

桩基等效计算系数定义为：弹性半空间中刚性承台群桩基础按Mindlin解计算沉降量 W_M 与刚性承台下等代墩基按Boussinesq解计算沉降量 W_B 之比，即：

$$\psi_e = W_M/W_B$$

W_M 系根据群桩基础的不同距径比 S_a/d=2、3、4、5、6桩长径比 l/d=5、10、15……80及总桩数从1～600根的不同长宽比布桩方式求解而得；W_B 则根据相应尺寸的等代墩基，由Boussinesq解求得。

根据不同桩数计算结果给出的 ψ_e 经回归分析求得第5.3.8条所给出的 ψ_e 简化表达式。其回归相关系数均大于0.998。

附录H中的 ψ_e 计算参数表是为简化计算 ψ_e 而给出的回归系数，根据这些参数，按规范式（5.3.8-1）计算的 ψ_e 值，随影响群桩基础沉降的各因素（桩长径比、距径比、排列方式及桩数等）的变化规律是合理的。

5.3.7 关于地基沉降计算深度

地基沉降计算深度，应力比法较应变比法更为简单。对于有一定埋深的等代墩基而言，强调荷载对压缩层深度影响较强调基础尺寸大小的影响更为合理。应力比法对于我国工程设计人员也是十分熟悉的计算方法，因此本规范推荐采用应力比法。

5.3.9 当布桩不规则时，计算桩基等效沉降系数所需的距径比按方形承台的等代边长与等代单排桩数之比，即规范式（5.3.9-1）确定；当为方形桩时，需将方形桩按式（5.3.9-2）换算为圆形桩直径计算。

5.3.10 关于沉降计算经验系数

迄今为止，资料齐全的桩基工程实测结果较少。本规范由于采用了等效作用方法，从理论上应用了较为符合实际的 Mindlin 解计算桩基沉降，由于计算模式、土性参数的不确定性影响，势必要引入经验修正系数以逼近于实际。根据现场模型试验及部分工程实测资料表明，在非软土地区和软土地区桩端具有良好持力层的情况下，按等效作用分层总和法沉降量计算值均略大于实测值，因此，为安全起见取经验系数 $\psi_p=1$；对于软土地区尤其是上海地区，当桩端无良好持力层时，桩基沉降计算值小于实测值，沉降计算经验系数与桩长有关，根据桩长按规范式（5.3.10-2）款确定。

5.4 桩基水平承载力与位移计算

5.4.2 单桩水平承载力设计值确定

一、确定方法

与单桩竖向承载力相比，单桩水平承载力问题显得更为复杂。影响水平承载力的因素很多，包括桩的截面刚度、材料强度、桩侧土质条件、桩的入土深度、桩顶约束情况等。对于抗弯性能差的桩，其水平承载力由桩身强度控制，如低配筋率的灌注桩通常是桩身首先出现裂缝，然后断裂破坏；对于抗弯性能好的桩，如钢筋混凝土预制桩和钢桩，桩身虽未断裂，但当桩侧土体显著隆起，或桩顶水平位移大大超过上部结构的允许值时，也应认为桩已达到水平承载力的极限状态。

单桩水平承载力的确定方法，大体上有水平静载试验和计算分析两类，其中以水平静载试验最能反映实际情况，故在本规范中推荐以水平静载试验作为确定水平承载力的基本方法。

二、按水平静载试验确定水平承载力设计值，有下列三种具体方法。

1. 根据单桩水平容许位移值确定。按单桩水平荷载——水平位移值的关系曲线取 10mm 水平位移值（对于水平位移敏感的建筑物取 6mm）。所对应的水平荷载作为单桩水平承载力设计值。

2. 根据水平水平临界荷载确定：我国《工业与民用建筑灌注桩基础设计与施工规程》JGJ4—80 规定，当桩身配筋率小于 0.65%时采用单桩水平临界荷载乘以荷载性质系数 α_t。作为单桩水平承截力。另外，JGJ4—80 所指配筋率小于 0.65%的灌注桩，限于 $d=300\sim600$mm 桩，对于 $d>600$mm 桩，其最大配筋率临界值应根据桩径增大而适当降低。

3. 根据水平极限荷载确定：我国《工业与民用建筑灌注桩基础设计与施工规程》JGJ4—80 规定，当桩身配筋率大于 0.65%时采用单桩水平极限荷载除以安全系数乘以荷载性质系数作为单桩水平承载力，一般说来，对抗弯性能好的桩如预制混凝土桩、钢桩、配筋率较高的灌注桩，基于本规范采用概率极限状态设计法，其水平承载力设计值可取水平极限承载力除以抗力分项系数 $\gamma_H=1.6$ 确定。

本文收集到的 286 根试桩中，非预应力混凝土桩由于系工程桩，在桩顶位移达 10mm 左右即停止了加载。实际上，它们还能继续承受较大的荷载，如天津新港的一根预应力桩，加载至 220kN 水平位移达 55.3mm 时，桩侧土体尚未失稳破坏，但部分试桩在加荷过程中的观察表明，当桩顶（地面）水平位移达到或接近 10mm 时，桩侧土体出现塑变迹象，如地面裂缝，隆起等。其荷载-位移关系已明显弯曲。这说明对于以水平位移控制确定的承载力设计值在相应荷载下桩侧土已发生局部塑变，应用线弹性理论计算其承载力和位移是近似的，其桩侧土水平抗力系数是随荷载增大而降低的。显然，用这种方法计算水平极限承载力是不可行的。

三、计算确定单桩水平承载力设计值

1. 对于以临界荷载为承载力设计值的低配筋率灌注桩，根据《工业与民用建筑灌注桩基础设计与施工规程》JGJ4－80 所列实用计算式即规范式（5.4.2-1）计算。该公式的推导依据与过程参见 JGJ4—80 条文说明。

2. 对于以位移控制水平承载力设计值的预制桩、钢桩、高配筋率灌注桩，可根据 JGJ4—80 所列实用计算式即规范式（5.4.2-2）计算，其推导见 JGJ4—80 条文说明。

四、关于水平承载力的荷载性质调整系数

《工业与民用建筑灌注桩基础设计与施工规程》JGJ4—80 规定，其水平容许承载力根据荷载性质乘以荷载性质系数 α_t，对于地震作用取 $\alpha_t=1$，对于受长期或经常出现的水平荷载取 $\alpha_t=0.8$。由于本规范采用概率极限状态设计法，其荷载设计值取标准值的约 1.27 倍（γ_G、γ_Q 加权平均值），故荷载性质调整系数相应改变为：地震作用 $\alpha_t=1.25$，长期或经常出现的水平荷载 $\alpha_t=1.0$。

5.4.3 关于考虑承台—桩群—土相互作用，群桩基础中复合基桩水平承载力设计值的简便计算法——分项综合效应系数计算法。

工程实际中群桩水平承载力的计算方法可分为两类，一类是第 5.4.4 条所述考虑承台、桩群、土相互作用以线弹性反力系数法为基础的计算法、该法可求得各部分的位移、内力，但计算较繁。另一类以单桩承载力之和 nH_1 乘以群桩效应系数 η_H 确定，该法计算简便，但一般只适用于弯矩荷载不大的情况，且只能求得承载力。这里简单介绍后者——分项综合效应系数法。该法是基于大量系统的现场群桩试验建立起来的。

一、水平荷载下桩基水平抗力的群桩效应

1. 桩的相互影响效应

桩与桩的相互影响，导致地基土水平抗力系数降低，各桩荷载分配不均。桩的相互影响随桩距减小、桩数增多而增大，沿荷载方面的影响远大于垂直于荷载方向。根据 23 组双桩、25 组群桩的水平荷载试验结果的统计分析，得到如下桩的相互影响效应系数：

$$\eta_i=\frac{\left(\frac{s_a}{d}\right)^{0.015n_2+0.45}}{0.15n_1+0.10n_2+1.9} \tag{5-21}$$

式中 s_a/d——沿荷载方向桩的中心距与桩径之比；

n_1、n_2——分别为沿荷载方向与垂直于荷载方向每排桩中的桩数。

2. 桩顶约束效应

建筑桩基桩顶与承台连接的实际工作状态介于刚接与铰接之间。这是由于桩顶嵌入承台长度较短（5～10cm），承台混凝土为二次浇注，桩顶主筋锚入承台为 $30d_g$（d_g 为钢筋直径），在较小水平力作用下桩顶周边混凝土出现塑变，形成传递剪力和部分弯矩的非完全嵌固状态。这种连接既能减小桩顶位移（相对于桩顶自由情况），又能降低桩顶约束弯矩（相对于完全嵌固情况），重新分配桩身弯矩。

根据试验结果的统计分析表明，由于桩顶的非完全刚接导致桩顶弯矩降低至完全嵌固理论值的 40%左右，桩顶位移增大约 25%。

为确定桩顶有限约束效应对群桩水平承载力的影响，以独立自由单桩与桩顶刚接状态的桩顶位移比 R_x、最大弯矩比 R_M 为基准进行比较，确定其桩顶约束效应系数为

当以位移控制时

$$\eta_r=\frac{1}{1.25}R_x$$

$$R_x=\frac{x_0^0}{x_0^r}$$

以强度控制时

$$\eta_r=\frac{1}{0.4}R_M$$

$$R_M=\frac{M_{max}^0}{M_{max}^r}$$

式中 x_0^0、x_0^r——分别为单位水平力作用下桩顶自由、桩顶刚接的桩顶位移；

M_{max}^0、M_{max}^r——分别为单位水平力作用下桩顶自由桩身最大弯矩、桩顶刚接的桩顶弯矩。

现将 m 法对应的桩顶有限约束效应系数 η_r 列于表 5-8（规范表 5.4.3-1）。

桩顶有限约束效应系数 η_r　　　　表 5-8

换算深度 αh	2.4	2.6	2.8	3.0	3.5	≥4.0
位移控制	2.58	2.34	2.20	2.13	2.07	2.08
强度控制	1.44	1.57	1.71	1.82	2.00	2.07

注：$\alpha=\sqrt[5]{\frac{mb_0}{EI}}$；$h$ 为桩的入土深度。

3. 承台侧抗效应

桩基受水平力而位移时，面向位移方向的承台侧面将受到弹性抗力。由于承台位移一般较小，不足以使其发挥被动土压力，因此承台侧向土抗力采用与桩相同的方法——线弹性地基反力系数法计算。该弹性总土抗力为：

$$\Delta R_{hl}=x_0\cdot B'_c\cdot\int_0^{h_c}K_n(z)dz$$

假定地基水平抗力系数随深度线性增长，$K_n(z)=mz$（m 法）：则

$$\Delta R_{hl}=\frac{1}{2}m\cdot x_0\cdot B'_c\cdot h_c^2$$

承台侧抗效应系数 η_l

$$\eta_l=\frac{\Delta R_{hl}}{n_1\cdot n_2\cdot H_1}=\frac{\frac{1}{2}m\cdot x_0\cdot B'_c h_c^2}{n_1\cdot n_2\cdot R_h}\tag{5-22}$$

式中　x_0——承台水平位移（m）；当以位移控制时，取 $x_0=0.01$m（超静定结构取 $x_0=0.006$m）；当以桩身强度控制时，可近似取桩顶嵌固位移计算值；

B'_c——承台计算宽度（m），$B'_c=B_c+1$，对于阶形承台 B_c 为承台加权宽度

$$B_c=\frac{B_{c1}h_1+B_{c2}h_2+\cdots}{h_c}$$

B_{c1}、$B_{c2}\cdots h_1$、h_2——分别为各阶宽度和高度；

h_c——承台高度（m）；

m——承台侧向土的水平抗力系数的比例系数（kN/m^4）；

R_n——桩顶自由单桩的横向承载力（kN）。

4. 承台底摩阻效应系数 η_b

当低承台群桩承台底面以下地基土不致因震陷、湿陷、自重固结而与承台脱离时，可考虑承台底的摩阻效应。

承台底总摩阻力

$$\Delta R_{hb}=\mu P_c$$

承台底摩阻效应系数

$$\eta_b=\frac{\Delta R_{hb}}{n_1\cdot n_2\cdot R_h}=\frac{\mu P_c}{n_1\cdot n_2\cdot R_h}\tag{5-23}$$

式中　μ——承台底摩阻系数，按规范表 5.4.3-2 取值；

P_c——承台底地基土分担的竖向荷载，按规范第 5.2.3 条确定。

上述四个分项群桩效应系数中，桩与桩相互作用系数 η_i 和桩顶有限约束效应系数 η_r 两者是相乘关系，承台侧抗效应系数 η_l 和承台底摩阻效应系数 η_b 是叠加关系，故综合群桩效应系数 η_H 表示为

$$\eta_h=\eta_i\eta_r+\eta_l+\eta_b\tag{5-24}$$

群桩基础水平承载力

$$H=\eta_h\cdot n\cdot R_h\tag{5-26}$$

利用式（5-26）计算群桩基础水平临界荷载 H_{cr}、极限荷载 H_u 与实测值比较列于表 5-9、表 5-10。

5.4.5　桩的水平变形系数和地基土水平抗力系数

一、桩的水平变形系数

本规范采用线弹性地基反力法（基床系数法）计算横向受荷桩的承载力和变位。该法的基本原理是：假定桩侧土为 Winkler 离散线性弹簧，不考虑桩土之间的粘着力和摩阻力，假定土的抗拉强度为零，即弹簧只受压不承受拉力，可导得桩顶在水平荷载（剪力、弯矩）下的基本挠曲微分方程

$$EI\frac{d^4y}{dz^4}+p(z,y)=0 \qquad (5\text{-}27)$$

任一深度桩侧土反力与该点的水平位移成正比，表示为

$$p(z,y)=k(z)\cdot y\cdot b_0$$

k (z) 为地基土水平抗力系数，它随深度的变化图式有不同假定。本规范采用经大量试验和工程实践验证表明较符合实际的 k (z) 随深度线性增加的假定，k (z) $=mz$，即 m 法。其中 m 为地基土水平抗力系数随深度变化的比例系数。

以 p (z, y) $=mzyb_0$ 代入式（5-27）得

$$EI\ \frac{d^4y}{dz^4}+mb_0zy=0$$

令 $\alpha=\sqrt[5]{\frac{mb_0}{EI}}$；则上式变为

$$\frac{d^4y}{dz^4}+\alpha^5zy=0 \qquad (5\text{-}28)$$

式（5-28）即为“m 法”的基本微分方程。其中 α 称为桩的水平变形系数，或称桩的特征值。α 是地基土的 m 值、桩的计算宽度 b_0、桩的抗弯刚度 EI 的函数。

二、地基土水平抗力系数的比例系数 m

地基土水平抗力系数的比例系数 m 值宜通过桩的水平静载试验确定。但由于试验费用、时间等原因，某些二、三级建筑物不一定进行桩的水平静载试验，因此规范给出经验值是必要的、有实用价值的。

由于桩的水平荷载—位移是非线性的，即 m 值随荷载位移增大而有所减小。因此，m 值确定要与桩的实际荷载适应。灌注桩由

群桩水平承载力计算值与实测值比较　表 5-9

编号	桩径 d (mm)	桩长比 l/d	桩距比 s_a/d	桩数 $n_1\times n_2$	桩承台	单桩 H_{cr1} (kN)	单桩 H_{u1} (kN)	群桩效率系数 η_r	η_l	η_b^{cr}	η_b^{u}	η_h^{cr}	η_h^{u}	H_{cr} (kN) 计算	H_{cr} (kN) 实测	H_u (kN) 计算	H_u (kN) 实测
G—1	125	18	3	3×3	低	3.8	5.6	0.650	2.07	0.11	0.075	1.46	1.43	50.0	45.8	72.0	75.3
G—2	125	18	3	3×3	高	3.8	5.6	0.650	2.07	0	0	1.35	1.35	46.1	43.4	68.0	79.3
G—3	170	18	3	3×3	低	8.0	11.6	0.650	2.07	0.12	0.084	1.47	1.47	105	99.0	149	150
G—4	170	18	3	3×3	高	8.0	11.6	0.650	2.07	0	0	1.35	1.35	97	84	134	145
G—5	250	18	3	3×3	低	12.3	21.3	0.650	2.07	0.19	0.11	1.54	1.46	170	213	280	325
G—6	330	18	3	3×3	低	22.7	39.4	0.650	2.07	0.15	0.088	1.50	1.44	306	341	511	558
G—7	250	8	3	3×3	低	10.2	17.1	0.650	2.07	0.238	0.14	1.58	1.49	145	169	229	260
G—8	250	13	3	3×3	低	12.0	19.6	0.650	2.07	0.20	0.11	1.55	1.46	167	192	258	310
G—9	250	23	3	3×3	低	12.0	21.0	0.650	2.07	0.20	0.11	1.55	1.46	167	225	276	370
G—10	330	13	3	3×3	低	21.4	35.0	0.650	2.07	0.17	0.10	1.52	1.45	293	326	457	512
G—11	330	14	3	3×3	低	21.4	35.0	0.650	2.07	0.17	0.10	1.52	1.45	293	440	457	715
G—12	250	18	2	3×3	低	12.3	21.3	0.532	2.07	0.14	0.08	1.24	1.18	137	176	226	275
G—13	250	18	4	3×3	低	12.3	21.3	0.750	2.07	0.32	0.18	1.87	1.74	207	248	334	341
G—14	250	18	6	3×3	低	12.3	21.3	0.916	2.07	0.76	0.44	2.66	2.33	294	310	447	496
G—15	250	18	2	3×3	高	12.3	21.3	0.532	2.07	0	0	1.10	1.10	122	147	210	225
G—16	250	18	3	3×3	高	12.3	21.3	0.650	2.07	0	0	1.35	1.35	149	163	259	275

续表

编号	桩径 d (mm)	桩长比 l/d	桩距比 s_a/d	桩数 $n_1 \times n_2$	桩承台	单桩 H_{cr1} (kN)	单桩 H_{ui} (kN)	群桩效率系数 η_i	η_r	η_b^{cr}	η_b^u	η_h^{cr}	η_h^u	H_{cr} (kN) 计算	H_{cr} (kN) 实测	H_u (kN) 计算	H_u (kN) 实测
G—17	250	18	4	3×3	高	12.3	21.3	0.750	2.07	0	0	1.65	1.55	172	200	297	306
G—18	250	18	6	3×3	高	12.3	21.3	0.916	2.07	0	0	1.90	1.90	210	212	364	347
G—19	250	18	3	1×4	低	12.3	21.3	0.715	2.07	0.09	0.05	1.57	1.52	77	113	130	169
G—20	250	18	3	2×4	低	12.3	21.3	0.639	2.07	0.21	0.12	1.53	1.44	151	174	261	270
G—21	250	18	3	3×4	低	12.3	21.3	0.615	2.07	0.21	0.12	1.48	1.39	218	212	355	317
G—22	250	18	3	4×4	低	12.3	21.3	0.604	2.07	0.22	0.13	1.47	1.38	289	317	470	498
G—23	250	18	3	2×2	低	12.3	21.3	0.706	2.07	0.37	0.10	1.63	1.56	80	124	133	186
G—24	250	18	3	2×3	低	12.3	21.3	0.664	2.07	0.22	0.13	1.59	1.50	117	147	192	217
G—25	250	18	3	3×3	低	12.3	21.3	0.650	2.07	0.85	0.49	2.20	1.34	243	282	352	392

注：①G—25 水平荷载试验时，作用竖向荷载 1000kN；

②承台（现浇）自重全部由地基土承担，μ=0.35；承台侧面临空，η_l=0。

③角标 cr 表示临界荷载，u 表示极限荷载。

双桩水平承载力计算值与实测值比较 **表 5-10**

编号	桩径 d (mm)	桩长比 l/d	桩距比 s_a/d	桩数 $n_1\times n_2$	桩承台	单桩		群桩效率系数						H_{cr} (kN)		H_u (kN)	
						H_{cr1} (kN)	H_{ui} (kN)	η_i	η_r	η_b^{cr}	η_b^u	η_h^{cr}	η_h^u	计算	实测	计算	实测
D—1	125	18	3	2×1	低	4.0	5.8	0.725	2.07	0.089	0.063	1.59	1.56	12.7	16.8	17.5	28.5
D—2	125	18	3	2×1	低	4.0	5.8	0.725	2.07	0.089	0.063	1.59	1.56	12.7	17.1	17.5	23.4
D—3	125	18	3	2×1	低	4.0	5.8	0.725	2.07	0.089	0.063	1.59	1.56	12.7	12.6	17.5	19.3
D—4	170	18	3	2×1	低	7.4	10.9	0.725	2.07	0.090	0.061	1.59	1.56	23.5	41.0	34.0	60.2
D—5	170	18	3	2×1	低	7.4	10.9	0.725	2.07	0.090	0.061	1.59	1.56	23.5	27.4	34.0	38.6
D—6	170	18	3	2×1	低	7.4	10.9	0.725	2.07	0.090	0.061	1.59	1.56	23.5	24.0	34.0	32.8
D—7	250	18	3	2×1	低	11.9	20.8	0.725	2.07	0.16	0.092	1.68	1.59	39.5	43.4	65.6	72.9
D—8	250	18	3	2×1	低	11.9	20.8	0.725	2.07	0.16	0.092	1.68	1.59	39.5	57.9	65.6	88.8
D—9	250	18	3	2×1	低	11.9	20.8	0.725	2.07	0.16	0.092	1.68	1.59	39.5	42.8	65.6	72.4
D—10	250	18	3	2×1	低	11.9	20.8	0.725	2.07	0.16	0.092	1.68	1.59	39.5	61.9	65.6	108.2
D—11	250	18	2	2×1	低	11.9	20.8	0.600	2.07	0.13	0.076	1.37	1.32	32.6	45.8	54.3	68.0
D—12	250	18	4	2×1	低	11.9	20.8	0.828	2.07	0.22	0.13	1.93	1.84	45.9	60.2	75.8	82.5
D—13	250	18	5	2×1	低	11.9	20.8	0.919	2.07	0.22	0.15	2.16	2.05	51.4	62.0	84.8	99.2
D—14	250	18	6	2×1	低	11.9	20.8	1.00	2.07	0.30	0.17	2.37	2.24	56.4	65.5	92.3	99.2

续表

编号	桩径 d (mm)	桩长比 l/d	桩距比 s_a/d	桩数 $n_1\times n_2$	桩承台	单桩 H_{cr1} (kN)	单桩 H_{ui} (kN)	群桩效率系数 η_i	η_r	η_b^{cr}	η_b^u	η_h^{cr}	η_h^u	H_{cr} (kN) 计算	H_{cr} (kN) 实测	H_u (kN) 计算	H_u (kN) 实测
D—15	250	18	3	2×1	低	11.9	20.8	0.725	2.07	0.16	0.092	1.66	1.59	39.5	45.0	65.6	68.7
D—16	250	18	3	2×1	低	11.9	20.8	0.725	2.07	0.16	0.092	1.66	1.59	39.5	50.8	65.6	78.4
D—17	250	23	3	2×1	低	11.9	20.8	0.725	2.07	0.16	0.092	1.66	1.59	39.5	45.8	65.6	88.0
D—18	330	18	3	2×1	低	22.2	37.9	0.725	2.07	0.19	0.11	1.69	1.61	75.0	101.3	122.1	144.8
D—19	330	18	3	2×1	低	22.2	37.9	0.725	2.07	0.19	0.11	1.69	1.61	75.0	96.5	122.1	140.5
D—20	330	18	3	2×1	低	22.2	37.9	0.725	2.07	0.19	0.11	1.69	1.61	75.0	93.7	122.1	197.5
D—21	200	14	3	2×1	低	11.9	20.6	0.725	2.07	0.16	0.092	1.66	1.59	39.5	31.3	65.6	53.0
D—22	250	18	3	2×1	低	11.9	20.6	0.725	2.07	0.16	0.092	1.66	1.59	39.5	53.0	65.6	104.0
D—23	250	18	3	2×1	低	11.9	20.6	0.725	2.07	0.16	0.092	1.66	1.59	39.5	57.0	65.6	119.0

注：承台（现浇）自重全部由基土承受，μ=0.35；承台侧面临空，η_l=0。

于配筋率低，水平承载力多由桩身强度控制。如前所述桩的水平承载力设计值一般取水平临界荷载。因此，这类桩的 m 值也应取临界荷载 H_{cr}所对应的值，即

$$m=\frac{(\frac{H_{cr}}{X_{cr}}\nu_x)^{5/3}}{b_0(EI)^{2/3}} \tag{5-29}$$

对于灌注桩，其 m 值仍按《工业与民用建筑灌注桩基础设计与施工规程》JGJ4—80 中表 2.3.14 取值。

关于预制桩，这次我们收集到近 140 份水平静载试验资料，剔除一些数据不全和个别试验结果异常者，参加统计的共 85 根试桩资料。进行统计前，将水平位移主要影响深度［2（d+1)］内的土层划分为四类，然后分别按式（5-29）计算试桩实测 m 值。需要指出的是，由于预制桩的桩身强度高，一般情况下水平承载力设计值由桩顶水平位移控制。考虑到以往的实际工程情况与经验，我们认为取临界位移 X_{cr}=10mm 比较合适。因此在按式(5-29)计算时，统一取 X_{cr}=10mm，H_{cr}为试桩曲线 H_0-T-X_0 中与 10mm 对应的水平力数值。

m 值的统计方法采用数理统计中的数字特征法，各类土的 m 值置信区间按可靠度大于 95%确定。

5.5 桩身承载力与抗裂性计算

5.5.1，5.5.2 桩身承载力与抗裂度计算按照《混凝土结构设计规范》执行。考虑到桩身混凝土实际承载力随成桩条件而异，因此在计算桩身承载力时，应将混凝土的轴心抗压强度设计值和弯曲抗压强度设计值按桩类别乘以不同的工艺系数 ψ_c。

5.5.3 关于轴心受压条件下桩身的压曲问题

由于桩、土的相互作用，使得压曲稳定问题变得十分复杂，它受下列诸因素的影响：

1. 桩侧土的约束。桩在压曲失稳前将因桩的侧向挠曲而受到土的侧向抗力约束，从而大大提高压曲临界荷载。侧向土抗力系数大小及其随深度的变化图式将影响压曲临界荷载的大小。

2. 桩顶和桩端的约束条件。桩顶自由（铰接）与桩顶刚接，其基桩的压曲计算长度不同。刚接使得压曲计算长度减小、临界荷载提高，桩端嵌入基岩也会起到类似的作用。

3. 由多根桩组成的群桩与单桩基础的压曲条件不同。前者由于与刚性承台相连，当其中一根桩接近于压曲临界荷载时，其他桩将由承台对荷载起再分配作用而承担较多的荷载，使受力较大的桩免受压曲，从而提高整个桩基的压曲临界荷载。

K. 太沙基指出，压曲临界荷载一般远大于桩的极限荷载，除非桩侧土非常软弱，到目前为止还没有关于基桩在地面以下发生压曲破坏的记录。我国工程实际也是如此。因此，本规范规定，仅对于自由长度较大的高承台桩基，桩周为液化土或地基极限承载力标准值小于 50kPa，或地基土不排水抗剪强度小于 10kPa 的超软土时，才考虑压曲影响。

基桩压曲计算长度的确定系根据桩顶约束条件、桩露出地面的自由长度、桩端约束条件以及由桩侧土的水平抗力系数、桩身刚度所制约的水平变形系数 α 确定，如规范表 5.5.3-2。

5.5.4 关于偏心受压条件下，挠曲对轴向力偏心距的影响

如上所述，由于桩侧土的约束，桩身的受力变形状态远比置于空气、液体介质中有利。桩顶受偏压荷载时在其弯矩作用平面内，偏心距因桩身的挠曲而有所增大。由于桩挠曲时受到土的侧向抗力约束而使挠曲变形减小。加之，受水平荷载（水平剪力和弯矩）桩的最大允许变形对于一般建筑物仅为 10mm，特殊敏感和特殊使用要求的建筑物仅为 6mm，该水平变形对轴向压力偏心距的增幅是很小的。因此，一般不考虑偏心距增大问题，仅对于桩有外露地面较长及桩侧土为特别软弱土层、液化土层时，才予考虑。其考虑方法与混凝土结构相同。

5.5.7 关于桩身锤击拉应力的验算。表 5-12 系根据收集到的 13 根 RC 桩和 17 根 PC 桩和 2 根钢管桩锤击拉应力 σ_t 和压应力 σ_p 实测值整理而得。根据实测锤击应力进行统计分析，给出钢

管桩、钢筋混凝土（RC）桩、预应力钢筋混凝土（PC）桩锤击拉应力 σ_t 的经验值列于规范表 5.5.7。

桩身锤击应力实测结果　　　　表 5-12

序号	试验地区	桩　类	σ_t	σ_p	$\frac{\sigma_t}{\sigma_p}$	出现部位（距桩尖）
1	上海宝钢	PC	86	26.06	0.33	0.5l
2		PC	78.43	210	0.37	0.73l
3		RC	80	240	0.33	0.65l
4		RC	65.3	220	0.30	0.5l
5		RC	80	230	0.34	0.54l
6		RC	59.24	214.81	0.28	
7		钢管桩	216	1930	0.12	0.6l
8		钢管桩	312	2003	0.15	0.6l
9	淮南煤矿	RC	93.1	220	0.42	(0.54—
10		RC	107.9	240	0.45	0.78) l
11	天津新港东突堤	RC	57.4	194.6	0.29	0.35l
12		RC	60.4	170.7	0.28	0.61l
13		RC	98.3	242	0.41	0.61l
14		RC	76.6	232.1	0.33	0.34l
15	浙江镇海	PC	93	184	0.50	0.20l
16		PC	90.4	165	0.55	0.7l
17		PC	90.3	161	0.56	0.74l
18		PC	91.8	251	0.37	0.7l
19		PC	82.6	231	0.36	0.4l
20		PC	114	253	0.45	0.59l
21		RC	72	200	0.30	0.55l
22		RC	72	160	0.45	0.625l
23		PC	72	300	0.24	0.55l
24		PC	72	330	0.22	0.55l
25	天津新港 3# 港区	PC	51	126	0.40	0.70l
26		PC	54	117	0.46	0.90l
27		PC	49	154	0.32	0.55l
28		PC	49	142	0.36	0.55l
29		PC	49	171	0.29	0.55l
30		PC	49	184	0.27	0.55l
31		PC	71	153	0.47	0.70l
32		PC	62	180	0.24	0.70l

5.6　承台计算

Ⅰ　受弯计算

5.6.2　关于柱下独立桩基承台的弯矩计算

柱下独立桩基承台的弯矩计算模式取决于承台的受弯破坏模式。我国建筑工程实践中曾长期应用“板式法”。该法是基于承台呈双向板式破坏的假定下建立起来的。任一基桩反力引起的弯矩在板的两个正交方向按距离分配，计算截面取在柱的中心线。

80 年代以来，有关单位进行的大量模型试验表明，柱下独立桩基承台呈“梁式破坏”。所谓梁式破坏，指挠曲裂缝在平行于柱边两个方向交替出现，承台在两个方向交替呈梁式承担荷载（见图 5-22），最大弯矩产生于平行于柱边两个方向的屈服线处。利用极限平衡原理导得二个方向的承台正截面弯矩计算式为

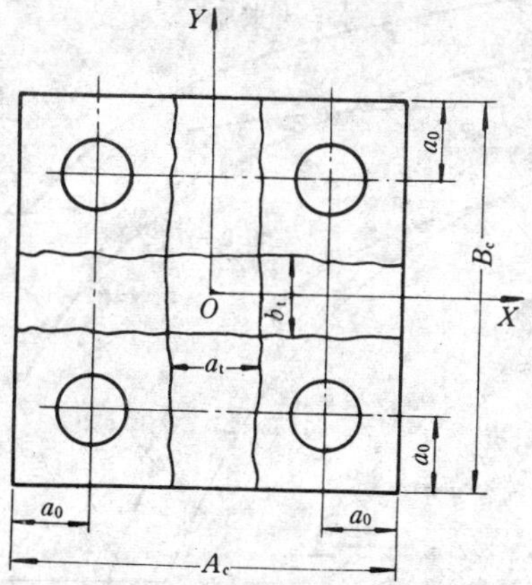

图 5-22　四桩承台弯矩破坏模式

$$M_x = \Sigma N_i Y_i$$

$$M_y = \Sigma N_i X_i$$

式中 M_y、M_x——垂直于 X 轴、Y 轴方向计算正截面处的弯矩设计值；

x_i、y_i——垂直于 Y 轴、X 轴方向自桩中心到相应计算截面的距离。

显然，梁式法的弯矩计算值略大于板式法，当柱截面尺寸大而桩距较小且桩数不多时，两者弯矩计算值趋于接近。

对于柱下三桩承台，其受弯破坏模式也呈梁式破坏，其屈服线也位于柱边二正交方向，因此其弯矩计算式与矩形承台相同。就其计算截面而言，与《建筑地基基础设计规范》GBJ7—89 有所不同。另外，对于三角形承台，由于钢筋一般平行于承台边呈三角形配置，弯矩计算截面与一边或二边的主筋呈非正交关系，在验算受弯承载力时，应将主筋进行方向角的换算。

Ⅱ 受冲切计算

5.6.6 桩基承台的受冲切计算的公式，主要是参照国内外的试验资料及原苏联桩基冲切计算的资料而确定的。公式(5.6.6-1)与《混凝土结构设计规范》GBJ10—89 中第 4 章第 4 节（受冲切承载力计算）中的公式(4.4.1) $F_l \leqslant 0.6 f_t \mu_m h_0$ 的形式相互衔接，当冲跨比 $\lambda=1$ 时，亦即冲切锥体斜面与承台底面的夹角为 45°，公式（5.6.6-3）冲切系数 $\alpha=0.6$。使用公式（5.6.6-3）求算冲切系数 α 时，对冲跨比是有所限制的，适用条件为 $\lambda=0.2 \sim 1.0$ 之间，这样 $\alpha_{max}=1.80$、$\alpha_{min}=0.60$。图 5-23 列出了冲切系数与冲跨比 λ 的关系，对柱冲切系数而言，原苏联规范为 $\alpha_{max}=2.50$、$\alpha_{min}=1.0$，故按本条文计算桩基承台受柱冲切承载力时，均较原苏联规范计算所得的结果略为安全。

对冲切破坏锥体的取用是将柱底在承台顶面交界处的周长作为锥体的顶面，与其相应桩顶内边缘（不采用桩顶中心）的连线为锥体的下底面，这是根据原苏联资料及国内经验而确定的，且偏于安全。在工程采用圆柱及圆桩时，根据周长相等的原则，将圆截面的直径 d 乘以 0.8 倍作为柱及桩的折算截面的宽度。

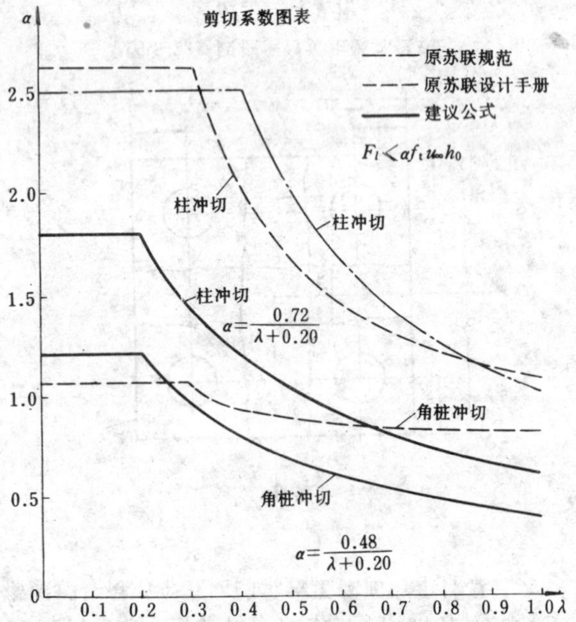

图 5-23 冲切系数 α 与冲跨比 λ 的关系

5.6.6.3 本款主要针对柱下独立承台的冲切承载力计算，比公式（5.6.6-1）的计算更为简单和具体。同时条文中对两阶以上的阶梯形承台及预制柱承台的施工阶段的计算内容予以进一步明确。

5.6.7 本条是关于柱（墙）冲切破坏锥体以外的基桩对承台冲切承载力的计算。

5.6.7.1 矩形独立承台板角桩处的冲切承载能力计算所用的冲切系数公式（5.6.7-2）是根据国内的试验资料综合回归分析而得来的，其公式的形式与柱冲切系数公式（5.6.6-3）相一致(图 5-23)的。角桩冲切破坏锥体的连线是与原苏联资料所取的形式是一样的，但根据公式（5.6.6.3）计算所得的结果与原苏联资料角桩冲切系数的曲线略有区别，在大冲跨比 $\lambda=0.26\sim1.0$ 之间。规范建议的公式明显安全于原苏联资料的数据，但在小冲跨比 $\lambda=0.2$ 以内，条文建议的公式则大于原苏联资料的承载能力 14%，这也是符合实际的。

5.6.7.2 对于三桩承台，本规范没有要求进行柱冲切承载能力的计算，在本条文中明确了对三桩承台要计算顶部角桩及底部角桩的冲切承载力。三桩承台的冲切系数与矩形承台的角桩冲切系数是采用相同的公式，对于冲切破坏锥体的周长 μ_m 值是根据一般的几何原理推导和简化而得出来的。

5.6.7.3 箱式、筏式承台受桩的冲切承载力，要考虑桩群和单桩两种情况。条文中单桩对筏形承台的冲切承载力的计算仅对正方形网格的布桩列出了计算公式，对长方形的布桩则需自行推导计算公式。

Ⅲ 受剪切计算

5.6.8 桩基承台斜截面的受剪承载力的计算是与《混凝土结构设计规范》GBJ10—89 中第 4 章第 2 节（斜截面承载力计算）中的公式相吻合的。在 GBJ10—89 规范中剪跨比 λ 限制在 1.40～3.00 之间，而桩基承台则存在不少小剪跨比 $\lambda<1.40$ 的情况，故条文中把剪跨比的适用范围延伸到 λ 为 0.3～1.40 的范围。当 $1.4\leqslant\lambda\leqslant3.0$ 时，剪切系数 β 仍与 GBJ10—89 规范中一致，即，$\beta=\dfrac{0.2}{\lambda+1.5}$；当 $0.3\leqslant\lambda<1.4$ 时，$\beta=\dfrac{0.12}{\lambda+0.3}$，该两公式在 $\lambda=1.4$ 时是相互衔接的。

条文中建议的公式与原苏联规范及设计手册中的系数，在图 5-24 作了一个对比。从图中可以看出，本条文所建议的剪切系数 β 都略低于原苏联资料中的剪切系数，故受剪承载力计算比原苏联规范计算的结果略偏于安全。

5.6.9 在具体使用受剪承载力公式时，要确定多阶的阶梯形承台及锥形承台的计算宽度，故本条建议采用折算宽度的计算方法在设计中应用。这种处理办法与原苏联资料及国内有些设计单位采用的方法是一致的。

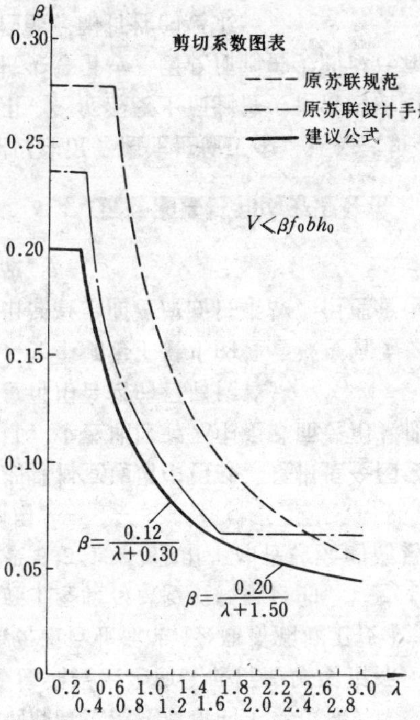

图 5-24 剪切系数 β 与剪跨比 λ 的关系

5.6.10 墙下条形承台梁一般是不计算抗冲切承载力的，但对斜截面的的抗剪承载力在纵向及横向两个方向要进行计算，本条文列出了计算原则。

5.6.11，5.6.12 桩基承台中配置箍筋和弯起钢筋对承台抗冲切承载力的影响，目前在国内外尚无可靠的资料可引用，故本规范在抗冲切计算的条文中未予列入，但承台中箍筋和弯起钢筋对提高斜截面抗剪承载力有一致的看法。在本条文中使用的公式（5.6.12-1）系引用《混凝土结构设计规范》GBJ10—89 中有关斜截面的受剪承载力的公式。

6 灌注桩基础施工

6.2 一般规定

6.2.1 在岩溶发育地区采用冲钻孔桩应适当加密勘察钻孔。在较复杂的岩溶地段施工中经常会发生偏孔、掉钻、卡钻及泥浆走失等情况，所以应在施工前制定出相应的处理方案。

根据以往施工经验，振动沉管灌注桩在稍密和中密的碎石土中难以施工，但在密实的砂土施工中仍然可行。

人工挖孔桩在地质、施工条件较差时，难以保证工人的工作条件，易发生质量和安全事故，特别是有承压水、流动性淤泥层时，施工难度很大，因此选用时应慎重。

6.2.4 当很大深度范围内无良好持力层时，可将基桩设计成摩擦桩，此时按设计桩长控制成孔深度即可。当桩较长且桩端置于较好持力层，桩属于端承摩擦桩，采用沉管法成桩时，沉管深度的控制应以桩端进入持力层深度和最终贯入度（对振动沉管桩而言应是贯入速度）控制。因为当桩端附近的土层存在不太厚的砂层时，可能出现很小的贯入度，达到了设计要求，但实际上此层不是持力层，还应继续沉管穿透砂夹层达到设计持力层方可。

贯入度的测量应在连续锤击并保证下列条件下进行：

1. 桩头未破损；
2. 锤击无偏心；
3. 锤的落距符合规定；
4. 桩帽及弹性垫圈正常；
5. 用汽锤时气压应符合规定。

6.3 泥浆护壁成孔灌注桩

6.3.1 根据广东省基础工程公司和水电机施公司在清孔后对孔底泥浆含砂率的统计，均在8%～12%之间，大部分超过10%，但由于施工管理及施工工艺都具有较高的水平，即便是12%仍能保证桩的质量，但中、小型企业在没有具备良好的管理水平、丰富的施工经验和高水平的施工工艺时，泥浆指标应从严控制，故规定含砂率不超过8%。

在清孔后测定的泥浆指标只要求三项，即比重、含砂率和粘度。它们是影响混凝土浇注质量的主要指标。

6.3.9 灌注混凝土之前孔底沉渣厚度指标，规定端承桩≤50mm。是参照交通行业标准《公路桥涵施工技术规范》和历年建工部门灌注桩施工经验与试验资料制订的。

6.3.13 表6.3.13只适用于冲程较大的简易冲击钻机，对YKC型并不适用。

6.3.19 细骨料宜选用中粗砂，是根据全国多数地区的使用经验与条件制订，少数地区若无中粗砂而选用其他砂，可通过试验进行选定，也可用合格的石屑代替。

6.3.22 条文中规定了最小的埋管深度宜为2～6m，这是为了防止导管拔出混凝土面造成断桩事故，但埋管也不宜太深，以免造成埋管事故。

6.4 沉管灌注桩和内夯灌注桩

6.4.2 在以往沉管灌注桩施工中，活瓣式桩尖易发生事故，因此宜避免使用。钢筋混凝土预制桩尖也常因质量问题发生桩尖打碎、桩管吞桩尖等事故。因此预制桩尖的设计和制作应满足对倾斜率、防水性能、耐打性的要求。

6.4.3 总结沉管灌注桩多年施工经验，瓶颈、断桩的发生，拔管速度不当是主要原因，一般土层以1m/min为宜，在软弱土层和软硬交界处要放慢，在流动淤泥层中甚至要停拔，待混凝土扩散到一定程度再拔。视土质情况不同决定不同的拔管速度，其变化范围较大，本规范将其规定在 0.3～1m/min 之间。

7 混凝土预制桩与钢桩的施工

7.1 混凝土预制桩的制作

7.1.3 预制桩在锤击过程中，将出现拉应力，在受水平、上拔荷载时也将出现拉应力，故按《混凝土结构工程施工及验收规范》的规定，在对焊和电弧焊时同一截面的主筋接头不得超过50%，相邻主筋接头截面的距离应大于 $35d_g$。

7.1.4 钢筋骨架允许偏差表中项次（7）和（8）应予强调，按以往经验，如制作时质量控制不严，造成主筋距桩顶面过近，甚至触及桩顶，在锤击时容易产生纵向裂缝，导致桩身击坏，被迫停锤。网片位置不准，往往也会造成桩顶击碎事故。

7.1.5 桩尖停在硬层内接桩，如电焊连接耗时较长，桩周摩阻得到恢复，使进一步锤击发生困难。对于静力压桩，则沉桩更困难，甚至压不下去。

7.1.8 根据实践经验凡达强度与龄期的预制桩大都能顺利打入土中，很少打裂；而仅满足强度不满足龄期的预制桩打裂或打断的比例较大。可能与水化热的释放有关，目前正在专题试验研究。为使沉桩顺利进行，最好能做到强度与龄期双控。

7.3 混凝土预制桩的接桩

7.3.1 硫磺胶泥锚接桩工艺可节约钢材、水泥，缩短接桩时间，但操作要求较严，工地需加强管理工作。若管理不善，控制不严，就会造成锚接失效。故对打入硬土层或承受拔力的桩宜慎重选用。

7.4 混凝土预制桩的沉桩

7.4.3 桩帽或送桩帽的规格应与桩的断面相适应，太小会将桩顶打碎，太大易造成偏心锤击。插桩应控制其垂直度，才能确保沉桩的垂直度，重要工程插桩均应采用二台经纬仪从两个方向来控制垂直度。

7.4.4 打桩顺序是打桩施工方案的一项重要内容。以往施工单位不注意合理安排打桩顺序而造成事故的事例很多，如桩位偏移、上拔，地面隆起过多，建筑物破坏等。

7.4.5 本条所规定的停止锤击的控制原则适用于一般情况，实践中也存在某些特例。如软土中的密集桩群，按设计标高控制。但由于大量桩沉入土中产生挤土效应，对后续桩的沉桩带来困难，如坚持按设计标高控制很难实现。按贯入度控制的桩，有时也会产生贯入度过大而满足不了设计要求的情况。有些重要建筑，即使贯入度达到了设计要求还需达到标高，即实行双控。因此确定停锤标准是较复杂的，宜借鉴经验与通过静（动）载试验综合确定停锤标准。

7.4.8 近年来随着工业的发展，老城市的改造，打桩对邻近建筑物的影响已成为迫切需要解决的问题，在施打大面积密集桩群时，尤为重要。本条所列出的一些减少打桩对邻近建筑物影响的措施是经过多年实践总结出来行之有效的办法。如某工程采用予钻孔沉桩的措施地面隆起 20～100mm，如未采取任何措施则隆起可达 150～500mm。前者最近的建筑物相距才 4m，沉桩过程没有影响使用，可见措施是得当有效的。至于控制打桩速率也可达到预期目的，情况严重时甚至每天打一根桩。具体用哪一种措施要根据工程实际条件，承受程度，综合比较，有时可同时采用几种措施。即使采取了措施，也要加强监测，以达到预期效果。

7.4.10 许多压桩实例表明静力压桩与打入桩同样有挤土效应，导致孔隙水压力增加，土体隆起、相邻建筑破坏，房屋门窗变形，影响使用，因而需采取措施，减少影响。

7.5 钢桩（钢管桩、H型桩及其他异型钢桩）的制作

7.5.1 目前国内在工程中用的钢桩多属进口，少量由国内加工。国内加工用钢材大都为低碳钢（A3号钢），加工前必须具备钢材的合格证。对进口钢管桩应在钢桩到港后，由商检局作抽样检验，检查其钢材化学成分和机械性能是否满足合同文件要求，以往有过因材质问题而把钢桩打坏的实例。

7.5.3 钢桩制作偏差不仅要在制作过程控制，运到工地后在施打前还应检查，否则沉桩时会发生困难，甚至沉桩失败。这是因为出厂后在运输或堆放过程中会因措施不当而造成桩身局部变形。此外，出厂成品均为定尺钢桩，而实际施工时都是由数根焊接而成，但不正好是定尺桩的组合，多数情况下，最后一节为非定尺桩，这就要进行切割。因此要对切割后的节段及拼接后的桩进行外形尺寸检验。

7.6 钢桩的焊接

7.6.1 焊接是钢桩施工中的关键工序，必须严格控制质量。以往在钢桩的施工过程中，在焊接质量上出现的问题不少。焊丝不烘干，会引起烧焊时含氢量高，使焊缝容易产生气孔而降低其强度和韧性，因而焊丝必须在 200～300℃ 温度下烘干 2 小时。据有关资料，未烘干的焊丝其含氢量为 12mL/100gm，经过 300℃温度烘干 2 小时后，减少到 9.5mL/100gm。

现场焊接受气候的影响较大，雨云天气，在烧焊时，由于水分蒸发会有大量氢气混入焊缝内形成气孔。大于 10m/s 的风速会使自保护气体和电弧火焰不稳定。在雨云或刮风天气施工，必须采取防风避雨措施，否则质量不能保证。

以往为了抢速度，往往未等焊缝温度冷却到一定程度就锤击，导致焊缝出现裂缝。施工人员为加速冷却，在焊接结束后即浇以冷水，使之骤冷更易发生脆裂。为此，必须对冷却时间予以限定且要自然冷却。有资料介绍，有 1 分钟停歇，母材温度即降至

300℃，此时焊缝强度可以经受锤击压力。

外观检查和无破损检验是确保焊接质量的重要手段。超声或拍片的数量应视工程的重要程度和焊接人员的技术水平而定，这里提供的数量，仅是一般工程的要求。

7.6.2 H型钢桩或其他薄壁钢桩不同于钢管桩，其断面与刚度本来很小，为保证应有的刚度和强度不致因焊接而削弱，一般应加连接板。

7.7 钢桩的运输和堆存

7.7.1 钢管桩出厂时，两端应有防护圈，以防坡口受损；对H型桩，因其刚度不大，若支点不合理，堆放层数过多，均会造成桩体弯曲，影响施工。

7.8 钢桩的沉桩

7.8.2 钢管桩内取土非一般施工单位能进行，需配以专用抓斗，如采用其他取土方式，则代价更大。若要穿透砂层或硬土层，还可在桩下端焊一圈钢箍，厚度为8～12mm，以助沉，但需先试沉桩，方可确定采用。

7.8.3 H型钢桩，其刚度不如钢管桩，且两个方向的刚度不一，很容易在刚度小的方向发生失稳，因而要对锤重予以限制。如在刚度小的方向设约束装置，则有利于顺利沉桩。

7.8.4 送桩时锤的能量约损失1/3～4/5，钢管桩稍好些，故一般不送桩，桩顶与地面相平。对于钢管桩可先进行内切割，拔除割去部分后再进行挖土，或与H型钢桩一样先开挖到标高，再行切割的多余部分。

7.8.5 大块石或混凝土块容易嵌入H钢桩的槽口内，随桩一起沉入下层土内，如遇硬土层则使沉桩困难，甚至继续锤击导致桩体失稳，故应事先清障。

8 承台施工

8.2 基坑开挖

8.2.1 目前大型基坑越来越多，且许多工程位于建筑群中或闹市区。完善的基坑开挖方案，对确保临近建筑物和公用设施（煤气管线，上、下水道、电缆等）的安全是至关重要的。本条中所列的各项工作均应慎重研究以定出最佳方案。

8.2.3 外降水可降低主动土压力，增加边坡的稳定（无支护基坑），内降水可增加被动土压，减少支护结构的变形，又利于机具在基坑内作业。

8.2.4 基坑开挖分层均衡进行很重要。某电厂厂房基础，桩的尺寸为450mm×450mm×（3500～4000）mm，基坑开挖深度4.5m。由于没有分层挖土，由基坑的一边挖至另一边，先挖部分的桩体发生很大水平位移，有些桩由于位移过大而断裂。因此对挖土顺序必须认真对待。

8.3 钢筋和混凝土施工

8.3.2 大体积承台日益增多，钢厂、电厂，大型桥墩的承台一次浇注混凝土量近万方，厚达3～4m。对这种桩基承台的浇注，事先应作充分研究，当浇注设备适应时，可用平铺法，如不适应，则应从一端开始采用滚浆法，以减少混凝土的浇注面。对水泥用量，减少温差措施均需慎重研究。措施得当，可实现一次浇注成功的。

附加说明一　参加本规范专题研究的单位及个人名单

单位：

中国建筑科学研究院
同济大学
陕西省建筑科学研究设计院
冶金部建筑研究总院
重庆建筑大学
上海市基础工程公司
广东省基础工程公司
上海高桥石油化工公司设计院
云南省建筑科学研究院
福建省建筑科学研究院
北京水利电力经济管理学院
南京市民用建筑设计院
北京钢铁设计研究总院

个人（排名不分顺序）：

刘金砺　黄　强　钟　亮　经永新　张　雁　李　雄
朱春明　生　跃　洪毓康　陈竹昌　陈强华　高大钊
史佩栋　李镜培　郑　云　徐　和　宰金璋　陈冠发
楼晓明　陆　平　董建国　杨　敏　赵锡宏　殷永安
俞振全　费鸿庆　黄求顺　张四平　李世蓉　赖　明
桂业琨　丁锡鹏　马建民　陈启芬　贾庆山　孔旭东
龚一鸣　林思佐　樊有维　蒋大骅　丁祖堪　顾怡荪
周克荣

附加说明二　为本规范提供资料的单位及个人名单

单位：

能源部电力建设研究所
机械电子工业部工程设计研究院
机电部第十设计研究院
冶金部第三冶金建筑公司
浙江省湖州市建筑设计院
浙江省建筑科学研究所
江苏省徐州市矿务局设计处
铁道部南京浦镇车辆工厂
陕西省机械化施工公司南京机械施工处
机电部勘察研究院
西安建筑科技大学
水利部西北水利科学研究院
福州市房地产开发总公司
福州大学
重庆建筑大学
福建省建筑设计院
福州市住宅设计院
山西省电力勘测设计院
山西省建筑设计院
甘肃省天水市建筑设计院
机械电子工业部第六设计研究院
河南省煤矿设计研究院
福州市第二基础工程公司

四川省自贡市建筑设计院
华南理工大学建工系
广东省汕头市建筑设计院
深圳市建筑科学研究中心
深圳大学结构与市政工程系
江西省建筑设计院
云南省建筑科学研究院
广州军区建筑设计院
铁道部北京铁路局勘测设计院
烟台市城乡建设勘察测量队
南京民用建筑设计院
天津港湾研究所
沈阳市建委科研设计处
黑龙江省寒地建筑科学研究院
河北省建筑科学研究所
哈尔滨建筑大学道路工程教研室

个人（排名不分顺序）：

郑仁坪　刘惠南　王文玲　林景义　丁信发　陈慧安
戴成龄　陈福成　江永川　周殿雄　张旷成　沙志国
高永贵　黄书汉　周友渔　陈鼎榕　景进堂　刘金铃
严　劲　丁　红　陈义侃　林　焱　李和林　张　敷
穆　里　关连柏　郭福君　王亚林　林小湫　刘贞乾
吴湘兴　丘湘泉　黄存汉　刘维廉　王家远　黄志广
王利华　关　鹏　蔡长赓　韩　奎　郭乾镛　盛洪飞

中华人民共和国行业标准

基桩低应变动力检测规程

Specification for low strain dynamic testing of piles

JGJ/T 93—95

主编单位：地 矿 部 勘 查 技 术 司
批准部门：中华人民共和国建设部
　　　　　中华人民共和国地矿部
施行日期：1 9 9 5 年 1 2 月 1 日

关于发布行业标准《基桩低应变动力检测规程》的通知

建标［1995］620号

根据建设部（89）建标技字第41号函和（90）建标计字第（9）号文的要求，由地矿部勘查技术司主编的《基桩低应变动力检测规程》业经审查，现批准为推荐性行业标准，编号JGJ/T93—95，自1995年12月1日起施行。

本标准由建设部建筑工程标准技术归口单位中国建筑科学研究院归口管理，由地矿部工程勘察施工管理办公室负责解释，由建设部标准定额研究所组织出版。

建设部　地质矿产部

1995年10月25日

目　次

1 总　则

1.0.1 为贯彻建设工程“百年大计、质量第一”的原则，确保基桩低应变动力检测的质量，制订本规程。

1.0.2 本规程适用于工程中混凝土灌注桩和预制桩的低应变动力检测。

1.0.3 应用本规程的机械阻抗法及动力参数法推算单桩竖向承载力时，应具有本地区可靠的竖向承载力动静对比资料。

1.0.4 按本规程进行检测的结果，应由经认定资质的单位中合格的检测人员提出。

1.0.5 基桩低应变动力检测除应符合本规程外，尚应符合国家现行有关标准的规定。

2 术语、符号、代号

2.1 术　语

2.1.1 机械阻抗 Mechanical Impedance

某系统的机械阻抗为对该系统的作用力与由此而产生的系统的响应之比。

2.1.2 机械导纳 Mechanical Admittance

机械阻抗的倒数。

2.1.3 跟踪滤波器 Trace Filter

中心频率跟随某一可变频率而变化的带通滤波器，在机械阻抗法检测中，用来滤除激振频率以外的振动干扰。

2.1.4 波速（v_p）Wave Speed

弹性波在桩身混凝土中传播的速度。

2.1.5 测量桩长（L_0）Measurment Pilt Length

按工区内桩的平均波速（v_{pm}）计算的桩长。

$$L_0=\frac{v_{pm}}{2\Delta f}$$

式中　Δf 为导纳曲线两个相邻主峰之间的频率间隔。

2.1.6 导纳理论值（N）Theory Value of the Mechanical Admittance

由波速、混凝土密度（ρ）和桩的截面积（A）计算的导纳平均值。

$$N=\frac{1}{v_p A\rho}$$

2.1.7 导纳实测几何平均值（N_{om}）Geometry Arerage Value of the Mechanicl Admittance

由实测导纳曲线计算的几何平均值。

$$N_{om}=\sqrt{PQ}$$

式中 P 为平均峰值；Q 为平均谷值。

2.1.8 导纳最大峰幅值（N_p）Maximal Peak Value of Mechanical Admittance

由实测导纳曲线最大峰值和与其相邻的谷值计算的几何平均值。

$$N_p=\sqrt{P_{max}Q_{max}}$$

2.1.9 嵌固系数（λ）Fix Coefficient

表示桩底嵌固情况的参数。

$$\lambda=\frac{f_0}{\Delta f}$$

式中 f_0 为一阶共振频率。

2.2 符号、代号

a_x ——x 方向的横向最大加速度值；
a_y ——与 a_x 垂直方向的横向最大加速度值；
a_z ——竖向最大加速度值；
A ——声波振动幅度；桩的截面面积；
A_d ——“频率-初速法”第一次冲击振动波的最大峰-峰值；
A_{ji} ——第 i 个测点第 j 次抽测声波振动幅度值；
d ——桩身直径；声波检测管内径；
d' ——柱状声波换能器外径；
D ——声波检测管外径；
f_0 ——动力参数法的桩-土体系固有频率；
f_1 ——机械阻抗法的一阶共振频率；
Δf ——完整桩导纳曲线相邻谐振峰的频率差；
G_p ——折算后参振桩重；
G_e ——折算后参振土重；
h ——穿心锤回弹高度；
H ——穿心锤落距；
K_d ——桩的测量动刚度；
K'_d ——桩的预期动刚度；
K_{dm} ——桩的现场实测平均动刚度值；
K_{tz} ——声时-深度曲线相邻测点的斜率；
l ——两个检测管外壁间的距离；
L ——桩身全长；
L' ——桩身缺陷深度；
L_0 ——测量桩长；
L_e ——桩在土中长度；
m ——参振桩和土的折算质量；
N ——导纳理论值；
N_o ——导纳实测值；
N_{om} ——导纳实测几何平均值；
N_p ——导纳最大峰幅值；
q ——声波幅值衰减量；
μ_q ——声波幅值衰减量平均值；
q_D ——按声波波幅判断的衰减量临界值；
r_e ——参振土体扩散半径；
R ——单桩竖向承载力的推算值；
[S] ——桩的容许沉降值；
S_a ——加速度传感器灵敏度；
S_v ——速度传感器灵敏度；
t ——动力参数法第一次冲击与回弹后第二次冲击的时距；声波透射法测试的原始声时值；
t' ——声时修正值；
Δt ——声时-深度曲线相邻测点的声时差；
t_0 ——声波检测仪发射至接收系统的延迟时间；

t_c —— 混凝土中声波的传播时间；

μ_t —— 声时平均值；

t_{ji} —— 第 i 个测点第 j 次抽测声时值；

t_r —— 桩底反射波的到达时间；

t'_r —— 桩身缺陷部位反射波的到达时间；

v_0 —— 桩头振动初速度；

v_p —— 桩身混凝土中的纵波速度；

v_{pm} —— 工区内桩身混凝土纵波速度的平均值；

v_t —— 检测管壁厚度方向的声速；

v_w —— 水中的声速；

W_0 —— 穿心锤质量；

α —— 与 f_0 相应的测试系统速度灵敏度系数；

β_f —— "频率法"采用的调整系数；

β_v —— "频率-初速法"采用的调整系数；

γ_p —— 桩材重度；

γ_e —— 桩下段 $L_e/3$ 范围内土重度；

ε —— 碰撞系数；

ζ —— 激振器横向振动系数；

η —— 桩承载力动-静刚度测试对比系数；

K —— 安全系数；

λ —— 嵌固系数；

σ_t —— 声时标准差；

σ'_t —— 声时相对标准差；

σ'_A —— 波幅相对标准差；

φ —— 桩下段 $L_e/3$ 范围内土的内摩擦角。

3 一般规定

3.1 检测方法

3.1.1 本规程规定的检测方法有：反射波法、机械阻抗法、动力参数法和声波透射法。

3.1.2 上述方法均有各自的适用范围和技术要求，应根据不同的检测对象和检测要求选用。可选用一种方法，也可选用两种以上方法进行检测和校核。对多段接长的预制桩，宜采用多种方法进行综合分析判断。

3.2 检测数量

3.2.1 对于一柱一桩的建筑物或构筑物，全部基桩应进行检测。

3.2.2 非一柱一桩时，应按施工班组抽测，抽测数量应根据工程的重要性、抗震设防等级、地质条件、成桩工艺、检测目的等情况，由有关部门协商确定。检测混凝土灌注桩桩身完整性时，抽测数不得少于该批桩总数的 20%，且不得少于 10 根；检测混凝土灌注桩承载力时，抽测数不得少于该批桩总数的 10%，且不得少于 5 根；对混凝土预制桩，抽测数不得少于该批桩总数的 10%，且不得少于 5 根。

当抽测不合格的桩数超过抽测数的 30%时，应加倍重新抽测。加倍抽测后，若不合格桩数仍超过抽测数的 30%，应全数检测。对于采用声波透射法时，加倍重新抽测可采用其他检测方法。

3.3 仪器设备

3.3.1 仪器设备性能应符合各检测方法的要求。

3.3.2 检测仪器应具有防尘、防潮性能，并应在－10～50℃环境下正常工作。在现场使用微机时，应采取保温或降温措施。

3.3.3 传感器应采取严格防潮、防水措施，搬运时应进行防震保护。

3.3.4 仪器长期不使用时，应按使用说明书要求定期通电。长途搬运时，仪器应装在有防震措施的仪器箱内。

3.3.5 仪器设备应每年进行一次全面检查和调试，其技术指标应符合仪器质量标准的要求。

3.4 检测前的准备工作

3.4.1 检测前应具有下列资料：工程地质资料、基础设计图、施工原始记录（打桩记录或钻孔记录及灌注记录等）和桩位布置图。

3.4.2 检测前应做好下列准备：进行现场调查；对所需检测的单桩做好测前处理；检查仪器设备性能是否正常；根据建筑工程特点、桩基的类型以及所处的工程地质环境，明确检测内容和要求；通过现场测试，选定检测方法与仪器技术参数。

3.4.3 被检测的灌注桩应达到规定养护龄期方可施测，对打入桩，应在达到地基土有关规范规定的休止期后施测。

3.5 检测步骤

3.5.1 检测步骤应分别按照各方法的具体规定执行。

3.6 检测报告

3.6.1 检测报告应简明、实用，其内容应包括：前言、工程地质、桩基设计与施工概况、检测原理及方法简介、检测所用仪器及设备、测试分析结果（包括被检测基桩分布图、分析结果一览表和检测原始记录）、结论及建议。

3.6.2 检测报告封面及封二应按本规程附录B的规定格式印制。

4 反射波法

4.1 适用范围

4.1.1 本方法可适用于检测桩身混凝土的完整性，推定缺陷类型及其在桩身中的位置。本方法也可对桩长进行核对，对桩身混凝土的强度等级作出估计。

4.2 仪器设备

4.2.1 仪器宜由传感器和放大、滤波、记录、处理、监视系统以及激振设备和专用附件组成。

4.2.2 传感器可选用宽频带的速度型或加速度型传感器。速度型传感器灵敏度应大于300mV/cm/s，加速度型传感器灵敏度应大于100mV/*g*。

4.2.3 放大系统的增益应大于60dB，长期变化量应小于1%。折合输入端的噪声水平应低于3μV。频带宽度应不窄于10～1000Hz，滤波频率可调整。

4.2.4 模/数转换器的位数不应小于8bit。采样时间宜为50～1000μs，可分数档调整。每个通道数据采集暂存器的容量不应小于1kB。

注：bit为二进制计数数字量的位数。

4.2.5 多道采集系统应具有一致性，其振幅偏差应小于3%，相位偏差应小于0.1ms。

4.2.6 根据激振条件试验要求及改变激振频谱和能量，满足不同的检测目的，应选择符合材质和重量要求的激振设备。

4.3 现 场 检 测

4.3.1 被测桩应凿去浮浆，平整桩头，切除桩头外露过长的主钢筋。

4.3.2 检测前应对仪器设备进行检查，性能正常方可使用。

4.3.3 每个检测工地均应进行激振方式和接收条件的选择试验，确定最佳激振方式和接收条件。

4.3.4 激振点宜选择在桩头中心部位，传感器应稳固地安置在桩头上。对于桩径大于 350mm 的桩可安置两个或多个传感器。

4.3.5 当随机干扰较大时，可采用信号增强方式，进行多次重复激振与接收。

4.3.6 为提高检测的分辨率，应使用小能量激振，并选用高截止频率的传感器和放大器。

4.3.7 判别桩身浅部缺陷，可同时采用横向激振和水平速度型传感器接收，进行辅助判定。

4.3.8 每一根被检测的单桩均应进行二次及以上重复测试。出现异常波形应在现场及时研究，排除影响测试的不良因素后再重复测试。重复测试的波形与原波形应具有相似性。

4.4 检测数据的处理与判定

4.4.1 应依据波列图中的入射波和反射波的波形、相位、振幅、频率及波的到达时间等特征，推定单桩的完整性。

4.4.2 桩身混凝土的波速 v_p、桩身缺陷的深度 L' 可分别按下列公式计算：

$$v_p=\frac{2L}{t_r} \tag{4.4.2-1}$$

$$L'=\frac{1}{2}v_{pm}t_r \tag{4.4.2-2}$$

式中 L —— 桩身全长；

t_r —— 桩底反射波的到达时间；

t_r' —— 桩身缺陷部位反射波的到达时间；

v_{pm} —— 同一工地内多根已测合格桩桩身纵波速度的平均值。

4.4.3 反射波波形规则，波列清晰，桩底反射波明显，易于读取反射波到达时间，及桩身混凝土平均波速较高的桩为完整性好的单桩。

4.4.4 反射波到达时间小于桩底反射波到达时间；且波幅较大，往往出现多次反射，难以观测到桩底反射波的桩，系桩身断裂。

4.4.5 桩身混凝土严重离析时，其波速较低，反射波幅减少，频率降低。

4.4.6 缩径与扩径的部位可按反射历时进行估算，类型可按相位特征进行判别。

4.4.7 当有多处缺陷时，将记录到多个相互干涉的反射波组，形成复杂波列。此时应仔细甄别，并应结合工程地质资料、施工原始记录进行综合分析。有条件时尚可使用多种检测方法进行综合判断。

4.4.8 桩体浅部断裂的定性评价，可通过横向激振，比较同类桩横向振动特征之间的差异进行辅助判断。

4.4.9 在上述时域分析的基础上，尚可采用频谱分析技术，利用振幅谱进行辅助判断。

4.4.10 桩身混凝土的强度等级可依据波速来估计。波速与混凝土抗压强度的换算系数，应通过对混凝土试件的波速测定和抗压强度对比试验确定。

5 机械阻抗法

5.1 适用范围

5.1.1 本方法有稳态激振和瞬态激振两种方式，适用于检测桩身混凝土的完整性，推定缺陷类型及其在桩身中的部位。当有可靠的同条件动静对比试验资料时，本方法可用于推算单桩的承载力。

本方法的有效测试范围为桩长与桩径之比值应小于30；对于摩擦端承桩或端承桩其比值可小于50。

5.2 仪器设备

5.2.1 接收传感器的技术特性应符合下列要求：

5.2.1.1 力传感器

(1) 频率响应宜为：5～1500Hz，其幅度畸变应小于1dB；

(2) 灵敏度不应小于1.0pC/N；

(3) 量程：当稳态激振时，按激振力的最大值确定；当瞬态冲击时，按冲击力最大值确定。

5.2.1.2 测量响应的传感器

(1) 频率响应：宜为5～1500Hz；

(2) 灵敏度：当桩径小于60cm时，速度传感器的灵敏度S_v应大于300mV/cm/s；加速度传感器的灵敏度S_a应大于1000pC/g；当桩径大于60cm时，S_v应大于800mV/cm/s、S_a应大于2000pC/g；

(3) 横向灵敏度不应大于5%；

(4) 加速度传感器的量程：当稳态激振时，不应小于5g。当瞬态激振时，不应小于20g。

5.2.2 接收传感器的灵敏度应每年标定一次。力传感器可采用振动台进行相对标定，或采用压力试验机作准静态标定。进行准静态标定所采用的电荷放大器，其输入电阻不应小于$10^{11}\Omega$。测量响应的传感器可采用振动台进行相对标定。

5.2.3 测试设备可以采用专用的机械阻抗测试仪器，也可采用通用测试仪器组成的测试装置（图5.2.3）。

压电传感器的信号放大应采用电荷放大器；磁电式传感器应采用电压放大器。频带宽度宜为5～2000Hz，增益应大于80dB，动态范围应在40dB以上，折合到输入端的噪声应小于10μV。在稳态测试中，应采用跟踪滤波器或在放大器内设置性能相似的滤波器。滤波器的阻带衰减不应小于40dB。在瞬态测试中分析仪器的选择，应具有频域平均和计算相干函数的功能。当采用数字化仪器进行数据采集分析时，其模/数转换器位数不应小于12bit。

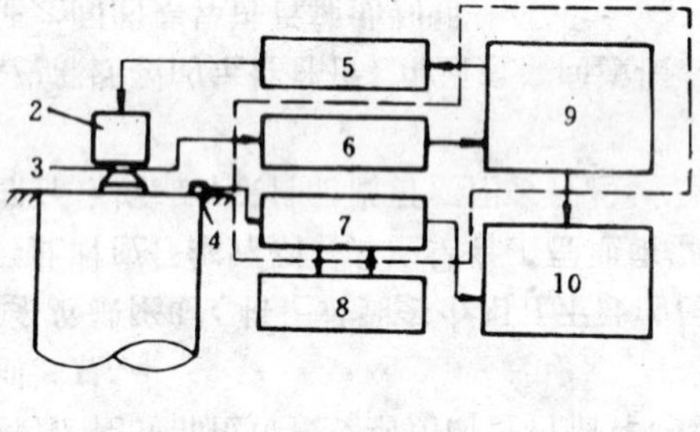

(a) 模拟测试仪器装置（稳态）

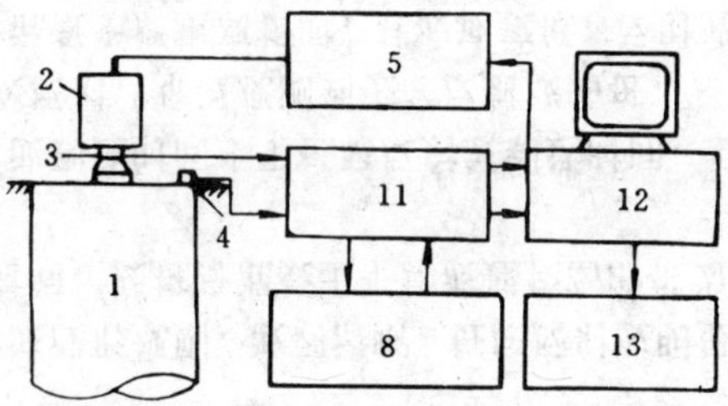

(b) 数字化测试仪器（稳态）

图5.2.3 机械阻抗测试仪器示意（一）

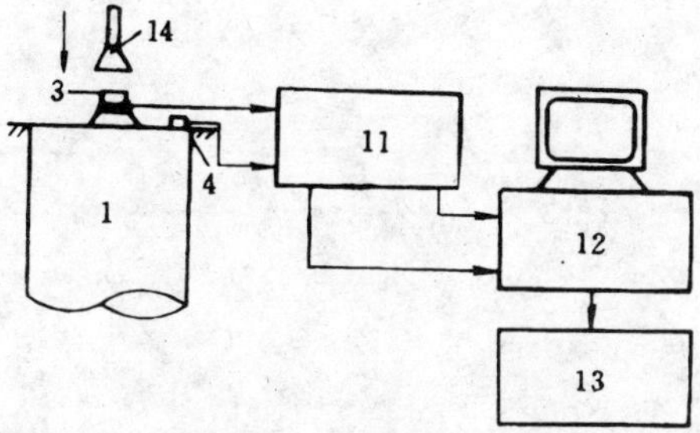

(c) 数字化测试仪器（瞬态）

图 5.2.3 机械阻抗测试仪器示意（二）

1—桩；2—激振器；3—力传感器；4—速度传感器；5—功率放大器；6—电荷放大器；7—测振放大器；8—跟踪滤波器；9—振动控制仪；10—x-y 函数记录仪；11—信号采集前端；12—微计算机；13—打印机（绘图仪）；14—力棒、力锤

注：信号采集前端可采用双通道以上的各种频响分析仪，也可采用FM 磁带记录仪作脱机采集分析。

5.2.4 信号处理分析的记录设备可采用磁记录器、x—y 函数记录器、与计算机配合的笔式绘图仪或打印机。磁记录器不得少于两个通道，信噪比不得低于 45dB，频率范围不得低于 5kHz。采用的各类记录仪的系统误差应小于 1%。

5.2.5 稳态激振设备及瞬态冲击装置应符合下列要求：

5.2.5.1 稳态激振应采用电磁激振器，并宜选择永磁式激振器。激振器的技术要求应符合下列规定：

（1）频率范围宜为：5～1500Hz；

（2）最大出力：当桩径小于 1.5m 时，应大于 200N；当桩径为 1.5～3.0m 时，应大于 400N；当桩径大于 3.0m 时，应大于 600N；

（3）非线性失真应小于 1%。

5.2.5.2 悬挂装置可采用柔性悬挂（橡皮绳）或半刚性悬挂。在采用柔性悬挂时应避免高频段出现横向振动。在采用半刚性悬挂时，当激振频率在 10～1500Hz 的范围内时，激振系统本身特性曲线出现的谐振峰（共振及反共振）不应超过 1 个。

5.2.5.3 瞬态激振应通过试验选择不同材质的锤头进行冲击，使可用于计算的谱宽度大于 1500Hz。在冲击桩头时，冲击锤应保持为自由落体。

5.2.5.4 激振装置在初次使用或经长距离运输，在正式使用前应进行调整，使横向振动系数（ζ）控制在 10%以下，其谐振时的最大值不应超过 25%。

5.3 现场检测

5.3.1 检测前的准备应符合本规程附录 A 的要求。

5.3.2 桩的振动响应测试点应按下列原则布置：

5.3.2.1 桩径小于 60cm 时，可布置 1 个测点；桩径为 0.6～1.5m 时，应布置 2～3 个测点；桩径大于 1.5m 时，应在互相垂直的两个径向布置 4 个测点。

5.3.2.2 在桥梁桩基础测试中，当只布置 2 个测点时，其测点应位于顺流向的两侧，当布置 4 个测点时，应在顺流向两侧和顺桥纵轴方向两侧各布置 2 个测点。

5.3.3 激振力应作用于桩头顶面正中。采用半刚性悬挂时，则粘贴在桩头顶面中心的钢板必须保持水平。

5.3.4 现场测试应按下列步骤进行：

5.3.4.1 安装全部测试设备，并应确认各项仪器装置处于正常工作状态。

5.3.4.2 在测试前应正确选定仪器系统的各项工作参数，使仪器在设定的状态下进行试验。

5.3.4.3 在瞬态激振试验中，重复测试的次数应大于 4 次。

5.3.4.4 在测试过程中应观察各设备的工作状态，当全部设备均处于正常状态，则该次测试为有效。

5.3.4.5 在同一工地如当某桩实测的机械导纳曲线幅度明显过大时，应增大扫频上限，并判定桩的缺陷位置。

5.4 检测数据的处理与推定

5.4.1 桩身混凝土的完整性应按下列步骤综合判定：

5.4.1.1 根据测试的机械导纳曲线，初步确定各单桩中的完整桩，并计算波速和各完整桩的波速平均值。

5.4.1.2 计算各单桩的测量桩长、导纳几何平均值、导纳理论值、导纳最大峰幅值、动刚度、嵌固系数、土的阻尼系数，以及同一工地所测各桩的动刚度平均值和导纳几何实测平均值的平均值。

5.4.1.3 根据所计算的参数及导纳曲线形状，按表5.4.1.3-1和5.4.1.3-2的规定推定桩身混凝土的完整性，确定缺陷类型，计算缺陷在桩身中出现的位置。

5.4.2 在搜集本地区同类地质条件下桩的静荷载试验资料，并应确定在单桩外部尺寸相似情况下的容许沉降值，或根据上部结构物的类型及重要程度或设计要求，确定的容许沉降值，采用在容许荷载作用下的容许沉降值计算单桩竖向承载力的推算值。

单桩竖向承载力的推算值 R 可用下列公式计算：

$$R=[S]\frac{K_d}{\eta} \tag{5.4.2}$$

式中 K_d ——单桩的动刚度（kN/mm）；

η ——桩的动静刚度测试对比系数，宜为0.9～2.0；

$[S]$——单桩的容许沉降值（mm）。

按机械导纳曲线推定桩身结构完整性　表5.4.1.3-1

<table>
<tr><th>机械导纳曲线形态</th><th colspan="2">实测导纳值 N_o</th><th colspan="2">实测动刚度 K_d</th><th>测量桩长 L_0</th><th>实测桩身波速平均值 v_{pm} (m/s)</th><th>结论</th></tr>
<tr><td rowspan="3">与典型导纳曲线接近</td><td colspan="2" rowspan="3">与理论值 N 接近</td><td>高于</td><td rowspan="3">工地平均动刚度值 K_{dm}</td><td rowspan="5">与施工长度接近</td><td rowspan="3">3500～4500</td><td>嵌固良好的完整桩</td></tr>
<tr><td>接近</td><td>表面规则的完整桩</td></tr>
<tr><td>低于</td><td>桩底可能有软层</td></tr>
<tr><td rowspan="2">呈调制状波形</td><td>高于</td><td rowspan="2">导纳实测几何平均值 N_{om}</td><td>低于</td><td rowspan="2">工地平均动刚度值 K_{dm}</td><td><3500</td><td>桩身局部离析，其位置可按主波的 Δf 判定</td></tr>
<tr><td>低于</td><td>高于</td><td>3500～4500</td><td>桩身断面局部扩大，其位置可按主波的 Δf 判定</td></tr>
<tr><td rowspan="2">与典型导纳曲线类似，但共振峰频率增量 Δf 偏大</td><td colspan="2">高于理论值 N 很多</td><td>远低于</td><td rowspan="2">工地平均动刚刚值 K_{dm}</td><td rowspan="2">小于施工长度</td><td rowspan="2">—</td><td>桩身断裂，有夹层</td></tr>
<tr><td colspan="2">低于工地平均值 N_{om} 很多</td><td>远高于</td><td>桩身有较大鼓肚</td></tr>
<tr><td>不规则</td><td colspan="2">变化或较高</td><td colspan="2">低于工地动刚度平均值 K_{dm}</td><td>无法由计算确定桩长</td><td>—</td><td>桩身不规则，有局部断裂或贫混凝土</td></tr>
</table>

注：$N_t=\frac{1}{v_P A\rho}$

按机械导纳曲线异常程度进一步推定桩身结构完整性　　表 5.4.1.3-2

初步辨别有异常	可能的异常位置	异常性质的判断	异常程度的判断	
$v_p=2\Delta fL$ =正常波速 只有桩底反射效应，桩身无异常	—	$N_o\approx N$ 优质桩	波峰间隔均匀，整齐	全桩完整，混凝土质量优而均匀
			波峰间隔均匀，但不整齐	全桩基本完整，外表面不规则
		$N_o\approx N$ $K_d\approx K_d'$ 混凝土质量稍有不均匀	波峰间隔均匀，整齐	全桩完整，混凝土质量基本完好
			波峰间隔不太均匀，欠整齐	全桩基本完整，局部混凝土质量不太均匀
$\Delta f_1<\Delta f_2$ $v_{p1}=2\Delta f_1L$=正常波速，有桩底反射效应，同时 $v_{p2}=2\Delta f_2L>$正常波速，$L'=\frac{v_p}{2\Delta f_2}<L$，表明有异常处反射效应	$L'=\frac{v_p}{2\Delta f_2}$	$N_o<N$ $K_d>K'_d$	波峰圆滑，N_p 值小	有中度扩径
			波峰圆滑，N_p 值大	有轻度扩径
		$N_o>N$ $K_d<K'_d$ 缩径或混凝土局部质量不均匀	波峰尖峭，N_p 值大	有中度裂缝或缩径
$v_p=2\Delta fL>$正常波速，$L_o=\frac{v_p}{2\Delta f}<L$，表明无桩底反射效应，只有其他部位的异常反射效应	$L'=\frac{v_p}{2\Delta f}$	$N_o>N$ $K_d<K'_d$ 缩径或断裂	波峰尖峭，N_p 值小	有严重缩径
			波峰间隔均匀，尖峭，N_p 值大	严重断裂，混凝土不连续
		$N_o<N$ $K_d>K'_d$ 扩径	波峰圆滑，N_p 值小	有较严重扩径
			波峰间隔均匀，圆滑，N_p 值小	有严重扩径

注：Δf_1——有缺陷桩导纳曲线上小峰之间的频率差；
　　Δf_2——有缺陷桩导纳曲线上大峰之间的频率差。

6　动力参数法

6.1　适用范围

6.1.1　本方法分为频率-初速法和频率法。

6.1.2　当有可靠的同条件动静试验对比资料时，频率-初速法可用于推算不同工艺成桩的摩擦桩和端承桩的竖向承载力。

6.1.3　频率法的适用范围限于摩擦桩，并应有准确的地质勘探及土工试验资料作为计算依据，其中主要包括地质剖面图及各地层的内摩擦角和重度；桩在土中长度不宜大于40m，也不宜小于5m。

6.2　仪器设备

6.2.1　宜采用竖、横两向兼用的速度型传感器。传感器的频率响应宜为10～300Hz；最大可测位移量的峰-峰值不应小于2mm，速度灵敏度不应低于200mV/cm/s。传感器的固有频率不得处于20Hz附近。

6.2.2　检测基桩承载力时，低通滤波器的截止频率宜为120Hz。

6.2.3　放大器增益应大于40dB（可调），长期绝对变化量应小于1%，折合到输入端的噪声信号不大于10μV。频响范围宜为10～300Hz。

6.2.4　接收系统宜采用数字式采集、处理和存储系统，并应具有实时时域显示及频谱分析功能。

6.2.5　模/数转换器的位数不应小于8bit，采样时间间隔宜为50～1000μs，并分数档可调。每道数据采集暂存器的容量不应小于1kB。

6.2.6　传感器和仪器系统灵敏度系数应在标准振动台上进行标定，每年不得少于一次。标定时取振动速度的峰-峰值。在10～

300Hz 范围内应至少按单位振速标定 10 个频点，并描出灵敏度系数随频率变化的曲线。

6.2.7 激振设备宜采用带导杆的穿心锤，穿心锤底面应加工成球面。穿心孔直径比导杆直径大 3mm 左右。穿心锤的质量应由 2.5kg 至 100kg 形成系列，其落距宜自 180mm 至 500mm 之间，分为 2～3 档。对不同承载力的基桩，应调节冲击能量，使振波幅度基本一致。

6.3 现场检测

6.3.1 检测前的准备工作应符合下列要求：

6.3.1.1 清除桩身上段浮浆及破碎部分。

6.3.1.2 桩顶中心部分应凿平，并用粘结剂（如环氧树脂）粘贴一块钢垫板，待其固化后方可施测，对承载力标准值小于 2000kN 的桩，钢垫板面积宜为 100mm×100mm，其厚度宜为 10mm，钢垫板中心应钻一盲孔，孔深宜为 8mm，孔径宜为 12mm；对承载力大于或等于 2000kN 的桩，钢垫板面积及厚度加大 20%～50%。

6.3.1.3 传感器应使用粘结剂（如烧石膏）或采用磁性底座竖向固定在桩顶预先粘于冲击点与桩身钢筋之间的小钢板上。

6.3.1.4 传感器、滤波器、放大器与接收系统连线，应采用屏蔽线。确定仪器的参数，并检查仪器、接头及钢板与桩顶粘结情况，在检测瞬间应暂时中断附近振源。测试系统不可多点接地。

6.3.2 激振步骤应按下述进行（图 6.3.2）：将导杆插入钢垫板的盲孔中；按选定的穿心锤质量（W_0）及落距（H）提起穿心锤，任其自由下落，并在撞击垫板后自由回弹再自由下落，以完成一次测试，加以记录。宜重复测试三次，以资比较。

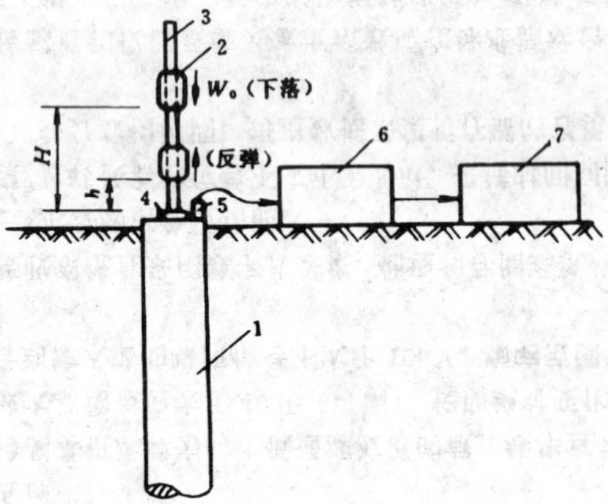

图 6.3.2 动力参数法检测

1—桩；2—穿心锤；3—导杆；4—垫板；5—传感器；6—滤波及放大器；7—采集、记录及处理器

6.3.3 每次激振后，应通过屏幕观察波形是否正常，要求出现清晰而完整的第一次及第二次冲击振动波形，并要求第一次冲击振动波形的振幅值基本保持一致，当不能满足上述要求时，应改变冲击能量，确认波形合格后方可进行记录。典型波形如图 6.3.3。

6.4 检测数据的处理与计算

6.4.1 桩-土体系的固有频率 f_0 宜通过频谱分析确定。

6.4.2 穿心锤的回弹高度 h 和碰撞系数 ε 可按下列公式计算：

6.4.2.1

$$h=\frac{1}{2}g\left(\frac{t}{2}\right)^2 \tag{6.4.2-1}$$

式中 g——重力加速度，取 $g=9.81$（m/s^2）；

t——第一次冲击与回弹后第二次冲击的时间（s），见图 6.3.3。

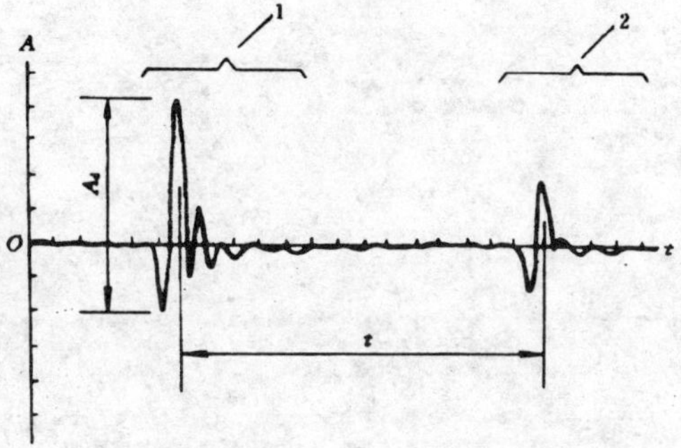

图 6.3.3　波形记录示例
1—第一次冲击的振动波形；
2—回弹后第二次冲击的振动波形

6.4.2.2

$$\varepsilon=\sqrt{h/H} \tag{6.4.2-2}$$

式中　h——穿心锤回弹高度（m）；

H——穿心锤落距（m）。

6.4.3　桩头振动初速度 v_0 可按下式计算：

$$v_0=\alpha A_d \tag{6.4.3}$$

式中　α——与 f_0 相应的测试系统灵敏度系数（m/s/mm）；

A_d——第一次冲击振动波初动相位的最大峰-峰值（mm）。

6.4.4　单桩竖向承载力的推算值

6.4.4.1　单桩竖向承载力的推算值（R）按下式计算

$$R=\frac{f_0^2\ (1+\varepsilon)\ W_0\sqrt{H}}{Kv_0}\beta_v \tag{6.4.4}$$

式中　R——单桩竖向承载力的推算值（kN）；

f_0——桩-土体系的固有频率（Hz）；

ε——碰撞系数；

W_0——穿心锤质量（t）；

H——穿心锤落距（m）；

v_0——桩头振动初速度（m/s）；

β_v——频率-初速法的调整系数；

K——安全系数，宜取 2。

6.4.4.2　调整系数 β_v 与仪器性能、冲击能量的大小、桩长、桩底支承条件及成桩方式等有关，应预先积累动-静对比资料经统计分析加以确定。

6.5　频 率 法

6.5.1　仪器的技术指标应符合本规程第 6.2 节的规定，但可不进行系统灵敏度系数的标定。

6.5.2　激振设备可采用穿心锤，也可采用 20～200kg 的铁球。

6.5.3　单桩竖向承载力推算值

6.5.3.1　单桩竖向承载力推算值（R）按下式计算：

$$R=\frac{0.00681f_0^2\ (G_p+G_e)}{K}\beta_f \tag{6.5.4-1}$$

$$G_p=\frac{1}{3}A\cdot L\cdot\gamma_p \tag{6.5.4-2}$$

$$G_e=\frac{1}{3}\left[\frac{\pi}{9}r_e^2\ (L_e+16r_e)\ -\frac{L_e}{3}A\right]\gamma_e \tag{6.5.4-3}$$

$$r_e=\frac{1}{2}\ (2\times\frac{L_e}{3}t_g\ \frac{\varphi}{2}+d) \tag{6.5.4-4}$$

式中　R——单桩竖向承载力标准值的推算值（kN）；

G_p——折算后参振桩重（kN）；

G_e——参振土重（kN）；

β_f——频率法的调整系数；

A——桩的截面积（m^2）；

L —— 桩身全长（m）；

L_e —— 桩在土中长度（m）；

γ_p —— 桩材重度（kN/m^3）；

γ_e —— 桩身下段 $L_e/3$ 范围内土的重度（kN/m^3）；

φ —— 桩身下段 $L_e/3$ 范围内土的内摩擦角（°）；

r_e —— 参振土体的扩散半径（m）；

d —— 桩身直径（m）。

6.5.3.2 调整系数 β_f 与仪器性能、冲击能量的大小及成桩方式等有关，也须预先通过动-静实测对比加以确定。当桩尖以下土质远较桩侧为强时 β_f 可酌情加大。

7 声波透射法

7.1 适用范围

7.1.0 本方法适用于检测桩径大于 0.6m 混凝土灌注桩的完整性。

7.2 仪器设备

7.2.1 换能器应采用柱状径向振动的换能器。其共振频率宜为 25～50kHz，长度宜为 20cm，换能器宜装有前置放大器，前置放大器的频带宽度宜为 5～50kHz。换能器的水密性应满足在 1MPa 水压下不漏水。

发射换能器的长度，频带宽度及水密性能与接收换能器的要求相同。

7.2.2 声波检测仪器的技术性能应符合下列规定：

7.2.2.1 接收放大系统的频带宽度宜为 5～50kHz，增益应大于 100dB，并应带有 0～60（或 80）dB 的衰减器，其分辨率应为 1dB，衰减器的误差应小于 1dB，其档间误差应小于 1%。

7.2.2.2 发射系统应输出 250～1000V 的脉冲电压，其波形可为阶跃脉冲或矩形脉冲。

7.2.2.3 显示系统应同时显示接收波形和声波传播时间，其显示时间范围应大于 2000μs，计时精度应大于 1μs。

7.3 现场检测

7.3.1 预埋检测管应符合下列规定：

7.3.1.1 桩径 0.6～1.0m 应埋设双管；1.0～2.5m 应埋设三根管；桩径 2.5m 以上应埋设四根管（图 7.3.1）。

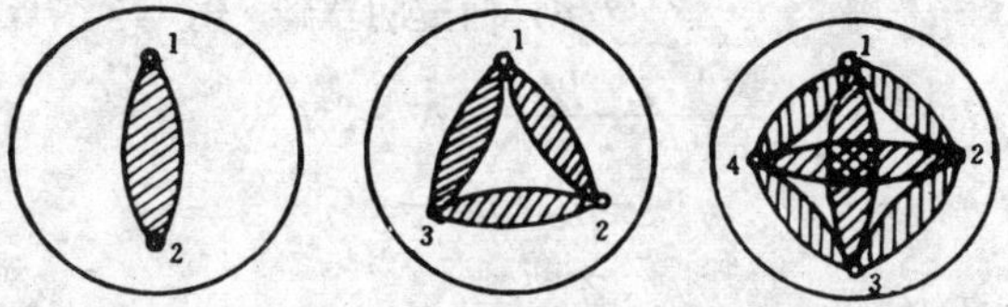

图 7.3.1 声波透射埋管编组
“o”为检测管埋设位置

7.3.1.2 声波检测管宜采用钢管、塑料管或钢质波纹管，其内径宜为 50～60mm。钢管宜用螺纹连接，管的下端应封闭，上端应加盖。

7.3.1.3 检测管可焊接或绑扎在钢筋笼的内侧，检测管之间应互相平行。

7.3.1.4 在检测管内应注满清水。

7.3.2 现场检测前应测定声波检测仪发射至接收系统的延迟时间 t_0，并应按下式计算声时修正值 t'：

$$t'=\frac{D-d}{v_t}+\frac{d-d'}{v_w} \tag{7.3.2}$$

式中 D —— 检测管外径（mm）；

d —— 检测管内径（mm）；

d' —— 换能器外径（mm）；

v_t —— 检测管壁厚度方向声速（km/s）；

v_w —— 水的声速（km/s）；

t' —— 声时修正值（μs）。

7.3.3 检测步骤应符合下列要求：

7.3.3.1 接收及发射换能器应在装设扶正器后置于检测管内，并能顺利提升及下降。

7.3.3.2 测量时上述发射与接收换能器可置于同一标高。当发射与接收换能器置于不同标高时，其水平测角可取 30°～40°。

7.3.3.3 测量点距 20～40cm。当发现读数异常时，应加密测量点距。

7.3.3.4 发射与接收换能器应同步升降。各测点发射与接收换能器累计相对高差不应大于 2cm，并应随时校正。

7.3.3.5 检测宜由检测管底部开始。发射电压值应固定，并应始终保持不变，放大器增益值也应始终固定不变。调节衰减器的衰减量，使接收信号初至波幅度在荧光屏上为 2 或 3 格。由光标确定首波初至，读取声波传播时间及衰减器衰减量，依次测取各测点的声时及波幅并进行记录。

7.3.3.6 一根桩有多根检测管时，应将每 2 根检测管编为一组，分组进行测试（图 7.3.1）。

7.3.3.7 每组检测管测试完成后，测试点应随机重复抽测 10%～20%。其声时相对标准差不应大于 5%；波幅相对标准差不应大于 10%。并对声时及波幅异常的部位应重复抽测。测量的相对标准差可按下式计算：

$$б'_t=\sqrt{\sum_{i=1}^{n}\left(\frac{t_i-t_{ji}}{t_m}\right)^2/2n} \tag{7.3.3-1}$$

$$б'_A=\sqrt{\sum_{i=1}^{n}\left(\frac{A_i-A_{ji}}{A_m}\right)^2/2n} \tag{7.3.3-2}$$

$$t_m=\frac{t_i+t_{ji}}{2} \tag{7.3.3-3}$$

$$A_m=\frac{A_i+A_{ji}}{2} \tag{7.3.3-4}$$

式中 $б'_t$ —— 声时相对标准差；

$б'_A$ —— 波幅相对标准差；

t_i —— 第 i 个测点声时原始测试值（μs）；

A_i —— 第 i 个测点波幅原始测试值（dB）；

t_{ji} —— 第 i 个测点第 j 次抽测声时值（μs）；

A_{ji} —— 第 i 个测点第 j 次抽测波幅值（dB）。

7.4 检测数据的处理与判定

7.4.1 由现场所测的数据应绘制声时-深度曲线及波幅（衰减值）-深度曲线，其声时 t_c 及声速 v_p 应按下列公式计算：

$$t_c=t-t_0-t' \quad (7.4.1\text{-}1)$$

$$v_p=I/t_c \quad (7.4.1\text{-}2)$$

式中 t_c —— 混凝土中声波传播时间（μs）；

t —— 声时原始测试值（μs）；

t_0 —— 声波检测仪发射至接收系统的延迟时间（μs）；

t' —— 声时修正值（μs）；

I —— 两个检测管外壁间的距离（mm）；

v_p —— 混凝土声速（km/s）。

7.4.2 桩身完整性应按下列规定判定：

7.4.2.1 应采用声时平均值 μ_t 与声时 2 倍标准差 σ_t 之和作为判定桩身有无缺陷的临界值；并应按下列公式计算：

$$\mu_t=\sum_{i=1}^{n}t_{ci}/n \quad (7.4.2.1\text{-}1)$$

$$\sigma_t=\sqrt{\sum_{i=1}^{n}(t_{ci}-\mu_t)^2/n} \quad (7.4.2.1\text{-}2)$$

式中 n —— 测点数；

t_{ci} —— 混凝土中第 i 测点声波传播时间（μs）；

μ_t —— 声时平均值（μs）；

σ_t —— 声时标准差。

7.4.2.2 亦可按声时-深度曲线相邻测点的斜率 K_{tz} 及相邻两点声时差值 Δt 的乘积 $K_{tz}\cdot\Delta t$ 作为缺陷的判据：

$$K_{tz}=\frac{t_{ci}-t_{ci-1}}{Z_i-Z_{i-1}} \quad (7.4.2.2\text{-}1)$$

$$\Delta t=t_{ci}-t_{ci-1} \quad (7.4.2.2\text{-}2)$$

$$K_{tz}\cdot\Delta t=\frac{(t_{ci}-t_{ci-1})\ 2}{Z_i-Z_{i-1}} \quad (7.4.2.2\text{-}3)$$

式中 t_{ci} —— 第 i 测点的声时（μs）；

t_{ci-1} —— 第 $i-1$ 测点的声时（μs）；

z_i —— 第 i 测点的深度（m）；

z_{i-1} —— 第 i-1 测点的深度（m）；

$K_{tz}\cdot\Delta t$ 值能在声时-深度曲线上明显地反映出缺陷的位置及性质，可结合 $\mu_t+2\sigma_t$ 值进行综合判定。

7.4.2.3 波幅（衰减量）比声速对缺陷反应更灵敏，可采用接收信号能量平均值的一半作为判断缺陷临界值。波幅值以衰减器的衰减量 q 表示，波幅判断的临界值 q_D 有下列关系：

$$q_D=\mu_q-6 \quad (7.4.2.3\text{-}1)$$

$$\mu_q=\sum_{i=1}^{n}q_i/n \quad (7.4.2.3\text{-}2)$$

式中 μ_q —— 衰减量平均值（dB）；

q_i —— 第 i 测点的衰减量（dB）；

n —— 测点数。

对超越临界值的测区应进行缺陷分析与判断。

7.4.2.4 桩的完整性宜采用上述判据，并辅以接收波形的视频率做进一步的综合判定。在作出缺陷判定后，如需判定桩身缺陷尺寸及空间分布，宜进一步采用多点发射，不同深度接收的扇形测量法，用多条交会的声线所测取的波速及波幅的异常加以判定。

附录A　机械阻抗法检测前的准备工作

A.0.1　首先应进行桩头的清理，去除桩头上的浮浆，露出密实的桩顶。将桩头顶面大致修凿平整，并尽可能与周围地面保持齐平。在桩顶面的正中和径向两侧边沿，用石工凿精心修整出直径约20cm的圆面1个和直径各10cm的圆面1～4个，使凹凸不平处的高差小于0.3cm。

A.0.2　粘贴在桩顶的钢板，必须在放置激振装置和传感器的一面用磨床加工成光洁度0.8以上的光洁表面。接触桩顶的一面则应保持粗糙，以使其与桩头粘贴牢固。将加工好的圆形钢板用粘结剂进行粘贴，大钢板粘贴在桩头中心处，钢板圆心与桩顶中心重合。小钢板粘贴在桩顶边沿1～4个小圆面上（图A）。粘贴之前应先将粘贴处的表面刷干净，再均匀涂满粘结剂。贴上钢板并挤压，使钢板和桩之间填满粘结剂。此时立即用水平尺反复校正，务使钢板表面水平。保护好校平的钢板，勿使其移动变位。待粘结剂完全固化后，即可进行检测，如不立即检测，可在钢板上涂上黄油，以防锈蚀。桩头上不要放置与检测无关的东西。主钢筋露出桩头部分不宜过长，应切割至可焊接和绑扎的最小长度，否则将产生谐振干扰。

A.0.3　半刚性悬挂装置和传感器，必须用螺丝紧固到桩头的钢板上。

A.0.4　在安装和联结测试仪器时，必须妥善设置接地线，要求整个检测系统一点接地，以减少电噪声干扰。传感器的连接电缆应采用屏蔽电缆并且不宜过长，以30m以内为宜。速度传感器在标定时应使用测试时的长电缆连接，以减少测量误差。

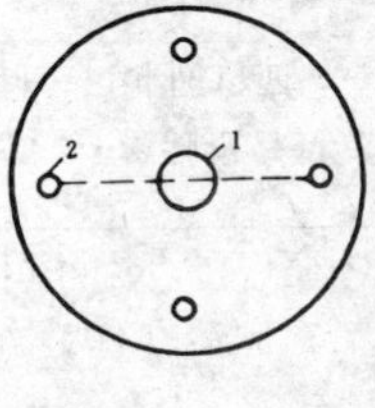

图A　被测桩桩顶小钢板粘贴位置

1—固定激振器用；2—固定传感器用

附录B 检测报告的格式

基桩低应变动力检测报告

工程项目名称：

检测地点：

检测日期：19 年 月 日至

19 年 月 日

检测单位：

19 年 月 日

图B.0.1 检测报告封面格式

注：1. 检测单位应写全称；

2. 检测报告的尺寸宜为：180mm×258mm

委托单位：

设计单位：

施工单位：

检测单位：

主要检测人：

报告编写人：

报告审核人：

单位负责人：

检测单位地址：

邮 政 编 码：

电 话：

图B.0.2 检测报告封二格式

注：封二尺寸同封面

附录C　本规程用词说明

C.0.1　为便于在执行本规程条文时区别对待，对于要求严格程度不同的用词说明如下：

1. 表示很严格，非这样做不可的用词；
正面词采用“必须”；
反面词采用“严禁”。

2. 表示严格，在正常情况下均应这样做的用词：
正面词采用“应”；
反面词采用“不应”或“不得”。

3. 表示允许稍有选择，在条件许可时首先应这样做的用词：
正面词采用“宜”或“可”；
反面词采用“不宜”。

C.0.2　条文中指明必须按其他有关标准和规范执行时，写法为“应按……执行”或“应符合……的要求（或规定）”。非必须按所指定的标准和规范执行时写法为“可参照……的要求（或规定）”。

附加说明

本规程主编单位、参加单位和主要起草人名单

主编单位：地质矿产部勘查技术司

参加单位：湖南大学土木系
成都市城市建设科研所
地质矿产部水文工程地质技术方法研究所
地质矿产部浅层地震技术开发中心

主要起草人：王振东　周光龙　蒋泽汉　吴庆曾　张世洪

中华人民共和国行业标准

基桩低应变动力检测规程

JGJ/T93—95

条 文 说 明

前 言

根据建设部标准定额司（89）建标字第41号函和（90）建标字第9号通知的要求，由地矿部勘查技术司会同湖南大学土木系、成都市建设科研所、地矿部水文工程地质技术方法研究所、地矿部浅层地震技术开发中心共同编制的《基桩低应变动力检测规程》(JGJ/T93—95) 经建设部、地矿部1995年10月25日以建标［1995］620号文批准，业已发布。

为便于广大勘察、设计、施工、科研、学校等有关人员在使用本规程时能正确理解和执行条文规定，《基桩低应变动力检测规程》编制组按章、节、条顺序，编制了本规程的条文说明，供国内使用者参考。在使用中如发现条文说明欠妥之处，请将意见函寄：（100812）北京西四地矿部工程勘察施工管理办公室。

本《条文说明》由建设部标准定额研究所组织出版发行，供国内使用，不得翻印。

目　次

1　总　　则

1.0.1　桩基础是工程结构中采用的主要基础类型，目前约占全部工程结构基础的70%以上。由于它是地下隐蔽结构物，在施工过程中易于出现各类缺陷，资料表明国外在现场灌注桩施工中桩身出现缺陷的概率约为15%～20%，国内这一概率约为20%左右，故对桩基础进行全面质量监督十分必要。

基桩低应变动力检测是以电子检测技术和结构动力学分析为基础的一种检测方法。目前已广泛用于工程质量监督之中。过去没有统一的技术标准，这项检测技术在应用过程中出现过一些问题。制订本规程目的在于防止或减少误判，并促进提高低应变动力检测的质量。

1.0.4　由于工程建设的需要，我国的基桩动力检测队伍发展很快，但目前使用的仪器性能不一，技术能力参差不齐。有关主管部门已作出规定，凡从事工程桩动测的单位，必须经考核合格，取得工程桩动测单位资质证书，方能在规定的业务范围内开展工程桩的动测业务。作出本条规定在于保证检测工作的质量。

本规程适用于采用低应变动力方法检测混凝土桩的完整性；其中机械阻抗法和动力参数法亦可配合可靠的静载试验资料推算同条件下单桩的竖向承载力，其值相当于国家标准《建筑地基基础设计规范》(GBJ7－89)中桩基竖向承载力的标准值(第5.4.2，6.4.4和6.5.4条)。

3 一般规定

3.2 检测数量

3.2.1 由于一柱一桩中的单桩是柱的唯一支撑体，对这类桩全部进行检测是必要的。

3.2.2 由于施工班组的技术水平和管理水平存在差异，因此，按班组抽测具有较好的代表性。根据我国实际情况，由建设、设计、施工和质监等有关单位共同商定抽测数量是可行的。本规程参考国外混凝土灌注桩出现各类缺陷的概率，并考虑我国国情，仅对抽测数量规定了下限。

4 反射波法

4.1 适用范围

4.1.0 反射波法的基本原理是在桩身顶部进行竖向激振，弹性波沿着桩身向下传播，当桩身存在明显波阻抗差异的界面（如桩底、断桩和严重离析等部位）或桩身截面积变化（如缩径或扩径）部位，将产生反射波。经接收放大、滤波和数据处理，可识别来自桩身不同部位的反射信息，据此计算桩身波速，以判断桩身完整性及估计混凝土强度等级。还可根据视波速和桩底反射波到达时间对桩的实际长度加以核对。

4.2 仪器设备

4.2.6 目前反射波法使用的激振设备形式多样，有杆锤（力棒）、手锤、落球，也有电火花方式；材质有铜质的、铝质的、木质的，也有聚四氟乙烯的；重量有的不足1kg，有的重达5kg。另外，有的单位在激振时采用不同材质的垫板，用以改变激振的频谱。

4.3 现场检测

4.3.2 由于不同工区桩的类型、桩径大小、桩头混凝土质量、土层地质情况等条件差异较大，检测时，对激振和接收的最佳条件选择只能通过现场试验对比来确定。确定最佳接收条件是指调节放大器增益，使波形不产生畸变。改变滤波频率是为了提高分辨率和改善信噪比。

4.4 检测数据的分析与判断

4.4.8 存在浅部断裂的桩，在进行横向激振时，有自振频率降低，振幅较大和衰减历时增加及波形不规则等现象，在一定实践经验的基础上，可对桩身浅部断裂作出定性评价。

5 机械阻抗法

5.1 适用范围

5.1.1 机械阻抗法的适用范围较为广泛，可应用于各种机械结构和土木结构的动力分析。在基桩检测中，它通过测定施加于基桩的激励信号和桩在该激励下产生的动态响应来识别桩的动力特性。由于桩的动力特性与桩身完整性和桩-土体系相互作用的特性密切相关，通过对桩的动态特性的分析计算，可估计桩身混凝土的缺陷类型及其在桩身中的部位。稳态机械阻抗法又称共振法。

5.2 仪器设备

5.2.1.2 由于速度导纳的模态耦合较小及加速度积分时不易选定积分常数，因而在测试中宜选择速度传感器。

5.2.5.2 在采用柔性悬挂时，所用的吊挂橡皮绳要有足够的弹性和强度，不能采用车轮外胎及传动皮带等弹性不良的材料。

半刚性悬挂系统的一阶自振频率以不超过 10Hz 为好，否则将使激振系统的低频特性变坏。

5.2.5.3 在瞬态激振中可使用各种手柄式力锤，但使用有竖向手执杆的力锤（力棒）效果更好。其优点是易于保持力锤自由下落时的竖向姿态和有利于导纳曲线低频端的准确测定。

5.2.5.4 横向振动系数由下式计算：

$$\zeta=\frac{1}{a_z}\sqrt{a_x^2+a_y^2}\times100\%$$

式中 a_x ——x 方向横向最大加速度值；

a_y ——与 a_x 垂直方向上的横向最大加速度值；

a_z ——竖向最大加速度值。

5.3 现场检测

5.3.4.1 在使用电子管功率放大器时，一般要有 0.5h 以上的预热时间。

5.3.4.2 在使用模拟式仪器系统进行测试时，要注意选择合理的扫频速率，使桩的振动接近稳态。

5.4 检测数据的处理与推定

5.4.2 机械阻抗法测定承载力的原理是：按导纳曲线的低频段确定的动刚度 K_d 除以动-静刚度测试对比系数 η 换算成静刚度，再乘以单桩容许沉降量[S]，求得单桩承载力标准值的推算值 R。动-静对比系数的取值一般在 0.9～2.0 之间，有的学者的试验结果略大于此范围。试验者可根据自己积累的数据进行合理选择。对于同一地质条件，同一类型和外形尺寸的桩，动-静对比系数是相当接近的。通常，桩底地基刚度较大时，其值趋近于低限；桩底地基刚度较小时，其值趋近于高限。

6 动力参数法

6.1 适用范围

6.1.0 本方法的实质是通过简便的敲击激起桩-土体系的竖向自由振动，按实测的频率及桩头振动初速度或单独按实测频率，根据质量-弹簧振动理论推算出单桩动刚度，再进行适当的动-静对比修正，换算成单桩竖向承载力的推算值。频率-初速法适用范围较广，而频率法受到计算模式及计算参数的影响，适用范围有限。

6.2 仪器设备

6.2.6 由于实测 v_0 时采用峰-峰值，故灵敏度系数的标定也应由振动台给出振动速度的峰-峰值。得到灵敏度系数随频率变化的曲线后，在计算时可以方便地按实测频率读取响应的灵敏度系数。

6.2.7 导杆的作用在于利用其上插销调整穿心锤的落距，并防止穿心锤偏离桩轴方向，伤及操作人员和仪器，导杆的直径可分 20mm 及 25mm 两种，供不同质量的穿心锤共同使用。锤底面应加工成球面，以使回弹方向尽量保持竖直。为减少锤与导杆间的摩擦，穿心孔直径比导杆直径大 3mm 左右，孔壁及导杆表面均抛光。为防导杆移位，导杆下端有一直径 10mm，高 8mm 的突出小圆柱，将导杆固定在钢垫板的盲孔内。

为便于人力操作，对特大桩，穿心锤质量取 100kg，桩较小时，锤的质量相应递减。为使冲击能量与被测桩的承载力大致成比例，锤的质量和落距可参照表 6.2.7 选取。

承载力与冲击能量的对应关系　　　　表 6.2.7

承载力 (kN)	20000 ~7000	7000 ~2500	2800 ~900	1400 ~700	700 ~350	350 ~180
锤质量 (kg)	100	50	20	10	5	2.5
落　距 (mm)	500 ~180	350 ~180	350 ~180	350 ~180	350 ~180	350 ~180

6.3 现 场 检 测

6.3.1.3 传感器尽可能远离冲击点及桩头悬出的钢筋，以减少杂波干扰。

6.3.2 冲击能量是否合适，可利用冲击振动波形的振幅进行监视。例如对有的测试系统，在不改变放大倍率的条件下，可控制第一次冲击振动波初动相位的最大峰-峰值在 20mm 左右，以保证冲击能量与被测桩的承载力大致成比例，否则，改变冲击能量。

6.4 检测数据的处理与计算

6.4.4 根据碰撞理论，参加振动的桩和土的质量的理论值按下式计算：

$$m=\frac{G_p+G_e}{g}=0.452\frac{(1+\varepsilon)W_0\sqrt{H}}{v_0}$$

代入弹簧刚度公式求得动刚度，结合动-静实测对比求得动刚度与单桩静极限承载力间的比例关系，最后换算成单桩承载力推算值的公式如下：

$$R=\frac{f_0^2(1+\varepsilon)W_0\sqrt{H}}{Kv_0}\beta_v \qquad (6.4.4)$$

这就是式（6.4.4）的来源。式中 β_v 称频率-初速法的调整系数，其中包含换算时出现的数字系数，以简化公式形式。β_v 与仪器性能、冲击能量的大小、桩在土中长度、桩底支撑条件及成桩方式等多种因素有关，只能按动-静实测对比求得，有如下数据和测定方法可供参考：

当仪器不变，冲击能量按表 6.2.7 选取，则 β_v 主要与桩在土中长度（L_e）及桩底支撑条件有关。某单位对 L_e=10～30m 的钻（或挖）孔灌注桩测得的 β_v 随 L_e 的变化范围如表 6.4.4 所示。

钻（或挖）孔灌注桩的 β_v 随 L_e 变化范围一例　　表 6.4.4

桩在土中长度 L_e (m)	10～15	15～30
调整系数 β_v	0.038～0.070	0.070～0.197

注：1. β_v 与 L_e 不呈比例关系，不得用插入法推求中间数值；
2. 对 L_e 小于 10m 的端承桩，β_v 随 L_e 减少而递增；
3. 打入桩及桩身强度有保证的锤击（或振动）沉管灌注桩的 β_v 高于钻（或挖）孔灌注桩的 β_v 值。

传感器的型号、成桩方式及桩底支撑条件不同时，β_v 值均有变化，不能套用表 6.4.4。初用本法者可根据所在地区同条件的动—静对比数据按式（6.4.4）反算出相应的 β_v 值。此 β_v 值适用于 L_e 相同的其他桩。当积累的对比数据较多时，即可绘成 β_v-L_e 散点图，再通过统计分析求得其回归方程。在作过对比的范围内，对任意 L_e 均可算出相应的 β_v 来。

6.5 频 率 法

6.5.1 由于式(6.5.4-1)是按摩擦桩桩周土体的振动模式推导出来的，故仅适用于摩擦桩。对于土中长度大于 40m 的桩，目前尚无足够的实测资料证实式（6.5.4-1）的适用性，故暂以 40m 作为桩在土中长度的可测上限。又因地基表层土质一般较杂乱，不易取得准确的土工试验资料，故被测桩在土中长度也不宜小于 5m。

6.5.2 参照弹簧刚度理论及动-静实测对比资料，单桩竖向承载力推算公式的推导过程如下：

$$R=\frac{0.004K_d}{K}=\frac{0.004\ (2\pi f_0)^2\ (G_p+G_e)}{2.365\times 9.81K}\beta_f$$
$$=\frac{0.00681f_0^2\ (G_p+G_e)}{K}\beta_f$$

这就是（6.5.4-1）的来源。

式（6.5.4-2）是计算 G_p 的理论公式。按振动理论，当桩作纵向振动时，为将质量均匀分布的弹性杆件视为单自由度体系，应取杆件总质量的 1/3 作为折算的集中质量。式（6.5.4-3）是计算折算后参振土重的半经验公式。当 β_f 通过动-静实测对比加以确定时，式（6.5.4-3）的误差可以消除。

7 声波透射法

7.1 适用范围

7.1.0 在桩径较小时，由于声波换能器与检测管的声耦合会引起较大的相对测试误差，故本方法只适用于桩径大于 0.6m 的灌注桩。

7.3 现场检测

7.3.2 发射至接收系统的延迟时间 t_0 的测取方法是：将发、收换能器置于水中，间距 0.5m 左右，接收信号波幅调节到二或三格，改变发、收换能器间距，测量不同距离的声时值，按时距曲线求出 t_0 值。

7.3.3.2 当水平同步测量出现波形异常时，可采用高差同步测量提高检测效果，如对近水平的夹层及裂缝。

7.3.3.3 柱状径向振动模式换能器在水平方向具有一定的指向性，为保证测点间声场可以覆盖而不至漏测，故测量点距为 20～40cm。

中华人民共和国行业标准

建筑基桩检测技术规范

Technical code for testing of building foundation piles

JGJ 106—2003

批准部门：中 华 人 民 共 和 国 建 设 部

施行日期：2 0 0 3 年 7 月 1 日

中华人民共和国建设部
公　　告

第 133 号

建设部关于发布行业标准《建筑基桩检测技术规范》的公告

现批准《建筑基桩检测技术规范》为行业标准，编号为JGJ 106—2003，自2003年7月1日起实施。其中，第3.1.1、4.3.5、4.4.4、6.4.6、8.4.7、9.2.3、9.2.4、9.4.2、9.4.5、9.4.15条为强制性条文，必须严格执行。原行业标准《基桩高应变动力检测规程》JGJ 106—97同时废止。

本规程由建设部标准定额研究所组织中国建筑工业出版社出版发行。

中华人民共和国建设部

2003 年 3 月 21 日

前　言

根据建设部建标［2000］284号文的要求，规范编制组经过广泛调查研究，认真总结国内外桩基工程基桩检测的实践经验和科研成果，并在广泛征求意见的基础上，制定了本规范。

本规范的主要技术内容是：总则、术语和符号、基本规定、单桩竖向抗压静载试验、单桩竖向抗拔静载试验、单桩水平静载试验、钻芯法、低应变法、高应变法、声波透射法等。

本规范由建设部负责管理和对强制性条文的解释，由主编单位负责具体技术内容的解释。

本规范主编单位：中国建筑科学研究院（地址：北京市北三环东路30号；邮编：100013）

本规范参加编写单位：广东省建筑科学研究院
上海港湾工程设计研究院
冶金工业工程质量监督总站检测中心
中国科学院武汉岩土力学研究所
深圳市勘察研究院
辽宁省建设科学研究院
河南省建筑工程质量检验测试中心站
福建省建筑科学研究院
上海市建筑科学研究院

本规范主要起草人：陈　凡　徐天平　朱光裕　钟冬波
刘明贵　刘金砺　叶万灵　滕延京
李大展　刘艳玲　关立军　李荣强
王敏权　陈久照　赵海生　柳　春
季沧江

目　次

1 总 则

1.0.1 为了确保基桩检测工作质量，统一基桩检测方法，为设计和施工验收提供可靠依据，使基桩质量检测工作符合安全适用、技术先进、数据准确、正确评价的要求，制定本规范。

1.0.2 本规范适用于建筑工程基桩的承载力和桩身完整性的检测与评价。

1.0.3 基桩检测方法应根据各种检测方法的特点和适用范围，考虑地质条件、桩型及施工质量可靠性、使用要求等因素进行合理选择搭配。基桩检测结果应结合上述因素进行分析判定。

1.0.4 建筑工程基桩的质量检测除应执行本规范外，尚应符合国家现行有关强制性标准的规定。

2 术语、符号

2.1 术 语

2.1.1 基桩 foundation pile

桩基础中的单桩。

2.1.2 桩身完整性 pile integrity

反映桩身截面尺寸相对变化、桩身材料密实性和连续性的综合定性指标。

2.1.3 桩身缺陷 pile defects

使桩身完整性恶化，在一定程度上引起桩身结构强度和耐久性降低的桩身断裂、裂缝、缩颈、夹泥（杂物）、空洞、蜂窝、松散等现象的统称。

2.1.4 静载试验 static loading test

在桩顶部逐级施加竖向压力、竖向上拔力或水平推力，观测桩顶部随时间产生的沉降、上拔位移或水平位移，以确定相应的单桩竖向抗压承载力、单桩竖向抗拔承载力或单桩水平承载力的试验方法。

2.1.5 钻芯法 core drilling method

用钻机钻取芯样以检测桩长、桩身缺陷、桩底沉渣厚度以及桩身混凝土的强度、密实性和连续性，判定桩端岩土性状的方法。

2.1.6 低应变法 low strain integrity testing

采用低能量瞬态或稳态激振方式在桩顶激振，实测桩顶部的速度时程曲线或速度导纳曲线，通过波动理论分析或频域分析，对桩身完整性进行判定的检测方法。

2.1.7 高应变法 high strain dynamic testing

用重锤冲击桩顶，实测桩顶部的速度和力时程曲线，通过波动理论分析，对单桩竖向抗压承载力和桩身完整性进行判定的检测方法。

2.1.8 声波透射法 crosshole sonic logging

在预埋声测管之间发射并接收声波，通过实测声波在混凝土介质中传播的声时、频率和波幅衰减等声学参数的相对变化，对桩身完整性进行检测的方法。

2.2 符 号

2.2.1 抗力和材料性能

c——桩身一维纵向应力波传播速度（简称桩身波速）；

E——桩身材料弹性模量；

f_{cu}——混凝土芯样试件抗压强度；

m——地基土水平抗力系数的比例系数；

Q_u——单桩竖向抗压极限承载力；

R_a——单桩竖向抗压承载力特征值；

R_c——由凯司法判定的单桩竖向抗压承载力；

R_x——缺陷以上部位土阻力的估计值；

v——桩身混凝土声速；

Z——桩身截面力学阻抗；

ρ——桩身材料质量密度。

2.2.2 作用与作用效应

F——锤击力；

H——单桩水平静载试验中作用于地面的水平力；

P——芯样抗压试验测得的破坏荷载；

Q——单桩竖向抗压静载试验中施加的竖向荷载、桩身轴力；

s——桩顶竖向沉降、桩身竖向位移；

U——单桩竖向抗拔静载试验中施加的上拔荷载；

V——质点运动速度；

Y_0——水平力作用点的水平位移；

δ——桩顶上拔量；

σ_s——钢筋应力。

2.2.3 几何参数

A——桩身截面面积；

B——矩形桩的边宽；

b_0——桩身计算宽度；

D——桩身直径（外径）；

d——芯样试件的平均直径；

I——桩身换算截面惯性矩；

l'——每检测剖面相应两声测管的外壁间净距离；

L——测点下桩长；

x——传感器安装点至桩身缺陷的距离；

z—— 测点深度。

2.2.4 计算系数

J_c——凯司法阻尼系数；

α——桩的水平变形系数；

β——高应变法桩身完整性系数；

λ——样本中不同统计个数对应的系数；

ν_y——桩顶水平位移系数；

ξ——混凝土芯样试件抗压强度折算系数。

2.2.5 其他

A_m——声波波幅平均值；

A_p——声波波幅值；

a——信号首波峰值电压；

a_0——零分贝信号峰值电压；

c_m——桩身波速的平均值；

f——频率、声波信号主频；

n——数目、样本数量；

s_x——标准差；

T——信号周期；

t'——声测管及耦合水层声时修正值；

t_0——仪器系统延迟时间；

t_1——速度第一峰对应的时刻；

t_c——声时；

t_i——时间、声时测量值；

t_r——锤击力上升时间；

t_x——缺陷反射峰对应的时刻；

v_0——声速的异常判断值；

v_c——声速的异常判断临界值；

v_L——声速低限值；

v_m——声速平均值；

Δf——幅频曲线上桩底相邻谐振峰间的频差；

$\Delta f'$——幅频曲线上缺陷相邻谐振峰间的频差；

ΔT——速度波第一峰与桩底反射波峰间的时间差；

Δt_x——速度波第一峰与缺陷反射波峰间的时间差。

3 基 本 规 定

3.1 检测方法和内容

3.1.1 工程桩应进行单桩承载力和桩身完整性抽样检测。

3.1.2 基桩检测方法应根据检测目的按表 3.1.2 选择。

表 3.1.2 检测方法及检测目的

检测方法	检测目的
单桩竖向抗压静载试验	确定单桩竖向抗压极限承载力； 判定竖向抗压承载力是否满足设计要求； 通过桩身内力及变形测试，测定桩侧、桩端阻力； 验证高应变法的单桩竖向抗压承载力检测结果
单桩竖向抗拔静载试验	确定单桩竖向抗拔极限承载力； 判定竖向抗拔承载力是否满足设计要求； 通过桩身内力及变形测试，测定桩的抗拔摩阻力
单桩水平静载试验	确定单桩水平临界和极限承载力，推定土抗力参数； 判定水平承载力是否满足设计要求； 通过桩身内力及变形测试，测定桩身弯矩
钻芯法	检测灌注桩桩长、桩身混凝土强度、桩底沉渣厚度，判定或鉴别桩端岩土性状，判定桩身完整性类别
低应变法	检测桩身缺陷及其位置，判定桩身完整性类别
高应变法	判定单桩竖向抗压承载力是否满足设计要求； 检测桩身缺陷及其位置，判定桩身完整性类别； 分析桩侧和桩端土阻力
声波透射法	检测灌注桩桩身缺陷及其位置，判定桩身完整性类别

3.1.3 桩身完整性检测宜采用两种或多种合适的检测方法进行。

3.1.4 基桩检测除应在施工前和施工后进行外，尚应采取符合本规范规定的检测方法或专业验收规范规定的其他检测方法，进行桩基施工过程中的检测，加强施工过程质量控制。

3.2 检测工作程序

3.2.1 检测工作的程序，应按图 3.2.1 进行：

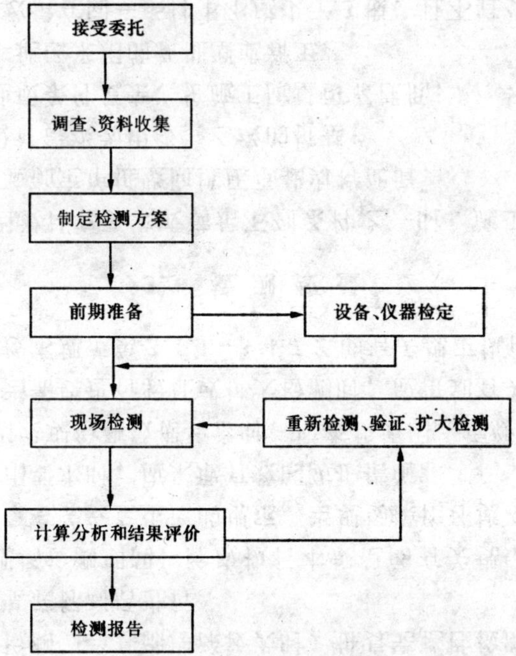

图 3.2.1 检测工作程序框图

3.2.2 调查、资料收集阶段宜包括下列内容：

1 收集被检测工程的岩土工程勘察资料、桩基设计图纸、施工记录；了解施工工艺和施工中出现的异常情况。

2 进一步明确委托方的具体要求。

3 检测项目现场实施的可行性。

3.2.3 应根据调查结果和确定的检测目的，选择检测方法，制定检测方案。检测方案宜包含以下内容：工程概况，检测方法及其依据的标准，抽样方案，所需的机械或人工配合，试验周期。

3.2.4 检测前应对仪器设备检查调试。

3.2.5 检测用计量器具必须在计量检定周期的有效期内。

3.2.6 检测开始时间应符合下列规定：

1 当采用低应变法或声波透射法检测时，受检桩混凝土强度至少达到设计强度的 70%，且不小于 15MPa。

2 当采用钻芯法检测时，受检桩的混凝土龄期达到 28d 或预留同条件养护试块强度达到设计强度。

3 承载力检测前的休止时间除应达到本条第 2 款规定的混凝土强度外，当无成熟的地区经验时，尚不应少于表 3.2.6 规定的时间。

表 3.2.6 休 止 时 间

土的类别		休止时间（d）
砂土		7
粉土		10
黏性土	非饱和	15
	饱和	25
注：对于泥浆护壁灌注桩，宜适当延长休止时间。		

3.2.7 施工后，宜先进行工程桩的桩身完整性检测，后进行承载力检测。当基础埋深较大时，桩身完整性检测应在基坑开挖至基底标高后进行。

3.2.8 现场检测期间，除应执行本规范的有关规定外，还应遵守国家有关安全生产的规定。当现场操作环境不符合仪器设备使用要求时，应采取有效的防护措施。

3.2.9 当发现检测数据异常时，应查找原因，重新检测。

3.2.10 当需要进行验证或扩大检测时，应得到有关各方的确认，并按本规范第 3.4.1～3.4.7 条的有关规定执行。

3.3 检 测 数 量

3.3.1 当设计有要求或满足下列条件之一时，施工前应采用静载试验确定单桩竖向抗压承载力特征值：

1 设计等级为甲级、乙级的桩基；

2 地质条件复杂、桩施工质量可靠性低；

3 本地区采用的新桩型或新工艺。

检测数量在同一条件下不应少于 3 根，且不宜少于总桩数的 1%；当工程桩总数在 50 根以内时，不应少于 2 根。

3.3.2 打入式预制桩有下列条件要求之一时，应采用高应变法进行试打桩的打桩过程监测：

1 控制打桩过程中的桩身应力；

2 选择沉桩设备和确定工艺参数；

3 选择桩端持力层。

在相同施工工艺和相近地质条件下，试打桩数量不应少于 3 根。

3.3.3 单桩承载力和桩身完整性验收抽样检测的受检桩选择宜符合下列规定：

1 施工质量有疑问的桩；

2 设计方认为重要的桩；

3 局部地质条件出现异常的桩；

4 施工工艺不同的桩；

5 承载力验收检测时适量选择完整性检测中判定的Ⅲ类桩；

6 除上述规定外，同类型桩宜均匀随机分布。

3.3.4 混凝土桩的桩身完整性检测的抽检数量应符合下列规定：

1 柱下三桩或三桩以下的承台抽检桩数不得少于1根。

2 设计等级为甲级，或地质条件复杂、成桩质量可靠性较低的灌注桩，抽检数量不应少于总桩数的30%，且不得少于20根；其他桩基工程的抽检数量不应少于总桩数的20%，且不得少于10根。

注：1 对端承型大直径灌注桩，应在上述两款规定的抽检桩数范围内，选用钻芯法或声波透射法对部分受检桩进行桩身完整性检测。抽检数量不应少于总桩数的10%。

2 地下水位以上且终孔后桩端持力层已通过核验的人工挖孔桩，以及单节混凝土预制桩，抽检数量可适当减少，但不应少于总桩数的10%，且不应少于10根。

3 当符合第3.3.3条第1~4款规定的桩数较多，或为了全面了解整个工程基桩的桩身完整性情况时，应适当增加抽检数量。

3.3.5 对单位工程内且在同一条件下的工程桩，当符合下列条件之一时，应采用单桩竖向抗压承载力静载试验进行验收检测：

1 设计等级为甲级的桩基；

2 地质条件复杂、桩施工质量可靠性低；

3 本地区采用的新桩型或新工艺；

4 挤土群桩施工产生挤土效应。

抽检数量不应少于总桩数的1%，且不少于3根；当总桩数在50根以内时，不应少于2根。

注：对上述第1~4款规定条件外的工程桩，当采用竖向抗压静载试验进行验收承载力检测时，抽检数量宜按本条规定执行。

3.3.6 对第3.3.5条规定条件外的预制桩和满足高应变法适用检测范围的灌注桩，可采用高应变法进行单桩竖向抗压承载力验收检测。当有本地区相近条件的对比验证资料时，高应变法也可作为第3.3.5条规定条件下单桩竖向抗压承载力验收检测的补充。抽检数量不宜少于总桩数的5%，且不得少于5根。

3.3.7 对于端承型大直径灌注桩，当受设备或现场条件限制无法检测单桩竖向抗压承载力时，可采用钻芯法测定桩底沉渣厚度并钻取桩端持力层岩土芯样检验桩端持力层。抽检数量不应少于总桩数的10%，且不应少于10根。

3.3.8 对于承受拔力和水平力较大的桩基，应进行单桩竖向抗拔、水平承载力检测。检测数量不应少于总桩数的1%，且不应少于3根。

3.4 验证与扩大检测

3.4.1 当出现本规范第8.4.5~8.4.6条和第9.4.7条中所列情况时，应进行验证检测。验证方法宜采用单桩竖向抗压静载试验；对于嵌岩灌注桩，可采用钻芯法验证。

3.4.2 桩身浅部缺陷可采用开挖验证。

3.4.3 桩身或接头存在裂隙的预制桩可采用高应变法验证。

3.4.4 单孔钻芯检测发现桩身混凝土质量问题时，宜在同一基桩增加钻孔验证。

3.4.5 对低应变法检测中不能明确完整性类别的桩或Ⅲ类桩，可根据实际情况采用静载法、钻芯法、高应变法、开挖等适宜的方法验证检测。

3.4.6 当单桩承载力或钻芯法抽检结果不满足设计要求时，应分析原因，并经确认后扩大抽检。

3.4.7 当采用低应变法、高应变法和声波透射法抽检桩身完整性所发现的Ⅲ、Ⅳ类桩之和大于抽检桩数的20%时，宜采用原检测方法（声波透射法可改用钻芯法），在未检桩中继续扩大抽检。

3.5 检测结果评价和检测报告

3.5.1 桩身完整性检测结果评价，应给出每根受检桩的桩身完整性类别。桩身完整性分类应符合表3.5.1的规定，并按本规范第7～10章分别规定的技术内容划分。

表 3.5.1 桩身完整性分类表

桩身完整性类别	分 类 原 则
Ⅰ类桩	桩身完整
Ⅱ类桩	桩身有轻微缺陷，不会影响桩身结构承载力的正常发挥
Ⅲ类桩	桩身有明显缺陷，对桩身结构承载力有影响
Ⅳ类桩	桩身存在严重缺陷

3.5.2 Ⅳ类桩应进行工程处理。

3.5.3 工程桩承载力检测结果的评价，应给出每根受检桩的承载力检测值，并据此给出单位工程同一条件下的单桩承载力特征值是否满足设计要求的结论。

3.5.4 检测报告应结论准确、用词规范。

3.5.5 检测报告应包含以下内容：

1 委托方名称，工程名称、地点，建设、勘察、设计、监理和施工单位，基础、结构型式，层数，设计要求，检测目的，检测依据，检测数量，检测日期；

2 地质条件描述；

3 受检桩的桩号、桩位和相关施工记录；

4 检测方法，检测仪器设备，检测过程叙述；

5 受检桩的检测数据，实测与计算分析曲线、表格和汇总结果；

6 与检测内容相应的检测结论。

3.6 检测机构和检测人员

3.6.1 检测机构应通过计量认证，并具有基桩检测的资质。

3.6.2 检测人员应经过培训合格，并具有相应的资质。

4 单桩竖向抗压静载试验

4.1 适用范围

4.1.1 本方法适用于检测单桩的竖向抗压承载力。

4.1.2 当埋设有测量桩身应力、应变、桩底反力的传感器或位移杆时，可测定桩的分层侧阻力和端阻力或桩身截面的位移量。

4.1.3 为设计提供依据的试验桩，应加载至破坏；当桩的承载力以桩身强度控制时，可按设计要求的加载量进行。

4.1.4 对工程桩抽样检测时，加载量不应小于设计要求的单桩承载力特征值的2.0倍。

4.2 设备仪器及其安装

4.2.1 试验加载宜采用油压千斤顶。当采用两台及两台以上千斤顶加载时应并联同步工作，且应符合下列规定：

1 采用的千斤顶型号、规格应相同。

2 千斤顶的合力中心应与桩轴线重合。

4.2.2 加载反力装置可根据现场条件选择锚桩横梁反力装置、压重平台反力装置、锚桩压重联合反力装置、地锚反力装置，并应符合下列规定：

1 加载反力装置能提供的反力不得小于最大加载量的1.2倍。

2 应对加载反力装置的全部构件进行强度和变形验算。

3 应对锚桩抗拔力（地基土、抗拔钢筋、桩的接头）进行验算；采用工程桩作锚桩时，锚桩数量不应少于4根，并应监测锚桩上拔量。

4 压重宜在检测前一次加足，并均匀稳固地放置于平台上。

5 压重施加于地基的压应力不宜大于地基承载力特征值的1.5倍，有条件时宜利用工程桩作为堆载支点。

4.2.3 荷载测量可用放置在千斤顶上的荷重传感器直接测定；或采用并联于千斤顶油路的压力表或压力传感器测定油压，根据千斤顶率定曲线换算荷载。传感器的测量误差不应大于1%，压力表精度应优于或等于0.4级。试验用压力表、油泵、油管在最大加载时的压力不应超过规定工作压力的80%。

4.2.4 沉降测量宜采用位移传感器或大量程百分表，并应符合下列规定：

1 测量误差不大于0.1% FS，分辨力优于或等于0.01mm。

2 直径或边宽大于500mm的桩，应在其两个方向对称安置4个位移测试仪表，直径或边宽小于等于500mm的桩可对称安置2个位移测试仪表。

3 沉降测定平面宜在桩顶200mm以下位置，测点应牢固地固定于桩身。

4 基准梁应具有一定的刚度，梁的一端应固定在基准桩上，另一端应简支于基准桩上。

5 固定和支撑位移计（百分表）的夹具及基准梁应避免气温、振动及其他外界因素的影响。

4.2.5 试桩、锚桩（压重平台支墩边）和基准桩之间的中心距离应符合表4.2.5规定。

表 4.2.5 试桩、锚桩（或压重平台支墩边）和基准桩之间的中心距离

反力装置 \ 距离	试桩中心与锚桩中心（或压重平台支墩边）	试桩中心与基准桩中心	基准桩中心与锚桩中心（或压重平台支墩边）
锚桩横梁	≥4(3) D 且 > 2.0m	≥4(3) D 且 > 2.0m	≥4(3) D 且 > 2.0m
压重平台	≥4D 且 > 2.0m	≥4(3) D 且 > 2.0m	≥4D 且 > 2.0m
地锚装置	≥4D 且 > 2.0m	≥4(3) D 且 > 2.0m	≥4D 且 > 2.0m

注：1 D 为试桩、锚桩或地锚的设计直径或边宽，取其较大者。
2 如试桩或锚桩为扩底桩或多支盘桩时，试桩与锚桩的中心距尚不应小于 2 倍扩大端直径。
3 括号内数值可用于工程桩验收检测时多排桩设计桩中心距离小于 4D 的情况。
4 软土场地堆载重量较大时，宜增加支墩边与基准桩中心和试桩中心之间的距离，并在试验过程中观测基准桩的竖向位移。

4.2.6 当需要测试桩侧阻力和桩端阻力时，桩身内埋设传感器应按本规范附录 A 执行。

4.3 现场检测

4.3.1 试桩的成桩工艺和质量控制标准应与工程桩一致。

4.3.2 桩顶部宜高出试坑底面，试坑底面宜与桩承台底标高一致。混凝土桩头加固可按本规范附录 B 执行。

4.3.3 对作为锚桩用的灌注桩和有接头的混凝土预制桩，检测前宜对其桩身完整性进行检测。

4.3.4 试验加卸载方式应符合下列规定：

1 加载应分级进行，采用逐级等量加载；分级荷载宜为最大加载量或预估极限承载力的 1/10，其中第一级可取分级荷载的 2 倍。

2 卸载应分级进行，每级卸载量取加载时分级荷载的 2 倍，逐级等量卸载。

3 加、卸载时应使荷载传递均匀、连续、无冲击，每级荷载在维持过程中的变化幅度不得超过分级荷载的 ±10%。

4.3.5 为设计提供依据的竖向抗压静载试验应采用慢速维持荷载法。

4.3.6 慢速维持荷载法试验步骤应符合下列规定：

1 每级荷载施加后按第 5、15、30、45、60min 测读桩顶沉降量，以后每隔 30min 测读一次。

2 试桩沉降相对稳定标准：每一小时内的桩顶沉降量不超过 0.1mm，并连续出现两次（从分级荷载施加后第 30min 开始，按 1.5h 连续三次每 30min 的沉降观测值计算）。

3 当桩顶沉降速率达到相对稳定标准时，再施加下一级荷载。

4 卸载时，每级荷载维持 1h，按第 15、30、60min 测读桩顶沉降量后，即可卸下一级荷载。卸载至零后，应测读桩顶残余沉降量，维持时间为 3h，测读时间为第 15、30min，以后每隔 30min 测读一次。

4.3.7 施工后的工程桩验收检测宜采用慢速维持荷载法。当有成熟的地区经验时，也可采用快速维持荷载法。

快速维持荷载法的每级荷载维持时间至少为 1h，是否延长维持荷载时间应根据桩顶沉降收敛情况确定。

4.3.8 当出现下列情况之一时，可终止加载：

1 某级荷载作用下，桩顶沉降量大于前一级荷载作用下沉降量的 5 倍。

注：当桩顶沉降能相对稳定且总沉降量小于 40mm 时，宜加载至桩顶总沉降量超过 40mm。

2 某级荷载作用下，桩顶沉降量大于前一级荷载作用下沉降量的2倍，且经24h尚未达到相对稳定标准。

3 已达到设计要求的最大加载量。

4 当工程桩作锚桩时，锚桩上拔量已达到允许值。

5 当荷载-沉降曲线呈缓变型时，可加载至桩顶总沉降量60～80mm；在特殊情况下，可根据具体要求加载至桩顶累计沉降量超过80mm。

4.3.9 检测数据宜按本规范附录C附表C.0.1的格式记录。

4.3.10 测试桩侧阻力和桩端阻力时，测试数据的测读时间宜符合第4.3.6条的规定。

4.4 检测数据的分析与判定

4.4.1 检测数据的整理应符合下列规定：

1 确定单桩竖向抗压承载力时，应绘制竖向荷载-沉降（Q-s）、沉降-时间对数（s-lg$t$）曲线，需要时也可绘制其他辅助分析所需曲线。

2 当进行桩身应力、应变和桩底反力测定时，应整理出有关数据的记录表，并按本规范附录A绘制桩身轴力分布图、计算不同土层的分层侧摩阻力和端阻力值。

4.4.2 单桩竖向抗压极限承载力 Q_u 可按下列方法综合分析确定：

1 根据沉降随荷载变化的特征确定：对于陡降型 Q-s 曲线，取其发生明显陡降的起始点对应的荷载值。

2 根据沉降随时间变化的特征确定：取 s-lg$t$ 曲线尾部出现明显向下弯曲的前一级荷载值。

3 出现第4.3.8条第2款情况，取前一级荷载值。

4 对于缓变型 Q-s 曲线可根据沉降量确定，宜取 s = 40mm对应的荷载值；当桩长大于40m时，宜考虑桩身弹性压缩量；对直径大于或等于800mm的桩，可取 s = 0.05D（D 为桩端直径）对应的荷载值。

注：当按上述四款判定桩的竖向抗压承载力未达到极限时，桩的竖向抗压极限承载力应取最大试验荷载值。

4.4.3 单桩竖向抗压极限承载力统计值的确定应符合下列规定：

1 参加统计的试桩结果，当满足其极差不超过平均值的30%时，取其平均值为单桩竖向抗压极限承载力。

2 当极差超过平均值的30%时，应分析极差过大的原因，结合工程具体情况综合确定，必要时可增加试桩数量。

3 对桩数为3根或3根以下的柱下承台，或工程桩抽检数量少于3根时，应取低值。

4.4.4 单位工程同一条件下的单桩竖向抗压承载力特征值 R_a 应按单桩竖向抗压极限承载力统计值的一半取值。

4.4.5 检测报告除应包括本规范第3.5.5条内容外，还应包括：

1 受检桩桩位对应的地质柱状图；

2 受检桩及锚桩的尺寸、材料强度、锚桩数量、配筋情况；

3 加载反力种类，堆载法应指明堆载重量，锚桩法应有反力梁布置平面图；

4 加卸载方法，荷载分级；

5 本规范第4.4.1条要求绘制的曲线及对应的数据表；与承载力判定有关的曲线及数据；

6 承载力判定依据；

7 当进行分层摩阻力测试时，还应有传感器类型、安装位置，轴力计算方法，各级荷载下桩身轴力变化曲线，各土层的桩侧极限摩阻力和桩端阻力。

5 单桩竖向抗拔静载试验

5.1 适 用 范 围

5.1.1 本方法适用于检测单桩的竖向抗拔承载力。

5.1.2 当埋设有桩身应力、应变测量传感器时，或桩端埋设有位移测量杆时，可直接测量桩侧抗拔摩阻力，或桩端上拔量。

5.1.3 为设计提供依据的试验桩应加载至桩侧土破坏或桩身材料达到设计强度；对工程桩抽样检测时，可按设计要求确定最大加载量。

5.2 设备仪器及其安装

5.2.1 抗拔桩试验加载装置宜采用油压千斤顶，加载方式应符合本规范第 4.2.1 条规定。

5.2.2 试验反力装置宜采用反力桩（或工程桩）提供支座反力，也可根据现场情况采用天然地基提供支座反力。反力架系统应具有 1.2 倍的安全系数并符合下列规定：

1 采用反力桩（或工程桩）提供支座反力时，反力桩顶面应平整并具有一定的强度。

2 采用天然地基提供反力时，施加于地基的压应力不宜超过地基承载力特征值的 1.5 倍；反力梁的支点重心应与支座中心重合。

5.2.3 荷载测量及其仪器的技术要求应符合本规范第 4.2.3 条的规定。

5.2.4 桩顶上拔量测量及其仪器的技术要求应符合本规范4.2.4条的有关规定。

注：桩顶上拔量观测点可固定在桩顶面的桩身混凝土上。

5.2.5 试桩、支座和基准桩之间的中心距离应符合表4.2.5的规定。

5.2.6 当需要测试桩侧抗拔摩阻力分布或桩端上拔位移时，桩身内埋设传感器或桩端埋设位移杆应按本规范附录A执行。

5.3 现 场 检 测

5.3.1 对混凝土灌注桩、有接头的预制桩，宜在拔桩试验前采用低应变法检测受检桩的桩身完整性。为设计提供依据的抗拔灌注桩施工时应进行成孔质量检测，发现桩身中、下部位有明显扩径的桩不宜作为抗拔试验桩；对有接头的预制桩，应验算接头强度。

5.3.2 单桩竖向抗拔静载试验宜采用慢速维持荷载法。需要时，也可采用多循环加、卸载方法。慢速维持荷载法的加卸载分级、试验方法及稳定标准应按本规范第4.3.4条和4.3.6条有关规定执行，并仔细观察桩身混凝土开裂情况。

5.3.3 当出现下列情况之一时，可终止加载：

1 在某级荷载作用下，桩顶上拔量大于前一级上拔荷载作用下的上拔量5倍。

2 按桩顶上拔量控制，当累计桩顶上拔量超过100mm时。

3 按钢筋抗拉强度控制，桩顶上拔荷载达到钢筋强度标准值的0.9倍。

4 对于验收抽样检测的工程桩，达到设计要求的最大上拔荷载值。

5.3.4 检测数据可按本规范附录C附表C.0.1的格式记录。

5.3.5 测试桩侧抗拔摩阻力或桩端上拔位移时，测试数据的测读时间宜符合本规范第4.3.6条的规定。

5.4 检测数据的分析与判定

5.4.1 数据整理应绘制上拔荷载-桩顶上拔量（U-δ）关系曲线和桩顶上拔量-时间对数（δ-lg$t$）关系曲线。

5.4.2 单桩竖向抗拔极限承载力可按下列方法综合判定：

1 根据上拔量随荷载变化的特征确定：对陡变型U-δ曲线，取陡升起始点对应的荷载值；

2 根据上拔量随时间变化的特征确定：取δ-lg$t$曲线斜率明显变陡或曲线尾部明显弯曲的前一级荷载值。

3 当在某级荷载下抗拔钢筋断裂时，取其前一级荷载值。

5.4.3 单桩竖向抗拔极限承载力统计值的确定应符合本规范第4.4.3条的规定。

5.4.4 当作为验收抽样检测的受检桩在最大上拔荷载作用下，未出现本规范第5.4.2条所列三款情况时，可按设计要求判定。

5.4.5 单位工程同一条件下的单桩竖向抗拔承载力特征值应按单桩竖向抗拔极限承载力统计值的一半取值。

注：当工程桩不允许带裂缝工作时，取桩身开裂的前一级荷载作为单桩竖向抗拔承载力特征值，并与按极限荷载一半取值确定的承载力特征值相比取小值。

5.4.6 检测报告除应包括本规范第3.5.5条内容外，还应包括：

1 受检桩桩位对应的地质柱状图；

2 受检桩尺寸（灌注桩宜标明孔径曲线）及配筋情况；

3 加卸载方法，荷载分级；

4 第5.4.1条要求绘制的曲线及对应的数据表；

5 承载力判定依据；

6 当进行抗拔摩阻力测试时，应有传感器类型、安装位置、轴力计算方法，各级荷载下桩身轴力变化曲线，各土层中的抗拔极限摩阻力。

6 单桩水平静载试验

6.1 适用范围

6.1.1 本方法适用于桩顶自由时的单桩水平静载试验；其他形式的水平静载试验可参照使用。

6.1.2 本方法适用于检测单桩的水平承载力，推定地基土抗力系数的比例系数。

6.1.3 当埋设有桩身应变测量传感器时，可测量相应水平荷载作用下的桩身应力，并由此计算桩身弯矩。

6.1.4 为设计提供依据的试验桩宜加载至桩顶出现较大水平位移或桩身结构破坏；对工程桩抽样检测，可按设计要求的水平位移允许值控制加载。

6.2 设备仪器及其安装

6.2.1 水平推力加载装置宜采用油压千斤顶，加载能力不得小于最大试验荷载的1.2倍。

6.2.2 水平推力的反力可由相邻桩提供；当专门设置反力结构时，其承载能力和刚度应大于试验桩的1.2倍。

6.2.3 荷载测量及其仪器的技术要求应符合本规范第4.2.3条的规定；水平力作用点宜与实际工程的桩基承台底面标高一致；千斤顶和试验桩接触处应安置球形支座，千斤顶作用力应水平通过桩身轴线；千斤顶与试桩的接触处宜适当补强。

6.2.4 桩的水平位移测量及其仪器的技术要求应符合本

规范第4.2.4条的有关规定。在水平力作用平面的受检桩两侧应对称安装两个位移计；当需要测量桩顶转角时，尚应在水平力作用平面以上50cm的受检桩两侧对称安装两个位移计。

6.2.5 位移测量的基准点设置不应受试验和其他因素的影响，基准点应设置在与作用力方向垂直且与位移方向相反的试桩侧面，基准点与试桩净距不应小于1倍桩径。

6.2.6 测量桩身应力或应变时，各测试断面的测量传感器应沿受力方向对称布置在远离中性轴的受拉和受压主筋上；埋设传感器的纵剖面与受力方向之间的夹角不得大于10°。在地面下10倍桩径（桩宽）的主要受力部分应加密测试断面，断面间距不宜超过1倍桩径；超过此深度，测试断面间距可适当加大。桩身内埋设传感器应按本规范附录A执行。

6.3 现场检测

6.3.1 加载方法宜根据工程桩实际受力特性选用单向多循环加载法或本规范第4章规定的慢速维持荷载法，也可按设计要求采用其他加载方法。需要测量桩身应力或应变的试桩宜采用维持荷载法。

6.3.2 试验加卸载方式和水平位移测量应符合下列规定：

1 单向多循环加载法的分级荷载应小于预估水平极限承载力或最大试验荷载的1/10。每级荷载施加后，恒载4min后可测读水平位移，然后卸载至零，停2min测读残余水平位移，至此完成一个加卸载循环。如此循环5次，完成一级荷载的位移观测。试验不得中间停顿。

2 慢速维持荷载法的加卸载分级、试验方法及稳定标准应按本规范第4.3.4条和4.3.6条有关规定执行。

6.3.3 当出现下列情况之一时，可终止加载：

1 桩身折断；

2 水平位移超过30～40mm（软土取40mm）；

3 水平位移达到设计要求的水平位移允许值。

6.3.4 检测数据可按本规范附录C附表C.0.2的格式记录。

6.3.5 测量桩身应力或应变时，测试数据的测读宜与水平位移测量同步。

6.4 检测数据的分析与判定

6.4.1 检测数据应按下列要求整理：

1 采用单向多循环加载法时应绘制水平力-时间-作用点位移（H-t-Y_0）关系曲线和水平力-位移梯度（H-$\Delta Y_0/\Delta H$）关系曲线。

2 采用慢速维持荷载法时应绘制水平力-力作用点位移（H-Y_0）关系曲线、水平力-位移梯度（H-$\Delta Y_0/\Delta H$）关系曲线、力作用点位移－时间对数（Y_0-$\lg t$）关系曲线和水平力-力作用点位移双对数（$\lg H$-$\lg Y_0$）关系曲线。

3 绘制水平力、水平力作用点水平位移-地基土水平抗力系数的比例系数的关系曲线（H-m、Y_0-m）。

当桩顶自由且水平力作用位置位于地面处时，m值可按下列公式确定：

$$m=\frac{(\nu_y\cdot H)^{\frac{5}{3}}}{b_0 Y_0^{\frac{5}{3}}(EI)^{\frac{2}{3}}} \qquad (6.4.1\text{-}1)$$

$$\alpha = \left(\frac{mb_0}{EI}\right)^{\frac{1}{5}} \tag{6.4.1-2}$$

式中 m——地基土水平抗力系数的比例系数（kN/m^4）；

α——桩的水平变形系数（m^{-1}）；

ν_y——桩顶水平位移系数，由式（6.4.1-2）试算 α，当 $\alpha h \geqslant 4.0$ 时（h 为桩的入土深度），$\nu_y = 2.441$；

H——作用于地面的水平力（kN）；

Y_0——水平力作用点的水平位移（m）；

EI——桩身抗弯刚度（$kN \cdot m^2$）；其中 E 为桩身材料弹性模量，I 为桩身换算截面惯性矩；

b_0——桩身计算宽度（m）；对于圆形桩：当桩径 $D \leqslant 1m$ 时，$b_0 = 0.9(1.5D + 0.5)$；当桩径 $D > 1m$ 时，$b_0 = 0.9(D+1)$。对于矩形桩：当边宽 $B \leqslant 1m$ 时，$b_0 = 1.5B + 0.5$；当边宽 $B > 1m$ 时，$b_0 = B + 1$。

6.4.2 对埋设有应力或应变测量传感器的试验应绘制下列曲线，并列表给出相应的数据：

1 各级水平力作用下的桩身弯矩分布图；

2 水平力-最大弯矩截面钢筋拉应力（H-σ_s）曲线。

6.4.3 单桩的水平临界荷载可按下列方法综合确定：

1 取单向多循环加载法时的 H-t-Y_0 曲线或慢速维持荷载法时的 H-Y_0 曲线出现拐点的前一级水平荷载值。

2 取 H-$\Delta Y_0/\Delta H$ 曲线或 $\lg H$-$\lg Y_0$ 曲线上第一拐点对应的水平荷载值。

3 取 H-σ_s 曲线第一拐点对应的水平荷载值。

6.4.4 单桩的水平极限承载力可按下列方法综合确定：

1 取单向多循环加载法时的 H-t-Y_0 曲线产生明显陡降的前一级、或慢速维持荷载法时的 H-Y_0 曲线发生明显陡降的起始点对应的水平荷载值。

2 取慢速维持荷载法时的 Y_0-$\lg t$ 曲线尾部出现明显弯曲的前一级水平荷载值。

3 取 H-$\Delta Y_0/\Delta H$ 曲线或 $\lg H$-$\lg Y_0$ 曲线上第二拐点对应的水平荷载值。

4 取桩身折断或受拉钢筋屈服时的前一级水平荷载值。

6.4.5 单桩水平极限承载力和水平临界荷载统计值的确定应符合本规范第 4.4.3 条的规定。

6.4.6 单位工程同一条件下的单桩水平承载力特征值的确定应符合下列规定：

1 当水平承载力按桩身强度控制时，取水平临界荷载统计值为单桩水平承载力特征值。

2 当桩受长期水平荷载作用且桩不允许开裂时，取水平临界荷载统计值的 0.8 倍作为单桩水平承载力特征值。

6.4.7 除本规范第 6.4.6 条规定外，当水平承载力按设计要求的水平允许位移控制时，可取设计要求的水平允许位移对应的水平荷载作为单桩水平承载力特征值，但应满足有关规范抗裂设计的要求。

6.4.8 检测报告除应包括本规范第 3.5.5 条内容外，还应包括：

1 受检桩桩位对应的地质柱状图；

2 受检桩的截面尺寸及配筋情况；

3 加卸载方法，荷载分级；

4 第 6.4.1 条要求绘制的曲线及对应的数据表；

5 承载力判定依据；

6 当进行钢筋应力测试并由此计算桩身弯矩时，应有传感器类型、安装位置、内力计算方法和第6.4.2条要求绘制的曲线及其对应的数据表。

7 钻芯法

7.1 适用范围

7.1.1 本方法适用于检测混凝土灌注桩的桩长、桩身混凝土强度、桩底沉渣厚度和桩身完整性，判定或鉴别桩端持力层岩土性状。

7.2 设备

7.2.1 钻取芯样宜采用液压操纵的钻机。钻机设备参数应符合以下规定：

1 额定最高转速不低于790r/min。

2 转速调节范围不少于4档。

3 额定配用压力不低于1.5MPa。

7.2.2 钻机应配备单动双管钻具以及相应的孔口管、扩孔器、卡簧、扶正稳定器和可捞取松软渣样的钻具。钻杆应顺直，直径宜为50mm。

7.2.3 钻头应根据混凝土设计强度等级选用合适粒度、浓度、胎体硬度的金刚石钻头，且外径不宜小于100mm。钻头胎体不得有肉眼可见的裂纹、缺边、少角、倾斜及喇叭口变形。

7.2.4 水泵的排水量应为50~160L/min，泵压应为1.0~2.0MPa。

7.2.5 锯切芯样试件用的锯切机应具有冷却系统和牢固夹紧芯样的装置，配套使用的金刚石圆锯片应有足够刚度。

7.2.6 芯样试件端面的补平器和磨平机应满足芯样制作的要求。

7.3 现场检测

7.3.1 每根受检桩的钻芯孔数和钻孔位置宜符合下列规定：

1 桩径小于 1.2m 的桩钻 1 孔，桩径为 1.2～1.6m 的桩钻 2 孔，桩径大于 1.6m 的桩钻 3 孔。

2 当钻芯孔为一个时，宜在距桩中心 10～15cm 的位置开孔；当钻芯孔为两个或两个以上时，开孔位置宜在距桩中心 0.15～0.25D 内均匀对称布置。

3 对桩端持力层的钻探，每根受检桩不应少于一孔，且钻探深度应满足设计要求。

7.3.2 钻机设备安装必须周正、稳固、底座水平。钻机立轴中心、天轮中心（天车前沿切点）与孔口中心必须在同一铅垂线上。应确保钻机在钻芯过程中不发生倾斜、移位，钻芯孔垂直度偏差不大于 0.5%。

7.3.3 当桩顶面与钻机底座的距离较大时，应安装孔口管，孔口管应垂直且牢固。

7.3.4 钻进过程中，钻孔内循环水流不得中断，应根据回水含砂量及颜色调整钻进速度。

7.3.5 提钻卸取芯样时，应拧卸钻头和扩孔器，严禁敲打卸芯。

7.3.6 每回次进尺宜控制在 1.5m 内；钻至桩底时，宜采取适宜的钻芯方法和工艺钻取沉渣并测定沉渣厚度，并采用适宜的方法对桩端持力层岩土性状进行鉴别。

7.3.7 钻取的芯样应由上而下按回次顺序放进芯样箱中，芯样侧面上应清晰标明回次数、块号、本回次总块数，并应按本规范附录 D 附表 D.0.1-1 的格式及时记录钻进情况和钻进异常情况，对芯样质量进行初步描述。

7.3.8 钻芯过程中，应按本规范附录 D 附表 D.0.1-2 的格式对芯样混凝土、桩底沉渣以及桩端持力层详细编录。

7.3.9 钻芯结束后，应对芯样和标有工程名称、桩号、钻芯孔号、芯样试件采取位置、桩长、孔深、检测单位名称的标示牌的全貌进行拍照。

7.3.10 当单桩质量评价满足设计要求时，应采用 0.5～1.0MPa 压力，从钻芯孔孔底往上用水泥浆回灌封闭；否则应封存钻芯孔，留待处理。

7.4 芯样试件截取与加工

7.4.1 截取混凝土抗压芯样试件应符合下列规定：

1 当桩长为 10～30m 时，每孔截取 3 组芯样；当桩长小于 10m 时，可取 2 组，当桩长大于 30m 时，不少于 4 组。

2 上部芯样位置距桩顶设计标高不宜大于 1 倍桩径或 1m，下部芯样位置距桩底不宜大于 1 倍桩径或 1m，中间芯样宜等间距截取。

3 缺陷位置能取样时，应截取一组芯样进行混凝土抗压试验。

4 当同一基桩的钻芯孔数大于一个，其中一孔在某深度存在缺陷时，应在其他孔的该深度处截取芯样进行混凝土抗压试验。

7.4.2 当桩端持力层为中、微风化岩层且岩芯可制作成试件时，应在接近桩底部位截取一组岩石芯样；遇分层岩性时宜在各层取样。

7.4.3 每组芯样应制作三个芯样抗压试件。芯样试件应按本规范附录E进行加工和测量。

7.5　芯样试件抗压强度试验

7.5.1　芯样试件制作完毕可立即进行抗压强度试验。

7.5.2　混凝土芯样试件的抗压强度试验应按现行国家标准《普通混凝土力学性能试验方法》GB/T 50081—2002 的有关规定执行。

7.5.3　抗压强度试验后，当发现芯样试件平均直径小于2倍试件内混凝土粗骨料最大粒径，且强度值异常时，该试件的强度值不得参与统计平均。

7.5.4　混凝土芯样试件抗压强度应按下列公式计算：

$$f_{cu}=\xi\cdot\frac{4P}{\pi d^2} \tag{7.5.4}$$

式中　f_{cu}——混凝土芯样试件抗压强度（MPa），精确至0.1MPa；

P——芯样试件抗压试验测得的破坏荷载（N）；

d——芯样试件的平均直径（mm）；

ξ——混凝土芯样试件抗压强度折算系数，应考虑芯样尺寸效应、钻芯机械对芯样扰动和混凝土成型条件的影响，通过试验统计确定；当无试验统计资料时，宜取为1.0。

7.5.5　桩底岩芯单轴抗压强度试验可按现行国家标准《建筑地基基础设计规范》GB 50007—2002 附录J执行。

7.6　检测数据的分析与判定

7.6.1　混凝土芯样试件抗压强度代表值应按一组三块试件强度值的平均值确定。同一受检桩同一深度部位有两组或两组以上混凝土芯样试件抗压强度代表值时，取其平均值为该桩该深度处混凝土芯样试件抗压强度代表值。

7.6.2　受检桩中不同深度位置的混凝土芯样试件抗压强度代表值中的最小值为该桩混凝土芯样试件抗压强度代表值。

7.6.3　桩端持力层性状应根据芯样特征、岩石芯样单轴抗压强度试验、动力触探或标准贯入试验结果，综合判定桩端持力层岩土性状。

7.6.4　桩身完整性类别应结合钻芯孔数、现场混凝土芯样特征、芯样单轴抗压强度试验结果，按本规范表3.5.1的规定和表7.6.4的特征进行综合判定。

7.6.5　成桩质量评价应按单桩进行。当出现下列情况之一时，应判定该受检桩不满足设计要求：

1　桩身完整性类别为Ⅳ类的桩。

2　受检桩混凝土芯样试件抗压强度代表值小于混凝土设计强度等级的桩。

3　桩长、桩底沉渣厚度不满足设计或规范要求的桩。

4　桩端持力层岩土性状（强度）或厚度未达到设计或规范要求的桩。

表7.6.4　桩身完整性判定

类别	特征
Ⅰ	混凝土芯样连续、完整、表面光滑、胶结好、骨料分布均匀、呈长柱状、断口吻合，芯样侧面仅见少量气孔
Ⅱ	混凝土芯样连续、完整、胶结较好、骨料分布基本均匀、呈柱状、断口基本吻合，芯样侧面局部见蜂窝麻面、沟槽

续表

类别	特征
Ⅲ	大部分混凝土芯样胶结较好，无松散、夹泥或分层现象，但有下列情况之一： 芯样局部破碎且破碎长度不大于10cm； 芯样骨料分布不均匀； 芯样多呈短柱状或块状； 芯样侧面蜂窝麻面、沟槽连续
Ⅳ	钻进很困难； 芯样任一段松散、夹泥或分层； 芯样局部破碎且破碎长度大于10cm

7.6.6 钻芯孔偏出桩外时，仅对钻取芯样部分进行评价。

7.6.7 检测报告除应包括本规范第3.5.5条内容外，还应包括：

1 钻芯设备情况；

2 检测桩数、钻孔数量，架空、混凝土芯进尺、岩芯进尺、总进尺，混凝土试件组数、岩石试件组数、动力触探或标准贯入试验结果；

3 按本规范附录D附表D.0.1-3的格式编制每孔的柱状图；

4 芯样单轴抗压强度试验结果；

5 芯样彩色照片；

6 异常情况说明。

8 低应变法

8.1 适用范围

8.1.1 本方法适用于检测混凝土桩的桩身完整性，判定桩身缺陷的程度及位置。

8.1.2 本方法的有效检测桩长范围应通过现场试验确定。

8.2 仪器设备

8.2.1 检测仪器的主要技术性能指标应符合现行行业标准《基桩动测仪》JG/T 3055的有关规定，且应具有信号显示、储存和处理分析功能。

8.2.2 瞬态激振设备应包括能激发宽脉冲和窄脉冲的力锤和锤垫；力锤可装有力传感器；稳态激振设备应包括激振力可调、扫频范围为10～2000Hz的电磁式稳态激振器。

8.3 现场检测

8.3.1 受检桩应符合下列规定：

1 桩身强度应符合本规范第3.2.6条第1款的规定。

2 桩头的材质、强度、截面尺寸应与桩身基本等同。

3 桩顶面应平整、密实，并与桩轴线基本垂直。

8.3.2 测试参数设定应符合下列规定：

1 时域信号记录的时间段长度应在$2L/c$时刻后延续不少于5ms；幅频信号分析的频率范围上限不应小于2000Hz。

2 设定桩长应为桩顶测点至桩底的施工桩长，设定桩身截面积应为施工截面积。

3 桩身波速可根据本地区同类型桩的测试值初步设定。

4 采样时间间隔或采样频率应根据桩长、桩身波速和频域分辨率合理选择；时域信号采样点数不宜少于1024点。

5 传感器的设定值应按计量检定结果设定。

8.3.3 测量传感器安装和激振操作应符合下列规定：

1 传感器安装应与桩顶面垂直；用耦合剂粘结时，应具有足够的粘结强度。

2 实心桩的激振点位置应选择在桩中心，测量传感器安装位置宜为距桩中心2/3半径处；空心桩的激振点与测量传感器安装位置宜在同一水平面上，且与桩中心连线形成的夹角宜为90°，激振点和测量传感器安装位置宜为桩壁厚的1/2处。

3 激振点与测量传感器安装位置应避开钢筋笼的主筋影响。

4 激振方向应沿桩轴线方向。

5 瞬态激振应通过现场敲击试验，选择合适重量的激振力锤和锤垫，宜用宽脉冲获取桩底或桩身下部缺陷反射信号，宜用窄脉冲获取桩身上部缺陷反射信号。

6 稳态激振应在每一个设定频率下获得稳定响应信号，并应根据桩径、桩长及桩周土约束情况调整激振力大小。

8.3.4 信号采集和筛选应符合下列规定：

1 根据桩径大小，桩心对称布置2~4个检测点；每个检测点记录的有效信号数不宜少于3个。

2 检查判断实测信号是否反映桩身完整性特征。

3 不同检测点及多次实测时域信号一致性较差，应分析原因，增加检测点数量。

4 信号不应失真和产生零漂，信号幅值不应超过测量系统的量程。

8.4 检测数据的分析与判定

8.4.1 桩身波速平均值的确定应符合下列规定：

1 当桩长已知、桩底反射信号明确时；在地质条件、设计桩型、成桩工艺相同的基桩中，选取不少于5根Ⅰ类桩的桩身波速值按下式计算其平均值：

$$c_m = \frac{1}{n}\sum_{i=1}^{n} c_i \qquad (8.4.1\text{-}1)$$

$$c_i = \frac{2000L}{\Delta T} \qquad (8.4.1\text{-}2)$$

$$c_i = 2L \cdot \Delta f \qquad (8.4.1\text{-}3)$$

式中 c_m——桩身波速的平均值（m/s）；

c_i——第 i 根受检桩的桩身波速值（m/s），且 $|c_i - c_m|/c_m \leqslant 5\%$；

L——测点下桩长（m）；

ΔT——速度波第一峰与桩底反射波峰间的时间差（ms）；

Δf——幅频曲线上桩底相邻谐振峰间的频差（Hz）；

n——参加波速平均值计算的基桩数量（$n \geqslant 5$）。

2 当无法按上款确定时，波速平均值可根据本地区相同桩型及成桩工艺的其他桩基工程的实测值，结合桩身混凝土的骨料品种和强度等级综合确定。

8.4.2 桩身缺陷位置应按下列公式计算：

$$x = \frac{1}{2000} \cdot \Delta t_{x} \cdot c \tag{8.4.2-1}$$

$$x = \frac{1}{2} \cdot \frac{c}{\Delta f'} \tag{8.4.2-2}$$

式中 x——桩身缺陷至传感器安装点的距离（m）；

Δt_{x}——速度波第一峰与缺陷反射波峰间的时间差（ms）；

c——受检桩的桩身波速（m/s），无法确定时用 c_{m} 值替代；

$\Delta f'$——幅频信号曲线上缺陷相邻谐振峰间的频差（Hz）。

8.4.3 桩身完整性类别应结合缺陷出现的深度、测试信号衰减特性以及设计桩型、成桩工艺、地质条件、施工情况，按本规范表3.5.1的规定和表8.4.3所列实测时域或幅频信号特征进行综合分析判定。

表 8.4.3 桩身完整性判定

类别	时域信号特征	幅频信号特征
Ⅰ	$2L/c$ 时刻前无缺陷反射波，有桩底反射波	桩底谐振峰排列基本等间距，其相邻频差 $\Delta f \approx c/2L$
Ⅱ	$2L/c$ 时刻前出现轻微缺陷反射波，有桩底反射波	桩底谐振峰排列基本等间距，其相邻频差 $\Delta f \approx c/2L$，轻微缺陷产生的谐振峰与桩底谐振峰之间的频差 $\Delta f' > c/2L$
Ⅲ	有明显缺陷反射波，其他特征介于Ⅱ类和Ⅳ类之间	
Ⅳ	$2L/c$ 时刻前出现严重缺陷反射波或周期性反射波，无桩底反射波； 或因桩身浅部严重缺陷使波形呈现低频大振幅衰减振动，无桩底反射波	缺陷谐振峰排列基本等间距，相邻频差 $\Delta f' > c/2L$，无桩底谐振峰； 或因桩身浅部严重缺陷只出现单一谐振峰，无桩底谐振峰

注：对同一场地、地质条件相近、桩型和成桩工艺相同的基桩，因桩端部分桩身阻抗与持力层阻抗相匹配导致实测信号无桩底反射波时，可按本场地同条件下有桩底反射波的其他桩实测信号判定桩身完整性类别。

8.4.4 对于混凝土灌注桩，采用时域信号分析时应区分桩身截面渐变后恢复至原桩径并在该阻抗突变处的一次反射，或扩径突变处的二次反射，结合成桩工艺和地质条件综合分析判定受检桩的完整性类别。必要时，可采用实测曲线拟合法辅助判定桩身完整性或借助实测导纳值、动刚度的相对高低辅助判定桩身完整性。

8.4.5 对于嵌岩桩，桩底时域反射信号为单一反射波且与锤击脉冲信号同向时，应采取其他方法核验桩端嵌岩情况。

8.4.6 出现下列情况之一，桩身完整性判定宜结合其他检测方法进行：

1 实测信号复杂，无规律，无法对其进行准确评价。

2 桩身截面渐变或多变，且变化幅度较大的混凝土灌注桩。

8.4.7 低应变检测报告应给出桩身完整性检测的实测信号曲线。

8.4.8 检测报告除应包括本规范第 3.5.5 条内容外，还应包括下列内容：

1 桩身波速取值；

2 桩身完整性描述、缺陷的位置及桩身完整性类别；

3 时域信号时段所对应的桩身长度标尺、指数或线性放大的范围及倍数；或幅频信号曲线分析的频率范围、桩底或桩身缺陷对应的相邻谐振峰间的频差。

9 高应变法

9.1 适用范围

9.1.1 本方法适用于检测基桩的竖向抗压承载力和桩身完整性；监测预制桩打入时的桩身应力和锤击能量传递比，为沉桩工艺参数及桩长选择提供依据。

9.1.2 进行灌注桩的竖向抗压承载力检测时，应具有现场实测经验和本地区相近条件下的可靠对比验证资料。

9.1.3 对于大直径扩底桩和 *Q-s* 曲线具有缓变型特征的大直径灌注桩，不宜采用本方法进行竖向抗压承载力检测。

9.2 仪器设备

9.2.1 检测仪器的主要技术性能指标不应低于现行行业标准《基桩动测仪》JG/T 3055 中表 1 规定的 2 级标准，且应具有保存、显示实测力与速度信号和信号处理与分析的功能。

9.2.2 锤击设备宜具有稳固的导向装置；打桩机械或类似的装置（导杆式柴油锤除外）都可作为锤击设备。

9.2.3 高应变检测用重锤应材质均匀、形状对称、锤底平整，高径（宽）比不得小于1，并采用铸铁或铸钢制作。当采取自由落锤安装加速度传感器的方式实测锤击力时，重锤应整体铸造，且高径（宽）比应在 1.0～1.5 范

围内。

9.2.4 进行高应变承载力检测时，锤的重量应大于预估单桩极限承载力的1.0%～1.5%，混凝土桩的桩径大于600mm或桩长大于30m时取高值。

9.2.5 桩的贯入度可采用精密水准仪等仪器测定。

9.3 现场检测

9.3.1 检测前的准备工作应符合下列规定：

1 预制桩承载力的时间效应应通过复打确定。

2 桩顶面应平整，桩顶高度应满足锤击装置的要求，桩锤重心应与桩顶对中，锤击装置架立应垂直。

3 对不能承受锤击的桩头应加固处理，混凝土桩的桩头处理按本规范附录B执行。

4 传感器的安装应符合本规范附录F的规定。

5 桩头顶部应设置桩垫，桩垫可采用10～30mm厚的木板或胶合板等材料。

9.3.2 参数设定和计算应符合下列规定：

1 采样时间间隔宜为50～200μs，信号采样点数不宜少于1024点。

2 传感器的设定值应按计量检定结果设定。

3 自由落锤安装加速度传感器测力时，力的设定值由加速度传感器设定值与重锤质量的乘积确定。

4 测点处的桩截面尺寸应按实际测量确定，波速、质量密度和弹性模量应按实际情况设定。

5 测点以下桩长和截面积可采用设计文件或施工记录提供的数据作为设定值。

6 桩身材料质量密度应按表9.3.2取值。

表9.3.2 桩身材料质量密度（t/m^3）

钢 桩	混凝土预制桩	离心管桩	混凝土灌注桩
7.85	2.45～2.50	2.55～2.60	2.40

7 桩身波速可结合本地经验或按同场地同类型已检桩的平均波速初步设定，现场检测完成后应按第9.4.3条调整。

8 桩身材料弹性模量应按下式计算：

$$E = \rho \cdot c^2 \tag{9.3.2}$$

式中 E——桩身材料弹性模量（kPa）；

c——桩身应力波传播速度（m/s）；

ρ——桩身材料质量密度（t/m^3）。

9.3.3 现场检测应符合下列要求：

1 交流供电的测试系统应良好接地；检测时测试系统应处于正常状态。

2 采用自由落锤为锤击设备时，应重锤低击，最大锤击落距不宜大于2.5m。

3 试验目的为确定预制桩打桩过程中的桩身应力、沉桩设备匹配能力和选择桩长时，应按本规范附录G执行。

4 检测时应及时检查采集数据的质量；每根受检桩记录的有效锤击信号应根据桩顶最大动位移、贯入度以及桩身最大拉、压应力和缺陷程度及其发展情况综合确定。

5 发现测试波形紊乱，应分析原因；桩身有明显缺陷或缺陷程度加剧，应停止检测。

9.3.4 承载力检测时宜实测桩的贯入度，单击贯入度宜在2～6mm之间。

9.4 检测数据的分析与判定

9.4.1 检测承载力时选取锤击信号，宜取锤击能量较大的击次。

9.4.2 当出现下列情况之一时，高应变锤击信号不得作为承载力分析计算的依据：

1 传感器安装处混凝土开裂或出现严重塑性变形使力曲线最终未归零；

2 严重锤击偏心，两侧力信号幅值相差超过1倍；

3 触变效应的影响，预制桩在多次锤击下承载力下降；

4 四通道测试数据不全。

9.4.3 桩身波速可根据下行波波形起升沿的起点到上行波下降沿的起点之间的时差与已知桩长值确定（图9.4.3）；桩底反射信号不明显时，可根据桩长、混凝土波速的合理取值范围以及邻近桩的桩身波速值综合确定。

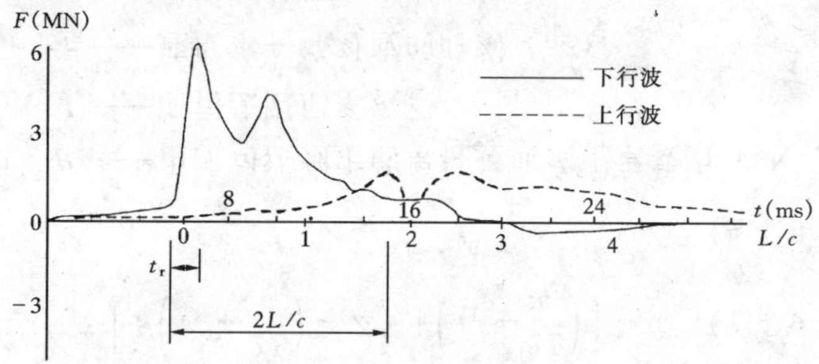

图9.4.3 桩身波速的确定

9.4.4 当测点处原设定波速随调整后的桩身波速改变时，桩身材料弹性模量和锤击力信号幅值的调整应符合下列规定：

1 桩身材料弹性模量应按本规范式（9.3.2）重新计算。

2 当采用应变式传感器测力时，应同时对原实测力值校正。

9.4.5 高应变实测的力和速度信号第一峰起始比例失调时，不得进行比例调整。

9.4.6 承载力分析计算前，应结合地质条件、设计参数，对实测波形特征进行定性检查：

1 实测曲线特征反映出的桩承载性状。

2 观察桩身缺陷程度和位置，连续锤击时缺陷的扩大或逐步闭合情况。

9.4.7 以下四种情况应采用静载法进一步验证：

1 桩身存在缺陷，无法判定桩的竖向承载力。

2 桩身缺陷对水平承载力有影响。

3 单击贯入度大，桩底同向反射强烈且反射峰较宽，侧阻力波、端阻力波反射弱，即波形表现出竖向承载性状明显与勘察报告中的地质条件不符合。

4 嵌岩桩桩底同向反射强烈，且在时间 $2L/c$ 后无明显端阻力反射；也可采用钻芯法核验。

9.4.8 采用凯司法判定桩承载力，应符合下列规定：

1 只限于中、小直径桩。

2 桩身材质、截面应基本均匀。

3 阻尼系数 J_c 宜根据同条件下静载试验结果校核，或应在已取得相近条件下可靠对比资料后，采用实测曲线拟合法确定 J_c 值，拟合计算的桩数不应少于检测总桩数的30%，且不应少于3根。

4 在同一场地、地质条件相近和桩型及其截面积相同情况下，J_c 值的极差不宜大于平均值的 30%。

9.4.9 凯司法判定单桩承载力可按下列公式计算：

$$R_c=\frac{1}{2}(1-J_c)\cdot[F(t_1)+Z\cdot V(t_1)]+\frac{1}{2}(1+J_c)\cdot\left[F\left(t_1+\frac{2L}{c}\right)-Z\cdot V\left(t_1+\frac{2L}{c}\right)\right] \quad (9.4.9\text{-}1)$$

$$Z=\frac{E\cdot A}{c} \quad (9.4.9\text{-}2)$$

式中 R_c——由凯司法判定的单桩竖向抗压承载力（kN）；

J_c——凯司法阻尼系数；

t_1——速度第一峰对应的时刻（ms）；

$F(t_1)$——t_1 时刻的锤击力（kN）；

$V(t_1)$——t_1 时刻的质点运动速度（m/s）；

Z——桩身截面力学阻抗（kN·s/m）；

A——桩身截面面积（m^2）；

L——测点下桩长（m）。

注：公式（9.4.9-1）适用于 t_1+2L/c 时刻桩侧和桩端土阻力均已充分发挥的摩擦型桩。

对于土阻力滞后于 t_1+2L/c 时刻明显发挥或先于 t_1+2L/c 时刻发挥并造成桩中上部强烈反弹这两种情况，宜分别采用以下两种方法对 R_c 值进行提高修正：

1 适当将 t_1 延时，确定 R_c 的最大值。

2 考虑卸载回弹部分土阻力对 R_c 值进行修正。

9.4.10 采用实测曲线拟合法判定桩承载力，应符合下列规定：

1 所采用的力学模型应明确合理，桩和土的力学模型应能分别反映桩和土的实际力学性状，模型参数的取值范围应能限定。

2 拟合分析选用的参数应在岩土工程的合理范围内。

3 曲线拟合时间段长度在 t_1+2L/c 时刻后延续时间不应小于 20ms；对于柴油锤打桩信号，在 t_1+2L/c 时刻后延续时间不应小于 30ms。

4 各单元所选用的土的最大弹性位移值不应超过相应桩单元的最大计算位移值。

5 拟合完成时，土阻力响应区段的计算曲线与实测曲线应吻合，其他区段的曲线应基本吻合。

6 贯入度的计算值应与实测值接近。

9.4.11 本方法对单桩承载力的统计和单桩竖向抗压承载力特征值的确定应符合下列规定：

1 参加统计的试桩结果，当满足其极差不超过平均值的 30% 时，取其平均值为单桩承载力统计值。

2 当极差超过 30% 时，应分析极差过大的原因，结合工程具体情况综合确定。必要时可增加试桩数量。

3 单位工程同一条件下的单桩竖向抗压承载力特征值 R_a 应按本方法得到的单桩承载力统计值的一半取值。

9.4.12 桩身完整性判定可采用以下方法进行：

1 采用实测曲线拟合法判定时，拟合所选用的桩土参数应符合本规范第 9.4.10 条第 1～2 款的规定；根据桩的成桩工艺，拟合时可采用桩身阻抗拟合或桩身裂隙（包括混凝土预制桩的接桩缝隙）拟合。

2 对于等截面桩，可按表 9.4.12 并结合经验判定；桩身完整性系数 β 和桩身缺陷位置 x 应分别按下列公式计算：

$$\beta = \frac{[F(t_1) + Z \cdot V(t_1)] - 2R_x + [F(t_x) - Z \cdot V(t_x)]}{[F(t_1) + Z \cdot V(t_1)] - [F(t_x) - Z \cdot V(t_x)]} \tag{9.4.12-1}$$

$$x = c \cdot \frac{t_x - t_1}{2000} \tag{9.4.12-2}$$

式中 β——桩身完整性系数；

t_x——缺陷反射峰对应的时刻（ms）；

x——桩身缺陷至传感器安装点的距离（m）；

R_x——缺陷以上部位土阻力的估计值，等于缺陷反射波起始点的力与速度乘以桩身截面力学阻抗之差值，取值方法见图 9.4.12。

表 9.4.12 桩身完整性判定

类别	β 值	类别	β 值
Ⅰ	$\beta = 1.0$	Ⅲ	$0.6 \leqslant \beta < 0.8$
Ⅱ	$0.8 \leqslant \beta < 1.0$	Ⅳ	$\beta < 0.6$

9.4.13 出现下列情况之一时，桩身完整性判定宜按工程地质条件和施工工艺，结合实测曲线拟合法或其他检测方法综合进行：

1 桩身有扩径的桩。

2 桩身截面渐变或多变的混凝土灌注桩。

3 力和速度曲线在峰值附近比例失调，桩身浅部有缺陷的桩。

4 锤击力波上升缓慢，力与速度曲线比例失调的桩。

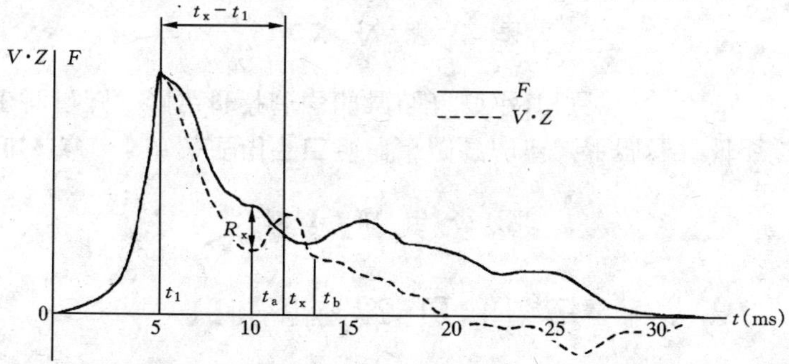

图 9.4.12 桩身完整性系数计算

9.4.14 桩身最大锤击拉、压应力和桩锤实际传递给桩的能量应分别按本规范附录 G 相应公式计算。

9.4.15 高应变检测报告应给出实测的力与速度信号曲线。

9.4.16 检测报告除应包括本规范第 3.5.5 条内容外，还应包括下列内容：

1 计算中实际采用的桩身波速值和 J_c 值；

2 实测曲线拟合法所选用的各单元桩土模型参数、拟合曲线、土阻力沿桩身分布图；

3 实测贯入度；

4 试打桩和打桩监控所采用的桩锤型号、锤垫类型，以及监测得到的锤击数、桩侧和桩端静阻力、桩身锤击拉应力和压应力、桩身完整性以及能量传递比随入土深度的变化。

10 声波透射法

10.1 适用范围

10.1.1 本方法适用于已预埋声测管的混凝土灌注桩桩身完整性检测，判定桩身缺陷的程度并确定其位置。

10.2 仪器设备

10.2.1 声波发射与接收换能器应符合下列要求：

1 圆柱状径向振动，沿径向无指向性；

2 外径小于声测管内径，有效工作面轴向长度不大于150mm；

3 谐振频率宜为30～50kHz；

4 水密性满足1MPa水压不渗水。

10.2.2 声波检测仪应符合下列要求：

1 具有实时显示和记录接收信号的时程曲线以及频率测量或频谱分析功能。

2 声时测量分辨力优于或等于0.5μs，声波幅值测量相对误差小于5%，系统频带宽度为1～200kHz，系统最大动态范围不小于100dB。

3 声波发射脉冲宜为阶跃或矩形脉冲，电压幅值为200～1000V。

10.3 现场检测

10.3.1 声测管埋设应按本规范附录H的规定执行。

10.3.2 现场检测前准备工作应符合下列规定：

1 采用标定法确定仪器系统延迟时间。

2 计算声测管及耦合水层声时修正值。

3 在桩顶测量相应声测管外壁间净距离。

4 将各声测管内注满清水，检查声测管畅通情况；换能器应能在全程范围内升降顺畅。

10.3.3 现场检测步骤应符合下列规定：

1 将发射与接收声波换能器通过深度标志分别置于两根声测管中的测点处。

2 发射与接收声波换能器应以相同标高（图10.3.3*a*）或保持固定高差（图10.3.3*b*）同步升降，测点间距不宜大于250mm。

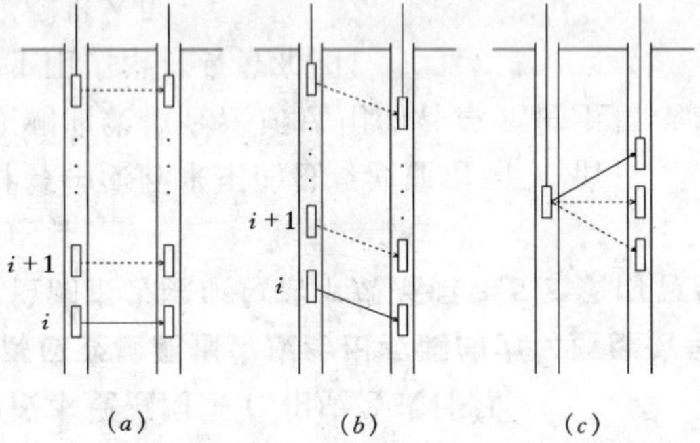

图10.3.3 平测、斜测和扇形扫测示意图

（*a*）平测；（*b*）斜测；（*c*）扇形扫测

3 实时显示和记录接收信号的时程曲线，读取声时、首波峰值和周期值，宜同时显示频谱曲线及主频值。

4 将多根声测管以两根为一个检测剖面进行全组合，分别对所有检测剖面完成检测。

5 在桩身质量可疑的测点周围，应采用加密测点，或采用斜测（图 10.3.3*b*）、扇形扫测（图 10.3.3*c*）进行复测，进一步确定桩身缺陷的位置和范围。

6 在同一根桩的各检测剖面的检测过程中，声波发射电压和仪器设置参数应保持不变。

10.4 检测数据的分析与判定

10.4.1 各测点的声时 t_c、声速 v、波幅 A_p 及主频 f 应根据现场检测数据，按下列各式计算，并绘制声速-深度（v-z）曲线和波幅-深度（A_p-z）曲线，需要时可绘制辅助的主频-深度（f-z）曲线：

$$t_{ci} = t_i - t_0 - t' \tag{10.4.1-1}$$

$$v_i = \frac{l'}{t_{ci}} \tag{10.4.1-2}$$

$$A_{pi} = 20\lg\frac{a_i}{a_0} \tag{10.4.1-3}$$

$$f_i = \frac{1000}{T_i} \tag{10.4.1-4}$$

式中 t_{ci}——第 i 测点声时（μs）；

t_i——第 i 测点声时测量值（μs）；

t_0——仪器系统延迟时间（μs）；

t'——声测管及耦合水层声时修正值（μs）；

l'——每检测剖面相应两声测管的外壁间净距离（mm）；

v_i——第 i 测点声速（km/s）；

A_{pi}——第 i 测点波幅值（dB）；

a_i——第 i 测点信号首波峰值（V）；

a_0——零分贝信号幅值（V）；

f_i——第 i 测点信号主频值（kHz），也可由信号频谱的主频求得；

T_i——第 i 测点信号周期（μs）。

10.4.2 声速临界值应按下列步骤计算：

1 将同一检测剖面各测点的声速值 v_i 由大到小依次排序，即

$$v_1 \geqslant v_2 \geqslant \cdots v_i \geqslant \cdots v_{n-k} \geqslant \cdots\ v_{n-1} \geqslant v_n (k = 0,1,2,\cdots) \tag{10.4.2-1}$$

式中 v_i——按序排列后的第 i 个声速测量值；

n——检测剖面测点数；

k——从零开始逐一去掉式（10.4.2-1）v_i 序列尾部最小数值的数据个数。

2 对从零开始逐一去掉 v_i 序列中最小数值后余下的数据进行统计计算。当去掉最小数值的数据个数为 k 时，对包括 v_{n-k} 在内的余下数据 $v_1 \sim v_{n-k}$ 按下列公式进行统计计算：

$$v_0 = v_m - \lambda \cdot s_x \tag{10.4.2-2}$$

$$v_m = \frac{1}{n-k}\sum_{i=1}^{n-k} v_i \tag{10.4.2-3}$$

$$s_x = \sqrt{\frac{1}{n-k-1}\sum_{i=1}^{n-k}(v_i - v_m)^2} \tag{10.4.2-4}$$

式中 v_0——异常判断值；

v_m——（$n-k$）个数据的平均值；

s_x——（$n-k$）个数据的标准差；

λ——由表 10.4.2 查得的与（$n-k$）相对应的系数。

表 10.4.2 统计数据个数（$n-k$）与对应的 λ 值

$n-k$	20	22	24	26	28	30	32	34	36	38
λ	1.64	1.69	1.73	1.77	1.80	1.83	1.86	1.89	1.91	1.94
$n-k$	40	42	44	46	48	50	52	54	56	58
λ	1.96	1.98	2.00	2.02	2.04	2.05	2.07	2.09	2.10	2.11
$n-k$	60	62	64	66	68	70	72	74	76	78
λ	2.13	2.14	2.15	2.17	2.18	2.19	2.20	2.21	2.22	2.23
$n-k$	80	82	84	86	88	90	92	94	96	98
λ	2.24	2.25	2.26	2.27	2.28	2.29	2.29	2.30	2.31	2.32
$n-k$	100	105	110	115	120	125	130	135	140	145
λ	2.33	2.34	2.36	2.38	2.39	2.41	2.42	2.43	2.45	2.46
$n-k$	150	160	170	180	190	200	220	240	260	280
λ	2.47	2.50	2.52	2.54	2.56	2.58	2.61	2.64	2.67	2.69

3 将 v_{n-k} 与异常判断值 v_0 进行比较，当 $v_{n-k} \leqslant v_0$ 时，v_{n-k} 及其以后的数据均为异常，去掉 v_{n-k}. 及其以后的异常数据；再用数据 $v_1 \sim v_{n-k-1}$ 并重复式（10.4.2-2）~（10.4.2-4）的计算步骤，直到 v_i 序列中余下的全部数据满足：

$$v_i > v_0 \tag{10.4.2-5}$$

此时，v_0 为声速的异常判断临界值 v_c。

4 声速异常时的临界值判据为：

$$v_i \leqslant v_c \tag{10.4.2-6}$$

当式（10.4.2-6）成立时，声速可判定为异常。

10.4.3 当检测剖面 n 个测点的声速值普遍偏低且离散性很小时，宜采用声速低限值判据：

$$v_i < v_L \tag{10.4.3}$$

式中 v_i——第 i 测点声速（km/s）；

v_L——声速低限值（km/s），由预留同条件混凝土试件的抗压强度与声速对比试验结果，结合本地区实际经验确定。

当式（10.4.3）成立时，可直接判定为声速低于低限值异常。

10.4.4 波幅异常时的临界值判据应按下列公式计算：

$$A_m = \frac{1}{n}\sum_{i=1}^{n} A_{pi} \tag{10.4.4-1}$$

$$A_{pi} < A_m - 6 \tag{10.4.4-2}$$

式中 A_m——波幅平均值（dB）；

n——检测剖面测点数。

当式（10.4.4-2）成立时，波幅可判定为异常。

10.4.5 当采用斜率法的 *PSD* 值作为辅助异常点判据时，*PSD* 值应按下列公式计算：

$$PSD = K \cdot \Delta t \tag{10.4.5-1}$$

$$K = \frac{t_{ci} - t_{ci-1}}{z_i - z_{i-1}} \tag{10.4.5-2}$$

$$\Delta t = t_{ci} - t_{ci-1} \tag{10.4.5-3}$$

式中 t_{ci}——第 i 测点声时（μs）；

t_{ci-1}——第 $i-1$ 测点声时（μs）；

z_i——第 i 测点深度（m）；

z_{i-1}——第 $i-1$ 测点深度（m）。

根据 *PSD* 值在某深度处的突变，结合波幅变化情况，进行异常点判定。

10.4.6 当采用信号主频值作为辅助异常点判据时，主频-

深度曲线上主频值明显降低可判定为异常。

10.4.7 桩身完整性类别应结合桩身混凝土各声学参数临界值、*PSD* 判据、混凝土声速低限值以及桩身质量可疑点加密测试（包括斜测或扇形扫测）后确定的缺陷范围，按本规范表 3.5.1 的规定和表 10.4.7 的特征进行综合判定。

10.4.8 检测报告除应包括规范第 3.5.5 条内容外，还应包括：

1 声测管布置图；

2 受检桩每个检测剖面声速-深度曲线、波幅-深度曲线，并将相应判据临界值所对应的标志线绘制于同一个座标系；

3 当采用主频值或 *PSD* 值进行辅助分析判定时，绘制主频-深度曲线或 *PSD* 曲线；

4 缺陷分布图示。

表 10.4.7 桩身完整性判定

类 别	特 征
Ⅰ	各检测剖面的声学参数均无异常，无声速低于低限值异常
Ⅱ	某一检测剖面个别测点的声学参数出现异常，无声速低于低限值异常
Ⅲ	某一检测剖面连续多个测点的声学参数出现异常； 两个或两个以上检测剖面在同一深度测点的声学参数出现异常； 局部混凝土声速出现低于低限值异常
Ⅳ	某一检测剖面连续多个测点的声学参数出现明显异常； 两个或两个以上检测剖面在同一深度测点的声学参数出现明显异常； 桩身混凝土声速出现普遍低于低限值异常或无法检测首波或声波接收信号严重畸变

附录 A 桩身内力测试

A.0.1 基桩内力测试适用于混凝土预制桩、钢桩、组合型桩，也可用于桩身断面尺寸基本恒定或已知的混凝土灌注桩。

A.0.2 对竖向抗压静载试验桩，可得到桩侧各土层的分层抗压摩阻力和桩端支承力；对竖向抗拔静荷载试验桩，可得到桩侧土的分层抗拔摩阻力；对水平静荷载试验桩，可求得桩身弯矩分布，最大弯矩位置等；对打入式预制混凝土桩和钢桩，可得到打桩过程中桩身各部位的锤击压应力、锤击拉应力。

A.0.3 基桩内力测试宜采用应变式传感器或钢弦式传感器。根据测试目的及要求，宜按表 A.0.3 中的传感器技术、环境特性，选择适合的传感器；也可采用滑动测微计。需要检测桩身某断面或桩端位移时，可在需检测断面设置沉降杆。

表 A.0.3 传感器技术、环境特性一览表

类型 特性	钢弦式传感器	应变式传感器
传感器体积	大	较小
蠕变	较小，适宜于长期观测	较大，需提高制作技术、工艺解决
测量灵敏度	较低	较高

续表

类型 / 特性	钢弦式传感器	应变式传感器
温度变化的影响	温度变化范围较大时需要修正	可以实现温度变化的自补偿
长导线影响	不影响测试结果	需进行长导线电阻影响的修正
自身补偿能力	补偿能力弱	对自身的弯曲、扭曲可以自补偿
对绝缘的要求	要求不高	要求高
动态响应	差	好

A.0.4 传感器设置位置及数量宜符合下列规定：

1 传感器宜放在两种不同性质土层的界面处，以测量桩在不同土层中的分层摩阻力。在地面处（或以上）应设置一个测量断面作为传感器标定断面。传感器埋设断面距桩顶和桩底的距离不宜小于1倍桩径。

2 在同一断面处可对称设置2~4个传感器，当桩径较大或试验要求较高时取高值。

A.0.5 应变式传感器可视以下情况采用不同制作方法：

1 对钢桩可采用以下两种方法之一：

1）将应变计用特殊的粘贴剂直接贴在钢桩的桩身，应变计宜采用标距3~6mm的350Ω胶基箔式应变计，不得使用纸基应变计。粘贴前应将贴片区表面除锈磨平，用有机溶剂去污清洗，待干燥后粘贴应变计。粘贴好的应变计应采取可靠的防水防潮密封防护措施。

2）将应变式传感器直接固定在测量位置。

2 对混凝土预制桩和灌注桩，应变传感器的制作和埋设可视具体情况采用以下三种方法之一：

1）在600~1000mm长的钢筋上，轴向、横向粘贴四个（二个）应变计组成全桥（半桥），经防水绝缘处理后，到材料试验机上进行应力-应变关系标定。标定时的最大拉力宜控制在钢筋抗拉强度设计值的60%以内，经三次重复标定，应力-应变曲线的线性、滞后和重复性满足要求后，方可采用。传感器应在浇筑混凝土前按指定位置焊接或绑扎（泥浆护壁灌注桩应焊接）在主筋上，并满足规范对钢筋锚固长度的要求。固定后带应变计的钢筋不得弯曲变形或有附加应力产生。

2）直接将电阻应变计粘贴在桩身指定断面的主筋上，其制作方法及要求同本条第1款钢桩上粘贴应变计的方法及要求。

3）将应变砖或埋入式混凝土应变测量传感器按产品使用要求预埋在预制桩的桩身指定位置。

A.0.6 应变式传感器可按全桥或半桥方式制作，宜优先采用全桥方式。传感器的测量片和补偿片应选用同一规格同一批号的产品，按轴向、横向准确地粘贴在钢筋同一断面上。测点的连接应采用屏蔽电缆，导线的对地绝缘电阻值应在500MΩ以上；使用前应将整卷电缆除两端外全部浸入水中1h，测量芯线与水的绝缘；电缆屏蔽线应与钢筋绝缘；测量和补偿所用连接电缆的长度和线径应相同。

A.0.7 电阻应变计及其连接电缆均应有可靠的防潮绝缘防护措施；正式试验前电阻应变计及电缆的系统绝缘电阻不应低于200MΩ。

A.0.8 不同材质的电阻应变计粘贴时应使用不同的粘贴剂。在选用电阻应变计、粘贴剂和导线时，应充分考虑试验桩在制作、养护和施工过程中的环境条件。对采用蒸汽养护或高压养护的混凝土预制桩，应选用耐高温的电阻应变计、粘贴剂和导线。

A.0.9 电阻应变测量所用的电阻应变仪宜具有多点自动测量功能，仪器的分辨力应优于或等于 1$\mu\varepsilon$，并有存储和打印功能。

A.0.10 弦式钢筋计应按主筋直径大小选择。仪器的可测频率范围应大于桩在最大加载时的频率的 1.2 倍。使用前应对钢筋计逐个标定，得出压力（拉力）与频率之间的关系。

A.0.11 带有接长杆弦式钢筋计可焊接在主筋上；不宜采用螺纹连接。

A.0.12 弦式钢筋计通过与之匹配的频率仪进行测量，频率仪的分辨力应优于或等于 1Hz。

A.0.13 当同时进行桩身位移测量时，桩身内力和位移测试应同步。

A.0.14 测试数据整理应符合下列规定：

1 采用应变式传感器测量时，按下列公式对实测应变值进行导线电阻修正：

采用半桥测量时：
$$\varepsilon = \varepsilon' \cdot \left(1 + \frac{r}{R}\right) \quad (A.0.14\text{-}1)$$

采用全桥测量时：
$$\varepsilon = \varepsilon' \cdot \left(1 + \frac{2r}{R}\right) \quad (A.0.14\text{-}2)$$

式中 ε——修正后的应变值；

ε'——修正前的应变值；

r——导线电阻（Ω）；

R——应变计电阻（Ω）。

2 采用弦式传感器测量时，将钢筋计实测频率通过率定系数换算成力，再计算成与钢筋计断面处的混凝土应变相等的钢筋应变量。

3 在数据整理过程中，应将零漂大、变化无规律的测点删除，求出同一断面有效测点的应变平均值，并按下式计算该断面处桩身轴力：

$$Q_i = \bar{\varepsilon}_i \cdot E_i \cdot A_i \quad (A.0.14\text{-}3)$$

式中 Q_i——桩身第 i 断面处轴力（kN）；

$\bar{\varepsilon}_i$——第 i 断面处应变平均值；

E_i——第 i 断面处桩身材料弹性模量（kPa）；当桩身断面、配筋一致时，宜按标定断面处的应力与应变的比值确定；

A_i——第 i 断面处桩身截面面积（m^2）。

4 按每级试验荷载下桩身不同断面处的轴力值制成表格，并绘制轴力分布图。再由桩顶极限荷载下对应的各断面轴力值计算桩侧土的分层极限摩阻力和极限端阻力：

$$q_{si} = \frac{Q_i - Q_{i+1}}{u \cdot l_i} \quad (A.0.14\text{-}4)$$

$$q_p = \frac{Q_n}{A_0} \quad (A.0.14\text{-}5)$$

式中 q_{si}——桩第 i 断面与 $i+1$ 断面间侧摩阻力（kPa）；

q_p——桩的端阻力（kPa）；

i——桩检测断面顺序号，$i = 1, 2, \cdots\cdots, n$，并自桩顶以下从小到大排列；

u——桩身周长（m）；

l_i——第 i 断面与第 $i+1$ 断面之间的桩长（m）；

Q_n——桩端的轴力（kN）；

A_0——桩端面积（m^2）。

5　桩身第 i 断面处的钢筋应力可按下式计算：

$$\sigma_{si} = E_s \cdot \varepsilon_{si} \tag{A.0.14-6}$$

式中　σ_{si}——桩身第 i 断面处的钢筋应力（kPa）；

E_s——钢筋弹性模量（kPa）；

ε_{si}——桩身第 i 断面处的钢筋应变。

A.0.15　沉降杆宜采用内外管形式：外管固定在桩身，内管下端固定在需测试断面，顶端高出外管 100～200mm，并能与固定断面同步位移。

A.0.16　沉降杆应具有一定的刚度；沉降杆外径与外管内径之差不宜小于 10mm，沉降杆接头处应光滑。

A.0.17　测量沉降杆位移的检测仪器应符合本规范第 4.2.4 条的技术要求。数据的测读应与桩顶位移测量同步。

A.0.18　当沉降杆底端固定断面处桩身埋设有内力测试传感器时，可得到该断面处桩身轴力 Q_i 和位移 s_i。

附录 B　混凝土桩桩头处理

B.0.1　混凝土桩应先凿掉桩顶部的破碎层和软弱混凝土。

B.0.2　桩头顶面应平整，桩头中轴线与桩身上部的中轴线应重合。

B.0.3　桩头主筋应全部直通至桩顶混凝土保护层之下，各主筋应在同一高度上。

B.0.4　距桩顶 1 倍桩径范围内，宜用厚度为 3～5mm 的钢板围裹或距桩顶 1.5 倍桩径范围内设置箍筋，间距不宜大于 100mm。桩顶应设置钢筋网片 2～3 层，间距 60～100mm。

B.0.5　桩头混凝土强度等级宜比桩身混凝土提高 1～2 级，且不得低于 C30。

B.0.6　高应变法检测的桩头测点处截面尺寸应与原桩身截面尺寸相同。

附录C 静载试验记录表

C.0.1 单桩竖向抗压静载试验的现场检测数据宜按附表C.0.1的格式记录。

C.0.2 单桩水平静载试验的现场检测数据宜按附表C.0.2的格式记录。

附表C.0.1 单桩竖向抗压静载试验记录表

工程名称				桩号			日期			
加载级	油压(MPa)	荷载(kN)	测读时间	位移计（百分表）读数				本级沉降(mm)	累计沉降(mm)	备注
				1号	2号	3号	4号			
检测单位：					校核：			记录：		

附表C.0.2 单桩水平静载试验记录表

工程名称				桩号			日期				上下表距	
油压(MPa)	荷载(kN)	观测时间	循环数	加载		卸载		水平位移（mm）		加载上下表读数差	转角	备注
				上表	下表	上表	下表	加载	卸载			
检测单位：					校核：				记录：			

附录 D　钻芯法检测记录表

D.0.1　钻芯法检测的现场操作记录和芯样编录应分别按附表 D.0.1-1、D.0.1-2 的格式记录；检测芯样综合柱状图应按附表 D.0.1-3 的格式记录和描述。

附表 D.0.1-1　钻芯法检测现场操作记录表

桩号		孔号			工程名称			
时间		钻进（m）			芯样编号	芯样长度（m）	残留芯样	芯样初步描述及异常情况记录
自	至	自	至	计				
检测日期					机长：	记录：		页次：

附表 D.0.1-2　钻芯法检测芯样编录表

工程名称			日期	
桩号/钻芯孔号		桩径	混凝土设计强度等级	
项　目	分段（层）深度（m）	芯样描述	取样编号/取样深度	备注
桩身混凝土		混凝土钻进深度，芯样连续性、完整性、胶结情况、表面光滑情况、断口吻合程度、混凝土芯是否为柱状、骨料大小分布情况，以及气孔、空洞、蜂窝麻面、沟槽、破碎、夹泥、松散的情况		
桩底沉渣		桩端混凝土与持力层接触情况、沉渣厚度		
持力层		持力层钻进深度，岩土名称、芯样颜色、结构构造、裂隙发育程度、坚硬及风化程度； 分层岩层应分层描述	（强风化或土层时的动力触探或标贯结果）	
检测单位：		记录员：	检测人员：	

附表 D.0.1-3　钻芯法检测芯样综合柱状图

桩号/孔号		混凝土设计强度等级		桩顶标高		开孔时间	
施工桩长		设计桩径		钻孔深度		终孔时间	
层序号	层底标高（m）	层底深度（m）	分层厚度（m）	混凝土/岩土芯柱状图（比例尺）	桩身混凝土、持力层描述	序号 芯样强度/深度（m）	备注
				□ □ □			
编制：					校核：		
注：□代表芯样试件取样位置。							

附录 E 芯样试件加工和测量

E.0.1 应采用双面锯切机加工芯样试件。加工时应将芯样固定，锯切平面垂直于芯样轴线。锯切过程中应淋水冷却金刚石圆锯片。

E.0.2 锯切后的芯样试件，当试件不能满足平整度及垂直度要求时，应选用以下方法进行端面加工：

1 在磨平机上磨平。

2 用水泥砂浆（或水泥净浆）或硫磺胶泥（或硫磺）等材料在专用补平装置上补平。水泥砂浆（或水泥净浆）补平厚度不宜大于 5mm，硫磺胶泥（或硫磺）补平厚度不宜大于 1.5mm。

补平层应与芯样结合牢固，受压时补平层与芯样的结合面不得提前破坏。

E.0.3 试验前，应对芯样试件的几何尺寸做下列测量：

1 平均直径：用游标卡尺测量芯样中部，在相互垂直的两个位置上，取其两次测量的算术平均值，精确至 0.5mm。

2 芯样高度：用钢卷尺或钢板尺进行测量，精确至 1mm。

3 垂直度：用游标量角器测量两个端面与母线的夹角，精确至 0.1°。

4 平整度：用钢板尺或角尺紧靠在芯样端面上，一面转动钢板尺，一面用塞尺测量与芯样端面之间的缝隙。

E.0.4 试件有裂缝或有其他较大缺陷、芯样试件内含有钢筋以及试件尺寸偏差超过下列数值时，不得用作抗压强度试验：

1 芯样试件高度小于 $0.95d$ 或大于 $1.05d$ 时（d 为芯样试件平均直径）。

2 沿试件高度任一直径与平均直径相差达 2mm 以上时。

3 试件端面的不平整度在 100mm 长度内超过 0.1mm 时。

4 试件端面与轴线的不垂直度超过 2°时。

5 芯样试件平均直径小于 2 倍表观混凝土粗骨料最大粒径时。

附录F 高应变法传感器安装

F.0.1 检测时至少应对称安装冲击力和冲击响应（质点运动速度）测量传感器各两个（传感器安装见图F.0.1）。冲击力和响应测量可采取以下方式：

1 在桩顶下的桩侧表面分别对称安装加速度传感器和应变式力传感器，直接测量桩身测点处的响应和应变，并将应变换算成冲击力。

2 在桩顶下的桩侧表面对称安装加速传感器直接测量响应，在自由落锤锤体0.5H_r处（H_r为锤体高度）对称安装加速度传感器直接测量冲击力。

F.0.2 在第F.0.1条第1款条件下，传感器宜分别对称安装在距桩顶不小于2D的桩侧表面处（D为试桩的直径或边宽）；对于大直径桩，传感器与桩顶之间的距离可适当减小，但不得小于1D。安装面处的材质和截面尺寸应与原桩身相同，传感器不得安装在截面突变处附近。

在第F.0.1条第2款条件下，对称安装在桩侧表面的加速度传感器距桩顶的距离不得小于0.4H_r或1D，并取两者高值。

F.0.3 在第F.0.1条第1款条件下，传感器安装尚应符合下列规定：

1 应变传感器与加速度传感器的中心应位于同一水平线上；同侧的应变传感器和加速度传感器间的水平距离不宜大于80mm。安装完毕后，传感器的中心轴应与桩中心轴保持平行。

2 各传感器的安装面材质应均匀、密实、平整，并与桩轴线平行，否则应采用磨光机将其磨平。

3 安装螺栓的钻孔应与桩侧表面垂直；安装完毕后的传感器应紧贴桩身表面，锤击时传感器不得产生滑动。安装应变式传感器时应对其初始应变值进行监视，安装后的传感器初始应变值应能保证锤击时的可测轴向变形余量为：

1）混凝土桩应大于±1000$\mu\varepsilon$；

2）钢桩应大于±1500$\mu\varepsilon$。

F.0.4 当连续锤击监测时，应将传感器连接电缆有效固定。

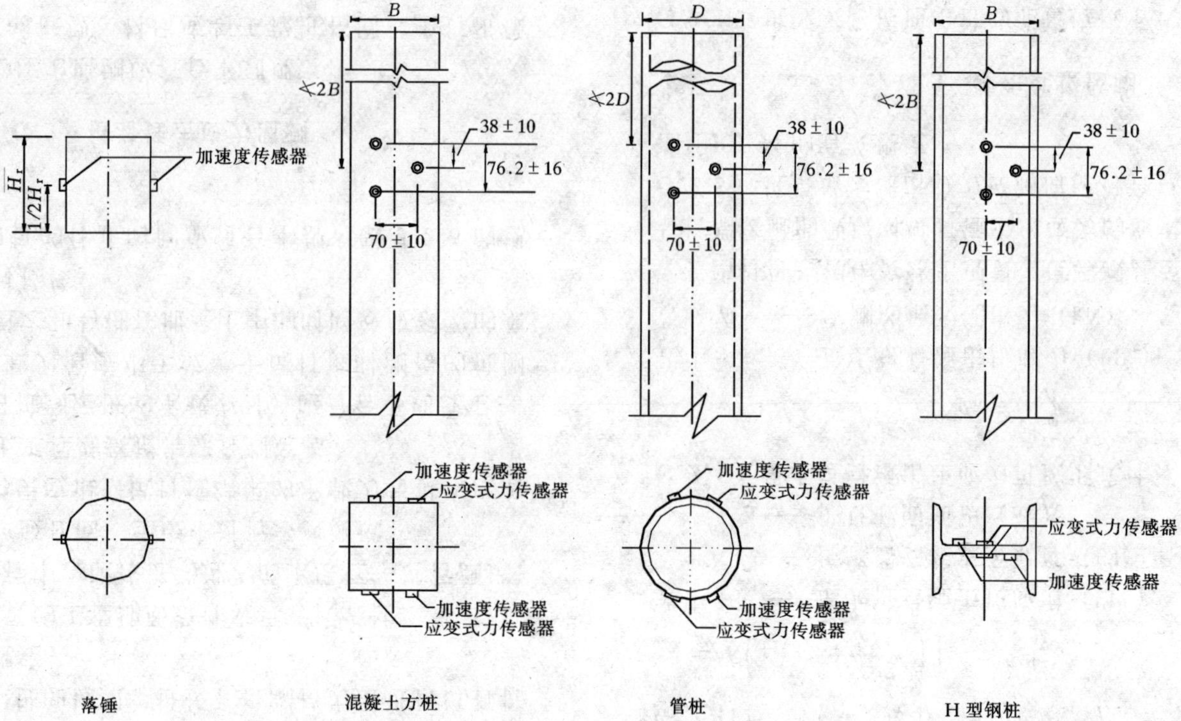

图 F.0.1　传感器安装示意图（单位：mm）

附录G　试打桩与打桩监控

G.1　试　打　桩

G.1.1　选择工程桩的桩型、桩长和桩端持力层进行试打桩时，应符合下列规定：

1　试打桩位置的工程地质条件应具有代表性。

2　试打桩过程中，应按桩端进入的土层逐一进行测试；当持力层较厚时，应在同一土层中进行多次测试。

G.1.2　桩端持力层应根据试打桩结果的承载力与贯入度关系，结合场地岩土工程勘察报告综合判定。

G.1.3　采用试打桩判定桩的承载力时，应符合下列规定：

1　判定的承载力值应小于或等于试打桩时测得的桩侧和桩端静土阻力值之和与桩在地基土中的时间效应系数的乘积，并应进行复打校核。

2　复打至初打的休止时间应符合本规范表3.2.6的规定。

G.2　桩身锤击应力监测

G.2.1　桩身锤击应力监测应符合下列规定：

1　被监测桩的桩型、材质应与工程桩相同；施打机械的锤型、落距和垫层材料及状况应与工程桩施工时相同。

2　应包括桩身锤击拉应力和锤击压应力两部分。

G.2.2　为测得桩身锤击应力最大值，监测时应符合下列规定：

1　桩身锤击拉应力宜在预计桩端进入软土层或桩端穿过硬土层进入软夹层时测试。

2　桩身锤击压应力宜在桩端进入硬土层或桩周土阻力较大时测试。

G.2.3　最大桩身锤击拉应力可按下式计算：

$$\sigma_t = \frac{1}{2A}\left[Z \cdot V\left(t_1 + \frac{2L}{c}\right) - F\left(t_1 + \frac{2L}{c}\right) - Z \cdot V\left(t_1 + \frac{2L-2x}{c}\right) - F\left(t_1 + \frac{2L-2x}{c}\right)\right] \quad (G.2.3)$$

式中　σ_t——最大桩身锤击拉应力（kPa）；

x——传感器安装点至计算点的距离（m）；

A——桩身截面面积（m^2）。

G.2.4　最大桩身锤击压应力可按下式计算：

$$\sigma_P = \frac{F_{max}}{A} \quad (G.2.4)$$

式中　σ_P——最大桩身锤击压应力（kPa）；

F_{max}——实测的最大锤击力（kN）。

当打桩过程中突然出现贯入度骤减甚至拒锤时，应考虑与桩端接触的硬层对桩身锤击压应力的放大作用。

G.2.5　桩身最大锤击应力控制值应符合《建筑桩基技术规范》JGJ 94的有关规定。

G.3　锤击能量监测

G.3.1　桩锤实际传递给桩的能量应按下式计算：

$$E_n = \int_0^{t_e} E \cdot V \cdot dt \quad (G.3.1)$$

式中　E_n——桩锤实际传递给桩的能量（kJ）；

t_e——采样结束的时刻（s）。

G.3.2 桩锤最大动能宜通过测定锤芯最大运动速度确定。

G.3.3 桩锤传递比应按桩锤实际传递给桩的能量与桩锤额定能量的比值确定；桩锤效率应按实测的桩锤最大动能与桩锤的额定能量的比值确定。

附录 H 声测管埋设要点

H.0.1 声测管内径宜为 50～60mm。

H.0.2 声测管应下端封闭、上端加盖、管内无异物；声测管连接处应光滑过渡，管口应高出桩顶 100mm 以上，且各声测管管口高度宜一致。

H.0.3 应采取适宜方法固定声测管，使之成桩后相互平行。

H.0.4 声测管埋设数量应符合下列要求：

1 $D \leqslant 800$mm，2 根管。

2 800mm $< D \leqslant 2000$mm，不少于 3 根管。

3 $D > 2000$mm，不少于 4 根管。

式中 D——受检桩设计桩径。

H.0.5 声测管应沿桩截面外侧呈对称形状布置，按图 H.0.5 所示的箭头方向顺时针旋转依次编号。

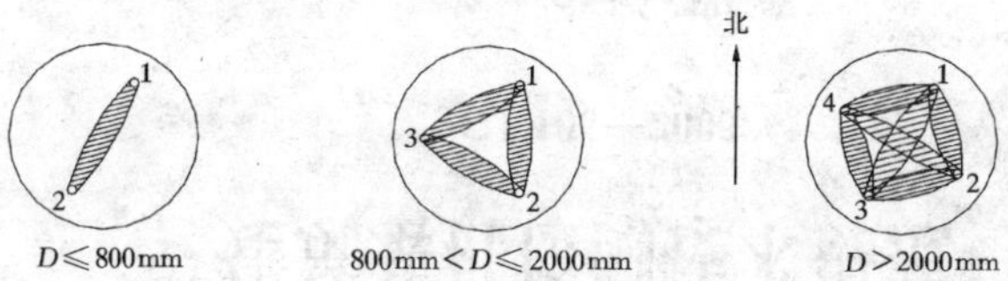

H.0.5 声测管布置图

检测剖面编组分别为：1-2；

1-2，1-3，2-3；

1-2，1-3，1-4，2-3，2-4，3-4。

本规范用词说明

1 为便于在执行本规范条文时区别对待，对要求严格程度不同的用词，说明如下：

1）表示很严格，非这样做不可的：
正面词采用“必须”；反面词采用“严禁”。

2）表示严格，在正常情况均应这样做的：
正面词采用“应”；反面词采用“不应”或“不得”。

3）表示允许稍有选择，在条件许可时首先应这样做的：
正面词采用“宜”；反面词采用“不宜”。

表示有选择，在一定条件下可以这样做的，采用“可”。

2 条文中指定应按其他有关标准、规范执行的写法为“应按……执行”或“应符合……的要求（或规定）”。

中华人民共和国行业标准

建筑基桩检测技术规范

JGJ 106—2003

条 文 说 明

前　言

《建筑基桩检测技术规范》JGJ 106—2003，经建设部2003年3月27日以第133号公告批准、发布。

为便于广大检测、设计、施工、科研、学校等单位的有关人员在使用本标准时能正确理解和执行条文规定，《建筑基桩检测技术规范》编制组按章、节、条顺序编制了本规范的条文说明，供国内使用者参考。在使用中如发现本条文说明有不妥之处，请将意见函寄中国建筑科学研究院（地址：北京市北三环东路30号；邮编：100013）。

目　次

1 总 则

1.0.1 工业与民用建筑中的质量问题和重大质量事故多与基础工程质量有关，其中有不少是由于桩基工程的质量问题，而直接危及主体结构的正常使用与安全。我国每年的用桩量超过 300 万根，其中沿海地区和长江中下游软土地区占 70%～80%。如此大的用桩量，如何保证质量，一直倍受建设、施工、设计、勘察、监理各方以及建设行政主管部门的关注。桩基工程除因受岩土工程条件、基础与结构设计、桩土体系相互作用、施工以及专业技术水平和经验等关联因素的影响而具有复杂性外，桩的施工还具有高度的隐蔽性，发现质量问题难，事故处理更难。因此，基桩检测工作是整个桩基工程中不可缺少的重要环节，只有提高基桩检测工作的质量和检测评定结果的可靠性，才能真正做到确保桩基工程质量与安全。

20 世纪 80 年代以来，我国基桩检测技术、特别是基桩动测技术得到了飞速发展。从国内外基桩检测实践看，如果不将动测法作为质量普查和承载力判定的补充手段，很难在人力和物力上对桩基工程质量进行有效的检测和评价。因此，利用理论和实践渐趋成熟的动测技术势在必行。但同时应注意，与常规的直接法（静载法、钻芯法）相比，动测法对检测人员的经验与理论水平要求高。况且，动测法在国内起步近三十年，但推广应用才十年，仍属发展中的技术，经验和理论有待进一步积累和完善。

目前，国内有关基桩检测的标准虽已形成初步系列，但这些标准只针对一类检测方法单独制定，有关设计规范对基桩检测的规定比较原则，主要侧重于为桩基设计提供依据。这些标准施行后暴露出的问题可归纳为：

1 各方法之间在某些方面（如抽检数量、桩身完整性类别划分及判据、测试仪器主要性能指标、复检规则等）缺乏统一的标准（至少是能被共同接受的一个低限原则），使检测人员在方法应用、检测数据采用及评判时显得无所适从，容易造成桩基工程验收工作的混乱。

2 由于技术上的原因，各检测方法都有其一定的适用范围。若将检测能力和适用范围不适宜的扩大，容易引起误判。

3 基桩检测通常是直接法与半直接法配合，多种方法并用。当需要对整个桩基质量进行评定时，单独的方法无法覆盖，各个标准（包括地方标准）并用时又出现主次不分或不一致。

因此，统一基桩检测方法，使基桩检测技术标准化、规范化，才能促进基桩检测技术进步，提高检测工作质量，为设计和施工验收提供可靠依据，确保工程质量。

1.0.2 本规范所指的基桩是混凝土灌注桩、混凝土预制桩（包括预应力管桩）和钢桩。基桩的承载力和桩身完整性检测是基桩质量检测中的两项重要内容，除此之外，质量检测的其他内容与要求已在相关的设计和施工质量验收规范中做了明确规定。本规范的适用范围是根据《建筑地基基础设计规范》GB 50007 和《建筑地基基础工程施工质量验收规范》GB 50202 的有关规定制定的，交通、铁路、港口等工程的基桩检测可参照使用。但应注意：建筑工程的基桩绝大多数以竖向受压混凝土桩为主，某些交通、铁路、港工以及上部竖向荷载较小的构筑物等基础桩的承载力并非单纯以竖向抗压承载力控制，而是以上拔或水平荷载控制，也可能是抗压与水平荷载或上拔与水平荷载的双重控制。此外，对于复合地基增强体设计强度等级不小于 C15 的高粘结强度桩（类似于素混凝土桩，如水泥粉煤灰碎石桩），其桩身完整性检测的原理、方法与本规范桩基的桩身完整性检测无异，同样可按本规范执行。

1.0.3 本条是本规范编制的基本原则。桩基工程的安全与单桩本身的质量直接相关，而设计条件（地质条件、桩的承载性状、桩的使用功能、桩型、基础和上部结构的型式等）和施工因素（成桩工艺、施工过程的质量控制、施工质量的均匀性、施工方法的可靠性等）不仅对单桩质量而且对整个桩基的正常使用均有影响。另外，检测得到的数据和信号也包含了诸如地质条件、桩身材料、不同桩型及其成桩可靠性、桩的休止时间等设计和施工因素的作用和影响，这些也直接决定了与检测方法相应的检测结果判定是否可靠，及所选择的受检桩是否具有代表性等。如果基桩检测及其结果判定时抛开这些影响因素，就会造成不必要的浪费或隐患。同时，由于各种检测方法在可靠性或经济性方面存在不同程度的局限性，多种方法配合时又具有一定的灵活性。因此，应根据检测目的、检测方法的适用范围和特点，考虑上述各种因素合理选择检测方法，实现各种方法合理搭配、优势互补，使各种检测方法尽量能互为补充或验证，即在达到"正确评价"目的的同时，又要体现经济合理性。

2 术语、符号

2.1 术 语

2.1.2 桩身完整性是一个综合定性指标，而非严格的定量指标。其类别是按缺陷对桩身结构承载力的影响程度划分的。这里有两点需要说明：

1 连续性包涵了桩长不够的情况。因动测法只能估算桩长，桩长明显偏短时，给出断桩的结论是正常的。而钻芯法则不同，可准确测定桩长。

2 作为完整性定性指标之一的桩身截面尺寸，由于定义为“相对变化”，所以先要确定一个相对衡量尺度。但检测时，桩径是否减小可能会参照以下条件之一：

——按设计桩径；

——根据设计桩径，并针对不同成桩工艺的桩型按施工验收规范考虑桩径的允许负偏差；

——考虑充盈系数后的平均施工桩径。

所以，灌注桩是否缩颈必需有一个参考基准。过去，在动测法检测并采用开挖验证时，说明动测结论与开挖验证结果是否符合通常是按第一种条件。但严格地讲，应按施工验收规范，即第二个条件才是合理的，但因为动测法不能对缩颈严格定量，于是才定义为“相对变化”。

2.1.3 桩身缺陷有三个指标，即位置、类型（性质）和程度。动测法检测时，不论缺陷的类型如何，其综合表现均为桩的阻抗变小，即完整性动力检测中分析的仅是阻抗变化，阻抗的变小可能是任何一种或多种缺陷类型及其程度大小的表现。因此，仅根据阻抗的变小不能判断缺陷的具体类型，如有必要，应结合地质资料、桩型、成桩工艺和施工记录等进行综合判断。对于扩径而表现出的阻抗变大，应在分析判定时予以说明，因扩径对桩的承载力有利，不应作为缺陷考虑。

2.1.6～2.1.7 基桩动力检测方法按动荷载作用产生的桩顶位移和桩身应变大小可分为高应变法和低应变法。前者的桩顶位移量与竖向抗压静载试验接近，桩周岩土全部或大部进入塑性变形状态，桩身应变量通常在0.1‰～1.0‰范围内；后者桩-土系统变形完全在弹性范围内，桩身应变量一般小于0.01‰。对于普通钢桩，超过1.0‰的桩身应变量已接近其屈服台阶所对应的变形；对于混凝土桩，视混凝土强度等级的不同，其出现明显塑性变形对应的应变量约为0.5‰～1.0‰。

3 基本规定

3.1 检测方法和内容

3.1.1 工程桩应进行承载力检验是现行《建筑地基基础工程施工质量验收规范》GB 50202 和《建筑地基基础设计规范》GB 50007 以强制性条文的形式规定的；混凝土桩的桩身完整性检测是 GB 50202 质量检验标准中的主控项目。因工程桩的预期使用功能要通过单桩承载力实现，完整性检测的目的是发现某些可能影响单桩承载力的缺陷，最终仍是为减少安全隐患、可靠判定工程桩承载力服务。所以，基桩质量检测时，承载力和完整性两项内容密不可分，往往是通过低应变完整性普查找出基桩施工质量问题并得到对整体施工质量的大致估计。

3.1.2 表 3.1.2 所列 7 种方法是基桩检测中最常用的检测方法。对于冲钻孔、挖孔和沉管灌注桩以及预制桩等桩型，可采用其中多种甚至全部方法进行检测；但对异型桩、组合型桩，表 3.1.2 中的 7 种方法就不能完全适用（如高、低应变动测法和声透法）。因此在具体选择检测方法时，应根据检测目的、内容和要求，结合各检测方法的适用范围和检测能力，考虑设计、地质条件、施工因素和工程重要性等情况确定，不允许超适用范围滥用。同时也要兼顾实施中的经济合理性，即在满足正确评价的前提下，做到快速经济。

3.1.3 本条是 1.0.3 条中“各种检测方法合理选择搭配”这一原则的具体体现，目的是提高检测结果的可靠性。除中小直径灌注桩外，大直径灌注桩完整性检测一般可同时选用两种或多种的方法检测，使各种方法能相互补充印证，优势互补。另外，对设计等级高、地质条件复杂、施工质量变异性大的桩基，或低应变完整性判定可能有技术困难时，提倡采用直接法（静载试验、钻芯和开挖）进行验证。

3.1.4 鉴于目前对施工过程中的检测重视不够，本条强调了施工过程中的检测，以便加强施工过程的质量控制，做到信息化施工。如：冲钻孔灌注桩施工中应提倡或明确规定采用一些成熟的技术和常规的方法进行孔径、孔斜、孔深、沉渣厚度和桩端岩性鉴别等项目的检验；对于打入式预制桩，提倡沉桩过程中的动力监测等。

桩基施工过程中可能出现以下情况：设计变更、局部地质条件与勘察报告不符、工程桩施工参数与施工前为设计提供依据的试验桩不同、原材料发生变化、施工单位更换等，都可能造成质量隐患。除施工前为设计提供依据的检测外，仅在施工后进行验收检测，即使发现质量问题，也只是事后补救，造成不必要的浪费。因此，基桩检测除在施工前和施工后进行外，尚应加强桩基施工过程中的检测，以便及时发现并解决问题，做到防患于未然，提高效益。

3.2 检测工作程序

3.2.1 框图 3.2.1 是检测机构应遵循的检测工作程序。实际执行检测程序中，由于不可预知的原因，如委托要求的变化、现场调查情况与委托方介绍的不符，或在现场检测尚未全部完成就已发现质量问题而需要进一步排查，都可能使原检测方案中的抽检数量、受检桩桩位、检测方法发生变化。如首先用低应变法普测（或扩检），再根据低应变法检测结果，采用钻芯法、高应变法或静载试验，对有缺陷的桩重点抽测。总之，检测方案并非一成不变，可根据实际情况动态调整。

3.2.2 根据1.0.3条的原则及基桩检测工作的特殊性，本条对调查阶段工作提出了具体要求。为了正确地对基桩质量进行检测和评价，提高基桩检测工作的质量，做到有的放矢，应尽可能详细地了解和搜集有关的技术资料，并按表1填写受检桩设计施工记录表。另外，有时委托方的介绍和提出的要求是笼统的、非技术性的，也需要通过调查来进一步明确委托方的具体要求和现场实施的可行性；有些情况下还需要检测技术人员到现场了解和搜集。

表1 受检桩设计施工资料表

桩号	桩横截面尺寸	混凝土设计强度等级（MPa）	设计桩顶标高（m）	检测时桩顶标高（m）	施工桩底标高（m）	施工桩长（m）	成桩日期	设计桩端持力层	单桩承载力特征值（kN）	其他
工程名称				地点				桩型		
提供资料人员：				日期：				第　页		

3.2.3 本条提出的检测方案内容为一般情况下包含的内容，某些情况下还需要包括桩头加固、处理方案以及场地开挖、道路、供电、照明等要求。有时检测方案还需要与委托方或设计方共同研究制定。

3.2.5 检测所用计量器具必须送至法定计量检定单位进行定期检定，且使用时必须在计量检定的有效期之内，这是我国《计量法》的要求，以保证基桩检测数据的准确可靠性和可追溯性。虽然计量器具在有效计量检定周期之内，但由于基桩检测工作的环境较差，使用期间仍可能由于使用不当或环境恶劣等造成计量器具的受损或计量参数发生变化。因此，检测前还应加强对计量器具、配套设备的检查或模拟测试；有条件时可建立校准装置进行自校，发现问题后应重新检定。

3.2.6 混凝土是一种与龄期相关的材料，其强度随时间的增加而增加。在最初几天内强度快速增加，随后逐渐变缓，其物理力学、声学参数变化趋势亦大体如此。桩基工程受季节气候、周边环境或工期紧的影响，往往不允许等到全部工程桩施工完并都达到28d龄期强度后再开始检测。为做到信息化施工，尽早发现桩的施工质量问题并及时处理，同时考虑到低应变法和声波透射法检测内容是桩身完整性，对混凝土强度的要求可适当放宽。但如果混凝土龄期过短或强度过低，应力波或声波在其中的传播衰减加剧，或同一场地由于桩的龄期相差大，声速的变异性增大。因此，对于低应变法或声波透射法的测试，规定桩身混凝土强度应大于设计强度的70%，并不得低于15MPa。钻芯法检测的内容之一即是桩身混凝土强度，显然受检桩应达到28d龄期或同条件养护试块达到设计强度，如果不是以检测混凝土强度为目的的验证检测，也可根据实际情况适当缩短混凝土龄期。高应变法和静载试验在桩身产生的应力水平高，若桩身混凝土强度低，有可能引起桩身损伤或破坏。为分清责任，桩身混凝土应达到28d龄期或设计强度。另外，桩身混凝土强度过低，也可能出现桩身材料应力-应变关系的严重非线性，使高应变测试信号失真。

桩在施工过程中不可避免地扰动桩周土，降低土体强度，引起桩的承载力下降，以高灵敏度饱和粘性土中的摩擦桩最明显。随着休止时间的增加，土体重新固结，土体强度逐渐恢复提高，桩的承载力也逐渐增加。成桩后桩的承载力随时间而变化的现象称为桩的承载力时间（或歇后）效应，我国软土地区这种效应尤为突出。研究资料表明，时间效应可使桩的承载力比初始值增长40%～400%。其变化规律一般是初期增长速度较快，随后渐慢，待达到一定时间后趋于相对稳定，其增长的快慢和幅度与土性和类别有关。除非在特定的土质条件和成桩工艺下积累大量的对比数据，否则很难得到承载力的时间效应关系。另外，桩的承载力包括两层涵义，即桩身结构承载力和支撑桩结构的地基岩土承载力，桩的破坏可能是桩身结构破坏或支撑桩结构的地基岩土承载力达到了极限状态，多数情况下桩的承载力受后者制约。如果混凝土强度过低，桩可能产生桩身结构破坏而地基土承载力尚未完全发挥，桩身产生的压缩量较大，检测结果不能真正反映设计条件下桩的承载力与桩的变形情况。因此，对于承载力检测，应同时满足地基土休止时间和桩身混凝土龄期（或设计强度）双重规定，若验收检测工期紧无法满足休止时间规定时，应在检测报告中注明。

3.2.7 相对于静载试验而言，本规范规定的完整性检测（除钻芯法外）方法作为普查手段，具有速度快、费用较低和抽检数量大的特点，容易发现桩基的整体施工质量问题，至少能为有针对性的选择静载试验提供依据。所以，完整性检测安排在静载试验之前是合理的。当基础埋深较大时，基坑开挖产生土体侧移将桩推断或机械开挖将桩碰断的现象时有发生，此时完整性检测应等到开挖至基底标高后进行。

3.2.8 操作环境要求是按测量仪器设备对使用温湿度、电压波动、电磁干扰、振动冲击等现场环境条件的适应性规定的。

3.2.9 测试数据异常通常是因测试人员误操作、仪器设备故障及现场准备不足造成的。用不正确的测试数据进行分析得出的结果必然是不正确的。对此，应及时分析原因，组织重新检测。

3.2.10 按检测方法的准确可靠程度和直观性高低，用“高”的检测方法来弥补“低”的检测方法的不确定性或复核“低”的结论，称为验证检测。本条所指情况主要是针对动测法而言的。

通常，因初次抽样检测数量有限，当抽样检测中发现承载力不满足设计要求或完整性检测中Ⅲ、Ⅳ类桩比例较大时，应会同有关各方分析和判断桩基整体的质量情况，如果不能得出准确判断，为补强或设计变更方案提供可靠依据时，应扩大检测。倘若初次检测已基本查明质量问题的原因所在，则不应盲目扩大检测。

3.3 检 测 数 量

3.3.1 施工前进行单桩竖向抗压静载试验，目的是为设计提供依据。对设计等级高且缺乏地区经验的地区，为获得既经济又可靠的设计施工参数，减少盲目性，前期试桩尤为重要。本条规定的试桩数量和第1～2款条件，与《建筑地基基础设计规范》GB 50007、《建筑桩基技术规范》JGJ 94基本一致。考虑到桩基础选型、成桩工艺选择与地区条件、桩型和工法的成熟性密切相关，为在推广应用新桩型或新工艺过程中不断积累经验，使其能达到预期的质量和效益目标，增加了本地区采用新桩型或新工艺时也应进行施工前静载试验的规定。对于大型工程，“同条件下”可能包含若干个子单位工程（子分部工程）。本条规定的试桩数量仅仅是下限，若实际中由于某些原因不足以为设计提供可靠依据或设计另有要求时，可根据实际情况增加试桩数量。另外，如果施工时桩参数发生了较大变动或施工工艺发生了变化，应重新试桩。

对于端承型大直径灌注桩，当受设备或现场条件限制无法做静载试验时，可按《建筑地基基础设计规范》GB 50007进行深层平板载荷试验、岩基载荷试验，或在同条件下的小直径桩的静载试验中，通过桩身内力测试，确定端承力参数。

3.3.2 本条的要求恰好是在打入式预制桩（特别是长桩、超长桩）情况下的高应变法技术优势所在。进行打桩过程监控可减少桩的破损率和选择合理的入土深度，进而提高沉桩效率。

3.3.3 由于检测成本和周期问题，很难做到对桩基工程全部基桩进行检测。施工后验收验测的最终目的是查明隐患、确保安全。为了在有限的抽检数量中更能充分暴露桩基存在的质量问题，宜优先抽检本条第1～5款所列的桩，其次再考虑抽样的随机性。

3.3.4 “三桩或三桩以下的柱下承台抽检桩数不得少于1根”的规定涵盖了单桩单柱应全数检测之意。按设计等级、地质情况和成桩质量可靠性确定灌注桩抽检比例大小，符合惯例，是合理的。端承型大直径灌注桩一般设计承载力高，桩身质量是控制承载力的主要因素；随着桩径的增大，尺寸效应对低应变法的影响加剧，而钻芯法、声透法恰好适合于大直径桩的检测（对于嵌岩桩，采用钻芯法可同时钻取桩端持力层岩芯和检测沉渣厚度）。同时，对大直径桩采用联合检测方式，多种方法并举，可以实现低应变法与钻芯法、声透法之间的相互补充或验证，提高完整性检测的可靠性。

常见的干作业灌注桩是人工挖孔桩。当在地下水位以上施工时，终孔后可派人下孔核验桩端持力层；因能保证清底干净和混凝土灌注质量，成桩质量比水下灌注桩可靠；同样，混凝土预制桩由于工厂化生产，桩身质量较有保证，缺陷类型远不如灌注桩复杂，且单节桩不存在接头质量问题，主要是桩身开裂，因此抽检数量可适当减少。对多节预制桩，接头质量缺陷是较常见的问题。在无可靠验证对比资料和经验时，低应变法对不同形式的接头质量判定尺度较难掌握。所以，当对预制桩的接头质量有怀疑时，宜采用低应变法与高应变法相结合的方式检测。当对复合地基中类似于素混凝土桩的增强体进行检测时，抽检数量应按《建筑地基处理技术规范》JGJ 79规定执行。

3.3.5 桩基工程属于一个单位工程的分部（子分部）工程中的分项工程，一般以分项工程单独验收。所以本规范限定的工程桩承载力验收检测范围是在一个单位工程内。本条同时规定了在何种条件下工程桩应进行单桩竖向抗压静载试验及抽检数量低限。与第3.3.1条规定条件相比，现对第4款增加条件说明如下：

挤土群桩施工时，由于土体的侧挤和隆起，质量问题（桩被挤断、拉断、上浮等）时有发生，尤其是大面积密集群桩施工，加上施打顺序不合理或打桩速率过快等不利因素，常引发严重的质量事故。有时施工前虽做过静载试验并以此作为设计依据，但因前期施工的试桩数量毕竟有限，挤土效应并未充分显现，施工后的单桩承载力与施工前的试桩结果相差甚远，对此应给予足够的重视。

3.3.6 高应变法在我国的应用不到二十年，目前仍处于发展和完善阶段。作为一种以检测承载力为主的试验方法，尚不能完全取代静载试验。该方法的可靠性的提高，在很大程度上取决于检测人员的技术水平和经验，绝非仅通过一定量的静动对比就能解决。由于检测人员水平、设备匹配能力、桩土相互作用复杂性等原因，超出高应变法适用范围后，静动对比在机理上就不具备可比性。如果说“静动对比”是衡量高应变法是否可靠的唯一“硬”指标的话，那么对比结果就不能只是与静载承载力数值的比较，还应比较动测得到的桩的沉降和土参数取值是否合理。同时，在不受第3.3.5条规定条件限制时，尽管允许采用高应变法进行验收检测，但仍需不断积累验证资料、提高分析判断能力和现场检测技术水平。尤其针对灌注桩检测中，实测信号质量有时不易保证、分析中不确定因素多的情况，本规范第9.1.2~9.1.3条对此已做了相应规定。

3.3.7 端承型大直径灌注桩（事实上对所有高承载力的桩），往往不允许任何一根桩承载力失效，否则后果不堪设想。由于试桩荷载大或场地限制，有时很难、甚至无法进行单桩竖向抗压承载力静载检测。对此，本条规定实际是对第3.3.5条的补充，体现了“多种方法合理搭配，优势互补”的原则，如深层平板载荷试验、岩基载荷试验，终孔后混凝土灌注前的桩端持力层鉴别，成桩后的钻芯法沉渣厚度测定、桩端持力层钻芯鉴别（包括动力触探，标贯试验、岩芯试件抗压强度试验），有条件时可预埋荷载箱进行桩端载荷试验等。

当单位工程的钻芯法抽检数量不少于总桩数的10%，且不少于10根时，可认为既满足了本条的要求，也满足了第3.3.4条注1的要求。

3.3.8 对于上覆竖向荷载不大的构筑物，如烟囱、埋深及水浮力大的地下结构、送电线路塔等基础中的桩，荷载最不利组合为拔力或推力，承载力静载试验以竖向拔桩或水平推桩为主，并非所有的工程桩承载力检验都要做竖向抗压试验。

3.4 验证与扩大检测

3.4.1~3.4.5 这五条内容针对检测中出现的缺乏依据、无法或难于定论的情况，提出了可用的验证检测原则。应该指出：桩身完整性不符合要求和单桩承载力不满足设计要求是两个独立概念。完整性为Ⅰ类或Ⅱ类而承载力不满足设计要求显然存在结构安全隐患；竖向抗压承载力满足设计要求而完整性为Ⅲ类或Ⅳ类也可能存在安全和耐久性方面的隐患。如桩身出现水平整合型裂缝（灌注桩因挤土、开挖等原因也常出现）或断裂，低应变完整性为Ⅲ类或Ⅳ类，但高应变完整性可能为Ⅱ类，且竖向抗压承载力可能满足设计要求，但存在水平承载力和耐久性方面的隐患。

3.4.6~3.4.7 扩大检测数量宜根据地质条件、桩基设计等级、桩型、施工质量变异性等因素合理确定，并应经过有关各方确认。

3.5 检测结果评价和检测报告

3.5.1 桩身完整性类别划分过去在国内一直未统一，其表现为划分的依据、类（级）别及名称三个方面。在划分依据上，根据信号反映的桩的缺陷程度划分者居多；部分是在考虑缺陷程度和整桩波速的基础上，以信号“反映的缺陷性质”划分；极少数是根据波速“得出的桩身混凝土强度”划分。在类别及名称上，有的分为“优质（优良）、良好（较好）、合格、可疑（较差）、不合格（很差、报废）”等五类；有的分为“完整（优质）、基本完整（尚可、合格、轻微缺陷）、可疑（较差）、不合格（报废）”等四类；或分为“优质、良好、不合格”等三类；甚至有的仅给出“合格、不合格”两类。表3.5.1统一了桩身完整性类别划分标准，有利于对完整性检测结果的判定和采用。需要特别指出：分项工程施工质量验收时的检查项目很多，桩身完整性仅是主控检查项目之一（承载力也如此），通常所有的检查项目都满足规定要求时才给出是否合格的结论，况且经设计复核或补强处理还允许通过验收。

桩基整体施工质量问题可由桩身完整性普测发现，如果不能就提供的完整性检测结果估计对桩承载力的影响程度，进而估计是否危及上部结构安全，那么在很大程度上就减少了桩身完整性检测的实际意义。桩的承载功能是通过桩身结构承载力实现的。完整性类别划分主要是根据缺陷程度，但这种划分不能机械地理解为不需考虑桩的设计条件和施工因素。综合判定能力对检测人员极为重要。

检测时实测桩长小于施工记录桩长,有两种情况:一种是桩端未进入设计要求的持力层或进入持力层的深度不满足设计要求,直接影响桩的承载力;另一种情况是桩端按设计要求进入了持力层,基本不影响桩的承载力。不论哪种情况,按桩身完整性定义中连续性的涵义,显然均应判为Ⅳ类桩。

3.5.2 本条所指的“工程处理”包括以下内容：补强、补桩、设计变更或由原设计单位复核是否可满足结构安全和使用功能要求。

3.5.3 承载力特征值是根据一个单位工程内同条件下的单桩承载力检测结果的统计、考虑一定的安全储备得到的。所以，本条所指的工程桩承载力检测结果评价——“给出承载力特征值是否满足设计要求的结论”，相当于用小样本推断大母体。这和过去常说的“仅对来样负责”不同，这里详细解释如下：

桩的设计要求通常包含承载力、混凝土强度以及施工质量验收规范规定的各项要求内容，而施工后基桩检测结果的评价包含了承载力和完整性两个相对独立的评价内容。设计文件中一般不提出完整性检测中Ⅲ类和Ⅳ类桩数的具体要求，但只要存在缺陷桩，尽管承载力满足设计要求，除非采取可靠的补救措施或设计上有很大的安全储备，否则该批桩不能被认为是合格批。所以，工程基桩整体评价满足设计要求的必要条件应理解为：包括补强处理后复检在内的承载力和完整性应全部符合要求；而其充分条件是结合设计施工等因素，确定有限的抽检数量（特别是静载和钻芯检测）具有代表性，能推断整体。若评价依据不充分，应增加抽检数量。

一种合适的检测评定标准，应该能保证施工和使用双方的风险均很小，但对基桩的承载力检测，要同时使二者的风险都比较小是不可能的，除非增大随机抽检数量。基桩承载力检测与评价与药品质量检测既有类似之处：生产方的风险一般大于使用方的风险，即有“不合格”桩存在就判为不满足设计要求，虽然从确保安全的角度说是合理的，但会造成很多合格桩也被否定掉；也有不同之处：通过设计复核或补强处理，只要不影响安全和正常使用功能，桩基工程可予以验收。

更为重要的是，同一批药品的生产条件相对稳定，其质量的抽样检测评定标准是严格建立在科学的概率统计学基础上。根据一定的抽样规则，通过样本检测推断整批质量的错判率（生产方风险）和漏判率（使用方风险）在概率统计学上是已知的。然而，在基桩抽样检测评定中，同一批桩的施工中隐蔽影响因素多，很难保持条件恒定；传统的抽样规则，并未建立在概率统计学基础上。显然，倘要使工程基桩的整体评价（推断）有很高的置信度，势必要打破过去沿袭下来的“抽检1%且不少于3根”的做法，从而大幅度增加静载试桩数量，造成不经济。

根据桩基工程特点，应强调在出具检测结论时，需结合设计条件（基础和上部结构型式、地质条件、桩的承载性状、沉降控制要求等）和施工质量可靠性，在充分考虑受检桩数量及代表性的基础上进行；但桩基工程事故，绝大部分表现为沉降过大而不均匀，其中有些是因桩身存在严重缺陷造成的。而完整性检测带有普查性，故整体评价不能仅根据少数桩的承载力检测结果，尚应结合完整性检测结果。

还应注意到，对整个工程基桩的承载力评价，不是检测规范和检测人员能完全解决的。因为：

1 检测人员并非都具有较宽的知识面，也较难详细了解施工全过程以及设计条件。

2 基桩检测制定抽样方案的要求与《建筑工程施工质量验收统一标准》GB 50300有所不同：既然是通过小样本检测进行推断，就存在犯错判和漏判两类错误的可能性，但基桩检测目前却不能确定犯两类错误的概率各是多少。如按本规范第3.3.3条关于抽样的规定，少量静载试桩往往不具随机性（可能仅抽检完整性较差的桩，增加了施工方风险）。

所以，为使工程桩承载力主控项目验收结论明确，便于采用，规定用“单桩承载力特征值满足设计要求”的结论书面形式，并无全部基桩承载力均满足设计要求的涵义。

最后还需说明两点：(1) 承载力检测因时间短暂，其结果仅代表试桩那一时刻的承载力，更不能包含日后自然或人为因素（如桩周土湿陷、膨胀、冻胀、侧移、基础上浮、地面堆载等）对承载力的影响。(2) 承载力评价可能出现矛盾的情况，即承载力不满足设计要求而满足有关规范要求。因为规范一般给出满足安全储备和正常使用功能的最低要求，而设计时常在此基础上留有一定余量。考虑到责权划分，可以作为问题或建议提出，但仍需设计方复核和有关各责任主体方表态确认。

3.5.4～3.5.5 检测报告应根据所采用的检测方法和相应的检测内容出具检测结论。为使报告内容完整和具有较强的可读性，报告中应包括常规内容的叙述。还需特别强调：检测报告应包含各受检桩的原始检测数据和曲线，并附有相关的计算分析数据和曲线。检测报告仅有检测结果而无任何检测数据和曲线的现象必须杜绝。

3.6 检测机构和检测人员

3.6.1 建工行业的基桩检测机构只有经国务院、省级建设行政主管部门检测资质认可和计量行政主管部门的计量认证考核合格后，才能合法地进入检测市场开展相应的检测业务。实行这种考核办法旨在确认检测机构的计量检定、测试设备能力、人员技术水平、符合相关检测标准的情况、检测数据可靠性和质量管理体系的有效性，以保证出具的检测结果客观、公正、可靠。

3.6.2 由于基桩检测时需综合考虑地质、设计、施工等因素的影响，这就要求从事基桩检测工作的技术人员应经过学习、培训，具有必要的基桩检测方面的理论基础和实践，并对岩土工程尤其是桩基工程方面的知识有充分了解。

在各种基桩检测方法中，动力检测技术涉及的学科较多，且仍处于发展中，对检测人员的素质、技术水平和实践经验要求都很高。因此，持有工程桩动测资质证书的单位，还需要该单位的检测人员持有经考核合格后颁发的上岗证书。

4 单桩竖向抗压静载试验

4.1 适 用 范 围

4.1.1 单桩抗压静载试验是公认的检测基桩竖向抗压承载力最直观、最可靠的传统方法。本规范主要是针对我国建筑工程中惯用的维持荷载法进行了技术规定。根据桩的使用环境、荷载条件及大量工程检测实践，在国内其他行业或国外，尚有循环荷载、等变形速率及终级荷载长时间维持等方法。

4.1.2 桩身内力测试按附录 A 规定的方法执行。

4.1.3 本条明确规定为设计提供依据的静载试验应加载至破坏，即试验应进行到能判定单桩极限承载力为止。对于以桩身强度控制承载力的端承型桩，当设计另有规定时，应从其规定。

4.1.4 在对工程桩抽样验收检测时，规定了加载量不应小于单桩承载力特征值的 2.0 倍，以保证足够的安全储备。实际检测中，有时出现这样的情况：3 根工程桩静载试验，分十级加载，其中一根桩第十级破坏，另两根桩满足设计要求，按第 3.5.3 条，单位工程的单桩竖向抗压承载力特征值不满足设计要求。此时若有一根满足设计要求的桩的最大加载量取为单桩承载力特征值的 2.2 倍，且试验证实竖向抗压承载力不低于单桩承载力特征值的 2.2 倍，则单位工程的单桩竖向抗压承载力特征值满足设计要求。显然，若抽检的 3 根桩有代表性，就可避免不必要的工程处理。

4.2 设备仪器及其安装

4.2.1 为防止加载偏心，千斤顶的合力中心应与反力装置的重心、桩轴线重合，并保证合力方向垂直。

4.2.2 加载反力装置的形式在《建筑桩基技术规范》基础上增加了地锚反力装置，对单桩极限承载力较小的摩擦桩可用土锚作反力；对岩面浅的嵌岩桩，可利用岩锚提供反力。

4.2.3 用荷重传感器（直接方式）和油压表（间接方式）两种荷载测量方式的区别在于：前者采用荷重传感器测力，不需考虑千斤顶活塞摩擦对出力的影响；后者需通过率定换算千斤顶出力。同型号千斤顶在保养正常状态下，相同油压时的出力相对误差约为1%～2%，非正常时可高达5%。采用传感器测量荷重或油压，容易实现加卸荷与稳压自动化控制，且测量精度较高。采用压力表测定油压时，为保证测量精度，其精度等级应优于或等于0.4级，不得使用1.5级压力表控制加载。当油路工作压力较高时，有时出现油管爆裂、接头漏油、油泵加压不足造成千斤顶出力受限、压力表线性度变差等情况，所以应选用耐压高、工作压力大和量程大的油管、油泵和压力表。

4.2.4 对于机械式大量程（50mm）百分表，《大量程百分表》JJG379规定的1级标准为：全程示值误差和回程误差分别不超过40μm和8μm，相当于满量程测量误差不大于0.1%FS。沉降测定平面应在千斤顶底座承压板以下的桩身位置，即不得在承压板上或千斤顶上设置沉降观测点，避免因承压板变形导致沉降观测数据失实。基准桩应打入地面以下足够的深度，一般不小于1m。基准梁应一端固定，另一端简支，这是为减少温度变化引起的基准梁挠曲变形。在满足表4.2.5的规定条件下，基准梁不宜过长，并应采取有效遮挡措施，以减少温度变化和刮风下雨的影响，尤其在昼夜温差较大且白天有阳光照射时更应注意。

4.2.5 在试桩加卸载过程中，荷载将通过锚桩（地锚）、压重平台支墩传至试桩、基准桩周围地基土并使之变形。随着试桩、基准桩和锚桩（或压重平台支墩）三者间相互距离缩小，地基土变形对试桩、基准桩的附加应力和变位影响加剧。

1985年，国际土力学与基础工程协会（ISSMFE）根据世界各国对有关静载试验的规定，提出了静载试验的建议方法并指出：试桩中心到锚桩（或压重平台支墩边）和到基准桩各自间的距离应分别“不小于2.5m或3D”，这和我国现行规范规定的“大于等于4D且不小于2.0m”相比更容易满足（小直径桩按3D控制，大直径桩按2.5m控制）。高重建筑物下的大直径桩试验荷载大、桩间净距小（最小中心距为3D），往往受设备能力制约，采用锚桩法检测时，三者间的距离有时很难满足“大小等于4D”的要求，加长基准梁又难避免气候环境影响。考虑到现场验收试验中的困难，且加载过程中，锚桩上拔对基准桩、试桩的影响小于压重平台对它们的影响，故本规范中对部分间距的规定放宽为“不小于3D”。

关于压重平台支墩边与基准桩和试桩之间的最小间距问题，应区别两种情况对待。在场地土较硬时，堆载引起的支墩及其周边地面沉降和试验加载引起的地面回弹均很小。如ϕ1200灌注桩采用$10\times10m^2$平台堆载11550kN，土层自上而下为凝灰岩残积土、强风化和中风化凝灰岩，堆载和试验加载过程中，距支墩边1m、2m处观测到的地面沉降及回弹量几乎为零。但在软土场地，大吨位堆载由于支墩影响范围大而应引起足够的重视。以某一场地 ϕ500 管桩用 $7\times7m^2$ 平台堆载 4000kN 为例：在距支墩边 0.95m、1.95m、2.55m 和 3.5m 设四个观测点，平台堆载至 4000kN 时观测点下沉量分别为 13.4mm、6.7mm、3.0mm 和 0.1mm；试验加载至 4000kN 时观测点回弹量分别为 2.1mm、0.8mm、0.5mm 和 0.4mm。但也有报导管桩堆载 6000kN，支墩产生明显下沉，试验加载至 6000kN 时，距支墩边 2.9m 处的观测点回弹近 8mm。这里出现两个问题：其一，当支墩边距试桩较近时，大吨位堆载地面下沉将对桩产生负摩阻力，特别对摩擦型桩将明显影响其承载力；其二，桩加载（地面卸载）时地基土回弹对基准桩产生影响。支墩对试桩、基准桩的影响程度与荷载水平及土质条件等有关。对于软土场地超过 10000kN 的特大吨位堆载（目前国内压重平台法堆载已超过 30000kN），为减少对试桩产生附加影响，应考虑对支墩下 2～3 倍宽影响范围内的地基进行加固；对大吨位堆载支墩出现明显下沉的情况，尚需进一步积累资料和研究可靠的沉降测量方法，简易的办法是在远离支墩处用水准仪或张紧的钢丝观测基准桩的竖向位移。

4.3 现 场 检 测

4.3.1 本条是为使试桩具有代表性而提出的。

4.3.2 为便于沉降测量仪表安装，试桩顶部宜高出试坑地面；为使试验桩受力条件与设计条件相同，试坑地面宜与承台底标高一致。对于工程桩验收检测，当桩身荷载水平较低时，允许采用水泥砂浆将桩顶抹平的简单桩头处理方法。

4.3.3 本条主要是考虑在实际工程桩检测中，因锚桩质量问题而导致试桩失败或中途停顿的情况时有发生，为此建议在试桩前对灌注桩及有接头的混凝土预制桩进行完整性检测，大致确定其能否作锚桩使用。

4.3.4 本条是按我国的传统做法，对维持荷载法进行的原则性规定。

4.3.5 慢速维持荷载法是我国公认，且已沿用多年的标准试验方法，也是其他工程桩竖向抗压承载力验收检测方法的唯一比较标准。

4.3.6～4.3.7 按 4.3.6 条第 2 款，慢速维持荷载法每级荷载持载时间最少为 2h。对绝大多数桩基而言，为保证上部结构正常使用，控制桩基绝对沉降是第一位重要的，这是地基基础按变形控制设计的基本原则。在工程桩验收检测中，国内某些行业或地方标准允许采用快速维持荷载法。国外许多国家的维持荷载法相当于我国的快速维持荷载法，最少持载时间为 1h，但规定了较为宽松的沉降相对稳定标准，与我国快速法的差别就在于此。1985 年 ISSMFE 根据世界各国的静载试验有关规定，在推荐的试验方法中，建议“维持荷载法加载为每小时一级，稳定标准为 0.1mm/20min”。当桩端嵌入基岩时，个别国家还允许缩短时间；也有些国家为测定桩的蠕变沉降速率建议采用终级荷载长时间维持法。

快速维持荷载法在国内从 20 世纪 70 年代就开始应用，我国港口工程规范从 1983 年（JTJ 2202—83）、上海地基设计规范从 1989 年（DBJ-08-11-89）起就将这一方法列入，与慢速法一起并列为静载试验方法。快速法由于每级荷载维持时间为 1h，各级荷载下的桩顶沉降相对慢速法确实要小一些。表 2 列出了上海市 23 根摩擦桩慢速维持荷载法试验实测桩顶稳定时的沉降量和 1h 时沉降量的对比结果。从中可见，在1/2极限荷载点，快速法1h时的桩顶沉降量与慢速法相差很小（0.5mm以内），平均相差0.2mm；在极限荷载点相差要大些，为0.6～6.1mm，平均2.9mm。相对而言，“慢速法”的加荷速率比建筑物建造过程中的施工加载速率要快得多，慢速法试桩得到的使用荷载对应的桩顶沉降与建筑物桩基在长期荷载作用下的实际沉降相比，要小几倍到十几倍。所以，规范中的快慢速试桩沉降差异是可以忽略的。

关于快慢速法极限承载力比较，根据上海市统计的71根试验桩资料（桩端在粘性土中47根，在砂土中24根），这些对比是在同一根桩或桩土条件相同的相邻桩上进行的，得出的结果见表3。

表2 稳定时的沉降量 s_w 和1h时的沉降量 s_{1h} 的对比

荷载点	s_w 与 s_{1h} 之差（mm）		s_{1h}/s_w（%）	
	幅 度	平 均	幅 度	平 均
极限荷载	0.57～6.07	2.89	71～96	86
1/2极限荷载	0.01～0.51	0.20	95～100	98

表3 快速法与慢速法极限承载力比较

桩端土类别	快速法比慢速法极限荷载提高幅度
粘性土	0～9.6%，平均4.5%
砂 土	－2.5%～9.6%，平均2.3%

从中可以看出快速法试验得出的极限承载力较慢速法略高一些，其中桩端在粘性土中平均提高约1/2级荷载，桩端在砂土中平均提高约1/4级荷载。

在我国，如有些软土中的摩擦桩，按慢速法加载，在2倍设计荷载的前几级，就已出现沉降稳定时间逐渐延长，即在2h甚至更长时间内不收敛。此时，采用快速法是不适宜的。而也有很多地方的工程桩验收试验，在每级荷载施加不久，沉降迅速稳定，缩短持载时间不会明显影响试桩结果；且因试验周期的缩短，又可减少昼夜温差等环境影响引起的沉降观测误差。在此，建议快速维持荷载法按下列步骤进行：

1 每级荷载施加后维持1h，按第5、15、30min测读桩顶沉降量，以后每隔15min测读一次。

2 测读时间累计为1h时，若最后15min时间间隔的桩顶沉降增量与相邻15min时间间隔的桩顶沉降增量相比未明显收敛时，应延长维持荷载时间，直至最后15min的沉降增量小于相邻15min的沉降增量为止。

3 终止加荷条件可按本规范第4.3.8条第1、3、4、5款执行。

4 卸载时，每级荷载维持15min，按第5、15min测读桩顶沉降量后，即可卸下一级荷载。卸载至零后，应测读桩顶残余沉降量，维持时间为2h，测读时间为第5、15、30min，以后每隔30min测读一次。

各地在采用快速法时，应总结积累经验，并可结合当地条件提出适宜的沉降相对稳定控制标准。

4.3.8 当桩身存在水平整合型缝隙、桩端有沉渣或吊脚时，在较低竖向荷载时常出现本级荷载沉降超过上一级荷载对应沉降5倍的陡降，当缝隙闭合或桩端与硬持力层接触后，随着持载时间或荷载增加，变形梯度逐渐变缓；当桩身强度不足桩被压断时，也会出现陡降，但与前相反，随着沉降增加，荷载不能维持甚至大幅降低。所以，出现陡降后不宜立即卸荷，而应使桩下沉量超过40mm，以大致判断造成陡降的原因。

非嵌岩的长（超长）桩和大直径（扩底）桩的 Q-s 曲线一般呈缓变型，在桩顶沉降达到 40mm 时，桩端阻力一般不能充分发挥。前者由于长细比大、桩身较柔，弹性压缩量大，桩顶沉降较大时，桩端位移还很小；后者虽桩端位移较大，但尚不足以使端阻力充分发挥。因此，放宽桩顶总沉降量控制标准是合理的。

4.4 检测数据的分析与判定

4.4.1 除 Q-s、s-lg$t$ 曲线外，还有 s-lg$Q$ 曲线。同一工程的一批试桩曲线应按相同的沉降纵座标比例绘制，满刻度沉降值不宜小于 40mm，使结果直观、便于比较。

4.4.2 大量实践经验表明：当沉降量达到桩径的 10% 时，才可能出现极限荷载（太沙基和 ISSMFE）；粘性土中端阻充分发挥所需的桩端位移为桩径的 4%～5%，而砂土中至少达到 15%。故本条第 4 款对缓变型 Q-s 曲线，按 $s=0.05D$ 确定直径大于等于 800mm 桩的极限承载力大体上是保守的；且因 $D\geqslant800$mm 时定义为大直径桩，当 $D=800$mm 时，$0.05D=40$mm，正好与中、小直径桩的取值标准衔接。应该注意，世界各国按桩顶总沉降确定极限承载力的规定差别较大，这和各国安全系数的取值大小、特别是上部结构对桩基沉降的要求有关。因此当按本规范建议的桩顶沉降量确定极限承载力时，尚应考虑上部结构对桩基沉降的具体要求。

4.4.3 本规范单桩竖向抗压承载力的统计按《建筑地基基础设计规范》GB 50007 的规定执行。也有根据统计承载力标准差大于 15% 时，采用极限承载力标准值折减系数的修正方法。实际操作中对桩数大于等于 4 根时，折减系数的计算比较繁琐，且静载检测本身是通过小样本来推断总体，样本容量愈小，可靠度愈低，而影响单桩承载力的因素复杂多变。当一批受检桩中有一根桩承载力过低，若恰好不是偶然原因造成，则该验收批一旦被接受，就会增加使用方的风险。因此规定极差超过平均值的 30% 时，首先应分析、查明原因，结合工程实际综合确定。例如一组 5 根试桩的承载力值依次为 800、950、1000、1100、1150kN，平均值为 1000kN，单桩承载力最低值和最高值的极差为 350kN，超过平均值的 30%，则不得将最低值 800kN 去掉将后面 4 个值取平均，或将最低和最高值都去掉取中间 3 个值的平均值。应查明是否出现桩的质量问题或场地条件变异。若低值承载力出现的原因并非偶然的施工质量造成，则按本例依次去掉高值后取平均，直至满足极差不超过 30% 的条件。此外，对桩数小于或等于 3 根的柱下承台，或试桩数量仅为 2 根时，应采用低值，以确保安全。对于仅通过少量试桩无法判明极差大的原因时，可增加试桩数量。

4.4.4 《建筑地基基础设计规范》GB 50007 规定的单桩竖向抗压承载力特征值是按单桩竖向抗压极限承载力统计值除以安全系数 2 得到的，综合反映了桩侧、桩端极限阻力控制承载力特征值的低限要求。

4.4.5 本条规定了检测报告中应包含的一些内容，避免检测报告过于简单，也有利于委托方、设计及检测部门对报告的审查和分析。

5 单桩竖向抗拔静载试验

5.1 适 用 范 围

5.1.1 单桩竖向抗拔静载试验是检测单桩竖向抗拔承载力最直观、可靠的方法。与本规范中抗压静载试验一样，拔桩试验也是采用了国内外惯用的维持荷载法，并规定应采用慢速维持荷载法。

5.1.2 当需要检测桩侧抗拔极限摩阻力或了解桩端上拔量时，可按本规范附录A中有关方法执行。

5.1.3 当为设计提供依据时，应加载到能判别单桩抗拔极限承载力为止，或加载到桩身材料强度控制值。在对工程桩抽样验收检测时，可按设计要求控制最大上拔荷载，但应有足够的安全储备。

5.2 设备仪器及其安装

5.2.1 本条的要求基本同第4.2.1条。因拔桩试验时千斤顶安放在反力架上面，当采用二台以上千斤顶加载时，应采取一定的安全措施，防止千斤顶倾倒或其他意外事故发生。

5.2.2 当采用天然地基作反力时，两边支座处的地基强度应相近，且两边支座与地面的接触面积宜相同，避免加载过程中两边沉降不均造成试桩偏心受拉。为保证反力梁的稳定性，应注意反力桩顶面直径（或边长）不小于反力架的梁宽。

5.2.3～5.2.5 这三条基本参照本规范第4.2.3～4.2.5条执行，但应注意以下两点：

1 桩顶上拔量测量平面必须在桩身位置，严禁在混凝土桩的受拉钢筋上设置位移观测点，避免因钢筋变形导致上拔量观测数据失实。

2 在采用天然地基提供支座反力时，拔桩试验加载相当于给支座处地面加载。支座附近的地面也因此会出现不同程度的沉降。荷载越大，这种变形越明显。为防止支座处地基沉降对基准梁的影响，一是应使基准桩与支座、试桩各自之间的间距满足表4.2.5的规定，二是基准桩需打入试坑地面以下一定深度（一般不小于1m）。

5.3 现 场 检 测

5.3.1 本条包含以下三个方面内容：

1 在拔桩试验前，对混凝土灌注桩及有接头的预制桩采用低应变法检查桩身质量，目的是防止因试验桩自身质量问题而影响抗拔试验成果。

2 对抗拔试验的钻孔灌注桩在浇注混凝土前进行成孔检测，目的是查明桩身有无明显扩径现象或出现扩大头，因这类桩的抗拔承载力缺乏代表性，特别是扩大头桩及桩身中下部有明显扩径的桩，其抗拔极限承载力远远高于长度和桩径相同的非扩径桩，且相同荷载下的上拔量也有明显差别。

3 对有接头的PHC、PTC和PC管桩应进行接头抗拉强度验算。对电焊接头的管桩除验算其主筋强度外，还要考虑主筋墩头的折减系数以及管节端板偏心受拉时的强度及稳定性。墩头折减系数可按有关规范取0.92，而端板强度的验算则比较复杂，可按经验取一个较为安全的系数。

5.3.2 本条规定拔桩试验应采用慢速维持荷载法，其荷载分级、试验方法及稳定标准均同第4.3.4条和4.3.6条有关规定。

5.3.3 本条规定出现所列四种情况之一时，可终止加载。但若在较小荷载下出现某级荷载的桩顶上拔量大于前一级荷载下的5倍时，应综合分析原因。若是试验桩，必要时可继续加载，因混凝土桩当桩身出现多条环向裂缝后，其桩顶位移可能会出现小的突变，而此时并非达到桩侧土的极限抗拔力。

5.4 检测数据的分析与判定

5.4.1 拔桩试验与压桩试验一样，一般应绘制 U-δ 曲线和 δ-$\lg t$ 曲线，但当上述二种曲线难以判别时，也可以辅以 δ-$\lg U$ 曲线或 $\lg U$-$\lg\delta$ 曲线，以确定拐点位置。

5.4.2 本条前两款确定的抗拔极限承载力是土的极限抗拔阻力与桩（包括桩向上运动所带动的土体）的自重标准值两部分之和。第3款所指的“断裂”是因钢筋强度不够情况下的断裂。如果因抗拔钢筋受力不均匀，部分钢筋因受力太大而断裂，应视该桩试验无效并进行补充试验。不能将钢筋断裂前一级荷载作为极限荷载。

5.4.4 工程桩验收检测时，混凝土桩抗拔承载力可能受抗裂或钢筋强度制约，而土的抗拔阻力尚未发挥到极限，一般取最大荷载或取上拔量控制值对应的荷载作为极限荷载，不能轻易外推。

5.4.5 按统计的试桩竖向抗拔极限承载力确定单桩竖向抗拔承载力特征值 U_a 时取安全系数为2，显然只与极限抗拔承载力按土的极限抗拔阻力控制的情况对应。有关抗裂控制要求的解释可参见第6.4.6~6.4.7条的条文说明。

6 单桩水平静载试验

6.1 适 用 范 围

6.1.1 桩的水平承载力静载试验除了桩顶自由的单桩试验外，还有带承台桩的水平静载试验（考虑承台的底面阻力和侧面抗力，以便充分反映桩基在水平力作用下的实际工作状况）、桩顶不能自由转动的不同约束条件及桩顶施加垂直荷载等试验方法，也有循环荷载的加载方法。这一切都可根据设计的特殊要求给予满足，并参考本方法进行。

6.1.2 桩的抗弯能力取决于桩和土的力学性能、桩的自由长度、抗弯刚度、桩宽、桩顶约束等因素。试验条件应尽可能和实际工作条件接近，将各种影响降低到最小的程度，使试验成果能尽量反映工程桩的实际情况。通常情况下，试验条件很难做到和工程桩的情况完全一致，此时应通过试验桩测得桩周土的地基反力特性，即地基土的水平抗力系数。它反映了桩在不同深度处桩侧土抗力和水平位移之间的关系，可视为土的固有特性。根据实际工程桩的情况（如不同桩顶约束、不同自由长度），用它确定土抗力大小，进而计算单桩的水平承载力和弯矩。因此，通过试验求得地基土的水平抗力系数具有更实际、更普遍的意义。

6.2 设备仪器及其安装

6.2.3 水平力作用点位置高于基桩承台底标高，试验时在相对承台底面处产生附加弯矩，影响测试结果，也不利于将试验成果根据实际桩顶的约束予以修正。球形支座的作用是在试验过程中，保持作用力的方向始终水平和通过桩轴线，不随桩的倾斜或扭转而改变。

6.2.6 为保证各测试断面的应力最大值及相应弯矩的测量精度，试桩设置时应严格控制测点的纵剖面与力作用方向之间的偏差。对承受水平荷载的桩而言，桩的破坏是由于桩身弯矩引起的结构破坏。因此对中长桩而言，浅层土的性质起了重要作用，在这段范围内的弯矩变化也最大。为找出最大弯矩及其位置，应加密测试断面。

6.3 现 场 检 测

6.3.1 单向多循环加载法，主要是为了模拟实际结构的受力形式。由于结构物承受的实际荷载异常复杂，所以当需考虑长期水平荷载作用影响时，宜采用第4章规定的慢速维持荷载法。由于单向多循环荷载的施加会给内力测试带来不稳定因素，为方便测试，建议采用第4章规定的慢速或快速维持荷载法；此外水平试验桩通常以结构破坏为主，为缩短试验时间，也可采用更短时间的快速维持荷载法。例如《港口工程桩基规范》（桩的水平承载力设计）JTJ 254—98 规定每级荷载维持 20min。

6.3.3 对抗弯性能较差的长桩或中长桩而言，承受水平荷载桩的破坏特征是弯曲破坏，即桩身发生折断，此时试验自然终止。本条对终止加荷的水平位移限制要求是根据《建筑桩基技术规范》提出的；在工程桩水平承载力验收检测中，终止加荷条件可按设计要求或规范规定的水平位移允许值控制。

6.4 检测数据的分析与判定

6.4.1 本条中的地基土水平抗力系数随深度增长的比例系数 m 值的计算公式仅适用于水平力作用点至试坑地面的桩自由长度为零时的情况。按桩、土相对刚度不同，水平荷载作用下的桩-土体系有两种工作状态和破坏机理，一种是“刚性短桩”，因转动或平移而破坏，相当于 $\alpha h<2.5$ 时的情况；另一种是工程中常见的“弹性长桩”，桩身产生挠曲变形，桩下段嵌固于土中不能转动，即本条中 $\alpha h \geqslant 4.0$ 的情况。在 $2.5 \leqslant \alpha h<4.0$ 范围内，称为“有限长度的中长桩”。《建筑桩基技术规范》对中长桩的 ν_y 变化给出了具体数值（见表4）。因此，在按式（6.4.1-1）计算 m 值时，应先试算 αh 值，以确定 αh 是否大于或等于4.0，若在 2.5～4.0 范围以内，应调整 ν_y 值重新计算 m 值（有些行业标准不考虑）。当 $\alpha h<2.5$ 时，式（6.4.1-1）不适用。

表 4 桩顶水平位移系数 ν_y

桩的换算埋深 αh	4.0	3.5	3.0	2.8	2.6	2.4
桩顶自由或铰接时的 ν_y 值	2.441	2.502	2.727	2.905	3.163	3.526
注：当 $\alpha h>4.0$ 时取 $\alpha h=4.0$。						

试验得到的地基土水平抗力系数的比例系数 m 不是一个常量，而是随地面水平位移及荷载而变化的曲线。

6.4.3 对于混凝土长桩或中长桩，随着水平荷载的增加，桩侧土体的塑性区自上而下逐渐开展扩大，最大弯矩断面下移，最后形成桩身结构的破坏。所测水平临界荷载 H_{cr} 为桩身产生开裂前所对应的水平荷载。因为只有混凝土桩才会产生开裂，故只有混凝土桩才有临界荷载。

6.4.4 单桩水平极限承载力是对应于桩身折断或桩身钢筋应力达到屈服时的前一级水平荷载。

6.4.6～6.4.7 单桩水平承载力特征值除与桩的材料强度、截面刚度、入土深度、土质条件、桩顶水平位移允许值有关外，还与桩顶边界条件（嵌固情况和桩顶竖向荷载大小）有关。由于建筑工程的基桩桩顶嵌入承台长度通常较短，其与承台连接的实际约束条件介于固接与铰接之间，这种连接相对于桩顶完全自由时可减少桩顶位移，相对于桩顶完全固接时可降低桩顶约束弯矩并重新分配桩身弯矩。如果桩顶完全固接，水平承载力按位移控制时，是桩顶自由时的2.60倍；对较低配筋率的灌注桩按桩身强度（开裂）控制时，由于桩顶弯矩的增加，水平临界承载力是桩顶自由时的0.83倍。如果考虑桩顶竖向荷载作用，混凝土桩的水平承载力将会产生变化，桩顶荷载是压力，其水平承载力增加，反之减小。

桩顶自由的单桩水平试验得到的承载力和弯矩仅代表试桩条件的情况，要得到符合实际工程桩嵌固条件的受力特性，需将试桩结果转化，而求得地基土水平抗力系数是实现这一转化的关键。考虑到水平荷载-位移关系的非线性且 m 值随荷载或位移增加而减小，有必要给出 H-m 和 Y_0-m 曲线并按以下考虑确定 m 值：

1 可按设计给出的实际荷载或桩顶位移确定 m 值。

2 设计未做具体规定的，可取6.4.6条或6.4.7条确定的水平承载力特征值对应的 m 值：对低配筋率灌注桩，水平承载力多由桩身强度控制，则应按试验得到的 H-m 曲线取水平临界荷载所对应的 m 值；对于高配筋率混凝土桩或钢桩，水平承载力按允许位移控制时，可按设计要求的水平允许位移选取 m 值。

与竖向抗压、抗拔桩不同，混凝土桩在水平荷载作用下的破坏模式一般为弯曲破坏，极限承载力由桩身强度控制。所以，6.4.6条在确定单桩水平承载力特征值 H_a 时，未采用按试桩水平极限承载力除以安全系数的方法，而按照桩身强度、开裂或允许位移等控制因素来确定 H_a。不过，也正是因为水平承载桩的承载能力极限状态主要受桩身强度制约，通过试验给出极限承载力和极限弯矩对强度控制设计是非常必要的。抗裂要求不仅涉及桩身强度，也涉及桩的耐久性。6.4.7条虽允许按设计要求的水平位移确定水平承载力，但根据《混凝土结构设计规范》GB 50010，只有裂缝控制等级为三级的构件，才允许出现裂缝，且桩所处的环境类别至少是二级以上（含二级），裂缝宽度限值为0.2mm。因此，当裂缝控制等级为一、二级时，按6.4.7条确定的水平承载力特征值就不应超过水平临界荷载。

7 钻 芯 法

7.1 适 用 范 围

7.1.1 钻芯法是检测钻（冲）孔、人工挖孔等现浇混凝土灌注桩的成桩质量的一种有效手段，不受场地条件的限制，特别适用于大直径混凝土灌注桩的成桩质量检测。钻芯法检测的主要目的有四个：

1 检测桩身混凝土质量情况，如桩身混凝土胶结状况、有无气孔、松散或断桩等，桩身混凝土强度是否符合设计要求。

2 桩底沉渣是否符合设计或规范的要求。

3 桩端持力层的岩土性状（强度）和厚度是否符合设计或规范要求。

4 施工记录桩长是否真实。

受检桩长径比较大时，成孔的垂直度和钻芯孔的垂直度很难控制，钻芯孔容易偏离桩身，故要求受检桩桩径不宜小于 800mm、长径比不宜大于 30。

7.2 设　　备

7.2.1～7.2.3 应采用带有产品合格证的钻芯设备。钻机宜采用岩芯钻探的液压钻机，并配有相应的钻塔和牢固的底座，机械技术性能良好，不得使用立轴旷动过大的钻机。

孔口管、扶正稳定器（又称导向器）及可捞取松软渣样的钻具应根据需要选用。桩较长时，应使用扶正稳定器确保钻芯孔的垂直度。

目前钻芯取样方法分三大类：钢粒钻进、硬质合金钻进和金刚石钻进。钢粒钻进能通过坚硬岩石，但钻头与切削具是分开的，破碎孔底环状面积大、芯样直径小、芯样易破碎、磨损大、采取率低，不适用于基桩钻芯法检测。硬质合金钻进虽然切削具破坏岩石比较平稳、破碎孔底环状间隙相对较小、孔壁与钻具间隙小、芯样直径大、采取率较好，但是硬质合金钻只适用于小于七级的岩石（岩石有十二级分类），不适用于基桩钻芯法检测。金刚石钻头切削刃细、破碎岩石平稳、钻具孔壁间隙小、破碎孔底环状面积小，且由于金刚石较硬、研磨性较强，高速钻进时芯样受钻具磨损时间短，容易获得比较真实的芯样。因此钻芯法检测应采用金刚石钻头钻进。

芯样试件直径不宜小于骨料最大粒径的 3 倍，在任何情况下不得小于骨料最大粒径的 2 倍，否则试件强度的离散性较大。目前，钻头外径有 76mm、91mm、101mm、110mm、130mm 几种规格，从经济合理的角度综合考虑，应选用外径为 101mm 和 110mm 的钻头；当受检桩采用商品混凝土、骨料最大粒径小于 30mm 时，可选用外径为 91mm 的钻头；如果不检测混凝土强度，可选用外径为 76mm 的钻头。

7.3 现 场 检 测

7.3.1 当钻芯孔为一个时，规定宜在距桩中心 10～15cm 的位置开孔，是考虑导管附近的混凝土质量相对较差、不具有代表性；同时也方便第二个孔的位置布置。

为准确确定桩的中心点，桩头宜开挖裸露；来不及开挖或不便开挖的桩，应由经纬仪测出桩位中心。

桩端持力层岩土性状的准确判断直接关系到受检桩的使用安全。《建筑地基基础设计规范》GB 50007 规定：嵌岩灌注桩要求按端承桩设计，桩端以下三倍桩径范围内无软弱夹层、断裂破碎带和洞隙分布，在桩底应力扩散范围内无岩体临空面。虽然施工前已进行岩土工程勘察，但有时钻孔数量有限，对较复杂的地质条件，很难全面弄清岩石、土层的分布情况。因此，应对桩端持力层进行足够深度的钻探。

7.3.2～7.3.5 钻芯设备应精心安装、认真检查。钻进过程中应经常对钻机立轴进行校正，及时纠正立轴偏差，确保钻芯过程不发生倾斜、移位。设备安装后，应进行试运转，在确认正常后方能开钻。

桩顶面与钻机塔座距离大于 2m 时，宜安装孔口管。开孔宜采用合金钻头、开孔深为 0.3～0.5m 后安装孔口管，孔口管下入时应严格测量垂直度，然后固定。

当出现钻芯孔与桩体偏离时，应立即停机记录，分析原因。当有争议时，可进行钻孔测斜，以判断是受检桩倾斜超过规范要求还是钻芯孔倾斜超过规定要求。

金刚石钻头、扩孔器与卡簧的配合和使用要求：金刚石钻头与岩芯管之间必须安有扩孔器，用以修正孔壁；扩孔器外径应比钻头外径大 0.3～0.5mm，卡簧内径应比钻头内径小 0.3mm 左右；金刚石钻头和扩孔器应按外径先大后小的排列顺序使用，同时考虑钻头内径小的先用，内径大的后用。

金刚石钻进技术参数：

1 钻头压力：钻芯法的钻头压力应根据混凝土芯样的强度与胶结好坏而定，胶结好、强度高的钻头压力可大，相反的压力应小；一般情况初压力为 0.2MPa，正常压力 1MPa。

2 转速：回次初转速宜为 100r/min 左右；正常钻进时可以采用高转速，但芯样胶结强度低的混凝土应采用低转速。

3 冲洗液量：钻芯法宜采用清水钻进，冲洗液量一般按钻头大小而定。钻头直径为 101mm 时，冲洗液流量应为 60～120L/min。

金刚石钻进应注意的事项：

1 金刚石钻进前，应将孔底硬质合金捞取干净并磨灭，然后磨平孔底。

2 提钻卸取芯样时，应使用专门的自由钳拧卸钻头和扩孔器。

3 提放钻具时，钻头不得在地下拖拉；下钻时金刚石钻头不得碰撞孔口或孔口管上；发生墩钻或跑钻事故，应提钻检查钻头，不得盲目钻进。

4 当孔内有掉块、混凝土芯脱落或残留混凝土芯超过 200mm 时，不得使用新金刚石钻头扫孔，应使用旧的金刚石钻头或针状合金钻头套扫。

5 下钻前金刚石钻头不得下至孔底，应下至距孔底 200mm 处，采用轻压慢转扫到孔底，待钻进正常后再逐步增加压力和转速至正常范围。

6 正常钻进时不得随意提动钻具，以防止混凝土芯堵塞，发现混凝土芯堵塞时应立刻提钻，不得继续钻进。

7 钻进过程中要随时观察冲洗液量和泵压的变化，正常泵压应为 0.5～1MPa，发现异常应查明原因，立即处理。

7.3.6 钻至桩底时，为检测桩底沉渣或虚土厚度，应采用减压、慢速钻进。若遇钻具突降，应即停钻，及时测量机上余尺，准确记录孔深及有关情况。

当持力层为中、微风化岩石时，可将桩底0.5m左右的混凝土芯样、0.5m左右的持力层以及沉渣纳入同一回次。当持力层为强风化岩层或土层时，可采用合金钢钻头干钻等适宜的钻芯方法和工艺钻取沉渣并测定沉渣厚度。

对中、微风化岩的桩端持力层，可直接钻取岩芯鉴别；对强风化岩层或土层，可采用动力触探、标准贯入试验等方法鉴别。试验宜在距桩底50cm内进行。

7.3.7 芯样取出后，应由上而下按回次顺序放进芯样箱中，芯样侧面上应清晰标明回次数、块号、本回次总块数（宜写成带分数的形式，如$2\frac{3}{5}$表示第2回次共有5块芯样，本块芯样为第3块）。及时记录孔号、回次数、起至深度、块数、总块数、芯样质量的初步描述及钻进异常情况。

有条件时，可采用钻孔电视辅助判断混凝土质量。

7.3.8 对桩身混凝土芯样的描述包括桩身混凝土钻进深度，芯样连续性、完整性、胶结情况、表面光滑情况、断口吻合程度、混凝土芯是否为柱状、骨料大小分布情况，气孔、蜂窝麻面、沟槽、破碎、夹泥、松散的情况，以及取样编号和取样位置。

对持力层的描述包括持力层钻进深度，岩土名称、芯样颜色、结构构造、裂隙发育程度、坚硬及风化程度，以及取样编号和取样位置，或动力触探、标准贯入试验位置和结果。分层岩层应分别描述。

7.3.9 应先拍彩色照片，后截取芯样试件。取样完毕剩余的芯样宜移交委托单位妥善保存。

7.4 芯样试件截取与加工

7.4.1 以概率论为基础，用可靠性指标度量桩基的可靠度是比较科学的评价基桩强度的方法，即在钻芯法受检桩的芯样中截取一批芯样试件进行抗压强度试验，采用统计的方法判断混凝土强度是否满足设计要求。但在应用上存在以下一些困难：

1 由于基桩施工的特殊性，评价单根受检桩的混凝土强度比评价整个桩基工程的混凝土强度更合理。

2 《混凝土强度检验评定标准》GBJ 107—87定义立方体抗压强度标准值采用了概率论和可靠度概念，但是在判断一个验收批的混凝土强度是否合格时采用了两个不等式：

$$m_{f_{cu}} - \lambda_1 \cdot s_{f_{cu}} \geqslant 0.9 f_{cu,k} \tag{1}$$

$$f_{cu,min}^{c} \geqslant \lambda_2 \cdot f_{cu,k} \tag{2}$$

如果说第一个不等式沿用了概率论和可靠度概念，那么，第二个不等式是考虑评定对象是结构受力构件，不允许出现过低的小值。同时，该标准指出一组试件的强度代表值应由三个试件的强度值确定，而钻芯法增加3倍的芯样试件数量有困难。

3 混凝土桩应作为受力构件考虑，薄弱部位的强度（结构承载能力）能否满足使用要求，直接关系到结构安全。

综合多种因素考虑，规定按上、中、下截取芯样试件的原则，同时对缺陷和多孔取样做了规定。

一般来说，蜂窝麻面、沟槽等缺陷部位的强度较正常胶结的混凝土芯样强度低，无论是严把质量关，尽可能查明质量隐患，还是便于设计人员进行结构承载力验算，都有必要对缺陷部位的芯样进行取样试验。因此，缺陷位置能取样试验时，应截取一组芯样进行混凝土抗压试验。

如果同一基桩的钻芯孔数大于一个，其中一孔在某深度存在蜂窝麻面、沟槽、空洞等缺陷，芯样试件强度可能不满足设计要求，按第7.6.1条的多孔强度计算原则，在其他孔的相同深度部位取样进行抗压试验是非常必要的，在保证结构承载能力的前提下，减少加固处理费用。

7.4.2 为便于设计人员对端承力的验算，提供分层岩性的各层强度值是必要的。为保证岩石原始性状，选取的岩石芯样应及时包装并浸泡在水中。

7.4.3 对于基桩混凝土芯样来说，芯样试件可选择的余地较大，因此，不仅要求芯样试件不能有裂缝或有其他较大缺陷，而且要求芯样试件内不能含有钢筋；同时，为了避免试件强度的离散性较大，在选取芯样试件时，应观察芯样侧面的表观混凝土粗骨料粒径，确保芯样试件平均直径小于2倍表观混凝土粗骨料最大粒径。

为了避免再对芯样试件高径比进行修正，规定有效芯样试件的高度不得小于0.95d且不得大于1.05d时（d为芯样试件平均直径）。

附录E规定平均直径测量精确至0.5mm；沿试件高度任一直径与平均直径相差达2mm以上时不得用作抗压强度试验。这里做以下几点说明：

1 一方面要求直径测量误差小于1mm，另一方面允许不同高度处的直径相差大于1mm，增大了芯样试件强度的不确定度。考虑到钻芯过程对芯样直径的影响是强度低的地方直径偏小，而抗压试验时直径偏小的地方容易破坏，因此，在测量芯样平均直径时宜选择表观直径偏小的芯样中部部位。

2 允许沿试件高度任一直径与平均直径相差达2mm，极端情况下，芯样试件的最大直径与最小直径相差可达4 mm，此时固然满足规范规定，但是，当芯样侧面有明显波浪状时，应检查钻机的性能，钻头、扩孔器、卡簧是否合理配置，机座是否安装稳固，钻机立轴是否摆动过大，提高钻机操作人员的技术水平。

3 在诸多因素中，芯样试件端面的平整度是一个重要的因素，容易被检测人员忽视，应引起足够的重视。

7.5 芯样试件抗压强度试验

7.5.1 根据桩的工作环境状态，试件宜在20±5℃的清水中浸泡一段时间后进行抗压强度试验。本条规定芯样试件加工完毕后，即可进行抗压强度试验，一方面考虑到钻芯过程中诸因素影响均使芯样试件强度降低，另一方面是出于方便考虑。

7.5.2 芯样试件抗压破坏时的最大压力值与混凝土标准试件明显不同，芯样试件抗压强度试验时应合理选择压力机的量程和加荷速率，保证试验精度。

7.5.3 当出现截取芯样未能制作成试件、芯样试件平均直径小于2倍试件内混凝土粗骨料最大粒径时，应重新截取芯样试件进行抗压强度试验。条件不具备时，可将另外两个强度的平均值作为该组混凝土芯样试件抗压强度值。在报告中应对有关情况予以说明。

7.5.4 混凝土芯样试件的强度值不等于在施工现场取样、成型、同条件养护试块的抗压强度，也不等于标准养护28天的试块抗压强度。广东有137组数据表明在桩身混凝土中的钻芯强度与立方体强度的比值的统计平均值为0.749。为考察小芯样取芯的离散性（如尺寸效应、机械扰动等），广东、福建、河南等地6家单位在标准立方体试块中钻取芯样进行抗压强度试验（强度等级 C15 ~ C50，芯样直径 68 ~ 100mm，共 184 组），目的是排除龄期、振捣和养护条件的差异。结果表明：芯样试件强度与立方体强度的比值分别为 0.689、0.848、0.895、0.915、1.106、1.106，平均为 0.943，其中有两单位得出了 ϕ68、ϕ80 芯样强度与 ϕ100 芯样强度相比均接近于 1.0 的结论。当排除龄期和养护条件（温度、湿度）差异时，尽管普遍认同芯样强度低于立方体强度，尤其是在桩身混凝土中钻芯更是如此，但上述结果说明：尚不能采用一个统一的折算系数来反映芯样强度与立方体强度的差异。作为行业标准，为了安全起见，本规范暂不推荐采用 1/0.88（国内一些地方标准采用的折算系数）对芯样强度进行提高修正，留待各地根据试验结果进行调整。

7.5.5 岩石芯样试件数量按本规范 7.4.3 条每组芯样制作三个芯样抗压试件的规定。当岩石芯样抗压强度试验仅仅是配合判断桩端持力层岩性时，检测报告中可不给出岩石饱和单轴抗压强度标准值，只给出平均值；当需要确定岩石饱和单轴抗压强度标准值时，宜按《建筑地基基础设计规范》GB 50007 附录 J 执行。

7.6 检测数据的分析与判定

7.6.1 由于混凝土芯样试件抗压强度的离散性比混凝土标准试件大得多，采用《混凝土强度检验评定标准》GBJ 107 来计算混凝土芯样试件抗压强度代表值有时会出现无法确定代表值的情况。为了避免这种情况，对数千组数据进行验算，证实取平均值的方法是可行的。

同一根桩有两个或两个以上钻芯孔时，应综合考虑各孔芯样强度来评定桩身承载力。取同一深度部位各孔芯样试件抗压强度的平均值作为该深度的混凝土芯样试件抗压强度代表值，是一种简便实用方法。

7.6.2 虽然桩身轴力上大下小，但从设计角度考虑，桩身承载力受最薄弱部位的混凝土强度控制。

7.6.3 桩端持力层岩土性状的描述、判定应有工程地质专业人员参与，并应符合《岩土工程勘察规范》GB 50021 的有关规定。

7.6.4 ~ 7.6.5 通过芯样特征对桩身完整性分类，有比低应变法更直观的一面，也有一孔之见代表性差的一面。同一根桩有两个或两个以上钻芯孔时，桩身完整性分类应综合考虑各钻芯孔的芯样质量情况，不同钻芯孔的芯样在同一深度部位均存在缺陷时，该位置存在安全隐患的可能性大，桩身缺陷类别应判重些。

在本规范中，虽然按芯样特征判定完整性和通过芯样试件抗压试验判定桩身强度是否满足设计要求在内容上相对独立，且表 3.5.1 中的桩身完整性分类是针对缺陷是否影响结构承载力的原则性规定。但是，除桩身裂隙外，根据芯样特征描述，不论缺陷属于哪种类型，都指明或相对表明桩身混凝土质量差，即存在低强度区这一共性。因此对于钻芯法，完整性分类尚应结合芯样强度值综合判定。例如：

1 蜂窝麻面、沟槽、空洞等缺陷程度应根据其芯样强度试验结果判断。若无法取样或不能加工成试件，缺陷程度应判重些。

2 芯样连续、完整、胶结好或较好、骨料分布均匀或基本均匀、断口吻合或基本吻合；芯样侧面无表观缺陷，或虽有气孔、蜂窝麻面、沟槽，但能够截取芯样制作成试件；芯样试件抗压强度代表值不小于混凝土设计强度等级。则应判为Ⅱ类桩。

3 芯样任一段松散、夹泥或分层，钻进困难甚至无法钻进，则判定基桩的混凝土质量不满足设计要求；若仅在一个孔中出现前述缺陷，而在其他孔同深度部位未出现，为确保质量，仍应进行工程处理。

4 局部混凝土破碎、无法取样或虽能取样但无法加工成试件，一般判定为Ⅲ类桩。但是，当钻芯孔数为3个时，若同一深度部位芯样质量均如此，宜判为Ⅳ类桩；如果仅一孔的芯样质量如此，且长度小于10cm，另两孔同深度部位的芯样试件抗压强度较高，宜判为Ⅱ类桩。

除桩身完整性和芯样试件抗压强度代表值外，当设计有要求时，应判断桩底的沉渣厚度、持力层岩土性状（强度）或厚度是否满足或达到设计要求；否则，应判断是否满足或达到规范要求。

8 低 应 变 法

8.1 适 用 范 围

8.1.1 目前国内外普遍采用瞬态冲击方式，通过实测桩顶加速度或速度响应时域曲线，籍一维波动理论分析来判定基桩的桩身完整性，这种方法称之为反射波法（或瞬态时域分析法）。据建设部所发工程桩动测单位资质证书的数量统计，绝大多数的单位采用上述方法，所用动测仪器一般都具有傅立叶变换功能，即通过速度幅频曲线辅助分析判定桩身完整性，即所谓瞬态频域分析法；也有些动测仪器还具备实测锤击力并对其进行傅立叶变换的功能，进而得到导纳曲线，这称之为瞬态机械阻抗法。当然，采用稳态激振方式直接测得导纳曲线，则称之为稳态机械阻抗法。无论瞬态激振的时域分析还是瞬态或稳态激振的频域分析，只是习惯上从波动理论或振动理论两个不同角度去分析，数学上忽略截断和泄漏误差时，时域信号和频域信号可通过傅立叶变换建立对应关系。所以，当桩的边界和初始条件相同时，时域和频域分析结果应殊途同归。综上所述，考虑到目前国内外使用方法的普遍程度和可操作性，本规范将上述方法合并编写并统称为低应变（动测）法。

低应变法的理论基础以一维线弹性杆件模型为依据。因此受检桩的长细比、瞬态激励脉冲有效高频分量的波长与桩的横向尺寸之比均宜大于5，设计桩身截面宜基本规则。另外，一维理论要求应力波在桩身中传播时平截面假设成立，所以，对薄壁钢管桩和类似于H型钢桩的异型桩，本方法不适用。

本方法对桩身缺陷程度只做定性判定，尽管利用实测曲线拟合法分析能给出定量的结果，但由于桩的尺寸效应、测试系统的幅频相频响应、高频波的弥散、滤波等造成的实测波形畸变，以及桩侧土阻尼、土阻力和桩身阻尼的耦合影响，曲线拟合法还不能达到精确定量的程度。

对于桩身不同类型的缺陷，低应变测试信号中主要反映出桩身阻抗减小的信息，缺陷性质往往较难区分。例如，混凝土灌注桩出现的缩颈与局部松散、夹泥、空洞等，只凭测试信号就很难区分。因此，对缺陷类型进行判定，应结合地质、施工情况综合分析，或采取钻芯、声波透射等其他方法。

8.1.2 由于受桩周土约束、激振能量、桩身材料阻尼和桩身截面阻抗变化等因素的影响，应力波从桩顶传至桩底再从桩底反射回桩顶的传播为一能量和幅值逐渐衰减过程。若桩过长（或长径比较大）或桩身截面阻抗多变或变幅较大，往往应力波尚未反射回桩顶甚至尚未传到桩底，其能量已完全衰减或提前反射，致使仪器测不到桩底反射信号，而无法评定整根桩的完整性。在我国，若排除其他条件差异而只考虑各地区地质条件差异时，桩的有效检测长度主要受桩土刚度比大小的制约。因各地提出的有效检测范围变化很大，如长径比30~50、桩长30~50m不等，故本条未规定有效检测长度的控制范围。具体工程的有效检测桩长，应通过现场试验，依据能否识别桩底反射信号，确定该方法是否适用。

对于最大有效检测深度小于实际桩长的超长桩检测，尽管测不到桩底反射信号，但若有效检测长度范围内存在缺陷，则实测信号中必有缺陷反射信号。因此，低应变方法仍可用于查明有效检测长度范围内是否存在缺陷。

8.2 仪器设备

8.2.1 低应变动力检测采用的测量响应传感器主要是压电式加速度传感器（国内多数厂家生产的仪器尚能兼容磁电式速度传感器测试），根据其结构特点和动态性能，当压电式传感器的可用上限频率在其安装谐振频率的1/5以下时，可保证很高的冲击测量精度，且在此范围内，相位误差几乎可以忽略。所以应尽量选用自振频率较高的加速度传感器。

对于桩顶瞬态响应测量，习惯上是将加速度计的实测信号积分成速度曲线，并据此进行判读。实践表明：除采用小锤硬碰硬敲击外，速度信号中的有效高频成分一般在2000Hz以内。但这并不等于说，加速度计的频响线性段达到2000Hz就足够了。这是因为，加速度原始信号比积分后的速度波形中要包含更多和更尖的毛刺，高频尖峰毛刺的宽窄和多寡决定了它们在频谱上占据的频带宽窄和能量大小。事实上，对加速度信号的积分相当于低通滤波，这种滤波作用对尖峰毛刺特别明显。当加速度计的频响线性段较窄时，就会造成信号失真。所以，在±10%幅频误差内，加速度计幅频线性段的高限不宜小于5000Hz，同时也应避免在桩顶敲击处表面凹凸不平时用硬质材料锤（或不加锤垫）直接敲击。

高阻尼磁电式速度传感器固有频率接近20Hz时，幅频线性范围（误差±10%时）约在20~1000Hz内，若要拓宽使用频带，理论上可通过提高阻尼比来实现。但从传感器的结构设计、制作以及可用性看却又难于做到。因此，若要提高高频测量上限，必须提高固有频率，势必造成低频段幅频特性恶化，反之亦然。同时，速度传感器在接近固有频率时使用，还存在因相位越迁引起的相频非线性问题。此外由于速度传感器的体积和质量均较大，其安装谐振频率受安装条件影响很大，安装不良时会大幅下降并产生自身振荡，虽然可通过低通滤波将自振信号滤除，但在安装谐振频率附近的有用信息也将随之滤除。综上述，高频窄脉冲冲击响应测量不宜使用速度传感器。

8.2.2 瞬态激振操作应通过现场试验选择不同材质的锤头或锤垫，以获得低频宽脉冲或高频窄脉冲。除大直径桩外，冲击脉冲中的有效高频分量可选择不超过2000Hz（钟形力脉冲宽度为1ms，对应的高频截止分量约为2000Hz）。目前激振设备普遍使用的是力锤、力棒，其锤头或锤垫多选用工程塑料、高强尼龙、铝、铜、铁、橡皮垫等材料，锤的质量为几百克至几十千克不等。

稳态激振设备可包括扫频信号发生器、功率放大器及电磁式激振器。由扫频信号发生器输出等幅值、频率可调的正弦信号，通过功率放大器放大至电磁激振器输出同频率正弦激振力作用于桩顶。

8.3 现场检测

8.3.1 桩顶条件和桩头处理好坏直接影响测试信号的质量。因此，要求受检桩桩顶的混凝土质量、截面尺寸应与桩身设计条件基本等同。灌注桩应凿去桩顶浮浆或松散、破损部分，并露出坚硬的混凝土表面；桩顶表面应平整干净且无积水；妨碍正常测试的桩顶外露主筋应割掉。对于预应力管桩，当法兰盘与桩身混凝土之间结合紧密时，可不进行处理，否则，应采用电锯将桩头锯平。

当桩头与承台或垫层相连时，相当于桩头处存在很大的截面阻抗变化，对测试信号会产生影响。因此，测试时桩头应与混凝土承台断开；当桩头侧面与垫层相连时，除非对测试信号没有影响，否则应断开。

8.3.2 从时域波形中找到桩底反射位置，仅仅是确定了桩底反射的时间，根据 $\Delta T = 2L/c$，只有已知桩长 L 才能计算波速 c，或已知波速 c 计算桩长 L。因此，桩长参数应以实际记录的施工桩长为依据，按测点至桩底的距离设定。测试前桩身波速可根据本地区同类桩型的测试值初步设定，实际分析过程中应按由桩长计算的波速重新设定或按 8.4.1 条确定的波速平均值 c_m 设定。

对于时域信号，采样频率越高，则采集的数字信号越接近模拟信号，越有利于缺陷位置的准确判断。一般应在保证测得完整信号（时段 $2L/c+5$ms，1024 个采样点）的前提下，选用较高的采样频率或较小的采样时间间隔。但是，若要兼顾频域分辨率，则应按采样定理适当降低采样频率或增加采样点数。

稳态激振是按一定频率间隔逐个频率激振，并持续一段时间。频率间隔的选择决定于速度幅频曲线和导纳曲线的频率分辨率，它影响桩身缺陷位置的判定精度；间隔越小，精度越高，但检测时间很长，降低工作效率。一般频率间隔设置为 3Hz、5Hz 和 10Hz。每一频率下激振持续时间的选择，理论上越长越好，这样有利于消除信号中的随机噪声。实际测试过程中，为提高工作效率，只要保证获得稳定的激振力和响应信号即可。

8.3.3 本条是为保证获得高质量响应信号而提出的措施：

1 传感器用耦合剂粘结时，粘结层应尽可能薄；必要时可采用冲击钻打孔安装方式，但传感器底安装面应与桩顶面紧密接触。

2 相对桩顶横截面尺寸而言，激振点处为集中力作用，在桩顶部位可能出现与桩的横向振型相应的高频干扰。当锤击脉冲变窄或桩径增加时，这种由三维尺寸效应引起的干扰加剧。传感器安装点与激振点距离和位置不同，所受干扰的程度各异。初步研究表明：实心桩安装点在距桩中心约2/3半径R时，所受干扰相对较小；空心桩安装点与激振点平面夹角等于或略大于90°时也有类似效果，该处相当于横向耦合低阶振型的驻点。另应注意加大安装与激振两点距离或平面夹角将增大锤击点与安装点响应信号时间差，造成波速或缺陷定位误差。传感器安装点、锤击点布置见图1。

当预制桩、预应力管桩等桩顶高于地面很多，或灌注桩桩顶部分桩身截面很不规则，或桩顶与承台等其他结构相连而不具备传感器安装条件时，可将两支测量响应传感器对称安装在桩顶以下的桩侧表面，且宜远离桩顶。

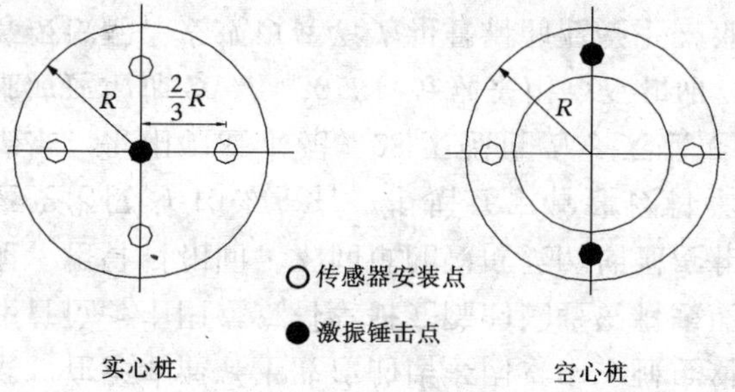

图1 传感器安装点、锤击点布置示意图

3 激振点与传感器安装点应远离钢筋笼的主筋，其目的是减少外露主筋对测试产生干扰信号。若外露主筋过长而影响正常测试时，应将其割短。

4 瞬态激振通过改变锤的重量及锤头材料，可改变冲击入射波的脉冲宽度及频率成分。锤头质量较大或刚度较小时，冲击入射波脉冲较宽，低频成分为主；当冲击力大小相同时，其能量较大，应力波衰减较慢，适合于获得长桩桩底信号或下部缺陷的识别。锤头较轻或刚度较大时，冲击入射波脉冲较窄，含高频成分较多；冲击力大小相同时，虽其能量较小并加剧大直径桩的尺寸效应影响，但较适宜于桩身浅部缺陷的识别及定位。

5 稳态激振在每个设定的频率下激振时，为避免频率变换过程产生失真信号，应具有足够的稳定激振时间，以获得稳定的激振力和响应信号，并根据桩径、桩长及桩周土约束情况调整激振力。稳态激振器的安装方式及好坏对测试结果起着很大的作用。为保证激振系统本身在测试频率范围内不至于出现谐振，激振器的安装宜采用柔性悬挂装置，同时在测试过程中应避免激振器出现横向振动。

8.3.4 桩径增大时，桩截面各部位的运动不均匀性也会增加，桩浅部的阻抗变化往往表现出明显的方向性。故应增加检测点数量，使检测结果能全面反映桩身结构完整性情况。每个检测点有效信号数不宜少于3个，通过叠加平均提高信噪比。

应合理选择测试系统量程范围，特别是传感器的量程范围，避免信号波峰削波。

8.4 检测数据的分析与判定

8.4.1 为分析不同时段或频段信号所反映的桩身阻抗信息、核验桩底信号并确定桩身缺陷位置，需要确定桩身波速及其

平均值 c_m。波速除与桩身混凝土强度有关外，还与混凝土的骨料品种、粒径级配、密度、水灰比、成桩工艺（导管灌注、振捣、离心）等因素有关。波速与桩身混凝土强度整体趋势上呈正相关关系，即强度高波速高，但二者并不为一一对应关系。在影响混凝土波速的诸多因素中，强度对波速的影响并非首位。中国建筑科学研究院的试验资料表明：采用普硅水泥，粗骨料相同，不同试配强度及龄期强度相差1倍时，声速变化仅为10%左右；根据辽宁省建设科学研究院的试验结果：采用矿渣水泥，28天强度为3天强度的4～5倍，一维波速增加20%～30%；分别采用碎石和卵石并按相同强度等级试配，发现以碎石为粗骨料的混凝土一维波速比卵石高约13%。天津市政研究院也得到类似辽宁院的规律，但有一定离散性，即同一组（粗骨料相同）混凝土试配强度不同的杆件或试块，同龄期强度低约10%～15%，但波速或声速略有提高。也有资料报导正好相反，例如福建省建筑科学研究院的试验资料表明：采用普硅水泥，按相同强度等级试配，骨料为卵石的混凝土声速略高于骨料为碎石的混凝土声速。因此，不能依据波速去评定混凝土强度等级，反之亦然。

虽然波速与混凝土强度二者并不呈一一对应关系，但考虑到二者整体趋势上呈正相关关系，且强度等级是现场最易得到的参考数据，故对于超长桩或无法明确找出桩底反射信号的桩，可根据本地区经验并结合混凝土强度等级，综合确定波速平均值，或利用成桩工艺、桩型相同且桩长相对较短并能够找出桩底反射信号的桩确定的波速，作为波速平均值。此外，当某根桩露出地面且有一定的高度时，可沿桩长方向间隔一可测量的距离段安置两个测振传感器，通过测量两个传感器的响应时差，计算该桩段的波速值，以该值代表整根桩的波速值。

8.4.2 本方法确定桩身缺陷的位置是有误差的，原因是：缺陷位置处 Δt_x 和 $\Delta f'$ 存在读数误差；采样点数不变时，提高采样频率降低了频域分辨率；波速确定的方式及用抽样所得平均值 c_m 替代某具体桩身段波速带来的误差。其中，波速带来的缺陷位置误差 $\Delta x = x \cdot \Delta c / c$（$\Delta c / c$ 为波速相对误差）影响最大，如波速相对误差为5%，缺陷位置为10m时，则误差有0.5m；缺陷位置为20m时，则误差有1.0m。

对瞬态激振还存在另一种误差，即锤击后应力波主要以纵波形式直接沿桩身向下传播，同时在桩顶又主要以表面波和剪切波的形式沿径向传播。因锤击点与传感器安装点有一定的距离，接收点测到的入射峰总比锤击点处滞后，考虑到表面波或剪切波的传播速度比纵波低得多，特别对大直径桩或直径较大的管桩，这种从锤击点起由近及远的时间线性滞后将明显增加。而波从缺陷或桩底以一维平面应力波反射回桩顶时，引起的桩顶面径向各点的质点运动却在同一时刻都是相同的，即不存在由近及远的时间滞后问题。所以严格地讲，按入射峰-桩底反射峰确定的波速将比实际的高，若按“正确”的桩身波速确定缺陷位置将比实际的浅，若能测到 $4L/c$ 的二次桩底反射，则由 $2L/c$ 至 $4L/c$ 时段确定的波速是正确的。

8.4.3 表8.4.3列出了根据实测时域或幅频信号特征、所划分的桩身完整性类别。完整桩典型的时域信号和速度幅频信号见图2和图3，缺陷桩典型的时域信号和速度幅频信号见图4和图5。

完整桩分析判定，从时域信号或频域曲线特征表现的信

息判定相对来说较简单直观，而分析缺陷桩信号则复杂些，有的信号的确是因施工质量缺陷产生的，但也有是因设计构

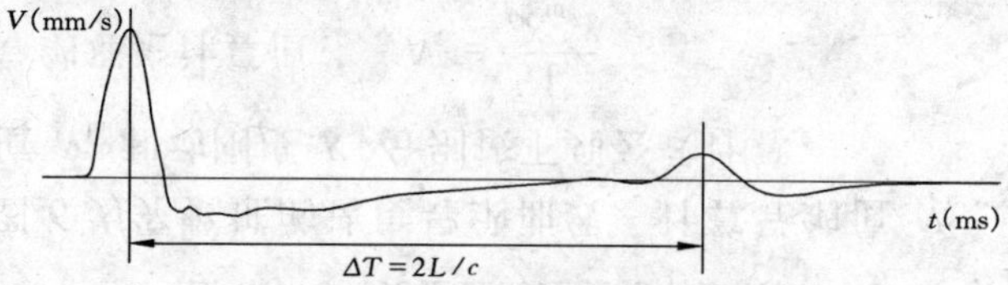

图 2　完整桩典型时域信号特征

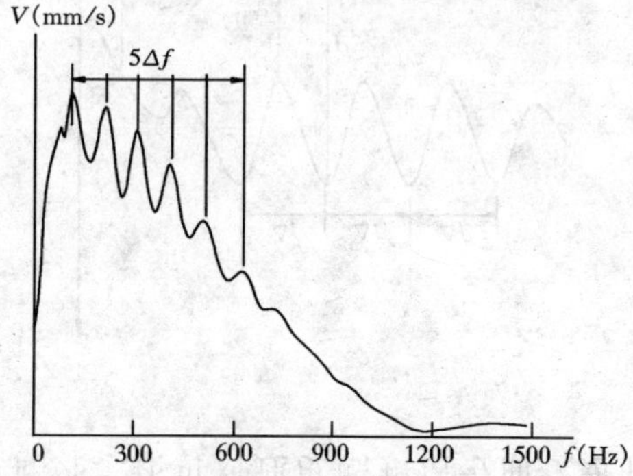

图 3　完整桩典型速度幅频信号特征

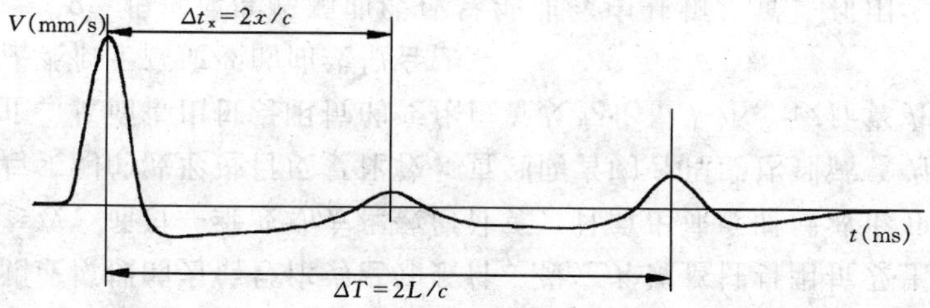

图 4　缺陷桩典型时域信号特征

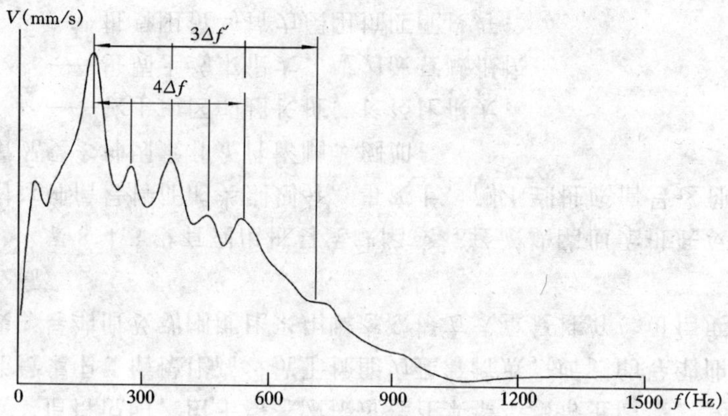

图 5　缺陷桩典型速度幅频信号特征

造或成桩工艺本身局限导致的不连续断面产生的，例如预制打入桩的接缝，灌注桩的逐渐扩径再缩回原桩径的变截面，地层硬夹层影响等。因此，在分析测试信号时，应仔细分清哪些是缺陷波或缺陷谐振峰，哪些是因桩身构造、成桩工艺、土层影响造成的类似缺陷信号特征。另外，根据测试信号幅值大小判定缺陷程度，除受缺陷程度影响外，还受桩周土阻尼大小及缺陷所处的深度位置影响。相同程度的缺陷因桩周土岩性不同或缺陷埋深不同，在测试信号中其幅值大小各异。因此，如何正确判定缺陷程度，特别是缺陷十分明显时，如何区分是Ⅲ类桩还是Ⅳ类桩，应仔细对照桩型、地质条件、施工情况结合当地经验综合分析判断；不仅如此，还应结合基础和上部结构型式对桩的承载安全性要求，考虑桩身承载力不足引发桩身结构破坏的可能性，进行缺陷类别划分，不宜单凭测试信号定论。

桩身缺陷的程度及位置，除直接从时域信号或幅频曲线

上判定外，还可借助其他计算方式及相关测试量作为辅助的分析手段：

1 时域信号曲线拟合法：将桩划分为若干单元，以实测或模拟的力信号作为已知条件，设定并调整桩身阻抗及土参数，通过一维波动方程数值计算，计算出速度时域波形并与实测的波形进行反复比较，直到两者吻合程度达到满意为止，从而得出桩身阻抗的变化位置及变化量大小。该计算方法类似于高应变的曲线拟合法。

2 根据速度幅频曲线或导纳曲线中基频位置、利用实测导纳值与计算导纳值相对高低、实测动刚度的相对高低，进行判断。此外，还可对速度幅频信号曲线进行二次谱分析。

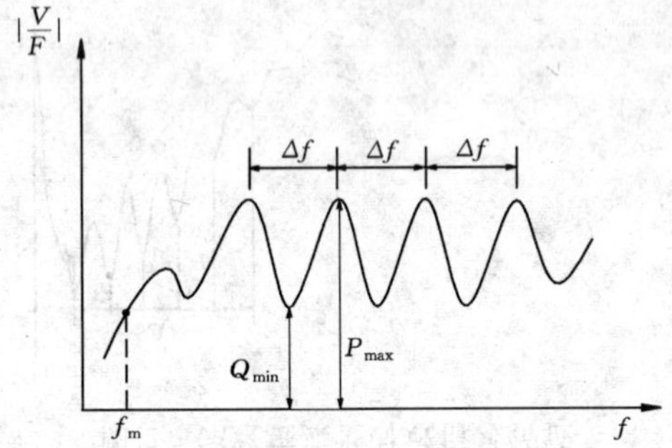

图 6 均匀完整桩的速度导纳曲线图

图 6 为完整桩的速度导纳曲线。计算导纳值 N_c、实测导纳值 N_m 和动刚度 K_d 分别按下列公式计算：

导纳理论计算值： $$N_c = \frac{1}{\rho c_m A} \tag{3}$$

实测导纳几何平均值： $$N_m = \sqrt{P_{max} \cdot Q_{min}} \tag{4}$$

动刚度： $$K_d = \frac{2\pi f_m}{\left|\frac{V}{F}\right|_m} \tag{5}$$

式中 ρ——桩材质量密度（kg/m^3）；

c_m——桩身波速平均值（m/s）；

A——设计桩身截面积（m^2）；

P_{max}——导纳曲线上谐振波峰的最大值（$m/s \cdot N^{-1}$）；

Q_{min}——导纳曲线上谐振波谷的最小值（$m/s \cdot N^{-1}$）；

f_m——导纳曲线上起始近似直线段上任一频率值（Hz）；

$\left|\frac{V}{F}\right|_m$——与 f_m 对应的导纳幅值（$m/s \cdot N^{-1}$）。

理论上，实测导纳值 N_m、计算导纳值 N_c 和动刚度 K_d 就桩身质量好坏而言存在一定的相对关系：完整桩，N_m 约等于 N_c、K_d 值正常；缺陷桩，N_m 大于 N_c、K_d 值低，且随缺陷程度的增加其差值增大；扩径桩，N_m 小于 N_c、K_d 值高。

值得说明，由于稳态激振过程在某窄小频带上激振，其能量集中、信噪比高、抗干扰能力强等特点，所测的导纳曲线、导纳值及动刚度比采用瞬态激振方式重复性好、可信度较高。

表 8.4.3 没有列出桩身无缺陷或有轻微缺陷但无桩底反射这种信号特征的类别划分。事实上，测不到桩底信号这种情况受多种因素和条件影响，例如：

——软土地区的超长桩，长径比很大；

——桩周土约束很大，应力波衰减很快；

——桩身阻抗与持力层阻抗匹配良好；

——桩身截面阻抗显著突变或沿桩长渐变；
——预制桩接头缝隙影响。

其实，当桩侧和桩端阻力很强时，高应变法同样也测不出桩底反射。所以，上述原因造成无桩底反射也属正常。此时的桩身完整性判定，只能结合经验、参照本场地和本地区的同类型桩综合分析或采用其他方法进一步检测。

对设计条件有利的扩径灌注桩，不应判定为缺陷桩。

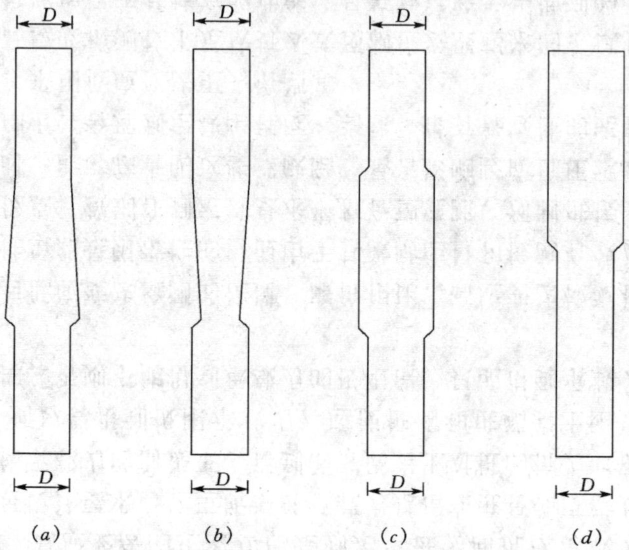

图 7 混凝土灌注桩截面（阻抗）变化示意图
（a）逐渐扩径；（b）逐渐缩颈；（c）中部扩径（d）上部扩径

8.4.4 当灌注桩桩截面形态呈现如图 7 情况时，桩身截面（阻抗）渐变或突变，在阻抗突变处的一次或二次反射常表现为类似明显扩径、严重缺陷或断桩的相反情形，从而造成误判。因此，可结合施工、地层情况综合分析加以区分；无法区分时，应结合其他检测方法综合判定。当桩身存在不止一个阻抗变化截面（包括上述桩身某一范围阻抗渐变的情况）时，由于各阻抗变化截面的一次和多次反射波相互迭加，除距桩顶第一阻抗变化截面的一次反射能辨认外，其后的反射信号可能变得十分复杂，难于分析判断。此时，宜按下列规定采用实测曲线拟合法进行辅助分析：

1 信号不得因尺寸效应、测试系统频响等影响产生畸变。

2 桩顶横截面尺寸应按现场实际测量结果确定。

3 通过同条件下、截面基本均匀的相邻桩曲线拟合，确定引起应力波衰减的桩土参数取值。

4 宜采用实测力波形作为边界条件输入。

8.4.5 对嵌岩桩，桩底沉渣和桩端持力层是否为软弱层、溶洞等是直接关系到该桩能否安全使用的关键因素。虽然本方法不能确定桩底情况，但理论上可以将嵌岩桩桩端视为杆件的固定端，并根据桩底反射波的方向判断桩端端承效果，也可通过导纳值、动刚度的相对高低提供辅助分析。采用本方法判定桩端嵌固效果差时，应采用静载试验或钻芯法等其他检测方法核验桩端嵌岩情况，确保基桩使用安全。

8.4.7 人员水平低、测试过程和测量系统各环节出现异常、人为信号再处理影响信号真实性等，均直接影响结论判断的正确性，只有根据原始信号曲线才能鉴别。

9 高应变法

9.1 适用范围

9.1.1 高应变法的主要功能是判定单桩竖向抗压承载力是否满足设计要求。这里所说的承载力是指在桩身强度满足桩身结构承载力的前提下，得到的桩周岩土对桩的抗力（静阻力）。所以要得到极限承载力，应使桩侧和桩端岩土阻力充分发挥，否则不能得到承载力的极限值，只能得到承载力检测值。

与低应变法检测的快捷、廉价相比，高应变法检测桩身完整性虽然是附带性的，但由于其激励能量和检测有效深度大的优点，特别在判定桩身水平整合型缝隙、预制桩接头等缺陷时，能够在查明这些“缺陷”是否影响竖向抗压承载力的基础上，合理判定缺陷程度。当然，带有普查性的完整性检测，采用低应变法更为恰当。

高应变检测技术是从打入式预制桩发展起来的，试打桩和打桩监控属于其特有的功能，是静载试验无法做到的。

9.1.2 灌注桩的截面尺寸和材质的非均匀性、施工的隐蔽性（干作业成孔桩除外）及由此引起的承载力变异性普遍高于打入式预制桩，导致灌注桩检测采集的波形质量低于预制桩，波形分析中的不确定性和复杂性又明显高于预制桩。与静载试验结果对比，灌注桩高应变检测判定的承载力误差也如此。因此，积累灌注桩现场测试、分析经验和相近条件下的可靠对比验证资料，对确保检测质量尤其重要。

9.1.3 除嵌入基岩的大直径桩和纯摩擦型大直径桩外，大直径灌注桩、扩底桩（墩）由于尺寸效应，通常其静载 Q-s 曲线表现为缓变型，端阻力发挥所需的位移很大。另外，在土阻力相同条件下，桩身直径的增加使桩身截面阻抗（或桩的惯性）与直径成平方的关系增加，锤与桩的匹配能力下降。而多数情况下高应变检测所用锤的重量有限，很难在桩顶产生较长持续时间的作用荷载，达不到使土阻力充分发挥所需的位移量。另一原因如第9.1.2条条文说明所述。

9.2 仪器设备

9.2.1 本条对仪器的主要技术性能指标要求是按建筑工业行业标准《基桩动测仪》提出的，比较适中，大部分型号的国产和进口仪器能满足。由于动测仪器的使用环境恶劣，所以仪器的环境性能指标和可靠性也很重要。本条对加速度计的量程未做具体规定，原因是对不同类型的桩，各种因素影响使最大冲击加速度变化很大。建议根据实测经验来合理选择，宜使选择的量程大于预估最大冲击加速度值的一倍以上。如对钢桩，宜选择20000～30000m/s^{2}量程的加速度计。

9.2.2 导杆式柴油锤荷载上升时间过于缓慢，容易造成速度响应信号失真。

9.2.3 分片组装式锤的单片或强夯锤，下落时平稳性差且不易导向，更易造成严重锤击偏心并影响测试质量。因此规定锤体的高径（宽）比不得小于1。

自由落锤安装加速度计测量桩顶锤击力的依据是牛顿第二和第三定律。其成立条件是同一时刻锤体内各质点的运动和受力无差异，也就是说，虽然锤为弹性体，只要锤体内部不存在波传播的不均匀性，就可视锤为一刚体或具有一定质量的质点。波动理论分析结果表明：当沿正弦波传播方向的介质尺寸小于正弦波波长的1/10时，可认为在该尺寸范围内无波传播效应，即同一时刻锤的受力和运动状态均匀。除钢桩外，较重的自由落锤在桩身产生的力信号中有效频率分量（占能量的90%以上）在200Hz以内，超过300Hz后可忽略不计。按最不利估计，对力信号有贡献的高频分量波长也超过15m。所以，在大多数采用自由落锤的场合，牛顿第二定律能较严格地成立。规定锤体需整体铸造且高径（宽）比不大于1.5正是为了避免分片锤体在内部相互碰撞和波传播效应造成的锤内部运动状态不均匀。这种方式与在桩头附近的桩侧表面安装应变式传感器的测力方式相比，优缺点是：

1 避免了桩头损伤和安装部位混凝土差导致的测力失败以及应变式传感器的经常损坏。

2 避免了因混凝土非线性造成的力信号失真（混凝土受压时，理论上讲是对实测力值放大，是不安全的）。

3 直接测定锤击力，即使混凝土波速、弹性模量改变，也无需修正。

4 测量响应的加速度计只能安装在距桩顶较近的桩侧表面，尤其不能安装在桩头变阻抗截面以下的桩身上。

5 桩顶只能放置薄层桩垫，不能放置尺寸和质量较大的桩帽（替打）。

6 需采用重锤或软锤垫以减少锤上的高频分量。但因锤高度一般不大于1.5m，则最大适宜锤重可能受到限制，如直径1.0m、高1.5m的圆柱形锤仅为92kN。

7 由于基线修正方式的不同，锤体加速度测量可能有1g（g为重力加速度）的误差。大锤上的测试效果可能比小锤差。

9.2.4 本条对锤重选择与原《基桩高应变动力检测规程》不同，给出的是一个范围。主要理由如下：

1 桩较长或桩径较大时，一般使侧阻、端阻充分发挥所需位移大。

2 桩是否容易被“打动”取决于桩身“广义阻抗”的大小。广义阻抗与桩周土阻力大小和桩身截面波阻抗大小两个因素有关。随着桩直径增加，波阻抗的增加通常快于土阻力，仍按预估极限承载力的1%选取锤重，将使锤对桩的匹配能力下降。因此，不仅从土阻力，而从多方面考虑提高锤重的措施是更科学的做法。本条规定的锤重选择为最低限值。

9.2.5 重锤对桩冲击使桩周土产生振动，在受检桩附近架设的基准梁也将受影响，导致桩的贯入度测量结果不可靠。也有采用加速度信号两次积分得到的最终位移作为实测贯入度，虽然最方便，但可能存在下列问题：

1 由于信号采集时段短，信号采集结束时桩的运动尚未停止，以柴油锤打长桩时为甚。

2 加速度计的质量优劣影响积分精度，零漂大和低频响应差（时间常数小）时极为明显。

所以，对贯入度测量精度要求较高时，宜采用精密水准仪等光学仪器测定。

9.3 现场检测

9.3.1 承载力时间效应因地而异，以沿海软土地区最显著。成桩后，若桩周岩土无隆起、侧挤、沉陷、软化等影响，承载力随时间增长。工期紧休止时间不够时，除非承载力检测值已满足设计要求，否则应休止到满足表3.2.6规定的时间为止。

锤击装置垂直、锤击平稳对中、桩头加固和加设桩垫，是为了减小锤击偏心和避免击碎桩头；在距桩顶规定的距离下的合适部位对称安装传感器，是为了减小锤击在桩顶产生的应力集中和对偏心进行补偿。所有这些措施都是为保证测试信号质量提出的。

9.3.2 采样时间间隔为100μs，对常见的工业与民用建筑的桩是合适的。但对于超长桩，例如桩长超过60m，采样时间间隔可放宽为200μs，当然也可增加采样点数。

应变式传感器直接测到的是其安装面上的应变，并按下式换算成锤击力：

$$F = A \cdot E \cdot \varepsilon \tag{6}$$

式中 F——锤击力；

A——测点处桩截面积；

E——桩材弹性模量；

ε——实测应变值。

显然，锤击力的正确换算依赖于测点处设定的桩参数是否符合实际。另一需注意的问题是：计算测点以下原桩身的阻抗变化、包括计算的桩身运动及受力大小，都是以测点处桩头单元为相对“基准”的。

测点下桩长是指桩头传感器安装点至桩底的距离，一般不包括桩尖部分。

对于普通钢桩，桩身波速可直接设定为5120m/s。对于混凝土桩，桩身波速取决于混凝土的骨料品种、粒径级配、成桩工艺（导管灌注、振捣、离心）及龄期，其值变化范围大多为3000～4500m/s。混凝土预制桩可在沉桩前实测无缺陷桩的桩身平均波速作为设定值；混凝土灌注桩应结合本地区混凝土波速的经验值或同场地已知值初步设定，但在计算分析前，应根据实测信号进行修正。

9.3.3 本条说明如下：

1 传感器外壳与仪器外壳共地，测试现场潮湿，传感器对地未绝缘，交流供电时常出现50Hz干扰，解决办法是良好接地或改用直流供电。

2 根据波动理论分析：若视锤为一刚体，则桩顶的最大锤击应力只与锤冲击桩顶时的初速度有关，落距越高，锤击应力和偏心越大，越容易击碎桩头。轻锤高击并不能有效提高桩锤传递给桩的能量和增大桩顶位移，因为力脉冲作用持续时间不仅与锤垫有关，还主要与锤重有关；锤击脉冲越窄，波传播的不均匀性，即桩身受力和运动的不均匀性（惯性效应）越明显，实测波形中土的动阻力影响加剧，而与位移相关的静土阻力呈明显的分段发挥态势，使承载力的测试分析误差增加。事实上，若将锤重增加到预估单桩极限承载力的5%～10%以上，则可得到与静动法（STATNAMIC法）相似的长持续力脉冲作用。此时，由于桩身中的波传播效应大大减弱，桩侧、桩端岩土阻力的发挥更接近静载作用时桩的荷载传递性状。因此，“重锤低击”是保障高应变法检测承载力准确性的基本原则，这与低应变法充分利用波传播效应（窄脉冲）准确探测缺陷位置有着概念上的区别。

3 打桩全过程监测是指预制桩施打开始后，从桩锤正常爆发起跳直到收锤为止的全部过程测试。

4 高应变试验成功的关键是信号质量以及信号中的信息是否充分。所以应根据每锤信号质量以及动位移、贯入度和大致的土阻力发挥情况，初步判别采集到的信号是否满足检测目的的要求。同时，也要检查混凝土桩锤击拉、压应力和缺陷程度大小，以决定是否进一步锤击，以免桩头或桩身受损。自由落锤锤击时，锤的落距应由低到高；打入式预制桩则按每次采集一阵（10击）的波形进行判别。

5 检测工作现场情况复杂，经常产生各种不利影响。为确保采集到可靠的数据，检测人员应能正确判断波形质量，熟练地诊断测量系统的各类故障，排除干扰因素。

9.3.4 贯入度的大小与桩尖刺入或桩端压密塑性变形量相对应，是反映桩侧、桩端土阻力是否充分发挥的一个重要信息。贯入度小，即通常所说的“打不动”，使检测得到的承载力低于极限值。本条是从保证承载力分析计算结果的可靠性出发，给出的贯入度合适范围，不能片面理解成在检测中应减小锤重使单击贯入度不超过6mm。贯入度大且桩身无缺陷的波形特征是 $2L/c$ 处桩底反射强烈，其后的土阻力反射或桩的回弹不明显。贯入度过大造成的桩周土扰动大，高应变承载力分析所用的土的力学模型，对真实的桩-土相互作用的模拟接近程度变差。据国内发现的一些实例和国外的统计资料：贯入度较大时，采用常规的理想弹塑性土阻力模型进行实测曲线拟合分析，不少情况下预示的承载力明显低于静载试验结果，统计结果离散性很大！而贯入度较小，甚至桩几乎未被打动时，静动对比的误差相对较小，且统计结果的离散性也不大。若采用考虑桩端土附加质量的能量耗散机制模型修正，与贯入度小时的承载力提高幅度相比，会出现难以预料的承载力成倍提高。原因是：桩底反射强意味着桩端的运动加速度和速度强烈，附加土质量产生的惯性力和动阻力恰好分别与加速度和速度成正比。可以想见，对于长细比较大、摩阻力较强的摩擦型桩，上述效应就不会明显。此外，6mm贯入度只是一个统计参考值，本章第9.4.7条第3款已针对此情况做了具体规定。

9.4 检测数据的分析与判定

9.4.1 从一阵锤击信号中选取分析用信号时，除要考虑有足够的锤击能量使桩周岩土阻力充分发挥外，还应注意下列问题：

1 连续打桩时桩周土的扰动及残余应力。

2 锤击使缺陷进一步发展或拉应力使桩身混凝土产生裂隙。

3 在桩易打或难打以及长桩情况下，速度基线修正带来的误差。

4 对桩垫过厚和柴油锤冷锤信号，加速度测量系统的低频特性所造成的速度信号误差或严重失真。

9.4.2 可靠的信号是得出正确分析计算结果的基础。除柴油锤施打的长桩信号外，力的时程曲线应最终归零。对于混凝土桩，高应变测试信号质量不但受传感器安装好坏、锤击偏心程度和传感器安装面处混凝土是否开裂的影响，也受混凝土的不均匀性和非线性的影响。这种影响对应变式传感器测得的力信号尤其敏感。混凝土的非线性一般表现为：随应变的增加，弹性模量减小，并出现塑性变形，使根据应变换算到的力值偏大且力曲线尾部不归零。本规范所指的锤击偏心相当于两侧力信号之一与力平均值之差的绝对值超过平均值的33%。通常锤击偏心很难避免，因此严禁用单侧力信号代替平均力信号。

9.4.3 桩底反射明显时，桩身平均波速也可根据速度波形第一峰起升沿的起点和桩底反射峰的起点之间的时差与已知桩长值确定。对桩底反射峰变宽或有水平裂缝的桩，不应根据峰与峰间的时差来确定平均波速。桩较短且锤击力波上升缓慢时，可采用低应变法确定平均波速。

9.4.4 通常，当平均波速按实测波形改变后，测点处的原设定波速也按比例线性改变，模量则应按平方的比例关系改变。当采用应变式传感器测力时，多数仪器并非直接保存实测应变值，如有些是以速度（$V=c\cdot\varepsilon$）的单位存储。若模量随波速改变后，仪器不能自动修正以速度为单位存储的力值，则应对原始实测力值校正。

9.4.5 在多数情况下，正常施打的预制桩，力和速度信号第一峰应基本成比例。但在以下几种情况下比例失调属于正常：

1 桩浅部阻抗变化和土阻力影响。

2 采用应变式传感器测力时，测点处混凝土的非线性造成力值明显偏高。

3 锤击力波上升缓慢或桩很短时，土阻力波或桩底反射波的影响。

除第2种情况减小力值，可避免计算的承载力过高外，其他情况的随意比例调整均是对实测信号的歪曲，并产生虚假的结果。因此，禁止将实测力或速度信号重新标定。这一点必须引起重视，因为有些仪器具有比例自动调整功能。

9.4.6 高应变分析计算结果的可靠性高低取决于动测仪器、分析软件和人员素质三个要素。其中起决定作用的是具有坚实理论基础和丰富实践经验的高素质检测人员。高应变法之所以有生命力，表现在高应变信号不同于随机信号的可解释性——即使不采用复杂的数学计算和提炼，只要检测波形质量有保证，就能定性地反映桩的承载性状及其他相关的动力学问题。在建设部工程桩动测资质复查换证过程中，发现不少检测报告中，对波形的解释与分析计算已达到盲目甚至是滥用的地步。对此，如果不从提高人员素质入手加以解决，这种状况的改观显然仅靠技术规范以及仪器和软件功能的增强是无法做到的。因此，承载力分析计算前，应有高素质的检测人员对信号进行定性检查和正确判断。

9.4.7 当出现本条所述四款情况时，因高应变法难于分析判定承载力和预示桩身结构破坏的可能性，建议采取验证检测。本条第3、4款反映的代表性波形见图8。原因解释参见第9.3.4条的条文说明。由图9可见，静载验证试验尚未压至破坏，但高应变测试的锤重、贯入度却“符合”要求。当采用波形拟合法分析承载力时，由于承载力比按地质报告估算的低很多，除采用直接法验证外，不能主观臆断或采用能使拟合的承载力大幅提高的桩-土模型及其参数。

9.4.8 凯司法与实测曲线拟合法在计算承载力上的本质区别是：前者在计算极限承载力时，单击贯入度与最大位移是

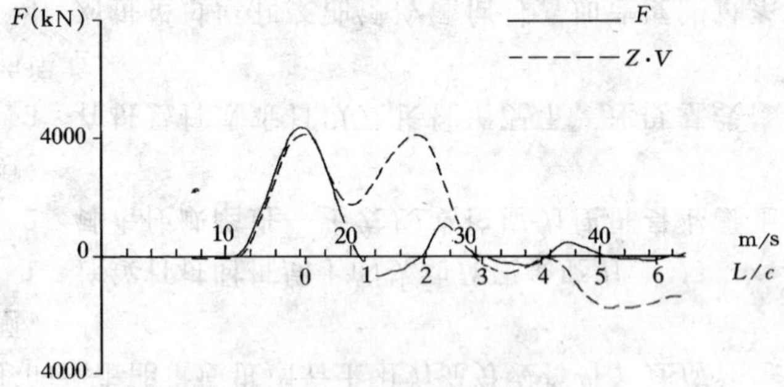

图8 灌注桩高应变实测波形

注：ϕ800mm 钻孔灌注桩，桩端持力层为全风化花岗片麻岩，测点下桩长16m。采用60kN重锤，先做高应变检测，后做静载验证检测。

参考值，计算过程与它们无关。另外，凯司法承载力计算公式是基于以下三个假定推导出的：

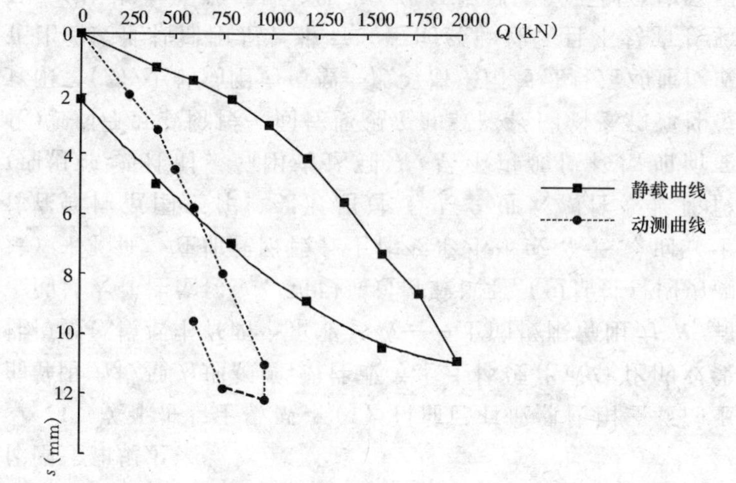

图 9　静载和动载摸拟的 Q-s 曲线

1　桩身阻抗基本恒定。

2　动阻力只与桩底质点运动速度成正比，即全部动阻力集中于桩端。

3　土阻力在时刻 $t_2 = t_1 + 2L/c$ 已充分发挥。

显然，它较适用于摩擦型的中、小直径预制桩和截面较均匀的灌注桩。

公式中的唯一未知数——凯司法无量纲阻尼系数 J_c 定义为仅与桩端土性有关，一般遵循随土中细粒含量增加阻尼系数增大的规律。J_c 的取值是否合理在很大程度上决定了计算承载力的准确性。所以，缺乏同条件下的静动对比校核，或大量相近条件下的对比资料时，将使其使用范围受到限制。当贯入度达不到规定值或不满足上述三个假定时，J_c 值实际上变成了一个无明确意义的综合调整系数。特别值得一提的是灌注桩，也会在同一工程、相同桩型及持力层时，可能出现 J_c 取值变异过大的情况。为防止凯司法的不合理应用，规定应采用静动对比或实测曲线拟合法校核 J_c 值。

9.4.9　由于式（9.4.9-1）给出的 R_c 值与位移无关，仅包含 $t_2 = t_1 + 2L/c$ 时刻之前所发挥的土阻力信息，通常除桩长较短的摩擦型桩外，土阻力在 $2L/c$ 时刻不会充分发挥，尤以端承型桩显著。所以，需要采用将 t_1 延时求出承载力最大值的最大阻力法（RMX 法），对与位移相关的土阻力滞后 $2L/c$ 发挥的情况进行提高修正。

桩身在 $2L/c$ 之前产生较强的向上回弹，使桩身从顶部逐渐向下产生土阻力卸载（此时桩的中下部土阻力属于加载）。这对于桩较长、摩阻力较大而荷载作用持续时间相对较短的桩较为明显。因此，需要采用将桩中上部卸载的土阻力进行补偿提高修正的卸载法（RSU 法）。

RMX 法和 RSU 法判定承载力，体现了高应变法波形分析的基本概念——应充分考虑与位移相关的土阻力发挥状况和波传播效应，这也是实测曲线拟合法的精髓所在。另外，还有几种凯司法的子方法可在积累了成熟经验后采用。它们是：

1　在桩尖质点运动速度为零时，动阻力也为零，此时有两种与 J_c 无关的计算承载力“自动”法，即 RAU 法和 RA2 法。前者适用于桩侧阻力很小的情况，后者适用于桩侧阻力适中的场合。

2　通过延时求出承载力最小值的最小阻力法（RMN 法）。

9.4.10 实测曲线拟合法是通过波动问题数值计算，反演确定桩和土的力学模型及其参数值。其过程为：假定各桩单元的桩和土力学模型及其模型参数，利用实测的速度（或力、上行波、下行波）曲线作为输入边界条件，数值求解波动方程，反算桩顶的力（或速度、下行波、上行波）曲线。若计算的曲线与实测曲线不吻合，说明假设的模型及参数不合理，有针对性地调整模型及参数再行计算，直至计算曲线与实测曲线（以及贯入度的计算值与实测值）的吻合程度良好且不易进一步改善为止。虽然从原理上讲，这种方法是客观唯一的，但由于桩、土以及它们之间的相互作用等力学行为的复杂性，实际运用时还不能对各种桩型、成桩工艺、地质条件，都能达到十分准确地求解桩的动力学和承载力问题的效果。所以，本条针对该法应用中的关键技术问题，做了具体阐述和规定：

1 关于桩与土模型：（1）目前已有成熟使用经验的土的静阻力模型为理想弹-塑性或考虑土体硬化或软化的双线性模型；模型中有两个重要参数——土的极限静阻力 R_u 和土的最大弹性位移 s_q，可以通过静载试验（包括桩身内力测试）来验证。在加载阶段，土体变形小于或等于 s_q 时，土体在弹性范围工作；变形超过 s_q 后，进入塑性变形阶段（理想弹-塑性时，静阻力达到 R_u 后不再随位移增加而变化）。对于卸载阶段，同样要规定卸载路径的斜率和弹性位移限。（2）土的动阻力模型一般习惯采用与桩身运动速度成正比的线性粘滞阻尼，带有一定的经验性，且不易直接验证。（3）桩的力学模型一般为一维杆模型，单元划分应采用等时单元（实际为连续模型或特征线法求解的单元划分模式），即应力波通过每个桩单元的时间相等，由于没有高阶项的影响，计算精度高。（4）桩单元除考虑 A、E、c 等参数外，也可考虑桩身阻尼和裂隙。另外，也可考虑桩底的缝隙、开口桩或异形桩的土塞、残余应力影响和其他阻尼形式。（5）所用模型的物理力学概念应明确，参数取值应能限定；避免采用可使承载力计算结果产生较大变异的桩-土模型及参数。

2 拟合时应根据波形特征，结合施工和地质条件合理确定桩土参数取值。因为拟合所用的桩土参数的数量和类型繁多，参数各自和相互间耦合的影响非常复杂，而拟合结果并非唯一解，需通过综合比较判断进行取舍。正确判断取舍条件的要点是参数取值应在岩土工程的合理范围内。

3 本款考虑两点原因：一是自由落锤产生的力脉冲持续时间通常不超过20ms（除非采用很重的落锤），但柴油锤信号在主峰过后的尾部仍能产生较长的低幅值延续；二是与位移相关的总静阻力一般会不同程度地滞后于 $2L/c$ 发挥，当端承型桩的端阻力发挥所需位移很大时，土阻力发挥将产生严重滞后，因此规定 $2L/c$ 后延时足够的时间，使曲线拟合能包含土阻力响应区段的全部土阻力信息。

4 为防止土阻力未充分发挥时的承载力外推，设定的 s_q 值不应超过对应单元的最大计算位移值。若桩、土间相对位移不足以使桩周岩土阻力充分发挥，则给出的承载力结果只能验证岩土阻力发挥的最低程度。

5 土阻力响应区是指波形上呈现的静土阻力信息较为突出的时间段。所以本条特别强调此区段的拟合质量，避免只重波形头尾，忽视中间土阻力响应区段拟合质量的错误做法，并通过合理的加权方式计算总的拟合质量系数，突出其影响。

6 贯入度的计算值与实测值是否接近，是判断拟合选用参数、特别是 s_q 值是否合理的辅助指标。

9.4.11 高应变法动测承载力检测值多数情况下不会与静载试验桩的明显破坏特征或产生较大的桩顶沉降相对应，总趋势是沉降量偏小。为了与静载的极限承载力相区别，称为“本方法得到的承载力或动测承载力”。这里需要强调指出：验收检测中，单桩静载试验常因加荷量或设备能力限制，而做不出真正的试桩极限承载力。于是一组试桩往往因某一根桩的极限承载力达不到设计要求的特征值 2 倍，使一组试桩的承载力统计平均值不满足设计要求。动测承载力则不同，可能出现部分桩的承载力远高于承载力特征值的 2 倍。所以，即使个别桩的承载力不满足设计要求，但“高”和“低”取平均后仍能满足设计要求。为了避免可能高估承载力的危险，不得将极差超过 30%的“高值”参与统计平均。

9.4.12 高应变法检测桩身完整性具有锤击能量大，可对缺陷程度定量计算，连续锤击可观察缺陷的扩大和逐步闭合情况等优点。但和低应变法一样，检测的仍是桩身阻抗变化，一般不宜判定缺陷性质。在桩身情况复杂或存在多处阻抗变化时，可优先考虑用实测曲线拟合法判定桩身完整性。

式（9.4.12-1）适用于截面基本均匀桩的桩顶下第一个缺陷的程度定量计算。当有轻微缺陷，并确认为水平裂缝（如预制桩的接头缝隙）时，裂缝宽度 δ_w 可按下式计算：

$$\delta_w = \frac{1}{2}\int_{t_a}^{t_b}\left(V - \frac{F - R_x}{Z}\right)\cdot dt \tag{7}$$

9.4.13 采用实测曲线拟合法分析桩身扩径、桩身截面渐变或多变的情况，应注意合理选择土参数。

高应变法锤击的荷载上升时间一般不小于 2ms，因此对桩身浅部缺陷位置的判定存在盲区，也无法根据式（9.4.12-1）来判定缺陷程度。只能根据力和速度曲线的比例失调程度来估计浅部缺陷程度，不能定量给出缺陷的具体部位，尤其是锤击力波上升非常缓慢时，还大量耦合有土阻力的影响。对浅部缺陷桩，宜用低应变法检测并进行缺陷定位。

9.4.14 桩身锤击拉应力是混凝土预制桩施打抗裂控制的重要指标。在深厚软土地区，打桩时侧阻和端阻虽小，但桩很长，桩锤能正常爆发起跳，桩底反射回来的上行拉力波的头部（拉应力幅值最大）与下行传播的锤击压力波尾部迭加，在桩身某一部位产生净的拉应力。当拉应力强度超过混凝土抗拉强度时，引起桩身拉裂。开裂部位一般发生在桩的中上部，且桩愈长或锤击力持续时间愈短，最大拉应力部位就愈往下移。

有时，打桩过程中会突然出现贯入度骤减或拒锤，一般是碰上硬层（基岩，孤石，漂石、卵石等碎石土层）。继续施打会造成桩身压应力过大而破坏。此时，最大压应力部位不一定出现在桩顶，而是接近桩端的部位。

9.4.15 本条解释同 8.4.7 条。

10 声波透射法

10.1 适用范围

10.1.1 声波透射法是利用声波的透射原理对桩身混凝土介质状况进行检测，因此仅适用于在灌注成型过程中已经预埋了两根或两根以上声测管的基桩。

10.2 仪器设备

10.2.1 声波换能器有效工作面长度指起到换能作用的部分的实际轴向尺寸，该长度过大将夸大缺陷实际尺寸并影响测试结果。

提高换能器谐振频率，可使其外径减少到30mm以下，利于换能器在声测管中升降顺畅或减小声测管直径。但因声波发射频率的提高，使长距离声波穿透能力下降。所以，本规范仍推荐目前普遍采用的30～50kHz的谐振频率范围。

10.3 现场检测

10.3.2 标定法测定仪器系统延迟时间的方法是将发射、接收换能器平行悬于清水中，逐次改变点源距离并测量相应声时，记录若干点的声时数据并作线性回归的时距曲线：

$$t = t_0 + b \cdot l \tag{8}$$

式中 b——直线斜率（μs/mm）；

l——换能器表面净距离（mm）；

t——声时（μs）；

t_0——仪器系统延迟时间（μs）。

按下式计算声测管及耦合水层声时修正值：

$$t' = \frac{d_1 - d_2}{v_t} + \frac{d_2 - d'}{v_w} \tag{9}$$

式中 d_1——声测管外径（mm）；

d_2——声测管内径（mm）；

d'——换能器外径（mm）；

v_t——声测管材料声速（km/s）；

v_w——水的声速（km/s）；

t'——声测管及耦合水层声时修正值（μs）。

10.3.3 同一根桩检测时，强调各检测剖面的声波发射电压和仪器设置参数保持不变，目的是使各检测剖面的检测结果具有可比性，便于综合判定。

10.4 检测数据的分析与判定

10.4.2 声速、波幅和主频都是反映桩身质量的声学参数测量值。大量实测经验表明：声速的变化规律性较强，在一定程度上反映了桩身混凝土的均匀性，而波幅的变化较灵敏，主频在保持测试条件一致的前提下也有一定规律。因此本规范在确定测点声学参数测量值的判据时，采用了三种不同的方法。

声速异常临界值判据中的临界值 v_c 是参考数理统计学判断异常值的方法，经过多次试算而得出的。其基本原理如下：

在 n 次测量所得的数据中，去掉 k 个较小值，得到容量为（$n-k$）的样本，取异常测点数据不可能出现的次数为1，则对于标准正态分布假设，可得异常测点数据不可能出现的概率为：

$$P(u \geqslant \lambda)=\frac{1}{\sqrt{2\pi}}\int_{\lambda}^{\infty} e^{-\frac{x^2}{2}} \cdot dx=\frac{1}{n-k} \quad (10)$$

由 $\phi(\lambda)=1/(n-k)$，在标准正态分布表可得与不同的（$n-k$）相对应的 λ 值，从而得到表10.4.2。

每次去掉样本中的最小数据，计算剩余数据的平均值、标准差，由表10.4.2查得对应的 λ 值。由式 $v_0=v_m-\lambda \cdot s_x$ 计算异常判断值并将样本中当时的最小值与之比较；当 v_{n-k} 仍为异常值时，继续去掉最小值重复计算和比较，直至剩余数据中不存在异常值为止。此时，v_0 则为异常判断的临界值 v_c。

桩身混凝土均匀性可采用离差系数 $C_v=s_x/v_m$ 评价，其中 s_x 和 v_m 分别为 n 个测点的声速标准差和 n 个测点的声速平均值。

10.4.3 当桩身混凝土的质量普遍较差时，可能同时出现下面两种情况：

1 检测剖面的 n 个测点声速平均值 v_m 明显偏低。

2 n 个测点的声速标准差 s_x 很小。

则由统计计算公式 $v_0=v_m-\lambda \cdot s_x$ 得出的判断结果可能失效。此时可将各测点声速 v_i 与声速低限值 v_L 比较得出判断结果。

10.4.4 波幅临界值判据式为 $A_{pi}<A_m-6$，即选择当信号首波幅值衰减量为其平均值的一半时的波幅分贝数为临界值，在具体应用中应注意下面几点：

1 因波幅的衰减受桩材不均匀性、声波传播路径和点源距离的影响，故应考虑声测管间距较大时波幅分散性而采取适当的调整。

2 因波幅的分贝数受仪器、传感器灵敏度及发射能量的影响，故应在考虑这些影响的基础上再采用波幅临界值判据。

3 当波幅差异性较大时，应与声速变化及主频变化情况相结合进行综合分析。

10.4.6 实测信号的主频值与诸多影响因素有关，因此仅作辅助声学参数选用。在使用中应保持声波换能器具有单峰的幅频特性和良好的耦合一致性；若采用FFT方法计算主频值，还应保证足够的频率分辨率。

10.4.7 桩身完整性判定与分类除依据声速、波幅等变化规律和借助其他辅助方法外，还与诸多复杂因素有关，故在使用中应注意以下几点：

1 可结合钻芯法将其结果进行对比，从而得出更符合实际情况的分类。

2 可将实测时程曲线的畸变及频谱、*PSD* 值的变化相结合，进行综合判定与分类。

3 可结合施工工艺和施工记录等有关资料具体分析。

中华人民共和国行业标准

冻土地区建筑地基基础设计规范

Code for Design of Soil and Foundation of Building in Frozen Soil Region

JGJ 118—98

主编单位：黑龙江省寒地建筑科学研究院

批准部门：中华人民共和国建设部

施行日期：1999年4月1日

关于发布行业标准《冻土地区建筑地基基础设计规范》的通知

建标［1998］224号

根据建设部《关于印发一九八九年工程建设专业标准规范制订、修订计划的通知》（［89］建标计字第8号）要求，由黑龙江省寒地建筑科学研究院主编的《冻土地区建筑地基基础设计规范》，经审查，批准为强制性行业标准，编号JGJ 118—98，自1999年4月1日起施行。

本标准由建设部建筑工程标准技术归口单位中国建筑科学研究院归口管理，由黑龙江省寒地建筑科学研究院负责具体解释。

本标准由建设部标准定额研究所组织中国建筑工业出版社出版。

中华人民共和国建设部

1998年11月13日

目　次

1 总 则

1.0.1 为了在冻土地基上进行建筑地基基础的合理设计，确保建筑物的安全和正常使用，做到技术先进和经济合理，制定本规范。

1.0.2 本规范适用于季节冻土和多年冻土地区中工业与民用建筑地基基础的设计。

1.0.3 季节冻土地区建筑地基基础的设计，在夏季应满足现行国家标准《建筑地基基础设计规范》GBJ 7 的规定。

1.0.4 在冻土地基上进行建筑地基基础的设计时，除应符合本规范外，尚应符合国家现行有关标准、规范的规定。

2 术语、符号

2.1 术 语

2.1.1 切向冻胀力 tangential frost-heave forces

地基土在冻结膨胀时，沿切向作用在基础侧表面的力。

2.1.2 法向冻胀力 normal frost-heave forces

地基土在冻结膨胀时，沿法向作用在基础底面的力。

2.1.3 水平冻胀力 horizontal frost-heave forces

地基土在冻结膨胀时，沿水平方向作用在结构物或基础表面上的力，包括沿切向和法向的作用。

2.1.4 冻结强度 freezing strength

土与基础侧表面冻结在一起的剪切强度。

2.1.5 冻土抗剪强度 shear strength of frozen soils

冻结土体抵抗剪应力的强度。

2.1.6 冻土 frozen ground (soil, rock)

含有冰的土（岩）。

2.1.7 多年冻土 perennially frozen ground, permafrost

冻结状态持续二年或二年以上的土（岩）。

2.1.8 季节冻土 seasonally frozen ground

地表层冬季冻结、夏季全部融化的土（岩）。

2.1.9 盐渍化冻土 saline frozen soil

冻土中当易溶盐的含量超过规定的限值时称盐渍化冻土。

2.1.10 冻结泥炭化土 frozen soil of peatification

冻土中当土的泥炭化程度超过规定的限值时称冻结泥炭化土。

2.1.11 衔接多年冻土 connected frozen ground

直接位于季节融化层之下的多年冻土。

2.1.12 不衔接多年冻土 detachment of frozen ground

季节冻结层的冻结深度浅于上限的多年冻土。

2.1.13 整体状构造 massive cryostructure

冻土内没有肉眼能看得到较大冰体的构造。

2.1.14 层状构造 layered cryostructure

冻土内的冰呈层状分布的构造。

2.1.15 网状构造 reticulated cryostructure

冻土内由不同大小、形状和方向的冰体形成大致连续网格的构造。

2.1.16 冰夹层 ice layers

层状和网状构造冻土中的薄冰层。

2.1.17 包裹冰 ice inclusion

除胶结冰外，土中的孔隙冰、冰夹层、冰透镜体等的地下冰体。

2.1.18 未冻水含量 unfrozen-water content

在一定负温条件下，冻土中未冻水的质量与干土质量之比。

2.1.19 起始冻结温度 initial temperature of freezing

与初始含水量相对应的土的冻结温度。

2.1.20 冻土地温特征值 characteristic value of ground temperature

冻土中年平均地温、地温年变化深度、活动层底面以下的年平均地温、年最高地温和年最低地温的总称。

2.1.21 地温年振幅 annual amplitude of temperature in ground

地表或地中某点，一年中地温最高和最低值之差的一半。

2.1.22 年平均地温 mean annual ground temperature

地温年变化深度处的地温。

2.1.23 冻土含水量（冻土总含水量） water content in frozen soil

冻土中所含冰和未冻水的总质量与土骨架质量之比，用百分数表示。

2.1.24 相对含冰量 relative ice content

冻土中冰的质量与全部水质量之比。

2.1.25 冻结界（锋）面 freezing front

正冻地基土中位于冻结前沿起始冻结温度处的平（曲）面。

2.1.26 融土 thawed soil（rock，ground）

冻土自融化开始到已有应力下达到固结稳定为止，这一过渡状态的土体。

2.1.27 季节冻结层 seasonal freezing layer

每年寒季冻结、暖季融化，其年平均地温大于0℃的地表层，其下卧层为非冻结层或不衔接多年冻土层。

2.1.28 季节融化层（季节活动层） seasonally thawed layer

每年寒季冻结、暖季融化，其年平均地温小于0℃的地表层，其下卧层为多年冻土层。

2.1.29 标准冻深 standard freezing depth

非冻胀粘性土，地表平坦、裸露、城市之外的空旷场地中，不少于10年实测最大冻深的平均值。

2.1.30 标准融深 standard thawing depth

衔接多年冻土地区，对非融沉粘性土、地表平坦、裸露的空旷场地中，不少于十年实测最大融深的平均值。

2.1.31 多年冻土天然上限 natural permafrost table

天然条件下，多年冻土层顶板的埋藏深度。

2.1.32 多年冻土人为上限 artificial permafrost table

人为条件影响下，多年冻土层顶板的埋藏深度。

2.1.33 地温年变化深度（年零较差深度） depth of zero annual amplitude of ground temperature

地表以下，地温在一年内相对恒定的深度。

2.1.34 热融滑塌 thaw slumping

分布在自然坡面上的地下冰层，受热融化时，上覆土体沿坡面下滑的现象。

2.1.35 冻结指数 freezing index

一年中低于0℃的气温与其相应持续时间乘积的代数和。

2.1.36 融化指数 thawing index

一年中高于0℃的气温与其相应持续时间乘积的代数和。

2.1.37 开敞系统 open system (freezing)

土在冻结过程中,冻层下部水分向冻结界面不断迁移的系统。

2.1.38 封闭系统 closed system (freezing)

土在冻结过程中,没有外来水分进行补充的系统。

2.1.39 自然通风基础的通风模数 ventilation modulus of natural ventilation foundation

为通风空间中进气孔与排气孔的总面积与房屋平面外部轮廓所包面积的比值。

2.1.40 热桩(热管桩) thermal pile (pile of heat pipe)

内部采用了液汽两相转换对流循环热虹吸(重力式低温热管)装置的桩基。

2.1.41 热棒基础 thermal probe foundation

将重力式低温热管插入基础中或放置侧面的基础系统。

2.1.42 融化盘 thaw bulb under heated building

采暖建筑物下,多年冻结地基土的一部分发生融化,形如盘、盆状,故称融化盘。

2.2 符 号

2.2.1 作用与作用效应

H_f——水平冻胀力;

P_e——裸露场地基础的冻胀力;

P_h——采暖建筑基础的冻胀力;

p_0——基础底面的平均附加压力;

p_{cs}——冻融界面上的附加应力;

σ_f——法向冻胀力;

σ_{fh}——冻结界面上的冻胀应力;

τ——切向冻胀力;

R_a——未冻土中的摩阻力、冻土中的冻结力和扩展基础冻拔时上覆土的反力。

2.2.2 抗力与材性

w——冻土含水量;

w_0——冻土起始融沉含水量;

w_u——冻土的未冻水含量;

q_{fp}——桩端冻土承载力;

f_c——冻土与基础侧表面的冻结强度;

f——冻土地基承载力;

f_τ——冻土的抗剪强度;

i_c——冻土相对含冰量;

δ_0——冻土的融化下沉系数;

ξ——冻土的泥炭化程度;

η——土的冻胀率;

ζ——冻土的盐渍度;

ρ_d——冻土的干密度;

ρ_0——冻土起始融沉干密度;

R_f、R_u——冻土、未冻土的热阻;

α_f、α_u——冻土、未冻土的导温系数;

c_f、c_u——冻土、未冻土的容积热容量;

λ_f、λ_u——冻土、未冻土的导热系数(热导率);

T_{cp}——年平均温度;

T_z——沿桩身不同深度冻土的温度。

2.2.3 几何参数

a_v——架空通风基础通风孔总面积;

Δz——地表最大冻胀量;

z_{max}——采暖房屋多年冻土地基的最大融化深度;

z_n、z_a——多年冻土的天然上限和人为上限；

z_0、z_d——土季节冻结深度的标准值和设计值；

z_0^m、z_d^m——土季节融化深度的标准值和设计值；

d_{min}——基础的最小埋置深度；

h——基础底面下的冻土层厚度。

2.2.4 计算系数

μ——自然通风基础的通风模数；

α_d——双层地基冻结界面上的应力系数；

η_f——建筑物平面形状系数；

η_n——风速影响系数；

η_w——风速调整系数；

ψ_h——采暖对冻土平面分布的影响系数；

ψ_t——采暖对冻深的影响系数；

ψ_v——采暖对基底冻层厚度的影响系数；

ψ_z——冻结深度的影响系数；

ψ_z^m——融化深度的影响系数。

2.2.5 其他

Q——热量；

ΣT_f、ΣT_m——冻结指数与融化指数；

m——米、月。

3 冻土分类与勘察要求

3.1 冻土名称与分类

3.1.1 作为建筑地基的冻土，根据持续时间可分为季节冻土与多年冻土；根据所含盐类与有机物的不同可分为盐渍化冻土与冻结泥炭化土；根据其变形特性可分为坚硬冻土、塑性冻土与松散冻土；根据冻土的融沉性与土的冻胀性又可分成若干亚类。

3.1.2 盐渍化冻土

3.1.2.1 盐渍化冻土的盐渍度 ζ 应按下式计算：

$$\zeta = \frac{m_g}{g_d} \times 100(\%) \qquad (3.1.2)$$

式中 m_g——土中含易溶盐的质量（g）；

g_d——土骨架质量（g）。

3.1.2.2 盐渍化冻土的强度指标应按附录A表A.0.2-2、表A.0.3-2的规定取值。

3.1.2.3 盐渍化冻土盐渍度的最小界限值按表3.1.2的规定取值。

盐渍化冻土盐渍度的最小界限值 表 3.1.2

土 类	粗粒土	粉 土	粉质粘土	粘 土
盐渍度（%）	0.10	0.15	0.20	0.25

3.1.3 冻结泥炭化土

3.1.3.1 冻结泥炭化土的泥炭化程度 ξ 应按下式计算：

$$\xi = \frac{m_p}{g_d} \times 100(\%) \qquad (3.1.3)$$

式中 m_p——土中含植物残渣和成泥炭的质量（g）。

3.1.3.2 冻结泥炭化土的强度指标应按附录A表A.0.2-3、表

A.0.3-3的规定取值。

3.1.3.3 当有机质含量不超过15%时，冻土的泥炭化程度可用重铬酸钾容量法，当有机质含量超过15%时可用烧失量法测定。

3.1.4 坚硬冻土的压缩系数α不应大于0.01MPa^{-1}，可近似看成不可压缩土；塑性冻土的压缩系数α应大于0.01MPa^{-1}，受力时应计入压缩变形量。粗颗粒土的总含水量不大于3%时，应确定为松散冻土。

3.1.5 季节冻土与多年冻土季节融化层土，根据土冻胀率η的大小可分为不冻胀、弱冻胀、冻胀、强冻胀和特强冻胀土五类，并应符合表3.1.5的规定。冻土层的平均冻胀率η应按下式计算

$$\eta=\frac{\Delta z}{z_d}\times 100(\%) \tag{3.1.5-1}$$

$$z_d=h'-\Delta z \tag{3.1.5-2}$$

式中 Δz——地表冻胀量（mm）；

z_d——设计冻深（mm）；

h'——冻层厚度（mm）。

季节冻土与季节融化层土的冻胀性分类　　表3.1.5

土的名称	冻前天然含水量w（%）	冻结期间地下水位距冻结面的最小距离h_w（m）	平均冻胀率η（%）	冻胀等级	冻胀类别
碎（卵）石，砾、粗、中砂（粒径小于0.074mm的颗粒含量不大于15%），细砂（粒径小于0.074mm的颗粒含量不大于10%）	不考虑	不考虑	$\eta\leqslant1$	Ⅰ	不冻胀
碎（卵）石，砾、粗、中砂（粒径小于0.074mm的颗粒含量大于15%），细砂（粒径小于0.074mm的颗粒含量大于10%）	$w\leqslant12$	>1.0	$\eta\leqslant1$	Ⅰ	不冻胀
		≤1.0	$1<\eta\leqslant3.5$	Ⅱ	弱冻胀
	$12<w\leqslant18$	>1.0			
		≤1.0	$3.5<\eta\leqslant6$	Ⅲ	冻胀
	$w>18$	>0.5			
		≤0.5	$6<\eta\leqslant12$	Ⅳ	强冻胀
粉砂	$w\leqslant14$	>1.0	$\eta\leqslant1$	Ⅰ	不冻胀
		≤1.0	$1<\eta\leqslant3.5$	Ⅱ	弱冻胀
	$14<w\leqslant19$	>1.0			
		≤1.0	$3.5<\eta\leqslant6$	Ⅲ	冻胀
	$19<w\leqslant23$	>1.0			
		≤1.0	$6<\eta\leqslant12$	Ⅳ	强冻胀
	$w>23$	不考虑	$\eta>12$	Ⅴ	特强冻胀
粉土	$w\leqslant19$	>1.5	$\eta\leqslant1$	Ⅰ	不冻胀
		≤1.5	$1<\eta\leqslant3.5$	Ⅱ	弱冻胀
	$19<w\leqslant22$	>1.5			
		≤1.5	$3.5<\eta\leqslant6$	Ⅲ	冻胀
	$22<w\leqslant26$	>1.5			
		≤1.5	$6<\eta\leqslant12$	Ⅳ	强冻胀
	$26<w\leqslant30$	>1.5			
		≤1.5	$\eta>12$	Ⅴ	特强冻胀
	$w>30$	不考虑			
粘性土	$w\leqslant w_p+2$	>2.0	$\eta\leqslant1$	Ⅰ	不冻胀
		≤2.0	$1<\eta\leqslant3.5$	Ⅱ	弱冻胀
	$w_p+2<w\leqslant w_p+5$	>2.0			
		≤2.0	$3.5<\eta\leqslant6$	Ⅲ	冻胀
	$w_p+5<w\leqslant w_p+9$	>2.0			
		≤2.0	$6<\eta\leqslant12$	Ⅳ	强冻胀
	$w_p+9<w\leqslant w_p+15$	>2.0			
		≤2.0	$\eta>12$	Ⅴ	特强冻胀
	$w>w_p+15$	不考虑			

注：①w_p—塑限含水量（%）；w—冻前天然含水量在冻层内的平均值；

②盐渍化冻土不在表列；

③塑性指数大于22时，冻胀性降低一级；

④粒径小于0.005mm的颗粒含量大于60%时为不冻胀土；

⑤碎石类土当填充物大于全部质量的40%时其冻胀性按填充物土的类别判定。

3.1.6 根据土融化下沉系数δ_0的大小，多年冻土可分为不融沉、弱融沉、融沉、强融沉和融陷土五类，并应符合表3.1.6的规定。冻土层的平均融化下沉系数δ_0可按下式计算：

$$\delta_0 = \frac{h_1 - h_2}{h_1} = \frac{e_1 - e_2}{1 + e_1} \times 100(\%) \qquad (3.1.6)$$

式中 h_1、e_1——冻土试样融化前的高度（mm）和孔隙比；

h_2、e_2——冻土试样融化后的高度（mm）和孔隙比。

多年冻土的融沉性分类 表 3.1.6

土的名称	总含水量 w（%）	平均融沉系数 δ_0	融沉等级	融沉类别	冻土类型
碎（卵）石，砾、粗、中砂（粒径小于0.074mm的颗粒含量不大于15%）	$w<10$	$\delta_0\leqslant1$	Ⅰ	不融沉	少冰冻土
	$w\geqslant10$	$1<\delta_0\leqslant3$	Ⅱ	弱融沉	多冰冻土
碎（卵）石，砾、粗、中砂（粒径小于0.074mm的颗粒含量大于15%）	$w<12$	$\delta_0\leqslant1$	Ⅰ	不融沉	少冰冻土
	$12\leqslant w<15$	$1<\delta_0\leqslant3$	Ⅱ	弱融沉	多冰冻土
	$15\leqslant w<25$	$3<\delta_0\leqslant10$	Ⅲ	融沉	富冰冻土
	$w\geqslant25$	$10<\delta_0\leqslant25$	Ⅳ	强融沉	饱冰冻土
粉、细砂	$w<14$	$\delta_0\leqslant1$	Ⅰ	不融沉	少冰冻土
	$14\leqslant w<18$	$1<\delta_0\leqslant3$	Ⅱ	弱融沉	多冰冻土
	$18\leqslant w<28$	$3<\delta_0\leqslant10$	Ⅲ	融沉	富冰冻土
	$w\geqslant28$	$10<\delta_0\leqslant25$	Ⅳ	强融沉	饱冰冻土
粉土	$w<17$	$\delta_0\leqslant1$	Ⅰ	不融沉	少冰冻土
	$17\leqslant w<21$	$1<\delta_0\leqslant3$	Ⅱ	弱融沉	多冰冻土
	$21\leqslant w<32$	$3<\delta_0\leqslant10$	Ⅲ	融沉	富冰冻土
	$w\geqslant32$	$10<\delta_0\leqslant25$	Ⅳ	强融沉	饱冰冻土
粘性土	$w<w_p$	$\delta_0\leqslant1$	Ⅰ	不融沉	少冰冻土
	$w_p\leqslant w<w_p+4$	$1<\delta_0\leqslant3$	Ⅱ	弱融沉	多冰冻土
	$w_p+4\leqslant w<w_p+15$	$3<\delta_0\leqslant10$	Ⅲ	融沉	富冰冻土
	$w_p+15\leqslant w<w_p+35$	$10<\delta_0\leqslant25$	Ⅳ	强融沉	饱冰冻土
含土冰层	$w\geqslant w_p+35$	$\delta_0>25$	Ⅴ	融陷	含土冰层

注：①总含水量 w，包括冰和未冻水；

②盐渍化冻土、冻结泥碳化土、腐殖土、高塑性粘土不在表列。

3.2 冻土地基勘察要求

3.2.1 对季节冻土与多年冻土季节融化层，应沿其深度方向每隔500mm取一个原状或扰动土样，试验天然含水量、塑限，液限；在基础拟埋深之下土层，还应提供：①粘性土：重度、有机质含量；②粉土：重度、颗分与有机质含量；③砂土：土粒相对密度、最大和最小密度、重度。确定地基承载力及评定冻胀等级。

3.2.2 对多年冻土钻探取样、运输、贮存以及试验等过程中，应采取防止试样融化的措施。

3.2.3 对季节冻土地基钻探的钻孔深度可与非冻土地基的钻探要求相同；多年冻土地基钻探的钻孔深度，对按第4.1.2条保持冻结状态设计的地基，不得小于基底之下2倍基础宽的深度，对桩基础宜超过桩下端3～5m；对按第4.1.2条逐渐融化状态和预先融化状态设计的地基，应符合非冻土地基的有关要求。

3.2.4 对多年冻土地基，根据现行国家标准《建筑地基基础设计规范》GBJ 7规定的安全等级、冻土工程地质条件以及地温特征等的不同情况，应选取下列设计需要的资料：

（1）气象资料：年平均气温、融化指数（冻结指数）、冬季月平均风速；

（2）地温资料：年平均地温、标准融深（标准冻深）、秋末冬初地温沿深度的分布；

（3）冻土物理参数：干密度、总含水量、相对含冰量、盐渍度、泥炭化程度，以及冻土构造；

（4）冻土与未冻土的热物理参数：导热系数、导温系数、容积热容量；

（5）冻土强度指标：冻结强度、抗剪强度、承载力、体积压缩系数；

（6）融化过程与融土的变形指标：融化下沉系数、融土体积压缩系数。

3.2.5 对安全等级为一级和重要的二级建筑物（砌体承重结构和框架结构层数超过7层），所在多年冻土场区宜进行原位试验及地温观测。

4 多年冻土地基的设计

4.1 一 般 规 定

4.1.1 在不连续多年冻土分布地区设计建筑物时，不宜将多年冻土用作地基。

4.1.2 将多年冻土用作建筑地基时，可采用下列三种状态之一进行设计：

1 多年冻土以冻结状态用作地基。在建筑物施工和使用期间，地基土始终保持冻结状态；

2 多年冻土以逐渐融化状态用作地基。在建筑物施工和使用期间，地基土处于逐渐融化状态；

3 多年冻土以预先融化状态用作地基。在建筑物施工之前，使地基融化至计算深度或全部融化。

4.1.3 对一栋整体建筑物必须采用同一种设计状态；对同一建筑场地应遵循一个统一的设计状态。

4.1.4 对建筑场地应设置排水设施，建筑物的散水坡宜作成装配式，对按冻结状态设计的地基，冬季应及时清除积雪；供热与给排水管道应采取绝热措施。

4.2 保持冻结状态的设计

4.2.1 保持冻结状态的设计宜用于下列之一的情况：

1 多年冻土的年平均地温低于－1.0℃的场地；

2 持力层范围内的地基土处于坚硬冻结状态；

3 最大融化深度范围内，存在融沉、强融沉、融陷性土及其夹层的地基；

4 非采暖建筑或采暖温度偏低，占地面积不大的建筑物地基；

4.2.2 保持地基土冻结状态的设计，可采取下列的基础形式和措施：

1 架空通风基础；

2 填土通风管基础；

3 用粗颗粒土垫高的地基；

4 桩基础、热桩基础；

5 保温隔热地板；

6 基础底面延伸至计算的最大融化深度之下；

7 人工制冷降低土温的措施。

4.2.3 保持地基土冻结状态的设计，宜采用桩基础；对现行国家标准《建筑地基基础设计规范》GBJ 7 规定的安全等级为一级的建筑物可采用热桩基础。在季节融化层范围内应采取保持桩身材料的耐久性措施。

4.2.4 建筑物在施工和使用期间，应对周围环境采取防止破坏温度的自然平衡状态的保护措施。

4.3 逐渐融化状态的设计

4.3.1 逐渐融化状态的设计宜用于下列之一的情况：

1 多年冻土的年平均地温为－0.5～1.0℃的场地；

2 持力层范围内的地基土处于塑性冻结状态；

3 在最大融化深度范围内，地基为不融沉和弱融沉性土；

4 室温较高、占地面积较大的建筑，或热载体管道及给排水系统对冻层产生热影响的地基。

4.3.2 按逐渐融化状态设计时，应采用下列措施之一来减少地基的变形：

4.3.2.1 在建筑物使用过程中，不得人为地加大地基土的融化深度；

4.3.2.2 应加大基础埋深，或选择低压缩性土为持力层；

4.3.2.3 应采用保温隔热地板，并架空热管道及给排水系统；

4.3.2.4 应设置地面排水系统。

4.3.3 当地基土逐渐融化后可能产生不均匀变形时，宜采用下列措施：

4.3.3.1 应加强结构的整体性与空间刚度。建筑物的平面应力求简单；应适当增设沉降缝，沉降缝处应布置双墙；应设置钢筋混凝土圈梁；纵横墙连接处应设置拉筋；

4.3.3.2 应采用能适应不均匀沉降的柔性结构。

4.3.4 建筑物下地基土逐渐融化的最大深度，可按本规范附录B的规定计算。

4.4 预先融化状态的设计

4.4.1 预先融化状态的设计宜用于下列之一的情况：

1 多年冻土的年平均地温不低于－0.5℃的场地；

2 持力层范围内地基土处于塑性冻结状态；

3 在最大融化深度范围内，存在变形量为不允许的融沉、强融沉和融陷土及其夹层的地基；

4 室温较高、占地面积不大的建筑物地基。

4.4.2 当按预先融化状态设计，预融深度范围内地基的变形量超过建筑物的允许值时，可采取下列之一的措施：

1 用粗颗粒土置换细颗粒土或预压加密；

2 基础底面之下多年冻土的人为上限保持相同；

3 加大基础埋深；

4 必要时采取结构措施，适应变形要求。

4.4.3 按预先融化状态设计，当冻土层全部融化时，应按季节冻土地基设计。

4.5 含土冰层、盐渍化冻土与冻结泥炭化土地基的设计

4.5.1 含土冰层不宜用作地基。

4.5.2 对盐渍化冻土地基，当按保持冻结状态设计时，除应符合第4.2节有关规定外，尚应符合下列规定：

4.5.2.1 宜采用桩基础。对钻孔插入桩回填泥浆与盐渍化冻土界面的冻结强度应进行验算；

4.5.2.2 单桩竖向承载力应按第7.3.5条的规定确定；

4.5.2.3 盐渍化冻土处于塑性冻结状态时，地基的变形计算参数，应按原位静载试验确定；

4.5.2.4 当钻孔插入桩采用石灰砂浆或水泥砂浆回填时，钻孔直径应大于桩径100mm。

4.5.3 当盐渍化冻土地基按逐渐融化和预先融化状态设计时，应按第4.3、4.4节有关规定进行，并应符合现行国家标准《建筑地基基础设计规范》GBJ 7的有关规定。

4.5.4 当冻结泥炭化土地基按保持冻结状态设计时，除应符合第4.2节有关规定外，尚应符合下列规定：

4.5.4.1 泥碳化程度ξ不小于25%时，宜采用钻孔打入桩或插入式热桩；

4.5.4.2 当采用钻孔插入桩时，应验算泥浆与冻结泥炭化土界面的冻结强度；

4.5.4.3 钻孔插入桩采用石灰砂浆回填时，钻孔直径应大于桩径100mm；

4.5.4.4 桩尖下砂垫层的铺设厚度不应小于300mm；浅基础底部砂石垫层的铺设厚度应大于基底宽度的1/2，其承载力应按原地基土的种类取值；

4.5.4.5 地基承载力宜按原位静载试验确定；

4.5.4.6 冻结泥炭化土处于塑性冻结状态时，其地基变形计算参数，应按原位静载试验确定。

5 基础的埋置深度

5.1 季节冻土地基

5.1.1 对冻胀性地基土，在符合地基稳定及变形要求的前提下，应验算在冻胀力作用下基础的稳定性。

5.1.2 对冻胀性地基土，基础底面可埋置在设计冻深范围之内，冬季基础底面之下可出现一定厚度的冻土层（设计埋深至最大冻深线之间），但必须按附录C的规定进行冻胀力作用下基础的稳定性验算。冻胀力作用下基础的稳定性验算包括施工期间、越冬工程以及竣工之后的使用阶段。

设计冻深 z_d 应按下式计算：

$$z_d = z_0\psi_{zs}\psi_{zw}\psi_{zc}\psi_{zt0} \tag{5.1.2}$$

式中 z_0——标准冻深。无当地实测资料，除山区外，应按图5.1.2全国季节冻土标准冻深线图查取；

ψ_{zs}——土质（岩性）对冻深的影响系数，按表5.1.2-1的规定采用；

ψ_{zw}——湿度（冻胀性）对冻深的影响系数，按表5.1.2-2的规定采用；

ψ_{zc}——周围环境对冻深的影响系数，按表5.1.2-3的规定采用；

ψ_{zt0}——地形对冻深的影响系数，按表5.1.2-4的规定采用。

5.1.3 施工时，挖好的基槽底部，不宜留有冻土层（包括开槽前已形成的和开槽后新冻结的）；当土质较均匀，且通过计算确认地基土融化、压缩的下沉总值在允许范围之内，或当地有成熟经验时，可在基底下存留一定厚度的冻土层。

土质（岩性）对冻深的影响系数 ψ_{zs} 表5.1.2-1

土质（岩性）	ψ_{zs}	土质（岩性）	ψ_{zs}
粘性土	1.00	中、粗、砾砂	1.30
细砂、粉砂、粉土	1.20	碎（卵）石土	1.40

湿度（冻胀性）对冻深的影响系数 ψ_{zw} 表5.1.2-2

湿度（冻胀性）	ψ_{zw}	湿度（冻胀性）	ψ_{zw}
不冻胀	1.00	强冻胀	0.85
弱冻胀	0.95	特强冻胀	0.80
冻胀	0.90		

注：①土的湿度（冻胀性）影响一项，应按表3.1.5的规定确定。

周围环境对冻深的影响系数 ψ_{zc} 表5.1.2-3

周围环境	ψ_{zc}	周围环境	ψ_{zc}
村、镇、旷野	1.00	城市市区	0.90
城市近郊	0.95		

地形对冻深的影响系数 ψ_{zt0} 表5.1.2-4

地　形	ψ_{zt0}	地　形	ψ_{zt0}
平坦	1.00	阴坡	1.10
阳坡	0.90		

注：①周围环境影响一项，应按下述取用：
当城市市区人口为20～50万时，按城市近郊取值；
当城市市区人口大于50万且小于或等于100万时，只计人市区影响；
当城市市区人口为100万以上时，除计人市区影响外，尚应考虑5km的近郊范围。

5.1.4 基础的稳定性当按附录C的有关规定进行验算，且冻胀力的设计值超过结构自重的标准值（包括地基中的锚固力）时，应重新调整基础的尺寸和埋置深度，如不经济，可采取下列减小或消除冻胀力的措施。

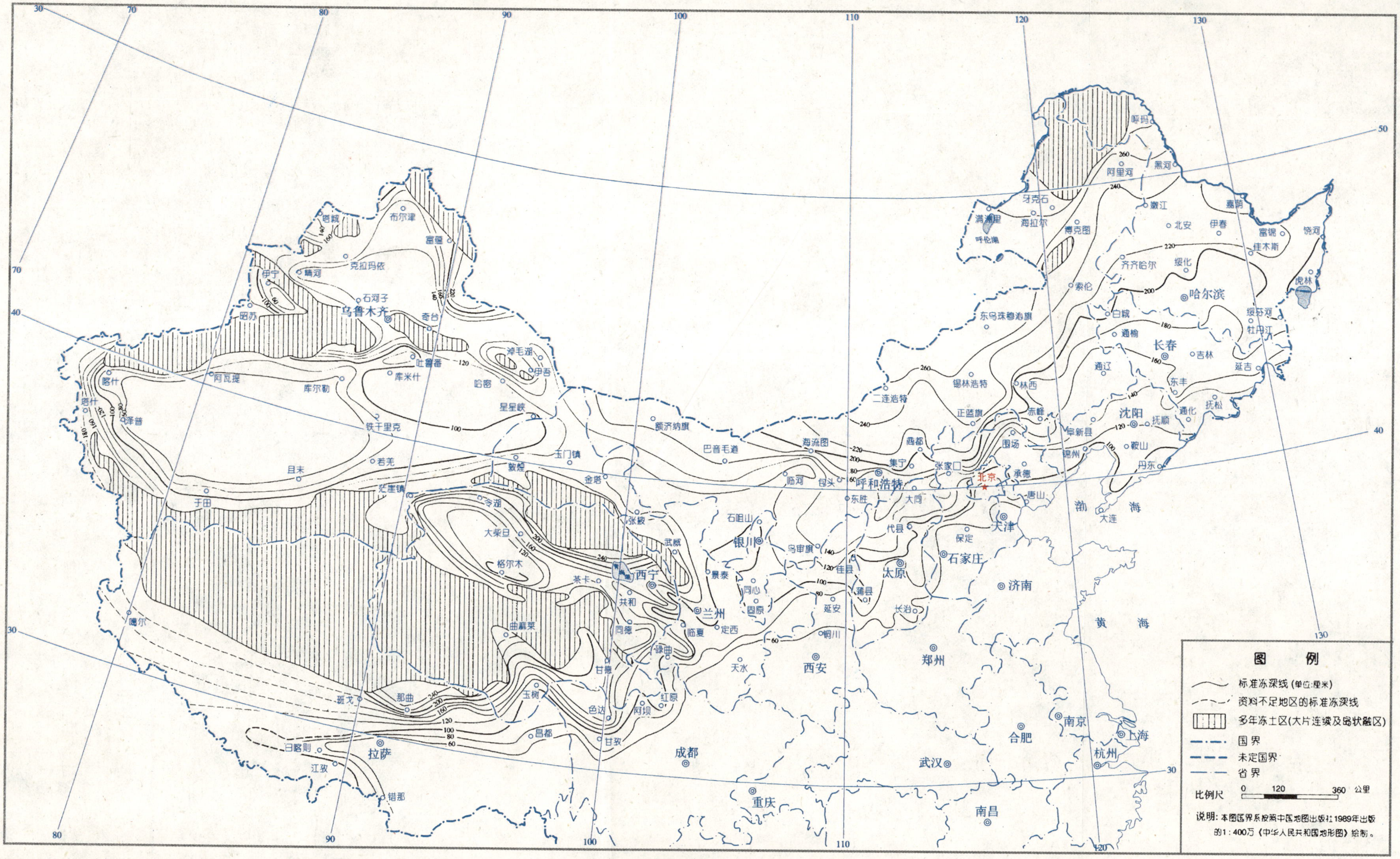

图 5.1.2 中国季节冻土标准冻深线图(cm)

5.1.4.1 采取改变地基土冻胀性的措施：

1 为了防止施工和使用期间的雨水、地表水、生产废水和生活污水浸入地基，应配置排水设施。在山区应设置截水沟或在建筑物下设置暗沟，以排走地表水和潜水流，避免因基础堵水而造成冻害；

2 对低洼场地，可采用非冻胀性土填方，填土高度不应小于0.5m，其范围不应小于散水坡宽度加1.5m；

3 在基础外面，可用一定厚度的非冻胀性土层或隔热材料在一定宽度内进行保温，其厚度与宽度宜通过热工计算确定；

4 可用强夯法消除土的冻胀性。

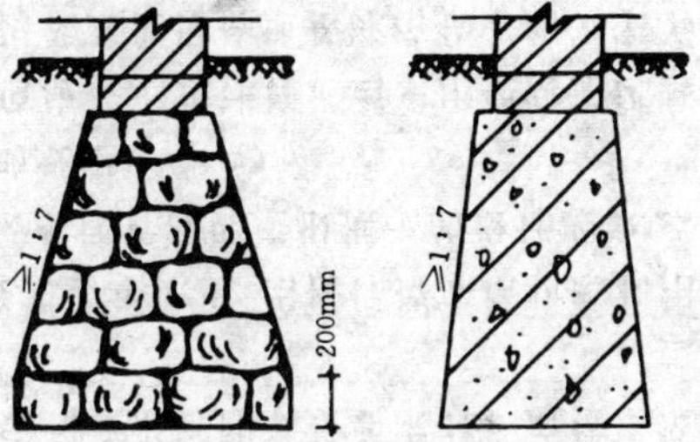

图 5.1.4-1 梯形斜面基础

5.1.4.2 采取结构措施：

1 可增加建筑物的整体刚度。设置钢筋混凝土封闭式圈梁和基础梁，并控制建筑物的长高比；

2 平面图形应力求简单，体形复杂时，宜采用沉降缝隔开；

3 宜采用独立基础；

4 当外墙的长度大于等于7m，高度大于等于4m时，宜增加内横隔墙或扶壁柱；

5 可加大上部荷重，或缩小基础与冻胀土接触的表面积；

6 外门斗、室外台阶和散水坡等附属结构应与主体承重结构断开；散水坡分段不宜超过1.5m，坡度不宜小于3%，其下宜填筑非冻胀性材料；

7 按采暖设计的建筑物，当年不能竣工或入冬前不能交付正常使用，或使用中可能出现冬季不能正常采暖时，应对地基采取相应的越冬保温措施；对非采暖建筑物的跨年度工程，入冬前基坑应及时回填，并采取保温措施。

5.1.4.3 减小和消除切向冻胀力的措施：

1 基础在地下水位之上时，基础侧表面可回填非冻胀性的中砂和粗砂，其厚度不应小于100mm；

2 应对与冻胀土接触的基础侧表面进行压平、抹光处理；

3 可采用物理化学方法处理基础侧表面或与基础侧表面接触的土层；

4 可做成正梯形的斜面基础，在满足现行国家标准《建筑地基基础设计规范》GBJ 7对刚性角的规定条件下，其宽高比不应小于1∶7（图5.1.4-1）；

5 可采用底部带扩大部分的自锚式基础（图5.1.4-2），其设计计算应按附录C的规定进行。

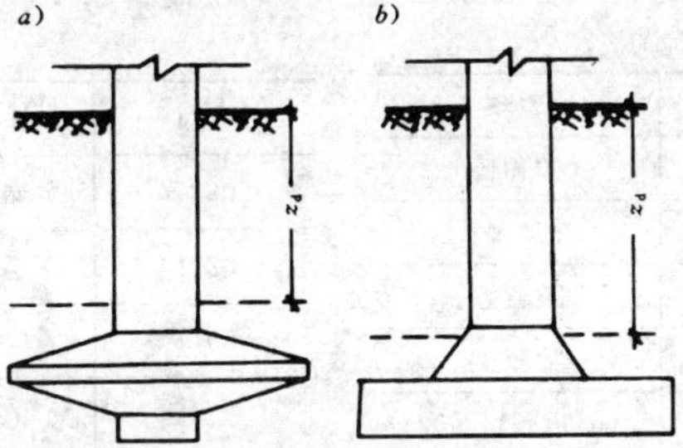

图 5.1.4-2 自锚式基础

5.1.4.4 减小和消除法向冻胀力的措施：

1 基础在地下水位之上时，可采用换填法，用非冻胀性的粗颗粒土做垫层，但垫层的底面必须坐落在设计冻深线处；

2 在独立基础的基础梁下或桩基础的承台下面，除不冻胀与弱冻胀土之外对其余的土层应留有相当于地表冻胀量的空隙，空隙中可填充松软的保温材料（图5.1.4-3）。

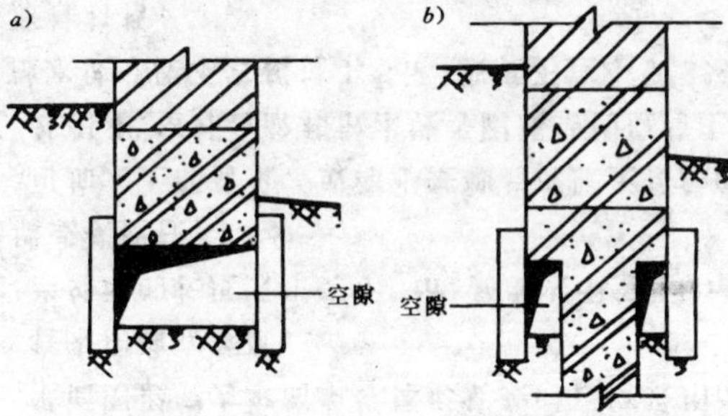

图 5.1.4-3　基础梁和桩基承台构造

5.2　多年冻土地基

5.2.1　对不衔接的多年冻土地基，当房屋热影响的稳定深度范围内地基土的稳定和变形都能满足要求时，应按季节冻土地基计算基础的埋深。

5.2.2　对衔接的多年冻土，当按保持冻结状态利用多年冻土作地基时，基础的最小埋置深度应根据土的设计融深 z_d^m 确定，并应符合表 5.2.2-1 的规定。

融深设计值应按下式计算，当采用架空通风基础、填土通风管基础、热桩以及其他保持地基冻结状态的方案不经济时，也可将基础延伸到稳定融化盘最大深度以下 1m 处。

$$z_d^m = z_0^m \psi_s^m \psi_w^m \psi_c^m \psi_{t0}^m \quad (5.2.2)$$

式中　z_0^m——标准融深；

ψ_s^m——土质（岩性）对融深的影响系数，按表 5.2.2-2 的规定采用；

ψ_w^m——湿度（融沉性）对融深的影响系数，按表 5.2.2-3 的规定采用；

ψ_{t0}^m——地形对融深的影响系数，按表 5.2.2-4 的规定采用；

ψ_c^m——覆盖对融深的影响系数，按表 5.2.2-5 的规定采用。

基础最小埋置深度 d_{min}　　表 5.2.2-1

建筑物安全等级	基　础	基础最小埋深（m）
一、二级	建筑物基础（桩基除外）	z_d^m+1
	建筑物的桩基础	z_d^m+2
三　级	建筑物基础	z_d^m

土质（岩性）对融深的影响系数 ψ_s^m　　表 5.2.2-2

土质（岩性）	ψ_s^m
粘性土	1.00
细砂、粉砂、粉土	1.20
中、粗、砾砂	1.30
碎（卵）石土	1.40

湿度（融沉性）对融深的影响系数 ψ_w^m　　表 5.2.2-3

湿度（融沉性）	ψ_w^m
不融沉	1.00
弱融沉	0.95
融沉	0.90
强融沉	0.85
融陷	0.80

地形对融深的影响系数 ψ_{t0}^m　　表 5.2.2-4

地　形	ψ_{t0}^m
平坦	1.00
阳坡	0.90
阴坡	1.10

覆盖对融深的影响系数 ψ_c^m　　表 5.2.2-5

覆　盖	ψ_c^m
地表草炭覆盖	0.70

5.2.3　标准融深 z_0^m 应根据当地实测资料确定，无实测资料时可按下列公式计算：

1. 对高海拔多年冻土区（青藏高原）

$$z_0^m = 0.195\sqrt{\Sigma T_m} + 0.882(\text{m}) \quad (5.2.3\text{-}1)$$

2. 对高纬度多年冻土区（东北地区）

$$z_0^m = 0.134\sqrt{\Sigma T_m} + 0.882(\text{m}) \quad (5.2.3\text{-}2)$$

式中　ΣT_m——融化指数的标准值（℃·m）；当无实测资料时，除山区外可按图5.2.3中国融化指数标准值等值线图查取；

3 对山区，融化指数的标准值可按下列公式计算：

(1) 东北地区

$$\Sigma T_{m1}=(7532.8-90.96L-93.57H)/30(℃\cdot m) \tag{5.2.3-3}$$

(2) 青海地区

$$\Sigma T_{m2}=(10722.7-141.25L-114.00H)/30(℃\cdot m) \tag{5.2.3-4}$$

(3) 西藏地区

$$\Sigma T_{m3}=(9757.7-71.81L-140.48H)/30(℃\cdot m) \tag{5.2.3-5}$$

式中 L——纬度(°)；

H——海拔(100m)。

6 多年冻土地基的计算

6.1 一般规定

6.1.1 在多年冻土地区建筑物地基的设计中，应对地基进行静力计算和热工计算。

6.1.2 地基的静力计算应包括承载力计算，变形计算和稳定性验算。确定冻土地基承载力时，应计入地基土的温度影响；建造于山坡的建筑物，其地基应按第8.1节的有关规定进行冻融界面的稳定性验算。

6.1.3 多年冻土地基的计算应符合下列规定：

6.1.3.1 保持地基土处于冻结状态时，对坚硬冻土应进行承载力计算；对塑性冻土除应进行承载力计算外，尚应对层数超过7层(或其荷重相当7层)的砌体承重结构和框架结构进行变形验算；

6.1.3.2 多年冻土以逐渐融化状态和预先融化状态用作地基时，应符合现行国家标准《建筑地基基础设计规范》GBJ 7的有关规定。房屋下有融化盘时，应进行最大融化深度的计算。建筑物使用期间地基土逐渐融化时，尚应按第6.3.2条的规定进行融化下沉和压缩沉降量计算；

6.1.3.3 上述任何情况都应进行热工计算，并应按附录D和附录K的规定对持力层内地温特征值进行计算，当按保持冻结状态设计时，尚应根据附录E进行架空通风计算；当按逐渐融化状态和预先融化状态设计时，尚应根据附录B的规定进行建筑物地基土的融化深度计算。

6.1.4 冻土地基的承载力，应结合当地的建筑经验按下列规定综合确定：

6.1.4.1 对现行国家标准《建筑地基基础设计规范》GBJ 7规定

的安全等级为一级的建筑物，应按附录F的有关规定进行载荷试验或原位试验，并应结合冻土的物理力学性质综合确定；

6.1.4.2 对现行国家标准《建筑地基基础设计规范》GBJ 7—89中表2.0.2所列范围以外的安全等级为二级的建筑物，宜按附录F的有关规定进行载荷试验或原位试验确定；

6.1.4.3 对现行国家标准《建筑地基基础设计规范》GBJ 7—89中表2.0.2所列范围之内安全等级为二级的建筑物，可按土与冻土的物理力学性质和地温状态，按附录A有关规定查表确定；

6.1.4.4 对于安全等级为三级的建筑物可根据现有邻近建筑的经验确定。

6.2 保持冻结状态地基的计算

6.2.1 地基承载力的计算，应符合下列规定：

6.2.1.1 当为中心荷载作用时，应符合下式要求：

$$p \leqslant f \quad (6.2.1\text{-}1)$$

式中 p——基础底面处的平均压力设计值（kPa），应按第6.2.2条的规定进行计算；

f——地基承载力设计值（不进行深宽修正）（kPa），应按原位试验或附录A的规定确定。

6.2.1.2 当为偏心荷载作用时，除应符合公式（6.2.1-1）的要求外，尚应符合下式要求：

$$p_{max} \leqslant 1.2f \quad (6.2.1\text{-}2)$$

式中 p_{max}——基础底面边缘的最大压力设计值（kPa）。

6.2.2 基础底面的压力，可按下列公式确定：

6.2.2.1 当为中心荷载作用时

$$p = \frac{F+G}{A} \quad (6.2.2\text{-}1)$$

式中 F——上部结构传至基础顶面的竖向力设计值（kN）；

G——基础自重和基础上的土重设计值（kN）；

A——基础底面面积（m^2）。

6.2.2.2 当为偏心荷载作用时

$$p_{max} = \frac{F+G}{A} + \frac{M-M_c}{W} \quad (6.2.2\text{-}2)$$

$$p_{min} = \frac{F+G}{A} - \frac{M-M_c}{W} \quad (6.2.2\text{-}3)$$

式中 p_{min}——基础底面边缘的最小压力设计值（kPa）；

M——作用于基础底面的力矩设计值（kN·m）；

W——基础底面的抵抗矩（m^3）；

M_c——作用于基础侧表面与多年冻土冻结的切向力所形成力矩的设计值（kN·m）。

6.2.2.3 切向力所形成力矩的设计值可按下式确定

$$M_c = f_c \cdot h_b \cdot L(b + 0.5L) \quad (6.2.2\text{-}4)$$

式中 f_c——多年冻土与基础侧表面间的冻结强度设计值(kPa)，应由试验确定，当无试验资料时，可按附录A的规定确定；

h_b——基础侧表面与多年冻土冻结的高度（m）；

b——基础底面的宽度（m）；

L——基础底面平行力矩作用方向的边长（m）。

6.2.3 塑性冻土地基的下沉量，可不计算；当砌体承重结构、框架结构层数超过7层（荷重相当7层）时，可按现行国家标准《建筑地基基础设计规范》GBJ 7的有关规定计算。

6.3 逐渐融化状态和预先融化状态地基的计算

6.3.1 进行地基变形计算时，其变形量应符合下式要求：

$$S \leqslant S_y \quad (6.3.1)$$

式中 S——地基的变形量（mm）；

S_y——现行国家标准《建筑地基基础设计规范》GBJ 7规定的地基变形的允许值。

6.3.2 在建筑物施工及使用过程中逐渐融化的地基土，应按线性变形体计算，其地基变形量应按下式计算：

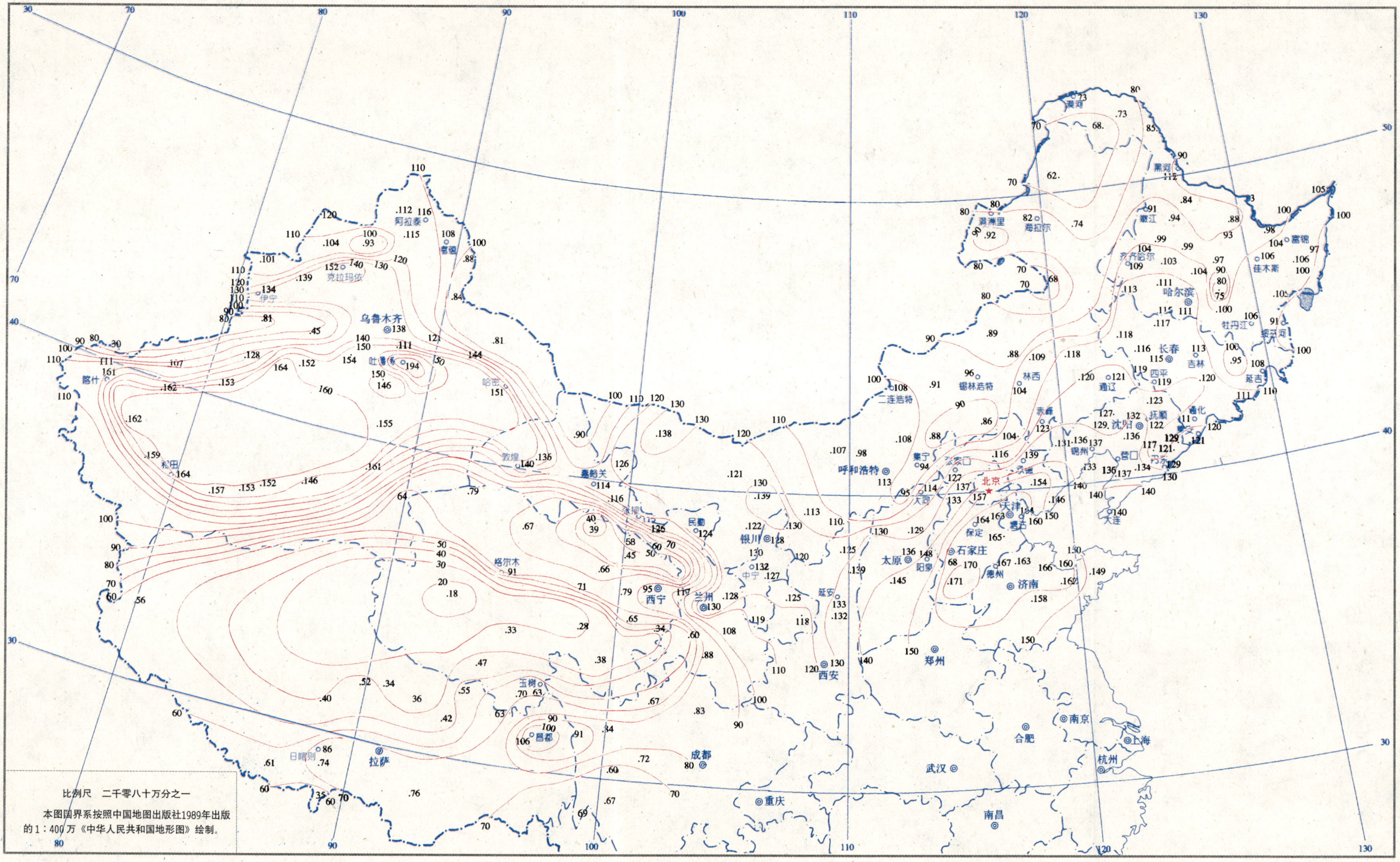

图 5.2.3　中国融化指数标准值等值线图（℃、m）

$$S = \sum_{i=1}^{n} \delta_{0i}(h_i - \Delta_i) + \sum_{i=1}^{n} m_v (h_i - \Delta_i) p_{ri} + \sum_{i=1}^{n} m_v (h_i - \Delta_i) p_{0i} + \sum_{i=1}^{n} \Delta_i \quad (6.3.2)$$

式中 δ_{0i}——无荷载作用时，第 i 层土融化下沉系数，应由试验确定；无试验数据时可按附录 G 的规定求得；

m_v——第 i 层融土的体积压缩系数，应由试验确定；无试验数据时可按附录 G 表 G.0.4 的规定确定；

Δ_i——第 i 层土中冰夹层的平均厚度（mm），当 Δ_i 大于等于 10mm 时才计取；

p_{ri}——第 i 层中部以上土的自重压力（kPa）；

h_i——第 i 层土的厚度，h_i 小于等于 $0.4b$，b 为基础的短边长度（mm）；

p_{0i}——基础中心下，地基土融冻界面处第 i 层土的平均附加应力（kPa）；

n——计算深度内土层划分的层数。

6.3.3 基础中心下地基土融冻界面处的平均附加应力 p_{0i} 应按下式计算：

$$p_{0i} = (\alpha_i + \alpha_{i-1}) \frac{1}{2} p_0 \quad (6.3.3)$$

式中 α_{i-1}、α_i——基础中心下第 $i-1$、i 层融冻界面处土的应力系数，应按表 6.3.3 的规定取值；

p_0——基础底面的附加压力（kPa）。

6.3.4 地基冻土在最大融深范围内不完全预融时，其下沉量可按下式计算：

$$s = s_m + s_a \quad (6.3.4)$$

式中 s_m——已融土层厚度 h_m 内的下沉量，应按公式（6.3.2）计算，此时 δ_{0i} 为 0，Δ_i 为 0；

s_a——已融土层下的冻土在使用过程中逐渐融化压缩的下沉量，应按公式（6.3.2）计算，此时的计算深度 $h_t = H_u - h_m$；H_u 为地基土的融化总深度，$H_u = H_{max} + 0.2h_m$，其中 H_{max} 为地基冻土的计算最大融深。

6.3.5 由于偏心荷载、冻土融深的不一致或土质不均匀及相邻基础相互影响等而引起的基础倾斜，应按下式计算

$$i = \frac{s_1 - s_2}{b} \quad (6.3.5)$$

式中 s_1、s_2——基础边缘下沉值（mm），可按公式（6.3.2）计算；

b——基础倾斜边的长度（mm）。

6.3.6 基础进行承载力计算时，应按照现行国家标准《建筑地基基础设计规范》GBJ 7—89 第 5.1 节的规定计算，其中地基承载力的设计值应采用融化土地基承载力的设计值，按实测资料确定；无实测资料时，可按现行国家标准《建筑地基基础设计规范》GBJ 7 相应规定确定。

基础下多年冻土融冻界面处土中的应力系数 α　　表 6.3.3

$\frac{h}{b_1}$	圆形（半径 $=b_1$）	矩形基础底面长宽比 a/b				条形 $a/b>10$	简图
		1	2	3	10		
0	1.000	1.000	1.000	1.000	1.000	1.000	
0.25	1.009	1.009	1.009	1.009	1.009	1.009	
0.50	1.064	1.053	1.033	1.033	1.033	1.033	
0.75	1.072	1.082	1.059	1.059	1.059	1.059	
1.00	0.965	1.027	1.039	1.026	1.025	1.025	
1.50	0.684	0.762	0.912	0.911	0.902	0.902	
2.00	0.473	0.541	0.717	0.769	0.761	0.761	
2.50	0.335	0.395	0.593	0.651	0.636	0.636	
3.00	0.249	0.298	0.474	0.549	0.560	0.560	
4.00	0.148	0.186	0.314	0.392	0.439	0.439	
5.00	0.098	0.125	0.222	0.287	0.359	0.359	
7.00	0.051	0.065	0.113	0.170	0.262	0.262	
10.00	0.025	0.032	0.064	0.093	0.181	0.185	
20.00	0.006	0.008	0.016	0.024	0.068	0.086	
50.00	0.001	0.001	0.003	0.005	0.014	0.037	
∞	0.000	0.000	0.000	0.000	0.000	0.000	

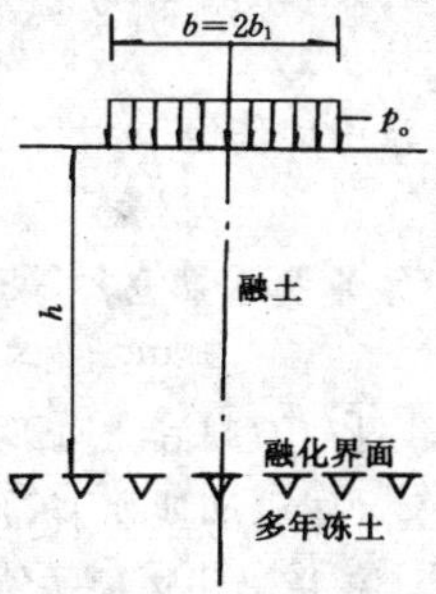

7 基 础

7.1 一 般 规 定

7.1.1 冻土地区基础类型应根据建筑物类型、上部结构特点、冻土地基条件和多年冻土所采用的设计状态选定。

7.1.2 多年冻土地区的基础下应设置由粗颗粒非冻胀性砂砾料构成的垫层。垫层厚度不应小于300mm，并应根据多年冻土地区所采用的设计状态确定。当在独立基础下设置时，垫层的宽度和长度应按下列公式计算：

$$b' = b + 2d \cdot \mathrm{tg}30° \qquad (7.1.2\text{-}1)$$

$$l' = l + 2d \cdot \mathrm{tg}30° \qquad (7.1.2\text{-}2)$$

式中 b'、b——垫层和基础底面的宽度（m）；

l'、l——垫层和基础底面的长度（m）；

d——垫层厚度（m）。

垫层应分层夯实，并应符合现行国家标准《建筑地基基础设计规范》GBJ 7的规定。当按允许地基土逐渐融化和预先融化状态设计时，应满足垫层下冻土融化后的承载力要求。

7.1.3 冻土地区的基础设计除应符合本规范规定的要求外，尚应符合现行国家标准《建筑地基基础设计规范》GBJ 7中的有关规定。

7.2 多年冻土上的通风基础

7.2.1 通风基础，在冬季应以自然通风为主；经热工计算不能满足时也可采用强制通风。

7.2.2 架空通风基础应用于大片连续及具有岛状融区的多年冻土地区。对岛状多年冻土地区应根据热工计算及技术经济比较后确定。

7.2.3 架空通风基础应由桩基、柱下单独基础、墩式基础与上部结构梁板组成。基础埋置深度应按第5章的有关规定确定。

7.2.4 根据热工计算或当地建筑经验以及积雪条件，可采用架空通风基础（在勒脚处带通风孔的隐蔽形式或全通风的敞开式）。自然通风的架空高度（通风空间顶板底面至设计地面的距离）不应小于800mm；当在通风空间内设置设备管道时，其高度应符合能进入该空间内进行检修的要求，并不应小于1.2m。

通风空间内地面坡度不应小于2%，并坡向外墙或排水沟。通风空间内地面宜采用隔热层（泥炭、炉渣等）覆盖。

7.2.5 架空通风基础通风孔总面积（进气与排气孔的面积之和）可按热工计算确定或按附录E的规定确定。

7.2.6 低层公寓、办公室、宿舍及住宅等对室内取暖温度不高的房屋，当设置架空通风基础不经济时，可采用填土通风管基础，并应符合下列规定：

7.2.6.1 填土通风管基础宜用于年平均气温低于−3.5℃、且季节融化层为不冻胀或弱冻胀的多年冻土地区；

7.2.6.2 通风管宜采用内径（或边长）为300～500mm的预制钢筋混凝土管；

7.2.6.3 通风管应相互平行卧放在填土层中，走向应与当地冬季主导风向平行；

7.2.6.4 天然地面至通风管顶的距离不应小于500mm；

7.2.6.5 通风管数量和填土高度应根据室内采暖温度、地面保温层热阻、年平均气温、风速等参数由热工计算确定；

7.2.6.6 外墙外侧的通风管不得少于1根；

7.2.6.7 填土宽度和长度应比建筑物的宽度和长度大4～5m，填土材料应为非冻胀性砂砾料，并应分层回填夯实。

7.3 桩 基 础

7.3.1 季节冻土地区的桩基础除应符合现行国家标准《建筑地基

基础设计规范》GBJ 7 和《建筑桩基技术规范》JGJ 94 的有关规定外，尚应进行桩基冻胀稳定性与桩身抗拔强度验算。

7.3.2 多年冻土地区桩基础根据沉桩方式可分为：钻孔打入桩、钻孔插入桩、钻孔灌注桩。三种桩应分别符合下列规定：

7.3.2.1 钻孔打入桩的成孔直径应比钢筋混凝土预制桩直径或边长小 50mm，钻孔深度应比桩的入土深度大 300mm，并应将预制桩沉入设计标高。这种桩宜用于不含大块碎石的塑性冻土地带；

7.3.2.2 钻孔插入桩的成孔直径应比桩径增大 100mm 及以上，将预制桩插入钻孔内，并以泥浆或其他填料充填。这种桩应用于桩长范围内平均温度低于-0.5℃的坚硬冻土地区。当桩周充填的泥浆全部回冻后，方可施加荷载；

7.3.2.3 钻孔灌注桩在成孔后应用负温早强混凝土灌注，这种桩应用于大片连续多年冻土及岛状融区地区。

7.3.3 桩基础在多年冻土地区宜按保持地基土处于冻结状态的方案设计。此时，应设置架空通风空间及保温地面；在低桩承台及基础梁下，应留有一定高度的空隙或用松软的保温材料填充。

7.3.4 桩基础的构造应符合下列规定：

7.3.4.1 钢筋混凝土预制桩的混凝土强度等级不应低于 C30；灌注桩混凝土强度等级不应低于 C20；

7.3.4.2 最小桩距宜为 3 倍桩径。插入桩和钻孔打入桩下应设置 300mm 厚的砂层；

7.3.4.3 桩端入土深度应按第 7.3.5 条的规定计算确定，同时尚应符合第 6 章的规定；

7.3.4.4 当钻孔灌注桩桩端持力层含冰量大时，应在冻土与混凝土之间设置厚度为 300～500mm 的砂砾石垫层。

7.3.5 单桩的竖向承载力宜通过现场静载荷试验确定。在同一条件下的试桩数量不应少于总桩数的 1%，并不应少于 2 根，安全等级为一级的建筑物不应少于 3 根；单桩的竖向静载荷试验可按附录 H 的规定进行。在地质条件相同的地区，可根据已有试验资料结合具体情况确定，并应符合下列规定：

1 初步设计时，可按下列公式估算：

$$R = q_{fp} \cdot A_p + U_p \left(\sum_{i=1}^{n} f_{ci} l_i + \sum_{j=1}^{m} q_{sj} l_j \right) \qquad (7.3.5)$$

式中 q_{fp}——桩端多年冻土层的承载力设计值（kPa），无实测资料时应按附录 A 的规定选用；

A_p——桩身横截面积（m^2）；

U_p——桩身周边长度（m）；

f_{ci}——第 i 层多年冻土桩周冻结强度设计值(kPa)，无实测资料时按附录 A 的规定选用；

q_{sj}——第 j 层桩周土摩擦力的设计值（kPa），应按现行行业标准《建筑桩基技术规范》JGJ 94—94 表 5.2.8-1 选用；冻结—融化层土为强冻胀或特强冻胀土，在融化时对桩基产生负摩擦力，按现行行业标准《建筑桩基技术规范》JGJ 94—94 第 5.2.16 条取用，若不能查取时可取 10kPa，以负值代入；

l_i、l_j——按土层划分的各段桩长（m）；

R——单桩竖向承载力设计值（kN）；

n——多年冻土层分层数；

m——季节融化土层分层数。

2 为加速钻孔插入桩泥浆土的回冻，可采用人工冻结法；

3 在选用桩周土冻结强度 f_c 及桩端承载力 q_{fp} 时应采用计算温度 T_y，T_y 应按附录 D 公式（D.2.1）计算。

7.4 浅 基 础

7.4.1 季节冻土地区浅基础设计除应符合现行国家标准《建筑地基基础设计规范》GBJ 7—89 第 8 章的规定外，尚应按附录 C 进行冻胀力作用下基础的稳定性验算。

7.4.2 配筋的基础竖向构件应按第 7.4.7.3 款的规定进行抗拉强度验算；当利用扩展基础底板的锚固作用时，底板上缘应按第

7.4.7.4 款的规定进行配筋。

7.4.3 多年冻土地基刚性基础当按逐渐融化状态设计时，地基土应为不融沉或弱融沉土；对其他融沉等级的地基土，应按保持地基土处于冻结状态设计，此时，施工宜在秋末冬初，采用快速施工方法。

7.4.4 刚性基础的混凝土、毛石混凝土的强度等级不应低于C10，冬季施工时应掺防冻剂；毛石砌体的水泥砂浆强度等级不应低于M5。

刚性基础穿过冻胀性季节融化层时，应按第5.1节的有关规定采取防切向冻胀力的措施。

采用刚性基础时应增加上部承重结构的整体刚度。

7.4.5 扩展基础系用钢筋混凝土材料做成的柱下单独基础、立柱或管柱下的底座，以及墙下条形基础。柱下单独基础可用于多年冻土地区按保持地基土冻结状态设计的各种地基土；当采用允许地基逐渐融化的状态设计时，地基土应是不融沉或弱融沉的。墙下条形基础可用于按允许地基逐渐融化设计的弱融沉或不融沉土。

7.4.6 位于季节融化层的扩展基础竖向构件应按第5.1节的有关规定采取防切向冻胀力的措施。

预制钢筋混凝土柱穿过季节融化层时，柱与基础的连接应符合抗拔要求；杯形基础的杯壁应按抗拔配置竖向钢筋；带有底座的预制钢及钢筋混凝土立柱与底座可用锚固螺栓连接，锚固螺栓的直径及数量应按抗冻切力计算确定，并不应少于4ϕ16，连接节点应作防腐处理。

7.4.7 扩展基础的计算应符合下列规定：

7.4.7.1 基础底面积应按第6章的规定确定；

7.4.7.2 基础高度和变阶处的高度，应按现行国家标准《混凝土结构设计规范》GBJ 10的有关规定确定；混凝土强度等级不应低于C20；

7.4.7.3 扩展基础的竖向构件应按下式进行抗拉强度验算：

$$\Sigma\tau_{di}ul_i < f_y A_s + 0.9(F_k + G'_k) \qquad (7.4.7\text{-}1)$$

式中 τ_{di}——第i层季节融化层单位切向冻胀力设计值，应按附录C的规定确定（kPa）；

u——与冻胀性土相接触的基础竖向构件截面周长（m），条基取单位长度基础计算；

l_i——按季节融化土层分段的各段竖向构件长度（m）；

F_k——由上部结构自重产生的作用于基础顶面的竖向力标准值（kN）；

G'_k——季节融化层内基础竖向构件自重的标准值（kN）；

f_y——受拉钢筋强度设计值（MPa），应按现行国家标准《混凝土结构设计规范》GBJ 10的规定取值；

n——季节融化层分层数；

A_s——受拉钢筋的截面面积（mm^2）。

7.4.7.4 应按附录C的规定进行冻胀力作用下基础的稳定性验算；

7.4.7.5 当利用扩展基础底板的锚固作用来抵抗基础隆胀时，底板上缘应配置钢筋，底板任意截面的弯矩应按下列公式计算（图7.4.7）：

$$M'_{\mathrm{I}} = \frac{1}{6}a_1^2(2l + a')R_a \qquad (7.4.7\text{-}2)$$

$$M'_{\mathrm{II}} = \frac{1}{24}(l - a')^2(2b + b')R_a \qquad (7.4.7\text{-}3)$$

$$R_a = \frac{\Sigma\tau_{di}ul_i - (F_k + G_k)0.9}{lb - ha} \qquad (7.4.7\text{-}4)$$

式中 M'_{I}、M'_{II}——任意截面Ⅰ－Ⅰ、Ⅱ－Ⅱ处的弯矩设计值（kN·m）；

h、a——基础竖向构件截面边长(m)；条基取单位长度基础计算；

G_k——基础自重标准值（不包括基础底板上的土重）（kN）；

a_1——任意截面Ⅰ-Ⅰ至基础边缘的距离（m）；

R_a——当基础上拔时，基础扩大部分顶面覆盖土层产生的单位土反力（kPa）；

a'、b'——基础顶面上覆土层作用的梯形面积（图7.4.7阴影部分）的上底（m）。

7.4.7.6 底板上缘配筋应按现行国家标准《混凝土结构设计规范》GBJ 10的有关规定计算。

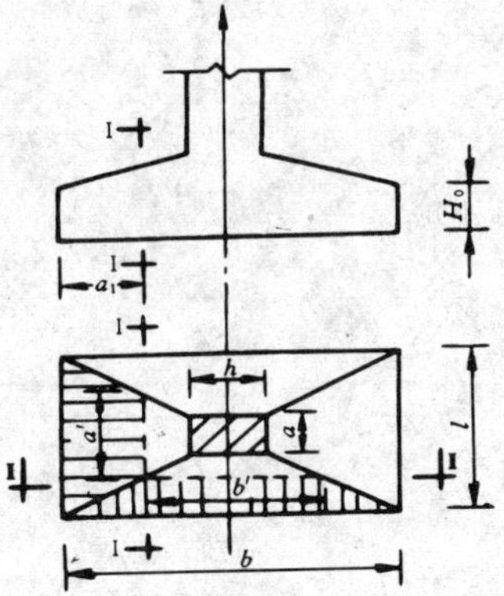

图7.4.7 矩形基础底板上缘配筋计算图示

7.4.8 柱下条形基础可用于按允许地基逐渐融化状态设计的不融沉或弱融沉土。

7.4.9 柱下条形基础的设计应符合下列规定：

7.4.9.1 柱下条形基础肋梁箍筋应为封闭式，直径不宜小于8mm；当肋梁宽度b不大于350mm时应为双肢；当b大于350mm且小于等于800mm时应为四肢；当b大于800mm时应为六肢。箍筋间距应按计算确定，并不应大于250mm；

7.4.9.2 混凝土强度等级不应低于C20；

7.4.9.3 柱下条形基础的计算，除应符合第7.4.7条的规定外，其内力计算应按下列规定进行：

1 在比较均匀的地基上，当粘性土液性指数大于0.75或砂土为松散或稍密状态，上部结构刚度好，荷载分布比较均匀，且条形基础肋梁的高度大于1/6最大柱距时，地基反力可按直线分布，采用倒置连续梁法计算条形基础肋梁的内力，端边跨受力钢筋应增加15%～20%。

2 当不满足1款的条件时，宜按弹性地基梁计算内力，地基计算模型可采用文克尔地基模型或有限压缩层地基模型。当采用文克尔地基模型时，两端边跨应增加受力钢筋；当采用有限压缩层地基模型时，压缩层下界可计算至基础下最大融化层界面。

7.4.10 墙下筏板基础可用于按允许地基逐渐融化状态计算的不融沉土、弱融沉土及融沉土；当用于按保持地基土冻结状态设计时应设置冷却通风道及保温地面。

7.4.11 墙下筏板基础的构造应符合下列规定：

7.4.11.1 筏板基础带肋梁时，肋梁宽度应大于或等于墙厚加100mm；肋梁或板内暗梁配筋应满足最小配筋率要求，上下各层钢筋不应少于4ϕ12；箍筋直径应为8mm，其间距宜为200～300mm；

7.4.11.2 筏板四周悬挑不宜大于800mm，并宜利用悬挑使荷载重心与筏板形心一致；

7.4.11.3 筏板厚度应满足抗剪、抗冲切要求，并不应小于400mm；

7.4.11.4 墙下筏板基础的上部结构宜采用横向承重体系，纵向应有不少于2道墙贯通；

7.4.11.5 筏板的其他构造要求应符合现行国家标准《混凝土结构设计规范》GBJ 10及《建筑地基基础设计规范》GBJ 7的有关规定。

7.4.12 墙下筏板基础的计算应符合下列规定：

7.4.12.1 基础底面积应按第6章的有关规定计算；

7.4.12.2 墙下筏板基础的内力可按下列规定计算：

1 当上部结构刚度好时，墙下筏板基础可不计整体弯曲；

2 在局部弯曲计算时，基底反力可按线性分布，但在端部1～2开间内（包括悬挑部分）基底平均反力应增加10%～20%，并应扣除底板自重；根据支承条件可按双向或单向连续板计算。

7.4.13 当采用预先融化状态设计时，基础的设计与计算宜按第7.4.1、7.4.2条的规定进行。

7.5 热桩、热棒基础

7.5.1 当采用其他技术不能维持地基稳定时，可采用热桩或热棒基础。

7.5.2 在地基基础计算中，应计入热虹吸的冷冻作用。

7.5.3 设计时，应根据附录J的规定确定热棒的合理间距。

7.5.4 热虹吸系统设计的效率折减系数对于建筑物的安全等级为一级、二级时，不得小于1.5。

7.5.5 热棒和热桩系统应与地板隔热层配合使用；隔热层的厚度和设置位置应根据热工计算和结构要求确定。

7.5.6 热桩的设计除应按附录J的规定对热虹吸进行热工计算外，还应按桩的工作特性进行桩基承载力的计算。

7.5.7 热桩基础可不进行抗冻胀稳定验算，但应进行在切向冻胀力作用下桩身的抗拉强度验算。

8 边坡及挡土墙

8.1 边 坡

8.1.1 为防止融化期边坡的失稳，多年冻土地区的地基应采取可靠措施防止滑塌。

8.1.2 防治滑塌的措施，应根据冻土的含水量、多年冻土天然上限下移情况、水文地质条件以及施工影响等因素确定。具体措施应符合下列规定：

8.1.2.1 应设置边坡的保温层，减小融土层厚度，防止多年冻土天然上限下移引起塌滑。保温层的厚度应根据热工计算确定，当年平均气温为−4～−6.3℃时，在覆盖粘性土草皮保温层后，多年冻土人为上限计算值可按下列公式计算：

$$z_a = \alpha_1 T_8 + \alpha_2 \qquad (8.1.2)$$

式中 z_a——多年冻土覆盖粘性土草皮保温层后，人为上限计算值；

α_1——系数，对天然土及边坡上铺砌草皮保温层时，α_1为0.1（m/℃）；

T_8——不少于10年8月份的平均气温（℃）；

α_2——系数，对天然土，α_2为0.85m，对于边坡上铺砌草皮保温层时，α_2为0.38m。

（1）将算得的人为上限值乘以1.2的安全系数即为草皮与粘性土换填保温覆盖层的厚度。

（2）若换填粗粒料层及其他覆盖保温层材料时可根据材料的热工性能进行换算确定。

8.1.2.2 应设置坡顶排水系统的挡水捻，并应设置坡面滤水层，坡脚防渗层、排水沟；

8.1.2.3 应根据土体含冰量、多年冻土天然上限位置、稳定坡角估算塌滑范围及塌滑体的堆积高度一起确定滑体，并应遵照第8.2节的有关规定进行支档结构的设计和施工。

8.1.3 滑体的滑动推力值计算应符合现行国家标准《建筑地基基础设计规范》GBJ 7的规定。在多年冻土区当融土厚度较大时，滑动面在融土层内，此时应采用融土的粘聚力 c 和内摩擦角 φ 值进行滑动推力计算，当边坡坡角较大，融土层厚度较薄，滑动面为冻融交界面，此时应采用冻融界面处的 c、φ 值进行推力计算；当无实测资料时，可按表8.2.10的规定取值，也可根据反算法取值。滑坡推力安全系数（K）应取1.2。

8.1.4 季节性冻土地区地基边坡的稳定验算及滑坡防治无特殊要求时，应符合现行国家标准《建筑地基基础设计规范》GBJ 7的有关规定。

8.1.5 建于稳定边坡坡顶的建筑物基础底面外边缘至坡肩的水平距离（a）应大于1.5倍的人为上限值，当对坡体进行稳定性验算时，稳定安全系数 K 不应小于1.2。

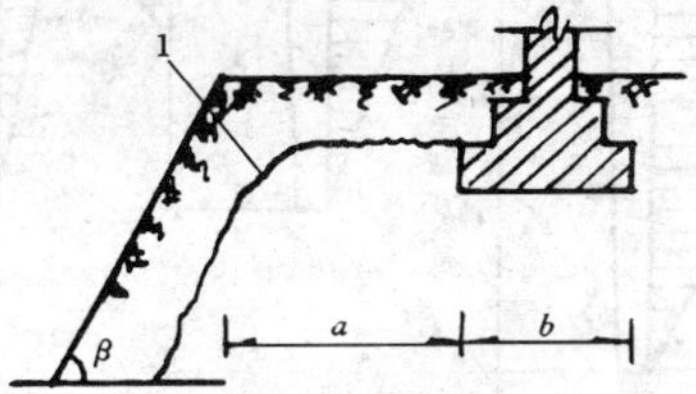

图8.1.5 边坡上的基础

1—多年冻土人为上限（β 为稳定坡角）

8.2 挡 土 墙

8.2.1 多年冻土地区的挡土墙宜采用工厂化，拼装化的轻型柔性结构，并应避免采用重力式挡土墙。

8.2.2 挡土墙的两端部应作坡面防护或嵌入原地层；其嵌入深度，对土质，不应小于1.5m；对强风化的岩石，不应小于1m；对微风化的岩石，不应小于0.5m。

8.2.3 当边坡中含土冰层累计厚度大于200mm时，应采用粗颗粒土换填。水平方向的换填深度应根据热工计算确定，但从墙面算起不得小于当地多年冻土上限埋深；换填时应分层夯实。

8.2.4 沿墙高和墙长应设置泄水孔，并按上下左右每隔2～3m交错布置；泄水孔的进水侧应设置反滤层，其厚度不应小于300mm；在最低泄水孔的下部，应设置隔水层，不得使活动层的水渗入基底。

8.2.5 为减小水平冻胀力，可采用柔性结构挡土墙，墙背做隔热层并应将墙背冻胀土体用粗颗粒土换填，隔热层厚度和换填厚度可通过热工计算确定。

8.2.6 沿墙长每15m应设伸缩沉降缝一条，缝内沿墙的内、外、顶三边应采用碴油麻筋填塞，塞入深度不应小于200mm。

8.2.7 多年冻土挡土墙的施工宜在冬季进行。当在含土冰层较厚的地段施工时，应预先编制严格的施工组织设计，作好施工准备。基坑开挖后，应连续作业，基坑不得积水；基坑完成后，应立即回填。

8.2.8 冻土地区挡土墙的设计荷载组合应按现行国家标准《建筑地基基础设计规范》GBJ 7的有关规定进行，但应考虑作用于基础的冻结力和墙背的水平冻胀力，在冬季和夏季应分别进行计算；荷载组合时水平冻胀力和土压力不应同时组合。

8.2.9 作用于墙背主动土压力的计算，应根据挡土墙背多年冻土人为上限的位置来确定。当上限较平缓，墙背融土层厚度足够厚，滑裂面可在融土中形成时，可按库仑理论或朗金理论计算；当上限较陡，墙背融土厚度较小，滑裂面不能在融土中形成时，应按有限范围填土计算土压力。这时，应取多年冻土上限面为滑面，并取冻融交界面上的内摩擦角和粘聚力来计算主动土压力。

8.2.10 冻融交界面上的内摩擦角和粘聚力应由试验确定，当无条件进行试验时，可按表8.2.10的规定选用。

土冻融交界面抗剪强度指标 c、φ 的设计值　　表 8.2.10

土的类型	内摩擦角 φ	粘聚力 c（kPa）
细颗粒土	20°～25°	10～15
砂类土	25°	—
碎、砾石土	30°	—

8.2.11 作用于墙背的水平冻胀力的大小和分布应由现场试验确定。在无条件进行试验时，其分布图式可按图 8.2.11 选定，图中最大值应按表 8.2.11 的规定选用。

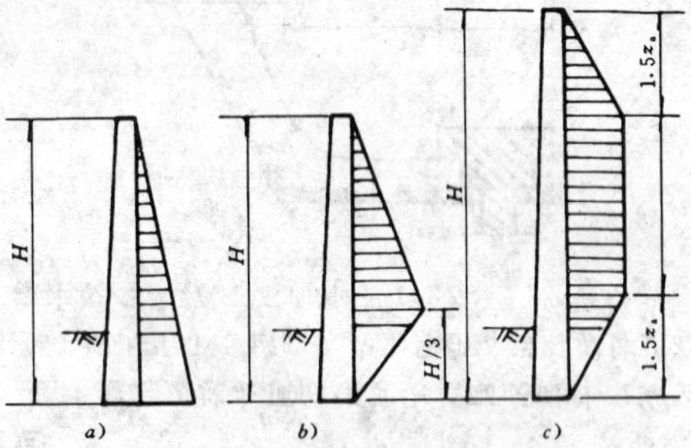

图 8.2.11　水平冻胀力沿墙背的分布图式

z_a—上限深度；H—挡土墙高度

8.2.11.1 对于粗颗粒填土，不论墙高为何值，均可假定水平冻胀力为直角三角形分布（图 8.2.11*a*）；

8.2.11.2 对于粘性土、粉土，当墙高小于、等于 3 倍 z_a 时，可采用图 8.2.11.*b* 的分布图式；当墙高大于 3 倍 z_a 时，可采用图 8.2.11.*c* 的分布图式；

8.2.11.3 不论采用何种分布图式，在计算中基础埋深部分的水平冻胀力均可不予考虑；

8.2.11.4 当通过计算所得挡土墙断面过大时，应根据第 8.2.5 条采取减小水平冻胀力的措施。

水平冻胀力设计值 H_0（kPa）　　表 8.2.11

冻胀等级	不冻胀	弱冻胀	冻　胀	强冻胀	特强冻胀
冻胀率 η（%）	$\eta\leqslant1$	$1<\eta\leqslant3.5$	$3.5<\eta\leqslant6$	$6<\eta\leqslant12$	$\eta>12$
水平冻胀力	$H_0<15$	$15\leqslant H_0<70$	$70\leqslant H_0<120$	$120\leqslant H_0<200$	$H_0\geqslant200$

8.2.12 挡土墙基础与冻土间的冻结强度设计值应由现场试验确定，在无条件进行试验时，可按附录 A 表 A.0.3-1 的规定选用。

8.2.13 在季节冻土区和多年冻土区的融区，挡土墙基础的埋置深度可视建筑物的重要性和工程地质条件通过计算确定。当把基础埋在季节冻深线以上时，基础的埋置深度可按附录 C 规定的方法计算。

8.2.14 多年冻土区挡土墙基础的埋置深度不应小于建筑地点多年冻土天然上限的 1.3 倍。

8.2.15 多年冻土区挡土墙基础宜采用预制混凝土拼装基础；在冻土条件复杂，明挖施工有困难的地段，也可采用桩基础。不宜采用现浇混凝土基础。

8.2.16 基础埋设于富冰和饱冰冻土上时，基础底面下应敷设厚度不小于 300mm 的砂垫层；当遇含土冰层时应采用粗颗粒土进行换填，其换填厚度不应小于基础宽度的 1/4，且不应少于 300mm。

8.2.17 当在多年冻土地区施工时，应减少基坑暴露时间。当挡土墙长度较大时，应采用分段施工，基础砌筑完后，应立即回填。回填前，基坑中积水应予排干，用细颗粒土回填并分层夯实，不得用冻土块回填基坑，基坑顶面应做成不小于 4%的排水坡。

8.2.18 冻土地区的挡土墙除应进行抗滑和抗倾覆稳定验算外，还应进行挡墙各截面的强度验算。抗滑和抗倾覆稳定验算应计入土压力和冻胀力的作用在夏季和冬季分别进行。

8.2.19 沿基底的滑动稳定系数（K_g）应按下式计算，且不得小于 1.3。

$$K_g=\frac{\Sigma R_i}{\Sigma H_i} \tag{8.2.19}$$

式中 ΣR_i——阻止挡土墙滑动的力（kN）；在夏季为基底摩阻总力或以冻结强度计算的总力及墙前土的被动土压力的水平分力之和；在冬季为基底按冻结强度计算的总力值及墙前冻土的抗压承载力；

ΣH_i——作用于挡土墙上的推力（kN）；在夏季为墙后主动土压力的水平分力；在冬季为水平冻胀力。

8.2.20 基底的抗倾覆稳定系数（K_0）应按下式计算，且不得小于1.5

$$K_0=\frac{\Sigma M_y}{\Sigma M_0} \qquad (8.2.20)$$

式中 ΣM_y——稳定力对墙趾的总力矩（kN·m），在冬期应包括基侧与土的冻结力产生的稳定力矩；

ΣM_0——倾覆力系对墙趾的总力矩（kN·m），在冬期应包括作用在挡土墙上的切向冻胀力、法向冻胀力与水平冻胀力所产生的力矩。

8.2.21 在冻胀力作用下，挡土墙各截面的强度验算应按现行国家标准《混凝土结构设计规范》GBJ 10和《砌体结构设计规范》GBJ 3的有关规定进行。

8.2.22 冻土中锚杆和锚定板均应进行承载力计算，作用于锚杆和锚定板上的荷载应满足下式要求：

$$N\leqslant f_a \qquad (8.2.22)$$

式中 N——作用于锚杆和锚定板上荷载设计值的最不利组合，应按第8.2.8条的规定确定（kN）；

f_a——锚杆和锚定板的承载力设计值，应按第8.2.23和8.2.27条的规定确定（kN）。

8.2.23 冻土中锚杆的承载力设计值 f_a 应按下式计算：

$$f_a=\psi_{LD}f_cA \qquad (8.2.23)$$

式中 ψ_{LD}——锚杆冻结强度修正系数，应按第8.2.24条的规定确定；

f_c——锚杆与周围冻土间的冻结强度设计值（kPa），由现场抗拔试验确定，在无条件试验时可按表8.2.23的规定采用；

A——锚杆的冻结面积（m^2）。

钢筋混凝土锚杆与填料间的冻结强度设计值 f_c（kPa） **表8.2.23**

填料名称 \ 温度（℃）	−0.5	−1.0	−1.5	−2.0	−2.5	−3.0	−3.5	−4.0
水中沉砂（粗、细砂）	40	60	90	120	150	180	200	230
粘土砂浆，含水量8%～11% 粘土：砂=1：7.8	20	70	120	170	210	260	310	350
泥浆	30	50	60	70	90	100	120	130

8.2.24 钢筋混凝土锚杆的冻结强度修正系数可按表8.2.24的规定采用；锚杆与周围冻土间的长期冻结强度尚应乘以0.7的系数。

锚杆冻结强度修正系数 ψ_{LD} **表8.2.24**

锚杆长度（mm） \ 锚杆直径（mm）	50	80	100	120	140	160	180	200
1000	1.41	1.09	0.98	0.90	0.84	0.80	0.78	0.76
1500	1.35	1.04	0.94	0.86	0.80	0.77	0.75	0.73
2000	1.28	0.99	0.89	0.82	0.77	0.73	0.71	0.69
2500	1.22	0.94	0.85	0.78	0.73	0.69	0.68	0.66
3000	1.15	0.89	0.80	0.74	0.69	0.66	0.64	0.62

8.2.25 冻土中锚杆的锚固长度应由承载力计算确定，并不宜大于3m，当锚固长度不够时，可加大锚杆直径。

8.2.26 冻土锚杆周围填料厚度不宜小于50mm。

8.2.27 锚定板承载力的设计值 p 应按下式计算：

$$p = \sigma A \tag{8.2.27}$$

式中 σ——锚定板前方冻土抗压强度的设计值（kPa），应由锚定板现场抗拔试验确定。当无条件试验时，可按附录A表A.0.1的规定选用；

A——锚定板的面积（m）。

8.2.28 在季节冻土地基中，锚杆和锚定板承载力的计算，在冬季挡土墙上的作用力应按第8.2.8条的规定确定。

8.2.29 冻土中锚定板的最小埋深不得小于1.0m，也不得小于板长边尺寸的2倍。

附录A 冻土强度指标的设计值

A.0.1 冻土地基承载力设计值f，可根据第6.1.4条的有关规定确定。对不进行原位试验确定时可根据冻结地基土的土质、物理力学指标按表A.0.1的规定确定。

冻土承载力设计值 f　　表A.0.1

f值 (kPa) 温度 (℃) 土名	−0.5	−1.0	−1.5	−2.0	−2.5	−3.0
碎砾石类土	800	1000	1200	1400	1600	1800
砾砂、粗砂	650	800	950	1100	1250	1400
中砂、细砂、粉砂	500	650	800	950	1100	1250
粘土、粉质粘土、粉土	400	500	600	700	800	900

注：① 冻土"极限承载力"按表中数值乘以2取值；

② 表中数值适用于表3.1.6中Ⅰ、Ⅱ、Ⅲ类的冻土类型；

③ 冻土含水量属于表3.1.6中Ⅳ类冻土类型时，粘性冻土承载力取值应乘以0.8～0.6（含水量接近Ⅲ类时取0.8，接近Ⅴ类时取0.6，中间取中值）。碎石冻土和砂冻土承载力取值应乘以0.6～0.4（含水量接近Ⅲ类时取0.6，接近Ⅴ类时取0.4，中间取中值）；

④ 当含水量小于等于未冻水量时，应按不冻土取值；

⑤ 表中温度是使用期间基础底面下的最高地温，应按附录D的规定确定；

⑥ 本表不适用于盐渍化冻土及冻结泥炭化土。

A.0.2 在无试验资料的情况下，桩端冻土承载力的设计值可按表A.0.2-1的规定确定，对于盐渍化冻土可按表A.0.2-2的规定确定，对于冻结泥炭化土可按表A.0.2-3的规定确定。

桩端冻土承载力设计值 表 A.0.2-1

土含冰量	土名	桩沉入深度(m)	不同土温(℃)时的承载力设计值(kPa) -0.3	-0.5	-1.0	-1.5	-2.0	-2.5	-3.0	-3.5
<0.2	碎石土、粗砂、中砂、细砂、粉砂	任意	2500	3000	3500	4000	4300	4500	4800	5300
		任意	1500	1800	2100	2400	2500	2700	2800	3100
		3~5	850	1300	1400	1500	1700	1900	1900	2000
		10	1000	1550	1650	1750	2000	2100	2200	2300
		≥15	1100	1700	1800	1900	2200	2300	2400	2500
	粉土	3~5	750	850	1100	1200	1300	1400	1500	1700
		10	850	950	1250	1350	1450	1600	1700	1900
		≥15	950	1050	1400	1500	1600	1800	1900	2100
	粉质粘土及粘土	3~5	650	750	850	950	1100	1200	1300	1400
		10	800	850	950	1100	1250	1350	1450	1600
		≥15	900	950	1100	1250	1400	1500	1600	1800
0.2~0.4	上述各类土	3~5	400	500	600	750	850	950	1000	1100
		10	450	550	700	800	900	1000	1050	1150
		≥15	550	600	750	850	950	1050	1100	1300

桩端盐渍化冻土承载力设计值(kPa) 表 A.0.2-2

土的盐渍度(%)	温度(℃) -1			-2			-3			-4		
桩沉入深度(m)	3~5	10	≥15	3~5	10	≥15	3~5	10	≥15	3~5	10	≥15
细砂和中砂												
0.10	500	600	850	650	850	950	800	950	1050	900	1150	1250
0.20	150	250	350	250	350	450	350	450	600	500	600	750
0.30	—	—	—	150	200	300	250	350	450	350	450	550
0.50	—	—	—	—	—	—	150	200	300	250	300	400

续表

土的盐渍度(%)	温度(℃) -1			-2			-3			-4		
桩沉入深度(m)	3~5	10	≥15	3~5	10	≥15	3~5	10	≥15	3~5	10	≥15
粉土												
0.15	550	650	750	800	950	1050	1050	1200	1350	1350	1550	1700
0.30	300	350	450	550	650	800	750	900	1050	1000	1150	1300
0.50	—	—	—	300	350	450	500	550	650	650	750	900
1.00	—	—	—	—	—	—	200	250	350	350	450	550
粉质粘土												
0.20	450	500	650	700	800	950	900	1050	1200	1150	1300	1400
0.50	150	250	450	350	450	550	550	650	750	750	850	1000
0.75	—	—	—	200	250	350	350	450	550	500	600	750
1.00	—	—	—	150	200	300	300	350	450	400	500	650

注:① 表列数值是按包裹冰计算的含冰量小于0.2的盐渍化冻土规定的;

② 墩式基础底面的盐渍化冻土承载力设计值可按本表桩沉入深度3~5m之值采用。

冻结泥炭化土承载力设计值(kPa) 表 A.0.2-3

土的泥炭化程度ξ	温度(℃) -1	-2	-3	-4	-6	-8
砂土						
3%<ξ≤10%	250	550	900	1200	1500	1700
10%<ξ≤25%	190	430	600	860	1000	1150
25%<ξ≤60%	130	310	460	650	750	850
粉土、粘性土						
5%<ξ≤10%	200	480	700	1000	1160	1330
10%<ξ≤25%	150	350	540	700	820	940
25%<ξ≤60%	100	280	430	570	670	760
ξ>60%	60	200	320	450	520	590

A.0.3 冻土和基础间的冻结强度设计值 f_c 应在现场进行原位

测定，或在专门试验设备条件下进行试验测定。若无试验资料时，可依据冻结地基土的土质、物理力学指标按表A.0.3-1的规定确定。对于盐渍化冻土与基础表面间的冻结强度可按表A.0.3-2的规定采用，对于冻结泥炭化土可按表A.0.3-3的规定采用。

表A.0.3-1～A.0.3-3可用于混凝土或钢筋混凝土基础。其他材质的基础与冻土间的冻结强度，应按表值进行修正，其修正系数应符合表A.0.3-4的规定。

冻土与基础间的冻结强度设计值（kPa）　表A.0.3-1

融沉等级	温度（℃）						
	−0.2	−0.5	−1.0	−1.5	−2.0	−2.5	−3.0
	粉土、粘性土						
Ⅲ	35	50	85	115	145	170	200
Ⅱ	30	40	60	80	100	120	140
Ⅰ、Ⅳ	20	30	40	60	70	85	100
Ⅴ	15	20	30	40	50	55	65
	砂土						
Ⅲ	40	60	100	130	165	200	230
Ⅱ	30	50	80	100	130	155	180
Ⅰ、Ⅳ	25	35	50	70	85	100	115
Ⅴ	10	20	30	35	40	50	60
	砾石土（粒径小于0.074mm的颗粒含量小于等于10%）						
Ⅲ	40	55	80	100	130	155	180
Ⅱ	30	40	60	80	100	120	135
Ⅰ、Ⅳ	25	35	50	60	70	85	95
Ⅴ	15	20	30	40	45	55	65
	砾石土（粒径小于0.074mm的颗粒含量大于10%）						
Ⅲ	35	55	85	115	150	170	200
Ⅱ	30	40	70	90	115	140	160
Ⅰ、Ⅳ	25	35	50	70	85	95	115
Ⅴ	15	20	30	35	45	55	60

注：① Ⅰ、Ⅱ、Ⅲ、Ⅳ、Ⅴ类融沉等级可按表3.1.6的规定确定；

② 插入桩侧面冻结强度按Ⅳ类土取值。

盐渍化冻土与基础间的冻结强度设计值（kPa）　表A.0.3-2

土的盐渍度（%）	温度（℃）			
	−1	−2	−3	−4
	细砂和中砂			
0.10	70	110	150	190
0.20	50	80	110	140
0.30	40	70	90	120
0.50	—	50	80	100
	粉土			
0.15	80	120	160	210
0.30	60	90	130	170
0.50	30	60	100	130
1.00	—	—	50	80
	粉质粘土			
0.20	60	100	130	180
0.50	30	50	90	120
0.75	—	—	80	110
1.00	—	—	70	100

冻结泥碳化土与基础间的冻结强度设计值（kPa）　表A.0.3-3

土的泥碳化程度ξ	温度（℃）					
	−1	−2	−3	−4	−6	−8
	砂土					
$3\%<\xi\leqslant10\%$	90	130	160	210	250	280
$10\%<\xi\leqslant25\%$	50	90	120	160	185	210
$25\%<\xi\leqslant60\%$	35	70	95	130	150	170
	粉土、粘性土					
$5\%<\xi\leqslant10\%$	60	100	130	180	210	240
$10\%<\xi\leqslant25\%$	35	60	90	120	140	160
$25\%<\xi\leqslant60\%$	25	50	80	105	125	140
$\xi>60\%$	20	40	75	95	110	125

不同材质基础表面状态修正系数　　表 A.0.3-4

基础材质及表面状况	木质	金属（表面未处理）	金属或混凝土表面涂工业凡士林或渣油	金属或混凝土增大表面粗糙度	预制混凝土
修正系数	0.90	0.66	0.40	1.20	1.00

附录B　多年冻土中建筑物地基的融化深度

B.0.1　采暖房屋地基土最大融深可按下式确定：

$$H_{max}=\psi_J\frac{\lambda_u T_B}{\lambda_u T_B-\lambda_f T_0}\cdot B+\psi_c h_c-\psi_\triangle \Delta h \quad (m) \qquad (B.0.1)$$

式中　ψ_J——综合影响系数，可按图 B.0.1-1 选取；

λ_u——地基土（包括室内外高差部分构造材料）融化状态的加权平均导热系数（W/m·℃）；

λ_f——地基土冻结状态的加权平均导热系数（W/m·℃）；

T_B——室内地面平均温度（℃），以当地同类房屋实测值为宜；若地面设有足够的保温层时，可取室温减 2.5～3.0℃；

T_0——年平均地温（℃）；

B——房屋宽度（m）；

ψ_c——粗颗粒土土质系数，可按图 B.0.1-2 查取；

h_c——粗颗粒土在计算融深内的厚度（m）；

$\psi_\triangle$——室内外高差影响系数，可按图 B.0.1-3 查取；

Δh——室内外高差（m）。

一般在地基土融沉压密后，室内外高差不应小于 0.45m；

多年冻土地区的房屋，设置足够的地面保温层，同时还应设置厚勒脚。

B.0.2　采暖房屋地基土达最大融深时，房屋横断面地基土各点的融深 y 可按下式确定（图 B.0.2）：

$$y=H_{max}-a(x-b)^2 \qquad (B.0.2)$$

式中　H_{max}——房屋地基土最大融深（m）；

a——融化盘形状系数（1/m）；

b——最大融深偏离房屋中心的距离（m）；

x——所求融深点距坐标原点的距离（m）；

a、b,统称形状系数，可按表 B.0.2 的规定确定。

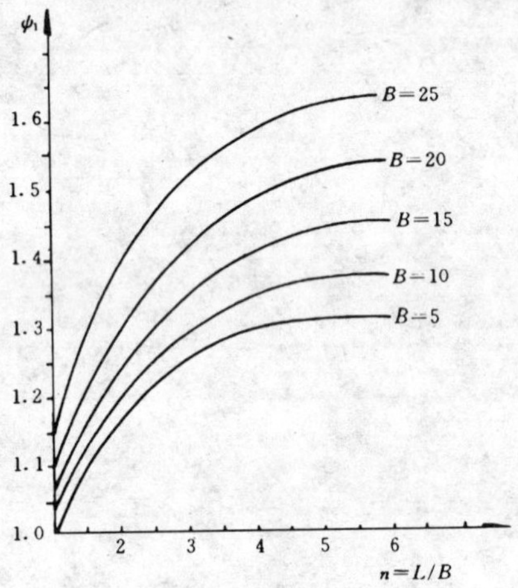

图 B.0.1-1　综合影响系数 ψ_l

B—房屋宽度（m）；L—房屋长度（m）

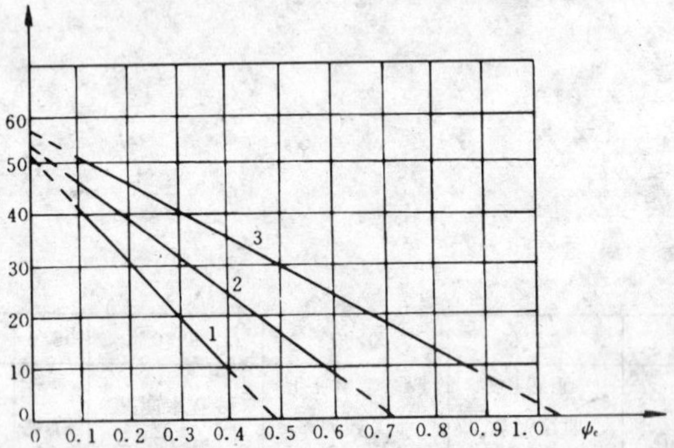

图 B.0.1-2　土质系数 ψ_c

1—卵石；2—碎石；3—砂砾

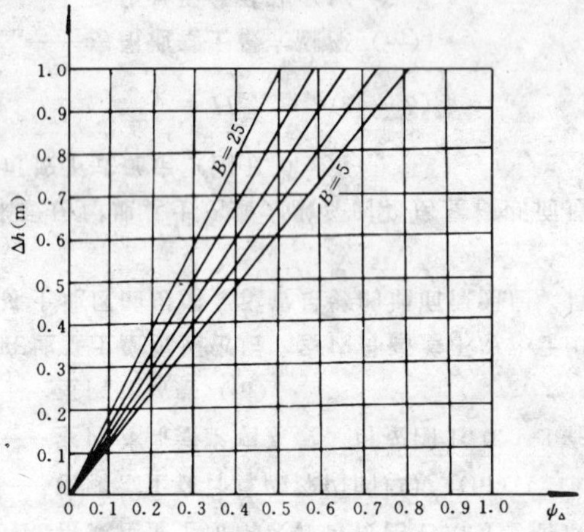

图 B.0.1-3　室内外高差影响系数 ψ_Δ

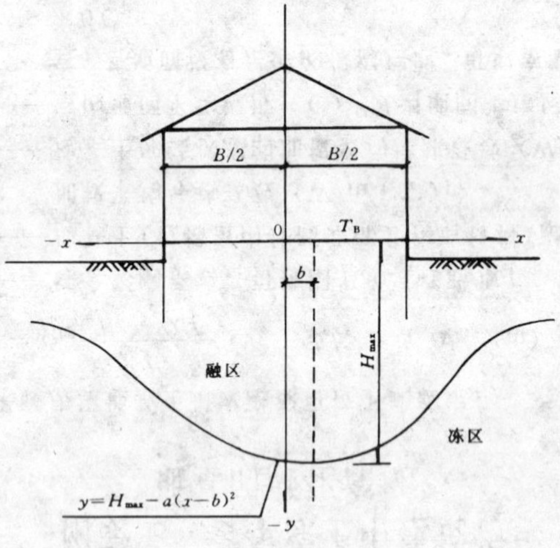

图 B.0.2　融化盘横断面形状曲线

融化盘横断面形状系度 a、b 值 表 B.0.2

房屋类别		宿舍住宅	公寓旅店	小医院电话所	各类商店	办公室	站房或类似房屋
a (1/m)		0.06～0.16	0.04～0.10	0.05～0.11	0.05～0.14	0.05～0.12	0.04～0.09
b (m)	南北向（偏东）	0.10～1.00	0.30～1.20	0.50～1.40	0.30～1.00	0.30～1.20	0.30～1.60
	东西向（偏南）	0.00～0.30	0.00～0.60	0.00～0.40	0.00～0.40	0.00～0.50	0.00～0.70

注：房屋宽度 B（见图 B.0.1-1）大的"b"用大值，"a"用小值。

B.0.3 外墙下最大融深，可按公式（B.0.2）计算求得，此时，所求融深点距坐标原点的距离 x 应按下列规定取值：

1 南面或东面外墙下：$x=\frac{B}{2}$；

2 北面或西面外墙下，$x=-\frac{B}{2}$；

附录 C 冻胀性土地基上基础的稳定性验算

C.1 裸露的建筑物基础

C.1.1 切向冻胀力作用下，基础稳定性验算应符合下列规定：

C.1.1.1 桩、墩基础应按下式计算：

$$\Sigma\tau_{di}A_{\tau i}\leqslant 0.9G_k+R_a \quad (C.1.1\text{-}1)$$

式中 τ_{di}——第 i 层土中单位切向冻胀力的设计值(kPa)，应按实测资料取用，如缺少试验资料时可按表 C.1.1 的规定，在同一冻胀类别内，含水量高者取大值；

$A_{\tau i}$——与第 i 层土冻结在一起的桩侧表面积（m^2）；

G_k——作用于基础上永久荷载的标准值(kN)，包括基础自重的部分（砌体、素混凝土基础）或全部（配抗拉钢筋的桩基础），基础在地下水中时取浮重度；

n——设计冻深内的土层数；

R_a——桩和墩基础伸入冻胀土层之下，地基土所产生锚固力的设计值（对素混凝土和砌体结构基础，不考虑该力）(kN)。

切向冻胀力的设计值 τ_d（kPa） 表 C.1.1

基础类别 \ 冻胀类别	弱冻胀土	冻胀土	强冻胀土	特强冻胀土
桩、墩基础（平均单位值）	$30<\tau_d\leqslant 60$	$60<\tau_d\leqslant 80$	$80<\tau_d\leqslant 120$	$120<\tau_d\leqslant 150$
条形基础（平均单位值）	$15<\tau_d\leqslant 30$	$30<\tau_d\leqslant 40$	$40<\tau_d\leqslant 60$	$60<\tau_d\leqslant 70$

注：表列数值以正常施工的混凝土预制桩为准，其表面粗糙程度系数 ψ_r 取 1.0，当基础表面粗糙时其表面粗糙程度系数 ψ_r 取 1.1～1.3。

1. 对季节冻土地基、桩、墩基础侧表面与不冻土之间的锚固力 R_a（为摩阻力），应按下式计算

$$R_a = \Sigma(0.5 \cdot q_{si} A_{qi}) \quad (C.1.1\text{-}2)$$

式中 q_{si}——在第 i 层内土与桩、墩基侧表面的单位摩阻力设计值（kPa），按桩基受压状态的情况取值，在缺少试验资料时可按现行行业标准《建筑桩基技术规范》JGJ 94 表 5.2.8-1 采用；

A_{qi}——第 i 层土内桩、墩基础的侧表面积（m^2）；

n——桩、墩基础穿过下卧不冻土层的数目。

2. 对多年冻土地基按保持冻结状态利用地基土时，基侧表面与冻土之间的锚固力 R_a（为冻结力）可按下式计算

$$R_a = \Sigma(f_{ci} \cdot A_{fi}) \quad (C.1.1\text{-}3)$$

式中 f_{ci}——第 i 层内冻土与基础侧表面之间冻结强度的设计值（kPa），在缺少试验资料时，可按附录 A 表 A.0.3-1、表 A.0.3-2 和表 A.0.3-3 确定；

A_{fi}——第 i 层冻土内基侧的表面积（m^2）；

n——基础伸入下卧多年冻土的层数。

C.1.1.2 在计算条形基础切向冻胀力时，不计入条形基础的实际埋深。应按设计冻深计算。

C.1.2 法向冻胀力作用下基础最小埋深 d_{min} 的计算应符合下列规定：

C.1.2.1 应力系数 α_d 应按下式计算：

$$\alpha_d = \frac{\sigma_{fh}}{p_0} \quad (C.1.2\text{-}1)$$

式中 α_d——在冻结界面与基础中心线交点处双层地基的应力系数；

σ_{fh}——土的冻胀应力（kPa），即在冻结界面处单位面积上产生的向上冻胀力，应以实测数据为准；当缺少试验资料时可按图 C.1.2-1 查取；

p_0——基础底面处的平均附加压力（kPa），计算时取 0.9 倍的附加荷载值（0.9G）。

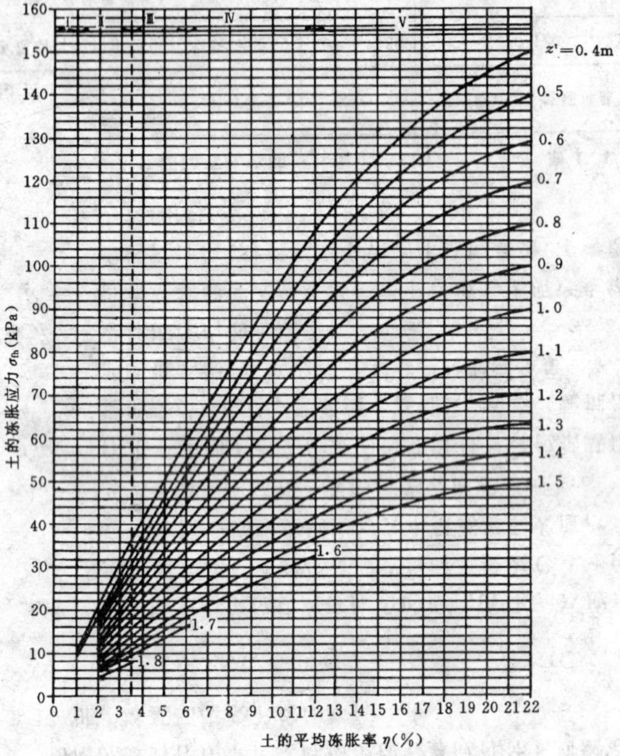

图 C.1.2-1 土的平均冻胀率与冻胀应力关系曲线

注：① 平均冻胀率 η 为最大地面冻胀量与设计冻深之比；
② z^t 为获此曲线场地从自然地面算起至任一计算断面处的冻结深度；
③ 该曲线是适用于 z_0=1890mm，冻深 z^t 为 1800mm 的弱冻胀土，冻深 z^t 为 1700mm 的冻胀土，冻深 z^t 为 1600mm 的强冻胀土，冻深 z^t 为 1500mm 的特强冻胀土，在用到其他冻深的地方应将所要计算某断面的深度 z_c 乘以 $\frac{z^t}{z_d}$，找出对应的相似位置，然后按图查取。

C. 1. 2. 2 根据应力系数 α_d 与基础尺寸 b、a 或 d（b 为条形基础的宽度、a 为方形基础的边长，d 为圆形基础的直径）在图 C. 1. 2-2、图 C. 1. 2-3 或图 C. 1. 2-4 中找出相应两坐标交点所对应的 h 值（h 为基础底面之下冻土层的厚度），此 h 值就是基础底面之下允许的冻土层厚度（m）。

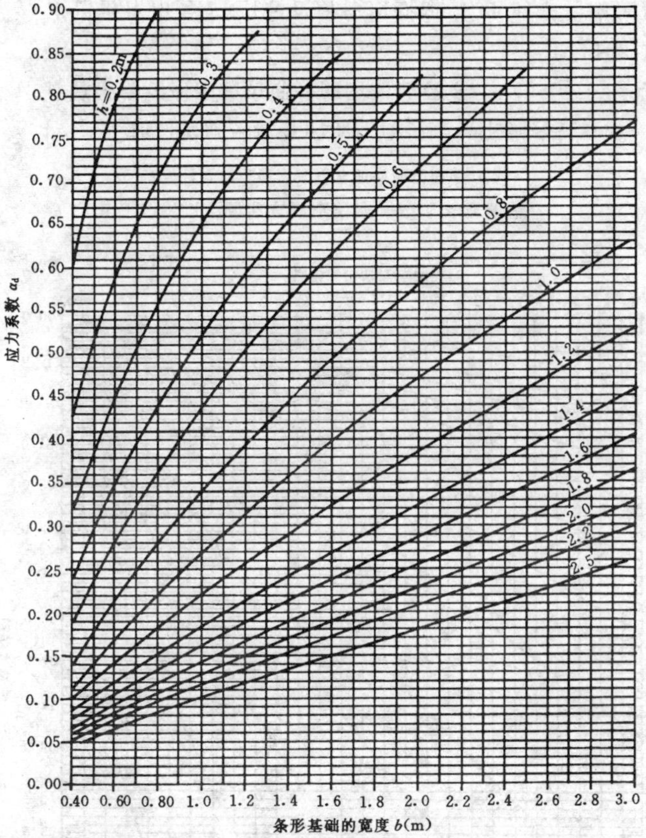

图 C. 1. 2-2 条形基础双层地基应力系数曲线

注：h—自基础底面到冻结界面的冻层厚度（m）

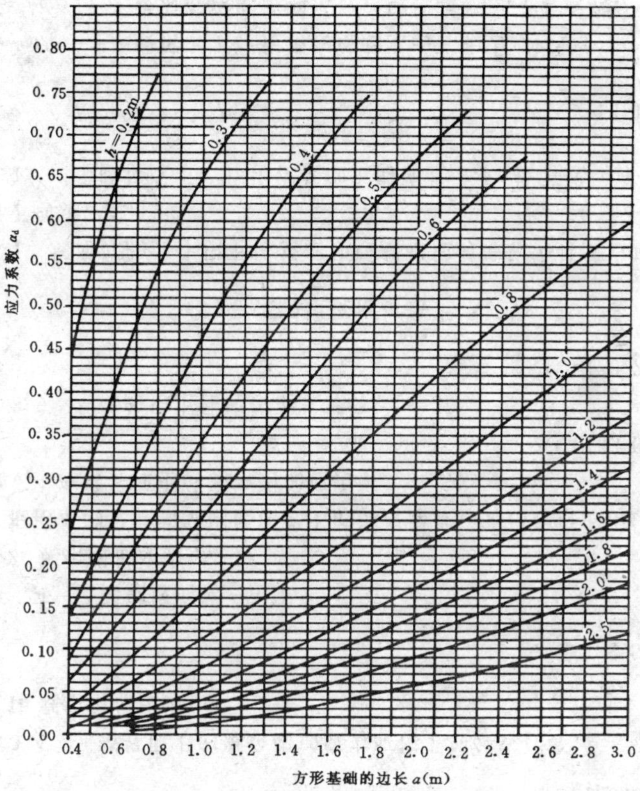

图 C. 1. 2-3 方形基础双层地基应力系数曲线

注：h—自基础底面到冻结界面的冻层厚度（m）

C. 1. 2. 3 基础的最小埋深 d_{min} 应按下式计算

$$d_{min} = z_d - h \quad (C. 1. 2-2)$$

式中 z_d——设计冻深（m），应按公式（5. 1. 2）计算。

C. 1. 3 切向冻胀力、法向冻胀力同时作用下的基础，应符合下列规定：

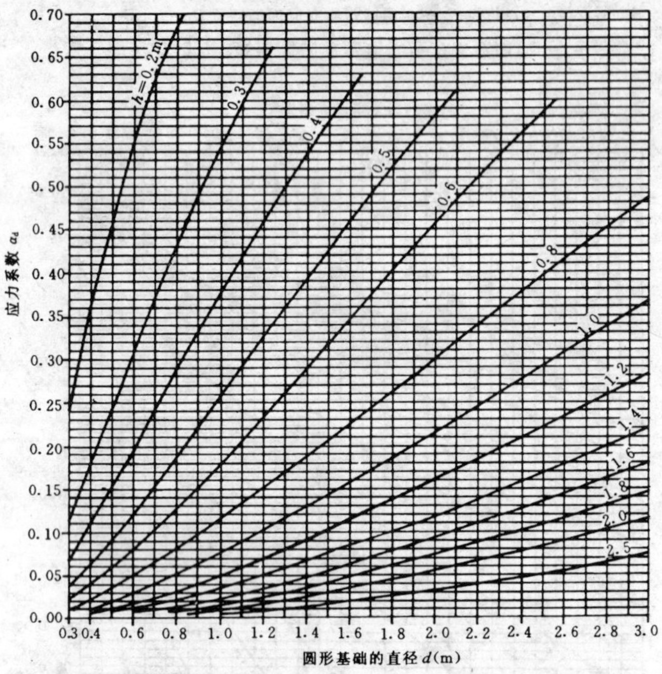

图 C.1.2-4　圆形基础双层地基应力系数曲线

注：h—自基础底面到冻结界面的冻层厚度（m）

C.1.3.1　产生切向冻胀力部分的冻胀应力应按下列公式计算

1. 计算平衡切向冻胀力部分的附加荷载 F_τ

$$F_\tau = \Sigma\tau_{di}A_{\tau i} \tag{C.1.3-1}$$

2. 求出由作用力 F_τ 引起在所作用断面 A_σ 上的平均附加压力 $p_{0\tau}$

$$p_{0\tau} = \frac{F_\tau}{A_\sigma} \tag{C.1.3-2}$$

式中　A_σ——切向冻胀力沿埋深合力作用点同一高度基础上的截面积（m^2）。

3. 用自该断面 A_σ 到冻结界面的距离 h_τ，查相应基础类型的应力系数曲线，基础尺寸与 h（h_τ 为 h）交点所对应的 α_d，即为所求的应力系数。产生切向冻胀力部分的冻胀应力 σ_{fh}^τ 为：

$$\sigma_{fh}^\tau = \alpha_d p_{0\tau} \tag{C.1.3-3}$$

C.1.3.2　冻结界面上的冻胀应力 σ_{fh} 应根据土的平均冻胀率 η 和要求计算截面的深度 Z_c，按图 C.1.2-1 查取；

C.1.3.3　产生法向冻胀力的剩余冻胀应力 σ_{fh}^σ 应按下式计算：

$$\sigma_{fh}^\sigma = \sigma_{fh} - \sigma_{fh}^\tau \tag{C.1.3-4}$$

C.1.3.4　冻结界面上的剩余附加应力应按下列公式计算：

1. 剩余附加压力 $p_{0\sigma}$

$$p_{0\sigma} = p_0 - p_{0\tau}\frac{A_\sigma}{A} \tag{C.1.3-5}$$

式中　A——基础底面积（m^2）。

2. 剩余附加应力 $p_{h\sigma}$

根据基础尺寸和基础底面之下的冻层厚度，查出相应的应力系数 α_d。冻结界面上的剩余附加应力 $p_{h\sigma}$

$$p_{h\sigma} = \alpha_d p_{0\sigma} \tag{C.1.3-6}$$

C.1.3.5　基础的稳定性应按下式计算：

$$p_{h\sigma} \geqslant \sigma_{fh}^\sigma \tag{C.1.3-7}$$

C.2　采暖建筑物基础

C.2.1　切向冻胀力作用下桩基础和墩基础切向冻胀力计算，应符合下列规定：

C.2.1.1　采暖情况下，作用在基础上的冻胀力 P_h 按下式计算：

$$P_h = \frac{\psi_t + 1}{2}\psi_h P_e \tag{C.2.1-1}$$

式中　P_h——采暖情况下，作用在基础上的冻胀力（kN）；

ψ_t——采暖对冻深的影响系数，应按表 C.2.1-1 查取；

ψ_h——由于建筑物采暖，基础周围冻土分布对冻胀力的影响系数，应按表 C.2.1-2 的规定确定，其适用部位见图 C.2.1；

P_e——裸露的建筑物中作用在基础上的冻胀力（kN）。

采暖对冻深的影响系数 ψ_t　　表 C.2.1-1

室内地面高出室外地面（mm）	外墙中段	外墙角段
≤300	0.70	0.85
≥50	1.00	1.00

注：① 外墙角段系指从外墙阳角顶点算起，至两边各设计冻深 1.5 倍的范围内的外墙，其余部分为中段；

② 采暖建筑物中的不采暖房间（门斗、过道和楼梯间等），其基础的采暖影响系数与外墙相同；

③ 采暖对冻深的影响系数适用于室内地面直接建在土上；采暖期间室内平均温度不低于 10℃；当小于 10℃时 ψ_t 宜采用 1.00；

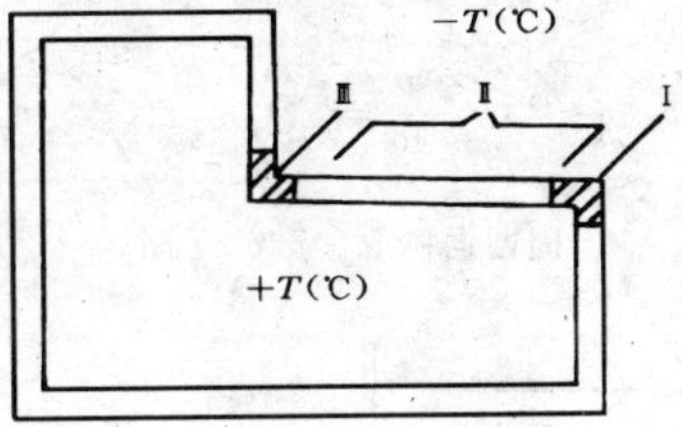

图 C.2.1　ψ_h 的适用位置图

Ⅰ—阳墙角；Ⅱ—直墙段；Ⅲ—阴墙角

C.2.1.2　P_e 的数值可按下式计算：

$$P_e = \Sigma \tau_{di} A_{\tau i} \qquad (C.2.1\text{-}2)$$

式中　τ_{di}、$A_{\tau i}$与公式（C.1.1-1）中的含义相同。

C.2.1.3　基础的稳定性应按下式计算：

$$0.9G_k + R_a \geq P_h \qquad (C.2.1\text{-}3)$$

采暖对基础周围冻土分布的影响系数 ψ_h　　表 C.2.1-2

部　　位	ψ_h
凸墙角　（阳墙角）	0.75
直线段　（直墙段）	0.50
凹墙角　（阴墙角）	0.25

注：角段的边长自外角顶点算起至设计冻深的 1.5 倍范围内的外墙。

C.2.1.4　非采暖建筑物中基础的冻深影响系数应符合下列规定：

1. 非采暖建筑物中，内、外墙基础的冻深影响系数 $\psi_t = 1.10$；非采暖建筑物系指室内温度与自然气温相似，且很少得到阳光的建筑物；
2. 非采暖对冻深的影响系数不得与地形对冻深的影响系数表 5.1.2-4 中阴坡系数连用。

C.2.2　法向冻胀力作用下基础所受冻胀力的计算应符合下列规定：

C.2.2.1　采暖情况下作用在基础上的冻胀力 P_h 按下式计算：

$$P_h = \psi_v \psi_h P_e \qquad (C.2.2\text{-}1)$$

式中　ψ_v——由于建筑物采暖，基础底面下冻层厚度减小对冻胀力的影响系数；

P_e——裸露的建筑物中作用在基础上的冻胀力（kPa）。

C.2.2.2　ψ_v 按下式计算（图 C.2.2）

$$\psi_v = \frac{\frac{\psi_t + 1}{2} z_d - d_{min}}{z_d - d_{min}} \qquad (C.2.2\text{-}2)$$

式中　z_d——设计冻深（m）；

d_{min}——基础最小埋置深度（m），自室外自然地面算起；

ψ_t——采暖对冻深的影响系数。

C.2.2.3　P_e 的数值按下式计算

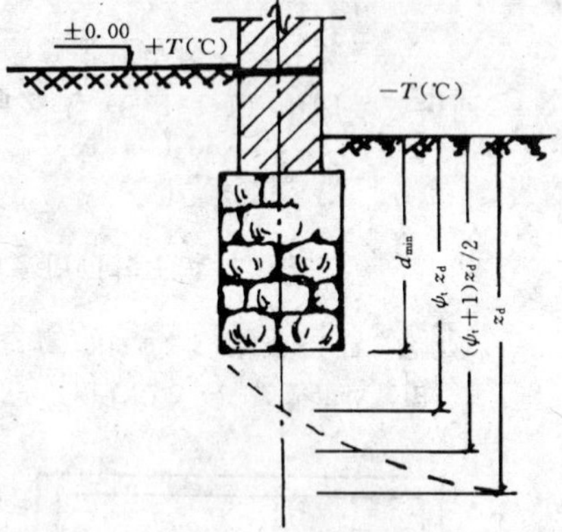

图 C.2.2　基础埋深图

$$P_e = \frac{\sigma_{fh}}{\alpha_d} \qquad (C.2.2\text{-}3)$$

式中　σ_{fh}——计算深度处土的冻胀应力（kPa），查图 C.1.2-1；

α_d——在基础底面之下，要求某一冻层厚度时的应力系数，查相应的应力系数图。

C.2.2.4　基础的稳定性按下式计算：

$$p_0 \geqslant P_h \qquad (C.2.2\text{-}4)$$

式中　p_0——基础底面处的附加压力（kPa）。

C.2.3　切向冻胀力与法向冻胀力同时作用时基础所受冻胀力的计算应符合下列规定：

C.2.3.1　采暖情况下作用在基础上的冻胀力 P_h 按下式计算：

$$P_h = \frac{\psi_t + 1}{2}\psi_h p_{e\tau} + \psi_v \psi_h p_{e\sigma} \qquad (C.2.3\text{-}1)$$

式中　$p_{e\tau}$——在 P_e 中由切向冻胀力所占的部分（kPa）；

$P_{e\sigma}$——在 P_e 中由法向冻胀力所占部分（kPa）。

C.2.3.2　$p_{e\tau}$值应按下式计算

$$p_{e\tau} = \frac{\Sigma\tau_{di}A_{\tau i}}{A} \qquad (C.2.3\text{-}2)$$

式中　$\Sigma\tau_{di}$、$A_{\tau i}$与公式（C.1.3-1）中的含意相同；

A——基础底面积（m^2）。

C.2.3.3　$p_{e\sigma}$值应按下式计算

$$p_{e\sigma} = \frac{\sigma_{fh}^{\sigma}}{\alpha_d} \qquad (C.2.3\text{-}3)$$

式中　σ_{fh}^{σ}——按公式（C.1.3-4）计算得到的剩余冻胀应力。

C.2.3.4　基础的稳定性按下式计算：

$$p_0 \geqslant P_h \qquad (C.2.3\text{-}4)$$

式中　p_0——基础底面处的平均附加压力（kPa），见 C.1.2.1 款。

C.3　自锚式基础

C.3.1　机扩桩、爆扩桩及扩展基础等自锚式基础抗切向冻胀力的稳定性验算应满足下式要求：

$$0.9G_k + A_i R_a \geqslant \Sigma\tau_{di}A_{\tau i} \qquad (C.3.1)$$

式中　R_a——当基础受切向冻胀力作用而上移时，基础扩大部分顶面覆盖土层产生的反力（kPa），该反力按地基受压状态承载力的计算值取用，当基础上覆土层为非原状时，根据实际回填质量尚应乘以折减系数 0.6～1.0；

A_i——基础扩大部分顶面的面积（m^2）。

附录D　冻土地温特征值及融化盘下最高土温的计算

D.1　冻土地温特征值的计算

D.1.1　根据现场钻孔一次测温资料计算活动层下不同深度处的年平均、年最高和年最低地温时应符合下列规定：

D.1.1.1　年平均地温 T_z 按下式计算：

1. $T_z = T_{20} - \Delta T_z$　(D.1.1-1)

2. $\Delta T_z = (T_{20} - T_{15}) \times (a - H_1)/b$　(D.1.1-2)

式中　ΔT_z——考虑地热梯度的地温修正值（℃）；

T_{15}、T_{20}——分别为15m和20m处的实测地温（℃）；

H_1——从地表算起的实测深度（m）；

a——20（m）；

b——5（m）。

D.1.1.2　年最高地温 T_{zmax} 和年最低地温 T_{zmin} 按下式计算：

1. $T_{zmax} = T_z + A_z$　(D.1.1-3)

2. $A_z = A_u(f) \times \exp(-H \times \sqrt{\pi/\alpha t})$　(D.1.1-4)

3. $H = H_1 - h_u(f)$　(D.1.1-5)

4. $T_{zmin} = T_z - A_z$　(D.1.1-6)

式中　A_z——季节活动层以下某深度处的地温年振幅（℃）；

$A_u(f)$——活动层底面的地温年振幅（℃），数值上等于该处年平均地温绝对值；

H——从季节活动层底面算起的深度（m）；

α——土层的平均导温系数（m^2/h）；

t——年周期，8760h；

$h_u(f)$——最大季节融化（冻结）深度，根据实际勘探资料确定。为保证计算精度，现场钻孔测温间距在5m深度内以0.5m为好，5m深度以下为1m。

D.1.1.3　从季节活动层底面算起的地温年变化深度 H_2 按下式计算：

$$H_2 = \sqrt{\alpha t/\pi}\ln(A_u(f)/C) \quad \text{(D.1.1-7)}$$

式中　C——0.1℃。

公式（D.1.1-2）中需用地温年变化深度以下任意两点的测温资料投入运算，初算时采用15m和20m两点的地温投入运算，若以后求得的地温年变化深度大于15m，则需重新复算；

α 值应根据勘探时所得的土层定名、含水量和干密度等资料，查附录K并进行加权平均求得。

D.2　采暖房屋稳定融化盘下冻土最高温度

D.2.1　融化盘下冻土最高温度可按下式计算：

$$T_y = T_{cp}\left(1 - e^{-\sqrt{\frac{\pi}{t\alpha}}\xi y}\right) \quad \text{(D.2.1)}$$

式中　T_{cp}——多年冻土年平均地温（C），由实测确定；

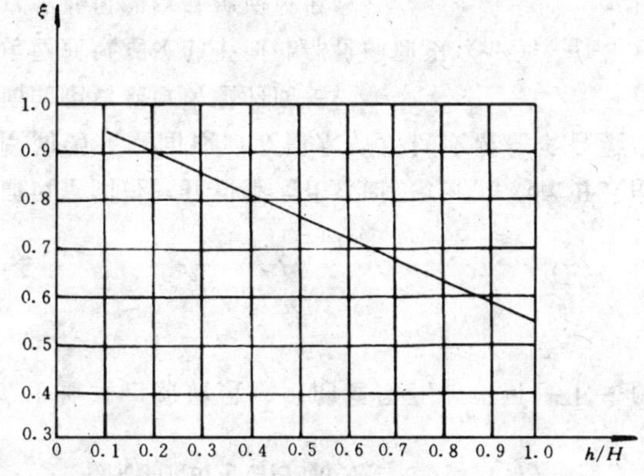

图 D.2.1　人为热源影响系数

注：表中　h—融化盘距室内地面的距离（m）；

H—多年冻土地温年变化深度（m）

t——气温变化周期（h）；

α——冻土的平均导温系数（m^2/h）；

ξ——人为热源影响系数，由图 D.2.1 查取；

y——所求温度点距融化盘的深度（m）。

附录 E　架空通风基础通风孔面积的确定

E.0.1　多年冻土地基自然通风基础的通风孔面积可按下式确定：

$$A_v = A\mu \qquad (E.0.1)$$

式中　A_v——通风空间进气孔和排气孔总面积（m^2）。对敞开式的空间为从空间地面或散水坡至桩或墩柱承台梁底面的距离乘以房屋的周长；

A——房屋通风基础的平面外部轮廓面积（m^2）；

μ——自然通风架空基础通风模数。

E.0.2　自然通风架空基础通风模数 μ 的计算应符合下列规定：

E.0.2.1　通风模数 μ 应按下式计算

$$\mu = \eta_f\eta_n\mu_1 2\sqrt{1+\eta}/(v\eta_\omega) \qquad (E.0.2\text{-}1)$$

式中　μ_1——房屋采暖通风模数，宜按表 E.0.2-1 查取；

η_f——建筑物平面形状系数；

η_n——风速影响系数；

η——通风孔阻流系数，通风孔设置百叶窗时 η 为 2.0；通风孔设置钢丝网时 η 为 0；

η_ω——风速调整系数；

v——风速（m/s）。

E.0.2.2　建筑物平面形状系数宜按表 E.0.2-2 查取：

E.0.2.3　风速影响系数 η_n 宜按表 E.0.2-3 查取

表 E.0.2-1 房屋采暖通风模数 μ_1

地区	年平均气温（℃）	室内温度（℃） 16：通风基础上部楼板热阻（m²℃/W） 0.86	16：1.72	16：2.58	20：0.86	20：1.72	20：2.58
东北大小兴安岭	≤−4.5	0.005	0.004	0.003	0.006	0.004	0.003
	−4.4～−2.5	0.006～0.011	0.006	0.005	0.007～0.014	0.007	0.005
	−2.4～−1.5	0.013～0.025	0.007～0.011	0.005～0.008	敞开	0.008～0.014	0.006～0.010
	−1.4～−0.5	敞开	0.009～0.017	0.008～0.012	—	0.014～0.023	0.010～0.014
天山	≤−3.0	0.008～0.017	0.006	0.005	0.012～0.029	0.008	0.005
祁连山	≤−2.0	0.012～0.022	0.009	0.007	0.018～0.046	0.006～0.012	0.008
青藏高原	≤−4.0	0.012～0.022	0.006～0.013	0.005～0.010	0.019～0.027	0.008～0.015	0.006～0.010
	−3.9～−2.0	0.022～0.032	0.013	0.010	敞开	0.016	0.010
	−1.9～−1.0	—	0.016～0.032	0.012	—	敞开	0.013～0.020

注：① 年平均温度低时取低值，高时取高值；
② 基础上部楼板热阻 R 由构成楼板的面层、结构层及保温层的热阻组成。

平面形状系数 η_f　表 E.0.2-2

平面形状	系数 η_f	平面形状	系数 η_f
矩　形	1.00	T 形	1.12
Π 形	1.23	L 形	1.28

风速影响系数 η_n　表 E.0.2-3

建筑物之间距离 L 建筑物高度 h	系　数 η_n
$L \geqslant 5h$	1.0
$L = 4h$	1.2
$L \leqslant 3h$	1.5

注：中间值时可内插。

E.0.2.4　风速调整系数 η_ω 宜按下式计算：

$$\eta_\omega = 1 - \frac{t_\alpha}{\sqrt{n}}\delta \tag{E.0.2-2}$$

式中　t_α——学生氏函数的临界值，可按表 E.0.2-4 查取；

n——12 月份月平均风速观测年数；

δ——n 年 12 月份月平均风速的变异系数。

信度 $\alpha = 0.05$ 时 t_α 值　表 E.0.2-4

$n-1$	t_α	$n-1$	t_α	$n-1$	t_α	$n-1$	t_α	$n-1$	t_α
1	12.706	7	2.365	13	2.160	19	2.093	25	2.060
2	4.303	8	2.306	14	2.145	20	2.086	30	2.042
3	3.182	9	2.262	15	2.131	21	2.080	40	2.021
4	2.776	10	2.228	16	2.120	22	2.074	60	2.000
5	2.571	11	2.201	17	2.110	23	2.069	120	1.980
6	2.447	12	2.179	18	2.101	24	2.064	∞	1.960

E.0.2.5　n 年 12 月份平均风速的变异系数 δ 应按下式计算：

$$\delta = \frac{\sigma_v}{v} \tag{E.0.2-3}$$

式中　v——n 年 12 月份风速平均值（m/s）；

σ_v——标准差。

E.0.2.6　标准差 σ_v 应按下式计算：

$$\sigma_v = \sqrt{\frac{\sum_{i=1}^{n} v_i^2 - n v^2}{n-1}} \tag{E.0.2-4}$$

附录F 多年冻土地基静载荷试验

F.0.1 多年冻土地基静载荷试验应选择在冻土层（持力层）温度最高的月份进行，当在地温非最高月份进行试验时，对试验结果应进行温度修正。

F.0.2 试验土层应保持原状结构和天然温度。承压板底部应铺（厚度为20mm）中、粗砂找平层，在整个试验期间应保持其冻土层温度场的稳定。

F.0.3 承压板面积不应小于0.25m²，试坑宽度不应小于承压板宽度或直径的3倍。

F.0.4 加荷级数不应少于8级；第1级宜为预估极限荷载的15%～30%，以后每级宜为预估极限荷载的10%～15%。

F.0.5 每级加荷后均应测读1次承压板沉降，以后应每隔1h测读1次；当累计24h的沉降量：砂土不大于0.5mm或粘性土不大于1.0mm时，可认为地基土处于第一蠕变阶段，（蠕变速率减少阶段），即下沉稳定，可加下一级荷载。

F.0.6 对承压板下深度为1.5b（b为承压板宽）范围内冻土的温度，应每24h测读一次。

F.0.7 当某级荷载施加之后连续10d达不到稳定标准，或总沉降量S大于0.06b时，应终止试验，其前一级荷载即为极限荷载。

F.0.8 冻土地基承载力的基本值应按下列规定确定：

F.0.8.1 当p-s曲线上有明确的比例界限时，取该比例界限所对应的荷载值；

F.0.8.2 当极限荷载能确定，且该值小于对应比例界限荷载值的1.5倍时，取极限荷载值的一半；

F.0.8.3 当以上两个基本值可同时取得时应取低值。

F.0.9 当同一土层参加统计的试验点不少于3点，基本值极差不超过平均值的30%时，可取此平均值作为冻土地基承载力的设计值。

附录G 冻土融化下沉系数和压缩指标的设计值

G.0.1 冻土地基融化时沉降计算中的冻土融化下沉系数和压缩系数指标的设计值，应以试验方法确定。对于均质的冻结细粒土可以在试验室条件下用专门的试验装置确定。

G.0.2 冻土融化下沉系数δ_0，当没有试验资料时，可依据冻结地基土的土质及物理力学性质，按下列公式计算：

G.0.2.1 当按含水量w确定时，

1. 对于表3.1.6规定的Ⅰ、Ⅱ、Ⅲ、Ⅳ类土

$$\delta_0 = \alpha_1(w - w_0) \quad (\%) \qquad \text{(G.0.2-1)}$$

式中：α_1——系数，应按表G.0.2-1确定；

w_0——起始融沉含水量，可按表G.0.2-1确定。

2. 对于粘性土，其起始融沉含水量w_0可按下式计算。

$$w_0 = 5 + 0.8w_p \qquad \text{(G.0.2-2)}$$

式中：w_p——塑限含水量。

α_1、w_0值 **表G.0.2-1**

土　质	砾石，碎石土①	砂类土	粉土，粉质粘土	粘　土
α_1	0.5	0.6	0.7	0.6
w_0（%）	11.0	14.0	18.0	23.0

注：① 对于粉粘粒（粒径小于0.074mm）含量小于15%者，α_1取0.4；

② 粘性土的w_0按式（G.0.2-2）计算的值与表G.0.2-1所列数值不同时取小值。

3. 对于按表3.1.6规定的Ⅴ类土，其融化下沉系数δ_0可按下式计算：

$$\delta_0 = 3\sqrt{w - w_0} + \delta'_0 \qquad \text{(G.0.2-3)}$$

式中 $w_c = w_p + 35$，对于粗颗粒土可用 w_0 代替 w_p。无试验资料时 w_c 可按表 G.0.2-2 取值；

δ'_0——对应于 $w = w_c$ 时的 δ_0 值，可按公式（G.0.2-1）计算。当无试验资料时，可按表 G.0.2-2 取值。

w_c、δ'_0 值 **表 G.0.2-2**

土质	砾石，碎石土①	砂类土	粉土，粉质粘土	粘土
w_c（%）	46	49	52	58
δ'_0（%）	18	20	25	20

注：① 对于粉粘粒（粒径小于 0.074mm）含量小于 15% 者，w_c 取 44%，δ'_0 取 14%。

G.0.2.2 当按冻土干密度（ρ_d）确定时

1. 对于表 3.1.6 规定的Ⅰ、Ⅱ、Ⅲ、Ⅳ类土

$$\delta_0 = \alpha_2 \frac{\rho_{d0} - \rho_d}{\rho_d} \qquad (G.0.2\text{-}4)$$

式中 α_2——系数，宜按表 G.0.2-3 确定；

ρ_{d0}——起始融沉干密度，大致相当于或略大于最佳干密度；无试验资料时可按表 G.0.2-3 取值：

α_2、ρ_{d0} 值 **表 G.0.2-3**

土质	砾石，碎石土①	砂类土	粉土，粉质粘土	粘土
α_2	25	30	40	30
ρ_{d0}（t/m³）	1.95	1.80	1.70	1.65

注：① 对于粉粘粒（粒径小于 0.074mm）含量小于 15% 者，α_2 取 20，ρ_{d0} 取 2.0（t/m³）。

2. 对于第 3.1.6 节规定的Ⅴ类土

$$\delta_0 = 60(\rho_{dc} - \rho_d) + \delta'_0 \qquad (G.0.2\text{-}5)$$

式中 ρ_{dc}——对应于 w 为 w_c 的冻土干密度；无试验资料时按表 G.0.2-4 取值；

δ'_0——同公式（G.0.2-3）。

ρ_{dc} 值 **表 G.0.2-4**

土质	砾石，碎石土①	砂类土	粉土，粉质粘土	粘土
ρ_{dc}（t/m³）	1.16	1.10	1.05	1.00

注：① 对于粉粘粒（粒径小于 0.074mm）含量小于 15% 者，ρ_{dc} 取 1.2（t/m³）。

G.0.2.3 应现场测定冻土的含水量 w 及干密度 ρ_d，并分别计算融化下沉系数 δ_0 值，取大值作为设计值。

G.0.3 冻土融化后的体积压缩系数 m_v，可按表 G.0.4 确定。

各类冻土融化后体积压缩系数 m_v 的值 **表 G.0.4**

m_v（1/MPa） 土质及压力（kPa） 冻土 ρ_d（t/m³）	砾石，碎石土 ρ_0 = 10～210	砂类土 ρ_0 = 10～210	粘性土 ρ_0 = 10～210	草皮 ρ_0 = 10～210
2.10	0.00	—	—	—
2.00	0.10	—	—	—
1.90	0.20	0.00	0.00	—
1.80	0.30	0.12	0.15	—
1.70	0.30	0.24	0.30	—
1.60	0.40	0.36	0.45	—
1.50	0.40	0.48	0.60	—
1.40	0.40	0.48	0.75	—
1.30	—	0.48	0.75	0.40
1.20	—	0.48	0.75	0.45
1.10	—	—	0.75	0.60
1.00	—	—	—	0.75
0.90	—	—	—	0.90
0.80	—	—	—	1.05
0.70	—	—	—	1.20
0.60	—	—	—	1.30
0.50	—	—	—	1.50
0.40	—	—	—	1.65

附录H 多年冻土地基单桩竖向静载荷试验

H.0.1 多年冻土中试桩施工后，应待冻土地温恢复正常后方可进行载荷试验。试验桩宜经过一个冬期后再进行试验。

H.0.2 试桩时间宜选在夏季末冬季初多年冻土地温出现最高值的一段时间内进行。

H.0.3 单桩静载荷试验视试验条件和试验要求不同，可选用慢速维持荷载法或快速维持荷载法进行试验。

H.0.4 采用慢速维持荷载法时，应符合下列要求：

H.0.4.1 加载级数不应少于6级，第一级荷载应为预估极限荷载的0.25倍，以后各级荷载可为极限荷载的0.15倍，累计试验荷载不得小于设计荷载的2倍；

H.0.4.2 在某级荷载作用下，桩在最后24h内的下沉量不大于0.5mm时，应视为下沉已稳定，方可施加下一级荷载；

H.0.4.3 在某级荷载作用下，连续十昼夜（d）达不到稳定，应视为桩-地基系统已破坏，可终止加载；

H.0.4.4 测读时间应符合下列规定：

1. 沉降：加载前读一次，加载后读一次，此后每2h读一次，在高载下，当桩下沉加快时观测次数应增加，缩短间隔时间。

2. 地温：每24h观测一次。

H.0.4.5 卸载时的每级荷载值为加载值的两倍。卸载后应立即测读桩的变位，此后每2h测读一次，每级荷载的延续时间为12h，卸载期间应照常观测地温。

H.0.5 采用快速维持荷载法时，应符合下列要求：

H.0.5.1 快速加荷载时，每级荷载的间隔时间应视桩周冻土类型和冻土条件确定，一般不得小于24h，且每级荷载的间隔时间应相等；

H.0.5.2 加载的级数一般不得少于6～7级，荷载级差可采用预估极限荷载的0.15倍。当桩在某级荷载作用下产生迅速下沉时，或桩头总下沉量超过40mm时，即可终止试验；

H.0.5.3 快速加载时，桩下沉和地温的观测要求应与慢速加载时相同。

H.0.6 桩承载力基本值的确定应符合下列规定：

H.0.6.1 慢速加载时，破坏荷载的前一级荷载即为桩的极限荷载；

H.0.6.2 快速加载时，找出每级荷载下桩的稳定下沉速度（即稳定蠕变速率），并绘制桩的流变曲线图（图H.0.6），曲线延长线与横坐标的交点应作为桩的极限长期承载力。

H.0.7 单桩竖向静载荷试验设计值的取值应符合下列规定：

H.0.7.1 慢速加载时，应按参加统计的试桩数取试验值的平均值，并要求其极差不得超过平均值的30%，取此平均值的一半作为单桩承载力的设计值；

H.0.7.2 快速加载时，应按参加统计的试桩数取试验值的平均值，并要求其极差不得超过平均值的30%，取此平均值的一半作为单桩承载力的设计值。

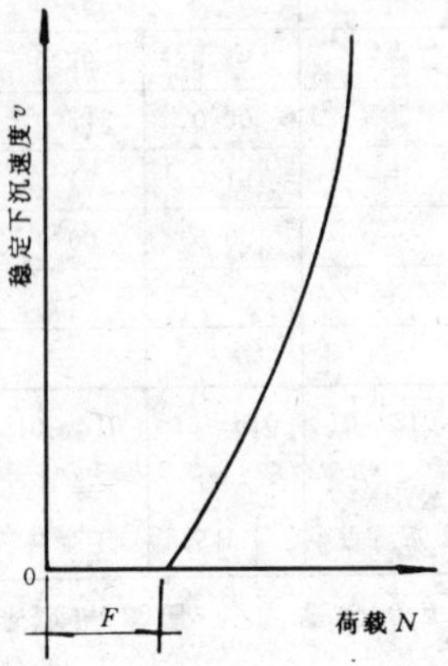

图H.0.6 桩的流变曲线图

附录J　热桩、热棒基础计算

J.0.1　液汽两相对流循环热虹吸在单位时间内的传热量，应根据热虹吸-地基系统的热状态分析所得热流程图确定。对于垂直埋于天然地基中热虹吸的热流程应符合图J.0.1的规定。

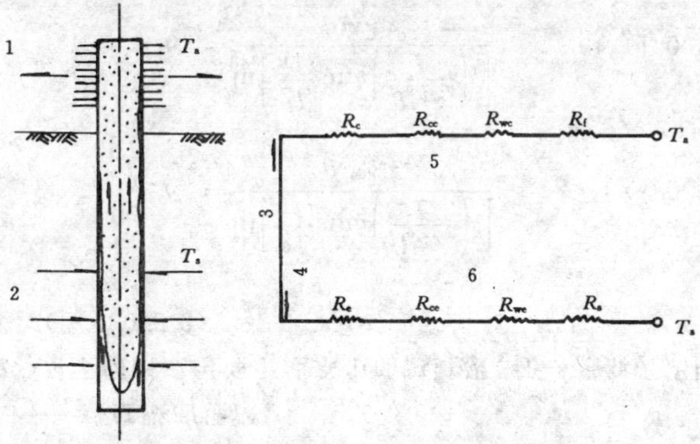

图J.0.1　热虹吸-地基系统热流程图

1—热流流出；2—热流流入；3—绝热蒸汽流；4—绝热冷凝液体流；5—冷凝器；6—蒸发器

J.0.2　热虹吸单位时间内的传热量可按下列公式计算：

$$q=\frac{T_s-T_a}{R_f+R_{wc}+R_{cc}+R_c+R_e+R_{ce}+R_{we}+R_s} \tag{J.0.2}$$

式中　R_f——冷凝器的放热热阻；

R_{wc}——冷凝器壁的热阻；

R_{cc}——冷凝器中冷凝液体膜的热阻；

R_c——冷凝热阻；

R_e——蒸发热阻；

R_{ce}——蒸发器中冷凝液体膜的热阻；

R_{we}——蒸发器壁的热阻；

R_s——土体热阻；

T_a——空气温度；

T_s——土体温度。

J.0.3　一般情况下，只计入冷凝器热阻和土体热阻，可按(J.0.3)式计算：

$$q=\frac{T_s-T_a}{R_f+R_s} \tag{J.0.3}$$

J.0.4　冷凝器的放热热阻R_f可以通过试验确定。当无条件试验时冷凝器的放热热阻可按下式计算：

$$R_f=\frac{1}{Aeh} \tag{J.0.4-1}$$

式中　A——冷凝器的散热面积；

h——冷凝器的放热系数；

e——冷凝器叶片的有效率。

J.0.4.1　对于指定类型的冷凝器，可通过低温风洞试验确定有效放热系数(eh)与风速v的关系，得出关系曲线或计算公式；

J.0.4.2　钢串片开式冷凝器，其有效放热系数(eh)值可按下式计算确定：

$$eh=2.75+1.51v^{0.2} \tag{J.0.4-2}$$

式中　v——冷凝器所在处的风速。

J.0.5　热虹吸蒸发段周围土体的热阻R_s可按下列公式计算：

J.0.5.1　对于垂直埋于地基中的热虹吸，传热影响范围内圆柱土体的热阻(图J.0.5-1)

$$R_s=\frac{\ln(r_2/r_1)}{2\pi\lambda z} \tag{J.0.5-1}$$

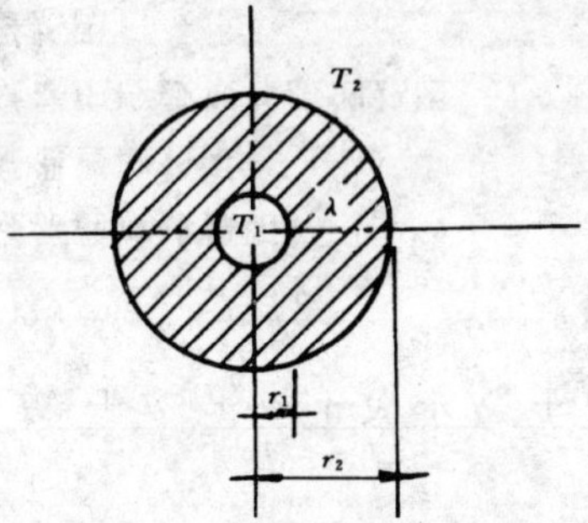

图 J.0.5-1　正环形圆柱体热阻计算图式

式中　r_2——冻结期传热影响范围的平均半径；

r_1——热虹吸蒸发段的外半径；

λ——土体导热系数；

z——热虹吸的埋深。

J.0.5.2　对于倾斜成组埋于地基中的热虹吸、任一热虹吸周围土体的热阻（图 J.0.5-2）

$$R_u=\frac{\ln\left[\frac{2L}{\pi D}\sinh\left(\frac{\beta_u\pi z_u}{L}\right)\right]}{\beta_u\pi\lambda_u z} \tag{J.0.5-2}$$

$$R_d=\frac{\ln\left[\frac{2L}{\pi D}\sinh\left(\frac{\beta_d\pi z_d}{L}\right)\right]}{\beta_d\pi\lambda_d z} \tag{J.0.5-3}$$

式中　L——热虹吸的中心间距；

D——热虹吸蒸发段的外直径；

z_u——热虹吸蒸发段的平均埋深；

λ_u——z_u 范围内土体的导热系数；

λ_d——z_d 范围内土体的导热系数；

z_d——热虹吸蒸发段平均埋深线至多年冻土年变化带深度线的距离；

z——热虹吸蒸发段长度；

β_u、β_d——比例系数。

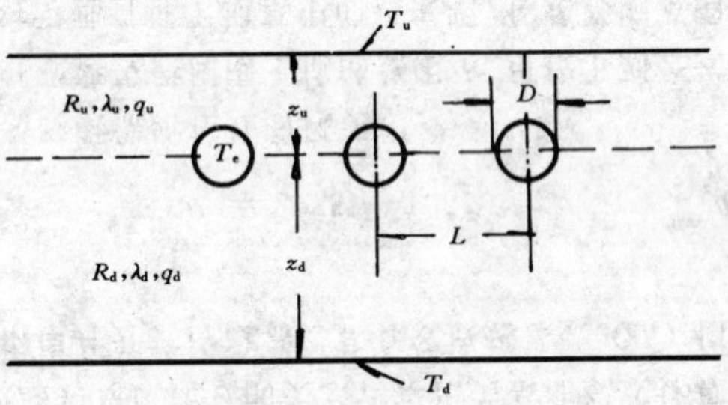

图 J.0.5-2　排式埋藏式圆柱热阻计算图式

J.0.5.3　比例系数 β_u、β_d 应按下列公式计算：

$$\beta_u=\frac{2q_u}{q_u+q_d} \tag{J.0.5-4}$$

$$\beta_d=\frac{2q_d}{q_u+q_d} \tag{J.0.5-5}$$

式中　q_u——来自上部的热流；

q_d——来自下部的热流。

J.0.6　热虹吸的冻结半径 r 可按下列公式计算（图 J.0.6）：

$$\Sigma T_f=\frac{L}{24}\left[\pi zR_f(r^2-r_0^2)+\frac{r^2}{4\lambda_s}\left(\ln\frac{r^2}{r_0^2}-1\right)+\frac{r_0^2}{4\lambda_s}\right] \tag{J.0.6}$$

式中　ΣT_f——计算地点的冻结指数（℃.d）；

L——融土的体积潜热；

r_0——热虹吸蒸发段外半径；

λ_s——土体导热系数。

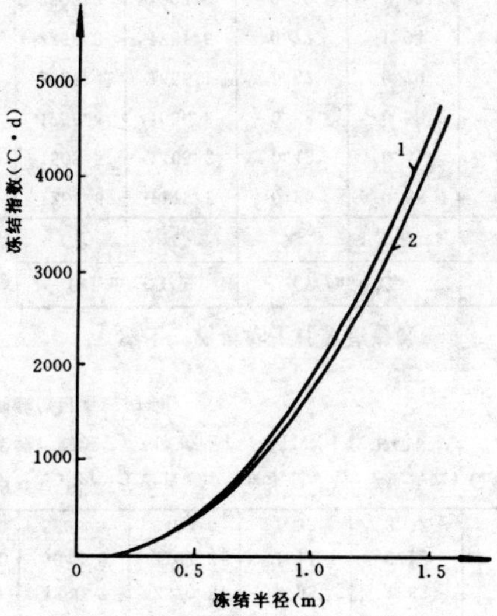

图 J.0.6 冻结半径与冻结指数的关系

土质：粉土；ρ_d=1600kg/m³；w=10%；

1—风速 v=0.9m；2—风速 v=4.5m；埋深 z=6.1m

附录 K 冻土、未冻土热物理指标的计算（值）

K.0.1 根据土的类别、天然含水量及干密度测定数值，冻土和未冻土的容积热容量、导热系数和导温系数可分别按表 K.0.1-1～表 K.0.1-4 取值。大含水（冰）量土的导热系数在无实测资料时可按表 K.0.1-5 取值。

草炭粉质粘土计算热参数值 **表 K.0.1-1**

(kg/m³)	(%)	(kJ/m³·℃)		(W/m·℃)		(m²/h)	
ρ_d	w	C_u	C_f	λ_u	λ_f	$\alpha_u\cdot10^3$	$\alpha_f\cdot10^3$
400	30	903.3	710.9	0.13	0.13	0.50	0.62
	50	1237.9	878.2	0.19	0.22	0.52	0.92
	70	1572.4	1045.5	0.23	0.37	0.54	1.26
	90	1907.0	1212.8	0.29	0.53	0.56	1.59
	110	2241.6	1380.1	0.35	0.72	0.57	1.87
	130	2576.1	1547.3	0.41	0.88	0.57	2.06
500	30	1129.1	890.8	0.17	0.17	0.54	0.69
	50	1547.3	1099.9	0.24	0.31	0.56	1.30
	70	1965.5	1309.0	0.32	0.51	0.59	1.40
	90	2383.7	1518.1	0.41	0.74	0.61	1.76
	110	2801.9	1727.2	0.49	1.00	0.62	2.08
	130	3220.1	1936.3	0.56	1.24	0.63	2.31
600	30	1355.0	1066.4	0.22	0.22	0.57	0.76
	50	1856.8	1317.3	0.31	0.42	0.61	1.15
	70	2358.6	1568.3	0.42	0.68	0.64	1.56
	90	2860.5	1819.2	0.53	0.99	0.67	1.95
	110	3362.3	2070.1	0.63	1.32	0.68	2.29
	130	3864.2	2321.0	0.75	1.61	0.68	2.51

续表

(kg/m³) ρ_d	(%) w	(kJ/m³·℃) C_u	C_f	(W/m·℃) λ_u	λ_f	(m²/h) $\alpha_u \cdot 10^3$	$\alpha_f \cdot 10^3$
700	30	1580.8	1246.2	0.27	0.30	0.61	0.87
	50	2166.3	1539.0	0.39	0.56	0.66	1.30
	70	2375.4	1831.7	0.53	0.88	0.70	1.74
	90	3337.2	2124.5	0.66	1.26	0.71	2.14
	110	3922.7	2417.2	0.79	1.67	0.73	2.50
	130	4508.2	2709.9	0.92	2.01	0.73	2.77
800	30	1806.6	1421.9	0.32	0.37	0.65	0.94
	50	2475.7	1756.4	0.48	0.68	0.70	1.41
	70	3144.9	2091.0	0.64	1.09	0.73	1.67
	90	3814.0	2425.6	0.80	1.55	0.76	2.32
	110	4483.1	2760.1	0.96	2.05	0.77	2.68
	130	5152.2	3094.7	1.10	2.47	0.78	2.88
900	30	1171.0	1342.4	0.38	0.40	0.68	1.03
	50	2785.2	1978.1	0.57	0.73	0.73	1.53
	70	3538.0	2354.5	0.75	1.14	0.77	2.03
	90	4290.7	2370.8	0.95	1.63	0.80	2.49
	100	5043.5	3107.2	1.14	2.12	0.82	2.86
	130	5796.3	3483.6	1.32	2.52	0.82	3.02

注：① 表中符号：ρ_d—干密度；w—含水量；λ—导热系数；C—容积热容量；α—导温系数；脚标：u—未冻土；f—已冻土。下同；

② 表列数值可直线内插。

粉土、粉质粘土计算热参数值　　表 K.0.1-2

(kg/m³) ρ_d	(%) w	(kJ/m³·℃) C_u	C_f	(W/m·℃) λ_u	λ_f	(m²/h) $\alpha_u \cdot 10^3$	$\alpha_f \cdot 10^3$
1200	5	1254.6	1179.3	0.26	0.26	0.73	0.76
	10	1505.5	1405.2	0.43	0.41	1.02	1.04
	15	1756.4	1530.6	0.58	0.58	1.19	1.37
	20	2007.4	1656.1	0.67	0.79	1.21	1.71
	25	2258.3	1781.5	0.72	1.04	1.14	2.10
	30	2509.2	1907.0	0.79	1.28	1.13	2.40
	35	2760.1	2032.5	0.86	1.45	1.12	2.57

续表

(kg/m³) ρ_d	(%) w	(kJ/m³·℃) C_u	C_f	(W/m·℃) λ_u	λ_f	(m²/h) $\alpha_u \cdot 10^3$	$\alpha_f \cdot 10^3$
1300	5	1359.2	1279.7	0.30	0.29	0.80	0.80
	10	1631.0	1522.2	0.50	0.48	1.11	1.12
	15	1902.8	1660.3	0.71	0.71	1.33	1.47
	20	2174.6	1794.1	0.79	0.92	1.31	1.85
	25	2446.5	1932.1	0.84	1.21	1.23	2.25
	30	2718.3	2065.9	0.90	1.46	1.19	2.55
	35	2990.1	2203.9	0.97	1.67	1.18	2.74
1400	5	1463.7	1375.9	0.36	0.35	0.87	0.90
	10	1756.4	1639.3	0.59	0.57	1.22	1.22
	15	2049.2	1785.7	0.84	0.79	1.46	1.58
	20	2341.9	1932.1	0.94	1.06	1.44	1.96
	25	2634.7	2496.7	0.97	1.39	1.33	2.41
	30	2927.4	2224.8	1.06	1.68	1.32	2.73
	35	3220.1	2371.2	1.18	1.93	1.32	2.92
1500	5	1568.3	1476.2	0.41	0.41	0.93	0.98
	10	1881.9	1756.4	0.67	0.65	1.28	1.32
	15	2191.4	1907.0	0.96	0.91	1.58	1.71
	20	2509.2	2070.1	1.09	1.22	1.57	2.12
	25	2822.9	2229.0	1.13	1.58	1.44	2.55
	30	3136.5	2383.7	1.24	1.89	1.43	2.85
	35	3450.2	2542.7	1.36	2.12	1.42	3.01
1600	5	1672.8	1572.4	0.46	0.46	1.01	1.05
	10	2425.6	1873.5	0.78	0.74	1.40	1.42
	15	2541.9	2040.8	1.11	1.02	1.72	1.81
	20	2676.5	2208.1	1.24	1.38	1.67	2.25
	25	3011.0	2375.4	1.28	1.80	1.52	2.73
	30	3345.6	2542.7	1.42	2.12	1.52	3.01
	35	3680.2	2709.9	1.54	2.40	1.51	3.20

碎石粉质粘土计算热参数值　　　表 K.0.1-3

(kg/m³)	(%)	(kJ/m³·℃)		(W/m·℃)		(m²/h)	
ρ_d	w	C_u	C_f	λ_u	λ_f	$\alpha_u \cdot 10^3$	$\alpha_f \cdot 10^3$
1200	3	1154.2	1053.9	0.23	0.22	0.72	0.77
	7	1355.0	1154.2	0.34	0.37	0.91	1.15
	10	1505.5	1229.5	0.43	0.52	1.03	1.52
	13	1656.1	1304.8	0.53	0.71	1.16	1.96
	15	1756.4	1355.0	0.59	0.85	1.21	2.26
	17	1856.8	1405.2	0.60	0.94	1.26	2.42
1400	3	1346.6	1229.5	0.34	0.32	0.89	0.97
	7	1568.3	1346.6	0.50	0.53	1.15	1.44
	10	1756.4	1434.4	0.65	0.74	1.33	1.86
	13	1932.1	1522.2	0.79	0.97	1.48	2.30
	15	2049.2	1580.8	0.88	1.14	1.55	2.59
	17	2166.3	1639.3	0.92	1.24	1.53	2.73
1600	3	1539.0	1405.2	0.46	0.45	1.07	1.17
	7	1806.6	1539.0	0.68	0.74	1.38	1.73
	10	2007.4	1639.3	0.89	1.00	1.61	2.20
	13	2208.1	1739.7	1.10	1.29	1.80	2.66
	15	2341.9	1806.6	1.28	1.45	1.87	2.90
	17	2475.7	1873.5	1.42	1.57	1.96	3.02
1800	3	1731.3	1580.8	0.60	0.60	1.25	2.38
	7	2032.5	1731.3	0.92	0.97	1.62	2.43
	10	2258.3	1844.3	1.17	1.31	1.87	2.56
	13	2295.9	1957.2	1.45	1.65	2.10	3.03
	15	2634.7	2032.5	1.60	1.82	2.19	3.23
	17	2785.2	2107.7	1.71	1.93	2.21	3.28

砾砂计算热参数值　　　表 K.0.1-4

(kg/m³)	(%)	(kJ/m³·℃)		(W/m·℃)		(m²/h)	
ρ_d	w	C_u	C_f	λ_u	λ_f	$\alpha_u \cdot 10^3$	$\alpha_f \cdot 10^3$
1400	2	1229.5	1083.1	0.42	0.49	1.23	1.62
	6	1463.7	1200.2	0.96	1.14	2.36	3.42
	10	1697.9	1317.3	1.17	1.43	2.40	3.91
	14	1932.1	1434.4	1.29	1.67	2.40	4.20
	18	2166.3	1551.5	1.39	1.86	2.27	4.31
1500	2	1317.3	1162.6	0.50	0.59	1.36	1.84
	6	1568.3	1288.1	1.09	1.32	2.51	3.70
	10	1819.2	1413.5	1.30	1.60	2.58	4.08
	14	2070.1	1539.0	1.44	1.87	2.51	4.38
	18	2321.0	1664.4	1.52	2.08	2.37	4.50
1600	2	1405.2	1237.9	0.61	0.73	1.56	2.13
	6	1672.8	1371.7	1.28	1.60	1.74	4.21
	10	1940.4	1505.5	1.48	1.86	2.75	4.44
	14	2208.1	1639.3	1.64	2.15	2.67	4.72
	18	4173.6	1773.2	1.69	2.35	2.47	4.79
1700	2	1493.0	1317.3	0.77	0.94	1.85	2.52
	6	1777.4	1459.5	1.47	1.91	2.99	4.73
	10	2061.7	1601.7	1.68	2.20	2.94	4.96
	14	2346.1	1743.9	1.84	2.48	2.84	5.13
	18	2630.5	1886.1	1.95	2.69	2.66	5.14
1800	2	1580.8	1392.6	0.95	1.19	2.17	3.09
	6	1881.9	1543.2	1.71	2.27	3.27	5.31
	10	2183.0	1693.7	1.91	2.61	3.17	5.56
	14	2484.1	1844.3	2.09	2.85	3.02	5.58
	18	2785.2	1994.8	2.18	3.05	2.82	5.51

大含水（冰）量土的导热系数　　　表 K.0.1-5

红色粉质粘土				黄色粉土			
青海风火山				兰州			
(kg/m³)	(%)	(W/m·℃)		(kg/m³)	(%)	(W/m·℃)	
ρ_d	w	λ_u	λ_f	ρ_d	w	λ_u	λ_f
380	202.4	0.73	2.15	400	200.0	—	2.13
680	109.2	0.94	2.06	700	100.0	—	2.08
900	78.2	1.03	1.97	1000	55.8	—	2.05
1000	60.0	1.08	1.95	1200	40.0	1.94	2.02
1100	50.0	1.08	1.95	1400	35.0	1.86	1.91
1200	44.9	1.09	1.88	1400	30.0	1.72	1.81
1200	34.3	1.09	1.67	—	—	—	—
草炭粉土				草根（皮）			
西藏两道河				西藏两道河			
(kg/m³)	(%)	(W/m·℃)		(kg/m³)	(%)	(W/m·℃)	
ρ_d	w	λ_u	λ_f	ρ_d	w	λ_u	λ_f
100	960.0	—	1.86	100	840	—	1.62
200	428.8	—	2.16	200	400	0.68	1.86
300	300.0	—	2.25	200	300	0.57	1.32
300	284.4	—	1.98	200	250	0.46	0.86
400	180.8	—	2.03	200	200	0.39	0.65
500	143.3	—	2.06	200	150	0.27	0.46
700	138.1	—	2.13	200	100	0.23	0.26
—	—	—	—	300	250	0.65	1.65
—	—	—	—	300	180	0.45	1.07
—	—	—	—	300	150	0.41	0.93
—	—	—	—	300	130	0.36	0.68
—	—	—	—	300	110	0.36	0.57

续表

草炭粉质粘土			
东北满归			
(kg/m³)	(%)	(W/m·℃)	
ρ_d	w	λ_u	λ_f
100	884.0	—	1.68
200	423.2	—	1.91
300	260.3	0.51	1.90
350	213.5	0.45	1.46
350	200.0	0.43	1.30
350	119.3	0.31	0.57
400	175.2	0.55	1.58
400	100.0	0.36	0.80
—	—	—	—
—	—	—	—
—	—	—	—
—	—	—	—

K.0.2　单位土体的相变热和未冻水含量

K.0.2.1　相变热（单位体积土中由水分的相态改变所放出和吸收的热量）可按下式计算

$$Q = L\rho_d(w - w_u)\quad (\mathrm{kJ/m^3})\qquad (\mathrm{K.0.2\text{-}1})$$

式中　Q——相变热；

L——水的结晶或冰的融化潜热，一般工程热工计算中取 334.56kJ/kg；

ρ_d——土的干密度（kg/m³）；

w——土的天然含水量（总含水量），以小数计（取小数点后两位）；

w_u——冻土中的未冻水含量。

K.0.2.2　冻土中的未冻水含量应通过试验确定，当无试验条件时可用下列方法估算：

粘性土 $w_u = K(T)w_p$ (K.0.2-2)

砂　土 $w_u = w[1 - i_c(T)]$ (K.0.2-3)

式中 w_p——塑限含水量，以小数计（取小数点后两位）；

K——温度修正系数，以小数计（取小数点后两位），可按表K.0.2选用；

i_c——相对含冰量，以小数计（取小数点后两位），可按表K.0.2选用；

T——计算土的温度。

不同温度下的温度修正系数和相对含冰量数值　表K.0.2

土　名	塑性指数		温　度（℃）						
			−0.2	−0.5	−1.0	−2.0	−3.0	−5.0	−10
砂　土	—	i_c	0.65	0.78	0.85	0.92	0.93	0.95	0.98
粉　土	$I_p \leqslant 10$	K	0.70	0.50	0.30	0.20	0.15	0.15	0.10
粉质粘土	$10 < I_p \leqslant 13$	K	0.90	0.65	0.50	0.40	0.35	0.30	0.25
	$13 < I_p \leqslant 17$	K	1.00	0.80	0.70	0.60	0.50	0.45	0.40
粘　土	$17 < I_p$	K	1.10	0.90	0.80	0.70	0.60	0.55	0.50
草炭粉质粘土	$15 \leqslant I_p \leqslant 17$	K	0.50	0.40	0.35	0.30	0.25	0.25	0.20

注：表中粉质粘土 I_p 大于13及粘土 I_p 大于17两档数据仅作参考。

K.0.3 根据土的物理指标选取计算热参数时应符合下列要求：

K.0.3.1 在计算天然冻结或融化深度和地基温度场时，应计入总含水量的瞬时测定值与平均值的离散关系。计算相变热时所用的总含水量指标，应按春融前的测定值确定。未冻水量应按冻结期土体达到的最低温度确定；

K.0.3.2 在确定衔接多年冻土区采暖建筑的基础埋置深度时，应计入土体融化后结构破坏的影响；

K.0.3.3 在确定保温层厚度时，应计入所选用保温材料（如干草炭砌块或炉渣等）长期使用后受潮的影响，同时尚应计入所选用大孔隙保温材料由于对流和辐射热交换对热参数的影响。

附录L　本规范用词说明

L.0.1 为便于在执行本规范条文时区别对待，对要求严格程度不同的用词说明如下：

1. 表示很严格、非这样做不可的：

正面词一般采用“必须”；反面词采用“严禁”；

2. 表示严格，在正常情况下均应这样做的；

正面词用“应”；反面词采用“不应”或“不得”；

3. 表示允许稍有选择，在条件许可时首先应这样做的：

正面词采用“宜”或“可”；反面词采用“不宜”。

L.0.2 条文中指明必须按其他有关标准执行的写法为“应按……执行”或“应符合……的规定”。

附加说明：

本规范主编单位、参加单位和主要起草人名单

主编单位： 黑龙江省寒地建筑科学研究院

参加单位： 中国科学院兰州冰川冻土研究所
哈尔滨建筑大学
铁道部科学研究院西北分院
内蒙古大兴安岭林业设计院
铁道部第一勘测设计院
铁道部第三勘测设计院

主要起草人： 刘鸿绪　童长江　徐敩祖
王正秋　丁靖康　鲁国威
贺长庚　徐学燕　贾建华
周有才

中华人民共和国行业标准

冻 土 地 区 建筑地基基础设计规范

JGJ 118—98

条 文 说 明

前　言

根据建设部（89）建标计字第8号文通知的要求，由黑龙江省寒地建筑科学研究院负责，会同中国科学院兰州冰川冻土研究所、哈尔滨建筑大学、铁道部科学研究院西北分院、内蒙古大兴安岭林业设计院、铁道部第一勘测设计院与铁道部第三勘测设计院等单位共同编制的《冻土地区建筑地基基础设计规范》JGJ118—98，经中华人民共和国建设部建标［1998］号文批准发布。

为便于广大设计、施工、科研和教学等有关单位人员在使用本规范时能正确理解和执行条文规定，编制组根据建设部关于编制标准规范条文说明的统一规定，按《冻土地区建筑地基基础设计规范》的章、节、条顺序，编制了本条文说明，供国内各有关单位和使用者参考。在使用中如发现本条文说明有欠妥之处，请将意见直接函寄哈尔滨市（清滨路60号，邮编：150080）黑龙江省寒地建筑科学研究院《冻土地区建筑地基基础设计规范》管理组。

1998年7月

目　次

1 总 则

1.0.1 制订本规范的目的是使在季节冻土与多年冻土地区进行建筑地基基础的设计与施工时，首先保证建筑物的安全和正常使用，然后要求做到技术先进和经济合理。

由于直到目前为止我国在多年冻土地区进行基本建设，还没有有关地基基础的设计规范。设计人员处于无章可循的困难处境，国内在这方面又没多少成熟经验可以借鉴，为了进行工作，只能凭个人在未冻土地基设计中的经验与冻土地基上的有限知识，盲目设计；最终结果由于不符合冻土地基的客观规律，出现设计不合理、施工不得当而导致的融化下沉破坏，以及由于忽视对冻胀力作用下基础稳定性验算而出现失稳。这种破坏数量之多，损失之大是众所周知的。如东北大小兴安岭一带除了多年冻土就是深季节冻土，自五十年代开始随着林业、矿业的开发，交通运输的发展，修建了一批建筑物，到目前为止已几乎全部报废、重建。在60、70年代及至80年代初期重建、新建的房屋都不同程度地存在着裂缝、倾斜和破坏。满归、古莲、图强等地的建筑，破坏率高达50%～60%以上，严重的占30%左右；伊图里河、乌尔其汗等地的破坏率在40%左右。有些建筑物虽然推倒重建，但仍继续破坏，青藏高原公路沿线的建筑也是如此。据粗略估计，东北每个林业局因此而损失的建设资金达五、六百万，多者可达千万元。

这种破坏损失与资金浪费似乎已成为合理合法的，因为国家还没有颁发一本指导他们进行正确设计的规范。

季节冻土地区的基础埋置深度在现行国家标准《建筑地基基础设计规范》GBJ 7 中有简单的规定，但由于该规范属于未冻土地基土的规范，对特殊土地基中的冻土地基问题，不可能规定的非常详细，同时也因该规范着手制订以及其后的修订时间都比较早，受到当时已有资料和研究成果的局限，采取这样的规定在当时也已是比较先进的。随着我国冻土科研的不断发展，到目前为止已经基本上可以完整地计算在冻胀力作用下基础的最小埋深问题。为了在广大的季节冻土地区革除深基础的老做法，推行基础的浅埋，保证安全和正常使用，实现技术先进和经济合理地将基础埋置在冻胀性地基土之内，所以有必要另行制订有关季节冻土地基设计相应内容的规范。

1.0.2 本规范的适用范围为冻土地区中工业与民用建筑地基基础的设计。冻土地区中的地基包括标准冻深大于500mm季节冻土地基和多年冻土地基两大类。

由于现行国家标准《建筑地基基础设计规范》GBJ 7 规定："在满足地基稳定和变形要求前提下基础应尽量浅埋"、"除岩石地基外，基础埋深不宜小于0.5m"。对季节冻土地区的标准冻深大于0.5m时，当地基承载力较高、能满足地基稳定和变形要求，经冻胀力作用下基础的稳定性验算又符合要求时，就可取0.5m的埋深，不必非埋设在冻深线之下即可收到明显的经济与社会效益。

我国多年冻土面积为215.0×10^4km^2，占全国面积的22.3%，季节冻土面积为514.0×10^4km^2，占全国面积的54.0%，多年冻土与季节冻土合计面积为729.0×10^4km^2，占全国总面积的76.3%，大约有三分之二国土面积的地基需要执行本规范。

1.0.3 季节冻土地区建筑地基基础的设计，是以季节冻结层的地基土处于正温非冻结状态、承载力最弱的夏季为控制的，因此，应首先满足现行国家标准《建筑地基基础设计规范》GBJ-7以及其他有关的现行规范的相应规定；其次是在冬季，当地基土在冻结时，必须按在冻胀力作用下基础的稳定性进行验算。

3 冻土分类与勘察要求

3.1 冻土名称与分类

3.1.1 冻土的定义中强调不但土温处于负温或零温，而且其中含有冰的才为冻土。如土中含水量很少或矿化度很高或为重盐渍土，虽然负温很低，但也不含冰，其物理力学特性与未冻土完全相同，称为寒土而不是冻土，只有其中含有冰其力学特性才发生突变，这才称为冻土。

根据冰川所徐学祖同志的文章我国的冻土可分为三大类：多年冻土、季节冻土和瞬时冻土，由于瞬时冻土存在时间很短、冻深很浅，对建筑基础工程的影响很小，此处不加讨论，本规范只讨论多年冻土与标准冻深大于0.5m的季节冻土地区的地基。

3.1.2～3.1.3 根据冻土强度指标的显著差异，将多年冻土又分出盐渍化冻土与冻结泥炭化土。由于地下水和土中的水含有即使是很少量的易溶盐类（尤其是氯盐类），也会大大地改变一般冻土的力学性质，并随着含量的增加而强度急剧降低，这对基础工程是至关重要的。对未冻地基土来说，当易溶盐的含量不超过0.5%时土的物理力学性质仍决定于土本身的颗粒组成等，即所含盐分并不影响土的性质。当土中含盐量大于0.5%时土的物理力学性质才受盐分的影响而改变。在冻土地区却不然，由于地基中的盐类被水分所溶解变成不同浓度的溶液，降低了土的起始冻结温度，在同一负温条件下与一般冻土比较，未冻水含量大很多；孔隙水溶液浓度越大未冻水含量越多，未冻水含量越多，在其他条件相同时，其强度越小。因此，冻土划分盐渍度的指标界限应与未冻土有所区别，盐渍化冻土强度降低的对比见表3-1。

由表3-1可知，当盐渍度为0.5%时，单独基础与桩尖的承载力降低到1/5～1/3，基础侧表面的冻结强度降低到1/4～1/3，这样大的强度变化在工程设计时是绝对不可忽视的。因此，盐渍化冻土的界限定为0.1%～0.25%。如多年冻土以融化状态用作地基，则按未冻土的规定执行（0.5%）。

冻结泥炭化土的泥炭化程度同样剧烈地影响着冻土的工程性质，见表3-2，设计时要充分考虑慎重对待。

3.1.4 一般人都有这样一个看法，认为冻土地基的工程性质很好，各种强度很高，其变形性很小，甚至可看成是不可压缩的。但是这种看法只有对低温冻土才符合，而对高温冻土（此处所说的高温系指土温接近零度或土中的水分绝大部分尚未相变的温度）却不然，高温冻土在外荷载作用下具有相当高的压缩性（与低温冻土比较），也就是表现出明显的塑性，又称塑性冻土，在设计时，不但要进行强度计算，还必须考虑按变形进行验算。塑性冻土的压密作用是一种非常复杂的物理力学过程，这种过程受其所有成分——气体、液体（未冻水）、粘塑性体（冰）及固体（矿物颗粒）——的变形及未冻水的迁移作用所控制。低温冻土由于其中的含水量大部分成冰，矿物颗粒牢固地被冰所胶结，所以比较坚硬，又称坚硬冻土。不同种类的冻土划分坚硬的、塑性的温度界限也各不相同。粗颗粒土的比表面积小，重力水占绝大部分，它在零度附近基本都相变成冰。细颗粒土则相反，颗粒越细，其界限温度越低。盐渍化冻土中的水已成不同浓度的溶液，其界限温度不但与浓度有关，还与易溶盐的种类有关系。这一温度指标很难提出，因此，将划分的界限直接采用表征变形特性的压缩系数来区分。

粗颗粒土由于持水性差，含水量都比较少，当含水量低到一定程度，其所含之冰不足以胶结矿物颗粒时将成松散状态，为松散冻土；松散冻土的各种物理、力学性质仍与未冻土相同。

3.1.5 土的冻胀性分类基本上与现行国家标准《建筑地基基础设计规范》GBJ-7中的一致，仅对下列几个地方进行了修改。

1. 增加了特强冻胀土一档，因原分类表中当冻胀率η大于6%时为强冻胀。在实际的冻胀性地基土中η不小于20%的并不

不同盐渍度冻土强度指标的降低　　表3-1

强度类别		基侧土冻结强度(kPa)												桩尖承载力①(kPa)											
盐渍度ζ(%)		0.2				0.5				1.0				0.2				0.5				1.0			
土温(℃)		−1		−2		−1		−2		−1		−2		−1		−2		−1		−2		−1		−2	
土类	砂类土	0.5	—	0.8	—	—	—	0.5	—	—	—	—	—	1.5	—	2.5	—	—	—	—	—	—	—	—	—
土类	粉质粘土	—	0.6	—	1.0	—	0.3	—	0.5	—	0.2	—	0.4	—	4.5	—	7.0	—	1.5	—	3.5	—	—	—	1.5
盐渍化冻土/一般冻土		0.38	0.60	0.40	0.67	—	0.30	0.25	0.33	—	0.20	—	0.27	0.11	0.53	0.15	0.64	—	0.18	—	0.32	—	—	—	0.14
一般冻土	土温	−1						−2						−1						−2					
一般冻土	砂类土	1.3						2.0						14						17					
一般冻土	粉质粘土	1.0						1.5						8.5						11					

注：①3～5m深处桩尖。

不同泥炭化程度冻土强度指标的降低　　表3-2

强度类别		基侧土冻结强度(kPa)												桩尖承载力①(kPa)											
泥炭化程度ξ		0.03<ξ≤0.10				0.10<ξ≤0.25				0.25<ξ≤0.60				0.03<ξ≤0.10				0.10<ξ≤0.25				0.25<ξ≤0.60			
土温(℃)		−1		−2		−1		−2		−1		−2		−1		−2		−1		−2		−1		−2	
土类	砂类土	0.90	—	1.30	—	0.50	—	0.90	—	0.35	—	0.70	—	2.50	—	5.50	—	1.90	—	4.30	—	1.30	—	3.10	—
土类	粉质粘土	—	0.60	—	1.00	—	0.35	—	0.60	—	0.25	—	0.50	—	2.00	—	4.80	—	1.50	—	3.50	—	1.00	—	2.80
冻结泥炭化土/一般冻土		0.69	0.60	0.65	0.67	0.38	0.35	0.45	0.40	0.27	0.25	0.18	0.33	0.18	0.24	0.32	0.44	0.14	0.18	0.25	0.32	0.09	0.12	0.18	0.25
一般冻土	土温	−1						−2						−1						−2					
一般冻土	砂类土	1.3						2.0						14						17					
一般冻土	粉质粘土	1.0						1.5						8.5						11					

注：①3～5m深处桩尖。

少见，由不冻胀到强冻胀划分的很细，而强冻胀之后再不细分，则显得太粗，有些在冻胀过程中出现的力学指标如土的冻胀应力、切向冻胀力等，变化范围太大。因此，国内不少兄弟单位，兄弟规范都已增加了特强冻胀土 η 大于 12%一档，本规范也有相应改动；

2. 关于细砂的冻胀性，现行国家标准《建筑地基基础设计规范》GBJ-7 规定：粒径大于 0.074mm 的颗粒超过全部质量的 85%为细砂。小于 0.074mm 的粒径小于 10%时为不冻胀土，就是说细砂如果有冻胀性，其细粒土的含量仅在全部质量 10%～15%的范围内。

根据兰州冰川冻土研究所室内试验资料，粗颗粒土(除细砂之外)的粉粘粒(小于 0.05mm 的粒径)含量大于 12%时产生冻胀，如果将 0.05mm 用 0.074mm 代替其含量，大约在 15%时会发生冻胀。

在粗颗粒土中细粒土含量（填充土）超过某一定的数值时（如 40%），其冻胀性可按所填充物的冻胀性考虑。

当高塑性粘土如塑性指数 I_p 不小于 22 时，土的渗透性下降，影响其冻胀性的大小，所以考虑冻胀性下降一级。当土层中的粘粒（粒径小于 0.005mm）含量大于 60%，可看成为不透水的土，此时的地基土为不冻胀土；

3. 近十几年内各兄弟单位对季节冻土层地下水补给高度的研究做了很多工作，见表 3-3、表 3-4、表 3-5、表 3-6。

土中毛细管水上升高度与冻深、冻胀的比较[①]　　表 3-3

项目 / 土壤类别	毛细管水上升高度 (mm)	冻深速率变化点距地下水位的高度（mm）	明显冻胀层距地下水位的高度(mm)
重壤土	1500～2000	1300	1200
轻壤土	1000～1500	1000	1000
细砂	<500	—	400

注　①王希尧．不同地下水埋深和不同土壤条件下冻结和冻胀试验研究．北京．《冰川冻土》．1980．3

无冻胀层距离潜水位的高度[①]　　表 3-4

土壤类别	重壤	轻壤	细砂	粗砂
无冻胀层距离潜水位的高度（mm）	1600	1200	600	400

注　①王希尧．浅潜水对冻胀及其层次分布的影响．北京．《冰川冻土》．1982．2

地下水位对冻胀影响程度[①]　　表 3-5

土类	地下水距冻结线的距离 z（m）				
亚粘土	$z>2.5$	$2<z\leq2.5$	$1.5<z\leq2.0$	$1.2<z\leq1.5$	$z\leq1.2$
亚砂土	$z>2.0$	$1.5<z\leq2.0$	$1.0<z\leq1.5$	$0.5<z\leq1.0$	$z\leq0.5$
砂性土	$z>1.0$	$0.7<z\leq1.0$	$0.5<z\leq0.7$	$z\leq0.5$	—
粗砂	$z>1.0$	$0.5<z\leq1.0$	$z\leq0.5$	—	—
冻胀类别	不冻胀	弱冻胀	冻胀	强冻胀	特强冻胀

注　①童长江等．切向冻胀力的设计．中国科学院冰川冻土研究所．大庆油田设计院．1986．7

冻胀分类地下水界线值[①]　　表 3-6

土名	地下水位(m) / 冻胀分类	不冻胀	弱冻胀	冻胀	强冻胀	特强冻胀
粘性土	计算值	1.87	1.21	0.93	0.45	<0.45
	推荐值	>2.0	>1.5	>1.0	>0.5	≤0.5
细砂	计算值	0.87	0.54	0.33	0.06	<0.06
	推荐值	>1.0	>0.6	>0.4	>0.1	≤0.1

注　①戴惠民，王兴隆．季冻区公路桥涵地基土冻胀与基础埋深的研究．哈尔滨，黑龙江省交通科学研究所．1989．5

根据上述研究成果，以及专题研究“粘性土地基冻胀性判别的可靠性”，将季节冻土的冻胀性分类表 3.1.5 中冻结期间地下水位距冻结面的最小距离 h_w 作了部分调整，其中粉砂列由 1.5m 改为 1.0m；粉土列由 2.0m 改为 1.5m；粘性土列中当 w 大于 w_p+9 后，而改成大于 w_p+15 为特强冻胀土；

4. 冻结深度与冻层厚度两个概念容易混淆，对不冻胀土二者相同，但对冻胀土，尤其强冻胀以上的土，二者相差颇大。冻层厚度的自然地面是随冻胀量的加大而逐渐上抬的，设计基础埋深时所需的冻深值是自冻前原自然地面算起的；它等于冻层厚度减去冻胀量，特此强调提出，引起注意；

5. 土壤中的含水量与冻胀率之间的关系可按下式计算：

$$\eta = \frac{1.09\rho_d}{2\rho_w}(w - w_p) \approx 0.8(w - w_p) \qquad (3\text{-}1)$$

在有地下水补给时，冻胀性提高一级。如果地下水位离冻结锋面较近，处在毛细水强烈补给范围之内时，冻胀性提高两级。公式(3-1)是按粘性土在没有地下水补给（封闭系统）条件下，理论上简化计算最大可能产生的平均冻胀率，其中 ρ_d 为土的干密度，取 1.5t/m^3，ρ_w 为水的密度、取 1.0t/m^3。

3.1.6 多年冻土地基的工程分类主要以融沉为指标，并在一定程度上反应了冻土的构造和力学特征。本规范所用工程冻土的融沉性分类是用中国科学院冰川冻土研究所吴紫汪同志的分类，仅在弱融沉档次上将原先的融沉系数 1%～5%改为 1%～3%而成。当采暖建筑或有热源的工业构筑物的跨度较大时，其建筑地基融化盘的深度将超过 3m 许多，如按 5%的弱融沉计算；沉降量将达到 200mm 或更大，这对在地基变形不均匀能引起承重结构附加应力的部位是危险的，因规定按逐渐融化状态Ⅱ利用多年冻土作地基，在弱融沉性土上是允许的，所以为安全原因将 5%改为 3%，见表 3-7。实际上按建筑地基的变形要求来说，意义最大的土类就是不融沉和弱融沉土，别的类别在逐渐融化时的变形远远超过建筑结构的允许值，不能用作地基。如按保持冻结状态或预先融化状态，并在预融之后加以处理仍是可以用作地基的。

融沉系数 δ_0 与塑限含水量（细粒土）w_p 或起始融沉含水量（粗粒土）w_0 以及超越 w_p 或 w_0 之绝对含水量有关，其式为 $\delta_0 = \beta(w - w_p)$，$\beta(w - w_0)$，$(w - w_p)$或$(w - w_0)$称为“有效融化下沉含水量，$\beta$ 称为融化下沉常数，融化下沉常数见表 3-8。

冻土的融沉性与冻土强度及构造的对应关系　　表 3-7

分类等级		Ⅰ	Ⅱ	Ⅲ	Ⅳ	Ⅴ
融沉分类	名　称	不融沉	弱融沉	融　沉	强融沉	融陷
	融沉系数 δ_0	<1	$1 \leqslant \delta_0 < 3$	$3 \leqslant \delta_0 < 10$	$10 \leqslant \delta_0 < 25$	$\delta_0 \geqslant 25$
强度分类	名　称	少冰冻土	多—富冰冻土		饱冰冻土	含土冰层
	相对强度值	<1.0	1.0		0.8～0.4	<0.4
冷生构造		整体构造	微层微网状构造	层状构造	斑状构造	基底状构造
界线含水量（粘性土）w (%)		$w < w_p$	$w_p \leqslant w < w_p + 4$	$w_p + 4 \leqslant w < w_p + 15$	$w_p + 15 \leqslant w < w_p + 35$	$w \geqslant w_p + 35$

融化下沉常数 β　　表 3-8

土　类　别	粘　性　土	粗　粒　土	细　粉　砂
β	0.72	0.65[1]　0.60[2]	0.71

注　①粒径小于 0.074mm 的含量超过 10%，$w_0 \approx 10\%$；

②粒径小于 0.074mm 的含量不超过 10%，$w_0 \approx 8\%$。

冻土强度指标或冻土承载力与含水量有密切关系，Ⅰ类不融沉土由于其中的含冰量较少，不足以胶结全部矿物颗粒为一坚硬整体，所以基本接近不冻土的性质，但强度仍大于相应不冻土；Ⅱ～Ⅲ类土是典型冻土，其强度最大；Ⅳ类土含有大量冰包裹体，长期强度明显减少；Ⅴ类土与冰的性质相似。如表 3-7 所列，以Ⅱ类土强度为 1.0 时，Ⅲ类土为 1.0～0.8，Ⅳ类土为 0.8～0.4，Ⅴ类土小于 0.4，而Ⅰ类土亦小于 1.0。

3.2 冻土地基勘察要求

3.2.1 对季节冻土和多年冻土季节活动层要特别注意，强调沿深度每隔 500mm 取原状或扰动土样不少于一个，主要用以提供判别土的冻胀与融沉等级、作持力层的可能性、设计有关的各项物理力学指标，以及冻结和融化过程的物理力学指标。对重要建筑物要求做现场原位试验。

3.2.2 钻取冻结土试样要特别小心，有时还必须采取特殊的措施，一方面保证取岩芯时不致融化；另一方面在土样正式试验之前的存储与运输环节中不致失态，仍需采取必要的措施，尤其在夏季的高温季节，一旦融化，试样即被报废。在确认含水量没损失，结构没破坏，水分没重新分布的条件下，可重新冻结后试验。

由于冻土强度指标和变形特征与土温有密切关系，土温又与季节有关，理想的勘察与原位测试的时间是秋末（9、10月份），但这往往是行不通的。因为，一方面受任务下达和计划安排时间的制约，另一方面还受勘察部门忙闲可否之影响，任何时间都有可能。因此，原位观测与试验结果要经过温度修正后方可使用，否则不够安全。

严格地说，即使对秋末冬初地温最高时进行测试的结果，也要进行温度修正。因为：一，当试验不在本年最高地温月时的修正乃是当年的月际修正，即将不是最高地温月份地温修正到相当最高地温月份的地温；二，另一个修正是年际修正，因做试验年份的气候不见得是最不利的，也有可能是气温偏低的年，应该用多年观测中偏高年份的地温来修正，这样才有足够的安全性，但一般不进行年际修正。

3.2.3 对按保持冻结状态利用多年冻土作地基的普通冻土，钻孔深度一般不浅于建筑物基础下主要持力层的深度（二倍基础宽度），保证基底之下持力层中冻土的物理力学性能清楚；对按逐渐融化和预先融化状态设计的地基，应符合未冻土地基的有关要求。

3.2.4 基础设计时，根据实际需要应获取本条中的全部或其中的部分，甚至某几个资料或数据。其中有的数据是从专业部门收集到的；有的是在现有条件下调查得到的；有勘探、测试获取的；有室内试验的；有通过其他指标查得的，也有必须进行原位试验得到的；有多年冻土的，也有季节活动层的。

3.2.5 在工程地质、水文地质的不良地段，对重要工程应进行系统的地温观测，在我国多年冻土地基的经验不太丰富的今天是很有必要的，俄罗斯至今仍很重视地基的测温工作。这主要是对工程负责，同时也为积累资料。为了保证测温工作的顺利进行，应在设计文件中提出明确的要求。

4 多年冻土地基的设计

4.1 一 般 规 定

4.1.1 在我国多年冻土地区，多年冻土的连续性（冻土面积与总面积之比）不是太高（表4-1）。因此，建筑物的平面布置具有一定的灵活性，这种选址工作在我国已经有几十年的历史了。所以，尽量选择各种融区以及粗颗粒的不融沉土作地基，在今后仍有一定的实际意义。

4.1.2 利用多年冻土作地基时，由于土在冻结与融化两种不同状态下，其力学性质、强度指标、变形特点与构造的热稳定性等相差悬殊，及从一种状态过渡到另一种状态时，在一般情况下将发生强度由大到小，变形则由小到大的巨大突变。因此，根据冻土的冻结与融化状态，确定多年冻土地基的设计状态是极为必要的。

多年冻土地基设计状态的采用，应根据建筑物的结构和技术特性；工程地质条件和地基土性质的变化等因素予以考虑。一般来说，在坚硬冻土（见规范3.1.4条）地基和高震级地区，采用保持冻结状态进行设计是经济合理的。如果地基土在融化时，其变形不超过建筑物的允许值，且采用保持冻结状态又不经济时，应采用逐渐融化状态进行设计。但是，当地基土年平均地温较高（不低于－0.5℃），处于塑性冻结状态（见规范3.1.4条）时，采用保持冻结状态和逐渐融化状态皆不经济时，应考虑按预先融化的状态进行设计。无论采用何种状态，都必须通过技术经济比较后确定。

4.1.3 融沉土及强融沉土等在从冻结到融化状态下的变形问题是在多年冻土地区建筑地基基础设计的中心问题，在一栋建筑物中其建筑面积是很小的，基础相连或很近，在很近的距离之内无法将地基土截然分成冻结与不冻的两个稳定部分。既便是能做到，经济上也不许可，实际上也没必要。因此，规定在一栋整体建筑物中必须采用一种状态，一个建筑场地同样也应一个状态。在与原有建筑物很近的拟建建筑物也不得采用不同的状态设计。

季节冻土在多年冻土区所占比例的分布　　表 4-1

冻土地区	冻土类型	季节冻土所占面积（%）	季节冻土分布的基本特征
东北高纬度多年冻土区	大片多年冻土区	25～35	大河漫滩阶地、基岩裸露的阳坡
	岛状融区	40～50	大、中河流的漫滩阶地、基岩裸露的阳坡
	岛状冻土区	70～95	除河谷的塔头沼泽以外的任何地带
青藏高海拔多年冻土区	大片多年冻土区	20～30	大河贯穿融区、构造地热融区等
	岛状多年冻土区	40～60	除河谷的塔头沼泽以外的任何地带

4.1.4　无论采用何种多年冻土地基的设计状态，都要注意周围场地及附属设施的有机配合，特别是做好地表排水设施，避免地表水渗入而造成基础冻胀或沉陷。对于低洼场地，宜在建筑物四周向外 1～1.5 倍冻深范围内，使室外地坪至少高出自然地面 500～800mm，并做好柔性散水坡，及时排出雨水。并对热管道和给排水系统尽量架空，或者采取有效的保温隔热措施使之穿越地基并定期检查，以防止向地基传热，从而引起基础沉陷。

4.2　保持冻结状态的设计

4.2.1　在多年冻土地区，进行建筑物设计时，是否采用保持冻结状态，关键取决于建筑场地范围内冻土稳定性的条件。

东北高纬度多年冻土区大片多年冻土中的年平均地温为 −1.0～−2.0℃，高原大片多年冻土中的年平均地温为 −1.0～−3.5℃。一般来说大片多年冻土区中的冻土层，在没有特殊情况发生时是稳定的。因此，将年平均地温小于 −1.0℃ 作为选择保持冻结状态的一个条件是恰当的。

在建筑场地范围内，如地面自然条件遭到一定程度的破坏，将直接加大地基土的融化深度，迫使多年冻土上限下降。因此，在地基土最大融化深度内如夹有厚地下冰层（厚度大于 200mm），或者有弱融沉以上的融沉性土层存在时，只有采用保持冻结状态进行设计，才能保证建筑物的稳定性。

试验结果证明：非采暖建筑或采暖温度偏低，宽度不大的轻型建筑物，对地基土的热稳定性影响较小，采用保持冻结状态设计非采暖库房，输油管设施以及对位移较敏感的建筑物是适宜的。

4.2.2　保持地基土处于冻结状态的设计措施可归纳为四个方面：

1. 通风冷却地基土。架空通风基础和填土通风管道基础属此种，应尽量利用自然通风，若满足不了要求，还可借助通风机强迫通风。待日平均气温低于地表土温时就可通风，地基得到冷却，翌年气温回升到日平均气温高出地表土温时，通风失去作用甚至起负作用时可关闭通风口；

2. 隔热保温。使用热绝缘地板，高填土地基等属此类。保温地板一方面保护室内热量不外散，使人感到舒适，节省能源，另一方面也保护地基土的冻结层，不使过多的热量破坏稳定冻结状态，上限不下移。

如就地产有粗颗粒土时，比较经济和简便的方法是在有效范围内设置粗颗粒土保温垫层，其厚度应以保持冻土上限稳定，或下降所引起的变形很小为原则。这是在美国、加拿大等国家的多年冻土地区建筑轻型房屋时普遍采用的一种方法。

但是这种高填土地基成功与否，关键的一环是施工质量，若监督不严，措施不当，所填之土达不到要求的密实程度，房屋就会因垫层压缩而导致房屋开裂，这是有过教训的；

3. 加大基础埋深。采用桩基础或将独立基础底面延伸到融化盘最大计算深度之下的冻土层中；

4. 热桩、热棒基础。用热桩、热棒基础内部的热虹吸将地基土中的热量传至上部散入大气中，冷却地基的效果很好，是一种很有前途的方法。

4.2.3 架空通风（尤其是自然通风）是保持地基土处于冻结状态的基本措施，应得到广泛应用。只要保证足够的通风面积畅通无阻，地基土即可得到冷却。架空通风措施安全可靠，构造简单，使用方便，经济合理。

4.2.4 利用冻结状态的多年冻土作地基时，基础的主要类型是桩基础，因它向下传力可以不受深度影响，施工方便，实现架空通风构造上也不太繁杂，采用高桩承台即可完成。如对重要建筑物感到土温较高无把握，还可采用热桩。由于冻融交替频繁，干湿变化较大，考虑桩基的耐久性，应对冻融活动层处增加防锈（钢管桩、钢板桩）、防冻融（钢筋混凝土桩）和防腐（木桩）的措施，否则，若干年后会损失严重。

4.2.5 保持地基土冻结状态对正常使用中的要求为：在夏季排除建筑物周围的地表积水，保护覆盖植被，冬季及时清除周围的积雪；对施工的要求为：在施工过程中对施工季节与地温的控制指标等向施工单位提出要求，防止地温场遭受在短期内难以恢复的破坏。

过去我们对环境保护很不重视，新建建筑物不大，但污染环境一大片。在多年冻土地区环境的生态平衡非常重要，必须加以保护，否则我们的多年冻土区将会迅速的缩减，一旦退化再恢复是不可能的了，为了今天，更为了明天，我们要重视起环境保护，要把它写入勘察设计文件中去。设计文件不但要规定施工过程应注意的事项，在正常使用期间仍要遵守保护环境的各项规定。

4.3 逐渐融化状态的设计

4.3.1 在我国多年冻土地区，岛状多年冻土具有厚度较薄、年平均地温较高、处于不稳定冻结状态等特点，当年平均地温为$-0.5\sim-1.0$℃时，在自然条件和人为因素的影响下，将会引起退化；如果采用保持冻结状态进行设计不经济时，则采用容许逐渐融化状态的设计是适宜的。

当持力层范围内的地基土处于塑性冻结状态，或室温较高，宽度较大的建筑物以及热管道及给排水系统穿过地基时，由于难以保持土的稳定冻结状态，宜采用容许逐渐融化状态进行设计。

4.3.2～4.3.3 多年冻土以逐渐融化状态用作地基时，其主要问题是变形，解决地基变形为建筑结构所允许的途径有以下两个方面：

1. 从地基上采取措施（减小变形量）：

（1）当选择低压缩性土为持力层的地基有困难时，可采用加大基础埋深，并使基底之下的融化土层变薄，以控制地基土逐渐融化后，其下沉量不超过允许变形值；

（2）设置地面排水系统，有效地减少地面集水，以及采用热绝缘地板或其他保温措施，防止室温、热管道及给排水系统向地基传热，人为控制地基土的融化深度。

2. 从结构上采取措施：

（1）加强结构的整体性与空间刚度，抵御一部分不均匀变形，防止结构裂缝；

（2）增加结构的柔性，适应地基土逐渐融化后的不均匀变形。

4.4 预先融化状态的设计

4.4.1 在多年冻土地区进行建筑物设计，如建筑场地内有零星岛状多年冻土分布，并且建筑物平面全部或部分布置在岛状多年冻土范围之内，采用保持冻结状态或逐渐融化状态均不经济时宜采用预先融化状态进行地基设计。

当年平均地温不低于-0.5℃时，多年冻土在水平方向上呈尖灭状况，一旦外界条件改变，多年冻土的热平衡状态就会遭到破坏。根据这一特征，使地基土预先融化至计算深度或全部融化，是现实的和必要的，这一建筑经验在国内外已有几十年的历史。

4.4.2 预先使地基土（冻土层）融化至计算深度，如其变形量超过建筑结构允许值时，即可根据多年冻土的融沉性质和冻结状态，采用粗颗粒土置换细颗粒土；对压缩性较大的地基进行预压加密；加大基础埋深和采取必要的结构措施，如增强建筑物的整体刚度或增加其柔性等的有效措施。

但是要注意的是，当地基土融化至计算深度，基础施工时应注意保持多年冻土人为上限的一致，以避免地基土不均匀变形而影响建筑物的稳定性。

4.4.3 按预先融化状态利用多年冻土作地基，在符合本规范4.4.1条规定，并经过经济比较，在技术条件容许的情况下，预先将冻土层全部融化掉时应按现行国家标准《建筑地基基础设计规范》GBJ-7的有关规定，进行地基基础设计。

4.5 含土冰层、盐渍化冻土与冻结泥炭化土地基的设计

4.5.1 含土冰层的总含水量为 w 大于 ω_p+35，水的体积大于土的体积，融化后呈现融陷现象，是任何一种承重结构都适应不了这种巨大变形的。因此，应避开含土冰层作为地基，必须采用时应慎重对待，进行特殊处理。

4.5.2 由于冻土中易溶盐的类型不同（氯盐、硫酸盐和碳酸盐类），对土起始冻结温度的影响、对建筑材料的腐蚀都有不同。氯盐对冰点的降低显著，Na_2CO_3 和 $NaHCO_3$ 能使土的亲水性增加，并使土与沥青相互作用形成水溶盐，造成沥青材料乳化。硫酸盐的含量超过1%，氯盐的含量超过4%，对水泥产生有害的腐蚀作用。硫酸盐结晶水化物可造成水泥砂浆、混凝土等材料的疏松、剥落、掉皮和其他侵蚀性作用。

盐渍化冻土的特点是起始冻结温度随着盐渍度的加大，孔隙溶液浓度的变浓而降低，含冰率相对减少。在同样土温条件下，盐渍化冻土的强度指标要小得多，同时还具腐蚀性。因此，设计时要考虑下述几点：

1. 在初步设计预估承载力时，除计算桩与泥浆冻结的承载力之外，还应验算钻孔插入桩周围泥浆与盐渍化冻土界面上冻土的抗剪强度所形成的承载力，并以小者为准；

2. 为了提高钻孔插入桩的承载力，可加大钻孔直径，使其比桩径大100mm，用石灰砂浆回填，一方面使桩侧的冻结强度提高（与泥浆的比较），另方面也由于（石灰砂浆与盐渍化冻土交界面上强度的提高和面积的加大）使桩周为泥浆的薄弱环节得到加强，这就提高了总承载力；

3. 单桩竖向承载力与塑性冻土地基中桩的变形情况，应通过单桩载荷试验确定。

4.5.3 盐渍化冻土若按逐渐融化和预先融化状态进行设计时，除应符合本规范第4.3、第4.4节各条的规定外，还应符合现行国家标准《建筑地基基础设计规范》GBJ7与其他有关现行规范的规定。

4.5.4 冻结泥炭化土地基的设计与盐渍化冻土的差别不大，其特点与设计时注意事项都基本相同，不再详述。

5 基础的埋置深度

5.1 季节冻土地基

5.1.1 在季节冻土地区的地基，一个年度周期内经历着未冻土——冻结土的两种状态，由于未冻土的力学特征指标远较冻结土的为低，所以季节冻结层在夏季未冻结状态是地基计算中的薄弱环节，最为不利。在冬季，地基土中水的相变膨胀，对基础的稳定性不利，必须加以考虑。因此，季节冻土地区的地基与基础的设计，首先应满足现行国家标准《建筑地基基础设计规范》GBJ-7等非冻土地基中有关规范的规定，即保证在长期荷载作用下地基变形在上部承重结构的允许范围之内，在最不利荷载作用下地基不出现失稳。在符合上述两个前提下，对于对基础有危害的冻胀性地基土，尚应根据规范附录C的规定计算冻胀力的大小和对建筑物的危害程度，或考虑采用某些防冻害的安全措施。如果这三项条件都得到满足，即满足了稳定和变形要求，同时在冬季地基土在冻结膨胀的过程中，对基础又不产生什么危害性。为了节省基础工程资金，减少消耗，缩短工期，基础应尽量浅埋。设计计算的目的就是录求基础的最小埋置深度。

直到目前为止，在季节冻土地区内地基和基础的设计中，基础的埋置深度基本上全部埋置在最大冻深线以下（经过调查，残留冻土层也很少考虑），对单层房屋，地上墙高不过3m左右，而埋入地下的部分，在寒冷的北部地区，也差不多是3m左右，有的地方比这还要深些，这显然不经济也不合理。所以本规范第5章和附录C也增添了这一内容，列出了公式、计算图表和计算过程，规定了如何进行基础的浅埋。

5.1.2 地基土若是非冻胀性的，则其冻融对基础既不产生冻胀力的作用，也不产生附加的融沉变形，即对基础毫无影响，因此，在设计基础埋深时，不予考虑冻深的存在。

对于冻胀性土，则在冻结时要出现冻结膨胀的体积变化，即产生冻胀量，并伴随产生冻胀力的作用。土的冻胀性越强，其冻胀量和冻胀力就越大，当冻胀力超过建筑物能够承受的极限时就出现冻害事故，这种破坏在寒冷的北方地区屡见不鲜，损失巨大。

日本、美国、丹麦和加拿大等国的地基设计规范规定了不管地基土的冻胀与否，其基础的埋深一律不小于冻深。前苏联的地基基础规范则进一步规定，对不冻胀土，其基础的埋深可不考虑冻深的影响，而对冻胀性土的基础埋深则不小于计算冻深（计算冻深等于标准冻深乘以采暖影响系数）。

我国的地基规范在前苏联规范的基础上又前进了一步，根据土的冻胀规律，在下部有一冻而不胀或冻而微胀的土层，总冻胀量不超过允许值（冻融变形的允许值在我国"地基规范"规定为10mm）的土层厚度，称为残留冻土层厚度，并分出了冻胀性大小不同的四个级别。土的冻胀性不同，残留冻土层厚度也不同，基础可以埋置在残留冻土层的上面，达到浅埋的目的。由于我国的"地基规范"将残留冻土层看作是不冻胀或微冻胀的土层，严格地说我国的"地基规范"仍是不准将基础底面放置在冻胀性基土之上。

对冻胀性土，本条规定基础底面可放置在设计冻深之内（设计冻深等于标准冻深乘以冻深影响系数），但其埋置深度必须按规范附录C的规定进行冻胀力作用下基础的稳定性验算，不经过计算的浅埋是盲目浅埋，绝对不可以；即使基础的埋置深度超过冻层，如不对切向冻胀力进行检算，或检算不够而不采取相应补救措施，仍是不允许的，那种将季节冻土地基房屋的安全性完全由基础埋置的深浅来作衡量标准的观点现在应该也必须加以改变。

冻胀力作用下基础的稳定性验算应当理解为从开始施工之日起，直到有效使用期末的整个时期内的冬季，都应保证满足计算的要求或相应的规定。它主要分为两个阶段，一为建成前的施工阶段，尤其施工初期阶段或停工而不加措施的越冬；二为正常使用期间。有不少工程由于设计人员只注意保证完工后的使用阶段的安全越冬，而忽视了荷载尚未加足的施工期间的验算，由此而造成的冻害事故不在少数。

影响冻深的因素很多，最主要的是气温，除此之外尚有季节冻结层附近的地质（岩性）条件，水分状况以及地貌特征等等，在上述诸因素中，除山区外，只有气温属地理性指标，其他一些因素，在平面分布上都是彼此独立的，带有随机性，各自的变化无规律和系统，有些地方的变化还是相当大的，它们属局部性指标，局部性指标用小比例尺的全国分布图来表示，不合适。例如，哈尔滨郊区有一个高陡坡，水平距离不过十余米，坡上土的含水量小，地下水位低，冻深约1.9m，而坡下地下水位高，土的含水量大，属特强冻胀土，历年冻深不超过1.5m。这种情况在冻深图中是无法表示清楚的，也不可能表示清楚。

《中国季节冻土标准冻深线图》应该理解为在标准条件下取得的，该标准条件即为标准冻深的定义：地下水位与冻结锋面之间的距离大于两米，非冻胀粘性土，地表平坦、裸露，在城市之外的空旷场地中多年实测（不少于十年）最大冻深的平均值。标准冻深一般不用于设计中，冻深的影响系数有土质系数、湿度系数、环境系数和地形系数等。

土质对冻深的影响是众所周知的，因岩性不同其热物理参数也不同，粗颗粒土的导热系数比细颗粒土的大。因此，当其他条件一致时，粗颗粒土比细颗粒土的冻深大，砂类土的冻深比粘性土的大。我国对这方面问题的实测数据不多，不系统，前苏联1974年和1983年《房屋及建筑物地基》设计规范中即有明确规定，本规范采纳了他们的数据。

土的含水量和地下水位对冻深也有明显的影响，我国东北地区做了不少工作，这里将土中水分与地下水位都用土的冻胀性表示(见规范中土的冻胀性分类表3.1.5)，水分(湿度)对冻深的影响系数见表5-1。因土中水在相变时要放出大量的潜热，所以含水量越多，地下水位越高(冻结时向上迁移)，参与相变的水量就越多，放出的潜热也就越多，由于冻胀土冻结的过程也是放热的过程，放热在某种程度上减缓了冻深的发展速度，因此冻深相对变浅。

水分对冻深的影响系数(含水量、地下水位)　　表5-1

资料出处	不冻胀	弱冻胀	冻胀	强冻胀	特强冻胀
黑龙江省低温建研所（闫家岗站）	1.00	1.00	0.90	0.85	0.80
黑龙江省低温建研所（龙凤站）	1.00	0.90	0.80	0.80	0.77
大庆油田设计院（让胡路站）	1.00	0.95	0.90	0.85	0.75
黑龙江省交通科学研究所（庆安站）	1.00	0.95	0.90	0.85	0.75
推荐值	1.00	0.95	0.90	0.85	0.80

注：土的含水量与地下水位深度都含在土的冻胀性中，参见土的冻胀性分类表3.1.5。

坡度和坡向对冻深也有一定的影响，因坡向不同，接收日照的时间有长有短，得到的辐射热有多有少，向阳坡的冻深最浅，背阴坡的冻深最大。坡度的大小也有很大关系。同是向阳坡，坡度大者阳光光线的入射角相对较小，单位面积上的光照强度变大，接受的辐射热量就多，但是有关这方面的定量实测资料很少，现仅参照前苏联《普通冻土学》中坡向对融化深度的影响系数给出。

城市的气温高于郊外，这种现象在气象学中称谓城市的“热岛效应”。城市里的辐射受热状况改变了（深色的沥青屋顶及路面吸收大量阳光），高耸的建筑物吸收更多的阳光，各种建筑材料的热容量和传热量大于松土。据计算，城市接受的太阳辐射量比郊外高出10％～30％，城市建筑物和路面传送热量的速度比郊外湿润的砂质土快3倍。工业设施排烟、放气、交通车辆排放尾气、人为活动等都放出很多热量，加之建筑群集中、风小、对流差等，也使周围气温升高。

目前无论国际还是国内对城市气候的研究越来越重视，该项研究已列入国家基金资助课题，对北京、上海、沈阳等十个城市进行了重点研究，已取得一批阶段成果。根据国家气象局气象科学研究院气候所、中国科学院和国家计委北京地理研究所气候室的专家提供的数据，经过整理列于表 5-2 中。“热岛效应”是一个比较复杂的问题，和城市人口数量，人口密度，年平均气温、风速、阴雨天气等诸多因素有关。根据观测资料与专家意见，作如下规定：20～50 万人口的城市(市区)，只按近郊考虑 0.95 的影响系数，50～100 万人口的城市只按市区考虑 0.90 的系数，大于 100 万的，除考虑市区外，还可扩大考虑 5km 范围内的近郊区。此处所说的城市(市区)是指市民居住集中的市区，不包括郊区和市属县、镇。

“热岛效应”对冻深的影响　　表 5-2

城市	北京	兰州	沈阳	乌鲁木齐
市区冻深 远郊冻深	52%	80%	85%	93%
规范推荐值	市区—0.90	近郊—0.95	村镇—1.00	

关于冻深的取值，尽量应用当地的实测资料；要注意个别年份挖探一个、两个的数据不能算实测数据，而且多年实测资料(不少于十年)的平均值才为实测数据(个体不能代表平均值)。

5.1.3 过去的地基基础设计规范、地基基础施工验收规范都明文规定在砌筑基础时，基槽中基础底面以下不准留有冻土层，以防冻土融化时基础不均匀下沉。因为基础不均匀下沉，轻则承重结构(非静定)产生很大内应力，重则开裂破坏，这种教训是有的。但近几年来，首先在大庆地区突破了这一禁令，在春融期地基尚未融透，利用有效冻胀区的概念，成功地留有一定厚度的冻土层，为国家节约大量的基础工程资金，受到石油部的奖励。

对当年开工当年竣工的当年工程，为争时间抢进度提前开工挖刨冻土，当挖至基础设计埋深的标高，下部尚有一定厚度的冻土层时，可酌情考虑下列所述内容。

一、不冻胀土地基

可不考虑已冻地基土在融化时对基础的作用，按不冻土地基看待，对基础的施工没有影响；

二、冻胀性土地基

应考虑已冻地基土在融化下沉时对基础的作用

1. 当基槽底部实际剩余冻土层的厚度小于或等于相应该冻胀类土的残留冻土层的厚度 d_{fr} 时，可不考虑该层冻土的融沉量，仍按不冻胀土地基对待，对基础的施工没有影响；

2. 当基槽底部实际剩余冻土层的厚度大于相应残留冻土层的厚度 d_{fr} 时，可按下列三种情况处理

(1) 独立基础

可连续施工基础至基础梁底部标高处，此时若冻土层已融化至小于或等于相应残留冻土层的厚度 d_{fr} 时，其上部照常按原设计继续施工；

(2) 条形基础

可连续施工基础到室外地面附近，但砌筑砂浆提高一级，并确保毛石砌体的质量，此时若冻土层融化至小于或等于相应残留冻土层的厚度 d_{fr} 时，应做一道封闭的钢筋混凝土圈梁，然后可继续正常施工；

(3) 当按 (1)、(2) 情况连续施工基础至基础梁(圈梁)底部标高时，下面的冻土层虽然融化一部分，但其厚度仍大于相应于同类冻胀性土的残留冻土层厚度 d_{fr}，这时应停工，待其下部冻土层融化至小于或等于相应冻胀类别的残留冻土层时再继续施工。

注：①春融期当大地冻土层尚未融透之前施工基础时，基础的埋置深度不是从自然地面算起的深度，因地表面的高度还包含一个冻胀量的厚度在内，放线时应注意；

②残留冻土层厚度见公式 (5-1) ～ (5-4)。

③对冻胀性土地基中的残留冻土层，在其厚度范围内求出冻土的平均含水量，按规范附录 G 中 G.0.2 的规定算出融化下沉系数与总融化下沉量，只有当融

化下沉量不超过10mm时才是容许的，否则应减小基底残留冻土层的厚度。

5.1.4 在防冻害措施中最好是选择冻胀性小的场地作地基，或对现有地基采取降低冻胀性的某些措施。例如排水，即疏导地表水，降低地下水或提高地面等；压密，即用强夯法将冻层之内地基土的干密度压实到大于或等于 $1.7t/m^3$；保温，可减小冻深和改变水分迁移方向。

由于砖砌体在地下都不钩缝，毛石不规则，其表面凸凹不平明显，切向冻胀力的数值特别大，如用水泥砂浆抹面压光，将大大改善受力状态，或用物理化学方法处理基侧表面或与基侧表面接触的土层：如在表面涂以渣油层用表面活性剂配制的憎水土隔离，用添加剂使土颗粒凝聚或分散的土隔离等。

人工盐渍化的方法可降低土的超始冻结温度，也能起到一定的作用，但一般不用，因该方法不耐久，随着时间的延长，地下水会把盐溶液的浓度冲淡而失效，同时将地基土盐渍化，变得具有腐蚀性，危害各种地下设施。因此本规范未推荐此措施。

加大上部荷载可在一定程度上有效地平衡一部分冻胀力，因此，凡是处在强和特强冻胀土的地基上，尽量避免设计低层（尤其单层）建筑。

在冻胀性较强的地方，当外墙较长、较高时，为抵御由外侧冻胀力偏大而引起的偏心或弯矩，宜适当增加内横隔墙或扶壁柱的数量。

砂垫层可防法向冻胀力，但一定要把砂垫层的底面放置在设计冻深的底线上，即砂垫层的下部不得有冻胀性土存在，因砂垫层底面的附加应力要小得多，它平衡不了多少冻胀应力。

大量试验证明，梯形斜面基础是防切向冻胀力的有效措施之一，但施工稍稍麻烦点。

自锚式扩展基础也是防切向冻胀力的有效措施之一，但要注意回填土部分的施工质量，否则，将产生过大的压缩变形。

跨年度基础工程的越冬：

一、不冻胀土地基

可不考虑地基土冻结时对基础的影响，除将基槽及时回填妥当外，任何其他措施都不用采取；

二、冻胀性土地基

要考虑地基土冻胀时对基础的作用，除将基坑保质保量回填外，尚应进行覆土保温，减小冻深，以防冻害事故的发生。覆土宽度范围为基础边缘向外延伸0.8～1.0倍设计冻深，其最小覆土厚度 h 按下列情况确定。

1. 仅完成基础施工

上部荷载为零，此时所需覆土层的厚度 h_1 按下式计算

$$h_1 = z_d - d_{min} - d_{fr} \tag{5-1}$$

式中 z_d——工程地点的设计冻深；

d_{min}——本基础的实际埋深；

d_{fr}——允许残留冻土层厚度，取 m_t 为1.00。

对弱冻胀土

$$d_{fr} = 0.17z_d m_t + 0.26 \quad (m) \tag{5-2}$$

对冻胀土

$$d_{fr} = 0.15z_d m_t \quad (m) \tag{5-3}$$

对强冻胀、特强冻胀土

$$d_{fr} = 0 \quad (m) \tag{5-4}$$

2. 半截工程

上部结构荷载已增加到一定程度，挑选最不利部位（基础宽度最大，上部荷载最轻），用实际附加荷载，采暖影响系数 m_t＝1.10，按规范附录C中有关部分进行基础埋深计算，求出基础底面之下允许的冻土层厚度 h'、则所需覆土层的厚度 h_2 按下式计算

$$h_2 = z_d - d_{min} - h' \tag{5-5}$$

式中 h'——用半截工程条件计算，所得基础底面之下允许的冻土层厚度。

注：①在冻胀性土地基上砌筑基础，当进行基坑回填时必须作好防切向冻胀力的处理；

②半截工程在停工前应使上部荷载数量均衡；

③若用其他保温材料进行覆盖，宽度范围不变，其厚度可按该种材料实际的导热系数与原地基土的比较，采用当量厚度；

④在半截工程中，当上部荷载仅施加很少一部份时，可按上述二，1，也可按二，2 计算 h，并应选用其中小者进行施工；

⑤基础施工过程中基槽不得浸水。

5.2 多年冻土地基

5.2.1 在多年冻土地区，当不衔接的多年冻土上限比较低，低到有热源或供热建筑物的最大热影响深度(相当稳定融化盘)以下时，下卧的多年冻土不受上层人为活动和建筑物热影响的干扰或干扰不大，可按季节冻土地区的规定进行设计。若上限高度处在最大热影响深度(稳定融化盘)之内时，要看其冻土部分的融化和压缩变形值确定，若基础总的下沉变形量(连原不冻土的压缩量同时计入)不超过承重结构的允许值时，仍按季节冻土地基的方法考虑基础的埋深。

5.2.2～5.2.3 对衔接的多年冻土，按保持冻结状态利用多年冻土作地基时，基础的最小埋深一方面考虑多年冻土层靠近上限位置的地温较高，变形较大，强度较低，另一方面偶迁温暖年份上限有可能下移，危及基础的稳定性，所以一般基础的底面必须卧入多年冻土层一定深度：对一般基础取 1m 深；而对桩基础要求高一些，为 2m，因桩的承载力主要在冻土层中，所以埋深一些，不但强度较高，也比较稳定，有一定的安全性。对临时性的或次要的附属建筑物，由于要求不高，标准较低，只要不小于设计融深 z_d^m 即可。

但是，如果采用架空通风基础、地下通风管道以及热桩等措施保持地基冻结状态的方案经过综合分析与比较不经济时，在施工条件容许，也可将基础底面延伸到稳定融化盘的最大融深以下 1.0m。

按逐渐融化和预先融化状态利用多年冻土作地基时，即容许地基土融化的状态，基础的埋深与季节冻土地基所考虑的因素差不多，即应考虑设计冻深，地基土的冻胀性以及融化压缩系数等，按季节冻土地基的方法进行计算。

多年冻土地区无论是按保持冻结状态利用多年冻土作地基，还是按逐渐融化和预先融化状态利用多年冻土作地基时，都应按本规范附录 C 的规定作冻胀力作用下基础的稳定性验算，主要验算在切向冻胀力的作用下基础的稳定性和基础本身的强度。如果基础是“浅基础”(基础底面埋置在季节融化层内)尚应考虑法向冻胀力的作用，不但验算正常使用阶段、尚应进行在施工阶段越冬冻胀力的问题。

在衔接的多年冻土地基中按保持冻结状态利用多年冻土作地基的条件下，如将基础砌置在季节融化深度之内，计算该“浅基础”法向冻胀力作用下的稳定性时，仍可近似地按规范附录 C 中的计算方法进行。本规范附录 C 中是针对双层地基系统求得的，应用到三层地基中(季节冻结层—季节融化层—多年冻土层)是近似的，但由于三层地基体系的计算程序和计算图表尚未完成，在此之前只好暂时借用，虽然有些出入，但比其他任何别的方法要适用得多。

象地基土的冻结深度一样，地基土的融化深度也需规定一个统一的标准条件，即在衔接的多年冻土地基中，土质为非融沉性(冻胀性)的粘性土，地表为平坦、裸露的空旷场地，多年(不小于 10 年)实测融化深度的平均值为融深的标准值。

在没有实测资料时，标准融深按规范(5.2.3-1)～(5.2.3-5)公式计算，(5.2.3-1)适用于高海拔的青藏高原，(5.2.3-2)式适用于高纬度的东北地区，(5.2.3-3)式适用于东北地区，(5.2.3-4)、(5.2.3-5)式适用于高海拔的青藏高原地区。由于高海拔多年冻土地区(青藏高原)与高纬度多年冻土地区(东北地区)的气候特点不同，例如两个地区的年平均气温相同，但高纬度地区的冻结指数和融化指数都较大，即年较差大，根据融化指数求其融化深度就有出入，两个地区的融化深度与融化指数的关系就有显著的区别。因此，提出两个公式分别对高原和东北高纬度地区进行计算。

标准融化指数等值线图系由黑龙江省农业气象试验站绘制。

融化深度的问题与冻结深度的问题，都属于热的传导问题。凡是影响冻结深度的因素同样也影响着融化深度，除了气温的影响之外尚有土质类别(岩性)不同的影响、土中含水程度的影响以及坡度的影响等。如前所述，当其他条件相同时，粗颗粒土的融化深度比粘性土的大，因粗颗粒土的导热系数比细颗粒土的大。土的含水量越大消耗于相变的热量就越多，虽然导热系数随含水量的增加而增大，但比相变耗热的增大缓慢得多，因此含水越多的土层融化深度相对越小。

坡向和坡度对土层的季节融化深度的影响也是很大的，在其他条件相同的情况下，地表接受的日照和辐射热的总量也不同，所以向阳坡，坡度越大，融化的深度越深，见表 5-3。

铁道部科学研究院西北分院、铁道部第一勘测设计院、中国科学院冰川冻土研究所等单位编写的《青藏高原多年冻土地区铁路勘测设计细则（初稿）》和铁道部第三勘测设计院编写的《东北多年冻土地区铁路勘测设计细则》对土质类别与融深的关系有研究，对含水程度引用冻结过程的资料。土的类别对融深的影响系数见表 5-4。

坡向对融深的影响系数 ψ^m_{to}　　表 5-3

数据来源	坡向	融深（m）	ψ^m_{to}
前苏联教科书《普通冻土学》中有关“伊尔库特—贝加尔地区”的资料	北坡	0.68	0.88
	—	0.775	1.00
	南坡	0.87	1.12
《公路工程地质》一书中杨润田、林凤桐有关大兴安岭地区资料	阴坡	1.00	0.80
	—	1.25	1.00
	阳坡	1.50	1.20
规范推荐值	阴坡	—	0.90
	阳坡	—	1.10

土的类别（岩性）对融深的影响 ψ^m_s　　表 5-4

青藏高原多年冻土地区铁路勘测设计细则	粘性土	粉土、粉、细砂	中、粗、砾砂	大块碎石
影响系数 ψ^m_s	1.00	1.12	1.20	1.45
东北多年冻土地区铁路勘测设计细则	粉土	砂砾	卵石	碎石
影响系数 ψ^m_s	1.00	1.00	2.03	1.44
本规范推荐值	粘性土	粉土、粉、细砂	中、粗、砾砂	大块碎石类
ψ^m_s	1.00	1.20	1.30	1.40

6 多年冻土地基的计算

6.1 一般规定

6.1.1 多年冻土地区在我国分布幅员辽阔，在这些地区建造房屋，进行地基与基础计算，必须考虑建筑物与地基土之间热交换引起的地基承载力、变形的变化，对静力计算的影响。由于没有考虑冻土这一特点而引起地基沉陷、墙体开裂、房屋不能使用的事故屡见不鲜，同时由于没有掌握计算要点盲目深埋，造成的经济损失也十分可观，因而在冻土地区应通过对地基静力、热工、稳定三方面的计算以达到安全、经济的目的。

6.1.2 在多年冻土地区进行工程建设时，和非冻土区一样，需要进行地基承载力、变形及稳定性计算。但是，作为地基土的冻土，其强度、承载力等数值，除了与地基土的物质成分、孔隙比等因素有关外，还与冻土中冰的含量有很大的关系。冻土中未冻水量的变化直接影响着冻土中的含水量及冰-土的胶结强度，地温升高，冻土中的未冻水量增大，强度降低，地温降低，未冻水量减少，强度增大。因此，在确定冻土地基承载力时，必须预测建筑物基础下地基土的强度状态，用建筑物使用期间最不利的地温状态来确定冻土地基承载力才是可靠和安全的。反之，仅按非冻土区状态来确定地基承载力，就不能充分利用冻土地基的高强度特性，造成很大的浪费。若仅按勘察期间天然地温状态确定的冻土地基承载力亦是不安全的。因而，基础设计时，按预测建筑物使用期间可能出现的最不利的地温状态来进行承载力计算。

多年冻土地区的边坡稳定验算中，滑动面为冻融交界面，即融冻滑塌，不同于非冻土地区的地基稳定性验算，具体计算应按第八章第一节的有关条文进行。

6.1.3 保持地基土处于冻结状态利用多年冻土时，由于坚硬冻土的土温较低，土中已有含冰量足以将土的矿物颗粒牢固地胶结在一起，使其各项力学指标增强许多，而其中的压缩模量大幅度提高。对一般建筑物基础荷载的作用，在地基土承载力范围之内，满足变形要求绰绰有余，所以对坚硬冻土只需计算承载力就可以了。对塑性冻土，由于其压缩模量比坚硬冻土小得多，在基础荷载作用下，处于承载力范围之内的压缩、沉降变形却不可忽视。因此，还须对变形加以考虑。

如果建筑物下有融化盘，还必须进行最大融化深度的计算，一定要保证基础底面及其持力层在人为上限之下的规定深度，处于稳定冻结状态的土层内。

容许多年冻土以融化状态用作地基时，应按现行国家标准《建筑地基基础设计规范》GBJ7 的有关规定进行，就是既要按承载力计算，也要按变形来进行验算。既考虑预融后，或部分预融后的情况，也要考虑在使用过程中逐渐融化变形的状态。

6.1.4 由于我国冻土研究历史虽已三十多年，但毕竟对全国各个地区的工程地质及水文地质条件，以及各种冻结状态下的地基承载力的原位测试等工作做的不是很够的。特别是冻结状态大块碎石土的工作更是有限。同时，冻土的另一大特点，即含有不同程度的地下冰，冻土中的含水分布是异常不均匀，再者，因冻土区的工程地质勘察中，目前尚未有一个规范，工作无法统一，乃至仍按非冻土区的工程地质勘察方法进行工作。因此，在选用本规范的地基承载力值时，就受到很大的限制。所以，对安全等级为一级及部分较重要的二级建筑物（即砌体承重结构及框架结构层数超过7层的）来说，必须要求进行原位测试，对于一般二级及三级建筑物，或工程地质、水文地质及冻土条件较为均一时，可以将要求放宽，通过建筑地段的冻土工程地质勘探所取得的地基土的物理力学性质来确定，但严禁不进行工程地质勘察的做法。

6.2 保持冻结状态地基的计算

6.2.1 多年冻土地区建筑物基础设计时，对基础底面压力的确定及对偏心荷载作用的基础底面压力的确定，仍需符合非冻土区的计算方法。

6.2.2 在偏心荷载作用下基础底面压力的确定。在多年冻土区中采用保持地基土处于冻结状态设计时，除了按非冻土区的计算方法外，尚应考虑作用于基础下裙边侧表面与多年冻土冻结的切向力。因为冻土与基础间的冻结强度，是随着地基土温度降低而增大的，它比未冻土与基础间的摩阻力要大的多，其作用方向和偏心力矩的方向相反。所以，对偏心荷载作用下基础底面反力值的计算，应该考虑裙边的冻结强度。

6.3 逐渐融化状态和预先融化状态地基的计算

6.3.1 地基变形的允许值，主要是由上部承重结构的强度所决定，在不少建筑物中使用条件对沉降差和绝对沉降量也有一定要求，个别还有外观上的限制。所以，建筑物的最终变形量，都需符合这一规定。

6.3.2 本规范公式（6.3.2）是计算地基下沉量比较精确的计算式，要求在地质勘探时由试验按土层分别确定融沉系数 δ_0 和体积压缩系数 m_v，并要求较准确地观察冻土层中包裹冰的平均厚度 Δ_i。若冻土中未见包裹冰，即 $\Delta_i=0$，公式（6.3.2）仍然适用。

公式（6.3.2）中第一项为融化下沉量。第二项为在地基土自重压力作用下的压缩沉降量。第三项为附加压力作用下压缩沉降量；地基土中的附加应力是按非均质地基中具有刚性下卧层，上软下硬双层体系地基考虑的；冻土层与融化层比较，可近似地认为是不可压缩的土层，用融冻界面（融冻界面是逐渐下移的）上的附加应力来计算压缩变形量。第四项为包裹冰（冰透镜体和冰夹层）融化时的下沉量，但并不是所有包裹冰融化后的下沉量刚好与包裹冰自身厚度相同，而存在一个大孔隙不完全堵塞的系数，此处不予考虑，只作为一个安全因素贮备起来。式中规定了 Δ_i（冰夹层）仅取厚度等于和大于 10mm 者，小于 10mm 的纳入 δ_0 系数中。

6.3.3 在基础荷载作用下，地基正融土中的附加应力系数体系与普通土中基础之下地基土中有不可压缩的下卧层体系相似，由于冻土的压缩模量比融土的大几倍甚至几十倍，所以冻土类似不可压缩体，融冻界面就是不可压缩层的表面，又因地基冻土受热是逐渐融化的，融冻界面是逐渐扩展的，可以认为不可压缩层是从基础底面逐渐下移的，冻土融一层就被压缩一层，故融冻界面处土中应力系数采用了一般土力学与地基基础书中计算不可压缩层交界处土中的应力系数表（见规范表 6.3.3）。

公式（6.3.3）中 α_{i-i}、α_i 系数，就是第 i 层土顶面和底面处的应力系数 α，因为第 i 层土是从 h_{i-1}层底面开始融化直到 h_i 层底面的，即融冻界面是从 h_{i-1}层底面逐渐下移至 h_i 底面的，故第 i 层土中部平均应力系数为（$\alpha_{i-1}+\alpha_i$）/2。这与地基基础设计规范中所说的平均附加应力系数不是一个概念，不可相混。

6.3.4 当地基冻土融化、压缩下沉量大于允许值时，采取预融一部分地基土来减少建筑物基础的下沉量是合适的，也是较经济的（与采取其他措施相比）。

预融土在建筑物施工前，土的融化下沉已经完成，土的自重压密也完成了一部分，计算预融深度 h_m 时，可只按融沉量计算。在计算融化总深度 H_u 时应考虑为计算最大融深 H_{max} 与融土的蓄热影响（$0.2h_m$）两部份之和。

6.3.5 基础倾斜，是由于基础边缘地基土不同下沉的结果，S_1、S_2 就是一个基础两边缘（或一段的两端）的不同下沉值，其压缩应力系数应采用边缘或角点的应力系数；它小于中心应力系数，但在非均质地基中这种试验工作尚未进行，计算图表无处可查，故采用中心点的应力系数计算，其所得结果是偏大的。但我们求的是倾斜值，S_1、S_2 同时偏大，其最终结果与小附加应力计算结果是接近的。又因计算沉降量与地基的实际沉降值往往是有差距的，因此，在没有资料时采用中心应力计算还是可行的。前苏联 CHиП Ⅱ-Б.6-66 地基基础设计标准，也是采用中心应力计算的。

7 基　　础

7.1 一 般 规 定

7.1.1 冻土地区可采用的基础类型有:刚性基础、柱下单独基础、墙下条基、柱下条基、墙下筏基、桩基础、热桩、热棒基础及架空通风基础等。选择基础类型应考虑建筑物的安全等级、类型、冻土地基的热稳定性及所采用的设计状态。如墙下条基、筏基由于其向冻土地基传递的热量较多以及不能充分利用冻土地基的承载力等原因,不宜用于按保持地基冻结状态设计的多年冻土地基。各类基础具体适用条件见本章各节。

7.1.2 多年冻土地区基础下设置一定厚度冻结不敏感的砂卵石垫层,可以起到以下作用:

1. 减少季节冻-融层对地基土的影响,提供稳定的基础支承;

2. 提供较好的施工作业工作面,不管在什么季节条件下,可使施工机械、人员在地基上面工作的困难减少;

3. 减少季节冻-融层的冻胀和融沉;

4. 调节地基因季节影响引起的热状况的波动;

5. 避免现浇钢筋混凝土直接影响多年冻土温度状况,对按保持地基冻结状态设计有利。

垫层的粒料由透水性良好和洁净砾料组成。根据室内外试验结果,当粉粘粒(小于0.074mm颗粒)含量小于等于10%时,对冻胀是不敏感的(不产生冻胀或融沉),所以要求粒料中粉粘粒含量不超过10%。粒料的最大尺寸不超过50～70mm,级配良好。垫层应保证有一定密实度,并符合现行国家标准《建筑地基基础设计规范》GBJ7中填土地基的质量要求。如果在细粒土地基上铺设较粗大的砾卵石材料作垫层时,则应先在地基上铺设150mm左右厚度的纯净中粗砂,使其起到反滤层作用,以减少地基土融化时细颗粒土向上渗入垫层中。中粗砂有一定持水能力,使体积融化潜热提高,也有助于减少地基的冻结和融化深度。

多年冻土地区按容许地基土融化原则设计时,砂卵石垫层厚度应满足下卧细粒土融化时的强度要求。粒料垫层承载力设计值根据非冻结土按现行的国家标准《建筑地基基础设计规范》GBJ7有关规定取值。

7.2 多年冻土上的通风基础

7.2.1 架空通风基础(通风地下室)与填土通风管基础,实质上既不是基础,也不是地基,而是为保持地基土处于冻结状态所采取的有效措施,由于它和基础的关系又非常密切,因此,称其为基础。

架空通风基础(通风地下室)系指天然地面与建筑物一层地板底面保持一定通风高度的下部结构,可设在地下或半地下,但一般都在地上。

填土通风管系指建筑物地板下用非冻胀性砂砾料垫高,并在基中埋设通风管道的下部结构。

架空通风基础是多年冻土地区采暖房屋保持地基土冻结状态设计的基本措施。它可以利用冬季自然通风完成保持地基土冻结状态,特别是对热源较大的房屋,如锅炉房、浴室等,同时也适用于各种地貌、地质条件下的冻土地基。我国青藏地区和东北大兴安岭阿木尔、满归地区均采用这种措施(表7-1),使用效果良好。

7.2.2 从东北大兴安岭和青藏地区试验房屋的实践来看,在大片连续多年冻土地区使用架空通风基础在一月份均可全部回冻。我国岛状融区地区年平均气温低于-2.5℃,冬季月平均负气温总和ΣT_f与冻结由夏季融化的土层所需的负温度总值ΣT_m之比,即$\frac{\Sigma T_f}{\Sigma T_m}$均在2.16～3.53之间,说明该地区有足够冷量使融化土回冻。对于岛状冻土地区，架空通风基础能否采用，应进行热工计算和技术经济比较后确定，一般情况下，$\frac{\Sigma T_f}{\Sigma T_m}\geqslant 1.45$ 以上采用架空通风基础回冻融化土层没有什么问题，但必须开启更多通风孔面积或做成敞开式。

架空通风基础使用情况　　表 7-1

地区	地点	多年冻土分布特征	年平均气温(℃)	建筑物下夏季最大融深(m)	全部回冻月份	基础类型	房屋类型	架空高度(mm)	地基条件
东北	阿木尔劲涛	大片连续	−5～−6	2.1	1	柱下单独基础，钻孔灌注柱	住宅	—	—
	朝晖站	同上	−5	2.9	1	爆扩桩	住宅	—	—
	满归	同上	−4.5	2.74	1	砂砾垫层上墙下条基	住宅	540	多冰冻土
青藏	风火山	同上	−6.6	—	—	钻孔插入桩	住宅	800	—
	风火山	同上	−6.6	—	—	平铺钢筋混凝土圈梁	住宅	330	少冰及多冰冻土

7.2.3～7.2.4　架空通风基础主要由桩基、柱下单独基础或墩式基础与上部结构梁板组成。其他基础如墙下条基、柱下条基由于在施工阶段对土热扰动较大，在使用阶段传递热量较多，不利于地基保持冻结状态。

根据通风孔开启情况有勒脚处带通风孔的隐蔽形式和全通风敞开形式，可根据热工计算及当地积雪条件确定。自然通风空间高度 h 与建筑物宽度 b 之比应满足 $\frac{h}{b}$ 大于等于 0.02，当不满足时应采用强制性通风。根据隐蔽式通风的空间，其通风孔构造要求，高度 h 按下式计算，$h=a+h_1+c$，其中 a 为通风孔底至室外散水坡表面最小高度，由防止雨雪堆积通风空间决定，一般为 0.30～0.35m；h_1 为通风孔高度，一般为 0.25～0.35m；c 为通风孔上部到通风空间顶棚的距离，取 0.25～0.30m，所以 $h=0.8～1.0$m。另据中科院冰川冻土研究所 1987 年对前苏联西伯利亚地区考察报告资料，该地区多年冻土地区架空通风基础高出地面 1.0～1.5m。从我国实际工程使用情况（表 7-1）及技术经济条件，规定架空通风空间高度不小于 0.8m。

7.2.6　填土通风管保持地基土冻结状态在青藏地区热源不大的房屋已多处使用，效果良好。

1. 填土通风管保持地基土冻结状态时（多年冻土天然上限保持不变）所需的通风管数量，是根据一维稳定导热将建筑物附加热量由通风管通风带走的前提下，将矩形垫层区域变换成同心半圆域（图 7-1），使外半圆弧长度等于填土层外轮廓总长，内半圆半径 r 待求，并使内半圆的面积等于 n 根通风管的净面积之和。

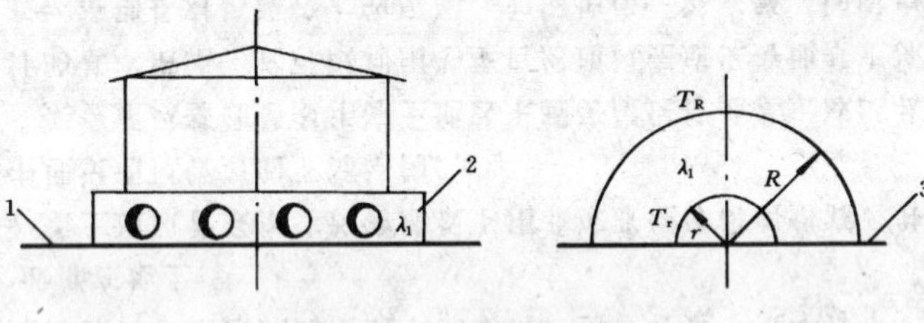

图 7-1　区域变换示意图

1—天然地面；2—填土；3—绝热面

根据流向通风管壁总热量和通风管内壁面放出的热量平衡条件，对东北多年冻土地区及青藏多年冻土地区的填土通风管数 n 进行计算，其计算结果见表 7-2 及表 7-3。

由表 7-2、表 7-3 可见对年平均气温高于 −3.5℃时不宜采用，而年平均气温低于 −3.5℃地区也应按具体条件进行热工计算；

2. 填土高度应考虑下列因素：

室内地面荷载扩散到原地面软弱土层时满足软弱土层强度要求；在填土层下季节融深范围内，因融沉作用使填土整体下沉时不致妨碍管道通风所需的预留高度（一般取 0.15m）；室内地面不直接接触通风管以便设置地面保温层。

7.3　桩　基　础

7.3.2　根据我国青藏高原多年冻土地区的清水河、五道梁和风火

东北多年冻土地区填土通风管数 n 计算 表 7-2

室内温度(℃)			16						20					
L (m)	B(m)		6			10			6			10		
	v_1	T_1 \ R_1	0.86	1.72	2.58	0.86	1.72	2.58	0.86	1.72	2.58	0.86	1.72	2.58
20	2.0	−4.5	10.1	5.7	3.8	19.0	12.3	8.9	—	—	9.5	—	—	—
		−5.5	4.0	2.5	1.8	7.1	5.1	3.9	—	6.5	4.3	—	14.2	10.2
	3.0	−3.5	8.9	5.1	3.4	16.4	10.8	7.9	—	—	8.5	—	—	—
		−4.5	2.5	1.6	1.2	4.3	3.2	2.5	7.0	4.1	2.8	12.8	8.7	6.4
		−5.5	1.1	0.8	0.6	1.8	1.4	1.2	2.9	1.8	1.3	5.0	3.7	2.9
40	2.0	−4.5	—	—	9.5	—	—	—	—	—	—	—	—	—
		−5.5	—	6.5	4.3	—	14.3	10.2	—	—	10.8	—	—	—
	3.0	−3.5	—	—	8.7	—	—	—	—	—	—	—	—	—
		−4.5	7.2	4.2	2.9	13.1	8.9	6.6	—	—	7.1	—	—	17.9
		−5.5	2.9	1.9	1.4	5.1	3.8	2.9	8.4	4.8	3.2	15.4	10.2	7.5

青藏多年冻土地区填土通风管数 n 计算 表 7-3

室内温度(℃)			16						20					
L (m)	B(m)		6			10			6			10		
	v_1	T_1 \ R_1	0.86	1.72	2.58	0.86	1.72	2.58	0.86	1.72	2.58	0.86	1.72	2.58
20	2.5	−3.5	—	12.3	7.6	—	—	19.3	—	—	—	—	—	—
		−4.5	6.2	3.7	2.6	11.2	7.7	5.8	—	9.8	6.2	—	—	15.5
		−5.5	2.5	1.7	1.2	4.4	3.3	2.6	7.2	4.2	2.9	13.1	8.9	6.6
	3.5	−3.5	12.0	6.5	4.3	—	14.3	10.2	—	—	10.8	—	—	—
		−4.5	3.2	2.1	1.5	5.7	4.2	3.2	9.4	5.3	3.5	17.5	11.4	8.3
		−5.5	1.4	1.0	0.7	2.4	1.8	1.5	3.7	2.3	1.7	6.6	4.8	3.7
40	2.5	−4.5	—	—	10.1	—	—	—	—	—	—	—	—	—
		−5.5	—	6.8	4.5	—	15.1	10.8	—	—	11.4	—	—	—
	3.5	−4.5	10.5	5.8	3.9	19.8	12.7	9.2	—	—	9.8	—	—	—
		−5.5	4.1	2.6	1.8	7.3	5.2	4.0	12.3	6.7	4.4	—	14.7	10.5

注：v_1——年平均风速(m/s)；　B——建筑物宽度(m)；
T_1——年平均气温(℃)；　L——建筑物长度(m)；
R_1——地面保温层热阻(m²℃/W)；　r_0——通风管内半径(m)；　r_0=0.125m。

山三个试验场区的桩基础试验资料，大兴安岭地区劲涛冻土试验站桩基础试验资料，证明桩基是多年冻土地区房屋建筑基础的主要型式。按施工工艺有钻孔灌注桩、钻孔插入桩和钻孔打入桩三种。按材料分有钢桩、钢筋混凝土桩和木桩。由于我国缺乏钢材和木材，钢桩不宜多用，在林区可就地取材，选用木桩。大量应用的是钢筋混凝土桩。

钻孔打入桩对地基的热扰动小，回冻时间快，承载力高。但当土温较低、处于坚硬冻结状态时打桩有困难。钻孔灌注桩中混凝土的养护和土的回冻都需较长时间，拌制混凝土时需加入负温早强外加剂，待周围土体回冻和桩具有一定强度后才能施加外荷载；它适用于坚硬冻结状态的冻土地基，而对于塑性冻结状态冻土，灌注桩由于浇注热与水化热的作用将使回冻困难。这种桩型施工简单，减少预制、装卸运输及安装，节省大量钢材。钻孔插入桩回冻时间居上述两种之间，承载力不低，没有什么特殊要求与附加条件，所以应用广泛。

根据清水河试验场的资料，对钻孔插入桩与钻孔打入桩的对比如表 7-4 所示。从表中可看出，打入桩的承载力较高，其原因是打入桩的桩侧冻结强度高于插入桩。

7.3.3 根据目前国内外工程实例说明，桩基础适用于各种地质条件下的冻土地基。当上部结构荷载大，对沉降变形量或相邻基础沉降差要求比较严格时，往往利用桩基嵌入融化盘以下多年冻土层，得到较高的承载力和较小的地温场变化，因而一般多采用保持多年冻土冻结状态设计。

如果在逐渐融化或已融状态的地基土中设计桩基础，则需使基础的沉降变形值控制在现行国家标准《建筑地基基础设计规范》GBJ-7 的允许变形范围内；如计算不满足，需对土层预融压密。

低桩承台下留出一定的空隙，或在空隙内充填松软材料，用以预防在冻胀、强冻胀和特强冻胀性土中产生的法向冻胀力将桩基承台和基础梁拱坏。

7.3.4 构造要求的作用有以下几点：

1. 桩基在施工过程中将对地温场产生扰动，如果桩距过小则使这种扰动的幅值叠加，使得桩间土的温度升高，从而推延了回冻时间，又由于桩受力后通过扩散角向地基土传递荷载，过小的桩距使扩散角范围内的地基土中附加应力叠加，增大桩基的沉降变形值。根据三个实验场的实验工程与青藏铁路等经验，一般桩距不应小于 3～4d（d 为桩基直径），又不得小于 2m。

单桩垂直静载试验结果 表 7-4

桩　号	桩　长 (m)	桩　径 (mm)	极限荷载 (kN)	冻结强度 (kN/m²)
插 1	8.65	550	600	41
插 2	8.65	550	600	34
插 3	8.65	550	1000	65
打 1	8.00	550	1100	83
打 2	8.00	550	1400	90
打 3	8.00	550	900	86

2. 桩基的桩端必须插入融化盘下部稳定冻土层中，满归林业局 1972 年用钻孔插入桩基础，桩长 4.5m，因没有插入融化盘下部稳定冻土层内，从而使两栋房屋全部破坏，不能使用；后在同一场区，采用桩长 7m 另行修建，至今使用良好。

3. 钻孔插入桩在钻孔完毕后孔底留有虚土，或孔底呈钟形，所以钻孔深度长于桩的实际长度，回填一定厚度的砂或砾石砂浆，但桩端应落入回填段一定深度，从而压实回填料。

7.4 浅 基 础

7.4.1～7.4.2 本规范的浅基础系指刚性基础，扩展基础、柱下条形基础及墙下筏板基础。本条系指季节冻深较大地区，当基础埋深浅于设计冻深时，或埋深虽大于设计冻深，但在季节冻深内基础侧面存在较大切向冻胀力时，应按附录 C 进行冻胀力作用下基础的稳定性验算。当稳定性验算不满足时可考虑采用防冻害措施。

对钢筋混凝土基础的竖向构件尚应进行切向冻胀力作用下构件的抗拉强度验算，及扩展基础底板上缘因起锚固作用时在土反力作用下的配筋计算。对非配筋的刚性基础则宜采取相应的防冻胀措施。

7.4.3 刚性基础不配置受拉钢筋，建筑材料抗拉强度低，多用于含冰量低的弱融沉或不融沉地基土。选用刚性基础类型时，墩式比条形有利，因为墩式单独基础比条形基础与地基土的接触面积小，单位竖向压力大，由于冻胀不均匀性导致结构破坏的机率墩基比条基小。

例如，1981年图强林业局俱乐部和医院，采用普通毛石条形基础，因墙体在冻胀、融沉作用下破坏严重而停止使用；牛耳河林业局邮电局，是按照允许融化法建造的单层房屋，采用普通条形毛石基础，建成不久墙体开裂，最大裂缝宽度达110mm，因而停止使用；但大兴安岭呼中地区呼源制材厂，按保持地基土冻结状态设计，采用毛石墩式基础，用双层地面构成敞开式冷通风洞，到目前为止使用效果良好。

7.4.4 钢筋混凝土圈梁对于调整不均匀变形起到有益作用。例如，在青藏高原风火山试验场，采用平铺式钢筋混凝土圈梁作为回填砂砾层上房屋的基础，按多年冻土融化原则用于热源不大的房屋建筑，效果良好。在同一场区按保持多年冻土冻结原则设计，采用平铺式钢筋混凝土圈梁架空通风基础，使用五年以上，其均匀下沉为40mm左右，使用效果良好。

采用刚性基础时，应适当增加上部承重结构的整体刚度，如增设闭合圈梁、控制建筑物的长高比等。

7.4.5 扩展基础是指用钢筋混凝土材料做成的基础，如柱下单独基础、预制钢立柱（管状或型钢）下扩大的基座，及墙下条形基础。在多年冻土地区及深季节冻土区，立柱可以是预制的或现浇的。南极中山站基础是预制型钢立柱；大兴安岭满归则采用现浇钢筋混凝土立柱。

对多年冻土按保持地基冻结状态设计，宜采用柱下单独基础和带有底座的立柱。主要原因是：1. 能充分发挥冻土地基的承载能力；2. 增加抗冻胀能力；3. 避免大面积开挖，改变冻土温度状态；4. 在使用阶段传向多年冻土的热量少；5. 当地基土含有较多石块而打桩有困难时便于施工。墙下条形基础不具上述1～4的优点，所以不适宜用于保持地基冻结状态的设计中。墙下条基可用于容许地基逐渐融化的设计状态。为防止不均匀融沉危害上部结构，故要求地基土为不融沉或弱融沉的，并应进行热融沉降计算，使满足地基不均匀沉降的要求。

7.4.6 本条除一般构造外增加了防冻切力措施。如要求竖向杆件的横截面在满足强度要求下尽可能小；基础的侧表面做成向内倾的斜面；基础侧回填非冻胀性材料等等。

多年冻土地区预制钢筋混凝土柱扩展基础，应考虑因在切向冻胀力作用下柱与基础连接处的抗拔要求。一般杯口上大下小，仅靠二次浇灌的混凝土粘结强度，不能保证抗拔要求，可采用杯口上小下大等做法。

7.4.7 1. 多年冻土地区扩展基础竖向构件的冻胀抗拉强度验算是这些地区应注意的问题。据报导，工程中发现立柱或墩被拉断事故十余起，特别是上部结构荷载较小或施工越冬工程更为严重。竖向构件抗拉验算的条件是

$$F_k + G'_k + \Sigma q_{si} A_{si} + R_a > \Sigma \tau_{di} A_i > F_k + G'_k \quad (7\text{-}1)$$

式中 $\Sigma \tau_{di} A_i$——切向冻胀力设计值（kN）；

F_k——上部结构自重产生的作用于基础顶面竖向力标准值（kN）；

G'_k——冻-融层内基础自重标准值（kN）；

$\Sigma q_{si} A_{si}$——未冻土与基础间的摩擦力（kN）；

R_a——锚固底板顶面的土反力（kN）。

所以，当 $\Sigma \tau_{di} A_i$ 满足式（7-1）时，将使竖向构件承受上拔拉力，并由竖向构件所配置的钢筋承担；

2. $\Sigma \tau_{di} A_i$ 大于 $F_k + G'_k$ 后产生基础上拔，随即产生摩阻力 q_s 及底板顶面土反力 R_a。因为 R_a 值较大使系统又趋于稳定，此时基

础底板就受到向下的土反力 R_a 作用，其计算简图相当于四边悬臂板（墙下条形基础为悬臂板），板上缘受拉。如底板上缘配筋不足，则可能产生裂缝，松弛 R_a 值 基础继续上拔。

关于土反力 R_a 在底板顶面分布是配筋计算中要解决的问题。根据试验实测资料有：立柱边缘大的直角三角形分布；马鞍形分布；立柱边缘接近为零的三角形分布。可见 R_a 分布规律极其复杂，与底板刚度和底板上填土的物理力学性质（密实度、含水量、压缩模量等）有关。所以，底板上缘配筋计算中采用简化方法即略去 q_s 的影响和认为底板土反力在底板上是均匀分布的，并按四边悬臂板（立柱下单独基础）或悬臂板（墙下条形基础）计算底板任意截面的弯矩，钢筋配于顶板上缘。上述简化结果是偏于安全的。

7.4.8 柱下条形基础不宜用于按保持地基冻结状态设计的多年冻土地基。其原因是（1）不能充分利用冻土地基承载力；（2）大面积开挖易改变冻土地基温度状态；（3）使用阶段向冻土地基传递的热量增加等。

7.4.9 1. 由于冻土地基房屋室内外融化深度不一致，可能引起基础受扭作用，因此箍筋采用封闭式，以提高抗扭能力；

2. 柱下条形基础按基底反力直线分布（刚性计算方法）的计算条件，一般认为：（1）基础长度范围内土质均匀；（2）相邻柱荷载差异不大；（3）上部结构刚度较好；（4）基础与地基相比刚度大。Vesic 建议用梁的柔度指数 λL 值来选择计算梁内力的方法：

当 $\lambda L<0.8$ 时，按基底反力直线分布解法；

当 $0.8<\lambda L<\pi$ 时，按弹性地基上有限长梁解法；

当 $\lambda L>\pi$ 时，按弹性地基上无限长梁解法。柔性指数由下式确定：

$$(\lambda L)=L\sqrt[4]{\frac{kb}{4E_cI_c}} \tag{7-2}$$

式中 L——基础梁长（m）；

b——基础梁底宽（m）；

k——文克尔地基模型的基床系数（kN/m^3）；

E_c——基础梁材料弹性模量（kN/m^2）；

I_c——基础梁截面惯性矩（m^4）。

美国混凝土协会（ACI，1966）建议 λL 小于等于 1.75 时可按基底反力直线分布计算基础内力。因此，刚性计算方法可在 λL 值小于 0.8～1.75 范围内考虑；

3. 从 Vesic 试验的梁内力实测值与文克尔地基模型的 Hetenyi 法及刚性计算方法相比较（表 7-5）来看；基础相对刚度较大时（$\lambda L=0.982$，梁高/柱距＝1/6.27）Hetenyi 法与刚性方法的计算值和实测值比较，差值接近。刚性很大的基础（梁高/柱距＝1/3.14），按弹性地基梁 Hetenyi 法计算不如按基底反力直线分布的刚性方法更接近实测值。当基础梁相对刚度较小时，用刚性方法计算基础内力就不合适了。

用反映基础相对刚度的柔性指数来区分计算方法较好，但使用上不甚方便。因此，本条规定基础高度与最大柱距之比大于1/6作为按刚性方法计算基础内力的界线，同时对土的适用条件作相应的规定。根据工民建地基基础设计规范修订序号 16“筏式基础的设计和计算”专题报告附件二，表 7-5 中序号 1～3 的基床系数 k 值相当于粘性土为软塑状态或砂土为松散或稍密状态。当柱距较大及地基土压缩变形很小时，梁高与柱距的比值，可按 λL 小于 0.8～1.75 确定。

如不符合刚性方法计算条件时，基础梁内力应按弹性地基梁计算；

4. 按弹性地基梁计算基础内力时，应适当选择地基模型。当地基条件较复杂，如多年冻土容许按地基土融化状态设计时，地基往往上硬（基础下设置一定厚度粒料垫层）下软，此时可以采用有限压缩层的地基模型。表 7-6 为一单跨柱基用刚性方法，Hetenyi 法及有限压缩地基模型的有限差分法计算基础内力结果。可以看出，差分法计算所得的 1 点和 2 点弯矩值均反映了基础端部因协调地基变形而使地基反力增加的因素；

Vesic 试验实测值与刚性计算方法及 Hetenyi 法比较 **表 7-5**

序号	试验条件	h/L	$\lambda(m^{-1})$	λL	k (kN/m³)	0 点弯矩(kN·m)×10		
						实测值	刚性计算方法	Hetenyi 法
1	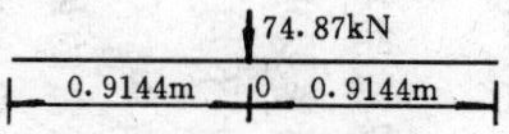	1/6.27	0.537	0.982	1573	1.982	1.711	1.702
2	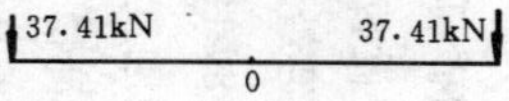	1/6.27	0.537	0.982	1573	−1.302	−1.711	−1.697
3	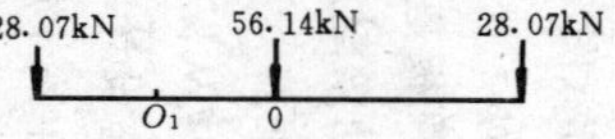	1/3.14	0.537	—	1573	0.426 (−0.388)	0.642 (−0.361)	0 (−0.64)
4	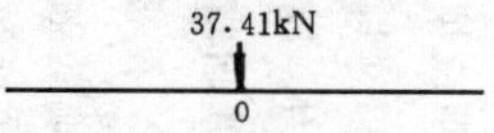	1/32	1.13	2.07	1975	0.707	0.855	0.779

续表

序号	试验条件	h/L	$\lambda(m^{-1})$	λL	k (kN/m³)	0 点弯矩(kN·m)×10		
						实测值	刚性计算方法	Hetenyi 法
5	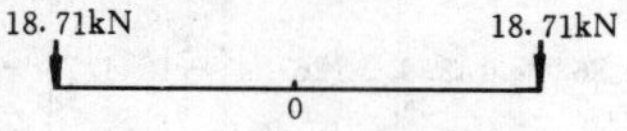	1/32	1.13	2.07	1975	−0.558	−0.855	−0.730
6	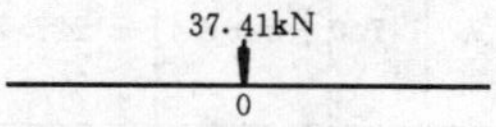	1/72	2.14	3.908	2403	0.426	0.855	0.464
7	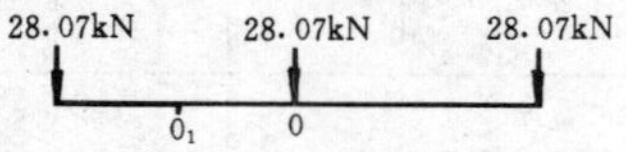	1/36	2.14	1.954	2403	0.058 (−0.318)	0.481 (−0.271)	0 (−0.43)

注： h—梁高；L—柱距；括号内数为 0_1 点弯矩。

表 7-6 单跨柱基用刚性法、Hetenyi 法及有限差分法计算的比较

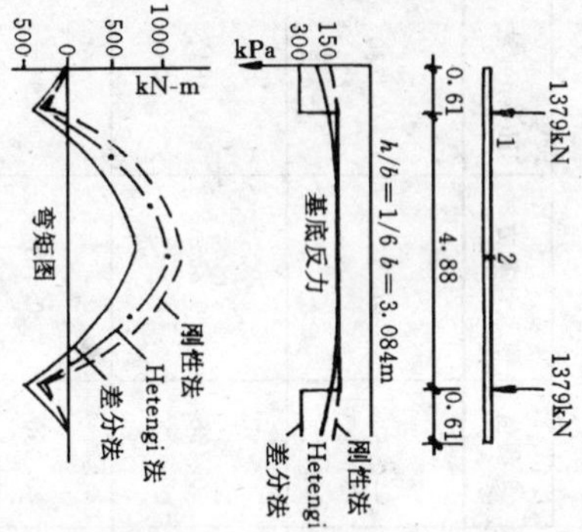

h/L	λ (m^{-1})	k (kN/m^3)	E_c (kN/m^2)	1 点弯矩 (kN·m) 刚性法	1 点弯矩 (kN·m) Hetenyi 法	1 点弯矩 (kN·m) 差分法	2 点弯矩 (kN·m) 刚性法	2 点弯矩 (kN·m) Hetenyi 法	2 点弯矩 (kN·m) 差分法
1/4	0.1960	7540	5718	84.1	86.6	145.9	−1261.4	−1241.2	−954.0
1/5	0.2308	7540	5718	84.1	88.7	147.0	−1261.4	−1222.7	−946.4
1/6	0.2662	7540	5718	84.1	92.1	148.8	−1261.4	−1194.3	−934.5
1/9.6	0.3653	7540	5718	84.1	109.1	158.2	−1261.4	−1050.5	−870.4

5. 当采用刚性方法及文克尔地基 Hetenyi 法计算时，考虑到基础与上部结构架桥作用，使梁两端地基反力和弯矩增加。所以在条形基础两端边跨宜适当增加受力钢筋。

7.4.10 墙下筏板基础具有减少基底压力，提高地基承载力和调整地基不均匀沉降的能力。墙下筏板基础可以做成一块带暗梁的等厚度的钢筋混凝土平板，如为了增加筏板基础的刚度和适应软弱地基不均匀沉降时，也可做成等厚度，但带肋梁的钢筋混凝土平板，肋梁高度视需要而定。铁道部第三勘测设计院冻土队在大兴安岭多年冻土地区朝晖站修建的开口箱基即为带肋梁的钢筋混凝土平板，肋梁高 0.70m。

墙下筏板基础可用于多层住宅、办公楼等民用建筑的基础。墙下筏板基础可用于按容许地基逐渐融化状态设计的房屋建筑。因为冻土地基融化时，基础工作的基本特点是必需抵抗弯曲、扭转和剪切等各种外力的复杂组合作用，要求基础有较大刚度和适应较大不均匀融化沉降的能力。前苏联在远东多年冻土区修建 20m 高砖水塔，采用 8m×8m×0.75m 的筏板基础，经受了很大的不均匀融化下沉。对地面荷载较大的建筑物，如飞机库、汽车库和重载仓库等也可采用筏基。

多年冻土地区采用保持地基冻结状态设计的筏板基础的例子有：美国阿拉斯加州费尔斑克斯地区某汽车库（图 7-2）和格陵兰图勒地区某厂仓库（图 7-3）建筑。它们都在天然多年冻土地面以上换填或填筑 0.76～1.83m 的砂砾垫层。

7.4.11 1. 墙下筏板基础均应设板内暗梁或肋梁，以增加筏板抗弯能力。暗梁或肋梁配筋除满足最小含钢率要求外，应参考墙下条形基础暗梁的配筋，不少于 8Φ12，且上下均匀配置；

2. 筏板厚度应从保证基础刚度要求考虑。对多年冻土地区按容许地基融化状态设计时，建筑物下融化盘的最大融化深度与四周墙下融深之差在一年周期内逐月都在变化，也即是说基础每年都要遭受一次冻胀和融沉的影响，基底反力不断重分布。按照计算，筏板下某些部位常可能出现基底反力为零，而另一些部位增

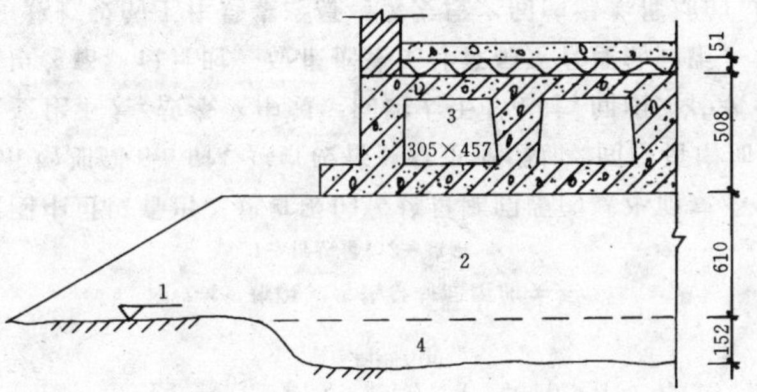

图 7-2　阿拉斯加州费尔斑克斯地区筏板基础示意图

1—天然地面标高；2—砂砾垫层；3—通风道；4—开挖界面

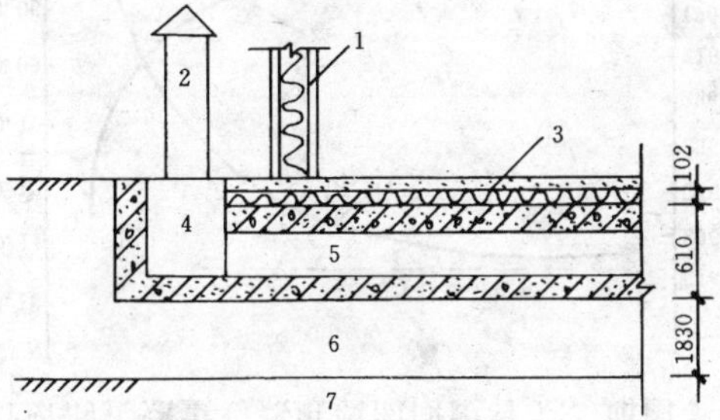

图 7-3　格陵兰图勒地区筏板基础示意图

1—保温墙板；2—通风塔；3—保温层；4—坑道；
5—迴旋式风道；6—砂砾垫层；7—多年冻土

加的情况。如果筏板没有足够的厚度，将出现开裂，如朝晖冻土站开口箱基试验房屋 1.00m 厚的底板，尽管有较高的肋梁，在冻融循环几次后，墙体就出现透风的裂缝，需要修理后才能使用；

3. 墙下筏板基础的内力计算，与箱形基础一样，需要同时考虑整体弯曲和局部弯曲的作用应力。影响筏板整体弯曲的因素很多，如上部结构刚度、荷载的大小和分布、基础刚度、地基土的性质以及基底反力等。一般筏板基础的刚度远小于箱形基础，因此，上部结构的刚度对筏板基础的影响更加不能忽视。为了在墙下筏板基础内力计算中仅考虑局部弯曲的影响，就需要保证上部结构有足够的刚度。因此，要求上部结构采用横向承重体系，纵向至少有 1～2 道墙体是贯通的；如有可能，最好有 1～2 楼层是整浇的。在此种情况下，荷载分布较均匀时，可以认为筏板整体弯曲所产生的内力可由上部结构分担，筏板仅按局部弯曲计算。

7.4.12　墙下筏板基础内力仅按局部弯曲计算。基底反力按线性分布，并考虑上部结构与地基基础共同工作所引起的架桥作用，在协调地基变形过程中必然产生端部地基反力的增加。参照《高层建筑箱形基础设计与施工规程》(JGJ6—80)，在筏板端部 1～2 开间内的地基反力比均布反力增加 10%～20%，同时支承条件按双向或单向连续板计算内力。

7.5　热桩、热棒基础

7.5.1～7.5.2　热虹吸是一种垂直或倾斜埋于地基中的液汽两相转换循环的传热装置。它实际上是一密封的管状容器，里面充以工质，容器的上部暴露在空气中，称为冷凝段，埋于地基中的部分称为蒸发段。为扩大散热面积，可在冷凝段加装散热叶片或加接散热器。当在冷凝段和蒸发段之间存在温差(冷凝段温度低于蒸发段温度)时，热虹吸即可启动工作。蒸发段液体工质吸热蒸发，汽体工质在压差作用下，沿容器中通道上升至冷凝段放热冷凝，冷凝成液体的工质在重力作用下，沿容器内表面下流到蒸发段再蒸发，如此反复循环，将地基中热量提出放入大气中，从而使地基得到冷却。这种传热装置是利用潜热进行热量传递的，因此，其效率很高，与相同体积导体相比，传热效率可在 1000 倍以上。

热虹吸填土基础是将热虹吸埋于填土地基中。夏季地基的融化深度保持在填土层中，在冬季，热虹吸将地基中的热量带出，使融化的地基填土冻结，并使地基中多年冻土得到冷却，从而保持地基中多年冻土的稳定。热虹吸桩基础包括：桩本身为热虹吸的桩基础和桩本身非热虹吸而在桩中或桩周插入了热虹吸的桩基础两种，两种基础均适宜在年平均地温较高的多年冻土中使用。热桩、热棒基础是多年冻土区最有发展前途的基础形式之一。

一般来说，热桩是桩基础，不但可将上部荷重传入地基土中，而且还可将地基土中的热量散发于大气中，而热棒则只起散热作用，本身不具备承载力功能。

热虹吸的冷冻作用可有效地防止多年冻土退化和融化，降低多年冻土地基的温度，提高多年冻土地基的稳定性。据铁道部科学研究院西北分院在青藏高原多年冻土区的试验，采用了热虹吸的多年冻土地基，在夏季的最高地温较之非热虹吸地基要低0.4℃～0.8℃。这种降温效应可大大提高多年冻土地基的承载力，保证建筑物地基在运营期可长期处于设计温度状态。

7.5.3 热虹吸的传热量与热虹吸的间距有关，如图 7-4 所示。

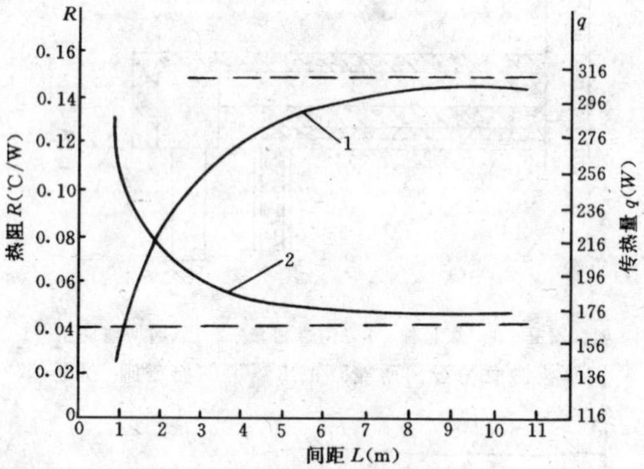

图 7-4 热阻、传热量与间距的关系

1—传热量；2—热阻

从图中可以看出，热虹吸的传热量随间距的减小而减小。间距从 1m 增加到 5m 时，热虹吸传热量迅速增加，间距再增加，其传热量变化不大，故条文中规定间距大于 5m 时，间距对传热量的影响可以忽略。设计时，应根据热工计算确定合理的间距。

7.5.4 热虹吸的工作是靠冷凝与蒸发段之间的温差推动的，埋于地基中的热虹吸启动后，随着传热的进行，蒸发段温度迅速降低，从而在蒸发段周围地基中逐渐形成一温降漏斗，热虹吸的传热量逐渐趋于稳定。

热虹吸的传热能力取决于蒸发段与冷凝段之间的温差、温差大，传热多，温差小，传热少，而且只有当冷凝段的温度低于蒸发段的温度时传热循环才能进行，例如，假定冬季的平均气温为－10℃，则蒸发段的稳定温度约为－6℃，也就是说，在气温等于或高于－6℃时，热虹吸将不能工作，而在计算热虹吸的传热量时是按整个冻结期热虹吸都能工作而进行的。因此，热虹吸的实际传热量比计算值要小，在热虹吸的实际运行中，冷凝段与蒸发段的温度都将随气温的变化而变化，在计算冻结半径和传热量时，气象台站提供的冻结指数肯定有一部分是不能利用的。不能利用的这一部分究竟占多少？目前还无法肯定，估计约占 30％左右。据美国阿拉斯加北极基础有限公司的资料，热虹吸系统设计的效率折减系数采用 2，我们在这里规定不得小于 1.5，主要考虑的就是不能利用的这部分冻结指数。

7.5.7 埋于桩中的热虹吸，使该桩的埋入段在纵向形成一个较均匀的温度场，使桩周土体产生径向冻结，活动层土体，在径向和轴向冻结同时作用下，在桩周逐渐形成一个锚固大头，如图 7-5 所示。这一锚固大头有效地抵抗冻拔。另一方面，当活动层开始冻结时，桩周多年冻土温度亦开始降低，这种温度的降低可使桩的冻结强度大大增加，从而有效地增加了抗拔力。因此，在条文中规定；采用了热虹吸的桩基础可不进行抗冻胀稳定验算。

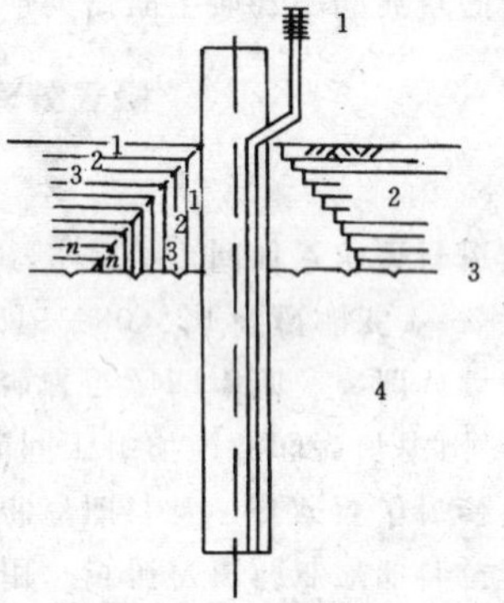

图 7-5 热虹吸桩基础抗冻拔机理示意图

1—热虹吸；2—活动层；3—上限；4—多年冻土

8 边坡与挡土墙

8.1 边　坡

8.1.1 多年冻土地区由于在坡顶或坡坎处修筑房屋，改变了原边坡的热平衡状态，冻土上限下移，在融化期内正融土抗剪强度值降低不能抵抗滑体的下滑，形成滑塌。在厚层地下冰地段由于融冻滑塌而使得施工场地泥泞，无法作业，原边坡丧失稳定，因而控制冻土上限的下移，防治滑塌是边坡稳定的主要问题。

8.1.2 为了使得在坡顶、坡坎修建房屋以及边坡开挖对多年冻土区的热干扰达到最小程度，需根据热工计算的厚度设置边坡保温覆盖层，避免多年冻土区天然上限下移，防止塌滑。当覆盖层为换填草皮粘性土时，其厚度值为人为上限数值乘以 1.2，人为上限值计算公式以青藏高原风火山北麓多年冻土区四年实测的天然上限及人为上限资料为依据而得的统计公式。统计公式计算值与实测值的对比数值如表 8-1 所示。从表中可看出此公式的保证率较好。应保持换填厚度大于最大冻融深度，以防边坡滑塌。

上限的计算值与实测值比较表　　表 8-1

保温材料类型	天然土		边坡草皮保温层	
年　份	计算值	实测值	计算值	实测值
1966	1.41	1.49	0.94	1.00
1967	1.38	1.38	0.91	0.90
1969	1.33	1.30	0.86	0.84
1974	1.40	1.00	0.93	1.00
1975	1.46	1.41	0.99	0.96
1976	1.21	1.30	1.00	1.00

续表

保温材料类型	天然土		边坡草皮保温层	
年　份	计算值	实测值	计算值	实测值
1977	1.31	1.33	1.00	1.00
1978	1.34	1.32	1.00	1.00
1979	1.37	1.32	1.00	1.00

当使用其他换填材料时，可根据当地的实测值整理确定保温层厚度或用相关的计算公式确定。

由于边坡土层渗入地表水时含水量加大，抗剪强度值降低，并带给冻结土以热量，加速冻土融化，使边坡的滑动可能性增大，因而需设置坡顶排水系统、坡面滤水层、坡脚防渗层及排水沟，以防止多年冻土上限由于水的浸人而引起大幅度下移造成塌滑。

8.1.3 冻土层在人为上限与天然地面间逐渐融化过程中，当坡角 β 值大，不易形成较厚融土层时，在软硬悬殊的交界面处发生塌滑，此时滑动面为冻、融交界面。当坡角 β 值小、坡面平缓、融土层厚，滑动面将在融土层内。在这二种情况下计算滑坡推力时可选用如下公式

$$F_n = F_{n-1}\psi + K_l G_{nl} - G_{nn}\mathrm{tg}\varphi_n - C_n L_n \tag{8-1}$$

式中 F_n、F_{n-1}——第 n 块，第 $n-1$ 块滑体的剩余下滑力(kN)；

ψ——传递系数；

K_l——滑坡推力安全系数；

G_{nl},G_{nn}——第 n 块滑体自重沿滑动面，垂直滑动面的分力(kN)；

φ_n——第 n 块滑体沿滑动面土的内摩擦角设计值(°)；

C_n——第 n 块滑体沿滑动面土的粘聚力设计值(kPa)；

L_n——第 n 块滑体沿滑动面的长度(m)。

根据铁道部科研院西北分院的冻融界面与融土内现场大型直

剪试验记录资料表 8-2 可以看出，在计算推力时粘聚力 c 和内摩擦角 φ 值应根据不同滑动面分别选用，其数值可通过试验或反算法求得。

由表 8-2 可知，冻融交界面处抗剪强度大于融土内的抗剪强度。

冻融界面与融土内现场大型直剪试验　　表 8-2

组别	试验外部条件	剪前含水量	剪前孔隙比	不同垂直压力下的抗剪强度				φ	C(kPa)
				50kPa	100kPa	125kPa	150kPa		
Ⅰ—1	冻融交界面	21.3	—	30.1	47.3	—	69.8	20°48′	11
Ⅰ—2	融土内	20.9	0.74	20.6	33.2	—	45.8	14°08′	8
Ⅱ—1	冻融交界面	27.5	—	23.8	42.5	49.8	—	16°45′	14
Ⅱ—2	融土内	27.3	0.80	24.4	36.2	43.2	47.4	12°50′	13.5
Ⅲ—1	冻融交界面	31.1	—	27.7	38.3	—	—	14°55′	13.5
Ⅲ—2	融土内	30.0	0.82	22.6	32.1	36.2	53.7	10°33′	13.0

8.1.4 为防止滑塌需设置边坡保温层，其厚度为 1.2 倍人为上限值，因此基础外边缘需在此数值以外，自外边缘至坡肩的距离需大于 1.5 倍人为上限；同时为了使用承载力公式，需提供空间半无限体的条件，此值还不得小于 2.5m。当基础采用容许地基融化状态设计时，还需验算边坡稳定，验算方法同现行国家标准《建筑地基基础设计规范》GBJ-7 的有关条文规定。

8.2 挡　土　墙

8.2.1 多年冻土区挡土建筑物的工作特性：

多年冻土区挡土建筑物的修建，改变了原地面的热平衡条件，在墙背形成新的多年冻土上限（图 8-1），每年夏季墙背冻土融化，形成季节融化层，这种融化土层对墙体将作用土压力；在冬季，季节融化层冻结，在冻结过程中，由于土中水分结冰膨胀，冻结土体对挡土墙将作用冻胀力。图 8-2 是铁道部科学研究院西北分院在青藏高原多年冻土地区对挡土墙变形的观测结果。

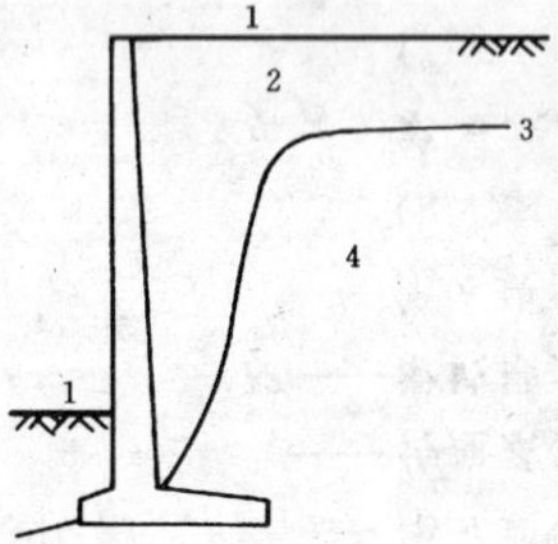

图 8-1　挡土墙修建后形成新的多年冻土上限

1—地面；2—季节融化层；3—上限；4—多年冻土

由图 8-2 曲线可以看出，在冬季初，随着气温的降低，墙背土体温度下降，土体产生收缩，土压力减小。因此，墙体产生向后的变形（位移为负值）。在土压力减小到最小值，而冻胀力未出现之前，墙体向后位移达最大值，曲线达 a 点。在这段时间里，地面由冻融交替过渡到稳定冻结。在稳定冻结出现后，冻胀力产生，并且随冻深增加，冻胀力增大。墙体在冻胀力作用下，产生向前变位（位移为正值）。东深达季节融化层厚度时，曲线达 b 点。在这段时间里，冻胀力随冻深增加而稳步增

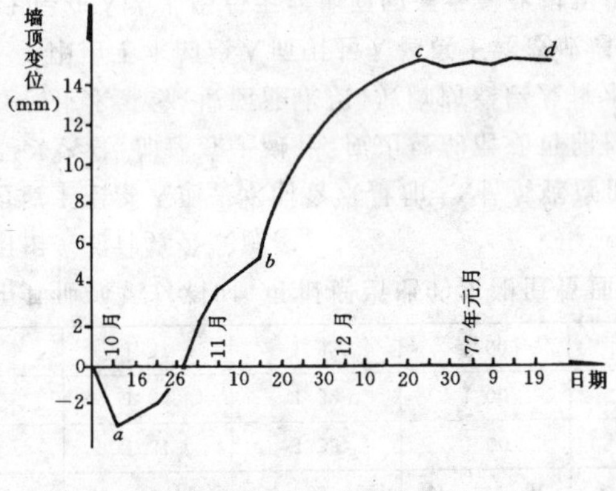

图 8-2　悬臂式挡土墙顶在冬季的变位曲线

长。从 b 点至 c 点，曲线斜率增大。说明随着冻层温度降低，未冻

水大量转变成冰，冻土体积进一步膨胀，冻胀力迅速增大。c点到d点，曲线变平缓，说明冻胀力的增长与松弛基本处于平衡，冻胀力达到最大值。

夏季来临，冻土层逐渐增温融化，冻胀力逐渐减小直至消失。随着融化深度的加大，土压力逐渐增长，至夏季后期达最大值。

土压力和冻胀力的交替循环作用，是多年冻土区挡土建筑物工作的特点。

墙后土体在冻结过程中，产生作用于墙体的冻胀力称为水平冻胀力。据试验测定，水平冻胀力较之土压力要大几倍甚至十几倍。

水平冻胀力的大小，除与墙后填土的冻胀性有关外，还与墙体对冻胀的约束程度有关。如果墙体可以自由变形，即土体冻结过程可以自由膨胀，自然不会有水平冻胀力产生。试验表明，墙体稍有变形，水平冻胀力便可大为减小。传统的重力式挡土墙，适应变形的能力最差，对冻胀约束严重，至使冻结土体产生较大水平冻胀力，在这种情况下，重力式挡土墙经几次冻融循环便可能被破坏。

为适应土体冻胀过程的特性，多年冻土区挡土建筑物首先应是柔性的结构，如锚杆挡墙、锚定板挡墙、加筋土挡墙以及钢筋混凝土悬臂式挡墙等，柔性结构有较大的适应变形的特性，既可减少水平冻胀力的作用，又可更好地保证墙体的整体稳定。因此，规定多年冻土区挡土墙应优先考虑工厂化、拼装化的轻型柔性挡土结构，尽量避免使用重力式挡土墙，并应加快施工进度，减少基坑暴露时间。

8.2.2 挡土墙端部处理的目的是防止端部处山坡失稳。尤其在多年冻土区的厚层地下冰地段，端部若处理不当，往往引起山坡热融滑塌，使山坡失去稳定。因此，要求对挡土墙端部进行严格处理，使山坡在修建挡土墙后仍能保持热稳定性；挡土墙嵌入原地层的规定与一般地区相同。

8.2.3 修建挡土墙后，墙背多年冻土将融化而形成新的多年冻土上限，为防止墙背地面塌陷，保持墙后山坡的热稳定，对边坡中的含土冰层应进行换填。200mm的换填界限是考虑墙后季节融化层范围内土体产生200mm沉陷时，山坡不致失去热稳定而规定的。在青藏高原厚层地下冰地段，山坡局部铲除200mm草皮与土层后，山坡仍能保持热稳定；若挖较大较深试坑，山坡将产生明显的热融沉陷。

8.2.5 多年冻土区挡土墙的施工将给多年冻土地基带来热干扰，使多年冻土融化。尤其在厚层地下冰地段，施工中地下冰的融化严重时使施工无法进行。这在青藏高原多年冻土区有过多次的教训。例如，1960年，铁道部高原研究所在青藏高原风火山多年冻土区修试验路基工程100m，施工单位采用全面开挖，至使地下冰融化，工程无法进行而废弃。这段废弃工程使山坡失去热稳定，形成大规模热融滑塌，经15年后，山坡才形成新的热平衡剖面，恢复稳定。因此，为减少热干扰，保证施工顺利进行，规定施工季节宜选在春、秋和冬季，避免在夏季施工，并要求连续施工，不间断作业。这是多年冻土区施工所必须遵守的原则，季节冻土区则不受此限制。

8.2.4 水平冻胀力的大小与墙后土体的含水量有密切关系，它随含水量的增大而增大，因此，疏干墙背土体对保证挡土建筑物的稳定有重要意义。挡土墙修建后，山坡中活动层中水向墙后聚集，如不能及时排除，对墙体稳定危害是极大的，故要求设泄水孔，泄水孔的布置与做法与一般地区相同。

8.2.5 减小水平冻胀力的措施有两种，一种为结构措施，如采用柔性结构，即使挡土墙有较大的变形能力，以减小对墙后土体冻胀的约束，从而减小水平冻胀力。另一种为土体改良措施，即改变墙背填土的性质，使它不产生冻胀或产生较小的冻胀，这样就可减小水平冻胀力。隔热层的采用是使墙背季节融化层的厚度减小，从而减小有效冻胀带的厚度，减小水平冻胀力。

8.2.6 多年冻土地基土体的不均匀性较一般非多年冻土地基土体更甚。在挡土墙修建后，由于气候变化和各种外来干扰的影响，地基冻土的不均匀蠕变下沉是可能出现的。因此，在挡土墙长度较大时，要求设沉降缝，为防止雨水和地表水沿沉降缝渗入地基，影响多年冻土地基的稳定，要求沉降缝用渣油麻筋填塞。使用渣油的目的是因渣油凝固点较低。在寒冷气候条件下有较好的韧性。沉降缝的作法与一般地区相同。

8.2.8 在冻土区，作用于挡土建筑物上的力系在冬季和夏季是不同的。在冬季，有冻结力和冻胀力作用于挡土建筑物，但主动土压力、摩擦力、静水压力和浮力等可能部分消失或全部消失。在夏季，冻结力和冻胀力可能部分消失或全部消失。在确定设计荷载时，应根据挡土墙基础埋深、冻土条件和水文地质条件等综合考虑确定作用力系。例如，在多年冻土区，冬季作用于挡土墙的主要力应为墙身重力及位于挡土墙顶面的恒载、冻结力、水平冻胀力、切向冻胀力和基底反力等。在夏季应为墙身重力及位于挡土墙顶面以上的恒载、主动土压力、冻结力和基底反力等。土压力和水平冻胀力不同时考虑是因为土压力在夏季作用，这时，水平冻胀力已消失。在冬季，随着墙背土体冻结，有水平冻胀力作用。冻结的土体相当于次坚岩石，土压力消失。

8.2.9 在多年冻土区，挡土墙修筑后，在墙背将形成新的多年冻土上限，如图 8-1 所示。当墙较低时，新多年冻土上限面与垂直面的夹角较大，墙增高时，夹角减小，当墙足够高时，夹角减小至零。土压力的计算可根据该夹角的大小来确定。当夹角大于 $(45°-\varphi/2)$ 时，内破裂面可能在融土中形成，可通过试算确定；如小于 $(45°-\varphi/2)$ 时，则不可能在融土中形成内破裂面，可按有限范围填土计算作用于挡土墙的主动土压力。

8.2.10 土冻融交界面的抗剪强度指标是根据铁道部科学研究院西北分院的资料给出的。该院曾于 1978 年在青藏高原风火山地区进行现场大型剪切试验，而后又在室内进行了冻融界面的小型剪切试验。现场细颗粒土试验结果如表 8-3，室内小型剪切试验结果如表 8-4。

综合现场试验和室内试验，考虑墙后细颗粒回填土的含水量多在最佳含水量附近，即 20%左右，从而给出本规范第 8 章表 8.2.10 中所列细颗粒填土冻融界面抗剪强度值。它较之一般非冻土区给出的内摩擦角约小 10°。表 8.2.10 中砂类土和碎砾石土冻融界面抗剪强度无试验资料，表中的值是对照细颗粒土，按小 10°给出的。

8.2.11 水平冻胀力的分布图式和最大水平冻胀力值是根据青藏高原多年冻土区和东北季节冻土区现场实体挡土墙和模型挡土墙试验资料给出的。

土冻融界面抗剪强度（指标）现场试验结果　　表 8-3

土　名	含水量（%）	内摩擦角 φ	粘聚力 C（kPa）	备　注
砂粘土	21.3	20°48′	11.0	原状土大剪试验
砂粘土	27.5	16°45′	14.0	原状土大剪试验
砂粘土	31.1	14°55′	13.5	原状土大剪试验

土冻融界面抗剪强度（指标）室内试验结果　　表 8-4

土　名	含水量（%）	内摩擦角 φ	粘聚力 C（kPa）	备　注
砂粘土	17.14	32°20′	21.0	扰动土小剪试验
砂粘土	20.74	28°22′	11.0	扰动土小剪试验
砂粘土	22.50	25°10′	5.0	扰动土小剪试验

铁道部科学研究院西北分院 1976～1978 年在青藏高原多年冻土区的风火山进行了铁路路堑挡墙水平冻胀力测定试验。试验挡墙为钢筋混凝土“L”型挡墙，高为 4m 和 5m 两种，长 15m。4m 墙后填土为细颗粒土，5m 墙后填土为粗颗粒土。三年测得的墙背最大水平冻胀力分布曲线如图 8-3 所示。测得墙前地面之下的应力值为季节冻结层内水平冻胀内力与挡墙转动时下部的水平反力之和，与挡墙计算关系不大。

黑龙江省水利勘测设计院和黑龙江省寒地建筑科学研究院 1979～1981 年在黑龙江省巴彦县东风水库对挡土墙水平冻胀力

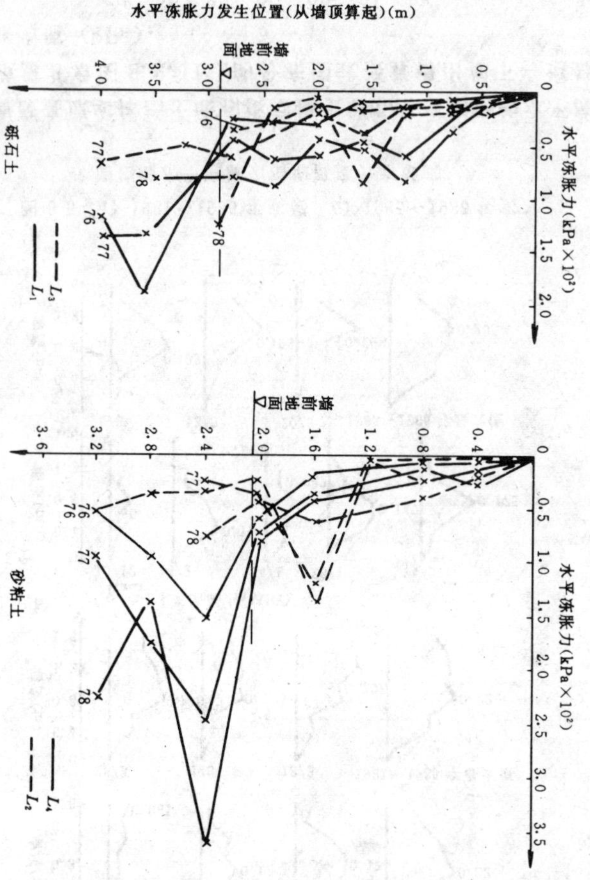

图 8-3 "L"挡墙背水平冻胀力分布图(相对值)

进行了测定。水平冻胀力沿墙背的分布如图 8-4。

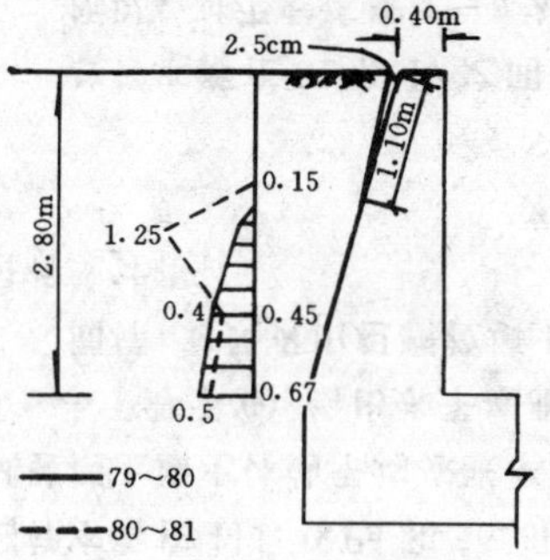

图 8-4 水平冻胀力沿墙背的分布

黑龙江省水利科学研究所 1983～1986 年在哈尔滨万家冻土试验场进行了专门测定水平冻胀力的挡土墙模型试验。测得的水平冻胀力分布图式如图 8-5 所示。

吉林省水利科学研究所 1983 年在锚定板挡土墙试验中，对墙背水平冻胀力进行测定。其分布图式如图 8-6 所示。

从上面各试验资料看，水平冻胀力沿墙背的分布基本呈三角形，这种分布规律与挡墙的冻结条件和墙后填土中水分分布规律有关。在一般情况下，墙背填土中的含水量上部小，中下部大；在两维冻结条件下，墙背上部土体冻结快，冻胀较小，中下部冻结慢冻胀较大，所以水平冻胀力在墙背一般呈三角形分布，因此提出了三角形计算图式。

上面的资料，都是在墙高较小(小于 5m)的情况下观测的。若墙高较大，挡墙中部的冻结条件可以看作是一维的，其水平冻胀力应大体相等。故在计算图式中，给出了高墙时的梯形分布图式。

计算图式中最大水平冻胀力的作用位置是综合上面各实测资料给出的，梯形分布图式中，1.5 倍上限埋深是考虑消除来自地面的冷能量对挡墙中部墙背土体冻结的影响而提出的。据风火山观测，如果从地面出现稳定冻结算起，负气温对 1.5 倍上限深度地温的影响将在两个月以后，而墙背活动层的冻结只需 1～1.5 个月，故认为在 1.5 倍上限深度以下，挡土墙背土体的冻结是一维的。

本规范第 8 章表 8.2.11 中给出的最大水平冻胀力值是根据上述各试验点实测值综合分析提出的。这些实测值如表 8-5 所示。

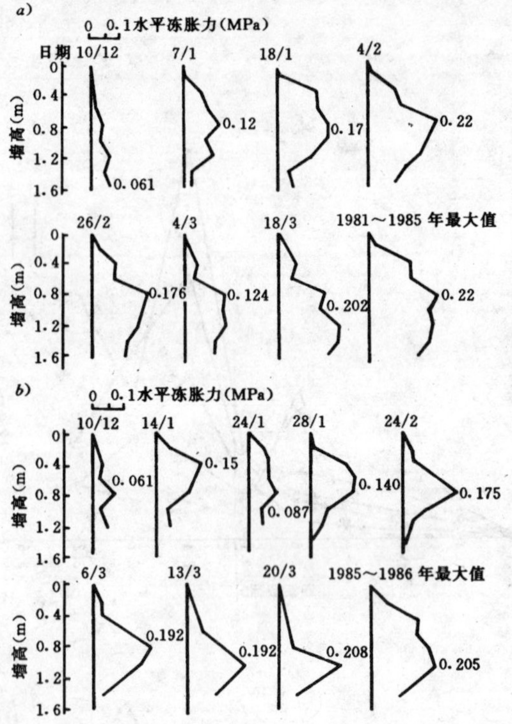

图 8-5 *a*）1981～1985 年实测 *b*）1985～1986 年实测挡墙水平冻胀力沿墙高度分布形式

对青藏高原实体挡土墙和模型挡土墙几年来测得的水平冻胀力按规范第 8 章图 8.2.11 的分布图式换算得出如下一组最大水平冻胀力值（kPa）：

57，90，80，90，98，81，94

将上面样本进行统计处理得：

均值 $\overline{X}=84$

标准差 $S=13.7$

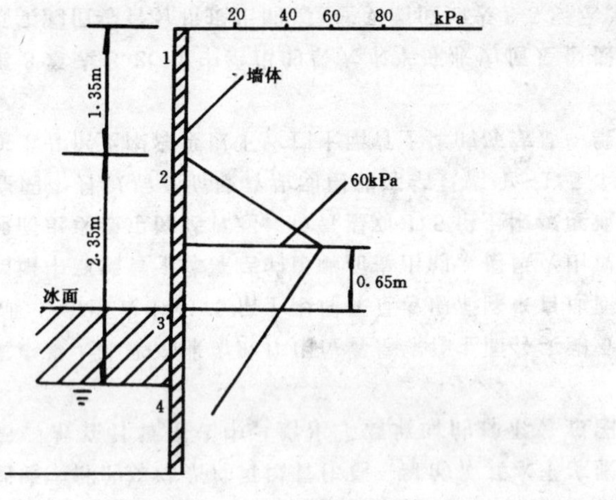

图 8-6 东阿拉锚定板挡墙实测冻胀力图

实测最大水平冻胀力 表 8-5

墙背填土冻胀率(%)	最大水平冻胀力(kPa)	备 注
4.3	90	铁道部科学研究院西北分院青藏高原资料
10.5	220	黑龙江省水利科学研究所资料
21.3	208	黑龙江省水利科学研究所资料
强冻胀土	196～245	吉林省水利科学研究所资料

则样本落在 111.4kPa 和 56.6kPa 之间的概率为 95.4%。风火山试验挡土墙土体的平均冻胀率为 4.3%，所以对于冻胀土（η 大于 3.5 小于等于 6）给出水平冻胀力值为 70kPa～120kPa。

同样，对风火山粗颗粒填土（η 等于 2.1%）的观测值经换算后进行统计得：

$$\overline{X}=49$$

$$S=16$$

故样本落在 81 和 17 之间的概率为 95.4%

所以，对于弱冻胀土（η 大于 1 小于等于 3.5）给出水平冻胀力值为 15～70kPa。

将东北季节冻土区的观测值进行换算得：

1984～1985 年　$\eta=10.5$　最大水平冻胀力为 160kPa；

1985～1986 年　$\eta=21.3$　最大水平冻胀力为 230kPa。

综合上面的资料，给出了本规范第 8 章表 8.2.11 中的水平冻胀力设计值。

8.2.13　在融区和季节冻土区，季节冻结层按冻胀量沿深度的分布，一般可划分出"主冻胀带"和"弱冻胀带"，据野外观测"主冻胀带"分布在季节冻结层的上部约 1/2～2/3 的部分，80％以上的冻胀量在这个带出现。在"主冻胀带"以下，土层冻结所产生的冻胀量就较小了。对于多年冻土区中的融区和季节冻土区的支挡建筑物基础可按这种理论来设计。

8.2.14　在多年冻土区，活动层中水分的分布多呈"K"形，即靠近上限部分的活动层含水量大，如果把基础置于这一层中，自下而上的冻结将对基础作用有巨大的法向冻胀力。据铁道部科学研究院西北分院在青藏高原风火山地区的试验资料，在上限附近（基础埋深 1.2m，上限 1.4m）法向冻胀力达 1100kPa 即每平方米达 1100kN。这样大的力是无法由建筑物的重量来平衡的，为保证支挡建筑物抗冻胀稳定，要求基础埋在稳定人为上限以下。

8.2.15　多年冻土区工程的成败在于地基基础的合理处理，支挡建筑物也不例外。采用合理的基础形式，选择适当的施工方法，是多年冻土区挡墙成败的关键；尽量减少热干扰是多年冻土区基础施工所必须遵循的原则，预制混凝土拼装基础可以减轻劳动强度，加快施工进度，减少基坑暴露时间，从而使对地基的热干扰减小，预制混凝土拼装基础是多年冻土区较理想的基础形式。混凝土浇灌基础由于带进地基中的水化热较多，对多年冻土地基的热干扰大，难以保持地基的稳定，尤其在地基土为饱冰冻土和含土冰层时，更不能采用。因此，在本节提出避免采用现场混凝土浇灌基础。

据铁道部科学研究院西北分院在青藏高原的试验，涵洞八字墙修建后，人为上限约为天然上限的 1.25 倍。所以，在这里规定，挡土墙基础的埋深不得小于建筑地点天然上限的 1.3 倍。

8.2.16　富冰和饱冰冻土地基上作砂垫层的目的是使地基受力均匀，防止局部应力集中造成冻土中冰晶融化，使地基失去稳定，垫层厚度不小于 0.2m 的要求是参考前苏联建筑标准和规范 CHuП-88 多年冻土上的地基和基础中的规定提出的。在按保持冻结状态利用多年冻土时，地基和基础的构造中规定：在土的含冰量大于 0.2 时，不管是何种类型的土，在柱式基础和钻孔插入桩下面，均应设计不小于 0.2m 的砂垫层。

含土冰层不适合直接用作建筑物地基是因为含土冰层长期强度甚小，在外荷作用下，可能产生非衰减蠕变而使建筑物产生大量下沉而破坏，因此，需对基础下含土冰层进行换填，以使基础作用于含土冰层的附加应力减小。换填深度不小于基础宽度 1/4 的规定是参考前苏联 CHuП-88 的有关规定提出的，在第 5 章富冰多年冻土和地下冰上地基和基础设计的特点中规定，设置柱式基础时，在基础底面和下覆的地下冰层之间应当有天然的土夹层，或者人为地铺上夯实的土层，这一夹层的厚度应根据地基变形的计算结果确定，但不得小于基础底面宽度的四分之一。

8.2.18　冻土地区的挡土墙在墙背土体的冻融循环过程中，反复经受土压力和水平冻胀力的交替作用，在一般情况下，水平冻胀力较土压力要大得多，抗滑和抗倾覆稳定满足了水平冻胀力的要求，就一定能满足土压力的要求，但是在采取某些减小水平冻胀力的措施后，可能使水平冻胀力小于土压力，另一方面，在冬季和夏季阻止墙体滑动的力和作用于墙上的推力不同，在冬季能满足稳定要求，在夏季则不一定，因此，要求在冬季和夏季分别进行抗滑和抗倾覆稳定检算。

8.2.19～8.2.20　抗滑稳定系数 K_s 不小于 1.3，抗倾覆稳定系数 K_0 不小于 1.5 是根据现行国家标准《建筑地基基础设计规范》GBJ-7 提出的。

8.2.22　冻土区的支挡结构物承受着远比库仑土压力大的水平冻

胀力的作用。若采用一般重力式挡墙，往往由于截面过大而欠经济合理，同时也难以保持支挡建筑物本身的稳定。在冻土区，若采用柔性支挡结构，例如，锚杆和锚定板式支挡结构，既能有效地减小水平冻胀力的作用，又可充分利用冻土强度，是冻土区较为理想的支挡结构形式。

季节冻土区锚杆和锚定板的计算可按一般地区锚杆和锚定板的计算方法进行。多年冻土区锚杆和锚定板的计算按本节规定进行。

冻土是一种具有明显流变特性的多相组成体。当作用于冻土的荷载产生的应力小于冻土长期强度时，冻土的变形是衰减的。在锚杆和锚定板的计算中，均要求按承载力计算，即要求作用于锚杆和锚定板上的荷载在受力面上产生的应力小于冻土的长期强度，这样，在荷载作用下，锚杆和锚定板的变形是可以忽略的，或者说，锚杆和锚定板是不会变形的。

8.2.23～8.2.24 冻土中锚杆的承载力是由锚杆与冻土间界面的抗剪强度决定的。铁道部科学研究院西北分院曾于1979～1980年在青藏高原风火山地区进行插入式钢筋混凝土锚杆抗拔试验。试验表明，界面上剪应力的分布是不均匀的，上部应力大，下部应力小，且随深度增加应力迅速减小，呈指数规律衰减。这种分布规律决定着锚杆体系的破坏特性，在锚杆上部剪应力大，因而锚杆上部界面先达到冻结强度极限。即锚杆上部冻结强度先破坏。当这一部分冻结强度破坏后，最大剪应力向下传播(图8-7)，下一部分锚杆进入极限状态，如此渐进破坏，直至整个锚杆进入极限状态。

从锚杆体系中应力分布和锚杆冻结强度渐进破坏的特点可以看出：锚杆体系在承受极限荷载时，上部的冻结强度已经破坏，只是下部冻结强度在起作用。因此，可把冻结强度未被破坏的那部分锚杆的长度称为“有效长度”。

试验还表明，在冻结强度破坏后，在界面上还存在残余冻结强度的作用。据冰川冻土研究所试验，残余冻结强度约为长期冻结强度的0.8倍。

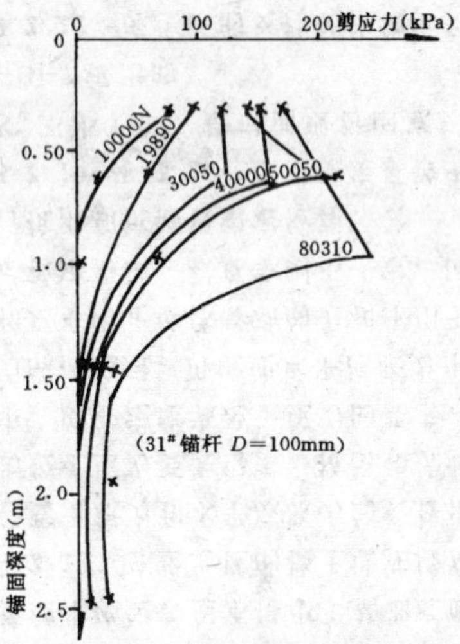

图 8-7 冻土中锚杆剪切界面上应力沿深度的发布

因此，现场试验中得出的长期极限抗拔力是由残余冻结强度和长期冻结强度决定的。由长期极限抗拔力算出的锚杆冻结强度是长期冻结强度和残余冻结强度的综合值。

钢筋混凝土锚杆的冻结强度修正系数是由锚杆锚固段的长度和直径决定的。

如果把锚杆的极限荷载除以锚杆冻结面积所得的平均冻结强度叫做锚杆换算冻结强度，则锚杆换算冻结强度随锚固长度增加而减小。这种影响可用长度影响系数来表示：

$$\psi_L = \frac{f_{cL}}{f_{c1000}} \tag{8-2}$$

式中 ψ_L——长度影响系数；

f_{cL}——锚杆长度为 L 时的锚杆换算冻结强度（kPa）；

f_{c1000}——锚杆长度为1000mm时的锚杆换算冻结强度（kPa）。

锚杆换算冻结强度还与锚杆直径有关，同样可以用直径影响系数来表示

$$\psi_D = \frac{f_{cD}}{f_{c100}} \tag{8-3}$$

式中 ψ_D——直径影响系数；

f_{cD}——直径为 D 时的锚杆换算冻结强度(kPa)；

f_{c100}——直径为100mm时的锚杆换算冻结强度(kPa)。

试验得出的长度影响系数 ψ_L 如表8-6，直径影响系数 ψ_D 如表

8-7 所示。

长度影响系数　　　　表 8-6

锚固段长度（mm）	1000	1500	2000	2500	3000
长度影响系数 ψ_L	0.98	0.94	0.89	0.85	0.80

直径影响系数　　　　表 8-7

锚杆直径（mm）	50	80	100	120	140	160	180	200
直径影响系数 ψ_D	1.44	1.11	1.00	0.92	0.86	0.82	0.80	0.78

本规范表 8.2.24 中给出的锚杆冻结强度修正系数是长度影响系数与直径影响系数的乘积。

本规范表 8.2.23 中给出的冻结强度值是在锚杆直径为 100mm，锚固段长度为 1000mm 时，现场试验得出的。

8.2.25　由于残余冻结强度值较大，为了得到足够大的锚杆承载力，可以采用加长锚固段长度的方法，也就是说，可以利用残余冻结强度来满足承载力的要求。从理论上讲，锚固段可以任意加长，只要锚杆的材料强度能满足要求就行。

然而，冻土中锚杆要达到极限承载力，锚杆必须有足够的拉伸变形，即锚杆必须达到一定的临界蠕变位移。图 8-8 是铁道部科学研究院西北分院现场试验得出的锚杆临界蠕变位移与锚固段长度的关系曲线。由图可以看出，锚杆临界蠕变位移随锚固段长度增加迅速增大。因此，靠增加锚固长度来满足承载力的要求在很多场合是不行的，在一般情况下，冻土中锚杆以粗、短为宜。因为粗可使冻结面积迅速增大，从而可大大增加承载能力，短则临界蠕变位移小，小的变形即可使锚杆充分发挥承载能力，本节的锚杆计算是采用第一极限状态进行的，即锚杆在荷载作用下，剪切界面上的应力小于极限长期强度，在这种情况下，锚固段过长是无意义的。因为根据试验，在一般情况下，界面上应力的传播深度约 2.0～2.5m，超过这一长度的锚固部分是不参加工作的，所以，我们规定冻土中锚杆锚固长度一般不宜超过 3m。

8.2.26　填料厚度不小于 50mm 的规定是为了保证锚杆体系的

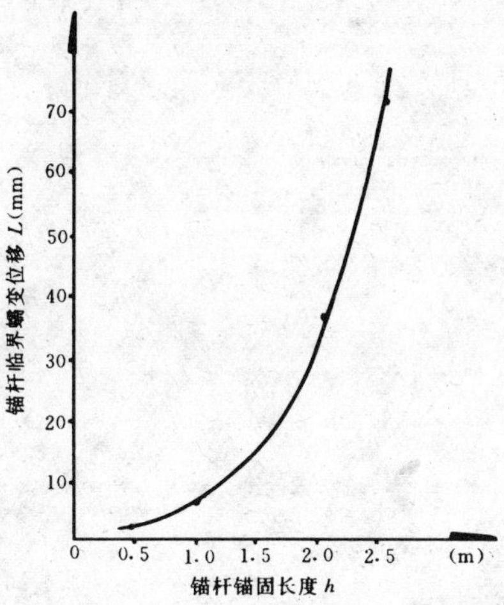

图 8-8　锚杆体系临界蠕变位移与锚固长度关系

剪切界面在锚杆与填料之间。厚度太小，则剪切界面可能出现在填料与冻土之间，这与原计算是不符的。根据铁道部科学研究院西北分院资料，在遵守填料厚度不小于 50mm 的条件下，锚杆直径的增加不改变剪切界面的位置，即剪切界面永远为锚杆与填料间界面。

8.2.29　锚定板的埋深是由设计荷载和锚定板前方冻土的强度决定的。在冻土强度随深度变化的情况下，当锚定板面积一定时，可以改变锚定板的埋深来满足设计荷载的要求。在冻土强度不变时，为满足设计荷载要求，只有改变锚定板面积。不论何种情况，考虑锚定板的整体稳定，其埋深都不应小于某一极限值—锚定板的最小埋置深度。

假定锚定板整体稳定破坏时，锚定板前方冻土和融土沿图8-9中所示的锥面发生由剪切引起主拉应力所产生的破坏，这时，外荷载应与破坏面上的拉应力相平衡，即：

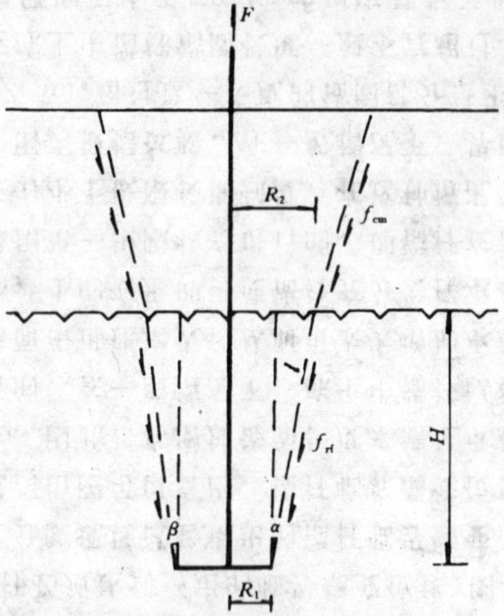

图 8-9 锚定板最小埋深计算图

$$A_m f_{cm} + A_f f_{rf} - F = 0 \quad (8\text{-}4)$$

式中 A_m——融土的破裂面积(m^2)；

f_{cm}——融土的粘聚力(kPa)；

A_f——冻土的破裂面积(m^2)；

f_{rf}——冻土抗拉强度(kPa)；

F——外荷载(kN)。

如果忽略融土拉力，对于圆形锚定板，可以得出如下计算冻土中锚定板最小埋深的方程：

$$H^2 \mathrm{tg}\alpha + 2r_1 H - \frac{F}{\pi f_{rf}} = 0 \quad (\text{当 } l \approx H) \quad (8\text{-}5)$$

式中 H——锚定板最小埋深(m)；

α——冻土中应力扩散角(°)；

r_1——锚定板半径(m)；

其余符号同前。

根据实验，α 角一般在 25°～30°，若取 $\alpha=30°$，设计荷载为60kN，锚定板直径为300mm，锚定板前方为冻结砂粘土，土温为－15℃，则长期粘聚力为 $C=108$kPa。将上述数据代入式(8-5)，解得 $H=351.6$mm。

锚定板在冻土中的最小埋深是根据上面计算，考虑到可能遇到的不利情况(例如冻土温度的变化等)而定的。

附录B　多年冻土中建筑物地基的融化深度

采暖房屋地基土融化深度的计算是一个复杂的课题，有多年冻土的国家，早就在进行试验研究，并提出了许多计算方法，但都有局限性。我国研究较晚，确知它是一个很难掌握的课题，地基土融深受采暖温度、冻土组构及冻土的年平均地温等因素的影响，而且是一个三维不稳定导热温度场；当房屋长宽比大于4时，最大融深可作为二维课题来解。国内学者也提出一些计算方法，其数学解虽经条件假定，仍是很复杂的，也因地质组构多变而很不准确。如1978年6月号的兰州大学学报上发表的“多年冻土区房屋地基融化计算探讨”一文中提出房屋地基最大融深计算式：

$$h_m = \frac{nh_0}{\sqrt{1+n^2}}\left\{1+\frac{\pi}{2}\frac{a}{h_c}\left[1+\left(\frac{h_0}{a}\right)^2\right]\right.$$
$$\left.\left[\frac{\frac{\lambda^-}{\lambda^+}(j^- - j_c)}{f^+ - \frac{\lambda^-}{\lambda^+}f^-}+\frac{\pi}{6}\frac{a}{h_c}\right]\right\} \tag{B-1}$$

式中符号意义见原文。

以此式计算我们钻探观测取得的最大融深为5.0m的满归站24号住宅，其计算结果与实际融深相差太大，不便应用。

一、最大融深的计算

为了推导出一个简便的计算式，假定冻土地基为空间半无限的，房屋已使用了几年或几十年，地基融深已达最大值，融化盘相对稳定。此时，以一维传热原理来探求房屋地基的最大融深计算式；这时房屋取暖传入地基中的热量，由于地基土的热阻有限，并趋近一个常量Q_1，即通过室内地面传到融冻界面的热量；从融冻界面传入到地基冻土中的热量，只能提高冻土的温度，使冻土蓄热而不能使冻土融化的热量为Q_2，它也是有限的。这是因为地基土在气温影响范围内的土温随气温变化而波动，夏季升温，冬季降温，储蓄在冻土中的热量Q_2，在降温时为低温冻土所吸收，即散热，在气温影响范围内的地基土温普遍降低，降温是不均匀的，融化盘周围降温大，盘中降温小，反之亦然，每年升、降循环一次，使蓄热，散热相对平衡，或谓之为地中热流所平衡，所以融深稳定在最大值，故融化盘基本无变化而相对稳定，称为稳定融化盘。

根据上面的分析，当房屋地基土融深已达最大值时，按一维传热原理考虑，假定地基土为均质土体，室内地面温度不变，室内地面到融冻界面的距离均相等为H_{max}，同时从室内地面至冻土内热影响范围面的距离均相等为h，在单位时间内的传热量是：

1. 通过室内地面传至融冻界面的热量Q_1：

$$Q_1 = \frac{\lambda_u}{H_{max}}A(T_B - 0) \tag{B-2}$$

2. 由融冻界面传至冻土中的热量Q_2：

$$Q_2 = \frac{\lambda_f}{h - H_{max}}A'(0 - T'_{cp}) \tag{B-3}$$

从室内地面传到融冻界面的热量与从融冻界面传到冻土中的热量应相等，即

$$Q_1 = Q_2$$

则

$$\frac{\lambda_u}{H_{max}}A(T_B - 0) = \frac{\lambda_f}{h - H_{max}}A'(0 - T'_{cp}) \tag{B-4}$$

整理后：

$$H_{max} = \frac{\lambda_u T_B A h}{\lambda_u T_B A - \lambda_f T'_{cp} A'} \tag{B-5}$$

进一步整理，并引入房屋长宽比 $L/B=n$

则：

$$H_{max}=\frac{\lambda_u T_B hA}{\left(\lambda_u T_B-\lambda_f T'_{cp}\frac{A'}{A}\right)A}$$

$$=\frac{\lambda_u T_B}{\lambda_u T_B-\lambda_f T'_{cp}\frac{A'}{A}}\cdot\frac{BLh}{BL}$$

$$=\frac{\lambda_u T_B}{\lambda_u T_B-\lambda_f T'_{cp}\frac{A'}{A}}\cdot B\cdot\frac{nh}{L}\qquad\text{(B-6)}$$

（B-6）式中，分母 $\lambda_f T'_{cp}$的系数 $\frac{A'}{A}$ 值是一个大于 1 的值，即 T'_{cp}愈低，H_{max}就愈小，这与实际情况相符；A 为已知，A'随 A 和 H_{max}而变化，因此是难于求解的。为了便于公式的应用，硬性地把 $\frac{A'}{A}$ 提出来与 nh/L 放在一起，和融化盘实际为二、三维不稳定传热温度场与假定为一维传热温度场是有差距的，且融化盘和热影响范围均不是同心圆，故室内地面至融化盘和至热影响范围各点的距离，并不都等于 H_{max}，h；λ_f 值从公式推导讲应是稳定融化盘下热影响范围内冻土的导热系数，但在稳定融化盘形成过程中，融冻界面是由室外地面逐渐下移的，即地面下的冻土是逐渐融化为融土的，融深的大小与室内热源传入地基土的热量成正比，而与冻土融化（包括相变热）消耗的热量成反比。因此，在融化盘下冻土无 λ_f 资料时可采用室外地面下地基土冻结时的导热系数，因而也存在差异；冻土地基的组构在一幢房屋下是不均匀的等等因素。均归纳为综合影响系数 ψ_J，并以房屋长宽比“n”为代表表示。同时取 $T_{cp}=T'_{cp}$，实际上最大融深下多年冻土的年平均地温 T'_{cp} 与 T_{cp} 是基本相同的。则（B-6）式可改写为

$$H_{max}=\psi_J\frac{\lambda_u T_B}{\lambda_u T_B-\lambda_f T_{cp}}B\qquad\text{(B-7)}$$

（B-2）～（B～7）式中

λ_u——融化土（包括地板及保温层）的导热系数（W/m·℃）；

λ_f——冻土的导热系数（W/m·℃）；

T_B——室内地面温度（℃）；

T'_{cp}——冻土年平均温度（℃）；

T_{cp}——多年冻土的年平均地温（地温变化趋近于零深度处的地温）（℃）；

H_{max}——最大融深（m）；

h——室温对地基土温的影响深度（m）；

A——房屋外墙结构中心包络地面面积（m^2），$A=LB$；

B——房屋宽度，前后外墙结构中心距离（m）；

A'——融化盘（融冻界面）面积（m^2）；

L——房屋长度（m），两外山墙中心距离；

n——房屋长宽比，$n=L/B$；

ψ_J——综合影响系数。

3. 综合影响系数 ψ_J 值

（B-7）式只显示了形成融深的几个主要数据，未显示的数据都归纳以系数 ψ_J 表示，所以 ψ_J 是一个很复杂的数据，只好根据从既有房屋的钻探、观测的融深资料（东北和西北的）和试验房屋融深观测资料中取得的最大融深进行分析综合后，反求 ψ_J 值。同时考虑了使用年限的因素，即使用年限短的房屋尚未达最大融深，详见本规范附录 B 图 B.0.1-1；其中 15～25m 宽的房屋，ψ_J 值均系参考原“苏联 CHuП—18—76”规范与我们的经验综合编制的。

式中 T_B 国外均采用室温，而我们却采用室内地面温度，这是因为我国尚无室温与地面温差之规定，卫生条件要求地面温度与室温之差以 2.5℃为宜；但我们对既有房屋和试验房屋的地面进行了测定，在最热的 7、8 月中室温为 21～27℃时，地面温度为 18～23℃，基本上满足温差要求，但在最冷的 1 月份，室温 15℃，而地面温度仅有 6～8℃，且外墙附近的地面温度仍在零度左右，此时地面平均温度只有 3～6℃。风火山试验宿舍设有沥青珍珠岩保温层，年平均室温为 16℃，而年平均地面温度也只有 11.5℃。

室温与地面温度相差如此之大，系房屋围护结构保温质量不足，尤其是靠外墙的地面保温质量不足所致。所以我们采用地面温度来计算融深是较为合理的。我们根据现有房屋地面温度观测资料编制了室内地面年平均温度表，如表B-1所示，供使用者参考。

各类房屋室内地面年平均温度“T_B”值　　　　表B-1

房屋类别	住宅	宿舍	乘务员公寓	小医院电话所	各类工区	办公室	站房	
							办公室	候车室
地面温度（℃）	6～12	7～14	9～15	10～18	8～14	8～14	8～15	4～10

如设计时房屋围护结构（四周、屋顶及地面）经过热工计算，则其温度可按计算温度采用。

表B-1资料来源不够充分，有待于研究改进，因此未列入规范中。当增加了足够的地面保温层，或当（我国）制定了室温与地面温差的规定时，即可用室温减规定温差来计算最大融深；

4. 地基土质系数

当地基为粗颗粒土时，地基融深增大很多，粗粒土与细粒土的导热系数虽不同，但还不能完全反映其导热强度，故需增加一土质系数 ψ_c。根据多年冻土地区多年的勘探资料，对天然上限深浅的分析，并参考了“青藏铁路勘测设计细则”中的最大融深表5-6-1，综合确定粗粒土与细粒土融深的关系比定出土质系数 ψ_c，详见规范附录B图B.0.1-2：若将比值列入房屋地基土融深计算公式中则（B-7）式可写成：

$$H_{max}=\psi_J\frac{\lambda_u T_B}{\lambda_u T_B-\lambda_f T_{cp}}B+\psi_c h_c \qquad \text{(B-8)}$$

式中　h_c——计算融深内粗粒土层厚度（m）。

5. 室内外高差（地板及保温层）影响系数

多年冻土地区一般都较潮湿，房屋室内外应有较大的高差，以使室内地面较为干燥，除生产房屋根据需要设置外，一般不应低于0.45m；0.45m系指地基融沉压密稳定后的高差。

经试验观测，冬期室内地面温度，由于地基土回冻，使靠外墙1.0m左右的地面处于零度及以下，小跨度的房屋中心地面温度也降至3～8℃；这样低的地面温度是不宜居住的，故必须设置地面保温层，以降低地面的热损失，提高地面温度。

室内外高差部分，包括地板及保温层，其构造不论是什么材料，均全按保温层计算，并将高差部分材料与地基土一同计算融化状态的导热系数 λ_u 值，λ_f 值则不包括室内外高差部分。

室内外有高差 Δh，由室内地面传入冻土地基的热量，经保温层时一部分热量将由高出室外地面的墙脚散发于室外大气中，因此融深要减少一些，其减少量以高差影响系数 ψ_Δ 表示。

ψ_Δ 值是根据试验观测资料并参考现行国家标准《建筑地基基础设计规范》GBJ 7采暖对冻深的影响系数，并考虑了房屋的宽度，综合分析确定的，见本规范附录B图B.0.1-3，故融深计算式中也应列入此值。这样，采暖房屋地基土最大融深的最终计算式为：

$$H_{max}=\psi_J\frac{\lambda_u T_B}{\lambda_u T_B-\lambda_f T_{cp}}B+\psi_C h_c-\psi_\Delta \Delta h \qquad \text{(B-9)}$$

本公式属于半理论半经验公式，但以经验为主求得。

【例1】　求得尔布尔养路工区融化盘最大融深，房屋坐东朝西，房宽 $B=5.7$m，房长 $L=18.1$m，$T_B=12$℃，$T_{cp}=-1.2$℃，室内外高差 $\Delta h=0.3$m。

地质资料及其导热系数：

1. 地面铺砖厚0.06m，$\lambda_u=0.814$；
2. 填筑土（室内外高差部分）厚0.24m，$\lambda_u=1.303$；
3. 填筑土厚0.6m，$\lambda_u=1.303$，$\lambda_f=1.489$；
4. 泥炭土厚0.4m，$\lambda_u=0.43$，$\lambda_f=1.303$；
5. 砂粘土夹碎石20%，厚1.2m，$\lambda_u=1.547$，$\lambda_f=2.407$；
6. 碎石土含土42%，厚>4.5m，$\lambda_u=1.710$，$\lambda_f=1.931$。

加权平均导热系数：

$$\lambda_u=\frac{0.06\times0.814+0.84\times1.303+0.4\times0.43+1.2\times1.547+4.5\times1.71}{0.06+0.84+0.4+1.2+4.5}$$

$=1.552$

$$\lambda_f=\frac{0.6\times1.489+0.4\times1.303+1.2\times2.407+4.5\times1.931}{6.7}=1.939$$

当 $n=18.1/5.7=3.2$，由规范附录B图B.0.1-1、B.0.1-2、B.0.1-3查得 $\psi_J=1.27$、$\psi_c=0.16$、$\psi_\Delta=0.24$

将以上各值代入公式（B-9）

$$H_{max}=1.27\cdot\frac{1.552\times12}{1.552\times12+1.939\times1.2}\times5.7$$

$$+0.16\times h_c-0.24\times0.3$$

$$=6.44+(6.44-2.5)\times0.16-0.07=6.99\text{m}$$

钻探融深为6.4m，因钻探时尚未完全稳定。

【例2】 求滔滔河兵站融化盘最大融深。

该房屋坐北朝南，房宽 $B=6.0$m，房长 $L=28.8$m，$T_B=13$℃，$T_{cp}=-3.6$℃，室内外高差 $\Delta h=0.15$m

地质资料及其导热系数：

1. 水泥砂浆及填土厚0.15m，$\lambda_u=1.08$；
2. 砂粘土厚0.6m，$\lambda_u=0.98$，$\lambda_f=0.92$；
3. 圆砾土厚1.8m，$\lambda_u=2.14$，$\lambda_f=2.88$；
4. 砂粘土厚>4m，$\lambda_u=1.28$，$\lambda_f=1.50$。

加权平均导热系数：

$$\lambda_u=\frac{0.15\times1.08+0.6\times0.98+18\times2.14+4.0\times1.28}{0.15+0.6+1.8+4.0}$$

$$=1.48$$

$$\lambda_f=\frac{0.6\times0.92+1.8\times2.88+4\times1.5}{0.6+1.8+4.0}=1.83$$

当 $n=28.8/6=4.8$，查规范附录B图B.0.1-1、B.0.1-2、B.0.1-3得 $\psi_J=1.35$，$\psi_c=0.26$，$\psi_\Delta=0.12$，

将以上各式代入公式（B-9）

$$H_{max}=1.35\frac{1.48\times13}{1.48\times13+1.83\times3.6}\times6$$

$$+0.26hc-0.12\times0.15$$

$$=6.03+(6.03-4.24)\times0.26-0.02=6.48\text{m}$$

钻探融深为6.04m。

二、融化盘的形状

根据我们钻探实测资料和青藏高原的钻探资料绘制的图形，进行研究分析，融化盘横断面的形状以房屋横剖面中心线为坐标 y 轴的抛物线方程 $y=ax^2$ 表示较符合实际情况。由于室温高低和房屋宽度不同，抛物线的焦点位置亦不同，即形状系数 a 不同；又因房屋朝向不同，其四周地面吸收太阳热能也不同，加之室内热源（火墙、火炉、火炕等）位置各异，最大融深偏向热源，使抛物线的顶点位置偏离房屋中心 y 轴一个距离 b，也称 b 为形状系数。有了形状方程，还是不便计算融深，故将坐标轴的原点移至室内地面上，以地面为 x 轴，即上移 H_{max}，如规范附录B图B.0.2，则方程 $y=ax^2$ 变为：

$$-y+H_{max}=a(x-b)^2$$

或
$$y=H_{max}-a(x-b)^2 \tag{B-10}$$

式中系数 a（m^{-1}）、b（m）值，也是根据钻探资料分析归纳确定的，如规范附录B表B.0.2；但 a、b 值尚须继续试验研究，使其更接近实际。

有了方程式（B-10），就可以计算房屋中心横剖面地面上任何一点 N 的融深。

【例3】 求得尔布尔养路工区两外墙下的融深，各项条件见例1，从例1知 $H_{max}=6.99$m，

此时，$x=\frac{B}{2}=\frac{5.7}{2}=2.85$m（东外墙中心）

$x=-\frac{B}{2}=-\frac{5.7}{2}=-2.85$m（西外墙中心）

由规范附录B表B.0.2查得，$a=0.14$，$b=0.1$，代入公式(B-10)得：

$$
\begin{aligned}
y_E &= H_{max} - a(x-b)^2 \\
&= 6.99 - 0.14(2.87 - 0.1)^2 \\
&= 5.93\text{m}(\text{实测融深为 } 5.3\text{m}) \\
y_w &= H_{max} - a(x-b)^2 \\
&= 6.99 - 0.14(-2.87 - 0.1)^2 \\
&= 5.77\text{m}(\text{实测融深为 } 5.1\text{m})
\end{aligned}
$$

附录C 冻胀性土地基上基础的稳定性验算

一、计算的理论基础及依据

残留冻土层的确定只是根据自然场地的冻胀变形规律，没有考虑基础荷重的作用与土中应力对冻胀的影响，或者说地基土的冻胀变形与其上有无建筑物无关，与其上的荷载大小无关。例如，单层的平房与十几层高的住宅楼在按残留冻土层进行基础埋深的设计时，将得出相同的残留冻土层厚度，具有同一埋深，这显然是不够合理的。

附录C所采用的方法是以弹性层状空间半无限体力学的理论为基础的，在一般情况下（非冻结季节）地基土是单层的均质介质，而在季节冻土冻结期间则变成了含有冻土和未冻土两层的非均质介质，即双层地基，在融化过程中又变成了融土—冻土—未冻土的三层地基。

地基土在冻结之前由外荷（附加荷载）引起的附加应力的分布是属于均质（单层）的，当冻深发展到浅基础底面以下，由于已冻土的力学特征参数与未冻土的差别较大而变成了两层。如果地基土是非冻胀性的，虽然地基已变成两层，但地基中原有的附加应力分布则仍保持着固有的单层的形式，若地基属于冻胀性土时，随着冻胀力的产生和不断增大，地基中的附加应力则进行着一系列变化，即重分配。冻胀力发展增大的过程，也是附加应力重分配的过程。如在冻层厚度为h（自基础底面算起）的冻结界面上与基础底面中心轴的交点处，按双层地基计算的垂直附加应力p_{on}为n，而该面上土的冻胀应力σ_{th}为m（土的冻胀应力为在冻结界面处单位面积上所产生的冻胀力），当$m<n$时，地基所受附加荷载的$\frac{m}{n}$属双层地基的应力，其余$\left(1-\frac{m}{n}\right)$系尚未改变的原单

层介质系统的应力分布。当冻胀应力增加到 $m=n$ 时，则地基中的受力情况就变成完全双层体系的应力状态了，如果土的冻胀性较弱，可能最后也达不到完全双层地基的应力状态。因此，季节冻土中的地基属于“后生”双层地基。

凡基础埋置在冻深范围之内的建（构）筑物，其荷载都是较小的（因为荷载较大，埋深浅了则不能满足变形和稳定的要求），一般都应用均质直线变形体的弹性理论计算土中应力，土冻结之后的力学指标大大提高了，用双层空间半无限直线变形体理论来分析地基中的应力也是完全可以的，更没什么问题。

季节冻结层在冬季土的负温度沿深度的分布，当冻层厚度不超过最大冻深的 3/4 时，即负气温在翌年入春回升之前可看成直线关系，根据黑龙江省寒地建筑科学研究院在哈尔滨和大庆两地冻土站（冻深在两米左右地区）实测的竖向平均温度梯度，可近似地用 10℃/m 表示，地下各点负温度的绝对值可用下式计算：

$$T=10(h-z)\quad (℃) \tag{C-1}$$

式中　h——自基础底面算起至冻结界面的冻层厚度（m）；

z——自基础底面算起冻土层中某点的竖向坐标（m）。

冻土的变形模量（或近似称弹性模量）与土的种类、含水程度、荷载大小、加载速率以及土的负温度等都有密切关系。此处由于是讨论冻胀性土的冻胀力问题，因此，土质和含水量选择了冻胀性的粘性土，其变形模量与土温的关系委托中国科学院兰州冰川冻土研究所做的试验，经过整理简化后其结果为：

$$E=E_0+kT^a=[10+44T^{0.733}]\times 10^3\quad (\text{kPa}) \tag{C-2}$$

将（C-1）式代入，得

$$E=[10+238(h-z)^{0.733}]\times 10^3\quad (\text{kPa}) \tag{C-3}$$

式中　E_0——冻土在 0℃时的变形模量（kPa）。

双层地基的计算简图如图 C-1 所示，编制有限元的计算程序，用数值计算来近似解出双层地基交接面（冻结界面）上基础中心轴下垂直应力系数。层状地基的计算程序，在 1979 年曾请湖南省

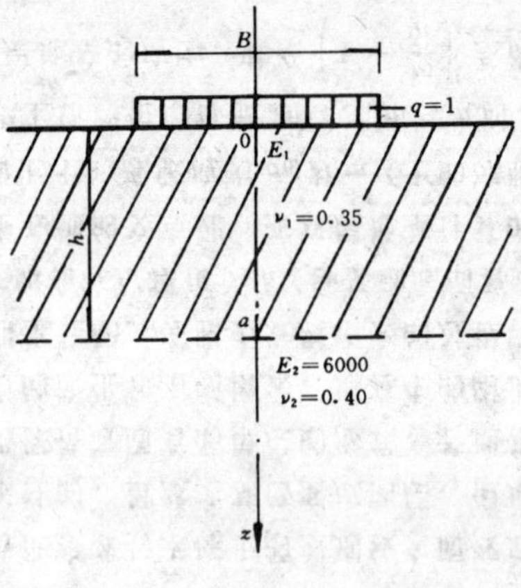

图 C-1　双层地基计算简图

计算技术研究所编了一套，包括圆形、条形和矩形的，后来对计算结果进行分析，认为不理想，于 1988 年又请中国科学院哈尔滨工程力学研究所重新编了一套，包括圆形、条形以及空间课题中的矩形程序，对其计算结果经整理和分析仍不够满意；最后参考上述两次的计算及教科书中双层地基的解析计算结果，根据实际地基两层的刚度比，基础的面积、形状、上层高度等参数，经过内插、外推求出了条形、方形和圆形图表的结果。

根据一定的基础形式（条形、圆形或矩形）、一定的基础尺寸（基础宽度、直径或边长的数值）和一定的基底之下的冻层厚度，即可查出冻结界面上基础中心点下的应力系数值。

土的冻胀应力是这样得到的，如图 C-2 所示，图 C-2a）为一基础放置在冻土层内，设计冻深为 H，基础埋深为 h，冻土层的变形模量、泊松比分别为 E_1、ν_1，下卧不冻土层的变形模量 E_2 及泊松比 ν_2 均为已知，当基底附加压力为 F 时，引起地基冻结界面上 a 点的附加应力为 f_0，其附加应力的大小与其分布完全可以用双层地基的计算求得。图 C-2b）所示的地基与基础，其所有情况与图 C-2a）完全相同，二者所不同之处在于图 C-2a）为作用力 F 施

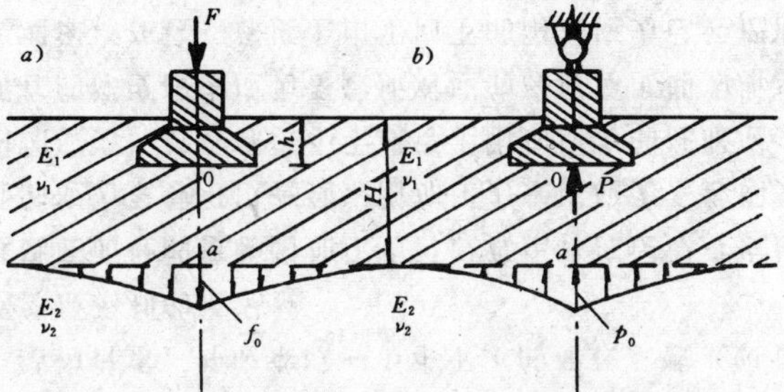

图 C-2　地基土的冻胀应力示意图

a）由附加荷载作用在冻土地基上；b）由冻胀应力作用在基础上

加在基础上，地基内 a 点产生应力 f_0，图 C-2b）为基础固定不动，由于冻土层膨胀对基础产生一 P 力，引起地基内 a 点的应力为 p_0，在界面上的冻胀应力按约束程度的不同有一定的分布规律。如果 $P=F$ 时，则 $p_0=f_0$，由于地基基础所组成的受力系统与大小完全相同，则地基和基础的应力状态也完全一致。换句话说，由 F 引起的在冻结界面上附加应力的大小和分布与产生冻胀力 $P(=F)$ 的在冻结界面上冻胀应力的分布和大小完全相同；所以求冻胀应力的过程与求附加应力的过程是相同的，也可将附加应力看成冻胀应力的反作用力。

$$E_1=[10+238(h-z)^{0.733}]\times 10^3$$

黑龙江省寒地建筑科学研究院于哈尔滨市郊的阎家岗冻土站中，在四个不同冻胀性的场地上进行了法向冻胀力的观测，正方形基础尺寸 $A=0.7\text{m}\times 0.7\text{m}\cong 0.5\text{m}^2$，冻层厚度为 1.5～1.8m，基础埋深为零。四个场地的冻胀率 η 分别为 $\eta_1=23.5\%$、$\eta_2=16.4\%$、$\eta_3=8.3\%$、$\eta_4=2.5\%$。其冻胀力、冻结深度与时间的关系见图C-3、图 C-4、图 C-5 和图 C-6。

根据基础底面之下冻层厚度 h 与基础尺寸，查双层地基的应力系数图表，就可容易地求出在该时刻冻胀应力 σ_{fh} 的大小。将不同冻胀率条件下和不同深度处得出的冻胀应力画在一张图上便获得土的冻胀应力曲线。

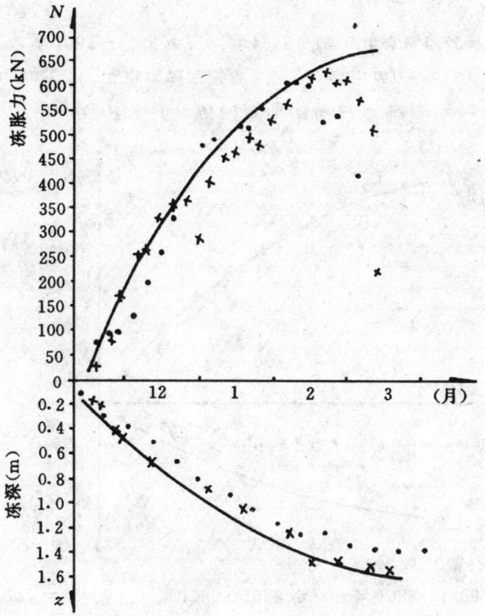

图 C-3　法向冻胀力原位试验

基础 03#；基础面积 $A=0.5\text{m}^2$；

×为 1987～1988 年；·为 1988～1989 年

基础上抬量：18mm，21mm；地面冻胀量：227mm

由于在试验冻胀力的过程中基础有 20～30mm 的上抬量，法向冻胀力有一定的松弛，因此，在测得力的基础上再增加 50％的力值。形成“土的冻胀应力曲线”素材的情况是：冻胀率 $\eta=20\%$，最大冻深 $H=1.5\text{m}$，基础面积 $A=0.5\text{m}^2$，则冻胀力达到 1000kN（100^{T}），相当于 2000kN（200^{tf}）/m^2，这样大的冻胀力用在工程上有一定的可靠性。

在求基础埋深的过程中，对传到基础上的荷载只计算上部结构的自重，临时性的活荷载不能计入，如剧院、电影院的观众厅，

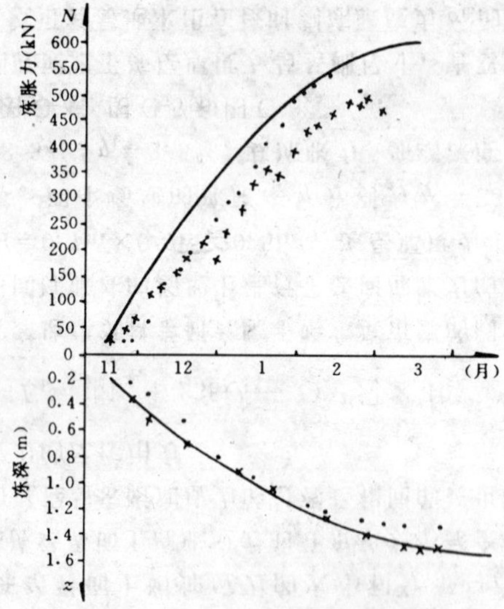

图 C-4　法向冻胀力原位试验

基础位移量：$13^{\#}=35$mm；地面冻胀量：$14^{\#}=194$mm；

$14^{\#}=25$mm；　　　　$13^{\#}=186$mm；

$A=0.5\text{m}^2$；·为 1988～1989 年；×为 1987～1988 年

在有演出节目时座无虚席，但散场以后空无一人，当夜间基土冻胀时活荷载根本就不存在；又如学校的教室，在严冬放寒假，正值冻胀严重的时令、学生都回家去，教室是空的，等等。因此，在计算平衡冻胀力的附加荷载时，只计算实际存在的（墙体扣除门窗洞）结构自重，并应乘以一个小于 1 的荷载系数（如 0.9），以考虑偶然最不利的情况。

基础底面处的接触附加压力可以算出，冻层厚度发展到任一深度处的应力系数可以查到，附加压力乘以应力系数即为该截面上的附加应力。然后寻求小于或等于附加应力的冻胀应力，这种截面所在的深度减去应力系数所对应的冻层厚度即为所求的基础的最小埋深，在这一深度上由于向下的附加应力已经把向上的冻

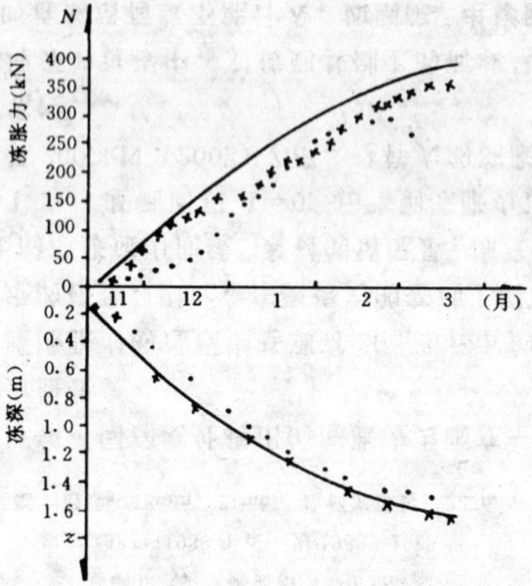

图 C-5　法向冻胀力原位试验

$A=0.5\text{m}^2$；基础位移量 $17^{\#}=22$mm　$15^{\#}=21$mm；地面冻胀量 $15^{\#}=96$mm

$17^{\#}=48$mm　×为 1987～1988 年；·为 1988～1989 年

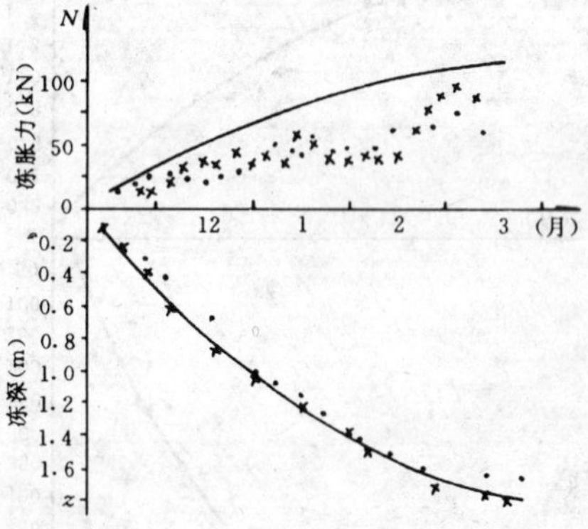

图 C-6　法向冻胀力原位试验

$A=0.5\text{m}^2$；$20^{\#}$基础地面冻胀量 87～88＝42mm；88～89＝58mm；

×为 1987～1988 年；·为 1988～1989 年基础位移量≪

胀应力给平衡了，即压住了，肯定不会出现冻胀变形，所以是绝对安全的。

二、采暖对冻胀力的影响

现行地基基础设计规范中对于有热源房屋（采暖房屋），考虑供热对冻深的影响问题，取中段与角段（端）两个不同值是合理正确的。但对角段的范围应该修改一下，该规范规定自外墙角顶点至两边各延长 4m 的范围内皆为角段，这种用绝对数值来表现冻深的影响不够合适，实际上这种影响是冻深的函数。例如，在冻深仅有 400mm 的地区，角段范围为冻深的 10 倍，而在冻深 4.0m 的严寒地区，则角段只有 1 倍的冻深。本规范采用角段的范围为 1.5 倍的设计冻深，1.5 倍冻深之外的影响微弱，可忽略不计。

采暖（或有热源）建筑物对基础的影响要比一个采暖影响系数复杂得多，在基础埋深不小于冻深时，采暖影响系数还有直接使用价值，但对“浅基础”（基底埋在冻层之内）就无法单独使用了。黑龙江省寒地建筑科学研究院在阎家岗冻土站对“采暖房屋的冻胀力”进行了观测，室内采暖期的平均温度见表 C-1。试验基础 A 为独立基础，基底面积为 1.00m×1.00m，埋深为 0.50m，下有 0.50m 的砂垫层，基础 A' 与 A 完全相同的对比基础，在裸露的自然场地上，见图 C-7。试验基础 B 为 1m 长的条形基础，埋深为 0.50m，下有 0.50m 的砂垫层，基底宽度为 0.60m，基础两端的地基土各挖一道宽 250～300mm 的沟，其中填满中、粗砂，深度为 1.3m，该沟向室外延伸 2.5～3.0m，沟两侧衬以油纸。试验基础 B' 为与 B 完全相同的对比基础，在裸露的自然场地上，砂沟在基侧两边对称，其冻胀力见图 C-8。试验基础 C 与试验基础 A 完全相同，其冻胀力见图 C-9。试验基础 C 为一直径 400mm、长 1.55m 的灌注桩。基础 C' 为对比基础，见图 C-10。从图中可见，采暖房屋下面的基础所受的冻胀力远较裸露场地的为小，绝不仅是一个采暖影响系数的问题。

采暖房屋的室内气温（℃）　　表 C-1

月份	1982～1983 年				1983～1984 年				1984～1985 年			
	Ⅰ	Ⅱ	Ⅲ	Ⅳ	Ⅰ	Ⅱ	Ⅲ	Ⅳ	Ⅰ	Ⅱ	Ⅲ	Ⅳ
11	20.5	18.7	15.8	14.3	17.7	16.8	13.2	10.5	14.1	14.8	13.7	11.2
12	17.8	17.7	13.5	11.4	13.0	15.5	11.4	9.1	16.8	13.2	12.6	9.7
1	16.6	18.4	14.1	12.2	12.9	14.2	8.50	9.3	18.3	11.8	11.4	7.1
2	17.9	19.0	15.1	12.4	15.7	19.7	14.2	11.5	18.4	12.4	11.3	8.3
3	19.0	20.5	17.4	16.8	17.0	20.6	16.4	13.3	16.6	13.2	12.3	9.3
4	20.0	21.8	20.0	19.0	19.7	20.6	17.8	17.2	15.7	15.9	15.9	12.9
5	22.0	23.6	21.5	19.6	22.0	21.7	20.5	20.5	/	/	/	/
平　均	19.2	20.0	16.8	15.1	16.9	18.4	14.6	13.1	16.7	13.5	12.9	9.8
总平均	17.7				15.7				13.2			

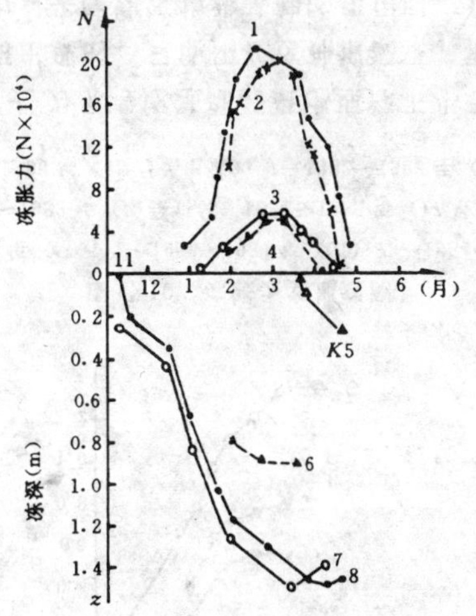

图 C-7　冻胀力实地观测

1—1983～1984 年（基础 A'）；2—1984～1985 年（A'）；3—1983～1984 年（A）；4—1984～1985 年（A）；5—1984～1985 年（融深）；6—1984～1985 年（27 号热电偶）；7—1984～1985 年（26 号热电偶）；8—1984～1985 年（场地冻深）

现行国家标准《建筑地基基础设计规范》GBJ 7 中采暖对冻深

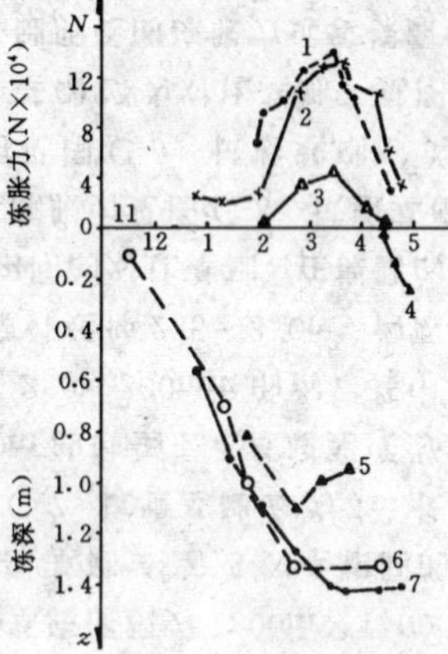

图 C-8　冻胀力实地观测

1—1983～1984 年（B′）；2—1984～1985 年（B′）；
3—1984～1985 年（B）；4—1983～1984 年变（融深）；
5—1983～1984 年（4 号热电偶）；6—1983～1984 年
（5 号热电偶）；7—1983～1984 年（场地冻深）

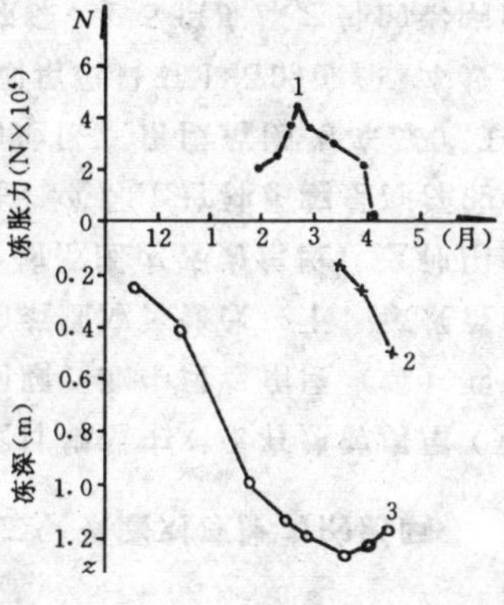

图 C-9　冻胀力实地观测

1—1984～1985 年（C）；2—（融深）；3—冻深（冻土器 23 与 25 平均值）

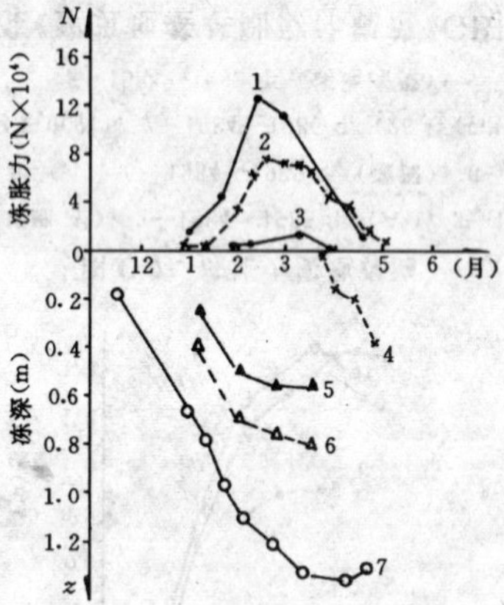

图 C-10　冻胀力实地观测

1—1982～1983 年（C′）；2—1983～1984 年（C′）；3—1984～1985 年（C）；
4—1982～1983 年（融深）；5—1984～1985 年（17 号热电偶）；
6—1984～1985 年（18 号热电偶）；7—1982～1983 年（场地冻深）

的影响系数 ψ_t，是为了考虑基础的最小埋深不小于室内采暖时基础附近的冻深而出现的，只能用在这种情况下。而在讨论季节冻土地基中冻胀力对采暖建筑物浅基础的作用时，仍采用这样一个影响系数，就显得很不够用了。例如桩基础，其上所受到的切向冻胀力不单要计算在垂直方向上沿桩身冻层厚度的减少，还要考虑在水平方向上室内一侧非冻土不产生冻胀力的因素。又如浅基础，其底面所受到的法向冻胀力，在计算垂直方向的冻胀力时，有两个边界条件是已知的。一是当采暖影响系数 $\psi_t = 1.0$ 时，基底所受的法向冻胀力与裸露场地的情况相等，即采暖的影响可忽略不计；二是当基础附近的冻结深度与基础埋深相等时，即 $\psi_t z_d = d_{min}$，则基底所受到的法向冻胀力为零，法向冻胀力不出现。此处假定从裸露场地的冻深到采暖后冻深等于基础埋深深度的范围内，法向冻胀力近似按直线分布，即中间任何深度处可内插求得。因此，除采暖对冻深的影响系数 ψ_t 外，另外引出两个影响系数，即：由于建筑物采暖，其基础周围冻土分布对冻胀力的影响系数 ψ_h 与由于建筑物采暖基底之下冻层厚度改变对冻胀力的影响系数 ψ_v。ψ_h 的取值为：1）在房屋的凸角处为 0.75；2）在直墙段为 0.50；3）在房屋凹角处为 0.25。而 ψ_v 按下式计算

$$\psi_v = \frac{\frac{\psi_t + 1}{2} z_d - d_{min}}{z_d - d_{min}} \quad \text{(C-4)}$$

式中 ψ_t——采暖对冻深的影响系数；

z_d——设计冻深（m）；

d_{min}——基础的最小埋深（m）。

三、切向冻胀力

影响切向冻胀力的因素除水分、土质与负温三大要素外，还有基础侧表面的粗糙度等。大家都知道，基侧表面的粗糙度不同，对切向冻胀力影响极大，但对此定量的研究不多；应该注意，表面状态改变切向冻胀力与土的冻胀性改变切向冻胀力二者有本质的区别。基侧表面粗糙，仅能改善基础与冻土接触面上的受力情况，提高抗剪强度，即冻结抗剪强度增大，但如果土本身的冻胀性很弱，冻结强度再大也无法体现；反过来，接触面上的冻结强度较低，土的冻胀性再大也施加不到基础上多少，只能增大剪切位移。因此，在减少或消除切向冻胀力的措施中，增加基础侧表面的光滑度和降低基础侧表面与冻土之间的冻结抗剪强度能起到很好的作用，效果是显著的。

关于切向冻胀力的取值：

（1）查阅了国内和国外一些资料，凡是土的平均冻胀率、桩的平均单位切向冻胀力等数据同时具备的，才收录在内。

所获数据合计 232 个，其中弱冻胀土 28 个，冻胀土 32 个，强冻胀土 113 个和特强冻胀土 59 个，见图 C-11。从散点图上看，数据比较分散，用曲线相关分析结果也很差。

取值问题只可用作图法求解；

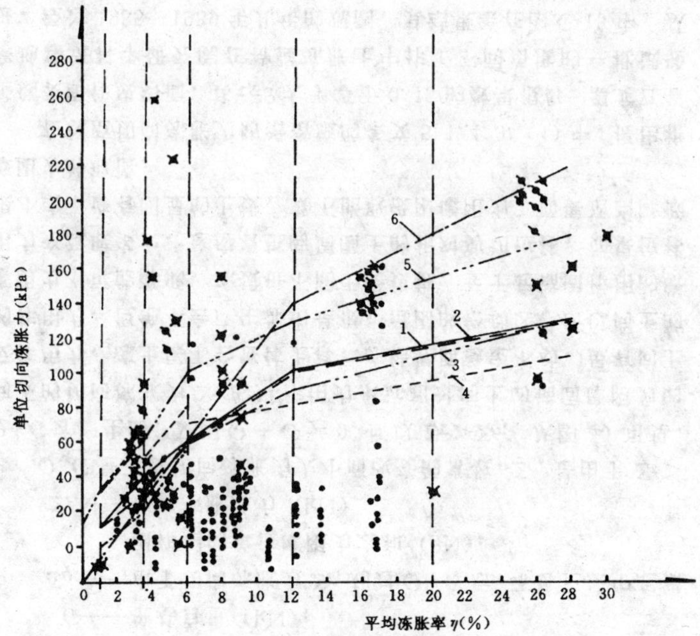

图 C-11 桩基础切向冻胀力取值对比图

1—本规范设计取值；2—建筑桩基技术规范；3—水工建筑物抗冰冻设计规范；4—前苏联“多年冻土上的地基与基础”规范；5—渠系工程抗冻胀设计规范；6—公路桥涵地基与基础设计规范

·—建筑桩基；●—桥涵桩基；✱—多年冻土区桩基

（2）由于桩基础与条形基础的受力情况差别较大，在列表时将条基单独分出，减半取用。条形基础的切向冻胀力比桩基础小的原因几点说明中已有详述；同时条形基础很少受切向冻胀力作用而导致破坏的讨论，几点说明中也有，此处不再赘述；

（3）条形基础，尤其毛石条形基础在季节冻土地区的少层、多层建筑中应用广泛，但切向冻胀力的试验很少人做。自 1990 年开始黑龙江省寒地建筑科学研究院在阎家岗冻土站一直进行观测。

从试验得出的数据看，切向冻胀力确实不小，如果检算现有房屋，有相当一部分早应破坏，但绝大多数至今完好无损，其原因直到目前还没真正搞清楚。因此，在推广基础浅埋中采取防切向冻胀力措施先把切向冻胀力消除掉。在过去盲目搞浅基础时都是切向冻胀力与法向冻胀力共同作用才导致冻害事故的，所以在规范例题中一般不是采取在基侧回填不小于 100mm 砂层就是将基础侧面砌成不小于 9°（β 角）的斜面来消除切向冻胀力的。这样可使基础受力清楚，计算准确，安全可靠。

切向冻胀力设计值 τ_d(kPa)　　表 C-2

冻胀类别 / 基础类别	弱冻胀	冻　胀	强冻胀	特强冻胀
桩、墩基础（平均单位值）	$30\leqslant\tau_d\leqslant60$	$60<\tau_d\leqslant80$	$80<\tau_d\leqslant120$	$120<\tau_d\leqslant150$
条形基础（平均单位值）	$15\leqslant\tau_d\leqslant30$	$30<\tau_d\leqslant40$	$40<\tau_d\leqslant60$	$60<\tau_d\leqslant70$

规范附录 C 公式（C.1.1-2）中单位设计摩阻力 q_{si} 按桩基受压状态的情况取值，而《工业与民用建筑灌注桩基础设计与施工规程》JGJ 4—80、《林区公路工程设计规程》以及不少兄弟单位都按受拔桩的情况取值，考虑一个抗拔与受压容许摩擦力之比的系数 0.4～0.7。哈尔滨建筑大学与黑龙江省寒地建筑科学研究院的文章则认为仍按受压状态取值，由于侧阻力发挥到最大数值需有一个剪切位移过程，考虑到冻拔桩不允许有较大的上拔变形，所以公式中要乘以一个侧阻力发挥程度系数 0.5。

桩基受拔时的受力情况见附图 C-12*a*）．*b*）．*c*）．*d*）。 *b*）为桩身受力，*c*）为地基土的受力，由图可见桩对地基土施以向上的作用力 Σq_s，使地基土在一定范围内形成松动区，其质量密度下降，土对桩身的侧压力减小，导致桩侧与土接触面上的抗剪强度（侧阻力）降低。

在冻胀性地基土中的冻拔桩见图 C-12*e*）．*f*）．*g*）．*h*）。 *f*）为桩基的受力情况

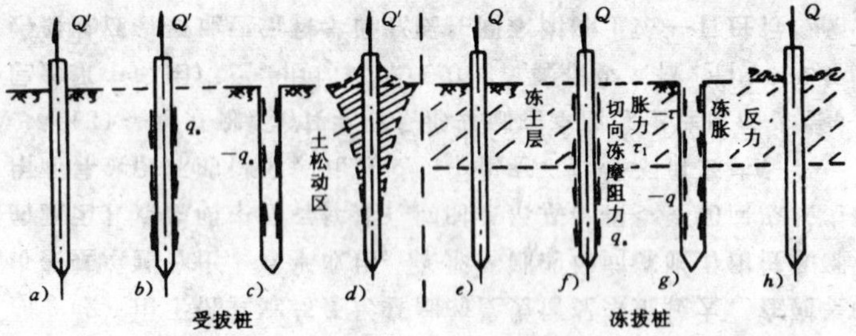

图 C-12　受拔、冻拔桩的受力情况

a）．*b*）．*c*）．*d*）—受拔桩；*e*）．*f*）．*g*）．*h*）冻拔桩

$$Q+G+\Sigma q_s=\Sigma\tau_i$$

式中　Q——上部结构传下来的荷载（kN）；

G——桩基自重（kN）；

Σq_s——由于切向冻胀力 $\Sigma\tau_i$ 超过 $Q+G$ 后，不冻土层中起锚固作用的单位摩阻力之和（kN）；

$\Sigma\tau_i$——切向冻胀总力（kN）。

Q、G 是不以切向冻胀力大小而改变的常数，Σq_s 是由于 $\Sigma\tau>Q+G$ 才产生的，又因 $Q+G\neq0$，所以 $\Sigma\tau>\Sigma q_s$。从图 *g*）可见，向下的切向冻胀力 $\Sigma\tau$ 的反作用力永远超过向上的锚固摩阻力的反作用力，冻土层不会整体上移，冻结界面稳定不动，虽有向上的作用力，但绝不会产生那怕是很小范围的松动区，所以向上的摩阻力不可能降低，冻拔桩不同于受拔桩。至于起锚固作用的摩阻力究竟取多大，这应看桩与周围土的相对剪切位移，如果位移很小或不许有明显的上拔，就不能取极限摩阻力，而要适当降低摩阻力的取值。

在规范切向冻胀力防治措施的条文 5.1.4.3.（4）中，提出将基侧表面作成斜面，其 $tg\beta$ 大于等于 0.15 的效果很好。黑龙江省寒地建筑科学研究院在特强冻胀土中作了不同角度的一批试验桩，经过 1985～1989 年几年的观测，其结果绘在图 C-13 中。从

图中可见，对于混凝土预制桩，当β不小于9°或$\mathrm{tg}\beta$不小于0.15时，将不会冻拔上抬。这是防冻切措施中比较可靠、比较经济、比较方便的措施之一。

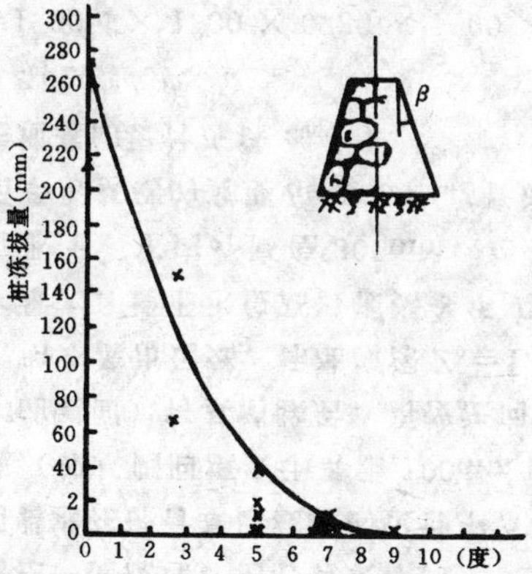

图 C-13 斜面基础的抗冻拔试验

规范在防切向冻胀力的措施条文5.1.4.3.(2)中，采用水泥砂浆抹面以改善毛石基础侧表面的粗糙程度，因很大的切向冻胀力每年要作用一次，若施工质量不好，容易脱皮，因此，必须保证质量。条文5.1.4.3.(3)中，采用物理化学法处理基侧表面或基侧表面土层，一侧成本较高，再则有的不耐久，随时间的延长效果逐渐衰退。

用盐渍化法改善土的冻胀性，同样存在耐久性问题，土中水的运动会慢慢淡化其浓度，使逐渐失效，其副作用是使纯净土盐渍化，有腐蚀作用。在多年冻土地区为避免形成盐渍冻土，在非必要情况下，尽量不用盐渍化法；因在相同负温下，尤其温度较高时，会使土的力学强度指标降低很多。

有一些建筑物基础，尤其是条形基础中部的直线段，按切向冻胀力的计算结果，已经超出安全稳定的警界线许多，但仍完好无损，这是可能的，但不能由此得出建筑物基础中的切向冻胀力不存在、不考虑或不计算等不正确的结论。前面已说过，土的冻胀力产生于下部冻结界面，切向冻胀力则表现在上部基侧与土冻结在一起的接触面处。冻结界面随时间向下推移，其基础侧表面却原地不动，上部冻胀性土体在冻结过程中先是冻结膨胀，膨胀的结果出现水平冻胀内力，即压应力，随着气温的继续降低，土温低于剧烈相变区之后，膨胀逐渐减弱至零，水平胀力达到最大。此时基侧表面的冻结抗剪强度由于有最大水平法向冻胀压力的存在，冻结强度则达到很高的数值，它能承受并传递很大的切向冻胀力。在此时若气温继续降低，上部土温相应下降，土体开始收缩，水平压应力逐渐减小，土温降到一定程度，水平冻胀内力消失。进入严冬时地表土体出现收缩并产生拉应力（张力），土中张力的存在将明显削弱基侧表面的冻结抗剪强度。当张力足够大，其拉伸变形超过极限值之后，就出现地裂缝，微裂缝一旦出现，由于应力集中的作用，将沿长度及深度方向很快发展延伸，形成较大的裂缝，即常说的“寒冻裂缝”。

在寒冷地区的冬季常可看到基侧散水根部的裂缝，这种裂缝的存在，在裂缝范围内的切向冻胀力肯定不会有多少，甚至全无。如果在上部土层尚未出现裂缝之前，其切向冻胀力就已经超过传给基础的上部荷载时，就要出问题。这种情况必须按切向冻胀力计算。如果地基土是各向同性的理想均质介质（土质、湿度场及温度场），可以根据冻土的长期拉伸极限变形以及其线膨胀系数算出裂缝多边形的尺寸。但由于实际中上部土层的土质很复杂，土中湿度相差很大，各处的土温也不一致，所以地裂缝出现的时间、地点和形状各不相同，带有很大的随机性，难以用计算求得。如果在基础侧面不远处有抗拉的薄弱部位，就会在该处首先出现裂缝。一旦出现裂缝，附近土中张力即被松弛，基侧就不再开裂了。处在这种情况下的基础，其切向冻胀力就符合计算结果，一定要认真考虑。如果在施工时有意识地使基侧冻土形成抗拉的薄弱截面（即采取防冻切措施），诱导该处首开裂缝，将会收到显著效果。总之，如果在设计时没有把握使冻胀性土在基侧形成裂缝，就必须计算切向冻胀力的作用，绝不可对建筑物的稳定性存在侥幸的心理，因此切向冻胀力的计算不可忽略。事实上，确实存在有不少建筑物由于切向冻胀力的作用导致破坏的，这已是众所周知的了。

四、计 算 例 题

如果基础是毛石条形基础，按从试验得出的切向冻胀力的设计值进行计算，一般的建筑结构自重是平衡不了的，尤其在冻胀性较强的地基土中将使建筑物被冻胀抬起。

在国外的地基基础设计规范中根本不考虑切向冻胀力对基础的作用，我国建筑地基基础设计规范虽对防切向冻胀力的措施有明文规定，但在设计、施工中根本无人执行，即没采取任何措施；除个别工程因切向冻胀力的作用导致破坏外，绝大多数都安然无恙。不考虑切向冻胀力不对，考虑得太认真将过于保守。过去在盲目执行浅基础中都是处在切向冻胀力与法向冻胀力共同作用下发生冻害事故的，这种破坏实例不胜枚举，作为深刻教训已铭记心中了，直到现在一提浅埋，仍心有余悸。

因此，我们要求在进行基础浅埋的设计中，首先应采取防切向冻胀力的措施（如基侧回填大于等于 100mm 的砂层或将基侧砌成大于等于 9°的斜面）将其消除后，再按法向冻胀力计算。

【例题 1】 哈尔滨市远郊，标准冻深 $Z_0=1.90\text{m}$，地基土为粉质粘土，含水量大，地下水位高。根据多年实测，冻胀率 $\eta=20\%$，属特强冻胀土。室内外高差 300mm，结构自重的标准值 $G_k=62\text{kPa}$，毛石条形基础的宽度 $b=0.50\text{m}$，普通水泥地面。

计算：房屋地基的设计冻深 z_d

$$\begin{aligned} z_d &= z_0\psi_{zs}\psi_{zw}\psi_{zc}\psi_{zl0}\psi_t \\ &= 1.90\text{m}\times 1.00\times 0.80\times 1.00\times 1.1 \\ &= 1.67\text{m} \end{aligned}$$

（冻深影响系数查可规范表 5.1.2）

基础底面的附加压力 p_0

$$p_0 = G_k\times 0.90 = 55.8\approx 55\text{kPa}$$

最大冻深处的冻胀应力 σ_{fh}，由 η 查规范图 C.1.2-1 得 $\sigma_{fh}=49\text{kPa}$。

1. 非采暖建筑

(1) 切向冻胀力已由基侧回填 100mm 厚的中、粗砂层，给予消除。

(2) 在法向冻胀力作用下

应力系数 $\alpha_d=\dfrac{\sigma_{fh}}{p_0}=\dfrac{49}{55}=0.89$，查规范图 C.1.2-2 近似得 $h=120\text{mm}$，则最小埋深 $d_{min}=z_d-h=1.67\text{m}-0.12\text{m}=1.55\text{m}$。

标准冻深 1.90m 的地基，最小埋深为 1.55m，而实际基础底面之下仅允许有 0.12m 的冻土层厚度。

2. 采暖建筑

(1) 切向冻胀力已由基础外侧回填 100mm 厚的中、粗砂层给予消除。

(2) 法向冻胀力作用下（计算阳墙角处）

初选 d_{min}。$\alpha_d=\dfrac{\psi_t+1}{2}\psi_h\dfrac{\sigma_{fh}}{p_0}=0.925\times 0.75\times\dfrac{49}{55}=0.618$，由 α_d、b 查规范图 C.1.2-2 得 $h=0.245\text{m}$，$d_{min}=z_d-h=1.67-0.245=1.425\text{m}$。

设 $d_{min}=1.35\text{m}$，$h=1.67-1.35=0.32\text{m}$，据 b、h 查规范图 C.1.2-2 得 $\alpha_d=0.555$，非采暖建筑基础的冻胀力 $P_e=\dfrac{49}{0.555}=88.3\text{kPa}$，$\psi_v=\dfrac{\dfrac{\psi_t+1}{2}\times 1.67-1.35}{1.67-1.35}=0.61$ $\psi_h=0.75$，则采暖条件下基础的冻胀力为 P_h

$P_h=\psi_v\psi_h P_e=0.61\times 0.75\times 88.3\text{kPa}=40.3\text{kPa}<55\text{kPa}$ 安全。

【例题 2】 哈尔滨市内，七层住宅楼，计算承自重外墙的基础。根据多年观测，地基土属强冻胀性，$\eta=12\%$。毛石条形基础，底面宽度 $b=1.20\text{m}$，基底附加压力 $G_k=112\text{kPa}$，基础做成斜面用以消除切向冻胀力。标准冻深 $z_0=1.90m$，地基土为粉质粘土。

计算：设计冻深 $z_d=1.90\times0.85\times0.90\times1.10=1.60m$

最大冻深处的冻胀应力 $\sigma_{fh}=32kPa$

基底附加压力 $p_0=G_k\times0.9=112\times0.9=101kPa$

由于切向冻胀力已消除，此处只计算法向冻胀力。

1. 非采暖时

应力系数 $\alpha_d=\frac{\sigma_{fh}}{p_0}=\frac{32}{101}=0.317$，由 b、α_d，查规范图C.1.2-2 得基底下的冻层厚度 $h=0.98m$，则最小埋深

$$d_{min}=z_d-h=1.60-0.98=0.62m\approx0.65m$$

2. 如跨年度施工

该地区10月中旬开始冻结，3月中旬达到最大值1.90m，平均每月冻深增加0.40m。

（1）1月中旬

在标准条件下（出现标准冻深的条件）冻深为1.27m，实际条件下（出现本设计冻深的条件）冻深为 $\frac{z_d}{z_0}\times1.27=\frac{1.60}{1.90}\times1.27=1.069=1.07m$，此时基底下冻层厚度为 $h=1.07-0.65=0.42m$（式中的0.65m由1. 非采暖时计算的结果）。实际工程地点的冻深为1.07m，相当于规范图C.1.2-1中相同冻胀率地基土对应的冻深为 $\frac{z'}{z_d}\times1.07=\frac{1.60}{1.60}\times1.07=1.07m$（式中 z' 为规范图C.1.2-1中在 $\eta=12\%$ 时的最大值为1.60m，$z_d=1.60m$），规范图C.1.2-1当 $z'=107$ 线与 $\eta=12\%$ 交点处的对应的冻胀应力 $\sigma_{fh}=60kPa$，即为该冻深处的冻胀应力。

根据基础宽度 b 与基底下的冻层厚度 h 查规范图C.1.2-2。

得 $\alpha_d=0.693$，则基底下的法向冻胀力为 $\frac{\sigma_{fh}}{\alpha_d}=\frac{60kPa}{0.693}=86.6kPa$。

此时主体结构完成6层才稳定。

(2) 2月中旬

标准条件下的冻深为1.67m，实际冻深为 $\frac{1.60}{1.90}\times1.67=1.406m$，基底下的冻层厚度 $h=1.406-0.65=0.756m$，实际为1.406m的冻深在规范图C.1.2-1中相似条件的冻深为 $\frac{z'}{z_d}\times1.406=1.406m$，根据1.406m与 $\eta=12\%$ 查规范图C.1.2-1得 $\sigma_{fh}=42kPa$、据 b，h 查本规范图C.1.2-2得 $\alpha_d=0.425$，则法向冻胀力为 $\frac{\sigma_{fh}}{\alpha_d}=\frac{42}{0.425}=98.8kPa$

此时应完成七层主体结构才能平衡。

（3）3月中旬

冻深达到最大，基底冻层厚度 $h=1.60-0.65=0.95m$，查规范图C.1.2-2，得 $\alpha_d=0.325$，冻深最大时的冻胀应力为 $\sigma_{fh}=32kPa$，则基底法向冻胀力 $\frac{\sigma_{fh}}{\alpha_d}=\frac{32}{0.325}=98.5kPa$，全部安全。

如开工较晚进入冬季，即使是不完工而跨年度工程也没有关系，应当继续施工，只要计算进度完成要求的上覆荷重，就不会出现冻害事故。

【例题3】 切向冻胀力、法向冻胀力同时作用。

沈阳市近郊，粉质粘土，冻前天然含水量 $w=24$，塑限含水量 $w_p=18$，地下水位距冻结界面大于两米，属冻胀土，取 $\eta=6\%$，查规范图5.1.2"全国季节冻土标准冻深线图"得 $z_0=1.20m$。传至基础顶部的结构自重 $G_k=165kPa$。非采暖建筑，柱墩式基础，直径 $d=1.00m$，埋入地基中的深度 $H=0.50m$。

计算：$z_d=z_0\psi_{zw}\psi_{ze}\psi_{zc}\psi_t=1.20m\times0.90\times0.95\times1.00\times1.1=1.13m$。

$p_0=G_k\times0.9=165kPa\times0.9=148.5kPa$

（1）产生切向冻胀力部分的冻胀应力

基础埋深范围内的切向冻胀力 $\tau_d\times A_\tau$（式中 τ_d—切向冻胀力的设计值，查规范表C.1.1得 $\tau_d=65kPa$，$\psi_t=1.00$，A_τ—埋深范围内基侧表面积 πdH）

$\tau_d\times A_\tau=65\times1.00\times3.14\times1.00\times0.5kN=102kN$，

将平衡切向冻胀力部分的附加荷载看成是作用在基础上的外荷载 F_τ，F_τ 作用在切向冻胀力沿埋深合力作用位置的同一高度上（即 $H/2$），该断面与冻结界面的距离为 $h = z_d - \frac{H}{2} = 1.13 - 0.25 = 0.88\text{m}$。基础的横截面积 $A_d = \frac{\pi d^2}{4} = 0.785\text{m}^2$。

由 F_τ 引起在所作用断面的平均附加压力 $p_{0\tau} = \frac{\tau_d \times A_\tau}{A_d} = \frac{102}{0.785} = 129.9\text{kPa} \approx 130\text{kPa}$，利用 h 和 d 查规范图 C.1.2-4 得应力系数 $\alpha_d = 0.10$。冻结界面上的附加应力 $p_{0\tau}\alpha_d = 13\text{kPa}$。该附加应力即为产生切向冻胀力部分的冻胀应力 σ_{fh}^{τ}；

（2）冻结界面上的冻胀应力

根据 η 查规范图 C.1.2-1 中 z' 最大值所对应的冻胀应力，$\sigma_{fh} = 16\text{kPa}$；

（3）产生法向冻胀力的剩余冻胀应力 σ_{fh}^{σ}，$\sigma_{fh}^{\sigma} = \sigma_{fh} - \sigma_{fh}^{\tau} = 16.0 - 13.0 = 3.0\text{kPa}$；

（4）冻结界面上的剩余附加应力

基础底面的剩余附加压力 $p_{0\sigma} = p_0 - p_{0\tau} = 148.5 - 130 = 18.5\text{kPa}$。根据基础底面下的冻层厚度 $h = 1.13 - 0.50 = 0.63\text{m}$，和基础直径 d 查规范图 C.1.2-4 得应力系数 $\alpha_d = 0.17$；

剩余附加应力 $p_{h\sigma} = \alpha_d p_{0\sigma} = 0.17 \times 18.5 = 3.15\text{kPa}$；

（5）满足 $p_{h\sigma}$ 大于 σ_{fh}^{σ} 即是稳定的，3.15kPa 大于 3.0kPa，稳定。

五、几点说明

1. 在规范附录 C 中按平均冻胀率 η 求冻胀应力 σ_{fh} 的图 C.1.2-1，是在标准冻深 $z_0 = 1.90\text{m}$ 的哈尔滨地区得到的，但它可应用到任何冻深的其他地区，只要冻胀率 η 沿冻深 z 的分布规律相似即可（如果不相似，可代入实际 η 的分布图形，取代图 C.1.2-1），就是将图中的冻深放大或缩小与拟计算地点的深度相同，然后对应着相似点查图。

因在下卧不冻土层的压缩性变化不大时，其冻结界面上的冻胀应力仅取决于土的冻胀性，土的冻胀性由土的冻胀率（冻胀强度、冻胀系数）来表征。一般说来，土质相同，土的冻胀性相同（冻胀率相等），则其冻结界面上的冻胀应力就应相等，不管是大试件还是小试件，无论是室内模型试验还是野外原位观测，都应得出相同或相似的结果，它与已经冻结完毕的和尚未冻结的未冻土没有关系，彼此独立。至于基础底面受到冻胀力的大小，应根据基础的形状和尺寸、冻层厚度等参数按双层地基的计算求得。

在建筑物基础下的地基土，已处于外荷作用下的固结稳定状态，在冻胀应力不超过外荷时不会引起新的变形增量，一旦超过外荷时建筑物就要被冻胀抬起，造成冻害事故，这应尽量避免，在正常情况下一般不允许出现。因此，下卧不冻土的压缩性对土的冻胀性影响不大；

2. 对切向冻胀力的计算有两条途径，一是查规范附录 C 表 C.1.1，这一方法非常简单方便，但有一定的近似性；二是按层状地基的方法计算，较为繁杂，但比较合理和精度较高。

表 C.1.1 切向冻胀力设计值 τ_d 是将桩基础与条形基础分开列出的，条形基础上的切向冻胀力是桩基础上的一半。

例如从条形基础取出 $D/2$ 段的长度，它与冻土接触的侧表面长度为 D，另一桩基础其直径为 d，设 $d = D/\pi$，桩的周长等于条基两面的长度。该地的设计冻深为 h，近似假设条基和桩基中基础对冻土的约束范围相等并等于 L，则在设计冻深之内参与冻胀的冻土体积（图 C-14）：

条基 $V_1 = hLD$ （C-5）

$$
\begin{aligned}
\text{桩基 } V_2 &= \frac{\pi h}{4}(2L + d)^2 - \frac{\pi h}{4}d^2 \\
&= hLD + \pi hL^2 \\
&= hL(D + \pi L) \\
&= \pi hL(d + L) \qquad \text{(C-6)}
\end{aligned}
$$

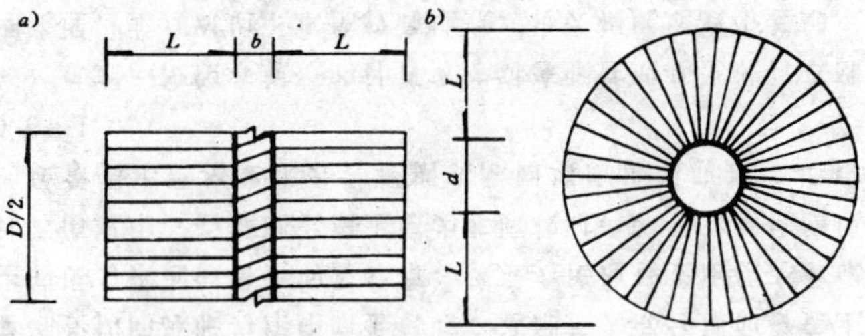

图 C-14　桩基与条基切向冻胀力受力对比图

a）条基，b）桩基

比较两式得知，在参与的土体积中，桩基的多出一项 πhL^2。一般来说，建筑地基基础中所使用的桩（与验算冻胀力有关的中、小型建筑物），其直径都在 600mm 以下，而其影响范围 L，最少也小不过设计冻深，也就是说 d 小于 L，条基所受的切向冻胀力还不到桩基的一半。

条形基础的受力状态属平面问题，桩基础的受力则属空间问题，二者有很大区别；

3. 规范附录C图C.1.2-1的曲线是偏于安全的。因形成该曲线的试验基础的装置是用的锚固系统；即在地基土冻结膨胀之前，附加载荷为零，试验过程中对地基施加的外力是冻胀力的反作用力。未冻土地基是在结构自重的作用下达到固结稳定，基础下面土的物理力学性质发生变化，如隙比降低、含水量减少等，改变后土质的冻胀性在一定程度上有所削弱。我们计算时仍用改变以前的，所以是比较安全的；

4. 规范附录C图C.1.2-2、图C.1.2-3和图C.1.2-4中的应力系数曲线，是在层状空间半无限直线变形体体系中得出的，对裸露场地和非采暖建筑物中的基础，计算冻胀力有较好的适用性精度较高。采暖建筑物基础下的冻土处在冻土与非冻土的边缘，条件有所改变，按严格计算有一定的近似性，但总的来说向安全的方面偏移；

5. 在过去采取防冻害措施时，最常用的就是砂垫层法，砂垫层本身不冻胀，这与基础一样，但把它当作基础的一部分就不合适了。因砂垫层在传递应力时有扩散作用，附加压力传到垫层底部变小很多，这与同深度的基底附加压力差别很大，砂垫层的底部若不落到设计冻深的底面，仍起不到防冻害的作用。

过去采用“浅基础”时，没有彻底搞清楚危害建筑物的原因是什么，什么部位是关键，冻胀力的数量有多大，以及拟采取的措施起什么作用，在数量上减轻多少程度等等。在上述这些问题没有办法基本搞清之前，就推行“浅基础”，即是盲目的；

6. 无论切向冻胀力还是法向冻胀力都出自冻结界面处的冻胀应力，它是地基土的冻胀力之源。只要基侧表面与冻土之间的冻结强度足以把所产生的切向冻胀力传递给基础，也就是说切向冻胀力全部消耗了土的冻胀应力，则基础底部的法向冻胀力就不复存在了，基底之下也就不必采取其他措施了。所以过去那种将对基础单独做切向冻胀力与单独做法向冻胀力试验之值叠加的计算是不正确的；

7. 消除切向冻胀力的措施之一是在基侧回填中粗砂，其厚度不应太小，下限不宜小于 100mm。如果保证不了一定的厚度和毛石基础特别不平整，当地基土冻胀上移时，处于地下水位之上的这种松散冻土，也会因摩阻力对基础施以向上的作用力，该力将减少基底的附加压力，对平衡法向冻胀力很不利。因此，设计与施工时基础侧壁都应保证要求的质量，只有这样，不考虑切向冻胀力和砂土的摩阻力才符合实际情况；

8. 在基础工程的施工过程中，关键的工序之一就是开挖较深的基槽，尤其在雨季施工，水位之下挖土方以及冬季刨冻土等。如果消除切向冻胀力后，全部附加压力能够压住法向冻胀力时，可以免除基底之下作砂垫层了。如果在基础底面之上采取防冻切措施能代替在基底之下采用砂垫层的方案是最理想的，因少挖很多土方，而合理、方便与经济；

9. 中国季节冻土标准冻深线图中所标示的冻结深度，实质上是冻层厚度，不冻胀土的冻层厚度就是它自身的冻结深度，但对冻胀性土，冻层厚度减去冻胀量才为冻结深度。如哈尔滨地区的标准冻深为1.90m，而哈尔滨市郊阎家岗冻土站中的特强冻胀土($\eta=23\%$)，其冻层厚度仅有1.50m，其中冻胀量占280mm，实际冻结深度仅有1.22m。这在求基础最小埋深时都没计算，将它作为一个安全因素储备着。

由于基础材料的导热系数不同，有不少基础之下的冻层厚度加大，因为这一加深的范围很小，所增加冻胀力的数量不大，实用上可忽略不计；

10. 规范附录C中采暖对冻深的影响系数表C.2.1-1不适用于衔接多年冻土的季节融化层，由于冬季的冻结指数远大于夏季的融化指数，冬季融化层全部冻透之后，负温能量尚未耗尽并继续施加作用。

规范附录C中采暖对冻土分布的影响系数表C.2.1-2是针对季节冻土地基的，因外墙内侧一般没有冻土，即便有也是很窄，很薄的，这种很小的局部所形成的冻胀合力与半无限体的地基相比，可忽略不计。但对严寒地区则不然，由于气温低而时间长，室内虽采暖，外墙内侧地面之下的土仍会冻结，而且达到不可忽视的一定空间尺寸。如冻进外墙内侧一米宽以上，在这种情况下，对阳墙角来说，基础周围冻土的分布，就与裸露场地基础的条件相差无几了，平面分布的影响系数可认为等于1.0，若中间值时可内插求取ψ_h；

11. 本规范附录C自锚式基础的计算式(C.3.1)中，R_a为当基础受切向冻胀力作用而上移时，基础扩大部分顶面覆盖土层产生的反力；近似看作均匀分布，该反力按地基受压状态承载力的计算值取用，当基础上覆土层为非原状时，除要对基坑回填施工的质量提出严格要求外，根据实际回填质量尚应乘以折减系数0.6～1.0。

总之，按照本规范的计算方法对冻胀性地基土进行基础的合理浅埋，尤其对地下水位较高地点，将大幅度地减少基础工程造价（大致可减少30%～50%），缩短工期。凡是标准冻深z_0大于0.5m（最小构造埋深）地区的建筑物，在冻胀性地基上求得基础最小的埋置深度，都能获得显著的经济效益与巨大的社会效益。

附录D　冻土地温特征值及融化盘下最高土温的计算

D.1　冻土地温特征值的计算

1. 根据傅利叶第一定律，在无内热源的均匀介质中，温度波的振幅随深度按指数规律衰减，并可按下式计算：

$$A_z = A_0 e^{-\sqrt{\frac{\pi}{t\alpha}}y} \quad \text{(D-1)}$$

式中：A_z——z 深度处的温度波振幅（℃）；

A_0——介质表面的温度振幅（℃）；

α——介质的导温系数（m^2/h）；

t——温度波动周期（h）。

将上式用于冻土地温特征值的计算基于以下假设：

(1) 土中水无相变，即不考虑土冻结融化引起的地温变化；

(2) 土质均匀，不同深度的年平均地温随深度按线性变化，地温年振幅按指数规律衰减；

(3) 活动层底面的年平均地温绝对值等于该深度处的地温年振幅。

2. 算例：

已知：东北满归CK3测温孔处多年冻土上限深度为2.3m；根据地质资料查规范附录K求得冻土加权平均导温系数为0.00551m^2/h；1973年10月实测地温数据如下：

深度:m	2.3	4.0	5.0	6.0	7.0	8.0	9.0	10.0	11.0	12.0	13.0	15.0	20.0
地温:℃	0.0	−0.7	−0.9	−1.1	−1.3	−1.4	−1.5	−1.6	−1.6	−1.7	−1.8	−1.8	−2.0

计算步骤（下面所用公式（D.1.1-1）～（D.1.1-7），见规范附录D）：

(1) 计算上限处的地温特征值

由(D.1.1-2)式得

$$\Delta T_{2.3} = (T_{20} - T_{15}) \times (20 - 2.3)/5$$
$$= (-2.0 + 1.8) \times 17.7/5 = -0.7$$

由(D.1.1-1)式得

$$T_{2.3} = T_{20} - \Delta T_{2.3} = -2.0 - (-0.7) = -1.3℃$$

根据假设(3)得

$$A_{2.3} = |T_{2.3}| = 1.3℃$$

由(D.1.1-3)式得

$$T_{2.3max} = T_{2.3} + A_{2.3} = -1.3 + 1.3 = 0℃$$

由(D.1.1-6)式得

$$T_{2.3min} = T_{2.3} - A_{2.3} = -1.3 - 1.3 = -2.6℃$$

(2) 计算地温年变化深度和年平均地温

由(D.1.1-7)式得

$$H_2 = \sqrt{\alpha t/\pi}\ln(Au(f)/0.1)$$

$$= \sqrt{0.00551 \times 8760/3.14}\ln(1.3/0.1) = 10.1$$

$$H_1 = H_2 + h_u(f) = 10.1 + 2.3 = 12.4m$$

由(D.1.1-2)式得

$$\Delta T_{12.4} = (-2.0 + 1.8) \times (20 - 12.4)/5$$

$$= -0.2 \times 7.6/5 = -0.3℃$$

由(D.1.1-1)式得

$$T_{12.4} = T_{20} - \Delta T_{12.4} = -2.0 - (-0.3) = -1.7℃$$

(3) 计算上限以下任意深度的地温特征值

例如：计算 H_1=5m 处的地温特征值：

由(D.1.1-5)式得

$$H = H_1 - h_u(f) = 5 - 2.3 = 2.7m$$

由(D.1.1-2)式得

$$\Delta T_5=(T_{20}-T_{15})\times(20-5)/5$$

$$=(-2.0+1.8)\times15/5=-0.6℃$$

由（D.1.1-1）式得

$$T_5=T_{20}-\Delta T_5=-2.0-(-0.6)=-1.4℃$$

由（D.1.1-4）式得

$$A_5=1.3e^{-2.7\sqrt{3.14/0.00551/8760}}=0.7℃$$

由（D.1.1-3）式得

$$A_{5\max}=T_5+A_5=-1.4+0.7=-0.7℃$$

由（D.1.1-6）式得

$$A_{5\min}=T_5-A_5=-1.4-0.7=-2.1℃$$

D.2 采暖房屋稳定融化盘下冻土最高温度

气温热量由天然地面向下传递，若地面下的土体为各向同性的均质介质，其温度波是成指数型衰减曲线变化的，如图 D-1，则影响范围内地面下 y 深处的温度波幅是：

$$h_y=h_0e^{-\sqrt{\frac{\pi}{t\alpha}}y} \tag{D-2}$$

式中：h_0——地面温度波幅（℃）；

t——气温变化周期（h）；

α——土的导温系数（m^2/h）；

y——距地面的深度（m）。

采暖房屋是在天然地面的一点上增加了一个小小的人为热源，必然对此点地温有一定的影响，所以形成采暖房屋融化盘，或称人为上限，地温曲线也随之变化，但因人为热源热量很小，对温度只起干扰作用，而不改变其形态，即增加了一个人为热源影响系数 ξ，使温度波幅有所增大。我们要求的是融化盘下冻土的最高月平均温度，为了计算方便，只取融化盘下的部分，如图 D-2。其融冻界面的温度波幅为 T，图 D-2 的曲线即温度波幅衰减曲线，其包络部分为冻土温度升高值，稳定融化盘下冻土的年平均温度

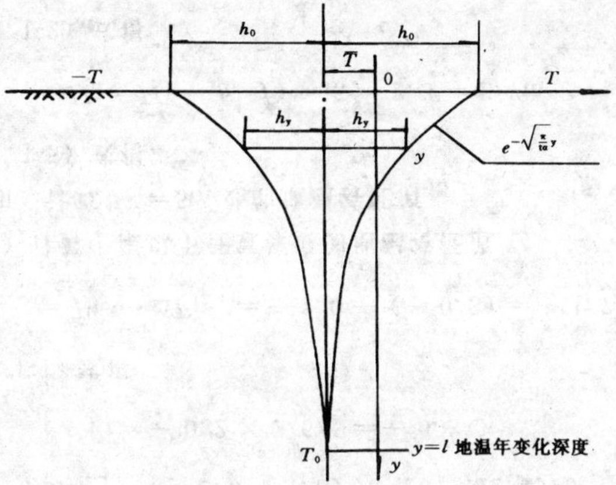

图 D-1 地面温度影响图

$\overline{T}$，也就是融冻界面的温度波幅。它与年平均地温基本相等，故 $T=\overline{T}=T_{cp}$，则稳定融化盘下任一深度 y 处冻土的最高月平均温度：

$$T_y=T_{cp}(1-e^{-\sqrt{\frac{\pi}{t\alpha}}\xi y}) \tag{D-3}$$

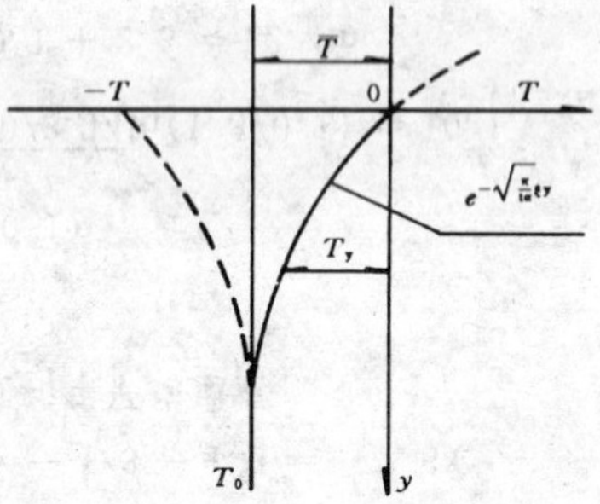

图 D-2 稳定融化盘下温度波向下传播图

式中：T_{cp}——多年冻土的年平均地温（℃）；

t——气温变化周期（h）；

ξ——人为热源影响系数，由规范附录 D 图 D.2.1 查取。

人为热源影响系数 ξ，是根据我们钻探与试验观测资料分析归纳取定的。在多年的观测资料整理时，即发现融化盘下最高月平均地温在同条件下融深越大，其地温就愈高，并和融深 h 与多年冻土地温年变化深度 H 之比值有关。其比值越大，地温越高，因此以此比值来表示 ξ 值，如规范附录 D 图 D.2.1。一般取偏低值

即计算温度稍高于实测值，其原因是我们的试验房屋观测时间尚不够长，融化盘下冻土在长期的热影响下，冻土温度还有微小的升高后才趋于稳定，所以例题中计算温度大都略高于实测值；同时因冻土结构的差异，一幢房屋融化盘断面下的冻土温度也有所不同。如朝晖试验房 8# 住宅融化盘下的最高月平均温度如表D-1，是有差别的，计算温度稍高，是房屋使用期的安全储备。

朝晖 8# 住宅测温断面融化盘下冻土温度（℃）　　表 D-1

深度(m) / 孔号	0.50	1.00	1.50	2.00	2.50	3.00	3.50	4.00	4.50	5.00	附注
2	−0.25	−0.40	−0.50	−0.50	−0.53	−0.60	−0.60	−0.60	−0.60	—	房屋中心南
3	−0.20	−0.30	−0.50	−0.60	−0.50	−0.50	−0.50	−0.60	−0.60	−0.60	房屋中心
4	−0.15	−0.35	−0.70	−0.70	−0.70	−0.60	−0.60	0.700	—	—	房屋中心北

注：观测日期：1976 年 11 月。

一般多年冻土地温年变化深度均在地面 10m 深以下。若融化盘的深度 $h>H$，利用融化盘下冻土作为地基是非常不经济的，并无实际意义。

【例 1】　试求朝晖 10# 住宅 3# 孔融化盘下冻土的最高温度。

资料：$h=7.5\text{m}$，$H=13\text{m}$，$T_{cp}=-1.1℃$，

$t=8760\text{h}$，$\alpha=5.33\times10^{-3}$（中粗砂）m^2/h。

当 $h/H=7.5/13=0.577$ 时，查规范附录 D 图 D.2.1，得 $\xi=0.73$

将以上数值代入公式（D-3）：

$$T_y=T_{cp}(1-e^{-\sqrt{\frac{\pi}{t\alpha}}\xi y})=-1.1(1-e^{-\sqrt{\frac{3.14\times1000}{8760\times5.33}}\times0.73y})$$
$$=-1.1(1-e^{-0.189y})$$

当 $y=0.5\text{m}$，$T_{0.5}=-0.10℃$，实测值（$-0.10℃$）

$y=1.0\text{m}$，$T_{1.0}=-0.19℃$，实测值（$-0.25℃$）

$y=1.5\text{m}$，$T_{1.5}=-0.27℃$，实测值（$-0.40℃$）

$y=2.0\text{m}$，$T_{2.0}=-0.35℃$，实测值（$-0.45℃$）

$y=3.0\text{m}$，$T_{3.0}=-0.48℃$，实测值（$-0.50℃$）

【例 2】　求得尔布尔32号住宅2号孔融化盘下冻土最高温度。

资料：$h=6.0\text{m}$，$H=14\text{m}$，$T_{cp}=-1.2℃$，

$t=8760\text{h}$，$\alpha=3.2\times10^{-3}\text{m}^2/\text{h}$。

当 $h/H=6.0/14=0.43$，查规范附录 D 图 D.2.1，得 $\xi=0.79$，将以上数值代入公式（D-3）：

$$T_y=T_0(1-e^{-\sqrt{\frac{\pi}{t\alpha}}\xi y})=-1.2(1-e^{-\sqrt{\frac{3.14\times1000}{8760\times3.2}}\times0.79y})$$
$$=-1.2(1-e^{-0.264y})$$

当　$y=0.5\text{m}$，$T_{0.5}=-1.20\ (1-e^{-0.264\times0.5})=-0.15℃$，实测值（$-0.20℃$）

$y=1.0\text{m}$，$T_{1.0}=-0.28℃$，实测值（$-0.45℃$）

$y=2.0\text{m}$，$T_{2.0}=-0.49℃$，实测值（$-0.55℃$）

$y=3.0\text{m}$，$T_{3.0}=-0.66℃$，实测值（$-0.70℃$）

附录E　架空通风基础通风孔面积的确定

一、通风基础通风模数 μ_1（规范附录E表E.0.2-1）的确定

1. 我国多年冻土主要分布在东北大小兴安岭、青藏高原及祁连山、天山地区。其共同特点是年平均气温低，冻结期长，降水集中在暖季，年蒸发量很大。但是，东北高纬度区，与西部高山高原区的气候也有很大差异，如东北大小兴安岭地区气温年较差大（70℃～80℃），而日照时数小（2500h/年～2600h/年）；西部高原高山区气温年较差仅50～60℃，日照时数为2600h/年～3000h/年。因此，在相同年平均气温条件下，不同地区的冻结和融化特征有很大差异。所以在表E-1中分别按地区列出通风模数；

2. 多年冻土连续分布性与年平均气温有很大联系，年平均气温又是评价多年冻土稳定状态以及选择各种工程建筑物冻土地基设计状态的重要参数。以东北多年冻土为例，大片连续多年冻土年平均气温约为低于－4.5℃；岛状融区年平均气温约为－2.5℃～－4.5℃；高于－2.5℃为岛状冻土带。因此，确定通风模数时，以年平均气温划分，这样划分在使用上比较方便；

3. 通风模数是根据通风基础与建筑物、地基土以及周围空气在冬季或夏季的热交换来确定通风孔面积大小，并考虑风压及各主导风向频率的影响。通风基础的通风模数计算方法见前哈尔滨建筑工程学院研究资料“多年冻土地区架空通风基础的热工计算”。对东北及西部部分多年冻土地区计算结果列于附录E表E-1。

由表E-1显然可见：当 $\Sigma T_f/\Sigma T_m$ 小于1时是不宜采用保持地基土冻结状态设计的。表E-1中月平均负温度总和为多年平均值的总和，如考虑到每年月平均温度离散情况，其 $\Sigma T'_f/\Sigma T'_m$ 计算

中国东北及西部地区架空通风基础通风模数 μ_1 计算结果　　表E-1

地区	地点	年平均气温℃	冬季月平均气温总和 ΣT_f（℃）	室内温度16℃ 房屋地板热阻 R=0.86 融化深度(m)	$\frac{\Sigma T_f}{\Sigma T_m}$	μ_1/月	R=1.72 融化深度(m)	$\frac{\Sigma T_f}{\Sigma T_m}$	μ_1/月	R=2.58 融化深度(m)	$\frac{\Sigma T_f}{\Sigma T_m}$	μ_1/月
东北大兴安岭	根河	−5.5	−124.9	1.58	3.34	0.0049/12	1.50	4.00	0.0031/12	1.46	4.23	0.0025/12
	漠河	−4.9	−125.2	1.67	3.32	0.0051/12	1.59	3.64	0.0033/12	1.54	3.83	0.0026/12
	呼中	−4.6	−117.8	1.59	3.42	0.0050/12	1.51	3.76	0.0032/12	1.46	3.97	0.0025/12
	满归	−4.6	−121.0	1.66	3.20	0.0054/1	1.58	3.50	0.0033/12	1.50	3.80	0.0025/12
	塔河	−2.8	−101.1	1.76	2.44	0.0087/12	1.64	2.77	0.0053/12	1.57	2.98	0.0041/12
	新林	−3.6	−106.7	1.60	3.05	0.0061/12	1.52	3.34	0.0037/12	1.48	3.53	0.0037/12
	三河	−3.1	−105.6	1.74	2.59	0.0113/12	1.62	2.95	0.0061/1	1.56	3.14	0.0046/1
	阿尔山	−3.3	−99.4	1.60	2.82	0.0093/12	1.52	3.09	0.0059/12	1.48	3.26	0.0047/12
	海拉尔	−2.2	−100.6	1.96	1.98	0.0151/12	1.80	2.31	0.0080/12	1.72	2.52	0.0060/12
	呼玛	−2.1	−102.8	2.04	1.89	0.0144/2	1.88	2.17	0.0072/12	1.80	2.37	0.0054/12
	鄂伦春旗	−2.1	−93.8	1.82	2.11	0.0128/1	1.71	2.38	0.0066/1	1.66	2.50	0.0051/12
	孙吴	−1.6	−94.2	2.07	1.66	0.0250/2	1.92	1.91	0.0109/12	1.86	2.03	0.0083/12
	满洲里	−1.4	−90.7	1.92	1.84	0.0197/12	1.78	2.11	0.0103/12	1.70	2.31	0.0075/12
	博克图	−1.0	−80.7	1.98	1.54	0.0452/2	1.83	1.79	0.0168/12	1.75	1.95	0.0114/12
	小二沟	−0.9	−88.1	1.91	1.81	0.0194/12	1.79	2.03	0.0106/12	1.73	2.16	0.0081/12
	嘉荫	−1.2	−100.8	2.13	1.69	0.0188/2	1.98	1.93	0.0090/12	1.92	2.04	0.0070/12
	逊克	−0.6	−94.6	2.09	1.64	0.0238/2	1.94	1.87	0.0099/12	1.86	2.02	0.0074/12
	嫩江	−0.6	−91.2	2.11	1.56	0.0334/2	1.98	1.75	0.0136/12	1.91	1.87	0.0101/12
	黑河	−0.4	−88.0	2.10	1.51	0.0642/2	1.98	1.69	0.0138/2	1.92	1.78	0.0097/12

续表

地区	地点	室内温度 20℃ R=0.86 融化深度(m)	$\frac{\Sigma T_f}{\Sigma T_m}$	μ_1/月	R=1.72 融化深度(m)	$\frac{\Sigma T_f}{\Sigma T_m}$	μ_1/月	R=2.58 融化深度(m)	$\frac{\Sigma T_f}{\Sigma T_m}$	μ_1/月
东北大兴安岭	根河	1.66	3.30	0.0059/12	1.54	3.83	0.0035/12	1.49	4.08	0.0027/12
	漠河	1.71	3.17	0.0059/12	1.62	3.58	0.0036/12	1.57	3.70	0.0029/12
	呼中	1.63	3.29	0.0057/12	1.55	3.59	0.0035/12	1.49	3.82	0.0028/12
	满归	1.68	3.14	0.0061/1	1.62	3.36	0.0036/12	1.57	3.56	0.0029/12
	塔河	1.79	2.36	0.0099/12	1.69	2.61	0.0060/12	1.62	2.84	0.0046/12
	新林	1.63	2.96	0.0069/12	1.56	3.20	0.0044/12	1.51	3.41	0.0035/12
	三河	1.80	2.43	0.0139/1	1.68	2.77	0.0072/1	1.60	3.03	0.0051/1
	阿尔山	1.65	2.69	0.0108/12	1.56	2.96	0.0066/12	1.51	3.15	0.0052/12
	海拉尔	2.02	1.87	0.0190/12	1.88	2.13	0.0100/12	1.78	2.36	0.0070/12
	呼玛	2.14	1.72	0.0239/2	1.96	2.02	0.0089/12	1.86	2.23	0.0063/12
	鄂伦春旗	1.89	1.97	0.0167/2	1.76	2.24	0.0079/1	1.68	2.44	0.0056/12
	孙吴	2.17	1.52	0.0532/2	2.00	1.77	0.0139/12	1.90	1.95	0.0095/12
	满洲里	2.02	1.68	0.0285/12	1.86	1.95	0.0133/12	1.76	2.16	0.0090/12
	博克图	2.10	1.39	0.0432/2	1.91	1.65	0.0226/12	1.81	1.83	0.0144/12
	小二沟	1.98	1.70	0.0272/2	1.84	1.95	0.0127/12	1.77	2.07	0.0094/12
	嘉荫	2.22	1.56	0.0356/2	2.06	1.80	0.0110/12	1.96	1.96	0.0079/12
	逊克	2.17	1.52	0.0463/2	2.02	1.74	0.0126/12	1.92	1.91	0.0087/12
	嫩江	2.22	1.41	0.1288/12	2.05	1.64	0.0178/12	1.94	1.81	0.0114/12
	黑河	2.20	1.38	—	2.03	1.61	0.0212/2	1.96	1.72	0.0111/12

续表

地区	地点	年平均气温℃	冬季月平均气温总和 ΣT_f (℃)	室内温度 16℃ 房屋地板热阻 R=0.86 融化深度(m)	$\frac{\Sigma T_f}{\Sigma T_m}$	μ_1/月	R=1.72 融化深度(m)	$\frac{\Sigma T_f}{\Sigma T_m}$	μ_1/月	R=2.58 融化深度(m)	$\frac{\Sigma T_f}{\Sigma T_m}$	μ_1/月
祁连山	天峻	−2.0	−61.6	1.40	2.22	0.0214/12	1.10	3.37	0.0086/11	0.95	4.34	0.0071/11
	野牛沟	−3.5	−74.8	1.32	3.07	0.0121/2	0.98	5.05	0.0055/11	0.87	6.18	0.0045/11
	托勒	−3.2	−73.4	1.32	3.01	0.0116/12	0.98	4.96	0.0043/12	0.78	7.13	0.0031/11
天山	乌恰	−3.8	−68.0	1.27	3.03	0.0165/12	0.91	5.31	0.0055/12	0.70	8.10	0.0047/11
	巴布布鲁克	−4.5	−91.6	1.27	4.10	0.0077/12	0.91	7.24	0.0043/11	0.79	9.01	0.0036/11
青藏高原	五道梁	−5.9	−83.7	1.05	5.40	0.0224/10	0.70	10.33	0.0132/10	0.48	17.4	0.0100/10
	沱沱河	−4.0	−74.4	1.23	3.53	0.0122/12	0.86	6.41	0.0062/11	0.66	9.79	0.0051/11
	玛多	−4.0	−72.1	1.32	2.95	0.0146/12	0.98	4.87	0.0055/12	0.82	6.61	0.0049/11
	清水河	−4.9	−77.8	1.36	2.99	0.0155/12	1.04	4.72	0.0063/12	0.86	6.48	0.0053/11
	曲麻莱	−2.6	−60.0	1.40	2.16	0.0275/12	1.10	3.28	0.0097/12	0.93	4.38	0.0071/11
	那曲	−2.1	−57.4	1.45	1.94	0.0321/12	1.16	2.86	0.0110/12	1.01	3.59	0.0069/12
	班戈湖	−2.1	−62.5	1.45	2.11	0.0222/12	1.16	3.11	0.0086/12	1.01	3.91	0.0058/11
	吉迈	−1.4	−49.7	1.58	1.44	0.1498/2	1.26	2.15	0.0161/12	1.12	2.64	0.0085/12
	玛沁	−1.0	−48.9	1.77	1.15	0.2170/12	1.42	1.70	0.0321/2	1.27	2.06	0.0118/12
	申扎	−0.3	−41.5	1.65	1.10	—	1.36	1.56	—	1.21	1.89	0.0376/1

续表

地区	地点	室内温度 20℃								
		$R=0.86$			$R=1.72$			$R=2.58$		
		融化深度(m)	$\frac{\Sigma T_f}{\Sigma T_m}$	μ_1/月	融化深度(m)	$\frac{\Sigma T_f}{\Sigma T_m}$	μ_1/月	融化深度(m)	$\frac{\Sigma T_f}{\Sigma T_m}$	μ_1/月
祁连山	天峻	1.58	1.79	0.0461/2	1.25	2.73	0.0116/12	1.05	3.67	0.0071/11
	野牛沟	1.50	2.44	0.0220/2	1.14	3.98	0.0061/11	0.93	5.54	0.0050/12
	托勒	1.50	2.39	0.0181/12	1.14	3.90	0.0063/12	0.92	5.56	0.0035/12
天山	乌恰	1.45	2.38	0.0288/12	1.07	4.07	0.0083/12	0.84	6.13	0.0050/12
	巴布布鲁克	1.45	3.21	0.0114/12	1.00	6.17	0.0048/11	0.87	7.79	0.0038/11
青藏高原	五道梁	1.22	4.12	0.0267/10	0.85	7.68	0.0153/10	0.62	12.49	0.0114/10
	沱沱河	1.42	2.74	0.0193/12	1.03	4.83	0.0071/11	0.78	7.59	0.0057/11
	玛多	1.50	2.35	0.0233/12	1.14	3.84	0.0078/12	0.92	5.46	0.0049/11
	清水河	1.54	2.39	0.0248/12	1.19	3.76	0.0086/12	0.98	5.22	0.0057/11
	曲麻莱	1.58	1.74	0.0637/2	1.25	2.65	0.0145/12	1.05	3.57	0.0078/12
	那曲	1.62	1.58	0.0348/2	1.30	2.34	0.0168/12	1.11	3.05	0.0091/12
	班戈湖	1.62	1.72	0.0648/12	1.30	2.55	0.0125/2	1.11	3.32	0.0070/12
	吉迈	1.77	1.17	—	1.41	1.76	0.0275/12	1.22	2.27	0.0134/12
	玛沁	1.79	0.93	—	1.60	1.38	—	1.37	1.82	0.0199/2
	申扎	1.86	0.89	—	1.50	1.31	—	1.32	1.63	0.0390/1

注：①热阻 R ($m^2\cdot$℃/W)；
②μ_1—通风模数，$\mu_1=A_v/A$，A_v—通风孔总面积，A—建筑物平面外轮廓面积；
③0.0049/12 为 μ_1/月份；
④风速 $v=2m/s$；
⑤ΣT_f—冬季月平均负气温总和；
⑥ΣT_m—冻结夏季融化层所需的负温度总值。

结果如表 E-2。

由表 E-2 可见，$\Sigma T'_f/\Sigma T'_m$ 小于等于 1.3 时不宜采用保持冻结状态；$\Sigma T'_f/\Sigma T'_m$ 为 1.3～1.45 时通风孔面积已接近敞开情况。上述条件对应于表 E-1 情况则为 $\Sigma T_f/\Sigma T_m$ 小于等于 1.45 和 $\Sigma T_f/\Sigma T_m$ 等于 1.45～1.66；

4. 通风模数 μ_1 按冬季逐月（一般为 11 月至翌年 2 月）计算，并取其大值，月平均风速均折算为 2m/s 计算。因此在确定当地通风模数时乘以 $\frac{2}{v}$，其中 v 为 12 月份多年平均风速。

二、风速调整系数 η_w

根据各地区通风模数计算，大多数最大模数值在 12 月份出现（表 E-1）。另经对冬季各月月平均风速统计分析，每年 12 月风速变异系数比年平均风速的变异系数大，按 $\eta_w=1-\frac{t_a}{\sqrt{n}}\delta$ 计算的风速调整系数则小（表 E-3）。所以在通风模数计算中采用 12 月的风速调整系数，其信度 $\alpha=0.05$，这样计算偏于安全。

三、建筑物平面形状系数 η_f 是考虑计算风压和流体阻力的综合空气动力系数 K_a 的影响。房屋平面为矩形时，$K_a=0.37$；为Π形时，$K_a=0.30$；为 T 形时，$K_a=0.33$；为 L 形时，$K_a=0.29$。现以矩形的建筑物平面形状系数 $\eta_f=1$，则：

Π 形 $$\eta_f=\frac{0.37}{0.30}=1.23$$

T 形 $$\eta_f=\frac{0.37}{0.33}=1.12$$

L 形 $$\eta_f=\frac{0.37}{0.29}=1.28$$

四、相邻建筑物距离影响系数 η_n 是主要考虑相邻建筑物对风的阻挡作用，对风速的影响，使通风基础冬季回冻作用减弱。有的文献指出，当建筑物之间的距离 l 大于等于 $5h$（h—建筑物自地面算起的高度），已无影响。因此当 $l\geqslant 5h$，$\eta_n=1.0$；$l=4h$，$\eta_n=1.2$；$l\leqslant 3h$，$\eta_n=1.5$。

冬季月平均负气温总和的保证率为95%时各地的通风模数 μ_1 计算结果　　表 E-2

地点	保证率为95%时冬季月平均负气温总和 $\Sigma T'_f$（℃）	室内温度16℃						室内温度20℃					
		R=0.86		1.72		2.58		0.86		1.72		2.58	
		$\frac{\Sigma T'_f}{\Sigma T'_m}$	μ_1	$\frac{\Sigma T'_f}{\Sigma T'_m}$	μ_1	$\frac{\Sigma T'_f}{\Sigma T'_m}$	μ_1	$\frac{\Sigma T'_f}{\Sigma T'_m}$	μ_1	$\frac{\Sigma T'_f}{\Sigma T'_m}$	μ_1	$\frac{\Sigma T'_f}{\Sigma T'_m}$	μ_1
博克图	−72.2	1.31	0.3121	1.50	0.0342	1.63	0.0198	1.20	—	1.40	0.1224	1.54	0.0265
黑　河	−79.5	1.32	0.0628	1.50	0.0399	1.58	0.0210	1.21	—	1.40	0.5796	1.54	0.0219
孙　吴	−84.9	1.44	0.0781	1.65	0.0184	1.74	0.0133	1.33	0.1147	1.54	0.0259	1.70	0.0150
嫩　江	−83.7	1.39	0.1153	1.59	0.0191	1.70	0.0134	1.28	—	1.48	0.0320	1.62	0.0163
吉　迈	−44.2	1.03	—	1.51	0.0432	1.82	0.0207	0.84	—	1.23	—	1.60	0.0317
那　曲	−48.4	1.61	0.0721	2.34	0.0181	2.88	0.0106	1.31	0.6696	1.94	0.0298	2.51	0.0146
玛　沁	−40.8	0.90	—	1.29	—	1.55	0.0280	0.74	—	1.07	—	1.38	敞开
申　扎	−33.4	0.83	—	1.14	—	1.36	敞开	0.68	—	0.97	—	1.18	—

注：$\Sigma T'_m$—保证率为95%时冻结夏季融化深度所需的负温度总值。

风速调整系数 η_ω　　表 E-3

地点 \ η_ω/n \ 年月	全年	11月	12月	1月	2月	10月
漠　河	0.97/21	—	0.85/23	—	—	—
塔　河	0.95/9	—	0.89/9	—	—	—
呼　中	0.95/6	—	0.64/6	—	—	—
呼　玛	0.97/27	—	0.86/27	—	0.89/26	—
新　林	0.95/9	—	0.83/9	—	—	—
鄂伦春旗	0.98/10	—	0.91/10	0.92/10	0.93/10	—
三　河	0.91/8	—	0.66/10	0.76/9	—	—
爱　辉	0.96/22	—	0.92/22	—	0.95/22	—
逊　克	0.94/21	—	0.87/22	—	—	—
孙　吴	0.95/25	—	0.90/27	—	0.92/26	—
嫩　江	0.91/28	—	0.87/30	—	0.82/10	—
嘉　荫	0.96/21	—	0.88/21	—	0.91/20	—
满洲里	0.96/8	—	0.90/9	0.90/10	0.95/10	—
海拉尔	0.97/10	—	0.84/10	0.84/10	0.85/10	—
阿尔山	0.94/10	—	0.97/10	—	—	—
博克图	0.94/10	—	0.92/10	—	0.91/10	—
乌　恰	0.94/10	0.88/10	0.85/10	—	—	—
五道梁	0.89/10	—	0.82/10	—	—	0.88/10
玛　多	0.88/10	0.81/10	0.73/10	—	—	—
吉　迈	0.85/10	—	0.78/10	—	0.84/10	—
那　曲	0.91/10	—	0.70/10	—	0.89/10	—
斑戈湖	0.86/4	0.44/4	0.15/4	—	0.74/5	—

注：n 为统计年数。

五、计算参数

在确定通风模数 μ_1 时，所用计算参数如下：

1. 建筑物平面为矩形，长度 $l=40$m，宽度 $b=10$m；

2. 通风基础围护结构厚度为 0.62m，高度为 1m；热阻 $R_2=0.86$m²·℃/W；

3. 融冻层按富冰冻土计，土中水含量 $w=370$kg/m³；

4. 土的导热系数 $\lambda_u=1.36$W/m·℃；冻土导热系数 $\lambda_f=2.04$W/m·℃；冻土导温系数 $\alpha=0.004$m²/h；

5. 地基融化时土表面放热系数及通风空间空气向楼板放热系数 $\alpha_u=11.36$W/m²·℃；地基冻结时土表面放热系数 $\alpha_f=17.04$W/m²·℃；土的起始冻结温度 $T_b=-0.5$℃。

六、不同参数对通风模数的影响

对东北塔河地区不同参数计算结果列于表 E-4。

塔河地区不同参数通风模数 μ_1 **表 E-4**

房间温度（℃）	地板热阻 R	w (kg/m³)	建筑物平面尺寸 $l\times b$ (m²)	λ_u (W/m·℃)	λ_f (W/m·℃)	放热系数 α_u (W/m²·℃)	最大融化深度 (m)	冻结融化层所需负温度总和 ΣT_m(℃)	通风模数 μ_1/月
20	0.86	370	40×10	1.36	2.04	11.36	1.79	−42.8	0.0099/12
		200	40×10	1.36	2.04	11.36	2.54	−45.1	0.0094/12
		370	20×6	1.36	2.04	11.36	1.79	−43.1	0.0083/12
		370	40×10	1.70	2.50	11.36	1.90	−40.5	0.0095/12
		370	40×10	1.36	2.04	6.82	1.71	−39.5	0.0087/12

由表 E-4 可见，在同一地区，不同参数对通风模数的影响甚小。

七、满归架空基础试验房屋实例

1974 年齐铁科研所等单位在满归修建一栋架空通风基础试验房屋。建筑物矩形平面，$l\times b=19.09\times6.11$m²；毛石条形基础，

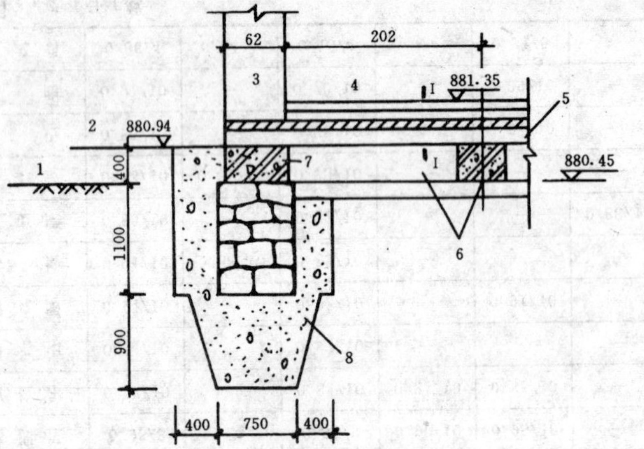

a）架空通风基础

1—原地面；2—室外地面；3—外墙；4—室内地面；5—通风孔；6—地基梁；7—钢筋混凝土圈梁；8—砂砾石垫层

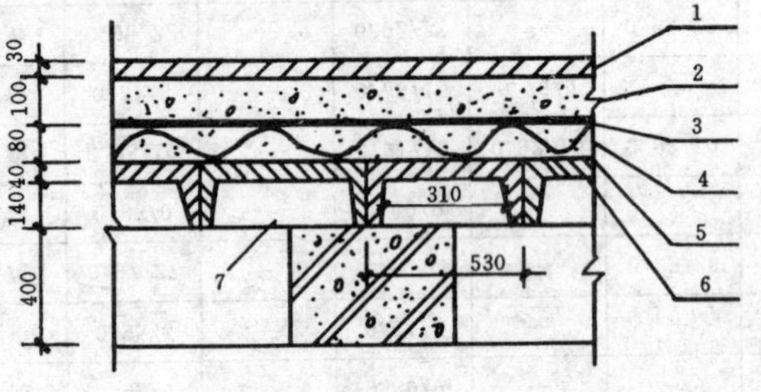

b）剖面 1-1（保温地面构造图）

1—水泥砂浆面层；2—炉碴石灰；3—油毡纸；4—珍珠岩粉保温层；5—涂刷沥青防潮层；6—钢筋混凝土槽形板；7—通风孔

图 E　架空通风基础构造图

其上 0.4m 钢筋混凝土圈梁，基础换填砂砾石 0.9m，见图 E*a*）；通风孔由钢筋混凝土槽形板构成，见图 E*b*），通风孔总面积 $A_v=$

$0.31 \times 0.14 \times 2 \times 33 = 2.86m^2$，通风模数为 $\mu_1 = \frac{A_v}{lb} = 2.86/19.09 \times 6.11 = 0.0245$。通风基础高度为 0.54m，有效高度 $h=0.14m$（因有 0.4m 高的地梁），$\frac{h}{b} = \frac{0.14}{6.11} = 0.023$，满足大于 0.02 的要求。

满归地区冻土厚度大于 20m，多年冻土上限 2.30～3.80m，多年冻土年平均温度（14～18m）为－1.1～－1.7℃，地表下 3.2m 范围内单位立方米含水量 $w=270kg/m^3$，$\lambda_u=1.73W/m \cdot ℃$，$\lambda_f=2.39W/m \cdot ℃$，$\alpha=0.0047m^2/h$；起始冻结温度 $T_b=-0.1℃$；室内空气温度为 19.8℃，地板热阻经计算 $R=1.55m^2 \cdot ℃/W$。

经观测，建筑物于 1975 年 4 月开始融化，至 9 月达最深；11 月开始回冻至翌年 1 月底融土全部冻结。各月末融化深度和冻结深度的平均值（自通风空间地面算起）见表 E-5。

满归架空基础试验房屋实测与计算比较　　表 E-5

冻融 / 月末 / 项目	融化深度 (m)							回冻深度 (m)			通风模数
	4	5	6	7	8	9	10	11	12	1	
实测值	0.60	0.91	1.65	2.19	2.52	2.74	2.74	1.61	2.27	2.74	0.0245
计算值	0.37	0.83	1.42	1.88	2.20	2.35	2.35	0.35	1.60	2.35	0.0214

由表 E-5 可见：试验房屋的通风模数与计算值很相近。融化深度计算与实测值比较，相差 14.2%。

附录 F　多年冻土地基静载荷试验

一、冻土变形特性

冻土是由固相（矿物颗粒、冰）、液相（未冻水）、气相（水气、空气）等介质所组成的多相体系。矿物颗粒间通过冰胶结在一起，从而产生较大的强度。由于冰和未冻水的存在，它在受荷下的变形具有强烈的流变特性。图 F*a*）为单轴应力状态和恒温条件下冻土典型蠕变曲线，图 F*b*）表示相应的蠕变速率 $\frac{d\varepsilon}{dt}$ 对时间的关系。图中 *OA* 是瞬间应变，以后可以看到三个时间阶段。第Ⅰ阶段 *AB* 为不稳定的蠕变阶段，应变速率是逐渐减小的；第Ⅱ阶段 *BC* 为应变速率不变的稳定蠕变流，*BC* 段持续时间的长短，与应力大小有关；第Ⅲ阶段为应变速率增加的渐进流，最后地基丧失稳定性，因此可以认为 *C* 点的出现是地基进入极限应力状态。这样，不同的荷载延续时间，对应于不同的抗剪强度。相应于冻土稳定流为无限长延续的长期强度，认为是土的标准强度，因为在稳定蠕变阶段中，冻土是处于没有破坏而连续性的粘塑流动之中，只要转变到渐进流的时间超过建筑物的设计寿命以及总沉降量不超过建筑物地基容许值，则所确定地基强度限度是可以接受的。

二、冻土抗剪强度不仅取决于影响未冻土抗剪强度的有关因素（如土的组成、含水量、结构等），还与冻土温度及外荷作用时间有关，其中负温度的影响是十分显著的。根据青藏风火山地区资料，在其他条件相同的情况下，冻土温度－1.5℃时的长期粘聚力 $c_l=82kPa$，而－2.3℃时 $c_l=134kPa$，相应的冻土极限荷载 P_u 为 420kPa 和 690kPa。可见，在整个试验期间，保持冻土地基天然状态温度的重要性，并应在量测沉降量的同时，测读冻土地基在 1～1.5*b* 深度范围内的温度（*b*—为基础宽度）。

三、根据软土地区载荷试验资料，承压板宽度从 500mm 变化到 3000mm，所得到的比例极限相同，$P_{0.02}$变化范围在 100～140kPa，说明土内摩擦角较小时，承压板面积对地基承载力影响不大。冻土与软土一样，一般内摩擦角较小或接近零度，因而实用上也可忽略承压板面积大小对承载力的影响，另外冻土地基强度较高，增加承压板面积，使试验工作量增加。因此，附录 F 中规定一般承压板面积为 0.25m²。

四、冻土地基荷载下稳定条件是根据地基每昼夜累计变形值：

1. 中国科学院兰州冰川冻土研究所吴紫汪等的研究认为，单轴应力下冻土应力—应变方程可写成

$$\text{应变}\ \varepsilon = \delta|T|^{-\gamma}t^{\beta}\sigma^{\alpha} \tag{F-1}$$

式中 δ——土质及受荷条件系数，砂土$\delta=10^{-3}$，粘性土$\delta=(1.8\sim2.5)\times10^{-3}$；

T——冻土温度（℃）；

γ——试验系数，$\gamma\approx2$；

t——荷载作用时间（min）；

β——试验常数，β为 0.3；

σ——应力（kPa）；

α——非线性系数，一般α为 1.5。

半无限体三向应力作用时地基的应变ε'按弹性理论有：

$$\varepsilon' = \varepsilon\left(1-\frac{2\nu^2}{1-\nu}\right)\omega \tag{F-2}$$

式中 ν——冻土泊松比，取$\nu=0.25$；

ω——刚性承压板沉降系数，方形时ω为$\frac{\sqrt{\pi}}{2}$，圆形时ω为$\frac{\pi}{4}$。

近似地取 1.5 倍承压板宽度 b 作为载荷试验影响深度 h，则承压板沉降值 s 为：

$$s = 0.8982\varepsilon' h \tag{F-3}$$

式中 0.8982 为考虑半无限体应力扩散后 1.5b 范围内的平均应力系数，应力σ取预估极限荷载 P_u 的 1/8。

按式（F-1）～（F-3）计算加载 24h 后的沉降值见表 F-1；

荷载试验加载 24h 沉降值 s 表 F-1

温度（℃） / s (mm) / 土类	−0.5	−1.0	−2.5	−4.0	注
粗砂	27.7	10.3	3.1	1.6	按式（F-1）～（F-3）
细砂	12.9	5.0	1.8	0.9	按式（F-1）～（F-3）
粗砂（渥太华）	0.9	0.8	0.6	0.5	按式（F-3）～（F-4）
细砂（曼彻斯特）	0.6	0.5	0.4	0.3	按式（F-3）～（F-4）
粘土	23.2	8.1	2.6	1.9	按式（F-1）～（F-3）
含有机质粘土	15.0	5.8	2.1	1.4	按式（F-1）～（F-3）
粘土（苏菲尔德）	5.2	4.6	3.3	1.8	按式（F-3）～（F-4）
粘土（巴特拜奥斯）	2.5	1.9	1.7	1.0	按式（F-3）～（F-4）

2. 美国陆军部冷区研究与工程实验室提供的计算第Ⅰ蠕变阶段冻土地基蠕变变形经验公式为：

$$\varepsilon = \left[\frac{\sigma t^{\lambda}}{\omega(T-1)^{\beta}}\right]^{\frac{1}{\alpha}} + \varepsilon_0 \tag{F-4}$$

式中 ε——应变；

ε_0——瞬时应变，预估时可不计；

T——温度低于水的冰点的度数（℃）；

σ——土体应力，取预估极限荷载 P_u 的$\frac{1}{8}$，(kPa)；

λ、α、β、ω——取决于土性质的常数，对表 F-2 中几种土给出λ、α、β和ω的典型值；

t——时间（h）。

求得应变ε值后，仍用式（F-3）计算加载 24h 后冻土地基沉降 s 值，计算结果见表 F-1。

分析上述两种预估冻土地基加载 24h 后的沉降值，对砂土取 0.5mm，对粘性土取 1.0mm 是能保证地基处于第Ⅰ蠕变阶段工

作的。

式（F-4）中土性质常数典型值　　表 F-2

土　　类	λ	α	β	ω	注
粗砂（渥太华）	0.35	0.78	0.97	5500	
细砂（曼彻斯特）	0.24	0.38	0.97	285	
粘土（苏菲尔德）	0.14	0.42	1.00	93	
粘土（巴特拜奥斯）	0.18	0.40	0.97	130	维亚洛夫（1962 年资料）

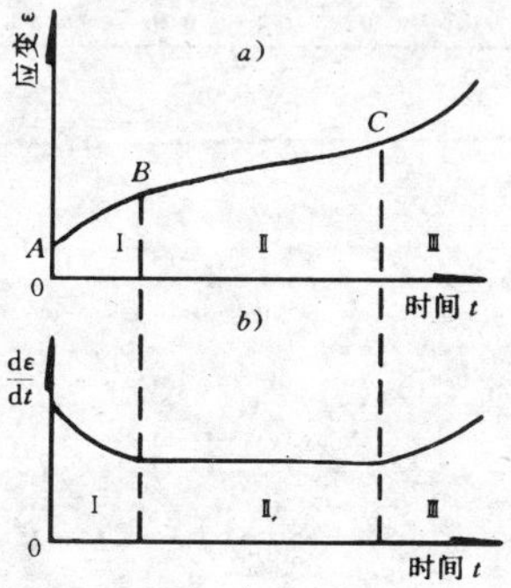

图 F　冻土蠕变曲线示意图

a）冻土典型蠕变曲线；b）蠕变速率与时间的关系

附录 H　多年冻土地基单桩竖向静载荷试验

1. 多年冻土地基中桩的承载能力由桩侧冻结力和桩端承载力两部分组成。在桩施工过程中，多年冻土的热状况受到干扰，桩周多年冻土温度上升，甚至使桩周多年冻土融化。钻孔插入桩和钻孔灌注桩，由于回填料和混凝土带入大量热量以及混凝土的水化热，对多年冻土的热状态干扰更大。在施工结束时，桩与地基土并未冻结在一起，也就是说，桩侧冻结力还没有形成。所以桩不具备承载能力。只有在桩周土体回冻，多年冻土温度恢复正常后，桩才能承载。因此，在多年冻土中试桩时，施工后，需有一段时间让地基回冻。这段时间的长短与桩的种类和冻土条件有关。一般来讲，钻孔打入桩时间较短，钻孔插入桩次之，钻孔灌注桩时间最长。多年冻土温度低时，回冻时间短，反之，则回冻时间长。据铁道部科学研究院西北分院在青藏高原多年冻土区的试验，钻孔打入桩经 5～11d 基本可以回冻，钻孔插入桩则要 6～15d，而钻孔灌注桩需 30～60d。因此，在多年冻土区试桩时，应充分考虑桩的回冻时间。据前苏联资料，桩经过一个冬天后，可以得到稳定的承载力。

2. 冻土的抗压强度和冻结强度都是温度的函数，它们随温度的升高而降低，随温度的降低而增大，特别在冻土温度较高的情况下，变化尤为明显。地基中多年冻土的温度在一年中是随气温的变化而周期性变化的。在夏季末冬季初，多年冻土温度达最高值，冻土抗压强度和冻结强度达到最小值，这是桩工作最不利的时间，试桩应选在这个时候。如果试桩较多，施工又能保证桩周条件基本一致时，也可在其他时间试桩，这时可找出桩的承载力与冻土温度的关系，从而找出桩的最小承载力。

3. 单桩试验方法很多，最常用的有蠕变试验法、慢速维持荷载法和快速维持荷载法。蠕变试验法由于用桩多、时间长，试验期间冻土条件变化过大，所以较少采用。慢速维持荷载法和快速维持荷载法，可以克服蠕变试验法的某些缺点，因此，是多年冻土地基单桩荷载试验经常采用的方法。近年来，为了尽量缩短试验时间，在美国和俄国多采用快速维持荷载法。

据美国陆军工程兵团寒区研究与工程实验室资料，试桩时，每24h 加一级荷载，每级 100kN，直到破坏。破坏标准取桩头总下沉超过 1.5in（38.1mm）为准。在俄国，等速加载法按如下标准进行；荷载：第一级为计算承载力的一半，以后各级均为 0.2 倍计算承载力，级数不少于 6～7 级；砂类土每 24h 加一级，粘土类土每 48h（或 72h）加一级。破坏标准：桩产生迅速流动。据铁道部科学研究院西北分院试验，当加荷速度大于 2.4h/kN 后，冻结强度随加荷速度的变化就较小了，见图 H。

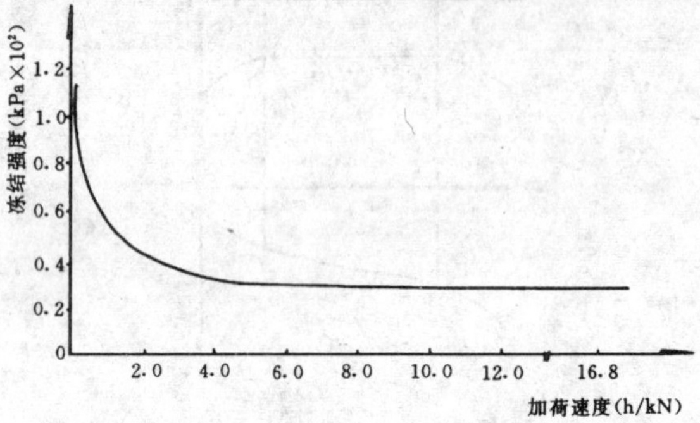

图 H　冻结强度与加荷速度的关系

综合上述资料，附录 H 中规定快速维持荷载时，加载速度不得小于 24h 加一级。

采用快速维持荷载法确定承载力时，假定等速流动速度等于零时的荷载为基本承载力。也就是说，在该荷载作用下，桩—地基系统只产生衰减蠕变。

慢速维持荷载法的稳定标准是根据前苏联 1962 年《多年冻土桩基设计和修建细则》中提出的标准确定的，铁道部科学研究院西北分院在多年冻土区桩基试验中，亦采用了这一标准，即 0.5mm/d。该细则的编制者认为 0.5mm/d 这个值是稳定蠕变与前进流动的界限。也就是说，当桩在荷载作用下，其蠕变下沉速度超过 0.5mm/d 时，桩将进入前进流动而破坏。

附录J 热桩、热棒基础计算

1. 热虹吸—地基系统工作时，其热量的传递过程是十分复杂的。它包括热量传递的三种基本形式，即包括传导、对流和辐射。在蒸发段，土体和器壁中为传导传热；在器壁与液体工质间为对流换热；在蒸汽与液体工质间为沸腾传热。在冷凝段，汽体工质与冷凝液膜之间为冷凝传热；冷凝液膜与器壁之间为对流换热；在冷凝器壁中为传导传热；冷凝器与大气之间为对流换热和辐射传热。热虹吸的传热量取决于总的传热系数。也就是说，取决于上述各部分的热阻和温差。土体热阻与器壁热阻相比，土体热阻要大得多。以外径0.4m、壁厚0.01m的钢管热桩为例，若蒸发段埋入多年冻土中7m，在传热影响半径为1.5m时，土体的热阻为0.0231h·℃/W；而管壁的热阻仅为0.0000257h·℃/W；即管壁的热阻仅为土体热阻的1/800。在各接触面的对流换热热阻中，以冷凝器与大气接触面的热阻最大，据计算，该热阻约为液体工质与管壁接触面热阻的20倍。而蒸发与冷凝热阻则更小，约为冷凝器与大气接触面热阻的1/400～1/1000。所以，在实际计算中，忽略其他热阻，仅采用土体热阻和冷凝器的放热热阻对于工程应用来讲，是完全可以满足要求的。

2. 这里的冷凝器放热系数是冷凝器的总放热系数，它包括对流放热系数和辐射放热系数。放热系数也叫换热系数或授热系数。它的值不仅与接触面材料的性质有关，而且与接触面的形状、尺寸大小以及液体和气体流动的条件有关。特别与液体或气体流动的速度有着密切关系。流动物体的状态参数（如温度、密度）以及物体的性质（如粘滞性、热传导性等）都对放热系数有很大影响。因此，对于不同类型的冷凝器和不同的表面处理方法，都应进行试验，以确定相应的放热系数。

有效率e是指冷凝器的实际传热量与全部叶片都处于基本温度时可传递热量之比。无叶片的钢管冷凝器，其有效率$e=1$。在冷凝器风洞试验中，我们确定的是eh与风速v的关系。

3. 土体热阻计算公式摘自美国土木工程协会出版的“冻土工程中的热设计问题”一书。

热虹吸的冻结半径除决定于热虹吸本身的传热特性外，还与土体的含水量，密度以及冻结指数有着密切关系，可由规范附录J（J.0.6）式的超越方程求出。在东北大小兴安岭和青藏高原，其冻结半径一般在1m左右。在多年冻土中使用时，其传热半径约1.5m左右。规范附录J图J.0.6中冻结指数与冻结半径的关系是用铁道部科学研究院西北分院生产的热虹吸经试验做出的。

4. 使用热虹吸的桩基础，在冬季可使桩周和桩底的多年冻土温度大幅度降低。但在夏季，冻土温度将迅速升高，至秋末，桩周多年冻土温度的升高值，具有关资料介绍，不会超过1℃。但地温的这种升高仍可使桩的承载能力有明显增加，并可有效地防止多年冻土退化。

5. 钢管和混凝土桩的放热系数未进行过试验，在计算中假定与已试验的冷凝器相同。这种假定是偏于安全的，据美国阿拉斯加北极基础有限公司资料，无叶片的钢管冷凝器，其放热系数约为叶片式冷凝器放热系数的两倍。

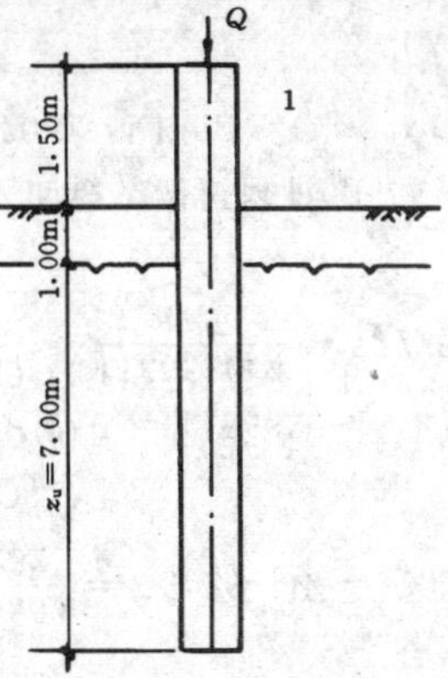

图J-1 钢管热桩计算示意图

1—冷凝面积1.88m²；2—λ=1.977W/m·℃；3—平均地温−3.0℃

6. 热桩、热棒基础计算算例

（1）一钢管热桩的计算

设有一直径0.40m的钢管热桩埋于多年冻土中，用来承担上部结构荷载和稳定地基中的多年冻土（图J-1）。求该热桩的年近似传热量和桩周冻土地基的温度降低值。冻结期为 240d，冻结期平均气温为－10.5℃，平均风速为 5.0m/s，平均地温－3.0℃，多年冻土上限埋深 1.0。

题解：

1）绘热流程图：

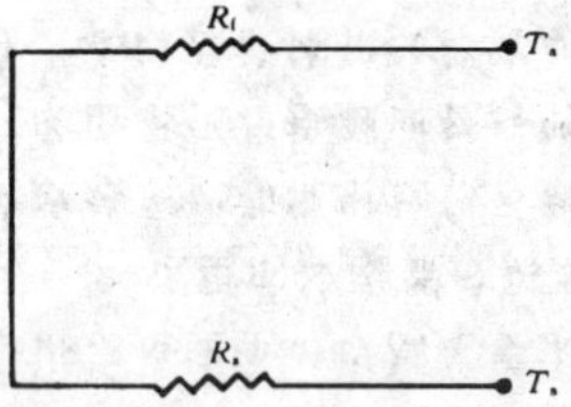

图 J-2　钢管热桩—地基系统热流程图

由于活动层较薄，且活动层的冻结主要由于来自大气层的冷量，故在计算热桩传热时予以忽略。这样，在热桩—地基系统中，多年冻土是唯一的热源，钢管冷凝段是唯一的热汇，即多年冻土中的热量传至热桩，使液体工质蒸发，气体工质携带热量上升至冷凝段，将热量传给钢管散发至大气中，气体工质冷凝成液体。据此，可以绘出热流程图如图 J-2 所示。

单位时间的传热量为：

$$q = \frac{T_s - T_a}{R_f + R_s} \tag{J-1}$$

2）计算冷凝段的热阻 R_f：

在该算例中冷凝器为裸露的钢管。据有关资料分析，裸露钢管的放热系数较叶片式散热器大，为安全起见，这里采用铁道部科学研究院西北分院提出的叶片散热器计算公式，即规范附录 J 公式（J.0.4-2），进行计算，即：

$$eh = 2.75 + 1.51v^{0.2} \tag{J-2}$$

将 $v=5.0$ 代入，得 $eh = 4.83\text{W/m}^2\cdot℃$

所以，
$$R_f = \frac{1}{Aeh} = \frac{1}{1.88 \times 4.83} = 0.1101℃/\text{W} \tag{J-3}$$

3）计算土体热阻 R_s：

假定冻结期的平均传热半径为 1.5m

则，

$$R_s = \frac{\ln\left(\frac{r}{r_0}\right)}{2\pi\lambda z} \tag{J-4}$$

$$= \ln(1.5/0.2)/2 \times \pi \times 1.977 \times 7 = 0.0232℃/\text{W}$$

4）计算热桩的热流量 q：

$$q = \frac{T_s - T_a}{R_f + R_s} = \frac{-3.0-(-10.5)}{0.1101+0.0232} = 56.26 \quad W = 202.54\text{kJ/h}$$

5）计算冻结期的总传热量 Q：

$$Q = qt = 202.54 \times 24 \times 240 = 1166630.4 \quad \text{kJ}$$

热桩的年近似传热量 $Q_a = \frac{Q}{\psi_Q} = \frac{1166630.4}{1.5} = 777753.6 \quad \text{kJ}$

式中　ψ_Q——传热折减系数。

6）计算冻结期桩周冻土地基的最大温度降低值 T：

设冻土的体积热容量 $C=2470.2\quad \text{kJ/m}^3\cdot℃$

传热范围内的冻土体积为：

$$V = \pi(r^2 - r_0^2)z_u \tag{J-5}$$

$$= 3.1415 \times (1.5^2 - 0.2^2) \times 7$$

$$= 48.6\text{m}^3$$

$$T = \frac{Q_a}{VC} = \frac{777753.6}{48.6 \times 2470.2} = 6.5℃$$

即在冻结期内可使桩周冻土地温降低约 6.5℃。

（2）填土地基的计算

今有一填土地基采暖房屋，为防止地基中的多年冻土融化和退化，保持多年冻土地基的稳定性，采用在地基中埋设热棒，将地坪传下去的热量带出，求热棒的合理间距和多年冻土地基的最大温降。有关计算参数如图 J-3。

题解：

1）绘制热流程图

从图 J-3 可以看出，该系统存在两个热源（室内采暖和多年冻土）和一个热汇（热棒），据此，可以绘出热流程图如图 J-4。

图中 R_c 为混凝土层热阻，R_1 为隔热层热阻，R_G 为砾石垫层

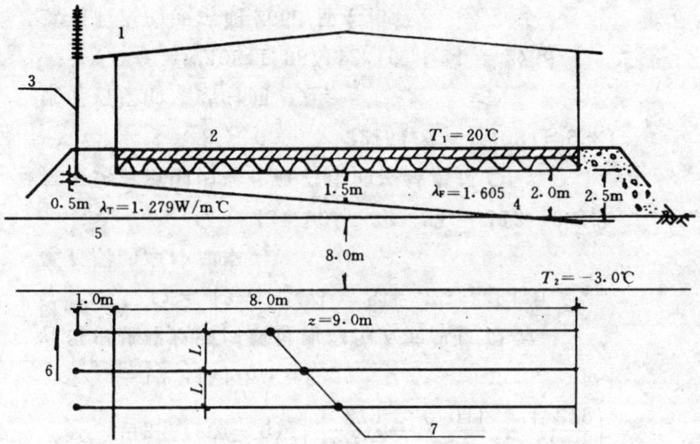

图 J-3 热棒填土地基计算示意图

1—$T_a=-10.5$℃，冻结期 265d；2—地坪 150mm 混凝土，$\lambda_c=1.279$W/m·℃；200mm 聚乙烯泡抹塑料，$\lambda_p=0.041$W/m·℃；3—热棒；冷凝器面积 $A=6.24\text{m}^2$；4—砾石垫层；5—亚粘土 $\lambda_{fp}=1.977$W/m·℃；6—风速 $v=5.0$m/s；7—蒸发器 $\phi=60$mm

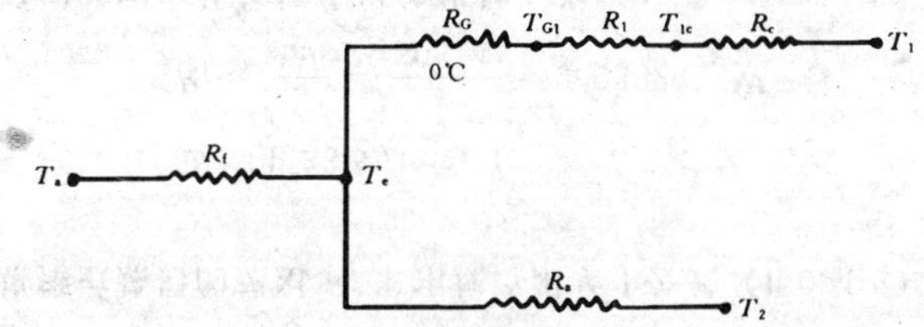

图 J-4 热棒填土地基系统热流程图

热阻，R_s 为冻结亚粘土层热阻。T_{1c} 为混凝土层底面温度，T_{G1} 为隔热层底面温度。

温度与热阻的关系为：

$$\frac{T_e-T_a}{R_f}=\frac{T_1-T_e}{R_c+R_1+R_G}+\frac{T_2-T_e}{R_s} \quad \text{(J-6)}$$

2）计算砾石垫层夏季的融化深度

计算土体融化深度有许多方法，这里采用多层介质的修正的伯格伦方程来求解碎石填土层的融化深度。

$$\Sigma T_m=\frac{L_n d_n}{24\times 3.6\lambda_1^2}\left(\Sigma R_{n-1}+\frac{R_n}{2}\right) \quad \text{(J-7)}$$

式中 ΣT_m——融化指数（℃·d）；

L_n——第 n 层的体积潜热；

λ_1——伯格伦方程修正系数，由 λ 诺模图查取，这里取 $\lambda_1^2=0.96$；

d_n——第 n 层的融化厚度；

R_n——第 n 层的热阻。

设融化期为 100d，则地坪表面的融化指数为：

$$\Sigma T_m=(20-0)\times 100=2000\text{℃}\cdot\text{d}$$

$$L_n=32154.6\text{kJ/m}^3$$

$$\Sigma R_{n-1}=\frac{0.15}{1.279}+\frac{0.2}{0.041}=4.9953\text{℃}\cdot\text{m}^2/\text{W}$$

$$R_n=\frac{d_n}{\lambda_n}=\frac{d_n}{1.279}\text{℃}\cdot\text{m}^2/\text{W}$$

将上面各值代入方程（J-7），得出一个 d_n 的二次方程：

$$151.6d_n^2+1936.5d_n-2000=0$$

解上面方程得：

$$d_n=0.96\text{m}$$

3）计算砾石层的回冻：

在计算砾石层的回冻时，假定来自冻结层的热流是微不足道的，故仅考虑热流程图的上半部。

现取二分之一融深处截面进行计算，即在回冻过程中，假定二分之一融深处的温度为 0℃。

这样，从二分之一融深面到热棒蒸发器中截面的平均距离 S 为：

$$S=1.50-0.48=1.02\text{m}$$

因 $q_d = 0$

所以 $$\beta_u = 2\left(\frac{q_u}{q_u + q_d}\right) = 2$$

设热棒的间距 $L=3.0\text{m}$

令 $D = 0.06\text{m}; \lambda_u = 1.605\text{W/m}\cdot\text{℃}, z = 9.0\text{m}$

则 $$R_u = \frac{\ln\left[\frac{2L}{\pi D}\sinh\left(\frac{\beta_u \pi z_u}{L}\right)\right]}{\beta_u \pi \lambda_u z} = 0.0539\text{℃/W} \quad \text{(J-8)}$$

热棒散热器的热阻 R_f 采用规范附录 J 公式（J.0.4-2）计算，得：

$$eh = 4.83\text{W/m}^2\cdot\text{℃}$$

$$R_f = \frac{1}{Aeh} = \frac{1}{30.14} = 0.0332\text{℃/W}$$

单位时间内从热棒传出的热量 q 为：

$$q = \frac{T_s - T_a}{R_u + R_f} = \frac{0-(-10.5)}{0.0539 + 0.0332} \times 3.6 = 434.00\text{kJ/h}$$

通过单位面积地坪和已融砾石层上部在单位时间内传入的热量 q_1 为：

$$q_1 = (T_a - T_s)/(R_c + R_1 + R_G) \quad \text{(J-9)}$$

$$= 3.6(20-0)\Big/\left(\frac{0.15}{1.279} + \frac{0.2}{0.041} + \frac{0.48}{1.279}\right)$$

$$= 13.41\text{kJ/h}\cdot\text{m}^2$$

在每根热棒范围内通过地坪传入的热量 Q 为：

$$Q = 13.41 \times 3 \times 8 = 321.84\text{kJ/h}$$

砾石层的净冷却率为：

$$q_2 = q - Q = 434.00 - 321.84 = 112.16\text{kJ/h}$$

每根热棒范围内融化砾石层的冻结潜热 Q_1 为：

$$Q_1 = 3 \times 8 \times 0.96 \times 32154.6 = 740841.98\text{kJ}$$

则砾石层的冻结时间 t 为：

$$t = 740841.98/112.16 \times 24 = 275\text{d}$$

这与假设的冻结期 265d 基本相等。

若采用安全系数为 1.5，则热棒间距为：

$$L = 3/1.5 = 2\text{m}$$

按新间距计算，得：

$$R_u = 0.0613\text{℃/W}$$

$$q = 400.00\text{kJ/h}$$

$$Q = 13.41 \times 2 \times 8 = 214.56\text{kJ/h}$$

$$q_2 = q - Q = 185.44\text{kJ/h}$$

$$Q_1 = 2 \times 8 \times 0.96 \times 32154.6 = 493894.66\text{kJ}$$

$$t = 493894.66/185.44 \times 24 = 111\text{d}$$

即采用间距 $L=2\text{m}$ 时，砾石层的回冻时间为 111d

4）砾石层回冻后的传热

计算各层的热阻：

设：$\beta_u = 1.60, \beta_d = 0.40$

则：

$$R_u = \frac{\ln\left[\frac{2L}{\pi D}\sinh\left(\frac{\beta_u \pi S}{L}\right)\right]}{\beta_u \pi \lambda_u z}$$

$$= \frac{\ln\left[\frac{2\times 2}{\pi \times 0.06}\sinh\left(\frac{1.6\times\pi\times 1.5}{2}\right)\right]}{1.6\times\pi\times 1.605\times 9}$$

$$= 0.0843\text{℃/W}$$

$$R_d = \frac{\ln\left[\frac{2L}{\pi D}\sinh\left(\frac{\beta_d \pi d}{L}\right)\right]}{\beta_d \cdot \pi \cdot \lambda_d \cdot z}$$

$$= \frac{\ln\left[\frac{2\times 2}{\pi \times 0.06}\sinh\left(\frac{0.4\times\pi\times 8.5}{2}\right)\right]}{0.4\times\pi\times 1.977\times 9}$$

$$= 0.344\text{℃/W}$$

$$R_c = \frac{0.15}{1.279\times 16} = 0.0073\text{℃/W}$$

$$R_1 = \frac{0.2}{0.041\times 16} = 0.3049\text{℃/W}$$

$$R_f = 0.0332℃/W$$

计算蒸发温度 T_e：

$$T_e = \frac{\frac{T_a}{R_f} + \frac{T_1}{R_c + R_1 + R_u} + \frac{T_2}{R_d}}{\frac{1}{R_f} + \frac{1}{R_c + R_1 + R_u} + \frac{1}{R_d}} \tag{J-10}$$

$$= \frac{\frac{-10.5}{0.0332} + \frac{20}{0.0073 + 0.3049 + 0.0843} + \frac{-3.0}{0.344}}{\frac{1}{0.0332} + \frac{1}{0.0073 + 0.3049 + 0.0843} + \frac{1}{0.344}}$$

$$= -7.71℃$$

计算从上下界面流入热棒的热量 q_u 和 q_d：

$$q_u = \frac{T_1 - T_e}{R_c + R_1 + R_u} = \frac{27.71}{0.3965} \times 3.6 = 251.6\text{kJ/h}$$

$$q_d = \frac{T_2 - T_e}{R_d} = \frac{4.71}{0.3440} \times 3.6 = 49.29\text{kJ/h}$$

重新计算 β_u 和 β_d

$$\beta_u = \frac{2q_u}{q_u + q_d} = 1.67$$

$$\beta_d = \frac{2q_d}{q_u + q_d} = 0.33$$

与假设的 $\beta_u = 1.60$ 和 $\beta_d = 0.40$ 基本相符，即砾石层回冻后，每根热棒每小时可以从地基中带出 300.89kJ 的热量，其中 42.29kJ 是用于地基的过冷却。

5）计算地基的过冷却：

热棒在冻结期可提供地基的过冷却冷量为：

$$Q_0 = 42.29 \times 24 \times (265 - 111) = 156303.8\text{kJ}$$

若这些冷量用于冷却热棒下 8m 以内的地基，则可使地基土温度降低值为：

设亚粘土冻结状态的热容量为 $2386\text{kJ/m}^3 \cdot ℃$

则 $\Delta T = 156303.8/(8 \times 2 \times 8 \times 2386) = 0.51℃$

即除使砾石层回冻外，还可使地基温度降低 0.51℃。

（3）钢筋混凝土桩的计算：

设有一钢筋混凝土桩，内径 200mm，外径 400mm，埋深 8m，在桩中插入热棒一根（图 J-5），热棒外径 60mm，桩内长度 8m，散热器面积 6.14m^2。求热棒的年近似传热量和桩周冻土的最大温度降低值。该处冻结期平均气温 −10.5℃，平均地温为 −3.0℃。平均风速为 5.0m/s。冻结期 240d。

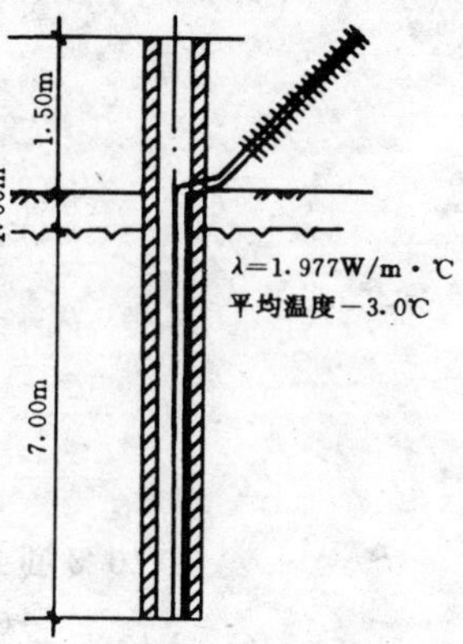

图 J-5　钢筋混凝土热桩计算示意图

题解：设钢筋混凝土导热系数 $\lambda = 1.547\text{W/m} \cdot ℃$

冻土导热系数 $\lambda = 1.977\text{W/m} \cdot ℃$

1）绘热流程图：

由于活动层较薄，且它的冻结主要由于来自大气层的冷量，故在计算中予以忽略。

流程图如图 J-6 所示。

单位时间的热流量为：

$$q = \frac{T_s - T_a}{R_f + R_e + R_{c1} + R_{c2} + R_s} \tag{J-11}$$

2）计算各热阻值：

R_f：采用附录 J 公式（J.0.2-2）计算，即：

$$v = 5.0\text{m/s 时}$$

则 $eh \doteq 4.83\text{W/m}^2 \cdot ℃$

所以 $$R_f = \frac{1}{Aeh} = 0.0337℃/W$$

R_e：仍采用上面公式，但 $v=0$ 则 $eh = 2.75$

故 $$R_e = \frac{1}{Aeh} = \frac{1}{\pi \times 0.06 \times 7 \times 2.75} = 0.2756℃/W$$

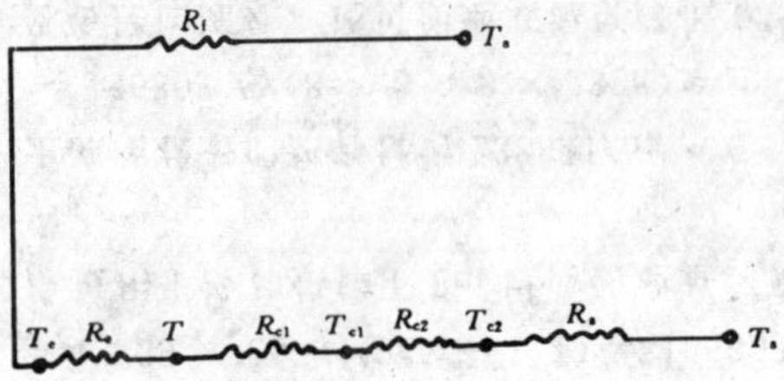

图 J-6 钢筋混凝土桩—土系统热流程图

图中 R_f—散热器的放热热阻；

R_e—蒸发器的放热热阻；

R_{c1}—钢筋混凝土桩内表面的放热热阻；

R_{c2}—钢筋混凝土管壁的热阻；

R_s—土体热阻；

T_a—气温；

T_s—冻结期多年冻土平均温度；

T_e—蒸发器表面温度；

T—钢筋混凝土桩中空气温度；

T_{c1}—钢筋混凝土桩内表面温度；

T_{c2}—钢筋混凝土桩外表面温度。

R_{c1}：设钢筋混凝土桩内表面的放热系数与钢管相同

即 $$eh = 2.75\text{W/m}^2\cdot ℃$$

则 $$R_{c1} = \frac{1}{Aeh} = \frac{1}{\pi \times 0.20 \times 7 \times 2.75} = 0.0827℃/\text{W}$$

$$R_{c2} = \frac{\ln(d_2/d_1)}{2\pi\lambda L} = \frac{\ln(0.4/0.2)}{2 \times \pi \times 1.547 \times 7}$$

$$= 0.0102℃/\text{W}$$

R_s：设传热影响范围为 1.5m

则 $$R_s = \frac{\ln(d_2/d_1)}{2\pi\lambda L}$$

$$= \frac{\ln(1.5/0.4)}{2 \times \pi \times 1.977 \times 7} = 0.0152℃/\text{W}$$

3）计算单位时间的传热量 q：

$$q = \frac{T_s - T_a}{R_f + R_e + R_{c1} + R_{c2} + R_s}$$

$$= \frac{-3-(-10.5)}{0.0337 + 0.2756 + 0.0827 + 0.0102 + 0.0152} \times 3.6$$

$$= \frac{7.5}{0.4174} \times 3.6 = 64.69\text{kJ/h}$$

4）计算冻结期的总传热量：

$$Q = 64.69 \times 24 \times 240 = 372614.4\text{kJ}$$

热棒的年近似传热量 Q_a 为：

$$Q_a = \frac{Q}{\psi_a} = 372614.4/1.5 = 248409.6\text{kJ}$$

5）计算冻结期桩周冻土温度降低值 θ：

设冻土的体积热容量 $C = 2470\text{kJ/m}^3\cdot ℃$

传热范围内冻土体积 V 为：

$$V = \pi(r_2^2 - r_1^2)L$$

$$= 3.1415 \times (1.5^2 - 0.2^2) \times 7$$

$$= 48.6\text{m}^3$$

所以 $$T = \frac{Q_a}{VC} = \frac{248409.6}{48.6 \times 2470} = 2.07℃$$

即在冻结期内可使桩周冻土温度降低 2.07℃。

中华人民共和国行业标准

建筑基坑支护技术规程

Technical Specification for Retaining and Protection of Building Foundation Excavations

JGJ 120—99

主编单位：中国建筑科学研究院
批准部门：中华人民共和国建设部
施行日期：1999年9月1日

关于发布行业标准《建筑基坑支护技术规程》的通知

建标［1999］56号

根据建设部《关于印发一九九五年城建、建工工程建设行业标准制订、修订项目计划（第二批）的通知》（建标［1995］661号）的要求，由中国建筑科学研究院主编的《建筑基坑支护技术规程》，经审查，批准为强制性行业标准，编号JGJ120—99，自1999年9月1日起施行。

本标准由建设部建筑工程标准技术归口单位中国建筑科学研究院管理，由中国建筑科学研究院负责具体解释。由建设部标准定额研究所组织中国建筑工业出版社出版。

中华人民共和国建设部

1999年3月4日

前　言

本规程系根据中华人民共和国建设部建标[1995]661号文为依据制定的。

本规程共有八章，主要技术内容包括：总则、术语、符号、基本规定、排桩、地下连续墙、水泥土墙、土钉墙、逆作拱墙、地下水控制等。

本规程由建设部建筑工程标准技术归口单位中国建筑科学研究院（北京市北三环东路30号，邮政编码100013）归口管理并负责具体解释。

主编单位：中国建筑科学研究院

参加单位：深圳市勘察研究院
福建省建筑科学研究院
同济大学
冶金部建筑研究总院
广州市建筑科学研究院
江西省新大地建设监理公司
北京市勘察设计研究院
机械部第三勘察研究院
深圳市工程质量监督检验总站
重庆市建筑设计研究院
肇庆市建设工程质量监督站

主要起草人：黄　强　杨　斌　李荣强　侯伟生
杨　敏　杨志银　陈新余　陈如桂
刘小敏　胡建林　白生翔　张在明
刘金砺　魏章和　李子新　李瑞茹
王铁宏　郑生庆　张昌定

目　次

1　总　　则

1.0.1　为了在建筑基坑支护设计与施工中做到技术先进、经济合理、确保基坑边坡稳定、基坑周围建筑物、道路及地下设施安全，制定本规程。

1.0.2　本规程适用于一般地质条件下的建筑物和一般构筑物的基坑工程勘察、支护设计、施工、检测及基坑开挖与监控。对于膨胀土和湿陷性黄土等特殊地质条件地区应结合当地工程经验应用。

1.0.3　基坑支护设计与施工应综合考虑工程地质与水文地质条件、基础类型、基坑开挖深度、降排水条件、周边环境对基坑侧壁位移的要求、基坑周边荷载、施工季节、支护结构使用期限等因素，做到因地制宜，因时制宜，合理设计、精心施工、严格监控。

1.0.4　基坑支护工程除应符合本规程的规定外，尚应符合国家现行的有关标准、规范和规程的规定。

2 术语、符号

2.1 术 语

2.1.1 建筑基坑 building foundation pit

为进行建筑物（包括构筑物）基础与地下室的施工所开挖的地面以下空间。

2.1.2 基坑侧壁 side of foundation pit

构成建筑基坑围体的某一侧面。

2.1.3 基坑周边环境 surroundings around foundation pit

基坑开挖影响范围内包括既有建(构)筑物、道路、地下设施、地下管线、岩土体及地下水体等的统称。

2.1.4 基坑支护 retaining and protecting for foundation excavation

为保证地下结构施工及基坑周边环境的安全，对基坑侧壁及周边环境采用的支挡、加固与保护措施。

2.1.5 排桩 piles in row

以某种桩型按队列式布置组成的基坑支护结构。

2.1.6 地下连续墙 diaphragm

用机械施工方法成槽浇灌钢筋混凝土形成的地下墙体。

2.1.7 水泥土墙 cement-soil wall

由水泥土桩相互搭接形成的格栅状、壁状等形式的重力式结构。

2.1.8 土钉墙 soil nailing wall

采用土钉加固的基坑侧壁土体与护面等组成的支护结构。

2.1.9 土层锚杆 soil anchor

由设置于钻孔内、端部伸入稳定土层中的钢筋或钢绞线与孔内注浆体组成的受拉杆体。

2.1.10 支撑体系 bracing system

由钢或钢筋混凝土构件组成的用以支撑基坑侧壁的结构体系。

2.1.11 冠梁 top beam

设置在支护结构顶部的钢筋混凝土连梁。

2.1.12 腰梁 middle beam

设置在支护结构顶部以下传递支护结构与锚杆或内支撑支点力的钢筋混凝土梁或钢梁。

2.1.13 支点 fulcurm

锚杆或支撑体系对支护结构的水平约束点。

2.1.14 支点刚度系数 stiffness coefficicient of fulcurm bearing

锚杆或支撑体系对支护结构的水平向反作用力与其位移的比值。

2.1.15 嵌固深度 embedded depth

桩墙结构在基坑开挖底面以下的埋置深度。

2.1.16 嵌固深度设计值 design value of embedded depth

根据基坑侧壁安全等级及支护结构验算条件确定的支护结构嵌固深度的设计值。

2.1.17 地下水控制 groundwater controlling

为保证支护结构施工、基坑挖土、地下室施工及基坑周边环境安全而采取的排水、降水、截水或回灌措施。

2.1.18 截水帷幕 curtain for cutting off water

用于阻截或减少基坑侧壁及基坑底地下水流入基坑而采用的连续止水体。

2.2 符 号

2.2.1 抗力和材料性能

c_k——土的粘聚力标准值；

φ_k——土的内摩擦角标准值；

e——土的孔隙比；

k——土的渗透系数；

w——土的天然含水量；

γ——土的重力密度（简称土的重度）；

γ_{cs}——水泥土墙的平均重度；

f_{csk}、f_{cs}——水泥土开挖龄期轴心抗压强度标准值、设计值；

m——地基土水平抗力系数的比例系数；

f_{ck}、f_c——混凝土轴心抗压强度标准值、设计值；

f_{cmk}、f_{cm}——混凝土弯曲抗压强度标准值、设计值；

f_{yk}、f_{pyk}——普通钢筋、预应力钢筋抗拉强度标准值；

f_y、f'_y——普通钢筋的抗拉、抗压强度设计值；

f_{py}、f'_{py}——预应力钢筋的抗拉、抗压强度设计值；

e_{pjk}——基坑开挖面下 j 点水平抗力标准值；

K_{pi}——第 i 层土被动土压力系数；

k_{Ti}——第 i 支点的支点刚度系数（弹簧）系数；

k_{si}——基坑开挖面以下土体弹簧系数；

N_u——锚杆轴向受拉承载力设计值。

2.2.2 作用和作用效应

e_{ajk}——j 点水平荷载标准值；

K_{ai}——第 i 层土主动土压力系数；

M_c——弯矩计算值

V_c——剪力计算值

T_{cj}——第 j 层支点力计算值

N——轴向力设计值；

M——弯矩设计值；

V——剪力设计值；

T_d——锚杆或内支撑支点力设计值。

2.2.3 几何参数

s_a——排桩中心距；

h——基坑开挖深度；

h_d——支护结构嵌固深度设计值；

d——桩身设计直径；

b——墙身厚度；

A——桩（墙）身截面面积。

2.2.4 计算系数

γ_0——建筑基坑侧壁重要性系数。

3 基本规定

3.1 设计原则

3.1.1 基坑支护结构应采用以分项系数表示的极限状态设计表达式进行设计。

3.1.2 基坑支护结构极限状态可分为下列两类：

1. 承载能力极限状态：对应于支护结构达到最大承载能力或土体失稳、过大变形导致支护结构或基坑周边环境破坏；

2. 正常使用极限状态：对应于支护结构的变形已妨碍地下结构施工或影响基坑周边环境的正常使用功能。

3.1.3 基坑支护结构设计应根据表3.1.3选用相应的侧壁安全等级及重要性系数。

基坑侧壁安全等级及重要性系数　　表3.1.3

安全等级	破坏后果	γ_0
一级	支护结构破坏、土体失稳或过大变形对基坑周边环境及地下结构施工影响很严重	1.10
二级	支护结构破坏、土体失稳或过大变形对基坑周边环境及地下结构施工影响一般	1.00
三级	支护结构破坏、土体失稳或过大变形对基坑周边环境及地下结构施工影响不严重	0.90

注：有特殊要求的建筑基坑侧壁安全等级可根据具体情况另行确定。

3.1.4 支护结构设计应考虑其结构水平变形、地下水的变化对周边环境的水平与竖向变形的影响，对于安全等级为一级和对周边环境变形有限定要求的二级建筑基坑侧壁，应根据周边环境的重要性、对变形的适应能力及土的性质等因素确定支护结构的水平变形限值。

3.1.5 当场地内有地下水时，应根据场地及周边区域的工程地质条件、水文地质条件、周边环境情况和支护结构与基础型式等因素，确定地下水控制方法。当场地周围有地表水汇流、排泻或地下水管渗漏时，应对基坑采取保护措施。

3.1.6 根据承载能力极限状态和正常使用极限状态的设计要求，基坑支护应按下列规定进行计算和验算：

1. 基坑支护结构均应进行承载能力极限状态的计算，计算内容应包括：

1）根据基坑支护形式及其受力特点进行土体稳定性计算；

2）基坑支护结构的受压、受弯、受剪承载力计算；

3）当有锚杆或支撑时，应对其进行承载力计算和稳定性验算。

2. 对于安全等级为一级及对支护结构变形有限定的二级建筑基坑侧壁，尚应对基坑周边环境及支护结构变形进行验算。

3. 地下水控制计算和验算：

1）抗渗透稳定性验算；

2）基坑底突涌稳定性验算；

3）根据支护结构设计要求进行地下水位控制计算。

3.1.7 基坑支护设计内容应包括对支护结构计算和验算、质量检测及施工监控的要求。

3.1.8 当有条件时，基坑应采用局部或全部放坡开挖，放坡坡度应满足其稳定性要求。

3.2 勘察要求

3.2.1 在主体建筑地基的初步勘察阶段，应根据岩土工程条件，搜集工程地质和水文地质资料，并进行工程地质调查，必要时可进行少量的补充勘察和室内试验，提出基坑支护的建议方案。

3.2.2 在建筑地基详细勘察阶段，对需要支护的工程宜按下列要求进行勘察工作：

1. 勘察范围应根据开挖深度及场地的岩土工程条件确定，并宜在开挖边界外按开挖深度的1～2倍范围内布置勘探点，当开挖边界外无法布置勘探点时，应通过调查取得相应资料。对于软土，勘察范围尚宜扩大；

2. 基坑周边勘探点的深度应根据基坑支护结构设计要求确定，不宜小于1倍开挖深度，软土地区应穿越软土层；

3. 勘探点间距应视地层条件而定，可在15～30m内选择，地层变化较大时，应增加勘探点，查明分布规律。

3.2.3 场地水文地质勘察应达到以下要求：

1. 查明开挖范围及邻近场地地下水含水层和隔水层的层位、埋深和分布情况，查明各含水层（包括上层滞水、潜水、承压水）的补给条件和水力联系；

2. 测量场地各含水层的渗透系数和渗透影响半径；

3. 分析施工过程中水位变化对支护结构和基坑周边环境的影响，提出应采取的措施。

3.2.4 岩土工程测试参数宜包含下列内容：

1. 土的常规物理试验指标；

2. 土的抗剪强度指标；

3. 室内或原位试验测试土的渗透系数；

4. 特殊条件下应根据实际情况选择其它适宜的试验方法测试设计所需参数。

3.2.5 基坑周边环境勘查应包括以下内容：

1. 查明影响范围内建（构）筑物的结构类型、层数、基础类型、埋深、基础荷载大小及上部结构现状；

2. 查明基坑周边的各类地下设施，包括上、下水、电缆、煤气、污水、雨水、热力等管线或管道的分布和性状；

3. 查明场地周围和邻近地区地表水汇流、排泻情况，地下水管渗漏情况以及对基坑开挖的影响程度；

4. 查明基坑四周道路的距离及车辆载重情况。

3.2.6 在取得勘察资料的基础上，针对基坑特点，应提出解决下列问题的建议：

1. 分析场地的地层结构和岩土的物理力学性质；

2. 地下水的控制方法及计算参数；

3. 施工中应进行的现场监测项目；

4. 基坑开挖过程中应注意的问题及其防治措施。

3.3 支护结构选型

3.3.1 支护结构可根据基坑周边环境、开挖深度、工程地质与水文地质、施工作业设备和施工季节等条件，按表3.3.1选用排桩、

支护结构选型表 **表3.3.1**

结构型式	适用条件
排桩或地下连续墙	1. 适于基坑侧壁安全等级一、二、三级 2. 悬臂式结构在软土场地中不宜大于5m 3. 当地下水位高于基坑底面时，宜采用降水、排桩加截水帷幕或地下连续墙
水泥土墙	1. 基坑侧壁安全等级宜为二、三级 2. 水泥土桩施工范围内地基土承载力不宜大于150kPa 3. 基坑深度不宜大于6m
土钉墙	1. 基坑侧壁安全等级宜为二、三级的非软土场地 2. 基坑深度不宜大于12m 3. 当地下水位高于基坑底面时，应采取降水或截水措施
逆作拱墙	1. 基坑侧壁安全等级宜为二、三级 2. 淤泥和淤泥质土场地不宜采用 3. 拱墙轴线的矢跨比不宜小于1/8 4. 基坑深度不宜大于12m 5. 地下水位高于基坑底面时，应采取降水或截水措施
放坡	1. 基坑侧壁安全等级宜为三级 2. 施工场地应满足放坡条件 3. 可独立或与上述其他结构结合使用 4. 当地下水位高于坡脚时，应采取降水措施

地下连续墙、水泥土墙、逆作拱墙、土钉墙、原状土放坡或采用上述型式的组合。

3.3.2 支护结构选型应考虑结构的空间效应和受力特点，采用有利支护结构材料受力性状的型式。

3.3.3 软土场地可采用深层搅拌、注浆、间隔或全部加固等方法对局部或整个基坑底土进行加固，或采用降水措施提高基坑内侧被动抗力。

3.4 水平荷载标准值

3.4.1 支护结构水平荷载标准值 e_{ajk} 应按当地可靠经验确定，当无经验时可按下列规定计算（图 3.4.1）：

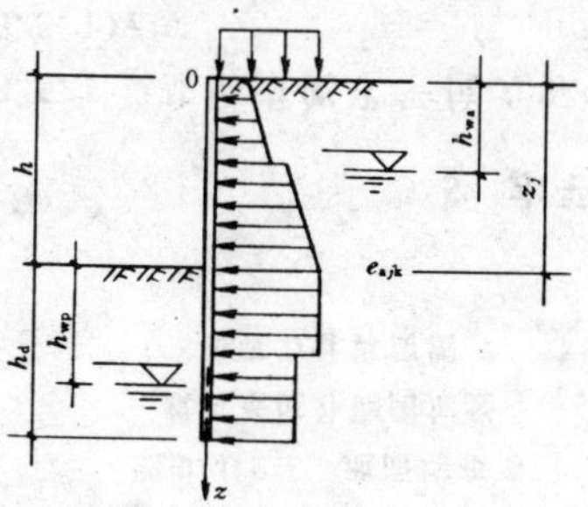

图 3.4.1 水平荷载标准值计算简图

1. 对于碎石土及砂土：

1）当计算点位于地下水位以上时：

$$e_{ajk} = \sigma_{ajk}K_{ai} - 2c_{ik}\sqrt{K_{ai}} \tag{3.4.1-1}$$

2）当计算点位于地下水位以下时：

$$e_{ajk} = \sigma_{ajk}K_{ai} - 2c_{ik}\sqrt{K_{ai}} + [(z_j - h_{wa}) - (m_j - h_{wa})\eta_{wa}K_{ai}]\gamma_w \tag{3.4.1-2}$$

式中 K_{ai}——第 i 层的主动土压力系数，可按本规程第 3.4.3 条规定计算；

σ_{ajk}——作用于深度 z_j 处的竖向应力标准值，可按本规程第 3.4.2 条规定计算；

c_{ik}——三轴试验（当有可靠经验时可采用直接剪切试验）确定的第 i 层土固结不排水（快）剪粘聚力标准值；

z_j——计算点深度；

m_j——计算参数，当 $z_j<h$ 时，取 z_j，当 $z_j\geqslant h$ 时，取 h；

h_{wa}——基坑外侧水位深度；

η_{wa}——计算系数，当 $h_{wa}\leqslant h$ 时，取 1，当 $h_{wa}>h$ 时，取零；

γ_w——水的重度。

2. 对于粉土及粘性土：

$$e_{ajk} = \sigma_{ajk}K_{ai} - 2c_{ik}\sqrt{K_{ai}} \tag{3.4.1-3}$$

3. 当按以上规定计算的基坑开挖面以上水平荷载标准值小于零时，应取零。

3.4.2 基坑外侧竖向应力标准值 σ_{ajk} 可按下列规定计算：

$$\sigma_{ajk} = \sigma_{rk} + \sigma_{0k} + \sigma_{1k} \tag{3.4.2-1}$$

1. 计算点深度 z_j 处自重竖向应力 σ_{rk}

1）计算点位于基坑开挖面以上时：

$$\sigma_{rk} = \gamma_{mj}z_j \tag{3.4.2-2}$$

式中 γ_{mj}——深度 z_j 以上土的加权平均天然重度。

2）计算点位于基坑开挖面以下时：

$$\sigma_{rk} = \gamma_{mh}h \tag{3.4.2-3}$$

式中 γ_{mh}——开挖面以上土的加权平均天然重度。

2. 当支护结构外侧地面作用满布附加荷载 q_0 时（图 3.4.2-1），基坑外侧任意深度附加竖向应力标准值 σ_{0k} 可按下式确定：

$$\sigma_{0k} = q_0 \tag{3.4.2-4}$$

3. 当距支护结构 b_1 外侧，地表作用有宽度为 b_0 的条形附加荷载 q_1 时（图 3.4.2-2），基坑外侧深度 CD 范围内的附加竖向应力标准值 σ_{1k} 可按下式确定：

$$\sigma_{1k} = q_1\frac{b_0}{b_0 + 2b_1} \tag{3.4.2-5}$$

4. 上述基坑外侧附加荷载作用于地表以下一定深度时，将计算点深度相应下移，其竖向应力也可按上述规定确定。

3.4.3 第 i 层土的主动土压力系数 K_{ai} 应按下式计算：

$$K_{ai} = \mathrm{tg}^2\left(45° - \frac{\varphi_{ik}}{2}\right) \tag{3.4.3}$$

式中 φ_{ik}——三轴试验(当有可靠经验时可采用直接剪切试验)确定的第 i 层土固结不排水（快）剪内摩擦角标准值。

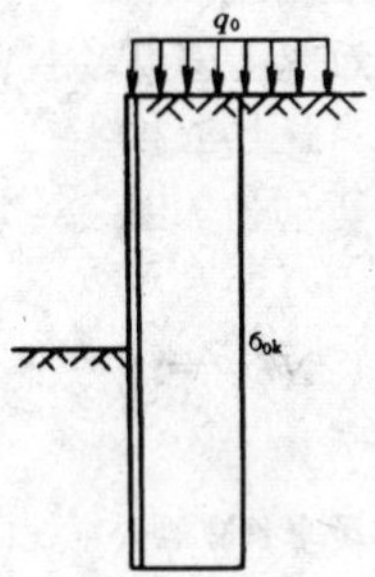

图 3.4.2-1　地面均布荷载时基坑外侧附加竖向应力计算简图

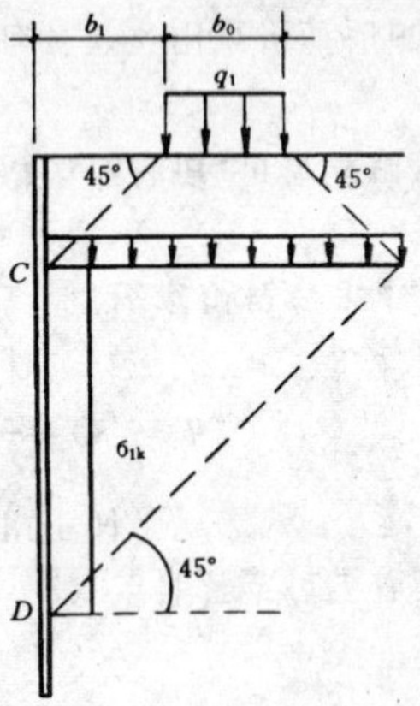

图 3.4.2-2　局部荷载作用时基坑外侧附加竖向应力计算简图

3.5　水平抗力标准值

3.5.1　基坑内侧水平抗力标准值 e_{pjk} 宜按下列规定计算（图 3.5.1）：

1. 对于砂土及碎石土，基坑内侧抗力标准值按下列规定计算：

$$e_{pjk}=\sigma_{pjk}K_{pi}+2c_{ik}\sqrt{K_{pi}}+(z_j-h_{wp})(1-K_{pi})\gamma_w \qquad (3.5.1\text{-}1)$$

式中 σ_{pjk}——作用于基坑底面以下深度 z_j 处的竖向应力标准值，按本规程第 3.5.2 条规定计算；

K_{pi}——第 i 层土的被动土压力系数，应按本规程第 3.5.3 条规定计算。

2. 对于粉土及粘性土，基坑内侧水平抗力标准值宜按下式计算：

$$e_{pjk}=\sigma_{pjk}K_{pi}+2c_{ik}\sqrt{K_{pi}} \qquad (3.5.1\text{-}2)$$

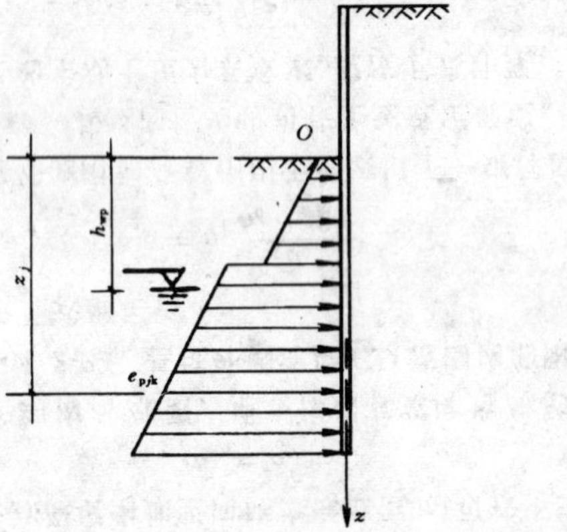

图 3.5.1　水平抗力标准值计算图

3.5.2　作用于基坑底面以下深度 z_j 处的竖向应力标准值 σ_{pjk} 可按下式计算：

$$\sigma_{pjk}=\gamma_{mj}z_j \qquad (3.5.2)$$

式中 γ_{mj}——深度 z_j 以上土的加权平均天然重度。

3.5.3　第 i 层土的被动土压力系数应按下式计算：

$$K_{pi}=\mathrm{tg}^2\left(45°+\frac{\varphi_{ik}}{2}\right) \qquad (3.5.3)$$

3.6　质量检测

3.6.1　支护结构施工及使用的原材料及半成品应遵照有关施工验收标准进行检验。

3.6.2　对基坑侧壁安全等级为一级或对构件质量有怀疑的安全等级为二级和三级的支护结构应进行质量检测。

3.6.3　检测工作结束后应提交包括下列内容的质量检测报告：

1. 检测点分布图；
2. 检测方法与仪器设备型号；
3. 资料整理及分析方法；

4. 结论及处理意见。

3.7 基坑开挖

3.7.1 基坑开挖应根据支护结构设计、降排水要求，确定开挖方案。

3.7.2 基坑边界周围地面应设排水沟，且应避免漏水、渗水进入坑内；放坡开挖时，应对坡顶、坡面、坡脚采取降排水措施。

3.7.3 基坑周边严禁超堆荷载。

3.7.4 软土基坑必须分层均衡开挖，层高不宜超过 1m。

3.7.5 基坑开挖过程中，应采取措施防止碰撞支护结构、工程桩或扰动基底原状土。

3.7.6 发生异常情况时，应立即停止挖土，并应立即查清原因和采取措施，方能继续挖土。

3.7.7 开挖至坑底标高后坑底应及时满封闭并进行基础工程施工。

3.7.8 地下结构工程施工过程中应及时进行夯实回填土施工。

3.8 开挖监控

3.8.1 基坑开挖前应作出系统的开挖监控方案，监控方案应包括监控目的、监测项目、监控报警值、监测方法及精度要求、监测点的布置、监测周期、工序管理和记录制度以及信息反馈系统等。

3.8.2 监测点的布置应满足监控要求，从基坑边缘以外 1～2 倍开挖深度范围内的需要保护物体均应作为监控对象。

3.8.3 基坑工程监测项目可按表 3.8.3 选择。

基坑监测项目表　　表 3.8.3

监测项目 \ 基坑侧壁安全等级	一 级	二 级	三 级
支护结构水平位移	应测	应测	应测
周围建筑物、地下管线变形	应测	应测	宜测
地下水位	应测	应测	宜测
桩、墙内力	应测	宜测	可测
锚杆拉力	应测	宜测	可测
支撑轴力	应测	宜测	可测
立柱变形	应测	宜测	可测
土体分层竖向位移	应测	宜测	可测
支护结构界面上侧向压力	宜测	可测	可测

3.8.4 位移观测基准点数量不应少于两点，且应设在影响范围以外。

3.8.5 监测项目在基坑开挖前应测得初始值，且不应少于两次。

3.8.6 基坑监测项目的监控报警值应根据监测对象的有关规范及支护结构设计要求确定。

3.8.7 各项监测的时间间隔可根据施工进程确定。当变形超过有关标准或监测结果变化速率较大时，应加密观测次数。当有事故征兆时，应连续监测。

3.8.8 基坑开挖监测过程中，应根据设计要求提交阶段性监测结果报告。工程结束时应提交完整的监测报告，报告内容应包括：

1. 工程概况；
2. 监测项目和各测点的平面和立面布置图；
3. 采用仪器设备和监测方法；
4. 监测数据处理方法和监测结果过程曲线；
5. 监测结果评价。

4 排桩、地下连续墙

4.1 嵌固深度计算

4.1.1 排桩、地下连续墙嵌固深度设计值宜按下列规定确定：

1. 悬臂式支护结构嵌固深度设计值 h_d 宜按下式确定（图 4.1.1-1）：

$$h_p \Sigma E_{pj} - 1.2\gamma_0 h_a \Sigma E_{ai} \geqslant 0 \quad (4.1.1\text{-}1)$$

式中 ΣE_{pj}——桩、墙底以上根据本规程第 3.5 节确定的基坑内侧各土层水平抗力标准值 e_{pjk} 的合力之和；

h_p——合力 ΣE_{pj} 作用点至桩、墙底的距离；

ΣE_{ai}——桩、墙底以上根据本规程第 3.4 节确定的基坑外侧各土层水平荷载标准值 e_{aik} 的合力之和；

h_a——合力 ΣE_{ai} 作用点至桩、墙底的距离。

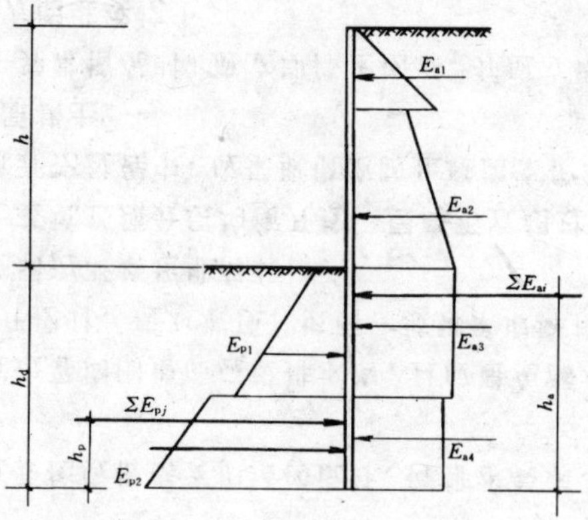

图 4.1.1-1 悬臂式支护结构嵌固深度计算简图

2. 单层支点支护结构支点力及嵌固深度设计值 h_d 宜按下列规定计算（图 4.1.1-2）：

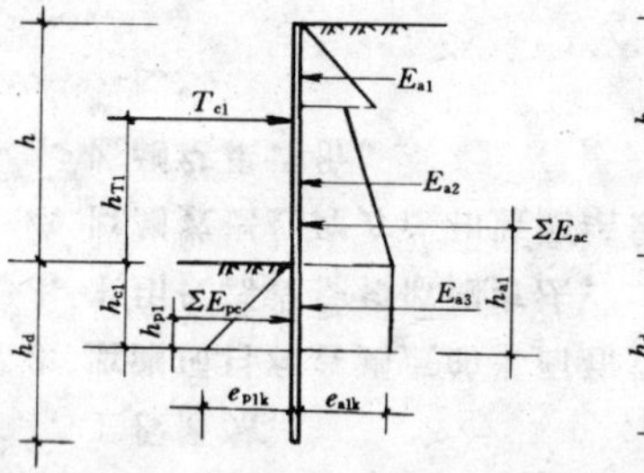

图 4.1.1-2 单层支点支护结构支点力计算简图

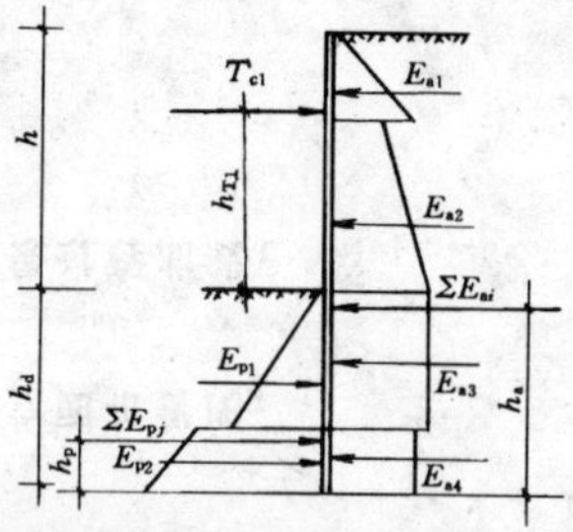

图 4.1.1-3 单层支点支护结构嵌固深度计算简图

1）基坑底面以下支护结构设定弯矩零点位置至基坑底面的距离 h_{c1} 可按下式确定（图 4.1.1-2）：

$$e_{a1k} = e_{p1k} \quad (4.1.1\text{-}2)$$

2）支点力 T_{c1} 可按下式计算：

$$T_{c1} = \frac{h_{a1}\Sigma E_{ac} - h_{p1}\Sigma E_{pc}}{h_{T1} + h_{c1}} \quad (4.1.1\text{-}3)$$

式中 e_{a1k}——水平荷载标准值；

e_{p1k}——水平抗力标准值；

ΣE_{ac}——设定弯矩零点位置以上基坑外侧各土层水平荷载标准值的合力之和；

h_{a1}——合力 ΣE_{ac} 作用点至设定弯矩零点的距离；

ΣE_{pc}——设定弯矩零点位置以上基坑内侧各土层水平抗力标准值的合力之和；

h_{p1}——合力 ΣE_{pc} 作用点至设定弯矩零点的距离；

h_{T1}——支点至基坑底面的距离；

h_{c1}——基坑底面至设定弯矩零点位置的距离。

3）嵌固深度设计值 h_d 可按下式确定（图 4.1.1-3）：

$$h_p \Sigma E_{pj} + T_{c1}(h_{T1} + h_d) - 1.2\gamma_0 h_a \Sigma E_{ai} \geqslant 0 \qquad (4.1.1\text{-}4)$$

3. 多层支点排桩、地下连续墙嵌固深度设计值 h_d 宜按本规程附录 A 圆弧滑动简单条分法确定。

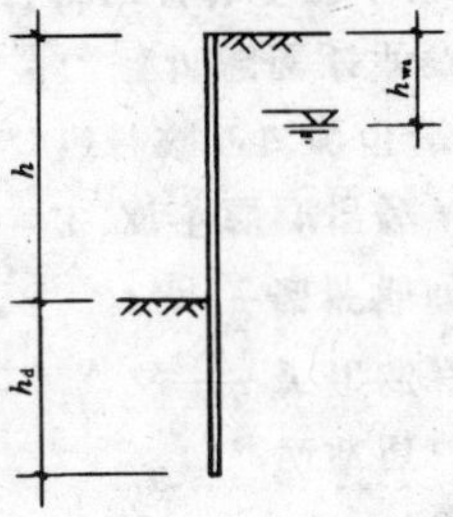

图 4.1.3 渗透稳定计算简图

4.1.2 当按上述方法确定的悬臂式及单支点支护结构嵌固深度设计值 $h_d < 0.3h$ 时，宜取 $h_d = 0.3h$；多支点支护结构嵌固深度设计值小于 $0.2h$ 时，宜取 $h_d = 0.2h$。

4.1.3 当基坑底为碎石土及砂土、基坑内排水且作用有渗透水压力时，侧向截水的排桩、地下连续墙除应满足本章上述规定外，嵌固深度设计值尚应满足式（4.1.3）抗渗透稳定条件（图 4.1.3）：

$$h_d \geqslant 1.2\gamma_0(h - h_{wa}) \qquad (4.1.3)$$

4.2 结 构 计 算

4.2.1 排桩、地下连续墙可根据受力条件分段按平面问题计算，排桩水平荷载计算宽度可取排桩的中心距；地下连续墙可取单位宽度或一个墙段。

4.2.2 结构内力与变形计算值、支点力计算值应根据基坑开挖及地下结构施工过程的不同工况按下列规定计算：

1. 宜按本规程附录 B 的弹性支点法计算，支点刚度系数 k_T 及地基土水平抗力系数 m 应按地区经验取值，当缺乏地区经验时可按本规程附录 C 确定；

2. 悬臂及单层支点结构的支点力计算值 T_{c1}、截面弯矩计算值 M_c、剪力计算值 V_c 也可按本规程第 4.1.1 条的静力平衡条件确定（图 4.1.1-1～图 4.1.1-3）。

4.2.3 结构内力及支点力的设计值应按下列规定计算：

1. 截面弯矩设计值 M

$$M = 1.25\gamma_0 M_c \qquad (4.2.3\text{-}1)$$

式中 M_c——截面弯矩计算值，可按本规程第 4.2.2 条规定计算。

2. 截面剪力设计值 V

$$V = 1.25\gamma_0 V_c \qquad (4.2.3\text{-}2)$$

式中 V_c——截面剪力计算值，可按本规程第 4.2.2 条规定计算。

3. 支点结构第 j 层支点力设计值 T_{dj}：

$$T_{dj} = 1.25\gamma_0 T_{cj} \qquad (4.2.3\text{-}3)$$

式中 T_{cj}——第 j 层支点力计算值，可按本规程第 4.2.2 条规定计算。

4.3 截面承载力计算

4.3.1 排桩、地下连续墙及支撑体系混凝土结构的承载力应按下列规定计算：

1. 正截面受弯及斜截面受剪承载力计算以及纵向钢筋、箍筋的构造要求，应符合现行国家标准《混凝土结构设计规范》GBJ 10—89 的有关规定；

2. 圆形截面正截面受弯承载力应按本规程附录 D 的规定计算，正截面弯矩设计值可按第 4.2.3 条规定确定。

4.4 锚 杆 计 算

4.4.1 锚杆承载力计算应符合下式规定：

$$T_d \leqslant N_u \cos\theta \qquad (4.4.1)$$

式中 T_d——锚杆水平拉力设计值，按本规程第 4.2.3 条规定计算；

N_u——锚杆轴向受拉承载力设计值，按本规程第 4.4.3 条规定；

θ——锚杆与水平面的倾角。

4.4.2 锚杆杆体的截面面积应按下列公式确定：

1. 普通钢筋截面面积应按下式计算

$$A_s \geqslant \frac{T_d}{f_y \cos\theta} \qquad (4.4.2\text{-}1)$$

2. 预应力钢筋截面面积应按下式计算：

$$A_p \geqslant \frac{T_d}{f_{py} \cos\theta} \qquad (4.4.2\text{-}2)$$

式中 A_s、A_p——普通钢筋、预应力钢筋杆体截面面积；

f_y、f_{py}——普通钢筋、预应力钢筋抗拉强度设计值。

4.4.3 锚杆轴向受拉承载力设计值应按下列规定确定：

1. 安全等级为一级及缺乏地区经验的二级基坑侧壁，应按本规程附录E进行锚杆的基本试验，锚杆轴向受拉承载力设计值可取基本试验确定的极限承载力除以受拉抗力分项系数 γ_s，受拉抗力分项系数可取1.3。

2. 基坑侧壁安全等级为二级且有邻近工程经验时，可按下式计算锚杆轴向受拉承载力设计值，并应按本规程附录E要求进行锚杆验收试验：

$$N_u = \frac{\pi}{\gamma_s}[d \cdot \Sigma q_{sik} l_i + d_1 \Sigma q_{sjk} l_j + 2c_k(d_1^2 - d^2)] \qquad (4.4.3)$$

式中 N_u——锚杆轴向受拉承载力设计值；

d_1——扩孔锚固体直径；

d——非扩孔锚杆或扩孔锚杆的直孔段锚固体直径；

l_i——第 i 层土中直孔部分锚固段长度；

l_j——第 j 层土中扩孔部分锚固段长度；

q_{sik}、q_{sjk}——土体与锚固体的极限摩阻力标准值，应根据当地经验取值；当无经验时可按表4.4.3取值；

c_k——扩孔部分土体粘聚力标准值；

γ_s——锚杆轴向受拉抗力分项系数，可取1.3。

3. 对于塑性指数大于17的粘性土层中的锚杆应进行蠕变试验。锚杆蠕变试验可按附录E规定进行。

4. 基坑侧壁安全等级为三级时，可按本规程式（4.4.3）确定锚杆轴向受拉承载力设计值。

土体与锚固体极限摩阻力标准值 表4.4.3

土的名称	土的状态	q_{sik}（kPa）
填土		16～20
淤泥		10～16
淤泥质土		16～20
粘性土	$I_L>1$	18～30
	$0.75<I_L\leqslant1$	30～40
	$0.50<I_L\leqslant0.75$	40～53
	$0.25<I_L\leqslant0.50$	53～65
	$0.0<I_L\leqslant0.25$	65～73
	$I_L\leqslant0$	73～80
粉土	$e>0.90$	22～44
	$0.75<e\leqslant0.90$	44～64
	$e<0.75$	64～100
粉细砂	稍密	22～42
	中密	42～63
	密实	63～85
中砂	稍密	54～74
	中密	74～90
	密实	90～120
粗砂	稍密	90～130
	中密	130～170
	密实	170～220
砾砂	中密、密实	190～260

注：表中 q_{sik} 系采用直孔一次常压灌浆工艺计算值；当采用二次灌浆、扩孔工艺时可适当提高。

4.4.4 锚杆自由段长度 l_f 宜按下式计算（图4.4.4）：

$$l_f = l_t \cdot \sin\left(45° - \frac{1}{2}\varphi_k\right) / \sin\left(45° + \frac{\varphi_k}{2} + \theta\right) \qquad (4.4.4)$$

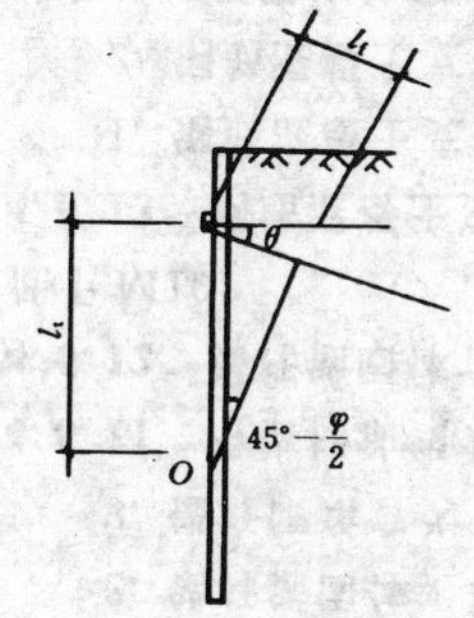

图 4.4.4 锚杆自由段长度计算简图

式中 l_t——锚杆锚头中点至基坑底面以下基坑外侧荷载标准值与基坑内侧抗力标准值相等处的距离；

φ_k——土体各土层厚度加权内摩擦角标准值；

θ——锚杆倾角。

4.4.5 锚杆预加力值（锁定值）应根据地层条件及支护结构变形要求确定，宜取为锚杆轴向受拉承载力设计值的0.50～0.65倍。

4.5 支撑体系计算

4.5.1 支撑体系结构构件内力可按下列规定计算：

1. 支撑体系（含具有一定刚度的冠梁）或其与锚杆混合的支撑体系应按支撑体系与排桩、地下连续墙的空间作用协同分析方法，计算支撑体系及排桩或地下连续墙的内力与变形；

2. 支撑体系竖向荷载设计值应包括构件自重及施工荷载，构件的弯矩、剪力可按多跨连续梁计算，计算跨度取相邻立柱中心距；

3. 当基坑形状接近矩形且基坑对边条件相近时，支点水平荷载可沿腰梁、冠梁长度方向分段简化为均布荷载，水平荷载设计值应按本规程第4.2节支点水平力设计值确定，对撑构件轴向力可近似取水平荷载设计值乘以支撑点中心距；腰梁内力可按多跨连续梁计算，计算跨度取相邻支撑点中心距。

4.5.2 支撑构件的受压计算长度可按下列方法确定：

1. 当水平平面支撑交汇点设置竖向立柱时，在竖向平面内的受压计算长度取相邻两立柱的中心距，在水平平面内的受压计算长度取与该支撑相交的相邻横向水平支撑的中心距。当支撑交汇点不在同一水平面时，其受压计算长度应取与该支撑相交的相邻横向水平支撑或联系构件中心距的1.5倍。

2. 当水平平面支撑交汇点处未设置立柱时，在竖向平面内的受压计算长度取支撑的全长。

3. 钢支撑尚应考虑构件安装误差产生的偏心弯矩作用，偏心距可取支撑计算长度的1/1000。

4.5.3 立柱计算应符合下列规定：

1. 立柱内力宜根据支撑条件按空间框架计算；也可按轴心受压构件计算，轴向力设计值可按下列经验公式确定：

$$N_z = N_{z1} + \sum_{i=1}^{n} 0.1N_i \qquad (4.5.3)$$

式中 N_{z1}——水平支撑及柱自重产生的轴力设计值；

N_i——第 i 层交汇于本立柱的最大支撑轴力设计值；

n——支撑层数。

2. 各层水平支撑间的立柱受压计算长度可按各层水平支撑间距计算；最下层水平支撑下的立柱受压计算长度可按底层高度加5倍立柱直径或边长。

3. 立柱基础应满足抗压和抗拔的要求，并应考虑基坑回弹的影响。

4.5.4 支撑预加压力值不宜大于支撑力设计值的0.4～0.6倍。

4.6 构 造

4.6.1 悬臂式排桩结构桩径不宜小于600mm，桩间距应根据排桩受力及桩间土稳定条件确定。

4.6.2 排桩顶部应设钢筋混凝土冠梁连接，冠梁宽度（水平方向）不宜小于桩径，冠梁高度（竖直方向）不宜小于400mm。排桩与桩顶冠梁的混凝土强度等级宜大于C20；当冠梁作为连系梁时可按构造配筋。

4.6.3 基坑开挖后，排桩的桩间土防护可采用钢丝网混凝土护面、砖砌等处理方法，当桩间渗水时，应在护面设泄水孔。当基坑面在实际地下水位以上且土质较好，暴露时间较短时，可不对桩间土进行防护处理。

4.6.4 悬臂式现浇钢筋混凝土地下连续墙厚度不宜小于600mm，地下连续墙顶部应设置钢筋混凝土冠梁，冠梁宽度不宜小于地下连续墙厚度，高度不宜小于400mm。

4.6.5 水下灌注混凝土地下连续墙混凝土强度等级宜大于C20，地下连续墙作为地下室外墙时还应满足抗渗要求。

4.6.6 地下连续墙的受力钢筋应采用Ⅱ级或Ⅲ级钢筋，直径不宜小于ϕ20。构造钢筋宜采用Ⅰ级钢筋，直径不宜小于ϕ16。净保护层不宜小于70mm，构造筋间距宜为200～300mm。

4.6.7 地下连续墙墙段之间的连接接头形式，在墙段间对整体刚度或防渗有特殊要求时，应采用刚性、半刚性连接接头。

4.6.8 地下连续墙与地下室结构的钢筋连接可采用在地下连续墙内预埋钢筋、接驳器、钢板等，预埋钢筋宜采用Ⅰ级钢筋，连接钢筋直径大于20mm时，宜采用接驳器连接。

4.6.9 锚杆长度设计应符合下列规定：

1. 锚杆自由段长度不宜小于5m并应超过潜在滑裂面1.5m；
2. 土层锚杆锚固段长度不宜小于4m；
3. 锚杆杆体下料长度应为锚杆自由段、锚固段及外露长度之和，外露长度须满足台座、腰梁尺寸及张拉作业要求。

4.6.10 锚杆布置应符合以下规定：

1. 锚杆上下排垂直间距不宜小于2.0m，水平间距不宜小于1.5m；
2. 锚杆锚固体上覆土层厚度不宜小于4.0m；
3. 锚杆倾角宜为15°～25°，且不应大于45°。

4.6.11 沿锚杆轴线方向每隔1.5～2.0m宜设置一个定位支架。

4.6.12 锚杆锚固体宜采用水泥浆或水泥砂浆，其强度等级不宜低于M10。

4.6.13 钢筋混凝土支撑应符合下列要求：

1. 钢筋混凝土支撑构件的混凝土强度等级不应低于C20；
2. 钢筋混凝土支撑体系在同一平面内应整体浇注，基坑平面转角处的腰梁连接点应按刚节点设计。

4.6.14 钢结构支撑应符合下列要求：

1. 钢结构支撑构件的连接可采用焊接或高强螺栓连接；
2. 腰梁连接节点宜设置在支撑点的附近，且不应超过支撑间距的1/3；
3. 钢腰梁与排桩、地下连续墙之间宜采用不低于C20细石混凝土填充；钢腰梁与钢支撑的连接节点应设加劲板。

4.6.15 支撑拆除前应在主体结构与支护结构之间设置可靠的换撑传力构件或回填夯实。

4.7 施工与检测

4.7.1 排桩施工应符合下列要求：

1. 桩位偏差，轴线和垂直轴线方向均不宜超过50mm。垂直度偏差不宜大于0.5%；
2. 钻孔灌注桩桩底沉渣不宜超过200mm；当用作承重结构时，桩底沉渣按《建筑桩基技术规范》(JGJ 94—94)要求执行；
3. 排桩宜采取隔桩施工，并应在灌注混凝土24h后进行邻桩成孔施工；
4. 非均匀配筋排桩的钢筋笼在绑扎、吊装和埋设时，应保证钢筋笼的安放方向与设计方向一致；
5. 冠梁施工前，应将支护桩桩顶浮浆凿除清理干净，桩顶以上出露的钢筋长度应达到设计要求。

4.7.2 地下连续墙施工应符合下列要求：

1. 地下连续墙单元槽段长度可根据槽壁稳定性及钢筋笼起吊能力划分，宜为4～8m；
2. 施工前宜进行墙槽成槽试验，确定施工工艺流程，选择操作技术参数；
3. 槽段的长度、厚度、深度、倾斜度应符合下列要求：

——槽段长度（沿轴线方面）允许偏差　±50mm；

——槽段厚度允许偏差　±10mm；

——槽段倾斜度　≤1/150。

4.7.3 锚杆施工应符合下列要求：

1. 锚杆钻孔水平方向孔距在垂直方向误差不宜大于100mm，偏斜度不应大于3%；

2. 注浆管宜与锚杆杆体绑扎在一起，一次注浆管距孔底宜为100～200mm，二次注浆管的出浆孔应进行可灌密封处理；

3. 浆体应按设计配制，一次灌浆宜选用灰砂比1∶1～1∶2、水灰比0.38～0.45的水泥砂浆，或水灰比0.45～0.5的水泥浆，二次高压注浆宜使用水灰比0.45～0.55的水泥浆；

4. 二次高压注浆压力宜控制在2.5～5.0MPa之间，注浆时间可根据注浆工艺试验确定或一次注浆锚固体强度达到5MPa后进行；

5. 锚杆的张拉与施加预应力（锁定）应符合以下规定：

1）锚固段强度大于15MPa并达到设计强度等级的75%后方可进行张拉；

2）锚杆张拉顺序应考虑对邻近锚杆的影响；

3）锚杆宜张拉至设计荷载的0.9～1.0倍后，再按设计要求锁定；

4）锚杆张拉控制应力不应超过锚杆杆体强度标准值的0.75倍。

4.7.4 支撑体系施工应符合下列要求：

1. 支撑结构的安装与拆除顺序，应同基坑支护结构的设计计算工况相一致。必须严格遵守先支撑后开挖的原则；

2. 立柱穿过主体结构底板以及支撑结构穿越主体结构地下室外墙的部位，应采用止水构造措施；

3. 钢支撑的端头与冠梁或腰梁的连接应符合以下规定：

1）支撑端头应设置厚度不小于10mm的钢板作封头端板，端板与支撑杆件满焊，焊缝厚度及长度能承受全部支撑力或与支撑等强度，必要时，增设加劲肋板；肋板数量，尺寸应满足支撑端头局部稳定要求和传递支撑力的要求；

2）支撑端面与支撑轴线不垂直时，可在冠梁或腰梁上设置预埋铁件或采取其它构造措施以承受支撑与冠梁或腰梁间的剪力。

4. 钢支撑预加压力的施工应符合下列要求：

1）支撑安装完毕后，应及时检查各节点的连接状况，经确认符合要求后方可施加预压力，预压力的施加应在支撑的两端同步对称进行；

2）预压力应分级施加，重复进行，加至设计值时，应再次检查各连接点的情况，必要时应对节点进行加固，待额定压力稳定后锁定。

4.7.5 混凝土灌注桩质量检测宜按下列规定进行：

1. 采用低应变动测法检测桩身完整性，检测数量不宜少于总桩数的10%，且不得少于5根；

2. 当根据低应变动测法判定的桩身缺陷可能影响桩的水平承载力时，应采用钻芯法补充检测，检测数量不宜少于总桩数的2%，且不得少于3根。

4.7.6 地下连续墙宜采用声波透射法检测墙身结构质量，检测槽段数应不少于总槽段数的20%，且不应少于3个槽段。

4.7.7 当对钢筋混凝土支撑结构或对钢支撑焊缝施工质量有怀疑时，宜采用超声探伤等非破损方法检测，检测数量根据现场情况确定。

5 水 泥 土 墙

5.1 嵌固深度计算

5.1.1 水泥土墙嵌固深度设计值 h_d 宜按本规程附录A圆弧滑动简单条分法确定。

5.1.2 当基坑底为碎石土及砂土、基坑内排水且作用有渗透水压力时，水泥土墙嵌固深度设计值除应满足本规程第5.1.1条规定外，尚应按本规程第4.1.3条抗渗透稳定条件验算。

5.1.3 当按上述方法确定的嵌固深度设计值 h_d 小于0.4h时，宜取0.4h。

5.2 墙体厚度计算

5.2.1 水泥土墙厚度设计值 b 宜根据抗倾覆稳定条件按下列规定计算：

1. 当水泥土墙底部位于碎石土或砂土时（图5.2.1a）墙体厚度设计值宜按下式确定：

$$b \geqslant \sqrt{\frac{10 \times (1.2\gamma_0 h_a \Sigma E_{ai} - h_p \Sigma E_{pj})}{5\gamma_{cs}(h + h_d) - 2\gamma_0 \gamma_w (2h + 3h_d - h_{wp} - 2h_{wa})}} \tag{5.2.1-1}$$

式中 ΣE_{ai}——水泥土墙底以上基坑外侧水平荷载标准值合力之和；

h_a——合力 ΣE_{ai} 作用点至水泥土墙底的距离；

ΣE_{pj}——水泥土墙底以上基坑内侧水平抗力标准值的合力之和；

h_p——合力 ΣE_p 作用点至水泥土墙底的距离；

γ_{cs}——水泥土墙体平均重度；

γ_w——水的重度；

h_{wa}——基坑外侧水位深度；

h_{wp}——基坑内侧水位深度。

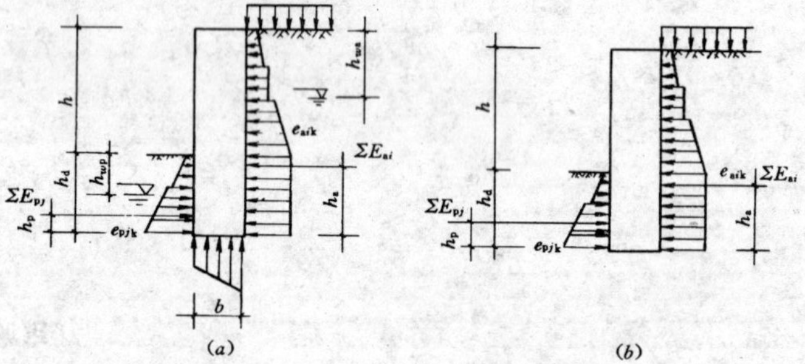

图5.2.1 水泥土墙宽度计算简图

(a) 砂土及碎石土；(b) 粉土及粘性土

2. 当水泥土墙底部位于粘性土或粉土中时（图5.2.1b）墙体厚度设计值宜按下列经验公式确定：

$$b \geqslant \sqrt{\frac{2(1.2\gamma_0 h_a \Sigma E_{ai} - h_p \Sigma E_{pj})}{\gamma_{cs}(h + h_d)}} \tag{5.2.1-2}$$

3. 当按上述规定确定的水泥土墙厚度小于 $0.4h$ 时宜取 $0.4h$。

5.3 正截面承载力验算

5.3.1 墙体厚度设计值除应符合第5.2节要求外，尚应按下列规定进行正截面承载力验算：

1. 压应力验算：

$$1.25\gamma_0 \gamma_{cs} z + \frac{M}{W} \leqslant f_{cs} \tag{5.3.1-1}$$

式中 γ_{cs}——水泥土墙平均重度；

z——由墙顶至计算截面的深度；

M——单位长度水泥土墙截面弯矩设计值，可按本规程第4.2.3条规定计算；

W——水泥土墙截面模量；

f_{cs}——水泥土开挖龄期抗压强度设计值。

2. 拉应力验算：

$$\frac{M}{W}-\gamma_{cs}z\leqslant 0.06f_{cs} \quad (5.3.1\text{-}2)$$

5.4 构 造

5.4.1 水泥土墙采用格栅布置时，水泥土的置换率对于淤泥不宜小于0.8，淤泥质土不宜小于0.7，一般粘性土及砂土不宜小于0.6；格栅长宽比不宜大于2。

5.4.2 水泥土桩与桩之间的搭接宽度应根据挡土及截水要求确定，考虑截水作用时，桩的有效搭接宽度不宜小于150mm；当不考虑截水作用时，搭接宽度不宜小于100mm。

5.4.3 当变形不能满足要求时，宜采用基坑内侧土体加固或水泥土墙插筋加混凝土面板及加大嵌固深度等措施。

5.5 施工与检测

5.5.1 水泥土墙应采取切割搭接法施工。应在前桩水泥土尚未固化时进行后序搭接桩施工。施工开始和结束的头尾搭接处，应采取加强措施，消除搭接沟缝。

5.5.2 深层搅拌水泥土墙施工前，应进行成桩工艺及水泥掺入量或水泥浆的配合比试验，以确定相应的水泥掺入比或水泥浆水灰比，浆喷深层搅拌的水泥掺入量宜为被加固土重度的15%～18%；粉喷深层搅拌的水泥掺入量宜为被加固土重度的13%～16%。

5.5.3 高压喷射注浆施工前，应通过试喷试验，确定不同土层旋喷固结体的最小直径、高压喷射施工技术参数等。高压喷射水泥水灰比宜为1.0～1.5。

5.5.4 深层搅拌桩和高压喷射桩水泥土墙的桩位偏差不应大于50mm，垂直度偏差不宜大于0.5%。

5.5.5 当设置插筋时桩身插筋应在桩顶搅拌完成后及时进行。插筋材料、插入长度和出露长度等均应按计算和构造要求确定。

5.5.6 高压喷射注浆应按试喷确定的技术参数施工，切割搭接宽度应符合下列规定：

1. 旋喷固结体不宜小于150mm；
2. 摆喷固结体不宜小于150mm；
3. 定喷固结体不宜小于200mm。

5.5.7 水泥土桩应在施工后一周内进行开挖检查或采用钻孔取芯等手段检查成桩质量，若不符合设计要求应及时调整施工工艺。

5.5.8 水泥土墙应在设计开挖龄期采用钻芯法检测墙身完整性，钻芯数量不宜少于总桩数的2%，且不应少于5根；并应根据设计要求取样进行单轴抗压强度试验。

6 土 钉 墙

6.1 土钉抗拉承载力计算

6.1.1 单根土钉抗拉承载力计算应符合下式要求：

$$1.25\gamma_0 T_{jk} \leqslant T_{uj} \tag{6.1.1}$$

式中 T_{jk}——第 j 根土钉受拉荷载标准值，可按本规程第 6.1.2 条确定；

T_{uj}——第 j 根土钉抗拉承载力设计值，可按本规程 6.1.4 条确定。

6.1.2 单根土钉受拉荷载标准值可按下式计算：

$$T_{jk} = \zeta e_{ajk} s_{xj} s_{zj} / \cos\alpha_j \tag{6.1.2}$$

式中 ζ——荷载折减系数，根据本规程第 6.1.3 条确定；

e_{ajk}——第 j 个土钉位置处的基坑水平荷载标准值；

s_{xj}、s_{zj}——第 j 根土钉与相邻土钉的平均水平、垂直间距；

α_j——第 j 根土钉与水平面的夹角。

6.1.3 荷载折减系数 ζ 可按下式计算：

$$\zeta = \mathrm{tg}\frac{\beta - \varphi_k}{2}\left(\frac{1}{\mathrm{tg}\frac{\beta + \varphi_k}{2}} - \frac{1}{\mathrm{tg}\beta}\right) \Big/ \mathrm{tg}^2\left(45° - \frac{\varphi}{2}\right) \tag{6.1.3}$$

式中 β——土钉墙坡面与水平面的夹角。

6.1.4 对于基坑侧壁安全等级为二级的土钉抗拉承载力设计值应按试验确定，基坑侧壁安全等级为三级时可按下式计算（图 6.1.4）：

$$T_{uj} = \frac{1}{\gamma_s}\pi d_{nj} \Sigma q_{sik} l_i \tag{6.1.4}$$

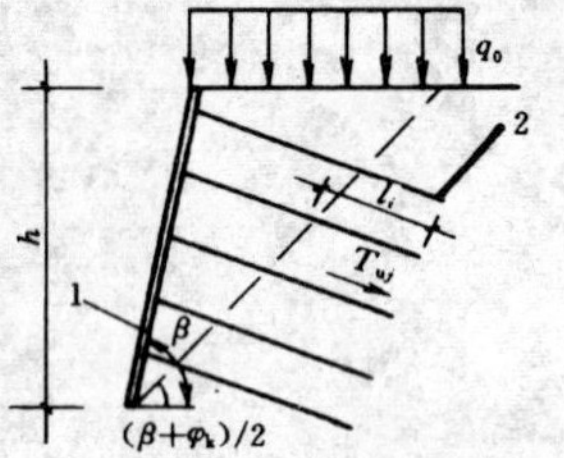

图 6.1.4 土钉抗拉承载力计算简图

1—喷射混凝土面层；2—土钉

式中 γ_s——土钉抗拉抗力分项系数，取 1.3；

d_{nj}——第 j 根土钉锚固体直径；

q_{sik}——土钉穿越第 i 层土土体与锚固体极限摩阻力标准值，应由现场试验确定，如无试验资料，可采用表 6.1.4 确定；

l_i——第 j 根土钉在直线破裂面外穿越第 i 稳定土体内的长度，破裂面与水平面的夹角为 $\frac{\beta+\varphi_k}{2}$。

土钉锚固体与土体极限摩阻力标准值 表 6.1.4

土的名称	土的状态	q_{sik} (kPa)
填土		16～20
淤泥		10～16
淤泥质土		16～20
粘性土	$I_L>1$	18～30
	$0.75<I_L\leqslant1$	30～40
	$0.50<I_L\leqslant0.75$	40～53
	$0.25<I_L\leqslant0.50$	53～65
	$0.0<I_L\leqslant0.25$	65～73
	$I_L\leqslant0.0$	73～80
粉土	$e>0.90$	20～40
	$0.75<e\leqslant0.90$	40～60
	$e<0.75$	60～90
粉细砂	稍密	20～40
	中密	40～60
	密实	60～80
中砂	稍密	40～60
	中密	60～70
	密实	70～90
粗砂	稍密	60～90
	中密	90～120
	密实	120～150
砾砂	中密、密实	130～160

注：表中数据为低压或无压注浆值，高压注浆时可按表 4.4.3 取值。

6.2 土钉墙整体稳定性验算

6.2.1 土钉墙应根据施工期间不同开挖深度及基坑底面以下可能滑动面采用圆弧滑动简单条分法（图6.2.1）按下式进行整体稳定性验算：

$$\sum_{i=1}^{n} c_{ik}L_i s + s\sum_{i=1}^{n}(w_i + q_0 b_i)\cos\theta_i \mathrm{tg}\varphi_{ik} + \sum_{j=1}^{m} T_{nj} \times \left[\cos(\alpha_j+\theta_j) + \frac{1}{2}\sin(\alpha_j+\theta_j)\mathrm{tg}\varphi_{ik}\right] - s\gamma_k\gamma_0\sum_{i=1}^{n}(w_i + q_0 b_i)\sin\theta_i \geqslant 0 \quad (6.2.1)$$

式中 n——滑动体分条数；

m——滑动体内土钉数；

γ_k——整体滑动分项系数，可取1.3；

γ_0——基坑侧壁重要性系数；

w_i——第 i 分条土重，滑裂面位于粘性土或粉土中时，按上覆土层的饱和土重度计算；滑裂面位于砂土或碎石类土中时，按上覆土层的浮重度计算；

b_i——第 i 分条宽度；

c_{ik}——第 i 分条滑裂面处土体固结不排水（快）剪粘聚力标准值；

φ_{ik}——第 i 分条滑裂面处土体固结不排水（快）剪内摩擦角标准值；

θ_i——第 i 分条滑裂面处中点切线与水平面夹角；

α_j——土钉与水平面之间的夹角；

L_i——第 i 分条滑裂面处弧长；

s——计算滑动体单元厚度；

T_{nj}——第 j 根土钉在圆弧滑裂面外锚固体与土体的极限抗拉力，可按本规程第6.2.2条确定。

6.2.2 单根土钉在圆弧滑裂面外锚固体与土体的极限抗拉力可

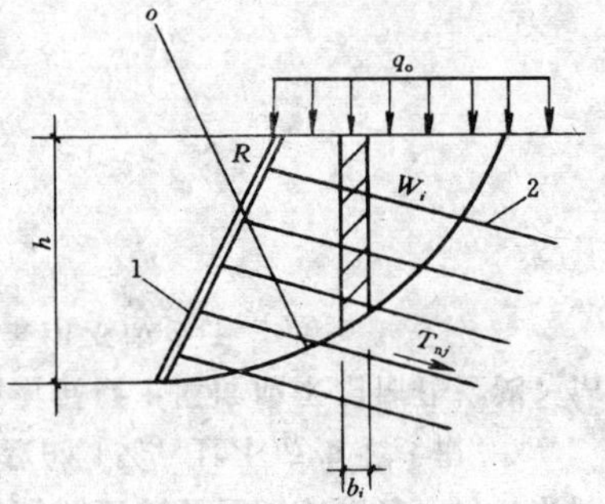

图6.2.1 整体稳定性验算简图

1—喷射混凝土面层；2—土钉

按下式确定：

$$T_{nj} = \pi d_{nj}\Sigma q_{sik} l_{ni} \quad (6.2.2)$$

式中 l_{ni}——第 j 根土钉在圆弧滑裂面外穿越第 i 层稳定土体内的长度。

6.3 构　　造

6.3.1 土钉墙设计及构造应符合下列规定：

1. 土钉墙墙面坡度不宜大于1：0.1；

2. 土钉必须和面层有效连接，应设置承压板或加强钢筋等构造措施，承压板或加强钢筋应与土钉螺栓连接或钢筋焊接连接；

3. 土钉的长度宜为开挖深度的0.5～1.2倍，间距宜为1～2m，与水平面夹角宜为5°～20°；

4. 土钉钢筋宜采用Ⅱ、Ⅲ级钢筋，钢筋直径宜为16～32mm，钻孔直径宜为70～120mm；

5. 注浆材料宜采用水泥浆或水泥砂浆，其强度等级不宜低于M10；

6. 喷射混凝土面层宜配置钢筋网，钢筋直径宜为6～10mm，间距宜为150～300mm；喷射混凝土强度等级不宜低于C20，面层厚度不宜小于 80mm；

7. 坡面上下段钢筋网搭接长度应大于 300mm。

6.3.2 当地下水位高于基坑底面时，应采取降水或截水措施；土钉墙墙顶应采用砂浆或混凝土护面，坡顶和坡脚应设排水措施，坡面上可根据具体情况设置泄水孔。

6.4 施工与检测

6.4.1 上层土钉注浆体及喷射混凝土面层达到设计强度的 70% 后方可开挖下层土方及下层土钉施工。

6.4.2 基坑开挖和土钉墙施工应按设计要求自上而下分段分层进行。在机械开挖后，应辅以人工修整坡面，坡面平整度的允许偏差宜为±20mm，在坡面喷射混凝土支护前，应清除坡面虚土。

6.4.3 土钉墙施工可按下列顺序进行：

1. 应按设计要求开挖工作面，修整边坡，埋设喷射混凝土厚度控制标志；
2. 喷射第一层混凝土；
3. 钻孔安设土钉、注浆，安设连接件；
4. 绑扎钢筋网，喷射第二层混凝土；
5. 设置坡顶、坡面和坡脚的排水系统。

6.4.4 土钉成孔施工宜符合下列规定：

1. 孔深允许偏差　　±50mm；
2. 孔径允许偏差　　±5mm；
3. 孔距允许偏差　　±100mm；
4. 成孔倾角偏差　　±5%。

6.4.5 喷射混凝土作业应符合下列规定：

1. 喷射作业应分段进行，同一分段内喷射顺序应自下而上，一次喷射厚度不宜小于 40mm；
2. 喷射混凝土时，喷头与受喷面应保持垂直，距离宜为 0.6～1.0m；
3. 喷射混凝土终凝 2h 后，应喷水养护，养护时间根据气温确定，宜为 3～7h；

6.4.6 喷射混凝土面层中的钢筋网铺设应符合下列规定：

1. 钢筋网应在喷射一层混凝土后铺设，钢筋保护层厚度不宜小于 20mm；
2. 采用双层钢筋网时，第二层钢筋网应在第一层钢筋网被混凝土覆盖后铺设；
3. 钢筋网与土钉应连接牢固。

6.4.7 土钉注浆材料应符合下列规定：

1. 注浆材料宜选用水泥浆或水泥砂浆；水泥浆的水灰比宜为 0.5，水泥砂浆配合比宜为 1∶1～1∶2(重量比)，水灰比宜为 0.38～0.45；
2. 水泥浆、水泥砂浆应拌合均匀，随拌随用，一次拌合的水泥浆、水泥砂浆应在初凝前用完。

6.4.8 注浆作业应符合以下规定：

1. 注浆前应将孔内残留或松动的杂土清除干净；注浆开始或中途停止超过 30min 时，应用水或稀水泥浆润滑注浆泵及其管路；
2. 注浆时，注浆管应插至距孔底 250～500mm 处，孔口部位宜设置止浆塞及排气管；
3. 土钉钢筋应设定位支架。

6.4.9 土钉墙应按下列规定进行质量检测：

1. 土钉采用抗拉试验检测承载力，同一条件下，试验数量不宜少于土钉总数的 1%，且不应少于 3 根；
2. 墙面喷射混凝土厚度应采用钻孔检测，钻孔数宜每 100m² 墙面积一组，每组不应少于 3 点。

7 逆作拱墙

7.1 拱墙计算

7.1.1 逆作拱墙结构型式根据基坑平面形状可采用全封闭拱墙，也可采用局部拱墙，拱墙轴线的矢跨比不宜小于1/8，基坑开挖深度h不宜大于12m，当地下水位高于基坑底面时，应采取降水或截水措施。

7.1.2 当基坑底土层为粘性土时，基坑开挖深度应满足下列抗隆起验算条件：

$$h \leqslant \frac{c_k(k_p e^{\pi \mathrm{tg}\varphi_k} - 1)}{1.3\gamma \mathrm{tg}\varphi_k} - q_0/\gamma \tag{7.1.2}$$

式中 q_0——地面超载；

γ——开挖面以上土体平均重度；

c_k、φ_k——基坑底面以下土层粘聚力及内摩擦角标准值。

7.1.3 当基坑开挖深度范围或基坑底土层为砂土时，应按抗渗透条件验算土层稳定性。

7.1.4 拱墙结构内力宜按平面闭合结构形式采用杆件有限元方法分道计算，作用于拱墙的初始水平力可按本规程第3.4节确定；当计算点位移指向坑外时，该位移产生的附加水平力可按“m”法确定；土体任一点最大水平压力不应超过按本规程第3.5节确定的水平抗力标准值。

7.1.5 均布荷载作用下，圆形闭合拱墙结构轴向压力设计值N_i应按下式计算：

$$N_i = 1.35\gamma_0 R e_a h_i \tag{7.1.5}$$

式中 R——圆拱的外圈半径；

h_i——拱墙分道计算高度；

e_a——在分道高度h_i范围内，按本规程第3.4节确定的基坑外侧水平荷载标准值的平均值。

7.1.6 拱墙结构材料、断面尺寸应根据内力设计值按《混凝土结构设计规范》(GBJ 10—89) 确定。

7.2 构　　造

7.2.1 钢筋混凝土拱墙结构的混凝土强度等级不宜低于C25。

7.2.2 拱墙截面宜为Z字型（图7.2.2a），拱壁的上、下端宜加肋梁；当基坑较深且一道Z字型拱墙的支护高度不够时，可由数道拱墙叠合组成（图7.2.2b和c），沿拱墙高度应设置数道肋梁，其竖向间距不宜大于2.5m。当基坑边坡地较窄时，可不加肋梁但应加厚拱壁（图7.2.2d）。

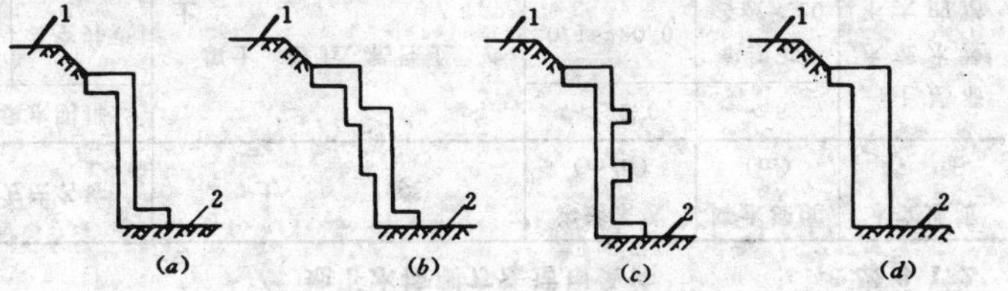

图7.2.2 拱墙截面构造示意简图

1—地面；2—基坑底

7.2.3 拱墙结构水平方向应通长双面配筋，总配筋率不应小于0.7%。

7.2.4 圆形拱墙壁厚不应小于400mm，其他拱墙壁厚不应小于500mm。

7.2.5 拱墙结构不应作为防水体系使用。

7.3 施工与检测

7.3.1 拱曲线沿曲率半径方向的误差不得超过±40mm。

7.3.2 拱墙水平方向施工的分段长度不应超过12m，通过软弱土层或砂层时分段长度不宜超过 8m。

7.3.3 拱墙在垂直方向应分道施工，每道施工的高度视土层的直立高度而定，不宜超过 2.5m；上道拱墙合拢且混凝土强度达到设计强度的 70%后，才可进行下道拱墙施工。

7.3.4 上下两道拱墙的竖向施工缝应错开，错开距离不宜小于 2m。

7.3.5 拱墙施工宜连续作业，每道拱墙施工时间不宜超过 36h。

7.3.6 当采用外壁支模时，拆除模板后应将拱墙与坑壁之间的空隙填满夯实。

7.3.7 基坑内积水坑的设置应远离坑壁，距离不应小于 3m。

7.3.8 当对逆作拱墙施工质量有怀疑时，宜采用钻芯法进行检测，检测数量为 100m² 墙面为一组，每组不应少于 3 点。

8 地下水控制

8.1 一般规定

8.1.1 地下水控制的设计和施工应满足支护结构设计要求，应根据场地及周边工程地质条件、水文地质条件和环境条件并结合基坑支护和基础施工方案综合分析、确定。

8.1.2 地下水控制方法可分为集水明排、降水、截水和回灌等型式单独或组合使用，可按表 8.1.2 选用。

地下水控制方法适用条件　　表 8.1.2

<table>
<tr><th colspan="2">方法名称</th><th>土类</th><th>渗透系数 (m/d)</th><th>降水深度 (m)</th><th>水文地质特征</th></tr>
<tr><td colspan="2">集水明排</td><td rowspan="3">填土、粉土、粘性土、砂土</td><td>7<20.0</td><td><5</td><td rowspan="3">上层滞水或水量不大的潜水</td></tr>
<tr><td rowspan="3">降水</td><td>真空井点</td><td>0.1～20.0</td><td>单级<6
多级<20</td></tr>
<tr><td>喷射井点</td><td>0.1～20.0</td><td><20</td></tr>
<tr><td>管井</td><td>粉土、砂土、碎石土、可溶岩、破碎带</td><td>1.0～200.0</td><td>>5</td><td>含水丰富的潜水、承压水、裂隙水</td></tr>
<tr><td colspan="2">截水</td><td>粘性土、粉土、砂土、碎石土、岩溶岩</td><td>不限</td><td>不限</td><td rowspan="2"></td></tr>
<tr><td colspan="2">回灌</td><td>填土、粉土、砂土、碎石土</td><td>0.1～200</td><td>不限</td></tr>
</table>

8.1.3 当因降水而危及基坑及周边环境安全时，宜采用截水或回灌方法。截水后，基坑中的水量或水压较大时，宜采用基坑内降水。

8.1.4 当基坑底为隔水层且层底作用有承压水时，应进行坑底突涌验算，必要时可采取水平封底隔渗或钻孔减压措施保证坑底土层稳定。

8.2 集 水 明 排

8.2.1 排水沟和集水井可按下列规定布置：

1. 排水沟和集水井宜布置在拟建建筑基础边净距 0.4m 以外，排水沟边缘离开边坡坡脚不应小于 0.3m；在基坑四角或每隔 30～40m 应设一个集水井；

2. 排水沟底面应比挖土面低 0.3～0.4m，集水井底面应比沟底面低 0.5m 以上。

8.2.2 沟、井截面根据排水量确定，排水量 V 应满足下列要求：

$$V \geqslant 1.5Q \tag{8.2.2}$$

式中 Q——基坑总涌水量，可按附录 F 计算。

8.2.3 抽水设备可根据排水量大小及基坑深度确定。

8.2.4 当基坑侧壁出现分层渗水时，可按不同高程设置导水管、导水沟等构成明排系统；当基坑侧壁渗水量较大或不能分层明排时，宜采用导水降水方法。基坑明排尚应重视环境排水，当地表水对基坑侧壁产生冲刷时，宜在基坑外采取截水、封堵、导流等措施。

8.3 降 水

8.3.1 降水井宜在基坑外缘采用封闭式布置，井间距应大于 15 倍井管直径，在地下水补给方向应适当加密；当基坑面积较大、开挖较深时，也可在基坑内设置降水井。

8.3.2 降水井的深度应根据设计降水深度、含水层的埋藏分布和降水井的出水能力确定。设计降水深度在基坑范围内不宜小于基坑底面以下 0.5m。

8.3.3 降水井的数量 n 可按下式计算：

$$n = 1.1\frac{Q}{q} \tag{8.3.3}$$

式中 Q——基坑总涌水量，可按附录 F 计算；

q——设计单井出水量，可按本规程第 8.3.4 条计算。

8.3.4 设计单井出水量可按下列规定确定：

1. 井点出水能力可按 36～60m³/d 确定；

2. 真空喷射井点出水量可按表 8.3.4 确定；

喷射井点设计出水量 **表 8.3.4**

型号	外管直径 (mm)	喷射管 喷嘴直径 (mm)	喷射管 混合室直径 (mm)	工作水压力 (MPa)	工作水流量 (m³/d)	设计单井出水流量 (m³/d)	适用含水层渗透系数 (m/d)
1.5 型并列式	38	7	14	0.6～0.8	112.8～163.2	100.8～138.2	0.1～5.0
2.5 型圆心式	68	7	14	0.6～0.8	110.4～148.8	103.2～138.2	0.1～5.0
4.0 型圆心式	100	10	20	0.6～0.8	230.4	259.2～388.8	5.0～10.0
6.0 型圆心式	162	19	40	0.6～0.8	720	600～720	10.0～20.0

3. 管井的出水量 q(m³/d)可按下列经验公式确定：

$$q = 120\pi r_s l \sqrt[3]{k} \tag{8.3.4}$$

式中 r_s——过滤器半径(m)；

l——过滤器进水部分长度(m)；

k——含水层渗透系数(m/d)。

8.3.5 过滤器长度宜按下列规定确定：

1. 真空井点和喷射井点的过滤器长度不宜小于含水层厚度的 1/3；

2. 管井过滤器长度宜与含水层厚度一致。

8.3.6 群井抽水时，各井点单井过滤器进水部分长度，可按下式验算：

$$y_0 > l \tag{8.3.6-1}$$

单井井管进水长度 y_0，可按下列规定计算：

1. 潜水完整井：

$$y_0=\sqrt{H^2-\frac{0.732Q}{k}\left(\lg R_0-\frac{1}{n}\lg nr_0^{n-1}r_w\right)} \quad (8.3.6\text{-}2)$$

$$R_0=r_0+R \quad (8.3.6\text{-}3)$$

式中 r_0——圆形基坑半径，非圆形基坑可按附录F计算；

r_w——管井半径；

H——潜水含水层厚度；

R_0——基坑等效半径与降水井影响半径之和；

R——降水井影响半径，可按附录F计算。

2. 承压完整井：

$$y_0=H'-\frac{0.366Q}{kM}\left(\lg R_0-\frac{1}{n}\lg nr_0^{n-1}r_w\right) \quad (8.3.6\text{-}4)$$

式中 H'——承压水位至该承压含水层底板的距离；

M——承压含水层厚度。

当过滤器工作部分长度小于2/3含水层厚度时应采用非完整井公式计算。若不满足上式条件，应调整井点数量和井点间距，再进行验算。当井距足够小仍不能满足要求时应考虑基坑内布井。

8.3.7 基坑中心点水位降深计算可按下列方法确定：

1. 块状基坑降水深度可按下式计算：

1)潜水完整井稳定流：

$$S=H-\sqrt{H^2-\frac{Q}{1.366k}\left[\lg R_0-\frac{1}{n}\lg(r_1r_2\cdots\cdots r_n)\right]} \quad (8.3.7\text{-}1)$$

2)承压完整井稳定流：

$$S=\frac{0.366Q}{Mk}\left[\lg R_0-\frac{1}{n}\lg(r_1r_2\cdots\cdots r_n)\right] \quad (8.3.7\text{-}2)$$

式中 S——在基坑中心处或各井点中心处地下水位降深；

$r_1,r_2,\cdots\cdots,r_n$——各井距基坑中心或各井中心处的距离。

2. 对非完整井或非稳定流应根据具体情况采用相应的计算方法；

3. 计算出的降深不能满足降水设计要求时，应重新调整井数、布井方式。

8.3.8 在降水漏斗范围内因降水引起的计算沉降量可按分层总和法计算。

8.3.9 真空井点结构和施工应符合下列技术要求：

1. 滤管直径可采用38～110mm的金属管，管壁上渗水孔直径为12～18mm，呈梅花状排列，孔隙率应大于15%；管壁外应设两层滤网，内层滤网宜采用30～80目的金属网或尼龙网，外层滤网宜采用3～10目的金属网或尼龙网；管壁与滤网间应采用金属丝绕成螺旋形隔开，滤网外应再绕一层粗金属丝；

2. 当一级井点降水不满足降水深度要求时，亦可采用多级井点降水方法；

3. 井点管的设置可采用射水法、钻孔法和冲孔法成孔，井孔直径不宜大于300mm，孔深宜比滤管底深0.5～1.0m。在井管与孔壁间及时用洁净中粗砂填灌密实均匀。投入滤料的数量应大于计算值的85%，在地面以下1m范围内应用粘土封孔；

4. 井点使用前，应进行试抽水，当确认无漏水、漏气等异常现象后，应保证连续不断抽水；

5. 在抽水过程中应定时观测水量、水位、真空度，并应使真空度保持在55kPa以上。

8.3.10 喷射井点的结构及施工应符合下列要求：

1. 井点的外管直径宜为73～108mm，内管直径为50～73mm，过滤器直径为89～127mm，井孔直径不宜大于600mm，孔深应比滤管底深1m以上。过滤器的结构与真空井点相同。喷射器混合室直径可取14mm，喷嘴直径可取6.5mm，工作水箱不应小于$10m^3$。

2. 工作水泵可采用多级泵，水压宜大于0.75MPa。

3. 井孔的施工与井管的设置方法与真空井点相同。

4. 井点使用时，水泵的起动泵压不宜大于0.3MPa。正常工作水压力宜为$0.25P_0$(扬水高度)；正常工作水流量宜取单井排水量。

8.3.11 管井结构应符合下列要求：

1. 管井井管直径应根据含水层的富水性及水泵性能选取，且井管外径不宜小于200mm，井管内径宜大于水泵外径50mm。

2. 沉砂管长度不宜小于3m。

3. 钢制、铸铁和钢筋骨架过滤器的孔隙率分别不宜小于30%、23%和50%。

4. 井管外滤料宜选用磨圆度较好的硬质岩石，不宜采用棱角状石渣料、风化料或其它粘质岩石。滤料规格宜满足下列要求：

1）对于砂土含水层

$$D_{50}=(6\sim 8)d_{50} \qquad (8.3.11\text{-}1)$$

式中 D_{50}、d_{50}——填料和含水层颗料分布累计曲线上重量为50%所对应的颗粒粒径。

2）对于 $d_{20}<2\text{mm}$ 的碎石类土含水层：

$$D_{50}=(6\sim 8)d_{20} \qquad (8.3.11\text{-}2)$$

3）对于 $d_{20}\geqslant 2\text{mm}$ 的碎石类土含水层，可充填粒径为10～20mm的滤料。

4）滤料应保证不均匀系数小于2。

8.3.12 抽水设备主要为深井泵或深井潜水泵、水泵的出水量应根据地下水位降深和排水量大小选用，并应大于设计值的20%～30%。

8.3.13 管井成孔宜用于孔或清水钻进，若采用泥浆管井，井管下沉后必须充分洗井，保持滤网的畅通。

8.3.14 水泵应置于设计深度，水泵吸水口应始终保持在动水位以下。成井后应进行单井试抽检查降水效果，必要时应调整降水方案。降水过程中，应定期取样测试含砂量，保证含砂量不大于0.5‰。

8.4 截 水

8.4.1 截水帷幕的厚度应满足基坑防渗要求，截水帷幕的渗透系数宜小于 $1.0\times 10^{-6}\text{cm/s}$。

8.4.2 落底式竖向截水帷幕应插入下卧不透水层，其插入深度可按下式计算：

$$l=0.2h_w-0.5b \qquad (8.4.2)$$

式中 l——帷幕插入不透水层的深度；

h_w——作用水头；

b——帷幕厚度。

8.4.3 当地下含水层渗透性较强，厚度较大时，可采用悬挂式竖向截水与坑内井点降水相结合或采用悬挂式竖向截水与水平封底相结合的方案。

8.4.4 截水帷幕施工方法、工艺和机具的选择应根据场地工程地质、水文地质及施工条件等综合确定。施工质量应满足《建筑地基处理规范》JGJ79—91的有关规定。

8.5 回 灌

8.5.1 回灌可采用井点、砂井、砂沟等。

8.5.2 回灌井与降水井的距离不宜小于6m。

8.5.3 回灌井的间距应根据降水井的间距和被保护物的平面位置确定。

8.5.4 回灌井宜进入稳定水面下1m，且位于渗透性较好的土层中，过滤器的长度应大于降水井过滤器的长度。

8.5.5 回灌水量可通过水位观测孔中水位变化进行控制和调节，不宜超过原水位标高。回灌水箱高度可根据灌入水量配置。

8.5.6 回灌砂井的灌砂量应取井孔体积的95%，填料宜采用含泥量不大于3%、不均匀系数在3～5之间的纯净中粗砂。

8.5.7 回灌井与降水井应协调控制。回灌水宜采用清水。

附录A 圆弧滑动简单条分法

A.0.1 水泥土墙、多层支点排桩及多层支点地下连续墙嵌固深度计算值h_0宜按整体稳定条件采用圆弧滑动简单条分法确定（图A.0.1）：

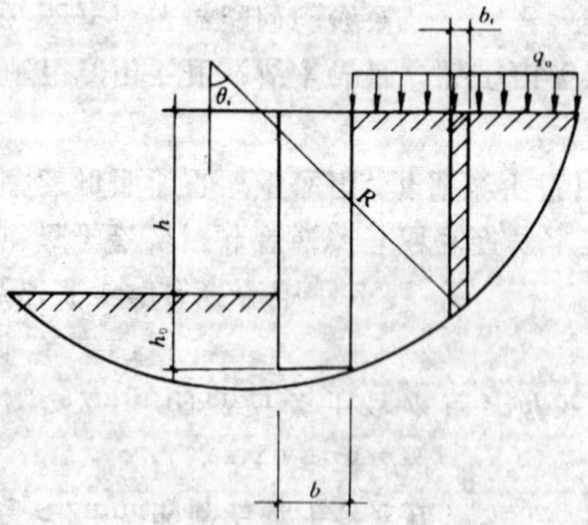

图A.0.1 嵌固深度计算简图

$$\Sigma c_{ik} l_i + \Sigma(q_0 b_i + w_i)\cos\theta_i \text{tg}\varphi_{ik} - \gamma_k \Sigma(q_0 b_i + w_i)\sin\theta_i \geqslant 0$$

（A.0.1）

式中 c_{ik}、φ_{ik}——最危险滑动面上第i土条滑动面上土的固结不排水（快）剪粘聚力、内摩擦角标准值；

l_i——第i土条的弧长；

b_i——第i土条的宽度；

γ_k——整体稳定分项系数，应根据经验确定，当无经验时可取1.3；

w_i——作用于滑裂面上第i土条的重量，按上覆土层的天然土重计算；

θ_i——第i土条弧线中点切线与水平线夹角。

当嵌固深度下部存在软弱土层时，尚应继续验算软下卧层整体稳定性。

A.0.2 对于均质粘性土及地下水位以上的粉土或砂类土，嵌固深度h_0可按下式确定：

$$h_0 = n_0 h \quad \text{(A.0.2)}$$

式中 n_0——嵌固深度系数，当γ_k取1.3时，可根据三轴试验（当有可靠经验时，可采用直接剪切试验）确定的土层固结不排水（快）剪内摩擦角φ_k及粘聚力系数δ查表A.0.2；粘聚力系数δ可按本规程第A.0.3条确定。

A.0.3 粘聚力系数δ应按下式确定：

$$\delta = c_k/\gamma h \quad \text{(A.0.3)}$$

式中 γ——土的天然重度。

A.0.4 嵌固深度设计值可按下式确定：

$$h_d = 1.1 h_0 \quad \text{(A.0.2)}$$

式中 h_0——根据本规程第A.0.1条或第A.0.2条计算的嵌固深度。

表 A.0.2 嵌固深度系数 n_0 表

δ \ φ_k	7.5	10.0	12.5	15.0	17.5	20.0	22.5	25.0	27.5	30.0	32.5	35.0	37.5	40.0	42.5
0.00	3.18	2.24	1.69	1.28	1.05	0.80	0.67	0.55	0.40	0.31	0.26	0.25	0.15	<0.1	
0.02	2.87	2.03	1.51	1.15	0.90	0.72	0.58	0.44	0.36	0.26	0.19	0.14	<0.1		
0.04	2.54	1.74	1.29	1.01	0.74	0.60	0.47	0.36	0.24	0.19	0.13	<0.1			
0.06	2.19	1.54	1.11	0.81	0.63	0.48	0.36	0.27	0.17	0.12	<0.1				
0.08	1.89	1.28	0.94	0.69	0.51	0.35	0.26	0.15	<0.1	<0.1					
0.10	1.57	1.05	0.74	0.52	0.35	0.25	0.13	<0.1							
0.12	1.22	0.81	0.54	0.36	0.22	<0.1	<0.1								
0.14	0.95	0.55	0.35	0.24	<0.1										
0.16	0.68	0.35	0.24	<0.1											
0.18	0.34	0.24	<0.1												
0.20	0.24	<0.1													
0.22	<0.1														

附录B 弹 性 支 点 法

B.0.1 基坑外侧水平荷载标准值 e_{aik} 宜按本规程第 3.4.1 条规定计算（图 B.0.1）。

B.0.2 支护结构的基本挠曲方程应按下式确定（图 B.0.1），支点处的边界条件可按本规程第 B.0.4 条确定：

$$EI\frac{d^4y}{dz} - e_{aik}\cdot b_s = 0 \quad (0 \leqslant z \leqslant h_n) \qquad \text{(B.0.2-1)}$$

$$EI\frac{d^4y}{dz} + mb_0(z-h_n)y - e_{aik}\cdot b_s = 0 \quad (z \geqslant h_n) \qquad \text{(B.0.2-2)}$$

式中 EI——支护结构计算宽度的抗弯刚度；

m——地基土水平抗力系数的比例系数；

b_0——抗力计算宽度，地下连续墙和水泥土墙取单位宽度，排桩结构按本规程第 B.0.3 条规定计算；

z——支护结构顶部至计算点的距离；

h_n——第 n 工况基坑开挖深度；

y——计算点水平变形；

b_s——荷载计算宽度，排桩可取桩中心距，地下连续墙和水

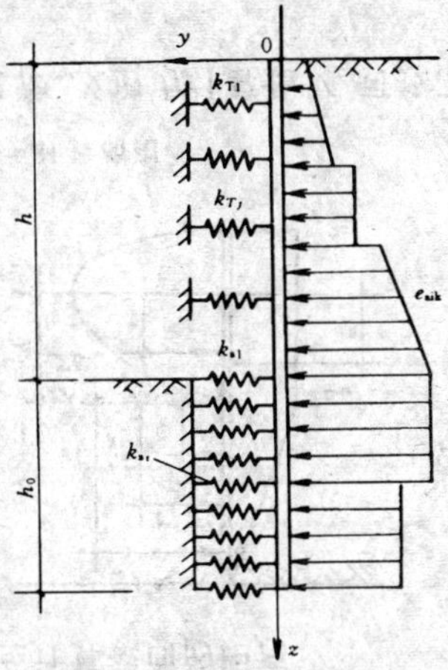

图 B.0.1 计算简图

泥土墙可取单位宽度。

B.0.3 排桩结构抗力计算宽度宜按下列规定计算：

1. 圆形桩按下式计算：

$$b_0 = 0.9 \times (1.5d + 0.5) \quad \text{(B.0.3-1)}$$

式中 d——桩身直径。

2. 方形桩按下式计算：

$$b_0 = 1.5b + 0.5 \quad \text{(B.0.3-2)}$$

式中 b——方桩边长。

3. 按式（B.0.3-1）或（B.0.3-2）确定的抗力计算宽度大于排桩间距时应取排桩间距。

B.0.4 第 j 层支点边界条件宜按下式确定：

$$T_j = k_{Tj}(y_j - y_{0j}) + T_{0j} \quad \text{(B.0.4)}$$

式中 k_{Tj}——第 j 层支点水平刚度系数；可按本规程附录 C 确定；

y_j——按本规程第 B.0.2 条计算的第 j 层支点水平位移值；

y_{0j}——按本规程第 B.0.2 条计算的在支点设置前的水平位移值；

T_{0j}——第 j 层支点预加力。

当支点有预加力 T_{0j} 且按式（B.0.4）确定的支点力 $T_j \leqslant T_{0j}$ 时，第 j 层支点力 T_j 应按该层支点位移为 y_{0j} 的边界条件确定。

B.0.5 支护结构内力计算值可按下列规定计算（图 B.0.5）：

1. 悬臂式支护结构弯矩计算值 M_c 及剪力计算值 V_c 可按下式计算：

$$M_c = h_{mz}\Sigma E_{mz} - h_{az}\Sigma E_{az} \quad \text{(B.0.5-1)}$$

$$V_c = \Sigma E_{mz} - \Sigma E_{az} \quad \text{(B.0.5-2)}$$

式中 ΣE_{mz}——计算截面以上根据本规程第 B.0.2 条确定的基坑内侧各土层弹性抗力值 $mb_0(z-h_n)y$ 的合力之和；

h_{mz}——合力 ΣE_{mz} 作用点至计算截面的距离；

ΣE_{az}——计算截面以上根据本规程第 B.0.2 条确定的基坑外侧各土层水平荷载标准值 $e_{aik}b_s$ 的合力之和；

h_{az}——合力 ΣE_{az} 作用点至计算截面的距离。

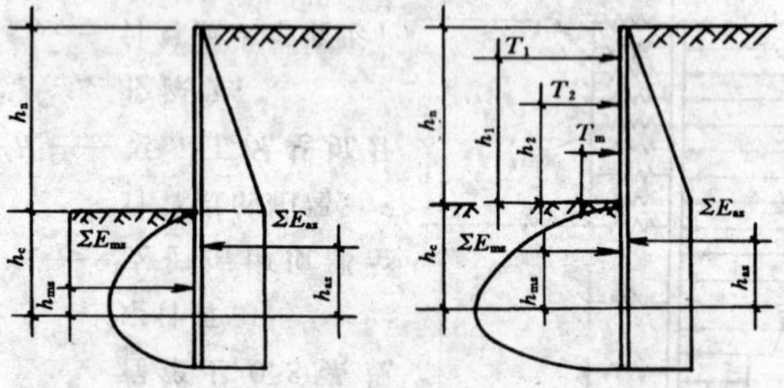

图 B.0.5 内力计算简图

2. 支点支护结构弯矩计算值 M_c 及剪力计算值 V_c 可按下式计算：

$$M_c = \Sigma T_j(h_j + h_c) + h_{mz}\Sigma E_{mz} - h_{az}\Sigma E_{az} \quad \text{(B.0.5-3)}$$

$$V_c = \Sigma T_j + \Sigma E_{mz} - \Sigma E_{az} \quad \text{(B.0.5-4)}$$

式中 h_j——支点力 T_j 至基坑底的距离；

h_c——基坑底面至计算截面的距离，当计算截面在基坑底面以上时取负值。

附录C 支点水平刚度系数 k_T 及地基土水平抗力比例系数 m

C.1 锚杆水平刚度系数

C.1.1 锚杆水平刚度系数 k_T 应按本规程附录E的锚杆基本试验确定，当无试验资料时，可按下式计算：

$$k_T = \frac{3AE_sE_cA_c}{3l_fE_cA_c + E_sAl_a}\cos^2\theta \quad (C.1.1)$$

式中 A——杆体截面面积；

E_s——杆体弹性模量；

E_c——锚固体组合弹性模量，可按本规程第C.1.2条确定；

A_c——锚固体截面面积；

l_f——锚杆自由段长度；

l_a——锚杆锚固段长度；

θ——锚杆水平倾角。

C.1.2 锚杆体组合弹性模量可按下式确定：

$$E_c = \frac{AE_s + (A_c - A)E_m}{A_c} \quad (C.1.2)$$

式中 E_m——锚固体中注浆体弹性模量。

C.2 支撑体系水平刚度系数

C.2.1 支撑体系（含具有一定刚度的冠梁）或其与锚杆混合的支撑体系水平刚度系数 k_T 应按支撑体系与排桩、地下连续墙的空间作用协同分析方法确定；亦可根据空间作用协同分析方法直接确定支撑体系及排桩或地下连续墙的内力与变形。

C.2.2 当基坑周边支护结构荷载相同、支撑体系采用对撑并沿具有较大刚度的腰梁或冠梁等间距布置时，水平刚度系数 k_T 可按下式计算：

$$k_T = \frac{2\alpha EA}{L}\frac{s_a}{s} \quad (C.2.2)$$

式中 k_T——支撑结构水平刚度系数；

α——与支撑松弛有关的系数，取0.8～1.0；

E——支撑构件材料的弹性模量；

A——支撑构件断面面积；

L——支撑构件的受压计算长度；

s——支撑的水平间距；

s_a——根据本规程第4.2.1条确定的计算宽度。

C.3 土的水平抗力系数的比例系数 m

C.3.1 开挖面以下土的水平抗力系数的比例系数 m 应以根据单桩水平荷载试验结果按下式计算：

$$m = \frac{\left(\frac{H_{cr}}{x_{cr}}v_x\right)^{5/3}}{b_0(EI)^{2/3}} \quad (C.3.1)$$

式中 m——地基水平抗力系数的比例系数（MN/m^4），该数值为基坑开挖面以下 $2(d+1)$m 深度内各土层的综合值；

H_{cr}——单桩水平临界荷载（MN），根据《建筑桩基技术规范》（JGJ94—94）附录E方法确定；

x_{cr}——单桩水平临界荷载对应的位移（m）；

v_x——桩顶位移系数，可按本规程表C.3.1采用（先假定 m，试算 α）；

b_0——计算宽度（m），按本规程第B.0.3条计算。

桩顶位移系数 v_x 表 **表 C.3.1**

换算深度 αh_d	≥4.0	3.5	3.0	2.8	2.6	2.4
v_x	2.441	2.502	2.727	2.905	3.163	3.526

注：表中 $\alpha=\sqrt[5]{\frac{mb_0}{EI}}$。

C.3.2 当无试验或缺少当地经验时，第 i 土层水平抗力系数的比例系数 m_i 可按下列经验公式计算：

$$m_i=\frac{1}{\Delta}(0.2\varphi_{ik}^2-\varphi_{ik}+c_{ik}) \tag{C.3.2}$$

式中 φ_{ik}——第 i 层土的固结不排水（快）剪内摩擦角标准值(°)；

c_{ik}——第 i 层土的固结不排水（快）剪粘聚力标准值(kPa)；

Δ——基坑底面处位移量 (mm)，按地区经验取值，无经验时可取 10。

附录 D 正截面受弯承载力计算

D.0.1 对沿周边均匀配置纵向钢筋的圆形截面和矩形截面的排桩和地下连续墙，其正截面受弯承载力可按现行国家标准《混凝土结构设计规范》GBJ10—89 的有关规定进行计算，并应符合有关构造要求。

D.0.2 沿截面受拉区和受压区周边配置局部均匀纵向钢筋或集中纵向钢筋的圆形截面钢筋混凝土桩（图 D.0.2），其正截面受弯

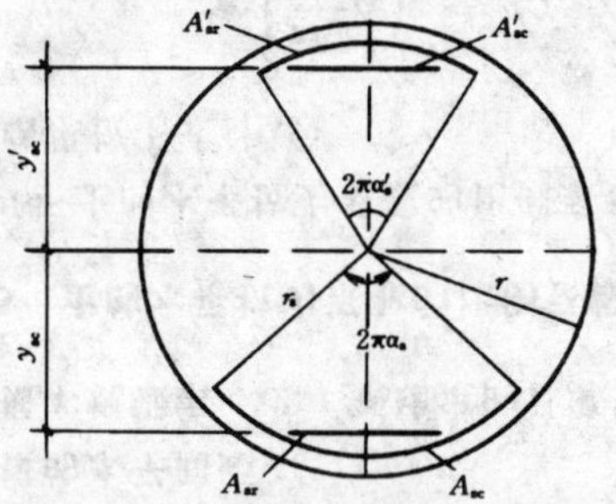

图 D.0.2 配置局部均匀配筋和集中配筋的圆形截面

承载力可按下列公式计算：

$$\alpha f_{cm}A\left(1-\frac{\sin 2\pi\alpha}{2\pi\alpha}\right)+f_y(A'_{sr}+A'_{sc}-A_{sr}-A_{sc})=0 \tag{D.0.2-1}$$

$$M\leqslant\frac{2}{3}f_{cm}Ar\frac{\sin^3\pi\alpha}{\pi}+f_yA_{sr}r_s\frac{\sin\pi\alpha_s}{\pi\alpha_s}+f_yA_{sc}y_{sc}+f_yA'_{sr}r_s\frac{\sin\pi\alpha'_s}{\pi\alpha'_s}+f_yA'_{sc}y'_{sc} \tag{D.0.2-2}$$

选取的距离 y_{sc}、y'_{sc}应符合下列条件：

$$y_{sc}\geqslant r_s\cos\pi\alpha_s \tag{D.0.2-3}$$

$$y'_{sc} \geqslant r_s \cos\pi\alpha'_s \quad (D.0.2\text{-}4)$$

混凝土受压区圆心半角的余弦应符合下列要求：

$$\cos\pi\alpha \geqslant 1 - \left(1 + \frac{r_s}{r}\cos\pi\alpha_s\right)\xi_b \quad (D.0.2\text{-}5)$$

式中 α——对应于受压区混凝土截面面积的圆心角（rad）与 2π 的比值；

α_s——对应于周边均匀受拉钢筋的圆心角（rad）与 2π 的比值；α_s 值宜在 1/6 到 1/3 之间选取，通常可取定值 0.25；

α'_s——对应于周边均匀受压钢筋的圆心角（rad）与 2π 的比值，宜取 $\alpha'_s \leqslant 0.5\alpha$；

A——构件截面面积；

A_{sr}、A'_{sr}——均匀配置在圆心角 $2\pi\alpha_s$、$2\pi\alpha'_s$ 内沿周边的纵向受拉、受压钢筋截面面积；

A_{sc}、A'_{sc}——集中配置在圆心角 $2\pi\alpha_s$、$2\pi\alpha'_s$ 的混凝土弓形面积范围内的纵向受拉、受压钢筋截面面积；

r——圆形截面的半径；

r_s——纵向钢筋所在圆周的半径；

y_{sc}、y'_{sc}——纵向受拉、受压钢筋截面面积 A_{sc}、A'_{sc} 的重心至圆心的距离；

f_y——普通钢筋的抗拉强度设计值；

f_{cm}——混凝土弯曲抗压强度设计值；

ξ_b——矩形截面的相对界限受压区高度，应按《混凝土结构设计规范》GBJ10—89 第 4.1.3 条规定确定。

计算的受压区混凝土截面面积的圆心角（rad）与 2π 的比值 α 宜符合下列条件：

$$\alpha \geqslant 1/3.5 \quad (D.0.2\text{-}6)$$

当不符合上述的条件时，其正截面受弯承载力可按下式计算：

$$M \leqslant f_y A_{sr}\left(0.78r + r_s\frac{\sin\pi\alpha_s}{\pi\alpha_s}\right) + f_y A_{sc}(0.78r + y_{sc}) \quad (D.0.2\text{-}7)$$

注：本条适用于截面受拉区内纵向钢筋不少于 3 根的圆形截面的情况。

D.0.3 沿圆形截面受拉区和受压区周边实际配置均匀纵向钢筋的圆心角应分别取为 $2\frac{n-1}{n}\pi\alpha_s$ 和 $2\frac{m-1}{m}\pi\alpha'_s$，$n$、$m$ 为受拉区、受压区配置均匀纵向钢筋的根数。

配置在圆形截面受拉区的纵向钢筋的最小配筋率（按全截面面积计算）不宜小于 0.2%。在不配置纵向受力钢筋的圆周范围内应设置周边纵向构造钢筋，纵向构造钢筋直径不应小于纵向受力钢筋直径的二分之一，且不应小于 10mm；纵向构造钢筋的环向间距不应大于圆截面的半径和 250mm 两者的较小值，且不得少于 1 根。

附录E 锚杆试验

E.1 一般规定

E.1.1 锚杆锚固段浆体强度达到 15MPa 或达到设计强度等级的 75%时可进行锚杆试验。

E.1.2 加载装置(千斤顶、油泵)的额定压力必须大于试验压力，且试验前应进行标定。

E.1.3 加荷反力装置的承载力和刚度应满足最大试验荷载要求。

E.1.4 计量仪表（测力计、位移计等）应满足测试要求的精度。

E.1.5 基本试验和蠕变试验锚杆数量不应少于 3 根，且试验锚杆材料尺寸及施工工艺应与工程锚杆相同。

E.1.6 验收试验锚杆的数量应取锚杆总数的 5%，且不得少于 3 根。

E.2 基本试验

E.2.1 基本试验最大的试验荷载不宜超过锚杆杆体承载力标准值的 0.9 倍。

E.2.2 锚杆基本试验应采用循环加、卸荷载法，加荷等级与锚头位移测读间隔时间应按表 E.2.2 确定。

锚杆基本试验循环加卸荷等级与位移观测间隔时间表 表 E.2.2

加荷标准 / 循环数	$\frac{加荷量}{预估破坏荷载}$ (%)								
第一循环	10	—	—	—	30	—	—	—	10
第二循环	10	30	—	—	50	—	—	30	10
第三循环	10	30	50	—	70	—	50	30	10
第四循环	10	30	50	70	80	70	50	30	10
第五循环	10	30	50	80	90	80	50	30	10
第六循环	10	30	50	90	100	90	50	30	10
观测时间（min）	5	5	5	5	10	5	5	5	5

注：1. 在每级加荷等级观测时间内，测读锚头位移不应少于 3 次。

2. 在每级加荷等级观测时间内，锚头位移小于 0.1mm 时，可施加下一级荷载，否则应延长观测时间，直至锚头位移增量在 2h 内小于 2.0mm 时，方可施加下一级荷载。

E.2.3 锚杆破坏标准

1. 后一级荷载产生的锚头位移增量达到或超过前一级荷载产生位移增量的 2 倍时；

2. 锚头位移不稳定；

3. 锚杆杆体拉断。

E.2.4 试验结果宜按循环荷载与对应的锚头位移读数列表整理，并绘制锚杆荷载—位移（Q—s）曲线，锚杆荷载—弹性位移（Q—s_e）曲线和锚杆荷载—塑性位移（Q—s_p）曲线。

E.2.5 锚杆弹性变形不应小于自由段长度变形计算值的 80%，且不应大于自由段长度与 1/2 锚固段长度之和的弹性变形计算值。

E.2.6 锚杆极限承载力取破坏荷载的前一级荷载，在最大试验荷载下未达到 E.2.3 规定的破坏标准时，锚杆极限承载力取最大荷载。

E.3 验收试验

E.3.1 最大试验荷载应取锚杆轴向受拉承载力设计值 N_u。

E.3.2 锚杆验收试验加荷等级及锚头位移测读间隔时间应符合下列规定：

1. 初始荷载宜取锚杆轴向拉力设计值的0.1倍；

2. 加荷等级与观测时间宜按表E.3.2规定进行；

验收试验锚杆加荷等级及观测时间　　　　表E.3.2

加荷等级	$0.1N_u$	$0.2N_u$	$0.4N_u$	$0.6N_u$	$0.8N_u$	$1.0N_u$
观测时间（min）	5	5	5	10	10	15

3. 在每级加荷等级观测时间内，测读锚头位移不应少于3次；

4. 达到最大试验荷载后观测15min，卸荷至$0.1N_u$并测读锚头位移。

E.3.3 试验结果宜按每级荷载对应的锚头位移列表整理，并绘制锚杆荷载—位移（Q—s）曲线。

E.3.4 锚杆验收标准：

1. 在最大试验荷载作用下，锚头位移相对稳定；

2. 应符合本规程第E.2.5条规定。

E.4 蠕变试验

E.4.1 锚杆蠕变试验加荷等级与观测时间应满足表E.4.1的规定，在观测时间内荷载应保持恒定。

锚杆蠕变试验加荷等级及观测时间　　　　表E.4.1

加荷等级	$0.4N_u$	$0.6N_u$	$0.8N_u$	$1.0N_u$
观测时间（min）	10	30	60	90

E.4.2 每级荷载按时间间隔1、2、3、4、5、10、15、20、30、45、60、75、90min记录蠕变量。

E.4.3 试验结果宜按每级荷载在观测时间内不同时段的蠕变量列表整理，并绘制蠕变量—时间对数（s—$\lg t$）曲线，蠕变系数可由下式计算：

$$K_c = \frac{s_2 - s_1}{\lg(t_2/t_1)} \tag{E.4.3}$$

式中　s_1——t_1时所测得的蠕变量；

s_2——t_2时所测得的蠕变量。

E.4.4 蠕变试验和验收标准为最后一级荷载作用下的蠕变系数小于2.0mm。

附录F　基坑涌水量计算

F.0.1　均质含水层潜水完整井基坑涌水量可按下列规定计算（图F.0.1）：

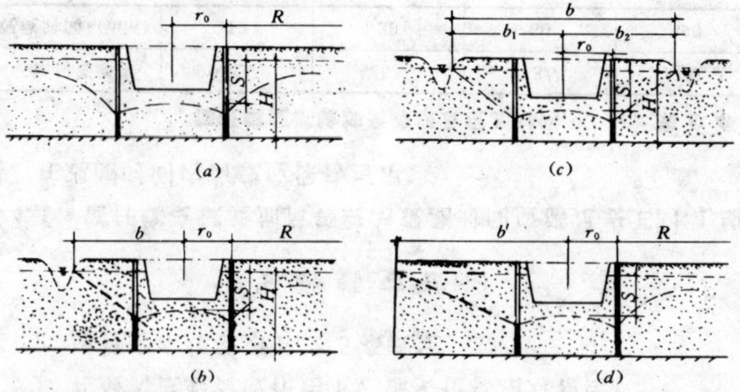

图F.0.1　均质含水层潜水完整井基坑涌水量计算简图

（*a*）基坑远离边界；（*b*）岸边降水；（*c*）基坑位于两地表水体间；（*d*）基坑靠近隔水边界

1. 当基坑远离边界时，涌水量可按下式计算：

$$Q=1.366k\frac{(2H-S)S}{\lg\left(1+\frac{R}{r_0}\right)} \quad (\text{F.0.1-1})$$

式中　Q——基坑涌水量；

k——渗透系数；

H——潜水含水层厚度；

S——基坑水位降深；

R——降水影响半径；

r_0——基坑等效半径，按本规程第F.0.7条规定计算。

2. 岸边降水时涌水量可按下式计算：

$$Q=1.366k\frac{(2H-S)S}{\lg\frac{2b}{r_0}} \quad b<0.5R \quad (\text{F.0.1-2})$$

3. 当基坑位于两个地表水体之间或位于补给区与排泄区之间时，涌水量可按下式计算：

$$Q=1.366k\frac{(2H-S)S}{\lg\left[\frac{2(b_1+b_2)}{\pi r_0}\cos\frac{\pi(b_1-b_2)}{2(b_1+b_2)}\right]} \quad (\text{F.0.1-3})$$

4. 当基坑靠近隔水边界，涌水量可按下式计算：

$$Q=1.366k\frac{(2H-S)S}{2\lg(R+r_0)-\lg r_0(2b+r_0)} \quad b'<0.5R$$

(F.0.1-4)

F.0.2　均质含水层潜水非完整井基坑涌水量可按下列规定计算（图F.0.2）

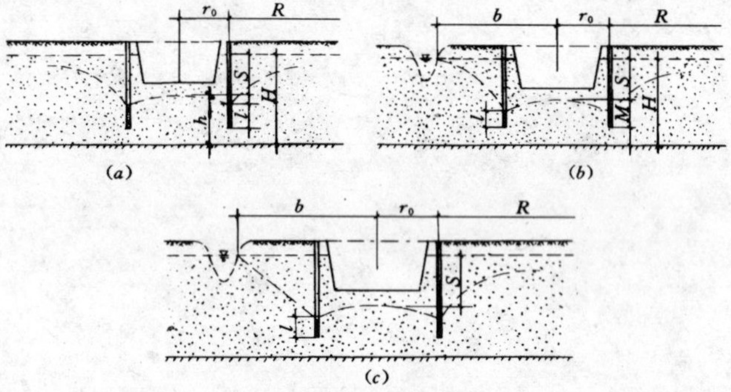

图F.0.2　均质含水层潜水非完整井涌水量计算简图

（*a*）基坑远离边界；（*b*）近河基坑含水层厚度不大；（*c*）近河基坑含水层厚度很大

1. 基坑远离边界时，涌水量可按下式计算：

$$Q=1.366k\frac{H^2-h_m^2}{\lg\left(1+\frac{R}{r_0}\right)+\frac{h_m-l}{l}\lg\left(1+0.2\frac{h_m}{r_0}\right)}$$

(F.0.2-1)

$$h_m = \frac{H + h}{2}$$

2. 近河基坑降水，含水层厚度不大时，涌水量可按下式计算：

$$Q = 1.366kS\left[\frac{l + S}{\lg \frac{2b}{r_0}} + \frac{l}{\lg \frac{0.66l}{r_0} + 0.25\frac{l}{M} \cdot \lg \frac{b^2}{M^2 - 0.14l^2}}\right]$$

$$b > \frac{M}{2} \qquad \text{(F.0.2-2)}$$

式中　M——由含水层底板到过滤器有效工作部分中点的长度。

3. 近河基坑降水，含水层厚度很大时，涌水量可按下列公式计算：

$$Q = 1.366kS\left[\frac{l + S}{\lg \frac{2b}{r_0}} + \frac{l}{\lg \frac{0.66l}{r_0} - 0.22\mathrm{arsh}\frac{0.44l}{b}}\right]$$

$$b > l \qquad \text{(F.0.2-3)}$$

$$Q = 1.366kS\left[\frac{l + S}{\lg \frac{2b}{r_0}} + \frac{l}{\lg \frac{0.66l}{r_0} - 0.11\frac{l}{b}}\right]$$

$$b < l \qquad \text{(F.0.2-4)}$$

F.0.3　均质含水层承压水完整井涌水量可按下列规定计算（图 F.0.3）：

1. 当基坑远离边界时，涌水量可按下式计算：

$$Q = 2.73k\frac{MS}{\lg\left(1 + \frac{R}{r_0}\right)} \qquad \text{(F.0.3-1)}$$

式中　M——承压含水层厚度。

2. 当基坑位于河岸边时，涌水量可按下式计算：

$$Q = 2.73k\frac{MS}{\lg\left(\frac{2b}{r_0}\right)} \quad b < 0.5R \qquad \text{(F.0.3-2)}$$

3. 当基坑位于两个地表水体之间或位于补给区与排泄区之间时，涌水量可按下式计算：

$$Q = 2.73k\frac{MS}{\lg\left[\frac{2(b_1 + b_2)}{\pi r_0}\cos\frac{\pi(b_1 - b_2)}{2(b_1 + b_2)}\right]} \qquad \text{(F.0.3-3)}$$

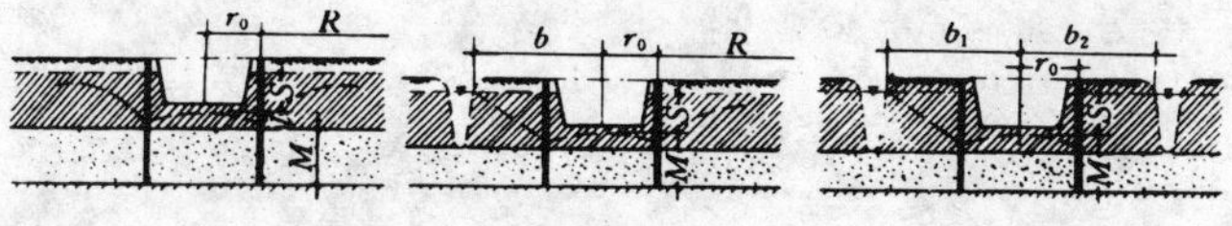

(a)　(b)　(c)

图 F.0.3　均质含水层承压水完整井基坑涌水量计算图

(a) 基坑远离边界；(b) 基坑于岸边；(c) 基坑与两地表水体间

F.0.4　均质含水层承压水非完整井基坑涌水量可按下式计算（图 F.0.4）：

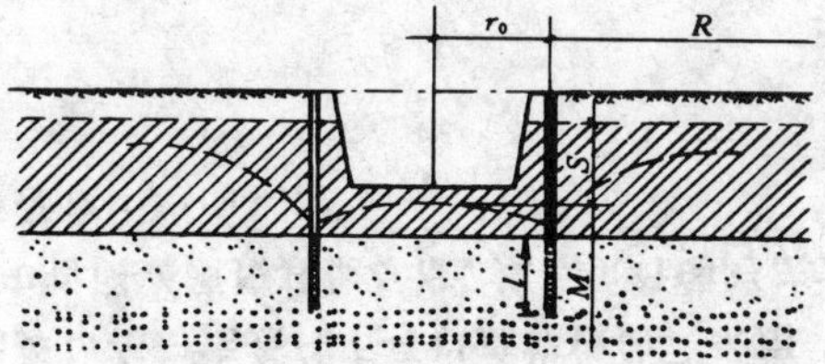

图 F.0.4　均质含水层承压水非完整井基坑涌水量计算图

$$Q = 2.73k\frac{MS}{\lg\left(1 + \frac{R}{r_0}\right) + \frac{M - l}{l}\lg\left(1 + 0.2\frac{M}{r_0}\right)} \qquad \text{(F.0.4)}$$

F.0.5　均质含水层承压～潜水非完整井基坑涌水量可按下式计算（图 F.0.5）：

$$Q = 1.366k\frac{(2H - M)M - h^2}{\lg\left(1 + \frac{R}{r_0}\right)} \qquad \text{(F.0.5)}$$

F.0.6　当基坑为圆形时，基坑等效半径应取为圆半径，当基坑为非圆形时，等效半径可按下列规定计算：

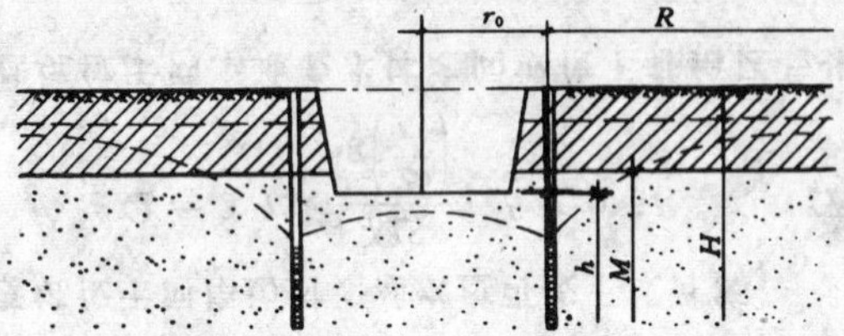

图 F.0.5　均质含水层承压～潜水非完整井基坑涌水量计算图

1. 矩形基坑等效半径可按下式计算：

$$r_0 = 0.29(a + b) \quad (F.0.6\text{-}1)$$

式中　a、b——分别为基坑的长、短边。

2. 不规则块状基坑等效半径可按下式计算：

$$r_0 = \sqrt{A/\pi} \quad (F.0.6\text{-}2)$$

式中　A——基坑面积。

F.0.7　降水井影响半径宜通过试验或根据当地经验确定，当基坑侧壁安全等级为二、三级时，可按下列经验公式计算：

1. 潜水含水层　$R = 2S\sqrt{kH}$　(F.0.7-1)

式中　R——降水影响半径（m）；

S——基坑水位降深（m）；

k——渗透系数（m/d）；

H——含水层厚度（m）。

2. 承压含水层　$R = 10S\sqrt{k}$　(F.0.7-2)

附录G　本规程用词用语说明

一、为便于在执行本规程条文时区别对待，对于要求严格程度不同的用词说明如下：

1. 表示很严格，非这样做不可的用词：

正面词采用“必须”；反面词采用“严禁”。

2. 表示严格，在正常情况下均应这样做的用词：

正面词采用“应”；反面词采用“不应”或“不得”。

3. 表示允许稍有选择，在条件许可时首先应这样做的用词：

正面词采用“宜”；反面词采用“不宜”。

表示有选择，在一定条件下可以这样做的，采用“可”。

二、条文中指明必须按其他标准、规范执行的写法为“按……执行”或“应符合……的规定”。

中华人民共和国行业标准

建筑基坑支护技术规程

JGJ120—99

条 文 说 明

目 次

1 总 则

1.0.1 80年代以来，我国城市建设迅猛发展，基坑支护的重要性逐渐被人们所认识，支护结构设计、施工技术水平也随着工程经验的积累而提高。本规程在确保基坑边坡稳定条件下，总结已有经验，力求使支护结构设计与施工达到安全与经济的合理平衡。

1.0.2 本规程所依据的工程经验为一般地质条件，当主要土层为膨胀土和湿陷性黄土的特殊地质条件时应按当地经验应用。

1.0.3 基坑支护结构设计与基坑周边条件，尤其是与支护结构侧压力密切相关，决定侧压力大小的土层性质及与本条所述各种因素有关。应充分考虑基坑所处环境条件、基坑施工及使用时间对设计的影响。

1.0.4 基坑支护工程是岩土工程的一部分，它与其他如桩基工程、地基处理工程等相关，本规程仅根据基坑支护工程设计、施工、检测方面具有独立性部分作了规定，而在其他标准规范中已有的条文不再重复。如桩基施工可按《建筑桩基技术规范》执行，均匀配筋圆形混凝土桩截面抗弯承载力可按《混凝土结构设计规范》执行等。

3 基本规定

3.1 设计原则

3.1.1 可靠性分析设计或称概率极限状态设计方法已在《建筑结构设计统一标准》中明确规定为建筑结构的设计原则，本规程结构截面受力计算与结构规范接轨，便于设计人员使用。

3.1.2 根据支护结构的极限状态分为承载能力极限状态与正常使用极限状态，前者表现为由任何原因引起的基坑侧壁破坏，后者则主要表现为支护结构的变形而影响地下室侧墙施工及周边环境的正常使用。

3.1.3 基坑侧壁安全等数的划分与重要性系数是对支护设计、施工的重要性认识及计算参数的定量选择，侧壁安全等数划分是一个难度很大的问题，很难定量说明，因此，采用了结构安全等级划分的基本方法，按支护结构破坏后果分为很严重、严重及不严重三种情况分别对应于三种安全等级，其重要性系数的选用与《建筑结构设计统一标准》相一致。

表3.1.3强调了基坑侧壁安全等级，这就要求设计者在支护结构设计时应根据基坑侧壁不同条件因地制宜进行设计。

3.1.4 在正常使用极限状态条件下，安全等级为一、二级的基坑变形影响基坑支护结构的正常功能，目前支护结构的水平限值还不能给出全国都适用的具体数值，各地区可根据具体工程的周边环境等因素确定。对于周边建筑物及管线的竖向变形限值可根据有关规范确定。

3.1.5 地下水处理得当与否是基坑支护结构能否按设计完成预定功能的重要因素之一，因此，在基坑及地下结构施工过程中应采取有效的地下水控制方法。

3.1.6 承载能力极限状态应进行支护结构承载能力及基坑土体出现的可能破坏进行计算，正常使用极限状态的计算主要是对结构及土体的变形计算。

3.1.7 设计与施工密切配合是支护结构合理设计的根本要求，因此，支护结构的施工监测是支护结构施工过程中不可缺少的部分。

3.1.8 放坡开挖是最经济、有效的方式，坡度一般根据经验确定，对于较为重要的工程还宜进行必要的验算。

3.2 勘察要求

3.2.1 根据主体结构的初勘阶段成果可对基坑支护提出支护方案建议，因此，本条对初勘不作专门规定而只要求根据初勘成果提出基坑支护的初步方案。

3.2.2 在详勘阶段所测取的地质资料是支护结构设计的基本依据。勘察点的范围应在周边的1～2倍开挖深度范围内布置勘探点，主要是考虑整体稳定性计算所需范围，当周边有建筑物时，也可从旧建筑物的勘察资料上查取。由于支护结构主要承受水平力，因此，勘探点的深度以满足支护结构设计要求深度为宜，对于软土地区，支护结构一般需穿过软土层进入相对硬层。

3.2.3 地下水的妥当处理是支护结构设计成功的基本条件，也是侧向荷载计算的重要指标，因此，应认真查明地下水的性质，并对地下水可能影响周边环境提出相应的治理措施供设计人员参考。

3.2.4 本规程支护结构基坑外侧荷载及基坑内侧抗力计算的主要参数是固结快剪强度指标 c、φ 及土体重度 γ，编制本规程收集的36项排桩工程按本规程方法试算时所取指标均采用直剪试验方法，由于直剪试验测取参数离散性较大，特别是对于软土，无经验的设计人员可能会过大地取用 c、φ 值，因此规定一般采用三轴试验，但有可靠经验时可用简单方便的直剪试验。含水量 w 也是分析的主要考虑因素，渗透系数 k 是降水设计的基本指标。其他土质或计算方法在特殊条件下可根据设计要求选择试验方法与参数。

3.2.5 基坑周边环境勘查有别于一般的岩土勘察，调查对象是基坑支护施工或基坑开挖可能引起基坑之外产生破坏或失去平衡的物体，是支护结构设计的重要依据之一。

3.2.6 在获得岩土及周边环境有关资料的基础上，基坑工程勘察报告应提供支护结构的设计、施工、监测及信息施工的有关建议，供设计、施工人员参考。

3.3 支护结构选型

3.3.1 根据本规程所介绍的几种支护结构类型，表3.3.1给出了适用条件，适用条件主要包含了适用的基坑侧壁安全等级、开挖深度及地下水的情况。

3.3.2 支护结构设计要因地制宜，充分利用基坑的平面形状，使基坑支护设计既安全又节省费用。

3.3.3 当基坑内土质较差，支护结构位移要求严格时，可采用加固基坑内侧土体或降水措施。

3.4 基坑外侧水平荷载标准值

3.4.1 基坑外侧水平荷载应由地区经验确定。水平荷载是很难精确确定的，因此，在计算及参数取值上采用了直观、简单、偏于安全的方法。式（3.4.1-2）规定对于碎石土及砂土采用水土分算的形式，由于将 c、φ 值统一取为固结快剪指标值且不考虑有效 c、φ 值的影响，因此，为方便计算分析，式（3.4.1-2）的前两项即为水土合算的表达式，亦即式（3.4.1-1）的表达式，后两项是由于水土分算所附加的水平荷载。当基坑开挖面以上的水平荷载计算值为负值时，由于支护结构与土之间不可能产生拉应力，故应取为零。

3.4.2 由于在第3.4.1条中的水平荷载计算表达式中采用了总竖向应力乘以土层侧压力系数的表达方式，因此，本条中分别对各种竖向应力的计算方法作了说明，给出了定性较为合理的经验公式。

3.4.3 侧压力系数采用简单的朗肯土压力系数。

3.5 基坑内侧水平抗力标准值

3.5.1 当基坑外侧水平荷载确定之后，欲计算结构内力，首先必须确定基坑内侧土体抗力，内侧土体抗力可用不同方法求得，如按朗肯土压力假定，内侧各点的水平抗力标准值应以被动土压力系数确定的被动土压力值较为合理。

3.8 开 挖 监 控

3.8.1 基坑支护结构在使用过程中出现荷载、施工条件变化的可能性较大，因此在基坑开挖中必须有系统的监控以防不测。施工监控的重要性越来越被业主所认识，系统的监控措施是安全设计的重要保证。

3.8.2 本条规定了在基坑边缘开挖深度1～2倍范围内的需要保护物体（含建筑物、地下管线等）均应作为监测对象，具体范围应根据土质条件、周边保护物的重要性等确定。

3.8.6 目前规程还不能给出统一的基坑监测项目报警值，设计人员应根据工程具体情况给定一个监控限值，如监测地点建筑物的报警值可按《建筑地基基础设计规范》中的允许变形及差异沉降等控制。

4 排桩、地下连续墙

4.1 嵌 固 深 度

4.1.1 排桩、地下连续墙结构计算应采用弹性地基梁方法计算较符合实际，但弹性地基梁方法是建立在“弹性”基础上，当所取计算参数正确且计算限于“弹性”阶段时其结果较为合理，而土层是弹塑性材料，弹性地基梁解的结果正确与否取决于计算出的基坑内侧土抗力是否超过某一限值如标准值，而桩墙结构嵌固深度在一定范围内时，增加嵌固深度具有降低侧向抗力峰值及峰值作用点下移的作用，因此，以被动土压力为极限条件确定嵌固深度基本能达到按此嵌固深度计算出的弹性地基梁基坑内侧应力小于或少量超过被动土压力的要求，亦即按简化的塑性条件来确定弹性理论计算的基本嵌固深度。

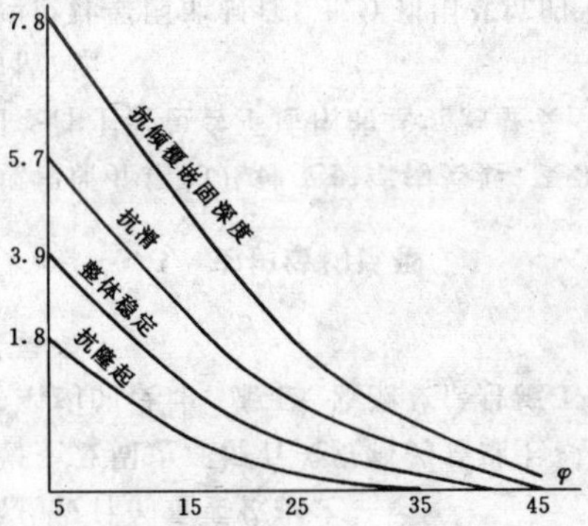

图1 极限状态嵌固深度系数图

根据对悬臂式支护结构当$c=0$，φ为5°～45°变化范围的各种极限状态计算结果嵌固深度系数如图1，从图可见在极限状态下要求嵌固深度大小的顺序依次是抗倾覆、抗滑移、整体稳定性、抗隆起，而按式（4.1.1-1）抗倾覆要求确定的嵌固深度，基本上都保证了其他各种验算所要求的安全系数。

对于单支点支护结构，由于结构的平衡是依靠支点及嵌固深度两者共同支持，必须具有足够的嵌固深度以形成一定的反力保证结构稳定，因此，采用了传统的等值梁法确定嵌固深度，按式（4.1.1-4）确定的嵌固深度值也大于整体稳定及抗隆起的要求。

对于多支点支护结构，只要支点具有足够的刚度，且土体整体稳定能满足要求，结构不需要嵌固深度亦可平衡，因此，本条规定按附录A确定嵌固深度。由于式（A.0.1）未考虑锚杆或支撑对土体整体稳定的作用，故偏于安全。在式（A.0.1）中，γ_k 的取值是根据20余项多支点支护实际工程统计确定的，而传统的多支点支护工程嵌固深度一般是按等值梁法确定的，因此 γ_k 的取值一般情况下偏大，但小于传统方法，当具有地区经验或设计人员有工程经验参考时，按（A.0.1）计算结果可适当减小。

4.1.2 本条是根据现有工程经验统计而得到的嵌固深度构造要求。

4.2 内力与变形计算

4.2.1 桩、墙结构的内力与变形计算是比较复杂的问题，其计算的合理模型应是考虑支护结构—土—支点三者共同作用的空间分析，因此，采用分段平面问题计算，分段长度可根据具体结构及土质条件确定。为便于计算，排桩计算宽度取桩中心距，地下连续墙由于其连续性可取单位宽度。

4.2.2 支护结构分析应工况计算，考虑开挖的不同阶段及地下结构施工过程中对已有支撑条件拆除与新的支撑条件交替受力情况进行。

目前我国支护结构设计中常用的方法可分为弹性支点方法与极限平衡法，工程实践证明，当嵌固深度合理时，具有试验数据或当地经验确定弹性支点刚度时，用弹性支点方法确定支护结构内力及变形较为合理，应予以提倡。考虑不具备弹性支点法计算条件及不同分析方法对简单结构计算误差影响甚小的事实，本条保留了悬臂式结构按极限平衡法及单层支点结构按等值梁法的计算方法。

在支点结构设计中，考虑刚度的冠梁或内支撑的平面框架上每一点的刚度不尽相同，因此对于支护结构而言按平面问题计算不尽合理，只有当支护结构周边条件完全相同，支撑体系才可简化为平面问题条件，按平面问题计算；而对于锚杆支点而言，由于锚杆腰梁间基本上不存在相互影响，假定为平面问题比较合理。因此，考虑刚度的冠梁或支撑结构体系与支护结构的共同作用结果应是采用空间协同作用分析方法，所谓的分段平面问题实际上是将空间分析计算出的内力结果分段合并按同一配筋处理。

4.2.3 为使本规程与《混凝土结构设计规范》相配套，由于荷载的综合分项系数为1.25，支护结构为受弯构件，因此，应将计算值乘以1.25后变为内力设计值，便于截面设计。

4.3 截面承载力计算

4.3.1 对排桩、地下连续墙等混凝土结构，通常按受弯构件进行计算，必要时，也可考虑按偏心受压构件进行计算，本条与附录D.0.1相匹配，对矩形截面和沿截面周边均匀配置纵向钢筋的圆形截面构件，其正截面和斜截面承载力均可按现行国家标准《混凝土结构设计规范》GBJ10—89进行设计。

4.4 锚杆计算

4.4.2 当锚杆杆件的受拉荷载设计值确定后，杆件截面面积的确定即可根据《混凝土结构设计规范》确定。

4.4.3 锚杆锚固段土与锚固体间的承载力设计值强调了现场试验的取值原则，分别对不同基坑侧壁安全等级提出了承载力的确定方法，明确了附录E所给的各种试验方法的应用，经验参数估算方法仅作为试验的预估值与安全等级为三级基坑侧壁承载力的确定使用。

公式（4.4.3）端部扩孔锚杆扩孔部分承载力计算表达式是参照美国锚杆标准推导得出。

表4.4.3是根据我国土层锚杆施工技术水平以一次常压灌浆工艺为基础的统计值。由于我国各地区地层特性差异较大，且施工水平参差不齐，因而，在有地区经验的情况下，应优先根据当地经验选取。对于压力灌浆、二次高压灌浆工艺，可根据灌浆压力大小、二次高压灌浆方法（简单二次高压灌浆和重复分段高压灌浆）的不同，将土体与锚固体极限粘结强度标准值q_{aik}提高1.2～2.0倍。锚杆抗力分项系数取1.30是与传统安全系数法相配套的。

4.5 支撑体系计算

4.5.1 支撑通过冠梁或腰梁作用对排桩、地下连续墙施加支点力。支点力大小与排桩、地下连续墙及土体刚度、支撑体系布置形式、结构尺寸有关。因此，在一般情况下应考虑支撑体系在平面上各点的不同变形与排桩、地下连续墙的变形协调作用而采用空间作用协同分析方法进行分析。

应用有限元方法考虑支撑体系与排桩、地下连续墙共同作用可求出支撑体系的轴向力；按多跨连续梁计算支撑体系、构件自重及施工荷载产生的弯曲应力。

当基坑形状接近矩形且周边条件相同时，支撑体系结构可采用简化计算方法确定支撑结构构件及腰梁内力。

5 水泥土墙

5.1 嵌固深度

5.1.1～5.1.2 水泥土墙的验算应同时满足抗倾覆、抗滑移、整体稳定及抗隆起要求，由于水泥土墙为重力式墙，上述四项验算的前两项不仅与嵌固深度有关，而且与墙宽有关，而后两项验算与墙宽关系不大，因此，在确定水泥土墙嵌固深度时，可采用整体稳定与抗隆起验算，由图1可知，满足整体稳定条件时即已满足了抗隆起条件，因此仅以整体稳定性条件确定最小嵌固深度，嵌固深度的确定在特殊情况下还应满足抗渗透稳定条件。

5.2 墙体厚度

5.2.1 根据抗整体稳定性分析出了水泥土墙嵌固深度，并以抗倾覆条件确定水泥土墙宽度，经理论与实践证明已满足了抗滑移的要求，因此，不必进行抗滑移稳定性验算。

水泥土开挖龄期强度设计值指在开挖前按本规程第5.5.8条规定进行试验得出的单轴抗压强度标准值除以抗力分项系数1.5所得结果。

5.3 正截面承载力验算

5.3.1 水泥土墙的强度分别以受拉及受压控制验算，根据《建筑结构荷载规范》规定，当荷载组合为有利时，结构自重荷载分项系数取1，水泥土墙的抗拉强度类似于素混凝土，取抗压强度设计值的0.06倍。

5.4 构　　造

5.4.1　为了充分利用水泥土桩组成宽厚的重力式墙，常将水泥土墙布置成格栅式，为了保证墙体的整体性，特规定各种土类的置换率，即水泥土面积与水泥土挡土结构面积的比例，淤泥一般呈软流塑状，土的指标比较差，因此，墙宽都比较大，淤泥质土次之，其他土类相应的墙宽比较小，因此所取的置换率相差不大，以中线计算面积（图2），置换率举例说明如下：

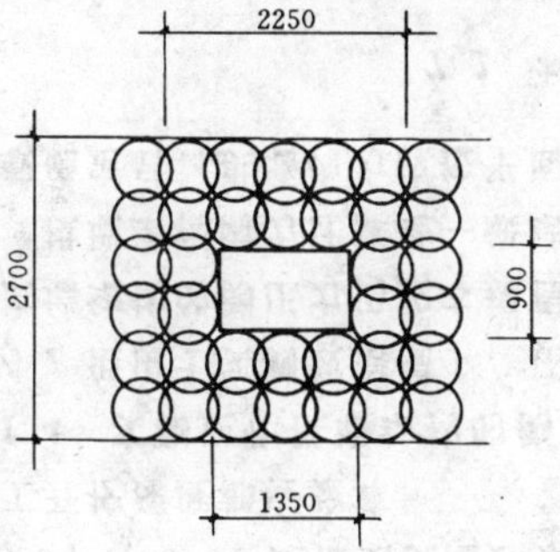

图 2

$$\frac{A_n}{A}=(2290-900)\times(2280-1350)/(2250\times2700)=0.8$$

同时为了保证格栅的空腔不致过于稀疏，规定格栅的格子长度比不大于2。

5.4.2　水泥土挡墙是靠桩与桩的搭接形成连续墙，桩的搭接是保证水泥墙的抗渗漏及整体性的关键，由于桩施工有一定的垂直度偏差，应控制其搭接宽度。

5.4.3　为加强整体性，减少变形，可采取增设钢筋混凝土面板，桩插筋以及基坑内侧土体加固等构造措施。

6　土　钉　墙

6.1　土钉抗拉承载力计算

6.1.2　目前基本上都采用局部土体的受拉荷载由单根土钉承受的计算方法，式（6.2.2）即按此方法计算土钉受拉荷载，并考虑且有斜面的土钉墙荷载折减系数。

6.1.4　土钉极限抗拔力宜由现场抗拔力试验所获得的土钉与土体界面粘结强度 q_{aik} 计算，如无试验资料时，可采用经验值。

6.2　整体稳定性验算

6.2.1　土钉墙是随基坑分层开挖形成的，各个施工阶段的整体稳定性分析尤为重要，根据单根土钉抗拔能力设计要求给出土钉初步设计尺寸后，即可按式（6.2.1）进行整体稳定性验算。

6.2.2　土钉的有效极限抗拔力是指在土钉位于最危险圆弧滑裂面以外，对土体整体滑动具有抵抗作用的抗拔力。

7 逆作拱墙

7.1 拱墙计算

7.1.1 由于拱墙结构主要承受压应力，结构材料多采用钢筋混凝土材料，这样可充分发挥混凝土的材料特性。

逆作拱墙的矢跨比及配筋应根据基坑的周边条件并通过计算确定。尽管拱结构自身能承担较大压应力及对周边侧压力具有较强的调节作用，考虑到地质条件的非均匀性，因而本规程对拱墙的矢跨比和配筋等作了明确规定，以发挥拱的特点和抵抗其他意外弯矩。

7.1.2 当基坑周边及基坑底为砂土时，任何水流（如下雨等）都可能使在施工中的侧壁土层产生流砂等现象使土层失稳，因此还应验算渗透稳定性。

7.1.3 由于拱墙结构无嵌固深度，基坑底土体应满足抗隆起条件，式（7.1.2）是根据抗隆起条件推导得到的，对于拱墙的每一施工开挖深度都应验算。

7.1.4 实测逆作拱墙结构的侧压力尤其是下部拱墙较经典土压力小。但由于实测数据偏少，还不足以将其纳入规程中，所以逆作拱墙结构的侧压力仍按本规程第3章规定计算。

拱墙结构内力计算是一般结构力学问题，当作用于拱墙侧向荷载确定后，拱墙内力应按平面闭合结构计算。

7.2 构造

7.2.2 规程推荐了四种拱墙断面形状，设计者可根据实际情况选用。当拱墙壁厚较小时，沿竖向设置数道肋梁可增加拱墙结构的整体刚度。

7.2.3 由于地质条件的非均匀性及施工等方面的原因，尽管拱结构本身的弯矩较小，但仍应配置适量钢筋以抵抗意外弯矩。逆作拱墙水平环向钢筋必须连通以充分发挥作用。拱墙结构最小配筋率应满足钢筋混凝土配筋的构造要求。

7.2.4 拱墙壁厚是根据已施工逆作拱墙工程壁厚经验而限定的。

7.2.5 拱墙结构是自上而下分道、分段逆作施工，支护结构也不嵌入基坑底以下，因而逆作拱墙结构的防水能力较差，所以不可将逆作拱墙作为基坑或地下室防水体系使用。

8 地下水控制

8.1 一般规定

8.1.1 在基坑开挖中，为提供地下工程作业条件，确保基坑边坡稳定、基坑周围建筑物、道路及地下设施安全，对地下水进行控制是基坑支护设计必不可少的内容。

8.1.2 合理确定地下水控制的方案是保证工程质量，加快工程进度，取得良好社会和经济效益的关键。通常应根据地质条件、环境条件、施工条件和支护结构设计条件等因素综合考虑。本条提出了控制方案的确定原则。

表8.1.2列出了我国基坑支护工程中经常采用的四种地下水控制方法及其适用范围。在选择降水方法上，是按颗粒粒度成分确定降水方法，大体上中粗砂以上粒径的土用水下开挖或堵截法，中砂和细砂颗粒的土作井点法和管井法，淤泥或粘土用真空法和电渗法。原苏联和我国一样，都是按渗透系数和降水深度选择降水方法，要选取经济合理、技术可靠、施工方便的降水方法必须经过充分调查，并注意以下几个方面：

(1) 含水层埋藏条件及其水位或水压；

(2) 含水层的透水性（渗透系数、导水系数）及富水性；

(3) 地下水的排泄能力；

(4) 场地周围地下水的利用情况；

(5) 场地条件(周围建筑物及道路情况,地下水管线埋设情况)。

8.1.3 在基坑周围环境复杂的地区，地下水控制方案的确定，应充分论证和预测地下水对环境的影响和变化，并采取必要的措施，以防止发生因地下水的改变而引起的地面下沉、道路开裂、管线错位、建筑物偏斜、损坏等危害。

8.2 集水明排

8.2.1 集水明排可单独采用、亦可与其他方法结合使用。单独使用时，降水深度不宜大于5m，否则在坑底容易产生软化、泥化，坡脚出现流砂、管涌，边坡塌陷，地面沉降等问题。与其他方法结合使用时，其主要功能是收集基坑中和坑壁局部渗出的地下水和地面水。本条主要规定了布置排水沟和集水井的技术要求。

8.2.2～8.2.3 根据经验排水量应大于涌水量的50%。涌水量的确定方法很多，考虑到各地区水文地质条件均各异，因此，尽可能通过试验和当地经验的方法确定，当地经验不足时，也可简化为圆形基坑用大井法计算。

8.3 降 水

8.3.1 本条规定了降水井的布置原则。

8.3.3 本条规定了封闭式布置的降水井数量计算方法。考虑到井管堵塞或抽气会影响排水效果，因此，在计算出的井数基础上加10%。基坑总涌水量是根据水文地质条件、降水区的形状、面积、支护设计对降水的要求按附录F计算，列出的计算公式是常用的一些典型类型，凡未列入的计算公式可以参照有关水文地质、工程地质手册，选用计算公式时应注意其适用条件。

8.3.4 单井的出水量取决于所在地区的水文地质条件、过滤器的结构、成井工艺和抽水设备能力。本条根据经验和理论规定了真空井点、喷射井点、管井和自渗井的出水能力。

8.3.5 试验表明,在相同条件下井的出水能力随过滤器长度的增加而增加,尽可能增加过滤器长度对提供降水效率是重要的,然而当过滤器的长度达到某一数值后,井的出水量增加的比例却很小。因此,本条规定了过滤器与含水层的相对长度的确定原则是既要保证有足够的过滤器长度,但又不能过长,以致降水效率降低。

8.3.6 利用大井法所计算出的基坑涌水量Q,分配到基坑四周上的各降水井，尚应对因群井干扰工作条件下的单井出水量进行验算。

8.3.7 当检验干扰井群的单井流量满足基坑涌水量的要求后，降水井的数量和间距即确定，应进一步对由于干扰井群的抽水疏干所降低基坑地下水位进行验算，计算所用的公式实际上是大井法计算基坑涌水量的公式，只是公式中的涌水量（Q）为已知。

基坑中心水位下降值的验算，是降水设计的核心，它决定了整个降水方案是否成立，它涉及到降水井的结构和布局的变更等一系列优化过程，这也是一个试算过程。

除了利用上述条文中的计算公式外，也可以利用专门性的水文地质勘察如群井抽水试验或降水工程施工前试验性群井降水，在现场实测出基坑范围内总降水量和各个降水井水位降深的关系，以及地下水位下降与时间的关系，利用这些关系拟合出相关曲线，从而用单相关或复相关关系，确定相关函数，据此推测各种布井条件下基坑水位下降数值，以便选择出最佳的降水方案。此种方法对水文地质结构比较复杂的基坑降水计算尤为合适。

条文中列出的公式为稳定流条件下潜水基坑降水的计算式。对于非稳定流的计算可参考有关水文地质计算手册。

8.4 截　　水

8.4.2 竖向截水帷幕的形式两种：一种系插入隔水层，另一种系含水层相对较厚，帷幕悬吊在透水层中。前者作为防渗计算时，只需计算通过防渗帷幕的水量，后者尚需考虑绕过帷幕涌入基坑的水量。本条根据经验规定了落底式竖向截水帷幕的插入深度。

8.4.3 采用内部井降水方法可以减少对周围环境的影响。

8.5 回　　灌

8.5.1 基础开挖或降水后，不可避免地要造成周围地下水位的下降，从而使该地段的地面建筑和地下构筑物因不均匀沉降而受到不同程度的损伤。为减少这类影响，可对保护区内采取回灌措施。如果建筑物离基坑远，且为均匀透水层，中间无隔水层时，则可采用最简单、最经济的回灌沟的方法，如果建筑物离基坑近；且为弱透水层或者有隔水层时，则必须用回灌井或回灌砂井。

8.5.2 回灌井与抽水井之间应保持一定的距离，当回灌井与抽水井距离过小时，水流彼此干扰大，透水通道易贯通，很难使水位恢复到天然水位附近。根据华东地区、华南地区许多工程经验，当回灌井与抽水井的距离大于等于6m时，则可保证有良好的回灌效果。

8.5.3 为了在地下形成一道有效阻渗水幕，使基坑降水的影响范围不超过回灌井并排的范围，阻止地下水向降水区的流失，保持已有建筑物所在地原有的地下水位仍处于原有平衡状态，以有效地防止降水的影响。合理确定回灌井的位置和数量是十分重要的。一般而言，回灌井平面布置主要根据降水井和被保护物的位置确定。回灌井的数量根据降水井的数量来确定。

8.5.4 回灌井的埋设深度应根据降水层的深度和降水曲面的深度而定，以确保基坑施工安全和回灌效果。本条提出了回灌井的埋设深度和过滤器长度的确定原则。

8.5.5 回灌水量应根据实际地下水位的变化及时调节，既要防止回灌水量过大而渗入基坑影响施工，又要防止回灌水量过小，使地下水位失控影响回灌效果，因此，要求在基坑附近设置一定数量的水位观测孔，定时进行观测和分析，以便及时调整回灌水量。

回灌水一般通过水箱中的水位差自灌注入回灌井中，回灌水箱的高度，可根据回灌水量来配置，即通过调节水箱高度来控制回灌水量。

8.5.6 回灌砂井中的砂必须是纯净的中粗砂，不均匀系数和含水量均应保证砂井有良好的透水性，使注入的水尽快向四周渗透。

8.5.7 需要回灌的工程，回灌井和降水井是一个完整的系统，只有使它们共同有效地工作，才能保证地下水位处于某一动态平衡，其中任一方失效都会破坏这种平衡，本条要求回灌与降水在正常施工中必须同时启动，同时停止，同时恢复。

中华人民共和国行业标准

既有建筑地基基础加固技术规范

Technical Code for Improvement of
Soil and Foundation of Existing Buildings

JGJ 123—2000

主编单位：中国建筑科学研究院
批准部门：中华人民共和国建设部
施行日期：2000年6月1日

关于发布行业标准《既有建筑地基基础加固技术规范》的通知

建标［2000］35号

根据建设部《关于印发1993年工程建设行业标准制订、修订项目计划（建设部部分第一批）的通知》（建标［1993］285号）的要求，由中国建筑科学研究院主编的《既有建筑地基基础加固技术规范》，经审查，批准为强制性行业标准，编号JGJ 123—2000，自2000年6月1日起施行。

本标准由建设部建筑工程标准技术归口单位中国建筑科学研究院管理，中国建筑科学研究院负责具体解释，建设部标准定额研究所组织中国建筑工业出版社出版。

中华人民共和国建设部
2000年2月12日

前　言

根据建设部建标［1993］285号文的要求，规范编制组通过广泛调查研究，认真总结国内外科研成果和大量工程实践经验，并经广泛征求意见，制定了本规范。

本规范主要技术内容是：总则、符号、基本规定、地基基础的鉴定、地基计算、地基基础的加固方法、地基基础事故的补救与预防、增层改造、纠倾加固和移位等。

本规范由建设部建筑工程标准技术归口单位中国建筑科学研究院归口管理并负责具体解释。

本规范主编单位是：中国建筑科学研究院（地址：北京市北三环东路30号；邮政编码100013）。

本规范参加编写单位是：同济大学
北方交通大学
福建省建筑科学研究院

本规范主要起草人员是：张永钧　叶书麟　唐业清
侯伟生

目　次

1 总　　则

1.0.1 为了在既有建筑地基基础加固设计和施工中贯彻执行国家的技术经济政策，做到技术先进、经济合理、安全适用、确保质量、保护环境，制定本规范。

1.0.2 本规范适用于既有建筑因勘察、设计、施工或使用不当；增加荷载、纠倾、移位、改建、古建筑保护；遭受邻近新建建筑、深基坑开挖、新建地下工程或自然灾害的影响等而需对其地基和基础进行加固的设计和施工。

1.0.3 既有建筑地基基础加固设计和施工除应执行本规范外，尚应符合国家现行有关强制性标准的规定。

2 符　　号

A——基础底面面积；

d——桩径；

d'——石灰桩膨胀后的桩径；

E_p——桩体的压缩模量；

E_s——桩间土的压缩模量；

E_{sp}——复合土层的压缩模量；

F——基础加固或增加荷载后上部结构传至基础顶面的竖向力设计值；

f——地基承载力设计值；

$f_{s,k}$——加固后桩间土的承载力标准值；

$f_{p,k}$——桩体单位截面积承载力标准值；

$f_{sp,k}$——复合地基承载力标准值；

G——基础自重和基础上的土重设计值；

l_1——桩的列距；

l_2——桩的行距；

M——基础加固或增加荷载后作用于基础底面的力矩设计值；

m——面积置换率；

N_a——顶升支承点的荷载设计值；

n——顶升点数；

p——基础加固或增加荷载后基础底面处的平均压力设计值；

p_{max}——基础加固或增加荷载后基础底面边缘的最大压力设计值；

p_{min}——基础加固或增加荷载后基础底面边缘的最小压力设计值；

Q——建筑物总荷载设计值；

q——石灰桩每延米灌灰量；

s——基础最终沉降量；

s_0——地基基础加固前或增加荷载前已完成的基础沉降量；

s_1——地基基础加固后或增加荷载后产生的基础沉降量；

s_2——原建筑荷载下尚未完成的基础沉降量；

W——基础加固或增加荷载后基础底面的截面模量；

η_c——充盈系数。

3 基本规定

3.0.1 既有建筑地基和基础加固前，应先对地基和基础进行鉴定，方可进行加固设计和施工。既有建筑地基和基础的鉴定、加固设计和施工，应由具有相应资质的单位和有经验的专业技术人员承担。

3.0.2 既有建筑地基和基础加固的设计，应按下列步骤进行：

1 在选择既有建筑地基基础加固方案时，应根据加固的目的，结合地基基础和上部结构的现状，并考虑上部结构、基础和地基的共同作用，可初步选择采用加固地基、加固基础或加强上部结构刚度和加固地基基础相结合的方案；

2 对初步选定的各种加固方案，应分别从预期效果、施工难易程度、材料来源和运输条件、施工安全性、对邻近建筑和环境的影响、机具条件、施工工期和造价等方面进行技术经济分析和比较，选定最佳的加固方法。

3.0.3 既有建筑地基和基础加固的施工人员应掌握所承担工程的地基基础加固目的、加固原理、技术要求和质量标准等，施工中应有专人负责质量控制，并进行严密的监测，当出现异常情况时，应及时会同设计人员及有关部门分析原因，妥善解决。

3.0.4 施工过程中应有专门机构负责质量监理。施工结束后应进行工程质量检验和验收。

3.0.5 对地基基础加固的建筑，应在施工期间进行沉降观测，对重要的或对沉降有严格限制的建筑，尚应在加固后继续进行沉降观测，直至沉降稳定为止。对邻近建筑和地下管线应同时进行监测。

4 地基基础的鉴定

4.1 地 基 的 鉴 定

4.1.1 既有建筑地基的检验应按下列步骤进行：

1 搜集场地岩土工程勘察资料、既有建筑的地基基础和上部结构设计资料和图纸、隐蔽工程的施工记录及竣工图等；

2 对原岩土工程勘察资料，应重点分析下列内容：

1）地基土层的分布及其均匀性，软弱下卧层、特殊土及沟、塘、古河道、墓穴、岩溶、土洞等；

2）地基土的物理力学性质；

3）地下水的水位及其腐蚀性；

4）砂土和粉土的液化性质和软土的震陷性质；

5）场地稳定性。

3 调查建筑物现状、实际使用荷载、沉降量和沉降稳定情况、沉降差、倾斜、扭曲和裂损情况等，并进行原因分析；

4 调查邻近建筑、地下工程和管线等情况；

5 根据加固的目的，结合搜集的资料和调查的情况进行综合分析，提出检验方法、进行地基检验。

4.1.2 地基的检验可根据建筑物的加固要求和场地条件选用下列方法：

1 采用钻探、井探、槽探或地球物理等方法进行勘探；

2 进行原状土的室内物理力学性质试验；

3 进行载荷试验、静力触探试验、标准贯入试验、圆锥动力触探试验、十字板剪切试验或旁压试验等原位测试。

4.1.3 既有建筑地基的检验应符合下列规定：

1 根据建筑物的重要性和原岩土工程勘察资料情况，适当补充勘探孔或原位测试孔，查明土层分布及土的物理力学性质，孔位应靠近基础；

2 对于重要的增层、增加荷载等建筑，尚宜在基础下取原状土进行室内土的物理力学性质试验或进行基础下的载荷试验。

4.1.4 既有建筑地基的评价应符合下列规定：

1 应根据地基检验结果，结合当地经验，提出地基的综合评价；

2 应根据地基与上部结构现状，提出地基加固的必要性和加固方法的建议。

4.2 基 础 的 鉴 定

4.2.1 既有建筑基础的检验应按下列步骤进行：

1 搜集基础、上部结构和管线设计施工资料和竣工图，了解建筑各部位基础的实际荷载；

2 应进行现场调查。可通过开挖探坑验证基础类型、材料、尺寸及埋置深度，检查基础开裂、腐蚀或损坏程度。判定基础材料的强度等级。对倾斜的建筑尚应查明基础的倾斜、弯曲、扭曲等情况。对桩基应查明其入土深度、持力层情况和桩身质量。

4.2.2 既有建筑基础的检验可采用下列方法：

1 目测基础的外观质量；

2 用手锤等工具初步检查基础的质量。用非破损法或钻孔取芯法测定基础材料的强度；

3 检查钢筋直径、数量、位置和锈蚀情况；

4 对桩基工程可通过沉降观测，测定桩基的沉降情况。

4.2.3 既有建筑基础的评价应符合下列规定：

1 应根据基础裂缝、腐蚀或破损程度以及基础材料的强度等级，判断基础完整性；

2 应按实际承受荷载和变形特征进行基础承载力和变形验算，确定基础加固的必要性和提出加固方法的建议。

5 地基计算

5.1 地基承载力计算

5.1.1 既有建筑地基基础加固或增加荷载时，地基承载力计算应符合下式要求：

当轴心荷载作用时

$$p \leqslant f \tag{5.1.1-1}$$

式中 p——基础加固或增加荷载后基础底面处的平均压力设计值；

f——地基承载力设计值。应根据本规范确定的地基承载力标准值，按国家现行标准《建筑地基基础设计规范》GBJ 7 确定。对于需要加固的地基应在加固后通过检测确定地基承载力标准值；对于增加荷载的地基应在增加荷载前通过地基检验确定地基承载力标准值；对于沉降已经稳定的既有建筑直接增层地基，也可根据本规范第 8.2 节有关规定确定地基承载力标准值。

当偏心荷载作用时，除符合式（5.1.1-1）要求外，尚应符合下式要求：

$$p_{\max} \leqslant 1.2f \tag{5.1.1-2}$$

式中 $p_{\max}$——基础加固或增加荷载后基础底面边缘的最大压力设计值。

5.1.2 基础加固或增加荷载后基础底面的压力，可按下列公式确定：

1 当轴心荷载作用时

$$p = \frac{F + G}{A} \tag{5.1.2-1}$$

式中 F——基础加固或增加荷载后上部结构传至基础顶面的竖向力设计值；

G——基础自重和基础上的土重设计值，在地下水位以下部分应扣去浮力；

A——基础底面面积。

2 当偏心荷载作用时

$$p_{max} = \frac{F + G}{A} + \frac{M}{W} \tag{5.1.2-2}$$

$$p_{min} = \frac{F + G}{A} - \frac{M}{W} \tag{5.1.2-3}$$

式中 M——基础加固或增加荷载后作用于基础底面的力矩设计值；

W——基础加固或增加荷载后基础底面的截面模量；

p_{min}——基础加固或增加荷载后基础底面边缘的最小压力设计值。

5.1.3 当地基受力层范围内有软弱下卧层时，尚应进行软弱下卧层地基承载力的验算。

5.1.4 对建造在斜坡上或毗邻深基坑的既有建筑，应验算地基稳定性。

5.2 地基变形计算

5.2.1 既有建筑地基基础加固或增加荷载后的地基变形计算值，不得大于国家现行标准《建筑地基基础设计规范》GBJ 7 规定的地基变形允许值。

5.2.2 对地基基础进行加固或增加荷载的既有建筑，其基础最终沉降量可按下式确定：

$$s = s_0 + s_1 + s_2 \tag{5.2.2}$$

式中 s——基础最终沉降量；

s_0——地基基础加固前或增加荷载前已完成的基础沉降量，可由沉降观测资料确定或根据当地经验估算；

s_1——地基基础加固后或增加荷载后产生的基础沉降量。当地基基础加固时，可采用地基基础加固后经检测得到的压缩模量通过计算确定；当增加荷载时，可采用增加荷载前经检验得到的压缩模量通过计算确定；

s_2——原建筑荷载下尚未完成的基础沉降量，可由沉降观测资料推算或根据当地经验估算。当原建筑荷载下基础沉降已经稳定时，此值应取零。

5.2.3 基础沉降量的计算可按国家现行标准《建筑地基基础设计规范》GBJ 7 的有关规定执行。

6 地基基础的加固方法

6.1 基础补强注浆加固法

6.1.1 基础补强注浆加固法适用于基础因受不均匀沉降、冻胀或其他原因引起的基础裂损时的加固。

6.1.2 注浆施工时，先在原基础裂损处钻孔，注浆管直径可为25mm，钻孔与水平面的倾角不应小于30°，钻孔孔径应比注浆管的直径大2~3mm，孔距可为0.5~1.0m。

6.1.3 浆液材料可采用水泥浆等，注浆压力可取0.1~0.3MPa。如果浆液不下沉，则可逐渐加大压力至0.6MPa，浆液在10~15min内再不下沉则可停止注浆。注浆的有效直径为0.6~1.2m。

6.1.4 对单独基础每边钻孔不应少于2个；对条形基础应沿基础纵向分段施工，每段长度可取1.5~2.0m。

6.2 加大基础底面积法

6.2.1 加大基础底面积法适用于当既有建筑的地基承载力或基础底面积尺寸不满足设计要求时的加固。可采用混凝土套或钢筋混凝土套加大基础底面积。加大基础底面积的设计和施工应符合下列规定：

1 当基础承受偏心受压时，可采用不对称加宽；当承受中心受压时，可采用对称加宽。

2 在灌注混凝土前应将原基础凿毛和刷洗干净后，铺一层高强度等级水泥浆或涂混凝土界面剂，以增加新老混凝土基础的粘结力。

3 对加宽部分，地基上应铺设厚度和材料均与原基础垫层相同的夯实垫层。

4 当采用混凝土套加固时，基础每边加宽的宽度其外形尺寸应符合国家现行标准《建筑地基基础设计规范》GBJ 7中有关刚性基础台阶宽高比允许值的规定。沿基础高度隔一定距离应设置锚固钢筋。

5 当采用钢筋混凝土套加固时，加宽部分的主筋应与原基础内主筋相焊接。

6 对条形基础加宽时，应按长度1.5~2.0m划分成单独区段，分批、分段、间隔进行施工。

6.2.2 当不宜采用混凝土套或钢筋混凝土套加大基础底面积时，可将原独立基础改成条形基础；将原条形基础改成十字交叉条形基础或筏形基础；将原筏形基础改成箱形基础。

6.3 加深基础法

6.3.1 加深基础法适用于地基浅层有较好的土层可作为持力层且地下水位较低的情况。可将原基础埋置深度加深，使基础支承在较好的持力层上，以满足设计对地基承载力和变形的要求。当地下水位较高时，应采取相应的降水或排水措施。

6.3.2 基础加深的施工应按下列步骤进行：

1 先在贴近既有建筑基础的一侧分批、分段、间隔开挖长约1.2m，宽约0.9m的竖坑，对坑壁不能直立的砂土或软弱地基要进行坑壁支护，竖坑底面可比原基础底面深1.5m；

2 在原基础底面下沿横向开挖与基础同宽，深度达到设计持力层的基坑；

3 基础下的坑体应采用现浇混凝土灌注，并在距原基础底面 80mm 处停止灌注，待养护一天后再用掺入膨胀剂和速凝剂的干稠水泥砂浆填入基底空隙，再用铁锤敲击木条，并挤实所填砂浆。

6.4 锚杆静压桩法

6.4.1 锚杆静压桩法适用于淤泥、淤泥质土、粘性土、粉土和人工填土等地基土。

6.4.2 锚杆静压桩设计应符合下列要求：

1 锚杆静压桩的单桩竖向承载力可通过单桩载荷试验确定；当无试验资料时，也可按国家现行标准《建筑地基基础设计规范》GBJ 7有关规定估算。

2 桩位布置应靠近墙体或柱子。设计桩数应由上部结构荷载及单桩竖向承载力计算确定；必须控制压桩力不得大于该加固部分的结构自重。压桩孔宜为上小下大的正方棱台状，其孔口每边宜比桩截面边长大 50~100mm。

3 当既有建筑基础承载力不满足压桩要求时，应对基础进行加固补强；也可采用新浇筑钢筋混凝土挑梁或抬梁作为压桩的承台。

4 桩身制作应符合下列要求：

1）桩身材料可采用钢筋混凝土或钢材；

2）对钢筋混凝土桩宜采用方形，其边长为 200~300mm；

3）每段桩节长度应根据施工净空高度及机具条件确定，宜为 1.0~2.5m；

4）桩内主筋应按计算确定。当方桩截面边长为 200mm 时，配筋不宜少于 4ϕ10；当边长为 250mm 时，配筋不宜少于 4ϕ12；当边长为 300mm 时，配筋不宜少于 4ϕ16；

5）桩身混凝土强度等级不应低于 C30；

6）当桩身承受拉应力时，应采用焊接接头。其他情况可采用硫磺胶泥接头连接。当采用硫磺胶泥接头时，其桩节两端应设置焊接钢筋网片，一端应预埋插筋，另一端应预留插筋孔和吊装孔。当采用焊接接头时，桩节的两端均应设置预埋连接铁件。

5 原基础承台除应满足有关承载力要求外，尚应符合下列规定：

1）承台周边至边桩的净距不宜小于 200mm；

2）承台厚度不宜小于 350mm；

3）桩顶嵌入承台内长度应为 50~100mm；当桩承受拉力或有特殊要求时，应在桩顶四角增设锚固筋，伸入承台内的锚固长度应满足钢筋锚固要求；

4）压桩孔内应采用 C30 微膨胀早强混凝土浇筑密实；

5）当原基础厚度小于 350mm 时，封桩孔应用 2ϕ16 钢筋交叉焊接于锚杆上，并应在浇注压桩孔混凝土的同时，在桩孔顶面以上浇注桩帽，厚度不得小于 150mm。

6 锚杆可用光面直杆镦粗螺栓或焊箍螺栓，并应符合下列要求：

1）当压桩力小于 400kN 时，可采用 M24 锚杆；当压桩力为 400~500kN 时，可采用 M27 锚杆；

2）锚杆螺栓的锚固深度可采用 10~12 倍螺栓直径，并不应小于 300mm，锚杆露出承台顶面长度应满足压桩机具要求，一般不应小于 120mm；

3）锚杆螺栓在锚杆孔内的粘结剂可采用环氧砂浆或硫

磺胶泥；

4）锚杆与压桩孔、周围结构及承台边缘的距离不应小于200mm。

6.4.3 锚杆静压桩施工应符合下列规定：

1 锚杆静压桩施工前应做好下列准备工作：

1）清理压桩孔和锚杆孔施工工作面；

2）制作锚杆螺栓和桩节的准备工作；

3）开凿压桩孔，并应将孔壁凿毛，清理干净压桩孔。将原承台钢筋割断后弯起，待压桩后再焊接；

4）开凿锚杆孔，应确保锚杆孔内清洁干燥后再埋设锚杆，并以粘结剂加以封固。

2 压桩施工应符合下列规定：

1）压桩架应保持竖直，锚固螺栓的螺帽或锚具应均衡紧固，压桩过程中应随时拧紧松动的螺帽；

2）就位的桩节应保持竖直，使千斤顶、桩节及压桩孔轴线重合，不得偏心加压，压桩时应垫钢板或麻袋，套上钢桩帽后再进行压桩。桩位平面偏差不得超过±20mm，桩节垂直度偏差不得大于1%的桩节长；

3）整根桩应一次连续压到设计标高，当必须中途停压时，桩端应停留在软弱土层中，且停压的间隔时间不宜超过24h；

4）压桩施工应对称进行，不应数台压桩机在一个独立基础上同时加压；

5）焊接接桩前应对准上、下节桩的垂直轴线，清除焊面铁锈后进行满焊；

6）采用硫磺胶泥接桩时，其操作施工应按国家现行标准《地基与基础工程施工及验收规范》GBJ 202的有关规定执行；

7）桩尖应到达设计持力层深度、且压桩力应达到国家现行标准《建筑地基基础设计规范》GBJ 7规定的单桩竖向承载力标准值的1.5倍，且持续时间不应少于5min；

8）封桩前应凿毛和刷洗干净桩顶侧表面后再涂混凝土界面剂，封桩可分不施加预应力法和预应力法的两种方法：

当封桩不施加预应力时，在桩端达到设计压桩力和设计深度后，即可使千斤顶卸载，拆除压桩架，焊接锚杆交叉钢筋，清除压桩孔内杂物、积水及浮浆，然后与桩帽梁一起浇筑C30微膨胀早强混凝土。当施加预应力时，应在千斤顶不卸载条件下，采用型钢托换支架，清理干净压桩孔后立即将桩与压桩孔锚固，当封桩混凝土达到设计强度后，方可卸载。

6.4.4 锚杆静压桩质量检验应符合下列规定：

1 最终压桩力与桩压入深度应符合设计要求。

2 桩身试块强度和封桩混凝土试块强度应符合设计要求，硫磺胶泥性能应符合国家现行标准《地基与基础工程施工及验收规范》GBJ 202的有关规定。

6.5 树 根 桩 法

6.5.1 树根桩法适用于淤泥、淤泥质土、粘性土、粉土、砂土、碎石土及人工填土等地基土上既有建筑的修复和增层、古建筑的整修、地下铁道的穿越等加固工程。

6.5.2 树根桩设计应符合下列规定：

1 树根桩的直径宜为150～300mm，桩长不宜超过30m，桩的布置可采用直桩型或网状结构斜桩型。

2 树根桩的单桩竖向承载力可通过单桩载荷试验确定；

当无试验资料时，也可按国家现行标准《建筑地基基础设计规范》GBJ 7 有关规定估算。

树根桩的单桩竖向承载力的确定，尚应考虑既有建筑的地基变形条件的限制和桩身材料的强度要求。

3 桩身混凝土强度等级应不小于 C20，钢筋笼外径宜小于设计桩径 40～60mm。主筋不宜少于 3 根。对软弱地基，主要承受竖向荷载时的钢筋长度不得小于 1/2 桩长；主要承受水平荷载时应全长配筋。

4 树根桩设计时，尚应对既有建筑的基础进行有关承载力的验算。当不满足上述要求时，应先对原基础进行加固或增设新的桩承台。

6.5.3 树根桩施工应符合下列规定：

1 桩位平面允许偏差 ±20mm；直桩垂直度和斜桩倾斜度偏差均应按设计要求不得大于 1%。

2 可采用钻机成孔，穿过原基础混凝土。在土层中钻孔时宜采用清水或天然泥浆护壁，也可用套管。

3 钢筋笼宜整根吊放。当分节吊放时，节间钢筋搭接焊缝长度双面焊不得小于 5 倍钢筋直径。单面焊不得小于 10 倍钢筋直径。注浆管应直插到孔底。需二次注浆的树根桩应插两根注浆管，施工时应缩短吊放和焊接时间。

4 当采用碎石和细石填料时，填料应经清洗，投入量不应小于计算桩孔体积的 0.9 倍，填灌时应同时用注浆管注水清孔。

5 注浆材料可采用水泥浆液、水泥砂浆或细石混凝土，当采用碎石填灌时，注浆应采用水泥浆。

6 当采用一次注浆时，泵的最大工作压力不应低于1.5 MPa，开始注浆时，需要 1MPa 的起始压力，将浆液经注浆管从孔底压出，接着注浆压力宜为 0.1～0.3MPa，使浆液逐渐上冒，直至浆液泛出孔口停止注浆。

当采用二次注浆时，泵的最大工作压力不应低于 4MPa。待第一次注浆的浆液初凝时方可进行第二次注浆，浆液的初凝时间根据水泥品种和外加剂掺量确定，可控制在 45～60min 范围。第二次注浆压力宜为 2～4MPa，二次注浆不宜采用水泥砂浆和细石混凝土。

7 注浆施工时应采用间隔施工、间歇施工或增加速凝剂掺量等措施，以防止出现相邻桩冒浆和串孔现象。树根桩施工不应出现缩颈和塌孔。

8 拔管后应立即在桩顶填充碎石，并在 1～2m 范围内补充注浆。

6.5.4 树根桩质量检验应符合下列规定：

1 每 3～6 根桩应留一组试块，测定抗压强度，桩身强度应符合设计要求。

2 应采用载荷试验检验树根桩的竖向承载力，有经验时也可采用动测法检验桩身质量。两者均应符合设计要求。

6.6 坑式静压桩法

6.6.1 坑式静压桩法适用于淤泥、淤泥质土、粘性土、粉土和人工填土等，且地下水位较低的情况。

6.6.2 坑式静压桩设计应符合下列规定：

1 坑式静压桩的单桩承载力应按国家现行标准《建筑地基基础设计规范》GBJ 7 有关规定估算。

2 桩身可采用直径为 150～300mm 的开口钢管或边长为 150～250mm 的预制钢筋混凝土方桩，每节桩长可按既有建筑基础下坑的净空高度和千斤顶的行程确定。

3　桩的平面布置应根据既有建筑的墙体和基础型式及荷载大小确定。应避开门窗等墙体薄弱部位，设置在结构受力节点位置。

4　当既有建筑基础结构的强度不能满足压桩反力时，应在原基础的加固部位加设钢筋混凝土地梁或型钢梁，以加强基础结构的强度和刚度，确保工程安全。

6.6.3　坑式静压桩施工应符合下列规定：

1　施工时先在贴近被加固建筑物的一侧开挖长1.2m、宽0.9m的竖坑，对坑壁不能直立的砂土或软弱土等地基应进行坑壁支护。再在基础梁、承台梁或直接在基础底面下开挖长0.8m、宽0.5m的基坑。

2　压桩施工时，先在基坑内放入第一节桩，并在桩顶上安置千斤顶及测力传感器，再驱动千斤顶压桩，每压入下一节桩后，再接上一节桩。

对钢管桩，其各节的连接处可采用套管接头。当钢管桩很长或土中有障碍物时需采用焊接接头。整个焊口（包括套管接头）应为满焊。

对预制钢筋混凝土方桩，桩尖可将主筋合拢焊在桩尖辅助钢筋上，在密实砂和碎石类土中，可在桩尖处包以钢板桩靴。桩与桩间接头可采用焊接或硫磺胶泥接头。

3　桩位平面偏差不得大于±20mm；桩节垂直度偏差应小于1%的桩节长。

4　桩尖应到达设计持力层深度、且压桩力达到国家现行标准《建筑地基基础设计规范》GBJ 7规定的单桩竖向承载力标准值的1.5倍，且持续时间不应少于5min。

5　对钢筋混凝土方桩，顶进至设计深度后即可取出千斤顶，再用C30微膨胀早强混凝土将桩与原基础浇注成整体。当施加预应力封桩时，可采用型钢支架，而后浇注混凝土。

对钢管桩，应根据工程要求，在钢管内浇注C20微膨胀早强混凝土，最后用C30混凝土将桩与原基础浇注成整体。

封桩可根据要求采用预应力法或非预应力法施工。

6.6.4　坑式静压桩质量检验应符合下列规定：

1　最终压桩力与桩压入深度应符合设计要求。

2　桩材试块强度应符合设计要求。

6.7　石灰桩法

6.7.1　石灰桩法适用于处理地下水位以下的粘性土、粉土、松散粉细砂、淤泥、淤泥质土、杂填土或饱和黄土等地基及基础周围土体的加固。

对重要工程或地质复杂而又缺乏经验的地区，施工前应通过现场试验确定其适用性。

6.7.2　石灰桩设计应符合下列规定：

1　石灰桩是由生石灰和粉煤灰（火山灰或其他掺合料）组成。采用的生石灰其氧化钙含量不得低于70%，含粉量不得超过10%，含水量不得大于5%，最大块径不得大于50mm。粉煤灰应采用Ⅰ、Ⅱ级灰。

2　根据不同的地质条件，石灰桩可选用不同配比。常用配比（体积比）为生石灰与粉煤灰之比为1:1、1:1.5或1:2。为提高桩身强度亦可掺入一定量的水泥、砂或石屑。

3　石灰桩桩径主要取决于成孔机具。桩距宜为2.5～3.5倍桩径，可按三角形或正方形布置，地基处理的范围应比基础的宽度加宽1～2排桩，且不小于加固深度的一半。桩长由加固目的和地基土质等条件决定。

4　石灰桩每延米灌灰量可按下式估算：

$$q = \eta_c \frac{\pi d^2}{4} \quad (6.7.2\text{-}1)$$

式中　q——石灰桩每延米灌灰量（m^3/m）；

d——设计桩径（m）；

η_c——充盈系数，可取 1.4～1.8。振动管外投料成桩取高值；螺旋钻成桩取低值。

成桩时必须控制材料的干密度 $\rho_d = 1.1t/m^3$。

5　在石灰桩顶部宜铺设一层 200～300mm 厚的石屑或碎石垫层。

6　复合地基承载力标准值应按现场相同土层条件下的复合地基载荷试验确定，也可用单桩和桩间土的载荷试验按下式估算：

$$f_{sp,k} = mf_{p,k} + (1-m)f_{s,k} \quad (6.7.2\text{-}2)$$

式中　$f_{sp,k}$——复合地基承载力标准值；

$f_{p,k}$——桩体单位截面积承载力标准值；

$f_{s,k}$——加固后桩间土的承载力标准值；

m——面积置换率。

$$m = \frac{\pi d'^2}{4l_1 l_2} \quad (6.7.2\text{-}3)$$

式中　d'——石灰桩膨胀后的桩径，一般为设计桩径的 1.1～1.2倍；

l_1、l_2——分别为桩的列距和行距。

复合地基载荷试验可按国家现行标准《建筑地基处理技术规范》JGJ 79 的规定进行，当复合地基承载力基本值按相对变形值确定时，石灰桩复合地基可取 s/b 或 $s/d = 0.010～0.015$ 所对应的荷载（s——相应于复合地基承载力基本值时压板沉降量，b 和 d 分别为压板宽度或直径）。

7　石灰桩加固地基的变形计算，应按国家现行标准《建筑地基基础设计规范》GBJ 7 有关规定执行，其中复合土层的压缩模量可按下式进行估算：

$$E_{sp} = mE_p + (1-m)E_s \quad (6.7.2\text{-}4)$$

式中　E_{sp}——复合土层的压缩模量；

E_p——桩体的压缩模量；

E_s——加固后桩间土的压缩模量。

6.7.3　石灰桩施工应符合下列规定：

1　根据加固设计要求、土质条件、现场条件和机具供应情况，可选用振动成桩法（分管内填料成桩和管外填料成桩）、锤击成桩法、螺旋钻成桩法或洛阳铲成桩工艺等。桩位中心点的偏差不应超过桩距设计值的 8%，桩的垂直度偏差不应大于 1.5%。

2　振动成桩法和锤击成桩法

1）采用振动管内填料成桩法时，为防止生石灰膨胀堵住桩管，应加压缩空气装置及空中加料装置；管外填料成桩应控制每次填料数量及沉管的深度。

采用锤击成桩法时，应根据锤击的能量控制分段的填料量和成桩长度。

2）桩顶上部空孔部分，应用 3∶7 灰土或素土填孔封顶。

3　螺旋钻成桩法

1）正转时将部分土带出地面，部分土挤入桩孔壁而成孔。根据成孔时电流大小和土质情况，检验场地情况与原勘察报告和设计要求是否相符。

2）钻杆达设计要求深度后，提钻检查成孔质量，清除钻杆上泥土。

3）把整根桩所需之填料按比例分层堆在钻杆周围，再将钻杆沉入孔底，钻杆反转，叶片将填料边搅拌边压入孔底。钻杆被压密的填料逐渐顶起，钻尖升至离地面 1～1.5m 或预定标高后停止填料，用 3:7 灰土或素土封顶。

4 洛阳铲成桩法

适用于施工场地狭窄的地基加固工程。成桩直径可为 200～300mm，每层回填料厚度不宜大于 300mm，用杆状重锤分层夯实。

5 施工过程中，应有专人监测成孔及回填料的质量，并做好施工记录。如发现地基土质与勘察资料不符，应查明情况采取有效措施后方可继续施工。

6 当地基土含水量很高时，桩宜由外向内或沿地下水流方向施打，并宜采用间隔跳打施工。

6.7.4 石灰桩质量检验应符合下列规定：

1 施工时应及时检查施工记录，当发现回填料不足，缩径严重时，应立即采取有效补救措施。

2 检查施工现场有无地面隆起异常情况、有无漏桩现象；按设计要求抽查桩位、桩距，详细记录，对不符合者应采取补救措施。

3 一般工程可在施工结束 28d 后采用标贯、静力触探以及钻孔取样做室内试验等测试方法，检测桩体和桩间土强度，验算复合地基承载力。

4 对重要或大型工程应进行复合地基载荷试验。

5 石灰桩的检验数量不应少于总桩数的 2%，并不得少于 3 根。

6.8 注浆加固法

6.8.1 注浆加固法适用于砂土、粉土、粘性土和人工填土等地基加固。一般用于防渗堵漏、提高地基土的强度和变形模量以及控制地层沉降等。

注浆设计前宜进行室内浆液配比试验和现场注浆试验，以确定设计参数和检验施工方法及设备。也可参考当地类似工程的经验确定设计参数。

6.8.2 注浆设计应符合下列规定：

1 对软弱土处理，可选用以水泥为主剂的浆液，也可选用水泥和水玻璃的双液型混合浆液。在有地下水流动的情况下，不应采用单液水泥浆液。

2 注浆孔间距可取 1.0～2.0m，并应能使被加固土体在平面和深度范围内连成一个整体。

3 浆液的初凝时间应根据地基土质条件和注浆目的确定。在砂土地基中，浆液的初凝时间宜为 5～20min；在粘性土地基中，宜为 1～2h。

4 注浆量和注浆有效范围应通过现场注浆试验确定，在粘性土地基中，浆液注入率宜为 15%～20%。注浆点上的覆盖土厚度应大于 2m。

5 对劈裂注浆的注浆压力，在砂土中，宜选用 0.2～0.5MPa；在粘性土中，宜选用 0.2～0.3MPa。对压密注浆，当采用水泥砂浆浆液时，坍落度宜为 25～75mm，注浆压力为 1～7MPa。当坍落度较小时，注浆压力可取上限值。当采用水泥-水玻璃双液快凝浆液时，注浆压力应小于 1MPa。

6.8.3 注浆施工应符合下列规定：

1 施工场地应预先平整，并沿钻孔位置开挖沟槽和集水坑。

2 注浆施工时，宜采用自动流量和压力记录仪，并应及时对资料进行整理分析。

3 注浆孔的孔径宜为70～110mm，垂直度偏差应小于1%。

4 花管注浆法施工可按下列步骤进行：

1）钻机与注浆设备就位；

2）钻孔或采用振动法将花管置入土层；

3）当采用钻孔法时，应从钻杆内注入封闭泥浆，然后插入孔径为50mm的金属花管。

4）待封闭泥浆凝固后，移动花管自下向上或自上向下进行注浆。

5 压密注浆施工可按下列步骤进行：

1）钻机与注浆设备就位；

2）钻孔或采用振动法将金属注浆管压入土层；

3）当采用钻孔法时，应从钻杆内注入封闭泥浆，然后插入孔径为50mm的金属注浆管；

4）待封闭泥浆凝固后，捅去注浆管的活络堵头，然后提升注浆管自下向上或自上向下对地层注入水泥-砂浆液或水泥-水玻璃双液快凝浆液。

6 封闭泥浆7d立方体试块（边长为7.07cm）的抗压强度应为0.3～0.5MPa，浆液粘度应为80～90s。

7 浆液宜用425号或525号普通硅酸盐水泥。

8 注浆时可掺用粉煤灰代替部分水泥，掺入量可为水泥重量的20%～50%。

9 根据工程需要，可在浆液拌制时加入速凝剂、减水剂和防析水剂。

10 注浆用水不得采用pH值小于4的酸性水和工业废水。

11 水泥浆的水灰比可取0.6～2.0，常用的水灰比为1.0。

12 注浆的流量可取7～10L/min，对充填型注浆，流量不宜大于20L/min。

13 当用花管注浆和带有活堵头的金属管注浆时每次上拔或下钻高度宜为0.5m。

14 浆体应经过搅拌机充分搅拌均匀后才能开始压注，并应在注浆过程中不停缓慢搅拌，搅拌时间应小于浆液初凝时间。浆液在泵送前应经过筛网过滤。

15 日平均温度低于5℃或最低温度低于－3℃的条件下注浆时，应在施工现场采取措施，保证浆液不冻结。

16 水温不得超过30～35℃；并不得将盛浆桶和注浆管路在注浆体静止状态暴露于阳光下，防止浆液凝固。

17 注浆顺序应按跳孔间隔注浆方式进行，并宜采用先外围后内部的注浆施工方法。当地下水流速较大时，应从水头高的一端开始注浆。

18 对渗透系数相同的土层，首先应注浆封顶，然后由下向上进行注浆，防止浆液上冒。如土层的渗透系数随深度而增大，则应自下向上注浆。对互层地层，首先应对渗透性或孔隙率大的地层进行注浆。

19 当既有建筑地基进行注浆加固时，应对既有建筑及其邻近建筑、地下管线和地面的沉降、倾斜、位移和裂缝进行监测。并应采用多孔间隔注浆和缩短浆液凝固时间等措施，减少既有建筑基础因注浆而产生的附加沉降。

6.8.4 注浆质量检验应符合下列规定：

1 注浆检验时间应在注浆结束28d后进行。可选用标准贯入、轻型动力触探或静力触探对加固地层进行检测。对重要工程可采用载荷试验测定。

2 注浆检验点可为注浆孔数的2%～5%。当检验点合格率小于或等于80%，或虽大于80%但检验点的平均值达不到强度或防渗的设计要求时，应对不合格的注浆区实施重复注浆。

6.9 其他地基加固方法

6.9.1 高压喷射注浆法适用于淤泥、淤泥质土、粘性土、粉土、黄土、砂土、人工填土和碎石土等地基。

6.9.2 灰土挤密桩法适用于处理地下水位以上的湿陷性黄土、素填土和杂填土等地基。

6.9.3 深层搅拌法适用于处理淤泥、淤泥质土、粉土和含水量较高的粘性土等地基。

6.9.4 硅化法可分双液硅化法和单液硅化法。当地基土的渗透系数大于2.0m/d的粗颗粒土时，可采用双液硅化法（水玻璃和氯化钙）；当地基土的渗透系数为0.1～2.0m/d的湿陷性黄土时，可采用单液硅化法（水玻璃）；对自重湿陷性黄土，宜采用无压力单液硅化法。

6.9.5 碱液法适用于处理非自重湿陷性黄土地基。

6.9.6 高压喷射注浆法、灰土挤密桩法、深层搅拌法、硅化法和碱液法的设计和施工应按国家现行标准《建筑地基处理技术规范》JGJ 79有关规定执行。

7 地基基础事故的补救与预防

7.1 设计、施工或使用不当引起事故的补救

7.1.1 对于建造在软土地基上出现损坏的建筑，可采取下列补救措施：

1 由于建筑体型复杂或荷载差异较大，引起不均匀沉降，而造成建筑物损坏者，可根据损坏程度选用局部卸荷、增加上部结构或基础刚度、加深基础、锚杆静压桩、树根桩或注浆加固等补救措施；

2 由于局部软弱土层或暗塘、暗沟等引起差异沉降过大，而造成建筑物损坏者，可选用锚杆静压桩、树根桩或旋喷桩等进行局部加固；

3 由于基础承受荷载过大、或加荷速率过快，引起大量沉降或不均匀沉降，而造成建筑物损坏者，可选用卸除部分荷载、加大基础底面积或加深基础等；

4 由于大面积地面荷载或大面积填土引起柱基、墙基不均匀沉降、地面大量凹陷、或柱身、墙身断裂者，可选用锚杆静压桩或树根桩加固等；

5 由于地质条件复杂或荷载分布不均，引起建筑物过大倾斜者，可按本规范第9章有关规定选用纠倾措施。

7.1.2 对于建造在湿陷性黄土地基上出现损坏的建筑，可采取下列补救措施：

1 对非自重湿陷性黄土场地，当湿陷性土层不厚、湿陷变形已趋稳定、或估计再次浸水产生的湿陷量不大时，可

选用上部结构加固措施；当湿陷性土层较厚、湿陷变形较大、或估计再次浸水产生的湿陷量较大时，可选用石灰桩、灰土挤密桩、坑式静压桩、锚杆静压桩、树根桩、硅化法或碱液法等，加固深度宜达到基础压缩层下限；

2 对自重湿陷性黄土场地，可选用灰土井、坑式静压桩、锚杆静压桩、树根桩或灌注桩加固等。加固深度宜穿透全部湿陷性土层。

7.1.3 对于建造在人工填土地基上出现损坏的建筑，可采取下列补救措施：

1 对于素填土地基由于浸水引起过大的不均匀沉降而造成建筑物损坏者，可选用锚杆静压桩、树根桩、坑式静压桩、石灰桩或注浆加固等。加固深度应穿透素填土层；

2 对于杂填土地基上损坏的建筑，可根据损坏程度选用加强上部结构和基础刚度、锚杆静压桩、树根桩、旋喷桩、石灰桩或注浆加固等；

3 对于冲填土地基上损坏的建筑，可按本规范第7.1.1条的有关规定选用加固方法。

7.1.4 对于建造在膨胀土地基上出现损坏的建筑，可采取下列补救措施：

1 对建筑物损坏轻微，且胀缩等级为Ⅰ级的膨胀土地基，可采用设置宽散水及在周围种植草皮等措施；

2 对建筑物损坏程度中等，且胀缩等级为Ⅰ、Ⅱ级的膨胀土地基，可采用加强结构刚度和设置宽散水等措施；

3 对建筑物损坏程度较严重，或胀缩等级为Ⅲ级的膨胀土地基，可采用锚杆静压桩、树根桩、坑式静压桩或加深基础等方法。桩端或基底应埋置在非膨胀土层中或伸入到大气影响深度以下的土层中；

4 建造在坡地上的损坏建筑，除可选用相应的地基或基础加固方法外，尚应在坡地周围采取保湿措施，防止多向失水造成的危害。

7.1.5 对于建造在土岩组合地基上出现损坏的建筑，可采取下列补救措施：

1 由于土岩交界部位出现过大的差异沉降，而造成建筑物损坏者，可根据损坏程度，采用局部加深基础、锚杆静压桩、树根桩、坑式静压桩或旋喷桩加固等措施；

2 由于局部软弱地基引起差异沉降过大，而造成建筑物损坏者，可根据损坏程度，采用局部加深基础或桩基加固等措施；

3 由于基底下局部基岩出露或存在大块孤石，而造成建筑物损坏者，可将局部基岩或孤石凿去，铺设褥垫，或采用在土层部位加深基础或桩基加固等。

7.2 地下工程施工引起事故的预防与补救

7.2.1 地下工程施工可能对既有建筑、地下管线或道路造成影响。当影响范围较大时，可采用隔断墙将既有建筑、地下管线或道路隔开。隔断墙可采用钢板桩、树根桩、深层搅拌桩、注浆加固或地下连续墙等方法。

7.2.2 当地下工程施工对既有建筑造成影响时，可对既有建筑地基进行加固。加固方法可选用锚杆静压桩、树根桩或注浆加固等。加固深度应大于地下工程底面深度。

7.2.3 当地下工程施工对既有建筑造成的影响比较轻微时，可采用加强既有建筑刚度和强度的方法。

7.2.4 对在地下工程施工影响区范围内的通讯电缆、高压、易燃和易爆管道等对地层变形极其敏感的重要管线，除采取一般性预防措施外，尚应将其暴露并挂起。

7.2.5 当地下工程施工时，应对其施工影响区范围内的既有建筑和地下管线的沉降和水平位移进行严密的监测，一旦发现问题，应及时采取有效措施。

7.3 邻近建筑施工引起事故的预防与补救

7.3.1 当邻近工程的施工对既有建筑可能产生影响时，应查明既有建筑的基础型式、结构状态、建成年代和使用情况等，根据邻近工程的结构类型、荷载大小、基础型式、间隔距离以及土质情况等因素分析可能产生的影响程度，并提出相应的预防措施。

7.3.2 当软土地基上采用有挤土效应的桩基对邻近既有建筑有影响时，可在邻近既有建筑的一侧设置砂井、塑料排水带、应力释放孔或开挖隔离沟，减小沉桩引起的孔隙水压力和挤土效应。对重要建筑可设地下挡墙。

7.3.3 遇有振动效应的桩基施工时，可采用开挖隔振沟，以减少振动波传递。

7.3.4 当邻近建筑开挖基槽、人工降低地下水或迫降纠倾施工等，可能造成土体侧向变形或产生附加应力时，可采用对既有建筑进行地基基础局部加固，减少该侧地基的附加应力，控制基础沉降等措施。

7.3.5 在既有建筑邻近进行人工挖孔桩施工时，应注意地下水的流失及土的侧向变形，可采用回灌、截水措施或跳挖施工方法，并进行沉降观测，防止既有建筑出现不均匀沉降而造成裂损。

7.3.6 当邻近工程的施工造成既有建筑裂损或倾斜时，应根据既有建筑的结构特点、影响程度和地层条件选用本规范第6章和第9章有关方法进行加固。

7.4 深基坑工程引起事故的预防与补救

7.4.1 基坑开挖前应对基坑及邻近既有建筑地基进行土体稳定验算分析，提出预防土体失稳的措施。必要时可对邻近既有建筑的地基或基础预先进行加固处理等，避免可能发生的事故。

7.4.2 当基坑内降水开挖，使邻近既有建筑或地下管线发生沉降、倾斜或裂损时，应立即停止坑内降水，查出事故原因，进行有效加固处理。当设置基坑支护结构时，应在基坑止水墙外侧，靠近邻近既有建筑附近设置水位观测井和回灌井。

7.4.3 当基坑周边邻近既有建筑为桩基础或新建建筑采用打入桩基础时，为保护邻近既有建筑的安全，新建基坑支护结构外边缘与邻近既有建筑的距离不应小于基坑开挖深度的1.2~1.5倍。当无法满足最小安全距离时，应采用隔振沟或钢筋混凝土地下连续墙或其他有效的基坑支护结构形式。

7.4.4 当基坑采用锚杆支护结构时，应预先查清邻近既有建筑的基础类型和埋深，严禁锚杆成孔施工，破坏邻近既有建筑的地基稳定或基础的安全。

7.4.5 当既有建筑与基坑较近时，基坑周边不得搭建临时施工建筑或库房；不得堆放建筑材料或弃土；不得停放大型施工机具和车辆等。严防上述荷载对基坑侧壁和邻近既有建筑的稳定产生不利影响。

7.4.6 当既有建筑与基坑较近时，基坑周边地面应做护面及排水沟，使地面水流向坑外，并防止雨水、施工用水渗入地下或坑内。

7.4.7 当既有建筑或地下管线因周围深基坑工程施工而出现倾斜、裂缝或损坏时，应根据影响程度，选用本规范第6章和第9章有关补救措施。

8 增 层 改 造

8.1 一 般 规 定

8.1.1 当既有建筑直接增层时，应先对既有建筑结构进行鉴定，确定增层方案并按本章的有关规定确定地基承载力，当采用外套结构增层时，应按新建工程的要求确定地基承载力。

8.1.2 既有建筑增层改造后的地基变形和稳定性应按本规范第5章有关规定进行验算。

8.1.3 当采用新旧结构通过构造措施相连接的增层方案时，除应满足地基承载力条件外，尚应分别对新旧结构进行地基变形计算，按变形协调原则进行设计。

8.1.4 当既有建筑的地基承载力或地基变形不能满足增层荷载要求时，可选用本规范第6章有关方法进行加固。

8.1.5 既有建筑增层改造时，对其地基基础加固工程，应按新建工程的要求进行质量检验及评价，待隐蔽工程验收合格后，方可进行上部结构的施工。

8.2 直 接 增 层

8.2.1 对沉降稳定的建筑物直接增层时，其地基承载力标准值，可根据增层工程的要求选用下列方法综合确定：

1 试验法

1）载荷试验

建筑物增层前，可按本规范附录A的规定，进行载荷试验直接测定地基承载力。

2）室内土工试验

建筑物增层前，可在原建筑物基础下0.5～1.5倍基础底面宽度的深度范围内取原状土，进行室内土工试验，根据试验结果按现行的有关规范确定地基承载力标准值。

2　经验法

建筑物增层时，其地基承载力标准值可考虑地基土的压密效应而予提高，提高的幅度应根据既有建筑基底平均压力值、建成年限、地基土类别和当地成熟经验确定。

8.2.2　建筑物直接增层地基承载力设计值，可按本规范第5.1.1条的规定确定。

8.2.3　直接增层需新设承重墙时，可采用调整新旧基础底面积、桩基础或地基处理等措施保证新旧承重体系的均匀下沉。

8.2.4　直接增层时地基基础的加固，可根据基础类型和土质情况选用下列方法：

1　当既有建筑地基土质良好，承载力高时，可加大基础底面积，加大后基础的面积宜比计算值提高10%。

2　当验算原基础强度时，应根据实际情况进行强度折减。

3　当既有建筑地基土较软弱、承载力较低时，可采用桩基础承受增层荷载，应在桩体强度达到设计要求后，再在其上施工新加大的基础承台，按规定将桩与基础连接，并应根据具体情况验算基础沉降。

4　当既有建筑为钢筋混凝土条形基础时，根据增层荷载要求，可采用锚杆静压桩加固，当原钢筋混凝土条形基础的宽度或厚度不能满足压桩要求时，压桩前应先加宽或加厚基础，再进行压桩施工。也可采用树根桩、旋喷桩等方法加固。

5　当原基础刚度和整体性较好或有钢筋混凝土地梁时，可采用抬梁或挑梁承受新增层结构荷载，不需对原基础进行加固。梁的截面尺寸及配筋应通过计算确定。梁可置于原基础或地梁下，当采用预制的抬梁时，梁、桩和基础应紧密连接，并应验算抬梁或挑梁与基础或地梁间的局部受压承载力。

6　当上部结构和基础刚度较好、持力层埋置较浅、地下水位较低、施工开挖对原结构不会产生附加下沉和开裂时，可采用墩式基础或在原基础下做坑式静压桩加固。

7　当采用注浆法加固既有建筑地基时，对湿陷性黄土地基和填土地基或其他由于注浆加固易引起附加变形的地基，均应添加膨胀剂、速凝剂等，以防止对增层建筑物产生不利影响。

8　当既有建筑为桩基础时，应检查原桩体质量及状况，实测土的物理力学性质指标，以确定桩间土的压密状况，按桩土共同工作条件，提高原桩基础的承载能力。对于承台与土脱空情况，不得考虑桩土共同工作。当桩数不足时应适当补桩，对已腐烂的木桩或破损的混凝土桩，应经加固修复后方可进行增层施工。

9　当既有建筑原地质勘察资料过于简单或无地质勘察资料，而建筑物下又有人防工程或较为复杂场地情况时，应补充进行岩土工程勘察，查明场地情况。

10　当采用扶壁柱式结构直接增层时，柱体应落在新设置的基础上，新旧基础应连成整体，新基础下如为土质地基时，应先夯入碎石或采用其他方法加固后方可进行基础施工。

8.3 外套结构增层

8.3.1 当采用外套结构增层时，可根据土质、地下水位、新增结构类型及荷载大小选用合理的基础型式，当地质勘察资料不足时，应重新进行岩土工程勘察

8.3.2 位于岩层上的外套增层工程，其基础类型与埋深可与原基础不同，新旧基础可相连在一起，也可分开单设。

8.3.3 当天然地基上采用外套结构增层时，应考虑新设基础对原基础的影响，并按有关规范要求与邻近建筑保持一定距离；对于软弱地基，严禁新旧建筑相距过小，基底应力叠加，使邻近建筑发生倾斜或裂损。

8.3.4 外套结构的桩基施工，不得扰动原地基基础。

8.3.5 当外套结构增层采用天然地基或由旋喷桩、搅拌桩、石灰桩等构成的复合地基时，应考虑地基受荷后的变形，避免增层后新旧结构产生标高差异。

8.3.6 当既有建筑有地下室，外套增层结构采用桩基础时，桩位布置应避开原地下室挑出的底板襟边；如不能避开，而需凿除部分底板襟边时，应通过验算确定。但新旧基础不得相连。

9 纠倾加固和移位

9.1 一般规定

9.1.1 纠倾加固适用于整体倾斜值超过国家现行标准《建筑地基基础设计规范》GBJ 7 规定的允许值，且影响正常、安全使用的多层既有建筑的纠倾。

9.1.2 在制定纠倾加固和移位的设计和施工方案前，首先应根据场地地质条件、建筑结构情况进行倾斜的原因分析和纠倾及移位的可行性论证。对于纠倾加固，尚应根据倾斜原因及沉降观测资料推测再度倾斜的可能性，确定地基加固的必要性，提出纠倾加固方案。

9.1.3 纠倾加固应通过方案比较优先选择迫降纠倾，当迫降纠倾不适用时可选用顶升纠倾。

9.1.4 当既有建筑上部结构有裂损时，纠倾或移位前应对裂损情况进行调查和评价。当裂损对纠倾或移位施工安全有影响时，应先对上部结构进行加固。

9.1.5 纠倾或移位过程必须设置现场监测系统，记录纠倾或移位变位、绘制时程曲线，当出现异常情况时，应及时调整纠倾或移位设计和施工方案。

9.1.6 纠倾或移位到达预定位置时，应立即对工作槽、孔或施工破损面进行回填修复。

9.2 迫降纠倾

9.2.1 迫降纠倾可根据地质条件、工程对象及当地经验选

用基底掏土纠倾法、井式纠倾法、钻孔取土纠倾法、堆载纠倾法、人工降水纠倾法、地基部分加固纠倾法和浸水纠倾法等方法。

9.2.2 迫降纠倾的设计应包括下列内容：

1 确定各点的迫降量；

2 安排迫降的顺序、位置和范围，制定实施计划；

3 编制迫降操作规程及安全措施；

4 设置迫降的监控系统。沉降观测点纵向布置每边不应少于4点，横向每边不应少于2点，对框架结构应适当增加；

5 迫降的沉降速率应根据建筑物的结构类型和刚度确定。一般情况下沉降速率宜控制在5~10mm/d范围内。纠倾开始及接近设计迫降量时应选择低值，迫降接近终止时应预留一定的沉降量，以防发生过纠现象。

9.2.3 迫降纠倾应做到设计施工紧密配合，施工中应严格监测，根据监测结果调整迫降量及施工顺序。迫降过程中应每天进行沉降观测，并应监测既有建筑裂损情况。

9.2.4 基底掏土纠倾法适用于匀质粘性土和砂土上的浅埋建筑物的纠倾，基底掏土纠倾法分为人工掏土法和水冲掏土法两种。当缺少当地经验时，可按下列规定进行现场试验确定施工方法和施工参数：

1 人工掏土沟槽的间隔应根据建筑物的基础型式选择，可取1.0~1.5m，沟槽宽度应根据不同的迫降量及土质的强度情况确定，可取0.3~0.5m，槽深可取0.10~0.20m。

2 掏挖时应先从沉降量小的一侧开始，逐渐过渡，依次进行。

3 水冲掏土的水冲工作槽间隔宜取2.0~2.5m，槽宽宜取0.2~0.4m，深度宜取0.15~0.30m，槽底应形成坡度。

4 水冲压力宜控制在1.0~3.0MPa。流量宜取40L/min。可根据土质条件通过现场试验确定。

5 水冲过程中掏土槽应逐渐加深，但应控制超宽，一旦超宽应立即采用砾砂、细石或卵石等回填，确保安全。

9.2.5 井式纠倾法适用于粘性土、粉土、砂土、淤泥、淤泥质土或填土等地基上建筑物的纠倾。井式纠倾应符合下列规定：

1 取土工作井可采用沉井或挖孔护壁等方式形成，应根据土质情况及当地经验确定，井壁可采用钢筋混凝土或混凝土，井的内径不宜小于0.8m，井身混凝土强度等级不得低于C15。

2 井孔施工时应注意土层的变化，防止流砂、涌土、塌孔、突陷等现象出现。施工前应制订相应的防护措施，确保施工安全。

3 井位应设置在建筑物沉降较小的一侧，其数量、深度和间距应根据建筑物的倾斜情况、基础类型、场地环境和土层性质等综合确定。为保证迫降的均匀性，井位可布置在室内。

4 当采用射水施工时，应在井壁上设置射水孔与回水孔，射水孔孔径宜为150~200mm，回水孔孔径宜为60mm，射水孔位置应根据地基土质情况及纠倾量进行布置，回水孔宜在射水孔下方交错布置，井底深度应比射水孔位置低约1.2m。

5 高压射水泵工作压力、流量，宜根据土层性质，通过现场试验确定。

6 纠倾达到设计要求后，工作井及射水孔均应回填，射水孔可采用生石灰和粉煤灰拌合料回填。工作井可用砂土或砂石混合料分层夯实回填，也可用灰土比为2:8的灰土分层夯实回填，接近地面1m范围内的井圈应拆除。

9.2.6 钻孔取土纠倾法适用于淤泥、淤泥质土等软弱地基的纠倾。钻孔取土应符合下列规定：

1 钻孔位置应根据建筑物不均匀沉降情况和土层性质布置，同时应确定钻孔取土的先后顺序。

2 钻孔的直径及深度应根据建筑物的底面尺寸和附加应力的影响范围选择，取土深度应大于3m，钻孔直径不应小于300mm。

3 钻孔顶部3m深度范围内应设置套管或套筒，以保护浅层土体不受扰动，防止出现局部变形过大而影响结构安全。

9.2.7 堆载纠倾法适用于淤泥、淤泥质土和松散填土等软弱地基上体量较小且纠倾量不大的浅基建筑物的纠倾，本法亦可与其他纠倾方法联合使用。堆载纠倾应符合下列规定：

1 堆载纠倾应根据工程规模、基底附加压力的大小及土质条件，确定施加的荷载量、荷载分布位置和分级加载速率。

2 设计时应考虑地基土的整体稳定，控制加载速率，施工过程应严密进行沉降观测，及时绘制荷载-沉降-时间关系曲线，以确保施工安全。

9.2.8 人工降水纠倾法适用于地基土的渗透系数大于10^{-4}cm/s的浅埋基础，同时应防止纠倾时对邻近建筑产生影响。人工降水纠倾应符合下列规定：

1 人工降水的井点选择、设计和施工方法可按国家现行标准《地基与基础施工及验收规范》GBJ 202的有关规定执行。

2 纠倾时应根据建筑物的纠倾量来确定抽水量大小及水位下降深度。并应设置若干水位观测孔，随时记录所产生的水力坡降，与沉降实测值比较，以便调整水位。

3 人工降水如对邻近建筑可能造成影响时，应在邻近建筑附近设置水位观测井和回灌井，必要时可设置地下隔水墙等，以确保邻近建筑的安全。

9.2.9 地基部分加固纠倾法适用于淤泥、淤泥质土等软弱地基上沉降尚未稳定、整体刚度较好，且倾斜量不大的既有建筑的纠倾。地基部分加固纠倾应符合下列规定：

1 纠倾设计时可在建筑物沉降较大一侧采用加固地基的方法使该侧的建筑物沉降稳定，而原沉降较小一侧继续下沉，当建筑物倾斜纠正后，若另一侧沉降尚未稳定时，可采用同样方法加固地基。

2 加固地基的方法，可根据建筑物的特点及地质情况选用本规范第6章有关方法。

9.2.10 浸水纠倾法适用于湿陷性黄土地基上整体刚度较大的建筑物的纠倾。当缺少当地经验时，应通过现场试验，确定其适用性。浸水纠倾应符合下列规定：

1 根据建筑结构类型和场地条件，可选用注水孔、坑或槽等方式注水。注水孔、坑或槽应布置在建筑物沉降较小的一侧。

2 当采用注水孔（坑）浸水时，应确定注水孔（坑）布置、孔径或坑的平面尺寸、孔（坑）深度、孔（坑）间距及注水量；当采用注水槽浸水时，应确定槽宽、槽深及分隔段的注水量。

3 注水时严禁水流入沉降较大一侧的地基中。

4 浸水纠倾前，应设置严密的监测系统及必要的防护措施。有条件时可设置限位桩。

5 当浸水纠倾的速率过快时，应立即停止注水，并回填生石灰料或采取其它有效的措施；当浸水纠倾速率较慢时，可与其它纠倾方法联合使用。

6 浸水纠倾结束后，应及时用不渗水材料夯填注水孔、坑或槽，修复原地面和室外散水。

9.3 顶 升 纠 倾

9.3.1 顶升纠倾适用于建筑物的整体沉降及不均匀沉降较大，造成标高过低；倾斜建筑物基础为桩基；不适用采用迫降纠倾的倾斜建筑以及新建工程设计时有预先设置可调措施的建筑。顶升纠倾的最大顶升高度不宜超过 80cm。

9.3.2 顶升纠倾的设计应符合下列规定：

1 顶升必须通过上部钢筋混凝土顶升梁与下部基础梁组成一对上、下受力梁系，中间采用千斤顶顶升，受力梁系平面上应连续闭合且应通过承载力及变形等验算（千斤顶平面位置见图 9.3.2-1）。

2 顶升梁应通过托换形成，顶升托换梁应设置在地面以上约 50cm 的位置，当基础梁埋深较大时，可在基础梁上增设钢筋混凝土千斤顶底座，并与基础连成整体。顶升梁、千斤顶、底座应形成稳固的整体，其位置见图 9.3.2-2。

3 对砌体结构建筑可根据线荷载分布布置顶升点，顶升点间距不宜大于 1.5m，应避开门窗洞及薄弱承重构件位置；对框架结构建筑应根据柱荷载大小布置。顶升点数量可按下式进行估算：

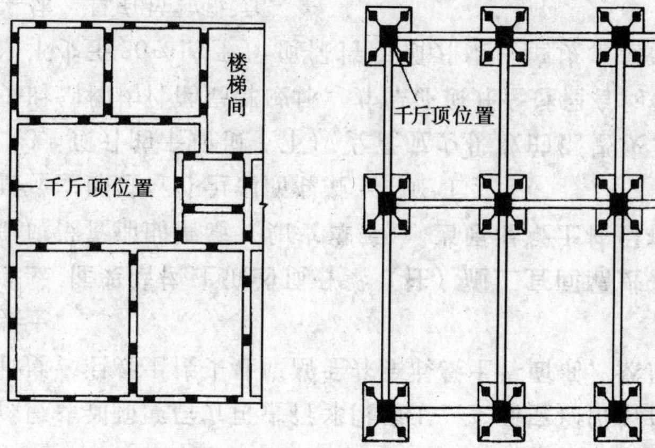

图 9.3.2-1 千斤顶平面位置
（a）砌体结构建筑；（b）框架结构建筑

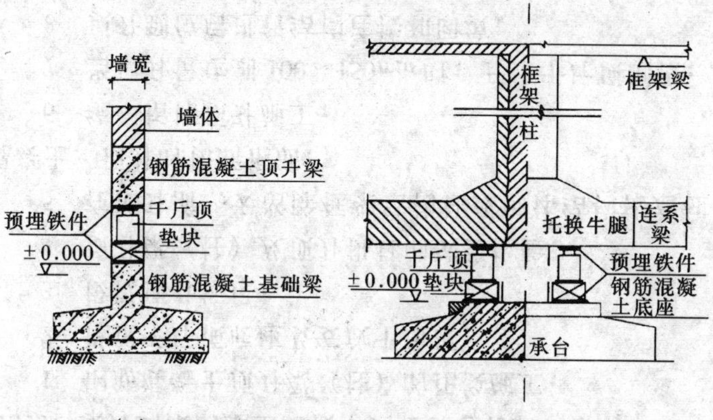

图 9.3.2-2 顶升梁、千斤顶、底座位置
（a）砌体结构建筑；（b）框架结构建筑

$$n \geqslant \frac{Q}{N_a} \cdot K \tag{9.3.2}$$

式中 n——顶升点数（个）；

Q——建筑物总荷载设计值（kN）；

N_a——顶升支承点的荷载设计值（kN），可取千斤顶额定工作荷载的0.8，千斤顶额定工作荷载可选300及500kN。

K——安全系数，可取1.5。

4 顶升量可根据建筑物的倾斜率、使用要求以及必要的过纠量确定。但一般要求纠正后垂直度偏差应满足国家现行标准《建筑地基基础设计规范》GBJ 7的要求。

9.3.3 砌体结构建筑的顶升梁可按倒置弹性地基上的墙梁设计。并应符合下列规定：

1 顶升梁设计时，计算跨度应取相邻三个支承点去掉中间支点后，两边缘支点间的距离，进行顶升梁的承载力及配筋设计。

2 当既有建筑的墙体承载力验算不能满足要求时，应调整支承点的跨度或对砌体进行加固补强。

9.3.4 框架结构建筑的顶升梁(柱)的设置，应是能支承框架柱的结构荷载的体系，顶升梁(柱)体系应按后设置牛腿设计，同时增加连系梁约束框架柱间的变位及调整差异顶升量。并应符合下列规定：

1 应验算断柱前、后既有建筑的框架结构柱端在轴力、弯矩和剪力作用下的承载力。

2 后设置牛腿应考虑新旧混凝土的协调工作，设计时钢筋的布置、锚固或焊接长度应符合国家现行标准《混凝土结构设计规范》GBJ 10的规定。

3 应验算牛腿的正截面受弯承载力，局部受压承载力及斜截面的受剪承载力。

9.3.5 顶升纠倾的施工可按下列步骤进行：

1 钢筋混凝土顶升梁（柱）的托换施工；

2 设置千斤顶底座及安放千斤顶；

3 设置顶升标尺；

4 顶升梁（柱）及顶升机具的试验检验；

5 在顶升前一天凿除框架结构柱或砌体结构构造柱的混凝土，顶升时切断钢筋；

6 统一指挥顶升施工；

7 当顶升量达到100～150mm时，开始千斤顶倒程；

8 顶升到位后进行结构连接和回填。

9.3.6 顶升纠倾的施工应符合下列规定：

1 砌体结构建筑的顶升梁应分段施工，施工前应在各分段设置钢筋混凝土支承芯垫，间距0.5m。梁分段长度不应大于1.5m，且不应大于开间墙段的$\frac{1}{3}$，并应间隔进行，待该段达到强度后方可进行邻段施工。主筋应预留搭接或焊接长度，混凝土接头处应凿毛并涂混凝土界面剂，然后浇注混凝土。

2 框架结构建筑的顶升梁（柱）施工宜间隔进行，必要时应设置辅助措施（如支撑等），当原混凝土柱保护层凿除后应立即进行外包钢筋混凝土的施工。

3 顶升的千斤顶上下应设置应力扩散的钢垫块，以防顶升时结构构件的局部破坏。并保证顶升全过程有均匀分布的、不少于30%的千斤顶保持与顶升梁、垫块、基础梁连成一体，具有抗拉能力。

4 顶升前应对顶升点进行承载力试验抽检，试验荷载应为设计荷载的1.5倍，试验数量不应少于总数的20%，试验合格后方可正式顶升。

5 顶升时应设置水准仪和经纬仪观测站，以观测建筑物顶升纠倾全过程。顶升标尺应设置在每个支承点上，每次顶升量不宜超过10mm。各点顶升量的偏差应小于结构的允许变形。

6 顶升应设统一的指挥系统，并应保证千斤顶同步按设计要求顶升和稳固。

7 千斤顶倒程时，相邻千斤顶不得同时进行，倒程前应先用楔形垫块进行保护，并保证千斤顶底座平稳。楔形垫块及千斤顶底座垫块均应采用工具式、组合、可连接、具有抵抗水平力的外包钢板的混凝土垫块或钢垫块。垫块应进行强度检验。

8 顶升到达设计高度后，应立即在墙体交叉点或主要受力部位用垫块稳住，并迅速进行结构连接。顶升高度较大时应边顶升边砌筑墙体。千斤顶应待结构连接完毕，并达到设计强度后方可分批分期拆除。

9 结构的连接处应达到或大于原结构的强度，若纠倾施工时受到削弱，应进行结构加固补强。

9.4 移 位

9.4.1 移位适用于多层既有建筑由于市政道路扩建或场地改变用途等原因，需要改变其位置的搬迁移位。

9.4.2 在制定移位方案前应具备以下资料：

1 场地及移位路线的岩土工程勘察资料；

2 既有建筑的设计图纸、计算书和施工资料；

3 既有建筑的结构、构造、受力特性和现状分析；

4 既有建筑地基基础重新验算书；

5 移位施工可能对邻近建筑及管线的影响分析。

9.4.3 当既有建筑的地基承载力及变形不满足移位要求时，应根据具体情况对地基基础进行加固。

9.4.4 移位的设计应包括下列内容：

1 结构设计

1）计算砌体结构的线荷载或框架结构的轴力、弯矩和剪力；

2）结构托换梁系截面及配筋设计；

3）移位过程中基础的受力验算及补强设计；

4）新旧基础的承载力和变形验算及补强设计。

2 地基设计

1）移位路线的地基设计，按永久性工程进行设计，地基承载力设计值可提高1.25倍；

2）移位后的地基基础设计，若出现新旧基础的交错，应考虑既有建筑地基压密效应造成新旧基础间地基变形的差异，必要时应进行地基基础加固。

3 滚动支座的设计

1）滚动支座可采用不小于$\phi60$的实心钢棒或$\phi100$～$\phi150$的钢管混凝土，并应通过试压确定，支座上下采用20mm厚的钢板作为上下轨道面，或采用工具式轨道梁，以利应力扩散及减少滚动摩擦力；

2）滚动支座的间距及数量应根据支承力的大小设计。

4 移动装置的设计

1）移动装置有牵引式及推顶式两种，牵引式宜用于荷载较小的小型建筑物，推顶式宜用于较大型的建筑物。必要时可两种方式并用。

2）托换梁系作为移动的上轨道梁，基础作为下轨道梁，移位前下轨道梁应进行验算、加固、修整和找平。

3）上下轨道梁系的设计应同时考虑移位荷载的移动及滚动过程局部压力的位置改变。

9.4.5 移位的施工应符合下列规定：

1 托换梁系的施工应符合本规范第9.3.6条的有关规定；

2 托换梁系施工时应分段置入上下钢板及滚动支座，应控制施工的准确度，保证钢板的水平；

3 应严格按设计要求进行上下轨道梁的钢筋混凝土施工，并建立严格的施工管理及质量检测体系；

4 移位应待结构托换梁系及移动路线施工完毕，经验收达到设计承载力后方可进行；

5 移位施工应编制施工组织设计、完善指挥及监测系统，做好水平及竖向变位的观测；

6 推顶或牵引时应设有测力装置，严格按设计要求施工；

7 移位时应控制滚动速率不大于50mm/min，保持匀速移动，并设置限制滚动装置；

8 移位到达设计位置，经检测合格后，应立即进行结构的连接并分段浇捣混凝土。

9.4.6 竣工后应进行建筑的沉降观测。

附录A 既有建筑基础下地基土载荷试验要点

A.0.1 本试验要点适用于地下水位以上既有建筑地基承载力和地基变形模量的测定。

A.0.2 试验压板面积宜取0.25～0.50m^2，基坑宽度不应小于压板宽度或压板直径的三倍。试验时应保持试验土层的原状结构和天然湿度。在试压土层的表面，宜铺20mm厚的中、粗砂层。

A.0.3 试验位置应在承重墙的基础下，加载反力可利用建筑物的自重，使千斤顶上的测力计直接与基础下钢板接触（图A.0.3）。钢板大小和厚度可根据基础材料强度和加载大

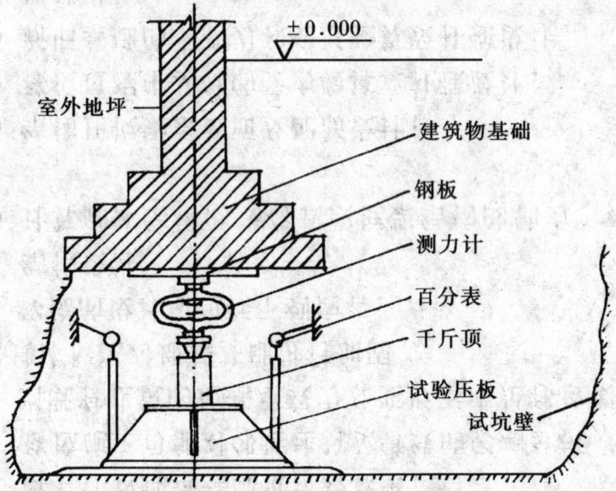

图A.0.3 载荷试验示意

小确定。

A.0.4 在含水量较大或松散的地基土中挖试验坑时，应采取坑壁支护措施。

A.0.5 加载分级、稳定标准、终止加载条件和承载力取值应按国家现行标准《建筑地基基础设计规范》GBJ 7 规定执行。

A.0.6 在挖试验坑时，可同时取土样检验其物理力学性质。以便对地基承载力取值和地基变形进行综合分析。

A.0.7 当既有建筑基础下有垫层时，试验压板应埋置在垫层下的原土层上面。

A.0.8 试验结束后应及时用低强度等级混凝土将基坑回填密实。

本规范用词说明

0.1 为便于在执行本规范条文时区别对待，对要求严格程度不同的用词，说明如下：

1 表示很严格，非这样做不可的：
正面词采用“必须”；反面词采用“严禁”。

2 表示严格，在正常情况均应这样做的：
正面词采用“应”；反面词采用“不应”或“不得”。

3 表示允许稍有选择，在条件许可时首先应这样做的：
正面词采用“宜”；反面词采用“不宜”。

表示有选择，在一定条件下可以这样做的，采用“可”。

0.2 条文中指明必须按其他标准执行的写法为“应按……执行”或“应符合……的要求（或规定）”。

中华人民共和国行业标准

既有建筑地基基础加固技术规范

JGJ 123－2000

条 文 说 明

2000 北 京

前 言

《既有建筑地基基础加固技术规范》JGJ 123—2000，经建设部2000年2月12日以建标［2000］35号文批准，业已发布。

为便于广大设计、施工、科研、学校等单位的有关人员在使用本标准时能正确理解和执行条文规定，《既有建筑地基基础加固技术规范》编制组按章、节、条顺序编制了本标准的条文说明，供国内使用者参考。在使用中如发现本条文说明有不妥之处，请将意见函寄中国建筑科学研究院。

目　次

1　总　则

1.0.1　根据我国情况，既有建筑因各种原因需要进行地基基础加固者，从建造年代来看，除少数古建筑和建国前建造的建筑外，绝大多数是建国以来建造的建筑，其中又以建国初期至70年代末建造的建筑占主体，改革开放以来建造的大量建筑，也有一小部分需要进行加固。就建筑类型而言，有工业建筑和构筑物，也有公用建筑和大量住宅建筑。因而，需要进行地基基础加固的既有建筑范围很广、数量很多、工程量很大、投资很高。因此，既有建筑地基基础加固的设计和施工必须认真贯彻国家的各项技术经济政策，做到技术先进、经济合理、安全适用、确保质量、保护环境。

3 基 本 规 定

3.0.1 既有建筑在进行加固设计和施工之前，应先对地基和基础进行鉴定，根据鉴定结果，才能确定加固的必要性和可能性。

与新建工程相比，既有建筑地基基础的加固是一项技术较为复杂的工程，所以必须强调应由有相应资质的单位和有经验的专业技术人员来承担既有建筑地基和基础的鉴定、加固设计和加固施工，并应按规定程序进行校核、审定、审批等。

3.0.2 大量工程实践证明，在进行地基基础设计时，采用加强上部结构刚度和强度的方法，能减少地基的不均匀变形，取得较好的技术经济效果。因此，在选择既有建筑地基基础加固方案时，同样也应考虑上部结构、基础和地基的共同作用，采取切实可行的措施，既可降低费用，又可收到满意的效果。

在选择地基基础加固方案时，本条强调应根据条中所列各种因素对初步选定的各种加固方案进行认真、客观的对比分析，选定最佳的加固方法。

3.0.3 既有建筑地基基础加固的施工，一般来说，具有技术要求高、施工难度大、场地条件差、不安全因素多、风险大等特点，本条特别强调施工人员应具备较高的素质。施工过程中除了应有专人负责质量控制外，还应有专人负责严密的监测，当出现异常情况时，应采取果断措施，以免发生安全事故。

3.0.5 对既有建筑进行地基基础加固时，沉降观测是一项必须要做的工作，它不仅是施工过程中进行监测的重要手段，而且是对地基基础加固效果进行评价和工程验收的重要依据。由于地基基础加固过程中容易引起对周围土体的扰动，因此，施工过程中对邻近建筑和地下管线也应进行监测。

4 地基基础的鉴定

4.1 地基的鉴定

4.1.3 既有建筑的检验应根据加固的目的和要求、建筑物的重要性、搜集的资料和调查的情况等来考虑并确定检验孔的位置、数量和检验方法，为了能确切反映既有建筑地基土的现状，检验孔位应尽量靠近基础。对于直接增层或增加荷载的建筑，有条件时尚应取基础下的原状土进行室内试验，或在基础下进行载荷试验，以获得经既有建筑荷载压密后的地基承载力和变形模量值。

4.1.4 对既有建筑地基进行评价，除了根据地基检验结果外，还应结合当地经验，这样才能使作出的评价符合实际情况。

4.2 基础的鉴定

4.2.1 既有建筑基础的检验步骤包括搜集资料和进行现场调查。进行现场调查是检验基础必不可少的步骤，因为对既有建筑来说，有的因建造时间久远，原始资料不全；有的受环境影响，有不同程度的损坏。只有通过开挖探坑，将基础暴露出来，才能对基础的现状有全面的了解。

4.2.3 对既有建筑基础的评价主要是根据检验结果、通过验算确定基础承载力和变形是否满足设计要求，如不满足应提出建议采用何种方法进行基础加固。

5 地基计算

5.1 地基承载力计算

5.1.1 既有建筑地基基础加固或增加荷载时，采用本规范第6章各种方法加固后确定的地基承载力和第8章所确定的增层地基承载力均为地基承载力标准值。因此，在按本条式(5.1.1-1)进行地基承载力计算时，均应按国家现行标准《建筑地基基础设计规范》GBJ 7有关规定将地基承载力标准值换算成地基承载力设计值。

5.2 地基变形计算

5.2.2 既有建筑地基变形计算，可根据既有建筑沉降稳定情况分为沉降已经稳定者和沉降尚未稳定者两种。对于沉降已经稳定的既有建筑，其基础最终沉降量 s 包括已完成的沉降量 s_0 和地基基础加固后或增加荷载后产生的基础沉降量 s_1。其中 s_1 是通过计算确定的，计算时采用的压缩模量，对于地基基础加固的情况和增加荷载的情况是有区别的：前者是采用地基基础加固后经检测得到的压缩模量，而后者是采用增加荷载前经检验得到的压缩模量。对于原建筑沉降尚未稳定的增加荷载的既有建筑，其基础最终沉降量 s 除了包括上述 s_0 和 s_1 外，尚应包括原建筑荷载下尚未完成的基础沉降量 s_2。

6 地基基础的加固方法

6.1 基础补强注浆加固法

6.1.2 注浆施工时的钻孔倾角是指钻孔中心线与地平面的夹角，倾角不应小于30°，以免钻孔困难。

6.2 加大基础底面积法

6.2.1 当既有建筑的基础产生开裂或地基基础不满足设计要求时，可采用混凝土套或钢筋混凝土套加大基础底面积，以满足地基承载力和变形的设计要求。

当基础承受偏心受压时，可采用不对称加宽；当承受中心受压时，可采用对称加宽。原则上应保持新旧基础的结合，形成整体。

对加套混凝土或钢筋混凝土的加宽部分，应采用与原基础垫层的材料及厚度相同的夯实垫层，可使加套后的基础与原基础的基底标高和应力扩散条件相同和变形协调。

沿基础高度隔一定距离应设置锚固钢筋，可使加固的新浇混凝土与原有基础混凝土紧密结合成为整体。

对条形基础应按长度1.5~2.0m划分成单独区段，分批、分段、间隔分别进行施工。决不能在基础全长上挖成连续的坑槽或使坑槽内地基土暴露过久而使原基础产生和加剧不均匀沉降。

6.2.2 当采用混凝土或钢筋混凝土套加大基础底面积尚不能满足地基承载力和变形等的设计要求时，可将原独立基础改成条形基础；将原条形基础改成十字交叉条形基础或筏形基础；将原筏形基础改成箱形基础。这样不但更能扩大基底面积，用以满足地基承载力和变形的设计要求；另外，由于加强了基础的刚度，也可藉以减少地基的不均匀变形。

6.3 加深基础法

6.3.1 加深基础法是直接在基础下挖坑，再在坑内浇筑混凝土，以增大原基础的埋置深度，使基础直接支承在较好的持力层上，用以满足设计对地基承载力和变形的要求。其适用范围必须在浅层有较好的持力层，不然会因采用人工挖坑而费工费时又不经济；另外，场地的地下水位必须较低才合适，不然人工挖土时会造成邻近土的流失，即使采取相应的降水或排水措施，在施工上也会带来困难，而降水亦会导致对既有建筑产生附加不均匀沉降的隐患。

鉴于施工是采用挖坑的方法，所以国外对基础加深法称坑式托换（pit underpinning）；亦因在坑内要浇筑混凝土，故国外对这种施工方法亦有称墩式托换（pier underpinning）。

所浇筑的混凝土墩可以是间断的或连续的，主要取决于被托换的既有建筑的荷载大小和墩下地基土的承载能力及其变形性能。

6.4 锚杆静压桩法

6.4.1 锚杆静压桩是锚杆和静压桩结合形成的新桩基工艺。它是通过在基础上埋设锚杆固定压桩架，以既有建筑的自重荷载作为压桩反力，用千斤顶将桩段从基础中预留或开凿的压桩孔内逐段压入土中，再将桩与基础连结在一起，从而达到提高基础承载力和控制沉降的目的。

6.4.2 当既有建筑基础承载力不满足压桩所需的反力时，则应对基础进行加固补强；也可采用新浇筑的钢筋混凝土挑梁或抬梁作为压桩的承台，如图 1 所示。

6.4.3 锚杆静压桩的施工顺序如图 2 所示。

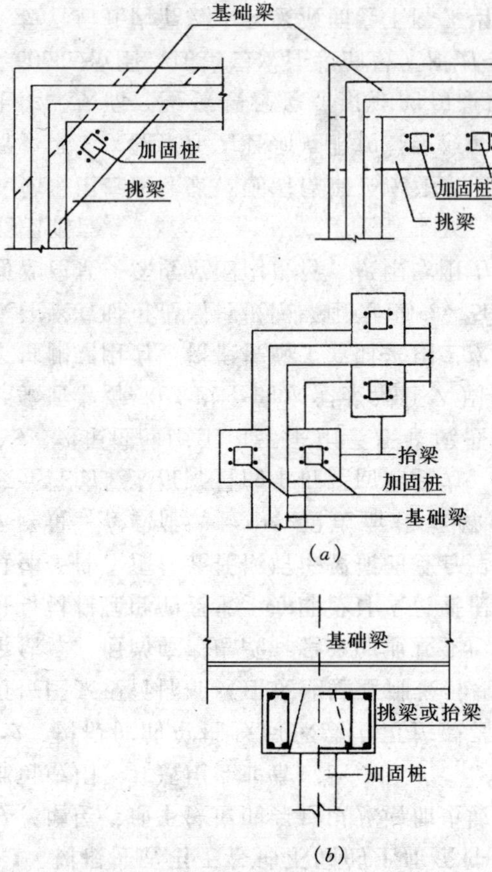

图 1　挑梁法或抬梁法示意
(a) 平面图；(b) 剖面图

图 2　压桩施工流程框图

6.5 树根桩法

6.5.1 树根桩适用于各种不同的土质条件，对既有建筑的修复、增层、地下铁道的穿越以及增加边坡稳定性等托换加固都可应用，其适用性非常广泛。

6.5.2 树根桩的单桩竖向承载力可按载荷试验资料求得；也可按国家现行标准《建筑地基基础设计规范》GBJ 7 有关规定估算。但尚应考虑既有建筑的地基变形条件的限制和考虑桩身材料强度的要求。亦即设计人员要根据被托换建筑物的具体条件，预估经托换后该裂损的既有建筑所能承受的最大沉降量。在载荷试验中，可由荷载-沉降曲线上求出相应的该允许的最大沉降量的单桩竖向承载力。

6.5.3 树根桩的施工由于采用了压浆成桩的工艺，根据上海经验通常有 50%以上的水泥浆液压入周围土层，从而增大了桩侧摩阻力。树根桩施工有时采用二次注浆工艺。采用二次注浆有时可提高桩极限摩阻力 30%~50%。由于二次注浆通常在某一深度范围内进行，极限摩阻力的提高仅就该土层范围而言。

如采用二次注浆，则需待第一次注浆的浆液初凝时方可进行。第二次注浆压力必须克服初凝浆液的凝聚力并剪裂周围土体，从而产生劈裂现象。浆液的初凝时间一般控制在 45~60min 范围，而第二次注浆的最大压力一般为 4MPa。

拔管后孔内混凝土和浆液面会下降，当表层土质松散时会出现浆液流失现象，通常的做法是立即在桩顶填充碎石和补充注浆。

6.6 坑式静压桩法

6.6.1 坑式静压桩是采用既有建筑自重做反力，用千斤顶将桩段逐段压入土中的托换方法。千斤顶上的反力梁可利用原有基础下的基础梁或基础板，对无基础梁或基础板的既有建筑，则可将底层墙体加固后再进行托换加固。这种对既有建筑地基的加固方法，国外称压入桩（jacked piles）。

当地基土中含有较多的大块石、坚硬粘性土或密实的砂土夹层时，由于桩压入时难度较大，需要根据现场试验确定其适用与否。

6.6.2 国内坑式静压桩的桩身多数采用边长为 150~250mm 的预制钢筋混凝土方桩，亦有采用桩身直径为 150~300mm 的开口钢管，国外一般不采用闭口的或实体的桩，因为后者顶进时属挤土桩，会扰动桩周的土，从而使桩周土的强度降低；另外，当桩端下遇到障碍时，则桩身就无法顶进了。开口钢管桩的顶进对桩周土的扰动影响相对较小，国外使用钢管的直径一般为 300~450mm，如遇漂石，亦可用锤击破碎或用冲击钻头钻除，但决不能采用爆破。

桩的平面布置都是按基础或墙体中心轴线布置的，同一个托换坑内可布置 1~3 根桩，绝大部分工程都是采用单桩和双桩。只有在纵横墙相交部位的托换坑内，横墙布置 1 根和纵墙 2 根形成三角的 3 根静压桩。

6.6.3 由于压桩过程中是动摩擦，因而压桩力达 1.5 倍设计单桩竖向承载力标准值相应的深度土层内，则定能满足静载荷试验时安全系数为 2 的要求。

对于静压桩与基础梁（或板）的紧固，一般采用木模或临时砖模，再在模内浇灌 C30 混凝土，防止混凝土干缩与基础脱离。

为了消除静压桩顶进至设计深度后，取出千斤顶时桩身的卸载回弹，因而出现了要求克服或消除这种卸载回弹的预应力方法。其做法是预先在桩顶上安装钢制托换支架，在支架上设置两台并排的同吨位千斤顶，垫好垫块后同步压至压桩终止压力后，将已截好的钢管或工字钢的钢柱塞入桩顶与原基础底面间，并打入钢楔挤紧后，千斤顶同步卸荷至零，取出千斤顶，拆除托换支架，对填塞钢柱的上下两端周边应焊牢，最后用C30混凝土将其与原基础浇注成整体。

6.7 石 灰 桩 法

6.7.1 石灰桩是由生石灰和粉煤灰(火山灰或其它掺合料)组成的柔性桩。它对软弱土的加固作用主要有以下几个方面：

1 成孔挤密——其挤密作用与土的性质有关。在杂填土中，由于其粗颗粒较多，故挤密效果较好；粘性土中，渗透系数小的，挤密效果较差。

2 吸水作用——实践证明，1kg纯氧化钙消化成为熟石灰可吸水0.32kg。对石灰桩桩体，在一般压力下吸水量约为65%~70%。根据石灰桩吸水总量等于桩间土降低的水总量，可得出软土含水量的降低值。

3 膨胀挤密——生石灰具有吸水膨胀作用,在压力50~100kPa时,膨胀量为20%~30%。膨胀的结果使桩周土挤密。

4 发热脱水——1kg氧化钙在水化时可产生280卡热量，桩身温度可达200~300℃。使土产生一定的气化脱水，从而导致土中含水量下降、孔隙比减小、土颗粒靠拢挤密，在所加固区的地下水位也有一定的下降，并促使某些化学反应形成，如水化硅酸钙的形成。

5 离子交换——软土中钠离子与石灰中的钙离子发生置换，改善了桩间土的性质，并在石灰桩表层形成一个强度很高的硬层。

以上这些作用，使桩间土的强度提高、对饱和粉土和粉细砂还改善了其抗液化性能。

6 置换作用——软土为强度较高的石灰桩所代替，从而增加了复合地基承载力，其复合地基承载力的大小，取决于桩身强度与置换率大小。

6.7.2 石灰桩桩径主要取决于成孔机具，目前使用的桩管有直径325mm和425mm两种；用洛阳铲成孔的一般为200~300mm。

石灰桩的桩距确定，与原地基土的承载力和设计要求的复合地基承载力有关，一般采用2.5~3.5倍桩径。根据山西省的经验，采用桩距3.0~3.5倍桩径的，承载力可提高0.7~1.0倍；采用桩距2.5~3.0倍桩径的，承载力可提高1.0~1.5倍。

桩的布置可采用三角形或正方形，而采用等边三角形布置更为合理，它使桩周土的加固较为均匀。

桩的长度确定，是根据地质情况而定，当软弱土层厚度不大时，桩长宜穿过软弱土层，也可先假定桩长，再对软弱下卧层强度和地基变形进行验算后确定。

石灰桩处理范围一般要超出基础轮廓线外围1~2排。是基于基础的压力向外扩散所需要；另外亦考虑基础边桩的挤密效果较差所致。

6.7.4 石灰桩施工记录是评估施工质量的重要依据，再结合抽检便可较好地作出质量检验评价。

通过现场原位测试的标准贯入、静力触探以及钻孔取样做室内试验可用以检测石灰桩及其周围土的加固效果。测试点应布置在等边三角形或正方形的中心，因为该处挤密效果较差。

6.8 注浆加固法

6.8.1 注浆法（grouting）亦称灌浆法，是指利用液压、气压或电化学原理，通过注浆管把浆液均匀地注入地层中，浆液以填充、渗透和挤密等方式，将土颗粒或岩石裂隙中的水分和空气排除后占据其位置，经一定时间后，浆液将原来松散的土粒或裂隙胶结成一个整体，形成一个结构新、强度大、防水性能高和化学稳定性良好的“结石体”。

注浆法的应用范围有：

1 提高地基土的承载力、减少地基变形和不均匀变形；

2 进行托换技术，对古建筑的地基加固更为常用；

3 用以纠倾和回升建筑；

4 用以减少地铁施工时的地面沉降，限制地下水的流动和控制施工现场土体的位移等。

6.8.2 浆液材料可分为下列几类：

- 浆液材料
  - 粒状浆液（悬液）
    - 不稳定粒状材料
      - 水泥浆
      - 水泥砂浆
    - 稳定粒状材料
      - 粘土浆
      - 水泥粘土浆
  - 化学浆液（真溶液）
    - 无机浆材—硅酸盐
    - 有机浆材
      - 环氧树脂类
      - 甲基丙烯酸酯类
      - 聚氨酯类
      - 丙烯酰胺类
      - 木质素类

注浆按工艺性质分类可分为单液注浆和双液注浆。在有地下水流动的情况下，不应采用单液水泥浆，而应采用双液注浆，及时凝结，以免流失。

初凝时间是指在一定温度条件下，浆液混合剂到丧失流动性的这一段时间。在调整初凝时间时必须考虑气温、水温和液温的影响。单液注浆适合于凝固时间长；双液注浆适合于凝固时间短。

假定软土的孔隙率 $n=50\%$，充填率 $\alpha=40\%$，故浆液注入率约为20%。

若注浆点上的覆盖土厚度小于2m，则较难避免在注浆初期产生“冒浆”现象。

按浆液在土中流动的方式，可将注浆法分为三类：

1 渗透注浆

浆液在很小的压力下，克服地下水压、土粒孔隙间的沿程阻力和本身流动的阻力，渗入土体的天然孔隙，并与土粒骨架产生固化反应，在土层结构基本不受扰动和破坏的情况下达到加固的目的。

渗透注浆适用于渗透系数 $k>10^{-4}$cm/s 的砂性土。

2 劈裂注浆

当土的渗透系数 $k<10^{-4}$cm/s，就得采用劈裂注浆，在劈裂注浆中，注浆管出口的浆液对周围地层施加了附加压应力，使土体发生剪切裂缝，而浆液则沿裂缝面劈裂。当周围土体是非匀质体时，浆液首先劈入强度最低的部分土体。当浆液的劈裂压力增大到一定程度时，再劈入另一部分强度较高的部分土体，这样劈入土体中的浆液便形成了加固土体的网络或骨架。

从实际加固地基开挖情况看，浆液的劈裂途径有竖向的、斜向的和水平向的。竖向劈裂是由土体受到扰动而产生的竖向裂缝；斜向的和水平向的劈裂是浆液沿软弱的或夹砂的土层劈裂而形成的。

3 压密注浆

压密注浆是指通过钻孔在土中灌入极浓的浆液，在注浆点使土体压密，在注浆管端部附近形成“浆泡”，当浆泡的直径较小时，灌浆压力基本上沿钻孔的径向扩展。随着浆泡尺寸的逐渐增大，便产生较大的上抬力而使地面抬动。浆泡的形状一般为球形或圆柱形。浆泡的最后尺寸取决于土的密度、湿度、力学条件、地表约束条件、灌浆压力和注浆速率等因素。离浆泡界面0.3～2.0m内的土体都能受到明显的加密。评价浆液稠度的指标通常是浆液的坍落度。如采用水泥砂浆浆液，则坍落度一般为25～75mm，注浆压力为1～7MPa。当坍落度较小时，注浆压力可取上限值。

渗透、劈裂和压密一般都会在注浆过程中同时出现，只是以何种形式为主的差别，单一的流动方式是难以产生的。

“注浆压力”是指浆液在注浆孔口的压力，注浆压力的大小取决于以上三种注浆方式的不同、土性的不同和加固设计要求的不同。

由于土层的上部压力小，下部压力大，浆液就有向上抬高的趋势。灌注深度大，上抬不明显，而灌注深度浅，则上抬较多，甚至溢到地面上来，此时可用多孔间歇注浆法，亦即让一定数量的浆液灌注入上层孔隙大的土中后，暂停工作让浆液凝固，这样就可把上抬的通道堵死；或者加快浆液的凝固时间，使浆液（双液）出注浆管就凝固。

6.8.3 注浆压力和流量是施工中的两个重要参数，任何注浆方式均应有压力和流量的记录。自动流量和压力记录仪能随时记录并打印出注浆过程中的流量和压力值。

在注浆过程中，对注浆的流量、压力和注浆总流量中，可分析地层的空隙、确定注浆的结束条件、预测注浆的效果。

注浆施工方法较多，以上海地区而论最为常用的是花管注浆和单向阀管注浆两种施工方法。对一般工程的注浆加固，还是以花管注浆作为注浆工艺的主体。

花管注浆的注浆管在头部1～2m范围内侧壁开孔，孔眼为梅花形布置，孔眼直径一般为3～4mm。注浆管的直径一般比锥尖的直径小1～2mm。有时为防止孔眼堵塞，可在开口的孔眼外再包一圈橡皮环。

为防止浆液沿管壁上冒，可加一些速凝剂或压浆后间歇数小时，使在加固层表面形成一层封闭层。如在地表有混凝土之类的硬壳覆盖的情况，也可将注浆管一次压到设计深度，再由下而上分段施工。

花管注浆工艺虽简单，成本低廉，但其存在的缺点是：1.遇卵石或块石层时沉管困难；2.不能进行二次注浆；3.注浆时易于冒浆；4.注浆深度不及塑料单向阀管。

注浆时可掺用粉煤灰代替部分水泥的原因是：

1 粉煤灰颗粒的细度比水泥还细，及其占优势的球形颗粒，使比仅含有水泥和砂的浆液更容易泵送，用粉煤灰代替部分水泥或砂，可保持浆体的悬浮状态，以免发生离析和减少沉积来改善可泵性和可灌性。

2 粉煤灰具有火山灰活性，当加入到水泥中可增加胶结性，这种反应产生的粘结力比水泥砂浆间的粘结更为坚固。

3 粉煤灰含有一定量的水溶性硫酸盐，增强了水泥浆的抗硫酸盐性。

4 粉煤灰掺入水泥的浆液比一般水泥浆液用的水少，而通常浆液的强度与水灰比有关，它随水的减少而增加。

5 使用粉煤灰可达到变废为宝，具有社会效益，并节约工程成本。

每段注浆的终止条件为吸浆量小于1~2L/min。当某段注浆量超过设计值的1~1.5倍时，应停止注浆，间歇数小时后再注，以防浆液扩到加固段以外。

为防止邻孔串浆，注浆顺序应按跳孔间隔注浆方式进行，并宜采用先外围后内部的注浆施工方法，以防浆液流失。当地下水流速较大时，应考虑浆液在水流中的迁移效应，应从水头高的一端开始注浆。

在浆液进行劈裂的过程中，产生超孔隙水压力，孔隙水压力的消散使土体固结和劈裂浆体的凝结，从而提高土的强度和刚度。但土层的固结要引起土体的沉降和位移。因此，土体加固的效应与土体扰动的效应是同时发展的过程，其结果是导致加固土体的效应和某种程度土体的变形，这就是单液注浆的初期会产生地基附加沉降的原因。而多孔间隔注浆和缩短浆液凝固时间等措施，能尽量减少既有建筑基础因注浆而产生的附加沉降。

6.8.4 注浆施工质量高不等于注浆效果好，因此，在设计和施工中，除应明确规定某些质量指标外，还应规定所要达到的注浆效果及检查方法。

1 统计计算灌浆量，可利用注浆过程中的流量和压力自动曲线进行分析，从而判断注浆效果。

2 由于浆液注入地层的不均匀性，从理论上分析，应选用能从宏观上反映的检测手段，但采用地球物理检测方法，实际上存在难以定量和直接反映的缺点。标准贯入、轻型动力触探和静力触探的检测方法，虽然简单实用，但它存在仅能反映调查一点的加固效果的特点，因而对地基注浆加固效果检查和评估，当前仍然还是个尚待进一步研究的课题。

检验点的数量和合格的标准应按规范条文执行外，对不足20孔的注浆工程，至少应检测3个点。

6.9 其它地基加固方法

6.9.1~6.9.6 除本规范第6.1节至第6.8节外，尚有高压喷射注浆法、灰土挤密桩法、深层搅拌法、硅化法或碱液法等加固方法，同样适用于对既有建筑地基基础的加固，其设计、施工和质量检验可按国家现行标准《建筑地基处理技术规范》JGJ 79的有关章节规定执行。

7 地基基础事故的补救与预防

7.1 设计、施工或使用不当引起事故的补救

7.1.1 软土地基系指主要由淤泥、淤泥质土或其他高压缩性土层构成的地基。这类地基土具有压缩性高、强度低、渗透性弱等特点，因此这类地基的变形特征是除了建筑物沉降和不均匀沉降大以外，而且沉降稳定历时长，所以在选用补救措施时，尚应考虑加固后地基变形问题。此外，由于我国沿海地区的淤泥和淤泥质土一般厚度都较大，因此在采用本条的补救措施时，尚需考虑加固深度以下地基的变形。

7.1.2 湿陷性黄土地基的变形特征是在受水浸湿部位出现湿陷变形，一般变形量较大且发展迅速。在考虑选用补救措施时，首先应估计有无再次浸水的可能性，以及场地湿陷类型和等级，选择相应的措施。在确定加固深度时，对非自重湿陷性黄土场地，宜达到基础压缩层下限；对自重湿陷性黄土场地，宜穿透全部湿陷性土层。

7.1.3 人工填土地基中最常见的地基事故是发生在以粘性土为填料的素填土地基中，这种地基如堆填时间较短，又未经充分压实，一般比较疏松，承载力较低，压缩性高且不均匀，一旦遇水，具有较强湿陷性，造成建筑物因大量沉降和不均匀沉降而开裂损坏，所以在采用各种补救措施时，加固深度均应穿透素填土层。

7.1.4 膨胀土是指土中粘粒成分主要由亲水性矿物组成，同时具有显著的吸水膨胀和失水收缩两种变形特性的粘性土。由于膨胀土的胀缩变形是可逆的，随着季节气候的变化，反复失水吸水，使地基不断产生反复升降变形，而导致建筑物开裂损坏。

目前采用胀缩等级来反映胀缩变形的大小，所以在选用补救措施时，应以建筑物损坏程度和胀缩等级作为主要依据。此外，对于建造在坡地上的损坏建筑，要贯彻“先治坡，后治房”的方针，才能取得预期的效果。

7.1.5 土岩组合地基上损坏的建筑，主要是由于土层与基岩压缩性相差悬殊，而造成建筑物在土岩交界部位出现不均匀沉降而引起裂缝或损坏。由于土岩组合地基情况较为复杂，所以首先应详细探明地质情况，选用切合实际的补救措施。

7.2 地下工程施工引起事故的预防与补救

7.2.1 地下工程按照用途的不同可分交通隧道、水工隧道、矿山巷道、地下仓库、地下工厂、地下民用与公共建筑、人防工程和国防地下工程，本节系指有关市政系统的地下工程。

近年来国内在市政系统的地下工程施工中采用了多种施工方法，如盾构法、顶管法、地下连续墙、沉井法、沉桩等施工方法都会使周围土体产生扰动，随之而来的是地层的位移和变形。因此，在影响范围内的地面建筑物以及地下管线之类公共设施就会引起变形或丧失使用功能而影响正常工作。尤其对国内一些古老城市的旧房基础和地下管线更为复杂，必须采取切合实际的工程保护预防措施，以保护施工区周围的环境。

隔断法是在既有建筑附近进行地下工程施工时，为避免

或减少土体位移与变形对建筑物的影响，而在既有建筑与施工地面间设置隔断墙（如钢板桩、地下连续墙、树根桩或深层搅拌桩等墙体）予以保护的方法，国外称侧向托换（lateral underpinning）。墙体主要承受地下工程施工引起的侧向土压力和地基差异变形。上海市延安东路外滩天文台由于越江隧道经过其一侧时，就是采用树根桩进行隔断法加固的。

7.2.2 当地下工程施工时，会产生影响范围内的地面建筑物或地下管线的位移和变形。可在施工前对既有建筑的地基基础进行加固，其加固深度应大于地下工程的底面埋置深度，则既有建筑的荷载可直接传递至地下工程的埋置深度以下。此时，地下工程的施工不再会危及邻近既有建筑或地下管线的安全或使用功能。

7.2.3 当预估地下工程施工对既有建筑造成的影响较为轻微时，则可采用加强既有建筑的刚度和强度，以减少不均匀沉降，且能承受由于不均匀沉降而产生的结构的次应力。如上海延安东路外滩人行天桥，为了保证天桥在其侧隧道施工期间的正常使用，在盾构推进中，对天桥结构及柱基就是采用加强结构的刚度和强度。

7.2.5 在地下工程施工过程中，为了及时掌握邻近建筑物和地下管线的沉降和水平位移情况，必须及时进行相应的监测。首先需在待测的邻近建筑或地下管线上设置观测点，其数量和位置的确定应能正确反映邻近建筑或地下管线关键点的沉降和位移情况，进行信息化施工。

7.3 邻近建筑施工引起事故的预防与补救

7.3.1 目前城市用地越来越紧张，建筑物密度也越来越大，相邻建筑施工的影响应引起高度重视，对邻近建筑、道路或管线可能造成影响的施工，主要有桩基施工、基槽开挖、降水等。主要事故有沉降、不均匀沉降、局部裂损、局部倾斜或整体倾斜等。施工前应分析可能产生的影响采用必要的预防措施，当出现事故后应采取补救措施。

7.3.2 在软土地基中进行挤土桩的施工，由于桩的挤土效应，土体产生超静孔隙水压力造成土体侧向挤出，出现地面隆起，可能对邻近既有建筑造成影响时，可以采用排水法（塑料排水板、砂桩或砂井等）、应力释放孔法或隔离沟等来预防对邻近既有建筑的影响，对重要的建筑可设地下挡墙阻挡挤土产生的影响。

7.3.5 人工挖孔桩是一种既简便又经济的桩基施工方法，被广泛地采用，但人工挖孔桩施工对邻近的影响较大，主要表现在降低地下水位后出现流砂、土的侧向变形等，应分析可能造成的影响并采取相应预防措施。

7.4 深基坑工程引起事故的预防与补救

7.4.1 在深厚淤泥、淤泥质土、饱和粘性土或饱和粉细砂等欠固结土的地层中开挖基坑，极易发生事故，对这类场地和深基坑必须充分重视，对可能发生的危害事故应有分析、有准备、预先做好危害事故的预防措施。

7.4.2 基坑降水常引发基坑周边建筑物倾斜、地面或路面下陷、开裂等事故，防止的关键在于基坑外要保持原水位，一般可采取设置回灌井和有效的止水墙等措施。反之，不设回灌井，忽视对水位和邻近建筑物的观测，或止水墙工程粗糙漏水，必然导致严重后果。因此，在地下水位较高的场地，处理好水就能保证基坑工程安全施工。

7.4.3 当基坑周边邻近既有建筑为桩基础时，由于基坑开挖，使坑周土体有向坑内侧向挤出趋势，导致既有建筑桩周土体松动，桩侧摩阻力下降，使邻近建筑发生倾斜或开裂。当新建建筑采用打入桩基础时，由于基坑内打桩施工振动的影响，易引起饱和粉细砂或饱和粘性土层的液化或触变，而影响邻近既有建筑桩基础。因此，新建基坑支护结构外边缘与邻近既有建筑间应保持一定的距离，当无法满足最小安全距离时，应采取其它措施。

7.4.4 当无法解决锚杆对邻近建筑物的安全造成的影响时，应变更基坑支护方案，可改用可拆卸锚杆或其他支护方案。

7.4.5 基坑周边不准修建临时工棚，因为场地坑边的临建工棚对环境卫生、工地施工安全，特别是对基坑安全会造成很大威胁。

基坑工程损坏的事例很多，且都影响到周边建筑物、构筑物及地下管线工程，损失很大。为了确保基坑及其周边既有建筑的安全，首先要有安全可靠的支护结构方案，其次要重视信息化施工，掌握基坑受力和变形状态，及时发现问题，迅速妥善处理，此外应加强施工管理。

8 增层改造

8.1 一般规定

8.1.1 既有建筑的增层改造的类型较多，可分为地上增层，室内增层和地下增层，地上增层又分为直接增层，外扩整体增层与外套结构增层，各类增层方式，都涉及到对原地基的正确评价和新老基础协调工作问题。

8.2 直接增层

8.2.1 确定直接增层地基承载力标准值的方法，本规范推荐了试验法和经验法。经验法是指当地的成熟经验，如没有这方面材料的积累，应采用试验法。对重要建筑物的地基承载力确定，应采用两种以上方法综合确定。直接增层时，由于受到原墙体强度和地基承载力限制，一般不宜增层太多，通常不宜超过3层。

8.2.3 直接增层需新设承重墙基础，确定新基础宽度时，应以新旧纵横墙基础能均匀下沉为前提，可按以下经验公式确定新基础宽度：

$$b' = \frac{F + G}{f_k} \cdot M \tag{1}$$

式中 b'——新基础宽度（m）；

$F + G$——单位基础长度上的线荷载（kN/m）；

f_k——地基承载力标准值（kPa）；

M——增大系数，建议按 $M = \frac{E_{S2}}{E_{S1}} > 1$ 取值。

E_{S1}、E_{S2}——分别为新旧基础下地基土的压缩模量。

8.2.4 直接增层时，地基基础的加固方法应根据地基基础的实际情况和增层荷载要求选用。本规范列出的部分方法都有其适用条件，还可参考各地区经验选用合适、有效的方法。

8.3 外套结构增层

8.3.1 当既有建筑增加楼层较多时常采用外套结构增层的形式。外套结构的地基基础应按新建工程设计。施工时应将新旧基础真正分开，互不干扰，并避免对既有建筑地基的扰动，而降低其承载力。在制定增层方案时要认真考虑此问题。

对位于高水位深厚软土地基上建筑物的外套结构增层，由于增层结构荷载一般较大，常采用埋置较深的桩基础，在桩基施工成孔时，很易对原基础（尤其是浅埋基础）产生影响，引起基础附加下沉，造成既有建筑下沉或开裂等。因此要认真选择合理的基础工程施工方案，施工中要十分谨慎处理发生的有关问题。

9 纠倾加固和移位

9.1 一般规定

9.1.1 纠倾加固已被广泛地应用于多层既有建筑的纠倾。纠倾的多层建筑层数多数在八层以内，构筑物高度多数在25m以内，这些建筑物其整体倾斜率多数超过7‰，即超过《危险房屋鉴定标准》的危险临界值，影响安全使用，也有部分虽未超过危险临界值，但已超过设计规定的允许值，影响正常使用。既有建筑常用纠倾加固方法、基本原理及适用范围见表1。

9.1.2 建筑物的倾斜多数是由于地基基础原因造成的，或是浅基的变形控制欠佳，或者是由于桩基和地基处理设计、施工质量问题等，因此在分析清楚产生的原因后应推测纠倾后是否再次倾斜的可能性，是否采取必要的地基基础加固以控制建筑物的沉降。

9.1.3 目前纠倾方法可归纳为迫降响纠倾及顶升纠倾。迫降纠倾是从地基入手，通过改变地基的原始应力状态，强迫建筑物下沉；顶升纠倾是从建筑结构入手，通过调整结构自身来满足纠倾的目的。因此从总体来讲，迫降纠倾要比顶升纠倾经济、施工简便、安全性好，是首选的方案，但遇到不适合采用迫降纠倾时即可采用顶升纠倾。

9.1.4 倾斜的建筑一般伴有开裂或局部破坏，当实施纠倾或移位前发现结构有裂损应通过评价，分析它对纠倾或移位的影响程度，确定是否进行结构加固，以确保施工安全。

9.1.5 纠倾或移位现场的监测是很重要的，应该根据不同的结构类型及采用的方法，选择一些监测项目。如结构的应力应变测试、土压力测试、沉降及倾斜观测、裂缝监测等。通过监测反馈信息，指导施工。

既有建筑常用纠倾加固方法* 表 1

类别	方法名称	基本原理	适用范围
迫降纠倾	人工降水纠倾法	利用地下水位降低出现水力坡降产生附加应力差异对地基变形进行调整	不均匀沉降量较小，地基土具有较好渗透性，而降水不影响邻近建筑物
	堆载纠倾法	增加沉降小的一侧的地基附加应力，加剧其变形	适用于基底附加应力较小即小型建筑物的迫降纠倾
	地基部分加固纠倾法	通过沉降大的一侧地基的加固，减少该侧沉降，另一侧继续下沉	适用于沉降尚未稳定，且倾斜率不大的建筑纠倾
	浸水纠倾法	通过土体内成孔或成槽，在孔或槽内浸水，使地基土湿陷，迫使建筑物下沉	适用于湿陷性黄土地基
	钻孔取土纠倾法	采用钻机钻取基础底下或侧面的地基土使地基土产生侧向挤压变形	适用软粘土地基
	水冲掏土纠倾法	利用压力水冲刷，使地基土局部掏空，增加地基土的附加应力，加剧变形	适用于砂性土地基或具有砂垫层的基础
	人工掏土纠倾法	进行局部取土，或挖井、孔取土，迫使土中附加应力局部增加，加剧土体侧向变形	适用于软粘土地基
顶升纠倾	砌体结构顶升纠倾法	通过结构墙体的托换梁进行抬升	适用于各种地基土、标高过低而需整体抬升的砌体建筑物
	框架结构顶升纠倾法	在框架结构中设托换牛腿进行抬升	适用于各种地基土、标高过低而需整体抬升的框架结构建筑
	其他结构顶升纠倾法	利用结构的基础作反力对上部结构进行托换抬升	适用于各种地基土、标高过低而需整体抬升
	压桩反力顶升纠倾法	先在基础中压足够的桩，利用桩竖向力作为反力，将建筑物抬升	适用于较小型的建筑物
	高压注浆顶升纠倾法	利用压力注浆在地基土中产生的顶托力将建筑物顶托升高	适用于较小型的建筑和筏形基础

9.2 迫降纠倾

9.2.1 迫降纠倾是通过人工或机械的办法来调整地基土体固有的应力状态，使建筑物原来沉降较小侧的地基土局部去除或土体应力增加，迫使土体产生新的竖向变形或侧向变形，使建筑物在短时间内沉降加剧。这些方法，一般分为基底附近的处理及深层 4～5m 以下处理，还有外荷载引起的附加应力法三种。

9.2.2 迫降纠倾的设计难以用一种模式进行，它与建筑物特点、地质情况、采用的迫降方法等有关，因此迫降的设计应围绕几个主要环节进行：确定各个部位迫降量，安排迫降顺序、位置、范围，制定实施计划，根据选择的方法，编制操作规程，做到有章可循，否则盲目施工往往失败或达不到预期的效果。

9.2.3 迫降纠倾是一种动态设计信息化施工方法，因此沉降观测是极其重要的，同时观测结果应反馈给设计，以调整设计，指导施工，这就要求设计施工紧密配合。

9.2.4 基底掏土纠倾法是在基础底面以下进行掏挖土体，削弱基础下土体的承载面积迫使沉降，其特点是可在浅部进行处理，机具简单，操作方便。人工掏土法早在60年代初期就开始使用，已经处理了相当多的多层倾斜建筑。水冲掏土法则是80年代才开始应用研究，它主要利用压力水泵代替人工，逐步走向机械化。

该法直接在基础底面下操作，通过掏冲带出部分土体，因此对匀质土比较适用，施工时应控制掏土槽的宽度及位置是非常重要的，也是掏土迫降效果好坏或成败的关键。

9.2.5 井式纠倾法是利用井（孔）在基础下一定深度范围内进行排土、冲土，一般包括人工挖孔桩、沉井两种。井壁有钢筋混凝土壁、混凝土孔壁，为确保施工安全，对于软土或砂土地基应先试挖成井，方可大面积开挖井（孔）施工。

井式纠倾法可分为两种：一种是通过挖井（孔）排土、抽水直接迫降，这种在沿海软土地区比较适用；另一种是通过井（孔）辐射孔进行射水掏冲土迫降。可视土质情况选择。

井（孔）一般是设置在建筑物周边，沉降较小侧多布，沉降较大侧少布或不布。建筑的宽度比较大时，井（孔）也可设置在室内，每开间设一个井（孔），可根据不同的迫降量布置辐射孔。

9.2.6 钻孔取土纠倾法是通过机械钻孔取土成孔，依靠钻孔所形成的临空面，使土体产生侧向变形形成淤孔，反复钻孔取土使建筑物下沉。

9.2.7 堆载纠倾法适用于小型工程且地基承载力比较低的土层条件，对大型工程项目一般不适用，此法常与其它方法联合使用。

9.2.8 人工降水纠倾法适用的地基土主要取决于降水的方法，当采用真空法或电渗法时，也适用于淤泥土，但在既有建筑邻近使用应慎重，若有当地成功经验时也可采用。

9.2.9 地基部分加固纠倾法，实际上是对沉降大的部分采用地基托换补强，使其沉降减少，而沉降小的一侧仍继续下沉，这样慢慢地调整原来的差异沉降。这种方法一般用于差异沉降不大的建筑物纠倾。

9.2.10 浸水纠倾法是利用湿陷性黄土遇水湿陷的特性对建筑物进行纠倾的，为了确保纠倾安全，必须通过系统的现场试验确定各项设计、施工参数，施工过程中应设置监测系统以及必要的防护措施，如预设限沉的桩基等。

9.3 顶升纠倾

9.3.1、9.3.2 顶升纠倾是通过钢筋混凝土或砌体的结构托换加固技术（或利用原结构）将建筑物的基础和上部结构沿某一特定的位置进行分离，采用钢筋混凝土进行加固、分段托换、形成全封闭的顶升托换梁（柱）体系。设置能支承整个建筑物的若干个支承点，通过这些支承点的顶升设备的启动，使建筑物沿某一直线（点）作平面转动，即可使倾斜建筑物得到纠正。若大幅度调整各支承点的顶高量，即可提高建筑物的标高。

顶升纠倾过程是一种基础沉降差异快速逆补偿过程，也是地基附加应力瞬时重新分布的过程，使原沉降较小处附加应力增加。实践证明，当地基土的固结度达80%以上，基础沉降接近稳定时，可通过顶升纠倾来调整剩余不均匀沉降。

顶升纠倾法是根据以上基本原理，仅对沉降较大处顶升，而沉降小处则仅作分离及同步转动，其目的是将已倾斜的建筑物纠正，该法适用于各类倾斜建筑物。

顶升纠倾已在福建、浙江、广东等省市应用，成功实例超过100例，最大的顶升高度达到240cm，最高的建筑物为7层，最大建筑面积为3600m^2。这已足以证明顶升纠倾技术是一种可靠的技术，但如何正确使用却是问题的关键。某工程公司承接了一栋三层住宅的顶升纠倾，由于施工未能遵循一般的规律，顶升施工作用与反作用力，即基础梁与托换梁这对关系不具备，顶升机具没有足够的安全储备和承托垫块无法提供稳定性等原因造成重大的工程事故。为此采用顶升纠倾必须遵循下列原则：

1　为确保顶升的稳定性，本规范规定顶升纠倾最大顶升高度不宜超过80cm。

2　顶升设备数量与总荷载之间必须有1.88的安全储备，即顶一座30000kN的建筑需要300kN的千斤顶188台。

3　托换梁（柱）体系应是一套封闭式的钢筋混凝土结构体系。

4　顶升是在钢筋混凝土梁柱之间进行，因此顶升梁及底座都应该是钢筋混凝土的整体结构。

5　顶升的支托垫块必须是钢板混凝土块或钢垫块，具有足够的强度及平整度。且是组合装配的工具式垫块，可抵抗水平力。顶升过程中保证上下顶升梁及千斤顶、垫块有不少于30%支点可连成一整体。

顶升量的确定应包括三个方面：

1　纠正建筑物倾斜所需各点的顶升量，可根据不同倾斜率及距离计算。

2　使用要求需要的整体顶升量。

3　过纠量。考虑纠正以后建筑物沉降尚未稳定还有少量的倾斜，则可通过超量的纠正来调整最终的垂直度。这个量应通过沉降计算确定，要求超过的纠倾量或最终稳定的倾斜应满足国家现行的《建筑地基基础设计规范》GBJ 7的要求，当计算不能满足时，则应进行地基基础加固。

9.3.3　砌体结构建筑的荷载是通过砌体传递的。根据顶升的技术特点，顶升时砌体结构的受力特点相当于墙梁作用体系或将托换梁上的墙体视为无限弹性地基，托换梁按支座反力作用下的弹性地基梁设计。

考虑协同工作的差异，顶升梁的支座计算距离可按图3所示选取。

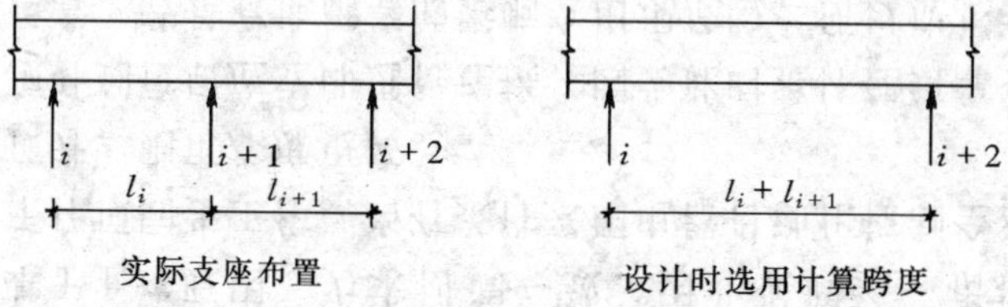

图3　计算跨度示意

9.3.4　框架结构荷载是通过框架柱传递的，顶升力应作用于框架柱下，但是要将框架柱切断，首先必须增设一个能支承整体框架柱的结构体系，这个结构托换体系就是后设置的牛腿及连系梁共同组成的。

纠倾前建筑已出现倾斜，结构的内力有不同程度的变化，断柱时结构的内力又将发生改变，因此设计时应对各种状态下的结构内力进行验算。

9.3.5～9.3.6 砌体结构进行顶升托换梁施工前，必须在分段长度内每0.5m先开凿一个小洞，设置一个钢筋混凝土芯垫（芯垫小于主筋的距离，一般厚度为240mm墙，芯垫断面为120mm×120mm×梁高，强度等级为C30），1.5m长段设置2个芯垫，用高强度等级水泥砂浆塞紧。待达到一定强度后开始该段的开凿施工，预留搭接钢筋向两边凿槽外伸，且相邻墙段应间隔进行，并每段长不超过开间墙段的$\frac{1}{3}$，门窗洞口位置保证连系不得中断。

框架结构建筑的施工应先进行后设置牛腿、连系梁及千斤顶下支座的施工，由于凿除结构柱的保护层，露出部分主筋，因此一定要间隔进行，待托换梁（柱）体系达到强度后再进行相邻柱的施工。当全部托换完成并经过试顶后，确定承载力满足设计要求，方可进行断柱施工，断筋必须在顶升前一小时进行。

顶升前应对顶升点进行试顶试验，试验的抽检数量不少于20%，试验荷载为设计值的1.5倍，可分五级施工，每级历时1～2min并观测顶升梁的变形情况。

每次顶升最大值不超过10mm，主要考虑到位置的先后对结构的影响，按结构允许变形0.003～0.005l来限制顶升量。

若千斤顶的最大间距为1.2m，则结构允许变形为（0.003～0.005）×1200＝3.6～6.0mm。

当顶升到位的先后误差为30%时，变形3mm＜3.6mm。

基于上述原因，力求协调一致，因此强调统一指挥系统，千斤顶同步工作。当有条件采用电器自动化控制全液压机械顶升，则可靠度更高。

顶升到位后应立即进行连接，因为此时整体建筑靠支承点支承着，若是有地震等的影响会出现危险，所以应尽量缩短这种不利时间。

9.4 移　　位

9.4.1 移位包括平移和转动。由于市政道路扩建、场地的用途改变或兴建地下建筑需要建筑物搬迁移位或转动一定的角度。有的大幅度移位搬到新的地方，有的则仅作少量的移位或转动，为了减少拆除重建或保护文物古迹及既有建筑的原貌，均可采用移位技术。目前移位技术可用于一般多层建筑同一水平位置的搬移，对大幅度改变其标高（如上坡或下坡）等不适用。

9.4.2 移位所涉及的建筑结构及地基基础问题比其它专业技术要重要得多，因此要求在移位方案制定前应先通过搜集资料、补充计算验算、补充勘察等来取得有关资料。

9.4.3 建筑移位将改变原地基基础的受力状态，经验算后若不能满足移位过程或移位后的要求，则应进行地基基础加固，可选用本规范第6章有关加固方法。

9.4.4 移位的设计包括下列内容：

1 结构设计

结构设计主要指承托既有建筑移位的整体结构的托换梁

系，即移位建筑的上轨道梁系及承担整体结构行走过程中的基础，即下轨道梁系。如图4所示。

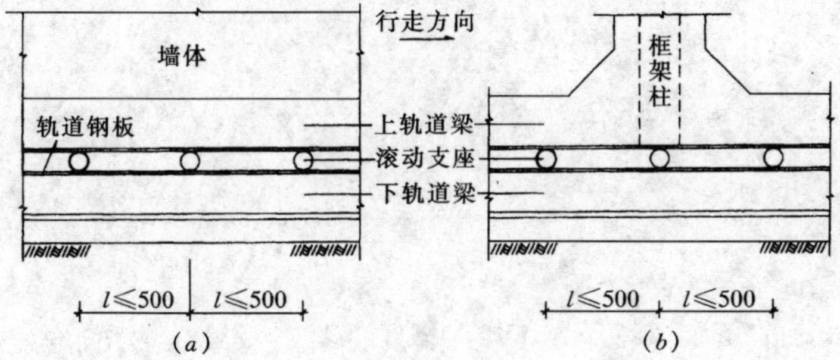

图4 上、下轨道及滚动装置示意
(*a*) 砌体结构；(*b*) 框架结构

上轨道梁系一般应通过钢筋混凝土托换来形成，设计方法可按本章9.3节有关规定，但移位不可能所有的墙体或柱都直接支承于轨道梁，有时要通过梁来传递，因此轨道梁的受力要比顶升梁大，但支座的跨度可比顶升时跨度小。

下轨道梁系应首先考虑基础梁的利用，因其受力状态改变，因此应重新验算，当强度不能满足时，可加固补强，当移位建筑移出基础外时则应重新设计下轨道梁基础，并应注意新旧基础的差异沉降问题。

2 地基设计

移位的地基设计，包括三种情况：大幅度移位过程路线的地基设计，即满足建筑物行进过程中不出现不均匀沉降或过大的沉降，因此要求按永久性设计，而地基承载力设计值可考虑提高1.25倍；另一种是小量移位则应考虑新旧基础交错的协调工作；第三种是移位就位后的地基设计，应按新建工程进行设计，同时应注意这一新建工程荷载是一次性到位。

3 滚动支座的设计

滚动支座的间距与支座本身的受力及上下轨道梁的设计有直接关系，设计时应综合考虑，一般间距0.5~0.8m。滚动支座可采用实心钢棒或钢管混凝土。使用前应根据支座受力的大小进行试验室的试压试验，上下轨道及支座均应是型钢或钢板。

为保证滚动过程中支座不产生过大的变位，应要求每个滚动支座限制于上轨道梁的一定范围内。

4 移动装置的设计

牵引式移动装置主要用大吨位卷扬机配滑轮组来满足拉力要求，牵引式必须提供较大的锚拉力。

推顶式移动装置主要用千斤顶或者行程较大的液压油缸，它可利用原建筑基础作反力。

9.4.5 移位施工的关键是上、下轨道梁的施工，上轨道托换梁系施工可参照顶升托换梁的施工方法及施工要求。

托换梁系施工时，应同时进行上、下轨道钢板及滚动支座的施工，轨道的平整及水平是移位行走顺利的关键，因此施工时应严格控制，一旦上下轨道施工完后，滚动系统即形成。

移位是一项难度比较大的工作，因此每道工序都要严格把关，严格质量检验。施工前应该有周密的组织计划，健全的管理机制，同时要设立各种监测项目，保证信息的准确，并及时反馈指导施工。

移位所需的牵引力或推顶力是根据摩擦系数及结构总荷载来求得，与实际施加的力尚有一定的误差，为确保移位的顺利进行，移位施加的力应从小到大，因此就需要准确测定移位所需的水平力。

为保证建筑物行走稳当，应控制滚动的速率，并不出现加速，以免出现危险，同时应设置限制滚动的装置。

移动到达设计位置时，应组织检验是否符合设计要求，如位置是否准确、有无倾斜现象，以及连接的部位是否对齐等，确认合格后应立即进行结构的连接，并分段浇筑混凝土，因为在上下分离的情况下，若遇有地震等影响就会出现危险，因此越早连接越好。

9.4.6 建筑物位置改变后，在新的地基条件下变形尚未稳定，应该继续进行沉降观测直至沉降稳定，同时完工后应整理资料组织验收。

中华人民共和国行业标准

复合载体夯扩桩设计规程

Specification for design of ram-compaction piles with composite bearing base

JGJ/T 135—2001

批准部门：中华人民共和国建设部
施行日期：2001年12月1日

关于发布行业标准《复合载体夯扩桩设计规程》的通知

建标［2001］170号

根据建设部《关于印发〈2000年工程建设城建、建工行业标准制订、修订计划〉的通知》（建标［2000］284号）的要求，由北京波森特岩土工程有限公司主编的《复合载体夯扩桩设计规程》，经审查，批准为行业标准，该标准编号为JGJ/T 135—2001，自2001年12月1日起施行。

本标准由建设部建筑工程标准技术归口单位中国建筑科学研究院负责管理，北京波森特岩土工程有限公司负责具体解释，建设部标准定额研究所组织中国建筑工业出版社出版。

中华人民共和国建设部
2001年8月7日

前　　言

根据建设部建标［2000］284号文件的要求，标准编制组经广泛调查研究，认真总结实践经验，参考有关国内标准和国外先进标准，并在广泛征求意见的基础上，制定了本规程。

本规程的主要技术内容是：1复合载体夯扩桩的设计原则；2复合载体夯扩桩竖向承载力、水平承载力、桩基沉降计算；3承台的设计方法；4桩基工程质量检查。

本规程由建设部建筑工程标准技术归口单位中国建筑科学研究院归口管理，授权由主编单位负责具体解释。

本规程主编单位是：北京波森特岩土工程有限公司（北京市昌平区东小口镇天通苑小区三区七号楼1904室，邮政编码102209，联系电话（传真）：010—84810820）

本规程参加单位是：中国建筑科学研究院、清华大学、天津大学建筑设计研究院、天津市建工设计院

本规程主要起草人员是：王继忠　闫明礼　李广信　凌光容　方继圣　陈彦峰

目　　次

1 总　　则

1.0.1 为了使复合载体夯扩桩的设计做到技术先进、安全适用、经济合理、确保质量，制定本规程。

1.0.2 本规程适用于工业与民用建筑（包括构筑物）的复合载体夯扩桩设计。

1.0.3 复合载体夯扩桩的设计应因地制宜，综合考虑地质条件、环境条件、建筑物结构类型、荷载特征和施工设备性能等因素。

1.0.4 复合载体夯扩桩设计除应符合本规程的规定外，尚应符合国家现行有关强制性标准的规定。

2 术语、符号

2.1 术　　语

2.1.1 复合载体夯扩桩 ram-compaction piles with composite bearing base

采用细长锤夯击成孔，将护筒沉到设计标高后，细长锤击出护筒底一定深度，分批向孔内投入填充料和干硬性混凝土，用细长锤反复夯实、挤密，在桩端形成复合载体，最后放置钢筋笼，灌注桩身混凝土而形成的桩。

2.1.2 填充料 fill material

含泥量不大于10%、有机物含量不大于3%的碎砖、碎混凝土块、碎石、卵石和矿渣等。

2.1.3 复合载体 composite bearing base

由干硬性混凝土、填充料、挤密土体、影响土体组成的载体。

2.1.4 夯扩体 ram compaction body

由干硬性混凝土、填充料组成。

2.1.5 被加固土层 stabilized soil layer

复合载体所在的土层。

2.1.6 复合载体持力层 bearing stratum for composite bearing base

直接承受复合载体传递的荷载的土层。

2.1.7 挤密土体 soil in compacted zone

夯扩体周围被夯实挤密的土体。

2.1.8 细长锤 slender hammer

直径为 250～500mm，长为 3000～5000mm，锤的质量为 1.5～5t，用以夯实填充料和干硬性混凝土的锤。

2.1.9 三击贯入度 three drive penetration

指夯实后，当不再填料时连续夯击三次后锤的下沉量。

2.2 符　号

A_e——等效桩端计算面积；

A_p——桩身截面面积；

d——桩身直径；

e——土的孔隙比；

E_{si}——桩基沉降计算范围内第 i 层土的压缩模量，按实际应力范围取值；

f_a——经深宽修正的复合载体持力层承载力特征值；

f_{ak}——复合载体持力层地基承载力特征值；

I_L——土的液性指数；

l——桩身长度；

l_i——桩穿越第 i 层土的厚度；

p_0——对应荷载准永久组合压缩层顶部的附加压力；

q_{pa}——经深度修正后的持力层承载力特征值；

q_{sia}——桩侧第 i 层土的侧阻力特征值；

R_a——单桩竖向承载力特征值；

s——桩基最终沉降量；

u_p——桩身断面周长；

Z_i——复合载体持力层顶面至第 i 层土底面的距离；

$\overline{\alpha}_i$——复合载体持力层顶面计算点至第 i 层土底面深度范围内平均附加应力系数；

σ_c——地基土自重应力；

σ_z——地基中的附加应力。

3 基本规定

3.0.1 岩土工程勘察应按现行国家标准《岩土工程勘察规范》GB 50021 的规定执行。

3.0.2 当无类似地质条件下的成桩试验资料时，应要求施工前进行成桩试验，以确定施工参数。

3.0.3 桩的间距不宜小于1.6～2.0m；持力层为粉土、砂土应取小值，含水量较高的粘性土应取大值。

3.0.4 复合载体持力层应为可塑到硬塑状态的粘性土以及粉土、砂土、碎石土。

3.0.5 复合载体持力层相对被加固土层较软弱时，应满足承载力和变形要求。

3.0.6 桩端被加固土层应为可塑到硬塑状态的粘性土以及粉土、砂土、碎石土。被加固土层厚度不宜小于 2m。当软塑状态的粘性土、素填土、杂填土和湿陷性黄土经过载荷试验确定桩基承载力稳定可靠时，也可作为桩端被加固土层。

3.0.7 桩身不应进入有承压水的土层中。

3.0.8 桩身构造应符合下列规定：

1 桩身长度应由所选择的被加固土层埋深和承台底标高确定；

2 桩身混凝土强度等级不得低于 C20；

3 主筋混凝土保护层厚度不应小于 40mm；

4 钢筋笼宜通长配筋；在下列情况下应通长配筋，并进行配筋计算：

1）抗拔桩（主筋进入夯扩体）；

2）受水平荷载和弯矩较大的桩；

3）设防烈度为 8 度及 8 度以上地震区的桩；

4）被加固土层为软土层或较厚人工填土层。

5 桩身直径可取 350～600mm，桩身配筋率可取 0.20%～0.65%，但主筋不得少于 6 根Φ 12，可采用不少于 ϕ6@300mm 的螺旋箍筋，桩顶 3～5 倍桩身直径范围内箍筋应适当加密，当钢筋笼的长度超过 4m 时，应每隔 2m 设一道 ϕ12 焊接加劲箍筋。纵筋伸入承台的锚固长度不得小于 35 倍主筋直径。

3.0.9 计算桩基础沉降时，传至桩顶的荷载效应应采用正常使用极限状态下荷载效应的准永久组合，不应计入风荷载和地震作用。桩基础的沉降量不得超过建筑物的允许沉降值。

3.0.10 夯扩体的投料量确定，应符合下列规定：

1 夯击后地面隆起不得大于 50mm；

2 对桩基础施工要求：应采取相应措施防止对相邻桩的不良影响，且相邻桩的竖向位移值不得大于 20mm；

3 在满足 1、2 款情况下，以三击贯入度控制夯扩体的投料量。投料量不宜小于 $0.5m^3$，且不宜大于 $1.8m^3$。当投料量大于 $1.8m^3$ 时，应调整桩长或改变施工参数。

4 桩基计算

4.1 一般规定

4.1.1 竖向荷载作用下基桩竖向承载力应符合下列规定:

1 轴心竖向力作用下，应满足下式要求:

$$Q_k \leqslant R_a \tag{4.1.1-1}$$

式中 Q_k——相应于荷载效应标准组合轴心竖向力作用下任一单桩的竖向力;

R_a——单桩竖向承载力特征值。

2 偏心竖向力作用下除满足式(4.1.1-1)外，尚应满足下式要求:

$$Q_{kmax} \leqslant 1.2R_a \tag{4.1.1-2}$$

式中 Q_{kmax}——相应于荷载效应标准组合偏心竖向力作用下单桩的最大竖向力。

4.1.2 水平荷载作用下，基桩水平承载力应符合下式要求:

$$H_k \leqslant R_{ha} \tag{4.1.2}$$

式中 H_k——相应于荷载效应标准组合时，作用于任一单桩桩顶处的水平力;

R_{ha}——单桩水平承载力特征值。

4.2 单桩竖向承载力确定

4.2.1 单桩竖向承载力特征值应根据本规程附录 A 的规定通过竖向静载荷试验确定。对地基基础设计等级为丙级的建筑，也可按相近地质条件下的试桩资料确定。在同一条件下，试桩数量不宜少于总桩数的 1%，且不应少于 3 根。

4.2.2 初步设计时，单桩竖向承载力特征值可用下式估算:

$$R_a = u_p \Sigma q_{sia} l_i + q_{pa} \cdot A_e \tag{4.2.2}$$

式中 R_a——单桩竖向承载力特征值;

u_p——桩身断面周长(m);

q_{sia}——桩侧第 i 层土的侧阻力特征值;

l_i——桩身穿越第 i 层土的厚度(m);

q_{pa}——复合载体下地基土经深度修正后的地基持力层承载力特征值，应按现行国家标准《建筑地基基础设计规范》GB 50007 确定;

A_e——等效桩端计算面积(m^2),其值可按表 4.2.2 选用。

表 4.2.2 等效桩端计算面积 A_e (m^2)

被加固土层土性		三击贯入度(cm) 10	20	30
粘土		1.6~1.9	1.4~1.8	1.3~1.6
粉质粘土	$0.75 < I_L \leqslant 1.0$	2.3~2.6	2.1~2.5	1.8~2.3
	$0.25 < I_L \leqslant 0.75$	2.2~2.5	1.8~2.3	1.6~2.2
	$0.0 < I_L \leqslant 0.25$	2.0~2.3	1.7~2.2	1.5~2.0
粉土	$e > 0.8$	1.8~2.1	1.6~2.0	1.5~1.9
	$0.7 < e \leqslant 0.8$	1.7~2.0	1.6~1.9	1.5~1.8
	$e \leqslant 0.7$	1.6~1.9	1.5~1.8	1.2~1.7
粉细砂	稍密	1.8~2.0	1.6~1.9	1.4~1.8
	中密	1.6~1.9	1.4~1.7	1.3~1.6
碎石土	稍密	1.5~1.7	1.3~1.6	1.2~1.5

注:三击贯入度以 3.5t 重锤和 6.0m 落距为基准，锤径为 355mm。

4.2.3 对于桩数多于9根的单独基础和满堂布桩，应进行等代实体深基础承载力的验算，并符合下列公式的要求：

$$p \leqslant f_{\mathrm{a}} \tag{4.2.3-1}$$

$$p = \frac{F + G - 2\,(L_0 + B_0)\,\Sigma q_{\mathrm{sia}} l_i}{(L_0 + 2\Delta R)\,(B_0 + 2\Delta R)} + \bar{\gamma}\,(L_1 + 2) \tag{4.2.3-2}$$

式中 p——持力层顶面附加压力；

f_{a}——经深宽修正的复合载体持力层承载力特征值；

F——桩顶竖向荷载；

G——承台及其上土重；

L_0——承台底处桩的外缘起算基础的长度（m）；

B_0——承台底处桩的外缘起算基础的宽度（m）；

ΔR——等效计算距离，可取0.6~1.0m，当持力层土相对被加固土层较软弱时，取大值；当持力层土相对被加固土层较硬时，取小值。

L_1——桩长；

$\bar{\gamma}$——复合载体顶面以上至承台底范围内土的加权平均重度，地下水位以下取浮重度。

4.2.4 桩的承载力应满足桩身混凝土强度的要求，桩身强度应符合下式要求：

$$Q \leqslant 0.7 f_{\mathrm{c}} A_{\mathrm{p}} \tag{4.2.4}$$

式中 Q——相应于荷载效应基本组合时单桩的竖向力设计值；

f_{c}——混凝土轴心抗压强度设计值，应符合现行国家标准《混凝土结构设计规范》GB 50010 的规定；

A_{p}——桩身截面面积。

4.3 单桩水平承载力确定

4.3.1 单桩水平承载力特征值应通过现场水平载荷试验确定，必要时可进行带承台桩的载荷试验，试验应采用慢速维持荷载法。

4.3.2 桩身配筋率小于0.65%时，单桩水平承载力特征值应取单桩水平静载荷试验的临界荷载；当配筋率不小于0.65%时，可按静载荷试验结果取地面处桩顶水平位移为10mm所对应的荷载为单桩水平承载力特征值。

4.3.3 承受竖向荷载为主的低桩承台桩基，当地面下无液化土层且桩承台周围无淤泥、淤泥质土或地基土承载力特征值不小于100kPa的填土时，下列建筑可不进行桩基抗震承载力验算。

1 砌体房屋，多层内框架砖房，底层框架砖房，水塔；

2 抗震设防烈度为7度和8度时，一般单层厂房，单层空旷房屋、多层民用框架房屋及与其基础荷载相当的多层框架厂房，高度不超过100m的烟囱。

4.4 桩基沉降计算

4.4.1 对以下建筑物的桩基应进行沉降验算：

1 地基基础设计等级为甲级的建筑物桩基；

2 对沉降有严格要求的建筑物桩基；

3 体型复杂或桩端以下存在软弱土层的乙级建筑物桩基。

丙级建筑物桩基、桩中心距大于6倍桩径的桩基、9桩以下的独立承台桩基、条形基础下不超过两排桩的桩基、工作级别A5及A5以下吊车的单层工业厂房桩基，可不进行沉降验算。

4.4.2 桩基沉降应按下列公式计算（图4.4.2）：

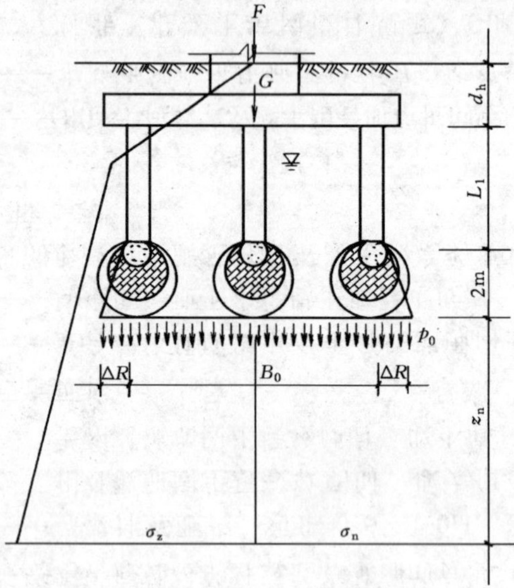

图 4.4.2 桩基沉降计算

$$s=\Psi_s p_0 \sum_{i=1}^{n} \frac{z_i\overline{\alpha}_i - z_{i-1}\overline{\alpha}_{i-1}}{E_{si}} \tag{4.4.2-1}$$

$$p_0=\frac{F+G-\gamma d_h A}{(L_0+2\Delta R)(B_0+2\Delta R)} \tag{4.4.2-2}$$

对于墙下布桩条形承台梁基础：

$$p_0=\frac{F+G-\gamma d_h A}{L_0(B_0+2\Delta R)} \tag{4.4.2-3}$$

式中 s——桩基最终沉降量（mm）；

Ψ_s——沉降计算经验系数，根据地区沉降观测资料及经验确定；

p_0——对应荷载准永久组合压缩层顶部的附加压力；

n——桩基沉降计算范围内所划分的土层数；

z_i、z_{i-1}——复合载体底面至第 i 层土、第 $i-1$ 层土底面的距离（m）；

$\overline{\alpha}_i$、$\overline{\alpha}_{i-1}$——第 i 层土、第 $i-1$ 层土底面深度范围内平均附加应力系数，可按现行国家标准《建筑地基基础设计规范》GB 50007 规定采用；

E_{si}——桩基沉降计算范围内第 i 层土的压缩模量（MPa），按实际应力范围取值；

A——承台面积（m^2）；

d_h——承台埋深（m）。

4.4.3 地基沉降计算深度（z_n），应符合下式要求：

$$\Delta s'_n \leqslant 0.025 \sum_{i=1}^{n} \Delta s'_i \tag{4.4.3}$$

式中 $\Delta s'_i$——在计算深度范围内，第 i 层土的计算变形值；

$\Delta s'_n$——由计算深度向上取厚度为 Δz 的土层计算变形值，Δz 应按表4.4.3确定。

如确定的计算深度下部仍有较软土层时，应继续计算。

表 4.4.3 Δz

基础宽度 b（m）	$b\leqslant 2$	$2<b\leqslant 4$	$4<b\leqslant 8$	$8<b\leqslant 15$	$15<b\leqslant 30$	$30<b$
Δz（m）	0.3	0.6	0.8	1.0	1.2	1.5

4.4.4 建筑物的桩基变形计算值，不应大于建筑物的桩基变形允许值。

4.4.5 桩基变形特征可分为沉降量、沉降差、倾斜、局部倾斜。

4.4.6 计算桩基变形时，桩基变形应符合下列规定：

由于土层厚度与性质不均匀、荷载差异、体型复杂等因素引起的桩基变形，对于砌体承重结构应由局部倾斜控制；对于框架结构和单层排架结构应由相邻柱基的沉降差控制；对于多层或高层建筑和高耸结构应由倾斜值控制；应控制平均沉降量。

4.4.7 建筑物桩基变形允许值可按现行国家标准《建筑地基基础设计规范》GB 50007 的规定采用。

5 承台设计

5.0.1 承台的计算应按照现行国家标准《建筑地基基础设计规范》GB 50007 的规定进行。

5.0.2 对于砌体结构承重墙下条形承台梁尚应符合下列规定：

1 条形承台梁内力按倒置弹性地基梁计算时，支座负弯矩可有 10%以内的调幅。

2 承台梁的截面高度不宜小于 400mm 和 1/5 桩中心距中的较大值，也不宜大于 600mm。条形承台梁边缘挑出部分不应小于 75mm；

3 承台梁的主筋除按计算配置外，尚应满足最小配筋率要求，且上下主筋均不应少于 3 根Φ 14，箍筋不应少于 ϕ6@250mm，桩顶嵌入承台梁深度不宜小于 50mm。承台梁混凝土强度等级不应低于 C20。

6 桩基工程质量检查

6.1 成桩质量检查

6.1.1 施工单位应提供经确认的施工过程中的桩身质量有关材料，包括原材料的力学性能检验报告，试件留置数量及制作养护方法、混凝土抗压强度试验报告、钢筋笼制作质量检查报告。

6.1.2 对复合载体应检查下列项目：

1 填料成分；

2 每次填料量；

3 累计填料量；

4 干硬性混凝土量；

5 三击贯入度及每击贯入度值。

6.2 单桩完整性及承载力检测

6.2.1 工程桩应进行桩身质量检验，可采用低应变动测法检测，抽检桩数应为总桩数的10%～20%，且不少于10根。

6.2.2 工程桩应进行竖向承载力检验，竖向承载力检验的方法应采用静载荷试验，检验桩数不得少于同条件下总桩数的1%，且不得少于3根。

6.2.3 在桩身混凝土强度达到设计要求的前提下，从成桩到开始试验的间歇时间，对于砂类土不应少于10d；对于粉土和粘性土不应少于15d。

附录A 单桩竖向静载荷试验

A.0.1 单桩竖向静载荷试验的加载方式，应按慢速维持荷载法。

A.0.2 加载反力装置可采用堆载或锚桩。

A.0.3 试桩、锚桩（压重平台支座）和基准桩之间的中心距离应符合表A.0.3的规定。

表 A.0.3 试桩、锚桩和基准桩之间的中心距离

反力系统	试桩与锚桩（或压重平台支座墩边）	试桩与基准桩	基准桩与锚桩（或压重平台支座墩边）
锚桩横梁反力装置 压重平台反力装置	≥4*d*且>2.0m	≥4*d*且>2.0m	≥4*d*且>2.0m

A.0.4 加荷分级不应少于8级，每级加荷量宜为预估极限荷载的1/8～1/10。

A.0.5 测读桩沉降量的间隔时间：每级加载后，每第5、10、15min时应各测读一次，以后每隔15min读一次，累计1h后可每隔0.5h读一次。

A.0.6 稳定标准：在每级荷载作用下，桩的沉降量连续两次在每小时内小于0.1mm。

A.0.7 出现下列情况时应中止加载：

1 当荷载-沉降（*Q-s*）曲线上有可判定极限承载力的陡降段，且桩顶总沉降量超过60mm；

2 某级荷载作用下，桩的沉降量为前一级荷载作用下沉降量的5倍；

3　某级荷载作用下，桩的沉降量大于前一级荷载作用下沉降量的2倍，且经24h尚未达到相对稳定；

A.0.8　卸载观测的规定：每级卸载值为加载值的两倍。卸载后隔15min测读一次，读两次后，隔0.5h再读一次，即可卸下一级荷载。全部卸载后，隔3～4h再测读一次。

A.0.9　单桩竖向极限承载力的确定应符合下列规定：

1　当陡降段明显时，取相应于陡降段起点的荷载值；

2　*Q-s*曲线呈缓变形时，取桩顶总沉降量为60mm时所对应的荷载值；

3　当出现本规程A.0.7-3的情况，取前一级荷载值。

A.0.10　参加统计的试桩，当满足其极差不超过平均值的30%时，可取其平均值为单桩竖向极限承载力。极差超过平均值的30%时，宜增加试桩数量并分析离差过大的原因，结合工程具体情况确定极限承载力。对桩数为3根及3根以下的桩下桩基，应取最小值。

将单桩竖向极限承载力除以安全系数2，可作为单桩竖向承载力特征值R_a。

本规程用词说明

1　为便于在执行本规程条文时区别对待，对要求严格程度不同的用词说明如下：

1）表示很严格，非这样做不可的：

正面词采用“必须”；

反面词采用“严禁”。

2）表示严格，在正常情况下均应这样做的：

正面词采用“应”；

反面词采用“不应”或“不得”。

3）表示允许稍有选择，在条件许可时首先应这样做的：

正面词采用“宜”；反面词采用“不宜”。

表示有选择，在一定条件下可以这样做的，采用“可”。

2　条文中指明应按其他有关标准执行的写法为“应按……执行”或“应符合……规定（或要求）”。

中华人民共和国行业标准

复合载体夯扩桩设计规程

JGJ/T 135—2001

条 文 说 明

前 言

行业标准《复合载体夯扩桩设计规程》（JGJ/T 135—2001），经建设部于2001年8月7日以建标［2001］170号文批准业已发布。

为便于广大设计、施工、科研、学校等有关单位人员在使用本规程时能正确理解和执行条文规定，《复合载体夯扩桩设计规程》编制组按章、节、条、款顺序，编制了《复合载体夯扩桩设计规程条文说明》，供使用者参考。在使用中如发现本条文说明有不妥之处，请将意见函寄北京波森特岩土工程有限公司《复合载体夯扩桩设计规程》管理组（北京市昌平区东小口镇天通苑小区三区七号楼1904室，邮政编码102209）。

目　次

1　总　则

1.0.1　复合载体夯扩桩是由干硬性混凝土及填充料等经细长锤夯扩形成的复合载体和钢筋混凝土桩身组成。它具有挤密地基及扩大桩端面积的双重作用。当浅部土层为软弱土层（软弱土层指不能满足上部结构对承载力和变形要求的土层），下层有一定厚度的较好土层时，它具有突出的优势。为了进一步推广应用该项技术，确保工程质量，制定本规程。

复合载体的构造见图1

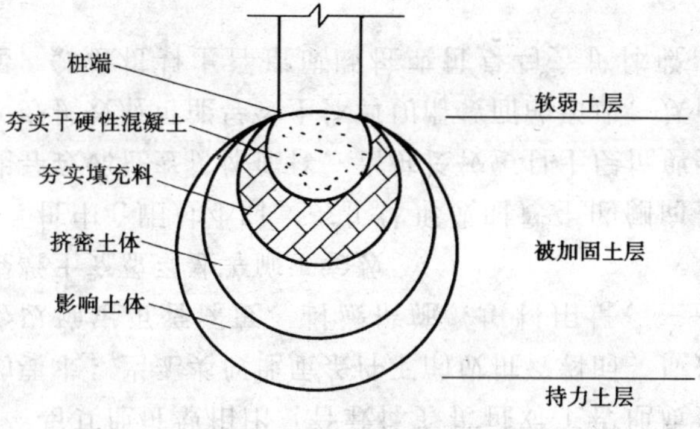

图1　复合载体构造

1.0.3　复合载体夯扩桩的应用特别强调应综合考虑地质条件、环境条件两个关键因素。地质条件是指被加固土层应具有良好的挤密性，足够的厚度，稳定的层面和适宜的埋深，不具备这些条件时不宜采用；环境条件是指该工法无有效隔振措施时不宜在居民区域对振动敏感的建（构）筑物附近施工。

1.0.4 本规程是以现行国家标准《建筑地基基础设计规范》GB 50007 为基础并考虑复合载体夯扩桩本身的特点编写的。

3 基本规定

3.0.2 与其他桩型相比复合载体夯扩桩对工程地质条件有较高的要求，当无类似地质条件下的成桩资料时，应进行成桩试验以确定沉管深度、封淤措施、填料用量、三击贯入度、混凝土充盈系数等施工参数。

3.0.3 桩中心距过小时，夯扩体形成时产生的侧向挤土压力可能导致邻桩夯扩体偏移，当桩长较短且土层抗剪强度较低时，夯扩效应可能导致土体剪切滑裂面的形成，从而使地面隆起，邻桩桩身上浮造成断桩或桩身与夯扩体脱离等事故。

在天津千禧园住宅区深 5.0m 处粘土层上进行的夯扩挤密效应测试表明：在夯扩体中心深度处沿水平方向距夯扩体外表面 0～300cm 处土体孔隙比的变化如表 1 所示，数据表明夯扩影响区沿水平方向为距夯扩体外表面 60～90cm 范围内，且超过 60cm 后孔隙比变化速率明显减小。实测夯扩体水平轴直径 105cm，设 60cm 以内为土体被加固区，60～90cm 范围为影响区，则被加固区范围约为 2 倍夯扩体直径。

表 1

取样点号	1	2	3	4	5
距夯扩体表面水平距离（cm）	0	30	60	90	300
孔隙比 e	0.613	0.647	0.704	0.730	0.730

上述试验是在粘土中进行的，模型箱夯扩试验结果表明，当被加固土层为砂土时，其加固范围明显小于粘性土，考虑砂土固结快、抗剪强度较高、剪切滑裂面不易开展等有利条件，结合工程实践经验，最小桩距取1.6倍夯扩体直径。设夯扩体直径为1m，则最小桩距取1.6~2.0m，砂土取小值，粘性土取大值，模型夯扩实验结果也得到相同的结论。

3.0.5 持力层指被加固土层下面的土层，其上界面距桩端2m左右，该土层与被加固土层可以属于同一个天然土层。在津文公路独流碱河大桥北侧进行的静力触探结果表明，被加固土层经加固后其压缩模量和承载力可提高30%~50%，因此相对被加固土层而言，持力层为软弱层时，应进行承载力和变形验算。

3.0.6 被加固土层指桩端至桩端以下2m深度范围内的土层，该土层由夯扩体和在夯扩过程中被挤密加固了的桩间土两部分组成。因此，该土层可视为以夯扩体为加强体的复合地基，其功能是将它上界面上由桩端和桩间土传来的荷载经扩散传递至下一土层。

在天津河东区欣园住宅小区粉土内进行的夯扩效应竖向影响范围标贯试验（图2）表明：当被加固土层为粉土时，其影响范围约为桩端下2m，模型实验结果表明当被加固土层为粘土时，其影响范围明显大于砂土，故被加固区厚度定为2m。

3.0.7 在承压含水层内进行夯扩时，一旦封堵失效会造成渗透破坏，难以补救。实践证明，在含水层以上一定距离的不透水层内进行夯扩可有效地防止渗透破坏，并不会影响单桩承载力，此距离可依据渗透稳定性验算结果取0.3~0.5m。

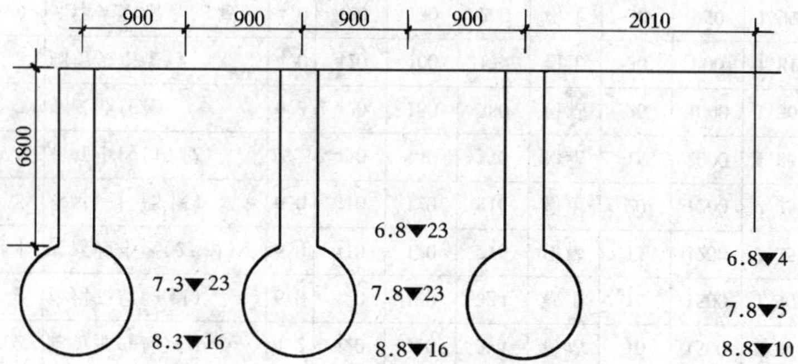

图2 标贯试验位置图

8.3▼16 左侧数据为标贯点深度（m）
右侧数据为标贯击数

3.0.10 复合载体夯扩桩承载力特性主要取决于被加固土层的挤密程度。实践证明，三击贯入度能可靠地反映该土层密度的变化，因此工程中在相同的地质条件下单桩承载力采用这一简单易行的指标进行控制。

4 桩 基 计 算

4.2 单桩竖向承载力确定

4.2.1 采用静载荷试验法确定单桩竖向承载力特征值，是迄今最可靠的方法，单桩承载力大小应由试桩确定，除地基基础设计等级为丙级的建筑外，均应经过静载试验确定单桩竖向承载力特征值，试验方法见附录A。

复合载体夯扩桩的 Q-s 曲线一般为缓变型，当沉降值 $s<40$mm，卸载后一般沉降回弹率约40%～50%左右，承载力储备较大，当沉降值 $s=60$mm，卸载后一般沉降回弹率约13%左右。试验表明前一情况持力层有塑性变形开展，后一情况持力层塑性变形发展较大。

故本规程采用双控方法一般取 $s=60$mm 所对应的荷载为单桩极限承载力。同时还应绘制 s-lg$t$ 曲线加以判断，以便更准确的确定单桩极限承载力（取 s-lg$t$ 曲线尾部出现明显向下弯曲的前一级荷载值为单桩极限承载力）。

另外需指出的是，由于施工操作的原因，有时在加载初期在某级荷载时 Q-s 曲线上可能出现沉降的突变，其原因是桩端与复合载体顶面接合不良所致，应采取锤击复打桩顶，可使桩端与复合载体顶面密切接触，此后仍可继续加荷试验。

4.2.2 复合载体夯扩桩承载力高、变形小的主要原因是由于在被加固土层内填料并施以强力冲击，致使土体明显被加固，桩端下4m范围内的土的压缩模量提高1.35倍，承载力提高了1.5～1.58倍，使被加固土层成为一个硬层与其下的持力层形成了双层地基，从而使单桩承受的荷载经被加固土层向下应力扩散，所以沉降小、承载力大幅度提高。该桩的特点在于桩端土体加固，不在于夯扩体大小，并且复合载体由不同材料组成，无法像常规灌注桩测试桩端阻力。根据桩端应力扩散到地基土，由地基土来反映桩承受的荷载的方式来建立单桩承载力公式。利用原状土地基经深度修正后的承载力表示应力扩散后桩的端阻力 q_{pa}，A_e表示等效桩端计算面积，该值通过现有单桩的载荷试验资料，反演计算、综合分析确定。A_e随土性和三击贯入度变化而不同（部分数据见表2）。

表 2 试桩的基本资料

编号	工程名称	桩长(m)	桩径(mm)	持力层承载力(kPa)		持力层土性	三击贯入量(cm)	单桩承载力极限值	
				特征值	修正后的特征值			试验值(kN)	反算 A_e 值
1	德州试桩	6.5	420	135	240	粉粘	10	1365	2.33
2	廊坊邮件处理中心	4.2	420	110	274	粉粘	10	1500	2.44
3	徐州安居(3根)	6.0	420	190	334	粘土	10	1500	1.90
4	龙富园小区(27根)	6.0	410	120	216	粉粘	15	1200	2.25
5	木材一厂(5根)	6.0	410	120	216	粉土	20	1200	2.25
6	彩虹小区(10根)	16.5	450	140	370	粉粘	15	2000	1.86
7	顺义商住楼	6.3	420	180	280	粉粘	20	1000	1.36
8	廊坊尖塔银行	4.0	420	100	179	粉土	30	800	1.81
9	天津大学宿舍(3根)	4.0	420	130	200	粉土	30	950	1.99
10	洛阳大学教学楼	4.0	420	250	685	碎石	7	2400	1.64
11	中央美院	9.7	600	200	794	细砂	6	4000	2.17

续表

编号	工程名称	桩长(m)	桩径(mm)	持力层承载力(kPa)		持力层土性	三击贯入量(cm)	单桩承载力极限值	
				特征值	修正后的特征值			试验值(kN)	反算 A_e 值
12	西湖苑小区(11 根)	4.5	410	120	197	粉粘	15	1100	2.35
13	花园小区(3 根)	10	410	110	260	淤粉粘	12	1100	1.37
14	西安名士花园(3 根)	7.0	450	150	390	黄粉粘	10	2200	2.44
15	洛阳铁岭住宅(8 根)	5.0	410	140	327	黄粉粘	10	1560	2.09
16	富裕广场(12 根)	18	450	160	410	粉土	8	1800	1.25
17	沧州化工厂(3 根)	8.0	400	120	234	粉粘	10	1200	1.92
18	沧州化工厂(3 根)	20.0	400	150	666	粉砂	12	1920	0.88
19	桃香园小区(3 根)	8.0	400	110	224	粉粘	15	1100	1.78

由于桩径为 600mm 的试验资料较少，同时锤径变为 500mm，等效桩端计算面积暂时按上述表格取值，也可根据工程实践经验确定。

4.2.3 考虑群桩效应，单桩满足设计要求后，还要对桩数大于 9 根的独立基础和满堂布桩的持力层地基土进行等代实体基础的承载力验算。

4.2.4 为确保桩身混凝土强度，现行国家标准《建筑地基基础设计规范》GB 50007 对灌注桩工作条件系数取 0.6～0.7，由于复合载体夯扩桩一般不超过 24m，在此工作条件系数取 0.7。

4.3 单桩水平承载力确定

4.3.1 单桩水平承载力与诸多因素有关，单桩水平承载力特征值应由单桩水平载荷试验确定。桩基抵抗水平力很大程度上依赖于承台底阻力和承台侧面阻力，带承台桩基的水平载荷试验能反映桩基在水平力作用下的实际工作状况。

带承台桩基水平载荷试验采用慢速维持荷载法，用以确定长期荷载作用下的桩基水平承载力和地基土水平反力系数。加载分级及每级荷载稳定标准可按单桩竖向静载荷试验的办法。当加载至桩身破坏或位移超过 30～40mm（软土取大值）时停止加载。卸载按 2 倍加载等级逐级卸载，每 30min 卸一级载，并于每次卸载前测读位移。

根据试验数据绘制荷载位移 H_0-X_0 曲线及荷载位移梯度 H_0－（$\Delta X_0/\Delta H_0$）曲线，取 H_0－（$\Delta X_0/\Delta H_0$）曲线的第一拐点为临界荷载，取第二拐点或 H_0－X_0 曲线的陡降点为极限荷载。若桩身设有应力测读装置，还可根据最大弯矩点变化特征综合判定临界荷载和极限荷载。

4.4 桩基沉降计算

4.4.2 复合载体夯扩桩的最终沉降量采用广大设计人员惯用的分层总和法进行计算，计算时取复合载体底面处的附加压力。计算附加压力时考虑应力扩散作用。条形基础下的单排或两排桩基群桩效应影响较小，可不进行沉降计算，如需要提供沉降计算，可按条基计算，并考虑条基之间的影响，按应力叠加原理采用角点法计算。

沉降计算结果随计算模式、土性参数的不确定性而与实际沉降有所偏差。因此，不论采用何种理论计算均须引入沉降计算经验系数 ψ_s 对计算结果进行修正。复合载体夯扩桩其竣工时沉降较小，各地根据沉降资料及经验进行确定 ψ_s。

4.4.3 地基沉降计算深度按应变比法计算，与现行国家标准《地基基础设计规范》GB 50007 相一致。

5 承 台 设 计

5.0.1 承台梁最小高度、最小配筋量和对称配筋的要求是考虑下列条件确定的：

1 承台梁应具有一定的刚度和承载力储备以调整各基桩间的不均匀沉降和由此引起的内力变化。

2 为便于施工，应使箍筋能沿梁长均匀布置，无须在桩顶附近加密，且箍筋配置一般不多于 ϕ8@200mm。

承台梁过高会提高造价，增加埋置深度，600mm 的建议是提请设计人员注意是否考虑降低单桩承载力以减小桩距。

按倒置弹性地基梁的方法计算，结果桩顶负弯矩值远高于跨中正弯矩，当纵筋上下对称配置时，有少量调幅可有效地降低用钢量。

中国工程建设标准化协会标准

土层锚杆设计与施工规范

CECS 22:90

主编单位：冶金部建筑研究总院
批准单位：中国工程建设标准化协会
批准日期：1990 年 11 月 6 日

前 言

土层锚杆在我国深基坑支挡、边坡加固、滑坡整治、水池抗浮、挡墙锚固和结构抗倾覆等工程中的应用日益广泛。为了使土层锚杆的设计和施工符合技术先进、经济合理、确保质量的要求，中国工程建设标准化协会委托冶金部建筑研究总院进行本规范的编制工作。本规范是在总结我国多年来土层锚杆的实践经验基础上，经多次征求意见和修改，最后由冶金部建筑研究总院组织国内专家会议审查定稿。

现批准《土层锚杆设计与施工规范》，编号为CECS 22:90，并推荐给各工程建设设计、施工单位使用。在使用过程中，如发现需要修改补充之处，请将意见和有关资料寄交北京西土城路33号冶金部建筑研究总院（邮政编码：100088）。

中国工程建设标准化协会
1990年11月6日

目　次

主要符号

A——锚杆预应力筋的截面积；

q_s——土体与锚固体间的粘结强度值；

d_1——扩大锚固头直径；

d_2——圆柱型锚固体直径；

E_p——预应力筋的弹性模量；

E_a——主动土压力；

f_{ptk}——预应力筋的抗拉强度标准值；

K_s——锚杆稳定安全系数；

K——锚杆安全系数；

K_c——蠕变系数；

L——锚杆总长度；

L_f——锚杆自由段长度；

L_a——锚杆锚固段长度；

β_c——扩大锚固头承载力系数；

Q——锚杆试验时对锚杆施加的荷载值；

N_t——锚杆的设计轴向拉力值；

R_t——单个扩大锚固头的承载力；

Q_{max}——锚杆试验时的最大荷载；

Q_0——锚杆试验时的初始荷载；

R_{tmax}——锚杆承受的最大拉力值；

R_u——锚杆极限承载力；

F——作用于土体滑动面上的反力；

S——锚杆总位移；

S_p——锚杆塑性位移；

S——锚杆弹性位移；

τ——土的不排水抗剪强度；

φ——土的内摩擦角；

α——锚杆倾斜角度；

σ——锚杆锚固体剪切面上的法向应力；

σ_{con}——锚杆张拉控制应力；

δ——板桩与土体间的摩擦角。

第一章　总　　则

第1.0.1条　土层锚杆是一种埋入土层深处的受拉杆件，它一端与工程构筑物相连，另一端锚固在土层中，通常对其施加预应力，以承受由土压力、水压力或风荷载等所产生的拉力，用以维护构筑物的稳定。

第1.0.2条　本规范适用于各类土层中临时性或永久性锚杆的设计与施工。

第1.0.3条　土层锚杆的设计与施工，除应遵守本规范外，尚应符合国家现行有关标准的要求。

第二章　土层锚杆设计

第一节　一般规定

第2.1.1条　在计划使用土层锚杆时，应充分研究土层锚固工程的安全性、经济性和施工可行性。

第2.1.2条　设计前必须做好以下基础工作：

一、认真调查与锚固工程有关的地形、场地、周围已有建筑物、埋设物、道路交通和气象等事项。

二、通过工程地质钻探及有关土质试验，掌握锚固工程范围内的土层种类与土的抗剪强度、颗粒级配、渗透系数、水的侵蚀性等物理力学性能和化学性能。

第2.1.3条　使用年限在2年以内的锚杆，可按临时性锚杆设计；使用年限大于2年的锚杆，应按永久性锚杆设计。

第2.1.4条　永久性锚杆设计时，必须先进行基本试验。

第2.1.5条　永久性锚杆的锚固段不应设置在未经处理的下列土层：

一、有机质土。

二、液限$w_L>50\%$的土层。

三、相对密度$D_r<0.3$的土层。

第二节　土层锚杆的结构类型

第2.2.1条　土层锚杆一般由锚头、自由段和锚固段三部分组成，其中锚固段用水泥浆或水泥砂浆将杆体（预应力筋）与土体粘结在一起形成锚杆的锚固体。

第2.2.2条　根据土体类型、工程特性与使用要求，土层锚杆锚固体结构可设计为圆柱型、端部扩大头型或连续球体型三类，见图2.2.2-1、图2.2.2-2和图2.2.2-3。

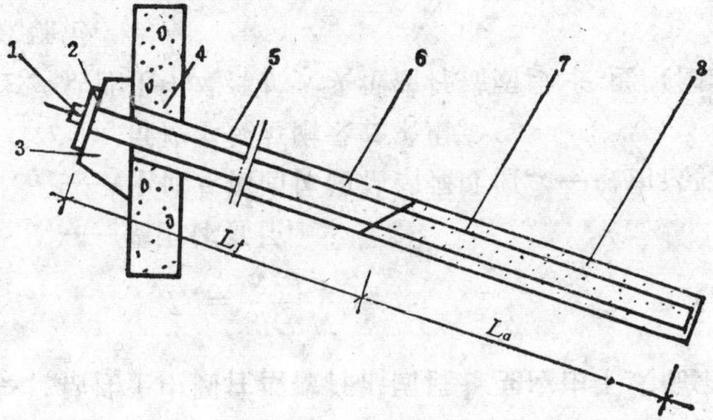

图2.2.2-1　圆柱型锚固体锚杆

1——锚具；2——承压板；3——台座；4——支挡结构；5——钻孔；6——二次注浆防腐处理；7——预应力筋；8——圆柱型锚固体；L_f——自由段长度；L_a——锚固段长度

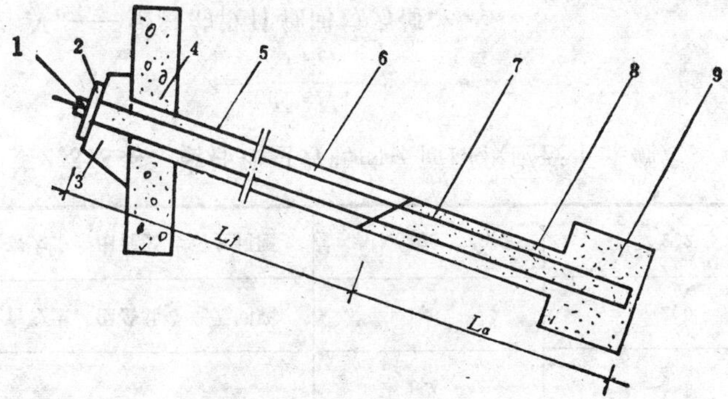

图2.2.2-2　端部扩大头型锚杆

1——锚具；2——承压板；3——台座；4——支挡结构；5——钻孔；6——二次注浆防腐处理；7——预应力筋；8——圆柱型锚固体；9——端部扩头体；L_f——自由段长度；L_a——锚固段长度

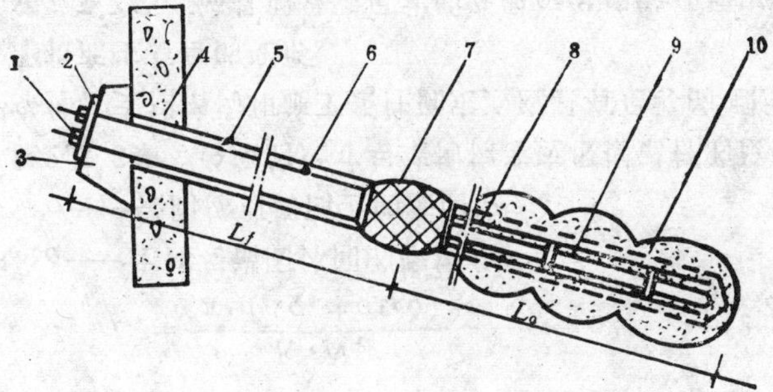

图2.2.2-3　连续球体型锚杆

1——锚具；2——承压板；3——台座；4——支挡结构；5——钻孔；6——塑料套管；7——止浆密封装置；8——预应力筋；9——注浆套管；10——连续球体型锚固体；L_f——自由段长度；L_a——锚固段长度

第2.2.3条　锚固于砂质土、硬粘土层并要求较高承载力的锚杆，宜采用端部扩大头型锚固体；锚固于淤泥、淤泥质土层并要求较高承载力的锚杆，宜采用连续球体型锚固体。

第三节　土层锚杆的布置与结构参数设计

第2.3.1条　土层锚杆的布置应遵守以下规定：

一、锚杆上下排间距不宜小于2.5m；锚杆水平方向间距不宜小于2.0m。

二、锚杆锚固体上覆土层厚度不应小于4.0m，锚杆锚固段长度不应小于4.0m。

三、倾斜锚杆的倾角不应小于13°，并不得大于45°，以15°～35°为宜。

第2.3.2条　锚杆安全系数K值应按表2.3.2确定。

锚杆安全系数表　　表2.3.2

锚杆破坏后危害程度	安全系数	
	临时锚杆	永久锚杆
危害轻微，不会构成公共安全问题	1.4	1.8
危害较大，但公共安全无问题	1.6	2.0
危害大，会出现公共安全问题	1.8	2.2

第2.3.3条　锚杆预应力筋的截面面积应按下式确定：

$$A=\frac{K\cdot N_t}{f_{ptk}} \tag{2.3.3}$$

式中 N_t——锚杆的设计轴向拉力值；

K——安全系数，按本规范表2.3.2选取；

f_{ptk}——钢丝、钢铰线、钢筋强度标准值见本规范附录四。

第2.3.4条　锚杆自由段长度不宜小于5.0m，对于倾斜锚杆，其自由段长度应超过破裂面1.0m。

第2.3.5条　锚杆锚固段长度的设计应遵守以下规定：

一、粘性土中圆柱型锚杆锚固段长度应由下式确定：

$$L_a=\frac{K\cdot N_t}{\pi\cdot d_2\cdot q_s} \tag{2.3.5-1}$$

式中　d_2——锚固体直径；

q_s——土体与锚固体间粘结强度值。一般由试验确定，也可按本规范附录二采用。

二、粘性土中端部扩大头型锚杆锚固段长度（图2.3.5）应由下式确定：

$$L_m=\frac{K}{\pi\cdot q_s}\cdot\left(\frac{N_t-R_t}{d_2}\right) \tag{2.3.5-2}$$

$$R_t=\pi/4(d_1^2-d_2^2)\cdot\beta_c\cdot\tau$$

式中　R_t——单个扩大头的承载力；

d_1——扩大头直径；

β_c——扩大头承载力系数，取9.0；

τ——土体不排水抗剪强度。

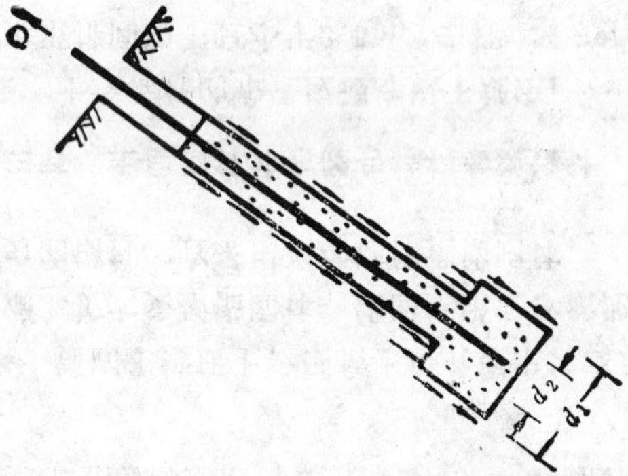

图2.3.5　端部扩大头型锚杆力学计算简图

三、非粘性土中圆柱型锚杆锚固段长度由下式确定：

$$L_a=\frac{K\cdot N_t}{\pi\cdot d_2(q_s+\sigma\mathrm{tg}\delta)} \tag{2.3.5-3}$$

式中　δ——土体与锚固体间的摩擦角；

σ——锚固体剪切面上的法向应力。

第2.3.6条　台座的尺寸与结构构造应根据锚杆的设计荷载、土层条件、支挡结构和施工条件确定，应具有足够的强度和刚度，不得产生有害的变形。

第2.3.7条　锚具型号、尺寸的选取应保持锚杆预应力值的恒定。

第三章　土层锚杆原材料

第3.0.1条　预应力杆体材料宜选用钢铰线、高强钢丝或高强螺纹钢筋。当预应力值较小或锚杆长度小于20m时，预应力筋也可采用Ⅱ级或Ⅲ级钢筋。

第3.0.2条　锚具和联接锚杆杆体的受力部件，均应能承受95%的杆体极限抗拉力。

第3.0.3条　塑料套管材料应满足以下要求：

一、具有足够的强度，保证其在加工和安装过程中不致损坏。

二、具有抗水性和化学稳定性。

三、与水泥砂浆和防腐剂接触无不良反应。

第3.0.4条　隔离架应由钢、塑料或其他对杆体无害的材料组成，不得使用木质隔离架。

第3.0.5条　防腐材料应满足下列要求：

一、在锚杆服务年限内，应保持其耐久性。

二、在规定的工作温度内或张拉过程中不得开裂、变脆或成为流体。

三、不得与相邻材料发生不良反应，应保持其化学稳定性和防水性。

四、不得对锚杆自由段的变形产生任何限制。

第3.0.6条　水泥浆体材料应满足下列规定：

一、水泥宜使用普通硅酸盐水泥，必要时可采用抗硫酸盐水泥。

二、不得使用高铝水泥。

三、细骨料应选用粒径小于2mm的中细砂。砂的含泥量按重量计不得大于3%，砂中所含云母、有机质、硫化物及硫酸盐等有害物质的含量，按重量计不宜大于1%。

四、混合水中不应含有影响水泥正常凝结与硬化的有害物质，不得使用污水。永久性锚杆不得使用pH值小于4.0的酸性水和硫酸盐含量按$SO_4^{=}$计算超过水重1%的水。

五、必要时，水泥浆中可加入控制泌水或延缓凝结等外加剂，但必须符合产品标准。水泥浆中氯化物的总含量不得超过水泥重量的0.1%。除二次劈裂灌浆和自由段的充填灌浆外，一般不宜采用膨胀剂。

第四章 土层锚杆施工

第一节 一 般 规 定

第4.1.1条 在进行锚杆施工前，应充分核对设计条件、土层条件和环境条件，在确保施工安全的前提下，编制施工组织设计。

第4.1.2条 施工前，要认真检查原材料型号、品种、规格及锚杆各部件的质量，并检查原材料的主要技术性能是否符合设计要求。

第4.1.3条 工程锚杆施工前，宜取两根锚杆进行钻孔、注浆、张拉与锁定的试验性作业，考核施工工艺和施工设备的适应性。

第二节 钻 孔

第4.2.1条 土层锚杆钻孔应遵守下列规定：

一、钻孔前，根据设计要求和土层条件，定出孔位，作出标记。

二、锚杆水平方向孔距误差不应大于50mm，垂直方向孔距误差不应大于100mm。

三、钻孔底部的偏斜尺寸不应大于锚杆长度的3％，可用钻孔测斜仪控制钻孔方向。

四、锚杆孔深不应小于设计长度，也不宜大于设计长度的1％。

五、安放锚杆前，湿式钻孔应用水冲洗，直至孔口流出清水为止。

六、钻孔记录应按本规范附录七的附表7.1整理。

第4.2.2条 钻孔机具：钻孔机具的选择必须满足土层锚杆钻孔的要求。坚硬粘性土和不易塌孔的土层宜选用地质钻机、螺旋钻机或土锚专用钻机；饱和粘性土与易塌孔的土层宜选用带护壁套管的土锚专用钻机。常用钻孔设备型号及主要性能参见本规范附录六。

第4.2.3条 二次高压注浆形成的连续球体型锚杆的钻孔还应遵守下列规定：

一、钻孔宜采用套管护壁，一次将钻孔钻至设计长度。

二、钻孔完成后，应立即拔出钻杆，放入预应力筋，随后再拔出套管。

第4.2.4条 扩大头型锚杆钻孔还应遵守下列规定：

一、端部扩大头可采用机械或爆破扩孔法，爆破扩孔装药量应根据土层情况，通过试验确定。

二、安装锚杆前应测定扩大头的尺寸。

第三节 杆体（预应力筋）的组装与安放

第4.3.1条 采用Ⅱ、Ⅲ级钢筋作锚杆杆体时，杆体的组装应遵守以下规定：

一、组装前钢筋应平直、除油和除锈。

二、Ⅱ、Ⅲ级钢筋的接头应采用焊接的搭接接头，焊接长度为30d，但不小于500mm，并排钢筋的连接也应采用焊接。

三、沿杆体轴线方向每隔1.0～2.0m应设置一个对中支架，排气管应与锚杆杆体绑扎牢固。

四、杆体自由段应用塑料布或塑料管包裹，与锚固体联接处用铅丝绑牢。

五、杆体应按防腐要求进行防腐处理。

第4.3.2条 当采用钢铰线或高强钢丝作锚杆杆体时，杆体的组装应遵守以下规定：

一、钢铰线或高强钢丝应除油污、除锈，严格按设计尺寸下料，每股长度误差不大于50mm。

二、钢铰线或高强钢丝应按一定规律平直排列，沿杆体轴线方向每隔1.0～1.5m设置一个隔离架，杆体的保护层不应小于2.0cm，预应力筋（包括排气管）应捆扎牢固，捆扎材料不宜用镀锌材料。

三、杆体自由段应用塑料管包裹，与锚固段相交处的塑料管管口应密封并用铅丝绑紧。

四、应按防腐要求进行防腐处理。

第4.3.3条 采用二次高压注浆形成的连续球体型锚杆杆体的组装，还应遵守下列规定：

一、编排钢铰线或高强钢丝时，应同时安放注浆套管和止浆密封装置。

二、止浆密封装置应设置在自由段与锚固段的分界处，并具有良好的密封性能。

三、宜用密封袋作止浆密封装置，密封袋两端应牢固绑扎在锚杆杆体上。被密封袋包裹的注浆套管上至少应留有一个进浆阀。

第4.3.4条 组装扩大头型锚杆杆体时，处于扩大头处的杆体应局部加强。

第4.3.5条 锚杆杆体的安放应遵守下列规定：

一、杆体放入钻孔之前，应检查杆体的质量，确保杆体组装满足设计要求。

二、安放杆体时，应防止杆体扭压、弯曲，注浆管宜随锚杆一同放入钻孔，注浆管头部距孔底宜为50～100mm，杆体放入角度应与钻孔角度保持一致。

三、杆体插入孔内深度不应小于锚杆长度的95%，杆体安放后不得随意敲击，不得悬挂重物。

第四节 注 浆

第4.4.1条 锚杆注浆应遵守下列规定：

一、注浆材料应根据设计要求确定，一般宜选用灰砂比1∶1～1∶2，水灰比0.38～0.45的水泥砂浆或水灰比为0.40～0.45的纯水泥浆，必要时可加入一定量的外加剂或掺和料。

二、注浆浆液应搅拌均匀，随搅随用，浆液应在初凝前用完，并严防石块、杂物混入浆液。

三、注浆作业开始和中途停止较长时间，再作业时宜用水或稀水泥浆润滑注浆泵及注浆管路。

四、注浆管的插至深度见第4.3.5条第二款。

五、孔口溢出浆液或排气管停止排气时，可停止注浆。

六、浆体硬化后不能充满锚固体时，应进行补浆。

七、注浆记录按本规范附录七的附表7.2整理。

第4.4.2条 注浆体的设计强度不应低于20MPa。

第4.4.3条 二次高压注浆形成的连续球体型锚杆的注浆还应遵守下列规定：

一、注浆材料宜选用水灰比0.45～0.50的纯水泥浆。

二、一次常压注浆作业应从孔底开始，直至孔口溢出浆液。

三、止浆密封装置的注浆应待孔口溢出浆液后进行，注浆压力不宜低于2.5MPa。

四、一次常压注浆结束后，应将注浆管、注浆枪和注浆套管清洗干净。

五、对锚固体的二次高压注浆应在一次注浆形成的水泥结石体强度达到5.0MPa时进行，注浆压力和注浆时间可根据锚固体的体积确定，并分段依次由下至上进行。

第五节 张拉与锁定

第4.5.1条 台座的承压面应平整，并与锚杆的轴线方向垂直。

第4.5.2条 锚杆的张拉应遵守下列规定：

一、锚杆张拉前，应对张拉设备进行标定。

二、锚固体与台座混凝土强度均大于15.0MPa时，方可进行张拉。

三、锚杆张拉应按一定程序进行，锚杆张拉顺序，应考虑邻近锚杆的相互影响。

四、锚杆正式张拉之前，应取0.1～0.2设计轴向拉力值N_t，对锚杆预张拉1～2次，使其各部位的接触紧密，杆体完全平直。

五、永久锚杆张拉控制应力σ_{con}不应超过$0.60f_{ptk}$，临时锚杆张拉控制应力σ_{con}不应超过$0.65f_{ptk}$。

第4.5.3条 锚杆张拉至1.1～1.2N_t，土质为砂质土时保持10min，为粘性土时保持15min，然后卸荷至锁定荷载进行锁定作业。锚杆张拉荷载分级及观测时间应遵守表4.5.3的规定。锚杆张拉和锁定施工记录应按本规范附录七的附表7.3整理。

锚杆张拉荷载分级及观测时间　　表4.5.3

张拉荷载分级	观测时间(min)	
	砂质土	粘性土
$0.10N_t$	5	5
$0.25N_t$	5	5
$0.50N_t$	5	5
$0.75N_t$	5	5
$1.00N_t$	5	10
$1.10～1.20N_t$	10	15
锁定荷载	10	10

第4.5.4条 锚杆锁定工作，应采用符合技术要求的锚具。用于锁定预应力钢铰线的锚具规格见本规范附录五。

第4.5.5条 锚杆锁定后，若发现有明显预应力损失时，应进行补偿张拉。

第五章　土层锚杆试验与监测

第一节　一 般 规 定

第5.1.1条　锚固体强度大于15.0MPa时，可进行锚杆试验。

第5.1.2条　锚杆试验用加荷装置的额定压力必须大于试验压力。

第5.1.3条　锚杆试验用反力装置在最大试验荷载作用下应保持足够的强度和刚度。

第5.1.4条　锚杆试验用检测装置（测力计、位移计、计时表）应满足设计要求的精度。

第二节　基 本 试 验

第5.2.1条　任何一种新型锚杆或已有锚杆用于未曾应用过的土层时，必须进行基本试验。

第5.2.2条　基本试验锚杆不应少于3根，用作基本试验的锚杆参数、材料及施工工艺必须和工程锚杆相同。

第5.2.3条　最大试验荷载（Q_{max}）不应超过钢丝、钢铰线、钢筋强度标准值的0.8倍。

第5.2.4条　砂质土、硬粘土中锚杆基本试验加荷等级与测读锚头位移应遵守下列规定：

一、采用循环加荷，初始荷载宜取$A \cdot f_{ptk}$的0.1倍，每级加荷增量宜取$A \cdot f_{ptk}$的1/10～1/15。

二、砂质土、硬粘土中锚杆加荷等级与观测时间见表5.2.4。

三、在每级加荷等级观测时间内，测读锚头位移不应少于3次。

四、在每级加荷等级观测时间内，锚头位移量不大于0.1mm时，可施加下一级荷载，否则要延长观测时间，直至锚头位移增量2.0h小于2.0mm时，再施加下一级荷载。

砂质土、硬粘土中锚杆基本试验加荷等级与观测时间　表5.2.4

加荷增量（$A \cdot f_{ptk}$%）	初始荷载	—	—	—	10	—	—	—
	第一循环	10	—	—	30	—	—	10
	第二循环	10	20	30	40	30	20	10
	第三循环	10	30	40	50	40	30	10
	第四循环	10	30	50	60	50	30	10
	第五循环	10	30	50	70	50	30	10
	第六循环	10	30	60	80	60	30	10
观测时间(min)		5	5	5	10	5	5	5

第5.2.5条　淤泥及淤泥质土中锚杆基本试验加荷等级与测定锚头位移应遵守下列规定：

一、初始荷载宜取$A \cdot f_{ptk}$的0.1倍，每级加荷增量宜取$A \cdot f_{ptk}$的1/10～1/15，加荷等级为$A \cdot f_{ptk}$的0.5和0.7倍时，采用循环加荷。循环加荷分级与观测时间同表5.2.4。

二、锚杆各加荷等级的观测时间见表5.2.5。

淤泥及淤泥质土中锚杆基本试验各加荷等级的观测时间表　表5.2.5

加荷等级	初始荷载	第一级	第二级	第三级	第四级	第五级	第六级
（$A \cdot f_{ptk}$%）	10	30	40	50	60	70	80
观测时间(min)	15	15	15	30	120	30	120

三、在每级加荷等级观测时间内，测读锚头位移不少于3次。

四、荷载等级小于$A \cdot f_{ptk}$的50%时，每分钟加荷不宜大于20

kN；荷载等级大于$A \cdot f_{ptk}$的50%时，每分钟加荷不宜大于10 kN。

五、当加荷等级为f_{ptk}的0.6和0.8倍时，锚头位移增量在观测时间内2.0h小于2.0mm，才可施加下一级荷载。

第5.2.6条 锚杆破坏标准：

一、后一级荷载产生的锚头位移增量达到或超过前一级荷载产生位移增量的2倍。

二、锚头位移不收敛。

三、锚头总位移超过设计允许位移值。

第5.2.7条 试验报告应按本规范附录八整理，并绘制锚杆荷载-位移（Q-S）曲线、锚杆荷载-弹性位移（Q-S_e）曲线、锚杆荷载-塑性位移（Q-S_p）曲线。

第5.2.8条 基本试验所得的总弹性位移应超过自由段长度理论弹性伸长的80%，且小于自由段长度与1/2锚固段长度之和的理论弹性伸长。

第5.2.9条 试验得出的锚杆安全系数K_0值由下式确定：

$$K_0=\frac{R_u}{N_t} \tag{5.2.9}$$

式中 R_u——锚杆极限承载力，取破坏荷载的95%。

第三节 验收试验

第5.3.1条 验收试验锚杆的数量应取锚杆总数的5%，且不得少于最初施作的3根。

第5.3.2条 最大试验荷载不应超过预应力筋$A \cdot f_{ptk}$值的0.8倍，并应满足以下规定：

一、永久性锚杆的最大试验荷载为锚杆设计轴向拉力值的1.5倍。

二、临时性锚杆的最大试验荷载为锚杆设计轴向拉力值的1.2倍。

第5.3.3条 验收试验对锚杆施加荷载与测读锚头位移应遵守以下规定：

一、初始荷载宜取锚杆设计轴向拉力值的0.1倍。

二、加荷等级与各等级荷载观测时间应满足表5.3.3的规定。

验收试验锚杆的加荷等级与观测时间表 表5.3.3

加荷等级	测定时间(min)	
	临时锚杆	永久锚杆
$Q_1=0.10N_t$	5	5
$Q_2=0.25N_t$	5	5
$Q_3=0.50N_t$	5	10
$Q_4=0.75N_t$	10	10
$Q_5=1.00N_t$	10	15
$Q_6=1.20N_t$	15	15
$Q_7=1.50N_t$	—	15

三、同本规范第5.2.4条第三款。

四、最大试验荷载观测15min后，卸荷至$0.1N_t$量测位移，然后加荷至锁定荷载锁定。

第5.3.4条 试验结果按本规范附录八整理，并绘制锚杆验收试验图。

第5.3.5条 锚杆验收标准：

一、同第5.2.8条。

二、在最大试验荷载作用下，锚头位移趋于稳定。

第四节 蠕变试验

第5.4.1条 塑性指数大于17的淤泥及淤泥质土层中的锚杆应进行蠕变试验。用作蠕变试验的锚杆不应少于3根。

第5.4.2条 锚杆蠕变试验加荷等级与观测时间应满足表

5.4.2的规定，在观测时间内荷载必须保持恒定。

锚杆蠕变试验加荷等级与观测时间　　表5.4.2

加荷等级	观测时间(min)	
	临时锚杆	永久锚杆
$Q_1=0.25N_t$	—	10
$Q_2=0.50N_t$	10	30
$Q_3=0.75N_t$	30	60
$Q_4=1.00N_t$	60	120
$Q_5=1.20N_t$	90	240
$Q_6=1.33N_t$	120	360

第5.4.3条　每级荷载按时间间隔1、2、3、4、5、10、15、20、30、45、60、75、90、120、150、180、210、240、270、300、330、360min记录蠕变量。

第5.4.4条　试验结果按本规范附录八整理，并绘制蠕变量-时间对数（S-$\lg t$）曲线，蠕变系数由下式求得：

$$K_c=\frac{S_2-S_1}{\lg\frac{t_2}{t_1}} \quad (5.4.4)$$

式中　S_1——t_1时所测得的蠕变量；

S_2——t_2时所测得的蠕变量。

第5.4.5条　锚杆蠕变试验测得的最后一级荷载作用下的蠕变系数不应大于2.0mm。

第五节　锚杆预应力的长期监测与控制

第5.5.1条　永久性锚杆及用于重要工程的临时性锚杆，应对锚杆预应力变化进行长期监测。

第5.5.2条　对长期监测预应力值的永久性锚杆的数量不应少于锚杆总数的5％～10％，监测时间不宜少于12个月。

第5.5.3条　锚杆预应力监测应遵守以下规定：

一、宜采用钢弦式压力盒、应变式压力盒、液压式压力盒进行监测。

二、预应力变化值，在最初10d应每天记录一次，第11d至第30d每10d记录一次，第31d至第12个月每30d记录一次。

第5.5.4条　预应力变化值不宜大于锚杆设计轴向拉力值的10％，必要时可采取重复张拉或适当放松以控制预应力变化。

第六章　土层锚杆防腐

第一节　一般规定

第6.1.1条　对土层锚杆尤其是永久性锚杆的腐蚀环境，应进行充分的调查。

第6.1.2条　防腐方法必须适应锚杆的使用目的，对锚杆锚头、自由段和锚固段部分应分别对待。防腐方法的确定，必须使防腐材料在施工期间免受损伤，并保证防腐长期有效。

第6.1.3条　永久性锚杆必须进行双层防腐。

第6.1.4条　临时性锚杆可采用简单防腐，当腐蚀环境特别严重时，应采用双层防腐。

第二节　防腐方法

第6.2.1条　锚杆锚固段的防腐处理应遵守下列规定：

一、一般腐蚀环境中的永久性锚杆，其锚固段内杆体可以采用水泥浆或水泥砂浆封闭防腐，但杆体周围必须有2.0cm厚的保护层。

二、严重腐蚀环境中的永久性锚杆，其锚固段内杆体宜用波纹管外套，管内空隙用环氧树脂、水泥浆或水泥砂浆充填，套管周围保护层厚度不得小于1.0cm。

三、临时性锚杆锚固段杆体应采用水泥浆封闭防腐，杆体周围保护层厚度不得小于1.0cm。

第6.2.2条　锚杆自由段的防腐处理应遵守下列规定：

一、永久性锚杆自由段内杆体表面宜涂润滑油或防腐漆，然后包裹塑料布，在塑料布上再涂润滑油或防腐漆，最后装入塑料套管中，形成双层防腐。

二、临时性锚杆的自由段杆体可采用涂润滑油或防腐漆，再包裹塑料布等简易防腐措施。

第6.2.3条　锚杆锚头部分的防腐处理应遵守以下规定：

一、永久性锚杆采用外露锚头时，必须涂以沥青等防腐材料，再采用混凝土密封，外露钢垫板和锚具的保护层厚度不得小于2.5cm。

二、永久性锚杆采用盒具密封时，必须用润滑油充填盒具的空腔；

三、临时性锚杆的锚头宜采用沥青防腐。

第七章 工 程 验 收

第7.0.1条 永久性锚杆工程竣工后，应按设计要求和质量合格条件验收。

第7.0.2条 土层锚杆工程验收时，应提供下列资料：

一、原材料出厂（场）合格证，工地材料试验报告，代用材料试验报告。

二、按本规范附录七的内容与格式提供锚杆施工记录。

三、锚杆验收试验与蠕变试验报告。

四、锚杆工程范围内的地质报告。

五、隐蔽工程检查验收记录。

六、设计变更报告。

七、工程重大问题处理文件。

八、竣工图。

第7.0.3条 对设计要求进行锚杆预应力长期监测的工程，验收时应提交相应的报告。

附录一 本规范有关名词解释

一、杆体（预应力筋）：预应力筋是指受张拉的杆体，由钢筋、高强钢丝或钢铰线组成。

二、锚固段：锚固段是指水泥浆体将预应力筋与土层粘结的区段，其功能是通过锚固体与土层的粘结摩阻作用或锚固体的承压作用，将自由段的拉力传至土层深部。

三、自由段：自由段是指将锚头处的拉力传至锚固体的区段，其功能是对锚杆施加预应力。

四、台座：台座是指将拉力传至结构物，设置在承压板和结构物之间的部件。

五、承压板：承压板是指设置在锚具和台座之间的板状部件，其功能是使预应力均匀分布在台座上。

六、锚具：锚具是指在承压板上面用来锁定预应力筋的部件，常用的锚具有螺母、JM锚具和QM锚具。

七、一次注浆：一次注浆是指在规定压力下注入浆液，形成锚固体的注浆作业。

八、二次注浆：二次注浆是指锚固体形成后为充填钻孔内的孔隙而进行的注浆作业。

九、二次高压注浆（劈裂注浆）：二次高压注浆是指采用高压注浆使第一次注浆形成的锚固体劈裂，浆液向土体扩散、挤压，使锚固体扩大的注浆作业。

十、一次张拉：一次张拉是指按设计张拉力对锚杆进行张拉作业。

十一、二次张拉：二次张拉是指为弥补锚杆预应力的损失对已锁定的锚杆再次进行张拉的作业。

十二、锚杆极限承载力：锚杆极限承载力是指锚杆所能承受的最大拉力。

十三、设计轴向拉力：锚杆的设计轴向拉力是指在整个使用期间锚杆应承受的轴向力。

十四、锁定荷载：锁定荷载是进行锚杆锁定时，作用于锚头上的力。

十五、基本试验：基本试验是为确定锚杆极限承载力和获得有关设计参数而进行的试验。

十六、验收试验：验收试验是为检验锚杆施工质量及承载力是否满足设计要求而进行的试验。

十七、蠕变试验：蠕变试验是为掌握锚杆的蠕变性能而进行的试验。

十八、蠕变：锚杆蠕变是指在恒载作用下，锚杆的位移随时间而增加的现象。

十九、松弛：锚杆松弛是指在锚杆位移不变的情况下，锚杆预应力随时间而降低的现象。

二十、安全系数：锚杆的安全系数是指锚杆极限承载力与锚杆设计荷载的比值。

附录二　土层与锚固体间粘结强度推荐值

土层与锚固体间粘结强度　　附表2.1

土层种类	土的状态	q_s值（kPa）
淤泥质土	—	20～25
粘性土	坚硬	60～70
	硬塑	50～60
	可塑	40～50
	软塑	30～40
粉土	中密	100～150
砂土	松散	90～140
	稍密	160～200
	中密	220～250
	密实	270～400

注：①表中数据仅用作初步设计时估算。

②表中q_s系采用一次常压灌浆测定的数据。

附录三　锚定板桩深部破裂面稳定性验算方法

一、单层锚杆深部破裂面稳定性验算方法：

从地基内取一平面楔体（包括桩、锚杆与土体）作为单元体，根据单元体的平衡状态用力多边形图解法对锚杆稳定性进行验算。其计算简图见附图3.1，即通过锚固体中心点c与基坑支护桩下端的假想支承点b连一直线，并假定bc线为深部滑动线，再通过点c垂直向上作直线cd，这样abcd块体上除作用有自重G外，还作用有E_a、F和E_1，当块体处于平衡状态时，即可利用力多边形求得锚杆承受的最大拉力R_{tmax}。R_{tmax}与锚杆设计轴向拉力N_t之比就是锚杆的稳定安全系数K_s，一般取1.5。

即：
$$K_s=\frac{R_{tmax}}{N_t}\geqslant 1.5$$

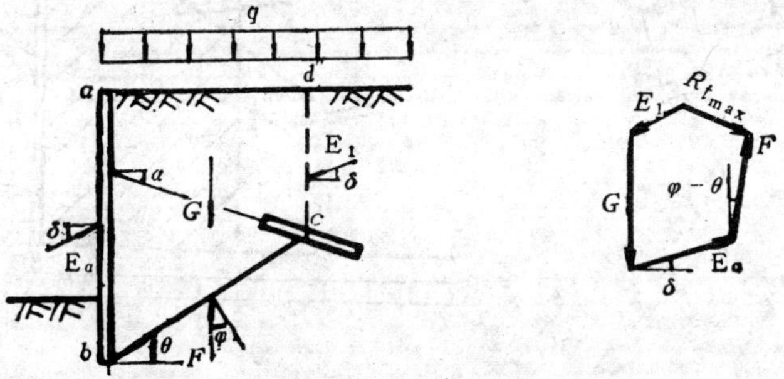

附图3.1　单层锚杆深部破裂面的稳定性验算

G——深部破裂面范围内土体重量；

E_a——作用在基坑支护上的主动土压力的反力；

E_1——作用在cd面上的主动土压力；

F——bc面上反力的合力；

φ——土的内摩擦角；

δ——基坑支护与土体间的摩擦角；

θ——深部破裂面与水平面的夹角；

α——锚杆倾角

二、双排锚杆深部破裂面稳定性验算方法：

双排锚杆深部破裂面稳定性验算的假设和计算方法与单排锚杆深部破裂面稳定性验算相同，其计算简图见附图3.2。在单元体内存在bc、be、bec三个滑动面，当其处于平衡状态时，即可利用力多边形求得锚杆承受的最大拉力$R_{t(bc)max}$、$R_{t(be)max}$和$R_{t(bec)max}$，相应的稳定安全系数$K_{s(bc)}$、$K_{s(be)}$和$K_{s(bec)}$应不小于1.5。

即：
$$K_{s(bc)}=\frac{R_{t(bc)max}}{N_t}\geqslant 1.5$$

$$K_{s(be)}=\frac{R_{t(be)max}}{N_t}\geqslant 1.5$$

$$K_{s(bec)}=\frac{R_{t(bec)max}}{N_t}\geqslant 1.5$$

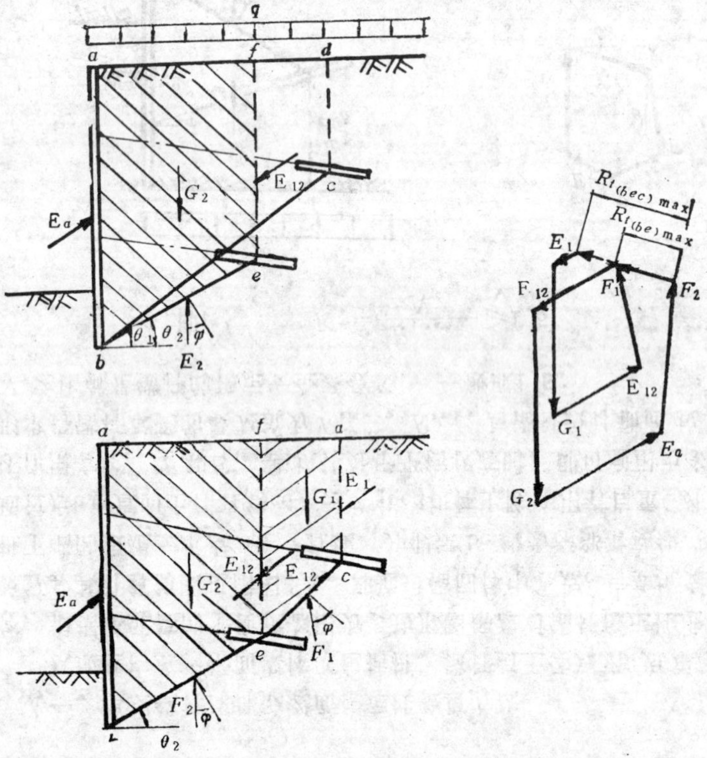

附图3.2　双层锚杆深部破裂面稳定性验算

附录四　钢丝、钢铰线、钢筋强度标准值

钢丝、钢铰线、钢筋强度标准值（N/mm²）　　**附表4.1**

种	类	f_{yk}或f_{pyk}或f_{ptk}	
碳素钢丝	ϕ4	1670	
	ϕ5	1570	
刻痕钢丝	ϕ5	1470	
冷拔低碳钢丝	甲级：	Ⅰ组	Ⅱ组
	ϕ4	700	650
	ϕ5	650	600
	乙级：ϕ3～ϕ5	550	
钢铰线	d=9.0（7ϕ3）	1670	
	d=12.0（7ϕ4）	1570	
	d=15.0（7ϕ5）	1470	
热轧钢筋	Ⅰ级：（A_3、AY_3）	235	
	Ⅱ级〔20MnSi、20MnNb(b)〕、d≤25	335	
	d=28～40	315	
	Ⅲ级（25MnSi）	370	
	Ⅳ级（$40Si_2MnV$、45SiMnV、$45Si_2MnTi$）	540	

续附表4.1

种类		f_{yk}或f_{pyk}或f_{ptk}
冷拉钢筋	Ⅰ级 ($d \leq 12$)	280
	Ⅱ级 $d \leq 25$	450
	$d=28 \sim 40$	430
	Ⅲ级	500
	Ⅳ级	700
热处理钢筋	$40Si_2Mn$ ($d=6$)	1470
	$48Si_2Mn$ ($d=8.2$)	
	$45Si_2Cr$ ($d=10$)	

注：碳素钢丝系指国家标准《预应力混凝土用钢丝》（GB5223-85）中的矫直回火钢丝。

附录五　预应力钢铰线锚具规格

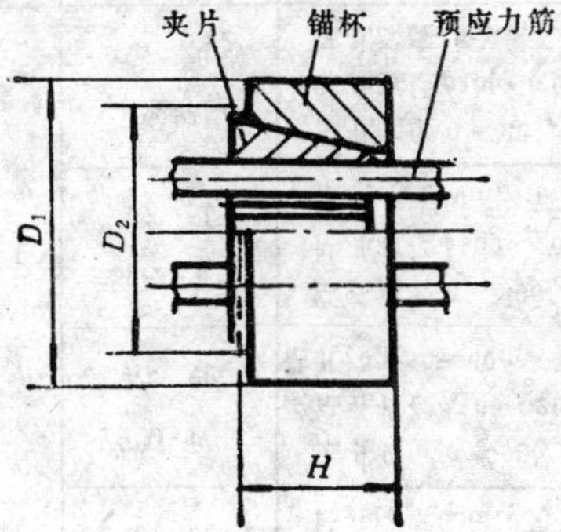

JM 系 列 锚 具　　附表5.1

型号	外形尺寸		
	D_1	D_2	H
JM12-3	$\phi 90$ ($\phi 100$)	$\phi 79$	50 (55)
JM12-4	$\phi 90$ ($\phi 100$)	$\phi 79$	50 (55)
JM12-5	$\phi 100$	$\phi 79$	50 (55)
JM12-6	$\phi 100$	$\phi 79$	50 (55)
JM12-7	$\phi 108$	$\phi 79$	50
JM15-3	$\phi 125$	$\phi 105$	74
JM15-4	$\phi 135$	$\phi 105$	74
JM15-5	$\phi 135$	$\phi 105$	74
JM15-6	$\phi 135$	$\phi 105$	74

注：因JM12系列锚具可夹持光园及螺纹钢、钢铰线，故又可分为光JM12、螺JM12、铰JM12。

表中括号尺寸为铰JM尺寸。

QM 系 列 锚 具　　　　附表5.2

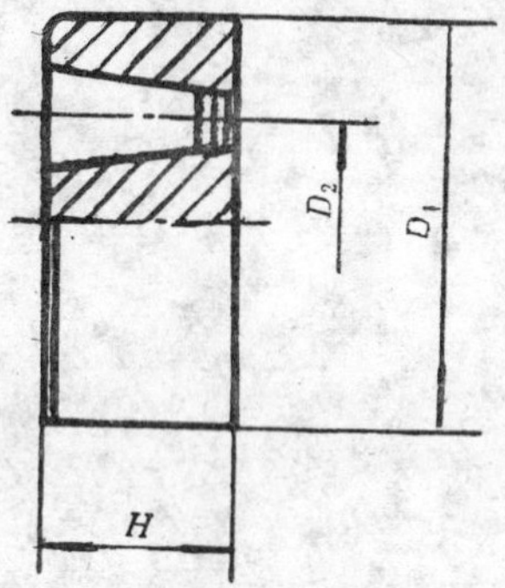

工作锚板

型 号	外形尺寸		
	H	D_1	D_2
QM15-1	50	ϕ46	0
QM15-3	55	ϕ105	ϕ50
QM15-4	55	ϕ105	ϕ50
QM15-5	55	ϕ120	ϕ60
QM15-6.7	60	ϕ135	ϕ70
QM15-9	60	ϕ160	ϕ70
QM15-12	70	ϕ175	ϕ106
QM15-13	80	ϕ195	ϕ120
QM15-19	80	ϕ220	ϕ140

QM 锚 垫 板　　　　附表5.3

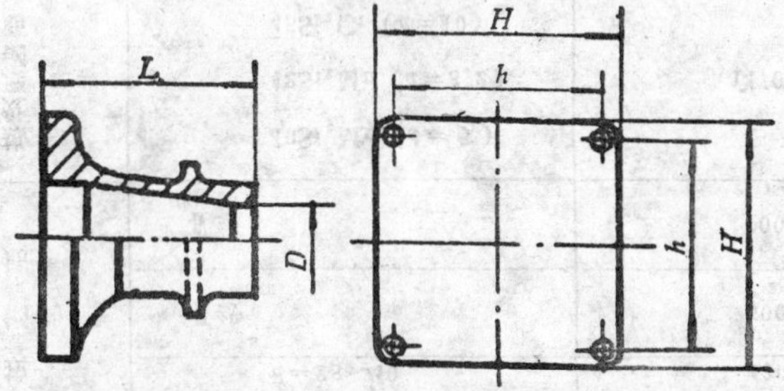

型 号		QM15-4	QM15-5	QM15-6.7	QM15-9	QM 5-12
外形尺寸	L	160	165	190	300	300
	H	160	190	215	240	265
	D	ϕ60	ϕ75	ϕ75	ϕ88	ϕ95
	h	130	160	190	210	225

附录六　土层锚杆常用施工设备表

土层锚杆常用施工设备　　　　附表6.1

设备种类名称		技 术 性 能	适用条件	生产厂家
钻孔设备	KRUPP 钻 机	钻孔角度 0～90°， 钻孔直径ϕ100～200mm， 钻孔深度60m，可带套管钻进	各种土层	西德
	YTM-87 钻 机	钻孔角度 0～90°， 钻孔直径ϕ100～200mm， 钻孔深度30～60m，可带套管钻进	各种土层	冶金部建研总院
	SGZ-Ⅱ 钻 机	钻孔角度 0～360°， 钻孔直径ϕ100～200mm， 钻孔深度40m，不可带套管钻进	不易塌孔的土层	杭州钻探设备厂
	工程地质 钻 机	钻孔角度 0～90°， 钻孔直径ϕ100～200mm， 钻孔深度40m，不可带套管钻进	不易塌孔的土层	
拔管机	YBG-88 拔 管 机	最大拔力500kN，拔管直径 137～158mm		冶金部建研总院
注浆设备	2TGZ-60h10 注 浆 泵	工作压力6～21MPa， 排浆量60～16l/min	高压注浆	辽宁锦西注浆泵厂
	HB6-3 灰 浆 泵	工作压力0～1.5MPa， 排浆量50l/min	普通注浆	济南山泉机械厂
	UBJ₂挤压式 灰 浆 泵	工作压力0～1.5MPa， 排浆量30l/min	灌注水泥砂浆	杭州建筑机械厂

续附表6.1

设备种类名称		技术性能	适用条件	生产厂家
张拉设备	YC系列千斤顶	张拉力600、1200kN，张拉行程150、350mm	配JM锚具和螺母	柳州建筑机械厂
	YCQ系列千斤顶	张拉力1000、2000、5000kN，张拉行程150、200mm	配QM锚具	柳州建筑机械厂
	ZB4-500电动油泵	额定压力50MPa，额定流量4l/min	配YC系列或YCQ系列千斤顶	柳州建筑机械厂

附录七　土层锚杆施工记录表汇总

土层锚杆钻孔施工记录表　　附表7.1

工程名称：＿＿＿＿　施工单位：＿＿＿＿

设计钻孔长度：＿＿＿＿　设计钻孔直径：＿＿＿＿

钻机型号：＿＿＿＿　钻孔日期：＿＿＿＿

锚杆编号	地层类别	钻孔直径（cm）	套管外径（cm）	钻孔时间	钻孔长度（m）	套管长度（m）	钻孔倾角（α°）	备注

技术负责人：＿＿＿　工长：＿＿＿　质检员：＿＿＿　记录员：＿＿＿

注：①备注栏记录钻孔过程中出现的情况，如坍孔、缩颈、地下水及相应的处理方法。

②扩大头锚杆钻孔可增加实测扩大头直径一栏。

土层锚杆注浆施工记录表 **附表7.2**

工程名称：________ 施工单位：________

注浆设备：________ 注浆日期：________

锚杆编号	地层类别	注浆部位	注浆材料及配合比	注浆开始时间	注浆终止时间	注浆压力(MPa)	注浆量(l)	备注

技术负责人：______ 工长：______ 质检员：______ 记录员：______

注：注浆材料及配合比应包括外加剂的名称及掺量。

土层锚杆张拉与锁定记录表 **附表7.3**

工程名称：________ 施工单位：________

锚杆编号：________ 锚具型号：________

张拉设备：________ 张拉日期：________

张拉荷载(kN)	油压表读数(MPa)	测定时间	锚头位移读数(mm)	锚头位移增量(mm)	备注
锁定荷载(kN)					

技术负责人：______ 工长：______ 质检员：______ 记录员：______

附录八 锚杆试验记录表与附图汇总

锚 杆 试 验 记 录 表 **附表8.1**

锚杆编号：________ 试验类别：________ 注浆日期：________ 试验日期：________

土层类别	锚杆资料	注浆资料	检验荷载(kN)	油压表读数(MPa)	锚头位移读数(mm)			锚头位移增量(mm)	备注
					1	2	3		
	锚杆类型 杆体材料 杆体截面积 杆体弹性模量 锚固段长度 自由段长度 钻孔倾角	注浆材料 配合比 外加剂 注浆方式							

注：锚杆的基本试验、验收试验、蠕变试验均用上表记录。

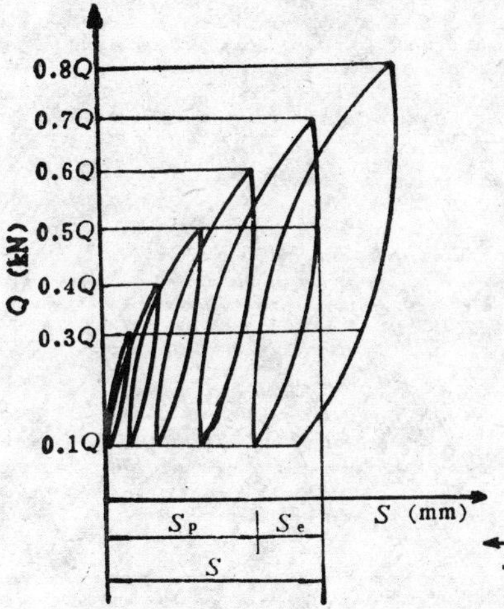

附图8.1 基本试验 Q-S曲线

注：$Q=A\cdot f_{ptk}$

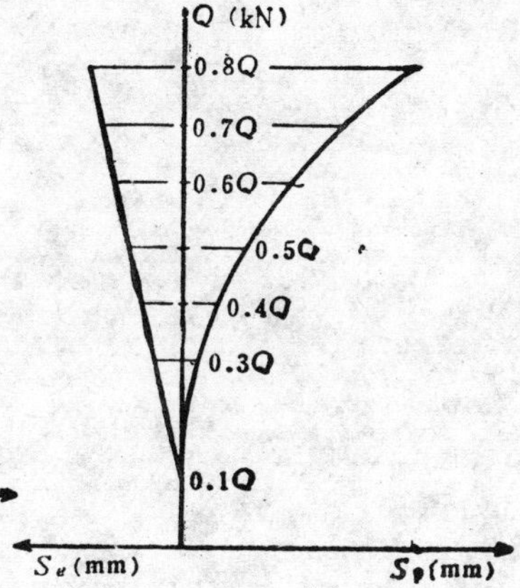

附图8.2 基本试验的Q-S_e及Q-S_p曲线

注：$Q=A\cdot f_{ptk}$

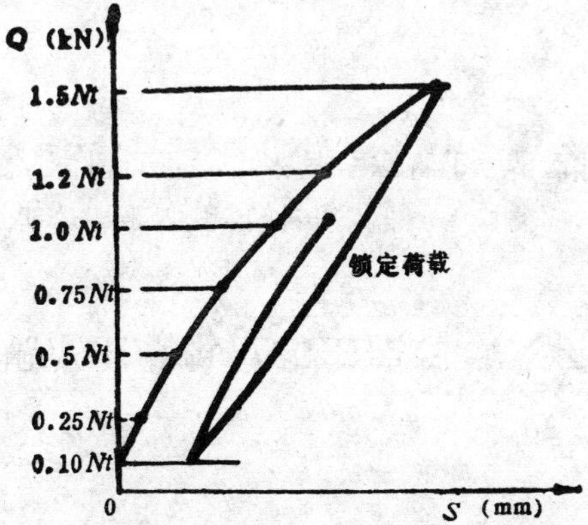

附图8.3 验收试验Q-S曲线

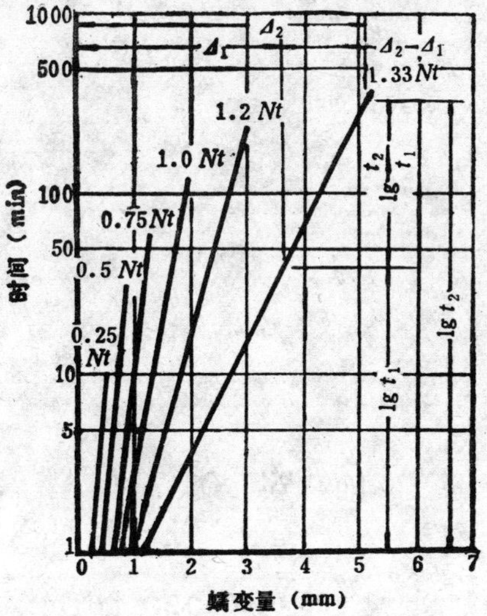

附图8.4 蠕变试验的蠕变量-时间对数曲线

附加说明

本规范主编单位和主要起草人名单

主 编 单 位：冶金部建筑研究总院

主要起草人：程良奎　于来喜　范景伦　胡建林　钟映东

中国工程建设标准化协会标准

土层锚杆设计与施工规范

CECS 22∶90

条 文 说 明

目　次

第一章　总　则

第1.0.1条、第1.0.2条　土层预应力锚杆技术在我国深基坑支挡、边坡加固、滑坡整治、水池抗浮、挡墙锚固和结构抗倾覆等工程中的应用日益广泛，取得了明显的技术经济效果。但由于没有统一的技术规范，设计无章可循，导致一些该用土锚的工程常用传统方法处理，既提高了工程造价，又延长了建设周期。此外也出现了某些土锚工程设计偏于保守，不适当地增加工程投资。土锚设计施工不当，工程质量低劣，甚至危及安全使用的事例也有发生。制定本规范，就是为了使土层锚杆的设计、施工及验收工作有一个可遵循的统一的技术标准，符合技术先进、经济合理、安全适用、确保质量的要求，以便更好地推动土层锚杆技术的发展。

本规范主要适用于土层中的预应力锚固工程的设计与施工，对岩体中的预应力锚固工程的设计与施工也有参考作用。

第二章 土层锚杆设计

第一节 一般规定

第2.1.2条 认真调查与锚固工程有关的地形、场地、周围已有建筑物、埋设物、道路交通等资料，有利于正确进行土层锚杆的设计与施工。

工程地质钻孔应布置在锚固工程范围内，钻孔间距根据土壤的均匀情况取15～20米，钻孔深度应达到锚杆要求的深度。

第2.1.3条 锚固工程的使用年限对土层锚杆安全系数的取值，防腐方法的确定有重要影响。国外一般按工程使用年限的长短分为永久性锚杆和临时性锚杆。如英国、香港、国际预应力协会(以下简称FIP)以2年作为永久性锚杆与临时性锚杆的分界；瑞士则按3年作为分界；美国按18个月作为分界。本规范采用2年作为永久性锚杆与临时性锚杆的分界。

第2.1.5条 有机质土层作为永久锚杆的锚固地层，会引起锚固体的腐蚀破坏；液限$W_L>50\%$的土层由于其高塑性会引起明显的蠕变，不能长久地保持恒定的锚固力；相对密度$D_r<0.3$的松散土层，锚固段单位面积上的摩阻力极低，因此规定上述三种土层未经处理不得作为永久性锚杆的锚固地层。德国、日本、奥地利等国家的锚杆标准都作了同样的规定。

第二节 土层锚杆的结构类型

第2.2.2条、第2.2.3条 圆柱型土层锚杆结构简单、施工方便，是我国目前使用最广的土锚类型。但该类锚杆在软弱土层中，往往无法满足较高承载力的要求。

端部扩大头型土层锚杆适用于埋置较深的粘性土地层，扩大头由配有铰刀的专用钻机或在钻孔内放置适量炸药爆破而成。当采用圆柱型锚杆不经济时，可考虑采用扩大头型锚杆。

在淤泥、淤泥质土地层且要求高承载力的锚杆采用二次高压灌浆工艺形成连续球体型土层锚杆是适宜的。我国及德国等国家的土锚实践表明，二次高压灌浆型土层锚杆，可比同等锚固长度的圆柱型锚杆提高承载力100%，蠕变变形和预应力损失也小得多，这说明连续球体型锚杆在软弱地层中具有良好的适应性。

第三节 土层锚杆的布置与结构参数设计

第2.3.1条 对锚杆上下排间距及水平间距的最小值所作规定，是考虑不致由于群锚效应而影响单根锚杆极限承载力的充分发挥。德国的技术标准规定，当锚固体的间距小于1.0米时，应对几根锚杆同时施加荷载，通过试验确定其承载力。美国的研究工作表明，锚杆间距在锚固体直径6倍以上，就无相互作用。

为避开车辆荷载等反复荷载的影响，以及不致由于采用较高注浆压力而使上覆土隆起，本款规定锚杆锚固体上覆土层厚度不应小于4.0m。

在基坑支挡及边坡加固工程中，锚杆倾角的确定，应考虑有较大的水平分力或有利于抵抗下滑力为好，垂直向下的分力会加大对支护桩的压力，在软弱土层中甚至会使护壁结构产生下沉等不良影响。此外，锚杆倾角的设计还要考虑灌浆方便、灌浆质量以及尽可能锚固于较好的土层中。故本款规定倾斜锚杆与地面的倾角以15°～35°为宜。

第2.3.2条 锚杆的安全系数是锚杆极限承载力对设计轴向拉力的比值。安全系数取决于工程服务年限、使用条件、结构设计中的不稳定因素和风险性。参照国外及香港有关规范规定（表2.3.2-1、表2.3.2-2和表2.3.2-3）和国内一些工程所采用的安全系数数值，本条对永久性及临时性锚杆的安全系数作了相应的规定。

香港标准推荐的锚杆安全系数值　　　　表2.3.2-1

危害可能性分类		临时锚杆		永久锚杆	
种类	a．生命损失 b．经济损失	锚杆等级	安全系数	锚杆等级	安全系数
次要的	a．没有（无人居住的房屋） b．次要的道路和铁路出入口，有小的结构破坏损失	1	1.6	4	1.8
重要的	a．少量（有少量人居住的房屋受威胁） b．重要的道路和铁路出入口，有较大的结构破坏损失	2	1.6	5	2.0
最重要的	a．相当多 b．非常大的住宅和工业建筑物损失，主要道路和铁路等出入口的破坏损失	3	1.8	6	2.0

瑞士标准(SN533-191)关于锚杆安全系数的规定　　表2.3.2-2

危险程度	临时锚杆		永久锚杆	
	级别	安全系数	级别	安全系数
锚杆破坏后受害不发展，公共安全无问题	1	1.3	4	1.6
锚杆破坏后受害较大，公共安全无问题	2	1.5	5	1.8
锚杆破坏后受害大，公共安全成问题	3	1.8	6	2.0

FIP关于锚杆最小安全系数的规定　　　表2.3.2-3

锚杆分类	最小安全系数
1．临时锚杆（6个月以内） 2．破坏后不造成大惨案 3．不担心有公共安全问题	1.4
1．临时锚杆（2年为止） 2．破坏可能造成大惨案 3．不担心有公共危险	1.6
1．全部永久锚杆 2．破坏要造成大惨案	2.0

第2.3.4条　推荐锚杆的张拉（自由）长度不小于5.0m，是为了防止由于锚具的缺陷或移动使施加的预应力出现显著的衰减。

自由段长度应超过破裂面1.0m，是考虑有利于被锚固土体的稳定性（总体稳定及深部破裂面稳定）。

第2.3.5条　公式中给出的q_s是锚固体与土体间的粘结强度，而不是土体的抗剪强度。q_s与钻孔方法、土壤性质、渗透性、密度、内摩擦角φ、抗剪强度、固结强度、锚杆上覆土厚度、灌浆压力、注浆的循环次数、有无二次灌浆等有关，不能事先精确地确定。

给出的锚杆锚固段长度计算公式及q_s推荐值仅用作初步设计的估计，最终要通过锚杆的现场基本试验确定。

端部扩大头的承载能力$R_t=\frac{\pi}{4}(D^2-d^2)\beta_c$中的$\beta_c$（扩大头承载力系数）取9.0是参照美国锚杆标准提出的。

第三章　土层锚杆原材料

第3.0.2条　采用钢铰线、高强钢丝作锚杆杆体是最为合适的，因为这样能降低锚杆的用钢量，最大限度地减少了钻孔和施加预应力的工作量。此外当其达到屈服点时所产生的延伸量要比普通钢屈服时的延伸量大好几倍，这就能减少由于土层蠕变而引起的预应力损失，并便于运输和安装，不受狭窄地段的限制。Ⅱ、Ⅲ级钢筋一般仅用于设计轴向力小于500kN，长度小于20m的锚杆。

第3.0.6条　选用普通硅酸盐水泥是因为它早期强度发展较快，且收缩小、泌水性低。

细骨料选用中细砂，是为了防止注浆时发生管路堵塞现象。

本条第五款的规定，均为了防止对预应力筋产生腐蚀作用。

第四章　土层锚杆施工

第一节　一般规定

第4.1.1条　正确地组织土层锚杆施工对确保工程质量关系极大，因此施工前应充分核对设计条件、地层条件、环境条件，作出详细的施工组织设计。施工组织设计应对锚杆施工全过程（钻孔、杆体的组装与安放、注浆、张拉锁定等工序）有明确的技术要求，并对工程进度、施工方法、施工程序、施工质量检验、安全措施作出明确规定。

第4.1.2条　为了确保锚杆的锚固效果，在锚杆安放前一定要对锚杆原材料及有关锚杆部件，如水泥、预应力筋、锚具等的规格型号进行检查，并抽样检查其力学性能，如发现与设计要求不符时，要及时采取补救措施或加以调整。

第二节　钻　孔

第4.2.1条　由于地层条件或施工条件的限制，有时钻孔位置不能完全按设计要求布置，这就难免使孔位有适当的偏差，但为了保证锚杆的整体作用，规范中对锚杆孔位误差作了规定。

无论采用干法或湿法成孔，必然有土屑或松散泥土附于孔壁上，这将影响锚固体与孔壁间的粘结强度。因此安放锚杆前，湿式钻孔应用清水冲洗干净，干式钻孔应将土屑或松散泥土清除干净。

第4.2.2条　专用土锚钻机系指可带护壁套管钻进，并可更换各种钻具的土层钻孔机具。目前国内专用土锚钻机主要是从国外引进的履带行走机构的液压驱动钻机，国内有关单位正在试制适合我国国情的土锚钻机。对于土质较好、不易塌孔的土层，目前使用较多的是工程地质钻机或螺旋钻机。

第4.2.3条 二次高压灌浆形成的连续球体型土层锚杆常用于软弱地层中，这种地层易塌孔或缩孔，因此钻孔时需采用套管护壁。若套管长时间停滞于钻孔中，套管外壁与周围土体间的摩阻力会增大，给拔出套管造成困难。因此，当放入预应力筋后，应及时拔出套管。

第4.2.4条 锚杆的端部扩大头可采用机械或爆破方法形成，采用爆破法扩孔，其装药量一般为0.25～0.75kg，宜采用防水炸药。扩大头的尺寸，应根据具体土层情况，通过试验确定。一般用爆破法形成的扩大头用于土质单一的粘性土。

第三节 杆体（预应力筋）的组装与安放

第4.3.1条 采用Ⅱ、Ⅲ级钢筋作锚杆杆体时，要求钢筋平直、除锈、除油，是为了保证钢筋与胶结材料间有足够的握裹力。

沿杆体轴线方向设置对中支架，主要是为了使杆体处于钻孔中心，以保证钢筋保护层厚度满足设计要求。

第4.3.2条 锚杆杆体用钢丝或钢铰线长度一致，是保证杆体中每根钢丝或钢铰线受力均匀的前提。

预应力锚杆杆体的编束与组装，一般应在平台上进行，以有利于每股钢铰线或钢丝按一定规律平直排列。此外，为使锚杆杆体在运输安装过程中不致散乱，并使钢铰线或钢丝有足够的防腐保护层，在编排锚杆杆体时，应沿锚杆杆体轴线方向设置隔离架。编好的锚杆杆体应捆扎成束。绑扎锚杆杆体时，不宜采用镀锌铁丝，以免产生化学腐蚀现象。

第4.3.3条 二次高压灌浆形成的连续球体型土层锚杆主要由注浆套管、钢铰线、密封袋、隔离架组成。注浆套管的材质为弹性良好的塑料管，沿塑料管轴线方向每隔0.5m设有一个进浆环。一次常压灌浆及二次高压灌浆均通过进浆环得以实现。密封袋设在自由段与锚固段的分界处，其材质为土工织布，形状呈圆柱型。一次注浆时，通过密封袋内进浆环进行常压注浆，使其膨胀充实，将锚固段端部封闭，为锚固段二次高压注浆创造条件。自由段内钢铰线做防腐处理后，用软塑料管包裹，使钢铰线与注浆体隔离，并可自由伸长，用以施加预应力。

第4.3.4条 扩大头型土层锚杆的端头结构型式应作特殊处理。当锚杆杆体为钢筋时，一般在端头焊有倒刺结构；当用钢铰线作杆体时，各股钢铰线在端头处宜散开，其目的是为了增大扩大头处注浆体与杆体之间的粘结力，使应力传递较均匀，以充分发挥扩大头的效用。

第四节 注 浆

第4.4.1条 水泥砂浆或纯水泥浆的配合比直接影响着注浆体的强度、密实性和施工的顺利进行。水灰比太小，可注性差，易堵管，影响注浆作业的正常进行；水灰比太大，浆液易离析，注浆体密实度不易保证，硬化过程中易收缩，将影响锚固效果。本规范给出的水灰比能满足一般注浆的要求。

注浆的饱满度是确保锚杆施工质量的关键因素，本条规定是为了避免浆液在孔内脱节，保证锚杆全长有足够的饱满浆液。

第4.4.3条 二次高压灌浆的注浆工艺较为复杂，注浆借助注浆套管和注浆枪进行。注浆枪为一根钢管，两端均有止浆阀。注浆枪置于进浆环部位，浆液一旦流出，止浆阀胀紧，使注浆套管封闭，形成一高压注浆区间。由于二次高压灌浆所用注浆管较细，建议注浆浆液使用纯水泥浆。

止浆密封装置的充填注浆应在一次注浆完成后立即进行，为使其充分胀开，以有效地封闭锚固段，本条对其注浆压力作了明确规定。

二次高压注浆主要是劈裂一次灌浆形成的结石体，并向周围土体渗透、挤压、扩散，以形成连续球状体。若一次注浆的浆液尚未形成一定强度的结石体时即进行二次高压注浆，劈裂难以实现；若在结石体强度过高时进行二次高压注浆，则由于注浆工艺的限制，不能冲开水泥结石体，二次高压注浆无法实施。因此，选择二次高压注浆的适宜时机尤为重要。根据已有实践经验，规定二次高压注浆应在一次灌浆的结石体强度近似达到5.0MPa时进行。为了使二次注浆时有足够的浆液有效地向土体扩散、挤压，并形成连续的扩大球形体，还规定了二次高压注浆应依次由下向上进行。

第五节 张拉与锁定

第4.5.2条 预应力筋张拉控制应力σ_{con}是根据《混凝土结构设计规范》(GBJ10-89)及参考日本地锚设计施工规范确定的。

第4.5.3条 在锁定过程中，张拉荷载一般都要回缩，故应超张拉至1.1～1.2倍的锚杆设计轴向拉力值，然后再卸荷锁定，以保证锚杆预应力值满足设计要求。

第4.5.5条 补偿张拉对减少预应力损失有明显作用，以我国上海太平洋饭店深基坑（处于饱和淤泥质地层）土锚工程为例，在一次张拉后5天内，锚杆预应力值由526kN降至461kN，预应力损失达12.3%，经二次张拉，则7天内预应力值从545kN降至520kN，预应力仅损失了4.6%。因此，某些永久性土锚结构，应使锚头设计成可再次补偿张拉的型式，而不要用混凝土封死。

第五章 土层锚杆试验与监测

第一节 一般规定

第5.1.1条 锚杆试验主要是为了确定锚固体与土体间的粘结强度和验证锚杆设计参数和施工工艺的合理性，这就要求锚固体与预应力筋之间有足够的粘结力，以防止在锚杆试验过程中，锚固体与预应力筋之间首先发生相对位移或破坏。本条规定是为了满足上述要求而制定的。

第5.1.2条 锚杆试验加荷装置一般采用电动油泵和空心千斤顶，加荷装置的额定压力和精度应满足试验要求和安全需要。

第5.1.3条 锚杆试验的反力装置的强度和刚度，对试验时的安全和试验结果的准确性有重要影响，在设计时应予以充分考虑。

第5.1.4条 锚杆试验一般采用油压表读数或专用测力计计量荷载，采用百分表、千分表或位移传感计计量位移，采用秒表记录时间。选用计量仪器的精度必须满足试验要求。

第二节 基本试验

第5.2.1条 锚杆基本试验是锚杆性能的全面试验，目的是确定锚杆的极限承载力和锚杆参数的合理性，为锚杆设计施工提供依据。鉴于目前我国的土锚技术正处于发展时期，一般均应作基本试验，只有当临时锚杆使用于有较多锚固特性资料的土层时，才可以不作基本试验。

第5.2.2条 鉴于土质条件的多变性，为了准确地确定锚杆的极限承载力，本规范对试验锚杆的数量以及结构参数和施工工艺作了规定。其他国家用于基本试验的锚杆数量见表5.2.2。

各国基本试验锚杆数量　　表5.2.2

国　　名	数　　量（根）
德　　国	3
美　　国	3
英　　国	3
日　　本	1～2

第5.2.3条　为了保证试验安全，防止预应力筋屈服或被拉断，制定本条规定。

第5.2.4条、第5.2.5条　基本试验对锚杆施加循环荷载是为了区分锚杆在各荷载等级下的弹性位移和塑性位移，以判断锚杆参数的合理性和确定锚杆的极限承载力。基于淤泥、淤泥质土压缩性高，强度很低，天然结构易受扰动，在荷载作用下有明显的塑性流变特征，因而规定在这类地层中锚杆基本试验的观测时间要延长，以正确判定锚杆的承载力。国外有关规范规定的锚杆基本试验加荷等级与观测时间见表5.2.4-1、表5.2.4-2和表5.2.4-3。

各国基本试验分级加荷数值表　　表5.2.4-1

国　名	初始压力值	第一次加压值	各次加压增值
德　国	$0.10T$	$0.15T_W$	$0.20T_W$
法　国	0	$0.15T_r$	$0.15T_r$
美　国	$0.05T_W$	$0.25T_W$	$0.25T_W$
日　本	$0.20T_W$	$0.20T_W$	$0.20T_W$

注：T_r——预应力筋屈服极限；

T_W——锚杆的设计荷载。

英国地基锚杆标准草案建议的荷载增量与观测时间　　表5.2.4-2

荷载增量（f_{pu}%）							观测时间 (min)
第一循环	第二循环	第三循环	第四循环	第五循环	第六循环	第七和第八循环	
5	5	5	5	5	5	5	5
10	20	30	40	50	60	70	5
15	25	35	45	55	65	75	5
20	30	40	50	60	70	80	15
15	20	30	35	40	45	50	5
10	10	15	20	25	30	35	5
5	5	5	5	5	5	5	5

注：f_{pu}——预应力筋的容许应力。

DIN4125永久锚杆基本试验荷载分级与观测时间　　表5.2.4-3

荷载水平	建议的观测时间(h)	
初始荷载＞$0.1\beta_s$	粗粒土	细粒土
$0.3\beta_S$	0.25	0.5
$0.45\beta_S$	0.25	0.5
$0.60\beta_S$	1.0	2.0
$0.75\beta_S$	1.0	3.0
$0.90\beta_S$	2.0	24.0

注：β_S——锚杆预应力筋的屈服荷载。在每级加荷后，荷载应退至初始荷载。

第5.2.6条　锚杆破坏指锚固体和周围土体发生相对位移，锚杆丧失承载力的现象。当设计对锚杆总位移有限制时，还应满足总位移的要求。

第5.2.7条　试验报告中应详细描述土层性状、注浆材料及配合比、注浆压力、锚杆参数、施工工艺、试验荷载、锚头位移及试验中出现的情况，并将试验得出的荷载、位移值绘制成曲线。其他国家的锚杆规范也都作了同样的规定。

第5.2.8条　预应力钢筋的理论弹性伸长可由下式求得：

$$\Delta S=\frac{QL_f}{EA}$$

式中　Q——荷载；

L_f——自由段长度；

E——弹性模量；

A——预应力筋的横截面面积。

对试验得出的弹性位移作出规定是为了验证自由段长度和锚固段长度是否与设计基本相符，若超出这个范围，说明锚固段长度与设计的相差太多，直接影响着试验结果的准确性，不能真实地考核锚杆的质量和其承载力的储备。其他国家的规范对此也作了同样的规定。

第三节　验收试验

第5.3.1条、第5.3.2条　锚杆验收试验是对锚杆施加大于设计轴向拉力值的短期荷载，以验证工程锚杆是否具有与设计要求相近的安全系数，目前收集到的最大试验荷载 Q_{tmax} 值列于表5.3.1。验收试验锚杆数量的规定，是参考国外有关规定并结合我国的实践而提出的，目的是及时发现设计、施工中存在的缺陷，采取相应的措施及时解决，确保锚杆的质量和工程的安全。

工程锚杆的最大试验荷载 Q_{tmax}　　表5.3.1

永久锚杆	$Q_{tmax}=1.20\sim1.50$,	$P_w=0.70\sim0.85$,	$P_s=0.90\sim0.95P_f$
临时锚杆	$Q_{tmax}=1.15\sim1.25$,	$P_w=0.70\sim0.85$,	$P_s=0.90\sim1.00P_f$

注：P_s——杆体极限拉力；P_f——杆体屈服荷载值；P_w——锚杆的设计荷载。

第5.3.3条　验收试验加荷等级及各等级荷载下的观测时间，也是参考国外有关规范并根据我国工程实践确定的。

本条规定是为了判断工程锚杆的自由段长度是否与设计相符。若测得的弹性位移远小于相应荷载下自由段杆体的理论伸长值，说明自由段长度远小于设计值，当出现锚杆位移时将增加锚杆的预应力损失。与此而伴生的是测得的弹性位移大于自由段长度与1/2锚固段长度之和的理论弹性伸长值，说明锚固段远小于设计值，锚杆的承载力将受到严重削弱，甚至将危及工程的安全。

第四节　蠕变试验

第5.4.1条　土层锚杆的蠕变是导致锚杆预应力损失的主要因素。国内外大量实践表明，软弱粘性土对蠕变非常敏感，所以在该土层中设计锚杆时应充分了解蠕变特性，以便合理地确定设计参数，并且要采取适当措施，控制蠕变量。香港土层锚杆规范规定塑性指数大于20的粘性土层中锚杆应进行蠕变试验。根据我国粘性土按塑性指数分类的界限，本条规定塑性指数大小17的淤泥及淤泥质土中锚杆应进行蠕变试验。

第5.4.2条　国内外大量实测资料表明，荷载水平对锚杆的蠕变有明显的影响，即荷载水平愈高，蠕变量愈大，趋于收敛的时间也愈长。为了全面了解锚杆在各荷载等级下的蠕变特性，参

美国规范关于蠕变试验荷载分级与观测时间　　表5.4.2

荷载分级	观测时间(min)	
	临时锚杆	永久锚杆
AL		
0.25 P	—	5
0.50 P	10	30
0.75 P	15	30
1.00 P	30	45
1.20 P	30	60
1.33 P	100	300

注：AL——初始荷载；P——锚杆设计荷载。

考美国土锚规范关于蠕变试验的有关规定（见表5.4.2），并结合我国的实践规定了锚杆蠕变试验加荷等级和观测时间。

第5.4.3条 锚杆的蠕变主要发生在加载初期，因而应在加载初期频繁地记录锚杆蠕变值。上海太平洋饭店饱和淤泥质粘土中高压注浆锚杆在荷载等级300kN时，最初60min的蠕变值为1.8mm，占300min总蠕变值的85.7%。说明加载初期增加测读频率是十分必要的。

第5.4.4条、第5.4.5条 蠕变系数是锚杆蠕变特性的一个主要参数，它表明蠕变的变化趋势，由此可判断锚杆的长期工作性能，蠕变系数为2.0mm时，意味着在30分钟至50年内，蠕变量达到12mm。

第五节 锚杆预应力的长期监测与控制

第5.5.1条、第5.5.2条 锚杆设置后，连续观测超过24h就可称为锚杆的长期观测。其目的是掌握锚杆预应力或位移的变化规律，确认锚杆的长期工作性能。由于钢材松弛、土层蠕变及其他因素的影响，锚杆预应力会发生变化，有时甚至严重影响锚固工程的安全。国外许多国家的土锚规范（英国、法国、美国、国际预应力协会、南非等）都对锚杆预应力的长期观测作了详细规定。例如国际预应力协会（FIP）规定，应对10%的锚杆进行长期监测；英国和南非规定，应对全部临时性和永久性锚杆施加预应力24h或48h并对其进行观测，如果结果令人满意，就对全部工程锚杆的5%继续观测一年；法国标准对锚杆长期观测的数量和最少观测时间的规定见表5.5.1。

法国关于长期观测的锚杆数量与观测时间　　表5.5.1

锚杆总数	长期观测锚杆数量(%)	最少观测时间(年)
1～50	10	1
51～500	7	1
>500	5	1

第5.5.4条 国内外大量实测资料表明，锚杆预应力变化主要发生在加荷后的一段时期（2个月内），变化值为锁定荷载的10%，如果超出这个范围，可采用二次或多次张拉弥补预应力的损失。

第六章 土层锚杆防腐

第一节 一 般 规 定

第6.1.1条 对于设置锚杆（特别是永久性锚杆）的地层的腐蚀程度，应进行充分地调查，以便能采取合理、经济、有效的防腐方法，达到最佳的防腐效果。一般来说，调查的项目有地层的电阻率、pH值、氯化物和硫化物含量、硫酸盐含量等，在某些特殊情况下，应根据具体要求进行调查。

第6.1.2条 锚杆的锚固段、自由段和锚头三部分的工作性态和在地层中所处的位置不同，在防腐方法上采用分别对待的方针更为有效和可行。目前，国内外普遍采用的方法是在锚杆的各个部位由防腐材料和隔离套管等形成防腐层。同时对设计采用的防腐方法，必须保证长期有效，施工方便，在施工期间不受任何损伤。

第二节 防 腐 方 法

第6.2.1条 本条第一款是根据国内永久性预应力锚杆的防腐处理经验，并参考奥地利、日本等国家锚杆标准中关于永久性锚杆锚固段防腐方法的有关规定制定的。如我国梅山坝肩锚固工程（60年代施工）预应力锚杆锚固段杆体的保护层厚度为2.0cm，运营近8年后检查杆体，保护效果很好。

本条第二款说明在严重腐蚀环境中，采用双层防腐的方法更为有效可靠。锚杆锚固段的杆体与波纹管的空隙必须用环氧树脂或水泥（砂）浆充填密实，且保证杆体在波纹管的中央。波纹管周边由水泥（砂）浆体与地层粘结起来，起到良好的保护作用。这是国外通常采用的方法，如巴基斯坦溢洪道消力池底板，共使用576根垂直锚杆，每根锚杆加力2.5MN，锚固段长6m，在其杆体上套上内径115mm、外径125mm的波纹管，而钻孔直径为160mm，在杆体与管、管与孔壁之间充填水泥浆，既能提供防水、防蚀作用，又能使应力通过外层灰浆传递给土层。

中国工程建设标准化协会标准

氢氧化钠溶液(碱液)加固湿陷性黄土地基技术规程

CECS 68：94

主编单位：西安建筑科技大学
批准部门：中国工程建设标准化协会
批准日期：1994年12月20日

前言

现批准《氢氧化钠溶液(碱液)加固湿陷性黄土地基技术规程》CECS 68：94为中国工程建设标准化协会标准，推荐给各有关单位使用。在使用过程中，请将意见及有关资料寄交西安市环城西路陕西省建筑科学研究院中国工程建设标准化协会湿陷性黄土委员会(邮政编码710082)，以便修订时参考。

中国工程建设标准化协会
1994年12月20日

目　次

1 总 则

1.0.1 为指导设计、施工人员正确使用氢氧化钠溶液(即碱液,下同)加固湿陷性黄土地基,并做到技术先进、经济合理、安全适用、确保质量,特制定本技术规程。

1.0.2 本规程适用于处理非自重湿陷性黄土地基上以及以黄土为填料的填土地基上已有建筑物的湿陷事故。

1.0.3 当通过技术经济比较确认可采用碱液加固地下水位以上的湿陷性黄土地基以及以黄土为填料的填土地基时,其设计、施工和监理可参照本规程有关规定执行。

1.0.4 本规程未规定事项应按国家现行的有关标准、规范执行。

2 勘察和设计

2.0.1 碱液加固地基的设计应在掌握较详细的岩土工程勘察资料的基础上进行。勘察工作应查明黄土地层的时代、成因、湿陷性黄土层的厚度、湿陷系数随深度的变化、湿陷类型和湿陷等级的平面分布、水文地质和其他工程地质等条件。

2.0.2 每幢单独建筑的勘探点数量不宜少于3个,其中2/3以上应为探井,并全部为取土勘探点。探井取样时,其竖向间距不宜大于1m,土样直径不小于10cm,半数以上勘探点的勘探深度应穿透湿陷性黄土层。

2.0.3 对下列情况不宜采用碱液加固:

(1) 对于地下水位以下或饱和度大于80%的黄土地基;

(2) 已掺入沥青、油脂和其他石油化合物的黄土地基。

2.0.4 自重湿陷性黄土地基能否采用碱液加固,取决于其对湿陷的敏感性。自重湿陷敏感性强的地基不宜采用碱液加固。对自重湿陷不敏感的黄土地基经过试验认可并拟采用碱液加固时,应采取卸荷或其他措施以减少灌液时可能引起的较大附加下沉。

2.0.5 当土中可溶性和交换性的钙、镁离子含量较高(大于10mg·eq/100g干土)时,可只采用碱液一种溶液加固;否则,需用碱液和氯化钙两种溶液进行加固。

2.0.6 通过技术经济比较,也可采用碱液与生石灰桩的混合加固方法,见附录C。

2.0.7 碱液加固地基的深度应根据场地的湿陷类型、湿陷等级和湿陷性黄土层厚度并结合建筑物类别与湿陷事故的严重程度等综合考虑后确定。一般应消除外荷湿陷范围内黄土层的湿陷性,加固深度一般不宜超过5m。

如外荷湿陷影响深度较大，且为丙、丁类建筑时，可只消除基础底面下相当于1.0～1.5b(b为基础宽度)深度范围内黄土层的湿陷性。

对于自重湿陷不敏感或不很敏感的黄土地基，可消除外荷湿陷影响深度内黄土层的湿陷性，该深度可近似按2.0～3.0b确定。

2.0.8 如黄土的湿陷性强，湿陷性黄土层的厚度大，而建筑物湿陷事故又较严重时，可考虑采用其他深层加固方法；如拟采用碱液加固方法，应在经过全面技术经济比较后确认采用碱液加固更为有利时方可应用。

2.0.9 碱液加固地基施工前，一般应在现场进行单孔或群孔灌液试验，以确定加固半径、加固深度、溶液的浓度、灌液量和灌注速度等参数。

2.0.10 碱液加固土层的厚度h可按下式估算：

$$h = l + r \qquad (2.0.10)$$

式中 l——灌注孔的长度，从注液管底部到灌注孔底部的距离(m)；

r——有效加固半径(m)。

2.0.11 碱液有效加固半径r与每孔注入的碱液量、碱液浓度、温度和土性(含水量、孔隙比、渗透系数)等有关，一般应通过现场试验确定。试验时如碱液的浓度和温度符合3.0.8条和3.0.11条的规定，有效加固半径和碱液灌注量之间的关系可近似按下式确定：

$$r = 0.6\sqrt{\frac{V}{nl \times 10^3}} \qquad (2.0.11)$$

式中 V——每孔的碱液灌注量(L)，试验前可按加固要求达到的有效加固半径近似按(2.0.13)式进行估算；

n——被加固土的原始孔隙率。

当无试验条件或工程量较小时，r可按经验值确定，一般取0.4～0.5m。

2.0.12 碱液灌注孔的平面布置一般可沿条形基础的两侧或单独基础的周边各布置一排。孔距可根据加固要求确定。当加固要求较高并要求加固土体连成一片时，孔距(中至中)可取1.8～2.0r，约0.7～0.9m；当事故较轻或土质稍好时，孔距可适当加大至3.0～5.0r。

2.0.13 每孔的碱液灌注量(以L计)可按下式估算：

$$V = \alpha\beta\pi r^2(l + r)n \qquad (2.0.13)$$

式中 α——碱液充填系数，可取0.6～0.8；

β——工作条件系数，考虑碱液流失等影响，可取1.1。

按上式求得的V并乘以灌注孔数即为碱液加固所需溶液的总用量。

2.0.14 加固设计应进行以下两方面验算。

(1) 加固土体与基础底部接触面处承压力的验算：

$$\frac{F + G}{A} \leqslant f \qquad (2.0.14)$$

式中 F——每一加固体所分担的上部结构传至基础顶面的竖向力设计值(kN)；

G——基础自重设计值和基础上的土重标准值(kN)；

A——加固土体与基础底面的接触面积(m^2)；

f——加固土体承载力的设计值，一般应通过现场试验确定；当无试验资料时，可近似取300～400kPa。

(2) 加固土体底面标高处黄土承载力的验算，可按一般软弱下卧层承载力验算，应符合《建筑地基基础设计规范》(GBJ7-89)的有关规定。

3 施　工

3.0.1 施工机具包括成孔机具、溶液桶、输送管、注液管等。

3.0.2 灌注孔可用洛阳铲、螺旋钻取土成孔或用带有尖端的钢管打入土中成孔。孔的直径一般为6～12cm，如土的渗透性较大，或土的均匀性较差，成孔直径宜取低值，并打管成孔；如土的渗透性较小或饱和度较大，则孔径宜取高值，并用洛阳铲或螺旋钻成孔。打孔要保证垂直度，在垂直和平行于基础方向的平面容许偏差各不大于5cm和10cm，偏斜度不大于1%。

3.0.3 灌注孔达到预定处理深度后，在孔中填入粒径为20～40mm的石子，直到注液管的下端标高处，而后将内径为20mm的钢注液管插入孔中，管底以上30cm的高度内填入粒径为2～5mm的绿豆砂，其上用素土或2：8灰土分层捣实直到地表。抛填石子不要太快，石子含泥量低于3%。

3.0.4 盛碱液桶可用厚3～4mm的钢板焊成容积为200～400L的容器。在容器底部输液口装设ϕ20mm的阀门。

3.0.5 溶液输送管可用ϕ25mm的胶皮管，溶液经输液管和注液管自流渗入灌注孔四周的土中，形成加固土体。

3.0.6 加固前应对所用烧碱进行化学定量分析，以确定各种化学成分的含量。加固用烧碱应符合下列规定：

3.0.6.1 固体烧碱或液体烧碱溶质中NaOH含量不宜低于85%；

3.0.6.2 碳酸钠(Na_2CO_3)的含量不得超过5%；

3.0.6.3 固体烧碱中不溶于水的杂质含量不得超过2%。

为降低成本，也可采用工厂废碱液。废碱液中NaOH含量应大于50g/L。

3.0.7 氯化钙溶液中的杂质含量在每一升溶液中不得超过60g，悬浮颗粒不得超过1%。

3.0.8 碱液可用固体烧碱或液体烧碱配制。加固每立方米黄土所需NaOH用量约为干土质量的3%左右，即35～45kg。

碱液浓度不应低于80g/L，也不宜超过120g/L，常用浓度为90～100g/L。

双液加固时，氯化钙溶液的浓度一般为50～80g/L。

3.0.9 溶液的加碱量应符合下列规定：

3.0.9.1 采用固体烧碱配制每立方米浓度为M的碱液时，每立方米水中的加碱量按下式计算：

$$G_s = \frac{1000M}{P} \qquad (3.0.9\text{-}1)$$

式中 G_s——每立方米碱液中固体烧碱的投放量(kg)；

M——配制碱液的浓度(g/L)，计算时应将g化为kg；

P——固体烧碱中NaOH含量的百分数(%)。

3.0.9.2 采用液体烧碱配制每立方米浓度为M的碱液时，液体烧碱的投放量按下式计算：

$$V_1 = 1000\,\frac{M}{\rho N} \qquad (3.0.9\text{-}2)$$

加水量V_2为：

$$V_2 = 1000\left(1 - \frac{M}{\rho N}\right) \qquad (3.0.9\text{-}3)$$

式中 V_1——所投放液体烧碱的体积(L)；

V_2——所加水的体积(L)；

ρ——液体烧碱的比重；

N——液体烧碱的重量百分浓度(%)。

配制溶液时，应先放水，而后徐徐放入碱块或浓碱液。

3.0.10 在灌注溶液过程中，应对碱液浓度随时用波美比重计检核，使其符合规定要求。20℃时碱液的浓度（以每升溶液中含溶质的克数表示，g/L）与百分浓度、波美浓度和溶液比重的换算关系见附录A。

3.0.11 碱液应在盛溶液桶中加热到90℃以上，并保持温度不低于80℃。当用蒸汽加热时，可直接将蒸汽管插入溶液中；必要时也可采用蛇形管。

3.0.12 碱液的灌注速度以2～5L/min为宜。如平均灌注速度超过10L/min，应查明孔洞位置并填实，重行灌液。如灌注速度小于1L/min，要查明是否系土的可灌性差，或注液管被堵塞，或灌注孔中气体不能顺利排出，并应及时进行疏导或修改设计。

每孔的碱液灌注量一般不应低于设计值。当土层的可灌性差时，在取得设计人员同意后可适当减少碱液灌注量。

3.0.13 灌液施工中应合理安排灌注顺序和控制灌注溶液的速度。为减少灌液对建筑物可能发生的附加下沉（在灌注溶液3～4h后，附加下沉一般即行停止），宜跳孔灌液并分段施工。一般相邻两孔灌注时间的间隔不宜少于3d。同时灌液的两孔，相距应不小于3m。

3.0.14 当采用双液加固地基时，应先灌注碱液，隔8～12h后，再灌注氯化钙溶液，其用量为碱液的1/2～1/4。

3.0.15 施工中应防止污染水源，注意安全操作，并备工作服、胶皮手套、风镜、围裙、鞋罩等。皮肤如沾上碱液，应立即用5%浓度的硼酸溶液冲洗。

3.0.16 溶液灌注完毕后立即拔出注液管，并冲洗干净。同时清理洗净盛溶液的容器。孔洞用细砂填实，其上部用水泥砂浆或灰土封实。

3.0.17 采用碱液（或双液）加固已有建筑物地基时，在灌液过程中，应对建筑物进行沉降监测。灌液期间应每日观测一次。如附加下沉速率超过2mm/d或累计下沉量超过1cm时，应采取卸荷或支护措施，或隔3～5d后再行施工。

4 工程验收

4.0.1 碱液加固地基的验收应在施工完毕30d后进行，并以施工记录和沉降观测记录为依据。

4.0.2 加固土体通过开剖或钻孔取样作无侧限抗压强度试验和水稳性试验。取样部位应在加固土体中部，试块数不少于3个，其一个月龄期的无侧限抗压强度的平均值不得低于设计值的90%。

加固土体的外型和整体性，一般可对有代表性的加固土体进行开剖，量测其加固体的半径和有效加固厚度。有条件时也可用触探法（如标准贯入试验）检验。

地基经碱液加固后，应继续进行1～3年沉降观测，按加固前后沉降观测结果的变化，或用触探法量测加固前后土中阻力的变化，确定加固质量。

4.0.3 碱液加固地基验收时，应提交下列资料：

（1）岩土工程勘察报告；

（2）材料试验报告（如烧碱和氯化钙成分含量分析试验报告）；

（3）建筑物地基处理前后的沉降观测报告；

（4）加固土体开剖检验报告；

（5）施工记录（参照附录B）；

（6）灌注孔平面位置竣工图。

4.0.4 对重要工程并有试验条件时，尚应提交下列资料：

（1）现场灌液试验报告；

（2）加固体浸水载荷试验报告；

（3）加固体试块强度试验报告；

（4）触探法测定土中阻力变化试验报告。

附录A　20℃时碱液几种浓度的换算表

20 ℃时碱液几种浓度的换算表　　　　**表A**

g/L	百分浓度	波美浓度(°Be)	溶液比重
52.69	5	7.4	1.0538
63.89	6	8.8	1.0648
75.31	7	10.2	1.0758
86.95	8	11.6	1.0869
98.81	9	12.9	1.0979
110.9	10	14.2	1.1089
135.7	11	16.8	1.1309
161.4	12	19.2	1.1530

附录B　施工记录表

碱液加固地基施工记录

施工单位：________　　　　工程名称：________

孔　　号：________　　　　第　　页　　共　　页

孔深(m)	注液管埋深(m)	孔长(m)	成孔日期	成孔人签名	埋管日期	埋管人签名

碱液灌注记录

日期	桶序号	每桶溶液量(L)	加碱量(kg)	碱液浓度(g/L)	碱液温度(℃)	注液开始时间(时-分)	注液结束时间(时-分)	灌注速度(L/min)	灌注人签名	备注

施工负责人：　　　　记录员：　　　　质量检验员：

碱灰混合加固地基施工记录

施工单位：________________　　工程名称：________________

孔　　号：________________　　第　　页　共　　页

一、石灰桩施工记录

灰土桩孔位	成孔日期	孔　深（m）	回填日期	封孔厚度（m）	填灰量（kg）	施工人员签名	备　注

二、碱液加固地基施工记录

孔　深（m）	注液管埋深（m）	孔　长（m）	成孔日期	成孔人签名	埋管日期	埋管人签名	备　注

日期	桶序号	每桶溶液量（L）	加碱量（kg）	碱液浓度（g/L）	碱液温度（℃）	注液开始时间（时-分）	注液结束时间（时-分）	灌注速度（L/min）	灌注人签名	备　注

施工负责人：　　记录员：　　质量检验员：

附录C 碱灰混合加固

碱灰混合加固是把碱液加固法与生石灰桩加固法结合使用的一种新的加固方法，它具有减少附加下沉、增大加固半径、节约烧碱用量和降低造价等优点。

石灰桩的直径一般为15～20cm，可用洛阳铲或锤击钢管成孔，孔深与碱液灌注孔相同。成孔后，在孔中分层填入粒径为2～5cm的生石灰块，每层虚铺30cm，用夯锤（锤重150～200N）夯实，每层夯击10～15次，落距一般大于50cm。石灰块夯填到基础底面标高处，而后用2∶8灰土夯填封顶，其厚度不小于1m。当基础埋深较小时，不小于80cm。生石灰块中不得夹杂有未烧透的石灰石和煤块，也不得使用粉状灰（面灰）。

碱液灌注孔与石灰桩的中距一般为40～50cm。在每个灌注孔的四周可布置2～4个生石灰桩孔，生石灰桩孔应布置在碱液加固半径范围以内。

每一灌注孔（包括四周的石灰桩孔）的加固半径应通过现场试验确定；当无试验资料时，加固半径可按式（2.0.11）估算，并增大20%～30%，加固厚度和碱液灌注量也可近似参照式（2.0.10）和式（2.0.13）估算。

碱液的灌注宜在四周的生石灰桩孔夯填完成后立即进行，其间隔时间不应超过4h。

本附录未规定的事项可参照第二章和第三章的有关规定执行。

附录D 本规程用词说明

一、为便于在执行规程条文时区别对待，对要求严格程度不同的用词说明如下：

1．表示很严格，非这样做不可的：

正面词采用“必须”；反面词采用“严禁”。

2．表示严格，在正常情况下都应这样做的：

正面词采用“应”；反面词采用“不应”或“不得”。

3．表示允许稍有选择，在条件许可时首先应这样做的：

正面词采用“宜”或“可”；反面词采用“不宜”。

二、条文中指明应按其他有关标准、规范执行时，写法为“应符合……的规定”。非必须按所指定的标准和规范执行的写法为“可参照……”。

附加说明

本规程主编单位和主要起草人名单

主 编 单 位：西安建筑科技大学
主要起草人：钱鸿缙　涂光祉　樊超然

中国工程建设标准化协会标准

氢氧化钠溶液（碱液）加固湿陷性黄土地基技术规程

CECS 68：94

条文说明

目 次

1 总 则

1.0.2 本条的规定是基于：

(1) 我国目前有关碱液加固的工程实例，绝大部分都是用于处理非自重湿陷性黄土地基上以及以黄土为填料的填土地基上已有建筑物的湿陷事故，自重湿陷性黄土地基则实践少。

(2) 自重湿陷性黄土地基采用碱液加固有可能产生较大的附加下沉。

因此，本条明确本规程适用于处理非自重湿陷性黄土地基上以及以黄土为填料的填土地基上已有建筑物的湿陷事故。但不排除在自重湿陷性黄土地基上采用。对于这类地基，如试验证明加固有效，且附加下沉较小时，也可采用。

1.0.3 作为一种地基加固方法，碱液加固法不仅仅只限于处理黄土地基上已有建筑物的湿陷事故，也可用于加固地下水位以上的湿陷性黄土地基以及以黄土为填料的填土地基。但是，这时它与其他地基处理方法相比较，往往因其造价高而被筛选掉。所以，只有在有条件的情况下并通过技术经济综合比较后确认为可以采用时才予采用。

2　勘察和设计

2.0.1、2.0.2　黄土地基的湿陷事故是被水浸湿引起的，浸水前后地基土的湿陷性质必然有较大变化，因此，在加固前必须进行事故处理勘察工作。事故处理勘察应较一般详勘更为详细，以便为合理确定地基加固深度和平面加固范围提供依据。勘探深度应穿透湿陷性黄土层，以便决定处理深度的下限。取土间距宜为1m。

2.0.3

（1）对于地下水位以下或饱和度较大（如大于80%）的黄土地基，由于土孔隙中已全部或大部充满了水，靠溶液自重注入，将使溶液渗透速度大大减慢，土中水将稀释并降低碱液的浓度，同时还将降低溶液温度，从而影响加固效果。

（2）土中已渗入油脂或有机质含量较多时，溶液与土不易接触，不能产生化学反应，无加固作用或加固效果不好。

2.0.4　自重湿陷性黄土地基能否采用碱液加固要区别对待，如自重湿陷不敏感或不太敏感的黄土地基（主要分布在关中和晋东南地区）仍可考虑采用，这方面已有成功应用的实例。如位于陕西省耀县梅家坪的陕西省焦化厂，其地基为Ⅲ级自重湿陷性黄土（按《湿陷性黄土地区建筑规范》(GBJ25—90)应为Ⅳ级湿陷性黄土地基），自重湿陷性土层厚14.5m，但自重湿陷属于不太敏感类型。1976年采用碱液法加固处理回收车间鼓风机室地基湿陷事故，处理深度下限为附加应力与自重应力的比值等于0.1处，取得了较为满意的加固效果。对大部分自重湿陷敏感的陇东、陇西及陕北地区以及其他地区的新近堆积黄土，在灌注碱液时，如施工不当，可能会产生较大的附加下沉，因此需要通过原位试验和采取卸荷、跳孔灌液、分段施工等措施，确认其对建筑物不致产生明显危害时方可采用。

2.0.5　室内外试验表明，当土中可溶性和交换性钙镁离子含量不少于10mg·eq/100g干土时，灌入氢氧化钠溶液都可得到较好的加固效果。

氢氧化钠溶液注入土中后，土粒表层会逐渐发生膨胀和软化，进而发生表面的相互溶合和胶结（钠铝硅酸盐类胶结），但这种溶合胶结是非水稳性的，只有在土粒周围存在有$Ca(OH)_2$和$Mg(OH)_2$的条件下，才能使这种胶结构成为强度高且具有水硬性的钙铝硅酸盐结合物。这些结合物的生成将使土粒牢固胶结，强度大大提高，并且有充分的水稳性。

由于黄土中钙、镁离子含量一般都较高（属于钙、镁离子饱和土），故采用单液法加固已足够。如钙、镁离子含量较低，则需考虑采用碱液与氯化钙溶液的双液法加固。为了提高碱液加固黄土的早期强度，也可适当注入一定量的氯化钙溶液。

2.0.6　西安建筑科技大学在1986～1992年间曾先后在四个工程的地基事故处理中采用了碱灰混合加固法，它是一种把碱液加固法与生石灰桩加固法结合使用的新方法，试验及实践表明，它具有减少附加下沉、增大加固半径、节约烧碱用量和降低工程造价等优点。如河北涉县某铁厂的两幢五层宿舍楼，因地基浸水湿陷下沉，墙体严重开裂，原拟拆除重建，后决定加固地基，一幢采用碱液加固法，一幢采用碱灰混合加固法，竣工后对比，后者比前者节约烧碱1/3，工程造价也相应降低了30%。所以，为进一步加以推广和使用，在条件许可并通过技术经济综合比较后确认为可以采用碱灰混合加固法时，建议采用。

2.0.7　碱液加固深度的确定，关系到加固效果和工程造价，要保证加固效果良好而造价又低，就需要确定一个合理的加固深度。碱液加固法适宜于浅层加固，加固深度不宜超过4～5m。过深除增加施工难度外，造价也过高。当加固深度超过5m时，应与其他加固方法进行技术经济比较后，再行决定。

位于湿陷性黄土地基上的基础，浸水后产生的湿陷量可分为由附加压力引起的湿陷以及由饱和自重压力引起的湿陷，前者一般称为外荷湿陷，后者称为自重湿陷。

有关浸水载荷试验研究资料表明，外荷湿陷与自重湿陷影响深度是不同的。对非自重湿陷性黄土地基只存在外荷湿陷。当其基底压力不超过200kPa时，外荷湿陷影响深度约为基础宽度b的1.0～2.4倍，但80%～90%的外荷湿陷量集中在基底下1.0～1.5b的深度范围内，其下所占的比例很小。对自重湿陷性黄土地基，外荷湿陷影响深度则为2.0～2.5b。在湿陷影响深度下限处土的附加压力与饱和自重压力的比值为0.25～0.36，其值较一般确定压缩层下限标准0.2（对一般土）或0.1（对软土）要大得多，故外荷湿陷影响深度小于压缩层深度。

位于黄土地基上的中小型工业与民用建筑物，其基础宽度多为1～2m。当基础宽度为2m或2m以上时，其外荷湿陷影响深度将超过4m，为避免加固深度过大，当基础较宽，也即外荷湿陷影响深度较大时，加固深度可减少到1.0～1.5b，这时可消除80%～90%的外荷湿陷量，从而大大减轻湿陷的危害。

对自重湿陷性黄土地基，试验研究表明，当地基属于自重湿陷不敏感或不很敏感类型时，如浸水范围小，外荷湿陷将占到总湿陷量的87%～100%，自重湿陷将不产生或产生的很不充分。当基底压力不超过200kPa时，其外荷湿陷影响深度为2.0～2.5b，故本规程建议，对于这类地基，建议加固深度为2.0～3.0b，这样可基本消除地基的全部外荷湿陷。

2.0.8 本条主要指自重湿陷很敏感的黄土地基，一般其湿陷性土层厚度大，因而碱液加固深度大，费用高，又可能引起较大附加下沉，故不宜采用此法。

2.0.9 由于不同场地黄土性质的差异，碱液加固设计、施工前，应进行灌液试验及加固体的浸水载荷试验。这些试验除可取得更能反映实际效果的有关加固参数外，也为了便于总结经验，积累资料，以完善加固方法。

灌液试验主要为了取得灌液量与加固半径之间的关系、渗透速度的快慢、不同浓度碱液加固的效果、加固土体无侧限抗压强度的分布规律等有关资料。有条件时，还应测定不同龄期的强度增长值。试验土质条件应与拟加固的地基相同。一般可进行单孔或群孔灌液试验。碱液灌注后应在土中自然养护14～28d（最少不得低于7d）后，再行开挖，测定有效加固半径，并取样测定加固土体的无侧限抗压强度。土样应削成直径5cm、高5cm的圆柱体。由于加固体尚未完全硬化，试样在空气中存放不宜超过24h，否则应进行密封存放与运输。

浸水载荷试验的承压板面积可取5000cm²或10000cm²。如仅观测加固后消除湿陷的效果，可在灌注溶液后再放置承压板；如要同时观测加固过程中由于基础荷载或土自重所引起的附加下沉，则应先放置承压板并加载到基底实际压力值，然后对承压板下黄土灌注碱液，并观测加固过程中的附加下沉。碱液灌完后，在土中自然养护14～28d再进行浸水，以观测消除湿陷的效果。对非自重湿陷性黄土地基，一般浸水3～5d后，下沉即可稳定，可观察出在外荷湿陷影响深度范围内的加固效果。对自重湿陷性黄土地基浸水3～5d后，如继续下沉，则为加固深度（即外荷湿陷影响深度）以下土的自重湿陷值。

2.0.10 试验表明，碱液灌注过程中，溶液除向四周渗透外，还往灌注孔上下各外渗一部分，其范围约相当于有效加固半径r。但灌注孔以上的渗出范围，由于溶液温度高，浓度也相对较大；故土体硬化快，强度高；而灌注孔以下部分，则因溶液温度和浓度都已降低，故强度较低。因此，在加固厚度计算时，可将孔下部渗出范围略去，而取$h=l+r$，偏于安全。

2.0.11 每一灌注孔加固后形成的加固土体可近似看作一圆柱体，这圆柱体的平均半径即为有效加固半径。灌液过程中，水份渗透距离远较加固范围大。在灌注孔四周，溶液温度高，浓度也相对较大；溶液往四周渗透中，溶液的浓度和温度都逐渐降低，故加固体强度也相应由高到低。试验结果表明，无侧限抗压强度-距离关系曲线近似为一抛物线，在加固柱体外缘，由于土的含水量增高，其强度比未加固的天然土还低。灌液试验中一般可取加固后无侧限抗压强度高于天然土无侧限抗压强度平均值50%以上的土体为有效加固体，其值大约在100～150kPa之间。有效加固体的平均半径即为有效加固半径。

从理论上讲，有效加固半径随溶液灌注量的增大而无限增大，但实际上，当溶液灌注超过某一定数量后，加固体积并不与灌注量成正比，这是因为外渗范围过大时，外围碱液浓度大大降低，起不到加固作用，因此存在一个较经济合理的加固半径。试验表明，这一合理半径一般为0.4～0.5m。

2.0.12 碱液加固一般采用直孔，很少采用斜孔。如灌注孔紧贴基础边缘，则有一半加固体位于基底以下，已起到承托基础的作用，故一般只需沿条形基础两侧或单独基础周边各布置一排孔即可。如孔距为1.8～2.0*r*，则加固体连成一片，相当于在原基础两侧或四周增加一拓宽的基础；如孔距超过2*r*，则相当于在基础两侧或四周设置了刚性桩，与周围未加固土体组成复合地基。

2.0.13 湿陷性黄土的饱和度一般在15%～77%范围内变化，多数在40%～50%左右，故溶液充填土的孔隙时不可能全部取代原有水分，因此充填系数取0.6～0.8。举例如下，如加固1.0m^3黄土，设其原始孔隙率为50%，饱和度为40%，则原有水分体积为0.2m^3。当碱液充填系数为0.6时，则1.0m^3土中注入碱液为0.3(=0.6×0.5)m^3，孔隙将被全部充满，饱和度达100%。考虑到溶液注入过程中可能将取代原有土粒周围的部分弱结合水，这时可取充填系数为0.8，则注入碱液量为0.4(=0.8×0.5)m^3，将有0.1m^3原有水份被挤出。

考虑到黄土的大孔隙性质，将会有少量碱液顺大孔隙流失，不一定能均匀地向四周渗透，故实际施工时，应使碱液灌注量适当加大，本规程建议取工作条件系数为1.1。

2.0.14 土体经过化学加固后的承载能力验算，可以有两种模式：

(1) 按垫层考虑；

(2) 按复合地基考虑。

如加固土体在基底连成一片时，按垫层考虑较为合理，由于加固土体强度一般较天然土可增长一倍以上，故其承载力可不验算，都能满足基础荷载要求，这时仅需验算加固土体底面处天然黄土的承载力，也即将加固深度以下土层按软弱下卧层对待。当灌注孔间距较大，加固土体未连成一片时，可近似将加固土体与周围未加固土体作为复合地基来对待。这时除应验算加固土体底面处天然黄土的承载力外，加固土体与基础底部接触面处的承压力也需进行验算，式(2.0.14)未考虑未加固土体的承载力，偏于安全。

3 施 工

3.0.2 灌注孔直径的大小主要与溶液的渗透量有关。如土质疏松，由于溶液渗透快，则孔径宜小。如孔径过大，在加固过程中，大量溶液将渗入灌注孔下部，形成上小下大的蒜头形加固体。如土的渗透性弱，而孔径较小，就将使溶液渗入慢，灌注时间延长，溶液由于在输液管中停留时间长，热量散失，将使加固体早期强度偏低，影响加固效果。

3.0.3 在灌注孔的填石过程中，应严格控制石子粒径不超过4cm，否则容易在孔上部卡住而影响灌注效果。填石高度也不能超过设计埋管深度，不能用棍棒在孔内捣石，以防将孔周粘性土带下而填塞了石子间的孔隙，使溶液无法渗入。如出现这种情况，只能将该灌注孔报废，而在其邻近重新补孔灌注。如出现填石超过设计埋管深度，可采取加大灌液量措施解决。

碱液加固与硅化加固一样，在其加固过程中也应防止出现冒浆。一旦出现浆液沿管壁冒出地面，应立即停止灌注，将注液管四周浸湿的软土挖掉，重新用天然黄土分层夯填密实，再恢复灌注。冒浆常因封口不严造成，因此，在埋注液管时，应注意在其周围用粘性土分层捣实，在接输送管时防止碰松注液管，以防冒浆。

3.0.4 盛碱液桶也可以利用废旧汽油桶改装而成。

3.0.6、3.0.7 固体烧碱质量一般均能满足加固要求，液体烧碱及氯化钙在使用前均应进行化学成分定量分析，以便确定稀释到设计浓度时所需的加水量。

氯化钙中悬浮颗粒易堵塞土中孔隙，影响溶液渗透，故其含量不得超过1%。

为降低碱液加固成本，也可利用工厂废碱液进行加固，但工厂用过的废碱液一般浓度较低，如浓度过低，则加固效果不好，故明确限定其浓度不得低于50g/L。1987年，西安建筑科技大学曾在陕西省新型建材厂采用废碱液加固黄土地基，原料来源为西安第二染织厂及西安漂染厂布匹漂染后的废碱液，其浓度为56～80g/L。现场试验表明，在加固范围内土体无侧限抗压强度平均值为200kPa，虽然比一般碱液加固法采用的80～120g/L溶液浓度强度略低，但比同一场地天然黄土的强度(75kPa)仍要高出1.67倍，满足地基加固要求。

3.0.9

3.0.9.1 由于固体烧碱中仍含有少量其他成分杂质，故配置碱液时应按纯NaOH含量来考虑。式(3.0.9-1)中忽略了由于固体烧碱投入后引起的溶液体积的少许变化。现将该式应用举例如下：

设固体烧碱中含纯NaOH为85%，要求配置碱液浓度为120g/L，则配置每立方米碱液所需固体烧碱量为：

$$G_s = 1000 \times \frac{M}{P} = 1000 \times \frac{0.12}{85\%} = 141.2\text{kg}$$

3.0.9.2 采用液体烧碱配置每立方米浓度为M的碱液时，液体烧碱体积与所加的水的体积之和为1000L，在1000L溶液中，NaOH溶质的量为1000M。一般化工厂生产的液体烧碱浓度以质量百分浓度表示者居多，故施工中用比重计测出液体烧碱比重ρ并已知其重量百分浓度为N后，则每升液体烧碱中NaOH溶质含量即为$G_s=\rho V_1 N$，故$V_1=\frac{G_s}{\rho N}=\frac{1000M}{\rho N}$，相应水的体积为$V_2=1000-V_1=1000\left(1-\frac{M}{\rho N}\right)$。

举例如下：设液体烧碱的重量百分浓度为30%，比重为1.328，配制浓度为100g/L碱液时，每立方米溶液中所加的液体烧碱量为：

$$V_1 = 1000\frac{M}{\rho N} = 1000\frac{0.1}{1.328 \times 30\%} = 251\text{l}$$

3.0.11 碱液灌注前加温主要是为了提高加固土体的早期强度。在常温下，加固强度增长很慢，加固3d后，强度才略有增长。温度超过40℃以上时，反应过程可大大加快，连续加温2h即可获得较高强度。温度愈高，强度愈大。试验表明，在40℃条件下养护2h，比常温下养护3d的强度增长1.0倍；在80℃条件下养护2h，比常温下养护3d的强度提高2.87倍，比28d常温养护提高1.32倍。因此，施工时应将溶液加热到沸腾。加热可用煤、炭、木柴、煤气或通入锅炉蒸汽，因地制宜。

3.0.12 碱液加固与硅化加固的施工工艺不同之处在于后者是加压灌注（一般情况下），而前者是无压自流灌注，因此一般渗透速度比硅化法慢。其平均灌注速度在1～10L/min之间，以2～5L/min速度效果最好。灌注速度超过10L/min，意味着土中存在有孔洞或裂隙，造成溶液流失；当灌注速度小于1L/min时，意味着溶液灌不进，如排除灌注管被杂质堵塞的因素，则表明土的可灌性差。当土中含水量超过28%或饱和度超过75%时，溶液就很难注入，一般应减少灌注量或另行采取其他加固措施以进行补救。

3.0.13 在灌液过程中，由于土体被溶液中携带的大量水份浸湿，立即变软，而加固强度的形成尚需一定时间。在加固土强度形成以前，土体在基础荷载作用下由于浸湿软化将使基础产生一定的附加下沉，为减少施工中产生过大的附加下沉，避免建筑物产生新的危害，应采取跳孔灌液并分段施工，以防止浸湿区连成一片。由于3d龄期强度可达到28d龄期强度的50%左右，故规定相邻两孔灌注时间间隔不少于3d。

3.0.14 采用$CaCl_2$与NaOH的双液法加固地基时，两种溶液在土中相遇即反应生成$Ca(OH)_2$与NaCl。前者将沉淀在土粒周围而起到胶结与填充的双重作用。由于黄土是钙、镁离子饱和土，故一般只采用单液法加固。但如要提高加固土强度，也可考虑用双液法。施工时如两种溶液先后采用同一容器，则在碱液灌注完后应将容器中的残留碱液清洗干净，否则，后注入的$CaCl_2$溶液将在容器中立即生成白色的$Ca(OH)_2$沉淀物，从而使注液管堵塞，不利于溶液的渗入。为避免$CaCl_2$溶液在土中置换过多的碱液中的钠离子，规定两种溶液间隔灌注时间不应少于8～12h，以便使先注入的碱液与被加固土体有较充分的反应时间。

4　工程验收

4.0.1　碱液加固后，土体强度有一个增长的过程，故验收工作应在施工完毕30d以后进行。

4.0.2　碱液加固工程质量的判定除以沉降观测为主要依据外，还应对加固土体的强度、有效加固半径和加固深度进行测定。有效加固半径和加固深度目前只能实地开挖测定。强度则可通过钻孔或开挖取样测定。由于碱液加固土的早期强度是不均匀的，一般应在有代表性的加固土体中部取样，试样的直径和高度均为5cm，试块数应不少于3个，取其强度平均值。考虑到后期强度还将继续增长，故允许加固土一个月龄期的无侧限抗压强度的平均值可不低于设计值的90%。

如采用触探法检验加固质量，宜采用标准贯入试验；如采用轻便触探易导致钻杆损坏。

4.0.3、4.0.4　碱液加固地基工程验收应按加固工程的规模和重要性而有所区别。对加固工程量较小又没有进行现场试验条件的，验收时，除应提交竣工图及施工纪录外，一般还应提交岩土工程勘察报告、材料试验报告和沉降观测报告。对重要工程，地质条件又较复杂时，一般均须进行现场灌液试验或加固体浸水载荷试验，所以验收时还应提交这方面的试验报告以及测定加固土体的无侧限抗压强度的报告。

中国工程建设标准化协会标准

混凝土水池软弱地基处理设计规范

CECS 86：96

主编单位：上海市政工程设计院

批准单位：中国工程建设标准化协会

批准日期：1996年12月18日

前言

现批准《混凝土水池软弱地基处理设计规范》，编号为CECS86：96，并推荐给各工程建设设计、施工单位使用。在使用过程中，请将意见及有关资料寄交中国工程建设标准化协会贮藏构筑物委员会（北京市月坛南街乙2号，北京市市政设计研究院，邮政编码100045），以便今后修订。本规范由中国工程建设标准化协会贮藏构筑物委员会负责管理和解释。

本规范主编单位：上海市政工程设计研究院

审查单位：中国工程建设标准化协会贮藏构筑物委员会

主要起草人：王大龄、赵成宪、陈能礼、姜洪兴

最后审校：沈世杰、白云格娃、张宏声

目　次

1 总 则

1.0.1 为统一给水排水工程中混凝土水池软弱地基加固处理的标准、设计计算基本原则和有关的技术措施，使设计经济合理，并保证水池的结构安全和正常使用，特制定本规范。

1.0.2 本规范适用于混凝土水池下软弱地基的处理设计，对盛放其他液体的混凝土池，也可参照使用。

本规范所述的软弱地基包括：

1 受力层主要由淤泥、淤泥质土、软塑的饱和粘性土、松软的冲填土、素填土及杂填土等高压缩性土所构成的地基；

2 新近沉积欠密实的和在地震条件下可液化的粉土和砂土地基。

1.0.3 混凝土水池的地基处理方案，应根据场地工程地质条件，综合考虑水池的使用要求、荷载情况及结构特点、施工条件等进行选择；在确保水池结构安全与正常使用的前提下，应力求减少处理费用、尽可能利用当地材料、缩短工期和减少施工对环境的影响。

1.0.4 对按本规范作地基处理的水池，在施工过程中和使用期间，应进行必要的地基沉降观测和其他项目的监测，其内容及相应的费用应在设计文件中予以明确。

1.0.5 在按本规范设计时，其未尽事项尚应符合国家现行有关规范的规定。

2 主要符号

2.0.1 材料性能：

a_w——水泥掺入比；

C——土的排水固结系数；

d——土颗粒粒径；

D_r——砂土的相对密实度；

E_s——桩间土压缩模量；

E_{sp}——复合地基压缩模量；

e——孔隙比；

f——地基承载力设计值；

f_k——地基承载力标准值；

$f_{p,k}$——桩体单位面积承载力标准值；

$f_{s,k}$——桩间土承载力标准值；

$f_{sp,k}$——复合地基承载力标准值；

$f_{cu,k}$——水泥土试块的抗压强度标准值；

I_p——土的塑料指数；

K——土的渗透系数；

q_p——桩端土的承载力标准值；

q_s——桩周土的摩擦力标准值；

τ——土的抗剪强度；

U——土的固结度；

γ——土的重度。

2.0.2 作用及作用效应

P——压力或荷载；

P_c——基础底面处土的自重压力标准值；

P_o——基础底面处的压力设计值。

2.0.3 几何参数

A_e——一根桩承担的处理面积；
A_p——桩的截面面积；
d——桩的直径；
d_e——桩体等效影响圆直径；
l——基础底面长度、桩长；
m——面积置换率；
n——桩土应力比、井径比、夯击数、桩数、土层数、荷载分级数等；
s——沉降量、压缩变形量、桩间距；
u——周边长度、孔隙水压力；
Z——基础底面下的垫层厚度；
θ——压力扩散角。

3 基本规定

3.0.1 在设计软弱地基上的混凝土水池时，应进行地基承载力的计算；在下列情况下，除有成熟经验或可靠依据外，尚应进行水池地基的变形计算。

1 工艺流程或其他使用要求对水池地基的沉降变形有一定的限制时；

2 水池结构对地基的不均匀沉降的影响敏感时；

3 水池地基中软弱土层的厚度较大或厚薄不均时；

4 水池承受的荷载不均匀或水池附近有堆载或其他设施，致使水池地基承受不均匀荷载并可能产生较大的不均匀沉降时。

当水池地基近侧为边坡时，尚应进行边坡稳定的验算。

地基承载力和变形、地基边坡稳定的计算方法应符合国家或地区有关规范的规定。

3.0.2 地基变形计算的内容，应根据荷载、结构及地基土层的特点、结合工艺流程及其他有关的使用要求决定。一般情况下，对单个水池，应控制其最大沉降与倾斜；对在工艺流程中互相关联的水池群，尚应控制各池体间的沉降差。

注：倾斜为结构的两端点处地基的沉降差和距离之比。

3.0.3 水池地基的变形允许值，除应考虑结构对地基变形的适应能力，参照同类结构的实测资料确定外，尚应满足工艺流程及其他有关的使用要求，即包括水池的预留余高和出入流堰口的水平度要求、机构设备的正常运转要求、出入水池的管道结构和接口构造允许的变形等。

当缺乏实测资料时，一般情况下，水池地基的最大沉降值不宜大于 300mm，对于地基土层分布和受荷较均匀、在平面的两个主方面上均有良好刚度的整体式水池，其地基最大沉降允许值可适当增加，一般不宜大于 350mm。水池地基的倾斜允许值及工艺流程中互相相关的水池地基间的沉降差允许值，主要应根据工艺流程及其他有关的使用要求决定，当水池池体设有变形缝时，尚应控制水池地基的变形不影响变形缝的正常工作。

3.0.4 在进行地基变形计算时，应考虑相邻构筑物或其他相邻荷载的影响。

3.0.5 在水池埋深范围内有地下水时，地基承载力及地基变形的计算应考虑地下水浮力的作用；计算承载力时，地下水位可取年平均最低水位；计算地基变形时，可取年平均水位。

3.0.6 当水池地基的承载力、变形或稳定不能满足要求时，应对水池地基进行加固处理或采取其他适当的措施。

4 复合地基法

4.1 一般规定

4.1.1 当水池下地基土的承载力或变形不能满足设计要求时，可在地基土中加入竖向增强体，构成复合地基，以提高地基的承载力和减少变形。设计中，应考虑地基土和增强体的共同作用。

水池的复合地基中，可用振冲碎石桩和水泥土深层搅拌桩等作竖向增强体。水泥土搅拌桩系指用湿法制作的水泥土搅拌桩。

4.1.2 复合地基的承载力宜按现场复合地基载荷试验确定，也可根据单桩和桩间土的试验结果，按下式计算：

$$f_{sp,k}=mf_{p,k}+\beta(1-m)f_{s,k} \tag{4.1.2}$$

式中 $f_{sp,k}$——复合地基承载力标准值(kPa)；

$f_{p,k}$——桩体单位面积承载力标准值(kPa)；

$f_{s,k}$——桩间土承载力标准值(kPa)；

m——复合地基中的桩体面积置换率($m=A_p/A_e$，A_p为桩体面积，A_e为对应于每一根桩的加固面积)；一般情况下，对于振冲碎石桩，m=0.25～0.40；对水泥土深层搅拌桩m=0.15～0.30。

β——桩间土承载力折减系数：

对振冲碎石桩，β=1.0；

对水泥土深层搅拌桩，当桩端为软土时，β=0.5～1.0；当桩端为硬土时，β=0.1～0.4；当不考虑桩间土的作用时，β=0。

4.1.3 桩体的单位面积承载力标准值$f_{p,k}$可按下述方法计算。

对振冲碎石桩：

$$f_{p,k}=nf_{s,k} \tag{4.1.3-1}$$

式中 n——桩土应力比，当无实测资料时，对粘性土，可取n=2

～4；对粉土及砂土，可取 n＝2.0～3.0；原土强度高时取较小值，反之，取较大值。

对水泥土深层搅拌桩，按式(4.1.3－2)和式(4.1.3－3)计算并取其较小值。

$$f_{p,k}=\eta f_{cu,k} \quad (4.1.3-2)$$

式中 $f_{cu,k}$——与桩身配比相同的水泥土试块的抗压强度标准值(kPa)；

η——强度折减系数，可取 0.35～0.50。

$$f_{p,k}=\frac{1}{A_p}(q_pA_p+U_p\sum q_{si}l_i) \quad (4.1.3-3)$$

式中 A_p——桩身的横断面面积(m^2)；

q_p——桩端土的承载力标准值(kPa)；

U_p——桩身周边长度(m)；

q_{si}——桩周第 i 层土的摩擦力标准值(kPa)，可按表 4.1.3 采用；

l_i——第 i 层土的厚度(m)。

设计时，宜使由式(4.1.3－2)和式(4.1.3－3)决定的 $f_{p,k}$值相接近，并使前者略大于后者为适宜。

表 4.1.3 水泥土搅拌桩桩周土的摩擦力标准值(q_s)

土层名称	土体状态	桩周土的摩阻力 q_s(kPa)
淤泥、泥炭土	流　塑	5～8
淤泥质土	流塑～软塑	8～12
粘　性　土	软　塑	12～15
粘　性　土	可　塑	15～18

4.1.4 当复合地基下存在软弱下卧层时，应按有关规范的规定验算下卧层的强度。

4.1.5 水池地基采用复合地基法加固处理后，地基的总沉降量应按下式计算：

$$S=S_{sp}+S_s \quad (4.1.5-1)$$

式中 S——地基的总沉降量(mm)

S_{sp}——复合土地基压缩量(mm)

S_s——复合地基下卧土层的沉降量(mm)

对振冲碎石桩，复合地基的压缩变形量应按《建筑地基基础设计规范》GBJ7 的规定计算，复合地基的压缩模量可按下式计算：

$$E_{sp}=[1+m(n-1)]E_s \quad (4.1.5-2)$$

式中 E_{sp}——复合土层的压缩模量(MPa)；

E_s——桩间土的压缩模量(MPa)，对粉土和砂土，可取振冲后的值；

对水泥土深层搅拌桩，复合地基的压缩量 S_{sp}可根据水池荷载、桩长和桩身强度在 20～40mm 范围内选取。

复合土层下卧层的沉降量 S_s应按《建筑地基基础设计规范》GBJ7 中的有关方法计算。

4.2 振冲碎石桩

4.2.1 振冲碎石桩适用于粉土、不排水抗剪强度不小于 20kPa 的粘性土和主要成份为粘性土的素填土的置换处理，通过置换构成复合地基。

4.2.2 振冲碎石桩的桩体材料，除碎石外，可为卵石、角砾、圆砾、含石砾砂或矿渣、碎砖等含泥量不大于 5%的硬质而性质稳定的材料，粒径一般为 20～50mm 且不宜大于 80mm。

4.2.3 水池地基中振冲碎石桩的直径一般可取 0.6～1.0m。

4.2.4 水池地基中，当需处理的软弱土层厚度不大时，碎石桩体应贯穿软弱土层；当软弱土层较厚时，碎石桩体长度应根据水池地基的变形允许值确定。

碎石桩体在水池垫层以下的长度不宜小于 4m。

4.2.5 振冲碎石桩的间距应根据水池荷载及地基土的强度和限制变形的要求决定，一般可取1.5～2.5m。

4.2.6 水池地基中，振冲碎石桩宜按等边三角形或正方形网格布置，也可根据水池的基底形状、地基处理的要求按等腰三角形或矩形网格布置。

4.2.7 振冲碎石桩的面积置换率，根据桩体的布置方式，可按下式计算：

$$m=\frac{d^2}{d_e^2} \tag{4.2.7}$$

式中 d——桩体直径(m)；

d_e——桩体等效影响圆的直径(m)。

当桩体按等边三角形网格布置时 $d_e=1.05s$

当桩体按正方形网格布置时 $d_e=1.13s$

当桩体按矩形网格布置时 $d_e=1.13\sqrt{S_1S_2}$

式中 S——按等边三角形或正方形网格布置时，桩体的中心距(m)；

S_1、S_2——按矩形网格布置时，桩体的纵向和横向中心距(m)。

4.2.8 振冲碎石桩处理地基的范围应大于水池的基底范围。一般情况下，基底范围外应至少设1～2排桩。

4.2.9 制桩完成后，应将桩体顶部不符合密实度要求的部分挖除并铺设300～500mm经夯实或压实的碎石垫层；当地下水位较高时，碎石垫层下的桩间土上尚应铺置至少100 mm厚的砂层。

4.2.10 振冲碎石桩体的施工，一般采用由里向外推进或由一侧向另一侧推进的顺序进行；当加固处理区的附近有构筑物时，施工应从靠近构筑物的一侧开始，向远离原有构筑物的方向推进。

振冲孔与已有构筑物的距离宜大于3m。

4.2.11 制桩过程中，各段桩体的密实电流、填料量和留振时间等均应严格控制，以保证桩体质量。

当采用30kW的振冲器时，对粘性土地基，密实电流应为50～55A；对粉土地基，密实电流应为40～50A，留振时间应为30s。

填料量可按桩孔的理论体积乘以充盈系数确定，充盈系数一般可取1.2～1.5。

4.2.12 振冲碎石桩处理效果的检验应于施工完成后间隔一定的时间进行；对粘性土地基可取3～4周；对粉土地基可取2～3周。

4.2.13 振冲碎石桩可用单桩载荷试验检验施工质量，一般按每200～400根抽一根进行，但总数不应小于3根。

对采用振冲碎石桩加固处理的水池地基，一般情况下可用单桩复合地基载荷试验检验处理效果；对大型水池或当地基地质条件复杂时，宜用多桩复合地基载荷试验检验处理效果。检验应选择有代表性的地段进行，每个工程的检验点不宜少于3处。

4.3 水泥土深层搅拌桩

4.3.1 水泥土深层搅拌桩适用于淤泥、淤泥质土、软塑状粘性土、粉土和素填土的加固处理。对于有机质含量高的土或当地下水具侵蚀性时，加固效果宜通过试验确定。冬季施工时，在冻结深度较大的地区应注意负温对处理效果的影响。

4.3.2 对拟采用水泥土深层搅拌桩加固地基的工程，工程地质勘察除进行常规的土工试验外，尚需查明土中有机质含量及地下水的侵蚀性等。

4.3.3 在设计前，应根据对桩体的强度要求，从拟建场地取代表性土样，按不同的水泥掺入比及外掺剂掺量进行室内试验，以选择最佳的水泥掺入比及外掺剂掺量。

水泥掺入比 a_W(掺入的水泥重量/被加固土的重量)不宜小于5%，一般可在8%～20%之间选取。

一般情况下，水泥可选用普通硅酸盐水泥、矿渣硅酸盐水泥或火山灰质硅酸盐水泥等；同时可根据工程需要选用具有早强，缓凝、减水等作用的外掺剂，此外还可掺入适当数量的粉煤灰。

水泥土应以 90d 龄期试块的无侧限抗压强度作为强度标准值。

4.3.4 水泥土深层搅拌桩的平面布置形式根据水池荷载、结构形式和地基土性能决定，可为柱状、壁状或格栅状。

柱状水泥土桩体可按正方形、矩形或等边三角形网格布置，适用于一般荷载情况下水池的地基加固，其面积置换率可按第 4.2.7 条计算。

壁状或格栅状水泥土桩体由柱状水泥土桩体搭接形成，相互搭接长度不宜小于 100mm，适用于荷载较大或沉降需要严格控制的水池的地基处理。

水泥土深层搅拌桩可仅在水池基础的范围内布置。

4.3.5 水泥土深层搅拌桩的成桩应按预搅下沉、喷浆搅拌提升、重复搅拌下沉、重复搅拌提升至基坑表面的程序进行。每根桩体的输浆量和搅拌提升速度等施工参数应通过现场试验确定；提升速度的误差不得大于±100mm/min。

水泥浆应按规定的配比配制。拌制好的水泥浆应保持不离析。压浆时应保持均匀连续，不得发生断浆现象。

4.3.6 为保证桩体顶部的质量，一般情况下水池底板底面标高以上宜留 500mm 的土层，搅拌桩施工至该土层的顶部，该段桩体待基坑开挖时挖除；必要时可在桩顶部 1.5m 左右范围内增加一次输浆搅拌。

4.3.7 水泥土深层搅拌桩体垂直度偏差不得大于 1.5%，桩位偏差不得大于 50mm，桩径偏差不得大于 4%。

4.3.8 施工过程中对于桩位、水泥用量、外掺剂用量、水灰比、下沉和提升速度、输浆时间等应有详细、完整的记录，并应及时检查。对施工中出现的异常现象应及时分析。对不合格桩体，应根据具体情况采取补强、补桩或其他补救措施。

4.3.9 水泥土深层搅拌桩桩体应在成桩后 7 天内，用轻便触探仪检验各桩体的均匀程度及强度，检验数量不少于完成桩数的 2%，并不少于 6 根。对发现问题的桩，尚应在桩身上取样，测定桩身强度或用单桩载荷试验检验其承载力。

一般情况下，可用单桩复合地基载荷试验检验处理效果；对于大型水池或场地地质条件复杂时，宜用多桩复合地基载荷试验检验处理效果。检验应选择有代表性的地段进行，每个工程的检验点数不宜少于 3 处。

5 密 实 法

5.1 一般规定

5.1.1 当水池下的地基土不能满足承载力或变形的要求时，可通过静力或动力的作用，提高地基土的固结程度或密实度，以提高地基的承载力和减少地基的变形，满足设计的要求。

5.1.2 水池地基可以采用加载预压法、真空预压法、强夯法和振冲密实法等处理，以达到要求的固结度或密实度。

5.2 加载预压法

5.2.1 加载预压法适用于流塑和软塑状的粘性土及冲填土等地基的密实处理。

5.2.2 当采用加载预压法处理水池地基时，应查明地基土层的分布、成层程度、透水层的位置、地下水文地质条件等。土工试验除应提供常规数据外，尚应提供地基土层在垂直方向和水平方向的固结系数、固结压力—孔隙比关系曲线、不排水抗剪强度指标和固结不排水抗剪强度指标等。

5.2.3 对大型工程或场地地质条件复杂的工程，应在现场选择适当的试验区进行预压试验，验证设计所采用的计算参数，必要时应对设计作调整。

5.2.4 预压荷载的大小可根据水池的设计要求、施工期限等因素综合比较确定，一般可等于设计荷载；当需要严格限制水池的沉降量或缩短预压时间时，可考虑采用超载预压。超载量可根据预定时间内需完成的沉降量确定，一般可取设计荷载的 1.2～1.4 倍。

5.2.5 为加快地基的固结速度，减少预压所需时间，可在预压范围内设置垂直排水设施及水平排水设施；当软弱土层小于 5m 或土层中含有较多粉、细砂夹层可用以排水，且预计固结速率能满足工期要求时，可以不设垂直排水设施。

垂直排水设施一般可为普通砂井、袋装砂井或塑料排水带；水平排水设施一般可为铺设于地表的砂垫层，当砂料缺乏时也可为纵横向的砂沟。垂直排水设施与水平排水设施应相互连通。此外，尚应设置与水平排水设施相通的盲沟等设施，将预压时由地基中排出的水引出预压区。

5.2.6 一般情况下预压荷载宜分级施加，荷载施加的速率应与地基土的强度增长相适应。在加载的各阶段，均应进行地基稳定性的复核。在逐级加荷过程中，已加荷载作用下软土地基中某点任意时刻的抗剪强度 τ_t 可按附录 A 计算。

对长径比（长度与直径之比）大而渗透系数相对较小的袋装砂井或塑料排水带，地基平均固结度的计算应考虑井阻作用；当施工中采用套管挤土法成孔时，尚应考虑对孔壁的涂抹影响。考虑井阻作用和涂抹影响后，计算平均固结度时应乘以 0.80～0.95 的折减系数。

5.2.7 预压荷载作用下，水池地基的最终沉降量可按下式计算：

$$S=\psi_s\sum_{i=1}^{n}\frac{e_{oi}-e_{1i}}{1+e_{oi}}h_i \tag{5.2.7}$$

式中 S——地基最终沉降量（mm）

e_{oi}——第 i 层中点处土的自重压力所对应的孔隙比，由室内固结试验的 e—p（即孔隙比——固结压力）关系曲线中查得；

e_{1i}——第 i 层中点处土的自重压力和附加压力之和所对应的孔隙比，由室内固结试验的 e—p 关系曲线中查得；

h_i——第 i 层的土层厚度（m）；

ψ_s——经验系数，对正常固结或轻度超固结粘性土地基，取 ψ_s=1.1～1.4。荷载较大，地基土较软弱时取较大值，反之取较小值。

沉降计算时，地基压缩层厚度取由水池基础底面起至地基中附加压应力为土自重压应力的10%处的深度。

5.2.8 正常固结的粘性土地基，预压过程中的竖向沉降值可按下式估算：

$$S_t=[(\psi_s-1)\frac{P_t}{\sum\Delta P}+U_t]S \quad (5.2.8)$$

式中 S_t——固结时间为t时，地基的竖向沉降值(mm)；

U_t——固结时间为t时，地基的平均固结度(%)可按本规范的附录B计算；

P_t——固结时间为t时所对应的预压荷载(kPa)；

$\sum\Delta p$——各级荷载的累计值(kPa)。

5.2.9 预压荷载的加荷范围不得小于水池的基底范围，并宜在每一方向上扩大2～4m，以保证基底范围内地基加固处理的均匀性。堆载边坡不得作为预压荷载。

5.2.10 卸荷宜分级进行。对以提高水池地基承载力或稳定性为目的的加载预压，地基土的强度应经预压增长并满足设计要求后方可卸荷；对以减小水池沉降量为目的的加载预压，应待预压的沉降量达到设计的预期值、剩余沉降量小于水池的地基变形允许值且土层的平均固结度达到80%以上时，方可卸荷。

5.2.11 采用加载预压方法加固地基时，地基中设置的普通砂井、袋装砂井或塑料排水带等垂直排水设施的布置应根据地基土的固结特性、荷载大小、要求达到的固结度和预压的容许时限等确定。砂井在保证施工质量的前提下，宜遵循"细而密"的原则。

1 普通砂井的直径可取为200～500mm，其间距可按井径比(n)为6～10选用。

2 袋装砂井的直径可取为70～100mm，其间距可按井径比(n)为15～30选用。

3 塑料排水带的断面为矩形，其当量换算直径可按下式计算：

$$d_p=\frac{2\alpha(b+t)}{\pi} \quad (5.2.11)$$

式中 d_p——塑料排水带的当量换算直径(mm)；

b——塑料排水带的宽度(mm)，一般为100mm；

t——塑料排水带的厚度(mm)，一般不小于3.5mm；

α——换算系数，一般可取α=0.75～1.00。

塑料排水带的间距可按井径比(n)为15～30选取。

井径比n定义为砂井的等效排水圆柱体的直径d_e与砂井(或排水井)的直径d_w(或d_p)之比，即$n=d_e/d_w$(或$n=d_e/d_p$)。

5.2.12 普通砂井、袋装砂井或塑料排水带等垂直排水设施在平面上可按等边三角形或正方形网格布置。根据排水面积相等的原则，一根砂井或排水带的等效排水圆柱体的直径d_e与砂井或排水带间距S的关系为：

按等边三角形网格布置时 $d_e=1.050s$

按正方形网格布置时 $d_e=1.128s$

5.2.13 垂直排水设施的深度应根据水池地基沉降允许值或地基稳定性的要求确定。

1 当水池下软土层厚度不大时，垂直排水设施宜贯穿软土层；当软土层厚度较大时，对以控制水池地基的沉降量为目的的加固处理，排水设施的深度可根据在一定的时间内应完成的预压沉降量的计算确定。如受施工条件限制，无法达到要求的深度时，可采用超载预压等方法达到设计要求。

2 对以满足水池地基稳定性要求为目的的加固处理，垂直排水设施的深度应超过最危险的潜在滑动面至少2m。

5.2.14 作为水平排水设施的砂垫层或砂沟的厚度宜为300～500mm，砂沟的宽度宜不小于普通砂井或袋装砂井直径的2倍且不小于300mm。袋装砂井或塑料排水带伸入砂垫层或砂沟至少200mm。

5.2.15 普通砂井或袋装砂井宜用中、粗砂，含泥量应小于3%；砂垫层或砂沟也宜用中、粗砂，砂中可掺有少量粒径小于50mm的砾石，含泥量不得大于5%。砂垫层的干密度应大于1.5t/m³。

5.2.16 铺设砂垫层前，垫层基面上的淤泥或杂物应加以清除；砂垫层的施工过程应避免对垫层下地基土的扰动。

5.2.17 应保证普通砂井或袋装砂井的灌砂量。灌砂量应按井孔的体积和砂在中密状态下的干密度计算，其实际灌砂量不得小于计算值的95%。袋装砂井中的砂宜用干砂。

5.2.18 塑料排水带应有足够的强度，使断面中的排水通道不因受土压力而减小；其滤膜应有良好的透水性，与粘性土接触后的渗透系数应不小于中砂。

塑料排水带需接长时，应采用滤膜内芯板平搭接的方法，搭接长度不宜小于200mm，搭接后滤膜应包复整齐。

5.2.19 用于堆载预压的材料可为土、砂石或金属铸锭等粒、块状材料。

当缺乏堆载预压材料或水池下地基特别软弱时，可采用真空预压法。真空预压法可取得相当于80kPa的等效预压荷载，且压力可一次加上。

当需要的预压荷载较大时，可采用真空一加载联合预压法。

5.2.20 预压过程中，应每天进行地基沉降及边桩水平位移的观测；对大型水池，尚应进行孔隙水压力的观测，以便根据观测资料控制加荷速率，推算地基在不同时间的固结度及相应的沉降量，分析处理效果及确定卸荷时间；加载面积中部地基的沉降速率不应超过10～15mm/d；加载范围坡脚处1m处边桩的水平位移不应超过4～6mm/d，且不应连续出现大值的情况；孔隙水压力与荷载值之比不应大于0.6。

5.2.21 预压过程中，应在不同的加荷阶段对土层的不同深度进行十字板抗剪强度试验及室内土工试验，以检验地基的稳定性、控制加荷速率及检验地基最终的加固效果。每一预压区每一阶段进行检验的点数不应少于2处。

预压现场经勘探后，所有勘探孔应即用砂回填。

5.3 强夯法

5.3.1 强夯法适用于砂土及低含水量的粉土、粘土、素填土和有机质含量少的杂填土地基的加固处理。

对含水量在50%以下的饱和粘性土地基，当在夯点周围设置适当的垂直和水平方向的排水设施时，亦可进行强夯法加固处理。

5.3.2 采用强夯法处理水池地基时，主要的设计参数应根据场地地质条件，在选择有代表性的地段进行试夯后，根据试夯的结果优化确定。

5.3.3 强夯的有效加固深度h可按下列经验公式估算，并可按表5.3.3预估：

$$h=\alpha\sqrt{H\cdot Q} \tag{5.3.3}$$

式中 h——有效加固深度(m)；

Q——锤重(kN)；

H——夯锤落距(m)；

α——修正系数，$\alpha=0.16\sim0.22$。当地基中设有垂直和水平排水设施时，α值可适当提高。

表5.3.3 强夯的有效加固深度(m)

单击夯击能量(kN·m)	粘性土、粉土等	砂土、碎石土等
1000	4.0～5.0	5.0～6.0
2000	5.0～6.0	6.0～7.0
3000	6.0～7.0	7.0～8.0
4000	7.0～8.0	8.0～9.0
5000	8.0～8.5	9.0～9.5
6000	8.5～9.0	9.5～10.0

注：有效加固深度从起夯面开始计算。

5.3.4 对地基的夯击能量应根据地基土的性质、水池的荷载及加固处理的目标值等确定。一般情况下，对粘土，平均夯击能量可取1500～6000kN·m/m²；对砂土，平均夯击能量可取1000～5000kN·m/m²。

5.3.5 每夯点的总夯击数应根据现场夯击试验所得的有效击实系数曲线确定。有效击实系数最大值所对应的夯击数为最优夯击数。

有效击实系数可按下式确定：

$$\beta=\frac{V-V_s}{V} \tag{5.3.5}$$

式中 β——有效击实系数；

V——夯坑体积(m³)；

V_S——夯坑周围土体的隆起体积(m³)。

每夯点的夯击数也可按最后两击的累计夯沉量之差小于50～80mm确定；锤底静压应力小于30kPa时取下限，大于30kPa时取上限。

5.3.6 夯击遍数根据地基土的性质确定，一般可为2～3遍，最后再以低能量满夯1～2遍。当土层含水量高、渗透性低且层厚较大时，夯击遍数可适当增加。

一般情况下，对水池地基，夯击遍数可按下列公式确定：

$$\sum_{i=1}^{n}S_i\geqslant(0.7\sim0.8)s \tag{5.3.6-1}$$

而且

$$s-\sum_{i=1}^{n}S_i\leqslant 300\text{mm} \tag{5.3.6-2}$$

式中 n——夯击遍数；

$\sum_{i=1}^{n}S_i$——经n遍夯击后，各遍地表夯沉量之和(mm)；

S——水池地基最终沉降量计算值(mm)。

5.3.7 当水池作用于地基上的荷载较均匀时，夯击点宜均匀布置并按正方形网格插档分遍夯击。

5.3.8 夯击点的间距应根据地基土质、土层厚度和夯击遍数等综合考虑。当软土层厚度较大时，第一遍夯击的夯点间距可取6～9m，以后各遍夯击的夯点间距可根据夯击遍数布置。

5.3.9 前后两遍夯击间的间歆时间应根据地基土中孔隙水压力的消散情况确定。当缺乏资料时，对于粘性土，间歇时间根据土层厚度及排水特性可取2～3周；对粉土，可取1～2周。当土层含水量大、土层较厚且渗透性低时，间歇时间取大值；土层渗透性较好或土层中设置排水设施时，间歇时间可适当缩短。

5.3.10 强夯处理的夯击范围应大于水池的基础范围，其每一方向超出基础轮廓线的宽度不宜小于设计的有效加固深度的一半且不小于3m。

5.3.11 强夯施工宜采用带自动脱钩装置的履带式起重机或其他专用设备，其起重能力及起吊高度应根据选用的锤重及落距决定。一般情况下起重能力宜为锤重的2～3倍，起吊高度宜为10～20m。当采用履带式起重机时，应有适当的安全措施，防止落锤时臂杆后仰。设备的接地应力应小于地基的承载能力。

5.3.12 强夯所用的夯锤宜为钢制或铸铁制的圆柱形或圆台形锤，并宜设有若干垂直贯通顶、底面的排气圆孔，孔径250～300mm。锤底面积应根据地基土的性质和要求加固的深度确定；对软粘性土，锤底的静压应力可取30kPa左右。当要求加固深度大时，宜选用底面积较大的夯锤。

5.3.13 强夯区的场地应平整，耕植土应予挖除。当地下水位离地表的距离大于2m且表层土能承受夯击机械的压力时，可直接进行强夯；当地下水位较高时，宜在地面铺设1～2m厚的砂石料、建筑垃圾、性能稳定的工业废料或强风化残积土等垫层；也可采取适当的降水措施，保持夯击时地下水位低于地表2m以下。

夯击区内场地或夯坑内的积水应及时排除。

5.3.14 强夯加固区周围的地表应设排水沟。当加固区面积较大时，区内应加设排水沟网。排水沟的间距不宜大于15m。

在地下水位高和多雨地区，强夯施工宜选择在少雨季节和地下水位低的时候进行。

5.3.15 强夯施工前，夯击区内的地下设施应予搬迁；对夯击区周围15m以内的建筑物和地下设施等应考虑震动的影响，必要时应采取防震措施（如挖隔震沟等）或进行加固；在此范围外的，也应注意震动的影响。

5.3.16 强夯施工的质量检验应在施工完毕并间隔一定的时间后进行。对于粉、细砂和粉土地基，间隔时间可取1～2周；对于粘性土地基，间隔时间不宜少于4周。当采取垂直向和水平向排水设施时，间隔时间可适当缩短。

5.3.17 强夯效果检验的内容宜包括：

1 强夯总夯沉量（等于各遍平均夯沉量之和）；

2 强夯后地基的原位测试。原位测试一般可采用静力触探，对粘性土也可进行十字板剪切试验。对粉土和粉、细砂，尚可进行标准贯入试验。试验在深度上宜为每1m进行一次；

3 强夯后地基土的室内物理力学性质试验。在深度上取样间距宜为每1m取一个；

4 对大型水池或地质条件复杂场地，宜作大承压板静载荷试验。

对每一工程，每种原位测试和室内物理力学性能试验的检验点应不少于3处；对于大型的或场地地质条件复杂的水池，其检验点的数目宜适当增加。

检验点的深度不得小于要求加固处理的深度。

钻探完毕，所有钻孔即应用砂回填密实。

5.4 振冲密实法

5.4.1 振冲密实法主要用于砂土和粉土的加固处理及抗震动液化处理。

5.4.2 振冲密实桩的填料与振冲碎石桩的桩体材料相同，粒径为5～50mm。对于粘粒含量小于10%的粗砂和中砂地基，振冲时可不另加填料，就地振密。

填料级配的密实程度可按下式估算：

$$S_n=1.7\sqrt{\frac{3}{(d_{50})^2}+\frac{1}{(d_{20})^2}+\frac{1}{(d_{10})^2}} \quad (5.4.2)$$

式中 S_n——填料的适宜数，其值愈小，振密速率愈快，桩体密实度愈高；

d_{50}、d_{20}、d_{10}——分别为颗粒大小分配曲线上对应于50%、20%和10%的颗粒直径（mm）。

5.4.3 振冲密实桩的直径一般可取0.6～0.8m。

5.4.4 水池地基中，振冲密实桩常按等边三角形或正方形网格布置。

密实桩体的面积置换率可按第4.2.6条计算。

5.4.5 振冲密实桩的间距应根据地基上的颗粒组成、地下水位、地基土要达到的密实度和振冲器的功能等因素确定。采用功率为30kW的振冲器时，桩间距一般可取1.8～2.5m，且不宜大于4m。当土的粒径小、密实度要求高时，桩间距宜取较小值，反之取较大值。

当无试验资料时，密实桩的间距可根据要求地基达到的孔隙比，按下式计算：

按等边三角形网格布置时 $$S=0.95d\sqrt{\frac{1+e_0}{e_0-e_1}} \quad (5.4.5-1)$$

按正方形网格布置时 $$S=0.89d\sqrt{\frac{1+e_0}{e_0-e_1}} \quad (5.4.5-2)$$

式中 S——密实桩间距（m）；

d——密实桩直径（m）；

e_0——地基土处理前的孔隙比；

e_1——地基土处理后要求达到的孔隙比；

$$e_1=e_{max}-Dr(e_{max}-e_{min})$$

式中 e_{max}——地基土的最大孔隙比；

e_{min}——地基土的最小孔隙比；

e_{max}及e_{min}按《土工试验方法标准》(GBJ123—88)的规定确定；

Dr——地基土经密实处理后要求达到的相对密实度，可取0.7～0.85。

密实桩的间距也可用下式估算：

$$S=\alpha\sqrt{V_p/V} \qquad (5.4.5-3)$$

$$V=\frac{(1+e_p)(e_0-e_1)}{(1+e_0)(1+e_1)} \qquad (5.4.5-4)$$

式中 S——密实桩间距(m)；

α——系数，按正方形网格布置时为1.000，按等边三角形网格布置时为1.075；

V_p——单位桩长(m)的平均填料量，一般可取0.33～0.60m³；

V——地基达到设计的密实度时单位体积所需的填料量(m³)；

e_0——地基土的天然孔隙比；

e_p——桩中碎石的孔隙比；

e_1——地基土振冲密实后要求达到的孔隙比。

5.4.6 水池地基中，当需处理的砂土或粉土层厚不大时，桩体应贯穿该土层。当需处理的砂土或粉土层厚较大时，对非液化地基，桩体长度应根据水池地基的变形允许值确定；对液化地基，桩体长度尚应根据抗震要求的深度确定。

5.4.7 振冲密实桩处理地基的范围宜大于水池的基底范围，一般情况下，对非液化地基，基础底范围外至少增加1～2排桩；对可液化地基，基础底范围外至少增加2～4排桩。

5.4.8 用振冲密实法处理地基时，其承载力可按第4.1.2条中有关振冲碎石桩的规定计算；其变形可按第4.1.5条中有关振冲碎石桩的规定计算；其中桩土应力比n在无实测资料时，对砂土和粉土可取1.5～3，原土强度高时取较小值，反之取较大值。

5.4.9 制桩完成后，水池基底下不符合密实要求的部分应于挖除，或辗压密实并铺设厚300～500mm的碎石垫层。垫层应经夯实或压实。

5.4.10 振冲密实桩的施工，可以采用由外向里逐圈连续推进或跳圈推进的顺序进行。当加固区附近有构筑物时，施工应从靠近构筑物的一侧开始，向远离构筑物的方向推进。

密实振冲孔与已有构筑物的距离宜大于3m。

5.4.11 振冲密实桩的质量检验应于施工完成后间隔一定的时间进行。对砂土地基可取1～2周；对粉土地基可取2～3周。

5.4.12 对振冲密实法处理后的砂土或粉土地基，可采用静力触探或标准贯入试验等方法检验桩间土的处理效果。检验应选择有代表性的或地基土质较差的地段进行。检验点应布置在桩间土的形心处，一般每100～200m² 取一孔，每个工程检验点数量不得少于3处。标准贯入试验在深度方向上每米应作1次。有条件时，宜采用V_R(瑞利)波法进行无损检测检验处理效果。

勘探孔应于工作完成后，立即用干砂回填密实。

6 置 换 法

6.1 一 般 规 定

6.1.1 当水池底板下全部或局部为厚度不大的软弱土层、其承载力或变形不能满足要求时，可用其他适当的材料将其全部或部分加以置换，以满足用作水池地基的要求。

6.1.2 地基土的置换可采用换土处理或动力置换(或称强夯置换)法。

6.2 换 土 处 理

6.2.1 当水池的平面尺寸较小且基础下软弱土层的厚度不大或水池下局部为软弱土层时，可对软弱土层进行换土处理。一般情况下，换填的厚度不宜大于3m。

6.2.2 换土处理所用的材料及施工方法，应根据水池的结构、荷载情况和场地的工程地质、水文地质条件，结合当地可能取得的材料和具有的施工经验等进行综合分析确定。

6.2.3 当水池下的地基需作全面积换土处理时，由换填的土形成的垫层(以下简称垫层)的厚度应根据下卧土层的承载力和水池对地基的变形要求确定。

6.2.4 当根据下卧土层承载力确定垫层厚度时，应符合下式要求：

$$f_z \geqslant P_{oz} + P_z \quad (6.2.4-1)$$

式中 f_z——垫层底面处地基土的承载力设计值(kPa)；

P_{oz}——垫层底面处土的自重压力标准值(kPa)；

P_z——垫层底面处的附加压力设计值(kPa)，可按下式计算：

$$P_z = \frac{lb(P_o - P_c)}{(b+2Ztg\theta)(l+2Ztg\theta)} \quad (6.2.4-2)$$

式中 P_o——基础底面处平均压力设计值(kPa)；

P_c——基础底面处土的自重压力标准值(kPa)；

b,l——水池的宽和长(m)；

θ——垫层压力扩散角(°)，按表6.2.4选用；

Z——垫层厚(m)。

b、l、θ、Z 如图6.2.4所示。

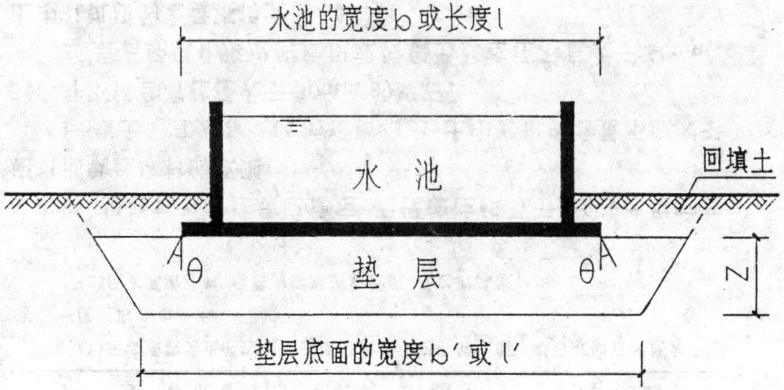

图6.2.4 垫层的典型布置示意图

表6.2.4 常用换填材料的压力扩散角(°)

换填材料 / Z/b	中砂粗砂砾砂砾石、卵石、碎石颗粒状工业废渣	粘土和粉土(8<Ip<14)	灰 土
0.25	20	6	30
≥0.50	30	23	30

注：①当 $Z/b<0.25$ 时，按 $Z/b=0.25$ 取值。

②当 Z/b 在0.25～0.50之间时，θ 可内插求得。

6.2.5 经换填处理的地基，其沉降量等于垫层本身的压缩变形量和下卧土层沉降量之和。

垫层本身的压缩变形量可按下式计算：

$$S_b=\frac{P_{o.k}\cdot Z}{2E_b}(1+\frac{bl}{b'l'}) \quad (6.2.5-1)$$

式中 S_b——垫层的压缩变形量(mm)；

$P_{o.k}$——水池底面处的平均压力标准值(kPa)；

E_b——换填材料的压缩模量(MPa)；

当换填材料为中、粗砂时，压缩模量可取为 20000～30000kPa。下卧土层的沉降量应按《建筑地基基础设计规范》GBJ7 计算。

6.2.6 垫层底面的最小宽度和长度应满足水池底面应力扩散的要求，具体可按式(3.2.6—1)和(3.2.6—2)确定(见图 6.2.4)。

$$b'\geqslant b+2Z\text{tg}\theta \quad (6.2.6-1)$$

$$l'\geqslant l+2Z\text{tg}\theta \quad (6.2.6-2)$$

式中 b'、l'——垫层底面的宽度和长度(m)；

当垫层侧面土质较差(f_K<120kPa)时，垫层底部的宽度和长度宜取：

$$b'=b+(1.6\sim2.0)Z \quad (6.2.6-3)$$

$$l/=l+(1.6\sim2.0)Z \quad (6.2.6-4)$$

垫层基坑四周应按当地基坑开挖的要求放坡。

6.2.7 垫层应有足够的承载力，其值一般应通过现场试验确定。对一般工程，当无试验资料时，可按表 6.2.7 选用。

表 6.2.7 各种垫层的承载力

施工方法	垫层材料	压实系数	承载力标准值 f_K(kPa)
碾压或振密	砾石、卵石、碎石	0.94～0.97	200～300
	砂夹石(石料占全重的30～50%)		200～250
	中、粗、砾砂		150～200
	灰土	0.93～0.95	200～250
夯实	素土		150～200

注：(1)压实系数为土的控制干密度与最大干密度的比值。碎石或卵石的最大干密度可取 2.2t/m³；

(2)压实系数小时，承载力标准值取低值，反之取高值。

6.2.8 垫层材料的性质应稳定、无侵蚀性和易于压实，选用时并应贯彻就地取材的原则：

1 素土 宜为 I_P<14 的粉质粘土，土中有机质含量不应大于 5%，并不得含有粒径大于 50mm 的碎石；

2 岩石经风化形成的残积或坡积土 粒径不宜大于 50mm，土中有机质的含量不得大于 5%；

3 中砂、粗砂、砾砂或级配良好的卵石、砾石和碎石夹砂 最大粒径不宜大于 50mm，粘粒含量不得大于 5%，且不得含有植物根、茎及垃圾等有机质；

4 工业废渣 应为质地坚硬和性能稳定，对混凝土无侵蚀性和不污染地下水质，粒径级配在施工前应经试验确定；

5 灰土 由石灰及土料均匀拌合而成，体积配合比可为 2∶8 或 3∶7；石灰宜用新鲜的消石灰，并应过筛，粒径不宜大于 5mm；土料宜采用粘性土，不得含有垃圾等有机质，使用前宜过筛，粒径不宜大于 15mm。

6.2.9 采用垫层地基时，垫层回填的施工及质量要求应根据水池的结构和荷载情况、填料性能、场地地质条件等确定。当水池基础下全部采用垫层作地基时，应符合《建筑地基基础设计规范》GBJ7和《地基与基础工程施工及验收规范》GBJ202 中的有关规定。一般情况下，垫层回填时每一分层的厚度不宜大于 300mm。

6.2.10 基坑开挖时，基坑底部应保留不小于 300mm 的土，待铺设垫层前最后挖除；当垫层下卧层仍为软弱土层时，垫层底部应有不小于 300mm 厚的中、粗砂层。该砂层不计入垫层的厚度内。

6.2.11 当水池基础下局部为被填埋的塘、河等，且所填土质软弱或杂乱不均、不宜用作水池地基时，可将杂填物质和底面淤泥挖除，再用与基础下其余部分地基土物理性质相近的土料换填。换填时，应在底部先铺 200～300mm 中、粗砂。土料应分层填筑，分层夯实，换填土的控制干密度宜稍大于同深度地基土的干密度。当水池基础下其余部分地基为硬土时，可用上述的砂或砂夹砾石直接分层回填。

6.2.12 当基坑近处有低于基坑底面的塘、河或深坑、可能影响垫层的稳定时，垫层施工前应先将其填实；当垫层顶面高出相邻地面时，应采取设置挡墙等措施，防止换填材料的漏失。

6.2.13 垫层底面一般宜设在同一高程。当垫层设计厚度不同时，垫层底面可挖成台阶或斜面，其坡度不得大于 1：2(垂直距：水平距)。施工应按先深后浅的顺序进行。

6.2.14 在施工过程中，应注意保护已经完成的垫层不被扰动和避免对邻近设施产生有害的影响。垫层竣工后，应及时进行基础施工及基坑回填。当邻近需进行低于垫层顶面的开挖时，应采取保证垫层稳定的措施。

6.2.15 垫层的质量检验应随施工进程分层进行，仅在前一分层的密实度达到要求后，才能进行后一分层的施工。

砂垫层的密实度可用大体积环刀取样检验，取样点位应取在每分层的 2/3 深度处。环刀容积宜大于 200cm^3。

对素土、残积和坡积土、灰土和砂垫层，质量也可用贯入仪检验。检验时，应将被检验的垫层上部刮去 30mm 左右，并以贯入度不大于试验所确定的贯入度为合格。

当采用环刀取样进行垫层质量检验时，每 100m^2 左右应有一个检验点。当采用贯入仪进行垫层质量检验时，贯入点的间距宜小于 4m。

6.3 动力置换

6.3.1 当水池底板下存在承载力低、压缩性高的流塑状的软粘土层，其深度从地表或水池底板垫层底面起不大于 6m 而下卧层为硬土层时，可采用动力置换对软粘土层进行处理。

本节所述的动力置换，指用夯击的方法将硬质稳定的碎石料按一定的布点方式分遍夯入软弱土层，置换软弱土，形成支承在硬土层上的石料柱，从而将水池荷载直接传递至硬土层的处理方法。

6.3.2 实施动力置换前，应在现场选择适当的地点，进行置换工艺及置换形成的碎石柱的承载力试验，以取得可靠的设计数据和置换工艺参数。

一般情况下，水池基础下的碎石柱体宜按等边三角形、正方形或矩形网格布置，当按等边三角形布置时，每试验点的碎石柱体数不得少于 7 个，其布置方式如图 6.3.2(a)所示；当按正方形或矩形布置时，每试验点的碎石柱体数不得少于 9 个，其布置方式如图 6.3.2(b)所示：

碎石柱体的承载力可通过载荷试验确定。载荷板的面积应与碎石柱体的顶面积相等。

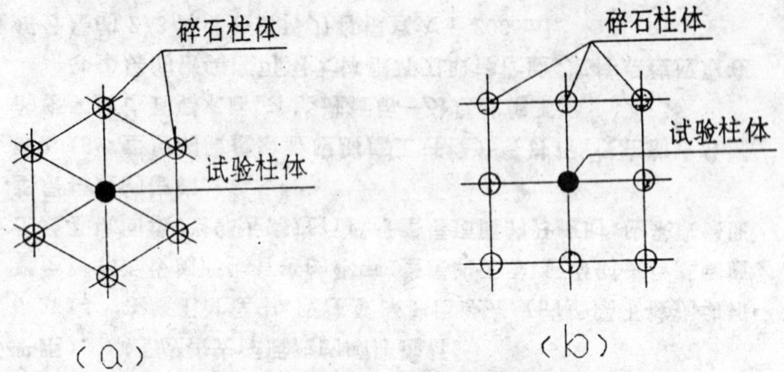

图 6.3.2 碎石柱体试验平面布置图

6.3.3 当夯击起始面即为流塑状的粘性土时，夯击前，宜先在其上根据土质条件铺 1～2m 厚的砂或残积、坡积土，以便于施工和避免夯击时软粘土被挤出地面。

6.3.4 动力置换所使用的设备与强夯法所使用的相同(详见强夯法)，其中夯锤直径宜取 2m 左右。

6.3.5 单击夯击能量应根据现场试验确定。

施工中，每遍夯击的夯坑深度可控制在 1.5～2.0m 左右。每夯完一遍，即应向坑中填满碎石，进行下一遍夯击，直至将碎石夯至硬土层为止。

6.3.6 当水池底板在地面以下时，碎石柱顶标高宜与水池底板垫层底面平。柱顶夯坑临时可用土或砂填平。

6.3.7 设计时，可假定水池荷载全部由碎石柱体支承，柱体横断面积等于夯锤面积。

6.3.8 碎石柱的布置形式与间距应根据水池的结构形式、荷载情况与经试验确定的碎石柱体的承载力确定。

1 当水池底板为板式结构时，碎石柱体可按等边三角形、正方形或矩形布置；

2 当水池底板为梁板式结构时，碎石柱体主要沿梁下布置，板下可不设或疏设；

3 当水池底板为无梁楼盖结构或带柱的梁板式结构时，每根柱下宜设碎石柱体，板下碎石柱体布置同板式结构。

6.3.9 动力置换时，水池底板外缘外应保持有一排碎石柱体。

6.3.10 动力置换施工完毕，应在水池底板范围内任意选取至少 3 处碎石柱体进行静载荷试验，检验施工质量与置换效果。

静载荷试验所施加的荷载应不小于设计荷载的 2 倍。

7 减少地基变形及其影响的措施

7.0.1 在进行水池的地基设计时，应充分考虑发挥地基的潜力。当软弱地基上层有一定厚度的硬土层时，宜利用该层作持力层。在利用该硬土层作持力层时，同时应考虑软弱下卧层的承载力及变形的影响。

7.0.2 在工艺流程及施工条件许可的前提下，可采用增加水池底板的埋置深度或底板适当外挑等方法，降低水池地基的附加应力以减少沉降。

7.0.3 在确定水池的平面位置及埋置深度时，同一水池宜布置在均匀的土层上，不宜跨越工程性质迥异的土层。同时，应保证施工及使用期间相邻水池或其他构筑物的结构安全和正常使用。

1 在同期或分期建造的相邻水池间或水池与相邻的其他构筑物间，应留出适当的间隙，避免这些构筑物间的相互影响而产生过大的沉降和倾斜，否则应采取适当的工程措施。

2 新建水池的埋深一般不宜大于相邻已建水池或其他构筑物的埋深；当新建水池的埋深大于已建水池或其他构筑物的埋深时，其允许的基础底面的高差宜根据两者的间距决定，一般不大于两者间距的二分之一。当不能满足以上要求时，应采取措施，保证已建水池或其他构筑物地基的稳定性。

7.0.4 必要时，可预估水池在施工或使用期间的地基沉降，根据预估结果适当调整水池底板的标高并合理安排施工顺序，以避免或减少由于水池地基的沉降或水池间地基的沉降差对工艺流程或其他使用要求的影响。

对于相邻的水池，深度大的应开挖施工。

7.0.5 在满足工艺流程及其他使用条件的前提下，水池的型体应力求简单，宜采用整体性良好的结构，并使水池在平面的两个主方向上均有良好的整体刚度；有条件时，可以考虑将高程不同的水池叠层布置，以进一步提高水池的整体刚度。

7.0.6 当水池型体较复杂，或平面尺寸较大，或荷载变化较大时，宜将水池在平面上划分为若干型体简单、受荷均匀、结构合理、刚度良好的结构单元，使水池能较好地适应地基的变形。单元间用变形缝连接。设计中，不同功能的缝的设置应综合考虑，以减少水池中各类缝的数量。

7.0.7 为了减少水池地基的变形对管道结构及接口的影响，有条件时，可以考虑水池先充水预压、后安装管道的施工顺序；管道宜采用柔性接口。

水池上对地基变形敏感的部分（如刮泥机轨道、出水堰等），其构造设计应考虑重新进行调整其标高或水平度的可能性。

7.0.8 对采用梁板式结构或“无梁楼盖”式结构的水池，板中钢筋除了应符合计算要求外，为增加其整体性，不宜全部采用分离式配筋。

7.0.9 水池在运行前分级充水加荷可以提高软弱地基的承载力及改善使用期间地基的变形。一般情况下，水池每次充水的深度不宜大于设计水深的 1/3 或 2m；下一级充水的时间，宜在水池的平均沉降速率小于 5mm/d 以后进行。

7.0.10 水池基坑的回填或池顶覆土，均应分层、对称、均匀地进行。

7.0.11 水池基坑开挖时，应保护基坑底面的土层，严禁扰动，基坑表面应始终注意排水，一旦开挖至设计标高应即浇筑垫层或采取有效的保护措施（如铺设适当厚度的砂垫层等）。

对地下水位高于基坑表面的地区，开挖时应采取降低地下水位的措施，保持基坑处的地下水位低于垫层下表面不少于 500mm。

附录A 预压荷载下，地基中某点任意时间抗剪强度的计算

A.0.1 预压荷载作用下，正常固结饱和粘性土地基中某点任意时间时的抗剪强度可按下式计算：

$$\tau_t=\eta(\tau_o+\Delta\tau_o) \quad (A.0.1-1)$$

$$\Delta\tau_o=KU_t\Delta\sigma_t \quad (A.0.1-2)$$

式中 τ_t——t时地基中某点土的抗剪强度(kPa)；

τ_o——地基土的天然抗剪强度(kPa)；

$\Delta\tau_o$——上述某点土由于固结而引起的抗剪强度增长值(kPa)；

η——考虑剪切蠕动引起强度衰减的折减系数，一般可取0.75～0.85，剪应力大时取较低值，反之取较高值；

K——有效内摩擦角φ'的函数($K=\frac{\sin\varphi'\cos\varphi' p}{1+\sin\varphi'}$)；

U_t——t时地基的平均固结度(按附录B计算)；

$\Delta\sigma_t$——t时预压荷载在上述某点产生的附加竖向应力(kPa)；

当用直剪固结快剪指标计算地基的强度增长时，$\Delta\tau_o$可按下式计算：

$$\Delta\tau_o=\Delta\sigma_t U_t tg\varphi_{cu} \quad (A.0.2)$$

式中 φ_{cu}——土的直剪固结快剪内摩擦角(也可为三轴固结不排水剪的内摩擦角)(°)。

附录B 一级或多级加荷条件下t时地基平均固结度的计算

一级或多级加荷条件下，t时对应于总荷载的地基平均固结度可按下式计算：

$$U_t=\sum_{i=1}^{n}\frac{q_i}{\sum\Delta P}\left[(T_i-T_{i-1})-\frac{\alpha}{\beta}e^{-\beta t}(e^{\beta T_i}-e^{(\beta T_i-1)})\right] \quad (B.0.1)$$

式中 U_t——t时地基的平均固结度(%)；

q_i——第i级荷载的加荷速率(kPa/s)；

$\sum\Delta p$——t时各级荷载的累计值(kPa)；

T_{i-1}，Ti——分别为第i级荷载的起始和终止时间(s)(从零点起算)，当计算第i级加荷过程中t时的平均固结度时t_i改为t；

t——固结时间(s)；

α,β——参数，按表B.0.1的公式计算。

表B.0.1 不同固结排水条件下的α，β值

排水固结条件	α	β	备 注
竖向排水固结(平均固结度 $\overline{U}_t$>30%)	$\frac{8}{\pi^2}$	$\frac{\pi^2 C_v}{4H^2}$	
向内径向排水固结(砂井贯穿压缩土层)	1	$\frac{8C_h}{F_n d_e^2}$	理想井
		$\frac{8C_h}{(F_n+\pi G)d_e^2}$	非理想井 $G=\frac{K_h H^2}{K_w d_w^2}$

竖向和向内径向排水组合固结(砂井贯穿压缩土层)	$\frac{8}{\pi^2}$	$\frac{8C_h}{(F_n+\pi G)d_e^2}+\frac{\pi^2 C_V}{4H^2}$	G同上
向内径向排水固结(砂井未贯穿压缩土层)	$\frac{8}{\pi^2}Q$	$\frac{8C_h}{F_n d_e^2}$	$Q=\frac{H_1}{H_1+H_2}$ 理想井

式中 C_v——土的竖向排水固结系数(cm^2/s);

C_h——土的水平向(径向)排水固结系数(cm^2/s);

H——土层的竖向排水距离,双面排水时,H为土层厚度的一半,单面排水时,H为土层厚度(cm);

d_e——砂井的等效排水圆柱体直径(cm);

d_w——砂井直径(cm);

n——井径比($\frac{d_e}{d_w}$);

K_h——土体的水平向(径向)渗透系数(cm/s);

K_w——砂井材料的渗透系数(cm/s);

H_1——砂井深度(cm);

H_2——砂井以下压缩土层厚度(cm);

$F_n=\frac{n^2}{n^2-1}ln(n)-\frac{3n^2-1}{2n^2}$,也可由表B.0.2查得。

表 B.0.2 $n-F_n$ 值关系表

n	4	5	6	7	8	9	10	11	12
F_n	0.741	0.940	1.097	1.240	1.364	1.468	1.572	1.672	1.752

附录C 复合地基载荷试验要点

C.0.1 单桩复合地基载荷试验的压板可用圆形或方形,面积为一根桩承担的处理面积;多桩复合地基载荷试验的压板可用方形或矩形,其尺寸按实际桩数所承担的处理面积确定。

C.0.2 压板底高程应与基础底面设计高程相同,压板下宜设中、粗砂找平层。

C.0.3 加荷等级可分为8~12级,总加载量不宜少于设计要求值的两倍。

C.0.4 每加一级荷载Q,在加荷前后应各读记一次压板沉降S,其后每半小时读记一次。当一小时内沉降增量小于0.1mm时即可加下一级荷载;对饱和粘性土地基中的振冲桩,一小时内沉降增量小于0.25mm时,即可加下一级荷载。

C.0.5 当出现下列现象之一时,可终止试验。

1 沉降急剧增大,土被挤出或压板周围出现明显的裂缝;

2 累计沉降量已大于压板宽度或直径的10%;

3 总加载量已为设计要求值的两倍以上。

C.0.6 卸荷可分三级等量进行,每卸一级,读记回弹量,直至变形稳定。

C.0.7 复合地基承载力基本值的确定。

1 当Q—S曲线上有明显的比例极限时,取该比例极限所对应的荷载;

2 当极限荷载能确定,而其值又小于比例极限对应荷载值的1.5倍时,取极限荷载的一半。

3 按相对变形值确定:

1)振冲桩复合地基

当地基土主要为粘性土时,取s/b(或s/d)=0.02所对应的荷载(s为试验时地基的变形值,b和d分别为压板的宽度和直径,下同);而当地基土主要为粉土或砂土时,取s/b(或s/d)=0.015

所对应的荷载。

2)密实桩复合地基,取 s/b(或 s/d)=0.010～0.015 所对应的荷载。

3)深层搅拌桩复合地基,取 s/b(或 s/d)=0.004～0.010 所对应的荷载。

C.0.8 试验点的数量不应少于 3 点,当其极差不超过平均值的 30%时,可取其平均值为复合地基的承载力标准值。

附录 D 本规范用词说明

D.0.1 对条文执行严格程度的用词,按以下写法:

1 表示很严格,非这样作不可的:
正面词用"必须";反面词用"严禁"。

2 表示严格,在正常情况下均应这样作的:
正面词用"应";反面词用"不应"或"不得"。

3 表示允许稍有选择,在条件许可时先应这样作的:
正面词用"宜"或"可";反面词用"不宜"。

D.0.2 条文中指明必须按其他有关规范或标准执行的写法为"应按……执行"或"应符合……的要求(或规定)";非必须按所指定的规范或标准执行的写法为"可参照……的要求(或规定)处理"。

中国工程建设标准化协会标准

混凝土水池软弱地基处理设计规范

CECS 86：96

条 文 说 明

目 次

1 总　　则

1.0.2 关于软弱地基的范围，根据我国现行的《建筑地基基础设计规范》(GBJ7－89)，软弱地基系指由淤泥、淤泥质土、冲填土，杂填土或其他高压缩性土层构成的地基，在高压缩性土中，软塑的饱和粘性土和松软的素填土比较常见，故在条文中特别指出。此外，一般砂土及粉土地基不属软弱地基，但在地震烈度为7度或超过7度的条件下，饱和砂土或粉土可能发生液化而必需进行处理，本规范也将其常用的处理方法列入。

本规范所指的水池，系指由底板、壁板和顶板由混凝土整浇组合而成，且其底板支承于地基上的空间结构，其平面形状一般为圆形、正方形或矩形。底板一般为平板、梁式板、无梁板或球壳和锥壳，壁板一般为平板或带肋板，池中可视需要设中隔墙或中间支柱。和一般意义上的以杆件结构为主的工业与民用建筑结构相比，具有平面面积大、对地基的附加应力小和对地基变形反应敏感等特点。本规范述及的几种地基处理方法，主要是根据以上特点提出。

水塔中的水柜虽也属于水池一类的构筑物，但其与地基接触的基础部分形式多样，有单独基础、环形基础和筏板基础等，加上和水柜支承系统的共同作用，平面尺寸小而空间刚度大，其受力特征与一般意义上的水池有较大的差异，不在本规范的考虑范围之内。

1.0.3 水池的地基加固处理方案，除了考虑工程和水文地质条件、工艺流程及使用要求和结构特点等因素外，和工程地点的环境、施工条件与施工经验的关系十分密切；特别是施工条件及施工经验，不同地区的差异很大。所以，地基的加固处理方案应在充分掌握有关资料的基础上综合考虑，选择经济、合理而且加固质量有充分保证的加固处理方案。

适用于软土地基加固处理的方法很多，新的方法也在不断出现，已有的方法也在不断发展和完善。本规范仅选择其中几种目前我国应用较广泛的、经实践证明是有效的和经济的方法，对其设计的主要原则和实施的关键性问题作简明扼要的规定，以指导设计。所以在制订地基处理方案时，还可以选择其他有效的处理方法。

1.0.5 对软弱地基上的水池，特别是型体较大、结构和地基条件复杂或有其他特殊要求的水池，为了确保地基加固处理的质量，检验加固处理的效果并积累必要的资料，以进一步提高软弱地基加固处理的技术水平，在加固处理的施工过程中和投入运转后的一段时期内，进行诸如地基变形和上部结构的应力与变形的监测是必要的。监测的项目及所需的费用应在初步设计阶段提出并由审批部门批准；监测的具体要求应在施工图中明确，建设单位应根据批准的初步设计文件，将该项费用列入工程费用内。

3 基本规定

3.0.1 根据我国《建筑地基基础设计规范》(GBJ7－89)的规定，给排水工程中很大一部分水池均可列入安全等级为二级或二级以上的建筑物。该规范规定，一级建筑物必须作地基变形的计算，同时规定，对地基承载力标准值小于130KPa而且体型复杂的建筑物，应作地基变形验算。天津市《建筑地基基础设计规范》(TBJ1－88)也有类似的规定，并明确规定，地基平均压缩模量小于4MPa的二级建筑，应作地基变形验算。上海市《地基基础设计规范》(DBJ08－11－89)也规定"对使用上、生产工艺上对地基沉降有特殊要求的建筑物"应作地基变形的计算。考虑到在本规范所指的软弱地基范畴内，在大多数情况下地基承载力的标准值均小于130KPa；根据上海市的调查，凡属粘土(17＜Ip＜25)，不论是褐黄色粘土、灰色粘土或是淤泥质粘土，只要e＞1.00，压缩模量Es均小于4MPa；此外，还考虑到水池结构和水处理工艺对地基变形反应敏感的特点，水池地基除进行承载力计算外，特别是对本规范所述的软弱地基，进行地基变形的计算是必要的。但由于不同的水池在尺寸、结构布置及使用要求等方面的变化幅度很大，为减少计算工作量，在有成熟经验及可靠依据的，可不进行地基变形的计算。

3.0.2 关于地基变形验算的内容，不同的规范有不同的规定。《建筑地基基础设计规范》(GBJ7－89)根据地基、荷载及结构型式的特点，将变形验算的内容分为沉降量、沉降差、倾斜及局部倾斜四类；上海市《地基基础设计规范》(DBJ08－11－89)分为沉降量、倾斜、相对倾斜或相对弯曲；天津市《建筑地基基础设计规范》(TBJ1－88)分为沉降值与倾斜；武汉市《软弱地基基础设计规范》(试行)征求意见稿中则归纳为沉降量与倾斜两类而对上部结构刚度较好的建筑实际上只用沉降一项加以控制。原水电部《火力发电厂土建设计规定》(SDGJ64－84)将地基变形验算的内容分为沉降量、沉降差或倾斜两类；冶金部《冶金工业厂房钢筋混凝土桩基础设计规程(试行)》(YS10.77)分为沉降量、沉降差和倾斜；原苏联建筑规范(СНИП 2.02.01－83)将变形验算的内容分为平均沉降、最大沉降、沉降差与倾斜。此外，国内外尚有许多文献也都对地基变形的验算作了研究，其验算的内容与上列几种基本相同。

上述的几种地基变形验算内容是针对不同的上部结构型式提出的，不同的结构型式要控制的变形不同。框架结构和单层排架结构应控制相邻基础的沉降差等。

本条将水池地基变形计算的内容定为最大沉降、倾斜与水池池体间的沉降差是考虑了如下几点：

1 在水池荷载作用下，地基沉降变形的不均匀性引起的水池整体弯曲作用，是导致水池结构产生开裂破坏的重要原因之一。由于水池结构与地基共同工作问题的复杂性，各种结构类型水池的整体弯曲应力至今还没有成熟的、统一的计算方法。水池的整体弯曲应力与荷载、水池结构的整体刚度和地基的变形性质有关。当水池结构的荷载及整体刚度为一定时，地基愈软弱，Es值愈低，水池地基的沉降变形愈大，则其变形的不均匀性愈大，水池结构的整体弯曲应力也愈大。由于水池结构的整体弯曲应力与地基变形的不均匀性有关，而地基变形的不均匀性又与变形的大小有关，所以水池结构的整体弯曲应力和地基变形的大小有着密切的内在联系。限制了水池地基的最大变形，实际上也在某种程度上限制了水池结构的整体弯曲应力。根据工程的实践经验，通过限制水池地基的最大沉降变形、降低水池结构的整体弯曲应力，以消除由此引起的结构开裂是可行的。

2 控制水池地基的倾斜，目的在于：

1)保持水池内出入流堰口的高程及水平度的偏差在容许的范围内；保持水池内水处理工艺过程的正常进行；

2)保持安装在池内的各种机械设备的正常运转；

3)防水池内的排水、排泥系统因水池倾斜而工作受到妨碍；

4)防止池水因水池倾斜超过预留的余高而溢出池外等。

3 控制各水池间地基的沉降差，目的在于保证水池间正常的水处理工艺流程。另外，这实际上也减少了连接各水池间管道两端的沉降差，从而保证管道结构或管道接口的正常工作。

在水池的最大沉降、倾斜及水池间的沉降差等变形控制中，最主要的是水池地基的最大沉降的控制，控制了水池地基的最大沉降，实际上也在一定程度上控制了水池地基的倾斜及水池间地基的沉降差。

3.0.3 由于水池结构对地基变形反应的敏感性，也由于水处理工艺流程(包括安装在水池上的各种机械设备等)的正常工作对地基变形的敏感性，水池地基变形的允许值除了要考虑水池结构对地基变形的适应能力外，尚应满足工艺流程机械设备的运转以及有关的管道结构及管道接口构造等的适应性的要求。

在保证结构的安全方面，由于水池的结构类型繁多，体量的变化幅度大，目前的理论分析及工程实践资料还不足以对各种结构类型及各种体量的水池的地基变形允许值作精确系统的规定。实际而又可靠的方法是参照同类结构的实测资料作决定。当缺乏资料时，对一般情况下的水池，规范条文将其最大沉降允许值定为300～350mm 是基于以下的考虑。

1 根据上海市政工程设计院多年的统计资料，按地基最大沉降值(计算值)不大于 300mm 设计的大量水池，只要结构和构造合理，符合有关规定的规定，均未发生由于地基变形导致的开裂渗漏，同时因为水池水面以上一般均留有 300mm 以上的余高，也未发生池水溢出池外的情况。但是水池仍可能发生一定程度的局部倾斜或整体倾斜变形，仍有可能对工艺流程、设备运转或其他方面产生影响，因此应预估变形的幅度，以便设计时考虑消除这些影响的措施。

2 水池设中隔墙、或设中间支柱(将水池的顶板和底板联系起来)、或设球形或锥形底板，均使水池的整体抗弯刚度有所加强，从而使水池地基的实际最大沉降值与按规范计算的沉降值有一定的出入并小于计算值。曾对二十余座不同型式的水池进行了观测，总的情况可以归纳为：平面尺寸不超过 24m、高度不小于 3m 的矩形水池或水池中的一个结构单元(周边带有壁板或用侧边构件加固)，当中间设有一道以上的中隔墙或柱距不大于 3.20m 的中间柱(此时水池带有顶板)时，充水使用后，其整体的相对弯曲小于 0.001；平面尺寸同上而无中隔墙的水池或尺寸同上而无侧边构件加强的结构单元，其整体相对弯曲不超过 0.002。理论分析也得到类似的结构：曾经用有限单元法对平面尺寸为 10m × 30m、高 5.0m、沿长方向设两道中隔墙的三室水池进行了空间分析，当地基土的压缩模量 Es = 2500kPa 时，其纵向的整体相对弯曲小于 0.001。因此，对这一类水池，由于结构刚度的作用，当地基土层及荷载分布均匀时，其实际上的基底中点沉降值将小于设计计算值，故将这类水池地基的最大允许沉降(计算)值作适当的放宽，取为 350mm。

3 上海市《地基基础设计规范》(DBJ08－11－89)对现浇框架结构筏板基础中心的地基允许沉降值定为 200～300mm；对箱形基础则定为 250～350mm，这些数值对本规范所述的现浇混凝土水池也有一定的参考价值。

关于水池地基的倾斜及工艺流程中互相相关的水池地基的沉降差的允许值，如本说明第 3.0.2. 条的“2”和“3”款所述，主要应根据工艺流程和其他有关的使用要求决定。考虑到这些要求的变化范围较大，本规范不作统一规定。

当水池中设伸缩缝(或沉降缝)、将水池分成若干独立的结构单元时，应考虑地基的变形对缝宽带来的影响。设计时，伸缩缝应有足够的宽度，使由地基变形加上由温、湿度变化导致的缝宽变化不超过止水带、填缝板和嵌缝料正常工作的允许范围，两相邻的结构单元“碰头”的情况更应避免。

4 复合地基法

4.1 一般规定

4.1.1 本章所述的复合地基指在天然地基土中按一定的面积比加入垂直向的增强体后构成的地基，作用在该地基的垂直荷载由两者共同承担。实践证明，由于加入了增强体，土层的承载力可有较大的提高而压缩量则有较显著的减少。

采用不同的施工方法和不同的增强体材料可构成具有不同性能的复合地基。目前常用于水池软弱地基处理的复合地基有振冲碎石桩和水泥土深层搅拌桩。水泥土深层搅拌桩按施工工艺尚可分干法和湿法两种，本章所述仅为按湿法制作的水泥土搅拌柱。

4.1.2 复合地基的承载力标准值，当已进行复合地基的现场载荷试验时，应根据现场试验的结果确定。若无现场载荷试验的资料，可按条文中公式(4.1.2)计算其$f_{sp.k}$值。该计算方法是先分别确定桩体的$f_{p.k}$值和桩间土的$f_{s.k}$值，再按两者各占的面积比叠加而得。设计时，也可根据$f_{p.k}$、$f_{s.k}$和需达到的$f_{sp.k}$值，推求所需的桩体面积置换率m。

公式(4.1.2)中$m(=A_p/A_e)$为桩体面积置换率，表示桩体(垂直增强体)对复合地基的增强程度。

公式中的n为桩土应力比，反映桩体的应力集中程度，它和桩体材料、桩长、m值、应力水平、承受荷载的时间以及原地基土的性质、施工方法与施工质量等有关。对于振冲碎石柱，在粘性土地基中的n值一般比在砂土地基中的n值大。一些实测的n值列于表4.1.2中，可作参考。

公式(4.1.2)中的β值为桩间土承载力折减系数，是反映桩间土与桩体共同作用程度的参数，其值与桩体及桩间土的压缩性质有关。0≤β≤1，当β=1时，表示桩间土与桩体共同承受荷载；如β=0，则表示桩间土不能与桩体共同承受荷载。

表4.1.2 桩土应力比n的实测值

工程名称	土层	n	
		范围	均值
江苏连云港洪东排涝站	淤泥		2.5
塘沽长芦盐场第二化工厂	粘土、淤泥质粘土	1.6～3.8	
浙江台州电厂	淤泥质粉质粘土	3.0～3.5	
山西太原环保研究所	粉质粘土、粉土		20
江苏南通天生港电厂	粉砂夹薄层粉质粘土		2.0、2.4
上海江桥车站附近路堤	粉质粘土、淤泥质粉质粘土	1.4～2.4	
宁夏大武口电厂	粉质粘土、中粗砂	2.5～3.4	
美国Hampton(164)路堤	极软粉土、含砂粘土	2.6～3.0	
美国New Orleans试验堤	有机质粘土夹粉砂	4.0～5.0	
美国New Orleans码头后方	有机软粘土夹粉砂	5.0～6.0	
法国Helacroix路堤	软粘土	2.0～4.0	2.8
美国乔治工学院模型试验	软粘土	1.5～5.0	
福州经济开发区交通路工业区	粘土、淤泥、中细砂		
2#厂房	中细砂混淤泥	2.01～2.26	
4#厂房	中细砂混淤泥	3.73～3.81	

4.1.3～4.1.4 桩体的承载力标准值

对于振冲碎石桩，可根据现场载荷试验确定。如无现场试验资料时，可按正文中的公式(4.1.3-1)计算。

对于水泥土深层搅拌桩，条文公式(4.1.3-2)中的强度折减系数η为一与多种因素相关的参数。水泥土深层搅拌法是一种在现场加固土体的施工方法，由于水泥掺入量的误差和搅拌程度的不同，所形成的加固土体的强度与室内水泥土试块的强度可能有较大的差异，一般情况下，现场加固土的强度较低。在进行地基加固设计时，一个很重要的问题，就是推算加固土的强度。根据工程实测的资料，用水泥浆作固化剂加固的土体，二者的比值，最差的在1/4～1/3，情况好的可达3/4～1，设计时，η值一般可取0.35～0.50。

关于公式(4.1.3－3)中桩周土的摩阻力标准值，根据现场试验和已有的工程经验的总结，可从条文中的表4.1.3中选用。

桩端地基土的承载力标准值，应根据施工时桩端的施工质量和桩端地基土的性质确定。

当桩端下尚有软弱土层时，应验算下卧软弱土层的地基强度。

4.1.5 对于复合土层下卧层的沉降量Ss，可按《建筑地基基础设计规范》(GBJ7－89)的规定计算，但作用于下卧层顶面的附加荷载，也可按下述方法计算：

1 应力扩散法，如图4.1.5－1所示：

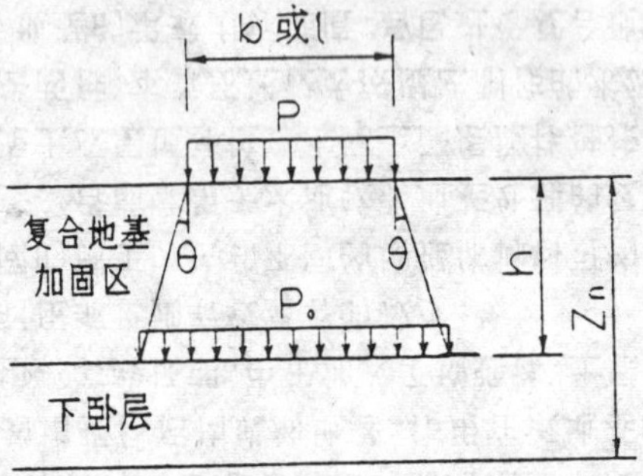

图4.1.5－1

水池荷载为P，b.l分别为水池基底的宽度和长度，加固部分的应力扩散角为θ(参见《建筑地基基础设计规范》(GBJ7－89)中的表5.1.7)，则作用在下卧层顶面上的附加压力Po为

$$Po=\frac{Pbl}{(b+2htg\theta)(l+2htg\theta)} \quad (4.1.5-1)$$

2 等效实体法 如图4.1.5－2所示：

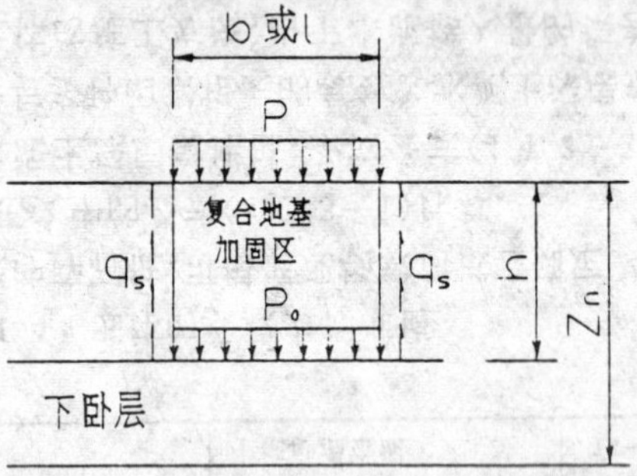

图4.1.5－2

水池荷载为P，b.l分别为水池基底的宽度和长度，q_s为加固部分周围土体的平均摩阻力标准值(参见条文中的表4.1.3)，则作用在下卧层顶面上的附加压力Po为

$$Po=\frac{Pbl-(2b+2l)hq_s}{bl} \quad (4.1.5-2)$$

4.2 振冲碎石桩

4.2.1 振冲碎石桩系用碎石等坚硬材料分批填入由振冲器在地基中形成的孔内、经由下而上及时振密而形成的密实桩体。桩体与地基土共同作用，组成复合地基，承受水池的荷载。

振冲碎石桩适用于粉土、不排水抗剪强度Cu≥20kPa的粘性土和素填土等地基的加固处理。

近年来国内在振冲碎石桩加固软土地基的技术方面有了很大的发展，应用的范围对粘性土也突破了Cu≥20kPa的界限。在不少工程中，对Cu＜20kPa的饱和软粘土地基采用振冲碎石桩处理也取得了成功，其经验是：

1 采用较大的置换率m(0.3～0.4)；

2 施工要有素质良好和经验丰富的施工队伍；

3 在具有相当地基处理经验的工程技术人员的指导下进行。

以某管道工程为例，该工程基坑宽12m，深为4m和7m。土层分布情况如下：

第一层为冲填砂，层厚4m，属中细砂；第二层为灰黑色淤泥，流塑状，层厚15～17m，局部含少量夹薄层砂，含水量为65～76%，十字板剪切强度为13～19kPa，压缩系数为0.0017 $(kPa)^{-1}$；第三层为稍好的粉质粘土，厚度不大。

地基采用振冲碎石桩加固，碎石桩打入粉质粘土层中0.5m，桩体上部留空4～7m，桩体直径为900～1000mm。

施工前经试验，当采用常规粒径(20～50mm)，最大不超过70mm的碎石时，成桩相当困难，以后改用掺入粒径100～150mm(占70～80%)的大粒径石料，置换率m为0.35，质量指数为0.94，加固取得了成功。经载荷试验检验，其结果为：

对复合地基，载荷板用1.5m×1.5m，沉降为0.015b时，承载力为300kPa；对单桩，载荷板用0.9m×0.9m，沉降为0.01b时，承载力为395kPa。

施工过程中测得沉降为20～60mm，加固效果良好。

试验表明，土对碎石桩的侧向约束力愈大，桩传递垂直荷载的能力愈强。一般在Cu值较大的土体中，碎石桩受的约束力较大，侧向变形相对较小，故其承载能力较高；在Cu值较小的土体中，相对地碎石桩所受的约束力较小，侧向变形增大，其承载能力相对地也较小，从而导致垂直变形也增大。为了增大较软土体的侧向约束力，就要增加置换率m，从而增加了投资。为此，对于Cu＜20kPa的软粘土地基，进行现场试验是十分重要的。为慎重起见，为粘性土的加固处理，本规范仍以不排水抗剪强度Cu≥20kPa的软粘性土为限。

4.2.2 振冲碎石桩桩体材料以就地取材为原则，可采用碎石、卵石、圆砾、角砾、含石砾砂等。对于矿渣的采用应慎重，当确认其具有足够的强度、稳定性好、对地基土无侵蚀性和不污染地下水时方可采用。

对于对承载力要求较低的小型水池，当地下水位较低时，软弱地基也可采用碎砖或不含有机质的建筑垃圾作桩体材料。

4.2.3～4.2.5 经振冲碎石桩处理的水池地基，当其附近有边坡或在其邻近进行基坑开挖施工时，应进行滑动稳定验算。此时可根据复合地基抗剪强度 τ_{sp}，用圆弧滑动法进行计算。

复合地基的抗剪强度

$$\tau_{sp}=(1-m)C_o+m(\mu_p P+r_p z)\mathrm{tg}\,\phi\cos^2\theta \qquad (4.2.4)$$

式中 C_o ——桩间土粘聚力(kPa)。由于在软粘性土中，滑动常产生于加荷后的初期，故宜采用天然地基的粘聚力；

μ_p ——应力集中系数，$\mu_p=\dfrac{n}{1+m(n-1)}$；

r_p ——碎石料的重度(kN/m^3)；

z ——自地面算起到滑动面的深度(m)；

ϕ_p ——碎石料的内摩擦角(°)，可在35～45°间选取；

θ ——某深度z处滑动面与水平面的交角(°)；

4.2.6～4.2.7 关于振冲碎石桩的布置常采用等边三角形或正方形。一般等边三角形主要用于大面积加固，正方形主要用于单独基础、条形基础和小面积局部加固。但这不能一概而论，宜根据具体情况和需要选择。如正方形主要用于单独基础，必要时也可在正方形中间加一根桩而成梅花形。

当桩体以等边三角形布置时，桩的有影响范围为正六边形如图4.2.6(a)所示。若此影响范围用一个等效影响圆取代时，该圆的直径

$$d_e=\sqrt{\frac{2\sqrt{3}}{\pi}}\,s=1.050s \qquad (4.2.6-1)$$

当桩体以正方形布置时，桩的影响范围为正方形如图 4.2.6b 所示。若其影响范围用一个等效影响圆取代时，该圆的直径

$$d_e=\sqrt{\frac{4}{\pi}}\ s=1.128s \qquad (4.2.6-2)$$

式中 s——桩的间距。

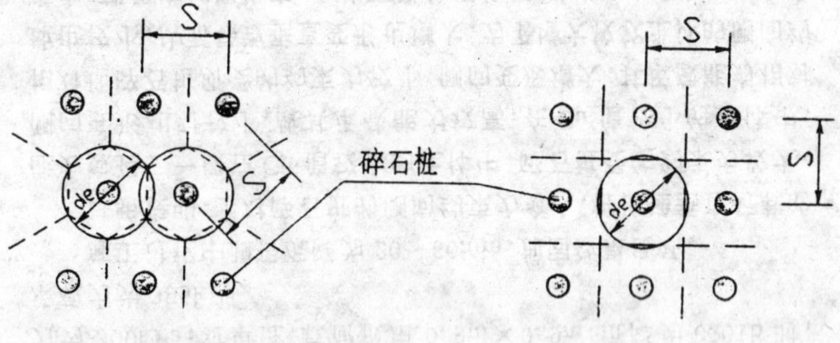

图 4.2.6

4.2.8 在水池基础范围外增设振冲碎石桩的排数宜根据基础下的土体性质、荷载大小、处理厚度和环境条件等决定。基础下土质差、荷载大、处理深度大或附近有边坡时可增设 2～3 排桩，反之增设 1～2 排。

水池基础外增设桩的作用是减少基础下桩体的侧向变形，提高复合地基的承载力。室内模拟试验表明，有护桩的单桩复合地基较无护桩的单桩复合地基的承载力可提高 29％。

4.2.9 振冲碎石桩的顶层，由于桩间土的上覆压力小，桩体所受的约束小，桩顶易成为松散层，因之需部分加以挖除并于铺设垫层时一并夯实或压实。

在地下水位高的场地，在铺设垫层时应在桩间土上先铺 100mm 的砂。这是由于碎石垫层虽经夯击或碾压，但其间仍有孔隙，地下水位高时，孔隙中充满了水，这部分水会软化下层的土，在荷载的作用下，软化了的土被挤入碎石中，从而增加了水池的附加沉降量。增设这层砂可免除上述情况的产生。这种情况仅限于粘土性地基。

4.2.10 关于振冲碎石桩施工时的振动影响，根据现场测振试验，距振冲器 1m 以外，最大振动加速度小于 $1cm/s^2$。当建筑物在振冲孔中心 3m 以外时，振动对其已基本无影响。但当施工现场有危房存在或对防震有严格要求的设备时，为防止意外，施工前应采取防护和隔震措施(如挖防震沟等)，同时施工过程中应加强观测。

4.2.11 在施工过程中必须对填料量、密实电流和留振时间三者进行严格的控制，这是保证振冲碎石桩质量的关键。

填料量　宜按试验期间确定的适宜填料量或根据经验确定的填料量进行施工控制。加料时不宜过急过猛，应循序逐次加填。应特别注意碎石桩底部的密实度。一般情况下，桩体底部所需填料相对较多，这是由于在底部振密时，填料除了挤向周围土层外，还有部分向桩底土层挤入，这在软粘土层中加固时更为明显。另一方面在初加料时，也可能有一部分填料粘留于孔壁，致使落到孔底部的料量减少。桩底是整根碎石桩的基础。经验表明，在施工中已发现的质量较差的碎石桩中，很大一部分是没有良好的桩底。因此，保证碎石桩具有良好的桩底质量是碎石桩施工中重要的一环。另外，碎石桩顶部的质量，施工中亦需特别注意。

密实电流　所谓密实电流是指振密碎石桩体所需的电流值。因此不能将振冲器刚接触填料时的瞬间电流作为密实电流。密实电流是振冲器在一定深度处振密桩体填料时的稳定电流值。对于 30kw 振冲器，软粘土地基中常用的密实电流值为 50～55A。

留振时间　振冲器不仅使填料振密，且使填料挤入孔壁土中，从而使桩径扩大。由于填料的逐渐挤入，孔壁土的约束力增大，一旦约束力与振冲器所产生的振力相等，桩径不再扩大，振冲器所需的电流值迅速增大。从振冲开始到电流值迅速增大时即为振密该段桩体所需的时间，即留振时间。

每倒入一批填料进行振密时，都应记录其深度、填料量、振密时间和电流量。

4.2.12～4.2.13 振冲碎石桩在施工过程中，地基的结构受到一定程度的扰动，强度有所降低，需经过一段时间的休置才能得到恢复。恢复时间的长短根据土的性质而定，因此，要经过适当的休置期后方可进行检验测试。

对振冲碎石桩的检验目的：一是检查桩体质量是否符合要求，如不符合，应及时研究采取补救措施，这是施工质量检验；二是验证复合地基的性能是否满足设计要求，这是加固效果检验。宜根据场地的工程地质条件和工程的重要性确定检验项目。

施工质量检验 常用的方法有单桩载荷试验；对于桩间土应根据土体性质选用十字板试验、静力触探试验和标准贯入试验。

加固效果检验 常用的方法有单桩复合地基载荷试验和多桩复合地基载荷试验。

检验可采用随机抽样法选择有代表性的或土质较差的地段进行。

对检验时的钻探孔应在完成检验后及时用砂回填密实，不得隔日回填。

4.3 水泥土深层搅拌桩

4.3.1 水泥土深层搅拌桩利用水泥作固化剂，通过搅拌机械将压入地表下一定深度的水泥浆和地基土强制搅拌均匀，使这部分地基土形成水泥土桩，与原土构成复合地基，提高水池地基的强度和降低其压缩性。水泥土深层搅拌桩并可用于处理欠稳定的边坡，以提高边坡的稳定性。

水泥土深层搅拌桩适用于淤泥、淤泥质土、软塑状饱和粘性土和粉土以及由上述土体形成的素填土等地基的加固处理。

水泥和软粘土拌和以后，首先是发生水泥的水解、水化反应，生成水泥水化物。这些水化物胶体与土颗粒发生离子交换，产生团粒化作用以及胶凝反应和碳酸化反应，形成具有一定强度和水稳定性的水泥土。

水泥土的室内试验表明，软弱粘性土中含高岭石、多水高岭石、蒙脱石等粘土矿物时，加固效果好；而含伊里石、氯化物和水铝英石等矿物时或有机质含量高、PH值较低时，加固效果较差。

水泥土深层搅拌桩加固有机质含量高的地基土时，宜先通过试验确定其适用性。单独掺入水泥加固效果较差，若加大水泥掺入量并加入适量的外掺剂，可大大提高加固效果。如我国某海滩上部为沼泽相沉积的黑色泥炭土，含水量高达500%，孔隙比为8.47，压缩模量仅900kPa，承载力为40kPa。单独掺入水泥加固效果较差，30d龄期强度为290kpa。以后使用425号水泥，掺入比大于20%，加入适量的外掺剂，加固后强度超过了680kPa。

现摘录《建筑地基处理技术规范》(JGJ79－91)条文说明关于不同成因软土的水泥加固试验结果列于表4.3.1中，可作参考。

当遇海水或有侵蚀性的地下水时，对水泥土的影响应通过试验确定。根据我国学者的研究和工程实践，可明确下列几点：

1 含硫酸盐离子、镁离子的溶液对水泥土有一定的侵蚀性。虽然水泥土近期强度会有一定的提高，但远期强度下降；特别在高浓度溶液侵蚀下，水泥土产生较大的体积膨胀。在膨胀力作用下，水泥土发生破坏。

2 某些沿海工程在遇到海水时基本不影响水泥土强度，但对重要工程，仍应通过试验，以确定其有无影响。

3 选用合适的水泥掺入比 α_w，采用抗硫酸盐水泥或矿碴水泥等并加入一定量的外掺剂(如粉煤灰)，可增加水泥土的抗侵蚀性。

根据试验，在负温条件下，水泥与土的反应减弱，但恢复正温后反应继续进行，并逐渐恢复到标准强度。故地温在0℃以下时，仍可进行水泥土深层搅拌桩的施工。但在冰冻时间长的地区应避免在冰冻时施工，以避免施工期限的拖延。

表 4.3.1 不同成因软土的水泥加固试验结果

土层成因	土名	土的性质							参加水泥试验			
		含水量 ω (%)	天然密度 ρ (g/cm^3)	孔隙比 e	液性指数 I (%)	塑性指数 Ip (%)	压缩系数 a_{1-2} (MPa^{-1})	无侧限抗压强度 q_u (kPa)	水泥标号	水泥掺入量 (%)	龄期 (d)	水泥土无侧限抗压强度 $f_{cu.k}$ (kPa)
滨海相沉积	淤泥	50.0	1.73	1.39	1.21	22.8	1.33	24	325	10	90	1096
	淤泥质粉质粘土	36.4	1.83	1.03	1.26	10.4	0.64	26	425	8	90	1415
	淤泥质粘土	68.4	1.56	1.80	1.71	21.8	2.05	19	425	14	90	1097
河口沉积	淤泥质粉质粘土	47.4	1.74	1.29	1.63	16.0	1.03	28	425	10	120	998
	淤泥质粘土	56.0	1.67	1.31	1.18	21.0	1.47	20	525	10	30	880
湖沼相沉积	泥炭	448.0	1.04	8.06	0.85	341.0		≈0	425	25	90	155
	泥炭化土	58.0	1.63	1.48	0.65	26.0	1.78	15	425	15	90	714

水泥土深层搅拌桩加固软土地基具有下列优点：

1 最大限度地利用了原土地基；

2 搅拌施工时无振动、无噪音、无污染和无地面隆起，对相邻建筑和周围地下管线不会产生有害的影响；

3 可根据水池结构和荷载情况，灵活地采用柱状、壁状和格栅状等加固形式；可以根据工程需要和土质情况调节其强度（改变掺入比）以满足不同的加固要求；

4 与钢筋混凝土桩相比较，经济并节约钢材。

4.3.2 对拟采用深层搅拌法加固地基的工程，除进行常规的工程地质勘察外，应特别注意查明下列项目：

1 有机质含量 有机质使土层具有较大的水容量、塑性及较大的膨胀性和低渗透性，并使土具有一定的酸性。由于有机质土中的有机质吸附氯化钙离子，酸性物质与铝离子化合，阻碍水泥的水化作用使处理效果难以提高，往往需要增加水泥用量并加入适当的外掺剂；

2 地下水的侵蚀性 如前述的硫酸盐离子、镁离子等的侵蚀性，当 PH 值低时，可能使水泥土加固作用无效；

3 当拟建场地有填土时，应查明填土中的物质成份，特别应注意填土中有无块石、炉碴以及砖块、树根等物，以免给施工带来困难，影响施工进度。

4.3.3 进行水泥土室内试验的目的是：

1 证实水泥土深层搅拌法加固拟建水池场地软土地基的适用性，选择加固时需采用的最适合的水泥品种和标号；

2 求取适合该工程和场地的软土地基的最佳水泥掺入比、水灰比和选用的最适宜的外掺剂及其用量；

3 了解拟采用的水泥土的强度及其增长规律，求取龄期与强度的关系。

用于制备水泥土试块的土应具有代表性，一般可根据拟建场地的地基土的物理力学性质指标，分区、分段选取。土料应用双层厚塑料袋编号分装，妥善保存，以保持其天然含水量。

一般地，水泥土试块可用不同品种、不同标号的水泥，用各种水泥掺入比 α_w 和水灰比拌制，但应注意参照已有的经验，以减少试块的数量。水泥土的强度试验可参照水泥砂浆强度试验的方法进行。

根据工程的需要可选用具有早强、缓凝或减水性能的外掺剂，并可掺入不同比例的粉煤灰，以节约水泥和提高强度。掺入粉煤灰的加固效果如表 4.3.3 所示。

早强剂可选用三乙醇胺或氯化钠等。当用三乙醇胺时，掺入量宜为水泥重量的 0.05%左右。

减水剂可选用木质素磺酸钙，掺入量宜为水泥重量的 0.2%左右。

石膏具有缓凝和早强作用，掺入量宜为水泥重量的 1～2%左右。

由于地基土的组成成分复杂，实践中，可根据当地的经验选用适宜的各种外掺剂。

表 4.3.3　粉煤灰对水泥土强度的影响

试件编号	水泥掺入比 a （%）	粉煤灰掺入量（占水泥重量的百分数）	水泥土强度（kPa）
1	10	0	1827
		100	2036
2	10	0	2823
		100	3086
3	12	0	2613
		100	2893

由于水泥土的硬化机理和混凝土的硬化机理有所不同，所以硬化速率也不相同；混凝土硬化速率快，而水泥土的硬化速率则较缓慢，但强度均随龄期的增长而增大。根据电子显微镜观察，水泥与土的硬凝反应需 90 天才能完成，故以龄期 90d 的强度为标准强度。

试验资料表明，在一般情况下，水泥土 7d 强度可达标准强度的 30～50%；30d 可达标准强度的 60～75%；90d 为 180d 强度的 80%；180d 以后，水泥土强度仍在缓慢地增长。

桩土应力比 n 随荷载的增大而趋于某极限值。在桩长、桩距和水泥掺入比这三个参数中，水泥掺入比对桩土应力比影响最为显著。

在同一荷载下，水泥掺入比越高（α_w＝10～20%），复合土层的总压缩量越小，桩尖平面下土层的沉降占总沉降的百分比越大。

水泥标号直接影响水泥土强度，水泥等级提高 10 级，水泥土强度约增大 20～30%。如要求达到一定的强度，水泥等级提高 10 级可降低水泥掺入比 2～3%。

一般地，当地基土的物理力学性质变化较大时，应将场区地基分成若干小区，分别求取达到工程要求的水泥掺入比。但在实际施工时，若各小区的掺入比相差不大，则可用最大的掺入比作为整个场地施工时的掺入比。

我国的模型试验表明，复合地基破坏时，除 α_w＝30%的桩外，各桩均出现裂缝。裂缝的起始面距承台底约 2d，裂缝长度为 2d～3d。据此，以下建议值得考虑：在距桩顶 2d～3d 范围增大水泥掺入比，而对地震设防区，则该范围宜加至 5d。

水泥土的性质因土的颗粒组成、土的矿物成份、水泥品种、掺入比、土的含水量和搅拌方式等的不同而不相同，分述如下：

1　重度

水泥土的重度比加固前软土的重度稍有增加。由试验得知，当水泥的掺入比高达 25%时，水泥土的重度比天然状态的土的重度仅增加 3%。因此，地基土经深层搅拌法加固后，对其下卧土层的附加荷载增加甚微，由此引起的附加沉降也甚微。

2 含水量

地基土中的水由于和水泥发生反应而被消耗，因此，水泥土的含水量比加固前地基土的含水量低。降低的百分数因土的性质和掺入比的大小而异。据介绍，在用水泥浆作固化剂加固含水量为110～130%的海底软土地基的工程中，加固后水泥土的含水量为80～100%。

3 相对密度(比重)

水泥土的比重为3.1，一般软土的比重为2.65～2.75，因此水泥土的比重比土的比重稍大。

4 抗压强度

当水泥掺入比小于5%时，水泥土的强度增长不显著，且离散性大，因此水泥掺入比宜大于5%。一般水泥掺入比越大，水泥等级越高，龄期越长，水泥土的强度越高。

当掺入比相同时，被加固土的含水量愈大，其强度愈低。当用水泥浆加固时，除了土中原有的含水量外，还有水泥浆中的水分，因此在满足施工的条件下，水泥浆的水灰比愈小愈好。

水泥土的强度应根据工程所在场地地基土的性质和工程的需要确定，并非愈高愈好，否则将导致水泥的用量不必要的增加。

5 抗拉强度和抗弯强度

水泥土的抗拉强度因地基土的性质、水泥的标号和掺入比的大小、施工方法和搅拌混和的均匀强度等的不同而有差异。一些试验结果为：当水泥土的抗压强度为500～4000kPa时，其抗拉强度为100～700kPa；抗拉强度约为抗压强度的15～25%。国外有的资料提出水泥土抗拉强度为其无侧限抗压强度的10～20%左右。我国冶金部冶金建筑研究总院的室内试验结果认为，水泥土的抗弯强度为抗压强度的10～15%。

6 抗剪强度

如将水泥土看作粘性土时，则其抗剪强度可取为$1/2q_u$(q_u为水泥土的无侧限抗压强度)；如将水泥土看作混凝土，则可按混凝土的抗剪强度与无侧限抗压强度的近似关系计算。故当水泥土的无侧限抗压强度较低时，抗剪强度可取为$1/2q_u$。随着水泥土q_u的增高，抗剪强度可从$1/2q_u$下降至$1/3q_u$或者更小。

在实际施工过程中，现场水泥土的强度有较大的离散性，受搅拌混合程度和施工条件的影响，抗剪强度有进一步降低的可能性。这些情况，必须引起足够的重视。一般地，水泥土的抗剪强度可取抗压强度的10～15%。

7 固结特性与变形模量

试验结果表明，在深度相同处，与原状土相比，水泥土的压缩系数大大减小，变形模量显著提高，一些试验结果为：q_u＝300～4000kPa时，其变形模量E_{50}＝40～600MPa，一般为120～150q_u；实用上宜取为100～120$f_{cu,k}$($f_{cu,k}$为水泥土的无侧限抗压强度标准值)。

4.3.4 水泥土深层搅拌桩的平面布置型式宜根据水池的结构、荷载情况和场地的工程地质条件采用柱状、壁状和格栅状等的加固型式。

1 柱状水泥土搅拌桩是一般水池常采用的地基加固形式，由水泥土搅拌桩和桩间土共同作用，构成复合地基。这种形式可以充分利用桩身强度和桩周摩阻力。

柱状水泥土搅拌桩在水池基础下的布置可取正方形、矩形或正三角形等形式。

柱状水泥土搅拌桩在水池基础下的总桩数

$$n=\frac{mA}{A_p} \qquad (4.3.4)$$

式中 n＝总柱数；

A＝水池基底面积；

其余符号意义同正文。

壁状和格栅状水泥土搅拌桩的加固形式适用于上部结构荷载大且对变形要求高的水池，采用这两种水泥土搅拌桩进行地基加固，可以有效地减少地基的不均匀沉降。

水泥土搅拌桩介于刚性桩（钢筋混凝土桩、钢桩）和柔性桩（碎石桩、砂桩）之间，其承载性能与刚性桩相近，因此可仅在基础范围内布桩，不必象柔性桩那样，需在基础范围外设置保护桩。

4.3.5 在每一个施工现场，因土质的差异、水泥品种和标号的不同等原因，水泥土搅拌桩的质量会产生较大的差异。为此，搅拌施工之前，宜按水泥土深层搅拌桩的施工程序和制作工艺，在现场制作数根试验桩，以确定水泥浆的水灰比、泵送时间、搅拌机提升速度和重复搅拌次数等参数。

4.3.6～4.3.8 每根桩在制桩时，均应着重控制其水泥和外掺剂用量、输浆搅拌、提升时间及复搅时间等，注意保证输浆及搅拌的连续性和均匀性。为此，施工中应有详细的制桩过程纪录并随时进行检查；成桩后，应对已制成的桩及时抽样检查，以便发现问题，采取必要的补桩、加强附近的工程桩等措施。

成桩过程中，如遇电压低、停电或其他原因导致成桩工艺中断时，宜将搅拌机下沉至停浆点以下 0.5m，待恢复供浆时再喷浆提升，继续搅拌。如中间停止输浆三小时以上，水泥浆将在管路中凝固。遇此情况时应及时清除全部水泥浆，防止管道淤塞。

对桩顶预留的 500mm 部分，因基坑开挖时已有一定的强度，当用机械开挖基坑时容易遭受碰撞并损坏桩体，因此基底以上的该部分宜用人工挖除。

4.3.9 水泥土深层搅拌桩应于成桩后的七天内抽样进行桩身均匀度及强度的检验。

桩身均匀度的检验可用轻便钻具在桩体中取样进行，通过取样检验桩身水泥土的均匀性，有无水泥浆富集的“结核”或未搅拌到的土团等。桩身强度的检验可用轻便触探仪进行。根据轻便触探击数 N10，与已有的轻便触探击数 N10——水泥土强度关系及水泥土强度——水泥土龄期关系比较，可以判断被检验的桩身水泥土强度是否符合要求。或者，当一天龄期时击数 N10 大于 15 击或七天龄期时击数 N10 大于原天然地基击数 N10 的一倍以上时，可以认为桩身强度已经达到设计要求。如果必要，尚可以用静力触探测试桩身强度沿深度的分布情况。但目前用比贯入阻力 Ps 估算桩体强度尚缺乏足够的试验资料，因此，如无同类工程经验或有关资料供参考，桩体水泥土的抗压强度可用 fcu=Ps/10 粗略计算。

水泥土深层搅拌桩的单桩或多桩复合地基载荷试验要点见本规范的附录 C。

5 密实法

5.1 一般规定

5.1.1～5.1.2 当拟建水池的地基不能满足承载力或变形的要求时，可根据地基土体性质采取适当的处理方法，使其达到要求的密实度，并使其沉降在处理过程中基本上或大部分完成，以满足用作水池地基的要求。

对于软粘土和冲填土地基，可采用的处理方法有加载预压法、真空预压法或强夯法等。

对于疏松砂土和粉土地基，可采用强夯法或振冲密实碎石桩加固处理。经处理后的地基土，除了提高承载力、减少受荷后的变形外，并可提高其抗液化的能力，保持地基在地震作用下的稳定性。

5.2 加载预压法

5.2.1 加载预压法在软土地基处理中具有方法简单和效果明显的优点。由于预压荷载的作用，软土中的孔隙水压力逐渐消散，土体被压密，从而导致地基土强度提高和压缩性降低。其原理如式5.2.1所示。

$$\sigma' = \sigma - u \quad (5.2.1)$$

式中 σ——总应力

σ'——有效应力

u——孔隙水压力

在荷载作用下，随着时间的推移，上式中的孔隙水压力逐渐减小，而地基土的有效应力 σ' 逐渐增加。加载预压法的基本原理就是通过增加总应力 σ，使土体中的孔隙水压力消散，以提高地基土的有效应力 σ'，所以对任何成因的软土都可以适用。加载预压所使用的作为荷载的材料可以就地取材。

5.2.2～5.2.3 对拟采用加载预压进行地基处理的工程，工程地质勘察工作应查明场地的工程地质条件和地下水的情况，除钻探取样外，尚应进行必要的原位测试如静力触探和十字板剪切试验等。土工试验除常规的土工试验项目外，还应提供各层地基土的垂直和水平向的固结系数 C_v 和 C_h，各层地基土的孔隙比和固结压力(即 e－p)关系曲线及由三轴 UU 试验和 CU 试验求得的各层地基土的抗剪强度值，必要时还应求取地基土的先期固结压力。

根据试验得知，由室内试验所得的水平向固结系数 C_h 值往往比由沉降观测资料或从孔隙水压力消散曲线推求所得的 C_h 值小。另外，当用 $\Delta C_u = U \cdot \Delta\sigma_z \cdot tg\,\phi_{cu}$ 估算地基强度增长时，由实测所得的值与根据室内试验所得的数据计算求得的值也不相同。因此对于大型水池或场地地质条件复杂的工程，为使设计更切合实际，应先在场地选择有代表性的地点进行预压试验，以求取可靠的计算参数。

在预压试验过程中，应及时进行沉降、侧向位移、孔隙水压力和十字板剪切强度等的观测和试验，以取得较为符合实际的资料，以便对设计作必要的修正并指导施工。

5.2.4～5.2.5 预压荷载的大小应根据水池的设计荷载和施工期限确定。一般预压荷载可等于水池的设计荷载。

当水池基础位于厚层的软粘土上，若仅采用加载预压，其期限超出施工许可的时间时，为了加快地基土的固结速度，需要在水池基底下的软粘土层中和在其上设置排水系统，如规范条文中所述，该排水系统包括深入软粘土层中的竖向排水设施和与竖向排水设施相连通、铺设在水池基底垫层下的水平向排水设施——通常为砂垫层。

砂垫层的作用在于引出土层内竖向排水设施中的渗流水，其厚度一般为0.3～0.5m。如当地砂料缺乏，可采用连通竖向排水设施的纵横砂沟取代成片的砂垫层。

竖向排水设施可以是普通砂井、袋装砂井或塑料排水带。

由于采用了排水设施的结果，大大缩短了孔隙水从土体中排出的距离，从而导致预压区地基土固结速度的快速增加，这可从式(5.2.5)中明显地表示出来：

$$t_1=\frac{T_vH^2}{C_v}\gg\frac{T_rd_e}{C_h}=t_2 \quad (5.2.5)$$

式中 t_1——地基土未设砂井等竖向排水设施时，在预压荷载作用下固结需要的时间(s)；

t_2——地基土设置了砂井等竖向排水设施，再施加预压荷载时，固结需要的时间(s)；

T_v——竖向固结时间因数(无因次)；

H——土层竖向排水距离(m)，双面排水时H取土层厚度的一半，单面排水时H为土层的厚度；

C_v——地基土竖向固结系数(cm^2/s)；

T_r——辐射向固结时间因数(无因次)；

d_e——砂井等竖向排水设施的有效排水直径(cm)；

C_h——地基土水平向固结系数(cm^2/s)。

从式(5.2.5)可以看出，如果不考虑其他因素，仅由于采用了砂井等竖向排水设施，使地基土中孔隙水的排出距离 d_e 小于H，就有 $d_e^2 \ll H^2$，因而由于采用了砂井等竖向排水设施，在预压荷载的作用下，地基土的固结所需时间将大大缩短。

当对水池的沉降要求有严格的控制时，或水池地基具有厚层的软粘土，即使采用了砂井等竖向排水设施，但预压的时间仍然超过施工期限时，为了及早消除主固结沉降和缩短预压时间，可采用超载预压。

超载预压指预压荷载大于水池设计荷载的预压。经过超载预压，使土层的固结压力大于水池使用荷载下的固结压力，原来的正常固结地基土将处于超固结状态，这样可以大大减少水池地基在使用荷载下的变形。

5.2.6 当地基土质较软且预压荷载较大时，为了防止在加荷过程中地基土体的破坏，预压荷载宜分级逐渐施加，即在前期荷载作用下，地基强度经检测增加到适当值时方可加下一级荷载。

根据地基土的天然抗剪强度，可以计算第一级允许施加的荷载 q_1：

$$q_1=5.52C_u/k \quad (5.2.6-1)$$

式中 C_u——天然地基土的不排水抗剪强度(kPa)，由无侧限抗压强度试验、三轴不排水剪切试验或原位十字板剪切试验测定；

k——安全系数。根据不同的试验方法和土质在1.1～1.5选用。对于很软的粘土和用十字板试验测定的 C_u 计算时，k宜取大值。

在预压荷载 q_1 的作用下，经过一段时间后，地基土的强度因固结得到提高；另一方面，随着荷载的增加，地基中的剪应力也在增大，在一定的条件下，由于剪切蠕变可导致强度的衰减。因此，地基中任一点任一时刻的抗剪强度 τ_t 为

$$\tau_t=\tau_o+\Delta\tau_c-\Delta\tau_\theta \quad (5.2.6-2)$$

式中 τ_o——地基土的天然抗剪强度(kPa)；

$\Delta\tau_c$——地基土由于固结而引起的抗剪强度的增长值(kPa)；

$\Delta\tau_\theta$——由于剪切蠕变引起的抗剪强度衰减值(kPa)。

由剪切蠕变引起的强度衰减 $\Delta\tau_\theta$ 较难计算，为了考虑 $\Delta\tau_\theta$ 的效应，比较理论与实测结果，式(5.2.6-2)可改写为条文中的式(附1.0.1)。

如前所述，地基在 q_1 荷载下经过一段时间预压，地基强度将提高。以后各级荷载的增加可通过地基稳定分析确定。加荷时的加荷速率应根据观测资料加以控制。此处举某工程为例，说明控制

加荷速率的重要性。该工程软土层厚度为12.6m，其物理力学性质指标如下：

ω (%)	γ (kN/m³)	e	C_v (cm²/s)	K_h (cm/s)	E_s (MPa)	C_u (kPa)
79.5	15.5	2.16	4.7×10^{-4}	3.8×10^{-8}	1.363	7.1

地基用塑料排水带作竖向排水措施，并采取超载预压进行加固。预压用砂作预压荷载，堆高9m，相应荷载约150kPa，分五级加荷。

在第二级加荷的后半期，平均加荷速率达3.52kPa/d，峰值达6.12kPa/d。

过高的加荷速率导致土体的强度增长与剪应力的迅速加大不相适应，使地基濒临破坏。此时沉降与位移速率明显加大，孔隙水压力急剧上升，出现坡肩处沉降量超过中心区、坡脚地面上抬的现象。该阶段的平均沉降速率达39mm/d，边桩位移量连续数天达23mm/d；孔隙水压力系数达到0.34，这些反应表明部分土体已达塑性状态。

上述土体适当的加荷速率宜控制在2.5～3.0kPa/d内，其相应的沉降速率宜限制在15～20mm/d内。（一般软土沉降速率控制在10～20mm/d内。）

加荷速率的控制标准随地基土性质、加荷面积、边界条件和荷载大小等的差异而有所不同。

袋装砂井等的井阻作用是由井阻因子G所体现的。

$$G=\left(\frac{K_h}{K_w}\right)\left(\frac{H^2}{d_w^2}\right) \qquad (5.2.6-3)$$

式中H/d_w是竖向排水设施的长细比，其值愈大，井阻作用愈明显。

K_h是土体水平向渗透系数，K_w是砂井材料的渗透系数。上式表明，砂井井料的渗透系数愈小，井阻作用愈大。因此施工时应选用含量小的中、粗砂作井料。

涂抹作用和砂井的施工方法有关。采用打套管成孔时，涂抹作用影响最大，用螺旋钻成孔次之；采用冲水法成孔时，涂抹作用影响较小。但在软粘土地基中，用螺旋钻和冲水成孔易产生缩孔或孔壁坍塌现象。

5.2.7～5.2.8 关于水池地基最终沉降量的计算如条文中式(5.2.7)所示，这是我国广泛采用的计算公式。关于经验系数ψ_s，宜按地区的工程实践经验确定。一般在地基土质软、水池荷载大时取大值；但若地基土质虽软，而水池埋置深度较深，此时作用在地基土上的附加压力可能较小，在这种情况下，ψ_s仍宜取小值。

计算固结度的理论公式，一般都假定荷载是瞬时一次施加的，对逐级加荷条件下地基的固结度计算需作修正。修正的方法有若干种，本规范采用了我国普遍采用的方法，见条文附录B。理论上该公式是精确解。

5.2.9 适当地扩大加载预压的范围，可以减少地基侧向变形的影响。

5.2.10～5.2.19 规范条文中已作了明确的陈述，下面作几点说明：

1 近年来在加载预压加固粘土地基方面，袋装砂井和塑料排水带得到了广泛的应用。在难于取得较纯洁中、粗砂时，采用塑料排水带可以取得较好的效果。

2 由于具备了良好的设备和掌握了真空预压的技术，近年来真空预压加固软土地基的方法在我国已被广泛采用，取得了良好的效果。该法可取得相当于80kPa的等效荷载。对于拟采用加载预压法加固软土地基而缺乏加载材料的地方，改用真空预压法加固无疑是可行的。真空预压法的优点是无需搬运和卸除大量的加载材料，施工迅速，施工管理简单，且工程费用较低。

真空预压过程中，仅需进行地基的沉降观测，不必进行边桩位移和孔隙水压力的观测，从而可省掉许多观测工作量。

当需要较大的预压荷载或需提高加固效果时，可采用真空——加载联合预压法。加载的大小根据工程需要的荷载，减去与射流真空泵稳定真空度相当的等效荷载 80kPa，即为需施加的荷载。

真空预压法处理地基的范围不应小于水池底板外缘所包围的范围，但一般宜超出外缘 2－3m。

从上述情况中，不难看出，真空预压法较加载预压法更适宜于对大面积地基的预压加固处理。

3 根据我国多年来建设的经验，当不考虑井阻和涂抹作用时，缩小井距要比增大砂井的直径效果好得多，即所谓"细而密"的原则。但在实施中，砂井的直径和井距又与砂井的类型和施工方法有关。砂井直径太小，打设时易产生缩颈、灌砂量不足甚至砂井不连续而中断等质量问题；井距太近，施工中易将砂井周围土体造成大的扰动。一般普通砂井直径工程上常采用 200～500mm，井径比为 6～10。

有关普通砂井直径和井径比(n)的资料见表 5.2.11－1，有关袋装砂井直径和井径比(n)的资料见表 5.2.11－2。

关于塑料排水带，由于其形状为扁平的矩形，其当量换算直径按条文中式 5.2.11 计算。式中根据实测结果引入不小于 1 的换算系数 α。近年也有采用 α=1 的。塑料排水带的井径比(n)取与袋装砂井同。

工程实例：

厦门某研究所办公楼为多层建筑，建于软土地基上，采用砂井排水，自重预压。

地质条件：

地基主要受力层为滨海相沉积，土质为淤泥，厚 20m，下卧层为花岗岩风化形成的残积坡积层。上部 10m 范围内，0～3m，ω=79%，e=2.11；3～8m，ω=75～76%，e=2.04～2.07；8～10m，ω=71%，e=1.91。

表 5.2.11－1 普通砂井的直径和其井径比(n)

序号	砂井直径(mm)	井径比(n)	资料来源
1	200～300	6～10	《土工原理与计算》1979 华东水利学院土力学教研室
2	200～500	7～10	《地基处理新技术》1989 卢肇均等编
3	300～500	6～9	浙江省标准《建筑软弱地基基础设计规范》(DBJ10－1－90)
4	>200	6～10	上海市标准《地基处理技术规范》(DBJ08－40－94)
5	300～400	6～8	《地基及基础》1980 华南工学院、南京工学院、浙江大学、湖南大学等编
6	常用 400	5～10	《软土地基处理》1982(日)中堀和英等编

建筑物基础用正置肋不埋式基础，上部结构为 6 层全框架体系，空心砖墙填充，建筑物长高比为 1，整体刚度良好。

地基采用砂井加固。砂井直径为 200mm，间距 1.2m，梅花形布置(n=6.3)，水冲法成孔，砂井长度为 8m，顶部铺 600mm 砂垫层，垫层上填 2.6m 厚的土，基础置于填土上。

加固效果：

上部 6 层建筑经 7 个月完工，分层施工，分级加荷。完工后，实测总沉降为 500～540mm，其中 250mm 沉降系在 2.6m 填土后完成，其余在上部建筑施工中完成。根据计算，已完成主固结度的 90.5%。

该建筑于 1983 年建成，1984 年又在原基础上增加一层，共 7 层。1984 年秋通过了技术鉴定。

在福州和温州等地都有用上述方法处理民用建筑地基的纪录，在这些工程中，砂井直径取为 200mm，梅花形布置，间距 1.2m，但在砂井施工方法上有所不同，有的采用了振动沉管法成孔，但都取得了较好的效果。

表 5.2.11－2　袋装砂井的直径和其井径比(n)

序号	袋装砂井直径(mm)	井径比(n)	资　料　来　源
1	70	15～30	《地基处理新技术》1989 卢肇均等编
2	70～120	15～25	浙江省标准《建筑软弱地基基础设计规范》(DBJ10－1－90)
3	>70	15～25	上海市标准《地基处理技术规范》(DBJ08－40－94)
4	120	>20	《最新软弱地基处理方法》1988(日)福岗正己
5	120	>20	《软土地基处理》1982(日)中堀和英等

5.2.19～5.2.20　对加载预压法除应精心设计外，其施工也十分重要，否则不但达不到设计所预期的效果，甚至可能产生意外的工程质量事故。

为了保证加载预压法的加固效果，施工过程中主要要做好以下三个环节：

1　铺设水平排水垫层。当为了节约砂料而采用纵横连通的砂沟作水平排水设施时，砂沟要平直，保证有足够的深度和宽度，沟内多余的散土应清理干净，并填足砂料；

2　设置竖向排水设施。竖向排水设施除在施工中严格按规定进行外，应始终保持排水系统的畅通；

3　施加预压荷载时应严格控制加荷速率，使地基强度的提高和土中剪应力的增长相适应。

加载预压过程中要做好现场的观测工作，这些工作是：

沉降观测　观测的内容包括荷载范围内地基的沉降、荷载外地面的沉降或隆起和沉降速率。实测资料可用于推算最终沉降量S及β值等；更重要的是，这些资料反映了加荷过程中地基的稳定情况。如沉降速率突增，表明地基可能产生大的塑性变形；若连续几天出现大的沉降速率，表明地基可能失稳，因而可根据沉降速率来控制加荷速率。

孔隙水压力观测和侧向位移观测　该两项数据也是揭示地基稳定性的重要标志。如发现孔隙水压力和坡趾处的侧向变形突增，表明地基处于欠稳定状态，应即及时停止加荷，必要时尚应采取适当措施(如反压)，以保证地基的稳定。

此外，为了检验地基土在预压过程中强度增长的情况，可在预压区内选择代表性地点定时地进行十字板试验或取土进行室内试验。钻探完工后应立即用砂将钻孔填实。

5.3　强夯法

5.3.1～5.3.2　强夯法对砂土和含水量低的素填土和杂填土等地基的加固效果，已为实践所证明。对低含水量的粉土和粘性土地基的加固也有效果。但对于饱和淤泥质粘性土，应根据土的性质，形成条件和工程设计要求等，通过现场试验确定其可行性。根据近年来在上海和江苏省沿长江两岸地区采用强夯法的经验，对于含水量ω<50%的由 沉积形成的饱和淤泥质粘性土，当夯点间设置竖向排水设施(袋装砂井或塑料排水带)并在夯击区表面设置与竖向排水设施连通的水平向排水设施(砂垫层、碎石垫层或纵横排水砂沟等)时，强夯法也取得了较好的效果。经经夯处理后的上述淤泥质粘性土可以作为一般荷载条件下的水池地基。

由于淤泥质地基土的复杂性，施工前应根据建筑场区的地质条件和荷载情况选择有代表性的场地作试验，以确定其适用性和主要的设计和施工参数。

5.3.3　有效加固深度是指地基经强夯加固后，其强度的提高和压缩模量的增大均是比较明显的范围。实际上该深度的影响因素很多，除了夯击能量外，还有地基土性质、土层埋藏顺序及地下水位等。因此，条文给出的有效加固深度公式是近似的，仅作估算之用。

对于强夯的有效加固深度，强夯法的首创者 Menard 曾提出过一个经验公式：

$$h=\sqrt{Q\cdot H} \qquad (5.3.3-1)$$

式中 h——有效加固深度(m)；

Q—锤重(t)；

H——锤的落距(m)。

但实践证明，用上述公式估算强夯的有效加固深度是偏大了。我国根据大量实际测试的结果，将上述公式修正为：

$$h=\alpha\sqrt{Q\cdot H} \qquad (5.3.3-2)$$

式中

α——修正系数；

Q——锤重(kN)；

H——锤的落距(m)。

该式即条文中的式(5.3.3)，其中修正系数 α 根据地基土种类、性质、土层厚度和埋藏顺序、地下水位以及强夯的其他参数等综合考虑；一般 α 值在 0.16～0.25 之间选取。对淤泥质土，α 宜取较小值。

我国学者根据土动力学理论推导得到了与式(5.3.3－2)相同的公式，其中 $\alpha=\sqrt{\frac{m}{r^2}}$。此值为理论值，应根据实际情况作修正。式中：m——锤的质量；r——锤底面半径。

锤重 Q 和落距 H 是强夯法的两个重要参数。根据上述经验公式，Q 和 H 值愈大，强夯加固的影响深度愈深。但实际上它还受到许多因素的制约，特别是对于饱和淤泥质粘性土。不恰当的 Q 或 H 值会导致产生橡皮土(或称弹簧土)。另外，在具体实施时，还可能遇到是否会有理想设备的问题。因此在正式施工前，应依据已有的施工条件，进行现场试验，确定有效加固深度。

5.3.4 每个夯坑夯击总能量为锤重×落距×击数。单位夯击能量为夯击总能量除以夯坑总面积，其值应根据地基土的性质和加固后要求地基土达到的强度和变形性能确定。一般加固粘性土比加固砂性土所需的单位夯击能要大。

强夯夯沉量随夯击能的增加而增大，但对于具体的地基土层，则有一个限度，超过了这个限度，能量再大也无法夯实，对于饱和软粘土则有可能夯成弹簧土。因此存在着所谓的"最佳夯击能"。理论上最佳夯击能是在这样的夯击能作用下，地基土中出现的孔隙水压力与土体的自重压力相等。在粘性土中，由于孔隙水压力消散得慢，当夯击能逐渐增大时，孔隙水压力也逐渐叠加，因而在粘性土中，宜根据孔隙水压力的叠加情况来确定最佳夯击能。但孔隙水压力沿深度是上大下小，而土体的自重压力则是上小而下大，因此在实践中，还是通过现场试验确定具体土体的最佳夯击能。

5.3.5 每个夯点的夯击次数，应在施工前的现场试验阶段确定。夯击次数因地基土性质、土层厚度地下水位高低和工程要求的不同而有所不同。在具体场地的条件下，每夯点的夯击次数以达到地基土的竖向压缩量最大而夯坑周围地面隆起最小为原则。击数过多不但不能增加软土的密实度，反而可能使软土形成弹簧土。每夯点的击数一般用下述的方法决定：

1 按有效击实系数控制：

有效击实系数 $\beta=\frac{V-V_s}{V}=\frac{V_c}{V}$ (5.3.5)

式中 V——夯坑体积(m^3)

V_s——夯坑周围土体隆起体积(m^3)

V_c——夯坑土体有效压缩体积(m^3)

有效击实系数愈大，强夯加固的效果愈好。

2 按最后两击累计夯沉量之差小于 50～80mm 控制，锤底静压力小于 30KPa 时取下限，大于 30KPa 时取上限。前后两击夯沉量接近时，表明再增加夯击数是没有意义的。对软土，一般每夯点的夯击数为 4～10 击左右。

5.3.6 夯击遍数根据工程的需要、地基土性质和压缩层厚度等综合确定。软土的含水量愈高，压缩层的厚度愈大，需要夯击的遍数愈多。对水池基础下的饱和粘性土地基，一般可分3遍夯击。

对基础面积大而地基含水量高的软土，一般情况下，夯击遍数应以总夯沉量不小于计算最终沉降量的70～80%且残余沉降值小于300mm为原则。但在工程实践中，水池的池群总体布置、水池单体的结构布置及与之连接的管道的连接方式等变化幅度很大。而在不同情况下，构筑物及管道对由残余沉降引起的不良后果的敏感程度也有很大差异，因之夯击遍数可根据实际情况的不同进行调整，以满足工程的需要。

满夯（或称搭夯）指对全部大能量夯击完毕的场区进行低能量的锤印相互搭接的夯击，目的在于使表层1～2m内被夯松了的土体和坑内的回填土得到夯实。因此应根据强夯后表层土和夯坑回填土的情况，确定满夯的能量和遍数，一般满夯一次，必要时可进行二次。满夯的单击能量一般不大于1000kN·m。

5.3.7 对建于软土地基上的水池，强夯加固时，夯点常按正方形网格布置并用插挡法分遍夯击如图5.3.7所示。这样做的目的可以由以夯击引起的孔隙水压力有充分的时间消散，同时也便于进行夯击施工，保证地基加固的均匀性，以取得较好的加固效果。

按正方形网格分遍插档夯击的顺序如图5.3.7所示。

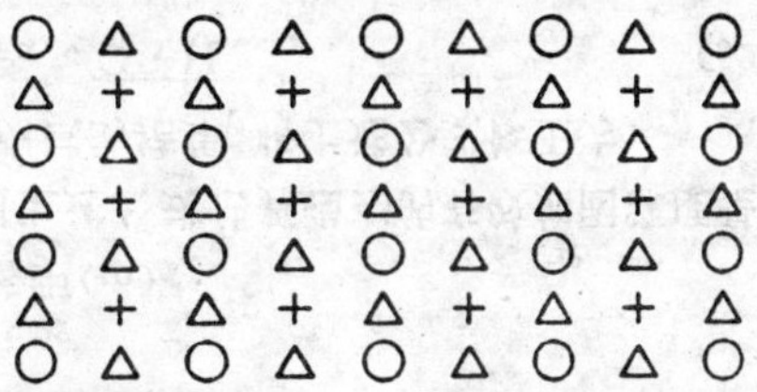

注：○ 第一遍夯点
＋ 第二遍夯点
△ 第三遍夯点

图5.3.7

5.3.8 夯点的间距，一般根据地基土性质、软土层厚度、夯锤底面积和要求加固处理的深度综合考虑。为了使深层土得到加固和减少由夯击引起的孔隙水压力的叠加，易于孔隙水的消散，并也便于施工机具的运转，每遍的夯击点之间应保持适当的距离，一般第一遍取6～9m。如果夯点间距太小，相邻夯点的加固效应将在浅层叠加而形成硬层，这将影响夯击能向深层传递；另外，夯距太小，夯击时上部土体易向已夯成的夯坑中挤出，造成坑壁坍塌，夯锤下落时歪斜或倾斜；夯距太小，也不利于夯击引起的孔隙水压力的消散。

5.3.9 当地基土为高含水量的软粘土且土层较厚时，两遍夯击之间的间歇时间要长，使孔隙水压力有足够的时间消散，从而提高强夯的加固效果。间歇时间宜根据强夯试验中孔隙水压力消散的监测结果确定。

对于细颗粒土，如不设置袋装砂井之类的排水设施，一般需要20天左右或更长的时间，才能使孔隙水压力消散70～80%；当设置袋装砂井和相应的水平排水设施时，一周内孔隙水压力可以基本消散。

5.3.10 为了减少水池周边地基土的侧向变形和不均匀的"边界现象"对水池结构的不良影响，将强夯加固范围扩大于水池基础范围之外，可大大地减少水池地基的差异沉降。

当用强夯法处理可液化地基土时，强夯范围还应适当扩大。

5.3.11～5.3.12 强夯主要机具设备的选用：

1 起重设备

目前国内通常采用的起重设备是履带式吊车，它具有稳定性较好，行走方便和施工速度快等优点，缺点是不能随时调整夯锤的落距。吊车的性能应根据工程需要的锤重和落距而定。一般情况下，其起重能力宜为夯锤重的2～3倍，以克服起吊时锤与地基间的吸力和摩擦力；吊车的起吊高度一般可用10～20m。夯击时应采取措施防止臂杆后仰。

2 夯锤

一般采用圆柱形锤。方形锤在多次夯击时锤印不易复合，造成棱角着地或着地时倾斜，导致夯击能量损失，影响加固效果。锤重宜根据工程的需要确定，锤中应有若干上下贯通的排气孔，以减少夯击时能量的损失和起吊时锤与地基间的吸力。

锤的面积根据加固深度的要求而定。理论上，要求加固的深度大，锤底的面积及锤重也应大。一般夯锤底面积为 3～6m²，锤底单位面积静压力为 25～35kPa，有条件时可增至 40kPa。

锤体的材料以用钢质为优，因为钢锤本身在夯击时变形较小，故能量损失小。

3 脱钩装置

当锤重超出吊机卷扬机能力时，一般利用滑轮组并借助脱钩装置来起落夯锤。脱钩装置在落锤时采用自动脱钩。自动脱钩装置要有足够的强度，且动作灵活。

5.3.12～5.3.15 强夯施工中应作好的事项：

1 创造良好的施工条件

施工前应平整场地，耕植土应予挖除。当表层土为细粒土且地下水位较高时，地面应铺设适当厚度的砂、砂夹卵石或碎石，其目的为：

1)便于施工机械的通行和施工的安全操作，提高夯击效率；

2)当设置袋装砂井等排水设施时，可以用作水平向的排水设施，提高夯击效果。

2 设置排水网格和排水沟

当强夯加固区的边长大于 30m 时，可在中间设置网格形的排水沟，排水沟间距不大于 15m。强夯加固区的周围也应设置排水沟，以便及时排出雨水和强夯后排出的地下水。特别当采用袋装砂井或塑料排水带之类的竖向排水设施时，排水沟的设置是提高加固效果的重要保证。

3. 做好隔震预防措施

夯锤从高处落下时，将产生持续 1～3 秒的地基振动。按目前常用的强夯能量等级，当场地附近 15m 范围内有建(构)筑物或地下管线等时，应做好防震或隔震措施如预先加固或挖防震沟等。防震沟深为 2～3m。在施工过程中应加强观测。对振动有特殊要求的建筑及精密仪器设备等，当可能受到振动影响时，可按照强夯时该处的地面最大加速度，参照抗震设计标准考虑加固或其他防护措施，但该处的地面最大加速度应通过强夯时的测试或其他可靠的资料确定。

4 由于地基土含水量的高低和地下水位的高低对强夯效果的影响很大，因此在地下水位高和降雨多的地区，当采用强夯法加固地基时，宜选择一年中地下水位低和少雨季节进行，以取得较好的加固效果，并方便施工。

5 坑内或场地如遇积水应及时排除

5.3.16～5.3.17 用强夯法加固软土地基，施工因素对加固效果影响很大，不进行检验便无从了解地基强夯加固后是否满足工程的需要。因此在强夯施工完毕后，进行质量检验是必不可少的。一般从下列两种途径进行检验：

1 在强夯施工过程中，每夯完一遍，即应将场地推平，测量地表平均夯沉量。强夯后的总夯沉量就是各遍平均夯沉量之和，由此可知经强夯后水池地基的总夯沉量。

2 进行强夯完毕后的检验

检验的时间 如果强夯完毕即进行检验，因孔隙水压力尚未完全消散及由于时间效应等原因，检验结果将不能反映强夯加固的实际效果。间隔时间的长短因地基土的性质而不相同，对于由冲填形成的粉、细砂或粉土地基，间隔时间为 15 天左右；对于粘性土地基，间隔时间约为 30 天。间隔时间越长，检验结果越准确。

检验的方法 对于水池，一般以钻探取土进行室内土工试验和原位测试相结合的方法检验。原位测试根据地基土性质确定；对于软粘性土可采取静力触探和十字板剪切试验；对于粉土和砂土可采用静力触探和标准贯入试验。根据夯后和夯前的测试结果，进行分析对比,可以检验出强夯加固的效果。

对于大型水池或地质条件复杂的场区,必要时宜进行大面积承压板载荷试验。

检验点的数量　对于大型单个水池,一般检验点不得少于3处。当水池呈群体或场地地质条件复杂时,宜根据具体情况增加检验点。

检验深度应不小于设计有效加固深度。当设有竖向排水设施时,检验深度宜适当大于竖向排水设施的深度。较好的方法是先进行静力触探试验,将夯后与夯前的两组曲线对比,界定强夯有效加固深度后,再进行其他检验工作。

5.4　振冲密实法

5.4.1～5.4.3　振冲密实法亦称振冲挤密法,对于由沉积或冲填形成的欠密实的粉土或砂土地基,经振冲密实法处理后,地基土的密实度将进一步提高,这除了可以提高地基土的强度和减少地基的变形外,还可大大提高地基土的抗液化性能。

在疏松的粉土和砂土层中,用碎石或卵石等透水性较高的填料制成的桩群具有较好的排水功能,地震时引起的超孔隙水压力能较快地消散,从而使液化现象大为减弱或消除。同时,由于桩对桩间土的约束作用,使地基的刚度增大,有利于抗液化能力的增强。

采用振冲挤密碎石桩处理可液化地基的有效性已为国内外的许多地震实例和试验研究成果所证实。

日本某油罐(容量为600万公斤)地基采用了∮70cm、间距为1.80m的密实砂桩,地震发生后,附近的码头发生了喷砂现象,码头发生倾斜,但油罐场地内未见喷砂现象。

1964年日本新泻发生了7.7级地震,大面积砂土地基发生液化,震灾严重,但采用振冲法处理的油罐和厂房地基基本上没有破坏,仅基础均匀下沉了20～30mm。同一地区的厂房,虽已打入深为7m的钢筋混凝土桩并以N=20的土层作持力层,却发生了明显的沉陷和倾斜,地基未经处理的建筑物均遭受到严重的破坏。

振冲密实桩填料的选择

填料一般可用砾石夹砂、卵石、碎石等硬质材料。理论上,填料料径越粗,振密效果越好。但用30kw振冲器振冲时,填料最大粒径宜在50mm以内。因为若填料的多数粒径大于50mm,则易在孔中发生卡料现象,拖延施工进度。

国外根据实践的经验,提出一个称为适宜数或称质量指数的指标。如条文中的式(5.4.2)所示。根据适宜数,对填料级配的评价准则见表5.4.2。

表5.4.2　填料按Sn的评价准则

S	0～10mm	10～20mm	20～30mm	30～50mm	＞50mm
评价	很好	好	一般	不好	不适宜

从上表中可以看到,填料的适宜数小,桩体的密实度高,振密速度亦快。

当用碎石作填料时,宜选用质地坚硬的石料,不能用风化或半风化的石料。若用风化或半风化的碎石料,振冲密实时容易破碎,影响桩体强度和透水性能。

当地基土为粗砂或中砂、且其中粘粒含量小于10%时,也可不另加填料,直接就地振实。

5.4.4～5.4.5　振冲密实桩的间距视地基土的颗粒组成、水池荷载的大小、密实度要求、振冲器功率等而定。土的粒径愈细,水池荷载愈大,密实度要求愈高,则桩间距应愈小。

在振冲加固砂土地基的实践中,国内研究人员发现,振冲时地面高程的变化与地基的密实度是密切相关的,据此提出了振冲密实桩的桩距计算公式。

按正三角形布置时

$$s=\sqrt{\frac{1}{\frac{e_0-e_1}{1+e_0}\pm\frac{\Delta s}{l}}} \qquad (5.4.5-1)$$

按正方形布置时

$$s=0.89d\sqrt{\frac{1}{\frac{e_0-e_1}{1+e_0}\pm\frac{\Delta s}{l}}} \qquad (5.4.5-2)$$

式中 s——密实桩的间距(m)；

Δs——振冲时地面高程的变化(m)，沉降为(+)，隆起为(−)；

l——振冲密实桩桩长(m)。

其他符号意义同条文5.4.5中式(5.4.5−1)和(5.4.5−2)。

当Δs=0时，即当振冲时地面高程无变化，或其值很小可忽略不计时，即成为条文中的式(5.4.5−1)和(5.4.5−2)。

当桩距在适度的距离内时，各振冲点在振冲过程中有较好的叠加效果。但由于地基土形成的复杂性，桩距有叠加效果的距离随土性质的相异而不同。据秦皇岛地区的试验，用30kw的振冲器施工，在大于2m的范围外，振冲的影响显著减小。因此在采用振冲密实法加固地基时，宜先进行现场试验以取得切合实际的设计和施工参数。

对于条文中式(5.4.5−4)中的 e_p 值，可根据单位桩长填料的重量除以该体积与填料比重的乘积，求得单位桩长中填料所占的体积Vs，设单位桩长的体积为V，则孔隙率

$$n=1-\frac{Vs}{V}\text{，于是有}$$

$$e_p=\frac{n}{1-n} \qquad (5.4.3-3)$$

由于在桩长深度范围内，地基可能由几种性质不同的土层组成，而且振冲时辐射方向上土密度的变化也很复杂，式(5.4.5−3)所求得的 e_p 值是很粗略的。因此，在地基处理范畴中，在很多时候，测试和实践经验是很重要的。

5.4.7 当无抗液化要求时，用振冲密实法处理地基的范围应扩大至水池基底轮廓线外(一般增加1～2排桩)，以保证水池地基密实度基本均匀；当有抗液化要求时，为了保证水池地基具有充分的抗液化性能，应在基底轮廓线外增加2～3排桩，以作保护。

5.4.8 对粉土和砂土地基，当其下卧土层无软弱土时，经振冲密实法处理后，如密实度达到要求，可不必进行沉降计算，因为在密实状态下的粉土和砂土，其压缩模量 E_s 值相应较大，对于一般的水池荷载，地基的沉降量不可能超过其允许值。

5.4.9～5.4.10 编制说明同4.2.9～4.2.11条，这里要强调的是填料量、密实电流和留振时间因土层的不同而有所不同；如果在振冲密实桩深度范围内的地基是由几种不同性质的土层所组成，则应注意在制桩过程中，根据土层的分布而适时改变填料量、密实电流和留振时间。

当地基土为厚层中、粗砂(新填或新近沉积)而采用30kw振冲器施工困难时，可采用我国已制成的双向振动机，该机不但施工方便，且具有较好的振密效果。

5.4.11～5.4.12 编制说明同第4.2.12～4.2.13条，这里要说明的是，在经振冲密实的砂土中进行标准贯入试验时，钻探工作比较困难。采用 V_R(瑞利)波法检测的优点是试验在地表进行，无需钻孔，可减少对密实后地基的扰动；此外，此法的抗干扰性强，测试精度较高；触探、标贯检验仅限于一点，而 V_R 波法检测的覆盖面较大。

6 置换法

6.1 一般规定

6.1.1～6.1.2 一般地，当水池地基底部全部或局部为软弱土层且其承载力或变形不能满足要求时，均可用置换法进行地基处理，提高地基的工程性能。但如软弱土层过厚且水池荷载要求较大的置换深度时，则应与其他地基加固处理方案进行技术经济的综合分析比较，论证采用此法的优越性。习惯上，置换法多用于地基的浅层处理。

当需置换的土层较薄，且当地有如正文表6.2.4所列的或其他适当的换填材料可资利用时，可采用换土处理法进行土层置换。

在我国沿海地区，当利用近海滩涂进行建设时，可能遇到厚度不大的海相粘土。这种土含水量高，孔隙比大，压缩性高，强度很低，处理较困难，采用近年来发展的强夯置换（亦称动力置换）处理这种浅层地基则是十分有效的。

水池下局部存在的软弱土层，多是被填埋了的塘、河之类所在。遇有这种情况，首先应了解其范围和深度（包括底部淤泥厚度），再根据水池其他部分地基土体的性质和水池的结构、荷载等情况考虑处理的方法，一般情况下，其深度不会太大，可考虑采取换土处理法。

6.2 换土处理

6.2.1 换土处理是将水池基础下的软弱土层全部或部分挖除、换以砂、石、土或其他合适的材料并分层夯实、压实或振实、以提高地基承载力并减少地基沉降的一种地基处理方法。置换后形成的人工土层称垫层。

对于平面面积较大的水池，除非软弱土层较薄，否则垫层的厚度要做得很厚才能收到较显著的应力扩散效果，才能较明显地增加地基的承载能力并减少地基的沉降。但是，为了做成厚垫层而加深加大基坑的尺寸往往不很经济且增加施工的难度。因此，换土法一般仅用于小型水池、或是基础下软弱土层厚度不大时或仅局部存在时。一般情况下，换土法换填的厚度不宜大于3m，是一种浅层的地基处理方法。

6.2.2 在确定地基处理方法之前，应先对水池场地的工程地质和水文地质条件有充分的了解，特别是软弱土层在水池下的分布范围及性能、下卧土层的情况、地下水位及其季节性变化等；此外，尚应了解当地可用作垫层的材料、当地的技术条件和具有的施工设备情况等。在此基础上，结合水池的结构特点和荷载情况等进行综合分析比较，优先采用当地可就近供应的材料及当地具有的施工装备和技术，以降低费用和确保质量。

6.2.3～6.2.7 关于垫层的设计

1 厚度 垫层的厚度一般根据垫层底面的附加压力与上覆土体自重（包括垫层）之和不大于垫层底面的基土承载力的原则确定，见条文中式（6.2.4—1）。此外，垫层的厚度尚应满足水池地基容许变形值的要求。但如前所述，垫层的厚度不宜太厚，否则不但不经济，而且施工困难。

在计算垫层底面的附加压力时，可用弹性理论的应力公式计算，也可采用扩散角法计算，其中扩散角θ按条文中表6.2.4选用。

2 垫层的长度和宽度 垫层底面的长度和宽度一般按条文中式（6.2.6—1）和（6.2.6—2）计算。垫层的剖面如图（6.2.4）所示。

另外的一种确定宽度的方法，是根据垫层侧面土的承载力标准值确定。当侧面土质较差时，要适当增加垫层底的宽度，见条文中式(6.2.6—3)和(6.2.6—4),其目的是为了防止垫层的侧向位移,免除垫层竖向沉降量的增大。

垫层的承载力标准值宜通过试验确定,当无试验资料时,可按表(6.2.7)选用。

水池采用垫层地基后的最终沉降量按条文中的6.2.5计算。因为垫层的采用,水池地基最终沉降量由两部分,即垫层的压缩变形量和下卧土层的沉降量之和组成。

6.2.8～6.2.10 选用垫层材料时,根据就地取材的原则,宜先选用变形性能较小的材料。当需在水池基础下进行大面积的换土处理时,仅在其他材料实在难于取得、或软弱土层很薄、或软弱土层已基本挖除,所剩厚度很小,经变形验算能满足水池地基变形要求时,才考虑采用粘性土或粉土一类材料。填筑时,现场应控制土料含水量在$W_{op}\pm2\%$范围内(W_{op}为最佳含水量)。

残积、坡积土(有些地方称为山皮土)为岩石经近期风化后残存于山表面的土,仅在当地缺乏较好的垫层材料或是为了经济的原因才采用。当采用这种土时,其表面有机质含量较大的部分应除去,土中粒径大于50mm的应检出或击碎,有机质含量不得大于5%。

某些丘陵地区具有胀缩性的土,不得用作垫层。

工业废渣当被确认为是质地坚硬和性能稳定的才可以采用,对性能尚不够了解的工业废渣要慎用。

中、粗砂或砂夹砾石和灰土都是良好的垫层材料,长期以来作为垫层材料被普遍采用。

在开挖基坑时,最后应保留约300mm厚的土,留待填筑垫层前再行挖除。当垫层下仍为软弱土层时,应及时铺填300mm的砂,这样做的目的是为了保护地基土不被扰动,当地下水位高时,可免除地基土浸水软化。

当垫层下部尚有薄层软弱粘性土层时,对垫层下层的填料不宜用重夯或重压,因为重夯或重压可能导致下层土层变为弹簧土(或称橡皮土),应待铺填至一定厚度时方可采用重夯或重压。

6.2.11 当水池基础下局部存在被填埋了的塘、河等,而其中的填埋物不能用作水池的地基时,需进行换土处理。此时,首先应了解这些被填埋的塘、河等在水池基础下及其附近的分布范围和深度、所填物质的成份、下层的土质和填埋的时间等。如与挖除部分同深度的地基土为可塑状态的粘性土,可用现场挖出的性质相近的土、经风干或晾晒至适当的含水量后分层回填,必要时底部可先铺垫200～300mm的砂。当下卧土层为硬塑状的粘性土或其他低压缩性的土时,分层回填的土料可采用重夯或重压,否则下部分层回填的土料只可轻夯或轻压,待填至适当厚度后,方可重夯或重压。如与挖除部分同深度的地基土为硬塑状的粘性土或其他低压缩性的土,则可采用砂或砂夹砾石等分层回填,分层振实(或夯实、压实)。水池下局部回填土应比水池基底高出300mm左右。该填高约300mm的土是为了保护下层填土之用,待水池基础施工时,与基底以上的其他部分土同时挖除。

当水池基础下局部为软弱土层且该土层分布的范围在平面上延伸至基础边缘以外时,如需进行局部换土处理,换土的范围应由水池基础边缘向外扩大至少为最大换土深度的一倍。这是为了消除在水池荷载作用下垫层的侧向变形。

6.2.12～6.2.14 当垫层基坑近处有坑、沟等时,可能导致垫层产生较大的侧向变形,故应先行填实。

适当的施工顺序(如先深后浅)在地下工程施工中是至关重要的,否则将危及工程质量或给施工带来不应有的麻烦。

垫层完工后应及时进行基础施工和水池周边回填土,以保证垫层不受扰动。

垫层部分如受扰动(如砂垫层的部分流失、土垫层的浸水软化),将导致水池局部产生不均匀沉降,严重时水池将产生裂缝,或给正常使用带来不利影响。

6.2.15 施工过程中,垫层的质量检验应按国家标准《地基与基础工程施工及检收规范》(GBJ202－83)第三章中的有关规定进行。

6.3 动力置换

6.3.1 动力置换或称强夯置换，是近年来国内外发展起来的用强夯进行置换软土的方法。该法的特点是在软土中夯入碎石、强行排开软土，形成碎石柱体。1985年在山西用此法处理了汾河冲积土，形成4m深的碎石桩体。1987年，在武汉也进行了强夯置换加固软土的试验并取得了成功。1989年，山东胜利油田用此法处理可液化粘质粉土，效果良好。近年来在广东深圳等地采用此法都取得了良好的效果。

以下为广东番禺某地区用此法处理软土地基的例子。

1 地质概况

第一层为耕土填土层，层厚为2.5～3.5m，其中耕土为1m，饱和，软塑状；填土为冲填细砂，厚1.5～2.5m。

第二层为淤泥，饱和，流塑状，含细砂和贝壳碎屑，含水量为60～80%，平均76.1%，孔隙比平均为2.05，压缩系数为1.95MPa^{-1}，承载力小于40kPa，厚度为5～8m。

第三层为砂土，上部3m为中砂，下部8m为中密粗砂。

第四层为坚实亚粘土。

第五层为红色砂岩。

加固的主要土层为第二层(淤泥土层)。加固深度要求10～14m。

2 施工工艺

采用重130kN圆形锤，直径2.1m，吊高15.5m，每击的夯击能量为2000kN－m，夯点间距为2.5m，采取这样密集的夯点，目的在于载荷试验中减少地基土的侧向膨胀。

第一遍在原地面夯成深度在1.5～2.0m的夯坑(一般为6击)，然后在坑内填石碴，石碴最大粒径大于300mm，夯坑填满后进行第二次夯击；6击后，当形成深为1.5～2.0m的夯坑时，在坑内再填石碴至地面平，然后进行第三次夯击，坑深近1m，再充填石碴至地面平。最后用振动辗进行三次辗压，完成施工。

3 载荷试验

设计要求承载力标准值为150kPa。经两个月的恢复强度后，采用3m×3m载荷板进行静载荷试验。

试验结果：当承载力为150kPa时，相应的沉降为15mm，地基变形模量E_s为2400kPa(2.40MPa)。

6.3.2 虽然通过一些工程的实践，动力置换被认为是一种十分有效的浅层地基处理手段，但由于地基土的复杂性及形成条件的差异，在不同的地区、对不同的土质只有通过现场试验才能取得切合实际的设计参数和确定适宜的施工工艺，冒然估定或套用往往会发生意想不到的问题。

6.3.3 在流塑状态的地基土上铺填透水性较好的土有两个目的：一是在施工设备的重压下不致产生橡皮土，且随着时间的推移，表层地基土可得到一定程度的固结；二是在雨天，地表不易产生泥浆，便于施工的顺利进行。

6.3.4～6.3.6 动力置换的施工设备完全与强夯法采用的施工设备相同。重锤直径取2m左右，是考虑到现有强夯设备的充分利用，并可减少大直径碎石柱体在承受较大荷载时的侧向变形。

由于各水池场地地基土性状的差异，适宜的单击夯击能只能在具体水池场地的现场试验中求得。

当场地地基为高含水量(ω＝80～90%)、大孔隙比(e＞2.0)的软土时，宜采用其级配的大粒径石料(d＝100～300mm)占70～80%的填料，也有用采石场剩下的石渣作填料的。根据就地取材的原则，用卵、砾石夹少量小于300mm的漂石作填料亦是可行的。

6.3.7 由于水池的施工期限一般要求在短期内完成，在动力置换完成之后，水池施工随即开始。这样，由强夯引起的柱间土中的超孔隙水压力不可能完全消散。更由于高含水量、大孔隙比的流塑状软土一般透水性很低，超孔隙水压力在水池施工过程中不可能得到多少消散。在水池的使用过程中，随着柱间土中超孔隙水压力的逐渐消散，土体固结而体积减小，这将导致原先与水池底板接触的柱间土体沉降而脱离水池底板，因而不宜考虑柱间土的共同作用。

6.3.8～6.3.9 水池底板外缘外增设一排柱体是为了保持水池底的压力均匀并与试桩条件一致。此外，外排桩体具有保护的作用，可减少水池边缘土体的侧向变形。

6.3.10 柱体的施工质量和加固处理的效果检验是必不可少的。检验中发现异常情况时应增加检验点。对异常情况应找出原因，必要时需采取补救措施。

7 减少地基变形及其影响的措施

7.0.1 对于淤泥、淤泥质土及软弱的粘性土等软弱土层，其表层往往存在一定厚度的较硬土层。设计中，宜注意利用该较硬土层作持力层。

7.0.2 为了尽可能利用天然地基、避免加固处理或尽可能地降低加固处理的要求从而节省加固费用，在满足使用、施工和抗浮要求的前提下，适当加大水池的埋深可以获得良好的效果。由于地基的补偿作用，增加埋深可提高地基的承载能力、减少作用在地基上的附加应力从而减少沉降。在有地下水的情况下，还可能由于增加了埋深而增加了地下水的浮力，对地基的附加应力还可以进一步减少。在实际工作中，对由容积控制的水池，可用减少平面尺寸，增加水池深度而达到增加埋深的目的。在某些情况下，水池底板适当外挑对减少沉降也有一定的作用。对处于不同高程的水池也可以叠层布置，叠层式水池不但合乎逻辑地增加了水池的埋设深度，节约了用地面积，还可使结构的整体刚度增加，从而增加了水池结构抵抗整体弯曲的能力。

7.0.3 关于软弱地基上构筑物的相互影响问题，由于影响的因素很多，受影响的结构对影响的承受能力也有很大的差异，要在两构筑物间规定一个容许的最小距离是不切实际的。以下三组观测结果具有一定的参考价值。

1 某煤气站4座d＝44.5m的煤气柜，基底压力为107KPa，平面按等边三角形等距布置，各柜间的净距为44.5m（与直径相等）。加荷后除其中一座因紧靠暗浜而发生倾斜外，其余三座工作正常；

2 某厂一座d＝36.4m（容量1000m^3）的油罐，基底压力为164KPa，加荷观测表明，在离中心2R范围内的沉降较为显著；

3 某厂一座 d＝22.7m（容量 5000m^3）的油罐，基底压力为114kPa，加荷观测的结果与上述结果相似。

当因用地限制致使两构筑物的间距过小时，比较有效的方法是用桩基或其他措施将新构筑物直接支承在较坚实的土层上，减少或避免对原有构筑物的影响。

7.0.5 参见 7.0.2。

7.0.6 当水池的平面尺寸较大时，地基变形的不均匀性在结构中将引起较大的整体弯曲应力，同时也将引起较大的温度应力及干缩应力，这些都是引起水池开裂渗漏的重要原因。此时，宜将水池整池用变形缝划分为若干尺寸较小、抗弯刚度较好而结构互不连续的结构单元。各单元间的变形缝应能适应地基的不均匀沉降及湿度和温度变化引起的变形。变形缝的种类很多，有膨胀缝、收缩缝、滑动缝和铰接缝等，他们分别适应不同的结构变形。除了变形缝外，一些水池为了适应施工安排，还可能设有施工缝。所以，当水池必需设置不同功能的缝时，应综合考虑，统一布置，以减少水池中缝的数量。

7.0.9 缓慢加荷可使地基充分固结从而提高地基的承载力和减少变形。关于容许下一级加荷时的沉降速率，以往的经验数值较分散。上海在吹填土上建造的 2000m^3 油罐，在分级加荷时用平均 5mm/天的速率控制，取得了良好的效果。

中国工程建设标准化协会标准

基坑土钉支护技术规程

CECS 96：97

主 编 单 位：清华大学土木工程系
总参工程兵科研三所
批 准 单 位：中国工程建设标准化协会
批 准 日 期：1997年12月16日

前　言

土钉支护已在我国基坑工程中得到广泛应用并取得显著效益。本规程在总结近年我国土钉支护工程实践并参考国外经验的基础上，经过广泛征求意见和修改，完成了编写工作。最后由中国工程建设标准化协会组织专家会议审查定稿。

现批准《基坑土钉支护技术规程》，编号为CECS 96：97，并推荐给各工程建设设计、施工单位使用。在使用过程中，如发现需要修改补充之处，请将意见和有关资料寄交给北京清华大学土木工程系（邮政编码：100084）。

本规程主编单位：清华大学土木工程系
总参工程兵科研三所
参 编 单 位：中航勘察设计研究院
广州军区科研设计所
山东建筑工程学院
主 要 起 草 人：陈肇元、周丰峻、曾宪明、马金普、毕孝全
修学纯、宋二祥、李保国、喻良明、张　鑫
崔京浩、秦四清、赵明伦、苏绍增、张明聚
陈叶青

中国工程建设标准化协会
1997年12月16日

目　　次

1 总 则

1.0.1 为使土钉支护用于基坑工程做到技术先进、经济合理、安全可靠和确保质量，特制定本规程。

1.0.2 本规程适用于基坑直立开挖或陡坡开挖时临时性土钉支护的设计与施工，采用以钢筋作为中心钉体的钻孔注浆型土钉，基坑的深度不宜超过18m，使用期限不宜超过18个月。

对于其他类型的土钉如注浆的钢管击入型土钉或不注浆的角钢击入型土钉，可参照本规程的基本计算原则进行支护的稳定性分析。

1.0.3 土钉支护适用于下列土体：可塑、硬塑或坚硬的粘性土，胶结或弱胶结（包括毛细水粘结）的粉土、砂土和角砾，填土，风化岩层等。

在松散砂土和夹有局部软塑、流塑粘性土的土层中采用土钉支护时，应在开挖前预先对开挖面上的土体进行加固，如采用注浆或微型桩托换。

1.0.4 土钉支护工程的设计、施工与监测宜统一由支护工程的施工单位负责，以便于及时根据现场测试与监控结果进行反馈设计。

1.0.5 土钉支护工程的设计、施工与验收除本规程已作规定者外，尚应符合《岩土工程勘察规范》(GB50021—94)、《建筑地基基础设计规范》(GBJ7—89)、《混凝土结构设计规范》(GBJ10—89)等有关现行国家标准的规定。

2 术语、符号

2.1 术语

2.1.1 土钉

用来加固或同时锚固现场原位土体的细长杆件。通常采取土中钻孔、置入变形钢筋（即带肋钢筋）并沿孔全长注浆的方法做成。土钉依靠与土体之间的界面粘结力或摩擦力，在土体发生变形的条件下被动受力，并主要承受拉力作用。土钉也可用钢管、角钢等作为钉体，采用直接击入的方法置入土中。

2.1.2 土钉支护

以土钉作为主要受力构件的边坡支护技术，它由密集的土钉群、被加固的原位土体、喷混凝土面层和必要的防水系统组成。

2.2 符号

2.2.1 材料性能

R——土钉的极限抗拉能力

c——土的粘聚力

γ——土的重度

τ——土钉与土体之间的界面粘结强度

f_{yk}——钢筋抗拉强度标准值

2.2.2 作用及作用效应

N——土钉的最大拉力或设计内力

p——与土钉设计内力相应的土体侧压力

p_0——作用于支护喷混凝土面层的侧向土压力

q——地表均布荷载

2.2.3 几何参数

l——土钉长度

l_a——土钉伸入破坏面一侧稳定土体中的长度

d——土钉钢筋直径

d_0——土钉孔径

s_h——土钉水平间距

s_v——土钉竖向间距

φ——土的内摩擦角

θ——土钉倾角

H——基坑深度

2.2.4 计算系数

F_s——支护的内部整体稳定性安全系数

$F_{s,d}$——土钉的局部稳定性安全系数

3 基本规定

3.0.1 土钉支护用于基坑开挖施工应采取从上到下分层修建的施工工序：

1 开挖有限的深度；

2 在这一深度的作业面上设置一排土钉，并喷混凝土面层；

3 继续向下开挖，并重复上述步骤，直至所需的基坑深度。

3.0.2 土钉支护的设计施工应重视水的影响，并应在地表和支护内部设置适宜的排水系统以疏导地表径流和地表、地下渗透水。当地下水的流量较大，在支护作业面上难以成孔和形成喷混凝土面层时，应在施工前降低地下水位，并在地下水位以上进行支护施工。

3.0.3 土钉支护的设计施工应考虑施工作业周期和降雨、振动等环境因素对陡坡开挖面上暂时裸露土体稳定性的影响，应随开挖随支护，以减少边坡变形。

3.0.4 土钉支护的设计施工应包括现场测试与监控以及反馈设计的内容。施工单位应制定详细的监测方案，无监测方案不得进行施工。

3.0.5 土钉支护施工前应具备下列设计文件：

1 工程调查与岩土工程勘察报告；

2 支护施工图，包括支护平面、剖面图及总体尺寸；标明全部土钉（包括测试用土钉）的位置并逐一编号，给出土钉的尺寸（直径、孔径、长度）、倾角和间距，喷混凝土面层的厚度与钢筋网尺寸，土钉与喷混凝土面层的连接构造方法；规定钢材、砂浆、混凝土等材料的规格与强度等级；

3 排水系统施工图，以及需要工程降水时的降水方案设计；

4 施工方案和施工组织设计，规定基坑分层、分段开挖的深

度和长度，边坡开挖面的裸露时间限制等；

5 支护整体稳定性分析与土钉及喷混凝土面层的设计计算书；

6 现场测试监控方案，以及为防止危及周围建筑物、道路、地下设施而采取的措施和应急方案。

3.0.6 当支护变形需要严格限制且在不良土体中施工时，宜联合使用其他支护技术，将土钉支护扩展为土钉—预应力锚杆联合支护、土钉—桩联合支护、土钉—防渗墙联合支护等，并参照相应标准结合本规程进行设计施工。

4 工程调查与岩土工程勘察

4.0.1 土钉支护设计前必须进行充分的工程调查，收集场地周围已建工程及本项拟建工程的设计施工文件与工程地质和水文地质勘察资料，并进行现场考察和必要的勘察，查明基坑周围已有建筑物、构筑物、埋设物和道路交通等周边环境条件，当地气象条件，地层结构和岩土物理力学性质，水文地质条件及与周围地表水体的补给排泄关系等。

4.0.2 基坑土钉支护的工程勘察宜与拟建工程的建筑地基勘察同时进行，勘察的范围应根据基坑开挖深度、场地的工程地质条件和环境条件确定，可在基坑开挖线外按开挖深度的1～2倍范围内布置勘探点。开挖线外和沿基坑周边的勘探点间距视岩土和工程的复杂程度而定，可为15～30m，但每一剖面线上不宜少于2～3个。勘探点的深度可取土钉最大埋深以下5～8m。当场地有不良土层、暗沟、暗浜等异常地段时应加密勘探点。

如拟建工程的建筑地基勘察业已完成且所获资料不能完全满足土钉支护设计与施工要求时，则应进行补充勘察；此时的勘探点布置可视具体情况和要求而定。

4.0.3 全部勘探点均应分层取土做土工试验或进行原位测试，主要土层的每一重点试验项目要求不少于6个数据。室内测试项目应有重度，含水量，抗剪强度(砂土的直剪，粘性土的固结快剪、快剪或三轴固结不排水剪等)，粘性土的可塑性、压缩性，砂土的颗粒分析与休止角等。原位测试项目应有标准贯入试验，软土的十字板剪切试验等。当人工填土层厚度大于1m时应进行重度和抗剪强度测试。

通过测试确定每一层土的分类和状态，给出分层土的内摩擦角和粘聚力等抗剪强度指标。

4.0.4 对场地水文地质条件，应查明滞水层、潜水层和承压水的位置，给出滞水层的范围、潜水层的水位和承压水的压力，并根据需要进行抽水试验测定土层的渗透性。

4.0.5 为土钉支护设计提供的工程调查与工程地质勘察报告应包括以下主要内容：

1 基坑情况概述；

2 勘察方法和勘察工作布置；

3 场地地形地貌、地层结构、岩土物理力学性质、岩土参数的分析评价及建议值；

4 场地水文地质条件，包括地下水埋藏条件，即各含水层、隔水层埋深和分布；水位及其变化幅度和各含水层渗透系数，地下水的类型、压力、流向、补给来源与排泄方向，评价地下水对土钉支护设计和施工及使用期的影响，对基坑施工的工程降水方案及其设计参数提出建议，并估计由于降低地下水位引起的地表沉降值及其对周围环境安全的影响；

5 基坑周边影响范围内各种建筑物、构筑物、道路和地下管线等设施的结构类型、准确位置和工作状态，分析开挖支护过程对这些地面、地下工程的影响；

6 对土钉支护的设计、施工及监测提出建议。

4.0.6 勘察报告应附以下主要图表：

1 勘探点平面位置图，其上应附有基坑的相对位置、开挖线和周边已有工程设施等；

2 沿基坑边线的岩土工程地质剖面图；

3 代表性的钻孔柱状图；

4 室外和室内试验的有关图表；

5 岩土工程计算的有关图表。

5 设 计

5.1 一般规定

5.1.1 土钉支护的设计应包括下列内容：

1 根据工程类比和工程经验，初选支护各部件的尺寸和材料参数；

2 进行计算分析，主要有：

1) 支护的内部整体稳定性分析与外部整体稳定性分析；

2) 土钉的设计计算；

3) 喷混凝土面层的设计计算，以及土钉与面层的连接计算；

通过上述计算对各部件的初选参数作出修改和调整，给出施工图；

对重要的工程，宜采用有限元法对支护的内力与变形进行分析；

3 根据施工过程中获得的量测监控数据和发现的问题，进行反馈设计。

5.1.2 土钉支护的整体稳定性计算和土钉的设计计算采用总安全系数设计方法，其中以荷载和材料性能的标准值作为计算值，并据此确定土压力。

喷混凝土面层的设计计算，采用以概率理论为基础的结构极限状态设计方法，设计时对作用于面层上的土压力，应乘以荷载分项系数1.2后作为计算值，在结构的极限状态设计表达式中，应考虑结构重要性系数。

5.1.3 土钉支护设计应考虑的荷载除土体自重外，还应包括地表荷载如车辆、材料堆放和起重运输造成的荷载，以及附近地面建筑物基础和地下构筑物所施加的荷载，并按荷载的实际作用值作为标准值。当地表荷载小于 15 kN/m² 时则按 15 kN/m² 取值。此外，当施工或使用过程中有地下水时，还应计入水压对支护稳定性、土钉内力和喷混凝土面层的作用。

5.1.4 土钉支护设计采用的土体物理力学性能参数以及土钉与周围土体之间的界面粘结力参数均应以实际测试结果作为依据，取值时应考虑到基坑施工及使用过程中由于地下水位和土体含水量变化对这些参数的影响，并对其测试值作出偏于安全的调整。

表 5.1.5 界面粘结强度标准值

土层种类		τ(kPa)
素填土		30～60
粘性土	软塑	15～30
	可塑	30～50
	硬塑	50～70
	坚硬	70～90
粉土		50～100
砂土	松散	70～90
	稍密	90～120
	中密	120～160
	密实	160～200

注：表中数据作为低压注浆时的极限粘结强度标准值。

5.1.5 土的力学性能参数 c、φ、土钉与土体界面粘结强度 τ 的计算值取标准值，界面粘结强度的标准值可取为现场实测平均值的 0.8 倍。以上参数应按不同土层分别确定。进行初步设计时，界面粘结强度的标准值可参照表 5.1.5 的数据取值。

5.1.6 土钉支护的设计计算可取单位长度支护按平面应变问题进行分析。对基坑平面上靠近凹角的区段，可考虑三维空间作用的有利影响，对该处的支护参数(如土钉的长度和密度)作部分调整。对基坑平面上的凸角区段，应局部加强。

5.2 支护各部件参数

5.2.1 主要承受土体自重作用的钻孔注浆钉支护，其各部件(图 5.2.1)尺寸可参考以下数据初步选用：

1 土钉钢筋用Ⅲ级或Ⅱ级热轧变形钢筋，直径在 18～32mm 的范围内；

2 土钉孔径在 75～150mm 之间，注浆强度等级不低于 12MPa，3 天不低于 6MPa；

3 土钉长度 l 与基坑深度 H 之比对非饱和土宜在 0.6 到 1.2 的范围内，密实砂土和坚硬粘土中可取低值；对软塑粘性土，比值 l/H 不应小于 1.0。为了减少支护变形，控制地面开裂，顶部土钉的长度宜适当增加。非饱和土中的底部土钉长度可适当减少，但不宜小于 0.5H；含水量高的粘性土中的底部土钉长度则不应缩减；

4 土钉的水平和竖向间距 S_h 和 S_v 宜在 1.2～2m 的范围内，在饱和粘性土中可小到 1m，在干硬粘性土中可超过 2m；土钉的竖向间距应与每步开挖深度相对应。沿面层布置的土钉密度不应低于每 6m² 一根；

5 喷混凝土面层的厚度在 50～150 mm 之间，混凝土强度等级不低于 C20，3 天不低于 10MPa。喷混凝土面层内应设置钢筋网，钢筋网的钢筋直径 6～8mm，网格尺寸 150～300mm。当面层厚度大于 120mm 时，宜设置二层钢筋网。

5.2.2 土钉钻孔的向下倾角宜在 0～20°的范围内，当利用重力向孔中注浆时，倾角不宜小于 15°，当用压力注浆且有可靠排气措施时倾角宜接近水平。当上层土软弱时，可适当加大下倾角，使土钉插入强度较高的下层土中。当迂有局部障碍物时，允许调整钻孔位置和方向。

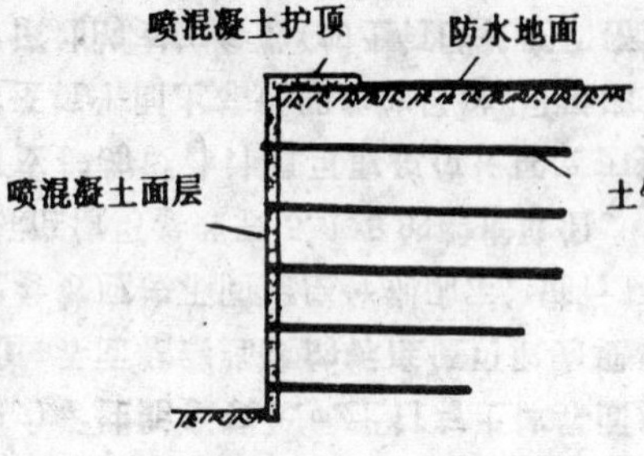

图 5.2.1　土钉支护

5.2.3　土钉钢筋与喷混凝土面层的连接采用图 5.2.3 所示的方法。可在土钉端部两侧沿土钉长度方向焊上短段钢筋，并与面层内连接相邻土钉端部的通长加强筋互相焊接。对于重要的工程或支护面层受有较大侧压时，宜将土钉做成螺纹端，通过螺母、楔形垫圈及方形钢垫板与面层连接。

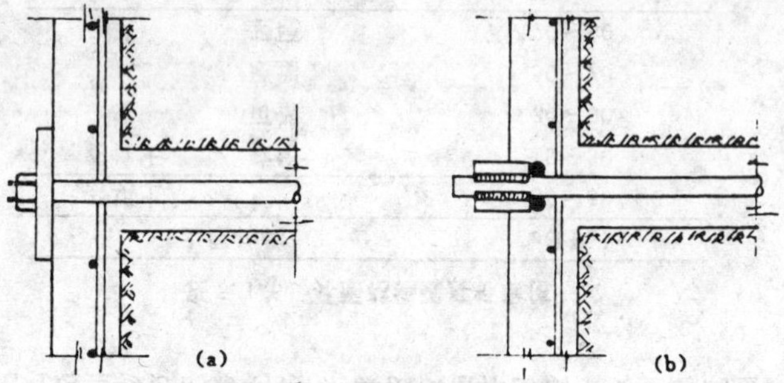

图 5.2.3　土钉与面层的连接

5.2.4　土钉支护的喷混凝土面层宜插入基坑底部以下，插入深度不少于 0.2 m；在基坑顶部也宜设置宽度为 1～2 m 的喷混凝土护顶。

5.2.5　当土质较差，且基坑边坡靠近重要建筑设施需严格控制支护变形时，宜在开挖前先沿基坑边缘设置密排的竖向微型桩（图 5.2.5），其间距不宜大于 1m，深入基坑底部 1～3m。微型桩可用无缝钢管或焊管，直径 48～150mm，管壁上应设置出浆孔。小直径的钢管可分段在不同挖深处用击打方法置入并注浆；较大直径（大于 100mm）的钢管宜采用钻孔置入并注浆，在距孔底 1/3 孔深范围内的管壁上设置注浆孔，注浆孔直径 10～15mm，间距 400～500mm。

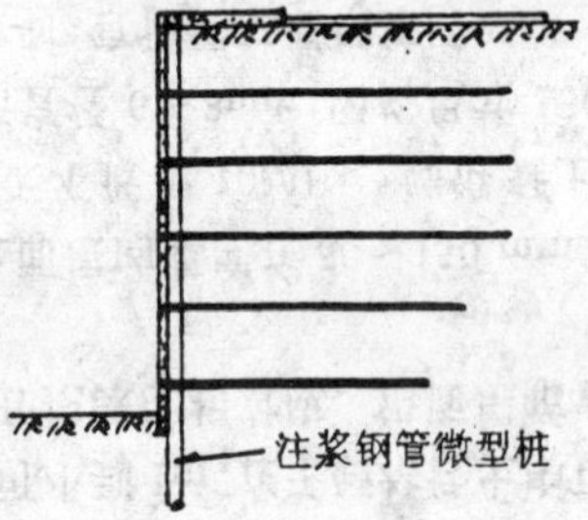

图 5.2.5　超前设置微型桩的土钉支护

5.3　支护整体稳定性分析

5.3.1　土钉支护的内部整体稳定性分析是指边坡土体中可能出现的破坏面发生在支护内部并穿过全部或部分土钉。假定破坏面上的土钉只承受拉力且达到按第 5.4.5 条所确定的最大抗力 R，按园弧破坏面采用普通条分法对支护作整体稳定性分析（图 5.3.1a），取单位长度支护进行计算，按下式算出内部整体稳定性安全系数为：

$$F_s=\frac{\sum[(W_i+Q_i)\cos\alpha_i\cdot\tan\varphi_j+(R_k/S_{hk})\sin\beta_k\cdot\tan\varphi_j+C_j(\Delta_i/\cos\alpha_i)+(R_k/S_{hk})\cos\beta_k]}{\sum[(W_i+Q_i)\sin\alpha_i]} \tag{5.3.1}$$

式中　W_i、Q_i——作用于土条 i 的自重和地面、地下荷载；

α_i——土条 i 圆弧破坏面切线与水平面的夹角；

Δ_i——土条 i 的宽度；

φ_j——土条 i 圆弧破坏面所处第 j 层土的内摩擦角；

C_j——土条 i 圆弧破坏面所处第 j 层土的粘聚力；

R_k——破坏面上第 k 排土钉的最大抗力，按 5.4.5 条确定；

β_k——第 k 排土钉轴线与该处破坏面切线之间的夹角；

S_{hk}——第 k 排土钉的水平间距。

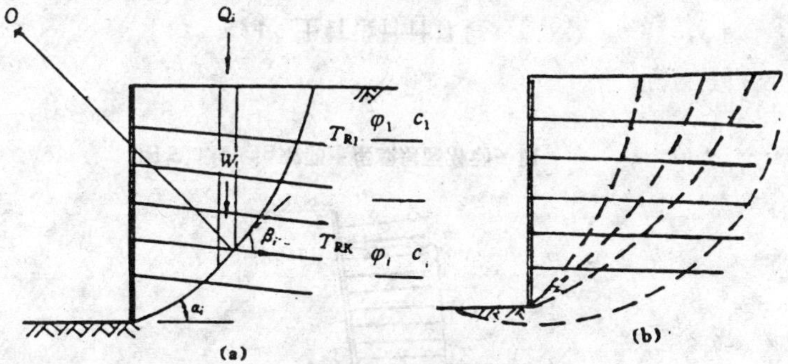

图 5.3.1 内部整体稳定性分析

当有地下水时，在上式中尚应计入地下水压力的作用及其对土体强度的影响。

作为设计依据的临界破坏面位置需根据试算确定，与其相应的稳定性安全系数在各种可能的破坏面（图 5.3.1b）中为最小值，并不低于表 5.3.1 中规定的数值。

表 5.3.1 支护内部整体稳定性安全系数

基坑深度 (m)	≤6	6～12	≥12
安全系数最低值	1.2	1.3	1.4

注：1. 当支护变形较大会造成严重环境安全问题时，表中安全系数值应增加 0.1～0.3。

2. 表中安全系数值不适用于软塑、流塑粘性土。

5.3.2 土钉支护还应验算施工各阶段的内部稳定性（图 5.3.2），此时的开挖已达该步作业面的深度，但这一作业面上的土钉尚未设置或其注浆尚未能达到应有的强度。施工阶段内部稳定性验算所需的安全系数可比表 5.3.1 中的数值低 0.1～0.2，但不小于 1.1。

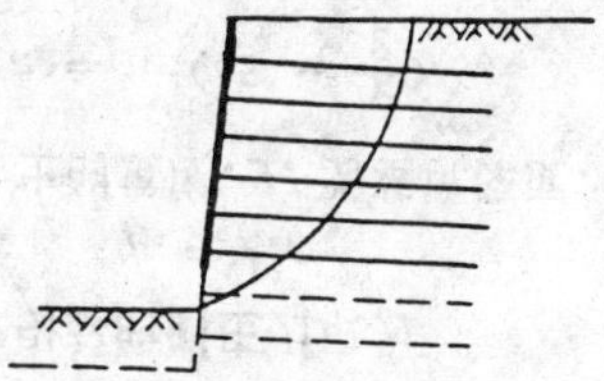

图 5.3.2 施工阶段内部稳定性验算

5.3.3 土钉支护的外部整体稳定性分析与重力式挡土墙的稳定分析相同（图 5.3.3），可将由土钉加固的整个土体视作重力式挡土墙，分别验算：

1 整个支护沿底面水平滑动（图 5.3.3a）；

2 整个支护绕基坑底角倾覆，并验算此时支护底面的地基承载力（图 5.3.3b）；

以上验算可参照《建筑地基基础设计规范》(GBJ7－89) 中的计算公式，计算时可近似取墙体背面的土压力为水平作用的朗金主动土压力，取墙体的宽度等于底部土钉的水平投影长度。抗水平滑动的安全系数应不小于 1.2；抗整体倾复的安全系数应不小于 1.3，且此时的墙体底面最大竖向压应力不应大于墙底土体作为地基持力层的地基承载力设计值 f 的 1.2 倍。

3 整个支护连同外部土体沿深部的圆弧破坏面失稳（图 5.3.3c），可按 5.3.1 条的规定进行验算，但此时的可能破坏面在土钉的设置范围以外，计算时式(5.3.1)中的土钉抗力为零，相应的安全系数要求同表 5.3.1。

5.3.4 当土体中有较薄弱的土层或薄弱层面时，还应考虑上部土体在背面土压作用下沿薄弱土层或薄弱层面滑动失稳的可能性（图5.3.4），其验算方法与5.3.3条中有关整个支护沿底面水平滑动时相同。

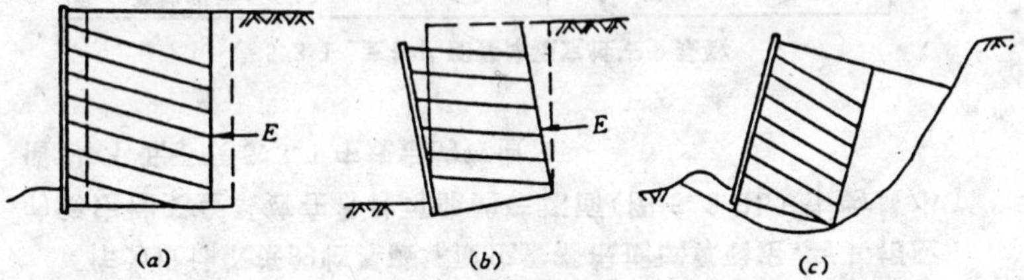

图5.3.3 支护外部稳定性分析

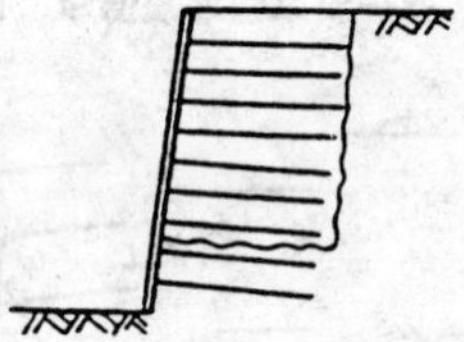

图5.3.4 沿薄弱土层或层面滑动失稳

5.4 土钉设计计算

5.4.1 土钉的设计计算遵循下列原则：

1 只考虑土钉的受拉作用；

2 土钉的设计内力按5.4.2条规定的侧压力图形算出；

3 土钉的尺寸应满足设计内力的要求，同时还应满足5.3.1条规定的支护内部整体稳定性的需要。

5.4.2 在土体自重和地表均布荷载作用下，每一土钉中所受的最大拉力或设计内力N，可按图5.4.2所示的侧压力分布图形用下式求出：

$$N = \frac{1}{\cos\theta} p S_v S_h \qquad (5.4.2-1)$$

$$p = p_1 + p_q \qquad (5.4.2-2)$$

式中 θ——土钉的倾角；

p——土钉长度中点所处深度位置上的侧压力；

p_1——土钉长度中点所处深度位置上由支护土体自重引起的侧压力，据图5.4.2求出；

p_q——地表均布荷载引起的侧压力。

图中自重引起的侧压力峰压 p_m：

对于$\frac{c}{\gamma H} \leqslant 0.05$的砂土和粉土：

$$p_m = 0.55 k_a \gamma H$$

对于$\frac{c}{\gamma H} > 0.05$的一般粘性土：

$$p_m = k_a \left(1 - \frac{2c}{\gamma H} \frac{1}{\sqrt{k_a}}\right) \gamma H \leqslant 0.55 k_a \gamma H$$

粘性土 p_m 的取值应不小于 $0.2\gamma H$。

图中地表均布荷载引起的侧压力取为

$$p_q = k_a q$$

以上各式中的 γ 为土的重度，H 为基坑深度，k_a 用下式计算：

$$k_a = \text{tg}^2(45° - \frac{\varphi}{2})$$

对性质相差不远的分层土体，上式中的 φ、c 及 γ 值可取各层土的参数 $\text{tg}\varphi_j$、c_j 及 γ_j 按其厚度 h_j 加权的平均值求出。

对于流塑粘性土，侧压力 p_1 的大小及其分布需根据相关测试数据专门确定。

当有地下水及其它地面、地下荷载作用时，应考虑由此产生的侧向压力，并在确定土钉设计内力 N 时，在式（5.4.2－1）和（5.

4.2—2)的侧压力 p 中计入其影响。

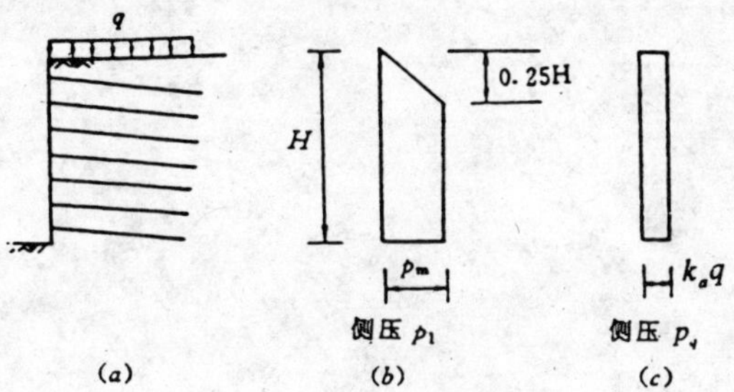

图 5.4.2 侧压力的分布

5.4.3 各层土钉在设计内力作用下应满足式(5.4.3)：

$$F_{s,d}N \leqslant 1.1\frac{\pi d^2}{4}f_{yk} \quad (5.4.3)$$

式中 $F_{s,d}$——土钉的局部稳定性安全系数，取1.2～1.4，基坑深度较大时取高值；

N——土钉设计内力，按第5.4.2条确定；

d——土钉钢筋直径；

f_{yk}——钢筋抗拉强度标准值，按《混凝土结构设计规范》(GBJ10－89)取用。

5.4.4 各层土钉的长度尚宜满足下列条件：

$$l \geqslant l_1 + \frac{F_{s,d}N}{\pi d_0 \tau} \quad (5.4.4)$$

式中 l_1——土钉轴线与图5.4.4所示倾角等于$(45°+\varphi/2)$斜线的交点至土钉外端点的距离；对于分层土体，φ 值根据各层土的 $\tan\varphi_i$ 值按其层厚加权的平均值算出；

d_0——土钉孔径；

τ——土钉与土体之间的界面粘结强度。

5.4.5 对支护作内部整体稳定性分析时，土体破坏面上每一土钉

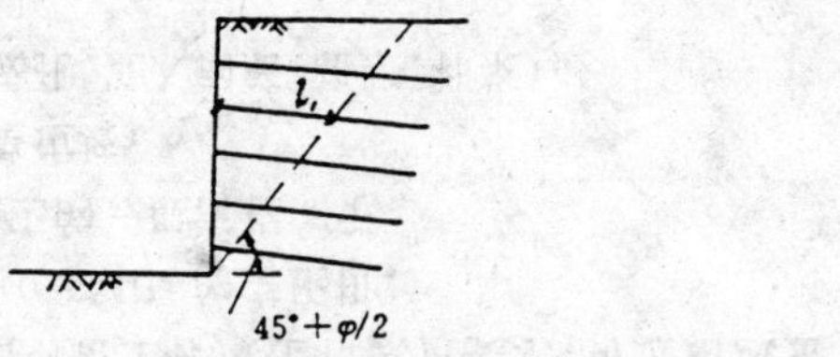

图 5.4.4 土钉长度的确定

达到的极限抗拉能力 R 按下列公式计算，并取其中的最小值：

按土钉受拔条件 $R=\pi d_0 l_a \tau$ (5.4.5－1)

按土钉受拉屈服条件 $R=1.1\frac{\pi d^2}{4}f_{yk}$ (5.4.5－2)

式中 d_0——土钉孔径；

d——土钉钢筋直径；

l_a——土钉在破坏面一侧伸入稳定土体中的长度；

τ——土钉与土体之间的界面粘结强度；

f_{yk}——钢筋抗拉强度标准值，按《混凝土结构设计规范》(GBJ10－89)取用。

对于靠近支护底部的土钉，尚应考虑破坏面外侧土体和喷混凝土面层脱离土钉滑出的可能，其最大抗力尚应满足下列条件：

$$R \leqslant \pi d_0(l - l_a)\tau + R_1 \quad (5.4.5-3)$$

式中 R_1 为土钉端部与面层连接处的极限抗拔力。

5.5 喷混凝土面层设计

5.5.1 在土体自重及地表均布荷载 q 作用下，喷混凝土面层所受的侧向土压力 p_0 可按下式估算：

$$p_0 = (p_{01} + p_q) \quad (5.5.1-1)$$

$$p_{01} = 0.7(0.5 + \frac{s-0.5}{5})p_1 \leqslant 0.7p_1$$

(5.5.1－2)

式中 s 为土钉水平间距和竖向间距中的较大值，单位为 m，p_1 及 p_q 按第 5.4.2 条确定。

当有地下水及其它荷载时，尚应计入这些荷载在混凝土面层上产生的侧压。

5.5.2 喷混凝土面层按《混凝土结构设计规范 》(GBJ10－89)设计，面层土压力的计算值按第 5.1. 条的原则确定，取荷载分项系数为 1.2。根据支护工程的重要性，当环境安全有严格要求时，另取结构的重要性系数为 1.1～1.2。

5.5.3 喷混凝土面层可按以土钉为点支承的连续板进行强度验算，作用于面层的侧向压力在同一间距内可按均布考虑，其反力作为土钉的端部拉力。验算的内容包括板在跨中和支座截面的受弯，板在支座截面的冲切等。

5.5.4 土钉与喷混凝土面层的连接，应能承受土钉端部拉力的作用。当用螺纹、螺母和垫板与面层连接时，垫板边长及厚度应通过计算确定。当用焊接方法通过不同形式的部件与面层相连时，应对焊接强度作出验算。此外，面层连接处尚应验算混凝土局部承压作用。

6 施　　工

6.1 一般规定

6.1.1 土钉支护施工前必须了解工程的质量要求以及施工中的测试监控内容与要求，如基坑支护尺寸的允许误差，支护坡顶的允许最大变形，对邻近建筑物、管线、道路等环境安全影响的允许程度。

6.1.2 土钉支护施工前应确定基坑开挖线、轴线定位点、水准基点、变形观测点等，并在设置后加以妥善保护。

6.1.3 土钉支护施工应按施工组织设计制定的方案和顺序进行，仔细安排土方开挖、出土和支护等工序并使之密切配合；力争连续快速施工，在开挖到基底后应立即构筑底板。

6.1.4 土钉支护的施工机具和施工工艺应按下列要求选用：

1　成孔机具的选择和工艺要适应现场土质特点和环境条件，保证进钻和抽出过程中不引起塌孔，可选用冲击钻机、螺旋钻机、回转钻机、洛阳铲等，在易塌孔的土体中钻孔时宜采用套管成孔或挤压成孔；

2　注浆泵的规格、压力和输浆量应满足施工要求；

3　混凝土喷射机的输送距离应满足施工要求，供水设施应保证喷头处有足够的水量和水压(不小于 0.2MPa)；

4　空压机应满足喷射机工作风压和风量要求，可选用风量 $9m^3/min$ 以上、压力大于 0.5MPa 的空压机。

6.1.5 土钉支护每步施工的一般流程如下：

1　开挖工作面，修整边坡；

2　设置土钉(包括成孔、置入钢筋、注浆、补浆)；

3　铺设、固定钢筋网；

4 喷射混凝土面层。

根据不同的土性特点和支护构造方法，上述顺序可以变化。支护的内排水以及坡顶和基底的排水系统应按整个支护从上到下的施工过程穿插设置。

6.1.6 施工开挖和成孔过程中应随时观察土质变化情况并与原设计所认定的加以对比，如发现异常应及时进行反馈设计。

6.2 开 挖

6.2.1 土钉支护应按设计规定的分层开挖深度按作业顺序施工，在完成上层作业面的土钉与喷混凝土以前，不得进行下一层深度的开挖。当基坑面积较大时，允许在距离四周边坡 8～10m 的基坑中部自由开挖，但应注意与分层作业区的开挖相协调。

6.2.2 当用机械进行土方作业时，严禁边壁出现超挖或造成边壁土体松动。基坑的边壁宜采用小型机具或铲锹进行切削清坡，以保证边坡平整并符合设计规定的坡度。

6.2.3 支护分层开挖深度和施工的作业顺序应保证修整后的裸露边坡能在规定的时间内保持自立并在限定的时间内完成支护，即及时设置土钉或喷射混凝土。基坑在水平方向的开挖也应分段进行，可取 10～20 m。

应尽量缩短边壁土体的裸露时间。对于自稳能力差的土体如高含水量的粘性土和无天然粘结力的砂土应立即进行支护。

6.2.4 为防止基坑边坡的裸露土体发生坍陷，对于易塌的土体可采用以下措施：

1 对修整后的边壁立即喷上一层薄的砂浆或混凝土，待凝结后再进行钻孔；

2 在作业面上先构筑钢筋网喷混凝土面层，而后进行钻孔并设置土钉；

3 在水平方向上分小段间隔开挖；

4 先将作业深度上的边壁做成斜坡，待钻孔并设置土钉后再清坡；

5 在开挖前，沿开挖面垂直击入钢筋或钢管，或注浆加固土体(图 6.2.4)。

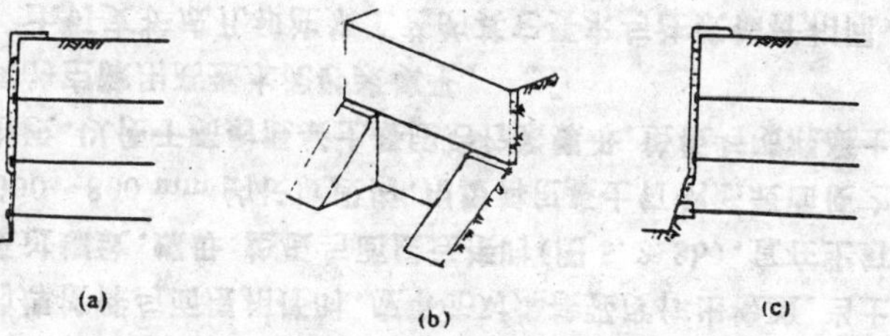

图 6.2.4 易塌土层的施工措施

(a) 先喷浆护壁后钻孔置钉 (b) 水平方向分小段间隔开挖

(c) 预留斜坡设置土钉后清坡

6.3 排水系统

6.3.1 土钉支护宜在排除地下水的条件下进行施工，应采取恰当的排水措施包括地表排水，支护内部排水，以及基坑排水，以避免土体处于饱和状态并减轻作用于面层上的静水压力。

6.3.2 基坑四周支护范围内的地表应加修整，构筑排水沟和水泥砂浆或混凝土地面，防止地表降水向地下渗透。靠近基坑坡顶宽 2～4m 的地面应适当垫高，并且里高外低，便于迳流远离边坡。

6.3.3 在支护面层背部应插入长度为 400～600 mm、直径不小于 40mm 的水平排水管，其外端伸出支护面层，间距可为 1.5～2m，以便将喷混凝土面层后的积水排出(图 6.3.3)。

6.3.4 为了排除积聚在基坑内的渗水和雨水，应在坑底设置排水沟及集水坑。排水沟应离开边壁 0.5～1 m，排水沟及集水坑宜用砖砌并用砂浆抹面以防止渗漏，坑中积水应及时抽出。

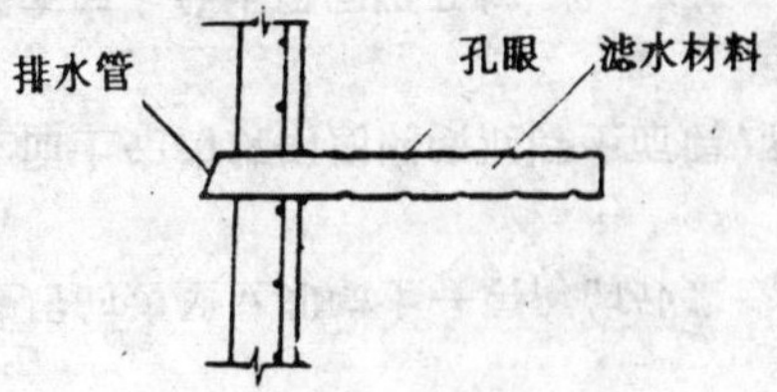

图 6.3.3 面层背部排水

6.4 土钉设置

6.4.1 土钉成孔前，应按设计要求定出孔位并作出标记和编号。孔位的允许偏差不大于 150mm，钻孔的倾角误差不大于 3°，孔径允许偏差为 $^{+20mm}_{-5mm}$，孔深允许偏差为 $^{+200mm}_{-50mm}$。成孔过程中遇有障碍物需调整孔位时，不得影响支护安全。

6.4.2 成孔过程中应做好成孔记录，按土钉编号逐一记载取出的土体特征、成孔质量、事故处理等。应将取出的土体与初步设计时所认定的加以对比，有偏差时应及时修改土钉的设计参数。

6.4.3 钻孔后应进行清孔检查，对孔中出现的局部渗水塌孔或掉落松土应立即处理。成孔后应及时安设土钉钢筋并注浆。

6.4.4 土钉钢筋置入孔中前，应先设置定位支架，保证钢筋处于钻孔的中心部位，支架沿钉长的间距为 2～3m，支架的构造应不妨碍注浆时浆液的自由流动。支架可为金属或塑料件。

6.4.5 土钉钢筋置入孔中后，可采用重力、低压（0.4～0.6MPa）或高压（1～2MPa）方法注浆填孔。水平孔应采用低压或高压方法注浆。压力注浆时应在钻孔口部设置止浆塞（如为分段注浆，止浆塞置于钻孔内规定的中间位置），注满后保持压力 3～5 min。重力注浆以满孔为止，但在初凝前需补浆 1～2 次。

6.4.6 对于下倾的斜孔采用重力或低压注浆时宜采用底部注浆方式，注浆导管底端应先插入孔底，在注浆同时将导管以匀速缓慢撤出，导管的出浆口应始终处在孔中浆体的表面以下，保证孔中气体能全部逸出。

6.4.7 对于水平钻孔，应用口部压力注浆或分段压力注浆，此时需配排气管并与土钉钢筋绑牢，在注浆前与土钉钢筋同时送入孔中。

6.4.8 向孔内注入浆体的充盈系数必须大于 1。每次向孔内注浆时，宜预先计算所需的浆体体积并根据注浆泵的冲程数求出实际向孔内注入的浆体体积，以确认实际注浆量超过孔的体积。

6.4.9 注浆用水泥砂浆的水灰比不宜超过 0.4～0.45，当用水泥净浆时水灰比不宜超过 0.45～0.5，并宜加入适量的速凝剂等外加剂用以促进早凝和控制泌水。施工时当浆体工作度不能满足要求时可外加高效减水剂，不准任意加大用水量。浆体应搅拌均匀并立即使用，开始注浆前、中途停顿或作业完毕后须用水冲洗管路。

6.4.10 用于注浆的砂浆强度用 70×70×70(mm) 立方试件经标准养护后测定，每批至少留取 3 组（每组 3 块）试件，给出 3 天和 28 天强度。

6.4.11 当土钉钢筋端部通过锁定筋与面层内的加强筋及钢筋网连接时（图 5.2.3a），其相互之间应可靠焊牢。当土钉端部通过其他形式的焊接件与面层相连时，应事先对焊接强度作出检验。当土钉端部通过螺纹、螺母、垫板与面层连接时（图 5.2.3b），宜在土钉端部约 600～800 mm 的长度段内，用塑料包裹土钉钢筋表面使之形成自由段，以便于喷射混凝土凝固后拧紧螺母；垫板与喷混凝土面层之间的空隙用高强水泥砂浆填平。

6.4.12 土钉支护成孔和注浆工艺的其它要求与注浆锚杆相同，可参照《土层锚杆设计与施工规范》(CECS 22:90)。

6.5 喷混凝土面层

6.5.1 在喷射混凝土前，面层内的钢筋网片应牢固固定在边壁上并符合规定的保护层厚度要求。钢筋网片可用插入土中的钢筋固定，在混凝土喷射下应不出现振动。

6.5.2 钢筋网片可用焊接或绑扎而成，网格允许偏差为±10mm。钢筋网铺设时每边的搭接长度应不小于一个网格边长或200mm，如为搭焊则焊长不小于网筋直径的10倍。

6.5.3 喷射混凝土配合比应通过试验确定，粗骨料最大粒径不宜大于12mm，水灰比不宜大于0.45，并应通过外加剂来调节所需工作度和早强时间。

6.5.4 当采用干法施工时，应事先对操作手进行技术考核，保证喷射混凝土的水灰比和质量能达到要求。喷射混凝土前，应对机械设备、风、水管路和电路进行全面检查及试运转。

6.5.5 喷射混凝土的喷射顺序应自下而上，喷头与受喷面距离宜控制在0.8～1.5m范围内，射流方向垂直指向喷射面，但在钢筋部位，应先喷填钢筋后方，然后再喷填钢筋前方，防止在钢筋背面出现空隙。

6.5.6 为保证施工时的喷射混凝土厚度达到规定值，可在边壁面上垂直打入短的钢筋段作为标志。当面层厚度超过100mm时，应分二次喷射，每次喷射厚度宜为50～70mm。在继续进行下步喷射混凝土作业时，应仔细清除预留施工缝接合面上的浮浆层和松散碎屑，并喷水使之潮湿。

6.5.7 喷射混凝土终凝后2小时，应根据当地条件，采取连续喷水养护5～7天，或喷涂养护剂。

6.5.8 喷射混凝土强度可用边长100mm立方试块进行测定，制作试块时应将试模底面紧贴边壁，从侧向喷入混凝土，每批至少留取3组(每组3块)试件。

6.5.9 土钉支护喷射混凝土的其它要求可参照《喷射混凝土施工技术规程》(YBJ226－91)。

7 土钉现场测试

7.0.1 土钉支护施工必须进行土钉的现场抗拔试验，应在专门设置的非工作钉上进行抗拔试验直至破坏，用来确定极限荷载，并据此估计土钉的界面极限粘结强度。

7.0.2 每一典型土层中至少应有3个专门用于测试的非工作钉。测试钉除其总长度和粘结长度可与工作钉有区别外，应与工作钉采用相同的施工工艺同时制作，其孔径、注浆材料等参数以及施工方法等应与工作钉完全相同。测试钉的注浆粘结长度不小于工作钉的二分之一且不短于5m，在满足钢筋不发生屈服并最终发生拔出破坏的前提下宜取较长的粘结段，必要时适当加大土钉钢筋直径。为消除加载试验时支护面层变形对粘结界面强度的影响，测试钉在距孔口处应保留不小于1m长的非粘结段。在试验结束后，非粘结段再用浆体回填。

7.0.3 土钉的现场抗拔试验宜用穿孔液压千斤顶加载，土钉，千斤顶，测力杆三者应在同一轴线上，千斤顶的反力支架可置于喷射混凝土面层上，加载时用油压表大体控制加载值并由测力杆准确予以计量。土钉的(拔出)位移量用百分表(精度不小于0.02mm，量程不小于50mm)测量，百分表的支架应远离混凝土面层着力点。

7.0.4 测试钉进行抗拔试验时的注浆体抗压强度不应低于6MPa。试验采用分级连续加载，首先施加少量初始荷载(不大于土钉设计荷载的1/10)使加载装置保持稳定，以后的每级荷载增量不超过设计荷载的20%。在每级荷载施加完毕后立即记下位移读数并保持荷载稳定不变，继续记录以后1 min、6 min、10 min的位移读数。若同级荷载下10 min与1 min的位移增量小于1mm，即可立即施加下级荷载，否则应保持荷载不变继续测读15、30、

60min 时的位移。此时若 60 min 与 6 min 的位移增量小于 2mm，可立即进行下级加载，否则即认为达到极限荷载。

根据试验得出的极限荷载，可算出界面粘结强度的实测值。这一试验平均值应大于设计计算所用标准值的 1.25 倍，否则应进行反馈修改设计。

7.0.5 极限荷载下的总位移必须大于测试钉非粘结长度段土钉弹性伸长理论计算值的 80%，否则这一测试数据无效。

7.0.6 上述试验也可不进行到破坏，但此时所加的最大试验荷载值应使土钉界面粘结应力的计算值(按粘结应力沿粘结长度均匀分布算出)超出设计计算所用标准值的 1.25 倍。

8 施工监测

8.0.1 土钉支护的施工监测至少应包括下列内容：

1 支护位移的量测；

2 地表开裂状态(位置、裂宽)的观察；

3 附近建筑物和重要管线等设施的变形测量和裂缝观察；

4 基坑渗、漏水和基坑内外的地下水位变化。

在支护施工阶段，每天监测不少于 1～2 次；在完成基坑开挖、变形趋于稳定的情况下可适当减少监测次数。施工监测过程应持续至整个基坑回填结束、支护退出工作为止。

8.0.2 对支护位移的量测至少应有基坑边壁顶部的水平位移与垂直沉降，测点位置应选在变形最大或局部地质条件最为不利的地段，测点总数不宜小于 3 个，测点间距不宜大于 30 m。当基坑附近有重要建筑物等设施时，也应在相应位置设置测点。宜用精密水准仪和精密经纬仪。必要时还可用测斜仪量测支护土体的水平位移，用收敛计监测位移的稳定过程等。

在可能情况下，宜同时测定基坑边壁不同深度位置处的水平位移，以及地表离基坑边壁不同距离处的沉降，给出地表沉降曲线。

8.0.3 应特别加强雨天和雨后的监测，以及对各种可能危及支护安全的水害来源(如场地周围生产、生活排水，上下水道、贮水池罐、化粪池渗漏水，人工井点降水的排水，因开挖后土体变形造成管道漏水等)进行仔细观察。

8.0.4 在施工开挖过程中，基坑顶部的侧向位移与当时的开挖深度之比如超过 3‰(砂土中)和 3‰～5‰(一般粘性土中)时，应密切加强观察、分析原因并及时对支护采取加固措施，必要时增用其它支护方法。

9　施工质量检查与工程验收

9.0.1　土钉支护的施工应在监理的参与下进行。施工监理的主要任务是随时观察和检查施工过程，根据设计要求进行质量检查，并最终参与工程的验收。

9.0.2　土钉支护施工所用原材料（水泥、砂石、混凝土外加剂、钢筋等）的质量要求以及各种材料性能的测定，均应以现行的国家标准为依据。

9.0.3　支护的施工单位应按施工进程，及时向施工监理和工程的发包方提出以下资料：

1　工程调查与工程地质勘察报告及周围的建筑物、构筑物、道路、管线图；

2　初步设计施工图；

3　各种原材料的出厂合格证及材料试验报告；

4　工程开挖记录；

5　钻孔记录（钻孔尺寸误差、孔壁质量、以及钻取土样特征等）；

6　注浆记录以及浆体的试件强度试验报告等；

7　喷混凝土记录（面层厚度检测数据，混凝土试件强度试验报告等）；

8　设计变更报告及重大问题处理文件，反馈设计图；

9　土钉抗拔测试报告；

10　支护位移、沉降及周围地表、地物等各项监测内容的量测记录与观察报告。

9.0.4　支护工程竣工后，应由工程发包单位、监理和支护的施工单位共同按设计要求进行工程质量验收，认定合格后予以签字。工程验收时，支护施工单位应提供竣工图以及第9.0.3条所列的全部资料。

9.0.5　在支护竣工后的规定使用期限内，支护施工单位应继续对支护的变形进行监测。

中国工程建设标准化协会标准

基坑土钉支护技术规程

CECS 96：97

条 文 说 明

目　次

1 总 则

1.0.2 钻孔注浆型土钉在构造上与沿全长注浆粘结的非预应力锚杆相同，国内最早称这种土钉支护为喷锚网支护。土钉以群体起作用，主要用于从上到下分层开挖土体时加固现场边坡原位土，其布置方向大体与开挖引起的边坡土体主拉应变方向平行，所以接近水平。土钉支护技术在国际上出现于70年代初，一些国家在开始时都是独立提出这种技术并加以发展，因而有不同的名称。将喷锚网支护技术应用于基坑工程是我国工程技术人员的创造。现在国际上将这种支护称为土钉支护或土钉墙，本规程采用土钉支护这一术语。

本规程适用于临时性支护，但土钉支护也可用于永久性工程，国外用于铁路边坡的永久性土钉支护最高达28m，用于基坑的土钉支护最深达21m。国内在直立基坑工程中完成的土钉支护，其深度已达到了16～18m。当土体不良，且基坑较深（如大于12m）时，宜与预应力锚杆、微型桩等其它支护技术联合使用。

1.0.3 本规程的岩土分类方法按《建筑地基基础设计规范》(GBJ7－89)中的规定。土钉支护不宜作为深厚软塑或流塑粘性土层中的基坑支护，如需在此类土体或在地下水位以下的土体中进行土钉支护施工必须联合使用其他支护技术，且符合以下条件：

1 设计施工单位有在类似土体中成功地完成类似规模的土钉支护经验，并能出示工程实例及当时的现场测试数据，足以说明支护变形不致危及周围环境安全；

2 在施工过程中，具有完整、连续的量测监控手段，且有可靠的应急加固抢险措施；

3 通过专家论证。

1.0.4 土钉支护的设计与施工应包括施工监测、反馈设计、以及施工监理。其中施工监测对支护位移的现场量测应是土钉支护技术不可分割的组成部分；除有正确的设计计算分析外，支护的安全还必须通过施工过程中的现场量测加以保证。

3 基本规定

3.0.1 从上到下分层修建的施工方法是基坑土钉支护最基本的要求，基坑边壁的每层开挖深度应与土钉的竖向间距相等，只有这样才能使土钉正常发挥作用，并限制支护变形和保证施工安全。

3.0.2 土钉支护对水的作用特别敏感。土的含水量增加不但增大土的自重，更为主要的是会降低土的抗剪强度和土钉与土体之间的界面粘结强度，后者是土钉能够起到加固和锚固作用的基础。大量工程实践表明，土钉支护工程发生事故多与水的作用有关，因而在设计和施工中必须特别注意。

3.0.3～3.0.4 土钉支护的变形大小在很大程度上取决于施工因素。土钉支护的现有工程设计计算方法不能给出有关变形的任何数据，控制支护的变形也不能单纯依靠支护设计参数的合理选择，而必须对施工方法和施工工序作出严格规定，另外还需要通过现场监测的信息反馈，及时调整设计施工参数。

在施工和设计中可以采取下列措施来限制土钉支护的变形：

1 减少分层、分段作业的深度和长度，尽量缩短从开挖到支护的施工时间间隔；

2 在开挖前，对开挖面土体进行超前加固；

3 加大上部土钉的长度；

4 设计时加大安全系数；

5 采用端部有螺纹的土钉，能通过拧紧螺母，对土钉施加少量预应力，大小可为土钉设计内力值的10%～20%；

6 在适当位置增设预应力锚杆(索)。

当联合使用预应力锚杆(索)和土钉时，锚杆(索)的长度应至少超过土钉长度的1/3；在这种情况下，土钉的长度可比单独使用时有所减少。

4 工程调查与岩土工程勘察

4.0.1～4.0.3 基坑土钉支护设计通常作为整个工程(如高层建筑等)施工准备过程中的一个部分；此前，整个工程的勘察往往业已完成，而这一勘察又常着眼于建筑地基设计，不能完全满足土钉支护设计的需要。因此，全面搜集周围已建工程的勘察资料和设计资料，并对现场作深入的调查，考察对于土钉支护的设计和施工有着十分重要的意义，在此基础上再进行必要的补充地质勘察，可作为施工地质勘察的一个部分。

在土钉支护施工过程中，基坑开挖和土钉成孔也为具体了解现场地质情况提供了有利条件，当发现实际土质与原来的工程地质勘察报告不符时，尚可对原设计方案及时进行修改，这也是土钉支护的重要特点之一。

5 设 计

5.1.1 在土钉支护设计中，由于土体性能和支护工作机理的复杂性，能够反映地区特点的工程类比方法仍应起重要作用，正确的设计应建立在工程类比和计算分析相结合的基础上，同时在施工过程中通过现场测试与监控，及时对原定设计作出必要的修改。

本规程所确定的土钉支护设计计算方法，系根据国内一些单位的工程实践并参考国外的经验得出。考虑到现有的各种计算方法都有一些不足之处，所以本规程要求同时采用三种不同思路的计算方法对支护进行验算，以弥补某个单一方法的不足。这三种方法是：

1 应用土坡稳定理论，对土钉支护的整体稳定性进行极限平衡分析(见5.3.1条，5.3.2条，和5.3.3条第3款)；

2 应用重力挡土墙极限平衡分析的计算方法，对土钉支护整体水平滑动和整体倾覆的稳定性进行分析，并验算支护底部的地基承载力(见5.3.3条第1、2款)；

3 根据经验直接给出土钉支护内部的侧向土压力，并据此确定土钉的设计内力(见5.4.2条)。

三种方法相互独立，它们之间没有可比的关系。

5.1.2～5.1.3 以概率理论为基础的极限状态设计方法用于土工结构尚有一些有待解决的问题，所以目前我国在土坡稳定以及锚杆支护设计中仍沿用总安全系数设计方法而没有完全按照《建筑结构设计统一标准》(GBJ68—84)中的规定。为与现行标准《建筑地基基础设计规范》(GBJ 7—89)相一致，本规程对土钉支护的整体稳定性计算和对土钉的设计计算也采用总安全系数设计方法，土体力学性能参数的计算值取标准值。

由于采用总安全系数设计方法，所以不考虑荷载的分项系数(或以荷载分项系数为1)而直接以荷载的标准值作为计算值。本规程中用于支护整体水平滑动和整体倾覆稳定性分析的土压力计算值，以及为确定土钉设计内力而给出的侧向土压力计算值也均为标准值。

当用《混凝土结构设计规范》(GBJ10—89)设计喷混凝土面层时，由于这一规范完全采用《建筑结构设计统一标准》(GBJ68—84)所规定的设计方法体系，这时需将作用于面层上的土压力荷载乘以荷载分项系数1.2。另外在承载力极限状态设计表达式中，需考虑结构重要性系数γ_0。鉴于支护工程的特殊性，本规程对γ_0的取值与《建筑结构设计统一标准》(GBJ68—84)所规定的略有差别。

5.1.5 土的力学性能参数c、ψ的计算值取标准值，当勘察报告结果仅给出平均值时，可近似取c、ψ的标准值分别为其平均值的0.8和0.9倍。

参数c、ψ值的选取应注意不同试验方法和取样方法的影响，并考虑地方的经验。对于粘性土，可取固结快剪(或三轴固结不排水剪)峰值强度指标，当有地下水作用或工程降水后短时期内未能充分固结时则取直接快剪(或三轴不固结不排水剪)峰值强度指标。

表5.1.5中的界面粘结强度数据作为初步设计时参考。我国地区辽阔，各地土质情况迥异，因此宜根据当地经验，选定初步设计时的界面粘结强度值。土钉的界面粘结强度尚与土钉的施工方法有关，对于一般的重力注浆钉和低压注浆钉，界面粘结强度不随埋深变化。国外的大量测试结果表明，由于土钉受拔引起的土体剪胀效应以及钻孔造成孔周土体初始应力释放等原因，一般土钉的界面粘结强度在不同深度处差别不大，应视为与埋深无关。

5.3.1 参考土坡稳定理论，对土钉支护的整体稳定性进行极限平衡分析时，本规程采用了园弧破坏面的假定，按普通条分法进行计算，计算时将土钉和土条分开考虑。在分析土条所受的作用力时，不考虑土条侧边力和土钉的影响。式(5.3.1)只是在一般素土土坡的稳定性计算公式中，迭加了土钉对破坏面上抗剪能力的贡献；后者包括二个部分，一是破坏面上土钉极限抗拉能力沿破坏面的切向分力 $R_{\cos}\beta_K$，另一是破坏面上土钉极限抗拉能力的法向分力提高了破坏面上土体的抗剪能力，其大小等于 $R_{\sin}\beta_K \cdot \tan\psi_j$。

对各种可能的园弧破坏面，按式(5.3.1)算出不同的安全系数，其中安全系数最小的一个就是临界破坏面。但临界破坏面并不代表真正的破坏面，因其安全系数必须大于表 5.3.1 规定的数值而并不是等于或小于 1.0。要求的安全系数愈大，临界破坏面与地表交点的位置离开基坑愈远，也就是破坏面的位置与土钉参数有关。

设置土钉之后，不能根据素土边坡的经验只在某一局部区域内对临界园弧破坏面的园心进行搜索。按照式(5.3.1)计算安全系数并寻求临界破坏面，需要编制相应的程序用计算机完成。现在已有建立在 Windows 平台上的此类分析软件，能迅速完成这一分析，并能面向对象迅速对设计参数作出调整。

表 5.3.1 的安全系数是按照本规程确定的设计计算方法通过工程实例验算，并经过与其他一些设计方法的比较而得出的。土钉支护是一种比较新颖的技术，设计人员也可根据地区和个人经验，采用不同于本规程的经过多次实践考验的其它极限平衡分析方法，如简化的 Bishop 条分法，或假定非圆弧破坏面如对数螺旋曲线破坏面；但是不同方法的保守程度和可靠程度均不相同，因此相应的安全系数也应该有所不同。安全系数取值必须以充分的工程实践作为依据。

不同的极限平衡分析方法之间有较大的差别，如在对数螺旋曲线破坏面的机动法中，临界破坏面的位置与土钉的密度和长度无关。

5.3.3 土钉支护的工作状态与重力式挡土墙有较大区别。按照重力挡土墙的模式作水平滑动和倾覆的验算不过是一种工程处理方法，其主要目的在于保证底部土钉的长度不至于过短，并进行地基承载力验算。

按《建筑地基基础设计规范 》(GBJ 7-89)对支护底部的地基承载力进行验算时，考虑到基坑支护为临时性结构，所以对于土体的自重和地面、地下荷载仍以其标准值为计算值，即取荷载分项系数为 1.0。

5.4.2 本条所指的侧压力 p 为支护内部的土压力而不是作用在支护面层上的压力。每一土钉中的拉力沿其长度变化，且最大拉力的位置对不同深度处的土钉也不同。侧压力 p 主要用来估计不同深度位置土钉内的最大拉力，所以图 5.4.2 表示的侧压力 p 的分布并不在同一竖向剖面上，其大小则根据经验确定。

当有地下水作用时，侧压力 p 中的静水压力宜采取单独计算(水、土分算)的方法。

5.4.3～ 5.4.5 土钉以群体起作用，所以土钉破坏的局部稳定性安全系数 $F_{s,d}$的取值要低于一般的预应力锚杆。

土钉的破坏可以是受拉屈服破坏或拔出破坏，考虑到两者的可靠程度不一，在取用同一安全系数 $F_{s,d}$的前提下，将式(5.4.3)和(5.4.5-2)的右侧乘以系数 1.1。

5.4.4 条是根据工程经验给出的一种估算方法，计算中取用的倾角为$(45°+\frac{\varphi}{2})$的直线并不一定代表潜在的破坏面，这种算法只是用来保证上部土钉的长度不至于过短，而适当加长顶部土钉有利于控制支护的最大水平位移并限制地表开裂。本条算式中的 τ 值应根据每一土钉所处的具体土层而定。

式(5.4.5-3)中的土钉端部与面层连接处的极限抗拔力 $R1$，可根据经验或计算近似确定。

5.5.1～5.5.3 土钉支护的面层并不是主要受力构件，对支护作稳定性分析时可不考虑面层的作用。此外如面层较厚，则在面层自重作用下，应作面层底部的地基承载力验算。

当支护受地下水作用或在饱和粘土层中修建土钉支护，面层将受到很大侧压，应作为主要受力构件考虑。

有地下水作用时，侧压力 p_0 中的静水压力宜采取单独计算（水、土分算）的方法。

6 施　工

6.1.4～6.1.5 本规程针对国内目前多采用人工和小型机具进行土钉支护施工的现实，对相应的工序与工艺提出具体规定和要求。在满足设计要求和规定质量的前提下，当土钉支护施工采用其他的工艺和方法时，可不受这些规定和要求的限制。

6.2.3 尽快在修整后的裸露边壁上设置土钉并喷射混凝土，对于施工阶段的支护稳定和控制支护变形极端重要。因此在同一段作业面上，修整裸露边壁、设置土钉、以及喷混凝土等工序应连续进行。如不能在数小时或同一工作日内连续完成支护，则应先开挖成有稳定斜面的边坡，而后再修整边壁。

7 土钉现场测试

7.0.1 土钉沿全长与土体粘结，没有预应力锚杆中那样的自由段，所以现场抗拔试验应在专门设置的非工作钉上进行。

一般情况下，不宜采用非破坏检验的方法在工作钉上进行抗拔测试，这是由于在端部施加拉力的条件下，抗拔的粘结长度过长，与土钉实际工作情况不符，而且容易引起土钉钢筋受拉屈服。此外，不能以测试时的端部最大拉力与土钉的设计内力进行直接比较来判断抗拔能力是否合乎要求，因为两者的粘结长度并不一样。

8 施工监测

8.0.1～8.0.4 土钉支护最适合信息化施工。土钉支护的最大水平位移与垂直沉降一般发生在基坑边壁的顶部.在正确设计施工的前提下，最大水平位移与基坑开挖深度的比值一般在1‰～3‰之间，粘性土中的比值偏大。如对变形控制无特殊要求，可将3‰(砂土)或4‰(粘土)作为施工监测中的报警值。